ENCYCLOPÉDIE DE LA PLÉIADE

BIOLOGIE

CE VOLUME, LE DIX-HUITIÈME DE L' « ENCYCLOPÉDIE DE LA PLÉIADE » PUBLIÉE AUX ÉDITIONS GALLIMARD, SOUS LA DIRECTION DE RAYMOND QUENEAU, A ÉTÉ ACHEVÉ D'IMPRIMER SUR BIBLE BOLLORÉ, LE TRENTE AVRIL MIL NEUF CENT SOIXANTE-CINQ, SUR LES PRESSES DE L'IMPRIMERIE SAINTE-CATHERINE, À BRUGES.

ENCYCLOPÉDIE DE LA PLÉIADE

BIOLOGIE

VOLUME PUBLIÉ SOUS LA DIRECTION
DE JEAN ROSTAND, DE L'ACADÉMIE FRANÇAISE,
ET D'ANDRÉE TÉTRY

PRÉFACE

ENCORE *que nous soyons dans l'impossibilité de définir à la rigueur le phénomène connu sous le nom de vie, on s'accorde à distinguer, dans les productions de la nature, les corps bruts et les corps vivants, ceux-ci étant suffisamment caractérisés par la faculté d'accroissement, qui entraîne l'aptitude à la reproduction.*

La science qui se donne pour objet l'étude des corps vivants a reçu le nom de Biologie : *mot qui apparut vers 1802, et presque en même temps chez le naturaliste français Lamarck et le physiologiste allemand Treviranus ; il fut long à s'imposer, et l'emploi n'en devint tout à fait courant que dans les premières années de notre siècle. Plus tardive encore fut son apparition dans les programmes universitaires : un certificat de « Biologie générale » n'existe en France que depuis 1928.*

Envisagée dans son acception la plus vaste, la Biologie embrasse la totalité des phénomènes de la vie, aussi bien la description des formes (morphologie) que l'analyse des fonctionnements (physiologie), des comportements (psychologie), et la classification des types organiques (zoologie, botanique) ; mais dans le titre du présent ouvrage, le terme de biologie est pris dans le sens restreint qui répond, à peu près, à la définition qu'Yves Delage donnait de la biologie générale, *à savoir :* « la recherche des conditions et des causes des grandes manifestations de la vie dans la cellule, dans l'individu et dans l'espèce ».

Entre cette biologie générale et les autres domaines des sciences de la vie, les frontières, parfois, se montrent indécises ; et, par exemple, l'étude de la reproduction appartient à la physiologie non moins qu'à la biologie générale ; mais différents sont les points de vue où se placent les deux disciplines. Alors que la biologie générale se préoccupe surtout des grands problèmes que posent la transmission des caractères héréditaires, la détermination et la différenciation du sexe, la physiologie dirige son attention sur les mécanismes qui assurent l'exercice de la fonction reproductrice.

Toujours est-il que la biologie générale forme un tout logique et bien coordonné ; le but de cette Préface est précisément de marquer les articulations naturelles entre les différents chapitres de l'ouvrage.

Et nous nous proposerons, déjà, cette limite : encore qu'une certaine place ait été faite, dans le présent volume, à la biologie végétale, l'accent a été mis sur la biologie animale, qui comprend la biologie humaine. Pour les compléments de biologie végétale, on se reportera aux volumes de Botanique *et de* Physiologie.

***

Si, dans la définition d'Yves Delage, s'inscrit d'abord le mot cellule, *c'est que la notion qu'il désigne est à la base de toute étude concrète des grands phénomènes vitaux.*

Nous savons, en effet, depuis 1839 — date où fut présentée au monde scientifique la théorie dite cellulaire *—, que tout être vivant, qu'il appartienne au règne animal ou au règne végétal, est fait d'une cellule ou d'un ensemble de cellules. La notion de cellule était, certes, à l'origine, bien différente de ce qu'elle est aujourd'hui ; mais, à la lumière de notre savoir présent, la cellule apparaît, essentiellement, comme une petite masse de substance vivante ou* protoplasme, *pourvue d'une vésicule interne ou* noyau. *Pour volumineux et compliqué que soit un organisme, de petites masses ainsi faites composent tous les tissus qui, par leur association, composent tous les organes. Extrême est la diversité des cellules, pour la forme comme pour les dimensions ; mais, qu'elles soient visibles à l'œil nu ou ne se laissent distinguer que sous le microscope, qu'elles soient globuleuses ou cylindriques, prismatiques ou fusiformes, qu'elles soient ou non munies d'appendices tels que flagelles, cils ou panaches, l'identité de leur structure fondamentale ne saurait échapper au spécialiste, qui reconnaît en elles, sans ambiguïté, des « parties élémentaires analogues ».*

De surcroît, il est constant que toute cellule dérive d'une cellule préexistante, et que tout organisme pluricellulaire — même un vertébré supérieur, formé de plusieurs trillions de ces éléments — a commencé l'existence sous l'état d'une cellule unique, l'œuf, qui s'est multipliée par voie de divisions successives.

Élément constitutif des êtres vivants, élément premier de leur formation, la cellule est, tout naturellement, pour le biologiste, un point d'intérêt primordial (la Cytologie générale). *L'étude de sa structure et de son fonctionnement est préliminaire, introductive à toute autre : nul problème de vie qui se puisse décemment* aborder sans tenir compte de ce que l'on sait d'elle ; nul progrès menant à la mieux connaître qui ne retentisse en tous les domaines du savoir.

L'exiguïté ordinaire de la cellule a, d'abord, fait méconnaître la complexité de son organisation intime. Mais, bien vite, la réflexion allait contraindre à imaginer, en elle, d'invisibles complications structurales. Quelle ne devait être, notamment, l'organisation d'une cellule-œuf, pour contenir les virtualités héréditaires et tout le matériel nécessaire à l'édification d'un nouvel être !

A proportion que se développaient les moyens d'investigation visuelle, on en vint à discerner dans la cellule une structure hautement raffinée qui répondait aux exigences de l'esprit. Quant aux images récemment fournies par le microscope électronique — dont le pouvoir grossissant excède de beaucoup celui du microscope optique —, elles révèlent des complications « ultra-structurales » qui, passant toute prévision, comblent d'étonnement admiratif les modernes explorateurs du microcosme intracellulaire.

Comment l'œuf fécondé produit-il, en se développant, un être nouveau ? Mystère banal, quotidien, et dont nous sommes loin d'avoir la clef, mais du moins a-t-on pu déjà écarter définitivement certaines explications par trop naïves et grossières. On sait aujourd'hui que le germe, simple cellule, formée par la conjonction des deux cellules parentales, n'offre aucune ressemblance avec l'être qu'il est appelé à produire. Le premier acte du développement est la division de cette cellule première ; chacune des deux cellules-filles se divisera encore en deux, et ainsi de suite, jusqu'à ce que se soit formée, par le jeu des bipartitions successives, la colonie cellulaire qui compose le nouvel individu.

Passé un certain stade du développement, l'augmentation du nombre des cellules va de pair avec un accroissement de leur masse totale, car, d'une division à la prochaine, elles augmentent leurs dimensions ; mais la genèse d'un être ne comporte pas, exclusivement, des procédés de multiplication et de croissance cellulaires. Il s'en faut qu'un organisme soit un simple amas de cellules toutes pareilles ; peu à peu, les cellules en viennent à différer les unes des autres ; et pénétrer les causes de cette différenciation sera l'une des grandes tâches de l'embryologiste (l'Embryologie). D'ores et déjà, on a pu mettre en évidence le rôle de certains effets chimiques : d'une zone déterminée de l'embryon, émanent des substances spéciales, qui provoqueront la différenciation des territoires voisins. On présume que des *actions de ce genre se succèdent tout au long de la formation de l'être ; si, pour l'instant, nous sommes incapables de faire le récit complet de cette aventure chimique, nous avons lieu, néanmoins, de penser qu'une telle ambition n'excède pas les moyens de la science.*

De toute manière, l'embryologiste dispose d'un étonnant pouvoir sur les processus du développement. Il peut substituer au noyau d'un œuf un noyau prélevé sur un embryon, disjoindre les deux premières cellules pour tirer de chacune d'elles un être complet ; il peut unir deux œufs pour n'en plus faire qu'un seul ; il peut, en usant de telle substance inductrice, modifier le devenir de telle région embryonnaire ; il peut détruire la lignée germinale d'un embryon, et ainsi produire, par castration préventive, des êtres dénués de toute glande génératrice. Il peut aussi, et fort aisément, par des procédés multiples, produire à volonté des êtres anormaux, monstrueux ; et cette « tératogenèse expérimentale » (la Genèse des monstres) *nous renseignera sur les démarches normales du développement, en même temps qu'elle éclairera la production des anomalies dans la nature.*

La croissance (la Croissance et la régénération) *étant la propriété la plus générale des êtres vivants, la compréhension de ce phénomène nous approcherait du « secret de la vie » ; nous n'en sommes pas là, certes, mais, en attendant, que de problèmes accessoires à résoudre ! Pourquoi un organisme s'arrête-t-il de croître lorsqu'il a atteint une certaine taille, caractéristique de chaque espèce, mais variable suivant les individus ? Quelle est, dans le mécanisme de la croissance, la part des facteurs externes et des facteurs internes ? Pourquoi, dans certaines espèces, la croissance s'accompagne-t-elle de changements de forme si marqués qu'ils méritent le nom de métamorphoses* (les Métamorphoses animales) *?*

Ici, encore, le biologiste décélera le jeu de substances chimiques, où il faut voir, décidément, l'un des grands procédés de la technique vitale ; par leur emploi, il prolongera ou abrégera le temps de croissance, il accélérera ou retardera la métamorphose.

Du fait de la propriété de croissance, l'aptitude à la division cellulaire persiste dans l'organisme bien après le terme du développement ; elle se maintient, en général, durant toute l'existence, et peut se manifester, en cas de blessure ou de perte de substance, par la formation de tissus nouveaux. Cette aptitude à la régénération, fort limitée chez la plupart des êtres supérieurs, se montre extraordinairement développée chez certains organismes inférieurs, qu'on peut mettre en miettes, pour ainsi dire, sans les faire périr, car chaque parcelle conserve le pouvoir de redonner le tout. Il s'agit là, en somme, d'une sorte de génération différée, et l'on devine que les problèmes de la régénération se relient tout directement à ceux du développement embryonnaire.

Chez la très grande majorité des vivants, la durée totale de l'existence se tient en d'étroites limites. Passé un certain âge, très variable selon les espèces, l'organisme commence à se dégrader ; son activité fléchit, des signes de détérioration structurale, d'amoindrissement fonctionnel, se déclarent, pour s'accentuer peu à peu, irréparablement, jusqu'à la mort.

Nous sommes fort mal instruits sur les causes internes de ce vieillissement (le Vieillissement et la mort). *Problème évidemment majeur pour le biologiste, et d'autant plus embarrassant que le déclin et la mort naturelle n'apparaissent point comme des nécessités organiques. La mort n'est pas, partout, liée à la vie. Il y a des organismes immortels, et pas seulement chez les unicellulaires.*

Un caractère essentiel de la vie, et qui se rattache à la faculté de croissance, est la faculté de maintenir la spécificité du type : une bactérie, par exemple, conserve, en augmentant sa masse, et sa forme et ses propriétés ; quand, par le moyen d'une division, elle donne naissance à deux bactéries-filles, celles-ci sont pareilles l'une à l'autre, et pareilles à la bactérie qui les a enfantées. Quel que soit le nombre des générations successives, le type originel se conservera avec une remarquable fidélité.

Or, cette spécificité, cette permanence du type — qui se manifeste aussi bien en génération sexuée qu'en génération asexuée —, nous savons aujourd'hui qu'elle dépend, dans une très large mesure tout au moins, de certains organites cellulaires, les gènes, *qui, logés dans le noyau, y constituent, par leur association, ces filaments, ou* chromosomes, *dont le nombre et l'aspect sont constants pour une même espèce.*

La présence de tels gènes est l'un des faits les plus généraux de la biologie, puisqu'on les trouve partout où il y a cellule, c'est-à-dire partout où il y a vie. Qu'il s'agisse de cellules isolées ou d'êtres formés de nombreuses cellules, la reproduction implique non seulement une continuité cellulaire, mais encore une continuité génique entre l'ascendant et le descendant. De même que toute cellule dérive d'une cellule préexistante, de même tout gène dérive d'un gène préexistant : les gènes portés par un individu sont donc les héritiers directs de ceux que portent son ou ses parents, et l'hérédité n'est, essentiellement, que l'expression de cette continuité génique (l'Hérédité).

Chez les êtres supérieurs, où se pratique la génération sexuée, certaines complications surgissent, qui donnent un style tout particulier aux phénomènes d'hérédité : elles tiennent au fait que deux individus coopèrent à la genèse du nouvel être. D'entre les gènes portés par chacun d'eux, le produit ne reçoit qu'une moitié, laquelle est prélevée sur l'ensemble grâce à un mécanisme très précis qui laisse jouer pleinement le hasard. Il en résulte que la distribution des gènes parentaux obéit à des lois statistiques *dont la connaissance nous permettra de prévoir la composition génétique d'une descendance issue d'un couple génétiquement identifié.*

Ces lois, dites lois de Mendel, *nous les retrouverons aussi bien chez les plantes que chez les animaux, chez les moisissures que chez les Iris, chez les mouches que chez les humains. Elles sont, avec la théorie chromosomique, à la base même de l'étude approfondie des phénomènes d'hérédité, étude qui, constituée en une discipline spéciale, la* Génétique, *ne cesse d'affiner ses procédés d'analyse et de renforcer son pouvoir d'explication.*

Usant de méthodes non moins sûres qu'ingénieuses, le généticien s'applique à préciser le mode d'action des gènes, la façon dont ils collaborent entre eux pour réaliser les caractères héréditaires ; en certains cas, il réussit à localiser tel d'entre eux dans tel chromosome, voire en tel lieu défini de tel chromosome. Avec l'aide du biochimiste, il les soumet à l'investigation chimique, et reconnaît en eux la présence d'une substance définie, le D.N.A., qui paraît être, en quelque sorte, « la base chimique de l'hérédité », et, à ce titre, mérite bien le nom, qui lui a été donné, de « substance noble de la cellule ».

Le généticien, de surcroît, étudie les variations de ces gènes, qui, s'ils se transmettent ordinairement avec une très remarquable constance, peuvent toutefois, de loin en loin, subir quelque changement dans leur constitution moléculaire ou dans la place qu'ils occupent à l'intérieur du chromosome. Lorsqu'un tel accident, ou mutation, *affecte une cellule génératrice, il en pourra résulter, dans la descendance, une déviation des caractères héréditaires.*

Un grand progrès de la biologie a été réalisé quand on est parvenu, au laboratoire, à provoquer artificiellement des mutations, ou, du moins, à en accroître considérablement la fréquence ; les rayons X, les chocs thermiques, certaines substances chimiques, sont les agents employés à cet effet ; non seulement ces mutations d'origine expérimentale fournissent au généticien un riche matériel d'études, mais encore elles le renseignent sur la genèse des mutations spontanées, qui, vraisemblablement, relèvent d'un déterminisme analogue.

A la génétique, nous devons d'avoir éclairé de façon décisive les phénomènes de la Sexualité. Pour obscure que nous reste encore la signification de ces phénomènes, leur généralité nous est de plus en plus manifeste (ne les a-t-on pas reconnus jusque chez les bactéries ?), et l'on a pu établir qu'ils ont pour condition cellulaire certaines particularités de la garniture génétique. Si une espèce se montre scindée en deux types d'individus complémentaires, c'est qu'un mécanisme rigoureux y assure la production, en nombres quasi égaux, de deux sortes d'œufs génétiquement dissemblables, les uns producteurs de mâles, les autres producteurs ae femelles. Mécanisme qui, d'ailleurs, diffère suivant les espèces, car tantôt la dissemblance des germes tient à une disparité des cellules maternelles, et tantôt à une disparité des cellules paternelles.

Mais les gènes — du moins chez nombre d'animaux — n'agissent qu'indirectement sur la différenciation sexuelle ; ils infléchissent la destinée des glandes génitales, qui, selon les substances chimiques qu'elles sécréteront, masculiniseront ou féminiseront l'organisme. Ces hormones, on les a isolées, obtenues à l'état pur, et elles sont aujourd'hui, entre nos mains, le plus puissant des moyens d'action, puisque nous tenons en elles les agents mêmes dont use la nature pour sexualiser les êtres. Ainsi pourra-t-on inverser le type sexuel d'un organisme en faisant opérer sur lui des hormones du sexe opposé au sien ; on pourra même, à la faveur d'un traitement hormonal assez précoce, imposer telle ou telle destinée sexuelle à la jeune glande génitale, autrement dit, contraindre un embryon génétiquement mâle à développer des glandes féminines, un embryon génétiquement femelle à développer des glandes masculines. Ces « fausses femelles » et ces « faux mâles », s'ils sont unis à des sujets normaux, se montreront capables de procréer, leur descendance étant, respectivement, fille de deux pères génétiques ou de deux mères.

Ainsi, toute l'étude de la sexualité est commandée par les deux notions complémentaires de gène et d'hormone. Grâce aux progrès combinés de la génétique et de la biochimie, elle est devenue un des chapitres les plus fournis de la biologie, et où s'exerce avec le plus de sûreté la maîtrise de l'expérimentateur.

Pour répandue que soit la génération sexuée, on connaît un bon nombre d'espèces où un seul parent suffit à la procréation : l'unique procréateur est toujours la mère, et cette reproduction *virginale, ou* Parthénogenèse, *pose au biologiste force problèmes. S'ils ne sont pas tous résolus, toujours il y a qu'on peut, chez maintes espèces où la coopération des sexes est normalement de rigueur, remplacer l'apport masculin par des agents physico-chimiques. Réussite de haute valeur théorique, puisqu'elle rattache l'acte de la fécondation à des effets relativement simples, et certainement analysables.*

Dans un organisme pluricellulaire, la vie particulière de chaque organe, de chaque portion de tissu, dépend de la vie de l'ensemble ; c'est le fonctionnement de celui-ci qui, à tout moment, crée les conditions nécessaires à la survivance et au fonctionnement normal de chacun des éléments qui le constituent. Mais, si étroite que soit cette solidarité organique, on peut, en certains cas, après avoir détaché du tout une partie, la faire survivre, soit en la plaçant dans une autre région du même organisme, soit en la transportant sur un autre (la Greffe ou transplantation). *Cette opération — dite de greffe — soulève une foule de problèmes. Comment se comportera la pièce déplacée, ou transportée ? Va-t-elle s'accommoder de sa nouvelle position, se faire accepter par l'hôte étranger ? En ce dernier cas, quelles sont les limites qu'impose à l'opérateur la différence génétique entre le greffon et le porte-greffe ? Le greffon recevra-t-il, du porte-greffe, quelque influence ? ou, du greffon, le porte-greffe ? Ne pourra-t-on, par des artifices, augmenter les réceptivités naturelles, afin d'obtenir des greffes normalement interdites ? Enfin, que se passera-t-il si l'on greffe l'un sur l'autre deux organismes entiers* (parabiose)*?*

Des réponses que fera l'expérience à toutes ces questions, on entrevoit la portée en ce qui touche les grands problèmes de l'individualité, de l'hérédité, de la variation, et l'on pressent aussi quelle facilité donnera une pareille méthode pour l'étude des hormones, pour la mise en survie de fragments d'organismes, voire d'organismes entiers mais incapables d'une vie autonome, pour l'étude des tumeurs malignes, puisque certaines d'entre elles ne se peuvent conserver au laboratoire que par le procédé de la greffe en série.

Après avoir détaché d'un organisme des fragments de tissus, ne sera-t-il pas possible de les faire survivre, non plus in vivo, *dans un autre organisme, mais* in vitro, *en leur assurant le maintien de conditions plus ou moins semblables à celles qui leur étaient faites normalement dans l'économie ?*

A cette question, que le biologiste ne pouvait manquer de se poser — et que déjà se posaient Claude Bernard et Paul Bert —, une réponse claire a été apportée par la méthode de la culture des tissus.

Tout de même que l'on cultive in vitro *des cellules libres (infusoires, microbes) en leur fournissant la température qu'elles réclament, le milieu nutritif qui satisfait à leurs besoins, de même on peut cultiver toutes sortes de cellules tirées d'un organisme complexe* (la Culture des tissus végétaux *et* la Culture des tissus animaux). *Résultat de grande signification, car il met en relief l'autonomie relative des éléments cellulaires, et aussi méthode éminemment fructueuse, puisque c'est grâce à elle qu'on peut étudier directement les cellules, soit en cultures pures soit en cultures mixtes, les soumettre aux agents les plus variés, et, de façon générale, séparer, dans l'activité fonctionnelle des éléments d'un organisme, ce qu'ils doivent à l'influence de ce dernier et ce qui leur appartient en propre.*

De la culture des tissus émerge une notion majeure, à savoir l'immortalité potentielle des cellules qui forment les organismes supérieurs. Celles-ci, ou du moins un bon nombre d'entre elles, se montrent capables, in vitro, *de prolifération illimitée, alors que l'organisme entier est lui-même voué à la destruction. Fait qui doit toujours rester présent à l'esprit, quand on médite sur les causes de la mort naturelle.*

Postérieure à la culture des tissus est la culture des organes, *dont l'intérêt n'est pas moins considérable, car elle permet d'étudier le fonctionnement des organes isolés, et aussi le développement des organes embryonnaires.*

On n'a envisagé jusqu'ici que les problèmes concernant l'individu ou la lignée ; mais la biologie a des curiosités plus vastes, et prétend s'attaquer au problème de l'origine des espèces (les Problèmes de l'évolution *et* l'Adaptation).

C'est un des faits les plus frappants, pour l'observateur de la nature, que la diversité de la vie, animale et végétale. Des millions d'espèces distinctes vivent sur la terre ; elles se distribuent en de multiples groupes qui, en dépit de certaines analogies fondamentales, diffèrent les uns des autres par le plan de l'organisation.

Quelle est l'origine de toutes ces espèces ?

Admettre leur naissance spontanée est aussi impossible, pour l'esprit positif, que de les croire immédiatement sorties des mains du Créateur. Il n'est donc pas d'autre ressource que de leur donner à toutes pour ancêtres des formes extrêmement simples qui se seraient, d'âge en âge, progressivement compliquées. L'hypothèse du transformisme, ou de l'évolution, se démontre, d'abord, « par l'absurde ».

Mais elle peut invoquer, de surcroît, une foule de preuves directes, tirées de la classification, de l'anatomie comparée, de la paléontologie, de l'embryologie, de la distribution géographique des êtres. N'aurait-on à sa disposition que l'argument fourni par l'étude des fossiles, qu'il suffirait à contraindre l'intelligence, puisque, de terrain en terrain, et à mesure qu'on s'approche des couches plus récentes, on suit le changement des lignées vitales, on assiste à la montée du niveau d'organisation, on voit les faunes et les flores se faire de plus en plus ressemblantes à celles qui nous sont contemporaines, puisque, enfin, parmi tant d'espèces éteintes, on en retrouve qui sont clairement intermédiaires entre des groupes aujourd'hui séparés.

L'évolution ne se lit pas seulement dans les vivants d'hier, elle se lit aussi dans les vivants d'aujourd'hui : dans leurs organes rudimentaires, qui ne se peuvent comprendre que comme des vestiges d'organes jadis fonctionnels, dans leurs embryons qui, si souvent, présentent des aspects transitoires dont l'unique raison d'être est de reproduire des traits ancestraux ; elle se lit dans la structure des formes parasites, qui serait parfaitement inexplicable si elle n'était le résultat de transformations régressives (le Parasitisme).

Que l'homme soit l'un des produits de l'évolution (la Genèse humaine), *on n'en saurait raisonnablement douter. L'espèce humaine fait partie de l'ensemble animal. Au demeurant, le passage de la bête à l'homme se dénonce par l'existence de fossiles typiques, puisque nous connaissons maintes formes disparues qui constituent de plausibles intermédiaires entre les grands singes et les Hominiens. Sans doute ignorons-nous à quel moment le rameau des Hominiens s'est détaché de la branche des Primates, mais l'essentiel, pour le biologiste, n'est-il pas de savoir que ce rameau a poussé sûrement sur cette branche ?*

Si, touchant le fait de l'évolution, l'accord est quasiment réalisé entre les biologistes, il n'en va pas de même quant aux causes responsables de la transformation des êtres.

L'explication lamarckienne attribue les changements organiques à l'influence des circonstances externes, qui, par l'entremise des besoins et des mouvements, déterminent des variations adaptatives : l'exercice développe un organe, l'inaction le fait régresser. Sans doute n'est-ce pas d'emblée que la conformation s'approprie au milieu ambiant, mais, à chaque génération, le changement s'accentue, se renforce, car les caractères acquis se transmettent au moins partiellement à la descendance. Dans cette vue, l'adaptation est primaire : c'est le corps qui change en premier, et, à sa suite seulement, la cellule germinale.

Mais que penser du double postulat lamarckien, à savoir, l'adaptation au milieu et l'hérédité des caractères acquis? S'il est vrai que la matière vivante possède une certaine faculté d'accommodation — d'adaptation —, jamais cependant nous ne la voyons ébaucher, à l'instigation du milieu, une structure, si humble soit-elle, qui facilitât la vie en ce milieu. De plus, et sans faire état des graves difficultés théoriques que soulève la transmissibilité de l'acquis, il faut convenir que toutes les données expérimentales témoignent contre la réalité du phénomène ; les modifications somatiques ne s'inscrivent pas dans la cellule germinale ; restant purement individuelles, elles ne s'intègrent pas au patrimoine héréditaire de l'espèce.

Devant ces difficultés insurmontables, la plupart des biologistes font crédit à l'autre grande théorie de l'évolution, la théorie néo-darwinienne ou mutationniste. D'après elle, ce n'est pas le corps qui change en premier, mais le germe ; les variations ne sont pas adaptatives, mais indifférentes ; l'adaptation est secondaire, elle résulte des effets de la sélection naturelle, qui opère un tri parmi les variations, pour ne retenir que celles dont l'espèce reçoit quelque bénéfice.

Certes, les variations germinales existent : ce sont les mutations, qu'étudie le généticien ; mais sont-elles réellement capables d'avoir fait évoluer les êtres ? Accidentelles, souvent nocives et toujours peu novatrices, sont-elles de sorte à avoir produit, par leur addition, par leur sommation, les énormes remaniements structuraux que nous sommes tenus d'imaginer dans le passé de la vie ? Est-ce que le grand fait de l'adaptation organique trouve une explication convenable dans les seuls pouvoirs de la sélection naturelle, s'exerçant sur des variations légères et fortuites ?

Toute l'affaire est là, et le conflit ne paraît pas au point de s'éteindre entre les néo-darwiniens qui d'ores et déjà tiennent pleinement résolue l'énigme transformiste et ceux qui, jugeant l'énigme encore entière, préfèrent à une explication illusoire un aveu loyal d'ignorance.

La théorie transformiste nous fait remonter très haut dans le passé, pour y placer des êtres rudimentaires, source de toute la nature d'aujourd'hui. Mais ces vies originelles, quelle en est l'origine ?

Pendant un très long temps, notre planète fut certainement inhabitable pour toute chose vivante, puisque la température, à sa surface, atteignait des milliers de degrés. Un jour — qui se situait il y a plus de deux milliards d'années —, la vie apparut sur la terre, devenue capable de la recevoir : ou bien, elle venait d'ailleurs, ou bien elle avait pris naissance sur place, aux dépens des matériaux inorganiques qui l'avaient précédée (l'Origine de la vie).

Seule la deuxième hypothèse est à retenir, car l'autre ne fait que reculer vainement le problème.

Jusqu'au XIXe siècle, et plus précisément jusqu'aux fameuses expériences de Pasteur, on ne voyait pas trop de difficulté à faire dériver la matière animée de la matière inanimée. Mais Pasteur devait faire justice du préjugé des « générations spontanées », démontrant que, partout où l'on avait cru assister à une genèse d'êtres, on n'avait constaté que le développement de germes préexistants. Si les conclusions de Pasteur sont encore aujourd'hui pleinement valables, il n'en est pas moins évident qu'elles ne concernent que les microorganismes — infusoires, microbes, ferments — qui étaient connus de son temps. Depuis lors, on a exploré le monde « infracellulaire » des Virus, *et l'on est fondé à se demander si ces virus ne représentent pas la forme de passage, tant cherchée, entre la vie et la non-vie. Ils jouent un rôle éminent en pathologie infectieuse, puisqu'ils produisent un grand nombre de maladies, tant chez les végétaux que chez les animaux, y compris l'homme ; dès lors que ces maladies d'origine virale se peuvent transmettre d'un individu à l'autre, et indéfiniment par passages en série, on ne peut éviter de conclure que le virus responsable de l'infection est doué de l'aptitude à augmenter sa masse quand il est introduit dans un organisme sensible.*

Voilà une propriété qui, singulièrement, évoque le pouvoir de croissance dont nous savons qu'il est un caractère essentiel de la vie. Or, les virus — du moins les plus petits d'entre eux, et, de l'un à l'autre, la chaîne paraît continue — montrent, à comparaison de la cellule, une extrême simplicité de constitution. Formés essentiellement de nucléoprotéines, manquant de cet équipement fermentaire qui confère à la moindre cellule des pouvoirs de destruction et de synthèse, ils ne sont, à tout prendre, que de lourdes molécules. Quelques-uns d'entre eux sont cristallisables. Où devrons-nous situer de tels êtres ? Est-ce du côté de la matière vivante, ou du côté de la matière brute ?

On conviendra que l'embarras semble sérieux. Mais, à y regarder de plus près, on s'avisera que le virus ne témoigne l'aptitude à augmenter sa masse qu'autant qu'il est hébergé par un organisme vivant. Parasite obligatoire, incapable de vivre par soi-même, pour son compte, il ne manifeste un semblant de propriétés vitales qu'à la faveur d'une sorte d'usurpation, qui consiste à provoquer, de la part des cellules qu'il infeste, la production de molécules toutes pareilles à la sienne : impuissant à se reproduire, *le virus* se fait reproduire *par son hôte.*

Ce n'est donc pas sous la forme de virus que la vie prit naissance sur le globe. Si des molécules analogues aux molécules virales furent les ancêtres du monde vivant, il fallait que celles-ci, à la différence des virus que nous connaissons, eussent été capables de se maintenir par elles-mêmes, et, partant, de vivre aux dépens d'un milieu non-vivant.

Le problème de l'origine de la vie reste donc entier, et l'on ne voit pas qu'il ait beaucoup évolué depuis Pasteur, en dépit des nombreuses théories qui furent avancées pour nous donner une idée, un peu fantaisiste, de la façon dont les choses auraient pu se passer...

Est-il besoin d'ajouter qu'on n'entrevoit pas le moment où l'on aurait créé au laboratoire une protéine douée des propriétés vitales élémentaires ? Et, si même une telle création devenait, un jour, possible, elle n'apporterait une pleine réponse au problème des origines du monde vivant qu'autant que cette vie de synthèse manifesterait les potentialités évolutives qui nécessairement appartenaient aux êtres premiers.

***

On trouvera, dans le présent volume, l'état de notre savoir touchant les grandes questions dont nous venons de faire la liste et de marquer l'enchaînement. Cet inventaire de la biologie moderne a été confié à des spécialistes autorisés, qui, encore qu'ils aient marqué à l'occasion leurs opinions personnelles, ont tenu à respecter l'objectivité et l'impartialité que réclame une entreprise de ce genre.

Partout, l'interprétation est soigneusement séparée de la donnée d'observation ou d'expérience ; l'hypothèse, du fait ; la vraisemblance, de la certitude. Et surtout, même dans les régions un peu nébuleuses où l'imagination serait portée à se donner libre cours, nulle place n'a été accordée aux débats de la philosophie. C'est un des progrès décisifs, et, on veut le croire, définitifs de la biologie que d'avoir congédié cette sorte de controverses. Quelles que soient les tendances métaphysiques de ceux qui s'adonnent aux sciences de la vie, si différentes que puissent être leurs options fondamentales quant à la signification de l'existence et de la destinée humaines, tous ils s'accordent à penser que l'unique méthode valable d'investigation est de faire comme si les phénomènes vitaux se devaient ramener, en fin de compte, à des phénomènes plus simples, et, partant, à ceux de la physico-chimie. En un mot, nul ne conteste que l'attitude « mécaniste » ne soit, sur le plan de la recherche, la seule féconde et propre à nous faire avancer dans la compréhension des causes, dans la domination des effets.

Aussi bien, on peut, en 1965, lire un « mémoire » écrit par un biologiste sans que l'on soupçonne rien de ses tendances intimes, sans même que l'on songe à s'interroger sur elles : en toute recherche bien menée, on retrouve, au service des mêmes exigences, l'application des mêmes procédés en vue des mêmes objectifs.

Il n'est plus guère, à notre époque, que certains biologistes de formation marxiste qui laissent apercevoir, dans la conduite de leurs investigations comme dans l'interprétation de leurs résultats, certaines idées préconçues, liées à des convictions doctrinales. Cette ingérence de l'idéologie dans la science est allée jusqu'à faire dire qu'il existe une biologie bourgeoise et une biologie prolétarienne. Le moins qu'on en puisse penser est qu'elle n'a pas eu, jusqu'ici, de suites favorables : l'histoire des illusions « mitchouriniennes » n'est pas faite pour nous séduire à la « politisation » du laboratoire.

Indéfectiblement fidèle à l'esprit de Claude Bernard, une biologie digne de ce nom s'interdit tout parti pris, se dérobe à tout système clos. Elle rejette, a priori, *tout* a priori. *Son unique postulat reste le vieux postulat déterministe, si lumineusement énoncé dans l'*Introduction à la médecine expérimentale *(1865), qui, précisément parce qu'elle exclut tous les dogmatismes, demeure la Bible de l'investigateur.*

Sans se laisser troubler par les discussions qui, en microphysique, opposent les indéterministes aux partisans du déterminisme classique, la biologie s'en tient à affirmer que le but de la science est de déterminer les causes ou conditions prochaines des phénomènes, afin de les pouvoir susciter ou empêcher en réalisant ou en supprimant ces conditions.

Innombrables sont les phénomènes vitaux que nous savons,

dès maintenant, produire à volonté, et pratiquement à coup sûr, en dépit de la complexité et de l'enchevêtrement des conditions déterminantes.

Le biologiste sait *qu'en injectant telle hormone dans le sang d'un animal, il déterminera tel effet stimulateur ou inhibiteur ; il sait qu'en soumettant un œuf vierge à tel traitement, il provoquera en lui les signes de l'activation ; il sait qu'en pratiquant sur un embryon l'ablation de tel territoire, il produira, dans l'organisme achevé, telle déficience structurale, etc. Et si, d'aventure, il n'obtient pas le résultat attendu, il ne mettra pas, pour cela, en doute la validité du déterminisme expérimental ; il ne songera pas à invoquer la spontanéité ou le caprice des phénomènes vitaux, mais, se souvenant de leur extrême complexité, il conclura simplement qu'une cause insoupçonnée est intervenue pour mettre sa prévision en défaut.*

***

On dit volontiers que la biologie est une science jeune. Ce n'est pas tout à fait exact, puisque la biologie expérimentale est née au XVIIIe siècle, ainsi que la théorie de l'évolution, puisque la théorie cellulaire date de 1839, puisque l'embryologie expérimentale a débuté vers 1880. Mais il est bien vrai que le grand essor de la biologie date du XXe siècle : le développement de la génétique, la découverte de l'organiseur, celle des virus-protéines, l'isolement du D.N.A., les changements expérimentaux de sexe, la parthénogenèse artificielle, la mutation artificielle, etc. : tout cela appartient aux soixante dernières années.

Doit-on penser que la biologie a, dès maintenant, fourni ses plus substantiels progrès ? Avec les notions de cellule, de chromosome, de gène, de virus, d'hormone, ne tenons-nous pas les clés majeures des mécanismes vitaux ?

Il est possible, en effet, que le principal du savoir biologique soit déjà en notre possession et qu'il ne faille attendre, des nouveautés futures, que le développement et le raffinement des connaissances acquises. Mais, de toute manière, la seule exploitation de ces connaissances assurerait aux biologistes de demain une tache illimitée.

Peut-être n'est-il pas excessif de dire que la biologie moderne est caractérisée par son inventivité, son talent créateur. De plus en plus, le biologiste devient, suivant l'expression de Claude Bernard, un « inventeur de phénomènes », un « contremaître de la création ».

Non seulement il imite fort adroitement la nature (parthénogenèse artificielle), mais, en bien des cas, il ajoute à la réalité naturelle *en suscitant l'apparition de combinaisons inédites, qui n'eussent point vu le jour sans son ingérence.*

Immortalisation des lignées cellulaires grâce à la culture des tissus ; suspension complète de la vie grâce aux techniques de réfrigération profonde ; genèse d'individus dont le patrimoine héréditaire est emprunté à une cellule somatique d'embryon ; production d'insectes géants par provocation de mues supplémentaires ; création de Salamandres femelles qui, de par l'aberrance de leur garniture chromosomique, ne peuvent enfanter que des femelles ; mise en survie d'organismes non viables par l'artifice de la parabiose ; obtention de greffes normalement irréalisables grâce à une « préparation » du porte-greffe ; formation d'organes « chimères » par association de tissus étrangers ; création d'espèces nouvelles par hybridation suivie de polyploïdisation, etc. : ce ne sont là que quelques exemples, parmi bien d'autres, de cette nouvelle nature *qui prend naissance dans les laboratoires.*

La biologie a, pour solide armature, un ensemble de grandes théories — théorie cellulaire, théorie chromosomique, théorie du gène, théorie de l'évolution — qui s'appuient chacune sur une masse imposante de faits, tirés de l'expérience ou de l'observation. Ces théories, qui représentent la meilleure vérité d'aujourd'hui, permettent de faire, en maintes occasions, des prévisions déductives qui se montrent le plus souvent justifiées ; mais, si précieux que lui soient de tels instruments de travail, le biologiste n'aura garde de s'en remettre aveuglément au raisonnement pour deviner ce qu'il ne connaît pas encore. Quelque vraisemblable qu'apparaisse la conséquence d'une théorie, il ne la promouvra au rang de certitude qu'après l'avoir directement vérifiée. Du fait de la complexité des phénomènes vitaux, il arrive que l'inférence logique soit en défaut, sans pour cela que la théorie soit erronée ; et c'est parfois à la faveur d'une de ces vérifications apparemment superflues que surgissent des faits nouveaux, lesquels n'auraient pu être soupçonnés par la seule vertu du raisonnement.

L'une des plus sûres leçons de la biologie est de nous montrer à la fois l'unité des grands phénomènes de la vie, et l'extrême, l'inépuisable variété de leurs manifestations. Si les grands thèmes de sexualité, de croissance, d'hérédité se retrouvent partout dans le monde organique, si, en tout être vivant, l'on retrouve des cellules, et, dans toute cellule, un noyau, des chromosomes, des gènes, en revanche, quelle n'est pas la déconcertante richesse des variations brodées par la nature ! Tel phénomène qui se montre identique en deux espèces éloignées se montrera dissemblable en deux espèces toutes proches. Quoique voisins de groupe, ces deux êtres vont réagir différemment à l'action de cette hormone ; ils différeront par le mode de fécondation, par le mode de détermination du sexe ; chez l'un, la parthénogenèse artificielle sera aisée à obtenir, chez l'autre elle sera impossible, du moins avec les agents dont on dispose ; chez l'un, le patrimoine héréditaire est sujet à des mutations relativement fréquentes, chez l'autre il est extraordinairement stable. Etc., etc.

L'étude minutieuse de cette diversité ne laisse pas d'être féconde. Pour particulier que soit un fait biologique, il n'en possède pas moins sa valeur propre ; et ce peut être par son entremise qu'on atteindra à une vérité d'ordre plus étendu.

Le biologiste est partout en pays de connaissance, mais aussi partout il doit s'attendre à l'émergence de l'inconnu.

La Biologie, comme toute science, offre un double aspect : spéculatif et utilitaire.

L'étude désintéressée des grands phénomènes de la vie répond à une curiosité qui, en certains esprits, peut aller jusqu'à la passion la plus vive, mais qui n'est, du moins à notre époque, que le privilège d'un assez petit nombre. Pour les autres, il convient de justifier, par la considération de l'utile, les efforts prodigués dans les laboratoires de recherches biologiques. S'il est relativement facile de faire admettre l'importance de ces recherches quand elles portent sur des sujets ayant quelque lien direct avec l'homme, il n'en va pas de même pour la plupart d'entre elles, où le profane serait enclin à voir un simple exercice de l'intelligence.

Lorsque, naguère, fut décerné un prix de Biologie à de remarquables travaux sur les hormones sexuelles des Puces de sable, la grande presse accueillit la nouvelle par des commentaires quelque peu narquois, témoignant un état d'incompréhension que, pour ma part, j'eusse cru dépassé.

De là qu'il existe une biologie générale, et qu'à l'intérieur de cette discipline tous les chapitres se lient étroitement, on ne peut prévoir quel sera le destin d'un fait nouveau, si menu soit-il, si éloigné qu'il paraisse de nos préoccupations utilitaires. Toute recherche biologique met en jeu les mécanismes fondamentaux de la vie. Alors même qu'il s'évertue sur un point de détail, et qu'il a lui-même, peut-être, l'impression de n'œuvrer que dans l'accessoire, le biologiste, jamais, ne déserte l'essentiel.

On ne doit pas oublier, non plus, que certains organismes — et qui sont souvent peu élevés en organisation — donnent plus de facilité à l'étude de certains phénomènes. La Mouche du vinaigre, la moisissure Neurospora *sont des objets singulièrement favorables pour l'analyse des mécanismes de l'hérédité ; les Échinodermes se prêtent à l'étude de la parthénogenèse ; les Amphibiens, à celle de la différenciation sexuelle. La connaissance biologique de l'homme fait appel à la nature entière. Combien d'animaux, voire combien de plantes, ont concouru à nous enseigner à nous-mêmes !*

Si la dette contractée par l'homme envers la biologie n'est aujourd'hui contestée par personne, on peut néanmoins douter si, en dehors du cercle des initiés, on se forme une idée convenable de la multiplicité et de la fécondité de ses applications, de la valeur de ses enseignements.

Dans les domaines de l'agriculture et de la zootechnie, c'est la biologie qui, substituant à l'empirisme de naguère des méthodes rationnelles, préside à l'amélioration progressive des plantes cultivées et des animaux domestiques. Le Maïs hybride, cette précieuse céréale dont le rôle est si considérable dans l'économie du monde moderne, est l'une de ses créations ; et si, en toute nation civilisée, s'élèvent constamment les taux de production du lait, de la viande, de la laine, des œufs, du coton, etc., il sied d'en rapporter le principal mérite à une meilleure connaissance des phénomènes d'hérédité, de sélection, de mutation.

Pour ce qui est de l'application directe à l'homme, les services rendus par la biologie apparaissent encore plus éclatants. Sans même parler de la bactériologie, issue des expériences de Pasteur sur les « prétendues générations spontanées », la médecine lui doit le développement de quelques-uns de ses chapitres fondamentaux, et, en premier lieu, de cette Génétique médicale dont le champ, déjà si vaste, n'a pas fini de s'étendre. Nous savons aujourd'hui qu'une foule de maladies et de tares humaines se transmettent régulièrement d'une génération à l'autre, comme font les caractères héréditaires qu'étudiaient Johann Mendel sur ses petits Pois et Thomas Hunt Morgan sur ses Drosophiles. Un tel savoir n'offre pas seulement un intérêt spéculatif ; il peut guider le médecin dans son diagnostic comme dans son pronostic, voire lui inspirer d'heureuses décisions.

La connaissance des lois de l'hérédité humaine a permis, en outre, de saisir le mécanisme des graves accidents que provoque, à la suite de certaines unions, l'incompatibilité sanguine entre la mère et le fœtus : d'où l'institution d'une thérapeutique efficace à laquelle on doit la survie d'un grand nombre d'enfants.

Si la biologie n'avait pas précisé la notion de mutation, conscience n'aurait pu être prise de la menace que représentent, pour le patrimoine héréditaire humain, les dangereuses radiations produites par la désintégration atomique. Ici, le biologiste, par bonheur, informe le physicien, et le met en garde contre les funestes conséquences d'un pouvoir insuffisamment contrôlé. De même, il signale au médecin le danger des rayons X et des thérapies chimiques, fauteurs de mutations et de monstruosités.

Rappellerons-nous, de surcroît, la contribution de la biologie à l'étude des hormones, au perfectionnement des techniques de greffe et de conservation des tissus. Et si nous songeons à l'avenir, n'est-ce pas d'elle encore que nous devons attendre le moyen de prévenir ou de retarder le vieillissement, de rectifier les hérédités défectueuses, de déterminer à volonté le sexe de l'enfant, de perfectionner la structure des centres nerveux ?

Du terme de « surhomme », on hésite à se servir tant il fut galvaudé, mais on ne saurait exclure la possibilité d'une amélioration structurale de notre espèce, soit que, pour l'obtenir, on recourût à des méthodes génétiques, soit que l'on agît directement sur l'organisme : déjà, certains expérimentateurs croient avoir réussi à augmenter chez l'animal le nombre des cellules cérébrales en soumettant le fœtus à un traitement approprié.

Dès maintenant, la biologie s'insinue dans la vie quotidienne. Elle fournit au droit de solides éléments d'information, en ce qui concerne l'exclusion de paternité, l'identification d'un enfant, etc. ; et, par les nouveautés qu'elle introduit au statut organique de l'être humain (greffe d'organes, insémination artificielle, conservation de la semence en vue d'inséminations posthumes, etc.), elle invite les juristes à reviser leur Code pour adapter certains textes de lois à des éventualités que ne pouvaient prévoir ceux qui les ont rédigés.

Enfin, son message ne laisse pas d'être précieux pour le sociologue, pour le psychologue, pour le moraliste, pour l'homme politique, pour le philosophe, quand elle nous enseigne qu'il n'y a pas de transmission des caractères acquis par le corps, et, par suite, que les effets de la civilisation sont impuissants à modifier directement la qualité des gènes, quand elle nous rappelle que, du seul fait de la civilisation, et eu égard à l'adoucissement de la sélection naturelle, cette qualité génétique tend à s'abaisser progressivement, quand elle révèle la stabilité des différences raciales, quand elle démontre à la fois l'unité de l'espèce humaine et l'unicité de l'individu, quand elle délimite les rôles respectifs de l'hérédité et du milieu dans la formation de la personne, quand, réintégrant l'homme dans la série animale, elle nous le présente comme l'aboutissement d'une prodigieuse histoire peut-être interminée.

La biologie est une pièce maîtresse de tout humanisme bien compris. Nulle affaire humaine qu'elle ne concerne et sur quoi elle n'ait à diriger ses lumières. De quelque façon que l'homme se considère, quelque image qu'il se fasse de lui-même, quels que soient ses ambitions, ses aspirations, ses vœux, il devra tenir compte, dans sa pensée comme dans son action, des réalités que lui indique la science du vivant, car il est, d'abord, *la colonie de cellules, la collection de gènes, l'animal supérieur qu'elle connaît en lui.*

Jean ROSTAND,
de l'Académie Française

NOTE DE L'ÉDITEUR

Ainsi que les volumes antérieurement publiés dans l'*Encyclopédie de la Pléiade,* ce livre consacré à la *Biologie* peut être utilisé comme ouvrage de référence. Chaque chapitre est terminé par une bibliographie sommaire qui orientera d'éventuelles recherches sur un sujet particulier.

A la fin du volume, le lecteur trouvera en outre un certain nombre de rubriques complémentaires qui comprennent :

1°) Un glossaire des termes couramment employés en biologie et dont les définitions sont dues à Mlle Isabelle DESPORTES.

2° Deux index des noms de taxa (un pour les animaux, un pour les végétaux), dans lesquels sont répertoriés tous les groupes cités, depuis les embranchements jusqu'aux genres et espèces. Suivant l'usage établi dans les ouvrages de sciences naturelles, lorsque plusieurs espèces nommées consécutivement appartiennent à un même genre, la première indique le nom du genre en toutes lettres, les suivantes mentionnent seulement son initiale. Si un taxon fait l'objet d'une figure, le numéro de la page est indiqué en chiffres italiques. Dans le cas d'un long développement sur un même taxon, on a indiqué seulement les numéros des pages extrêmes.

3° Un index alphabétique des matières dans lequel sont répertoriés les sujets et notions biologiques les plus fréquemment étudiés.

4° Une table analytique des matières.

5° Une table des illustrations qui ont été dessinées par Mme Françoise LUCAS-TONNELAT et par M. Jean GAY.

6° Une table générale.

LISTE DES COLLABORATEURS

MM. Marcel ABELOOS, Max ARON, J. J. BOUNHIOL, Lucien CHOPARD, A. DAUVILLIER, L. GALLIEN, *de l'Institut,* M. D. GRMEK, Raymond HOVASSE, Pierre LÉPINE, *de l'Institut,* Raoul-Michel MAY, Georges MOREL, Jean PIVETEAU, *de l'Institut,* Jean ROSTAND, *de l'Académie Française,* Mlle Andrée TÉTRY, M. Étienne WOLFF, *de l'Institut.*

LA CYTOLOGIE GÉNÉRALE

SUR notre globe terrestre, issu il y a quatre ou cinq milliards d'années, de la condensation d'une nébuleuse primitive, il s'est produit un phénomène extraordinaire, qui se poursuit sans cesse depuis quelque deux milliards d'années, et que nous appelons *la vie*.

Il a comme substratum une matière particulière, la matière vivante, qui, par ses propriétés complexes, s'oppose à la matière minérale. Discontinue, en effet, dans l'espace, où elle se répartit en une énorme quantité de masses distinctes, organisées, de toutes dimensions, et dont chacune est un individu, elle est continue dans le temps grâce au fait que chaque individu peut, à partir d'un germe issu d'un autre individu préexistant et qui le continue, se fabriquer lui-même, plus ou moins directement aux dépens des éléments minéraux du sol, de l'air et de l'eau.

Une science fondamentale, la *Biologie,* a pour but son étude générale. Elle la conduit selon deux directions : en cherchant d'une part à connaître les formes et à en établir une représentation visuelle; en s'efforçant d'autre part d'en comprendre les mécanismes et les fonctionnements.

Mais, la multiplicité des êtres vivants est, pour ainsi dire, infinie : une partie de la Biologie, dite *Biologie générale,* doit alors chercher à obtenir une vue synthétique de la matière vivante, abstrayant toutes les différences de détail, et ne gardant que l'essentiel. Elle a abouti ainsi, au moins sur le plan morphologique, au concept de *Cellule*.

Il est aujourd'hui banal de dire que « tout organisme est fait de cellules » ou que « la cellule est l'unité de forme des êtres vivants ». Ces phrases, familières à tout biologiste, énoncent ce que l'on appelait, il y a un siècle, la *théorie cellulaire* résumant alors l'aboutissement d'un effort d'analyse poursuivi pendant près de deux cents ans. C'est, en effet, en 1667 que fut pour la première fois vue et représentée par Robert Hooke « la cellule » *(fig. 1),* tandis que la proclamation de la théorie explicative, par Schleiden et Schwann, date seulement de 1837.

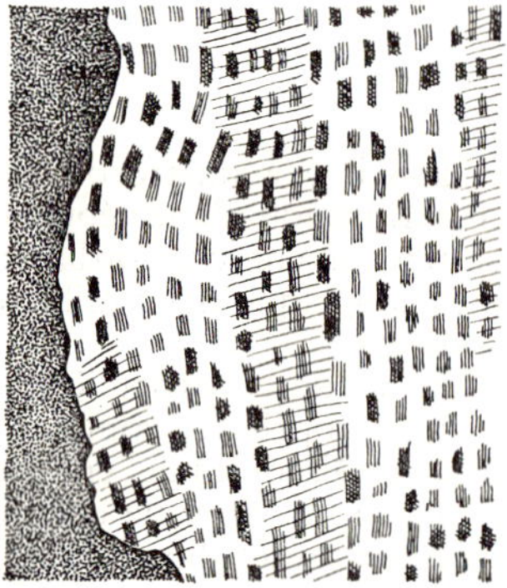

Fig. 1 — La cellule vue par Hooke.

Figure de Robert Hooke représentant la surface d'une coupe dans un morceau de liège (empruntée à Henneguy).

Cent vingt-six ans après ce dernier événement, on ne peut pas encore dire que la science de la cellule ou *Cytologie,* premier chapitre de la Biologie générale, et que nous nous proposons d'exposer, soit parvenue à son terme : c'est au contraire, un édifice qui se construit et se complète sans cesse, sans que l'achèvement en apparaisse encore proche.

La cytologie traite, en effet, d'une substance que notre œil ne peut résoudre directement; il lui faut l'aide d'instruments capables de prolonger, en direction de l'infiniment petit, nos données sensorielles insuffisantes, et de nous permettre ainsi une représentation visuelle d'un réel normalement invisible. Elle se trouve donc assujettie aux instruments mis à sa disposition par les physiciens.

La plupart des cellules sont invisibles à la loupe; le microscope composé parvient à nous les faire reconnaître. Mais, depuis sa découverte, un peu antérieure à l'année 1600 *(fig. 2),* et jusqu'aux environs de 1880, il a dû sans cesse être perfectionné. Ce n'est que depuis cette dernière date, à partir de laquelle il s'est rapproché de la perfection théorique *(fig. 3),* qu'une véritable science a pu être basée sur ses données. Elle n'a cessé de se développer jusqu'à nos jours, édifiant parmi nos connaissances un vaste palier caractérisé par la description et par l'étude des *organites cellulaires.*

Le point de vue morphologique est ici le premier qui ait été envisagé : il permet néanmoins souvent une explication des fonctionnements.

Or, un nouvel instrument, le microscope électronique, qui, par rapport à son prédécesseur optique, accuse au moins le même progrès que ce dernier par rapport à la loupe, vient d'être commercialisé, et ainsi répandu dans tous les pays du monde *(fig. 4* et *fig. 5)*.

La cytologie voit ainsi brusquement s'élever son horizon vers un autre palier au niveau duquel se dessinent cette fois des ultrastructures, disposition de groupements moléculaires, ou amas de macromolécules, éléments constitutifs des organites découverts antérieurement. On ne parvient pas encore à reconnaître individuellement toutes les molécules, aussi peut-on prévoir déjà, par-delà ce nouveau palier, un troisième lié à de nouveaux perfectionnements des microscopes électroniques ou à un nouveau type d'appareil, et qui nous permettra d'accéder couramment aux molécules et aux atomes.

En somme, les possibilités de la cytologie s'établissent en fonction des instruments dont elle peut disposer.

Mais, l'instrument étant donné, quelle qu'en soit la qualité ou la puissance, il faut, pour l'utiliser au mieux, que soient réalisées des techniques particulières, presque toujours empiriques, de mise au point longue et difficile. Les résultats bruts ont ensuite à être interprétés et intégrés dans l'ensemble de la science.

Voyons, avec quelques détails, comment a progressé cette science depuis le début du siècle dernier.

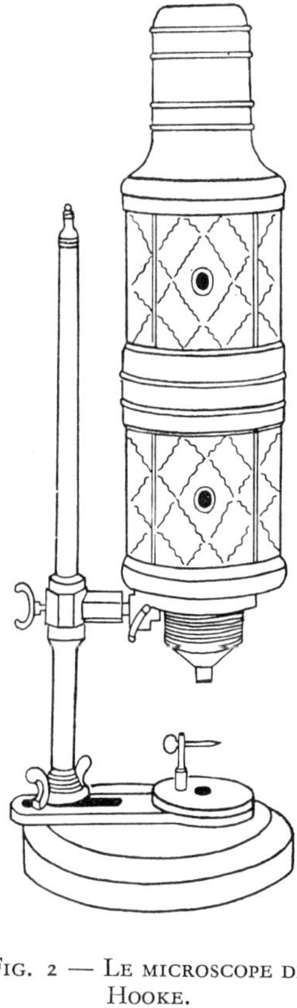

FIG. 2 — LE MICROSCOPE DE HOOKE.

D'après une photographie d'Endeavour.

Le microscope optique a cessé d'être une curiosité pour devenir un instrument de précision : sa construction mécanique a été considérablement perfectionnée, tandis que l'on améliorait ses lentilles. L'étude théorique de

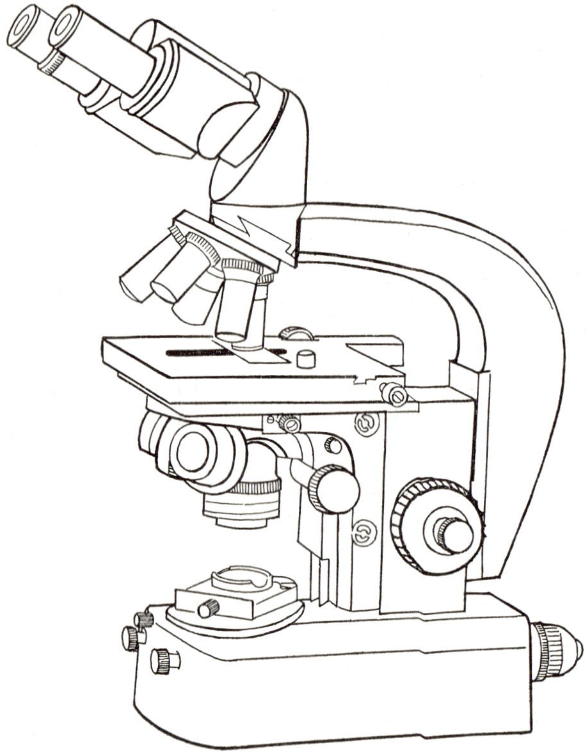

FIG. 3 — UN MICROSCOPE MODERNE AVEC PLATINE À CHARIOT, REVOLVER ET OCULAIRES INCLINÉS.

celles-ci a conduit les physiciens à la connaissance de leurs diverses aberrations, qui ont été compensées ou supprimées. Un stade essentiel a été marqué par la réalisation des objectifs dits « à immersion homogène »,

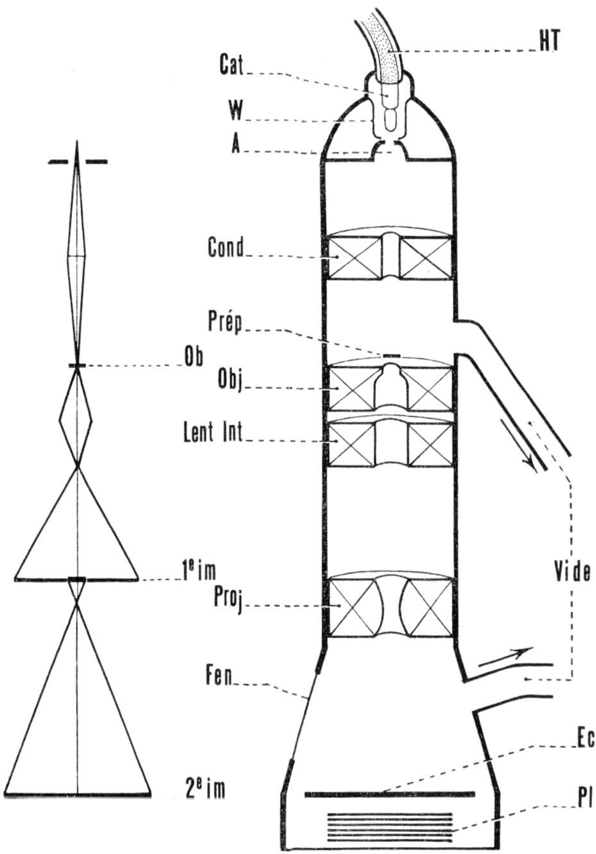

FIG. 4 — MICROSCOPE ÉLECTRONIQUE.

À droite, schéma de principe. À gauche, schéma de la marche du faisceau électronique. *A,* anode; *Cat,* cathode source d'électrons; *Cond,* lentille servant de condenseur; *Ec,* écran où apparaît la deuxième image; *Fen,* fenêtre d'observation qui permet d'observer cette image; *HT,* arrivée du courant haute tension, alimentant la cathode; 1e *im,* 2e *im,* première et deuxième images de l'objet; *Lent Int,* lentille intermédiaire, qui, associée à l'objectif, fournit la première image; *Ob,* objet; *Obj,* lentille objectif; *Pl,* plaques photographiques qui sont impressionnées, l'écran étant éclipsé; *Proj,* lentille projectif qui agrandit la première image et forme la deuxième; *Vide,* canalisations se rendant aux pompes à vide; *W,* Wehnelt, dispositif aidant à la focalisation des électrons.

c'est-à-dire utilisés après intercalation d'une goutte d'huile ayant même indice de réfraction que le verre, entre la préparation à examiner et la lentille frontale de l'objectif.

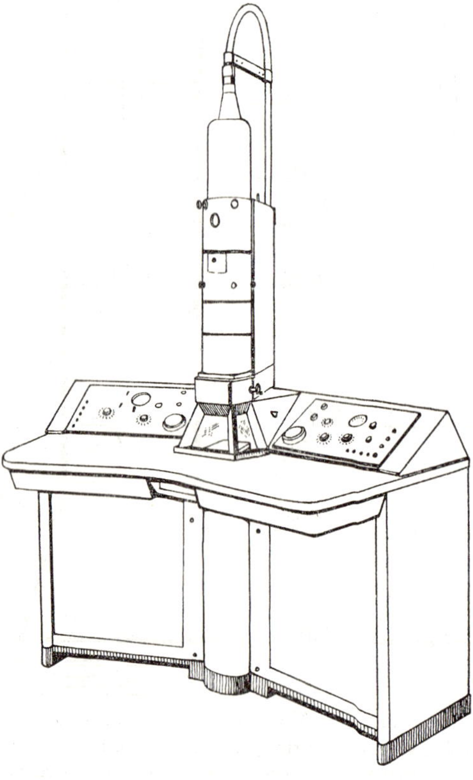

FIG. 5 — MICROSCOPE ÉLECTRONIQUE D'UN TYPE USUEL.

À noter, en haut, le câble d'alimentation en haute tension.

Sous l'impulsion du physicien D'Abbe, on a ainsi pu atteindre la meilleure résolution que permette de prévoir la théorie.

Étant donné, en effet, la nature vibratoire des radiations de la lumière visible, et leur longueur d'ondes, voisine de 4 000 Å (1 Å = 0, 0001 micron, 1 micron = 0,001 mm), la physique démontre que pour tout appareil utilisant ces ondes, il existe une limite du pouvoir séparateur, sensiblement égale à 0,2 μ. C'est-à-dire qu'un instrument théoriquement parfait, doit donner une image distincte de deux points éloignés l'un de l'autre de cette distance. Par contre, il ne permettra pas de distinguer l'un de l'autre deux points plus rapprochés. Les meilleurs objectifs des microscopes actuels atteignent facilement cette limite. On sait même la diminuer de moitié, en utilisant des radiations ultraviolettes dont la longueur d'ondes est sensiblement de 2 000 Å. Mais, l'U.V. est arrêté par le verre : son emploi exige donc des microscopes spéciaux, à lentilles faites de quartz, qui laissent passer ces radiations, ou encore des microscopes beaucoup plus particuliers, dits à réflexion, parce que leurs lentilles sont remplacées par des miroirs.

En outre, l'œil ne perçoit pas l'U.V. : il faut lui substituer une plaque photographique. L'emploi de ces appareils est ainsi particulièrement limité.

Mise à part cette possibilité intéressante, la limite théorique existe pour tous les instruments d'optique utilisés communément au laboratoire, même s'ils mettent en œuvre de nouvelles propriétés. Le microscope polarisant, le microscope à fluorescence, l'ultramicroscope, le microscope à contraste de phases, tous devenus instruments communs du laboratoire de biologie, apportent dans de nombreux cas particuliers de multiples facilités à l'observateur, lui permettant de distinguer beaucoup mieux certains détails, mais sont toujours liés à la même limite fatidique du pouvoir séparateur.

Le microscope électronique vient alors prendre, en quelque sorte, le relais de ces appareils optiques. Il utilise non plus les vibrations lumineuses, mais celles que l'on sait, grâce à L. de Broglie, être associées aux électrons. Ceux-ci, grains d'électricité négative, accélérés par une différence de potentiel connue, par exemple 50 000 volts, possèdent une longueur d'onde associée très petite, de l'ordre de grandeur de quelques fractions d'angström. Si l'on applique à ce mouvement vibratoire les règles qui ont permis d'établir la limite du pouvoir séparateur du microscope optique, on peut calculer une limite théorique du pouvoir séparateur en microscopie électronique : elle se rapproche du dixième d'angström, c'est-à-dire qu'elle est en dessous des dimensions de l'atome d'H.

Malheureusement, ce pouvoir séparateur limite reste et restera encore longtemps théorique : les lentilles électroniques présentent en effet des aberrations, que l'on ne peut aujourd'hui toutes corriger. A l'heure actuelle, il n'existe pas de microscope du nouveau type dont le pouvoir séparateur réel s'abaisse en dessous de 6 Å. Avec les appareils courants, utilisables facilement à des fins biologiques, on ne peut même descendre en dessous de 20 Å.

Il n'en est pas moins vrai que, malgré cette imperfection théorique, ces appareils permettent déjà de distinguer des objets cent fois plus petits que ceux qui sont à la limite de résolution du microscope optique. On imagine sans peine l'immense intérêt qu'ils présentent pour la cytologie.

Quels que soient ces appareils, optiques ou électroniques, une fois reçus des mains du physicien par le biologiste, celui-ci ne peut immédiatement les utiliser sans la mise au point de techniques d'emploi.

Celles du microscope optique sont parvenues à une grande perfection, qu'expose toute une littérature spécialisée, permettant à chaque observateur de bénéficier des essais et des tours de main de ses devanciers de tous pays.

A côté des observations dites vitales, portant directement sur des cellules vivantes, ou précédées de colorations artificielles effectuées à l'aide de teintures reconnues inoffensives pour les cellules, au moins pour un temps, on a appris à étudier la matière vivante tuée avec le minimum de modifications de ses structures. Un premier temps est la « fixation », procédé purement empirique consistant à traiter les cellules par des liquides qui en coagulent la substance. La pièce fixée est ensuite « incluse », c'est-à-dire intimement imprégnée d'une substance relativement dure à la température ordinaire, telle que la paraffine. Un appareil spécial, le microtome, voisin de celui qui, dans l'office des charcutiers, sert à obtenir des tranches de jambon, peut alors débiter l'inclusion en coupes dont l'épaisseur varie entre trois et dix microns selon les buts proposés. Les coupes sont étalées et collées sur des lames de verre et transformées en préparations permanentes, généralement après avoir été soumises à diverses colorations ou analyses.

Des techniques spéciales d'inspiration chimique, relevant d'une spécialité particulière, l'histochimie, ou bien d'inspiration physique, telles que la spectrographie ou la photographie, peuvent permettre de préciser certains résultats, ou renseigner sur la composition chimique, ou la nature physique des cellules ou de leurs constituants.

Devenant ainsi de plus en plus dépendante de la physique et de la chimie, la cytologie s'est compliquée, mais a beaucoup progressé dans le sens de l'exactitude et de la précision.

Cette dernière qualité ne peut cependant être obtenue que grâce à une critique très stricte des résultats obtenus. Le cytologiste doit se demander si les images qui lui apparaissent par l'intermédiaire d'un appareillage spécial, après des traitements chimiques variés, sont bien la traduction fidèle de la réalité.

Il lui faut donc discuter les résultats, d'autant plus qu'ils varient parfois dans une certaine mesure d'un observateur à l'autre. Il ne doit rien accepter sans contrôles : sur un même matériel il utilise alors des techniques différentes, et compare les résultats obtenus. Une bonne observation sur le vif, avec le minimum de technique, peut lui servir aussi de référence.

Quand tous les résultats concordent, — on dit communément : convergent, — alors seulement il peut estimer qu'il est demeuré dans le domaine du réel, et que les images qu'il voit n'ont pas été créées par ses manipulations, que ce ne sont pas des « artefacts ».

On retrouve les mêmes servitudes avec le microscope électronique, mais ses techniques d'utilisation ont bénéficié dans une large mesure de celles mises au point pour l'appareil optique : l'apprentissage de l'instrument par les biologistes a été réduit à une dizaine d'années de tâtonnements.

L'appareil nécessite l'observation dans une enceinte soumise à un vide assez poussé : 10^{-3} à 10^{-5} mm de Hg. Il en résulte qu'il ne permet d'étudier que des objets bien desséchés. Par suite l'étude sur le vif est, avec lui, pratiquement impossible. D'autre part, les électrons n'ont qu'un pouvoir de pénétration très réduit : avec les tensions d'accélération usuelles, ils ne peuvent traverser que de minces couches de matière. Si l'on augmente les tensions, la pénétration est meilleure, mais la préparation se détruit très vite. Au début de l'utilisation, on se bornait à examiner des frottis très étalés. Ils étaient toujours trop épais, et les renseignements obtenus sur la matière vivante tout à fait rudimentaires : ils ont conduit à des interprétations douteuses sinon fausses. On a eu alors recours à la méthode des coupes après inclusions, d'abord dans des paraffines très dures, enfin dans diverses matières plastiques plus ou moins dures : méthacrylates, araldite, épon.

Ces dernières, coupées dans des microtomes spéciaux, avec des couteaux de verre ou d'acier particulièrement affutés, ou encore de diamant, ont permis d'obtenir des sections très fines, dont l'épaisseur atteint, par exemple, 200 Å et que l'on pourra alors observer, avec ou sans coloration préalable.

Dans ces conditions, les résultats obtenus deviennent bons, généralement : ils ont permis dès maintenant une première exploration rapide du secteur nouveau de l'infiniment petit que laissent promettre les propriétés de l'instrument.

Mais, là encore, plus même qu'en microscopie optique, étant donné la puissance plus grande des moyens mis en œuvre, le danger des artefacts est grand. Une critique sévère des images obtenues est indispensable. Elle est facilitée cependant par ce fait que l'observation directe a perdu une partie de son importance : elle se borne à un examen rapide des préparations et au choix des emplacements intéressants, dont l'aspect est aussitôt fixé par la photographie.

L'émulsion photographique se substitue à notre rétine avec avantage. Le cliché obtenu est ensuite généralement agrandi, puis étudié, discuté et interprété par tous les biologistes qu'il intéresse. Ainsi peuvent facilement se corriger et s'éliminer les erreurs, au moins, celles dues aux interprétations, ce qui laisse prévoir, pour cette cytologie nouvelle, un cheminement plus aisé et plus droit.

L'avènement du microscope électronique n'a pas fait le tort que l'on pourrait imaginer à son prédécesseur optique : bien au contraire. Au cours des dix dernières années, ce dernier a manifesté un véritable renouveau, surtout grâce à l'introduction du contraste de phases. Ce dispositif, d'utilisation très facile, en accentuant le contraste entre les organites cellulaires, permet de suivre sur le vif leurs modifications en fonction du temps, sans nécessiter l'emploi d'aucun réactif : on respecte ainsi au maximum la vitalité des cellules examinées. A condition que leur transparence soit bonne, il est possible de les voir vivre, de réaliser même la prise automatique de films, soit en conditions naturelles, soit en modifiant celles-ci dans un but expérimental.

On peut ainsi connaître et démontrer avec toutes les précisions voulues le comportement des constituants cellulaires en pleine vie des éléments.

Il est évident que le développement de ces procédés supprime la part d'équation personnelle toujours présente dans les observations anciennes : il en résulte un grand pas de plus vers la vérité, but commun de toutes les sciences.

Les progrès de l'optique fût-elle électronique ne sont pas seuls à retentir sur ceux de la cytologie : la découverte et l'utilisation des marqueurs radioactifs lui ont en effet permis, depuis une douzaine d'années, d'acquérir d'importantes notions sur les fonctionnements cellulaires.

Ces corps, isotopes radioactifs de H, C, ou P, sont incorporés dans une molécule dont on veut connaître les déplacements dans l'organisme, puis introduits dans celui-ci généralement par voie alimentaire. La molécule marquée a acquis la propriété d'impressionner les émulsions photographiques : les cellules étant débitées en coupes, selon la méthode exposée plus haut, il suffit de recouvrir celles-ci d'un film de gélatino-bromure d'argent, et de les examiner ensuite au microscope optique : le corps marqué aura réduit l'argent au point précis où il se trouve.

L'emplacement de la molécule, au moment de la fixation, se trouve ainsi établi. Si une série de ces « histo-radiogrammes » est réalisée dans le temps elle permettra de suivre la molécule étudiée et parfois d'en comprendre le métabolisme.

Ce chapitre expose les résultats obtenus par la cytologie : il est consacré à l'étude de la cellule et de ses constituants. Mais il lui faut tout d'abord apporter la justification de l'identité que pose la « théorie cellulaire » entre matière vivante et cellule. Avant donc d'apprendre à connaître cette dernière, nous avons à nous demander si la théorie cellulaire est bien l'expression la meilleure de la réalité, et à confronter ainsi ses affirmations avec les faits.

Notons, en outre, que la cellule se définit comme une petite masse de substance vivante, ou *protoplasma,* limitée par une *membrane,* et centrée par un globule réfringent, le *noyau;* que l'on nomme, d'autre part, *cytoplasma* la portion protoplasmique comprise entre le noyau et la membrane.

LA THÉORIE CELLULAIRE ET LES FAITS

TISSUS CELLULAIRES ET PLASMODES

Tout organisme est constitué, admet la théorie cellulaire, soit par une cellule unique, soit par un groupement plus ou moins complexe de cellules, selon qu'il s'agit respectivement d'un Protiste, d'un Métazoaire ou d'un Métaphyte. C'est bien effectivement ce qui a été démontré par les patientes recherches micrographiques réalisées depuis plus de deux siècles sur les êtres vivants.

Toute plante est un ensemble organisé de cellules, le plus souvent d'allure tout à fait schématique, car elles sont enserrées dans une enveloppe semi-rigide de cellulose *(fig. 6)* : dans un jeune tissu, ce sont des éléments polyédriques par pression réciproque, ou tendant vers la forme sphérique quand ils sont isolés; sur des tissus âgés, différenciés, la forme varie quelque peu, les éléments tout en conservant une forme géométrique, étant le plus souvent allongés selon une direction particulière; quelquefois les cellules sont bifurquées, ramifiées ou même étoilées.

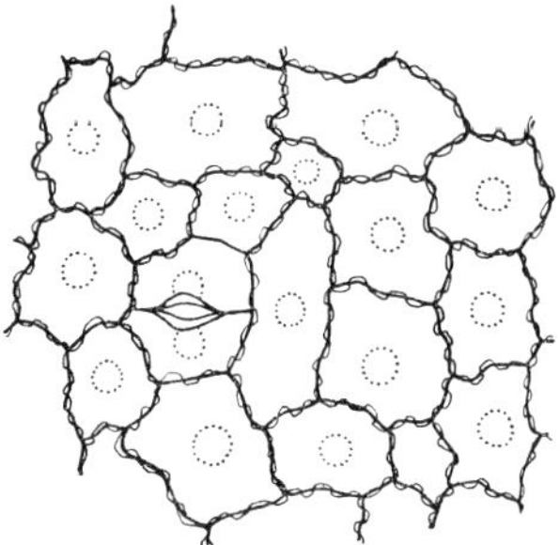

FIG. 6 — TISSU VÉGÉTAL.

Vue en surface de l'épiderme d'une feuille de *Lemna;* on devine les noyaux et un stomate.

Telles sont souvent en particulier les fibres, ou certaines cellules sécrétrices, comme les éléments laticifères des Euphorbes, beaucoup de poils, ou les

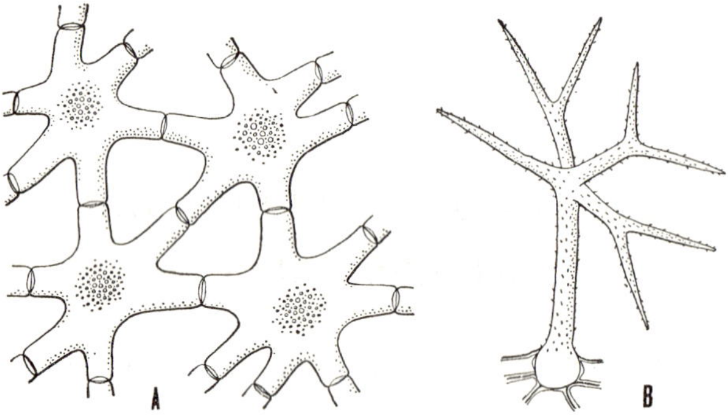

FIG. 7 — CELLULES VÉGÉTALES ABERRANTES.

A, tissu lacunaire chez *Sparganium* (imité de Chodat). B, poil de l'épiderme de la feuille d'*Iberis sempervirens*.

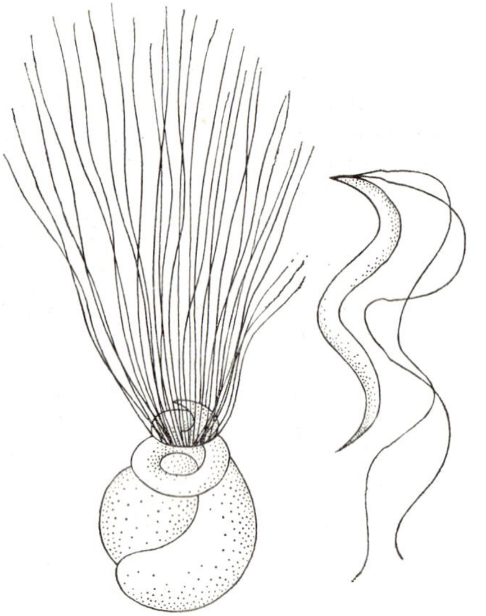

FIG. 8 — DEUX ANTHÉROZOÏDES.

À gauche, anthérozoïde d'une Fougère; à droite, anthérozoïde d'un *Sphagnum*.

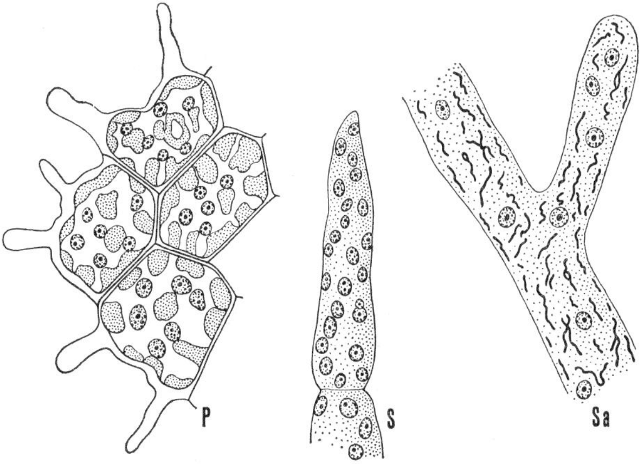

FIG. 9 — STRUCTURES CÉNOCYTIQUES VÉGÉTALES.

P, cellules d'un *Pediastrum* avec chloroplastes et noyaux; *S*, suspenseur d'un embryon d'*Orobus* (imité de Guignard); *Sa*, fragment de Thalle d'un *Saprolegna*. Noyau et mitochondries (image de Guilliermond).

FIG. 10 — TISSU ANIMAL.

Épiderme d'un têtard de Grenouille, vue en surface. Cellules épithéliales, une cellule pigmentaire.

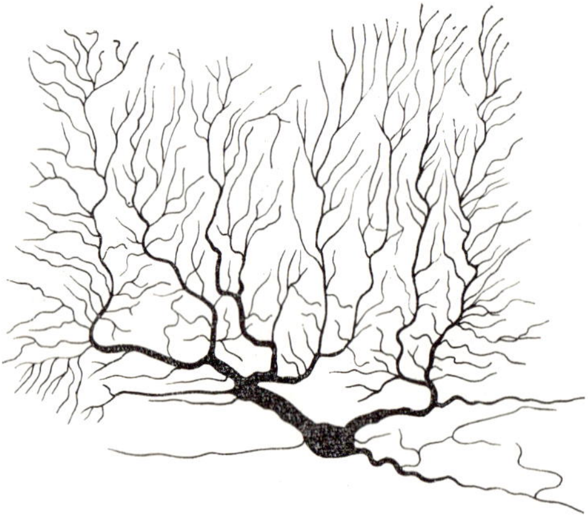

FIG. 11 — CELLULE DE PÜRKINJE.

Une cellule animale compliquée, du cervelet (image de Kölliker).

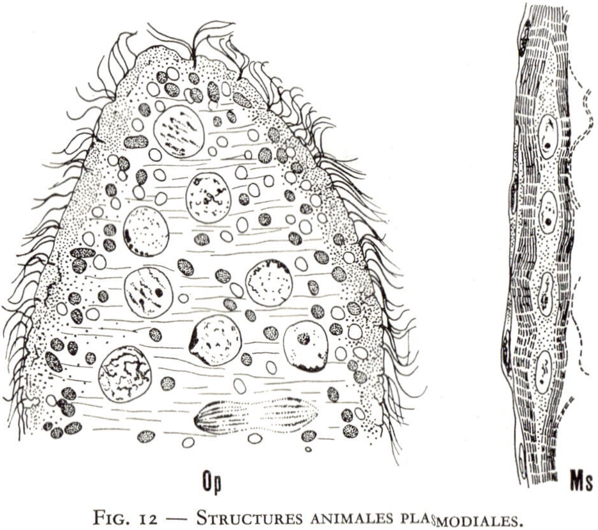

FIG. 12 — STRUCTURES ANIMALES PLASMODIALES.

Op, coupe dans *Opalina ranarum :* noyaux au repos ; en prophase et en anaphase ; grains de réserve. Fibres unissant les deux parois. *Ms,* coupe d'une fibre musculaire striée, têtard de Grenouille. La colonne de noyaux occupe ici l'axe de la fibre.

cellules du tissu lacunaire des Joncs *(fig. 7)*. Même les cellules reproductrices du sexe mâle, malgré leur spécialisation extrême pour des cellules végétales, s'écartent relativement peu des formes régulières, mis à part quelques anthérozoïdes mobiles, tels que ceux des Mousses, des Fougères *(fig. 8)*, ou de quelques Gymnospermes.

Chez les Algues pluricellulaires et les Champignons, les cellules se reconnaissent tout aussi bien, également polyédriques, ou cylindriques, et alors souvent disposées bout à bout en filaments simples ou ramifiés. Il arrive parfois cependant que l'on n'y voit pas de cloisons cellulaires : tel est, parmi les Algues, le cas des Siphonales, et, parmi les Champignons, celui des Phycomycètes *(fig. 9)*.

Chez les animaux, les cellules peuvent se reconnaître tout aussi schématiquement quand elles forment des lames *(fig. 10)*, ou des tissus massifs, comme dans les glandes. Elles ont alors des formes géométriques, mais des contours moins soulignés que celles du règne végétal, car elles sont généralement nues. Très souvent, elles sont isolées les unes des autres, baignées par une masse fondamentale commune. Il arrive qu'elles y soient mobiles, s'unissant parfois aussi les unes aux autres par des prolongements, temporaires ou permanents. Leur forme peut parfois atteindre une complexité extraordinaire, comme dans les éléments nerveux, et parmi eux, dans ces cellules de Pürkinje du cervelet des Mammifères aux arborisations si nombreuses *(fig. 11)*. On reconnaît néanmoins toujours, sans difficulté, des cellules indépendantes, le plus souvent faciles à isoler par macération, ou simple dilacération.

Par contre, si l'on traite de la même façon le tissu de nos muscles striés, on ne sépare plus de cellules, mais des fragments d'une structure très différente de celle des cellules, et qui sont les myofibrilles *(fig. 12)*.

Leur étude plus précise montre que ce sont des parties détachées d'une fibre musculaire, ensemble polynucléé, qui n'est pas sans analogie avec l'exemple cité plus haut des Siphonales et des Phycomycètes. Il ne semble plus s'agir de cellules, aussi donne-t-on à ces ensembles les noms de *plasmodes*, de *syncytiums*, ou encore de *cénocytes* : ils ne sont pas rares, depuis les Protistes jusqu'aux êtres supérieurs. A titre d'exemple, citons ceux des Myxomycètes, des Myxosporidies, des Opalines, de certains

Péridiniens (*fig. 12* et *fig. 13*). Dans le groupe des Vers, les Rotifères n'ont pas, chez l'adulte, de cloisons cellulaires perceptibles. Il se forme aussi des syncytiums à l'état physiologique dans certaines parties du placenta des Mammifères, organe transitoire. A l'état pathologique certaines cellules géantes des tubercules, les mégacaryocytes, sont des plasmodes.

Ces faits ont été opposés à la théorie cellulaire : il semble bien que l'on en ait exagéré l'importance. Tous ces plasmodes n'ont du reste pas la même valeur : la plupart se forment par défaut de cloisonnement cellulaire, bien que la croissance cytoplasmique ait été normale. L'absence de membranes intercellulaires peut alors n'être que momentanée : la formation des cellules dans l'albumen des plantes à fleurs en constitue un exemple classique dans lequel le cloisonnement est considérablement retardé par rapport à la multiplication des noyaux.

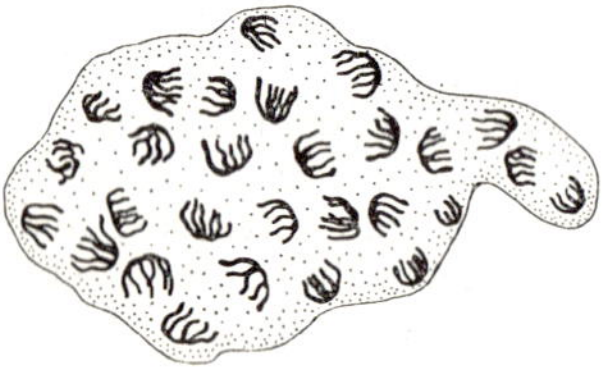

Fig. 13 — *Syndinium turbo.*

Plasmode chez un Protiste Péridinien (image de Chatton).

Cherchant à analyser ces phénomènes, les expérimentateurs sont parvenus à arrêter la formation de membranes au cours de la segmentation chez des œufs de types variés (Oursin, Chétoptère, *Ascaris*), et sans modifier la multiplication nucléaire. Lillie est même parvenu à obtenir la différenciation des diverses régions de certaines larves de Chétoptère malgré l'absence des membranes. Les facteurs mis en œuvre ont été variés, depuis de simples conditions asphyxiques jusqu'à des modifications de température. L'action du facteur actif externe venant à être suspendue, le cloisonnement peut ensuite apparaître, comme une sorte d'épiphénomène.

D'autres plasmodes se forment dans un tissu cellulaire normal par disparition des cloisons : on parle plus spécialement alors de syncytiums (Rotifères).

L'organisation des plasmodes n'est pas du tout quelconque : il y a sensiblement équipartition des noyaux à travers la masse, chacun d'eux étant entouré d'une quantité de cytoplasma périphérique sensiblement la même partout, comme si le noyau disposait d'une zone d'influence particulière, qui, par ses dimensions, correspond très sensiblement à celle qui entoure le noyau des cellules normales.

Les relations entre noyau et cytoplasma ambiant sont particulièrement nettes dans de gros Protistes marins, du groupe des Péridiniens, les *Polykrikos.* Ce sont des organismes dont les plus gros sont visibles à l'œil nu, et comportent une masse protoplasmique commune avec généralement quatre noyaux; l'ensemble se meut grâce à un double système synchronisé de flagelles, les uns axiaux, les autres hélicoïdaux. A chaque noyau correspond le même nombre de ces flagelles (quatre chez *P. Schwartzi*), qui lui sont reliés par des fibrilles protoplasmiques. Ce plasmode est ainsi sensiblement l'équivalent de quatre cellules normalement disposées en file, et dépourvues de cloisons mitoyennes *(fig. 14,* voir aussi *fig. 22).*

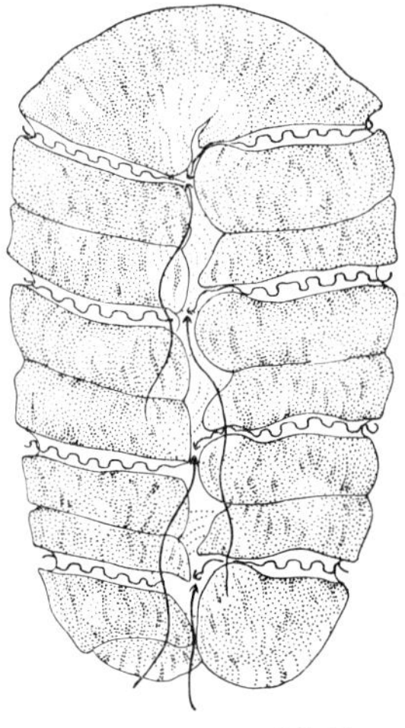

FIG. 14 — *Phaeopolykrikos Beauchampi.*

Individu tétraénergide : quatre noyaux, quatre systèmes flagellaires, chacun avec un flagelle hélicoïdal ceinturant l'organisme, et un flagelle axial. Dans le cytoplasme, chloroplastes et sphères de réserve adipeuses, (image de Chatton).

Comme on sait que dans un massif cellulaire habituel, les membranes intercellulaires ne se comportent pas comme des murs étanches, mais, bien au contraire, permettent les échanges, facilités même parfois par des perforations, le plasmode peut être considéré comme une sorte de cas extrême, dans lequel les perforations seraient devenues prédominantes.

Le botaniste Sachs a désigné, dans les cas analogues, l'ensemble d'un noyau et de la zone cytoplasmique qui l'entoure par le terme d'*énergide* (1892). Il désirait, dans un but de généralisation, de portée surtout physiologique, substituer ce terme à celui de cellule. Il n'a pas été suivi : néanmoins, le terme créé est commode dans la pratique. On dira, par exemple, que *Polykrikos Beauchampi* est un être tétraénergide *(fig. 14)*.

Il ne semble cependant pas que l'existence de ces organismes, pas plus que celle des tissus plasmodiaux, batte réellement en brèche la théorie cellulaire.

L'état plasmodial n'est qu'une déviation du dispositif cellulaire normal : s'il s'est réalisé relativement peu dans les êtres vivants, c'est qu'il présente un désavantage évolutif par rapport à l'état cloisonné. S'il paraît plus avantageux pourtant au point de vue des échanges entre éléments, cela ne compense pas son infériorité mécanique. Le système de cloisons segmentant une matière vivante semi-liquide, lui confère une rigidité qui fait généralement défaut aux masses de taille analogue, mais non segmentées : c'est grâce aux systèmes polycellulaires que les organismes ont pu se dégager du milieu aquatique primitif, de densité sensiblement analogue à la leur, et se dresser dans le milieu aérien, à très faible densité. En effet, aucun organisme unicellulaire, quelle qu'en soit la masse, n'a pu y parvenir, et si quelques plasmodes sont bien aériens — telle une partie des Myxomycètes — ils rampent sur divers substratums, et ne peuvent s'élever qu'en se cloisonnant.

THÉORIE CELLULAIRE ET FORMES INFÉRIEURES DE LA VIE

(VIRUS, PHAGES ET RICKETTSIA)

On a opposé récemment à la théorie cellulaire l'existence d'êtres qui n'ont pas les caractéristiques ordinaires des cellules, bien que présentant au moins en partie les attributs normaux de la vie.

La cellule doit son existence reconnue au microscope optique : par une coïncidence au moins curieuse, il se trouve que l'immense majorité des constituants des êtres vivants semble se situer à l'intérieur des possibilités exploratrices de cet instrument. Néanmoins, on connaît de très petits organismes microscopiques, des bactéries, dont le diamètre est inférieur au micron.

Or, nous avons vu que les meilleurs microscopes

optiques ne permettent pas de distinguer deux points dont l'intervalle est inférieur à 0,2 μ : il serait extraordinaire que cette limite coïncide avec celle de la vie.

Effectivement, il est aujourd'hui démontré qu'il existe des organismes dont la taille se trouve inférieure à cette limite, qui sont invisibles au microscope habituel, mais que l'appareil électronique permet de voir et d'étudier. On est surtout renseigné sur ceux de ces petits êtres dont la présence se manifeste par des effets pathologiques.

Ce sont tout d'abord les *Virus,* agents de diverses maladies affectant soit les plantes, soit les animaux, et qualifiés aujourd'hui de viroses.

Une des plus anciennement étudiée est la *mosaïque du Tabac,* observée dès 1857 par Swieten, et dénommée ensuite par H. E. Mayer (1886) *(fig. 15).* Elle présente certains caractères d'une maladie bactérienne, mais dont l'agent est strictement invisible au microscope optique. On constate qu'il parvient à traverser les filtres de porcelaine; on donne alors le nom de *virus filtrant* à la cause supposée de l'infection, et des infections analogues. Il en existe un nombre imposant, même dans le règne animal : la grippe, la variole, la rage, la poliomyélite, la fièvre aphteuse, le sarcome de Rous (tumeur transmissible des Oiseaux), en constituent les plus communs des exemples.

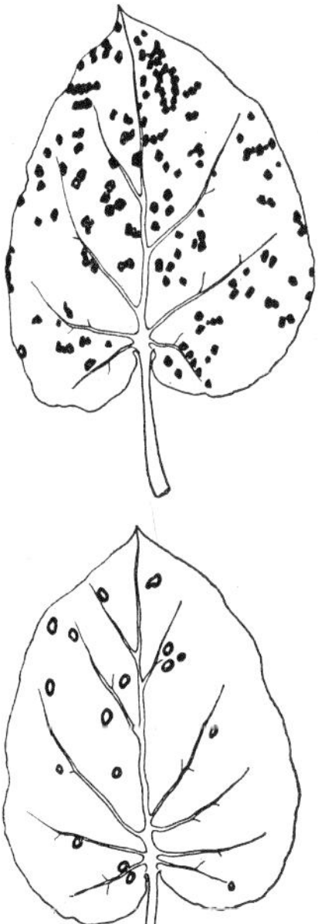

FIG. 15 — MOSAÏQUE DU TABAC.

Feuilles de *Nicotiana glutinosa* atteintes de mosaïque expérimentale : deux états d'infestation, (image d'Holmes).

Aux idées anciennes qui voyaient dans l'agent infectieux une substance liquide, s'est substituée la certitude d'un agent corpusculaire, dont les méthodes nouvelles ont permis d'estimer la taille. Les ultrafiltres, pellicules de collodion criblées de pores, desquels on peut aisément calculer le diamètre, permettent de fixer pour chacun d'eux une limite maximum de taille. Selon les virus, celle-ci s'échelonne entre 120 et 2 000 Å. La dernière taille correspond à la limite

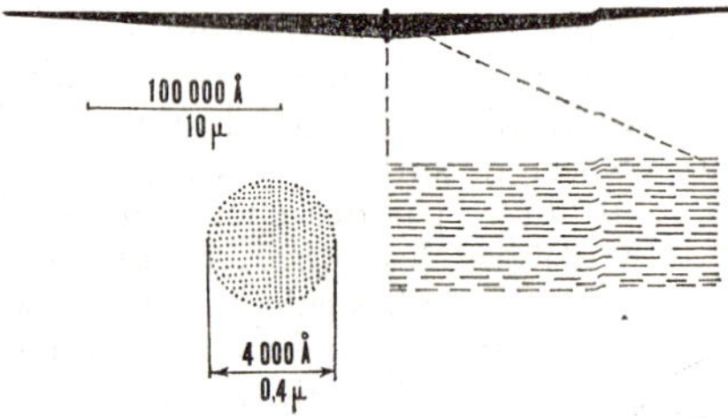

FIG. 16 — CRISTAUX DE STANLEY.

Leur structure, d'après l'étude aux rayons X, par Bernal et Fankuchen.

du pouvoir séparateur du microscope optique, et, effectivement, ces gros virus, par exemple celui de la variole, peuvent être aperçus sans difficulté après emploi de certaines pratiques de coloration accentuant les contours des particules. D'autres méthodes physiques ont pu être utilisées également, mais c'est la microscopie électronique qui a apporté les plus précieux renseignements sur ces particules, permettant de leur reconnaître une forme, et même une structure, tandis que la biochimie en établissait la constitution.

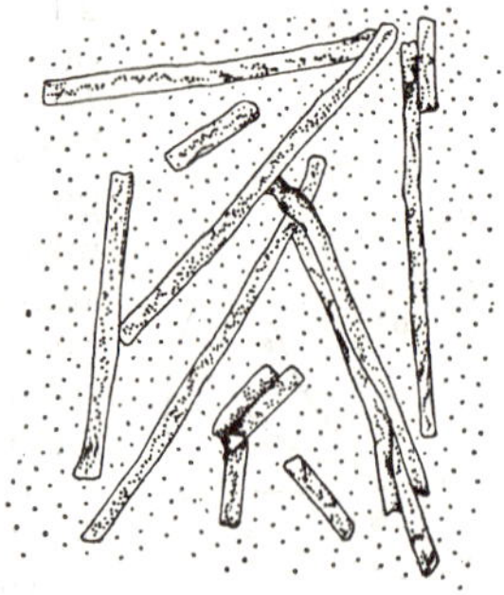

FIG. 17 — VIRUS DE LA MOSAÏQUE DU TABAC.

Aspect au microscope électronique, après ombrage à l'or.

La *mosaïque du Tabac,* la première, a fourni des résultats aussi essentiels que surprenants.

Les chimistes ont mis au point, depuis une trentaine d'années, à la suite de Northrop, des méthodes qui leur ont permis de purifier les diastases et de les obtenir cristallisées : Stanley, en 1935, applique ces techniques à un broyat de feuilles de tabac affectées par la maladie, Il obtient ainsi une protéine d'apparence cristallisée. donc certainement très pure. Elle se montre d'une virulence extraordinaire pour les plants sains, provoquant des effets morbides à de très faibles dilutions, et ces propriétés sont stables même si la protéine a été dissoute, recristallisée et redissoute un grand nombre de fois. La constance des caractéristiques physiques ou chimiques, liée à celle de la virulence conduisent à identifier le virus et la protéine.

La *protéine-virus,* chimiquement parlant, est une ribonucléoprotéine, c'est-à-dire une nucléoprotéine d'un type répandu surtout dans les cytoplasmes, moins abondant dans les noyaux.

L'étude des cristaux de Stanley, par diffraction aux rayons X, montre que ce sont, en réalité, des pseudo-cristaux, c'est-à-dire des agglomérats de molécules allongées dans le sens de l'axe de l'élément *(fig. 16).* L'ensemble constitue une figure sensiblement rhombique. Si les cristaux sont alors dissous, leur solution évaporée sur un porte-objet, et examinée au microscope électronique, les groupements moléculaires apparaissent comme des baguettes légèrement cintrées, et d'aspect grenu *(fig. 17).* Par l'action des ultrasons sur leur solution, la virulence s'atténue : on constate que la taille des groupements moléculaires a considérablement diminué. Si la solution reste alors au repos, au bout d'un certain temps, la virulence réapparaît, en même temps que la taille initiale des éléments se reconstitue.

On a ainsi disséqué en quelque sorte la protéine-virus en ses éléments, puis uni à nouveau ceux-ci, réalisant, en quelque sorte la reconstitution de la protéine initiale.

Il existe donc une relation certaine entre la structure des protéines-virus et leur pouvoir pathogène, c'est-à-dire, leur possibilité de croître par assimilation aux dépens d'une plante normale de tabac. Ces virus ne respirent cependant pas ; ce fait, joint à leur possibilité de cristalliser, conduit à se demander s'ils sont réellement assimilables à des êtres vivants.

Quoi qu'il en soit, l'exemple n'est pas isolé : d'autres mosaïques, provenant de la Tomate, du Navet, ont fourni également des cristaux, dont certains sont même de vrais cristaux.

On sait aujourd'hui que ce sont des cristaux d'A.R.N. spécifiques de chaque mosaïque qui forment le cœur de la particule de virus. Celui de la Mosaïque du Tabac est une molécule d'A.R.N., hélicoïdale, comportant 6 500 nucléotides selon une hélice de 130 tours. Elle est entourée par 2 000 molécules protéïques *(fig. 18)*, chacune comportant 158 acides aminés, d'après les données de Siegel (1961).

L'étude des virus animaux, également entreprise, a apporté des résultats différents : le *virus de la vaccine* est particulièrement facile à isoler en corpuscules, sinon en cristaux. Mais, l'analyse chimique montre que sa constitution est complexe : elle consiste en nucléoprotéides, — mais de deux types : ribonucléique (A. R. N.) et désoxyribonucléique (A. D. N.), — en substances ternaires, surtout lipidiques, et en corps variés : flavines, traces de cuivre, peut-être même diastases.

FIG. 18 — VIRUS DE LA MOSAÏQUE DU TABAC.
Schéma ultrastructural: spire d'A.R.N. entourée de sphères représentant des molécules protéiques.

Après dessiccation totale, le microscope électronique montre qu'ils se présentent comme des polyèdres hétérogènes à arêtes nettes. Ruska les a dénommés « virus quadrangulaires » (1943). Le centre du polyèdre est plus dense que la périphérie, (A. R. N. ou A.D.N.), il est entouré de masses moins denses disposées en croix (protéines) : l'ensemble peut se comparer aux cinq points d'un dé *(fig. 19)*.

La présence d'une membrane entourant le tout paraissait possible : l'étude d'un virus, presque identique à celui de la variole, effectuée plus récemment en coupes ultrafines, après bonne fixation cytologique, a confirmé l'existence de cette membrane, épaisse d'une centaine d'Å. A l'intérieur elle a montré d'une manière constante un *nucléoïde* entouré d'un « viroplasme » (Morgan, Ellison, Rose et Moore, 1956). C'est donc un modèle réduit de cellule, mais dont la division est mal connue *(fig. 20)*.

Il semble par contre que l'on soit mieux renseigné sur celle d'une autre catégorie de virus, plus complexes encore, constituée par les Bactériophages, ou plus simplement, par les Phages. Ce sont des parasites de Bactéries, capables, en un laps de temps relativement bref, de lyser celles-ci, c'est-à-dire de détruire leurs cultures.

L'étude au microscope électronique permet de reconnaître, au contact, et à l'intérieur des Bactéries en voie de lyse, des essaims de petites masses globuleuses, à contour polyédrique et munies d'une sorte de queue cylindrique, leur donnant une allure de têtard *(fig. 21 A)*.

FIG. 19 — VIRUS DE LA VACCINE.

Virus quadrangulaire; demi-schématique, d'après photo électronique.

Dans les Phages d'*Escherichia-coli,* la tête présente un contenu grannleux, constitué par de l'A.D.N., enveloppé par une membrane protéique; la queue est faite d'un tube également protéique par l'extrémité duquel le phage se fixe à la Bactérie attaquée, et par lequel le contenu de la tête s'y injecte : la membrane reste à l'extérieur, donnant le fantôme *(fig. 21 A, f)*. Selon le plus grand axe, queue comprise, l'organisme mesure de 800 à 1 200 Å.

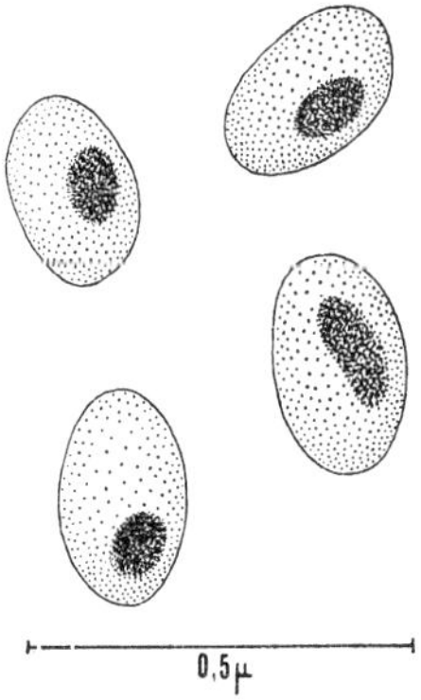

FIG. 20 — VIRUS DE LA VARIOLE.

Coupe, d'après photo électronique. Noter la membrane extérieure et le nucléoïde.

D'autres Phages ont été étudiés en provenance d'autres bacilles : leur morphologie n'est pas identique : en particulier, ils sont généralement plus petits.

Wyckoff, puis Pensa, ont constaté l'existence d'un cycle de multiplication très rapide (20 minutes) à l'intérieur de la Bactérie infectée : ils voient s'y former des paquets de granules, et la Bactérie éclate libérant une centaine de nouveaux Phages.

Il semble ainsi qu'on soit fondé de considérer ces êtres comme de véritables organismes parasites, malgré leur petite taille. On a constaté qu'ils peuvent, dans certaines souches bactériennes devenues résistantes, demeurer à l'état latent pendant des générations. La culture est alors dite « lysogène ». Ces « virus intégrés » ne peuvent être mis en évidence : ils semblent incorporés dans les

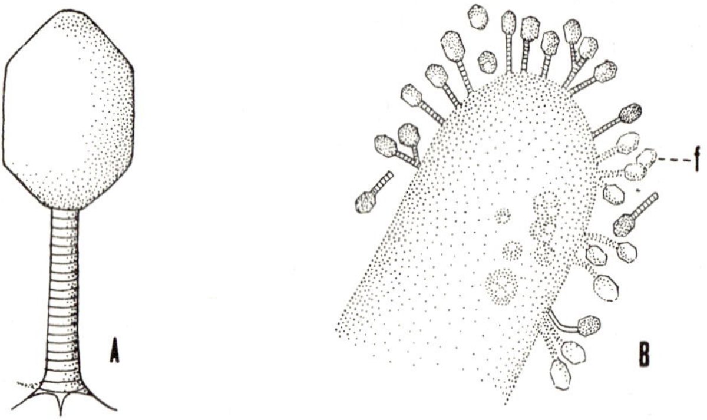

Fig. 21 — Bacille de Shiga attaqué par des Bactériophages.
A, bactériophage isolé; B, d'après Mahl : *f*, fantôme : c'est-à-dire bactériophages vidés de leur contenu nucléique.

constituants normaux de la Bactérie. Puis, à la suite de conditions particulières de milieu, telles qu'une irradiation, leur activité reprend, entraînant à nouveau la lyse bactérienne. On pense que la partie intégrée du Phage serait la région désoxyribonucléique de sa tête, qui se comporterait comme une particule héréditaire, comme un gène, tel que tous les organismes en possèdent dans leurs chromosomes (A. Lwoff).

On connaît d'autres êtres encore, cette fois plus gros, rentrant dans les limites de visibilité du microscope optique, différant peu par leurs propriétés des Bactéries ordinaires, mais néanmoins rappelant dans une certaine mesure les Virus : ce sont les *Rickettsia*.

Ils apparaissent comme des corpuscules polymorphes, rappelant l'allure de petites Bactéries, mais toujours situés à l'intérieur des cellules qu'ils parasitent *(fig. 22 A)*. On les met en évidence à l'aide de méthodes peu différentes de celles utilisées en bactériologie courante, ou par le Giemsa. On reconnaît ainsi que leur morphologie est celle de véritables Bactéries (Ris et Fox, 1949).

Mais on ne peut les cultiver que sur des cellules vivantes. Les filtres les arrêtent, semble-t-il. Leur transmission ne peut se faire que par inoculation directe, ou par un hôte intermédiaire piqueur, généralement un Insecte.

Il existe, chez ce dernier, un cycle évolutif intracellulaire, avec formation de chaînes *(fig. 22 B)* dont la forme corpusculaire semble être le terme. Les *Rickettsia* se multiplient enfin chez le Vertébré-hôte par division, comme des Bactéries.

Il existe de nombreuses maladies à *Rickettsia* : à titre d'exemple, citons le typhus exanthématique, le trachome, la psittacose, la fièvre boutonneuse des tropiques.

On peut donc concevoir, à partir des protéines-virus, ou virus végétaux, une série, de complication croissante, avec les virus animaux, les Phages, peut-être les *Rickettsia*, et qui pourrait aboutir aux Bactéries. Il n'existerait ainsi pas de véritables hiatus entre virus et cellules.

On a pensé voir les protéines-virus, éléments chimiques cristallisables, former transition entre le règne inorganique et les êtres vivants. Les virus seraient des formes inférieures de vie, voisines des formes initiales et faciliteraient la représentation, que certains se font, d'une génération spontanée originelle.

Il semble cependant que, même les cristaux de Stanley, à plus forte raison l'ensemble des virus, ne sont pas des êtres simples. Chimiquement parlant, les nucléoprotéides appartiennent à un groupe très compliqué de protéines; les deux types de ces corps qui caractérisent les cellules des organismes les plus évolués sont représentés dans les corpuscules de vaccine. Il n'y a donc pas chez ces êtres, peut-être simples morphologiquement, de simplicité chimique.

Toute la biologie nous apprend que la vie parasitaire permet aux organismes qui s'y livrent, une réduction de leur morphologie pouvant aller extrêmement loin : il en serait ainsi des virus; ils représenteraient l'aboutissement ultime d'une régression organique. En d'autres termes, la voie évolutive ne se dirigerait pas du virus-protéine vers la cellule, mais en sens inverse. *Rickettsia,* Phages, virus animaux et virus-protéines marqueraient autant d'étapes de dégradation d'organismes initialement cellulaires.

Si cette hypothèse est justifiée, la théorie cellulaire sortirait indemne de la discussion.

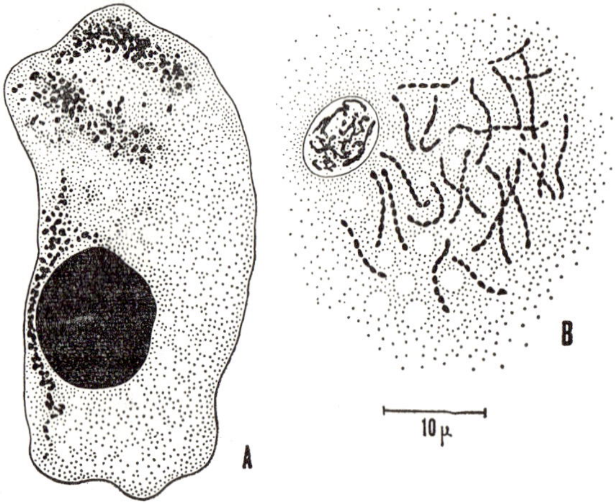

FIG. 22 — *Rickettsia ruminantium.*

A, dans une cellule endothéliale d'une veine de Mouton, d'après Donatien; noyau surcoloré et parasites; B, frottis de la paroi stomacale du Pou vecteur. Chaînes de parasites.

D'autres explications ont été fournies de l'existence des virus. Wollmann a pensé qu'ils seraient issus de l'hôte même qui les nourrit : il les assimile à des *gènes,* c'est-à-dire à des particules héréditaires, normalement logées dans les chromosomes du noyau, et peut-être de nature désoxyribonucléique. On considère ces gènes comme doués d'un pouvoir de multiplication autonome, mais qui, dans le cas des virus habituels, se manifesterait hors des noyaux : les virus seraient en somme des gènes dévoyés, issus de l'hôte lui-même.

A cette explication, Boivin a opposé la variante

suivante : les virus seraient bien des gènes, mais qui ne proviendraient pas de l'hôte lui-même; ils lui auraient été inoculés à partir d'un autre organisme, et, trouvant un milieu à leur convenance, se seraient alors multipliés avec activité dans ce nouveau milieu.

Ces hypothèses ingénieuses ne paraissaient pas pouvoir être retenues : on leur opposait la nature ribonucléique, et non désoxyribonucléique des cristaux de Stanley. On faisait valoir d'autre part l'hétérogénéité des virus animaux, qui seraient plus complexes que les gènes, tels qu'on les imagine habituellement. La découverte des cultures lysogènes et des virus intégrés, envisagés plus haut, a ramené l'attention sur cette possibilité.

Du reste, les gènes cytoplasmiques ou plasmagènes, dont certains biologistes envisagent l'existence à la suite d'études récentes, semblent parfois s'identifier avec des virus.

Nous reviendrons plus loin sur ces points.

THÉORIE CELLULAIRE ET PROTISTES

Les Protistes, êtres généralement unicellulaires, et ainsi, dans une certaine mesure, comparables au stade œuf des animaux et végétaux supérieurs, stade le plus simple auquel ils peuvent se réduire, ont été considérés depuis un siècle comme un groupe de base, à partir duquel auraient évolué en directions divergentes, les deux grands règnes.

On s'est efforcé de rechercher en eux des restes d'organisation élémentaire, prouvant la simplicité originelle qui a valu leur nom.

L'Amibe était considérée comme la forme la plus simple et la plus primitive, avant que l'on ait pensé au principe de la subordination nutritive, c'est-à-dire au fait que des organismes hétérotrophes ne peuvent être primitifs, puisque leur nutrition est impossible sans matière organique toute faite.

On avait même cru rencontrer des êtres plus simples encore, tels que les Monères ou Protamibes, dans lesquels leur créateur, Haeckel, voyait des organismes sans organes. Il ne leur trouvait, en effet, pas de noyau (1876).

On a fait justice de cette théorie. Les Monères sont pour la plupart des Rhizopodes variés qui ont une structure cellulaire normale, et des noyaux plus ou moins faciles à mettre en évidence.

On a été beaucoup plus long à se mettre d'accord sur l'existence d'un noyau dans une importante partie de ces Monères, celles que Haeckel classait dans les *Monères flagellées,* et qui comprenaient l'ensemble des Bactéries.

Pendant des années on a pu voir ranger celles-ci à la base des Protistes, en un groupe spécial, dit des *Procaryotes,* caractérisé par l'absence de noyaux vrais pendant toute la période végétative, un semblant de noyau n'apparaissant qu'au moment de la reproduction par spores.

L'emploi de la méthode de Feulgen avait cependant déjà parfois permis d'y reconnaître de l'A.D.N., caractéristique des noyaux : André Thomas y signalait même ainsi l'existence d'un noyau dans son *Bacillus Calmettei* de l'intestin des Trigles (1932).

Les études contemporaines ont généralisé cette notion, et montré que les Bactéries possèdent effectivement un noyau chimiquement normal, c'est-à-dire renfermant de l'A.D.N., entouré d'un cytoplasme très riche en A.R.N. L'abondance de ce dernier corps peut expliquer leur énorme pouvoir de synthèse, mais fausse le résultat des colorations différentielles des noyaux. Si, à la suite de Robinow (1946), on enlève cet acide ribonucléique par hydrolyse chlorhydrique, ou bien à l'aide de l'enzyme spécifique ou ribonucléase, la coloration du noyau devient facile (Boivin, Tulasne, Vendrely et Minck, 1947).

On a du reste pu, sur des Bactéries de taille suffisante, voir *in vivo* ce noyau grâce à l'utilisation du contraste de phases (Tulasne et Vendrely).

Le microscope électronique conduit au même résultat, quand le corps bactérien est suffisamment perméable aux électrons ou sur coupes.

Ce noyau se divise avant le corps bactérien; il est vraisemblable qu'il renferme des gènes, ainsi qu'en fait foi l'existence de mutations, en relation avec l'équipement enzymatique de ces êtres, et de recombinaisons de propriétés héréditaires, aussi nettes que celles mises en œuvre par la génétique des organismes supérieurs.

Les Bactéries se révèlent ainsi comme des organismes

chimiquement et morphologiquement compliqués, malgré leur taille minime. Ce sont des cellules, ayant les caractéristiques des autres, à un détail près : nous verrons, en effet, plus bas qu'elles ne paraissent pas avoir de chondriome vrai et seulement un vacuome réduit.

La théorie cellulaire n'est cependant pas acceptée par tous les protistologues et, en 1939, l'un d'entre eux, Duboscq, reprenant une série d'arguments anciens, développés contre elle par Owen, Huxley, Claparède et Lachmann, Dobell, a conclu qu'il n'existait pas *une* structure cellulaire, mais *plusieurs* sortes; qu'il existe en outre des Cytodes, ou Monères, enfin des Protistes qui ont dépassé le stade cellule et dont les structures s'expliquent mal par la théorie cellulaire.

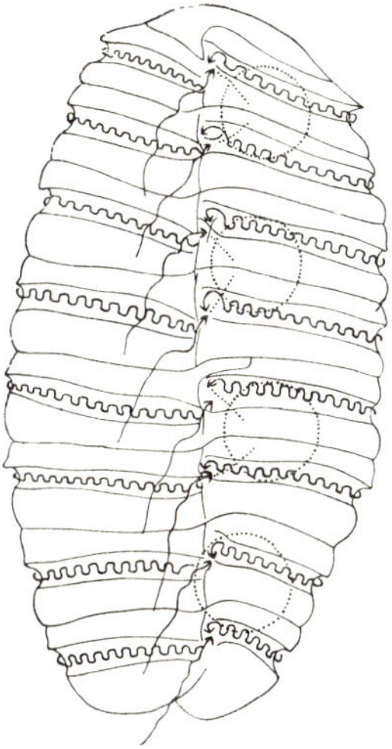

FIG. 23 — *Polykrikos Schwartzi.*

Péridinien incolore à quatre noyaux et à huit cinétides doubles; aspect *in vivo* (image de Chatton et Hovasse, × 1000).

Il a déjà été répondu, chemin faisant, à certains de ces arguments, et nous ne reviendrons ni sur la question des Monères, ni sur celle des Plasmodes. Cependant Duboscq a insisté sur l'exemple de *Polykrikos,* dont nous savons que *P. Schwartzi (fig. 23)* possède normalement quatre noyaux et huit cinétides doubles. Il pense qu'il ne s'agit ni d'une cellule, ni d'une colonie de cellules, et que la conception de l'énergide n'explique pas mieux son cas. C'est plutôt un organisme chez lequel la segmentation a dévié de son mécanisme normal.

Nous sommes d'accord : *Polykrikos* est une simple anomalie. La preuve en est que les quatre espèces rapportées à ce genre sont de quatre types différents : *Polykrikos* est un genre par convergence.

On observe du reste fréquemment, chez les Péridiniens,

au cours des divisions, quand celles-ci sont rapides, des anomalies polyénergides par défaut de synchronisme entre les divisions des divers constituants cellulaires.

FIG. 24 — *Calonympha.*

D'après Grassi. Ce Protiste possède de nombreuses cinétides à noyaux, disposées selon une spire plus ou moins régulière (caryomastigontes) et un nombre plus grand de cinétides sans noyaux (acaryomastigontes) au pôle antérieur; un axostyle fait d'autant de fibres qu'il y a de noyaux et de cinétides. Dans le cytoplasme, débris de bois en digestion; (× 600).

Ces anomalies sont fixées ici : les *Polykrikos* sont des monstres héréditaires.

Nous en dirons autant des *Calonympha,* grosses Polymastigines à nombreux flagelles, chez lesquelles la cinétide semble s'être comportée indépendamment du noyau *(fig. 24)*. Il n'y a « pas de véritable unité cellulaire dans une *Calonympha* », dit Duboscq, exagérant quelque peu, car il y a au moins une unité fonctionnelle, puisque l'organisme ne se fragmente pas, et que sa forme reste définie.

« Un Cilié peut atteindre la complexité d'un Métazoaire, ses organites sont devenus des organes », il ne s'agit donc plus d'une cellule.

En parlant ainsi, après Dobell, Duboscq semble refuser à la cellule la possibilité de différenciation, ce qui est abusif. Le Cilié est incontestablement une cellule évoluée, spécialisée, et remarquablement organisée.

Cependant, elle ne possède aucun organite qui n'existe ailleurs. Bouche et péristome se rencontrent déjà chez les Flagellés : la vésicule pulsatile existe chez la plupart des Protistes libres, et parfois au moins aussi compliquée que chez les Ciliés. Il y a tout aussi bien des trichocystes chez quantité de Protistes. L'appareil ciliaire est peu différent de celui des Hypermastigines et des Opalines. Pourquoi alors vouloir que ces spécialisations soient ici des organites et là des organes ? Il est vrai que le Cilié pourrait posséder un organe central de coordination, un *neuromotorium* intégrateur, mais qui paraît bien n'être qu'une complication de la cinétide simple du Flagellé.

Il semble que l'on doive considérer ces arguments surtout comme des paradoxes : ils ne s'opposent pas véritablement à la théorie cellulaire, pas plus que les exceptions que nous avons signalées, et qui s'expliquent par elle.

Certes, toutes les cellules ne sont pas identiques. Mais, si nous croyons justement à l'évolution, c'est parce qu'il y a entre elles des différences, qui se comprennent en admettant une dérivation divergente à partir d'un point commun. Certaines formes ont progressé, d'autres ont incontestablement regressé, mais presque toutes sont restées reconnaissables en tant que cellules, exactement comme dans un organisme de Mammifère l'hématie d'une part, le neurone, ou la cellule musculaire, bien que si nettement distincts, une fois leur différenciation achevée, n'en ont pas moins une origine commune qui est l'œuf et n'en sont pas moins chacune une cellule.

THÉORIE CELLULAIRE ET PHYSIOLOGIE

C'est essentiellement sur le plan morphologique qu'a été construite la théorie cellulaire : un peu plus tard seulement, on a cherché à l'appliquer à la physiologie. C'est Claude Bernard qui, fondant la physiologie générale, a montré que les mêmes propriétés et les mêmes fonctionnements se retrouvent dans les deux règnes. Il a été ainsi directement conduit à attribuer cette unité à l'existence de l'élément morphologique commun qui leur sert de base, et dont il cherche à connaître les propriétés d'après les travaux de ses contemporains sur les Protistes. Abusé par les recherches de Haeckel, sur les Monères, sur le *Bathybius,* considéré comme une couche de protoplasma nu se formant au fond des mers et reconnu ensuite comme un simple précipité minéral artificiel, il pense que la notion de protoplasma est plus générale que celle de cellule, et doit lui être substituée en physiologie générale : « le protoplasma est actif en tant que substance et non en tant que forme ». Il ne nie pas l'importance de la forme « caractéristique de la vie définie », mais considère qu'elle ne vient qu'en second lieu. Néanmoins, il conclut son dernier cours (1876) en disant « le nœud du problème vital est dans la cellule » ... « tout ce qui se manifeste d'une manière complexe dans le corps vivant, a son point de départ dans une manifestation plus simple de l'activité cellulaire ».

Les mêmes affirmations, les mêmes idées se retrouvent exprimées depuis lors en physiologie générale, en particulier par Max Verworn (1895-1900).

Néanmoins, à cette époque, si l'on admet bien que, par-delà la diversité des formes, la cellule constitue une unité physiologique, on s'appuie surtout sur des déductions. La technique n'est pas encore suffisamment développée pour que l'on puisse effectuer sur la cellule autre chose que de grossières interventions, plus biologiques que physiologiques.

Ce n'est qu'après 1900 que l'on a pu réaliser des mesures précises, portant tout d'abord sur la respiration d'œufs en segmentation, soit chez la Grenouille (Godlewsky, 1901), soit sur l'Oursin (Lyon, 1904).

Ce dernier travail a été repris ensuite par O. Warburg, qui est parvenu progressivement à d'excellentes techniques, utilisées encore aujourd'hui, et complétées par la mise au point des ludions (Linderstrom-Lang, Holter, 1943) et microludions (Zeuthen, 1946) qui permettent d'étudier les échanges d'un seul œuf, à peine visible à l'œil nu, ou même d'une seule amibe.

Mais, de même que la forme d'un être pluricellulaire, loin de dépendre directement de la forme de ses cellules, dérive de leur arrangement respectif, de leur disposition en organes, la physiologie des animaux et des plantes supérieures n'est ni une somme, ni un multiple du fonctionnement de leurs cellules.

Quelques exceptions justifient cette règle : il existe des Protistes pluricellulaires, qualifiés de coloniaux, parce que, justement, chez eux la physiologie de la colonie est sensiblement la somme de la physiologie de ses constituants.

Tel est le cas des Volvocinées coloniales, chez lesquelles, à partir d'un œuf fécondé ou parthénogénétique se développe une série de cellules sœurs qui ne se séparent pas après chaque division, mais restent groupées dans une masse commune de gelée, tantôt dans un plan — chez les *Gonium* —, tantôt à la périphérie d'une sphère — chez des *Eudorina, Pandorina,* ou *Volvox*.

Certaines espèces de ce dernier genre groupent ainsi plusieurs milliers de cellules presque identiques, et ayant sensiblement les mêmes fonctions. L'association entre ces éléments est parfois si faible que l'on peut expérimentalement la rompre, et cultiver séparément les éléments de la colonie sans qu'elle se reforme *(Gonium, fig. 25)*.

Dans un organisme multicellulaire vrai, dès que la segmentation de l'œuf est terminée, se produit une différenciation, une division du travail qui fait que les cellules prennent des fonctions différentes dans certains groupements, ou tissus. Chaque cellule devient alors asservie au tout et dépendante du tout.

Les fonctions d'un tissu sont, en gros, les multiples du fonctionnement de leurs éléments : cela est surtout net du point de vue de la qualité du fonctionnement.

Quantitativement parlant, au fur et à mesure que la

masse s'accroît, se produit une réduction de la quantité de fonctionnement de l'ensemble.

Le métabolisme total d'un bœuf est ainsi très petit par rapport à celui que fourniraient ses cellules supposées isolées.

D'un autre côté, du fait des complications résultant de l'augmentation du nombre et de la différenciation des éléments, « émergent » de nouvelles possibilités qui font défaut aux cellules isolées : c'est ainsi que des cellules groupées formeront l'œil, l'oreille ou le cerveau, dont les possibilités fonctionnelles ne se trouvent pas entièrement, en puissance dans chacun de leurs éléments. Cette notion soulevée par les penseurs modernes semble avoir échappé aux anciens physiologistes : Bichat, pour les tissus, Claude Bernard pour les cellules, admettaient tous deux qu'il « n'y a rien de plus dans l'organisme total qu'il n'y a dans ses éléments ».

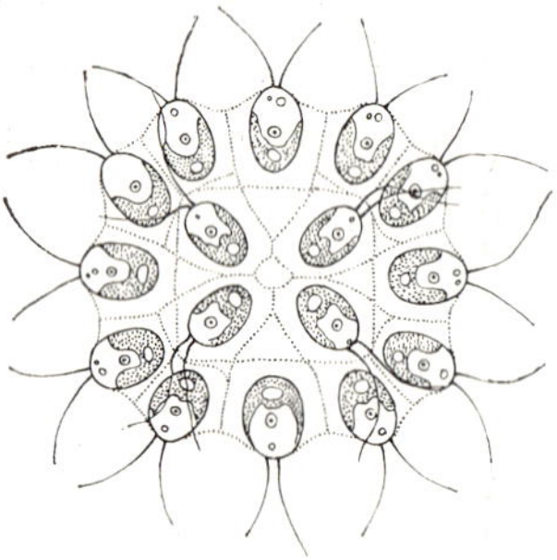

FIG. 25 — COLONIE DE *Gonium pectorale*.

Seize individus identiques disposés dans un plan, dans une masse de gelée commune; chaque cellule possède sa propre zone d'action (× 800).

On a été ainsi amené à penser que, physiologiquement parlant, il existe au-delà de la cellule, une autre unité, d'ordre supérieur à elle : les faits de régénération en démontreraient l'existence.

Des Vertébrés, tels que la Salamandre, ou le Triton, reconstruisent leurs membres après ablation. Il y aurait donc, dans l'organisme, en plus de la tendance à l'édification du tout, que démontrerait l'embryogenèse, une autre tendance au maintien de ce même tout, comparable à celle du cristal, qui, ainsi que l'a montré Pasteur, répare ses altérations si on le place dans son eau mère.

Il faut cependant remarquer que les faits de régénération ne sont pas généraux, et qu'à partir des Reptiles, aucun Vertébré ne reconstitue un membre sectionné. Chez les Invertébrés ils existent dans un groupe, et font défaut dans le groupe voisin, sans qu'il semble exister de rapport entre leur fréquence et l'évolution des groupes considérés.

Peut-être cette complication organique, envisagée déjà plus haut, peut-elle être invoquée en faveur de leur explication.

La vie d'un être constitué par des milliards de cellules ne peut être conçue sans imaginer la réalisation d'équilibres complexes, parmi lesquels, au cours du passé, l'évolution aura éliminé tous ceux qui ne concourent pas à la survie de l'organisme; elle aura gardé, par contre, tous ceux qui sont indifférents ou bien qui tendent à maintenir l'intégrité de l'ensemble cellulaire : le grand intérêt de celui-ci consiste en ce qu'il renferme et nourrit la partie reproductrice de l'être vivant, celle qui conserve la permanence de la lignée.

La sélection aura ainsi favorisé et maintenu l'organisme total, non pas à titre d'entité, mais parce qu'il est seul capable de se reproduire, de même que dans les cas, exceptionnels, de pédogénèse, elle aura conservé les larves au détriment des adultes, parce que les larves parviennent à reproduire la lignée, d'une manière pourrait-on dire plus économique.

La régénération ainsi envisagée n'est qu'un simple incident, et on conçoit que son importance puisse être si variable à travers les groupes zoologiques.

Il ne semble donc pas que l'organisme, bien que son fonctionnement ne soit pas toujours le multiple exact du fonctionnement cellulaire, puisse, même en physiologie, détrôner la cellule. La théorie cellulaire peut et doit donc être complétée dans son expression, en écrivant simplement : *La cellule est l'unité morphologique et physiologique des êtres vivants.*

CYTOLOGIE GÉNÉRALE ET BIOLOGIE GÉNÉRALE

L'étude de la cellule peut revêtir deux aspects : elle peut être principalement analytique, s'attachant à décrire les formes et constituants variés de toutes sortes d'éléments cellulaires : on la désigne alors comme

Cytologie spéciale, et on la rattache à l'étude des tissus animaux ou végétaux. Elle est ainsi le point de départ de l'*Histologie.*

Mais elle peut aussi faire abstraction des différences entre variétés cellulaires, et rechercher les propriétés communes à toutes les cellules. Cette science synthétique devient la *Cytologie générale,* base même de la biologie et de la physiologie générales. Elle peut alors se définir comme l'*étude de la vie, réduite à son unité morphologique et physiologique.*

Au cours des chapitres suivants, nous nous attacherons moins à décrire les différences que les caractères communs à toutes les cellules, nous proposant ainsi d'exposer l'état actuel de la cytologie générale, en insistant toutefois beaucoup plus sur le point de vue morphologique. Le point de vue physiologique ne sera envisagé qu'en tant qu'il fournit une explication des formes et de leur rôle dans la cellule. Il sera, dans ce sens, fait plutôt appel à la biochimie qu'à la véritable physiologie, et l'étude du fonctionnement général, telle qu'elle est abordée dans les ouvrages de physiologie générale (Bayliss, Heilbrunn) sera entièrement laissée de côté. Nous pensons ainsi rester plus strictement dans les limites de ce que l'usage désigne comme *Biologie générale.*

Successivement seront envisagés : le protoplasma, ses constituants et leur rôle; la reproduction cellulaire.

Nous tenterons enfin d'obtenir une vue moderne des relations entre le noyau et le reste de la cellule.

Les applications immédiates de la cytologie générale aux problèmes biologiques : sexe, hérédité, évolution, feront l'objet de développements spéciaux d'autres chapitres de l'ouvrage.

LE PROTOPLASMA — SES PROPRIÉTÉS GÉNÉRALES

L'EXAMEN vital d'une cellule animale simple, par exemple celui, classique, d'une Amibe du genre *Vahlkampfia (Amoeba limax)* abondante dans beaucoup d'eaux putrides, fournit une bonne idée du protoplasma *(fig. 26)*.

La forme est à peu près constante pendant le déplacement, rappelant celle d'une limace, tant que la température oscille autour de 17°, et que le milieu est l'eau où vit normalement l'animal. Suivie à un fort grossissement, on voit que c'est un être hétérogène, qu'il est *organisé :* à la périphérie, une sorte de gaine limpide, limitée extérieurement par une membrane très fine, intérieurement optiquement vide, au microscope comme à l'ultramicroscope, homogène comme du verre, constitue l'*ectoplasme*.

Elle englobe une zone axiale — ou *endoplasme* — grenue, moins transparente et dans laquelle se voient deux vésicules claires, l'une stable, qui est le *noyau,* l'autre animée d'un battement à rythme très lent, ou *vacuole contractile*. Çà et là, entre les deux, quelques autres vacuoles enfermant des débris organiques, ou des bactéries. Le mode de progression se reconnaît par l'examen de la partie antérieure, convexe et légèrement renflée : il s'y forme constamment, à partir de l'axe, un nouveau dôme d'ectoplasme qui allonge la gaine initiale, et dans lequel s'écoule l'endoplasme granuleux. Un processus inverse s'observe à l'extrémité postérieure.

Si, à l'aide d'une fine aiguille de verre, nous venons à toucher la partie antérieure de l'Amibe, elle s'arrête, et, si le choc a été violent, elle devient sphérique. Si l'eau se concentre par évaporation, les mouvements s'arrêtent. De même si l'observation dure, dans une préparation lutée, où l'oxygène ne peut se renouveler. Avant l'arrêt définitif, on peut, rajoutant une goutte de milieu frais, ramener l'état normal. Mais il est une limite qu'il ne faut pas dépasser : celle qui est marquée par l'arrêt des pulsations de la vacuole contractile et par une netteté plus grande du noyau. Ce sont les signes irréversibles de la mort protoplasmique.

Le protoplasma de l'Amibe est donc *organisé, irritable,* et *son activité est dépendante des conditions externes.*

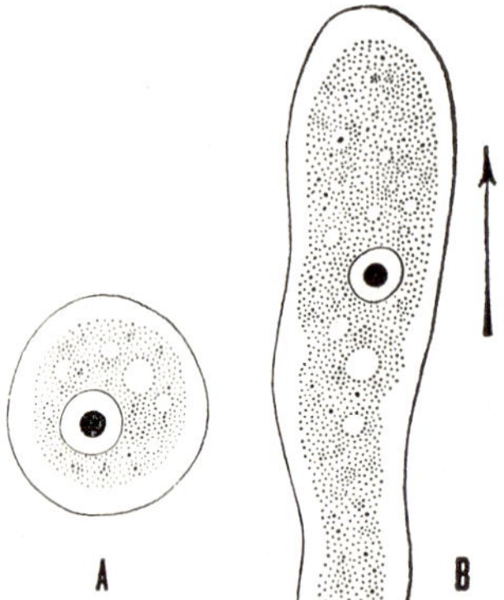

FIG. 26 — UNE *Vahlkampfia (Amoeba limax).*

A, forme contractée ou de repos; B, forme active. Ectoplasme; endoplasme; noyau; vacuole pulsatile; vacuoles alimentaires.

Il est possible d'examiner dans les mêmes conditions une cellule végétale, par exemple une cellule de feuille d'*Elodea canadensis,* dont les éléments cellulaires marginaux sont particulièrement transparents *(fig. 27).*

On est ici en présence d'éléments de forme définie, fixée en quelque sorte par la membrane semi-rigide et cellulosique qui double extérieurement la membrane protoplasmique normalement indistincte. Dans cette sorte de boîte cellulosique, aucun mouvement d'ensemble n'est possible, et l'observation n'en est que plus facile. L'hétérogénéité protoplasmique apparaît immédiatement : tout l'axe de l'élément est occupé par une large vacuole à contenu aqueux, peu réfringent. La mince région cytoplasmique qui l'entoure, et la sépare de la membrane cellulosique, inclut le noyau difficile à voir, en saillie sur la vacuole. Si l'on examine cette zone marginale, on y reconnaît des déplacements de matière, rendus évidents par suite de son hétérogénéité : des granules très réfringents, des bâtonnets, de gros corpuscules verts, s'y meuvent, glissant sans arrêt, entraînés par des courants protoplasmiques. Ce phénomène est la *cyclose.*

Si l'on appuie brusquement sur la préparation, ou si

l'on parvient à toucher la cellule avec une aiguille, le mouvement peut cesser pendant un certain temps ou, au contraire, s'exagérer. Il est sensible également à la température, à la lumière et à la composition chimique du milieu.

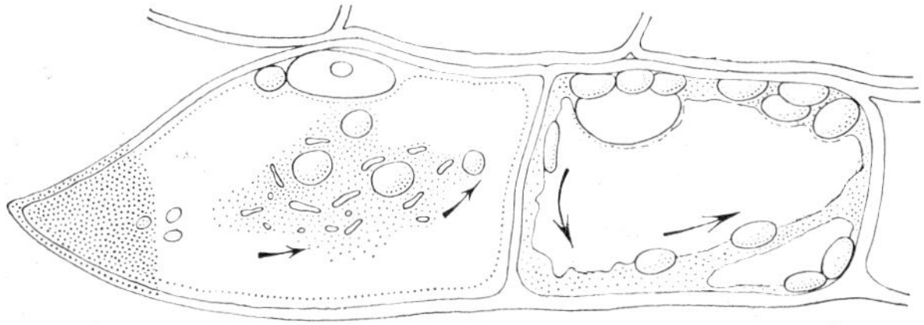

A B

FIG. 27 — CELLULES ÉPIDERMIQUES MARGINALES DE LA FEUILLE D'*Elodea*.

A, cellule à pointe rouge; cytoplasma hétérogène de la couche corticale progressant dans le sens de la flèche; B, cellule voisine à cyclose très active : les chloroplastes, peu nombreux, cheminent tout autour de la grande vacuole centrale.

Nous retrouvons donc ici les mêmes caractères que chez l'Amibe : *hétérogénéité et organisation, irritabilité, activité dépendant des conditions externes.*

De telles propriétés sont générales, elles valent pour tous les protoplasmas, et peuvent être prises comme caractéristiques de la vie elle-même.

L'hétérogénéité protoplasmique ressort avec netteté également de la composition chimique.

ANALYSE CHIMIQUE DU PROTOPLASMA

On demandera tout d'abord à cette technique d'établir la composition chimique *élémentaire,* c'est-à-dire de dresser la nomenclature de tous les atomes qu'il renferme.

La liste obtenue comporte plus de trente éléments chimiques différents, qui, d'après leur importance quantitative, se classent en deux groupes.

Le premier renferme ceux dont la proportion est

supérieure à 1 % du poids obtenu après dessication totale. Ce sont les *éléments plastiques*. Ils sont au nombre de onze, tous de poids atomiques faibles. Ce sont les sept éléments métalloïdes suivants rangés d'après leur importance quantitative décroissante : O, H, C, N, puis P et S, enfin Cl. Viennent également quatre métaux alcalins ou alcalino-terreux : Na, K, Ca, Mg.

Ces onze corps constituent à eux seuls presque toute la masse du protoplasma.

Les autres éléments sont présents en quantité faible, ou même très faible. Les derniers de la série échappent aux analyses chimiques ordinaires, et n'ont été reconnus que grâce à l'analyse spectrale. On distingue ainsi six métalloïdes et douze métaux relativement communs : Fl, Br, I, Bo, As, Si. — Fe, Zn, Cu, Ni, Co, Mn, Al, Pb, Sn, Mo, Va, Ti. — Enfin cinq autres métaux beaucoup moins répandus : Rb, Cs, Li, Cr, Ba.

Tandis que la proportion du Fer est encore de 0,005 %, celle du Zn baisse à 0,002 %, celle du Cu à 0,0004 %, celle du Mn à 0,00005 %, et les pourcentages diminuent encore davantage avec les autres. Tous ces corps si rares dans le protoplasma, ont été qualifiés d'*oligo-éléments* (G. Bertrand).

L'analyse élémentaire apprend ainsi que le protoplasma est fait des atomes mêmes qui sont communs dans les couches superficielles du globe, où ils prennent part à la constitution de la matière brute. Parmi les quelques éléments lourds compris dans cette série, seul l'Iode jouit d'une certaine importance.

De tous ces corps, le plus remarquable au point de vue chimique est le Carbone, bien qu'il n'arrive par sa quantité qu'en troisième position, après O et H. Le nombre pour ainsi dire infini de ses combinaisons donne à la chimie du protoplasma sa place si particulière dans la nature.

L'*analyse immédiate* permet de faire connaissance avec les principales de ces combinaisons. On a dû, pour la réaliser, chercher des masses de protoplasma importantes, et aussi peu différenciées que possible. On s'est ainsi adressé aux plasmodes des Myxomycètes (Reinke et Rodewald, 1881), à des cultures bactériennes (Hunter, 1923), à des cultures de Champignons inférieurs (Terroine, Wurmser et Montané, 1922).

Parmi les nombreuses analyses qui ont été publiées, voici l'une d'elles, plus récente, due à Lepeschkine et qui a porté sur *Fuligo varians.*

Eau......82,6 % du poids frais

Substances solubles dans l'eau......40,7 % du poids sec...............	Acides aminés et corps puriques.	24, 3
	Protéines........	2, 2
	Sucres	14, 2
Substances insolubles...... ......54,9 % du poids sec	Nucléoprotéides .	32, 3
	Acides nucléiques libres	2, 5
	Globuline	0, 5
	Lipoprotéides....	4, 8
	Glycérides	6, 8
	Phystostérols	3, 2
	Phosphatides	1, 3
	Reste organique..	3, 5

Sels minéraux......4,4 % du poids sec.

Tous les êtres vivants renferment dans leur protoplasma une importante proportion d'eau, maintenant en solution diverses matières minérales.

L'EAU ET LES SELS MINÉRAUX

Certains protoplasmes sont encore plus hydratés que celui du *Fuligo varians* (82,6 %) : celui de la feuille d'Endive en renferme presque 95 %, beaucoup d'animaux marins en ont aussi plus de 90 %.

Il est banal de signaler l'importance biologique de l'eau, sans laquelle aucune vie active n'est possible : les graines végétales, des animaux tels que des Thécamébiens, des Rotifères ou des Tardigrades, desséchés, dont les protoplasmes sont très pauvres en eau, et que l'on dit pour cette raison « en anhydrobiose », sont dans un état très voisin de la mort. Dès que l'eau leur est fournie en quantité suffisante, leurs cellules redeviennent actives, les graines peuvent germer, tandis que les animaux peuvent se mouvoir, se nourrir et se reproduire.

Chimiquement parlant, l'eau protoplasmique peut se trouver libre dans certaines vacuoles, où elle sert de solvant vrai des cristalloïdes et de diverses substances organiques, ou encore de milieu de suspension et d'imbibition de divers colloïdes. Mais, elle peut également être combinée à ces mêmes molécules ou encore dissociée à l'état d'ions H^+ et OH^-, dont la proportion respective règle la réaction du milieu protoplasmique.

Dans un même protoplasme, la proportion de cette eau est sensiblement fixe : c'est une « constante cellulaire » (Mayer et Schaeffer), dont la valeur est sous la dépendance directe de la quantité du cholestérol et des lipides cellulaires. Toute variation de cette constante se traduit par des déséquilibres qui peuvent entraîner la mort cellulaire.

Les *matières minérales,* dont nous connaissons les éléments, se présentent fréquemment à l'état d'ions, engagés dans des équilibres complexes, chimiques ou physiques, et dont le rôle de détail n'est pas toujours bien connu.

A titre d'exemple, citons les carbonates de K du protoplasma des hématies qui, chez les Vertébrés, permettent le transport du gaz carbonique. Sous forme d'ions bicarboniques, CO^3H^-, les carbonates peuvent maintenir sensiblement constant le pH cytoplasmique.

Beaucoup de sels minéraux sont engagés dans des combinaisons organiques : c'est ainsi que les phosphates minéraux, se combinant à l'adénosine, constituent l'acide adénylique triphosphorique (A.T.P.), représentant une importante quantité d'énergie potentielle directement utilisable par les cellules.

Des atomes minéraux peuvent être liés à diverses molécules organiques, constituant des pigments (hémoglobine), ou jouant le rôle de catalyseurs (diastases ou enzymes) essentiels dans les réactions chimiques protoplasmiques. La respiration cellulaire utilise ainsi des métallo-enzymes qui peuvent renfermer, selon les organismes, des atomes variés (Fe, Mn, Cu, Co, etc.) combinés à des protéines.

D'autres atomes plus courants, tels que K, Na, Cl, peuvent servir d'activateurs pour d'autres diastases.

LES SUBSTANCES ORGANIQUES

Tous les autres corps mis en évidence par l'analyse de Lepeschkine se classent selon trois grands groupes de substances caractéristiques de la vie et de ses manifestations, et que l'on nomme *glucides, lipides* et *protides.*

Les *glucides* sont des corps presque strictement ternaires (C.H.O.), du type polyalcool, c'est-à-dire faits d'une chaîne carbonée, dans laquelle chaque C fait partie d'un groupement fonctionnel CH_2OH, ou CHOH, mais où peuvent également s'intercaler d'autres groupements fonctionnels : aldéhyde (COH), cétone (CO), acide (COOH) ou amine (NH_2). Tous sont ainsi riches en groupements OH, et de ce fait solubles dans l'eau, tant que la condensation de leur molécule n'est pas trop poussée.

Les plus simples, ou *oses*, ont pour type un *hexose,* le glucose, cinq fois alcool, et une fois aldéhyde, de formule globale $C_6H_{12}O_6$. Il est extrêmement commun dans tous les protoplasmes, mais où il se présente sous des formes non identiques, tantôt stables (pyranoses), tantôt instables (furanoses).

Les oses peuvent s'unir molécule à molécule, avec élimination d'une molécule d'eau, formant des *holosides,* tels que le saccharose, ou le lactose, faits l'un et l'autre de l'union de deux molécules en C_6. Mais il peut se condenser aussi un nombre plus grand de molécules : ainsi prennent naissance le glycogène, matière de réserve des protoplasmes animaux, et l'amidon, qui joue le même rôle dans les cellules végétales. On leur attribue une même formule globale : $(C_6H_{10}O_5)n$, le coefficient n étant indéterminé, relativement bas dans le premier corps, beaucoup plus haut dans le second.

Tous les glucides ne dérivent pas du glucose : nous apprendrons à connaître plus bas des sucres en C_5, ou pentoses, qui jouent un rôle essentiel dans maints constituants cytoplasmiques.

Les *lipides* sont également des substances typiquement ternaires, mais dont certaines molécules peuvent renfermer N, ou P. Ils se caractérisent par le petit nombre de leurs groupements OH, d'où résulte leur insolubilité dans l'eau. Ils sont, par contre, solubles dans divers solvants neutres, tels que l'éther, le chloroforme, le benzène, le sulfure de carbone.

Chimiquement parlant, ce sont des *esters,* c'est-à-dire le résultat de la combinaison d'un acide et d'un alcool. On en distingue plusieurs catégories, la plus simple étant celle des *glycérides,* esters du glycérol, et d'acides gras à longues chaînes droites, avec seize, dix-huit ou même vingt atomes de C. Deux de ces acides sont saturés, l'acide palmitique et l'acide stéarique; d'autres sont non saturés tels l'acide oléique, l'acide linoléique, l'acide linolénique, l'acide arachidonique. Ce sont principalement des substances de réserves, graisses des protoplasmas animaux, huiles des protoplasmas végétaux, riches en énergie potentielle; seuls les derniers acides cités, non saturés, présentent une activité chimique, parfois importante. On distingue ces corps de lipides complexes, dont les molécules jouent un rôle plus actif dans les processus vitaux : tels sont les *stérides,* esters d'alcools beaucoup plus complexes que le glycérol, et dont le plus commun est le cholestérol. Tels sont les *phosphatides,* dans lesquels l'alcool, qui peut être le glycérol, est estérifié, en partie par des acides gras ordinaires, en partie par l'acide phosphorique PO_4H_3.

La molécule peut se compliquer en outre par l'adjonction de bases azotées, telles que la choline, ou la cholamine. Ainsi sont constitués certains *phosphoaminolipides* dénommés lécithines, fréquents dans les réserves des œufs, ou céphalines dans les cellules nerveuses. Il existe également des lipides complexes dont la molécule renferme aussi des glucides : tels sont les *cérébrosides.* Enfin les cires animales et végétales sont constituées également d'esters, mais dont les alcools ou les acides constitutifs ont de très grosses molécules.

Les *protides* constituent de toutes les catégories de substances organiques la plus riche en propriétés et en combinaisons particulières : c'est aussi la plus abondante dans les protoplasmas, puisque, dans l'analyse de Lepeschkine, la totalité des corps qui s'y apparentent, holoprotéides et hétéroprotéides, s'approche de 70 % du poids sec.

Ce sont des corps qui sont au moins quaternaires, et, qui, en plus de leurs éléments constants, C, H, O, N, peuvent renfermer S.

Il s'agit de grosses molécules, toujours complexes que les chimistes savent décomposer en des éléments constitutifs simples, mais qu'ils ne sont pas encore parvenus à reconstituer, bien qu'ils puissent déjà souder entre eux quelques-uns de leurs fragments.

Les *holoprotéines* sont les plus simples des protides, leur décomposition par hydrolyse ne fournissant qu'une seule catégorie de constituants dits *acides aminés*.

Un acide aminé est formé par un radical organique qui porte simultanément une ou deux fonctions acide (COOH), et une ou deux fonctions amine (NH_2) ; il peut s'y joindre d'autres groupements fonctionnels moins importants. Le plus généralement, ces corps sont α aminés, c'est-à-dire que, quand le groupement amine est unique, il est relié au même chaînon carboné dénommé α que le groupement acide.

On connaît une vingtaine de ces corps, différents les uns des autres, soit par leur radical, soit par les fonctions annexes. La figure 28 donne un tableau de leurs formules, et fait ressortir ainsi leurs caractères particuliers.

On remarquera que les radicaux des premiers appartiennent à la série grasse, le glycocolle et l'alanine en étant les plus simples. La valine et les leucines (il existe ici des isomères non représentés) ont des chaînes carbonées plus compliquées.

La sérine et la thréonine possèdent chacune une fonction alcool. L'acide aspartique et l'acide glutamique sont biacides, tandis que l'arginine, l'ornithine et la lysine sont biaminées. La méthionine et la cystéine possèdent chacune un groupement sulfuré, qui, pour le dernier de ces corps, permet l'union de deux molécules avec élimination de 2 H, pour former la cystine.

La phénylalanine et la tyrosine possèdent des radicaux appartenant à la série aromatique, la tyrosine possédant en outre une fonction phénol.

Le tryptophane possède un noyau indol. La proline, et l'hydroxyproline, un noyau pyrrol. Ces deux acides ne sont pas aminés, mais iminés (groupement NH et non pas NH_2). On les associe néanmoins aux acides aminés parce qu'ils les accompagnent très fréquemment.

En somme, tous ces acides présentent leurs caractères propres, leur individualité : ce sont autant de moellons particuliers, qui diversement associés, servent à l'édification des holoprotéines.

Étant à la fois acides par leur carboxyle COOH, et basiques par leur groupement amine NH_2, ces corps peuvent se combiner entre eux, une fonction acide de l'un estérifiant une fonction amine de l'autre, avec

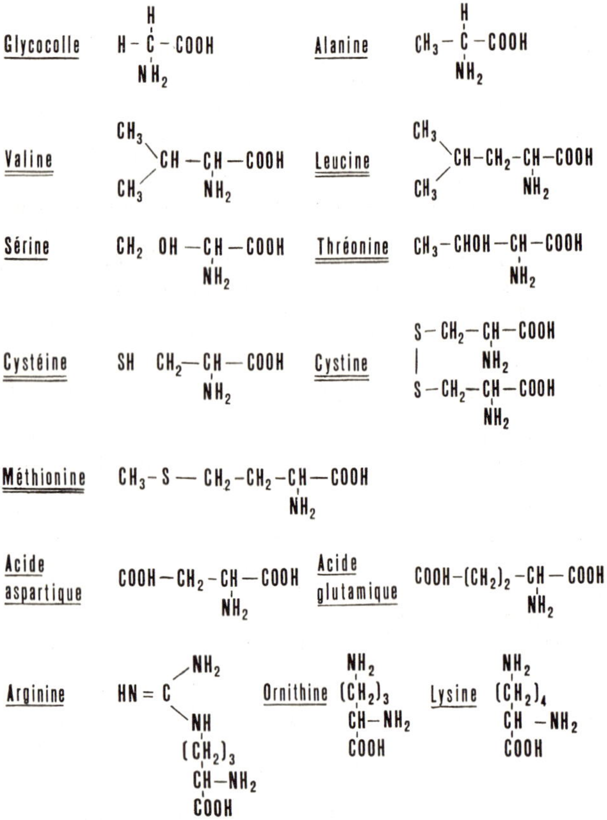

FIG. 28 — LES PRINCIPAUX ACIDES AMINÉS CONSTITUANTS DES PROTÉINES.

Les noms des constituants essentiels sont soulignés de deux traits.

Phénylalanine

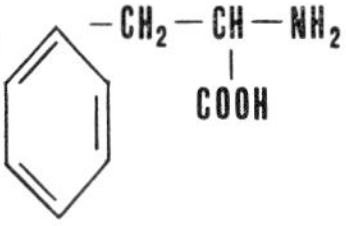

Tyrosine

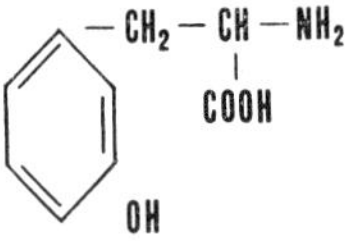

Histidine

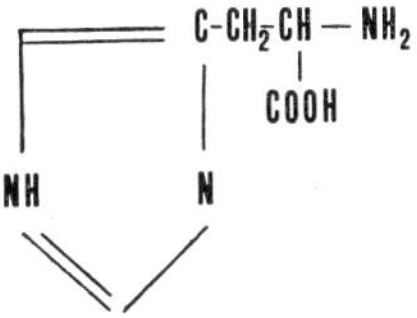

Tryptophane

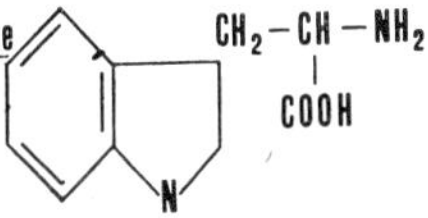

Proline

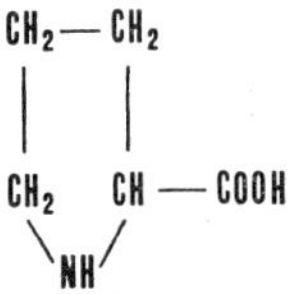

Hydroxyproline

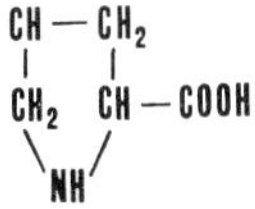

élimination d'eau. La liaison ainsi réalisée, dite *liaison peptidique,* forme un *peptide.*

Mais il reste encore à la nouvelle molécule une fonction COOH et une fonction NH_2, toutes deux libres : chacune peut ainsi s'unir à un autre acide aminé et ainsi de suite.

On connaît des *tripeptides,* tel le glutathion, fréquent dans tous les protoplasmes et qui résulte de l'union de trois acides : glycocolle, acide glutamique, cystéine.

Les *polypeptides* sont des chaînes d'acides dont la longueur peut être considérable. Les holoprotéines sont de tels corps différents les uns des autres par le nombre et la disposition de leurs acides constitutifs.

Mais il est également possible que la chaîne polypeptidique se ferme sur elle-même : ce nouveau type de liaison dénommé *dicétopipérazique* semble également possible, mais il est certainement beaucoup moins répandu que le premier sinon exceptionnel *(fig. 29).*

Les polypeptides peuvent former des « fils », droits, ou légèrement en zigzag. On parle de protéines fibreuses. Mais le fil peut se replier en un peloton, donnant les protéines globulaires.

L'étude des molécules protéiques, réalisée à l'aide des

rayons X par Astbury, a montré, dans le cas de la kératine, qu'il existe une structure périodique différente selon que la molécule est normale ou étirée.

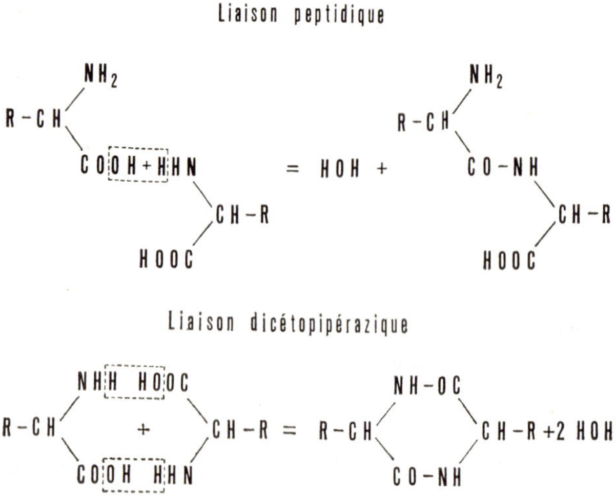

FIG. 29 — LIAISON PEPTIDIQUE ET LIAISON DICÉTOPIPÉRAZIQUE.
Schéma chimique des deux liaisons entre molécules d'acides aminés : la première est la seule commune.

Dans le premier cas, la période est sensiblement de 5 Å. Elle n'est plus que de 3,38 Å dans le second cas. Ces chiffres indiquent l'écart sur la chaîne polypeptidique, des divers acides aminés : il pourrait se faire qu'il y ait des pelotons qui se dérouleraient *(fig. 30)*.

Si l'on généralise cette notion aux autres holoprotéines, on peut penser que ces longues molécules ont ainsi la possibilité de changer de structure, en modifiant leur longueur. Ainsi peut s'expliquer la contractilité du protoplasme.

L'étude des acides aminés constituant telle ou telle protéine était autrefois un problème chimique des plus ardus : des techniques nouvelles sont, depuis quelques années, venues les mettre à la portée des biologistes : ce sont la *chromatographie* et l'*électrophorèse*. Elles permettent d'isoler les uns des autres, sans difficulté majeure et rapidement, les acides aminés constitutifs d'une protéine.

Ainsi peut-on acquérir d'importantes précisions sur la composition des protéines cellulaires, et même en suivre les transformations. On a pu reconnaître avec certitude la sériation des acides le long d'une chaîne

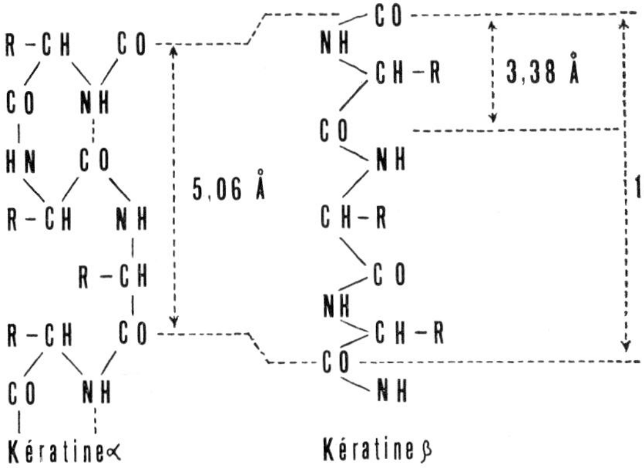

FIG. 30 — CONDENSATIONS DIFFÉRENTES DES CHAÎNES D'ACIDES AMINÉS.

Schémas selon Astbury; à droite, Kératine β étendue au maximum; à gauche, Kératine α avec cyclisation partielle de certains secteurs de la molécule.

moléculaire : on connaît ainsi fort bien certains corps, tels que l'insuline ou l'A.C.T.H. et on peut prévoir la possibilité de leur synthèse.

Notons enfin que les cellules végétales vertes sont les seules à pouvoir édifier tous les acides aminés : les cellules animales, et celle des végétaux dépourvus de chlorophylle, ne peuvent en construire qu'une dizaine, les plus simples. On les dit « non essentiels », en sous-entendant « à l'alimentation cellulaire » et « à l'assimilation du protoplasme », les autres que nous ne pouvons édifier, mais dont notre protoplasma ne peut se passer, doivent être apportés par la voie alimentaire : on les dit « essentiels ».

Les *hétéroprotéides* sont des combinaisons d'holoprotéines avec d'autres substances.

Toutes les substances organiques du protoplasma ne sont en effet pas obligatoirement isolées les unes des autres : l'un des caractères les plus frappants de la matière vivante est ce fait qu'elle peut grouper certains corps appartenant aux trois catégories étudiées en d'énormes édifices moléculaires que l'on dit molécules géantes, ou aussi macromolécules.

En effet, les divers corps organiques peuvent non seulement se combiner en grosses molécules, mais celles-ci peuvent à leur tour se polymériser, conduisant aux macromolécules, dont certaines peuvent devenir visibles même au microscope optique.

Les phosphoaminolipides envisagés plus haut étaient déjà de grosses molécules. Il en est de plus importantes encore, et en particulier celles des *nucléoprotéides,* qui sont représentées dans l'analyse de Lepeschkine par une quantité impressionnante : plus d'un tiers du poids sec. On les a nommées nucléoprotéides, parce qu'elles ont été longtemps considérées comme caractéristiques du noyau cellulaire. On sait aujourd'hui qu'elles se rencontrent aussi bien dans le cytoplasme, et qu'elles jouent, en tout cas, un rôle absolument essentiel dans tous les phénomènes biologiques.

L'étude de ces corps est ancienne, illustrée par les travaux de Miescher, d'Altmann, de Kossel (de 1871 à 1891), qui en ont fait connaître les constituants principaux puisqu'il n'est guère que l'élément glucidique, le pentose annoncé plus haut, qu'ils ne parvinrent pas à définir. Il ne l'a été qu'après 1930 par Levene.

Un nucléoprotéide résulte de la combinaison d'un acide nucléique avec une protéine basique qui est, soit une protamine, soit une histone. La protamine est une molécule relativement simple, mais très basique : elle renferme jusqu'à 90 % d'arginine et est dépourvue de tyrosine et de tryptophane.

L'histone est plus compliquée, renferme des acides aminés plus variés, mais seulement 25 % d'arginine. On y trouve un peu de tyrosine, mais pas ou presque pas de tryptophane. Elle est nettement moins basique que la protamine.

Les nucléoprotéides sont ainsi des nucléates d'histone ou de protamine. Quant aux acides nucléiques eux-mêmes, ce sont des polynucléotides, c'est-à-dire le résultat de la polymérisation en chaîne d'un nombre élevé ou très élevé de nucléotides. Chacun de ceux-ci comporte une molécule d'acide orthophosphorique, reliée à une molécule de pentose, combinée elle-même à une molécule de base organique.

Il existe deux types de pentoses : le *d*-ribose, et le *d*-désoxyribose.

Le premier est simplement un polyalcool, tandis que le second est quatre fois alcool et une fois aldéhyde. Cette dernière fonction est particulièrement intéressante du point de vue de la technique cytologique, car il existe un réactif histochimique particulier, la fuchsine de Schiff (fuchsine décolorée par SO_2), qui, *in situ,* donne avec elle une coloration rouge parfaitement nette.

Cette réaction, appliquée par Feulgen à l'étude des nucléoprotéides, permet de caractériser, après démasquage par HCl, les acides nucléiques à désoxyribose ayant atteint un degré avancé de polymérisation.

Il existe cinq bases, appartenant les unes au groupe de la pyrimidine, ce sont la cytosine, la thymine et l'uracile, les autres à celui de la purine : adénine et guanine.

On pensait autrefois que ces bases se trouvaient en proportions équimoléculaires dans la chaîne : on sait aujourd'hui que leur distribution sériée est très variable, et qu'elle n'obéit qu'à une règle : il y a sensiblement autant de purines que de pyrimidines.

Quant aux acides nucléiques eux-mêmes, on en distingue deux principaux : le premier est l'acide ribonucléique, plus souvent désigné par les trois lettres A.R.N., ou encore R.N.A. Son pentose est le *d*-ribose. Il ne se colore pas par la méthode de Feulgen. L'autre, qui se colore par cette méthode, qui est ainsi Feulgen +, est l'acide *d*-désoxyribonucléique, ou A.D.N., ou D.N.A. Ses bases sont l'adénine et la guanine, la cytosine et la thymine : ce sont les mêmes que celles de l'A.R.N., sauf la dernière qui est remplacée dans l'A.R.N. par l'uracile.

Le degré de polymérisation des deux acides est aussi différent : l'A.R.N. groupe depuis 50 jusqu'à 2 000 nucléotides, et son poids moléculaire est, par suite, généralement inférieur à 1 000 000, tandis que celui de l'A.D.N. qui groupe toujours beaucoup plus de nucléotides est compris entre 3 et 10 millions.

Tous deux absorbent fortement les rayons ultraviolets

dans la région de 2 600 Å, absorption due aux bases. Caspersson a pu réaliser une méthode microspectrographique qui permet, en utilisant cette propriété, de déceler les deux acides dans la cellule, mais sans les distinguer l'un de l'autre.

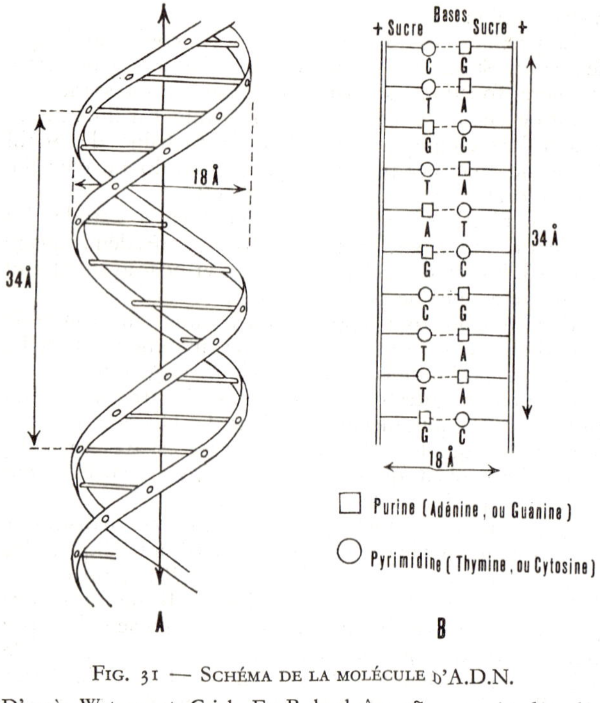

FIG. 31 — SCHÉMA DE LA MOLÉCULE D'A.D.N.

D'après Watson et Crick. En B, la chaîne est supposée déroulée et montre une séquence possible des bases sur un court secteur. Les variations de cette séquence sont un « langage » génétique possible.

Une autre méthode, due à Brachet, permet de combler cette lacune, de la même façon que la réaction de Feulgen. Nous aurons à revoir cette question plus loin.

L'étude structurale des deux acides, entreprise à l'aide des rayons X, a donné de bons résultats pour l'A.D.N. :

Watson et Crick (1953), se basant également sur les résultats des chimistes concernant la proportion respective des bases puriques et pyrimidiques dans la molécule, les

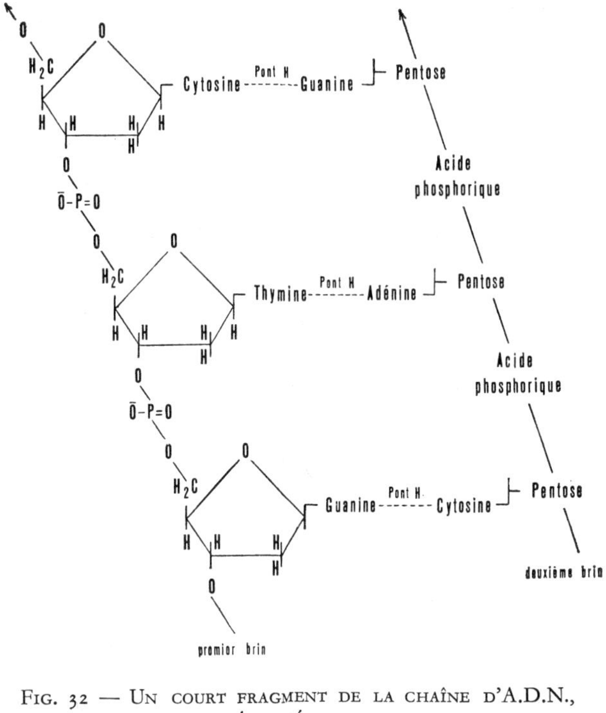

FIG. 32 — UN COURT FRAGMENT DE LA CHAÎNE D'A.D.N., SCHÉMATISÉ EN PLAN.

rapports de l'adénine à la thymine, et de la guanine à la cytosine étant toujours voisins de l'unité, ont admis la *(fig. 31* et *32)* possibilité d'une structure en double hélice.

La molécule d'A.D.N. serait faite de deux chaînes spiralées disposées l'une à côté de l'autre, les groupements acide phosphorique-pentose étant externes, tandis que les bases, internes, s'unissent d'une hélice à l'autre par des ponts H. Une adénine d'une chaîne se trouve ainsi unie à une thymine de l'autre, tandis qu'une guanine de l'une eſt reliée à une cytosine de l'autre. Les deux hélices sont donc complémentaires.

Étant donné que sur la chaîne, la succession des bases peut être quelconque comme d'autre part la taille des molécules peut varier, il en résulte la possibilité d'un nombre infini de ces acides. Chacun se caractériserait par la séquence variée de ses quatre bases, constituant une sorte de langage écrit ne disposant que de quatre signes,

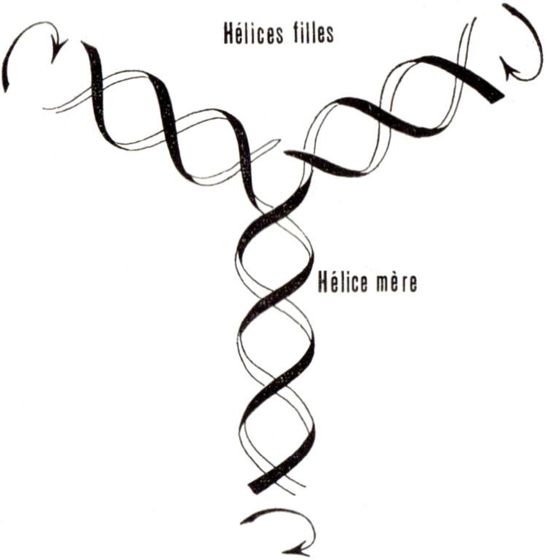

FIG. 33 — COMMENT WATSON ET CRICK ENVISAGENT LA REPRODUCTION DE L'A.D.N.

Les brins doivent tourner dans le sens des flèches; chaque hélice fille emporte un brin de l'hélice mère.

mais dont la taille des mots n'eſt pas limitée. Rappelons à titre de comparaison que l'alphabet Morse ne comporte que deux signes, le trait et le point, et qu'il peut néanmoins traduire tous les mots de toutes les langues. Notons enfin que cette possibilité de variation doit pouvoir encore être accrue, du fait des protéines combinées aux acides.

La configuration de la molécule d'A.D.N. permet d'en imaginer la reproduction. Les deux hélices se sépareraient par rupture des ponts H et détorsion, et, en face de chaque brin se formerait le brin complémentaire *(fig. 33)*.

La composition initiale se maintiendrait donc dans le temps, sauf anomalies. Cette hypothèse a été mise à l'épreuve des faits à la fois chez les Bactéries et chez les plantes supérieures, en marquant à l'aide de P radioactif les deux hélices d'une molécule d'A.D.N. A la génération suivante, une seule des deux hélices de la molécule fille est encore radioactive, et après une nouvelle reproduction, c'est-à-dire à la seconde génération, il n'y a plus de marqueurs que sur la moitié des molécules, résultat exactement conforme à l'hypothèse.

L'étude structurale de l'A.R.N. a été rendue plus difficile par suite de la variété plus grande de cet acide. Nous verrons en effet qu'il existe des A.R.N. Cette structure s'est révélée néanmoins assez comparable à celle de l'A.D.N.

Les deux acides nucléiques présentent une importance biologique fondamentale : l'A.R.N. est, ainsi que nous le verrons plus bas, toujours lié aux synthèses protéiques, tandis que l'A.D.N. est, au moins chez les organismes supérieurs, le vecteur de l'information héréditaire.

PROPRIÉTÉS PHYSIQUES ET STRUCTURE DU PROTOPLASME

Les premiers observateurs ont reconnu au protoplasma une mobilité de liquide. Néanmoins, les théoriciens, depuis Brücke (1861), admirent qu'un liquide ne peut être organisé, et que, par suite, le protoplasma doit être solide. C'est un compromis entre ces deux opinions qui conduisit ensuite à la notion de structure réticulée de Frommann et de Heitzmann (1875-1880) : le protoplasma comprendrait un réseau solide servant de substratum à l'organisation, et incluant un liquide.

Mais il fallut bien reconnaître qu'on ne voyait pas ce réseau, et à partir de 1886, Berthold, puis Bütschli (1892) revinrent à la conception d'un protoplasma liquide, abstraction faite de ses différenciations.

Les études modernes ont montré cependant que, si le protoplasme est bien un liquide par certaines propriétés, s'il est bien *fluide* et *visqueux*, il possède néanmoins aussi des propriétés de solide : il est *rigide* et *élastique*. Toutes ces propriétés sont chiffrables, et on a réalisé des mesures permettant de les comparer à celles des liquides usuels. Elles donnent cependant des résultats étranges : la viscosité, obtenue par diverses méthodes, sur divers matériels, varie entre quatre fois et 8 700 fois celle de l'eau. Elle varie en fonction de la température, mais d'une manière anormale. Au lieu de baisser régulièrement en fonction de l'élévation thermique comme fait une huile d'auto, elle présente parfois jusqu'à trois maximums, séparés par deux minimums (Œuf de *Cumingia*, Heilbronn). De telles anomalies indiquent un milieu hétérogène.

L'élasticité n'est pas une propriété de liquide, or le protoplasma est élastique : une hématie peut être étirée au micromanipulateur. Elle reprend sa forme quand la traction cesse, si la traction opérée n'a pas dépassé la limite élastique, exactement comme pour un ressort d'acier.

De telles propriétés s'expliquent par l'existence d'un état physique particulier qui, pour certains auteurs, serait lié également à une structure, c'est-à-dire un aspect morphologique que l'on s'est efforcé de décrire, le plus souvent après étude de protoplasma fixé par des réactifs variés.

On a depuis lors reconnu que ces structures, telles que la réticulée, envisagée plus haut, étaient bien souvent créées par les réactifs employés, étaient donc de simples artefacts.

Quelques-unes cependant avaient pour origine des constituants cellulaires réels. Il en est ainsi de la structure « fibrillaire » décrite par Flemming (1882), et qui est due à la présence dans le protoplasme étudié de constituants mitochondriaux allongés en filaments. De même, la structure « alvéolaire » prônée par Bütschli (1892), et reconstituée même artificiellement à l'aide de produits émulsionnés, n'est bien souvent qu'un produit d'altération de ces mêmes mitochondries gonflées par « cavulation ».

Les progrès réalisés par les physiciens dans la connaissance des colloïdes ont permis d'envisager le problème sous un angle plus rationnel : on a imaginé alors que le protoplasma, abstraction faite de ses enclaves, ne devait pas posséder de structure visible, mais seulement une *infrastructure* à l'échelle « micellaire ».

Un colloïde n'est pas une solution ordinaire, dans laquelle les molécules dissoutes sont totalement dispersées, ou même dissociées, mais une fausse solution constituée par un liquide fondamental qui, dans le cas du protoplasma, est de l'eau dissolvant des cristalloïdes, et une matière maintenue en suspension à l'état de particules ou *micelles*.

Celles-ci, très petites, pourvues de charges électriques de même signe, seraient, de ce fait, maintenues en suspension, et animées d'un mouvement particulier, sorte de trémulation sur place, dit *mouvement brownien*.

C'est ainsi que se présente un colloïde artificiel, tel que la solution de collargol, dont les micelles sont visibles à l'ultramicroscope.

On qualifie un tel liquide du terme de *sol*. Certains protoplasmas montrent effectivement quelquefois, à certaines phases de l'activité cellulaire, un aspect liquide avec des particules très fines en mouvement brownien.

Mais, beaucoup plus fréquemment, le protoplasma se trouve à l'état de « gel » : les micelles seraient imbibées d'eau à un point extrême, et certaines d'entre elles viendraient ainsi en quelque sorte en contact par l'extérieur de leur zone d'action. La masse prendrait par suite une consistance beaucoup plus ferme, elle serait semi-rigide, les mouvements libres des micelles étant empêchés par la formation d'agglomérats, de fibres dessinant dans la masse une sorte de réseau : automatiquement, en quelque sorte se produirait une « organisation » du cytoplasme. Mais, il ne s'agirait pas là d'états stables : les physicochimistes ont décrit maintes fois des corps « thixotropes », c'est-à-dire dont les solutions peuvent manifester les deux états, liquide et rigide, passant de l'un à l'autre à la suite d'une agitation ou d'une mise au repos. Il en est ainsi de l'hydrate ferrique colloïdal, des suspensions de la *bentonite*, variété d'argile.

Les protoplasmas se comporteraient de même : leur forme gel passant à la forme sol, et réciproquement.

L'arrêt de l'Amibe touchée par une aiguille est une gélification de sa région axiale, la remise en marche une reprise de l'état normal de sol dans cette même région. La formation des pseudopodes est, ainsi que nous l'avons vu plus haut, liée à un mécanisme analogue.

Les phénomènes colloïdaux pourraient donc expliquer certains aspects protoplasmiques. Cependant, les acquisitions positives de la dernière décennie, réalisées grâce au microscope électronique, semblent avoir creusé un fossé entre la structure des colloïdes inorganiques, et celle du protoplasma. Au lieu de micelles de forme sphérique, ou presque, dans un milieu continu, le microscope montre de vastes massifs moléculaires à éléments orientés, d'une grande importance, pouvant même cloisonner le milieu, et des macromolécules globuleuses ou filamenteuses.

Nous aurons à revenir sur ces faits après l'étude des organites cytoplasmiques.

A un autre point de vue, il ne semble pas non plus que l'image, apportée par l'étude des colloïdes minéraux, soit suffisante à expliquer le protoplasma : le colloïde minéral comporte seulement deux phases, l'une continue, l'autre discontinue, et il semble qu'il soit homogène dans toute son étendue. Le nombre des phases protoplasmiques, abstraction étant toujours faite des enclaves, est certainement plus élevé.

Fauré-Frémiet a signalé l'existence fréquente de deux phases, visibles *in vivo* chez certains Infusoires Ciliés communs : *Loxodes, Stentor, Urostyla, Condylostoma* ... Il attribue leur existence à une abondance de substances lipidiques, se séparant partiellement de la phase fondamentale, aqueuse *(fig. 34)*. On peut concevoir ainsi des équilibres compliqués entre les divers constituants chimiques du protoplasma, tels que les laisse prévoir aussi l'existence des faits de *coacervation*.

Il s'agit de cas spéciaux d'équilibre de solubilité entre solutions colloïdales et solvants : un colloïde déterminé peut se dissoudre entièrement dans une certaine quantité de solvant. Si l'on rajoute alors du colloïde en excès, il se sépare de la solution une phase indépendante renfermant du colloïde et un peu de solvant, qui est dite alors *coacervat*. Elle est instable, car il suffit d'ajouter une certaine quantité de solvant pour obtenir une phase unique.

Il semble que le protoplasma doive être considéré comme un ensemble de coacervats, étant un ensemble de colloïdes aqueux non miscibles avec les solutions aqueuses : Chambers a, en effet, constaté directement, grâce à la technique de micromanipulation, que, si l'on injecte progressivement de l'eau dans le cytoplasma, elle est tout d'abord immédiatement absorbée, puis ne se mélange plus au protoplasma, et se sépare sous forme d'une vacuole, qui a ainsi la valeur d'un coacervat très riche en eau.

On tend enfin à admettre qu'il possède une infrastructure qui stabilise dans une certaine mesure son hétérogénéité.

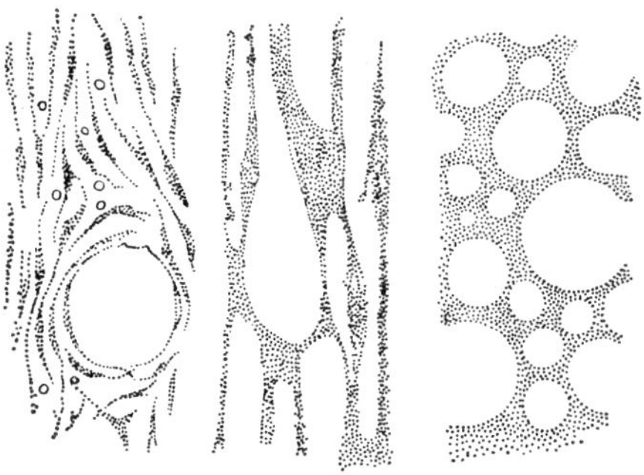

FIG. 34 — CYTOPLASMES HÉTÉROGÈNES BIPHASIQUES.

Images de microscopie optique, d'après Fauré-Frémiet. Les phases visqueuses sont ombrées; celle de gauche est filaire, celle du milieu est réticulaire et celle de droite est périvacuolaire.

S'il s'agissait en effet d'un colloïde banal, il devrait être possible de séparer la phase discontinue, en l'espèce les macromolécules ou micelles suspendues dans la matière fondamentale, de cette dernière.

Or, les expériences d'ultracentrifugation à très grande vitesse réalisées par divers auteurs, tels que Seifriz (1942) ou Beams (1943), ne sont pas parvenues à séparer ces deux constituants.

Tout se passe donc comme si les macromolécules protidiques d'une cellule déterminée étaient maintenues à une place précise par un ancrage mécanique, comme s'il y avait entre elles une liaison élastique, en un mot comme si l'ensemble était *structuré,* à l'échelle moléculaire.

Ainsi s'expliquerait ce fait démontré par les embryologistes que, dans un œuf, en apparence isotrope, une partie ne peut pas toujours se substituer à une autre : l'œuf est donc nettement anisotrope, et cela reste vrai, même si l'on élimine les enclaves vitellines à l'aide d'un traitement approprié, ainsi que l'ont démontré Beams et King (1936).

On a cherché à caractériser chimiquement cette structure, et presque simultanément, par des méthodes différentes; deux laboratoires, celui de Bensley, d'une part, celui de Szent-Györgyi d'autre part, étudiant l'un la cellule hépatique, l'autre la cellule rénale, sont parvenus à des résultats analogues. Ils ont reconnu et caractérisé des « protéines de structure ».

L'opération chimique, réalisée par l'action de solvants appropriés agissant sur des broyats de cellules, convenablement fractionnés par centrifugation, a pu être contrôlée cytologiquement. Une technique, préconisée autrefois par Altmann (1890), et mise patiemment au point par Gersh (1932 - 1941), et par Hoerr (1936-1943) a permis d'obtenir des coupes de cellules qu'aucun solvant n'a touchées. Elle consiste à congeler très rapidement ces cellules, à —170°, puis à les déshydrater dans le vide, à —60°.

L'eau du protoplasma s'évapore ainsi sans repasser à l'état liquide, et tous les corps qu'elle dissolvait ou maintenait en suspension, restent en place. On essaye sur ces coupes l'action des solvants utilisés dans l'opération chimique, et d'après les vides qui apparaissent sur la préparation, on estime leur rôle dans la constitution du protoplasma.

On a ainsi démontré l'existence de trois fractions protéiques distinctes : en premier lieu trois globulines, à molécules plus ou moins sphériques, dont l'extraction ne modifie pas sensiblement l'aspect cytologique. En second lieu, deux fractions protéiques distinctes, à longues molécules, filantes dans leurs solutions qui manifestent la biréfringence d'écoulement, et dont l'une, au moins, est un nucléoprotéide.

Tous deux jouent un rôle essentiel dans l'aspect protoplasmique, envisagé à l'échelle du microscope optique.

Une incertitude subsiste encore sur la nature exacte de ces protéines, mais néanmoins ces recherches ont permis de préciser la complexité de la substance fondamentale du protoplasma, et de montrer que certains de ses constituants protéiques jouent un rôle dans sa structure.

L'hétérogénéité protoplasmique est donc, chimiquement parlant, une réalité : à quoi correspond-elle morphologiquement parlant ? Divers essais ont été tentés dans le but d'en fournir une représentation logique. Ils n'offrent plus d'intérêt, étant donné que le microscope électronique permet de voir que le protoplasme est réellement organisé, qu'il est riche en organites, si riche même que, ceux-ci étant enlevés, on a pu se demander ce qui reste du « fond cytoplasmique », dont l'importance est certainement moindre qu'on ne l'a imaginée.

LA MEMBRANE PROTOPLASMIQUE

C'est la fine pellicule qui limite la cellule animale isolée, ou bien qui sert de cloison entre éléments cellulaires en contact direct, ou enfin qui, chez le Végétal, double intérieurement la membrane cellulosique, mais dont il est possible expérimentalement de la séparer par plasmolyse.

Il n'existe pas de cellules sans membrane, mais des membranes plus ou moins épaisses, plus ou moins déformables. L'examen sur le vif d'un Foraminifère montre, à la périphérie du territoire qu'il occupe, une quantité de rayons cytoplasmiques, fins pseudopodes à l'aspect toujours changeant, se séparant, se fusionnant, s'étalant autour des proies.

Ici, la membrane se forme et se détruit sans cesse, elle est en modification perpétuelle. Tout autres sont les membranes qui limitent les cellules-œufs d'une grenouille ou d'un Mammifère : ce sont des pellicules stables, qui manifestent un caractère permanent.

Chambers a pu vider de son protoplasma un œuf d'*Arbacia* sans détruire sa membrane, qui est donc une réalité, indépendante de celle du reste de la cellule. Cependant, si une goutte de cytoplasme vivant est extraite d'une cellule, même après issue à travers un orifice étroit, immédiatement cette goutte s'arrondit dans le milieu et se limite par une fine pellicule qui a sensiblement la même apparence qu'une membrane normale.

Le protoplasma, non miscible à l'eau, se sépare ainsi du milieu par sa région la plus externe, dont les molécules, soumises aux actions de surface, prennent de ce fait une disposition particulière. La membrane doit donc être structurée, et, effectivement, il est parfois possible de mettre en évidence une disposition ordonnée des molécules à son niveau.

L'examen au microscope polarisant permet ainsi d'observer une biréfringence de la couche superficielle chez divers œufs, indice d'une orientation commune à certaines molécules de la membrane, et différente de celles du cytoplasme sous-jacent.

La membrane a donc une structure. La définition de celle-ci a été obtenue très indirectement, en la déduisant de ses propriétés physiologiques et physico-chimiques. Cette question intéresse en effet vivement le physiologiste, car le problème de la perméabilité lui est directement lié, et il est à la base de tout le fonctionnement cellulaire. Physiologistes et physicochimistes ont surtout raisonné par analogie et cherché à établir un « modèle » de membrane ayant les mêmes propriétés qu'elle. Ils l'ont ainsi comparée à la membrane de l'osmomètre de Dutrochet, c'est-à-dire à une feuille de parchemin, ou à une vessie de porc, telles qu'on les utilise dans les dialyseurs, et qui sont perméables, laissant passer, mais plus ou moins vite, aussi bien l'eau que les cristalloïdes.

Puis à celle d'une cellule artificielle, dite de Pfeffer, c'est-à-dire à une membrane de précipité, qui n'est perméable qu'à l'eau, et dite pour cette raison *hémiperméable*. Ni l'un ni l'autre de ces modèles ne peuvent évidemment correspondre tout à fait à la réalité, qui oscille entre ces deux extrêmes.

Mais parfois, selon les phases du cycle cellulaire, il arrive que la membrane fonctionne approximativement selon l'un ou selon l'autre de ces deux schémas.

La constitution même de la membrane est soumise à une règle physique précise due à Gibbs : dans une solution, toute substance qui abaisse la tension superficielle tend à se concentrer à la surface. Les protéines et les lipides sont abaisseurs de tension superficielle des liquides aqueux : on doit donc prévoir une concentration de ces substances au niveau de la membrane.

En fait, on a longtemps admis que la membrane était

purement lipidique. Overton, par ses recherches sur la perméabilité cellulaire, a été l'un de ceux qui ont le plus affermi cette notion. Il a effectivement prouvé que les substances qui pénètrent le plus facilement dans les cellules sont liposolubles : tels sont en particulier les anesthésiques comme l'éther ou le chloroforme.

Mais, le « principe » d'Overton a été reconnu un peu trop draconien, car il n'explique pas comment la cellule laisse pénétrer l'eau et les solutions aqueuses qui, en fait, peuvent y pénétrer, dans certaines conditions, en particulier les solutions de sucre, d'urée, ou de sels minéraux.

On a alors pensé que la membrane devait être diphasique, et comprendre une phase aqueuse et une phase lipidique, en suspension l'une dans l'autre.

Par définition l'une de ces phases est continue, c'est-à-dire qu'il est possible de la traverser sans toucher l'autre, dite phase dispersée, entre les particules de laquelle il n'existe pas de passage direct possible. Si c'est la phase aqueuse qui est continue, les substances liposolubles sont arrêtées : elles passent si, au contraire, c'est elle qui est dispersée.

Cette hypothèse, appuyée par diverses recherches sur la perméabilité des œufs, s'est montrée correcte chez l'Oursin (Herlant, 1930).

Il existe effectivement des variations de perméabilité en fonction du cycle cellulaire, et au cours desquelles l'œuf est approximativement, tantôt perméable aux substances liposolubles, tantôt perméable aux substances aqueuses.

Un schéma, dû à Clowes, a expliqué l'hypothèse en montrant qu'un système constitué par une émulsion d'huile dans l'eau en milieu légèrement alcalin, peut être transformé en émulsion d'eau dans l'huile par une simple addition, en quantité suffisante, d'ions Ca^{++} *(fig. 35)*.

Ainsi, à tour de rôle, la phase eau et la phase huile peuvent apparaître comme continues ou dispersées, et corrélativement, le contenu cellulaire accessible aux corps hydrosolubles ou liposolubles.

La réalité paraît beaucoup plus complexe : la membrane ne peut être une simple émulsion de lipides en milieu aqueux. Elle présente des propriétés mécaniques mises en évidence par Chambers, élasticité, ténacité, et qui ne peuvent s'expliquer ainsi sans faire appel aux protéines.

Le microscope n'y montre pas d'émulsion, et si le schéma de Clowes s'applique sur le papier à des gouttelettes d'huile ou d'eau de la grosseur minima du micron, rien ne nous permet de croire qu'il s'applique à l'échelon moléculaire. Il est en effet, tout d'abord, impensable qu'une telle membrane puisse ne pas se dissoudre dans le milieu. D'autre part, l'épaisseur de la membrane réelle ne se mesure pas en microns, mais en unités mille fois plus petites : cette épaisseur, calculée par diverses méthodes, chimiques, électriques ou optiques, est de l'ordre de la dizaine d'Å, de 30 Å à 50 Å par mesure directe au microscope électronique. On ne peut donc l'envisager comme une émulsion, mais on doit la considérer comme une lame faite, au maximum, de quelques couches de molécules orientées.

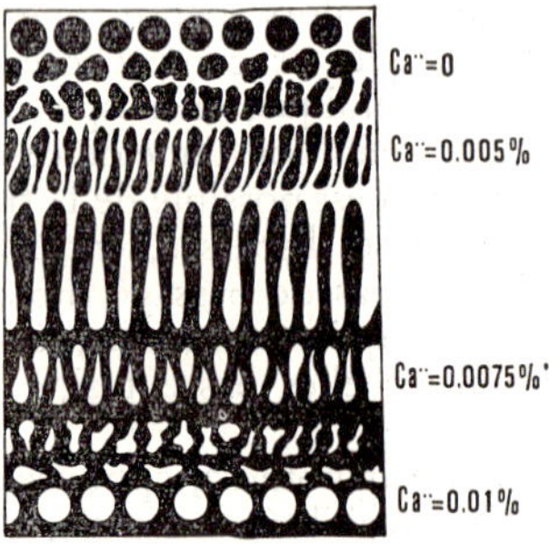

FIG. 35 — SCHÉMA DE CLOWES.

Ce schéma montre le passage d'une émulsion d'huile dans l'eau, l'huile étant en noir, en l'absence de Ca++, à l'émulsion inverse d'eau dans l'huile, pour une concentration donnée en ions Ca++. Ce schéma, établi pour expliquer la membrane cellulaire, n'est en réalité qu'une simple image.

Et c'est sur ces bases qu'ont été tentées de nouvelles représentations, basées sur la connaissance de la constitution des lames minces (J. Perrin, I. Langmuir, H. Devaux, etc.).

Si l'on schématise un lipide, en l'assimilant par exemple à une molécule d'acide gras CH_3-$(CH_2)_{16}$-COOH, dont l'extrémité carboxyle constitue le groupe polaire, à charge électrique négative, celui-ci, placé à la surface d'un liquide aqueux, tend à pénétrer dans le liquide, tandis que l'autre extrémité de la molécule, dite hydrocarbure ou chaîne paraffinique, tend à se dresser hors de l'eau. En couche monomoléculaire au contact de l'air, on aura ainsi toutes les molécules lipidiques, dressées de la même façon, perpendiculairement à la surface du liquide. Une telle disposition passe dans un milieu aqueux à la disposition double, c'est-à-dire dans laquelle une première couche identique à celle que nous venons de voir est recouverte extérieurement par une seconde, dont les extrémités hydrocarbures sont en contact avec celles de la première couche, et les groupements polaires carboxyles plongés dans l'eau du milieu extérieur. Quant aux molécules protéiques du cytoplasme, riches en groupements polaires, elles vont être adsorbées à la surface de cette couche double de lipides, leurs axes disposés parallèlement à la surface libre, et des deux côtés du premier film *(fig. 36)*.

Il est vraisemblable que ces molécules y forment une sorte de feutrage qui donne à la membrane sa résistance mécanique.

Un tel modèle constitue la solution schématique la plus simple qui puisse être donnée au problème de la membrane, et pour Danielli (1951), il permet d'expliquer les trois propriétés fondamentales de la limitante cellulaire : perméabilité préférentielle vis-à-vis des substances liposolubles, faible tension superficielle, enfin résistance électrique élevée. Cette dernière propriété, ainsi que la première, se rapporte à l'existence de la double couche lipidique, vraisemblablement constituée par des stérides, des phospholipides, adsorbant des cations et des glycérides (Bungenberg de Jong).

MEMBRANE ET PERMÉABILITÉ CELLULAIRE

Ce qui domine tous les résultats des recherches de perméabilité cellulaire, c'est l'*efficacité même de la membrane :* ce film, épais de quelques dizaines d'Å, élève autour de la cellule une barrière qui rend la traversée possible des diverses substances du milieu un milliard de fois plus lente qu'elle ne serait si le film était constitué par de l'eau pure. Ne font exception à cette règle que O_2 et CO_2 qui franchissent sans difficulté la membrane.

Si l'on étudie comparativement la traversée des différentes substances organiques et des ions, on constate que les petites molécules passent plus vite que la plupart des grosses, surtout si elles n'ont pas de polarité marquée. L'existence de groupes polaires ralentit le passage, proportionnellement à leur nombre. Danielli parvient à expliquer ces faits en décomposant la traversée de la membrane en trois étapes *(fig. 36)* ;

1) la traversée de l'interface milieu extérieur / membrane;
2) celle du centre lipidique;
3) celle de l'interface membrane / milieu cytoplasmique.

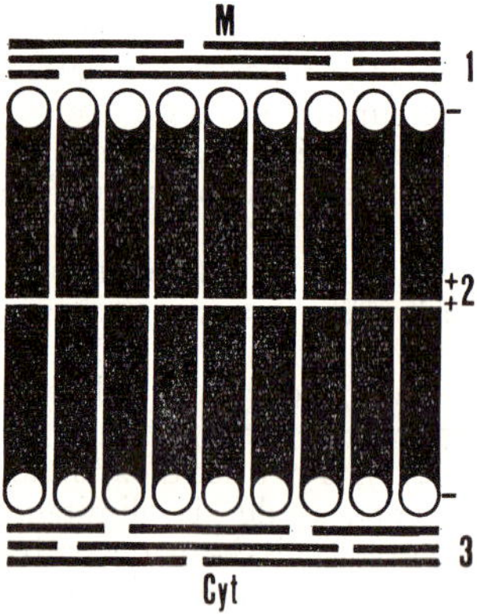

FIG. 36 — SCHÉMA DE LA MEMBRANE CELLULAIRE.

D'après Danielli; molécules lipidiques en bàtonnets noirs, le groupe carboxyle étant figuré par un cercle clair. Molécules protéiques étalées en surface. *M,* milieu externe; *Cyt,* cytoplasme. 1, 2, 3, les trois étapes de la traversée dont il est parlé dans le texte.

Il considère pour chaque type de substances l'existence de groupements polaires (OH^- en particulier), et non polaires (CH_3 ou CH_2). La molécule d'O_2 passe rapidement, n'ayant ni les uns, ni les autres. Les molécules neutres qui n'en ont pas ou presque pas traversent facilement (alcool éthylique).

Les molécules à nombreux groupes polaires, telles que les sucres, le glycérol, sont liées à l'eau du milieu par leurs oxhydriles : c'est la première étape qui est la plus pénible. Elles doivent y perdre ces groupes polaires, les deux étapes suivantes sont alors faciles.

Celles qui ont beaucoup de groupes non polaires et peu de polaires, telles que les acides gras, le carotène, le cholestérol, ont de la difficulté à franchir la troisième étape.

Quant à celles qui ont à la fois beaucoup de groupes polaires et beaucoup de non polaires, hormones ou protéines, ce seraient la première et la troisième étape qui seraient les moins faciles. A vrai dire même, leur pénétration paraît presque impossible, aussi Danielli pense-t-il à des aires particulières, jouissant de caractères anormaux par rapport au modèle, et ainsi à des mécanismes inconnus, ou difficiles à prévoir. La structure typique du modèle peut ne pas s'être réalisée sur tout le pourtour cellulaire : certaines zones plus minces seront plus perméables pour un temps, constituant des sortes de *trous* non permanents. Il arrive, en effet, que l'on note parfois d'importantes variations de perméabilité, se produisant dans le sens d'une restriction, à la suite d'une excitation mécanique ou électrique de la cellule.

A un état instable de la membrane, permettant une certaine perméabilité, succéderait ainsi un état plus stable, mais moins favorable aux échanges.

Il faut noter également l'importance des faits de *pinocytose,* sorte de phagocytose réalisée par n'importe quelle cellule qui s'incorpore ainsi, par introduction mécanique directe à travers une invagination de la membrane, des substances insolubles dans le protoplasme, telles que des globules graisseux, ou des parcelles de métal, ou des solutions de protéines, incapables de traverser autrement une membrane sans digestion préalable.

Le problème du passage inverse, c'est-à-dire l'excrétion cellulaire, semble encore plus malaisé à comprendre si l'on ne considère que la membrane.

Il est possible que les propriétés cytoplasmiques favorisent ce mécanisme : c'est au moins une chose certaine pour la vacuole contractile des Protistes, ou celle des leucocytes, dont le remplissage exige une dépense énergétique. Puisqu'il y a formation d'une vacuole à rayon de courbure plus petit que celui de la membrane, la pression interne y est supérieure à la pression externe. Si les deux surfaces viennent au contact, l'excrétion s'explique alors facilement.

Il faut remarquer aussi que la couche de cytoplasme exactement sous-jacente à la membrane est souvent dans un état différent de celui de la masse du cytoplasme, ainsi que nous l'avons constaté chez l'Amibe (gel ectoplasmique).

Cette zone particulière, fréquente dans les cellules, par exemple chez les œufs, tel celui de l'*Arbacia,* joue peut-être un rôle dans le phénomène.

Enfin, on a également fait valoir la possibilité d'un mécanisme d'entrée ou de sortie d'origine électrique. Jean Perrin a montré qu'une différence de potentiel établie entre les deux faces d'une membrane peut provoquer le franchissement de celle-ci par des molécules d'électrolytes qui ne la franchiraient pas sans elle : tel est le phénomène de l'osmose électrique.

Le fait est incontestable, de même qu'il existe certainement des différences de potentiel entre les faces interne et externe des cellules en fonctionnement. Il semble cependant que les schémas établis par les physiciens pour faciliter la compréhension de ce phénomène, se concilient mal avec l'aspect réel des membranes vivantes. Ils imaginent, en effet, toujours des membranes épaisses, percées de canaux d'un diamètre appréciable. Cela ne correspond guère à la réalité.

Les zones les plus perméables, par exemple celles des bordures en brosse, sont recouvertes de membranes très minces, mais d'un énorme développement de surface, par suite des microvillosités qui les hérissent. La perméabilité accrue de ces zones est donc à rattacher à l'accroissement de surface, à moins que les microvillosités ne soient des organes facilitant la pinocytose.

Les recherches effectuées au microscope électronique ne sont cependant pas favorables à cette hypothèse. Il ne semble pas que la paroi des microvillosités soit déformable. Leur axe est généralement occupé par un plasma dense qui peut faire hernie à la base, en direction de l'intérieur de la cellule. C'est probablement cette excroissance que l'on a confondue autrefois avec le grain basal, et qui avait conduit à l'assimilation des microvillosités avec des cils. Dans l'intestin d'*Ascaris,* où les microvillosités sont très belles, on distingue dans ce plasma dense, et à son voisinage, des granules de 50 à 80 Å qui évoquent les grosses molécules de *perméases* dont les bactériologistes ont démontré le rôle dans la pénétration de certaines substances à l'intérieur de la cellule bactérienne. La perméabilité serait ainsi un phénomène plus chimique que biologique, les substances susceptibles de franchir la membrane étant celles qui se combinent aux perméases.

LES CONSTITUANTS FIGURÉS DU PROTOPLASMA

Le terme protoplasma désigne la masse entière de la cellule, limitée par la membrane protoplasmique : on lui distingue deux *constituants essentiels :* le *noyau* et le *cytoplasme.*

Le noyau centre la cellule; le cytoplasme comprend tout ce qui l'entoure.

On nomme *constituants cytoplasmiques* une série d'éléments figurés suspendus dans sa substance fondamentale théorique ou *hyaloplasme*.

Nous avons examiné les propriétés principales de cette dernière substance, en étudiant le protoplasme : nous devons prendre maintenant connaissance de ses éléments figurés, ou enclaves.

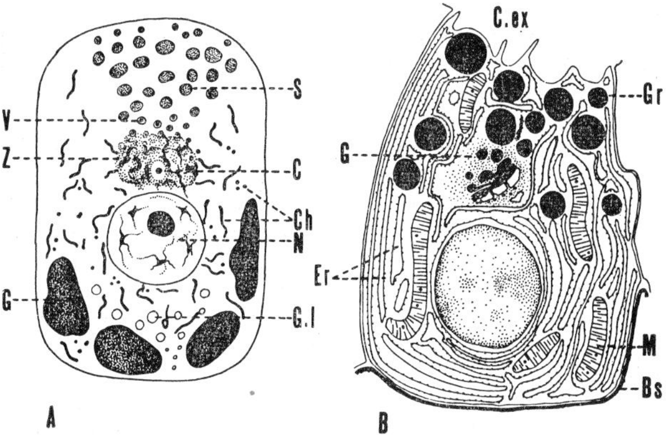

FIG. 37 — SCHÉMAS DE CELLULES GLANDULAIRES.

A, en microscopie optique, d'après Parat. B, en microscopie électronique, d'après Sjöstrand; *C*, centrosome; *C. ex*, canal excréteur; *Ch* ou *M*, chondriome; *Er*, ergastoplasme; *G*, plage à glycogène; *G.l*, globule lipidique; *Z*, Golgi; *Gr* et *S*, grains de sécrétion.

Elles ont été classées en *enclaves vivantes* et en *paraplasme*, c'est-à-dire enclaves non vivantes accessoires. En réalité, il ne semble pas que cette distinction s'impose réellement, car ce qui n'est pas vivant dans la cellule l'a été à un moment donné, et pourra le redevenir, même s'il s'agit de réserves aussi caractérisées qu'un globule de graisse ou un grain d'amidon.

La vie n'a pas son siège dans tel ou tel organite, c'est une résultante, une conséquence de multiples actions et réactions entre tout ce qui constitue la cellule.

Les études entreprises à l'aide d'éléments radioactifs, ou traceurs, incorporés au régime alimentaire des animaux et des plantes, ont singulièrement affermi cette conception. Le métabolisme cellulaire est fait de toutes sortes de réactions chimiques, auxquelles peuvent prendre part aussi bien les molécules considérées autrefois comme faisant partie des réserves, que celles qui étaient envisagées comme les plus vivantes.

Il existe ainsi un renouvellement constant des molécules, le *turnover* des Anglo-Saxons, qui est l'indice même de la vie cellulaire.

L'inventaire du cytoplasme conduit à y distinguer *(fig. 37)* : un *chondriome,* un *plastidome,* un *appareil de Golgi,* un *vacuome,* un *ergastoplasme,* des *matières de réserve.*

Nous laisserons de côté d'autres enclaves spéciales aux cellules différenciées, entre autres les *fibrilles musculaires,* les *neurofibrilles,* les *formations squelettiques,* dont l'étude fait partie de la cytologie spéciale, base de l'histologie. De même, nous excluons de cet exposé les formations dites *métaplasmiques,* c'est-à-dire les formations extraprotoplasmiques, telles que les membranes péricellulaires des végétaux, les ciments et fibres intercellulaires des animaux et qui sont étudiés en histologie végétale et animale.

Le centrosome et ses dérivés, ensemble qualifié du terme de *cinétide,* seront étudiés, bien que de situation cytoplasmique, après l'étude du *noyau* et de ses constituants : *nucléole, chromosomes, chromocentres* et *nucléoplasma.*

Quant aux formations spéciales qui se montrent dans la cellule au moment de sa division, *asters* et *fuseau mitotique,* ainsi que leurs restes, *fusome,* nous les envisagerons en même temps que cette division, bien qu'ils s'apparentent à la cinétide.

LES CONSTITUANTS CYTOPLASMIQUES

LE CHONDRIOME

On désigne sous ce nom l'ensemble des mitochondries ou chondriosomes, éléments cytoplasmiques présents dans toutes les cellules végétales et animales, aux rares exceptions près des Bactéries et des Cyanophycées, où on ne les a pas reconnues avec une entière certitude.

Bien qu'il s'agisse d'éléments visibles sur le vif, ils n'ont guère été étudiés avant 1900, quoiqu'ils aient été vus et figurés à de nombreuses reprises, en particulier par Flemming (1882) dans diverses cellules animales et par Altmann (depuis 1886).

En France, ils semblent avoir été reconnus par Raphaël Dubois (1886) (vacuolides). Kunstler (1924) a cru les avoir vus et figurés le premier en 1882 : sa figure ne laisse aucun doute à un protistologue : il a vu et dessiné des trichocystes d'Euglène, mais non des mitochondries.

Le nom est dû à Benda (1897) qui les a, le premier, définies, puis étudiées chez les animaux (1906), créant aussi le terme de chondriosomes. Meves les a reconnues chez les végétaux dès 1904.

A partir de ces dates, le chondriome (terme de Meves, 1908) devient un objet d'étude courante dans les deux règnes, tant du point de vue morphologique que biochimique, avec Regaud, Fauré-Frémiet, Mayer et Schaeffer, etc. en cytologie animale, avec Duesberg et Hoven, Pensa, Lewitsky, Guilliermond, etc. en cytologie végétale.

À la veille de 1914, on connaît approximativement ce qui concerne la forme de ces éléments, on sait qu'il s'agit de complexes lipoprotéiques et on leur attribue de multiples rôles, principalement dans les sécrétions et la morphogenèse des cellules animales. Ces connaissances vont par la suite se préciser et s'épurer, grâce aux efforts de Guilliermond et de ses collaborateurs principaux, Mangenot, Emberger, grâce à ceux de P. A. Dangeard, de Parat et de ses élèves, et de nombreux chercheurs dans tous les groupes animaux et végétaux.

Toutes ces recherches étaient basées sur des études purement microscopiques après traitement des cellules par des méthodes dues à Altmann, à Benda, à Regaud, insolubilisant les mitochondries, avec ou sans chromisation, puis les colorant par les couleurs d'aniline ou l'hématoxyline.

Un renouveau de découvertes surtout chimiques a été obtenu par la suite grâce à l'isolement et à la concentration de mitochondries d'un même tissu broyé dans un liquide isotonique.

Les recherches de Bensley et Hoerr (1934), de Claude (1943) ont conduit ainsi à préciser considérablement les propriétés complexes du chondriome, à en comprendre le rôle, tandis que celles des électromicrographes en fixaient l'ultrastructure (Palade, Sjöstrand, 1953-1955).

TECHNIQUES MITOCHONDRIALES

L'étude sur le vif constitue la plus facile à réaliser en ce qui concerne le chondriome. Mais elle n'est possible que dans des cellules pauvres en réserves et très transparentes.

Les cultures de tissu constituent ici un matériel de choix, examiné au microscope ordinaire, à l'ultramicroscope ou au contraste de phases. Ce dernier procédé est celui qui fournit les résultats les plus spectaculaires, sur les types de cellules les plus variés, à condition que l'observation porte sur des couches protoplasmiques minces.

La microcinématographie réalisée sur ces bases a permis d'obtenir d'excellents films, depuis celui d'Hugues et Preston (1949) : grâce à eux l'examen des chondriosomes devient possible pendant toute la durée du cycle cellulaire, et, si, comme l'a fait Chèvremont, on étudie les films image par image, on peut suivre dans le temps l'évolution individuelle de chaque mitochondrie.

En microscopie ordinaire, l'observation sur le vif est

facilitée par l'emploi du vert Janus B, qui teinte spécifiquement le chondriome, mais se montre généralement vite létal pour la cellule. La rhodamine a été également préconisée dans le même but.

L'étude des mitochondries dans les organes ne peut se faire que sur coupes après fixations et colorations spéciales. Les meilleurs agents fixateurs sont le liquide de Benda, modification sans acide acétique du classique liquide de Flemming (chromo-acéto-osmique); le liquide de Champy (mélange d'acide osmique, d'acide chromique et de bichromate de potassium, selon diverses proportions), celui de Regaud (formol et bichromate), ou celui de Benoit (bichromate, acide osmique, sublimé, nitrate d'urane).

La fixation est suivie ou non d'une chromisation (séjour plus ou moins long dans le bichromate), après laquelle les mitochondries, totalement insolubilisées, sont colorées, soit par la méthode d'Altmann, rapide et facile, soit par celle de Volkonsky, qui en dérive, ou encore, plus simplement, par l'hématoxyline ferrique.

La méthode de coloration de Benda donne également d'excellents résultats, mais sa complication tend à en faire disparaître l'usage.

En microscopie électronique, le fixateur le plus habituellement utilisé est l'acide osmique en solution de pH égal à celui du milieu intérieur dans lequel vivait l'organe à étudier (Palade). Toute coloration était jugée inutile (1960), mais de bons résultats ont également été obtenus à la suite de fixation au permanganate de K, corps qui peut servir aussi de colorant par augmentation du contraste.

FORME DES MITOCHONDRIES

On distingue divers types d'éléments *(fig. 38)*. Tout d'abord des granules sphériques ou ellipsoïdaux, dont la taille oscille autour du micron : ce sont les *mitochondries* au sens strict, fréquentes dans les cellules animales, dans celles des Protistes, dans les régions de croissance des végétaux. Elles tendent parfois à s'allonger en biscuit, et ont été alors interprétées comme des éléments en voie de division. Plus souvent, elles ont l'allure d'une Bactérie, ayant sensiblement un micron de diamètre et une longueur variable, mais qui peut atteindre dix ou vingt fois ce diamètre : on parle alors de *chondriocontes* ou de *chondriosomes*. Le terme de *chondriomites* est réservé à des chapelets de mitochondries, dont certains auteurs ont nié du reste la réalité.

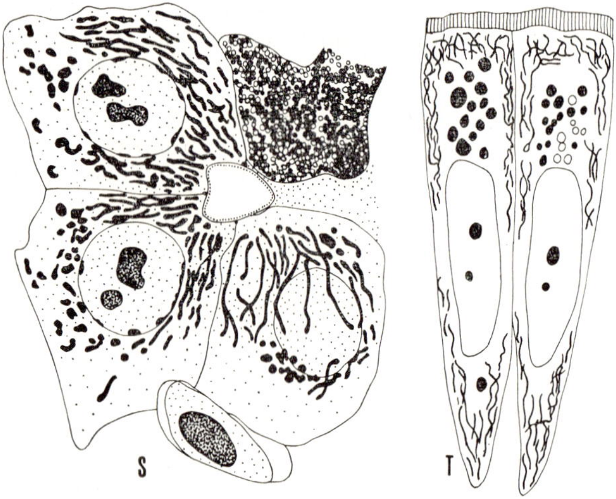

FIG. 38 — CHONDRIOME ANIMAL.

En microscopie optique. *S,* foie de Salamandre; trois cellules hépatiques au contact d'un canalicule biliaire. Longs chondriocontes au voisinage du canal, mitochondries au pôle opposé. En haut et à droite, fragment d'une cellule pigmentaire. En bas, capillaire avec hématie; (× 1500). *T*, cellules intestinales du Triton, d'après Parat.

On a cependant prouvé que les chondriocontes peuvent parfois s'associer bout à bout, formant de longs filaments; il en est probablement de même des mitochondries. Enfin, il faut signaler aussi l'existence de *réseaux mitochondriaux,* véritables ensembles parfaitement normaux chez de nombreux Protistes verts et incolores, et chez les Algues. Ils sont connus depuis longtemps, mais ont été interprétés généralement comme des leucoplastes : c'est ainsi que Chatton désigne en 1920 le réseau qu'il dessine chez les *Blastodinium*.

Hartmann (1921) figure également avec une parfaite netteté celui d'*Eudorina elegans.*

Il semble que l'existence d'un réseau mitochondrial ait été signalé pour la première fois chez un Péridinien parasite et pigmenté, *Endodinium chattoni* (1922). Ce type de formations a été étudié ensuite par B. Biecheler (1934) chez de nombreux autres Péridiniens : *Coolia monotis, Peridinium sociale, Exuviella marina (fig. 39).*

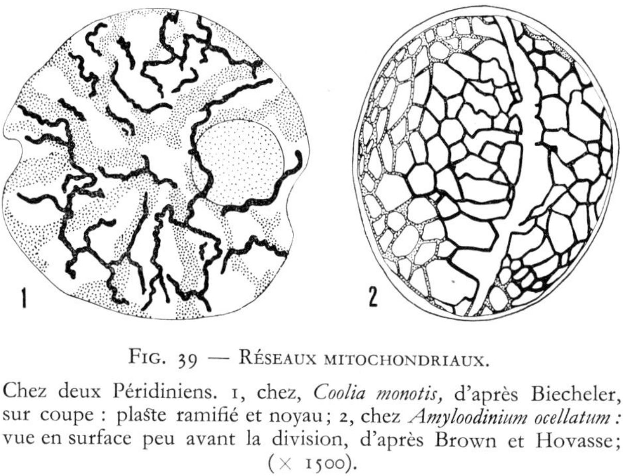

FIG. 39 — RÉSEAUX MITOCHONDRIAUX.

Chez deux Péridiniens. 1, chez, *Coolia monotis,* d'après Biecheler, sur coupe : plaste ramifié et noyau ; 2, chez *Amyloodinium ocellatum :* vue en surface peu avant la division, d'après Brown et Hovasse ; (× 1500).

Chez le premier de ces êtres, c'est un réseau de filaments tortueux, anguleux, verruqueux, assez régulièrement calibré qui s'étend à tout le cytoplasme, ménageant le noyau, le pyrénoïde et les plastes. Chez *Exuviella,* l'auteur note une tendance du réseau à disposer ses mailles en rayons autour du pyrénoïde. Chez *Peridinium sociale,* il est formé de cordons moniliformes qui montrent un passage vers des alignements de chondriocontes.

On retrouve un réseau assez comparable chez les Volvocales *(fig. 40)* (Hovasse, 1936, Hollande, 1942).

Chez les Eugléniens incolores, il existe également, mais se dissocie facilement, chez les formes métaboliques (Hollande, 1942) ; il est régulier chez les Eugléniens verts, présentant parfois une orientation par rapport aux pyrénoïdes (Hovasse, 1948).

Il existe également chez les Cryptomonades et les Diatomées. Enfin, il a été décrit chez beaucoup d'Algues par Chadefaud (1935) : *Chaetophora, Œdogonium, Bulbochaete, Cladophora,* présentent toutes de longs chondriocontes anastomosés en réseau, ou distincts. Il est certain que ces réseaux peuvent parfaitement correspondre à un état fonctionnel particulier.

Chez les Métazoaires, on a parfois aussi signalé l'existence de réseaux, principalement dans les cellules cartilagineuses (Pensa, 1913).

Dans les cultures de tissus, les Lewis (1914-1915 et suiv.) ont décrit des chondriocontes ramifiés, ou des ébauches de réseaux. Enfin, des études expérimentales faites récemment sur la cellule végétale, ont montré à Buvat (1947) *(fig. 41, o),* à P. Dangeard, à de Puytorac (1949), la formation de réseaux aux dépens de chondriocontes, et leur dissociation ultérieure en nouveaux bâtonnets.

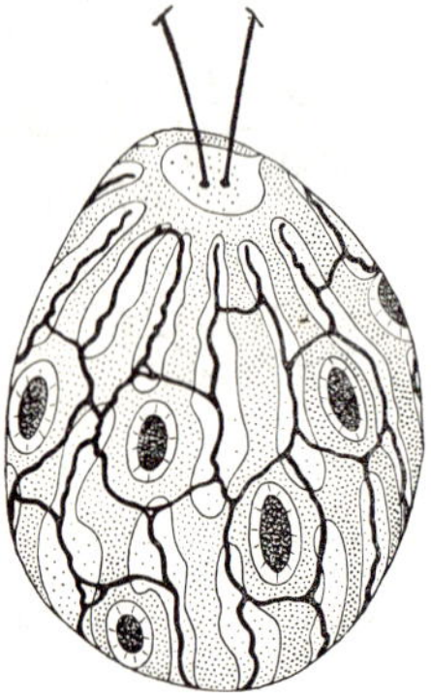

FIG. 40 — RÉSEAU MITOCHONDRIAL CHEZ UN INDIVIDU ISSU D'UNE COLONIE DE *Pleodorina illinoisensis.*

Vue de surface du réseau et du plaste à nombreuses pyrénoïdes (× 1500).

Au cours de ses observations *in vivo* sur le chondriome, Guilliermond, suivant des chondriocontes entraînés par la cyclose, avait pu voir certains d'entre eux prendre des formes en Y, soit par soudure avec un autre élément, soit par ramification. Les films pris en contraste de phases (Hugues et Preston, 1949 ; Chèvremont et Fréderic, 1950), sur divers types cellulaires, ont montré encore mieux l'extraordinaire souplesse des chondriosomes, leurs mouvements propres, la possibilité de leur soudure réciproque, et inversement celle de leur séparation en fragments, parfois peut-être même leur disparition (Chèvremont et Fréderic, voir *fig. 44).*

Contrairement aux anciennes idées sur le chondriome, nées peut-être d'une comparaison involontaire avec des individus bactériens, il semble que les éléments de cette formation soient, sous le rapport de la forme, beaucoup moins stables qu'il n'a été admis, et qu'il soit le plus souvent purement illusoire de considérer une individualité mitochondriale.

PROPRIÉTÉS DES CHONDRIOSOMES

Il s'agit d'éléments fragiles, particulièrement sensibles aux variations de la concentration saline du milieu : Fauré-Frémiet a, le premier, constaté qu'en milieu hypotonique, ils s'altèrent par gonflement. C'est la *cavulation,* terme créé par Prowazek (1908), et qui qualifie un phénomène général *(fig. 41, n).*

Les conditions en ont été étudiées avec soin : il s'agit souvent d'un gonflement dans l'eau, mais souvent aussi d'une sorte de cytolyse, favorisée par toutes les substances agissant sur les lipides, saponine, sels biliaires, chloroforme mais aussi par une hormone, la thyroxine... Par contre l'A.T.P., certains ions tels que Mn^{++} et Mg^{++} inhibent le gonflement. Ce n'est donc pas toujours uniquement un phénomène physique, et effectivement le résultat de la cavulation n'est pas exactement le même selon qu'elle a été provoquée uniquement par hypotonie — par exemple, par l'eau distillée — ou bien par une substance agissant sur les lipides — telle que l'acide acétique.

Une série d'expériences effectuées par P. Dangeard, ou par de Puytorac sur diverses cellules végétales (Endive, Carotte, etc.) et reprises par Buvat, a montré récemment que dans le premier cas la cavulation ne compromet pas totalement l'évolution des chondriosomes, et que leur cavulation est assez facilement réversible. Une fois la cellule traitée remise dans son milieu normal, les mitochondries, dès que la cyclose, arrêtée par le traitement, a repris, redeviennent peu à peu comparables à leur état initial. Si c'est de l'eau acétique qui a agi sur elles, la cavulation est suivie de l'éclatement des chondriosomes qui peuvent s'émietter plus ou moins totalement. Remise en conditions normales, la cellule meurt généralement, sa cyclose étant définitivement arrêtée.

Il arrive cependant parfois qu'elle survive, si le réactif n'a pas agi trop longtemps : le chondriome se reforme alors lentement. P. Dangeard a pu croire alors à sa néoformation, hypothèse que nous envisagerons plus bas.

L'addition de détersifs aux liquides nutritifs des cultures de tissus, en concentration suffisante, a donné récemment à Chèvremont et Fréderic (1952), la possibilité d'agir sur les chondriosomes vivants, en modifiant leur tension superficielle, ce qui se traduit par leur fragmentation en mitochondries qu'ils ont filmée. La méthode n'est malheureusement pas réversible, le détersif une fois fixé ne s'éliminant pas par lavages.

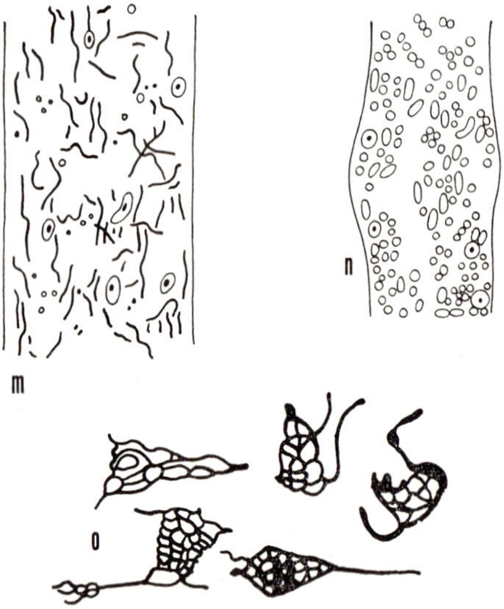

FIG. 41 — MITOCHONDRIES VARIÉES.

m et *n*, deux fragments de thalle de *Saprolegna; m*, après technique mitochondriale; *n*, in vivo après cavulation; (d'après Guilliermond). *o*, réseaux mitochondriaux très denses obtenus expérimentalement par action de l'eau distillée dans les cellules de l'Endive; (d'après Buvat).

Les éléments du chondriome sont également sensibles aux élévations de température. Policard (1912), Cowdry (1917), Policard et Mangenot (1922), suivant *in vivo* des cellules végétales, ou même animales, sur platine chauffante, ont constaté une disparition brusque de ces éléments à une température constante pour un même type de cellules et comprise en général entre 48° et 50°. Pour une même cellule, on voit d'abord disparaître les formes en baguette, puis celles en granules, sans que le cytoplasme montre d'altération sensible. La disparition a semblé réelle, car les mêmes cellules traitées ensuite par les méthodes spéciales de fixation et de coloration n'en ont pas montré de trace.

Cette limite thermique correspondrait à une sorte de température critique, au-delà de laquelle l'équilibre existant entre les constituants de la mitochondrie et celle du cytoplasme ne serait plus possible.

Le phénomène n'est pas réversible. Il s'agit certainement d'un équilibre précis dans lequel l'eau joue un rôle essentiel, et qui pourrait être un phénomène de coacervation. En effet, les recherches plus récentes de Bensley et Hoerr ont montré que les mitochondries obtenues par leur méthode de congélation et de déshydratation à froid dans le vide résistaient parfaitement à des élévations de température, même très élevée (140°) comme elles résistent du reste alors à des réactifs tels que l'acide acétique, ou le chloroforme. Le départ de l'eau modifie la structure moléculaire de l'élément qui tend vers un état totalement stable, mais qui, bien entendu, n'a plus rien de vital.

Les recherches d'un élève de Guilliermond, Famin (1933), ont mis en doute l'action des températures élevées sur le chondriome : étudiant l'épiderme d'Oignon et les pétales de Tulipe, il aurait suivi, sur le vif, les mitochondries jusqu'à 85°. A partir de 30°, ce qui est contradictoire au regard de l'observation précédente, il note une vésiculation croissante des chondriosomes, liée à une diminution de la réfringence qui devient très faible à 50°, et expliquerait ainsi les constatations de ses prédécesseurs.

Il semble que ce travail aurait gagné à être repris avec une technique plus moderne, en particulier avec un contrôle au microscope électronique.

COMPOSITION CHIMIQUE

La composition du chondriome a pu être établie indirectement par la simple considération des résultats précédents, par Regaud, par Fauré, par Mayer et Schaeffer. Tous les fixateurs mitochondriaux sont des oxydants, capables de stabiliser les graisses non saturées. L'imprégnation osmique peut noircir les chondriosomes. Il existe donc dans le chondriome un constituant *lipidique*. Il y a également des *protéines*, car de nombreux cytologistes ont obtenu parfois sa conservation avec des techniques plus banales, qui se bornent à coaguler leurs protéines, par exemple avec le liquide de Bouin.

Giroud a pu démontrer directement cette existence en tentant sur le chondriome les diverses réactions histochimiques des albuminoïdes. La réaction du biuret, la réaction xanthoprotéique, celle de Millon sont faiblement, mais nettement positives. Il en est de même de celle de la ninhydrine, de l'alloxane, d'Adamkiewicz et de Molisch; elles sont moins précises.

Ces réactions démontrent cependant nettement, par leur ensemble, l'existence d'un constituant protéique (1924).

Ces faits ont été affirmés et complétés par les recherches de Bensley et Hoerr (1934), puis de Bensley (1937). Elles consistent tout d'abord à broyer un tissu tel que le foie de cobaye ou de lapin, à froid, et à mettre le broyat obtenu dans une solution physiologique de ClNa ou de saccharose. Un examen antérieur a montré que ce traitement n'affecte pas les mitochondries qui sont insolubles dans ces milieux, mais y prennent la forme sphérique. Par centrifugation fractionnée, on parvient alors à obtenir un résidu purement mitochondrial, qui peut être soumis à l'analyse chimique, ou utilisé pour des études physiologiques.

L'analyse démontre l'exactitude des résultats antérieurs des cytologistes : il s'agit bien de complexes lipoprotéiques, et Bensley en donne l'analyse suivante :

Protéines et non dosé....	65 %
Glycérides	29 %
Lécithine et céphaline ..	4 %
Cholestérol	2 %

Une étude plus détaillée de ces diverses substances a été commencée; il a été reconnu, parmi les lipides, des acides gras libres en faible quantité, aussi bien non saturés que saturés. Il est curieux que, dans ces conditions, les mitochondries ne se colorent pas par le Soudan III, réactif microchimique le plus habituel des lipides.

Bensley pense que l'état de dispersion des graisses en serait responsable. On peut croire également à une combinaison avec les protéines, masquant ainsi les propriétés lipidiques normales.

En ce qui concerne les protéines, ce serait en grande majorité des nucléoprotéines. Ce fait énoncé par Bensley a été critiqué par Monné : au cours de l'extraction du chondriome, il aurait été mêlé de microsomes que l'on sait constitués par ces substances. Cependant le problème est plus complexe : Zollinger a donné récemment (1950) raison à Bensley : étudiant directement, sous le microscope à phases, des mitochondries de rein cavulées par l'eau distillée, il les traite par les enzymes spécifiques, l'un de l'A.D.N., l'autre de l'A.R.N.

La désoxyribonucléase ne touche pas à la masse mitochondriale, mais modifie les propriétés de sa membrane, qui, si l'enzyme employé a été vraiment pur, ce qui paraît douteux, devrait donc renfermer un peu d'A.D.N.

Quant à la ribonucléase, elle dissout totalement la masse mitochondriale, mais respecte la membrane. Le centre de l'élément serait donc distinct de la périphérie, et formé d'A.R.N.

Des analyses chimiques plus récentes (Barnum et Huseby, 1948; Leuthardt et Exer, 1953) indiquent seulement entre 2,8 et 3,7 % d'A.R.N., mais une importante quantité de phosphatides, de 15 à 16 %.

Il semble y avoir aussi du glutathion (Joyet-Lavergne), ou tout au moins une protéine sulfhydrilée (Giroud).

On a reconnu en outre la présence de nombreuses autres substances, en particulier de vitamines et d'enzymes. Parmi les premières, tout d'abord du carotène ou de la vitamine A : certaines mitochondries apparaissent en effet quelquefois colorées naturellement en un jaune très pâle, indice probable de caroténoïdes (Gatenby, 1919); chez diverses espèces de Limnées, la suspension de mitochondries hépatiques est également colorée en jaune pâle.

La réaction au trichlorure d'Antimoine, caractéristique de la vitamine A est souvent positive à leur niveau (Bourne, 1935, Joyet-Lavergne, 1935).

Enfin les Goerner (1939) ont pu établir le taux de cette vitamine dans les lipides des mitochondries extraites : entre 249 et 910 unités pour 100 milligrammes de lipides. Ce taux varie en fonction de l'état physiologique ou pathologique de la cellule hépatique, devenant nul dans les cellules de tumeurs du foie.

La vitamine C y serait également présente, le nitrate d'argent en solution acétique, colorant parfois certaines mitochondries (Leblond, 1934, Bourne, 1935, Giroud, 1938).

Parmi les vitamines hydrosolubles (groupe B), on a reconnu la présence d'aneurine (B_1), de riboflavine (B_2) d'acide nicotinique (PP), d'acide pantothénique, et de pyridoxine (B_6).

Mais ce sont surtout des enzymes qui y ont été mis en évidence; tout d'abord des oxydases : Joyet-Lavergne avait montré qu'elles peuvent transformer des sels cobalteux en sels cobaltiques. Certaines diastases protéolytiques ont été ensuite reconnues chez l'Amibe par Horning, comme provenant directement des chondriocontes.

A partir de 1946, à la suite des recherches de Hogeboom, appliquant les méthodes d'extraction du chondriome à des fins physiologiques, on y a reconnu de plus en plus d'enzymes.

On a d'abord localisé, au niveau des mitochondries, la plus grande partie de l'activité « déhydrase succinique » de la cellule hépatique puis une importante portion sinon même la totalité de son activité « cytochrome-oxydase ». On a hésité tout d'abord à affirmer que ces activités étaient dues à un enzyme intramitochondrial, plutôt qu'à une diastase fixée à la surface, par adsorption réalisée au cours des opérations d'extraction.

Mais on s'est ensuite persuadé que le mode de préparation ne fait pas varier la qualité des enzymes, la même si la centrifugation est faite en milieu sucré ou en milieu salé.

D'autre part, il y a des enzymes cellulaires, tels que ceux de la glycolyse qui ne se trouvent jamais sur le chondriome extrait. Il est donc plausible d'admettre que ces enzymes sont bien *dans* le chondriome.

A partir de cette époque, le nombre des enzymes découverts sur le chondriome n'a cessé de croître. Kennedy et Lehninger, puis Green et son école, y ont reconnu la présence des diastases fonctionnant dans le cycle de Krebs. Ce mécanisme, encore appelé cycle des acides tricarboxyliques, parce que trois des acides qui s'y rencontrent, l'acide aconitique, l'acide isocitrique et l'acide oxalosuccinique, ont chacun trois groupements fonctionnels acides, est un ensemble complexe et réversible de réactions en chaîne, constituant un véritable foyer cellulaire par l'intermédiaire duquel la cellule oxyde l'acide pyruvique résultant du métabolisme des protéines, des lipides ou des glucides. Il y a élimination de CO_2, et stockage de l'énergie produite sur des composés phosphorés : en présence de phosphate inorganique, et de diphosphate d'adénosine (A.D.P.), il se forme du triphosphate (A.T.P.), c'est le phénomène de la *phosphorylation oxydative,* par lequel les oxydations respiratoires préparent l'énergie utilisable par l'organisme.

Du reste, le même mécanisme, fonctionnant en sens inverse, peut aussi servir à la synthèse d'acides aminés, tels que l'alanine, l'acide aspartique et l'acide glutamique.

Mais il y a aussi dans le chondriome les divers enzymes et coenzymes nécessaires au métabolisme de l'acide phosphorique. En outre, quantité d'autres diastases — on parle de plus de deux cents — y ont été mises en évidence, capables de fonctionner selon de véritables systèmes organisés : si elles sont en effet étudiées isolément, elles fonctionnent beaucoup moins bien que sur leur substratum naturel, et il leur faut, en particulier comme adjuvants, d'importantes quantités de coenzymes, qui n'étaient pas nécessaires dans le fonctionnement en système.

La constitution chimique des chondriosomes est donc d'une énorme complexité. Elle varie d'autre part selon les cellules considérées. Dans le chondriome des cultures de tissus, il ne paraît pas y avoir de vitamines A, ni de vitamine C, ni de glutathion, ni de cholestérol (Ludford). Dans celui du foie ou du cortex des surrénales, il y a toujours du cholestérol. Pour Brachet, il n'y a pas d'A.R.N. dans les bâtonnets de Heidenhain (mitochondries de la face externe des tubules urinaires). Il paraît donc certain que la composition chimique du chondriome est variable, ce qui explique certaines constatations des cytologistes, notant la conservation du chondriome éventuellement dans certains tissus, après des fixations non mitochondriales.

STRUCTURE ET ULTRASTRUCTURE

On a longtemps su fort peu de chose de la structure des chondriosomes, que l'on se bornait à déduire de la composition chimique. Le schéma de Bourne, ainsi obtenu dès 1941, ne présente plus actuellement le moindre intérêt, pas plus que les premiers résultats obtenus par le microscope électronique. Il a fallu l'obtention des coupes ultraminces pour reconnaître la véritable ultrastructure de ces éléments.

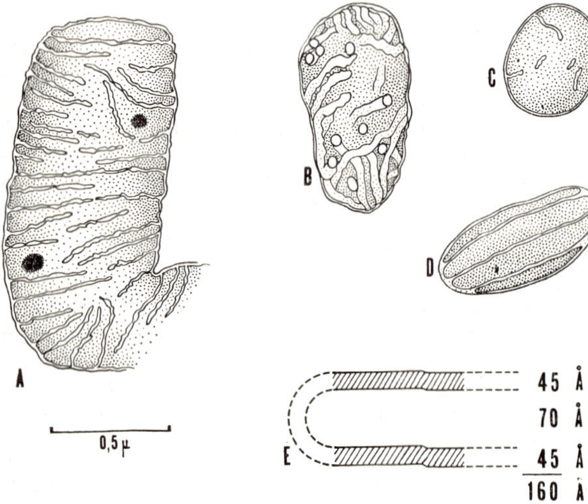

FIG. 42 — CHONDRIOME EN MICROSCOPIE ÉLECTRONIQUE.

Quatre coupes ultra fines : A, de foie de Rat, d'après Sjöstrand; B, de *Paramoecium caudatum;* C, d'un ovocyte d'Araignée; D, d'un spermatocyte de *Limax* (inédit, d'après photos André); E, épaisseurs des couches constitutives en angstroems.

Palade (1952), Sjöstrand (1953) ont établi qu'un chondrioconte de cellule glandulaire de Mammifère (foie ou rein) est une sorte de sac gonflé, limité par une paroi hémiperméable au moins double, d'où partent, vers l'intérieur de l'élément, des cloisons, selon les cas, complètes ou incomplètes, empilées le plus souvent perpendiculairement à la direction d'allongement *(fig. 42, A)*.

Ces cloisons désignées par Palade comme *cristae,* sont doubles et insérées sur la paroi interne avec laquelle elles peuvent être en continuité. Dans les grosses mitochondries, elles laissent souvent selon l'axe un espace libre, qui fait défaut dans les petites où les crêtes peuvent cloisonner réellement l'élément *(fig. 43)*. Cette ultrastructure se retrouve presque identique chez les plantes supérieures.

Mais il existe d'autres possibilités : chez les Paramécies, chez beaucoup de Flagellés, il y a, au lieu de crêtes, des digitations partant de la paroi interne, et terminées en cæcum à l'intérieur de l'élément *(fig. 42, B)*.

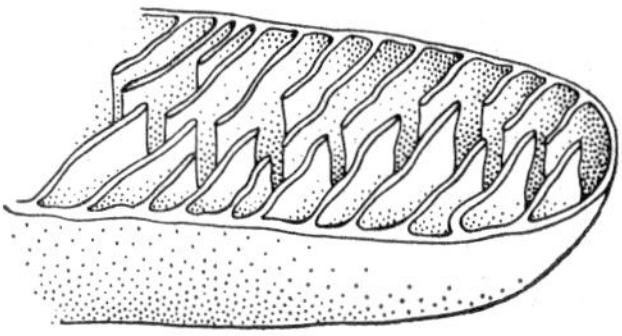

Fig. 43 — Disposition des crêtes dans une mitochondrie.

Schéma montrant l'élément supposé ouvert, le stroma n'étant pas représenté.

Ces sortes de microvillosités ont été comparées à des microglandes. Chez divers Arthropodes, on retrouve ces formations, mais en très petit nombre (une ou deux par coupe, pour de gros chondriosomes) *(fig. 42, C)*.

Chez les organismes qui vivent dans les milieux intestinaux, où fait sensiblement défaut l'Oxygène, tels que les *Ascaris* ou les *Trichomonas,* il n'y a ni crêtes, ni villosités.

Il semble que le nombre et la disposition de ces membranes internes varient de cellule à cellule, peut-être selon l'état fonctionnel de l'élément. A la suite du jeûne ou dans certains cas pathologiques, les crêtes disparaissent totalement (tuméfaction trouble).

Nous verrons qu'elles se modifient également dans le chondriome des spermatozoïdes.

Les dimensions caractéristiques des membranes doubles constituant les *cristae* sont sensiblement les mêmes dans la plupart des mitochondries : 160 Å pour l'ensemble de la membrane double, 45 Å pour chaque élément, et 70 Å pour l'espace libre qui les sépare (Sjöstrand, *fig. 42, C)*.

La signification possible de ces membranes sera envisagée plus loin.

Dans l'intervalle des membranes doubles existe une substance de fond, ou *matrix,* plus ou moins dense et dans laquelle apparaissent parfois des granules encore plus denses, issus du fonctionnement de l'organite.

Green a récemment établi que l'intégrité des crêtes est essentielle pour le fonctionnement mitochondrial. Elles seraient le support principal des enzymes respiratoires jouant un rôle dans le transport des électrons, la matrice renfermant celles du cycle de Krebs.

ÉVOLUTION DU CHONDRIOME ET PROBLÈME DE SA CONTINUITÉ GÉNÉTIQUE

Malgré l'instabilité fréquente des éléments du chondriome, on les trouve d'une manière permanente dans toutes les cellules. Quand on les compare dans des cellules d'âge différent, il est fréquent de reconnaître une véritable évolution de leur forme, remarquablement mise en évidence par Guilliermond et son école : les cellules jeunes des Ptéridophytes sont généralement plus riches en granules, les éléments âgés plus riches en bâtonnets.

Chez les végétaux supérieurs, les faits sont plus compliqués : il s'y relie en effet la question du plastidome qui sera envisagée plus loin.

L'explication la plus simple de cette évolution consisterait à admettre que les éléments du chondriome présentent une *continuité génétique,* c'est-à-dire que toute mitochondrie dérive d'une mitochondrie préexistante, conformément à l'adage *omne granulum e granulo.*

Fauré-Frémiet a effectivement constaté en 1910, par l'examen *in vivo* d'un Cilié, *Carchesium polypinum,* la division des éléments du chondriome, s'effectuant en même temps que celle du micronucleus de l'Infusoire : les mitochondries, sphériques auparavant, s'allongent, prennent la forme en haltère, puis s'étranglent en deux moitiés.

Mais l'observation est restée isolée en cytologie générale, où l'on a recherché en vain, dans les cultures de tissus, une division du chondriome : les films en contraste de phases montrent des fragmentations, des ressoudures, mais jamais de divisions, ni régulières ni, surtout, synchrones. On peut se demander si Fauré-Fremiet n'a pas été abusé par la présence de Bactéries symbiotes dans le Cilié étudié.

Guilliermond avait bien décrit, *in vivo,* chez les plantes, des cas de scission individuelle de certains chondriocontes : mais il semble s'être toujours agi de divisions accidentelles.

Emberger avait été plus heureux (1929) et avait vu plusieurs fois de nombreuses divisions. Quant aux images des préparations colorées, elles montrent des aspects en haltère, que l'on peut interpréter comme des divisions, mais sans la moindre certitude. Le microscope électronique ne permet pas non plus de trancher ce problème : la structure compliquée qu'il démontre dans les mitochondries pourrait laisser supposer une division compliquée également. Cependant on ne voit jamais rien de pareil sur les coupes : quelquefois cependant la coupe montre un étranglement du chondriosome, ou une cloison plus nette que les autres. Ce sont là les seuls indices que l'on puisse attribuer à une division possible ou à une fragmentation des éléments à l'échelon des ultrastructures.

Un autre mode de division, cette fois longitudinal, a été observé sur préparations colorées, au cours de la spermatogenèse des Hémiptères aquatiques, tels que *Velia,* par R. Poisson (1936). Sur matériel végétal, Meyer a plus récemment renouvelé cette observation dans les cellules hypertrophiées de certaines galles, il décrit des paires de chondriosomes, en situation parallèle, et les considère comme l'issue d'une division longitudinale.

On pouvait se demander s'il s'agit bien de processus normaux. Or, l'étude des chondriosomes au microscope électronique, au moins au cours de la spermiogenèse, a montré, chez les Mollusques, une importante transformation de l'ultrastructure des éléments : les crêtes n'y sont plus transversales, mais longitudinales *(fig. 42, D).* Si la division de la mitochondrie se fait parallèlement aux crêtes, comme cela peut paraître logique, elle y serait régulièrement longitudinale.

La continuité génétique du chondriome a été admise par Guilliermond surtout parce qu'il n'a jamais constaté l'apparition de mitochondries *de novo,* dans une cellule qui en ait été préalablement dépourvue. Or plusieurs cytologistes travaillant sur matériel animal, Fauré-Frémiet, les Lewis, Bensley, ont admis avoir rencontré des cellules sans chondriome, ou très pauvres en mitochondries, puis, à un stade ultérieur noté la présence souvent abondante du chondriome.

Mais jamais ils n'ont pu donner la preuve directe de la formation *de novo*.

Les expériences déjà citées de P. Dangeard, de Puytorac, celles plus récentes de P. Dangeard (1950) sur le Haricot, le Lupin, la Courge, n'ont pas davantage apporté de solution certaine. Il est impossible de prouver que la destruction du chondriome par l'acide acétique est réellement totale, et quand ces auteurs voient réapparaître des mitochondries, on peut toujours penser qu'elles dérivent de fragments ayant échappé à la destruction, et de dimension insuffisante pour pouvoir être observées au microscope optique. Des recherches récentes de Weiss (1953) auraient prouvé, avec l'emploi du microscope électronique, une néoformation dans le pancréas de souris renourries après jeûne. J. André pense avoir observé avec le même instrument une sorte de néoformation pendant la spermatogenèse du Rat : il a vu apparaître des groupes de mitochondries à certains emplacements cellulaires riches en ergastoplasme (1962).

Quoi qu'il en soit, il semble que l'on puisse penser qu'il n'existe pas de véritables individus mitochondriaux, mais des formes d'équilibre d'un complexe chimique particulier. Nous nous trouvons ainsi ramenés aux idées déjà anciennes de Fauré, de Meyer et Schaeffer, qui regardaient le chondriome comme une phase lipoprotéique discontinue, séparée de la phase hyaloplasmique.

La phase mitochondriale se manifestant sous une forme particulière, liée à l'ultrastructure que nous connaissons, se transmettrait ainsi à travers les générations cellulaires successives, de même qu'elle passe d'un individu à celui qui en dérive, aussi bien chez les plantes que chez les animaux.

Au cours de la division cellulaire, le chondriome est parfois tassé sur le fuseau mitotique, et, au moment de l'anaphase, réparti à peu près également entre les deux moitiés de la cellule. A part le cas cité du *Carchesium polypinum,* on ne connaît pas de relation particulière entre la division individuelle des éléments — ou chondriodiérèse — et la mitose.

L'examen de films pris en contraste de phases sur des cellules de cultures de tissus au moment de la division a montré à Chèvremont et Fréderic (1951) une variation cyclique inattendue des éléments du chondriome *(fig. 44* et *fig. 45)* : au début de la division se produit un amincissement inégal des chondriosomes, démontrant leur hétérogénéité, et qui conduit souvent à une fragmentation en grains, ou même à une disparition au moins partielle des éléments les plus rapprochés de la figure achromatique.

A partir de l'anaphase, on voit regrossir les filaments, les granules se souder en cordons épais, parfois formant des mailles, et qui redonnent au chondriome de la cellule revenue au repos un volume important. Le volume total du chondriome des deux cellules filles serait ainsi plus grand que celui du chondriome de la cellule mère à la prophase.

Il est possible de suivre le chondriome *au moment de la formation des gamètes et de la fécondation,* et ainsi d'établir directement sa continuité entre générations successives. Dans le sexe femelle, par suite de la vitellogenèse, le chondriome n'est pas toujours observable. Par contre, lors de la spermatogenèse, il est particulièrement facile à suivre. Meves a montré que les éléments mitochondriaux de la spermatide se concentrent dans la pièce intermédiaire du spermatozoïde, se tassant en un filament autour de la racine flagellaire.

La microscopie électronique a confirmé ce tassement, conduisant à une condensation extrême de tout le chondriome en une masse parfois unique remarquée par les anciens auteurs qui l'appelaient le « Nebenkern » *(fig. 46).*

Cet élément présente parfois une structure nouvelle (André, 1959). C'est ainsi que, chez la Testacelle, les constituants lipidiques et protidiques du chondriome se séparent, les derniers formant autour de la base du flagelle un cylindre paracristallin : l'ultrastructure habituelle a ainsi totalement disparu.

Par contre, chez les *Ascaris,* le tassement ne se produit pas et les mitochondries restent si nettes qu'on peut les suivre au cours de la fécondation et voir qu'elles se distinguent alors de celles de la cellule femelle.

Ce résultat avait conduit Meves à admettre (1919) qu'elles doivent jouer un rôle dans la transmission des caractères héréditaires. A l'époque, l'opinion a semblé

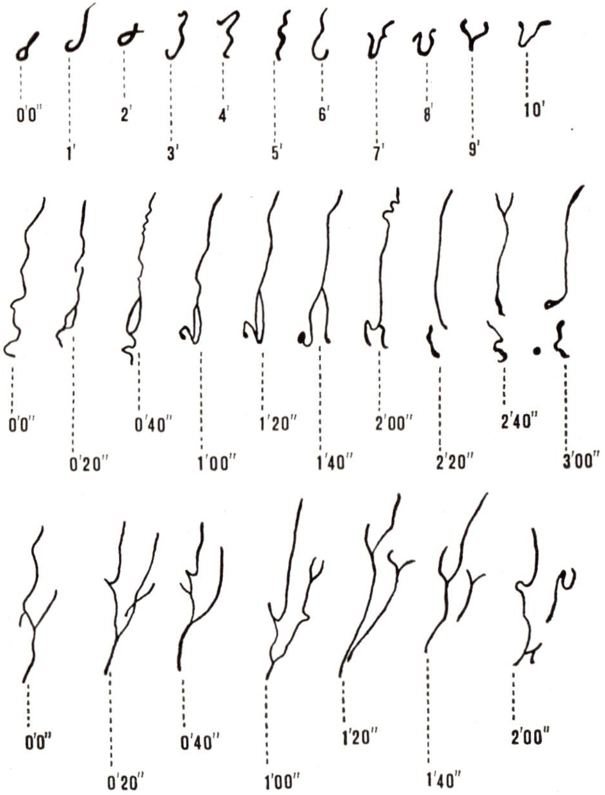

FIG. 44 — MODIFICATIONS RAPIDES DE MITOCHONDRIES.

Observations faites dans des cellules en culture de tissus. Chaque ligne représente l'évolution d'un même chondriosome; d'après un film de Chèvremont et Frédéric, pris en contraste de phase.

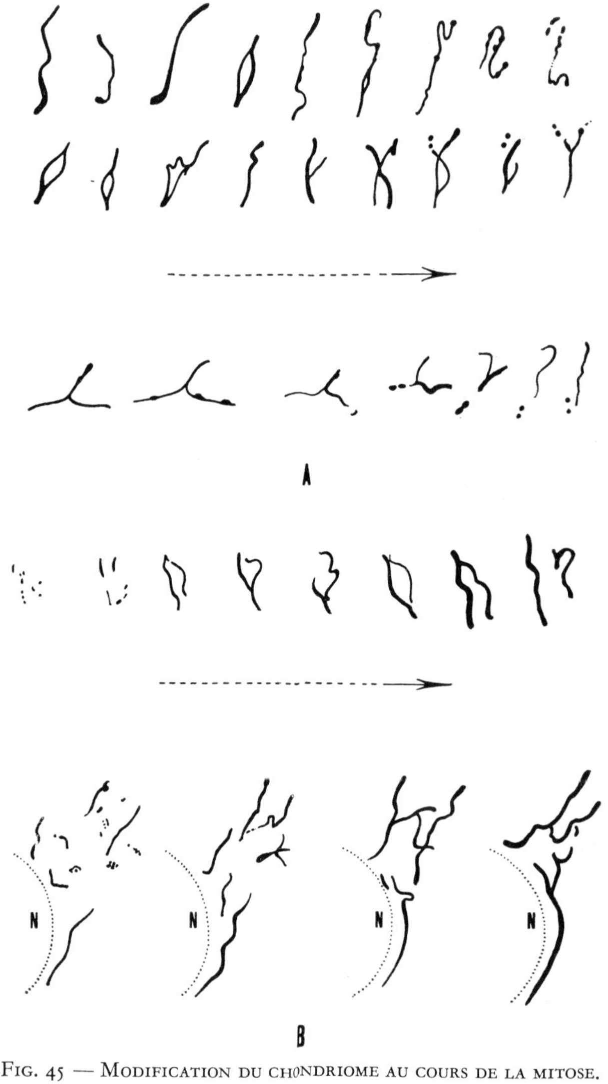

FIG. 45 — MODIFICATION DU CHONDRIOME AU COURS DE LA MITOSE. Même origine que la figure 44. Chaque ligne correspond à une même mitochondrie; A, à partir de la prophase, à gauche; vers la métaphase, à droite. B, de la métaphase, à gauche, à la télophase, à droite.

paradoxale. Guilliermond ne l'a toutefois pas rejetée d'emblée. Étant donnés les faits aujourd'hui connus d'hérédité cytoplasmique, elle serait plus facile à soutenir.

Cependant, le cas de l'*Ascaris* reste assez spécial, ses mitochondries étant exceptionnellement résistantes aux agents chimiques : elles résistent au fixateur de Carnoy (chloroforme, alcool absolu, acide acétique).

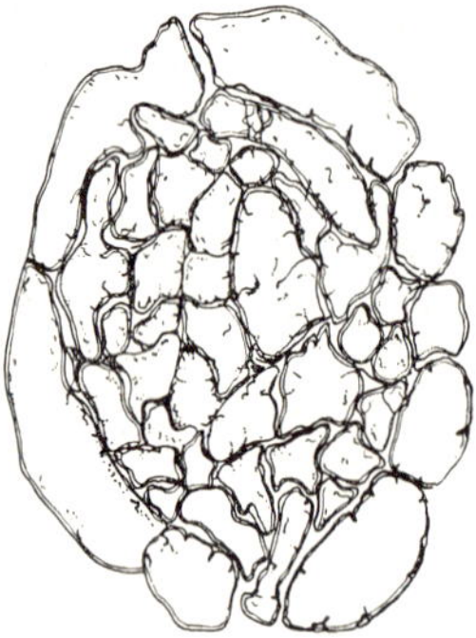

FIG. 46 — COUPE D'UN NEBENKERN DE *Pieris brassicae*.

Spermatocyte II. Toutes les mitochondries sont tassées dans cette masse sphérique qui va se loger dans la pièce intermédiaire de la spermie; d'après André (× 35 000).

D'autre part, il est des organismes chez lesquels la pièce intermédiaire de la spermie ne pénètre pas toujours dans l'œuf, au moment de la fécondation, en particulier chez les Annélides *(Nereis)* : les mitochondries paternelles qui y sont stockées, ne joueraient donc aucun rôle possible dans une hérédité cytoplasmique éventuelle.

RÔLE DU CHONDRIOME

L'opinion des cytologistes sur le rôle du chondriome n'a cessé de se modifier depuis un demi-siècle. Elle a tout d'abord été basée uniquement sur les apparences fournies par les préparations fixées et colorées : les mitochondries ont été considérées comme la base chimique et morphologique de tout ce qui s'édifie dans la cellule. Puis une réaction s'est élevée contre elle, et l'on a transféré à l'appareil de Golgi ou au vacuome, une bonne partie des fonctions attribuées préalablement au chondriome.

Depuis que l'on connaît mieux la composition chimique de ces éléments, on a pu leur attribuer avec beaucoup plus de certitude des fonctions précises et qui rendent compte de deux faits indéniables : l'existence du chondriome dans toutes les cellules, et leur grande abondance dans celles qui jouent un rôle sécréteur ou énergétique : glandes ou muscles.

On a admis depuis longtemps que le chondriome se trouve mêlé au métabolisme respiratoire : Kingsbury a fait valoir, dès 1912, que les solvants des lipides : acétone, chloroforme, alcool, acide acétique... étaient tous capables de réduire l'activité respiratoire de la cellule. Ce à quoi on objectait que ces corps altèrent tous la membrane, et certainement aussi d'autres constituants que les mitochondries.

Ces dernières ne seraient donc pas obligatoirement seules à être responsables des catalyses respiratoires.

Joyet-Lavergne a également défendu ce rôle, en insistant sur la présence possible de glutathion et de vitamine A au niveau du chondriome. Ces deux substances formeraient un système « redox » permettant les échanges gazeux.

Il faisait valoir également en faveur de son hypothèse le rôle parfois oxydant des mitochondries, attribué à la présence d'oxydases précises. Mais, on sait aujourd'hui que, ni le système du glutathion, ni celui des oxydases ne joue un rôle important dans la respiration aérobie.

Les travaux de Warburg, de Keilin, de Wieland, de Thunberg, de Szent-Györgyi, ont démontré que cette respiration repose sur l'existence d'un mécanisme enzymatique jouant par l'intermédiaire de nombreuses diastases, présentes dans tous les protoplasmes, et reliées en fin de compte au cycle de Krebs.

Les corps qui servent à cette respiration, que l'on désigne sous le nom de *substrats*, perdent des atomes d'hydrogène, qui, après un transport compliqué de molécule à molécule, deviennent ions par perte d'électrons, et s'unissent à l'oxygène atmosphérique, préalablement ionisé par gain d'électrons. Cette activité double de H et de O se réalise grâce à des pigments particuliers, les cytochromes, qui fonctionnent également grâce à des enzymes (flavoprotéines) et à des co-enzymes spéciaux (D.P.N.). Or, les cytochromes et ceux-ci sont également portés par le chondriome qui joue donc un rôle essentiel dans le phénomène respiratoire. On a objecté qu'il ne serait pas seul à jouer ce rôle, qui serait une propriété générale du cytoplasma : au cours de l'extraction des mitochondries, celles-ci adsorberaient les enzymes dissous dans le cytoplasme. Ces objections ont été réfutées, et la démonstration des propriétés respiratoires du chondriome établie d'une façon certaine (Green, 1951).

Cependant, on a constaté que l'activité respiratoire des mitochondries isolées des autres constituants cellulaires est considérablement accrue par adjonction de noyaux cellulaires, qui, pourtant, par eux-mêmes, n'ont, ainsi que nous le verrons plus tard, pas d'activité respiratoire importante.

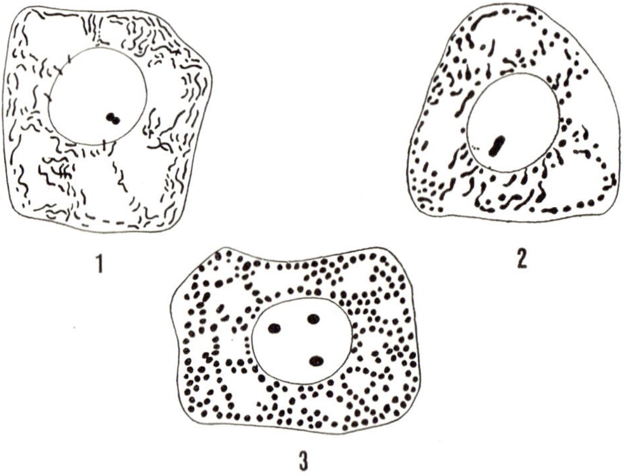

Fig. 47 — Évolution de cellules hépatiques.

Trois stades successifs observés chez une Souris nourrie exclusivement de protéines (d'après Noël).

Ce fait, rapporté par Chèvremont (1952), attire également l'attention sur les relations démontrées par cet auteur et son collaborateur Fréderic (1951) entre le chondriome et le noyau, et parfois même entre le chondriome et le nucléole.

Leurs films en contraste de phases leur ont permis de reconnaître des chondriosomes s'accolant à la membrane nucléaire. Celle-ci s'est préalablement épaissie, et a même, le plus souvent, émis un prolongement qui s'est soudé au chondrioconte, et l'a attiré contre le noyau. Il arrive que le nucléole ait pris contact à ce point même avec la membrane, contact qui dure parfois plus d'une heure, et qui peut se répéter. Il en résulterait des modifications des mitochondries dans lesquelles il est difficile de ne pas voir la preuve d'échanges de substances.

La présence dans le chondriome des enzymes du cycle de Krebs, indépendamment de la question respiratoire envisagée plus haut, laisse penser qu'il peut jouer aussi un rôle dans la synthèse des acides aminés non essentiels et dans celle des lipides.

Ainsi les mitochondries pourraient-elles accroître leur masse. On expliquerait grâce à cette hypothèse certaines observations, en particulier celles de Noël (1952), confirmées récemment par celles de Zollinger. Des souris sont nourries exclusivement avec des protéines : les chondriosomes de leur foie s'hypertrophient alors considérablement, devenant ce que Noël a appelé des protéoplastes, pour reprendre ensuite, au bout de quelques heures de repos, leur aspect normal *(fig. 47)*.

Seul, ou avec Paillot, Noël a retrouvé par la suite des faits analogues dans les cellules du corps adipeux, au moment de la mue et de la nymphose de divers Insectes : les chondriosomes disparaissent des cellules au moment où celles-ci se chargent en globules protéiques. L'étude des détails montre tous les intermédiaires entre les éléments du chondriome et ces globules (1926).

D'autres expériences, exécutées sur des Protistes, peuvent être rapprochées de celles de Noël : elles montrent qu'un régime déterminé d'azote peut agir d'une manière directe sur le développement du chondriome.

La première remonte à Volkonsky, qui, en 1930, indique que le chondriome de *Polytoma uvella* — qu'il assimilait à cette époque à un leucoplaste — varie en fonction des sources azotées de la cellule : il est développé au maximum dans les milieux à l'acétate d'ammonium, au minimum dans ceux à base de peptones.

Rabinovitch, en 1940, retrouve les mêmes faits chez *Polytomella coeca,* forme également décolorée, mais assez différente. Hovasse arrive à des résultats voisins chez *Astasia longa* (Euglénien issu par perte de la chlorophylle, de *E. gracilis*) (1947). Des Euglènes d'un même clone sont divisées en deux lots, l'un est élevé sur eau de terre-blé (milieu de Pringsheim, 1946), l'autre sur peptone-acétate de Na. Au bout de 12 jours, les résultats sont frappants *(fig. 48)* : dans le premier milieu, les individus élancés, pauvres en paramylon, ont un chondriome particulièrement épais. Dans le second, ils sont gros, renflés, riches en paramylon, mais leur chondriome est grêle et discontinu.

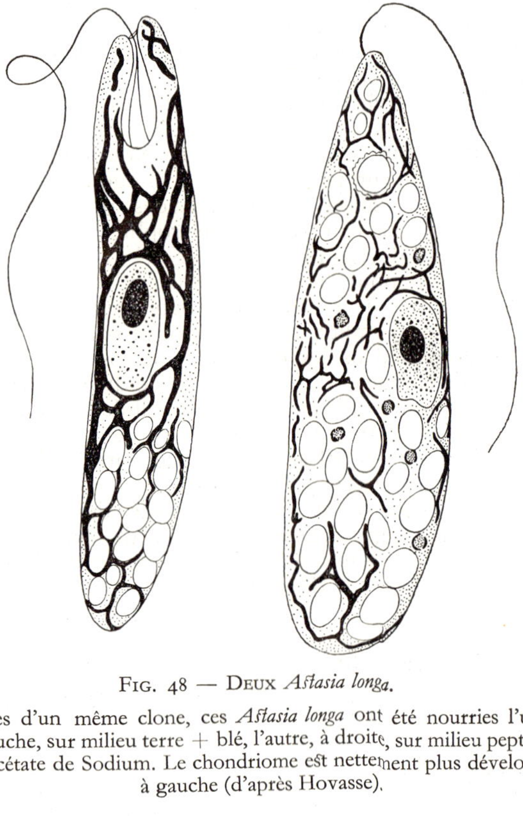

FIG. 48 — DEUX *Astasia longa*.

Issues d'un même clone, ces *Astasia longa* ont été nourries l'une, à gauche, sur milieu terre + blé, l'autre, à droite, sur milieu peptone + acétate de Sodium. Le chondriome est nettement plus développé à gauche (d'après Hovasse).

Le chondriome réagit ainsi différemment selon la source d'azote fournie : c'est donc que, directement ou indirectement, il prend part au métabolisme azoté.

On peut penser même que le chondriome fonctionne effectivement comme centre de synthèse et lieu de stockage provisoire des protéines, au moins quand la cellule est alimentée directement en certains polypeptides ou même en azote minéral. L'hyperfonctionnement né des conditions expérimentales rendrait plus perceptible une fonction normale dans les conditions habituelles.

L'étude de la vitellogenèse a montré également que les plaquettes vitellines ne sont que des mitochondries hypertrophiées et bourrées de protéines, ce qui explique la disparition fréquente du chondriome dans les œufs riches en vitellus.

Quand l'œuf entre en segmentation, et au long du développement embryonnaire, au fur et à mesure que ses réserves vitellines se dépensent, les mitochondries se reforment aux dépens des plaquettes dont la réserve protéique est utilisée par la morphogenèse.

On est également en droit de se demander si les constatations faites plus récemment encore par Chévremont et Fréderic (1951), et rapportées plus haut, de variations considérables et cycliques du diamètre des chondriosomes au cours du cycle cellulaire, ne seraient pas en rapport avec les dépenses particulières de protéines effectuées au moment de la formation du fuseau mitotique. Dans une certaine mesure aussi, le chondriome jouerait ici un rôle régulier de réserve.

Il paraît également démontré que les mitochondries jouent un rôle important dans le métabolisme lipidique.

Depuis Dubreuil (1911), les cytologistes ont reconnu une transformation de certaines mitochondries des cellules adipeuses en globules graisseux : ils ont pu suivre directement l'apparition de grains lipidiques dans les chondriocontes.

Un argument indirect vient appuyer ces vues. Bensley a montré récemment (1946) qu'il existe toujours dans le chondriome hépatique un pigment rouge sombre soluble dans l'acétone, et qu'il est facile de caractériser par son spectre d'absorption, vis-à-vis de l'ultraviolet. Or, ce même pigment est obtenu par oxydation des graisses, et principalement des phospholipides.

On sait que la plupart des mécanismes du métabolisme sont réversibles : le chondriome pourrait ainsi synthétiser les lipides, aussi bien que les détruire en les oxydant : le pigment attesterait cette oxydation.

Notons encore la formation du pigment aux dépens des mitochondries, par transformation directe des chondriosomes en granules pigmentaires : elle a été prouvée par A. Prenant (1913) et quelques-uns de ses élèves (Asvadourova, Mulon, Verne), à propos des mélanines.

Conformément à une constatation ancienne d'Altmann, qui lui a fait découvrir ses bioblastes, c'est-à-dire les premières mitochondries, celles-ci peuvent devenir « chromochondries ». La pigmentation directe des chondriosomes a pu être constatée dans la rétine humaine (A. Prenant).

Mais, ainsi que l'a fait remarquer Verne (1926), il n'en est pas de même pour tous les pigments, et beaucoup se forment indépendamment du chondriome.

Il faut enfin rappeler que l'on a attribué aux mitochondries, principalement avant 1914, un rôle morphogénétique important vis-à-vis de divers constituants cellulaires, en particulier vis-à-vis de ceux qui ont une allure de fibres : fibres musculaires, tonofibrilles etc. et même cônes et bâtonnets de notre rétine.

Ces transformations mitochondriales n'ont pour ainsi dire jamais été confirmées, sauf en ce qui concerne les fibrilles des muscles striés (Naville, Levi et Chèvremont, 1941). Ces derniers auteurs ont pu suivre l'apparition de la myosine, décelée par sa réfringence, dans les chondriocontes de l'ébauche musculaire.

SIGNIFICATION DU CHONDRIOME

Rappelons pour mémoire que les éléments du chondriome ont été — indépendamment de l'interprétation d'Altmann — considérés comme des Bactéries symbiotiques (Portier, 1919, Wallin, 1922).

Cette méprise résulte simplement d'une analogie de forme, et parfois de colorabilité, mais elle ne se poursuit nullement sur les terrains biochimique ou biologique, et elle a été reconnue comme telle.

Il s'agit certainement d'*organites élaborateurs essentiels dans la cellule*. Si l'on considère que les réactions du métabolisme exigent un grand déploiement de surface, en se bornant à ne considérer que l'interface mitochondrie/cytoplasme, elle est déjà considérable, plusieurs fois supérieure à l'interface noyau/cytoplasme.

Mais il faut tenir également compte de l'ultrastructure lamellaire qui par sa disposition décuple largement encore les surfaces de réaction.

Le rôle respiratoire du chondriome est certain : il procure ainsi l'énergie indispensable aussi bien aux synthèses qu'au travail cellulaire, stockée sous la forme d'A.T.P. directement assimilable. Il semble ainsi que le rôle principal du chondriome soit la *fabrication de l'A.T.P.*, ce qui n'exclue pas la possibilité d'autres synthèses.

Il est vraisemblable que le chondriome est permanent, mais cette permanence paraît surtout d'ordre statistique, et, mis à part des cas particuliers, il semble difficile de croire encore à une permanence individuelle des mitochondries ainsi que l'admettait Guilliermond.

Les variations possibles de la composition chimique du chondriome avaient suggéré à Bensley cette opinion que le chondriome est fait, au gré du fonctionnement de la cellule, d'agrégats temporaires de substances variées, telles que vitamines, enzymes, lipoïdes. Selon la variété cellulaire envisagée, la mitochondrie aurait pu être un laboratoire ou un stock de réserves : Bensley appuyait cette hypothèse d'observations sur les variations déjà citées du nombre des mitochondries de la cellule pancréatique, diminuant dans l'inanition, augmentant après la reprise de la nutrition. Cette interprétation donne du chondriome une image trop passive : maintenant que l'on connaît la richesse extraordinaire de ses éléments en enzymes, la variété même des réactions auxquelles il peut ainsi donner naissance, constitue la vraie explication des différences possibles de sa composition chimique d'un type de cellule à un autre.

LE PLASTIDOME

Alors que les végétaux sans chlorophylle, et en particulier les Champignons ne disposent, en tant que constituants cytoplasmiques, que d'un chondriome tel que celui que nous venons d'étudier, il existe, en plus, chez les organismes verts, depuis les Protistes jusqu'aux plantes supérieures, à la seule exception des Myxophycées, un autre type de constituants qui semble bien leur être spécial, et qui peut être désigné, à la suite de P. A. Dangeard (1919) sous le nom de *plastidome.*

Il comprend les *plastes* d'Arthur Meyer (1883), appelés aussi *grains de chlorophylle,* ou encore *leucites,* ou *plastides,* tous les organites dont la présence est liée le plus souvent à la production de chlorophylle et des divers produits dérivant de l'assimilation chlorophyllienne.

On sait que cette fonction est indispensable au maintien de la vie sur le globe, à la fois parce qu'elle est, en permettant, grâce à l'énergie solaire la photolyse de l'eau, la source unique de l'oxygène atmosphérique libre, et parce qu'elle permet en fixant le CO_2 la synthèse de l'acide phosphoglycérique, puis à partir d'elle la formation des glucides, des lipides, aussi bien que celle des acides aminés, origine de toutes les matières protéiques.

On peut difficilement concevoir un organisme primitif qui n'ait pas bénéficié de cette fonction essentielle.

Les premiers êtres, apparus sur le globe, au-dessus de l'échelon bactérien où d'autres synthèses sont possibles, ont donc dû posséder des plastes, et si, aujourd'hui, ceux-ci caractérisent uniquement les végétaux verts, c'est que, chez les ancêtres des autres organismes, une évolution régressive les aura fait disparaître.

On distingue plusieurs catégories de plastes, la plus importante étant celle des chloroplastes, élaborateurs de chlorophylle et des pigments associés.

LES CHLOROPLASTES

Ce sont, chez les végétaux supérieurs, des corps relativement simples, discoïdes ou lenticulaires, nombreux et de petite taille, ne dépassant qu'exceptionnellement une quinzaine de microns, et le plus souvent, nettement plus petits.

Chez les Protistes verts et chez les Algues, ils sont très polymorphes, et peuvent atteindre des dimensions importantes, jusqu'à une centaine de microns, et même davantage. Leur nombre est alors restreint, souvent, il n'y a qu'un plaste, ou deux, par cellule : on parle alors de *chromatophores.*

Tels sont les rubans spiralés des Spirogyres *(fig. 49).*

Les Eugléniens, les *Chlamydomonas,* se classent principalement d'après les variations de la forme, de la disposition de ces organites qui diffèrent même chez des espèces par ailleurs voisines.

On trouve ainsi chez les Eugléniens des plastidomes très visibles, formant une série, depuis ceux des espèces à chromatophore unique, toutes de petites tailles, et primitives, au dire de Chadefaud *(Euglena archaeoplastidiata),* et jusqu'à ceux des formes à très nombreux chloroplastes, isolés les uns des autres, et dispersés sur toute la surface du corps *(E. intermedia, fig. 50, i).*

Entre ces deux types, on trouve des formes avec un petit nombre de chromatophores, tantôt disposés à la surface *(E. gracilis,* voir *fig. 58, A),* tantôt en rubans rayonnant autour d'un ou deux centres, au niveau desquels se forme le paramylon *(E. geniculata, E. viridis, fig. 50, v).*

Les chloroplastes des Métaphytes sont composés de lipides et de protides, ces dernières substances étant un peu plus abondantes que les premières, et comprenant toujours des nucléines. Les lipides comprennent surtout des glycérides, mêlés à de petites quantités de phosphatides et de stérides. Le tout sert de support aux chlorophylles et à leurs pigments annexes : xanthophylle et carotène.

Chez les Protistes et les Algues, d'autres pigments s'y associent, bruns, jaunes ou rouges.

Les plastes sont nettement plus résistants que les éléments du chondriome

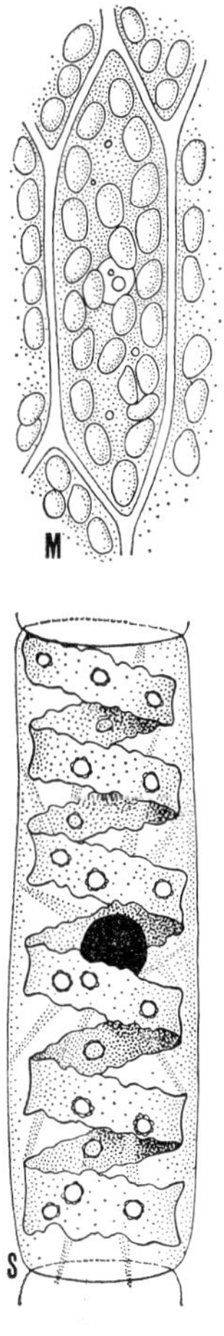

FIG. 49 — CHROMATOPHORES.

M, cellule marginale d'une feuille de Mousse avec ses chloroplastes. *S,* cellule de Spirogyre : chromatophore unique spiralé, à nombreux pyrénoïdes.

vis-à-vis des fixateurs acides. Néanmoins, ils se vacuolisent facilement en milieu hypotonique; le phénomène est assez largement réversible (P. Dangeard, 1941).

On a cherché à les extraire en masse de tissus végétaux broyés : l'opération semble moins facile à réaliser qu'avec les mitochondries. On opère en liquide sucré légèrement hypertonique, ou en présence d'un tampon phosphaté.

Après filtration sur soie à bluter, et centrifugation à faible vitesse, on les obtient plus ou moins mêlés à des débris cellulaires (méthode de Granick, 1938, de du Buy et Woods, 1943, etc.). On a pu ainsi reconnaître la présence de nombreux enzymes et en mesurer l'activité. Y ont été signalés, sur matériaux divers, provenant surtout de Phanérogames, diverses déshydrases : la cytochrome-oxydase, la polyphénol-oxydase, des péroxydases et oxydases variées, la catalase, l'anhydrase carbonique, la phosphorylase, la chlorophyllase, une amylase et l'invertine.

La totalité de l'activité enzymatique n'existe sur les plastes que pour deux enzymes : la phosphorylase et la chlorophyllase.

La présence de vitamine C y est vraisemblable, et il est possible que ce soit elle qui réduise le nitrate d'argent dans la réaction de Molisch, presque toujours positive à leur niveau.

Vus au microscope optique, les chloroplastes des plantes supérieures

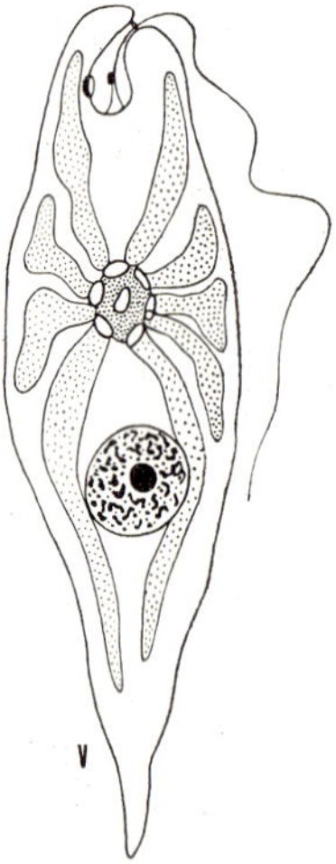

V

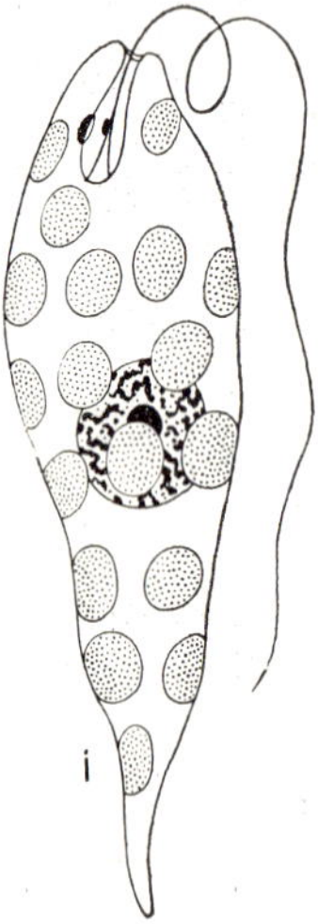

I

FIG. 50 — DEUX EUGLÈNES VERTES CLASSIQUES.

V, Euglena viridis, à chromatophore rayonnant autour d'un pyrénoïde unique; *I, Euglena intermedia,* à nombreux petits chloroplastes.

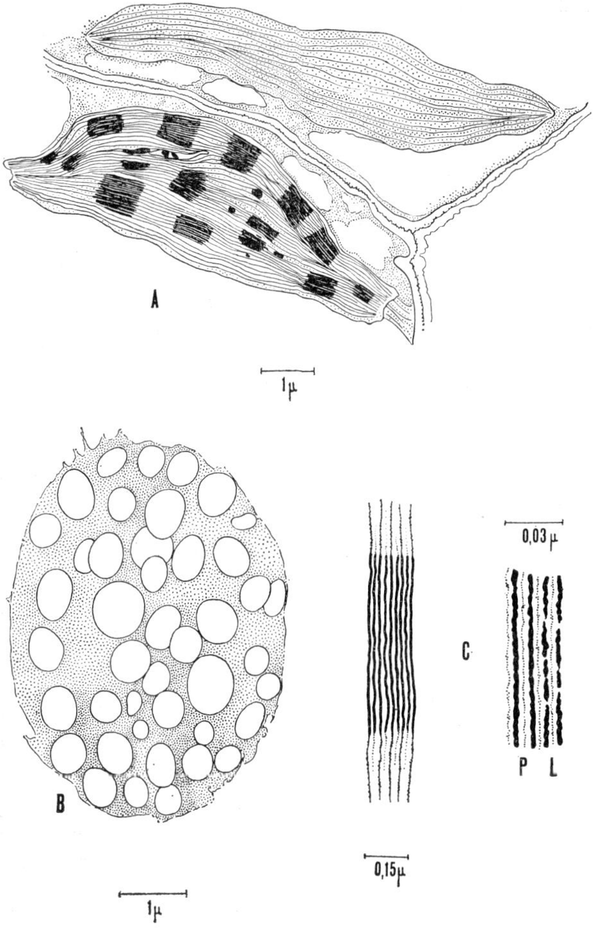

FIG. 51 — CHLOROPLASTES VUS AU MICROSCOPE ÉLECTRONIQUE.

A, deux chloroplastes de Maïs en coupe, l'un, en haut, sans granums, et formant de l'amidon; l'autre, avec granums et sans amidon; B, chloroplaste de *Nicotiana* en frottis; les granums, opaques aux électrons, sont en blanc; C, coupe au travers du granum à deux grossissements différents; *P*, couches protéiques; *L*, couches lipidiques.

sont rarement homogènes : le plus souvent, ils présentent une structure : une masse fondamentale, ou *stroma,* limitée par une membrane mince, renferme souvent mais pas toujours des corps discoïdes, riches en chlorophylle — jusqu'à 20 % de leur masse — et que l'on désigne sous le nom de *granums (fig. 51, A).* Ils sont de taille variée, nombreux dans chaque plaste, et s'y multiplieraient par division à partir d'un granum unique initial.

Il arrive que les granums présentent dans le chloroplaste une disposition régulière : Rezende-Pinto a ainsi décrit chez divers Phanérogames : *Helianthus, Taraxacum, Ilex,* etc. leur arrangement en spirale. Ils seraient maintenus par une sorte de filament hélicoïdal, le plastonéma. Stewart (1948) les décrit, chez *Isoetes,* comme disposés en série linéaire, et unis les uns aux autres par des filaments.

Ces descriptions, obtenues à la limite de la visibilité optique, ne sont pas confirmées par le microscope électronique. Celui-ci, par contre, permet de reconnaître que tous les chloroplastes ont une structure lamellaire. Ce sont des empilements de membranes doubles, continues souvent d'une extrémité à l'autre de l'organite, et dont le développement en surface, le nombre et la densité sont très supérieurs à ceux des éléments du chondriome.

Quand il existe des granums, cette densité s'accroît encore à leur niveau, soit par épaississement des lamelles, soit par doublement de leur nombre.

Le granum n'a pas de membrane limitante propre, et les membranes qui le constituent, après amincissement ou diminution de nombre, se continuent latéralement dans le stroma, rejoignant les granums voisins ou les bords de l'organite *(fig. 51, B).* La présence de ces lamelles continues, ou lamelles porteuses, explique les liaisons entre granums remarquées par les observateurs. Les molécules constitutives des lamelles présentent une orientation commune les rendant biréfringentes. Elles renferment les chlorophylles, et, en l'absence de ces pigments, toute structure lamellaire disparaît. Le plaste renferme alors un amas de vésicules non orientées, agrégées : c'est « l'amas prolamellaire » de Hodge et ses collaborateurs (1955).

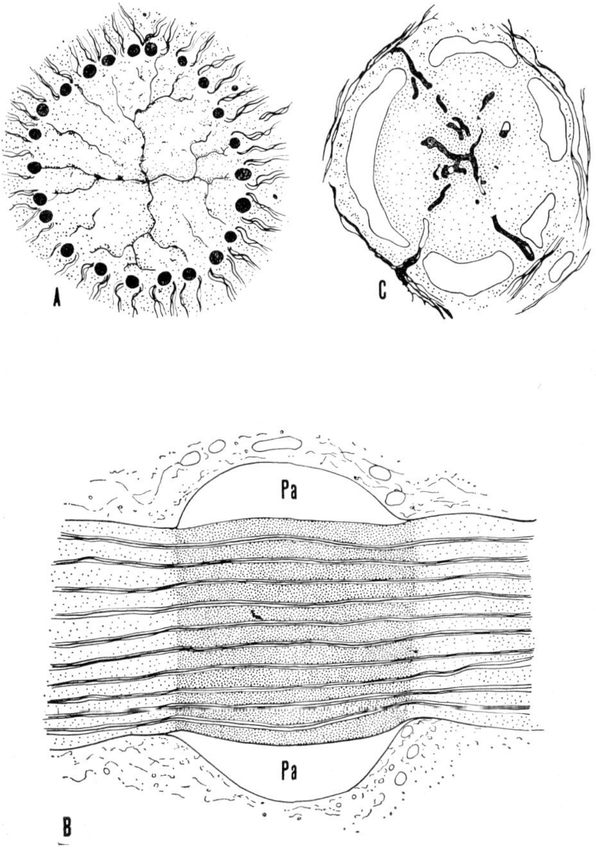

FIG. 52 — TROIS PYRÉNOÏDES VUS AU MICROSCOPE ÉLECTRONIQUE.

A, *Hydrurus foetidus* (Chrysomonade, d'après Hovasse et Joyon); B, *Euglena gracilis;* C, *Chlamydomonas reinhardi* (d'après Sager et Palade). À noter, dans le dernier pyrénoïde, la densité du stroma qui sépare les disques du chloroplaste qui le traversent; (d'après S.P. Gibbs); *Pa,* paramylon.

S'il s'agit d'une plante étiolée par un séjour à l'obscurité, il suffit de la replacer à la lumière quelques secondes, pour que les lamelles se reforment par soudure des vésicules.

Le phénomène évoque une sorte de cristallisation, dans laquelle la chlorophylle joue un rôle certain.

Certains plastes renferment des gouttelettes lipidiques ou des grains d'amidon. Ils peuvent présenter une véritable spécialisation : chez le Maïs, ceux du mésophylle, possesseurs de granums n'ont pas d'amidon. Par contre, ceux du parenchyme, dépourvus de granums stockent des grains de ce glucide *(fig. 51, B)*.

Chez les Protistes et les Algues, la structure des chromatophores est plus variée et moins connue. Il y a rarement des granums, ce que confirme le microscope électronique. Les lamelles doubles se prolongent sur toute la largeur de l'organite, comme dans les plastes sans granums ou bien sont limités à quelques petits secteurs jointifs, entre lesquels elles s'interrompent (Péridiniens). Les chromatophores présentent très souvent une différenciation spéciale, le *pyrénoïde*.

On désigne sous ce nom une ou plusieurs masses globuleuses, dépourvues de pigment, et de constitution hétérogène, autour desquelles peuvent apparaître des grains ou des calottes d'amidon, ou encore des gouttelettes d'huile.

Chadefaud en a schématisé la macrostructure *(fig. 53)*, et noté des relations possibles avec l'appareil centrosomien. Au microscope électronique, peu d'études précises de ces organites ont jusqu'ici été faites. Des exemples, cependant, tirés de types assez éloignés l'un de l'autre, une Chrysomonade, *Hydrurus foetidus*, une Chlamydomonadinée, *C. reinhardi*, et une Euglène nous montrent des structures assez comparables *(fig. 52, A* et *B)* : à partir du centre de l'un et de l'autre pyrénoïdes, rayonnent en bifurquant vers la périphérie, des lamelles cytoplasmiques, mimant des tubes dans le second exemple, et qui vont prendre contact avec les lames du plaste périphérique.

Chez *Hydrurus*, toutes les lamelles du plaste partent du pyrénoïde, chacune étant séparée de lui par une gouttelette adipeuse. Le pyrénoïde joue certainement un rôle au moment de la division du plaste, dont les lamelles se forment à partir de lui.

Chez *Chlamydomonas,* des plaques d'amidon séparent plaste et pyrénoïde, sauf au niveau des ponts par lesquels s'unissent tubes du pyrénoïde et lamelles du chromatophore. Chez l'Euglène *E. gracilis,* le pyrénoïde présente une structure un peu différente. Au milieu du plaste, toutes les lamelles plastidiales sont séparées par un stroma plus dense qu'ailleurs *(fig. 52, C).*

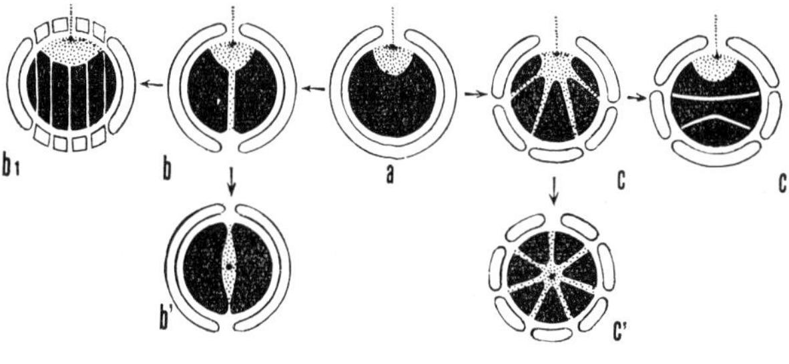

FIG. 53 — DIVERS TYPES DE PYRÉNOÏDES DES ALGUES.

Systématisation d'après Chadefaud. En grisé, le pyrénophore; en noir, le ou les pyrénosomes. *a,* type ombiliqué simple (*Caulerpa, Enteromorpha*); *b,* bilenticulaire (*Anadyomene*); *b',* bilenticulaire à centriole central; *b*1, zoné; *c,* polypyramidal ombiliqué (*Platymonas*); *c',* polypyramidal globuleux, le plus répandu; *c*1, zoné à étages.

Les pyrénoïdes peuvent être inclus dans la masse des plastes, ou bien logés au niveau d'un aplatissement de ceux-ci, et alors en saillie de chaque côté de leur lame, ou bien encore, appendus à l'extérieur de cette lame, rattachés à elle simplement par un centriole. Enfin, il arrive que les pyrénoïdes soient entièrement libres par rapport aux plastes.

On ignore leur rôle. Par contre, celui des chloroplastes est à peu près connu : en premier lieu, ils élaborent les chlorophylles. Les autres pigments sont moins importants, et l'énergie lumineuse qu'ils captent sera transférée à la chlorophylle *a*.

Cette énergie est utilisée à la décomposition de l'eau, dont l'oxygène est libéré, l'hydrogène étant fixé sur les coenzymes D.P.N. et T.P.N. qui se réduisent ainsi. On sait également que les chloroplastes fabriquent de l'A.T.P.

Ces réactions se réalisent même *in vitro,* et deviennent perceptibles si, à des chloroplastes isolés, même fragmentés, et éclairés, on joint un système acceptant l'H à partir des coenzymes réduits. Les plastes permettent ainsi la réalisation *in vitro* de l'assimilation chlorophyllienne avec photosynthèse et chimiosynthèse.

C'est ainsi que dans les conditions cellulaires normales, se fabriquent les glucides — tels que les sucres, l'amidon et corps voisins, paramylon, leucosine, les protides et les lipides.

LES LEUCOPLASTES

Ce sont des plastes incolores, dépourvus plus ou moins totalement de chlorophylle, de forme globuleuse ou filamenteuse chez les végétaux supérieurs (racines, zones incolores), exceptionnels chez les Algues, à moins qu'ils n'y soient confondus avec le chondriome. Ils apparaissent dans le premier cas comme de gros, ou très gros chondriocontes, à l'intérieur desquels on peut suivre, *in vivo,* l'apparition de grains d'amidon.

Chez les Protistes incolores, qui, par leur forme, se rattachent directement à des types chlorophylliens, on a recherché la présence de leucoplastes. Chez *Polytoma uvella,* Chlamydomonadinée incolore, Volkonsky en a décrit un en forme de réseau à la périphérie de la cellule, et qui est amylogène (1930). La microscopie électronique l'a retrouvé (Joyon, 1962) chez *Polytoma,* et aussi, semble-t-il, chez *Chilomonas paramecium,* Cryptomonadine incolore très commune.

Chez les Eugléniens incolores, c'est en vain que l'on cherche un leucoplaste; il semble que l'on ne trouve rien d'autre qu'un chondriome pariétal très développé (Hollande, 1942, Hovasse, 1947).

Il y a des leucoplastes chez *Euglena gracilis,* décolorée par un long séjour à l'obscurité, mais ces leucoplastes sont très régressés : ils ont perdu presque totalement leurs pyrénoïdes. Cependant, les mêmes Euglènes, remises à la lumière, reforment des chloroplastes.

A. Lwoff a montré, par un examen des individus décolorés en lumière ultraviolette, que la décoloration n'était pas totale, mais qu'il restait toujours une certaine quantité de chlorophylle. Il semblait, par contre, ne jamais exister de leucoplastes vrais chez les diverses formes totalement incolores : mais ce problème est à reprendre à l'aide du microscope électronique.

LES CHROMOPLASTES

Les *chromoplastes,* plastes sécréteurs de pigments, qui donnent parfois à la plante sa couleur, paraissent spéciaux aux plantes supérieures : ce sont également des éléments à allure assez changeante, du fait des produits qu'ils élaborent, et qui peuvent modifier leur forme, normalement arrondie ou rubannée. Ils sécrètent, soit de la xanthophylle, fournissant la couleur jaune, soit du carotène, qui donne la teinte orangée, soit enfin du lycopène qui colore en un beau rouge. Ils sont abondants dans les fleurs auxquelles ils donnent les nuances variées des pétales, ou encore à la surface des fruits qu'ils teintent diversement.

Chez les Protistes, ou Algues, le *stigma,* ou point oculiforme de divers types, ou de certains gamètes, a été assimilé à l'un de ces plastes. Chez les Euglènes vertes, il semble bien que les cristaux de ce carotène soient portés par un type d'éléments indépendant des chloroplastes. On a obtenu effectivement la suppression expérimentale de ces derniers par utilisation de la streptomycine, tout en respectant le stigma, et il existe dans la nature une importante série d'Eugléniens incolores, qui ont conservé leur stigma.

On distingue enfin sous les noms d'*oléoplastes,* de *protéoplastes,* des leucites dans lesquels s'élaborent des réserves protéiques, ou lipidiques.

Chez les Végétaux supérieurs, chloroplastes, leucoplastes et chromoplastes peuvent, ainsi que l'a établi W. Schimper (1886), se transformer les uns dans les autres. Tous sont capables de synthétiser l'amidon, en partant des sucres fabriqués par photosynthèse.

ORIGINE ET SIGNIFICATION DES PLASTES

W. Schimper a été amené à penser que les plastes sont des organites cellulaires permanents, existant chez tout végétal, depuis l'œuf jusqu'à l'adulte, se divisant à chaque génération cellulaire, et se différenciant ensuite selon la situation spéciale de l'élément qui le renferme, ici en chloroplaste, là en leucoplaste ou en chromoplaste.

Toute formation de chloroplaste *de novo* lui paraît impossible à concevoir.

Cette théorie, antérieure à la découverte du chondriome végétal, s'est, trouvée tout d'abord mise en brèche par les premiers cytologistes qui ont étudié celui-ci. Pensa en 1910, Lewitsky en 1911, Guilliermond, la même année, ont constaté alors sur divers matériaux tirés des Phanérogames, que les plastes des plantes ne dérivent pas toujours de plastes préexistants mais peuvent se former à partir d'éléments du chondriome.

En effet, les cellules jeunes des méristènes n'ont pas de pigment chlorophyllien; elles ne montrent pas non

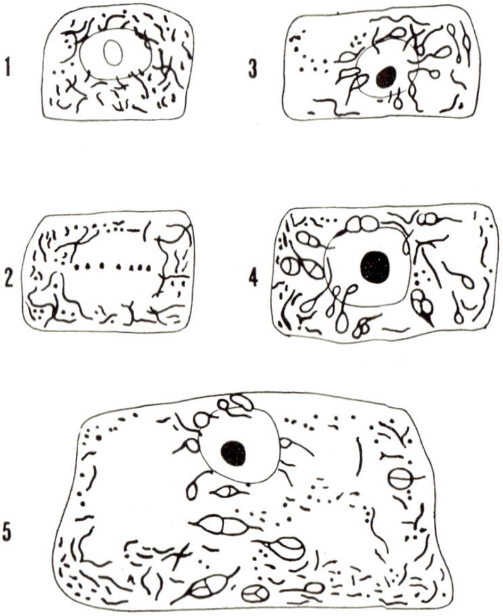

FIG. 54 — ÉVOLUTION DU CHONDRIOME VÉGÉTAL.

Racine de Ricin, d'après Guilliermond. 1 et 2, méristème : mitochondries et chondriocontes; 3, 4 et 5 : différenciation des plastes et subsistance d'un chondriome inactif.

plus de plastes, mais seulement un chondriome, fait de mitochondries et de chondriocontes.

Dans l'ébauche d'une jeune feuille, les cellules en voie de différenciation laissent reconnaître des chondriocontes verdis par la chlorophylle, et à partir desquels il est facile de voir tous les intermédiaires vers les chloroplastes *(fig. 54)*.

Dans une racine ou une tige, on pourra voir également des chondriocontes se gonfler à certains points, et donner naissance à des grains d'amidon : le chondrioconte est devenu amyloplaste.

Cette opinion n'a cessé de s'affirmer au cours des années suivantes : elle a dominé jusqu'en 1921 et a été abandonnée ensuite grâce aux efforts de Guilliermond, à cause du caractère contradictoire qu'elle offre au regard du cas des Protistes et des Algues inférieures.

Chez ces êtres, en effet, la théorie de Schimper semble s'appliquer exactement : à chaque instant de la vie d'une Spirogyre, d'une Euglène ou d'un *Chlamydomonas,* il est possible de reconnaître l'indépendance totale du chromatophore et des constituants du chondriome, qui, les uns et les autres, sont ainsi des organites permanents.

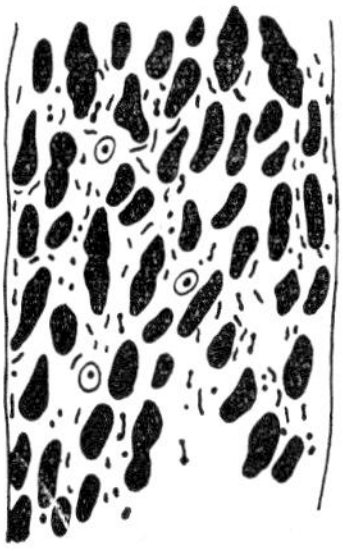

FIG. 55 — COUCHE CORTICALE D'UN SIPHON DE *Vaucheria.*

Chondriosomes et plastes toujours distincts (d'après Mangenot).

Deux élèves de Guilliermond, Emberger et Mangenot, se sont alors mis à l'étude du chondriome et du plastidome des Cryptogames, démontrant partout l'indépendance entre ces deux formations, mais laissant cependant subsister quelques incertitudes. Chez les Algues, Mangenot établit (1922) qu'elles sont parfaitement distinctes tant que les plastes conservent de la chlorophylle : la disparition de celle-ci est accompagnée d'une modification des chloroplastes qui prennent l'allure de chondriosomes : la distinction devient alors malaisée, sinon impossible.

C'est ainsi que chez les *Vaucheria,* où il n'existe pas de phase sans chlorophylle, les siphons montrent constamment, côte à côte, et parfaitement distinctes, les deux catégories d'éléments *(fig. 55)*.

Chez les *Fucus,* les cellules apicales et les éléments reproducteurs sont pauvres en chlorophylle : les chloroplastes diminuent de taille et prennent l'allure de chondriocontes. Dans une Algue rouge d'eau douce, *Lemanea,* il existe dans le thalle, des régions où le pigment assimilateur fait presque défaut : les chloroplastes y sont régressés, et leur allure tend vers celle des chondriocontes.

Chez les Cryptogames vasculaires, chez les Mousses, les recherches d'Emberger (1921) ont montré l'existence de véritables intermédiaires entre le cas des Algues inférieures et celui des Phanérogames.

Quelques types, tels que *Selaginella Kraussiana* ou les *Anthoceros,* montrent à tous les stades de leur vie, dans leurs cellules, un chloroplaste unique, reconnaissable même quand il est petit, à sa position juxtanucléaire, et, à côté de lui, un chondriome normal et bien distinct *(fig. 56).*

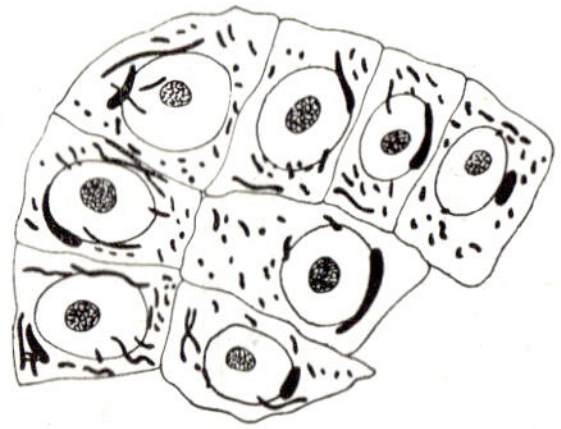

Fig. 56 — Point végétatif de la tige de *Selaginella kraussiana.*

Chaque cellule possède un plaste unique, accolé au noyau, et plus gros que les chondriosomes, (d'après Emberger).

Par contre, chez les Filicinées, lors de la formation de l'oosphère, les plastes régressent en perdant leur chlorophylle : on finit par ne plus les distinguer du chondriome. L'oosphère une fois fécondée, l'embryon se forme, on y voit réapparaître des chloroplastes, provenant de la transformation d'éléments qui ne se distinguent pas des mitochondries.

Dans les cellules mères des spores, même régression des plastes, qui réapparaissent ensuite lors de leur germination *(fig. 57).*

Divers auteurs ont confirmé ces recherches : une Mousse, *Mnium cuspidatum* (Alvarado, 1923), possède des paraphyses qui, initialement n'ont pas de chloroplastes, mais seulement un chondriome. Il en est de même des cellules spéciales de *Gasterogrimmia crinata* (Motte, 1928).

En résumé, l'indépendance entre chondriome et plastidome, d'apparence si nette chez les Protistes et Algues, paraît simplement liée au fait qu'il n'existe pas chez ces formes, de phases non chlorophylliennes. Là où existent

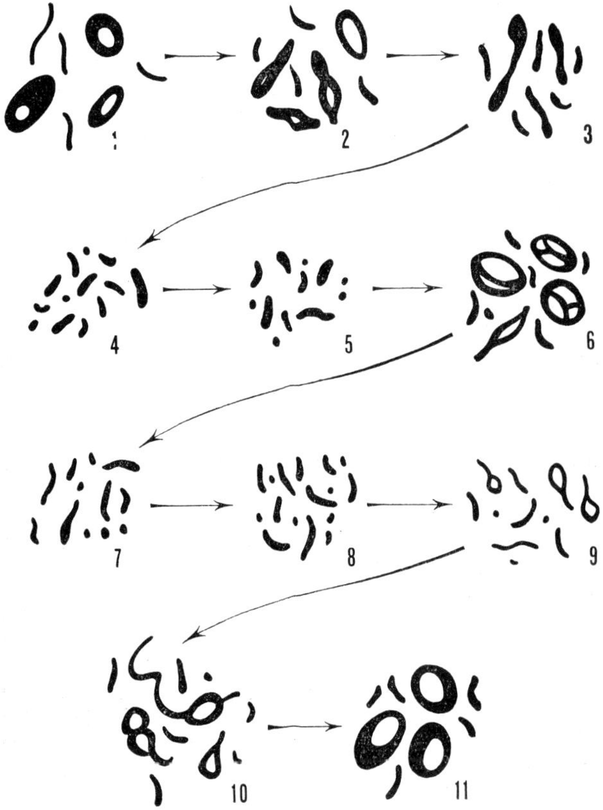

FIG. 57 — ÉVOLUTION DU CHONDRIOME AU COURS DU CYCLE DES FOUGÈRES.

1 : dans une feuille verte : chloroplastes et chondriocontes ; 2 et 3 : ralentissement de l'activité des plastes, pendant la préparation des spores ; 4 : cellules mères des spores ; les plastes ne se distinguent plus guère ; 5 : dans les spores l'activité des plastes se réveille ; 6 : dans le prothalle, ils sont gros et amylifères ; 7 : dans les cellules sexuelles, leur activité ralentit ; 8 : dans l'oosphère, ils ne se distinguent plus du chondriome inactif ; 9 : dans l'embryon ; 10 : dans la racine, et 11 dans la feuille, les plastes redeviennent distincts et fonctionnels, (d'après Emberger).

des cas de raréfaction, ou de disparition du pigment vert, les chloroplastes se transforment et prennent une allure de chondriosomes, le plastidome devient chondriome, et il semble que la théorie de Schimper s'effondre.

Guilliermond, à partir de 1920, a cherché à sauver cette théorie à l'aide de l'hypothèse suivante : dans le chondriome embryonnaire normal de tout végétal, il existerait deux catégories indépendantes d'éléments qui conserveraient leur individualité au cours de l'évolution cellulaire : l'une, dite *chondriome actif*, est capable, par une augmentation de taille liée à une activité élaboratrice particulière, de se transformer en plastes; l'autre subsiste après la différenciation des plastes, gardant sa forme et ses propriétés : c'est le *chondriome inactif dans la photosynthèse*.

Malheureusement, les deux lignées sont, en pratique, parfaitement indiscernables, tant que leur différenciation n'a pas débuté, et devant ce problème, toutes les méthodes utilisées, tant physiques que chimiques, sont longtemps restées impuissantes.

Il existe cependant deux arguments en faveur de ce dualisme. Le premier est apporté par une expérience de Borovikoff, effectuée en 1913. Par centrifugation des cellules en division, provenant d'Algues ou de Phanérogames, l'auteur russe force tous les plastes des cellules mères à passer dans une seule des cellules filles. L'autre élément ne renferme aucun plaste, mais seulement un chondriome normal. S'il n'existait dans les cellules qu'une seule sorte de chondriosomes capables soit de rester « inactifs », soit d'évoluer en plastes, la lignée cellulaire sans plastes devrait pouvoir en reformer aux dépens de son chondriome.

Or, Borovikoff constate que la lignée ne reforme aucun plaste. Le résultat semble donc crucial. L'expérience n'a pas été reprise, mais elle est confirmée par le comportement des Euglènes décolorées.

Guilliermond avait, en 1934, posé la question suivante : que devient l'appareil plastidial chez les Eugléniens qui se décolorent à l'obscurité ? Il a été répondu à cette question, complexe du reste. *Euglena gracilis,* cultivée à la lumière, possède une douzaine de plastes, en forme de lames aplaties, étalées au contact de la membrane, chacune centrée par un pyrénoïde.

Le chondriome est un réseau fait de cordons très grêles, souvent intercalés entre les plastes et la membrane, et dessinant des mailles régulières autour des pyrénoïdes (Hovasse, 1948, *fig. 58, A*).

Nous avons indiqué déjà plus haut que si le même organisme est élevé à l'obscurité, il perd sa couleur verte (Zumstein, 1900). L'étude cytologique montre alors que les lames plastidiales sont considérablement réduites, sont passées dans l'axe du corps, où elles sont souvent agglomérées.

Les pyrénoïdes sont déformés ou même ont disparu. Cet aspect se stabilise si la souche est maintenue à l'obscurité. Le chondriome se développe alors considérablement : ses cordons s'élargissent, s'aplatissent. Les mailles de son réseau cèdent la place à de longues spirales, et on obtient l'image même offerte par les *Astasia longa,* formes issues d'*Euglena gracilis,* mais dans lesquelles la perte des plastes est devenue totale (57 B).

Il existe donc une sorte de balancement entre plastidome et chondriome : les plastes disparus, les éléments du chondriome s'étalent en lames qui miment en quelque sorte leur allure.

Dans le cas habituel, les Euglènes décolorées à l'obscurité, ramenées à la lumière, récupèrent très vite un plastidome et un chondriome normaux.

Parfois, cependant, elles ne reverdissent pas : le chondriome subsistant ne peut reformer le plastidome.

Il est possible en outre d'observer expérimentalement la disparition totale et définitive des chloroplastes : Provasoli, Hutner, Schatz (1948) l'ont obtenue par action de la streptomycine, chez la même *Euglena gracilis*.

La souche décolorée, devenue *Astasia longa,* reste telle : les chloroplastes ne se reforment plus. Le chondriome est donc aussi dans les conditions de ces expériences, incapable de redonner des chloroplastes.

La théorie dualistique de Guilliermond se trouve donc ainsi affermie, contrairement aux idées soutenues outre-Atlantique depuis Zirkle (1926), par Anderson (1936) et Newcommer (1946). Ces auteurs pensent que tout élément du chondriome peut devenir un plaste, mais que tous les plastes possibles ne se réalisent pas effectivement, une simple question de hasard faisant qu'entre deux chondriosomes voisins, l'un peut se transformer, tandis que l'autre demeure chondriosome.

On est donc conduit à séparer en deux catégories indépendantes plastidome et chondriome. Mais les faits

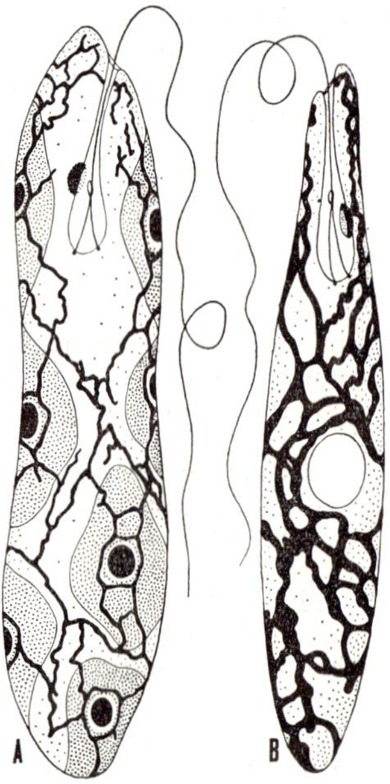

FIG. 58 — *Euglena gracilis.*

A : cellule élevée à la lumière; chromatophores en lames avec pyrénoïdes : chondriome réticulé normal; vue superficielle. B : individu décoloré à l'obscurité; les plastes sont descendus en profondeur et le chondriome superficiel s'est hypertrophié; paramylon non représenté, (d'après Hovasse).

précédents indiquent une parenté étroite des deux types d'éléments. Il est possible que ce soit uniquement la présence de la chlorophylle qui crée la différence entre ces deux catégories.

L'élaboration extrêmement complexe de ce pigment, réglée par un nombre élevé de gènes, de plasmagènes et de substrats, a entraîné une spécialisation du chondriome végétal, limitée à une lignée d'éléments, devenus génétiquement distincts des autres.

Le microscope électronique a permis d'obtenir un début de solution à ce problème : il a montré qu'il existe dans les méristèmes et les cellules reproductrices des « proplastides », c'est-à-dire des éléments reconnaissables comme l'origine future des plastes, et nettement différents des mitochondries (Strugger, 1950).

Reste à savoir cependant s'il n'existe pas des « promitochondries » qui en seraient les homologues, et si elles s'en distingueraient morphologiquement.

Le problème ne sera résolu que le jour où l'origine du chondriome sera, elle aussi, connue.

Buvat et ses collaborateurs en microscopie électronique semblent revenir actuellement à l'idée d'une parenté étroite entre les deux formations.

On a cherché s'il n'existerait pas, ailleurs que chez les végétaux verts, également une dualité du chondriome, et si, en particulier, les plastes n'auraient pas un équivalent dans la cellule animale. Weier (1931) a cru trouver cet équivalent sous la forme des dictyosomes, éléments que nous étudierons plus loin avec l'appareil de Golgi.

Cette opinion, d'abord acceptée par Duboscq et Grassé (1933), s'est trouvée infirmée par l'étude cytologique de Protistes verts, tels que les *Chlamydomonas,* chez lesquels se rencontrent dans les mêmes cellules dictyosomes et plastes, sans la moindre transition morphologique entre les deux (Hovasse, 1937, A. Hollande, 1942) et cette théorie a dû être abandonnée (Duboscq, 1939).

Notons enfin que les plastes, éléments capables de se multiplier dans la cellule d'une manière autonome, indépendamment même des gènes nucléaires dans certains cas, ont été considérés comme pourvus eux-mêmes de gènes spéciaux pouvant présenter des mutations, ou *plastogènes* (mai, 1937).

Darlington les a inclus dans ses *plasmagènes.*

L'APPAREIL DE GOLGI

MORPHOLOGIE GÉNÉRALE

L'application à diverses cellules nerveuses d'un Oiseau, l'Effraie *(Strix flammea)* de sa méthode spéciale d'imprégnation à l'argent, a montré à Golgi en 1898, l'existence d'un important réseau à mailles épaisses et irrégulières occupant une large place dans le cytoplasme périnucléaire.

A cet ensemble, totalement invisible sur le vif, il donnait le nom d'*appareil réticulaire interne*.

La même formation, désignée aujourd'hui comme *appareil de Golgi* ou simplement comme *Golgi*, a été retrouvée dans les cellules nerveuses de Vertébrés adultes avec des caractères analogues *(fig. 59)*, mais pas forcément identiques : l'appareil est plus simple surtout dans les cellules jeunes, et présente alors une localisation plus régulière à un pôle du noyau, au voisinage du centrosome.

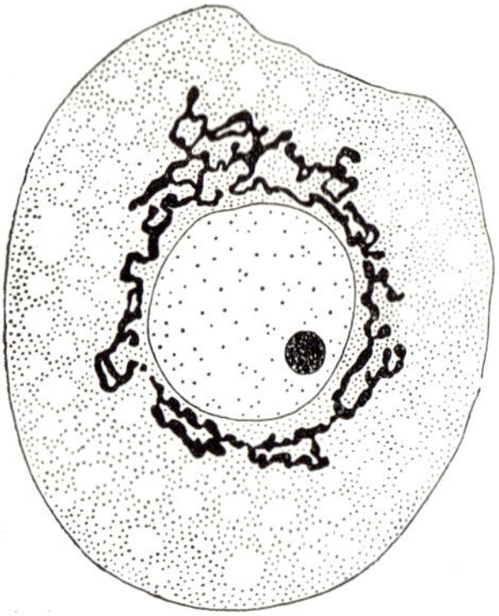

FIG. 59 — APPAREIL DE GOLGI, TYPE RÉTICULAIRE.

Neurone de ganglion spinal de Veau; méthode de Golgi.

La méthode utilisée par Golgi consistait en une fixation au mélange bichromate-osmique, suivie d'un traitement par le nitrate d'argent : elle a été remplacée par d'autres, continuant à utiliser l'argent, mais après des fixations un peu différentes, soit à l'anhydride arsénieux (Golgi), soit au formol-nitrate d'urane, ou au formol-nitrate de cobalt (Da Fano, Cajal) et en facilitant ensuite la réduction du nitrate par l'emploi de révélateurs photographiques. On a utilisé également avec succès la réduction directe de

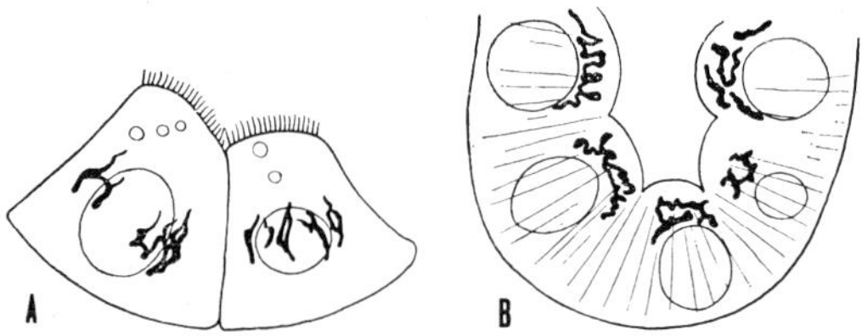

FIG. 60 — APPAREILS DE GOLGI EN MICROSCOPIE OPTIQUE.
A, rein de Souris; B, rein de Triton, (d'après Avel).

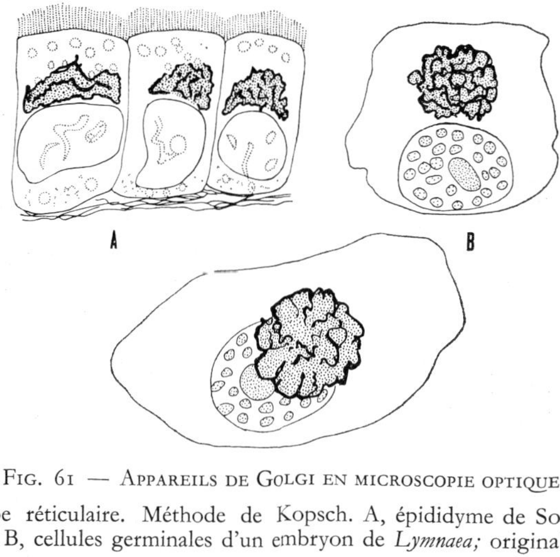

FIG. 61 — APPAREILS DE GOLGI EN MICROSCOPIE OPTIQUE.
Type réticulaire. Méthode de Kopsch. A, épididyme de Souris; B, cellules germinales d'un embryon de *Lymnaea;* original.

l'acide osmique en osmium (Prenant-Kopsch, Kolatcheff, etc.).

Aucun colorant vital ne se fixe électivement sur l'appareil, cependant on note toujours dans la région où il se trouve, une abondance particulière des vacuoles colorables vitalement au rouge neutre.

La plupart des types cellulaires ont été alors examinés avec des résultats variables.

Le véritable réseau de Golgi se retrouve rarement hors des cellules nerveuses : on observe cependant des figures peu différentes la plupart du temps : des filaments, plus ou moins variqueux et anastomosés, ou ramifiés, tassés à l'un des pôles du noyau, dans l'axe de la cellule, ou bien une masse pâteuse informe qui s'imprègne à son extérieur, ou encore des vésicules, des bâtonnets isolés les uns des autres, parfois dispersés dans toute la cellule *(fig. 60* et *fig. 61)* : on distingue alors du *type réticulé,* un *type dispersé,* et l'on qualifie les éléments de ce dernier de *corps de Golgi.*

Enfin, il arrive que, quelle que soit la technique utilisée, on ne mette rien d'équivalent en évidence : les uns expliquent ce fait par une insuffisance de technique, les autres en profitent pour affirmer que l'appareil de Golgi n'est pas d'une généralité absolue, même chez les animaux. Nous reviendrons plus loin sur ce point.

L'étude du développement embryonnaire des cellules nerveuses a permis de constater l'existence de transitions entre les deux types réticulé et dispersé. L'appareil étudié dans le jeune embryon de Poulet (Cajal, 1915), est initialement très simple : c'est un grain ou une vésicule, accolé au noyau, et qui se retrouve aussi bien chez l'hématie que chez le jeune neurone.

Puis ce grain grossit, il se forme à sa surface des épaississements, des boursouflures, zones plus réductrices que la masse, et le réseau apparaît, il grossit ensuite, tout en se compliquant *(fig. 62)*.

Dans les cellules germinales se présente, en toute netteté, un autre type vu par les anciens auteurs, mais dont les éléments ont été décrits en premier lieu seulement en 1910 par Perroncito, sous le nom de *dictyosomes.*

L'exemple classique est celui des spermatocytes de l'Escargot *(fig. 63)*. On y voit sur le vif, sans difficultés, et particulièrement bien au contraste de phases, des corps en croissant, à contours nets. Ils réduisent l'argent et l'osmium, dans les mêmes conditions que le réseau type, mais sont, en outre, décelables par les fixations et colorations mitochondriales, voire même parfois par les colorants vitaux (vert Janus), ce qui ne se produit jamais dans le cas du vrai réseau. Chaque croissant se montre alors hétérogène, avec une région externe plus dense, dite chromophile, par rapport à l'autre interne, chromophobe.

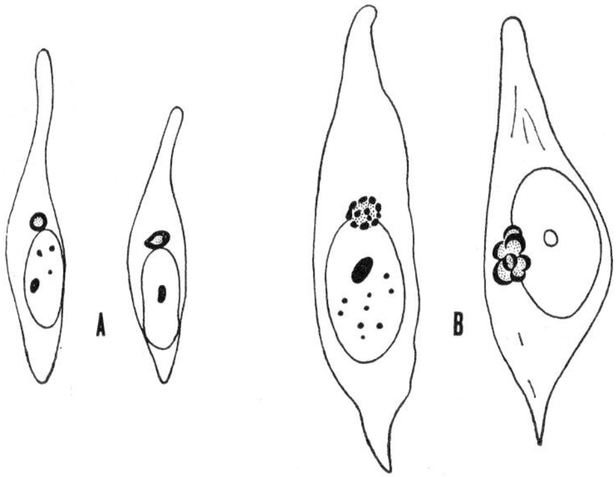

Fig. 62 — Appareils de Golgi.

A, cellules nerveuses d'embryon de Poulet jeune, méthode de Cajal; B, stade plus avancé, (d'après Alexenko).

Vis-à-vis de la réduction de l'argent ou de l'osmium, les mêmes différences se retrouvent : l'*internum* est beaucoup moins réducteur que l'*externum* (Hirschler).

Au moment de la division cellulaire, les dictyosomes se partagent en deux groupes selon un processus décrit comme *dictyocinèse* par Perroncito.

Si, chez l'Escargot, l'origine des dictyosomes est encore mal connue, il est relativement facile de la saisir chez les plus inférieurs des Invertébrés. Hirschler a montré dès 1914 que l'appareil de Golgi des Spongiaires se trouve uniquement sous forme de dictyosomes, et les études de Gatenby (1919, 1927), de Volkonsky (1930) d'O. Tuzet (1931 et suiv.), nous en ont fait connaître

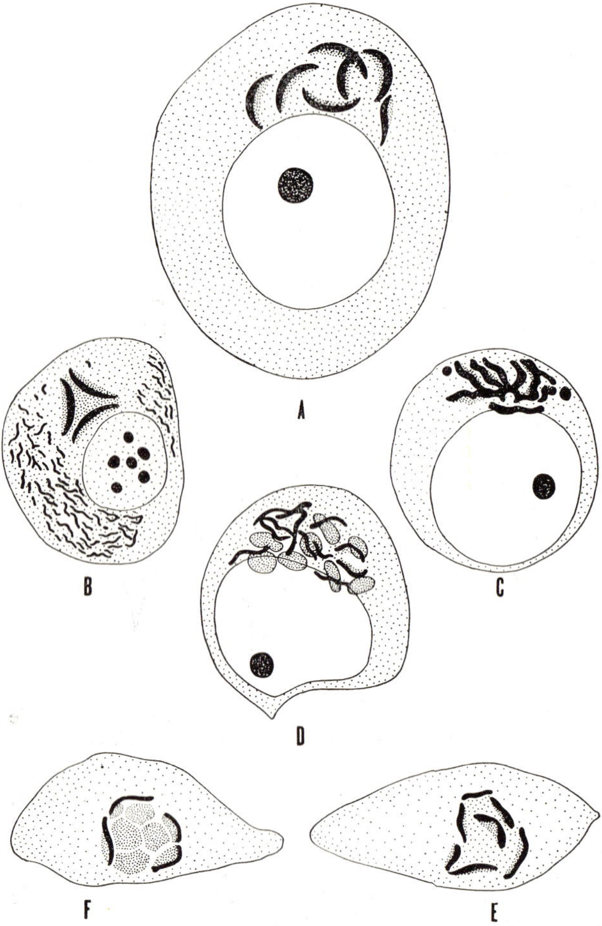

FIG. 63 — LES DICTYOSOMES DES CELLULES GERMINALES MÂLES DE L'ESCARGOT.

A, spermatocyte I, in vivo, contraste de phase, simplifié; B, spermatocyte II, Benoit, Fer : le chondriome est coloré en plus des dictyosomes; C, D, E, F, Kopsch : formation de l'idiosome par séparation et concrescence des zones chromophobes; original. (× 1500).

le cycle. Il existe dans chaque cellule un ou deux dictyosomes, qui se divisent régulièrement lors de chaque mitose. S'il s'agit d'une cellule flagellée, en particulier d'un choanocyte, le dictyosome se trouve accolé au grain basal du fouet, s'assimilant ainsi exactement à un organite de Protozoaire, le *parabasal* (voir *fig. 160*).

Le cas des Spongiaires n'est pas isolé : on reconnaît des dispositifs identiques chez l'Oursin *(fig. 64)* : l'œuf en segmentation y est riche en dictyosomes caractéristiques qui se retrouvent ensuite dans tous les blastomères, jusqu'au stade de la jeune blastule. Ils sont épars dans le cytoplasme. Quand la jeune larve se garnit de flagelles,

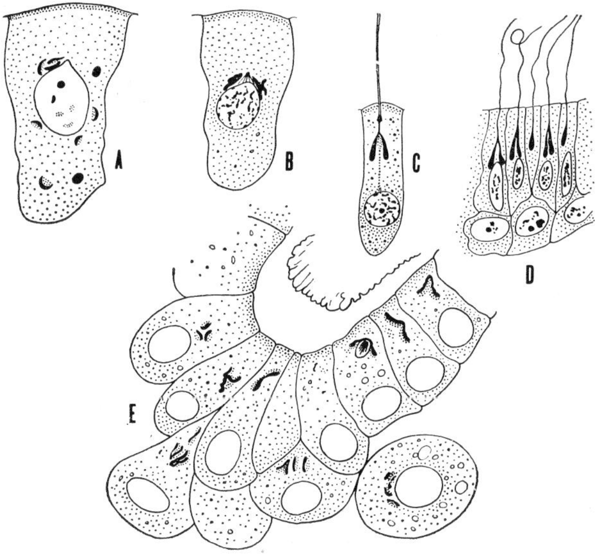

FIG. 64 — GOLGI DES CELLULES D'EMBRYONS D'OURSIN.

A, jeune blastula, dictyosomes épars; B, leur concentration auprès du centrosome, sur les restes fusoriaux, à un stade plus avancé; C, leur disposition en parabasal, après la poussée flagellaire, à l'éclosion; D, fragment d'épiderme de pluteus; E, extrémité de l'archenteron dont la cuticule est rétractée. Flagelles disparus : les parabasaux sont redevenus dictyosomes, (d'après Hovasse ou original).

un peu avant l'éclosion, les dictyosomes se tassent au voisinage du mastigosome, sur un reste fusorial qui le rattache au noyau, et le flagelle se forme (Hovasse, 1934).

Quand, plus tard, après la gastrulation, au niveau de l'archenteron, les cellules invaginées sont devenues endodermiques, elles perdent leur flagelle, les dictyosomes sont libérés en quelque sorte, et se dispersent dans le cytoplasme.

Chez ces Invertébrés inférieurs, on retrouve donc des dictyosomes, c'est-à-dire un appareil de Golgi dispersé, pouvant, à certaines phases fonctionnelles, s'identifier à l'appareil parabasal des Protistes, qui a donc ainsi la signification d'un appareil de Golgi (Duboscq et Grassé, 1933).

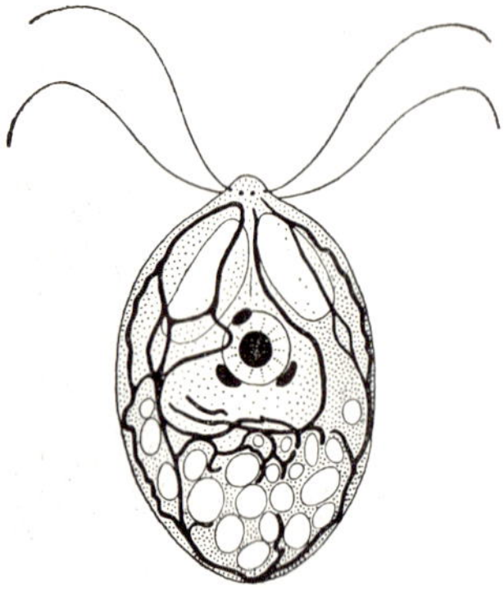

FIG. 65 — *Polytomella coeca.*

Dictyosomes périnucléaires, réseau mitochondrial, avec grains d'amidon dans ses mailles; vacuoles pulsatiles, (d'après Hovasse).

C'est, régulièrement chez les Zooflagellés, une masse mi-chromophile, mi-chromophobe, située le plus souvent en rapport avec le mastigosome, et à laquelle Grassé (1925) Duboscq et Grassé (1933), ont reconnu des propriétés sécrétoires, autre point de contact avec les dictyosomes des cellules sexuelles. Ceux-ci, au moment où la spermatide se transforme en spermie, se tassent en fusionnant leurs interna, qui deviennent l'origine de l'idiozome, ébauche de l'acrosome du spermatozoïde.

Il existe du reste également des Protistes qui possèdent des dictyosomes typiques : tels sont certains Phytoflagellés, les Chlamydomonadines, verts ou incolores *(fig. 65)*, les Volvocales, les Eugléniens, les Diatomées *(fig. 66)*.

Dans les premiers de ces types, les dictyosomes sont souvent rangés à proximité du noyau, parfois même à son contact. Ils restent isolés, le plus souvent, mais parfois peuvent aussi se grouper.

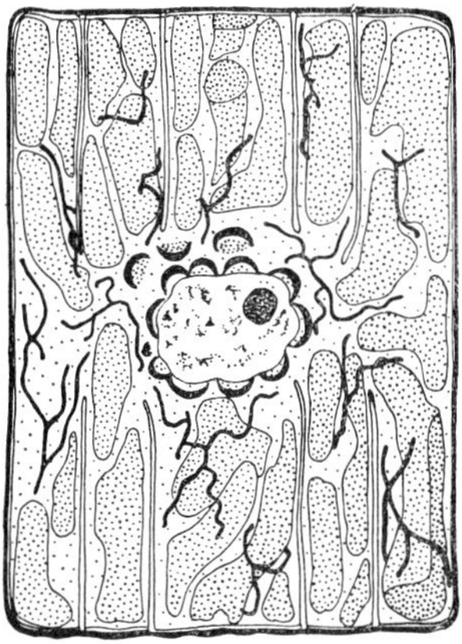

Fig. 66 — *Tabellaria floculosa.*

Diatomée avec dictyosomes périnucléaires; réseau mitochondrial; plastes en grisé (original).

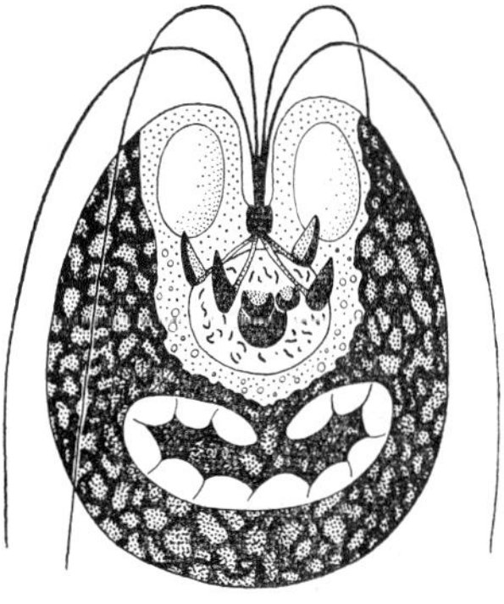

Fig. 67 — *Prasinocarteria cordiformis.*

Appareil parabasal multiple coexistant avec des dictyosomes; plaste réticulé : pyrénoïde; un anneau colorable autour de la base des flagelles, (d'après Hovasse).

Dans une forme particulière, *Prasinocarteria cordiformis,* il existe dans une même cellule, qui a l'allure générale d'un *Chlamydomonas (fig. 67),* simultanément dans la même cellule, quatre parabasaux, en relation avec autant de flagelles, par l'intermédiaire de quatre centrosomes et également aussi des dictyosomes appliqués contre le noyau : il paraît vraisemblable que les parabasaux de cette cellule sont tout simplement certains des dictyosomes, spécialisés par suite de leur liaison avec les flagelles (Hovasse, 1941).

Cette coexistence des parabasaux avec des dictyosomes a été également retrouvée par Grassé et Hollande, chez *Rhyzonympha jahieri* (1951).

En somme, de proche en proche, la morphologie nous entraîne ainsi à travers le règne animal, et jusqu'à sa base commune aux deux règnes où elle se trouve parfaitement fixée : l'appareil de Golgi change peu à peu de caractère, au point que si l'on rapproche le réseau typique du neurone de l'Effraie, du parabasal d'une blastula d'Oursin ou d'un choanocyte d'Éponge, les deux formations apparaissent totalement dissemblables. Et pourtant toutes deux présentent des caractères communs qui font que le spécialiste reconnaît leur parenté, à la condition toutefois qu'il admette que la morphologie ne joue dans le cas précis de l'appareil de Golgi, qu'un rôle secondaire.

Il semble du reste que cette incertitude de la forme en réseau chez les Métazoaires supérieurs, forme difficilement contrôlable sur le vif, corresponde à une morphologie déjà bien hésitante, mais certainement accrue par les techniques d'imprégnation métallique. Bien que, depuis près de cinquante ans, on étudie cet appareil, il faut remarquer que l'on a été longtemps à se demander quelle en est la forme véritable sur laquelle, malgré la variété de nos techniques, on ne parvenait pas à se renseigner exactement.

Des biologistes tels que Palade (1949), ou Claude (1949), en ont même profité, après beaucoup d'autres, pour considérer l'appareil de Golgi comme un simple artefact, et pour le rapprocher des figures myéliniques, c'est-à-dire de figures artificielles produites au contact de l'eau, ou de milieux aqueux alcalins, par certains lipides protoplasmiques, et étudiées autrefois par Liebreicht (1863), Neubauer (1866) ou White (1908).

Notons cependant que cette assimilation n'était soutenable que pour l'appareil en réseau, envisagé chez les Vertébrés, et que, si elle conduisait à nier la réalité d'une forme stable, elle ne discutait pas l'existence d'une aire différenciée à même le cytoplasme, ayant une position précise par rapport au noyau, et constituée par une substance particulièrement riche en lipides diffus, bref une *aire de Golgi,* une *zone de Golgi,* ou encore un *complexe de Golgi,* pour reprendre les expressions utilisées le plus couramment.

Ce que l'on a appelé « le problème du Golgi » a été longtemps une question de mots. Si l'on parlait d'« appareil », beaucoup refusaient de l'admettre, qui l'acceptaient ensuite sans hésitation si on le désignait comme « aire », comme « zone », ou comme « complexe » de Golgi.

Cowdry (1924) avait néanmoins défini l'appareil de Golgi comme une aire cytoplasmique spécialisée, chargée de substances particulièrement labiles, chez les formes supérieures; il suffisait d'ajouter qu'il présentait une forme tout à fait définie, et une stabilité réelle chez les Métazoaires inférieurs ou la plupart des Protistes.

Nous verrons que les recherches d'ultrastructures ont fini par lui donner une physionomie propre, gage de son existence certaine.

ÉVOLUTION DE L'APPAREIL DE GOLGI

Nous avons vu plus haut comment le Golgi évolue dans les cellules nerveuses, à partir de l'embryon. Celles dans lesquelles le réseau est formé, ne se divisent plus : il n'y a donc pas de division du réseau.

Par contre, celui-ci se divise dans de nombreuses cellules somatiques, en particulier dans celles de l'épiderme.

Les dictyosomes des spermatocytes de l'Escargot subissent une division dirigée par le centrosome, et qualifiée de dictyocinèse par Perroncito : leur groupe se répartit en deux masses sensiblement égales. La division individuelle de chaque dictyosome est visible chez les Insectes (Poisson, 1936), également chez beaucoup de Protistes, principalement chez les Eugléniens, les *Chlamydomonas,* les Volvocales, où apparaissent des croissants doubles.

Elle ne paraît pas toujours avoir de rapport direct avec la division cellulaire; par contre elle doit être favorisée par certains régimes protéiques. Chez les *Euglena gracilis* décolorées totalement (= *Astasia longa*), en culture sur milieu eau de terre-blé, le nombre des dictyosomes est inférieur à la moitié de ce qu'il est sur les mêmes êtres cultivés sur milieu peptone-acétate de Na. Les mêmes milieux agissent en sens inverse sur le chondriome, beaucoup plus développé sur le premier milieu (Hovasse, 1948).

L'appareil parabasal se divise parfois aussi, bien que le plus souvent, il se reforme en entier au contact de l'un des centrosomes fils.

Le Golgi existe-t-il dans toutes les cellules ? Il est malaisé de répondre avec certitude à une telle question tant que le M.E. n'aura pas permis de le faire. Il n'en existe certainement pas dans les hématies des Mammifères, mais ce sont des cellules qui sont déjà perdu noyau et chondriome, et tous ces éléments existent dans les cellules qui leur servent de souche.

Chez les Protistes qui ont été étudiés avec soin, il faut signaler son absence chez la Paramécie. Mais le fait n'est pas général pour les Ciliés, puisque Noirot-Timothée l'a reconnu chez les Ophryoscolécidés et Fauré-Frémiet chez certains Péritriches. Il est vraisemblable que les cas d'absence sont exceptionnels, et seront un jour expliqués.

STRUCTURE ET ULTRASTRUCTURE DE L'APPAREIL DE GOLGI

Pendant longtemps, on n'a pas possédé sur la structure du Golgi plus de précisions que sur sa forme, tout du moins en ne considérant que le réseau typique.

Il semble qu'il s'agisse d'une masse irrégulière semi-liquide, sans doute aussi d'un coacervat, que les réactifs fixateurs précipitent de manière très diverse. L'image obtenue est fonction non seulement du réactif employé mais encore de sa durée d'action. Un même matériel, soumis à divers réactifs donne des résultats différents, desquels il est impossible de déduire la structure *in vivo*.

Cette labilité de l'appareil est à l'origine des discussions bien souvent vaines auxquelles il a donné lieu entre 1918 et 1938, et qui semblent aujourd'hui enfin terminées.

Le microscope électronique est parvenu, en effet, à en démontrer l'inutilité en établissant que le Golgi possède en réalité une ultrastructure qui se retrouve partout sinon identique, tout au moins parfaitement reconnaissable et facile à homologuer.

Quant au dictyosome, il est incontestable que, même au microscope optique, il possède une structure qu'il est possible de distinguer de celle des mitochondries, malgré des traits communs. Nous avons signalé l'hétérogénéité liée à ses deux substances; notons en outre que si la substance chromophile est parfois colorable par le vert Janus comme celle d'une mitochondrie, la substance chromophobe, qui lui est toujours intimement unie, n'est jamais colorable, tandis que, au contact, le rouge neutre parvient presque toujours à teinter de petites vacuoles.

Il y a donc au niveau de cette zone de Golgi, même là où elle apparaît morphologiquement la plus nette, un ensemble structuré cependant trop labile et trop petit

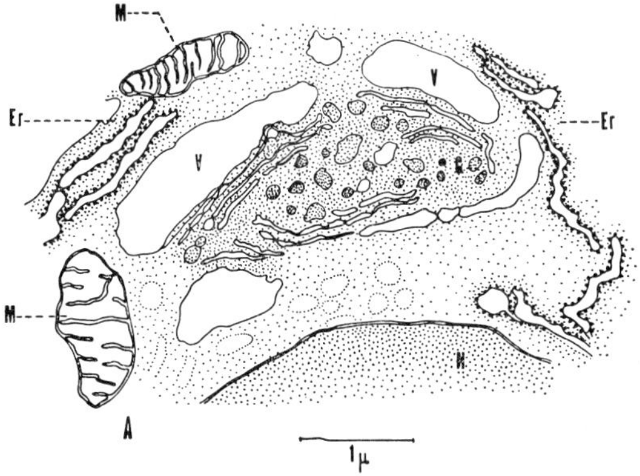

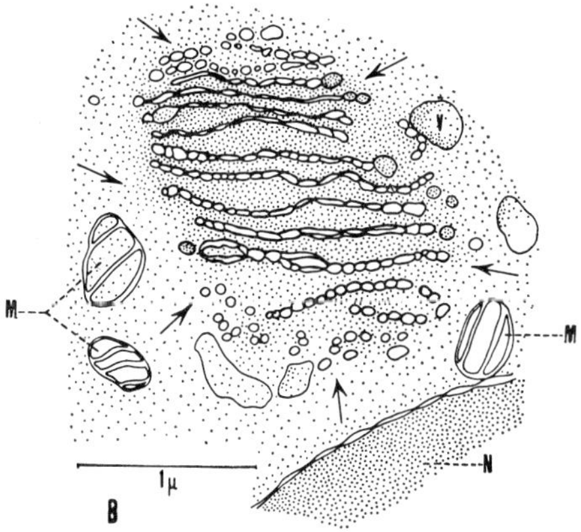

FIG. 68 — ULTRASTRUCTURE DE L'APPAREIL DE GOLGI.

A, cellule hépatique de Rat; membranes doubles, microvésicules; *V,* vacuoles; *Er,* ergastoplasme; *M,* mitochondries; *N,* noyau. B, dictyosomes de spermatocytes chez *Limax,* (d'après photos électroniques).

pour que nous puissions le définir exactement au microscope optique.

Son étude, comme celle du réseau, ne peut donc être abordée sans l'appareil électronique.

Les recherches de Dalton, de Dalton et Felix (1952 à 1955), celles de Sjöstrand et Hanzon (1954), en France, celles de Haguenau et Bernhard (1954-1955), de Grassé et de ses collaborateurs (1955), sur des matériaux variés, issus surtout de Vertébrés, mais que les derniers auteurs ont élargi du côté des Mollusques et de quelques Zooflagellés, ont montré que, là où les méthodes classiques démontrent des appareils de Golgi, on observe sur des coupes ultrafines des ultrastructures caractéristiques.

Elles comportent un groupement de trois types d'éléments : dans une substance fondamentale difficile à résoudre, tantôt grenue, tantôt parfois réticulée, des *membranes doubles* formant des *saccules* généralement empilées par trois ou quatre ou même davantage dans les appareils classiques, de petites *sphères* assez denses, enfin des vésicules ou *vacuoles* claires et de grande taille *(fig. 68, A)*.

L'un ou l'autre de ces constituants peut se montrer prédominant : Haguenau et Bernhard ont distingué ainsi un type granulaire, un type vacuolaire et un type membraneux, tout en admettant que les membranes doubles sont à l'origine des granules et des vacuoles.

Quant aux dictyosomes, dont les négateurs du Golgi se refusaient à admettre la parenté avec l'appareil réticulaire, ce sont des amas de membranes doubles particulièrement nombreuses, et il en est de même des appareils parabasaux.

Latéralement les saccules s'effritent en sphérules qui semblent donner ensuite par gonflement des vacuoles de toutes tailles *(fig. 68, B)*.

La sécrétion de l'idiosome au cours de la transformation des spermatides en spermies constitue un exemple typique de cette transformation vacuolaire des dictyosomes qui évolueraient ainsi vers une sécrétion de mucopolysaccharides. Grassé a établi que les gros dictyosomes des Zooflagellés peuvent parfaitement se scinder en deux ou plusieurs éléments plus petits *(fig. 69)*.

Dans la cellule pancréatique exocrine, Sjöstrand et Hanzon ont établi que les grains de Claude Bernard (grains de sécrétion de cette cellule), dérivent des microvésicules golgiennes. Nous aurons à revenir sur cette question à propos du vacuome.

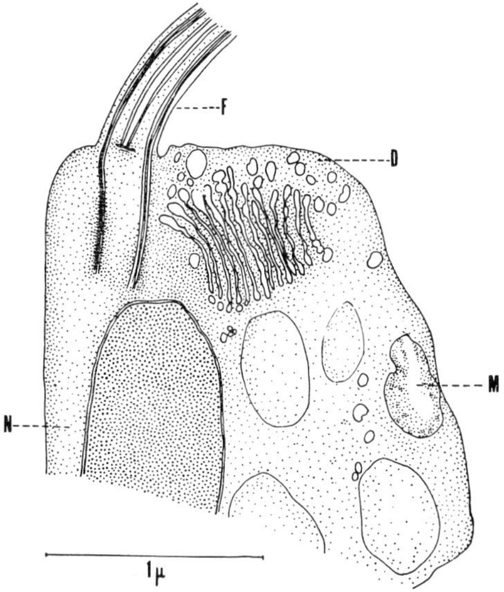

FIG. 69 — ULTRASTRUCTURE D'UN DICTYOSOME CHEZ *Trimitus divergens*.

Coupe ultra fine, d'après Grassé; *F*, base du flagelle en coupe longitudinale; *D*, dictyosome; *M*, mitochondrie.

On doit se demander, enfin, quelle relation existe entre le réseau de Golgi, tel qu'il apparaît imprégné par les méthodes à l'argent ou à l'osmium, et les ultrastructures que nous venons de décrire.

Dalton s'est efforcé de répondre à cette question et a montré que l'argent se dépose sur les microvésicules comme sur les vacuoles : l'ensemble de ces imprégnations donnerait, en coupe épaisse, l'image du réseau classique.

VÉGÉTAUX ET APPAREIL DE GOLGI

On s'est demandé si le Golgi est vraiment spécial au règne animal et aux unicellulaires. Guilliermond, en accord avec Parat, a cru démontrer la non-existence de l'appareil chez les végétaux, tout en niant aussi bien son existence chez les animaux : Bowen a par contre prétendu qu'il existait chez les plantes supérieures des « plaquettes osmiophiles » qu'il a assimilées aux corps de Golgi : ses résultats n'étaient cependant pas absolument convaincants, et l'opinion de Guilliermond a prévalu jusqu'en 1957.

Cependant, étant donné l'existence d'un appareil de Golgi chez beaucoup de Phytoflagellés, et en particulier chez les Volvocales, on a été conduit à rechercher directement la structure *Chlamydomonas* dans les zoospores des Chlorophycées.

On sait en effet que beaucoup de ces Algues se reproduisent par des gamètes ou des zoospores qui ont tout à fait l'allure d'un *Chlamydomonas*. A la taille près, ce paraît être des cellules identiques. Chadefaud a donc recherché cette structure, et l'a effectivement rencontrée : les zoo-

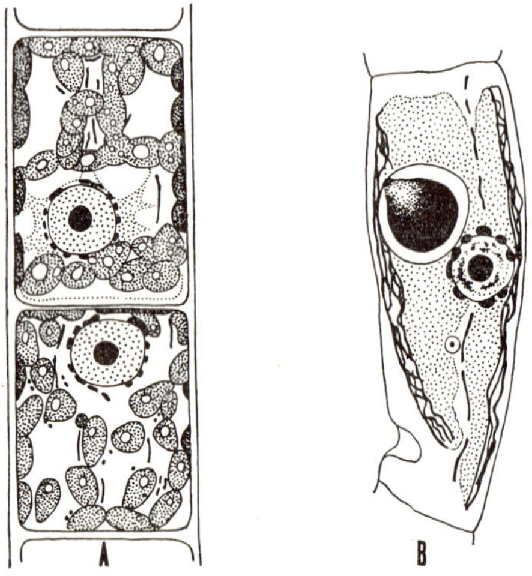

FIG. 70 — DICTYOSOMES PÉRINUCLÉAIRES.

A, deux cellules de *Microspora;* en gris, les plastes; chondriome discontinu; B, une cellule de *Stigeoclonium,* dictyosomes périnucléaires; pyrénoïde ombiliqué simple; chromatophore bilobé, (d'après Chadefaud).

spores en question possèdent autour de leur noyau un cercle de dictyosomes parfaitement caractéristiques. Il a d'autre part constaté également la présence de ce Golgi chez les cellules végétatives de diverses Chlorophycées filamenteuses des genres *Microspora, Oedogonium, Stigeoclonium (fig. 70)*. Nous l'avons également reconnue chez les Diatomées (voir *fig. 67*).

La démonstration est donc faite : l'appareil de Golgi existe chez les Végétaux inférieurs.

Le microscope électronique vient de montrer qu'il n'existe pas que là, et que, au moins dans les méristèmes des plantes supérieures, les coupes ultrafines permettent de reconnaître l'existence d'un Golgi du type dispersé tout à fait comparable à celui de la cellule animale (Buvat, 1957) mais qui paraît plus inerte que dans cette dernière. Depuis lors, le Golgi a été retrouvé chez les plantes partout où il a été recherché et il a été reconnu une intervention de cet appareil lors de la formation des membranes, après les divisions cellulaires.

Cette découverte ne résout pas tout le problème, qui demandera encore de longues recherches, mais elle montre déjà tout l'intérêt que présente, en cytologie générale, l'étude des ultrastructures.

LES CANALICULES DE HOLMGREN

Parmi les nombreuses discussions auxquelles a donné lieu l'étude de l'appareil de Golgi, il faut rappeler celles qui ont concerné l'appareil de Holmgren, ensemble de canalicules, naissant hors des cellules et y pénétrant et confondus parfois avec l'appareil de Golgi. Il s'agit en réalité de formations absolument indépendantes, cet ensemble n'ayant aucune des réactions histochimiques de l'appareil réticulaire ou des dictyosomes.

Les canalicules décrits par Holmgren sont des trachées, ou des capillaires pénétrant dans certaines cellules de forte taille *(fig. 71)* ou encore des voies d'excrétion intracellulaires, rencontrées dans maintes cellules glandulaires.

Ce *trophosponge,* selon son expression, est une réalité dont on ne peut expliquer la confusion avec le Golgi que par un manque d'information, auquel du reste Holmgren lui-même a semblé se prêter.

FIG. 71 — CANALICULES INTRACELLULAIRES CORRESPONDANT AU TROPHOSPONGIUM DE HOLMGREN.

A, cellule trachéenne de l'organe rouge, chez la larve de l'Œstre du cheval, d'après A. Prenant; B, cellule d'un ganglion spinal de Veau, d'après A. Prenant; C, cellules pancréatiques de la Salamandre, d'après Holmgren.

Une autre confusion importante a été proposée par Parat : elle sera envisagée à propos du vacuome.

COMPOSITION CHIMIQUE DU GOLGI

Elle n'a pu être établie avec la même précision que pour le chondriome, tout du moins jusqu'alors. On a constaté tout d'abord, à l'aide de centrifugations à grande vitesse qui déplacent l'appareil *in situ,* qu'il est moins dense que le chondriome.

En s'adressant ensuite à des cellules dans lesquelles il est très développé, comme celles de l'épididyme, on est parvenu à en isoler de petites quantités. En plus donc de la composition déduite des propriétés de fixation et de colorabilité, qui en font un complexe lipoprotéique, on a montré qu'il est plus pauvre en protéines que le chondriome, et plus riche en graisses.

Le pouvoir réducteur manifesté vis-à-vis de l'acide osmique est considéré comme la preuve de la présence de lipides non saturés et d'acides gras. Mais l'argument n'est pas sans réplique : OsO_4 est très facilement réduit par la vitamine C, et tout porte à croire qu'il en existe au niveau du Golgi.

La réduction est plus probante quand elle est précédée par l'action d'un fixateur capable de détruire l'acide ascorbique : elle s'obtient effectivement aussi dans ces conditions.

D'un autre côté, un bon solvant des lipides, tel que le chloroforme, détruit complètement le Golgi. Les méthodes de détection des lipides mises au point par Ciaccio le mettent sans difficulté en évidence. Enfin, Monné a constaté directement, après avoir traité des dictyosomes d'*Helix* par le carbonate de Na, la formation de figures myéliniques.

La nature exacte des lipides est encore douteuse : il y aurait, d'après Baker, de la lécithine, de la céphaline, mais ni le cholestérol, ni les esters ne s'y rencontrent normalement.

La présence d'un constituant protéique est démontré par le caractère positif, bien que faible, des deux réactions de Millon et xanthoprotéique.

Elle l'est indirectement par la méthode de Ciaccio appliquée aux lipides : ceux-ci ne réagissent qu'après un démasquage, et comme celui-ci peut être exécuté à l'aide d'enzymes protéolytiques, c'est donc que les lipides sont engagés normalement dans une combinaison avec des protéines.

En plus de ces deux constituants principaux, on a reconnu sur le Golgi diverses substances : parfois du carotène, qui donne aux dictyosomes des *Planorbis* et des *Limnea* une teinte appréciable.

De la vitamine C, mais seulement à certaines périodes de la vie cellulaire en particulier loin de la division.

Si de l'acide ascorbique est injecté dans un organe comme le foie, l'appareil y devient ensuite très facile à mettre en évidence par le réactif même de la vitamine C (nitrate d'argent en solution acétique). La vitamine se concentre donc sur le Golgi : Bourne a utilisé cette propriété pour sa détection facile et rapide (1944).

Les tests pour la phosphatase alcaline sont positifs au niveau de l'appareil et il a ainsi été possible de démontrer l'enzyme aussi bien dans les cellules de la membrane intestinale, dans celles du rein, de l'épithélium utérin, du foie, que dans celles du bord du manteau chez les Mollusques tels que la Moule (Emmel, 1945, Dean et Dempsey, 1945).

D'après ces derniers auteurs, il y aurait même deux phosphatases différentes, une pyrophosphatase, et une phosphomonoestérase, fonctionnant à différents pH.

FONCTIONS DE L'APPAREIL DE GOLGI

L'appareil est certainement en relation avec les fonctions sécrétoires de la cellule : il présente en effet dans plusieurs types cellulaires une inversion typique de polarité, en relation avec un changement de sens du métabolisme. Dans la glande thyroïde, selon que la sécrétion d'hormone se produit vers le centre des vésicules à colloïde, ou qu'elle traverse la cellule, à partir de cette vésicule vers les capillaires sanguins, le Golgi change de position, passant d'un pôle cellulaire à l'autre (Cowdry, 1922).

Il serait ainsi toujours situé au pôle cellulaire de décharge, et son déplacement indiquerait un renversement du sens du fonctionnement : effectivement il semble bien en être ainsi également dans le rein, où, au cours de la diurèse, naturelle ou provoquée, l'appareil, apical pendant l'anurie, émigre au pôle opposé pendant le fonctionnement maximum du rein, et revient ensuite à sa place normale, apicale. Jassevoin a montré, par l'étude de l'élimination du bleu Trypan, que les grains du colorant s'accumulent toujours au niveau même du Golgi et ainsi que celui-ci possède un rôle actif, et n'est pas simplement entraîné par le courant d'eau, d'une manière passive, ainsi que l'admettait Giroud.

Hirsch a pensé démontrer (1939) que, dans l'organe adamantin, au moment où se sécrète l'émail de la future dent, l'appareil de Golgi, qui, sur le pourtour de l'organe, là où il n'y a pas de sécrétion, est toujours apical, c'est-à-dire tourné vers le centre de l'organe, devient basal, se rapprochant de la couche d'émail.

Étant donnée la lenteur de la sécrétion, l'hypothèse d'un entraînement mécanique se trouverait ici insoutenable. Cependant des recherches récentes d'ultrastructure laissent supposer que la formation considérée comme Golgi par Hirsch est en réalité de l'ergastoplasme (Joyon). Le problème reste donc ouvert.

On sait, par ailleurs, que bien souvent l'appareil grossit, s'hypertrophie, pendant la sécrétion des glandes ou des cellules qui effectuent un important travail sécrétoire : un adipocyte qui se charge de graisse, une cellule conjonctive qui devient chondrocyte, une cellule du cortex surrénalien à la suite d'injection d'A.C.T.H., manifestent toutes une modification de taille de leur Golgi.

Dans ces mêmes cellules glandulaires, c'est dans la zone de Golgi qu'apparaissent les produits de sécrétion : des vacuoles s'y forment, grossissent, se fusionnent plus ou moins, et sont rejetées en direction du pôle de décharge, emmenant des fragments de l'appareil. Ces faits ont été reconnus depuis Nassonov (1923), Bowen (à partir de 1924), et confirmés même par les détracteurs de l'appareil de Golgi, en particulier par Parat.

Notons enfin, en ce qui concerne plus spécialement l'appareil parabasal, un rôle sécrétoire certain, mis en évidence chez les Zooflagellés qu'a étudiés Grassé; il a rapproché cette propriété de la sécrétion des dictyosomes au cours de la spermatogenèse des Métazoaires. Ces points seront envisagés de nouveau plus loin.

Il est beaucoup plus malaisé de savoir quel est dans ces phénomènes le rôle précis de l'appareil. Beaucoup d'auteurs, frappés de la facilité avec laquelle la zone de Golgi fixe certains colorants, tels que le rouge neutre, le bleu Trypan, ou certaines substances telles que la vitamine C, le Fer, pensent qu'elle fonctionnerait comme *membrane de condensation,* c'est-à-dire que les diverses molécules amenées dans la cellule, de provenance externe, ou même synthétisées par elle au niveau de l'ergastoplasme, seraient attirées sur les interfaces du Golgi et se grouperaient, à leur contact, jusqu'à former des gouttelettes.

Un phénomène électrique, charges statiques différentes au niveau de l'appareil et sur les particules de substances ségrégées, pourrait expliquer ce mécanisme.

Les vacuoles, indéniablement présentes dans la zone, y prendraient naissance, à la manière du « crinome » de Chlopin, représentant le produit sécrété (voir *fig. 37*).

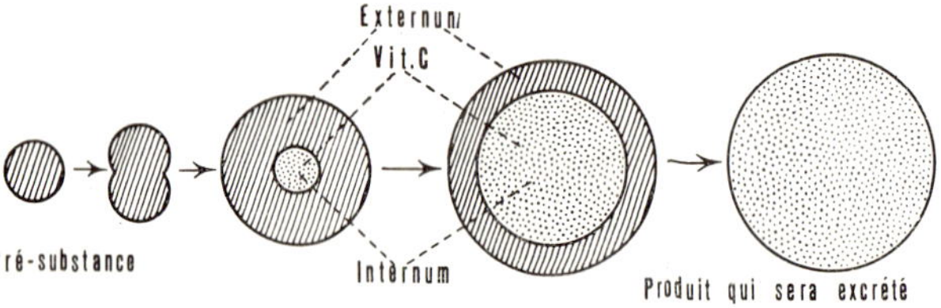

FIG. 72 — FONCTIONNEMENT DU GOLGI.

D'après Hirsch : transformation d'une présubstance en substance sécrétée.

Ainsi, pour Kirkman et Severinghaus s'élaboreraient les produits les plus divers : lipoïdes, vitellus, constituants de la bile, enzymes, hormones, etc. (1938) sans que, en somme, l'appareil ne joue autre chose qu'un *rôle passif de concentration.*

Il paraît cependant difficile, même en adoptant ce point de vue, de refuser au Golgi un rôle plus actif, et en particulier un rôle dans certaines synthèses cellulaires. Si, en tant que membrane de condensation, il concentre à son niveau des substances actives, — et nous savons que tel est bien le cas puisque la vitamine C et divers enzymes y ont été reconnus — de la rencontre de ces corps et des substances protéolipidiques de l'aire de Golgi doivent résulter des possibilités de synthèse.

Certains constituants de la zone, en particulier la présubstance golgienne de Hirsch, seraient à l'origine même des vacuoles sécrétrices *(fig. 72)*.

Les synthèses ne peuvent en effet s'effectuer que dans un milieu réducteur seul capable de les préserver d'une oxydation : ce serait le rôle de la vitamine C, si fréquente au niveau du Golgi, de créer un tel milieu.

Les glucoprotéides, les mucines seraient régulièrement formées par l'appareil de Golgi.

Dans les cellules non glandulaires, comme dans les cellules végétales, il est plus difficile de s'expliquer le rôle du Golgi, et il reste beaucoup à apprendre dans ces directions. On a pensé lui attribuer une fonction dans les cellules nerveuses en le considérant comme l'origine des corps de Nissl, dont on sait que l'abondance se trouve en rapport avec le fonctionnement nerveux.

Mais nous verrons plus loin aussi que ces corps présentent une tout autre signification.

LE VACUOME

Le système vacuolaire, ou *vacuome* (P. A. Dangeard) constitue dans la cellule un nouvel ensemble d'enclaves, connu depuis longtemps chez les végétaux, où il subit une évolution caractéristique. Celle-ci a frappé les anciens botanistes, mais sans qu'ils lui aient accordé beaucoup d'attention jusqu'à H. de Vries (1885) qui, le premier, en a fait une étude approfondie, notant son existence, même dans les jeunes cellules, où il le met en évidence par plasmolyse.

Il étudie avec soin les propriétés osmotiques des vacuoles, et pense qu'elles possèdent une véritable individualité. Leur membrane, ou *tonoplasme,* est une différenciation particulière, ayant la valeur d'un organite puisqu'elle paraît douée d'un intense pouvoir élaborateur. La vacuole ne peut se former *de novo*, mais provient toujours d'une vacuole préexistante.

Went en continue l'étude (1888) et, reconnaissant la présence générale des vacuoles dans les cellules embryonnaires, montre qu'elles se divisent par étranglement, mais indique qu'elles peuvent aussi se refusionner. Il décrit le phénomène chez *Drosera,* puis rapproche les formations vacuolaires des plastes et crée pour les désigner le nom de *tonoplastes.*

Van Tieghem, qui auparavant considérait les vacuoles comme des formations accidentelles, accepte ces idées, et assimile les vacuoles à ses leucites, c'est-à-dire aux plastes, et les dénomme *hydroleucites* (1891).

Mais, Pfeffer, dès 1890, s'est opposé à ces vues, car il pense avoir démontré que les vacuoles se forment *de novo* dans le cytoplasme. Ayant fait absorber des particules d'asparagine à un plasmode de Myxomycète puis, l'ayant mis dans l'eau, il a constaté que chaque granule s'est entouré d'une goutte de liquide, dans laquelle il s'est dissous, et a formé une vacuole qui persiste ensuite. Il nie également toute valeur particulière à la membrane vacuolaire, et conclut que les vacuoles sont simplement des productions aqueuses pouvant naître n'importe où dans le cytoplasme.

Cette idée, appuyée par Nemec (1900), est devenue classique jusqu'aux recherches de P. A. Dangeard, à partir de 1916 : elles élargissent alors le problème en s'appuyant sur la méthode féconde des colorations vitales.

Depuis cette date, le vacuome est défini, le plus fréquemment, l'ensemble des vacuoles décelables par les teintures vitales. Ce sont le rouge neutre et le bleu de crésyle qui se sont montrés les mieux adaptés à son étude : la cellule les tolère relativement bien à dose faible. Ces teintures n'arrêtent aucun processus vital; il est même possible de faire vivre des plantules, des champignons, des larves d'Insecte ou des têtards dans des solutions de rouge neutre. On obtient alors d'excellentes colorations, qui permettent une étude facile du vacuome. On a reconnu la généralité de cette formation qui est devenue un nouveau constituant cellulaire.

Son indépendance par rapport au chondriome a été établie sans difficulté, après quelques quiproquos. Il a été moins aisé de l'établir par rapport au Golgi, et de violentes controverses ont été causées par cette discrimination, elles ont provoqué de nombreuses recherches dont semblent aujourd'hui se dégager les possibilités d'une synthèse, facilitée par les découvertes dues au microscope électronique et clarifiant le problème du Golgi.

LE VACUOME DES VÉGÉTAUX

Dans les grandes cellules différenciées des végétaux supérieurs, l'existence de vastes vacuoles, remplies de *suc cellulaire,* est une donnée familière à tous les botanistes, qui ont observé leurs tissus sur le vif.

Il en est tout autrement des petits éléments des points végétatifs, où l'observation directe ne montre généralement rien de reconnaissable. La méthode des coupes colorées n'est ici que d'un faible secours.

Mais, par contre, l'utilisation du colorant vital permet tout de suite de reconnaître les plus petites vacuoles, et il suffit de regarder, en s'écartant progressivement, du point végétatif vers les parties plus âgées de la plante, pour suivre l'évolution de ces éléments.

L'action du colorant n'est du reste pas la même partout : il teint uniformément les petites vacuoles, ou, comme on dit, leurs *primordiums;* si elles sont plus grosses, la coloration est plus faible, mais s'accompagne de précipités vivement colorés. Ceux-ci d'abord en granules, et animés de mouvement brownien, s'agglomèrent ensuite en une ou plusieurs grosses masses.

Quand la dose de colorant a été initialement un peu forte, tout le pourtour vacuolaire se précipite, puis le précipité se redissout dans le suc.

Ces divers phénomènes ont été étudiés, et une théorie explicative a été fournie par von Möllendorff et explicitée par de Beauchamp.

Elle fait intervenir les charges électriques du colorant et des électrolytes de la solution. On peut considérer également ces faits comme résultant d'un phénomène de coacervation. Ils autorisent en tout cas à penser que le contenu vacuolaire des petites vacuoles est un colloïde pauvre en eau, et qu'il est de plus en plus dilué dans les grandes vacuoles.

Les primordiums ne sont pas toujours sphériques : il arrive qu'ils soient filamenteux, ayant tout à fait l'allure de chondriocontes, avec lesquels on les a parfois confondus. En les suivant dans des cellules de plus en plus évoluées, on les voit grossir, s'allonger, se fusionner à leurs points de rencontre, formant des réseaux dont les travées s'épaississent, confluant en des vacuoles à tendance globuleuse, jusqu'au moment où il n'en reste plus qu'une seule, occupant tout l'axe cellulaire, refoulant le cytoplasme sur le pourtour de l'élément *(fig. 73)*.

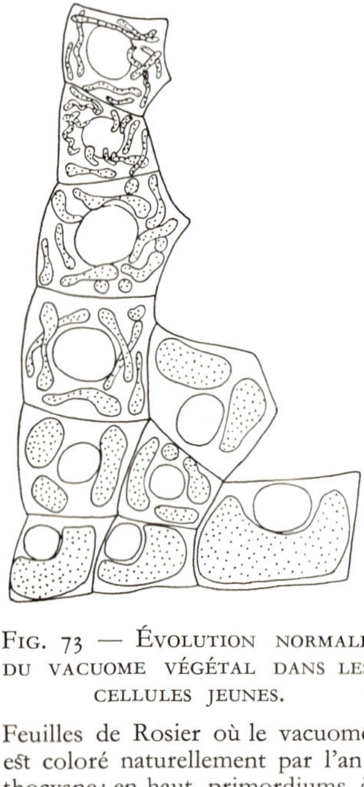

Fig. 73 — Évolution normale du vacuome végétal dans les cellules jeunes.

Feuilles de Rosier où le vacuome est coloré naturellement par l'anthocyane; en haut, primordiums, à allure de chondriosomes; en bas, évolution terminée, une seule vacuole par cellule, (d'après Guilliermond).

Le noyau fait alors saillie à l'intérieur de la vacuole, séparé d'elle par une mince lamelle cytoplasmique.

Ce type d'évolution est général, mis à part le fait que les réseaux font parfois défaut, et que les vacuoles peuvent être toujours globuleuses, vraisemblablement pour une question de tension à l'interface vacuole/cytoplasme.

On le retrouve en effet aussi bien chez les Phanérogames que chez les Crytogames, et même chez deux Protistes verts, les Volvocales *Haematococcus pluvialis, (fig. 74), Stephanosphaera*.

Cette évolution est réversible, phénomène assez rare en biologie, indépendamment des observations expérimentales de dédifférenciation, faites sur les cultures de tissus. P. Dangeard, en 1920, l'a démontrée par l'étude de la formation des grains d'aleurone, matériaux de réserve, à l'état déshydraté, qui se rencontrent dans certaines graines, en particulier chez *Ricinus communis (fig. 75)*.

Ces grains résultent de la fragmentation d'une grande vacuole, au stade terminal de son évolution, qui aboutit à de petites vacuoles indépendantes, à contenu mi-solide. On connaît un autre exemple analogue mais plus curieux parce que, du stade vacuole unique au stade de morcellement vacuolaire maximum, le changement eſt régulier, rapide et peut se répéter de nombreuses fois sous les yeux de l'observateur.

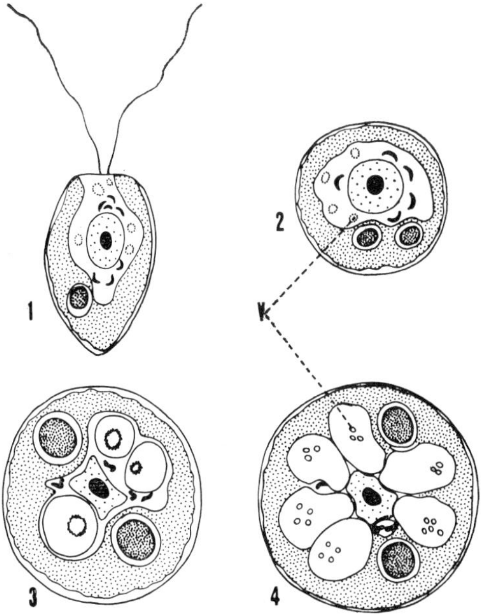

FIG. 74 — ÉVOLUTION DE TYPE VÉGÉTAL DU VACUOME CHEZ LA VOLVOCALE *Haematococcus pluvialis*.

1, jeune cellule à petits vacuoles et cytoplasme abondant; 2, 3 et 4, ſtades successifs de transformation en cellules à grosses vacuoles, renfermant de l'hématochrome et un cytoplasme raréfié. Ponctués, le chromatophore et les pyrénoïdes.

Il s'agit des phénomènes dits d'*agrégation* découverts et dénommés par Charles Darwin lui-même, après l'observation des plantes carnivores. Chez les *Drosera,* chez *Drosophyllum,* chez *Pinguicula,* les cellules du pédicelle des poils glandulaires, ou même les cellules de la glande, dans le dernier genre, montrent, après la digeſtion d'une proie, un émiettement considérablement poussé de l'unique vacuole de la cellule, se transformant chez

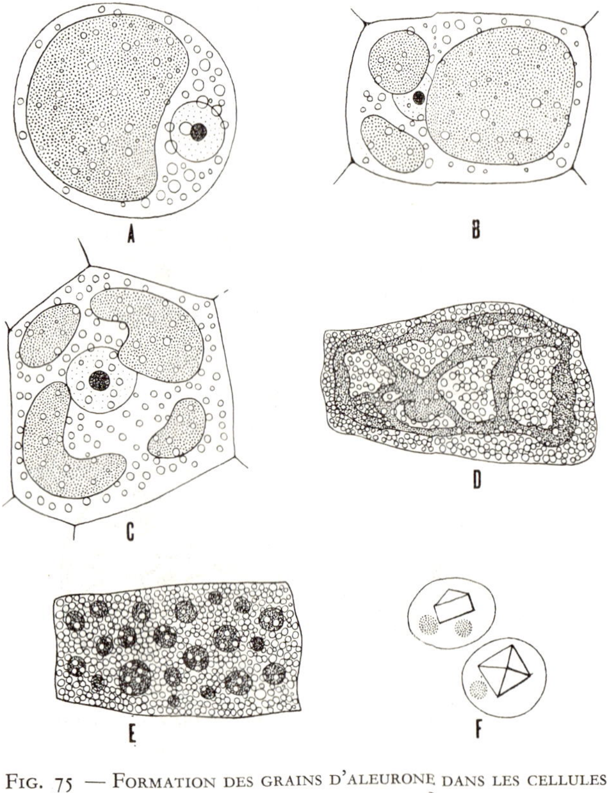

FIG. 75 — FORMATION DES GRAINS D'ALEURONE DANS LES CELLULES DE L'ALBUMEN DE LA GRAINE DE RICIN.

Évolution inverse du vacuome végétal. De A à E, fragmentation progressive du vacuome; dans le cytoplasme, apparition des gouttelettes d'huile; en F, grain d'aleurone observé dans la glycérine hydratée, (d'après P. Dangeard).

Drosera en des sortes de bâtonnets, dirigés tous parallèlement au grand axe de la cellule; puis en quelques heures, l'état initial se reconstitue *(fig. 76)*.

Mangenot, qui a réétudié ce phénomène, l'explique par une fragmentation mécanique de la grande vacuole initiale par les produits de la digestion, traversant la cellule comme un véritable courant. Il y aurait en même temps une perte d'eau de la cellule ; ce qui rapprocherait ce cas de celui des graines.

Ces faits démontrent avec évidence qu'il n'existe pas d'individualité des vacuoles. Cependant, on ne peut nier parfois la possibilité inverse, la continuité génétique de certaines vacuoles étant un fait reconnu. Quand bourgeonnent les Levures, il arrive que la cellule mère forme une seule vacuole fille qui passe dans le bourgeon. On peut interpréter ce fait en pensant qu'il s'agit d'une vacuole spécialisée, véritable individualité, qui se divise exactement comme le fait la vacuole pulsatile d'une Paramécie au cours de la prédivision.

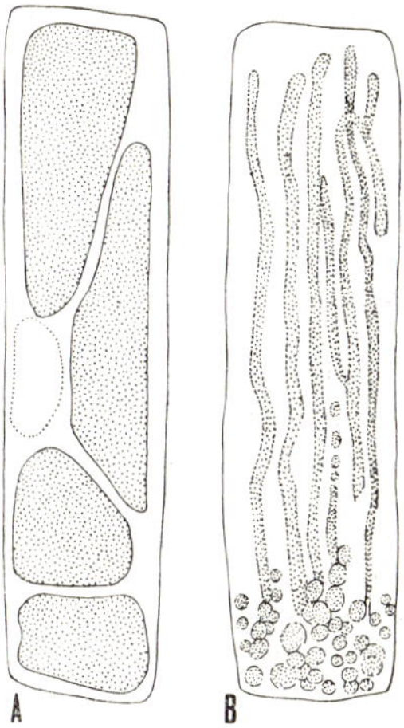

FIG. 76 — PHÉNOMÈNE D'AGGRÉGATION.

Évolution rapide des vacuoles chez *Drosophyllum lusitanicum*, plante carnivore. A, cellule pendant le repos ; B, fragmentation vacuolaire pendant le fonctionnement des cellules digestives voisines, (d'après Mangenot).

LE VACUOME DES PROTISTES

On connaît depuis longtemps chez eux des vacuoles, mais qui sont loin d'être toutes équivalentes, même quand elles ont de l'affinité pour les colorants vitaux.

Il en est tout d'abord qui rappellent celles des végétaux : vacuoles globuleuses, à contenu peu fluide, colorables facilement par le rouge neutre.

Mais elles existent sans changement important, gardant une taille sensiblement uniforme pendant tout le cycle cellulaire, et, en tout cas, ne s'agglomérant ni ne se fusionnant jamais. Elles sont typiques chez les Volvocales (sauf chez *Haematococcus*).

P. Dangeard les a décrites chez divers Péridiniens marins. On les trouve également chez les Eugléniens.

Elles existent même chez les Myxophycées et les Bactériacées. Chez les Zooflagellés, on les reconnaît généralement sans difficulté : cependant, elles semblent faire défaut chez les grandes Hypermastigines, où Grassé les a cherchées en vain.

D'autres forment une catégorie très spéciale : ce sont les *vacuoles pulsatiles* à contractions rythmiques, des Ciliés, des Volvocales, des Amœbiens.

Elles sont entourées d'un protoplasma spécial, sécréteur, parfois osmioréducteur (Grassé et Hollande), et semblent jouer un rôle dans le maintien de la concentration osmotique du cytoplasma, étant d'autant plus actives que le milieu externe est plus hypotonique.

Elles se colorent souvent avec difficulté par le rouge neutre. Au cours de la prédivision, chacune d'entre elles bourgeonne une nouvelle vacuole, et ainsi chaque cellule fille de Paramécie se trouve posséder une vieille vacuole et une nouvelle (Hovasse, 1951).

Le microscope électronique a montré qu'elles constituent des dérivés ergastoplasmiques, et nous les étudierons plus loin comme telles.

D'autres sont *digestives*, entourant les particules ingérées. Elles sont caractérisées par un pH interne variable cycliquement, et par leur charge en ferments le plus souvent protéolytiques.

D'autres enfin, purement cuticulaires, ou sous-cuticulaires, ont été dénommées *appareil mucifère*. Dans certaines conditions elles déchargent extérieurement un mucus. Fréquentes chez les Eugléniens qui s'entourent de cette substance, elles présentent le plus souvent une disposition régulièrement spiralée, en relation avec l'existence de fibrilles ectoplasmiques, au contact desquelles elles débouchent extérieurement par un pore.

Il existe toutes les transitions entre ces globules mucigènes et des organites explosifs que l'on nomme trichocystes (qui seront étudiés plus loin avec la cinétide), ce qui tend à les faire considérer comme des formes régressées de ces organites (Chadefaud).

L'opinion des auteurs sur ces divers éléments est du reste loin d'être toujours concordante.

Il nous paraît impossible de grouper toutes ces formations dans une même catégorie, malgré l'affinité de certaines pour les colorants vitaux, et nous croyons bon de restreindre chez les Protistes le sens du mot vacuome, en ne considérant comme véritable équivalente des vacuoles végétales, que la première catégorie envisagée (vacuoles non spécialisées).

LE VACUOME ANIMAL

Il n'a pas été étudié d'une manière générale avant les recherches systématiques de Parat, provoquées par les découvertes des botanistes, et en particulier de Guilliermond et de ses collaborateurs sur les vacuoles végétales.

Cependant, on avait reconnu auparavant l'existence de vacuoles dans les cellules glandulaires, et constaté, avec Renaut (1904), après coloration au rouge neutre, l'existence de deux types vacuolaires, les uns renfermant des cristalloïdes, et dits *plasmocrines,* les autres à colloïdes ou encore à grains de sécrétion, et dits *raghiocrines.*

Ces dernières étaient regardées comme jouant un rôle essentiel dans l'élaboration des enclaves, comme formant un véritable appareil de ségrégation.

Les recherches de Parat ont montré que toute cellule glandulaire renferme des grains colorables au rouge neutre, — vacuoles plasmocrines —, abondantes principalement dans la zone du Golgi, et des vacuoles raghiocrines, en dérivant probablement, à partir de cette zone et jusqu'au pôle de décharge cellulaire. Ces dernières conservent initialement un pourtour colorable au rouge neutre, tandis que la partie centrale, le grain de sécrétion, perd sa colorabilité. Au pôle de décharge, plus rien ne se colore par la teinture vitale.

Il est certain que dans ce phénomène on ne peut reconnaître de cycle, les vacuoles apparaissent *de novo* dans la zone, s'en écartant en grossissant en direction du pôle de décharge, puis disparaissant définitivement au contact de celui-ci, en même temps que le produit est excrété.

Dans les cellules non glandulaires, le vacuome est constitué par un ensemble d'éléments mis aussi en évidence par le rouge neutre, et qui se modifient très peu au cours du cycle cellulaire. Il existe quelques exceptions : la plus curieuse est celle des cellules chordoïdes des Annélides sessiles du genre *Spirographis :*

la forme fixe des panaches de ces Vers est due à de grandes cellules dont la rigidité est liée à la turgescence de vacuoles, ayant ainsi les caractéristiques des vacuoles végétales. Quand on suit la formation de ces cellules, leur vacuome passe par les mêmes stades d'évolution que ceux décrits chez les végétaux.

Parat, qui niait l'existence de l'appareil de Golgi, assimilé par lui à un ensemble d'artefacts produits au cours des imprégnations métalliques, a cependant admis l'existence d'une zone cellulaire spéciale, au niveau de laquelle se formaient les vacuoles, et dans laquelle le chondriome, réputé « actif », à la manière de celui des végétaux interprété par Guilliermond, serait hypertrophié par « pachynèse », c'est-à-dire enflé, et correspondant aux dictyosomes.

Il a alors rebaptisé ceux-ci en lépidosomes, et reconnu autour d'eux l'existence de lipoïdes diffus. Si l'on considère l'ensemble lépidosomes + lipoïdes comme synonyme d'appareil de Golgi, les travaux de Parat gardent la valeur démonstrative de l'existence générale d'un vacuome animal évoluant d'une manière spéciale en liaison avec le Golgi. Les recherches d'ultrastructure justifient partiellement cette manière de voir, reliant parfois vacuome et Golgi : les deux formations sont en contact, les vacuoles paraissant dériver des membranes doubles golgiennes. Celles-ci se fragmenteraient en se gonflant, ou bien donneraient naissance à des vacuoles sur leur bord externe. Les coupes ultrafines laissent supposer également les deux possibilités.

Cependant la preuve formelle d'une identité entre vacuoles golgiennes et vacuoles colorables au rouge neutre n'a pu encore être faite, ce dernier colorant quittant les vacuoles dès la fixation, et se retrouvant ensuite sur d'autres éléments, noyau ou même chondriome.

Remarquons également que l'ultrastructure des mitochondries est assez caractéristique pour qu'il soit impossible d'en dériver celle des dictyosomes, fût-ce par « pachynèse ».

Le microscope électronique démontre avec évidence la dérivation des vacuoles de la zone de Golgi à partir de membranes doubles et des grains de Golgi qui en proviennent. Un argument paraissait aller à l'encontre de cette démonstration : l'absence supposée d'un appareil de Golgi dans la cellule végétale. Cet argument tombe grâce à la découverte de Buvat : cependant ce cytologiste est parvenu également à établir que, chez les Végétaux au moins, le Golgi nouvellement trouvé est totalement indépendant des primordiums vacuolaires des méristèmes. Celles-ci sont, par contre, certainement reliées à l'ergastoplasme.

STRUCTURE ET COMPOSITION DU VACUOME

Il ne peut être question de structure qu'en ce qui concerne la membrane vacuolaire : les recherches de de Vries sur les cellules végétales ont démontré son existence propre, car certaines expériences de plasmolyse permettent de la séparer du cytoplasme, et ainsi de la mettre en évidence : ce serait une membrane d'interface, à molécules orientées.

Au microscope électronique, mais dans la cellule animale, elle présente une épaisseur du même ordre de grandeur que celle des éléments des membranes doubles. Parfois, cependant, elle semble constituée par une membrane double entière. Il est vraisemblable qu'il en existe ainsi plusieurs types, qu'il reste à définir, et à différencier d'autres espaces cellulaires qui pourraient dériver aussi de l'ergastoplasme, comme c'est la règle pour le vacuome végétal.

La composition chimique du vacuome végétal est très variable : il s'agit le plus souvent d'une solution aqueuse de cristalloïdes et de colloïdes, qui ont été étudiés par réactions microchimiques *in situ,* ou même après extraction à la pipette, dans le cas des très grosses vacuoles de certaines Algues Siphonées *(Valonia)*.

On a ainsi reconnu des sels minéraux, qui peuvent se précipiter dans la vacuole sous forme cristalline, comme l'oxalate de Ca (voir *fig. 84*), ou comme le sulfate de Ca, qui se montre parfois sous forme de minuscules cristaux, en mouvement brownien aux extrémités de la cellule, comme chez les *Closterium*.

On observe le plus souvent en solution des chlorures, des nitrates ou des phosphates. Dans les Algues marines de nos côtes, varechs utilisés pour l'extraction de l'Iode *(Laminaria, Fucus),* ce métalloïde se trouve dans les vacuoles à l'état d'iodures, qui précipitent au contact du bleu de Crésyle.

Parmi les matières organiques les plus fréquentes, il faut citer les tannins et des pigments tels que l'anthocyane, qui parfois colore *in vivo* le suc vacuolaire; les primordiums des vacuoles apparaissent ainsi sans le besoin d'une coloration vitale (dents des jeunes folioles de Rosier, voir *fig. 73*). Chez les plantes inférieures, Bactéries, levures, on constate souvent des colorations métachromatiques, c'est-à-dire différentes de la teinte du colorant employé : rouge après utilisation de certains colorants bleus.

Cette propriété sur laquelle P. A. Dangeard a beaucoup insisté, semble due à une *métachromatine,* produit phosphoré de composition incertaine (acide métaphosphorique + protéine).

Mais on trouve aussi dans la vacuole des matières organiques mieux définies : par exemple du saccharose, dans les betteraves à sucre, de l'inuline chez diverses composées *(Helianthus*, etc.*)*. On y rencontre également des protides qui, dans les graines, par dessiccation de la vacuole, forment les grains d'aleurone classiques envisagés plus haut, chez le Ricin; parfois aussi des acides aminés, tels que l'asparagine (amide de l'acide aspartique); enfin des alcaloïdes variés. La nicotine est ainsi localisée dans le vacuome (Chaze).

Chez les animaux, toutes les élaborations cellulaires se retrouvent dans les vacuoles, depuis les mucus jusqu'aux enzymes digestifs. Ne font exception que le glycogène, pourtant hydrosoluble, et les graisses, insolubles dans la phase aqueuse que représente le vacuome.

La signification physique des vacuoles est moins simple qu'on pourrait le supposer : elles représentent une phase aqueuse non miscible à la phase aqueuse cytoplasmique, probablement encore par suite d'un phénomène de coacervation.

A la limite même, les autres ségrégations dites « métaplasmiques » renfermées par le cytoplasme, et qui seront étudiées plus loin sous le titre « Réserves », présentent, à peu de différences près, la même signification physique : ce sont aussi des coacervats, plus ou moins caractérisés, d'autant plus vite ségrégés par le cytoplasma qu'ils y sont moins solubles.

Il serait donc possible de les classer également dans le vacuome, en acceptant ce terme dans un sens plus large que celui qui lui est attribué ici, et qui est lié à sa colorabilité au rouge neutre (Hovasse, 1956).

RÔLE DU VACUOME

Il est assez différent dans les deux règnes : les végétaux y accumulent leurs élaborations cellulaires et leurs déchets : le vacuome est fréquemment utilisé à ce stockage, sauf pour l'amidon et pour les graisses.

Tous les cristalloïdes ainsi conservés dans la vacuole attirent l'eau, et maintiennent la turgescence. Le vacuome présente donc un rôle osmotique évident dans le maintien du port de la plante, indépendamment des divers tissus de soutien.

Un tel rôle est exceptionnel chez les animaux qui possèdent généralement un appareil squelettique. Si, chez eux, des réserves sont également stockées, ce résultat est obtenu sans utilisation obligatoire du vacuome, qui fonctionne plutôt comme un émonctoire cellulaire, transportant hors de la cellule les produits formés au contact du Golgi.

Origine du vacuome. Il s'agit d'un problème complexe relié à celui de l'ergastoplasme et qui sera traité avec lui.

L'ERGASTOPLASME ET LES GRANULES CELLULAIRES : LIPOSOMES — RIBOSOMES — GLYCOSOMES — LYSOSOMES

Il y a très longtemps que les cytologistes ont constaté dans le cytoplasme l'existence de granules plus réfringents que le fond et dont la taille avoisine celle du micron. Hanstein, en 1880, leur a appliqué le terme de *microsomes,* sans se préoccuper de leur nature. L'observation *in vivo* a permis cependant d'y reconnaître au moins des gouttelettes lipidiques : Guilliermond en a démontré la nature chimique, et les a considérées comme des réserves, ou bien comme des graisses vivantes qui se trouveraient momentanément dégagées de leurs combinaisons avec d'autres constituants cytoplasmiques. Nous les désignons comme *liposomes*.

La présence d'autres granules, cette fois basophiles, a été reconnue dans les œufs par divers auteurs, en particulier par Bataillon, qui les a colorés, chez la Grenouille, par le bleu de méthylène (1905).

Les recherches modernes d'ultracentrifugation ont ramené l'attention sur ces éléments, et fait pressentir leur importance. En 1940, Claude, avec la même technique utilisée pour l'extraction des mitochondries, a pu isoler, après lavage et centrifugations fractionnées, un résidu insoluble lourd, de couleur variable selon les types cellulaires, et qui, remis en suspension en eau physiologique, se montre constitué par des granules petits ou très petits (diamètre entre 50 mμ et 300 mμ).

Il désigne ces éléments en reprenant le terme imprécis de *microsomes,* et signale leur importance, puisque leur ensemble représente jusqu'au quart du poids sec du cytoplasme.

L'étude chimique révèle une composition constante même entre les types différents de cellules : ce sont des ribonucléoprotéides et des phospholipides.

Ce résultat est confirmé par Brachet et Jeener (1941).

Mais, étant donnée l'existence dans la cellule du chondriome, et du noyau, ne pourrait-il se faire que ces microsomes ne soient autre chose que des débris réalisés au cours du broyage cellulaire antérieur à l'extraction ?

Les trois auteurs répondent à cette objection, en centrifugeant *in toto* des cellules aussi vivantes que possible, en les fixant immédiatement ensuite, et en les étudiant sur coupes.

Ils retrouvent, stratifiés régulièrement par l'ultracentrifugation, les divers matériaux cellulaires en couches distinctes, et effectivement, les microsomes forment bien une strate distincte dont l'abondance correspond à celle qu'indique l'analyse, et que vient souligner d'autre part le caractère basophile de leur ensemble.

Les « microsomes » apparaissent donc comme un constituant normal des cellules étudiées : ils méritent un nom précis, aussi les a-t-on désignés comme *ribosomes*. Leur présence, avec des caractères identiques, a été reconnue dans un très grand nombre de types cellulaires animaux et végétaux, où leur proportion varie dans le même sens que la basophilie du cytoplasme.

Les protistologues ont parlé jusqu'autour de 1910 de *chromidies,* granules basophiles qu'ils rencontraient parfois en abondance dans certains Protozoaires (Thécamœbiens,

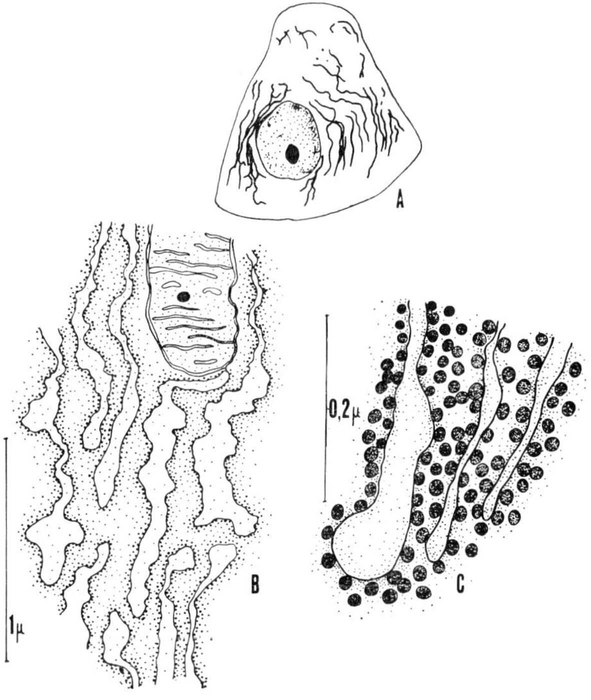

FIG. 77 — L'ERGASTOPLASME ANIMAL.

A, figure de Garnier représentant les filaments ergastoplasmiques dans une cellule de la sous-maxillaire humaine, d'après A. Prenant. B et C, ultrastructure de ces filaments, au M.E., à deux grossissements différents; membranes doubles et grains de Palade; entre les membranes, les cisternes.

Foraminifères, Coccidies) et auxquels ils faisaient jouer un rôle dans le cycle nucléaire. Si ce rôle a bien été reconnu inexact, il n'en reste pas moins vrai que l'on trouve certainement dans de nombreux types des amas de chromidies basophiles, qui doivent correspondre à ces ribosomes.

J. Brachet, remettant en honneur une vieille technique due à Unna, au vert de méthyle-pyronine, a montré qu'elle permet, à condition de l'employer méthodiquement, d'apprécier la richesse du cytoplasme en ribosomes.

Tandis que le vert de méthyle se fixe sur le noyau, et en particulier sur ce qui, dans le noyau, est constitué par de l'A.D.N., la pyronine colore le cytoplasme en se fixant sur l'A.R.N.

Un traitement préalable à la ribonucléase, enzyme destructeur de cet acide, empêche la coloration, apportant ainsi une certitude microchimique.

Les ribosomes sont abondants dans certaines glandes telles que le pancréas, la parotide, dans les épithéliums intestinaux, dans les couches profondes de l'épiderme, dans les ovocytes pendant leur phase de croissance.

Partout où il y a des cellules en multiplication, dans les assises génératrices, les méristèmes, ils abondent. Ils sont plus denses dans les cellules qui vont se diviser, mais semblent diminuer au cours même des mitoses (Brachet).

Dans beaucoup de cellules glandulaires, ils s'amassent dans des formations basophiles auxquelles Garnier a autrefois donné le nom d'*ergastoplasme* (1897) et particulièrement fréquentes dans le pancréas ou la glande sous-maxillaire *(fig. 77, A)*.

Les études au microscope électronique ont alors établi que ces granules ne constituaient pas un élément cellulaire isolé, mais étaient accolés à des sacs, membranes et canaux formant un système spécial, réticulé et désigné, outre-Atlantique, comme *reticulum endoplasmique*. On lui a ensuite redonné le nom d'*ergastoplasme,* car il semble bien s'identifier avec les formations décrites par Garnier.

Il est constitué par des saccules, empilés d'une manière plus ou moins lâche et se différenciant facilement des autres lamelles doubles par les deux caractères suivants : l'existence fréquente mais non générale, sur leur face externe, de grains denses, à peu près arrondis et d'un diamètre de 40 à 50 Å, ou « grains de Palade » qui sont des macromolécules d'A.R.N., d'autre part, ce fait que les parois des saccules ergastoplasmiques sont susceptibles de s'écarter l'une de l'autre, créant une cavité souvent appréciable, ou citerne *(cisterna)* *(fig. 77, B* et *C)*.

Il existe enfin des communications possibles entre toutes ces cavités dont l'ensemble forme un réseau intracytoplasmique, relié lui-même à la membrane nucléaire.

Les « microsomes » de Claude, ou de Brachet, les ribo-

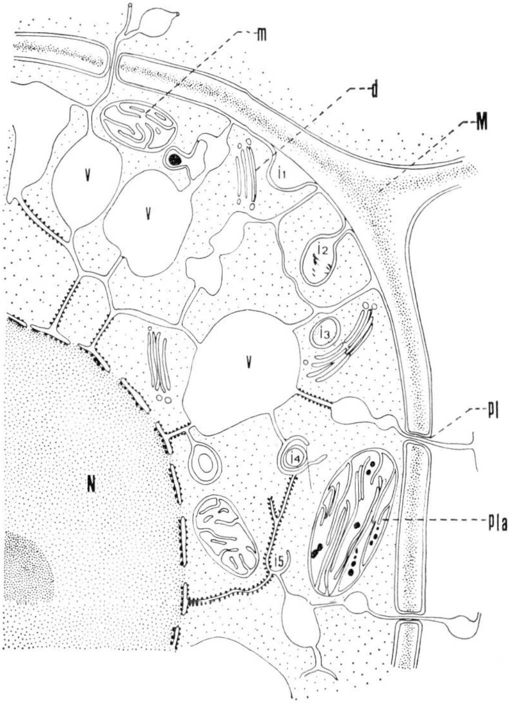

FIG. 78 — ASPECT SCHÉMATIQUE DE L'ERGASTOPLASME VÉGÉTAL (D'APRÈS BUVAT).

Portion d'une cellule jeune limitée par sa membrane celluloso-pectique *M;* celle-ci est perforée par des plasmodesmes *Pl* par lesquels passent des tubes ergastoplasmiques; ceux-ci se renflent en vacuoles *v,* présentant des régions avec et sans grains de Palade. Noter les relations avec la membrane nucléaire. *d,* dictyosome; *m,* mitochondrie; *Pla* jeune plaste; i1, i2, i3, i4, i5, stades successifs de l'absorption d'une particule externe, par pinocytose; *N* noyau et son nucléole.

somes, paraissent être principalement des débris d'éléments réalisés par le broyage indispensable à l'isolement de ce constituant cytoplasmique lourd ou simplement par la centrifugation. Quoi qu'il en soit, c'est à lui également, ou plutôt à ses citernes, que se rattache l'origine du vacuome végétal *(fig. 78)*, le plus souvent dépourvu de grains de Palade périphériques.

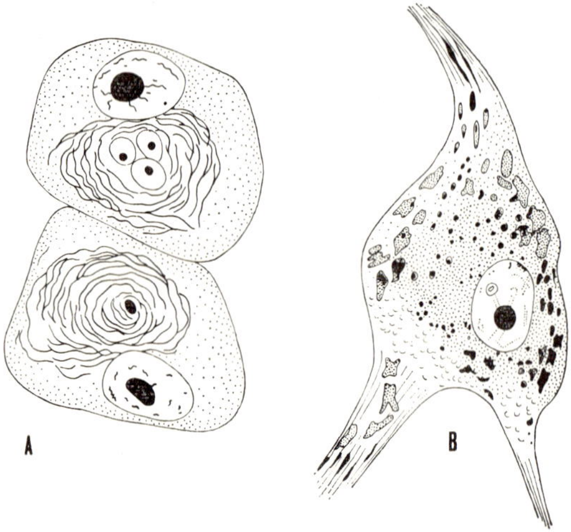

FIG. 79 — ERGASTOPLASME ANIMAL EN MICROSCOPIE OPTIQUE.

A, parasomes de cellules pancréatiques, chez un têtard de Grenouille rousse; grains de lipides dans les parasomes, (original); B, corps de Nissl dans des cellules nerveuses de moelle humaine, (d'après A. Prenant).

Fréquemment, l'ergastoplasme animal présente une disposition concentrique, les membranes doubles empilées étroitement apparaissant sur coupes enroulées autour d'un centre : ce sont les parasomes des anciens auteurs, fréquents dans le pancréas, mais que l'on retrouve aussi dans la plupart des cellules glandulaires, parfois associés à des mitochondries plus ou moins écrasées entre les lamelles *(fig. 79, A)*.

Ils sont très voisins d'un corps longtemps énigmatique, signalé dans les ovocytes des Araignées par Balbiani, et désigné comme noyau vitellin, ou Nebenkern, Dotterkern, ou encore corps de Balbiani. Il s'agit, semble-t-il, d'un très gros parasome hypertrophié dont la présence est liée à la vitellogenèse, et dont la constitution, à laquelle prend part le chondriome, est complexe.

Ce corps est biréfringent, manifestant la croix noire de polarisation.

Les corps de Nissl *(fig. 79, B)*, masses basophiles de la cellule nerveuse, constituent également des amas d'ergastoplasme en paquets isolés dans la cellule et particulièrement denses, pouvant renfermer aussi des parasomes.

COMPOSITION CHIMIQUE

Étudiée séparément au début par Claude et par Brachet, elle s'est montrée faite régulièrement de ribonucléoprotéides (A.R.N.), de cholestérol et de lipides phosphorés.

Mais dans le détail, il a fallu de très nombreuses recherches pour l'établir exactement, les préparations obtenues étant presque régulièrement contaminées par toutes sortes de fragments appartenant à d'autres constituants cellulaires, et en particulier au chondriome.

On y a décelé des enzymes, mais beaucoup moins nombreux que dans les mitochondries. Ce sont surtout des estérases : cholestérase, cholinestérase, estérase de la vitamine A. Il n'y existe ni cytochrome oxydase, ni déshydrase succinique mais parfois une cytochrome réductase et un cytochrome, le cytochrome *m*. On y a signalé aussi de l'A.T.P.-ase et d'autre agents d'oxydation phosphorylante.

Il semble que la composition ne soit pas toujours identiquement la même dans toutes les cellules : l'ergastoplasme du foie diffère ainsi nettement de celui du pancréas ou du cerveau. Cette composition est, en tout cas, différente en ce qui concerne les membranes, surtout protéiques, et les ribosomes dont il existe plusieurs catégories : dans le pancréas, les protéoenzymes de la glande apparaissent dans ces granules, attachées, semble-t-il, aux molécules d'A.R.N.

RÔLE DE L'ERGASTOPLASME

Le rôle respiratoire qu'on lui attribuait, en 1944, (Brachet et Chantrenne) n'est plus admis aujourd'hui que l'on connaît mieux cet élément.

Il est possible que l'ergastoplasme soit le siège d'un métabolisme des nucléotides et nucléosides, conduisant par oxydation phosphorylante à l'A.R.N.

Il est certainement, en tout cas, le siège d'une partie au moins du métabolisme lipidique : nous avions signalé, dès 1921, que, chez *Rana temporaria,* les parasomes du pancréas larvaire apparaissent souvent centrés par des blocs de lipides ou que ceux-ci apparaissent à leur contact. Les formations concentriques reconnues au microscope électronique (« whorllike structures » de Palay et Palade) sont souvent, elles aussi, en relation avec des grains de lipides.

La présence des estérases dans l'ergastoplasme explique cette synthèse, qui concerne probablement le cholestérol et les stérides aussi bien que les glycérides.

Mais il existe surtout d'importants arguments qui démontrent un rôle essentiel dans la synthèse des protéines. Brachet, signalant ainsi l'abondance de l'ergastoplasme dans les cellules qui élaborent des protéines, soit qu'elles effectuent un travail sécrétoire, comme les cellules pancréatiques, soit qu'elles assimilent en se multipliant, comme les éléments des méristèmes ou des assises germinatives des végétaux, comme les cellules en division, ou les ovocytes en croissance, pense que la synthèse de ces protéines est bien liée à la présence de l'ergastoplasme. Il fait remarquer que dans les diverses glandes de l'organisme, cet élément renferme toujours en petites quantités les protéines spécifiques synthétisées par la cellule, liées à lui d'une manière forte.

Des études récentes, réalisées à l'aide de corps marqués — en l'espèce, des acides aminés portant un carbone 14 — ont prouvé que ceux-ci s'incorporent très vite dans l'ergastoplasme, beaucoup plus vite même que dans le noyau ou le chondriome. L'incorporation est d'autant plus rapide que la richesse ergastoplasmique est plus grande en A.R.N. Elle est empêchée par action préalable de la ribonucléase. Une telle incorporation peut même s'établir *in vitro*. Incontestablement, donc, l'ergastoplasme, par ses ribosomes, constitue le centre principal de la synthèse protéique, synthèse que nous examinerons de nouveau plus bas en étudiant les relations nucléocytoplasmiques.

A ces rôles chimiques précis, il semble qu'il faille en ajouter d'autres plus généraux : dans beaucoup de cellules, l'abondance des membranes ergastoplasmiques et la possibilité qu'offrent leurs cavités d'être en communication, réalisent un véritable système continu dans toute la cellule, reliant le noyau à la membrane cellulaire et même pouvant relier, chez les Végétaux, les diverses cellules les unes aux autres (plasmodesmes).

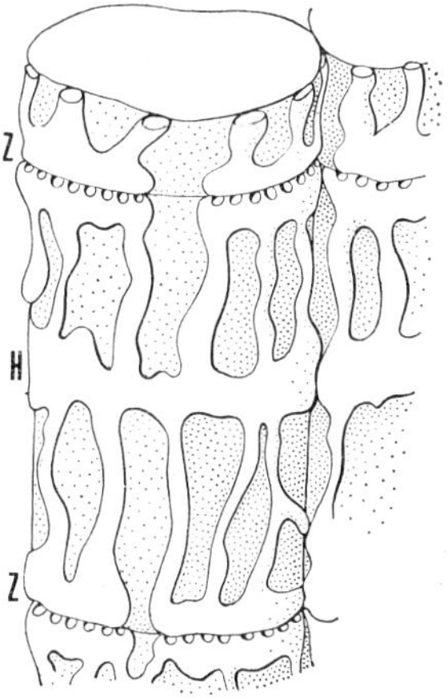

FIG. 80 — MYOFIBRILLES ET ERGASTOPLASME.

Relations, dans la cellule musculaire, entre les fibres striées et l'ergastoplasme, d'après Porter et Palade, 1957. Le diagramme représente une case musculaire, vue en perspective; elle provient d'un *Ambystoma;* le réseau ergastoplasmique est lié à la fibre au niveau des membranes *Z;* il présente d'autre part un enveloppement continu au milieu de la case (en *H*).

Certains auteurs voient dans cet ensemble un dispositif d'échanges intracellulaires ou intercellulaires, et même un moyen direct de communiquer entre le noyau et le milieu extérieur.

Un cas particulier tout à fait frappant se réalise dans les fibres musculaires striées, où l'on constate que des sortes de tubes ergastoplasmiques viennent, dans chaque fibrille, prendre contact avec toutes les stries d'Amici (stries Z), formant autour des fibrilles un réseau particulièrement dense *(fig. 80)*.

S'il est difficile d'indiquer quelle est dans ce cas particulier l'exacte signification de ce contact, il est néanmoins certain qu'elle indique, en raison de sa généralité, un rôle de l'endoplasmic reticulum dans la contraction musculaire, rôle que les physiologistes anglais (Huxley) sont même parvenus à démontrer.

Signalons enfin le rôle essentiel de l'ergastoplasme dans l'embryogenèse : le phénomène si frappant de l'induction, découvert par Spemann à partir de 1912 n'a été expliqué qu'après la découverte de ces éléments riches en A.R.N. dont J. Brachet et ses collaborateurs ont démontré l'action directe sur le processus de morphogenèse.

On voit donc combien important apparaît dès maintenant le rôle général éventuel de l'ergastoplasme dans toute la cellule.

SIGNIFICATION DE L'ERGASTOPLASME

On a considéré ces dernières années les « microsomes » comme des organites cellulaires véritables. On remarquait cependant que leur reproduction ne se constate pas, alors qu'elle devrait être intense, on signalait qu'ils n'ont pas une taille uniforme : il en est de très petits, visibles seulement au microscope électronique et qui sont probablement des grains de Palade isolés à partir desquels les tailles s'échelonnent jusqu'aux environs du micron (Claude).

Il est certain que le procédé brutal d'extraction doit expliquer ce fait. Il existe ensuite un intervalle important de taille, marquant une séparation tranchée par rapport aux plus petites mitochondries : il semblait donc exister une différence nette entre les deux catégories d'éléments.

Notons que la pyronine qui colore l'ergastoplasme n'a aucune action sur le chondriome. La connaissance actuelle de l'ultrastructure confirme cette distinction et prouve que les éléments de l'ergastoplasme sont bien distincts de ceux du chondriome.

La constitution de la membrane nucléaire, révélée en coupes ultraminces, a montré fréquemment l'existence d'analogies de forme entre ses portions et les saccules ergastoplasmiques qui bien souvent l'entourent concentriquement : on en est venu à penser à une relation génétique possible entre les deux. La membrane nucléaire se repliant extérieurement au niveau de son feuillet externe forme de nouveaux saccules qui, le pédicelle d'union venant à se rompre, se séparent d'elle *(voir fig. 86)*.

Dans des cellules pauvres en ergastoplasme, on a trouvé des paquets de ce constituant présentant la structure de la membrane avec ses pores, mais aussi constitués avec des grains de Palade marginaux : il s'agit d'ergastoplasme ayant encore des caractères de membrane nucléaire, faisant en somme l'intermédiaire structural entre les deux éléments.

Le microscope électronique a montré, d'autre part, qu'il est moins facile de séparer de l'ergastoplasme l'appareil de Golgi : seuls les grains de Palade permettent de les différencier; mais ces grains peuvent se raréfier et manquer. D'autre part, les « cisternes » semblent parfois communiquer avec les cavités des membranes doubles golgiennes.

La taille des petits grains de Palade et leur composition les a fait comparer également aux virus, dont on connaît l'activité chimique considérable, liée à une richesse importante en A.R.N.

Claude a même pensé montrer que des « microsomes » préparés à partir des cellules d'un sarcome de Rous sont identiques, par leur aspect et leur composition, à ceux du tissu normal. Et pourtant, ils sont réellement infectieux, et gardent ce pouvoir *in vitro*. Le problème ainsi posé se résout difficilement, étant donnée la possibilité de mélange, au cours de l'extraction, entre corpuscules de densité équivalente. Les coupes ultrafines ont montré, nous l'avons vu, que les virus possèdent une structure, qui fait défaut aux grains de Palade : la grande analogie entre ces deux éléments reste d'ordre chimique, et il faut admettre que le pouvoir infectieux de cet A.R.N. est bien dû lui aussi à une particularité spécifique d'ordre chimique.

On s'est demandé, enfin, si ces éléments ergastoplasmiques, très abondants dans le cytoplasme au cours des phases de repos mitotique, qui diminueraient, d'après J. Brachet au cours des divisions, au moment où la charge nucléaire en acides nucléiques devient maximum ne seraient pas en relation avec un cycle de sécrétion nucléaire : ils émaneraient de la membrane nucléaire, conformément aux vues de Caspersson, et n'auraient ainsi rien à voir avec des organites : ce serait un ensemble de particules ribonucléiques capable d'adsorber des substances variées, et en particulier des enzymes.

Il semble que cette hypothèse ne puisse être maintenue intégralement, maintenant que l'on connaît l'ultrastructure de l'ergastoplasme et sa composition chimique. Cependant, nous aurons à revenir sur cette importante question.

On ne pouvait dire non plus si l'ergastoplasme existe réellement dans toutes les cellules, au même titre que le chondriome ou le Golgi. En fait, il a été trouvé, plus ou moins abondant, dans quantité de cellules animales, issues aussi bien de Vertébrés que d'Invertébrés ou de Protistes.

Buvat l'a décrit dans les cellules végétales où il donne naissance au vacuome : la généralité de celui-ci prouve la généralité de celui-là.

Depuis lors, on a reconnu qu'il forme la vésicule pulsatile des Protistes et il semble bien que nul ne nie plus sa généralité, car il a été trouvé partout où il a été recherché avec des moyens suffisants.

AUTRES GRANULES

Il existe dans la cellule d'autres microsomes, nettement distincts de par leur composition chimique et leurs propriétés. C'est ainsi qu'il y a également des *glycogranules,* granules de glycogène qui, bien que cette substance soit hydrosoluble, se séparent du cytoplasma en tant que microcoacervats, par liaison avec une très faible quantité de protéines (Lazarow, 1943).

À partir des glandes nidamentaires de Sélaciens, Fauré-Frémiet et ses collaborateurs ont isolé, également des granules constitués par de la prokératine (1938).

Claude a isolé également parfois des granules protéiques non phosphorés qui seraient peut-être des macromolécules de protéine (1944).

Il existe enfin une dernière catégorie de granules, encore mal connue, car on ne l'étudie que depuis 1951, date où elle fut remarquée par de Duve et ses collaborateurs : c'est celle des *lysosomes*. Il s'agit de granules obtenus par la centrifugation des broyats de nombreux types cellulaires, en particulier de foie, rein et cerveau. La taille des grains varie entre 0,2 et 0,4 micron.

Au M.E., on leur reconnaît une membrane simple et un contenu finement granuleux, fait de macromolécules et hydrolases acides variés. Si la membrane se trouve lésée, le lysosome libère ces enzymes qui lysent le cytoplasme. Il s'agit donc ainsi d'un dispositif d'autolyse, sur l'entrée en action duquel il reste beaucoup à apprendre car il joue un rôle essentiel dans les phénomènes d'involution cellulaire, ou de nécrose. La régression classique de la queue du têtard de grenouille au moment de la métamorphose est liée à leur action. L'origine des lysosomes n'est pas établie avec certitude.

REMARQUES SUR LES ULTRASTRUCTURES DES CONSTITUANTS CYTOPLASMIQUES

L'étude des ultrastructures du chondriome, du plastidome, du Golgi et de l'ergastoplasme nous a montré qu'il existe dans ces quatres formations un élément commun, qui est la *membrane double,* qui se présente à nous comme la coupe d'un sac, généralement très aplati, mais qui peut cependant parfois s'entrouvrir, montrant une cavité qui n'est plus virtuelle, mais peut servir d'origine à diverses vacuoles.

Il importe maintenant de nous demander quelle est la signification de cet élément commun. Comme l'a fait remarquer Sjöstrand (1953), les deux membranes et l'espace qui les sépare semblent bien former une unité structurale réelle, dans laquelle se retrouvent les caractéristiques envisagées déjà plus haut à propos de la membrane cellulaire, et sur lesquelles est basé le schéma de Danielli (voir *fig. 36*).

Les phénomènes d'orientation moléculaire, à la limite entre deux phases distinctes, étudiés initialement par Devaux, et dus à l'existence des forces moléculaires de Van der Waals, ou à celles de Coulomb, permettent d'envisager un complexe lipoprotéique, avec molécules lipidiques à l'intérieur, en couche double, disposées normalement au plan de la membrane et leur groupe polaire, externe, servant de support aux molécules protidiques disposées à plat.

Le phénomène de double réfringence observé au microscope polarisant au niveau d'amas de ces membranes doubles (chondriome, plastidome, ergastoplasme), justifie cette hypothèse.

Cependant, le schéma donné par Sjöstrand, et qui est

identique à celui de Danielli, est évidemment trop simple. Il ne peut en particulier rendre compte des possibilités d'écartement des constituants d'une double membrane.

Il faut donc déjà le compliquer, au moins en le doublant (*fig. 81*). On aura alors quatre couches lipidiques, disposées deux par deux, et deux couches seulement de protéines, toujours à l'extérieur. L'écartement devient alors facile, et la position centrale des groupements COOH permet à l'eau et aux liquides aqueux de s'y incorporer.

D'un autre côté, la présence de phospholipides, celle

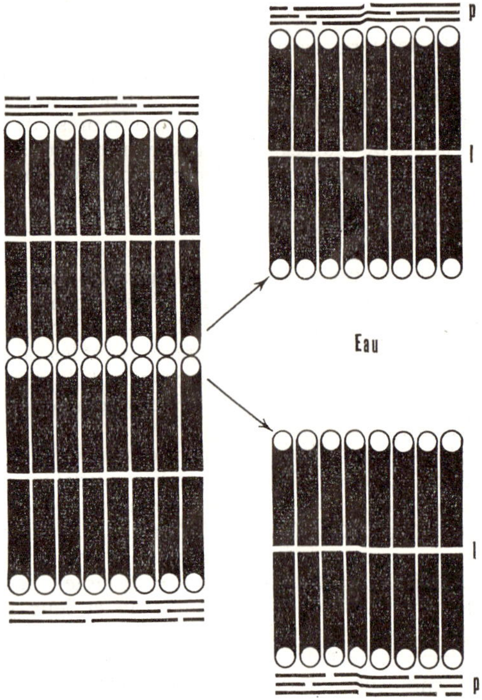

FIG. 81 — SCHÉMA D'UNE MEMBRANE DOUBLE.

Membrane à quatre couches de molécules lipidiques, d'après Hovasse. *p,* molécules protidiques; *l,* molécules lipidiques.

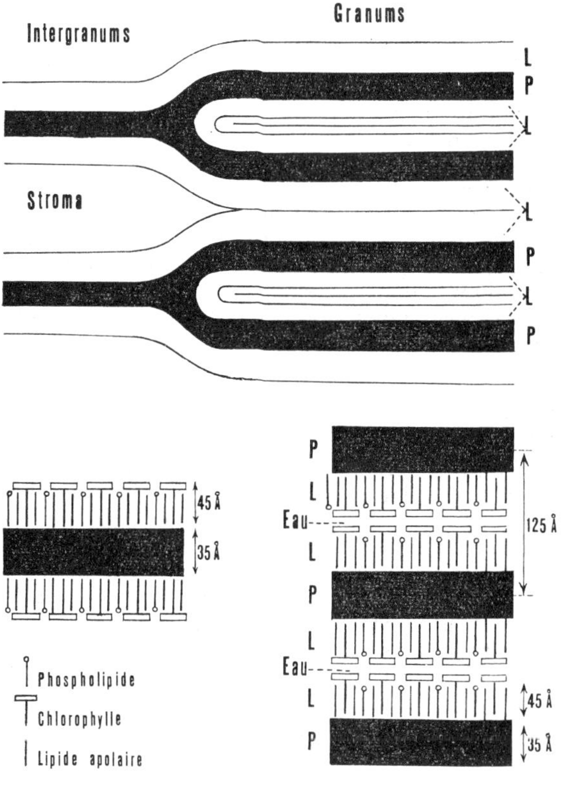

FIG. 82 — CONSTITUTION DES MEMBRANES DOUBLES DES CHLOROPLASTES, AU NIVEAU DES GRANUMS (D'APRÈS HODGE, MACLEAN ET MERCER).
P, couche protéique; *L,* couche lipidique.

de cholestérol, de molécules apolaires et d'ions métalliques paraissent certaines au niveau de ces membranes qui se compliquent d'autant, surtout en ce qui concerne celles du plastidome, dont nous donnons ici l'interprétation, d'après Hodge, Mac Lean et Mercer (1955, *fig. 82*).

Quoi qu'il en soit de cette constitution, il faut remarquer qu'elle doit être éminemment favorable aux réactions enzymatiques, puisqu'elle se retrouve, très analogue, dans les quatre systèmes élaborateurs de la cellule, où elle paraît bien se réaliser un peu à la façon d'une cristallisation intracytoplasmique.

Notons enfin que malgré leur analogie, les membranes doubles des quatre systèmes ne sont pas identiques et présentent des propriétés spécifiques : les grains de Palade s'accolent à celles de l'ergastoplasme, jamais à celles des mitochondries ou des plastes, ou de l'appareil de Golgi. Jamais non plus les saccules de ce dernier appareil ne paraissent se gonfler aussi facilement que les cisternes du reticulum endoplasmique.

Les membranes doubles des chloroplastes peuvent s'empiler les unes contre les autres sans conserver d'espace libre intercalaire : certains les regardent même comme des disques, car c'est toujours dans le stroma qui les sépare qu'apparaissent les produits élaborés, et jamais à leur intérieur, il n'y a pas de cisterne à leur niveau.

Il est donc vraisemblable que si toutes ces membranes doubles sont bien des ensembles lipoprotéiques, il existe des différences chimiques importantes entre elles et qui doivent expliquer leurs propriétés variées. Notons en outre que ces différents types peuvent s'associer quelquefois d'une manière régulière, ergastoplasme et Golgi, ergastoplasme et plastidome, probablement pour des coopérations fonctionnelles.

LES ENCLAVES CELLULAIRES

Indépendamment des cinq types de constituants essentiels examinés ci-dessus, chondriome, plastidome, vacuome, Golgi et ergastoplasme, le cytoplasme peut renfermer d'autres enclaves d'importance beaucoup moins générale qui seront passées rapidement en revue. Elles correspondent en partie au « paraplasme » des auteurs.

Faisant abstraction des différenciations fonctionnelles spéciales à un seul type de catégorie cellulaire, et qu'à ce titre nous n'examinerons pas, — par exemple fibrilles contractiles des cellules musculaires, neurofibrilles des cellules nerveuses—, il existe, dans le cytoplasme, des *réserves* de nature variée, qui ne se rencontrent que dans les cellules bien nourries, ou, enfin, d'autres êtres vivants trouvant dans le cytoplasme un milieu favorable à leur multiplication, sans que celle-ci soit létale pour la cellule. On parle alors de *symbiotes*.

Les réserves cellulaires sont principalement des graisses et des glucides, mais, chez les Végétaux, il peut s'y adjoindre également des protides.

LES LIPIDES

Les premières peuvent être liquides, ce sont alors des *huiles*, surtout représentées chez les Végétaux, ou à l'état semi-solide, ce sont les *graisses*.

On reconnaît ces lipides sur le vif à leur réfringence élevée, à leur colorabilité par le Soudan III, par le noir soudane B, le rouge soudane, et à leur noircissement par l'acide osmique, plus ou moins facile selon la nature chimique de la graisse. Il s'agit en effet, tantôt de graisses non saturées, à base d'acide oléique, noircissant très vite par réduction du tétraoxyde d'osmium, tantôt de graisses saturées, à base d'acide stéarique ou palmitique, dont l'action sur l'acide osmique est faible ou nulle (Lison).

Ces corps, sur le vif, ne sont jamais biréfringents. Ils existent aussi bien dans les cellules végétales des graines que dans le tissu adipeux, ou les adipocytes du conjonctif. On ignore souvent leur origine, qui est parfois liée morphologiquement au chondriome, jamais au vacuome colorable au rouge neutre.

Par contre, ainsi que nous l'avons indiqué plus haut, il est possible que l'ergastoplasme joue un rôle dans leur formation.

LES GLUCIDES

Ils sont représentés par le *glycogène* des Animaux, par l'*amidon* des Végétaux, et par des corps voisins chez les Protistes (paramylon, leucosine).

On sait que le *glycogène* existe dans de nombreuses cellules animales (foie, muscle, etc.) où il se caractérise par sa solubilité dans l'eau, et sa colorabilité en brun acajou par l'iode, établie par Claude Bernard.

On sait aujourd'hui qu'il est formé de chaînes de molécules de glucose, unies avec élimination d'eau et dont le nombre dans une molécule de glycogène serait de 14 ou de 18. Ces chaînons moléculaires s'unissent ensuite latéralement, formant des ensembles ramifiés comparables à ceux de l'amylopectine.

La formation du glycogène a été étudiée, sans succès dans les cellules hépatiques. On sait seulement qu'il ne dérive ni du chondriome, ni du vacuome (Noël, 1923). Il ne dérive pas non plus du Golgi. L'existence de glycogranules, indiquée plus haut, dans lesquels le glycogène est engagé dans un complexe avec des protéines, est peut-être une indication d'un mode de formation en rapport avec l'ergastoplasme.

Le glycogène n'est pas spécial aux cellules animales : il est fréquent chez les champignons, en particulier chez les Ascomycètes, et chez certaines Algues bleues ou rouges.

On le rencontre également chez divers Protistes (Péridiniens, Sporozoaires).

L'amidon est extrêmement répandu chez les Végétaux où il se caractérise facilement par sa coloration bleue par l'iode, par son gonflement dans l'eau chaude (empois), par son hydrolyse facile à réaliser à chaud en présence d'acides faibles. Il se présente sous forme de grains, simples ou composés, à structure feuilletée en couches concentriques *(fig. 83)*. On sait qu'il prend naissance dans les plastes, où cette formation peut se suivre sur le vif, aussi bien dans les organes verts que dans les cellules incolores.

Sa nature chimique a été scrutée abondamment et on y a reconnu deux constituants, l'*amylose* et l'*amylopectine,* dont le premier est fait de chaînes droites comprenant près de 200 molécules de glucose unies bout à bout.

L'amylopectine est faite de courtes chaînes, comprenant chacune moins de 20 molécules, disposées parallèlement les unes aux autres, et unies latéralement, l'extrémité de l'une se terminant sensiblement au milieu de l'autre et s'y accrochant.

Ces molécules sont orientées de la même façon, radialement dans le grain qui agit sur la lumière, donnant le phénomène de la croix noire au microscope polarisant.

Chez les Protistes et les Algues inférieures, il arrive que l'on retrouve de l'amidon caractéristique, mais qui ne se forme pas toujours dans des plastes. Il arrive même qu'il apparaisse abondant dans des cellules aplastidiées

(*Polytoma, Polytomella, Amylodinium* .....); il est possible qu'il naisse alors en liaison avec le chondriome ou l'ergastoplasme.

Chez ces mêmes Protistes ainsi que chez certaines Algues, en particulier chez les Rhodophycées, la coloration par l'iode n'est pas toujours réellement bleue, mais peut être violette (Zooxanthelles), ou tendre vers le brun.

Tel est l'amidon floridéen qui, lui aussi, ne se forme pas dans les plastes.

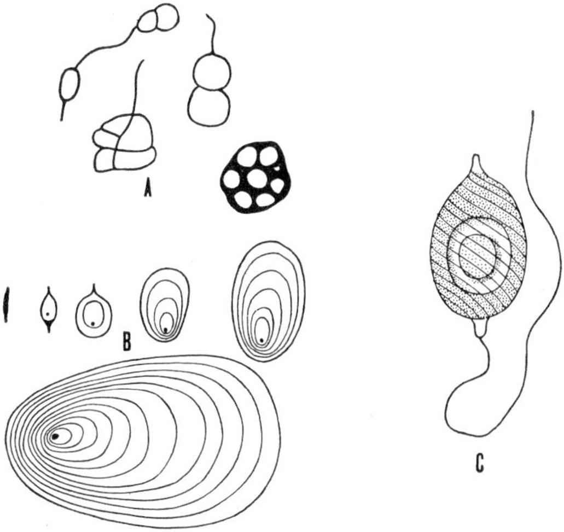

FIG. 83 — FORMATION DE L'AMIDON.

A, formation des grains d'amidon composés chez le Ricin, d'après Guilliermond; B, formation de l'amidon chez la Pomme de Terre (schématique); C, couronne de paramylon chez l'Euglénien *Lepocinclis ovum*.

Il arrive même, chez les Protistes, que le glucide de réserve ne se colore plus du tout par l'iode : tel est le *paramylon* des Eugléniens, qui se rencontre aussi bien chez les formes incolores, c'est-à-dire aplastidiées, que chez celles qui possèdent des plastes caractéristiques *(fig. 83, C)*.

Les seuls constituants cellulaires que l'on puisse alors

considérer comme formateurs sont le chondriome, dont on sait par ailleurs qu'il présente des relations certaines avec les plastes, quand ceux-ci sont présents et l'ergastoplasme.

Chez les Protistes des groupes des Chrysomonadines, des Diatomées, des Hétérocontées, il existe un autre glucide, non coloré par l'iode, et qui ne se révèle qu'à sa réfringence élevée, c'est la *leucosine,* soluble dans l'eau; et de nature chimique imprécise. Elle apparaît sans rapport avec les plastes, mais se colore parfois par les colorants vacuolaires, et serait ainsi ségrégée dans les vacuoles. Il y a souvent à son voisinage des membranes doubles ergastoplasmiques.

LES PROTIDES

Il existe peu de réserves protidiques certaines, tout au moins chez l'animal, l'organisme détruisant l'excès de protéines ingérées, d'après la théorie de la consommation de luxe. Cependant, il arrive que les ovocytes, que les graines renferment des protéines stockées, ce sont les plaquettes vitellines des premiers dont l'origine est souvent, ainsi que nous l'avons vu plus haut, mitochondriale, et les grains d'aleurone des secondes dont nous avons signalé l'origine vacuolaire.

En outre, il existe parfois des cristalloïdes protéiques

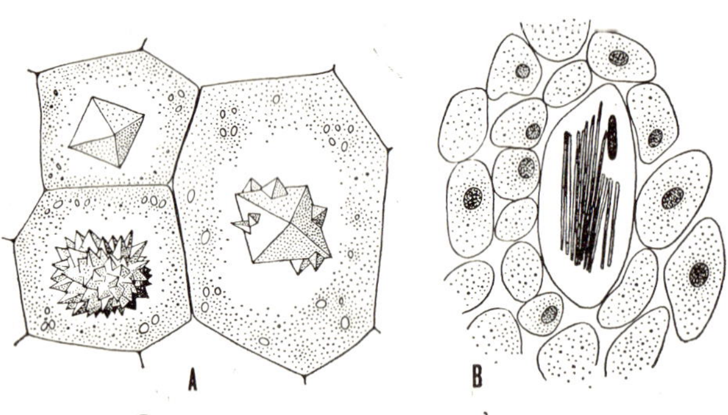

FIG. 84 — CRISTAUX INTRACELLULAIRES D'OXALATE DE CALCIUM.

A, octaèdre et macle en oursin, d'oxalate de calcium, d'après Frank; B, raphides d'oxalate, cellules de tubercules d'Orchidée, d'après Chodat.

dans certains cytoplasmes, voire même dans certains noyaux. Le cytoplasme des cellules interstitielles du testicule humain renferme ainsi des cristaux de Reinke, constitués par une globuline.

Il semble que ces substances soient bien des réserves, car l'organisme peut les utiliser : elles disparaissent pendant l'inanition.

D'autres enclaves apparaissent comme des déchets non éliminés, mais accumulés dans certaines cellules. Chez les Invertébrés, il existe parfois des reins d'accumulation, dont les cellules se chargent de produits variés : acide urique, ou urates, guanine, xanthine. Il en est ainsi du rein des Mollusques, du tissu adipeux de certains Insectes, en particulier des Collemboles.

La guanine est fréquente chez les Arachnides.

On citerait de même, dans le règne végétal, les cristaux globulaires ou aciculés de l'oxalate de Ca *(fig. 84, B)*.

En somme, chaque organisme présente son métabolisme propre, qui se traduit par l'élaboration, ou la non utilisation de substances spéciales, donnant au cytoplasme de chaque espèce sa physionomie particulière. L'existence de groupements d'espèces, caractérisés par un même produit de réserve, ou par un même mode de fonctionnement, traduit des parentés réelles, qui n'ont de sens que par une dérivation évolutive commune.

LES SYMBIOTES

Nous avons rappelé plus haut les théories d'Altmann, de Portier, de Wallin, voyant dans les mitochondries des organismes symbiotes ; nous avons de même indiqué une comparaison possible des ribogranules avec les virus.

Il semble que tout cela ne soit qu'imagination. Cependant il existe incontestablement de nombreux cas dans lesquels une Levure, un Protophyte, ou une Bactérie vivent et se multiplient à l'intérieur d'un cytoplasma spécifique. Et en pareil cas il ne s'agit pas de n'importe quelle Levure, de n'importe quel Protophyte, ou de n'importe quelle Bactérie ou Virus, mais d'espèces bien définies qui, le plus souvent, ne vivent et ne peuvent vivre que dans un cytoplasma spécifiquement défini.

Si l'on isole ces symbiotes, il est généralement très difficile sinon impossible d'en obtenir des cultures, et bien souvent aussi l'hôte ne peut vivre sans ses symbiotes. C'est ainsi que le géant des Mollusques Lamellibranches, le Tridacne *Tridacna gigas,* dont les valves de la coquille atteignent parfois un mètre de long, et sont assez épaisses pour être utilisées comme bénitiers dans certaines églises, est dépourvu de tube digestif. L'absence de cet organe essentiel pour un être non parasite est compensée par la possession d'une énorme quantite de symbiotes, occupant le cytoplasma des cellules qui sont éclairées quand le Mollusque écarte ses valves.

Ce sont des Zooxanthelles, petits Protistes chlorophylliens qui utilisent leur pigment pour synthétiser leur matière vivante, aux dépens de laquelle se nourrit le Mollusque, incapable de se nourrir autrement. Les Zooxanthelles sont des Phytoflagellés, caractérisés, à de rares exceptions près (Xanthelles des *Convoluta,* X. des Acanthaires), comme Péridiniens, à la fois par leur structure cellulaire, leur argyrome, leur noyau et leurs formes libres à deux flagelles typiques.

Il est difficile de les obtenir en culture en dehors de leurs hôtes : néanmoins ces cultures réalisées donnent des Péridiniens typiques, tels que des *Exuviella* ou des *Gymnodinium.*

Il existe des Zooxanthelles chez de nombreux êtres marins, Protozoaires comme les Radiolaires, Cœlentérés comme certaines Actinies *(fig. 85, C* et *D)*, et comme la plupart des formes qui construisent et peuplent les récifs coralliens.

Certains autres Invertébrés marins, tels que les Pyrosomes, possèdent des organes lumineux qui, examinés au microscope, se résolvent en cellules abondamment garnies de Bactéries lumineuses *(fig. 85, B).*

FIG. 85 — SYMBIOTES VARIÉS.

A, Amoeba viridis, d'après Gruber; chaque sphère noire représente une Chlorelle; B, cellule de l'organe lumineux d'un *Pyrosoma:* Bactéries lumineuses, d'après Julin; C, coupe transversale d'un tentacule d'Actinie (*Anemonia sulcata*) : les points noirs de l'endoderme, au centre, sont des Zooxanthelles; D, l'une d'entre elles, plus grossie; E, division d'une cellule à symbiotes, dans le mycétome de *Pseudococcus citri:* les Levures symbiotes sont englobées dans des amas de mucus, d'après Buchner; F, *Blattobacterium cuenoti,* bactérie symbiote du corps adipeux des Blattes, (grossissements variés).

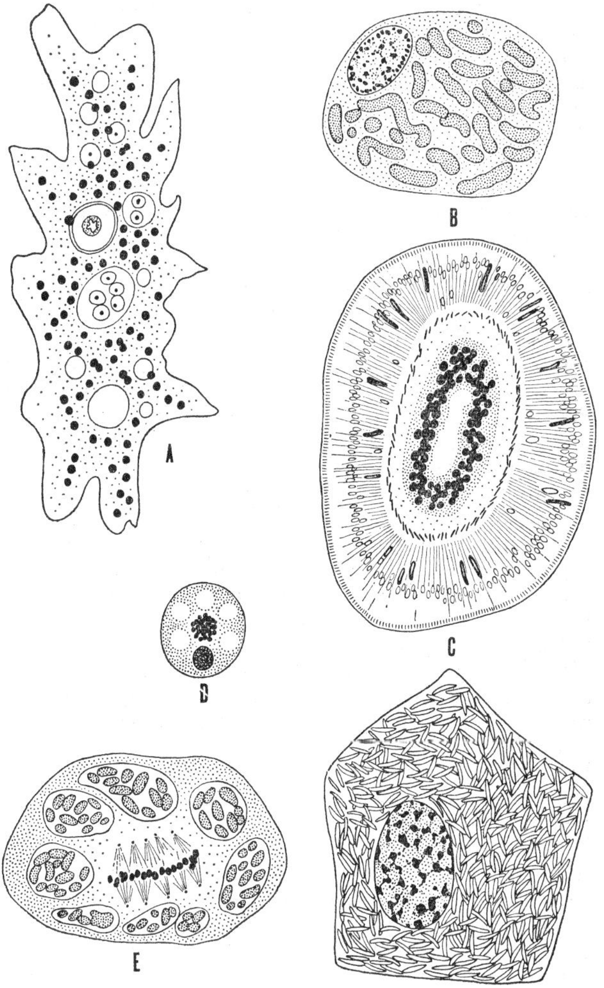

Fig. 85

Dans les eaux douces, une Paramécie très commune, *Paramecium bursaria*, se montre d'une belle couleur verte parce qu'elle héberge dans son cytoplasme une quantité de petites Algues, Protococcales voisines des *Chlorella* libres et que l'on désigne sous le terme général de *Zoochlorelles*.

Ce sont des Algues analogues qui donnent à *Amoeba viridis (fig. 85, A)*, au *Stentor*, autres Protistes, à l'Hydre verte, à des Rhabdocoeles, les *Dalyellia* (*Vortex*), leur couleur verte.

Il existe également des Algues bleues analogues ou *Cyanelles*, symbiotes de divers Protistes d'eau douce.

Les organismes aériens peuvent également avoir des symbiotes : ils sont fréquents chez les Insectes omnivores, comme les Blattes *(fig. 85, F)*, hématophages, comme les Poux et les Punaises des lits, vivant de sève, comme les Pucerons et les Cochenilles. Certaines cellules de leur tube digestif, ou de leur corps adipeux (mycétocytes), renferment des Bactéries ou des Levures *(fig. 85, E)* qui s'y multiplient activement, et sont vraisemblablement utilisées à certaines périodes de la vie de l'hôte.

Il existe également des symbiotes dans les cellules végétales : les plus classiques sont les *Rhizobium* des Légumineuses, déterminant par leur présence dans certaines cellules des racines, une hypertrophie provoquant la formation de nodosités. Ces bactéries empruntent à la plante son sucre, mais fixent l'azote de l'air sur leur propre substance, que leur hôte utilise en fin de compte : la Légumineuse est en quelque sorte parasite de ses symbiotes.

Les Orchidées, et d'autres plantes, parmi lesquelles beaucoup des arbres de nos forêts, possèdent dans les cellules de leurs racines, au niveau de certains tissus, des pelotons mycéliens, issus du milieu extérieur et que l'on désigne sous le nom de *mycorrhizes*. Ils jouent un rôle important dans leur nutrition. Sans ces hôtes, la germination des Orchidées est impossible (Noël Bernard).

Dans beaucoup de ces cas, il s'agit de *symbioses héréditaires*, c'est-à-dire que les organismes symbiotes passent d'une génération de leur hôte à la génération suivante, en pénétrant de bonne heure dans les œufs ovariens.

Ceux de l'Hydre verte, ceux des Anémones de mer, ceux du Pou, des Cochenilles sont ainsi envahis par les symbiotes avant d'être pondus. Il y a cependant des exceptions : l'œuf des végétaux, les jeunes des *Dalyellia* ou des Vélelles, ne renferment pas de symbiotes, qui n'apparaissent que plus tard, au cours du développement, le Champignon ou l'Algue pénétrant en ce moment dans le jeune organisme, et y demeurant jusqu'à la fin de sa vie.

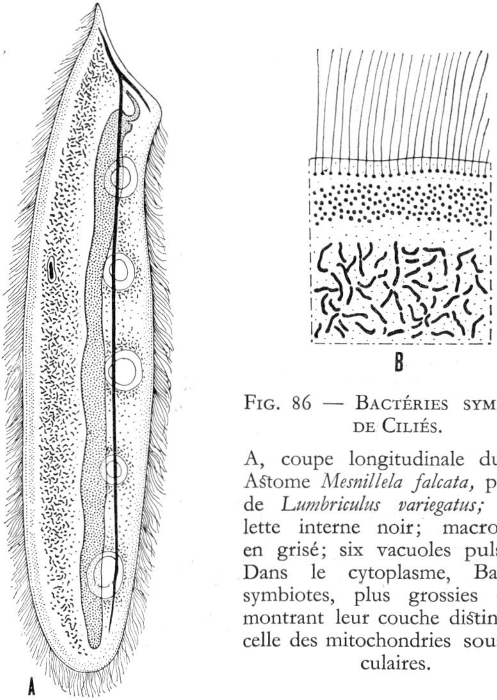

FIG. 86 — BACTÉRIES SYMBIOTES DE CILIÉS.

A, coupe longitudinale du cilié Astome *Mesnillela falcata,* parasite de *Lumbriculus variegatus;* squelette interne noir; macronoyau en grisé; six vacuoles pulsatiles. Dans le cytoplasme, Bactéries symbiotes, plus grossies en B, montrant leur couche distincte de celle des mitochondries sous-cuticulaires.

Dans toutes ces associations, on ne connaît pas toujours exactement le rôle de chacun des partenaires et il est vraisemblable qu'il varie d'une association à l'autre : il s'agit parfois d'une véritable symbiose, c'est-à-dire d'une association à bénéfices réciproques, bien souvent aussi l'un des deux est nettement avantagé, et l'on peut alors penser à un parasitisme plus ou moins franc.

Les naturalistes anglais de l'Expédition de la Grande

Barrière, qui ont établi l'importance considérable des Zooxanthelles dans toute la faune des coraux, et cherché à en comprendre le rôle, pensent que ces symbiotes serviraient surtout à faciliter l'excrétion azotée de leurs hôtes. Ils ne croient pas qu'ils jouent, le plus souvent, un rôle nutritif important, car les hôtes placés en inanition complète, finiraient par rejeter leurs xanthelles.

Un tel raisonnement ne peut s'appliquer au cas du Tridacne, cité plus haut, pas plus qu'à celui des Anémones de mer; il n'est donc certainement pas général.

La signification de ces phénomènes de symbiose, c'est-à-dire leur origine possible, serait à rechercher dans une pénétration occasionnelle d'un organisme dans l'autre. Il faut évidemment qu'elle ne soit ni nocive, ni même dangereuse pour aucun des deux. Son caractère occasionnel semble prouvé par les constatations suivantes : parmi les Infusoires ciliés libres, il en est extrêmement peu qui renferment des Bactéries symbiotes. Par contre, il y en a une forte proportion chez ceux qui vivent dans les milieux très riches en Bactéries, tels que les milieux intestinaux.

Ainsi sont, par exemple, les Astomes de l'intestin des Oligochètes ou des Sangsues (*Mesnilella, Bütschliella,* etc.) *(fig. 86),* les Ciliés à bouche du même milieu *(Ptychostomum),* ou certains du rectum des Batraciens *(Nyctotherus).*

On peut imaginer que ces Bactéries ont d'abord été des aliments, mais qui ont été digérés difficilement, ce qui leur a permis de se reproduire un certain temps, sans nuire à leur hôte qui les a ainsi conservés peut-être comme une sorte de réserve vivante. Il en est vraisemblablement de même pour les Zooxanthelles et les Zoochlorelles.

LE NOYAU ET SES MODES DE DIVISION

« Petite cellule enchâssée dans la grande », disaient les anciens auteurs, qui étaient à même d'y reconnaître, sur le vif, une membrane, un suc nucléaire, plus ou moins centré par un nucléole, et des enclaves.

Le noyau est présent chez tous les organismes cellulaires, probablement même chez toutes les Bactéries et chez les Algues bleues, si l'on considère que, dans ce dernier cas, il n'y manque guère qu'une membrane, ainsi que vient encore de le confirmer Neugnot (1950).

C'est souvent le plus massif des constituants cellulaires; son importance établie par d'élégantes expériences de mérotomie, consistant à l'enlever à une cellule et à constater ensuite son impossibilité de vivre, est certainement considérable : cytoplasme et noyau forment un complexe non dissociable et dont l'indépendance se traduit par des équilibres spéciaux qui seront étudiés plus bas.

Les recherches d'un demi-siècle de génétique ont d'autre part établi son rôle essentiel dans les phénomènes de la transmission des propriétés héréditaires. Tous ces faits attestent pour le noyau l'existence de fonctions multiples et variées. Celles-ci se traduisent par des aspects différents selon qu'il est *en division,* ou loin des périodes de division (noyau dit *quiescent* ou encore *au repos*).

MORPHOLOGIE GÉNÉRALE DU NOYAU AU REPOS

Le noyau est le plus souvent un globule sphérique ou ovoïde, centrant la cellule, mais il peut présenter aussi d'importantes variations de forme, parfois en liaison avec celles des cellules. Dans une jeune racine végétale, il est sensiblement sphérique dans la zone des mitoses, s'allonge progressivement dans les cellules de l'écorce à mesure qu'elles se différencient en s'allongeant à partir du méristème : le diamètre transversal finit souvent par être le 1/5 ou le 1/6 du diamètre longitudinal. Dans les cellules musculaires lisses des animaux, il s'allonge avec les fibres filiformes, prend même la forme en Y quand elles sont bifurquées. Il eﬆ en fer à cheval dans les leucocytes de la Salamandre à l'endroit où ces éléments prennent naissance, dans la couche lymphogène du Foie *(fig. 87)*.

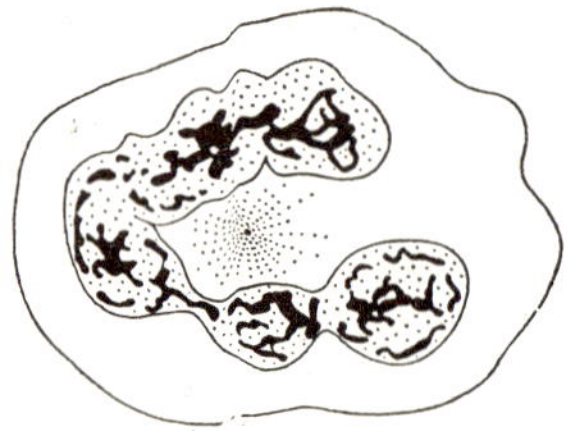

FIG. 87 — LEUCOCYTE DE SALAMANDRE.

Noyau lobé et centrosome avec aﬆer permanent, (imité de A. Prenant).

Dans les leucocytes des Vertébrés, il eﬆ souvent en bissac, ou même décomposé en plusieurs masses réunies par un filet grêle; il eﬆ allongé et ramifié dans diverses glandes d'Arthropodes et en particulier dans les glandes séricigènes des Inseɛtes (Meckel, 1840).

Chez certains Protiﬆes, principalement chez les Ciliés, il peut revêtir des formes curieuses : il eﬆ souvent en chapelet *(Stentor, Spiroﬆomum, Uroleptus) (fig. 88, u)*, en fer à cheval (Hypotriches), en réseau plus ou moins compliqué *(Pericaryon, Synophrya) (fig. 88, s)*.

Les tailles nucléaires s'échelonnent entre 2 μ et 100 μ, les tailles les plus usuelles étant voisines d'une trentaine de microns. Mais il exiﬆe des noyaux géants : les noyaux des œufs d'animaux peuvent être visibles à l'œil nu (de 800 à 1 000 μ chez *Rana temporaria*). Chez l'Infusoire aﬆome vermiforme, *Mesnilella trispiculata,* qui peut mesurer, il eﬆ vrai, presque 4 000 μ, le noyau a sensiblement la même longueur.

LA MEMBRANE NUCLÉAIRE

Hors les périodes de division, le noyau et le cytoplasme ne se mélangent pas : si l'on se demande pourquoi, trois réponses sont prévisibles (G. Hertwig, 1929). Ou bien, il exiﬆe une membrane, véritable différenciation,

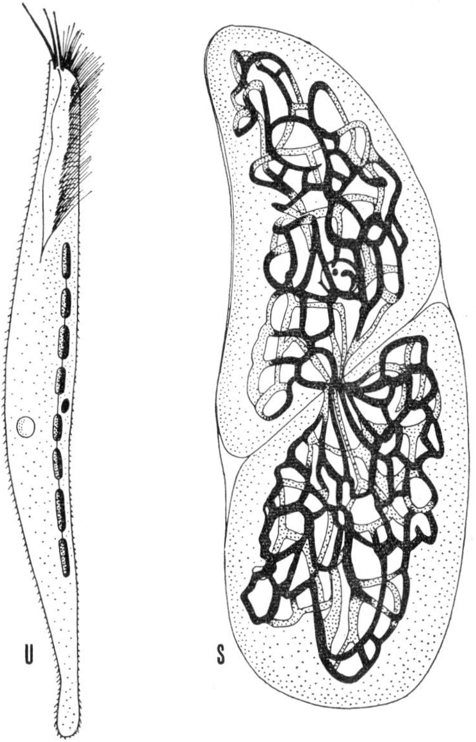

FIG. 88 — CILIÉS AVEC NOYAUX PARTICULIERS.

U, Uroleptus sp.: noyau en chapelet, (original); *S, Synophrya hypertrophica,* forme parasite des Crabes; noyau réticulé, (d'après E. Chatton).

intercalée entre les deux milieux; ou bien il s'agit de deux colloïdes non miscibles, séparés par une simple interface; ou enfin le noyau est un gel solide en suspension dans un cytoplasme plus fluide.

La microdissection permet de choisir entre ces trois suppositions. Le noyau est le plus souvent aussi fluide que le cytoplasme; d'autre part, il est miscible à ce dernier.

D'où l'on conclut à l'existence d'une vraie membrane nucléaire.

Sur le vif, celle-ci n'est pas toujours nette, sauf au contraste de phases : c'est une très fine pellicule qui ne se dessine réellement bien que si la cellule s'altère, ou après fixation. On parvient alors à distinguer l'existence de trois couches successives, connues depuis les recherches de Flemming (1882) : à l'extérieur, une couche périnucléaire, région la plus interne du cytoplasme, et qui se continue directement avec lui; intérieurement une couche chromatique, région la plus externe du noyau. Enfin, entre les deux, une couche achromatique, montrant parfois un double contour. C'est elle qui modifie son épaisseur, dans les films en contraste de phases (Chévremont et Fréderic, 1951).

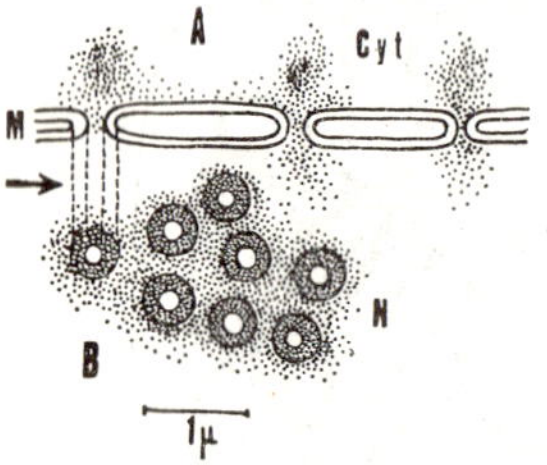

Fig. 89 — Membrane nucléaire d'ovocyte de *Tegenaria*.

A, coupe transversale : côté cytoplasme, *Cyt;* côté nucléaire, *N*. Les pores sont ouverts avec « nuage » du côté cytoplasmique. En B, coupe parallèle à la membrane, avec les pores; leur double contour s'explique grâce à la projection, marquée par la flèche, (d'après André).

Les études au microscope électronique, faites en étudiant des membranes variées, simplement étalées, n'ont d'abord rien montré, probablement par suite de fixations mauvaises. Callan, en effet, en 1949, par étalement de membranes d'ovocytes de Batraciens, après une bonne fixation a reconnu la présence d'un double feuillet, dont l'externe percé de pores réguliers de 100 à 300 Å. Les coupes ultraminces ont confirmé ces résultats, montrant que la membrane nucléaire est tout d'abord faite de quatre couches disposées parallèlement deux par deux; chaque couche double ou feuillet mesurant 75 Å d'épaisseur, est séparée de l'autre par un espace de 100 à 1 000 Å, mais qui peut s'élargir beaucoup plus, c'est l'espace périnucléaire.

Cet ensemble est perforé d'orifices réguliers de 350 Å (ovocyte de *Tegenaria,* André), disposés en quinconce, et écartés les uns des autres de 800 à 1 000 Å *(fig. 89)*.

Ces orifices qui semblent réellement libres mais ne sont

pas toujours permanents, permettent les échanges nucléo-cytoplasmiques, et, vis-à-vis d'eux, du côté cytoplasmique il y a souvent un « nuage » de granules basophiles, saisis en quelque sorte par le fixateur comme s'ils venaient de sortir du noyau ... ou s'apprêtaient à pénétrer dans son intérieur *(fig. 90)*.

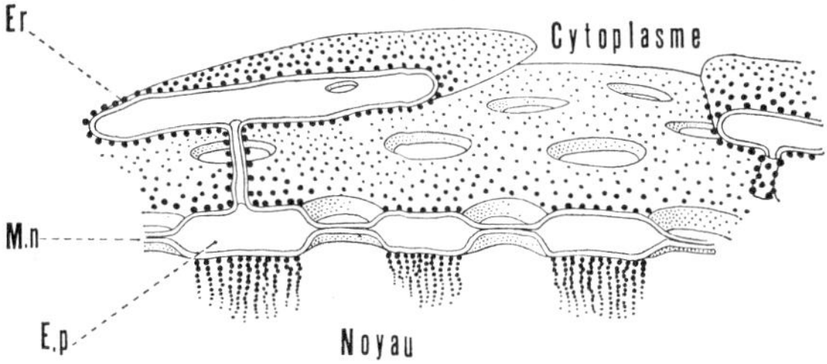

FIG. 90 — SCHÉMA DE L'ULTRASTRUCTURE DE LA MEMBRANE NUCLÉAIRE.

M.n, membrane nucléaire; ses relations avec l'ergastoplasme *Er; E.p,* espace périnucléaire. Les pores sont ici supposés fermés.

Toutes ces recherches ont été effectuées sur des noyaux de Métazoaires. Ce sont les Protistes qui montrent déjà au microscope optique les membranes nucléaires les plus nettes; chez *Entamoeba blattae,* leur épaisseur atteint presque le micron. Chez *Amoeba proteus,* la membrane étudiée au microscope électronique par Bairati et Lehmann (1952) se montre criblée également de pores dont le diamètre varie entre 0,1 et 0,2 μ *(fig. 91, A)*.

Dans un Péridinien marin, *Plectodinium nucleovolvatum,* elle présente une

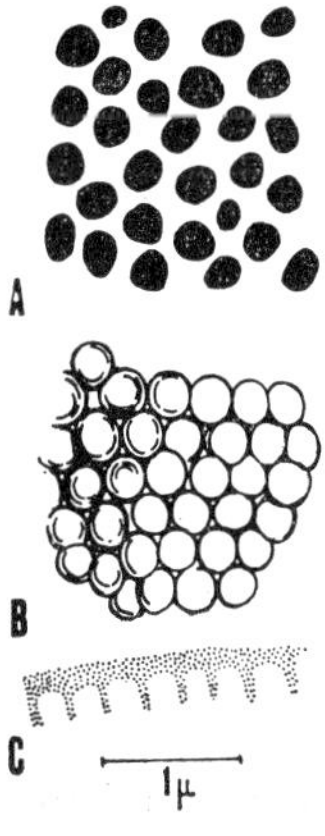

FIG. 91 — ULTRASTRUCTURE DE LA MEMBRANE NUCLÉAIRE CHEZ *Amoeba proteus.*

A, vue externe des pores, sur membrane étalée, d'après Bairati et Lehmann; B, vue interne « nid d'abeille »; C, coupe transversale montrant la constitution de celui-ci, sur le noyau au repos.

épaisseur voisine du micron, mais possède en outre une structure visible au microscope ordinaire. Biecheler, qui l'a décrite en 1933, n'a pas cru pouvoir la considérer comme une membrane nucléaire, mais l'a assimilée à une capsule centrale, analogue à celle des Radiolaires. En réalité il s'agit bien d'une membrane, car il n'y en a aucune autre qui soit intercalée entre elle et les chromosomes. Cette membrane probablement protéique comporte, à l'intérieur, une sorte de pavage par des éléments grossièrement polygonaux, d'épaisseur réduite, mesurant environ 3,5 à 4 μ, selon leur plus grand diamètre, et séparés par un léger intervalle, plus épais, criblé de pores *(fig. 92)* : ces polygones sont colorables à l'hématoxyline, et il semble que les chromosomes du noyau prennent appui sur eux. Il existe donc, dans ce cas particulier, une membrane d'une grande complexité, qui n'est pas sans rappeler, malgré la différence de taille, les dispositifs montrés par le microscope électronique.

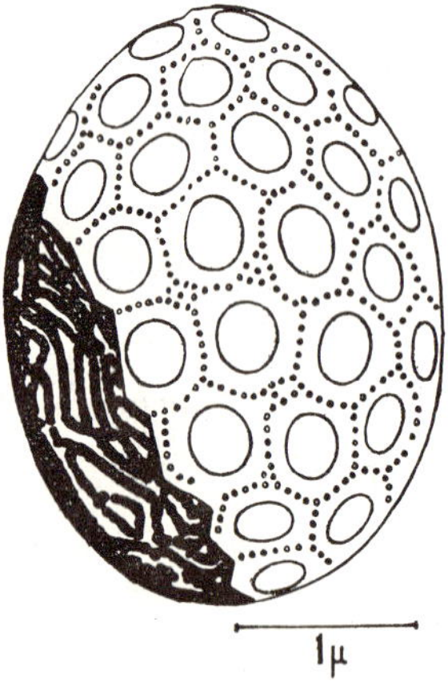

FIG. 92 — VUE, AU MICROSCOPE OPTIQUE, DU NOYAU DE *Plectodinium nucleovolvatum* (OU *Gyrodinium lacryma*).

À droite, vue externe; en bas et à gauche, la membrane brisée laisse voir les chromosomes permanents, (modifié, d'après Biecheler).

Ce dernier instrument décèle parfois, dans certains noyaux de Protozoaires, des saillies du feuillet interne de la membrane nucléaire, formant des hexagones internes : c'est la couche dite en « nid d'abeille » qui, chez *Amoeba proteus*, disparaît pendant la mitose pour se reformer ensuite *(fig. 91, B et C)*.

Notons enfin que le feuillet externe de la membrane est généralement, entre les pores, garni de grains denses identifiables aux grains de Palade : il apparaît ainsi comme un élément de l'ergastoplasme, avec lequel il peut se réunir par des ponts tubulaires eux-mêmes recouverts de grains denses.

Le feuillet interne est garni lui aussi de granules denses, mais formant des séries disposées perpendiculairement à lui. La densité de ces grains fait que la zone correspond à la couche chromatique de Flemming. Il s'insère là des paquets de filaments parallèles particulièrement grêles, qui pourraient bien être des centromères.

CONSTITUTION CHIMIQUE

Bensley est parvenu à isoler les membranes nucléaires de la cellule hépatique, et a constaté qu'elles sont difficilement solubles, sauf dans les alcalis concentrés. Il admet qu'elles sont constituées par une protéine de structure, l'*ellipsine*. Mais, en outre, les recherches de Caspersson y ont décelé des acides nucléiques, négatifs vis-à-vis du Feulgen dans la couche externe, positifs dans la couche interne. Il y existe également des lipides surtout phosphorés à l'extérieur, qui se colorent nettement par l'acide osmique et le noir Soudan B (Baud, 1950).

Ces lipides une fois enlevés par un solvant, la membrane montre une biréfringence négative, invisible au préalable, parce qu'elle était compensée alors par celle, inverse, des lipides.

Il s'y rencontre également des enzymes : les deux phosphatases, acide et alcaline, des lipases, et peut-être des oxydases.

Cette complexité chimique correspond sensiblement à celle de l'ergastoplasme; elle prouve que la membrane nucléaire n'est pas une simple cloison, mais qu'elle doit présenter une valeur fonctionnelle.

La perméabilité de cette membrane qui se révèle morphologiquement comme une sorte de crible, est effectivement forte : plus forte même que celle des membranes biologiques habituelles. Il n'y a jamais, semble-t-il, d'effet osmotique, et les molécules petites et grosses semblent entrer ou sortir à leur gré. On a cependant montré que le sodium y pénètre plus vite que le potassium. Si le noyau se dilate bien, quand la cellule est placée en milieu hypotonique, il ne s'agit que d'un gonflement du « suc nucléaire ».

LE NUCLÉOLE

Facile à voir sur le vif, par suite de sa réfringence élevée qui le rend souvent plus distinct que le reste du noyau, il a été considéré par Valentin, lors de sa découverte (1836), comme un noyau dans le noyau. Il n'en est généralement qu'un constituant temporaire, n'existant le plus souvent qu'en dehors des périodes de division, disparaissant avant cette dernière, et se reformant après elle, selon un processus qui sera décrit plus bas.

Cette règle présente d'ailleurs de nombreuses exceptions; il existe en effet parfois des divisions nucléolaires, aussi bien chez les animaux (Souris : Benoit, 1919) que chez les végétaux (Gavaudan, 1937). Le cas des Protistes a été souvent mis à part, car on a pensé que le nucléole y jouait un rôle spécial dans la division, ce qui lui a valu le nom de caryosome.

Presque toutes les cellules ont des nucléoles. Font exception régulière les spermatozoïdes, les blastomères jusqu'à la blastula et quelques noyaux spéciaux (*mn* des Ciliés).

Dans la plupart des cellules animales et végétales, il n'y a qu'un nucléole par noyau, parfois deux ou trois. Il arrive que, dans des noyaux particuliers, tels que ceux des ovocytes des Batraciens (vésicules germinatives), il y en ait beaucoup plus. Chez la Grenouille, on en compte parfois plusieurs centaines : ils sont alors petits et occupent la périphérie du noyau *(fig. 93)*.

Ce sont des masses denses, parfois mobiles dans la caryolymphe, où ils sont soumis à l'action de la pesanteur (Gray) et faciles à déplacer par centrifugation; ils peuvent également se déformer. Leur contenu est rarement tout à fait homogène : il arrive qu'ils apparaissent spumeux. Balbiani y a reconnu, dans l'œuf de divers Invertébrés *(Phalangium opilio, Epeira diadema)*, la présence de vacuoles se formant au centre et venant crever à la surface (1864). Il a comparé le nucléole à une sorte d'organe central de circulation. Häcker a fait des constatations analogues dans les œufs de divers Echinodermes (1893), et décrit des battements rythmiques des vacuoles nucléolaires. Il imagine que le nucléole absorbe le suc nucléaire, l'élabore, en incorpore une part à sa masse et rejette le reste dans

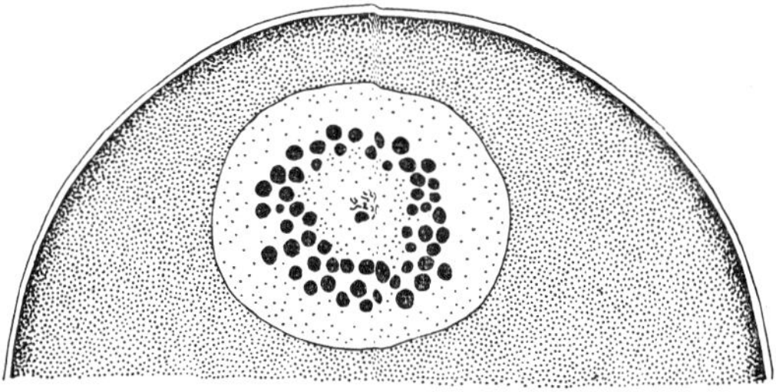

FIG. 93 — OVOCYTE OVARIEN DE *Rana temporaria.*

Période de croissance terminée. La vésicule germinative montre encore de nombreux nucléoles disposés en couronne autour de la plage chromosomique; faible grossissement.

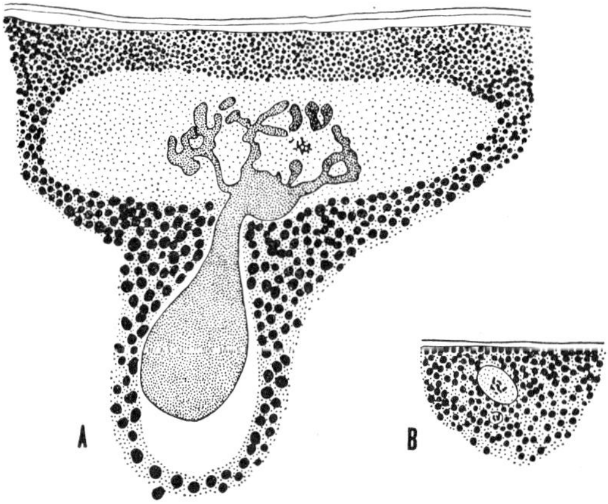

FIG. 94 — OVOCYTE DE *Rana temporaria,* AU MOMENT DE LA PONTE OVARIENNE.

Stade plus avancé et préludant les divisions méiotiques; A, fusion des nucléoles en une masse unique qui s'écoule dans le cytoplasme; la membrane a disparu et les plaquettes vitellines envahissent le territoire nucléaire; en B, l'invasion est terminée, les chromosomes se voient seuls à l'emplacement où se fera la division I, (d'après Hovasse).

le noyau. Il y aurait parfois des extrusions nucléolaires passant directement dans le cytoplasme. Effectivement, dans l'œuf de Grenouille, avant que se produise la maturation nucléaire, l'énorme noyau perd sa membrane, et les nucléoles se fusionnent en une masse pâteuse qui s'écoule dans le cytoplasme de l'œuf où elle se résorbe lentement *(fig. 94)*.

Tous ces faits matérialisent l'existence d'échanges entre le nucléole et le reste de la cellule.

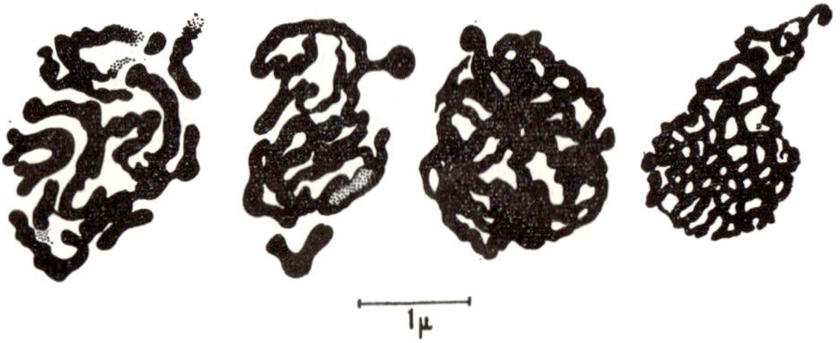

FIG. 95 — NUCLÉOLES DE CELLULES HÉPATIQUES.

Nucléoles hétérogènes, montrant un semblant de filament ou de réseau; microscope électronique, petit grossissement, par Bernhardt, Haguenau et Oberling.

Indépendamment de la présence de vacuoles dans le nucléole, il n'avait été parlé d'une structure particulière qu'après les imprégnations argentiques, toujours sujettes à caution; aussi a-t-on été surpris d'apprendre que le microscope électronique permettait d'y reconnaître une sorte de peloton (Bernhardt, Gautier et Oberling, 1951).

Il s'agirait d'un ensemble de filaments mesurant entre 90 et 100 mμ de diamètre et qui leur a rappelé un spirème *(fig. 95)*.

On sait aujourd'hui (1957), avec les résolutions meilleures des microscopes électroniques, que ces filaments sont des agglomérations, le plus souvent irrégulières, de granules denses à l'intérieur d'une substance de fond probablement protéique. Il n'y a pas de membranes limitantes ni pour eux, ni pour l'ensemble du nucléole. Il semble que ces granules qui ne se distinguent pas des grains de Palade, puissent s'échapper à l'extérieur, en

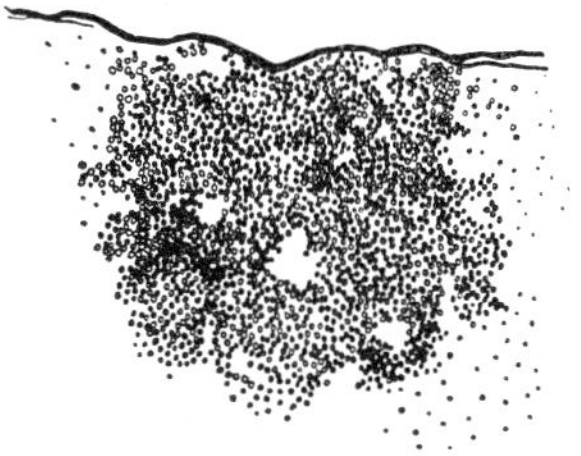

FIG. 96 — NUCLÉOLE D'OVOCYTE DE *Tegenaria*.
Microscope électronique : structure granulaire, sans membrane ; les granules ont les dimensions des grains de Palade, (d'après André).

direction des pores de la membrane nucléaire *(fig. 96)*. On met quelquefois aussi en évidence, parmi ces grains, de fins filaments ayant moins de 100 Å de diamètre et parfois spiralés.

On a distingué de bonne heure le *nucléole vrai* des *faux nucléoles*, ou nœuds du réseau chromatique : ces derniers sont désignés aujourd'hui comme *chromocentres ;* ils sont faciles à distinguer des nucléoles par leurs réactions de coloration qui sont basophiles, tandis que celle des vrais nucléoles est acidophile.

CONSTITUTION ET FONCTIONS DU NUCLÉOLE

On a constaté tout d'abord que le nucléole est presque toujours négatif vis-à-vis de la réaction de Feulgen. Il arrive qu'il soit positif, uniquement au niveau de sa pellicule superficielle (Pluricellulaires), ou en totalité (certains Unicellulaires).

L'étude du spectre d'absorption dans l'ultraviolet, selon la méthode de Caspersson, démontre une absorption intense au niveau de la bande de 2 650 Å, caractéristique des nucléoprotéides, et que tous les auteurs acceptent.

Par contre, alors que Caspersson pense y rencontrer des histones, décelées par une absorption au niveau de la bande de 2 800 Å, ce résultat est nié par Pollister et Ris (1947) et par Panijel (1951). Il n'y aurait d'histones que dans les chromosomes.

Quant aux nucléoprotéides, ce sont des ribonucléoprotéides. La méthode de Brachet a confirmé le fait. Le nucléole fixe la pyronine du mélange de Unna, et cette fixation disparaît après action de la ribonucléase (1941).

Après isolement des nucléoles, on y décèle de 2 à 9 % d'A.R.N. selon le cycle cellulaire : cette quantité croît dans les ovocytes d'Astérie dès le début de la méiose, puis diminue à partir du stade pachytène (Fick). Une partie au moins de cet A.R.N. serait synthétisée sur place et y serait stockée pour un temps. Elle comprendrait de grosses molécules, de la même dimension que celles des ribosomes, et probablement non spécifiques, et d'autre part des molécules de dimension moyenne, dites d'*A.R.N. messager,* c'est-à-dire ayant copié le code génétique des chromosomes, et prêtes à aller se fixer sur les ribosomes.

Les recherches de Caspersson et ses collaborateurs ont établi qu'il existe un parallélisme très général entre la teneur en A.R.N. du nucléole et celle du cytoplasme. En effet partout où nous avons reconnu une abondance d'ergastoplasme, il existe de gros nucléoles. Caspersson est amené à penser que tous ces éléments riches en A.R.N. jouent un rôle essentiel dans la synthèse des protéines. Le nucléole d'une part, l'ergastoplasme d'autre part, constituent des chaînons dans une série de réactions de synthèse dont nous envisagerons plus loin l'ensemble.

Effectivement l'utilisation de marqueurs variés : acides aminés, P radio-actif, etc., a prouvé que ces substances s'incorporent extrêmement vite dans les nucléoles, aussi bien chez *Asterias* (Ficq, 1955) que chez *Acetabularia.*

Dans ce dernier cas, l'incorporation a pu être constatée même sur des noyaux isolés (Hämmerling et Stich, 1956). Il est ainsi très vraisemblable de considérer le nucléole comme en relation avec la synthèse des protéines et de l'A.R.N.

Ce dernier corps, une fois formé dans le nucléole, deviendrait l'artisan des synthèses protéiques.

A signaler également dans le nucléole deux importants enzymes utilisés, l'un dans la synthèse des nucléotides (phosphorylase de nucléoside), l'autre dans celle du coenzyme D.P.N. : les nucléoles seraient ainsi le lieu de cette synthèse comme de celle des nucléotides.

Notons enfin que la disparition du nucléole au début de la mitose, là où elle existe, n'est pas expliquée. On a supposé que l'organite disparaissant donnerait naissance à la matrix des chromosomes, mais celle-ci est de l'A.D.N. et non pas de l'A.R.N. Il est plus probable qu'il sert à l'édification du fuseau.

LE NUCLÉOPLASME

Encore appelé caryolymphe, et surtout autrefois, suc nucléaire, ou enchylème, le nucléoplasme est un colloïde protéique riche, fluide, mais visqueux, ne fixant pas les colorants, augmentant de volume quand la cellule est placée en milieu hypotonique, ou au contraire pouvant se déshydrater considérablement. Il s'y précipite parfois des cristalloïdes protéiques, aussi bien chez les animaux que chez les plantes, sans que l'on connaisse du reste les conditions de leur formation, ni leur signification.

Zimmermann, Poirault, en ont décrit chez de nombreuses plantes *(fig. 97, A)* : les Mélampyres, les Fougères; il en existe chez la Lathrée, la Pinguicule.

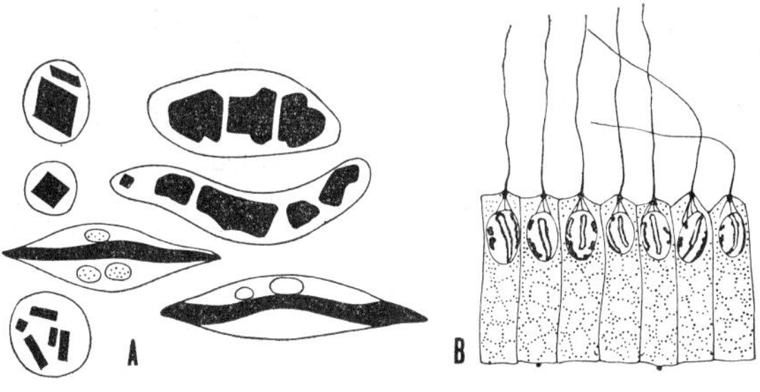

FIG. 97 — CRISTALLOÏDES INTRANUCLÉAIRES.

A, chez diverses plantes, d'après Zimmermann; B, dans les noyaux de l'épiderme d'une larve d'*Oscarella lobularis,* (Éponge; original).

Les noyaux des cellules nerveuses des Vertébrés en renferment parfois aussi (A. Prenant). Il s'en rencontre également chez les Invertébrés, par exemple chez l'embryon de l'Éponge *Oscarella lobularis (fig. 97, B)*.

On ne connaît encore aucune analyse directe de la caryolymphe. *In situ,* par contre, on constate qu'elle est Feulgen-négative, ou se colore très légèrement en rose par le réactif de Schiff. Caspersson a examiné son spectre d'absorption dans les ovocytes : la courbe obtenue ne serait pas la même dans toutes les régions du noyau, ce qui serait dû à des concentrations de substances au moment de la fixation (Brachet); elle ne caractérise en tout cas ni nucléoprotéines, ni histones.

On pense aujourd'hui qu'il y a cependant de l'A.R.N. dans le nucléoplasme, mais un A.R.N. différent de celui du nucléole. On n'est pas très bien renseigné sur l'équipement enzymatique, difficile à établir du fait de la perméabilité presque totale de la membrane nucléaire : les enzymes qui y ont été trouvés existent également dans le cytoplasme.

LES ENCLAVES NUCLÉAIRES ET LES CHROMOSOMES

Hors des périodes de division, dans certains noyaux animaux ou même végétaux, il arriverait que l'on ne parvienne à distinguer aucune autre enclave que le nucléole. L'ultramicroscope ne montrerait rien non plus. On a déclaré que de tels noyaux seraient *optiquement vides*. Cette opinion a été très répandue dans le monde des cytologistes, il y a une trentaine d'années.

Il semble qu'elle ait aujourd'hui un peu vieilli. En effet, elle n'est plus soutenue par les botanistes depuis longtemps, et chez les zoologues, il n'en est guère qui ne se dérobent quand on leur demande un exemple précis d'un tel noyau. En fait, si l'on a cru aux noyaux optiquement vides, c'est qu'il est difficile le plus souvent de préciser exactement ce que renferme le noyau vivant chaque fois qu'on ne dispose pas d'un matériel exceptionnellement transparent, et dans ce cas, le fond noir ne montre généralement pas plus de détails que le fond clair. Par contre, dès que le matériel examiné devient réellement transparent, un observateur patient finit toujours par voir qu'il y a autre chose que la membrane et le nucléole, en un mot que le noyau est *structuré (fig. 98)*.

La fixation, effectuée sous le microscope, montre alors que ces structures, si difficiles à voir sur le vif, se précisent, et que la fixation ne crée pas une structure, mais se borne à la rendre plus nette.

Le plus généralement, on distingue un *réseau,* à mailles plus ou moins régulières, plus ou moins nettes, avec ou sans nœuds importants. La réaction nucléale démontre le plus souvent que ces nœuds sont Feulgen-positifs

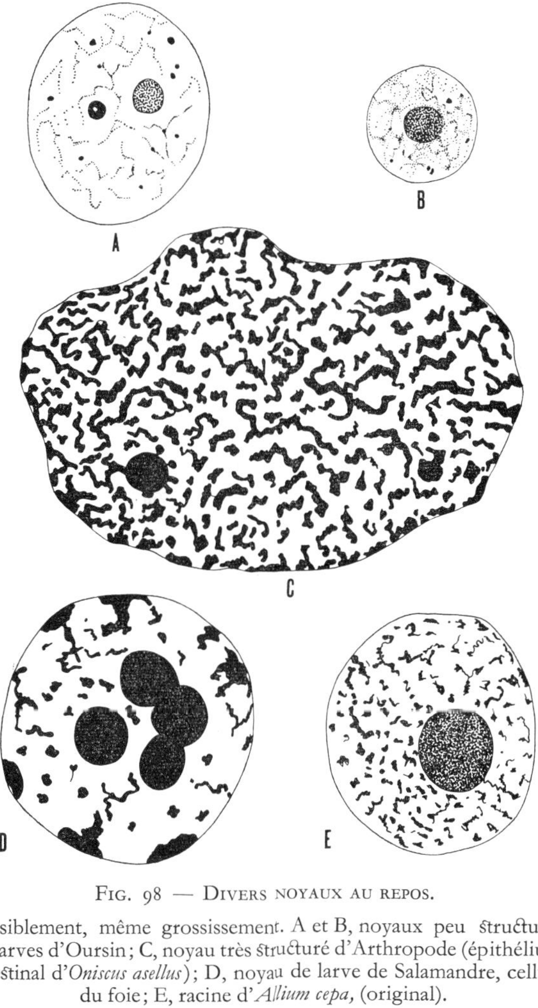

FIG. 98 — DIVERS NOYAUX AU REPOS.

Sensiblement, même grossissement. A et B, noyaux peu structurés de larves d'Oursin; C, noyau très structuré d'Arthropode (épithélium intestinal d'*Oniscus asellus*); D, noyau de larve de Salamandre, cellule du foie; E, racine d'*Allium cepa,* (original).

on les désigne alors comme des chromocentres, et on les assimile aux faux nucléoles des anciens auteurs.

La signification de ces deux types nucléaires possibles, l'un relativement vide, l'autre structuré, a été recherchée avec soin, car elle possède une réelle importance théorique. Les généticiens ont démontré l'importance essentielle des *chromosomes,* structures particulières devenant surtout évidentes au moment des divisions par suite d'une affinité très vive pour les colorants basiques, et dont ils ont établi le rôle de véhicules des propriétés héréditaires.

Il importe de savoir s'ils disparaissent réellement entre les périodes de division, ou bien s'ils subsistent, étant seulement indistincts dans le noyau, par suite d'une cause physique ou chimique : la permanence des chromosomes entre les générations cellulaires successives serait, en effet, un argument de valeur en vue de la démonstration de leur rôle dans l'hérédité.

Par ses études de microdissection de cellules vivantes, Chambers a constaté que certains noyaux de spermatocytes de Sauterelle, d'apparence sensiblement vide, peuvent se structurer en quelques minutes, à la suite d'une simple piqûre d'aiguille. Il a vu ainsi apparaître sous ses yeux les aspects de la diacinèse, caractéristique d'un stade avancé de la préméiose.

L'observation n'est cependant pas concluante, car, dans de pareilles conditions, un noyau n'est jamais optiquement vide, et un observateur attentif ne manque pas d'y reconnaître déjà de nombreux détails.

D'autre part, il a été constaté, quand des photos de cellules vivantes sont exécutées en lumière ultraviolette, que, si plusieurs épreuves successives sont prises d'un même élément, les dernières sont toujours plus structurées que les premières. Les rayons modifient donc l'état du noyau et amènent l'apparition d'une structure. De même, une cellule lésée mécaniquement, ou fixée par un liquide acide, montre toujours une structure. Il semble donc que l'apparence structurée puisse résulter d'une modification relativement minime de l'état du noyau, modification qui peut du reste très bien être conciliable avec la survie de l'élément. Les expériences précédentes ne permettent donc pas une conclusion ferme. Des recherches récentes de Ris et Mirsky (1949 et suivants) ont été poursuivies en vue de résoudre ce problème.

Ils ont utilisé la photographie en lumière ultraviolette, dans la bande qui donne le maximum d'absorption pour l'A.D.N., constituant chimique essentiel des chromosomes (2 357 Å). Ils ont constaté que, sur divers matériaux (spermatocytes de Sauterelle, Thymus, Foie, etc.) une lésion ne provoque l'aspect structuré des noyaux que si le milieu est riche en électrolytes.

Aucun changement n'apparaît dans une solution de glucose ou de saccharose même si l'on détruit la cellule. Mais si l'on a ajouté une solution physiologique minérale (ClNa à 0,8 %), les chromosomes apparaissent immédiatement.

Le phénomène est réversible : si le sel est lavé et remplacé par du sucre, les chromosomes s'évanouissent. Il semble donc s'agir d'un phénomène d'imbibition du chromosome, empêché par le sel, et vis-à-vis duquel les non électrolytes n'ont aucune action, la solution de sucre, indépendamment de ses propriétés osmotiques, agissant comme de l'eau distillée. Le corps qui s'imbibe serait la combinaison de l'A.D.N. avec des histones, car, si l'on extrait ces corps par l'enzyme approprié, le chromosome garde le même volume dans le sel et dans le sucre.

Les chromosomes existent donc dans le noyau au repos des cellules étudiées mais dans un état de liaison avec l'eau tel que leur réfringence est la même que celle de la caryolymphe, si bien que nos méthodes optiques sont impuissantes à les démontrer. Si cette imbibition est moins poussée, alors certaines parties des chromosomes apparaîtraient et les noyaux seraient structurés. En tout cas, la centrifugation des noyaux au repos, broyés préalablement, permet toujours d'extraire des chromosomes caractéristiques.

Il existe d'ailleurs des noyaux animaux très particuliers, connus depuis les recherches de Balbiani (1881), effectuées sur les glandes salivaires d'un Diptère, *Chironomus plumosus,* et dans lesquels, sans que le noyau se divise jamais, on reconnaît la présence d'un très gros filament chromatique, tout à fait permanent, et constitué par les chromosomes de l'Insecte.

Ce type si spécial de constituant nucléaire, qui sera étudié plus bas en détail, existe dans toutes les glandes salivaires des larves de Diptères, mais on le trouve également dans la plupart des noyaux de ces mêmes larves, qui ne diffèrent des noyaux salivaires que par une taille beaucoup plus petite. La plupart des Arthropodes ont également aussi presque toujours des noyaux très structurés, bien que moins beaux que ceux des Insectes précédents *(fig. 98, C)*.

Il semble donc admissible à l'heure actuelle de considérer les chromosomes comme des organites permanents, reconnaissables même dans le noyau au repos, et cela, malgré cette constatation presque générale que le microscope électronique ne montre pas de chromosomes dans ces noyaux. Il semble qu'il faille incriminer ici la technique de fixation par l'acide osmique qui ne permettrait pas de conserver intactes des substances presque totalement dépourvues de constituants lipidiques (Grassé). Jusqu'alors, et sauf cas particuliers peu nombreux, il n'a pas été possible d'obtenir d'images reconnaissables des chromosomes : on obtient des nuages de granules et pour ainsi dire jamais de filaments, dont nous savons cependant qu'ils existent.

Nous étudierons seulement les chromosomes après avoir fait connaissance avec le noyau en division, nous bornant pour l'instant à signaler l'intérêt que présente la considération de leur *nombre*.

LA LOI DE CONSTANCE DU NOMBRE

Il semble que ce soit Selenka qui, en 1878, ait le premier constaté que, dans une cellule en division, il y a exactement le même nombre de chromosomes dans les deux couronnes anaphasiques, partant dans les deux cellules filles. Par la suite, Van Beneden (1883) et Carnoy (1884) se trouvèrent en désaccord au sujet du nombre de ces éléments dans les cellules de l'*Ascaris* du cheval : ils y trouvaient respectivement deux et quatre éléments.

Boveri (1890) expliqua le fait en montrant que le Ver possède deux variétés ayant chacune un nombre caractéristique: deux pour la variété *univalens*, quatre pour *bivalens*. Il indique ensuite que ce nombre est caractéristique d'une espèce donnée. Telle est l'origine de la *loi de constance du nombre* dite *loi de Boveri*, qui domine toute la génétique moderne.

Considérée autrefois comme absolue, cette loi montre

maintenant une telle quantité d'exceptions qu'elle ne peut plus être formulée comme en 1890.

Théoriquement, les organismes possèdent un nombre de chromosomes spécifiques et généralement pair, schématisable par la formule *2n* : il devrait se retrouver dans toutes les cellules de l'organisme, sauf dans celles qui se transforment en gamètes et qui n'ont plus que *n* élé-

FIG. 99 — LES DEUX GÉNOMES MÂLES DE DIVERSES ESPÈCES DE DROSOPHILES.

Formules mâles seulement; 1 : *saltans;* 2 : *elliptica;* 3 : *willistoni;* 4 : *melanogaster;* 5 : *ananassae;* 6 : *bipectinata;* 7 : *montium;* 8 : *montium* II; 9 : *obscura;* 10 : *subobscura;* 11 : *pseudoobscura;* 12 : *miranda;* 13 : *palustris;* 14 : *virilis;* 15 : *texana;* 16 : *funebris* (d'après White).

ments. On dit qu'elles sont *haploïdes,* et que le nombre *n* correspond à 1 *génome*. L'œuf fécondé issu de l'union de deux gamètes, est *diploïde,* et possède 2 *génomes*.

Ses chromosomes forment deux séries homologues, c'est-à-dire dans lesquelles les chromosomes se correspondent un à un, d'une série à l'autre *(fig. 99)*.

Cela est parfaitement net quand ces chromosomes présentent entre eux des différences de forme ou de taille, à moins qu'il ne s'agisse d'éléments spéciaux à l'un ou l'autre sexe, chromosomes sexuels, ou X : (par exemple, *fig. 99* — 4, 5, 9, 11 et 12).

Le grand mérite de Boveri a été de reconnaître que ces chromosomes apparaissent ainsi comme de véritables individus. Mais le seul nombre dont on puisse proclamer la constance est le nombre *n*. La loi de Boveri doit s'énoncer aujourd'hui : le nombre de chromosomes du génome est constant dans une même espèce, sauf variation purement sexuelle, ou anomalie.

On enregistre en effet de très nombreux changements du nombre global de chromosomes, le plus souvent par variation du coefficient de *n*. Si la variation consiste en une série régulière : *2n, 3n, 4n, 5n, 6n, ... xn,* on dit que les nombres sont di-, tri-, tétra-, penta-, hexa-, ... *poly-ploïdes*.

Ces polyploïdies peuvent intéresser toutes les cellules de l'organisme, ou seulement certains tissus; on parle alors respectivement d'exo- ou d'endopolyploïdie. L'exopolyploïdie est très fréquente chez les plantes supérieures, moins chez les animaux, si l'on excepte les Oligochètes. Nous apprendrons à connaître plus tard la cause et le mécanisme réalisateur du second de ces types de variation.

Il existe moins souvent des variations *polysomiques,* du type : $2n \pm 1, \pm 2, \pm 3$ ...... $3n \pm 1$, $3n \pm 2$, $3n \pm 3$ ......, enfin d'autres qui ne semblent obéir à aucune règle, dites *aneuploïdes* et dont la présence peut être liée avec diverses manifestations pathologiques. Chez l'Homme, où $2n = 46$, la présence d'un élément supplémentaire particulier se trouve coïncider régulièrement avec le mongolisme (triplo-21).

Il ne faut pas confondre ces variations qui demeurent régulières, en ce sens que le nombre des chromosomes reste normalement le même d'une cellule à ses filles, avec celles, totalement anormales et irrégulières qui s'observent dans les tumeurs cancéreuses à la suite des divisions cellulaires perturbées répartissant les chromosomes au hasard et faisant perdre au tissu ainsi formé toute capacité fonctionnelle.

L'intérêt de tous ces phénomènes est dans le fait qu'ils sont en relation avec l'apparence, le fonctionnement et les propriétés héréditaires des individus. L'étude de ces relations intéresse toute la biologie générale, car le chromosome a sous sa dépendance directe l'état actuel et l'avenir des individus et des espèces.

Ces divers points de vue seront examinés au cours de l'ouvrage; nous nous bornerons à étudier ici tout ce qui concerne la forme, la structure, la composition des chromosomes, et tout d'abord leur mimique au cours de la division cellulaire.

LA DIVISION CELLULAIRE SOMATIQUE

On distingue deux types de processus par lesquels une cellule donne naissance à deux cellules filles : la *division directe* et la *division indirecte*. On les désigne plus communément, respectivement comme *amitose* et *mitose,* les deux termes datant de Flemming (1878).

AMITOSE

Elle s'effectue d'une manière particulièrement simple : il se produit un étranglement du noyau déjà allongé, qui s'étire en bissac, puis se fragmente en deux. La division cytoplasmique suit. L'opération est facile à observer sur le vif chez les lymphocytes de Batraciens Urodèles (Remak, 1841; Ranvier, 1875, *fig. 100*). Il n'y a généralement pas de modifications de la structure du noyau, qui reste « au repos ».

Flemming et Meves ont observé, chez la Salamandre, que souvent, sinon toujours, le centrosome semble jouer un rôle dans le phénomène : il est en effet régulièrement placé en face du point où débute l'étranglement nucléaire.

On a signalé quelques variantes : l'une d'elles est assez fréquente : au lieu d'un étranglement du noyau père, on le voit se fissurer comme par un plan de clivage qui le coupe à partir d'un de ses bords. Il y a parfois division préalable du nucléole (A. Prenant), ou pulvérisation des grains de chromatine du noyau (Sabatier).

Une autre variante a été décrite par A. Thomas sous le nom de *méromitose (fig. 101)* observée dans les cultures

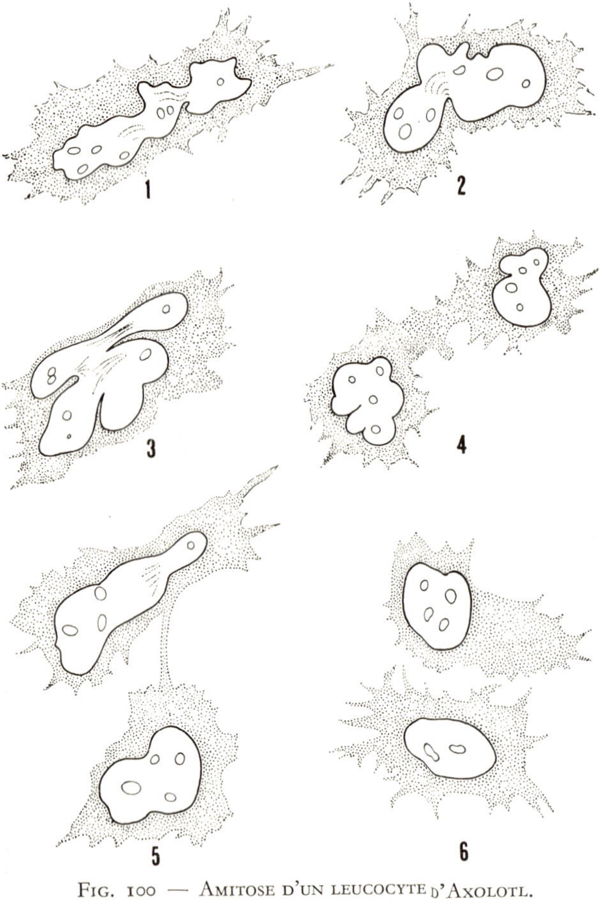

FIG. 100 — AMITOSE D'UN LEUCOCYTE D'AXOLOTL.

Divers stades, (d'après Ranvier).

de tissus embryonnaires de Poulet (endoblaste vitellin) (1938). Les grandes cellules vitellines d'où sont issues les cultures, ont de gros noyaux qui ne se divisent qu'exceptionnellement par mitose, et encore uniquement au début de la culture.

Par la suite, la multiplication, très active, se réalise uniquement par une sorte de bourgeonnement nucléaire, donnant en série de petits éléments qui s'entourent d'un peu de cytoplasme et s'écartent de leur mère, formant ainsi de petites cellules filles. A côté de cette méroamitose, qu'il qualifie de multiplicatrice, Thomas en décrit une autre, transformatrice.

Assez analogue, elle donne naissance à partir de ces mêmes cellules vitellines, à de nombreux éléments du type histiocyte, naissant également par un véritable bourgeonnement nucléaire et cytoplasmique. Par la suite, ces histiocytes formés se multiplient régulièrement par mitose.

La signification de l'amitose est encore discutée : il est effectivement possible de la considérer comme un *processus simple par origine*, ou bien *simplifié par dégradation*.

On donnait comme argument de sa simplicité originelle, l'existence d'une amitose chez les Protistes. En réalité, elle semble y être fort rare : ce qui a été autrefois considéré comme tel chez les Amibes est un processus fort complexe dans le détail, et qui n'a rien d'une amitose. Il y a évidemment la division du macronoyau des Infusoires Ciliés, qui, théoriquement, tout au moins, est toujours amitotique. Elle est en réalité très mal connue, et, des travaux récents sur les Ciliés, il semble se dégager ce fait qu'elle est aussi moins simple qu'on ne l'a cru.

Fauré-Frémiet, et récemment Guilcher (1951), Raikov (1959) ont figuré de véritables chromosomes au moment de cette division, et leurs images rappellent d'assez près des promitoses.

D'autre part, les expériences de Della Valle (1911) ont montré qu'en soumettant des hématies de Triton à des conditions anormales, il est possible d'obtenir dans ces cellules dont la division habituelle est mitotique tous les intermédiaires entre une mitose normale et une amitose.

Des mitoses ainsi régressées se rencontrent également dans le domaine pathologique, et se confondent facilement avec des amitoses.

Les observations anciennes de Stoeckel, chez la Femme,

de Nicolas, chez la Salamandre, de Regaud, chez le Rat, de Loisel, chez les Oiseaux, d'après lesquelles les ovogonies ou spermatogonies se multiplieraient pendant certaines périodes de la vie individuelle par amitose, pour continuer ensuite à se multiplier par vraies mitoses,

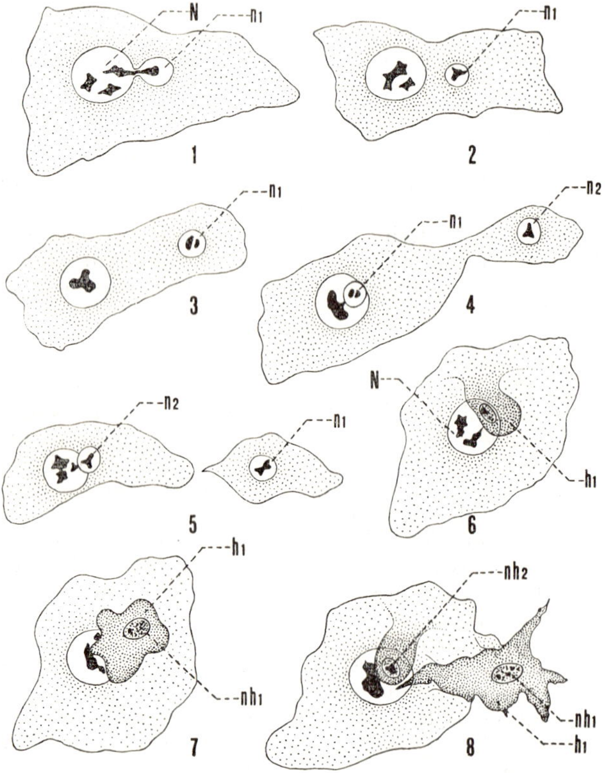

FIG. 101 — SCHÉMAS DE LA MÉROMITOSE.

Imités de A. Thomas. 1 à 5, méromitoses multiplicatrices; cellule vitelline épithéliale en culture; bourgeonnement d'un premier, puis d'un second petit noyau : *n* 1, *n* 2; 6 à 8, méromitoses transformatrices; cellule vitelline épithéliale donnant naissance à des histiocytes : *h*1, *h*2.

n'ont jamais été confirmées. Elles ont été combattues par von Rath, et par de Bruyne, qui ont reproché aux observateurs précédents une confusion entre processus pathologiques et processus normaux.

Étant donné qu'il est presque impossible de suivre réellement la descendance d'une cellule dans une glande génitale, il est souvent risqué de dire qu'elle peut changer à un certain moment son type de division.

On a alors cherché à éliminer cette objection, et à suivre effectivement sur le vif certaines générations cellulaires consécutives : on y est parvenu chez les Algues telles que les Spirogyres (Pfeffer, Nathanson, Gerassimoff), ou chez des œufs en segmentation (*Cyclops brevicornis,* Häcker).

On a alors constaté qu'il est possible d'obtenir, par modification des agents externes, une ou plusieurs générations cellulaires amitotiques, puis après retour aux conditions normales, de voir revenir la multiplication mitotique.

Les observations d'A. Thomas, citées plus haut, ont montré aussi que les cellules vitellines, après une phase de multiplication par amitose, peuvent fournir des histiocytes, ou des fibrocytes qui se divisent ensuite par voie mitotique. On objectera, tout d'abord, qu'il s'agit de conditions qui ne sont pas exactement normales : en outre, qu'il s'agit de cellules essentiellement somatiques.

Il serait néanmoins d'un profond intérêt d'étudier la mitose dans ces cas particuliers, et de voir si les génomes sont bien au complet.

Comme dans les expériences précédentes, il semble tout de même surprenant qu'un mode de division d'apparence aussi approximatif qu'une amitose, puisse fournir les mêmes résultats que ceux donnés par la mitose vraie, division d'apparence très stricte, ainsi que nous allons le voir.

MITOSE

Elle peut, en effet, être définie comme l'exacte bipartition, entre deux cellules filles, du matériel nucléaire de la cellule mère. Le partage du cytoplasme qu'elle réalise également, ne semble guère plus équitable que celui auquel parvient l'amitose.

On distingue la *mitose vraie* ou *somatique,* des *mitoses réductionnelles.* La première constitue le mécanisme par lequel se divisent toutes les cellules du corps, y compris celles des glandes génitales, si l'on excepte toutefois les cellules des deux générations qui précèdent la maturation des gamètes : ces divisions dites réductionnelles ou méiotiques s'effectuent selon un fonctionnement spécial. Leur ensemble forme la *méiose* qui sera étudiée à part.

La mitose constitue un mécanisme général qui ne diffère que par des détails chez les divers organismes : elle est à son maximum de complication chez les animaux, beaucoup de Protistes et de Végétaux inférieurs, où la division nucléaire est dirigée par un appareil cytoplasmique particulier, au fonctionnement duquel préside le centrosome. Chez les Végétaux supérieurs, ce dernier fait défaut, et par suite le mécanisme de la mitose s'y trouve simplifié.

Chez les Animaux, la mitose somatique est facile à étudier dans les grosses cellules des œufs en segmentation. Celles de l'*Ascaris* du Cheval *(Parascaris equorum)* sont très favorables à l'étude du centrosome et des chromosomes (Van Beneden, Boveri).

Celles d'Oursin, de Truite (Henneguy) sont également classiques. La couche lymphogène qui recouvre le foie des Batraciens Urodèles renferme toujours d'abondantes mitoses, particulièrement belles chez la Salamandre (Flemming, Belar). Les cultures de tissus sont également très utilisées, surtout *in vivo,* l'observation étant faite au contraste de phases.

Chez les Végétaux supérieurs, les méristèmes terminaux des racines ou des tiges montrent régulièrement de grosses mitoses, particulièrement belles chez la Jacinthe ou l'Oignon.

Chez les Protistes, toute culture active d'organismes donne des mitoses : une culture d'Euglènes, fixée au milieu de la nuit, en fournit à volonté. Dans une culture de Ciliés, les individus en prédivision sont faciles à reconnaître : il suffit de les isoler à la pipette pour pouvoir ensuite les étudier.

Pour la commodité de la description, depuis les anciens auteurs, on distingue schématiquement quatre phases successives : *prophase, métaphase, anaphase,* ces trois

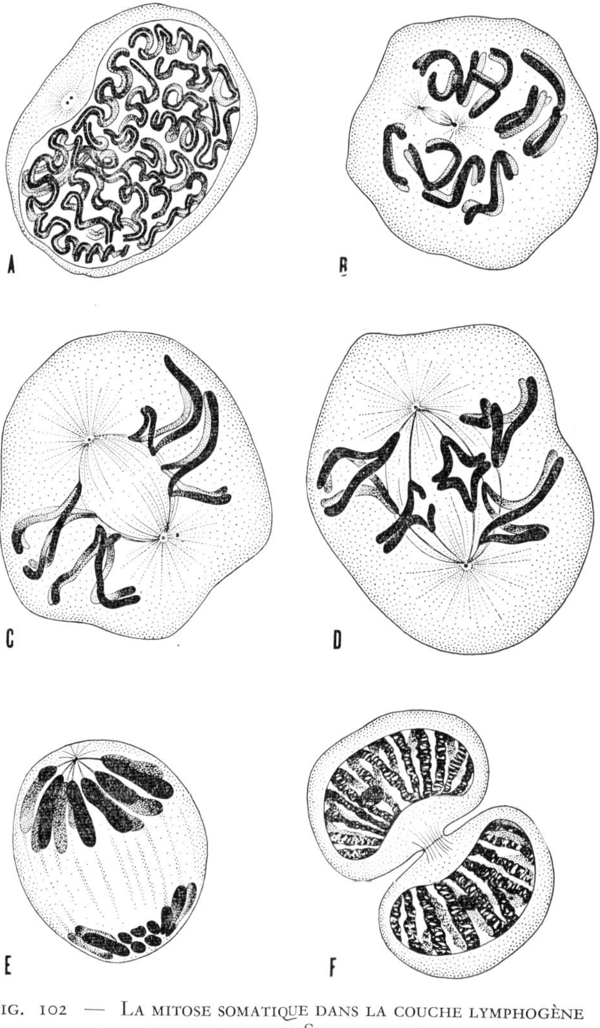

FIG. 102 — LA MITOSE SOMATIQUE DANS LA COUCHE LYMPHOGÈNE DU FOIE, CHEZ LA SALAMANDRE.

A, prophase; B, mise en fuseau; C et D, divers aspects de la division des chromosomes à la métaphase; E, fin d'anaphase; F, télophase, (simplifiées, d'après Belar).

termes étant de Strasburger (1884) et *télophase* (Heidenhain, 1894) *(fig. 102).*

Notons en outre que l'on désigne comme *interphase* la période de vie cellulaire comprise entre deux divisions successives et dans laquelle on situe actuellement une *antéphase,* préalable à la prophase.

La prophase est la préparation morphologique, sinon chimique, de la mitose : dans le noyau encore pourvu de sa membrane, mais dont le diamètre vient d'augmenter brusquement par un véritable *gonflement prophasique,* en même temps que disparaissait le nucléole, les chromosomes, jusqu'alors invisibles, ou simplement représentés par la charpente irrégulière du réseau, font leur apparition à proximité de la membrane. Extérieurement à elle, le centrosome, simple granule difficile à reconnaître parmi les enclaves cytoplasmiques, devient nettement apparent, par suite de la formation de l'aster.

Celui-ci, remarquable chez l'*Ascaris,* est un ensemble centré, au milieu duquel on distingue le *centrosome,* masse sphérique, ou elliptique, de dimension appréciable (0,5 μ ou même plus), fortement basophile, entouré d'une auréole achromatique, homogène, la *centrosphère.* Des rayons cytoplasmiques aboutissent à son contact. A l'origine, ils sont courts et peu nombreux, puis ils se multiplient et s'allongent, leurs extrémités s'étendant parfois jusqu'à la membrane cellulaire.

Chez l'*Ascaris* ou chez la Salamandre, on peut suivre la division du centrosome en deux granules — on les nomme centrioles —, qui s'écartent, emmenant chacun une moitié des rayons astériens et restant unis l'un à l'autre par des fibres résiduelles, ou centrodesmoses : au fur et à mesure de l'écartement des centrosomes fils, ces fibres s'allongent et leur ensemble se gonfle, constituant le *fuseau achromatique* central, ici d'origine extranucléaire. La membrane nucléaire disparaît alors, se dissolvant en quelque sorte ou se fragmentant dans le cytoplasme et le caryoplasme qui ne sont plus séparés.

Les chromosomes, initialement longs filaments irréguliers, prennent bientôt l'aspect d'un cordon, plus ou moins zigzaguant. Un examen attentif, faisant suite à une bonne fixation, les montre régulièrement doubles, les deux moitiés, ou *chromatides* (Mac Clung, 1900), étant étroitement appliquées l'une contre l'autre.

Leur colorabilité, faible au début, s'accentue progressivement, en même temps que se réduit leur longueur: ils prennent une forme définie : soit granule, soit bâtonnet en I, soit V à branches égales ou inégales. Dès la disparition de la membrane, ils gagnent la surface du fuseau.

On nomme *métaphase* l'instant où ils ont terminé leur rangement, tantôt, quand les chromosomes sont longs, en une couronne sur le pourtour des fibres fusoriales, tantôt, quand ils sont nombreux et en granules, en une plaque compacte dans un plan passant par l'équateur du fuseau. On parle ainsi, selon les cas, de *couronne* ou de *plaque équatoriale*.

Chaque chromosome, surtout quand il est allongé, est marqué au moins par un étranglement plus ou moins net, moins colorable que le reste de l'élément, et au niveau duquel les deux chromatides, quel que soit par ailleurs leur degré de séparation, restent unies. Cet étranglement ou *constriction primaire*, est marqué, dans les préparations, par un granule souvent difficile à reconnaître, le *centromère*, au niveau duquel le chromosome se trouve inséré sur une fibre du fuseau.

La métaphase marque au milieu de la mitose une sorte d'arrêt, de phase d'équilibre, à laquelle la division peut se stabiliser quelque temps.

Puis, brusquement, les centromères se divisent, en même temps pour tous les chromosomes, et les deux granules formés par cette division s'écartent l'un de l'autre, chacun cheminant en direction d'un des pôles du fuseau et entraînant avec lui une chromatide, qui se sépare progressivement de sa sœur à partir du point d'insertion. C'est le début de l'*anaphase* ou *retour polaire*.

Très vite, on voit deux couronnes de chromosomes, ou deux plaques, symétriques par rapport au plan de l'équateur, qui se rapprochent des pôles du fuseau. Il est souvent possible, au cours de ce déplacement, de reconnaître que chaque chromosome montre des traces d'une fente longitudinale, attestant une dualité commençante. C'est la *division anaphasique :* elle n'est parfois visible que fort peu de temps, car au fur et à mesure que les chromosomes se rapprochent de l'extrémité du fuseau, leur masse se resserre, et ils se trouvent ainsi tassés, chevauchant plus ou moins les uns sur les autres.

L'anaphase est terminée quand les chromosomes sont parvenus à proximité du centrosome. Il se fait généralement là une décontraction, et simultanément, chaque chromosome se gonfle plus ou moins, perd son aspect de masse homogène et son individualité s'estompe dans la masse anonyme d'un réseau, identique à celui duquel s'est organisée la prophase. Une membrane nucléaire réapparaît, et l'état de repos est à nouveau atteint.

Toutes ces dernières transformations, souvent très difficiles à analyser, constituent la *télophase*. Elle est suivie par la séparation des deux cellules filles, soit par étranglement d'une cellule sphérique, donnant naissance à deux sphères tangentes, soit par formation d'une membrane entre les deux cellules filles demeurant unies par une large surface commune. Un nucléole réapparaît alors dans chaque noyau-fils.

L'*antéphase* consiste en changements chimiques concernant les constituants des chromosomes et qui précèdent la prophase. C'est le moment où la quantité d'A.D.N. devient double : il diffère d'une espèce à l'autre.

La durée de la mitose est variable selon les diverses cellules : dans un œuf en segmentation, tel que celui de Grenouille, la première division demande quatre heures à 18°, tandis que, à la même température, le quatrième clivage demande moins de la moitié de ce temps. Une température élevée accélère la division jusqu'à un optimum. La durée des divers stades, étudiée par Fauré-Frémiet, par Ephrussi, chez divers œufs, n'est pas influencée de la même façon par l'élévation de température, comme si les réactions chimiques qui leur servent de base n'étaient pas les mêmes.

Telle est, rapidement esquissée, la marche générale de la mitose. Revenons maintenant avec plus de détails sur les variations que présentent les divers constituants qui y jouent un rôle.

LA FIGURE ACHROMATIQUE

L'ensemble des asters et du fuseau n'a pas toujours l'origine centrosomienne que nous venons de décrire chez l'*Ascaris* ou la Salamandre et dans laquelle on dit qu'il existe un fuseau central d'origine centrodesmotique, que l'on distingue de celui, ici beaucoup moins net, que forment les rayons astériens qui se croisent à sa périphérie (fibres du manteau).

Il arrive qu'il n'existe pas de véritable fuseau central : dans l'œuf de Truite, Henneguy a montré que les asters sont initialement tout à fait distincts aux extrémités de la cellule, le noyau intact étant intercalé entre eux. Puis les radiations astériennes au contact du noyau semblent percer, ou dissoudre, la membrane et se réunissent au travers du noyau. La membrane nucléaire peut ensuite persister extérieurement, au niveau de l'équateur, pendant quelques instants. L'axe du fuseau semble alors d'origine purement caryolymphatique. Il en est de même chez l'Oursin *(fig. 103)*.

Mais il arrive aussi que les asters ne prennent aucune part directe à l'édification du fuseau : celui-ci se forme entièrement au niveau du noyau, et ses extrémités viennent secondairement au contact des centrosomes (Scolopendre, A. Prenant). Chez certains Insectes, Cochenilles, tels que *Llaveia,* les *Acroschimus,* Schrader a montré que chaque chromosome forme lui-même sa fibre fusoriale, visible dans le noyau avant la disparition de la membrane nucléaire : toutes s'assemblent ensuite en un fuseau commun *(fig. 104, A)*.

Enfin, chez les Végétaux supérieurs, si tout appareil astérien a bien disparu, il existe cependant souvent, hors du noyau, des condensations cytoplasmiques qui se disposent à la prophase comme deux calottes opposées selon le grand axe de la cellule *(fig. 104, B)*. Elles naissent au contact même du noyau, sur tout le pourtour, avant de se condenser aux pôles de la future division. A partir d'elles se forment, au moment où disparaît la membrane nucléaire, les fibres fusoriales, qui se réunissent ensuite au travers du nucléoplasme.

Des calottes polaires identiques se retrouvent également chez divers Protistes, et en particulier chez la *Noctiluque* (Calkins). Il arrive aussi, toujours chez les végétaux, que le fuseau naisse à partir de points situés au contact ou au voisinage de la membrane cellulaire, se formant selon plusieurs paquets divergents, dont les fibres convergent ensuite vers le noyau et se fusionnent en un fuseau normal *(fig. 105)*.

Tous les faits précédents ont été établis d'après des préparations colorées. On s'est demandé si les asters et

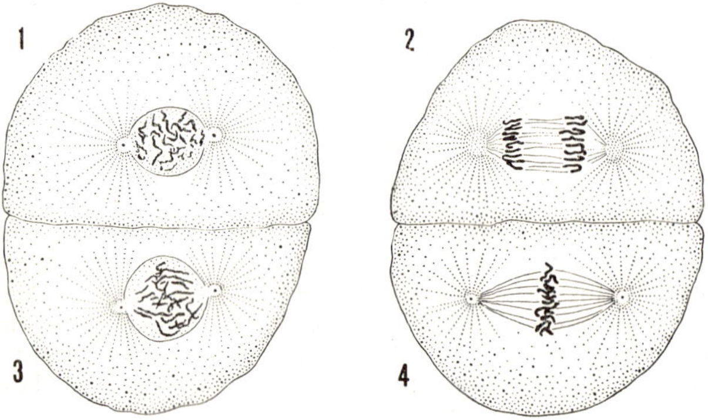

FIG. 103 — MITOSES DE SEGMENTATION CHEZ L'OURSIN.

1 et 3, prophases; 4, métaphase; 2, anaphase, (original).

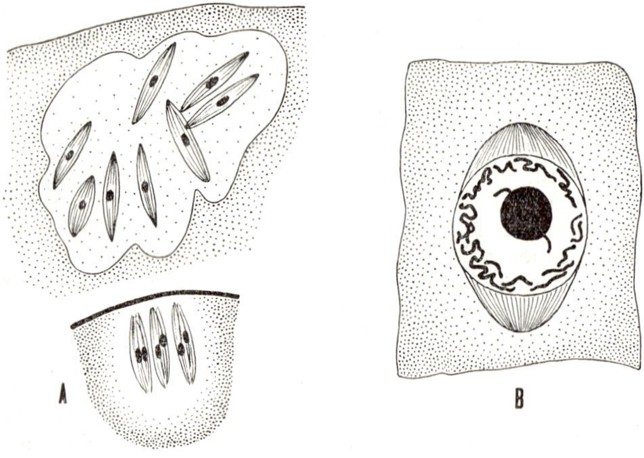

FIG. 104 — MODES PARTICULIERS DE FORMATION DU FUSEAU MITOTIQUE.

A : origine chromosomique des fibres du fuseau, chez l'Hémiptère *Acroschismus;* prophase, en haut; métaphase en bas; d'après Hugues-Schrader; B, division anastrale typique des cellules végétales des Métaphytes : prophase dans un noyau de *Solanum;* les deux calottes polaires, (d'après Prenant, Bouin et Maillard).

les fuseaux étaient bien des réalités, et non le résultat d'artefacts. L'observation *in vivo* répond à cette question : dans un matériel approprié, par exemple chez l'œuf d'Oursin en segmentation, on reconnaît fort bien les asters et leurs rayons, seul le granule central reste indistinct. Le fuseau apparaît comme une sorte de tonnelet régulier, mais dont les fibres se distinguent mal, ou pas du tout.

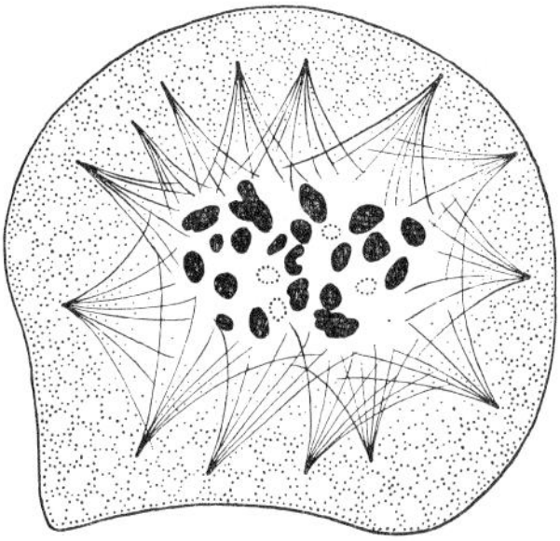

FIG. 105 — FORMATION MULTIPOLAIRE DU FUSEAU.

Formation observée dans les cellules mères des spores, chez *Equisetum,* (d'après Osterhout).

Les observations et les microdissections de Chambers ont prouvé qu'asters et fuseau sont des régions protoplasmiques fortement gélifiées, que l'aiguille du micromanipulateur peut déplacer en bloc. Le fuseau est une masse visqueuse et élastique. Les asters apparaissent comme un ensemble de canaux gélifiés dans lesquels circule en direction du centre une substance très visqueuse, dans laquelle Pollister admet l'existence de longues molécules dirigées parallèlement au sens du courant, et dont l'ensemble est biréfringent. Les rayons formeraient ainsi des véritables fibres, capables de s'ancrer sur les parois cellulaires.

Incontestablement donc, les fibres astériennes préexistent à la fixation. En ce qui concerne celles du fuseau, la réponse est moins nette : la striation visible *in vivo* serait due à des mitochondries appliquées contre lui.

Martens les considère comme dues à l'action des fixateurs acides. Les Lewis soutiennent la même opinion, d'après leurs observations faites sur des cultures de tissus.

Belar, à la suite de diverses expériences sur les fuseaux d'Orthoptères, démontre, par contre, l'existence d'une structure longitudinale dans le fuseau, mais sans pouvoir préciser davantage. Les observations faites après centrifugation (Schaede, 1930), conduisent aux mêmes résultats, en montrant que les fibres peuvent être tordues par l'action expérimentale. Il ne s'agit donc pas de lignes de force, mais d'une structure réelle fibreuse.

L'examen en lumière polarisée montre une biréfringence selon l'axe (Schmidt, 1936, puis 1939 et 40), qui n'est pas détruite par la fixation. La structure longitudinale est donc bien due à un arrangement des molécules. Le problème a été enfin réglé par la prise de films en lumière polarisée d'œufs d'Oursin en segmentation : ils montrent, aussi bien qu'avec les meilleurs préparations fixées et colorées, le jeu des asters et du fuseau (Mitchison, 1948).

Quant au microscope électronique, il montre les fibres comme étant des tubes creux dont il permet de voir l'insertion sur les centromères, structures plus denses que le reste du chromosome, mais qui se terminent sans contact avec les centrioles. Ceux-là seront étudiés plus bas, avec la cinétide.

Le fuseau et l'aster sont donc des structures réelles dont on peut seulement penser que l'aspect fibreux est accentué par les fixateurs acides. La nature chimique de ces fibres est en partie connue grâce aux recherches récentes de Mazia (1952 et suivantes) : elles sont faites d'une protéine homogène associée à l'A.R.N. et qui est riche en cystéine.

Après la division, ces formations ne disparaissent pas toujours totalement: en ce qui concerne les centrosomes, nous aurons à les réétudier également avec la cinétide.

Le fuseau subsiste fréquemment, ou tout au moins laisse subsister certains restes. Principalement dans les cellules végétales, des épaississements se forment après la mitose sur le milieu des fibres restantes : par confluence, il en résulte la plaque cellulaire de Strasburger (1875), amorce de la membrane de séparation entre les deux cellules filles *(fig. 106, A)*.

Dans les cellules animales, les faits sont moins nets, parce qu'il y a toujours une certaine contraction de la cellule au moment de la fin de la mitose, étranglant en quelque sorte la zone mitoyenne.

Néanmoins, on reconnaît souvent à ce niveau un reste fusorial, le *corps intermédiaire* de Flemming (1891) *(fig. 106, B et C)*.

Chez les Protistes, les restes de fuseau peuvent avoir une importance plus grande, et Hirschler, qui les a spécialement étudiés, les désigne sous le nom général de *fusome*.

Certains organes squelettiques, tels que les axostyles, en seraient dérivés. Mais le fusome jouerait également un rôle important dans certaines morphogenèses cellulaires des Métazoaires : les neurofibrilles, les fibrilles musculaires, dériveraient de résidus fusoriaux, avec la collaboration possible du chondriome.

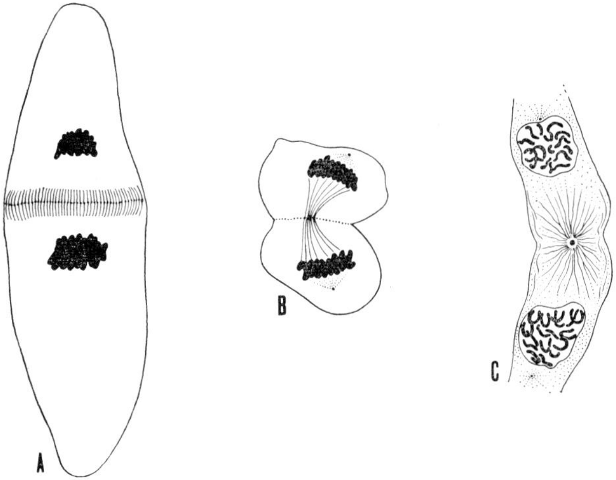

FIG. 106 — FORMATION DE LA CLOISON ENTRE LES DEUX CELLULES FILLES.

A, plaque cellulaire, division du sac embryonnaire d'*Aucuba,* d'après Prenant, Bouin et Maillard; B, plaque cytoplasmique et plaque fusoriale, chez la Truite, d'après Hoffmann; C, corps intermédiaire de Flemming; cellule conjonctive de Salamandre, d'après Flemming.

Étant donné l'abondance des protéines fibreuses dans les cellules, il est permis de se demander si ces vues ne sont pas quelque peu risquées.

Toutes ces possibilités demandent aujourd'hui à être envisagées de nouveau à la lumière de la microscopie électronique.

La signification des formations fusoriales est difficile à préciser. Chambers a montré que, en agitant son aiguille au niveau d'un aster, l'état de gel peut disparaître, et le cytoplasme prendre un aspect homogène, tous les rayons ayant disparu. L'aiguille retirée, si la cellule n'a pas été lésée, l'aster réapparaît à la même place au bout d'un instant. Il semble donc bien y avoir là une force qui se manifeste, provoquant la gélification du protoplasme et l'orientation de ses molécules. Mais nous manquons de renseignements sur la nature de cette force, et nous verrons plus loin qu'il n'existe pas non plus aujourd'hui de théorie cohérente expliquant la mitose.

LES CHROMOSOMES

Organites peut-être permanents du noyau et dont l'équipartition semble la raison d'être même de ce mécanisme si spécial qu'est la mitose, ces éléments, dont Waldeyer a créé le nom, présentent une importance biologique fondamentale.

La cytogénétique, collaboration féconde de la cytologie et de la génétique, a en effet établi qu'ils sont le support des *gènes*. Ce terme désigne les unités héréditaires, particules matérielles dont la seconde loi de Mendel démontre l'existence, qui conservent et transmettent les propriétés héréditaires des organismes. Ils régissent la construction de la forme spécifique et président à l'édification des enzymes, catalyseurs biochimiques, sans lesquels aucune réaction chimique n'est possible dans l'être vivant.

Par leur intermédiaire, les chromosomes se trouvent reliés à tous les problèmes qui, de près ou de loin, touchent à la doctrine de l'évolution.

Ces faits seront développés dans d'autres parties de cet ouvrage : nous nous bornerons à examiner ici les aspects généraux du cycle des chromosomes, de leur structure et de leur composition.

Le chromosome qui apparaît au début de la prophase est un long filament grêle relativement peu colorable; au moment de la métaphase, il est court, épais, et fixe énergiquement les colorants basiques.

Ces faits posent deux problèmes séparés, l'un plutôt morphologique, celui du *raccourcissement métaphasique,* l'autre plutôt biochimique, celui de la *colorabilité des chromosomes*.

Le premier est résolu par la démonstration de l'existence d'une structure chromosomique, évoluant au cours de la vie cellulaire, selon un cycle régulier. Le second n'est pas encore entièrement résolu : on entrevoit l'existence de variations chimiques, expliquant les changements de son pouvoir absorbant relativement aux colorants, mais auxquelles prennent part le noyau et le cytoplasme, et dont on ne connaît guère que la marche générale.

STRUCTURE DU CHROMOSOME

Après une longue période de discussions, antérieure toutefois aux études de microscopie électronique, la majorité des cytologistes se sont mis d'accord pour reconnaître dans le chromosome métaphasique trois constituants : des *chromonémas,* un *centromère,* une *matrix* limitée extérieurement par une *membrane (fig. 107).*

Les *chromonémas* sont des filaments biréfringents dont la nature nucléoprotidique paraît certaine, et qui supportent, disposés en série irrégulière selon leur axe, des granules basophiles désignés généralement comme *chromomères,* et qui sont, certainement, pour une part importante, de nature désoxyribonucléique.

Chaque chromatide comprendrait deux chromonémas identiques, dérivés par division longitudinale d'un chronéma antérieur. Il y en aurait donc, ainsi que l'a soupçonné A. Dehorne dès 1912, quatre par chromosome, au moment de la métaphase, et la division du chromonéma serait en avance d'une génération sur celle de la chromatide, et par suite, de deux sur celle du chromosome.

On pense même aujourd'hui que chaque chromonéma est fait lui-même de plusieurs fibrilles élémentaires, quatre, huit, ou même davantage (Ris, Grassé).

Le terme de chromomère n'a pas toujours eu la même signification : il a été attribué pour désigner les microsomes de Balbiani (1876) et de Pfitzner (1881), granules qui, par leur disposition bout à bout, constituaient le chromosome de ces auteurs. Mais c'est Wenrich qui, en 1916, a le premier attiré l'attention sur ces éléments, remarquant au cours de la spermatogenèse d'un Orthoptère, *Phrynotettix magnus,* que chaque chromosome préméiotique se montre marqué par un nombre constant d'épaississements d'importance différente. Certains chromosomes n'en ont pas plus de quatre : il est donc facile de les suivre.

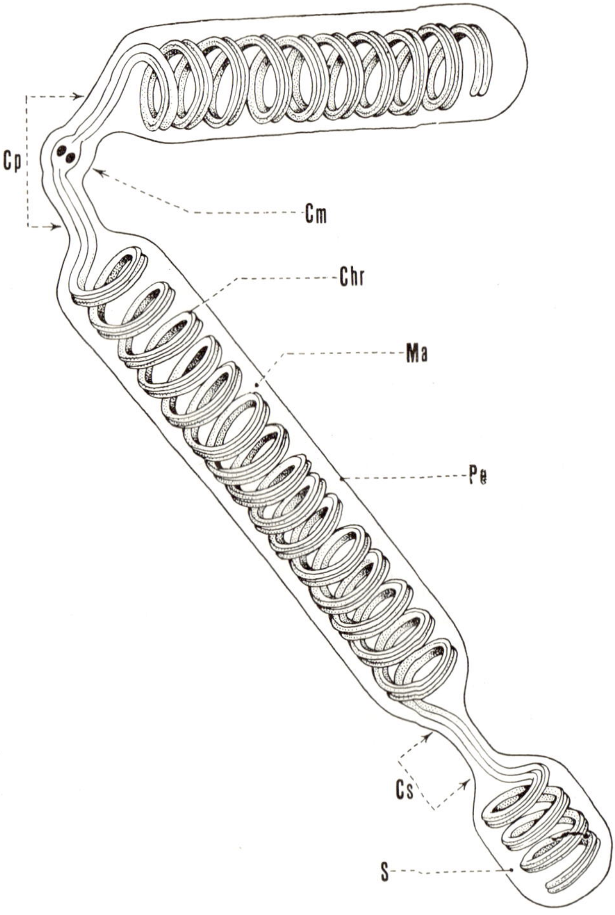

FIG. 107 — SCHÉMA D'UN CHROMOSOME ET DE SES CONSTITUANTS.

Inspiré de Schrader. *Cp,* construction primaire; *Cm,* centromère; *Cs,* constriction secondaire; *Chr,* chromonémas; *Ma,* matrix; *Pe,* pellicule; *S,* satellite.

Mais, comme, à ce stade, les chromosomes sont déjà nettement condensés, les chromomères de Wenrich correspondent à des segments déjà longs de chromosome (*fig. 108*). Aussi, quand plus tard, Belling les étudie à nouveau dans les cellules mères du pollen des Liliacées, et cherche à les dénombrer, parle-t-il non plus de chromomères, mais d'« *ultimate chromomeres* ».

C'est plutôt dans ce dernier sens qu'est pris aujourd'hui le même mot employé sans épithète, car, pour les cytogénéticiens, chaque chromomère correspondrait à un *locus*, c'est-à-dire à l'emplacement d'un gène, sinon à un gène véritable. L'allure de chapelet qui est donnée

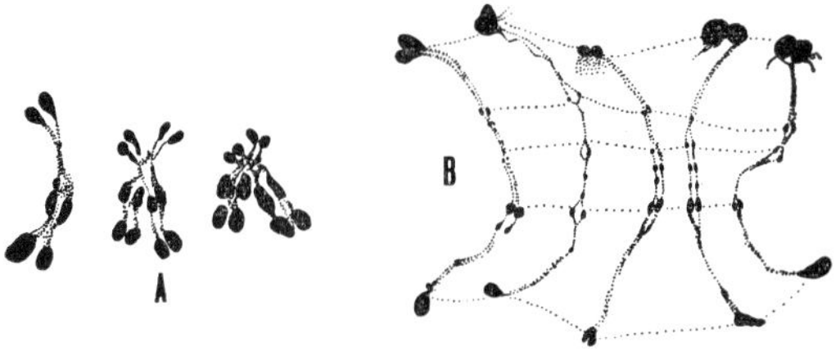

FIG. 108 — CONSTANCE DES CHROMOMÈRES DANS UN MÊME BIVALENT PROVENANT DE CELLULES DIFFÉRENTES.

A, stade diplotène; B, stade zygotène; d'après Wenrich, chez l'Orthoptère *Phrynotettix magnus*.

schématiquement aux chromonémas ne correspond du reste pas toujours à la réalité, et le chromonéma apparaît le plus souvent comme un cylindre régulier, sans chapelet discernable, en particulier dans les observations faites au microscope électronique par Grassé (1956), sur les spermatocytes d'*Helix*. Toutefois, dans une étude plus récente, qui a porté sur le chromosome des Péridiniens (1957) tout en indiquant que le chromosome présente une structure fibreuse, car il est formé d'une dizaine de fibrilles élémentaires ou *génofibrilles* et dont chacune mesure une centaine d'Å de diamètre, il note parfois sur ces fibrilles la présence de renflements. S'agit-il de loci ? il reconnaît ne pouvoir se prononcer sur ce point. Enfin, on a montré chez le Maïs que les chromomères ont la même constitution que le reste du chromonéma, mais sont simplement une région spiralisée en permanence de celui-ci : il est très vraisemblable qu'il en est partout ainsi.

On nomme *centromère,* ou *kinétochore,* un petit granule aperçu pour la première fois par Metzner (1894), décrit par Nawaschine (1912), puis par Sakamura (1920), retrouvé ensuite de très nombreuses fois dans les deux règnes, et souvent renommé à nouveau. D'après Schrader (1944), il serait désigné par vingt-sept termes différents.

Celui de centromère est dû à Darlington, et est le plus usité. Le centromère est de dimensions assez variables selon les espèces, comprises entre 0,2 μ et 3 μ.

A vrai dire, on le devine plus souvent qu'on ne le voit, sachant qu'il précède toujours les chromosomes pendant le retour polaire, ou qu'il est situé, le plus souvent, au niveau d'un étranglement désigné comme leur *constriction primaire.*

Chez certaines varietés de Maïs, il est cependant plus large que le filament chromatique. Il semble homogène et anhiste, opinion qui n'est, du reste, pas toujours admise.

Chez les Animaux, il aurait parfois les caractères de coloration des mitochondries (Scorpion, d'après Wilson, 1931, Souris d'après Schrader, 1936 et Benoit, 1939). Il arrive aussi que son centre retienne seul le colorant, et plus énergiquement que le chromosome lui-même. Vis-à-vis de la réaction de Feulgen, il est parfois noté positif, mais beaucoup plus souvent négatif : on peut se demander ainsi s'il s'agit toujours bien du même organite, ou s'il ne faut pas attribuer ces variations à des changements cycliques.

Le centromère semble en effet plus « diffus » à la prophase qu'à la métaphase (Schrader).

Il a été reconnu également chez les Protistes par Grassé et par Hollande (Flagellés). Nous l'avons observé également chez les Radiolaires.

Certains cytologistes le considèrent comme structuré : Nebel (1939), Darlington (1939) ont admis qu'il est liquide, mais qu'il renferme des macromolécules orientées parallèlement au grand axe du chromosome *(fig. 109, C* et *D).* Sharp (1934), Schrader (1939) pensent qu'il renferme deux sphérules sur lesquelles s'insèrent les chromonémas, qui le traversent *(fig. 109, B).*

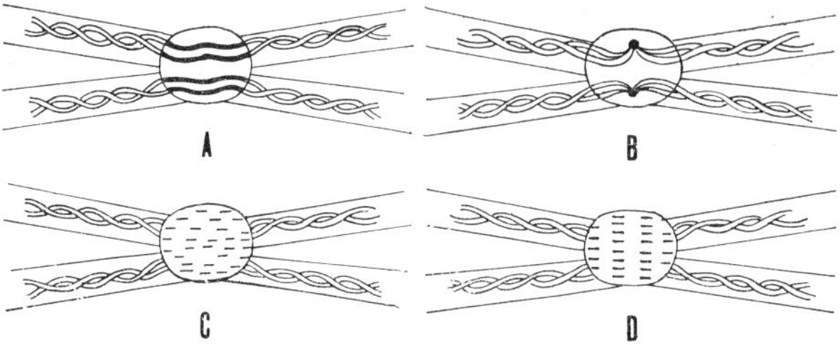

FIG. 109 — TROIS INTERPRÉTATIONS DU CENTROMÈRE.

A, d'après Matsuura : régions non spiralisées des chromonémas, sans différenciation particulière de ceux-ci; B, d'après Sharp et Schrader; chaque paire de chromonémas s'insère sur un granule particulier; C et D, d'après Darlington : pas de continuité des chromonémas dans le centromère qui est constitué par une masse semi liquide renfermant de longues molécules parallèles à l'axe du chromosome. C indique le cas normal, les molécules disposées irrégulièrement. D correspond à des zones de faible résistance tendant à produire une « misdivision », (interprétation de Nebel).

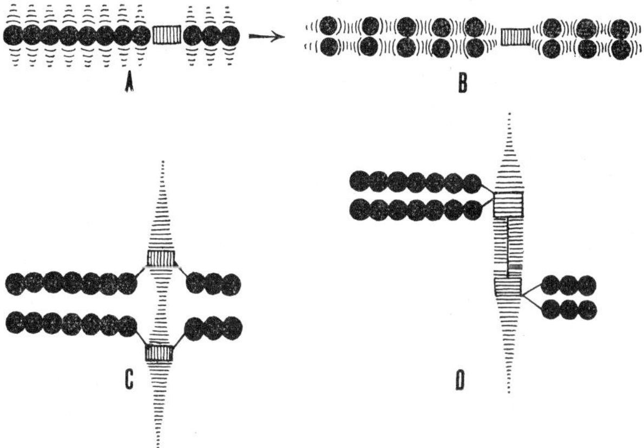

FIG. 110 — CYCLE DU CENTROMÈRE ET DES GÈNES (D'APRÈS DARLINGTON).

Le centromère est le rectangle hachuré; les gènes des sphères pleines. A, dans le noyau au repos, les gènes sécrètent les protéines spécifiques; B, reproduction des gènes, formation des chromatides; C, leur séparation normale à l'anaphase, les centromères sécrétant les fibres fusoriales, ou les fibres de traction; D, misdivision.

Matsuura (1941) envisage également sa traversée par les chromonémas, mais sans sphérules (*fig. 109, A*). Le chromonéma aurait pendant cette traversée un comportement spécial : ce serait le kinétonéma, par opposition au reste, ou génonéma. Pour d'autres, ce serait un chromomère spécial : Carothers imagine même qu'un autre chromomère peut à la rigueur le remplacer.

Pour Tjio et Levan (1950) il serait formé par quatre chromomères, plus ou moins accolés, dessinant un carré ou un rectangle. Au moment de la métaphase, deux de ces chromomères passeraient avec chaque chromatide, et à l'anaphase on n'en verrait plus que deux sur chaque chromosome.

Pour Darlington (1949), le centromère ne serait qu'un gène, spécial privé d'A.D.N. et qu'il imaginait producteur de protéines, comme du reste les autres gènes. Mais il ne formerait de protéines que dans un sens précis perpendiculairement à la direction du chromosome (*fig. 110, C*), alors que les autres gènes en fabriqueraient dans toutes les directions (*fig. 110, A* et *B*).

Les protéines du centromère seraient les fibres fusoriales, pour une part, les fibres interzonales d'autre part, c'est-à-dire celles qui unissent les deux couronnes anaphasiques au niveau de l'équateur. Ainsi, le centromère permettrait la séparation des chromatides et faciliterait le retour aux pôles. Toutes les irrégularités de divisions du chromosome, dont les généticiens ont étudié les conséquences héréditaires, s'expliqueraient par des divisions anormales des centromères, par exemple des scissions non plus longitudinales, mais transversales, réalisant des chromosomes dont les deux bras sont identiques (*fig. 110, D*). De telles divisions ont été effectivement reconnues chez le Maïs.

Le rôle du centromère est démontré par ce fait que, si une rupture de chromosome produit un segment qui en est dépourvu, il ne parvient généralement pas à se déplacer sur le fuseau à l'anaphase : le chromosome *acentrique* se perd (*fig. 111, A* 4 et *B*).

La position du centromère dans le chromosome est tantôt médiane : le chromosome, dit alors *métacentrique*, présente, au moment de la métaphase, la forme en V. Tantôt il est voisin d'une extrémité : le chromosome est *acrocentrique* et formé de deux bras inégaux, dont l'un peut être très court mais jamais nul *(fig. 111, A)*. En effet, si, expérimentalement, on obtient parfois des chromosomes réduits à un seul bras, le centromère étant terminal, ils ne fonctionnent pas normalement et provoquent toutes sortes d'anomalies (chromosomes *télocentriques*) (McClintock, 1941, Rhoades, 1940).

De même des chromosomes ayant deux centromères conduisent aussi à des anomalies, soit qu'ils se brisent au cours de la mitose, chacun des centromères gagnant à l'anaphase un pôle différent, soit qu'ils empêchent la séparation des deux noyaux fils *(fig. 111, C)*. Dans quelques cas exceptionnels, il existerait de nombreux centromères

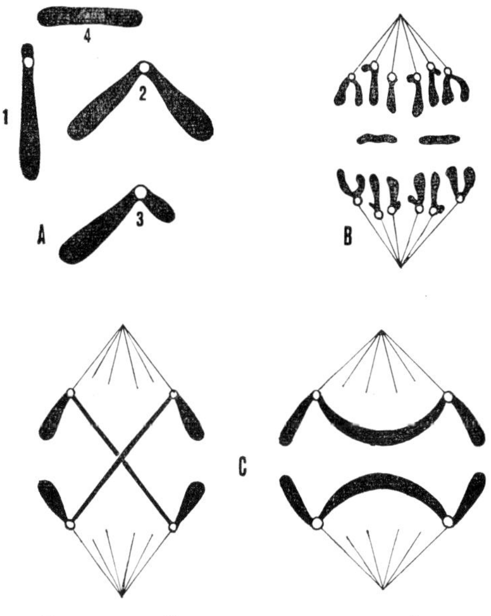

FIG. 111 — CHROMOSOMES ET CENTROMÈRES.

A, 1, chromosome acrocentrique; 2 et 3, chromosome métacentrique égal et inégal; 4, chromosome acentrique; B, leur comportement dans la mitose; les chromosomes acentriques ne se divisent pas et restent en panne sur le fuseau; C, les chromosomes à deux centromères ne se divisent normalement que dans cinquante pour cent des cas, (d'après White, ou inspiré de lui).

dans un même chromosome, ou bien l'action du centromère serait, en quelque sorte, diffuse, partagée à tous les niveaux du chromosome. H. Schrader et Ris ont obtenu de tels éléments chez certaines Cochenilles (*Steatococcus,* 1941) : ils brisent le chromosome en menus fragments, à l'aide de rayons X. Tous les morceaux obtenus s'insèrent normalement sur le fuseau, quelle qu'en soit la taille.

Tel serait aussi le cas de l'*Ascaris :* chez ce Ver, les cellules de la lignée somatique ne gardent pas les deux ou quatre grands chromosomes classiques des deux premières divisions de segmentation. Mais, au cours des divisions dites de *diminution chromatique,* reconnues en premier lieu par Boveri, ces grands chromosomes pulvérisent leur région médiane en un nombre élevé de petits chromosomes en grains, qui se divisent ensuite régulièrement, chacun pour son compte. Seules les extrémités des gros chromosomes paraissant manquer de centromères, ne suivent pas les mouvements anaphasiques et disparaissent dans le cytoplasme.

On a appris peu de choses nouvelles sur le centromère par le microscope électronique si ce n'est qu'il s'agit d'une masse dense sans structure ; par contre, des microponctures ultraviolettes ont été réalisées en reprenant la vieille méthode de Tchahotine, sur les diverses parties du chromosome au cours de la mitose. Elles ont montré une efficacité réelle uniquement quand elles portent sur le centromère (Uretz, 1954).

Le chromosome ainsi touché est immobilisé et s'élimine dans le cytoplasme. Elles démontrent donc toute l'importance de cet organite.

La signification du centromère semblait avoir été établie par une observation des Pollister qui ont vu, chez les *Vivipara,* Mollusques d'eau douce, à spermatogenèse spéciale, au cours de laquelle certains spermatozoïdes, dits *oligopyrènes* ou *apyrènes,* se forment avec disparition des noyaux, et multiplication du flagelle, les centromères se détacher des chromosomes en voie d'altération, et se disposer parmi les centrioles, les doublant en quelque sorte.

Les centromères seraient ainsi les équivalents des centrosomes (1939, 1943), dont ils possèdent du reste l'aspect et les réactions de coloration. Il ne semble cependant pas que le M.E. ait confirmé cette assimilation : le centromère n'a pas de structure, tandis que le centriole en a une.

La *matrix* est la substance qui emballe en quelque sorte les chromonémas, et que l'on peut suivre pendant toute la mitose. Elle présente au début des prophases une colorabilité atténuée, puis se charge de plus en plus de colorant, empêchant ainsi, au voisinage de la métaphase, de reconnaître quoi que ce soit dans le chromosome. Par contre, à l'anaphase, sa colorabilité s'atténue plus vite que celle des chromonémas, et elle se distingue ainsi beaucoup mieux (Doulat, 1943). Sa réalité est prouvée, d'autre part, grâce à l'existence de réactifs qui la dissolvent, tout en respectant les chromonémas. Telles sont l'eau bouillante (Sakamura, 1927), les vapeurs d'ammoniac (Kuwada et Nakamura, 1933, 1934), les solutions légèrement acides (Oura, 1936, Wada, 1937), dans lesquelles elle se gonfle avant de se dissoudre.

Il en est du reste de même des solutions légèrement alcalines : tous ces procédés ont été utilisés pour mettre en évidence la spiralisation.

La réalité de la membrane enveloppante, ou *pellicule,* est plus contestée. On a remarqué que les chromosomes métaphasiques venant en contact ne se soudent normalement pas, tandis qu'ils peuvent le faire après action de la chaleur, ou des rayons X. Mais il peut s'agir d'une altération de la matrix dans sa totalité et pas obligatoirement au niveau seulement de la membrane possible. Cependant, quand une rupture de chromosome se produit, les lèvres fraîches de la section peuvent se ressouder immédiatement (Muller). Il existe donc une différence de structure entre la section fraîche et la surface normale, différence qui doit être due à une condensation moléculaire de surface, c'est-à-dire à l'existence d'une membrane.

Palay et Claude (1950), à la suite de recherches au microscope électronique sur les chromosomes salivaires, avaient nié l'existence tant de matrix que de membrane. Cependant leurs observations faites par les méthodes d'empreintes, ont été contestées ensuite par d'Angelo, qui, au micromanipulateur, a pu, sur les mêmes chromosomes, mettre en évidence la pellicule, et une certaine quantité de substance matricielle (1951). Depuis l'avènement de la méthode des coupes ultrafines, l'étude des chromosomes est, comme nous l'avons déjà indiqué, incontestablement restée en arrière, loin derrière celle du cytoplasme. Elle ne montre en tout cas, pas trace de pellicule.

Grassé a cherché à interpréter les chromosomes des spermatocytes d'*Helix* (1957), et ceux de divers Péridiniens, en particulier ceux des Zooxanthelles (1958). Il semble que de nombreuses autres recherches soient encore nécessaires avant de comprendre les difficiles images observées.

LA STRUCTURE SPIRALÉE DU CHROMOSOME

Le raccourcissement et le tassement du chromosome entre la prophase et la métaphase, sont dus à une *spiralisation* des chromonémas. Ce fait, observé déjà en 1880 *in vivo,* par Baranetzky, dans les chromosomes des cellules mères du pollen chez *Tradescantia,* puis par Carnoy, dans certains noyaux des tubes de Malpighi de nymphes d'Hyménoptères (1884) *(fig. 112),* a été longtemps nié. Ces auteurs avaient pourtant réussi à dérouler les chromonémas, après lésion des chromosomes. Il faut bien reconnaître cependant que, dans l'immense majorité des cas, le chromosome métaphasique, une fois fixé et coloré, apparaît rigoureusement homogène. C'est seulement à l'anaphase et à la télophase, et surtout pendant la méiose, que l'on parvient le moins difficilement à distinguer sa ou ses spirales.

Il a fallu que, au Japon, Fujii redécouvre le fait, que l'école japonaise a alors étudié en détail : Kuwada et Nakamura ont à nouveau déroulé les spirales des chromosomes de *Tradescantia* convaincant ainsi les sceptiques (1933, 1934). Makino, en 1936, a d'au-

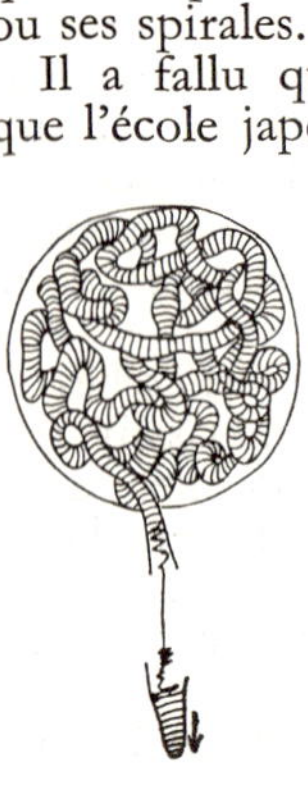

FIG. 112 — LA SPIRALISATION DÉMONTRÉE *in vivo.*

Figure de Carnoy (1880) montrant, in vivo, le déroulement du chromonéma dans le noyau des tubes de Malpighi d'une nymphe d'Hymenoptère, (emprunté à Henneguy).

tre part montré que les chromosomes des *Podisma,* Insectes Orthoptères, avaient la même spiralisation.

Ces faits ont été vérifiés dans la plupart des laboratoires de cytologie, et la spiralisation est aujourd'hui considérée comme un fait général bien établi sinon bien compris.

Le chromosome somatique présente normalement une spirale dont les tours sont en contact serré, sans le moindre espace intercalaire : indépendamment donc de l'existence de la matrix, le tassement des spires empêche de les voir. Il faut pour y parvenir utiliser des techniques spéciales, telles que celles citées plus haut comme faisant disparaître la matrix. D'autres ont été également employées avec succès : les vapeurs d'acides minéraux ou d'acide acétique glacial (La Cour, 1935), l'alcool ammoniacal (Manton, 1939). Il ne s'agit pas cependant d'artefacts, car, sur le vif, les spires ont été vues dans certaines conditions en général imprécises, telles que « mauvaise » nutrition du matériel étudié (1945, Manton, chez *Osmunda*). Elles sont d'autre part faciles à mettre en évidence par le microscope à U.V., et plus exceptionnellement par le microscope électronique (Péridiniens, Grassé, 1957); *Amoeba* (Pappas, 1959).

La spirale, dans la mitose, est dénommée aujourd'hui *enroulement standard* : on tend à réserver le terme de *spirale mineure,* qui y a été longtemps utilisé, pour les chromosomes méiotiques, qui présentent également une *spirale majeure*.

Au cours de la prophase, on voit ainsi s'organiser dans chaque chromatide une spire de faible diamètre, et de pas très petit, à nombre important de tours (16 chez *Osmunda,* 20 à 25 chez *Tradescantia,* 120 à 130 chez *Trillium grandiflorum*).

Les deux chromatides accolées sont unies au niveau des centromères et leur sens respectif de spiralisation peut être différent. En se rapprochant de la métaphase, le nombre des spires diminue, et leur diamètre augmente.

C'est le processus d'« élimination des spires » reconnu dans la méiose par Sparrow (1942) et Swanson (1942), dans la mitose par Manton (1949), cette dernière à l'aide du microscope à ultraviolet...

A partir de l'anaphase, le chromosome se décontracte

et les spires deviennent souvent plus visibles *(fig. 113, B et C)*. Elles sont extrêmement nettes chez certains Protistes, par exemple chez le Foraminifère *Patellina corrugata*, où Le Calvez les a étudiées (1938), *(fig. 114)*; également chez certaines *Pseudotrichonympha* (Grassé et Hollande) (1951) *(fig. 113, D)*.

Le sens de la spiralisation est le plus souvent inconstant; il peut changer sur un même chromosome, soit au niveau du centromère, soit le long d'un bras.

Presque toutes ces données ont été établies sur matériel

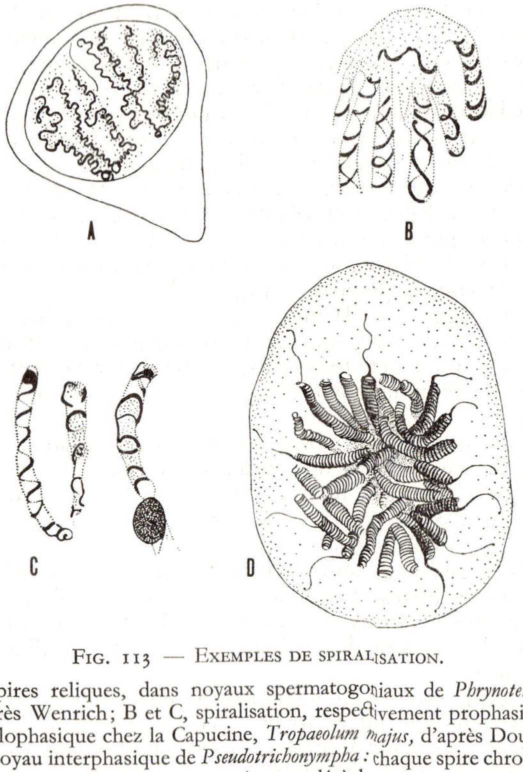

FIG. 113 — EXEMPLES DE SPIRALISATION.

A, spires reliques, dans noyaux spermatogoniaux de *Phrynotettix*, d'après Wenrich; B et C, spiralisation, respectivement prophasique et télophasique chez la Capucine, *Tropaeolum majus*, d'après Doulat; D, noyau interphasique de *Pseudotrichonympha*: chaque spire chromosomique est relié à un centromère accolé à la membrane nucléaire, (d'après Grassé et Hollande).

végétal : il ne fait aucun doute qu'elles valent aussi bien pour le matériel animal.

En effet, fréquemment, la spiralisation d'un chromosome télophasique ne disparaît pas totalement et elle persiste à l'état semi-relâché, pour réapparaître dans le même état au début de la prophase suivante. Ce phénomène est surtout net pour les divisions méiotiques qui se passent sans période de repos prolongée, et où ces spires lâches ont été dénommées par Darlington *spires reliques (fig. 113, A)* : or, elles sont fréquentes en spermatogenèse d'Insectes. White les signale chez les genres *Schistocerca, Chortophaga, Platycleis, Metrioptera.*

La structure spiralée du chromosome étant ainsi connue dans son aspect général, voici comment se réalise son évolution cyclique.

Dans le noyau au repos qui ne s'est pas divisé depuis longtemps, la matrice très imbibée d'eau, est indistincte, sauf parfois au voisinage des centromères. Au moment du gonflement prophasique, les chromonémas apparaissent dans son intérieur déjà doubles, et leurs zigzags sont l'indice d'un début de spiralisation. Celle-ci est indépendante pour chacun des deux brins qui se tassent progressivement, probablement avec « élimination de spires ».

Les chromatides spiralées le sont donc dès l'origine : elles n'ont ensuite qu'à s'écarter l'une de l'autre à la métaphase. Mais on se rappelle l'existence d'une division anaphasique, souvent signalée. Survenant en pleine période de spiralisation, elle pose le problème général de la *division d'un chromosome spiralisé.*

Il a été examiné en premier lieu par Kuwada en 1927, et depuis par beaucoup d'autres, qui ont décrit, en termes variés, deux types possibles de spiralisation. A la suite de Manton (1950), nous utiliserons pour eux la nomenclature de Sparrow (1941). Le premier de ces types est dit *plectonémique :* on peut obtenir son image en enroulant simultanément deux fils de fer sur une tige cylindrique, tout en laissant tourner les extrémités libres. C'est l'*orthospirale* de Kuwada : la tige retirée, les deux spires sont engagées l'une dans l'autre, à chaque tour : elles ne peuvent être séparés sans rupture *(fig. 115, A)* ou sans détorsion.

Le second type, dit *paranémique,* s'obtient de la même

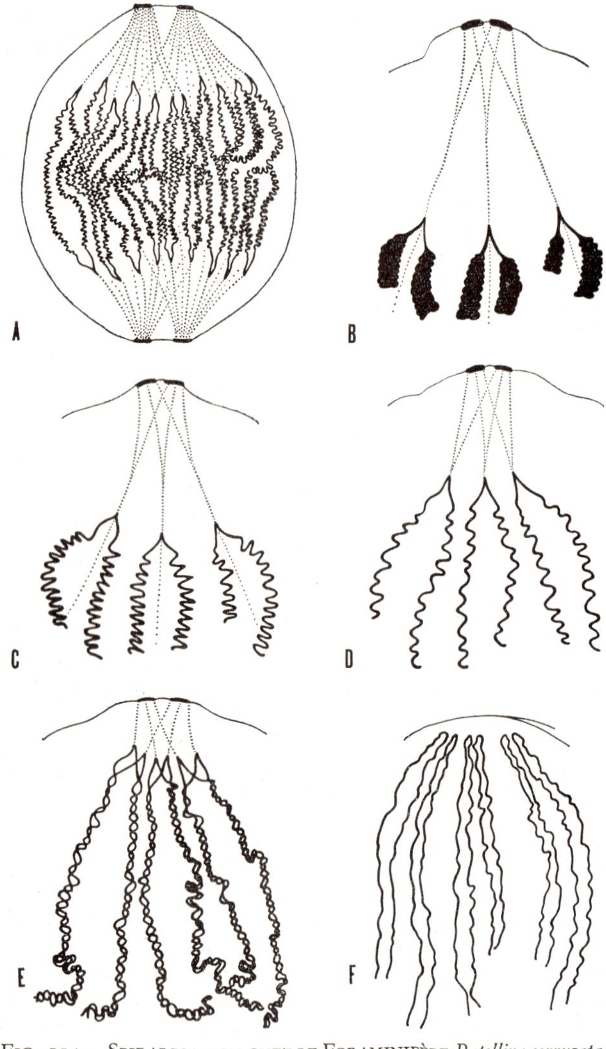

FIG. 114 — SPIRALISATION CHEZ LE FORAMINIFÈRE *Patellina corrugata*.

A, début d'anaphase, déspiralisation commençante; de B à F, stades successifs de cette déspiralisation. Noter, en E, la division anaphasique qui s'effectue en pleine spiralisation, ici plectonémique, (d'après Le Calvez).

façon, mais en empêchant les extrémités de tourner : c'est l'*anorthospirale* de Kuwada.

Dès que l'axe est enlevé, la séparation se fait sans que les tours soient engagés les uns dans les autres (*fig. 115, B*).

A la mitose, l'enroulement des deux chromatides serait du type plectonémique : théoriquement donc leurs deux spires ne pourraient se décrocher : si elles le font pourtant, c'est que leur spiralisation a été indépendante, et que la division a été précoce. Il est en effet toujours possible de faire pénétrer l'un dans l'autre, en les ser-

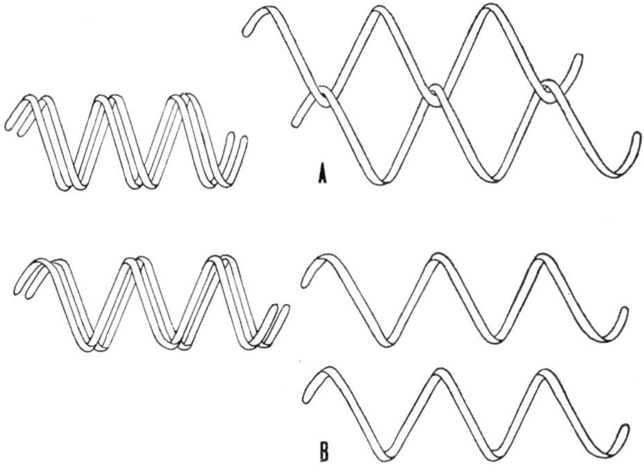

FIG. 115 — LES DEUX TYPES DE SPIRALISATION.

A, type plectonémique : les spires ne peuvent se séparer latéralement, sauf par un mouvement de dévissage; B, type paranémique : les deux spires se séparent sans difficulté, même latéralement.

rant parallèlement, deux ressorts de même pas : ils se séparent ensuite facilement. C'est certainement ce qui doit arriver à la prophase.

En ce qui concerne la division anaphasique, on sait, grâce aux travaux de Kuwada et Nakamura, de Aisima (1941), de Manton (1945), que les deux demi-chromatides peuvent se séparer en pleine spiralisation, mais que le plan de séparation tourne de quelques tours sur leur longueur, selon un enroulement réciproque des deux brins l'un autour de l'autre (*relation coiling* de Darlington).

On pourrait d'autre part les séparer complètement l'un de l'autre sans rupture : leur enroulement serait donc paranémique, mais ce fait, admis par Manton, n'est pas général.

Les deux chromatides se déspiralisent ensuite totalement pendant la phase de repos, pour recommencer une spiralisation indépendante à la prophase suivante. L'enroulement réciproque cité ci-dessus a été considéré comme un enroulement relique de la spiralisation télophasique.

En ce qui concerne les causes et les conséquences de la spiralisation, ces problèmes seront évoqués plus bas, après étude de la méiose.

STRUCTURES PARTICULIÈRES DU CHROMOSOME

Muller a distingué, sous le nom de *télomères,* les extrémités naturelles des chromosomes : elles ne se comporteraient pas de la même façon que le reste.

En cas de translocation, c'est-à-dire de modification de la séquence normale des chromomères par changement de place d'un fragment de chromosome, tel qu'il s'en produit fréquemment à la suite d'irradiations aux rayons X, l'extrémité du chromosome ne peut s'intercaler à l'intérieur d'un chromosome; réciproquement, une zone qui n'est pas naturellement terminale ne peut être amenée à le devenir.

Les télomères jouent également parfois dans certains chromosomes un rôle spécial, devenant *nucléoligènes.*

Les *nucléoles,* qui ont été étudiés plus haut, disparaissent le plus souvent à la prophase, pour se reformer ensuite à la télophase.

Ils apparaissent alors, non pas comme des organites indépendants, mais comme des expansions latérales ou terminales émanant de certains chromosomes particuliers (*chromosomes nucléoligènes* de Chatton et Tuzet).

Ce phénomène, vu par Nawaschine en 1912 chez *Galtonia,* a été étudié fréquemment depuis par de nombreux auteurs (De Mol, 1928; Heitz, 1931; Heitz et Bauer, 1933, etc.).

La place où se forme le nucléole est toujours la même dans une même espèce. Le plus souvent, elle est marquée par un étranglement du chromosome (constriction secondaire), court, ou bien mesurant plusieurs diamètres de chromosome, et au niveau duquel la spiralisation est suspendue. Au-delà, le chromosome reprend généralement son diamètre normal, mais est réduit à un petit élément, le satellite, appelé encore *trabant (fig. 116, A)*.

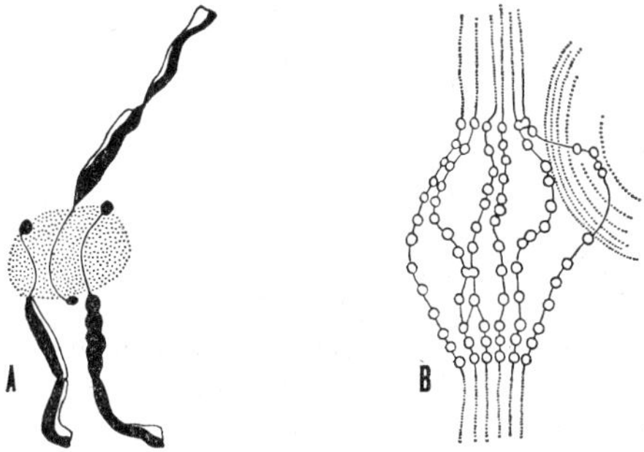

FIG. 116 — NUCLÉOLES ET CHROMOSOMES.

Relation des nucléoles avec les chromosomes nucléoligènes, à la télophase. A, chez *Drosophila ananassae,* d'après Kaufmann; B, avec une région hétérochromatique d'un chromosome X polytène, chez *D. pseudoobscura,* (d'après Bauer).

A la télophase, on distingue ainsi les nucléoles reformés adhérents aux chromosomes nucléoligènes. Comme les deux noyaux télophasiques présentent leurs chromosomes disposés symétriquement par rapport au plan équatorial, les nucléoles sont également symétriques par rapport à ce plan.

Dans les noyaux diploïdes, il y a généralement deux nucléoles, un par génome, mais qui fusionnent souvent ultérieurement. Tantôt les nucléoles conservent à l'interphase des rapports avec leurs chromosomes formateurs, et alors les satellites leur restent accolés, tantôt ils s'en détachent complètement.

Mc Clintock (1934) a dénommé organisateur nucléolaire la région du chromosome au contact de laquelle se développe le nucléole. Elle n'est pas toujours liée à un satellite : il arrive en effet que c'est au niveau du centromère que se forme le nucléole. Hakansson et Levan ont vu le nucléole se former ainsi chez *Pisum* (1942). Enfin ce peut être aussi un télomère qui joue ce rôle d'organisateur.

Woods a constaté une telle formation chez la Tulipe (1937) et Chatton et Tuzet, étudiant la spermatogenèse de *Lumbricus herculeus* (1943), ont décrit, à l'extrémité d'un chromosome nucléoligène, un renflement acidophile coiffant une région spéciale, Feulgen-négative, du télomère. Ils nomment l'ensemble *pronucléole,* car il peut se gonfler, et se détacher totalement du chromosome. Mais la coiffe acidophile ne disparaît pas entièrement : elle pourrait bourgeonner un autre élément, qui est le plus souvent un *paranucléole*. Les auteurs dénomment ainsi des nucléoles qui disparaissent normalement à la division, tandis que leur « nucléole vrai » ne disparaît pas par dissolution, mais est expulsé *(fig. 117, A* et *B).*

La formation des nucléoles semble également souvent en rapport avec l'existence d'une chromatine particulière, ou *hétérochromatine,* dont ils seraient un produit d'élaboration.

Heitz a désigné par ce terme (1935) une variété de chromatine constituant soit des chromosomes entiers (chromosome Y de la Drosophile), soit des fragments de chromosome, et qui ne se comporte pas comme les autres au cours du cycle nucléaire. Elle ne disparaît pas du noyau à la télophase, étant dite pour cette raison hétéropycnotique (Gutherz, 1907) : on sait depuis longtemps que les chromosomes sexuels, ou *hétérochromosomes* des Orthoptères, subsistent en permanence dans le noyau, ne se distinguant du nucléole que par leur basophilie très accusée. Cette hétéropycnose est dite positive. On la distingue d'une autre, négative, qui a des caractères inverses : alors que les autres chromosomes sont à leur maximum de colorabilité à la métaphase, les chromosomes qui la manifestent ne se colorent pas ou très peu.

Par opposition, on nomme *euchromatine* celle qui se comporte normalement.

On sait depuis lors que la plupart

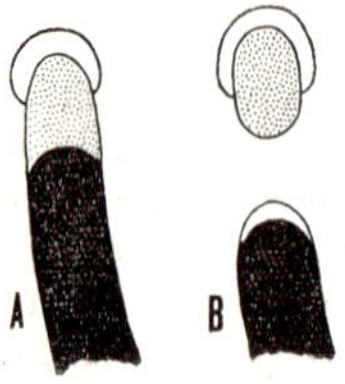

FIG. 117 — FORMATION DU NUCLÉOLE À PARTIR DU TÉLOMÈRE D'UN CHROMOSOME, CHEZ LE VER DE TERRE, (D'APRÈS CHATTON ET TUZET).

Le nucléole formé est ici hétérogène.

des chromosomes possèdent les deux sortes de chromatine en quantité variable, qu'il y a des régions euchromatiques et d'autres hétérochromatiques. Au repos, les régions hétérochromatiques ont tendance à s'agglomérer : elles forment ainsi le *chromocentre* des glandes salivaires, chez la Drosophile.

Pour Darlington (1947), il existerait une sorte de balancement entre l'existence de zones d'hétérochromatine, dans les chromosomes, et la présence des nucléoles. *Paris quadrifolia,* qui ne semble pas posséder de telles zones, a toujours des nucléoles. Le Chironomide *Cricotopus,* qui possède toujours des zones d'hétérochromatine, n'a ni organisateur nucléolaire, ni nucléole. Ces deux types de formation seraient des sources possibles d'acide ribonucléique, utilisables au cours de la prophase, et ainsi le problème morphologique de l'hétérochromatine se relie au problème chimique du cycle des constituants du chromosome.

COMPOSITION CHIMIQUE DU CHROMOSOME

Longtemps on s'est borné à ne considérer dans le chromosome que la *chromatine,* c'est-à-dire une matière non définie chimiquement, supposée responsable des propriétés de colorabilité de cet élément par les colorants basiques.

Cette notion purement morphologique a commencé à devenir chimique le jour où la réaction de Feulgen a montré que la chromatine était vraisemblablement constituée, dans le chromosome métaphasique, par de l'A.D.N. Mais les variations de colorabilité enregistrées au cours du cycle nucléaire demandaient une explication. Dans le noyau au repos, la réaction paraît presque totalement négative, elle devient de plus en plus nette au cours de la prophase, avec son maximum d'intensité au moment de la métaphase. Elle s'atténuerait ensuite à l'anaphase, pour s'annuler pratiquement à la fin de la télophase.

On a constaté que ces faits avaient une portée générale, se retrouvant identiques dans toutes les cellules animales et végétales et, par suite, on a pensé qu'il existe des variations cycliques de la constitution chimique du chromosome.

Leur étude a été poursuivie à l'aide des trois méthodes

déjà envisagées. Celle de Brachet permet de prolonger l'action de la méthode de Feulgen, puisqu'en plus de cette dernière, elle permet de situer l'autre acide nucléique. On a donc pu constater grâce à elle que les chromosomes métaphasiques contiennent peu d'A.R.N., qui serait plus voisin, par ses propriétés, de celui du cytoplasme que de celui du nucléole, et beaucoup plus d'A.D.N.

Appliquée aux chromosomes salivaires du Chironome, elle donne une nouvelle précision.

Ces éléments géants montrent nettement deux types de régions : les unes renferment l'euchromatine; les autres l'hétérochromatine.

Les premières sont régulièrement faites d'une succession de bandes basophiles plus ou moins épaisses, bien colorables au vert de méthyle, et que séparent des interbandes presque achromatiques. Rappelons que le vert de méthyle caractérise l'A.D.N. (Brachet).

Dans les zones hétérochromatiques, la structure perd toute sa régularité, il n'y a plus de bandes nettes, mais la coloration démontre les deux acides, A.R.N. et A.D.N.

Caspersson, appliquant sa méthode au même matériel, montre dans l'euchromatine, en plus de l'acide nucléique, des histones; dans les interbandes, des protéines complexes qui pourraient être des globulines. Dans l'hétérochromatine, en plus des deux acides que la méthode ne peut distinguer, elle démontre aussi beaucoup d'histones. Les Stedmann pensent que les globulines de Caspersson pourraient bien être une protéine nouvelle qu'ils désignent par le nom de *chromosomine* (voir *infra*).

Ces premiers résultats ont été complétés depuis lors par une série de travaux, réalisés principalement par Mirsky, Pollister, et Ris, seuls ou en collaboration (1942, 1946, 1947, 1949, etc.) effectués cette fois directement sur des chromosomes normaux, mais isolés de divers tissus : thymus, foie, laitance de Poissons, après broyage, filtration et centrifugation fractionnée.

Les chromosomes, une fois séparés, se conservent sans altération dans ClNa, en concentration M/14, et pH = 6,3. Traités alors par ClNa en solution normale, ils perdent 90 % de leur masse. La solution dans le sel est visqueuse, filante, opalescente : elle est constituée uniquement par de l'A.D.N. combiné à une histone. La fraction, non dissoute, dite *protéine résiduelle,* garde la forme des chromosomes initiaux : elle permet même de distinguer encore les zones euchromatiques et hétérochromatiques. Ce véritable fantôme de chromosomes, analysé à son tour, se montre constitué par les deux acides, l'A.R.N. étant quatre fois plus abondant que l'autre, combinés à une protéine riche en tryptophane, et qui est peut-être, au moins pour une part, la chromosomine citée ci-dessus.

Les Stedmann, reprenant en effet les remarquables recherches de Miescher et de Kossel, ont découvert, en plus des histones et des protamines, une nouvelle substance, insoluble dans les acides et alcalis étendus, soluble dans les alcalis concentrés.

Ce corps, dont le caractère acide est ainsi démontré, renferme une importante proportion de tryptophane, en plus des acides glutamique, aspartique, de l'arginine et de la tyrosine.

Comme les molécules d'histones et de protamines semblent interchangeables en quelque sorte dans les divers noyaux — on trouve en effet, d'une espèce à l'autre, tantôt les premières, tantôt les secondes —, la nouvelle molécule, plus complexe, a été interprétée comme la base des unités héréditaires (Stedmann, 1947). Mais comme sa présence est liée aussi à la forme de l'élément chromosomien, on doit penser plutôt qu'elle constitue simplement une *protéine de structure* du chromosome.

Mirsky et Ris ont cherché à élucider ce nouveau problème (1949) : ils ont comparé les proportions de l'A.D.N. et de la « protéine résiduelle » dans divers tissus. Elles y sont variables : dans les hématies de Carpe, ils trouvent : A.D.N. = 41 %; prot. résid. = 4 %; dans le foie de veau : A.D.N. = 26 %; prot. résid. = 39 %. Il semble qu'il y a d'autant plus de protéine résiduelle qu'il y a une plus grande quantité de cytoplasme et que le métabolisme de la cellule envisagée est plus intense.

On a mesuré aussi la quantité absolue d'A.D.N. dans divers tissus : Boivin et les Vendrely (1948), puis Mirsky et Ris (1949) ont découvert une constance remarquable de cette quantité dans chaque noyau. La mesure, effectuée dans les tissus somatiques, puis dans les gamètes, a revélé des valeurs deux fois plus fortes dans le premier cas que dans le second : chez la Tortue, chaque noyau d'hématie en renferme $7,33 \times 10^{-9}$ gr., alors qu'il y en a $3,7 \times 10^{-9}$ dans chaque spermie.

Il s'agit donc d'une constance de génome, qui prouve que l'A.D.N. correspond bien au matériel héréditaire. Si la protéine des Stedmann était celle qui lui est liée, elle devrait présenter une constance analogue : puisqu'il n'en est pas ainsi, c'est qu'elle est vraisemblablement autre chose, peut-être une protéine fonctionnelle.

Notons enfin que des recherches récentes (1957-1958) ont prouvé l'existence de constituants lipidiques au niveau des chromonémas : ils y seraient engagés dans un complexe avec les nucléoprotéines (Zagury, Idelman).

LE CYCLE CELLULAIRE DES ACIDES NUCLÉIQUES ET LEUR RÔLE

Si la distribution statique des acides nucléiques dans la totalité de la cellule est maintenant un fait connu, il n'en est pas de même de leurs relations possibles ou de leur rôle.

Étant donnée l'importance que jouent ces molécules dans tous les types d'organismes à multiplication rapide, c'est-à-dire capables d'effectuer très vite la synthèse de leur propre substance, qu'il s'agisse des Ultravirus ou des Bactéries, ou encore des tissus en croissance chez les organismes supérieurs, on a été amené à penser que ces acides jouent un rôle essentiel dans la *synthèse des protéines spécifiques.*

L'étude des organismes supérieurs fournit en effet un ensemble de faits convergents : rappelons simplement l'importance des nucléoles liée à l'abondance de l'ergastoplasme dans toute la cellule où se produit une importante synthèse protéique, depuis la cellule pancréatique jusqu'aux éléments mères des grains de pollen.

Restent à concevoir les modalités de réalisation d'une telle synthèse. En ce qui concerne tout d'abord les chromosomes, Darlington pense que les *gènes de l'euchromatine élaborent les protéines spécifiques.* Les généticiens ont démontré effectivement qu'ils ont sous leur dépendance l'édification de chaque enzyme. Les recherches effectuées par Beadle et Tatum (1945) et beaucoup d'autres à leur suite, grâce à la moisissure du pain, *Neurospora crassa,* et à divers champignons, ont en effet démontré qu'à chaque diastase agissant dans n'importe quel processus biologique, correspond un gène. Toute modification expérimentale de celui-ci stoppe une réaction en chaîne qui s'arrête à un point précis, tandis que les produits non transformés s'accumulent dans le cytoplasma.

Cette réaction reprend si l'on fournit à la cellule l'enzyme manquant, dont le gène modifié ne permet plus la réalisation, ou la substance qu'il devait édifier.

Quant à l'hétérochromatine, elle serait également pourvue de gènes, mais beaucoup moins spécifiques, et qui synthétiseraient des protéines beaucoup plus banales. Elle serait ainsi beaucoup moins précieuse que l'autre : le mâle de la Drosophile qui est normalement muni d'un chromosome spécial, dénommé Y, peut vivre tout aussi bien sans ce chromosome qui est considéré comme presque entièrement hétérochromatique. Les mâles ainsi obtenus (XO) sont normaux sauf en ce qu'ils sont stériles, parce que leurs spermies ne sont pas mobiles. Ce fait est attribué à un petit nombre de gènes mêlés à l'hétérochromatine du Y et qui, étudiés par Mather (1944), seraient presque identiques les uns aux autres, mais à effet additif, et leurs actions ne seraient pas spécifiques.

Des recherches plus récentes ont montré que l'A.D.N. ne présente pas la même stabilité, selon qu'il est présent dans l'hétérochromatine ou dans l'euchromatine. Son instabilité dans l'hétérochromatine conduirait à d'importantes modifications de sa quantité, même simplement en fonction des conditions de milieu.

Quant aux rapports des chromosomes avec les autres constituants du noyau et de la cellule, ils sont encore loin d'être précisés.

A la prophase, la disparition du nucléole indique une migration de son constituant ribonucléique qui doit se fixer rapidement puisque le suc nucléaire ne paraît pas en renfermer. Au même moment, les chromosomes augmentent de colorabilité : on a été ainsi tenté d'admettre qu'une partie au moins de l'acide du nucléole passe sur eux.

J. Brachet pensait avoir découvert un appauvrissement simultané du cytoplasme en A.R.N. Une partie de cet acide serait passé sur le territoire nucléaire dont la membrane ne le sépare plus, et aurait été ainsi l'une des sources de l'acide des chromosomes. Cette possibilité n'est plus acceptée depuis 1958, car on sait que l'A.R.N. cytoplasmique diffère du nucléaire.

La circulation de l'A.R.N. ne paraît donc pouvoir s'effectuer que dans le sens noyau-cytoplasme, et ainsi une transformation immédiate de l'A.R.N. cytoplasmique en A.D.N. semble exclue.

Chimiquement parlant, on ne sait comment elle se ferait, car elle concerne à la fois celle du pentose, devenant désoxyribose, et certains changements dans les bases, la thymine étant spéciale à l'A.D.N., l'uracile à l'A.R.N.

Biologiquement parlant, cette transformation a cependant été jugée vraisemblable, au moins à l'intérieur du noyau où l'on a admis la possibilité d'une relation entre l'A.R.N. du nucléole et les deux acides du chromosome.

La prophase est marquée par une mobilisation de l'A.R.N. nucléolaire qui disparaît. Il semble ne pouvoir se fixer ailleurs que sur les chromosomes : il le ferait pour une faible part sous la même forme, pour une plus grande sous celle d'A.D.N. : telle serait la *nucléination*. Lors de chaque mitose, en effet, la division des chromosomes correspond à une augmentation réelle, à un doublement de leur masse, donc de la masse de cet acide. Il dériverait de l'A.R.N. A la télophase, la reformation du nucléole correspondrait à une transformation inverse, au moins une partie de l'A.D.N. redevenant A.R.N. par *dénucléination*.

Cette hypothèse a été infirmée à la suite de mesures précises, effectuées soit au photomètre, sur noyaux colorés au Feulgen, soit même par dosage direct sur matériel isolé par centrifugation. Il a bien été reconnu que la masse de l'A.D.N. double effectivement lors de chaque cycle cellulaire, et l'on peut penser qu'*il y a une nucléination. Mais il n'y a pas de dénucléination :* l'A.D.N. du chromosome reste A.D.N.

D'autre part, il n'est pas prouvé non plus que l'A.R.N. prenne part à la nucléination. Enfin l'instant où s'effectue le doublement ne coïncide pas avec la mitose, et n'est pas partout le même.

Lison et Pasteels (1950), opérant sur des mitoses variées, soit d'hématies d'embryons de rat, soit de glandes de Lieberkühn du même animal, adulte, soit de fibroblastes de poulet, en culture de tissus, n'ont trouvé aucun changement de la quantité d'A.D.N. pendant le cours de la mitose. C'est seulement à la fin de la télophase qu'une augmentation se constate, menant au doublement et terminée bien avant la prophase suivante. Parvenus au même résultat, d'autres chercheurs dont Swift, Alfert, Patau et Swift situent l'époque du doublement plus avant dans le cycle cellulaire, près de la division suivante, dans la phase que Bullough désigne sous le nom d'*antéphase*.

On sait encore peu de chose sur les processus chimiques qui concernent cette phase, bien que de nombreux chercheurs aient abordé ce problème depuis dix ans. Il semble que toute transformation directe d'A.R.N. en A.D.N. soit impossible, car le doublement doit se réaliser selon le schéma de Watson et Crick, la double spire d'A.D.N. se déroulant, les deux brins se séparant l'un de l'autre, et chacun se complétant en fixant des nucléotides complémentaires des siens. La synthèse doit donc se faire « pas à pas », à partir de mononucléotides se soudant les uns aux autres en même temps qu'ils se fixent à la chaîne déjà formée, la prolongeant au long du brin qui sert de moule.

On s'est demandé si l'A.R.N. ne pourrait pas servir de source de mononucléotides. Le fait ne paraît pas impossible, mais il est improbable, car les éléments d'A.R.N. libérés par le catabolisme de la molécule, et passant dans le sang, ne sont pas réutilisés, mais éliminés.

On pense plutôt que les précurseurs sont des molécules plus petites d'« adénosine active », d'adénosine-5 phosphates, peut être d'A.M.P. (adénosine monophosphorique). Toutefois, ce corps, marqué par son P, s'unit moins vite aux purines que ne le font les nucléosides 2' et 3' (un nucléoside = base + pentose). On ne sait non plus pas si le précurseur de l'A.R.N. est le même pour les portions nucléaires et cytoplasmiques de cet acide.

Ainsi, la synthèse de l'A.D.N., fait chimique essentiel du cycle cellulaire, se trouve réalisée, indépendamment de la mitose, avant les changements caractéristiques de la division.

De ceux-ci, on ne connaît encore que l'aspect classique de la division longitudinale : il reste à apprendre au moins quand et comment se doublent les chromonémas.

Il semble ainsi que l'on soit plus avancé au niveau moléculaire, où le schéma de Crick et Watson permet de comprendre ce qui doit se passer, qu'au niveau du chromosome, où l'on est encore réduit à des suppositions.

LE MÉCANISME DE LA MITOSE

Malgré plus d'un demi-siècle d'efforts, aucune des nombreuses théories proposées pour établir les causes de ce mécanisme n'est parvenue à en fournir une explication indiscutable.

Les faits sont pourtant relativement simples : à la métaphase, les chromosomes sont rangés dans un ordre qui n'est pas niable à égale distance des pôles du fuseau, que celui-ci soit ou non occupé par un aster. Les chromosomes se résolvent en leurs chromatides, et les anses filles remontent à l'anaphase vers les deux extrémités du fuseau. Il semble qu'il y ait ainsi deux forces successives agissant en sens inverse l'une de l'autre : la première répulsive à partir des pôles au début de la division, la seconde attractive, après la division des chromosomes.

Un fait est tout d'abord acquis : la séparation des chromatides par division des centromères se réalise indépendamment du mécanisme mitotique, aussi bien dans les divisions monastériennes qu'après blocage du fuseau par la colchicine.

Nous nous limiterons à l'examen des théories les moins invraisemblables, tendant à expliquer les mouvements des chromosomes indiqués ci-dessus.

Belar, reprenant en 1927-1929 une théorie ancienne de Druner (1895), fait état de l'existence des fibres du fuseau qui se formeraient à partir des extrémités polaires, comme deux demi-fuseaux venant se rejoindre sur la plaque équatoriale en poussant les chromosomes sur cette plaque. S'il existe un fuseau central, de formation différente, comme chez la Salamandre, il y a toujours des fibres périphériques (fibres du manteau, d'après les anciens auteurs), qui ont une formation bipolaire, et peuvent agir en poussant les chromosomes.

Des centromères émanerait d'autre part une sécrétion fluide attachant les chromosomes sur les fibres, et jouant le rôle de « substance de traction », en s'étalant sur chaque fibre depuis le centromère jusqu'au centrosome.

La séparation des anses filles est un mécanisme autonome : une fois qu'elle est réalisée, la région moyenne du fuseau s'allonge, elle pousserait les anses filles qui seraient en même temps tirées par la substance de traction.

On a objecté que l'allongement indéniable de la région moyenne du fuseau ne peut être efficace, car il se produit quand l'anaphase est déjà avancée.

D'autre part, la traction, si elle n'est pas invraisemblable, présente quelques difficultés, bien que Shiwago et Troukatcheva pensent l'avoir observée en 1940.

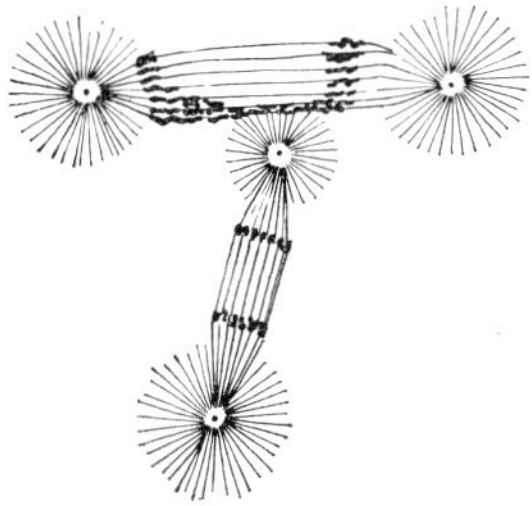

FIG. 118 — CENTROSOME ET CHROMOSOMES.

Action d'un centrosome d'une mitose de blastoderme de Truite sur certains chromosomes d'une mitose voisine : ces éléments sont attirés sans qu'il y ait la possibilité d'intervention d'une fibre de traction, (d'après Henneguy).

On doit accepter la réalité de fibres émanant des centromères, fibres qui sont parfois nettement visibles, doublant les fibres du fuseau, aussi bien visibles en contraste de phases qu'au microscope polarisant. Elles sont particulièrement résistantes à la centrifugation, et peuvent se former même en l'absence de fuseau, ou bien rejoindre seulement les fibres fusoriales.

Avec ce que l'on connaît des possibilités de contraction des chaînes polypeptidiques, la traction serait ainsi explicable, et Ris a repris l'hypothèse sous cette forme.

Mais on a aussi pensé voir dans la protéine du fuseau une substance analogue à la myosine.

Hoffmann-Berling, réalisant à l'aide de cellules en division des « modèles » par extraction à la glycérine, a constaté sur ceux-ci un allongement du fuseau entre les deux couronnes d'anaphase, dès qu'on ajoute de l'A.T.P. à la préparation, exactement comme on obtient dans les mêmes conditions des modifications des fibres musculaires. La traction serait donc réellement explicable et l'hypothèse justifiée.

Cependant, on peut lui faire une sérieuse objection :

en 1891, Henneguy, observant les mitoses du blastoderme de Truite, a donné la preuve d'une attraction, par un aster, de chromosomes qui ne semblent pas pouvoir être reliés à lui. Dans une région non cloisonnée du blastoderme, il a remarqué deux mitoses voisines, disposées à 60° l'une de l'autre *(fig. 118)*. Un aster de l'une a influencé la disposition des chromosomes de l'autre, et certains éléments sont attirés par lui, paraissant soustraits à l'action de leur propre centrosome. Il est visible sur le dessin d'Henneguy qu'ils se soulèvent même hors du fuseau. Il est évident qu'il ne peut y avoir eu ici de substance de traction entre ces chromosomes et l'aster. Il semble donc que l'on ne puisse accepter cette théorie sans réserves et qu'il faille en retenir surtout la possibilité de la mise en plaque équatoriale par répulsion astérienne.

Étant donnée l'analogie que présente la mitose avec un spectre électrique ou magnétique, on a cherché à en voir le mécanisme dans des actions électriques (Fol, 1875; Lillie, 1905-1911). Les chromosomes sont considérés comme chargés électriquement, et l'on admet qu'ils sont situés dans un champ électrostatique, qu'il est possible d'imaginer variable. Noyau et cytoplasme sont polarisés, la membrane cellulaire étant extérieurement positive, intérieurement négative; la membrane nucléaire intérieurement positive et extérieurement négative. Une augmentation de la perméabilité de la membrane cellulaire sur les deux extrémités d'un diamètre créerait, par dépolarisation de la membrane, des pôles profonds qui seraient chargés négativement.

Un système de lignes de forces se développerait alors, orientant les molécules cytoplasmiques. Les chromosomes, chargés négativement, seraient repoussés vigoureusement dans le centre du fuseau et, se repoussant ainsi les uns les autres, se disposeraient en plaque équatoriale.

Mais ils sont déjà divisés, phénomène autonome, et, en vertu de leur signe négatif, les chromatides se repoussent du côté des centres. Ici, grosse difficulté, si un providentiel affaiblissement de la poussée des centres ne venait, à point, permettre le retour polaire. Il est vrai que cet affaiblissement peut s'expliquer par un arrêt de la dépolarisation initiale. Il n'en est pas moins vrai que, à cette défaillance près, l'hypothèse de Lillie forme un système, évidemment purement théorique, mais qui se tient.

La théorie a été reprise par Kuwada (1929) qui a tourné la grosse difficulté du retour polaire en admettant que les chromosomes devenaient positifs, au contact du cytoplasma positif, après la disparition de la membrane nucléaire : les pôles resteraient négatifs et le retour polaire serait explicable.

Plus récemment, Koller (1934), Upcott (1936) et Darlington (depuis 1936), ont repris aussi l'hypothèse de Lillie, principalement le dernier des trois, qui a cherché à analyser les forces en présence au cours des divisions mitotiques et méiotiques : attractions et répulsions sont alors utilisées, à bon escient, les centromères étant pris à contribution au même titre que les pôles.

Mais, ainsi que Geitler l'a indiqué sans fard (1938), les suppositions de Darlington s'accordent immédiatement aux faits qu'il veut expliquer : les forces en action changent exactement au moment qu'il convient, se renforçant ou s'affaiblissant au gré du descripteur. L'explication n'explique donc rien. Aucune base expérimentale sérieuse n'a été établie avec une sécurité suffisante. On sait seulement, ou on croit savoir, que les chromosomes ont réellement une charge négative (Botta, 1932) et que le reste du noyau est chargé positivement (Churney et Klein, 1937).

Les granules cytoplasmiques seraient aussi électropositifs (Heilbrunn et Daugherty, 1939). Toutefois, pour Lehotzky (1935), cette charge serait très faible, sinon nulle.

Mais ces résultats ont tous été établis par cataphorèse : dans la cellule même, l'expérimentateur fait passer un courant, souvent important, et les éléments étudiés se déplacent vers l'un ou l'autre pôle : or, le courant a de multiples effets secondaires sur le cytoplasme, et, en premier lieu, il tue la cellule. C'est dire que les faits ci-dessus sont quelque peu sujets à caution. Il semble préférable d'avouer que nous ne savons encore rien de net sur toutes ces questions qui, résolues, permettront peut-être d'établir une théorie plus sûre, car il est incontestable que les actions électriques jouent un rôle dans ces phénomènes.

On a tenté, mais sans résultat, d'agir sur les chromosomes à l'aide de champs magnétiques : c'est peut-être pourtant la meilleure méthode pour se renseigner sur les charges des divers éléments.

Il semble, enfin, pour en finir avec les théories électriques, qu'un renouveau d'intérêt puisse leur être accordé, mais cette fois à l'échelle moléculaire, par suite de la découverte des *tactoïdes.*

Étudiant les protéines aux rayons X, Bernal (1940), Bernal et Fankuchen (1941) ont attiré l'attention sur ce fait que des forces intérioniques peuvent dans un électrolyte, créer des formes caractéristiques, comparables à celles des structures intracellulaires. Dans un milieu non orienté, de longues molécules tendent à se disposer en *tactoïdes,* c'est-à-dire à dessiner un véritable fuseau, et Bernal considère le fuseau mitotique comme un tactoïde possible. La raison d'être de cette forme est la résultante des forces de tension superficielle et de celles émanant des potentiels d'orientation des particules : celles-ci tendent à disposer les macromolécules en longues files parallèles, celles-là à en faire des sphères, et le fuseau est ainsi le résultat d'un compromis entre ces deux formes.

Un tel tactoïde est dit *positif.* Si une partie du milieu non orienté est incluse dans son intérieur, elle prend également la forme en fuseau, devenant tactoïde *négatif.* Les fibres du fuseau seraient, pour Bernal, un tactoïde positif induit par les centrosomes, et les centromères provoqueraient la formation d'autres fibres qui seraient des tactoïdes négatifs.

Mais l'explication ne semble pas pour l'instant dépasser ce stade : le mouvement des chromosomes reste à comprendre.

Enfin, il est possible que les chromosomes présentent des mouvements autonomes qui sont parfois complexes. Metz a décrit chez un Insecte, *Sciara,* une curieuse mitose unipolaire dans laquelle, sans qu'il y ait de division de chromosomes, ni de zygoténie, certains, qui seraient les éléments du génome maternel, restent au voisinage du pôle unique, tandis que les autres, d'origine paternelle cette fois, s'écartent et gagnent l'extrémité opposée de la cellule *(fig. 119).*

Tous les chromosomes qui participent à ces deux mouvements inverses restent orientés nettement vers le pôle : les centromères joueraient donc leur rôle habituel. Comme d'autre part, on imagine que le centrosome ne peut pas être à la fois attractif et répulsif, ce serait donc que les chromosomes s'avancent par leurs propres moyens. Cette explication de Metz est acceptée par des cytologistes tels que Schrader ou White, mais repoussée par Ris.

Ce dernier pense que les chromosomes maternels auraient seuls des fibres fusoriales qui expliqueraient leur

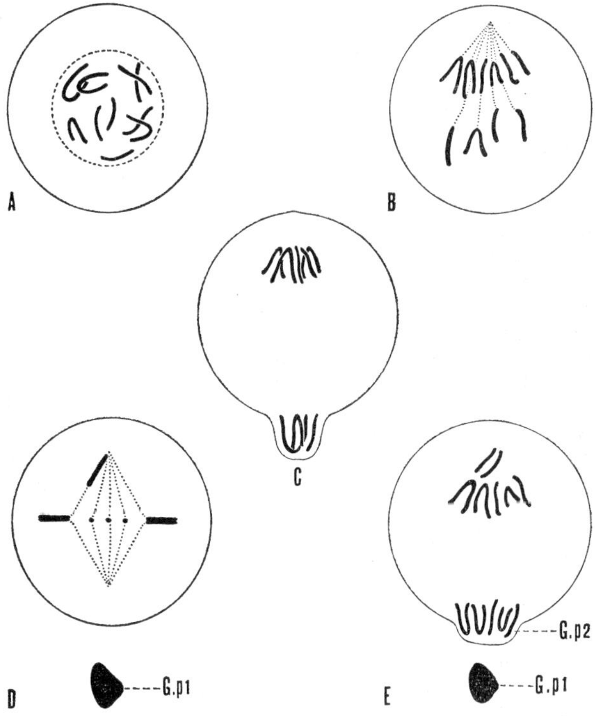

FIG. 119 — DIVISIONS MÉIOTIQUES CHEZ *Sciara coprophila.*

A, B, C, division I; D et E, division II. En B, début d'anaphase : séparation des chromosomes en deux lots, alors qu'il n'y a qu'un seul centrosome; la seconde division, D et E, est normale. *Gp*1, premier globule polaire pycnotique; *gp*2, second globule polaire en formation, (emprunté à White).

déplacement vers le pôle. Les chromosomes paternels seraient entraînés par l'allongement du fuseau.

En somme le mécanisme de la mitose reste inexpliqué : on peut entrevoir diverses possibilités mais aucune de celles qui ont été envisagées n'est suffisante pour nous le faire comprendre totalement.

LES TYPES PARTICULIERS DE MITOSE

Si la mitose est bien incontestablement un mécanisme général, il n'en est pas moins vrai qu'elle peut présenter quelques variantes dont voici les principales.

Chez les Végétaux supérieurs, le noyau au repos présente, ainsi qu'il a été indiqué plus haut, des aspects assez différents, déjà perceptibles sur le vif, et que les réactifs accentuent. Le type qui se rapproche le plus de celui que nous avons examiné et qui correspond au plus fréquemment manifesté chez les cellules animales, est dit *réticulé,* ou *granuleux* ou *réticulo-granulé.* Il y a peu d'éléments chromatiques visibles en dehors du nucléole : il s'agit, soit de granules de petite taille, soit d'un réseau grêle, peu distinct sur le vif, mais qui apparaît dès que la cellule souffre, ou qu'elle se fixe. Aux mailles de ce réseau, il existe des épaississements nombreux, mais de faible taille, dont le nombre ne présente absolument aucun rapport avec celui des chromosomes métaphasiques. Tels sont les noyaux chez *Vicia, Allium, Tradescantia, Hyacinthus, Zea, Phaseolus, Raphanus,* etc.

Il s'oppose au type dit *à prochromosomes* (Overton, 1905; Rosenberg, 1907), encore désigné, à la suite de Grégoire (1932), comme *noyau euchromocentrique.* Ici, en dehors du nucléole, on ne distingue que des corpuscules périphériques isolés les uns des autres, sans relation avec un réseau qui peut cependant être présent (P. Dangeard), et dont le nombre est peu élevé, égal ou inférieur, mais jamais supérieur au nombre des chromosomes métaphasiques *(fig. 120).*

On s'est rendu compte que ce type est très répandu : il est fréquent chez les Crucifères, les Cucurbitacées, les Bégoniacées, les Ombellifères, les Orchidées, les Légumineuses.

Le rapport des euchromocentres avec les chromosomes, indiqué déjà par les considérations de nombre, y eſt indéniable. Cependant, il n'eſt pas envisagé de la même façon par tous les botaniſtes. Pour les uns, tels que Malte (1920), Stout (1912), Schiller (1928), Eichhorn (1930), les prochromosomes sont les véritables chromosomes, non modifiés, ou à peine modifiés qui deviennent directement, à la prophase suivante, les chromosomes.

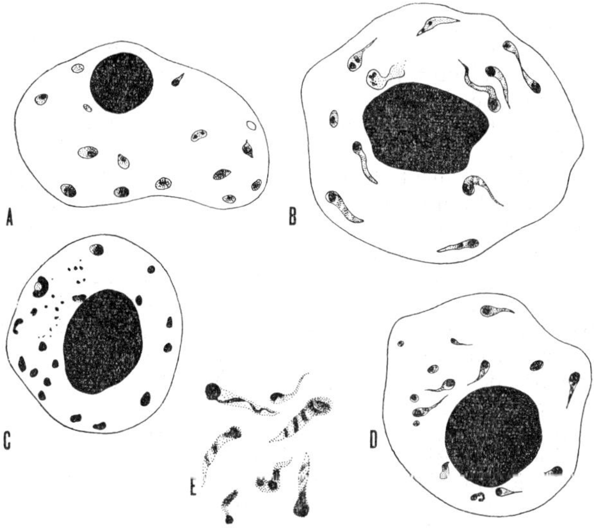

FIG. 120 — NOYAUX EUCHROMOCENTRIQUES.

A et C, au repos; B et D, en prophase. A, B et E, *Cucurbita pepo;* en E, formes en têtard isolées; C et D, *Tropaeolum majus,* (d'après Doulat).

Pour d'autres, à la suite de Rosenberg (1904), Overton (1905), Laibach (1907), Grégoire (1907), Heitz (1928, 1929, 1932), les euchromocentres correspondent seulement à une portion de chromosome. Celle-ci eſt précisée par Grégoire (1932) et par Doutreligne (1933) : il s'agit de la région du chromosome située de part et d'autre de la région d'insertion fusoriale.

La connaissance d'une dualité possible de la chromatine a conduit Heitz à penser que les parties subsistant pendant le repos sont des régions en hétéropycnose, qu'il s'agit somme toute d'hétérochromatine. Il a été démontré par la suite que ces régions se despiralisent plus lentement que les autres à la télophase, ou peuvent même rester spiralisées (Japha, 1938).

La matrix, à ce niveau, serait également conservée.

Chez ces types de noyaux, la prophase débute par une augmentation de volume et de chromaticité du prochromosome, auquel s'adjoint d'un côté, ou de deux côtés à la fois, un boyau achromatique, dans lequel se reconnaît bientôt, rendu visible par sa charge progressive en nucléine, le chromonéma. Il y a alors parfois des aspects caractéristiques «en têtard» (Doulat, 1943; *fig. 120, B, D et E)*, qui s'atténuent au fur et à mesure de l'allongement de l'élément, formant un cordon hétérogène qui correspond à un maximum de déspiralisation, et à partir duquel recommence une nouvelle spiralisation, terminée à la métaphase suivante.

Lors de la télophase, on revoit en sens inverse les mêmes processus : déspiralisation des chromosomes, disparition progressive des éléments, tandis que l'extrémité hétérochromatique garde son diamètre prophasique et redonne de nouveau l'impression d'un têtard (*Tropaeolum majus*, Doulat, 1943).

Ainsi donc, c'est l'existence de prochromosomes, régions hétérochromatiques voisines des centromères qui donne à la prophase et à la télophase leur aspect particulier dans les noyaux euchromocentriques.

LA MITOSE CHEZ LES PROTISTES

Bien que les noyaux au repos ne soient pas chez les Protistes très dissemblables de ce qu'ils sont chez les organismes supérieurs, il existe de très grandes différences entre les divisions de ces noyaux dont les constituants peuvent se comporter à part de ce que nous avons constaté jusqu'alors.

On a cherché à classer les aspects divers de la division nucléaire, mais aucune des classifications proposées n'est naturelle : les caractères utilisés pour l'obtenir n'ont en effet pas la même valeur dans les divers groupes.

Ne seront signalées ici que deux d'entre elles : tout d'abord la plus simple, celle de Chatton (1910). Faite pour les Amœbiens, auxquels elle s'applique approximativement, elle distinguait trois catégories, qui ont été utilisées ensuite pour l'ensemble des Protistes *(fig. 121)*.

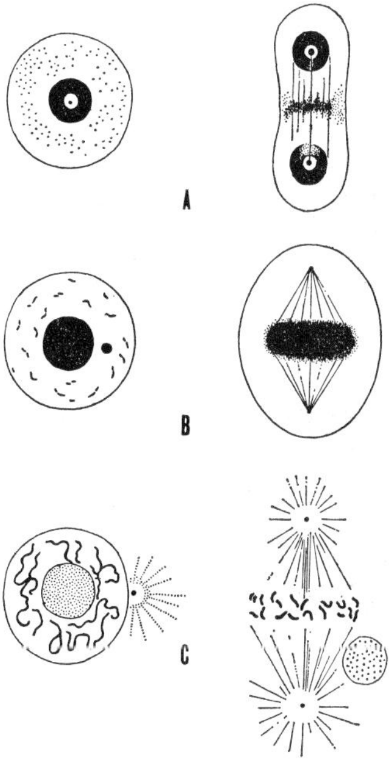

FIG. 121 — MITOSES DE PROTISTES.

Les trois catégories courantes : promitose, mésomitose, métamitose, (d'après Chatton).

La *métamitose,* division à centrosomes extranucléaires et pendant laquelle la membrane nucléaire disparaît. Cette membrane subsiste pendant toute la division dans les deux autres catégories : *mésomitose,* qui s'effectue avec centrosomes intranucléaires; et *promitose* qui n'a pas de vrai centrosome, mais seulement un caryosome, c'est-à-dire une sorte de nucléole avec peut-être un centriole inclus.

La première catégorie comprend la mitose vraie des organismes supérieurs, mais aussi un nombre relativement faible de divisions de Protistes, qui peuvent être aussi différentes que celles de la Noctiluque, et celle d'une Grégarine.

Quant aux deux autres catégories, elles sont trop larges à certains points de vue, et trop étroites à d'autres. Elles n'ont jamais satisfait entièrement leur auteur, qui n'a pu parvenir à y incorporer la division des Péridiniens qu'en créant deux noms nouveaux : *dinomitose* et *syndinomitose*.

Ci-contre, nous figurons un exemple moyen de promitose, dominé en quelque sorte par la division d'un énorme caryosome, dans l'intérieur duquel se situe probablement un centriole *(fig. 122)*.

La classification de Chatton a eu cependant un certain succès auprès des non protistologues, en raison de sa simplicité, et parce qu'elle semble marquer une gradation régulière des processus mitotiques. Malheureusement, une telle gradation ne se retrouve pas dans la réalité : deux formes voisines pourront avoir des modes de division différents, sans relation avec leur complication morphologique.

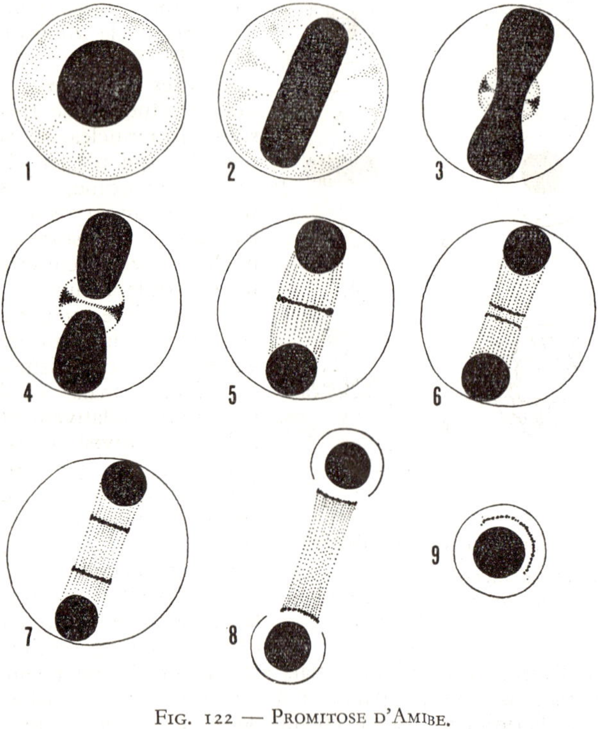

FIG. 122 — PROMITOSE D'AMIBE.

Division chez *Amoeba mucicola*. Le caryosome, en noir plein, serait centré par un granule centriolaire (d'après Chatton).

P. P. Grassé a cherché plus récemment (1952) à améliorer cet essai, en groupant les divers types de divisions sous deux chapitres distincts : les *orthomitoses,* ou mitoses à métaphase et les *pleuromitoses,* chez lesquelles ce stade fait défaut.

Dans l'orthomitose, les chromosomes s'insèrent sur les fibres fusoriales, et, à la fin de la prophase, se disposent selon une plaque équatoriale : une vraie métaphase se produit alors, précédant le retour polaire. Dans la pleuromitose, les chromosomes sont insérés sur la membrane nucléaire, ou à la base des cônes fibrillaires centrosomiens. Les chromatides se séparent sans qu'il y ait eu de vraie métaphase. Il nous paraît vraisemblable que le facteur qui oppose ces deux types est la division des centromères. Dans l'orthomitose, elle est, par rapport à la prophase, tardive, alors qu'elle est précoce ou très précoce dans la pleuromitose. Mais les centromères n'ont pas toujours été observés dans ces divisions.

Les résultats obtenus par ce mode de classification sont souvent heureux, mais conduisent aussi à quelques invraisemblances : par exemple, à rapprocher la mitose du Radiolaire *Aulacantha (fig. 123)* de celle des Cryptomonadines, ou au contraire à séparer la mitose syndinienne de celle des Coccidies.

Sans insister sur ces questions spéciales, nous nous bornerons à examiner ici comment se réalise chez les Protistes le phénomène essentiel de la division, l'équipartition de la chromatine.

Une première question se pose : tous les Protistes ont-ils des chromosomes ?

Indépendamment du cas des Bactéries et des Myxophycées, sur lequel les informations précises sont insuffisantes, il faut remarquer que beaucoup de descriptions de divisions, principalement d'Amœbiens, même relativement récentes, font état de cas dans lesquels les chromosomes n'apparaissent pas nettement. On distingue seulement, lors de la division, une plaque ou un anneau chromatique de petit volume, qui peuvent se cliver en deux pendant ce qui correspond à la métaphase *(fig. 122,* 5 et 6).

Il y a toujours, par contre, un corps volumineux qui remplit une bonne partie du noyau au repos, et qui se divise lui aussi à la métaphase : c'est le caryosome.

L'absence de chromosomes peut s'expliquer ici par

l'extrême petitesse des éléments; beaucoup de mitoses d'Amœbiens, de Plasmodiophorées ou de Chytridinées — car ces organismes présentent des cas analogues — mesurent entre 2 et 5 microns selon leur grand axe. La taille possible des chromosomes devient alors de l'ordre de 0,1 μ ou 0,2 μ, c'est-à-dire à la limite du pouvoir résolvant des objectifs, ou même en dessous.

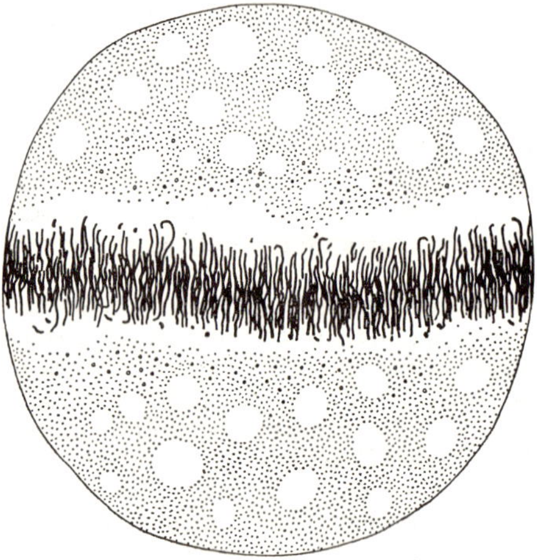

FIG. 123 — MITOSE D'*Aulacantha scolymantha*.

Radiolaire Phéodaire, d'après Borgert. La plaque équatoriale, étalée sur toute la largeur de la capsule centrale, groupe plus de 1500 chromosomes de belle taille.

On ne peut donc les distinguer que s'ils sont groupés en masse.

Dans les grosses espèces, quand la mitose mesure au moins une dizaine de microns, les mêmes difficultés ne se retrouvent pas : il y a toujours des chromosomes, décelables dès que la technique utilisée est suffisante.

L'origine de ces chromosomes est un problème plus difficile à régler : tous les travaux anciens la voient dans le caryosome qui est à la fois nucléole, réservoir de chromatine et bien souvent aussi centrosome.

Belar a discuté ce point en 1926 : il admet que toujours la chromatine du noyau au repos se trouve dans la zone périphérique du noyau, entre le caryosome et la membrane. Dans un cas précis, chez *Acanthocystis aculeata* où Stern (1924) avait décrit la sortie des chromosomes à partir du caryosome, il montre, en triant dans les préparations de Stern, celles dont la fixation est la meilleure, qu'il existe avant la mitose un réseau de chromatine périphérique et que c'est à ses dépens que se forment les chromosomes.

Mais, à un certain moment, ils se condensent contre le caryosome, et c'est cette phase qui a été interprétée comme une sortie des chromosomes hors du caryosome. Cette phase fait croire à une origine caryosomique si les stades antérieurs n'ont pas été vus. L'opinion de Belar a été depuis lors plusieurs fois confirmée; néanmoins, elle apparaît un peu comme une interprétation personnelle; les images que l'on voit sont petites et difficiles à expliquer.

On ne peut pas considérer le problème comme entièrement résolu.

L'introduction de la réaction de Feulgen a heureusement apporté la possibilité d'aboutir à une quasi certitude : le caryosome renferme-t-il ou non de la chromatine, ou mieux de l'A.D.N. ? Les quelques observations faites, peu nombreuses, il est vrai, et très dispersées, sont négatives chez les Amœbiens (Reichenow, 1929; A. Hollande, 1942), négatives ou positives chez certains Flagellés (Rose, 1947), régulièrement positives chez les Radiolaires (Hovasse, inédit) négative dans les nucléoles du macronoyau des Ciliés (Reichenow, 1929).

La notion du caryosome-réservoir de chromatine est donc parfois fondée, mais sans qu'il y ait de règle absolue. Il en est de même de celle du caryosome-centrosome, car très souvent les promitoses montrent une desmose axiale reliant les deux caryosomes fils, et qui peut difficilement se comprendre autrement que comme un reste de division centrosomienne.

Quoi qu'il en soit, si l'on considère les types les plus primitifs de Protistes, c'est-à-dire les Chrysomonadines, la division s'effectue chez eux avec de véritables chromosomes, et bien que la membrane nucléaire ne disparaisse pas, avec un fuseau volumineux. Le caryosome est gros, mais fonctionne néanmoins exactement comme un nucléole de Métazoaire, disparaissant à la prophase (*Rhizochrysis Scherfelli,* étudié par Doflein, 1922; *Synura uvella* et *S. Petersenii,* par Hovasse, 1949).

Il est donc possible que la simplicité des promitoses d'Amœbiens soit toujours relative et due à un phénomène d'évolution régressive.

Les chromosomes des Protistes sont-ils exactement comparables à ceux des organismes supérieurs ? Au point de vue de l'aspect, ou de la structure, il semble souvent y avoir identité. On distingue parfois les centromères (Grassé) et la spiralisation des chromonémas peut être extrêmement nette (Le Calvez, 1939).

Les études de Sonneborn sur la génétique des Ciliés semblent avoir montré en outre l'existence et la transmission normale des gènes.

Il existe cependant deux points précis à l'occasion desquels on a admis une opposition entre le mode de division de certains Protistes et la vraie mitose; c'est ainsi que la division des chromosomes a été considérée comme transversale chez les Péridiniens, les Eugléniens et parfois les Ciliés.

Dans les deux premiers cas, il s'agit de l'*haplomitose,* décrite par P. A. Dangeard en 1901 chez les Eugléniens, et sur laquelle il a insisté de nouveau en 1938 à propos des Péridiniens. Dans le noyau au repos des Euglènes, il décrit un spirème qui, à la prophase, se fractionne en *chromospires.* Sans qu'il y ait de division longitudinale, ces filaments se coupent en deux transversalement, et chaque moitié gagne un pôle opposé.

L'interprétation a été souvent admise; lui sont favorables d'après A. Hollande, 1942 : Hartmann et Chagas (1910), Alexeieff (1912), Belar (1912), Dehorne (1920), Lackey (1929), R. P. Hall (1931).

Elle est par contre repoussée par Tschenzoff (1916), Belar (1926), Ratcliffe (1927), Johnson (1934), Lackey (1934), qui ont cherché à expliquer différemment les aspects observés. Déjà, en 1895, Keuten avait reconnu une division longitudinale des chromosomes chez *Euglena viridis ;* elle a été revue par Karl en 1915, puis par tous les auteurs cités en dernier lieu, qui la prennent comme base de leur description de la mitose.

Reste cependant à expliquer la marche de celle-ci. R. P. Hall a cherché à y parvenir par le raisonnement,

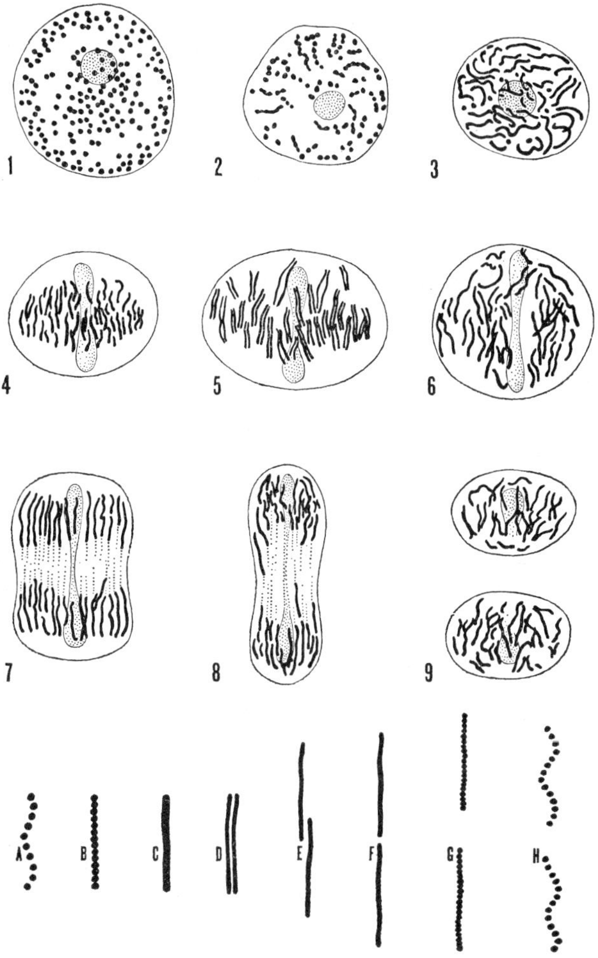

FIG. 124 — LA MITOSE CHEZ *Euglena gracilis*.

De 1 à 9, la mitose, d'après Kirchenbauer. De A à H, le comportement des chromosomes, division longitudinale et passage en position bout à bout.

raccordant idéalement cette division longitudinale à l'aspect mitotique, avec ses chromosomes bout à bout.

Mais comme le fait remarquer P. A. Dangeard en 1938, un schéma doit avant tout être exact, s'il veut être explicatif et convaincant. Or, incontestablement, l'essai explicatif du R. P. Hall n'a pas cette qualité : il décrit en effet la séparation des moitiés longitudinales de chromosomes par un reploiement en V, avec, comme intermédiaire, des figures en Y. Ni ces V, ni ces Y ne se voient chez les Euglènes. P. A. Dangeard ne connaissait pas à l'époque un travail de Kirchenbauer (1937) qui, après étude de la mitose chez *Euglena gracilis*, *E. intermedia* et *Phacus pyrum,* explique la séparation des anses filles beaucoup plus simplement par un simple glissement, sans ouverture ni renversement. Cette explication a été reprise exactement et confirmée, ainsi, par A. Hollande (1942) *(fig. 124).*

Chez les Péridiniens, l'étude de la division des formes libres montre toujours un grand nombre de chromosomes en bâtonnets, très tassés sur la plaque équatoriale où ils se disposent parallèlement les uns aux autres dans le sens de l'axe mitotique.

Ils sont le plus souvent divisés en long, mais semblent se sectionner néanmoins transversalement par leur milieu (*Ceratium tripos,* étudié par Borgert, 1910; *Oxyrrhis marina,* étudié par R. P. Hall, 1925).

Cette possibilité de division transversale a été battue en brèche par Chatton en 1921, qui dans un cas particulier a pu l'expliquer : chez les *Syndinium,* Péridiniens parasites, existe une mitose à petit nombre de chromosomes qui sont longs et semblent constituer eux-mêmes un fuseau, leurs extrémités convergeant vers les pôles *(fig. 125).*

Chatton a reconnu que ce fuseau est formé par 5 paires de chromosomes en V accolés bout à bout par leurs télomères, et dont les pointes se touchent aux pôles mitotiques. Le début de la division lui a permis de voir une scission longitudinale de chaque chromosome, suivie par un écartement des anses filles à partir de la pointe des V.

Le clivage transversal n'est donc qu'une apparence : « c'est l'achèvement du clivage longitudinal resté incomplet ».

Cette interprétation, admise par Belar (1926), a conduit

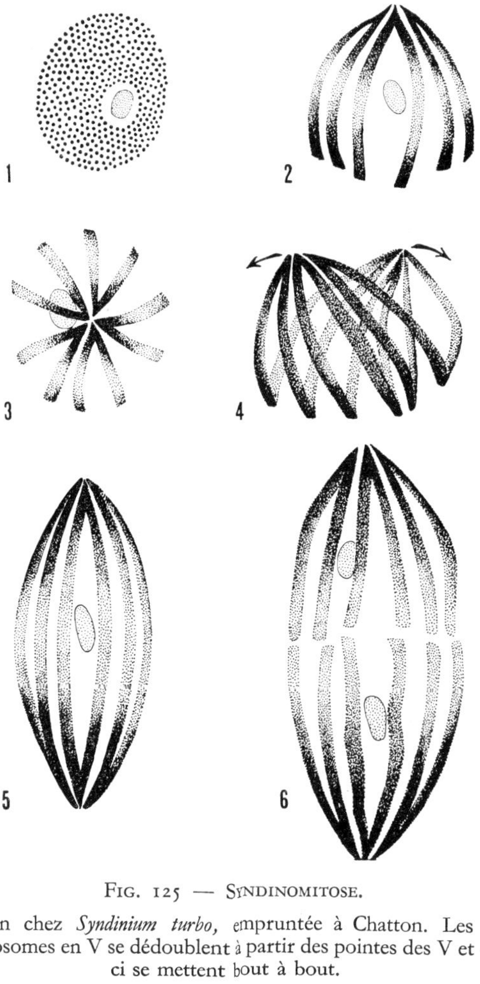

FIG. 125 — SYNDINOMITOSE.

Division chez *Syndinium turbo,* empruntée à Chatton. Les cinq chromosomes en V se dédoublent à partir des pointes des V et ceux-ci se mettent bout à bout.

Köhler-Wider (1937) à réétudier la division des formes libres, *Peridinium* et *Glenodinium :* il conclut ce travail en indiquant que la thèse de Chatton explique parfaitement ces deux mitoses. Il reconnaît une division anaphasique, signalée déjà chez la Noctiluque par Calkins et retrouvée par Hovasse en 1935 chez un autre Péridinien, *Oodinium poucheti.*

Les chromosomes scindés à ce moment se séparent à la télophase et doivent se mettre bout à bout par accolement des télomères, avant la métaphase suivante : la scission transversale des anses filles est donc là aussi une pseudoscission. Il en est de même lors de la division du *mn* des Ciliés.

La division transversale des chromosomes apparaît donc chez les Protistes comme un mythe.

Reste à signaler un dernier cas particulier de comportement chromosomique, dont le type peut être pris dans le groupe des Radiolaires. Chez *Aulacantha scolymanta,* Borgert, de 1902 à 1910, a décrit l'existence de deux divisions longitudinales au cours d'une même mitose, et il a interprété ce fait comme conduisant à une augmentation du nombre. Dans le noyau vraiment extraordinaire de cette forme, où se rencontrent plus de mille chromosomes (voir *fig. 123*), on reconnaît, à la prophase, une première division, antérieure au tassement des chromosomes. Elle serait suivie, en pleine prophase, par une séparation des anses formées, et, avant la plaque équatoriale, une nouvelle division longitudinale se produirait. Par la suite, sans qu'il y ait de division transversale des éléments, la masse des chromosomes se séparerait en deux plaques anaphasiques, et, pendant ce temps, aucun de ses constituants ne perdrait sa dualité. Les moitiés longitudinales se sépareraient ensuite à la télophase, et ainsi, le nombre des chromosomes serait dans chaque cellule fille le double de ce qu'il était dans la cellule d'origine.

La réalité de ces deux divisions successives ne fait aucun doute, car certains chromosomes qui sont en retard pour leur première scission, apparaissent à la métaphase avec l'allure de tétrades, et ils ont été remarqués, nous dit Borgert (1910) par Häcker, par Schröder et par Schmidt, qui tous trois ont étudié avant lui ces mêmes Radiolaires. Un tel processus doit effectivement conduire à une augmentation du nombre des chromosomes vérifiée récemment par Grell. Borgert pense que cette augmentation serait compensée ensuite par des amitoses qui réduiraient leur nombre.

Belar a discuté ces faits (1926) et pensé les expliquer en admettant simplement que la seconde division est en réalité une division anaphasique, en avance sur son moment normal d'apparition. Elle ne serait pas effective, les chromosomes resteraient scindés pendant toute la période de repos, et ce serait elle qui serait ainsi la division prophasique de la mitose suivante.

En somme, on retomberait sans peine dans le cas général.

Il est possible que ce raisonnement soit juste; remarquons qu'il n'explique pas l'aspect en tétrades des chromosomes. D'autre part, on ne peut manquer d'être frappé par l'énormité du nombre chromosomique de ces êtres.

Sur d'autres Radiolaires, peu différents, les *Thalassicola*, examinés avant la sporulation, le noyau, presque sphérique, mesure presque 0,5 mm de diamètre, et peut être complètement bourré de chromosomes de taille normale.

Il se résout en un nombre de spores que l'on peut évaluer à des dizaines de milliers. Il est impossible que chacune de ces spores emporte autant de chromosomes qu'il y en a dans le noyau initial.

Ces faits ne peuvent s'expliquer qu'en admettant que ce dernier est hautement *polyploïdique* (Grell).

Belar a étudié lui-même la sporulation d'*Aulacantha*, et ses excellentes figures montrent que les noyaux des spores doivent renfermer au plus dix chromosomes. Il est au moins curieux qu'il n'ait pas tiré de conclusions du rapprochement fait avec les figures de Borgert, où, pour la même espèce (*A. scolymanta*) ce dernier estime, très modestement, le nombre chromosomique à 1 600. Il est vrai que les spores étudiées par Belar sont, d'après Chatton, les spores d'un *Merodinium*, Syndinien parasite d'*Alaucantha*, plutôt que les spores du Radiolaire lui-même.

Quoi qu'il en soit, des faits analogues se rencontrent aussi chez les Péridiniens : chez *Polykrikos schwartzi*, dont il a déjà été question (voir *fig. 23*) et où existe un nombre important de chromosomes — plusieurs centaines —, la division longitudinale de ceux-ci a été rencontrée (Hovasse, 1951), mais elle eſt rare, et se produit uniquement hors de la période des divisions qui peuvent se succéder ensuite, très rapides, sans qu'elle réapparaisse.

Il a même été conſtaté chez cette forme l'exiſtence de divisions, d'emblée en quatre *(fig. 126)*. Au cours de ces mitoses, le comportement des chromosomes eſt totalement irrégulier : il n'y a pas de plaque équatoriale, les chromosomes se répartissent simplement en deux ou en quatre lots, sans divisions ni longitudinale, ni transversale.

De tels faits ne peuvent se concilier avec les idées actuelles sur la mitose qu'en admettant que le ſtock chromosomique de ces formes eſt extrêmement polyploïde, le nombre *n* étant faible.

Les irrégularités du nombre que nous avons conſtatées en 1923 et 1924 chez d'autres Péridiniens, les Zooxanthelles, doivent correspondre à des phénomènes analogues : il y exiſte des séries de divisions rapides, sans scissions longitudinales régulières des chromosomes entre chacune d'elles.

Le nombre des chromosomes diminue alors obligatoirement à certaines époques, pour se rétablir ensuite par des divisions longitudinales qui se conſtatent en fait pendant des phases ultérieures de demi-repos (Grell).

Il y a donc chez ces formes des fluctuations importantes du nombre des chromosomes.

Rappelons que chez les Ciliés, le macronucléus eſt toujours

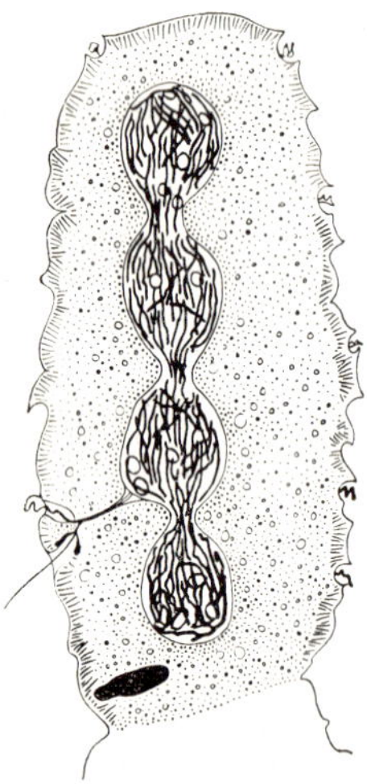

FIG. 126 — DIVISION, D'EMBLÉE EN QUATRE, CHEZ LE PÉRIDINIEN *Polykrikos Schwartzi*.

La répartition des chromosomes s'effectue ici un peu au hasard; celle des nucléoles eſt inégale. La coupe passe par un cinétide double et par un cnidoplaſte (à gauche en bas); sur toute la surface, perpendiculairement à la membrane, des trichites, (d'après Hovasse).

hautement polyploïde par suite d'une série d'endomitoses. On peut comprendre ainsi que dans les expériences de mérotomie, qui seront étudiées plus bas, un « grain » du chapelet nucléaire d'un Cilié tel que le *Stentor* soit sensiblement l'équivalent du noyau total.

LES FAITS D'ENDOMITOSE

La loi primitive de la constance du nombre des chromosomes, déjà en défaut dans les exemples précédents, présente d'autres exceptions, qui se sont révélées fréquentes chez de nombreux Métazoaires, et même chez certains Métaphytes.

Déjà en 1910 Stemps a fait remarquer l'existence, dans les méristèmes radiculaires de l'Épinard, de noyaux en division avec 4, 8 et même 16 *n* chromosomes, phénomène que Langlet qualifia plus tard, en 1927, de *polysomatie*.

Chez les Diptères des genres *Culex* et *Anopheles*, Holt signale en 1917 que les cellules de l'épithélium intestinal ont des nombres de chromosomes compris entre 6 (= 2*n*) et 96 (= 32*n*). Mais ce sont surtout les travaux de Geitler qui ont attiré l'attention sur la fréquence de ces variations du nombre chez les Insectes, et en particulier chez les Hémiptères.

Chez *Gerris lateralis*, les mâles ont normalement 21 chromosomes dont un X unique (type XO, voir p. 290), qui est presque totalement hétérochromatique, et hétéropycnotique pendant le repos nucléaire. Il ne disparaît donc pas à la télophase, et sa présence correspond à celle de deux génomes. Or, Geitler en compte fréquemment 8, 16 ou davantage, ce qui correspond à des polyploïdes d'ordre 16, 32, etc. ou même supérieurs. Le maximum semble atteint avec 2 048 fois *n*. Ce dernier chiffre n'étant qu'approximatif, car les blocs hétérochromatiques ont tendance à se rassembler en amas dont le nombre des constituants est difficile à évaluer.

On a retrouvé des faits analogues dans la plupart des ordres d'Insectes. Chez les Hyménoptères, on sait que les mâles d'Abeille sont d'origine parthénogénétique, et que la segmentation de l'œuf qui leur donne naissance débute avec 8 chromosomes, celle de l'œuf des femelles débutant avec 16 éléments, par suite de la fécondation. Dans les deux sexes, malgré cette différence de départ, les cellules somatiques évoluent avec 32 (= 4 *n*) ou 64 (= 8 *n*) chromosomes (Nachtsheim, 1913).

Chez les Diptères, indépendamment de l'exemple des Moustiques cités plus haut, Painter et Reindorp (1939) ont constaté l'existence de noyaux polyploïdes dans les cellules nourricières des œufs chez la Drosophile. Il y aurait jusqu'à 512 fois le nombre *n*.

Chez les Orthoptères, White (1945), signale des noyaux polyploïdes dans l'enveloppe du testicule de *Schistocerca gregaria*. Le même fait se retrouve dans de nombreux genres voisins de Criquets ou de Sauterelles.

Il semble, dans tous les cas, que l'endopolyploïdie soit liée au phénomène de différenciation : ce sont les cellules glandulaires qui paraissent le plus hautement polyploïdes, et Painter (1945) admet qu'il existe une relation entre l'endopolyploïdie et la sécrétion des protéines, probablement par suite de la multiplication de l'hétérochromatine et des organisateurs nucléolaires que prouve cette augmentation du nombre. Les noyaux hypertrophiés des glandes séricigènes du Ver à soie, dont on ne peut compter les chromosomes, seraient aussi, étant donnée leur taille, hautement polyploïdes (Grassé et Lespéron, 1936).

Toutefois, les précisions manquent encore sur ces questions, où les recherches, purement descriptives du reste, n'ont guère dépassé la classe des Insectes.

On a cependant constaté que chez les Mammifères, certains organes, tels que le foie, montrent différentes tailles de noyaux, que l'on peut mesurer et ordonner selon une série régulière, et qui se révèle être une série de polyploïdie. Toutefois, il n'y a pas de contrôle possible du phénomène, les noyaux en question ne se divisant pas (Jacobi, 1935).

De même, en 1930, Collin et Florentin ont étudié les diamètres nucléaires dans la glande infraorbitaire du Rat blanc : les chiffres obtenus s'ordonnent en une série régulière dont les valeurs sont entre elles comme 1, 2, 4, 8, 16, ce qui correspond évidemment aussi à une série d'endopolyploïdie (2^x).

Chez les Végétaux, Litardière a signalé aussi des faits d'endopolyploïdie, chez l'Épinard *(Spinacia oleracea)*, le Chanvre *(Cannabis sativa)*, la Mercuriale *(Mer-*

curialis annua), le cylindre central des racines étant diploïde, l'écorce tétraploïde.

Chez les vrais Acacias, Ghimpu a observé également des phénomènes analogues, certaines mitoses atteignant 4 ou 8 *n* chromosomes.

La réalisation de l'endopolyploïdie est attribuée à un type spécial de multiplication de chromosomes, connu sous le nom d'*endomitose*, et qui a été étudié à diverses reprises. Painter et Reindorp (1939) ont vu chez la Drosophile une nucléination progressive des chromosomes, une scission de chaque élément, sans disparition de la membrane nucléaire ni apparition du fuseau, et une dénucléination. Le noyau augmente de volume et garde ensuite sa taille accrue.

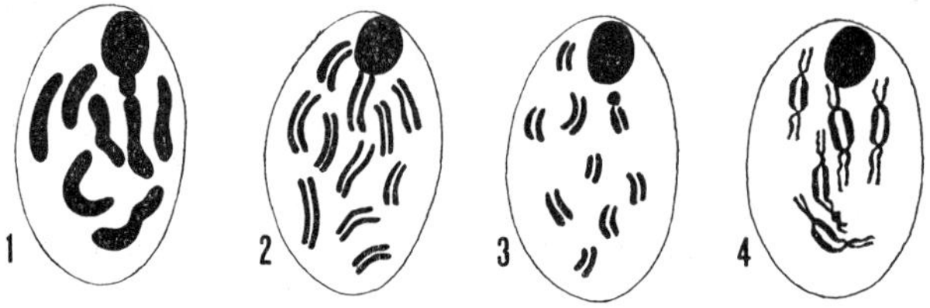

FIG. 127 — ENDOMITOSE CHEZ L'ÉPINARD.

1, endoprophase; 2, endométaphase; 3, endoanaphase; 4, endotélophase; interprétation et figure de Witkus, emprunté à P. Dangeard.

Berger (1938, 1941) a étudié le même phénomène chez les Moustiques, retrouvant les faits signalés par Holt et rappelés plus haut. Il constate qu'il se produit pendant toute la phase larvaire. Le nombre des chromosomes finit par atteindre 96, soit 32 *n*. Mais, pendant la métamorphose, ce nombre baisse par une sorte de méiose somatique qui rétablit chez l'adulte les nombres 6 (= 2 *n*) ou 12 (= 4 *n*). Ces faits curieux, rappelant le comportement chromatique possible signalé plus haut chez les Radiolaires et les Péridiniens, ont été vérifiés par Grell (1946).

Chez les Végétaux, les faits d'endopolyploïdie s'expliquent également par un mécanisme analogue. L'endomitose a été reconnue avec des caractères identiques, en particulier par Witkus dans les méristèmes des racines de certaines variétés d'Épinard *(fig. 127)* (1945). En outre, des recherches entreprises avec une méthode nouvelle, ont conduit à un nouveau résultat.

Huskins et ses collaborateurs (1947-1948) utilisant des doses suffisantes d'auxine, ont obligé à se diviser des cellules qui normalement ne le font plus, chez *Rhoeo discolor*.

Les nombres chromosomiques ont pu ainsi être comptés directement. A côté de cellules à $2n$, $4n$, $8n$ chromosomes, ils en ont trouvé quelques-unes à n, $5n$ et $6n$.

On ne comprend pas la réalisation de tels nombres par endomitose. Il faut donc admettre une autre cause de variation, sortant de la norme, ou des fusions de noyaux entre cellules différentes, fait assez difficile à concevoir étant donnée l'existence de la membrane cellulosique. Les faits de fusion nucléaire ou *cytomyxie,* décrits par divers auteurs, toujours d'après les préparations fixées, ne peuvent convaincre de la réalité du phénomène, à moins qu'ils ne s'accomplissent avant le cloisonnement cellulaire.

Notons du reste que, à moins de perturbations mitotiques, ils ne peuvent conduire hors de la série normale : $4n$, $8n$, $16n$, tout du moins dans un tissu homogène.

LES NOYAUX DE BALBIANI ET LES CHROMOSOMES POLYTÈNES

Si beaucoup de cellules glandulaires montrent des phénomènes de polyploïdie, ceux-ci peuvent présenter parfois un aspect totalement différent, qui ne s'est rencontré jusqu'alors que chez les larves des Diptères. Il est surtout net dans les glandes salivaires, constituées toujours par un petit nombre de très gros éléments cellulaires qui ont cessé de se diviser dès leur formation, mais existe aussi à un degré moindre dans la plupart des autres tissus.

La découverte de ces noyaux particuliers est due à Balbiani en 1881, et c'est pourquoi nous les désignons ici sous le nom de ce savant qui les a étudiés dans les glandes salivaires du *Chironomus plumosus,* le Ver de vase des pêcheurs.

Séparées du corps de la larve, les glandes apparaissent

comme deux petites masses réfringentes, à la surface de chacune desquelles une vingtaine de taches arrondies, visibles à la loupe, représentent les noyaux de Balbiani *(fig. 128)*.

Ce sont de grosses vésicules, dans lesquelles, sans aucun artifice, on reconnaît un filament épais strié transversalement, et se terminant sur de grosses masses à allure de nucléoles. La striation du filament est due à une structure, consistant en un empilement de bandes discoïdes colorables au vert de méthyle, séparées par des interbandes qui ne le sont pas ou qui le sont moins.

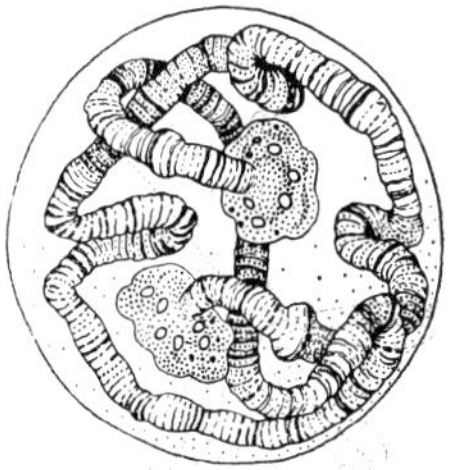

FIG. 128 — NOYAU DE BALBIANI.
Glandes salivaires de *Chironomus plumosus,* (d'après Balbiani).

Carnoy reprend l'étude de ces noyaux en 1884, et, ainsi que Balbiani, pense qu'il doit s'agir de la structure type des noyaux. Il en naît la *théorie du spirème*, c'est-à-dire la croyance en la présence dans chaque noyau d'un filament continu pelotonné qui, par segmentation transversale, aurait donné naissance lors de la prophase, aux différents chromosomes. Par la suite, on revient plutôt à l'idée de Flemming (1882), qui a vu dans le noyau de Chironome un type exceptionnel, et le noyau de Balbiani est montré dans les salles de travaux pratiques comme une curiosité.

C'est seulement en 1930 que Kostoff interprète les bandes et leur sériation en les comparant aux gènes et à leur séquence; deux ans plus tard, Heitz et Bauer démontrent ce fait sur un Diptère, *Bibio.* Ils indiquent que les chromosomes salivaires ne constituent pas un vrai spirème, mais sont des chromosomes séparés; que leur nombre est le même que le nombre haploïde de l'espèce, que chacun est une paire d'homologues étroitement unis, selon l'appariement somatique. Metz a, en effet, montré (1916) que dans cet ordre d'Insectes, les chromosomes somatiques sont presque toujours disposés par paires. D'autre part, ces chromosomes spéciaux sont réunis à leur extrémité par une masse commune, le *chromocentre,* qui n'est pas un vrai nucléole *(fig. 129)*.

Painter transpose ces résultats à la Drosophile (1933-1935), vérifiant sur elle les conclusions obtenues sur les *Bibio*. La série des bandes colorables est comparée à la série des gènes sur la carte théorique dressée par les généticiens. La correspondance générale est bonne, surtout en ce qui concerne les chromosomes sexuels : leurs régions hétérochromatiques, qui se reconnaissent facilement, n'ont pas de bandes nettes. Celles-ci sont

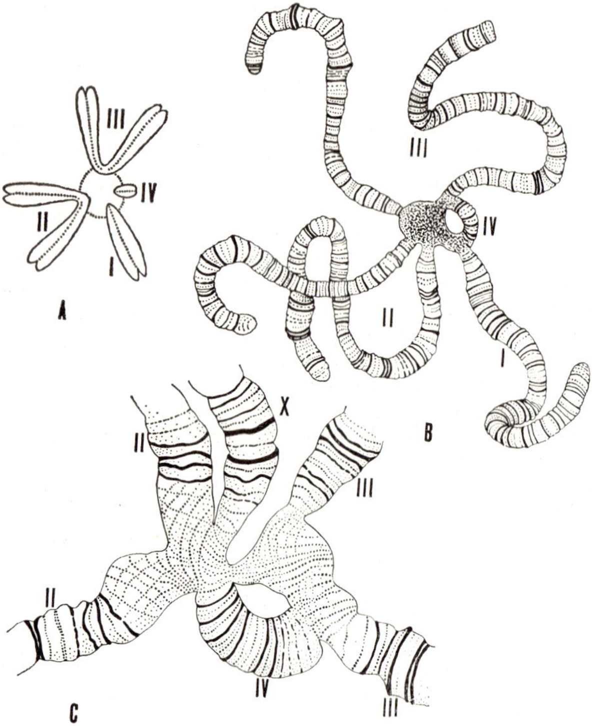

FIG. 129 — NOYAU DES GLANDES SALIVAIRES DE LA LARVE DE DROSOPHILE.

A, les deux génomes d'une femelle dans la position qu'ils occupent dans le noyau de Balbiani; en pointillé, la position du chromocentre; B, schéma de l'aspect réel, (original); C, détail du chromocentre, (d'après Prokofieva-Bolgovskaia).

On retrouve dans cette figure les quatre couples de chromosomes soudés par leur région d'insertion *(fig. 129, A)*, les masses d'hétérochromatine qui, chez la Drosophile, entourent le centromère de chaque chromosome étant fusionnées en un ensemble irrégulier dans lequel il n'y a pas de véritables bandes bien distinctes *(fig. 129, C)*.

Le chromosome Y du mâle est à peine reconnaissable montrant seulement 4 ou 5 bandes accolées au chromocentre. Les centromères ne se retrouvent pas chez *Drosophila melanogaster* : on a pensé qu'ils existent cependant chez *D. virilis*, ou un corps chromophile se voit dans le chromocentre.

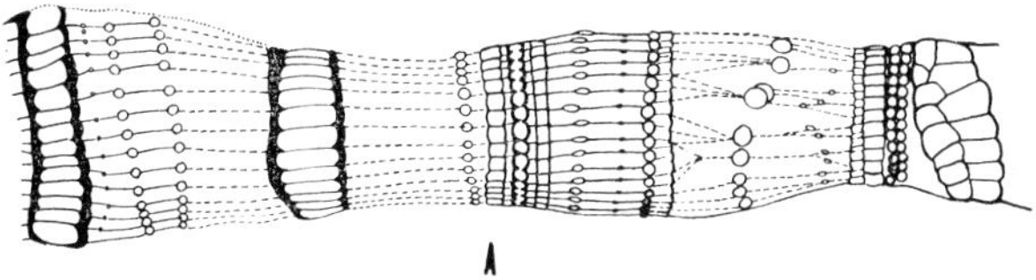

B

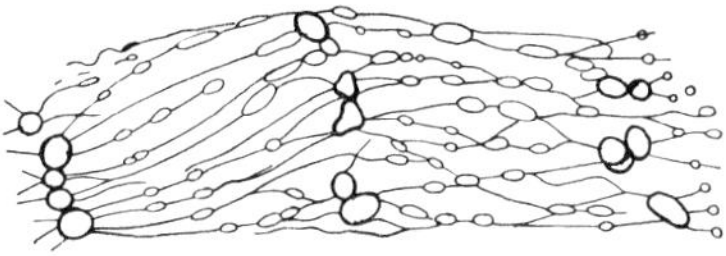

FIG. 131 — EUCHROMATINE ET HÉTÉROCHROMATINE CHEZ *Simulia*.

A, région euchromatique; B, région hétérochromatique, chez un chromosome polytène de *Simulia*, (d'après Painter).

L'interprétation n'offre cependant aucune certitude : il est en effet fort possible que la structure polytène soit attribuable justement à une absence de centromères fonctionnels.

Mais il existe d'autres possibilités : souvent, et c'est le cas des Chironomes, il n'existe pas de chromocentre : tous les chromosomes sont libres ou reliés faiblement au niveau des télomères. Les régions hétérochromatiques se reconnaissent, soit intercalaires, soit terminales, à des aspects irréguliers: ce sont par exemple des expansions terminales, tantôt denses, tantôt déchiquetées, fréquentes chez les Chironomes *(fig. 130)* et les Simulies *(fig. 131)*.

Elles tendent plus ou moins à s'unir, peut-être plutôt par suite d'une analogie de leur trame protéique que d'une homologie génétique (White, 1946).

L'appariement des homologues n'est pas toujours complet : s'il l'est le plus souvent chez les Drosophiles, les Chironomes, ou *Sciara,* il peut arriver que certains chromosomes le soient d'une manière incomplète : tel est le cas du plus petit chromosome de *Chironomus plumosus.*

Chez les Simulies, l'appariement est beaucoup plus lâche dans l'ensemble.

Il existe aussi parfois de vrais nucléoles, en particulier chez *Drosophila* où Kaufmann (1934, 1937 et 1938) a reconnu des organisateurs nucléolaires, l'un dans la région hétérochromatique de l'X, l'autre dans la courte jambe de l'Y. Comme ces deux chromosomes sont fusionnés avec le chromocentre, les nucléoles sont appendus latéralement à ce dernier (voir *fig. 116).*

Chez les Chironomes, il y a de curieux nucléoles, vus par Balbiani, et qui forment deux anneaux autour du boyau chromatique.

Grâce à leur taille considérable, ces éléments, parfois surtout, géants dans quelques cellules de la glande, permettent d'étudier la structure des disques colorables, et de leur attribuer la valeur de chromomères composés.

Chaque disque, vu à plat, se résoudrait en granules, dont le nombre appartiendrait à la série des puissances de deux (16, 32, 64, 128, etc.).

Ceci démontrerait que le chromosome dérive réellement de la multiplication des chromonémas initiaux, sans qu'il y ait eu division de l'élément.

Cette opinion s'appuyerait sur ce fait que des filaments fins uniraient d'un disque à l'autre les chromomères correspondants *(fig. 131).*

Cette opinion, soutenue par Painter, a été critiquée, les premiers micrographes électroniques qui ont étudié ces chromosomes prétendant que ces filaments d'union sont un artefact. Ils sont pourtant incontestablement visibles sur le vif dans de nombreux cas.

Un travail de d'Angelo, au micromanipulateur, a indiqué l'isolement possible de ces filaments, dont il prouve la réalité (1951).

Quant aux chromomères eux-mêmes, ils consistent souvent en grains dont seule l'écorce est colorable, le centre restant incolore. Certains ont parlé d'artefact, alors que d'autres s'appuyant sur cette constatation ont affirmé que le gène, théoriquement enfermé dans ce grain, ne serait pas un nucléoprotéide, mais simplement une molécule de protéine entourée d'une enveloppe d'A.D.N. Nous verrons plus bas ce qu'il faut penser de ces opinions.

Le nombre des bandes est très élevé. Il y en aurait environ 5 000 chez la Drosophile, mais ce nombre est sujet à caution, étant donnée la difficulté de la numération: certaines bandes, très petites, ne se résolvent pas au microscope optique. D'autres, trop grosses, sont parfois comptées pour deux (doublets).

La variété même du diamètre de ces grains satisfait par contre les généticiens qui en ont induit la possibilité de tailles moléculaires différentes pour leurs divers gènes.

CONSTITUTION CHIMIQUE ET MICROSTRUCTURE

Étant donnée la taille de ces chromosomes, il est possible d'en étudier facilement les parties distinctes, par exemple de comparer la région des bandes, c'est-à-dire les chromomères, et celle des entre-bandes, comme de comparer l'hétérochromatine à l'euchromatine. Nous avons vu déjà l'importance des résultats obtenus, touchant la constitution générale des chromosomes. Les bandes sont riches en A.D.N. et en histones, ainsi que l'a prouvé Caspersson. L'arginine a été reconnue *in situ* par Serra et Queiroz-Lopes (1944). Entre ces bandes, on a reconnu une protéine supérieure, riche en tryptophane. On y a reconnu également de l'A.R.N.

L'étude au microscope polarisant montre une biréfringence négative faible au niveau des disques, mais qui se renforce par action des déshydratants.

Elle serait due aux molécules d'acide nucléique disposées longitudinalement (Schmidt, 1941), elle ne serait pas modifiée par un étirement expérimental, qui, par contre, allonge les entre-nœuds (Pfeiffer, 1940).

On a été ainsi amené à considérer tout d'abord l'infrastructure de ces éléments comme bâtie sur un faisceau de chaînes de polypeptides continues sur toute la longueur de l'élément et sur ces molécules seraient fixés, par lien phosphorique, les acides nucléiques.

Les recherches au microscope électronique sont impossibles sur les chromosomes eux-mêmes, insuffisamment perméables aux électrons. Avant la technique des coupes ultraminces, on en a tenté l'étude par la méthode des empreintes.

Palay et Claude ont ainsi examiné ces chromosomes avec ou sans action de désoxyribonucléase, avec ou sans étirement (1949). Ils ont retrouvé l'image habituelle des chromomères; mais elle subsiste partiellement après l'action de l'enzyme : il y aurait une couche superficielle d'A.D.N., et un constituant profond différent. Dans les entre-nœuds, si l'on observe bien des filaments d'union entre chromomères, ils disparaîtraient par action de la désoxyribonucléase, et il subsiste alors une masse amorphe.

Ils seraient ainsi constitués par de l'A.D.N., mais seraient des artefacts produits par l'écartement des chromomères primitivement en contact.

Les auteurs américains en étaient donc arrivés ainsi presque à nier l'entre-nœud; il semble aujourd'hui que cette opinion s'explique. Le chromosome géant serait constitué par un faisceau de chromonémas qui n'auraient de spiralisation qu'au niveau des nœuds : les « chromomères » auraient ainsi la même constitution que les entre-nœuds, mais il y aurait dans les bandes de véritables pelotons de chromonémas qui expliqueraient la densité plus grande de l'A.D.N. à ce niveau. L'histophotométrie appliquée à ces noyaux chez la Drosophile a montré que la quantité d'A.D.N. qu'ils renferment correspond à des classes dont la valeur varie avec l'âge des larves : 2, 4, 8, 16, 32 pour les très jeunes larves et pour les ébauches; de 16 à 64 pour les larves plus âgées, jusqu'à 4 096 fois pour celles qui sont proches de la métamorphose; ces données confirment donc l'hypothèse morphologique de la polyténie.

Quoi qu'il en soit, l'intérêt de ces chromosomes est indéniable, mais il est surtout énorme pour les généticiens, auxquels ces éléments géants ont apporté la possibilité d'un contrôle visuel de leurs cartes théoriques de gènes, tout du moins chez leur objet habituel, la Drosophile.

Cet intérêt est également grand pour les physiciens et les biochimistes, auxquels la taille des éléments permet des localisations faciles et précises.

Pour les cytologistes, il a paru moins fondamental, le hromosome étant tout de même bien différent de ceux

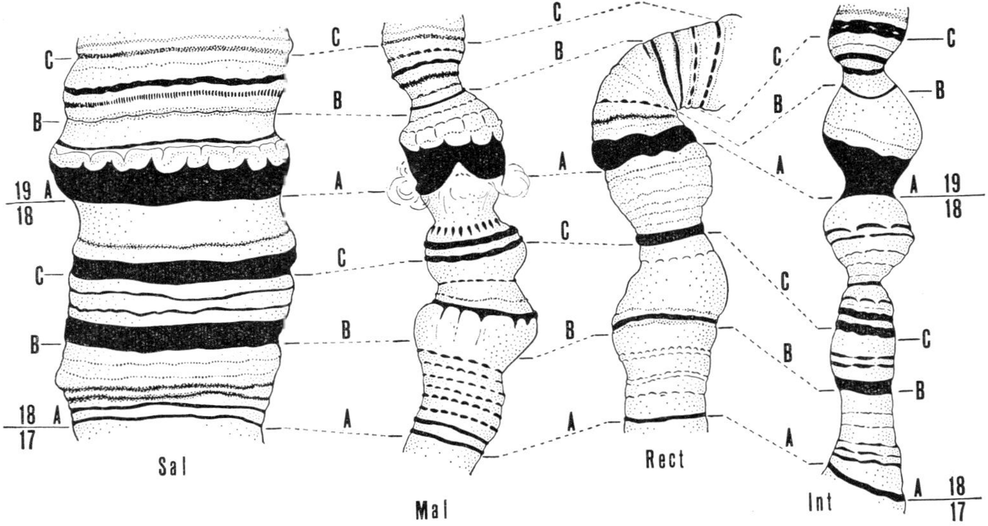

FIG. 132 — DIFFÉRENCES ENTRE CHROMOSOMES HOMOLOGUES PROVENANT DE DIFFÉRENTS TISSUS, CHEZ LE CHIRONOME.

Sal, salivaire ; *Mal,* tube de Malpighi ; *Rect,* intestin postérieur ; *Int,* intestin moyen. Les chiffres et les lettres représentent les repères des cytogénéticiens (imité de Beermann).

qu'ils manient habituellement, puisqu'il ne possède ni centromère, ni spiralisation normale et seulement une matrix réduite. Cependant il semblait bien que l'on ait encore à apprendre de ces chromosomes anormaux : on pensait qu'ils pourraient nous renseigner au moins sur la division des chromonémas, dont nous ne savons rien, et peut-être aussi sur la différenciation des deux chromatines, dont nous savons fort peu de chose.

Tout d'abord Kosswig et ses élèves ont montré que ces chromosomes polytènes ne sont pas exactement comparables selon qu'on les considère dans les glandes salivaires ou dans un autre organe. Leurs recherches ont même jeté un doute sur l'intérêt génétique de ces éléments (1947-1953). Cependant, on peut se demander si justement les différences constatées ne seraient pas en relation avec la différenciation cellulaire. Powan et Breuer (1952), reprenant la question chez *Rhynchosciara angelae,* ont pu comparer les chromosomes polytènes des tubes de Malpighi et des vésicules séminales à ceux des glandes salivaires. La disposition des bandes s'y révèle identique : mais les auteurs notent des différences concernant une région hétérochromatique et qui serait spécifique de chaque tissu : il y a régulièrement dans les noyaux malpighiens et dans ceux des vésicules une zone qui forme un chromocentre, toujours absent dans les glandes salivaires *(fig. 132).* Est-ce la cause ou l'effet de la différenciation ? Quoi qu'il en soit, il est possible que l'étude des chromosomes polytènes permette d'aborder le problème si difficile de la différenciation embryogénique.

Enfin cette étude, effectuée systématiquement sur un même chromosome suivi au cours de la vie larvaire, a conduit chez certains Diptères à un résultat inattendu; elle a permis de reconnaître l'entrée en activité, pendant une durée précise, de gènes particuliers, à des périodes également précises de cette vie.

Au niveau de certaines bandes, d'importants changements se perçoivent : la bande perd sa netteté, se gonfle, s'élargit et s'épaissit, elle devient ce que l'on dénomme un *pouf.* On a pu mettre en évidence dans cette bande ainsi gonflée l'apparition d'une quantité appréciable soit d'A.D.N., soit d'A.R.N. qui ont été ainsi synthétisés sur place.

De tels changements sont surtout nets au moment de la métamorphose. Comme on sait que celle-ci est sous la dépendance d'une hormone, l'ecdysone, on a pu provoquer expérimentalement le phénomène par injection à des larves de Chironome d'une quantité précise de cette substance. Clever a ainsi reconnu (1960) l'apparition presque immédiate de poufs au niveau de bandes connues *(fig. 133)*, et qui sont suivis, au bout d'un temps précis, d'autres poufs apparaissant sur d'autres bandes. C'est seulement après que se manifestent les changements qui caractérisent la métamorphose. L'hormone semble ainsi avoir déclenché une série de réactions chromosomiques qui ont eu pour conséquence la transformation de l'Insecte.

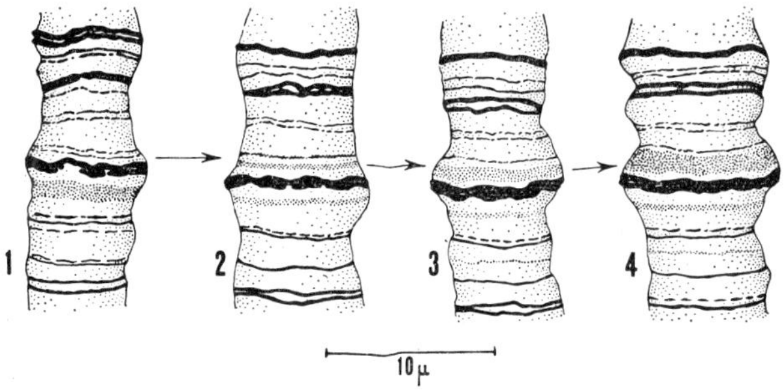

FIG. 133 — FORMATION D'UN « POUF » CHEZ UN *Chironomus tentans*.

Divers stades de la formation du « pouf », après injection d'ecdysone à la larve, (d'après Clever).

C'est la première preuve à la fois morphologique et physiologique qui soit donnée du fonctionnement des gènes. D'autre part, le fait que les poufs sont limités à certaines bandes du chromosome confirme cette hypothèse que chaque bande correspond bien à un gène, et que ceux-ci correspondent à des dimensions variées des chromonémas. Le peloton constitutif du chromomère se déferait au moment du pouf : il y aurait une déspiralisation locale antérieure à la synthèse d'A.D.N. ou d'A.R.N. Nous aurons plus tard à revenir sur ce phénomène.

INHIBITEURS ET STIMULATEURS DE LA MITOSE

De nombreux essais ont été tentés sur les cellules, dans le but de provoquer ou d'arrêter les mitoses, souvent dans une fin pratique : nous avons un intérêt évident à connaître la cause du déclenchement de la division cellulaire, origine des tumeurs, et aussi à savoir stopper celles-ci. C'est dans cette seconde tendance que les résultats les meilleurs ont été obtenus.

De nombreux agents physiques ou chimiques se sont montrés capables d'inhiber les mitoses : ils appartiennent à deux catégories ayant comme chef de file, l'un les rayons X, l'autre la colchicine, alcaloïde bien connu.

L'irradiation d'un tissu aux rayons X n'arrête pas les divisions commencées ou sur le point de se faire, mais stoppe celles qui se préparent : elle agit sur l'antéphase, bloquant le doublement de l'A.D.N. en arrêtant sa synthèse, et comme les cellules sont alors d'une grande fragilité, elles dégénèrent pour la plupart.

Ainsi dans un tissu envahi par les éléments tumoraux, ceux-ci, qui se divisent beaucoup, parviennent-ils à être éliminés, au moins partiellement.

L'acridine et ses dérivés, tels que la trypaflavine, arrivent également à bloquer la mitose en antéphase, mais par combinaison avec les acides nucléiques, qui ne peuvent ensuite plus se polymériser. L'héparine a un rôle analogue.

A ces « poisons de chromosomes » s'opposent les « poisons fusoriaux » : la colchicine, sans léser ni la cellule, ni les chromosomes, empêche presque universellement la réalisation du fuseau. Elle agit sur ses molécules protéiques, qui ne peuvent plus s'organiser en fibres, probablement par une modification de leurs groupements SH, indispensables aux liaisons intermoléculaires. Il s'édifie alors à leurs dépens un réseau irrégulier qui empêche l'équipartition des chromosomes. La mitose se termine ensuite sans division nucléaire, mais le nombre des chromosomes de la cellule est devenu double. Pratiquement ce procédé est appliqué pour l'obtention de polyploïdes. De nombreux corps ont également une action sur le fuseau : par exemple la ribonucléase, les quinones, le chloracétophénone, le sublimé, etc.

Le problème de la stimulation mitotique, dénommé encore *mitogenèse*, est un aspect particulier de celui des causes de la mitose. Chez un Protiste bien nourri, par exemple, une Paramécie, la division survient régulièrement quand la cellule a atteint une taille limite qui est généralement le double de la taille minima. Il semble ainsi exister une relation entre la croissance et la division. Toutefois, cette relation est loin d'être simple.

Chez d'autres Protistes, la croissance pourra être beaucoup plus longue : chez *Oodinium poucheti*, Péridinien parasite des Appendiculaires, elle atteint plusieurs centaines de fois la taille minima sans que se déclenche aucune mitose. Mais, que le parasite soit détaché de son hôte, il se divise sur-le-champ, quelle que soit la taille à laquelle il est parvenu. C'est ici l'arrêt de la nutrition qui provoque la division.

Mais ce peut être exactement l'inverse : si l'on fait jeûner un Triton pendant plusieurs mois, et qu'on le renourrisse ensuite activement, il apparaît dans son sang une véritable épidémie de mitoses chez les hématies, mise à profit autrefois pour réaliser le premier film sur la mitose (Comandon).

Des changements chimiques du protoplasme conditionnent donc l'apparition des divisions. Mais il est malaisé de préciser davantage. On connaît, depuis Carrel, l'action des extraits embryonnaires sur les cultures de tissus.

De même les autolysats de levure favorisent étonnamment les cultures de Protistes. Mais ces produits sont si riches en acides aminés, sels minéraux, vitamines, enzymes, coenzymes et hormones que l'on ne sait pas encore lequel ou lesquels de ces corps ont une action prépondérante. On n'est pas mieux fixé sur les substances de croissance mises en évidence par les botanistes et dont certaines à des doses précises et toujours très faibles, stimulent certaines mitoses, mais les inhibent à doses plus élevées. Il en est ainsi des kinétines, qui sont des nucléosides (combinaisons d'adénine et de *d*-désoxyribose) : il est possible qu'elles favorisent la synthèse de l'A.D.N.

LES DIVISIONS MÉIOTIQUES

A la mitose, mécanisme essentiellement conservateur, qui divise avec précision le stock diploïde des chromosomes de chaque cellule en deux lots strictement équivalents, et toujours diploïdes, s'oppose la *méiose,* ensemble de deux divisions successives, par lesquelles devient possible une variation du génotype jusque-là conservé intact.

Encore appelée *réduction chromatique,* la méiose forme à partir de la lignée diploïde une lignée cellulaire haploïde, donc à un seul génome. Mais, fait essentiel, ce génome n'est plus ni l'un ni l'autre des deux précédents : le mécanisme de la méiose est tel que chaque génome qui a passé par ce stade représente une création nouvelle, par combinaison des génomes antérieurs.

Ainsi se réalise l'une des étapes d'où naît l'individualité des organismes. L'autre est la fécondation, qui associe deux génomes, tout en activant le zygote, origine de l'individu.

La lignée haploïde résultant de la méiose est très brève chez les organismes supérieurs, qui sont des *diplontes,* c'est-à-dire des êtres à formule diploïde. Elle se limite aux deux générations cellulaires qui ont comme terme la réalisation des gamètes, ou cellules reproductrices. L'ensemble est généralement dénommé période de maturation, parce qu'elle aboutit aux gamètes mûrs.

Mais cette expression n'a pas de sens général, car il n'en est pas de même chez les êtres inférieurs. Chez des végétaux tels que les Cryptogames vasculaires, chez beaucoup d'Algues et de Champignons, chez une partie des Protistes, la lignée haploïde peut prendre une importance plus grande, et équivaloir, ou presque, la lignée diploïde.

On distingue alors une *haplophase* qui aboutit à la formation des gamètes, et que suit une *diplophase.* Enfin, il arrive parfois aussi que la lignée diploïde soit la plus brève des deux.

Chez certains Phytoflagellés, chez beaucoup de Grégarines, l'haplophase correspond à la vie normale de l'individu, dit *haplonte;* la diplophase est réduite à une génération cellulaire, celle de l'œuf fécondé, dans lequel s'effectue une zygoméiose, c'est-à-dire que la méiose s'y produit immédiatement après la fécondation.

Comme la mitose, la méiose est un processus général; il existe cependant, à côté du type normal commun à la plupart des organismes, beaucoup plus de divergences de détail que dans le cas de la mitose, et cela, même chez des organismes élevés dans l'échelle des êtres (White, 1947). Il en résulte qu'il s'agit peut-être d'un phénomène moins primitif, que l'on pourrait envisager comme une conséquence secondaire, mais inéluctable d'un événement évolutif, l'introduction de la fécondation dans le cycle des organismes.

Par suite du doublement qu'elle produit du nombre gamétique de chromosomes, la constance ne pourrait être maintenue que si un mécanisme compensateur réduit, avant la gamétogenèse, ou après la fécondation, le nombre double produit.

La méiose présente ainsi une apparence de finalité sur laquelle a pu tabler A. Weismann, pour prévoir sinon son existence, tout du moins ses caractères (1885-1887).

La réduction numérique du nombre des chromosomes des gamètes avait en effet été découverte par Van Beneden en 1883. Étudiant l'œuf utérin de l'*Ascaris* du cheval, il assiste à la fécondation, et constate que le noyau mâle comme le noyau femelle qui vont s'unir possèdent l'un et l'autre deux chromosomes, alors que ce nombre dans les cellules normales est quatre. Il ne sait pas encore expliquer l'origine exacte de ce nombre réduit. Ce sont les recherches de Platner (1889), d'O. Hertwig (1890), de Boveri (depuis 1887), qui établissent le parallélisme entre l'évolution du gamète mâle et celui du gamète femelle, indiquant l'existence de deux divisions cellulaires spéciales, dont Flemming fait connaître le détail (1889). Il décrit la succession chez la Salamandre d'une division différente des mitoses normales, et qu'il qualifie d'hétérotypique, et d'une qui lui semble homéotypique, c'est-à-dire comparable aux divisions habituelles. Strasburger (1888) et Guignard (1889) indiquent alors que tout semble se passer de la même façon chez les Végétaux.

Dès lors l'existence d'une réduction du nombre des chromosomes apparaît comme un phénomène général.

Mais les considérations de W. Roux sur la division longitudinale des chromosomes dans la mitose (1883), les réflexions de Weismann sur la matière héréditaire, que, conformément aux idées de De Vries, il localise sur la chromatine, attirent l'attention des chercheurs sur la méiose (1885).

Weismann en vient à penser que le chromosome est un organite très compliqué, qu'il est « en quelque sorte, un véritable monde ». Il doit avoir une structure, constituée par une *série linéaire de parties différentes par leurs propriétés héréditaires.* Sa division, lors de la mitose, n'est pas passive, mais autonome; si elle est longitudinale, c'est qu'elle est *équationnelle,* c'est-à-dire rigoureusement égale. Il doit y avoir un second mode de division, capable de diminuer les qualités de cette matière transmise par les fécondations successives, de génération en génération, un mode qui sera *réductionnel.* Les globules polaires, petites cellules abortives rejetées par les œufs pendant leur maturation, correspondent bien à l'idée de réduction épurative telle qu'elle apparaît à Weismann.

L'impulsion de ces idées théoriques conduit alors à des recherches de plus en plus nombreuses sur ces phénomènes de méiose. On découvre effectivement l'existence d'une division réductionnelle. Elle ne se produit pas exactement comme l'imaginait Weismann, en ce sens qu'elle ne consiste pas réellement en une division transversale des chromosomes, elle n'en a pas moins les résultats qu'il attendait.

Arrive l'année 1900 : les lois de l'hérédité, formulées en 1863 par Mendel, sont redécouvertes. Elles exigent que les gamètes des hybrides aient une qualité particulière : il faut qu'ils soient *purs*, en ce qui concerne les propriétés qu'ils supportent. C'est-à-dire que si, à titre d'exemple, nous considérons un croisement entre deux plantes identiques, sauf en ce qui concerne la couleur de leurs fleurs, qui seront blanches pour l'une (*a*), rouges pour l'autre (*b*), la formule de l'hybride obtenu étant (*ab*), la pureté des gamètes de cet hybride sera réalisée si leur formule est soit (*a*), soit (*b*). Les lois de Mendel prouvent qu'elle ne peut être à la fois (*a*) et (*b*).

En 1903, chacun de leur côté, Sutton et Boveri, se rendent compte que la méiose peut parfaitement expliquer ce fait : il suffit d'admettre que les propriétés *a* et *b*, envisagées ci-dessus, sont conditionnées chacune par un chromosome différent, *A* et *B*, appartenant à une même paire d'homologues; la méiose sépare automatiquement ces chromosomes sur des gamètes différents.

La loi de Mendel prend ainsi un sens cytologique précis.

Mac Clung, remarquant, d'autre part, qu'il existe un dimorphisme dans les spermatozoïdes de divers Insectes, concernant un certain chromosome particulier, appelé X, pense que le phénomène peut se trouver en rapport avec le déterminisme du sexe. La méiose devient le mécanisme répartiteur de cette propriété fondamentale. E. Wilson, à partir de 1905, développe cette idée qui se montre féconde.

La découverte du *crossing-over* par les généticiens va, une fois de plus, encore attirer l'attention sur les chromosomes méiotiques. Ce phénomène postule l'existence d'échanges matériels entre les chromosomes homologues et qui ne peuvent se concevoir que comme le résultat d'une rupture transverse des éléments, telle que l'avait prévue Weismann.

Or, Janssens a constaté déjà la possibilité de tels échanges en observant certains chromosomes méiotiques de *Batracoseps* (1905), et il en a, en 1909, tiré une théorie, dite de la *chiasmatypie* qui peut expliquer ces phénomènes.

Le mécanisme de la méiose devient ainsi d'un important intérêt pour les généticiens, et les recherches des cytogénéticiens contemporains, à la suite de Darlington, n'ont fait qu'appuyer cette opinion.

Il ne sera pas insisté ici sur ces faits qui seront développés dans d'autres chapitres : nous nous bornons à exposer la méiose telle qu'elle est actuellement connue, sans développer ses conséquences génétiques.

LE MÉCANISME MÉIOTIQUE

On peut le schématiser simplement comme *une suite de deux mitoses, au cours desquelles les chromosomes ne se divisent qu'une seule fois* (Darlington), mais qui permettent certaines modifications de leurs structures.

On désigne les divisions comme hétéro- et homéotypiques ou plus simplement comme divisions I et II (fig. 131).

La division I est seule compliquée. Elle se caractérise

par une longue prophase, dite *préméiose,* que l'on scinde en quatre stades successifs principaux, caractérisés par des modifications très nettes des chromosomes : stades *leptotène, zygotène, pachytène, diplotène.*

On distingue ensuite une *diacinèse* qui termine la prophase, précédant la disparition de la membrane nucléaire et la mise en fuseau des chromosomes.

On reconnaît ensuite une métaphase raccourcie, une anaphase, et, après une télophase, souvent virtuelle, recommence une nouvelle division, plus simple en apparence, avec prophase raccourcie, métaphase, anaphase et parfois télophase. C'est la division II. Elle peut se terminer par une mise au repos du noyau, mais aussi souvent par un passage presque direct à la première mitose de segmentation de l'œuf (cas du gamète femelle).

La préméiose est spéciale à la fois par sa longue durée, et par le comportement qu'y manifestent les chromosomes. Sa longueur est surtout notable dans la maturation des produits génitaux du sexe femelle. Il est fréquent qu'elle dure plusieurs semaines ou plusieurs mois. Chez certains Mammifères, elle se mesure même en dizaine d'années : c'est ainsi que dans l'espèce humaine, elle débute avant la naissance, et ne s'achève ensuite qu'au moment de la ponte ovulaire, soit dans l'espace de temps compris entre la puberté et la ménopause; cette durée de mitose I est ainsi approximativement comprise entre seize et cinquante années.

Deux faits dominent le comportement des chromosomes au cours de cette division : tout d'abord une attraction des éléments homologues deux à deux, se produisant dès le début de la prophase. Elle conduit à la formation de « groupes de deux » ou bivalents, en nombre haploïde, dont les deux éléments se séparent ensuite sur le fuseau achromatique, et gagnent chacun un pôle opposé. Chaque couronne anaphasique est ainsi constituée par un nouveau génome, qui s'est formé de l'association de *n* éléments, mais dont chacun peut provenir de la série originaire du père ou de la série maternelle.

La répartition est en principe faite au hasard.

Mais les chromosomes qui se séparent ainsi de leur homologue sur le fuseau ne sont plus strictement ce qu'ils étaient avant l'appariement : il s'est produit généralement au cours de celui-ci, des échanges matériels conséquences de ruptures transversales, conformes à l'hypothèse de Weismann et de recollements ultérieurs.

Dans le détail, ces faits sont très compliqués : envisageons-les successivement.

STADE LEPTOTÈNE

C'est l'apparition, aux dépens d'un réseau de noyau au repos, des chromosomes prophasiques, non spiralisés *(fig. 134, A)*. Très longs, très grêles, ils montrent souvent leurs chromomères avec une grande netteté.

Chez beaucoup de plantes supérieures, il arrive qu'ils apparaissent ainsi disposés sans ordre, remplissant, par suite d'une répulsion mutuelle, tout l'espace nucléaire.

Ailleurs cependant, et il semble que ce soit le cas le plus fréquent, les noyaux leptotènes sont orientés, en ce sens que toutes les extrémités des filaments chromosomiques sont rapprochés de la membrane nucléaire en un même point, qui serait occupé extérieurement par le centrosome.

Cependant, ce « stade en bouquet » *(fig. 134, B* et *fig. 135, A* et *B)*, se rencontre aussi chez quelques plantes,

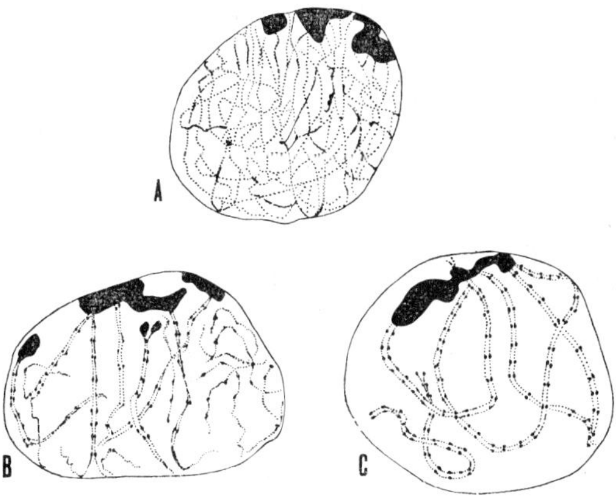

FIG. 134 — DÉBUTS DE LA PRÉMÉIOSE CHEZ *Phrynotettix magnus* (D'APRÈS WENRICH).

A, stade leptotène; B et C, passage au stade zygotène.

donc en l'absence de centrosomes : par exemple chez *Rumex* (Kihara, 1927), chez *Tradescantia* (Belar, 1929). On pense donc plutôt qu'il s'agirait d'une orientation provenant de la disposition télophasique de la mitose précédente (Newton, 1927, Darlington, 1929), bien que, s'il en était réellement ainsi, les télomères devraient plutôt diverger que converger.

Pour Darlington, ces filaments leptotènes sont toujours simples à leur apparition, et ce serait là une des caractéristiques de la prophase hétérotypique, qui serait plus précoce qu'une prophase normale : dans les mitoses somatiques, les filaments prophasiques sont, en effet, toujours doubles.

L'opinion de Darlington n'est pas toujours acceptée : certains cytologistes croient à une apparition de filaments déjà dédoublés (Huskins).

Mais on peut attribuer cette duplicité éventuelle à une erreur d'observation, par une confusion avec le stade suivant. Ce détail, bien qu'important, n'est pas encore réglé.

Il est rare que l'on ait pu compter les filaments leptotènes : cependant, ils semblent bien apparaître en nombre diploïde (Gelei, 1921, Janssens, 1924).

STADE ZYGOTÈNE

C'est l'appariement longitudinal des chromosomes homologues. Jusqu'alors distincts, les filaments se rapprochent deux à deux, et s'appliquent les uns contre les autres. Le rapprochement, quand il y a stade en bouquet, débute par les télomères, et se poursuit sur toute la longueur de l'élément *(fig. 134, B* et *fig. 135, B)*. Il arrive aussi qu'il débute au niveau des centromères, ou par plusieurs régions distinctes; il s'étend ensuite lentement à tout le chromosome, qui devient entièrement double. Selon la longueur des éléments, il dure plus ou moins longtemps, facilité parfois par un enroulement d'un brin autour de l'autre *(relational coiling)*.

FIG. 135 — LES PRINCIPAUX STADES DE LA MÉIOSE, CHEZ *Tomopteris onisciformis.*

D'après les Schreiner. A et B, stade zygotène; C, pachytène; D, diplotène; E, diacinèse; F, métaphase; G, anaphase I; H, les deux anaphases II.

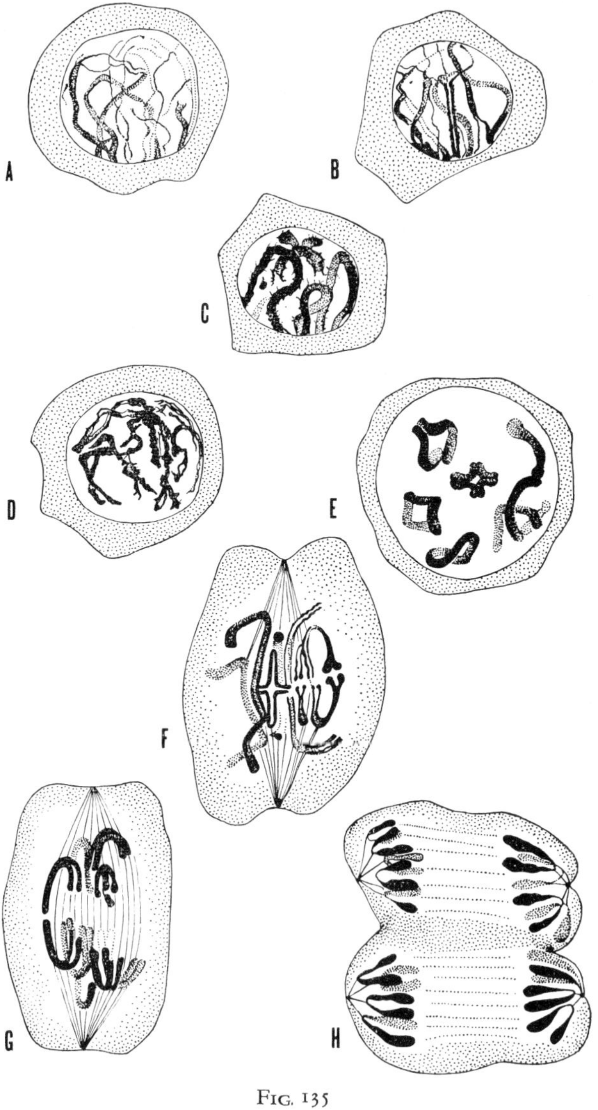

FIG. 135

Il se produit, en tout cas, avec une grande précision, chromomère contre chromomère. Une fois qu'il est terminé, on se rend compte que les chromosomes ainsi accouplés sont bien les homologues, car ils sont strictement identiques. Le phénomène est particulièrement frappant quand le nombre des chromosomes est peu élevé.

Découvert en 1900 par von Winiwarter, l'appariement a été tout d'abord nié avec vigueur par la plupart des cytologistes; il a fallu plus de vingt ans pour qu'il soit accepté; on l'interprétait en effet comme une division de chromosomes prophasiques, qui seraient apparus en nombre haploïde, sans que l'on sache pourquoi : on pensait que l'appariement ne pouvait être qu'un processus sexuel, un accouplement de chromosomes mâles et de chromosomes femelles, une sorte de mariage retardé. Les recherches de Metz (1916) sur les chromosomes des Diptères ont montré que, dans cet ordre d'Insectes, l'appariement est chose courante, en tout temps, même dans les cellules somatiques. Les recherches sur les formes parthénogénétiques, sur les polyploïdes végétaux, ont montré qu'il existe en dehors de toute question de sexualité; en particulier, les divers homologues d'un tétraploïde s'apparient parfaitement au hasard de leur position dans le noyau au début du stade, conduisant à des figures complexes, que Darlington a largement fait connaître *(fig. 136)*. Enfin, diverses anomalies de couples enchaînés les uns aux autres ne peuvent se comprendre dans l'hypothèse d'une division : seul un appariement est capable d'en rendre compte. Il ne semble pas aujourd'hui qu'il existe encore des détracteurs de ce stade.

Il arrive qu'il soit marqué dans certains noyaux par un tassement de tous les chromosomes à un pôle, le reste étant libre de tout élément. Ce stade a été désigné comme *synapsis*. Mais le même mot est souvent utilisé aussi comme synonyme de stade zygotène.

Pour éviter une confusion, Mac Clung a désigné le tassement comme *synizésis*. Mais il semble aussi que ce stade ne soit qu'un artefact, car il arrive qu'à sa place, après certaines fixations, on observe un stade en bouquet réel.

On discute encore sur l'appariement, dans le but de l'expliquer : il faut, en effet, admettre une attraction spécifique des chromomères homologues entre eux, et en outre, ainsi que l'a établi Darlington, une attraction qui n'agisse strictement que sur *deux* chromomères homologues. Dans un triploïde ou un tétraploïde, où il existe dans un même noyau trois ou quatre homologues, les chromosomes ne s'apparient jamais, selon leur longueur, autrement que par deux. On trouvera ainsi des figures complexes, formées de trois ou quatre chromosomes qui ont tous, deux à deux, une région commune *(fig. 136)*.

Il n'y a d'exception que pour les télomères qui, une fois de plus, ne se comportent pas toujours comme le reste du chromosome : chez les triploïdes, il est fréquent

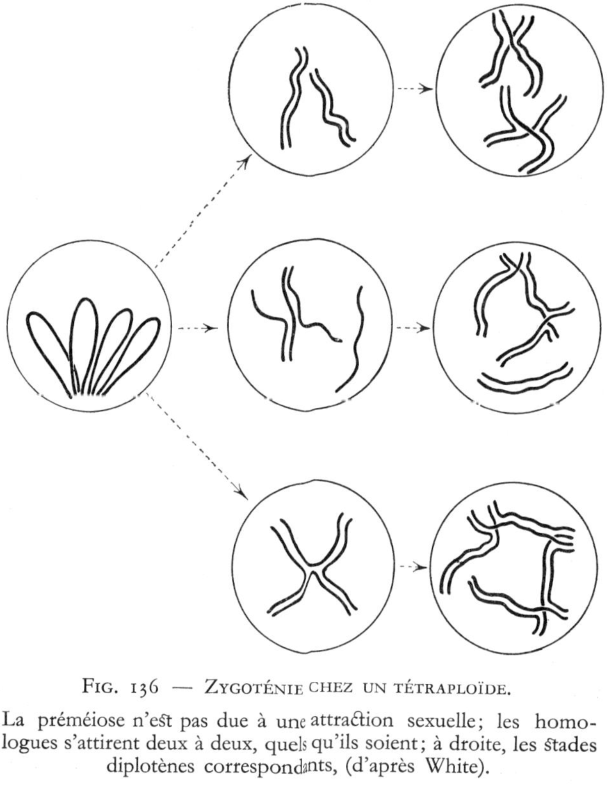

FIG. 136 — ZYGOTÉNIE CHEZ UN TÉTRAPLOÏDE.

La préméiose n'est pas due à une attraction sexuelle; les homologues s'attirent deux à deux, quels qu'ils soient; à droite, les stades diplotènes correspondants, (d'après White).

de trouver des « figures de trois », associations de trois éléments par leurs télomères.

On a pensé expliquer l'appariement par une attraction entre molécules identiques et voir en même temps une preuve de la différence chimique des gènes existant dans les chromomères. Il est certain, en effet, que l'on ne pourrait concevoir une affinité électrostatique entre chaque couple de chromomères, qui soit réellement spécifique. Il faut donc l'admettre chimique.

Friedrich-Freska (1940) a supposé que dans chaque gène la partie acide nucléique et la partie protéique agiraient pour leur compte : l'acide d'un gène attirerait la protéine du gène homologue et réciproquement. On comprendrait ainsi que l'attraction soit strictement du type « un à un ». On tend aujourd'hui à faire intervenir les ions métalliques qui existeraient, faisant trait d'union entre des molécules successives d'A.D.N., pour expliquer l'attraction par une sorte « d'appel du semblable par le semblable ».

On n'explique cependant pas que cette attraction puisse s'accomplir à plusieurs microns de distance dans le noyau leptotène, car il semble bien que le contenu nucléaire soit peu mobile, et le brassage du contenu tel qu'il s'observe dans les noyaux des Péridiniens (cyclose nucléaire de Biecheler, 1935) ne semble exister nulle part aussi énergique.

L'orientation du « bouquet » facilite certainement au moins le début du phénomène, et l'attraction des brins jointifs se continue ensuite de proche en proche.

La zygoténie n'est pas toujours absolue : les chromosomes qui n'ont pas d'homologues restent inappariés. Ce fait est parfaitement net pour les chromosomes sexuels, c'est-à-dire pour des éléments qui n'existent pas identiques dans les deux sexes. Chez certains Insectes, on observe le type XO, c'est-à-dire que l'un des sexes, généralement le mâle, possède un chromosome impair, X, sans homologue, la femelle ayant 2 X. Chez elle tout se passe normalement, les deux X s'appariant même s'ils sont hétéropycnotiques, non étirés. Chez le mâle, l'X reste seul.

Il arrive également que certains hybrides, principalement expérimentaux, présentent des chromosomes homologues dont l'un est différent de l'autre, par une modification de séquence de ses gènes. L'appariement conduit alors à des complications, les segments s'accouplant selon la série normale de leurs chromomères : il se forme

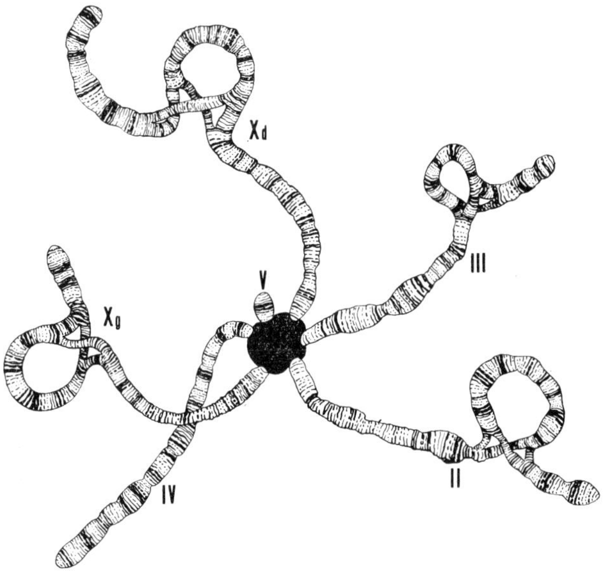

FIG. 137 — ANOMALIES DE ZYGOTÉNIE.

Boucles provoquées par des inversions. Hybride de *Dr. pseudo-obscura,* race normale × race à quatre inversions; le salivaire forme quatre boucles, (d'après White).

généralement des anneaux complexes, des boucles que seule la considération des chromosomes polytènes a permis de comprendre *(fig. 137)*.

Toutes ces anomalies ne sont explicables que grâce à la considération de l'appariement, et concourent à affermir l'hypothèse de von Winiwarter.

STADE PACHYTÈNE

C'est la terminaison du stade zygotène, le moment où la zygoténie est achevée pour tous les chromosomes homologues. Il en résulte une colorabilité plus marquée des bivalents, sans qu'il y ait véritablement de raccourcissement, ni de vraie spiralisation. Tout au plus note-t-on une tendance des bivalents à s'enrouler réciproquement (*relational coiling* de Darlington).

Ce stade est souvent favorable à une numération des chromosomes appariés : on constate facilement qu'ils sont en nombre haploïde.

STADE DIPLOTÈNE ET CHIASMAS

Il se reconnaît à une séparation des constituants de chaque bivalent; elle se manifeste par la formation d'anses, car les deux conjoints restent unis en certains points : le bivalent tend ainsi, s'il est un peu long, vers l'allure d'une chaîne, avec des maillons successifs dans des plans perpendiculaires. Il arrive que le stade débute par une fente apparaissant à proximité des centromères, comme chez *Fritillaria*. Chez *Stenobothrus,* par contre, il débute par plusieurs fentes apparaissant en des points distincts, et se rapprochant ensuite progressivement les unes des autres.

On constate alors que ces fentes séparent, non des chromosomes entiers, mais des paires de chromatides : le stade diplotène consiste donc en l'apparition de la division longitudinale de chacun des deux éléments du bivalent.

Mais cette division n'est pas exactement comparable à celle qui caractérise la prophase de la mitose : au point où les fentes se raccordent, il subsiste un lien entre les paires de chromatides, lien qui est dû à un échange de partenaires à ce niveau, se manifestant par une sorte de croix, c'est le *chiasma (fig. 138).*

L'écartement des constituants initiaux du bivalent, auparavant tassés l'un contre l'autre, s'explique par l'hypothèse de Darlington, de l'attraction « un à un ». Chaque brin, maintenant devenu double, comporte tous les chromomères homologues également en double. L'attraction est ainsi satisfaite entre eux, elle ne s'exerce plus vis-à-vis du partenaire, qui est ainsi relâché, et s'écarte par suite d'une répulsion probablement d'origine électrostatique, commune normalement à tous les chromosomes.

Quant aux chiasmas, ce sont, si nous comparons

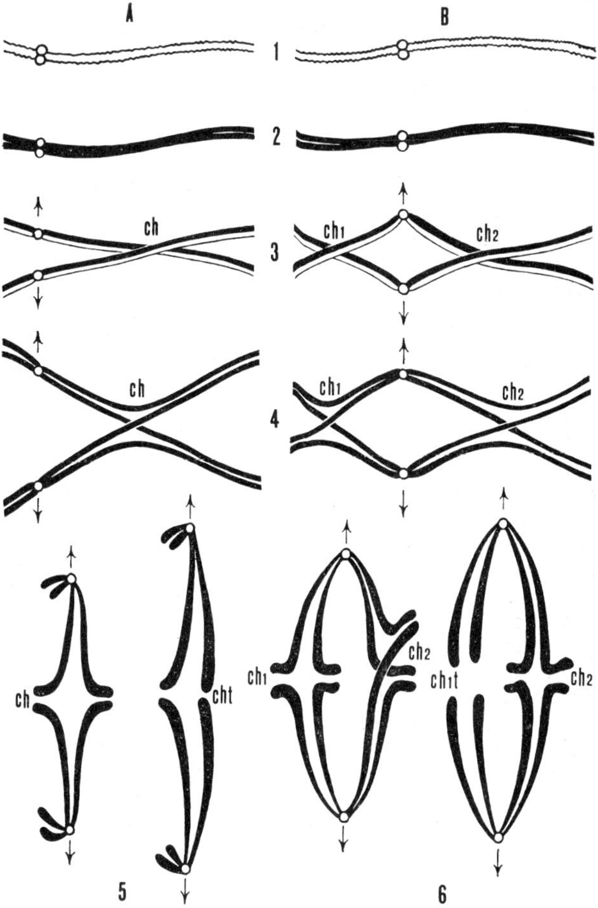

FIG. 138 — SCHÉMAS DE L'ÉVOLUTION DES BIVALENTS (IMITÉS DE DARLINGTON).

1, stade zygotène; 2, stade pachytène; 3, début du stade diplotène et ouverture du bivalent; 4, stade diplotène; 5 et 6, stades de diacinèse ou de métaphase. Colonne A, un seul chiasma; colonne B, deux chiasmas. *Ch*1, premier chiasma; *Ch*2, deuxième chiasma; *Cht,* chiasma terminalisé.

toujours le chromosome diplotène à une chaîne métallique tendue, les points où les maillons successifs sont en contact. Alors que le corps du maillon est fait d'un chromosome à deux chromatides distinctes, ces points en comportent quatre, dont deux sont entrecroisées *(fig. 138,* 4).

Le compte en est souvent très facile. C'est à ce niveau que certains pensent qu'a dû se produire la rupture transversale suivie d'un recollement, auxquels nous avons fait plus haut allusion, en citant le *crossing over* des généticiens.

On ne sait pas comment se réalisent ces accidents : des essais d'explication ont été tentés par Belling, par Darlington, par White. Nous les discuterons plus bas.

Quoi qu'il en soit, dans un même chromosome, la place des chiasmas est généralement assez constante et toujours plus rapprochée des centromères que des télomères : les chiasmas initiaux ont ainsi tendance à être « interstitiels » ou « localisés » près du centromère, plutôt que « terminaux ». Leur nombre est, dans les formes dont les chromosomes sont de taille peu différentes, sensiblement proportionnel à la longueur de l'élément. Il varie peu dans un même chromosome. Par contre, là où la taille des chromosomes est très variée, il y en a relativement plus dans les grands que dans les petits (Darlington).

Le fait que, dans un même chromosome, la fréquence des chiasmas est sensiblement constante, présente un intérêt génétique certain si l'on admet qu'à chaque chiasma corresponde un crossing over. Un chromosome sans chiasmas fonctionne comme un tout vis-à-vis de l'hérédité, tous les gènes qu'il porte étant transmis en bloc, liés ensemble, *linkés*. S'il possède des crossing over, il fonctionne comme s'il était constitué par des fragments capables parfois de devenir indépendants, ce qui favorise les recombinaisons de caractères héréditaires, origine de la variation des organismes.

Darlington a traduit ces faits en une donnée numérique, l'*index de recombinaison* du chromosome, qui fait intervenir à la fois le nombre haploïde et la fréquence moyenne de chiasmas de chaque chromosome. Les espèces à longs chromosomes ont ainsi des indices élevés tandis que d'autres montrent des différences entre sexes.

Chez la Drosophile, par exemple, il n'y a pas de

crossing over dans le sexe mâle, alors qu'il en exiſte dans l'autre sexe : l'index eſt beaucoup plus faible chez le mâle. Tous ces détails ont un intérêt génétique qui sera développé ailleurs.

Le ſtade diplotène peut conduire à deux issues : le plus souvent, dans les deux règnes, il termine la préméiose, avec un tassement progressif des chromosomes qui s'épaississent par une spiralisation de plus en plus accentuée avec maximum à la diacinèse.

Par contre, dans certaines spermatogenèses ou quelques formations de grains de pollen, et dans beaucoup d'ovogenèses, la préméiose ne suit pas cette voie directe, mais il s'intercale, avant sa fin et plus ou moins tôt, selon les cas, une véritable phase dite de repos nucléaire, avec rallongement des chromosomes et probablement une déspiralisation partielle, ces phénomènes étant très accentués dans les œufs en formation.

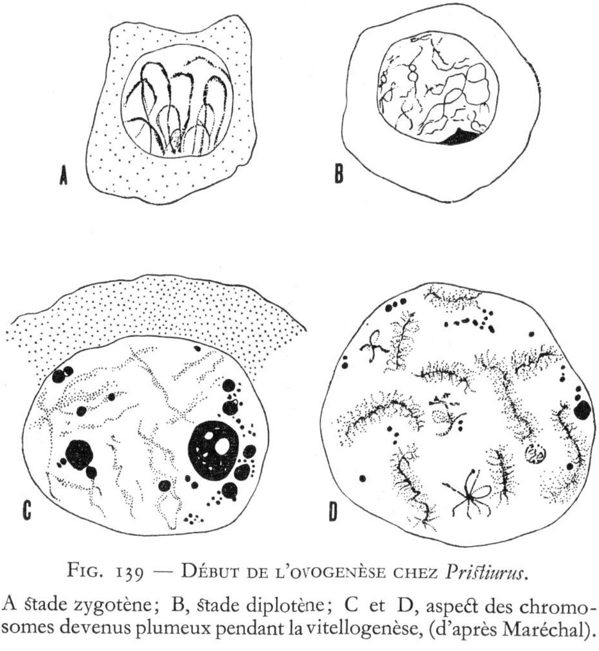

FIG. 139 — DÉBUT DE L'OVOGENÈSE CHEZ *Priſtiurus*.

A ſtade zygotène; B, ſtade diplotène; C et D, aspect des chromosomes devenus plumeux pendant la vitellogenèse, (d'après Maréchal).

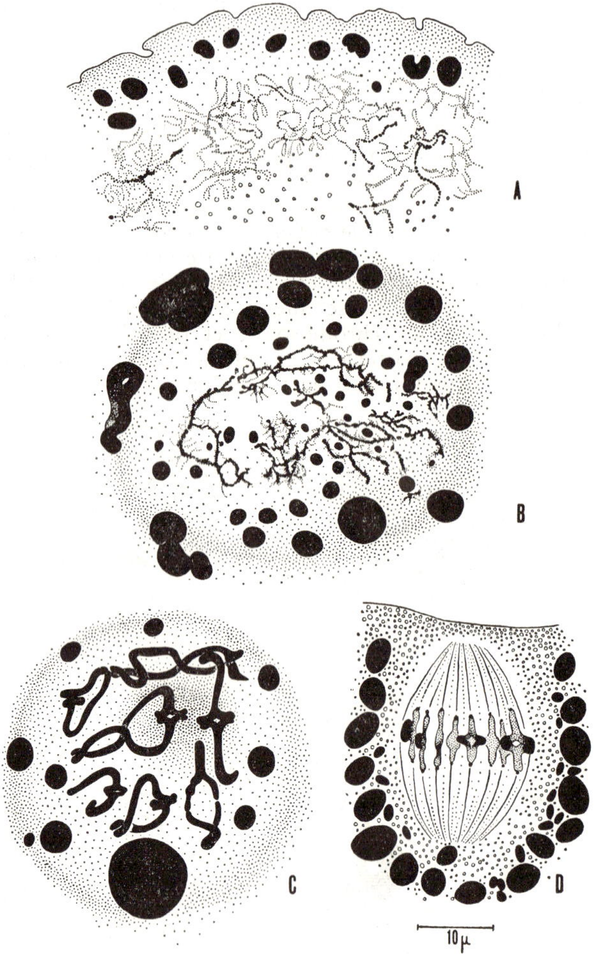

FIG. 140

En effet, ces cellules ont leur évolution marquée par la phase dite du *grand accroissement,* au cours de laquelle leur masse cytoplasmique peut augmenter dans d'énormes proportions pendant que s'édifient à son intérieur les réserves vitellines.

Les chromosomes s'allongent alors, deviennent grêles et fins, tout en gardant cependant l'allure de filaments diplotènes. Dans les ovocytes des Vertébrés à œufs télolécithes ou hétérolécithes, l'évolution nucléaire va encore plus loin : le noyau devient l'énorme vésicule germinative classique, parfois visible à l'œil nu, et dont nous savons déjà combien elle est riche en nucléoles.

Ses chromosomes sont devenus méconnaissables : ils ont égréné en quelque sorte leurs chromomères en longs filaments grenus émettant latéralement d'autres filaments plus grêles encore, dessinant des boucles : l'ensemble présente un aspect de brosse à bouteilles. Ce sont les *filaments barbelés* de Carnoy et Lebrun, décrits chez divers Batraciens, reconnus également chez les Sélaciens par Rückert, par Maréchal *(fig. 139),* et par Loyez chez les Oiseaux.

Une fois la masse des réserves constituée, ils redonnent progressivement des chromosomes normaux, dont l'aspect est bientôt celui de la diacinèse. Nous figurons ici cette évolution chez la Grenouille *(fig. 140).*

Ces chromosomes barbelés, ou encore plumeux, ont été testés à la réaction de Feulgen; Brachet et ses collaborateurs y ont trouvé de l'A.D.N. chez le Triton, mais pas chez la Grenouille (1940). Ils ont mis en doute cette réponse négative (1947), qui a été cependant confirmée par les recherches de Guyénot et de ses collaborateurs (1952). Ce fait paraît difficile à expliquer, sinon par un « effet de dilution ».

FIG. 140 — PHASES DE L'OVOGENÈSE CHEZ *Rana temporaria.*

A, ovocyte ovarien, en vitellogénèse : filaments barbelés et nucléoles; B et C vitellogénèse terminée, les chromosomes entrent en diacinèse : les nucléoles se fusionnent et la vésicule germinative disparaît; D, la mitose I apparaît alors, sans asters, et l'œuf qui a quitté l'ovaire, descend dans les oviductes. Autour de la mitose I, grains de pigment et plaquettes vitellines. Pour B, C et D, échelle commune; le grossissement est moitié moindre pour A, (original).

LA DIACINÈSE ET L'ÉVOLUTION DES CHIASMAS

Elle se caractérise par un gonflement du noyau dont le contenu devient exceptionnellement clair, tandis que les chromosomes, nettement plus épais, bien isolés les uns des autres, par répulsion mutuelle, prennent les formes caractéristiques de la métaphase I.

Cette ultime évolution des chromosomes est dominée par deux faits; une simplification de leur forme et un épaississement accru.

La simplification provient d'un phénomène que Darlington a qualifié de *terminalisation des chiasmas,* et qu'il a étudié sur de nombreux matériaux, dont initialement les genres *Primula* et *Campanula.* Si l'on compte le nombre des chiasmas existant en moyenne dans un noyau diplotène, dans un noyau diacinétique et au début de la métaphase chez une espèce donnée, le plus souvent ce nombre diminue, tandis que celui des chiasmas terminaux augmente *(fig. 141).* Tout se passe comme si les chiasmas glissaient le long des chromosomes à partir des centromères et venaient ainsi s'accumuler à l'extrémité où ils se défont les uns après les autres : la terminalisation est alors achevée, mais les télomères des deux constituants du bivalent restent néanmoins attachés. Les chromosomes ont alors une forme précise et simple : anneau, croix ou baguette droite, ou groupe de quatre granules (tétrade).

Mais cette évolution n'est possible qu'avec une durée suffisante, car ces changements sont lents. Si les chromosomes considérés sont longs ou très longs, si leurs chiasmas sont nombreux, ils n'ont pas le temps de glisser tous avant la métaphase et ils arrivent ainsi à cet instant de la division, ayant encore des chiasmas interstitiels qui se résolvent ainsi sur le fuseau de division *(fig. 141, C).*

Les diverses possibilités de l'évolution des chiasmas ont été étudiées en grand détail par les cytogénéticiens, sur modèles réalisés avec des baguettes flexibles ou des ficelles. Ils ont ainsi pu prévoir des anomalies qui, en fait, ont été observées et ont expliqué des particularités génétiques variées.

La forme des bivalents diacinétiques est surtout spéciale si on la compare à celle des chromosomes de la fin de la prophase somatique : elle est moins sur-

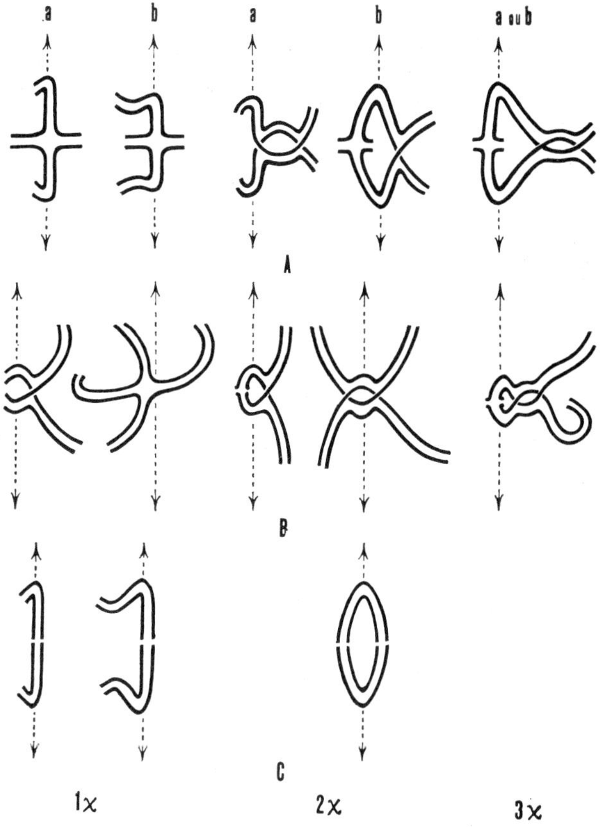

FIG. 141 — L'ÉVOLUTION DES CHROMOSOMES BIVALENTS AU COURS DE LA DIVISION I.

Les divers types de bivalents, tels qu'ils se voient à la métaphase I, interprétés par Darlington, selon le nombre de leurs chiasmas et l'emplacement de leur centromère, selon enfin leur terminalisation plus ou moins poussée. Colonnes *a*, chromosomes acrocentriques; colonnes *b*, chromosomes métacentriques.

Ligne *A*, chiasmas éloignés du centromère, et non terminalisés.
Ligne *B*, chiasmas localisés près du centromère et non terminalisés.
Ligne *C*, tous chiasmas terminalisés, 1, 2, 3 : 1, 2 ou 3 chiasmas.
1 *x*, 2 *x*, 3 *x* × 1, 2, ou 3 chiasmas.

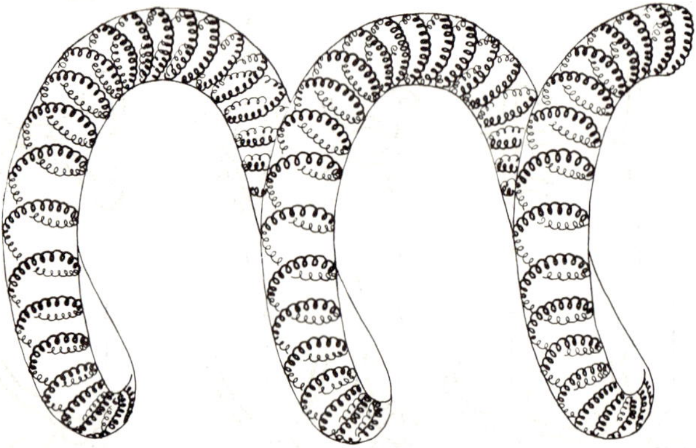

FIG. 142 — LES DEUX TYPES DE SPIRALISATION LORS DE LA MÉIOSE.

Schéma des deux types visibles : spirale mineure et spirale majeure.

prenante si on la rapproche de celle des chromosomes du début de l'anaphase somatique, si bien que l'on peut admettre que c'est la présence de deux centromères qui est à l'origine de cette forme hétérotypique.

Dès la fin de la diacinèse, du fait des deux centromères de chaque bivalent, l'écartement entre les deux couples de chromatides est déjà le plus souvent largement commencé. Il ne se continue cependant pas avant la

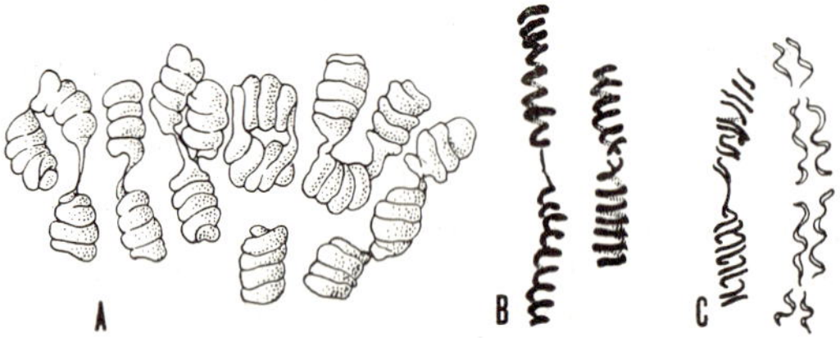

FIG. 143 — SPIRALISATION LORS DE LA MÉIOSE.

A, chromosomes de la division I, sur le fuseau d'une race triploïde de *Tradescantia*, (d'après photo de Darlington) ; B et C, chromosomes méiotiques de *Tradescantia*, traités à l'eau chaude (La Cour) ; B, race diploïde ; C, race tétraploïde (d'après Darlington).

métaphase, la répulsion qui a écarté les deux centromères l'un de l'autre, et qui a ainsi provoqué la terminalisation des chiasmas paraissant pour l'instant supprimée.

L'épaississement des chromosomes est dû ici à deux spiralisations superposées : l'une dite mineure est peu différente de la spiralisation standard du chromosome mitotique; l'autre, majeure, spéciale à la méiose, se superpose à elle *(fig. 142)*.

La première est la moins bien connue, ses spires étant à la limite de la visibilité : on ne la connaît guère bien que dans les gros chromosomes, par exemple ceux de *Fritillaria* où elle montre jusqu'à quatre-vingts tours, pour sept à quinze tours de spirale majeure (Darlington). Chez ceux de *Tradescantia,* elle a à peu près cinquante spires, soit deux fois plus que la spiralisation standard des chromosomes mitotiques, pour cinq à la spirale majeure *(fig. 143)*.

On ignore laquelle des deux se forme la première, ou tout du moins les avis sont partagés sur ce point. La spirale majeure serait paranémique, s'ouvrirait donc sans difficulté.

On doit se demander si la spiralisation présente une action sur les chiasmas, ou, réciproquement, si les chiasmas n'agissent pas sur la spiralisation.

Il existerait une corrélation directe entre le nombre des chiasmas et le nombre des changements de sens de la spiralisation, chez *Vicia* et *Trillium* (Huskins et Smith, 1935; Sachs, 1936; Huskins et Wilson, 1938).

Matsuura, chez *Trillium,* a montré que le sens de la spirale majeure change plutôt entre les chiasmas qu'à leur niveau : il y en a moins dans un bras libre, c'est-à-dire entre un chiasma et une extrémité libre, qu'entre deux chiasmas, c'est-à-dire dans un anneau. Les extrémités fixées gênent donc la spiralisation, ce qui semble bien indiquer que celle-ci est plus tardive que les chiasmas. Remarquons d'un autre côté que le chiasma marque un point d'arrêt pour la spiralisation, ce qui ne serait pas sans favoriser l'introduction du rôle de celle-ci dans la réalisation possible des *crossing over*.

LA MÉTAPHASE

La disparition de la membrane nucléaire, la formation du fuseau, se font comme dans une mitose, mais les chromosomes se disposent alors sur ce fuseau sans qu'il y ait de plaque équatoriale.

La forme du fuseau est normale : notons cependant que le fuseau est parfois anastral au cours des deux divisions, dans le cas des ovocytes des Vertébrés (voir *fig. 140, D)*.

Les bivalents se disposent d'une manière très particulière (voir *fig. 135, F)*, qui a fait remarquer tout de suite ce type de division par Flemming et les anciens cytologistes qui ne l'expliquèrent du reste pas. Il est facile de voir qu'elle est la conséquence de l'existence des deux centromères homologues de chaque élément : chacun d'eux se place d'un côté différent du plan équatorial, et sur le même méridien, exactement comme est disposée une paire de chromatides dans l'anaphase somatique.

Darlington explique cette orientation, à la fois par la répulsion que manifestent l'un pour l'autre les deux centromères, par celle que les divers bivalents ont les uns pour les autres, et par les actions répulsives, puis attractives des pôles fusoriaux. C'est donc un phénomène très complexe, mais qui fait comprendre les aspects si spéciaux de cette division.

L'ANAPHASE

Il n'y a pas, comme dans la mitose, de passage net de la métaphase à l'anaphase; les chromosomes sont en effet déjà, dès la métaphase, en position d'anaphase : les bivalents se disjoignent, mais tous ne sont pas dans le même état. Ceux qui n'ont qu'un ou deux chiasmas, complètement terminalisés, se séparent sans difficulté, et relativement vite. Les paires de chromatides unies par leur centromère qui ne s'est pas divisé remontent alors vers le pôle dont ils sont du reste peu éloignés. Pour les chromosomes à nombreux chiasmas, il en reste toujours qui ne sont pas terminalisés : le glissement de leurs chiasmas se termine alors sur le fuseau même, et demande plus de temps. Il en résulte donc que le retour polaire est beaucoup moins régulier que lors de la mitose : certaines paires de chromatides peuvent être déjà aux pôles, alors que d'autres sont encore à l'équateur.

TÉLOPHASE I

Il arrive qu'elle se produise normale, avec disparition totale des chromosomes, comme dans une mitose. Le noyau entre ensuite en repos : c'est ce qui se réalise chez un certain nombre de méioses végétales, par exemple chez *Lilium* ou *Tradescantia*. On dit alors qu'il existe une *intercinèse*.

Chez les animaux, il ne se produit généralement rien de pareil, la division II faisant le plus souvent suite à l'anaphase I, sans télophase.

LA DIVISION II

Quand il y a eu une télophase, on note une courte prophase où les chromosomes apparaissent très divisés dès le début. Ailleurs, il n'y a pas de prophase vraie : sur le territoire même qu'occupait le premier fuseau, parfois avant la réalisation du clivage cytoplasmique, s'organisent deux autres fuseaux, à angle droit sur le premier et sur lesquels les paires de chromatides forment des plaques équatoriales typiques avec seulement un peu plus de divergence des chromatides que dans la mitose.

La seconde division contraste donc avec la première : elle est dite homéotypique car elle paraît tout à fait normale. Effectivement, les centromères s'y divisent, et l'on obtient deux couronnes anaphasiques d'aspect régulier.

Une télophase suit généralement, et il y a reformation de membranes nucléaires.

La spiralisation, lors de la division II, varie selon trois types, chez les Végétaux : la spirale majeure peut s'y retrouver comme dans la division I (cas de *Trillium, Vicia, Paris, Sagittaria, Lathyrus*...).

Elle peut ne pas s'y retrouver, mais la spirale mineure présente alors moins de spires que la spire standard (cas d'*Osmunda*, peut-être de *Rhoeo*). Enfin, la division II ne se distingue pas des mitoses (cas de *Tradescantia*) (Manton).

CONSÉQUENCE DE LA MÉIOSE — SIGNIFICATION ET RÔLE

Si l'on ne considère que la masse de chaque chromosome envisagée dans sa totalité, et c'est ce que l'on a fait pendant très longtemps, on peut se demander ce que signifie l'existence de ces deux divisions successives, alors qu'une seule, la première, paraît jouer un rôle spécial, l'autre étant considérée comme une mitose banale.

On a cru expliquer le fait par la considération des tétrades de l'*Ascaris,* qui apparaissent comme quatre sphères égales, dans un même plan. On remarquait que selon la disposition de cette figure sur le fuseau, disposition que l'on imaginait due au hasard, c'était soit la division I, soit la division II qui apparaissait comme *réductionnelle.*

En effet, considérons deux homologues en zygoténie *A* et *B*, ayant donné par division longitudinale naissance à la tétrade *AB/A'B',* supposons celle-ci disposée sur un fuseau dont les pôles seraient en haut et en bas.

Il est évident que la division séparant *AB* et *A'B'* serait *équationnelle.* Mais si la tétrade est disposée sur le même fuseau comme *AA'/BB',* la première division, séparant *AA'* de *BB'* serait *réductionnelle.*

La découverte des centromères est venue montrer que la tétrade se place toujours selon le second mode. La division I est donc, dans ce cas simple, réductionnelle.

Cependant, l'étude des méioses d'Insectes, faite déjà par E. Wilson en 1905, a prouvé que vis-à-vis des chromosomes X, les plus faciles à identifier, c'est tantôt la première, tantôt la seconde qui est réductionnelle. Enfin la considération des crossing over et de leur conséquence a démontré qu'une seule division ne peut suffire à réaliser la « réduction » totale au sens de Weismann : il en faut *deux.*

Au cours de la première, il n'y a certainement réduction que pour les centromères et la région jointive du chromosome qui n'a pas été affectée par un *crossing over.* Pour les autres régions, la division hétérotypique n'est pas forcément réductionnelle, mais alors, la division II apparaît comme complémentaire : une zone non réduite à la première l'est obligatoirement à la seconde, et réciproquement. Il arrive parfois que c'est surtout la division II qui est réductionnelle, pour certains chromosomes : on dit alors qu'il y a pour eux *postréduction.* Dans le cas opposé, on parle de *préréduction.*

Quand il se produit des anomalies de méiose, comme dans les espèces parthénogénétiques, la considération de ces possibilités devient importante.

En conclusion de cette étude de la méiose, il importe de nous demander à quelle cause attribuer ce type particulier de division. Le phénomène le plus saillant qu'elle présente, celui qui, avant tout, la caractérise, est la zygoténie.

Il semble qu'il puisse être expliqué, indépendamment de toute idée de finalité, en le déduisant de la règle de Darlington, de l'attraction « un à un ». En effet, dans la mitose, le clivage longitudinal, toujours précoce, satisferait cette attraction dès le début de la prophase. Dans la méiose, la prophase serait exceptionnellement précoce et les filaments leptotènes seraient réellement indivis lors de leur apparition : c'est la zygoténie qui satisfairait l'attraction deux à deux. Cette hypothèse, développée par Darlington, est séduisante. Cependant, le caractère de précocité attribué à la prophase ne repose sur aucune constatation précise et rien ne prouve que les filaments leptotènes soient réellement non clivés à l'origine. On sait aujourd'hui que le doublement de la quantité d'A.D.N. se produit normalement au début de la pré-méiose. Les conditions dans lesquelles se divisent les chromosomes prophasiques, celles de la multiplication des chromonémas, ne sont du reste pas connues. Il peut fort bien se faire qu'il n'y ait pas *avance de la prophase,* mais *retard de cette multiplication,* conduisant à une impossibilité de ce clivage prophasique, qui ne serait levée qu'un peu plus tard, au stade pachytène, et qui au préalable serait la cause de la zygoténie : incontestablement, en effet, au stade zygotène comme au début du stade pachytène, le microscope optique n'a jamais permis de compter quatre filaments par bivalent.

Quant au rôle de la méiose, indépendamment de la réduction quantitative et qualitative qui est réalisée par elle dans le matériel génétique (ségrégation mendélienne) et sera à ce titre étudiée dans le chapitre consacré à l'Hérédité et dans celui qui traite de la sexualité, nous

nous bornerons à faire remarquer le brassage des potentialités qu'elle procure, et dont nous avons indiqué plus haut qu'elle est une des deux sources de l'individualité.

Si l'on se contente déjà de considérer les chromosomes comme des unités non dissociables, chaque bivalent possède, ainsi que nous l'avons déjà expliqué plus haut, sur le fuseau de la division I, deux positions possibles, selon que l'un ou l'autre de ses centromères se trouve du côté d'un pôle déterminé. Ces positions sont, en principe, indépendantes de celles de ses voisins. Si nous disposons de 2 bivalents : *AA', BB',* nous pouvons ainsi avoir les quatre combinaisons : *AB, A'B', AB', A'B*. Soit 2^2 combinaisons.

Avec 3 bivalents, nous en aurons 8, soit 2^3. Avec le nombre des bivalents de l'espèce humaine, soit 23, nous en aurons 2^{23}, ce qui fait sensiblement 20 000 000 de combinaisons différentes possibles. Si, d'autre part, on tient compte des *crossing over* qui peuvent les accompagner, ce nombre devient certainement astronomique, mais sans qu'on puisse le calculer exactement. En effet, il est bien possible d'estimer le nombre moyen des chiasmas, mais pas celui des *crossing over,* qui serait le plus important à connaître.

On saisit néanmoins le rôle de brassage des propriétés héréditaires que réalise la méiose : il rend possible quantité de nouvelles combinaisons qui, réunies par la fécondation sur de nouveaux êtres, constitueront autant d'essais qui seront éprouvés par la vie, conservés ou éliminés. La méiose est ainsi l'origine de ce que les généticiens dénomment la fluctuation génétique, source des variations normales des organismes, indépendamment des accidents que sont les mutations.

ESSAI SUR LA MÉCANIQUE DES CHROMOSOMES — SPIRALISATION — CHIASMAS — CROSSING OVER

La morphologie des chromosomes et ses modifications cycliques, tant mitotiques que méiotiques, une fois connues, nous devons chercher à en saisir la mécanique en utilisant les acquisitions de toutes les sciences biologiques ou biophysiques sur leur élément chimique principal, l'A.D.N.

Une des difficultés du problème réside dans ce fait que

nos connaissances sur cette importante question se situent à trois niveaux différents de l'échelle des grandeurs et que les raccords entre ces trois niveaux restent incertains.

Au niveau moléculaire, le plus loin de nous, correspond le schéma de Watson et Crick qui représente les fibrilles d'A.D.N. comme ayant un diamètre d'une vingtaine d'Å. Leur longueur, calculée d'après le poids moléculaire mesuré de l'A.D.N., doit atteindre jusqu'à 6 ou 8 microns. La fibrille est donc, en quelque sorte, trop longue pour le chromosome. Il faut alors l'envisager comme repliée un nombre indéterminé de fois. Mais, une double spire, renforcée en outre par une spire de molécules protéiques, ne doit pas pouvoir se plier facilement : on a d'abord pensé qu'elle le faisait en se brisant, puis, à la suite d'Ambrose, qu'elle pouvait bien se tordre, mais à condition d'être préalablement déspiralisée sur une certaine longueur. Elle dessinerait à ce niveau une échelle à deux montants inégaux, mais dont les échelons, représentant les bases unies par ponts H, s'écarteraient quelque peu.

L'ensemble de la molécule deviendrait un faisceau de brins parallèles, faisceau dont le diamètre atteindrait alors une centaine d'angströms.

Il est possible aussi que des liens chimiques s'établissent entre brins parallèles, selon des dispositifs qui pourront être spécifiques (Sadron).

Or, nous savons que les fibrilles les plus petites vues en microscopie électronique dans les chromosomes favorables, que ce soit par Ray (1955), par Grassé (1956), par Ris (1956) ou par d'autres, sur des matériaux très divers, sont sensiblement de cet ordre de grandeur, ou associés par paires, formant des fibres de 200 à 250 Å.

Ces faisceaux sont parfois disposés en spirales : c'est en particulier l'aspect qu'ils présentent dans les chromosomes permanents des Zooxanthelles, Péridiniens qu'a étudiés Grassé.

Existe-t-il une relation entre cette spiralisation, qui peut être d'origine moléculaire, et celles que nous montre le microscope optique ?

A cette question, certains répondent par l'affirmative, avec cependant quelques réserves.

En effet, la spiralisation des chromonémas est un phénomène particulièrement complexe : on en distingue en effet quatre ordres différents par leurs dimensions. La spirale moléculaire avec ses 20 Å de diamètre est la plus fine.

Il en est une seconde, microfibrillaire, qui mesure environ 200 à 300 Å.

Au-delà, deux spiralisations sont visibles en microscopie optique, l'une qui est la spiralisation standard ou mineure, qui mesure 1 000 à 2 000 Å, l'autre spéciale à la méiose, et qui est la spire majeure.

Il faut noter, d'autre part, à propos de ces deux dernières qu'elles paraissent se présenter dans les deux sens. Le fait est surtout visible pour la spire majeure qui change souvent de sens au niveau du centromère, ou même en un point quelconque de l'un des bras (voir *fig. 107*).

On attribue le phénomène à des causes tantôt internes, tantôt externes. Une corde de coton, faite de brins tordus les uns autour des autres, présente, quand on la mouille, des enroulements spontanés qui ne se défont pas sans une traction appréciable exercée sur les extrémités. Il est vraisemblable d'attribuer au gonflement, à l'imbibition inégale des fibres constitutives la force qui a enroulé la corde. Des facteurs analogues peuvent parfaitement se trouver en action dans la spiralisation des chromosomes.

Remarquons que, dans l'exemple précédent, la spiralisation reste du même sens, qui paraît imposé par la torsion initiale des torons de la corde.

A ces causes internes peuvent s'en ajouter d'autres, externes. Quand on dissout la matrix d'un chromosome à l'aide d'eau chaude, d'ammoniaque ou de cyanure, les spires du chromonéma apparaissent séparées les unes des autres. Tout se passe donc comme si la gaine matricielle serrait, en quelque sorte, les spires, les mettait sous tension. La présence de la matrice a été considérée souvent comme l'agent de spiralisation (Sax et Humphrey, 1934; Darlington, 1937; Kuwada, 1939, et d'autres).

Cette hypothèse est pourtant assez difficile à comprendre du point de vue mécanique : en particulier, on ne voit pas comment expliquer avec elle le processus d'élimination des spires. Si l'on imagine la matrice comme une gaine de caoutchouc, pressant sur le ressort, elle doit tendre toujours à diminuer le diamètre du boudin, et non à le laisser augmenter.

A moins alors qu'il n'existe une autre force jouant le rôle d'antagoniste.

Or, on sait que l'axe du chromosome n'est pas vide : il existe là une sorte de cylindre, nettement visible lors du début de la méiose, grâce au microscope électronique, et dont le diamètre arrive parfois à atteindre jusqu'à 700 Å (Fawcett).

Cet axe, dénommé parfois « core » par les Anglo-Saxons, pourrait, en se rétractant, faciliter, sinon provoquer la spiralisation.

Quoi qu'il en soit, il nous paraît vraisemblable de penser qu'il existe non pas un, mais plusieurs facteurs de spiralisation et qui n'agissent peut-être pas tous au même moment. Ce serait la structure moléculaire qui serait l'initiateur du phénomène, qui se continuerait par la suite de lui-même grâce aux autres causes. Quant aux inversions de la spiralisation visible, il est possible qu'elles soient dues à l'existence d'un obstacle perturbateur le long du chromonéma, obstacle dont le centromère peut nous donner une idée.

L'existence de la spiralisation a été évoquée aussi pour aider à comprendre un autre phénomène fort complexe, double peut-être, et qui se produit au début de la méiose : il s'agit de la formation des chiasmas et du crossing over.

On schématise généralement ces faits d'une façon suggestive, mais simpliste, en figurant deux chromosomes AB et CD croisés en X — le *chiasma* —, se brisant ensuite au milieu de l'X, et se ressoudant selon AD, et CB — le *crossing over*.

Ces deux faits sont en réalité difficiles à comprendre, le chiasma étant visible au microscope optique et, s'expliquant mieux que le crossing, plus facile à déduire des faits génétiques que perceptible directement.

Plusieurs tentatives d'explication en ont été données. Leur point de départ commun en est le bivalent résultant de l'accouplement des filaments leptotènes au stade zygotène.

Darlington admet que ces filaments ne sont pas réellement spiralisés, mais cependant manifestent un résidu de spiralisation, qu'ils sont en « *relational coiling* ».

Ces éléments, nous dit-il, sont soumis à des forces de torsion et de tension qui s'équilibrent à leur niveau et se manifestent par un enroulement réciproque de leurs brins *(fig. 144)*.

Survient la division en chromatides ; celles-ci sont

moins résistantes que leurs parents : l'équilibre se rompt et l'une des chromatides se brise « quelque part », sous l'effet de la torsion. Les extrémités libérées brusquement tendent à se dérouler et il en résulte une secousse qui fait briser un brin de l'autre chromosome au même niveau. Ce brin se déroule à son tour et les quatre extrémités brisées qui ne sont plus sous tension, s'accrochent et se collent bout à bout.

Ce raisonnement est difficile à accepter : on ne s'explique pas que la seconde rupture se produise au niveau de la première. D'autre part, si deux brins sont coupés, sous tension, et s'ils se déroulent, c'est qu'ils sont élastiques. Après la rupture, ils sont alors devenus trop courts pour pouvoir se recoller. Enfin, le sens des forces mises en œuvre par la spiralisation et évoquées par Darlington, n'est pas forcément celui qu'il accepte, mais peut être le sens inverse. Le chromosome se raccourcit en effet : il faudrait qu'il s'allonge pour que la première rupture soit admissible.

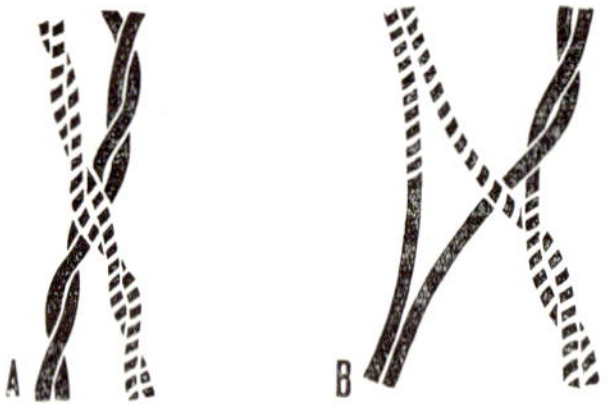

FIG. 144 — CHIASMA ET CROSSING OVER

Figure de Darlington illustrant sa manière de concevoir le crossing over et le chiasma.

Une autre explication a été proposée par White qui pense que, pour qu'il y ait rupture des deux brins au même niveau, il faut que les deux ruptures aient une cause commune. Il considère celle-ci comme inhérente à la structure même du chromosome.

Il suppose alors que les ruptures se produisent toujours en des points où le chromosome change de structure, en particulier aux limites entre l'eu- et l'hétérochromatine, au niveau de ce qu'il appelle une « frontière ».

Il y aurait là, au moment où les deux chromatides se séparent, dans chaque chromosome apparié, des régions où la scission est en avance, et d'autres dans lesquelles elle est en retard. Au contact entre ces deux zones, interviendraient des forces antagonistes, les unes dues au relâchement des attractions antérieures, les autres aux attractions nouvelles entre chromatides sœurs. Ce serait l'origine des ruptures. Il faut, en outre, pour comprendre que le recollement se produise avec échange de brins dans la torsade, admettre qu'il existe réellement une torsade c'est-à-dire un enroulement, ou des forces qui tendent à le produire, et qui provoqueraient un pivotement au niveau de la rupture, capable de modifier les relations de vis-à-vis.

Il faut, pour expliquer le phénomène, que la spiralisation soit en voie d'organisation.

On peut objecter à White que, si son hypothèse était exacte, le crossing over se produirait toujours au même point, ce qui ne s'accorde pas avec les données de la génétique. L'hypothèse semble cependant sur la bonne voie en ce qui concerne l'origine des chiasmas qu'elle situe au moment de la division longitudinale, plutôt qu'après, comme le veut Darlington.

Une autre explication de chiasmas nous semble plus vraisemblable, mais nous verrons qu'elle ne parvient pas davantage que les précédentes à donner du crossing over une idée acceptable.

Elle est basée sur la considération des chromomères, ainsi que l'a fait aussi Belling, mais il s'agit surtout d'une image, et l'explication vaut aussi bien sans eux. Elle admet la notion des attractions et des répulsions ainsi que l'ont fait White et Darlington.

Rappelons que, à son début, la division longitudinale peut ne pas être simultanée sur toute la longueur du chromosome, c'est-à-dire pour tous les chromomères. Certains peuvent donc être divisés avant les autres. Sans nous occuper de la spiralisation, ni de l'enroulement réciproque, considérons une coupe du bivalent *(fig. 145)* et soient *A* et *B*, deux chromomères accolés par attraction d'homologue *AB*. Si *A* se divise avant *B* en *A* et *A'* (2), la nouvelle attraction *AA'*, en vertu de la règle de Darlington, supprime l'ancienne, remplacée par une répulsion, et *B* s'écarte, se divisant ensuite en *B* et *B'* qui restent unis par une attraction *BB'*. Une fente se forme à ce niveau dans le plan horizontal. Le résultat serait le même si *B* se divisait avant *A*. Si, par contre, *A* et *B* se divisent simultanément (3), les chromomères fils restent accolés, les attractions *AB* et *A'B'* formeront une fente dans le plan vertical. Les fentes une fois commencées,

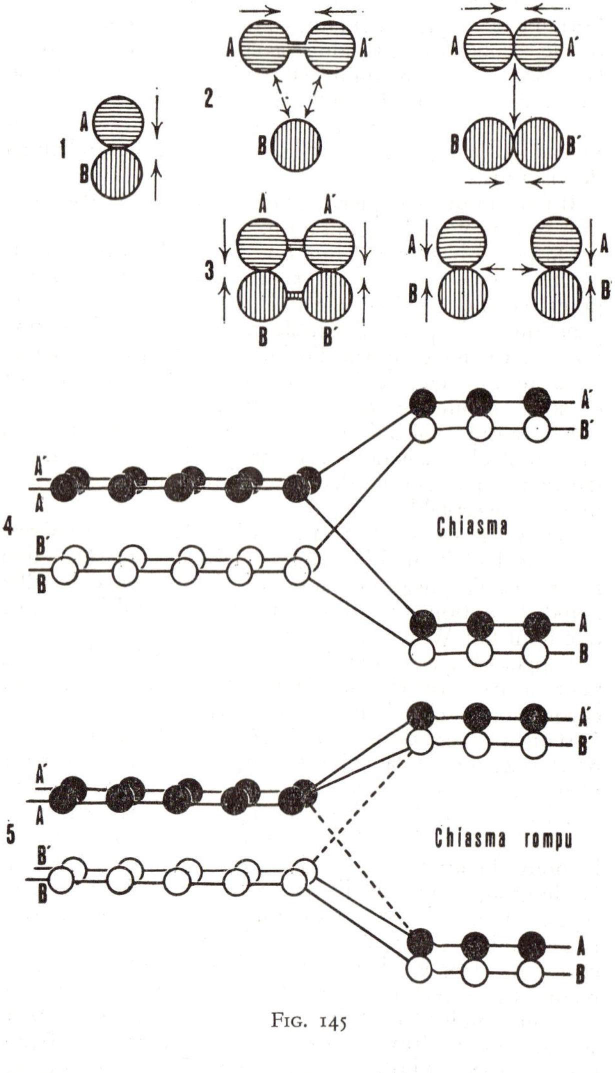
1
A
B
2
A
A′
B
A
A′
B
B′
3
A
A′
B
B′
A
B
A
B
4
A′
A
B′
B
A′
B′
Chiasma
A
B
5
A′
A
B′
B
A′
B′
Chiasma rompu
A
B

FIG. 145

tendent à se continuer de proche en proche dans les deux sens. Chaque fois que les deux fentes perpendiculaires se rencontrent, un chiasma est formé (4).

Il est moins simple d'expliquer le *crossing over*. Pour comprendre qu'il puisse s'effectuer à cette même échelle, il faudrait admettre une rupture de deux brins et leur recollement avec changement de chromosome. Le chiasma constitue certainement une zone de moindre résistance, puisque les brins y sont séparés, alors qu'ailleurs ils sont disposés par paires. On conçoit donc que les auteurs aient situé à ce point le crossing théorique. Pour qu'une rupture se fasse simultanément sur les deux brins, au même point, elle ne peut se produire que là où ils se croisent en X. Ils se cisailleraient l'un l'autre : il est possible que la spiralisation commençante aide à cette rupture. Si la rupture raccourcit les brins, parce qu'ils ont été d'abord étirés, on peut concevoir qu'ils puissent néanmoins se recoller, car leur trajet nouveau se trouve réduit d'une certaine longueur (5). Mais une conséquence apparaît, alors, inéluctable : c'est la suppression du chiasma. Or, comme l'a fait remarquer Belling, le chiasma subsiste dans la réalité : notre raisonnement se trouve donc en défaut. On est alors conduit à penser, ainsi que l'a admis autrefois Darlington, que le crossing over doit, dans le temps, précéder le chiasma.

Sur ce thème, Belling a proposé une autre explication. Il admet que le *crossing over* se réalise au moment de la reproduction du chromosome, c'est-à-dire vraisemblablement avant le stade diplotène. Les brins leptotènes seraient entrecroisés, et les filaments fils se formeraient

---

FIG. 145 — INTERPRÉTATION DU CHIASMA ET DU CROSSING OVER.

Les flèches indiquent les attractions et les répulsions. 1 : deux filaments A et B au stade zygotène, ou bien deux chromomères de chacun de ces filaments; 2 : A se divise avant B; il en résulte une fente dans le plan horizontal (à droite); 3 : A et B se divisent en même temps : la fente est dans le plan vertical; 4 : deux de ces fentes se rencontrant, il en résulte un chiasma; 5 : s'il se produit à ce point un crossing over, c'est-à-dire un échange de brins entre les chromosomes A et B, il provoque la disparition du chiasma qui ne se constate pas dans la réalité. Le crossing over n'est donc pas explicable quand il se produit après le chiasma.

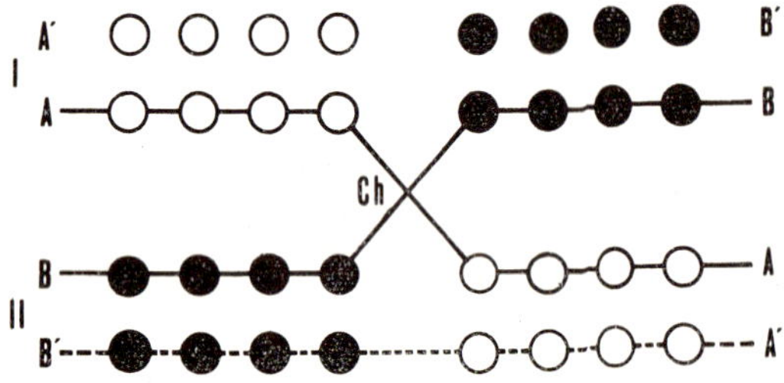

FIF. 146 — CHIASMA ET CROSSING OVER : SCHÉMA DE L'HYPOTHÈSE DE BELLING.

Le chiasma est antérieur au crossing over, et au stade diplotène. En I, « reproduction » des chromomères sans connexions interchromomériques; en II, stade ultérieur supposé : les connexions s'établissent au plus court, causant les échanges de segments.

vers l'extérieur des couples, chromomère par chromomère *(fig. 146, I)* tout d'abord sans connexions interchromomériques. Celles-ci se formeraient ensuite au plus court, unissant des segments de chromosomes d'origine différente *(fig. 146, II)*.

L'hypothèse a été critiquée : elle renferme en effet quelques invraisemblances. Elle nous semble pourtant intéressante, car il paraît possible de la transposer sans grandes difficultés à l'échelon moléculaire, au niveau de la spire d'A.D.N., au moment où celle-ci, dédoublée, se complète, nucléotide par nucléotide.

C'est probablement, en effet, à ce niveau que se produit le *crossing over*. La génétique des Bactéries et des Phages a établi chez ces êtres la réalité de recombinaisons qui ne s'expliquent pas sans crossing over.

Or, chez ces formes, il semble bien que le chromosome ne soit en réalité qu'une seule molécule d'A.D.N., repliée sur elle-même plusieurs fois. On doit se demander si, chez les Eucaryotes, où semble exister au niveau moléculaire, le même dispositif, le crossing over ne serait pas justifiable d'une même explication.

On objectera qu'il y a eu plusieurs expériences, en particulier dues à Stern, qui ont montré effectivement des crossing over réalisés à l'échelon du chromosome. Qui nous dit cependant que les changements réalisés à l'échelon moléculaire ne sont pas les initiateurs de ces changements visibles? Remarquons, s'il en était ainsi, l'antériorité obligée du crossing over sur les chiasmas qui pourraient en êtr eune conséquence.

Il nous paraît en tout cas impossible de nous dégager des hypothèses tant que nous ne connaîtrons pas mieux l'exacte constitution des chromonémas, et la relation entre leur structure et celle des molécules d'A.D.N.

L'APPAREIL CINÉTIQUE

Les divisions cellulaires des animaux, aussi bien mitotiques que méiotiques, se réalisent avec l'intervention d'organites directeurs, centrosomes, asters qui semblent y prendre une part active.

Celle des Végétaux supérieurs n'utilisent rien de semblable. Les Végétaux inférieurs, les Protistes ont aussi le plus souvent des centrosomes, qui, chez ces dernières formes, jouent fréquemment un rôle tout différent : celui d'organites locomoteurs de la cellule.

Dans un essai de synthèse de ces diverses données, Chatton a admis en 1924 que la cellule possède en plus de ses « constituants essentiels », noyau et cytoplasme, un appareil spécial qu'il nomme *cinétide,* ou *appareil cinétique.*

Chez les Protistes et les moins évolués des Métazoaires, cet appareil existe « complet », et comprend alors un *cinétosome* sur lequel s'insère, par l'intermédiaire d'une racine, un *flagelle,* et auquel se rattache un *appareil parabasal* dont nous connaissons l'équivalence avec l'appareil de Golgi des Métazoaires plus évolués. L'élément essentiel de cet ensemble est le cinétosome.

Ce terme n'est pas simplement un synonyme de centrosome : il signifie davantage, car si tous les centrosomes sont bien des cinétosomes, la réciproque n'est pas exacte : il y a des cinétosomes qui ne sont pas des centrosomes.

Cette conception possède une base phylogénique. Il est admis universellement que les plantes vertes dérivent des Phytoflagellés : les Algues possèdent des microgamètes flagellés; les Ptéridophytes et certains Gymnospermes ont des anthérozoïdes également flagellés. Les botanistes admettent que ces cellules mobiles représentent la survivance d'un état flagellé original.

Léger et Duboscq ont développé, dès 1910, cette idée que le spermatozoïde des animaux est également la survivance d'un état flagellé ancestral, les cellules germinales, à évolution rapide, surtout dans le sexe mâle, étant soustraites aux adaptations modificatrices, et conservant plus que les autres cellules les caractères ancestraux. Duboscq et Grassé ont fait remarquer l'analogie de structure fine que présente la spermatide vis-à-vis d'un Zooflagellé (1934).

« Toute cellule non flagellée, écrit Chatton (1931), procède d'une cellule flagellée par perte momentanée ou définitive, partielle ou totale, de la cinétide ».

La perte momentanée du flagelle est fréquente, même chez les Flagellés, au moment de la division, de l'enkystement, de l'enfoncement dans une masse de gelée ou état palmelloïde. Le même phénomène se produit chez les Spongiaires, dans les cellules qui ne bordent pas les canaux : le parabasal, normalement associé à la cinétide, se sépare alors et devient un dictyosome. Il en est de même chez les Échinodermes.

La perte du flagelle peut être définitive, même chez certains spermatozoïdes tels que ceux des Crustacés Décapodes, ou des Vers Nématodes ; elle est également définitive dans la plupart des cellules somatiques animales, où la cinétide se réduit parfois uniquement au centrosome. Enfin toute la cinétide est disparue définitivement chez les Végétaux supérieurs.

On note donc bien, en parcourant la série des êtres vivants, à partir des Protistes, une réduction de la cinétide, perdant un à un ses organites, jusqu'au dernier, le centrosome. Mais, tandis que celui-ci reste l'élément directeur de la division indirecte, le cinétosome est avant tout le centre de la cinétide, capable de se diviser indépendamment du noyau, de passer à d'autres fonctions purement locomotrices, comme chez les Ciliés, tout en conservant la possibilité de donner naissance à des organites spéciaux : trichites, trichocystes, voire même nématocystes, ou enfin de disparaître totalement comme chez les Végétaux supérieurs.

La cinétide apparaît donc, dans cette thèse, comme un appareil autonome, autoreproducteur, que les conceptions plus modernes des généticiens ont même rapproché de ce qu'ils appellent les plasmagènes. Nous aurons ainsi à examiner la cinétide dans son ensemble, et à envisager ses diverses possibilités de transformation.

LA CINÉTIDE DES PROTISTES

Nous avons vu qu'elle est complète chez les Flagellés : elle y a été beaucoup étudiée, surtout chez les Zooflagellés où elle présente parfois d'intéressantes complications, indice d'une spécialisation souvent extrêmement poussée.

Cependant, nous devons nous demander si, chez ces êtres, tous hétérotrophes, presque tous parasites, où on la connaît le mieux, les dispositifs qu'elle nous montre sont vraiment des dispositifs primitifs. Il existe, à la base des Protistes, des organismes beaucoup moins évolués, qui sont encore autotrophes, et dont plusieurs groupes peuvent être considérés aussi bien comme la base des Végétaux que comme celle des Animaux. Ce sont les formes les plus primitives des Phytoflagellés, les Chrysomonadines, mélange d'êtres généralement peu évolués, émettant des pseudopodes en même temps que des flagelles, mais malheureusement encore mal connus du point de vue cytologique. Par perte de la chlorophylle, ces organismes peuvent passer à des Zooflagellés typiques, tandis que d'autres formes, se groupant en faux tissus, conduisent directement aux Thallophytes. Leur cinétide, examinée chez *Synura,* forme chlorophyllienne, ou chez *Oikomonas,* forme incolore, comporte un cinétosome, non relié au noyau dans le premier cas, ou, au contraire, accolé à lui dans le second, servant de base aux flagelles,

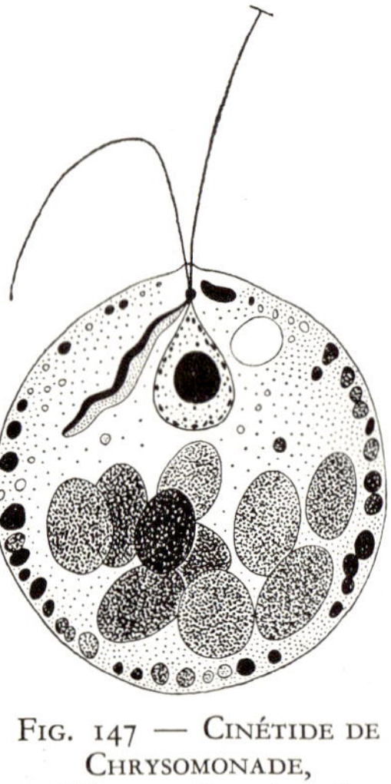

FIG. 147 — CINÉTIDE DE CHRYSOMONADE, *Oikomonas Beauchampi.*

Cinétosome et parabasal accolés au noyau; deux flagelles; dans le cytoplasme, vacuole pulsatile et stigma; chlorelles en digestion, (d'après Hovasse).

et en outre un appareil parabasal directement inséré sur lui *(fig. 147)*. Pendant la division, le cinétosome fonctionne comme centrosome.

Chez des Protistes nettement plus évolués, tels que les Volvocales, par exemple, chez *Eudorina,* ou *Chlamydomonas,* le cinétosome n'est plus simple.

Ainsi que P.A. Dangeard l'a, le premier, montré (1901) chez une forme voisine, incolore, *Polytoma,* il comprend un granule appliqué contre le noyau (condyle de Dangeard), et qui est le centrosome, et un second granule ou mastigosome, servant de base aux deux flagelles égaux. Entre les deux existe un filament d'union, qui est considéré comme une desmose, c'est-à-dire un lien résultant d'un reste d'étirement de matière, produit au moment de la division d'un cinétosome initial : les deux granules sont donc frères.

Lors de la division, présidée par le centrosome, le

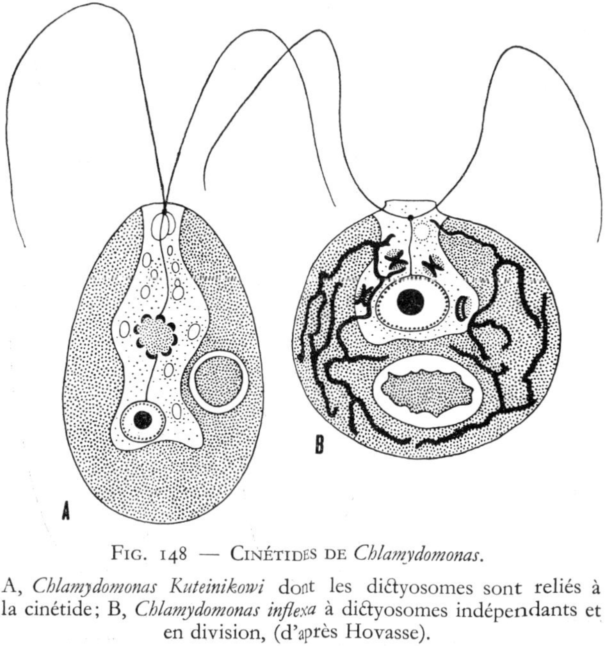

FIG. 148 — CINÉTIDES DE *Chlamydomonas*.

A, *Chlamydomonas Kuteinikowi* dont les dictyosomes sont reliés à la cinétide; B, *Chlamydomonas inflexa* à dictyosomes indépendants et en division, (d'après Hovasse).

mastigosome peut disparaître, se reconstituant ensuite plus ou moins tôt à partir du centrosome, ou bien tous deux se divisent en même temps, et la desmose se scinde également ensuite.

Ces formes n'ont généralement pas d'appareil parabasal, mais, ainsi que nous l'avons déjà vu plus haut, possèdent des dictyosomes qui, le plus souvent, sont tout à fait indépendants de la cinétide *(fig. 148, B)*. Cependant, chez une espèce de *Chlamydomonas, C. kutei-*

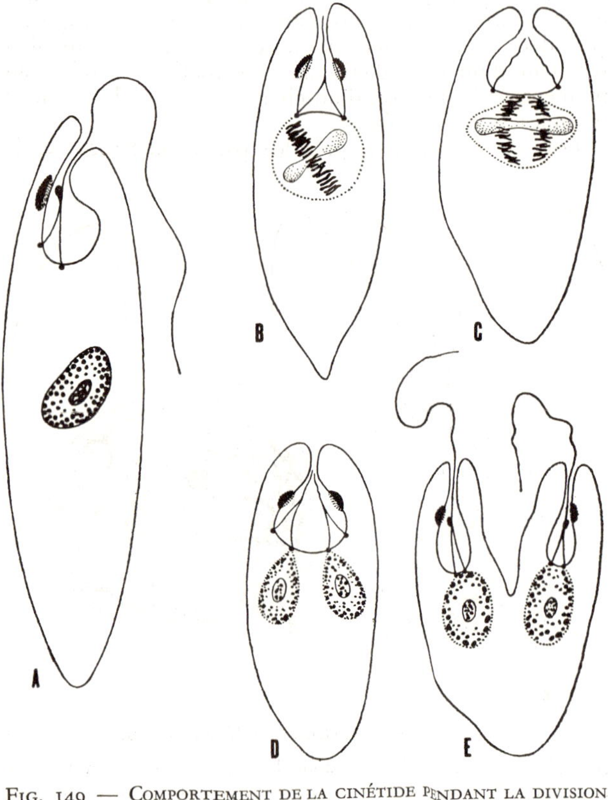

Fig. 149 — Comportement de la cinétide pendant la division de l'Euglène *Euglena gracilis,* (d'après Kirchenbauer).

nikowi, ils peuvent se grouper sur le trajet de la desmose, entourant une sphère constituée par la fusion de leurs parties chromophobes, et qui n'est pas sans rappeler l'idiosome des spermatides *(fig. 148, A*; Hovasse, 1938).

L'existence d'un appareil parabasal chez les Phytoflagellés n'a été signalée qu'à deux reprises, chez un *Pyramidomonas,* par Chadefaud (1941), et chez *Prasinocarteria* ainsi que nous l'avons déjà envisagé (voir *fig. 67).*

Rappelons qu'il existe chez cette dernière forme, en plus de dictyosomes juxtanucléaires, quatre parabasaux reliés chacun à un cinétosome et supportant chacun directement un flagelle. La cinétide y est donc quadruple.

Chez les Eugléniens, Phytoflagellés moins primitifs, la cinétide est double : il y a deux cinétosomes, servant chacun de base à un flagelle, mais le plus souvent l'un des deux seulement est fonctionnel, l'autre, petit, vient très vite accoler sa pointe au premier, et l'ensemble dessine une sorte de triangle. Au moment de la division, il arrive, par exemple chez *Euglena gracilis,* que le noyau se rapproche de ces granules, chacun occupant un pôle opposé du noyau *(fig. 149).*

Ils semblent ainsi servir de centrosomes, mais de centrosomes dont la division s'est faite bien avant celle du noyau. Il existe là aussi des dictyosomes, éparpillés dans la cellule et sans connexion aucune avec la cinétide (A. Hollande, 1938).

En somme, les plus primitifs des Protistes présentent donc des cinétides typique, et complètes, mais dans lesquelles le parabasal peut être remplacé par des dictyosomes.

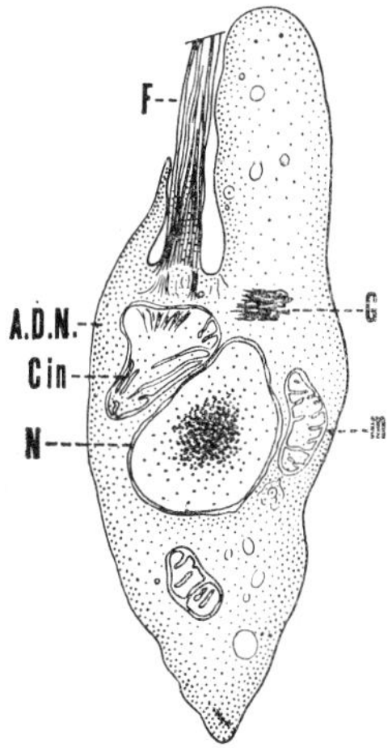

FIG. 150 — CINÉTIDE DE *Trypanosoma mega.*

Forme *Crithidia;* d'après Steinert, 1960, microscope électronique. *N,* noyau avec son nucléole, en contact avec *Cin,* cinétoplaste, à structure de mitochondrie mais avec A.D.N.; *G,* Golgi; *m,* mitochondrie; *F,* flagelle; (× 10 000).

Chez les Zooflagellés, il existe des cinétides en apparence tout à fait comparables aux précédentes, mais aussi d'autres beaucoup plus compliquées.

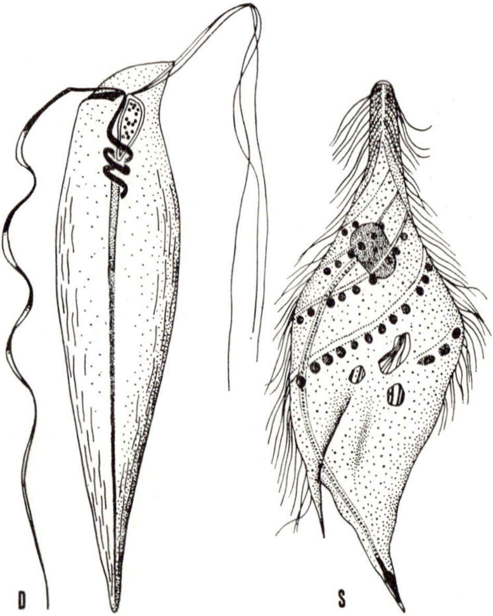

FIG. 151 — CINÉTIDES TYPIQUES DE ZOOFLAGELLÉS.

D, Devescovina à parabasal (?) rubanné, enroulé autour de l'axostyle; *S, Spirotrichonympha,* chaîne spirale de parabasaux, (d'après Kirby, Dubosq et Grassé).

Chez un *Leptomonas,* nous retrouvons un dispositif qui paraît identique à celui d'*Oicomonas :* au contact du cinétosome, il y a un organite assez spécial, en ce sens qu'il résiste aux fixations ordinaires. Grassé et Duboscq (1933) l'ont néanmoins assimilé, au moins provisoirement, à un parabasal, bien que dans des formes relativement voisines, les Trypanosomes, on ait pu le faire disparaître dans certaines races sans en altérer la vitalité, par action de la trypaflavine.

Le microscope électronique a montré qu'il s'agit d'autre chose ; l'organite, *cinétoplaste* ou même *cinétonucleus* (Steinert, 1960), possède dans sa région la plus éloignée du cinétosome une structure mitochondriale avec membrane double et crêtes, structure perturbée au contact du cinétosome : on y décèle des fibres et de l'A.D.N. *(fig. 150)*. Il paraît donc s'agir, chez ces formes très spécialisées, d'une mitochondrie, également très spécialisée.

Chez *Proteromonas*, parasite classique des Lézards, il existe également un organite comparable, très gros, pris lui aussi pour un parabasal.

Joyon, qui l'a décrit, a pu montrer également que chez cette forme, le Golgi se présente sous l'allure d'un anneau entourant la base du flagelle et désigné autrefois comme paracentrosome. Ces faits nous enseignent la prudence dans les cas analogues. Il s'agit en effet, chez ces Zooflagellés, d'organismes très évolués.

On comprend alors que chez les Polymastigines, le plus souvent parasites de l'intestin terminal des Termites, la cinétide atteigne son plus grand développement *(fig. 151)*.

Chez une *Spirotrichonympha*, il existe de très nombreux flagelles insérés selon des spires régulières dextres partant du pôle antérieur de l'organisme et s'étendant plus ou moins loin vers l'autre pôle, selon la taille du Flagellé.

Une forme voisine, *Microjoenia*, possède une véritable ontogenèse, décrite par Duboscq et Grassé (1925 à 1933), mais dont les stades sont difficiles à distinguer de ceux des *Spirotrichonympha (fig. 152)*.

Au début, le Flagellé est globuleux, petit, avec, au pôle antérieur, au contact du noyau, deux cinétosomes portant chacun quatre flagelles et un parabasal. Cinétosomes et parabasaux se multiplient alors, restant unis par des desmoses qui évoluent en un cercle. Si l'on admet que ces granules sont le point de départ de lignes spirales, descendant à la surface du corps en direction du pôle postérieur, chaque nouveau cinétosome formé donnant naissance à de nouveaux flagelles, on obtiendrait un passage idéal vers le genre *Spirotrichonympha*.

Il y a donc multiplication plus ou moins régulière de la cinétide, indépendamment de celle du noyau, mais les lignes flagellaires se reforment, à partir d'un centrosome

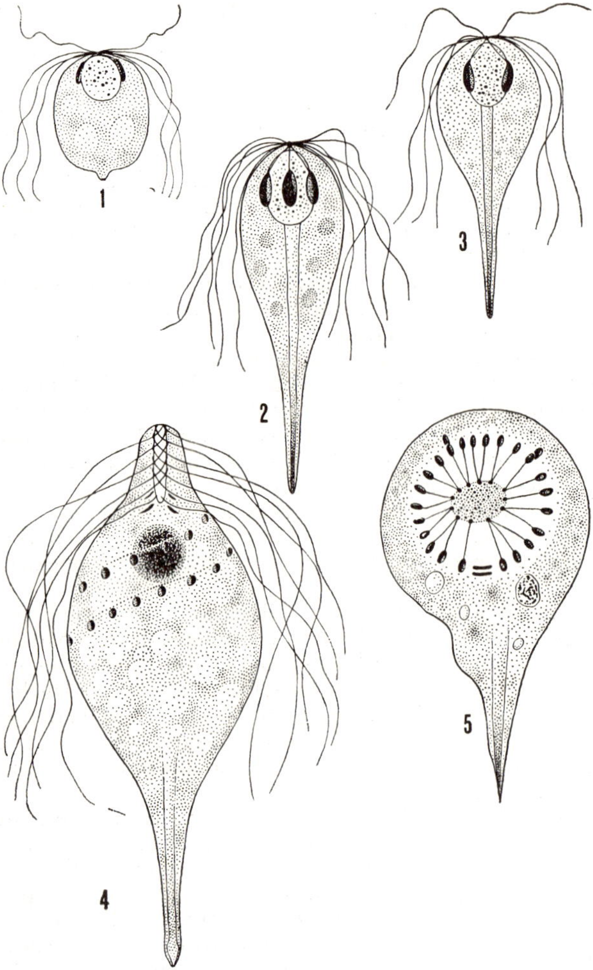

FIG. 152 — QUELQUES STADES DU DÉVELOPPEMENT DE *Microjoenia* ET DE *Spirotrichonympha*.

1, stade à un cinétosome, quatre flagelles et deux parabasaux; 2 et 3, soulèvement du cinétosome et début de la multiplication des parabasaux; 5, cette multiplication plus avancée, en vue supérieure; 4, jeune *Spirotrichonympha* avec début des spires flagellaires, (d'après Dubosq et Grassé).

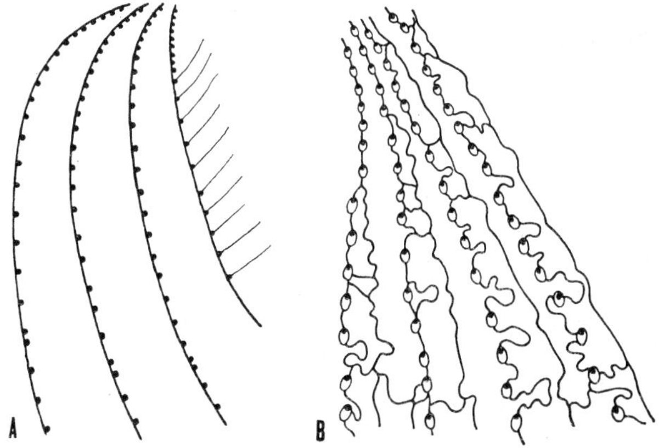

FIG. 153 — CINÉTIDE DÉCENTRALISÉE DES CILIÉS.

Chez *Glaucoma :* A, quatre cinéties, après fixation et coloration ordinaire : cinétosomes reliés par le cinétodesme; division des cinétosomes, allongeant les cinéties; B, imprégnation argentique du même : argyrome, ensemble des lignes argentophiles, marquant probablement la séparation entre plaques tégumentaires, (d'après Chatton et Brachon).

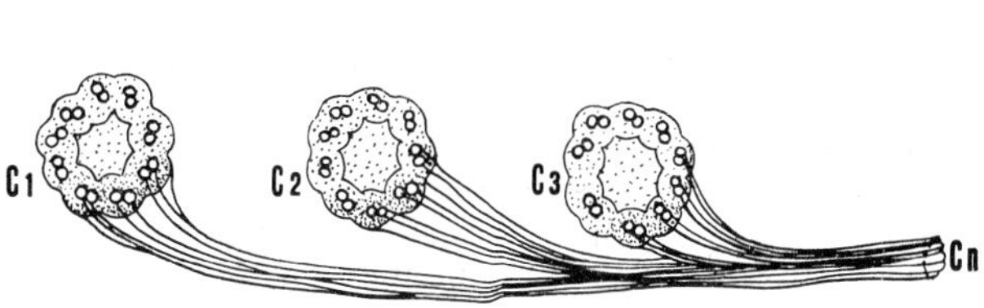

FIG. 154 — FORMATION DU CINÉTODESME PAR LES CINÉTOSOMES.

Vue au microscope électronique, chez un Infusoire astome, (cliché de Puytorac).

antérieur, chez chaque individu, et le cinétosome antérieur joue encore le rôle de centrosome lors de la division.

Chez les Infusoires Ciliés, nous retrouvons un dispositif analogue, mais plus évolué, et dans lequel les séries de cinétosomes s'affranchissent de tout rapport avec le noyau. La cinétide devient totalement *décentralisée,* selon l'expression de Chatton, et du même coup est atteinte une réalisation qui constitue la plus remarquable réussite évolutive de tous les Protistes. Le Cilié est complètement couvert de cils, petits flagelles ne différant guère que par leur taille des organites locomoteurs des Flagellés. Ils sont insérés régulièrement, sur le bord gauche par rapport à l'animal, de lignes droites ou spiralées qui marquent le corps de l'Infusoire de fines cannelures et qu'on nomme *cinéties (fig. 153, A)*. Elles convergent aux extrémités du corps, les axes des cinéties, ou *cinétodesmes,* s'unissant d'une manière plus ou moins compliquée, permettant parfois une intégration de tout l'ensemble en un système dit *neuromoteur*.

Les cinétosomes sont répartis tout le long des cinétodesmes qu'ils contribuent du reste à former. Chacun d'eux émet sur sa périphérie un paquet de fibrilles, issues des siennes propres et s'unissant au faisceau de celles issues des autres cinétosomes *(fig. 154)*.

On a décrit en outre chez beaucoup de Ciliés un autre système fibrillaire dont l'argyrophilie a été découverte par Bruno Klein, mais qui les confondait avec les cinétodesmes.

C'est Chatton qui est parvenu le premier à les distinguer des cinétodesmes sous le nom d'*argyrome*. Ce second système décrit des mailles plus ou moins régulières entre les cinéties, et n'a de contact avec celles-ci qu'au niveau des cinétosomes (1945). Il semble s'agir d'un ciment unissant des plaques tégumentaires, que le microscope électronique met en évidence (de Puytorac, 1952).

Quoi qu'il en soit, les cinétosomes se multiplient indépendamment les uns des autres sans que l'on sache exactement comment. Les desmoses qui subsistent entre eux créeraient le cinétodesme. Pour Chatton, chaque cinétosome s'appuie en profondeur sur une petite vésicule ou cinétoplaste, révélée par certaines imprégnations et détruites par les techniques courantes.

Cette vésicule n'a pas été retrouvée avec certitude en microscopie électronique : ce n'est certainement pas un « parabasal », qui paraît ainsi spécial au flagelle vrai. Le système du cil ne présente aucun contact, ni direct, ni indirect, avec le noyau : il semble qu'il se soit multiplié considérablement et indépendamment de la cellule elle-même.

Cette multiplication, indiquée par la présence de deux ou plusieurs cinétosomes par vésicule ciliaire, conduit le plus souvent à un simple allongement des cinéties qui, lors de toute division du Cilié, se trouvent coupées, plus

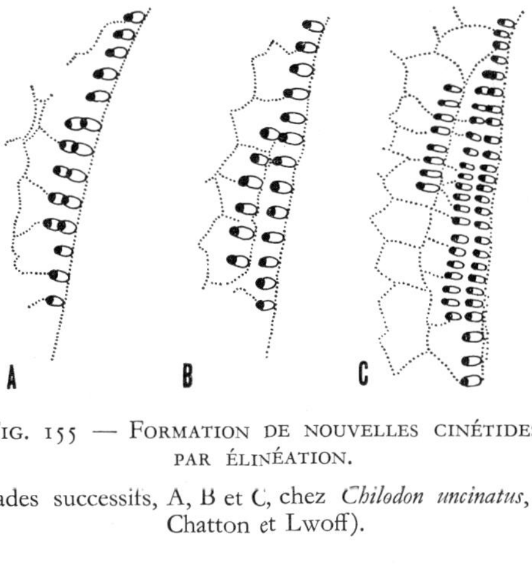

FIG. 155 — FORMATION DE NOUVELLES CINÉTIDES PAR ÉLINÉATION.

Trois stades successifs, A, B et C, chez *Chilodon uncinatus*, (d'après Chatton et Lwoff).

ou moins également entre les cellules filles. Parfois, cependant, certaines cinéties peuvent en former d'autres, par division des cinétosomes perpendiculairement à la direction de leur rangement initial. Ce processus a été qualifié d'*élinéation* par Chatton (*fig. 155*). Répété, il peut donner naissance à des champs ciliaires, tels qu'il en existe fréquemment, par exemple au niveau de la bouche. D'autre part, chez les formes dont la croissance rapide n'est pas compensée par de fréquentes divisions, comme chez le Cilié *Ichthyophtirius*, parasite de la peau des Poissons d'eau douce, il conduit à une multiplication du nombre des cinéties, toujours beaucoup plus abondantes chez l'adulte que chez le jeune (Mugard, 1948).

Au moment où le noyau se divise, on cherche en vain à ses côtés un centrosome quelconque : malgré l'abondance des cinétosomes, fonctionnant comme mastigosomes, il n'en est aucun qui se détourne de cette fonction et joue le rôle de centrosome.

Par contre, les cinétosomes peuvent se spécialiser dans d'autres directions, en particulier devenir élaborateurs de *trichites* et de *trichocystes*.

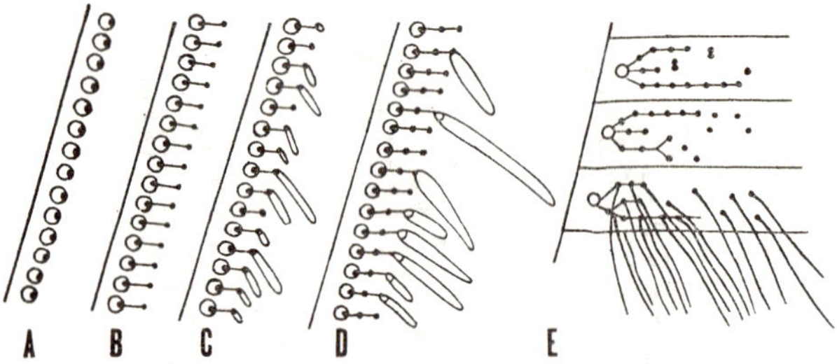

FIG. 156 — TRICHITOGENÈSE OU TRICHOCYSTOGENÈSE, AUX DÉPENS DE DÉRIVÉS DES CINÉTOSOMES.

A, B et C, chez *Gymnodinioides;* D, chez *Polyspira;* E, chez *Foettingeria,* (d'après Chatton et Lwoff).

Ces éléments sont de courts fuseaux, abondants dans de nombreuses espèces, semblant ne différer les uns des autres que par la propriété des seconds de se détendre, s'allongeant par une sorte d'explosion, ou éclatant en se transformant en mucus, ou parfois, plus rarement, en formant par leur ouverture une sorte d'ancre à trois ou quatre branches *(Trichopelma)*. Certains trichites de Ciliés forment les « nasses pharyngiennes », sortes d'enveloppes discontinues entourant le pharynx. Fauré-Frémiet a montré qu'il s'agit alors de baguettes protéiques paracristallines qu'il dénomme « némadesmes ».

Les trichocystes sont interprétés comme éléments défensifs : effectivement, quand une Paramécie est attaquée par un carnassier, elle rejette, au point d'attaque, une

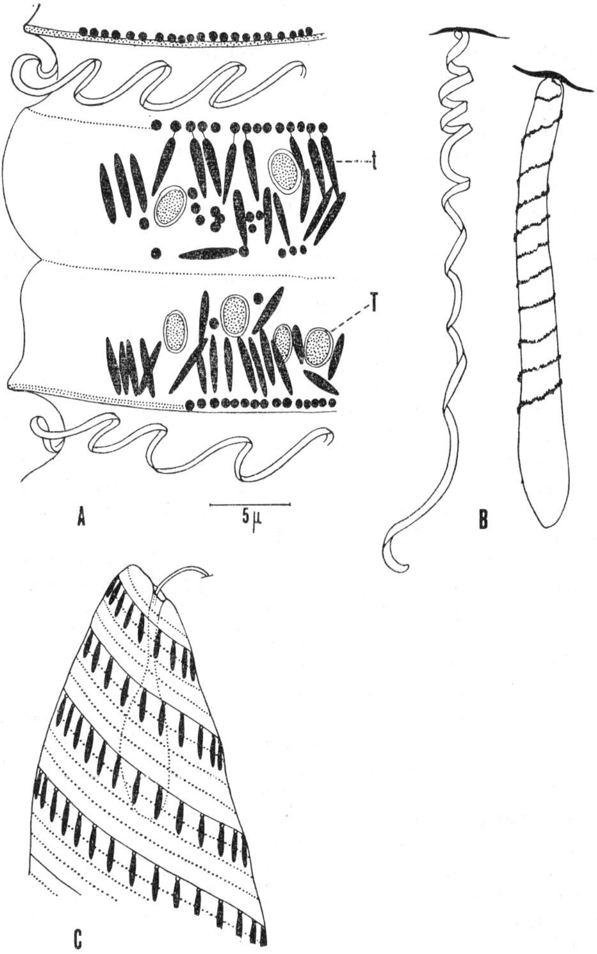

Fig. 157 — Trichites et trichocystes.

A, fragment de coupe tangentielle, effleurant le tégument chez *Polykrikos Schwartzi: t,* trichites, certains en relation avec des trichitosomes; *T:* trichocystes, affleurant à la surface; En B, leur vue en long, l'un petit, à demi détendu, l'autre gros, intact; C, vue superficielle de la région antérieure d'*Euglena tristella,* avec corps mucifères (trichocystes en navettes).

grande abondance de trichocystes terminés chacun par une pointe dure. Mais les trichocystes jouent également un rôle dans les phénomènes d'enkystement. Quoi qu'il en soit, il a été établi par Chatton et Lwoff que trichites et trichocystes se forment chez certains Ciliés, aux dépens des cinétosomes *(fig. 156)*. Ceux-ci se divisent latéralement par rapport à la cinétie, donnant naissance à un nouveau granule, *trichitosome* ou *trichocystosome,* qui peut donner naissance directement à un trichite ou à un trichocyste, poussant, à partir du granule, vers la profondeur *(Gymnodinioides)*, ou bien il se forme des chaînettes de ces mêmes granules, formant ainsi de véritables paquets de trichites ou de trichocystes *(Polyspira)*.

Ces organites ne sont pas spéciaux aux Ciliés, on les rencontre, également fréquents, chez d'autres Protistes, en particulier chez les Flagellés.

Les Péridiniens, Phytoflagellés à pigment brun, en possèdent très souvent et, là où ils ont pu être étudiés, chez *Polykrikos Schwartzi,* ils prennent également naissance sur le tégument (Chatton et Hovasse).

Les trichites se forment aux dépens de lignes de trichitosomes, orientés selon les lignes régulières qui ceinturent le corps, en particulier sur celles qui bordent en dessus les ceintures *(fig. 157, A)*; à partir de là, les trichites se répandent dans le cytoplasme voisin, restant très périphériques. Il semble du reste que les trichitosomes puissent s'écarter et devenir en quelque sorte erratiques : on sait, en réalité, qu'il existe ici, comme chez les Ciliés, un argyrome à petites mailles, invisible sans imprégnation et sur lequel sont disposés ces granules.

Peut-être s'agit-il, là aussi, de limites entre plaques tégumentaires. Les trichocystes, *(fig. 157, B)* naissent sur certaines mailles de ce réseau argentophile, et s'allongent ensuite perpendiculairement dans le cytoplasma sous-jacent, restant toujours reliés au tégument par leur extrémité extérieure.

L'argyrome de *P. Schwartzi,* les lignes ceinturant le corps, sont régulièrement en connexion avec les puits flagellaires et le point de départ des fouets, donc avec la cinétide. Il est difficile d'attribuer à ces contacts une signification quelconque.

Chez les Eugléniens, nous avons vu déjà qu'il existe très fréquemment aussi dans l'ectoplasme, des tricho-

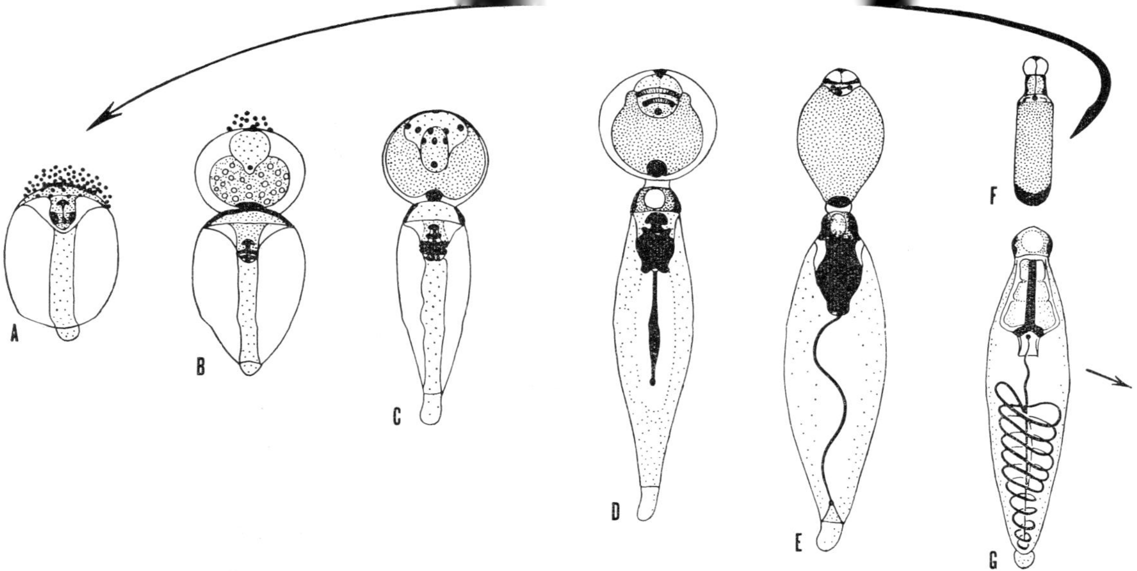

FIG. 158 — LA CNIDOGENÈSE CYCLIQUE CHEZ *Polykrikos Schwartzi.*

G, cnidocyste mûr ; de A à E, cinq stades de sa formation, en tandem avec un élément dont l'aboutissement est le cnidoplaste mûr, F. Après la séparation de G et F, ce dernier se transforme par gonflement, devenant le cnidogène A, (d'après Hovasse).

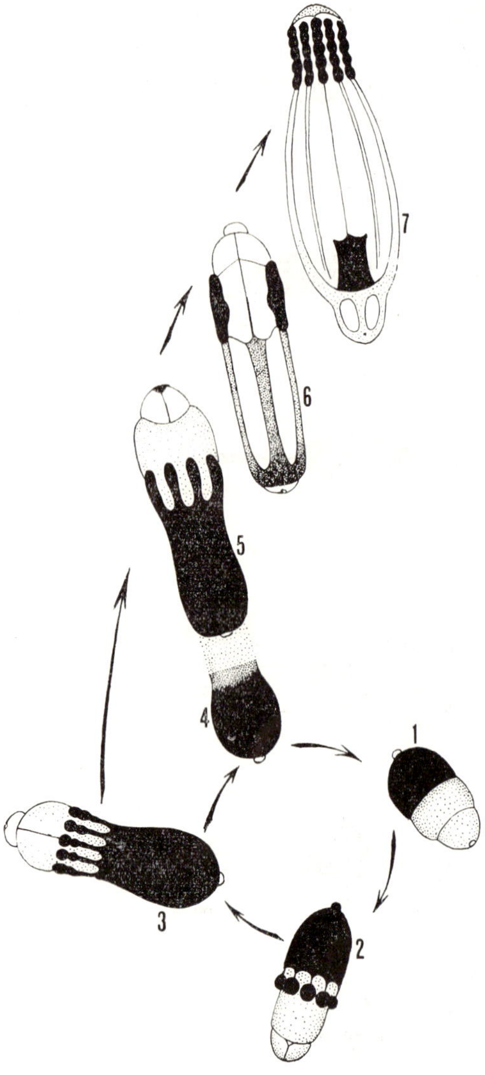

FIG. 159

cystes, appelés souvent corps mucigènes, et disposés initialement toujours de la même façon. Ils sont reliés à un ensemble de lignes spirales partant du pôle antérieur, où, au fond du vestibule, sont situés les cinétosomes. Il est vraisemblable que, là aussi, il existe un rapport entre la cinétide et les trichocystes par l'intermédiaire de ces lignes spirales *(fig. 157, C)*.

Il est possible cependant qu'il y ait des exceptions à cette règle : chez un flagellé, *Goniostomum semen,* particulièrement riche en trichocystes, ni Chadefaud, ni nous-même, n'avons pu voir une formation superficielle de ces corps. Il paraît vraisemblable, d'après la situation profonde des plus jeunes trichocystes, qu'ils ont une origine périnucléaire.

Chatton a, en outre, rattaché à la cinétide un autre type d'organites peu fréquents chez les Protistes, mais existant sans exception chez tous les Cœlentérés Cnidaires. Ce sont les *nématocystes* ou *cnidocystes,* organites compliqués, sortes de vacuoles à flagelle interne, qui, par leur explosion, détendent ce pseudo-flagelle, en réalité long filament creux, susceptible de rejeter une substance urticante.

Chez les Péridiniens, il en existe plusieurs types, dont le plus souvent observé est celui de *Polykrikos Schwartzi.* Chatton a établi, en 1914, que ces organites, de morphologie complexe, se forment dans le corps cellulaire selon un cycle autonome, autogénétique, avec cependant des relations possibles avec la cinétide. Une étude récente a confirmé ces vues, et montré que la morphogenèse de ces organites qui renferment des régions Feulgen positives, est basée sur des actions cinétosomiennes rappelant celles des asters : il se succède, au cours de la cnidogenèse, des formes d'allure changeante, mais dans lesquelles la matière semble modelée par des points ou des axes d'orientation, indices d'attractions, comparables à celles que l'étude des asters nous a démontrées (Hovasse, 1951, *fig. 158)*.

FIG. 159 — CNIDOGENÈSE CYCLIQUE CHEZ *Nematodinium.*

Autre processus cyclique de cnidogenèse chez le Péridinien oculé *Nematodinium armatum.* De 1 à 4, partie cyclique; de 5 à 7, évolution hors du cycle, (d'après Hovasse).

Un type très différent d'organites, également qualifiés de cnidocystes, existe chez d'autres Péridiniens, les *Nematodinium:* on retrouve dans sa genèse les mêmes caractères, bien que la réalisation des formes, également cyclique et autogénétique, soit obtenue par des procédés dissemblables *(fig. 159).*

On manque de données précises sur ce qui se fait chez les Cœlentérés : il ne s'agit en effet chez ces êtres que de très petits organites, apparaissant dans des cellules bourrées d'enclaves : il est néanmoins vraisemblable que là aussi la cinétide joue un rôle dans leur élaboration.

LA CINÉTIDE DES MÉTAZOAIRES

Chez les Métazoaires, on retrouve, à la base de la série, une cinétide qui est aussi complexe que celle des Protistes. Chez les Spongiaires et les Echinodermes les cellules sont uniflagellées et la base du flagelle montre le même ensemble cinétosome — appareil parabasal *(fig. 160).* Il se retrouve moins certainement ailleurs, où, tout du moins, le plus souvent, le parabasal n'a pas été recherché par les méthodes spéciales : il existe néanmoins des cellules flagellées chez les Hydraires, dans l'épithélium endodermique. Goodrich (1893, 1898) en a reconnu dans les solénocytes des Polychètes (cellules rénales creuses, à flamme vibratile interne). Il en existe même chez des Vertébrés dans certains épithéliums. Ce sont les *Centralgeisselzellen* de Zimmerman (1898), décrites du tube urinaire du Lapin *(fig. 161),* de l'épithélium des canaux excréteurs du pancréas, de la vésicule séminale de l'Homme. Dans le rein de la Torpille, dans son canal déférent, elles ont été vues par Joseph (1902, 1903). Meves les a étudiées également dans l'épithélium rénal de la Salamandre.

Chacune de ces cellules comporte un ensemble de deux granules superposés unis par un fin filament. L'extérieur, ou bulbe, est un renflement fait de la même substance que le flagelle, avec lequel il se continue. L'inférieur est le cinétosome qui se continue vers le cytoplasme interne par une racine qui se perd dans la cellule. Là encore, le parabasal n'a pas été recherché systématiquement.

En 1930, Volkonsky a décrit des cellules flagellées, mais d'un type différent, dans les urnes des Siponcules. Celles-ci sont des organes phagocytaires fixes ou mobiles dans le liquide cœlomique du Ver, entourés, au niveau de leur ouverture, par une couronne de forts prolonge-

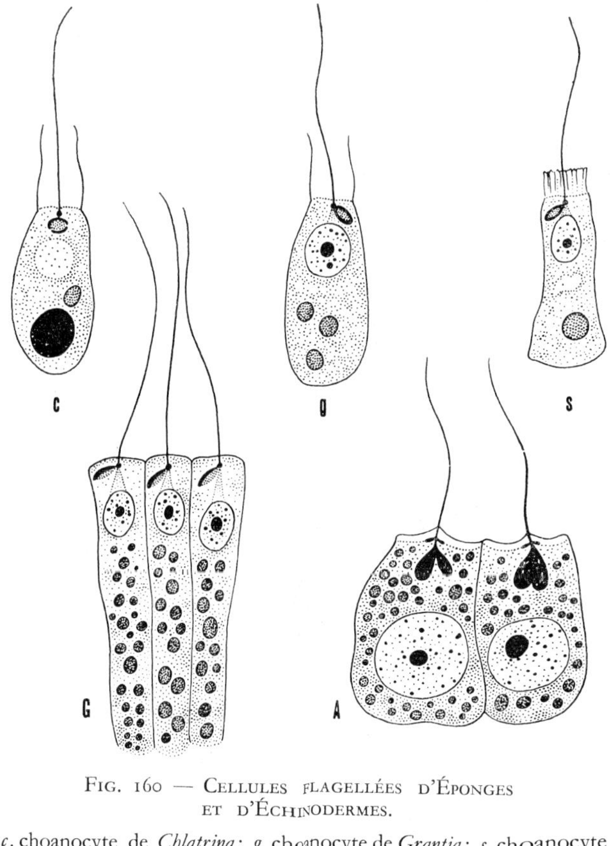

FIG. 160 — CELLULES FLAGELLÉES D'ÉPONGES ET D'ÉCHINODERMES.

c, choanocyte de *Chlatrina; g,* choanocyte de *Grantia; s,* choanocyte de *Sycon; G,* cellules de la larve du *Grantia; A,* cellules de blastula d'*Asterias. c, g, s* et *G,* d'après Dubosq et Tuzet; *A,* original. Le microscope électronique a permis de vérifier qu'il s'agit bien ici de vrais parabasaux.

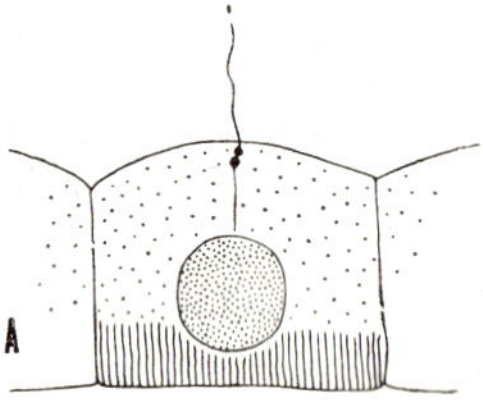

FIG. 161 — CELLULES À FLAGELLE CENTRAL.

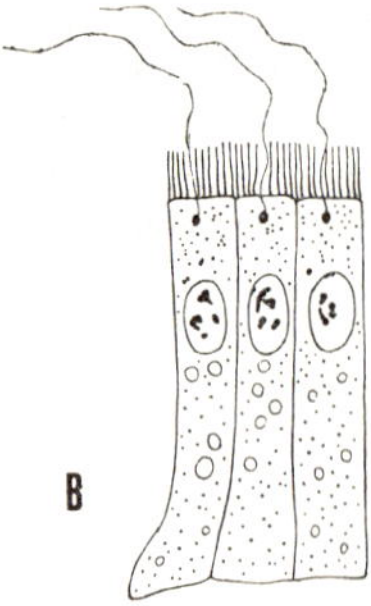

A, pièce intermédiaire du rein de Lapin (d'après Zimmermann); B, intestin d'Oursin : à la base du flagelle, bordure en brosse (original).

ments, que l'on peut qualifier aussi bien de flagelles que de cils *(fig. 162)*.

A la base de chacun de ces éléments, il a été reconnu un cinétosome, supportant un appendice plus ou moins renflé, détruit par les fixateurs acides, conservé par les fixateurs mitochondriaux, et parfois osmioréducteur.

Ce sont là des caractéristiques de parabasal : mais ce dernier n'a pas été étudié au microscope électronique, et il faut se méfier des analogies de forme. Il existe en outre une racine partant du cinétosome et se rapprochant du noyau, sans le toucher.

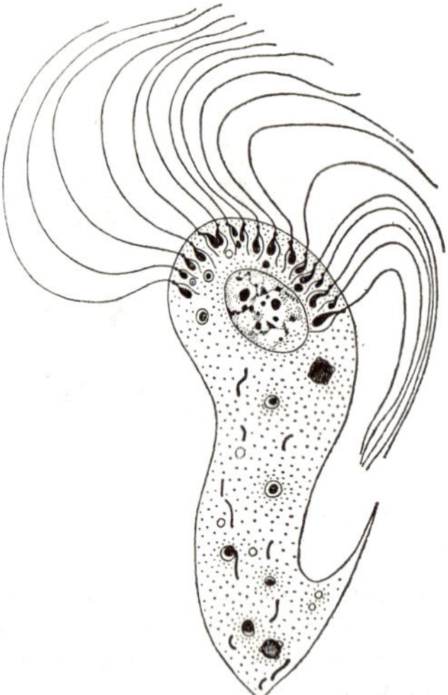

FIG. 162 — CELLULE D'UNE URNE FIXE DE SIPUNCULIDE *Golfingia vulgare*, (D'APRÈS VOLKONSKY).

Chaque flagelle possède un cinétosome et un corpuscule comparable, en microscopie optique, à un parabasal; noter sa division. Ce matériel est à examiner en microscopie électronique.

De tels éléments constituent une véritable transition morphologique vers les *cellules ciliées* ou *cellules vibratiles*. On en connaît du reste d'autres depuis Joseph (1903), qui a décrit dans la toile choroïdienne toutes sortes de passages entre des cellules flagellées, ou à un seul cil, et les éléments vibratiles multiciliés par l'intermédiaire d'autres cellules pauciciliées.

Ces faits viennent à l'appui de l'hypothèse dite d'Henneguy-Lenhossek, établissant, en 1898, l'homologie entre les corpuscules basaux des cils vibratiles et les centrosomes.

Les cellules vibratiles sont des éléments extrêmement fréquents chez tous les animaux, à l'exception de la plupart des Arthropodes et des Nématodes, et constituées par un corps cellulaire le plus souvent prismatique, dont le bord libre est garni de cils insérés généralement en rangées régulières comme chez un Cilié, avec cette différence toutefois que les cils ne semblent pas reliés les uns aux autres. Chaque cil vibratile, « individu cilié » de A. Prenant (1913 à 1919), comprend : le cil à proprement parler, ou pièce terminale, qui se meut dans le milieu ambiant, le corpuscule basal, ou grain basal qui semble l'équivalent d'un cinétosome et se trouve fixé au niveau du plateau cellulaire superficiel; enfin la racine, ou fibre radiculaire, qui se prolonge à l'intérieur du protoplasme.

L'ensemble est assez voisin de ce qui existe chez les Ciliés. Les racines des divers individus convergent en un cône radiculaire terminé par une seule fibre qui se perd dans le cytoplasme sans avoir touché le noyau *(fig. 163)*.

Henneguy et Lenhossek ont fourni, chacun de leur côté, divers arguments montrant que ce système se rattache à ce que nous appelons le système de la cinétide.

Les réactions de coloration des grains basaux sont les mêmes que celles des centrosomes; les cellules vibratiles ne se divisent plus faute de centrosomes, pensaient-ils. Benda (1900), Furst (1900), Moreaux (1911) ont étudié effectivement la formation de ces cellules, et constaté que c'est bien le centrosome, ou tout au moins le diplosome, granule double accolé au noyau, qui, par division, puis migration des granules formés sur le bord externe de la cellule, est l'origine de la zone vibratile. La multiplication des granules est très facile à étudier au niveau des branchies chez l'Huître. On y reconnaît des divisions en ligne, et des élinéations comparables à celles signalées chez les Ciliés.

Mais, à côté de ces cellules vibratiles typiques et fonctionnelles si répandues, il en est qui leur ont été rattachées et considérées comme issues d'une évolution simplificatrice : ce sont les cellules à *bordures en brosse (fig. 163, C)* et à *plateaux striés*, voire même à *plateaux cuticulaires*.

Les bordures en brosse fréquentes dans les épithéliums absorbants ou sécrétoires, sont limitées par des rangées de baguettes courtes qui ne différeraient des véritables cils que par leur immobilité. Il existerait parfois, dans une même cellule, une transition entre les deux formations.

Les cellules à plateaux striés étaient considérées comme formées par une bordure de bâtonnets agglutinés (A. Prenant, 1899) bien que les grains basaux y soient moins nets, dessinant une ligne dans laquelle on ne

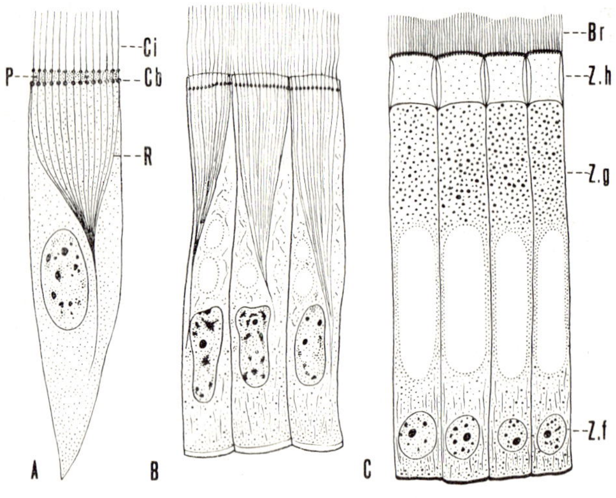

FIG. 163 — CELLULES VIBRATILES ET BORDURES EN BROSSE, (D'APRÈS PRENANT).

A, schéma : *Ci,* pièce terminale, ou cil; *Cb,* cinétosome; *R,* racine; *P,* ensemble du plateau cellulaire. B, épithélium intestinal d'*Unio.* C, cellules de la membrane intestinale chez *Parascaris equorum : Br,* bordure en brosse *Z.h,* zone hyaline; *Z.g,* zone granulaire; *Z.f,* zone filamenteuse.

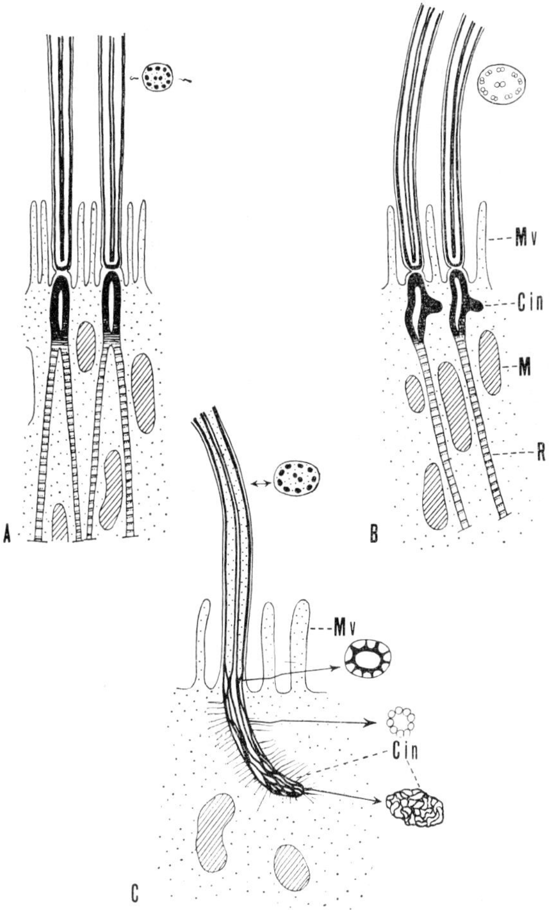

FIG. 164 — ULTRASTRUCTURE DES CELLULES VIBRATILES.

D'après Fawcett et Porter; A et B, vue des cils d'*Elliptio* dans deux plans perpendiculaires; les sections passent par l'axe des cils; C, cil de l'oviducte de Souris. Noter, dans les trois cas, l'existence de microvillosités, *Mv; Cin,* cinétosome; M, mitochondrie.

pouvait les résoudre. Là encore on pensait qu'il existait des formes de transition avec les bordures en brosse caractéristiques. Les plateaux cuticulaires sont pour la plupart spéciaux aux Arthropodes : ils étaient interprétés aussi comme étant formés par des cils soudés imprégnés d'une substance dure (protéine tannée plus ou moins additionnée de chitine chez les Insectes) (Lafon).

Le microscope électronique a précisé, ou modifié, la plupart de ces notions. Indépendamment de la structure du cil, qui sera examinée plus bas, il a permis de reconnaître que la cellule vibratile est couverte, entre les insertions ciliaires, de *microvillosités,* petits éléments en doigt de gant, replis de la membrane cellulaire, communiquant directement avec le cytoplasme ambiant *(fig. 164,* Mv et *fig. 165).*

Dans les bordures en brosse, ce sont ces éléments qui, serrés les uns contre les autres, forment le bord libre de la cellule : il n'y a pas trace de cil ayant pris part à la constitution de ces bordures dont nous avons déjà parlé.

On n'y reconnaît pas davantage de grains basaux, qui sont, au contraire, toujours bien développés au point d'insertion de chaque cil *(fig. 163, A* et *B).*

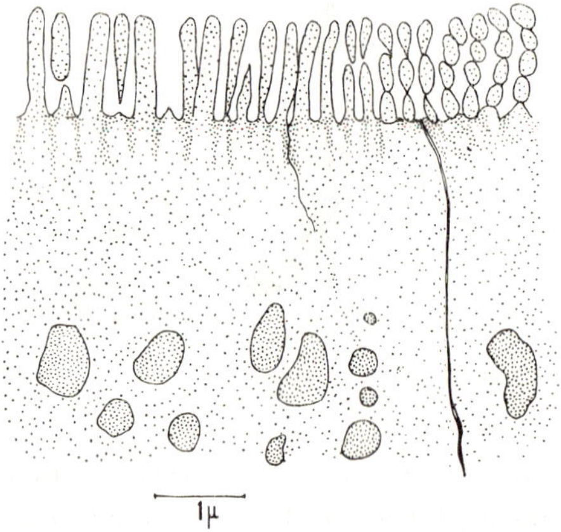

FIG. 165 — ULTRASTRUCTURE DE BORDURE EN BROSSE.

Muqueuse intestinale de *Rana temporaria;* microvillosités en coupes longitudinale ou oblique : cloisons cellulaires, mitochondries schématisées, (original).

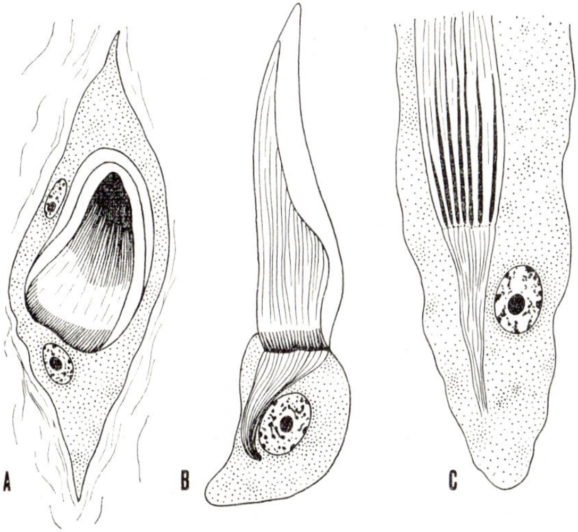

Fig. 166 — Formation des soies chez les Annélides.

A, chez le Lombric : jeune soie s'édifiant sur une bordure en brosse; B, chez *Sabellaria,* formation des « palées » operculaires; appareil ciliaire basal avec cils, grains basaux et racines; C, *Eulalia,* base d'une grande soie terminée; appareil ciliaire basal, (d'après G. Bobin).

Quant aux racines ciliaires, elles sont formées d'une ou de plusieurs fibres à structure périodique, réalisant un véritable ancrage des grains basaux dans le cytoplasme, ancrage qui est parfois accentué par des fibres rayonnantes, à la limite de la visibilité *(fig. 164).*

Le domaine de la cinétide est donc considérable, même chez les organismes supérieurs. Il s'étend encore de l'ensemble des formations plus compliquées, déjà très largement répandues dans les divers groupes de Ciliés, et qui sont réalisées par concrescence des cils, en faisceaux ou en rangées de dimensions et de dispositions variées. Ainsi se forment les flammes vibratiles, les cirres, certaines membranes. Enfin notons aussi que les bâtonnets des cellules visuelles de la rétine des Vertébrés ont également un cil comme élément de base.

Dans son travail sur les soies des Annélides, Bobin (1944) a fait ressortir toute cette variété, qu'elle retrouve dans les appareils ciliaires qui, ainsi que l'ont établi Nils Holmgren (1903) et Pruvot (1913), servent de bases à ces soies.

La substance organique qui constitue la masse de chaque soie est sécrétée par la cellule basale, et s'écoule ensuite à travers cet appareil ciliaire qui la guide en quelque sorte, et contribue ainsi à en déterminer la forme *(fig. 166)*.

LA CINÉTIDE CHEZ LES VÉGÉTAUX

S'il est bien prouvé aujourd'hui qu'il n'existe pas de centrosomes lors des divisions mitotiques et méiotiques des plantes supérieures, il en existe par contre dans les mitoses des Algues et des Champignons où ils ont été maintes fois signalés. Les centrosomes des Diatomées sont même exceptionnels par leur taille et leur forme, et le fuseau qui en dérive est facilement visible sur le vif (Bütschli, 1897).

Ils ont été suivis au cours des divisions somatiques chez les *Fucus* (Yamanouchi, 1909), seraient même un constituant permanent de la cellule chez *Halopteris,* au dire de Swingle (1897). Il en serait de même chez les Champignons Ascomycètes, d'après Harper (1897). Guilliermond, qui les a vus chez les Levures, leur attribue une origine intranucléaire. Récemment Lindgreen et Rafalko les ont décrits chez *Saccharomyces bayanus,* mais les colorent par le Feulgen, ce qui laisse penser à une confusion avec un chromocentre, ou plutôt un fragment de chromosome (1950).

Chez les Mousses ou les Hépatiques, on ne rencontre pas de centrosome, même au cours des divisions de spermatogenèse. Mais ainsi que l'a montré Eymé (1954), il apparaît de gros cinétosomes après la dernière division nucléaire, et ils dérivent du noyau.

Chez les Ptéridophytes, ils apparaissent dans les dernières divisions au moment où vont se former les cils ou flagelles des éléments mâles. Ce serait en somme des organites en voie de disparition, écrit Dangeard (1947).

Chez les Gymnospermes qui ont des gamètes mâles mobiles (*Cycadées* et *Gingko*), ils sont très gros, mesurant jusqu'à 10 μ de diamètre chez *Zamia* (Webber, 1897, 1901), se vacuoliseraient après la dernière division et se transformeraient en un amas de granules qui se disposeraient en une file devenant superficielle et s'allongeant en une spirale de cinq ou six tours, sur laquelle poussent les cils de l'anthérozoïde. Au moment de la fécondation, l'ensemble ciliaire tombe dans le cytoplasme de l'œuf, sans que les granules jouent aucun rôle dans les mitoses ultérieures. Webber se base sur ces faits pour refuser à cet organite la valeur d'un centrosome : ce serait seulement un blépharoplaste. Cette opinion a été repoussée par Sharp (1912), qui, se plaçant sur le terrain phylogénique, a fait ressortir la réduction progressive de l'appareil générateur des cils depuis les Ptéridophytes jusqu'aux Gymnospermes.

Il s'agit du reste ici d'une discussion purement verbale, les mots employés, blépharoplaste et centrosome, correspondant à deux fonctions d'un même organite. Il existe un parallélisme remarquable entre la formation des cils de l'anthérozoïde de *Zamia* d'après Webber, de ceux de l'anthérozoïde d'*Equisetum* d'après Sharp (*fig. 167*) et le développement des Flagelles chez une *Spirotrichonympha*. Seuls font défaut, chez ces végétaux, les corps parabasaux. Des études récentes de microscopie électronique ont confirmé ces faits (I. Manton).

Rappelons que Kuwada et Maeda (1929) ont pensé opposer les centrosomes observés sur le vif chez *Cycas* et chez *Gingko*, à ceux de la cellule animale, parce qu'ils n'ont pas distingué les fibres astériennes autour d'eux, mais seulement une aire hyaline. Cet aspect est fréquent chez les autres animaux, et il ne semble pas qu'il y ait lieu de retenir cette différence.

Les anthérozoïdes mobiles, avec cinétide reconnaissable, se retrouvent également chez les Algues : chez les Chlorophycées, le gamète mâle a souvent la constitution exacte d'un *Chlamydomonas*, avec sa cinétide et ses dictyosomes, qui n'existeraient, semble-t-il, plus, d'une manière régulière, dans les cellules végétatives. Chez les Protistes qui en sont les plus voisins, chez les Volvocinées dont les éléments mâles sont déjà nettement différenciés par leur taille, leur manque de réserves, leur mobilité, ils ont une cinétide identique à celle des cellules somatiques des colonies.

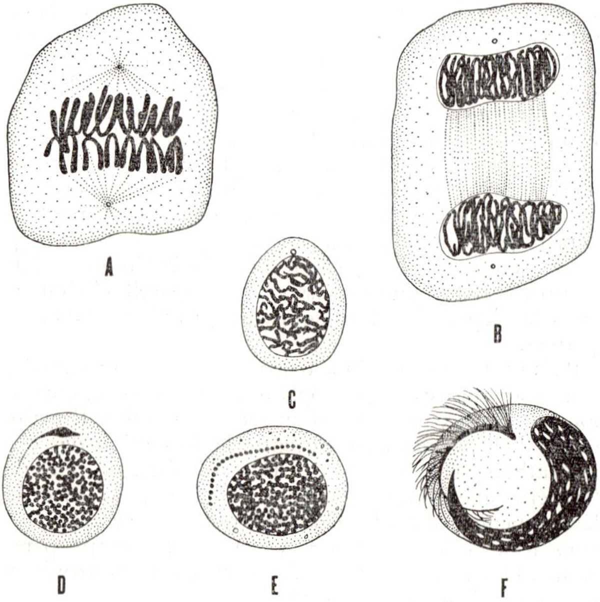

FIG. 167 — FORMATION DE L'ANTHÉROZOÏDE D'*Equisetum*, (D'APRÈS SHARP).

A et B, dernière division avec centrosomes d'origine inconnue; C, D et E, transformation du centrosome en une file de cinétosomes; F, poussée des cils.

LA CINÉTIDE DES ÉLÉMENTS REPRODUCTEURS MÂLES DES ANIMAUX

Chez les animaux, le spermatozoïde est une cellule flagellée, aux quelques exceptions près signalées plus haut : comment apparaît chez lui l'appareil flagellaire ? cet appareil correspond-il à celui d'un Flagellé ? Telles sont les deux principales questions que nous devons examiner.

Dans l'immense majorité des cas, c'est après la fin de la méiose, quand la lignée germinale est arrivée au stade spermatide, que se font les transformations cellulaires qui vont réaliser une cinétide efficace, avec formation d'un appareil flagellaire. Il existe cependant quelques exceptions intéressantes *(fig. 168)*, chez certains Papillons, tels que *Pygoera bucephala* (Meves, 1897-1900), *Bombyx mori, Hyponomeuta cognatella* (Henneguy, 1898), les flagelles

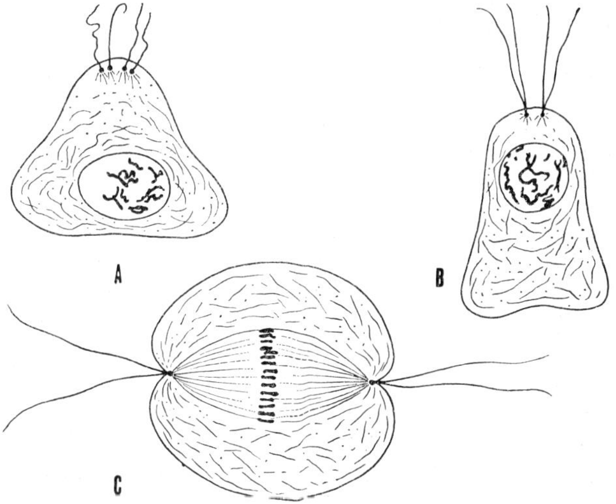

FIG. 168 — FORMATION DES FLAGELLES DANS LA SPERMATOGENÈSE DE *Bombyx mori* (D'APRÈS HENNEGUY).

Le stade B est une variante de A.

apparaissent au moment de la préméiose, et les deux divisions de maturation s'effectuent, les centrosomes étant escortés chacun d'un flagelle et ceux-ci apparaissant en même temps que les centrosomes se divisent, exactement comme chez un Flagellé.

Normalement la cinétide ne se complète que dans la spermatide, c'est-à-dire une fois que la seconde division méiotique est totalement achevée et que le noyau mâle est revenu au repos.

La spermatide est un Flagellé, écrivent Duboscq et Grassé (1933). Elle en a effectivement retrouvé la cinétide complète. Son centrosome, fonctionnant tout du moins jusqu'alors comme tel, se comporte maintenant en cinétosome : il donne naissance à un flagelle, et d'autre part, se montre attractif vis-à-vis de l'appareil de Golgi, jusqu'alors dispersé sous forme de dictyosomes.

Ceux-ci se groupent à son contact, et, fusionnant leurs régions chromophobes, sécrètent une sphère connue des anciens auteurs et que Mèves a désignée comme *idiosome* en 1897. Sa parenté avec le Golgi, bien qu'indiquée déjà en 1898 par les recherches de Murray sur les Pulmonés *(Helix, Arion,* etc.*)*, n'est établie que plus tard, après la connaissance des dictyosomes, en particulier par Gatenby (1922), Bowen (1925), Voinov (1925). Ces auteurs montrent que l'idiosome est une sécrétion des dictyosomes. Duboscq et Grassé (1933) notent alors l'identité entre la masse agglomérée de ces derniers entourant l'idiosome et un parabasal. La spermatide possède donc tout à fait une cinétide de Flagellé *(fig. 169)*.

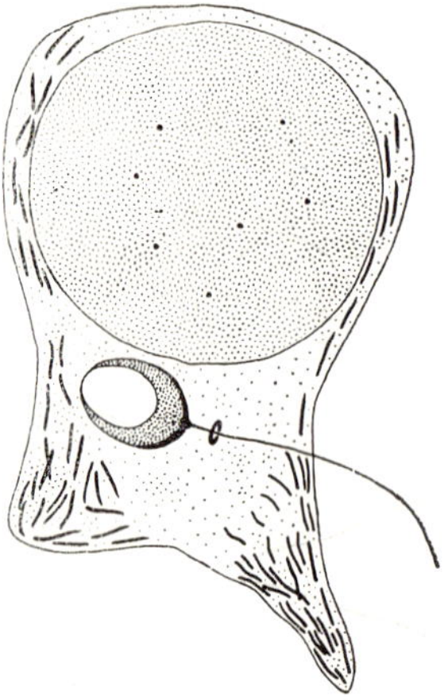

FIG. 169 — UNE SPERMATIDE DE *Geotriton.*

D'après Terni, emprunté à Dubosq et Grassé; présente les mêmes éléments cinétiques qu'un flagellé.

Quant à l'élément mâle lui-même, c'est davantage encore une cellule flagellée puisqu'elle devient effectivement mobile, mais c'est une cellule très spécialisée, et il n'existe pas chez les Protistes de forme qui puisse lui être directement et exactement comparée. De nombreuses tentatives de rapprochement ont été faites, depuis P. A. Dangeard (1901) qui l'a comparée à *Polytoma.*

Koltzoff (1906), Wilson (1925), Borman (1926), l'ont rapproché des *Trypanosoma;* Alexeieff (1924) des *Trichomonas.*

Il eſt en effet certain que des spermies à flagelle court, et à membrane ondulante, tels que ceux des Rotifères, convergent extraordinairement vers une cellule de Trypanosome. Mais il s'agit évidemment d'une convergence de forme extérieure : la ſtructure interne eſt plus complexe chez le spermatozoïde.

Sa conſtitution a été longue à établir : nous n'insiſterons pas sur tous les débats auxquels elle a donné lieu, et qui ont repris avec les recherches au microscope électronique.

Les quelques études faites jusqu'alors avec cet inſtrument : chez le Chat, par Burgos et Fawcett, chez le Crapaud, par les mêmes auteurs, chez des Vers de terre par Gatenby et ses collaborateurs, chez diverses Mollusques enfin par Rebhun, Yasuzumi et Tanaka, ont donné des résultats généralement convergents.

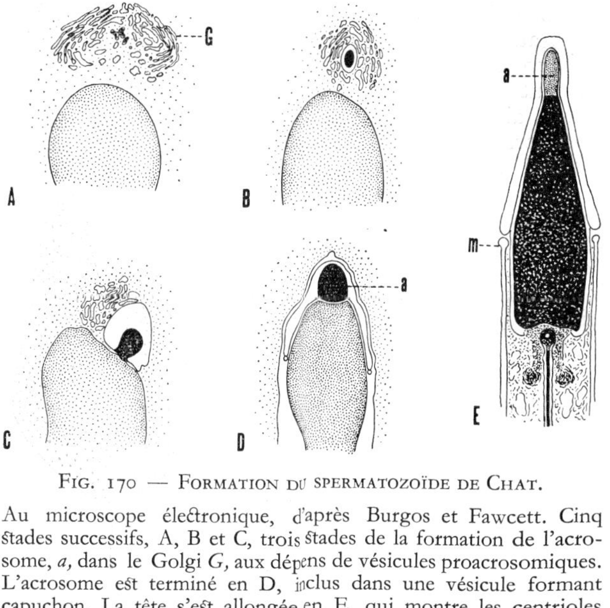

FIG. 170 — FORMATION DU SPERMATOZOÏDE DE CHAT.

Au microscope électronique, d'après Burgos et Fawcett. Cinq ſtades successifs, A, B et C, trois ſtades de la formation de l'acrosome, *a,* dans le Golgi *G,* aux dépens de vésicules proacrosomiques. L'acrosome eſt terminé en D, inclus dans une vésicule formant capuchon. La tête s'eſt allongée en E, qui montre les centrioles poſtérieurs, le début du flagelle, le chondriome de la pièce intermédiaire, et en *m,* la manchette.

L'appareil de Golgi de la spermatide devient l'acrosome qui vient se placer tout en avant du spermatozoïde, tandis qu'au pôle opposé, le centrosome, divisé en deux centrioles accolés, et généralement encastrés dans une logette de la partie postérieure du noyau, donne naissance au flagelle puissant qui propulse l'élément mâle et qu'entoure à sa naissance le chondriome condensé *(fig. 170)*.

On a décrit, antérieurement à l'emploi du microscope électronique, l'existence chez certaines spermies d'un autre système centrosomien, antérieur par rapport au noyau, et qui aurait émis vers l'avant un stéréocil, formant organe sensoriel. Il y aurait ainsi eu deux cinétides dans ces spermies : il n'en a pas été décrit jusqu'alors avec le microscope électronique qui soient de ce type. Le microscope électronique n'a pas non plus permis de retrouver de flagelle intranucléaire émanant du centriole proximal. Il est possible que ce ne soit que partie remise.

Le spermatozoïde reste donc une cellule relativement simple, certainement moins compliquée que beaucoup des Protistes que nous avons étudiés plus haut. Et l'on repense alors à le comparer, ainsi que l'avaient fait

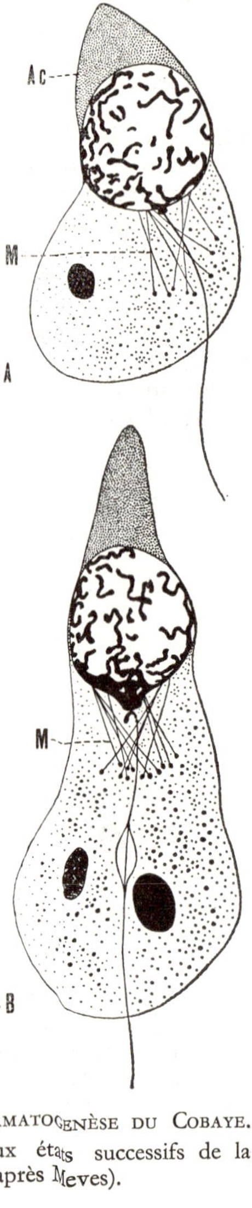

FIG. 171 — DEUX STADES DE LA SPERMATOGENÈSE DU COBAYE. En microscopie optique; on voit deux états successifs de la manchette *M; Ac*, acrosome (d'après Meves).

Chatton et Duboscq, à un Flagellé relativement simple, tel qu'un Choanoflagellé, organisme apparenté aux Chrysomonades, muni d'un seul flagelle et qui se déplace comme un spermatozoïde, poussé par son fouet.

On a fait remarquer à cet effet, que ces Flagellés possèdent, autour de l'insertion de leur fouet, une collerette, faite d'un cercle de baguettes accolées dont l'analogue, sinon l'homologue, se retrouve également autour de certains spermatozoïdes.

Il existe, en effet, autour de la partie postérieure et autour de la pièce intermédiaire des spermies de Mammifères en formation, un ensemble de bâtonnets, dont on dit qu'ils constituent la « manchette » *(fig. 171)*.

CONTINUITÉ DE LA CINÉTIDE ET ORIGINE DU CENTROSOME

La conception de la cinétide se comprend difficilement sans l'idée de sa continuité génétique à travers les générations cellulaires. A vrai dire cette continuité reste à prouver le plus souvent. Chez les Gymnospermes à gamète mâle cilié, chez les Ptéridophytes et les Bryophytes, où tous les anthérozoïdes sont ciliés ou flagellés, il n'y a même pas toujours de cinétide dans les divisions spermatogènes.

D'où proviennent alors les centrosomes ? Pour certains, c'est du cytoplasme.

Il y a toujours assez de granules dans celui-ci pour que l'on puisse admettre que l'un d'eux devienne centrosome, et Sharp (1912) voit dans l'un d'entre eux, chez *Equisetum*, l'origine du premier centre. Pour d'autres, c'est un granule issu du noyau qui, chez les Filicinées, sert de centrosome (Yuasa, 1938) ou chez les Muscinées, de cinétosome (Eymé, 1954).

L'origine nucléaire apparaît ainsi comme la plus vraisemblable : on connaît même, indépendamment des Protistes, où elle a été souvent reconnue, quelques cas de centrosomes intranucléaires, depuis l'exemple de la variété *monovalens* de l'*Ascaris* (Brauer, 1893).

Il existe même parfois de vraies mitoses intranucléaires, ayant des centrosomes normaux et se passant en totalité à l'intérieur de la membrane qui ne disparaît pas et s'étrangle à l'anaphase, comme chez un Protiste (*Hydra,* Wermel, 1927; *Stenostomum leucops,* Stern, 1925).

Chez les Ascomycètes, rappelons la position intranucléaire constante du centrosome. Étant donnée la parenté possible des centromères avec les centrosomes, on est en droit de se demander si le noyau ne peut pas, dans des conditions particulières, donner, aux dépens de ses centromères, naissance à un ou plusieurs centrosomes.

La permanence de la cinétide, déjà admise pour certaines Algues, est vraisemblable chez beaucoup d'Animaux, chez lesquels il est fréquent d'observer des cellules somatiques en repos complet, montrant un ou deux granules, plus ou moins éloignés du noyau, tantôt dans la zone de Golgi, tantôt hors de cette zone. Il s'agit alors de cellules épithéliales ou conjonctives, c'est-à-dire d'éléments qui, s'ils ne se divisent pas toujours, peuvent le faire à la suite d'une incitation quelconque.

Par contre, il n'y en a jamais dans les cellules nerveuses évoluées, ni dans les cellules musculaires, c'est-à-dire dans les éléments histologiques qui ne se divisent plus.

Il est certain que le centrosome peut disparaître à un certain moment du cycle cellulaire. C'est ainsi que chez beaucoup d'œufs dont on sait la longue préméiose, il n'y a plus de centrosome actif au moment des divisions de maturation. Boveri qui a fait remarquer ce fait (1888) a admis que le centrosome femelle est en quelque sorte affaibli et ne peut jouer son rôle de directeur de la mitose : celle-ci se fait selon le mode anastral. La fécondation ramène à l'œuf un centrosome mâle qui est le seul à jouer ensuite un rôle dans la segmentation.

Cette conception a beaucoup vieilli, à la suite des expériences de parthénogenèse qui ont provoqué des développements d'œufs vierges sans cet apport d'un centrosome. D'autre part, elles ont montré que les solutions hypertoniques appliquées à l'œuf d'Oursin, ou que la piqûre de Bataillon, traumatisant l'œuf de Grenouille, étaient capables de provoquer l'apparition de quantités d'asters dénommés *cytasters,* et dont le cycle, à l'intérieur de la cellule est, au moins, tout à fait comparable à celui d'un aster spermatique.

Il n'est cependant pas prouvé que les cytasters puissent remplacer totalement ces derniers. Chez l'Oursin, comme chez la Grenouille, les œufs vierges incités à se diviser par un traitement artificiel, passent fréquemment par l'état de monasters, c'est-à-dire d'asters qui restent uniques, qu'il y ait ou non des cytasters, et les cycles monastériens constituent une véritable impasse, qui aboutit en fin de compte à la mort de l'œuf.

Il est possible aussi que la division de ces asters dépende d'un état spécial du cytoplasme et dépasse ainsi le simple pouvoir de la cinétide.

La division du centrosome qui constitue la base même de la théorie de la cinétide, et qui est admise par tous les protistologues, est actuellement mise en doute à la suite des recherches de microscopie électronique. Il n'a en effet pas été possible de la mettre en évidence sur coupes ultrafines : aussi est-elle niée par certains cytologistes, tels que Ehret et de Haller (1961) à la suite de recherches effectuées sur *Paramecium bursaria*. Ces auteurs nient également la possibilité de formation des trichocystes à partir des cinétosomes. De nouvelles recherches s'imposent ainsi afin d'expliquer cette opposition à la théorie classique.

STRUCTURE DE LA CINÉTIDE ET DE SES DÉRIVÉS

Nous ne reviendrons pas sur celle de l'aster, envisagée plus haut, en même temps que celle du fuseau mitotique. Le granule qui centre cet aster, centrosome à proprement parler, semble bien avoir une réalité.

Il est très basophile, généralement de petite taille, mais peut, dans certaines conditions de milieu, grossir considérablement.

Bataillon a montré en 1910 que l'on peut, chez l'*Ascaris*, obtenir d'énormes centrosomes, en saturant de CO_2 l'atmosphère gazeuse dans laquelle évoluent les œufs : simultanément la mitose s'arrête en métaphase, le retour polaire semble empêché, et les chromatides ne se séparent pas.

Les recherches effectuées en microscopie électronique ont montré que le centrosome est une structure dense, mais hétérogène (Beams, Evans, Van Breemen et Baker, 1950), entourée par une structure marginale moins dense et non orientée qui doit correspondre à la centrosphère des auteurs; elle passe latéralement à la zone rayonnante que nous connaissons. Le centrosome semble toujours Feulgen-négatif : sa basophilie laisse supposer qu'il peut renfermer de l'A.R.N.

Il a la forme non d'une sphère, mais d'un court cylindre, droit ou légèrement courbé, mais le plus souvent creux, dont Fawcett et Porter fixent les dimensions approximatives à 0,45 μ de long sur 0,12 μ de diamètre. L'épaisseur

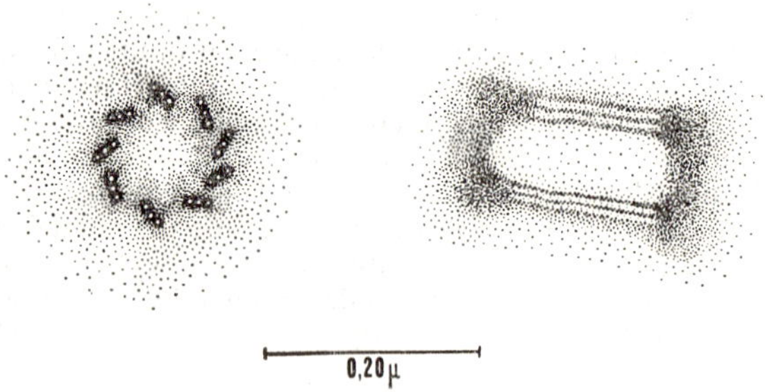

FIG. 172 — ULTRASTRUCTURE DES CENTRIOLES DE MÉTAZOAIRES.

À gauche, coupe transversale; à droite, coupe longitudinale (d'après Bernhard et de Harven).

de la paroi atteint 300 Å. Cette paroi est hétérogène et, dans les grains basaux des cils des Lamellibranches ou d'Amphibiens, montre des canaux qui, comme nombre et comme taille, correspondent aux neuf filaments ciliaires (cf. plus bas).

De Harven et Bernhard (1956) ont retrouvé cette structure dans les centrioles de la cellule au repos ou en division de divers Vertébrés, les neuf canaux présentant une disposition que nous reverrons plus bas *(fig. 172)*.

Comme l'a pensé Brown, à propos de ceux des Eugléniens, chaque canal paraît être l'origine d'un des filaments protéiques constituant l'appareil contractile des flagelles ou des cils. Les relations avec les fibres astériennes ou fusoriales apparaissent beaucoup moins nettes : celles-ci, en effet ne sont jamais en contact direct avec les centrioles.

L'ultrastructure des cils et flagelles a été assez facilement étudiée au microscope électronique, ces organes étant relativement perméables aux électrons. Manton et Clarke, étudiant sur frottis un matériel végétal (1952), examinant divers matériaux animaux, sur coupes, ont établi que chaque cil ou flagelle est un cylindre cytoplasmique soutenu par des fibres dont le nombre et la disposition sont partout les mêmes : un cercle de neuf, souvent doubles, entourant deux fibres axiales placées côte à côte. Cette structure d'ensemble a été reconnue générale, s'appliquant à toutes les formations analogues, sauf aux cils bactériens beaucoup plus simples.

Récemment cependant, l'utilisation de hautes résolutions obtenues grâce à des fixations et colorations accentuant les contrastes, a fait ressortir de nouveaux détails (1959-1960).

Afzelius, Gibbons et Grimstone, André, sur matériaux divers : spermies, cellules ciliées de Mammifères, fouets de divers Flagellés, cils de *Stentor*, etc. ont reconnu que toutes ces structures sont assymétriques et montrent les indices d'une spiralisation, généralement peu accusée *(fig. 173)*.

Si l'on considère d'abord les 9 + 2 fibres, ces deux dernières sont toujours isolées l'une de l'autre, mais réunies, sur la coupe, par deux commissures en anse de panier, dessinant, par leur ensemble, une gaine centrale.

Les fibres externes sont des « doublets », les deux sous-fibres constituantes étant unies en une « figure en 8 » dont le plan axial n'est pas exactement tangent au cercle des 9 fibres, mais forme avec la vraie tangente un angle, peu accusé le long du flagelle, atteignant par contre 40° au niveau du grain basal sousjacent.

Les deux sous-fibres sont inégales : la plus rapprochée du centre étant la plus petite. Elle émet des « bras » relativement épais et de direction variée selon le cas.

Dans certains flagelles de spermies, ces bras unissent chaque doublet à une grosse fibre, la côte, qui fait partie d'un second cercle de neuf, plus externe *(fig. 174, B)*.

En outre, entre chaque doublet et la gaine centrale, il existe des « rayons » d'union, passant chacun, dans leur région moyenne, par une fibre secondaire.

En suivant le flagelle jusqu'au grain basal, les fibres axiales disparaissent brusquement, au niveau d'une sorte de cloison transversale. Les doublets continuent, perdent

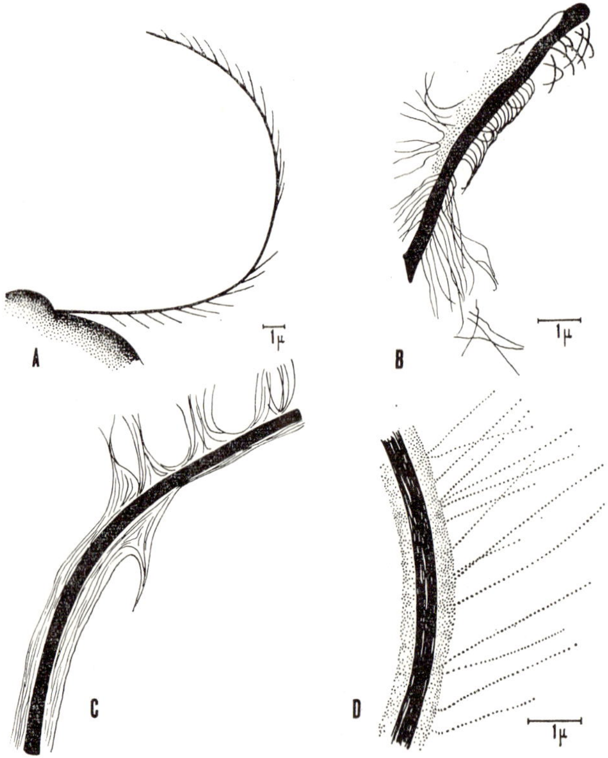

FIG. 173 — FLAGELLES AVEC MASTIGONÈMES.

A et B flagelles d'Euglènes; A, d'après G. Deflandre : préparation à la nigrosine; B, d'après Pitelka, microscopie électronique; noter la différence des grossissements entre A et B; C, flagelle d'*Ochromonas,* au M.E. : partie inférieure sans mastigonèmes, supérieure, avec ces éléments apparaissant par dissociation vraisemblable de l'écorce du flagelle (original); D, *Euglena gracilis,* les mastigonèmes résultent de la décomposition de la partie externe du flagelle, d'après Chen. Toutes ces figures proviennent de frottis qui n'ont pas séparé les constituants du flagelle.

leurs bras et deviennent « triplets » : l'angle du plan des trois sous-fibres s'accroît comme il a été indiqué plus haut, et l'ensemble donne, sur coupe, l'image d'un rotor de turbine *(fig. 175)*.

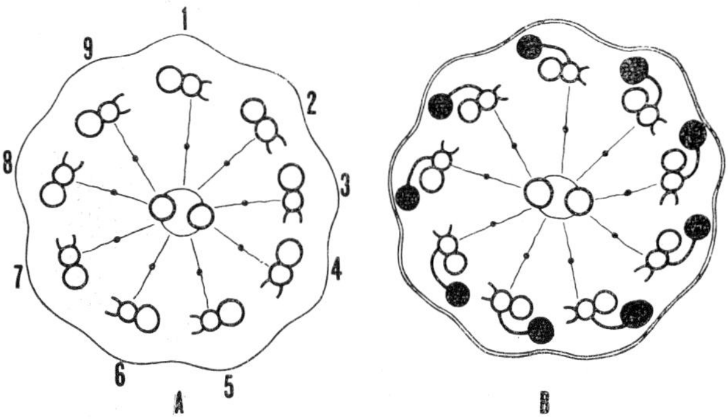

FIG. 174 — COUPES TRANSVERSALES EXTRAFINES DE FLAGELLES EXAMINÉES À HAUTE RÉSOLUTION.

Deux flagelles de spermices. A, Oursin, simplifié d'après Afzelius; B, Papillon, simplifié d'après André (× 50 000).

Dans l'axe de ce qui correspond ainsi au cinétosome, les ultrastructures semblent moins constantes : parfois l'espace central est vide, parfois il présente un axe tubulaire grêle, autour duquel rayonnent neuf « rayons de roue », parfois enfin il est rempli de sphères denses, sans liens mutuels nets.

Tout cela est donc d'une grande complexité.

L'étude chimique semble avoir montré que toutes les fibres sont faites d'une protéine voisine de la myosine et possèdent comme elle la propriété de décomposer l'A.T.P.

Extraites par la glycérine, ces fibres gardent la propriété de se contracter, comme le font les fibres musculaires, quand elles sont placées dans une solution très étendue d'A.T.P. La contraction est du reste un peu différente de celle des fibres musculaires : elle se montre rythmique, ce qui ne se produit jamais pour le muscle. Autre différence : chimiquement, il n'a pas été décelé d'actine dans les cils ou flagelles. Cette protéine est toujours associée à la

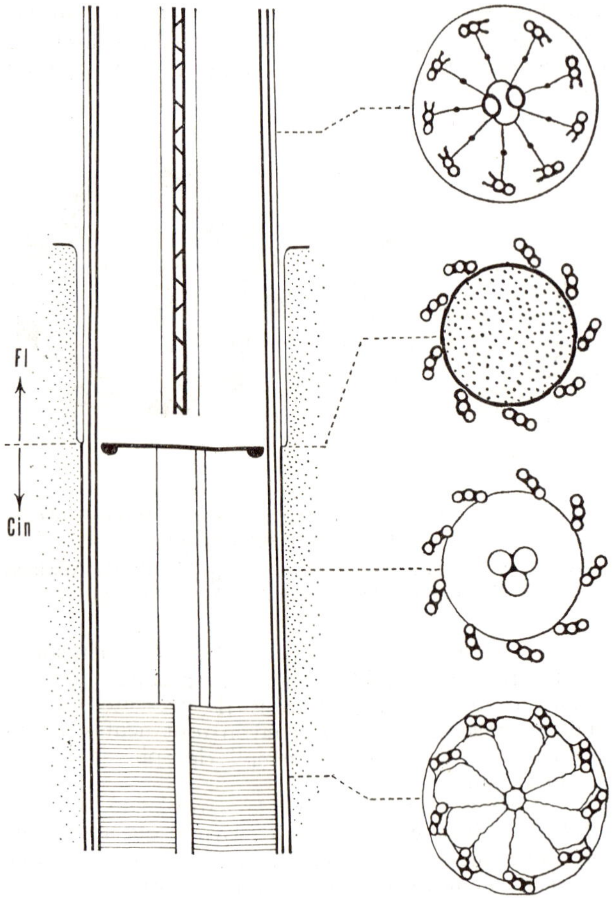

FIG. 175 — COUPE LONGITUDINALE DE LA BASE D'UN FLAGELLE DE *Spirotrichonympha.*

En haut le flagelle typique, avec la coupe transversale correspondante. Il est inséré dans une sorte de puits, en dessous duquel commence le cinétosome ici très-long et dont l'ultrastructure varie: trois niveaux en sont figurés en coupe transversale à droite, (d'après Gibbons et Grimstone).

myosine dans le muscle et joue un rôle essentiel dans la contraction.

Il est cependant possible qu'il s'agisse seulement d'une lacune de nos connaissances : en coupe longitudinale, les « fibres secondaires » montreraient, pour André (1960), une structure périodique assez comparable à celle de l'actine.

Notons, en outre, que rien de précis n'est connu sur le mécanisme de détail de la flexion du cil ou de la vibration du flagelle : certaines fibrilles doivent être conductrices, d'autres élastiques, ou contractiles, sans que l'on puisse reconnaître celles auxquelles ces qualificatifs s'appliquent.

Certains flagelles de Protistes, étudiés au microscope ordinaire, après utilisation d'une technique ancienne due à Löffler (1889), montrent, tantôt des franges de filaments latéraux, insérés selon une ou deux génératrices du cylindre flagellaire, tantôt un filament terminal de faible diamètre. Ces formations décrites par Fischer (1894), par Petersen (1929) ont été revues par Deflandre (1934) qui les a dénommées mastigonèmes et a montré leur intérêt en tant que caractère systématique *(fig. 175)*.

Le microscope électronique a permis de les retrouver, mais jusqu'alors uniquement sur frottis. Très fins, puisqu'ils ne dépassent pas en diamètre 150 Å, ils sont fort longs. Il semble que les bonnes techniques de fixation ne les donnent pas régulièrement : ce seraient des artefacts dus à un éclatement de la région cytoplasmique entourant les fibres, ou de la membrane flagellaire.

Manton, Pitelka, les ont mis en évidence sur divers matériaux, en particulier sur les Chrysomonadines. Ces mastigonèmes ont pourtant été vus au moins une fois sur le vif par Vlk sur un organisme à très gros flagelle, mais qu'il n'a pas su déterminer avec exactitude, et que l'on n'a pas retrouvé. Il subsiste donc un doute sur la vraie nature des « mastigonèmes », ce qui ne touche du reste pas leur intérêt en tant que caractère de détermination.

MOUVEMENT DES CILS ET DES FLAGELLES

Notons tout d'abord qu'il est en grande partie indépendant de l'état de la cellule ; après fragmentation d'un Cilié ou d'une cellule vibratile, les cils continuent à battre.

Mais il faut que la cinétide soit intacte : si l'on sépare la pièce terminale du cil de son cinétosome, tout mouvement cesse (Nussbaum, 1887; Engelmann, 1880; Verworn, 1891; et bien d'autres).

La fibre radiculaire peut, par contre, être altérée sans modification du mouvement (Peter, 1898). Dans une cinétide de Cilié, la section des cinétodesmes n'arrête pas le battement, mais supprime la régularité du rythme.

Cependant, Zollinger, étudiant récemment les signes de la mort cellulaire dans diverses cellules somatiques, montre que la mort nucléaire, reconnaissable à une « transformation brillante » de l'organite, provoque, dans les cellules ciliées des Métazoaires, l'arrêt progressif du battement (1948).

La contradiction avec les expériences précédentes reste à expliquer.

En ce qui concerne le flagelle, Engelmann (1898) a indiqué que des spermatozoïdes dépourvus de noyau se meuvent aussi bien que les autres. On a sectionné des spermies de Grenouille en arrière du noyau : l'élément continue à se mouvoir si la pièce intermédiaire est respectée, s'arrête si elle est lésée : il faut donc, là encore, que la cinétide reste intacte.

L'apparition des techniques modernes a cependant amené des constatations contradictoires : c'est ainsi que Terni (1933) utilisant la microdissection et la radio-puncture ultraviolette, a montré que, si, à un spermatozoïde de *Geotriton,* on sectionne le flagelle en un endroit quelconque, les deux fragments continuent à vibrer. La membrane ondulante de cette spermie peut être détachée du flagelle sur une certaine longueur : le mouvement cesse à ce niveau, mais continue en deçà et au-delà. Si l'on irradie le bord de la membrane ondulante, le mouvement cesse seulement au point irradié. Il semble à l'auteur que la seule condition du mouvement soit l'intégrité de l'insertion longitudinale de la membrane ondulante sur l'axe flagellaire.

Le détail du mouvement ciliaire s'étudie sans peine grâce à la stroboscopie. On sait depuis Verworn que le long d'une ligne ciliaire, tous les cils battent de la même façon, chacun commençant son battement avec un léger retard par rapport à celui du cil précédent : il y a ainsi *métachronisme*.

Entre deux rangées parallèles, les cils qui sont à un même niveau sont *synchrones*. Cela est la règle : mais il existe beaucoup d'exceptions, en particulier chez les Ciliés Astomes où le métachronisme est souvent plus rapide dans certaines cinéties que dans d'autres : les ondes ciliaires observées à plat peuvent ainsi dessiner des cercles irréguliers.

Le mouvement de chaque cil est cependant relativement simple, car c'est une suite de flexions et de redressements dans un même plan.

Le cil, structure presque symétrique, s'abaisse en pivotant autour de sa base, sans plier (mouvement pendulaire), dans le plan perpendiculaire à celui que définissent les deux fibres centrales de l'axe, et il se redresse ensuite par un mouvement en crochet, c'est-à-dire que l'angle, presque droit, formé par sa racine et son corps ployé, semble glisser progressivement jusqu'à son extrémité libre.

Il n'en est pas de même des mouvements des flagelles, organites à structures plus asymétriques. Ils ont été analysés par Bütschli (1883) qui les a assimilés au mouvement d'une hélice ou d'un tire-bouchon. Delage a critiqué cette conception (1896) qui n'aurait de sens que si le flagelle tournait au niveau de son insertion, alors qu'il y reste fixe. De l'analyse à laquelle il se livre alors, il ressort que le mouvement devrait être une *translation conique*, vissant l'organisme dans l'eau, et ayant comme réaction un mouvement de rotation du Flagellé en sens inverse de celui du flagelle.

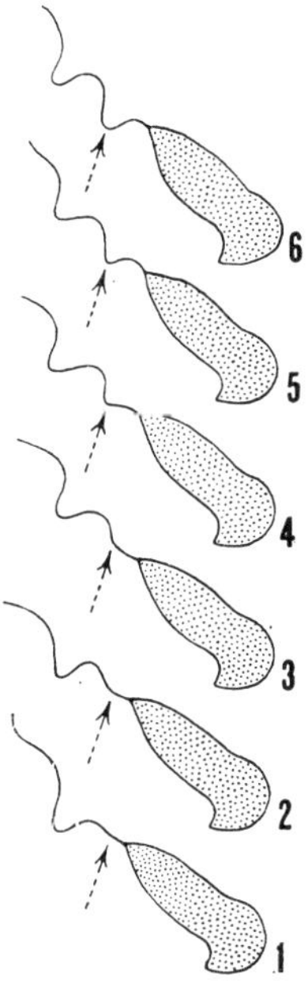

FIG. 176 — MOUVEMENT FLAGELLAIRE CHEZ *Peranema*.

Images successives montrant la progression de l'onde flagellaire (d'après un film de Lowndes).

Cependant, quand on examine directement des Flagellés à mouvement relativement lent, on ne voit pas le flagelle décrire le moindre cône, mais on distingue fréquemment des ondes parcourant le flagelle, soit selon toute sa longueur, soit seulement aux environs de son extrémité : on a donc cherché à expliquer le mouvement à l'aide de ces ondes.

Gray (1931) a admis deux possibilités, selon qu'il s'agit d'un tractelle ou d'un pulselle : dans le premier cas, le plus fréquent chez les Flagellés, les ondes partiraient de la pointe du flagelle, en se rapprochant de sa base : comme elles entraînent avec elles les filets d'eau en contact, il en résulterait une composante vers l'avant. Elles ne se déplacent pas dans un plan, mais selon une hélice, et par réaction, provoquent une rotation de l'organisme autour de son axe.

Le fonctionnement des pulselles serait exactement l'inverse de celui-ci, les ondes partant de l'organisme vers l'extrémité du flagelle.

Cette théorie très simple a été généralement admise. Mais à partir de 1941, Lowndes, utilisant la cinématographie à grande vitesse, a constaté l'inexactitude de ces prémisses : toutes les ondes flagellaires, sans exception, partent du point d'insertion flagellaire, qui vibre *(fig. 176)*.

Le fonctionnement du tractelle est donc inexplicable par la théorie de Gray. Lowndes constate en outre que les ondes parcourant le flagelle augmentent de vitesse et d'amplitude à partir de leur point de départ, ce qui implique un rôle actif, et non passif, du flagelle.

La vitesse moyenne de translation de l'onde le long du flagelle varie selon les divers Flagellés : elle est comprise entre 200 et 500 μ à la seconde, ce qui est très peu par

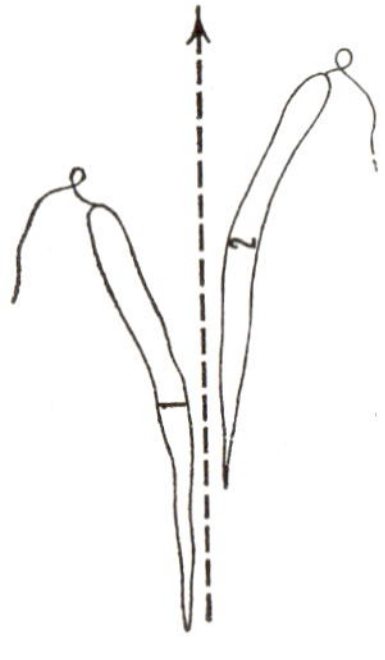

FIG. 177 — PROGRESSION D'*Euglena acus*.

Deux positions successives d'*Euglena acus*, en progression; giration du corps fléchi à sa partie antérieure; position du flagelle qui, rejeté vers l'arrière, semble fonctionner en pulselle, (d'après Lowndes).

rapport à la propagation d'une impulsion nerveuse dans un nerf humain, où elle est sensiblement d'une centaine de mètres.

Lowndes en induit qu'il doit s'agir ici d'une réaction chimique, se transmettant de molécule à molécule. Chez une Euglène, il se produit ainsi sensiblement une dizaine d'ondes à la seconde. Cherchant à comprendre l'effet produit par ces ondes, en décomposant les forces agissant sur le fouet, il admet que cet effet est double : il provoque à la fois une rotation du Protiste sur son axe de progression, et une giration, c'est-à-dire un déplacement selon un cercle centré par l'axe.

Mais pourquoi le Protiste avance-t-il ? L'explication est ici délicate et malaisée : il semble que l'auteur reprenne l'idée de la translation conique de Delage, qu'il ne cite pas, du reste, en l'appliquant, non au flagelle mais au corps tout entier. Il construit en effet un modèle simple constitué par une baguette fixée obliquement par une extrémité à la pointe d'un axe en rotation. Il constate un appel d'air dirigé à l'intérieur du cône formé, et vers sa pointe : le simple fait de la giration et de la rotation pour un corps plus ou moins allongé crée ainsi une composante dirigée vers l'avant, donc tractrice. Mais il peut y avoir aussi d'autres mécanismes adjuvants.

Chez les Eugléniens, en effet, le flagelle n'est jamais étendu en totalité vers l'avant : sa plus grande partie est repliée vers l'arrière; il agit donc indirectement comme pulselle *(fig. 177)*.

Mais il se présente de grosses différences entre organismes, selon qu'ils ont un ou plusieurs flagelles, selon le point d'insertion de ces organites. Il y a aussi de grosses différences de vitesse, comprises entre deux fois la longueur du corps à la seconde, et une quarantaine de fois.

Mais toujours, il y a à la fois rotation et giration, et ces mouvements procurent une composante axiale dirigée vers l'avant, et à laquelle s'ajoute, accessoirement, dans le cas de la nage rapide, le reploiement des flagelles vers l'arrière. La trajectoire de l'organite est toujours une spire hélicoïdale plus ou moins régulière.

Telle est la théorie de Lowndes : elle a le mérite de corriger celle de Gray. Il est possible qu'elle explique la nage libre des Flagellés. Elle n'est cependant pas universelle : quand un Protiste évolue à proximité d'un substratum, il est fréquent qu'il ne manifeste ni rotation, ni giration, alors que son tractelle peut être complètement étendu vers l'avant. Il semble qu'elle ne tienne pas compte d'un fait qu'elle a pourtant mis en avant : l'augmentation de vitesse et d'amplitude des ondes flagellaires à partir de leur point de départ.

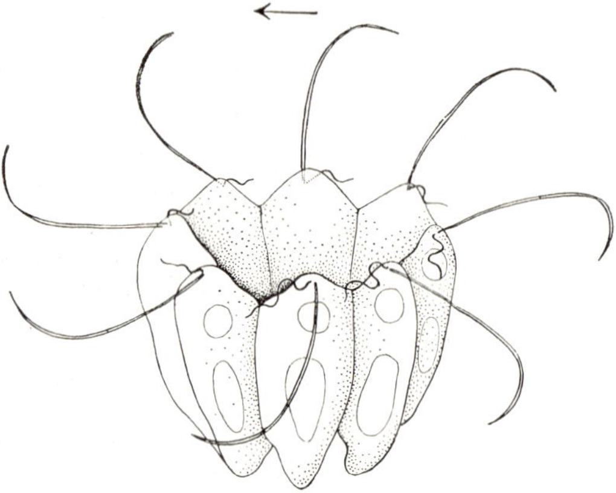

FIG. 178 — PETITE COLONIE DE *Cyclonexis annularis* EN MOUVEMENT.

L'anneau tourne, sollicité par le mouvement de ses petits pulselles dirigés tangentiellement du cercle; il progresse, ses grands flagelles immobiles formant une hélice multipale (simplifié, d'après Hovasse).

Il est possible que, rien que, de ce fait, la série d'impulsions qui se propage ainsi vers l'avant possède un effet tracteur, indépendant de toute giration.

Les ondes se succèdent en effet avec un certain intervalle : l'eau qu'elles entraînent à leur contact, tend, en vertu de son inertie, à avancer d'une manière continue.

La cinématographie en milieu trouble, permettant de saisir le déplacement des filets d'eau, permettrait de comprendre exactement ce qui se passe.

Il y a certainement d'autres possibilités de déplacement par flagelles. Signalons un cas particulier que nous avons nous-même étudié (1949), celui d'une colonie de Chrysomonadines, *Cyclonexis annularis,* chez laquelle les divers individus sont accolés latéralement les uns aux autres, constituant un anneau creux.

Chacun possède deux flagelles : l'un court, est dirigé tangentiellement à l'anneau et extérieurement à lui; il bat énergiquement, en pulselle, en déterminant la rotation. Quant au second flagelle, il est maintenu radialement immobile, son extrémité légèrement repliée vers l'arrière, tandis que sa région concave est sous-tendue par une lame mucilagineuse qui doit être sa gaine aplatie.

Ces grands flagelles semblent jouer comme des pales d'hélice, créant une composante tractrice *(fig. 178)*.

CYTOPLASME ET NOYAU — LEURS RELATIONS MUTUELLES

Les divers organites de la cellule étant maintenant connus, il convient de chercher à nous rendre compte, d'une manière plus synthétique, du rôle des constituants essentiels du protoplasme.

A vrai dire, cet essai est tenté depuis très longtemps : il l'a été avant même que l'on ait connu sérieusement noyau et cytoplasme : on a cherché à établir leur rôle respectif dans la vie cellulaire par des expériences simples dont l'intérêt est encore indéniable, mais dont les résultats se comprennent parfois aujourd'hui mieux qu'à l'époque où elles ont été accomplies.

EXPÉRIENCES DE MÉROTOMIE

Ce sont les premières qui aient été tentées : elles ont consisté à effectuer sur les cellules de véritables vivisections, et à étudier ensuite les éléments opérés en les comparant à d'autres restés intacts. Si l'on dispose de cellules suffisamment grandes pour que l'opération puisse être faite sous un microscope à petit grossissement, ces opérations de micrurgie ne présentent pas de difficulté majeure.

Avant l'ère du micromanipulateur, on s'est adressé à de gros Protistes. Eichhom semble avoir montré cette voie, dès 1783, en découpant des *Actinosphaerium* en fragments. Par la suite, toute une série d'autres auteurs l'ont imité. Nussbaum (1884-1886) obtient, sur divers Infusoires, des fragments anucléés, et les compare avec d'autres de même taille, mais qui ont conservé leur noyau : ces derniers régénèrent une cellule complète et continuent à se diviser, tandis que les fragments anucléés périssent infailliblement au bout de quelque temps.

Gruber (1885) confirme ces faits et croit établir ainsi que le noyau est l'élément le plus essentiel de la cellule, celui dont dépend sa conservation.

Ce point de vue est critiqué par Verworn (1888-1891) à la suite d'expériences sur les Thalassicoles : il parvient à isoler leurs gros noyaux et montre qu'ils périssent toujours sans la moindre régénération du cytoplasme. Il n'y a donc aucune raison d'attacher plus d'importance au noyau qu'au reste du protoplasme. Il tente alors la mérotomie de *Lacrymaria olor,* gros Cilié lagéniforme, à long cou, très contractile, dont le noyau est massif, situé dans la partie renflée. Il découpe l'organisme en fragments, représentant le cou, la région buccale, le tronc nucléé et la région postérieure. La section excite les mouvements de toutes ces parties et les fragments se

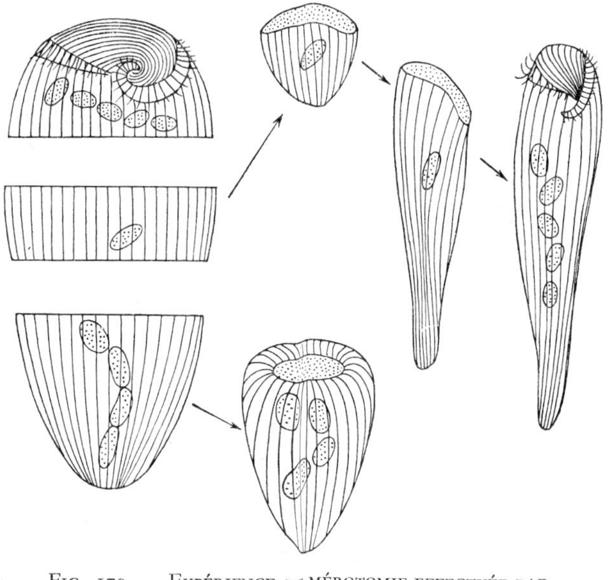

FIG. 179 — EXPÉRIENCE DE MÉROTOMIE EFFECTUÉE PAR BALBIANI SUR *Stentor.*

Le Cilié a été coupé en trois fragments nucléés; le plus petit, qui ne dispose que d'un lobe nucléaire, reconstitue la forme aussi bien que les deux autres.

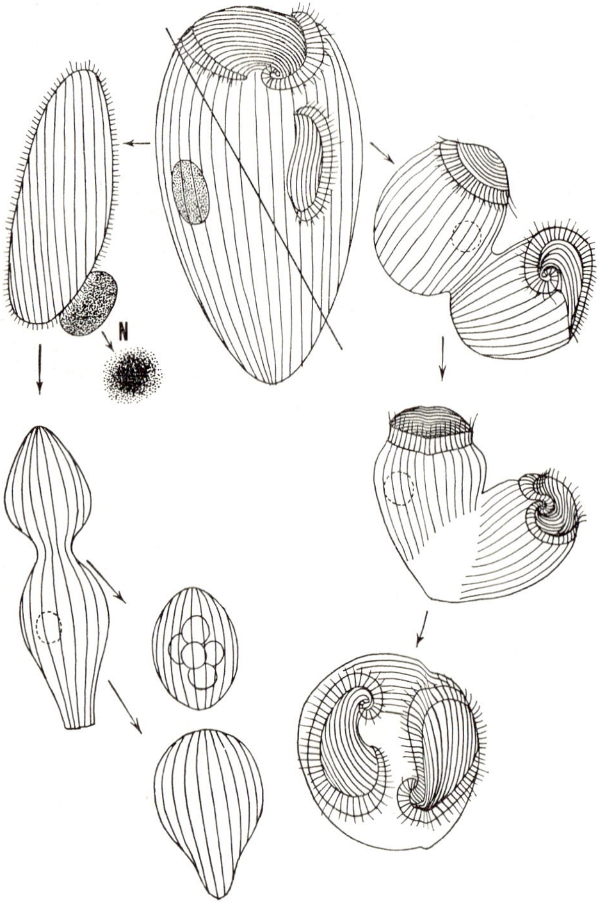

Fig. 180 — Mérotomie effectuée en cours de division.

Autre expérience de Balbiani, mais effectuée pendant la prédivision; le *Mn* est condensé en une seule masse qui s'est éliminée d'elle-même après la section; aucun fragment n'est resté nucléé; néanmoins, chacun achève la division commencée, puis périt sans restitution d'une forme régulière.

déplacent plus vite que l'entier, continuant leurs mouvements d'étirement et de contraction, exactement comme sur l'individu intact. C'est seulement à partir d'une dizaine d'heures que l'on voit s'établir une différence très nette entre le fragment nucléé et les autres : ceux-ci se meuvent de moins en moins, puis s'arrêtent, tandis que celui-là continue à vivre et régénère la forme.

Verworn conclut : isolément, ni le cytoplasme, ni le noyau, ne jouent un rôle que l'on puisse dire principal : tous les deux sont indispensables à l'accomplissement des phénomènes vitaux.

Les recherches de Balbiani, entreprises en France à la même époque (1888-1893) sur de nombreux Ciliés, et surtout sur *Stentor coeruleus,* ont conduit aux mêmes conclusions, mais montré, en outre, que les fragments anucléés cicatrisent mal, ou pas du tout, leurs plaies *(fig 179* et *fig 180).*

Ils ne régénèrent aucun organite perdu (bouche, vacuole pulsatile, etc.); s'ils continuent bien à ingérer des aliments, ils ne les digèrent plus.

Telles sont les conclusions tirées à l'époque. Ces recherches, très minutieuses, montrent cependant davantage : si nous considérons par exemple l'expérience de Balbiani résumée par notre figure 179, elle indique que, sur un *Stentor* opéré en prédivision, et dont les deux tomites sont anucléés, la division cytoplasmique peut parfaitement s'achever sur chacun d'eux. Le nouveau péristome et la nouvelle bouche, ébauchés seulement, peuvent aussi se compléter et devenir identiques à l'ancien péristome et à l'ancienne bouche. *Les différenciations commencées peuvent donc s'achever.* Ce fait fondamental est démontré ici, aussi clairement qu'il le sera, mais cinquante ans plus tard, par Hämmerling.

Verworn retrouve des faits analogues chez les Foraminifères : une *Polystomella* dépourvue de noyau continue à émettre des pseudopodes, à capturer des proies, elle les tue encore, mais ne les digère plus; elle ne répare plus sa carapace calcaire, tandis que les fragments nucléés le font très vite.

Chez les Végétaux, Klebs (1887) plasmolyse des cellules d'Algues filamenteuses, *Zygnema* ou *Spirogyra :* il lui arrive que la masse protoplasmique se scinde en deux ou trois fragments dont un seul contient le noyau. Tous restent en vie jusqu'à cinq ou six semaines, mais tandis que ceux qui sont nucléés s'entourent d'une nouvelle membrane de cellulose, les fragments anucléés restent nus.

Gerassimoff a confirmé ces faits par d'autres expériences faites aussi sur les Spirogyres : refroidissant énergiquement un filament dont les cellules sont en division nucléaire, celle-ci s'arrête, tandis que le cloisonnement cytoplasmique se poursuit : il obtient ainsi des cellules anucléées, et d'autres qui ont un noyau double du précédent. Ces dernières continuent à vivre tandis que les premières finissent par mourir sans s'être accrues.

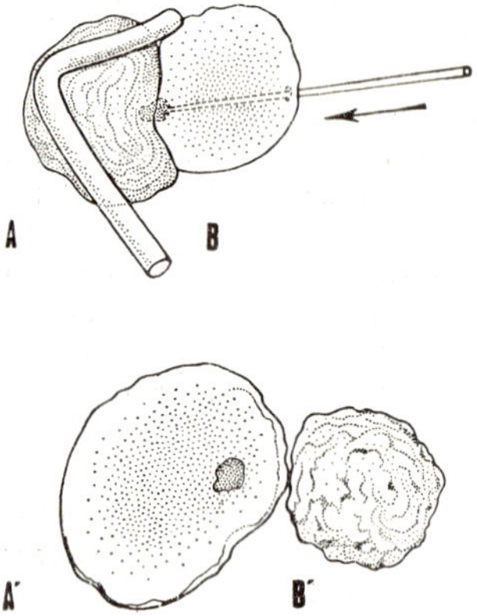

FIG. 181 — EXPÉRIENCE DE GREFFE NUCLÉAIRE CHEZ UNE AMIBE, *A. sphaeronucleus.*

L'individu A, préalablement privé de noyau, a pris un aspect ridé caractéristique; maintenu par un crochet de verre, on lui inocule le noyau de B, en le poussant à l'aide d'une micro-aiguille; A reprend alors son aspect normal en A', tandis que B, dénucléé, prend l'aspect ridé en B', (d'après Comandon et Fonbrune).

Tous ces faits anciens montrent nettement l'interdépendance du noyau et du cytoplasme. Deux séries d'expériences modernes, particulièrement intéressantes, les ont confirmées, marquant une reprise des recherches de mérotomie dans des buts plus précis qu'autrefois et conduisant à une analyse meilleure des relations nucléo-cytoplasmiques.

L'une est particulièrement spectaculaire et montre bien toute l'amélioration des techniques expérimentales *(fig. 181)*.

Comandon et Fonbrune enlèvent au micromanipulateur le noyau d'une Amibe, puis lui en regreffent un autre. Chez *Amoeba spheronucleus,* l'opération est relativement facile, à condition que le noyau que l'on déplace ne soit pas au contact du milieu; la cellule anucléée prend un aspect particulier : corps sphérique, immobile, surface irrégulièrement plissotée, hérissée de courts pseudopodes. Elle cesse de se nourrir, mais peut demeurer vivante pendant près de deux semaines. Pourvue d'un noyau nouveau, moins de six jours après l'énucléation, tous ces symptômes disparaissent et l'Amibe redevient normale, parvenant à croître et à se diviser. Si l'opération de la greffe est faite après un délai de six jours ou plus, le noyau réintroduit n'a plus d'action.

Il se produit donc dans le cytoplasme des changements irréversibles. La même méthode a été reprise par Danielli et ses collaborateurs (1955) qui ont réalisé des échanges croisés de noyaux entre deux espèces distinctes, *A. proteus* et *A. discoides*. Ils obtiennent ainsi des sortes d'hybrides, intermédiaires par exemple dans le mode de locomotion et qui montrent ainsi que noyau et cytoplasme ont l'un et l'autre une influence importante dans la vie de l'organisme composite.

La seconde série d'expériences est une longue suite de recherches dont Hämmerling a été l'initiateur (1931) et qui ont été poursuivies par de nombreux autres savants. Elles ont porté et portent encore sur de petites Algues, fréquentes en Méditerranée, les *Acetabularia*.

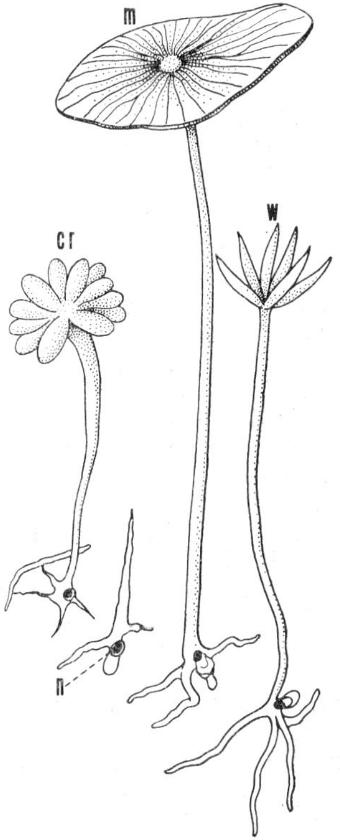

FIG. 182 — LES TROIS ESPÈCES D'*Acetabularia* UTILISÉES PAR HÄMMERLING.

cr, crenulata; m, mediterranea; w, Wettsteini. Les noyaux sont indiqués schématiquement dans les rhizoïdes (sensiblement × 2,5).

La forme en parasol d'*A. mediterranea* est classique *(fig. 182)*; deux autres espèces voisines, *A. wettsteini* et *A. crenulata* ont été aussi utilisées. Ces Algues, qui mesurent jusqu'à cinq centimètres de long, ne sont constituées, au cours de leur vie végétative, que par une seule cellule. Pendant plusieurs mois, elles n'ont ainsi qu'un unique noyau, régulièrement situé dans l'un des courts rhizoïdes qui fixent l'organisme sur le sol.

Au-dessus, s'élève une petite tige cylindrique que termine un chapeau. Celui d'*A. mediterranea* est discoïde, les deux autres sont digités et plus petits.

Si on les enlève, l'Algue nucléée régénère son chapeau ou ses rhizoïdes. Il est relativement facile de l'énucléer, le noyau étant bien visible car il mesure jusqu'à 700 μ de diamètre. Il suffit de sectionner le rhizoïde qui le contient : la blessure cicatrise sans difficulté.

L'Algue opérée, maintenue à la lumière, continue à vivre pendant plusieurs mois. Ni la respiration, ni l'assimilation chlorophyllienne ne sont donc affectées par l'absence du noyau. Par contre, les processus de régénération changent complètement d'aspect. L'ablation d'une partie du chapeau ou des rhizoïdes est suivie sans délai d'un début de restitution, mais qui s'arrête assez vite avant d'être complet. Si alors on regreffe un fragment nucléé sur l'individu opéré, la régénération reprend, après un certain délai, puis se termine normalement.

Mais, si le noyau greffé provient d'une autre espèce, le régénérat présente le type de cette espèce.

La régénération est donc conditionnée par des substances issues du noyau, et les délais observés dans les expériences s'expliquent par la lenteur de leur diffusion dans le cytoplasme. Ces substances sont spécifiques : si deux bases, par exemple, de *crenulata* et de *wettsteini,* sont greffées l'une sur l'autre, la tige et le chapeau obtenus sont intermédiaires entre ceux des deux espèces. On a ainsi réalisé un hybride cellulaire, identique à un hybride sexué. A la suite de nombreuses expériences, il a été conclu que les substances émanant du noyau semblent être des « précurseurs » qui se compléteraient, se multiplieraient dans le cytoplasme et permettraient ensuite la morphogenèse de régénération.

Une certaine quantité pourrait y être stockée. Il est d'autre part certain que les acides nucléiques et probablement surtout l'A.R.N. jouent un rôle dans le phénomène, car leur blocage par la trypaflavine arrête toute régénération.

On a repris de même des recherches sur le *Stentor*. En particulier Tartar (1953-1956), Weisz (1948-1956) ont étudié la régénération avec des greffes et des transplantations nucléaires variées.

Le second auteur a pu montrer que les divers lobes du macronoyau ne sont pas strictement équivalents. Tous deux ont mis en évidence le rôle des acides nucléiques : leur blocage par l'acriflavine arrête toute régénération.

Il nous faut remarquer, à propos du *Stentor* comme des autres Infusoires Ciliés, qu'ils apportent au cytologiste un matériel extrêmement remarquable mais très particulier. Le matériel nucléaire de la cellule se trouve en effet séparé ici sur deux types de noyaux morphologiquement distincts, le micro- et le macronoyau (*mn* et *Mn*). Le matériel héréditaire, porté par les chromosomes et que l'on désigne parfois comme idiochromatine, est entièrement contenu dans le *mn*, tandis que le *Mn*, dépourvu semble-t-il de vrais chromosomes, est le réservoir de la trophochromatine, autre type de chromatine dont le rôle est purement trophique.

Les deux noyaux renferment de l'A.D.N. Le *mn* est densément Feulgen +, tandis que le *Mn* renferme de nombreux grains colorables au Feulgen et des sortes de nucléoles qui ne le sont pas. Il y a aussi de l'A.R.N. dans les deux. Le vert de méthyle ou le Feulgen les colorent tous deux, mais plus intensément le *mn*.

A la suite de la conjugaison, mode sexué de reproduction des Ciliés, on peut observer la formation du *Mn* aux dépens d'un *mn* qui se gonfle, mais dont les chromosomes disparaissent après des transformations mal connues, rappelant parfois une prophase méiotique, et qui se continuent par une série d'endomitoses.

Quoi qu'il en soit, le *Mn* est fortement polyploïde, ainsi que permet de le reconnaître le dosage optique de son A.D.N. C'est par son intermédiaire que sont déterminés les caractères spécifiques, qu'est contrôlée la régénération et tout le fonctionnement cellulaire.

Un Cilié ne peut vivre longtemps sans *Mn*, et il ne peut se reproduire, alors que la vie sans *mn* paraît tout à fait normale. Il y a des races sans *mn :* on a pu suivre leur reproduction par scissiparité pendant des centaines de générations. Seule, la conjugaison, phénomène sexuel, se montre impossible et létale en l'absence de *mn*.

Le *mn* est ainsi le conservateur des propriétés héréditaires, mais celles-ci ne peuvent se manifester sans l'intermédiaire d'un *Mn,* qui a reçu, à partir de sa formation, et, semble-t-il une fois pour toutes, une impulsion trophique irréversible, essentielle et transmissible. On manque de données chimiques précises sur ce problème, mais il est possible qu'il existe une différence entre l'A.D.N. du *mn* et celui du *Mn*. Nous avons reconnu, par l'étude d'autres organismes que les Ciliés, l'existence d'A.D.N. initiateur, et d'A.R.N. réalisateur. Il semble y avoir ici un autre stade, peut-être une forme d'A.D.N. moins polymérisée que celle des chromosomes, et plus voisine de la forme active réalisatrice de l'A.R.N., à moins qu'il ne s'agisse que d'une conséquence de la polyploïdisation.

Notons encore qu'il n'y a jamais de vrai nucléole dans le micronoyau, alors qu'ils abondent dans le *Mn,* où, ainsi que l'a montré Vivier (1959), ils présentent d'importantes modifications en fonction de l'alimentation. Puisque le nucléole constitue une sorte d'intermédiaire entre l'A.D.N. du noyau et les fonctions cytoplasmiques, on comprend l'isolement de la chromatine du *mn,* alors que rien de pareil n'existe pour celle du *Mn*.

DES EXPÉRIENCES DE MÉROTOMIE A L'ÉTUDE DE LA PHYSIOLOGIE CELLULAIRE

Si les premières expériences de mérotomie n'avaient conduit qu'à des résultats imprécis, elles ont cependant suscité des recherches de physiologie d'un intérêt considérable.

Jacques Lœb, interprétant l'absence de régénération des fragments anucléés comme liée à un abaissement du pouvoir oxydant de la cellule par disparition du noyau, a admis que *le noyau serait le centre des oxydations cellulaires.*

Cette hypothèse a tout d'abord semblé confirmée, en particulier par les travaux de Lillie qui pensait que l'indophénoloxydase (cytochrome-oxydase) est localisée dans le noyau, puis par ceux de M. Prenant, de Brachet, de Lindahl, qui y avaient découvert des réactions peroxydasiques.

Mais ces données ont été controuvées : la cytochrome-oxydase est en réalité surtout cytoplasmique, et ce sont uniquement les noyaux agoniques qui renferment des peroxydases.

La question a été tranchée par une nouvelle expérience de mérotomie, réalisée à l'aide d'une technique nouvelle et élégante, la méthode de Harvey.

La centrifugation d'œufs entiers d'*Arbacia* permet de séparer ces œufs en deux moitiés. Shapiro montre alors que de ces deux moitiés, l'une, légère, renferme des graisses, le noyau, le hyaloplasme et une partie des mitochondries associées à la partie la moins dense du vitellus. L'autre, lourde, renferme la majorité des mitochondries avec le reste du vitellus, et un pigment rouge : l'échinochrome. Il mesure alors le métabolisme de ces deux moitiés et obtient un résultat parfaitement net : la respiration est surtout active dans les fragments dépourvus de noyau. Le problème creusé de plus près explique le résultat : la majorité des enzymes respiratoires se trouve dans le chondriome entraîné avec la partie lourde.

Cependant cette expérience ne séparait pas totalement le noyau du cytoplasme. Aussi a-t-on tenté de la préciser davantage. Brachet (1937 à 1939) a séparé mécaniquement, chez l'œuf de Grenouille, le noyau du cytoplasme, et recherché dans les noyaux ainsi isolés, les enzymes respiratoires : ils y font pratiquement défaut. La mesure directe de la respiration des noyaux a pu être réalisée ensuite également sur des noyaux isolés d'œufs de Triton; elle donne un résultat net : l'intensité de la respiration dans le noyau est en dessous du 2/100e de la respiration totale de la cellule.

Il est cependant arrivé que l'on ait indiqué l'existence de diastases respiratoires dans certains noyaux (Dounce, Lazarow, etc.).

Il est toujours possible de se demander s'il ne s'agit pas d'erreurs : incontestablement, c'est le chondriome et non le noyau qui est le centre respiratoire cellulaire, et la thèse de Lœb n'a plus qu'un intérêt historique. On peut seulement remarquer une intervention possible, peut-être une sorte de catalyse, par le noyau, du fonctionnement du chondriome dans la respiration.

LE NOYAU ET LA SYNTHÈSE PROTÉIQUE

Plus récemment entre 1938 et 1945, un rôle tout différent a été attribué au noyau par Caspersson, un rôle dans la synthèse protéique, à la suite d'importantes recherches conduites dans son laboratoire sur des matériaux fort divers.

Avec Landström et Hyden, il a étudié lui-même la cellule pancréatique exocrine, comparée à la cellule des îlots (1939 à 1941), puis l'hématopoièse a été suivie par Thorell, enfin le neurone examiné par Hyden (1943-1947). Partout, immédiatement avant que la synthèse soit constatée, les nucléoles augmentent de taille et la basophilie cytoplasmique s'accentue. Le neurone se comporte comme une cellule glandulaire, car Hyden démontre dans cet élément l'existence d'un important cycle secrétoire protéique : il y a toujours un gros nucléole et le cytoplasme est riche en A.R.N., par ses corps de Nissl.

Si un territoire nerveux est excité électriquement pendant un certain temps, le taux de ses protéines baisse rapidement, il remonte vite dès la fin de l'excitation. La cellule reconstitue donc ses protéines aussi vite que la cellule pancréatique.

Sur l'existence de ces synthèses, Caspersson a bâti une hypothèse dont voici l'essentiel : le noyau, au repos, renferme de l'hétérochromatine qui sécrète des histones. Celles-ci s'accumuleraient dans le nucléole, d'où elles diffuseraient vers la membrane nucléaire. A partir de celle-ci se ferait vers l'extérieur une intense production de ribonucléoprotéines, et de protéines cytoplasmiques, dont « la synthèse doit être liée, de quelque manière » aux changements de l'acide nucléique. Cette hypothèse repose sur les résultats cités plus haut, obtenus sur la constitution de l'hétérochromatine, sur celle du nucléole, sur les relations mutuelles de ces corps, d'autre part sur l'existence de gradients de concentration mesurés, pour les protéines, à partir du nucléole vers la membrane nucléaire, et au-delà.

L'hypothèse a été critiquée à l'époque, principalement par J. Brachet, qui a fait valoir la pauvreté du noyau en enzymes susceptibles de jouer un rôle dans la synthèse protéique. Dans le noyau, il n'y a effectivement pas de dipeptidases, indispensables pour souder entre eux les acides aminés et en faire des di-, puis des polypeptides (Duspiva, 1942).

Brachet insistait alors sur l'importance de l'ergastoplasme, auquel il attribuait justement cette synthèse protéique.

Les vues de Caspersson ont en partie résisté à ces critiques. Les protéines sont un dérivé de l'ergastoplasme, mais nous avons vu que l'ergastoplasme semble bien avoir une origine nucléaire : il sert de transporteur dans le sens noyau-cytoplasme.

Il est maintenant certain que les protéines ne se forment pas dans le noyau, et c'est sur ce point que la théorie doit être amendée : ne sortent du noyau que des molécules d'A.R.N. dont les relations avec l'A.D.N., fût-il hétérochromatique, sont encore à l'étude.

C'est incontestablement l'A.R.N. cytoplasmique qui contrôle la synthèse protéique : de nombreuses expériences l'ont formellement établi.

Cette synthèse est possible pendant un certain temps, même en l'absence de noyau : elle a été constatée en particulier sur *Acetabularia*.

Chez *Amoeba proteus* anucléée, il en est de même; il subsiste une synthèse protéique, tant qu'il y a de l'A.R.N. dans le cytoplasme. Quand il n'y en a plus, ce qui se reconnaît à la disparition de la basophilie, ni protéines, ni enzymes ne sont plus synthétisées.

Chez les Bactéries, il a été établi que l'irradiation ultraviolette arrête la synthèse de l'A.D.N. sans modifier celle de l'A.R.N. : elle ne touche pas la synthèse protéique.

Rappelons qu'une relation entre nucléole, chromosomes, hétérochromatine et A.R.N. cytoplasmique a pu être démontrée en 1939, chez la Drosophile par Caspersson et Schultz.

Avec le dispositif spectrophotométrique du premier auteur, ils ont comparé des œufs de formule normale XX avec d'autres anormaux XXY. L'addition de Y, chromosome hétérochromatique, augmente d'une quantité appréciable la teneur en A.R.N., non seulement du nucléole mais aussi du cytoplasme.

Des recherches plus récentes de Levenbook (1955) semblent montrer que cette augmentation de la teneur en A.R.N. serait due à un contrôle exercé par l'hétérochromatine sur la composition des nucléotides. Il y aurait plus de thymine et d'adénine dans les œufs XXY que dans les œufs XX. On a appris depuis lors que l'A.R.N. existe sous plusieurs formes, de tailles moléculaires variées et présentant des fonctions différentes. Les unes sont nucléaires et constituent un mode de liaison entre l'A.D.N. des chromosomes et l'A.R.N. des ribosomes; les autres sont cytoplasmiques et plus spécialement en relation avec la synthèse protéique. Nous tenterons plus loin d'envisager l'ensemble de ces actions.

RÉPARTITION DES ENZYMES CELLULAIRES

D'autres recherches modernes ont été poursuivies afin de connaître la répartition dans la cellule de ses systèmes enzymatiques dont on sait qu'ils sont constitués surtout par des protéines.

Linderström et Lang (1933) ont recherché, toujours par mérotomie, la répartition des *dipeptidases*. Des œufs de *Dendraster* sont coupés en deux au micromanipulateur, en fragments nucléés et anucléés : les uns et les autres renferment sensiblement la même quantité d'enzyme. Par la méthode de Harvey, la même recherche est tentée par le même et par Holter : les fragments nucléés et anucléés comparés proviennent cette fois de divers œufs fécondés d'Echinodermes ou d'Annélides, et aussi d'Amibes. Le résultat obtenu est encore le même : la centrifugation n'agit pas sur la répartition de l'enzyme, qui ne doit donc pas être fixée sur un constituant figuré, mais diffuse dans le hyaloplasme.

Des énucléations d'Amibes ne font pas varier la teneur en enzyme, qui se retrouve la même vingt-quatre heures après l'énucléation.

La *catalase,* enzyme décomposant l'eau oxygénée, présente une répartition identique. Par contre, l'*amylase* est affectée par la centrifugation : il est vraisemblable qu'elle est liée aux mitochondries, mais il n'y en a pas non plus dans le noyau.

Brachet a étudié la répartition de l'*estérase,* enzyme capable de rompre les liaisons ester, dans le cas des glycérides, par exemple : il y en a deux fois plus environ dans le cytoplasme que dans le noyau. Dans les noyaux du foie, Behrens n'a pas trouvé de *lipase,* qui existe sûrement dans les cytoplasmes.

On a alors cherché si le noyau ne renfermerait pas surtout des enzymes capables d'agir sur les nucléoprotéides. Mazia a montré qu'il y a effectivement plus de *désoxyribonucléase* dans les fragments nucléés que dans les anucléés, qu'il y a également de la *phosphatase acide.*

Mais cette dernière enzyme paraît, dans les noyaux du foie de rat, moins abondante que dans le cytoplasme (Dounce). Par contre, c'est l'inverse pour la *phosphatase alcaline.* Cette dernière, caractérisée par son action à pH optimum de 9,4, qui fonctionne avec des ions Mg, semble localisée sur les chromosomes. Danielli (1947), l'a reconnue dans les bandes de chromatine des noyaux polytènes : elle décompose les esters phosphoriques, mais peut aussi les synthétiser *in vitro* (Martland et Robison, 1924).

L'*arginase* qui décompose l'arginine et peut agir ainsi sur les histones et protamines, dont nous savons que le noyau est bien pourvu, ne paraît pas plus abondante dans le noyau que dans le cytoplasme (Behrens, 1939, Schneider, 1946).

Brachet n'en a même pas trouvé dans les noyaux des ovocytes de Batraciens. Par contre, il y a reconnu la présence de *ribonucléase :* elle est abondante dans les jeunes ovocytes, en cours de vitellogenèse.

Les méthodes modernes de la cytochimie basées sur la mérotomie sont ainsi parvenues à nous apporter d'importantes précisions. Elles ne nous expliquent néanmoins pas tout. Si le noyau n'est ni un centre respiratoire, ni un réservoir d'enzyme, s'il ne paraît pas avoir tout l'équipement lui permettant cette synthèse des protéines que lui avait reconnu Caspersson, il n'en est pas moins vrai que, sans lui, toute morphogenèse est impossible.

C'est donc qu'il fabrique des substances morphogènes spécifiques directement ou grâce à l'A.R.N. cytoplasmique, mais desquelles les analyses chimiques actuelles ne nous apprennent encore rien.

La génétique permet heureusement de combler cette lacune. Ainsi que nous l'avons déjà rapidement indiqué, grâce aux recherches de Beadle et Tatum, et de leurs imitateurs, effectuées sur divers microorganismes et en particulier sur *Neurospora,* on sait qu'il existe une relation directe entre les mutations des gènes nucléaires et l'apparition de telle ou telle enzyme.

Grâce à de nombreux facteurs, rayons X, gamma, gaz moutarde, actions thermiques, antisérums, agissant sur les spores d'une souche normale de *Neurospora,* capable de réaliser la synthèse d'un acide aminé déterminé, tel que le tryptophane, il a été obtenu de nouvelles souches qui ne peuvent plus réaliser cette synthèse, et l'on voit alors augmenter dans leurs cellules le taux de certaines substances qui auparavant s'y décelaient à peine ou même pas du tout parce qu'elles étaient transformées dès leur apparition. La souche périclite et meurt, sauf si on lui fournit directement la molécule qu'elle ne peut plus fabriquer. Des mutants « tryptophanless » ne se développent pas sur milieu dépourvu de tryptophane. On en a obtenu même deux types distincts : l'un qui vit si on lui fournit de l'acide anthranilique, l'autre auquel cet acide ne suffit pas. On en déduit que ce corps constitue pour *Neurospora* un précurseur normal du tryptophane, qu'il est l'un des chaînons de la série de réactions qui aboutit à la synthèse de cet acide aminé. Dans l'une des souches, la mutation expérimentale a porté sur le gène responsable de l'enzyme qui normalement réalise le chaînon anthranilique, tandis que dans l'autre, elle a affecté celui qui donne l'enzyme transformant l'acide anthranilique en tryptophane. Il y a ainsi régulièrement un gène pour chaque enzyme.

Il est vraisemblable que le rôle principal du noyau consiste à agir par l'A.D.N. et ses gènes sur l'équipement enzymatique de la cellule, par l'intermédiaire des A.R.N., permettant hors du noyau la synthèse de tous ces outils du métabolisme que sont les enzymes, et qui se rencontrent ensuite dans le cytoplasme où ils seront utilisés directement, ou bien d'où ils seront excrétés soit dans le milieu intérieur, soit dans les sucs digestifs.

Il est certain que le noyau n'agit pas seul, mais par l'intermédiaire des organites cytoplasmiques, ainsi qu'en fait foi l'existence d'« impuretés » constantes rencontrées dans les analyses d'ergastoplasme ou de ribosomes.

Nous aurons à revenir plus loin sur ces points.

Darlington a pensé en 1947 qu'il fallait récrire la cytologie, en employant la langue chimique. Il y a certainement encore beaucoup à faire dans cette voie déjà bien ouverte mais nous pouvons commencer à mieux comprendre la cytologie, à la lumière des faits nouveaux mis en évidence grâce à sa collaboration féconde, également aussi avec la génétique.

LA RELATION NUCLÉOPLASMIQUE

Nous avons vu plus haut comment Gerassimoff, expérimentant avec *Spirogyra bellis,* est parvenu, par action du froid, à obtenir des cellules diploïdes de cette Algue. Il a constaté que ces cellules augmentaient alors de taille générale, et que leur noyau au repos était aussi plus gros que celui des cellules habituelles. Il a pu obtenir ainsi trois tailles cellulaires et trois tailles nucléaires, et constaté que le rapport des volumes nucléaires au volume cytoplasmique, dans ces trois types, est constant (1902) *(fig. 183).*

En 1905, Boveri fragmente des œufs d'Oursin en moitiés sensiblement égales dont l'une est nucléée, l'autre non. Les fragments s'arrondissent. Ils sont alors fécondés et leur développement se poursuit régulièrement, conduisant à des blastulas. Celles-ci sont de deux sortes : les unes ont eu comme point de départ une moitié anucléée et un spermatozoïde : elles doivent donc être haploïdes, tandis que les autres résultent d'une fécondation normale et sont diploïdes. Or, les blastulas ont même taille, mais on reconnaît au premier examen qu'il y a sensiblement deux fois plus de cellules dans les blastules haploïdes que dans les diploïdes. La taille cellulaire est donc moitié moindre dans les premières larves que dans les secondes.

Boveri obtient également des larves d'Oursin haploïdes

par parthénogenèse, c'est-à-dire ayant comme point de départ un demi-noyau femelle dans un œuf entier : la taille des cellules y est la même que dans les hémilarves haploïdes précédentes. Il obtient en outre des larves tétraploïdes : leurs noyaux sont plus gros, mais elles ont deux fois moins de cellules que les diploïdes *(fig. 184)*.

Ces expériences ont été confirmées par de nombreuses autres, tant chez les animaux que chez les plantes.

C'est ainsi que l'étude des Mousses a prouvé l'existence d'une relation entre la taille de leurs cellules et le nombre de leurs chromosomes. La plante feuillée de ces êtres est normalement haploïde, le sporogone et sa tige qui

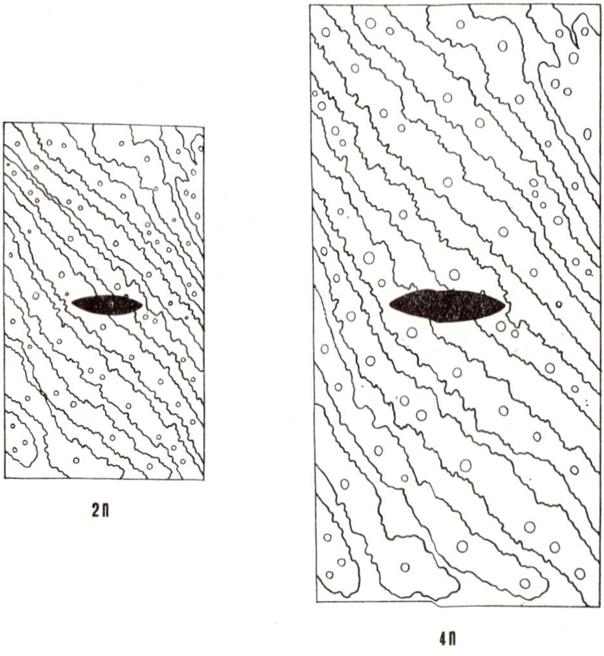

2n

4n

FIG. 183 — RELATION NUCLÉOPLASMIQUE CHEZ LES SPIROGYRES. Cellules respectivement à $2n$ et à $4n$ chromosomes, (d'après Gerassimoff).

dérivent de l'œuf fécondé, étant seuls diploïdes. Bouturant cette tige, on peut obtenir une plante feuillée diploïde, portant des gamètes également diploïdes, parce qu'ils n'ont pas subi la méiose qui ne se réalise normalement que dans le sporogone. La fécondation donne alors un sporogone et une tige tétraploïde.

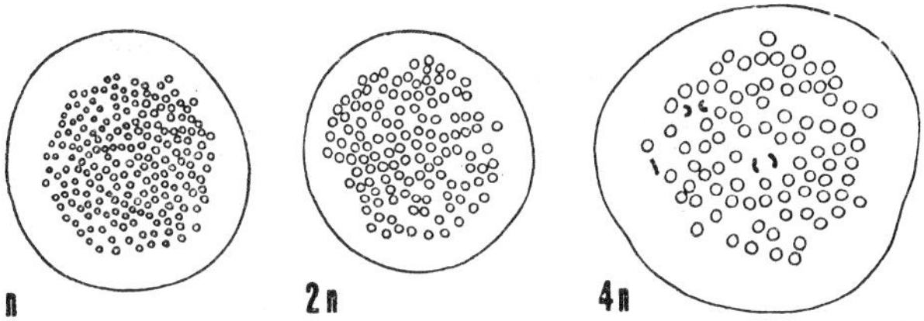

FIG. 184 — RELATION NUCLÉOPLASMIQUE CHEZ L'OURSIN.

Blastulas d'Oursin à *n*, 2*n* et 4*n* chromosomes; contours nucléaires, (d'après Boveri).

Renouvelant avec ceux-ci le même processus de bouturage, on peut obtenir des formes à 8*n* chromosomes, et ainsi de suite. Le volume cellulaire augmente régulièrement, au moins jusqu'au stade 8*n*. La taille de l'organisme polyploïde augmente parfois aussi. Quand il s'agit d'une plante à fruits ou à graines, ceux-ci augmentent parfois aussi de taille, ce qui s'est révélé intéressant dans la pratique courante, pour la Vigne ou le Bananier.

Tous ces faits tombent sous le coup d'une règle formulée par R. Hertwig, et connue sous le nom de « relation nucléocytoplasmique » (Kern-plasma relation).

Il considère ce rapport comme régi par des lois et prévoit qu'il doit jouer un rôle dans les phénomènes de croissance et de division cellulaires.

Cependant, certains physiologistes ont critiqué la conception d'Hertwig, parce qu'elle ferait abusivement intervenir la notion de masse, bien que les cytologistes qui l'utilisent ne mesurent que des longueurs (Le Breton et Schaeffer, 1923). Ils ont cherché alors à substituer à la notion morphologique de taille cytoplasmique ou nucléaire, une notion chimique basée sur la teneur de la cellule en azote nucléique. A une notion simple et claire, ils ont ainsi substitué une donnée à laquelle l'existence de l'A.R.N. cytoplasmique, reconnue depuis lors, a fait perdre toute signification.

RELATION NUCLÉOPLASMATIQUE ET DIVISION CELLULAIRE

Déjà Gerassimoff avait constaté que la valeur du rapport volumétrique entre le noyau et le cytoplasme présente de grosses variations au moment de la mitose. Ces faits ont été réétudiés avec précision par un élève de R. Hertwig, Popoff (1908), qui a utilisé comme matériel

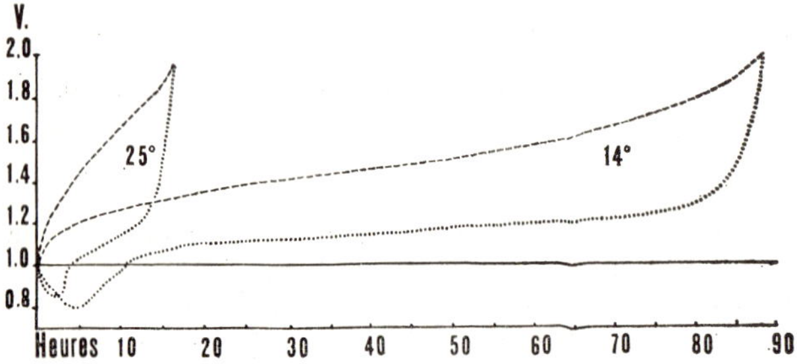

FIG. 185 — VARIATIONS DE LA RELATION NUCLÉOPLASMIQUE CHEZ *Frontonia*.

Variations des volumes cytoplasmiques et nucléaires chez *Frontonia leucas,* entre deux divisions et pour des températures de 14° et de 25°. En traits interrompus, les volumes cytoplasmiques; en pointillé, les volumes nucléaires, (d'après Popoff; emprunté à Fauré-Frémiet).

de recherches principalement un Infusoire Cilié, *Frontonia leucas*. C'est une cellule ovoïde dont il est facile de mesurer avec une approximation suffisante les trois diamètres cellulaires et nucléaires.

On calcule ensuite le volume total et le volume nucléaire, le volume cytoplasmique est obtenu par différence.

A une température constante, la relation s'exprime alors par le quotient N/P. Sa valeur mesurée immédiatement après la division, diminue tout d'abord régulièrement, par suite d'une croissance rapide du cytoplasme *(fig. 185)*.

Cette première phase, dite de *croissance fonctionnelle,* cesse brusquement, le noyau se mettant à croître rapidement à son tour. Le rapport remonte jusqu'à sa valeur primitive, et la division survient. On nomme *croissance de division* cette seconde phase. Le quotient nucléoplasmique n'est donc nullement constant, étant donnée la croissance irrégulière du noyau dont la courbe présente un véritable point anguleux, qui correspond à une « *tension nucléoplasmique* », marquant l'écart maximum entre les deux croissances, et qui déclencherait, comme une sorte de point critique, la croissance de division.

Le rapport N/P dépend du niveau thermique, s'abaissant jusqu'à une température qui, pour *Frontonia leucas,* est voisine de 20°, puis remontant légèrement ensuite. On a comparé cette variation à celle de la vitesse de division : cette dernière augmente régulièrement avec la température. A basse température, les divisions sont aussi moins fréquentes, et il en résulte que la taille cellulaire est plus grande. Quant au rapport lui-même, il présente une valeur spéciale pour chaque température. Fauré-Frémiet, d'après les données de Popoff, a calculé les coefficients de température des deux phases de la croissance nucléaire : ils sont très différents : entre 14° et 25° pour la première partie de la courbe (croissance fonctionnelle), Q 10 = 4,7. Pour la seconde partie, Q 10 = 2,6.

Il en conclut que les deux modes de croissance doivent relever de deux mécanismes chimiques différents.

RELATION NUCLÉOPLASMIQUE ET SEGMENTATION DE L'ŒUF

La segmentation de l'œuf est une suite ininterrompue de divisions cellulaires : comme le quotient N/P de l'œuf mûr est très particulier, par suite de la quantité souvent énorme des réserves qui le remplissent, alors que le noyau, la fécondation une fois faite, n'est pas très différent d'un noyau normal, on peut supposer que la tension nucléoplasmique doit exister en permanence, et que les divisions ne cesseront pas, tant que la valeur du quotient ne sera pas redevenue normale.

D'autre part, ces faits, transposés dans le domaine chimique par Lœb, ont conduit à un problème très important, celui de la synthèse de l'A.D.N. au cours du développement (Lœb parlait évidemment de chromatine, et non d'A.D.N.).

La segmentation s'effectue en effet sans augmentation du volume de l'œuf tant que l'embryon ne se nourrit pas de lui-même. Par contre, le nombre de ses noyaux augmente sensiblement selon une progression géométrique de raison 2. Comme chaque noyau renferme autant de chromatine que le noyau de fécondation, il apparaît que l'A.D.N., constituant principal des chromosomes, doit augmenter aussi vite, et comme l'œuf mûr n'en avait que dans son noyau, il faut bien que cet acide ait été synthétisé par l'œuf. Telle est l'hypothèse de Lœb (1910), basée sur les mesures faites par Godlewski (1908) sur l'œuf en segmentation d'*Echinus microtuberculatus*.

Au moins jusqu'au stade à 64 cellules, le volume nucléaire total croît sensiblement en progression géométrique : la valeur du rapport N/P passe ainsi de 1/550 à 1/12. Au-delà de ce stade, les noyaux deviennent plus petits et l'accroissement n'est plus aussi rapide, entre la morula à 64 cellules et la blastula à 2 000 cellules, le quotient N/P passe de 1/12 à 1/6 seulement. Il semble que la valeur 1/6 corresponde à la relation de l'adulte.

Les élèves de Godlewski, Bury et Erdmann, ont repris la même étude en mesurant non plus les volumes nucléaires, mais les volumes des chromosomes : ils arrivent à des chiffres un peu plus faibles, mais qui s'accordent néanmoins avec ceux de Godlewski.

Conklin, chez *Fulgor carica,* Enriques, sur *Aplysia limacina,* Levi avec l'œuf des Chéiroptères, trouvent également des augmentations de substances nucléaires, quelquefois différentes de celles publiées par Godlewski, mais néanmoins assez comparables dans leur ensemble pour que l'on puisse admettre comme une règle que le quotient nucléoplasmique augmente de la fécondation à la blastula où il atteint la valeur caractéristique de l'espèce.

L'interprétation de cette augmentation par Lœb reste cependant à vérifier. C'est Masing (1910) qui cherche le premier à y parvenir : il dose la teneur de l'œuf d'Oursin en *P* nucléique, et en *N* purique comparativement chez l'œuf vierge et dans la blastula. Il constate que la teneur en *N* purique n'a pas varié entre ces deux stades. Le résultat est confirmé par Shackell (1912).

Il n'y aurait donc pas de synthèse à proprement parler, mais il existerait dans le cytoplasme, préparée en quelque sorte, sous forme de réserves, toute la masse des purines qu'il pensait assimilable à la masse de l'A.D.N., des noyaux à venir : cette masse migrerait simplement du cytoplasme dans le noyau au cours de la segmentation. Cette idée, soutenue par Godlewski (1918-1925) s'est ainsi opposée à celle de Lœb.

Ce sont les Needham (1930) qui ont expliqué cette contradiction, en montrant avec une technique meilleure que celle de Masing, que les deux possibilités se réalisent également : il y a des œufs chez lesquels il n'y a aucune synthèse de « nucléines » : tels sont l'Oursin, la Crevette. Chez le Crabe, chez l'Étoile de mer, on observe déjà une légère synthèse. Celle-ci devient très importante chez *Urechis*. Enfin, la synthèse devient complète chez les organismes terrestres.

Comme l'a fait remarquer Brachet (1947), ces faits ne résolvent qu'une partie du problème : si nous considérons les œufs dans lesquels il n'existe « pas de synthèse », l'œuf d'Oursin en particulier, la réaction de Feulgen n'y montre pas d'A.D.N. ailleurs que dans les chromosomes. C'est donc qu'il y a dans le cytoplasme, sous une forme Feulgen-négative, un précurseur non défini et qui n'est vraisemblablement pas l'A.R.N. cytoplasmique; on conçoit alors une migration de ce précurseur différente de celle que supposait Godlewski et qui doit être liée à une polymérisation de ce précurseur en A.D.N.

L'étude des œufs pour lesquels se vérifie l'hypothèse de Lœb, c'est-à-dire la plupart des œufs d'organismes aériens à « synthèse totale » d'A.D.N., a été tentée dans l'espoir de parvenir à en comprendre le mécanisme.

On conçoit que le ribose puisse dériver par décarboxylation oxydative des hexoses : mais son passage vraisemblable au désoxyribose n'est pas connu. On a pensé que les purines seraient issues de l'histidine et de l'arginine.

Caspersson a remarqué, au cours du développement du poulet, une diminution de ces corps, en même temps qu'augmentent les histones, caractérisées par leur absorption de la bande 2 800 Å. Mais, chez la Grenouille, Graff et Barth ont constaté une augmentation simultanée de l'arginine et des purines. Il semble du reste prouvé actuellement que ce n'est pas à partir de l'histidine ni de l'arginine que se forment les purines.

L'utilisation de *P* marqué a montré, d'autre part, (Hevesy, Lévi et Rabbe) que la synthèse des nucléotides peut se faire à partir de *P* inorganique, contrairement à l'opinion de Lœb, qui pensait à une origine organique, à partir des phospholipides.

Elle a montré, d'autre part, depuis Hevesy (1942), que le phosphore des nucléoprotéides est en déplacement continuel, mais ce « turn-over » est surtout accentué chez l'A.R.N. : la substance des chromosomes est beaucoup plus stable, on peut dire qu'elle est presque inerte. Et cela est l'indice d'un métabolisme beaucoup plus important au niveau de l'A.R.N. qu'à celui de l'A.D.N.

Nous nous demandons enfin comment il peut se faire que certains œufs synthétisent totalement leurs protéides nucléaires, tandis que d'autres n'ont qu'une synthèse partielle, ou même nulle. En d'autres termes, de l'Oursin ou du Poulet, quel est le cas normal ?

Brachet avait cru trouver la solution convenable, en admettant qu'il n'y aurait pas de synthèse directe de l'A.D.N., mais toujours formation de cet acide à partir de l'A.R.N., formation qu'il paraît aujourd'hui impossible d'admettre, ainsi que nous l'avons vu plus haut. Mais, on peut fort bien imaginer en place de l'A.R.N. d'autres précurseurs, par exemple, des mononucléotides.

Certains œufs pourraient être plus ou moins en avance dans la synthèse de leur A.D.N. ou de ces précurseurs qui seraient stockés dans le cytoplasme. S'il y en avait beaucoup avant la segmentation, celle-ci se ferait sans véritable synthèse. Dans le cas opposé, la formation de l'acide se ferait au fur et à mesure des besoins, et il y en aurait peu, ou pas du tout dans l'œuf vierge : la synthèse apparaîtrait ainsi partielle ou totale, selon les cas, bien que le processus général soit partout le même.

RÔLES RESPECTIFS DU NOYAU ET DU CYTOPLASME AU COURS DU DÉVELOPPEMENT EMBRYONNAIRE

L'examen des relations nucléo-cytoplasmiques doit être fait aussi au cours du développement de l'œuf, parce que, ainsi que nous venons de le voir, le cytoplasma de l'œuf peut différer fortement de celui d'une cellule ordinaire.

On sait en effet que l'ablation de certaines portions de ce cytoplasme peut parfois conduire à des larves présentant des déficiences, bien que le noyau n'ait pas été touché. C'est ainsi que l'œuf fécondé de la Grenouille rousse présente une région particulière, le croissant gris, dont les lésions entraînent d'importantes modifications de l'ébauche. Le plan de symétrie de celle-ci peut être modifié à volonté, de l'extérieur, sans que l'on ait touché au noyau (Ancel et Vintemberger, 1948). On a établi de même la possibilité d'un clivage des œufs ou de certains blastomères, en l'absence totale du noyau, aussi bien chez ces mêmes Batraciens que chez l'Oursin ou certaines Annélides. Mais toutes les segmentations obtenues ainsi restent irrégulières et avortent sans aucun début de différenciation.

De nombreuses expériences ont également démontré que le noyau ne semble pas avoir d'action immédiate sur le début de la segmentation. Celle-ci ne parvient cependant pas à être normale si l'intégrité du noyau n'est pas conservée.

D'autre part, certains constituants du noyau, démontrés par les généticiens comme gènes létaux, peuvent empêcher la segmentation ou l'arrêter de très bonne heure.

T. H. Morgan a admis, en 1934, que les noyaux sont équipotentiels, c'est-à-dire ont tous la même valeur, pendant le début de la segmentation. Ils se répartissent dans les diverses parties du cytoplasme de l'œuf, parties qui ne sont pas équivalentes. Il y aurait ainsi initialement des systèmes noyau-cytoplasme, différents par leurs cytoplasmes seulement. Mais, par la suite, les noyaux se modifieraient et une différenciation chimique, d'ordre nucléo-cytoplasmique, s'établirait entre les diverses cellules ou groupements de cellules.

On a pu effectivement vérifier ces différences grâce aux méthodes immunologiques et déceler des différences enzymatiques entre cellules de tissus divers comme entre leurs noyaux. D'élégantes expériences, dues à Briggs et King (1952-1955), sont alors parvenues à établir l'époque exacte de l'apparition de la différence entre les noyaux.

On sait que des œufs de Batraciens peuvent se développer après activation et sans noyau femelle : nous avons vu ci-dessus qu'ils ne donnent alors lieu à aucune différenciation.

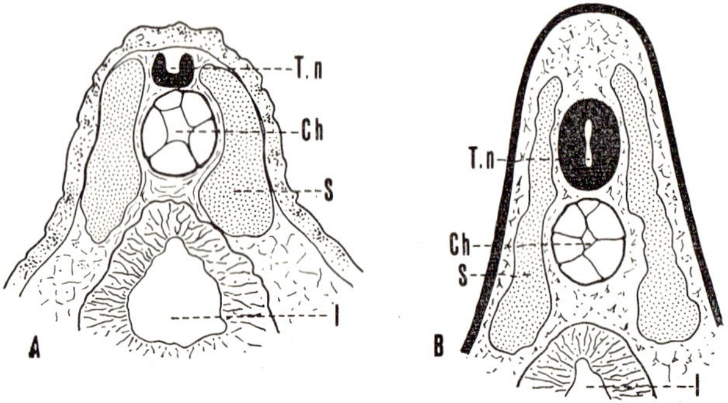

FIG. 186 — VARIATION DES POTENTIALITÉS NUCLÉAIRES AU COURS DU DÉVELOPPEMENT.

Sections de deux embryons de *Rana pipiens*. B, embryon normal; A, embryon obtenu à partir d'une ovotide anucléée inoculée d'un noyau endodermique. Sa portion endoblastique est sensiblement normale, sa partie ectoblastique (tube nerveux, crête neurale) étant rudimentaire. *Ch,* notochorde; *I,* intestin; *S,* somite; *T.n,* tube nerveux, (d'après Briggs et King, 1957).

L'ablation du noyau femelle d'un œuf d'Anoure étant faite, ces auteurs ont eu l'idée de le remplacer par un autre noyau, emprunté à une région connue d'un embryon d'âge connu. Si le donneur est au stade blastula, ou au début du stade gastrula, ses noyaux peuvent fort bien remplacer le noyau femelle et conduire le développement jusqu'à l'embryon. Mais, si la gastrulation est avancée, les noyaux du donneur ne permettent plus qu'un début de développement, et dès le stade blastula, le développement s'arrête.

Briggs et King ont même constaté nettement que des noyaux prélevés dans la paroi de l'intestin primitif des gastrulas sont devenus impropres à permettre un développement convenable de l'ectoblaste et de ses dérivés : leurs potentialités sont donc nettement diminuées par rapport à celles des noyaux normaux *(fig. 186)*.

Ces faits indiquent donc bien la réalité d'une différenciation nucléaire, telle que les dissemblances entre chromosomes polytènes des noyaux issus de différents tissus des larves de Diptères nous l'ont déjà indiqué plus haut.

L'embryologie permet également d'établir le rôle du nombre de chromosomes dans un noyau donné. Parmi les méthodes de parthénogenèse expérimentale, celle de Bataillon, parthénogenèse par piqûre de l'œuf de Batracien, permet d'obtenir des embryons dont le nombre de chromosomes est très varié. On obtient ainsi des embryons haploïdes, diploïdes, triploïdes en proportion variable et aussi quelques tétra- ou pentaploïdes. Toujours, en outre, un certain nombre d'embryons dans lesquels des divisions multipolaires ont provoqué des anomalies complexes du nombre, et que l'on peut qualifier d'embryons aneuploïdes.

L'expérience montre que régulièrement, de tous ces embryons, les seuls qui soient viables sont ceux dont les nombres sont régulièrement $2n$ ou $4n$.

J. Rostand est parvenu, à l'aide d'élégantes méthodes, à obtenir avec les mêmes œufs une très forte proportion d'embryons haploïdes, et en a suivi le développement : il est toujours moins rapide que celui des diploïdes, à partir de la gastrula, et par la suite, la plupart des embryons meurent après avoir présenté des troubles variés, mais principalement un œdème incurable.

La présence d'un seul génome n'est donc pas, chez ces êtres, conciliable avec un fonctionnement normal : les généticiens expliquent le fait par l'existence de gènes létaux qui se manifesteraient ici, n'étant pas compensés par des allèles normaux. On peut tout aussi bien penser à une quantité insuffisante de « chromatine » ne permettant pas une synthèse de protéines suffisante.

A partir de deux génomes, le fonctionnement est par

contre normal, même s'il y a triploïdie, ainsi que l'a démontré Fankhauser (1945-1952).

Par contre, l'aneuploïdie est funeste et les larves de ce type ne dépassent pas les stades jeunes, quelles que soient les méthodes qui les aient fournies.

Le développement exige donc des génomes équilibrés.

La spécificité des chromosomes est également essentielle : de nombreuses expériences d'hybridation l'ont parfaitement prouvé. Ainsi que Boveri l'avait reconnu chez l'Oursin, il y a plus de soixante ans, très peu d'œufs d'hybrides donnent des larves normales, et alors elles sont toujours du type maternel pur.

L'étude cytologique montre des rejets nucléaires qui indiquent un processus d'épuration vis-à-vis du génome étranger introduit par le spermatozoïde.

Des combinaisons variées ont été réalisées, en particulier entre les diverses espèces de Batraciens, avec des techniques souvent compliquées : elles aboutissent toujours à des embryons létaux. Un renseignement intéressant sur la cause de leur létalité a été apporté par une expérience de Hadorn.

Il a incorporé un fragment d'un tel hybride *Triturus palmatus* × *T. cristatus* dans la cavité de segmentation d'une blastula normale de Triton, selon la méthode classique de l'école de Spemann.

Le fragment se comporte comme un organisateur normal et provoque la formation sur l'hôte d'une tête normale. Il semble ainsi que l'hybride initial était létal par suite du manque d'un pouvoir de synthèse pour une substance particulière qui lui aura été fournie par l'hôte.

Là encore, le développement initial d'un hybride est du type maternel pur, c'est-à-dire dominé par l'action du cytoplasme. Le rôle du noyau n'apparaît que plus tard, quand débute la différenciation.

Tous ces faits permettent donc de voir à l'œuvre noyau et cytoplasme dans les premiers stades du développement : ils impliquent une image assez spéciale des relations nucléocytoplasmiques qui semblent exister ici dans les deux sens, du cytoplasma vers le noyau et du noyau vers le cytoplasma, l'un de ces deux courants pouvant prédominer pour un temps sur l'autre.

Ils nous permettront ainsi que les précédents de tenter une vue d'ensemble des échanges et qui résumera ce chapitre.

CONCLUSIONS GÉNÉRALES : LA COOPÉRATION NUCLÉOCYTOPLASMIQUE

Le noyau apparaît comme l'élément stable de la cellule. C'est le conservateur de ses propriétés héréditaires, enregistrées en quelque sorte dans les spirales de ses longues molécules d'A.D.N., selon un code spécifique non encore totalement déchiffré.

Après autoreproduction de ces molécules, elles sont transmises, au moins dans la lignée germinale, identiques à elles-mêmes, de mitose en mitose, de génération en génération.

Ainsi donc se trouve assurée la stabilité des propriétés de la cellule et, partant, celle de l'espèce.

Mais il faut remarquer aussi que la reproduction sexuelle, si générale chez les êtres vivants, est toujours, du fait de la méiose et de la fécondation, capable de modifier, par des recombinaisons de gènes, ou les divers types d'anomalies chromosomiques, la constitution de ce patrimoine héréditaire. Et c'est ainsi que chaque œuf, issu de l'union de deux gamètes, chacun ayant subi la méiose, et ainsi devenus différents l'un de l'autre, réalise une nouvelle combinaison, origine et cause de l'individualité de l'organisme qui en proviendra.

Deux tendances s'opposent ainsi, dans la cellule, particulièrement visibles dans la cellule-œuf, du simple fait des possibilités de ses chromosomes, l'une de stabilité, l'autre de variation.

De son côté, le cytoplasme qui présente pourtant une composition, en principe constante, semble pouvoir également être l'origine de variations, par réaction sur le noyau : nous avons vu, en effet, que les diverses régions d'une blastula peuvent modifier les propriétés des noyaux, primitivement identiques qui les colonisent. Le même phénomène peut-il se réaliser ailleurs que dans l'œuf ? Il est difficile de l'affirmer, cependant on doit noter que le cytoplasma paraît plus accessible que le noyau aux actions externes par rapport à la cellule.

Dans l'assimilation et la croissance, marquées surtout par les synthèses de molécules protéiques, le noyau qui ne renferme pas beaucoup d'enzymes importants, n'en est pas moins une sorte d'élément directeur, du fait de l'A.D.N. de ses gènes, et son absence se fait sentir rapidement, en particulier s'il s'agit de régénérer la forme ou d'utiliser certaines enzymes.

Mais les synthèses sont essentiellement cytoplasmiques et leur réalisation se lie aux molécules d'A.R.N., dont nous avons vu toute l'importance dans l'édification des protéines.

Comment alors comprendre la liaison entre les deux acides sachant que l'A.D.N. reste dans le chromosome et que l'A.R.N., sous sa forme cytoplasmique, ne semble pas résulter d'un simple passage de l'A.R.N., au moins nucléaire sinon nucléolaire, au travers des pores de la membrane nucléaire ?

Quels rapports existent entre l'A.D.N. et l'A.R.N. nucléaires ?

La cytologie ne peut ici répondre qu'en faisant remarquer l'indépendance totale que paraît manifester au moins l'euchromatine nucléaire, par rapport au métabolisme de l'A.R.N. Et pourtant, la génétique chimique ne nous démontre-t-elle pas le contrôle rigoureux des enzymes cytoplasmiques par les gènes ?

Obligatoirement, nous parvenons à postuler un système cohérent de liaison entre l'A.D.N. du chromosome et les enzymes cytoplasmiques, système d'intermédiaires mobiles circulant dans le sens noyau-cytoplasme.

Darlington les a désignés comme *plasmagènes* et esquissé leurs propriétés. Waddington, qui a repris ces mêmes organites hypothétiques comme base de considérations théoriques sur la cellule, admet que ce sont des *particules,* et qu'elles sont douées d'une continuité génétique au moins temporaire. Leur autoreproduction semble exiger que ce soient des particules de nucléoprotéides qui seraient dérivées des gènes.

Emerson, en 1945, les a schématisées comme des sortes de moules *(template)*, emportant avec eux une forme moléculaire et capables de la reproduire par moulage ultérieur, après passage dans le cytoplasme. Si l'on considère le « code héréditaire » comme inscrit sur la molécule d'A.D.N. par la séquence des quatre bases de la chaîne sur un secteur donné de cette molécule, peut-être défini dans son extension spatiale par celle d'une molécule liée de protamine ou d'histone, il pourra être constitué un tel moule qui redonnera ensuite dans le cytoplasma le segment initial de la molécule.

Dans le cytoplasme, ce modèle pourra subsister un certain temps au moins, indépendamment des gènes formateurs, y contrôlant le type et la quantité des produits synthétisés, protéines ou enzymes.

Comme l'a suggéré Brachet (1959), rien ne s'oppose à ce que ces plasmagènes s'identifient avec certains des ribosomes, dont l'origine nucléaire possible, la nature nucléoprotéidique et le rôle dans la synthèse protéique pourraient s'accorder avec l'hypothèse ci-dessus. Reste cependant à comprendre comment le gène peut agir sur l'A.R.N. cytoplasmique formateur de protéines. La découverte des poufs, à laquelle il a été fait déjà une courte allusion, a soulevé une partie du voile. On a reconnu, sur les chromosomes polytènes l'apparition de poufs d'A.D.N. puis d'A.R.N.; les seconds peuvent être la conséquence des premiers, et ainsi constituer les initiateurs de l'A.R.N. nucléolaire, puis cytoplasmique. Le trajet de l'information, codée sur l'A.D.N., se suivrait ainsi, transmis par l'A.R.N., au moins déjà dans le noyau, avant que, hors de celui-ci, il gagne le ribosome, organite formateur des protéines.

Si la morphologie s'arrête à ce point, la biochimie est allée nettement plus loin, expliquant véritablement le mécanisme de la synthèse, interprétant ainsi ce point essentiel des relations nucléocytoplasmiques.

Rappelons que chaque protéine est caractérisée par une séquence particulière de ses acides aminés, et que le code héréditaire est inscrit lui aussi selon une autre séquence, liée à la disposition sériée des quatre bases des nucléotides constitutifs des longues molécules de l'A.D.N.

Entre ces deux types de séquences on a pensé à l'existence d'une correspondance que des recherches expérimentales précises ont effectivement décelée, au moins dans ses grandes lignes.

Il a été reconnu trois types de molécules d'A.R.N. L'un correspond à de grosses molécules, de poids moléculaire dépassant le million, c'est l'*A.R.N. des ribosomes,* armature même de l'usine à protéines, le plus constant et le plus abondant. Son rôle est encore à préciser.

Le second type comporte des molécules de taille

variable, mais généralement nettement plus petit (p.m. autour de 500 000). On sait qu'il copie dans le noyau le code génique, et le transporte sur les ribosomes. Il est peu abondant, ses molécules sont très variables, et activent considérablement la synthèse protéique. À la suite de Monod et de ses collaborateurs, on le nomme *A.R.N. messager*. Le mécanisme de la copie semble simple : la chaîne de l'A.D.N. se dédouble, et au contact de la demi-chaîne, il s'en forme une autre, mais d'A.R.N., qui en est le complément. La séquence codée des quatre bases se transmet de l'une à l'autre : vis-à-vis d'une cytosine se dispose une guanine, et inversement. En face d'une thymine, se place une adénine, tandis que, à une adénine de l'A.D.N., se joint un uracyle de l'A.R.N. L'uracyle ne diffère en effet de la thymine, ou méthyluracyle, que par un groupement méthyle en moins.

L'A.R.N. messager, après s'être stocké un certain temps dans le nucléole, passe dans le cytoplasme, et se fixe sur un ribosome, y devenant moule à protéine.

Alors intervient le troisième type, dit *A.R.N. soluble,* ou *A.R.N. de transfert*. C'est une petite molécule de moins de cent nucléotides, dont la structure est relativement connue; c'est une double chaîne réalisée par reploiement sur elle-même d'une chaîne unique. La région du reploiement forme une boucle qui porte un groupe actif de trois bases, un triplet. Celui-ci caractérise la molécule, lui conférant sa spécificité. Il existe en effet au moins vingt de ces molécules, chacune spécifique d'un acide aminé particulier, qu'elle peut choisir dans le « pool » des acides aminés cellulaires. Elle se combine à lui, après activation de l'acide par une molécule d'A.T.P. Le complexe : A.R.N.-s + Acide aminé, se transporte alors vers le ribosome, où il parvient à trouver sa place précise le long de la molécule d'A.R.N. messager. L'acide aminé s'unit alors par liaison peptidique, à une place précise de la molécule de protéine en formation, place qui est celle indiquée par le code transmis. Une fois synthétisée, la protéine se dégage du moule, et une nouvelle synthèse doit pouvoir recommencer. L'A.R.N. messager répond donc ainsi aux caractéristiques que nous avons attribuées aux plasmagènes.

Le mécanisme peut fonctionner *in vitro*. En 1961, Nirenberg et Matthaei ont ajouté, à une suspension de ribosomes en milieu complètement privé de cellules intactes, un A.R.N. synthétique uniquement constitué de nucléotides à base d'uracyle. Ils ont obtenu ainsi la formation d'un polypeptide, véritable protéine artificielle, faite uniquement de phénylalanine.

Ils en ont conclu que, dans le code, la séquence Uracyle-Uracyle-Uracyle, doit désigner l'acide aminé phénylalanine. Cette expérience remarquable, premier essai de traduction du code héréditaire, a ainsi ouvert une voie nouvelle, largement exploitée depuis lors.

Il semble que nous nous soyons beaucoup écartés de la saine morphologie en envisageant des constituants cellulaires éventuels tout aussi problématiques que les gènes, mais auxquels nous sommes bien obligés de croire aujourd'hui puisque la génétique nous en certifie l'existence. Il semble que, en ce qui concerne les plasmagènes, il en soit également de même. La logique et la raison plaident aujourd'hui en leur faveur, en attendant une démonstration plus tangible de leur réalité déjà précisée chimiquement.

Quoi qu'il en soit de cette éventualité certainement proche, il est un fait indéniable, la complication extraordinaire de ce véritable monde que constitue la cellule. Dans cette masse protoplasmique hautement hétérogène, des liaisons s'établissent et se rompent entre les parties, des réactions se produisent, tantôt réversibles, tantôt en sens unique. Elles créent, suppriment ou modifient les formes.

Le rayonnement solaire, directement ou indirectement, permet la synthèse de molécules riches en énergie, qui, au gré des besoins, sont brûlées par la respiration, tandis que l'usine transformatrice accroît et multiplie elle-même sa masse, en même temps que celle des organites spécialisés qui lui servent d'ateliers.

Et ainsi, au rebours de la pente imposée au règne minéral par la dégradation universelle de l'énergie, la matière vivante poursuit son évolution extraordinaire et paradoxale.

Raymond Hovasse.

BIBLIOGRAPHIE

E. Baldwin, *Dynamic Aspects of Biochemistry*, Cambridge, University Press, 1957.

K. Belar, *Der Formwechsel der Protistenkerne*, Iena, Fischer, 1926.

P. Bouin, *Éléments d'histologie*, Paris, Alcan, 1929.

G. Bourne, *Cytology and Cellphysiology*, Oxford, University Press, 1950.

J. Brachet, *Embryologie chimique*, Paris, Masson, 1947.

J. Brachet, *Biochemical Cytology*, New York, Academic Press, 1957.

J. Brachet et A. E. Mirsky, « The Cell », depuis 1959.

P. Dangeard, *Cytologie végétale et cytologie générale*, Paris, Lechevalier, 1947.

C. D. Darlington, *Recent Advances in Cytology*, 2e éd., Londres, Churchill, 1937.

E. Fauré-Frémiet, *La Cinétique du développement*, Paris, P.U.F., 1925.

R. J. Gautheret, *La Cellule. Principes de cytologie générale et végétale*, Paris, A. Michel, 1949.

J. Gray, *A Textbook of Experimental Cytology*, Cambridge, University Press, 1931.

A. Guilliermond, G. Mangenot et L. Plantefol, *Traité de cytologie végétale*, Paris, A. Michel, 1949.

L. V. Heilbrunn et F. Weber, *Protoplasmatologia*, Vienne, Springer, depuis 1953.

L. F. Henneguy, *Leçons sur la cellule*, Paris, G. Carré, 1896.

C. Magnan, *Traité de microscopie électronique*, t. II, Paris, Hermann, 1961.

S. L. Palay, *Frontiers in Cytology*, New Haven, Yale University Press, 1958.

A. Policard et C. A. Baud, *Les Structures inframicroscopiques normales et pathologiques des cellules et des tissus*, Paris, Masson, 1958.

A. Prenant, P. Bouin et L. Maillard, *Traité d'histologie*, Paris, Schleicher, 1904.

C. P. Swanson, *Cytology and Cytogenetics*, Londres, Macmillan, 1958.

M. J. D. White, *Animal Cytology and Evolution*, Cambridge, University Press, 1945.

E. B. Wilson, *The Cell in Development and Heredity*, New York, University Press, 1925.

L'EMBRYOLOGIE

L'EMBRYOLOGIE est une des disciplines majeures de la biologie. Elle se propose de suivre le développement des organismes, d'en comprendre le déterminisme, depuis l'œuf jusqu'au moment où, les organes essentiels du jeune étant mis en place, et ayant acquis une capacité fonctionnelle suffisante, le nouvel individu peut mener une existence libre. Cet individu est une unité morphologique et physiologique, copie du type de l'espèce, mais aussi synthèse et recombinaison des propriétés génétiques des parents.

Le développement embryonnaire ou ontogenèse apparaît immédiatement comme la conséquence du fait que chaque organisme a une vie individuelle limitée dans le temps. Périodiquement, l'adulte après avoir atteint sa plus haute différenciation structurale et s'être reproduit, meurt. C'est à partir de la forme relativement simple de l'œuf fécondé, c'est-à-dire d'une cellule unique, qu'un nouvel être relayant le parent se constitue et assure la pérennité de la lignée. Le phénomène de la reproduction sexuée est d'une extrême généralité chez tous les êtres vivants.

La cellule-œuf est totipotente, elle possède en puissance tous les caractères de l'espèce. Chez les organismes pluricellulaires une première nécessité s'impose, celle de la multiplication cellulaire. Elle se traduit par la segmentation de la cellule initiale et la constitution d'une masse au sein de laquelle se différencieront tissus et organes. Au cours de cette première phase les cellules ou blastomères conservent leur structure généralisée. Dans de nombreux cas et pour un temps donné elles demeurent totipotentes. Le germe est capable de régulation.

Avec le temps et à partir d'une certaine masse critique de blastomères une ségrégation des potentialités cellulaires se produit. Cette ségrégation s'accompagne, au cours de la gastrulation, de mouvements de nappes cellulaires que l'on désigne sous le nom de feuillets. Une telle ségrégation se traduit par le fait que des groupes cellulaires se déterminent progressivement et, d'une manière générale, irréversiblement. La détermination d'abord invisible s'exprime ensuite par des différenciations cytologiques aboutissant à une histogenèse, c'est-à-dire à l'édification de tissus spécialisés. Ces phénomènes vont de pair avec la constitution d'aires présomptives des organes futurs. Des champs morphogénétiques se définissent dans l'embryon.

Au cours de ce processus les divers feuillets réagissent mutuellement selon une séquence dont les éléments se commandent les uns les autres, mettant en œuvre des processus qualifiés d'induction. Aux blastomères de structure généralisée succèdent des cellules différenciées à des degrés divers, neuroblastes, myoblastes, épithéliums, mésenchyme, etc.

La détermination des lignées cellulaires et celle des champs a pour résultat de fixer la destinée des uns et des autres. Le germe se trouve ainsi décomposé en une mosaïque de territoires. Ce phénomène centrifuge se déroule dans un embryon qui conserve son unité d'ensemble, c'est-à-dire une individualité. En effet les divisions, les mouvements cellulaires, les différenciations morphologiques n'aboutissent pas à un chaos de tissus ou d'organes, mais à un individu aux structures hiérarchisées, spatialement définies, dont les caractères se reconnaissent aux diverses étapes du développement.

Au terme de l'embryogenèse l'unité organique fonctionnelle sera assurée par une intégration physiologique des parties, primitivement ségrégées. Le système nerveux, le milieu intérieur, l'appareil endocrinien, sont les facteurs essentiels assurant les corrélations fonctionnelles.

Tout au long du développement, les qualités héréditaires constituant le génome, synthèse et recombinaison des propriétés parentales, s'exprimeront avec une finesse de plus en plus sensible, de telle sorte que le nouvel individu sera la copie du type spécifique.

Les problèmes de l'embryologie sont doubles. D'une part c'est l'étude descriptive des divers événements qui se succèdent dans le germe, d'autre part c'est l'analyse de leur déterminisme. Embryologie descriptive et embryologie causale ou expérimentale, la première précédant historiquement la seconde, sont les deux grandes voies qui ont sollicité les recherches.

Cet exposé d'ensemble appelle évidemment quelques

retouches qui se préciseront par la suite. Notons ici que le découpage que nous introduisons est, en un certain sens, formel. Il n'y a pas de véritable commencement à la vie d'un organisme. L'œuf fécondé trouve son origine dans les cellules germinales des parents (spermatozoïde et ovocyte). Les phénomènes de la fécondation et de la réduction chromatique, ou méiose, sont préalables au développement embryonnaire. Ils supposent eux-mêmes la mise en œuvre des mécanismes génétiques de la transmission héréditaire. Ainsi les liens de l'embryologie avec la cytologie, la génétique, la sexualité sont-ils évidents.

L'embryologie, avons-nous dit, est la conséquence du processus sexué, qui aboutit à la constitution de la cellule-œuf. Par là elle intéresse essentiellement les organismes pluricellulaires, Métazoaires ou Métaphytes. Il est un autre mode de reproduction dit asexué, moins répandu toutefois que le précédent. Là, c'est une partie plus ou moins importante de l'individu souche qui se détache du parent et se complète pour aboutir à un adulte. Les faits de bouturage, la formation de propagules, de bourgeons, de stolons, la scissiparité, correspondent à ce mode de multiplication. En un sens c'est le même individu qui continue. Il s'agit là encore d'une embryogenèse, mais partielle. Le phénomène commence toujours à partir d'un blastème de cellules restées ou redevenues indifférenciées et qui ont la valeur évolutive des blastomères issus de la segmentation. En fait, avec des variantes, les mêmes phénomènes de ségrégation, de différenciation sélective, de détermination, de régionalisation sont mis en œuvre. Les faits de reproduction asexuée, liés à ceux de régénération, sont donc un aspect du développement embryonnaire.

Dans l'exposé qui suivra nous retiendrons seulement le cas des Métazoaires en nous limitant essentiellement aux mécanismes généraux de leur embryogenèse. Les faits de sexualité, de multiplication asexuée, de génétique sont traités dans d'autres chapitres de ce volume. L'étude s'achèvera avec la constitution du jeune au moment où il va mener sa vie libre, c'est-à-dire sensiblement l'éclosion. Nous laisserons de côté la phase d'activité fonctionnelle, bien que l'éclosion soit aussi une limite artificielle, car l'embryogenèse continue chez les larves. C'est seulement d'une manière incidente qu'il sera question des problèmes de croissance, des larves et des métamorphoses.

ORGANISATION DE L'ŒUF

Il est d'usage de considérer comme point de départ de toute ontogenèse l'œuf fécondé. Celui-ci est une cellule comportant l'équipement propre à toutes les cellules : noyau, cytoplasme, biosomes divers, membrane. Mais l'œuf est autre chose. Sa genèse, sa constitution expriment des propriétés particulières, celles de la lignée germinale. Celle-ci, une fois établie, présente une originalité profonde qui la distingue de la lignée somatique. D'une manière générale, les cellules germinales s'individualisent très tôt au cours de l'ontogenèse et, le plus souvent, les éléments somatiques ne peuvent plus les reconstituer si elles ont été précocement détruites. Il n'y a pas lieu cependant d'admettre une séparation absolue entre les deux lignées. Certains organismes tels les Éponges, les Hydres, les Planaires peuvent édifier des gonocytes à partir d'éléments souches peu différenciés. Ceux-ci sont capables de donner naissance à des cellules somatiques ou germinales. En fait le problème de la ségrégation germinale doit être conçu comme un cas particulier du phénomène de la détermination. Sous cette réserve la précocité de la détermination germinale est remarquable.

Dans les cas de parthénogenèse, un ovocyte peut se développer sans l'intervention d'un spermatozoïde. Il s'agit là d'un cas spécial intéressant, mais qui pour l'embryologie ne change rien au rôle de l'œuf, considéré comme l'élément initial du développement d'un organisme.

Le gamète femelle est caractérisé par l'accumulation plus ou moins marquée de réserves cytoplasmiques parfois très abondantes : vitellus des œufs des Poissons, des Amphibiens, des Reptiles, des Oiseaux. La conséquence de ce processus élaborateur est l'édification d'une cellule relativement volumineuse, immobile, à gros noyau, la vésicule germinative.

La fécondation *(fig. 1)* comporte deux ordres de phénomènes, l'activation et l'amphimixie. Celle-ci, du point de vue de l'embryogenèse, peut être considérée comme secondaire. Elle représente en effet l'association des chromosomes parentaux. C'est un événement essentiellement nucléaire, d'une grande portée génétique, mais qui n'est pas indispensable au développement initial de l'œuf, ainsi qu'en témoignent les cas de parthénogenèse. L'activation, en revanche, est un processus décisif pour la suite du développement. En effet la pénétration du spermatozoïde dans le cytoplasme déclenche une série de bouleversements et de régulations, la formation d'une membrane de fécondation, des mouvements de certains plasmes et de la couche cytoplasmique externe de l'œuf, des modifications du métabolisme, la mise en œuvre des asters qui dirigeront l'association des pronuclei.

D'une façon générale le problème central relatif à l'organisation de l'œuf est non seulement lié à la nature biochimique des plasmes, mais plus encore à celui du déterminisme de leur mise en place, de leurs modifications spatiales, de leurs relations mutuelles. De plus, la masse et la répartition des réserves vitellines commandent dans une certaine mesure l'allure de la segmentation.

PRINCIPAUX TYPES D'ŒUFS

On a été amené à distinguer un certain nombre de types d'œufs.

Les œufs *oligolécithes,* dont les Échinodermes et les Ascidies *(fig. 1)* nous donnent un bon exemple, sont relativement petits. Leur diamètre, variable selon les espèces, est de l'ordre d'une centaine de microns. Ils sont peu chargés en réserves nutritives, en vitellus, et celui-ci apparemment est assez également distribué. Il reste cependant que l'un des pôles, dit pôle animal, est moins riche en vitellus que la région opposée, celle du pôle végétatif. On constate que le noyau est toujours situé un peu excentriquement vers le pôle animal. L'œuf est doué d'une polarité. En règle générale, les œufs oligolécithes se segmentent dans leur totalité, on dit que la segmentation est holoblastique.

On parle parfois d'œufs *alécithes,* notamment à propos de l'œuf des Mammifères placentaires. L'œuf est petit, les réserves vitellines sont faibles ou même, selon certains auteurs, totalement absentes. Cependant la polarité a pu être démontrée (Dalcq). La segmentation est encore totale. Cette structure particulière des œufs de Mammifères doit être considérée comme secondairement acquise.

Chez d'autres Vertébrés et chez certains Invertébrés (Céphalopodes), l'œuf est particulièrement riche en réser-

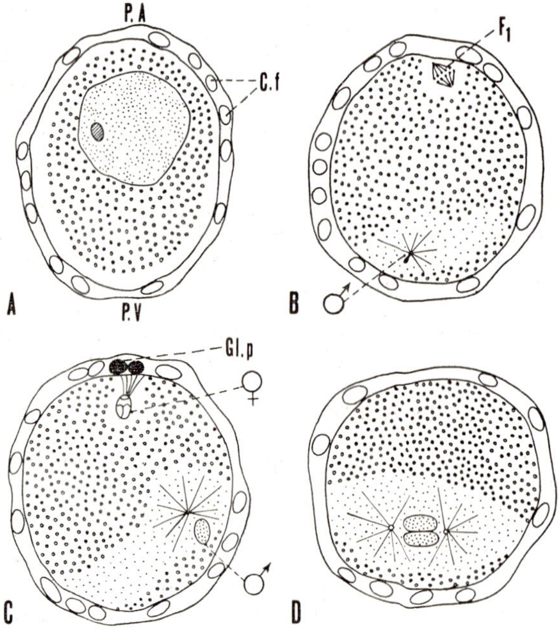

FIG. 1 — MATURATION ET FÉCONDATION DE L'ŒUF CHEZ *Cynthia*.

A, œuf libéré de l'ovaire avec son noyau et les cellules du test qui entourent l'œuf; vitellus dense au centre de l'œuf, cytoplasme plus clair à la périphérie; B, premier fuseau de maturation, développement de l'aire cytoplasmique autour de la tête spermatique; C, mouvement du pronucleus mâle, avec son aster entouré de cytoplasme dans la région postérieure de l'œuf. Le second globule polaire est émis, le pronucleus femelle s'approche du pronucleus mâle; D, fusion des pronuclei, début de la prophase du premier clivage. *C. f,* cellules folliculeuses — *P.A,* pôle animal — *P.V,* pôle végétatif — F_1 fuseau de la première mitose de maturation — *Gl. p,* globules polaires — ♀ noyau femelle — ♂ noyau mâle.

ves vitellines. Il est *télolécithe*. L'exemple le plus évident nous est fourni par l'œuf des Oiseaux. Le jaune de l'œuf de poule qui représente le gamète femelle est une cellule, dont le poids atteint 16 gr. Le cytoplasme pur est réduit à une mince calotte contenant le noyau et que l'on appelle la cicatricule. Celle-ci marque le pôle animal (*fig. 2*). Le reste de la cellule est rempli de vitellus se présentant en couches concentriques. Un vitellus riche en graisses, le vitellus jaune, est élaboré pendant le jour, sa coloration assez intense est due à la présence de pigments caroténoïdes des graisses ingérées avec la nourriture. Ces couches alternent avec du vitellus plus clair, le vitellus blanc, formé au cours de la nuit, moins chargé en pigments. Étant donné que le noyau est situé à la surface de l'œuf au cours de la croissance et se trouve toujours entouré de cytoplasme contenant peu de graisses, l'ensemble formant le noyau de Pander, on observe une colonne de vitellus blanc s'étendant du centre de l'œuf à la surface, c'est la *latebra*.

Une forte réserve vitelline représente une masse inerte qui est difficilement entamée par les sillons des clivages au cours de la segmentation. En fait celle-ci intéresse uniquement la région animale de la cicatricule pour constituer le blastodisque. La segmentation est donc partielle, on dit méroblastique.

Entre les œufs oligolécithes et ceux qui sont franchement télolécithes, il existe une gamme variée d'œufs plus ou moins chargés en vitellus. L'œuf des Amphibiens peut être considéré comme modérément lécithique (*fig. 3*). Il mesure en général de 1,5 mm à 2 mm. Les réserves vitellines sont abondantes La segmentation est totale mais inégale, les cellules ou blastomères de l'hémisphère animal sont plus petites que celles de l'hémisphère végétatif et le rythme des divisions des cellules animales est plus rapide.

Il existe enfin un type d'œuf assez particulier qui est présenté par les Arthropodes et plus spécialement les Insectes. Chez ces derniers par exemple, le noyau situé au centre de l'œuf, au centre d'une petite zone cytoplasmique, est entouré par un vitellus abondant (voir *fig. 9 A*).

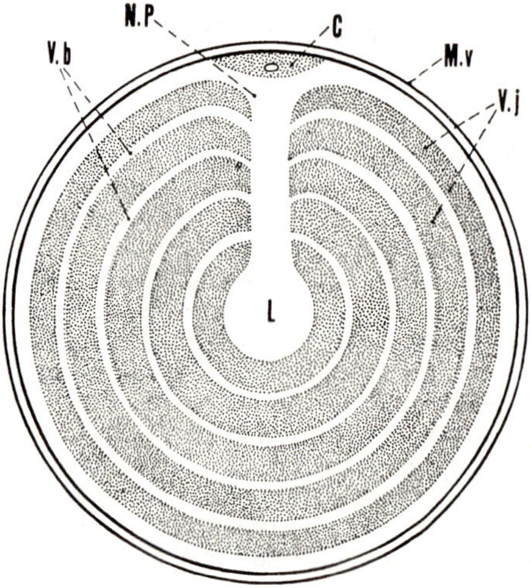

Fig. 2 — Schéma de l'œuf de Poule mûr.

C, cicatricule blastodisque — *L,* latebra — *M.v,* membrane vitelline — *N.P,* noyau de Pander — *V.b,* vitellus blanc — *V.j,* vitellus jaune.

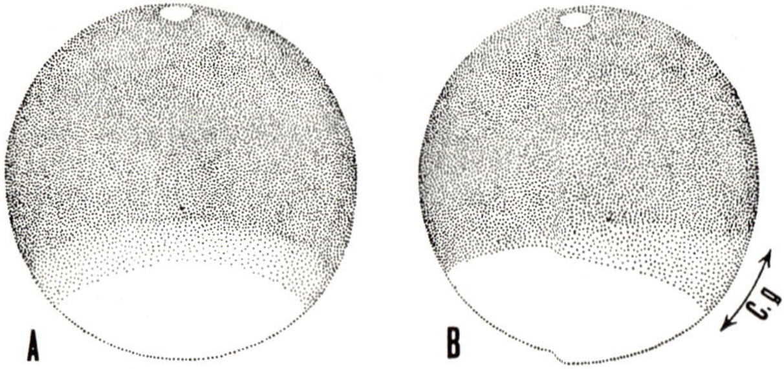

Fig. 3 — Œuf de Grenouille et formation du croissant gris.

A, œuf frais pondu; B, l'œuf vu de profil après la formation du croissant gris (*C.g*). Pôle animal et tache de maturation en haut. Pôle végétatif en bas.

L'ŒUF DES AMPHIBIENS

L'exposé précédent montre que les œufs, selon les cas et pour certains caractères, ont une structure variable. Pour avoir une idée d'ensemble de l'organisation de l'œuf nous prendrons l'exemple de l'œuf des Amphibiens. C'est l'un des mieux connus à cet égard et son utilisation par les embryologistes a été si considérable qu'elle légitime une description particulière.

STRUCTURE DE L'ŒUF

L'œuf de Grenouille rousse prélevé dans l'oviducte d'une femelle accouplée se présente comme une grosse cellule sphérique dont le diamètre est un peu inférieur à deux millimètres. Son orientation est encore quelconque, cependant une polarité apparente se traduit dans sa coloration. L'hémisphère qui sera plus tard supérieur et qui s'étend au-dessus de l'équateur est l'hémisphère animal, son pôle est le pôle animal. Il est coloré en noir par une couche de pigment sub-cortical. L'hémisphère inférieur est l'hémisphère végétatif; son pôle, le pôle végétatif. La couche pigmentaire s'arrête dans l'hémisphère végétatif au même niveau sur tout le pourtour de l'œuf. Sa limite inférieure qui circonscrit le champ vitellin est un cercle, (voir *fig 3, A*).

Au pôle supérieur de l'œuf venant d'être pondu on observe une petite zone irrégulièrement circulaire où le cytoplasme presque pur devient superficiel. C'est la tache de maturation. Sa teinte grise plus ou moins claire tranche sur le noir environnant. Dans l'œuf considéré nous trouverons le premier globule polaire au milieu de la tache polaire. Il est généralement situé dans une petite fossette. Près de lui, apparaît un minuscule entonnoir creusé dans l'épaisseur de la couche pigmentaire et à l'extrémité profonde duquel se trouve le noyau bloqué en métaphase de la deuxième cinèse de maturation. Ce point marque le pôle animal. Un diamètre idéal passant par l'entonnoir de maturation et le pôle végétatif définit l'axe de polarité monaxone (*fig. 4*).

La polarité qui se traduit si nettement à l'observation

superficielle est, nous le voyons, marquée par la position très excentrique du noyau lequel vient libérer ses globules polaires au pôle animal. La dissection d'un œuf mûr, prélevé dans l'ovaire, donc avant le début de la méiose, nous montrerait la vésicule germinative localisée excentriquement au-dessous du pôle animal.

L'étude de l'œuf après section méridienne et coloration permet d'analyser plus avant les structures internes *(fig. 5)*. Tout l'œuf est rempli de plaquettes vitellines. Dans la moitié végétative celles-ci sont de volume uniforme, assez considérable, elles sont nombreuses et se touchent. Au niveau de l'équateur elles sont plus clairsemées, et diminuent de volume, cette diminution s'accentue d'autant plus qu'on s'approche du pôle animal. La répartition et la taille des plaquettes sont étagées selon un gradient, le gradient vitellin.

Au contact des plaquettes, on trouve des granulations représentant de gros corps, les lipochondries, que l'on assimile généra-

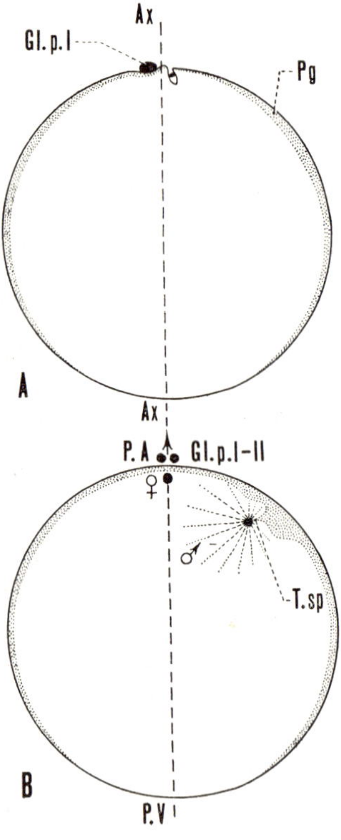

FIG. 4 — ASPECTS CYTOLOGIQUES DE LA FÉCONDATION DANS L'ŒUF DE GRENOUILLE ROUSSE (VU EN COUPE SAGITTALE).

A, œuf frais pondu, le premier globule polaire est émis, la seconde cinèse est bloquée; B, l'œuf après pénétration de la tête spermatique. Le second globule polaire est émis, au-dessous le noyau femelle.

Gl. p. I, *Gl. p.* II, globules polaires I et II — ♂ pronucleus mâle — ♀, pronucleus femelle — *Pg,* pigment — *T. sp,* traînée spermatique — *Ax, Ax,* axe animal végétatif — *P.A., P.V,* pôles animal et végétatif.

lement à des dérivés du corps de Golgi. Elle sont surtout abondantes au niveau de la partie animale de l'œuf. Enfin, entre plaquettes vitellines et lipochondries, s'observe un réseau irrégulier avec granulations basophiles. Ce sont des granules riches en ribonucléoprotéines, associés à des protéines sulfhydrilées, des enzymes respiratoires, des phospholipides. Ces granules, peu abondants au pôle végétatif, sont très denses au pôle animal. La zone intermédiaire ou zone marginale se caractérise par un mélange particulier des granules et des plaquettes. Il existe un gradient des granules ribonucléiques.

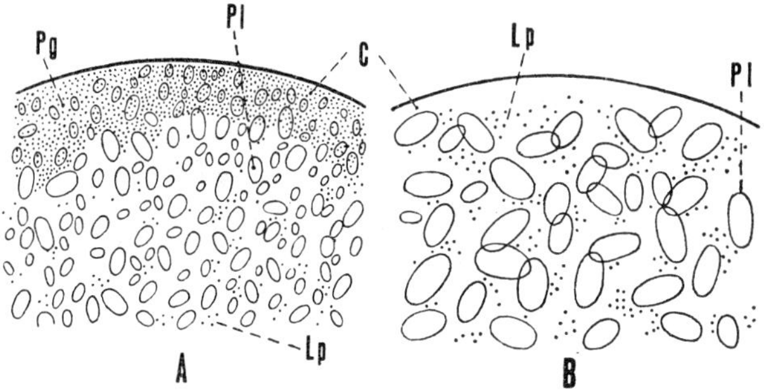

FIG. 5 — ASPECTS DU CYTOPLASME ET DE LA ZONE CORTICALE D'UN ŒUF DE TRITON DANS LA RÉGION ANIMALE A ET VÉGÉTATIVE B.

En A : plaquettes vitellines petites et lipochondries; la pellicule comprend une couche profonde dépourvue de plaquettes mais riche en grains de pigment, et une lame superficielle hyaline représentée en noir. En B : la pellicule est réduite à la couche hyaline plus mince. Les plaquettes vitellines sont plus grosses en B qu'en A. *C*, cortex — *Lp*, lipochondries — *Pg*, pigment — *Pl*, plaquette vitelline.

Ainsi l'œuf d'Amphibien laisse clairement reconnaître deux groupes d'organites, les plaquettes vitellines et les granules, répartis chacun en une série graduée. Il existe un *double gradient interne :* gradient vitellin ou cytovitellin et gradient des granules ribonucléiques qui s'étagent, en sens inverse l'un de l'autre, du pôle animal au pôle végétatif.

A sa périphérie l'œuf est limité par une pellicule corticale constituée par un cytoplasme homogène et dans laquelle ne pénètrent pas les granulations vitellines. Dans la région du pôle animal la zone profonde de cette couche est bourrée de pigment, la partie superficielle se présente

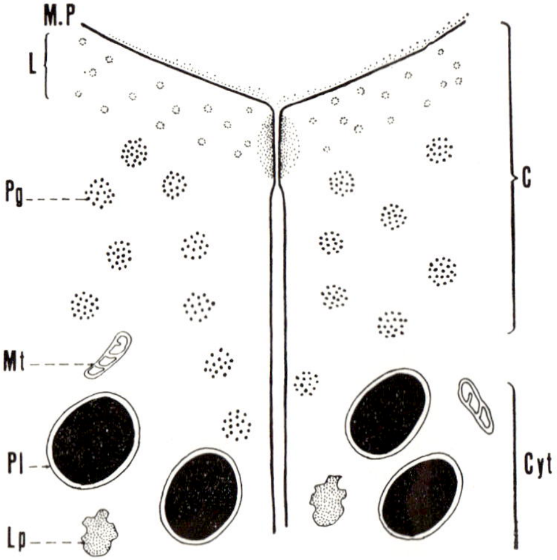

FIG. 6 — SCHÉMA DU CORTEX ET INCLUSIONS CYTOPLASMIQUES CHEZ L'ŒUF DE TRITON.

Coupe au niveau d'une cloison entre deux blastomères.
C, cortex — *Cyt,* cytoplasme profond — *L,* lame corticale hyaline — *Lp,* lipochondrie — *M.P,* membrane plasmatique — *Mt,* mitochondrie — *Pg,* pigment — *Pl,* plaquette vitelline (imité de Dollander).

comme une lame cytoplasmique hyaline colorable *in vivo* par le bleu de Nil. Dans la région végétative la pellicule est réduite à cette couche hyaline très mince *(fig. 6)*.

La pellicule corticale constitue un véritable manteau à l'œuf. Cette très fine membrane transparente, d'une extrême élasticité, est caractérisée par une orientation moléculaire particulière du cytoplasme superficiel. Elle tend à revenir sur elle-même quand on la déforme. Si on pratique une légère lésion à la surface d'un œuf fécondé on voit une petite quantité de matériel profond faire éruption par la blessure, pour constituer un extra-ovat. Cependant l'écoulement cesse bientôt, les bords de la lésion se referment grâce à l'élasticité du manteau et finalement ferment la blessure.

ENVELOPPES DE L'ŒUF

L'œuf est entouré par un certain nombre d'enveloppes secondaires ou tertiaires, élaborées par l'ovaire et l'oviducte. La première est le chorion qui au moment de la ponte est étroitement appliqué à l'œuf. Le chorion est sécrété par les cellules folliculaires de l'ovaire. Autour du chorion se trouve la gangue élaborée par l'oviducte et qui revêt l'œuf au cours du transit de celui-ci dans l'oviducte. Jusqu'au moment de l'expulsion cette couche reste peu épaisse. Au moment où l'œuf sortant du cloaque et arrivant dans l'eau est fécondé, la gangue visqueuse gonfle très rapidement en une gelée transparente. Elle donne aux pontes de grenouille l'aspect de masses volumineuses très caractéristiques.

CARACTÈRES DE LA SEGMENTATION

La segmentation se définit comme le clivage de l'œuf en un certain nombre de cellules de plus en plus petites, appelées blastomères, sans augmentation notable du volume total initial, et dont l'aboutissement est une sphère creuse, la blastula. On convient de limiter cette période au moment où débutent les déplacements cellulaires importants qui caractérisent la gastrulation.

L'œuf fécondé est une grosse cellule plus ou moins riche en deutoplasme et dans lequel la masse protoplasmique par rapport au noyau est beaucoup plus grande que dans n'importe quelle autre cellule du corps. Or dans un organisme adulte, le rapport entre le volume de la chromatine et celui du cytoplasme est déterminé par une proportionnalité constante. C'est ce que l'on appelle le rapport nucléo-plasmatique ($N/P = K$). La segmentation divise l'œuf en cellules de plus en plus petites, cependant que le volume total du cytoplasme reste constant. Le résultat est de rapprocher le rapport nucléo-plasmatique de la moyenne caractéristique de l'espèce. L'œuf ne prélevant aucun aliment dans son milieu pendant cette période, à l'exception de l'eau et des gaz, il en résulte que la synthèse du matériel nucléaire implique que les noyaux puisent dans la réserve cytoplasmique les éléments nécessaires à leur croissance.

SEGMENTATION DE L'ŒUF DE SYNAPTA

L'œuf de *Synapta* (Échinoderme Holothuride) nous donne l'exemple le plus simple d'une segmentation *(fig. 7)*. L'œuf est oligolécithe. Le premier sillon de segmentation est méridien, il passe par conséquent par le pôle animal et

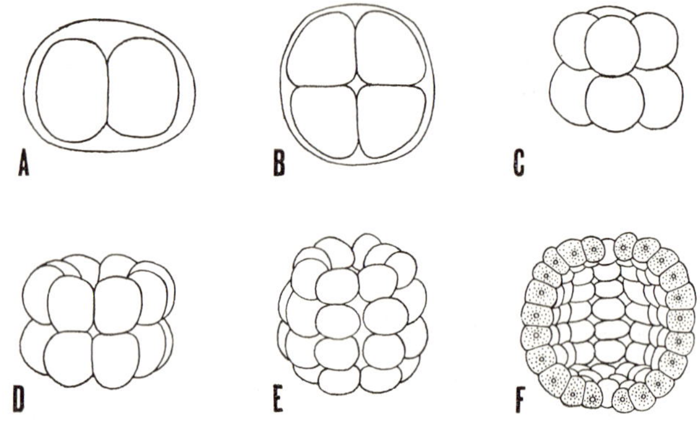

Fig. 7 — Segmentation chez *Synapta digitata.*

A, stade 2; B, stade 4; C, stade 8; D, stade 16; E, stade 32; F, stade 128, vu en coupe sagittale. Tous les germes sont vus de côté, sauf B représenté en vue polaire (d'après Selenka).

le pôle végétatif, pour séparer l'œuf en deux blastomères égaux. Le second sillon de segmentation également méridien est perpendiculaire au premier. L'œuf est alors séparé en quatre gros blastomères égaux. Le troisième plan de segmentation est équatorial, perpendiculaire aux deux premiers, et on passe au stade 8 blastomères. Le stade 16 blastomères est réalisé par deux sillons méridiens perpendiculaires entre eux et faisant un angle de 45° avec le 1er et le 2e sillon. On a 8 blastomères animaux et 8 blastomères végétatifs. Deux plans de segmentation latitudinaux intéressant l'un l'hémisphère animal, l'autre l'hémisphère végétatif, nous font passer au stade 32. Les plans de segmentation ultérieurs sont alternativement méridiens et latitudinaux, de sorte qu'on obtient finalement une série de cercles cellulaires horizontaux, chaque cellule d'un cercle recouvrant exactement la cellule correspondante du cercle sous-jacent. Les blastomères limitent finalement une cavité interne, le blastocèle. Le germe est une cœloblastule dont la cavité est limitée par une couche unicellulaire de blastomères égaux. Le segmentation chez *Synapta* est totale (holoblastique), égale et de type radiaire.

MODALITÉS DE LA SEGMENTATION

L'allure de la segmentation est, dans une large mesure, conditionnée par la surcharge de l'œuf en vitellus. Celui-ci, constituant une masse inerte, est difficilement entamé par les sillons de segmentation.

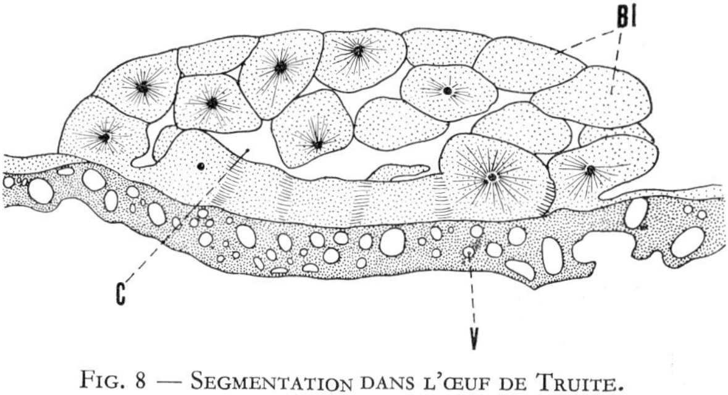

FIG. 8 — SEGMENTATION DANS L'ŒUF DE TRUITE.

Bl, blastomères; *C,* cavité de segmentation; *V,* vitellus insegmenté (d'après Kopsch).

Dans les œufs oligolécithes et ceux où la masse deutoplasmique n'est pas trop volumineuse, la segmentation est totale. Elle peut être égale ou inégale. Elle est qualifiée d'égale lorsque les blastomères sont égaux entre eux. Lorsque la segmentation est inégale, ce sont très généralement les blastomères de la région animale qui sont les plus petits et les plus pauvres en vitellus. Ceux de l'hémisphère végétatif sont chargés de réserves. On nomme les premiers des micromères, les seconds sont des macromères. Assez souvent, les différences de taille entre les blastomères

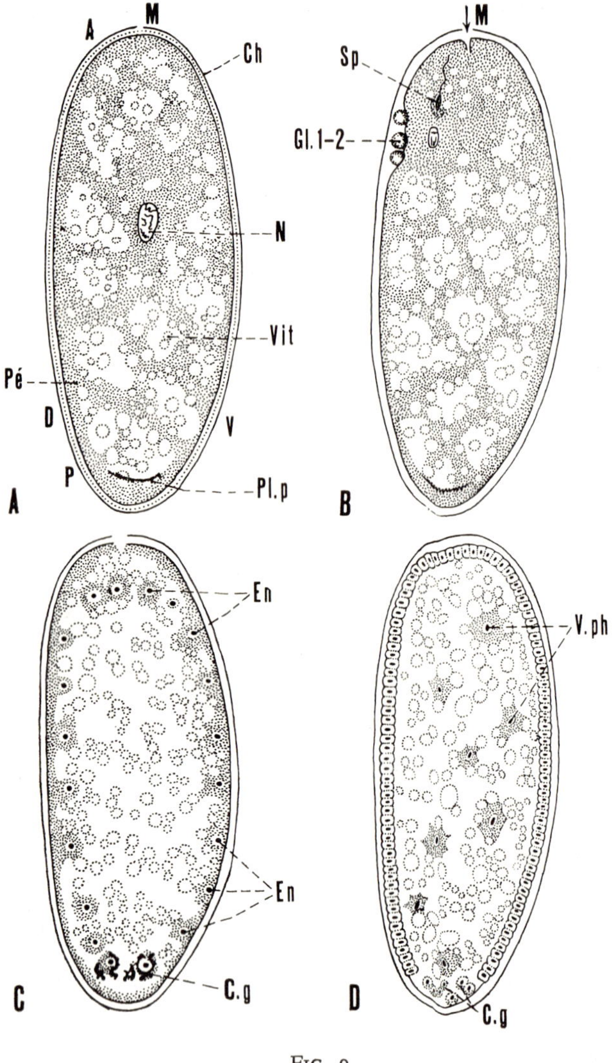

FIG. 9

sont légères. On dit dans ce cas que la segmentation est subégale.

Dans les œufs télolécithiques très volumineux, chargés de réserve (œufs de Poule, de Poisson), la segmentation se limite à la région du cytoplasme pur avoisinant le pôle animal. Les blastomères forment une sorte de calotte ou disque reposant sur la masse vitelline. La segmentation est méroblastique et discoïdale *(fig. 8)*.

Dans les œufs centrolécithiques la segmentation est dite superficielle *(fig. 9)*. Le noyau se divise en restant au centre de la masse vitelline. Autour des noyaux fils s'individualise une zone cytoplasmique mais qui ne sépare pas de véritables blastomères. On a ainsi 2-4-8-16... 1 024 noyaux. L'ensemble des noyaux entourés de cytoplasme (énergides) gagne la zone périphérique ou périplasme de l'œuf par déplacements amiboïdes. Ils forment là une couche syncitiale dans laquelle s'individualise, autour de chaque noyau accompagné de son cytoplasme, une membrane cellulaire. On assiste alors à la constitution d'une assise épithéliale superficielle constituant le blastoderme.

PRINCIPAUX TYPES DE SEGMENTATION

TYPE RADIAIRE

Les Échinodermes *(voir fig. 7)* en sont un exemple. Ce type est caractérisé par une alternance plus ou moins régulière des sillons méridiens passant par l'axe vertical de l'œuf; la symétrie de l'ébauche est radiaire par rapport à cet axe. Les blastomères sont disposés en étages horizontaux et en quartiers verticaux. La segmentation de l'œuf de Synapte est très caractéristique de ce mode de segmentation.

Fig. 9 — Schéma de l'œuf centrolécithe des Insectes et des premiers stades du développement.

A, l'œuf avant la fécondation; B, maturation; C, migration centrifuge des énergides; D, constitution du blastoderme.

A, pôle antérieur — *Ch,* chorion — *C.g,* cellules germinales — *D,* côté dorsal — *En,* énergides — *Gl,* 1 et 2 globules polaires — *M,* micropyle — *N,* noyau femelle — *P,* pôle postérieur — *Pé,* périplasme — *Pl.p,* plasma polaire — *Sp,* spermatozoïde — *V,* côté ventral — *Vit,* vitellus — *V. ph,* vitellophages.

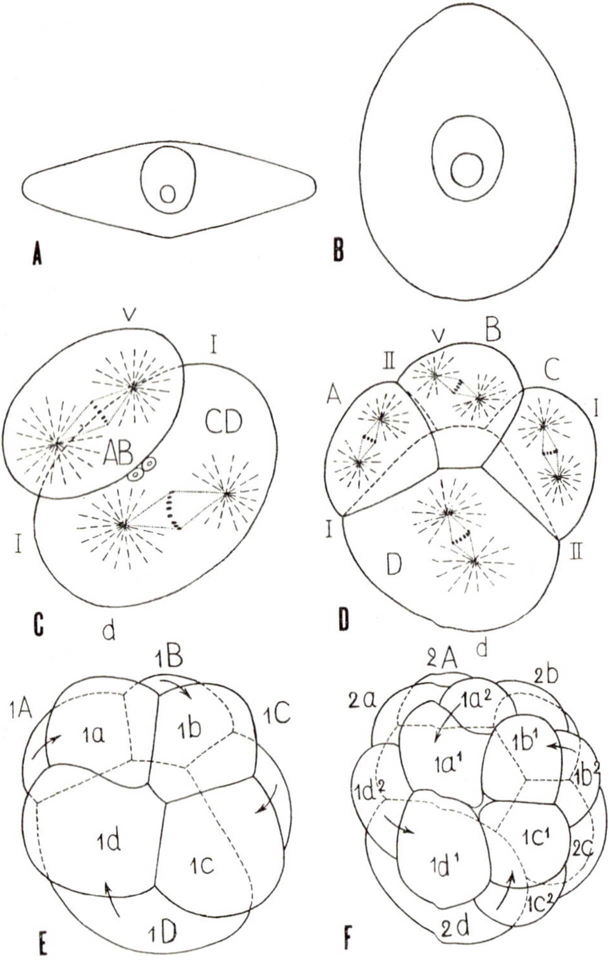

FIG. 10 — SEGMENTATION SPIRALE CHEZ L'ANNÉLIDE *Arenicola cristata.*

A, œuf vierge prélevé dans la cavité du corps, vue latérale; B, le même œuf en vue polaire; C, stade 2, vu par le pôle antérieur, *d*, côté dorsal, *v*, côté ventral. I-I premier plan de segmentation. Les

TYPE BILATÉRAL

On le trouve chez les Ascidies (*voir fig. 12*). Dès le début de la segmentation, l'œuf se trouve subdivisé en deux moitié symétriques dans chacune desquelles les blastomères se divisent synchroniquement. Par conséquent dès le début de la segmentation l'œuf présente une symétrie bilatérale.

TYPE SPIRAL

Ce terme donné par Wilson (1892) caractérise certains œufs d'Invertébrés, en particulier ceux des Annélides et des Mollusques. Dans la segmentation spirale, les blastomères sont disposés en cercles latitudinaux comme dans le type radiaire, mais au lieu d'être situés l'un au-dessous de l'autre ils alternent d'un cercle à l'autre. Sur un tel germe segmenté, pour passer d'un pôle à un autre sans couper de cellule, on ne peut plus suivre un méridien, mais on doit suivre une spirale (*fig. 10*).

Dans une segmentation spirale, à chaque cycle mitotique, les blastomères subissent une rotation de 45°, de telle sorte que les blastomères fils se placent entre les blastomères parentaux. Le phénomène ne résulte pas seulement du déplacement des blastomères produits, mais surtout de l'orientation des fuseaux de division. Ceux-ci ne sont ni verticaux, ni horizontaux, mais obliques par rapport à l'axe vertical de l'œuf. Un second trait caractéristique de la segmentation spirale est l'alternance des fuseaux de division. A un cycle mitotique dans lequel les fuseaux sont dirigés dans le sens des aiguilles d'une montre, on dit dexiotropique, succède un cycle dans lequel les fuseaux

---

globules polaires sont visibles au pôle animal. Fuseaux mitotiques de la seconde cinèse de segmentation; D, stade 4, vu par le pôle animal. On remarquera les fuseaux mitotiques préparant la troisième cinèse (comparer avec E). I-I plan du premier clivage, II-II plan du second clivage; E, stade 8, vu par le pôle animal. Formation du premier quartette, les flèches indiquent l'orientation dexiotropique des fuseaux de division; les limites des macromères situés sous les micromères sont figurées en pointillé; F, stade 16, vu par le pôle animal. Division du premier quartette $1a^1$, $1a^2$... $1d^1$, $1d^2$. Remarquer l'orientation loeotropique de la division. Formation du second quartette *2a*, etc. Les macromères deviennent *2A* ... *2D*.

sont dirigés en sens inverse, lœotropique. La segmentation spirale est déterminée, c'est pendant son cours que se différencient les feuillets germinatifs et les ébauches des organes futurs. Les embryologistes ont été amenés à suivre la destinée des cellules au cours de la segmentation, à faire le lignage cellulaire.

Il a été nécessaire, pour permettre un repérage commode, d'introduire une nomenclature précise dont voici le principe. Chaque blastomère est désigné par une lettre, un coefficient et un exposant. Partons du stade 4 blastomères. Nous convenons de désigner ceux-ci par les lettres A, B, C, D. L'embryon comprend 4 quadrants. Les 4 blastomères se divisent en même temps et on passe au stade 8. Les fils de A, B, C, D, sont tous placés du côté animal et en règle générale sont plus petits que leurs pères. Ces derniers seront les macromères (écrits en majuscules), les éléments fils seront les micromères (écrits en minuscules). Les quatre premiers micromères forment un quartette, le premier quartette. Nous convenons de l'écrire Ia, Ib, Ic, Id. La lettre désigne l'origine du micromère : a est le fils de A, b est le fils de B, etc. Le coefficient indique le rang : premier quartette. Après cette division les blastomères initiaux seront devenus IA, IB, IC, ID et Ia, Ib, Ic, Id. Les micromères se placent dans les intervalles compris entre les blastomères qui leur ont donné naissance.

Stade 4 :	A		B		C		D	
		Ia		Ib		Ic		Id
Stade 8 :	IA		IB		IC		ID	

Les macromères IA...ID se divisent simultanément et donnent un second quartette de micromères : 2a, 2b, 2c, 2d et les macromères deviennent 2A, 2B, 2C, 2D. Ces macromères fourniront un troisième quartette de micromères, 3a, 3b, 3c, 3d, et deviennent alors 3A, 3B, 3C, 3D, puis un quatrième quartette de micromères 4a, 4b, 4c, 4d, devenant 4A, 4B, 4C, 4D. Rarement un cinquième quartette est produit.

Pendant ce temps le premier quartette Ia...Id et le second 2a...2d se sont divisés. Naturellement le coefficient symbolique du blastomère ne change pas lors de chaque division et il continue toujours à désigner le quartette. Considérons par exemple le premier quartette. Il va fournir 8 cellules : quatre sont situées au pôle animal, on les affecte d'un exposant : Ia^1, Ib^1, Ic^1, Id^1; les quatre autres cellules situées à 45° au-dessous s'écrivent : Ia^2, Ib^2, Ic^2, Id^2. Puis chaque quartette va se diviser à son tour, les descendants Ia^1, Ib^1, Ic^1, Id^1, s'écrivent Ia^{11}, Ib^{11}, Ic^{11}, Id^{11} pour les quatre cellules situées au pôle animal et Ia^{12}, Ib^{12}, Ic^{12}, Id^{12} pour les quatre cellules situées au-dessous.

En continuant à appliquer cette règle de nomenclature au cours des divisions successives, on conçoit qu'il soit possible de retrouver la filiation d'une cellule déterminée c'est-à-dire son lignage. Considérons par exemple $2b^{121}$. La lettre b nous indique qu'il s'agit d'un micromère, qui descend de B. Son coefficient 2 montre qu'il appartient au second quartette. Comme il possède trois exposants, c'est donc qu'il appartient à la troisième génération de 2b : il est l'arrière petit-fils de ce blastomère.

2b	a donné $2b^1$	et $2b^2$
$2b^1$	a donné $2b^{11}$	et $2b^{12}$
$2b^{12}$	a donné $2b^{121}$	et $2b^{122}$

Notons encore que, dans la suite des divisions, il arrive que dans un quadrant donné la division soit aberrante. La segmentation tout en restant spirale perd sa régularité.

ÉVOLUTION DU GERME AU COURS DE LA SEGMENTATION

Lorsque l'œuf s'est clivé en un certain nombre de blastomères, il prend l'aspect d'une masse rappelant une mûre, d'où le nom de morula donné à cet aspect du germe lorsque la masse cellulaire est compacte. En fait, assez généralement, une cavité centrale se creuse très tôt entre les blastomères, qui montrent une tendance à s'ordonner à la périphérie du germe en une assise cellulaire continue. L'ébauche réalisée est une blastula, l'assise des blastomères est le blastoderme, la cavité limitée par les blastomères, le blastocèle ou cavité de segmentation.

CONCLUSIONS

Quels sont les faits fondamentaux qui se dégagent de cette étude de l'organisation de l'œuf?

L'ovule est initialement un gamète et comme tel il se caractérise par des propriétés cytologiques bien spéciales : réduction chromatique, capacité de s'associer au gamète mâle pour constituer un noyau diploïde, capacité de répondre à l'activation spermatique par des remaniements cytoplasmiques profonds, par la segmentation et plus tard le déploiement des mécanismes de l'ontogenèse. Le gamète femelle se caractérise encore par des processus élaborateurs qui en font une grosse cellule normalement immobile. L'accumulation préalable des réserves deutoplasmiques, utilisées plus tard lors de l'édification de l'embryon, marque l'activité cytoplasmique. A cet égard l'œuf des Mammifères placentaires est aberrant et cet état résulte d'une évolution secondaire. L'élaboration deutoplasmique semble avoir eu pour conséquence la profonde inégalité des volumes cellulaires lors des mitoses de la maturation (globules polaires). La masse et le mode de répartition du vitellus (œufs oligo-télo-et centrolécithes) commandent dans une large mesure les modalités de la segmentation.

L'hétérogénéité des constituants cytoplasmiques de l'œuf est constante. On peut d'une manière très générale distinguer un cytoplasme profond où s'effectuent les processus d'élaboration et une zone corticale différant du cytoplasme sous-jacent par sa nature chimique, par sa structure physique. Elle contrôle les échanges avec le milieu. Ce cortex apparaît comme un lien qui assure l'unité du germe au cours de la fécondation et dont les propriétés et les remaniements ont été bien suivis dans l'œuf des Échinodermes et des Amphibiens.

L'anisotropie du cytoplasme profond est générale, mais elle est particulièrement marquée dans certains œufs où des plasmes localisés ayant des propriétés morphogénétiques particulières ont été décelés et sont parfois marqués par une pigmentation spéciale ou par leur richesse en constituants chimiques définis.

On a pu observer la répartition de ces constituants chimiques ou morphologiques (acide ribonucléique, plaquettes vitellines, granulations diverses) selon un étagement défini et une densité répartie en un système de gradients.

La conséquence de cette hétérogénéité est en premier lieu la polarité de l'œuf qui se traduit souvent par des signes extérieurs visibles (coloration des œufs d'Amphibiens, morphologie externe des œufs d'Insectes). Un axe de polarité monaxone, permettant de définir un pôle animal et un pôle végétatif, est le premier élément sensible d'une détermination, qui se trouve instituée au cours même du développement dans l'ovaire.

D'autres éléments de détermination : symétrie bilatérale, organisation dorso-ventrale, peuvent être préparés au cours du développement ovarien, mais souvent s'expriment pendant les remaniements qu'impose l'activation due à la pénétration du spermatozoïde. Ces déterminations qui, au départ, peuvent être plus ou moins labiles, se stabilisent dans la suite du développement. La détermination cellulaire de la lignée germinale apparaît très précocement dans certains œufs. Le processus de la fécondation et tout spécialement l'activation résultant de la pénétration du spermatozoïde entraîne des remaniements profonds de la physiologie (respiration, perméabilité, viscosité), du comportement nucléaire (achèvement ou déclenchement des mitoses de maturation), de la répartition des divers plasmes de l'œuf.

DÉVELOPPEMENT EMBRYONNAIRE DE QUELQUES TYPES FONDAMENTAUX

Il ne saurait être question ici de passer en revue le développement embryonnaire des principaux groupes zoologiques, et nous devons nous tenir à quelques exemples caractéristiques. Nous retiendrons ceux qui sont fondamentaux, parce qu'ils ont été à la base des travaux expérimentaux les plus marquants. Ceux-ci ont été en effet réalisés sur un nombre limité d'organismes.

DÉVELOPPEMENT DE L'OURSIN

Nous choisirons comme exemple l'Oursin commun, *Paracentrotus lividus (fig. 11)*. L'œuf est caractérisé par la présence d'un anneau superficiel orangé situé au-dessous de l'équateur, anneau qui laisse la région du pôle végétatif dégagée de pigment.

La segmentation est du type radiaire. Les deux premiers plans de segmentation, perpendiculaires entre eux, sont méridiens, et produisent 4 blastomères égaux. Le troisième plan de segmentation est équatorial, séparant 4 blastomères animaux et 4 blastomères végétatifs (stade 8). L'anneau pigmenté intéresse essentiellement ceux-ci. Au cours du quatrième cycle de clivage, les 4 cellules de l'hémisphère animal sont divisées par deux plans méridiens et donnent 8 blastomères animaux égaux, que l'on appelle mésomères, cependant que les 4 blastomères végétatifs subissent une division très inégale, selon un plan de segmentation sous-équatorial. On obtient alors 4 grandes cellules, les macromères, qui contiennent le matériel pigmenté et 4 petites cellules localisées au pôle végétatif, les micromères. Nous sommes au stade 16.

Le passage au stade 32 est réalisé de la manière suivante : les 8 blastomères animaux, les mésomères, se divisent horizontalement et donnent 16 mésomères répartis en deux couronnes superposées : mésomères 1 (an. 1) et mésomères 2 (an. 2). Les quatre gros macromères pigmentés sont divisés par deux plans méridiens en 8 blastomères. Les 4 micromères se divisent également pour former 8 micromères. Au sixième cycle de clivage, les 8 macromères sont divisés par un plan latitudinal en deux groupes de 8 macromères : 8 macromères supérieurs (vég. 1) et 8 macromères inférieurs (vég. 2). L'œuf est ainsi constitué dans le sens latitudinal par cinq bandes de blastomères an. 1, an. 2, vég. 1, vég. 2 et micromères. (Nous utilisons ici la terminologie de Hörstadius qui sera reprise par la suite; an. 1, an. 2, blastomères animaux; vég. 1, vég. 2, blastomères végétatifs.)

Dès le stade 8, on voit se former à l'intérieur du germe en segmentation une cavité, le futur blastocèle. La segmentation continue. Les différences de taille entre les blastomères s'effacent peu à peu dans la suite des divisions. Finalement, à la fin de la segmentation, on a une blastula qui se couvre de cils et dont la cavité est limitée par une simple couche de cellules. Cette blastula résulte d'une segmentation totale donnant une ébauche sphérique pourvue d'une cavité primaire, le blastocèle. On a pu suivre la destinée des dérivés des groupes cellulaires précédemment définis; mésomères 1 et 2 (an. 1, an. 2), macromères 1 et 2 (vég. 1 et vég. 2), micromères. Pendant la gastrulation et la formation de la larve, la ceinture pigmentée constitue un repère intéressant. Une touffe de longs cils se développe par la suite au pôle animal.

La gastrulation s'amorce par un aplatissement de la blastula dans la région du pôle végétatif. Un certain nombre de cellules, situées au niveau même de ce pôle et dérivant directement des micromères, émigrent dans la cavité blastocélienne. Elles formeront une partie du feuillet moyen ou mésoderme, c'est le mésenchyme primaire destiné à donner le squelette de la larve *pluteus*.

La gastrulation se produit par embolie, c'est-à-dire par une invagination d'une grande partie de l'hémisphère végétatif essentiellement dérivée des macromères 2 (vég. 2). Les bords du matériel invaginé et qui va constituer

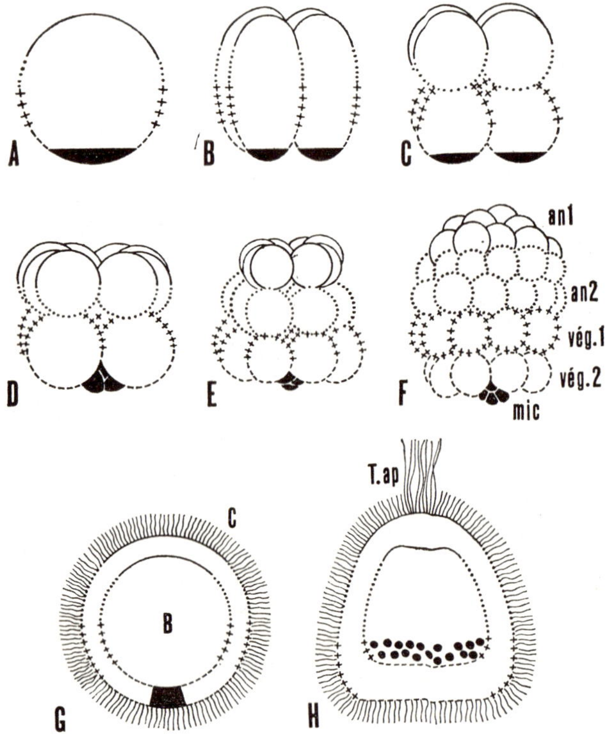
A
B
C
D
E
F
an1
an2
vég.1
vég.2
mic
T.ap
C
B
G
H
T.ap
M.2
Ar
M.1
Bl
I
J
T.d
St
V
D
Sp

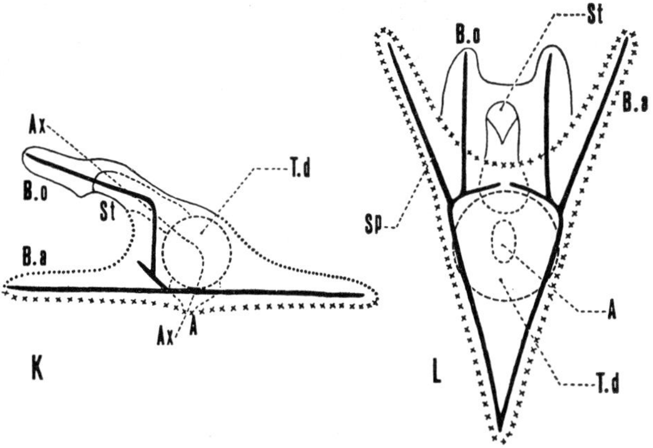

FIG. 11 — SCHÉMAS DU DÉVELOPPEMENT CHEZ L'OURSIN *Paracentrotus lividus.*

La ceinture pigmentée n'est pas représentée. Les divers territoires sont indiqués par les conventions suivantes : trait plein (*an.* 1), pointillé (*an.* 2), croix (*vég.* 1), tiret (*vég.* 2), noir (micromères). A, œuf insegmenté; B, stade 4; C, stade 8; D, stade 16; E, stade 32; F, stade 64; G, blastula ciliée vue en coupe; H, migration dans le blastocèle des micromères; I, gastrula; J, évolution de la gastrula vue de profil; K, *pluteus,* vue latérale; L, *pluteus,* vue ventrale.

A, anus — *Ar,* archentéron — *Ax-Ax,* axe primitif; *B,* blastocèle — *B.a,* bras anal — *B.o,* bras oral — *Bl,* blastopore — *C,* cils — *D,* région dorsale — *M.* 1 mésenchyme primaire — *M.* 2 mésenchyme secondaire — *St,* stomodeum — *Sp,* spicule — *T. ap,* touffe ciliée apicale — *T.d,* tube digestif — *V.* région ventrale (d'après Hörstadius).

l'endoderme coïncident sensiblement avec la limite entre les macromères inférieurs (macromères 2 : vég. 2) et les macromères supérieurs (macromères 1 : vég. 1). Les autres cellules dérivées des mésomères 1 et 2 et des macromères 1 (vég. 1) forment la surface externe de l'embryon et donneront l'ectoderme. Seules les cellules dérivées des macromères 2 (vég. 2) participent à l'édification de l'endoderme. Celui-ci se présente initialement comme un cul-de-sac, c'est l'intestin primitif ou archentéron. L'ouverture de ce sac vers l'extérieur est le blastopore qui donnera ultérieurement l'anus.

On a finalement, à la fin de la gastrulation, un embryon comprenant un feuillet externe, l'ectoderme, un feuillet interne, l'endoderme, et une ébauche de feuillet moyen, le mésenchyme primaire.

Dès le stade blastula, l'embryon se couvre de cils et, se débarrassant de son enveloppe ovulaire, commence à nager en se transformant en une larve libre.

Aussitôt après la formation de l'archentéron, l'apex de celui-ci continue à proliférer des cellules d'aspect mésenchymateux qui vont édifier le mésenchyme secondaire ou mésoderme cœloblastique, complétant ainsi la formation du feuillet moyen. La masse de ces cellules forme deux vésicules cœlomiques situées à droite et à gauche de l'archentéron, leur cavité représente le cœlome.

Au moment où se constitue le mésenchyme secondaire, la première indication d'une symétrie bilatérale visible se marque par un aplatissement sur un côté qui correspond au champ ventral, entouré plus tard par la bandelette ciliée circumorale. Sur le côté ventral aplati de la gastrula, deux spicules triradiés s'individualisent. C'est l'ébauche du squelette larvaire. Ces spicules vont croître et soutenir les bras du *pluteus*.

Pour comprendre la structure de la larve *pluteus*, revenons à la gastrula et suivons ses modifications. Le blastopore qui marquait le pôle végétatif se déplace, passe sur la face ventrale de l'embryon et devient l'anus.

L'extrémité distale de l'archentéron, qui a libéré les cellules entérocœliennes, se recourbe vers la face antéroventrale de l'ébauche et rencontre une dépression ectodermique stomodéale. La bouche qui se creuse ainsi s'ouvre dans l'apex de l'archentéron. A la suite de ces mouvements, les deux orifices, anal et buccal, de l'appareil digestif sont donc situés sur la ligne médio-ventrale de l'ébauche. Dans le même temps, le tube digestif se subdivise par deux étranglements circulaires en trois portions successives : l'œsophage, l'estomac très renflé et l'intestin.

La larve est devenue ovoïde; sur sa face ventrale aplatie se creuse une excavation en forme de selle assez profonde, dont les extrémités latérales débordent largement sur les flancs de l'ébauche. La bouche en occupe le fond, cependant que l'anus reste en dehors d'elle et en arrière de son bord postérieur. La ciliature générale du corps disparaît et une bande de puissants cils vibratiles apparaît sur le pourtour de la concavité ventrale. Cette bande ciliée va décrire des méandres complexes, elle constitue la ceinture ciliaire circumorale continue et orientée verticalement.

Chez les Oursins nous passons alors à la larve *echinopluteus* que l'on peut comprendre de la manière suivante. Les extrémités antérieure et postérieure, bordées par la bandelette ciliaire circumorale, envoient de chaque côté deux prolongements lobiformes l'un en avant, l'autre en arrière, ce sont les futurs bras. La partie du corps larvaire, comprise entre les deux lobes antérieurs et située en avant de la bouche, détermine l'aire préorale. La partie enfermée par les deux lobes postérieurs porte l'anus, c'est l'aire anale. Chez le *pluteus,* l'aire anale prend un développement marqué et la dépression ventrale qui se trouve déplacée vers l'extrémité antérieure devient presque terminale, de sorte que l'aire préorale est très réduite. Les bords de la dépression poussent des prolongements symétriques dont la bordure ciliaire fait le tour. Ce sont les bras larvaires homologues des prolongements lobiformes dont nous avons parlé. Le nombre de paires de bras augmente par la suite et varie selon les genres. L'*echinopluteus* typique une fois achevé possède quatre paires de bras, chacun d'eux est soutenu par un squelette constitué par une tigelle calcaire.

DÉVELOPPEMENT DES ASCIDIES

Nous suivons essentiellement l'étude de Conklin (1905) sur *Cynthia (Styela) partita (fig. 12).*

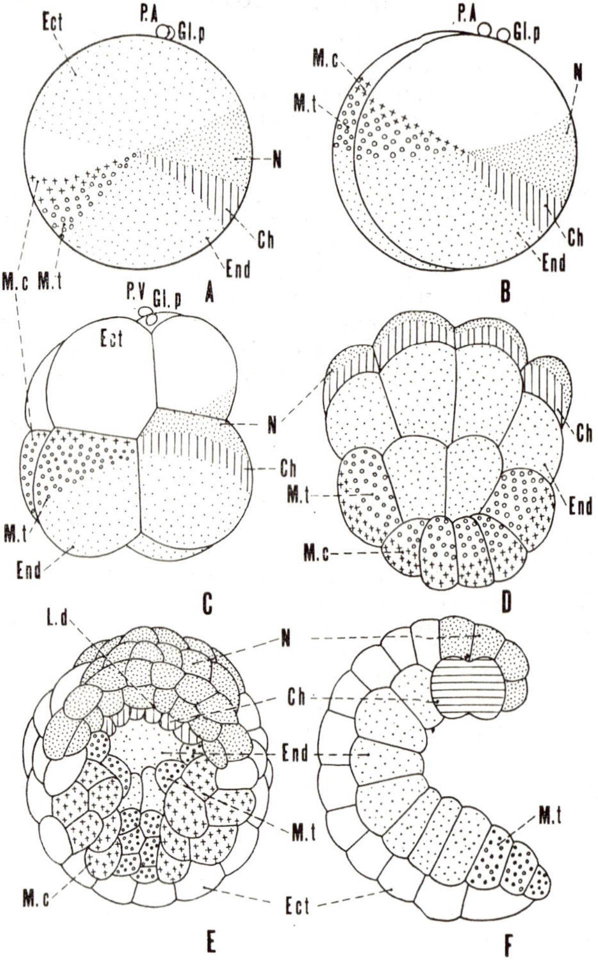

FIG. 12 — DÉVELOPPEMENT DE L'ŒUF DE *Cynthia*.

A, schéma de la répartition des plasmes dans l'œuf vu de profil; B, stade 2 blastomères (vu de profil); C, stade 8 blastomères (vu de profil); D, stade 32, vu par le pôle végétatif (face dorsale); E, gastrulation. Jeune gastrula vue par la région blastoporale; F, coupe

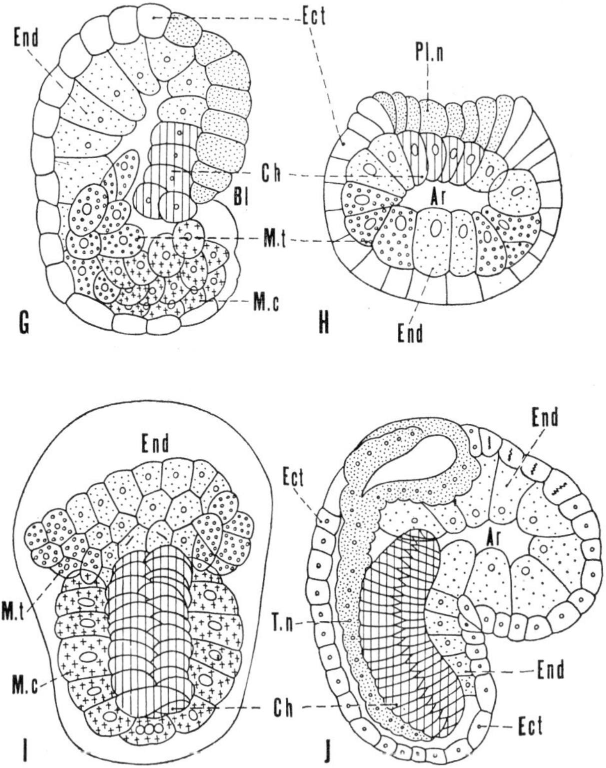

sagittale de la gastrula précédente; G, embryon vu en coupe optique sagittale et montrant la position relative des cellules musculaires, du mésenchyme, de la chorde et de la plaque neurale; H, coupe transversale de l'embryon précédent passant devant le blastopore; I, vue subdorsale de l'embryon au niveau de la chorde; J, jeune têtard, vue latérale intéressant la chorde.

Ar, archentéron — *Bl,* blastopore — *Ch,* chordoplasme et chorde — *Ect,* ectoderme — *End,* endoplasme et endoderme — *Gl.p,* globules polaires — *L.d,* lèvre dorsale du blastopore — *M.c,* myoplasme et mésoderme caudal — *M.t,* myoplasme et mésoderme thoracique — *N,* neuroplasme — *P.A,* pôle animal — *Pl.n,* plaque neurale — *P.V,* pôle végétatif — *T.n,* tube nerveux (imité de Conklin).

Par dilacération de l'ovaire mûr de *Cynthia*, on obtient des ovocytes de premier ordre. L'œuf proprement dit qui mesure 150 μ de diamètre est entouré d'une capsule épithéliale de cellules du test et d'une couronne de cellules folliculeuses. Ces éléments se détacheront au cours du séjour dans l'eau de mer.

La position de la vésicule germinative, très excentrique et située vers le pôle animal où apparaîtront les globules polaires, traduit la polarité de l'œuf vierge. Le noyau est entouré par une zone de cytoplasme hyalin autour de laquelle s'étend jusqu'à la périphérie un cytoplasme granuleux emballant les sphérules vitellins, gris ardoisé. Enfin à la périphérie de l'œuf se trouve une mince couche claire et transparente contenant des granules d'un pigment jaune, uniformément réparti (voir *fig. 1*).

Dès que l'œuf est émis dans l'eau de mer, et même parfois un peu avant, la paroi de la vésicule germinative se dissout et le nucléoplasme s'écoule autour du pôle animal en une sorte de calotte. Le premier fuseau de maturation apparaît et reste bloqué au stade métaphase de la première division de maturation, jusqu'au moment de la fécondation.

Le spermatozoïde pénètre dans l'œuf dans la région du pôle végétatif (voir *fig. 1*). Dès ce moment d'actifs mouvements cytoplasmiques commencent à se manifester. Le premier globule polaire est émis. Peu après le second globule polaire est rejeté au voisinage du premier. Les globules permettent de repérer clairement le pôle animal. Presque immédiatement après l'entrée du spermatozoïde, la couche cytoplasmique périphérique contenant le pigment jaune et la plus grande partie du nucléoplasme hyalin s'écoulent vers le pôle végétatif, laissant seulement une petite aire cytoplasmique autour du premier fuseau de maturation. Ce mouvement, qui a pour résultat d'accumuler au pôle végétatif une calotte d'un plasme jaune surmontée d'une couche de cytoplasme hyalin, démasque l'ensemble du cytoplasme gris ardoisé, qui occupe tout le reste de l'œuf. Ce stade est atteint dans les dix minutes qui suivent la fécondation (voir *fig. 1*). Un peu plus tard la tête spermatique remonte dans l'œuf, en direction équatoriale; le noyau femelle, après l'émission des globules polaires, revient en profondeur.

Les déplacements de la tête spermatique entraînent

ceux du pigment jaune et du cytoplasme hyalin. On voit alors se dessiner dans un des quadrants de l'œuf un croissant jaune sous-équatorial surmonté d'un mince croissant de cytoplasme hyalin. Le croissant jaune marque ce qui sera la face postérieure de l'embryon; il extériorise la symétrisation de l'œuf *(fig. 12)*.

La copulation des pronuclei s'effectue excentriquement dans l'aire du croissant jaune à mi-chemin entre le centre de l'œuf et le pôle végétatif (voir *fig. 1*). Au moment où se forme le fuseau de la première division de segmentation, le croissant clair de cytoplasme hyalin se déplace et s'étend à l'hémisphère animal. Le cytoplasme gris ardoisé, vitellin, vient se concentrer dans l'hémisphère végétatif. Du côté opposé au croissant postérieur jaune, c'est-à-dire au pôle antérieur, une zone du cytoplasme gris ardoisé s'éclaircit de telle sorte qu'un croissant de cytoplasme gris clair se définit *(fig. 12)*.

Ce croissant qui représente l'extrémité antérieure de la future larve représente le matériel où prendront naissance la chorde et le système nerveux. Il s'y différencie en effet deux zones : une plus foncée, dorsale, correspondant au névraxe, une plus claire, ventrale, correspondant à la chorde. Le croissant jaune lui-même n'est plus homogène, il est constitué d'une région foncée surmontant une zone claire. Le premier sillon de division se creuse dans un plan méridien qui coupe le croissant jaune en deux moitiés.

Ainsi, au moment où va commencer la segmentation, six territoires visibles, disposés en un ordre précis par rapport à l'axe de l'œuf, puis au plan de symétrie bilatérale, traduisent l'anisotropie du cytoplasme. Ce sont des plasmes organogènes, dont les potentialités diverses vont s'extérioriser dans la suite du développement. Le cytoplasme gris ardoisé, qui se localise finalement dans la partie inférieure de l'hémisphère végétatif, est l'endoplasme ou endoderme, il donnera le tube digestif et ses annexes, le cytoplasme hyalin qui occupe l'hémisphère animal est l'ectoderme ou ectoplasme. Le croissant jaune est le mésoplasme ou mésoderme, sa partie foncée représente le myoplasme caudal, sa zone claire, le mésenchyme thoracique. Le croissant antérieur gris clair comprend le neuroplasme (névraxe) et le chordoplasme (chorde dorsale).

Le premier plan de clivage est méridien et marque le plan de symétrie bilatérale; le second plan de segmentation est également méridien, perpendiculaire au premier. Il sépare le croissant gris frontalement du croissant jaune postérieur. Le troisième plan de clivage mène au stade 8, séparant quatre cellules animales claires qui correspondent à l'ectoplasme, et quatre cellules végétatives comprenant les deux croissants et le matériel gris ardoisé. Un quatrième clivage mène au stade 16.

C'est avec le septième cycle mitotique que commencent les mouvements de la gastrulation. La portion végétative de la blastula s'aplatit progressivement par migration active des cellules vers l'intérieur du blastocèle. Les cellules endodermiques sont débordées frontalement par les cellules chordales. Celles-ci l'étant à leur tour par les cellules neurales en haut marquent la lèvre antérieure ou dorsale du blastopore. La zone du croissant jaune s'affaisse et tend à se scinder en deux bandes symétriques, par suite de l'extension de la larve. Au bord postérieur du blastopore, les cellules du mésenchyme recouvrent l'endoderme qui s'enfonce, elles sont elles-mêmes recouvertes par les cellules musculaires et finalement plus tard par l'ectoderme.

La jeune gastrula a d'abord l'aspect d'une cupule. La fermeture du blastopore se réalise de la manière suivante. La larve s'étire longitudinalement, la lèvre dorsale croît vers l'arrière de manière à couvrir la plus grande partie de la face dorsale; cependant que les cellules musculaires s'étirent en bandelettes qui forment les lèvres latérales du blastopore. Au cours de cette croissance vers l'arrière de la lèvre dorsale, les cellules qui se trouvaient initialement au bord antérieur du germe sont reportées en arrière dans la moitié postérieure de l'embryon, où elles s'intriquent pour constituer la chorde. Les cellules de la plaque neurale sont également entraînées vers l'arrière avec la chorde, près de l'extrémité postérieure de l'embryon. Elles forment en surface une plaque en raquette, située au-dessus des cellules chordales. L'achèvement de la fermeture du blastopore est marqué par une croissance vers l'avant de la lèvre ventrale du blastopore par-dessus ce qui reste du blastopore primitif. La plaque neurale s'enroule en une gouttière, bientôt fermée en un tube, d'arrière en avant. Le tube neural reste ouvert en avant par le neuropore. Il communique avec l'archentéron par le canal neurentérique qui s'oblitère vite, bien avant le neuropore. Les cellules musculaires se disposent de chaque côté de la chorde en une triple rangée. Devant les cellules musculaires se trouve une masse de petites cellules mésenchymateuses. Les lèvres de la gouttière archentérique restées ouvertes dorsalement se soudent sous la chorde.

Après la neurulation, l'embryon prend les caractères de la larve têtard propre aux Tuniciers. La queue s'allonge considérablement et s'arrondit autour du corps de la larve. La région préchordale se dilate par accroissement de la cavité archentérique et constitue le céphalentéron. Dans la queue du têtard, un tractus endodermique plein situé sous la chorde représente ce qui reste en cette région de l'archentéron primitif. Au total, une douzaine d'heures après la fécondation, le têtard est constitué. Il éclôt et mène une vie libre. Celle-ci est toujours de courte durée et Conklin rapporte pour *Cynthia* que la métamorphose du têtard commence souvent dans l'œuf, avant l'éclosion.

L'œuf de *Cynthia* est remarquable par le fait que grâce aux divers plasmes colorés, on peut lire directement et sans artifice la carte des territoires présomptifs du germe, à un stade très précoce. On peut ainsi suivre ultérieurement la destinée des cellules correspondant à ces plasmes.

DÉVELOPPEMENT DES AMPHIBIENS

SEGMENTATION

La segmentation est totale, inégale et de type bilatéral *(fig. 13)*. Le premier plan de segmentation est méridien. Il coïncide, chez la Grenouille rousse, dans un peu moins de la moitié des cas, avec le plan de symétrie bilatérale. Dans les autres cas, il fait avec celui-ci un angle plus ou moins grand. A la limite, il peut même lui être perpendiculaire. Cette situation a été également retrouvée chez les Urodèles. Le second plan de clivage est encore méridien et perpendiculaire au premier (stade 4 blastomères). Le troisième plan est latitudinal, situé au-dessus de l'équateur, il découpe chacun des 4 premiers blastomères en deux étages de taille différente : 4 micromères au pôle

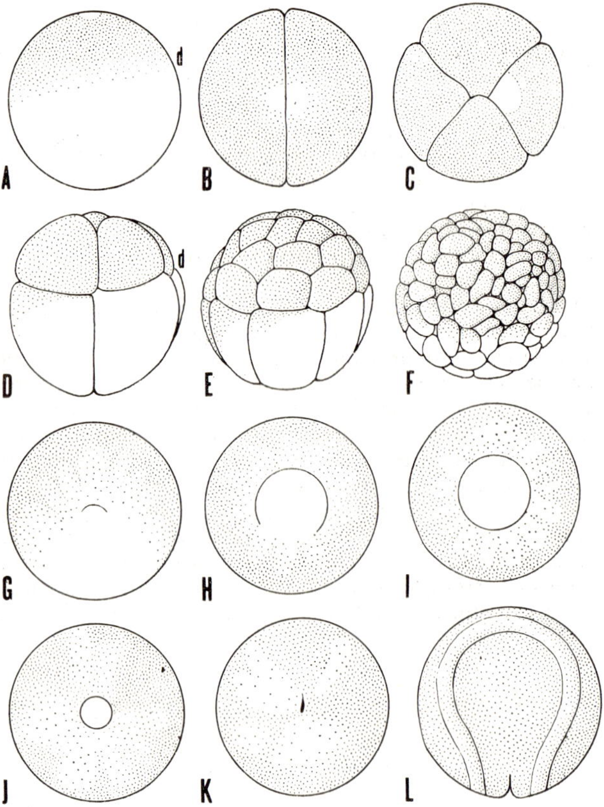

FIG. 13 — DÉVELOPPEMENT EMBRYONNAIRE DU TRITON *Pleurodeles waltlii.*

A, œuf fécondé vu de profil. Formation du croissant dorsal dépigmenté (d); B, stade 2; C, stade 4, vu par le pôle animal; D, stade 8 vu de profil; noter le relèvement de la zone dépigmentée (croissant dépigmenté) dans la région dorsale; le pigment s'arrête juste à la limite des blastomères supérieurs dorsaux (*d.* côté dorsal); E, segmentation plus avancée, un peu après le stade 32, les macromères végétatifs se segmentent moins rapidement (vue latérale); F, blastula sensiblement au stade moyen de la segmentation (vue latérale); G, début de la gastrulation, apparition de la lèvre dorsale du

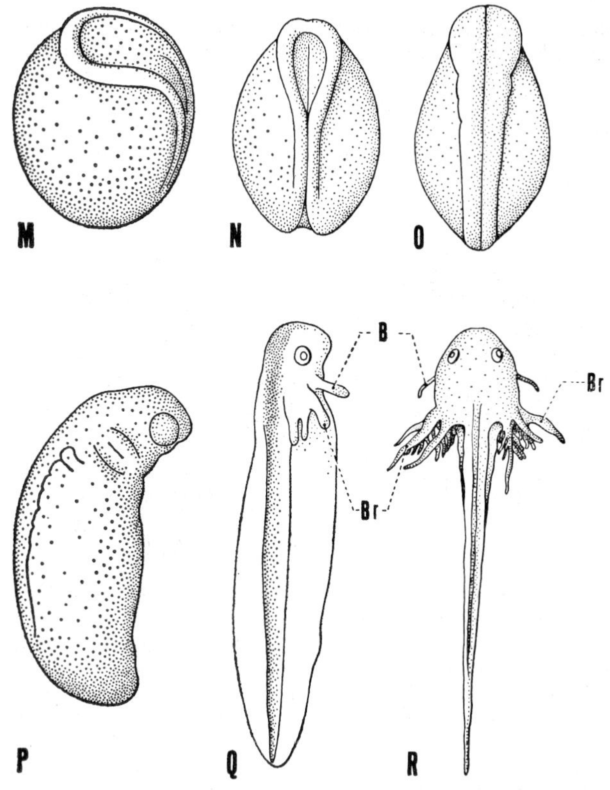

blastopore (vue par le pôle végétatif); H, gastrula. Développement des lèvres latérales du blastopore. Stade du blastopore en fer à cheval (vue par le pôle végétatif ainsi que I, J); I, formation du bouchon vitellin; J. Stade avancé de la fermeture du bouchon vitellin; K, blastopore fermé, représenté par une fente. Dorsalement les bourrelets médullaires s'annoncent par deux zones moins pigmentées; L, neurula. Plaque médullaire vue par la région dorsale antérieure; M, neurula. Stade un peu plus avancé, rapprochement des bourrelets médullaires (vue sensiblement latérale); N, neurula. Fermeture de la gouttière neurale; O, fin de la neurulation; P, bourgeon caudal; Q, la jeune larve à l'éclosion (*B,* balanciers; *Br,* branchies); R, la larve libre, après la résorption du vitellus (vue dorsale).

supérieur, 4 macromères au pôle inférieur. Cette inégalité des blastomères au troisième cycle mitotique traduit les conditions résultant de la surcharge vitelline et de l'inertie relative que celle-ci entraîne. En effet, les divisions ultérieures ne sont plus synchrones, elles sont plus rapides dans les micromères, riches en cytoplasme, et plus lentes dans les macromères. La segmentation est toujours totale.

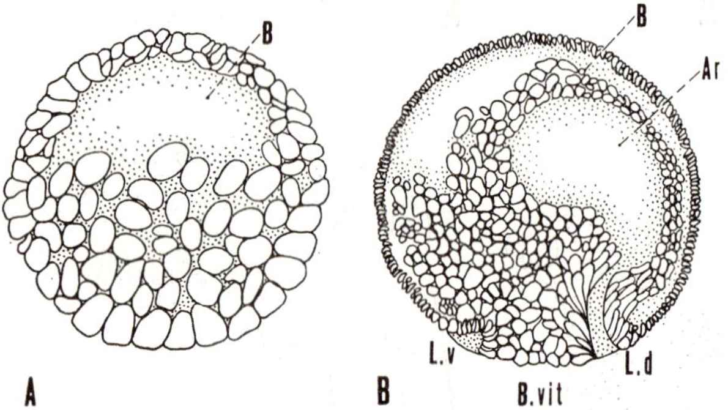

FIG. 14 — COUPES DANS LE PLAN SAGITTAL D'UNE BLASTULA (A) ET D'UNE GASTRULA (B) DE TRITON, AU STADE MOYEN DE LEUR ÉVOLUTION.

En A, on remarquera la cavité du blastocèle qui occupe l'hémisphère animal, les blastomères végétatifs, plus gros que les blastomères du toit blastocélien. En B, la coupe montre le bouchon vitellin dans la région inférieure, l'invagination archentérique au niveau de la lèvre dorsale du blastopore et le blastocèle étiré.

Ar, archentéron — *B,* blastocèle — *B.vit,* bouchon vitellin — *L.d,* lèvre dorsale du blastopore — *L.v,* lèvre ventrale du blastopore.

Nous passons au stade 12, puis 16 blastomères. La segmentation continue, plus rapide dans l'hémisphère supérieur que dans l'inférieur, où les cellules restent plus grosses. Au niveau de la région équatoriale, micromères et macromères se continuent par une zone de transition. Notons encore que les blastomères sont un peu plus petits dans la moitié dorsale de l'œuf, celle qui correspond au croissant dépigmenté — croissant gris de *Rana temporaria* (voir *fig. 3, B*). Les divisions sont un peu plus rapides dans cette région.

La cavité de segmentation ou blastocèle s'indique dès

le stade 8 par un écartement des blastomères dans l'axe de l'œuf et s'accroît par la suite. Le blastocèle est situé entièrement dans l'hémisphère animal *(fig. 14, A)*. Son plancher épais est constitué par une masse compacte de macromères, sa voûte par des micromères. Celle-ci reste mince au pôle supérieur, elle s'épaissit vers l'équateur. Cette situation persiste jusqu'à la fin de la segmentation. Le germe apparaît alors comme une sphère dont le volume est resté sensiblement constant, et dont la surface présente un aspect légèrement chagriné caractéristique, dû au léger relief des blastomères.

On convient de considérer la phase de segmentation comme achevée, au moment où vont s'instituer les remaniements cellulaires qui marquent le début de la gastrulation.

GASTRULATION

Les mouvements des masses cellulaires qui se déroulent au cours de la gastrulation, ont pour résultat final d'édifier un germe dans lequel les trois feuillets fondamentaux se sont mis en place dans leurs positions relatives.

Le début de la gastrulation *(fig. 13)* se marque par un sillon apparaissant en un point donné de la région sous-équatoriale de la blastula. C'est à son niveau que va débuter l'invagination du matériel superficiel. Ce sillon est le blastopore. Celui-ci se présente initialement comme une encoche affectant la forme d'un arc. Il présente une symétrie bilatérale. Son plan de symétrie coïncide avec celui du futur embryon. La région située au-dessus de la fente blastoporale est la *lèvre supérieure dorsale* ou *lèvre dorsale*.

Progressivement la lèvre dorsale devient plus apparente et plus marquée. Elle s'incurve en lame de faucille en même temps que son rayon de courbure diminue. Autour des lèvres latérales du blastopore l'invagination des régions latérales commence. Le mouvement se poursuivant, la fente blastoporale prend la forme d'un fer à cheval et finalement les deux extrémités de la fente se rejoignent pour constituer la lèvre ventrale du blastopore, délimitant ainsi un bouchon vitellin. Le mouvement d'invagination du vitellus continue, le bouchon vitellin devient de plus en plus petit et finit par disparaître. Le blastopore se présente alors comme une courte fente orientée longitudinalement c'est-à-dire perpendiculairement à la fente blastoporale primitive. Cette fente marque le futur anus.

On convient de considérer ce stade comme marquant la fin de la gastrulation. La gastrula présente alors une faible élongation dans le sens de l'axe, un léger aplatissement sur la face dorsale où se dessine peu après le relief de la plaque médullaire. Celui-ci marque le début de l'édification du tube nerveux qui caractérise le stade suivant, la neurula.

Une coupe de blastula avant la gastrulation nous montre sa cavité de segmentation encore régulière. On appelle *zone marginale* la ceinture équatoriale de cette blastula. L'examen d'une gastrula en coupe sagittale *(fig. 14, B)*, présente l'archentéron qui s'est édifié. La masse vitelline s'est bombée vers le blastocèle, ses cellules se sont décollées du feuillet externe grâce à un clivage gastruléen qui prolonge la cavité de segmentation sous la zone marginale.

CARTE DES TERRITOIRES PRÉSOMPTIFS

La gastrulation est un phénomène qui implique essentiellement des mouvements cellulaires. Aussi a-t-on songé à marquer par un colorant vital tel ou tel groupe de cellules de la blastula pour suivre leur mouvement au cours de la gastrulation. W. Vogt (1925-1929), le premier, a développé cette étude pour les Amphibiens. La technique qui est actuellement d'un emploi généralisé a permis de faire un progrès décisif dans l'analyse des mouvements de la gastrulation. On utilise généralement les marques au rouge neutre et au bleu de Nil que l'on combine de diverses manières. Non seulement on peut suivre les mouvements des diverses parties du germe et comprendre le mécanisme de la formation des feuillets germinatifs, mais on a pu, après coup, relier un organe défini au territoire de la blastula à partir duquel cet organe s'est

---

P, région pronéphrétique et du membre antérieur — *P.A*, pôle animal — *Pr*, plaque préchordale — *P.V*, pôle végétatif — *S*, somites (1 à 10) (d'après Vogt).

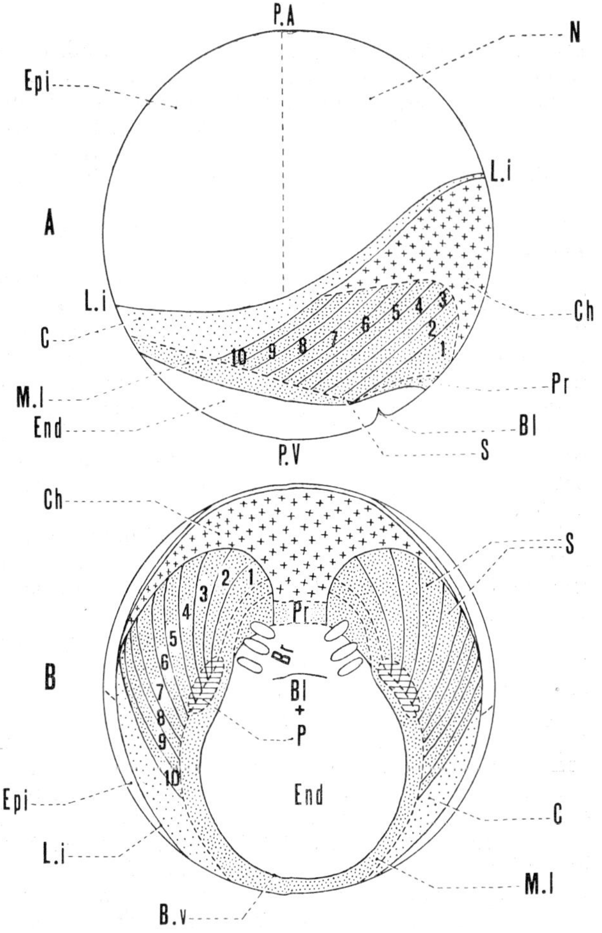

FIG. 15 — CARTE DES TERRITOIRES PRÉSOMPTIFS CHEZ *Triturus* AU DÉBUT DE LA GASTRULATION.

A, vue de profil; B, vue par le pôle végétatif (marqué par la +). *Bl,* lèvre dorsale du blastopore — *Br,* région branchiale — *B.v,* lèvre ventrale du blastopore — *C,* mésoderme caudal — *Ch,* chorde — *End,* endoderme — *Epi,* épiblaste (ectoderme) — *L.i-L.i,* limite d'invagination — *M.l,* mésoderme latéral — *N,* neuroblaste —

formé. On projette alors sur un modèle de blastula ou de jeune gastrula les territoires correspondant aux organes achevés. En bref, on dresse la carte des territoires présomptifs *(fig. 15)*. Nous devons bien préciser que ces cartes expriment seulement ce que donnent normalement les diverses parties du germe, lorsque le développement n'est pas troublé. Cela n'implique pas que la jeune gastrula est constituée par une mosaïque de parties auto-différenciées.

Considérons la carte des territoires présomptifs d'une jeune gastrula, telle qu'elle résulte des travaux de Vogt pour les Urodèles du genre *Triturus*. Les zones correspondant aux trois feuillets futurs se laissent reconnaître. Au-dessus d'une ligne L.i./L.i., qui marque la limite d'invagination et qui est inclinée sur l'équateur, se situe le matériel ectodermique présomptif, qui restera superficiel. Il comporte deux territoires, l'un correspondant au revêtement cutané (épiblaste), l'autre au territoire neural (neuroblaste).

Tout le matériel situé au-dessous de la limite d'invagination passera à l'intérieur du germe au cours de la gastrulation. Ce matériel représente le mésoderme et l'endoderme présomptifs.

La région du pôle inférieur correspond au champ endodermique. Celui-ci se rétrécit dans la zone du pharynx branchial, marqué par la position des futures branchies (Br.). La lèvre dorsale (Bl.) s'invagine la première, sa partie supérieure est la plaque préchordale (Pr.) qui est en continuité directe, vers le haut, avec le champ chordal.

Le mésoderme prospectif forme une ceinture autour du champ vitellin. Celle-ci est plus large sur le côté dorsal, plus étroite ventralement. C'est la zone marginale. Analysons les divers éléments de cette zone. Le champ chordal a l'aspect, en vue polaire, des deux cornes d'un croissant. Latéralement les pointes s'arrêtent au méridien frontal. Au contact du matériel chordal, on trouve le territoire des somites, disposés en une rangée incurvée; le somite le plus antérieur (1) est le plus proche du blastopore, le bord des somites est appuyé à la chorde.

Le mésoderme des lames latérales s'étend en fer à cheval tout au long de la ligne, où débute l'invagination. Cette ligne marque le blastopore virtuel. Enfin, au bord supérieur du feuillet moyen, on trouve une étroite bande représentant le matériel correspondant en grande partie au bourgeon caudal et qui s'invaginera tardivement.

Le caractère le plus saillant de la carte des territoires présomptifs est que les régions devant édifier les organes axiaux ont leur plus grande extension dans le sens perpendiculaire au plan médian, c'est-à-dire perpendiculaire à leur position finale.

MISE EN PLACE DES FEUILLETS AU COURS DE LA GASTRULATION

Le blastopore se forme entièrement dans la région vitelline. En conséquence l'endoderme présomptif est le premier matériel qui s'invagine. Il sera transporté dans la région de la tête et formera l'extrémité antérieure aveugle de l'archentéron, c'est-à-dire la partie antérieure du plancher, des parois et du toit du futur pharynx. Il résulte de cela que les futures fentes branchiales seront reportées sur la jeune gastrula tout près de l'encoche blastoporale. L'invagination de l'endoderme dorsal est immédiatement suivie par le matériel préchordal, lequel est suivi à son tour par l'extrémité antérieure du matériel représentant la chorde présomptive.

Considérons la figure 16. En A nous représentons, vue de profil, une blastula âgée sur laquelle on a posé onze marques circulaires le long du méridien correspondant au plan de symétrie. La marque 1 est placée au pôle animal, 11 est au pôle végétatif, 4 chevauche la ligne marquant la limite d'invagination; le blastopore commencera à se creuser entre 7 et 8; les traits pointillés marquent les frontières entre les principales aires présomptives. Recherchons les marques sur la figure 16C qui représente l'embryon précédent parvenu au stade du bourgeon caudal et sectionné longitudinalement selon le plan médian. La marque 7 est passée en avant dans le cul-de-sac pharyngien antérieur, 8, 9, 10, 11, correspondant à l'endoderme, colorent le plancher de l'archentéron. Les marques 6 et 5 placées en plein champ chordal sont au toit de l'archentéron et caractérisent la future notochorde. La marque 4 est venue chevaucher l'anus. Elle a subi une extension considérable, de même que les marques 5-6. Cette évolution permet de détecter deux des mouvements fondamentaux de la gastrulation. Il y a tout d'abord une invagination

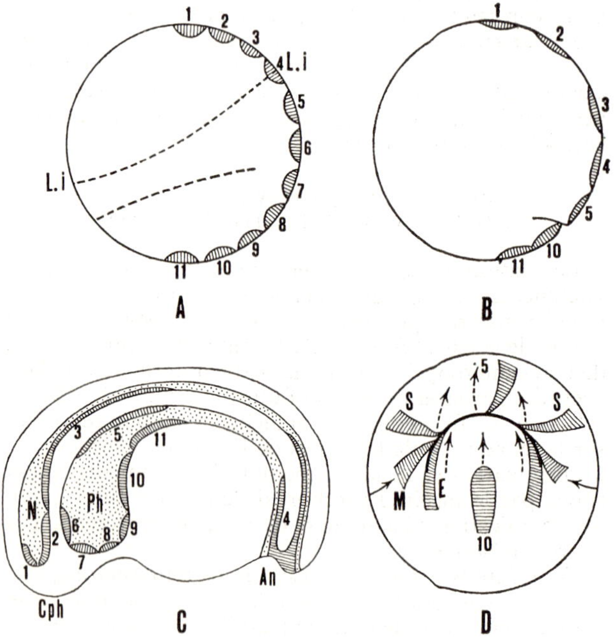

FIG. 16 — ÉTUDE DES MOUVEMENTS MORPHOGÉNÉTIQUES AU COURS DE LA GASTRULATION CHEZ LES URODÈLES, PAR LA TECHNIQUE DES MARQUES COLORÉES.

A, position de 11 marques au long du plan de symétrie bilatérale, à la fin du stade blastula (vue latérale); B, le germe au cours de la gastrulation, disparition en profondeur des marques 6 à 9; C, coupe du même embryon au stade du bourgeon caudal; D, évolution de diverses marques au cours de la gastrulation (vue par le pôle végétatif). Les flèches en trait plein indiquent le mouvement des marques en surface, les flèches en pointillé, leur mouvement après invagination.

An, anus — *Cph,* région céphalique — *L.i-L.i,* limite d'invagination — *N,* cerveau — *S,* région des somites — *Ph,* région pharyngienne (schémas d'après Vogt).

qui, par enroulement autour de la lèvre dorsale, fait passer les marques 7 à 4 en profondeur et qui entraîne également en profondeur les marques 8 à 11. De plus, si nous suivons la déformation des taches colorées primitivement arrondies, nous constatons, notamment pour les marques 6, 5, 4, 3, 2, un allongement caractéristique. Ces marques deviennent plus étroites. Cela traduit un mouvement d'expansion ou d'élongation des masses cellulaires considérées.

Si nous plaçons une marque latérale par rapport à la marque 5, nous voyons cette marque latérale se mouvoir radialement vers le blastopore. La région marquée formera la partie postérieure de la notochorde. Arrivée au blastopore, elle s'invagine et en même temps se dirige vers le plan médian. Les pointes latérales de la zone de la notochorde présomptive vont ainsi converger vers le plan médian selon une grande amplitude. La convergence est le troisième des mouvements de la gastrulation (*fig. 16, D*).

Le feuillet mésodermique se met en place par l'invagination de la zone marginale, qui s'enroule en profondeur autour du blastopore.

Le champ chordal, représentant la notochorde présomptive, s'invagine le premier autour de la lèvre dorsale du blastopore (*fig. 16, B*). Le matériel des somites est situé sur la carte latéralement par rapport au blastopore. Le matériel des premiers somites est situé le plus près du blastopore et s'invagine le premier. Une marque (S) placée sur les somites présomptifs antérieurs se déplace vers le blastopore en direction radiale, converge vers la ligne médiane, et atteint ainsi sa position près de l'axe médian. On peut là encore suivre à la fois les mouvements d'invagination et de convergence. L'invagination des régions postérieures aux somites 8, 10 continue après la fermeture du blastopore, lorsque celui-ci n'est plus qu'une fente. Le mouvement dure jusqu'au début de la neurula.

Le matériel mésodermique (M) des lames latérales (*fig. 16, D*) s'invagine tardivement autour des lèvres latérales et ventrales du blastopore. Au stade du bouchon vitellin, l'invagination de ce matériel a juste commencé. Après être passé à l'intérieur du germe, le mésoderme ventral apparaît comme un coin s'étendant au-delà des lèvres latérales et ventrale, poussant vers l'avant entre l'ectoderme et l'endoderme. Le mésoderme des lames latérales qui formait initialement un anneau étroit, s'étale et s'amincit en passant en profondeur.

Au cours des mouvements d'invagination qui s'effectuent autour des lèvres dorsale et latérales *(fig. 17)*, le champ vitellin ventral glisse en profondeur en passant sous l'arc formé par la fente en anse de panier, puis en fer à cheval

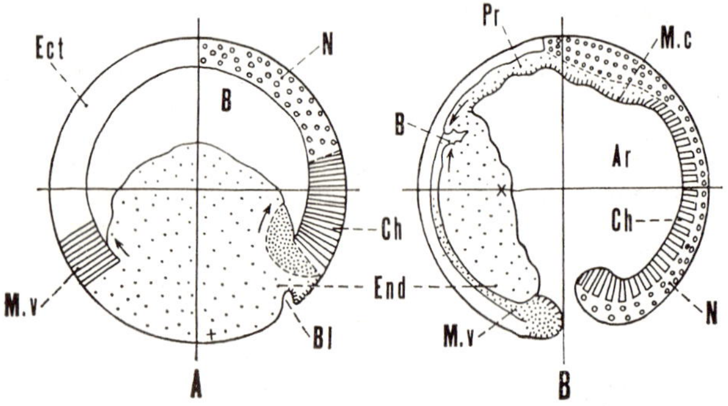

FIG. 17 — SCHÉMA DE LA GASTRULATION CHEZ LES URODÈLES.

Le germe est vu en coupe sagittale, selon le plan de symétrie bilatérale. A, début de la gastrulation. B, fin de la gastrulation. *Ar,* archentéron — *B,* blastocèle — *Bl,* lèvre dorsale du blastopore — *Ch,* chorde — *Ect,* ectoderme — *End,* endoderme — *M.c,* mésoderme céphalique — *M.v,* mésoderme ventral — *N,* territoire neural — *Pr,* endoderme préchordal. Le pôle végétatif est marqué par une croix (d'après Vogt).

du blastopore. A ce stade, il n'existe pas encore de lèvre ventrale. C'est ce qu'exprime la marque 10 qui s'allonge, passe à l'intérieur, se déplace vers l'avant et sera retrouvée au milieu du plancher de l'intestin *(fig. 16,C,D)*. Une marque latérale E posée en bordure de l'aire endodermique s'allonge selon une direction parallèle à la marque 10. Passée à l'intérieur du germe, elle s'étend vers l'avant et vers le haut, convergeant vers le plan médian. On la retrouve au bord supérieur de la paroi latérale de l'archentéron. La région comprise entre 10 et E correspond au milieu de la paroi latérale de l'archentéron. Au moment où disparaît le bouchon vitellin, la mise en place de l'endoderme est achevée.

L'épiderme présomptif occupe le secteur ventral de l'hémisphère animal. Ses mouvements se déroulent en conformité avec ceux du matériel médullaire. Ils sont caractérisés par un étirement, un étalement réalisant un enveloppement du mésoderme et de l'endoderme en voie d'invagination. Ce mouvement est qualifié d'épibolie.

Au moment où débute la neurulation une coupe transversale du germe nous montre les trois feuillets agencés de la manière suivante : extérieurement l'ectoderme qui enveloppe la gastrula *(fig. 18, A)* et sous l'ectoderme un manteau chordo-mésodermique. La partie antéro-ventrale de l'embryon est cependant dépourvue de mésoderme. La couche mésodermique se termine par un bord libre qui s'étend selon une direction oblique de la région antéro-dorsale à la région postéro-ventrale. Près de la ligne médio-dorsale, la partie antéro-dorsale de la couche mésodermique fusionne avec la partie antérieure de l'endoderme. La région antérieure de l'archentéron est distendue. Derrière cet intestin antérieur l'endoderme est couvert par le manteau mésodermique; son plancher massif est constitué par les cellules vitellines. Ses parois antérieure et latérales sont plus minces et s'élèvent à partir du plancher. A ce stade les parois ne se rejoignent pas sur la ligne médio-dorsale mais se présentent comme deux lignes parallèles latérales par rapport au plan méridien. Ainsi l'archentéron n'est pas fermé par un toit endodermique. Plus tard, au stade de la neurula, les bords libres de l'endoderme convergeront pour fusionner sous la couche mésodermique, donnant à l'archentéron son toit définitif *(fig. 18, B)*.

NEURULATION

Pendant la fermeture du blastopore la région médio-dorsale de l'ectoderme située en avant du blastopore s'aplatit et s'épaissit pour constituer la plaque médullaire ou plaque neurale. Latéralement la plaque médullaire se trouve bordée par une crête arrondie et basse, formant le bourrelet ou pli neural. Ce bourrelet s'élève et dessine un fer à cheval constitué de deux plis neuraux latéraux, se rejoignant frontalement en un pli neural transverse arrondi. Postérieurement, les plis neuraux latéraux s'estompent progressivement de chaque côté du blastopore (voir *fig. 13*).

Les plis neuraux s'épaississent sur leur bord externe pour constituer les crêtes neurales (*fig. 18*). Les plis neuraux s'élèvent peu à peu, convergent en direction axiale et transforment la plaque neurale en une gouttière neurale. Les plis finissent par se joindre et fusionnent le long de leur bord dorsal, isolant en profondeur un tube neural dont la cavité sera le neurocèle. Après la fusion des plis neuraux, l'ectoderme superficiel forme une enveloppe continue, au-dessus du tube neural individualisé complètement. La fermeture du tube neural commence dans la région moyenne et progresse à partir de ce point en direction caudale et céphalique. Au cours de la fermeture du tube neural les crêtes neurales se déplacent vers la région axiale, mais ne sont pas incluses dans le tube neural. Après la fermeture de ce dernier, les crêtes neurales se séparent du tube neural et de l'ectoderme sus-jacent pour constituer deux cordons cellulaires situés de part et d'autre du tube neural. Plus tard, ces cordons se couperont en segments à partir desquels se développeront les ganglions spinaux et les ganglions de certains nerfs crâniens. Dans les portions intersegmentaires des crêtes neurales prendront naissance des cellules pigmentaires et du conjonctif.

ÉVOLUTION DE L'EMBRYON AU COURS DES STADES DU BOURGEON CAUDAL

Pendant la neurulation la fermeture de la voûte endodermique isole définitivement le tube digestif. Au-

---

l'ensemble gono-néphrotome, lames latérales. E, coupe longitudinale d'un embryon au stade bourgeon caudal.

A, anus — *Ar*, archentéron — *C*, cerveau — *Ch*, chorde — *C.n*, canal neurentérique — *Coel*, coelome — *Cr*, ébauche cardiaque — *Cr.n*, crête neurale — *Ect*, ectoderme — *End*, endoderme — *F*, ébauche hépatique — *G*, ébauche de la gonade — *Hy*, ébauche hypophysaire — *I*, intestin — *M*, mésoderme — *M.ép*, moelle épinière — *M.l*, mésoderme latéral — *My*, myotome — *My.c*, myocèle — *N*, territoire neural — *Np*, ébauche du rein — *Ph*, pharynx — *Pl.m*, plaque médullaire — *Scl*, sclérotome — *Som*, somatopleure — *Spl*, splanchnopleure — *St*, futur stomodeum.

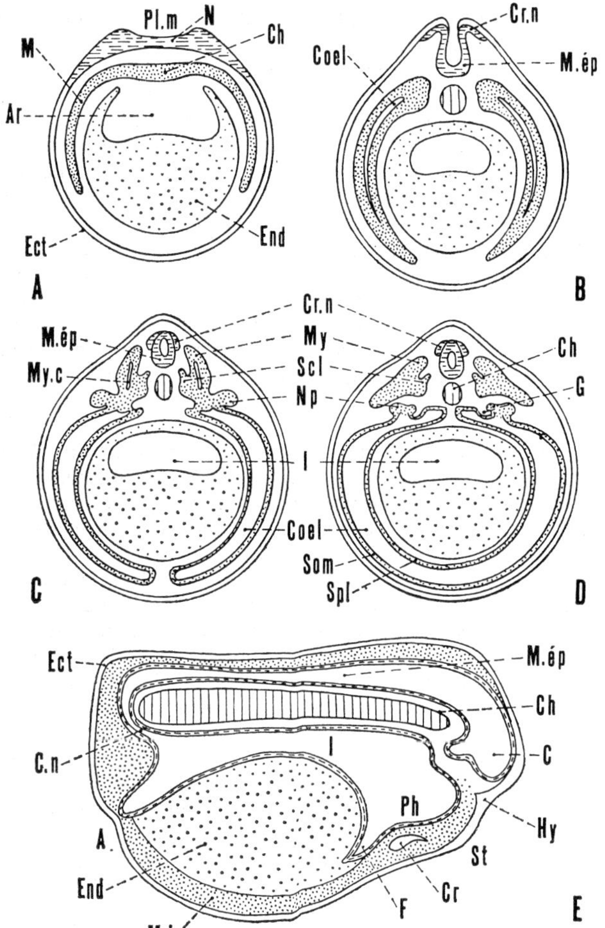

FIG. 18 — DIAGRAMME MONTRANT LA DIFFÉRENCIATION DES FEUILLETS CHEZ LES AMPHIBIENS AU COURS DE LA NEURULATION ET JUSQU'AU STADE DU BOURGEON CAUDAL.

A à D coupes transversales intéressant le tronc. A, stade initial (neurula). B, formation et fermeture de la gouttière neurale. C, Évolution du mésoderme. D, séparation du scléromyotome et de dessus du tube digestif, le matériel chordo-mésodermique se sépare en une tigelle axiale, la chorde, et en somites.

De part et d'autre de la chorde *(fig. 18, D,E)* le mésoderme se différencie en trois régions : dorsalement il se scinde en blocs réguliers dans le sens céphalo-caudal pour donner les somites. Plus ventralement la pièce intermédiaire ou gononéphrotome s'individualise. Elle est destinée à former l'ébauche de l'appareil excréteur et des gonades. Enfin, plus bas encore, en position latéro-ventrale, le mésoderme forme la plaque latérale insegmentée. La région dorsale de chaque somite est le myotome. Chaque myotome est séparé du suivant par une cloison conjonctive, le myocome. Chaque myotome comprend une lame interne épaisse qui donnera le muscle dorsal et une lame externe qui reste mince. Entre ces deux éléments se développe une fente qui deviendra virtuelle, le myocèle.

Une prolifération de la paroi externe du somite à la base du myotome donne naissance au sclérotome. C'est l'ébauche du tissu conjonctif et de ses dérivés axiaux : cartilage et os qui entourent la chorde et le système nerveux.

Au-dessous de la pièce intermédiaire, dans la plaque latérale, la segmentation cesse. La plaque latérale comporte deux parois séparées par une vaste cavité : le cœlome. Le feuillet externe est la somatopleure, le feuillet interne la splanchnopleure. De la lame latérale dériveront l'épithélium cœlomique et les muscles splanchniques ou viscéraux. Les deux lames latérales viennent s'affronter et confluer ventralement. Au début, la cavité de chaque somite s'ouvre ventralement dans la cavité générale sous-jacente. Bientôt les somites se séparent du reste de la bande mésodermique. Les parties métamérisées s'isolent des lames latérales. Par la suite, la lame interne du myotome émet un prolongement ventral qui s'étend dans toute la hauteur des flancs de l'embryon en enveloppant la cavité générale. Ce prolongement se différencie en muscle strié. Dorsalement, les deux cœlomes des lames latérales sont séparés par un mésentère dorsal par lequel le tube digestif est suspendu au plafond de la cavité générale.

Ainsi l'embryon se trouve constitué dans ses lignes essentielles. La bouche s'ouvrira plus tard entre l'ectoderme et le cul-de-sac archentérique antérieur.

Pour terminer cette revue d'ensemble du développement des Amphibiens, nous résumons en un tableau p. 450 et 451 les dérivés des trois feuillets, ce qui fixera en même temps quelques points de terminologie.

DÉVELOPPEMENT DES OISEAUX

La cellule-œuf, c'est-à-dire le jaune, se segmente pendant sa descente dans l'oviducte où elle est entourée d'albumine, des membranes de la coque et de celle-ci. Chez la Poule, au moment de la ponte, le développement atteint le seuil de la gastrulation. Si l'incubation n'est pas immédiate, l'évolution marque un temps d'arrêt.

L'œuf présente une orientation que l'on détermine selon une règle énoncée par von Baer et qui se vérifie dans 65 % des cas. Pour un observateur regardant l'œuf en ayant placé le petit bout de celui-ci à sa droite, l'axe embryonnaire céphalo-caudal du germe fait un angle de 90° avec le grand axe et la région céphalique fuit devant l'observateur.

SEGMENTATION

Entre le disque germinatif et la masse de jaune existe une zone intermédiaire comportant une partie centrale et un bord marginal, le rempart germinatif. Le premier sillon de clivage apparaît environ 3 heures après la fécondation; 15 minutes plus tard, un second sillon similaire au premier coupe celui-ci à angle droit; 45 minutes après la formation du second sillon, le troisième clivage apparaît, coupant les plans du second clivage approximativement à angle droit. La segmentation continue de manière telle que se définissent, d'une part, des blastomères superficiels complètement individualisés et un syncytium vitellin profond, dans lequel sont plongés les noyaux-fils. Ce processus continue jusqu'aux cellules marginales. Dans le germe apparaît une cavité irrégulière correspondant à une cavité de segmentation. Le disque germinatif, après la segmentation, prend le nom de blastodisque ou encore de blastoderme *(fig. 19)*.

Le vitellus situé sous le blastoderme est rapidement

TABLEAU I : DIFFÉRENCIATION EMBRYONNAIRE DES AMPHIBIENS

Segmentation	Gastrula	Neurula	Bourgeon caudal	Larve
	Ectoderme (ectoblaste)	Épiblaste	Épiderme	Épiderme. Glandes de la peau. Stomodeum. Proctodeum.
			Placodes sensorielles	Hypophyse antérieure. Nez. Cristallin. Oreille. Ligne latérale.
		Neuroblaste	cerveau: Prosencéphale	Télencéphale. Diencéphale.
			cerveau: Mésencéphale →	Mésencéphale.
			cerveau: Rhombencéphale	Métencéphale (cervelet). Myélencéphale (bulbe).
			Moelle épinière →	Moelle épinière. Racines motrices.
			Crêtes neurales	Ganglions : crâniens, spinaux, sympathiques. Cellules pigmentaires. Médullo-surrénale. Mésectoderme. Cartilages viscéraux.
		Mésoderme axial	Chorde	Notochorde.
			Plaque préchordale	Mésenchyme céphalique.
		Somites →	Somites	Myotome. Sclérotome. Squelette axial. Mésenchyme.

Blastula	Lignée somatique (soma)	Chordo-mésoderme (chordo-mésoblaste)	Pièce intermé-diaire. →	Pièce intermédiaire (gono-néphrotome)	Pronéphros. Uretère primaire. Blastème mésonéphrétique { Cortico-surrénale. Mésonéphros. Médulla des gonades.
			Lames latérales	Somatopleure	Muscles mandibulaires, faciaux, branchiaux. Squelette appendiculaire. Muscles appendiculaires. Péricarde. Epithélium cœlomique. Cortex des gonades.
				Splanchnopleure	Muscles viscéraux. Mésenchyme viscéral. Arcs viscéraux. Myocarde. Endocarde. Endothéliums. Hématoblastes.
		Endoderme (endoblaste)	→	Appareil respiratoire	Trachée. Poumons.
				Tube digestif	Pharynx. Œsophage. Estomac. Intestin. Foie. Pancréas. Cloaque. Vessie urinaire.
	Lignée germinale (germen) →	Lignée germinale (germen)	→	Gonies primordiales →	Gonocytes { Spermatogonies. Ovogonies.

liquéfié à la suite de l'activité du syncytium vitellin, cependant que la partie périphérique du blastoderme reste intimement appliquée sur le vitellus. Cette disposition permet de distinguer dans le germe une zone centrale claire, l'aire pellucide, entourée d'une aire opaque *(fig. 19, A)*.

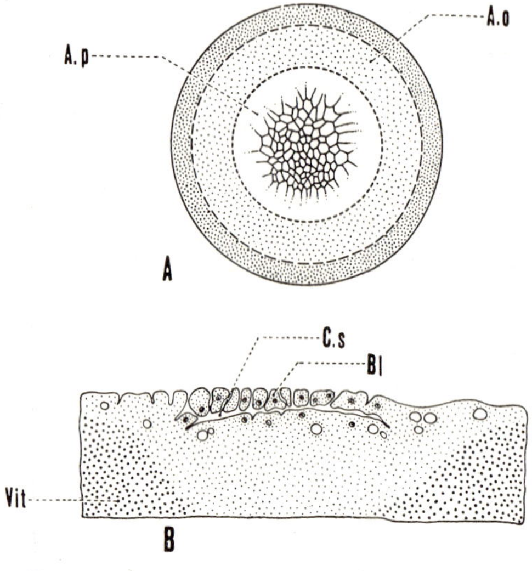

FIG. 19 — SEGMENTATION DE L'ŒUF DE POULE.

A, aspect de la cicatricule, vers le milieu de son séjour dans l'oviducte Segmentation; B, coupe dans le germe représenté en A. Blastomères superficiels et cavité de segmentation.

A.o, aire opaque — *A.p,* aire pellucide — *C.s,* cavité de segmentation — *Bl,* blastomères — *Vit,* vitellus.

(Suite de la légende de la fig. 20.)

primaires, en tirets, mouvements électifs de l'ectophylle. *Bl,* blastopore (indiqué en A par une flèche) — *Ch,* chorde (stries verticales) — *Ect,* ectoderme (en blanc) — *Ect. ex. emb,* ectoderme extra-embryonnaire — *End,* endoderme — *M.c,* mésoderme céphalique (grisé) — *M.s,* mésoderme somitique — *N,* territoire neural (stries horizontales) — *Pr,* mésoderme préchordal (lignes croisées) — *S,* somites — En D le mésoderme est figuré en pointillé (imité de Pasteels).

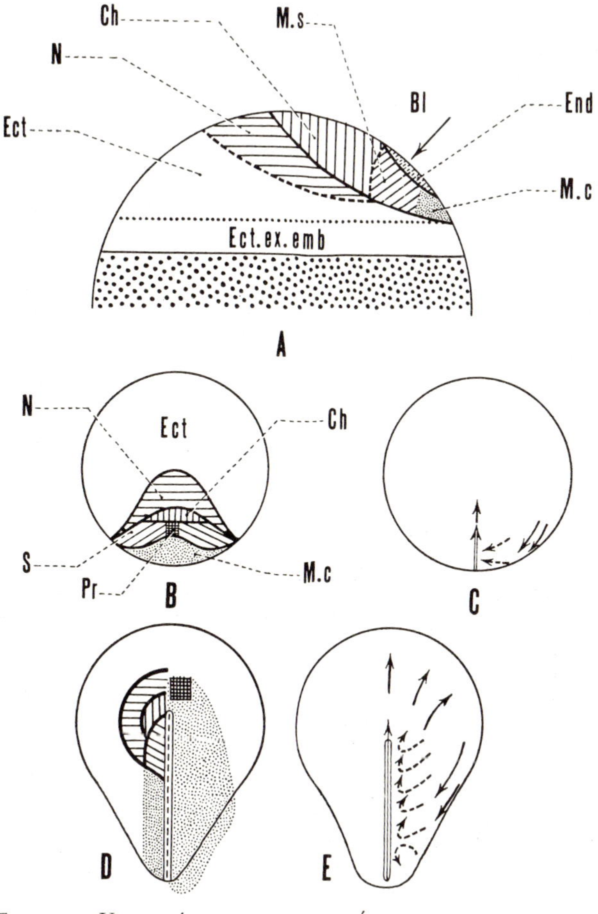

FIG. 20 — VUE LATÉRALE DU PLAN DES ÉBAUCHES DANS LE GERME D'OISEAU (A) ET MOUVEMENTS DE LA GASTRULATION (B À E).

B, carte des territoires présomptifs vus par-dessus. C, mouvements des territoires au début de la gastrulation. D, position des territoires vers le milieu de la gastrulation. Sur la moitié gauche, vue des territoires encore superficiels, sur la moitié droite les territoires passés en profondeur. E, mouvements correspondants indiqués par les flèches. En trait plein, mouvements simultanés des deux feuillets

Au cours du clivage superficiel apparaissent des interstices qui séparent les cellules superficielles des cellules profondes. Ce processus de délamination débute au bord postérieur du blastoderme en une région où apparaîtra plus tard la ligne primitive. Les fentes confluent et séparent l'aire pellucide en deux feuillets, l'un superficiel qui forme une lame épithéliale à cellules hautes, c'est l'ectophylle; l'autre, l'entophylle, est un feuillet profond présentant une polarité antéro-postérieure.

On a suivi les mouvements de la gastrulation par la méthode des marques colorées. Nous pouvons comme point de départ tracer sur le blastodisque la carte des territoires présomptifs des différentes ébauches *(fig. 20)*.

Dès la fin de la segmentation, le bord du blastoderme (aire opaque) s'étale en une mince pellicule extra-embryonnaire qui tend à envelopper le vitellus. L'embryon proprement dit s'organise dans l'aire pellucide. La gastrulation débute par un épaississement linéaire qui prend

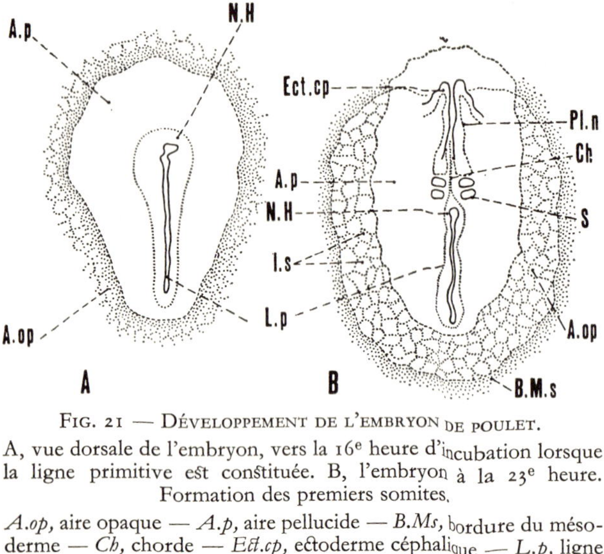

FIG. 21 — DÉVELOPPEMENT DE L'EMBRYON DE POULET.

A, vue dorsale de l'embryon, vers la 16e heure d'incubation lorsque la ligne primitive est constituée. B, l'embryon à la 23e heure. Formation des premiers somites.

A.op, aire opaque — *A.p,* aire pellucide — *B.Ms,* bordure du mésoderme — *Ch,* chorde — *Ect.cp,* ectoderme céphalique — *L.p,* ligne primitive — *N.H,* nœud de Hensen — *Pl.n,* plis neuraux — *S,* somites — *I.s,* îlots sanguins.

naissance à la partie postérieure de l'aire pellucide. Cet épaississement qui se creuse d'un sillon est la ligne primitive *(fig. 21)*. L'aire pellucide, d'abord arrondie, s'étire vers l'arrière et en fin de mouvement elle affectera la forme d'une raquette. Dans le même temps, la partie antérieure du germe s'étale, la ligne primitive s'allonge, son extrémité antérieure se présente comme un épaississement, le nœud de Hensen. Les déformations de l'aire pellucide correspondent à une poussée vers l'avant de la ligne primitive et à une convergence des territoires postéro-latéraux. Ces mouvements affectent les deux feuillets primaires *(fig. 20)*. Les mouvements des cellules de l'ectophylle se caractérisent par une convergence vers la ligne médiane, suivie d'une invagination autour des lèvres de ce sillon. Arrivées en profondeur les cellules se réfléchissent latéralement et constituent ainsi le feuillet moyen, le mésoderme. Celui-ci s'accole intimement à l'entophylle sous-jacent de sorte que la délimitation des deux formations devient difficile.

A l'avant tout se passe comme si la ligne primitive exécutait une poussée continue, refoulant les territoires antérieurs vers l'avant et les côtés, cependant que les territoires latéraux s'infléchiraient vers le dedans pour combler le déficit causé par la poussée arrière. Au niveau de l'extrémité antérieure, l'ectophylle s'enfonce et prolifère pour former le prolongement céphalique. Celui-ci se raccorde en avant au bourrelet entophyllique pour édifier la plaque préchordale.

La partie la plus périphérique du matériel latéral invaginé envahit l'aire opaque et constitue en arrière et sur les flancs de l'embryon une lame de mésoderme extra-embryonnaire *(fig. 21* et *22)*. Dans celui-ci des îlots sanguins se développeront, et le cœlome extra-embryonnaire s'y creusera *(fig. 24)*. Entre ce mésoderme et la ligne primitive se trouve le matériel destiné aux lames latérales. Cette phase initiale de la gastrulation mène au maximum d'allongement de la ligne primitive.

Au terme de ces mouvements nous trouvons, en avant de la ligne primitive et en surface, du matériel cérébral, en profondeur celui de la plaque préchordale. Au niveau du nœud de Hensen s'étendent les éléments du névraxe et en profondeur la chorde présomptive. Dans la partie antérieure de la ligne primitive les régions latérales du

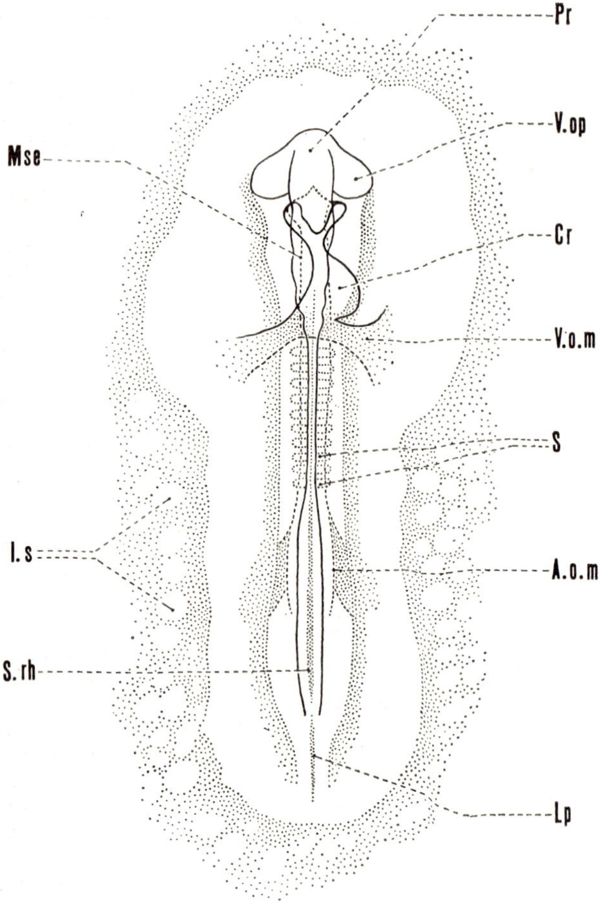

FIG. 22 — ÉVOLUTION DE L'EMBRYON DE POULET.

33ᵉ heure d'incubation. *A.o.m,* artère omphalomésentérique — *Cr,* cœur — *I.s,* îlots sanguins — *L.p,* ligne primitive — *Mse,* mésencéphale — *Pr,* prosencéphale — *S,* somites — *S.rh,* sinus rhomboïdal — *V.o.m,* veine omphalomésentérique — *V.op,* vésicule optique.

névraxe apparaissent en surface, cependant que les somites sont en profondeur. Dans la partie postérieure de la ligne primitive, il existe uniquement de l'épiderme en surface et du matériel des lames latérales en profondeur (voir *fig. 20*).

Après son extension maximum, la ligne primitive commence à se raccourcir. Le nœud de Hensen se déplace vers l'arrière. Devant lui le matériel neural de la plaque médullaire se soulève en deux bourrelets qui se creusent et se ferment pour constituer le névraxe. En profondeur, le matériel chordal s'étire en une tige axiale, la chorde, cependant que latéralement le manteau mésodermique s'organise en somites d'avant en arrière (*fig. 21* et *22*).

Au moment où la ligne primitive se restreint à l'extrémité postérieure de l'embryon, la région axiale du corps est constituée pour l'essentiel.

Les phénomènes assez complexes de la gastrulation chez l'Oiseau sont apparemment assez différents de ceux d'un Amphibien. En particulier l'enveloppement du vitellus n'est pas réalisé par la fermeture du blastopore. Il n'existe pas d'invagination au bord postérieur du blastoderme en un lieu qui représenterait la lèvre dorsale du blastopore. Celui-ci chez l'Oiseau est représenté par la ligne primitive. Cette ligne doit être conçue comme un blastopore très étiré dans le sens antéro-postérieur. Le nœud de Hensen qui termine la ligne en avant en est la lèvre dorsale, les deux rebords du sillon primitif en sont les deux lèvres latérales, et ces deux lèvres viennent au contact direct l'une de l'autre sans interposition de cavité archentérique.

ÉVOLUTION ULTÉRIEURE

Le bord externe du blastoderme dès la fin de la segmentation s'étend et commence à envelopper le vitellus. Cette aire extra-embryonnaire s'étale de plus en plus. Les trois feuillets y sont représentés (*fig. 24*). Elle arrive à englober tout le sac vitellin. Deux annexes embryonnaires se développent. C'est d'abord l'amnios constitué initialement par les replis de la lame extra-embryonnaire qui finissent par se souder en enveloppant totalement l'embryon (*fig. 23* et *24*). La membrane amniotique limite une cavité, c'est la cavité amniotique. Puis l'intestin postérieur pousse un diverticule s'étendant considérablement et repoussant le mésoderme extra-embryonnaire qui continue à le revêtir. Cette évagination est l'ébauche de l'allantoïde. Nous nous bornons ici à signaler ces deux annexes, sans décrire le développement ultérieur que nous n'aurons plus à considérer dans les interventions expérimentales.

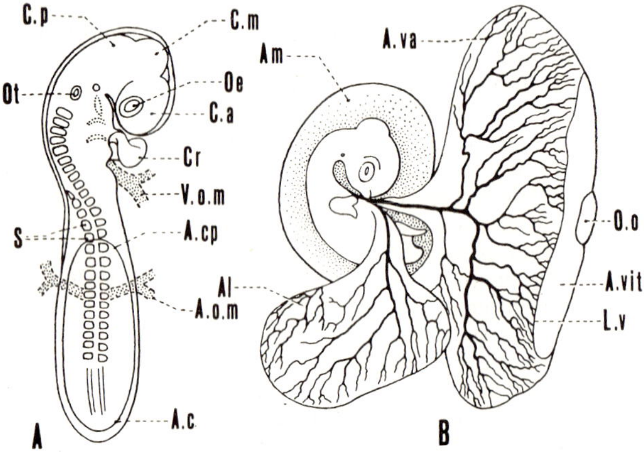

FIG. 23 — ANNEXES EMBRYONNAIRES CHEZ LE POULET.

A, formation de l'amnios. B, l'embryon au 7e jour de l'incubation. *A.c*, amnios caudal — *A.cp*, amnios céphalique — *Al*, allantoide — *Am*, amnios — *A.o.m*, artère omphalomésentérique — *A.va*, aire vasculaire — *A.vit*, aire vitelline — *C.a*, cerveau antérieur — *C.m*, cerveau moyen — *C.p*, cerveau postérieur — *Cr*, cœur — *Oe*, œil — *L.v*, limite de l'aire vasculaire — *O.o*, ombilic ombilical — *Ot*, oreille — *S*, somites — *V.o.m*, veine omphalo-mésentérique.

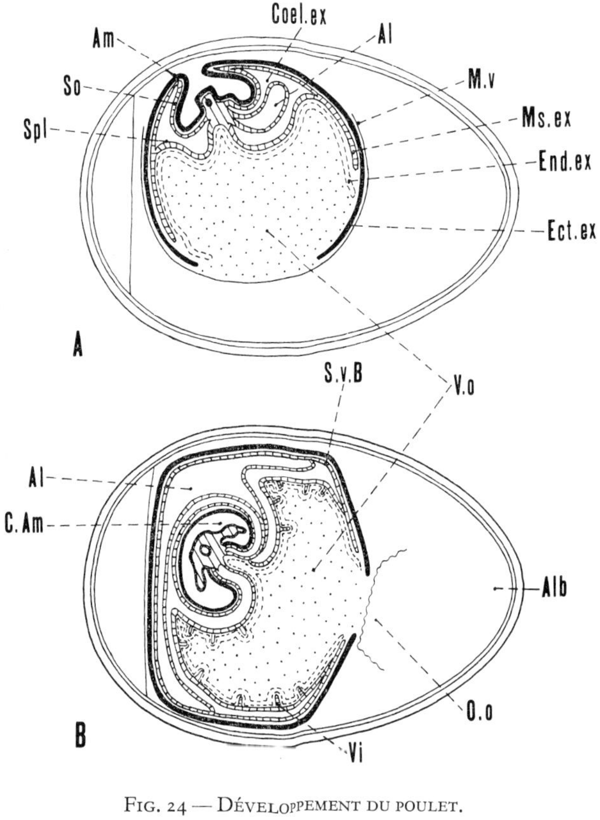

FIG. 24 — DÉVELOPPEMENT DU POULET.

Annexes embryonnaires : A, œuf au début du 4e jour de l'incubation. Les replis amniotiques tendent à se rejoindre. Poussée de l'allantoïde ; B, œuf au 7e jour, cavité emniotique close. Extension de l'allantoïde qui entre en contact avec le chorion. Soudure de la paroi allantoïdienne à la séreuse de von Baer.

Al, allantoïde — *Alb,* albumine (blanc de l'œuf) — *Am,* replis amniotiques — *C.am,* cavité amniotique — *Coel.ex,* coelome extra-embryonnaire — *End.ex,* endoderme extra-embryonnaire — *Ect.ex,* ectoderme extra-embryonnaire — *Ms.ex,* mésoderme extra-embryonnaire — *M.v,* membrane vitelline — *O.o,* ombilic ombilical — *Spl,* lame splanchnopleurale — *So,* lame somatopleurale — *S.v.B,* séreuse de von Baer — *Vi,* villosités — *Vo,* vésicule ombilicale.

LA DIFFÉRENCIATION EMBRYONNAIRE

Le problème majeur du développement consiste à comprendre par quels mécanismes un œuf fécondé, totipotent, aboutit à un individu dans lequel des tissus et des organes se définissent morphologiquement. Ce problème est celui de la *différenciation.*

Le noyau de l'œuf fécondé porte avec son assortiment chromosomique l'ensemble des gènes qu'il a reçus des parents et qui constituent ce qu'on appelle le code d'information génétique. Par la suite, au cours de la différenciation des feuillets, des tissus, des organes, certaines cellules exprimeront seulement une partie des propriétés génétiques présentes dans le noyau totipotent de l'œuf; en d'autres termes une ségrégation des activités géniques sera opérée. Tel groupe cellulaire développera le cristallin, tel autre la thyroïde, tel autre deviendra un neurone, une cellule musculaire, etc. Pour chacune de ces catégories cellulaires, les autres gènes ne s'exprimeront pas.

A quelles phases du développement et dans quelles conditions la nature des différenciations seraient-elles fixées, déterminées ? Dans quelle mesure la détermination est-elle irrévocable ? Que représente sur le plan des structures intimes du cytoplasme la *détermination ?* Celle-ci, l'expérience l'a montré, est acquise avant même toute différenciation morphologique décelable. La détermination est en fait une différenciation invisible. Elle touche la nature même du cytoplasme. On est conduit actuellement à concevoir qu'elle affecte, au niveau des structures biochimiques, la qualité même des protéines constitutives du cytoplasme.

Si le code d'information génétique est actif au cours de toute l'ontogenèse, comme l'indiquent les conséquences d'une altération visible des chromosomes, il reste que c'est au niveau du cytoplasme que s'expriment ces effets. Nous savons que celui-ci est anisotrope. Cet état se traduit dans les meilleurs cas par l'existence de plasmes doués de propriétés morphogènes particulières.

Les embryologistes au cours de l'évolution des concepts concrétisant l'allure du développement embryonnaire ont été conduits à se demander si l'œuf doit être conçu comme une *mosaïque* de régions dont la destinée est d'emblée fixée. Celles-ci correspondent alors à des *localisations germinales* dont la détermination est acquise. Le développement peut être conçu comme la manifestation des propriétés intrinsèques des plasmes. S'il en est ainsi, la suppression d'un blastomère ou d'un groupe de blastomères se traduira par la formation d'un embryon déficient. Cette vue correspond historiquement au concept *préformiste* du développement.

Les faits ont montré qu'une autre interprétation devait être envisagée. C'est celle de l'*épigenèse*. L'œuf est alors conçu comme une entité, dans laquelle les parties ont leurs propriétés morphogénétiques subordonnées à leur place dans l'ensemble. En bref l'œuf ne se présente pas comme une mosaïque rigide. Le développement est hiérarchisé. C'est une suite de réalisations progressives dans lesquelles chaque étape est contrôlée par un état antérieur moins différencié. En conséquence, si une partie du germe est supprimée, la partie restante se trouve libérée de certaines influences. La différenciation de cette partie pourra ne pas correspondre à sa valeur présomptive première. Par exemple, si au stade 2 blastomères l'un de ceux-ci est supprimé, l'autre donnera quand même un embryon entier, petit mais harmonieusement constitué. Il y aura eu un effet de *régulation*.

Préformisme et Épigenèse sont deux concepts qui ont longtemps partagé les embryologistes. On parlait d'œufs en mosaïque et d'œufs à régulation. Les travaux expérimentaux ont montré que mosaïque et épigenèse sont les deux aspects d'un processus plus général, celui de la *détermination*. Dans l'ontogenèse la détermination est progressive. Elle est plus ou moins rapide et c'est cette différence dans l'allure des déterminations qui rend compte de la nature mosaïque ou épigénétique du développement. Par là, nous sommes ramenés au rôle du code génétique. C'est son information qui contrôle finalement les cyto- et les histo-différenciations cellulaires. Les effets nucléaires seront envisagés ultérieurement.

Considérons d'abord les faits de mosaïque et de régulation.

DÉVELOPPEMENT DE TYPE MOSAÏQUE

Ce mode a surtout été observé chez les Cténophores, les Spiralia et les Ascidies. Voici quelques exemples :

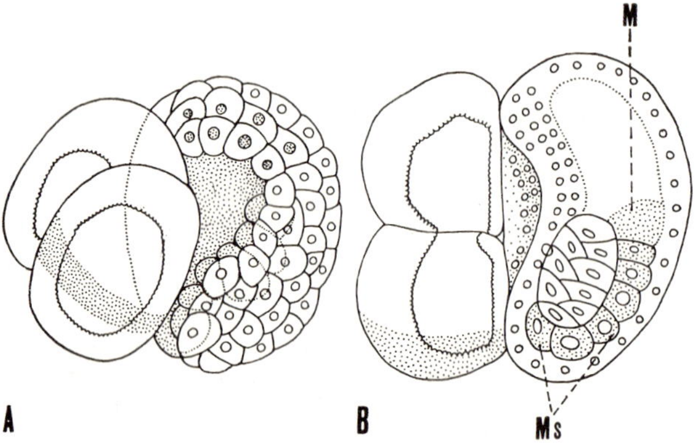

FIG. 25 — DÉVELOPPEMENT MOSAÏQUE CHEZ L'ASCIDIE *Cynthia*.
Destruction des blastomères latéraux gauche au stade 4. A, formation d'un hémi-embryon droit. B, le même plus tard : une seule ébauche musculaire (*Ms*) et de mésenchyme (*M*).

Si on prend un œuf d'Ascidie au stade quatre et si l'on détruit deux blastomères latéraux (Chabry, 1887, Conklin, 1905), ceux de gauche pour fixer les idées, on obtient un hémi-embryon droit *(fig. 25)*. Chez les Spiralia, des faits du même ordre ont été démontrés *(fig. 26)*. Ainsi chez un Mollusque, le Dentale, dont la larve est une trochophore, l'isolement de l'un des blastomères A, B ou C donne une larve partielle qui manque de toute la région inférieure dite post-trochale correspondant à certains dérivés de D (ectoderme troncal dérivé de 2d et mésoderme dérivé de 4d). Une larve se développant à partir du blastème D sera petite, mais complète et présentera toute la partie inférieure post-trochale d'une larve normale, cette région sera, relativement à l'ensemble, trop grande.

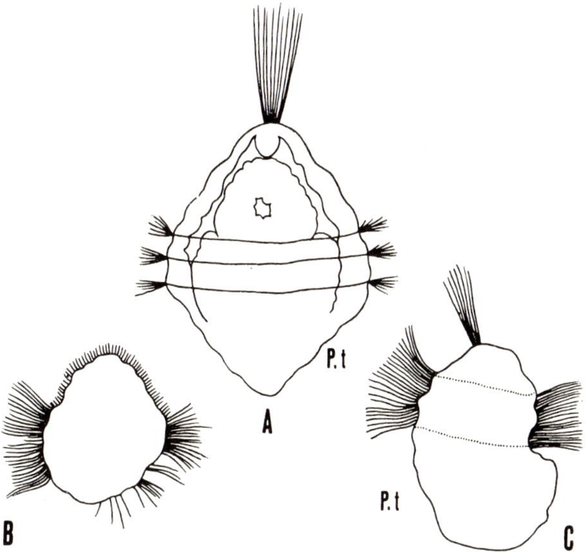

FIG. 26 — ISOLEMENT DES BLASTOMÈRES CHEZ LE DENTALE.

A, larve normale de 24 heures; remarquer la région post-trochale (*Pt*); B, larve développée à partir d'un blastomère A, B ou C, pas de région post-trochale; C, celle-ci est présente dans une larve provenant d'un blastomère D, (d'après Wilson).

ÉPIGENÈSE — EXTENSION DES FAITS DE RÉGULATION

Le phénomène a été très largement observé. Driesch (1891) chez l'Oursin en a apporté le premier la démonstration. Chez l'Oursin la séparation des deux ou des quatre premiers blastomères donne respectivement deux ou quatre *plutei (fig. 27)*. Plus tard encore, la section longitudinale d'une blastula au stade 16 donne par régulation

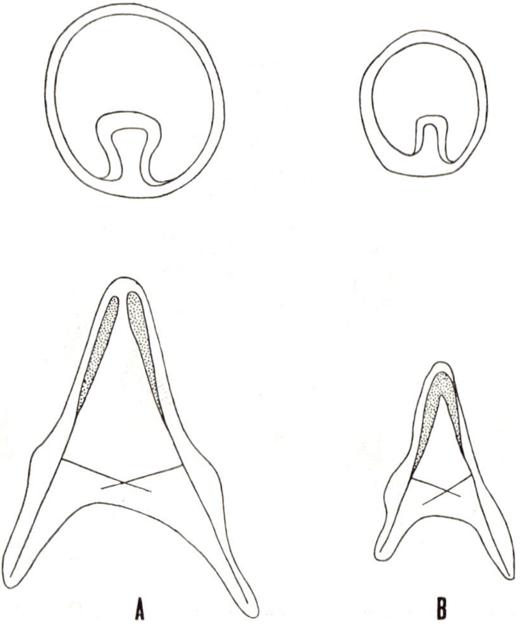

Fig. 27 — Régulation chez l'Oursin.

A, gastrula (en haut) et *pluteus* (en bas) provenant d'un œuf normal; B, respectivement, gastrula et *pluteus* issus du développement d'un blastomère isolé au stade 2, (d'après Driesch).

deux larves complètes (Hörstadius, 1928). Inversement, si deux germes d'Oursin sont soudés par compression, on peut obtenir, pour une orientation adéquate, un seul gros *pluteus*.

Un aspect particulier de la régulation a été mis en évidence chez l'Oursin (Giudice, 1962). Cet auteur traitant des germes de *Paracentrotus lividus* par l'eau de mer, dépourvue de calcium, obtient la dissociation des blastulas qui se résolvent en une masse de blastomères indépendants. Cette masse dissociée, ramenée dans l'eau de mer normale, réagrège ses cellules, le développement se poursuit, des gastrulas se constituent et même des embryons pourvus de spicules et rappelant un *pluteus (fig. 28)*. Dans quelques cas des larves géantes ont été observées. Cependant, fait intéressant, le degré de différenciation dépend du stade auquel les cellules ont été isolées. Elle est plus grande pour les blastulas que pour les plutei. Dans ce dernier cas des spicules ne se forment pas.

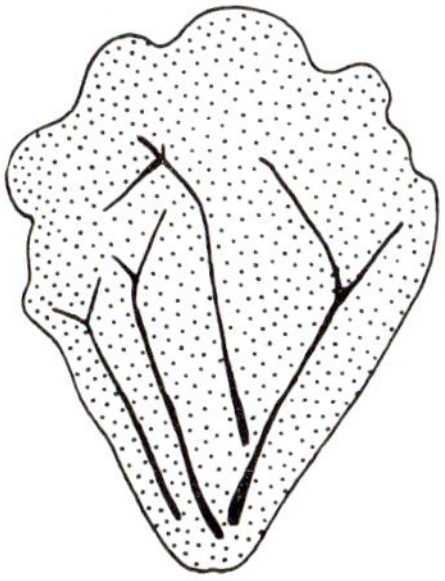

FIG. 28 — EMBRYON RECONSTITUÉ DE *Paracentrotus,* APRÈS DISSOCIATION DE BLASTULA.

Noter les spicules (d'après Giudice).

Hörstadius, dans une longue suite de travaux (1928, 1949), a minutieusement étudié la régulation chez *Paracentrotus lividus*. Voici quelques-unes des expériences les plus spectaculaires.

Une moitié méridienne de blastula au stade 16, comptant donc 4 mésomères (an. 1, an. 2), 2 macromères (vég. 1, vég. 2) et 2 micromères, peut donner un *pluteus* harmonieux. Associons à ce demi-germe une moitié animale prélevée sur un autre germe, soit 8 mésomères qui sont marqués par coloration vitale. Le germe composite compte 16 cellules : 12 mésomères, 2 macromères, 2 micromères, dans lequel le matériel animal est, par rapport au matériel végétatif, dans la proportion 3/1 et non plus 1/1 comme dans une blastula ordinaire. Un tel germe composite évolue en une larve normale *(fig. 29)*. L'examen des cellules colorées vitalement montre qu'un certain nombre des mésomères marqués, dont la potentialité est d'édifier de l'ectoderme, participent à la formation de l'endoderme; il y a eu endodermisation. Dans cette expérience nous assistons à un transfert de potentialité, de la valeur présomptive des ébauches.

Une moitié animale constituée par 8 mésomères évolue en une sphère blastuléenne, et la touffe ciliée apicale s'étend jusqu'aux 2/3 de sa surface, mais le développement ne va pas au-delà *(fig. 30, A)*. Un groupe de 4 micromères isolés n'édifie rien. Or, si nous associons 8 mésomères et 4 micromères, un *pluteus* harmonieux se forme *(fig. 30, B)*.

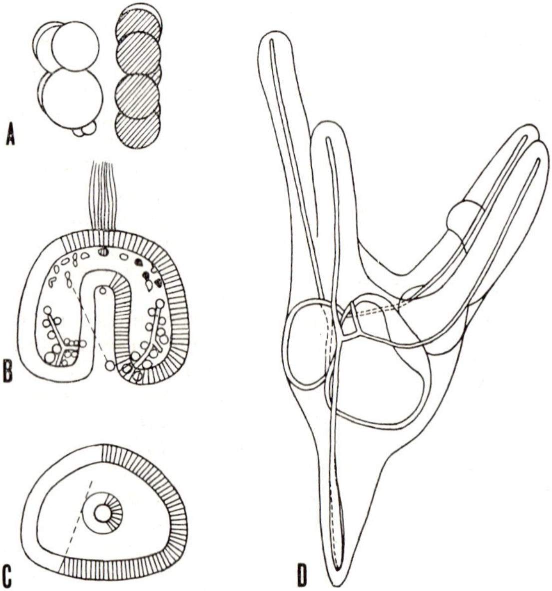

FIG. 29 — FUSION D'UNE MOITIÉ MÉRIDIENNE ET D'UNE MOITIÉ ANIMALE CHEZ L'OURSIN.

A, principe de la combinaison : moitié méridienne à gauche (claire) associée à une moitié animale (hachurée); B, stade gastrula du germe composite : une partie de l'endoderme provient des mésomères (hachurés); C, coupe transversale dans la gastrula; D, *Pluteus* complet développé à partir du germe composite (d'après Hörstadius).

La somme des prestations morphogénétiques obtenue est supérieure à la valeur présomptive des deux groupes de constituants. En effet le système composite réalisé ne comptait pas de macromères végétatifs édifiant normalement l'endoderme (archentéron). Ce sont des mésomères

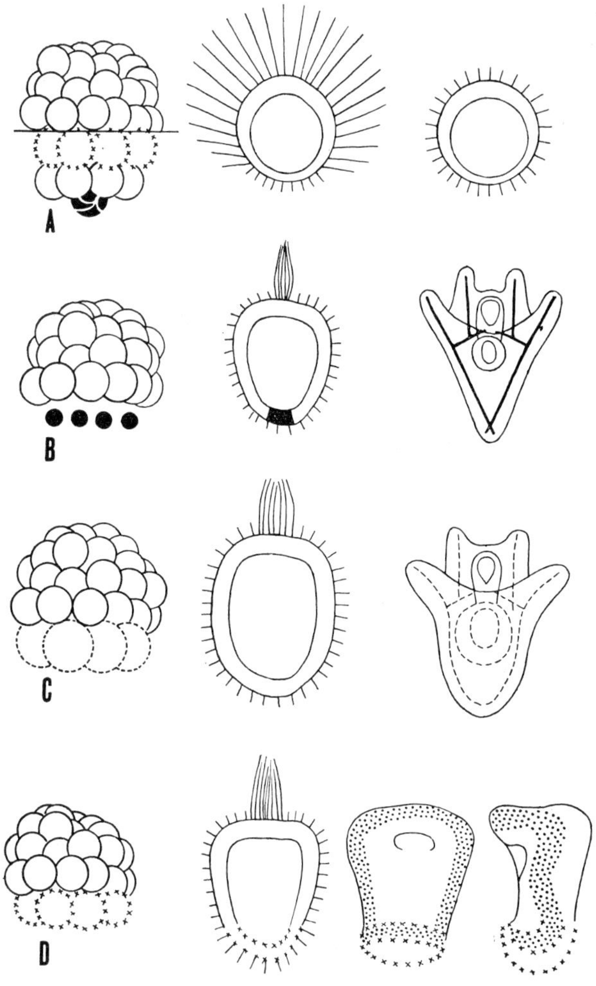

FIG. 30 — DIAGRAMME METTANT EN ÉVIDENCE L'EXISTENCE D'UN GRADIENT VÉGÉTATIF DANS LE GERME D'OURSIN.

A, évolution d'une moitié animale — B, C, D, explications dans le texte. En trait plein la moitié animale, en croix (+) les macromères végétatifs 1, en tirets les blastomères végétatifs 2, en noir les micromères (d'après Hörstadius).

(ectoderme présomptif) qui, détournés de leur prestation histogénétique présomptive, formeront l'endoderme de la larve. L'association 8 mésomères + 4 vég. 2, mais sans

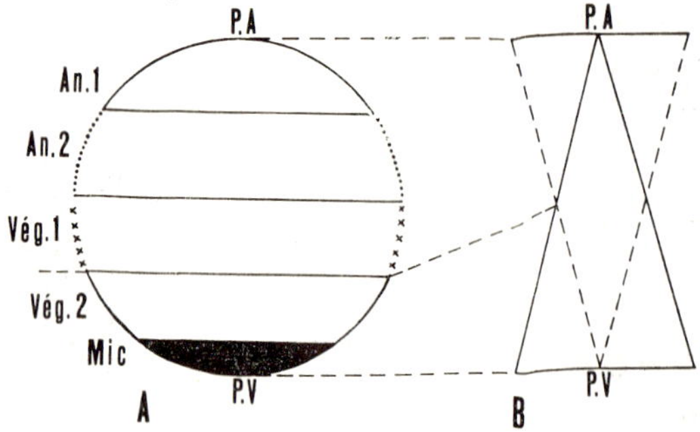

FIG. 31 — DIAGRAMME SCHÉMATISANT L'ORGANISATION DE L'ŒUF D'OURSIN, LA RÉPARTITION DES TERRITOIRES PRÉSOMPTIFS, L'EXISTENCE DES DEUX GRADIENTS EMBOÎTÉS.

A, territoires présomptifs de l'œuf; mésomères An_1; mésomères An_2; macromères végétatifs *Vég* 1; macromères végétatifs *Vég* 2; micromères *Mic*; *P.A,* pôle animal; *P.V,* pôle végétatif; B, schéma de l'emboîtement normal des deux gradients; le gradient animal est figuré par des tirets, le gradient végétatif par du trait plein.

micromères, donne encore un *pluteus,* cependant moins parfait. Là ce sont les vég. 2 qui édifient le squelette à la place de micromères absents *(fig. 30, C)*. Enfin le groupement 8 mésomères + 4 vég. 1 aboutit à l'édification d'une larve aberrante pourvue d'une bandelette ciliée, d'une bouche, mais sans tube digestif. Cette larve n'évolue plus en *pluteus (fig. 30, D)*. Le pouvoir d'organisation de vég. 1 est encore notable, mais beaucoup plus faible que celui de vég. 2 et des micromères, puisque nous n'observons ni endoderme, ni squelette. Cette expérience démontre que

---

posite, à droite un *pluteus* témoin; C, adjonction de deux moitiés animales à un germe entier, l'une est en grisé, la seconde claire. Au centre, la gastrula qui en résulte; noter l'extension des cils apicaux. À droite, le *pluteus* formé : excès des formations animales (d'après Hörstadius).

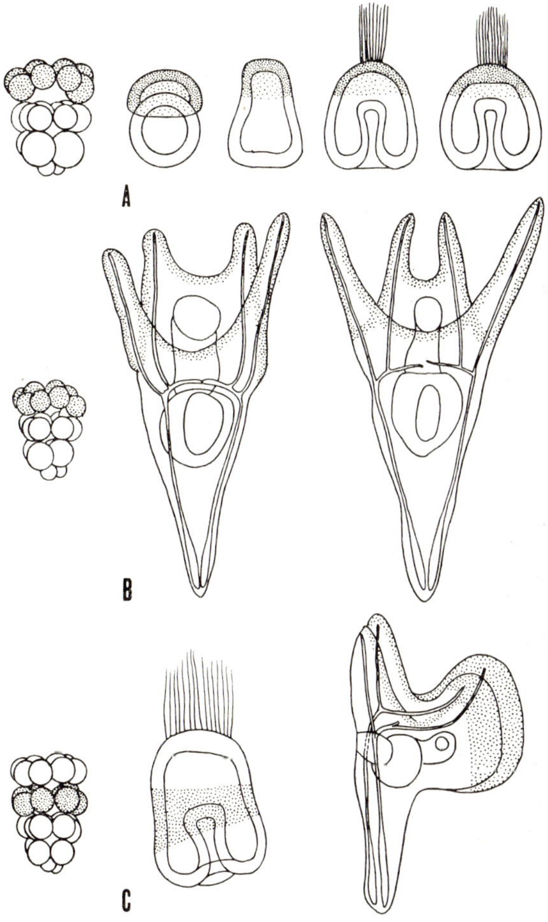

FIG. 32 — ANIMALISATION D'UN GERME PAR ADJONCTION D'UNE OU DEUX MOITIÉS ANIMALES.

A, schéma de la combinaison, la moitié animale ajoutée à un germe entier est représentée en grisé. Le matériel greffé forme d'abord une calotte sur la blastula, fusionne avec celle-ci et donne une gastrula à peu près normale; B, résultats de l'opération précédente; au centre le *pluteus* formé par le germe comla capacité d'organiser une larve à partir d'une moitié animale existe chez les blastomères de l'hémisphère végétatif, cependant cette capacité est étagée en un gradient d'activités. Il existe dans la blastula d'Oursin un gradient végétatif dont l'intensité décroît à partir du pôle végétatif en direction du pôle animal. On a pu montrer qu'il existait un gradient animal inverse du précédent, emboité avec celui-ci et dont l'activité la plus haute se situait dans la région du pôle animal *(fig. 31)*.

Si nous associons une moitié animale à un œuf entier *(fig. 32, A* et *B)*, le volume de la larve est augmenté de 50% environ et cette augmentation porte sur du matériel ectodermique donc animalisant. Les *plutei* obtenus montrent un lobe oral, lequel correspond à la région la plus animale du *pluteus,* plus grand que chez les témoins. La bouche en particulier est plus grande. L'association de deux moitiés animales à un œuf entier *(fig. 32, C)* aboutit dans les meilleurs cas à l'édification d'un *pluteus* anormal dont le lobe oral est énormément élargi (Hörstadius, 1950). Dans les deux expériences rapportées, c'est le champ végétatif qui est constant, mais la valeur animalisante du champ animal est renforcée et le déséquilibre réalisé entraîne une animalisation du germe, s'exprimant par une dysharmonie larvaire avec prédominance animale *(fig. 32)*.

Les travaux poursuivis chez l'Oursin sont une belle démonstration des capacités régulatives du germe; de plus ils établissent l'existence de deux champs organisés en gradients dont l'interaction, sur une base quantitative, règle l'édification harmonieuse de la larve *pluteus.*

Chez les Cœlentérés, Zoja (1895-1896) et Maas (1905) ont mis en évidence respectivement chez les Méduses et les Hydraires l'existence de capacités régulatives étendues. Chez *Clytia* (Hydraire), les blastomères isolés au stade 4 édifient de petites larves *planulas* complètes. Au stade 16 les blastomères isolés peuvent encore former des larves, mais plus de polypes. Un fragment de *planula* de *Clytia* peut, après régulation, se fixer et donner des hydranthes qui diffèrent des individus normaux seulement par leur taille. Plus récemment Teissier (1931) a montré des capacités régulatives étendues chez d'autres Hydraires, notamment *Amphisbetia (Sertularia) operculata.*

Parmi les Insectes, des cas de polyembryonie sont connus, attestant chez certaines espèces un pouvoir régulateur étendu. Parmi les Prochordés, la régulation a été démontrée chez un Balanoglosse, *Saccoglossus kowalewskii* (Colwin E.L. et Colwin L.H. 1950). Wilson (1893) et Conklin (1933) ont apporté la preuve de capacités régulatives chez *l'Amphioxus*. Dans cette espèce un blastomère isolé au stade 2 donne une gastrula et une larve normales. Si la séparation des deux premiers blastomères est incomplète, on obtient des embryons doubles.

Chez les Vertébrés, l'étude de la régulation a fait l'objet de recherches étendues. Les capacités régulatives sont établies chez les Cyclostomes, les Poissons, les Amphibiens, les Oiseaux, les Mammifères. Chez ces derniers en particulier l'existence des jumeaux vrais, c'est-à-dire univitellins, résulte du développement d'un seul œuf qui, au stade deux, ou même plus tard au cours de la segmentation, a donné deux systèmes germinaux indépendants. Chez le Tatou la polyembryonie est la règle, chaque œuf donnant, selon les espèces, soit quatre, soit huit embryons. Chez l'Homme la polyembryonie est exceptionnelle. C'est elle qui est responsable de la formation des jumeaux vrais, c'est-à-dire provenant d'un même œuf. Ces vrais jumeaux sont du même sexe et leur ressemblance est remarquable. Expérimentalement, Seidel (1960) a réussi chez le Lapin a obtenir le développement complet d'un blastomère isolé au stade deux et quatre. De l'ensemble des travaux réalisés chez les Vertébrés, nous retiendrons pour fixer les idées quelques expériences exécutées chez les Oiseaux et les Amphibiens.

Nous devons à Lutz (1949) opérant sur le blastoderme du Poulet et du Canard un ensemble de résultats très significatifs. Le blastoderme de l'œuf non incubé est fissuré selon des modalités variées par un fil de verre agissant comme un couteau, que l'on introduit dans le vitellus aux abords immédiats du blastoderme. Le repérage de l'orientation est réalisé préalablement selon la règle statistique de von Baer : dans 65 % à 70 % des cas chez l'œuf de Poule et de Cane, l'axe céphalo-caudal de l'embryon est perpendiculaire au grand axe de l'œuf, et la tête se trouve devant l'observateur si le petit bout de l'œuf est situé à la droite de celui-ci. Les principaux résultats sont les suivants (*fig. 33*).

Si la section est parallèle à l'axe présumé, on obtient deux embryons parallèles, de même orientation. Si la section est perpendiculaire à l'axe présumé, on obtient deux embryons en situation tête contre tête ou tête contre queue. La polarité de l'axe embryonnaire est bien déterminée dès la ponte de l'œuf. Mais dans le cas d'une fissuration perpendiculaire à l'axe présumé, c'est seulement la polarité de l'embryon postérieur qui demeure; elle est déterminée, cependant que la polarité de l'embryon anté-

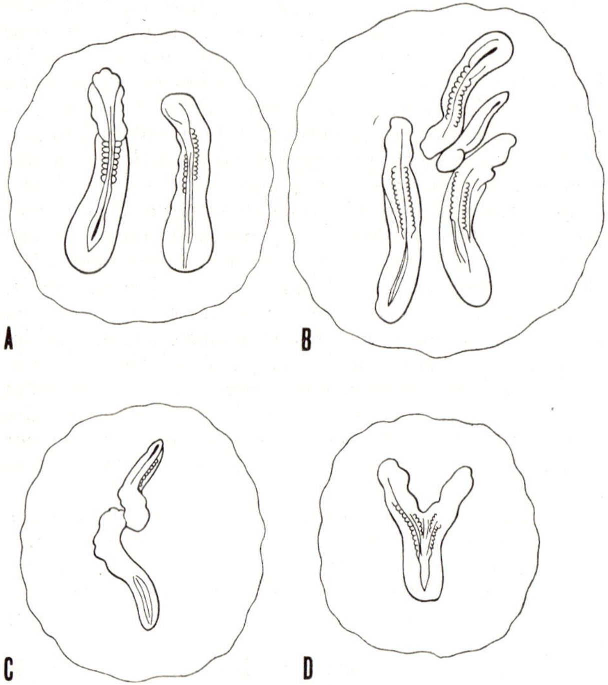

FIG. 33 — RÉGULATION DANS LE GERME DE CANARD APRÈS FISSURATION DU BLASTODERME DE L'ŒUF NON INCUBÉ.

A, fissuration sagittale. Jumeaux parallèles et de même sens; B, découpage de l'aire embryonnaire en quatre bandes parallèles à l'axe présumé; C, fissuration suivant une direction perpendiculaire à l'axe; D, fissuration partielle, embryons fusionnés dans la région postérieure (d'après Lutz).

rieur devient labile. Les caractères morphologiques des embryons sont ceux d'un embryon normal.

Si l'on fissure le blastoderme en un plus grand nombre de bandes, le nombre d'embryons obtenus correspond, dans les meilleures conditions, au nombre de bandes isolées. Ainsi le découpage du blastoderme non incubé en quatre bandes peut fournir quatre embryons parallèles.

Si on fissure le blastoderme en quatre ou trois bandes perpendiculaires à l'axe présumé, chaque bande peut former un embryon. L'axe des embryons antérieurs médians est variable, une des bandes ou plusieurs peuvent avorter ou s'accoler.

Si on fissure le blastoderme en trois ou quatre secteurs, trois ou quatre embryons se développent dans la majorité des cas. Dans les meilleures conditions, chaque secteur isolé donne un embryon complet. L'orientation est variable. L'élimination de parties du blastoderme ne gêne pas le développement des parties restantes.

Des fissurations partielles, antérieures ou postérieures, ont pour résultat le développement d'un monstre double en λ ou Y.

L'ensemble de ces résultats décisifs établit la capacité de régulation étendue du germe de l'Oiseau jusqu'au stade qui, correspondant à l'œuf non incubé, précède la gastrulation. Le problème des inversions de polarité de certains embryons surnuméraires reste actuellement ouvert.

Le groupe des Amphibiens a donné lieu à de nombreuses expériences établissant le pouvoir régulateur étendu du germe, jusque la fin du stade blastula. Citons quelques faits caractéristiques. Chez le Triton, on peut à l'aide d'une boucle de cheveu séparer les deux premiers blastomères (Spemann, 1901). Lorsque le plan de séparation de ceux-ci coïncide avec le plan de symétrie bilatérale, c'est-à-dire coupe en deux le croissant dépigmenté, chaque blastomère isolé donne naissance à un embryon complet *(fig. 34)*. Inversement, si, comme Seidel et Mangold (1927) l'ont réalisé, on associe deux œufs au stade deux, l'un de *Triturus alpestris* brun foncé, l'autre de *Triturus taeniatus* brun clair, on peut obtenir, si certaines conditions d'orientation sont réalisées, un embryon unique géant.

Enfin si un œuf de Grenouille *(Rana temporaria)* fécondé mais insegmenté, ou ayant atteint le stade 2 blastomè-

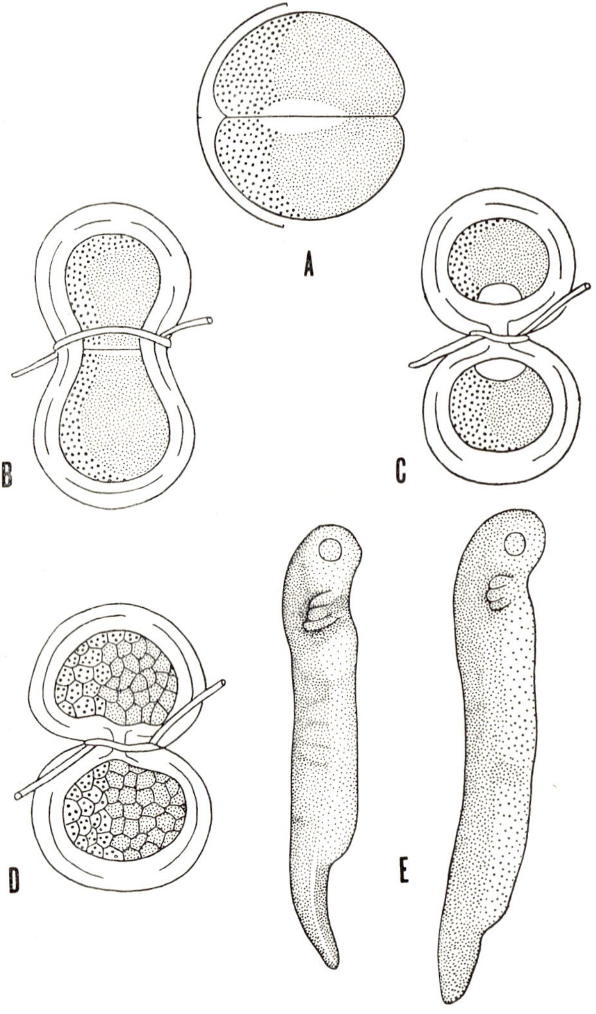

FIG. 34 — LIGATURE SAGITTALE DE L'ŒUF DE TRITON (*T. helveticus*).

A, schéma du germe au stade 2. L'arc de cercle indique l'étendue du croissant clair. B, C, D, segmentation du germe après ligature. E, les deux larves jumelles à l'éclosion (d'après Dollander).

res, est coincé entre deux lames de verre de telle manière que le pôle végétatif occupe la partie supérieure et si on le maintient dans cette position, on peut obtenir des embryons doubles (Schultze 1894, Penners et Schleip 1928, Pasteels 1938).

Tous ces faits établissent par conséquent que le pouvoir régulateur de l'œuf ou des germes déjà avancés dans leur développement est un phénomène largement distribué dans le règne animal.

FACTEURS CHRONOLOGIQUES DANS LA DÉTERMINATION DES ŒUFS MOSAÏQUES

Les expériences ont montré qu'un œuf considéré comme appartenant au type mosaïque peut être cependant, en une phase très précoce, capable de régulation. Le fait a été démontré par Dalcq (1934-1938) pour une Ascidie, *Ascidiella scabra*. Nous avons vu qu'au stade 2 blastomères l'œuf d'Ascidie se comporte selon le type mosaïque. Il en va autrement en opérant au stade très précoce

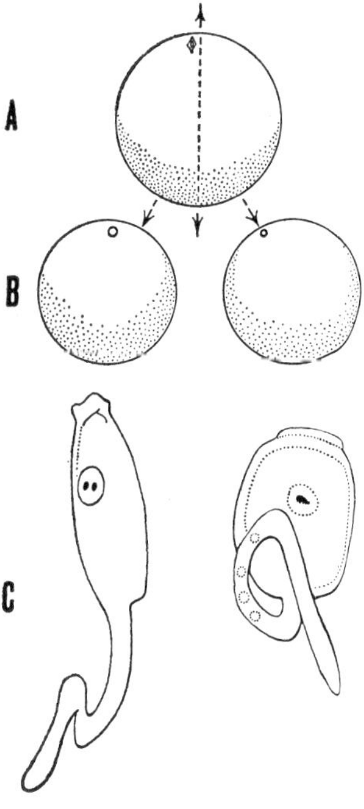

FIG. 35 — RÉSULTAT D'UNE SECTION MÉRIDIENNE CHEZ *Ascidiella*.

Obtention de deux têtards mérogones, à corps normal, queue infléchie en sens opposé; A, la ligne verticale représente le plan de section laissant le pronucleus femelle à gauche, le fragment droit est anuclée; B, les deux germes. Après fécondation, celui de gauche sera diploïde, celui de droite haploïde; C, les deux têtards correspondants (d'après Dalcq).

de l'œuf vierge. Celui-ci est sectionné selon un plan méridien et chacun des deux fragments est fécondé. La monospermie étant de règle, le fragment contenant le pronucleus femelle sera diploïde après son association avec le spermatozoïde; le fragment anucléé, recevant le seul noyau apporté par le spermatozoïde, sera haploïde *(fig. 35)*.

Pour de telles sections méridiennes et dans les meilleurs cas, on peut voir se développer deux têtards aux dépens du même œuf, c'est-à-dire qu'on se trouve dans la même situation que dans l'expérience de Driesch sur l'Oursin. Ainsi chez les Ascidies, la régulation qui n'est pas réalisable au stade 2 blastomères, se révèle possible, au moins dans une large mesure, si on opère la division du germe plus précocement, au stade de l'œuf vierge. Un œuf de type mosaïque est donc capable, à un stade très jeune, de régulation. Avec le vieillissement du germe, le caractère labile du développement cesse. Celui-ci est alors orienté vers une destinée définie. Il est déterminé. Dès lors il sera seulement capable d'une auto-différenciation. Nous voyons apparaître deux notions fort importantes : rôle de la chronologie dans la capacité régulative et phénomènes de détermination progressive dans le germe.

Des faits comparables à ceux présentés par les Ascidies ont été démontrés chez d'autres germes considérés comme du type mosaïque.

ACQUISITION DU CARACTÈRE MOSAÏQUE DANS LES GERMES A CAPACITÉ RÉGULATIVE ÉTENDUE

Dans les systèmes germinaux, comme ceux de l'Oursin et des Amphibiens, capables, aux stades initiaux du développement, d'une vaste régulation, il a été démontré qu'avec les progrès de l'ontogenèse, la détermination des parties s'instaurait progressivement. Elle aboutit à une sorte de découpage du système en une mosaïque de régions, de champs, dont le pouvoir morphogénétique est limité, et la destinée globale fixée.

CHAMP ANIMAL ET CHAMP VÉGÉTATIF DANS LE GERME D'OURSIN

Nous savons que si un germe d'Oursin est séparé en deux moitiés méridiennes, chaque fragment donne un *pluteus* complet (Hörstadius, 1935-1938-1939-1949). Le résultat est encore obtenu aux stades 8 et 16 blastomères. Considérons maintenant l'expérience suivante. Hörstadius isole, par section équatoriale pratiquée au stade 8, l'hémisphère animal et l'hémisphère végétatif. Dans le germe intact, la moitié animale aurait édifié l'ectoderme avec sa touffe ciliée apicale, la bandelette ciliée et le stomodeum. La moitié végétative aurait produit l'orifice blastoporal, l'archentéron, le squelette et une partie du revêtement ectodermique. Après séparation, le développement de chaque moitié donne les résultats suivants *(fig. 36)*. La moitié animale édifie une blastula en grande partie couverte de longs cils immobiles de même nature que ceux de la touffe apicale. Il existe d'ailleurs des variations individuelles dans l'aspect de cette blastula. La moitié végétative gastrule, édifie un archentéron, un squelette, un revêtement ectodermique, mais est déficiente pour les organes qui normalement eussent été élaborés par la moitié animale, c'est-à-dire la touffe ciliée apicale, le stomodeum (parfois ébauché) et la bandelette ciliée.

Nous arrivons alors à ce résultat qu'un germe d'Oursin au stade considéré se comportera comme un système régulateur si la section est méridienne et si par conséquent il possède un étagement proportionné et complet des différents plans latitudinaux que nous révèle le développement (mésomères + macromères + micromères). Au même stade, ce germe se comportera comme un système rappelant le type mosaïque, si le partage équatorial sépare deux régions douées de propriétés morphogénétiques différentes : deux champs, l'un animal, l'autre végétatif, qualitativement différents, sont constitués dans le germe. L'existence de ces champs nous a été révélée par les expériences de régulation où des germes composites sont réalisés.

Il est bon de poursuivre davantage l'analyse de cet exemple. Disons d'abord que ces deux champs ne sont nullement séparés par une limite, une frontière rigide,

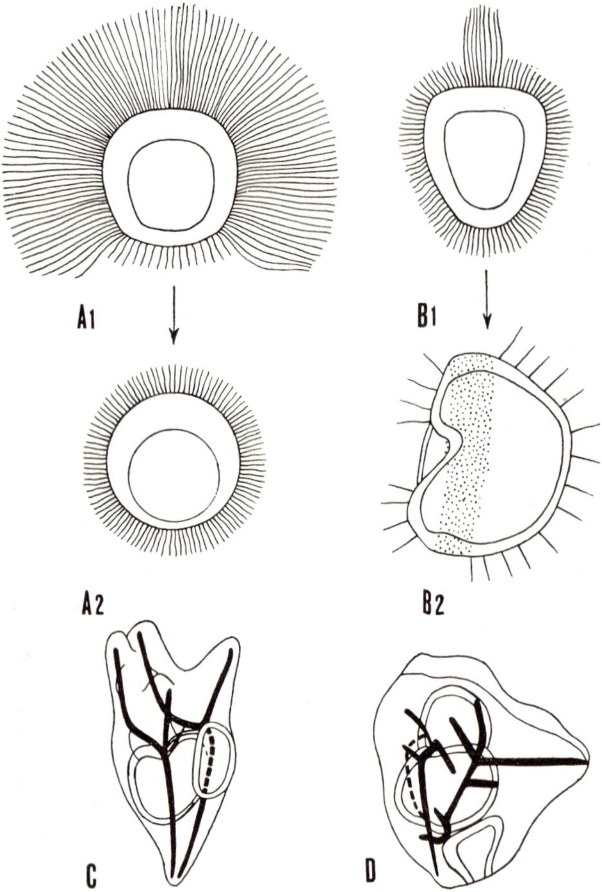

FIG. 36 — DÉVELOPPEMENT DE MOITIÉS ANIMALE ET VÉGÉTATIVE ISOLÉES CHEZ L'OURSIN *Paracentrotus*.

A1, A2 et B1, B2 : deux types d'évolution d'une moitié animale. C. D. germes provenant d'une moitié végétative (d'après Hörstadius).

comme pourrait inciter à le croire la brutalité de la section pratiquée. En ce sens le concept mosaïque étroitement conçu serait une erreur. En second lieu nous devons remarquer que si dans l'ensemble chaque moitié animale ou végétative fournit la prestation correspondant à sa potentialité réelle, l'isolement introduit quelques résultats nouveaux. Considérons la touffe ciliée apicale de la moitié animale. Normalement elle est réduite à une plage étroitement limitée autour du pôle animal. Or, dans les expériences d'isolement d'un hémisphère animal, nous constatons une extension marquée des longs cils qui arrivent à entourer la blastula sur les 2/3 de sa surface. Cela veut dire qu'un facteur limitant l'extension des longs cils, dans le germe normal, fait défaut dans une moitié animale isolée. Il est logique de penser que ce facteur est lié à la présence de la moitié végétative. Absente, celle-ci libère de tout contrôle le développement des longs cils, qui s'étendent alors autour de la blastula animale. De plus, dans la mesure où l'extension de ces longs cils est assez limitée, nous constatons que la plage qu'ils recouvrent se restreint progressivement autour d'un centre qui est le pôle animal, comme si celui-ci représentait une zone d'activité maximum pour le développement des longs cils, cette activité s'effaçant progressivement, d'une manière graduée, à partir de ce centre au long des méridiens en direction végétative. Ces observations confirment les expériences relatées précédemment; les facteurs d'organisation qui règnent dans la moitié animale sont répartis, selon un *gradient d'intensité*, autour d'une zone focale correspondant au pôle animal. Désormais nous retrouverons souvent ces notions importantes de champ et de gradient.

LA DÉTERMINATION DANS LE GERME D'AMPHIBIEN

Jusqu'au début de la gastrulation le germe d'Amphibien paraît capable d'une régulation étendue, comme l'indiquent les expériences de section sagittale dans des conditions convenables d'orientation. Lorsque le germe a atteint le stade neurula, il n'en va plus de même.

Puisque la détermination des futures ébauches s'effectue dans le germe progressivement, à mesure qu'avance

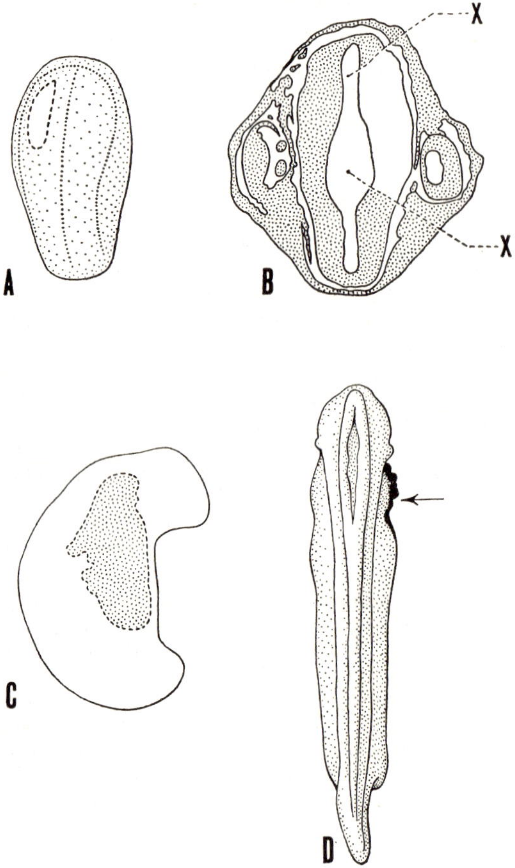

FIG. 37 — DIFFÉRENCIATION DÉPENDANTE DES TERRITOIRES DANS LE GERME DE TRITON, AVANT L'ÉTABLISSEMENT DE LEUR DÉTERMINATION.

A, embryon de *T. taeniatus* (grisé) portant le greffon clair de *T. cristatus;* B, coupe de la jeune larve *taeniatus* en grisé, montrant la région de la paroi du cerveau (*X X*) constituée par le tissu clair, provenant du greffon *cristatus;* C, embryon *cristatus* (clair), portant le greffon sombre *taeniatus;* D, le même embryon plus âgé (grisé léger), présentant dans sa région branchiale le greffon sombre *taeniatus* (flèche) (d'après Spemann).

l'ontogenèse, on est amené à rechercher une méthode permettant d'éprouver le moment à partir duquel un territoire cesse d'être labile, pour acquérir sa détermination. Il aura désormais une destinée fixée et évoluera par autodifférenciation, se comportant en somme comme une pièce d'un puzzle. La technique des greffes appliquée à ce phénomène permet de saisir ce passage de la plasticité à la détermination dans le germe.

Voici une expérience caractéristique de Spemann (1921). On échange deux lambeaux d'ectoderme entre deux germes de même âge qui se trouvent au début de la gastrulation *(fig. 37)*. Les fragments greffés sont de même taille et appartiennent l'un à une espèce dont le germe est pigmenté *(Triturus taeniatus)*, l'autre à une espèce *Triturus cristatus* dont le germe est clair. Cette précaution permettra de repérer, dans la suite du développement, chaque greffon. L'un des greffons est prélevé dans la région présomptive correspondant au cerveau postérieur de *T. taeniatus*, l'autre dans la région branchiale de *T. cristatus*. On procède à l'échange des greffons. Si chacun de ceux-ci continuait à se développer conformément à son origine, nous obtiendrions un embryon portant un îlot d'ectoderme au milieu de son cerveau, l'autre un fragment de cerveau dans sa région branchiale. En fait, il n'en est rien, les deux embryons sont normaux, sauf que le cerveau de l'un *(T. taeniatus)* contient une plage claire correspondant au tissu greffé, et la région branchiale de l'autre *(T. cristatus)* de l'épiderme sombre. C'est donc que chaque lambeau a été incorporé à l'organe dans lequel il a été transplanté et a fourni des structures histologiques correspondant à la nouvelle localisation. Au stade considéré, la plasticité du greffon est manifeste, sa détermination n'est pas irrémédiablement fixée, elle dépend du lieu où le greffon est implanté.

Une expérience du même ordre faite en opérant non plus au stade de la très jeune gastrula, mais plus tard, au stade neurula, donnerait un résultat différent *(fig. 38)*. Ainsi, si on découpe la portion animale d'une neurula de Triton, correspondant à la tête future de l'embryon, et si on la cultive isolément *in vitro*, cette partie développera une tête complète, proportionnée, avec cerveau, deux yeux, narines, crâne. Une portion postéro-ventrale d'une neurula, représentant le complément de la partie céphalique précédente, fournira une portion de tronc avec squelette axial, moelle, musculature, intestin, pronéphros, queue et membres, mais pas de tête. La somme de la prestation morphogénétique des deux fragments isolés, reconstitue sensiblement, selon une vue idéale, la totalité des organes qu'aurait édifiés normalement une neurula intacte.

Ce type d'expérience qui a été étendu à d'autres tissus et organes démontre que, jusqu'au début de la gastrulation, le germe d'Amphibien possède des capacités régulatives étendues. Le développement a donc une allure épigénétique. Puis survient une période critique qui se situe au cours de la gastrulation, à la suite de laquelle les divers territoires présomptifs perdent leur plasticité. Leur destinée se trouve irrévocablement fixée. Les greffons se différencieront conformément à leur origine. La détermi-

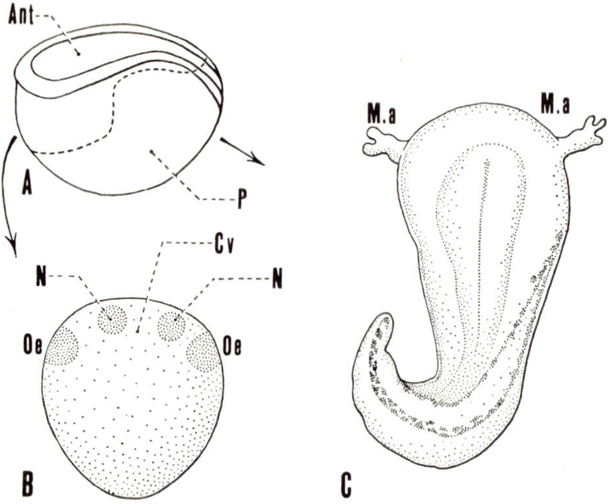

FIG. 38 — DIFFÉRENCIATION AUTONOME DES RÉGIONS ANTÉRIEURES (*Ant*) ET POSTÉRIEURES (*P*) D'UNE NEURULA D'URODÈLE.

A, schéma de l'opération. Les tirets indiquent la ligne selon laquelle est pratiquée la séparation; B, et C, les germes partiels obtenus en culture, vingt-cinq jours après l'opération; B, développement d'une tête (*Cv,* cerveau; *N,* nez; *Oe,* œil); C, développement d'un tronc et d'une queue (*M.a,* membre antérieur) (B et C d'après Holtfreter).

nation est acquise, les ébauches se développent par autodifférenciation. Nous pouvons encore dire que les potentialités réelles sont, à ce stade, égales aux potentialités totales. Celles-ci étaient supérieures aux potentialités réeles avant la gastrulation.

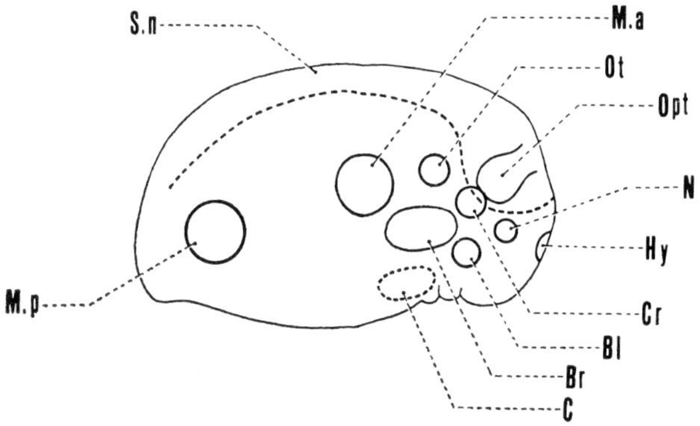

FIG. 39 — DIAGRAMME MONTRANT LA LOCALISATION SUR UNE NEURULA D'URODÈLE DES PRINCIPAUX CHAMPS MORPHOGÉNÉTIQUES RÉGIONAUX.

Bl, balancier; *Br,* branchie; *C,* cœur; *Cr,* cristallin; *Hy,* hypophyse; *M.a,* membre antérieur; *M.p,* membre postérieur; *N,* nez; *Opt,* œil; *Ot,* oreille; *S.n,* champ neural.

Nous concevons que si la détermination est acquise pour un certain nombre d'ébauches : membres, branchies, œil, cœur, etc., le germe se comporte comme un puzzle, une mosaïque de territoires, de champs dans lesquels s'effectuera par autodifférenciation le développement des organes selon la valeur présomptive de chacun d'eux. Le pouvoir d'autodifférenciation des ébauches est désormais défini, alors même qu'aucun organe n'est morphologiquement décelable. La détermination est une différenciation invisible. On peut donc tracer les aires correspondant aux futurs organes de l'embryon *(fig. 39)*. On qualifie ce phénomène d'émancipation ou encore de ségrégation.

Pour le point qui nous retient ici, nous voyons qu'un germe de type régulateur acquiert une constitution mosaïque avec les progrès de son ontogenèse.

L'INDUCTION

INDUCTION PRIMAIRE ET CENTRE ORGANISATEUR CHEZ LES AMPHIBIENS

C'est essentiellement à H. Spemann et à son école que l'on doit l'établissement de l'un des concepts fondamentaux de l'embryologie causale, celui d'induction.

Des précurseurs, par des expériences préalables, avaient amorcé l'idée d'induction, mais la mise en évidence de la signification du phénomène a eu pour point de départ l'expérience décisive de la greffe de la lèvre dorsale du blastopore (Spemann et Mangold, 1924).

Les auteurs allemands opéraient sur deux jeunes gastrulas de Triton, l'une appartenant à *Triturus cristatus* et peu pigmentée, l'autre à *Triturus taeniatus* plus fortement pigmentée, de manière à pouvoir repérer la nature du greffon. Actuellement, on utilise généralement deux germes de la même espèce, mais dont l'un est coloré vitalement.

L'expérience est la suivante *(fig. 40)*. Dans une jeune gastrula de Triton, au stade où le blastopore apparaît comme une encoche en forme d'arc, nous découpons la

---

ment au stade de la figure D. Les organes axiaux primaires sont situés à gauche, les organes induits à droite. Pour ceux-ci on remarquera que la différence de coloration (chorde II et somites II) permet d'identifier les formations dérivées du greffon (clair) et celles induites dans les tissus de l'hôte. L'indication I et II se rapporte aux formations de l'hôte (I) et aux formations induites (II). La flèche montre le sens du transport du greffon sur l'hôte. *Bl,* blastopore; *Ch,* chorde; *G,* greffon; *Int,* intestin; *Oe,* œil; *Ot,* oreille; *Pl.m,* plaque médullaire; *Prn,* tubule pronéphrétique; *S.n,* moelle épinière; *Som,* somites; *T,* tête; *Vit,* vitellus. Les figures sont relatives au Pleurodèle (sauf E. d'après Spemann).

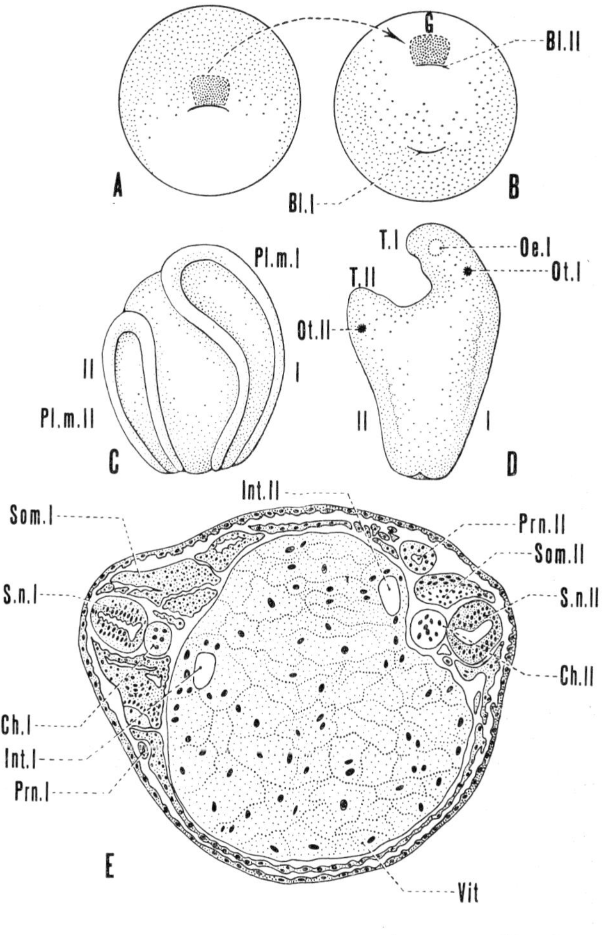

FIG. 40 — INDUCTION PRIMAIRE CHEZ LES AMPHIBIENS URODÈLES.

Induction d'un embryon secondaire par greffe de la lèvre dorsale du blastopore : A, B, schéma de l'opération; C, évolution du germe après implantation du greffon, stade neurula. Formation de deux plaques médullaires, à droite la plaque médullaire de l'hôte (I), à gauche la plaque induite (II); D, stade plus avancé (bourgeon caudal); E, coupe transversale d'un embryon correspondant sensiblelèvre dorsale du blastopore (A). Le greffon est transplanté sur une autre gastrula du même âge, de telle manière que la lèvre dorsale transplantée soit opposée à celle de l'hôte et greffée dans la zone ventrale de celui-ci (B). Le greffon (G) que nous appellerons l'organisateur comprend le matériel présomptif d'une partie de l'endoderme pharyngien, d'une fraction de la chorde et des somites.

Dans un cas typique, nous constatons que le développement du germe composite se poursuit, deux plaques neurales apparaissent, avec leurs plis neuraux et leurs régions céphaliques élargies en une sorte de raquette (C). L'une est la plaque normale de l'hôte située en position dorsale, cependant que l'autre est une néoformation, c'est une plaque neurale induite s'édifiant dans la région ventrale du germe récepteur au contact du greffon invaginé.

Avec les progrès du développement, deux systèmes axiaux matérialisés macroscopiquement par deux systèmes nerveux cérébro-spinaux, s'édifient. Dans les meilleurs cas, l'embryon secondaire induit peut être presque aussi développé que l'embryon (D).

S'il s'agit de deux espèces diversement colorées ou bien si l'on a coloré vitalement la lèvre dorsale transplantée, il est possible sur coupes de retrouver les dérivés du greffon et ceux de l'hôte (E).

L'examen des préparations révèle que le greffon a formé une partie de la chorde et une région limitée des somites de l'embryon secondaire. Au-dessus du greffon nous trouvons le névraxe secondaire, constitué à partir de l'ectoderme de l'hôte. Ainsi tout le système nerveux, de même qu'une partie de la chorde et des somites de l'embryon secondaire, ont été induits à partir des tissus de l'hôte primaire. On peut observer des éléments d'un pronéphros secondaire induit dans le feuillet mésoblastique. La tête induite développe un cerveau avec nez, vésicules optiques et otiques. Au total, sous l'influence du greffon constitué par la lèvre dorsale du donneur, c'est tout le système des organes axiaux d'un Vertébré qui s'édifie à partir d'éléments du porte-greffe en une véritable individualité secondaire nouvelle. Or, les tissus de l'hôte récepteur auraient seulement donné en ce lieu de l'épiderme banal ventral pour le feuillet ectodermique, et de la lame latérale pour le feuillet mésodermique. L'ampleur de l'induction est particulièrement saisissante dans le cas typique que nous considérons.

L'analyse du phénomène permet de dégager les points suivants. L'hôte ou porte-greffe a poursuivi sa gastrulation et édifié un embryon normal que nous qualifions de primaire et qui comporte en particulier les organes axiaux, système nerveux, chorde et somites caractéristiques. Le greffon a continué dans sa position nouvelle ses processus d'invagination sous l'ectoderme de la région où il est implanté. Il donne par autodifférenciation une partie de la chorde et des somites de l'embryon secondaire. Ce greffon s'est donc comporté comme le fait un fragment d'un champ local, ayant acquis sa détermination. Ces faits sont dans la norme de ce que l'on pouvait prévoir. Mais il y a plus.

Les éléments chordo-mésodermiques du greffon ont induit l'ectoderme sus-jacent de l'hôte à édifier une plaque médullaire et par la suite un système nerveux entier. Or cet ectoderme aurait normalement fourni de l'épiderme banal. Par conséquent nous pouvons dire que le greffon a exercé une *induction neurogène* sur le feuillet ectodermique, dont la détermination était labile au stade où l'on a opéré. De plus, le greffon suscite dans le feuillet mésodermique de l'hôte, qui à ce niveau représente les lames latérales, une élévation des prestations histogénétiques. En effet, une partie des somites et de la chorde, le pronéphros de l'embryon secondaire, se constituent à partir des tissus peu différenciés des lames latérales. Ainsi localement, au contact du greffon, le mésoderme a subi une *induction mésoblastogène*.

Non seulement le greffon a engagé dans des voies nouvelles la différenciation des cellules de l'hôte, mais les tissus induits s'agencent en organes ayant des relations topographiques définies, pour constituer un embryon secondaire qui dans les meilleurs cas est harmonieux. L'induction n'aboutit pas à un agrégat plus ou moins chaotique de tissus.

Devant ces résultats Spemann, fut amené à considérer que la lèvre dorsale greffée se comportait comme un organisateur; la zone marginale dorsale du champ chordo-mésodermique d'où provient le greffon est un centre organisateur. Celui-ci crée dans le matériel encore indifférent et non déterminé où il se trouve implanté un champ d'organisation.

Après l'expérience fondamentale de Spemann réalisée chez les Urodèles, le même phénomène a été étendu aux Anoures, *Bombinator, Hyla, Bufo, Rana,* généralisant ainsi aux divers Amphibiens la découverte initiale de l'induction.

PROPRIÉTÉS DU CENTRE ORGANISATEUR

Le centre organisateur de Spemann a naturellement suscité un profond intérêt. Le centre appartient à la zone marginale dorsale du germe, il correspond au champ chordo-mésodermique dorsal. Quelles sont donc les propriétés d'un tel champ ? Quelles sont ses limites spatiales ? A quel moment est-il constitué comme tel au cours de l'ontogenèse ? Dans quelles limites de temps est-il actif ? Dans quelles limites les tissus réactionnels sont-ils *compétents* pour réagir à l'effet inducteur qu'ils reçoivent ?

La lèvre dorsale du blastopore est en fait un lieu géométrique où s'enroulent et défilent au cours de la gastrulation les matériaux superficiels correspondant au champ mésodermique. La constitution de cette lèvre change avec les progrès de la gastrulation. Les propriétés du territoire qui s'invagine sont-elles uniformes et ont-elles toutes la même capacité inductrice, ou bien doit-on considérer des effets régionaux dans l'induction ? Enfin la contre-épreuve de l'expérience de Spemann reste à apporter. L'induction neurogène du chordo-mésoderme dorsal sur l'ectoderme sus-jacent étant acquise, nous devons nous demander si l'organisateur agissant au contact de l'ectoderme est indispensable à l'apparition d'une plaque médullaire ? Quelle est enfin la nature intime de l'action inductrice ? Toute une série de recherches expérimentales se sont efforcées de résoudre ces questions. Comme nous le verrons, elles ont conduit à de nouvelles découvertes et à poser de nouvelles questions dont certaines ne sont pas résolues.

DÉTERMINATION PRÉCOCE ET POUVOIR RÉGULATEUR DU CHAMP CHORDO-MÉSODERMIQUE DORSAL

C'est très précocement que le territoire du champ chordo-mésodermique dorsal est mis en place au cours de l'ontogenèse. Au moment de la symétrisation de l'œuf,

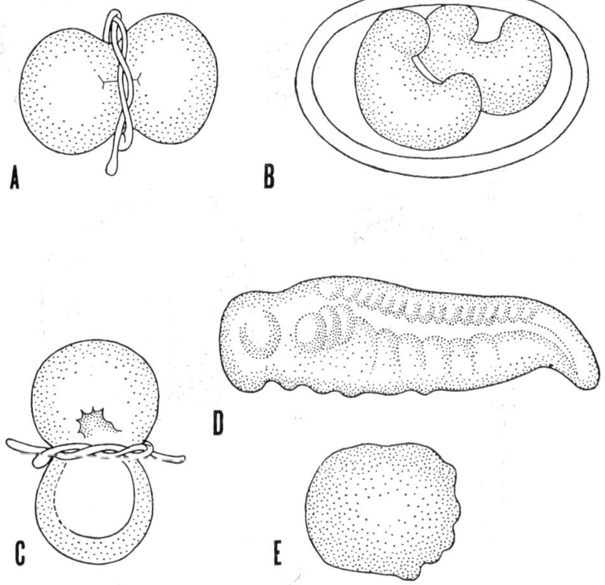

FIG. 41 — DÉTERMINATION PRÉCOCE DU CHAMP CHORDO-MÉSODERMIQUE CHEZ LE TRITON.

A, gastrulation dans le cas où une ligature médiane coupe le champ chordo-mésodermique en son milieu. B, les deux embryons qui résultent de l'opération. C, gastrulation dans le cas où une ligature sépare une moitié dorsale (lèvre blastoporale) d'une moitié ventrale; D, un embryon se forme à partir de la moitié dorsale; E, masse cellulaire indifférenciée édifiée par la moitié ventrale (d'après Spemann).

donc avant le premier clivage, la région du croissant dépigmenté (ou croissant gris) que l'on peut repérer (voir *fig. 3*) matérialise le champ chordo-mésodermique dont l'activité visible se traduira au début de la gastrulation par le creusement de l'encoche blastoporale.

Ce champ manifeste les propriétés générales des champs ; en particulier sa détermination d'ensemble est acquise et il manifeste un pouvoir de régulation. C'est ce que montrent diverses expériences.

Si on ligature un œuf de Triton au stade 2 blastomères en serrant la ligature dans le plan de clivage (*fig. 41*), si ce plan coïncide avec le plan de symétrie bilatérale, c'est-à-dire si chaque moitié du germe ligaturé contient une moitié du croissant dépigmenté, nous obtenons deux embryons complets. Il y a eu régulation dans

FIG. 42 — *Duplicitas anterior* CHEZ LE TRITON, RÉSULTANT D'UNE LIGATURE LÂCHE PASSANT PAR LE PLAN DE SYMÉTRIE BILATÉRALE DU GERME.

(D'après Spemann).

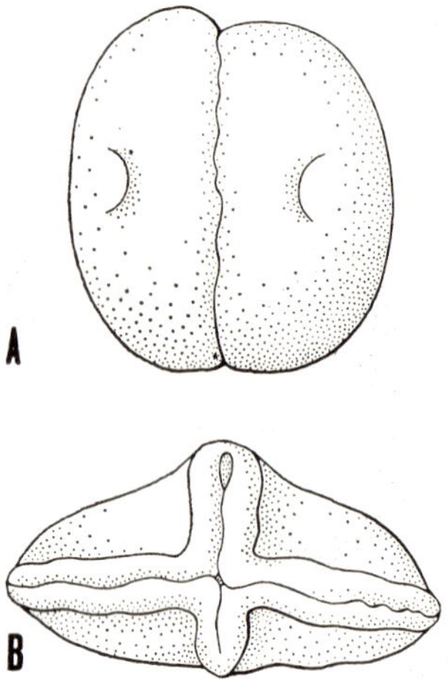

FIG. 43 — SOUDURE DE DEUX GASTRULAS PARTIELLES À BLASTOPORE ENTIER.

Les blastopores sont directement opposés (A). En B le germe composite obtenu : *duplicitas cruciata* (d'après Spemann).

le champ dont on peut dire qu'il eſt déjà déterminé au moment du premier clivage. Mais si au même ſtade opératoire le croissant dépigmenté eſt tout entier contenu dans l'un des blaſtomères, en d'autres termes si l'un d'eux eſt dorsal, l'autre ventral, la ligature passant par le plan de clivage va séparer le germe en une moitié dorsale et une moitié ventrale. La première donnera un embryon complet, la seconde formera une masse cellulaire indifférenciée *(Bauchſtück)*. Ainsi seule la région du germe contenant le territoire chordo-mésodermique formera un embryon. L'expérience de ligature pratiquée sur une blaſtula ou une jeune gaſtrula donne un résultat analogue.

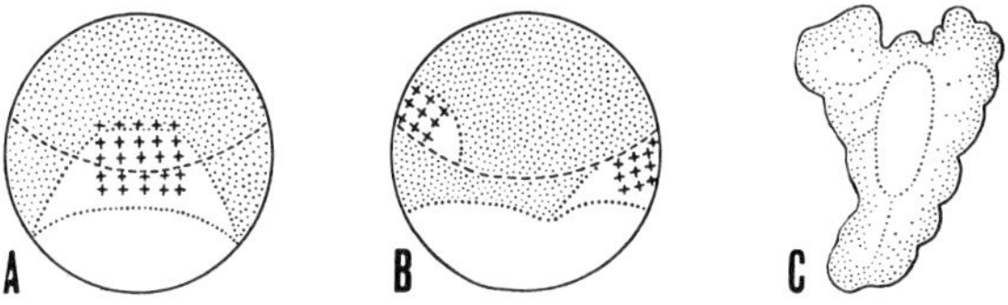

FIG. 44 — RETOURNEMENT DE 180° DE L'HÉMISPHÈRE SUPÉRIEUR D'UNE BLASTULA, LE PLAN DE SECTION DIVISANT LE CHORDO-MÉSODERME.

A, vue dorsale : la ligne en tirets indique la section, les croix marquent le chordo-mésoderme ; B, schéma, en vue de profil, de l'association réalisée après retournement de 180° de l'hémisphère supérieur ; C, l'embryon double obtenu (d'après Dalcq).

Si dans ces expériences la conſtriction eſt partielle et passe par le plan de symétrie bilatérale, l'embryon qui se forme eſt en partie dédoublé *(duplicitas anterior)*. En effet, quand le chordo-mésoderme qui conſtitue initialement le toit de l'archentéron s'invagine, il rencontre l'obſtacle mécanique dû à la conſtriction et il se bifurque donnant une formation en Y *(fig. 42)*. Si on soude deux jeunes gaſtrulas partielles, mais à blaſtopore entier, chaque blastopore se conſtitue pour son propre compte. Si par exemple les blaſtopores sont orientés à 180° en directions opposées l'un par rapport à l'autre *(fig. 43)*, l'invagination gaſtruléenne se produit dans chaque fragment, les deux plaques neurales viennent s'affronter puis divergent latéralement, chaque branche latérale étant composite. On obtient un embryon en croix *(duplicitas cruciata)*.

On sectionne une blastula de Triton ou de Discoglosse dans un plan latitudinal correspondant à la région équatoriale, de telle manière que le champ chordo-mésodermique soit divisé en une partie supérieure et une partie inférieure *(fig. 44)*. On soude ensuite les deux hémisphères en faisant effectuer à l'hémisphère supérieur une rotation de 180°. Un embryon double se différencie. L'un des composants s'édifie à sa place normale, soit la face dorsale primitive de l'œuf, l'autre est opposé à 180°, c'est-à-dire sur la face ventrale, là où se trouve la portion supérieure du croissant gris après la rotation. Cette expérience confirme à la fois le pouvoir régulateur et le rôle primordial de la zone dorsale organisatrice.

Nous limiterons à ces exemples, pris entre autres expériences, la démonstration de l'existence d'un champ chordo-mésodermique dorsal très précocement déterminé.

LIMITES DANS L'ESPACE ET LIMITES D'ACTION DANS LE TEMPS DU CHAMP CHORDO-MÉSODERMIQUE DORSAL

Pour préciser les limites spatiales du champ chordo-mésodermique responsable de l'induction neurale, on a éprouvé la capacité inductrice de greffons prélevés dans diverses régions du germe. Celles qui sont inductrices appartiennent au champ dont on explore les limites. Les expériences ont été faites en modifiant la technique d'implantation. En bref, on insère le greffon dans le blastocèle *(Einsteckmethode)*. Au cours de la gastrulation, l'implant est poussé contre l'ectoderme ventral par l'archentéron qui s'invagine. L'analyse systématique réalisée

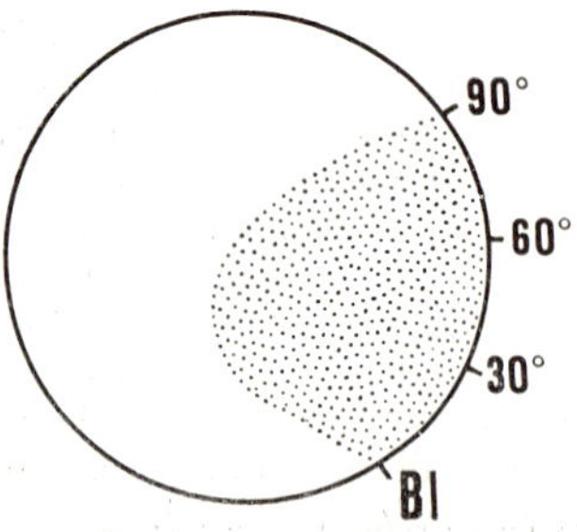

FIG. 45 — EXTENSION DU CENTRE ORGANISATEUR (GRISÉ) AU DÉBUT DE LA GASTRULATION CHEZ *Triturus taeniatus*.

Le germe est vu de profil, le dos à droite. *Bl*, blastopore (d'après Bautzmann).

par cette méthode a permis de montrer (Bautzmann, 1926) que le pouvoir d'induire une plaque neurale est, au début de la gastrulation, limité à la moitié dorsale de la zone marginale selon un arc d'environ 180°. Cette aire correspond à l'endoblaste pharyngien, la plaque préchordale, la chorde, et les somites troncaux *(fig. 45)*. La zone des lames latérales est exclue. Dans la partie supérieure du germe la limite correspond à la limite d'invagination, le champ neural présomptif est inactif. Vers le bas la limite est celle de l'encoche blastoporale, l'endoderme situé au-dessous de celle-ci n'est pas inducteur. Ainsi le champ inducteur incorpore le croissant dépigmenté.

L'activité inductrice commence au début de la gastrulation, la pleine manifestation des propriétés inductrices couvre celle-ci. Un greffon du chordo-mésoderme dorsal prélevé dans une gastrula âgée et implanté dans une jeune gastrula est encore capable d'induire une plaque médullaire secondaire. Après la gastrulation le pouvoir inducteur décline. A la fin du stade neurula, seul le matériel chordal demeure inducteur.

TRANSMISSION DU POUVOIR INDUCTEUR A LA PLAQUE MÉDULLAIRE INDUCTION HOMOIOGÉNÉTIQUE (MANGOLD ET SPEMANN, 1927)

La plaque médullaire induite par le chordo-mésoderme sous-jacent acquiert à son tour le pouvoir inducteur. En effet des greffons de plaque médullaire d'Urodèles transplantés dans le blastocèle d'une jeune gastrula induisent une plaque médullaire secondaire dans l'hôte (induction homoiogénétique). La capacité inductrice acquise persiste longtemps. Ainsi le cerveau d'une jeune larve de Triton, au stade où celle-ci commence à nager, conserve encore un pouvoir inducteur.

COMPÉTENCE

L'action inductrice s'exerce sur des tissus réactionnels. Pour l'induction neurale en particulier, c'est l'ectoderme qui réagit. Dans quelles conditions la *compétence* de l'ectoderme, c'est-à-dire l'état physiologique du tissu, lui permettant de répondre spécifiquement au stimulus inducteur, va-t-elle s'établir et se manifester ?

C'est au début de la gastrulation que la compétence de l'ectoderme apparaît. Un greffon de plaque médullaire est inséré dans le blastocèle d'une blastula *(Einsteckmethode)*. Par conséquent, dès ce moment le greffon inducteur peut exercer son activité, bien avant l'induction normale de l'hôte. Celle-ci apparaîtra dans le germe seulement lors de la gastrulation de l'hôte. Or la plaque médullaire induite n'apparaît pas prématurément, mais en même temps que celle de l'hôte. Ainsi l'ectoderme réactionnel doit arriver à un certain seuil de compétence avant de pouvoir réagir au stimulus inducteur.

L'induction neurale atteint son maximum d'intensité dans la gastrula âgée, puis elle s'efface au cours de la neurulation. Si on transplante la lèvre dorsale blastoporale d'une jeune gastrula sous l'épiderme latéral et ventral d'embryons, choisis à divers stades d'âge croissant, on constate en effet que l'aptitude de l'ectoderme de l'hôte à subir l'induction neurale décroît nettement à partir du stade neurula. Notons encore que l'ectoderme prospectif d'une jeune gastrula ne montre pas de différences réactionnelles régionales. Il est compétent dans son ensemble. Plus tard, à la fin du stade neurula et au début des stades du bourgeon caudal, des différences régionales dans la compétence s'établissent. Il existe des variations dans le degré de compétence selon les espèces considérées. De plus, la nature de la réponse morphogène du tissu réactionnel est liée à sa nature génétique. Ainsi la réalisation des différenciations ectodermiques implique la considération de trois éléments : présence d'un inducteur, stade défini pour obtenir une réponse spécifique, constitution génétique du tissu.

FIG. 46 — EXPÉRIENCE D'EXOGASTRULATION.

A, mouvements morphogénétiques normaux dans la gastrulation (vue par la région végétative); B et C, deux stades des mouvements de l'exogastrulation. Les flèches indiquent le sens des mouvements; D, coupe longitudinale de l'embryon précédent montrant les principales différenciations. *Ch,* chorde; *Coel,* coelome; *Ect,* ectoderme; *End,* endoderme; *M.cph,* musculature céphalique; *M.tr,* musculature du tronc; *Nph,* tubules pronéphrétiques; *Ph,* endoderme pharyngien; *R,* endoderme rectal (d'après Holtfreter).

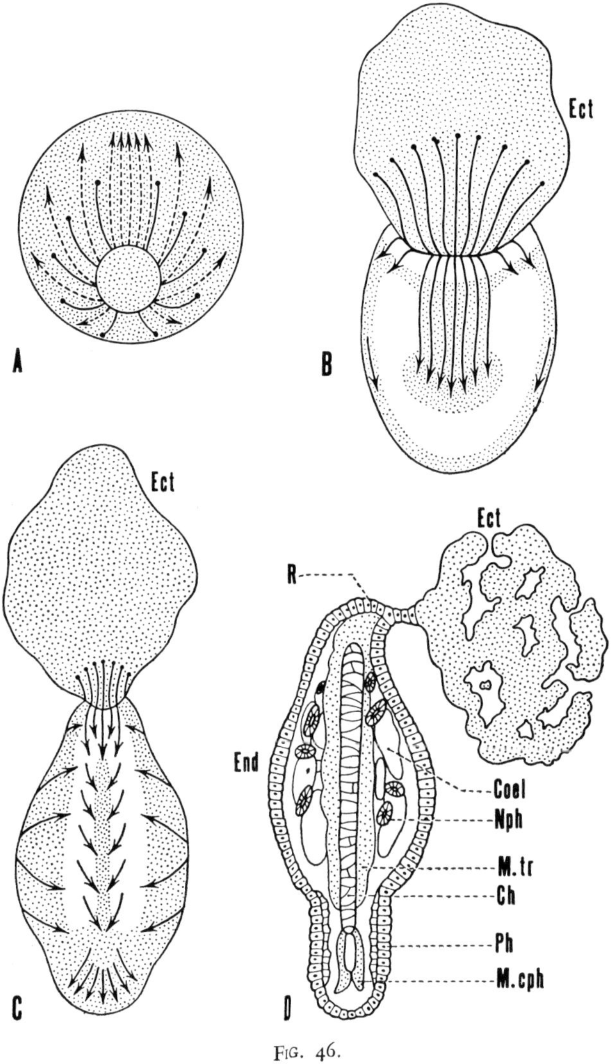

FIG. 46.

EXOGASTRULATION

Dans l'expérience fondamentale de Spemann, le chordo-mésoderme greffé exerce son action inductrice sur l'ectoderme, lorsque expérimentalement il est mis au contact de ce dernier. La transmission de la propriété inductrice à la plaque médullaire (induction homoiogénétique) se produit aussi, à la suite d'une action de contact. Que se passe-t-il si dans le développement d'un germe on empêche le chordo-mésoderme d'arriver au contact de l'ectoderme réactionnel? En d'autres termes l'organisateur est-il indispensable à l'apparition d'une plaque médullaire?

Si, après avoir dégagé des blastulas d'Axolotl de leurs membranes, on place les germes dans une solution saline (NaCl à 0,35 %), on assiste à un véritable renversement des mouvements d'invagination (Holtfreter, 1933). L'ensemble de l'endoderme et du chordo-mésoderme s'étire, mais vers l'extérieur, en subissant les mouvements caractéristiques de la gastrulation. C'est une exogastrulation *(fig. 46)*. Les feuillets endo- et mésoblastique s'allongent en une sorte de battant de cloche au-dessous de la calotte ectodermique. Celle-ci se plisse et n'est plus reliée à l'endo-mésoderme que par un fin pédicule. Dans la masse d'endo-mésoderme allongée et limitée par le feuillet endodermique, on peut identifier une zone céphalique avec région branchiale, une zone troncale, une zone caudale. Ainsi le chordo-mésoderme n'arrive plus au contact de l'ectoderme. Celui-ci constitue une masse creuse à double paroi qui s'aplatit et dans laquelle les cellules ectodermiques émigrent. Or cet ectoderme n'édifie pas de plaque médullaire. Par conséquent la présence de chordo-mésoderme exerçant sur l'ectoderme et par contact un stimulus dont la nature reste à préciser, apparaît comme nécessaire à la formation d'un névraxe. Nous verrons que cette conclusion a dû être fortement nuancée par la suite des recherches.

EFFETS RÉGIONAUX DANS L'INDUCTION PRIMAIRE

L'induction exercée par le territoire chordo-mésodermique dorsal d'une gastrula d'Amphibien est qualifiée de primaire. C'est en effet la première et la plus importante des inductions qui se déroulent dans l'ontogenèse du germe. Elle aboutit à l'organisation du système axial d'un embryon secondaire, système nerveux et chorde, flanqués des somites qui constitueront les masses musculaires dorsales, et du pronéphros.

Si nous considérons un embryon selon son axe antéro-postérieur, nous constatons qu'il existe une régionalisation morphogénétique du système nerveux. Deux grands ensembles peuvent être définis, le cerveau en avant localisé dans ce qui sera la tête, la moelle épinière ensuite correspondant au tronc. Le cerveau est lui-même subdivisé en cerveau antérieur (prosencéphale et diencéphale), mésencéphale, métencéphale (cervelet) et myélencéphale (bulbe). Il donne naissance à trois paires d'organes sensoriels : le nez, les yeux, les oreilles.

Observé en coupe transversale (voir *fig. 18*) au niveau troncal, le mésoderme se compose de son côté de diverses régions qui dans le sens dorso-ventral sont la chorde, les somites (muscles), le pronéphros, les lames latérales. Du bord ventral de celles-ci naîtront les éléments de l'appareil vasculaire, le cœur en avant, et le sang.

Comment, au regard de l'induction, doit-on concevoir cette double régionalisation antéro-postérieure et dorso-ventrale qui apparaît comme l'architecture organogène primaire, décisive pour le futur Vertébré ?

Au cours de la gastrulation, la lèvre dorsale et, plus tard, les lèvres latérales sont des lieux géométriques où défilent avant de s'enrouler et de s'invaginer les matériaux initialement superficiels du chordo-mésoderme. Pour ne retenir que la lèvre dorsale, nous constatons que le territoire qui s'invagine d'abord sera transporté vers l'avant en direction du pôle animal. Il constituera le toit pharyngien de l'archentéron. Puis, lorsque le blastopore sera circulaire, et pendant sa fermeture, le matériel qui défile au

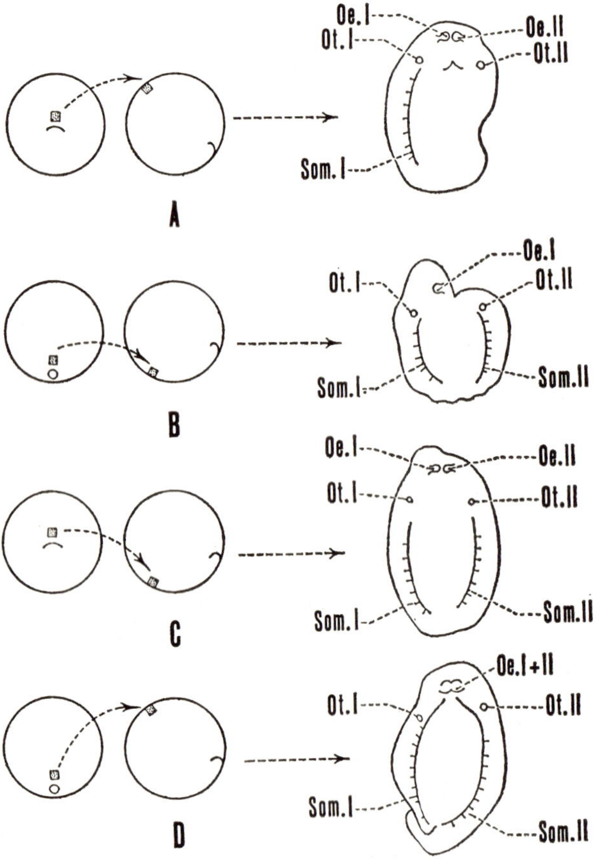

FIG. 47 — EFFETS RÉGIONAUX DANS L'INDUCTION.

A, inducteur céphalique greffé au niveau céphalique; B, inducteur troncal greffé au niveau troncal; C, inducteur céphalique greffé au niveau troncal; D, inducteur troncal greffé au niveau céphalique. À droite : schémas des embryons obtenus. Les chiffres I et II se rapportent respectivement aux organes de l'hôte (I) et aux organes induits (II). *Oe* I et II, vésicules optiques; *Ot* I et II, vésicules otiques; *Som* I et II, somites (d'après Spemann, modifié).

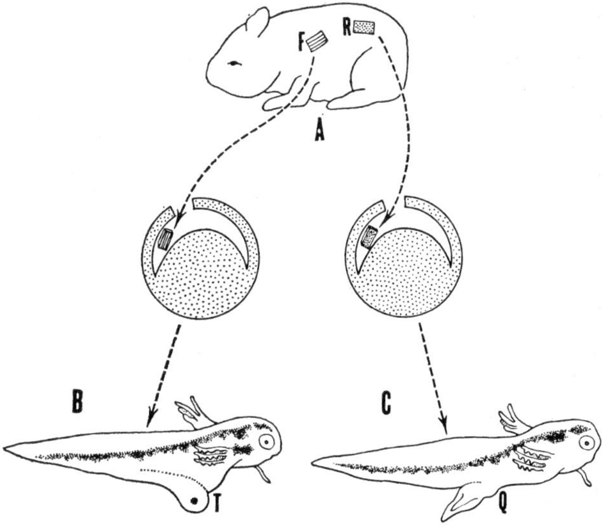

FIG. 48 — SCHÉMAS TRADUISANT L'ACTIVITÉ INDUCTRICE SPÉCIFIQUE DE XÉNO-INDUCTEURS.

A, cobaye montrant le lieu de prélèvement de deux tissus inducteurs : foie (*F*) et rein (*R*); B, greffe de foie dans une jeune gastrula et résultat de l'opération : induction de structures céphaliques (*T*); C, greffe de rein, et résultat de l'opération : induction de structures tronco-caudales (*Q*).

niveau de la lèvre dorsale représente le toit archentérique de la région troncale. L'invagination du matériel méso-dermique caudal continue encore après la fermeture du blastopore. On peut donc se demander si le chordo-mésoderme au stade de la jeune gastrula n'est pas formé de composants régionaux dont chacun a la capacité spécifique d'induire les différenciations régionales du névraxe, pour nous tenir seulement aux deux principales, le cerveau et la moelle épinière. Cela vaut pour l'inducteur. Mais on peut aussi imaginer que la différenciation régionale du névraxe est liée à une capacité réactionnelle différentielle du feuillet induit, c'est-à-dire de l'ectoderme sus-jacent. Enfin il n'est pas exclu, *a priori,* qu'inducteur et réacteur coopèrent pour réaliser les effets de régionalisation présentés par le névraxe. Un problème du même ordre se posera pour l'induction mésoblastogène. Ces questions ont fait l'objet de nombreuses expériences et d'interprétations délicates. En bref, le débat a été centré sur deux idées. La régionalisation est-elle un effet correspondant à des inductions différant *qualitativement* par leur nature, ou bien par des degrés dans l'intensité d'une même action inductrice, c'est-à-dire des faits d'ordre *quantitatif* suffisent-ils à rendre compte de la régionalisation?

Dès maintenant et pour répondre au rôle possible de l'ectoderme, nous pouvons dire qu'au stade de la jeune gastrula la nature des organes induits n'est pas liée à une spécificité régionale déjà établie de l'ectoderme. En effet des structures céphaliques ou caudales peuvent être induites dans une portion quelconque de l'ectoderme.

EFFETS RÉGIONAUX ANTÉRO-POSTÉRIEURS

Selon l'hypothèse qualitative, l'inducteur céphalique est localisé au niveau de la lèvre dorsale prélevée au début de la gastrulation, l'inducteur troncal correspond à la lèvre dorsale prélevée sur une gastrula avancée (bouchon vitellin), l'inducteur caudal se situe au niveau du blastopore à la fin de la gastrulation. Spemann (1931) greffe un organisateur céphalique au niveau de la région céphalique d'un hôte *(fig. 47)*. L'embryon secondaire induit présente des structures céphaliques caractéristiques, cerveau, vésicules optiques et otiques, mais montre toujours des déficiences dans les structures troncales. C'est donc essentiellement une tête qui est formée. La greffe d'un organisateur troncal dans la région troncale de l'hôte induit un embryon secondaire toujours incomplet. Il pré-

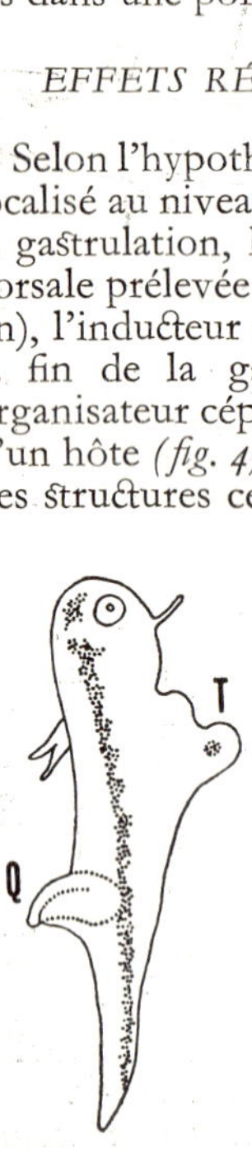

FIG. 49 — LARVE DE TRITON DANS LAQUELLE UNE QUEUE (*Q*) ET UNE TÊTE INCOMPLÈTES (*T*) ONT ÉTÉ INDUITES DANS LA RÉGION VENTRALE PAR DEUX XÉNO-INDUCTEURS, MOELLE OSSEUSE ET FOIE, TRAITÉS PAR L'ALCOOL, AGISSANT SIMULTANÉMENT.

(D'après Toivonen et Saxén).

sente des formations caractéristiques du tronc, mais ne possède pas de cerveau, ni de vésicules optiques dans certains cas les vésicules otiques manquent.

L'effet régional de l'inducteur paraît démontré. Cependant il est apparu que la nature de l'induction dépendait aussi de la région de l'hôte où s'exerce l'action du greffon. Ainsi, si l'organisateur céphalique est greffé au niveau troncal du porte-greffe, il peut former un embryon secondaire complet. Enfin, un organisateur troncal implanté au niveau de la tête de l'hôte peut induire un embryon plus ou moins complet à un niveau correspondant sensiblement à celui de l'embryon primaire.

Holtfreter (1933) prélève des greffons ectodermiques d'une gastrula, et les greffes respectivement aux niveaux céphalique, troncal, caudal de l'axe ento-mésodermique évaginé d'une exogastrula. Quelle que soit la région d'où provient l'ectoderme les différenciations qu'il développe sous l'effet inducteur correspondent aux propriétés locales du lieu d'implantation. Au niveau céphalique il édifie du cerveau, au niveau troncal de la moelle, au niveau caudal de la moelle se forme et en même temps ectoderme et chordo-mésoderme s'associent pour constituer une queue. Ainsi Holtfreter (1955) est-il conduit à admettre la réalité d'un organisateur céphalique et d'un organisateur tronco-caudal.

Des faits du même ordre relatifs à un effet qualitatif inducteur ont été mis en évidence dans la neurula.

Au cours des travaux entrepris pour déterminer la nature d'une substance inductrice, on constata que des tissus adultes frais ou tués d'espèces très diverses pouvaient exercer des effets inducteurs spécifiques (Holtfreter, Chuang, Toïvonen). Certains tissus se comportent comme des inducteurs de structures céphaliques, d'autres comme des inducteurs troncaux ou caudaux. Par exemple, le foie de Perche et de Cobaye induit essentiellement du cerveau antérieur, des vésicules sensorielles (nez, yeux), des balanciers, cependant que le rein des mêmes espèces induit du cerveau postérieur (rhombencéphale), des formations troncales (chorde, muscle) et des queues *(fig. 48)*. La nature de l'induction n'est pas d'ailleurs liée à un type de tissu déterminé. Ainsi du rein de Vipère induit des structures encéphaliques, celui de Cobaye des formations spino-caudales, celui de Bœuf induit les deux types. Dans ces expériences il a aussi été constaté que l'hôte exerce des actions interférant avec l'activité d'un inducteur donné. Dans cet ordre de recherches, on doit à Toïvonen et Saxén (1955) une expérience démonstrative *(fig. 49)*. Des recherches antérieures avaient montré que le foie et la moelle osseuse de Cobaye, traités préalablement par l'alcool, induisent le premier des structures encéphaliques, le second des formations mésodermiques troncales. Si les deux tissus sont greffés simultanément sur une gastrula de Triton, deux effets inducteurs sont obtenus. Les formations caractéristiques du cerveau antérieur (encéphale) sont toujours situées au voisinage du greffon de foie, cependant que les structures mésodermiques se trouvent à proximité du greffon de moelle osseuse.

Au total, on tend à admettre qu'il existe au stade gastrula des différences régionales spécifiques dans les activités inductrices, qu'un inducteur céphalique et un inducteur troncal ou tronco-caudal sont fonctionnels. Cependant les champs régionaux d'induction chevauchent largement. Il existe une interaction entre inducteur et territoire réactionnel, le niveau de celui-ci au long de l'axe céphalo-caudal exerce un effet certain.

EFFETS RÉGIONAUX DORSO-VENTRAUX

Ces effets sont particulièrement intéressants à considérer pour le feuillet mésodermique soumis dans l'expérience de Spemann à l'induction mésoblastogène du greffon de chordo-mésoderme. Normalement, au niveau latéro-ventral ou médio-ventral où le greffon est implanté, ce

---

FIG. 50 — SCHÉMA DES EXPÉRIENCES DE YAMADA MONTRANT L'ÉVOLUTION DE DIFFÉRENTES PARTIES DU MÉSODERME PRÉLEVÉES AU STADE NEURULA, DANS DIFFÉRENTES CONDITIONS DE CULTURE.

À gauche, position du matériel présomptif, des somites, du pronéphros et de l'îlot sanguin dans une jeune neurula. La première colonne traduit la valeur présomptive normale de ces territoires, la seconde la différenciation respective des mêmes territoires cultivés isolément sous forme d'explants; la troisième colonne montre les différenciations obtenues, lorsque de la chorde est associée à la culture des explants. *Prn,* pronéphros; *S,* îlots sanguins; *Som,* somites 2 à 5 (d'après Yamada).

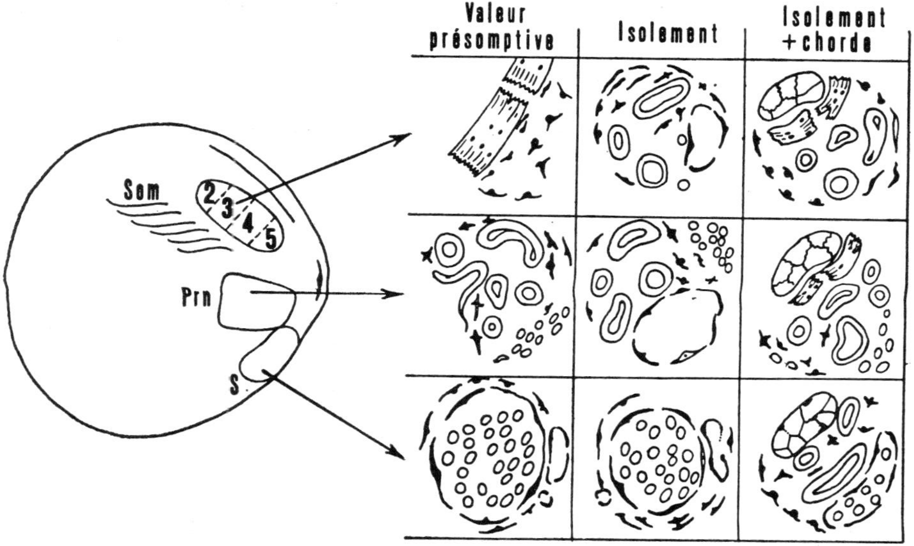
Valeur présomptive
Isolement
Isolement + chorde
Som
2
3
4
5
Prn
S

FIG. 50.

sont les éléments peu différenciés du chordo-mésoderme qui se développent. Sous l'action inductrice ces éléments subissent une véritable promotion histogénétique puisqu'ils donnent naissance à de la chorde, des somites, du pronéphros. Le résultat est l'apparition d'effets de régionalisation dans le mésoderme. Yamada (1940) repère dans le feuillet mésodermique d'une jeune neurula les ébauches présomptives des somites, du pronéphros et du sang *(fig. 50)*. Si chacune de ces ébauches est cultivée *in vitro*, leur prestation morphogénétique subit une dégradation. L'ébauche musculaire donne du pronéphros, celle du pronéphros fournit partiellement des éléments sanguins. Si dans les cultures on ajoute un fragment de chorde présomptive, les résultats diffèrent. La partie des myotomes présomptifs située au contact de tissu chordal donne du muscle; le territoire pronéphrétique donne du muscle en plus d'éléments pronéphrétiques, et l'ébauche sanguine elle-même arrive, au contact de la chorde, à édifier du tissu pronéphrétique. Les résultats groupés dans le tableau ci-dessous montrent donc une gradation des effets obtenus en fonction de la position relative des ébauches dans l'ensemble du germe.

TABLEAU II

Valeur présomptive des ébauches mésodermiques	Prestations morphogénétiques des cultures isolées *in vitro*	Prestations morphogénétiques en culture après adjonction de chorde
Muscle	Pronéphros	Muscle
Pronéphros	Sang	Muscle
Sang	Sang	Pronéphros

Ces effets ont été interprétés comme une réaction qualitative ayant pour origine des différences quantitatives dans les activités morphogénétiques du manteau mésodermique mais cette interprétation a été contestée. Pour Muchmore (1951), le manteau mésodermique serait organisé en champs morphogénétiques locaux se chevauchant et caractérisés par des différences plus qualitatives que quantitatives. Celles-ci sont cependant incontestables. Il est toujours difficile de trancher, dans les actions inductrices responsables des effets régionaux, ce qui est qualitatif et quantitatif. D'autres facteurs interviennent d'ailleurs, notamment le degré de compétence du tissu réactionnel et, comme nous le verrons, sa qualité génétique.

NATURE DE L'INDUCTION

Les diverses observations rapportées ont rapidement suggéré aux embryologistes que le stimulus inducteur s'exerçant au contact de deux territoires, l'inducteur et le réacteur, devait avoir quelque lien avec la cession d'une ou plusieurs substances définies émanant du tissu inducteur et s'exerçant sur le tissu réactionnel parvenu au degré de compétence adéquat. On a donc recherché quelle pouvait être la nature chimique de l'agent inducteur. La question s'est révélée extrêmement complexe, et actuellement une réponse décisive n'a pas encore pu être présentée.

Une première période de recherches, dont le terme est globalement marqué par l'année 1940, s'est soldée par une situation extrêmement confuse. Les embryologistes ont d'abord découvert que le stimulus inducteur n'avait pas de spécificité zoologique chez les Vertébrés. Ce résultat a été acquis par la méthode des greffes xénoplastiques après que l'existence d'un organisateur lié à la lèvre dorsale du blastopore eut été démontrée dans les diverses classes de Vertébrés. On a ainsi obtenu des inductions entre Anoures *(Bombinator)* et Urodèles (Triton), Poulet et Canard, Poulet et Lapin, Poulet et Triton, Poisson et Triton.

Le stimulus inducteur peut être transmis par contact entre tissu inducteur et ectoderme banal (Spemann et Geinitz, 1927). Ainsi un lambeau d'ectoderme de Triton inséré dans la lèvre dorsale du blastopore pendant la gastrulation, puis repris et implanté sur une autre gastrula sous l'ectoderme, induit un névraxe. Si on dilacère la lèvre dorsale du blastopore et même si, par la chaleur, la dessiccation, on tue les cellules de l'organisateur, celui-ci reste inducteur. Ainsi on pouvait penser que le principe ou stimulus inducteur était une substance largement répandue, élaborée par les cellules du tissu inducteur et transmise par contact à l'ectoderme réactionnel.

A partir de 1933 le problème allait se compliquer. Holtfreter (1933) constatait en effet que l'ectoderme ventral présomptif, et aussi l'endoderme de la gastrula, pouvaient, s'ils étaient préalablement tués par la chaleur, manifester des propriétés inductrices. Pourtant ces tissus à l'état vivant n'ont aucun pouvoir inducteur. Le principe inducteur devait donc être largement distribué dans le germe. Il était démasqué dans les tissus autres que l'organisateur, à condition de tuer ceux-ci.

Peu après, Holtfreter (1934) montrait que des tissus très divers de Vertébrés et même certains tissus d'Invertébrés, vivants ou tués, étaient inducteurs à des degrés divers. Nous avons cité le cas du foie et du rein de Cobaye. Mais la liste des tissus et même des substances banales inductrices s'allongeait. Par exemple, le kaolin (Okada, 1938), l'oléate de soude (Moricard et Gothié, 1943), des stéroïdes (Waddington et Needham, 1934), la céphaline, la digitonine (Barth et Graff, 1938; Barth, 1939) exerçaient des effets inducteurs qui se limitaient d'ailleurs parfois à des structures neurales, mal définies, pour lesquelles on parlait seulement d'une *évocation*. Parvenue à cet état, la recherche du principe inducteur devenait particulièrement confuse. Ce fut pourtant le point de départ d'un renouveau dans l'orientation des travaux.

MÉCANISMES INDIRECTS DE RELAIS DANS L'INDUCTION — EFFETS CYTOLYTIQUES

Il apparut à certains expérimentateurs (Barth et Graff, 1938; Holtfreter, 1945) que l'effet inducteur provoqué par certaines substances chimiques pouvait être lié à un mécanisme indirect. Ces substances variées et sans aucun lien chimique (kaolin, savons, digitonine, etc.) entraînant une cytolyse locale dans le tissu réactionnel (ectoderme), on pouvait imaginer que c'étaient en fait les substances libérées par la cytolyse qui induisaient la neurulation de l'ectoderme intact. Ainsi en détruisant les cellules profondes d'une gastrula à l'aide d'un stylet de verre, Holtfreter

(1945) obtenait la formation d'un petit névraxe. La situation se clarifiait, et on pouvait revenir à la recherche et à l'identification chimique des véritables substances inductrices.

J. Brachet dans une longue suite de travaux poursuivis à partir de 1940 a eu le mérite de souligner le rôle probable des acides nucléiques et spécialement de l'acide ribonucléique (RNA) dans l'induction. Cet acide est particulièrement lié à des organites cellulaires, les granules ou microsomes, dont la dimension est inférieure à la limite du pouvoir séparateur du microscope. Ils peuvent être séparés par ultracentrifugation. Certains colorants basiques, tels le bleu de toluidine et la pyronine, les colorent électivement et permettent de détecter sur coupes les zones du germe riches en acide ribonucléique. La basophilie disparaît après action d'une diastase, la ribonucléase. A partir de tissus riches en granules cytoplasmiques, on obtient des extraits à pouvoir inducteur élevé. Un ribonucléoprotide pur, obtenu à partir du virus de la Mosaïque du Tabac, est inducteur.

La lèvre dorsale du blastopore présente une forte concentration basophile. Cette concentration décroît au cours de la gastrulation, en même temps que la colorabilité des cellules de la plaque médullaire augmente. Au total et pour résumer l'essentiel des vues de J. Brachet, il existerait au cours de la gastrulation un gradient céphalo-caudal et un gradient dorso-ventral dans la répartition de l'acide ribonucléique qui serait cédé par contagion à l'ectoderme neural sus-jacent. Là les produits de fission déclencheraient l'induction.

Ces idées ont été reprises par Pasteels (1947, 1954) pour rendre compte des inductions obtenues, après centrifugation de blastulas, ou lors du retournement de l'œuf insegmenté. Les foyers d'organisation neurale qui prennent naissance dans ces conditions au sein de l'ectoderme seraient en relation avec une répartition optimale des granules riches en acide ribonucléique.

Dans la voie de l'identification chimique de l'inducteur, les tendances récentes convergent pour suggérer une relation entre certaines substances protidiques et l'induction. Si l'accord n'est pas fait, permettant de définir exactement ces substances, et pour savoir en particulier s'il s'agit d'acide ribonucléique ou de protéines plus ou moins associées à celui-ci, il reste que c'est dans cette voie que les derniers travaux sont orientés. Ils ont été poursuivis par divers groupes d'auteurs. Nous passerons en revue les résultats de trois équipes, celle de Toïvonen (Finlande), Yamada (Japon), Niu (Etats-Unis), autour desquelles sont centrés les travaux les plus décisifs dans l'état actuel de nos connaissances. Nous allons d'ailleurs retrouver à ce propos le problème des effets régionaux.

Précisons d'abord quelques points de terminologie en combinant les propositions de Lehmann, Dalcq et Yamada. Les auteurs admettent, tous, trois grands types régionaux : archencéphalique (cerveau antérieur), deutérencéphalique (cerveau postérieur) et spino-caudal. Ils correspondent à l'axe antéro-postérieur et à l'axe dorso-ventral, notamment en ce qui concerne l'induction mésoblastogène observable dans le tronc et la queue. Yamada a été amené à distinguer l'effet spino-caudal et l'effet tronco-mésodermique, ce dernier se référant spécialement au mésoderme.

Toïvonen (1958) et ses collaborateurs ont étudié les effets inducteurs de tissus étrangers, dont ils ont fait des extraits et des fractionnements. Les explants inducteurs sont éprouvés après insertion dans le blastocèle d'une jeune gastrula. Pour nous tenir à l'essentiel et aux exemples les mieux connus, on peut considérer le foie de Cobaye (inducteur archencéphalique), le rein de Cobaye (inducteur deutérencéphalique et spino-caudal), la moelle osseuse de Cobaye (inducteur tronco-mésodermique).

Cela posé les conclusions des auteurs finlandais sont les suivantes *(fig. 51)*. Dans le développement normal et l'induction du germe de Triton, deux principes inducteurs sont en cause. L'un est un principe neuralisant (N) organisé en un champ dorso-ventral présentant un gradient qui décroît en direction latérale. Ce principe est responsable des différenciations archencéphaliques lorsqu'il agit *seul*. Le second principe est mésodermisant (M). Il est organisé selon un gradient caudo-cranial avec haute potentialité caudale.

Une action mésodermisante faible, associée à une forte action neuralisante, entraîne des différenciations deutérencéphaliques. Dans la partie tronco-caudale du toit archentérique l'effet mésodermisant devenant plus fort, l'inducteur mésodermisant, associé à l'inducteur neuralisant, entraîne des différenciations spino-caudales.

Les deux principes actifs sont chimiquement distincts. Le principe neuralisant est relativement thermostable, soluble dans l'éther de pétrole, passe avec les nucléopro-

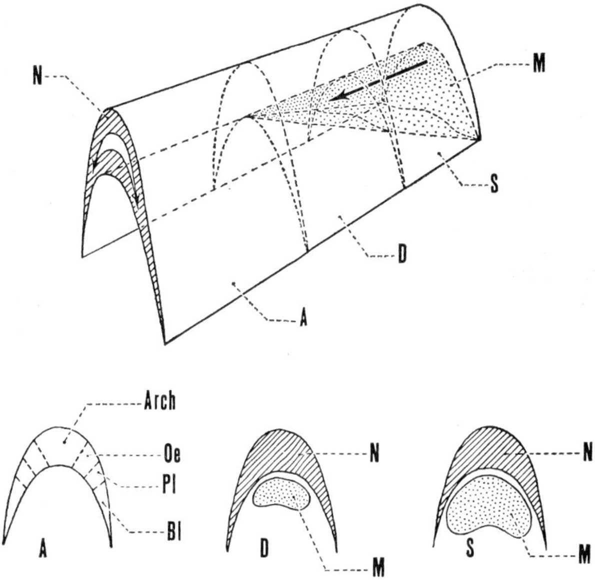

FIG. 51 — DIAGRAMME MONTRANT LE RÔLE DES DEUX PRINCIPES INDUCTEURS RÉPARTIS EN GRADIENTS DANS L'INDUCTION NORMALE.

N, principe neuralisant; *M,* principe mésodermisant; *A,* région archencéphalique; *D,* région deutérencéphalique; *S,* région spino-caudale; *Arch,* archencéphale; *Oe,* œil; *Pl,* placodes; *Bl,* balanciers (d'après Toivonen et Saxén).

téines au cours des fractionnements, il résiste au traitement par l'alcool et est dialysable. Le principe mésodermisant est thermolabile, non soluble dans l'éther de pétrole, non dialysable, il est inactivé par le formol et les enzymes protéolytiques.

Ces principes inducteurs sont des protéines ayant chacune une action spécifique. Ils peuvent agir seuls ou en association selon une puissance régionale variable. Le schéma de la figure 51 traduit, selon les vues de Toïvonen, le fonctionnement du système des deux inducteurs.

Yamada (1958) et les auteurs japonais arrivent à des conclusions qui, si elles diffèrent par certains points de celles de Toïvonen, vont cependant dans le même sens.

L'étude, en particulier, de l'action du rein de Cobaye, des extraits et des fractionnements divers, amènent Yamada à la conclusion que les effets spino-caudaux et deutérencéphaliques sont liés à une nucléoprotéine spécifique, mais pas à son acide ribonucléique. Ce principe inducteur est différent d'un second principe que l'on peut extraire du foie de Cobaye et qui est l'inducteur archencéphalique. C'est aussi une nucléoprotéine dans laquelle l'acide ribonucléique n'est pas l'élément actif.

Yamada (1958) a montré que l'on pouvait, par un traitement adéquat, provoquer à partir d'un même tissu inducteur un glissement progressif dans les effets régionaux. Des expériences antérieures de Holtfreter (1934), Chuang (1939-1940), Vahs (1955) avaient d'ailleurs établi que l'action ménagée de la chaleur pouvait produire un changement dans la manifestation des effets régionaux.

Yamada a utilisé la moelle osseuse de Cobaye qui normalement induit presque exclusivement des structures mésodermiques sur de l'ectoderme présomptif, et ces structures sont celles du tronc, d'où la distinction entre inductions tronco-mésodermiques et spino-caudales. De la moelle osseuse de Cobaye traitée par l'alcool perd tous ses effets inducteurs après une immersion de dix minutes dans l'eau à 80°/90°. Cependant si on opère avec ménagement pendant les cent-cinquante premières secondes d'un tel traitement, on obtient une série d'effets très intéressants. Un petit fragment de moelle osseuse congelée est étalé sur une lame en une couche mince et soumise à la vapeur d'eau chaude. Quatre lots (I à IV) sont constitués qui diffèrent par la durée d'exposition à la chaleur : 25 (I), 40 (II), 60 (III) et 150 (IV) secondes respectivement. Après traitement par l'alcool à 90° froid et lavage, les fragments de moelle ayant subi l'action ménagée de la chaleur sont placés en «sandwich» entre deux pièces d'ectoderme de jeune gastrula. Le tout est mis en culture. L'ectoderme réagit à l'influence inductrice, et on peut déterminer la nature des inductions obtenues. Le type tronco-mésodermique diminue faiblement dans le lot I et disparaît ensuite. Le type spino-caudal n'est fréquent qu'en I et disparaît ensuite rapidement. Le type deutérencéphalique est seulement présent dans les lots II et III. Enfin le type archencéphalique, qui manque chez les témoins non traités par la chaleur, apparaît discrètement en I, augmente en II et III et diminue ensuite fortement, bien que présent encore en IV.

Ainsi tous les types d'induction régionale peuvent être obtenus à partir de la moelle osseuse de Cobaye à la suite d'un traitement rapide, mais progressif de celle-ci par la chaleur. Les effets apparaissent, selon l'ordre suivant : Tronco-mésodermique → Spino-caudal → Deutérencéphalique → Archencéphalique.

Pour Yamada les changements progressifs dans les effets régionaux sont la conséquence de changements corrélatifs du composant actif du tissu inducteur, qui est probablement une protéine. On peut penser légitimement que la molécule protidique responsable de l'induction passe par une série de transformations de sa configuration chimique ou de ses propriétés physiques. Ces changements se reflètent dans les effets morphogènes régionaux.

Yamada fait remarquer que l'effet inducteur est spécifique d'une région, mais pour une région donnée il n'est pas spécifique d'un tissu ou d'un organe. Ainsi la ségrégation qui s'observe en tissus et organes de même régionalité peut être comprise sur la base d'un gradient d'activité morphogénétique. Celui-ci s'établit dans l'explant en liaison avec les relations topographiques de l'explant et du réacteur, ce qui entraîne une morphogenèse différente aux divers niveaux d'activité.

Les travaux de Niu ont engagé les recherches sur la nature chimique du processus inducteur dans une voie prometteuse. Cette voie d'approche a consisté dans l'étude de la différenciation de petits groupes cellulaires ectodermiques de jeunes gastrulas de Triton *(T. torosus)* en culture, dans un milieu conditionné par le développement préalable d'un tissu inducteur, par exemple un gros fragment de lèvre dorsale du blastopore. Les substances inductrices, élaborées par l'explant, diffusent dans le liquide physiologique et exercent leur influence sur les cellules réactionnelles en culture, sans contact direct entre la source inductrice et les éléments réactionnels. Si les substances inductrices diffèrent spécifiquement, elles vont conditionner le milieu et on peut s'attendre à obtenir une histodifférenciation spécifique de l'ectoderme cultivé.

Comme source inductrice Niu utilise divers éléments : lèvre dorsale du blastopore, plaque médullaire troncale, portion postérieure de plaque médullaire, notochorde, soit pris isolément, soit combinés. Dans ces conditions, si, après sept à dix jours de culture de l'inducteur seul, on introduit dans la goutte pendante de la culture des cellules ectodermiques, celles-ci se différencient en chromatophores et en neuroblastes. Dans les meilleurs cas, la différenciation des cellules ectodermiques atteint 90%. Il y a des variations liées à la qualité du tissu inducteur. Des cultures témoins montrent que de l'ectoderme isolé en culture reste du type épithélial et ne montre pas de différenciation. C'est donc qu'une substance inductrice neurogène a diffusé dans le liquide de culture, entraînant une différenciation spécifique. La présence de l'explant inducteur après un fonctionnement de dix jours n'est pas nécessaire à l'induction. Si on enlève l'explant au dixième jour et si les cellules ectodermiques sont mises en culture seules dans le milieu préalablement conditionné, la différenciation en neuroblastes s'observe.

Si maintenant dans un milieu conditionné par l'explant inducteur pendant douze à seize jours, des cellules ectodermiques sont mises en culture, alors ce sont essentiellement des myoblastes qui se différencient. C'est un type d'induction mésoblastogène. Ainsi la qualité de la différenciation est liée à la différence d'âge d'un même explant inducteur. Ceci a été vérifié plus spécialement pour des explants de plaque médullaire postérieure. Il faut admettre ou bien que la qualité spécifique de l'induction est liée à une différence de concentration de substance inductrice pour le milieu 7/10 jours et 12/16 jours respectivement, ou bien que deux substances sont produites successivement. A la suite de diverses recherches spectrophotométriques, de tests colorimétriques, d'expériences de dialyse, de précipitation par l'alcool, Niu arrive à la conclusion que deux substances inductrices, qui sont des nucléoprotéines, sont en cause. L'une élaborée en premier lieu est neurogène, la seconde mésoblastogène.

Tels sont les principaux résultats acquis grâce à cette nouvelle voie de recherche. Leur importance, s'ils se trouvent confirmés, est considérable puisqu'ils conduisent à réaliser une différenciation cellulaire dirigée.

Il est malaisé et prématuré de tracer actuellement une vue d'ensemble des modalités d'action et de la nature du processus inducteur. Pour nous tenir au mieux de nos informations actuelles, on peut dire que toute une série de travaux récents donnent à penser que l'induction implique un transfert de substances définies qui sont vraisemblablement des ribonucléoprotéines. La question reste ouverte de savoir s'il s'agit d'acide ribonucléique ou des protéines associées à cet acide. Mais c'est là un point secondaire. Au total les conclusions de J. Brachet (1940), Toïvonen (1955), Grobstein (1955), Vahs (1957), Yamada (1958), Niu (1958) vont dans le même sens. Elles ne sont pas inconciliables avec d'autres résultats obtenus par Ranzi (1953, 1955), Woerdeman (1955), qui impliquent également la considération des substances protidiques, ou de leurs produits de fission, dans l'induction.

On peut donc penser que deux substances spécifiques sont en cause, l'une neurogène s'exprimant au mieux par l'induction archencéphalique, l'autre mésoblastogène. Seules ou combinées selon des gradients d'activité, ces deux substances contrôlent l'ensemble des différenciations neurales, céphalo-caudales et mésoblastiques dorso-ventrales. Enfin il est possible que par une modification progressive de sa nature une même substance puisse rendre compte des deux types d'induction, la modification allant de l'action mésoblastogène vers l'action archencéphalique. On voit alors interférer des effets qualitatifs et quantitatifs dans les processus d'induction.

Si la voie des recherches d'identification chimique est celle qui paraît apporter présentement la réponse la plus probable au problème de la nature de l'induction, il reste cependant à signaler d'autres tendances explicatives. Nous mentionnerons seulement à ce sujet les vues de Holtfreter (1951-1955), qui invoque le rôle de facteurs physiques dans le mécanisme inducteur. La forme, les propriétés cinétiques de cellules embryonnaires seraient conditionnées primairement par des variations locales d'hydratation et par l'expansibilité de la membrane cellulaire conditionnant des modifications dans la composition et l'arrangement moléculaire de cette membrane. Ces phénomènes se traduisent par des types cellulaires nouveaux quant à la forme, la motilité, l'adhésivité, le métabolisme et finalement les cyto-différenciations morphologiques.

EXTENSION DES PHÉNOMÈNES D'INDUCTION

C'est chez les Amphibiens que l'analyse de l'induction primaire a été la plus poussée. Naturellement dans les années qui suivirent la découverte du centre organisateur, les embryologistes ont tenté de retrouver dans les autres classes de Vertébrés les processus de l'induction primaire. Effectivement la lèvre dorsale du blastopore ou son équivalent, la ligne primitive (Oiseaux), a révélé des propriétés comparables à l'organisateur des Amphibiens. Ces faits ont permis d'établir l'absence de spécificité zoologique du stimulus inducteur chez les Vertébrés. L'extension des recherches devait montrer que les processus inducteurs jouaient un rôle décisif dans l'édification des organes, selon une chaîne dont les éléments se commandent successivement au cours de l'ontogenèse. Cette importante question fera l'objet du chapitre suivant.

Enfin, si quittant les Vertébrés nous considérons les Invertébrés, il est apparu que des phénomènes d'induction pouvaient être mis en évidence dans quelques groupes où les opérations ont été possibles.

ASCIDIES

L'œuf des Prochordés a un plan d'organisation qui rappelle celui des Amphibiens et se comprend à partir de celui-ci, sous réserve de quelques retouches. Le territoire chordo-mésodermique notamment est représenté par deux aires distinctes formant deux croissants opposés par leurs pointes. L'un dorso-antérieur correspond au matériel chordal, l'autre ventro-postérieur représente le mésoderme. Chez les Amphibiens le chordo-mésoderme forme une ceinture latitudinale continue, la zone marginale, interposée entre l'ectoderme et le mésoderme (voir *fig. 15*, p. 439).

A la suite des premiers travaux expérimentaux (Chabry, 1887, Conklin 1905), l'œuf des Ascidies paraissait suivre le type mosaïque du développement. Cependant, nous l'avons vu, la capacité régulative de cet œuf a été démontrée par Dalcq (1932-1938), ce qui a conduit à rechercher si des faits relatifs à l'induction neurale ne pouvaient être mis en évidence.

La méthode a consisté à isoler et à recombiner les blastomères aux stades 8 et 16 (Rose 1939, Vandebroek, 1949), de façon à mettre au contact du territoire chordal présomptif des cellules animales de l'épiderme présomptif. Il a été constaté que la région végétative du germe était nécessaire à la différenciation des autres régions et que l'inducteur cérébral était localisé dans cette région. Sous son influence, l'épiderme présomptif peut édifier des formations neurales, les cellules animales antérieures ont une plus grande potentialité réactionnelle que les cellules animales postérieures.

ÉCHINODERMES

Les faits de régulation, largement démontrés à la suite des expériences d'isolement et de recombinaison des blastomères, mettent en évidence les caractères essentiels du processus inducteur. Il suffira de prendre un exemple chez l'Oursin *Paracentrotus* (voir *fig. 30*). Une moitié animale cultivée isolément donne une sphère creuse de type blastuléen, qui n'évolue pas au-delà de ce stade. La valeur présomptive de cette moitié animale est de fournir du tissu ectodermique. En même temps on constate que les longs cils apicaux, normalement limités à la zone étroite du pôle animal, s'étendent sur les deux tiers de la sphère blastuléenne. Cela signifie qu'une action émanant de la moitié végétative contrôle l'extension des longs cils apicaux. Les micromères donnent du mésenchyme et ultérieurement les spicules squelettiques du *pluteus*. Cultivés isolément, leur évolution reste très limitée et n'est pas suivie d'une différenciation. Or si on associe une moitié animale à quatre micromères, un *pluteus* complet s'édifie. Sous l'action des micromères, une partie des cellules ectodermiques subit une différenciation nouvelle, donne de l'endoderme et constitue un archentéron. En même temps la touffe ciliée apicale reste limitée, dans la blastula âgée, au pôle animal. La modification irréversible de la destinée primitive des cellules ectodermiques et l'effet d'harmonisation aboutissant à une larve typique sont la marque d'une action inductrice.

INSECTES

Nous savons que cet œuf est d'un type particulier. Il est centrolécithe. Au cours de la segmentation, il se constitue à la périphérie de l'œuf un feuillet d'allure épithéliale, le

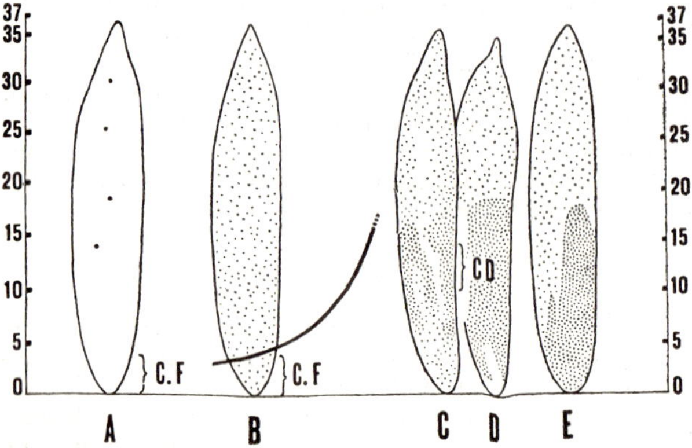

FIG. 52 — DIAGRAMME MONTRANT EN FONCTION DU TEMPS, LA PARTICIPATION DU CENTRE FORMATEUR ET DU CENTRE DIFFÉRENCIATEUR DANS LE DÉVELOPPEMENT DE L'ŒUF DE *Platycnemis pennipes.*

Les abscisses représentent l'âge de l'embryon, soit 0, 19, 46, 54, 64 heures, respectivement pour A, B, C, D, E. En ordonnées, les distances en μ (1 unité = 24 μ), à partir de l'extrémité postérieure de l'œuf. Les points représentent les noyaux : A, le centre formateur (*C.F.*) n'est pas encore colonisé par les noyaux; B, début du fonctionnement du centre formateur; C, apparition du centre différenciateur (*CD*); D, formation du blastoderme; E, stade plus avancé du développement du blastoderme (d'après Seidel)

blastoderme, qui entoure le vitellus insegmenté (voir *fig. 9*). La première différenciation visible de l'embryon apparaît dans le blastoderme ventral au niveau de ce qui sera le prothorax. De cette région la différenciation s'étend antérieurement et postérieurement.

Seidel (1929-1936), sur la libellule *Platycnemis pennipes*, a montré que la région du prothorax présomptif est un centre différenciateur (*Differenzierungszentrum*) qui commande toute la différenciation embryonnaire *(fig. 52)*. Le rapprochement avec un centre organisateur s'impose. Cependant les faits sont un peu plus complexes. En effet l'activité du centre différenciateur est liée à l'activité préalable d'un autre centre, qualifié de centre formateur *(Bildungszentrum)*, localisé au voisinage du pôle postérieur de l'œuf et qui s'établit lui-même après colonisation du cytoplasme de cette région par les noyaux de segmentation au cours de leur migration vers la périphérie du germe. Le mécanisme selon Seidel est le suivant. Les noyaux de segmentation activent le centre formateur et ce dernier diffuse une substance qui, à travers le vitellus, gagne les niveaux plus antérieurs de l'œuf. A mesure que se poursuit le développement la limite de diffusion atteint progressivement le niveau du centre différenciateur. Celui-ci devient actif, cependant que l'activité du centre formateur cesse. Les recherches de Haget (1953) sur l'œuf de Doryphore *(Leptinotarsa)* n'ont pas permis à cet auteur de retrouver un centre formateur, mais l'existence d'un centre différenciateur a été vérifiée. Ainsi le complexe centre formateur-centre différenciateur *(Platycnemis)*, ou ce dernier seulement *(Leptinotarsa)*, peut être conçu comme un foyer d'organisation, d'où naît le flux inducteur, responsable des différenciations organogénétiques.

Un dernier point encore doit être souligné. Le flux inducteur naît dans du tissu ectodermique et le territoire réactionnel est le mésoderme. Or nous savons que chez les Vertébrés c'est le chordo-mésoderme qui est inducteur.

Au total et avec des variantes qui sont fonction des groupes zoologiques considérés, on peut dire que des phénomènes d'induction contrôlant les différenciations cellulaires et réglant la régionalisation, donc l'édification harmonieuse des embryons, ont été mis en évidence chez les Vertébrés, les Ascidies, les Échinodermes, les Insectes. L'induction est la clé de voûte de l'organisation ontogénétique.

CHAÎNES D'INDUCTIONS DANS L'ONTOGENÈSE DES AMPHIBIENS

Chez les Amphibiens le champ chordo-mésodermique dorsal acquiert, nous le savons, sa détermination d'une manière précoce au cours de l'ontogenèse. Pendant la gastrulation, par l'action inductrice de ce champ s'exerçant sur l'ectoderme et le mésoderme, les éléments fondamentaux de l'architecture axiale et dorso-ventrale se trouvent mis en place. Encéphale et moelle épinière, notochorde flanquée des somites, du pronéphros, des lames latérales, sont les formations qui donnent à l'embryon d'Amphibien et d'une manière plus générale de Vertébré sa structure caractéristique.

Avec les progrès du développement, pendant la neurulation, le processus de la détermination progressive découpe le germe en champs morphogénétiques locaux. Ceux-ci, bien que ne présentant pas au début de différenciations visibles, sont les ébauches territoriales des divers organes. Plus tard, les différenciations cytologiques définissent les tissus spécifiques et dans chaque champ local ceux-ci vont s'agencer progressivement pour édifier les organes.

Dès lors que sous l'action inductrice primaire l'ectoderme différencie des neuroblastes, le mésoderme des cellules chordales, des myoblastes, du tissu et des tubules pronéphrétiques, nous sommes conduits à nous demander si dans les champs locaux des inductions secondaires ne contrôleront pas les différenciations cytologiques, histogénétiques et finalement la mise en place des éléments fondamentaux des organes spécifiques. Le développement peut alors être conçu comme une suite d'événements, où déterminations et inductions locales interfèrent, se suivant selon un ordre donné, pour achever la construction d'un embryon apte à mener au cours de la phase d'activité fonctionnelle sa vie libre. Dans la chaîne des inductions nous parlerons d'effets inducteurs de second, de troisième degré et plus généralement d'ordre supérieur.

De tels phénomènes d'induction ont effectivement pu être démontrés. C'est chez les Amphibiens que le tableau est le plus complet, mais des faits du même ordre sont connus dans les diverses classes de Vertébrés. Certains Invertébrés, les Échinodermes, les Planaires, les Ascidies, les Insectes ont également permis de mettre en évidence, nous l'avons vu, le rôle des inductions dans l'organogenèse. Chez les Amphibiens par exemple on a pu établir que dans la constitution de nombreux organes interviennent des mécanismes inducteurs. Citons, parmi les principaux cas, la formation du cristallin et de la cornée, de la capsule optique et de la membrane tympanique, celle des branchies, des membres, des dents, la perforation de la bouche, l'édification de la nageoire dorsale, de l'hypophyse antérieure et postérieure, de l'épiphyse, du cœur, du sang, des ventouses embryonnaires (Anoures), des balanciers (Urodèles), des organes des sens, de la ligne latérale, de l'anus, l'orientation du mouvement ciliaire. Chez les Oiseaux, on a mis en évidence des activités inductrices au cours de l'édification du cristallin, de la vésicule auditive, de la capsule cartilagineuse de l'oreille, des vertèbres, des membres, des plumes, des écailles.

Pour préciser les processus inducteurs mis en œuvre nous retiendrons quelques exemples empruntés aux Amphibiens : œil, mésonéphros, gonades, que nous choisissons parce qu'ils représentent une gamme très étendue dans le temps couvert par le développement embryonnaire et même larvaire.

INDUCTIONS DANS L'ORGANOGENÈSE DE L'ŒIL

Les faits essentiels résultent des travaux de Spemann (1901-1912). Les phases principales du développement de l'œil sont les suivantes *(fig. 53)*. Le diencéphale émet de chaque côté une vésicule optique en direction de l'ectoderme superficiel. La vésicule se creuse en une cupule dont la lame interne correspondra à la rétine, cependant que le pédicule qui la relie au cerveau deviendra le nerf optique. L'ectoderme dans la région où la vésicule optique arrive à son contact réagit par un épaississement formant un coussin. Celui-ci est la placode cristallinienne, le futur cristallin. La placode se développe en une vésicule cristallinienne qui prend une forme lentilloïde et se sertit en quelque sorte dans la capsule optique. Un pincement aboutit finalement à la séparation du cristallin et de l'ectoderme. Plus tard l'iris se développe à partir des bords de la cupule optique. L'ectoderme situé devant le cristallin ne forme pas de glandes, le pigment disparaît, les cellules deviennent transparentes. Cette lame ectodermique constituera la cornée transparente. Une lame de mésenchyme se glisse entre la cornée et le bulbe de l'œil. Le mésenchyme participe à la formation du corps vitré.

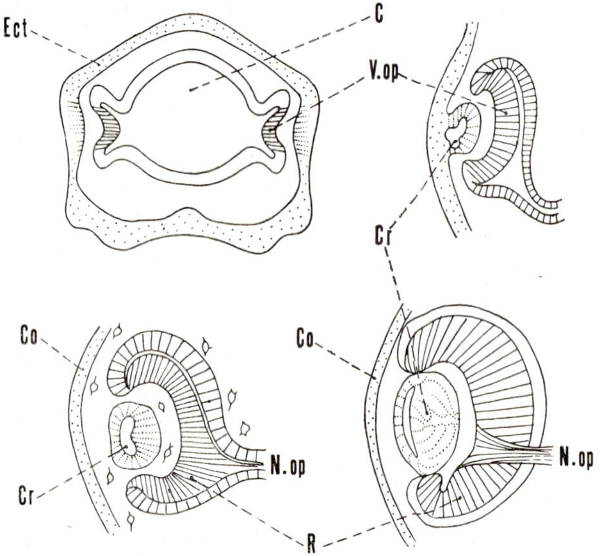

FIG. 53 — SCHÉMAS MONTRANT LES PHASES SUCCESSIVES DE L'ORGANOGENÈSE DE L'ŒIL ET LA FORMATION DU CRISTALLIN.

C, cerveau; *Co*, cornée, *Cr*, cristallin; *Ect*, ectoderme; *N. op*, nerf optique; *R*, rétine; *V. op*, vésicule optique.

L'édification des trois éléments essentiels de l'œil, rétine, cristallin, cornée, résulte d'une suite d'inductions. On a pu montrer qu'il existe un territoire correspondant à la future vésicule optique dans la partie antérieure de la plaque neurale et dont la détermination est acquise à la fin de la gastrulation. C'est le toit archentérique qui contrôle la mise en place de ce champ.

Les expériences décisives ont d'abord été conduites

chez l'embryon de *Rana temporaria,* et étendues ensuite à diverses espèces de Tritons. Si, chez l'embryon de *Rana temporaria,* on pratique, au début du bourgeon caudal, l'ablation totale de la vésicule optique sur l'un des côtés et si l'on rabat le volet d'ectoderme soulevé, il ne se forme pas d'œil du côté opéré *(fig. 54)*. On constate notamment qu'il ne se constitue pas de cristallin et la peau reste opaque. Cela signifie qu'un stimulus émanant de la vésicule optique est nécessaire pour que l'ectoderme réagisse en édifiant un cristallin. Si, dans une autre expérience, la vésicule optique est implantée sous la peau du ventre, l'ectoderme ventral qui est au contact de la vésicule développe un cristallin *(fig. 55)*. Il en est de même pour un greffon d'ectoderme ventral, substitué à l'ectoderme céphalique au niveau d'une vésicule optique laissée en

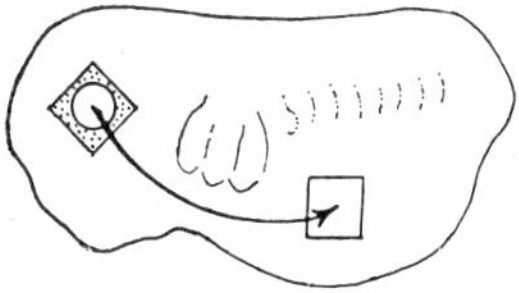

FIG. 54 — SCHÉMA D'UN EMBRYON DE GRENOUILLE AU STADE DU BOURGEON CAUDAL, MONTRANT LA POSITION DE LA VÉSICULE OPTIQUE ET SON TRANSFERT (FLÈCHES) SOUS L'ECTODERME DE LA RÉGION VENTRALE.

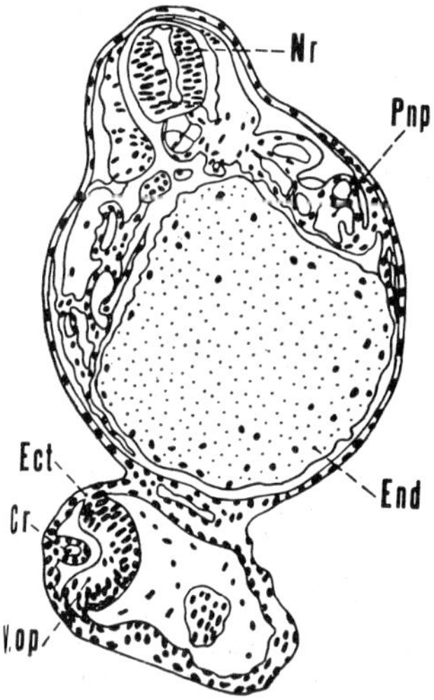

FIG. 55 — INDUCTION DU CRISTALLIN CHEZ LE TRITON.

Coupe transversale d'un Triton sur lequel, au stade moyen de la gastrulation, on a greffé ventralement un fragment de cerveau, prélevé sur un autre embryon. Le greffon se développe en une formation vésiculeuse dans laquelle par autodifférenciation s'édifie une vésicule optique. Celle-ci a induit un cristallin. *Cr,* cristallin induit; *Ect,* ectoderme; *End,* endoderme; *Nr,* névraxe de l'hôte; *Pnp,* pronéphros; *V. op,* vésicule optique du greffon (d'après Mangold).

place. Dans ces expériences il est nécessaire que la couche rétinienne soit au contact direct de l'ectoderme. L'interposition d'une lame de mésenchyme entre ectoderme et vésicule optique inhibe la formation d'un cristallin. Ainsi le cristallin s'organise à la suite d'une action spécifique émanant de la paroi rétinienne de la vésicule optique. Le système nerveux et l'un de ses dérivés, la vésicule optique, résultant de l'induction primaire que nous connaissons déjà, on peut dire que l'induction du cristallin par l'œil

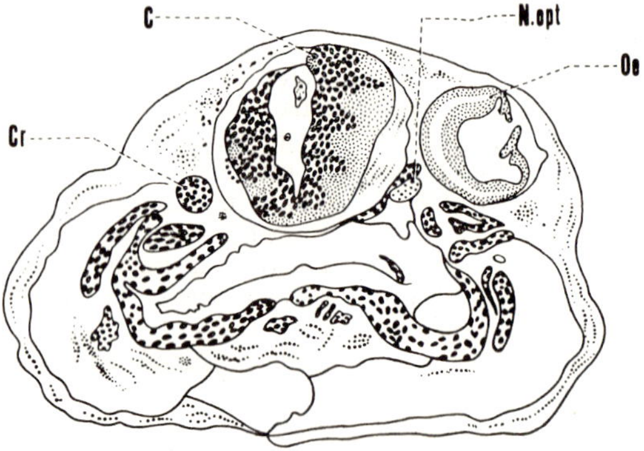

FIG. 56 — DIFFÉRENCIATION D'UN CRISTALLIN EN L'ABSENCE DE VÉSICULE OPTIQUE CHEZ *Rana esculenta*.

À gauche côté opéré, formation d'un petit cristallin (*Cr*). À droite, le côté non opéré avec l'œil normal (*Oe*) et le nerf optique (*N. opt*). *C*, cerveau (d'après Spemann).

est une induction secondaire. Puisque l'ectoderme réactionnel se différencie en cornée au contact de la cupule optique ou du seul cristallin, il y a là une induction du troisième degré. Les faits assez spectaculaires ne se présentent pas toujours ainsi. Si on opère non plus sur le germe de *Rana temporaria,* mais sur celui d'une espèce voisine *Rana esculenta,* on constate que, conduite dans les mêmes conditions, l'ablation de la vésicule optique est cependant suivie de la différenciation autonome d'un cristallin *(fig. 56)*. Par conséquent, l'aire présomptive du cristallin était déjà déterminée au moment de l'opération et n'exigeait plus le stimulus inducteur émanant de la vésicule optique. Si l'on opère sur le germe de *Bombinator* (Anoure), on obtient seulement une formation lentilloïde imparfaite.

L'analyse des modalités de l'induction dans l'œil a donné lieu à de nombreux travaux, notamment pour comprendre la dualité de la réaction observée selon que l'on opère sur *R. temporaria* ou *R. esculenta*. Nous pouvons seulement résumer ici les conclusions des auteurs. Actuellement, on conçoit l'induction du cristallin des Amphibiens comme résultant, pour toutes les espèces, de l'action de deux flux d'induction se renforçant mutuellement et émanant respectivement du mésoderme céphalique et de l'ébauche rétinienne. Chez beaucoup d'espèces dont *Rana temporaria,* l'ectoderme est, au stade neurula où l'on opère, insuffisamment différencié pour répondre à la seule action du mésoderme céphalique. Un second stimulus (vésicule optique) est nécessaire pour entraîner la formation d'un cristallin. Pour d'autres espèces dont *Rana esculenta,* l'ectoderme est, dans l'aire cristallinienne présomptive, suffisamment compétent pour réagir à la seule induction du mésoderme céphalique. *Bombinator* présente un cas intermédiaire montrant l'action combinée et se renforçant mutuellement des deux effets inducteurs. Notons pour terminer que l'induction du cristallin n'est pas liée à la spécificité taxinomique de l'inducteur. Une vésicule optique d'Anoure peut induire un cristallin si on la greffe sous l'ectoderme d'un Urodèle et *vice versa* (Holtfreter, 1935). La formation de cristallins isolés a pu être induite par des tissus étrangers, comme le foie frais de Triton (Holtfreter, 1934).

INDUCTIONS DANS L'ORGANOGENÈSE DE L'APPAREIL URO-GÉNITAL

Les inductions mises en œuvre dans l'édification de l'œil opèrent à un stade précoce de l'embryogenèse, neurula et bourgeon caudal. L'étude de l'organisation du mésonéphros et des gonades chez les Amphibiens va nous montrer des inductions organogénétiques beaucoup plus tardives.

Chez *Rana temporaria* (Van Geertruyden, 1946), *Rana dalmatina* (Cambar, 1948), le Triton *Pleurodeles waltlii* (Houillon, 1956), le pronéphros et l'uretère primaire sont édifiés dès le stade du bourgeon caudal. Le pronéphros résulte, nous le savons, de l'induction mésoblastogène primaire. Plus tard, c'est à partir d'un blastème néphrétique, situé plus en arrière dans le tronc, que s'organise le mésonéphros qui sera le rein définitif chez les Amphibiens. Ce blastème, longeant la racine du mésentère dorsal au toit de la cavité abdominale, va donner aussi naissance au cortex surrénalien, et à la medulla des gonades. Tous ces événements se produisent après l'éclosion, au début de la vie larvaire, c'est-à-dire tardivement dans l'ontogenèse.

Considérons les faits mis en évidence chez un Triton, le Pleurodèle (Houillon 1956). La poussée en direction cranio-caudale de l'uretère primaire (canal pronéphrétique, canal de Wolff) s'effectue au stade neurula à partir du pronéphros. Si, avant la poussée du canal, on interpose d'un côté un lambeau d'ecto-mésoderme en arrière du pronéphros, on bloque la croissance de l'uretère primaire. Celui-ci n'atteindra donc pas le futur cloaque. En particulier il manque totalement au niveau du territoire mésonéphrétique *(fig. 57)*. Dans ces conditions, du côté opéré on constate qu'il ne se forme à peu près pas de mésonéphros. Celui-ci est réduit à quelques îlots vestigiaux chez le Pleurodèle, il manque totalement si on opère chez *Rana*. Par conséquent un stimulus inducteur émanant de l'uretère primaire est nécessaire à l'organisation du mésonéphros. En effet, chez *Rana dalmatina,* où des opérations d'ablation totale ou partielle et de déviation de l'uretère primaire ont été réalisées, si localement un segment d'uretère primaire se trouve au contact du blastème mésoné-

---

de chaque côté du corps; B, larve de 28 jours (16 mm.). Apparition des unités mésonéphrétiques normales à gauche. Alignement des gonocytes. Du côté opéré quelques nodules mésonéphrétiques vestigiaux. La plupart des gonocytes restent groupés en îlots et vont disparaître; C, larve de 45 jours (34 mm.). Le mésonéphros et la gonade sont différenciés à gauche; à droite gonade vestigiale au niveau d'un nodule mésonéphrétique autodifférencié. L'axe du corps est figuré par la ligne en tirets. *Bl,* zone de blocage de l'uretère primaire; *G,* gonade (en noir); *G.v,* gonade vestigiale; *Go,* gonocytes; *I.Go,* îlots de gonocytes; *Mnp,* mésonéphros; *Mnp.v,* mésonéphros vestigial; *Pnp,* pronéphros; *U.p,* uretère primaire (d'après Houillon).

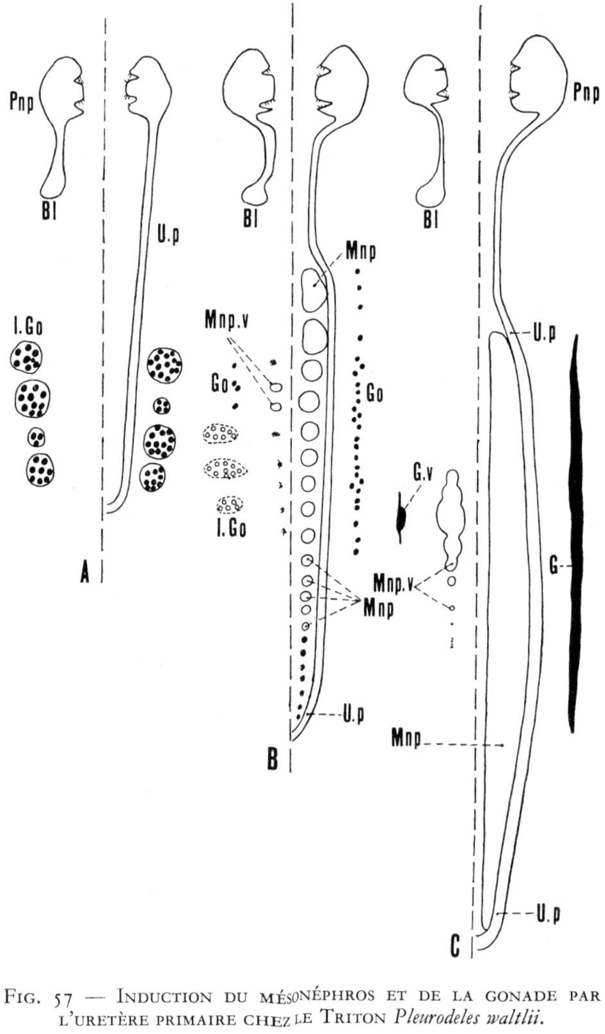

FIG. 57 — INDUCTION DU MÉSONÉPHROS ET DE LA GONADE PAR L'URETÈRE PRIMAIRE CHEZ LE TRITON *Pleurodeles waltlii*.

Reconstitution schématique de l'appareil uro-génital de larves de Pleurodèles ayant subi le blocage de l'uretère primaire droit (vue ventrale). A, larve de 11 jours (9 mm.). Ilots de gonocytes présents phrétique, on constate qu'en ce lieu un élément de mésonéphros s'organise *(fig. 58)*. On peut donc conclure de ces expériences que l'uretère primaire induit la différenciation du mésonéphros.

Mais il y a plus, au moins chez le Pleurodèle. Dans l'expérience exposée ci-dessus, on constate que l'organogenèse de la gonade est profondément altérée du côté opéré, qu'il s'agisse d'un testicule ou d'un ovaire. Elle peut même être absente.

Pour comprendre ce qui se passe, rappelons comment s'organise normalement la gonade *(fig. 59)*. Chez les Amphibiens la glande génitale est la résultante de l'activité de deux composants embryonnaires. L'un est le cortex constitué par l'épithélium cœlomique et dans lequel se concentrent initialement les cellules germinales ou gonies primordiales. L'autre est la medulla qui a pour origine le blastème mésonéphrétique. A partir de celui-ci, des cordons sexuels compacts s'enfoncent en coin, dans l'axe mésenchymateux de la crête génitale. Il y a d'abord dix à douze cordons qui se trouvent plus tard réduits à cinq ou six. Dans l'ontogenèse normale, après cette période indifférenciée où cortex et medulla sont mis en place, on assiste selon la nature génétique mâle ou femelle de l'individu au développement prévalent de l'un des territoires. S'il s'agit d'une femelle la medulla régresse, se creuse d'une vaste cavité et finalement constitue une sorte de poche bordée par un épithélium mince. Le cortex s'épaissit considérablement, les gonies demeurent *in situ*, et se multiplient. Plus tard, vers la fin de la vie larvaire, elles montreront les figures cytologiques caractéristiques de la prophase de la première cinèse méiotique, puis le volume cytoplasmique s'accroît. Ce sont les premiers auxocytes. S'il s'agit d'un testicule, c'est au contraire la medulla qui devient prévalente et qui se trouve colonisée par les gonies. Celles-ci migrent en effet du cortex vers la medulla. Dans ce territoire se différencieront les tubules spermatiques. Les gonies se multiplient, elles deviendront des spermatogo-

---

D, résultat de l'opération, présence d'un nodule mésonéphrétique à gauche, correspondant à WZ. *C.j*, corps jaune; *G*, gonade; *Mnp*, mésonéphros; *Pnp*, pronéphros; *U.p*, uretère primaire (d'après Cambar).

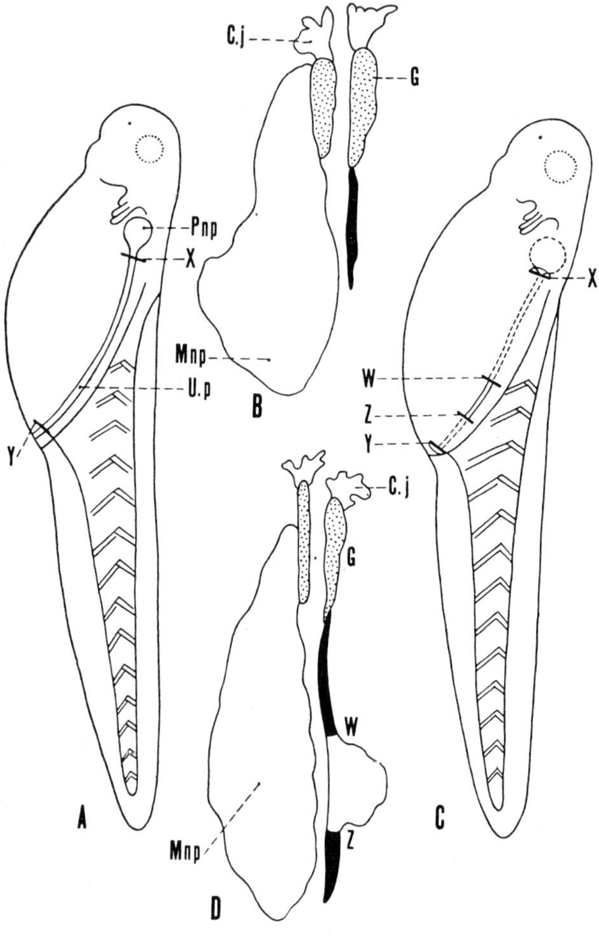

FIG. 58 — INDUCTION DU MÉSONÉPHROS PAR L'URETÈRE PRIMAIRE CHEZ LA GRENOUILLE.

A, schéma de l'opération, l'uretère primaire sera enlevé à gauche entre les niveaux XY; B, résultat de l'opération, pas de mésonéphros à gauche où subsiste seulement un blastème mésonéphrétique indifférencié, figuré en noir; C, schéma d'une ablation partielle de l'uretère primaire, qui subsiste entre les niveaux WZ;

nies, mais c'est beaucoup plus tard, lors de la maturité sexuelle, que la méiose se produira. Quant au cortex, vidé de ses gonies, il forme un épithélium mince. Au total la medulla a la valeur d'un territoire androgène, et il entraîne les gonies à évoluer en éléments mâles, finalement en spermatozoïdes. Le cortex a la valeur d'un territoire gynogène, les gonies qui végètent en son sein évolueront en ovocytes. Ainsi le sens de la cytodifférenciation des gonies est induit par la qualité du territoire somatique, medulla ou cortex, dans lequel les gonies se développent.

Dans l'expérience du blocage de l'uretère primaire on constate que du côté opéré la poussée médullaire est très largement inhibée. Dans ces conditions le cortex n'acquiert pas son plein développement. Chez les femelles l'ovaire du côté opéré reste très petit. La déficience chez les mâles est encore plus poussée et la glande est tout à fait vestigiale, parfois absente. Tout se passe comme si un rapport de constance médullo-cortical était nécessaire à l'édification d'une gonade normale. Ceci signifie que la medulla exerce un effet de régulation sur le développement cortical. Lorsque la régulation est altérée il en résulte une dysgénésie marquée de la glande génitale.

Cette situation retentit sur l'évolution des gonies. En effet, dans ces gonades vestigiales et dans les deux sexes, la déficience du couple inducteur cortico-médullaire est suivie par une chute du nombre des gonocytes qui peuplent la gonade. Un certain nombre s'égarent hors des territoires inducteurs, ils n'évoluent plus et finissent par disparaître. Ceux qui demeurent en place se multiplient très peu et lentement, ils restent bloqués en petits îlots sans se répartir dans l'ensemble de la glande. Finalement, et ceci est particulièrement évident pour le mâle, ils subsistent sans différenciation notable et si les vestiges testiculaires sont très réduits la gonade finit par disparaître totalement au bout de deux ans. Quant à l'ovaire il reste lui aussi vestigial et compte peu de gonocytes.

Ces expériences mettent en lumière d'une part l'action inductrice du cortex et de la medulla dans les cytodifférenciations de la lignée germinale, ainsi que les corrélations régulatrices de ces deux territoires dans l'édification de la glande génitale. Cytodifférenciation et organogenèse sont la résultante d'effets inducteurs, le point de départ étant ici l'activité inductrice de l'uretère primaire qui contrôle à la fois la néphrogenèse et la gonadogenèse.

Le fait que la cytodifférenciation des gonies résulte de l'action inductrice des territoires médullaire ou cortical a été démontré par une autre voie. Celle-ci montre de plus que ce n'est pas la constitution génétique des gonocytes, liée aux chromosomes sexuels, qui intervient pour assurer

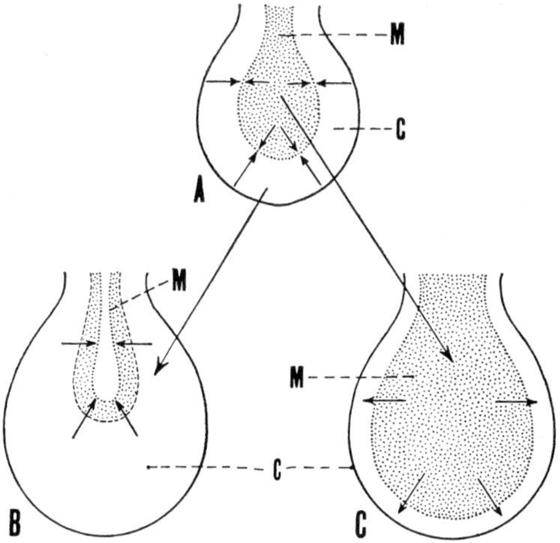

FIG. 59 — SCHÉMAS MONTRANT L'ANTAGONISME CORTICO-MÉDULLAIRE ET LE MÉCANISME RÉALISANT LA DIFFÉRENCIATION MÂLE OU FEMELLE.

Les flèches indiquent le sens des actions antagonistes et des effets prévalents : A, gonade indifférenciée; B, évolution femelle; C, évolution mâle. *C*, cortex; *M*, medulla.

le sens des cytodifférenciations goniales. On sait que l'œuf est déterminé dès la fécondation pour donner finalement un mâle ou une femelle. Un sexe est hétérogamétique, chez les Urodèles c'est le sexe femelle (♀ ZWAA), l'autre est homogamétique (♂ ZZAA). Dans ces formules, AA représentent les autosomes, ZZ et ZW la paire d'hétérochromosomes qui déterminent le sexe. En bref un gonocyte donné est de type ZZ (♂) ou ZW (♀). On pouvait penser que c'est cette constitution qui entraînerait la différenciation ultérieure de la gonade et finalement celle des gamètes, respectivement en ovaires et ovocytes ou testicules et spermatozoïdes. Il n'en rien. C'est le territoire inducteur, cortical ou médullaire, qui est responsable de la différenciation.

En effet, en administrant des hormones stéroïdes aux larves pendant la différenciation sexuelle on a pu inverser le sexe physiologique des individus. Ces faits ont été mis en évidence chez plusieurs espèces. Ainsi chez le Pleurodèle et chez un Anoure, le Xénope, l'administration d'hormone femelle (œstradiol) a permis de transformer des mâles génétiques (ZZ) en femelles physiologiques (Gallien, 1954-1956). Cela signifie que sous l'action de l'hormone femelle on a assuré la prévalence du développement cortical sur la medulla, alors que normalement c'est la medulla qui devenant prévalente aurait entraîné une différenciation testiculaire. La preuve génétique de cette inversion du sexe a été apportée en croisant avec des mâles normaux (ZZ) ces néo-femelles qui sont des mâles inversés, mais dont l'équipement chromosomique reste inaltéré et donc mâle (ZZ). Le croisement s'écrit

ZZ(♀)	× ZZ(♂)	= 100 % ZZ(♂)
(néo-femelle)	(mâle)	(mâles)

Toute la descendance est unisexuée, alors que dans un croisement témoin

ZW(♀)	× ZZ(♂)	= 50 % ZZ(♂),	50 % ZW(♀)
(femelle)	(mâle)	(mâles)	(femelles)

on obtient la *sex-ratio* caractéristique, c'est-à-dire autant de mâles que de femelles.

Ces expériences ont conduit certains auteurs à suggérer que le stimulus inducteur de la féminité, élaboré par le cortex, était voisin de l'hormone femelle sinon identique. Ce point serait d'une grande importance s'il était acquis; nous aurions identifié là une substance inductrice active dans l'organogenèse d'un organe, ici la gonade. En réalité des faits beaucoup plus complexes, qui ne peuvent être développés ici, ne permettent pas de souscrire sans réserves à cette conclusion, et la question de l'identification chimique des inducteurs de la différenciation sexuelle reste en cause. En effet, les hormones stéroïdes sont loin de toujours provoquer une réponse aussi nette que celle qui a été analysée ci-dessus. Il arrive même par exemple que l'hormone mâle entraîne elle aussi une différenciation femelle, mais par une voie différentielle en se comportant comme un agent traumatisant pour tous les éléments de la gonade : cortex, medulla, gonies. Cependant, comme c'est la medulla qui est détruite alors qu'un cortex vestigial demeure, c'est finalement le réveil progressif de celui-ci qui entraînera la formation d'un ovaire. En fait, dans le système embryonnaire cortico-médullaire de la gonade, il y a deux territoires antagonistes. Toute action, même banale, non spécifique, agissant par voie différentielle sur les composants, peut entraîner la suppression ou l'inhibition de l'un des territoires inducteurs. Ces faits, qui ne sont pas sans analogie avec les actions dites de relais rencontrées dans l'induction primaire, sont actuellement l'obstacle majeur ne permettant pas d'assimiler les stéroïdes sexuels aux inducteurs embryonnaires. Au moins des réserves s'imposent-elles qui appellent de nouvelles recherches. Mais quelle que soit la nature chimique des inducteurs corticaux ou médullaires leur réalité physiologique est certaine.

L'étude des processus d'induction dans la néphrogenèse et la gonadogenèse est particulièrement intéressante, parce qu'il s'agit d'organes s'édifiant tardivement, au cours de la vie larvaire, alors que l'organisme mène depuis longtemps sa vie libre. Ce sont parmi les derniers maillons d'une longue chaîne d'effets inducteurs ayant commencé au cours de la gastrulation par l'induction primaire neurogène et mésoblastogène.

XÉNO-INDUCTIONS

Dans les inductions mises en œuvre au cours de l'organogenèse le problème se pose évidemment de connaître la nature du stimulus inducteur et de sa spécificité. On possède peu d'informations à cet égard. Nous avons vu, à propos des inducteurs cortical et médullaire de la gonade, combien la réponse restait indécise. A l'égard de ce problème des inductions organogénétiques, les récents travaux de Niu, exposés précédemment, peuvent conduire à de très intéressants résultats. La question reste ouverte.

Un second facteur doit être pris en considération. C'est le degré de compétence du tissu réactionnel, c'est-à-dire son aptitude à répondre à un moment donné du développement au stimulus inducteur. L'induction dans l'œil nous a fourni quelques données à cet égard. Enfin il est un troisième élément, c'est la nature génétique, liée à la taxinomie. Elle contrôle le degré de compétence, mais de plus la qualité des prestations morphologiques du tissu ou du territoire réactionnel soumis à l'influence d'un inducteur donné. Ce dernier point a été abordé grâce à l'étude des xéno-inductions.

Dans la méthode des xéno-inductions, on pratique des transplantations xénoplastiques. On combine en une unité des territoires embryonnaires d'espèces différant par leur taxinomie, leur morphologie, et qui normalement présentent une évolution divergente. En réalisant une telle formation composite appelée chimère, il sera possible de reconnaître des relations génétiques et d'établir à quel degré l'origine d'un organe contient des parties générales ou spécialisées. Quelques exemples préciseront cette question. Il existe latéralement sur la tête des jeunes larves de Triton deux balanciers (voir *fig. 13*). Ce sont des tigelles constituées par un axe mésodermique recouvert d'ectoderme. Ce dernier développe de petites formations glandulaires. Ils apparaissent un peu avant l'éclosion et disparaissent assez rapidement, après la formation des membres antérieurs. On les considère généralement comme de petits organes adhésifs et stabilisateurs. Chez l'Axolotl (*Amblystoma mexicanum*) ces balanciers font défaut et on pourrait imaginer qu'il en est ainsi parce que dans cette espèce l'inducteur actif responsable de la différenciation des balanciers fait défaut. Il n'en est rien. Ce qui manque à l'Axolotl c'est la capacité génétique d'un champ « balancier ». En effet si on implante dans le blastocèle d'un germe de Triton la partie antérieure de la voûte archentérique d'un germe d'Axolotl, on provoque chez l'hôte l'induction d'une tête pourvue de balanciers ou d'un balancier (Mangold, 1931). Si on greffe de l'ectoderme encore indifférent de Triton dans la région faciale d'un embryon d'Axolotl, on obtient encore un balancier. Enfin si de l'ectoderme ventral d'un jeune embryon d'Axolotl est greffé sur la partie latérale de la tête d'un embryon de Triton avant l'apparition des balanciers, ceux-ci n'apparaissent pas. Ainsi l'Axolotl possède un champ inducteur capable d'induire des balanciers, cet inducteur a une propriété générale, elle reste inutilisée chez l'Axolotl parce que chez celui-ci l'équipement génétique ne permet pas à son ectoderme de réagir à l'induction par l'édification de cet organe spécifique qu'est le balancier.

On a pu réaliser des greffes xénoplastiques entre Anoures et Urodèles (Spemann et Schotté, 1932, Rotmann, 1935). Les jeunes têtards d'Anoures ne possèdent pas de balanciers, mais portent sous la bouche deux petits organes ventousaires adhésifs, grâce auxquels les jeunes larves se fixent par moments dans les jours qui suivent l'éclosion. Ces organes régressent rapidement après celle-ci. Les Urodèles ne possèdent pas ces organes ventousaires. Si de l'ectoderme indifférencié provenant de la région troncale d'un embryon d'Anoure *(Rana, Bombinator)* est transplanté sur le côté ventral de la tête d'un embryon de Triton *(T. taeniatus)*, le greffon développe des ventouses de type Anoure, en position normale derrière la bouche *(fig. 60)*. Ce résultat montre l'existence, chez le Triton et les Anoures, d'un champ à pouvoir inducteur généralisé, capable

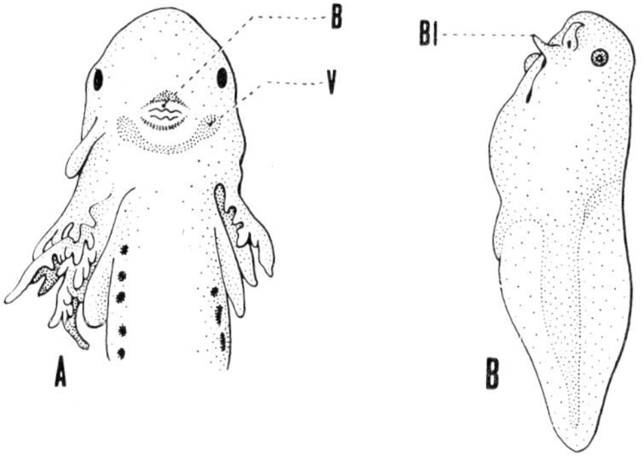

FIG. 60 — XÉNO-INDUCTIONS ENTRE URODÈLES ET ANOURES.

A, larve de Triton dans laquelle au début de la gastrulation on a substitué à l'ectoderme céphalique ventral prospectif, de l'ectoderme ventral de *Rana esculenta*. La tête du Triton a induit des structures caractéristiques de la tête des Anoures : ventouses (*V*) et dents cornées de la bouche (*B*); B, substitution xéno-plastique, au cours de la gastrulation, d'ectoderme céphalique ventral prospectif de *Bombinator* (Anoure), par de l'ectoderme ventral de *Triturus taeniatus*. La tête de l'Anoure induit un balancier (*Bl*) d'Urodèle.
(A d'après Spemann et Schotté; B d'après Rotmann).

d'induire un organe adhésif, mais c'est l'ectoderme dont la réactivité est spécifique, qui impose la nature de l'organe induit. Chez le Triton il réagit en édifiant un balancier, chez les Anoures en formant une ventouse. Si on substitue, au stade gastrula, de l'ectoderme ventral de Triton (Urodèle) à l'ectoderme de la région ventrale de la tête d'un *Bombinator* (Anoure), on constate que le têtard de *Bombinator* développe des balanciers d'Urodèle, mais bien entendu à partir du tissu de Triton greffé.

Les têtards d'Anoures possèdent sur la bouche des plaques cornées portant de nombreux denticules également cornés de nature ectodermique. Les larves d'Urodèles ont des dents typiques calcifiées. Si de l'ectoderme d'un germe d'Anoure est greffé sur la future région buccale d'une larve d'Urodèle, cet ectoderme participe à la formation de la bouche de l'hôte. Cependant le matériel qui dérive de l'Anoure développe des denticules cornés, donc de type Anoure, mais pas de véritables dents. Inversement, si de l'ectoderme d'Urodèle est transplanté au niveau de la bouche d'un germe d'Anoure, ce sont des dents de type Urodèle qui sont formées.

L'ensemble de ces expériences montre que le matériel greffé réagit spécifiquement et selon sa nature génétique à l'action locale d'un champ, dont la qualité inductrice a un caractère spécifique plus étendu.

Par là nous sommes conduits à étudier l'action du noyau dans la morphogenèse.

NOYAU ET EFFETS GÉNÉTIQUES DANS L'EMBRYOGENÈSE

La cellule-œuf est un système totipotent dont le cytoplasme et le noyau représentent les éléments fondamentaux. Il est évidemment tentant d'essayer d'analyser la part qui revient à chacun de ces constituants dans le développement embryonnaire et comment ceux-ci interfèrent.

Dans la fécondation l'apport des deux sexes à la constitution du système germinal est inégal. En effet la génétique nous montre que la constitution du noyau de fécondation par sa nature diploïde réalise exactement la somme des génomes des parents, grâce à l'association de deux gamètes haploïdes. Mais nous savons que c'est l'ovocyte maternel qui représente la masse essentielle du cytoplasme. Pratiquement en effet c'est la seule tête spermatique fécondante, c'est-à-dire le noyau mâle, qui passe dans la cellule-œuf. Ainsi les recombinaisons génétiques intéressent le noyau de fécondation, cependant que le cytoplasme spécifique avec ses divers biosomes auto-reproductibles est à peu près purement maternel. Il semble que, lors des phases initiales du développement, c'est la nature du cytoplasme, sa masse, la répartition de ses plasmes particuliers qui donnent à la segmentation et aux mouvements morphogénétiques leur allure propre. Avec les progrès du développement les caractères génétiques s'expriment avec une finesse de plus en plus sensible pour modeler le type de l'individu.

Faute de pouvoir dissocier radicalement les activités du noyau et du cytoplasme, c'est par le biais de diverses combinaisons entre ces deux composants que l'on a pu aborder l'étude des relations nucléo-cytoplasmiques au cours de l'ontogenèse. On notera d'abord que de nombreuses images cytologiques ont établi l'existence d'échanges entre noyau et cytoplasme.

RAPPORT NUCLÉO-CYTOPLASMIQUE

Une indication des corrélations entre noyau et cytoplasme nous est fournie par la constance du rapport nucléo-cytoplasmique pour une espèce et un tissu donnés. La démonstration de ce fait a été apportée par Boveri (1905) sur l'œuf d'Oursin. En comparant le développement d'œufs parthénogénétiques ou mérogones qui étaient haploïdes, avec des œufs normaux diploïdes et des œufs hétéroploïdes, Boveri constata que, dans les larves, la taille des noyaux et des cellules dépendait du nombre des chromosomes. Par exemple quand le nombre des chromosomes double, le volume total de la cellule double également. La taille finale de l'embryon est cependant plus ou moins constante et indépendante du nombre des chromosomes des cellules. Cela est vrai dans certains cas, mais pour d'autres la taille finale des organismes haplo-diplo- ou polyploïdes peut varier en liaison avec le degré de ploïdie.

La mise en évidence de la constance du rapport nucléo-cytoplasmique, largement vérifiée, est particulièrement nette chez les germes d'Amphibiens hétéroploïdes. Dans ce cas, si on observe les nappes ectodermiques de la pointe de la queue, on voit parfaitement que les tailles cellulaires sont corrélatives du nombre des chromosomes (haploïdie, diploïdie, polyploïdie, aneuploïdie). Dans l'aneuploïdie, des micro-et des macro-noyaux constituent des micro-et des macro-cellules, dont la survie est d'ailleurs courte (Gallien, 1959).

ACQUISITION DE LA SPÉCIFICITÉ NUCLÉAIRE

Le noyau de la cellule-œuf contient l'ensemble du code de l'information génétique qui s'exprimera au cours de l'ontogenèse. On peut se demander si dans la suite du développement, les noyaux des diverses cellules demeurent totipotents, ou si progressivement une partie du code génétique se trouve masqué, certains gènes demeurant seuls actifs et conditionnant la nature des différenciations cytoplasmiques.

Weismann (1885-1892) pensait que l'hétérogénéité du germe était liée à une distribution spatiale ordonnée des générations de noyaux résultant des divisions du noyau de fécondation. Celui-ci est totipotent, mais chaque blastomère recevrait seulement une partie des propriétés du noyau. Celles-ci contrôleraient la différenciation des blastomères. Seuls les noyaux des futures cellules germinales conserveraient les propriétés totipotentes du germe. C'est l'ébauche du germen, fondamentalement distinct de la lignée somatique.

L'hypothèse de Weismann implique un mécanisme rigoureux dans la distribution des noyaux au cours de la segmentation et l'établissement de différences qualitatives dans les noyaux formés pendant les cycles de clivage. Par conséquent toute altération dans la distribution normale des noyaux dans les cellules de la blastula doit se traduire par des anomalies du développement.

Les faits n'ont pas démontré les vues de Weismann au moins en ce qui concerne les phases *initiales* du développement.

Nous savons qu'un œuf de Triton au stade 2, dont on sépare les deux blastomères selon le plan de symétrie bilatérale, donne deux embryons normaux. De même la séparation méridienne des deux et des quatre premiers blastomères chez l'Oursin aboutit à la formation de deux et de quatre *plutei*. Par conséquent, dans ces cas, les deux et les quatre premiers noyaux de clivage ne sont pas qualitativement différents.

Dans d'autres expériences, on a pu modifier l'allure de la segmentation. Ainsi, chez l'Oursin (Driesch 1893), si on comprime l'œuf pendant sa segmentation, la direction des plans de clivage est modifiée. Les positions relatives des blastomères sont altérées. Cependant, lorsque cesse la compression et que le germe achève son développement, un embryon normal est édifié. Chez *Triturus taeniatus*, Spemann (1928) passe une ligature autour de l'œuf, de telle sorte que celui-ci est étiré en haltère, puis en deux moitiés : l'une contient le noyau de fécondation, l'autre est anucléée. La première se clive, l'autre reste indivise. Si un des noyaux fils, par exemple au stade 16 de la moitié qui se segmente, arrive à passer dans la moitié anucléée, celle-ci commence à se segmenter à partir d'un noyau du cycle 1/16. Si on achève le serrage de la boucle, l'œuf initial formera deux embryons. Cela signifie que les seize premiers noyaux sont équivalents et encore totipotents.

Est-ce à dire que, dans le germe et jusqu'aux stades avancés de l'ontogenèse, tous les noyaux sont toujours équivalents ? Ce problème a été repris récemment par Briggs et King (1952, 1953, 1955) qui, par la technique de la greffe de noyaux, ont pu faire avancer ce problème de l'établissement de la spécificité des fonctions nucléaires. Le principe de l'opération est le suivant. Un œuf vierge de grenouille (*Rana pipiens*) est d'abord activé par piqûre d'une aiguille de verre. Cette activation amorce le développement parthénogénétique de l'œuf. Dans un second temps, l'opérateur à l'aide d'une aiguille de verre provoque un *extra-ovat* juste sous le noyau en métaphase. L'*extra-ovat* entraîne le noyau femelle et l'œuf activé est maintenant anucléé. Dans un troisième temps, l'opérateur prélève, à l'aide d'une fine canule de verre, le noyau d'un blastomère dans une blastula de la même espèce, parvenue à un stade donné de sa segmentation, et ce noyau est introduit dans l'œuf activé et anucléé préparé par les deux premières opérations. Dans ces conditions et dans les bonnes réussites de cette expérience très délicate, on constate que l'œuf porteur du noyau blastuléen greffé se segmente et donne une larve, alors qu'un œuf anucléé n'évolue pas.

Il est clair que, par cette technique, on peut étudier le degré de détermination acquis par les noyaux au cours des divers stades du développement. Sur cette base expérimentale une série de résultats remarquables ont été obtenus. En bref des noyaux prélevés dans les blastomères animaux d'une blastula sont capables, après réimplantation dans un œuf activé et anucléé, de permettre le développement d'une larve. Cela est encore vrai pour les noyaux d'une jeune gastrula. Par conséquent ces noyaux n'ont pas acquis de détermination irréversible, ils peuvent encore participer à tous les types de différenciation, ils ont tous même valeur et sont totipotents. Cette conclusion correspond à celles faites précédemment, elle étend très largement les résultats de l'expérience de Spemann exposée ci-dessus. Mais, et c'est là le point important, les résultats changent si, dans les expériences de greffe nucléaire, les noyaux transplantés proviennent de germes plus âgés, à partir de la fin de la gastrulation, c'est-à-dire lorsque la détermination du chordo-mésoderme et de l'endoderme est acquise. Dans ce cas, si on greffe des noyaux prélevés dans des cellules chordo-mésodermiques de gastrulas avancées, la cellule-œuf anucléée puis recevant le noyau étranger, donne encore une blastula, mais après ce stade, le développement avorte et ne dépasse guère la gastrulation. Des opérations ont été faites en utilisant des noyaux d'origine « endodermique », le développement dépasse rarement la gastrulation. Pour des noyaux provenant de germes donneurs plus avancés encore, le clivage de l'œuf opéré est anormal. La tableau ci-dessous résume les données expérimentales obtenues.

Les expériences de Briggs et King démontrent que les noyaux prélevés aux stades jeunes de l'ontogenèse, blastula et jeune gastrula, sont totipotents, mais que progressivement au cours de la gastrulation une spécialisation progressive s'institue avec les progrès de la différenciation cellulaire limitant la potentialité des noyaux.

Comment, à la suite de l'ensemble expérimental présenté, peut-on concevoir l'établissement de la limitation des potentialités nucléaires au cours de l'ontogenèse, à partir du noyau initial totipotent de l'œuf fécondé insegmenté ? Puisque, dans les premiers stades du développement et jusqu'à la jeune blastula, tous les noyaux sont équivalents, on est conduit à concevoir que ces noyaux ne se ségrègent pas spatialement en fonction de leur qualité future, comme le postulait Weismann, pour contrôler ultérieurement la nature des différenciations cyto- et histogénétiques des tissus. En revanche, l'anisotropie du cytoplasme de l'œuf, la diversité des différents plasmes, leur ségrégation sont connues. On est conduit à penser que c'est la qualité des cytoplasmes qui doit contrôler l'établissement des spécificités de la fonction nucléaire au cours de l'ontogenèse. Deux voies sont possibles à priori. Ou bien certains gènes sont activés et exercent seuls leur action, cependant que les autres tout en étant présents demeurent inactifs, ou bien l'ensemble des gènes est activé, mais les produits dont les gènes contrôlent l'élaboration diffèrent quantitativement. De toute façon une ségrégation des activités physiologiques des gènes s'établit.

TABLEAU III : DÉVELOPPEMENT D'ŒUFS ANUCLÉÉS RECEVANT UN NOYAU D'UN AUTRE GERME

Origine des noyaux transplantés	Nombre d'œufs opérés	Développement des blastulas			
		Blastulas complètes bloquées	Blastulas et gastrulas bloquées	Neurulas et post-neurulas	Larves (10-12 mm)
Hémisphère animal de gastrula jeune	71 (100%)	29 (41%)	1	3	25
Chordo-mésoderme de gastrula âgée	83 (100%)	18 (22%)	8	8	2
Endoderme de gastrula âgée	67 (100%)	26 (40%)	8	13	5

Chaque diversification prenant naissance depuis l'œuf fécondé entraîne un nouveau système d'interactions entre gènes et substrats cytologiques réactionnels, d'où la différenciation morphogénétique découle. Un certain nombre de faits montrent l'influence exercée par le cytoplasme sur les noyaux.

Chez le Nématode *Ascaris megalocephala,* le premier plan de segmentation est équatorial et donne un blastomère animal et un blastomère végétatif *(fig. 61)*. Dans ce dernier les deux longs chromosomes restent intacts cependant que

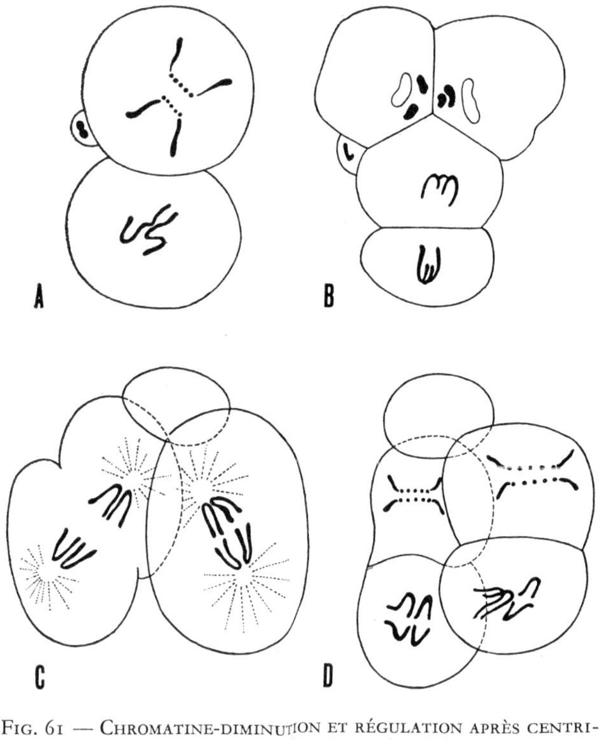

FIG. 61 — CHROMATINE-DIMINUTION ET RÉGULATION APRÈS CENTRIFUGATION CHEZ *Ascaris megalocephala.*

A et B segmentation normale; C et D segmentation après centrifugation (d'après Boveri et Hogue).

le premier présente le phénomène de la *chromatine-diminution*. On constate que chaque chromosome se résout dans sa partie moyenne en un groupe de petits éléments, les deux bras distaux restent intacts, puis finissent par disparaître. Or si des œufs sont centrifugés entre le moment de l'appariement des pronuclei et le premier clivage, le premier plan de segmentation dans presque tous les œufs n'est plus équatorial, mais méridien. Dans ces conditions aucun des deux blastomères ne présente la *chromatine-diminution*. Au second cycle de clivage des œufs centrifugés, le plan de clivage est méridien. Les deux blastomères végétatifs conservent leurs chromosomes intacts, les deux blastomères animaux subissent la *chromatine-diminution*. Au total la centrifugation qui modifie le régime du clivage, et par voie de conséquence la répartition des plasmes au stade deux, entraîne un comportement différent des chromosomes. Cette remarque prend tout son sens si on retient que dans le développement normal les cellules présentant la *chromatine-diminution* correspondent à la lignée somatique, cependant que les initiales germinales se différencient à partir d'un blastomère végétatif n'ayant pas subi la *chromatine-diminution*. L'action spécifique du cytoplasme dans l'éveil de certaines activités géniques du noyau, cependant que d'autres restent latentes ou disparaissent, est encore démontrée par les faits de régulation et d'induction. Retenons un exemple. Chez l'Oursin les spicules qui constituent le squelette du *pluteus* ont une structure précise qui correspond aux caractères descriptifs du généticien. Normalement, seuls les micromères les édifient. Or, dans un germe composite, constitué par une moitié animale et quatre blastomères végétatifs, mais sans micromères, un *pluteus* est édifié. Dans ce cas ce sont les blastomères végétatifs ayant présomptivement valeur endodermique qui produiront les spicules. Cette capacité est donc latente dans les blastomères végétatifs, mais n'est pas utilisée lorsque la constitution du germe est normale. De plus, la capacité cesse de s'exprimer lorsque le pouvoir régulateur s'efface avec les progrès de la détermination.

Diverses observations montrent un lien entre la nature locale du cytoplasme et certains caractères manifestés par le noyau ou les chromosomes. Chez les Insectes (voir *fig. 9*, p. 414), au cours de la migration centrifuge des noyaux, provenant du noyau de fécondation et qui vont constituer l'épithélium primaire, un ou plusieurs noyaux émigrant vers le pôle postérieur traversent une zone cytoplasmique particulière, le plasma polaire ou oösome, dense et riche en acide ribonucléique. Ce plasma se trouve fragmenté et ses éléments, accompagnant le ou les noyaux en migration, iront constituer, au pôle postérieur de l'œuf, le groupe des cellules germinales primordiales. Sans doute cette observation n'élimine pas la possibilité que les noyaux « germinaux » ne soient déjà déterminés comme tels, mais elle établit une relation entre une qualité cytoplasmique donnée et la nature d'une lignée cellulaire.

Chez les Diptères, certaines espèces (Chironomes, Drosophile) ont des chromosomes géants dans les cellules des glandes salivaires et les tubes de Malpighi. Ces noyaux et ces chromosomes dérivent des noyaux ordinaires observables dans l'œuf. Chez certains Orthoptères *(Schistocerca)*, l'épithélium des cloisons testiculaires a des noyaux polyploïdes (4n, 8n, 16n...etc.) à la suite d'endomitoses, alors que les autres tissus somatiques sont diploïdes. Cette polyploïdie localisée à quelques organes est, selon toute vraisemblance, liée à la nature du tissu et celle-ci entraîne une modification du régime des mitoses. Des variations chromosomiques sont également connues dans certains tissus de Mammifères, notamment le foie, et dans beaucoup de tumeurs (Hauschka et Levan 1953).

DIFFÉRENCIATION SANS CLIVAGE

En liaison avec les relations nucléo-cytoplasmiques, il convient de signaler ici les conséquences d'anomalies mitotiques sur la différenciation du germe. Dans le cas de différenciation sans clivage que nous voulons évoquer il s'agit, non pas du noyau lui-même, mais d'une altération du mécanisme de la cytodiérèse dans la segmentation.

Dans la mitose, la division nucléaire ou caryodiérèse est suivie par la division cytoplasmique ou plasmodiérèse. Que se passe-t-il si expérimentalement on inhibe ce dernier processus ? Chez l'Annélide *Chaetopterus*, si on traite des œufs fécondés par de l'eau de mer additionnée de chlorure de potassium, avant de les laisser évoluer dans de l'eau de mer normale, on constate que la segmentation ne se produit pas ou avorte (Lillie, 1902; J. Brachet, 1937). Cependant les différenciations protoplasmiques du germe s'effectuent et rappellent celles d'un germe normal. Finalement certaines parties de la larve insegmentée peuvent être identifiées avec des régions définies de la larve trochophore; toutefois le développement reste anormal, incomplet et limité dans le temps. Ainsi le germe a la capacité de manifester un certain degré d'organisation sans que la segmentation intervienne. Celle-ci ne contrôle pas la localisation des divers territoires embryonnaires. Différenciation et segmentation sont dans une certaine mesure deux processus indépendants, mais leur coopération est indispensable à l'évolution normale du germe.

ACTIVITÉS NUCLÉAIRES DANS L'HÉTÉROPLOÏDIE ET L'HYBRIDATION — ABERRATIONS CHROMOSOMIQUES

Dans les faits passés en revue jusqu'alors dans l'étude des relations entre cytoplasme et noyau au cours de l'ontogenèse, nous avons considéré, soit le noyau normal de la cellule-œuf et ses descendants, soit des noyaux greffés prélevés à des stades divers du développement, mais appartenant toujours à la même espèce. On peut aborder le problème des corrélations nucléo-cytoplasmiques par deux autres voies. D'abord en modifiant quantitativement le lot chromosomique de la cellule-œuf. Celui-ci est normalement diploïde (2n). Qu'advient-il dans les cas d'hétéroploïdie, c'est-à-dire lorsque ce noyau est haploïde, triploïde, tétraploïde etc., et d'une façon générale lorsque le degré de ploïdie est différent du type 2n? En second lieu l'altération du noyau de fécondation peut être qualitative. On réalise cette perturbation par l'hybridation. Enfin les expérimentateurs ont combiné les deux méthodes.

HÉTÉROPLOÏDIE

L'hétéroploïdie désigne toute altération de la formule diploïde (2n) caractéristique du noyau de fécondation normal. Il y a euploïdie lorsque le nombre de chromoso-

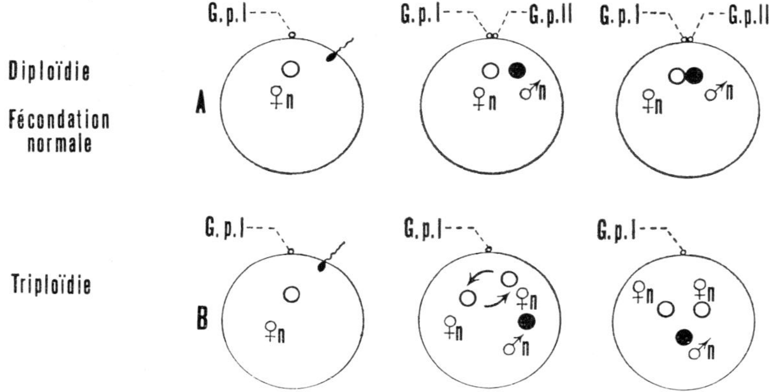

FIG. 62. — SCHÉMAS MONTRANT LA CONSTITUTION D'UN ŒUF TRIPLOÏDE APRÈS CHOC THERMIQUE.

A, œuf diploïde normal; B, œuf triploïde. *G.p.* I-II, globules polaires I et II; ♂ *n* et ♀ *n*, formule chromosomique haploïde des noyaux mâle et femelle (explications dans le texte).

mes est un multiple du nombre fondamental (n). Dans ce cas la balance génique est respectée. Les formules peuvent être n, 2n, 3n, 4n, etc. et mènent à une polyploïdie d'ordre élevé. Il arrive que dans l'hétéroploïdie des anomalies mitotiques altèrent la formule haploïde de base. Il y a alors aneuploïdie. Les constitutions sont par exemple n ±1, ±2, etc., 2n ±1, ±2, ±3 etc., 3n ±1, ±2, ±3 etc., Enfin un germe peut être composite et formé de groupes cellulaires diploïdes mêlés à d'autres, n, 3n, 4n, ou encore à des éléments aneuploïdes. De telles constitutions ont reçu le nom de chimères; celles-ci sont euploïdes ou aneuploïdes.

Ce sont les Oursins (*Paracentrotus lividus*) qui ont fourni les premières observations expérimentales relatives aux effets de l'accroissement du nombre des chromosomes sur le développement (Boveri, 1905). Les germes étaient des chimères dont l'évolution ne dépasse pas le stade de la blastula avancée. Chez d'autres espèces d'Invertébrés on a pu observer des lignées polyploïdes équilibrées et viables, notamment chez des Crustacés (*Artemia, Trichoniscus*), des Papillons (*Solenobia*). Dans ces derniers cas l'accroissement de la taille des cellules se traduit par un certain gigantisme des individus polyploïdes. L'étude expérimentale de l'hétéroploïdie dans le règne animal a pu être poussée lorsqu'on a pu la réaliser (la triploïdie en particulier) chez les Amphibiens, en soumettant l'œuf dans les dix minutes suivant la ponte à des chocs thermiques. De nombreuses espèces d'Urodèles et d'Anoures ont été éprouvées.

Le principe de la méthode (Rostand, 1933; Fankhauser, 1939) est le suivant *(fig. 62)*. L'œuf fécondé est soumis brusquement pendant 5 à 20 heures à une température inférieure à +3° ou pendant une dizaine de minutes à +36°. Dans ces conditions le second globule polaire n'est pas expulsé, il reste dans le cytoplasme, et se recombine au pronucleus femelle, en même temps que le noyau mâle. La constitution est alors : pronucleus femelle (n) + second globule polaire (n) + pronucleus mâle (n) = 3n. Un germe triploïde est formé. Mais à côté de cette combinaison, qui est la plus fréquente, et par suite d'anomalies de la fécondation et des mitoses initiales, on obtient des germes haploïdes, tétra ou pentaploïdes, des chimères euploïdes et aneuploïdes. Un assez grand nombre d'œufs meurent très tôt dès la segmentation. Chez ces derniers la plupart de ceux dont on a pu établir la constitution sont aneuploïdes (Beetschen, 1959).

Quelles sont les conséquences qu'entraîne l'hétéroploïdie sur l'ontogenèse chez les Amphibiens ?

HAPLOÏDIE

Les embryons présentent le syndrome de l'haploïdie. Le développement est ralenti, souvent anormal, la microcéphalie, la microphtalmie sont fréquentes, le corps est court, élargi, la circulation s'effectue mal, de l'ascite, de l'œdème se manifestent, l'activité générale est réduite. Finalement, et à de très rares exceptions près, les animaux meurent peu après l'éclosion, sans avoir pris de nourriture. La réduction de la taille individuelle des cellules est en partie compensée par un accroissement de leur nombre. Au total l'haploïdie n'est pas compatible avec le développement avancé des larves. Cependant la létalité n'est pas absolument fatale. Si en effet on greffe un haploïde en parabiose avec un individu normal diploïde (Gallien, 1957), la larve haploïde qui a une circulation croisée avec le porteur sain survit, se métamorphose et dépasse ce stade.

Arrivés à l'état adulte et à l'âge de deux et trois ans, les haploïdes restent nains, le corps est déformé, des hypomorphoses graves affectent la tête. Les animaux sont stériles (Gallien, 1963).

TRIPLOÏDIE

Cette constitution est compatible avec une évolution sensiblement normale du germe et des adultes nombreux ont été obtenus. La taille est la même que celle des témoins diploïdes. L'accroissement du volume cellulaire est compensé par une réduction du nombre des cellules formant un organe donné. Cependant, dans la plupart des espèces éprouvées, le développement des organes génitaux est profondément affecté et les triploïdes sont stériles. Les ovaires restent petits, peu d'ovocytes arrivent à maturité. Chez l'Axolotl (*A. mexicanum*), les mâles sont stériles, les femelles partiellement fertiles (Fankhauser et Humphrey, 1950). Chez le Pleurodèle, les deux sexes peuvent être fertiles, mais généralement les pontes sont peu nombreuses (Gallien et Beetschen, 1959). Des croisements entre individus ♂ 2n × ♀ 3n (les mâles 3n étant stériles) ont été réalisés chez l'Axlootl. La plupart des germes meurent. Leur constitution est aneuploïde, mais quelques descendants tétraploïdes ont atteint l'état adulte. Chez le Pleurodèle des croisements ♂ 3n × ♀ 3n; ♂ 2n × ♀ 3n; ♀ 3n × ♂ 2n ont été réussis. Là encore la descendance est aneuploïde et les jeunes meurent peu après l'éclosion. L'existence de ces aneuploïdes létaux montre que ce type d'aberration du noyau de la cellule-œuf entraîne la mort des embryons.

TÉTRAPLOÏDIE

Ces individus présentent des troubles de la croissance, des torsions du corps, la taille reste inférieure aux témoins. Certains sont fertiles. Les individus qui possèdent une constitution polyploïde d'ordre supérieur (5n, 6n etc.), de même que les aneuploïdes, ne survivent pas.

En conclusion il est acquis, chez les Amphibiens, que l'altération quantitative du noyau de fécondation est dans la plupart des cas suivie d'anomalies du développement, le plus souvent létales. Pour quelques types euploïdes (triploïdie, tétraploïdie), la survie est cependant possible mais les individus sont stériles ou faiblement fertiles. Leur descendance est très généralement aneuploïde.

ANEUPLOÏDIE

Chez les Amphibiens l'aneuploïdie se traduit très généralement par la létalité des larves. Cependant certains embryons faiblement hyperdiploïdes (2n + 1) survivent et atteignent l'âge adulte.

Les aspects les plus spectaculaires de l'aneuploïdie ont été récemment décrits chez l'homme. C'est le cas du mongolisme qui correspond à la présence d'un chromosome supplémentaire de la paire 21 (Lejeune, Gauthier, Turpin, 1958). Les mongoliens ont 47 chromosomes au lieu de 46 (2n). Dans deux syndromes d'intersexualité associés à la stérilité, l'aneuploïdie a été démontrée. Pour le syndrome de Turner les individus ont 45 chromosomes et c'est un chromosome X qui manque (XO). Dans le syndrome de

Klinefelter, il existe un chromosome X en supplément (XXY), il y a 47 chromosomes. Des aberrations du même ordre sont connues chez la Souris (Russel et coll., 1959-1961). Elles s'accompagnent de stérilité ou d'une fertilité diminuée.

HYBRIDATION

Cette méthode permet de réaliser dans la cellule-œuf une combinaison cytoplasme-noyau dont les deux éléments diffèrent qualitativement. Typiquement on réalise une telle combinaison par l'introduction du noyau d'une espèce dans le cytoplasme d'une autre espèce (hybridation interspécifique). Mais diverses modalités sont possibles. On peut d'abord considérer deux races d'une même espèce (hybridation intraspécifique) qui normalement ne se croisent pas. C'est en somme une extension des croisements de la génétique classique. Dans le cas de l'hybridation interspécifique l'expérience la plus simple consiste à croiser deux espèces A et B. L'œuf aura un cytoplasme maternel A, le noyau de fécondation comprendra un lot chromosomique haploïde A combiné à un lot chromosomique haploïde B. Le germe hybride est diploïde. On peut associer un cytoplasme A à un lot chromosomique haploïde B, en supprimant la chromatine A. L'étude des conséquences d'une telle constitution suppose la comparaison avec des germes témoins comportant un cytoplasme A et un noyau haploïde A. On peut encore, dans un germe de cytoplasme A, substituer un noyau diploïde B au noyau diploïde fécondant A, par échange de noyau après la fécondation. Enfin les diverses combinaisons peuvent être associées à la polyploïdie.

L'étude des résultats comporte l'analyse du comportement des chromatines hybrides au moment de la constitution du noyau de fécondation. Dans un second temps on suivra l'évolution du germe au cours des diverses phases de son évolution et on notera les altérations morphologiques présentées par les embryons et les larves, le taux de létalité et les stades où celle-ci se manifeste. Lorsqu'une combinaison hybride est viable et conduit à un adulte, l'analyse des aberrations de la gamétogenèse aboutissant à des degrés divers de stérilité sera analysée. A la limite nous sommes en présence d'un hybride plurifactoriel viable et fécond. Ces expériences ont été réalisées principalement chez les Échinodermes, les Insectes, les Poissons, les Amphibiens, les Oiseaux et les Mammifères. Pour l'embryologiste, ce sont les Échinodermes et les Amphibiens qui ont apporté les informations les plus étendues dont nous retiendrons quelques exemples.

HYBRIDES INTRASPÉCIFIQUES CHEZ LES AMPHIBIENS

Rana pipiens est une grenouille dont l'aire de distribution très vaste s'étend du Canada au Panama en latitude et de l'est à l'ouest des Etats-Unis en longitude. Moore (1941, 1950) a réalisé chez cette espèce des croisements entre parents provenant de localités largement séparées et il a pu analyser comment au sein d'une même espèce linnéenne, se ségrègent, à partir d'un fond génétique et cytoplasmique commun, des races qui ont valeur d'espèces élémentaires.

Les hybrides intraspécifiques sont normaux, si la distance entre les localités d'origine des parents est relativement faible. Si les hybrides sont obtenus entre races de même latitude et par conséquent adaptées à des types de climats voisins, le développement est harmonieux, même si les localités sont très éloignées. C'est le cas d'un croisement Vermont (Est) × Colorado (Ouest) par exemple. Les deux États sont distants d'environ 2 500 kilomètres. Mais chez les hybrides réalisés entre races du Nord (Vermont, Wisconsin) que nous qualifions d'adaptées au « climat froid» et races du Sud, adaptées au «climat chaud» (Floride, Texas, Mexico), distantes de 2 000 kilomètres en latitude, le développement de l'œuf présente des anomalies spécifiques et presque tous les germes meurent. Moore, qui a étudié les divers degrés d'incompatibilité, interprète ces faits sur la base de la sélection naturelle des populations conduisant à l'établissement d'un complexe génétique, lié à une adaptation aux climats froids (Nord) et climats chauds (Sud). Les dysharmonies du développement sont la conséquence d'associations dysharmoniques des systèmes contrôlant le développement.

HYBRIDES INTERSPÉCIFIQUES DIPLOÏDES

Les exemples en sont très nombreux, ils réalisent une gamme étendue dans laquelle les divers types d'incompatibilité ont été décrits.

Chez les Amphibiens, le Triton de Blasius (de L'Isle, 1862), considéré initialement comme une bonne espèce, est un hybride naturel de *Triturus cristatus* × *Triturus marmoratus*. La létalité dans la descendance d'un tel croisement est considérable. Cependant un petit nombre d'individus atteignent l'état adulte. Chez ceux-ci les mâles sont stériles, les femelles, partiellement fertiles. Celles-ci peuvent de nouveau être croisées avec les espèces parentales. Expérimentalement ce croisement a pu être reproduit.

D'assez nombreuses hybridations ont pu être réalisées entre les diverses espèces de Tritons, le développement des embryons et des larves se poursuit plus ou moins longtemps selon les combinaisons réalisées. Très souvent l'hybridation se traduit par une profonde altération de la *sex-ratio*. Ainsi dans le croisement *T. taeniatus* × *T. alpestis*, 98% des hybrides sont femelles. Chez les Anoures, les croisements *Bufo vulgaris* ♀ × *Bufo viridis* ♂ et *Rana pipiens* (♀ ou ♂) × *Rana palustris* (♀ ou ♂) conduisent à des têtards viables et qui atteignent la métamorphose. L'allure de la segmentation et de la gastrulation est du type maternel. Dans la plupart des cas, les hybrides interspécifiques d'Amphibiens subissent très tôt un arrêt du développement embryonnaire ou larvaire et meurent précocement. Le succès du croisement est souvent lié au sens dans lequel on opère. Ainsi si *B. vulgaris* ♀ × *B. viridis* ♂ donne un têtard viable, le croisement inverse *B. vulgaris* ♂ × *B. viridis* ♀ fournit des œufs qui se développent mal. Dans le croisement *Rana temporaria* ♀ × *Rana sylvatica* ♂ l'œuf hybride n'arrive pas à se segmenter, alors que dans le croisement inverse le germe atteint la fin du stade blastula, mais n'arrive pas à gastruler.

L'étude des facteurs qui entraînent la létalité est complexe. Celle-ci se révèle souvent pendant ou après la gastrulation, précisément au moment où, nous l'avons vu, se manifeste la spécificité nucléaire. Dans des combinaisons entre genres différents tels *Hyla* ♀ × *Bufo* ♂ la tête spermatique, après avoir pénétré dans le cytoplasme, se transforme en un petit pronucleus mâle, mais celui-ci n'est pas génétiquement fonctionnel et la chromatine paternelle est éliminée au cours de la télophase de la première mitose de segmentation. Lorsque des hybrides atteignent l'état adulte *(T. blasii)*, c'est la spermatogenèse qui est anormale, entraînant la stérilité des mâles, cependant que l'ovogenèse aboutit à la constitution d'un nombre limité d'œufs fécondables.

Des faits du même ordre ont été mis en évidence chez les Échinodermes. Ainsi le croisement *Psammechinus microtuberculatus* × *Paracentrotus lividus* donne un embryon hybride qui atteint le stade larvaire *pluteus*. Dans la combinaison *Echinus esculentus* ♀ × *Psammechinus miliaris* ♂ la fécondation paraît normale, cependant que dans le croisement inverse un petit nombre d'œufs seulement se développent, la plupart éliminent des chromosomes dès la première mitose de segmentation.

Chez les Insectes, le croisement *Gryllus campestris* × *Gryllus bimaculatus* donne une descendance abondante. *G. argentinus* (Amérique du Sud) donne de nombreux œufs viables si on le croise avec *G. campestris* (Europe), alors que dans le croisement avec *G. peruviensis* la descendance est faible, les hybrides sont petits, peu viables, et dans ce cas la *sex-ratio* est très aberrante. Nous pourrions multiplier les exemples. Au total, il apparaît que dans la plupart des cas les croisements interspécifiques entraînent des anomalies soit dans la constitution du noyau de fécondation, soit dans le développement embryonnaire, soit dans la gamétogenèse des descendants. Un petit nombre de combinaisons entre noyau et cytoplasme étrangers sont compatibles avec la survie des descendants et surtout avec la fertilité de ceux-ci.

HYBRIDATION DIPLOÏDE PAR TRANSPLANTATION DU NOYAU

Quelques expériences ont été réalisées (Briggs et King, 1953). Ainsi un cytoplasme ovulaire activé de *Rana pipiens* recevant un noyau blastuléen de l'espèce *R. catesbeiana* amorce son développement, l'œuf se segmente, mais le développement s'arrête au début de la gastrulation.

HYBRIDATION INTERSPÉCIFIQUE HAPLOÏDE

Un œuf anucléé d'Oursin peut être fécondé par un spermatozoïde d'une espèce étrangère. On obtient un hybride andromérogone. Dans la combinaison *Psammechinus microtuberculatus* (cytoplasme ♀) × *Paracentrotus lividus* (noyau ♂), le développement va jusqu'au stade *pluteus ;* il s'arrête à la gastrula dans l'association *Sphaerechinus granularis* ♀ × *Paracentrotus* ♂; et dans le cas de *Psammechinus microtuberculatus* ♀ × *Sphaerechinus granularis* ♂, le germe meurt au stade blastula. Des croisements de ce type ont été réalisés chez les Amphibiens. Le cas le mieux étudié est celui des croisements *Rana pipiens* × *Rana palustris* (Moore, 1950). Des hybrides diploïdes R. *pipiens* (♂ ou ♀) × R. *palustris*, (♂ ou ♀) se développent jusqu'à la métamorphose. Mais si dans un tel croisement la chromatine maternelle est enlevée par formation d'un *extra-ovat,* si donc le noyau est haploïde (androgénétique), la létalité s'installe pendant la gastrulation. Ainsi l'haploïdie est un facteur de létalité qui ajoute ses effets à l'incompatibilité relative entre cytoplasme et noyau spécifiquement différents, même dans les cas les meilleurs où cette incompatibilité est relativement faible.

ABERRATIONS CHROMOSOMIQUES

Il est possible d'intervenir sur la nature du noyau de fécondation en altérant non plus le nombre de chromosomes mais la structure de ceux-ci et par conséquent en supprimant des groupes de gènes, en modifiant leur nombre ou leur position relative. Ce type d'aberration diffère des mutations géniques, bien connues. Celles-ci correspondent à la modification des gènes. Nous savons qu'elles se traduisent d'ailleurs par des effets morphologiques.

Les conséquences de l'aberration des chromosomes ont d'abord été connues chez la Drosophile avec les délétions, duplications, translocations, inversions, et effets de position. Par exemple Poulson (1940, 1945) a montré que l'absence de chromosome X ou des déficiences intéressant certains segments de ce chromosome entraînent des anomalies du développement caractéristiques : trouble dans la répartition des noyaux de segmentation, arrêt de la gastrulation. Finalement le développement embryonnaire s'arrête et le germe meurt.

Plus récemment chez les Amphibiens une série de travaux a montré qu'à la suite de diverses interventions, des fragmentations, des translocations, la formation de chromosomes dicentriques, étaient observées. Le caryotype se trouve modifié et les larves présentant ces anomalies meurent précocement, généralement avant l'éclosion. Ces faits ont été obtenus au cours de greffes nucléaires chez *Rana pipiens* (Briggs et King, 1956; Briggs, Kings et Di Berardino, 1960), dans le transfert par greffe nucléaire de noyaux blastuléens de *Rana pipiens* dans l'œuf de *Rana sylvatica* (Hennen, 1963), par injection de protéines de foie dans l'œuf de *Rana pipiens* (Markert et Ursprung, 1963), après irradiation des œufs par les rayons γ chez le Pleurodèle (Gallien, Labrousse et Lacroix, 1963), au cours des greffes nucléaires chez la même espèce (Gallien, Picheral et Lacroix, 1963), dans les œufs hypermatures de *Rana pipiens* (Witschi et Laguens, 1963). Le point remarquable et commun à ces diverses interventions est que ces accidents des structures chromosomiques se produisent lorsqu'un noyau est appelé à végéter dans un cytoplasme qui est altéré ou dysharmonique en quelque manière.

CONCLUSIONS

L'ensemble des expériences rapportées montre que toute rupture quantitative ou qualitative de la balance normale des deux constituants fondamentaux de la cellule-œuf retentit sur le développement du germe à des degrés divers. D'une façon générale, et au petit nombre d'exceptions signalées près, cette dysharmonie constitutive est suivie d'une létalité du germe. La létalité est d'autant plus précoce et le développement initial plus anormal que les deux composants, cytoplasme et noyau, sont plus éloignés par leur nature spécifique. Les progrès de la létalité pour un type de constitution donné vont de pair avec ceux de l'ontogenèse. Cela indique qu'il y a une relation entre la différenciation cytoplasmique et la détermination progressive du germe d'une part, et la constitution génique de l'autre. C'est progressivement que l'action des gènes s'éveille, se ségrège et se spécialise, et que leurs interactions se révèlent de plus en plus incompatibles avec un cytoplasme étranger.

MODE D'ACTION DES GÈNES AU COURS DE L'ONTOGENÈSE

Dans l'étude des relations nucléo-cytoplasmiques au cours de l'ontogenèse on se trouve amené à analyser plus spécialement l'expression des activités géniques, c'est-à-dire des unités héréditaires ou gènes localisés sur les chromosomes.

Par quelle voie et quelle chaîne de réactions les gènes expriment-ils leur action au cours de l'ontogenèse jusqu'à la manifestation morphologique ou physiologique des caractères de l'embryon, puis de l'adulte ? Nos informations à cet égard, pour limitées qu'elles soient, demeurent très importantes. Ainsi une série de recherches a été entreprise chez un Papillon *Ephestia kuhniella* (Kühn et coll., 1935) et la Drosophile (Ephrussi, Beadle, Chevais, 1937). Elles ont conduit ces auteurs à la conclusion que les gènes contrôlaient l'élaboration de substances diffusibles appelées encore « hormones des gènes » ou inducteurs nucléaires nécessaires à l'édification de certains organes. Par exemple, dans la réalisation de la série œil vermillon, cinabre, rouge chez la Drosophile, il s'agit de dérivés du tryptophane agissant spécifiquement et à un moment précis du développement pour contrôler la formation du pigment de l'œil.

Nous ne pouvons ici qu'évoquer ce champ de recherches qui montrent les relations entre la phénogénétique ou génétique physiologique et les problèmes généraux de l'embryogenèse.

CONCLUSIONS GÉNÉRALES

L'œuf fécondé, point de départ du développement embryonnaire, est une simple cellule mais qui est riche cependant de tout le patrimoine de l'espèce. Il présente selon les groupes zoologiques d'assez larges différences relatives à la taille, aux réserves, aux structures cytoplasmiques. Ces diverses propriétés commandent les modalités du développement. Cependant les étapes majeures de celui-ci, segmentation, gastrulation, qualité des feuillets fondamentaux, se présentent avec une grande unité chez les Métazoaires.

La polarité de l'œuf, la répartition de ses plasmes, la spécificité de ceux-ci, la nature et la répartition du vitellus, la qualité génétique du noyau sont des éléments qui traduisent une organisation pré-établie, une base préformée. C'est sur celle-ci que vont jouer au cours des diverses phases du développement les mécanismes épigénétiques de la régulation et de l'induction. Ces processus de l'épigenèse apparaissent comme le mode d'édification le plus adéquat pour comprendre l'extrême souplesse des adaptations morphogénétiques et la variété des structures caractérisant les êtres vivants.

Au cours des progrès du développement les facultés régulatives diminuent, la détermination des parties du germe s'installe, et se traduit par la mise en place des champs morphogénétiques locaux, ultérieurement par l'apparition des cyto-et des histodifférenciations préludant elles-mêmes à l'édification des organes. Ceux-ci devenus fonctionnels, le jeune va pouvoir mener une vie libre. Dès lors, et pour l'essentiel, la phase embryonnaire du développement est achevée.

L. Gallien, *de l'Institut.*

BIBLIOGRAPHIE

OUVRAGES GÉNÉRAUX

L. G. Barth, *Embryology* (2e édit., 1953), The Dryden Press, New York, 1949.

A. Brachet, *Traité d'embryologie des Vertébrés,* édit. rev. par Dalcq et Gérard (1935), Masson, Paris, 1921.

J. Brachet, *Embryologie chimique,* Masson, Paris, 1944 (2e édit. 1950).

CELESTINO DA COSTA, *Éléments d'embryologie,* Masson, Paris, 1948.

C. M. CHILD, *Patterns and Problems of Development,* University of Chicago Press, Chicago, 1941.

A. DALCQ, *L'Organisation de l'œuf chez les Chordés,* Gauthier-Villars, Paris, 1935.

A. DALCQ, *Form and Causality in Development,* Cambridge University Press, Cambridge, 1938.

A. DALCQ, *L'Œuf et son dynamisme organisateur,* Albin Michel, Paris, 1941.

A. DALCQ, *Initiation à l'embryologie générale,* Desoer, Liège, 1952.

A. DALCQ et J. PASTEELS, *Le Développement des Vertébrés,* In Grassé, *Traité de zoologie,* vol. XII, Masson, Paris, 1954.

C. DAWYDOFF, *Traité d'Embryologie comparée des Invertébrés,* Masson, Paris, 1928.

L. GALLIEN, *Problèmes et concepts de l'embryologie expérimentale,* Coll. « L'Avenir de la Science », Gallimard, Paris, 1958.

V. HAMBURGER, *A Manual of Experimental Embryology,* University of Chicago Press, Chicago, 1942.

J. S. HUXLEY et G. R. DE BEER, *The Elements of Experimental Embryology,* Cambridge University Press, Cambridge, 1934.

E. KORSCHELT et K. HEIDER, *Lehrbuch der vergleichenden Entwicklungsgeschichte der Wirbellosen Thiere,* Gustav Fischer, Iéna, 1909.

A. KUHN, *Vorlesungen über Entwicklungsphysiologie,* Springer, Berlin, Heidelberg, 1955.

F. E. LEHMANN, *Einführung in die Physiologische Embryologie,* Birkhaüser, Bâle, 1945

T. H. MORGAN, *Experimental Embryology,* Columbia University Press, New York, 1927.

T. H. MORGAN, *Genetics and Embryology,* Columbia University Press, New York, 1934.

J. NEEDHAM, *Chemical Embryology,* (3 vol.), Cambridge University Press, Cambridge, 1930.

C. P. RAVEN, *An Outline of Developmental Physiology,* Mc Graw-Hill, New York, 1934.

R. RUGH, *Experimental Embryology,* Burgess Publ., Minneapolis, 1948.

L. SAXÉN et S. TOIVONEN, *Primary Embryonic Induction,* Academic Press, New York, 1962.

H. SPEMANN, *Embryonic Development and Induction,* Yale University Press, Yale, 1938.

C. H. Waddington, *Organizers and Genes,* Cambridge University Press, Cambridge, 1940.

C. H. Waddington, *Principles of Embryology,* George Allen et Unwin, Londres, 1956.

P. Weiss, *Principles of Development,* Henri Holt, New York, 1939.

B. H. Willier, P. A. Weiss, V. Hamburger, *Analysis of Development,* Saunders, Philadelphie, 1955.

E. Witschi, *Development of Vertebrates,* Saunders, Philadelphie, 1956.

ARTICLES ET REVUES

F. Baltzer, *Experimentelle Beiträge zur Frage der Homologie,* « Experientia », 8, 285, 1952.

T. Boveri, *Zellenstudien, V Ueber die Abhängigkeit der Kerngrösse und Zellenzahl der Seeigel-Larven von der Chromosomenzahl der Ausgangszellen,* « Jena Zeitschr. Naturw. », 39 (N. F. 32) 445, 1905.

J. Brachet, *Le Rôle du noyau et du cytoplasme dans les synthèses et la morphogenèse,* « Ann. Soc. Roy. Zool. Belgique », 81-185, 1950.

R. Briggs et T. J. King, *Transplantation of living Nuclei from Blastula Cells into enucleated Frogs' Eggs,* « Proc. Nat. Acad. Sci. », 38-455, 1952.

C. M. Child, *Physiological Dominance and Physiological Isolation in Development and Reconstitution,* « Roux' Arch. Entw. », 117, 21, 1929.

E. G. Conklin, *Mosaic Development in ascidian Eggs,* « J. Exp. Zool. », 2, 145, 1905.

G. Fankhauser, *The Effects of Changes in Chromosome Number on amphibian Development,* « Quart. Rev. Biol. », 20, 20, 1945.

L. Gallien, *L'Hétéroploïdie expérimentale chez les Amphibiens,* « Année biol. » 29, 6, 1953.

L. Gallien, *Aspects récents de l'induction embryonnaire,* in « Sciences et l'Enseignement des Sciences », n° 21-22, 1962.

J. Holtfreter, *Some Aspects of Embryonic Induction,* « Growth » (Suppl.) 10, 117, 1951.

S. Horstadius, *The Mechanics of Sea-Urchin Development, studied by Operative Methods,* « Biol. Reviews », 14, 132, 1939.

S. Horstadius, *Experimental Researches on the Developmental*

Physiology of the Sea-Urchin, « Publ. Staz. Zool. Napoli. », 21 (sup.), 131, 1949.

T. J. KING et R. BRIGGS, *Changes in the Nuclei of differentiating Gastrula Cells as demonstrated by nuclear Transplantation,* « Proc. Nat. Acad. Sc. », 41, 321, 1955.

H. SPEMANN et H. MANGOLD, *Über Induktion von Embryonalanlagen durch Implantation artfremder Organisatoren,* « Arch. mikr. Anat. u. Entw. mech. », 100, 599, 1924.

E. B. WILSON, *Experimental Studies on germinal Localization. II. Experiments on the Cleavage Mosaic,* in « Patella and Dentalium, J. Exp. Zool. », 1, 197, 1904.

T. YAMADA, *A chemical Approach to the Problem of the Organizer,* in « Advances in Morphogenesis », vol. 1, chap. 1, Academic Press, 1961.

LA GENÈSE DES MONSTRES

INTRODUCTION

La science des monstres, ou tératologie animale, est une science récente. Il y a un peu plus d'un siècle qu'elle a été fondée par Étienne Geoffroy Saint-Hilaire dont l'œuvre fut continuée par son fils, Isidore Geoffroy Saint-Hilaire. Avant le XIXe siècle, des cas de monstruosités avaient été étudiés par différents naturalistes, mais les descriptions n'étaient pas très objectives, elles étaient souvent fantaisistes. Aucun travail d'ensemble n'avait réuni en une synthèse cohérente les cas sporadiques signalés par les auteurs. Deux obstacles s'opposaient à l'avènement de la tératologie comme science objective et indépendante. Tout d'abord un préjugé défavorable régnait au sujet des monstres; ils étaient considérés comme des êtres incohérents et néfastes, contre lesquels la superstition s'acharnait. D'autre part, il fallait, pour les comprendre, partir des bases solides fournies par l'anatomie normale, et l'on sait les obstacles qui se sont longtemps opposés au développement de l'anatomie.

Qu'est-ce qu'un monstre? Nous pouvons considérer comme synonymes les termes de monstruosité, de malformation, d'anomalie. Seules des différences extérieures séparent les formes que l'on rattache à l'une ou l'autre de ces catégories, mais il n'y a pas de différence de nature entre elles. On désignera plutôt sous le nom de malformation une anomalie viable, comme un bec-de-lièvre ou un pied-bot, sous le nom d'anomalie une aberration peu apparente d'un organe interne ou externe; et l'on réserve le plus souvent le nom de monstruosité aux cas les plus spectaculaires et les plus aberrants. Souvent, les monstruosités ne sont pas viables et n'ont été observées que sur des fœtus morts à terme ou avant terme; mais aucun critérium ne permet de classer à part les grandes et les petites monstruosités.

Toutes ont un point commun, c'est qu'elles sont congénitales; on naît monstrueux, on ne devient pas monstrueux après la naissance. Une monstruosité est une erreur du développement embryologique, on pourrait dire un « raté de fabrication », que la tératologie cherche dans tous les cas à expliquer. Le but de cette science est de déceler la nature de l'erreur de développement, d'en préciser le stade, le mécanisme, et, si possible, la cause. On voit que, si les monstruosités, à un stade avancé de leur évolution, relèvent d'une science parallèle à l'anatomie normale, la formation de la monstruosité relève d'une science parallèle à l'embryologie, qu'on appelle la tératogenèse.

CONSTITUTION DES MONSTRES

Si grande que soit la diversité des types monstrueux, la fantaisie de la nature n'est pas échevelée. L'organisation monstrueuse obéit à certaines lois; il y a une certaine parenté entre des monstruosités qui au premier abord sont très différentes. On peut mettre de l'ordre dans cette diversité. Ce qui est très remarquable, c'est l'homologie, la similitude des types monstrueux dans tous les groupes de Vertébrés. Un cyclope a les mêmes caractères dans les classes des Batraciens, des Poissons, des Oiseaux, et des Mammifères. Cela indique que le mécanisme de la genèse d'une monstruosité comme la cyclopie doit être le même dans tous les groupes. Ce fut le mérite des Geoffroy Saint-Hilaire, père et fils, de commencer par classer dans un certain nombre de catégories l'immense variété des anomalies qui avaient été décrites avant eux, ou qu'ils ont eu l'occasion d'observer. On peut distinguer de prime abord deux grands groupes de monstres : les monstres simples et les monstres doubles.

LES MONSTRES SIMPLES

Les monstres simples ne sont constitués que d'une seule individualité. Certains montrent une déficience évidente, telle que l'absence d'un membre, d'un organe ou d'une partie d'organe; d'autres ont en apparence une constitution différente des individus normaux. L'étude de la genèse de ces monstres a presque toujours montré une déficience initiale, souvent masquée par des remaniements très précoces.

MONSTRUOSITÉS DE LA TÊTE

Parmi les monstruosités simples les plus caractéristiques, signalons les cyclopes, rangés par Geoffroy Saint-Hilaire dans la catégorie des cyclocéphales. Les cyclopes typiques ont, comme les cyclopes de *l'Odyssée*, un œil au milieu du visage, *(fig. 1)*. Mais pour l'embryologiste, il y a tous les intermédiaires entre les cyclopes typiques et l'individu normal. C'est ainsi qu'on voit des cyclocéphales à deux yeux dans une seule orbite. Le rapprochement ou la fusion des yeux n'est en réalité qu'un caractère secondaire de la malformation. Les caractères principaux consistent en une atrophie de certaines parties de la face, bien caractéristique chez les animaux qui présentent un museau. Le maxillaire supérieur est en grande partie atrophié, et l'on voit, à la place de la partie proéminente de la face, une région aplatie au milieu de laquelle se trouve l'orbite. Cet aspect est aussi très caractéristique chez les embryons d'Oiseaux porteurs de cette malformation. Et l'on ne peut pas ne pas être frappé de la très grande analogie de structure des trois monstres que représente la figure 1 et qui donne une idée de la cyclopie chez l'homme, le porc et le poulet. En réalité, comme les recherches d'embryologie expérimentale l'ont montré, c'est une malformation initiale du cerveau qui provoque les anomalies de la face. Parmi les grandes malformations faciales, signalons encore les otocéphales, chez lesquels le maxillaire inférieur est plus ou moins complètement atrophié, ce qui a pour conséquence la réunion de la cavité buccale avec les cavités de l'oreille externe et moyenne. Chez l'Homme, les pavillons de l'oreille, que rien ne sépare, se mettent en contact à l'emplacement qu'occupe normalement le menton *(fig. 2)*.

Il existe des malformations plus discrètes de la face; ce sont les fissures faciales que l'on rencontre souvent chez les individus viables. Les plus courantes sont les becs-de-lièvre latéraux. La genèse de la face rend compte de cette petite malformation aussi bien que des grandes monstruosités, telles la cyclopie et l'otocéphalie.

Chez l'embryon de Vertébrés, la face se constitue normalement à partir de trois catégories de bourgeons :

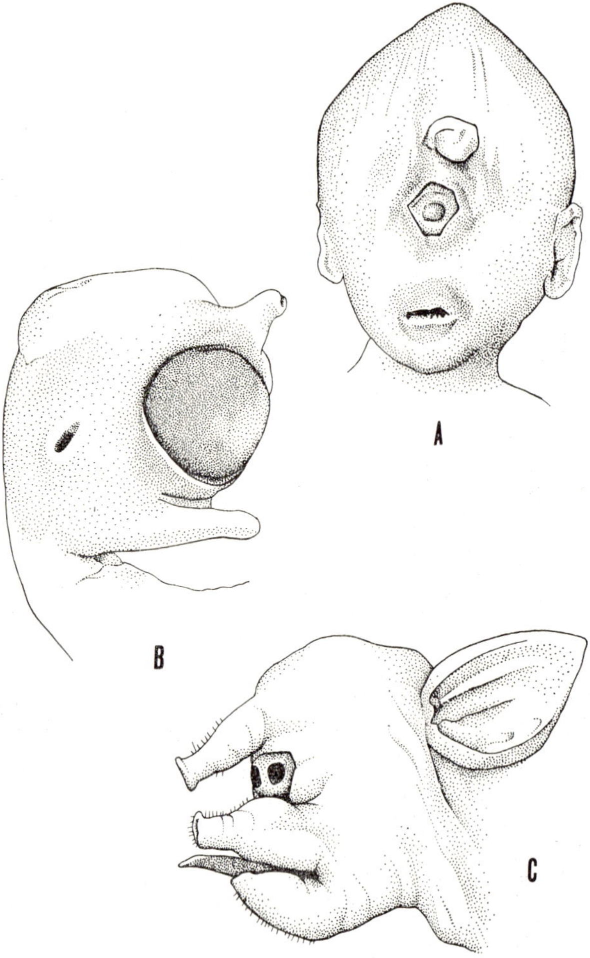

FIG. 1 — CYCLOPES À UN ŒIL MÉDIAN DANS TROIS GROUPES DE VERTÉBRÉS.

A, l'Homme; B, le Poulet; C, le Porc.

le bourgeon frontal, les deux bourgeons maxillaires supérieurs, les deux bourgeons maxillaires inférieurs

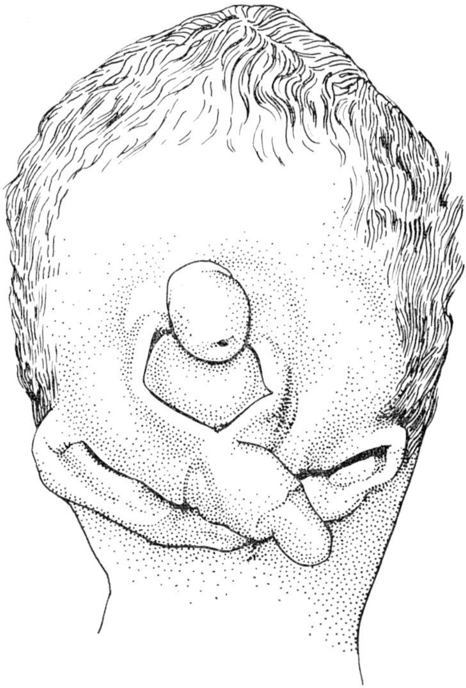

FIG. 2 — MONSTRE HUMAIN À LA FOIS CYCLOPE ET OTOCÉPHALE.

Même malformation que sur la figure 1 en ce qui concerne le haut du visage. Noter en outre le rapprochement des oreilles à la partie inférieure de la face, à l'emplacement du menton.

(fig. 3). Le bourgeon frontal lui-même se festonne bientôt et peut être décomposé en bourgeons nasaux externes et en bourgeons nasaux internes. Des fissures séparent au début du développement ces différents bourgeons. Peu à peu, comme le montre la figure 3, ces fissures se comblent pour ne laisser entre les différents

bourgeons que quelques orifices : les orbites, les narines et la bouche. Si l'une ou l'autre de ces soudures ne se produit pas, il en résulte une malformation qui correspond à un stade temporaire du développement. C'est ainsi que le bec-de-lièvre latéral correspond à une absence de soudure entre un bourgeon nasal interne et un bourgeon nasal externe. Si cette fissure se prolonge dans la profondeur de la cavité buccale, la voûte palatine est elle-même fissurée; on a appelé gueule-de-loup cette malformation. On conçoit tout de suite l'intérêt de ces aberrations; elles permettent de délimiter chez l'adulte les territoires issus des différents bourgeons initiaux (*fig. 3*).

De même l'embryologie de la face permet de comprendre en partie la genèse des grandes malformations telles que la cyclopie et l'otocéphalie; dans la cyclopie, c'est le bourgeon frontal tout entier qui avorte ou qui est retardé dans son développement; ce retard de développement explique que, dans beaucoup de cas de cyclopie, une trompe se constitue au-dessus de l'orbite (voir *fig. 1*). Cet organe ressemblant plus ou moins à un nez représente le bourgeon frontal atrophié et tardivement développé. Chez les otocéphales, ce sont au contraire les bourgeons maxillaires inférieurs qui sont atrophiés.

Une autre malformation de la tête qu'on rencontre chez les Oiseaux comme chez les Mammifères est l'anencéphalie (*fig. 4*). Cette malformation, comme son nom l'indique, consiste en une absence apparente d'encéphale; de plus, la voûte de la boîte crânienne manque totalement (*fig. 4, A*).

À l'emplacement du cerveau, on trouve une plaque épithéliale, plus ou moins boursouflée, qui se raccorde directement à la peau de la face. Cette monstruosité

Traits horizontaux : territoires des bourgeons maxillaires supérieurs. Traits quadrillés : domaine du bourgeon frontal (quadrillé serré, district de l'intermaxillaire; quadrillé large, district des nasaux externes).

aur, conduit auditif externe; *b.f,* bourgeon frontal; *f.b,* fentes branchiales; *f.olf,* fossettes olfactives; *int,* bourgeon intermaxillaire; *mx.i,* bourgeons maxillaires inférieurs; *mx.s,* bourgeons maxillaires supérieurs; *n.e,* nasaux externes; *n.i,* nasaux internes; *œ,* œil; (schématisé d'après Rabl et Peter).

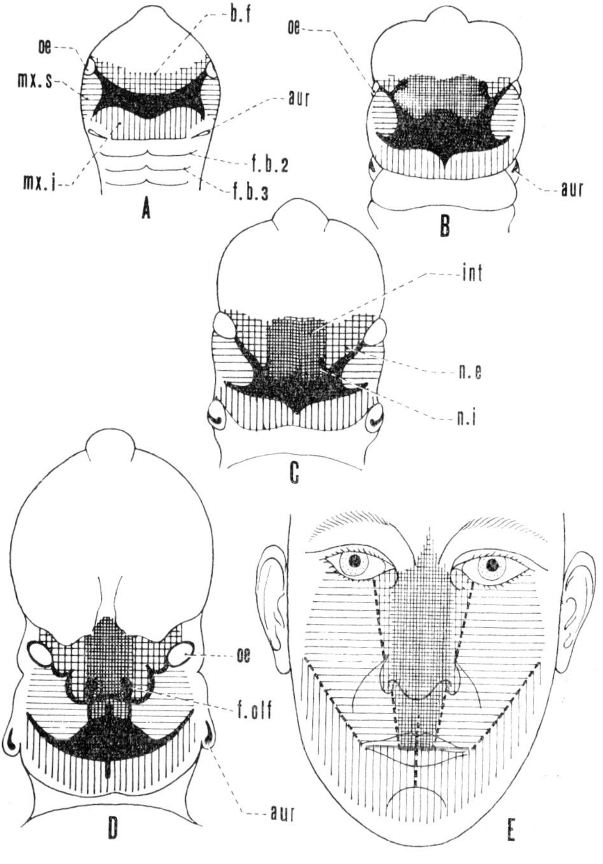

FIG. 3 — STADES SUCCESSIFS DU DÉVELOPPEMENT DE LA FACE CHEZ L'EMBRYON HUMAIN.

A, embryon de 4 mm. Apparition des bourgeons autour de la cavité orbito-bucco-nasale; B et C, embryons de 8 et 10 mm. Progression et découpage des bourgeons; D, embryon de 11 à 13 mm (7 semaines). Soudure des divers bourgeons; E, domaine des différents bourgeons chez l'adulte.
Traits verticaux : territoires des bourgeons maxillaires inférieurs.

considérable se comprend aisément si l'on se réfère au mécanisme du développement primitif du système nerveux. En effet, chez tous les Vertébrés à un stade précoce du développement, le système nerveux est représenté par une plaque épithéliale épaisse située sur le dos de l'em-

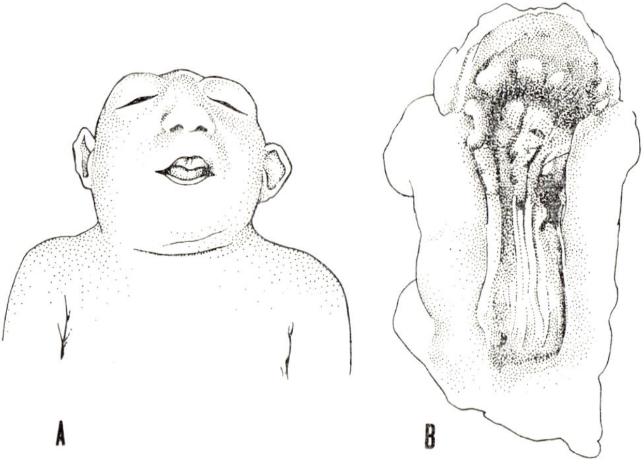

A B

FIG. 4 — ANENCÉPHALE HUMAIN.

A, vu de face. Noter l'absence de boîte crânienne; B, vu de dos. On voit la plaque nerveuse ouverte s'étendant de la tête à la partie inférieure du tronc.

bryon *(fig. 5)*. Ultérieurement cette plaque se déprime en gouttière, la gouttière se ferme en un tube, le tube nerveux, qui s'isole de l'épiderme et constitue l'ébauche du système nerveux central. La partie antérieure de ce tube se dilate en une vésicule qui constitue l'ébauche des ventricules de l'encéphale. Si l'on suppose que l'évolution du système nerveux se fige au stade de la plaque nerveuse, on comprend très bien comment a pu se constituer un anencéphale et pourquoi il ne s'est pas formé de voûte crânienne. L'anencéphalie peut être compliquée d'une malformation de la moelle épinière : *le spina bifida (fig. 4, B)*. Dans ce cas le système nerveux tout entier est resté au stade de la plaque nerveuse, aussi bien dans la région de la tête que dans la région dorsale; les vertèbres comme la voûte crânienne ne sont pas fermées dorsalement. Cette monstruosité, de même que les fissures faciales, évoque un stade précoce du développement; elle justifie le mot d'un tératologiste qui a qualifié de telles malformations de « pièces macroscopiques d'embryologie ».

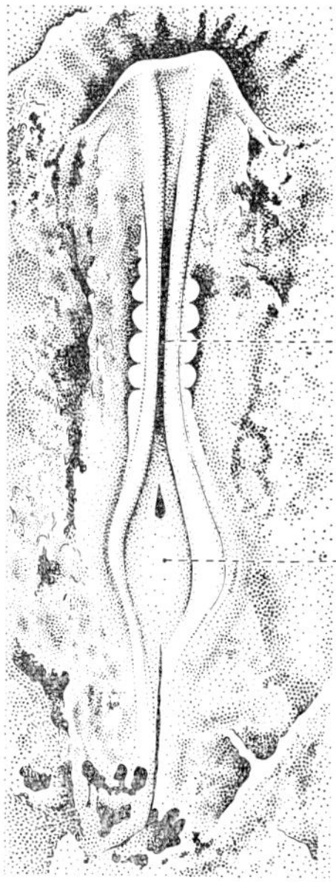

FIG. 5 — FORMATION DU SYSTÈME NERVEUX CHEZ UN EMBRYON DE POULET APRÈS VINGT-QUATRE HEURES D'INCUBATION.

Stade de la gouttière nerveuse. Dans la région moyenne, les bords de la gouttière se rapprochent; dans la région postérieure, la plaque nerveuse est encore largement étalée. *g.n,* gouttière nerveuse; *p.n,* plaque nerveuse.

MONSTRUOSITÉS DU TRONC ET DES MEMBRES

Les malformations du tronc et des membres sont innombrables, soit qu'elles concernent les organes externes, soit qu'elles portent sur des viscères. Nous ne signalerons que pour mémoire des malformations telles que l'absence congénitale d'un membre (ectromélie), d'un ou plusieurs doigts (ectrodactylie). Les malformations les plus intéressantes pour les embryologistes sont celles qui ont entraîné un remaniement de la disposition normale des organes.

Signalons en particulier les phocomèles. Ces monstres, comme leur nom l'indique, ont des membres très courts rappelant un peu les membres des phoques. Dans le cas de la phocomélie brachiale, les mains sont attachées à l'épaule sans interposition du bras et de l'avant-bras

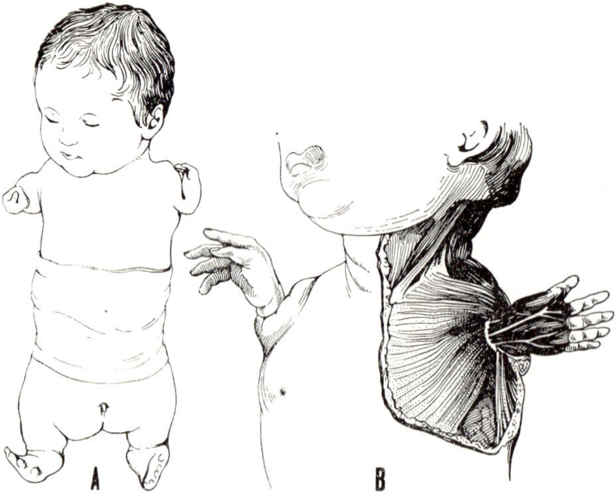

Fig. 6 — Enfants phocomèles.

A, enfant ayant les quatre membres malformés par l'effet de la thalidomide; B, préparation d'un fœtus humain mort avant terme, montrant le rattachement direct des mains aux épaules.

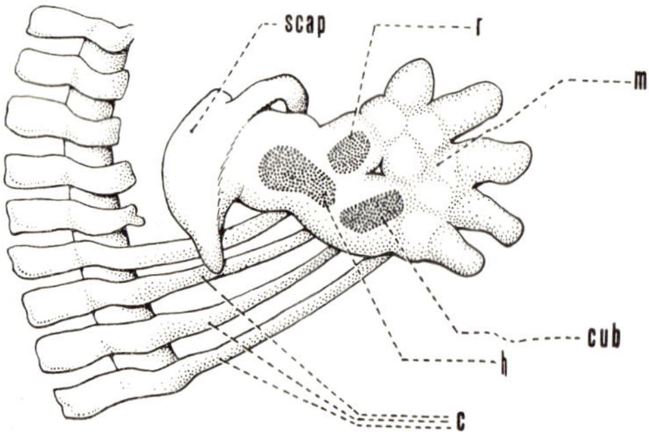

Fig. 7 — Développement d'un membre.

Dissection du bourgeon, au stade palette (fœtus humain de 10,5 mm). On voit que l'article distal, la main, est entièrement formé, alors que les articles proximaux, quoique présents, n'ont pas encore commencé leur croissance.

C, côtes; *cub,* cubitus; *h,* humérus; *r,* radius; *m,* main; *scap,* omoplate.

(*fig. 6, A* et *B*). De telles anomalies sont viables; on en montrait parfois dans les foires, au temps où elles étaient exceptionnelles.

Cette malformation s'explique par une disposition transitoire du bourgeon des membres en voie de développement (*fig. 7*). On connaît un stade où le membre paraît formé d'une palette ou d'un éventail à cinq rayons séparés par des sillons; c'est l'ébauche de la main (du pied) et de ses cinq doigts. À ce stade l'ébauche des deux autres articles, bras et avant-bras, est extrêmement courte, elle ne s'allonge que plus tard. Si l'on suppose que ces articles intermédiaires subissent un arrêt de développement, tandis que la main continue à évoluer, on comprendra la structure d'un membre de phocomèle, chez lequel la main s'attache à l'épaule par l'intermédiaire d'osselets extrêmement courts et rudimentaires. La catastrophe récente due à la thalidomide a mis en vedette cette malformation et posé la question de son déterminisme par des substances spécifiques.

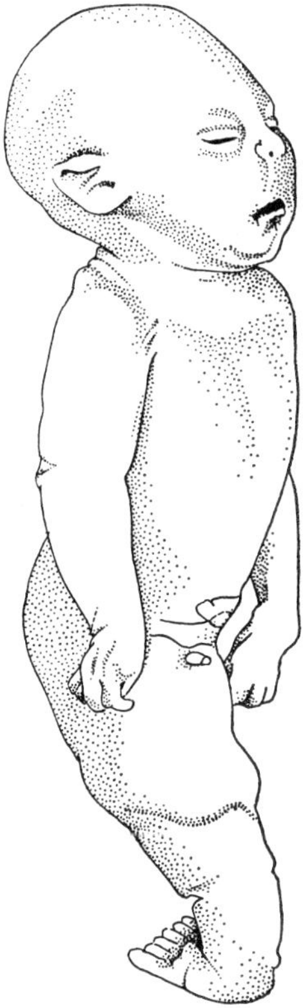

FIG. 8 — FŒTUS HUMAIN SYMÈLE.

Membre inférieur impair et médian. Noter l'inversion du pied dont le talon est tourné vers l'avant et les orteils, au nombre de 10, vers l'arrière.

Une monstruosité considérable et en apparence assez mystérieuse est la symélie. Chez les monstres porteurs de cette malformation, qu'on appelle syméliens, on n'observe qu'un membre, situé dans le prolongement direct de la colonne vertébrale; il eſt conſtitué par la fusion de deux ébauches de membres normaux, unis sur la ligne médiane en un organe impair et orienté à l'envers *(fig. 8)*. La pointe du pied eſt tournée vers l'arrière, le talon vers l'avant. Ces monſtres ont en général un seul fémur, mais les articles terminaux montrent très souvent la dualité originelle de ce membre impair; on observe par exemple deux tibias et un pied à dix orteils, les pouces étant situés du côté externe. Cette malformation n'eſt pas viable, elle comporte, outre ces anomalies externes, de très importantes déficiences des organes internes, en particulier du syſtème uro-génital. La genèse de cette malformation assez paradoxale, ainsi que l'inversion du membre, ont pu être expliquées, comme nous le verrons, par la tératogenèse expérimentale.

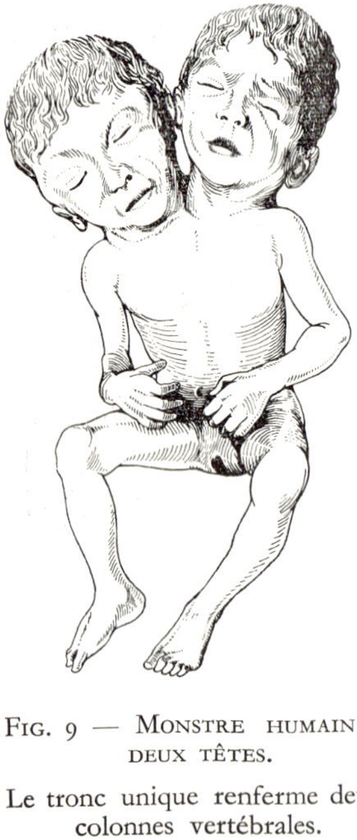

FIG. 9 — MONSTRE HUMAIN À DEUX TÊTES.

Le tronc unique renferme deux colonnes vertébrales.

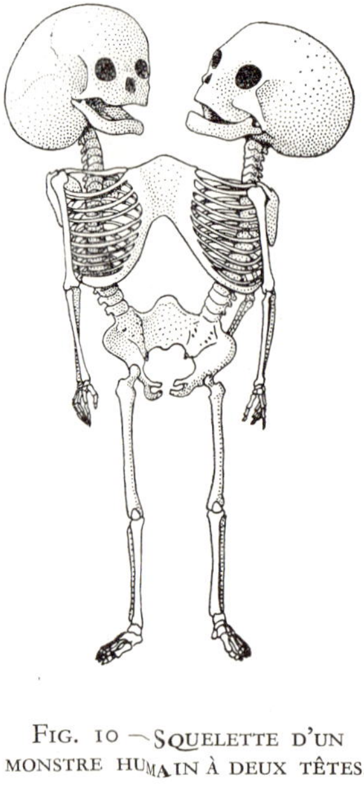

FIG. 10 — SQUELETTE D'UN MONSTRE HUMAIN À DEUX TÊTES.

LES MONSTRES DOUBLES

Les monstres doubles sont constitués extérieurement par deux composants plus ou moins intimement fusionnés. On ne peut dire, de prime abord, s'ils sont dus à la fusion de deux individualités ou au dédoublement d'un seul individu primitif. Mais on sait actuellement que c'est la deuxième solution qui est valable. Leur variété est considérable. Si l'on imagine toutes les combinaisons possibles que l'on peut réaliser en accolant, par la pensée, deux individus, symétriques ou non, on aura une idée de la variété des types de monstres doubles que l'on rencontre à l'état spontané dans la nature. Avec Geoffroy Saint-Hilaire, nous pouvons distinguer trois grandes catégories de monstres doubles : les monstres en Y, les monstres en λ et les monstres à axes parallèles.

LES MONSTRES EN Y

Les monstres en Y présentent un dédoublement antérieur qui porte sur une longueur plus ou moins grande. La région postérieure est simple. Il suffit d'observer leur aspect extérieur *(fig. 9)* ou la structure de leur squelette pour comprendre immédiatement la raison de leur dénomination *(fig. 10)*. Certains d'entre eux ont deux

FIG. 11 — FEMME À DEUX NEZ.

Cas limite de la monstruosité double en Y. On distingue, au niveau de la racine du nez gauche, le rudiment d'un troisième œil; (d'après Bimar).

têtes distinctes et un corps simple, dans lequel toutefois on reconnaît encore la dualité des organes thoraciques; d'autres ont deux têtes, deux paires de bras, mais une seule paire de membres inférieurs; d'autres montrent un tel degré de fusion que seule la face présente quelques traces de dualité; telle cette femme à deux nez entre lesquels on observe un rudiment d'une troisième orbite *(fig. 11)*.

LES MONSTRES EN λ

Ces monstres ont une structure inverse des monstres en Y; simples dans la région supérieure, ils sont doubles dans la région inférieure. La bifurcation peut se produire à différents niveaux du corps depuis la tête jusqu'au sacrum. Les plus caractéristiques de ces monstres ont une tête, deux troncs et quatre paires de membres.

LES MONSTRES À AXES PARALLÈLES (TÉRATOPAGES)

Ces monstres sont constitués en apparence par deux individualités juxtaposées parallèlement l'une à l'autre. Il en résulte un dédoublement plus complet que dans les deux catégories précédentes. Les deux axes squelettiques sont généralement complets et indépendants. Ces monstres peuvent être unis face à face ou dos à dos. Ils peuvent être soudés à la fois par la tête et le thorax : ce sont les céphalothoracopages, encore appelés *Janiceps* (tête de Janus), parce que leur tête évoque le dieu Janus; en effet, ils ont deux faces, qui regardent de côté

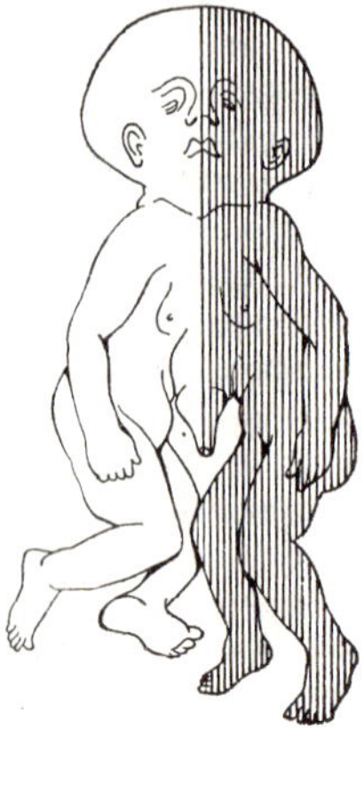

FIG. 12 — SCHÉMA D'UN MONSTRE JANICEPS, MONTRANT L'ÉTENDUE DE CHAQUE COMPOSANT.

Chaque face est formée de l'union d'une demi-face de l'un des sujets et d'une demi-face de l'autre.

et non point en avant. Chacune des faces est constituée pour moitié par l'un des composants et pour moitié par l'autre *(fig. 12)*. Un degré de fusion moins complet est réalisé par les thoracopages, unis seulement par le thorax *(fig. 13)* : les deux cavités thoraciques communiquent largement et certains viscères comme le foie sont encore fusionnés. À la limite, on trouve des monstres dont les composants ne sont plus réunis que par un mince pont tégumentaire dans lequel certains viscères présentent encore des points d'union. Ce sont les frères siamois, dont l'histoire est bien connue; ils sont parmi les seuls monstres viables de cette série. À la limite de la monstruosité double, se placent les jumeaux vrais ou jumeaux uni-ovulaires. Comme il est actuellement démontré que les monstres doubles sont dus au dédoublement d'une unité initiale et non à la fusion de deux individualités, les jumeaux vrais représentent le cas le plus prononcé de la monstruosité double, au point de vue de leur genèse. On sait que, par opposition aux faux jumeaux, qui sont issus de deux œufs différents, les vrais jumeaux sont dus au dédoublement d'un œuf unique. Mais grâce aux facultés de régulation de l'œuf au début du développement, ces êtres qui sont en somme les plus monstrueux de toute la série des monstres doubles, ont réussi à rejoindre le normal.

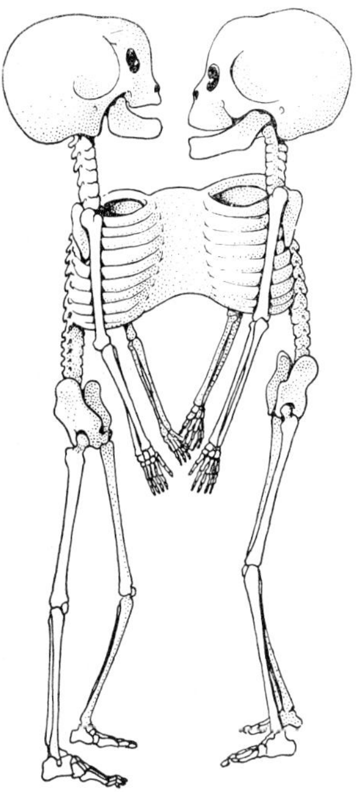

FIG. 13 — SQUELETTE D'UN STERNOPAGE MONTRANT L'UNION DES DEUX COMPOSANTS PAR LE STERNUM.

(D'après Guinard).

On sait l'intérêt que présentent les jumeaux vrais pour les recherches sur l'hérédité chez l'homme. Dans l'espèce humaine où l'expérimentation est impossible, et où la génétique ne peut se fonder que sur des cas spontanés, les jumeaux vrais offrent un cas unique et providentiel de deux êtres qui présentent rigoureusement le même patrimoine héréditaire. On peut donc, en étudiant objectivement leur constitution physique, leurs anomalies et maladies constitutionnelles, leur psychisme, savoir quelle est la part de l'hérédité et de l'éducation dans l'acquisition de certains caractères.

TÉRATOLOGIE EXPÉRIMENTALE

Les monstres, loin d'être des organismes mystérieux et incohérents, relèvent des mêmes lois que les individus normaux. Nous avons vu que plusieurs monstruosités s'expliquent par la persistance d'un stade précoce du développement embryonnaire. Réciproquement, l'étude embryologique de beaucoup de monstruosités éclaire certains mécanismes du développement normal. La tératogenèse expérimentale, qui consiste à produire par des interventions diverses les différentes catégories de monstruosités, éclaire d'un jour nouveau les phénomènes embryologiques en général; elle permet, en apportant un trouble ou un obstacle dans le développement, de démonter en quelque sorte certaines pièces de la mécanique complexe qu'est le développement. En enlevant des rouages dans l'ensemble des pièces qui concourent à ce mécanisme, en provoquant des déraillements, on arrive à mieux connaître le jeu des autres pièces du mécanisme.

L'explication des monstres comporte la réponse à deux questions : la question « pourquoi » : quelle est la cause de la monstruosité? La question « comment »: quel est le mécanisme de la monstruosité? La réponse à la première question, si elle peut paraître la plus importante en tératologie humaine, parce qu'elle pourrait permettre d'éviter certaines monstruosités, n'est cependant que secondaire. Nous verrons en effet que de nombreux facteurs peuvent déclencher souvent les mêmes effets.

Cependant certains facteurs exercent une action spécifique que nous indiquerons. La deuxième question relative au mécanisme de la monstruosité donne la clef de la genèse des monstres, elle précise à la fois le stade initial de l'anomalie, la nature du trouble apporté à l'une des ébauches embryonnaires et la manière dont l'organisme s'accommode de cette perturbation.

Pour répondre à ces questions, la solution la meilleure est de produire expérimentalement, en quelque sorte de fabriquer sur commande, des monstruosités. Ce sont les animaux ovipares qui ont fourni le matériel le plus adéquat à cette recherche, plus spécialement les Amphibiens dans le groupe des Vertébrés inférieurs, les Oiseaux dans le groupe des Vertébrés supérieurs. L'expérimentation sur les Mammifères présente en effet de très sérieuses difficultés en raison de la situation de l'embryon dans l'utérus maternel. Il convient de préciser à ce sujet que les Oiseaux, malgré des différences apparentes, portant sur les dimensions et la constitution des œufs, ont un développement embryonnaire en tous points comparable à celui des Mammifères; ce qui est valable pour le premier groupe l'est aussi pour le second.

Deux catégories de techniques ont été mises en œuvre : des techniques indirectes et des techniques directes. Les techniques indirectes consistent à appliquer à un embryon en voie de développement une perturbation générale de nature chimique ou physique; telles sont par exemple des actions mécaniques, l'application de températures anormales, de radiations perturbatrices, de substances chimiques de nature toxique, etc. Il s'agit d'une façon générale de modifier les conditions du milieu dans lequel se développe l'embryon. Les méthodes directes appliquent des techniques plus précises, elles font intervenir des agents destructeurs, lésants ou toxiques, à un stade précis du développement, sur un territoire bien délimité du germe, à l'exclusion des autres. Les unes et les autres ont été employées dans la production expérimentale tant des monstres simples que des monstres doubles.

PRODUCTION EXPÉRIMENTALE DE MONSTRES SIMPLES

TECHNIQUES INDIRECTES

C'est au tératologiste français Dareste (1865-1891) que revient le mérite d'avoir inauguré l'emploi des techniques indirectes en tératologie expérimentale, il y a environ un siècle. Le matériel sur lequel il a opéré est l'œuf de Poule. Il a utilisé des actions mécaniques (secouage des œufs), mais surtout il a modifié les conditions normales de la température d'incubation. Il a inauguré l'action des substances chimiques que d'autres auteurs ont reprise après lui. Ses essais ont donné lieu à de nombreuses monstruosités, mais en général les agents employés ne sont pas sélectifs; on obtient avec le même agent un grand nombre d'anomalies qui en général ne se développent pas dans de bonnes conditions. D'autre part, l'action des facteurs tératogènes n'étant pas limitée dans le temps à un stade déterminé du développement, les résultats obtenus étaient très variables et capricieux.

D'autres auteurs ont traité par des agents chimiques, tels que le chlorure de lithium, des œufs aquatiques d'Amphibiens ou de Poissons au début du développement, et ont obtenu un grand nombre de monstruosités, parmi lesquelles des proportions assez notables de cyclopes.

Mais la méthode a été particulièrement mise à l'épreuve et perfectionnée depuis 1939 par P. Ancel et S. Lallemand. Ces auteurs ont systématiquement exploré les réactions de l'embryon de poulet à des stades précis du développement, à l'aide de substances chimiques rigoureusement dosées. P. Ancel a développé un chapitre de la tératologie expérimentale auquel il a donné le nom de chimiotératogenèse (1950). Il a éprouvé spécialement des alcaloïdes, des sulfamides et de nombreuses substances employées en pharmacologie. Il a ainsi pu montrer que certaines substances provoquent électivement la formation de monstruosités. Une substance peut déterminer plusieurs malformations, mais certaines d'entre elles sont, en quelque sorte, le privilège exclusif de l'une de ces substances. C'est ainsi que la colchicine détermine électivement la production d'une malformation appelée la strophosomie, qui consiste en une absence de fermeture de la paroi ventrale du corps et en un retroussement des membres vers le côté dorsal. Plusieurs substances, tels le moranyl, le bleu-trypan, le rubiazol, empêchent la formation du bourgeon caudal,

FIG. 14 — MALFORMATION DE LA TÊTE CONNUE SOUS LE NOM DE BEC-DE-PERROQUET.

A, bec-de-perroquet; B, tête de poulet normal, (d'après P. Ancel).

ébauche de la région coccygienne. Le paramino-benzène sulfamide et certains sels d'ésérine sont responsables d'une malformation connue chez beaucoup de Mammifères et chez l'Homme, l'achondroplasie, qui a d'ailleurs les mêmes manifestations qu'une malformation héréditaire, la mutation basset, connue chez les chiens et dans beaucoup d'autres races d'animaux domestiques. Les mêmes substances provoquent encore une malformation faciale évoquant le « bec-de-perroquet ». *(fig. 14)*.

Les résultats de P. Ancel s'expliquent tout d'abord par l'hypersensibilité de certaines ébauches à un stade précis du développement, alors que d'autres ébauches d'organes ne sont pas encore sensibles ou ne le sont plus à ce stade. Ils s'expliquent en second lieu par une sensibilité élective de ces ébauches à certaines substances. On conçoit l'intérêt que peuvent avoir ces recherches au point de vue de l'explication de certaines anomalies ou maladies constitutionnelles.

Les résultats d'Ancel sur la chimiotératogenèse ont été récemment confirmés de façon terrifiante pour l'espèce humaine : ce fut la naissance de milliers d'enfants affectés de malformations des membres à la suite d'ingestion par des femmes enceintes d'un médicament tranquillisant, la thalidomide, qui avait été introduit en Allemagne, en Belgique, et dans plusieurs pays anglo-saxons. Ces malformations consistent en une atrophie plus ou moins grave des différents articles des membres. La plus typique est la phocomélie, qui consiste en une insertion directe de la main à l'épaule ou du pied à la hanche, par suite de la suppression presque complète des articles moyens, (voir *fig. 6*).

Cette expérience malheureuse est cependant d'un intérêt considérable. Elle pose d'importantes questions d'intérêt théorique et pratique.

Du point de vue théorique, on peut se demander quelle est la raison d'une telle spécificité d'action. Pourquoi une substance agit-elle, à un stade donné du développement, sur une ébauche particulière et non sur d'autres ? Pourquoi un autre composé chimique — la colchicine par exemple — a-t-il une action différente et tout aussi spécifique, au même stade de la vie embryonnaire ?

Nous ne pouvons encore répondre d'une manière précise à cette question. Pourtant certaines recherches (Landauer, 1948) tendent à prouver que les substances tératogènes agissent comme des inhibiteurs de métabolisme. L'insuline, dont on connaît le rôle dans le métabolisme des sucres, a une action tératogène spécifique sur l'embryon de poulet. Elle détermine des malformations du bec et des membres (micromélie). On connaît une vitamine, la nicotinamide, qui agit comme antagoniste de l'insuline. Si elle est injectée à l'embryon en même temps que celle-ci, elle empêche l'apparition des malformations spécifiques de l'insuline. Ainsi différentes drogues peuvent avoir des effets différents et agir sur des métabolismes spéciaux. Elles peuvent aussi se fixer sur des ébauches spéciales, ayant temporairement une sensibilité accrue.

En ce qui concerne la production élective de phocomèles, des recherches récentes permettent d'espérer que le déterminisme de cette malformation sera bientôt élucidé.

Dès qu'on eut connaissance des effets désastreux de la thalidomide, de nombreux chercheurs ont éprouvé l'action de cette substance sur les embryons d'animaux variés,

Mammifères et Oiseaux. Administrée à des femelles gestantes, la thalidomide a provoqué des effets variables sur les embryons de Rat, de Souris, de Lapin; de fortes proportions de développements abortifs chez les trois espèces, peu ou pas de malformations chez la première, d'assez nombreuses anomalies chez les deux autres; mais ces malformations ont porté surtout sur le cerveau, sur les bourgeons faciaux, sur l'axe vertébral. Chez le poulet, par contre, après des essais infructueux, des malformations des membres ont été obtenues dans notre laboratoire par B. Salzgeber, qui applique directement la substance sur la région postérieure de l'embryon, à un stade précis du développement. Ces malformations consistent en une atrophie des articles des membres; parmi elles, on observe fréquemment la phocomélie typique.

Il convient de remarquer que la malformation typique que l'on cherche à reproduire n'apparaît pas dans toutes les espèces, ou qu'elle apparaît sporadiquement, ou qu'on ne réussit à l'obtenir qu'après avoir modifié le mode d'application de la substance. Ces résultats attirent l'attention sur le fait que les différentes espèces animales ne réagissent pas de la même manière à certains composés chimiques, et que leur action dépend du mode d'administration de ces substances. Si l'on veut transposer à l'espèce humaine les résultats, positifs ou négatifs, observés chez l'animal, il faut multiplier les expériences, faire appel à de nombreuses espèces animales, et aussi à celles qui sont les plus voisines de l'Homme et risquent d'avoir les mêmes réactions que lui, c'est-à-dire aux Singes Anthropoïdes. Il faut aussi faire varier le mode d'administration de ces substances, en tenant compte de ce que plusieurs facteurs peuvent modifier ou supprimer leur action chez certaines espèces et non chez d'autres : la « barrière placentaire », qui, selon les espèces de Mammifères, peut les arrêter ou les laisser filtrer, d'autre part les transformations qu'un composé peut subir dans l'organisme fœtal avant d'arriver aux organes réactionnels. De telles transformations peuvent inactiver les composés tératogènes ou au contraire exalter leurs effets. Il est donc nécessaire de connaître sous quelle forme une substance est métabolisée par l'organisme, et d'éprouver les effets, non seulement de la substance elle-même, mais de ses dérivés. Cette tâche est considérable, mais elle vaut la peine d'être entreprise, si l'on veut éviter le retour de semblables catastrophes, jusqu'ici exceptionnelles, mais toujours menaçantes.

En attendant que de telles recherches, qui demandent

FIG. 15 (1; légende p. 587).

un effort matériel et un appoint en personnel considérables, puissent être entreprises systématiquement, des règles de prudence élémentaire s'imposent : éviter de prescrire aux femmes gestantes — en particulier pendant les trois premiers mois de la grossesse — des produits pharmaceutiques nouveaux, qui n'aient été soigneusement éprouvés sur de nombreuses portées animales, chez des espèces variées; et se méfier surtout de substances ayant un très faible degré de toxicité chez l'adulte. Ce fut

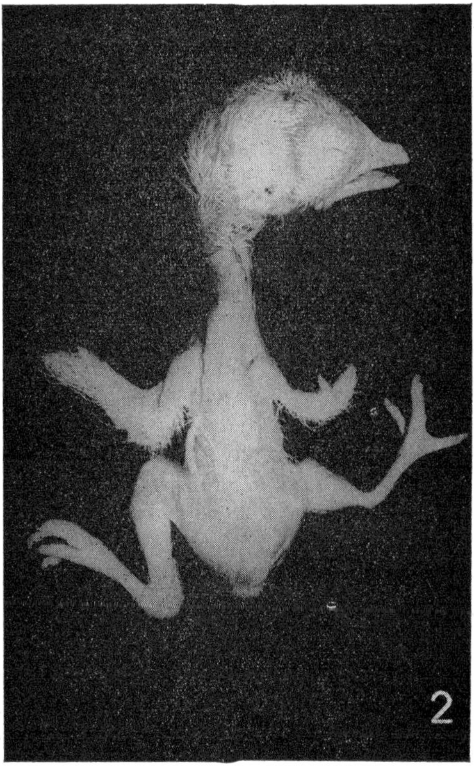

FIG. 15 (2; légende p. 587).

le cas de la thalidomide, substance très anodine en apparence, mais qui agit sur l'embryon à des doses vingt fois plus faibles que le minimum de toxicité éprouvé chez l'adulte.

Si le corps médical et le public se conforment à ces

prescriptions, il est certain que l'on évitera de nouvelles catastrophes, et que l'on mettra fin à l'extrême méfiance qu'inspire actuellement toute la pharmacopée en ce qui concerne les malformations; car, si des médicaments usuels, en service depuis de longues années, avaient des effets tératogènes, ceux-ci n'auraient pas passé inaperçus. On sait effectivement que certains d'entre eux, autres que

Fig. 15 (3; légende p. 587).

la thalidomide, ont eu des effets regrettables : tels sont par exemple certains stéroïdes du groupe des hormones sexuelles, utilisés en thérapeutique pour prolonger la gestation, telles la prégnélinolone et la méthyltestostérone, qui ont une action virilisante sur les organes génitaux externes des fœtus femelles.

Faute d'obtenir des phocomèles typiques d'une manière constante par application de thalidomide à l'animal, on peut se demander si cette malformation ne peut être produite régulièrement par d'autres substances. L'on pourrait ainsi mieux comprendre le mécanisme de cette malformation. B. Salzgeber, expérimentant dans notre laboratoire sur les propriétés tératogènes de l'ypérite

FIG. 15 (4) — PRODUCTION EXPÉRIMENTALE DE LA PHOCOMÉLIE PAR L'ACTION DE L'YPÉRITE A L'AZOTE.

Différents degrés de la malformation. Le côté droit est seul affecté, le côté gauche sert de témoin.
1, cas typique de phocomélie; 2, 3 et 4, différents degrés de la malformation avec réduction des articles intermédiaires en 2, phocomélie de l'aile et réduction considérable de la patte en 3 et 4, (d'après B. Salzgeber).

à l'azote, a obtenu chez l'embryon de poulet des proportions énormes de malformations des membres : 91 % d'atrophies considérables des fémurs et des tibias; parmi elles, 60 % de phocomèles typiques, qui représentent le cas extrême de ces malformations. Ce résultat, très frappant *(fig. 15)*, permet d'obtenir pratiquement à volonté ce type de malformation chez l'embryon de poulet. On peut donc suivre, par l'observation des stades successifs, le point de départ et l'évolution de la malformation. On peut aussi expérimenter, *in vivo* et *in vitro,* l'action de l'ypérite sur le bourgeon de membre. On peut encore dissocier, grâce à des techniques appropriées, l'ébauche du membre en ses deux parties constitutives : la gaine épidermique et l'amas mésodermique. On peut faire agir la substance tératogène sur l'un ou l'autre des deux constituants que l'on réassocie ensuite. Ainsi apparaîtront l'ébauche sensible, la période de réactivité, les processus morphogénétiques et physiologiques sur lesquels agit spécifiquement le produit. D'ores et déjà, on peut dire que l'ébauche la plus sensible est l'amas mésodermique, que la substance tératogène provoque une nécrose partielle de ce tissu, et que la formation des cartilages y est profondément altérée. Il reste à savoir ce qu'il y a de commun entre les actions de deux substances aussi différentes par leur constitution chimique que la thalidomide et l'ypérite.

C'est encore à cette catégorie de méthodes qu'il convient de rattacher les monstruosités obtenues par certains auteurs (Warkany en Amérique, Giroud en France), qui soumettent des élevages d'animaux de laboratoire (Rats) à des régimes carencés. En particulier la carence en vitamine B_2, à laquelle on soumet des femelles plusieurs mois avant la gestation, détermine la production d'anomalies telles que les fissures palatines, la syndactylie (fusion de plusieurs doigts), la brachydactylie (raccourcissement des doigts) et beaucoup d'autres anomalies squelettiques ou viscérales. La carence en vitamine A peut produire des anomalies de l'œil et de ses annexes, telles la microphtalmie ou l'anophtalmie (réduction ou avortement de l'œil). Cette carence peut aussi produire un bec-de-lièvre chez le porc. Ces recherches montrent l'influence de certaines déficiences alimentaires sur la progéniture d'une femelle gestante, ce sont des malformations par carence.

Des recherches d'un autre ordre tendent à prouver que certaines maladies maternelles de caractère épidémique peuvent également déterminer chez les jeunes des anomalies caractéristiques. Un ophtalmologiste australien, Gregg, a constaté un nombre inhabituel de cataractes congénitales associées à des malformations cardiaques chez des enfants dont les mères avaient été atteintes de la rubéole. Une enquête très étendue, effectuée dans différents pays, a permis de vérifier la fréquence de ces troubles oculaires et cardiaques consécutifs à des épidémies de rubéole. Ces troubles consistent en des cataractes associées à des lésions des membranes de l'œil, d'autre part en des anomalies cardiaques, telles que les cyanoses. D'autres malformations ont été observées, telles que la surdi-mutité et des anomalies dentaires. L'enquête a prouvé que c'est à un stade précis de la grossesse, plus particulièrement entre la sixième et la dixième semaines, que la maladie a des conséquences graves sur le fœtus. Ces observations ouvrent un chapitre nouveau de la tératologie, celui des malformations d'origine pathogène. Mais il est probable que la cause de ces malformations n'est pas différente des actions toxiques et tératogènes, qu'on observe en chimiotératogenèse. C'est l'action d'une toxine due à la maladie que l'on peut rendre responsable de ces malformations. On ne peut qu'évoquer ici les dangers que présentent, pour l'embryon, des irradiations totales, telles que celles qui resultent de l'emploi des rayons X, des rayonnements des corps radio-actifs, des explosions nucléaires. Toutes sont génératrices de malformations. Le chapitre suivant montre les malformations variées que peut provoquer le rayonnement X, lorsqu'il est canalisé et en quelque sorte "discipliné,,.

TECHNIQUES DIRECTES

Bien que les techniques indirectes, appliquées avec rigueur, permettent d'obtenir plus ou moins sélectivement certaines monstruosités, il n'est pas possible, en dehors de cas exceptionnels, de prévoir exactement la nature de la malformation que l'on obtiendra sur un embryon donné. Les techniques directes permettent d'obtenir à volonté, sur n'importe quel embryon, une malformation déterminée, prévue par l'expérimentateur. Elle consiste à appliquer un agent tératogène à un stade précis du développement sur une ébauche bien délimitée. On a employé avec succès les techniques de lésion localisée utilisées en embryologie expérimentale. Mais le problème le plus délicat consistait à choisir un facteur ou un agent tératogène dont l'action ne fasse pas tache d'huile ou n'irradie pas autour du territoire visé.

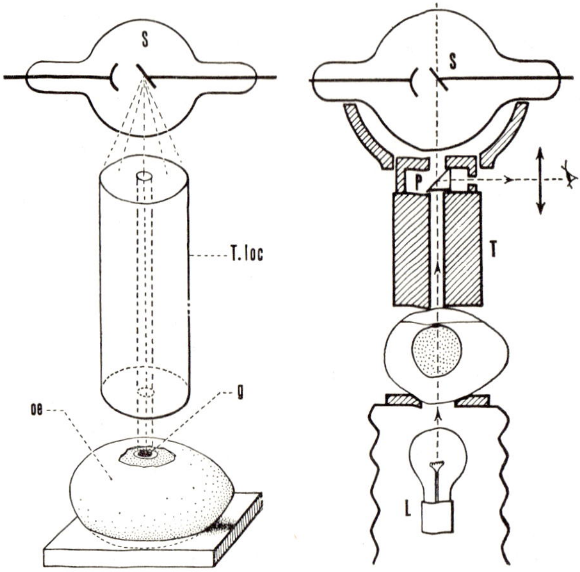

FIG. 16 — MÉTHODE DES IRRADIATIONS LOCALISÉES AUX RAYONS X.

À gauche, principe de la technique. Schéma du dispositif d'irradiation localisée de P. Ancel et Et. Wolff : un tube localiseur de plomb est interposé entre la source de rayons X et l'œuf.

g, emplacement du germe; *œ*, œuf; *T. loc*, tube localiseur; *S*, source de rayons X.

A droite, dispositif d'irradiation localisée. Le tube localiseur *T* est fixé au tube à rayons X et centré sur la source *S* de rayons. À sa partie supérieure, il présente un évidement dans lequel on peut loger un petit prisme à réflexion totale, *P*. L'œuf étant éclairé par transparence par la source lumineuse *L*, l'œil contrôle, par l'intermédiaire du prisme *P*, la position du germe par rapport au tube (d'après Étienne Wolff).

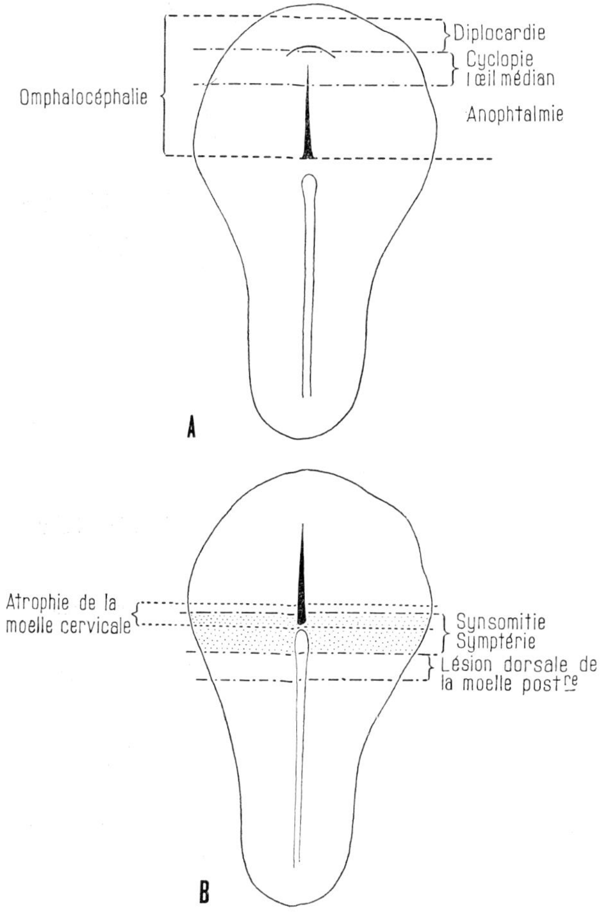

FIG. 17 — SCHÉMA GÉNÉRAL DE LA LOCALISATION DES IRRADIATIONS ET DE LEURS RÉSULTATS AU STADE MOYEN DU PROLONGEMENT CÉPHALIQUE, (DE 15 À 19 HEURES).

d'après Étienne Wolff.

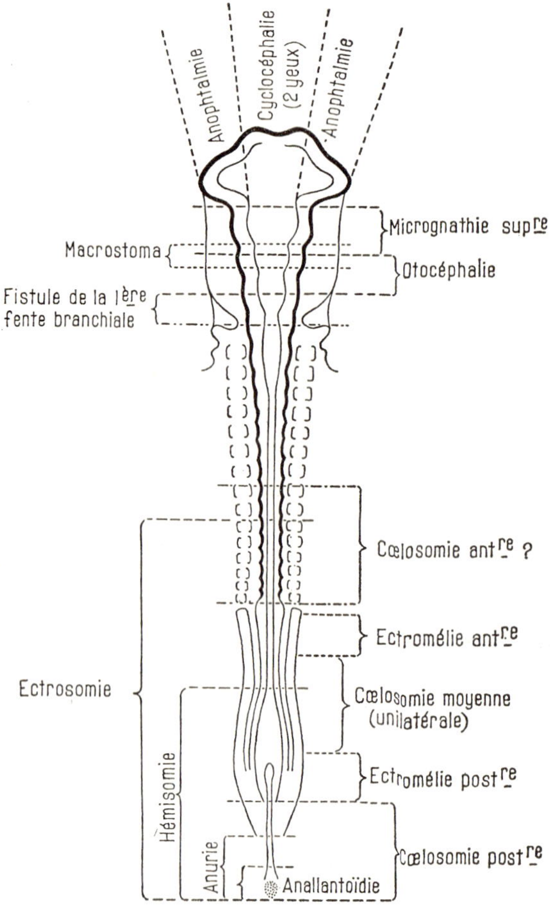

FIG. 18 — SCHÉMA GÉNÉRAL DE LA LOCALISATION DES IRRADIATIONS ET DE LEURS RÉSULTATS AU STADE MOYEN DE QUINZE SOMITES (36 HEURES).

Les schémas 17 et 18 donnent uniquement le niveau transversal, non les limites latérales, de l'intervention (d'après Étienne Wolff).

Les rayons X présentent sur les autres facteurs lésants l'avantage de provoquer des arrêts de développement progressifs. Des faisceaux cylindriques de rayons X ont été obtenus en canalisant le rayonnement par de longs cylindres de plomb de faible diamètre intérieur. L'embryon placé directement sous le tube reçoit un faisceau de rayons dont la surface est égale au calibre de ce tube. C'est la méthode d'irradiation localisée qui a été mise au point par P. Ancel et E. Wolff *(fig. 16)*. Des écrans de plomb placés directement sur l'embryon encadrent le territoire que l'on veut irradier et limitent encore l'étendue du faisceau.

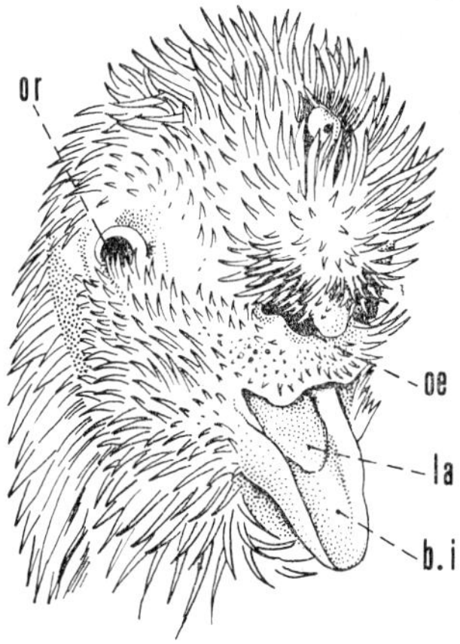

FIG. 19 — CYCLOPIE EXPÉRIMENTALE CHEZ L'EMBRYON DE POULET.

b.i, bec inférieur; *la,* langue; *œ,* œil, partiellement atrophié, dans une orbite médiane; *or,* oreille externe droite.

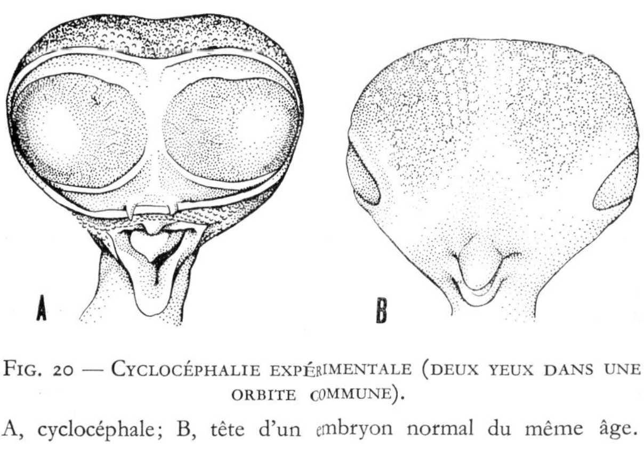

FIG. 20 — CYCLOCÉPHALIE EXPÉRIMENTALE (DEUX YEUX DANS UNE ORBITE COMMUNE).

A, cyclocéphale; B, tête d'un embryon normal du même âge.

Les expériences ont été effectuées sur l'embryon de poulet à différents stades du développement. La plupart des territoires ont été explorés. Ainsi E. Wolff (1936) a réussi à déterminer quelles ébauches il est nécessaire de détruire pour obtenir la plupart des grandes monstruosités. Les figures 17 et 18 montrent quels sont les territoires dont l'irradiation entraîne ces malformations.

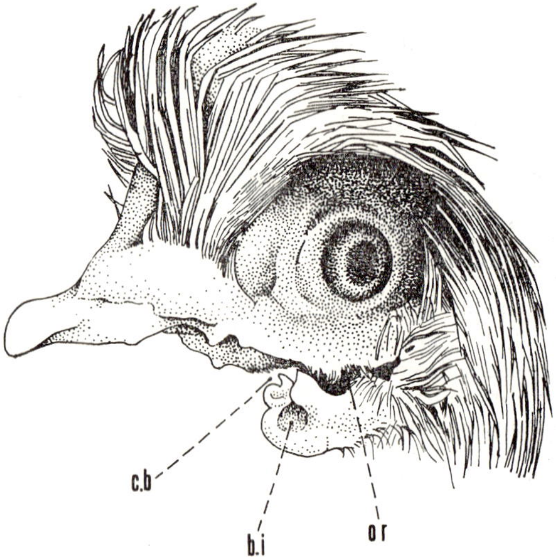

FIG. 21 — OTOCÉPHALIE EXPÉRIMENTALE.

Atrophie du bec inférieur dont il ne reste qu'un rudiment, *b.i*, La cavité buccale, *c.b*, communique largement avec la cavité des oreilles moyennes et externes, *or*.

C'est ainsi qu'ont été reproduites les grandes malformations faciales, les cyclocéphales à un œil *(fig. 19)* à deux yeux *(fig. 20)* et anophtalmes. Une intervention localisée à la partie de l'ébauche céphalique située un peu en arrière détermine l'otocéphalie *(fig. 21)*. Une irradiation plus large, comprenant à la fois les territoires responsables de la cyclopie et de l'otocéphalie, produit un monstre dont la tête est extrêmement réduite et ne présente pas de face *(fig. 22)*. Il ne reste que la région du bulbe et du cervelet. Ces résultats ont permis de préciser un grand nombre de problèmes relatifs à la genèse des monstruosités. C'est ainsi qu'il est établi que la cyclocéphalie est due initialement à la lésion des ébauches du cerveau antérieur et non, comme on pourrait le croire, à une simple atrophie du bourgeon frontal. Il convient de remarquer en outre que nombre de ces monstres sont dépourvus d'hypophyse ou de thyroïde ou de ces deux

FIG. 22 — EMBRYON DE POULET À FACE TRÈS RÉDUITE (TRIOCÉPHALE).

Cet embryon ne présente plus qu'une petite cavité, *œ,* jouant à la fois le rôle de cavité buccale, orbitaire et nasale. Une petite trompe, *tr,* est le rudiment des bourgeons faciaux. *or,* oreilles externes. Comparer cet embryon avec le normal de la figure 20 B.

glandes à la fois. La possibilité d'obtenir ainsi l'absence de développement de ces deux glandes endocrines sans contrarier le développement général du tronc permet de résoudre un problème d'endocrinologie embryonnaire : l'hypophyse et la thyroïde ont-elles, comme chez l'adulte, un rôle prépondérant dans la croissance et la différenciation de l'organisme et de ses différentes parties, ont-elles un rôle sur la physiologie du tractus génital de l'embryon ? Les résultats obtenus jusqu'à présent permettent de dire que ces deux glandes n'ont pas d'action appréciable pendant une grande partie de l'incubation ou de la gestation; c'est ce qu'ont montré les expériences effectuées par mes collaborateurs Kantor et Stoll chez l'embryon

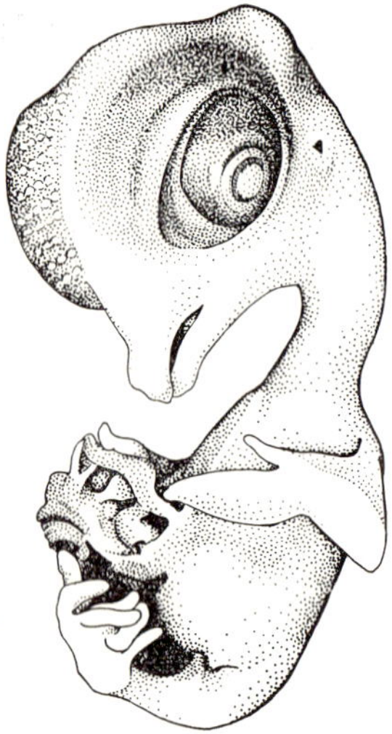

FIG. 23 — SYMÉLIE EXPÉRIMENTALE.

Patte unique à sept doigts, avec un axe unique situé dans le prolongement de la colonne vertébrale.

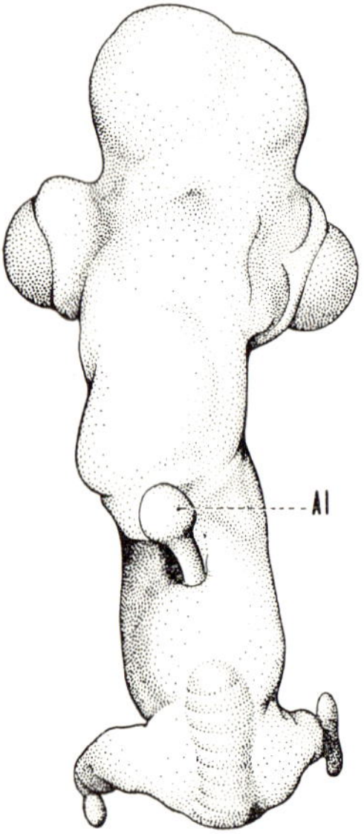

FIG. 24 — SYMÉLIE ANTÉRIEURE EXPÉRIMENTALE.

Implanté sur le milieu du dos, un appendice en forme de raquette, *Al,* représente le membre unique formé par la fusion des deux ébauches d'ailes.

d'Oiseau et les expériences similaires effectuées chez l'embryon de Mammifère par Jost et d'autres auteurs.

De même je me suis efforcé avec mes collaborateurs d'obtenir les principales malformations du tronc et des membres. La symélie a été obtenue par l'irradiation de l'ébauche des organes axiaux postérieurs du corps. Les poulets symèles obtenus reproduisent exactement la malformation connue à l'état spontané chez le fœtus humain *(fig. 23)*. On observe la même fusion des axes osseux des deux membres, la même inversion d'orientation du membre. De plus, l'étude précise de la genèse de la monstruosité a permis de comprendre, en même temps que le mécanisme précoce de cette malformation, les raisons de son inversion. La tératogenèse expérimentale ne permet pas seulement de reproduire des malformations connues, elle permet encore d'obtenir des monstruosités inconnues à l'état spontané. En transposant l'intervention responsable de la symélie du membre postérieur de l'embryon de poulet dans la région formatrice des ailes, E. Wolff a pu produire des syméliens antérieurs dont les deux ailes sont fusionnées en une seule sur la ligne médiane *(fig. 24)*. Ainsi on peut non seulement reproduire les malformations connues, mais encore créer des malformations nouvelles. Il convient de remarquer en outre que cette méthode donne non seulement de très nombreux cas d'une monstruosité déterminée, mais encore qu'elle produit infailliblement la monstruosité que l'on attend, si l'intervention a été correcte.

Des malformations connues du système vasculaire ont été obtenues récemment par une méthode directe d'un autre ordre sur l'embryon de poulet; ce sont les ligatures des vaisseaux embryonnaires, qui aboutissent à modifier les connexions normales entre le cœur et les différentes parties du corps. Un de mes collaborateurs, Stéphan, en ligaturant les arcs aortiques initiaux de l'embryon, a réussi à dévier le courant sanguin principal dans des arcs ou vaisseaux qui normalement régressent (1952). C'est ainsi qu'il a réussi à faire passer la crosse aortique du côté droit au côté gauche chez les Oiseaux, à modifier l'abouchement normal entre les carotides et l'aorte, à faire persister le canal artériel qui unit l'artère pulmonaire à l'aorte chez l'embryon. Ainsi se trouvent reproduites un certain nombre des anomalies du système vasculaire que l'on trouve à l'état spontané chez l'enfant, entre autres certains cas de cyanose.

PRODUCTION EXPÉRIMENTALE DE MONSTRES DOUBLES ET DÉDOUBLEMENT D'ORGANES

LES MONSTRES DOUBLES ET LES JUMEAUX

Dès 1903, Spemann avait montré, sur l'œuf d'Amphibien (Triton), que l'on peut obtenir des monstres doubles ou des jumeaux en séparant plus ou moins complètement les deux premiers blastomères (rappelons que les blastomères sont les cellules qui résultent des premières divisions de l'œuf fécondé). Il ligaturait avec un fin cheveu l'isthme qui sépare les deux cellules résultant de la première division de l'œuf. L'opération réussit encore au stade de la jeune gastrula si l'on sépare les deux moitiés de l'embryon par une ligature ou par un fil de verre.

Dans les cas où la séparation est incomplète, il se forme un monstre double *(fig. 25 B* et *C)*. Dans le cas où la séparation est complète, deux embryons normaux se forment à partir des deux cellules isolées *(fig. 26 A')*.

L'expérience ne réussit toutefois que dans certaines conditions. Le côté dorsal étant déjà déterminé peu de temps après la fécondation, il faut que le premier plan de segmentation coïncide avec le futur plan de symétrie bilatérale. Si le premier plan de division est perpendiculaire au futur plan de symétrie, l'un des blastomères est dorsal, l'autre ventral. Dans ce cas, l'expérience montre que seul le blastomère dorsal est capable de former un embryon. *(fig. 26, B* et *B')*.

Des expériences effectuées par Lutz dans mon laboratoire ont permis d'élucider la question des monstres doubles et des jumeaux chez un organisme plus voisin des Mammifères, l'embryon de poulet. Non seulement les résultats de Spemann ont pu être vérifiés, mais encore le germe d'Oiseau a montré un pouvoir de dédoublement et de multiplication insoupçonné jusqu'alors (E. Wolff et H. Lutz, 1947). L'œuf des Oiseaux a une faculté de régulation qui dépasse de beaucoup celle des Amphibiens.

On sait que l'axe de l'embryon de poulet a une direction assez constante par rapport au grand axe de l'œuf. Si l'on oriente l'œuf de telle manière que le petit bout soit à droite et le bout obtus à gauche, dans 70 % des cas environ l'embryon se place dans une direction perpendiculaire au grand axe de l'œuf, la tête du côté opposé à l'observateur *(fig. 27)*. Si l'on fragmente le germe en deux parties suivant l'axe présumé, il se forme un embryon dans chaque moitié *(fig. 28)*. Si l'on fragmente le germe en quatre bandes suivant des directions parallèles à l'axe présumé, on obtient quatre embryons. Les expé-

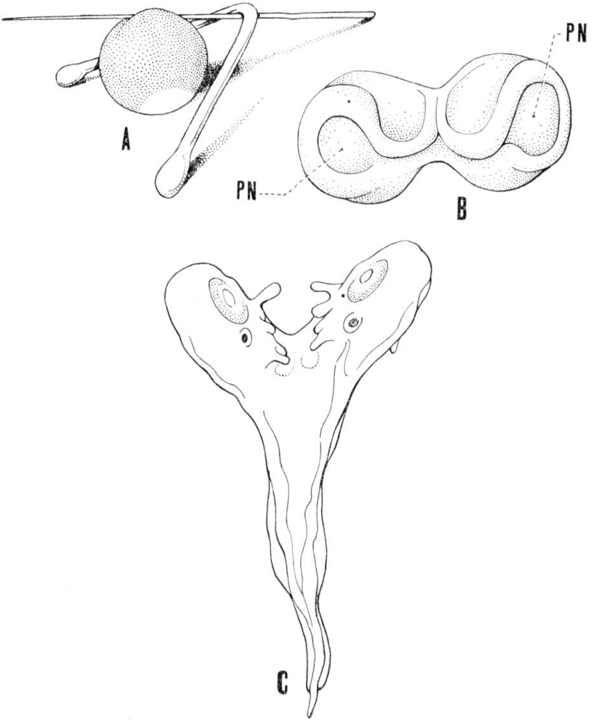

FIG. 25 — SECTION MÉRIDIENNE D'UNE JEUNE GASTRULA DE TRITON, PAR UN FIL DE VERRE LESTÉ D'UN CAVALIER DE VERRE.

A, schéma de l'opération; B, l'embryon au stade neurula, montrant deux plaques médullaires, *PN*; C, monstre double en Y, à deux têtes et une seule queue.

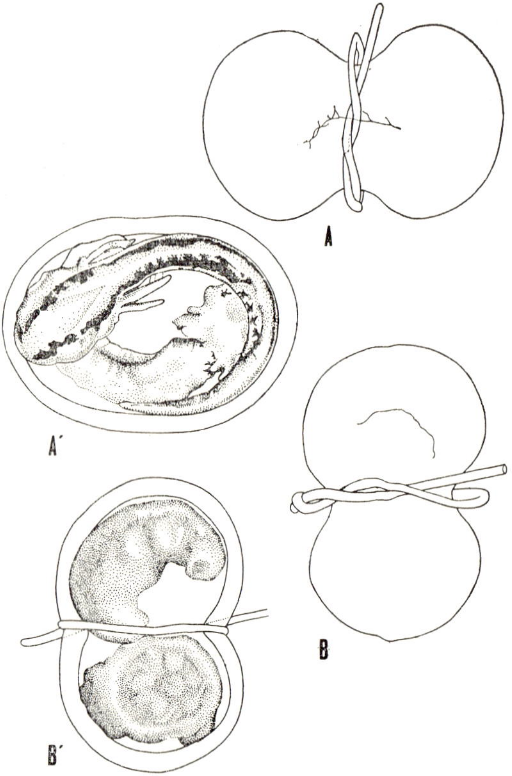

FIG. 26 — LIGATURES DE L'ŒUF DE TRITON, AU STADE DE DEUX BLASTOMÈRES.

La ligature, placée à ce stade, est progressivement resserrée; elle séparera complètement les deux moitiés de l'œuf au cours de la gastrulation.

A et A', ligature méridienne passant par le plan de symétrie bilatérale : il en résulte deux embryons jumeaux; B et B', ligature perpendiculaire au plan de symétrie bilatérale : il se forme du côté dorsal une lèvre blastoporale, puis un embryon, et, du côté ventral, une masse cellulaire indifférenciée (d'après Spemann).

riences de morcellement du blastoderme suivant des directions perpendiculaires à l'axe présumé ont donné des résultats aussi remarquables. La fragmentation en deux donne deux embryons *(fig. 29)*, la fragmentation en trois et quatre bandes donne trois et quatre embryons. Mais dans ces cas, les embryons sont placés en file indienne. Ainsi on obtient à volonté la gémellité ou la polyembryonie. Ces résultats expliquent d'une manière satisfaisante comment peuvent se produire certains cas de gémellité chez les Mammifères et chez l'Homme; ils expliquent aussi comment se produit le phénomène de la polyembryonie spontanée que l'on observe régulièrement chez un petit Mammifère Édenté de l'Amérique du Nord, le Tatou. On sait que cet animal met au monde des portées de quatre, huit ou douze petits, tous issus d'un seul œuf.

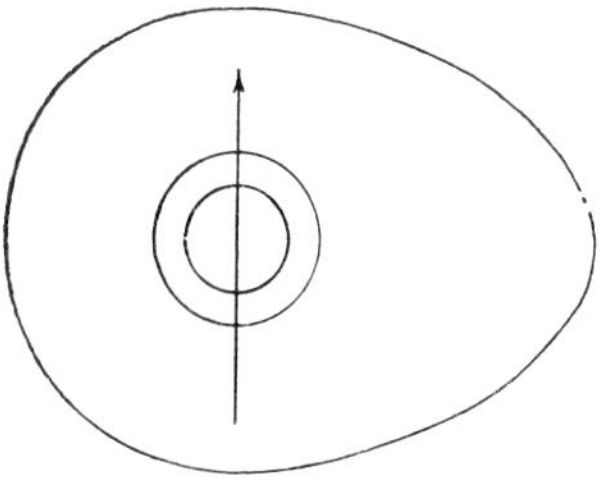

FIG. 27 — RÈGLE D'ORIENTATION DE L'AXE DE L'EMBRYON DANS L'ŒUF DE POULE.

La flèche indique la direction de l'axe embryonnaire dans 70 % des cas par rapport aux axes de la coquille.

Par un procédé analogue, Lutz (1949) a obtenu des monstres doubles correspondant aux catégories principales que l'on rencontre à l'état spontané. L'intervention consiste en une fissuration incomplète du blastoderme, fissuration postérieure parallèle à l'axe présumé pour des monstres en Y renversé, ou en λ, *(fig. 30)*, fissuration antérieure parallèle à l'axe présumé pour des monstres en Y *(fig. 31)*. Ces dédoublements reproduisent fidèlement les malformations que l'on rencontre à l'état spontané chez les Oiseaux et les Mammifères; elles en expliquent l'origine et la genèse; elles permettent en outre d'obtenir un matériel considérable d'étude, car les interventions réussissent infailliblement alors que les cas spontanés sont très rares. Ici encore la tératogenèse expérimentale réalise un immense progrès sur les méthodes pratiquées jusqu'à ce jour.

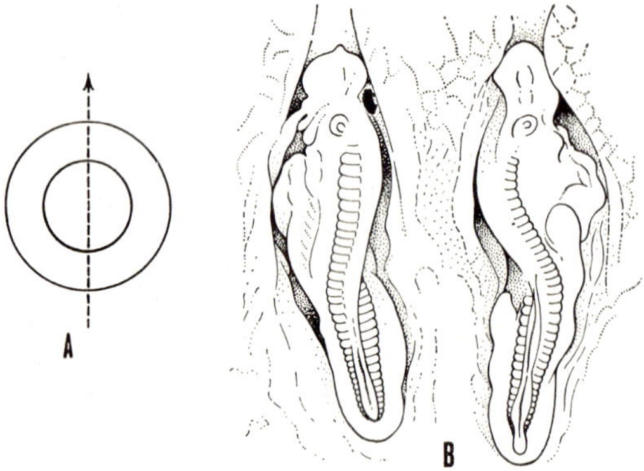

Fig. 28 — Production expérimentale de jumeaux parallèles et de même sens.

A, schéma de l'intervention; B, résultat de l'intervention : embryons jumeaux de 48 heures (d'après Et. Wolff et H. Lutz).

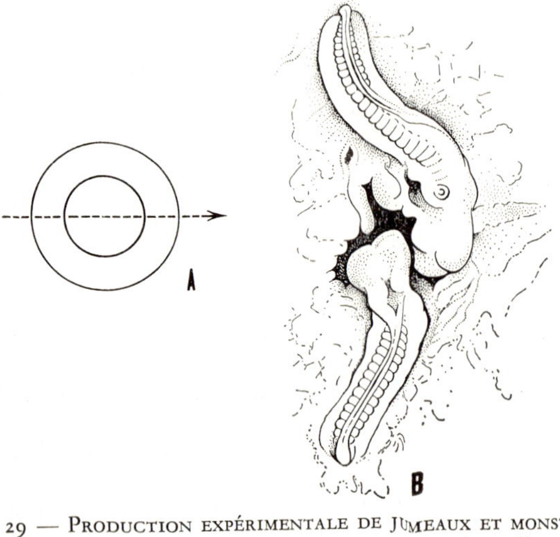

Fig. 29 — Production expérimentale de jumeaux et monstres doubles, opposés par la tête et de sens inverse, chez les Oiseaux.

A, schéma de l'intervention. Les deux cercles représentent l'aire extra-embryonnaire (anneau extérieur) et l'aire embryonnaire (cercle intérieur). La flèche indique la direction de l'intervention; B, résultat de l'intervention : embryons de deux jours opposés par la tête et orientés en sens inverse (d'après Et. Wolff et H. Lutz).

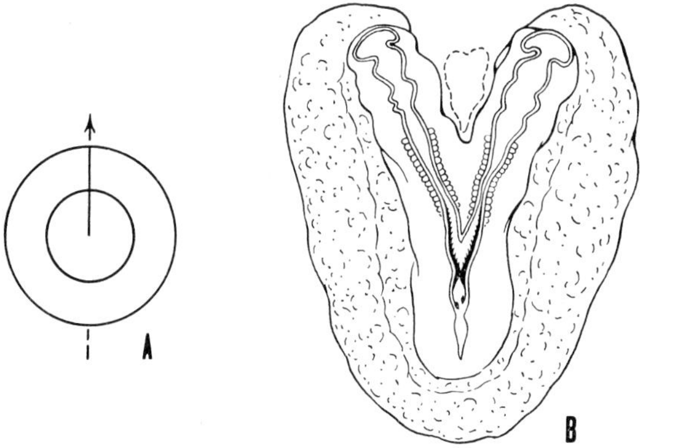

FIG. 30 — OBTENTION EXPÉRIMENTALE DE MONSTRES EN Y CHEZ LE POULET.

A, schéma de l'intervention. Fissuration de la région antérieure du germe; B, résultat : monstre en Y à deux têtes (d'après H. Lutz).

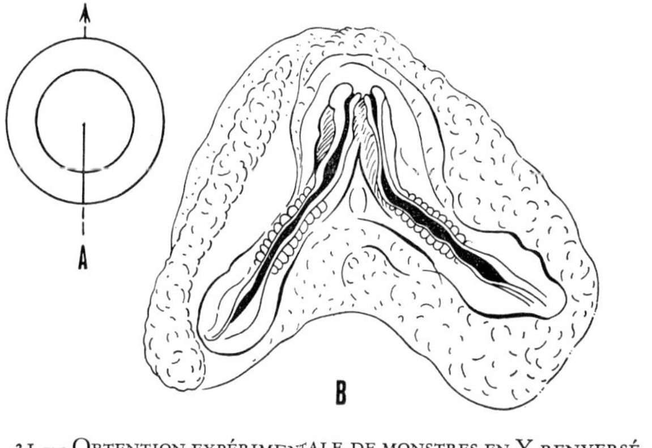

FIG. 31 — OBTENTION EXPÉRIMENTALE DE MONSTRES EN Y RENVERSÉ CHEZ LE POULET.

A, schéma de l'intervention. Fissuration de la région postérieure du germe; B, résultat : monstre à deux troncs dont les têtes sont en partie fusionnées (d'après H. Lutz).

LES DÉDOUBLEMENTS D'ORGANES

De même qu'un embryon entier peut se dédoubler à un stade précoce du développement et donner deux ou plusieurs individualités au lieu d'une, de même une ébauche d'organe opérée à un stade suffisamment précoce

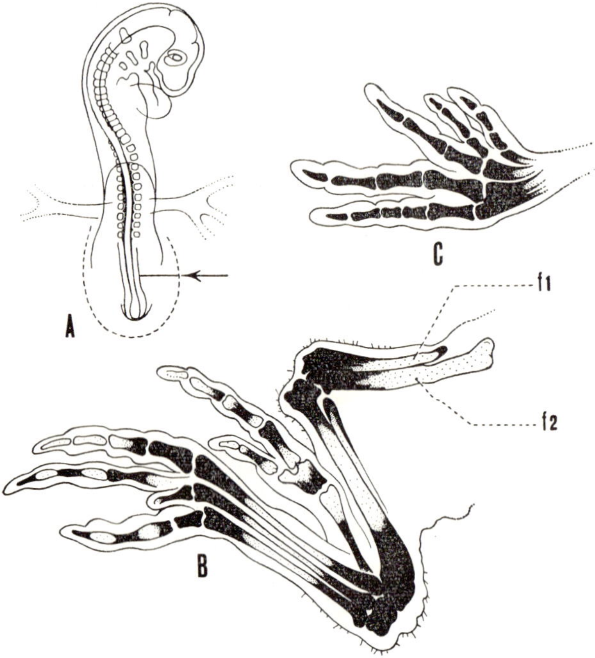

FIG. 32 — PRODUCTION EXPÉRIMENTALE DE LA POLYMÉLIE ET DE LA POLYDACTYLIE CHEZ L'EMBRYON DE POULET.

A, schéma de l'intervention. Embryon de poulet de 24 somites (environ 50 heures d'incubation). La flèche montre la fissure pratiquée au milieu de l'ébauche présumée de la patte droite; B, patte partiellement dédoublée : d'un côté 4 doigts, de l'autre 2 doigts. Le dédoublement porte aussi sur l'article proximal : le fémur est dédoublé (*f* 1, *f* 2); C, patte polydactyle. Le deuxième doigt est dédoublé (d'après Et. Wolff et J. Kahn).

peut se dédoubler. Normalement, le cœur d'un embryon se forme à partir de deux ébauches qui se fusionnent à la paroi ventrale du corps. Si l'on empêche ces deux ébauches de se réunir, chacune d'elles évolue indépendamment en un hémi-cœur qui bat séparément avec un rythme propre. De même, si l'on fissure l'ébauche d'un membre au premier stade de son développement, on peut obtenir son dédoublement. Ainsi ont été obtenus des individus ayant un membre supplémentaire ou un membre en partie dédoublé, *(fig. 32)*.

Plus tard, lorsque le dédoublement d'un membre n'est plus possible, on obtient encore la multiplication du nombre des doigts (polydactylie). Ces expériences ont été effectuées par ma collaboratrice Mlle J. Kahn chez l'embryon de poulet.

On voit donc que les ébauches d'organes, comme les embryons entiers au début du développement, présentent un pouvoir élevé de régulation; cela veut dire qu'une partie d'organe encore indifférenciée peut, à elle seule, constituer un tout. On conçoit l'intérêt de ces résultats, non seulement au point de vue de l'origine des monstruosités mais encore parce qu'ils révèlent des « potentialités » qui ne se manifestent pas dans le développement normal; ils donnent des indications précieuses sur la nature et les propriétés des tissus embryonnaires.

MALFORMATIONS PAR DÉFICIENCES CHROMOSOMIQUES

Des recherches récentes sur les garnitures chromosomiques chez l'Homme ont appelé l'attention sur des aberrations de la formule chromosomique, associées constamment à des anomalies physiques ou psychiques. Tel est le cas des enfants mongoliens et de certaines anomalies sexuelles, portant sur un groupe de caractères pathologiques bien définis; tels sont les syndromes de Klinefelter et de Turner.

Ces aberrations chromosomiques consistent en la présence d'un chromosome supplémentaire, en une perte ou en une déficience partielle d'un chromosome. C'est aux savants français Lejeune et Turpin (1959) que revient le mérite d'avoir découvert la relation entre une aberration chromosomique et une anomalie constitutionnelle chez l'Homme. De telles aberrations liées à des malformations ou à des anomalies sexuelles, étaient connues depuis longtemps chez les Invertébrés (Drosophiles), mais aucun phénomène de cet ordre n'avait encore été observé dans l'espèce humaine.

On sait que la formule chromosomique humaine est de

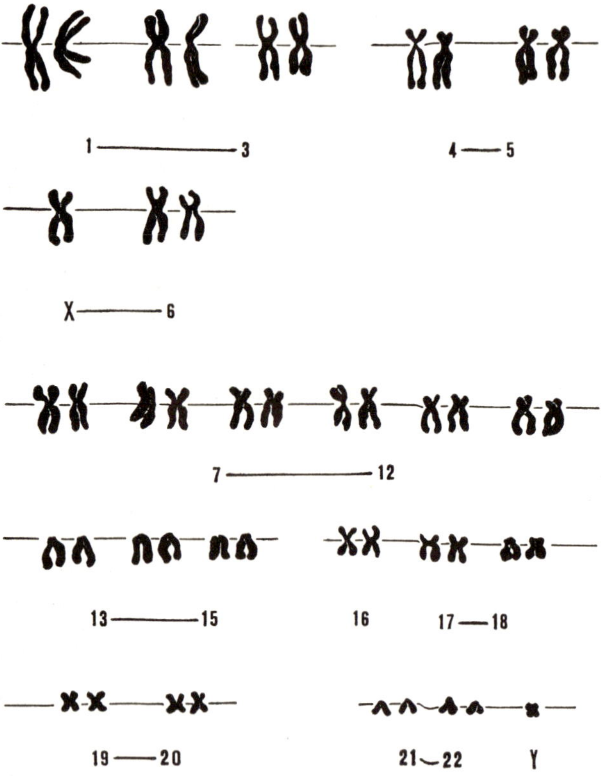

FIG. 33 — CARYOTYPE NORMAL DANS L'ESPÈCE HUMAINE.
Chez l'Homme : 46 chromosomes, dont 1 X et 1 Y.

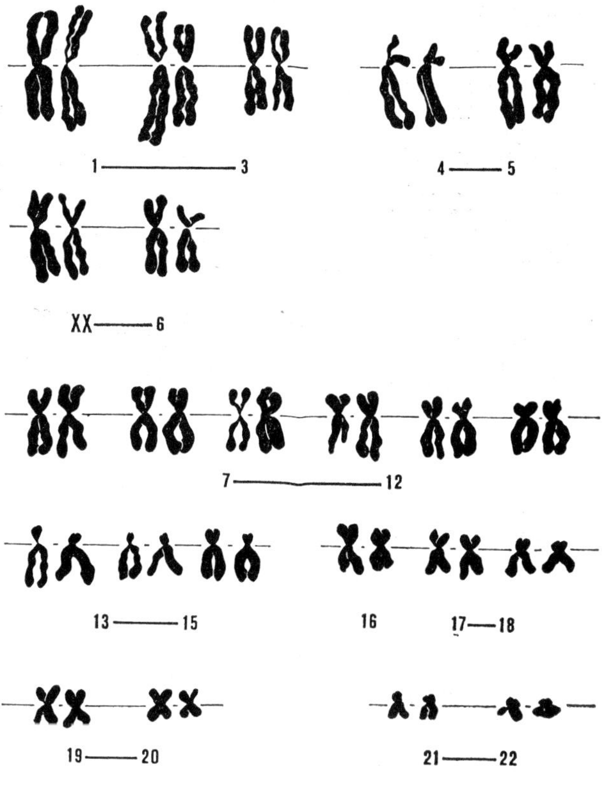

FIG. 34 — CARYOTYPE NORMAL DANS L'ESPÈCE HUMAINE.
Chez la Femme : 46 chromosomes, dont 2 X.

quarante-six chromosomes : quarante-quatre autosomes (comprenant vingt-deux paires de chromosomes homologues), un chromosome *X* et un chromosome *Y* chez l'Homme; quarante-quatre autosomes et deux chromosomes *X* chez la femme.

Les chromosomes des différentes paires ont une longueur, un aspect caractéristique. Ils sont reconnaissables les uns des autres par leurs dimensions, et par la manière dont leurs deux éléments constitutifs sont associés : les deux filaments d'un même chromosome sont en effet unis par un point qu'on appelle centromère; ils peuvent se souder au voisinage d'une de leurs extrémités, ou au contraire auprès de leur milieu. Ainsi chaque chromosome a sa physionomie particulière *(fig. 33* et *34)*.

À l'aide d'une technique de préparation qui permet d'observer les chromosomes gonflés et isolés les uns des autres, on peut les classer suivant un ordre défini, où chaque paire est reconnaissable et désignée par un numéro arbitraire. On peut ainsi se rendre compte si la

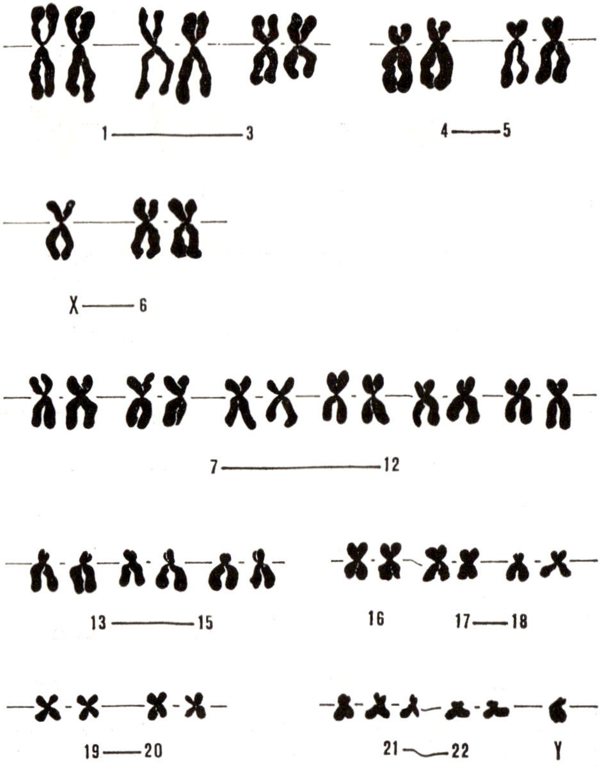

FIG. 35 — CARYOTYPE D'ENFANT MONGOLIEN DE SEXE MÂLE.

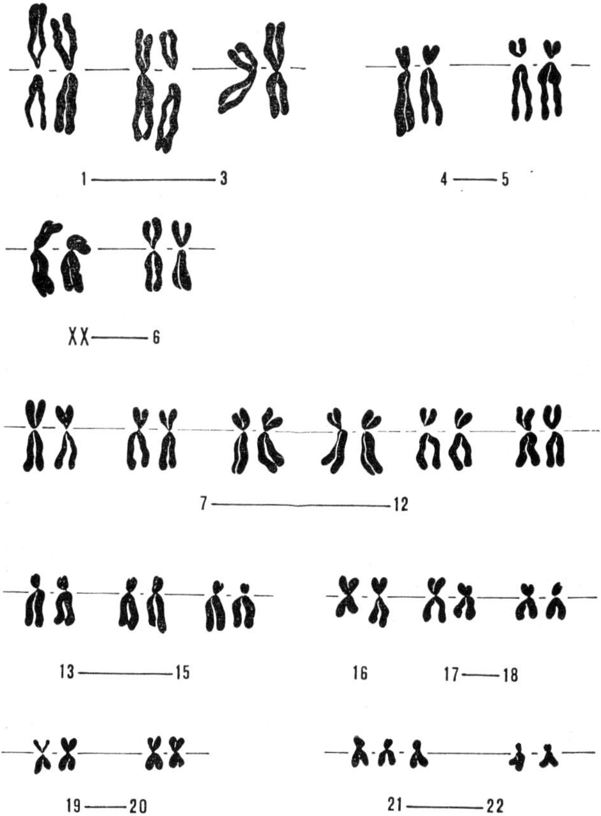

Fig. 36 — Caryotype d'enfant mongolien de sexe femelle.

Dans le cas de la figure 35 comme dans celui-ci, on voit un chromosome supplémentaire de type 21 (trisomie 21). Au total, 47 chromosomes.

garniture chromosomique est normale ou aberrante. Le dénombrement doit être fait, bien entendu, sur un grand nombre de cellules de même origine, car une anomalie observée dans une seule cellule peut résulter d'un accident technique.

LE MONGOLISME

C'est ainsi que Lejeune, Turpin et coll. ont découvert que les enfants mongoliens ont une formule chromosomique aberrante. Ils ont un chromosome en excès, qui n'a pas de partenaire, mais qui correspond au type de la paire 21 (*fig. 35* et *36*). De telles anomalies de la formule chromosomique peuvent être attribuées à une irrégularité de répartition des chromosomes au moment de la réduction chromatique.

Il est très remarquable de constater qu'un chromosome en surnombre a pour effet de perturber le développement morphologique et psychique de l'individu. Cela tend à prouver que la différenciation normale dépend non seulement de la présence de tous les gènes nécessaires, mais d'un équilibre entre eux. L'apport d'un chromosome supplémentaire de type 21 crée un déséquilibre défavorable au développement normal. Il a pour conséquence l'ensemble des symptômes caractéristiques du mongolisme.

Depuis cette découverte, les mêmes auteurs ont montré que d'autres syndromes portant sur des caractères somatiques et psychiques ont pour origine des aberrations chromosomiques, telles que des déficiences ou des anomalies de l'une des paires de chromosomes.

ANOMALIES SEXUELLES

Depuis la découverte de Lejeune et Turpin, les observations d'anomalies d'origine chromosomique se sont succédé à un rythme accéléré. Elles ont porté surtout sur des anomalies sexuelles.

SYNDROME DE KLINEFELTER

Les sujets affectés de ce syndrome ont des gonades, des conduits et des organes génitaux externes de type mâle. Aucune anomalie apparente ne les distingue à la naissance de sujets de sexe masculin. Mais, au moment de la puberté, leurs glandes génitales, de structure testiculaire, restent infantiles. Elles sont stériles, mais non dépourvues de tubes séminifères.

L'étude de leur garniture chromosomique, par les techniques modernes, a montré que leurs cellules sont de type *XXY* en ce qui concerne leurs hétérochromosomes *(fig. 37)*. On peut donc les considérer comme des ♀*XX* + 1 chromosome *Y*; ou comme des ♂ *XY* + 1 chromosome *X*. Une telle anomalie résulte vraisemblablement d'une aberration de la réduction chromatique de

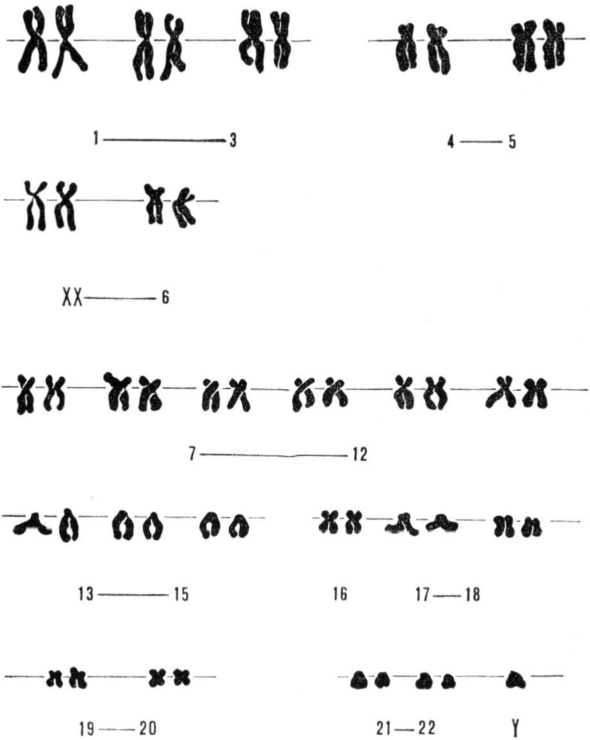

FIG. 37 — CAS D'INTERSEXUALITÉ HUMAINE DÛ À UN EXCÈS DE CHROMOSOMES SEXUELS.

Syndrome de Klinefelter dû à une anomalie des chromosomes sexuels. Caryotype à 47 chromosomes dont 44 autosomes normaux + XXY.

l'un des gamètes, mâle ou femelle, les deux hétérochromosomes de l'ovocyte ne s'étant pas disjoints au moment de la méiose.

Dans ces conditions, la fécondation par un gamète haploïde, doit donner, suivant les cas, des zygotes *XXY*, *XXX* ou *XYY*. (Notons que des anomalies *XXX* sont, elles aussi, connues).

Il est très remarquable de constater que de telles anomalies chromosomiques sont responsables de troubles hormonaux considérables qui se répercutent sur la morphogenèse sexuelle. Ces observations corroborent le fait que les gènes sexuels commandent la différenciation sexuelle par l'intermédiaire de facteurs hormonaux.

SYNDROME DE TURNER

Les sujets atteints de cette anomalie sexuelle sont de petite taille. D'aspect féminin, ils n'ont pas de gonades ou leurs gonades sont considérablement atrophiées, de sexe indéfinissable. Leur tractus génital est de type femelle immature. D'autres anomalies s'ajoutent fréquemment au tableau clinique. L'étude de la formule chromosomique de ces anormaux a montré que la plupart d'entre eux ont une formule chromosomique correspondant à *XO*, *(fig. 38)*. Il est très intéressant de constater que l'absence de l'un des deux hétérochromosomes *X* ou *Y* a pour conséquence la dysgénésie des gonades, et qu'aucune différenciation sexuelle ne se manifeste. Le fait que le tractus génital est d'apparence femelle s'explique à la lumière des expériences de castration qui ont été effectuées sur les Mammifères.

Signalons, en corrélation avec les deux anomalies chromosomiques *XXY* et *XO*, que l'anomalie chromosomique *XXX* a été trouvée dans plusieurs cas (syndrome triplo-*X*). Les sujets qui la présentent sont des femmes sexuellement normales, mais qui sont généralement atteintes de débilité mentale.

Remarquons, pour terminer, que les anomalies résultant de déficiences ou d'excès de chromosomes sont de véritables *mutations* : elles sont héréditaires en principe. Ce sont des mutations de chromosomes, par opposition aux mutations de gènes, qui affectent non des chromosomes entiers, mais les gènes, minuscules particules élémentaires du chromosome, responsables des propriétés héréditaires. Si de telles anomalies apparaissent plus souvent *de novo,* à la suite d'un accident de la division des chromosomes, et non sous la forme héréditaire, cela tient à ce que les individus qui en sont affectés n'atteignent pas l'âge adulte, ou sont impropres à la procréation. On

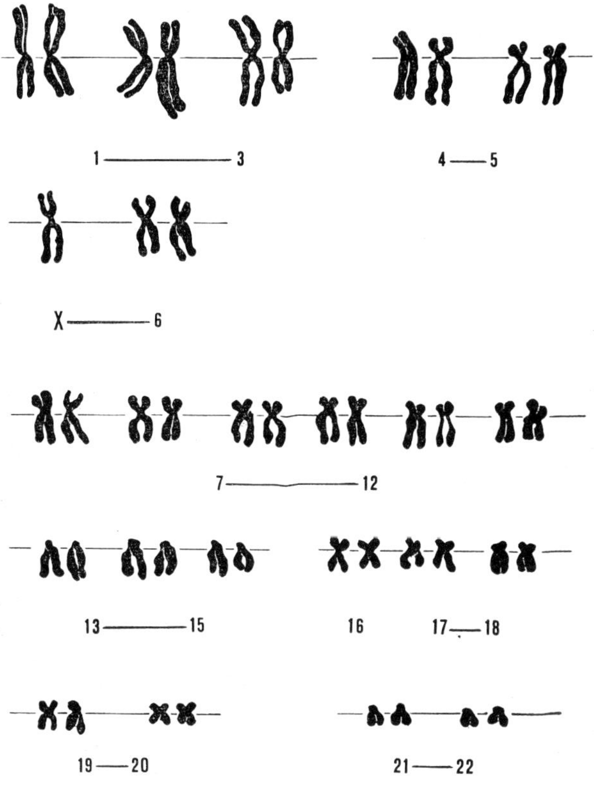

FIG. 38 — CAS D'INTERSEXUALITÉ HUMAINE DÛ À UNE ABSENCE DE CHROMOSOMES SEXUELS.

Syndrome de Turner; caryotype à 45 chromosomes dont un seul chromosome X et pas d'Y.

connaît toutefois des cas d'anomalies mongoliennes discrètes, qui se sont transmises à la descendance pendant une ou plusieurs générations.

MALFORMATIONS HÉRÉDITAIRES

À côté des malformations congénitales, qu'on peut qualifier d'accidentelles, il est de nombreuses anomalies héréditaires. Celles-ci ne sont pas dues à un accident de développement, elles se transmettent de génération en génération, suivant les lois de l'hérédité mendélienne. (Elles ont pour origine une mutation qui affecte un ou plusieurs gènes chromosomiques. Il n'y a pas de différence entre une malformation héréditaire et une mutation, sinon qu'on réservera le terme de mutation à une modification héréditaire apparue sous le contrôle de l'observateur ou provoquée expérimentalement). Les unes, dominantes, se manifestent à chaque génération; telles sont l'achondroplasie, la chorée de Huntington, le *xeroderma pigmentosum*, l'atrophie optique, certaines formes d'aliénation mentale, de cécité ou de surdi-mutité, l'hémophilie dans le sexe mâle, différentes malformations des doigts, telles la polydactylie, la syndactylie, l'ectrodactylie. Les autres, récessives, peuvent sauter une ou plusieurs générations. Elles peuvent même rester latentes pendant longtemps, parce que l'anomalie ne se manifeste que lorsqu'elle est transmise par les deux parents. Telles sont la dextrocardie, la microcéphalie, l'anencéphalie.

On remarquera que, dans cette énumération, figurent aussi bien des maladies constitutionnelles que des malformations proprement dites. Il n'y a pas de différence de nature entre les unes et les autres, si ce n'est que les premières sont plus discrètes que les secondes.

Il existe une très frappante similitude entre certaines anomalies d'origine héréditaire et certaines malformations accidentelles ou expérimentales. C'est pour cette raison que celles-ci ont été appelées parfois « phénocopies ». On connaît, en effet, chez beaucoup d'espèces animales, en particulier chez la Drosophile, des malformations expérimentales qui « copient » des mutations. Il est remarquable que les mêmes anomalies puissent se produire sous l'influence d'un facteur externe agissant au cours du développement et sous l'action d'un gène préexistant dans le stock chromosomique.

Parmi les malformations pouvant avoir l'une ou l'autre origine dans l'espèce humaine, signalons l'achondroplasie, trouble du développement du cartilage et des os, qui a pour effet un épaississement et un raccourcissement des membres. Mentionnons encore les becs-de-lièvre, les fissures palatines, l'ectrodactylie (déficience d'un ou plusieurs doigts), la syndactylie (soudure de deux ou plusieurs doigts), certaines malformations des organes génitaux externes ou internes. On peut dire que, toutes les fois qu'un organe se forme par la soudure de deux ou plusieurs bourgeons, des fissures peuvent subsister par un défaut de suture. Cette déficience peut être due soit à un trouble d'origine externe, soit à un facteur héréditaire.

On connaît encore peu de chose sur la manière dont un gène mutant peut exercer son action sur les processus du développement, sur les facteurs intermédiaires par lesquels il transmet son « information » aux caractères qu'il régit. S'agit-il de substances tératogènes, analogues à celles qui agissent sur l'embryon en voie de développement ?

Une indication est donnée par des recherches effectuées dans mon laboratoire (Et. Wolff et M. Kieny, 1963). On connaît une race de poules à « courtes pattes » (appelées « Creeper », en anglais), véritables bassets, dont les os des membres, courts et trapus, présentent héréditairement la malformation connue sous le nom d'achondroplasie. Cette malformation peut, par ailleurs, être produite à l'état de phénocopie chez l'embryon, par l'action du para-aminobenzène-sulfamide, comme l'a montré P. Ancel.

On peut cultiver *in vitro* des os, tel le tibia de jeunes embryons de poulets, dès le début de leur croissance. Les milieux nutritifs sur lesquels sont effectuées les cultures d'organes contiennent, comme aliment principal, de l'extrait d'embryons broyés. Nous avons cultivé, d'une part, des tibias d'embryons normaux, d'autre part, des tibias de la *race* « Creeper ». Qu'arrive-t-il si l'on nourrit des tibias normaux avec de l'extrait d'embryons Creeper ? et réciproquement des tibias de la race Creeper avec de l'extrait normal ? Les résultats ont été les suivants : les tibias normaux sont inhibés dans leur développement par l'extrait de « Creeper », les tibias « Creeper » ont leur croissance stimulée par l'extrait normal.

Ces résultats tendent à prouver qu'il y a, dans l'extrait de la race « Creeper », une substance inhibitrice de la croissance, et peut-être, dans l'extrait normal, une substance stimulatrice. La substance inhibitrice a une action analogue à la substance tératogène qui détermine, chez l'embryon, la malformation achondroplase. Elle n'est point encore connue. Sans doute n'est-elle pas identique au para-amino-benzène sulfamide, mais elle agit certainement sur les mêmes processus métaboliques. On conçoit l'intérêt qu'il peut y avoir de connaître les facteurs et les mécanismes par lesquels se constitue une malformation, accidentelle ou héréditaire. Car, si l'on connaissait le trouble métabolique qui la produit, on pourrait tenter de l'éviter. Il convient d'ajouter que, la malformation une fois déclarée, il ne peut être question d'y remédier, sinon, comme dans le cas des fissures faciales, par des interventions chirurgicales après la naissance. Il n'est en général pas possible de remédier à des malformations déclarées, c'est pourquoi il est plus important de tenter de les prévenir. (Cela ne s'applique pas rigoureusement à des anomalies métaboliques — telles l'hémophilie — auxquelles des substances coagulantes peuvent remédier temporairement, mais n'apportent jamais de solution définitive).

CONCLUSIONS

Les récents progrès de la tératologie permettent de tirer un certain nombre de conclusions importantes au point de vue théorique et pratique.

Tout d'abord la tératologie apparaît maintenant non plus comme une science totalement indépendante et mystérieuse, mais comme une branche de l'embryologie, plus spécialement de l'embryologie expérimentale. Les phénomènes tératologiques rentrent dans le cadre de lois plus générales qui sont les lois du développement normal. L'organisme monstrueux et l'organisme normal obéissent aux mêmes lois, ils sont doués des mêmes propriétés.

Certaines d'entre elles sont latentes et ne se manifestent pas chez le normal; elles s'extériorisent chez le monstre. Les malformations sont dues à une modification locale survenant à un certain stade du développement. Cette modification locale peut d'ailleurs être une réaction à une influence s'exerçant sur tout l'embryon, mais à laquelle certains territoires seuls sont sensibles. En tout cas, l'embryon normal et l'embryon monstrueux suivent la même voie jusqu'à un stade donné du développement. Que se passe-t-il à ce moment, pourquoi et comment s'édifie une monstruosité ?

Les expériences de tératogenèse expérimentale répondent à ces questions. On sait aujourd'hui produire à volonté les principaux types de monstres. À partir d'un embryon quelconque, on peut obtenir une malformation déterminée. Les facteurs tératogènes sont nombreux, ce sont des agents physiques ou chimiques, radiations nocives, substances toxiques, toxines; on peut aussi incriminer des insuffisances trophiques, telles que des carences alimentaires qui retentissent de la mère sur l'embryon.

Parmi les propriétés les plus remarquables que met en évidence la tératologie expérimentale, on peut signaler le phénomène de régulation. C'est la propriété qu'ont les ébauches embryonnaires de réparer leurs pertes et de donner un tout complet aux dépens d'une partie d'organe ou d'organisme. Une propriété analogue et complémentaire est celle qui consiste pour deux ébauches distinctes à s'associer en un organisme ou un organe unique. Deux éléments qui auraient dû donner deux unités distinctes n'en forment qu'une, lorsqu'ils sont mis en contact assez précocement. Ce sont là les deux aspects de la régulation dont l'un avait été pressenti par Geoffroy Saint-Hilaire, lorsqu'il formula la loi de l'union des parties similaires. L'autre pourrait être appelée loi de l'individualisation des parties séparées. L'un de ces aspects explique les monstruosités doubles, l'autre rend compte des monstruosités simples les plus aberrantes.

D'autres lois peuvent être tirées de l'étude des monstres expérimentaux. On constate qu'après une période où les éléments de l'embryon agissent et réagissent les uns sur les autres (organisateurs et inducteurs embryonnaires), les principaux tissus et organes peuvent évoluer d'une manière indépendante, par auto-différenciation. Les corrélations hormonales et nerveuses ne s'établissent que tardivement et, d'une façon générale, les différents organes s'édifient indépendamment les uns des autres.

Les jumeaux uni-ovulaires, qui représentent le terme extrême de la monstruosité double, apportent à la génétique humaine des enseignements fort précieux; ils permettent dans beaucoup de cas de dissocier la part de l'hérédité et du milieu dans l'acquisition de certains caractères, en particulier de certaines maladies et prédispositions.

On sait qu'il existe des anomalies héréditaires qui se transmettent de génération en génération et se manifestent selon les modalités des lois de Mendel. Il est remarquable de constater que ces anomalies héréditaires ont généralement des manifestations identiques à certaines anomalies accidentelles ou expérimentales. Il n'est pas douteux que le mécanisme de la formation de ces monstruosités ne soit le même dans les deux cas. C'est pour cette raison que certains auteurs ont appelé phénocopies les malformations contingentes qui copient en quelque sorte les malformations héréditaires. C'est ainsi que les races de bassets, malformation héréditaire que l'on rencontre dans de nombreuses espèces animales — chiens, moutons, poulets etc. —, ont exactement les mêmes caractères que les animaux atteints d'achondroplasie expérimentale que l'on obtient à l'aide de certaines substances chimiques. Il est intéressant de se demander si, dans les malformations héréditaires, n'intervient pas aussi un facteur tératogène. Si le même facteur initial ne peut être mis en évidence dans les deux cas, on peut en tout cas admettre qu'un même métabolisme est inhibé ou perturbé. On voit que le parallélisme entre les malformations provoquées et les malformations héréditaires ouvre une voie nouvelle et fructueuse aux recherches sur l'origine et la transmission des anomalies héréditaires.

A la limite des malformations se trouvent des maladies constitutionnelles. Dans ce domaine aussi on observe souvent une grande analogie entre les maladies héréditaires et les affections expérimentales. On voit le parti que peut tirer la médecine des recherches de la tératogenèse. Grâce aux méthodes de cette science, seules les malformations les plus spectaculaires ont été explorées jusqu'à présent. Mais on peut par ces mêmes méthodes provoquer des troubles de développement, des insuffisances plus discrètes qui ne se manifestent pas forcément par des caractères morphologiques apparents. Ainsi l'on peut espérer produire expérimentalement, en opérant dès le stade embryonnaire, certaines maladies constitutionnelles, certaines insuffisances congénitales, et l'on conçoit l'intérêt que la médecine peut tirer de telles recherches.

La production expérimentale des malformations n'est cependant pas une fin en soi, mais le moyen de mieux comprendre quelles en sont les causes et par quels mécanismes morphologiques et biochimiques elles se produisent. La connaissance des causes peut ainsi nous orienter vers les moyens de prévenir, éventuellement de corriger, le déroulement d'une anomalie. Les recherches pratiquées au cours des dernières années dans de nombreux laboratoires, des accidents comme celui de la thalidomide, ont permis de formuler un certain nombre de recommandations préventives. Sans doute celles-ci sont-elles encore modestes et ne s'appliquent-elles qu'à un petit nombre de cas. Mais il est permis de penser que les progrès de la tératogenèse permettront non seulement de mieux comprendre la genèse des malformations, mais encore de remédier au lourd tribut et à la grande pitié des naissances monstrueuses.

Étienne Wolff, *de l'Institut.*

BIBLIOGRAPHIE

P. Ancel, *La Chimiotératogenèse,* I vol. in-16, Doin, Paris, 1950.

C. Dareste, *Recherches sur la production artificielle des monstruosités,* I vol. in-16, 2e éd., Reinwald, Paris, 1891.

I. Geoffroy Saint-Hilaire, *Traité de tératologie,* 3 vol. in-16, Baillière, Paris, 1836.

A. Giroud, *Malformations embryonnaires d'origine carentielle,* « Biological Reviews and biological Proceedings of the Cambridge philosophical Society », t. 29, pp. 43-54, Cambridge, 1954.

A. Giroud et J. Boisselot, *Répercussions de l'avitaminose* B_2 *sur l'embryon de Rat,* « Archives françaises de Pédiatrie », t. 8, pp. 1-9, Paris, 1947.

W. Landauer, *The Effect of Nicotinamide and α-Ketoglutamic Acid on the Teratogenic Action of Insulin,* « Journal of experimental Zoology », t. 109, pp. 283-290, Londres, 1948.

J. Lejeune, R. Turpin et M. Gautier, *Le Mongolisme, premier exemple d'aberration autosomique humain,* « Annales de génétique », t. 1, pp. 41-49, Paris, 1959.

H. Lutz, *Sur la production expérimentale de la polyembryonie et de la monstruosité double chez les Oiseaux,* « Archives d'Anatomie microscopique et de Morphologie expérimentale », t. 38, pp. 79-144, Paris 1949.

B. Salzgeber, *Production élective de la phocomélie sous l'influence d'ypérite azotée,* « Journal of Embryology and experimental Morphology », t. 11, pp. 413-423, Oxford, 1963.

B. Salzgeber et J. Salaun, *Malformations de membres obtenues chez l'embryon de Poulet après traitement par la thalidomide,* « Comptes rendus de l'Académie des Sciences », t. 256, pp. 1719-1722, Paris, 1963.

H. Spemann, *Entwicklungsphysiologische Studien am Triton Ei,* « Archiv für Entwicklungsmechanik der Organismen », t. 16, pp. 551-631, Leipzig, 1903.

F. Stephan, *Contribution expérimentale à l'étude du développement du système circulatoire chez l'embryon de Poulet.* « Bulletin biologique de France et de Belgique », t. 86, pp. 217-308, Paris, 1952.

R. Turpin, J. Lejeune et M. Gautier, *Étude des chromosomes somatiques de neuf enfants mongoliens,* « Comptes rendus de l'Académie des Sciences », t. 248, pp. 1721-1722, Paris, 1958.

J. Warkany et E. Schraffenberger, *Congenital Malformations induced in Rats by maternal nutritional Deficiency,* « The Journal of Nutrition », t. 27, pp. 477-484, Springfield, Ill., 1944.

É. Wolff, *Les Bases de la tératogenèse expérimentale des Vertébrés Amniotes,* « Archives d'Anatomie, d'Histologie et d'Embryologie », t. 22, pp. 1-382, Strasbourg, 1936.

É. Wolff et M. Kieny, *Recherches sur la nature d'un facteur inhibiteur de la croissance des os longs dans la race de Poule Creeper,* « Developmental Biology », t. 7, pp. 324-341, New York, 1963.

É. Wolff et H. Lutz, *Sur une méthode permettant d'obtenir expérimentalement le dédoublement des embryons d'Oiseaux,* « Comptes rendus de la Société de Biologie », t. 141, p. 901, Paris, 1947.

LA CROISSANCE
ET LA RÉGÉNÉRATION

LA CROISSANCE

La croissance est la manifestation la plus générale et la plus caractéristique de la vie. Par l'assimilation spécifique, tout être vivant s'incorpore des matériaux étrangers en les transformant en sa propre substance. Au sens strict, la croissance est l'augmentation de la masse de matière vivante qui accompagne le développement de l'individu à partir du germe. Le caractère spécifique des synthèses ainsi réalisées se traduit par l'hérédité dans les phénomènes de reproduction.

L'accroissement de la matière vivante n'est en réalité qu'une résultante statistique. Les processus constructeurs, synthétiques, anaboliques de l'assimilation s'accompagnent toujours de processus destructeurs, cataboliques, de désassimilation. La connaissance d'isotopes des divers éléments chimiques susceptibles de remplacer dans le protoplasme les atomes normaux, en permettant de suivre la destinée individuelle des atomes provisoirement intégrés aux êtres vivants, a révélé l'extraordinaire instabilité des édifices moléculaires qu'ils y constituent, l'intensité de la circulation atomique impliquée dans le chimisme vital. La constance de composition chimique d'un protoplasme n'exprime qu'un équilibre statistique : on peut retrouver à deux instants de la vie d'un être les mêmes nombres de molécules des divers types, mais il ne s'agit ni des mêmes molécules, ni des mêmes atomes.

En dépit du flux incessant des échanges matériels avec le milieu, auxquels se superposent des échanges énergétiques, le protoplasme vivant montre une prédominance des réactions de synthèse et ces réactions conservent constamment un caractère spécifique.

Les synthèses vitales sont conditionnées et orientées dans leur direction spécifique par des édifices moléculaires constamment présents dans le protoplasme, que l'on peut qualifier de molécules directrices ou molécules autoreproductrices. Des molécules de ce type entrent, chez les êtres cellulaires, dans la constitution des divers organites permanents de la cellule, les chromosomes et les gènes du noyau et certains organites cytoplasmiques (centrosome), qui ont le pouvoir de se reproduire par division et qui ne peuvent être engendrés qu'à partir d'un organite de même nature préexistant. Les êtres vivants les plus simples que l'on connaisse, les virus, parasites obligatoires des cellules des êtres supérieurs, sont également constitués par de telles molécules autoreproductrices.

Les édifices moléculaires autoreproducteurs ont la propriété de catalyser leur propre synthèse (autocatalyse). Ils captent des fragments moléculaires épars pour les unir en reproduisant le plan spécifique de la molécule préexistante fonctionnant comme modèle. Cette synthèse répétée par copie conforme à un modèle constitue l'assimilation spécifique. Le phénomène de copie moléculaire est, en même temps que le critérium de la vie, le processus élémentaire de la croissance.

On sait aujourd'hui que la propriété autoreproductrice est l'apanage des macromolécules d'acides nucléiques, qui sont des constituants universels de la matière vivante et représenteraient le substratum matériel de l' « information » génétique spécifique. Le mécanisme physico-chimique de la copie moléculaire est encore du domaine de l'hypothèse. Cependant, le schéma proposé par Watson et Crick, selon lequel la molécule d'acide désoxyribonucléique serait constituée de deux chaînes parallèles complémentaires, chacune déterminant la structure spécifique de sa partenaire, semble fournir, à l'échelle macromoléculaire, l'image du processus fondamental de la reproduction et de l'assimilation spécifique.

Mais la propriété autoreproductrice ne peut se manifester que dans un milieu moléculaire défini. Un virus ne s'accroît qu'au sein du protoplasme de son hôte spécifique. Un être cellulaire doit trouver dans son alimentation un ensemble défini d'espèces chimiques qui sont transformées par la digestion et le métabolisme intermédiaire. Cette préparation du milieu moléculaire indispensable aux synthèses essentielles est réalisée par un ensemble de catalyseurs spécifiques, diastases ou ferments. Chaque type cellulaire possède un équipement spécifique en ferments et, pour des raisons nombreuses et diverses, on est conduit à admettre que la production de ces ferments est directement conditionnée par les gènes du noyau cellulaire.

Les molécules autoreproductrices possèdent donc, outre leur rôle autocatalytique, un rôle hétérocatalytique, qu'elles exercent peut-être par leurs produits de dégradation. Grâce à son activité hétérocatalytique, chaque molécule directrice intervient dans la préparation des matériaux indispensables à la synthèse des autres molécules autoreproductrices. La synthèse autocatalytique de chacune des molécules directrices est sous la dépendance de l'activité hétérocatalytique de toutes. Il existe ainsi, entre les éléments de la population moléculaire complexe qui constitue le protoplasme vivant, des relations de solidarité réalisant une sorte d'équilibre symbiotique, une intégration entre les diverses molécules autoreproductrices associées.

Si le caractère spécifique de l'assimilation et de la croissance est défini par la nature des modèles moléculaires autoreproducteurs du patrimoine héréditaire, la réalisation de ces synthèses est liée au fonctionnement de l'ensemble dans un milieu alimentaire convenable. La croissance ne peut se manifester que chez un être organisé, limité dans l'espace, chimiquement hétérogène, où les diverses réactions synthétiques sont plus ou moins localisées, où des échanges de substances, des compétitions pour certains produits, s'effectuent entre les divers lieux de synthèse. Ces relations entre les parties, ou corrélations, conditionnent la croissance de l'ensemble et commandent à chaque instant son activité.

Le fonctionnement d'une lignée d'êtres vivants est une oscillation continuelle entre les deux états extrêmes de germe reproducteur et d'adulte. Le développement de chaque individu, l'ontogenèse, comporte, en même temps qu'une augmentation de masse, des remaniements successifs du système des corrélations, qui se traduisent par des changements dans l'allure de la croissance. L'enregistrement précis des performances de l'individu dans son activité synthétique révèle pour chaque espèce une forme dans le temps qui est aussi caractéristique que sa forme dans l'espace.

La description de ces formes de la croissance précédera l'analyse expérimentale du phénomène, qui nous conduira à envisager successivement des facteurs externes à l'organisme, dont les principaux sont les facteurs alimentaires, et des facteurs internes présidant aux mécanismes de corrélations.

LES FORMES DE LA CROISSANCE

Chez un Métazoaire, l'augmentation de la masse du corps peut résulter en partie du dépôt de produits non vivants de l'activité cellulaire, constituant le tissu conjonctif, les squelettes internes ou externes, cuticules, tests, coquilles. Quant à l'accroissement du protoplasme vivant, qui est le phénomène essentiel, il est dû à deux processus distincts, la multiplication du nombre des cellules ou hyperplasie et l'accroissement propre de chaque cellule ou hypertrophie.

L'hyperplasie est toujours active au début de l'ontogenèse. Chez certains Métazoaires, les divisions cellulaires cessent définitivement, dans la plupart des tissus, à un stade précoce du développement. La croissance du corps est alors l'image agrandie de la croissance cellulaire. L'adulte est constitué par des cellules en nombre relativement restreint et fixe chez tous les individus de la même espèce. Un Oxyure, ver Nématode parasite intestinal, ne possède jamais que soixante-cinq cellules musculaires, dont la longueur passe de trente microns à six millimètres durant la croissance individuelle.

Les faits de cet ordre sont assez exceptionnels dans le règne animal. Chez les Vertébrés supérieurs, cependant, ils s'observent dans quelques tissus physiologiquement spécialisés, le tissu musculaire strié et le tissu nerveux. Chez l'Homme, les cellules nerveuses cessent de se diviser dès le milieu de la vie fœtale. Ce sont des cellules *permanentes,* qui vivent autant que l'individu et sont seulement capables d'hypertrophie.

Dans d'autres tissus, comme le tissu conjonctif, le tissu hépatique, les cellules demeurent capables de se diviser durant toute la vie de l'individu, mais leur taille maxima s'accroît également avec l'âge. Les organes constitués par des cellules de cette catégorie, dites cellules *stables,* ont une croissance qui est due principalement à l'hyperplasie et, pour une faible part, à l'hypertrophie.

Enfin, dans certains tissus, comme les épithéliums de la peau et des diverses muqueuses, les éléments cellulaires sont soumis à un remplacement, une rénovation incessants. Chacune de ces cellules, dites *labiles,* n'a qu'une durée de vie très limitée, tandis que des éléments indifférenciés générateurs prolifèrent durant toute la vie de l'individu, même chez l'adulte sénile. La taille cellulaire demeure sensiblement constante au cours de la vie et la croissance est due dans ces tissus à l'excès de la prolifération sur l'élimination des cellules mortes.

On voit qu'il n'existe pas de lien constant et nécessaire entre la croissance globale du corps d'un Métazoaire et celle des cellules qui le constituent. Chez un organisme pluricellulaire comme dans une cellule isolée, la croissance est gouvernée par des facteurs généraux de *corrélations* qui définissent l'individualité et fixent, dans chaque tissu, l'activité de prolifération et la taille cellulaire maxima.

Grâce à la technique des cultures de tissus *in vitro,* on sait que les cellules différenciées des Métazoaires, lorsqu'elles sont libérées des contraintes imposées par leur intégration à l'organisme et plongées dans un milieu nutritif convenable et abondant, se comportent comme des Protozoaires : elles croissent et se multiplient indéfiniment, sans montrer de tendance à un ralentissement de leur activité. Il est donc clair que la forme caractéristique de la croissance individuelle d'un Métazoaire n'est pas liée seulement aux propriétés intrinsèques de ses diverses catégories de cellules différenciées, mais avant tout aux interactions complexes qui s'exercent entre ces éléments.

Lorsqu'on observe le développement d'un organisme dans des conditions de milieu bien définies et voisines des conditions optimum, on constate que la croissance individuelle ne suit pas la même courbe depuis l'œuf jusqu'à l'adulte. La croissance n'est pas un processus unitaire dans le temps. Elle se subdivise en une succession de *phases* distinctes, limitées par des événements importants de la morphogenèse, de l'histogenèse ou de la physiogenèse. Le régime d'accroissement pondéral ou linéaire demeure constant durant chacune de ces phases de croissance, mais il se modifie brusquement à l'avènement de la phase suivante.

Pour comparer l'activité de la croissance globale aux divers âges de la vie, il faut envisager, non pas la valeur absolue du gain de poids par unité de temps, mais l'accroissement relatif, rapporté en outre à l'unité de poids initial. Si cet accroissement relatif demeure constant, c'est-à-dire si l'organisme s'accroît chaque jour de la

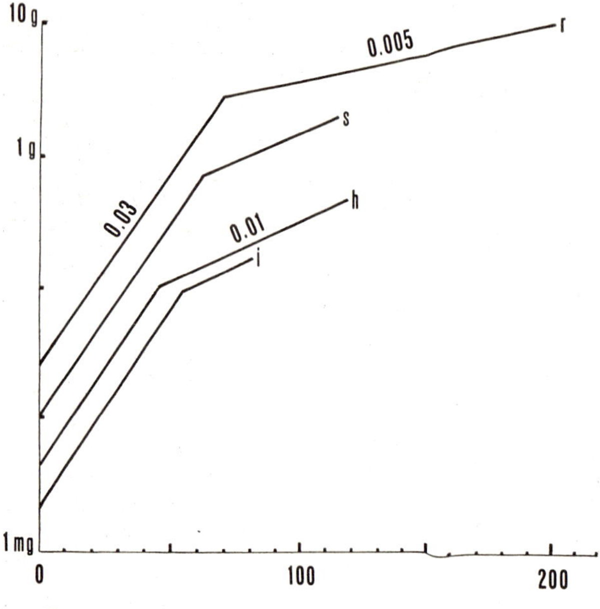

FIG. 1 — COURBES DE CROISSANCE DE QUATRE ESPÈCES DE MOLLUSQUES ARIONIDÉS.

Logarithme du poids en fonction du temps en jours.

même fraction de son poids actuel, la série des poids successifs pris de jour en jour formera une progression géométrique. Les logarithmes de ces poids successifs formeront une progression arithmétique et les variations, en fonction du temps, du logarithme du poids seront représentées par une droite, dont la pente mesurera l'activité ou taux de croissance *(fig. 1)*.

Sur un graphique log. poids/temps, chaque phase de croissance est représentée par un segment de droite et la croissance individuelle dans son ensemble par une suite de segments correspondant aux phases de croissance

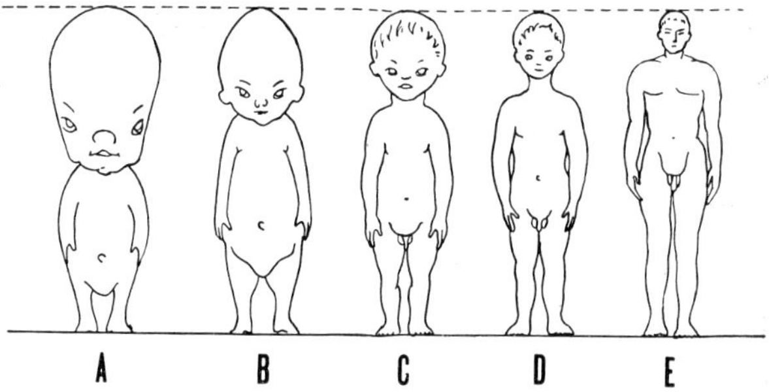

FIG. 2 — CHANGEMENTS DE PROPORTIONS DU CORPS HUMAIN AU COURS DU DÉVELOPPEMENT.

A, fœtus de deux mois; B, fœtus de cinq mois; C, naissance; D, six ans; E, adulte.

successives. Une telle description de la croissance globale s'applique à des espèces variées de Vers, de Mollusques, de Crustacés, d'Insectes, ainsi qu'à la croissance embryonnaire ou post-embryonnaire des animaux supérieurs.

La croissance post-embryonnaire de l'être humain se divise en quatre phases successives. Après une première phase de croissance rapide, correspondant à la période d'allaitement, commence une longue période infantile, décomposable en deux phases successives et se terminant à la puberté. Celle-ci, marquée par un regain d'activité de la croissance générale, inaugure la phase d'adolescence, qui se poursuit jusqu'à la cessation de la croissance.

Il est fréquent que les taux de croissance définissant les phases successives du développement d'un organisme soient en constante diminution. On est alors tenté d'imaginer, pour interpréter cet affaiblissement du pouvoir de croissance, une dissipation progressive d'un certain potentiel de croissance qui aurait sa valeur maximum dans l'œuf et serait complètement épuisé chez l'adulte sénile. Mais cette forme de développement n'est pas générale. Le taux de croissance peut s'élever d'une phase à la suivante. Certaines périodes du développement peuvent même être marquées par une décroissance temporaire, suivie d'un nouvel accroissement : il en est ainsi durant la métamorphose des Amphibiens, qui précède le croissance sous la forme adulte. Les phases de croissance se succèdent selon un ordre défini dans chaque espèce animale, mais il n'existe pas de lien constant et nécessaire entre les caractéristiques physiologiques de deux phases successives.

L'étude de la croissance globale d'un organisme, négligeant la croissance des parties, ne donne qu'une idée incomplète du phénomène. L'être en croissance ne demeure jamais géométriquement semblable à lui-même. Ses proportions se modifient constamment. Du nouveau-né à l'homme adulte, la hauteur de la tête double environ, celle du tronc triple, tandis que la longueur du membre supérieur quadruple *(fig. 2)*. Ces faits de croissance différentielle, croissance relative des parties ou *hétérauxèse,* s'observent chez tous les organismes, même unicellulaires. Chez un Protozoaire qui vient de prendre naissance par division, le cytoplasme s'accroît d'abord plus rapidement que le noyau : le « rapport nucléo-plasmatique » diminue.

L'acquisition de la forme complexe de l'adulte à partir de l'œuf fécondé, le modelage progressif d'une blastula sphérique ou d'un blastoderme discoïde, peuvent se réduire, en dernière analyse, à des processus d'accroissement localisés en certains points ou selon certaines directions. Les phénomènes d'hétérauxèse président à la genèse des formes spécifiques.

L'unité de l'organisme dans son développement et sa morphogenèse se traduit par le fait que les taux de croissance des parties et des divers organes sont, à tout instant, liés entre eux et liés au taux de la croissance globale. Ces liens s'expriment par une relation indépendante du temps entre les poids de deux organes comparés aux stades successifs de la croissance.

La relation générale dite d'*allométrie,* proposée par J. S. Huxley, qui représente de façon satisfaisante beaucoup de phénomènes d'hétérauxèse, est une relation linéaire entre les logarithmes des poids (ou des longueurs) des deux organes comparés :

$$\log. y = \log. K + \alpha . \log. x;$$

soit : $y = K . x^{\alpha}$, où x et y sont les poids des deux organes, K et α deux constantes. Cette relation exprime que les accroissements relatifs des deux organes durant un même intervalle de temps sont proportionnels et dans le rapport α : lorsque l'un des organes s'accroît de n% de sa valeur initiale, l'autre s'accroît, dans le même temps, de α n%. Quant à la constante *K*, elle fixe les conditions initiales.

Si y désigne le poids d'un organe, x celui du corps entier, à chaque région du corps correspondra une valeur du coefficient d'hétérauxèse α. Lorsque cette valeur est supérieure à 1, l'organe croît plus rapidement que le reste du corps; l'allométrie ou hétérauxèse est « majorante ». Si la valeur de α est inférieure à 1, l'organe croît moins rapidement que l'ensemble; l'hérauxèse est « minorante ». L'organisme comprend des parties à hétérauxèse majorante et minorante et des parties à croissance isométrique ($\alpha = 1$). La valeur du coefficient d'hétérauxèse d'une partie est fonction de sa position dans l'ensemble. Cette fonction définit ce qu'on peut appeler un « *champ d'hétérauxèse* », par analogie avec les champs morphogénétiques.

Lorsqu'on étudie les relations d'hétérauxèse entre les divers segments d'un membre de Vertébré ou entre les différents articles d'un appendice d'Arthropode, Crustacé ou Insecte, on constate que les variations régionales du coefficient d'hétérauxèse offrent dans ces organes un caractère continu; le champ d'hétérauxèse se traduit par une répartition en « *gradient* » ou « profil » comportant un ou deux maximums. Ainsi, chez certains Crabes, dont la pince, comparée à l'ensemble du corps, est le siège d'une hétérauxèse majorante, le coefficient présente une valeur maximum à l'extrémité de l'organe, dans l'article distal, et décroît en direction basipète. On observe également de telles répartitions en gradients continus dans l'hétérauxèse entre parties axiales d'un organisme, entre les segments successifs du corps d'un Crustacé, par exemple. Chez certains Vers du groupe des Planaires, le coefficient d'hétérauxèse augmente régulièrement de la tête à l'extrémité postérieure du corps *(fig. 3)*.

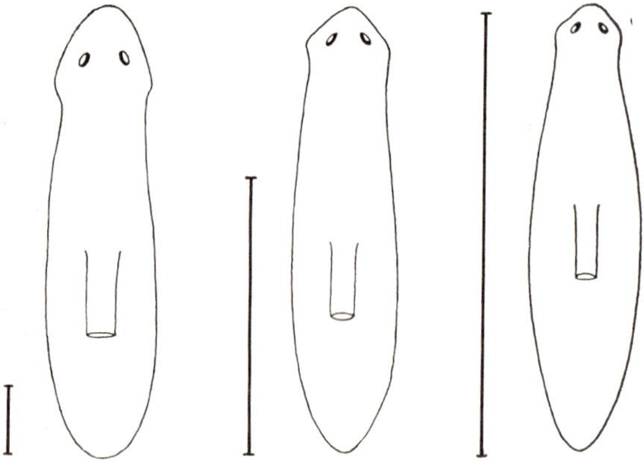

FIG. 3 — HÉTÉRAUXÈSE CHEZ UNE PLANAIRE.

Une loi d'hétérauxèse liant le poids d'un organe au poids du corps n'est généralement valable que durant une période limitée. A certaines époques critiques du développement se produisent des changements brusques des valeurs des paramètres α et K et ces accidents ne sont pas isolés; ils se produisent simultanément pour divers organes, indiquant une modification d'ensemble du plan des corrélations de croissance. De plus, ils coïncident généralement avec une variation du taux de la croissance globale, affirmant les liens de causalité qui unissent l'allure de la croissance générale aux mécanismes physiologiques de corrélations entre les parties. L'étude de la croissance relative et celle de la croissance globale conduisent donc à une même subdivision de la période de développement de l'organisme.

Utilisant les données statistiques classiques relatives à la croissance d'un animal de laboratoire, le Rat blanc, G. Teissier a mis le premier en évidence, dans la croissance post-embryonnaire de cette espèce, l'existence de trois étapes distinctes, séparées par deux époques critiques, l'une prépubertaire, l'autre correspondant à la puberté. En étudiant, chez le fœtus de Veau, les lois d'hétérauxèse de divers organes, viscères, glandes endocrines, segments squelettiques, j'ai constaté, pour un poids corporel d'environ un kilogramme, une modification brusque

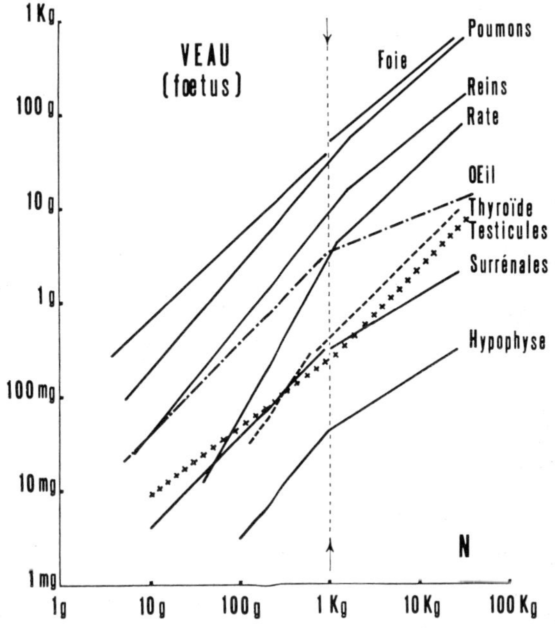

FIG. 4 — CROISSANCE RELATIVE DE QUELQUES ORGANES EN FONCTION DU POIDS DU CORPS (ABSCISSES) AU COURS DE LA CROISSANCE FŒTALE DU VEAU.

Coordonnées doublement logarithmiques. N, naissance.

des régimes d'hétérauxèse, qui coïncide avec l'apparition des signes histologiques d'activité dans la thyroïde et le pancréas endocrine, avec la descente des testicules dans le scrotum et avec une diminution du taux de la croissance globale en fonction du temps *(fig. 4)*.

Dans les appendices des Arthropodes ou les membres des Vertébrés, les modifications des corrélations de croissance aux époques critiques se traduisent par des bouleversements des champs et gradients d'hétérauxèse. Ainsi, la naissance coïncide chez les Ruminants avec une époque critique du développement marquée, notamment, par un changement brusque dans l'hétérauxèse des membres par rapport au corps et dans les relations d'hétérauxèse entre les divers segments du membre. Durant la vie fœtale, les membres s'allongent plus vite que le corps et cet allongement est maximum près de l'extrémité, dans les métapodiaux. Après la naissance, au contraire, les membres s'allongent moins vite que le corps et les segments qui s'allongent le plus sont les plus proximaux. Une telle inversion du gradient d'hétérauxèse dans les membres se retrouve au cours du développement chez d'autres Mammifères.

Des modifications de l'ensemble des relations d'hétérauxèse liant les parties d'un organisme se présentent sous une forme particulièrement spectaculaire chez les animaux dont le développement est marqué par des métamorphoses. Beaucoup d'Invertébrés marins, Vers, Échinodermes, Mollusques, commencent leur vie sous l'aspect d'une larve nageuse, pélagique, ciliée, presque microscopique, qui, à un moment donné, tombe au fond et subit un bouleversement complet de son organisation. La larve pluteus à symétrie bilatérale engendre ainsi l'Oursin adulte à symétrie radiaire. Beaucoup d'organes propres à la larve et liés à son mode de vie se trouvent éliminés, tandis que des ébauches demeurées jusque-là embryonnaires ou réduites s'accroissent rapidement pour édifier l'adulte, seul apte à la reproduction sexuée. Les métamorphoses, qui s'observent également chez les Amphibiens et chez les Insectes supérieurs, montrent qu'il convient d'envisager dans le cadre du développement normal les processus de décroissance susceptibles de conduire à la disparition définitive de certains organes.

Chaque phase de l'ontogenèse est définie par un état d'équilibre entre les parties qui règle leurs taux respectifs de croissance ou de décroissance. L'avènement d'une phase, généralement marqué par l'entrée en fonction d'un nouvel organe, instaure un nouveau régime d'équilibre. Les conditions externes peuvent, dans une certaine mesure, hâter ou retarder cet avènement, mais se montrent incapables de modifier l'ordre de succession des phases, qui est déterminé par des conditions internes. Les phénomènes qui se déroulent au cours d'une phase doivent donc conditionner l'avènement de la phase suivante. Les tranformations continues et progressives résultant de l'hétérauxèse pourraient, en dépassant un certain seuil, déclencher finalement le processus qui marque le début de la nouvelle phase.

Mais le nombre des états d'équilibre réalisables n'est pas illimité; l'organisme ne peut se renouveler indéfiniment. Au cours de la dernière phase de l'ontogénie, les transformations continues se poursuivent en rendant la vie de l'ensemble de plus en plus précaire. Les processus de sénilité qui, chez beaucoup d'animaux supérieurs, sont le prélude de la mort naturelle, doivent sans doute être envisagés sous cet angle.

Chez les Vertébrés supérieurs, la sénilité se traduit notamment par la sclérose, l'excès du développement du tissu conjonctif relativement aux « tissus nobles », tissus musculaires, nerveux et, surtout, glandulaires, reproducteurs et endocriniens. Le déclin régulier de la sécrétion lactée chez la Vache, de la production des œufs chez la Poule fournissent une mesure des progrès de la sénilité.

La sénilité doit sans doute se rattacher également à un troisième aspect des phénomènes de croissance, qui relève de la biochimie et de la physiologie.

La composition chimique des tissus de l'organisme se modifie constamment au cours du développement. Leur teneur en eau, leur teneur en substances minérales diminuent. Il en est de même de la concentration en certains catalyseurs cellulaires comme le glutathion. Mais ces variations n'ont pas un caractère continu et uniforme. Une étude précise montre que la masse d'un constituant chimique de l'organisme est liée à la masse corporelle par une relation d'allométrie, qui est susceptible de se modifier à l'avènement de chaque nouvelle phase de croissance. Des liens de causalité unissent donc vraisemblablement la croissance globale, l'hétérauxèse et la croissance biochimique.

De tels liens régissent également les manifestations

fonctionnelles de la croissance. Le développement des Vertébrés supérieurs est marqué, par exemple, par un ralentissement du rythme cardiaque et de la fréquence des mouvements respiratoires, par une diminution de la quantité d'urine éliminée quotidiennement rapportée à l'unité de masse corporelle. L'activité du métabolisme global, la dépense énergétique, l'intensité des échanges gazeux respiratoires varient avec l'âge. Le métabolisme de base présente, chez l'Homme, un maximum à la fin de la première année de la vie, puis décroît jusqu'à l'âge adulte, en offrant cependant une légère recrudescence au moment de la puberté. Chez divers Mammifères et Oiseaux, on observe également un maximum d'activité métabolique postérieurement à la naissance ou l'éclosion. La physiogenèse ne suit pas plus que la morphogenèse une courbe continue. Sous ses trois aspects, pondéral, morphogénétique, biochimique, la croissance individuelle est un processus polyphasique.

Les formes spécifiques de la croissance sont aussi diverses que les types d'organisation qui en résultent. Si la description du plan de la croissance d'une espèce constitue une sorte d'anatomie dans le temps, la confrontation des plans de croissance d'espèces plus ou moins éloignées représente une anatomie comparée qui peut éclairer les voies suivies par l'évolution. Les divers types de Mammifères, par exemple, présentent, dès leur naissance, de grandes différences dans leurs taux de croissance : pour doubler son poids de naissance, le Lapin demande six jours, le Porc quinze jours, le Cheval deux mois, le nourrisson humain six mois. La croissance humaine est remarquable par sa lenteur et ce caractère s'observe également aux autres stades du développement.

Des espèces voisines offrent souvent dans leur ontogenèse un même nombre de phases homologues, définies par des taux de croissance et des coefficients d'hétérauxèse qui peuvent être identiques, les divergences se manifestant dans l'importance relative de ces périodes. Les divergences sont plus accusées lorsque les phases homologues diffèrent par leurs taux de croissance globale et leurs paramètres d'hétérauxèse. Enfin, les développements de types plus éloignés peuvent différer par le nombre des phases, l'évolution se traduisant soit par la suppression de certaines phases, soit par une intercalation de phases nouvelles résultant d'une hétérochronie entre les événements remarquables de l'ontogenèse.

Ainsi, la substitution d'un développement condensé, direct, à un développement comportant une métamorphose, s'observe dans de nombreux groupes du règne animal et correspond à la suppression de la phase larvaire de la croissance. A l'opposé de ce type de variation se place la suppression des phases ultimes du développement, engendrant des types dits pédomorphiques, dont l'état adulte ressemble à la larve du type ancestral. Ce mode d'évolution est sans doute à l'origine de nombreuses formes nouvelles, notamment des types animaux à nombre de cellules fixe, comme les Nématodes.

L'étude descriptive des formes de la croissance dans les conditions de vie optimum fournit une base à l'expérimentation. Celle-ci envisage les variations des plans de croissance déterminées par divers facteurs dont les plus importants sont des facteurs chimiques, des agents du métabolisme qui conditionnent toutes les synthèses de la croissance.

LES FACTEURS EXTERNES DE LA CROISSANCE

La vie n'est possible que dans des conditions de milieu définies, qui varient selon l'espèce et le stade de développement. Quand l'une de ces conditions n'est plus remplie, la croissance est généralement, parmi les manifestations vitales, la première à cesser. Lorsqu'on envisage l'action de facteurs susceptibles de variations quantitatives, température, radiations, pression osmotique pour les animaux aquatiques, on constate que le développement normal d'une espèce exige un milieu où la valeur du facteur étudié soit comprise entre deux limites extrêmes plus ou moins rapprochées. Dans cette marge de variation possible, le facteur externe exerce sur les activités vitales et, notamment, sur la croissance, une action quantitative qui se traduit par un maximum pour une certaine valeur, dite optima, du facteur envisagé.

Parmi les facteurs physiques, la température exerce sur les phénomènes vitaux l'influence la plus considérable.

Une élévation de température, de même qu'elle augmente la vitesse des réactions chimiques, active les processus vitaux, physiologiques et métaboliques, et, par voie de conséquence, la croissance. Elle raccourcit, en quelque sorte, les temps physiologiques. Pour une élévation de température de 10°, les vitesses se trouvent doublées ou triplées. Seuls échappent à cette influence les Vertébrés à sang chaud ou homéothermes, qui règlent par voie réflexe leur température interne à un niveau indépendant de la température ambiante.

La température du milieu peut modifier non seulement la vitesse des phénomènes vitaux, mais aussi leur nature et leur résultat, vraisemblablement en exerçant une action différentielle sur les réactions chimiques nombreuses et diverses qui les conditionnent. Lorsqu'ils doivent accomplir leur développement à une température élevée, divers animaux, Insectes, Mollusques, Vers, ont une période de croissance plus courte et une taille adulte réduite. Les proportions, les formes des différentes parties du corps, peuvent varier selon la température d'élevage. Même chez des animaux homéothermes, la température externe influe sur celle des parties périphériques de l'organisme, oreilles, extrémités, queue, et, chez des Souris élevées à haute température, ces organes sont relativement plus longs que chez les individus normaux.

Mais les facteurs externes essentiels de la croissance sont les facteurs chimiques alimentaires. L'objet principal des études sur la nutrition consiste à déterminer, pour chaque espèce vivante, la nature des substances alimentaires irremplaçables et la quantité minima de chacune d'elles qui s'avère indispensable à l'entretien de la vie et au développement normal. La suppression ou la réduction de l'un de ces constituants dans la ration se manifeste par un arrêt ou un ralentissement de la croissance de l'animal, qui joue ainsi le rôle de réactif biologique à l'égard de cette substance. Lorsqu'un facteur alimentaire n'est fourni qu'à un taux voisin du minimum indispensable, il fonctionne comme facteur limitant et peut sembler gouverner à lui seul l'allure de la croissance.

La privation partielle ou totale d'un nombre plus ou moins grand de facteurs alimentaires indispensables peut non seulement inhiber la croissance, mais provoquer une diminution de poids, compatible, dans certaines limites, avec une reprise du développement. L'homme adulte meurt d'inanition après avoir subi une diminution de 40% de son poids initial; mais l'individu jeune ne supporte pas une perte supérieure à 25%. Certains Invertébrés présentent, sous l'influence de jeûnes prolongés, des réductions de masse considérables, atteignant, chez les Planaires d'eau douce, le millième de la masse initiale, sans perdre la faculté de croître à nouveau normalement lorsqu'ils sont réalimentés.

Pas plus que l'animal en croissance, l'organisme en décroissance ne reste géométriquement semblable à lui-même. Chez l'Homme, au moment de la mort par inanition, le tissu adipeux et le foie ont perdu une part bien plus considérable de leur masse que le cœur, les reins et surtout les centres nerveux, qui sont à peine touchés.

Chez de jeunes Rats privés de certaines substances indispensables à la croissance, on peut maintenir le poids total à un niveau constant, sans parvenir à empêcher l'évolution des proportions relatives des organes, ni la succession des phénomènes morphogénétiques caractéristiques de l'avènement de nouvelles phases de croissance, qui apparaissent sensiblement au même âge que chez les animaux témoins. On conçoit ainsi qu'une sous-alimentation n'affectant l'individu que durant les premières phases de son développement puisse cependant avoir un retentissement durable sur les caractères et, notamment, la taille de l'adulte.

Chez divers Invertébrés, par contre, il est possible, par l'inanition ou la sous-alimentation, de retarder ou d'inhiber l'avènement de certains stades du développement, la puberté par exemple. L'évolution morphogénétique serait, dans ce cas, liée à la taille plus qu'à l'âge de l'individu. Chez une Planaire réduite par le jeûne, par exemple, les proportions relatives des parties du corps sont les mêmes que chez un individu jeune en croissance de taille équivalente. Cependant, cette sorte de réversibilité des processus morphogénétiques d'hétérauxèse ne se manifeste que dans les limites d'une même phase de croissance. Les changements de phase de croissance, les métamorphoses, sont des phénomènes irréversibles : lorsqu'une modification des facteurs internes a instauré un nouveau régime d'équilibre fonctionnel, les facteurs externes sont désormais impuissants à restaurer les conditions physiologiques d'une phase antérieure. En particulier, les processus de sénilité, une fois déclenchés, ne peuvent régresser sous l'influence du jeûne.

La privation d'une espèce chimique alimentaire peut également déterminer une suspension temporaire pratiquement totale des diverses activités vitales lorsqu'il s'agit du constituant le plus fondamental de la matière vivante, l'eau. Divers animalcules, des anguillules, Vers Nématodes déjà étudiés par Spallanzani, et surtout des Tardigrades et des Rotifères, qui vivent dans de petites collections d'eau sujettes à l'évaporation, peuvent subir une déshydratation complète de leur protoplasme sans perdre l'aptitude à récupérer une activité normale lorsqu'ils sont réimbibés.

Sous la forme déshydratée, le protoplasme de ces animaux « reviviscents » conserve durant plusieurs années une organisation et une structure moléculaire définies. Il peut être soumis impunément à des températures supérieures à 150° ou voisines du zéro absolu. Ces états de vie latente, qui sont des états d'anhydrobiose déterminés par les conditions de milieu, doivent être distingués des états de vie ralentie ou diapause qui s'installent, chez de nombreux êtres, à des stades bien définis du développement et résultent, comme on le verra plus loin, d'une déficience temporaire portant sur un facteur interne du métabolisme et de la croissance.

Il est traditionnel de classer d'après leur rôle les substances alimentaires des animaux supérieurs en aliments énergétiques, plastiques et catalytiques.

Les aliments énergétiques — représentés par les lipides, les glucides et, en partie également, par les protides — sont destinés à être rapidement détruits pour fournir de l'énergie, qui apparaît sous forme de chaleur ou de travail ou est utilisée pour compenser les synthèses, réactions essentiellement endothermiques. Les besoins en aliments énergétiques sont d'ordre purement quantitatif et s'expriment en calories.

Les aliments plastiques, eau, sels minéraux, protides, sont des matériaux entrant directement dans la constitution de la matière vivante. Quant aux aliments dits catalytiques, parmi lesquels on range les vitamines et certaines substances minérales, ils ne diffèrent guère des précédents que par le caractère minime des quantités nécessaires. Ces aliments interviennent directement dans l'élaboration de constituants comme les diastases et les hormones, qui sont indispensables au fonctionnement de l'organisme et jouent à dose minime un rôle considérable.

Les besoins alimentaires d'une espèce varient avec le stade de développement. Pour les trois grandes catégories d'aliments, énergétiques, plastiques et catalytiques, les besoins sont, au moins quantitativement, plus grands chez le jeune que chez l'adulte. L'individu en croissance doit non seulement pourvoir, comme l'adulte, à la rénovation incessante de ses tissus, mais encore se procurer les matériaux de la synthèse des tissus nouveaux qu'il édifie et l'énergie nécessaire à ces synthèses supplémentaires. Chez le nourrisson humain, par exemple, le besoin quantitatif d'azote par unité de poids corporel est quatre ou cinq fois plus élevé que chez l'adulte.

La nature des besoins alimentaires est également très variable dans l'échelle des êtres. Les Flagellés chlorophylliens autotrophes, qui sont à l'origine du règne animal comme du règne végétal, édifient leur matière vivante à partir de composés purement minéraux, gaz carbonique, nitrates, phosphates, sulfates, etc. Par contre, chez les animaux supérieurs et même déjà chez certains Protozoaires évolués, les synthèses spécifiques ne peuvent s'effectuer qu'aux dépens de molécules organiques complexes et variées, matériaux élaborés par d'autres êtres vivants.

Cet accroissement des exigences alimentaires, corrélatif d'une réduction du pouvoir de synthèse, se manifeste dans l'évolution des besoins azotés. Les êtres chlorophylliens assimilent l'azote des nitrates ou de l'ammoniaque, tandis que les animaux exigent des molécules organiques d'acides aminés, matériaux de construction des matières protéiques. En supprimant certains de ces corps dans la ration de Mammifères de laboratoire, on a constaté que, sur une vingtaine d'acides aminés différents connus comme entrant dans la composition des protéines, une dizaine seulement étaient irremplaçables, les autres pouvant manquer impunément pourvu que la quantité totale d'azote aminé soit suffisante. Les acides aminés indispensables, comme la lysine, le tryptophane, la phénylalanine, la méthionine, renferment des assemblages moléculaires que l'organisme n'est pas capable de construire par synthèse.

Le besoin d'azote alimentaire des animaux supérieurs est donc à la fois quantitatif et qualitatif. Le besoin qualitatif varie d'ailleurs avec l'âge : il y a des acides aminés qui sont indispensables aux jeunes sans l'être à l'adulte. Chez le Rat, l'arginine est synthétisée par l'organisme à un taux qui est suffisant pour l'entretien de l'adulte, mais non pour la croissance du jeune, qui doit en recevoir dans sa ration.

Le rôle joué dans l'organisme par ces acides aminés indispensables est encore imparfaitement connu. Certains, comme la méthionine ou la cystine, qui apportent du soufre, doivent représenter des aliments plastiques, tandis que d'autres joueraient un rôle catalytique. Les études sur la nutrition de divers Insectes et même de Protozoaires ciliés ont révélé des besoins en acides aminés assez analogues à ceux du Rat. Il est donc vraisemblable que ces substances remplissent dans toutes les cellules animales des fonctions fondamentales. On a observé enfin des actions antagonistes équilibrées entre les divers acides aminés : certains, introduits en excès, inhibent la croissance et leur influence peut être contrebalancée par l'action stimulante exercée par d'autres.

L'intervention directe de facteurs alimentaires dans la physiologie cellulaire a pu être démontrée en ce qui concerne les vitamines. Ces facteurs chimiques indispensables, dont la découverte est liée à des observations cliniques en même temps qu'à des études expérimentales sur la composition des rations, interviennent à des doses nettement plus faibles que les acides aminés. Les progrès de la biochimie et de la physiologie cellulaire ont conduit à les considérer comme des constituants essentiels de ferments intracellulaires.

Les cellules vivantes réalisent leurs travaux chimiques grâce à des catalyseurs spéciaux, les ferments ou diastases, remarquables par leur étroite spécificité. Ces ferments se montrent, pour la plupart, constitués par l'union de deux parties qui, séparées, sont inactives : une substance protéique et un constituant non colloïdal appelé *coferment*. L'activité spécifique du ferment est déterminée à la fois par la nature de la protéine et par celle du coferment. Les coferments sont des substances assez variées; dans leur constitution peuvent entrer notamment des substances minérales et certaines vitamines. C'est ainsi qu'un certain nombre de vitamines dites du groupe B sont des constituants de divers ferments jouant des rôles fondamentaux dans le métabolisme cellulaire.

Un important chaînon du métabolisme des glucides, la décomposition de l'acide pyruvique, produit intermédiaire de dégradation, est catalysée par un ferment spécifique appelé *carboxylase*. Cette réaction diastasique s'accomplit vraisemblablement dans toutes les cellules vivantes, aérobies ou anaérobies. Or, dans la composition du coferment de la carboxylase intervient une substance qui n'est autre que la vitamine B1, *thiamine* ou aneurine, facteur essentiel de la croissance chez de nombreux organismes inférieurs et vitamine anti-béribérique pour l'organisme humain.

La thiamine est une substance bien définie, qui résulte de l'union de deux noyaux chimiques différents : un noyau azoté, la *pyrimidine*, et un noyau à la fois azoté et soufré, le *thiazol*. L'étude systématique des besoins en thiamine de divers êtres inférieurs, bactéries, moisissures, Protozoaires, a révélé une grande variété dans la répartition des possibilités de synthèse de ces substances.

Un certain nombre de ces êtres, parmi lesquels des Flagellés non chlorophylliens, se montrent capables de synthétiser aussi bien la pyrimidine que le thiazol et peuvent également unir ces deux corps pour former la thiamine : celle-ci n'est donc pas indispensable dans le milieu de culture et ne se comporte pas à l'égard de ces organismes comme une vitamine. Une seconde catégorie d'êtres ne peut synthétiser que l'un des deux noyaux chimiques, la pyrimidine ou le thiazol, et doit trouver l'autre dans le milieu de culture pour effectuer la synthèse de la thiamine indispensable.

Dans une troisième catégorie se rangent des organismes qui ne peuvent synthétiser aucun des deux noyaux mais se montrent capables, lorsqu'on les leur fournit, de les unir pour former leur thiamine. Il est à noter que, chez de tels organismes, la thiamine, bien que non indispensable dans l'alimentation, est susceptible de stimuler la croissance dans des proportions considérables lorsqu'elle est ajoutée au milieu de culture : la réaction cellulaire produisant la thiamine joue donc normalement un rôle limitateur de la croissance.

Enfin, une quatrième catégorie d'organismes comprend de nombreux Protozoaires et tous les Métazoaires, Insectes, Vertébrés, qui sont incapables de synthétiser la thiamine à partir de la pyrimidine et du thiazol et doivent recevoir cette substance de l'extérieur : la thiamine est pour eux un facteur alimentaire indispensable, une vitamine. L'Homme doit en recevoir dans sa ration journalière environ 1,5 mg. Certains Mammifères, comme les Ruminants, peuvent s'en passer parce qu'ils utilisent celle qui est synthétisée par les micro-organismes de leur tube digestif.

Le déficit ou carence en thiamine, qui se traduit chez les Protozoaires par une inhibition de la croissance et de la division cellulaire, se manifeste, chez les Vertébrés supérieurs, en premier lieu par une altération du métabolisme particulier aux cellules les plus spécialisées, les cellules nerveuses. Cette carence déclenche chez l'Homme les symptômes caractéristiques du béribéri, que l'on a pu reproduire expérimentalement chez le Pigeon sous la forme de polynévrite.

Un autre facteur du métabolisme cellulaire est la vitamine B_2 ou riboflavine, qui entre dans la constitution de plusieurs ferments des oxydations cellulaires. Elle est synthétisée par de nombreux micro-organismes, mais se comporte comme vitamine pour la plupart des animaux supérieurs, Insectes ou Vertébrés. La carence en facteur B_2 se traduit chez les Vertébrés par des lésions tégumentaires en même temps que par des troubles de croissance.

Parmi les vitamines qui interviennent dans des processus métaboliques généraux, on peut encore citer l'acide nicotinique, constituant de coferments de réactions d'oxydation, la vitamine B_6 ou pyridoxine qui intervient dans le métabolisme des protides, l'acide pantothénique. Il faut sans doute attribuer des rôles analogues à l'acide folique et à la vitamine B_{12}, qui renferme du cobalt. Ces deux dernières substances sont nécessaires à la croissance de divers animaux, parmi lesquels certains Protozoaires. La privation de ces facteurs se traduit chez les Vertébrés par des troubles de la genèse des globules sanguins, causant des anémies spéciales où les globules rouges, réduits en nombre, ont une taille supérieure à la normale.

Toutes ces vitamines hydrosolubles paraissent indispensables au fonctionnement et à la croissance de tous les animaux, qu'ils soient ou non capables de les synthétiser par leurs propres moyens. La privation de ces substances peut déterminer chez les animaux supérieurs des troubles assez localisés, mais il est établi que l'effet primaire de ces carences porte sur un processus fondamental du métabolisme commun à toutes les cellules vivantes.

On peut, du point de vue de leur rôle physiologique, opposer à ces facteurs les vitamines liposolubles A, D, E, K, dont la nécessité n'a pu être démontrée que pour les Vertébrés et qui paraissent intervenir dans des fonctions spéciales aux animaux de ce groupe.

La vitamine A, substance ternaire dérivée du carotène végétal, est indispensable à la croissance du jeune Rat et son absence dans la ration se traduit en outre par une transformation cornée des épithéliums, notamment au niveau de la cornée de l'œil où elle cause une ophtalmie sèche ou xérophtalmie. On sait que la vitamine A entre dans la constitution du pourpre rétinien, pigment des cellules visuelles qui intervient dans la perception des faibles intensités lumineuses. Il en existe d'ailleurs deux formes, l'une, A_2, propre aux Poissons d'eau douce, l'autre, A_1, présente chez les Poissons marins et les Vertébrés terrestres. La vitamine A n'est pas nécessaire à la croissance des Invertébrés, notamment des Insectes. Elle n'est pas non plus synthétisée par eux et ne joue vraisemblablement aucun rôle physiologique chez les animaux autres que les Vertébrés.

Parmi les vitamines à fonctions spéciales propres aux Vertébrés se rangent les vitamines D ou antirachitiques, nécessaires aux processus normaux d'ossification, les vitamines E ou tocophérols indispensables aux fonctions reproductrices des Vertébrés, et la vitamine K, dérivée de la naphtoquinone, facteur antihémorragique intervenant dans la formation de la prothrombine qui conditionne le processus de coagulation du sang.

L'évolution organique à partir des êtres unicellulaires chlorophylliens a donc été accompagnée d'un accroissement de la complexité des besoins alimentaires, qui place les animaux supérieurs sous la dépendance des êtres inférieurs et des micro-organismes. Les besoins alimentaires d'une espèce représentant en quelque sorte le complément de son propre pouvoir de synthèse, c'est-à-dire de son équipement en ferments, lui-même déterminé par sa constitution génétique, l'évolution a été marquée par une perte de fonctions synthétiques, une perte de ferments spécifiques.

La perte du pouvoir de synthétiser une substance jouant un rôle physiologique indispensable a évidemment suivi, au cours de l'évolution, l'acquisition par la lignée d'une possibilité de se procurer cette substance dans le milieu. L'hématine, nécessaire à la respiration cellulaire, est synthétisée par la plupart des êtres. Or, dans le groupe des Protozoaires Flagellés trypanosomides, la faculté de synthétiser l'hématine, qui existe encore chez les espèces parasites sur des plantes ou dans le tube digestif des Insectes, a été perdue par celles qui parasitent le sang des Vertébrés, où elles trouvent l'hématine en abondance (A. Lwoff).

Du fait que l'évolution a comporté une disparition de certains ferments, il ne faut pas conclure que l'évolution physiologique a été exclusivement régressive. Les synthèses spécifiques définissant la morphogenèse d'un animal supérieur sont vraisemblablement plus complexes et plus variées que celles d'un micro-organisme. Ces synthèses spécifiques sont conditionnées par des processus plus banaux, par les transformations des substances les plus communes du métabolisme, auxquelles président des catalyseurs universellement répandus comme les vitamines du groupe B. Si les animaux supérieurs sont, par eux-mêmes, désarmés en ce qui concerne ces mécanismes métaboliques fondamentaux, leur équipement s'est perfectionné en vue de fonctions plus spécialisées. Si certains des besoins alimentaires nouveaux des animaux supérieurs compensent des fonctions perdues, d'autres doivent correspondre à des fonctions nouvellement acquises, liées à leur spécialisation par évolution progressive, comme l'attestent les besoins en vitamines liposolubles propres aux Vertébrés.

LES FACTEURS INTERNES DE LA CROISSANCE

Au premier rang des facteurs internes de la croissance, il faut placer les molécules autoreproductrices qui dirigent les synthèses spécifiques et, notamment, les gènes du noyau. Les gènes de la cellule-œuf représentent les plus importantes des conditions initiales déterminant le type héréditaire du développement de l'individu. L'analyse génétique, fondée sur l'étude des hybrides et de leur descendance, permet l'établissement de relations précises entre la constitution génétique de l'œuf et les caractères de l'adulte qui en provient.

En ce qui concerne l'hérédité de la taille spécifique, cette analyse génétique a donné des résultats assez décevants : les caractères de croissance dépendent en général de gènes nombreux, appelés polygènes par Mather, dont les actions sont identiques et additives, de telle sorte que les hybrides montrent une gamme continue de caractères intermédiaires entre ceux des parents. Dans divers cas, l'hybride présente une taille supérieure à celle du plus grand de ses progéniteurs : l'hybridation se traduit par une augmentation de vigueur, qu'on a appelée hétérosis, et qui s'explique par la réunion de facteurs favorables à effets additifs ou par une compensation de facteurs défavorables présents chez les parents.

La croissance de l'organisme paraît également influencée, au moins au début du développement embryonnaire, par des facteurs cytoplasmiques élaborés par l'ovule sous la direction des gènes maternels et manifestant leur action avant l'entrée en jeu des gènes paternels apportés par le spermatozoïde. Ainsi s'expliquent les différences importantes souvent observées entre les hybrides réciproques, en ce qui concerne la taille notamment : l'hybride présente le caractère de la race maternelle.

L'étude comparative de la croissance dans des races ou des espèces voisines, en montrant que les caractéristiques des diverses phases de croissance varient indépendamment les unes des autres, suggère un conditionnement de ces phases successives par des facteurs génétiques différents. L'étude de la croissance des hybrides apporte une confirmation de cette notion.

En comparant la croissance dans deux races de Lapins, l'une géante flamande, l'autre naine polonaise, Castle observe que les différences portent d'une part sur l'activité de la croissance primordiale, d'autre part sur l'époque de la puberté. Les cellules embryonnaires ont la même taille dans les deux races, mais, dans la race géante, elles prolifèrent plus activement durant les premiers jours du développement, de sorte qu'à la naissance le poids est double de celui de la race naine. De la naissance à la puberté, les deux races croissent à la même allure; mais la puberté est plus tardive dans la race géante, qui atteint finalement un poids quadruple de l'autre.

Les hybrides entre ces deux races ont, à la naissance, sensiblement le même poids que les géants purs : le type flamand de croissance primordiale est donc dominant. Leur croissance suit également la courbe de la race géante durant les quatre premiers mois. Mais la puberté est aussi précoce que dans la race naine, de sorte que les hybrides atteignent finalement une taille intermédiaire. Il semble donc que la croissance primordiale et l'avènement de la puberté soient contrôlés par des facteurs héréditaires distincts. Chaque gène influencerait une phase particulière de la croissance, et les divers gènes qui conditionnent la taille spécifique adulte exerceraient leur action à des époques et par des moyens différents.

Les facteurs génétiques présents dans l'œuf déterminent les caractères de l'adulte par l'intermédiaire de l'enchaînement causal des processus embryologiques. L'action primaire d'un gène est sans doute toujours d'ordre chimique : en élaborant une substance nécessaire à la constitution d'un ferment actif, chaque gène conditionne la réaction catalysée par ce ferment et commande une série de réactions du métabolisme. Or, ces activités chimiques se trouvent, au cours de l'ontogénie, distribuées entre diverses parties de l'organisme et la collaboration entre les régions spécialisées en vue de l'accomplissement du processus métabolique d'ensemble exige l'intervention de mécanismes de corrélations assurant la liaison.

L'exercice de ces corrélations est dévolu à une nouvelle catégorie de facteurs internes de la croissance, qui ont été mis en évidence par des expériences d'ablation et de greffe.

Chez les animaux suffisamment élevés en organisation, tous les éléments cellulaires sont baignés par un même «milieu intérieur» liquide, dont la composition chimique est maintenue constante par autorégulation et les corrélations peuvent être assurées par l'intermédiaire de substances véhiculées par ce liquide. Telles sont les hormones, substances chimiques définies élaborées par des tissus ou organes spécialisés, les glandes endocrines. Une hormone agit, soit sur un processus métabolique fondamental et conditionne alors la croissance générale, soit sur un processus métabolique spécial à un organe, dont elle contrôle le fonctionnement et la croissance.

Tous les Vertébrés possèdent un même ensemble de glandes endocrines et les glandes homologues élaborent des hormones semblables dans toute la série zoologique. La production de ces substances et leur sécrétion dans le sang sont commandées par un double mécanisme, nerveux et humoral. Le lobe antérieur de l'hypophyse produit une série d'hormones appelées stimulines, qui provoquent dans les autres glandes endocrines l'élaboration et la sécrétion des hormones spécifiques. Chacune de ces hormones tend à son tour à inhiber dans l'hypophyse la sécrétion de la stimuline correspondante. Un équilibre s'établit finalement entre ces deux phénomènes et règle le taux des hormones dans le sang. Ce rôle régulateur a valu à l'hypophyse d'être considérée comme une sorte de « cerveau endocrinien ».

L'équilibre hormonique retentit sur la croissance des organes ainsi mis en relation avec l'hypophyse antérieure et détermine l'ajustement de leur masse à la masse du corps. Dans le cas des glandes paires, reins, surrénales, glandes génitales, par exemple, l'ablation complète de l'un des organes déclenche à distance une hypertrophie compensatrice de l'organe symétrique. Cette hypertrophie est due, pour la glande génitale, à une surproduction temporaire de stimuline hypophysaire, déterminée elle-même par l'abaissement de la concentration sanguine en hormone sexuelle. Lorsqu'on greffe à un animal normal un fragment de glande génitale supplémentaire, le même mécanisme autorégulateur tend à inhiber le développement du greffon. Les équilibres d'hétérauxèse peuvent donc être régis par des mécanismes humoraux.

Parmi les hormones des Vertébrés qui exercent sur la croissance une action généralisée, il faut citer en premier lieu l'hormone dite somatotrope sécrétée par l'hypophyse antérieure, substance de nature protidique comme toutes les hormones hypophysaires. L'ablation de l'hypophyse détermine chez le Rat un arrêt immédiat de la croissance générale, qui reprend après injection d'un extrait alcalin de la glande. Administrés à des animaux normaux, ces extraits stimulent leur croissance et peuvent même déclencher une reprise du développement chez des individus déjà parvenus à leur équilibre pondéral. Chez les géants ainsi obtenus, dont le poids final peut être double du poids normal, les proportions des diverses parties du corps ne sont pas altérées. L'excédent de masse corporelle est dû à une nouvelle synthèse de protoplasme, non à une surcharge graisseuse ou à une hydratation anormale des tissus.

On connaît chez l'Homme des cas de gigantisme liés à une hypersécrétion pathologique de l'hypophyse antérieure survenant dans le jeune âge. Le développement génital de ces individus est retardé et l'activité des cartilages épiphysaires qui assurent l'allongement des os se trouve prolongée. Lorsqu'une hypersécrétion d'hormone somatotrope, due à une tumeur hypophysaire, se déclenche chez l'adulte, alors que les épiphyses des os longs sont déjà soudées, elles se traduit par un excès de développement des tissus conjonctifs et des os de membrane, déterminant un ensemble de malformations connu sous le nom d'acromégalie, accroissement des dimensions du crâne, du menton, du nez, des pieds et des mains qui s'épaississent en « battoirs ».

On connaît également chez l'Homme des cas, relativement rares, de nanisme liés à une insuffisance hypophysaire. Ces nains hypophysaires sont bien proportionnés et ont une intelligence normale. Ils réagissent aux extraits hypophysaires par une augmentation de taille. Chez la Souris, on a étudié une lignée d'individus qui présentaient un nanisme héréditaire et auxquels une greffe d'hypophyse permettait d'effectuer une croissance normale : leur constitution génétique s'exprimait par une insuffisance hypophysaire, entraînant une insuffisance de la thyroïde et des surrénales.

L'hormone somatotrope ne règle pas seulement l'activité de l'appareil de croissance des os longs. Elle exerce avant tout une action générale sur le métabolisme des substances protéiques, accélérant la synthèse des protides relativement à leur dégradation. L'injection d'hormone somatotrope provoque une diminution nette de la quantité d'azote non protéique, c'est-à-dire des acides aminés, de l'urée et d'autres substances dans le sang et dans l'urine, et une rétention d'azote par l'organisme sous forme de protides.

Cette action de l'hypophyse antérieure paraît indépendante de son influence stimulante sur le système endocrinien. Chez un animal privé de thyroïde et de surrénales, l'injection d'hormone somatotrope déclenche, en effet, la diminution habituelle de l'azote non protéique. Par ailleurs, chez un animal privé d'hypophyse, l'administration d'hormone thyroïdienne ne provoque pas de reprise de la croissance.

La thyroïde est une glande endocrine qui joue également un rôle essentiel dans la croissance des Vertébrés. L'ablation de la thyroïde chez de jeunes Mammifères détermine un arrêt de croissance extrêmement net : le poids des témoins est bientôt triple de celui des opérés. L'inhibition porte sur l'édification des tissus et sur l'allongement du squelette. Les cartilages épiphysaires cessent de fonctionner, mais ne se soudent pas.

Chez l'Homme, des troubles d'insuffisance thyroïdienne survenant durant l'enfance arrêtent le développement physique et mental et font de l'individu un nain et un crétin. Les nains thyroïdiens conservent des proportions infantiles, une grosse tête et des membres courts. Ils présentent également des symptômes plus particuliers, bouffissure de la peau et de la face, qui caractérisent une maladie appelée myxœdème, liée à une insuffisance thyroïdienne chez l'adulte.

L'hormone thyroïdienne renferme un composé cyclique azoté et iodé, la thyroxine. L'un des effets les plus nets des injections de cette substance aux Vertébrés supérieurs est une stimulation de l'activité métabolique générale des tissus, se traduisant par une augmentation de la dépense énergétique minimum ou métabolisme de base. Les crétins et les myxœdémateux ont un métabolisme basal nettement inférieur à la normale. Dans la maladie de Basedow ou goitre exophtalmique, liée à une hypersécrétion thyroïdienne, le métabolisme basal est au contraire exalté : le malade ne cesse de maigrir, tout en consommant des quantités considérables d'aliments.

L'hormone thyroïdienne influence donc le métabolisme cellulaire, en intervenant vraisemblablement dans les processus de dégradation des matières protéiques et des glucides. Cette influence se manifeste même sur des cellules en culture *in vitro*. Mais il n'est pas sûr que l'action de la thyroïde sur la croissance s'exerce seulement par cette voie. Chez les Poissons, par exemple, la thyroïde influe sur la croissance sans modifier l'intensité du métabolisme respiratoire. De plus, certaines relations paraissent exister entre l'action de l'hormone thyroïdienne et celle de l'hormone hypophysaire somatotrope.

Chez le Rat, animal dont la thyroïde n'entre en fonction que peu de jours avant la naissance, la thyroïdectomie, pratiquée à la naissance, détermine, au bout de trois semaines, un arrêt total de la croissance, qui ne peut reprendre que par administration d'hormone thyroïdienne, l'hormone hypophysaire somatotrope étant sans action. Chez le Rat thyroïdectomisé à l'âge de quarante jours, par contre, l'hormone somatotrope exerce sur la croissance son action stimulatrice et cette action est renforcée quand on l'associe à l'hormone thyroïdienne. Il semble donc que les tissus acquièrent sous l'influence de l'hormone thyroïdienne la capacité de réagir à l'hormone somatotrope. Les deux glandes interviendraient dans la croissance normale successivement, au cours de phases différentes.

Chez la plupart des Mammifères, d'ailleurs, la thyroïdectomie, qui a de graves conséquences lorsqu'elle est pratiquée sur le jeune, n'en a plus guère, passé un certain âge. Les jeunes sont au contraire moins sensibles que les adultes à l'action amaigrissante et stimulante du métabolisme d'un excès de produits thyroïdiens. Les phases successives de la croissance paraissent donc conditionnées par des équilibres hormoniques différents et les diverses hormones de croissance joueraient successivement le rôle de facteur limitant.

La thyroïde intervient dans les phénomènes de la

mue chez les Oiseaux, les Reptiles et les Amphibiens adultes. Mais son action morphogénétique la plus remarquable est celle qu'elle exerce sur la métamorphose des Amphibiens.

L'administration de produits thyroïdiens à des têtards de Grenouille déclenche une métamorphose anticipée qui engendre des grenouilles naines, tandis que l'ablation de l'ébauche thyroïdienne, pratiquée chez l'embryon, empêche la métamorphose des têtards, qui deviennent géants. L'ablation de l'hypophyse produit le même effet, mais par une voie indirecte, en privant l'organisme de la thyréostimuline indispensable au fonctionnement de la glande thyroïde. La métamorphose normale coïncide avec l'éveil de la fonction thyroïdienne, lui-même déclenché par l'entrée en jeu de l'hypophyse.

La thyroxine est la substance qui détermine la métamorphose à la dose la plus faible; mais d'autres produits iodés, même purement minéraux, sont efficaces. L'action de la thyroïde sur la métamorphose est, dans une certaine mesure, indépendante de son action sur le métabolisme basal. Le dérivé acétylé de la thyroxine, qui est sans action sur le métabolisme, est encore efficace sur la métamorphose, tandis qu'une substance comme le dinitrophénol, qui est un puissant stimulant du métabolisme, n'a aucune influence morphogénétique.

La métamorphose du têtard comporte à la fois des processus d'histogenèse, une sorte d'embryogénie tardive à partir d'ébauches, comme les bourgeons de membres, dont l'activité était jusque là inhibée, et des processus d'histolyse faisant disparaître, par dégénérescence cellulaire suivie de phagocytose, les organes purement larvaires comme la queue. Il est possible que l'hormone thyroïdienne agisse directement sur la prolifération histogénétique, les processus d'histolyse n'étant que la conséquence de l'altération du milieu intérieur causée par l'histogenèse.

Quoi qu'il en soit, si les processus de la métamorphose sont déclenchés par l'hormone thyroïdienne, ils sont en réalité réglés par les propriétés des divers organes et ébauches récepteurs. Chacun de ces organes réagit à la modification du milieu intérieur soit par une histogenèse, soit par une histolyse, et il existe encore entre eux des différences quantitatives, chacun ne répondant que lorsque la concentration de l'hormone dans le sang dépasse un certain seuil particulier. Comme toute hormone morphogénétique, l'hormone thyroïdienne intervient sans doute, en premier lieu, comme une hormone de métabolisme, sur un chaînon d'une série de réactions chimiques, mais elle exerce cette action sur un terrain semé de différenciations régionales préexistantes, au regard desquelles elle joue, en quelque sorte, le rôle d'un révélateur.

Certains Amphibiens Urodèles ont perdu, au cours de l'évolution, la faculté de se métamorphoser : leurs tissus ne sont plus réceptifs à leur propre thyroïde. Ces espèces, qui se reproduisent sous la forme larvaire, sont dites néoténiques ou pédogénétiques. Leur cycle normal de croissance s'est trouvé amputé de sa dernière phase postmétamorphique. L'Axolotl, larve d'une espèce américaine d'Amblystome, peut encore se métamorphoser sous l'influence d'un traitement thyroïdien; mais d'autres néoténiques, tel le Protée aveugle et dépigmenté des grottes de Carniole, se montrent réfractaires à tout traitement thyroïdien et la forme adulte dont ils sont très vraisemblablement issus demeure encore inconnue. Il est à noter que l'Axolotl, s'il est capable de se reproduire avant de se métamorphoser, devient incapable de se métamorphoser lorsqu'il a commencé à se reproduire : la néoténie peut supprimer une phase de croissance, mais la séquence normale des phases ne peut être inversée.

L'importance des propriétés intrinsèques des organes réagissants apparaît également pour d'autres hormones à action morphogénétique, les hormones sexuelles des Vertébrés. Sécrétées, sous l'influence stimulante de l'hypophyse, par les tissus nourriciers des glandes génitales, ces hormones paraissent diriger toutes les manifestations de la sexualité et du dimorphisme sexuel, la croissance des voies génitales, des organes génitaux accessoires et des caractères sexuels secondaires.

Le développement particulier du système pileux et du larynx dans l'espèce humaine, la croissance des bois des Cervidés, de la crête du Coq, le développement des callosités du pouce des Grenouilles mâles et de l'organe copulateur de certains Poissons sont déclenchés par l'hormone mâle ou testostérone, tandis que l'hormone femelle, la folliculine, inhibe chez la Poule le développement de l'ergot et du plumage mâle. Les divers organes sensibles d'un même organisme réagissent à des seuils de concentration différents. La croissance de l'organe copulateur ou gonopode, dérivé de la nageoire anale de certains Poissons, exige une concentration optima en hormone qui augmente progressivement à mesure que l'organe s'accroît.

Le développement normal des Vertébrés est soumis non seulement à l'influence des hormones de croissance et des hormones morphogénétiques, mais encore à l'action de toutes les hormones de métabolisme — insuline du pancréas endocrine, hormones du cortex surrénal et des glandes parathyroïdes — qui conditionnent diverses transformations chimiques essentielles et sont indispensables au maintien de la composition du milieu intérieur.

Les sécrétions de ces diverses hormones sont à chaque instant équilibrées et les équilibres endocriniens tiennent sous leur dépendance les caractères de chacune des phases de la croissance et, finalement, la taille et les caractères de l'adulte. Dans la détermination des caractères individuels ou raciaux, les gènes exercent souvent leur action par l'intermédiaire des facteurs hormoniques. Il existe, par exemple, entre les races humaines, des différences dans la valeur du métabolisme de base dont l'amplitude est bien supérieure à celles qui résultent de causes pathologiques dans une même race. De nombreux auteurs se sont efforcés de caractériser les personnalités, les types humains, par diverses formes d'équilibre endocrinien.

Des corrélations humorales régissant la croissance sont connues également dans un autre groupe d'animaux supérieurs, les Arthropodes. Chez ces animaux, Insectes, Crustacés, Arachnides, la croissance linéaire est essentiellement discontinue. Le développement est périodiquement coupé par des mues, marquées par le rejet du squelette externe cuticulaire inextensible et précédées par des proliférations cellulaires dans les divers tissus.

Les Insectes supérieurs à « métamorphoses complètes », Papillons, Diptères, Coléoptères, Hyménoptères, naissent sous une forme larvaire très différente de l'adulte et accomplissent sous cette forme toute leur croissance. La métamorphose de cette larve en imago ailé et pourvu d'organes génitaux s'accomplit au cours des deux dernières mues, l'avant-dernière fournissant la chrysalide, la dernière, l'imago.

Il existe chez les Insectes une hormone déterminant la mue et méritant le nom d'hormone de croissance et de morphogenèse. Elle est sécrétée périodiquement par une glande prothoracique sous l'influence d'une seconde hormone émise par des cellules glandulaires contenues dans les centres nerveux. Une troisième hormone, sécrétée chez tous les Insectes par des glandes de la région céphalique, les *corpora allata,* a la propriété d'inhiber le développement des caractères imaginaux. On peut l'appeler hormone juvénilisante. Sa sécrétion est également périodique, mais cesse au moment de la métamorphose. Lorsque l'hormone de mue et l'hormone juvénilisante sont sécrétées simultanément, la mue qui se trouve déclenchée est une mue larvaire. Lorsque les *corpora allata* n'interviennent pas, il se produit une mue nymphale ou imaginale. L'ablation des *corpora allata* chez la chenille du ver à soie déclenche une métamorphose anticipée engendrant un papillon nain (J. J. Bounhiol). Il est à noter que les *corpora allata* existent également chez les Insectes inférieurs à « métamorphoses incomplètes », Orthoptères, Hémiptères. Chez les Arthropodes comme chez les Vertébrés, l'apparition des métamorphoses dans l'évolution des espèces n'a pas été déterminée par l'apparition d'une nouvelle hormone, mais par un changement dans les propriétés réceptrices des divers organes.

Les hormones des Insectes tiennent également sous leur dépendance les phénomènes de *diapause* ou suspension temporaire des activités vitales et du développement. Beaucoup d'Insectes hivernent à un stade défini, toujours le même dans chaque espèce, et une élévation de température ne peut mettre fin à leur torpeur tant qu'ils n'ont pas subi l'action du froid pendant un temps suffisamment prolongé. C.M. Williams a étudié un gros papillon producteur de soie qui tombe en diapause à l'état de chrysalide, et ne peut être réactivé que par exposition durant quarante jours à une température inférieure à 5°. Lorsqu'une chrysalide activée par le froid est unie en parabiose à une chrysalide non activé, les deux individus se métamorphosent simultanément, sous l'influence du milieu intérieur de la première. Le cerveau d'une chrysalide activée, implanté dans une chrysalide en diapause, y déclenche la mue imaginale. D'ingénieuses expériences de transplantation montrent que le réveil de la chrysalide est déterminé par l'activation d'un groupe de cellules glandulaires situées dans le cerveau. Ces éléments sécrètent une hormone, qui provoque elle-même le fonctionnement d'une autre glande endocrine, la glande prothoracique, dont la sécrétion est indispensable au déclenchement de la mue imaginale. L'hormone de la glande prothoracique paraît exercer son action sur la reprise du développement par l'intermédiaire des réactions métaboliques : elle réactiverait dans les tissus un système catalytique de la respiration cellulaire, le système du cytochrome. Les hormones morphogénétiques des Arthropodes seraient, en dernière analyse, comme les hormones morphogénétiques des Vertébrés, des hormones de métabolisme.

Les corrélations humorales jouent un rôle de premier plan chez les animaux supérieurs; mais il existe d'autres mécanismes de corrélations de croissance, qui entrent seuls en jeu chez les animaux inférieurs dépourvus de milieu intérieur. Ces corrélations assurent l'entretien des champs d'hétérauxèse dans l'organisme et la distribution des seuils de réceptivité aux hormones, dont elles déterminent ainsi l'action morphogénétique. Elles doivent s'exercer dans l'intimité des tissus, vraisemblablement grâce à des échanges de substances entre régions voisines différant par leur métabolisme.

L'intervention de corrélations de ce genre dans la régulation de la croissance se manifeste dans les phénomènes de cicatrisation et de régénération consécutifs à l'amputation de parties de l'organisme. Les processus de croissance qui accompagnent ces phénomènes paraissent tendre au rétablissement d'un équilibre rompu par l'amputation, et la vitesse de ce rétablissement est d'autant plus grande que l'organisme est plus loin de la position d'équilibre. Ainsi, la cicatrisation d'une plaie cutanée, mesurée par la diminution de surface de la plaie en fonction du temps, est proportionnelle à sa surface initiale : une plaie se cicatrise d'autant plus activement qu'elle est plus étendue.

La croissance d'un organe en régénération, comparée à la croissance normale du même organe, est un processus accéléré. Un appendice amputé acquiert bientôt par régénération une taille comparable à celle de l'appendice symétrique laissé intact. La régénération édifie donc la même masse de tissus en un temps beaucoup plus court que la croissance normale. Un régénérat peut tirer des matériaux disponibles un meilleur parti que les organes normaux. L'inanition n'a d'ailleurs, en général, aucune influence défavorable sur la vitesse de régénération. Les régénérats s'accroissent tandis que les parties anciennes de l'organisme épuisent leurs réserves et décroissent.

L'extrémité postérieure des Vers, les bras des Astéries, la queue des Têtards ou des Tritons adultes peuvent être amputés à différents niveaux. En comparant les processus de régénération consécutifs à des ablations variées, on constate que la vitesse de la croissance régénératrice est d'autant plus grande que l'amputation a été plus importante. Le rétablissement de l'équilibre organique est d'autant plus actif que sa rupture est plus grave. En fait, la régénération débute par la mise en place de l'extrémité distale de l'organe, créant entre cette extrémité et le moignon d'amputation une sorte de lacune morphologique que la croissance régénératrice tend à combler, d'autant plus rapidement que cette lacune est plus importante.

Un exemple remarquable de corrélations de croissance assurant le rétablissement de l'équilibre morphologique de l'organisme est offert par les phénomènes dits de régénération compensatrice. L'opercule de certains vers tubicoles, qui vient clore l'orifice du tube lorsque l'animal s'y rétracte, est développé tantôt à droite, tantôt à gauche, et représenté du côté opposé par une ébauche rudimentaire. L'amputation de l'opercule fonctionnel déclenche le développement de cet opercule rudimentaire, tandis que l'organe amputé est remplacé par une ébauche rudimentaire : l'asymétrie de l'animal est conservée, mais inversée. L'organe fonctionnel inhibe donc le développement de l'ébauche symétrique. Le phénomène rappelle l'hypertrophie compensatrice des organes internes des Vertébrés, régie par des facteurs humoraux; mais son mécanisme est différent. Les corrélations entre les deux opercules s'exercent par l'intermédiaire des tissus d'une région médiane en continuité avec les deux, dont l'annexion physiologique à l'un des opercules est nécessaire à son développement complet.

Le mécanisme intime de ces corrélations indépendantes du milieu intérieur demeure obscur, mais leur importance apparaît considérable dans la régulation de la croissance et de la morphogenèse, non seulement chez les animaux inférieurs, mais encore chez les êtres supérieurs, notamment à l'état embryonnaire, avant l'acquisition des corrélations hormonales.

CONCLUSIONS

La croissance, manifestation vitale essentielle par laquelle la matière vivante tend à réaliser une sorte de conquête de l'espace chimique, exige l'intégrité de toutes les fonctions organiques et se montre sensible aux diverses influences du milieu. Aussi son étude confine-t-elle à tous les grands chapitres de la biologie générale. La croissance d'une espèce vivante est essentiellement un processus biochimique de synthèse spécifique, dirigé par un ensemble de molécules autoreproductrices, qui s'effectue dans certaines conditions physiques, à partir d'un ensemble défini de matériaux alimentaires.

De multiples réactions métaboliques concourent à l'accomplissement de ces synthèses spécifiques. Certains de ces processus chimiques, communs à de nombreux êtres, ont un caractère presque universel et conditionnent les autres, plus strictement spécifiques. Les animaux supérieurs sont tributaires des êtres inférieurs en ce qui concerne les réactions de synthèse les plus fondamentales. De nombreux liens de solidarité unissent entre eux les processus chimiques conditionnant la croissance. Une réaction en commande une autre, soit en lui fournissant des produits, soit en lui préparant un catalyseur indispensable. Les ferments, les hormones, sont des facteurs catalytiques assurant ces liaisons chimiques.

Un caractère essentiel de ces processus métaboliques est leur tendance à se localiser en des points différents de l'organisme. La croissance implique une structure organisée et toute différenciation structurelle est liée à une différenciation métabolique. De plus, une synthèse nouvelle de matière vivante s'accompagne de l'édification d'une forme et d'une structure; la croissance est inséparable de la morphogenèse.

La collaboration entre les divers processus chimiques disséminés dans l'organisme et concourant à la croissance de l'ensemble est assurée par des mécanismes de corrélations basés sur des déplacements de substances. Les corrélations humorales, bien étudiées chez les animaux supérieurs pourvus d'un milieu intérieur, ne représentent vraisemblablement qu'une forme évoluée et particulièrement explicite des corrélations chimiques qui doivent s'exercer dans l'intimité même des tissus de tous les organismes.

Enfin, les synthèses spécifiques ne s'accomplissent pas toutes simultanément; elles s'échelonnent au cours du développement de chaque individu. L'ontogenèse se décompose en un certain nombre de périodes successives, les phases de la croissance. Chaque phase, correspondant à un certain stade morphologique, est sans doute gouvernée par une équipe de gènes, conditionnant un ensemble de ferments dont les actions sont harmonisées par un plan particulier de corrélations et impliquent des besoins alimentaires définis. L'avènement d'une phase est une crise interne de caractère irréversible, une métamorphose instaurant un nouvel état d'équilibre fonctionnel entre les parties de l'organisme et déterminant de nouvelles réactions au regard du milieu.

Là où elle a été progressive, l'évolution a augmenté les exigences alimentaires, créé des relations de dépendance entre des êtres de complexités différentes en vue de l'accomplissement des synthèses fondamentales. Elle a engendré des formes plus complexes, plus diverses, plus aptes à survivre dans un milieu variable dans l'espace et dans le temps; mais ce perfectionnement de l'individu a été réalisé au détriment de la fécondité, de la rapidité et de l'étendue du travail synthétique de la lignée.

Des êtres les plus inférieurs aux animaux supérieurs, les processus chimiques et morphogénétiques de la croissance individuelle se sont engagés dans des voies multiples de plus en plus complexes, mais plus lentes et de plus faible rendement. Cette évolution n'a sans doute pas d'autre signification que d'avoir assuré, au travers des changements incessants du monde physique, la perpétuation des structures moléculaires spécifiques, la pérennité des lignées, qui semble en définitive la seule loi fondamentale de la Vie.

Marcel ABELOOS.

BIBLIOGRAPHIE

M. ABELOOS, *La Croissance,* P.U.F. 1942; *Croissance, morphogenèse et évolution,* « Ann. Biol », 25, 1949.

J. S. HUXLEY, *Problems of Relative Growth,* London, 1932.

J. NEEDHAM, *Biochemistry and Morphogenesis,* Cambridge University Press, 1942.

G. TEISSIER, *La Relation d'allométrie,* « Biometrics », 4, 1947.

LA RÉGÉNÉRATION

On appelle régénération la reproduction par un organisme d'une partie amputée. Celle de la queue des Lézards et des Vers de terre est connue depuis longtemps et, dès le XVIIIe siècle, les fondateurs de la biologie expérimentale, Réaumur, Trembley, Ch. Bonnet, Spallanzani, avaient observé de nombreux exemples de régénération. Mais ce n'est guère avant le début du présent siècle que la régénération a été reconnue comme une propriété générale des êtres vivants et que son analyse a été poursuivie de façon systématique par de nombreux expérimentateurs, parmi lesquels J. Lœb, T. H. Morgan, C. M. Child, ont été les pionniers.

Ce regain des études sur la régénération animale a été contemporain de l'essor d'une discipline nouvelle, l'embryologie expérimentale. H. Driesch, observant que la moitié isolée d'un œuf fécondé d'Oursin donne une larve complète et non une moitié de larve, découvrait la régénération embryonnaire ou *régulation,* et fondait du même coup l'embryologie causale.

La généralité de la régulation, aujourd'hui reconnue comme une propriété fondamentale de tout système vivant en activité morphogénétique, s'oppose aux conceptions préformationnistes du développement des organismes. Il y a une infinité de façons de morceler un individu ou son germe et il est inconcevable qu'il existe une infinité de mécanismes préadaptés, aptes à répondre à chaque intervention en reconstituant un tout harmonieux. A moins de renoncer à une interprétation causale de la régulation, il faut admettre que tous les types de régénération mettent en jeu les mêmes facteurs que l'ontogenèse normale. L'organisme se répare comme il se construit. La régénération est liée à la permanence des forces et des mécanismes qui ont assuré l'ontogenèse.

Quant à la nature de ces facteurs morphogénétiques, il serait vain de les envisager comme essentiellement différents de ceux qui assurent l'entretien et le fonctionnement de l'organisme adulte et que les physiologistes s'efforcent de réduire à des processus physico-chimiques. Sous ses deux aspects fondamentaux, croissance et différenciation des parties, la morphogenèse est intimement liée à l'activité chimique de la substance vivante, à son métabolisme, et les recherches sur la régénération et l'embryogénie s'inspirent aujourd'hui de plus en plus des méthodes de la physiologie.

L'embryologie expérimentale nous a appris qu'un organisme ne se construit pas comme un édifice, pierre à pierre, ou, comme s'accroît un cristal, par parties successivement juxtaposées. La morphogenèse procède au contraire du tout aux parties, des ensembles aux détails, réalisant successivement une série hiérarchisée de structures de plus en plus fines. A mesure que l'activité morphogénétique se spécialise ainsi dans des directions divergentes et localisées, l'étendue du pouvoir de régulation se restreint : englobant initialement le germe dans sa totalité, le système autorégulateur se subdivise en systèmes partiels encore autorégulateurs, mais limités à la fois dans leur étendue et leurs possibilités morphogénétiques. En règle générale, une restriction du pouvoir régénérateur accompagne les progrès de l'ontogenèse.

La spécialisation de l'activité morphogénétique du germe est évidemment d'autant plus accentuée que l'organisme adulte possède une organisation plus complexe. Aussi le pouvoir régénérateur de l'adulte est-il, en règle générale, plus étendu chez les animaux inférieurs.

Chez de nombreux êtres inférieurs, un fragment quelconque du corps est susceptible de se réorganiser en un individu complet : la régénération est totale. Lorsqu'un tel organisme est, en outre, capable de se fragmenter spontanément par un processus d'*autotomie,* le phénomène constitue un mode normal de multiplication asexuée des individus, la *scissiparité*. Dans un autre mode de multiplication asexuée, le *bourgeonnement,* un nouvel individu se constitue en une région déterminée du corps de l'individu, la souche, dont il se détachera ultérieurement; mais l'édification du bourgeon rappelle de très près l'évolution d'un bourgeon de régénération. Régénération et *multiplication asexuée* sont donc des phénomènes étroitement liés dans les deux cas. En fait, tout être susceptible de se multiplier par voie asexuée est capable de régénération; mais la réciproque de cette loi n'est pas vraie.

Chez les animaux supérieurs adultes, par contre, la régénération n'est possible que dans les limites de certains organes, appendices ou territoires. Une fragmentation du corps peut être suivie d'une régénération qui le complète dans l'un des fragments, jamais dans les deux. Un tronçon isolé de membre de Salamandre, maintenu en vie par la greffe, peut régénérer en direction proximale, mais ne reproduit que l'extrémité du membre. Ce type de régénération sera désigné par le terme de régénération *territoriale*. La multiplication asexuée n'est plus possible dans ce cas à l'état adulte. Mais elle peut se produire encore chez les mêmes animaux à l'état embryonnaire : la polyembryonie, production de jumeaux ou d'individus multiples à partir d'un œuf fécondé unique, réalise une multiplication asexuée embryonnaire jusque dans l'espèce humaine.

La spécialisation des différents territoires d'un organisme n'est pas le seul facteur limitant son pouvoir régénérateur. La régénération chez l'adulte est précédée et conditionnée par divers processus : la cicatrisation de la plaie, puis la récupération par les éléments voisins de la blessure de propriétés qui les rapprochent des cellules embryonnaires et les rendent aptes à une nouvelle prolifération et à une nouvelle différenciation. Ces processus initiaux paraissent régis par de nombreux facteurs, dont l'analyse est encore à peine abordée, mais dont dépendent pour une large part l'existence même du pouvoir de régénération et ses variations suivant les espèces, selon les individus, les régions du corps, les stades du développement. L'examen de quelques exemples de régénération chez des animaux représentant divers degrés d'organisation montrera la variété des problèmes posés par ces phénomènes et l'importance de la contribution apportée par leur étude à la connaissance des lois générales de la morphogenèse.

LA RÉGÉNÉRATION CELLULAIRE CHEZ LES PROTOZOAIRES

Dans toute cellule, la morphogenèse spécifique est liée aux synthèses protoplasmiques, conditionnées et orientées dans la direction caractéristique de l'espèce et du type cellulaire par les molécules autoreproductrices (gènes) contenues, pour la plupart, dans le noyau. Le noyau est indispensable à la régénération cellulaire. La fragmentation d'un corps cellulaire, ou mérotomie, peut être suivie de la régénération du fragment nucléé, tandis que le fragment anucléé dégénère et meurt dans tous les cas. Ces conclusions s'appliquent aussi bien aux cellules isolées des Protozoaires qu'aux cellules constituant le corps des Métazoaires.

Les nerfs des animaux supérieurs sont constitués par des faisceaux d'axones, prolongements cytoplasmiques des cellules nerveuses situées dans les centres nerveux. La section d'un nerf déclenche une dégénérescence complète des portions d'axones (bout périphérique du nerf) isolées de leurs corps cellulaires, tandis que les fragments en relation avec le centre (bout central) bourgeonnent et régénèrent de proche en proche les parties amputées.

Le pouvoir de régénération de fragments nucléés a été reconnu dans presque tous les groupes de Protozoaires et, notamment, chez les plus évolués, les Ciliés. Un bel exemple sera fourni par le Stentor, Infusoire Cilié hétérotriche d'eau douce, qui a fait l'objet de nombreux travaux. Son corps, en forme de trompette, est couvert de cils vibratiles disposés en rangées linéaires appelées stries ciliaires. De la bouche du Stentor part en outre une ligne, dite frange adorale, enroulée en spirale, et formée de palettes (membranelles) résultant chacune de l'union de plusieurs cils. A la base de chaque cil se trouve un corpuscule, appelé cinétosome, qui l'a engendré et qui conditionne son fonctionnement. Ed. Chatton et A. Lwoff ont montré que les cinétosomes étaient des organites autoreproducteurs : ils se reproduisent par division et tout cinétosome ne peut provenir que d'un organite de même nature préexistant. Cette continuité génétique des cinétosomes, qui exprime sans doute la permanence d'une structure moléculaire cytoplasmique autoreproductrice, est la base de la morphogenèse dans la division et la régénération.

Lors de la multiplication asexuée du Stentor par division transversale, chaque strie ciliaire se partage entre les deux individus fils et multiplie ses cinétosomes pour récupérer son étendue normale. La frange adorale, par contre, ne se divise pas et passe tout entière dans l'individu antérieur. L'individu postérieur doit reformer une nouvelle frange adorale. A cet effet, d'un petit nombre de stries ciliaires stomatogènes se détachent des cinétosomes qui prolifèrent d'abord de façon anarchique, puis s'ordonnent selon le plan caractéristique de l'appareil adoral *(fig. 1)*.

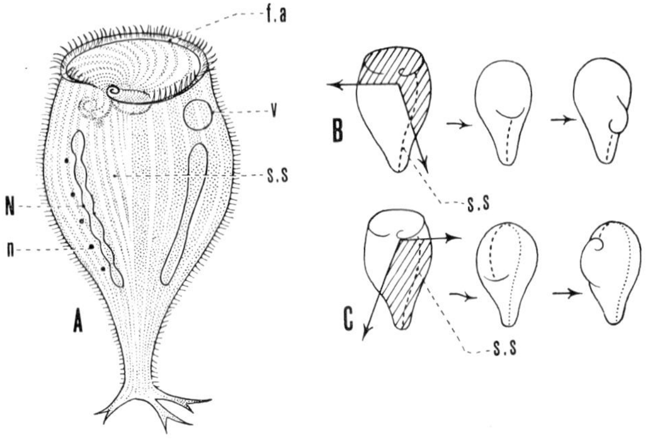

FIG. 1 — RÉGÉNÉRATION CHEZ LE STENTOR.

N, macronucleus; *n*, micronucleus; *v*, vacuole pulsatile; *f.a*, frange adorale; *s.s*, stries stomatogènes. B et C, régénérations de fragments montrant l'apparition de la frange adorale à l'extrémité antérieure de la portion conservée des stries stomatogènes *s.s*.

Les capacités régénératrices des Stentors sont remarquables : un fragment antérieur régénère le pied; un fragment postérieur, l'appareil buccal; un fragment médian régénère ses deux extrémités, la polarité antéro-postérieure étant conservée dans tous les cas. Trois conditions doivent cependant être remplies par le fragment : sa taille doit être supérieure à une certaine valeur limite; il doit contenir une portion de la couche superficielle du cytoplasme (ectoplasme) suffisante pour assurer, au bout de quelques secondes, l'enveloppement complet du fragment arrondi; il doit contenir au moins une portion du *macronucleus*.

L'appareil nucléaire des Ciliés comprend deux noyaux différenciés, le *macro-* et le *micronucleus*. Le premier est un organite périssable, susceptible d'être reproduit par le micronucleus, la transformation inverse n'étant pas possible. Seul, le macronucleus est indispensable à la régénération et ne peut être suppléé par le micronucleus. Au moment de la conjugaison, le macronucleus dégénère et la régénération n'est pas possible tant qu'un nouveau macronucleus actif ne s'est pas différencié à partir du micronucleus de conjugaison. Un fragment de macronucleus suffit d'ailleurs à assurer la régénération et, sauf chez le Cilié sur le point de se diviser, toutes les parties du macronucleus sont équivalentes (P. B. Weisz).

Dans la régénération comme dans la division, il y a continuité génétique des cinétosomes. La régénération de la frange adorale résulte de l'activité des stries stomatogènes, à l'extrémité antérieure de la portion présente dans le fragment. Les stries stomatogènes possèdent donc une polarité. Elle sont capables, en toutes leurs parties, d'engendrer un appareil adoral; mais la présence d'un appareil adoral déjà différencié inhibe cette faculté. Dans des fragments totalement dépourvus de strie stomatogène, une autre strie acquiert ses propriétés, mais ce processus retarde la régénération. Une strie quelconque est donc susceptible de devenir stomatogène, mais la présence d'une région stomatogène différenciée empêche normalement cette possibilité de se manifester.

Dans la région stomatogène, les stries ciliaires sont plus serrées et la largeur des bandes longitudinales pigmentées qui les séparent augmente régulièrement de la gauche vers la droite selon un gradient transversal fermé sur lui-même. Lorsque, par une greffe de fragments bouleversant cette organisation transversale, on juxtapose des régions ectoplasmiques où les stries ciliaires sont inégalement espacées, on provoque l'apparition d'une nouvelle ébauche d'appareil buccal dans la région de discontinuité ainsi créée (V. Tartar).

Chez des Ciliés plus évolués, les Hypotriches, dont les cils sont tous agglutinés en un petit nombre de « cirres », la régénération est, comme la division, accompagnée d'une résorption complète de la ciliature ancienne et d'une réorganisation de tout l'appareil ciliaire nouveau. L'ablation d'un seul cirre suffit pour déclencher cette réorganisation totale.

La continuité génétique des cinétosomes, si elle explique l'origine des matériaux de la morphogenèse ciliaire, ne suffit donc pas à rendre compte de l'*organisation* de ces matériaux selon un plan spatial spécifique définissant l'individualité. Il semble inévitable d'invoquer une organisation d'ensemble de l'ectoplasme, se traduisant par les interactions, stimulations ou inhibitions, observées entre les diverses parties de la ciliature. Une telle organisation implique une différenciation des propriétés physico-chimiques et métaboliques de l'ectoplasme selon les parties du corps et une autorégulation de cette distribution dans les fragments.

En d'autres termes, les propriétés de l'ectoplasme en un point de la surface du corps seraient déterminées par la position de ce point dans l'ensemble et seraient seulement fonction de cette position, comme, dans un « champ » physique, les propriétés décelables en un point sont fonction des coordonnées de ce point dans l'espace. On se trouve ainsi conduit au concept de *champ morphogénétique,* que nous rencontrerons de nouveau dans l'étude de la morphogenèse chez les Métazoaires. Selon Fauré-Frémiet, le champ ectoplasmique des Ciliés aurait pour base la structure moléculaire submicroscopique de cette région du cytoplasme. Les molécules protéiques géantes y seraient régulièrement orientées comme dans un cristal et le réseau des stries ciliaires de l'Infusoire fournirait, à l'échelle microscopique, une image de cette organisation moléculaire.

LA MORPHOGENÈSE CHEZ LES ÉPONGES

Les Éponges, dépourvues de système neuro-musculaire et de vrai tissu épithélial, sont les plus inférieurs des

Métazoaires. Leur croissance est illimitée et leur individualité très peu marquée. Un fragment détaché du corps continue à produire des tissus offrant la structure caractéristique de l'espèce, sans qu'on puisse parler d'une véritable régénération.

Beaucoup d'Éponges sont en outre capables d'engendrer des bourgeons dormants assurant la dissémination de l'espèce et sa conservation dans des conditions défavorables. Les gemmules des Spongilles d'eau douce sont des corpuscules ayant une taille et une forme définies et spécifiques. Elles comprennent une coque, munie d'un micropyle, remplie de cellules toutes semblables chargées de réserves nutritives. Ces éléments proviennent de cellules amiboïdes indifférenciées (archæocytes) qui se sont massées dans les régions profondes du corps de l'Éponge et ont constitué leurs réserves en absorbant, à la façon d'un ovocyte en croissance, d'autres éléments nourriciers.

Lors de la germination de la gemmule, ces cellules subissent des divisions successives, rappelant la segmentation d'un œuf, pour engendrer des cellules plus petites, sans inclusions, dont le noyau granuleux contraste avec le noyau à gros caryosome des éléments non divisés. Ces petites cellules sortent par le micropyle et se différencient pour donner tous les types cellulaires de l'éponge adulte, y compris les cellules sexuelles (P. Brien). Les cellules amiboïdes (archæocytes) qui ont constitué la gemmule sont donc, potentiellement, des cellules embryonnaires capables, après une sorte de maturation, d'engendrer, comme le fait un œuf, toutes les catégories de cellules différenciées de l'adulte. Si l'on ajoute que de tels éléments embryonnaires peuvent naître de la dédifférenciation de certaines cellules différenciées — notamment des cellules flagellées à collerette ou choanocytes —, on doit conclure que la différenciation cellulaire est, chez les Spongiaires, toujours incomplète et souvent réversible.

Les cellules des Éponges ne contractent pas entre elles de rapports anatomiques fixes et définitifs et diverses Éponges se montrent capables de récupérer leur organisation normale lorsque leurs cellules constituantes ont été complètement dissociées. Des fragments du corps sont pressés à travers un tissu de soie à mailles très fines. Lorsqu'on leur offre un support solide, les cellules ainsi isolées forment, au bout d'une douzaine d'heures, des agrégats d'un ou deux millimètres de diamètre. Certains de ces agrégats évoluent en quelques jours en une Éponge normale. Ils se montrent constitués par trois catégories différentes de cellules de l'Éponge : des archæocytes amiboïdes, des choanocytes et des cellules du revêtement superficiel (pinacocytes). Les agrégats dépourvus de choanocytes flagellés sont voués à la dégénérescence (P. Brien). Chacun de ces types cellulaires gagne, par sa propre activité, une position relative conforme à celle qu'il occupait dans l'éponge primitive, position que lui assignent les propriétés physico-chimiques et métaboliques de son protoplasme. Ainsi, tandis que, dans la germination d'une gemmule, chaque élément acquiert sa différenciation en fonction de sa position dans l'ensemble, dans la reconstitution après dissociation, chaque cellule déjà différenciée adopte une position qui est fonction de son type.

Les phénomènes morphogénétiques présentent donc, chez ces Métazoaires très inférieurs, des traits originaux liés, d'une part, au caractère incomplet de la différenciation cellulaire, ménageant des éléments embryonnaires permanents, et à sa réversibilité totale dans certaines catégories cellulaires, d'autre part à l'absence presque complète des forces d'intégration qui, chez les Métazoaires à tissus épithéliaux, distribueront les différenciations métaboliques selon un plan géométrique définissant un champ morphogénétique.

LA RÉGÉNÉRATION TOTALE CHEZ LES HYDRAIRES

L'organisation des Polypes et des Méduses comporte, outre des types cellulaires migrateurs rappelant ceux des Éponges, des éléments fixes constituant deux assises épithéliales, ectoderme et endoderme, accolées pour former la paroi d'un sac gastrique. L'individualité est nettement marquée chez ces animaux par un axe de symétrie radiaire, l'axe de polarité oral-aboral.

Les prodigieuses facultés de régénération et de bourgeonnement des Hydres d'eau douce, découvertes par

Trembley au XVIIIe siècle, ont été étudiées par de nombreux zoologistes, ainsi que celles des Hydraires marins, solitaires ou coloniaux. Deux questions essentielles retiendront notre attention dans cette régénération : l'origine des tissus régénérés, les facteurs présidant à l'organisation de ces matériaux.

Lorsque le tronc d'un polype d'Hydroïde est sectionné transversalement, les cellules endodermiques voisines de la section se dédifférencient, perdent leur flagelle, leurs fibrilles musculaires, et s'unissent en un syncytium qui obture l'ouverture de la cavité digestive. Sur ce substratum endodermique, l'ectoderme rétablit sa continuité grâce à une sorte de glissement où interviennent des déformations et déplacements individuels des cellules, indépendamment de toute division mitotique. L'origine des tissus du polype, dont la régénération va maintenant s'ébaucher, n'est pas la même dans toutes les espèces.

Chez certains Hydroïdes, on observe, à la base du feuillet ectodermique, des nids de petites cellules, appelées cellules interstitielles, qui prolifèrent activement et peuvent engendrer tous les autres types cellulaires de l'organisme, cellules ectodermiques myo-épithéliales, cellules endodermiques, cellules glandulaires, nématoblastes, gonocytes, etc. Les belles recherches de P. Brien ont démontré le rôle essentiel joué par ces éléments dans la rénovation normale des tissus du corps des Hydres, dans la genèse des éléments sexuels et dans le bourgeonnement des polypes et des méduses sur les colonies d'Hydraires marins. Les cellules interstitielles peuvent intervenir également dans l'histogenèse régénératrice.

Chez d'autres Hydraires, il n'existe pas normalement de cellules interstitielles ; mais les cellules ectodermiques myo-épithéliales se montrent capables de subir une dédifférenciation complète, qui leur fait récupérer toutes les propriétés des cellules interstitielles. Ces éléments dédifférenciés constituent la source de l'histogenèse dans la régénération ou le bourgeonnement.

Ainsi, les Hydraires rappellent encore les Éponges par la possession de cellules embryonnaires permanentes à compétences histogénétiques totales et par le caractère complètement réversible de la différenciation de certaines cellules ectodermiques. On a obtenu chez quelques Hydraires inférieurs une reconstitution après dissociation des cellules par broyage, analogue aux phénomènes observés chez les Éponges. Les agrégats qui s'organisent en quelques heures à partir des cellules dissociées prennent rapidement une structure didermique et certains d'entre eux fournissent en quelques jours des polypes normaux, montrant les caractères spécifiques et même le sexe du polype broyé. Chez l'Hydre d'eau douce, l'expérience ne réussit qu'avec de petits fragments, où doivent être représentés les deux feuillets, ectoderme et endoderme. L'endoderme semble jouer le rôle actif dans la réunion de ces fragments. D'autres expériences, où l'Hydre, temporairement retournée en doigt de gant, est privée de son endoderme, montrent que les deux feuillets ne sont pas interchangeables.

Ainsi, la condition initiale indispensable à la genèse d'un polype est, dans tous les cas, la constitution d'un sac à double paroi épithéliale, à l'intérieur duquel les battements des flagelles endodermiques entretiennent une certaine turgescence. Aux conditions histogénétiques déjà requises chez les Spongiaires s'ajoutent, chez les Cœlentérés, des conditions d'ordre structural.

Chez la Tubulaire, Hydroïde marin dont le polype possède deux verticilles de tentacules superposés, les premiers indices de la régénération d'un polype par un fragment de tronc se manifestent vingt-quatre heures après la section. Dans la paroi du corps encore enfermé dans son enveloppe cuticulaire, des épaississements pigmentés ébauchent les deux verticilles de tentacules. En quelques jours, ces ébauches se détacheront, s'épanouiront pour former le polype régénéré, que la croissance des tissus poussera hors du manchon cuticulaire *(fig. 2)*.

Diverses expériences montrent que l'organisation d'un polype régénéré est sous la dépendance du métabolisme et, plus précisément, du métabolisme aérobie des tissus. La pose d'une ligature au voisinage d'une section inhibe toute régénération en privant les tissus d'oxygène. L'injection d'une bulle d'oxygène dans un fragment de tronc de Tubulaire ligaturé suffit à déclencher la morphogenèse. Une dénudation localisée du tronc par excision de l'enveloppe cuticulaire provoque la formation d'un polype dans la région mise à nu. Des incisions pratiquées dans le tronc d'un polype normal exercent la même

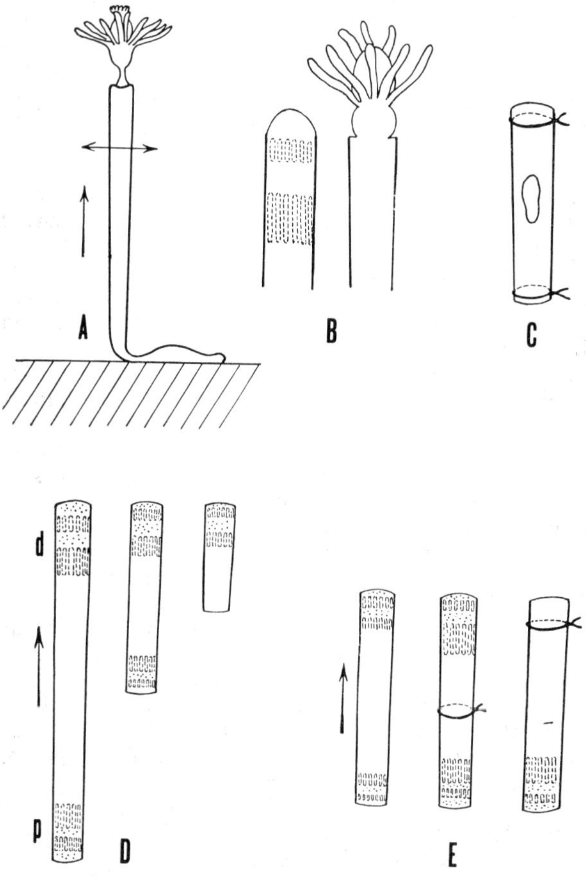

FIG. 2 — RÉGÉNÉRATION CHEZ LA TUBULAIRE.

A, individu complet; B, stades de la régénération d'un polype; C, ligature et dénudation localisée d'un fragment de tronc; D, relations de dominance entre polype distal *d* et proximal *p*; E, influence d'une ligature sur la dominance.

action. On a pu déterminer le seuil de concentration de l'oxygène au-dessous duquel toute régénération est impossible. Une élévation de la tension d'oxygène dans l'eau de mer, en même temps qu'elle augmente la consommation d'oxygène par le fragment, active la régénération et allonge les ébauches tentaculaires régénérées. Certaines substances inhibitrices de la respiration agissent en sens inverse sur les mêmes phénomènes.

La régénération d'un polype est soumise en outre à des conditions de température. Lorsque la température dépasse 22°, un polype différencié dégénère, s'autotomise et est remplacé par un « stolon » cylindrique sans tentacules, qui peut continuer à s'allonger. Si la température est de nouveau abaissée à 15°, l'extrémité de ce stolon différencie un polype.

La régénération d'un polype dépend également de conditions d'ordre interne : toutes les parties du tronc ne sont pas également aptes à réagir par une morphogenèse à la stimulation causée par l'ablation du polype et l'accroissement des oxydations. Lorsqu'on opère dans un tronc de Tubulaire des sections à des niveaux de plus en plus éloignées du polype primitif, la durée de la régénération augmente progressivement, la longueur des ébauches tentaculaires diminue, la consommation d'oxygène par le fragment s'abaisse. Ces variations régionales, en gradient continu, des modalités de la régénération, indiquent une distribution définie dans l'individu de certaines propriétés physiologiques des tissus.

Dans un fragment de tronc de Tubulaire limité par deux sections transversales, il apparaît généralement un polype régénéré à chaque extrémité; mais le polype proximal (inverse ou *hétéromorphique*) est plus long à se former et plus petit que le polype distal. Cette influence inhibitrice exercée par le polype distal sur le polype hétéromorphique est d'autant plus marquée que le fragment est plus court. Dans des fragments suffisamment courts, le polype hétéromorphique est complètement supprimé. Une comparaison entre fragments d'inégale longueur montre que le polype hétéromorphique exerce aussi une action inhibitrice sur le polype distal. Toutes ces influences mutuelles sont supprimées par la pose d'une ligature au milieu du fragment.

On désigne par le terme de *dominance* morphogénétique

cette tendance, manifestée par un organe développé ou en développement, à inhiber, retarder ou supprimer le développement d'un organe semblable dans un certain rayon. Le bourgeonnement de nouveaux polypes chez un Hydroïde colonial est causé par un défaut de dominance des polypes préexistants. Dans un fragment isolé de tronc de Tubulaire, il semble qu'une sorte de compétition s'instaure entre les deux extrémités et que le dénouement soit influencé par l'organisation polarisée préexistant dans le fragment. Lorsqu'on pratique les deux sections limitant le fragment, non plus simultanément mais successivement, on constate que les conditions qui règlent la destinée de la première section sont celles qui règnent durant la journée qui suit l'opération. Vingt-quatre heures après la section, alors que la régénération est à peine ébauchée, les caractères de la morphogenèse sont déjà irrévocablement déterminés et ne peuvent plus être modifiés par la seconde section. Les relations de dominance apparaissent donc comme des corrélations d'ordre physiologique, qui précèdent et, sans doute, conditionnent les réalisations morphogénétiques.

Les interactions entre régions du tronc peuvent se manifester, non seulement par des phénomènes de dominance inhibitrice, mais aussi par des stimulations morphogénétiques. Child et ses collaborateurs ont montré que, chez certains Hydroïdes, l'implantation de greffons empruntés à la région avoisinant immédiatement la bouche du polype provoquait en un point quelconque du tronc la formation d'un nouveau polype supplémentaire. Bien qu'une simple incision puisse suffire à amorcer la morphogenèse, il semble qu'un tel greffon exerce de proche en proche sur les tissus du porte-greffe une influence inductrice provoquant leur organisation en polype complet.

L'analyse des processus morphogénétiques chez les Hydroïdes révèle donc l'existence d'une différenciation d'ordre physiologique régulièrement distribuée entre les parties du corps, notamment entre les niveaux échelonnés selon l'axe principal de polarité de l'animal. De plus, les corrélations morphogénétiques qui fondent l'individualité en définissant un champ morphogénétique, — relations de dominance inhibitrice tendant à assurer le caractère singulier de chaque niveau et relations d'induction provoquant le rétablissement des niveaux manquants — apparaissent comme liées à ce système de différenciation métabolique. La régénération dans un fragment est précédée et conditionnée par le rétablissement autorégulateur d'un tel système en présence d'oxygène.

L'existence d'une différenciation métabolique axiale peut d'ailleurs être décelée directement par des procédés purement physiologiques. Child et ses collaborateurs ont mis en évidence et désigné par le terme de *gradients physiologiques axiaux* des variations régionales continues en gradient pour des propriétés physiologiques très diverses : sensibilité des tissus aux substances et aux agents toxiques, pouvoir réducteur, potentiel électrique, etc. Dans des fragments de tronc, ils ont constaté un parallélisme remarquable entre les gradients physiologiques décelables peu de temps après la section et la destinée morphogénétique des mêmes fragments.

La nature de cette différenciation métabolique axiale et des mécanismes qui l'entretiennent est encore du domaine de l'hypothèse. Dans une théorie, aujourd'hui dépassée, mais qui a exercé une influence féconde sur les recherches en morphogénétique, C. M. Child a postulé des variations axiales purement *quantitatives* de l'intensité du métabolisme, entretenues par les stimulations d'origine externe, sans transport de substances. L'extrémité orale du polype, la plus active physiologiquement, serait la plus sensible à ces stimulations et les conduirait vers les régions basales avec un décrément continu qui serait à l'origine du gradient physiologique. Cependant, la différenciation métabolique ne semble pas seulement d'ordre quantitatif, mais avant tout qualitative.

E. J. Lund a étudié les différences de potentiel électrique qui, dans le tronc des Hydroïdes, existent normalement entre les deux faces de la paroi du corps et entre les divers points de la surface. Ces différences, entretenues par l'activité métabolique du protoplasme et liées, par conséquent, aux gradients axiaux, engendrent des courants électriques continus et orientés susceptibles de jouer le rôle de forces intégratives en assurant la répartition régulière des potentiels et la régulation de leur distribution dans les fragments. En fait, Lund, en appliquant à des fragments de tronc des courants électriques de même intensité que les courants normaux, a constaté des inhibitions ou des renversements de la polarité dans la régénération.

L. G. Barth a proposé une interprétation de la régénération chez la Tubulaire faisant intervenir un transport de substances, que l'on constate effectivement dans la cavité gastrique des troncs en régénération. Les deux extrémités d'un fragment entrent en compétition physiologique pour ces substances et, en bloquant leur circulation, on trouble les relations de dominance. Cependant, l'interprétation doit également faire appel à une différenciation régionale des propriétés des tissus, qui ne pourrait être entretenue que par une circulation de substances s'effectuant, non dans la cavité gastrique, mais dans l'intimité des tissus.

Quoi qu'il en soit, les Cœlentérés nous montrent, en dépit du caractère encore incomplet et réversible de leur différenciation cellulaire, l'intervention dans la morphogenèse de conditions structurales liées aux tissus épithéliaux et s'exprimant par un champ morphogénétique supracellulaire, basé sur un système autorégulateur de différenciation métabolique axiale.

LA RÉGÉNÉRATION CHEZ LES VERS

Les Vers, qui sont les plus inférieurs des Métazoaires Cœlomates, montrent fréquemment des phénomènes de restitution relevant de la régénération totale, mais qui, dans certains cas, semblent annoncer la régénération territoriale des Métazoaires supérieurs.

Chez les Vers annelés (Annélides), marins (Polychètes), d'eau douce ou terrestres (Oligochètes), la faculté de régénération de la tête, généralement présente dans la partie antérieure du corps, s'affaiblit puis disparaît lorsque la section est déplacée vers l'arrière. La faculté de régénération de la queue est également limitée à une région déterminée et fait défaut au voisinage de l'extrémité antérieure.

Chez les Lombrics, les deux régions de régénération n'empiètent pas l'une sur l'autre; elles sont séparées par une région neutre, incapable de régénération, qui s'étend du quinzième au trentième segment environ. Lorsqu'un ver est sectionné en deux, un seul des fragments est susceptible de se compléter. La multiplication asexuée des individus n'est pas possible.

Chez d'autres Annélides, par contre, les deux régions chevauchent et la région commune est capable de régénérer dans les deux directions opposées. Un fragment limité par deux sections transversales, prélevé dans cette région médiane du corps, régénère totalement en produisant une tête en avant, une queue en arrière. Ces Annélides sont capables d'une multiplication asexuée, par scissiparité ou bourgeonnement, qui est connue, notamment, chez de petits Oligochètes d'eau douce, les *Lumbriculus*.

Lorsqu'une Annélide est sectionnée transversalement, la plaie, d'abord provisoirement fermée par la contraction des muscles de la paroi du corps et la formation d'un bouchon de cellules mésodermiques, peut se cicatriser par deux procédés différents. L'ectoderme et le tube digestif se soudent directement l'un à l'autre, réalisant d'emblée une bouche et un anus. Ou bien, chacun des deux feuillets rétablit sa continuité, la bouche ou l'anus se reformant plus tard. Le procédé de cicatrisation semble d'ailleurs sans influence sur la régénération ultérieure.

Dans la régénération postérieure de certaines Annélides — notamment chez celles qui sont capables de se reproduire normalement par voie asexuée — on constate l'entrée en jeu de cellules mésodermiques spéciales, appelées *néoblastes (fig. 3)*, normalement attachées aux dissépiments qui séparent les cavités cœlomiques des segments successifs. En réponse à l'amputation, les néoblastes subissent en quelques heures de remarquables transformations : ils augmentent de volume, acquièrent un noyau vésiculeux à gros nucléoles, un cytoplasme basophile, riche en acide ribonucléique — indice de synthèses protéiques actives —, et émigrent, en suivant la chaîne nerveuse ventrale du ver, dans la direction de la blessure. Ils s'y rassemblent et commencent à se multiplier par mitose pour constituer une ébauche d'apparence embryonnaire, le blastème de régénération, dont la différenciation ultérieure fournira tous les organes mésodermiques du régénérat : cavités cœlomiques, muscles longitudinaux, organes segmentaires. L'ectoderme de son côté fournira l'épiderme, les ganglions nerveux et les muscles circulaires, tandis que l'intestin endodermique prolifère pour son propre compte. La chaîne nerveuse régénérée s'édifie indépendamment de l'ancienne et se raccorde secondairement avec elle.

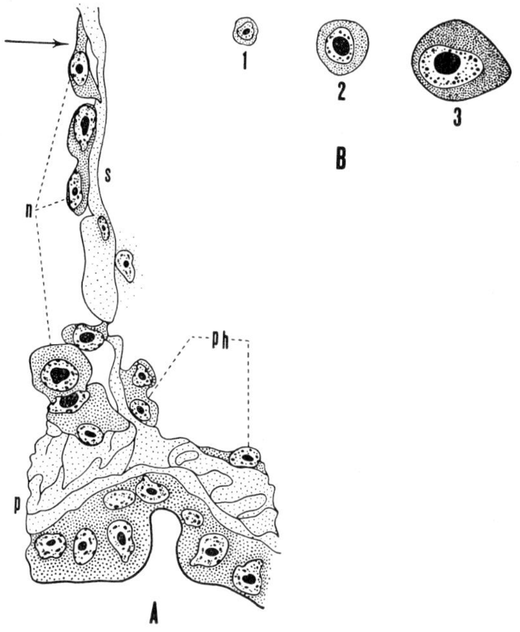

Fig. 3. — Néoblastes chez un Oligochète.

A, coupe longitudinale montrant un dissépiment et son point d'attache sur la paroi ventrale du corps; *n*, néoblastes. La flèche est dirigée vers la tête du Ver. B, trois stades de la métamorphose d'un néoblaste.

Comme tous les éléments à caractère embryonnaire, les néoblastes sont particulièrement sensibles à l'influence nocive des radiations. L'irradiation aux rayons X d'un ver amputé n'empêche pas la cicatrisation, mais inhibe la régénération en supprimant la réaction néoblastique. L'épiderme lui-même ne régénère pas et certains auteurs ont admis que l'activation des cellules épidermiques était déclenchée, dans la régénération normale, par le contact des néoblastes mésodermiques exerçant une sorte d'induction.

Les néoblastes, qui jouent également un rôle essentiel dans les processus de multiplication asexuée par bourgeonnement, sont donc des éléments comparables aux cellules indifférenciées embryonnaires déjà rencontrées chez les Métazoaires acœlomates. Cependant leurs compétences histogénétiques ne sont pas totales, mais restreintes à la production des types cellulaires mésodermiques et des gonocytes. Chez les Annélides qui ne possèdent pas de néoblastes permanents, une dédifférenciation d'éléments mésodermiques, déclenchée par la section, fournit des cellules blastématiques jouissant des mêmes propriétés histogénétiques.

Dans la régénération antérieure, l'intervention de néoblastes n'a pas été nettement établie. Une dédifférenciation de cellules musculaires a été décrite chez les Lombrics. Le rôle le plus actif semble joué par l'ectoderme, qui fournit un stomodæum se raccordant avec le tube digestif du fragment et un système nerveux dorsal, dont le cerveau se relie secondairement par un collier œsophagien à la chaîne nerveuse ancienne.

Par quel mécanisme l'amputation déclenche-t-elle l'activation et la mobilisation des néoblastes ou les phénomènes de dédifférenciation qui inaugurent les processus régénérateurs ? On a invoqué le contact direct du milieu ambiant ou l'action stimulatrice de certaines substances qui diffuseraient du protoplasme des cellules lésées, notamment des éléments nerveux.

La notion d'une intervention nécessaire du système nerveux dans la régénération des Annélides est encore controversée. M. Avel a obtenu la régénération de la tête des Lombrics à partir de sections privées expérimentalement de chaîne nerveuse, mais possédant le plexus nerveux épidermique. Par contre, la présence de la chaîne nerveuse sur la surface de section serait indispensable à la régénération de la queue chez d'autres Annélides.

Quoi qu'il en soit, il est bien établi que l'extrémité de la chaîne nerveuse sectionnée peut, même en l'absence d'amputation, exercer sur les tissus voisins une influence activatrice, provoquant une prolifération cellulaire et la constitution d'un blastème qui se différencie en un organe

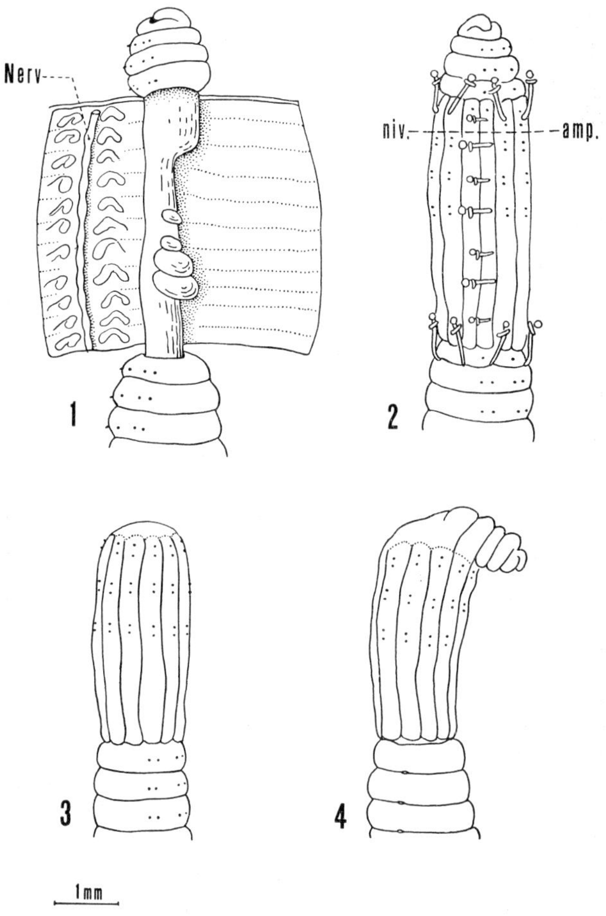

FIG. 4 — EXPÉRIENCE D'AVEL SUR LE LOMBRIC.

Le fragment de paroi du corps prélevé en 1 est ressoudé en 2 à un autre Ver, après rotation de 90°. Le Ver, décapité *(niv. amp.)* après reprise du greffon, régénère et fournit, malgré l'absence de symétrie dans la base de régénération, un régénérat céphalique normal (4).

supplémentaire. Chez les Lombrics, Avel a ainsi obtenu des têtes supplémentaires, lorsque la chaîne nerveuse déviée aboutit dans le territoire antérieur normalement capable de régénérer une tête. Lorsque le tube digestif n'est pas lésé, ces têtes sont réduites à leurs organes ectodermiques et mésodermiques. Seul, le tissu nerveux est capable de provoquer une telle activité morphogénétique et il est vraisemblable que cette propriété intervient dans la régénération normale.

L'analyse des facteurs qui déterminent l'organisation des blastèmes de régénération en une extrémité antérieure ou postérieure est encore peu avancée chez les Annélides. On peut cependant affirmer que les tissus ecto-mésodermiques jouissent d'une certaine autonomie morphogénétique à l'égard de l'endoderme. Nous avons pu obtenir, dans la région antérieure de certains Polychètes, l'édification d'une extrémité postérieure normale, avec pygidium et zone de bourgeonnement de segments, en l'absence d'endoderme et même en l'absence de tube digestif. Les têtes supplémentaires sans endoderme obtenues par Avel chez les Lombrics démontrent une indépendance analogue dans la régénération antérieure. A des stades plus tardifs, cependant, lors de la régénération du pharynx des Lombrics, Avel a pu déceler des réactions d'induction entre mésoderme et endoderme.

Quant à la détermination de la nature de l'organe régénéré, dans le cas du Lombric, où tête et queue ne peuvent prendre naissance que dans des territoires distincts séparés par un territoire neutre, il est possible d'invoquer des propriétés spécifiques des tissus ecto-mésodermiques variant selon les régions. Le fait que, chez certains Lombriciens, la régénération de la tête est possible en toute saison tandis que le pouvoir régénérateur de la queue apparaît et disparaît périodiquement selon un rythme réglé sur celui de l'estivation (Abeloos et Avel) parle en faveur d'une indépendance entre les propriétés morphogénétiques des deux territoires.

En transplantant du territoire de régénération de la tête dans le territoire neutre des fragments dorsaux ou ventraux de la paroi du corps, Avel a constaté que les propriétés morphogénétiques du territoire de la tête étaient plus actives dans la moitié ventrale que dans la moitié dorsale. Les tissus du territoire neutre se montrent capables de fournir des matériaux à la régénération, mais incapables par eux-mêmes de les organiser en régénérats céphaliques : les propriétés morphogénétiques sont distinctes des compétences histogénétiques. Ces expériences suggèrent que l'organisation des régénérats céphaliques serait sous la dépendance d'une polarité dorso-ventrale des tissus de la base, qui ferait défaut dans le territoire neutre. Cette polarité dorso-ventrale doit normalement être transmise aux régénérats et assurer leur orientation correcte par rapport à la base. Dans une série de belles expériences de greffes, Avel a cependant obtenu des régénérats céphaliques normaux sur des bases de départ n'offrant aucun élément de symétrie : les blastèmes de régénération jouiraient d'une certaine autonomie en ce qui concerne la détermination de leurs éléments de symétrie *(fig. 4)*.

Lorsqu'on envisage le cas des Annélides capables de régénération totale, la détermination de la nature du régénérat ne peut plus être attribuée à des propriétés territoriales d'un tissu : les tissus d'une même section fournissent un régénérat de tête ou de queue selon qu'ils forment la limite antérieure ou postérieure d'un fragment se complétant à ses deux extrémités. Dans cette régénération polaire, la direction de la régénération n'est pas le seul facteur déterminant la nature du régénérat : un fragment limité par deux sections transversales suffisamment rapprochées peut régénérer une tête hétéromorphique à son extrémité postérieure. En pratiquant successivement les sections limitant un tel fragment court, nous avons montré que polarité et hétéromorphose étaient déterminées irrévocablement durant la phase initiale de constitution du blastème de régénération.

Il est vraisemblable que, dans la régénération polaire comme dans la régénération territoriale, la régénération d'une tête et celle d'une queue mettent en jeu des mécanismes morphogénétiques plus ou moins antagonistes, liés à deux champs morphogénétiques distincts qui auraient pour substrats des tissus différents, ectoderme pour la régénération antérieure, mésoderme pour la régénération postérieure.

Chaque type de régénération manifeste dans ses modalités des variations régionales en gradient continu. De plus, l'existence d'une différenciation métabolique axiale a été mise en évidence chez de nombreuses Annélides et se traduit par des variations quantitatives continues en double gradient, l'un à maximum antérieur, l'autre à maximum postérieur, correspondant vraisemblablement aux deux types d'activité morphogénétique ou aux deux territoires de régénération.

La régénération de la tête chez les Annélides diffère en outre de la régénération postérieure par son caractère incomplet. La restitution des segments antérieurs amputés n'est intégrale que dans une région limitée à quelques segments. Aux niveaux plus postérieurs, la régénération ne reproduit que cette région de restitution intégrale. Cependant, chez certaines Annélides comme les Sabelles, le corps se complète secondairement, grâce à une véritable métamorphose qui fait acquérir aux segments anciens les caractères des segments manquants et paraît dirigée par la région céphalique régénérée.

De nombreux travaux ont été consacrés à la régénération des Planaires d'eau douce, connue dès le XVIIIe siècle. Dans certaines espèces, de nombreux fragments découpés de façon quelconque dans le corps d'un individu peuvent reproduire chacun un organisme complet, réalisant une sorte de bouturage animal. Cette faculté est liée en premier lieu à la présence de cellules embryonnaires permanentes, douées de compétences histogénétiques étendues, les cellules-souches ou néoblastes.

F. Dubois a montré, par des expériences d'irradiation aux rayons X, l'importance des migrations de ces éléments dans la régénération. Une Planaire irradiée en totalité de façon à inhiber définitivement la division des néoblastes meurt au bout de quatre à six semaines et se montre incapable de toute régénération. Si l'on irradie seulement la moitié antérieure du corps et qu'on ampute la tête, la régénération n'aboutit qu'après un délai qui est proportionnel à la longueur de la partie irradiée et correspond au temps mis par les néoblastes sains de la moitié postérieure pour repeupler la moitié irradiée. Cette migration ne se produit que si l'animal subit un traumatisme, amputation ou même simple incision; elle ne s'effectue que dans la direction de la blessure et s'arrête à son niveau. Il est possible qu'elle soit déclenchée par des substances diffusibles provenant des tissus lésés. L'appel de migration s'étend à tout le corps de l'animal : il affecte des parties saines intactes séparées de la région saine traumatisée par une bande de tissus irradiés.

Le blastème de régénération formé par l'accumulation des néoblastes appelés vers la blessure ne fournit généralement pas toutes les parties de la Planaire à restituer : la transformation d'un fragment en individu complet s'accompagne d'un remaniement des parties anciennes, sorte de métamorphose (*morphallaxis*) comportant la destruction d'organes anciens, dont les cellules subissent une dédifférenciation, et l'édification d'organes nouveaux. La régénération par morphallaxis d'un petit fragment se traduit par une rénovation de la majeure partie de ses tissus. L'individu résultant possède les mêmes possibilités de croissance qu'un individu jeune : comme la multiplication asexuée, la régénération peut réaliser un véritable rajeunissement.

Quant aux facteurs dirigeant l'organisation des parties régénérées, l'existence d'un système de différenciation métabolique axiale se manifeste chez les Planaires par des gradients physiologiques (Child) et par des variations régionales des modalités de la régénération : le temps nécessaire à la régénération d'une tête augmente régulièrement quand la section s'éloigne de l'extrémité antérieure. La régénération est liée au rétablissement de cette différenciation axiale. Des greffes entre fragments empruntés à diverses régions du corps d'une Planaire provoquent des processus morphogénétiques de différenciation et de croissance qui sont également en corrélation avec la tendance à une régulation du système axial dans les combinaisons variées qui ont été réalisées.

Child a admis que la morphogenèse chez les Planaires était déterminée par une influence, liée au gradient physiologique axial, émanant de la tête et s'étendant de proche en proche en direction antéro-postérieure : chaque niveau de l'axe antéro-postérieur serait sous la dépendance des niveaux situés devant lui et dominerait à son tour les parties postérieures. Cependant, Ph. Sengel a pu obtenir la régénération du pharynx extirpé chez une Planaire décapitée où la régénération de la tête était empêchée par une irradiation localisée. Les corrélations morphogénétiques axiales ne sont donc pas à sens unique.

La nature, antérieure ou postérieure, du régénérat qui prend naissance sur une section est, comme chez les Annélides, déterminée par la règle de *polarité* et cette règle souffre des exceptions : un fragment limité par deux sections très rapprochées peut produire une tête à chaque extrémité. Chez certaines Planaires marines, la régénération d'une extrémité postérieure hétéromorphique au lieu d'une tête devient la règle dans les régions postérieures du corps : l'*hétéromorphose* reproduit, au lieu des niveaux manquants, tous les niveaux déjà présents dans le fragment. On peut même observer la régénération simultanée d'une tête et d'une queue sur une même section transversale. Cette *hémihétéromorphose* montre que la nature du régénérat n'est pas, chez les Planaires, déterminée uniquement par les propriétés du territoire sur lequel il se développe *(fig. 5)*. La différenciation des régénérats chez les Planaires peut enfin faire intervenir des phénomènes d'induction : Th. Lender a montré que la différenciation des yeux était sous la dépen-

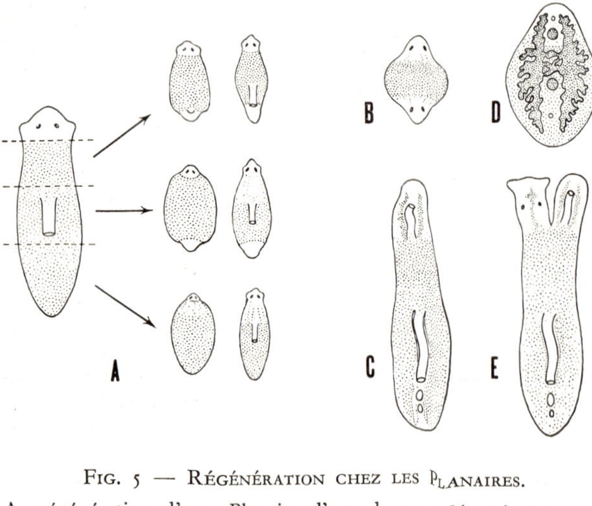

FIG. 5 — RÉGÉNÉRATION CHEZ LES PLANAIRES.

A, régénération d'une Planaire d'eau douce sectionnée transversalement; B, tête hétéromorphique dans un fragment court; C, D, queues hétéromorphiques; E, hémihétéromorphose.

dance du cerveau, agissant à distance sur un territoire compétent.

Les Invertébrés inférieurs ne présentent pas tous des facultés de régénération aussi développées que les Planaires et les Annélides. Les Vers ronds ou Nématodes et les minuscules Rotifères représentent, au contraire, le terme extrême de la réduction du pouvoir régénérateur d'un organisme métazoaire. Le corps de ces animaux est constitué par un nombre fixe et relativement restreint de cellules, qui ont perdu précocement la faculté de se diviser. Chacune d'elles est permanente et irremplaçable : la régénération n'est plus possible, sauf dans les limites d'une seule cellule.

LA RÉGÉNÉRATION TERRITORIALE CHEZ LES ANIMAUX SUPÉRIEURS

Dans l'ensemble des Vertébrés, les facultés de régénération se réduisent, en règle générale, à mesure qu'on s'adresse à des types plus élevés en organisation. Les Poissons régénèrent leurs écailles, leur opercule branchial, leur mâchoire inférieure, leurs nageoires paires et impaires. Les Amphibiens Urodèles (Salamandre, Triton) reproduisent leur queue, leurs membres, leurs mâchoires, leurs yeux, à partir du fond de la rétine. Les Amphibiens Anoures (Grenouilles, Crapauds) ont un pouvoir régénérateur déjà nettement plus réduit, limité à la phase larvaire de la vie. Les têtards régénèrent facilement leur queue. Les membres, capables de régénération à l'état d'ébauches chez le têtard, perdent définitivement cette faculté à la métamorphose.

Parmi les Reptiles, les Lézards reproduisent leur queue autotomisée au milieu d'une vertèbre caudale. Cependant, l'organe régénéré diffère d'une queue normale par les caractères de ses écailles, par son squelette composé d'un tube cartilagineux continu qui ne s'ossifie jamais que d'une façon irrégulière, par la disposition non métamérique des muscles et du système nerveux; cette régénération est atypique. Quant aux membres des Lézards, ils ne régénèrent pas; mais sur un moignon de membre postérieur s'édifie parfois un appendice rappelant une petite queue.

Chez les Oiseaux et les Mammifères, enfin, les processus réparateurs ne dépassent pas les limites d'un même tissu. Citons la régénération des poils, des plumes, des ongles, la réparation des fractures osseuses, l'hypertrophie compensatrice de certains organes internes.

Les membres des Amphibiens Urodèles représentent un matériel de choix pour l'étude des principaux problèmes posés par la régénération chez les Vertébrés : source de l'histogenèse régénératrice, conditions de formation des blastèmes, facteurs de l'organisation des régénérats.

Les processus de cicatrisation dans un membre d'Urodèle amputé ne diffèrent pas, à leur début, de ceux qui se produisent dans un organe inapte à la régénération. La plaie est d'abord obturée par un caillot sanguin, qu'envahissent des cellules conjonctives mobiles et des capillaires. L'épiderme rétablit sa continuité par glissement sur ce substratum, qui tend à se transformer en tissu cicatriciel de type conjonctif. Mais dans l'organe qui régénère, on voit se constituer sous l'épiderme, au bout de quelques jours, une accumulation de cellules indifférenciées de type conjonctif, auxquelles se mêlent des cellules géantes amiboïdes phagocytant les débris des tissus lésés. Ce blastème s'accroîtra par prolifération de ses éléments et fournira les tissus de type conjonctif du régénérat, notamment les ébauches cartilagineuses des pièces squelettiques à restituer.

Les relations de filiation entre les tissus anciens et les tissus du régénérat sont éclairées, non seulement par l'étude histologique, mais par divers résultats expérimentaux. L'épiderme n'intervient pas dans la constitution du blastème; l'épiderme régénéré provient de l'épiderme ancien. Les muscles du régénérat proviennent des fibres musculaires lésées du moignon, qui subissent une dédifférenciation : le protoplasme (sarcoplasme) de ces fibres forme des bourgeons dépourvus de fibrilles, qui s'accroissent et pénètrent dans le blastème jeune. Les nerfs et les vaisseaux du régénérat se forment également à partir des organes correspondants du moignon. Le blastème proprement dit est constitué par des éléments des tissus de type conjonctif, qui ont subi une dédifférenciation et ont émigré pour se grouper au niveau de la section.

Les phénomènes de *dédifférenciation* cellulaire, qui jouent ainsi un rôle important dans la régénération, chez les Vertébrés comme chez les Invertébrés, s'observent également dans les tissus en culture *in vitro*. Ils consistent en une perte temporaire par la cellule des attributs figurés caractérisant son type spécifique, sans modification de ses compétences histogénétiques. La dédifférenciation paraît due à l'intervention de diastases (protéases) endocellulaires, dont la présence a été démontrée au voisinage immédiat des blastèmes de régénération. Elle est déclenchée par la rupture des relations que la cellule avait contractées avec les éléments environnants.

En résumé, bien que les liens de filiation entre éléments anciens et éléments régénérés ne soient pas complètement élucidés en ce qui concerne les tissus de type conjonctif, on peut dire que, dans la régénération des Vertébrés, chaque tissu provient du tissu correspondant du moignon. Il n'existe pas d'éléments cellulaires embryonnaires doués de compétences histogénétiques totales.

Nous connaissons quelques-uns des facteurs qui conditionnent la formation des blastèmes de régénération. Divers travaux ont démontré le rôle indispensable joué, dans la régénération des Amphibiens, par le système nerveux, moelle dans la régénération de la queue, nerfs dans la régénération des membres. De plus, des nerfs sectionnés, déviés de leur trajet normal et implantés sous la peau, peuvent provoquer à leur point d'aboutissement une prolifération des tissus et le développement d'un organe supplémentaire.

O. Schotte et ses collaborateurs ont pu préciser le mode d'intervention du système nerveux dans la régénération des membres de la larve d'Amblystome en pratiquant des dénervations à des époques variées du processus régénérateur. Les phénomènes de cicatrisation, de dédifférenciation et de migration des cellules dédifférenciées ne sont pas influencés par l'absence de nerfs. Le système nerveux intervient seulement pour assurer l'agglomération en un blastème des éléments dédifférenciés. Un blastème en formation, s'il est dénervé, cesse d'évoluer et finit généralement par se dissocier. Les axones sectionnés présents sur la surface de section exercent une action quantitative proportionnelle à leur nombre et peut-être liée à l'émission et à l'accumulation de substances diffusibles encore non isolées. Par contre, le système nerveux n'est plus indispensable à l'évolution morphogénétique d'un blastème déjà constitué et déterminé. La présence d'un blastème semble, par ailleurs, mettre fin, en les inhibant, aux processus de dédifférenciation qui, dans un membre dénervé et traumatisé, tendent à se poursuivre indéfiniment.

La constitution des blastèmes de régénération fait-elle intervenir des facteurs humoraux? L'hypothèse est séduisante dans le cas des membres des Amphibiens Anoures, où la disparition du pouvoir régénérateur est corrélative de la métamorphose, elle-même déclenchée par une modification du milieu humoral. L'expérience, cependant, ne la vérifie pas. Des pattes de têtards âgés ou de jeunes Crapauds, transplantées sur des larves de Salamandre, c'est-à-dire sur un terrain humoral favorable, ne récupèrent pas leur pouvoir régénérateur perdu. Inversement, des fragments de queue de têtard, transplantés dans les sacs lymphatiques de Grenouilles adultes, continuent à régénérer à leurs deux extrémités (Guyénot et Naville). L'intervention de facteurs humoraux a cependant été démontrée chez le Triton, où l'hypophysectomie empêche la régénération des membres en supprimant les processus de dédifférenciation.

Divers travaux expérimentaux ont révélé l'action inhibitrice exercée sur la formation des blastèmes de régénération par une cicatrisation fournissant trop précocement un tissu conjonctif fibreux cicatriciel épais. De telles inhibitions peuvent être obtenues en suturant la peau du moignon au-dessus de la blessure ou en greffant sur la plaie, à un stade précoce, un lambeau de peau vivante. Des membranes inertes, n'exerçant qu'une pression mécanique, sont sans effet.

D'une façon plus générale, des processus d'interaction entre les divers tissus du moignon paraissent jouer un rôle essentiel dans la formation des blastèmes et, par conséquent, dans la détermination du pouvoir régénérateur. S. M. Rose a pu obtenir la formation d'un blastème de régénération sur le bras d'une jeune Grenouille en remplaçant, avant la section, la peau du bras par un lambeau de peau prélevé sur la queue d'un têtard. Un certain synchronisme serait nécessaire entre les processus de dédifférenciation qui se poursuivent dans les divers tissus. De ces interactions entre tissus relèveraient la disparition du pouvoir régénérateur des Anoures à la métamorphose, son absence dans les membres des Vertébrés supérieurs, en dépit de leur similitude d'organisation avec les membres des Urodèles.

La régénération chez un Triton est limitée à la reproduction des parties de certains organes ou territoires du corps : pattes, queue, museau, etc. Chacun de ces « *territoires de régénération* » est défini par le fait que toute ébauche qui se constitue à partir de ses tissus et se développe en relation avec eux fournit un organe possédant une structure spécifique. Les propriétés spécifiques de chaque territoire ne dépendent pas de sa position dans l'organisme ou de ses relations avec les territoires voisins. Un fragment des parties molles de la patte, transplanté sur le dos, continue à engendrer des régénérats de patte. Les propriétés spécifiques des territoires sont des propriétés intrinsèques de leurs tissus.

Chaque territoire a une étendue définie. Une extirpation dépassant les limites d'un territoire — une amputation suffisamment large de la queue, du museau, de l'œil d'un Triton — supprime définitivement toute possibilité de régénération de l'organe correspondant.

L'embryologiste américain R. G. Harrison a, le premier, montré l'existence de telles propriétés territoriales dans les membres antérieurs de l'Amblystome à un stade précoce de l'embryogénie, alors que les organes sont encore à l'état d'ébauches non différenciées morphologiquement. Une telle ébauche a un développement autonome, qui n'est pas modifié par sa transplantation en une région quelconque du corps. Elle ne peut être régénérée par les territoires voisins lorsqu'elle a été assez largement extirpée. Enfin, elle est capable de régulation dans ses parties : une fraction d'ébauche, laissée en place ou transplantée, fournit un organe complet. Le territoire (champ) qui jouit de ces propriétés morphogénétiques s'étend toujours un peu au-delà de la masse de tissus qui intervient effectivement dans la genèse de l'organe normal.

En vue d'analyser le mécanisme par lequel les tissus d'un territoire déterminent la nature des organes régénérés, divers expérimentateurs ont transplanté de jeunes régénérats isolés de leur base sur un autre territoire de régénération ou sur un territoire neutre, dépourvu de toute faculté régénératrice, comme le dos du Triton. L'interprétation de ces expériences est délicate. Il semble, cependant, qu'on puisse en conclure que, dès son apparition, un blastème de régénération possède les propriétés morphogénétiques définissant le territoire dont il provient et continue à les manifester dans un territoire neutre ou dans un territoire doué de propriétés différentes. Les propriétés morphogénétiques d'un territoire seraient donc transmises aux régénérats par filiation cellulaire, à la façon des compétences histogénétiques.

Ces propriétés morphogénétiques territoriales ne sauraient cependant être confondues avec les compétences histogénétiques des tissus. Un régénérat de membre antérieur et un régénérat de membre postérieur sont constitués par des tissus qui sont semblables, au moins en apparence, et possèdent les mêmes compétences histogénétiques. Leurs destinées morphogénétiques sont cependant différentes.

Les propriétés morphogénétiques spécifiques des territoires de régénération sont-elles localisées dans un tissu particulier du territoire ? Le tissu nerveux peut être mis hors de cause. E. Guyénot a montré que la nature des organes supplémentaires dont le développement est provoqué par un nerf dévié dépend seulement du territoire où ces organes prennent naissance et non de l'origine du nerf. Le nerf sciatique, dévié dans le territoire queue, provoque la poussée d'une queue et non d'une patte.

Le squelette est également dépourvu de propriétés morphogénétiques spécifiques : un membre de Triton, désossé, puis amputé, régénère normalement. Quant à l'épiderme, diverses expériences montrent que ses caractères territoriaux sont induits par le derme sous-jacent. Finalement, — bien qu'il soit difficile de rejeter complètement une influence du tissu musculaire, toujours mêlé de tissu conjonctif —, on est conduit à localiser les propriétés spécifiques des territoires de régénération dans leurs tissus conjonctifs, c'est-à-dire à admettre que les tissus conjonctifs des divers organes possèdent, en dépit de leur similitude d'aspect histologique, des propriétés physiologiques spécifiques, qui sont transmises au tissu conjonctif des régénérats et dirigent leur organisation.

Le tissu conjonctif, qu'on a tendance à envisager comme un tissu de remplissage des interstices des « tissus nobles », jouerait ainsi, dans la morphogenèse, le rôle primordial en orientant l'organisation de ces éléments nobles selon le plan spécifique de chaque territoire.

Le régénérat qui se développe sur un territoire de régénération, héritant de ses propriétés morphogénétiques, produit un organe de nature conforme à sa spécificité; mais il n'en édifie qu'une portion, qui complète exactement la partie laissée en place. Quelles sont les causes de cette détermination partielle? Des expériences de transplantation, sur territoire neutre, de blastèmes de membre d'âges variés, montrent que des blastèmes jeunes ne fournissent que l'extrémité distale du membre et non un membre complet en miniature. La détermination du blastème dans ses parties progresse, avec l'âge, en direction basipète et semble s'effectuer par étapes successives. Elle cesse lorsque toutes les portions distales ont été déterminées par rapport à celles qui sont représentées dans le moignon.

Le rôle de l'organisation présente dans le moignon est démontré par une expérience de C. Mettetal qui, transplantant sur la hanche d'une larve de Salamandre un régénérat de bras de Triton prélevé à un stade où, isolé, il n'aurait fourni qu'une main, a obtenu un membre de Triton complet. Un tel résultat conduit à admettre qu'il existe, selon l'axe du territoire membre et, tout au moins, dans son tissu conjonctif, un système de différenciation physiologique, base du champ morphogénétique dont le régénérat restitue les niveaux manquants.

Si l'on envisage, enfin, l'organisation d'un régénérat de membre d'Urodèle, non plus dans la direction de régénération mais selon une direction transversale, on constate que la base ancienne exerce également une influence directrice sur l'orientation du régénérat. Mais cette influence ne peut être envisagée comme une transmission au régénérat des propriétés locales de chaque point de la tranche de section. P. Weiss a obtenu, en effet, la régénération d'un membre normal à partir d'une moitié seulement de la tranche de section du moignon. La base transmet globalement au régénérat ses axes de polarité et les résultats fournis par des transplantations de jeunes régénérats désorientés par rapport à leur base paraissent montrer que, dans la régénération comme dans le développement embryonnaire (Harrison), l'axe antéro-postérieur et l'axe dorso-ventral du membre seraient déterminés indépendamment et successivement.

En résumé, les possibilités de régénération des Vertébrés résultent, en premier lieu, de la mise en place, dès l'embryogénie, d'une « mosaïque » de territoires morphogénétiquement autonomes, constituant autant de champs morphogénétiques distincts. Les propriétés spécifiques de ces territoires de régénération paraissent liées à une spécialisation de leurs tissus conjonctifs. La régénération territoriale impliquerait la régulation d'un système axial de différenciation métabolique, siégeant vraisemblablement dans le tissu conjonctif. Celui-ci dirigerait, par une sorte d'induction, l'organisation des autres tissus, dont les compétences histogénétiques sont également restreintes.

La régénération territoriale se présente, chez d'autres animaux supérieurs, Mollusques et Arthropodes, avec des caractères analogues, bien que son analyse n'ait pas été poussée aussi loin que chez les Vertébrés.

La régénération de parties de la tête des Escargots et des Limaces, signalée par Spallanzani, relève de la régénération territoriale (Abeloos), ainsi que la régénération du pied des mêmes animaux. Des expériences de transplantation montrent que la sole pédieuse des Limaces, en exerçant une sorte d'induction sur les régions voisines, joue un rôle directeur dans la morphogenèse du pied *(fig. 6)*.

Chez les Arthropodes (Crustacés, Insectes, Arachnides), les facultés de régénération concernent presque exclusivement les appendices du corps. L'existence d'un mécanisme régulier d'autotomie facilite souvent la cicatrisation, mais ne crée pas de conditions spéciales pour la régénération : certains appendices, comme les pattes postérieures des Criquets, s'autotomisent mais ne régénèrent pas; d'autres, comme les pattes ravisseuses des Mantes, ne s'autotomisent pas, mais régénèrent facilement lorsqu'ils sont sectionnés.

La particularité la plus remarquable offerte par le pouvoir régénérateur des Arthropodes est sa liaison avec le phénomène de la mue : la régénération ne peut s'effectuer que si l'animal amputé est encore capable de muer. Parvenus à maturité sexuelle, les Insectes, ne muant plus, ne peuvent plus réparer leurs appendices amputés. Chez les Insectes à métamorphoses complètes, toute régénération est impossible au stade imaginal. En

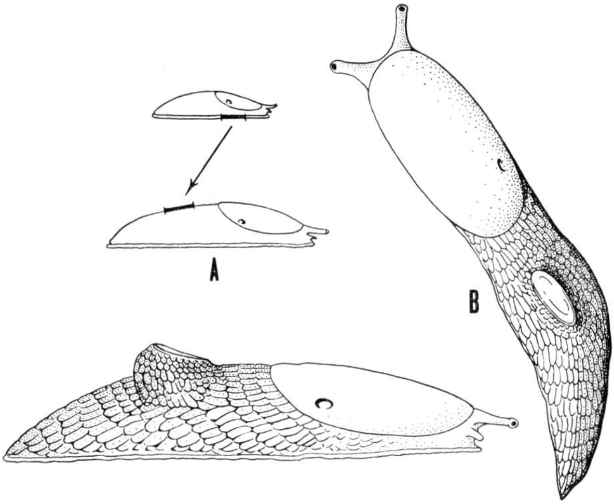

FIG. 6 — DÉVELOPPEMENT D'UN PIED SUPPLÉMENTAIRE SUR LE DOS D'UNE LIMACE INDUIT PAR LA GREFFE D'UN FRAGMENT DE SOLE PÉDIEUSE.

amputant un Arthropode de ses appendices à diverses époques de l'intervalle séparant deux mues successives, on constate qu'une fraction seulement de cet intervalle est utilisable pour la régénération. Les phénomènes morphogénétiques sont, chez les Arthropodes, soumis à une périodicité qui est liée au rythme des mues et vraisemblablement déterminée, comme celui-ci, par des facteurs humoraux.

Le régénérat d'un appendice se constitue en général dans le moignon, à l'intérieur de l'étui circulaire fermé par une cicatrice, et il n'apparaît à l'extérieur qu'au moment de la mue consécutive à l'amputation. Sa taille est alors plus ou moins réduite et il ne récupérera qu'au cours des mues suivantes une taille comparable à celle d'un appendice intact. Lorsqu'il ne possède pas d'emblée son nombre définitif d'articles, on peut constater que la différenciation de ceux-ci progresse régulièrement, tantôt en direction basifuge, tantôt en direction basipète, selon les cas. L'origine des tissus régénérés n'est pas connue avec certitude.

La possibilité d'empêcher toute régénération par une extirpation suffisamment large de l'organe a pu être démontrée dans certains cas, notamment pour les ébauches des appendices imaginaux des Coléoptères (J. Bourdon). Elle conduirait à admettre l'existence, chez les Arthropodes, de territoires de régénération à propriétés morphogénétiques spécifiques possédant des limites définies. Mais cette conclusion ne peut être généralisée.

Les Arthropodes offrent de remarquables exemples d'anomalies de la régénération. Dans certains cas, l'appendice régénéré est atypique : sa conformation est anormale, mais dérive de celle de l'organe amputé. Ainsi, chez les Araignées, le nombre des dents des

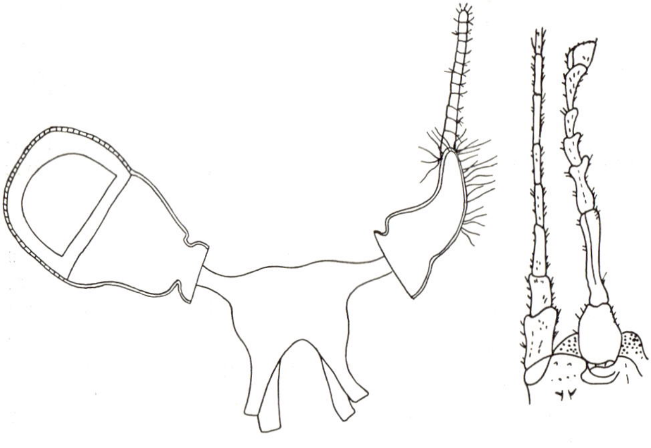

FIG. 7 — HOMŒOSES.

À gauche, régénération d'une antenne à la place d'un œil chez une Crevette. À droite, régénération d'une patte à la place d'une antenne chez un Phasme.

griffes varie au cours des âges successifs; il augmente ou diminue, selon les familles. Or, dans une patte nouvellement régénérée, ce nombre reproduit celui qui caractérise un stade antérieur d'une ou deux mues. Chez divers Insectes à métamorphoses incomplètes, comme les Blattes, les tarses des pattes régénérées ne comptent jamais plus de quatre articles, alors que les tarses normaux en ont cinq.

Dans d'autres cas, l'organe amputé est remplacé par un appendice appartenant normalement à une autre région du corps. Cette anomalie est désignée par le terme d'*homæose* substitutive (*fig. 7*). Chez les Crustacés Décapodes, l'œil composé pédonculé régénère normalement si le ganglion optique n'a pas été extirpé; mais, en l'absence de ce ganglion, l'œil est remplacé par une antenne. Chez le Phasme, une antenne régénère normalement lorsqu'elle est sectionnée dans le fouet terminal; mais si la section intéresse les deux articles basaux, — le second, plus particulièrement —, la régénération fournit régulièrement une petite patte, plus ou moins complète, toujours munie de griffes.

L'homœose est difficilement conciliable avec la notion de territoire. Elle indique peut-être que les propriétés morphogénétiques du territoire se sont modifiées, au moins dans sa portion basale, depuis la première différenciation de l'organe dans l'embryogénie. Il est remarquable que des anomalies de même nature (homœose héréditaire) puissent être déterminées par des variations héréditaires qui, dans cette hypothèse, rendraient plus précoce l'altération des propriétés morphogénétiques. Ces phénomènes de substitution révèlent, en tout état de cause, une étroite parenté entre les processus morphogénétiques édifiant les deux types d'organes, d'où l'on peut conclure à leur homologie.

CONCLUSIONS

L'étude des phénomènes de régénération et de multiplication asexuée apporte à la connaissance des lois générales de la morphogenèse une contribution comparable à celle de l'embryologie : la régénération est un processus de développement dont les conditions initiales sont plus explicites et peuvent, dans une certaine mesure, varier à la volonté de l'expérimentateur.

Des trois phases successives du processus de régénération chez les Métazoaires, — fermeture et cicatrisation de la blessure, constitution et détermination d'un blastème, différenciation de ce blastème —, la seconde seule est réellement caractéristique de la régénération. En effet, la cicatrisation n'est pas nécessairement suivie de régénération. Quant à la dernière phase de morphogenèse, rien ne la distingue essentiellement du développement d'une ébauche dans l'embryogénie normale. Les problèmes fondamentaux de la régénération concernent donc le blastème, sa composition, le rassemblement de ses éléments, sa détermination morphogénétique.

L'étude de l'histogenèse régénératrice permet de définir l'origine des éléments du blastème et les relations de filiation existant entre les tissus anciens et les tissus régénérés. L'histogenèse régénératrice utilise les compétences histogénétiques des divers types cellulaires intéressés par la section. Elle ne les utilise d'ailleurs pas nécessairement toutes et pas au même degré dans tous les cas.

Les compétences histogénétiques d'un type cellulaire sont des propriétés physiologiques dont dépend sa destinée ultérieure dans les diverses conditions d'environnement réalisables. Elles sont acquises au cours du développement de l'individu et transmises ensuite aux cellules de la lignée comme des propriétés héréditaires : en culture *in vitro*, les divers types histologiques d'un Métazoaire se montrent aussi stables que des espèces distinctes d'êtres unicellulaires. Les gènes nucléaires étant identiques dans toutes les catégories cellulaires d'une même espèce de Métazoaire, les compétences histogénétiques doivent être liées à des molécules autoreproductrices cytoplasmiques apparaissant à chaque génération sous la direction des gènes nucléaires. S'il en est ainsi, les matériaux disponibles pour la morphogenèse résultent, en définitive, chez les Métazoaires comme chez les Protozoaires, de l'activité de molécules autoreproductrices.

Au cours de l'ontogenèse d'un Métazoaire, les compétences histogénétiques de chaque lignée cellulaire se modifient par étapes successives en tendant à se réduire.

A mesure que le métabolisme protoplasmique se complique et se spécialise, ses possibilités de variation ultérieure en fonction de l'environnement se restreignent. Mais cette spécialisation est plus ou moins accentuée selon les organismes et suivant les lignées cellulaires dans une même espèce. Chez les Invertébrés inférieurs, la différenciation cellulaire peut être réversible et il subsiste chez l'adulte des éléments à compétences histogénétiques étendues, multiples, souvent même totales. Chez les Vertébrés, par contre, les compétences des divers tissus sont limitées à la production d'éléments de même catégorie.

La régénération, due chez l'animal inférieur à l'activité d'un seul type d'éléments doués de compétence totale, exige chez l'animal supérieur l'intervention simultanée et coordonnée de plusieurs catégories de cellules. Les capacités histogénétiques représentent donc un premier facteur du pouvoir régénérateur, conditionnant ses variations selon les stades de développement et suivant les types d'organisation.

La présence sur une surface de section de types cellulaires possédant les compétences nécessaires à l'édification de tous les tissus de la partie à restituer n'est pas une condition suffisante de cette restitution. De nombreux autres facteurs, dont l'analyse est encore à peine abordée, interviennent pour permettre la constitution d'un blastème et représentent des conditions essentielles du pouvoir régénérateur.

L'édification d'un blastème de régénération comporte trois phénomènes successifs : des processus de dédifférenciation cellulaire ou une « activation » de néoblastes; une migration plus ou moins étendue des éléments dédifférenciés ou activés vers la surface de section; le groupement en un blastème de ces éléments émigrés.

La première étape constitue, en quelque sorte, une mobilisation des ressources histogénétiques du moignon. Grâce à la dédifférenciation, une cellule récupère la totalité de l'activité métabolique et le pouvoir de synthèse maximum compatibles avec les compétences qu'elle a acquises au cours du développement. Quant aux néoblastes activés, ils sont caractérisés par une basophilie cytoplasmique indiquant l'abondance d'acide ribonucléique indispensable à une synthèse de protides.

Les causes de la migration des néoblastes des Annélides et des Planaires ne sont pas encore bien élucidées. Enfin, en ce qui concerne le rassemblement en blastème des cellules dédifférenciées, on sait que le système nerveux lésé joue, chez les Vertébrés tout au moins, un rôle indispensable.

A partir d'une certaine époque, dite de détermination un blastème de régénération jouit, comme toute ébauche embryonnaire, d'une relative autonomie dans son évolution morphogénétique. Cette détermination porte sur la nature de l'organe régénéré, sur la portion d'organe qui complète l'organe amputé, enfin sur l'orientation du régénérat par rapport à la base. La détermination morphogénétique d'un blastème n'est pas simplement la résultante des compétences histogénétiques de ses éléments : des blastèmes ayant la même composition histologique peuvent avoir des destinées morphogénétiques différentes.

La détermination de la nature de l'organe régénéré semble relever de causes différentes dans la régénération territoriale et dans la régénération totale ou polaire. Dans le premier cas, la détermination résulte du lieu d'origine du blastème. Le corps d'un Amphibien se présente comme une « mosaïque » de territoires distincts, qui diffèrent par les propriétés physiologiques de leur tissu conjonctif, jouant le rôle de tissu directeur dans la morphogenèse. Chez les Vers capables de régénération totale, la détermination des régénérats ne dépend exclusivement ni des propriétés régionales d'un seul tissu, ni de la direction de régénération; dans les conditions de détermination interviennent vraisemblablement des interactions entre les tissus ectodermiques et mésodermiques.

Cependant, dans un cas comme dans l'autre, la reconstitution d'une partie complétant l'organe amputé implique la présence, — dans l'un au moins des tissus de l'organe — d'un système de différenciation métabolique capable d'autorégulation, constituant la base d'un champ morphogénétique où les propriétés de chaque partie sont fonction de sa position dans l'ensemble.

Une amputation libère les éléments voisins de la section d'une sorte de *contrainte métabolique* résultant de leur intégration dans le champ morphogénétique. A cette libération correspondent les phénomènes de dédifférenciation et d'activation. Lorsque les éléments dédifférenciés se regroupent en un blastème en connexion avec les éléments non dissociés du champ primitif, de nouvelles relations de contrainte s'établissent entre les éléments du blastème et entre ceux-ci et la base ancienne, qui reconstituent le champ primitif. Cette reconstitution du champ marque l'époque décisive de détermination du blastème, qui précède et commande la réalisation de sa morphogenèse.

Dans la cellule ou le Protozoaire comme chez l'organisme pluricellulaire, dans la régulation embryonnaire ou la régénération d'un adulte, les phénomènes morphogénétiques nous apparaissent donc régis par le fonctionnement de champs autorégulateurs.

Dans une perspective scientifique, les propriétés synthétisées par le concept de champ ne sauraient relever que des lois du métabolisme du protoplasme vivant. La biochimie distingue dans l'activité chimique du protoplasme des séries de réactions enchaînées de telle façon que les produits fournis par l'une d'elles alimentent la suivante. Il est permis de supposer que, dans la direction d'un axe de polarité d'un champ morphogénétique, s'effectue une localisation relative plus ou moins étroite des réactions successives d'une telle chaîne. La solidarité entre les réactions ainsi distribuées dans l'espace expliquerait les propriétés autorégulatrices de l'ensemble. Les processus de croissance et de différenciation localisés qui définissent la morphogenèse spécifique dans un tel champ seraient dirigés en chaque point par les réactions métaboliques ainsi réparties.

La genèse des formes organisées, inséparable de la vie, résulte du fait que le chimisme vital s'inscrit à la fois dans le temps et dans l'espace. Seuls, des concepts physiologiques et biochimiques paraissent susceptibles d'assurer le progrès de nos connaissances et de nos possibilités de contrôle sur les phénomènes morphogénétiques dans la régénération ou l'embryogénie.

Marcel Abeloos.

BIBLIOGRAPHIE

M. Abeloos, *La Régénération et les problèmes de la morphogenèse,* Gauthier-Villars, Paris, 1932; *Le Problème morphogénétique dans la régénération des Annélides Polychètes,* « Bull. Soc. Zool. de France », 80, 1955.

M. Avel, *Les Facteurs de la régénération chez les Annélides,* « Revue suisse de Zoologie », 54, 1947.

C. M. Child, *Patterns and problems of development,* University Press of Chicago, 1941.

J. Millot, *Cicatrisation et régénération,* Paris, A. Colin, 1931.

A. E. Needham, *Regeneration and Wound-Healing,* Methuen, London, 1952.

V. Tartar, *The Biology of Stentor,* London, Pergamon Press, 1961.

M. A. Vorontsova et L. D. Liosner, *Asexual Propagation and Regeneration,* London, Pergamon Press, 1960.

E. Wolff, *Application de techniques d'irradiations locales aux problèmes de la régénération,* XIV intern. Congress Zool., Copenhagen, 1953.

LES MÉTAMORPHOSES ANIMALES

Lorsque, au début de sa vie autonome, à la sortie de l'œuf ou à la sortie de l'organisme maternel, le jeune animal présente à peu près, taille mise à part, l'aspect de ses géniteurs, il y a dit-on développement *direct*. C'est le cas des Mammifères, des Oiseaux, de nombreux Poissons et, parmi les Invertébrés, des Escargots et Limaces, de petits Crustacés appelés Daphnies, des Insectes Aptérygotes.

Plus souvent, le jeune est notablement différent de ses parents auxquels il ne ressemblera qu'après des modifications plus ou moins profondes : les différences sont parfois telles que jeunes et adultes ont été considérés comme des espèces différentes par les premiers observateurs.

Il y a alors développement *indirect* et les formes présentées par les jeunes sont dites larvaires (de *larva* = masque), ce qui exprime bien que la personnalité réelle de l'animal est alors cachée.

Cette personnalité peut se révéler *progressivement* et plutôt lentement comme chez les Seiches et Calmars parmi les Mollusques Céphalopodes.

Chez les Arthropodes, Crustacés, Myriapodes et de nombreux Insectes, la cuticule tégumentaire, parfois très rigide, empêche l'accroissement et la différenciation à peu près continus des tissus de se manifester en dehors de courtes périodes de temps où cette carapace est molle et déformable, lors de son renouvellement à l'occasion des mues. L'acquisition de la morphologie de l'adulte, tout en étant progressive, se fait obligatoirement chez ces animaux au moment des mues par à-coups, à la manière dont progresse l'aiguille d'une horloge.

Ainsi les organes, tels que les ailes d'un Criquet, qui se sont développés à l'intérieur pendant les premiers stades, deviennent manifestes à la troisième mue et leur accroissement et leur perfectionnement ne seront appréciables qu'au moment de chacune des mues suivantes.

De même, chez de nombreux petits Crustacés, la larve « nauplius » initiale se compliquera à chaque mue; de nouvelles paires d'appendices s'ajouteront aux trois paires initiales et des segments nouveaux apparaîtront.

Enfin, chez de nombreux animaux, la transformation, l'évolution des larves en l'état adulte définitif ne se fait pas ainsi insensiblement ou par paliers successifs, bien échelonnés dans le temps; elle se fait *brusquement*. Pendant une longue période, la larve garde la même silhouette, accroissant seulement ses dimensions plus ou moins vite suivant l'intensité de sa nutrition. Puis soudainement et malgré l'abondance de la nourriture, l'accroissement global s'arrête et en quelques jours, parfois en quelques heures, interviennent des changements profonds et de tous ordres, à la fois externes et internes, à la fois structuraux et fonctionnels, morphologiques et physiologiques : il se produit une métamorphose.

Le sens que les biologistes donnent actuellement au mot métamorphose est singulièrement plus restreint que celui que lui donnaient les Antiques qui l'ont créé. Il désignait alors, avec tout ce que cela comportait de miraculeux et de mystérieux, tout changement important de forme se produisant au cours de la vie des hommes et des êtres vivants. De nos jours ce mot n'évoque plus, même chez l'homme de la rue, ces pétrifications ou ces animalisations fabuleuses de dieux ou de mortels que nous décrivent Ovide et les auteurs des mythologies. Néanmoins, le non-naturaliste, le non-médecin l'emploient encore en pensant aux changements de sexe spontanés ou thérapeutiquement provoqués qui s'observent dans l'espèce humaine. Aussi les limites de l'acception aujourd'hui admises doivent-elles être précisées.

La tendance actuelle des biologistes est, en effet, d'exclure du domaine des métamorphoses un certain nombre de phénomènes.

D'abord les changements d'aspect fugaces et renouvelables, parfois spectaculaires, que sont les parures de noce, les livrées nuptiales présentées par de nombreux Oiseaux, quelques Amphibiens, divers Poissons et de nombreux Invertébrés.

Ensuite les modifications adaptatives, temporaires ou non, directement en relation avec les conditions extérieures, ambiantes, comme par exemple la suppression ou la simplification des appareils de relation, le développement de l'appareil reproducteur chez des larves de

Parasites lorsqu'elles se sont introduites dans l'hôte convenable, comme la simplification morphologique anatomique avec développement de dispositifs de protection dans les « formes de résistance » aux conditions défavorables.

Sont encore disjoints les phénomènes de bourgeonnement externe ou interne de formes larvaires — en tout cas non sexuellement reproductrices — grâce auxquels une forme particulière essaime, une ou plusieurs fois de suite, une série de plusieurs individus d'une autre forme : tel le cas de Polypes qui produisent des méduses qui mûrissent et féconderont des œufs qui fourniront de nouveau des Polypes. Tels les cas de Vers parasites comme les Douves chez qui le processus se répète plusieurs fois, chaque spécimen d'une forme fournissant plusieurs spécimens de la forme suivante sans changement d'hôte.

Malgré ces éliminations, il reste de nombreux cas de métamorphoses typiques dans le règne animal : un grand nombre d'Invertébrés marins, Vers, Mollusques gastéropodes et lamellibranches, Échinodermes, présentent des larves ciliées (« trochophores », « véligères », *Pluteus*) qui mènent une vie autonome de courte durée — assez longue cependant chez les Échinodermes — au terme de laquelle se produit un bouleversement considérable de la physiologie et de la morphologie : atrophie et disparition des organes locomoteurs et d'organes sensoriels particuliers liés à la vie de mouvement, chute sur le fond, apparition de l'organisation adulte.

A l'issue de la métamorphose, quand elle est précoce, l'animal est loin d'avoir sa taille définitive : une nouvelle période de croissance, et même plus longue que la période de croissance larvaire, devra être vécue par lui avant qu'il puisse se reproduire mais il a désormais l'organisation caractéristique de l'adulte reproducteur final. Tel est le cas des Amphibiens (Grenouilles et Salamandres). Au contraire, chez les Insectes Lépidoptères (Papillons), Diptères (Mouches et Moustiques), Coléoptères (Scarabées et Carabes, Coccinelles et Hannetons), la métamorphose met un point final à la croissance.

Pour dégager les caractères essentiels du phénomène et donner une idée des recherches qu'il a suscitées, deux cas banaux de métamorphose, familiers à tous, seront seulement décrits ici : le cas des Amphibiens et celui des Insectes Lépidoptères.

DU TÊTARD A LA GRENOUILLE

DÉROULEMENT DES PHÉNOMÈNES EXTERNES

Dans l'eau des mares et des bassins, au printemps, s'agitent de nombreux têtards que tout le monde reconnaît à leur corps ovoïde dont la moitié antérieure au moins représente la tête, et à leur godille caudale munie, au-dessus et au-dessous, d'une lame tégumentaire dite nageoire.

Ce sont là des larves d'Amphibiens Anoures (Crapaud, Grenouille, Rainette); les spécimens de chaque espèce se distinguent les uns des autres par des caractères connus des naturalistes. On peut en récolter, d'une même catégorie, les élever en chambre, nourris de salade bouillie, dans un aquarium ou même dans une simple cuvette, et observer leur évolution.

La plupart des jeunes larves de nos Crapauds communs et de nos Grenouilles ne sortent pas à l'état de têtard de l'œuf et de la gangue gélatineuse qui le protège : elles sont en navette un peu étranglée au tiers antérieur et vont, en frétillant, se suspendre, immobiles, à des plantes aquatiques ou à des gangues vides : ce ne sont des têtards que quelques jours plus tard, quand les branchies externes initiales s'atrophient, recouvertes par des sortes d'opercules membraneux qui se rejoignent ventralement et latéralement, ne laissant pour l'expulsion de l'eau avalée qu'un petit orifice tubulaire, le spiracle; en général cet organe est sur le côté, à la limite de la tête respiratoire et du tronc.

Une fois réalisé, ce stade persiste de nombreuses semaines, parfois un an, et c'est pour cela qu'il est bien connu.

Examinons un têtard de Grenouille rousse *(Rana temporaria)* ou un têtard de Grenouille agile, rosée *(Rana dalmatina)*, espèce qui remplace la première dans le Sud-Ouest et le Sud de la France mais coexiste avec elle dans le Nord-Ouest et le Centre, sauf le Plateau central.

La tête présente sur la région dorsale antérieure, qui est un peu aplatie, deux narines; sur les côtés, les yeux; plus ventralement la bouche entourée d'annexes importantes : des lèvres qui peuvent cacher l'orifice buccal et former ainsi entre elles et cet orifice un vestibule.

Dans ce vestibule, autour de la bouche, bordée par les deux pièces d'un bec corné, s'observent des rangées doubles ou triples de denticules cornés. Ces organes permettront au têtard de faire ventouse et de s'agripper aux matériaux alimentaires, animaux ou végétaux, de les râper et de les grignoter.

La tête se continue sans constriction par le tronc.

A la racine de la queue se voit par transparence un petit tube : portion terminale de l'intestin. L'anus s'ouvre sous la nageoire caudale ou sur un de ses côtés.

Le têtard ainsi constitué s'accroît et atteint une taille variable suivant les espèces : cette taille maximale du têtard est sans rapport avec la taille définitive de l'adulte. Le têtard du plus gros Anoure européen, le *Bufo vulgaris*, est un des plus petits (3 cm au maximum) tandis que le Pelobate brun *(P. fuscus)* adulte, qui a 7 cm, provient d'un têtard qui peut atteindre 15, voire 17 cm. Les deux Grenouilles rousse et agile ont à peu près la même taille à l'état adulte, les têtards sont inégaux, le plus grand étant celui de l'Agile : 60 mm au lieu de 45.

Au bout d'un temps variable, tout en s'accroissant, l'aspect des têtards se modifie un peu, d'abord lentement et progressivement. Ces modifications permettent de définir divers stades de développement; et l'âge des têtards est défini pour le biologiste par le stade atteint à une époque donnée plutôt que par le nombre de jours écoulés depuis la naissance car l'état physiologique et morphologique peut être, au bout d'un même nombre de jours, différent pour deux individus d'une même ponte.

Kollmann, en 1919, a indiqué une série d'étapes que nous avons modifiée et complétée pour l'adapter aux Anoures employés dans nos expériences, *(fig. 1)*.

Les pattes postérieures, absentes au début (stade A), apparaissent de chaque côté du tube anal, sous la forme de bourgeons blanchâtres (stade B), puis ces bourgeons s'allongent parallèlement à la queue et, à leur extrémité en raquette, s'individualisent des doigts (stade C); avec le stade D s'ébauchent les segments du membre :

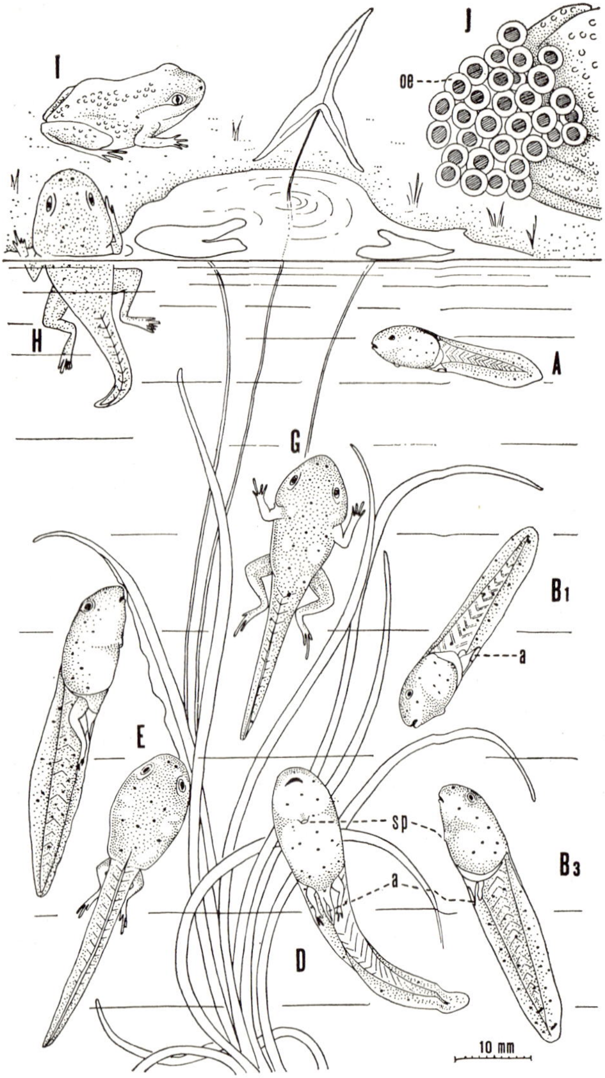

Fig. 1

cuisse, jambe, tarse; au stade E les articulations sont formées, les segments se fléchissent les uns sur les autres et les genoux débordent le contour du corps vu de dos. Au stade F les pattes postérieures prennent l'aspect et la position qu'elles auront chez l'adulte et l'une des pattes antérieures fait son apparition. Au stade G, le corps a perdu sa forme ovoïde et prend l'aspect de l'adulte avec ses quatre membres et la nageoire membraneuse caudale régresse. Un stade H se caractérise par la disparition de la nageoire caudale et par la réduction de la région caudale musculeuse.

L'animal tend alors à devenir terrestre et cherche à s'alimenter à la manière d'un adulte (insectivore), mais il a encore un moignon de queue incomplètement résorbé et sa bouche n'a pas encore la largeur définitive.

Pour Etkin (1935) la métamorphose commence lorsque les pattes postérieures grandissent à une vitesse accrue que signalent les graphiques biométriques. Les stades B à D ou à E, précédemment définis, constituent la prémétamorphose; la métamorphose comprend une phase initiale : la prométamorphose jalonnée par deux ou trois épisodes et une phase de paroxysme (climax des auteurs américains) où les événements se précipitent avec l'émergence du membre antérieur, la transformation de la bouche et la résorption de la membrane natatoire caudale.

TRANSFORMATIONS INTERNES ANATOMIQUES

La partie globuleuse du corps comprend la tête en avant et les viscères en arrière. La cavité buccale est vaste et elle donne accès d'une part dans la cavité atriale respiratoire

---

FIG. 1 — DIFFÉRENTS STADES DE L'AMPHIBIEN *Alytes obstetricans.*

Stades utilisés dans les expériences relatées et supposés rassemblés au même moment, au même point.
A à H, aspects décrits dans le texte; *Sp,* spirale; *a,* anus. I, jeune crapelet; J, ponte transportée par le mâle sur son arrière-train; *œ,* œufs. (Original : dessins de J. J. Bounhiol et de Mme Remy.)

qui l'entoure latéralement et ventralement et d'autre part dans le tube digestif. Celui-ci présente un estomac suivi d'un long intestin enroulé en spirale, disposition qui attire l'attention dès l'incision de la paroi ventrale du corps. Cet intestin possède les annexes glandulaires classiques : foie et pancréas des Vertébrés aériens. Les têtards étant omnivores, la Grenouille et le Crapaud étant carnivores, à la métamorphose le tube digestif se raccourcit, une ou deux anses intestinales seulement subsistant.

L'appareil respiratoire comprend quatre paires de branchies inégales flottant, fixées à des arcs cartilagineux, dans la cavité branchiale, et une ébauche de poumons, évagination ventrale bifide de l'œsophage. L'eau ayant baigné ces branchies est évacuée latéroventralement, comme il a été dit, par le spiracle.

A la métamorphose, cette région est très remaniée. Une langue musculaire apparaît dans le plancher de la cavité buccale, les branchies se flétrissent et se résorbent, la cavité branchiale disparaît. Le poumon s'amplifie et la respiration pulmonaire s'établit. Le transfert de la fonction respiratoire des branchies aux poumons est évidemment un moment critique.

L'appareil circulatoire du têtard est construit comme celui d'un Poisson avec le cœur dans un péricarde, visible par transparence sur la ligne médiane, ventralement, à la limite du tronc et de la tête. Ses modifications sont étroitement liées à celles de l'appareil respiratoire.

L'appareil excréteur est constitué par deux « pronéphros » très antérieurs près du péricarde et par deux uretères primitifs qui vont s'ouvrir dans le cloaque. Les reins de l'adulte (mésonéphros) se développent le long de ces uretères de chaque côté de la colonne vertébrale.

Quant à l'appareil reproducteur, il est peu modifié par la métamorphose : il ne s'accroît et ne se différencie que lentement et n'atteindra la maturité fonctionnelle qu'au bout de deux ans de vie terrestre.

Au niveau de la tête, des modifications, autres que celles de la bouche, sont sensibles :

En dehors des narines, dont la communication avec la cavité buccale annonce le fonctionnement dans l'air, les organes des sens du têtard (yeux sans paupières, oreilles sans caisse du tympan) sont semblables à ceux des Poissons. Bien plus, les têtards possèdent sur la tête des fossettes sensorielles et, sur le corps et la queue, des canaux du type « ligne latérale » comme les Poissons.

Chez la Grenouille, les yeux à paupières sont saillants ou escamotables à volonté dans le crâne. Aux canaux semi-circulaires et au sac auditif s'ajoute une oreille moyenne avec tympan, caisse et trompe d'Eustache. Les organes de la ligne latérale disparaissent au contraire.

Le squelette est cartilagineux et comprend un crâne et derrière lui des rudiments de vertèbres en forme d'ogives surmontant la corde dorsale, axe squelettique de tout embryon de Vertébré, qui, dans la queue, existe seule sans autre différenciation.

Le crâne larvaire qui était aberrant, sa structure étant liée au mode d'alimentation (broutage et ventousage), se normalise avec l'apparition des os maxillaires supérieurs tandis qu'une longue mandibule se substitue au minuscule cartilage de Meckel du têtard.

Le squelette des membres antérieur et postérieur est à l'état d'ébauches cartilagineuses mais on peut reconnaître les pièces de la ceinture (omoplate, coracoïde; iliaque) et les différents segments : bras, avant-bras, main. Ces membres sont d'emblée du type chiridien qui est celui des Vertébrés aériens et non du type ptérygien (nageoire de Poisson).

La musculature est surtout développée dans la région caudale, essentiellement locomotrice, où elle a l'organisation en éléments sériés appelés myotomes qui s'observe chez les Poissons dans la même région. Lorsque le tégument n'est pas trop pigmenté, on voit les limites des myotomes qui se succèdent d'avant en arrière en deux files, à droite et à gauche des organes axiaux : système nerveux, corde dorsale et vaisseaux.

Toute la région caudale est destinée à disparaître lors de la transformation du têtard en Grenouille ou Crapaud (qui constituent le groupe nommé pour cela « Anoures »). Les myotomes caudaux se résorbent même s'ils sont transplantés dans la paroi de la région globuleuse.

MODIFICATIONS DE LA PHYSIOLOGIE

Comme l'observation banale le suggère et comme il a été dit à l'occasion des modifications anatomiques, toutes les fonctions physiologiques sont modifiées mais il n'est pas possible d'en faire une étude spéciale.

Parmi les changements biochimiques profonds qui accompagnent ou précèdent les modifications structurales deux seulement seront cités.

Le têtard de Grenouille excrète ses déchets azotés sous forme d'ammoniaque comme le Poisson; la Grenouille les excrète sous forme d'urée comme les Vertébrés terrestres.

Au moment de la métamorphose, l'ammoniaque excrété tombe de 90 % à 20 % de l'azote total excrété tandis qu'une diastase (arginase), connue comme nécessaire à l'élaboration de l'urée, devient vingt fois plus importante dans le foie.

Les variations du glycogène notamment dans le foie sont très suggestives : cette substance est la forme d'épargne du glucose c'est-à-dire du combustible biologique qui fournit l'énergie nécessaire aux édifications tissulaires que comporte la métamorphose. Or le taux du glycogène s'élève progressivement pendant la vie larvaire, reste à peu près constant pendant la prométamorphose et devient presque nul depuis la sortie des pattes antérieures jusqu'à l'état de grenouillette; c'est la période où les développements et modifications d'organes sont intenses et où d'autre part les pertes en glucose ne peuvent être compensées par un apport alimentaire, du fait du jeûne qu'impose à l'animal la transformation de sa cavité buccale.

Le degré d'hydratation des tissus, élevé chez les larves, diminue considérablement au cours de la métamorphose. Cette diminution est due à l'hyperactivité de la thyroïde et s'intègre dans un processus général de morphogenèse sur lequel Wurmbach a attiré l'attention. L'eau qui gonfle les tissus jeunes, mucoïdes, des têtards par exemple, réalise vite des formes factices assez floues qui chez l'individu âgé se préciseront au fur et à mesure de son remplacement par des matériaux plus solides mais lentement synthétisés. Si une allusion à la pathologie humaine est permise, le têtard, qui est en somme du type myxœdémateux, devient une petite grenouille anguleuse du type basedowien.

DÉTERMINISME : MÉCANISME ENDOCRINIEN

OBSERVATION PRINCEPS

Les têtards sont omnivores : ils broutent un peu tout ce qui se trouve à leur portée, y compris, parfois, la peau des moins vigoureux de leurs congénères. C'est précisément en essayant divers régimes alimentaires à base de pulpe d'organes de Mammifères (muscles, rein, foie, etc.) que fut découverte par Gudernatsch en 1912 le rôle déterminant de la *glande thyroïde* dans les phénomènes de métamorphose chez les Amphibiens.

Les sujets nourris de pulpe de thyroïde ou de poudre de cet organe désséché se métamorphosaient beaucoup plus précocement que les témoins, de telle sorte que les Grenouilles obtenues étaient minuscules et, le plus souvent, anormales. Cette modeste expérience d'alimentation allait ainsi avoir des conséquences remarquablement fécondes.

Depuis ces premiers essais, les expériences ont été multipliées avec le même succès, les doses ont été précisées grâce à l'emploi d'hormones synthétiques de façon à hâter la métamorphose en provoquant le minimum de monstruosités. Bien souvent divers animaux sont utilisés pour étudier l'action de drogues variées qui provoquent chez eux soit des phénomènes curieux mais irréguliers et sans intérêt pratique, soit des réactions constantes dont l'ampleur peut servir de critère d'activité de la drogue. Le plus souvent, la substance essayée est complètement étrangère à la constitution du sujet qui aura bien peu de chances de l'introduire dans son organisme au cours de son existence. C'est dire que les conditions dans lesquelles sont placés les sujets sont tellement loin des conditions naturelles que les réactions observées sont bien rarement susceptibles de pouvoir aider à comprendre le fonctionnement normal de l'animal considéré.

L'intérêt de la découverte de Gudernatsch réside précisément dans le fait que la thyroïde est, non pas un produit étranger, mais une glande possédée par le têtard et la Grenouille et que le traitement thyroïdien n'est que la mise en marche par anticipation et l'intensification de phénomènes qui se produisent naturellement chez l'animal normal.

Les biologistes, en effet, ont pu montrer que la greffe de thyroïde d'Amphibien provoque les mêmes phénomènes et qu'inversement l'ablation précoce de la thyroïde sur des embryons, bien que permettant leur développement, leur croissance, les maintient pratiquement indéfiniment à l'état de têtard. De tels têtards, qui dépassent souvent la taille habituelle des témoins, se métamorphosent promptement s'ils sont soumis à une greffe de thyroïde ou à un traitement thyroïdien ou thyroxinien.

Conclusion de tous ces travaux : *la métamorphose est provoquée par l'hormone thyroïdienne.*

ÉTUDES COMPLÉMENTAIRES

De leur côté, les histophysiologistes constatent que l'aspect microscopique de la glande thyroïde des têtards change peu de temps avant la métamorphose : l'accroissement de son activité est donc un signe avant-coureur des phénomènes qui vont se produire.

Chez la Grenouille verte, *Rana esculenta,* par exemple, la glande thyroïde est d'abord formée de masses cellulaires pleines qui deviennent vésiculaires, les cellules sécrétrices se disposant en une couche plate pour limiter des cavités plus ou moins sphériques qui se remplissent d'une substance visqueuse très colorable par les colorants cytoplasmiques : la colloïde (« phase de mise en charge »).

A l'approche de la métamorphose, le nombre des vésicules augmente, l'épithélium limitant devient cylindrique, quelquefois à plusieurs assises, et la colloïde semble s'effriter, se liquéfier, et elle devient moins colorable : c'est le moment où la glande déverse intensément sa sécrétion dans le sang. Chez la Grenouille adulte, l'aspect primitif réapparaît : vésicules à parois minces avec colloïde épaisse à l'intérieur (image de remise en charge).

Quant aux biochimistes, ils se sont attachés à obtenir

des extraits thyroïdiens de plus en plus actifs et ont constaté que les substances actives se trouvaient dans la colloïde qui remplit les cavités acineuses de la glande.

Fort heureusement ce n'est pas la fraction protéinique des extraits qui est active. Ce sont les produits iodés, et seulement les produits iodés, qui accélèrent la métamorphose. La thyroxine isolée pour la première fois en 1915 par Kendall est un produit tétraiodé de formule assez simple qui a pu être synthétisé par Harrington et Barger (1927). Ce serait la forme circulante de l'hormone beaucoup plus complexe (thyroglobuline ?) emmagasinée dans les vésicules de la glande.

D'ailleurs, de nombreux produits naturels iodés apparentés à l'hormone thyroïdienne ont été au cours des dernières années isolés puis synthétisés ; parmi ceux qu'a récemment éprouvés Roth (1957) sur les têtards de Grenouille rousse, citons la triiodotyronine dont l'action est cinq fois plus forte mais beaucoup plus fugace que celle de la thyroxine et les acides tri et tétra-iodothyroacétiques qui sont cent fois plus actifs. Ces derniers seraient des formes chimiques moins toxiques que la thyroxine intervenant au niveau des tissus.

L'importance de l'iode a été démontrée de multiples façons. Des substances iodées non thyroïdiennes telles que l'iodocaséine, l'iode, même minéral sous forme d'iodure de potassium ou sous forme de paillettes enrobées de collodion et greffées dans le péritoine, se sont montrées efficaces non seulement sur les sujets intacts mais encore sur les sujets privés de leur thyroïde, de sorte que des physiologistes ont envisagé que d'autres organes, d'autres tissus que la thyroïde étaient capables de fabriquer, à partir de produits iodés, sinon de l'hormone thyroïdienne, tout au moins un produit organique vicariant ayant une action morphogénétique comparable.

Inversement, si des têtards sont élevés dans une eau dépourvue d'iode, telle que celle qui provient de la fonte des glaciers (eau des grands lacs américains par exemple) et nourris de laitue et de miettes de pain blanc (régime carencé en iode), on constate que la durée de la vie larvaire est plus que doublée. L'addition d'iodure à leurs bacs d'élevage provoque leur rapide métamorphose.

Après avoir établi que l'hormone thyroïdienne, principalement par son iode, déclenche la métamorphose des

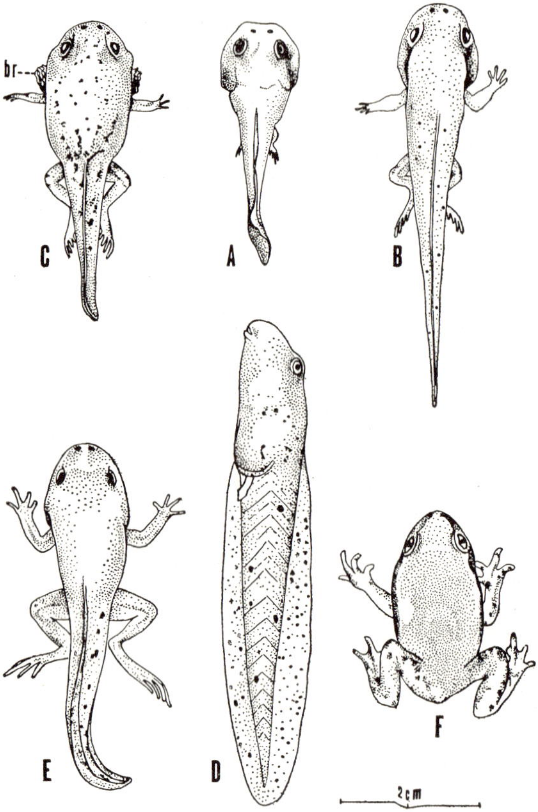

FIG. 2 — MÉTAMORPHOSES PRÉMATURÉES OBTENUES PAR L'HORMONE THYROÏDIENNE.

Alytes : C et A, métamorphoses anormales; *br*, branchies persistantes. B, anomalies restreintes par association thyroxine-lumière. D, stade témoin initial de ces expériences. E, aspect du témoin lors de la photographie du sujet B. F, jeune crapelet normal.

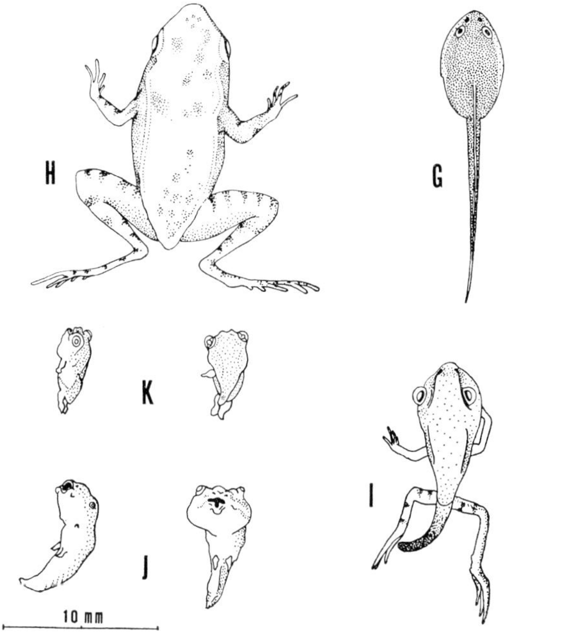

R. *dalmatina :* G, témoin initial, très jeune têtard. H, jeune grenouille à terme. I, grenouillette prématurée (traitement modéré). J, monstre obtenu par traitement intensif de G (dos et profil), les pattes postérieures étant très en retard. K, autre cas analogue. (En partie d'après Disclos, 1959.)

Amphibiens, les biologistes ont voulu préciser les conditions de ce déclenchement.

Dans le cas de la métamorphose provoquée, ils ont donc, pour chaque espèce, cherché à connaître les influences respectives de l'âge des sujets traités, de l'intensité du traitement (pratiquement concentration en thyroxine dans l'eau des bacs d'élevage) et de la durée de ce traitement.

Un traitement trop précoce, appliqué à des larves ayant encore leurs branchies externes ou venant de les perdre, entraîne leur mort sans transformation.

Les stades les plus favorables, ceux pour lesquels un même traitement est le plus efficace, sont les stades B et C : où les pattes postérieures sont à l'état de minuscules bourgeons ou de petits appendices insegmentés *(fig. 2)*. On retrouvera plus loin ces mêmes « stades sensibles » dans d'autres expériences, d'où leur intérêt.

L'étude des concentrations faibles et des durées d'action courtes a montré que tous les tissus ne répondent pas de la même façon et au même moment à l'hormone thyroïdienne : on a pu, par exemple, provoquer uniquement le démarrage de la fonction glycogénique du foie; le dépôt de glycogène se produisant vingt-quatre heures après la première administration de thyroxine; ou bien obtenir le raccourcissement du tube digestif, sans autre manifestation, pour des concentrations entre un pour cent millions et un pour cinquante millions.

Une concentration (un pour deux cents millions, par exemple), inefficace quand elle est appliquée pendant quatre jours, donne une métamorphose plus ou moins complète si elle est appliquée de façon prolongée.

Ainsi, il n'y a pas de concentration-seuil absolue puisque l'efficacité des concentrations dépend de leur durée d'application : il n'y a peut-être pas non plus — et la complexité même du phénomène métamorphique avec l'intervention d'ébauches, de tissus hétérogènes permettait de le prévoir — de dose au-dessous de laquelle on n'obtient aucune réaction et au-dessus de laquelle on obtient automatiquement le déroulement inéluctable des processus complets (pas de loi du tout ou rien).

La méthode de traitement continu (les têtards vivant dans un milieu quotidiennement renouvelé, additionné d'une dose modérée constante de thyroxine), adoptée par Etkin et pratiquée depuis longtemps dans notre laboratoire, donne les résultats les plus constants, les plus faciles à comparer.

Une partie de thyroxine pour cinq cents millions d'eau ne provoque qu'un léger amaigrissement, une très légère disproportion du tronc par rapport aux pattes postérieures : rapport égal à 1 au lieu de 0,9 chez la Grenouille rousse (Roth 1947); une partie pour quarante millions (ou trente millions, selon les espèces) accélère la métamorphose sans grandes déformations. Avec une pour vingt millions, les grenouillettes obtenues ont des pattes postérieures manifestement trop peu développées par rapport au tronc (rapport = 3 voire 4).

Avec des doses faibles, les épisodes de la métamorphose sont très espacés, autant que dans la métamorphose naturelle, tandis qu'avec les doses moyennes ou fortes les épisodes se rapprochent et se superposent : dans le premier cas, Roth fait remarquer qu'on peut déclencher avant terme la métamorphose sans l'accélérer et que dans le second il y a à la fois déclenchement anticipé et accélération; si on s'adresse à un têtard âgé on peut même ne faire que l'accélérer, le déclenchement s'étant spontanément produit déjà.

Les copies les mieux réussies de la métamorphose naturelle, avec chronologie normale des épisodes, à un ou deux décalages près, et avec croissance subnormale des pattes postérieures par rapport au reste du corps, ont été réalisées par W. Etkin qui a placé des têtards *privés de leur thyroïde* dans des bains de thyroxine de concentration progressivement croissante. Cela suggère que, dans les conditions normales, la thyroïde déverse son hormone à des taux de plus en plus élevés, au fur et à mesure que se déroule la métamorphose.

Nous allons voir que cette activité variable de la thyroïde dépend d'une autre glande endocrine, la pituitaire.

Fait digne de remarque : les traitements thyroïdiens accélérant la morphogenèse des différents organes de la future Grenouille laissent le tissu germinal indifférent, de sorte que les glandes sexuelles des grenouillettes prématurément métamorphosées sont en retard sur les autres organes.

RÔLE DE LA PRÉHYPOPHYSE OU PARS ANTERIOR DE LA GLANDE PITUITAIRE

Dès 1916, d'habiles expérimentateurs (Allen, Smith) réussissaient l'ablation élective de l'ébauche ectodermique de la *pars anterior* chez des embryons de Grenouille à un stade (dit du bourgeon caudal) où elle n'a pas encore émigré en profondeur sous l'encéphale, *(fig. 3)*. Ces opérés sont fragiles, leur croissance est lente et insuffisante, leur sensibilité à l'égard des facteurs climatiques, des conditions de vie, est exagérée et ils ne se métamorphosent pas. Leur *thyroïde reste minuscule* et *ne contient pas de substance colloïde.*

Un traitement de remplacement, compensateur (greffe de glande pituitaire, spécialement de la *pars anterior* ou injections répétées d'extrait), rétablit un comportement à peu près normal et en particulier provoque le développement de la thyroïde dont les vésicules se chargent de colloïde : assez rapidement la métamorphose se produit,

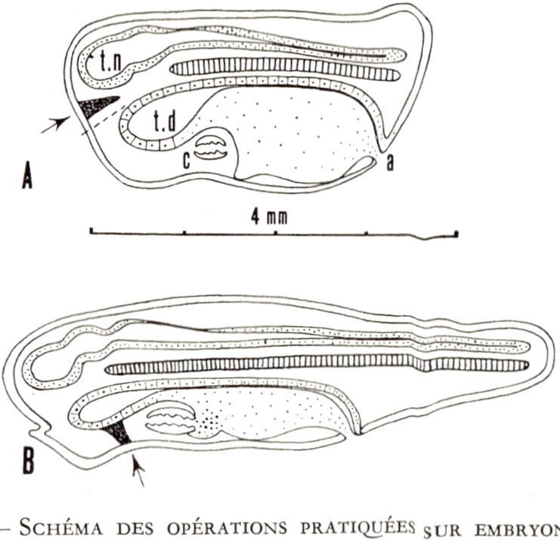

Fig. 3 — Schéma des opérations pratiquées sur embryons de Grenouille pour extirper les ébauches de la pituitaire (A) ou de la thyroïde (B).

Les ébauches sont indiquées par des flèches; *t.n,* tube nerveux; *t.d,* tube digestif; entre les deux, la corde dorsale; *a,* anus; *c,* ébauche du cœur. (D'après Allen 1916, *in* Bounhiol, 1942.)

sans pourtant s'achever parfaitement (voir plus loin p. 732). L'absence d'action par ingestion complique beaucoup les expériences par rapport à celles réalisées avec la thyroïde.

Cependant la pituitaire seule ne peut rien : en l'absence de leur thyroïde et malgré des greffes et des injections d'extrait de pituitaire, les têtards restent indéfiniment à l'état larvaire.

Au contraire, en l'absence de pituitaire, la thyroïde *à elle seule,* si elle n'a été privée que tardivement de son entraîneur pituitaire, peut assurer la métamorphose. Si elle en a été privée précocement, un traitement thyroxinien, ou même simplement iodé, pourra déclencher la métamorphose.

La glande pituitaire n'agit donc qu'en éveillant, et par la suite en stimulant le fonctionnement de la thyroïde.

Des recherches sur l'incidence possible d'autres glandes endocrines (surrénales, thymus, glandes sexuelles), nous ne retiendrons que celles, concordantes, relatives aux testicules. Leur sécrétion interne (testostérone) est antagoniste de celle de la thyroïde : elle s'opposerait, aussi bien chez le mâle que chez la femelle, à l'arrêt de la croissance globale qui marque le début de la métamorphose. Delsol envisage que les hormones sexuelles insensibilisent les tissus à l'action morphogénétique de la thyroxine.

SUBSTANCES ARTIFICIELLES EMPÊCHANT OU RETARDANT LA MÉTAMORPHOSE

Parmi les substances contrariant la métamorphose, il faut citer les produits synthétiques introduits en thérapeutique humaine depuis quelques années. Ce sont les « antithyroïdiens » (thiourée, thiouracile, aminothiazol) et les frénateurs de la pituitaire : paraoxypropiophénone et para-acétoxyphénylisobutène.

ANTITHYROÏDIENS

Après quelques essais réalisés en Amérique sur *Rana pipiens* et *Xenopus,* une étude méthodique a été faite en France par Delsol sur le Discoglosse *(D. pictus).*

C'est le thiouracile qui s'est montré le moins toxique. Dissous dans l'eau des bacs d'élevage, il fait passer de un à trois mois la durée de la vie larvaire : la métamorphose, parfois, s'amorce jusqu'au stade caractérisé par l'apparition des doigts à l'extrémité du membre postérieur, puis elle s'arrête et la stabilisation peut durer, dans certains cas, jusqu'à cinq mois et demi.

Les têtards traités sont plus grands que les témoins mais ils ne le sont pas du fait de la prolongation de leur vie larvaire, car le gigantisme est manifeste chez les sujets traités bien avant que les témoins atteignent la métamorphose, *(fig. 4)*.

Delsol envisage logiquement une sécrétion d'hormone de croissance somatotrope due à une réaction pituitaire qui s'exagérerait devant l'inertie thyroïdienne.

Les études histologiques combinées suggèrent que, dans une première période, dès la disparition des branchies externes, la thyroïde n'excrète pas et peut-être ne sécrète même pas d'hormone mais le têtard réagit à un traitement thyroïdien et peut se métamorphoser précocement : dans une deuxième phase (stades 8-9-10 de Delsol) la thyroïde excrète mais sa suppression expérimentale ou le blocage de l'hormone par les antithyroïdiens n'empêche pas l'évolution de continuer un certain temps jusqu'au stade 11 (stade de l'apparition des doigts à la patte postérieure). Jusqu'à ce stade l'évolution morphologique du têtard serait indépendante de la sécrétion thyroïdienne.

Enfin, dans une troisième période, la thyroïde excrète en grande quantité : sa présence est indispensable, sa suppression ou son blocage arrête la métamorphose.

FRÉNATEURS DE LA PRÉHYPOPHYSE

Le plus étudié et le moins toxique est la paraoxypropiophénone (P.O.P.) qui s'administre, convenablement dosée (1/100 000 en général), dissoute dans l'eau des aquariums où vivent les têtards.

C'est surtout en France qu'une expérimentation méthodique a été réalisée (J. J. Bounhiol et collaborateurs) de 1951 à 1959 sur des centaines de têtards de *Rana* et d'*Alytes*, dont les courbes de croissance pondérale et linéaire ont été suivies de semaine en semaine pendant plus d'une année parfois.

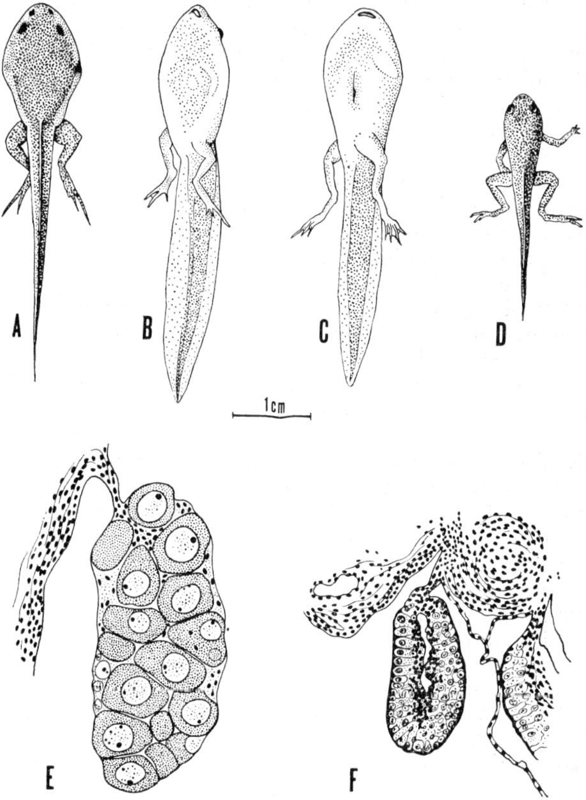

FIG. 4 — TÊTARDS GÉANTS OBTENUS PAR BLOCAGE DE LA THYROÏDE.

En haut : A, B, C : trois têtards géants de Discoglosse traités depuis deux mois et demi par la thiouracile et à côté, D, un témoin en métamorphose au bout d'un mois.

Au-dessous : aspect microscopique des ovaires (au même grossissement) chez les animaux d'expérience en vie larvaire prolongée, E, et chez un sujet normal en fin de vie larvaire, F. (D'après Delsol, 1952.)

Un certain nombre de faits saillants ont été découverts :

Sous l'influence de la P.O.P. l'appétit diminue et la taille et le poids se stabilisent alors que la morphogenèse progresse lentement, *(fig. 5)*. Chez *Alytes,* la vie larvaire de sujets nés en mai et qui est normalement de quatre mois a été étirée jusqu'à atteindre treize mois.

Des têtards nés en août ont même été obligés d'hiverner deux fois.

Les traitements précoces sont d'abord peu efficaces : ils le deviennent davantage si on les prolonge et si on les intensifie lorsque le sujet atteint le stade C (pattes postérieures à doigts ébauchés). C'est le stade sensible; pratiquement en instituant le traitement au stade B_2 ou B_3 on prolonge tellement le stade C que pratiquement la métamorphose est différée pour de longs mois.

Autrement dit : il semble que lorsque l'animal atteint les stades B_3 ou C, il lui manque un facteur nécessaire pour que sa morphogenèse et sa croissance continuent. On peut penser qu'il s'agit de l'hormone somatotrope et de l'hormone thyréostimulante, la déficience de cette dernière entraînant le tarissement de l'hormone thyroïdienne. Il est remarquable que ce stade C (doigts ébauchés à la patte postérieure) est celui-là même trouvé par d'autres moyens comme étant le stade où l'organisme a besoin d'une forte imprégnation par l'hormone thyroïdienne (voir expériences de Delsol, page 724).

Si, par un traitement tardif ou sous-dosé, les sujets réussissent à atteindre le stade D, la métamorphose est à prévoir dans quelques semaines.

L'emploi de la P.O.P. confirme les conceptions de nombreux endocrinologistes : l'imprégnation de l'organisme par les hormones n'est pas permanente ou tout au moins n'est pas efficace de façon permanente : il se produit des bouffées de sécrétion par lesquelles les phénomènes sont lancés et peuvent, pendant un certain temps, se poursuivre de façon quasi autonome.

LES CONDITIONS DE LA MÉTAMORPHOSE SPONTANÉE RÔLE DES FACTEURS EXTERNES

D'après les données expérimentales précédentes, la thyroïde poussée, excitée par la pituitaire, mène l'animal

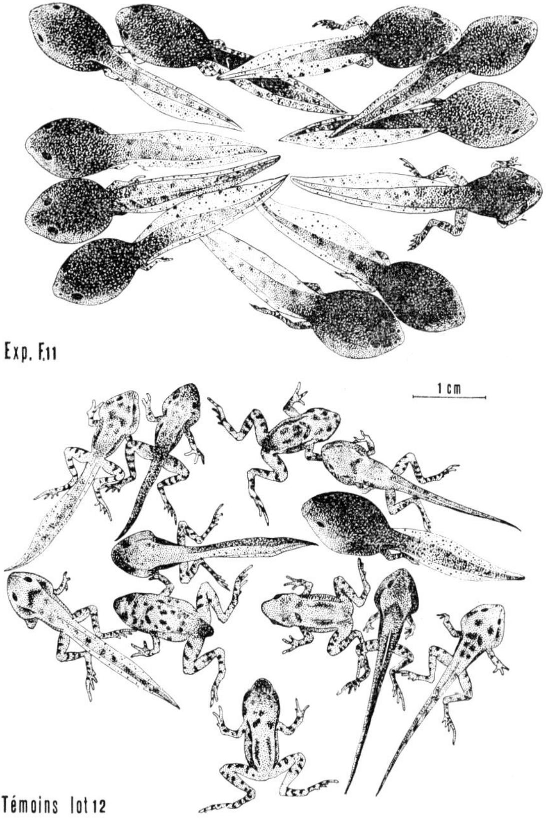

FIG. 5 — ACTION DES FRÉNATEURS DE LA PRÉHYPOPHYSE.

En haut, (expérience F. 11), les Têtards, après trois mois de traitement par la P.O.P., sont hyperpigmentés; un seul a des pattes antérieures. En bas, les témoins, à la même époque, achèvent presque tous leur métamorphose; un seul retardataire n'a pas ses pattes antérieures. (D'après J.J. Bounhiol, 1957.)

à la métamorphose. La question se pose alors : comment et par quelle intervention la préhypophyse est-elle amenée à exciter la thyroïde ? Ses cellules sont-elles génétiquement destinées à fonctionner au bout d'un certain temps indépendamment des circonstances, de l'état des milieux intérieurs et des facteurs extérieurs à l'animal ? C'est contraire à ce que nous savons de la physiologie des êtres vivants : l'organisme dispose d'une marge de liberté, de sécurité, lui permettant de s'adapter à ces circonstances, sans quoi tous les têtards d'une même ponte, génétiquement semblables, se transformeraient au même âge, à la même taille, ce qui n'est pas.

Les facteurs externes intervenant sont nombreux : lumière, chaleur, concentration du milieu aquatique suivant la pluviosité, nourriture.

Ils varient tous simultanément et le rôle de chacun est difficile à préciser : des efforts expérimentaux persévérants sont nécessaires pour placer les animaux dans des conditions où un seul d'entre eux varie.

Quelques faits seulement seront mentionnés ici; nous avons déjà signalé que la métamorphose était très retardée, faute d'iode, dans les lacs de montagne; la métamorphose l'est également en eau pauvre en calcaire, mais en présence de thyroïde cette carence est accélératrice, le calcium freinant légèrement la thyroïde! La teneur plus élevée du calcium dans le sang et les tissus des têtards en métamorphose avancée aurait donc un rôle modérateur.

En ce qui concerne l'alimentation, une nourriture riche en corps gras (que l'on sait retenir énergiquement l'iode) entraîne un retard de la métamorphose qui peut être supprimé par un traitement iodé. Les têtards qui n'ont à leur disposition que de la vase et les débris microorganiques qu'elle contient se transforment moins vite que ceux trouvant à brouter, dans la mare, des plantes aquatiques en pleine croissance.

La température et la lumière (éclairement quotidien) varient au cours de l'année dans nos pays tempérés et constituent le cycle saisonnier qui nous retiendra plus longtemps.

LE CYCLE SAISONNIER

La Grenouille verte ne se métamorphose pas toujours l'année de sa naissance : nés en juin, certains spécimens tombent en vie ralentie en octobre-novembre et ne se métamorphosent que l'année suivante, plus ou moins tôt. Le Crapaud accoucheur *(Alytes)* se comporte de la même façon, régulièrement. Le phénomène se produit même si la température automnale est douce et la nourriture abondante; même pour les sujets stabulés en laboratoire. Fait intéressant : pendant les mois d'automne (octobre-novembre-décembre), les têtards, *tout en s'accroissant,* demeurent au même stade morphologique : il y a donc disjonction entre croissance et morphogenèse, avec pause pour cette dernière (P. Disclos et G. Disclos, 1958).

Si, à des têtards de telles espèces, on applique un traitement thyroïdien, on constate que les effets ne sont pas les mêmes en juillet et août sur des têtards en pleine activité, et en octobre-novembre alors même qu'on les maintient à une température estivale : le temps de latence est augmenté et la métamorphose est plus lente (Roth, 1946; P. Disclos et J. J. Bounhiol, 1959). D'autre part, dans la nature ou dans un local non chauffé, la morphogenèse démarre à nouveau en janvier au moment où les jours sont souvent les plus froids mais où ils « allongent ». Il est très probable que le facteur lumière et d'autres radiations solaires déficitaires en automne sont en cause. En effet : le rôle de la photopériode, du nombre d'heures de jour par rapport à celles de nuit, est apparu depuis une quinzaine d'années très important en biologie animale comme en biologie végétale.

ACTION DE LA LUMIÈRE

Dans le domaine qui nous intéresse, l'action de la lumière a été étudiée récemment par Van den Eeckhoudt (1946-1949).

En éclairant des têtards de Grenouille rousse le jour par la lumière naturelle, la nuit par des lampes à incandescence, cet auteur a constaté, sans modification de la croissance dimensionnelle et pondérale, une précocité remarquable de la métamorphose et, ensuite, une accélération des phases successives de cette métamorphose, la forme de Grenouille parfaite étant atteinte trente jours plus tôt que chez les témoins.

Il a été établi également que la réaction endocrinienne,

qui entraîne chez un têtard éclairé intensivement une métamorphose précoce, ne débute pas avant un certain âge et un certain état de développement : le moment où la réaction à la lumière est la plus prononcée se situe un peu avant et pendant le développement des pattes postérieures. Après cette période, la réaction diminue et disparaît mais une fois cette réaction déclenchée elle se poursuit même si le traitement lumineux cesse.

En testant biologiquement sur d'autres têtards l'activité des thyroïdes de têtards illuminés, il apparaît que le pouvoir métamorphogène de ces thyroïdes, faible au début de la vie larvaire, devient important pendant le développement des pattes postérieures pour s'annuler presque ensuite.

En testant de même les hypophyses sur des têtards ou sur de jeunes poulets, on constate que la teneur en hormone thyréotrope de l'hypophyse est faible jusqu'au début de la métamorphose — croissance rapide des pattes postérieures —; elle augmente puis redevient faible pendant le développement des pattes antérieures et les autres étapes de la métamorphose.

Ces activités pituitaire et thyroïdienne s'observent aussi, bien sûr, chez les témoins mais beaucoup plus tard.

Enfin, Disclos (1959), en associant l'action de la lumière et celle de la thyroxine, a pu obtenir des crapelets bien constitués en toutes saisons. Ainsi la lumière corrigerait les perturbations qu'entraîne l'entrée dans l'organisme de thyroxine étrangère.

L'origine de cette action régulatrice doit probablement être cherchée dans le mécanisme d'action différent des deux facteurs : lumière et thyroxine.

La thyroxine exogène freine, comme c'est la règle en endocrinologie, la sécrétion de l'hormone autochtone : ce freinage s'effectue partiellement au moins par la pituitaire qui réagit en réduisant ou en supprimant l'émission de sa thyréostimuline. On pense que la pituitaire cesse aussi de sécréter sa somatotrophine (en effet le traitement thyroxinien arrête la croissance). Quant à la lumière, elle stimule normalement la pituitaire, lui faisant sécréter l'hormone somatotrope et un peu d'hormone thyréotrope, ce qui explique le résultat du traitement lumineux seul, en automne, signalé ci-dessus.

Associée à la thyroxine, la lumière compenserait et au-delà le freinage de la pituitaire dû à la thyroxine exogène, tout au moins en ce qui concerne l'hormone somatotrope.

Enfin, chez *Bufo vulgaris,* la lumière sur fond blanc, à elle seule, retarde la métamorphose (R. Miline, 1950).

RÔLE DU SYSTÈME NERVEUX

L'agent de liaison entre les événements extérieurs et le système endocrinien est le système nerveux.

Toutes les variations du milieu ambiant ou intérieur sont recueillies par des récepteurs appropriés (organes sensoriels) et tous ces « renseignements » sont rassemblés et classés dans le système nerveux et en particulier dans l'encéphale. La majorité de ces messages, surtout chez les animaux inférieurs, entraînent des réponses automatiques, réflexes.

Tenant compte des faits découverts chez les Mammifères sur le rôle dans l'organisation de ces réponses de la région du diencéphale appelée hypothalamus, les biologistes s'occupant des Amphibiens ont pensé que, chez ces animaux aussi, la pituitaire recevait probablement des « instructions » diencéphaliques, naturellement plus frustes chez ces animaux, comme d'ailleurs le sont les sensations qui en sont l'origine, mais analogues à celles existant chez les Mammifères.

Toutefois, même chez les Mammifères, l'accord entre les neurologistes et les endocrinologistes n'est pas fait et plusieurs conceptions, toutes étayées par de valables constatations, s'affrontent : depuis l'autonomie complète de la pituitaire jusqu'à son asservissement complet à l'hypothalamus. Chez les Amphibiens, le problème est attaqué depuis encore moins de temps.

L'étude de l'action combinée de la thyroxine et de la lumière que nous avons provisoirement attribuée à une action directe de la lumière sur l'hypophyse peut s'interpréter aussi par l'intervention du diencéphale excité par la lumière. Les expériences sur la P.O.P. ont amené à envisager aussi que cette substance paralyse peut-être davantage la liaison diencéphale préhypophyse que la préhypophyse elle-même.

En associant une illumination permanente et le traitement par la P.O.P. on compense en effet le déficit provoqué par cette drogue, ce qui fait penser que la pituitaire n'est pas définitivement altérée par le traitement et qu'elle est capable d'être excitée par un stimulant physiologique suffisamment intense.

D'autre part, l'obscurité permanente qui est fatale aux têtards en quelques mois est paradoxalement moins nuisible quand il s'y ajoute un traitement par la P.O.P. : les animaux traités s'alimentent et atteignent des stades plus avancés avant de mourir.

Ces dernières expériences appuient l'idée que la para-oxypropiophénone entoure en quelque sorte d'un écran et empêche les tissus, la thyroïde en particulier, de bénéficier de la stimuline qui lui est destinée. Mais d'autre part, elles apportent un nouvel argument à l'importance des relations entre la pituitaire et le système nerveux et en particulier le diencéphale et les nombreux centres dits hypothalamiques qu'il renferme. L'écran envisagé est peut-être surtout entre ces centres et la pituitaire. La lumière agissant sur ces centres pourrait briser le barrage, secouer la torpeur de la glande intoxiquée par la drogue ou bien réveiller ces centres hypothalamiques, peut-être eux-mêmes intoxiqués.

De nombreuses expériences sur des Amphibiens divers : Rainettes, Grenouilles, Crapauds, ont montré que les greffons de pituitaire étaient actifs mais les premiers auteurs s'étaient peut-être un peu trop hâtés de conclure. Dans les cas les plus favorables, greffons les plus actifs, les porteurs de greffons n'atteignent pas ou ne dépassent pas le stade climax (sortie des pattes antérieures); parfois on peut imputer cet échec à la désorganisation du greffon mais celle-ci ne se produit pas toujours. Ainsi la production de thyréostimuline serait indépendante d'une commande diencéphalique au début mais lui serait soumise à partir du climax.

Rappelons que ces constatations sont en accord avec ce que nous connaissons du fonctionnement thyroïdien : l'emploi d'iode radioactif (dont les déplacements peuvent être suivis à la trace dans les tissus) a permis de confirmer les vues anciennes basées sur l'examen des coupes histologiques classiques : jusqu'au climax, la thyroïde amasse l'hormone dans sa colloïde plus qu'elle ne la déverse dans le sang; ensuite, elle la déverse intensément.

Plus décisives sont les opérations chirurgicales sur le diencéphale même qui viennent d'être réalisées par

Voitkevich (1960-1962) d'une part, par l'équipe de notre laboratoire (Chr. Remy, 1962; Bounhiol et Remy, 1962; Disclos, 1962) d'autre part. Elles révèlent que, privés de leur diencéphale, les têtards demeurent aquatiques, bloqués à un stade quadrupède conservant la queue et la nageoire et que leur morphogenèse ne bénéficie plus de l'influence régulatrice de la lumière mise en évidence précédemment.

De leur côté les travaux d'Etkin et Sussman (1961) sur les larves d'une Salamandre américaine (section du pédoncule diencéphalopituitaire) précisent que des connexions vasculaires (et non nerveuses) sont nécessaires entre diencéphale et préhypophyse pour que la métamorphose se produise. Or la métamorphose de ces animaux qui possèdent à l'éclosion leurs quatre pattes, correspond à la phase terminale de la métamorphose des têtards. De sorte que chez tous les Amphibiens ce serait le diencéphale qui donnerait le coup de fouet final décisif pour la réalisation de la forme parfaite.

LA MÉTAMORPHOSE DES AUTRES AMPHIBIENS

Tous les Amphibiens ne se comportent pas comme la Grenouille. Les têtards de certaines espèces naissent rela tivement avancés *(Alytes)* : le stade des branchies externes s'étant effectué dans l'œuf pendant la période où le mâle va le soir humecter les œufs.

Bien plus, il y a même des Grenouilles exotiques qui sortent de l'œuf à l'état parfait sans avoir présenté la phase têtard libre.

D'un autre côté, les Salamandres et les Tritons ont aussi des larves aquatiques et — après métamorphose — des adultes terrestres. Mais les différences morphologiques entre larves et adultes sont moindres que chez les Anoures du fait que les larves ont des branchies externes permanentes et des membres antérieurs visibles avant les membres postérieurs et qu'à la métamorphose elles conservent la queue mais sans la crête natatoire — d'où leur nom d'Urodèles.

RETARD SPONTANÉ DE LA MÉTAMORPHOSE : LA NÉOTÉNIE

Comme il a été dit occasionnellement, les têtards du petit crapaud Alyte et de la Grenouille verte passent souvent l'hiver qui suit leur naissance à l'état de têtard, plus ou moins engourdis dans les mares, éventuellement recouvertes de glace, et terminent leur évolution aux beaux jours de l'année suivante. Chez la Grenouille taureau américaine *(Rana catesbiana)* cet état se prolonge parfois deux ans.

Cette persistance de l'aspect et de la physiologie larvaires a été appelée *néoténie*. Dans les cas précédents elle est dite partielle : tous les appareils et organes ayant une évolution synchroniquement retardée.

Les Tritons alpestres et quelques autres espèces de Tritons présentent une accentuation du phénomène avec, fait nouveau remarquable, l'apparition de la reproduction chez des individus aquatiques avec branchies et nageoires, donc restés larvaires. Dans ce cas il y a dissociation entre le développement somatique et le développement germinal : la néoténie est dite totale. Or ce phénomène que les Tritons présentent fortuitement est à peu près constant chez la larve Axolotl de l'Amblystome mexicain importé en Europe à la suite de la campagne du Mexique de 1861 et chez d'autres espèces américaines suivant les régions, en particulier l'*Amblystoma tigrinum* dans le Colorado.

Chez ces Tritons et ces Salamandres, le développement somatique ne rattrape jamais ultérieurement l'avance qu'a prise sur lui l'appareil reproducteur : l'apparition de la reproduction stabilise, en quelque sorte définitivement, la morphologie de la larve qui ne se métamorphosera jamais spontanément.

Les Axolotls ont été naturellement l'objet de nombreuses recherches : le traitement thyroïdien ou iodé a permis de provoquer rapidement leur métamorphose. Aussi les biologistes ont-ils cherché ce qui empêchait habituellement cette métamorphose de se produire. La thyroïde des Axolotls présente une évolution analogue à celle des têtards d'Anoures, elle réagit comme une thyroïde de têtard à des injections d'hormone thyréotrope (Delsol, 1957). Enfin, le fait décisif est que la thyroïde de ces Axolotls greffée à des têtards de Grenouille provoque la métamorphose rapide de ces derniers.

Il semble que la concentration du facteur de métamorphose qui est produit par la thyroïde d'un Axolotl soit insuffisante : pour obtenir cette métamorphose il faut injecter dans le péritoine d'un sujet la thyroïde de plusieurs autres sujets semblables (Swingle, 1925).

La glande pituitaire de l'Axolotl paraît cependant fonctionner : peut-être stimule-t-elle insuffisamment la thyroïde ? l'hormone thyréostimulante est présente dans cette glande pituitaire mais en petite quantité : le broyat de vingt de ces glandes fait réagir une thyroïde de Poussin d'un jour pris comme test (Delsol, 1957); cependant, à l'égard des antithyroïdiens, l'Axolotl ne se comporte pas comme un têtard : sa thyroïde ne réagit guère; il n'y aurait pas ici sécrétion compensatrice de thyréostimuline par la préhypophyse.

Bien qu'immatures, les Axolotls se comportent donc comme des Grenouilles adultes et non comme des têtards : il semble que les tissus de l'Axolotl soient peu sensibles à la thyroxine.

Certains auteurs polonais font jouer dans la métamorphose un rôle de relais au tissu réticulo-endothélial; chez les néoténiques, ce tissu ne fonctionnerait pas normalement.

Enfin, il existe des Urodèles dits Pérennibranches : le Protée des cavernes de Carinthie, le *Necturus* des États-Unis. Comme leur nom l'indique, ils possèdent toute leur vie des branchies et conservent, en somme, les traits morphologiques et physiologiques qui caractérisent les larves des autres Urodèles, *(fig. 6)*.

Tenant compte des résultats obtenus avec les Axolotls et les Tritons, des essais expérimentaux ont été tentés, mais sans succès malgré l'ingéniosité des biologistes, pour forcer la nature et pour obtenir une transformation. Ils ont été considérés comme des néoténiques absolus.

Or la thyroïde d'un *Necturus* ou d'un Protée réagit à des extraits d'hypophyse et même de leur propre hypophyse; enfin, greffée à des têtards, cette thyroïde provoque leur métamorphose accélérée.

Les glandes endocrines de ces Pérennibranches ne sont donc pas essentiellement différentes de celles des autres Amphibiens. L'absence de métamorphose est due à une

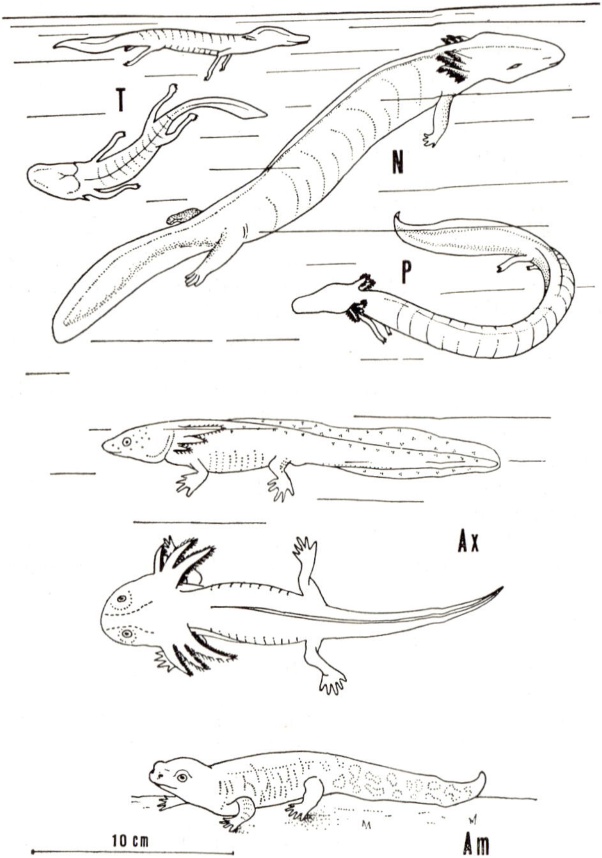

FIG. 6 — ASPECT DES PRINCIPAUX AMPHIBIENS URODÈLES NÉOTÉNIQUES.

Ces espèces, rassemblées sur le même croquis, à la même échelle, ne vivent pas dans les mêmes régions du globe. T : *Typhlomolge* — N : *Necturus* — P : *Proteus* — Ax : *Axolotl* — Am : *Amblystoma*. (D'après divers auteurs, *in* Bounhiol, 1942.)

insensibilité des tissus plutôt qu'à l'existence d'un produit neutralisant l'hormone : on a pu en effet obtenir la métamorphose d'un morceau de peau d'Axolotl greffé sur un Protée traité par thyroxination intramusculaire et restant, lui, parfaitement insensible au traitement. Les essais pour réaliser la métamorphose d'organes isolés de Protée greffés sur d'autres Amphibiens n'ont pas été décisifs.

Finalement a donc prévalu l'opinion que les tissus de ces Pérennibranches présentent une résistance invincible à l'action du facteur thyroïdien.

La métamorphose des Amphibiens, grâce à l'habileté de nombreux chercheurs, apparaît moins mystérieuse qu'il y a cinquante ans : son mécanisme peut se rattacher à des actions endocrines familières à tous.

On peut aujourd'hui, par un traitement thyroïdien convenable, réaliser des imitations assez bien réussies des métamorphoses naturelles, non seulement chez les espèces qui se transforment spontanément mais chez des races, dites néoténiques, dont la métamorphose est, dans la nature, le plus souvent différée.

La métamorphose est conditionnée par l'activité combinée de la glande pituitaire et de la glande thyroïde, le rôle de cette dernière étant décisif.

Dans les conditions naturelles les deux rouages préhypophyse-thyroïde ne sont pas en marche permanente et uniforme. Ce sont les conditions ambiantes, climatiques, en particulier la lumière, qui accélèrent ou modèrent le mécanisme par l'intermédiaire des centres diencéphaliques du système nerveux central.

DE LA CHENILLE AU PAPILLON

LES ÉTAPES DU CYCLE VITAL

Dans beaucoup de régions, même non séricicoles, de France, les jeunes enfants se procurent chez les herboristes une pincée d'« œufs de Ver à soie », petits grains aplatis dont la taille et la couleur gris ardoisé rappellent les graines de radis. A cause de cette ressemblance, ces œufs sont désignés du nom de « graine » par les sériciculteurs, peut-être aussi parce que les embryons qui se trouvent dans ces œufs, comme ceux des graines végétales, restent endormis d'un été jusqu'aux premières tiédeurs du printemps suivant.

Quand ces œufs, après avoir subi les froids de l'hiver, sont placés à 20-22°, l'embryon achève son développement. Douze ou quinze jours plus tard apparaîtront de petites chenilles noires et velues cheminant en quête de nourriture, auprès des coques des œufs, blanches et vides.

Sauf la couleur, qui va en quelques jours devenir beige, puis blanche, et les poils qui vont tomber, le Ver à soie a d'emblée, dès la naissance, l'aspect qu'il aura lorsqu'il cessera de s'alimenter pour filer et se métamorphoser.

Le stade chenille qui va, comme le stade têtard, durer plusieurs semaines est bien connu de tous : son corps cylindrique est constitué d'une série d'anneaux successifs à peu près identiques. Avec un peu d'attention on y distingue, en avant, une tête protégée *(fig. 7)* par une capsule crânienne dure et de teinte toujours plus foncée que le reste du corps; elle porte dorsalement, de chaque côté, des antennes courtes et un groupe d'ocelles dont le rôle visuel est médiocre, semble-t-il. En avant et ventralement, entourant la bouche, les appendices tactiles et masticateurs, ventralement et en arrière de la lèvre inférieure, un tubercule conique percé d'un orifice : la filière par laquelle sortira la soie.

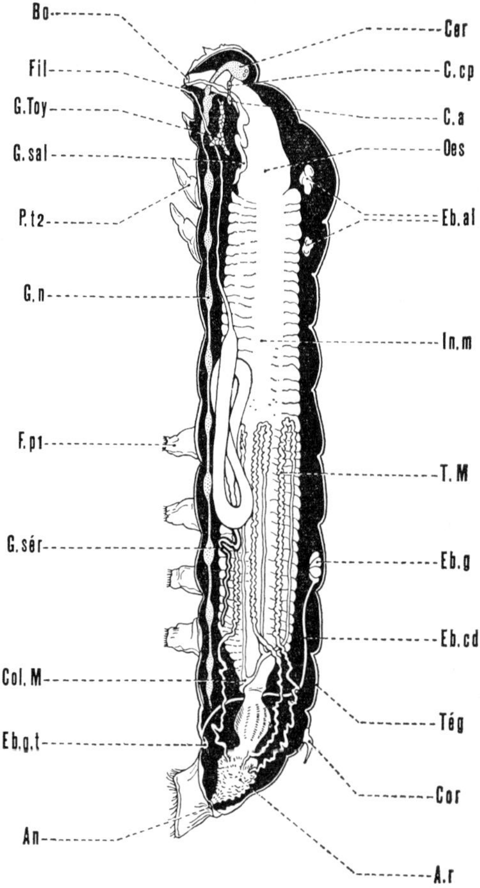

FIG. 7 — SCHÉMA DE L'ANATOMIE D'UN VER À SOIE.

An, anus; *Ar,* ampoule rectale; *Bo,* bouche; *C.a,* corps allate; *C.cp,* corps cardiopharyngien; *Cer,* cerveau (2 cellules neurosécrétrices sont indiquées); *Col. M,* collecteur des tubes de Malpighi; *Cor,* corne tégumentaire; *Eb.al,* ébauches des ailes; *Eb.g,* ébauche glande génitale; *Eb.cd,* ébauche des conduits génitaux; *Eb.gt,* ébauche des organes génitaux terminaux; *Fil,* filière; *G.Toy,* glande céphalothoracique de Toyama; *G.sal,* glande salivaire; *Fp*[1], fausse patte 1re paire; *Gn,* ganglion nerveux; *In.m,* Intestin moyen; *Teg,* tégument; *T.M.,* tube de Malpighi; *Oes,* œsophage; Pt_2 : patte thoracique 2.

Les trois premiers segments en arrière de la tête constituent le thorax, et possèdent chacun une paire de petites pattes articulées terminées par un crochet. Les dix autres segments constituent l'abdomen ; les deux derniers anneaux n'en font pratiquement qu'un. Les segments abdominaux 3e-4e-5e-6e sont munis ventralement d'une paire de fausses pattes, sortes de digitations du tégument musclées mais surtout turgescentes par pression sanguine ; leur extrémité libre en « patte d'éléphant » présente une sole d'appui garnie d'une couronne de crochets. Le segment terminal a aussi une paire de fausses pattes de forme un peu différente.

La chenille est un être lourd dont les moyens de locomotion sont lents et faibles ; dès que la chenille a un peu grandi, les pattes vraies ne servent guère qu'à saisir et maintenir la feuille dans la position la meilleure pour la ronger ; les fausses pattes sont surtout d'excellents moyens d'ancrage sur les feuilles ou sur des supports.

Les organes des sens, qui sont en général liés à la locomotion, sont ici, corrélativement, nettement dégénérés. Les ocelles seraient sensibles au vert pendant la vie alimentaire, sensibles au brun à partir de la montée.

Le Ver à soie domestiqué n'est guère capable de trouver lui-même sa nourriture au-delà de quelques centimètres.

Toutefois la feuille de mûrier a un pouvoir attractif sensible sur les vers et on a pu tout récemment extraire la substance chimique responsable.

Si donc on leur donne de la feuille de mûrier de préférence coupée en fragments, les vers se mettent à manger : pratiquement ils ne s'arrêtent au bout de une ou deux heures que lorsque ce qui reste de la feuille commence à se dessécher, dessiccation accélérée par les lésions, les brèches faites dans le parenchyme par les vers. Ils attendent alors que des feuilles fraîches nouvelles viennent providentiellement se superposer aux anciennes et ainsi de suite trois à cinq fois par jour suivant la température de 18 à 25°.

LA MUE

Au bout de cinq à six jours après la naissance, les vers qui sont devenus beiges et glabres s'immobilisent soit à l'écart de la région où on donne les feuilles soit sur les feuilles sèches et ne montent pas sur les feuilles nouvellement distribuées : ils semblent somnolents, un petit triangle brun se remarque à l'union du crâne et du thorax : ils sont en mue, *(fig. 8)*.

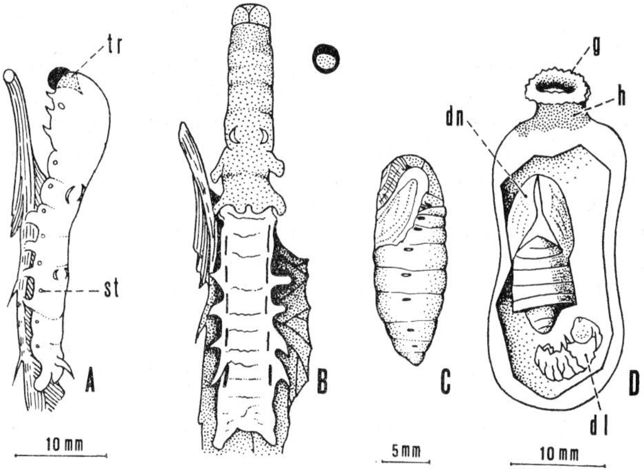

FIG. 8 — MUE DU VER À SOIE.

A : Ver en train de muer pour la quatrième fois, agrippé à des débris de feuille sèche, vu de 3/4 dorsalement, au stade du triangle (*tr*); *st*, stigmates respiratoires. B : le même, en train de se dégager (vu dorsalement). Remarquer sa large tête, l'exuvie cranienne tombée à droite. C : Chrysalide ou nymphe, forme succédant à la chenille à l'issue de la première des deux dernières mues, lesquelles ont lieu à l'intérieur du cocon. D : Cocon dont un volet a été découpé dans la paroi, après émergence du Papillon pour voir à l'intérieur. *dl*, exuvie larvaire, dépouille abandonnée par la nymphe; *dn*, exuvie nymphale abandonnée par le Papillon; *g*, goulot formé par le papillon pour sortir; *h*, zone ramollie par la salive.

Dix-huit à vingt-quatre heures après, ils abandonnent l'étui cuticulaire initial, leur crâne tombe comme un masque puis ils sortent du fourreau corporel qui reste accroché par les fausses pattes au support où les vers s'étaient fixés et qui s'appelle l'exuvie. Le décollement de l'exuvie et du nouveau tégument, leur glissement l'un sur l'autre sont facilités par la présence d'un « liquide exuvial » sécrété par des glandes tégumentaires. Riche en diastases (chitinase, protéase...), ce liquide ronge la face interne de l'ancienne cuticule.

Quelques heures plus tard, la nouvelle cuticule sécrétée par l'épiderme est suffisamment résistante, et en particulier celle de ses mandibules, pour que l'animal puisse reprendre sa vie active, se nourrir et accomplir une nouvelle phase de croissance.

Le phénomène se renouvelle ainsi plusieurs fois, quatre, parfois cinq, accompagné chaque fois d'un accroissement de diamètre du crâne. Le tégument du corps reste extensible et se dilatera progressivement d'une mue à l'autre, tandis que le poids augmente :

L'accroissement volumétrique et pondéral que réalisent ainsi de stade en stade les chenilles est extraordinaire : un ver à soie de 0,5 mg à la naissance atteint 4 g à son maximum (8 000 fois), sa longueur passe de 3 mm à 80 mm (1 à 25).

Les mues subies par la chenille pendant cette phase alimentaire et de croissance de son cycle ne sont l'occasion d'aucun changement important morphologique ou physiologique. Il en est tout autrement lorsque la chenille a terminé sa croissance.

PREMIERS SIGNES DE LA MÉTAMORPHOSE

Ayant acquis une taille de huit cm environ, huit à douze jours après la dernière mue, le Ver à soie, au lieu d'attaquer très rapidement les feuilles distribuées, n'y donne que quelques coups de mâchoires et s'arrête bientôt. Est-ce l'approche d'une mue ? Il n'en présente pas pourtant les aspects caractéristiques (ni la peau luisante, ni le triangle postcéphalique), il n'a pas fixé ses fausses pattes avec quelques fils de soie bien que la soie souvent s'échappe de sa filière ainsi qu'on peut le voir à contre-jour ou sur fond noir.

Bien plus, généralement, à ces quelques heures d'immobilisation, fait suite une période d'activité locomotrice inhabituelle chez cet animal : il monte sur les bords des cages, grimpe sur les murs et les supports les plus divers, il cherche un endroit élevé, de préférence obscur, et loin de ses semblables.

Pendant cette période de « montée » (douze à vingt-quatre heures), on constate que son corps opaque, lorsqu'il a cessé de s'alimenter, devient progressivement translucide — « comme un raisin mûrissant », disait Olivier de Serres, — non seulement parce que le tube digestif se vide progressivement, mais aussi parce que l'épiderme est sans doute moins chargé en urates et que sa teneur en eau varie.

Lorsqu'il a trouvé l'endroit convenable, le ver confectionne une sorte de hamac où il demeure parfois quelques heures : il expulse alors de son intestin un dernier excrétat gris rosé, sableux, ne contenant presque pas de déchets végétaux, et une goutte de liquide brillant, visqueux.

Cette évacuation réalisée, le ver se met aussitôt à filer son cocon; il s'enferme donc dans une cage d'abord comparable à une toile d'araignée mais qui va s'épaississant d'instant en instant. Bientôt on ne le distingue plus mais, en regardant le cocon par transparence, vers une fenêtre ou une lampe, on peut voir en sombre sa silhouette et suivre ses mouvements.

Quand le cocon est opaque, le ver continue à filer pendant vingt-quatre heures : sa taille est alors singulièrement réduite : alors qu'au début sa longueur était plus grande que le grand diamètre du cocon, maintenant elle est beaucoup plus courte : ses segments se sont tassés.

Bientôt les anneaux thoraciques sont translucides, gonflés, puis la tête s'incline vers le ventre et les segments thoraciques prennent une forme de coin à pointe ventrale, les pattes ne sont plus mobiles; dérangé, l'animal essaie bien de se déplacer mais ses pattes ne « répondent » plus.

Des transformations internes se sont déjà en effet produites au niveau des muscles; le crâne apparaît plus translucide, c'est que déjà la nouvelle tête s'est dégagée en partie de la capsule : le ver est en mue et cette fois, de plus, en métamorphose.

A la différence en effet de ce qui se produit aux autres mues, ce n'est pas une chenille qui se dégagera de la cinquième dépouille larvaire : c'est une *chrysalide,* appelée encore *nymphe* ou *pupe, (fig. 8).*

Ce dégagement ne peut pas s'accomplir comme les autres, car l'animal n'a pu, pour pouvoir filer, s'ancrer par ses fausses pattes comme lors des autres mues, de plus, il n'a plus de pattes pour sortir de son habit larvaire. Aussi celui-ci craque-t-il longitudinalement, le crâne à demi fendu restant, cette fois, adhérent par la région ventrale du cou au reste de l'exuvie. Et ce sont des mouvements de godille, des frétillements assurés grâce à une précoce modification des muscles qui permettent à la nymphe de se dégager.

LA CHRYSALIDE ET LE PAPILLON

La nymphe est ovoïde, lisse; aucun appendice ne fait saillie, ne déborde; elle est « aérodynamique » bien inutilement car elle est immobile et n'a pas à se déplacer.

On peut y reconnaître une tête, grâce à de grands yeux et des antennes en cornes de bélier presque escamotées dans le thorax. Les appendices buccaux et les pattes sont logés dans un triangle limité par le bord des étuis alaires qui viennent comme deux pans de gilet se rejoindre sur la ligne médioventrale du quatrième anneau abdominal.

Tous ces organes sont en vérité inclus dans des étuis dont les parois extérieures durcissent et se soudent par leurs parties mitoyennes aux étuis voisins formant des sortes de tunnels : c'est dans ces abris voûtés qui leur servent de moule que les ébauches des appendices du papillon, incomparablement plus grands que ceux de la chenille ou même tout à fait nouveaux, vont se développer : molles et fluentes, elles sont au début très fragiles; la moindre piqûre ou déchirure lors de la mue provoque une hémorragie grave, voire mortelle.

La morphologie externe est donc dès ce moment celle d'un Papillon mais qui serait ramassé sur lui-même, qui aurait « éclipsé son train d'atterrissage ».

L'anatomie, dont il sera reparlé, est loin d'avoir évolué aussi vite; elle est en pleine transformation; les remaniements du tube digestif, de la musculature, condamnent la nymphe à l'inanition et à l'immobilité. Ils exigent un temps très long, quinze jours environ, soit un tiers de la durée de la vie larvaire totale.

A la fin de cette période on peut remarquer à la loupe, à travers les étuis, les organes qui se sont façonnés dans ces moules : la pigmentation noire des yeux composés transparaît, et parfois les dents de peigne des franges antennaires et le duvet (écailles); puis l'étui craque et le papillon, l'adulte, l'insecte parfait sort : à peine sa tête est-elle dégagée qu'elle se heurte, dans le cas normal, à la paroi du cocon : le papillon dégurgite alors un liquide qui mouille et décolle les fils de soie; en pressant avec sa tête sur le cocon mouillé il crée une poche qui, bientôt, par écartement des fils, devient un tube ou un goulot, par lequel il passe « à frottement », l'exuvie nymphale restant, de ce fait, à l'intérieur, *(fig. 8)*. Il est encore tout humide de liquide exuvial, ses ailes sont molles et charnues; en une heure environ il va sécher; ses ailes vont s'amincir et s'étaler et prendre leur aspect définitif, grâce, à une affusion sanguine sous pression provoquée par le gonflement du jabot (vésicule aérienne) empli d'air dégluti.

Alors le Papillon fera quelques pas et, si c'est un mâle, battra des ailes surtout si dans les environs se trouvent des femelles. Il ne pourra pas voler car ses ailes sont trop courtes pour le supporter, mais, à ce détail près, il a l'aspect et le comportement des papillons des autres espèces, (voir *fig. 10)*.

Ainsi, après une période de nutrition intense mais d'activité locomotrice réduite, se produisent des transformations morphologiques et anatomiques profondes, à l'issue desquelles l'animal « jetant le masque » apparaît avec son vrai visage spécifique à l'image (imago) de l'espèce et de l'ordre systématique auquel il appartient : *imago* et *larva,* termes choisis par Linné pour les insectes, ont non seulement résisté à l'épreuve des siècles, mais peuvent — nous l'avons vu au début de cet article — s'appliquer aux Amphibiens et à d'autres animaux.

MODIFICATIONS STRUCTURALES

Pendant la vie larvaire, l'anatomie, comme l'aspect extérieur, reste stable qualitativement. Les organes existant à la naissance grandissent et fonctionnent mais les uns s'accroissent régulièrement au fur et à mesure que le corps s'amplifie et dans la même proportion; d'autres, telles les glandes séricigènes, s'accroissent relativement beaucoup plus (exemple d'allométrie majorante); d'autres, telles les glandes reproductrices, grossissent peu et lentement, d'autres enfin, tel le cerveau, sont relativement plus petits dans la grande chenille que dans la nouveau-née (la tête subit d'ailleurs la même réduction relative (allométrie minorante).

Le mécanisme de cette croissance nous amène à quelques explications d'ordre cellulaire. Généralement la croissance des animaux est due à l'augmentation du nombre des cellules de leurs tissus; or ce n'est pas le cas de beaucoup d'Insectes supérieurs, Hyménoptères, Diptères, Lépidoptères. En particulier chez les chenilles les cellules se multiplient peu : les images de cellules en bipartition (mitose) ne s'observent pas fréquemment dans les préparations microscopiques, ou seulement à certaines époques. L'étude biométrique montre, au contraire, que la taille des cellules croît progressivement pendant la vie larvaire et devient, pour certains organes, littéralement gigantesque (Trager, 1935). Les cellules du réservoir séricique ont un diamètre moyen qui passe de un à trente de la naissance au filage, la largeur seule devient cent fois plus grande; les dimensions du corps passent de un à neuf (c'est-à-dire 1 à 750 fois en volume); pour d'autres cellules épidermiques le diamètre devient trois à quatre fois plus grand (volume 30 fois); les cellules des ganglions nerveux, au contraire, qui, du fait de leur inaptitude, classique chez les animaux, à se diviser, pourraient grossir, demeurent volumétriquement constantes.

Le noyau s'accroît en conséquence, il devient dans une cellule musculaire huit fois au filage ce qu'il est à la naissance (500 fois en volume). Il est le théâtre de phénomènes particuliers : de temps en temps les chromosomes se clivent sans formation du « fuseau » et sans rupture de la membrane nucléaire.

Le noyau devient ainsi successivement tétraploïde, octoploïde, il se déforme, s'hypertrophie parfois, se ramifie : par exemple dans les cellules des glandes séricigènes où il serait 512—1 024-ploïde! Le plus souvent l'hexadecaploïdie (16 fois l'équipement normal) n'est pas dépassée.

Autre fait histologique digne d'attention : on trouve dans la plupart des tissus et organes d'une larve d'Insecte telle qu'une chenille, groupées en îlots ou disséminées parmi les cellules assurant le fonctionnement des organes larvaires, des cellules restées quasi embryonnaires. Elles ont un rôle important à jouer : elles doivent tout d'abord remplacer de temps en temps, dans l'intestin moyen par exemple, les cellules usées par un fonctionnement intense, puis, au moment de la métamorphose, elles vont ensuite s'associer, s'amalgamer aux cellules persistantes des tissus larvaires pour former les tissus et organes imaginaux correspondants (muscles, épiderme...); enfin elles vont édifier intégralement les organes nouveaux n'ayant pas d'équivalent chez la larve (aile, appareil copulateur, œil composé) ou trop différents chez cette larve pour pouvoir être transformés (pattes, antennes); dans les deux derniers cas on peut parler de cellules imaginivoques ou imaginipotentes.

Certains de ces îlots de cellules constituent des « ébauches » observées il y a longtemps, à cause de leur taille, par simple dissection fine d'une chenille approchant de sa taille maximale. Lyonet, au XVIIIe siècle, avait ainsi remarqué, dans les deuxième et troisième segments thoraciques de la chenille de *Cossus ligniperda* minant les Saules, quatre masses blanchâtres, chacune « attachée à la peau dans un profond pli qu'elle y fait; leur nombre et la place qu'elles occupent, écrivait-il en 1762, donnent lieu de soupçonner que ce pourraient bien être le principe des ailes de la phalène », (voir *fig. 7)*.

Weismann, un siècle plus tard (1863-1866), étudiant par coupes microscopiques l'évolution des formations homologues des larves de Mouches confirma l'interprétation de Lyonet et les appela *disques imaginaux,* nom qui a été généralisé même lorsqu'ils n'ont pas la forme lenticulaire ou discoïdale.

Dans notre chenille, les disques imaginaux se forment plus ou moins précocement : dès la fin de la vie embryonnaire pour les ailes, à la fin de la vie larvaire pour les pattes.

Les yeux composés, chez les chenilles, contrairement à ce qui se passe chez les asticots de Mouches, ne sont pas précédés longtemps à l'avance par des disques imaginaux spéciaux.

Au niveau du tégument, les cellules « imaginipotentes », plus ou moins dispersées, prolifèrent et, s'insinuant entre la cuticule larvaire et l'épiderme larvaire, édifieront, en s'incorporant une partie des cellules épidermiques larvaires, le nouvel épiderme chrysalidaire qui sécrétera une nouvelle cuticule : l'autre partie des cellules épidermiques larvaires s'autolysera et disparaîtra dans la cavité générale.

Dans les régions porteuses d'appendices imaginaux, ailes, pattes, le pédicule de l'ébauche prolifère activement vers l'épiderme larvaire voisin et ses jeunes cellules participeront également à la constitution de l'épiderme chrysalidaire.

La musculature est particulièrement touchée par la métamorphose. Les muscles larvaires vont disparaître, autolysés et désagrégés dans le milieu intérieur par phagocytose des cellules fragmentées. Il semble bien établi que les phagocytes ne s'attaquent pas à des cellules intactes, mais bien souvent les cellules attaquées ne présentent pas de signes nets de dégénérescence (modifications de la colorabilité, colorations atypiques); elles sont néanmoins biologiquement condamnées comme le sont, on l'a vu, même déplacées, les cellules des myotomes caudaux du têtard.

D'autre part, dans les muscles qui ne disparaissent pas totalement, les processus d'histogenèse s'effectuent en même temps que les processus d'histolyse.

L'histogenèse des muscles nouveaux s'effectue à partir d'histoblastes, de myoblastes, sortes de cellules restées à l'état indifférencié latent et qui, selon l'opinion de nombreux auteurs, proviennent du soubassement mésodermique des disques imaginaux des appendices que ces muscles feront mouvoir. Pour les muscles ne commandant pas d'appendices et simplement remaniés (abdomen), les myoblastes seraient enchâssés dans les muscles larvaires à l'état quiescent.

Le tissu adipeux est particulièrement abondant chez les larves des insectes à métamorphoses : 65 % du poids de la larve mûre d'Abeille. Chez nos chenilles, sauf le cas des *Galleria* des ruches ou des chenilles mineuses consommant une nourriture très sèche, ce tissu n'est pas très apparent car les languettes de cellules le constituant flottent dans une abondante hémolymphe et sont à peu près transparentes : son nom est inadéquat car ce tissu contient, ainsi que l'ont démontré, les premiers, Noël et Paillot (1926-1928), non seulement des graisses mais encore des matières protéiques et du glycogène.

Ce tissu constitue, par son glycogène et ses lipides, une réserve d'énergie dont l'animal aura besoin au moment des mues et surtout de la métamorphose où de nombreux organes doivent être construits alors que l'animal ne peut s'alimenter. Par ses matières protéiques et son glycogène il constitue aussi une réserve de matériaux indispensables pour ces constructions. Un gros déchet comme toujours obère la récupération énergétique et matérielle à partir des tissus larvaires détruits.

A la fin de la vie larvaire, chez les chenilles de *Bombyx mori,* d'Hyponomeutes, de Piérides, ce tissu adipeux comprend : une couche sous épidermique avec granulations albuminoïdes, une couche périintestinale avec vacuoles lipidiques et granulations sidérophiles représentant des albuminoïdes non élaborés provenant de l'absorption intestinale. La quantité d'albumine diminue pendant la métamorphose.

L'intestin moyen est chez la chenille un tube aplati dorsoventralement dont la paroi est constituée d'une couche de cellules hautes reposant sur une membrane basale doublée de rares cellules conjonctives et de quelques cellules musculaires coincées entre les cellules épithéliales et la basale, de-ci de-là, des « nids » de petites cellules semi embryonnaires assurant à plusieurs reprises le remplacement des cellules épithéliales.

Cet organe qui occupe, chez la chenille prête à filer, la moitié de la longueur du corps, soit 36 mm sur 8 mm de large, va singulièrement réduire ses dimensions qui tomberont à 14 mm sur 5 mm dans la chrysalide d'un jour (Ito cité par Tchang) et ne seront que de 7 mm sur 4 mm chez le jeune Papillon.

Le raccourcissement est dû à des froncements, des plissements longitudinaux et transversaux, plis dont le sommet se détache en bloc et tombe dans la lumière pendant les quatre à cinq jours qui précèdent la mue nymphale (Tchang).

A la métamorphose, les cellules embryonnaires prolifèrent et forment en quelques jours une assise continue de cellules basses qui bousculent l'épithélium situé au-dessus, dans la lumière, dans la cavité de l'intestin où il forme le corps jaune. Ce phénomène se répéterait, partiel ou total, deux ou trois fois au cours de la prénymphose à la mue imaginale.

Finalement il subsisterait d'ailleurs des cellules intestinales larvaires et chrysalidaires chez le Papillon, de sorte qu'il est difficile de dire qu'il existe un épithélium imaginal spécial.

L'intestin antérieur se constitue à partir d'un anneau de prolifération à l'union de l'œsophage et du ventricule intestinal moyen, il produit en plus un diverticule d'abord plein puis creux, qui contient un liquide abondant, limpide, qui ne peut s'en échapper car deux sphincters obturent la communication d'une part vers la bouche, d'autre part vers le ventricule. Ce n'est que lorsque le papillon s'agitera pour sortir du cocon que ces sphincters se relâcheront : une partie du liquide humectera et dissociera les fibres du cocon, le reste partira dans le ventricule et descendra le tube digestif.

L'intestin postérieur est reconstitué à partir de deux zones de prolifération circulaires, l'une à l'endroit où les tubes de Malpighi s'abouchent dans l'intestin, l'autre autour de l'orifice anal, les deux proliférations se rencontrent et constituent la vésicule cæcale.

C'est là que se rassemblent les desquamations intestinales variées : tous ces déchets qui sont d'origine endogène — aucun aliment n'ayant été pris après le vidage final intestinal du ver (avant le filage) — sont excrétés par le Papillon quelques heures après sa sortie du cocon : déjection d'un liquide rosâtre assez caustique appelé méconium.

Le système nerveux de l'insecte parfait est en général beaucoup plus important et beaucoup plus compliqué que celui de la chenille : l'imago le doit à sa plus grande mobilité (déplacement, actes copulatoires) et au perfectionnement de ses organes des sens (yeux composés, antennes olfactives, etc.).

Ces transformations sont nettes chez le Bombyx du mûrier bien que cet animal soit dégénéré par la domestication en comparaison avec le Papillon blanc du Chou ou même certains Papillons nocturnes qui parcourent de grandes distances à la recherche de leur nourriture ou d'un conjoint.

Les histologistes Weyer, Scharrer, Hanström trouvèrent, à partir de 1935, dans le cerveau et les ganglions nerveux, des cellules à caractère glandulaire différant des neurones ordinaires : ces cellules neurosécrétrices constituent de petits amas dont certains avaient été remarqués, sans être interprétés, sur le vivant dès 1931 par Ke : les uns, dorso-antérieurs à droite et à gauche de la scissure intercérébrale (région dite *pars intercerebrali*), d'autres, plus latéraux; enfin deux amas récemment découverts ventralement dans l'angle de départ des connectifs péri-œsophagiens. Ces cellules neurosécrétrices présentent des phases d'activité élaboratrice, des phases de replétion, des phases d'émission soit le long de leurs axones, soit dans leur ambiance (*fig. 9, A* et *B*).

Au voisinage du cerveau, et reliés à lui par des cordons nerveux, se trouvent un certain nombre de glandes à sécrétion interne : vers 1913, époque de l'essor de l'endocrinologie des Vertébrés, Nabert signala que les organules présents chez tous les insectes et appelés jusque-là *ganglia allata, ganglia incerta* n'avaient pas la structure de ganglions nerveux et devaient être considérés comme des glandes à sécrétion interne (*fig. 9, A*).

A partir de 1935, à la suite des mémorables travaux expérimentaux et histologiques de Wigglesworth sur les Punaises, l'étude des glandes endocrines fit un bond remarquable.

L'insecte larvaire (la chenille) et l'insecte parfait, le Papillon, possèdent en plus d'une paire de corps allates une paire de corps cardio-pharyngiens; enfin les chenilles, et parfois les chrysalides à longue vie, possèdent une troisième paire de glandes endocrines qui disparaissent chez l'imago, les glandes prothoraciques ou céphalothoraciques (voir *fig. 7*).

La structure, le volume de ces glandes présentent, nous le verrons, des modifications à l'approche de la métamorphose car ces glandes jouent un rôle dans son déclenchement.

Ainsi, selon les sommaires données précédentes, beaucoup d'organes et de tissus des Papillons ne résultent pas uniquement de la prolifération de cellules imaginipotentes dont le pouvoir de prolifération reste latent, plus exactement, maîtrisé jusqu'à la métamorphose, mais sont une combinaison structurale dans laquelle sont associées cellules larvaires et cellules imaginipotentes.

L'étude des conditions permettant une telle association a parmis de trouver des faits intéressants. Les cellules larvaires trop spécialisées et géantes disparaissent. Les moins spécialisées doivent se dédifférencier physiologiquement et structuralement, se rajeunir en somme, et se mettre à l'unisson de ces jeunes cellules issues des disques imaginaux et des formations analogues. On assiste,

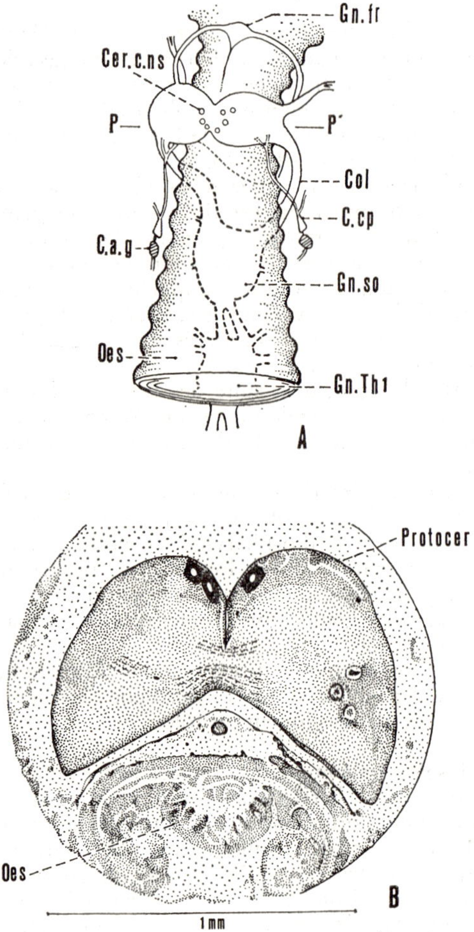

FIG. 9 — COMPLEXE CÉRÉBRO ENDOCRINIEN CÉPHALIQUE DU VER À SOIE, SCHÉMA D'APRÈS DISSECTION (BOUNHIOL, 1938).

A : *Cer.c.ns,* cerveau avec cellules neurosécrétrices; *Gn.fr,* ganglion frontal; *Oes,* œsophage; *C.a.g,* corps allate gauche; *C.cp,* corps cardiopharyngien droit; *Gn.so,* ganglion sous-œsophagien; *Gn.Th*^{1}, ganglion prothoracique; *Col,* connectifs formant collier autour de l'œsophage; PP', plan de la coupe figurée en B. B : vue au microsen particulier, à la réapparition des phénomènes de division cellulaire répétés avec réduction progressive de la taille des cellules car les cellules imaginales du même tissu sont plus petites. On s'est même demandé si celles qui n'étaient pas trop grandes et qui pendant la vie larvaire avaient conservé le pouvoir de se diviser n'étaient pas les seules à subsister. En vérité, des cytologistes ont observé, même chez de telles grandes cellules, la réapparition de mitoses répétées avec disparition progressive de la polyploïdie, et possibilité de subsister dès lors chez l'imago.

En effet, chez certaines espèces, il existe un hétérochromosome facile à repérer et unique dans un noyau normal. En comptant dans les noyaux le nombre de ces hétérochromosomes, on peut connaître le degré de polyploïdie, c'est-à-dire le nombre de fois que les chromosomes se sont dédoublés sans dédoublement du noyau, et constater que les cellules dont le noyau n'était qu'octoploïde, au maximum hexadécaploïde, peuvent, en perdant leur polyploïdie, s'intégrer aux tissus imaginaux.

DÉTERMINISME DE LA MÉTAMORPHOSE — SON MÉCANISME HORMONAL

Le biologiste polonais Stefan Kopeč exprima le premier, en 1917, à la suite d'expériences chirurgicales portant sur le système nerveux, l'idée que la métamorphose des Insectes était provoquée par un facteur sécrétoire hormonal d'origine cérébrale; cette opinion, basée plutôt sur une géniale intuition que sur une expérimentation poussée à fond, a été le point de départ d'une grande quantité de travaux de conceptions variées.

Diverses expériences de transfusion, de transplantation d'organes réactifs ont, de 1926 à 1940, permis de prouver qu'il existait effectivement dans le sang des chenilles, et des larves d'Insectes en général, des principes capables

---

cope d'une coupe colorée du cerveau montrant, de part et d'autre de la scissure intercérébroïde, trois cellules neurosécrétrices en charge; *Protocer,* région protocérébrale. Au-dessous du cerveau, la muqueuse pharyngienne, festonnée. (D'après J. Lahargue.)

d'entraîner la métamorphose d'un autre animal ou d'un tissu greffé.

Du sang de chenilles de Sphingides, en imminence de chrysalidation, injecté à des chenilles décérébrées de façon à les maintenir à l'état larvaire jusqu'à la mort, rétablit, dans 14 % des cas, la métamorphose différée. Chez le Ver à soie, pas de succès.

Il est à noter, pour suivre les explications ultérieures, que la même transfusion ne réussit pas si elle est pratiquée dans la partie arrière d'une chenille ligaturée à la limite du thorax et de l'abdomen; la partie arrière reste à l'état de larve.

Les expériences de transplantation de lambeaux de tégument ou d'organes tels que tubes de Malpighi, gonades, etc. ont eu pour conséquence de longues discussions du fait de leurs résultats contradictoires.

Ceux-ci, en effet, dépendent de l'âge de l'animal fournisseur du greffon et de l'âge de l'animal receveur qui va héberger ce greffon. On a ainsi pu observer la transformation prématurée d'un fragment de peau de très jeune chenille venant d'éclore transplanté dans une chenille prête à se chrysalider.

Inversement, on peut retarder la transformation en transplantant la peau d'une chenille mûre dans une chenille jeune; on peut même faire redoubler la mue pupale à la peau de jeune chrysalide transplantée dans une chenille du dernier âge.

Enfin Piepho (1939) a pu réaliser une transformation rétrograde à partir de peau de chrysalide amenée à subir plusieurs mues synchroniquement aux mues de la chenille très jeune dans laquelle il l'avait transplantée.

Ces résultats reçoivent une explication logique et commune : il existe dans les humeurs des sujets receveurs de greffons des facteurs contrariant l'apparition des caractères pupaux et imaginaux et des facteurs favorisant le développement de tissus du type larvaire, dits facteurs juvénilisants.

Les dernières expériences de métamorphose rétrograde semblent bien montrer l'existence de ces derniers facteurs et en même temps prouver qu'un fragment de peau pupale ou même imaginale est encore capable de réagir à ces facteurs et de subir des mues qu'elle n'aurait normalement jamais subies.

Des expériences de ce type ont été réalisées en utilisant des donneurs et des receveurs d'espèces différentes, ce qui montre que les facteurs en jeu ne sont pas spécifiques.

Les essais pour localiser l'origine du facteur ont été poursuivis à la même époque. Les organes les plus étudiés ont été le cerveau, les corps allates et, plus récemment, la glande prothoracique de Toyama.

CERVEAU OU GANGLIONS CÉRÉBROÏDES

Kopeč, en décérébrant des chenilles de Spongieuse (*Lymantria dispar*) d'âges variés, découvrit que jusqu'au septième jour après la dernière mue le cerveau est indispensable pour que la pupaison se produise, qu'après le dixième jour il est inutile. Ces résultats ont été retrouvés et précisés chez *Bombyx mori* et d'autres espèces.

Ayant coupé sur des chenilles de même âge les connectifs périœsophagiens sans entraver la métamorphose, Kopeč en avait déduit que le cerveau agissait par voie sanguine. Aujourd'hui, en fait, la conclusion paraît prématurée. Kopeč négligeait l'existence des corps allates et des corps cardiaques, corpuscules alors énigmatiques, avec lesquels le cerveau pouvait rester en relation après section des connectifs péri-œsophagiens.

Il suggéra, sans la réaliser, que la greffe du cerveau serait susceptible de confirmer son idée; aucune étude histologique n'appuyait ses expériences.

Depuis cette époque, des greffes (Plagge) ou des déconnexions et remise en place du cerveau (Bounhiol) ont été réalisées chez des Sphyngides et chez le Ver à soie. En choisissant très soigneusement le moment de l'opération, un pourcentage appréciable de rétablissement de la métamorphose, soit pupale, soit imaginale, a été obtenu.

Mais il faut reconnaître que ces expériences sont difficiles à conduire, chez les chenilles tout au moins : les laps de temps pendant lesquels les opérations de greffe ou de déconnexion donnent des résultats différents des décérébrations sont très restreints : 24 à 36 heures, parfois moins. Cette courte période critique une fois passée, les deux opérations donnent le même résultat. Il faut se baser sur des critères spéciaux à chaque espèce car il est très difficile d'obtenir des élevages dans lesquels il n'existe pas de différence de précocité de 24 heures entre des sujets ayant mué ensemble quelque dix jours plus tôt.

D'un autre côté, les variations d'aspect en fonction de l'âge de l'animal des cellules neurosécrétrices, précédemment signalées, plaident en faveur d'une activité sécrétoire du cerveau intervenant dans la métamorphose (Arvy-Bounhiol-Gabe, 1953).

Toutefois, les techniques histologiques ne sont pas exemptes de défauts : elles sont fréquemment remplacées par de nouvelles, considérées comme fournissant des aspects plus caractéristiques, ce qui ne permet pas facilement de comparer les résultats des divers auteurs à quelques années de distance.

Heureusement chez d'autres Insectes, comme les Blattes, des faits frappants ont été mis en évidence : par exemple l'accumulation visible de granulations sécrétoires à l'extrémité sectionnée du tractus nerveux unissant le cerveau au corps cardio-pharyngien (*fig. 9 A* et *fig. 11*) et au contraire leur raréfaction dans ces derniers organes ainsi isolés du cerveau.

Des lésions et des destructions électives des cellules neurosécrétrices ont été réalisées (Bounhiol, 1955), mais il faudrait améliorer et généraliser cette méthode pour prouver que les manifestations de déficience ou de stimulation observées respectivement par extirpation ou par greffe de cerveau sont bien le fait de ces cellules spéciales.

CORPS ALLATES

Leur rôle chez les Lépidoptères, et chez le Ver à soie en particulier, a été établi dès 1937 à la suite de nos expériences d'ablation et de greffe.

L'ablation de cette paire d'organes a provoqué un phénomène inattendu : les jeunes chenilles opérées avant le dernier âge manifestent le comportement des chenilles mûres : après une période où elles s'alimentent d'autant plus vigoureusement que les cicatrices opératoires les gênent moins, elles se mettent, non au repos pour subir leur dernière mue, comme leurs congénères témoins, mais à vagabonder en quête d'un endroit convenable où elles filent un cocon de taille et d'épaisseur réduites dans lequel elles se transforment en chrysalides et, ultérieurement, en

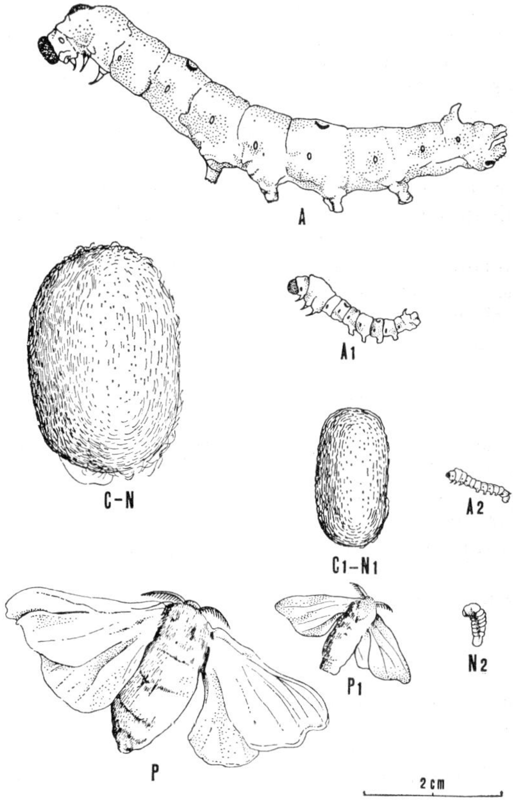

FIG. 10 — RÉSULTAT DE L'ABLATION DES CORPS ALLATES : MÉTAMORPHOSE PRÉMATURÉE.

A, ver du dernier stade (après quatrième mue); *C-N,* le cocon qu'il a filé quelques jours après et contenant la nymphe normale; *P,* le papillon normal qui en est sorti; A_1, ver à l'avant-dernier stade au moment de l'ablation des *CA;* $C_1 — N_1$, le cocon qu'il a filé et P_1 le papillon prématuré obtenu; A_2, ver très jeune, quelques jours après la deuxième mue et, au-dessous, la nymphe minuscule, N_2, en laquelle il s'est transformé (sans filer de cocon) après l'ablation des corps allates (Bounhiol 1937, expériences princeps.)

petit papillon. Vu leur petitesse (1/10, 1/15 de mm), l'extirpation de ces organules n'a pu être réalisée sur les tout premiers stades du Ver à soie. Mais en opérant des jeunes chenilles de la taille d'une moitié d'allumette, quelques jours après la deuxième mue, nous avons pu obtenir de minuscules chrysalides pesant de 65 à 25 milligrammes suivant la durée de l'alimentation avant et après l'opération et parfois des papillons miniatures, (*fig. 10*).

Fait digne de remarque : la durée de la période (que l'on pourrait appeler ici aussi « prométamorphose ») s'étendant de la montée à la mue nymphale est à peu près la même pour ces chrysalides prématurées minuscules, malgré un filage très réduit, que pour les chrysalides témoins à terme 25 à 40 fois plus grosses.

Ainsi, *l'ablation des corps allates entraîne la métamorphose anticipée,* c'est-à-dire la suppression des mues larvaires et l'apparition de la mue nymphale suivie éventuellement de la mue imaginale, (voir *fig. 14*).

La greffe à des chenilles âgées, de corps allates prélevés à de jeunes chenilles a l'effet inverse : prolongation de la vie larvaire avec parfois croissance et mues supplémentaires du type larvaire (*Galleria,* Piepho, 1940), ou bien, suivant la vigueur plus ou moins prolongée du greffon, mues anormales fournissant des êtres mixtes à caractères de larves et de chrysalides (Fukuda, Piepho).

Toutefois si la greffe est tardive sur des chenilles ayant commencé à filer, l'opération est sans effet car les processus de la métamorphose sont déclenchés.

La transplantation est également inefficace si les corps allates implantés sont issus d'une chenille donneuse trop âgée c'est-à-dire approchant de la dernière mue : faits en faveur d'une modification ou d'une cessation de l'activité des corps allates à partir de la dernière mue.

En conclusion : les corps allates produiraient donc un facteur inhibiteur des ébauches des tissus et structures de l'adulte ou un facteur prolarvaire juvénile nécessaire au développement et au fonctionnement des tissus larvaires.

CORPS CARDIOPHARYNGIENS

Les corps cardiopharyngiens (*corpora cardiaca* des auteurs anglo-saxons) ou *corpi faringei* de De Lerma situés

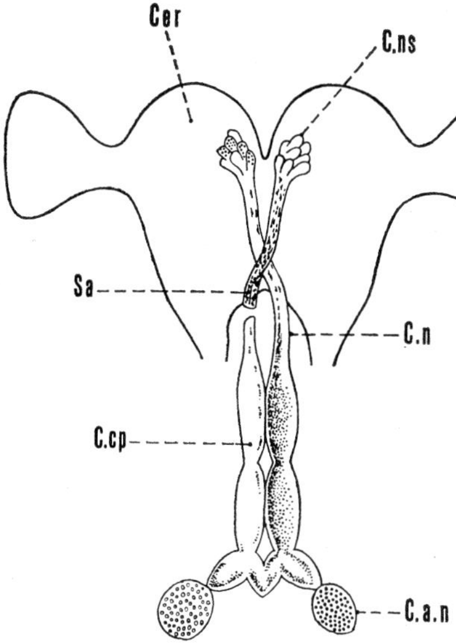

FIG. 11 — EFFETS DE LA SECTION UNILATÉRALE DES CONNECTIFS NERVEUX RELIANT LE CERVEAU AUX CORPS CARDIO-PHARYNGIENS ET AUX CORPS ALLATES.

Schéma établi d'après les coupes pratiquées sur des animaux sacrifiés plus ou moins longtemps après l'opération. *Cer,* cerveau; *C.ns,* cellules neurosécrétrices de la *pars intercerebralis*; *C.n,* connectif normal (côté non sectionné); *C.cp,* corps cardio-pharyngien isolé; *C.a.n,* corps allate du côté normal; *Sa,* substance neurosécrétée, convenablement colorée, apparaissant accumulée près de la section, dans le moignon en relation avec le cerveau; elle a disparu au-delà de la section dans le corps cardio-pharyngien (*C.cp*) correspondant; comparer avec le côté resté intact. La substance neurosécrétée s'accumule de préférence sur le bord médial des *C.cp,* lequel est en contact intime avec l'aorte. Le corps allate est hypertrophié du côté lésé (*C.a.n,* corps allate normal). (D'après une expérience de B. Scharrer, 1952.)

généralement entre le cerveau et les corps allates semblent intervenir mais l'expérimentation est, pour eux, plus malaisée encore : les documents cytologiques semblent indiquer qu'ils reçoivent une partie des sécrétions du cerveau et peut-être les remanient-ils ou bien leur répondent-ils par d'autres émissions de produits actifs, *(fig. 11)*.

Les corps allates subissent le contrecoup de la section des nerfs cérébro-cardiopharyngiens : s'ils restent unis à un corpus cardiacum privé de substance neurosécrétée, ils s'hypertrophient, *(fig. 11)*.

Leur rôle chez le Ver à soie est à l'étude mais, comme chez les autres Lépidoptères, les corps cardiopharyngiens sont minuscules et ne stockent probablement pas l'hormone cérébrale qui chemine jusqu'aux corps allates ou diffuse dans le sang.

GLANDE THORACIQUE

Distinguée du tissu adipeux par Lyonet au XVIIIe siècle chez la chenille de *Cossus,* la glande thoracique a été décrite comme glande chez le Ver à soie à peu d'intervalle par Verson et par Toyama au début du XXe siècle, (voir *fig. 7*).

C'est un organe pair, grêle, à prolongements multiples, difficile à distinguer sur le vivant des organes voisins et qui s'étend, à droite comme à gauche, de la limite postérieure ventrale de la tête à la limite postérieure du prothorax. Elle côtoie principalement les gros troncs trachéens; son extirpation a été réalisée par nous-même et Nagata chez le Ver à soie, par Piepho chez *Galleria,* sans résultats décisifs. Cette opération est difficile à exécuter élective et complète, chez les chenilles, mais elle a été effectuée avec succès sur des insectes plus inférieurs : Blattes, Sauterelles (où la glande est moins déchiquetée et plus facile à distinguer des tissus voisins). Les résultats des ablations et surtout ceux des transplantations ont permis d'attribuer à cette glande l'origine d'une hormone provoquant les mues : mues larvaires et mue de métamorphose, et même, quand elles existent (chez certains Criquets par exemple), les mues embryonnaires se produisant avant l'éclosion.

En effet : Fukuda le premier, en 1940, montra que des Vers à soie du dernier âge ayant subi dans l'abdomen des implantations de glandes thoraciques de Toyama pouvaient subir sans inconvénient une ligature thoraco-abdominale qui, chez les témoins ligaturés de contrôle, condamnait l'abdomen à mourir à l'état larvaire. L'expérience réussit, même si la greffe est pratiquée pendant les quatre premières heures après la mue chrysalidaire. On obtient le développement imaginal dans les deux portions antérieure et postérieure de la chrysalide tandis que, chez les témoins, seule la portion antérieure se transforme. Passé les douze premières heures de la vie chrysalidaire, chez la race Taizo à développement très rapide, ou la quarante-huitième heure pour les races européennes utilisées dans nos expériences, il n'y a plus de différence entre sujets greffés et sujets non greffés : le développement imaginal est suffisamment mis en marche de part et d'autre de la ligature thoraco-abdominale et la glande de Toyama n'est plus indispensable pour que se déclenche ultérieurement la mue imaginale. (On a vu précédemment qu'elle disparaissait anatomiquement deux jours après la mue nymphale).

Enfin Fukuda a également démontré que, réciproquement, les glandes de Toyama extraites de très récentes chrysalides provoquent la chrysalidation d'abdomens de chenilles isolés par ligature au début du filage alors que des sujets de contrôle ayant reçu des implants de glandes salivaires, ou de fragments de muscle, demeurent à l'état larvaire.

Fukuda en déduit que la glande prothoracique émet une hormone qualitativement identique chez la chenille et chez la chrysalide. Cela confirmerait que ce n'est pas elle qui imprime à une mue son caractère larvaire ou imaginal. D'autre part, la glande de Toyama d'une chrysalide qui, dans son hôte initial (donneur), aurait disparu dans les quarante-huit heures, survit dans une chenille bien davantage (douze à quinze jours), ce qui fait penser que son comportement est fonction du milieu humoral dans lequel elle se trouve, et qui peut dépendre des interactions entre les différents organes endocrines.

Pour Scharrer et Bodenstein, la glande thoracique stimulerait aussi la différenciation des ébauches imaginales.

INTERACTIONS ENDOCRINES

L'action combinée du cerveau et de la glande de Toyama a été bien mise en évidence par Williams chez des Lépidoptères de grande taille *(Cecropia)*, où le stade nymphal présente une durée exceptionnelle de plusieurs mois due à l'installation d'une vie ralentie avec arrêt des processus morphogénétiques (diapause).

En mettant en communication parabiotique deux portions de telles chrysalides, l'une contenant la glande thoracique, persistant longtemps chez cette espèce, et pas de cerveau, l'autre contenant au contraire un cerveau greffé et pas de glande thoracique, *(fig. 12, C* et *D)*, Williams, en 1947, a obtenu la transformation imaginale de deux fragments qui, isolés, restent à l'état de chrysalide jusqu'à leur mort.

Le fait que la partie contenant le cerveau greffé se métamorphose plus d'un jour après l'autre, semble prouver que la sécrétion cérébrale n'agit pas directement sur les tissus mais agit sur la glande thoracique (très éloignée dans les expériences de parabiose) et que celle-ci sécrète une substance active sur les tissus : substance qui, dans l'expérience, avait à parcourir une plus grande distance pour venir imprégner les tissus proches du cerveau du deuxième fragment.

Ces résultats, et ceux de déconnexion sur place signalés à propos du cerveau, semblent aussi prouver que, chez les chenilles de Lépidoptères tout au moins, la sécrétion

---

le premier sujet fut détaché, de même que le dernier de la chaîne. Les orifices de communication initiale furent obturés (état photographié). B; résultat : la stimulation produite par le sujet n° 1 (contenant le cerveau) s'est répandue dans les autres sujets qui sont devenus papillons (antennes plumeuses, ailes plus ou moins déployées, visibles). La pupe terminale n° 6, cependant détachée précocement, n'a pas été atteinte par cette stimulation et a conservé son état initial; *c* indique le cerveau implanté. C et D; des parabioses plus simples montrant comment les animaux sont collés sur des rondelles de matière plastique dont l'orifice central permet le passage du sang. A droite : celui-ci doit parcourir un tube de liaison transparent, d'où asynchronisme de la métamorphose dans les deux fragments (C.M. Williams, 1947-1952.)

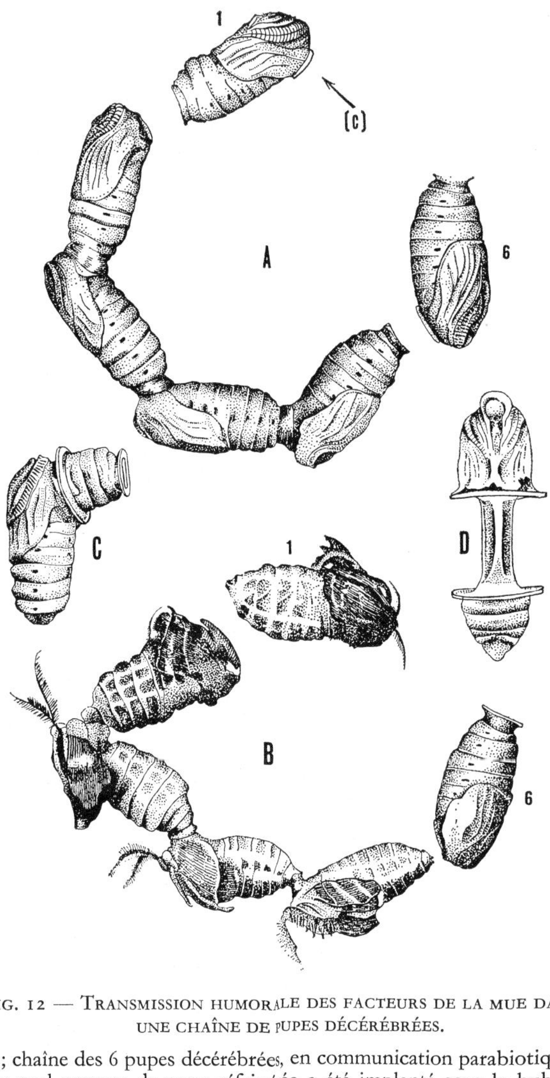

FIG. 12 — TRANSMISSION HUMORALE DES FACTEURS DE LA MUE DANS UNE CHAÎNE DE PUPES DÉCÉRÉBRÉES.

A; chaîne des 6 pupes décérébrées, en communication parabiotique. Un seul cerveau de pupe réfrigérée a été implanté sous le hublot fixé sur le dos du sujet nº 1 (flèche). Quand les sujets de tête et les suivants montrèrent un commencement de développement imaginal, cérébrale ne doit pas obligatoirement suivre les nerfs pour atteindre la glande prothoracique.

Si l'existence d'un relais dans les corps cardiopharyngiens n'est pas encore prouvée péremptoirement chez les Lépidoptères comme elle paraît l'être chez les Orthoptères, elle n'est cependant pas à exclure.

Dans de nombreuses expériences concordantes (Bounhiol-Fukuda), l'ablation de la tête entraîne un déficit plus grand que celle du cerveau pratiquée au même âge : le cerveau ne serait donc probablement pas le seul organe céphalique intervenant pour stimuler la glande prothoracique; le corps cardiopharyngien ou le ganglion sous-œsophagien seraient peut-être aussi impliqués : il y aurait double commande de la glande thoracique par voie sanguine directe et par voie cardiopharyngienne indirecte.

Les processus chez l'animal normal peuvent dès lors se concevoir ainsi : le cerveau périodiquement, par les neurosécrétions de la *pars intercerebralis* et celles du groupe plus latéral, semble éveiller et stimuler la glande prothoracique de Toyama : l'hormone de celle-ci irait ensuite exciter les divisions et les différenciations cellulaires, ce qui se traduirait finalement par le phénomène de la mue, qu'elle soit larvaire, pupale ou imaginale.

Pendant le même temps, les corps allates déversant leur hormone juvénilisante, il s'établirait, par la coexistence de l'hormone de mue thoracique et de l'hormone prolarvaire, un équilibre hormonal aboutissant à la réalisation d'une mue du type larvaire c'est-à-dire sans modifications appréciables de la morphologie tégumentaire.

Au dernier âge, la sécrétion des corps allates s'arrêterait ou se réduirait beaucoup. La composition hormonale du milieu baignant les tissus s'en trouverait progressivement déséquilibrée en faveur de l'hormone céphalo-thoracique : les disques imaginaux, les cellules restées indifférenciées se multiplieraient alors rapidement et constitueraient les structures chrysalidaires, spécialement le tégument qui, étant le plus sensible aux facteurs de différenciation, est le tissu qui évolue le premier.

Les processus s'accéléreraient sous l'influence du déficit progressif de l'hormone « juvénile » et la réalisation de l'imago s'achèverait pendant la dernière partie de la vie nymphale par l'édification des structures les moins sensibles (genitalia).

Malgré l'existence, chez les Papillons, de deux mues spéciales, la métamorphose est un ensemble continu dont les processus physiologiques et anatomiques s'enchaînent. Cependant, contrairement à ce qu'on avait cru au début d'après quelques résultats d'expériences, les processus ne semblent pas déclenchés d'un seul coup.

Il faut remarquer aussi que la glande de Toyama implantée n'agit qu'une fois, pour une seule mue : soit pour la pupaison si la ligature a été faite avant la mue pupale, soit pour l'« imaginaison » si la ligature a été faite après la mue pupale. Mais dans le premier cas l'abdomen qui a fait la mue pupale ne fait pas ensuite la mue imaginale bien qu'il contienne la glande de Toyama, au début de ce stade pupal tout au moins. Sans doute a-t-elle besoin, mise en milieu larvaire, d'être activée complètement par le cerveau; or cette stimulation complète n'est réalisée qu'une fois le cocon commencé, ainsi que nos expériences personnelles l'ont prouvé (1952).

La détermination en deux échelons des phénomènes de métamorphose a été confirmée par des expériences de transplantation de fragments de peau larvaire dans des prépupes et de peau de prépupe dans des pupes plus âgées. Le développement des écailles et des cellules formatrices de leur gaine est déterminé dès la période de mitose annonçant la mue pupale, mais une fois cette mue déclenchée la mue imaginale n'est pas automatique et l'évolution autonome de ces cellules d'écaille n'est pas garantie.

Le deuxième échelon dans cette voie n'est atteint que deux à trois jours après la mue pupale, ce qui fait penser que c'est le facteur de mue imaginale qui en est la cause : c'est l'époque où, la glande thoracique de Toyama ayant disparu, les nymphes peuvent être privées de leur région antérieure sans inconvénient pour la réalisation de la mue imaginale.

L'activité des corps allates n'est pas arrêtée par la métamorphose. Non seulement ces organes subsistent chez la nymphe et l'imago mais ils sécrètent à nouveau, et si l'on en juge par leur action lorsqu'ils sont transplantés, ils sécrètent encore de l'hormone *juvénilisante*.

D'autre part, chez les Blattes, Bodenstein, a décelé en 1953, un curieux antagonisme : l'examen attentif d'un cas opératoire chanceux, qui avait abouti à *la mue d'un sujet adulte* dix mois après l'opération, lui permit de découvrir que la présence du corps cardio-pharyngien entraînait, en *l'absence du corps allate*, la *persistance* de la glande thoracique.

Le facteur actif diffusant du corps cardiopharyngien à l'état de greffon est probablement la thoracoglando-stimuline reçue du cerveau et emmagasinée chez le donneur, puis libérée dans le milieu intérieur du receveur. Le mécanisme par lequel le corps allate s'y oppose n'est pas bien élucidé.

Chez l'imago il s'établit une nouvelle combinaison hormonale à laquelle participent probablement les cellules neurosécrétrices, le corps cardio-pharyngien et le corps allate; la glande thoracique ayant alors dégénéré. Ce nouvel équilibre tend à maintenir la métamorphose acquise et, chez les espèces à longue vie imaginale, intervient dans d'autres fonctions, reproduction en particulier.

Un déséquilibre provoqué expérimentalement permet d'obtenir, pour certains organes, un développement super imaginal (Bodenstein), ou bien le redoublement de la mue nymphale (Williams, Ishikawa en 1959), ou même des rétromorphoses, c'est-à-dire la réalisation chez un adulte de mues aberrantes au cours desquelles réapparaissent des caractères larvaires (Wigglesworth).

Ainsi l'état d'imago n'est pas un état passivement et définitivement stable mais représente un équilibre que l'organisme doit maintenir activement, tout comme ceux, temporaires, qui l'ont précédé.

NATURE BIOCHIMIQUE DES HORMONES

Comme on l'a vu, chez les Insectes, il a fallu découvrir un à un les organes endocrines, insoupçonnés le plus souvent : chez les Amphibiens, thyroïde et hypophyse étant connues, l'étude de la métamorphose a été l'occasion de leur attribuer des fonctions supplémentaires...

L'isolement des hormones bien que hérissé de difficultés a été entrepris depuis une douzaine d'années chez les Insectes aussi.

L'hormone de mue a été la première extraite d'une

demi-tonne de nymphes de Ver à soie par Butenandt en 1953. Selon son élève Karlson ce serait une cétone non saturée à deux cycles, de formule $C_{18}H_{30}O_4$.

L'hormone juvénilisante, « néoténine », a été obtenue à l'état d'huile concentrée par Williams et ses collaborateurs en 1956 à partir de l'abdomen de certains Papillons mâles où elle semble s'emmagasiner.

Kobayashi et son équipe ont, en 1958, préparé de leur côté un extrait éthéré de cerveau qui contient probablement la neurosécrétion. Mais, de 1958 à 1961, de curieuses découvertes ont été faites : des extraits tantôt éthérés, tantôt aqueux, tantôt desséchés d'animaux divers, des Invertébrés les plus inférieurs à l'Homme, ont manifesté un pouvoir juvénilisant net sur le tégument de pupes convenablement préparées comme test.

Sont spécialement actifs après purification par chromatographie sur alumine, les extraits de thymus, de cortex surrénal de Porc, de pituitaire congelée, etc.

Karlson et Schmialek ont retrouvé dans les excréments du ver de farine un principe juvénilisant. On conçoit que, comme dans l'urine des Vertébrés, certaines hormones puissent être éliminées au prix d'une déformation chimique restreinte : le principe isolé par Schmialek serait le farnesol, alcool terpénique à chaîne ouverte, et son aldéhyde.

Ces investigations permettront de préparer de l'hormone juvénilisante ou une substance mimétique plus facilement qu'en partant d'organes minuscules. Elles suggèrent d'autre part que le noyau chimique actif est banalement répandu dans la nature.

RÔLE DES FACTEURS EXTERNES

Les facteurs externes doivent, comme chez les Amphibiens, être à l'origine de la chaîne des processus mis en évidence. D'innombrables documents, d'observations, de coïncidences méritent d'être triés et confrontés avec des études expérimentales strictes.

Chez les Hématophages qui se gorgent de sang une fois par stade, il a été facile de montrer que la réplétion du tube digestif commande, dans un délai assez régulier, la mue suivante. Chez les Phytophages, surtout chez les brouteurs, on n'a pas encore établi le circuit centripète qui met en marche l'activité cérébrale et la chaîne des sécrétions endocrines.

Dans certains cas cependant les facteurs externes jouent nettement : c'est le cas de la métamorphose différée des nymphes en diapause.

Le refroidissement, le réchauffement sont déterminants au point qu'un cerveau refroidi (*in vitro* ou *in vivo*) est capable, transplanté, de provoquer la sécrétion de la glande prothoracique comme cela se produit dans la nature par la succession du printemps à l'hiver, (voir *fig. 12*).

De belles recherches sont en perspective pour préciser le rôle de l'état du tube digestif, du tissu adipeux, lorsqu'il a fait le plein d'énergie et des substances nécessaires.

Le Ver à soie est peut-être à cet égard un mauvais « cobaye ». Vicié par la sélection et la domesticité, il a une consommation de luxe dont l'excédent assimilé passe dans la soie.

LA MÉTAMORPHOSE CHEZ LES AUTRES INSECTES

Les Insectes sont incomparablement plus nombreux et plus variés que les Amphibiens : aussi une généralisation des faits acquis dans les cas choisis a exigé de longues et prudentes vérifications.

Les Lépidoptères font partie des Holométaboles, Insectes supérieurs apparus après les autres au cours des époques géologiques et caractérisés par les trois phases bien distinctes que nous avons décrites : larve — chrysalide ou pupe — imago ou adulte. De plus, le stade intermédiaire pupe succède rapidement, brusquement, à une larve très différente physiologiquement et morphologiquement de l'adulte final. Les principaux ordres constituant ce groupe sont les Névroptères, les Hyménoptères (Abeilles et Fourmis), les Coléoptères (Scarabée, Doryphore), les Diptères (Mouches et Moustiques). Tous ces ordres n'ont pas fait l'objet d'études aussi suivies que les Lépidoptères. Cependant les expériences réalisées sur quelques-uns de leurs représentants ont fourni des résultats s'accordant avec ceux qu'on a exposés précédemment.

Les Diptères, et particulièrement les Mouches, dont les larves (Asticots) sont extrêmement spécialisées et déformées, méritent une mention particulière.

Les phénomènes histologiques de leur métamorphose ayant depuis longtemps intrigué les naturalistes, ont fait l'objet de travaux de premier plan (Weismann en Allemagne, Charles Pérez en France).

Faciles à élever, mais difficiles à opérer, asticots et Mouches ont constitué le matériel d'expérimentateurs persévérants : D. Bodenstein, Marguerite Vogt, Ellen Thomsen et, à Paris, B. Possompès.

De l'ensemble de leurs recherches il résulte que chez ces Insectes le cerveau commande aussi la mue par l'intermédiaire d'une glande équivalente de la glande thoracique de Toyama : la glande péritrachéenne de B. Possompès qui constitue les arcs latéraux d'un « anneau glanduaire » composite, longtemps énigmatique, situé en arrière du cerveau, *(fig. 13)*. L'action combinée du cerveau et de la glande péritrachéenne exige l'intégrité des nerfs les reliant.

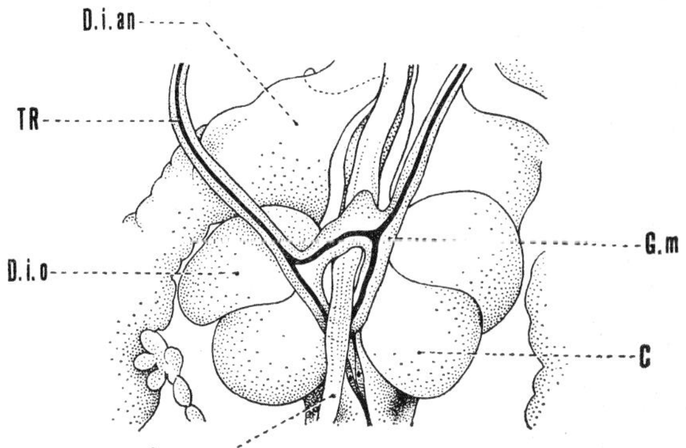

FIG. 13 — ANNEAU DE WEISMANN D'UN ASTICOT DE MOUCHE.

L'anneau, plus ou moins triangulaire, est traversé par l'aorte, *Ao,* et est au contact du cerveau *C.* Il est formé de trois glandes indistinctes ici, *C.a* (sur l'aorte); glande de la mue, *G.m,* traversée par des trachées *TR* sur les côtés et *C.cp* (sous l'aorte). *D.i.o,* disque imaginal oculaire; *D.i.an,* disque imaginal antennaire (D'après Possompès, 1956).

Les corps cardio-pharyngiens sont inclus dans cette « glande annulaire » au niveau de son arc ventral. Les corps allates en constituent la région médio-dorsale et ont ici aussi un rôle hormonal prolarvaire et anti imaginal.

Mais un grand nombre d'Insectes dits Hémimétaboles, (Sauterelles, Blattes, Libellules), plus primitifs phylogénétiquement, présentent des transformations, des métamorphoses progressives, c'est-à-dire que les caractères de l'adulte, les ailes par exemple, n'apparaissent pas seulement au terme de la vie larvaire mais deux ou trois mues avant et s'amplifient de mue en mue, comme il a été déjà signalé.

L'aspect des larves âgées, dites parfois nymphes à cause de cela, et celui des adultes diffèrent bien moins que chez les Holométaboles : les pattes, souvent l'armature buccale, du fait du même genre de vie, du même régime alimentaire sont semblables à part la taille. Il en est de même chez les Punaises, bien qu'elles soient par ailleurs des Insectes plus évolués.

Plusieurs espèces de ces groupes ont été bien étudiées : l'Orthoptère phasmide *Dixippus morosus* par Pflugfelder; les Sauterelles *Locusta migratoria*, par Joly et son équipe; *Melanoplus differentialis* par Weed-Pfeiffer; les Blattes *Periplaneta americana* par Bodenstein; *Leucophaea* par Scharrer, et surtout la Punaise hématophage *Rhodnius prolixus* par le biologiste anglais Wigglesworth qui, en 1934-36, a donné une impulsion remarquable aux études sur la mue et, depuis, *(fig. 14)*, n'a cessé d'œuvrer sur cet animal.

Toutes les espèces d'Insectes ont ainsi contribué à établir les conceptions actuelles : si le rôle du cerveau a été d'abord découvert chez les chenilles, celui du corps allate l'a été chez *Rhodnius*. Les cellules neurosécrétrices cérébrales vues chez les chenilles dès 1930 ont eu leur rôle précisé d'abord chez *Rhodnius* et chez les Blattes; la glande céphalothoracique, anciennement découverte chez les Lépidoptères, a été étudiée d'abord chez eux. (Ver à soie, *Cecropia* etc.) tandis que ses équivalents étaient presque au même moment remarqués chez les larves de *Dixippus*, puis chez celles de *Leucophaea*.

A l'heure actuelle, malgré leur variété, les Insectes semblent obéir aux mêmes mécanismes pour atteindre la forme parfaite reproductrice : la dernière des mues d'un

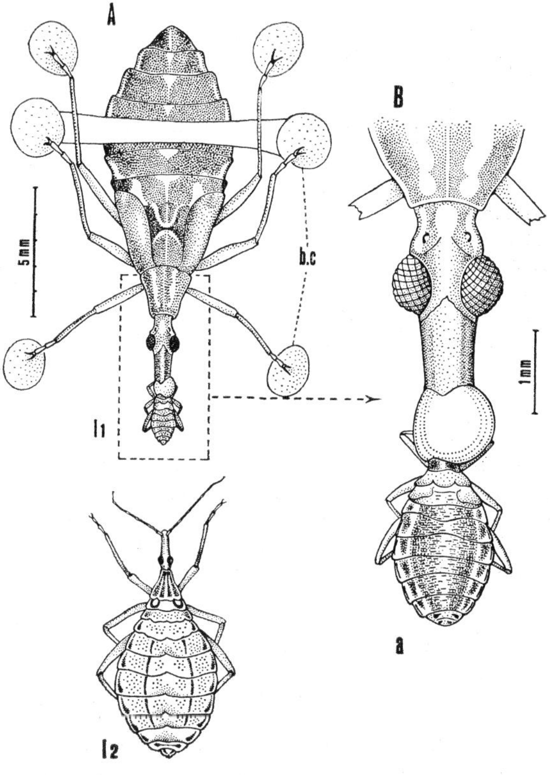

Fig. 14 — Parabiose de Punaises (*Rhodnius prolixus*).

Obtention de minuscules adultoïdes. A; une larve du cinquième et dernier stade mise en communication à l'extrémité de son rostre avec une larve de premier stade, l_1, amputée de la région contenant le *C.a*; *b.c,* boulettes de cire pour immobiliser l'animal. B; vue agrandie de la partie encadrée en A, après que les deux animaux ont mué; la grosse larve, dont on ne voit que la tête, est devenue adulte. La jeune, *a,* présente, de façon très anticipée, de nombreux caractères annonçant l'état adulte, en particulier, des bourgeons d'ailes visibles ici. En l_2, l'aspect qu'aurait dû avoir la larve l_1 après la mue (Combiné d'après Wigglesworth, 1934).

Hémimétabole s'appelle couramment mue de métamorphose; le stade chrysalidaire ou pupal, avec son immobilité et son jeûne et son métabolisme en circuit fermé, peut être considéré comme représentant deux mues prolongées et se succédant sans interruption.

Le déterminisme de ces transformations est neurohormonal; au moins quatre rouages interviennent : le cerveau (et peut-être le ganglion sous-œsophagien), le corps cardiopharyngien, la glande céphalothoracique et le corps allate. L'engrènement de ces rouages présente quelques variantes suivant les Insectes : tantôt la transmission est surtout nerveuse, tantôt surtout sanguine, et dans ce cas elle peut se faire par la partie liquidienne du sang ou par les globules qui véhiculeraient activement certains facteurs.

Comme chez les Amphibiens, on constate une sensibilité différente des différents tissus à un conditionnement humoral donné : l'intérêt des Insectes à métamorphoses progressives est de nous montrer, étalés dans le temps, les phénomènes qui sont presque simultanés dans la chrysalide. Le comportement des bourgeons d'ailes est un exemple, dans les conditions naturelles, de cette sensibilité différente, normalement les postérieurs étant en retard sur les antérieurs. D'autre part, la sensibilité des tissus aux hormones varie avec l'âge; les ébauches imaginales deviennent de plus en plus sensibles en vieillissant à un équilibre hormonal, qui, lui-même variable, devient de plus en plus différenciateur : l'hormone céphalothoracique devenant prédominante sur l'hormone juvénilisante; par exemple chez *Periplaneta americana* des ébauches de gonopodes du 8e-9e stade transplantées en milieu plus âgé se métamorphosent rapidement tandis qu'elles restent nymphales transplantées dans un hôte plus jeune (4e stade) même si cet hôte se métamorphose par suite d'une intervention. En effet, comme il a été déjà dit, la peau et les tissus d'adulte paraissent avoir le maximum de sensibilité; les ébauches génitales, le minimum. Cela correspond à ce qu'on observe dans la nature; à la chrysalidation, le tégument manifeste déjà nettement la morphologie imaginale tandis que les autres tissus ont à peine commencé leur transformation.

L'influence des facteurs externes n'est pas niable mais les mécanismes de leur intervention déclenchante ou modulatrice n'est connue que dans bien peu de cas.

CONCLUSIONS GÉNÉRALES

Peut-on faire une comparaison et trouver des points de similitude entre les métamorphoses d'êtres aussi différents que les Amphibiens et les Insectes ? Ces phénomènes peuvent-ils être l'occasion de réflexions biologiques générales ?

Nous ne nous étendrons pas sur l'aspect évolutif et phylétique de la métamorphose, problème exigeant une documentation systématique et biologique que le présent article ne pouvait apporter : d'ailleurs la question a été magistralement traitée récemment par M. Abeloos.

Les métamorphoses des Amphibiens comme celles des Insectes sont des complications du développement aboutissant à une meilleure adaptation à un nouveau milieu, adaptation particulièrement réussie puisque la première a eu pour résultat l'envahissement des terres émergées par les Vertébrés et la seconde la pullulation des Insectes supérieurs dans de nombreux biotopes nouveaux. Chez les Amphibiens la métamorphose entraîne une transformation de la fin de la morphogenèse, du stade terminal adulte, tandis que chez l'Insecte supérieur holométabole la transformation porte sur les stades initiaux, juvéniles, diversement adaptés; ces larves n'ont aucune valeur pour établir la filiation, la parenté avec des formes ancestrales, tandis que les larves d'Amphibiens, au contraire, permettent d'établir une parenté sûre avec des groupes de Poissons ancestraux.

Du point de vue actuel, les métamorphoses sont des changements brusques et irréversibles, dans la forme et le fonctionnement, d'êtres vivants avant qu'ils aient acquis l'aptitude à se reproduire. Les processus entrant alors en jeu se retrouvent pratiquement dans tous les cas : histolyse des tissus et organes désormais inutiles avec, suivant les espèces, autolyse dans le milieu intérieur, phagocytose ou même sphacèle et autotomie des cellules ou des tissus larvaires trop spécialisés. Histogenèse des organes et appareils nouveaux nécessaires aux nouvelles fonctions dues à des cellules non ou peu spécialisées (soit disséminées soit au contraire groupées et localisées) et quiescentes pendant la vie larvaire. Le jeu combiné et simultané des deux processus précédents aboutit au remaniement de divers organes utilisables grâce à des retouches structurales ou fonctionnelles.

Les mécanismes excitateurs et régulateurs de ces processus sont des mécanismes hormonaux et sont remarquablement comparables chez les Amphibiens et chez les Insectes. Ces similitudes sont même surprenantes, étant donné les grandes différences qui existent entre les effecteurs et les manifestations qui se produisent grâce à ces mécanismes.

Et l'éminent histologiste suédois Hanström a comparé dès 1941 le protocérébron des Insectes réglant, directement ou en cascade, l'activité des corps cardio-pharyngiens des corps allates et de la glande thoracique à l'hypothalamus diencéphalique des Vertébrés régissant les fonctions de la pré et de la posthypophyse et de leurs glandes vassales.

Il est vrai, en revanche, que les hormones isolées chez les Insectes apparaissent assez différentes de celles des Vertébrés; elles sont beaucoup moins spécifiques : l'abondance et la variété des produits qui peuvent leur être substitués pour obtenir le même effet est impressionnant. Certes, il existe des mimétiques chez les Vertébrés, et les biochimistes fabriquent des substances pouvant remplacer des hormones trop longues ou trop coûteuses à extraire. Mais il s'agit dans ces cas de composés dont les propriétés dépendent de configurations structurales assez limitées. Plusieurs hormones de Vertébrés sont des protéines ou sont associées plus ou moins lâchement à une protéine. Il semble que les substances considérées comme hormones chez les Insectes soient des molécules peu complexes; les effecteurs sensibles seraient probablement moins exigeants que chez les Vertébrés : les leviers qui les mettraient en marche seraient de simples « passes » et non des clés de précision au profil rigoureux. S'il en était ainsi, il faudrait chercher les dispositifs de sécurité empêchant les réactions intempestives à tous les produits disparates dont on a reconnu l'activité et qui abondent dans la nature autour de l'Insecte.

J. J. Bounhiol.

BIBLIOGRAPHIE

AMPHIBIENS

M. Abeloos, *Les Métamorphoses,* Armand Colin, Paris, 1956.

F. Angel, *Vie et mœurs des Amphibiens,* Payot, Paris, 1947.

J. J. Bounhiol, *Le Déterminisme des métamorphoses chez les Amphibiens,* Hermann, Paris, 1942.

J. J. Bounhiol, *Action retardatrice d'un frénateur de la glande pituitaire (P.O.P.) sur la métamorphose des Amphibiens,* Congrès de l'A. F. A. S., pp. 15-20, Poitiers, 1954.

J. J. Bounhiol, G. Disclos et P. Disclos, *Nouveaux essais de blocage de la métamorphose des Amphibiens par la para-oxy-propiophénone, frénateur de la glande pituitaire,* 76e Congrès de l'A. F. A. S., Périgueux, juillet 1957.

J.J. Bounhiol et Chr. Remy, *Nouvelles observations sur le freinage de la morphogenèse chez le têtard privé de diencéphale,* « C. R. Soc. Biol. », 156, p. 2037, Paris, 1962.

M. Delsol, *Action du thiouracile sur les larves de Batraciens. Néoténie expérimentale. Rôle de l'hypophyse dans ce phénomène,* « Arch. Biologie », t. LXIII, p. 279-392, Paris, 1952.

P. Disclos, *Rôle régulateur morphogénétique du diencéphale chez les Amphibiens,* « C. R. Acad. Sc. », 256, p. 280, Paris, 1962.

W. Etkin et W. Sussman, *Hypothalamopituitary Relations in Metamorphosis of Ambystoma,* Gen. Comp. Endocr., Vol. 1, 70-79, 1961.

Chr. Remy, *L'Ablation du diencéphale empêche la métamorphose chez le têtard du Crapaud accoucheur,* « C. R. Acad. Sc. », 254, p. 567, Paris, 1962.

J. Rostand, *La Vie des Crapauds,* Stock, Paris, 1933.

P. Roth, *Contribution à l'étude de l'action de la thyroxine et des substances antagonistes dans la métamorphose expérimentale des Batraciens Anoures,* thèse, Paris, 1946.

INSECTES

D. Bodenstein, *The Role of Hormones in molting and Metamorphosis* dans *Insect Physiology,* K.D. Roeder, Wiley, New York, 1953.

J.J. Bounhiol, *Recherches expérimentales sur le déterminisme de la métamorphose chez les Lépidoptères,* « Bulletin biologique de la France et de la Belgique », Supp. XXIV, Paris, 1938.

J.J. Bounhiol, *Endocrinologie de la métamorphose chez les Lépidoptères,* « Bulletin biologique de la France et de la Belgique », Supp. XXXIII, pp. 27-51, Paris, 1947.

S. Fukuda, *Induction of Pupation in Silkworm by Transplantation of the Prothoracic Gland,* « Proceedings of the Imperial Academy of Tokyo », Vol. 16, p. 144, Tokyo, 1940.

S. Fukuda, *The Hormonal Mecanism of larval Moulting and Metamorphosis in the Silkworm,* « Journal of Faculty of Sciences of Tokyo », Imp. Univ. Section IV, vol. 6, part 4, Tokyo, 1944.

B. Hanström, *Hormones in Invertebrates,* Oxford University Press, 1939.

H. Piepho, *Untersuchungen zur Entwicklungsphysiologie der Insekten Metamorphose,* « Roux Archiv fur Entwicklungsmechanik », 141 Band, 3 Heft, pp. 500-583, 1941.

P. Portier, *Biologie des Lépidoptères,* Lechevalier, Paris, 1948.

B. Possompès, *Recherches expérimentales sur le déterminisme de la métamorphose de* Calliphora erythrocephala, thèse Sc., Paris, Archives de Zoologie expérimentale et générale, tome 89, fasc. 4, Paris, 1953.

J. Rostand, *La Vie des vers à soie,* Gallimard, Paris, 1944.

E. Scharrer et B. Scharrer, *Hormones produced by Neurosecretory Cells,* « The Proceedings of the Laurentian Hormone Conference », vol. X, Acad. Press Inc., New York, 1954.

V.B. Wigglesworth, *The Physiology of Ecdysis in* Rhodnius prolixus. *Factors controlling Moulting and Metamorphosis,* « Quarterly Journal of Microscopial Science », vol. 77, part II, pp. 191-222, 1934.

V.B. Wigglesworth, *The Physiology of Insect Metamorphosis,* Cambridge University Press, 1954.

Caroll M. Williams, *Physiology of Insect Diapausis,* « The Biological Bulletin of the Marine Biological Laboratory », vol. 90 (1946) et vol. 93, Lancaster, 1947.

LE VIEILLISSEMENT ET LA MORT

Le vieillissement est le changement des structures et des fonctions de l'organisme qui s'effectue en relation étroite avec le déroulement du temps. Ce terme embrasse toutes les modifications morphologiques, physiologiques et psychologiques dont on suppose qu'elles sont consécutives à l'action du temps sur les êtres vivants. Dans l'état actuel de la science, ces modifications sont irréversibles, chez les animaux supérieurs au moins. Le résultat de ces modifications est la *vieillesse* ou *sénilité,* état d'affaiblissement physique et moral caractérisé par une diminution de l'adaptabilité aux variations du milieu et par un accroissement du risque de la mort.

Le vieillissement est en quelque sorte l'effet du temps ou, plus exactement, l'effet de la vie elle-même sur la structure de la matière vivante. Les êtres vivants sont des systèmes énergétiques en équilibre dynamique instable et leur constance ne peut être assurée autrement que par le changement perpétuel de la matière et de l'énergie. La constance des structures biologiques n'est pas d'ordre statique comme l'est, par exemple, celle des structures minérales. De même que le changement des molécules permet la stabilité protoplasmique et que celui des cellules assure l'existence de l'organisme pluricellulaire, de même les changements perpétuels des individus garantissent l'existence des espèces. Pour l'individu, le vieillissement et la mort sont nuisibles, mais ils sont indispensables à la conservation et à l'évolution de la vie. Sans déclin mortel des individus, il n'y aurait pas eu éclosion de si nombreuses formes vitales sur notre globe.

Le terme *vieillissement* a deux significations, l'une large et l'autre plus étroite. On vieillit dès le début de la vie individuelle, mais le mot vieillissement s'applique tout particulièrement à la partie finale de la vie, à un affaiblissement qui survient chez l'organisme d'un âge avancé. En général, au cours du vieillissement, peuvent être distinguées deux phases essentiellement différentes : dans la première, l'organisme s'accroît, prend des forces, évolue dans le sens positif, et dans l'autre, il régresse, diminue, involue et s'épuise. Le vieillissement, au sens large, est d'abord un processus de développement et ensuite un processus d'involution. Au sens strict, le terme vieillissement désigne seulement cette seconde phase. Il est toutefois préférable d'introduire une nouvelle expression qui permet d'éviter le double sens du vocabulaire commun. La *sénescence* est le terme scientifique qui désigne sans équivoque le processus d'involution de l'organisme en fonction de son âge avancé.

Une définition précise de la *sénescence* semble être pour l'instant impossible : ce concept est clair mais il n'a pas la même signification pour le protistologue qui étudie la sénescence d'un clone de Protozoaires, pour le cytologue qui regarde sous le microscope les modifications séniles des cellules, pour le botaniste et pour le zoologiste qui s'intéressent à la sénescence et à la longévité des Plantes et des Animaux, pour le pathologiste qui se penche sur les cadavres des vieillards, pour le psychologue et pour le sociologue qui étudient le comportement des sujets âgés et le vieillissement des aptitudes, pour le médecin qui traite les malades âgés, et pour le statisticien qui établit des tables de mortalité.

Aucun critère spécifique de la sénescence n'étant actuellement accepté à l'unanimité, il est difficile de déterminer le moment auquel elle commence. Chez l'Homme et chez les autres Mammifères, il existe deux sortes de processus qui s'effectuent en fonction du temps. Les uns (appelés par Miescher *processus A*) se déroulent continuellement dans un sens depuis le début de la vie individuelle jusqu'à la mort : par exemple, la diminution des capacités régénératrices, de la turgescence et du métabolisme cellulaire, puis la déshydratation des colloïdes protoplasmiques, le changement de la perméabilité des membranes cellulaires, l'accumulation du calcium dans certains organes et le dépôt des lipides et de certains pigments. Par contre, les *processus B* se manifestent en deux phases : la première est de prédominance anabolique et la deuxième catabolique. Dans leur seconde phase, ces processus provoquent l'atrophie des tissus parenchymateux spécialisés et aussi l'augmentation du tissu interstitiel et des dépôts graisseux métaboliquement inertes. L'existence de tels processus est responsable de la courbe biphasique dans la vie de l'Homme et de nombreuses espèces animales. Cette courbe du développement individuel présente très souvent un « palier » de relative stabilité correspondant à un stade d'équilibre entre la construction et la destruction. Malgré les apparences, c'est déjà à cette époque de maturité que s'amorce l'involution.

Chez l'Homme, comme chez tous les Vertébrés ayant une taille adulte limitée, le début de la sénescence succède presque immédiatement à l'arrêt de la croissance. Le « tournant critique » n'est pas le même pour tous les caractères morphologiques et physiologiques. Les expériences récentes à l'aide des isotopes radioactifs montrent que chez l'Homme le déclin de la masse protoplasmique active commence à vingt ans dans le sexe mâle et plus tôt encore chez la femme. Néanmoins, le déclin d'un grand nombre de capacités ne devient perceptible que vers trente-cinq à quarante ans, et certaines fonctions psychiques ne commencent à fléchir qu'à un âge très avancé.

En règle générale, et en dehors de certaines conditions particulières de vie suspendue, la sénescence est un phénomène dont la progression semble être inévitable, mais dont le rythme n'est pas constant. La *vitesse du vieillissement* d'un individu à un moment donné dépend de son patrimoine structural (caractéristiques spécifiques et individuelles), de son âge et des influences du milieu (en particulier les facteurs morbides, l'alimentation, la chaleur et les radiations ionisantes).

Plusieurs facteurs externes peuvent accélérer la sénescence. Une telle sénescence accélérée, Korenchevsky l'appelle *sénescence pathologique* et la distingue de la *sénescence physiologique* qui suit son cours sans implications pathologiques. Cette distinction est purement théorique car on ne connaît aucun cas indiscutable de sénescence exclusivement « physiologique ». Le vieillissement réel est toujours compliqué et modifié par des accidents pathologiques. À cette occasion, il convient de préciser que très rarement tous les systèmes organiques d'un organisme involuent en coordination et, comme l'a démontré Roessle, cette sénescence inégale est déjà un phénomène pathologique. La sénescence physiologique, définie comme une involution harmonieuse de tout l'organisme sans accompagnement de complications morbides, n'est qu'une possibilité théorique extraordinaire; c'est plutôt un postulat logique utile qu'un fait empirique.

Une science nouvellement constituée, la *gérontologie,*

étudie d'une façon comparative et expérimentale tous les aspects de la sénescence. Elle se divise en deux branches : l'une surtout biologique et sociologique, la gérontologie au sens strict, et l'autre médicale qu'en 1909 le médecin américain I. Nascher a appelée la *gériatrie (geriatrics)*.

La conséquence inéluctable de la sénescence est la *mort individuelle*. C'est la cessation des fonctions vitales, due certainement à la destruction des structures vitales. Il faut distinguer la *mort* de la *non-vie,* dans laquelle les structures sont conservées et où l'être peut revenir à la vie. On nomme *mort naturelle* la mort provoquée uniquement, ou presque, par la sénescence, et *mort accidentelle* celle qui est provoquée par des causes externes et fortuites. La notion de mort naturelle a un caractère hypothétique au même titre que celle de sénescence physiologique. En réalité, la mort est toujours déterminée par des facteurs externes néfastes auxquels l'organisme succombe de plus en plus facilement avec l'âge avancé.

Selon Nascher, les notions de sénescence physiologique et de mort naturelle sont la base idéologique de la gériatrie moderne. Toutefois, certains biologistes n'admettent pas ces notions et affirment que la sénescence est uniquement le résultat de maladies d'origine exogène.

HYPOTHÈSES SUR LES CAUSES ET LE PROCESSUS FONDAMENTAL DE LA SÉNESCENCE

De nombreuses hypothèses sur les causes et le processus fondamental de la sénescence ont été avancées, mais aucune n'explique de façon satisfaisante l'ensemble des faits connus. Tout d'abord, existe-t-il vraiment un processus intrinsèque et fondamental de la sénescence ? La détérioration de l'organisme ne pourrait-elle pas être simplement la résultante d'une multitude de petits accidents ? Selon Dastre, la sénescence ne serait pas une fatalité profondément inscrite dans l'organisation des êtres vivants ni une conséquence inexorable de la vie elle-même. La vie et la mort seraient dues à la difficulté de maintenir la constance parfaite des milieux extérieur et intérieur appropriés. Si ceux-ci viennent à changer, dit Dastre, les petites perturbations insensibles de la nutrition s'accumulent, l'activité vitale déchoit et, par suite de la seule imperfection des conditions du milieu, l'être vivant se trouve entraîné à la mort.

Cette explication de la sénescence par des facteurs écologiques se retrouve chez des zoologistes, tels que Bidder (1932) et Comfort (1956), qui s'appuient sur l'analyse des courbes de mortalité de divers animaux, et en particulier de ceux doués d'une croissance illimitée.

Néanmoins la plupart des biologistes croient que la sénescence est un phénomène inhérent à la structure de tous les êtres vivants, ou au moins de ceux possédant une organisation supérieure.

L'une des plus anciennes hypothèses scientifiques sur la sénescence a été formulée par Aristote (~IVe siècle), selon lequel la vieillesse est la conséquence inévitable de la perte progressive de la « chaleur innée » dont chaque être vivant jouit depuis le début de sa vie. La sénescence ne serait qu'un refroidissement accompagné d'un dessèchement du corps. D'après Galien (IIe siècle), la perte de la chaleur innée s'expliquerait justement par la diminution de l'humidité corporelle qui sert de nourriture à la chaleur. Cette explication a dominé la biologie et la médecine jusqu'à la fin du XVIIIe siècle. Les auteurs scolastiques ont comparé la vie à une lampe à huile qui s'use en brûlant, s'affaiblit et finalement s'éteint. La chaleur et l'humidité se détruisent mutuellement, l'organisme déchoit et meurt victime de la dualité contradictoire de son être. La gérontologie aristotélique et galénique a le défaut d'être spéculative et de s'insérer dans un système d'explications des phénomènes naturels aujourd'hui dépassé. Pourtant elle repose sur des observations parfaitement exactes, celles de la diminution du métabolisme et de la déshydratation dans les organismes âgés. C'est pourquoi la théorie antique fait sa réapparition au début de notre siècle avec l'hypothèse de M. Rubner, d'après laquelle la sénescence est une extinction progressive des processus métaboliques due à la déshydratation des colloïdes protoplasmiques.

Les médecins du XVIIIe siècle et du début du XIXe siècle interprètent la sénescence par l'idée naïve de l'affaiblissement d'une « force vitale » spécifique que chaque organisme reçoit au moment de sa naissance. Au milieu du XIXe siècle, le philosophe H. Spencer a créé la notion de « capital vital énergétique », reçu au début de la vie et se dépensant lors de toute activité. Ceci a inspiré des essais matérialistes analogues : O. Bütschli et, plus tard, J. Lœb (1908) ramènent la sénescence à une perte progressive d'une substance chimique inconnue que chaque individu recueille au moment de la conception.

Mentionnons rapidement les explications mécanistes qui comparent la sénescence à l'usure d'une machine (J. de La Mettrie, R. Hertwig, M. Verworn), hypothèses grossières et insoutenables, car elles ne tiennent pas compte de la restitution continuelle des structures vivantes.

Beaucoup plus importantes sont les hypothèses qui attribuent la sénilité à une intoxication. Paracelse au XVIe siècle considérait déjà qu'un empoisonnement chronique est le facteur essentiel de la sénescence. Au début de notre siècle, E. Metchnikoff a imaginé une interprétation curieuse : la sénilité de l'Homme est, déclare-t-il, due à l'intoxication par des toxines produites par des Bactéries qui vivent dans le gros intestin. Ces toxines auraient une double influence, celle d'affaiblir les cellules nerveuses et celle d'exciter les phagocytes qui entreprendraient alors de détruire les cellules affaiblies. Selon Metchnikoff, la sénescence est une maladie, une phagocytose pathologique provoquée par une intoxication d'origine intestinale.

D'après plusieurs auteurs, la sénescence serait une conséquence inexorable de l'auto-intoxication, de l'accumulation des résidus du métabolisme cellulaire, en particulier dans le cytoplasme des neurones (M. Mühlmann, C. M. Child, R. Pearl, C. et O. Vogt, etc.). C.F. Hodge a observé (1894) l'accumulation du « pigment sénile » (lipofuscine) dans les cellules du cerveau et des ganglions de l'Homme et de l'Abeille. Mais le plus fort appui à cette idée de l'intoxication endogène a été fourni par les expériences d'Alexis Carrel sur les cultures de tissus. Dès 1911, Carrel a démontré que les tissus d'embryon de Poulet peuvent survivre *in vitro* au-delà de la longévité maxima des Gallinacés, mais sous la condition d'un rigoureux renouvellement du milieu nutritif. Les produits du métabolisme provoquent des changements semblables à ceux de la sénescence. Le sérum des vieillards contient des substances ayant une action inhibitrice sur les tissus en culture; le sérum d'organismes jeunes stimule la croissance.

L'accumulation de substances nocives dans les cellules et dans les liquides des organismes âgés paraît un fait certain, mais son interprétation n'est point facile. Cette accumulation est-elle la cause ou plutôt l'effet de la sénescence ?

Les expériences de Carrel ont aussi donné un élan particulier à l'idée que la sénescence résulte de la vie commune et de la différenciation à un haut degré de spécialisation des cellules. Selon Minot, la sénescence est la rançon de la supériorité organique, en quelque sorte le prix qu'il faut payer pour le privilège de posséder des fonctions hautement spécialisées. Vers la fin du XIXe siècle, cette théorie trouva une large audience et elle fut particulièrement renforcée par les observations sur le cycle vital des Protozoaires. C'est surtout A. Weismann qui a précisé (en 1892) l'idée d'une sénescence due à la différenciation cellulaire. Selon lui, la sénescence est inévitable uniquement pour les organismes pluricellulaires, alors que les cellules isolées ainsi que les êtres unicellulaires seraient immortels et pourraient rester éternellement jeunes. De plus, seule la partie « somatique » des Métazoaires doit être considérée, d'après Weismann, comme soumise à la sénescence et à la mort, tandis que les cellules germinales (le « germen ») jouissent d'une jeunesse perpétuelle.

La sénescence de l'organisme total peut être interprétée comme une conséquence de l'involution primaire de certaines de ses parties. Sous une forme naïve, les médecins de l'Antiquité ont déjà exprimé des opinions semblables en accusant soit le cœur soit le cerveau d'être des organes sources de vie et de mort. Au XIXe siècle, des cliniciens croient que l'artériosclérose est une maladie inévitable, intimement liée à la sénescence. « On a l'âge de ses artères » (Cazalis). Valli réduit la sénescence à une accumulation de calcium dans les organes vitaux. Il est démontré aujourd'hui que ni l'athérosclérose artérielle ni l'accumulation de calcium ne peuvent être les processus primaires de la sénescence. Pour les auteurs actuels, les organes qui, chez les Métazoaires, et en particulier chez les Vertébrés, entraînent la sénescence, ou au moins y sont les premiers assujettis, sont le système nerveux central et les glandes endocrines. Les premières explications hormonales de la sénescence chez les animaux supérieurs datent de 1889. C'est alors que Ch. E. Brown-Séquard a montré l'influence des extraits testiculaires sur les personnes agées. Depuis Brown-Séquard l'endocrinologie a fait de grands progrès; le rôle des hormones sexuelles a été mieux expliqué. Après les gonades, on a pensé à la thyroïde et à l'hypophyse comme à des « horloges biologiques » qui déclencheraient la sénescence. Toutefois les facteurs hormonaux ne sont pas suffisants pour expliquer la sénescence chez les Mammifères et encore moins dans l'ensemble des êtres vivants. La castration provoque non pas la sénilité mais l'eunuchoïdisme, et l'insuffisance hypophysaire se traduit chez l'Homme par la maladie de Simmonds, état de cachexie, par certains côtés analogue à la sénilité mais bien différent dans son essence. La diminution de l'activité hormonale est non pas la cause de la sénilité mais une adaptation au ralentissement général des processus métaboliques de l'organisme.

Contrairement aux opinions citées, selon lesquelles la sénescence débuterait par une déchéance des cellules les plus spécialisées, l'hypothèse d'A. A. Bogomoletz impute la sénescence à la détérioration du système réticulo-endothélial, tissu conjonctif peu différencié.

Les hypothèses sur l'involution primaire de certains organes sont justifiées scientifiquement parce que, semble-t-il, il existe vraiment des organes qui sont des endroits de moindre résistance à l'action destructive du temps. De telles explications sont aussi très utiles en médecine mais pour le biologiste elles ne font que transposer le problème : quelle est la cause de la sénescence de l'organe qui provoque la sénescence et la mort de l'organisme?

La recherche des causes du vieillissement s'est portée sur d'éventuels facteurs physico-chimiques intracellulaires. Dans un certain sens, bien des systèmes non vivants « vieillissent » aussi (par exemple les colloïdes et les substances radio-actives), et peut-être tout notre Univers tend-il à l'égalisation de ses potentiels énergétiques et devient-il ainsi à chaque instant de plus en plus « vieux », de plus en plus « mort ». C'est pourquoi on a essayé d'expliquer le vieillissement des êtres vivants par certains processus moléculaires, en particulier par l'augmentation de l'entropie et par la transformation progressive de l'état colloïdal (M. Rubner, G. Marinesco, A. Lumière, V. Ruzicka). L'analogie entre le vieillissement du protoplasme et la floculation des systèmes colloïdaux morts n'est pas justifiée, car la matière vivante se détruit et se construit constamment avec des particules nouvelles; le protoplasme est un système dynamique et les solutions colloïdales mortes sont des systèmes statiques.

Une caractéristique générale des êtres vivants est le pouvoir de réparation. Cette puissance régénératrice varie avec l'espèce et avec l'âge. P. Lecomte du Nouÿ (1932) a fourni la preuve expérimentale que la vitesse de cicatrisation des plaies de la peau est une fonction de l'âge. Plus le sujet d'expérience est jeune, plus les plaies se cicatrisent rapidement. La relation entre l'âge et la vitesse de cicatrisation peut s'exprimer par une formule mathématique. Mais l'expérience a aussi montré qu'il y a des variations individuelles dans la décroissance de la capacité de cicatrisation. Cela a amené Lecomte du Nouÿ à supposer l'existence d'un « temps biologique » qui n'est pas tout à fait identique au « temps physique ». Selon cet auteur, la vitesse de cicatrisation des plaies peut servir à mesurer l' « âge biologique » d'un individu qui ne serait pas forcément son « âge chronologique ». Les expériences sur la cicatrisation et certaines conclusions de Lecomte du Nouÿ ont été, à juste titre, fortement critiquées (notamment par Bourlière et Gourévitch, 1950).

Déjà dans la première moitié du XVIIe siècle, le médecin S. Santorio et le philosophe F. Bacon ont remarqué que, chez les gens âgés, l'échange des substances a lieu plus lentement, que se perd progressivement une grande partie de la capacité régénératrice et, donc, que la vieillesse est une conséquence de la diminution des capacités réparatrices de l'organisme. Il faut considérer la sénescence comme un processus biologique qui est la conséquence de la restitution insuffisante et de plus en plus lente des structures non seulement macroscopiques et microscopiques mais encore moléculaires. Les recherches modernes, à l'aide des isotopes radio-actifs, démontrent que, dans les organismes âgés, le métabolisme est de plus en plus lent et que la restitution des structures moléculaires spécifiques est de plus en plus faible. Un organisme âgé est à chaque instant un peu moins semblable à lui-même, il perd de plus en plus les caractéristiques essentielles de l'être vivant, et, par sa façon de réagir, il se rapproche de plus en plus des systèmes non vivants.

Plusieurs hypothèses récentes ramènent la sénescence à la tendance générale des systèmes physico-chimiques à augmenter le désordre moléculaire. C'est ainsi qu'Euler estime que la sénescence est causée par l'augmentation de l'entropie dans les réactions enzymatiques et hormonales, que J. A. Medvedeff l'explique par des changements fortuits et chaotiques des macromolécules des protéines et de l'A.D.N., et que W. Kuhn veut trouver la cause de la sénescence dans les imperfections de la synthèse organique des substances optiquement actives. Cette tentative d'expliquer la sénescence par une racémisation progressive dans les processus enzymatiques trouve un appui dans les expériences des biologistes russes Alpatov et Nastyoukova, qui ont constaté dans les substances optiquement actives provenant des organismes âgés une diminution nette du pouvoir de dévier la lumière polarisée. On essaye aussi d'expliquer la sénescence par l'action néfaste des radiations cosmiques ou par l'accumulation de l'eau lourde dans le protoplasme. Quelques auteurs attirent l'attention sur le rôle que peut jouer la mutation des cellules somatiques.

Il est certain qu'avec l'âge les structures chromatiques et les systèmes enzymatiques intracellulaires subissent des modifications; il s'agit là de phénomènes encore insuffisamment connus. La diminution du métabolisme n'est pas seulement un fait quantitatif mais traduit des changements dans les structures intimes de la cellule.

Bien des auteurs contemporains soulignent qu'un phénomène aussi complexe que le vieillissement ne peut être expliqué par une cause simple et unique. Actuellement, c'est l'explication pluricausale et conditionnelle qui l'emporte.

LA LONGÉVITÉ COMPARATIVE DES ÊTRES VIVANTS

La durée de vie d'un être vivant peut varier de quelques minutes à quelques milliers d'années selon le groupe taxonomique et selon le sort individuel. Quand on considère la durée de vie, il faut distinguer la *longévité potentielle* et la *longévité moyenne*. Le premier terme désigne la durée de vie maximale d'une espèce, c'est-à-dire l'âge le plus élevé observé chez un spécimen d'une espèce donnée. C'est une limite fixée à l'organisme par ses caractéristiques biologiques. La *longévité potentielle* représente un fait concret mais qui est très rarement, exceptionnellement, réalisé. Par contre, la *longévité moyenne* d'une espèce correspond à une valeur statistique calculée d'après les tables de mortalité. C'est l'espérance de vie d'un individu appartenant à un groupe dont non seulement les caractéristiques biologiques mais aussi les conditions écologiques sont bien déterminées. C'est l'âge moyen atteint par les individus d'une espèce nés à une période donnée et vivant dans un milieu donné.

Chez l'Homme, la longévité potentielle est d'environ 112-115 ans. Il est parfois rapporté que des individus auraient atteint 120 ans ou même plus, mais aucun de ces cas n'a été jusqu'à présent scientifiquement démontré. La longévité potentielle de l'Homme semble être indépendante du milieu, et nous pouvons constater que déjà les plus anciens documents de l'histoire, tels que les textes égyptiens de l'époque pharaonique, considèrent 110 ans comme limite de la vie humaine. Chez les peuples primitifs, il existe des individus qui, en dépit de mauvaises conditions hygiéniques, parviennent jusqu'aux limites extrêmes de la longévité humaine.

La longévité moyenne dépend en premier lieu des facteurs écologiques, du niveau de vie. La vie de nos ancêtres était, en moyenne, beaucoup plus brève. Dans l'empire romain et dans les États européens du Moyen âge, l'espérance de vie ne dépassait pas 25-30 ans. Aujourd'hui, dans plusieurs pays elle dépasse 70 ans. Pour des personnes du sexe masculin nées en France entre 1805-1807, la longévité moyenne était de 35,3 ans; pour celles nées entre 1900-1902, elle est de 45,1 ans; pour celles nées entre 1952-1956, elle atteint 65 ans. Les personnes du sexe féminin nées en France aux mêmes périodes offrent une longévité moyenne respectivement de 38 ans, de 48,3 ans et de 71,1 ans. Dans des pays économiquement sous-développés, par exemple dans certaines parties des Indes, d'Afrique centrale ou d'Amérique du Sud, l'espérance de vie est restée à peu près au même niveau qu'elle était dans les États médiévaux européens.

En comparaison avec les animaux, l'Homme vit très longtemps, certainement le plus longtemps parmi les Mammifères, et plus longtemps que la plupart des animaux inférieurs. Dans les conditions normales, pour les animaux l'importance biologique de la sénescence est minimale car en règle ils meurent victimes de facteurs péristasiques avant le début de l'involution sénile. La longévité moyenne de presque toutes les espèces animales est beaucoup plus courte que la longévité potentielle. Les données concernant la longévité des animaux, soit potentielle, soit moyenne, sont encore peu nombreuses, d'une durée d'observation trop restreinte, et souvent peu critiques, de telle façon que les résultats ne représentent que des acquisitions provisoires. Il faut aussi tenir compte du fait que la longévité des animaux est différente dans les conditions de captivité et à l'état sauvage.

Les êtres unicellulaires, c'est-à-dire Microbes, Protophytes et Protozoaires, et quelques animaux pluricellulaires inférieurs possédant des cellules à la fois germinales et somatiques, tels les Cœlentérés (Hydre d'eau douce, Actinies, etc.), certaines Annélides et des Éponges, peuvent être considérés comme « potentiellement immortels ». Déjà Ehrenberg (1838) affirme que la reproduction par division des Infusoires supprime la « possibilité de leur destruction individuelle et les rend immortels ». La vie individuelle des Protozoaires s'achève soit par une mort accidentelle due au milieu, soit par une division. Dans ce dernier cas, il n'y a pas, évidemment, de « cadavre » et on ne peut pas parler de mort au sens strict. Néanmoins, en réalité, le cycle vital individuel d'un Protozoaire est d'une brève durée (quelques jours ou quelques semaines).

La plus grande longévité effectivement constatée chez les êtres vivants est l'apanage de certains végétaux. Ainsi des spécimens majestueux de Séquoia *(Sequoia gigantea)*, en Californie, sont censés avoir atteint un âge d'environ 3 000 ans. On évalue même à 4 000 ans l'âge de quelques arbres du Conifère *Taxodium mexicanum*. Des survies très longues sont observées aussi chez les graines de certaines plantes. Le cas le plus mémorable est celui de graines du Lotus *Nelumbium nuciferum* qui, retrouvées enfouies dans la vase sèche d'un ancien lac de Mandchourie, germèrent après dix siècles de vie latente. Mais les cas cités sont exceptionnels. La longévité des graines de la plupart des plantes ne dépasse pas 15 ans. Les graines à vie très longue sont en petit nombre et appartiennent principalement aux Nymphéacées et aux Légumineuses. Maintes plantes sont annuelles, et, parmi les vivaces, la plupart ne dépassent pas un siècle.

La longévité des Invertébrés est peu connue. Il semble que la majorité des espèces de cet embranchement n'aient pas une longévité potentielle génétiquement déterminée. Chez les Cœlentérés, on a observé des âges élevés, par exemple chez *Actinia mesembryanthemum* 65-70 ans et chez *Cereus pedunculatus* 85-90 ans, données du reste basées sur peu d'observations et chiffres certainement inférieurs à la réalité.

La longévité maximale observée chez les Vers parasites est d'environ 25-30 ans pour les Plathelminthes, et de 15-17 ans pour les Nématodes. Parmi les Annélides, le Ver de terre, *Lumbricus terrestris*, vit 5-6 ans, et la Sangsue, *Hirudo medicinalis*, environ 20-25 ans.

La vie des Rotifères est très brève et semble être génétiquement déterminée. Chaque espèce a une durée de vie spécifique; elle est par exemple de 5-7 jours pour *Proales decipiens*, de 18 jours pour *Floscularia conifera* et de 30-40 jours pour *Rotifer vulgaris*.

La longévité des Arthropodes paraît être aussi d'une durée maximale bien déterminée et dépendant de facteurs endogènes. L'Insecte le plus étudié est indiscutablement la Drosophile (*Drosophila melanogaster* et *D. subobscura*) dont la longévité moyenne est d'environ deux mois. La longévité potentielle de la Mouche, *Musca domestica*, est d'environ 67 jours. La longévité moyenne est de 17 jours pour les Mouches mâles et de 29 jours pour les femelles.

Les tables de mortalité indiquent que la survie des mâles dépend d'un facteur létal relativement simple sinon unique, tandis que la survie des femelles dépend de plusieurs facteurs. L'Abeille, *Apis mellifica,* peut vivre un peu plus de 5 ans s'il s'agit de la reine, et approximativement deux mois s'il s'agit d'une ouvrière. On peut prolonger la vie de cette dernière jusqu'à 72 jours. Chez la Fourmi, *Formica fusca,* la femelle offre une longévité qui peut dépasser 15 années. La vie des Ephéméroptères et des Lépidoptères est très brève. Toutes ces données concernant les Insectes se rapportent à la durée de vie de l'imago, ce qui parfois représente une phase relativement courte de l'ensemble du cycle de la métamorphose. Par exemple, chez la Cigale américaine *Cicada septemdecim,* la vie larvaire dure 17 ans et la vie de la forme adulte à peine une semaine. Chez les Crustacés inférieurs, la longévité est un caractère spécifique nettement fixé. La longévité de *Daphnia magna* est de trois mois, et celle de *Cyclops viridis* de 9 mois. La longévité des Crustacés supérieurs semble dépendre davantage de facteurs extérieurs et accidentels. L'Écrevisse *(Astacus)* vit 15-25 ans, le Homard *(Gammarus)* environ 50 ans.

La longévité des Échinodermes excède rarement 5 ans. Chez les Mollusques, les différences spécifiques quant à la longévité sont importantes : entre les Céphalopodes à vie courte (un an ou quelques années) et les Lamellibranches à vie longue (par exemple *Margaritana margaritifera* qui dépasse certainement l'âge de 60 ans) se situent les Gastéropodes dont la longévité potentielle varie de un à vingt ans (par exemple l'Escargot de Bourgogne, *Helix pomatia,* reste en vie 6-7 ans).

Quant aux Vertébrés, les Mammifères et les Oiseaux, c'est-à-dire les animaux à sang chaud et à taille adulte définie, se distinguent nettement par le mécanisme de la sénescence et de la mort des animaux pœcilothermes, Batraciens, Reptiles et Poissons.

La longévité des Poissons a été souvent étudiée, d'une part à cause de la possibilité d'en estimer l'âge par l'aspect des écailles et par la taille, et d'autre part en raison des théories sur leur prétendue « immortalité potentielle ». S'il est vrai que certains Poissons tels que l'Esturgeon et la Carpe peuvent approcher la longévité humaine, il faut rejeter comme fabuleux l'âge pluriséculaire de ces animaux. Les Carpes actuelles des étangs de Fontainebleau et de Chantilly n'ont point commencé leur vie sous l'Ancien Régime, comme le prétend la légende. La longévité effectivement observée chez les Poissons n'atteint même pas 90 ans. Les plus douées de vie sont certaines espèces d'Esturgeon (*Acipenser fulvescens,* 82 ans, *A. ruthenus,* 69 ans). La vie des autres Téléostéens est moins longue : le Silure *(Silurus glanus)* 60 ans, l'Anguille *(Anguilla anguilla)* 55 ans, le Poisson rouge (Carassin doré) moins de 40 ans, le Hareng *(Clupea harengus)* 22 ans, l'Aiglefin *(Melanogrammus aeglefinus)* 15 ans, le Thon *(Thunnus thunnus)* 13 ans, la Sole *(Solea vulgaris)* environ 8-10 ans. Un grand nombre de Poissons sont annuels ou vivent quelques années seulement. Toutefois, il ne semble pas que les chiffres cités soient de véritables limites potentielles.

Chez les Amphibiens, le record de longévité est tenu par *Megalobatrachus* avec 65 ans. Le Triton peut vivre 35 ans, la Grenouille *Rana temporaria* 10-12 ans et *R. esculenta* 14-16 ans, le Crapaud *(Bufo bufo)* 36 ans.

La grande longévité des Tortues est l'une des rares croyances populaires sur la durée de vie des animaux qui corresponde à la vérité. D'ailleurs on ne connaît pas la limite réelle de cette durée : l'âge maximal certain est au moins celui de 152 ans atteint par un exemplaire de Tortue géante, *Testudo sumeiri.* La Tortue grecque dépasse aussi un siècle d'existence. Parmi les autres Reptiles, le Crocodile peut atteindre au moins 56 ans et l'Alligator 52 ans. La longévité potentielle de ces animaux est pratiquement inconnue, comme aussi celle de la plupart des Serpents et des Lézards. En captivité, la longévité maximale des Serpents est d'environ 30 ans.

Certains Oiseaux, en particulier les Rapaces et les Psittacidés, ont une vie individuelle très longue. Néanmoins, il faut juger avec beaucoup de prudence les rapports sur une longévité des Faucons, des Aigles ou des Perroquets dépassant 120 ou même 150 ans. Nous ne disposons actuellement d'aucune observation absolument certaine ayant trait à un Oiseau âgé de plus de 85 ans. Selon Flower et Comfort, la longévité maximale vraiment incontestable serait de 68 ans seulement (chez un spécimen de *Bubo bubo* en captivité). Il est cependant raisonnable de croire que la longévité potentielle de quelques espèces, telles que l'Aigle, le Faucon, le Griffon (Vautour fauve), le Cacatoès, le Perroquet et peut-être l'Oie domestique, se situe en réalité entre 70 et 100 ans. Voici, à titre d'exemple, la longévité potentielle de quelques Oiseaux à vie plus courte : l'Albatros royal 50 ans, le Pigeon et la Colombe 30-35 ans, la Poule 20 ans. La courbe de survie d'une population relativement importante a été établie avec soin pour l'Hirondelle de mer, *Sterna hirundo,* dont la longévité maximale est de 21 ans. Chez les diverses espèces d'Oiseaux, il n'y a aucune corrélation entre la taille spécifique et la longévité.

Quant à la longévité des Mammifères, une place exceptionnelle est réservée à l'Homme. Il est possible que la Baleine *(Balaena mysticetus)* atteigne, ou peut-être même dépasse, l'âge maximal de l'Homme, mais des observations précises font défaut. D'après Ruud, Comfort et quelques autres auteurs récents, la longévité de la Baleine ne serait que de 30-50 ans. L'Éléphant d'Asie *(Elephas indicus)* peut vivre 70-90 ans. On affirme même qu'un spécimen a vécu 98 ans. La vie de l'Éléphant d'Afrique est plus courte (environ 30 ans). Les seuls Mammifères capables d'approcher, ou légèrement dépasser, l'âge de 50 ans sont l'Hippopotame, le Rhinocéros d'Asie, le Cheval et, peut-être l'Ane, le Dromadaire et l'Ours brun. En Angleterre, une étude soigneuse de la mortalité des Chevaux pur sang (races anglo-arabe et arabe), pour lesquels on dispose de documents incontestables, a permis de conclure que leur longévité moyenne est d'environ 22 ans et que leur âge maximal ne dépasse point 34 ans. Le Poney vit plus longtemps (jusqu'à 58-60 ans). La longévité potentielle des Primates et des Félidés est probablement d'un ordre de grandeur de 30-40 ans. Un Chimpanzé a vécu 39 ans, et l'âge maximal observé chez le Chat domestique est 31 ans. La longévité de la plupart des Ruminants et des Rongeurs de grande taille est d'environ 12-20 ans. Cela est valable aussi pour les Canidés. Le Chien peut vivre au maximum vingt ans. Les Rongeurs de petite taille ne vivent guère plus de 5 ans (le Rat 4-5 ans, la Souris environ 3 ans).

Existe-t-il une corrélation entre la longévité spécifique et une ou plusieurs caractéristiques somatiques des êtres vivants? La question fut posée déjà par Aristote, et certaines de ses conclusions ont pleinement conservé leur valeur : « D'une manière générale, les êtres qui vivent le plus longtemps se trouvent parmi les végétaux, comme le palmier. Ensuite, la vie est plus longue chez les animaux qui ont du sang que chez ceux qui en sont privés... Et qui plus est, le plus souvent, les grands animaux ont une existence plus longue que les petits. » Mais Aristote a remarqué aussi que chacune de ces règles connaît des exceptions. À partir du XIXe siècle, on a étudié la corrélation possible entre la grandeur spécifique du corps (exprimée soit par le poids, soit par la superficie totale) et la longévité. Il n'y a pas de doute que chez les Mammifères une telle corrélation existe, bien qu'elle soit assez vague et qu'elle comporte quelques exceptions dont la plus remarquable est l'Homme. La signification de la corrélation entre le poids et la longévité a été expliquée en 1908 par Max Rubner. Selon ce dernier, une corrélation précise lie la grandeur spécifique d'un animal et le taux de ses dépenses caloriques. C'est pourquoi le poids du corps, en exprimant de façon inverse le taux des échanges énergétiques, est en rapport avec la longévité potentielle d'une espèce. Plus l'animal est petit, plus intense est le métabolisme et plus brève est la durée de vie. Un animal de petite taille a une surface relativement grande et, par conséquent, il maintient la constance de son milieu intérieur plus difficilement qu'un animal de grande taille. « Tout se passe », écrit Rubner, « comme si l'échelle des temps se réduisait parallèlement à l'échelle des tailles ». Les exceptions à la règle de Rubner peuvent être comprises et insérées dans un schéma général si on prend en considération encore deux facteurs : l'hibernation et l'index de céphalisation. L'hibernation prolonge la vie car elle représente une importante épargne d'énergie et un repos permettant des réparations biologiques. Les Mammifères hibernants vivent plus longtemps que les non hibernants de même taille. L'autre facteur important est le système nerveux central. La corrélation entre la longévité et le poids total du corps est moins étroite que celle existant entre la longévité et le poids de l'encéphale (G. A. Sacher, 1959). La longévité potentielle des Mammifères dépend non seulement de l'intensité des processus métaboliques mais aussi du degré de précision du contrôle nerveux de l'homéostasie. Cela explique la longévité relativement importante de l'Homme par rapport à celle des autres Mammifères. La longévité est probablement une fonction de la stabilité du milieu intérieur. Le maintien précis de l'équilibre biochimique diminue la probabilité de changements irréversibles des molécules essentielles à la vie et c'est probablement pour cela qu'il diminue la vitesse de la sénescence. En dehors des Mammifères, il est encore impossible d'établir une règle générale qui mettrait la longévité spécifique en rapport avec une quelconque caractéristique.

Chez les Animaux à croissance limitée, il existe une vague corrélation entre la longévité et la durée de la croissance. Selon Buffon, la durée de la vie vaudrait 6-7 fois la durée de la croissance. Flourens a diminué ce chiffre à cinq. En réalité, les rapports entre les deux durées sont beaucoup plus compliqués et ne peuvent pas se réduire à un simple facteur multiplicateur.

ANALYSE STATISTIQUE DE LA MORTALITÉ

La durée de la vie des individus d'une espèce ne peut être complètement exprimée par quelques simples notions numériques, telles que la longévité potentielle et la longévité moyenne. Par exemple, un certain âge peut être atteint par un seul individu sur plusieurs milliers ou par la moitié des individus de la même population. Dans les deux cas, la signification biologique de l'âge en question n'est pas identique. Nous nous trouvons en face de phénomènes très complexes qui ne peuvent être convenablement étudiés qu'à l'aide de méthodes statistiques, c'est-à-dire en premier lieu avec l'établissement et l'analyse mathématique de *tables de survie*.

Les tables indiquant pour chaque âge la proportion de survivants ont d'abord été élaborées pour les populations humaines. En 1662, John Graunt a dressé la première table de survie des habitants de Londres en se basant sur les registres de baptême et d'enterrement. Depuis, l'étude démographique de la mortalité a accompli de grands progrès, poussée par l'intérêt des compagnies d'assurances et par certaines nécessités sociales.

Les études zoologiques sur ce sujet sont bien plus récentes et pratiquement ne datent que de notre siècle.

Les documents permettant d'établir des statistiques de mortalité valables sont rares, autant pour les espèces domestiques que pour les espèces sauvages. En dehors de l'Homme, il n'y a guère qu'une dizaine d'espèces (Cheval, Rat blanc, Souris de laboratoire, Drosophile, Abeille, Sterne, Esturgeon, Daphnies, Rotifères, etc.) pour lesquelles on dispose de tables de survie scientifiquement utilisables.

De nombreux auteurs ont voulu définir les lois de mortalité par une ou plusieurs fonctions mathématiques. Dans l'étude de la sénescence, c'est le *quotient de mortalité à chaque âge* qui revêt un intérêt particulier. Un coup d'œil sur les tables de survie montre que le quotient de mortalité humaine, assez élevé à la naissance, baisse d'année en année jusqu'à l'âge de 10-12 ans, puis augmente jusqu'aux âges les plus avancés. Par exemple, en France dans la période actuelle, la probabilité de mourir au cours de l'année est environ cent fois plus petite pour un enfant de douze ans que pour un nouveau-né ou pour un vieillard âgé de 70 ans.

Déjà en 1825, B. Gompertz a énoncé une théorie mathématique sur l'augmentation du taux de mortalité. Selon lui, à partir de l'âge adulte l'« épuisement moyen du pouvoir humain d'éviter la mort » (c'est-à-dire le quotient instantané de mortalité à l'âge donné) s'agrandit dans les durées égales d'une fraction constante. Cette supposition amène à une formule où le nombre des survivants est une fonction exponentielle de l'âge : $Vx = Kg(c^x)$. Dans cette formule, Vx est le nombre des survivants à l'âge x, et K, g, c sont trois constantes qui dépendent de la population envisagée.

Très vite, il devint évident que la loi de Gompertz n'est valable qu'après l'âge de 20-25 ans et qu'elle correspond mieux à la phase sénile qu'à la phase mature. En 1867, Makeham a amélioré la formule de Gompertz en introduisant dans l'expression mathématique de la *force de mortalité* deux composantes : l'une progressive (logarithmique) en fonction de l'âge, l'autre constante. Plusieurs formules plus compliquées ont par la suite été proposées, par exemple celles de Thiele (1871), de Perks (1932) et de Clarke (1950). Toutes ces formules expriment dans un langage mathématique qu'il existe deux catégories de causes de la mort : les causes indépendantes de l'âge et les causes dont la distribution est fonction de l'âge. Du point de vue de l'analyse statistique, la sénescence se manifeste comme l'accroissement progressif et régulier de la probabilité de la mort. Cette mort est provoquée par des facteurs accidentels, par la « pression du milieu », dont l'action reste à peu près constante, mais dont les effets changent en fonction de la plus grande vulnérabilité de l'organisme vieillissant. Les statisticiens modernes distinguent deux sortes de mort : la « mort anticipée » et la « mort sénescente » (Clarke). À un certain âge (chez l'Homme, à 45-50 ans) commence à s'exercer de plus en plus visiblement la « pression de la sénescence » qui détruit implacablement les survivants de plus en plus rares. Les recherches de Paul Vincent (1951) montrent que, à la limite extrême de la longévité, le taux de mortalité ne cesse pas son augmentation, ce qui « donne l'impression d'un engrenage, d'une meule qui broie avec une parfaite sûreté » (Sauvy). Toutefois, la mort naturelle au sens strict, c'est-à-dire la mort par l'épuisement total de l'organisme et sans cause extérieure, ne se rencontre pratiquement jamais. Il faut souligner aussi que la mort purement accidentelle est plus rare qu'on ne le croit. Par exemple, la courbe de mortalité des piétons victimes d'accidents de la route montre une distribution typique selon l'âge, qui n'est point fortuite.

Il serait faux de croire qu'un organisme non soumis à la sénescence pourrait être immortel. D'après les calculs de Simms (1946), s'il n'y avait pas de sénescence, autrement dit si le degré de mortalité pouvait être maintenu chez l'Homme toujours au niveau le plus bas (celui de l'âge de 10-12 ans), l'espérance de vie atteindrait 800 années et quelques rarissimes individus pourraient survivre jusqu'à 20 000 ans.

Toutes les considérations précédentes se basent sur les tables de survie humaines, mais elle sont en grande partie applicables à la mortalité des animaux vieillissants.

Parmi les courbes de survie des divers êtres vivants, Pearl et Miner (1935) distinguent trois types principaux :

1° Les courbes à taux de décroissance à peu près constant pour tous les âges. Elles caractérisent les populations non soumises à la sénescence ou chez lesquelles la mort accidentelle survient en règle avant la manifestation de la sénescence (par exemple chez l'Hydre d'eau douce et chez certains Poissons). Ce même type de courbe s'applique à la représentation graphique de la « durée de vie » des éléments radio-actifs.

2° Les courbes presque rectangulaires ayant un long plateau et une chute finale très brusque. Elles caractérisent la survie des populations dont la plupart des individus meurent après une période déterminée en ayant brusquement épuisé une source de leur vitalité (par exemple la Drosophile privée de nourriture, les Rotifères).

3° Les courbes intermédiaires caractérisant les populations dont la mort est due à une combinaison des causes accidentelles et du vieillissement. Chez l'Homme dans les conditions actuelles de vie et chez le Rat blanc en captivité, la courbe de type intermédiaire s'approche de celle du deuxième type, tandis que chez les Mammifères à l'état sauvage et chez la plupart des Invertébrés elle s'apparente à celle du premier type. L'analyse de la courbe de survie permet d'apprécier l'incidence biologique de la sénescence chez une espèce donnée.

Bodenheimer (1938) a introduit la distinction entre la longévité potentielle physiologique d'une espèce et sa *longévité écologique*. L'histoire de l'*Homo sapiens* au cours des deux derniers siècles montre comment la longévité écologique peut, avec les changement des conditions de vie, s'approcher de plus en plus de la longévité physiologique.

Notons au passage que très souvent la première période de la vie individuelle comporte un taux de mortalité particulièrement grand, dû non seulement à l'hostilité du milieu physique et biologique mais aussi aux facteurs génétiques.

LE RÔLE DE L'HÉRÉDITÉ

L'influence de l'hérédité sur la longévité est hors de doute, au moins en ce qui concerne l'Homme et quelques animaux d'expériences (Rat blanc, Souris, Drosophile, Rotifères). À la fin du XVIIIe siècle, le médecin allemand Ch. W. Hufeland a remarqué que les grands vieillards ont des parents et des grands-parents dont la longévité est nettement supérieure à la longévité moyenne de la population totale. La vérité de cette observation fut pleinement confirmée par les études statistiques patientes et détaillées de K. Pearson (1901), de R. Pearl (1934) et de plusieurs autres biologistes et démographes. En établissant l'arbre généalogique de nombreuses personnes ayant atteint l'âge de 90-110 ans, les auteurs cités purent démontrer que la capacité de devenir centenaire est une caractéristique héréditaire, un don transmissible. Le mécanisme génétique de cette transmission n'est pas connu. D'ailleurs, il est encore douteux qu'il s'agisse vraiment de la transmission d'un caractère positif réel (appelé « capital génétique » par Pearl ou « vigueur » par d'autres auteurs), car les faits observés pourraient être expliqués simplement par l'absence ou la diminution des tares héréditaires, c'est-à-dire par la non-transmission de divers facteurs morbides.

Le rôle de l'hérédité est confirmé par les recherches sur la sénescence et la longévité des vrais jumeaux. Chez ceux-ci, on rencontre des coïncidences frappantes dans le déroulement de la sénescence. Kallman et Sander (1948) ont montré que la différence moyenne de la longévité entre chacun des jumeaux est deux fois plus grande chez les faux jumeaux que chez les vrais.

La corrélation entre la longévité des parents et celle des descendants ne se rencontre pas seulement dans l'espèce humaine. L'étude de l'ascendance des Chevaux pur sang a donné les même résultats. Chez la Drosophile, la longévité se transmet très régulièrement et cette transmission obéit, au moins en partie, aux lois de Mendel.

Dans les lignées génétiquement pures d'animaux élevés au laboratoire, la longévité se stabilise à l'intérieur d'un certain laps de durée de vie et, en règle générale, elle est moins longue que la longévité potentielle à l'état sauvage. Avec le croisement des lignées pures, ainsi qu'avec l'hybridation, on obtient des animaux dont la longévité est supérieure à celle des parents. Cette « vigueur hybride », ou *hétérosis*, est plus accentuée dans la première génération et s'atténue au cours des suivantes. Elle résulte de la réunion de bons facteurs dominants annulant l'effet des facteurs récessifs plus ou moins létaux. Le phénomène a été particulièrement étudié chez la Souris (par exemple Gates, 1926). Les « Super-Souris » qui peuvent être obtenues par l'hybridation se développent précocement, atteignent une taille supérieure à la normale, se reproduisent plus longtemps que leurs parents, et bénéficient d'une longévité accrue. Il y a donc parallèlement une accélération de la croissance et une prolongation de la vie. La question importante, qui demeure encore sans réponse, est de savoir si l'effet de l'hétérosis fait engendrer des individus dont la longévité dépasse la durée de vie potentielle des animaux à l'état sauvage. Il est bien possible que l'hétérosis fasse seulement regagner la vigueur primitive.

La transmission de la longévité est probablement un phénomène très complexe dont nous n'observons que les résultantes. À côté d'un indéniable facteur chromosomique, il est très probable qu'intervient aussi la transmission cytoplasmique. Cela est certain pour les êtres inférieurs. À l'appui de cette affirmation, nous pouvons citer les recherches de G. Rizet (1957) et de D. Marcou (1961) sur la sénescence des Champignons et celles de A. I. Lansing (1947) sur les Rotifères. Lansing a montré que les descendants des Rotifères âgés vivent moins longtemps que les descendants des Rotifères plus jeunes au moment de la génération (« effet de Lansing »). La caractéristique de la transmission cytoplasmique du déterminant de sénescence est une certaine réversibilité des phénomènes provoqués.

Des études statistiques chez l'Homme révèlent aussi que, très probablement, la longévité est influencée par l'âge de la mère au moment de la fécondation. Les enfants nés de femmes relativement âgées vivent probablement moins longtemps que les enfants nés de femmes jeunes (Jalavisto, Yerushalmi).

L'hérédité se manifeste aussi dans le fait que chez la plupart des animaux les femelles ont une longévité potentielle supérieure à celle des mâles. Cette supériorité du sexe féminin est bien démontrée pour des êtres aussi différents que la Drosophile, les Gallinacés et l'Homme.

ÉTUDE EXPÉRIMENTALE DES FACTEURS EXTERNES DU VIEILLISSEMENT

De nombreux facteurs externes, tels que les maladies et les intoxications exogènes, abrègent la vie. L'expérience montre que ces facteurs peuvent anticiper l'apparition des symptômes de sénilité. Il est plus surprenant que, par la variation expérimentale de certains facteurs externes, on puisse prolonger la vie au-delà des limites normales.

Selon M. Rubner et selon J. Lœb (1908), la longévité et le rythme de la sénescence dépendent en premier lieu de la vitesse des échanges énergétiques dans le protoplasme. Le vieillissement serait une fonction du « taux de vie » (*rate of living,* terme introduit par le biologiste américain R. Pearl). Parallèlement aux premières études sur la relation entre le vieillissement et la cinétique du métabolisme, l'attention des chercheurs s'est portée sur la relation entre le vieillissement d'une part et la croissance et la différenciation d'autre part (S. Minot, 1908). Les expériences réalisées au XXe siècle permettent d'affirmer que, d'une manière générale, tout facteur capable de retarder la croissance et de réduire le métabolisme tend à retarder la sénescence et à prolonger la vie de l'individu.

TEMPÉRATURE

Le plus important, ou du moins le mieux connu, des facteurs écologiques qui jouent sur le processus du vieillissement est la température ambiante. J. H. Northrop et J. Lœb (1917) ont démontré, dans une série d'expériences désormais classiques, que l'exposition au froid de la Mouche de vinaigre diminue sa vivacité et allonge la durée de sa vie, tandis que l'exposition à la chaleur produit un effet inverse. Selon ces auteurs, à la température de 10° C, les Drosophiles subsistent en moyenne 178 jours, tandis qu'exposées à la température de 30°, elles ne vivent que 21 jours. Ces résultats ont été confirmés et complétés par V. V. Alpatov et R. Pearl (1929), qui ont prouvé que l'exposition au froid de la Drosophile au cours de ses stades larvaires prolonge la vie de l'imago, et cela même si cette dernière n'est plus soumise à une température basse. Les femelles dont les embryons, larves et pupes ont été élevés à 18° C montrent une longévité de 70 jours, tandis que celles dont les stades indiqués ont été gardés à 28° vivent en moyenne 28 jours. Cette influence sur la longévité est moins manifeste chez les mâles et n'est pas si significative que dans le cas de l'exposition de l'imago à diverses températures. Les expériences ultérieures sur d'autres Insectes (par exemple la Mouche domestique et les Papillons), sur les Crustacés inférieurs et sur les Planaires ont donné des résultats analogues. Les expériences sur *Daphnia magna* sont particulièrement intéressantes car l'influence de la température sur le vieillissement y est du même ordre que celle de la température sur la vitesse de la plupart des réactions chimiques (J. W. MacArthur et W. H. Baillie, 1929).

Sous nos climats, les Abeilles ont deux générations qui diffèrent entièrement par leur durée de vie : les Abeilles d'été à vie courte et les Abeilles d'hiver à vie prolongée. Toutefois, cette différence saisonnière de la longévité est probablement due non seulement à l'influence de la température mais aussi à d'autres facteurs tels que l'alimentation et les soins donnés aux larves.

Ce même phénomène du changement de la longévité en fonction de la température ambiante se rencontre chez les Vertébrés pœcilothermes. Bourlière a fait une mise au point des diverses observations relevées dans la longévité des Poissons, des Amphibiens et des Reptiles par rapport au climat. Dans notre hémisphère, plus on s'approche du Nord, plus la longévité de certaines espèces pœcilothermes est grande. Cette dépendance de la latitude géographique est par exemple remarquable chez les Lézards d'Amérique.

Chez les Vertébrés homéothermes, la température ambiante a une importance secondaire et n'influe pas sur la sénescence, car ses variations sont contrebalancées par le maintien de l'homéothermie. Par exemple, chez l'Homme il n'y a aucune différence dans la longévité des individus vivant dans les régions polaires, tempérées ou tropicales. Récemment, F. Bourlière a mis en évidence, chez les Homéothermes, la possibilité de l'influence de la température corporelle sur les processus de sénescence.

Les Chauves-souris et les Martinets, c'est-à-dire les animaux dont la thermorégulation est imparfaite, peuvent vivre 4-5 fois plus longtemps que les Rongeurs non hibernants de même taille. En effet, les Chiroptères sont des animaux hémi-pœcilothermes, et leur température interne s'abaisse à certaines périodes jusqu'à la température ambiante. Plusieurs Oiseaux à longévité relativement grande ont en même temps un contrôle très labile de leur température interne.

L'effet de l'hibernation chez certains Vertébrés peut être rapproché d'un effet obtenu expérimentalement par L. Destouches chez un Papillon. Ce Papillon, la Teigne de ruches *(Galleria mellonella)*, ne vit que 7 jours dans un milieu à 37° C, mais sa durée de vie se prolonge jusqu'à 35 jours si chaque « journée normale » est alternée avec une « journée de repos », c'est-à-dire si, 24 heures sur 48 heures, l'on met l'animal dans un milieu refroidi à 1° C.

Il est donc parfaitement justifié de vouloir prolonger la vie des Mammifères en bloquant leur thermorégulation et en les réfrigérant (hibernation artificielle). Les recherches de I. Giaja, de R. Andjus, de L. R. Rey et de plusieurs autres physiologistes modernes permettent d'envisager une véritable congélation des animaux supérieurs. Giaja a déjà démontré l'action restauratrice de l'abaissement de la température interne, et il est permis de penser que la léthargie par réfrigération aura très probablement pour effet un freinage de la sénescence. Andjus a réussi à provoquer l'arrêt total des phénomènes circulatoires et respiratoires chez un Rat « surcongelé » (—3° C), tout en lui conservant la possibilité de survie. On arrête ainsi le vieillissement, mais en arrêtant la vie elle-même. La question reste encore ouverte de savoir si, au cours de l'hibernation, c'est-à-dire pendant une suspension non totale de la vie, les effets se bornent à un ralentissement des processus de sénescence ou s'il y a, même à un faible degré, un retour en arrière, un véritable rajeunissement.

L'explication la plus simple et la plus évidente des effets de la température sur la sénescence et la longévité est que la chaleur accélère et que le froid ralentit la vitesse des processus enzymatiques et des échanges énergétiques. Bien que très probable, cette explication n'est pas la seule possible. La chaleur pourrait agir par une augmentation des mutations somatiques ou par une dénaturation des acides nucléiques et d'autres macromolécules importantes.

ALIMENTATION

Les expériences sur les Protozoaires, les Insectes, les Vers et les Rongeurs ainsi que les observations sur l'Homme montrent qu'une alimentation surabondante accélère la sénescence et abrège la vie. D'autre part, une alimentation pauvre en calories mais contenant toutes les matières nutritives essentielles peut prolonger la vie. L'effet de la restriction alimentaire est dû probablement à l'abaissement du métabolisme cellulaire et à la diminution des métabolites nocifs.

En 1903, Kellog et Bell ont été les premiers à observer que la restriction de l'alimentation a une influence sur la grandeur, la fertilité et la mortalité du Ver à soie. Avec ses expériences sur la Drosophile, Northrop (1917) a confirmé que les Insectes sous-alimentés vivent plus longtemps; mais il a également montré que cette prolongation est due seulement à une plus longue période de croissance et non à un allongement de la vie adulte. Kopec (1928) a établi par des expériences nouvelles que, effectivement, la prolongation de la vie des Insectes sous-alimentés est le résultat non pas d'un ralentissement de la sénescence, mais d'un allongement de la période du développement. Les animaux nourris normalement jusqu'à la fin de leur développement ne réagissent plus par une prolongation de la vie si, dans la phase adulte, ils sont soumis à une sous-alimentation.

Le *Tokophrya infusionum,* Protozoaire de la classe des *Suctoria,* peut manger sans interruption tout le temps qu'il a de la nourriture disponible. Quand il mange ainsi, ce Protozoaire prend des proportions pour lui géantes, mais il a alors une vie très raccourcie. Dans sa structure cytologique et dans son efficacité fonctionnelle, le jeune *Tokophrya* trop nourri ressemble au vieil individu ayant mangé normalement (M. A. Rudzinska, 1962).

Dans une longue série de recherches s'échelonnant de 1934 à 1952, C. M. McCay et ses collaborateurs ont démontré que les Rats, dont la croissance a été retardée dans leur jeune âge par une « restriction calorique » de la nourriture, vivent beaucoup plus longtemps que les Rats élevés à la façon habituelle. Il existe une corrélation indubitable entre l'abondance de la nourriture au cours des mille premiers jours de la vie d'un Rat d'une part et la vitesse de sa croissance, la longévité et la fréquence de plusieurs maladies dégénératives d'autre part. Déjà, au cours des premières expériences de McCay, l'un des Rats sous-alimentés atteignit presque le double de la durée de vie moyenne des animaux témoins.

Dans les expériences mentionnées, le régime servant au freinage de la croissance était qualitativement riche et bien équilibré mais quantitativement restreint. Les essais pour obtenir des effets semblables par des changements qualitatifs de l'alimentation ne donnèrent pas des résultats convaincants. Certains régimes alimentaires ainsi que l'administration de certaines substances chimiques abrègent la longévité moyenne en favorisant des processus pathologiques, sans pour autant accélérer la sénescence. L'ingestion de thyroïde desséchée provoque chez la Souris l'augmentation du métabolisme et la diminution de la longévité (T. B. Robertson, 1928), mais il ne s'agit pas d'une véritable sénescence précoce.

AUTRES FACTEURS

L'exposition des êtres vivants aux radiations ionisantes abrège leur vie. Les irradiations d'une brève durée provoquent des traumatismes dont la gravité dépend de l'intensité des rayons et du temps de l'exposition. Une irradiation légère et chronique entraîne une sommation des lésions qui fait apparaître prématurément plusieurs symptômes de sénilité et qui diminue nettement la longévité. Chez les Rongeurs, une exposition continuelle de la totalité du corps aux rayons X ou aux rayonnements affaiblis de corps radio-actifs s'accompagne très régulièrement d'une mort prématurée. D'après P. Alexander (1957), l'irradiation légère, chronique et généralisée entraîne une sénescence artificielle qui se rapproche beaucoup du processus naturel. La mort prématurée des animaux irradiés de cette manière est due non pas, comme dans le cas de l'irradiation intensive et localisée, à des traumatismes grossiers ou à des maladies particulières (léucémie, brûlures, etc.), mais plutôt à l'apparition précoce des mêmes troubles que l'on peut trouver plus tard chez les animaux non irradiés. Toutefois, il n'est pas encore permis de conclure que, dans les conditions normales, la sénescence se produise par un mécanisme identique ou semblable aux traumatismes causés par les radiations.

Dans le déterminisme de la sénescence de l'Homme et de certains autres Mammifères, le rôle du système nerveux central ne doit pas être négligé. M. K. Petrova (1946) et autres physiologistes de l'école pavlovienne ont montré que, sur le Chien, il est possible de faire apparaître une sénescence anticipée en provoquant artificiellement des troubles névrotiques.

LA SÉNESCENCE DES ORGANISMES PEU DIFFÉRENCIÉS

Pour certains êtres vivants qui se trouvent au bas de l'échelle de l'évolution, les termes « mort » et « sénescence » n'ont pas la même signification que pour les êtres supérieurs.

PROTOZOAIRES ET BACTÉRIES

Chez les êtres unicellulaires, la mort individuelle n'est pas — nous l'avons déjà souligné — la conséquence fatale des processus vitaux. Dans un milieu favorable, l'existence individuelle d'un Infusoire ou d'une Bactérie cessera non par la destruction de la matière vivante mais par la bipartition de l'être. L'expérience nous apprend qu'en règle générale aucune perte de vigueur ne se manifeste lors de la vie individuelle, c'est-à-dire pendant la période qui sépare deux divisions successives. Il est donc permis de dire que les êtres unicellulaires ne sont pas obligatoirement soumis à la sénescence individuelle.

Toutefois, l'étude des divisions successives des Infusoires semble mettre en évidence un fait très curieux que l'on appelle *sénescence clonale*. Au bout d'un certain nombre de divisions, on observe parfois des changements morphologiques, une perte d'activité et un affaiblissement de reproduction. Cet affaiblissement peut aller jusqu'à l'arrêt complet des mitoses, c'est-à-dire jusqu'à la mort du clone. Chez les Infusoires ciliés, la reproduction asexuée est de temps en temps remplacée par la conjugaison *(endomixis)*, qui est un mode particulier de reproduction sexuée. La réorganisation des structures nucléaires, qui est le phénomène essentiel de la conjugaison, redonne aux Infusoires leur vigueur et renouvelle leur pouvoir de reproduction asexuée. Ces faits ont été observés par Balbiani (1858), Bütschli (1875) et, de façon plus complète, par E. F. Maupas (1883 et 1888). Selon ce dernier, l'évolution d'un clone et sa caducité seraient comparables au développement et à la sénescence des tissus des Métazoaires, et la conjugaison serait un véritable « rajeunissement caryogamique ».

L'hypothèse de la sénilité clonale des Infusoires fut ensuite critiquée par Calkins, Enriques, Woodruff, Hartmann et Metalnikov. Pour ces biologistes, les Infusoires peuvent se multiplier indéfiniment de manière agamique sans que s'ensuive le moindre déclin dans leur faculté de propagation et dans leur activité vitale. La sénilité clonale ne serait qu'un phénomène accidentel dû soit à l'auto-intoxication des Infusoires par les produits de leur métabolisme, soit à l'absence de nourriture. En effet, le renouvellement perpétuel et rigoureux du milieu assure la division des Infusoires ciliés au moins pendant plusieurs milliers de générations et peut-être même indéfiniment. C'est ainsi que L. L. Woodruff a pu réaliser, de 1907 à 1926, treize mille générations de *Paramecium aurelia,* et qu'il en a poursuivi la culture pendant un laps de temps presque aussi long (jusqu'en 1943), sans qu'un déclin sénile se produise.

Toutefois, les expériences récentes de l'Américain T. M. Sonneborn et ses collaborateurs (1957) et du Russe V.V. Alpatov et ses collaborateurs (1962) nous font revenir dans une certaine mesure aux anciennes idées de Maupas. Il est très probable que dans les expériences de Woodruff et de Metalnikov il y avait périodiquement des conjugaisons et des rénovations de l'appareil nucléaire qui échappaient à l'observateur. D'après les nouvelles recherches, les clones du *Paramecium* meurent, si toutes les possibilités d'une conjugaison leur sont vraiment supprimées. La sénescence clonale des Infusoires ciliés s'explique, semble-t-il, par des imperfections caryocinétiques et par des anomalies biochimiques qui frappent les structures nucléaires. Sonneborn interprète cette sénescence clonale comme une suite fatale de la distribution caryocinétique non équitable des chromosomes. Il ne s'agit pas forcément du même phénomène que le vieillissement cellulaire des Métazoaires.

A l'époque actuelle, les résultats des expériences concernant la sénescence clonale sont controversés. Pour les Infusoires, il faut attendre d'autres investigations. Notons que chez les Levures il existe très probablement une multiplication végétative ininterrompue et non accompagnée de dégénérescence clonale, et que chez les Champignons Ascomycètes, par contre, la multiplication végétative ne se poursuit pas indéfiniment et la reproduction sexuée doit de temps en temps s'y substituer (G. Rizet, 1953).

Les observations de M. A. Rudzinska, à l'aide du microscope électronique, nous enseignent que certains Protozoaires ne sont pas exempts de la sénescence individuelle. Cette biologiste a constaté que toute une série de changements morphologiques dans les structures nucléaires et cytoplasmiques interviennent au cours de la vie individuelle du *Tokophrya infusionum*. Chez cet être unicellulaire, l'état biologique des deux parties qui résultent de la caryocinèse n'est pas le même. Il est possible d'identifier la cellule mère et la cellule fille. Un *Tokophrya* a une longévité potentielle bien déterminée et, comme l'a constaté Rudzinska, il est soumis à une dégénérescence sénile. Chez l'individu sénile, on trouve un macronucléus grossi, de forme irrégulière, hyperpolyploïde et inapte à se reproduire, à moins d'une hémixie (processus de réorganisation entraînant une division ou une fragmentation du macronucléus). Dans le cytoplasme se trouvent de grandes vacuoles remplies de petites particules et de pigments lipidiques; les mitochondries sont devenues moins nombreuses; le reticulum endoplasmique s'est appauvri.

Quant à la « jeunesse éternelle » des Microbes, elle n'a été mise en doute que très récemment, à la suite de la découverte, chez ces derniers, de certains phénomènes analogues à la sexualité des êtres plus évolués.

CHAMPIGNONS

Un matériel particulièrement étudié est la *Podospora anserina,* Champignon coprophile du groupe des Ascomycètes. G. Rizet a remarqué que, après un certain nombre de multiplications végétatives, la vitesse de croissance des thalles de ce Champignon fléchit brusquement et la structure des filaments change. Et on est amené à comparer ces changements avec la sénescence des cellules des organismes supérieurs. Denise Marcou (1961) a étudié expérimentalement ces phénomènes et en a tiré des conclusions dont la portée nous semble considérable. L'impossibilité de la multiplication végétative illimitée est probablement une caractéristique générale de tous les Champignons. La croissance d'une souche de Champignon (en l'occurrence *Podospora anserina*) comporte deux phases séparées par l'apparition brusque du « déterminant de la sénescence ». Pendant un certain temps, ce déterminant n'est pas décelable morphologiquement (il l'est génétiquement), mais après cette « phase d'incubation », de durée constante, il provoque régulièrement des aberrations morphologiques et l'arrêt de la croissance. La longévité moyenne d'une souche de génotype défini est sans nul doute une propriété héréditaire. Dans chaque cas concret, cette longévité peut être modifiée par les conditions de culture : elle est prolongée soit par l'abaissement de la température, soit par la diminution de la lumière, soit par des restrictions dans le milieu nutritif. Le « déterminant de la sénescence » est localisé dans le cytoplasme et il s'y comporte comme un élément infectant. On peut le transmettre soit par la reproduction sexuée, soit par une anastomose microchirurgicale entre deux hyphes.

Le résultat le plus étonnant des recherches de D. Marcou, c'est un véritable « rajeunissement », une régression plus ou moins importante du processus de sénescence, qui est obtenu par plusieurs procédés présentant comme caractéristique commune d'inhiber fortement la croissance sans toutefois l'arrêter complètement (maintien au froid, dessèchement, maintien sous l'huile, culture sur un milieu synthétique privé de manganèse). Les rajeunissements obtenus sont d'autant plus importants que la période d'incubation a été moins avancée. Chez les thalles déjà visiblement sénescents, le rajeunissement n'est que très faible.

Il est possible que les observations faites sur les Champignons soient valables pour un grand nombre des êtres vivants, en particulier pour les Végétaux. Toutefois, dans le cas de *Podospora,* s'agit-il effectivement d'un processus analogue ou identique à la sénescence des animaux supérieurs ? Si la réponse est affirmative, nous trouverons ici un fort appui à la théorie du vieillissement des clones dans l'organisme pluricellulaire et aussi nous pourrons envisager avec plus d'espoir le succès d'une future cure de rajeunissement. Mais l'analogie entre la « sénescence » des Champignons et l'involution sénile des Mammifères peut n'être que superficielle, apparente. Par exemple, comme l'indique D. Marcou elle-même, il est possible de formuler l'hypothèse que la « sénescence » des Champignons est simplement le résultat d'une infection virale.

HYDRE D'EAU DOUCE

Déjà A. Trembley (1744), qui eut le mérite de découvrir cet animal extraordinaire, s'était aperçu de son grand pouvoir de régénération. Et les expériences récentes de P. Brien suggèrent que l'Hydre est un être « potentiellement immortel ». Cette pérennité somatique de l'Hydre est le fruit d'une croissance perpétuelle qui s'accompagne d'une destruction équivalente. L'existence d'une zone de croissance permanente dans la région supérieure de la colonne gastrique du Polype devrait avoir pour conséquence l'allongement indéfini de l'animal. Or, sa taille ne varie que dans certaines limites assez restreintes, car la croissance a son contrepoids dans une destruction également perpétuelle : l'émission continuelle de bourgeons et l'usure constante au niveau de la sole pédieuse. En assurant un milieu favorable et en enlevant les bourgeons dès qu'ils se détachent de l'Hydre mère, Brien a pu maintenir un individu en vie près de cinq ans sans déceler en lui le moindre signe de sénilité. Les cellules interstitielles de l'Hydre peuvent évoluer de soma en germen et vice versa, et c'est en vertu de cette propriété, explique P. Brien, que l'animal ne vieillit pas.

Il est néanmoins nécessaire de remarquer que chez l'Hydre il existe aussi une reproduction sexuée, ce qui nous laisse supposer l'existence, aussi chez cet organisme, d'un mécanisme de rajeunissement caryogamique.

AUTRES ÊTRES PLURICELLULAIRES RÉPUTÉS POUR LEUR « IMMORTALITÉ POTENTIELLE »

Tous les êtres vivants qui possèdent des cellules polyvalentes, c'est-à-dire assumant à la fois les fonctions germinatives et somatiques, et chez lesquels ces cellules se reproduisent sans aucune trêve, jouissent de propriétés particulières en ce qui concerne la sénescence individuelle. De telles cellules polyvalentes sont représentées par les néoblastes des Annélides, les cellules interstitielles des Cœlentérés, les archéocytes des Éponges et, avec certaines restrictions, les cellules des méristèmes chez les végétaux. À titre d'exemple, nous pouvons citer les observations de Korschelt sur la pérennité somatique du Ver *Ctenodrilus monostylos* et celles de Arndt sur la non-sénescence des *Porifera*.

Les investigations récentes sur les méristèmes semblent pourtant indiquer la présence de phénomènes de sénescence dans les tissus végétaux (Heath, 1957). D'ailleurs, S. Crowell (1953) a démontré que certains Cœlentérés qui vivent en colonies, par exemple les Hydroïdes *Obelia* et *Campanularia,* vieillissent fatalement et avec une régularité parfaite.

ANIMAUX INFÉRIEURS SOUMIS À UNE SÉNESCENCE TYPIQUE

Chez les animaux inférieurs caractérisés par un nombre de cellules constant et génétiquement déterminé, la décadence sénile est inévitable et la longévité est limitée avec une grande précision. Le meilleur exemple est offert par les Rotifères (*Rotifer vulgaris, Proales decipiens, Philodina citrina, Floscularia conifera,* etc.).

Une décadence sénile caractéristique et une longévité déterminée sont décrites aussi chez certaines espèces de Vers Nématodes et Planaires (par exemple *Anguillula aceti, Polycelis gonocephala, Dugesia lugubris*) et chez les Crustacés inférieurs (par exemple *Daphnia magna, D. longispina, Cyclops viridis*).

LA SÉNESCENCE DES MÉTAZOAIRES AU NIVEAU CELLULAIRE

L'involution sénile de l'individu pluricellulaire pourrait être le résultat soit d'une dégénérescence progressive des cellules hautement spécialisées qui ont perdu le pouvoir de se reproduire, soit d'une sénescence clonale des cellules de certains tissus se manifestant par un ralentissement et une imperfection de plus en plus grande dans leurs divisions, soit enfin de la combinaison des deux processus mentionnés. Les trois possibilités peuvent être envisagées; dans l'état actuel de nos connaissances, la première des possibilités indiquées paraît être la plus probable, mais il n'est pas exclu que la sénescence frappe non seulement les cellules finales mais aussi les cellules qui se renouvellent.

Cowdry (1952) propose de distinguer, du point de vue gérontologique, trois sortes de cellules : 1° les cellules végétatives à multiplication illimitée; 2° les cellules différenciées qui, pourtant, n'ont pas perdu le pouvoir de multiplication mitotique et 3° les cellules finales, très spécialisées et ne pouvant plus se reproduire. Les cellules du premier type (par exemple celles du tissu interstitiel) vivent d'une mitose à l'autre, et leur sénescence est contestée. Par contre, les cellules du troisième type (par exemple les cellules du système nerveux, du muscle cardiaque et du parenchyme de certaines glandes) ont une vie qui s'étend depuis leur dernière mitose, réalisée généralement pendant la période de développement et de croissance de l'individu, jusqu'à leur mort. Avec la progression de l'âge, l'involution sénile apparaît fatalement et modifie leurs structures nucléaires et cytoplasmiques.

Morphologiquement, aucun changement cytologique sénile n'a de valeur pathognomonique; aucune modification cellulaire n'est l'apanage exclusif du vieillissement.

Dans une cellule sénile, le noyau est apparemment moins touché que le cytoplasme. Néanmoins, bien souvent la substance nucléaire s'épaissit et des détails de structure s'effacent *(pycnose)* ; des inclusions apparaissent; la dimension du noyau change. Selon Minot, Hertwig et autres biologistes du début du XXe siècle, le rapport entre la masse nucléaire et le cytoplasme (« rapport nucléo-cytoplasmique ») serait en diminution progressive avec l'avancement de l'âge. Cette affirmation n'est pas pleinement confirmée par des recherches plus récentes. Une suggestion toute nouvelle est celle de la formation de liaisons transversales (« H-ponts ») dans les filaments chromosomiques, qui serait favorisée par l'âge et qui, à son tour, entraînerait la diminution de l'anabolisme cellulaire.

La sénescence du cytoplasme se manifeste morphologiquement comme une dégénérescence, le plus souvent graisseuse ou pigmentaire, rarement vacuolaire. L'état colloïdal du protoplasme change (en se transformant de plus en plus de l'état de sol vers l'état de gel); l'eau intracellulaire diminue. Par suite de la modification de l'état colloïdal, la surface active se réduit et la vitesse de certaines réactions biochimiques en souffre. Il semble que ce soit seulement la partie centrale du cytoplasme qui se déshydrate et qui devienne de plus en plus visqueuse. La zone périphérique subit, semble-t-il, une liquéfaction. De toute façon, la perméabilité des membranes augmente et leur pouvoir de sélection s'affaiblit. Un phénomène caractéristique est l'accumulation intracellulaire du calcium, des pigments (lipofuscine, mélanine, etc.) et des protéines inactives (kératine, plastine, etc.). La plupart des cellules séniles sont atrophiques.

Une importance particulière doit être attribuée aux altérations des mitochondries et de l'appareil de Golgi. Les mitochondries des cellules séniles ont le plus souvent perdu leur forme de bâtonnets pour prendre celle de petits sacs, de globules ou de filaments. Un certain nombre se désagrègent en granules. La signification de ces altérations peut être pressentie déjà par la seule connaissance du rôle central que les mitochondries jouent dans le concert des activités enzymatiques de la cellule. En effet, l'analyse biochimique confirme que, avec l'âge, la plupart des systèmes enzymatiques subissent des changements profonds. La concentration intracellulaire des phosphatases et des estérases diminue souvent avec l'âge. Toutefois, il n'est pas facile de formuler à ce propos une règle générale, car un même enzyme peut évoluer différemment non seulement chez différents animaux mais aussi dans les divers tissus d'un même animal. De plus, comme le souligne F. Bourlière, tous les systèmes enzymatiques d'un même tissu n'évoluent pas selon les mêmes modalités. Par exemple, dans le tissu de l'aorte humaine, l'hexokinase, la phosphogluco-isomérase et la malicodéhydrase conservent une activité constante au moins jusqu'à 80 ans, alors que celles de la fumarase et de la phénolsulfatase diminuent régulièrement avec l'âge, tandis que celles de l'aldolase, de la lactico-déhydrogénase et de la béta-glucuronidase augmentent jusqu'à 50-65 ans pour diminuer ensuite (J. E. Kirk, 1957). Dans ce même tissu, la concentration de certains coenzymes importants, tels que l'acide nicotinique et la riboflavine, baisse régulièrement en fonction de l'âge. Dans le muscle strié du Rat sénile se produit une diminution importante de l'hexokinase et de l'acide adénosine-triphosphorique (J. C. Dreyfus et coll., 1954).

La morphologie et la biochimie de la sénescence diffèrent sensiblement d'un tissu à l'autre. Du point de vue purement morphologique, la plus étudiée est sans doute la sénescence des neurones. Ces cellules sont irremplaçables et leur détérioration progressive est certainement un phénomène d'une importance capitale dans le vieillissement des Vertébrés, des Insectes, des Crustacés supérieurs et même de certains Vers. Avec l'avancement de l'âge, le volume des neurones diminue, la concentration des pigments insolubles et des lipides s'accroît, l'activité de plusieurs enzymes et la concentration du glycogène baissent, l'appareil de Golgi et les mitochondries subissent une fragmentation, tandis qu'un processus de pycnose atteint le noyau. Dans le cerveau de l'Homme, les signes de sénilité sont les « plaques séniles » et la dégénérescence dite neuro-fibrillaire d'Alzheimer. Ces formations sont très probablement l'expression d'une amyloïdose de l'encéphale (P. Divry, 1956). La dégénérescence amyloïde des cellules ganglionnaires peut être considérée comme une précipitation des protéines adultérées, précipitation facilitée par la dégradation de l'état colloïdal du cytoplasme.

Dans presque tous les organes des Vertébrés supérieurs, la sénescence s'accompagne d'une diminution très nette du nombre des cellules appartenant aux parenchymes actifs, diminution allant de pair avec une augmentation du tissu interstitiel et des graisses. Par exemple, dans le système nerveux central le nombre des neurones diminue et le tissu conjonctif remplace les éléments cellulaires disparus. Cette prolifération du tissu conjonctif n'est point limitée au système nerveux central. Il s'agit d'un processus généralisé. Cela dit, il est particulièrement intéressant de noter que le collagène, c'est-à-dire le constituant inerte le plus caractéristique du tissu conjonctif, n'est pas exempt de vieillissement. D'après Banfield et Verzár, les propriétés physico-chimiques des fibres collagènes se modifient considérablement avec l'âge; leur contractilité thermique augmente, leur solubilité dans l'acide acétique et leur sensibilité à l'action de la collagénase diminuent.

Plusieurs modifications séniles à l'échelon cellulaire sont donc connues (et nous n'en avons énuméré que quelques-unes parmi les plus typiques), mais il reste à les interpréter en termes physiologiques, à saisir leur engrenage dans l'accomplissement de la vie.

Pour de nombreux biologistes actuels, la sénescence au niveau cellulaire peut s'expliquer par l'hypothèse de la formation progressive de radicaux libres. Ce processus biochimique endogène serait responsable à la fois de la sénescence, des mutations somatiques et de certains néoplasmes. Il est possible que l'âge provoque des liaisons de plus en plus nombreuses entre les chaînes d'acides aminés et qu'il entraîne ainsi le ralentissement progressif de l'anabolisme. Le facteur incriminé serait, en dernière ligne, l'acide désoxyribonucléique qui, on le suppose, deviendrait moins actif du fait des liaisons entre les hélices et rendrait impossible le passage de l'information biochimique (F. Verzár, 1963).

LES DIFFÉRENTS TYPES DE SÉNESCENCE DES ORGANISMES PLURICELLULAIRES

Le mécanisme de la sénescence n'est pas le même dans toutes les branches du règne animal. La sénescence des Métazoaires est non seulement un processus au niveau cellulaire mais aussi, en grande partie, la conséquence des processus d'intégration qui réunissent les cellules et en font un organisme unique. Dans la sénescence des Métazoaires supérieurs, le rôle du système nerveux central ainsi que celui des facteurs hormonaux sont indéniables.

Les manifestations vitales d'une cellule *in situ,* dans l'organisme, ne peuvent pas être complètement expliquées à la seule lumière de son comportement *in vitro,* dans un isolement artificiel. La création expérimentale de « chimères chronologiques », c'est-à-dire la greffe des organes et des tissus d'un animal jeune à un autre, vieux, de la même espèce, ou vice versa, éclairera probablement les influences réciproques de la sénescence cellulaire et de celle de l'organisme total.

INSECTES

Chez les Insectes, plusieurs formes de sénescence ont été décrites, telles que l'usure mécanique, l'accumulation des urates et, chez certaines espèces, l'épuisement des réserves de nourriture. Toutefois, le mode de sénescence le plus important semble être la dégénérescence des cellules ganglionnaires. Les observations fondamentales de C. F. Hodge (1894) sur la détérioration des cellules du cerveau des Abeilles, détérioration morphologiquement très proche de celle qui se produit dans le cerveau humain, ont été poursuivies par plusieurs zoologistes plus récents et étendues à d'autres Insectes. Par exemple, Hansemann (1914) a décrit la « mort cérébrale » chez un Phasme, *Bacillus rossii.* Mais de nombreux entomologistes contemporains, tout en admettant la possibilité d'une « mort cérébrale » naturelle, en nient l'universalité et la restreignent à quelques groupes d'Insectes. Chez certains Lépidoptères, la durée de la vie dépend sans aucun doute des réserves accumulées pendant la vie larvaire et irremplaçables au cours de la vie imaginale. Leur longévité est fonction de la quantité initiale des réserves et du taux de leur consommation. Plus un Papillon est actif, plus sa vie est brève. Ainsi s'explique le fait apparemment paradoxal, constaté par Camboué en 1926, qu'un Papillon décapité, survivant mais rendu plus passif, vit plus longtemps qu'un Papillon normal.

VERTÉBRÉS

Les Vertébrés pœcilothermes s'opposent aux Vertébrés homéothermes non seulement par le mode de thermorégulation mais également par la durée de la croissance et par son caractère indéterminé. La sénescence des uns et des autres se distingue par son rythme et peut-être même par sa nature intime. Chez les Mammifères et les Oiseaux, l'organisme croît seulement pendant une première période de la vie et s'arrête quand est atteinte la taille adulte spécifique. Par contre, la majorité des Poissons, des Amphibiens et des Reptiles continuent leur croissance tout au cours de leur vie, avec seulement un ralentissement de celle-ci pendant la période finale de leur existence. G. P. Bidder (1932) a formulé une hypothèse selon laquelle la sénescence des Mammifères et des Oiseaux serait le résultat direct de l'inhibition de la croissance, inhibition apparue au cours de la phylogenèse lorsque les animaux aquatiques durent s'adapter au milieu terrestre. D'après Bidder, la sénescence serait inconnue des Poissons et des Reptiles, animaux périssant par des facteurs externes.

Sans nul doute, l'interruption de la croissance et son contrôle par des mécanismes d'intégration (hormonaux ou autres) donnent à la sénescence des homéothermes un aspect particulier, mais les faits actuellement connus ne semblent pas confirmer pour autant que les pœcilothermes échappent tout à fait à la dégénérescence sénile. Des études statistiques et expérimentales sur les populations de Poissons montrent qu'avec l'avancement de l'âge le taux de mortalité s'accroît. Ce phénomène est généralement masqué par une forte incidence des facteurs écologiques. Chez *Lebistes,* Poisson ayant une longévité comparable à celle du Rat de laboratoire (moyenne de 500 jours, potentielle de 1200 jours), le mâle arrête relativement tôt sa croissance, alors que la femelle poursuit celle-ci de façon illimitée. Or, la longévité des deux sexes est pratiquement la même (A. Comfort, 1957). Le même fait peut être observé chez l'Amphibien *Xenopus laevis,* chez lequel la croissance des mâles cesse à l'âge de deux ans tandis que celle des femelles continue tout au cours de leur existence. À l'âge de 11-13 ans, les femelles sont trois à quatre fois plus grosses que les mâles. Pourtant, le degré des modifications imputables au vieillissement (par exemple la tension des filaments de collagène lors de leur contraction thermique) est identique dans les deux sexes (J. Brocas et F. Verzár, 1961). D'ailleurs, le test de la tension des tendons (filaments de collagène) mesure l'âge des Amphibiens tout comme celui des Mammifères. Les recherches de S. D. Gerking (1959) mettent en évidence que chez les Poissons âgés il existe une diminution de l'anabolisme protidique.

C'est parmi les Vertébrés à sang froid que l'on rencontre les véritables records de longévité animale. L'involution des organes est, en général, beaucoup plus tardive chez ces derniers que chez les Mammifères et les Oiseaux. La reproduction des Vertébrés pœcilothermes ne diminue pas avec l'âge, tandis que chez les Vertébrés homéothermes elle arrive au maximum peu après la maturité sexuelle pour décroître ensuite.

Les différences biochimiques de la sénescence dans les diverses classes de Vertébrés sont encore insuffisamment connues, mais elles existent certainement. Citons un seul exemple : chez la Couleuvre à collier, *Natrix natrix*, contrairement à ce qui se passe chez le Rat, le taux de fixation du calcium diminue dans le squelette d'une façon quasi linéaire avec l'âge et reste constant dans le muscle et dans le foie (F. Bourlière et coll., 1936).

LES CARACTÉRISTIQUES DE L'ÉTAT SÉNILE DE L'HOMME ET DES AUTRES MAMMIFÈRES

Dans l'organisme de l'Homme et des autres Mammifères, l'involution sénile du parenchyme conduit au rapetissement de la plupart des organes et de l'organisme total. D'ailleurs, ce rapetissement ne reflète pas toute la gravité des pertes en tissus nobles, car ces derniers sont en partie remplacés par la prolifération du tissu interstitiel et par le dépôt des graisses. L'involution sénile du parenchyme est accélérée par les altérations athérosclérotiques des artères; mais comme elle peut se produire aussi sans ces modifications pathologiques, il n'est pas possible de l'expliquer — comme certains l'ont voulu — uniquement par des troubles trophiques.

Le corps humain, en vieillissant, perd l'eau et accumule les graisses. La quantité totale de l'eau dans l'organisme humain diminue assez régulièrement avec l'âge (Edelman et coll., 1952; Fryer, 1962). Cette déshydratation est plus accentuée pendant la première partie de la vie que pendant la période de l'involution. Avec le vieillissement changent aussi les rapports entre l'eau extracellulaire et l'eau intracellulaire, et cela en faveur de la première. Déjà Hippocrate affirmait que le vieillissement diminue le tonus de la chair humaine. Les observations modernes confirment que chez les vieillards le tonus sous-cutané et intramusculaire est nettement amoindri (G. Mars et coll., 1962).

L'atrophie et les rides de la peau, le durcissement des vaisseaux, la fragilité des os, le tassement et la courbure de la colonne vertébrale, la perte et la décoloration des cheveux, l'affaiblissement des organes sensoriels — voici quelques signes de sénilité bien connus de tous. Des phénomènes analogues se retrouvent chez tous les autres Mammifères.

Dès la vingtième année, le débit cardiaque de l'Homme diminue presque linéairement avec l'âge; en même temps, la pression artérielle et la résistance périphérique augmentent. De tels changements, qui se produisent aussi chez le Rat, sont probablement répandus chez tous les Mammifères. Chez l'Homme, la capacité vitale des poumons ainsi que la sécrétion du suc gastrique et sa teneur en enzymes décroissent régulièrement. La réduction des capacités physiologiques du rein s'effectue avec une régularité remarquable au fur et à mesure que l'organisme vieillit (N. Shock, 1958).

Le déclin de l'activité de plusieurs glandes endocrines a été particulièrement bien étudié. Dans la deuxième moitié de la vie humaine, la fonction des gonades fléchit. L'activité sexuelle et génératrice masculine diminue progressivement, tandis que chez la femme la ménopause marque brutalement la fin des cycles œstraux, la fin de la période active de reproduction. Certes, les hormones sexuelles ont un rôle dans le mécanisme biochimique de la sénescence mais à un bien moindre degré que le croyaient les physiologistes du XIXe siècle et des premières décennies du XXe siècle. L'activité endocrine de la thyroïde baisse avec l'âge; par contre, la sécrétion de l'insuline pancréatique et celle de l'hormone de croissance ne varient pas durant la vie. La même constance se manifeste dans la sécrétion des corticostéroïdes.

Dans le tissu musculaire, le phénomène sénile le plus marquant est la dégénérescence des fibrilles. La force musculaire de l'Homme atteint son apogée entre 20 et 30 ans pour fléchir ensuite progressivement.

Sur le plan fonctionnel, les caractéristiques les plus importantes de la sénescence sont le ralentissement du métabolisme et le rétrécissement des limites des capacités d'adaptation. Chez l'individu sain, l'homéostasie est maintenue, mais avec l'avancement de l'âge elle devient de plus en plus difficile. Des signes évidents de la diminution du métabolisme sont la baisse régulière de la consommation d'oxygène et une réduction dans l'excrétion de créatinine. Le ralentissement du « turnover » cellulaire peut être directement mesuré à l'aide des molécules marquées par des isotopes.

Chez le vieillard, les mécanismes d'homéostasie s'accomplissent au ralenti. Cela peut être illustré par la comparaison de la vitesse avec laquelle, après l'ingestion orale du sucre, se fait son élimination du sang chez le jeune et chez le vieillard. Le résultat définitif est dans les deux cas un retour à l'état normal, mais plus l'individu est âgé, plus lent est ce processus. Il en est de même pour l'efficacité de la régulation de l'équilibre acido-basique et de celle de la température du corps. Le Rat et les autres Mammifères de laboratoire, avec l'avancement de l'âge, maintiennent de plus en plus difficilement leur homéothermie quand ils sont exposés aux importantes variations de la température ambiante. L'adaptation à l'effort, les réactions endocrines à l'agression et, fait connu depuis longtemps, la réparation des lésions deviennent de plus en plus lentes et imparfaites. Le temps nécessaire pour la récupération du muscle après l'effort se prolonge. L'organisme sénile maintient la constance du milieu intérieur mais avec des capacités de réserve de plus en plus réduites. Tout se passe, écrit F. Bourlière, comme si la « marge de sécurité » des diverses fonctions se réduisait progressivement au fur et à mesure que les années passent.

Cet état des fonctions somatiques s'accompagne nécessairement de modifications psychiques. Citons deux seuls exemples : l'accroissement du nombre d'erreurs dans l'accomplissement d'une tâche assignée et l'affaiblissement de la mémoire pour les événements récents. En vieillissant, l'Homme apprend plus lentement et plus difficilement car se restreint sa capacité d'établir des associations nouvelles avec des faits nouveaux. Ce phénomène n'est pas spécial à l'Homme. Chez un vieux Rat l'apprentissage se fait moins bien et la mémoire différée est moins bonne que chez un jeune (C. P. Stone, 1929; A. Rapaport, 1961). Le dressage d'un vieux Chien est très ardu. Ces troubles de la mémoire peuvent être expliqués, au moins en partie, par une oxygénation restreinte des neurones du cerveau. Les individus jeunes exposés à une hypoxie présentent les mêmes troubles mnémoniques.

La sénescence n'est sans doute jamais — nous l'avons déjà dit — purement physiologique. D'une part, la sénescence est un facteur qui contribue de façon importante au développement de certaines maladies (en premier lieu l'athérosclérose et les tumeurs malignes), et d'autre part les incidents pathologiques peuvent accélérer les manifestations séniles. L'athérosclérose n'est pas fatalement liée à la sénescence (l'aorte peut être lésée déjà chez un enfant, tandis que les altérations athérosclérotiques peuvent manquer chez des sujets de 80 ans), néanmoins elle accompagne et modifie cette dernière presque régulièrement. Les déchets du métabolisme des lipides commencent déjà à s'accumuler au cours de la vie embryonnaire. Et cela n'est point un triste privilège de l'Homme. Chez tous les animaux supérieurs, à la sénescence s'associent les maladies dites de dégénérescence.

LES ÉTAPES DE LA MORT

Chez les Métazoaires, la mort n'est pas un phénomène instantané et, sauf dans des cas exceptionnels, elle ne frappe pas tout l'organisme d'emblée. Dans l'acheminement d'un organisme vers la mort peuvent généralement se distinguer trois étapes : 1° lésions localisées et dérèglement de l'un des grands systèmes de l'organisme; 2° mort de l'ensemble de l'organisme (appelée « mort générale » ou « mort de l'individu »); 3° mort des cellules de tous les tissus (appelée « mort élémentaire »).

En règle générale, le mécanisme de la mort d'un organisme supérieur est déclenché par la défaillance et l'arrêt fonctionnel de l'un des grands appareils organiques, tels que le système nerveux central, le système cardio-vasculaire, le système respiratoire, le système rénal, ou le système endocrinien. Les anciens médecins disaient qu'on meurt toujours par suite de la lésion de l'un des trois organes, considérés comme le « trépied vital » : cerveau, cœur et poumon. Cette vue, élargie depuis, pour certains cas plus rares, à quelques autres organes, est parfaitement fondée. Il existe en effet dans l'organisme des points de plus grande vulnérabilité qui représentent les lieux d'élection par lesquels s'introduit la mort. Ces lieux de prédilection de l'entrée de la mort sont qualifiés *atria mortis* par les anciens médecins légistes.

En s'attaquant à une partie essentielle de l'organisme, la mort se propage ensuite et s'étend à l'ensemble. L'évolution de la mort peut être très différente : mort foudroyante, mort dans un coma prolongé, mort après un combat où la conscience est plus ou moins conservée, etc. Toutefois, la période prémortelle, cette dernière lutte de l'organisme pour sa conservation *(agonie)*, présente quelques caractéristiques communes, quelle que soit la cause à l'origine de la mort. Il existe des signes prémonitoires, non spécifiques, de la mort; par exemple un aspect particulier du visage (« faciès hippocratique »). La respiration est, le plus souvent, la première des grandes fonctions qui s'arrête; le cœur d'un mourant bat plus longtemps que son poumon ne respire; l'ouïe est conservée plus longtemps que la vue. Chez l'Homme et chez les autres Mammifères, la durée de l'agonie peut être mesurée par la quantité de glycogène contenue dans le foie du cadavre.

La mort de l'organisme peut d'abord n'être qu'*apparente*. Le ralentissement des fonctions vitales peut être tel que la respiration semble être arrêtée, que la circulation est très faible, presque imperceptible, et qu'un coma profond imite l'arrêt total de l'activité cérébrale. Il est possible de ramener à la vie un organisme aussi près de la mort. Parfois même, il peut se produire une réanimation spontanée.

L'arrêt complet du cœur, la suspension de la respiration, l'insensibilité et l'immobilité du corps, la résolution musculaire sont les signes de la *mort clinique*. Cette mort peut être un certain temps, elle aussi, parfaitement réversible, à la condition, bien entendu, qu'aucune partie essentielle de l'organisme ne soit définitivement détruite.

Par exemple, dans le cas de l'arrêt du cœur provoqué par électrocution, il est possible de réanimer l'organisme déjà atteint par la mort clinique.

Après une certaine durée de mort apparente ou de mort clinique, tout comme dans le cas d'une destruction irréparable d'un organe capital, s'installe la *mort individuelle définitive*. Sur le cadavre apparaissent des signes de destruction élémentaire : la rigidité cadavérique, les taches livides, les phénomènes de putréfaction, etc.

Chaque tissu, chaque organe meurt à part, meurt de sa propre mort. Ainsi, chez l'individu guillotiné, le cœur bat encore quelques minutes, le corps se crispe, les yeux s'ouvrent et se ferment, les pupilles réagissent à la lumière. Tout cela peut durer jusqu'à une ou deux dizaines de minutes après l'exécution. Les battements du cœur peuvent persister encore plus longtemps. La survie de certaines cellules est particulièrement longue : les cils vibratiles de l'épithélium respiratoire s'activent pendant encore plusieurs dizaines d'heures, les phagocytes peuvent demeurer vivants jusqu'à trois jours; les spermatozoïdes conservent leur mobilité plusieurs jours après la mort de l'organisme.

Ces phénomènes de survie sont encore plus accentués chez les animaux dont l'organisation est moins centralisée, moins perfectionnée. Citons comme exemples le comportement de l'Oie décapitée et la survie extraordinaire de fragments du corps de Vers, de l'ovaire d'Oursin ou de parties isolées d'Insectes. Après la mort de l'organisme, la persistance prolongée de l'irritabilité musculaire contraste avec la cessation rapide de l'excitabilité des nerfs. Cette survie musculaire se rencontre chez tous les Mammifères, mais elle est encore plus marquée chez les Oiseaux et chez les Vertébrés pœcilothermes. Chez ces derniers, l'irritabilité musculaire peut persister jusqu'à 1-2 semaines après la mort. Le phénomène de survie qui a le plus frappé l'imagination des savants est sans doute la reprise des battements du muscle cardiaque dans un cadavre, humain ou animal, autopsié quelques heures après la mort. Les têtes isolées de *Bombyx,* de *Gryllotalpa* ou d'autres Insectes réagissent par des mouvements des antennes, parfois plusieurs heures après la séparation de la tête. Comme l'a constaté J. Rostand (1927), chez *Lucanus cervus* décapité, la tête, dont la surface de section a été recouverte de paraffine, survit une à deux semaines; les antennes sont sensibles au contact; l'abdomen isolé survit plus d'un mois, le thorax deux à trois jours, et l'ensemble thorax-abdomen jusqu'à 88 jours. D'après les observations de Wigglesworth (1953), le corps décapité de la larve de *Rhodnius*, genre de Punaise, peut survivre plus d'une année.

Les manifestations de la *survie naturelle*, dont nous venons de donner quelques exemples, furent déjà examinées avec beaucoup de perspicacité dans la thèse de sciences de P. Bert (1866). En étudiant cette propriété de survie, appelée par lui « vitalité propre des tissus animaux », Bert soulignait qu'il semble y avoir autant de problèmes spéciaux que d'objets biologiques. Inaugurée par P. Bert, l'étude expérimentale de l'influence exercée par le milieu sur l'« indépendance vitale des tissus » vient d'aboutir à l'élaboration de multiples méthodes de *survie artificielle*. En 1902, A. Kouliabko réussit à faire fonctionner le cœur d'un homme 18 heures après la constatation officielle de sa mort. Les expériences de Carrel ont ouvert le chemin à la technique de la culture extracorporelle des tissus et de la survie artificielle des organes.

La dernière étape de la mort est la destruction des cellules, la *mort élémentaire*. Déjà R. Virchow, le fondateur de la pathologie cellulaire, avait montré la pluralité des modifications morphologiques qui entraînent ou accompagnent la mort des cellules. Morphologiquement, il s'agit de divers types d'atrophie et de dégénérescence qui sont le résultat de transformations d'ordre biochimique. A tous ces processus, on donne le nom de *nécrobiose*. L'une des caractéristiques importantes de la nécrobiose est son irréversibilité.

A la différence de la mort, la *vie suspendue* représente un état d'arrêt des fonctions vitales qui, n'étant pas accompagné de la destruction des structures essentielles, est parfaitement réversible (*anabiose* ou retour à la vie manifeste).

LE RAJEUNISSEMENT

La matière vivante se rajeunit périodiquement par le truchement de la reproduction sexuée. Ce rajeunissement s'opère exclusivement au niveau cellulaire.

Une question particulièrement grave et importante se pose : la sénescence est-elle un processus réversible ? Il serait trop hasardeux de vouloir aujourd'hui répondre par l'affirmative. Théoriquement, cette réversibilité n'est pas impossible, mais aucun fait expérimental ne la confirme. De toute façon, le rajeunissement des Métazoaires supérieurs, et en particulier de l'Homme, reste encore un but non atteint, un rêve non réalisé. Et pourtant ce rêve, l'humanité y songe depuis l'aurore de la civilisation.

Bien que presque tous les animaux vivent moins longtemps que l'Homme, il semble à ce dernier que la Nature a été avare en fixant les délais de sa vie individuelle. Le fait que la vie humaine semble courte n'est pas aussi pénible que la constatation que nous jouissons en réalité durant à peine un quart de notre vie de nos pleines facultés physiques et mentales. On a cherché le remède. C'est ainsi que nous rencontrons le thème du rajeunissement dans les mythes d'Osiris et dans l'épopée de Gilgamesh, dans les mystères orphiques grecs, dans les poèmes d'Ovide, dans les légendes sur la Fontaine de Jouvence et dans les contes populaires contemporains. Pendant des siècles, les alchimistes ont quêté à la recherche de l'*élixir de vie* qui guérit et rajeunit. On croyait jadis au pouvoir étrange des exhalations des jeunes filles qui aidèrent David, le roi des Hébreux, à retrouver sa vigueur, et aussi au pouvoir rajeunissant du sang humain, du lait de femme, de l'or et de certaines plantes.

Dans l'histoire des essais de rajeunissement, une période apparemment plus scientifique s'ouvre avec la communication de Ch. E. Brown-Séquard présentée en 1889 devant la Société de Biologie à Paris. À l'âge de 71 ans, Brown-Séquard croyait s'être rajeuni grâce à des injections sous-cutanées d'un liquide retiré des testicules frais de Cobayes et de Chiens. Et c'est à la suite d'une série d'expériences prometteuses mais fallacieuses que E. Steinach inventa plusieurs opérations capables d'intensifier l'activité hormonale du testicule des vieillards et d'amener ainsi un « rajeunissement » fonctionnel. Un grand retentissement marqua les essais de « rajeunissement » tentés par S. A. Voronov qui, dès 1919, expérimenta la greffe de testicule de Singe sur le vieillard. En fait, il s'agissait là d'une simple implantation et non d'une véritable transplantation d'organe. D'ailleurs, les procédés de Brown-Séquard, de Steinach, de Voronov et de leurs adeptes étaient absolument inefficaces en ce qui concerne la régression du vieillissement. L'administration d'hormones sexuelles sur le vieillard a une utilité incontestable dans le cas de certaines insuffisances endocriniennes; elle peut avoir un effet stimulant, dynamogène et euphorique, en fait très irrégulier et de brève durée.

De nombreux autres procédés ont été éprouvés ces derniers temps, mais malgré la publicité tapageuse qui les entoure, aucun d'eux n'arrête et encore moins ne fait reculer la sénescence. Citons à titre d'exemples l'utilisation de la gelée royale des Abeilles, les implants d'organes frais ou de cellules vivantes (méthode de P. Niehans), la stimulation immunobiologique du tissu conjonctif (sérum antiréticulocytotoxique de Bogomoletz), l'application de « stimulines biogènes » extraites du placenta et d'autres tissus préparés d'une façon particulière (méthode de V. P. Filatov), et enfin l'injection intramusculaire de novocaïne, substance encore appelée « vitamine H_3 » (C. I. Parhon et A. Aslan). Bien qu'ayant une action stimulante, tonifiante et même eutrophique, tous ces procédés ne provoquent néanmoins jamais une véritable réjuvénation. Ces méthodes et plusieurs autres non mentionnées ont une importance pratique à cause des implications pathologiques qui accompagnent la sénilité.

De nouvelles perspectives s'ouvriront peut-être avec les méthodes perfectionnées de réfrigération et avec une meilleure connaissance du déterminisme chimique des processus métaboliques de la cellule vivante. Pour l'instant, la seule possibilité dont l'Homme dispose est de ne pas raccourcir lui-même sa propre vie, de ne pas vieillir avant l'âge. La *macrobiotique* ou l'art de vivre longtemps n'est rien d'autre que l'observation des règles de l'hygiène dès l'enfance.

M. D. GRMEK.

BIBLIOGRAPHIE

A. BASTAI et G. C. DOGLIOTTI, *Physiopathologie de la vieillesse,* Masson, Paris, 1938.

L. BINET et F. BOURLIÈRE, *Précis de gérontologie,* Masson, Paris, 1955.

J. E. BIRREN, *Handbook of Aging and the Individual,* University Press, Chicago, 1959.

F. BOURLIÈRE, *Sénescence et sénilité,* Doin, Paris, 1958.

F. BOURLIÈRE, *The Comparative Biology of Aging,* « Journal of Gerontology », 13, 1958, suppl., p. 16-24.

F. BOURLIÈRE, *Sénescence,* dans Ch. KAYSER, *Physiologie,* Flammarion, Paris, 1963, vol. III, p. 1133-1147.

P. BRIEN, *L'Hydre d'eau douce,* Universa, Bruxelles, 1961.

M. BÜRGER, *Altern und Krankheit,* 3e éd., Thieme, Leipzig, 1957.

Ciba Foundation, *Colloquia on Ageing,* vol. I-V, Churchill, London, 1954-1959.

A. COMFORT, *The Biology of Senescence,* Routledge and Kegan, London, 1956.

A. DASTRE, *La Vie et la mort,* Flammarion, Paris, 1908.

H. DESTREM, *A la conquête du troisième âge,* Gallimard, Paris, 1958.

E. T. ENGLE et G. PINCUS, *Hormones and the Aging Process,* Academic Press, New York, 1956.

M. D. GRMEK, *On Ageing and Old Age,* Junk, La Haye, 1958.

J. HRACHOVEC, *Les Aspects biochimiques du vieillissement,* « Revue française de gérontologie » 1957, p. 225-244, et 1958, p. 263-292.

V. KORENCHEVSKY, *Physiological and Pathological Ageing,* Karger, Basel-New York, 1961.

A. J. LANSING, *Cowdry's Problems of Ageing,* 3e éd., Williams and Wilkins, Baltimore, 1952.

P. LECOMTE DU NOUŸ, *Le Temps et la vie,* Gallimard, Paris, 1936.

D. MARCOU, *Notion de longévité et nature cytoplasmique du déterminant de la sénescence chez quelques Champignons.* « Annales des Sciences Naturelles », 12e sér., t. II, 1961, p. 653-759.

C. M. MCCAY et coll, *The Effect of Retarded Growth upon the Length of Life Span and the Ultimate Body Size,* « Journal of Nutrition », 10, 1935, p. 63-79.

S. Metalnikov, *La Lutte contre la mort,* Gallimard, Paris, 1937.

E. Metchnikoff, *Etudes sur la nature humaine,* Masson, Paris, 1902.

K. Miescher, *Zur Frage der Alternsforschung,* «Experientia», t. XI, 1955, pp. 417-429.

R. Pearl, *The Biology of Death,* Lippincott, Philadelphia, 1922.

L. Rey, *Conservation de la vie par le froid,* Hermann, Paris, 1959.

J. Rostand, *L'Aventure humaine : de l'adulte au vieillard,* Fasquelle, Paris, 1935.

M. Rubner, *Das Problem der Lebensdauer und seine Beziehungen zu Wachstum und Ernährung,* Berlin-Munich, 1908.

M. A. Rudzinska, *The Use of a Protozoan for Studies on Ageing,* « Gerontologia », t. VI, 1962, pp. 206-226.

A. Sauvy, *Les Limites de la vie humaine,* Hachette, Paris, 1961.

N. W. Shock et coll., *Biological Aspects of Aging,* Columbia Univ. Press, New York, 1962.

B. L. Strehler, *Time, Cells and Aging,* Academic Press, Baltimore, 1962.

F. Verzár, *Lectures on Experimental Gerontology,* C. C. Thomas, Springfield, 1963.

L'HÉRÉDITÉ

Pour l'homme de la rue, l'hérédité est la ressemblance entre le procréateur et le procréé. Dès la naissance d'un enfant, on recherche les traits communs du nouveau-né avec son père, sa mère, ses grands-parents, ses oncles, ses tantes, ses cousins. Au fur et à mesure qu'il grandit, sa physionomie s'accuse et se modifie; généralement l'enfant présente un assemblage de divers caractères observés dans la famille directe et collatérale. Cette transmission semble capricieuse notamment dans les cas d'atavisme; par exemple, un caractère précis ou une maladie déterminée affectant un ancêtre éloigné, disparu depuis plusieurs générations, réapparaît brusquement. Ces résurgences montrent que la maladie, non éliminée, demeurait latente dans le patrimoine héréditaire familial. C'est pourquoi, pendant longtemps, l'hérédité fut comprise comme une force mystérieuse, aveugle, insoumise à toutes lois, dispersant sans aucune règle les ressemblances et les dissemblances.

L'éleveur ou l'horticulteur a une notion plus précise de l'hérédité; il travaille sur des races offrant un ensemble de caractères morphologiques et physiologiques constants et se transmettant aussi longtemps que les croisements intéressent des progéniteurs de même race. Pour conserver une race avantageuse, il est indispensable d'éviter tout croisement avec un sujet d'une race différente; c'est là un fait d'observation courante et depuis longtemps on sait produire et maintenir des races sélectionnées pour certaines qualités. La pratique de l'hérédité a donc été empirique avant d'être scientifique. En effet, la science expérimentale de l'hérédité ou génétique est toute récente; elle commença de se développer au début du xxe siècle; mais le premier mémoire fondamental consacré à l'hérédité est beaucoup plus ancien (1865); il est l'œuvre d'un moine augustin Johann Mendel, en religion Père Gregor (*Recherches sur divers hybrides végétaux: Verh. Natur. Ges. Brünn,* 4, 1865. Traduction française in « Bull. Sc. France Belgique », 41, 1907).

Mendel naquit en 1822 dans un petit village de l'ancienne Moravie; brillant élève, il fut encouragé à poursuivre ses études et, après un stage de deux ans à l'Université de Vienne, il fut nommé professeur suppléant à l'École moderne de Brünn (Brno). Au monastère de Brünn s'écoula la majeure partie de son existence. Dans le jardin même du couvent, Mendel entreprit dès 1856 des croisements entre diverses variétés de Pois; ce matériel était éminemment favorable; le Pois est une Papilionacée qui s'autoféconde, propriété intéressante pour le maintien de la pureté d'une race. Les races de Pois étudiées se différenciaient par des caractères simples, nets, facilement séparables en couples opposés.

Pour bien comprendre les expériences de Mendel, il faut connaître les mécanismes de la spermatogenèse, de l'ovogenèse et de la fécondation (ces questions sont traitées dans *la Reproduction sexuée*). Le spermatozoïde, l'ovule, et le zygote qui résulte de la fusion des deux gamètes, constituent les éléments essentiels autour desquels gravitent toutes les manifestations héréditaires. Quant on croise deux individus ou deux plantes, on croise un certain gamète femelle (oosphère ou ovule) et un certain gamète mâle (anthérozoïde ou spermatozoïde), l'un et l'autre support de propriétés qui ne s'exprimeront que chez l'individu développé; et c'est de là qu'il faut partir.

Pendant deux ans, Mendel cultiva trente-quatre variétés de Pois; finalement, il en retint vingt-deux sur lesquelles il étudia le comportement de sept couples de caractères : forme des graines, coloration des cotylédons, de la fleur, forme de la gousse mûre, coloration de la gousse non mûre, position des fleurs, longueur des tiges. Mendel choisit deux variétés différant par un seul caractère, l'aspect des graines, graine lisse ou graine ridée, et dont les descendants étaient toujours strictement identiques aux parents. Il croisa les deux variétés; pour cela, il faut, avant la maturité du pollen d'une des formes, enlever les étamines et, lorsque le pistil est en état d'être fécondé, déposer le pollen de l'autre forme sur le stigmate vierge. Mendel obtint de ce croisement des graines hybrides qui toutes étaient lisses et qui donnèrent naissance à des pieds hybrides. A maturité ces hybrides s'autofécondèrent naturellement et produisirent 7 324 graines comprenant 5 474 graines lisses et 1 850 graines ridées; le rapport des graines lisses et des graines ridées était de 2, 91/1 (très proche de 3/1). Les graines ridées plantées à nouveau n'engendraient plus que des pieds porteurs de graines ridées. Au contraire, certaines graines lisses produisaient encore des hybrides porteurs de graines lisses et de graines ridées et d'autres donnaient des pieds porteurs uniquement de graines lisses. Mendel refit les mêmes expériences pour les sept couples de facteurs isolés et obtint strictement les mêmes résultats. Les graines de première génération, homogènes, n'extériorisaient que l'un des caractères parentaux (caractère lisse par exemple). La seconde génération provenant des hybrides autofécondés fournissait des graines hétérogènes : un quart des graines reproduisait le caractère parental disparu à la première génération (ridé par exemple) et les trois quarts des graines portaient l'autre caractère parental (lisse). Parmi ces dernières, un tiers des graines reproduisaient uniquement des plantes à graines lisses tandis que les deux tiers des graines engendraient des hybrides à graines lisses et à graines ridées toujours dans les mêmes proportions. Cette constance numérique frappa Mendel qui est véritablement le premier biologiste statisticien.

Le caractère (lisse) qui apparaît dans toutes les graines hybrides de première génération est dit *dominant*; l'autre caractère (ridé) qui ne se manifeste que dans un quart des graines de deuxième génération est dit *récessif* ou dominé ou encore existant à l'état latent. Des divers croisements de Mendel, il ressort que les caractères suivants sont dominants : graine lisse, cotylédon jaune, fleur blanche, gousse rectiligne, gousse verte, fleur axiale, tige longue; l'autre caractère du couple est récessif : graine ridée, cotylédon vert, fleur colorée, gousse moniliforme, gousse jaune, fleur terminale, tige courte.

Mendel comprit que ces caractères se comportent comme des unités, des individualités, qui se transmettent identiques à eux-mêmes à travers les générations. Toutes les graines issues du croisement parental sont lisses; les deux caractères, lisse et ridé, sont en présence, mais un seul se manifeste et éclipse l'autre; c'est la *loi de dominance*. Pour comprendre les résultats de la deuxième génération, il faut admettre que les gamètes porteurs du caractère lisse ou ridé de l'un ou de l'autre parent sont en nombre égaux et qu'ils se combinent au hasard. Toutes les cellules de l'hybride renferment ce qu'il faut pour déterminer les deux caractères oppositifs (ou allèles) des parents ; mais cette association cesse au moment de la formation des gamètes. Ces hybrides de première génération forment des gamètes mâle et femelle de deux types et en égale quantité ; les uns portent le caractère lisse et les autres le caractère ridé ; c'est la *loi de pureté des gamètes.* Au cours de l'autofécondation de ces hybrides, quatre combinaisons sont possibles :

gamète	mâle	(lisse)	×	gamète	femelle	(lisse)	→	graine lisse
»	»	»	×	»	»	(ridé)	}	graine lisse
»	»	(ridé)	×	»	»	(lisse)	}	graine lisse
»	»	»	×	»	»	(ridé)	→	graine ridée

Au total, ces hybrides fournissent une graine lisse de race pure (qui donnera toujours des plantes à graine lisse), deux graines lisses mais porteuses du caractère ridé, une graine ridée de race pure (qui donnera toujours des plantes à graine ridée). C'est la *loi de ségrégation ou de divorce des caractères.* Mendel avait parfaitement interprété les phénomènes lorsqu'il écrivait : « Les hybrides de chaque couple de caractères différentiels produisent des graines dont une moitié reproduit la forme hybride, tandis que l'autre moitié produit des plantes qui restent constantes et prennent à part égale, les unes le caractère dominant, les autres le caractère récessif ».

Dans le langage scientifique moderne, on dit que les deux caractères formant le couple (lisse-ridé) sont *allélomorphiques* ou plus simplement *allèles.* Le sujet qui provient d'un zygote formé par deux gamètes à caractère identique (lisse *ou* ridé) est dit *homozygote ;* au contraire, celui qui résulte d'un zygote réunissant deux gamètes porteurs d'un couple de caractères différents (lisse *et* ridé) est dit *hétérozygote.* L'homozygote forme donc un type *unique* de gamètes alors que l'hétérozygote en forme *deux* types. L'homozygote possède en *double* dose le gène d'un caractère donné ; l'hétérozygote possède en dose *simple* les gènes de deux caractères oppositifs.

Si l'on représente le caractère lisse dominant par L et le caractère ridé récessif par r, les combinaisons suivantes sont possibles :

Gamètes	*r*	*L*
L	*Lr*	*LL*
r	*rr*	*Lr*

au total *LL* + 2 *Lr* + *rr*. Les graines *LL* et *Lr* sont lisses; elles ont le même *phénotype* et il est impossible de les distinguer d'après leur aspect morphologique; mais cependant elles sont différentes car elles possèdent un *génotype* dissemblable. Les graines *LL* et *rr* sont homozygotes; les graines *Lr* sont hétérozygotes.

Á la suite de ces expériences de *monohybridisme* (variétés différant par un couple de caractères), Mendel s'attaqua au *dihybridisme* et pratiqua des croisements entre variétés différant par deux couples de caractères (graines lisses à cotylédons jaunes, graines ridées à cotylédons verts); puis il fit des expériences de *tri-* et de *polyhybridisme* (variétés différant par trois ou plusieurs couples allélomorphiques). Il constata que chaque couple de caractères se comportait comme s'il était seul et que la disjonction des divers couples se faisait indépendamment. Tous les caractères se comportent de la même façon dans les hybrides. Pour deux couples allèles, il se formera quatre types de gamètes mâles et quatre types de gamètes femelles, seize combinaisons différentes seront donc possibles lors de la fécondation. Á trois couples de caractères correspondront huit types de gamètes mâles et huit types de gamètes femelles d'où soixante-quatre combinaisons et ainsi de suite. Le nombre des combinaisons est égal à $(2^n)^2$ où *n* désigne le nombre de couples de facteurs. Le hasard seul commandera l'union des divers gamètes; et Mendel de conclure : « Les hybrides qui proviennent du croisement de deux formes ont toujours le même type, leurs descendants sont inconstants et varient suivant une loi déterminée ».

Mendel avait donc posé la notion de discontinuité du patrimoine héréditaire; il considérait séparément la transmission de certains caractères déterminés, « il ne pense plus race ou individu, il pense caractère ». Cette conception représente l'intuition géniale de sa découverte. Il fut bien servi par le sens mathématique de son esprit, qui lui fit envisager les phénomènes sous leur aspect quantitatif, par son inlassable patience, par le hasard qui lui a fait prendre un matériel d'expériences éminemment favorable. Dans la suite, il expérimenta sur des *Hieracium,* mais la présence de graines apogamiques, sans fécondation, obscurcit les résultats et Mendel fut incapable de résoudre les problèmes posés par ces croisements.

Le mémoire de Mendel renferme tous les éléments essentiels — conception particulaire de l'hérédité, lois de l'hybridation, application des lois de probabilité aux phénomènes héréditaires — qui serviront de tremplin lors du développement rapide de la génétique moderne. Mendel, ayant compris à fond les résultats de ses expériences « lucifères », n'est pas un précurseur, mais le véritable créateur de la génétique.

Ce titre est parfois dévolu au Français Naudin; en effet, dans cette même année 1865, Naudin publia un travail sur l'hybridisme chez les végétaux; au cours de croisements entre *Datura* et *Linaria,* il constata, comme Mendel, l'uniformité des hybrides de première génération et le polymorphisme des hybrides de deuxième, de troisième génération, avec parfois retour aux types parentaux. Il expliqua ces faits « par la disjonction des deux essences dans le pollen et les ovules des hybrides ». Il supposa que, chez l'hybride, des grains de pollen sont du type paternel et d'autres du type maternel, et de même pour les ovules. Il pressentit donc la disjonction des caractères parentaux chez l'hybride, mais il l'envisagea comme une disjonction de deux patrimoines héréditaires parentaux réunis par l'hybridation et non comme une ségrégation de caractères. Il conçut le patrimoine héréditaire comme un bloc indivis, conception totalement erronée; Naudin, à l'encontre de Mendel, n'a pas su comprendre les expériences et en tirer les conclusions qui en découlaient. Cette remarque s'applique également aux croisements effectués par John Goss (1822) entre des variétés de Pois et à ceux de Sageret (1826) entre Melons cantaloup et chaté; l'un et l'autre, tout comme Naudin, n'ont pas compris les lois qui présidaient aux faits observés.

Malgré cette vision étonnante de l'hérédité et la clarté de l'interprétation, le mémoire de Mendel, paru dans le journal d'une petite société locale, ne suscita aucun intérêt et passa totalement inaperçu même auprès de savants tels que W. von Nägeli, professeur de physiologie végétale à l'Université de Munich. L'œuvre était trop originale, les esprits non préparés n'étaient pas aptes à la comprendre et il faudra attendre trente-cinq ans pour que lui soit rendue justice.

Dès 1890, le problème de l'hérédité est « dans l'air ». Les idées ont évolué sous l'influence de Darwin qui a attiré l'attention sur la variation et sur sa valeur évolutive. En 1894, Bateson dans *Materials for Study of the Variation* montre l'importance des variations discontinues dans la formation des espèces nouvelles. Bateson, Francis Galton, K. Pearson, Hurst, de nombreux horticulteurs accumulent des faits intéressant la variation et expérimentent sur l'hybridation. Sous l'impulsion du Rév. W. Wilks (le père du fameux « Shirley Poppy »), la « Royal Horticultural Society » organise une réunion internationale (la première des futures conférences internationales de génétique); le 11 juin 1899, Bateson, Miss Saunders, Hurst, exposent leurs travaux; leurs conclusions, en accord avec celles de Hugo de Vries, posent que la variation est héréditaire et qu'elle se maintient dans les croisements.

En 1900, tout à fait indépendamment l'un de l'autre, trois botanistes, un Hollandais, Hugo de Vries, un Allemand, K. E. Correns, un Autrichien, E. von Tschermak, redécouvrirent les lois de l'hybridation végétale. Le mémoire de Mendel fut tiré de l'oubli; les lois de l'hybridisme prirent le nom de « lois de Mendel » et le mendélisme désigna la science des croisements. En même temps deux zoologistes, l'Anglais Bateson et le Français Cuénot, montraient que ces lois s'appliquaient également aux animaux. À cette époque les idées avaient progressé et une conception particulaire de l'hérédité était recevable; les théories développées par Weismann y avaient largement contribué. Cette redécouverte connut immédiatement un immense succès; de nombreux travaux furent effectués et les lois de Mendel furent vérifiées sur un nombre considérable de plantes et d'animaux : Belles-de-nuit *(Mirabilis jalapa)*, Muflier *(Antirrhinum)*, Pois de senteur *(Lathyrus odoratus)*, Primevère de Chine *(Primula sinensis)*, Maïs, Rongeurs (Souris, Rats, Cobayes, Lapins), Poules, Moutons, Insectes, Crustacés, Mollusques. De 1900 à 1910 ces travaux d'hérédité prirent un essor considérable surtout à l'étranger.

En 1902, les Américains organisent la seconde conférence de la « Royal Horticultural Society » à New York; Bateson y reçoit un accueil enthousiaste. En 1906, se tient la troisième réunion internationale, au cours de laquelle Bateson créa le mot « génétique » pour désigner cette nouvelle science qui cherche à élucider les phénomènes d'hérédité et de variation.

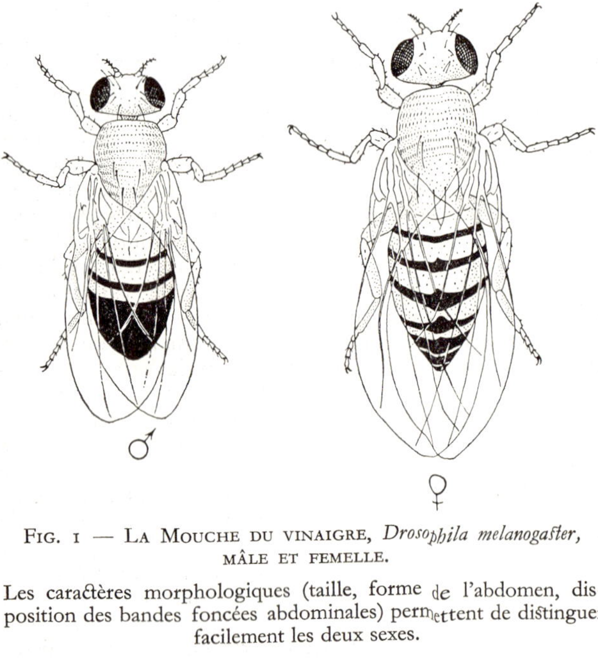

FIG. 1 — LA MOUCHE DU VINAIGRE, *Drosophila melanogaster*, MÂLE ET FEMELLE.

Les caractères morphologiques (taille, forme de l'abdomen, disposition des bandes foncées abdominales) permettent de distinguer facilement les deux sexes.

À partir de 1910, à la suite de l'emploi d'un matériel extrêmement favorable, la Drosophile ou Mouche du vinaigre *(fig. 1)*, la génétique entra dans une nouvelle phase. La Drosophile se développe très rapidement; à 20°, une génération se développe en douze jours; l'espèce est très prolifique; chaque couple produit plusieurs centaines de descendants (deux cents à trois cents); l'élevage, fort simple, se pratique dans des flacons renfermant des matières nutritives standard. Les caractères morphologiques des mâles et des femelles permettent une identification rapide et facile des sexes. L'examen microscopique est relativement facile par suite du petit nombre de chromosomes (2 N = 8). Avec ces Drosophiles, matériel de choix unique, offrant plus de quatre cents mutations, Th. H. Morgan et son école américaine (C. B. Bridges, A. H. Sturtevant, H. J. Muller) ont analysé le mécanisme héréditaire avec une admirable précision; ils ont édifié des théories explicatives satisfaisantes rendant compte des phénomènes complexes découverts peu à peu, à la lumière des expériences fondamentales des précurseurs.

Depuis le début de la seconde moitié du xxe siècle, le règne de la Drosophile commence à décliner. De nombreux généticiens expérimentent sur des Champignons Ascomycètes *(Neurospora, Ascobolus...)*; les micro-organismes (Bactéries, Bactériophages, Virus) constituent un matériel de plus en plus précieux et recherché tant pour les études de génétique physiologique que pour les analyses de la structure des gènes.

Les progrès des diverses sciences (embryologie, mécanique du développement, chimie biologique, endocrinologie, physique), les perfectionnements des techniques (cytologie, histologie, élevage, culture) et des appareils (microscope électronique) ont permis une compréhension encore plus profonde des phénomènes héréditaires et de leurs mécanismes intimes; mais du même coup les difficultés se manifestaient davantage et actuellement la génétique approfondie, bien que d'origine récente, forme une science éminemment complexe, susceptible d'être divisée en plusieurs branches :

I) La génétique formelle et cytologique établit les lois de transmission des caractères héréditaires et décrit les mécanismes cytologiques inhérents à cette transmission.

II) La génétique physiologique recherche les modalités des manifestations géniques, c'est-à-dire comment les gènes réalisent les caractères héréditaires et l'effet du milieu sur l'expression produite par les gènes (phénogénétique).

III) La génétique évolutive analyse la mutation et la sélection dans leurs rapports avec les variations quantitatives et qualitatives des populations.

IV) La génétique appliquée essaie d'utiliser les résultats théoriques pour l'amélioration des lignées végétales et animales et pour l'accroissement de leur rendement.

V) La génétique humaine se consacre à l'hérédité humaine, normale et pathologique, et aux conséquences pratiques qui en découlent pour la médecine clinique, la médecine légale et l'eugénique.

Cette classification arbitraire a l'avantage de donner un schéma relativement simple; mais de nombreux problèmes sont imbriqués et empiètent sur plusieurs subdivisions.

GÉNÉTIQUE FORMELLE

Dans cette première partie seront étudiés les règles de l'hérédité, l'explication chromosomique des règles de l'hybridation et les cas particuliers de l'hérédité : hérédité liée au chromosome sexuel, association des facteurs ou linkage, recombinaison des facteurs ou crossing-over... Les exemples seront empruntés aux animaux et aux plantes, l'hérédité humaine faisant l'objet d'une partie spéciale.

LES RÈGLES DE L'HÉRÉDITÉ

PREMIÈRE EXPÉRIENCE

Dans le cas le plus simple, les deux progéniteurs diffèrent par un unique caractère (expérience de *mono-hybridisme*).

Croisement d'une Souris grise sauvage GG de race pure avec une Souris albinos aa.

La Souris grise doit sa couleur à la présence de pigments jaune, noir et brun; son œil est coloré en noir. La Souris albinos est blanche et son œil semble rouge, l'absence de pigment laissant voir la teinte des vaisseaux du fond de l'œil. Une Souris grise croisée avec une Souris albinos donnent une F_1 (première génération filiale) composée de Souris grises identiques à l'un des parents *(fig. 2)*. Le gris est donc dominant et l'albinos récessif. Deux hybrides de la F_1 croisés ensemble engendrent une F_2 (deuxième génération filiale) non uniforme, composée de Souris grises et de Souris albinos; si le croisement intéresse un nombre suffisant d'individus, une relation numérique apparaît dans la F_2 qui compte trois individus gris pour un albinos.

Étudions maintenant le comportement des individus de la F_2. Les albinos croisés entre eux redonnent toujours

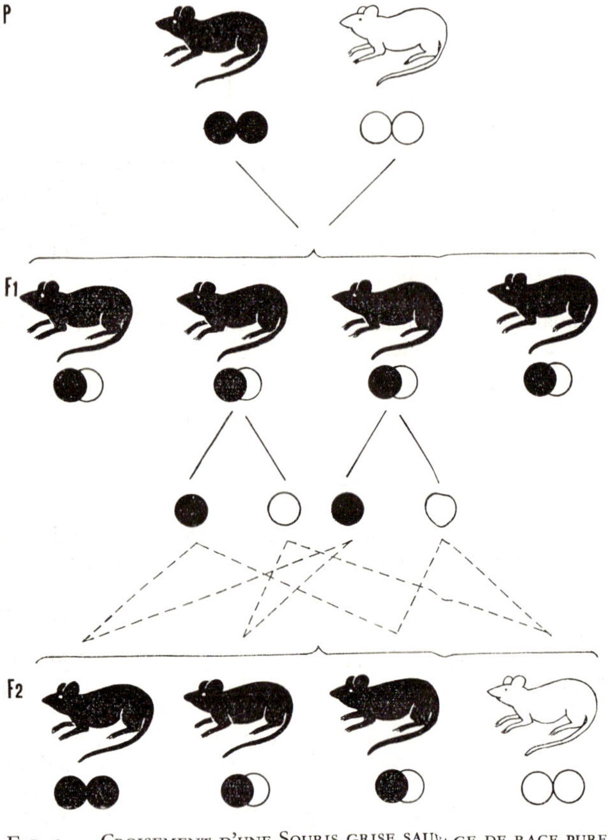

FIG. 2 — CROISEMENT D'UNE SOURIS GRISE SAUVAGE DE RACE PURE AVEC UNE SOURIS ALBINOS.

Chaque cercle noir porte un caractère gris *G*; chaque cercle blanc porte un caractère albinos *a*.

F_1, première génération filiale; F_2, deuxième génération filiale; *P*, parents.

des albinos; la race est pure et identique à celle de l'un des grands-parents. Parmi les grises de la F_2, un tiers d'entre elles (ou le quart des individus de la F_2) appartiennent à une race pure grise identique à celle de l'autre grand-parent; croisées entre elles ces Souris grises ne reproduisent que des Souris grises. Les deux autres tiers de Souris grises de la F_2 (la moitié des individus de la F_2) croisées entre elles se comportent comme les hybrides de la F_1; hybrides elles-mêmes, elles présentent le phénomène de la disjonction ou de la ségrégation des caractères; leur descendance (F_3) se composera d'un quart de Souris albinos et de trois quarts de Souris grises. Les Souris albinos homozygotes sont toujours de race pure; tandis que les Souris grises comptent toujours un tiers de Souris grises homozygotes de race pure et deux tiers de Souris grises hétérozygotes, hybrides. Le phénotype gris correspond donc à deux génotypes différents. La deuxième loi de l'hérédité, la ségrégation ou le divorce des caractères, rend impossible le maintien d'une race hybride par voie sexuelle; la greffe ou la bouture seule le permet.

Donc, lors d'un croisement entre deux individus différant par un seul caractère (monohybridisme), les hybrides de la F_1 sont tous semblables entre eux par suite de la dominance de l'un des caractères. À la F_2, les caractères parentaux se disjoignent et la descendance hétérogène comprend un quart d'individus identiques au grand-père, un quart d'individus identiques à la grand-mère et une moitié d'individus hybrides identiques à ceux de la F_1. Ces résultats d'une portée générale s'appliquent à de nombreux caractères animaux et végétaux.

Un croisement analogue présente parfois une légère différence lorsque l'un des caractères n'est pas nettement dominant. Une race de Muflier *(Antirrhinum majus)* à fleurs rouges, croisée avec une race à fleurs blanches, donne des hybrides à fleurs roses *(fig. 3)*. Ces hybrides à fleurs roses croisés entre eux produisent une F_2 composée d'un quart de fleurs rouges, un quart de fleurs blanches et une moitié de fleurs roses. Cette dominance intermédiaire du rouge permet d'identifier immédiatement les hybrides et les individus de race pure; aux trois phénotypes rouge, rose, blanc, correspondent trois génotypes différents.

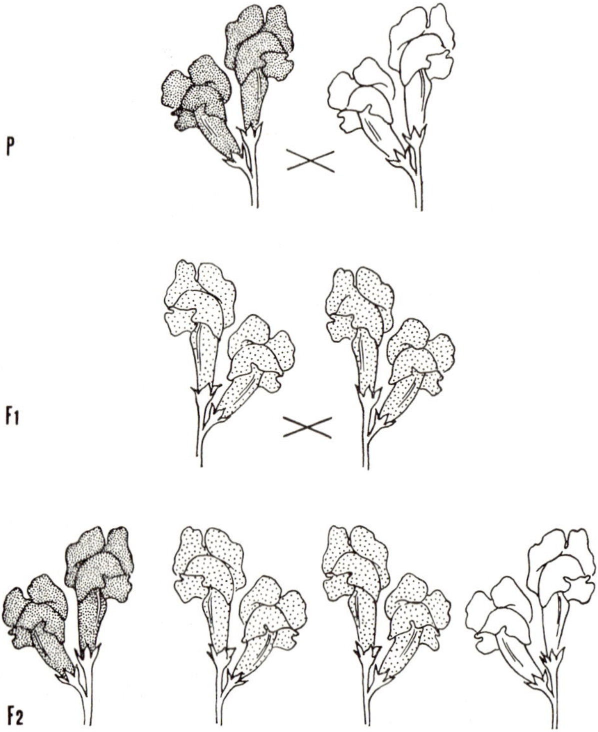

Fig. 3 — Transmission d'un caractère incomplètement dominant, la couleur rouge de la fleur de Muflier (*Antirrhinum majus*).

Les hybrides de la F_1 sont roses; la F_2 se compose de 25 % de fleurs rouges, de 50 % de fleurs roses et de 25 % de fleurs blanches.

F_1, première génération filiale; F_2, deuxième génération filiale; *P*, parents.

DEUXIÈME EXPÉRIENCE

Les deux progéniteurs diffèrent par deux caractères (expérience de *dihybridisme*).

Croisement d'une Souris grise à marche rectiligne GGRR avec une Souris albinos valseuse aavv.

La Souris albinos valseuse se déplace en tournant sur elle-même; l'origine de cette anomalie de la locomotion demeure encore obscure; certains auteurs admettent un trouble cérébral primaire et d'autres reconnaissent une dégénérescence de la *stria vascularis cochleae;* il semble que celle-ci serait une conséquence de celui-là.

La F_1 se compose uniquement de Souris grises à marche rectiligne. Le gris et la marche rectiligne sont donc dominants sur le blanc et la marche valseuse. Ces dihybrides recroisés entre eux engendrent une descendance variée formée de Souris grises à marche rectiligne, de Souris grises valseuses, de Souris albinos à marche rectiligne et de Souris albinos valseuses; ces quatre phénotypes comprennent deux phénotypes reproduisant ceux des grands-parents et deux combinaisons nouvelles; si la F_2 est suffisamment nombreuse, une constante numérique des divers phénotypes s'observe : neuf Souris grises à marche rectiligne, trois Souris grises valseuses, trois Souris albinos à marche rectiligne, une Souris albinos valseuse.

Ces résultats expérimentaux ne sont compréhensibles que si l'on admet une ségrégation indépendante des caractères; en effet l'hybride de la F_1, *GaRv,* doit former quatre sortes de gamètes *GR, Gv, aR, av.* Lors de l'accouplement le mâle et la femelle formant chacun quatre sortes de gamètes, seize combinaisons résulteront de leur union ainsi que le montre le tableau :

Gamètes	*GR*	*Gv*	*aR*	*av*
GR	*GRGR*	*GGRv*	*GaRR*	*GaRv*
Gv	*GGRv*	*GGvv*	*GaRv*	*Gavv*
aR	*Ga RR*	*Ga Rv*	*aaRR*	*aa Rv*
av	*Ga Rv*	*Ga vv*	*aa Rv*	*aa vv*

La première et la dernière combinaisons reproduisent les génotypes des grands-parents, ce sont deux Souris de race pure; les quatorze autres phénotypes comptent seulement deux homozygotes *GGvv* et *aa*RR de race pure; la race grise valseuse *GGvv*, nouveau phénotype créé, se maintiendra par des croisements entre individus *GGvv;* il en est de même pour la race albinos à marche rectiligne *aa*RR; les douze autres phénotypes sont homozygotes pour la couleur et hétérozygotes pour le mode de locomotion, ou homozygotes pour la marche et hétérozygotes pour la couleur, ou hétérozygotes pour les deux caractères.

Un même phénotype correspond donc à des génotypes différents qui ne sont décelables que par l'analyse de la descendance; la réapparition d'une Souris albinos sur trois grises indique que les parents étaient hétérozygotes pour la couleur.

TROISIÈME EXPÉRIENCE

Les deux progéniteurs diffèrent par trois caractères (expérience de *trihybridisme*).

Croisement d'un Cobaye à poils colorés, courts et disposés en rosette CCLLRR avec un Cobaye à poils blancs, longs et non disposés en rosette cclrr.

La F_1 se compose uniquement de Cobayes à poils colorés, courts et disposés en rosette; ces trois caractères sont donc dominants sur les caractères correspondants oppositifs. Ces hybrides de la F_1, *CcLl*R*r*, formeront par suite de la loi de disjonction huit types de gamètes : *CLR, CLr, Cl*R, *cLR, Clr, cLr, cl*R, *clr;* lors de la fécondation les huit types de gamètes mâles s'uniront aux huit types de gamètes femelles, d'où soixante-quatre combinaisons possibles se répartissant en 27 tridominants, 9, 9, 9 bidominants, 3, 3, 3 monodominants, 1 trirécessif, ainsi que le montre le tableau suivant :

♀ Gamètes ♂	*C L R*	*C L r*	*C l R*	*C l r*	*c L R*	*c L r*	*c l R*	*c l r*
C L R	*CC LL RR* 1	*CC LL Rr* 2	*CC Ll RR* 3	*CC Ll Rr* 4	*Cc LL RR* 5	*Cc LL Rr* 6	*Cc Ll RR* 7	*Cc Ll Rr* 8
C L r	*CC LL Rr* 9	*CC LL rr* 10	*CC Ll Rr* 11	*CC Ll rr* 12	*Cc LL Rr* 13	*Cc LL rr* 14	*Cc Ll Rr* 15	*Cc Ll rr* 16
C l R	*CC Ll RR* 17	*CC Ll Rr* 18	*CC ll RR* 19	*CC ll Rr* 20	*Cc Ll RR* 21	*Cc Ll Rr* 22	*Cc ll RR* 23	*Cc ll Rr* 24
C l r	*CC Ll Rr* 25	*CC Ll rr* 26	*CC ll Rr* 27	*CC ll rr* 28	*Cc Ll Rr* 29	*Cc Ll rr* 30	*Cc ll Rr* 31	*Cc ll rr* 32
c L R	*Cc LL RR* 33	*Cc LL Rr* 34	*Cc Ll RR* 35	*Cc Ll Rr* 36	*cc LL RR* 37	*cc LL Rr* 38	*cc Ll RR* 39	*cc Ll Rr* 40
c L r	*Cc LL Rr* 41	*Cc LL rr* 42	*Cc Ll Rr* 43	*Cc Ll rr* 44	*cc LL Rr* 45	*cc LL rr* 46	*cc Ll Rr* 47	*cc Ll rr* 48
c l R	*Cc Ll RR* 49	*Cc Ll Rr* 50	*Cc ll RR* 51	*Cc ll Rr* 52	*cc Ll RR* 53	*cc Ll Rr* 54	*cc ll RR* 55	*cc ll Rr* 56
c l r	*Cc Ll Rr* 57	*Cc Ll rr* 58	*Cc ll Rr* 59	*Cc ll rr* 60	*cc Ll Rr* 61	*cc Ll rr* 62	*cc ll Rr* 63	*cc ll rr* 64

La descendance se compose de :

A) 27 *tridominants (C L R)* à poils colorés, courts et disposés en rosette (1 à 9, 11, 13, 15, 17, 18, 21, 22, 25, 29, 33, 34, 35, 36, 41, 43, 49, 50, 57).

B) 9 *bidominants (C L r)* à poils colorés, courts et non disposés en rosette (10, 12, 14, 16, 26, 30, 42, 44, 58).

C) 9 *bidominants (C l R)* à poils colorés, longs et disposés en rosette (19, 20, 23, 24, 27, 31, 51, 52, 59).

D) 9 *bidominants (c L R)* à poils blancs, courts et disposés en rosette (37, 38, 39, 40, 45, 47, 53, 54, 61).

E) 3 *monodominants (C l r)* à poils colorés, longs et non disposés en rosette (28, 32, 60).

F) 3 *monodominants (c L r)* à poils blancs, courts et non disposés en rosette (46, 48, 62).

G) 3 *monodominants (c l R),* à poils blancs, longs et disposés en rosette (55, 56, 63).

H) 1 *trirécessif (c l r)* à poils blancs, longs et non disposés en rosette (64).

Les 27 tridominants montre une seule combinaison trois fois homozygote *CCLLRR* (1) identique à l'un des grands-parents; le trirécessif *ccllrr* (64) identique à l'autre grand-parent est lui aussi unique; la descendance comprend en outre six combinaisons nouvelles se répartissant en trente-six individus dont certains sont homozygotes pour un ou deux caractères et hétérozygotes pour deux ou un caractères correspondant aux phénotypes suivants : colorés-courts-pas de rosette, colorés-longs-rosette, albinos-courts-rosette, colorés-longs-pas de rosette, albinos-courts-pas de rosette, albinos-longs-rosette.

Si l'on réalise les expériences de *tétrahybridisme* (parents différant par 4 caractères) ou de *polyhybridisme* (parents différant par *n* caractères) on constate qu'avec l'augmentation du nombre des caractères s'accroît le nombre de types de gamètes et par suite celui des combinaisons résultant de la fécondation; le nombre des phénotypes augmente en progression arithmétique, tandis que celui des génotypes croît en progression géométrique. Les combinaisons reproduisant à la F_2 les types grands-parentaux sont proportionnellement de plus en plus rares. Si *n* représente le nombre de caractères oppositifs, le nombre de types de gamètes à la F_1 est égal à 2^n et le nombre de combinaisons à la F_2 sera de $(2^n)^2$.

Tels sont les faits expérimentaux; il en ressort une notion essentielle, la *ségrégation indépendante des couples de caractères oppositifs*. Par exemple, les caractères *AaBb* se répartissent au hasard selon les quatre combinaisons possibles *(AB, Ab, aB, ab)* comme quatre billes de couleurs différentes peuvent se grouper; aucune affinité, aucune attraction n'existe entre les caractères. Puisque ces caractères sont susceptibles d'être isolés ou combinés, il faut donc qu'ils possèdent une certaine réalité objective, qu'ils correspondent à des particules du patrimoine héréditaire. La seconde loi de l'hybridation requiert une matière héréditaire à structure discontinue, composée d'unités héréditaires. De plus, on observe, dans les expériences précédentes, que les résultats sont identiques lorsqu'un caractère est porté par le parent mâle ou par le parent femelle; cela implique une équivalence stricte entre le gamète mâle et le gamète femelle; or, ces deux gamètes, morphologiquement différents l'un de l'autre, ont un seul élément commun, le noyau; et dans les noyaux seuls les chromosomes sont identiques en nombre et en forme.

THÉORIE CHROMOSOMIQUE DE L'HÉRÉDITÉ

Pour expliquer les caractères héréditaires, les théories micromérístes, ainsi nommées par Y. Delage, admettaient une transmission, du parent à l'enfant, de particules microscopiques, par l'intermédiaire des cellules germinales.

Diverses conceptions ont été préconisées au XVIIIe et au XIXe siècle. En mettant en évidence la discontinuité du patrimoine héréditaire, Mendel établissait le micromérisme expérimental. Mais où sont logés les facteurs? Assez rapidement, Correns, Cannon et surtout Sutton (1902) remarquaient que le comportement des facteurs mendéliens correspondait au comportement des chromosomes. Peu à peu Morgan et son école édifièrent *la théorie chromosomique de l'hérédité* (1910 à 1920) reposant sur la notion de gène, unité héréditaire, unité de variation et de transmission. Les gènes sont non seulement portés par les chromosomes mais ils possèdent sur les chromosomes des places fixes; chaque gène occupe un locus et les divers loci sont disposés linéairement le long du chromosome.

La théorie chromosomique possède un grand pouvoir explicatif; trois catégories de preuves sont maintenant classiques :

1° preuves de la localisation chromosomique des gènes (correspondance entre le nombre haploïde de chromosomes et le nombre de groupes de linkage, p. 885; cas d'hérédité liée au chromosome sexuel, p. 872); 2° preuves de la disposition linéaire des gènes sur les chromosomes (remaniements chromosomiques se traduisant par des anomalies précises et localisées, p. 963); 3° théorie du crossing-over et ses preuves cytologiques (p. 887).

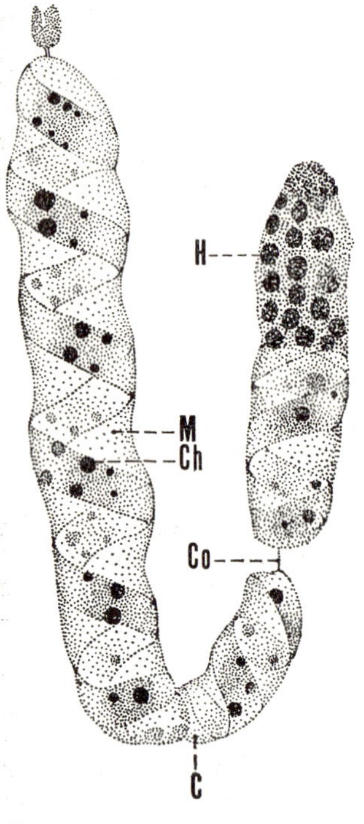

FIG. 4 — STRUCTURE SCHÉMATIQUE DU CHROMOSOME (D'après Heitz).

C, cinétochore; *Ch*, chromomère; *Co*, constriction secondaire; *H*, hétérochromatine; *M*, matrice.

La théorie chromosomique de l'hérédité rend compte de trop nombreux croisements pour ne pas exprimer la réalité; les gènes renfermés dans les chromosomes représentent l'unité constitutionnelle du génotype déterminant un caractère héréditaire. Elle est une hypothèse satisfaisante au même titre que la théorie moléculaire en chimie.

Considérons maintenant la théorie chromosomique de l'hérédité à la lumière des acquisitions récentes.

La réalité des chromosomes est un fait acquis encore largement confirmé par la microscopie électronique; en aucun cas, les chromosomes ne sauraient être considérés comme des artefacts. Ce sont des organites permanents de la cellule ayant déjà fait l'objet d'une étude détaillée dans le chapitre *Cytologie*. Quelques caractéristiques essentielles seront seulement rappelées. Leur aspect varie beaucoup avec l'état cellulaire, cellule en mitose ou cellule au repos. La mitose s'accompagne d'une spiralisation plus ou moins accusée selon les phases mitotiques. La longueur du chromosome d'Escargot déspiralisé est environ de 240 μ; au maximum de spiralisation, elle se réduit à 1,5 ou 2 μ. Le chromosome paraît constitué d'une gaine, la *matrice,* renfermant un long filament très fin, le *chromonéma,* qui porte de place en place de petits granules, les *chromomères (fig. 4)*. Le chromosome présente une constriction qui montre un fin granule, le *centromère* ou *cinétochore,* point d'attache du chromosome sur le fuseau achromatique. Dans les organismes pluricellulaires, le centromère n'est jamais terminal; de part et d'autre du centromère sont disposés les bras du chromosome, d'où les formes variées en U, V, J; un des bras particulièrement court donne au chromosome l'aspect d'un bâtonnet.

La structure du chromosome semble varier avec les organismes; l'examen de spermatozoïdes au microscope électronique fournit quelques indications. Dans la spermatide de l'Escargot, les chromonémas apparaissent comme des filaments extrêmement fins de 70 à 100 Å de diamètre et de 230 à 240 μ de longueur; repliés de nombreuses fois sur eux-mêmes, ils ne présentent pas de spiralisation, ni de chromomères et la matrice est absente. Le chromosome est alors réduit à son chromonéma. Le chromonéma et le centromère constituent les éléments essentiels; la matrice peut apparaître ou disparaître; les chromomères correspondraient à des pelotonnements du chromonéma.

La composition chimique du chromosome est complexe; il renferme principalement de l'acide désoxyribonucléique (ADN) localisé dans les bandes sombres des chromosomes géants des larves de Diptères (voir p. 891) et donc dans les régions actives des chromosomes. La teneur des noyaux en ADN est constante dans les divers organes d'un animal. Le noyau des spermatozoïdes renferme la moitié de l'ADN des noyaux des cellules somatiques. Actuellement on peut affirmer que la teneur des noyaux en ADN est fonction du nombre des chromosomes; cette teneur « est aussi invariable que la formule chromosomique de ces noyaux ». Les rayons X, les rayons ultraviolets, les substances chimiques, en altérant la structure de l'ADN, provoquent l'apparition de mutations (voir p. 954). Les expériences de transformation bactérienne (voir p. 1031) ont établi que l'ADN est le vecteur de l'information génétique. Ces triples observations mettent en évidence l'importance génétique de l'ADN.

LES ACIDES DÉSOXYRIBONUCLÉIQUES

L'étude chimique et physicochimique de la molécule d'ADN a progressé grâce aux techniques de préparation fournissant une substance non dégradée. L'ADN est une chaîne polynucléotidique résultant de la condensation de nucléotides par des liaisons de type uniforme; chaque nucléotide se compose d'une base azotée purique (adénine, guanine) ou pyrimidique (cytosine, thymine), d'un sucre (désoxyribose), et d'une molécule d'acide phosphorique.

Le modèle établi par Watson et Crick (1953) accorde une structure hélicoïdale à la molécule d'ADN (*fig. 5*). Elle se compose de deux chaînes polynucléotidiques s'enroulant en hélice autour d'un axe commun mais en sens opposé. L'union des deux chaînes s'effectue par des liaisons hydrogène disposées entre une base purique et une base pyri-

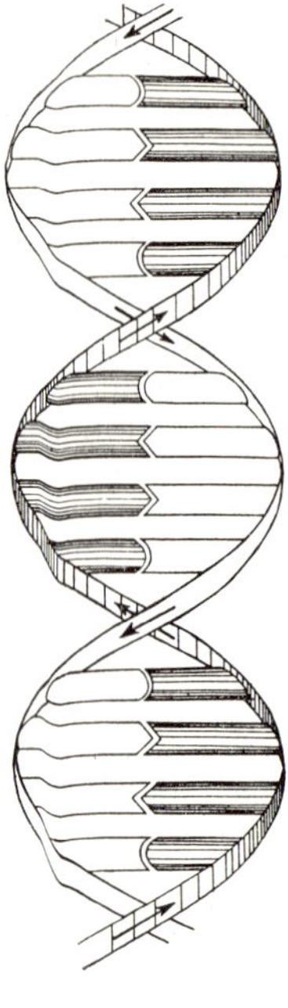

Fig. 5 — Structure hélicoïdale de la molécule d'ADN d'après le modèle établi par Watson et Crick (d'après Fraenkel-Conrat).

Deux chaînes polynucléotidiques s'enroulent en hélice, l'une descendante (en blanc), l'autre ascendante (en hachuré); elles sont reliées par un dispositif rappelant les barreaux d'une échelle résultant de l'union par des liaisons hydrogène d'une base purique avec une base pyrimidique.

midique; seules les paires adénine-thymine et guanine-cytosine peuvent s'intégrer dans la structure; ce mode de liaison n'est compatible qu'avec les quatre dispositions suivantes :

Phosphate — Phosphate
Sucre — ADÉNINE ... THYMINE — Sucre
Phosphate — Phosphate
Sucre — CYTOSINE .... GUANINE — Sucre
Phosphate — Phosphate
Sucre — GUANINE .... CYTOSINE — Sucre
Phosphate — Phosphate
Sucre — THYMINE .... ADÉNINE — Sucre
Phosphate — Phosphate

Dans la structure hélicoïdale, les couples de base sont disposés perpendiculairement à l'axe de la fibre; le plan des cycles de désoxyribose est parallèle à l'axe. Chaque chaîne accomplit une révolution tous les 34 Å et il y a dix résidus polynucléotidiques par tour et par fibre. Les atomes de phosphore sont situés à une distance de 10 Å de l'axe; le diamètre de la fibre est donc de 20 Å.

Ce modèle rend compte des propriétés de l'ADN et il satisfait aussi le généticien. Il constitue un code à quatre symboles; ces molécules codées transmettent l'information génétique. Le nombre des ADN différant par la quantité des nucléotides et leur séquence est pratiquement illimité. Dans une chaîne comportant cent nucléotides des quatre types possibles, le nombre des ADN réalisables est égal à 4^{100}; or ce nombre est mille fois plus grand que le nombre des atomes dans le système solaire (Gamow). Toute modification de la séquence des nucléotides réalisera une mutation. La plus petite mutation intéressera un nucléotide (suppression, réduplication ou échange d'un nucléotide). La distance minima de deux mutations serait alors identique à la distance de deux nucléotides successifs 3, 4 Å; cette distance a été observée pour les mutations ponctuelles ou réversibles des phages. La plupart des mutations relevant du changement d'une portion d'un chromosome portent sur un nombre élevé de nucléotides.

La séquence des bases azotées dans une chaîne polypeptidique est arbitraire; mais elle détermine la séquence des bases dans la seconde chaîne; cette dernière sera toujours complémentaire de la première; adénine et thymine d'une part, guanine et cytosine d'autre part, seront toujours associées. Les teneurs relatives en adénine et thymine dans les différents ADN sont toujours sensiblement égales; il en est de même pour celles en guanine et en cytosine; le tableau suivant en donne quelques exemples :

ADN	Adénine	Thymine	Guanine	Cytosine
HOMME Thymus	10	9,4	6,4	6,3
Rate	10	10,1	7,2	7,0
BOVIN Thymus	10	9,8	7,3	7,3
Rate	10	10,0	7,5	7,4
Testicule	10	10,3	8,5	8,2
Sperme	10	9,5	7,7	7,2
PORC Thymus	10	9,6	6,8	6,9
Foie	10	10,1	7	7
HARENG Sperme	10	9,6	7,6	7,2
ÉCHINODERMES Sperme				
Asterias forbesii	10	9,1	6,9	6,2
Echinus esculentus	10	9,5	6,3	6
Psammechinus miliaris	10	9,8	5,5	5,5
Bacille tuberculeux				
Homme	10	10,5	15,8	18,6
Bœuf	10	10,7	16,6	19
Escherichia coli	10	12,1	10,9	11,4
Bactériophage T5 de *E. coli*	10	10,1	6,4	6,4

Les transformations bactériennes (voir p. 1031) ont montré que le segment chromosomique d'ADN incorporé dans la Bactérie réceptrice est capable d'autoduplication (fonction autocatalytique du matériel génétique) et sa présence se manifeste par l'apparition d'un nouveau caractère héréditaire (fonction hétérocatalytique du matériel génétique).

Le processus d'autoduplication de la molécule d'ADN est relativement facile à concevoir avec le modèle de Watson et Crick. Si les deux chaînes *A* et *B* se séparent, on peut admettre que chacune est capable de réédifier la chaîne manquante complémentaire. Il se formerait en face de la chaîne *A* une chaîne *B* et en face de la chaîne *B* une chaîne *A*. Ainsi la molécule double initiale *AB* aurait donné naissance à deux molécules doubles identiques *AB* et *AB* renfermant chacune une moitié de la molécule originale. Ce mécanisme peut se répéter indéfiniment et toujours identique à lui-même. La cellule posséderait en réserve des nucléotides libres qui viendraient se fixer sur les chaînes, leur nature étant conditionnée par celle du nucléotide receveur *(fig. 6)*. Les belles expériences de Levinthal (1956), de Meselson et Stahl (1958), confirment ce mode d'autoduplication des molécules d'ADN.

Cependant des erreurs ne sont pas exclues et leur apparition est justement solidaire de la notion de complémentarité des bases.

En voici un exemple facile à comprendre *(fig. 7)*: lorsqu'une Bactérie se développe dans un milieu riche en 5-bromuracile *(BU)* et pauvre en thymine *(T)*, les chaînes d'ADN nouvellement synthétisées sont légèrement modifiées; *T* est parfois remplacé par *BU (fig. 7, 2)*. Si le milieu redevient normal c'est-à-dire dépourvu de *BU*, lors de l'autoduplication de la molécule d'ADN *(fig. 7, 2') BU* s'unira généralement avec l'adénosine *(A)*, mais aussi avec la guanine *(G)*. L'autoduplication de cette dernière chaîne engendrera une nouvelle chaîne *(fig. 7, 3)* presque identique à la première chaîne *(fig. 7, 1)*; elle comporte une seule différence, la guanine étant normalement couplée avec la cytosine, un *C* est présent là où il y avait un *T*. Cette substitution logique avec le couplage des bases représente une mutation résidant dans le remplacement d'un désoxyribonucléotide de la thymine par un désoxyribonucléotide de la cytosine. Cette perturbation provient de la présence du 5-bromuracile dans le milieu de croissance.

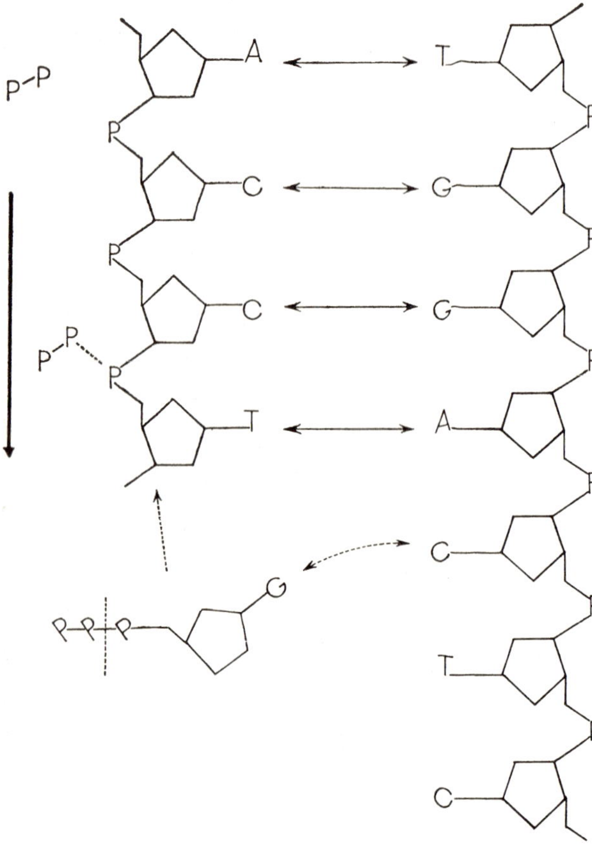

FIG 6 — SCHÉMA DE L'AUTODUPLICATION D'UNE MOLÉCULE D'ADN (d'après Pelmont).

A droite, la chaîne d'ADN modèle ou receveur. A gauche, formation d'une chaîne rigoureusement complémentaire : les nucléotides triphosphatés, libres dans la cellule, viennent se disposer de telle sorte que les couplages obligatoires entre adénine-thymine et cytosine-guanine s'effectuent. La rupture de deux groupements phosphoriques terminaux fournit l'énergie nécessaire à la réaction.

A, adénosine ; *C*, cytosine ; *G*, guanine ; *P*, groupement phosphoryle ; pentagone, désoxyribose ; *T*, thymine.

1 A p T p G p T p A p G p C p T p T p T p A p T p G p T p C p ...

2 A p BU p G p T p A p G p C p T p T p BU p A p T p G p BU p C p ...

2' T p A p C p A p T p C p G p A p A p G p T p A p C p A p G p ...

3 A p T p G p T p A p G p C p T p T p C p A p T p G p T p C p ...

FIG. 7 — SCHÉMA D'UN MÉCANISME ENGENDRANT UNE MUTATION (d'après Fraenkel-Conrat).

1, portion d'une chaîne d'ADN; 2, portion d'une chaîne d'ADN où le 5-bromuracile a parfois remplacé la thymine; 2', autoduplication de la chaîne d'ADN précédente, *BU* se couple généralement avec *A*, mais accidentellement avec *G*; 3, autoduplication de la chaîne d'ADN de 2', une seule différence avec la chaîne initiale 1, *C* remplace *T*.

A, désoxynucléotide de l'adénine; *BU*, 5-bromuracile; *C*, désoxynucléotide de la cytosine; *G*, désoxynucléotide de la guanine; *p*, groupement phosphoryle; *T*, désoxynucléotide de la thymine.

L'intervention de la tautomérie des bases puriques et pyrimidiques peut jouer un rôle dans la formation des mutations (B. et A. Pullman). Une forme tautomère rare peut entraîner un couplage avec une base complémentaire inhabituelle; il s'en suivra une perturbation dans la séquence des paires de bases, perturbation qui sera à l'origine d'une mutation. Diverses propriétés permettent d'affirmer que la cytosine est la base qui présente la plus grande probabilité d'exister sous une forme tautomère rare. La tautomérie de la cytosine offre donc le plus de chances d'être impliquée dans la naissance de mutations spontanées.

Les recherches actuelles considèrent les particules d'ADN comme composées de bâtonnets longs de 3000 Å offrant la structure en double hélice. L'association d'une douzaine de bâtonnets donnerait des particules stables de masse moléculaire comprise entre 6 et 8.10^6 (Sadron).

Quel que soit le mécanisme, ces chaînes polynucléotidiques, masses blanches fibreuses, assurent directement la transmission de l'information génétique d'une molécule d'ADN aux deux molécules-filles qui en proviennent au cours de la division cellulaire.

LA SYNTHÈSE DES PROTÉINES

La concordance des résultats d'expériences variées confirme le rôle capital de l'ADN dans la vie cellulaire. Mais comment intervient cet ADN qui préside à la synthèse de la matière vivante? Cette dernière, comme toute synthèse, nécessite vraisemblablement la mise en jeu d'abondantes enzymes de nature protéique. Le rôle de l'ADN consisterait donc à élaborer ces enzymes variées. Cette synthèse des protéines semble s'effectuer grâce à un code porté par des acides ribonucléiques (ARN) particuliers, les *ARN messagers,* qui reçoivent eux-mêmes leur information des ADN.

QUE SONT DONC LES ACIDES RIBONUCLÉIQUES (ARN)?

Alors que le noyau cellulaire renferme de l'ADN, le cytoplasme contient de l'ARN; comme les ADN, les ARN sont des chaînes polynucléotidiques; mais les ARN se différencient par la nature de leur sucre et de leurs bases; ils renferment du ribose (et non du désoxyribose); les quatre bases présentes sont l'adénine, la guanine, la cytosine et l'uracile (les ADN contiennent de la thymine et non de l'uracile).

Actuellement trois types d'ARN ont été identifiés :

I) Les *ARN solubles* ou *ARN de transfert,* ainsi nommés parce qu'au cours de la synthèse des protéines, ils transportent les acides aminés activés. Ils résultent de la liaison de quatre-vingts nucléotides et présentent une grande diversité. Leur masse moléculaire serait de 25 000. L'ARN de transfert est parfois nommé adaptateur de Crick.

II) Les *ARN messagers* découverts par Jacob et Monod (1961) contrôlent la synthèse des protéines spécifiques et portent le code de l'information génétique; instables, ils disparaissent aussitôt leur message transmis.

III) Les *ARN ribosomiques* englobent tous ceux qui n'appartiennent pas aux deux autres catégories : connus depuis le début du siècle, ils constituent les ribosomes, organites ribonucléoprotidiques du cytoplasme cellulaire; leur masse moléculaire toujours élevée est supérieure à 500 000. Le virus de la Mosaïque du Tabac qui est dans cette catégorie aurait une masse moléculaire de 2 200 000. Les proportions des divers nucléotides qu'ils renferment varient beaucoup; les corrélations entre les teneurs relatives des nucléotides observées dans les ADN ne se manifestent pas chez les ARN, en voici quelques exemples:

ARN	Adénine	Uracile	Guanine	Cytosine
Foie de veau	10	8,4	17,9	14,9
Pancréas de Veau	10	9,5	34,5	16,8
Foie humain	10	11	38,6	27,5
Œuf d'Oursin	10	9,3	21	19
Levure de boulangerie	10	9	11,4	7,5
Levure de brasserie	10	9,6	10,4	9,2
Escherichia coli	10	8,3	10,2	8,5
Virus de la Mosaïque du Tabac	10	8,8	8,5	6,2
Virus de Concombre	10	11,9	9,9	7,1
Virus de la Tomate	10	8,9	10	7,4

Dès 1947, Caspersson mettait en évidence le rôle des ARN dans la synthèse des protéines. Mandel et ses collaborateurs, Davidson et ses collaborateurs montrèrent que les tissus embryonnaires, les tissus en voie de régénération, sont particulièrement riches en ARN. Brachet (1955-1958) expérimentant sur des cellules anucléées prouva qu'en l'absence du noyau, la synthèse des protéines s'effectuait pendant un temps limité. Divers

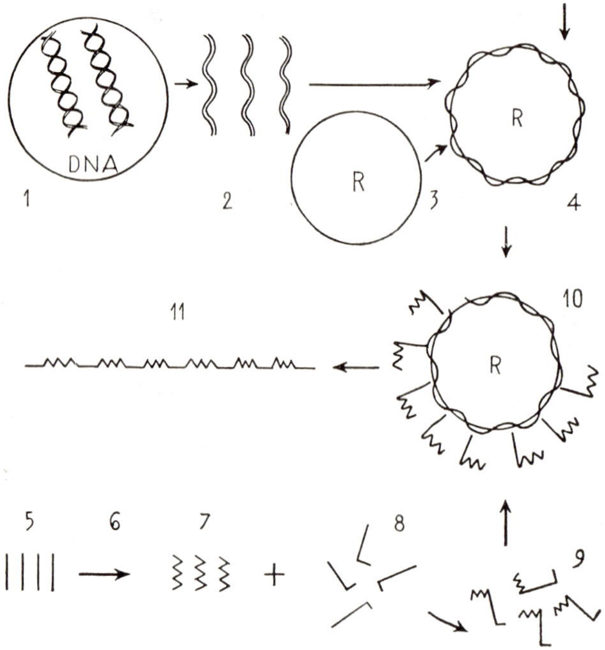

FIG. 8 — SCHÉMA ILLUSTRANT UN MÉCANISME POSSIBLE DE LA SYNTHÈSE DES PROTÉINES (d'après Jacob et Monod).

1, noyau cellulaire avec deux molécules d'ADN; 2, ARN messager; 3, ribosome (*R*); 4, ARN messager disposé sur le ribosome; 5, amino-acides; 6, enzyme; 7, amino-acides activés; 8, ARN de transfert; 9, ARN de transfert fixé sur les amino-acides; 10, ARN de transfert et amino-acides activés disposés sur le ribosome selon une séquence déterminée; 11, Protéine synthétisée.

systèmes acellulaires privés de noyau, protoplastes de *Bacillus* (Speigelman, 1957), microsomes de réticulocytes (Rabinovitz et Olson), microsomes du foie de Cobaye (Askonas et coll.) peuvent réaliser pendant un certain temps des synthèses de protéines s'ils renferment suffisamment d'ARN. Il semble donc que les ARN interviennent pendant la croissance, alors que les ADN exercent leur rôle au cours de la multiplication.

La participation essentielle des ARN dans la synthèse des protéines est donc solidement établie; il reste à préciser les mécanismes conditionnant le mode et l'ordre d'assemblage des acides aminés constituant les protéines.

Des techniques délicates et des expériences ingénieuses, que nous n'exposerons pas ici, ont permis d'établir les grandes lignes de la biosynthèse des protéines *(fig. 8)*. Une activation préalable des acides aminés *(AA)* s'effectue en présence d'adénosine triphosphate *(ATP)* et d'enzymes activatrices *(E)*. Il se forme (première équation) un complexe d'acide aminé *(AA)*, d'adénosine monophosphate *(AMP)* et d'enzyme avec élimination d'un groupe pyrophosphate *(pp)*. L'acide aminé activé demeure solidement attaché à l'enzyme jusqu'à ce qu'intervienne l'ARN-soluble ou de transfert (ARN-s). Il apparaît (deuxième équation) un nouveau complexe, acide aminé et ARN-soluble avec élimination d'adénosine monophosphate et de l'enzyme activatrice. Les deux réactions correspondent aux deux équations :

1 $\text{AA} + \text{ATP} + \text{E} \rightleftarrows \text{AA. AMP.E} + \text{pp}$
2 $\text{AA.AMP.E} + \text{ARN-s} \rightleftarrows \text{AA.ARN-s} + \text{AMP} + \text{E}$

Dans ces réactions, chaque acide aminé (il en existe vingt) d'un organisme ne requiert qu'une enzyme et chacun réagit avec un ARN-s spécifique.

Au cours d'une nouvelle étape interviennent l'ARN messager et les ribosomes. Les complexes acide aminé et ARN-soluble (AA.ARN-s) se disposeraient sur les ribosomes cytoplasmiques dans un ordre imposé par les ARN messagers également fixés sur les mêmes ribosomes. Par un mécanisme encore inconnu l'ARN messager recevrait son information de l'ADN contenu dans le noyau; vraisemblablement, il serait complémentaire de l'ADN qui préside à sa formation.

D'originales expériences de marquage de pulsations

(Gros et ses collaborateurs) ont confirmé la réalité des ARN messagers. Composé instable, l'ARN messager s'associe temporairement à un ribosome non spécifique, juste le temps nécessaire à la formation d'un ribosome spécifique propre à la synthèse d'une protéine. Alors tout est prêt pour la phase terminale de la synthèse protéinique. Les complexes acide aminé-ARN de transfert (AA. ARN-s) se disposent sur le ribosome spécifique dans un ordre déterminé correspondant au code porté par l'ARN messager; puis les acides aminés se détachent du ribosome en même temps qu'ils s'unissent entre eux pour engendrer une protéine spécifique. L'ARN messager disparaît; il sera remplacé par un autre ARN messager qui réglera une nouvelle synthèse. La fig. 8 résume la conception actuelle de la synthèse des protéines.

Diverses expériences délicates, confirmant les prédictions théoriques, prouvent que, généralement, la construction des chaînes de protéines commence par une extrémité aminée porteuse de NH_2, et se termine par l'extrémité carboxyle, porteuse de $COOH$; chaque acide aminé vient se souder par son extrémité NH_2 à l'extrémité $COOH$ de la portion de chaîne polypeptidique déjà formée.

LE CODE

Que sait-on du code spécifique transmis par chaque ARN messager? Son déchiffrement est commencé grâce à l'enchaînement des résultats rapidement acquis dans divers laboratoires du monde; des hypothèses hardies sont contrôlées par des expériences difficiles et minutieuses; de proche en proche s'édifie un ensemble cohérent qui suscite l'admiration.

On a établi la généralité de ce code qui se retrouve identiquement chez les Virus, les Bactéries, les cellules, les systèmes acellulaires; en effet le mélange de l'ARN messager d'un organisme avec le cytoplasme renfermant les ribosomes d'un autre organisme différent détermine l'élaboration de protéines normales.

Une séquence déterminée des bases de l'ARN messager provoque vraisemblablement une séquence correspondante d'acides aminés dans la protéine. Chaque acide aminé serait solidaire d'une certaine suite de bases; on sait qu'il existe une vingtaine d'acides aminés et seulement quatre bases dans les ARN. Théoriquement on pouvait supposer que trois bases, c'est-à-dire trois nucléotides, étaient nécessaires pour déterminer l'incorporation d'un acide aminé; en effet, combinés trois par trois, quatre nucléotides différents engendrent $4^3 = 64$ combinaisons différentes, nombre suffisant pour provoquer l'enchaînement des vingt acides aminés alors qu'arrangés deux par deux, les quatre nucléotides donneraient seulement $4^2 = 16$ combinaisons différentes, nombre nettement insuffisant.

L'hypothèse d'un code constitué par une suite de triplets (trois bases) semblait convenable. Il était possible d'imaginer un polynucléotide composé de plusieurs séries de triplets identiques se comportant comme un ARN messager, qui provoquerait la formation d'une protéine (ou d'un polypeptide) formée par la répétition d'un même acide aminé. Nirenberg et Matthaei, de Bethesda, réussirent cette expérience cruciale (1961), et fabriquèrent un ARN synthétique, un polymère ribonucléique biosynthétique.

Leur succès était fonction de la découverte antérieure (1955) par Marianne Grunberg-Manago, Ochoa et leurs collaborateurs d'une enzyme particulière, la polynucléotide phosphorylase contenue dans les extraits d'*Azotobacter vinelandi;* cette enzyme détermine la synthèse de polymères ribonucléiques à partir de mononucléotides diphosphates (c'est-à-dire activés) qui subissent une polymérisation. Schématiquement la réaction est la suivante :

$$n \text{ Nucléotides diphosphates} + E \rightleftarrows (\text{Nucléotides monophosphates})\, n + nP$$

La préparation de divers polymères composés par la répétition indéfinie d'un même motif devenait réalisable à volonté; il suffisait de faire incuber avec l'enzyme les nucléotides diphosphates correspondant au polymère dont la synthèse était souhaitée (c'est-à-dire renfermant la ou les mêmes bases). C'est ainsi qu'en utilisant des nucléotides renfermant comme base l'uracile, Nirenberg et Matthaei synthétisèrent un ARN-poly *U* (poly-uracile) renfermant uniquement la base uracile. L'emploi des trois autres bases permettait d'obtenir un ARN-poly *A* (polyadénine), un ARN-poly *C* (poly-cytosine), un ARN-poly *G* (poly-guanine). L'obtention d'un ARN-poly *T* avec la thymine est même possible alors qu'il est inconnu chez les êtres vivants.

Poursuivant leurs expériences, les biochimistes américains montraient que poly *U* réalisé au laboratoire était capable de fonctionner comme un ARN messager dans un ensemble acellulaire; il provoquait la synthèse de la poly-phénylalanine, protéine composée d'une longue séquence du même acide aminé, la phénylalanine. Le triplet responsable de la formation de la phénylalanine était donc *UUU*.

Cette démonstration expérimentale, riche de conséquences, est à l'origine de toute une série de travaux consistant à analyser le fonctionnement des divers polymères synthétiques comme ARN messager. En utilisant deux, trois ou quatre bases, on obtient la synthèse de polymères mixtes, plus proches des ARN naturels, et dont il est possible de déterminer les teneurs relatives des diverses bases. Un ARN-poly *A*, renfermant deux fois plus d'uracile *(U)* que d'adénine *(A)*, provoquera la synthèse d'une protéine composée presque exclusivement de phénylalanine avec parfois l'apparition d'un autre acide aminé, l'iso-leucine. La présence de l'iso-leucine est corrélative de la présence de l'adénine; en raison des proportions relatives des deux bases, le code ou triplet pour l'iso-leucine serait 2*U*-1*A*.

Dans un polymère ARN-poly *U*-poly *C* renfermant globalement 2*U* pour 1*C* diverses séquences de nucléotides sont possibles : 3*U*, 3*C*, 2*U*-1*C*, 1*U*-2*C*; statistiquement, dans 50 % des cas, le triplet 2*U*-1*C* sera représenté; ce polymère entraînera donc la naissance d'une protéine avec prédominance accusée d'un acide aminé qui répondra au code 2*U*-1*C*.

En expérimentant ainsi avec de multiples combinaisons, les écoles de Nirenberg et d'Ochoa ont établi un code présidant à l'enchaînement des vingt acides aminés.

Dans ce code (p. 867) seul le triplet correspondant à la glutamine n'est pas établi avec certitude. Une remarque importante s'impose : le code renseigne sur la composition globale des triplets; mais la séquence des nucléotides dans un triplet demeure imprécise. Le tableau montre par exemple que le triplet 2*U* 1*A* permet la synthèse de l'iso-leucine et de la tyrosine; ce triplet peut revêtir trois formes : *UUA, UAU, AUU;* à quelle séquence correspondent iso-leucine et tyrosine ? La question n'est pas encore résolue. Beaucoup d'obscurités subsistent; vingt combinaisons sont nécessaires; or le système de triplets en conditionne soixante-quatre. Un certain nombre de triplets ne possèdent peut-être pas de rôle ou un même acide aminé correspond à plusieurs triplets. Dans le code proposé, l'uracile occupe une place importante; les analyses des divers acides ribonucléiques ne révèle pas de teneurs aussi élevées de cette base; cette divergence constitue une difficulté.

Acide aminé incorporé	Triplet
1) Cystéine	2*U* 1*G*
2) Histidine	1*U* 1*A* 1*C*
3) Iso-leucine	2*U* 1*A*
4) Leucine	2*U* 1*C*
5) Lysine	1*U* 2*A*
6) Phénylalanine	3*U*
7) Proline	1*U* 2*C*
8) Sérine	2*U* 1*C*
9) Thréonine	1*U* 2*C*
10) Tyrosine	2*U* 1*A*
11) Valine	2*U* 1*G*
12) Arginine	1*U* 1*C* 1*G*
13) Glycine	1*U* 2*G*
14) Tryptophane	1*U* 2*G*
15) Alanine	1*U* 1*C* 1*G*
16) Asparagine	1*U* 2*A* (1*U* 1*A* 1*C*)
17) Acide aspartique	1*U* 1*A* 1*G*
18) Glutamine	? 1*U* 1*C* 1*G*
19) Acide glutamique	1*U* 1*A* 1*G*
20) Méthionine	1*U* 1*A* 1*G*

C. R. Woese a proposé une hypothèse cherchant à résoudre le problème des séquences des bases. La formule développée des quatre bases, adénine, guanine, cytosine, uracile, montre que les éléments caractéristiques de chacune d'elles occupent les positions 6 et 2 *(fig. 9)*. Adénine et cytosine portent le radical NH_2 en position 6; guanine et uracile ont un radical *OH* en position 6. Ces positions 2 et 6 fort importantes seraient occupées diffé-

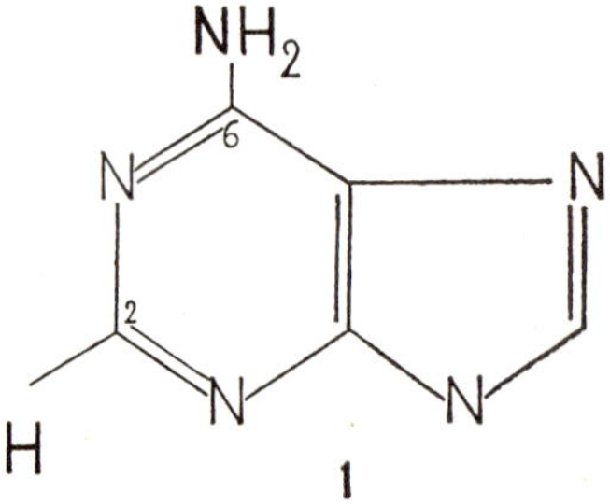

1

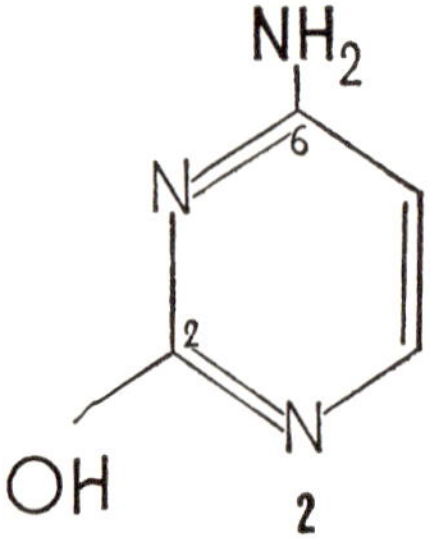

2

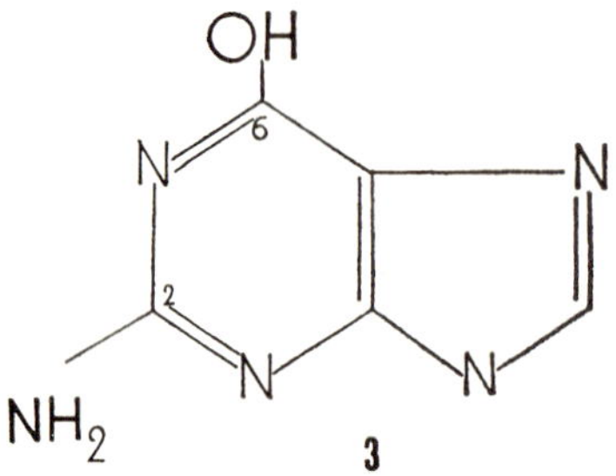

3

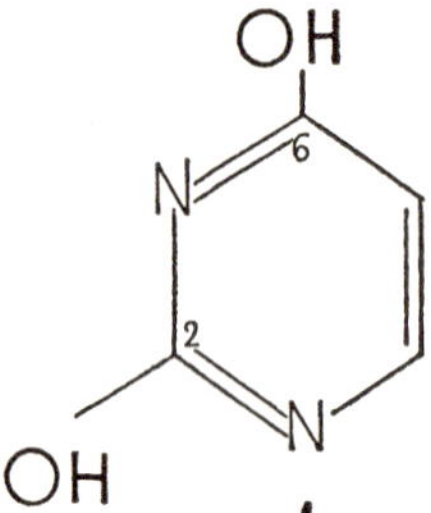

4

FIG. 9 — FORMULES DÉVELOPPÉES MONTRANT LES RADICAUX OCCUPANT LES POSITIONS 2 ET 6 DE L'HEXAGONE.

1, adénine; 2, cytosine; 3, guanine; 4, uracile.

remment selon la place de la base dans le triplet; voici l'hypothèse envisagée :

I) La première base du triplet serait rigoureusement déterminée par la présence simultanée des radicaux en position 6 et 2 *(fig. 10)* :

Position 6	Position 2	Base
NH_2	H	Adénine
NH_2	OH	Cytosine
OH	NH_2	Guanine
OH	OH	Uracile

II) La deuxième base du triplet serait déterminée par la nature du radical présent en 6; une alternative est possible *(fig. 10, 2)* :

Position 6	Base
OH	Uracile ou guanine
NH_2	Adénine ou cytosine

III) La troisième base du triplet serait déterminée par la nature du radical présent en 2; les possibilités sont les suivantes *(fig. 10, 3)* :

Position 2	Base
NH_2	Guanine
OH	Cytosine ou uracile
H	Adénine

Dans ce système vingt-quatre triplets (4 × 2 × 3) différents exercent un rôle précis; ce nombre de vingt-quatre est voisin de celui du nombre d'acides aminés; on pourrait supposer que les quatre triplets apparemment inutiles serviraient à séparer des régions significatives du code.

Avec cette hypothèse, une base déterminée peut être régie par plusieurs triplets différents. À la phénylalanine correspondait le triplet *UUU* (tableau p. 867) dans le système de Woese, trois autres triplets sont valables, *UUC, UGU, UGC;* en première position l'uracile est rigoureuse-

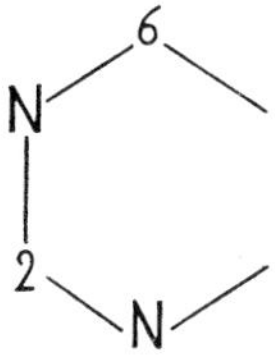

1

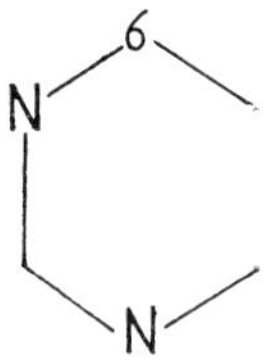

2

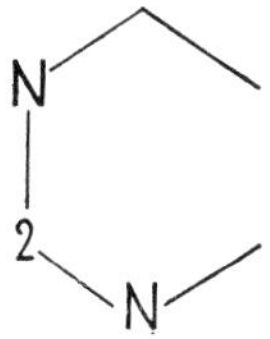

3

FIG. 10 — HYPOTHÈSE DE C. R. WOESE JUSTIFIANT LA SÉQUENCE DES BASES DANS LE TRIPLET
(explications dans le texte).

1, première base du triplet;
2, deuxième base du triplet;
3, troisième base du triplet.

ment déterminé ; en deuxième position guanine ou uracile sont également possibles ; en troisième position uracile ou cytosine sont également possibles ; seul *UUU* répond à la formule globale 3*U*. À l'asparagine correspondent les triplets 1*U* 2*A* ou 1*U* 1*A* 1*C* (tableau p. 867) ; l'uracile toujours présent est la première base ; l'adénine qui peut être remplacée par la cytosine correspond à la deuxième base ; la troisième base est l'adénine ; deux triplets sont possibles *UAA, UCA,* les valeurs globales sont respectées. Pour la valine, le tableau (p. 867) indique 2*U* 1*G;* l'hypothèse de Woese donne quatre triplets possibles : *GUU, GGU, GUC, GGG* (*G* est la première base, la deuxième base étant *U* ou *G,* la troisième *U* ou *C*) ; un seul de ces triplets *GUU* est compatible avec la valeur globale 2*U* 1*G*.

De fort nombreuses synthèses, des tests abondants, des tâtonnements judicieux permettront de vérifier la réalité des hypothèses proposées et de déchiffrer les mécanismes responsables de la synthèse des protéines spécifiques et de la transmission de l'information génétique.

Il est donc actuellement admis que l'ADN détermine les protéines susceptibles d'être synthétisées par un organisme ; l'ARN messager, principal acteur, confère à la molécule protéique sa spécificité. L'information génétique transmise de l'ADN à l'ARN messager revient à convertir une séquence de nucléotides en une séquence d'acides aminés. En résumé, l'ADN fonctionne comme *donneur* d'information, l'ARN messager comme *transporteur* d'information, les protéines comme *accepteurs* d'information (R. Thomas, 1962).

LE GÈNE

Quelle est la conception moderne du gène ?

La notion de gène mendélien représentait une entité assez mal connue ; les travaux récents, en apportant des précisions sur sa nature et son fonctionnement, ont également mis en évidence sa complexité.

Considéré comme unité morphologique, le gène n'est pas visible dans les chromosomes observés au microscope électronique. Le chromonéma déroulé présente une structure homogène.

L'unité génétique serait le chromonéma composé essentiellement par des acides désoxyribonucléiques dont la structure moléculaire varie sur toute la longueur du filament.

Le gène correspond à une fraction du chromonéma c'est-à-dire à une portion d'ADN, caractérisée par la séquence de ses nucléotides et renfermant l'information génétique conditionnant la synthèse d'une protéine spécifique.

La génétique des Bactéries confirme la disposition linéaire des gènes déjà observés.

Les mutations des microorganismes ont révélé un fonctionnement compliqué du gène; Jacob et Monod ont essayé d'en préciser le mécanisme. Le gène conditionnant la synthèse de la protéine se compose de plusieurs unités fonctionnelles ou *cistrons*. Ces cistrons sont déclenchés par un opérateur *O* pour synthétiser l'ARN messager. Ces unités sont régies par des gènes, l'opérateur par un *gène opérateur,* les cistrons par des *gènes structuraux*. Ces derniers déterminent l'organisation moléculaire de la protéine. Gène opérateur et gènes structuraux associés forment un ensemble, nommé *opéron*. Une autre catégorie de gènes, les *gènes régulateurs,* assurent une régulation; ils contrôlent le taux d'activité de l'opéron par production d'un inhibiteur, ou répresseur, dont l'action interfère avec celle du gène opérateur.

Cet inhibiteur se forme dans le cytoplasme, ainsi que le prouve l'expérience suivante. Des Bactéries mâles dépourvues d'une enzyme, la bêta-galactosidase, mais capables d'en assurer la synthèse si celle-ci est provoquée, sont conjuguées avec des Bactéries femelles inaptes à synthétiser cette enzyme. La naissance du zygote déclenche immédiatement la synthèse de l'enzyme malgré l'absence d'inducteur. Elle cesse au bout d'une heure environ, mais l'addition de l'inducteur la fait repartir. Ce résultat expérimental suggère une différence dans le cytoplasme des Bactéries mâle et femelle. Le cytoplasme de la Bactérie mâle renfermait un inhibiteur que la Bactérie femelle ne possédait pas. Dans le zygote, la synthèse de l'enzyme n'est plus inhibée et l'ADN transmis par la Bactérie mâle commande la synthèse de l'enzyme; la bêta-galactosidase se forme et sa synthèse s'arrêtera lorsque la concentration de l'inhibiteur sera suffisante (au bout d'une heure).

Schématiquement, la synthèse d'une enzyme *E* se présente ainsi : le gène structural *S* détermine la synthèse de l'enzyme *E;* le gène régulateur *R* fabrique un répresseur qui inactive partiellement l'opérateur *O;* l'inactivation de ce dernier inhibe le gène structural *S*. L'enzyme *E* catalyse un produit *P* qui se comporte comme un répresseur du système en réglant l'action du gène régulateur *R*. L'intervention du produit final *P* pouvant inhiber l'action de l'enzyme initiale est le type même d'un rétrocontrôle (feedback de la cybernétique). De nombreux processus métaboliques chez les Bactéries sont assimilables à des feedbacks; le fait semble général et s'applique à tous les organismes vivants.

En conclusion, dans sa forme moderne, la théorie chromosomique de l'hérédité demeure une donnée essentielle de la génétique, qui n'a rien perdu de sa valeur explicative. Les découvertes inattendues des Crick, Watson, Wilkins, Nirenberg, Ochoa, Kornberg, Monod, Jacob et collaborateurs, tout en corroborant les travaux de Morgan et de son école, marquent le début d'une nouvelle phase de la génétique.

HÉRÉDITÉ LIÉE AU CHROMOSOME SEXUEL

Les lois fondamentales de l'hérédité sont donc solidement établies; mais souvent les résultats obtenus dans divers croisements semblaient les mettre en défaut; de nouvelles hypothèses rapidement vérifiées ont expliqué ces pseudo-anomalies qui relèvent de l'hérédité liée au chromosome sexuel ou hérédité *sex-linked*.

Dans les exemple antérieurs, le caractère étudié pouvait être porté indifféremment par l'un ou l'autre des progéniteurs; les résultats du croisement étaient toujours les mêmes. Mais dans certains cas, la descendance sera différente selon que le caractère envisagé sera possédé par la femelle ou par le mâle; en voici un exemple illustré par le croisement d'une Drosophile à œil rouge avec une Drosophile à œil blanc.

A) Premier croisement :

	♀ œil rouge	×	♂ œil blanc
F_1	♀ œil rouge	et	♂ œil rouge
F_2	♀ œil rouge	et	♂ œil rouge et ♂ œil blanc

La F_1 est normale (le rouge domine le blanc); la F_2 comprend 75 % de Drosophiles à œil rouge (50 % de femelles et 25 % de mâles) et 25 % de Drosophiles à œil blanc (tous mâles).

B) Deuxième croisement (croisement réciproque) :

♀ œil blanc × ♂ œil rouge
F_1 ♀ œil rouge et ♂ œil blanc
F_2 ♀ œil rouge et ♂ œil rouge et ♀ œil blanc et ♂ œil blanc.

En F_1 les mâles ont la couleur de leur mère; à la seconde génération, le caractère blanc réapparaît dans la moitié des femelles et la moitié des mâles.

Les résultats des deux croisements réciproques sont donc différents; dans la F_1 du second croisement toutes les femelles sont du même type que leur père et tous les mâles ressemblent à leur mère. Cette coïncidence doit être provoquée par une différence chromosomique entre mâle et femelle. Or on sait en effet que, chez de nombreux animaux, une paire de chromosomes se présente différemment dans les deux sexes; cette paire se compose des *chromosomes sexuels* ou *hétérochromosomes* ou *gonosomes* par opposition à tous les autres chromosomes ou *autosomes*. Par exemple la Drosophile possède huit chromosomes comprenant six autosomes et deux chromosomes sexuels. Ceux-ci peuvent être identiques ou différents, ils déterminent alors deux types d'animaux selon que leur asymétrie se manifeste soit chez le mâle (animaux du premier groupe : Mammifères, quelques Amphibiens nombreux Poissons, nombreux Insectes et notamment la Drosophile), soit chez la femelle (animaux du second groupe : Oiseaux, des Amphibiens, Reptiles, Papillons).

ANIMAUX DU PREMIER GROUPE

La Drosophile femelle *(fig. 11)*, homogamétique, possède deux hétérochromosomes semblables X et X (femelle *duplex*); ses ovules renfermeront tous X; la Drosophile mâle, hétérogamétique, possède deux hétérochromosomes X et Y, différents par leur forme et par les gènes qu'ils renferment (mâle *simplex* par rapport à l'X); le mâle produira deux types de spermatozoïdes, les uns porteurs de X et les autres de Y.

Chaque fois qu'au hasard un spermatozoïde porteur

de X fécondera un ovule porteur de X, le zygote, renfermant XX, produira une femelle; de même chaque fois qu'un spermatozoïde porteur de Y fécondera un ovule porteur de X, le zygote XY produira un mâle.

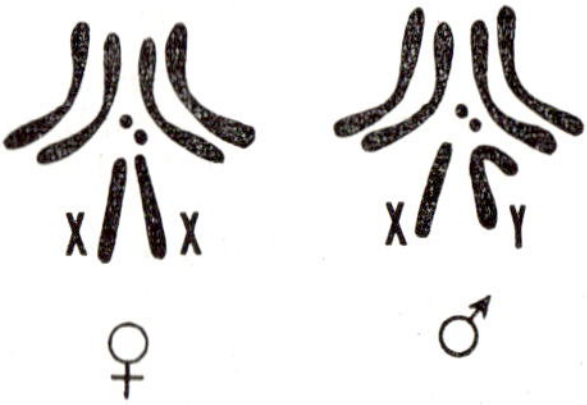

FIG. 11 — LES CHROMOSOMES DE *Drosophila melanogaster*.

La femelle possède deux chromosomes sexuels identiques X et X; le mâle possède deux chromosomes sexuels différents X et Y.

Supposons dans les croisements précédents que les gènes R (œil rouge) et b (œil blanc) soient localisés dans le chromosome X :

A) Premier croisement :

	♀ œil rouge $X(R)X(R)$	×	♂ œil blanc $X(b)Y$	
gamètes	$X(R)$	$X(R)$	$X(b)$	Y
F_1	$X(R)X(b)$ ♀ œil rouge		$X(R)Y$ ♂ œil rouge	
gamètes de la F_1	$X(R)$	$X(b)$	$X(R)$	Y
F_2	$X(R)X(R)$ ♀ œil rouge homozygote	$X(R)Y$ ♂ œil rouge	$X(b)X(R)$ ♀ œil rouge hétérozygote	$X(b)Y$ ♂ œil blanc

B) Deuxième croisement, croisement réciproque :

	♀ œil blanc $X(b)X(b)$	×	♂ œil rouge $X(R)Y$	
gamètes	$X(b)$	$X(b)$	$X(R)$	Y
F_1	$X(b)X(R)$ ♀ œil rouge		$X(b)Y$ ♂ œil blanc	
gamètes de la F_1	$X(b)$	$X(R)$	$X(b)$	Y
F_2	$X(b)X(b)$ ♀ œil blanc homozygote	$X(b)Y$ ♂ œil blanc	$X(R)X(b)$ ♀ œil rouge hétérozygote	$X(R)Y$ ♂ œil rouge

L'hypothèse rend compte des résultats observés. L'unique chromosome *X* des mâles provient toujours de leur mère, ce qui explique la ressemblance de la mère et de ses fils; chez ces derniers, les gènes portés par *X* se manifestent toujours même s'ils sont récessifs, puisqu'aucun allèle correspondant n'existe.

Ce mode d'hérédité est appelé *hérédité liée au chromosome sexuel* ou *hérédité sex-linked* (il ne s'agit aucunement d'un caractère propre à un sexe, comparable à un caractère sexuel secondaire); ces caractères sont liés à la distribution des chromosomes *X* et *Y*. Ce type d'hérédité régit la transmission de plus de soixante caractères chez la Drosophile, de divers caractères chez les Poissons et les Mammifères.

Voici l'exemple des Chats bicolores *(fig. 12)*; le croisement de deux Chats, l'un noir et l'autre orangé, produit

FIG. 12 — TRANSMISSION D'UN CARACTÈRE SEX-LINKED : CROISEMENT D'UN CHAT NOIR ET D'UNE CHATTE ORANGÉE.

La descendance se compose de Chats orangés et de Chattes bicolores; le noir et l'orange s'exprime en mosaïque.

des mâles toujours de la couleur de la Chatte et des femelles bicolores, les deux couleurs noire et orange s'exprimant côte à côte, sans se dominer, c'est-à-dire en mosaïque; ainsi un Chat bicolore ou tricolore (par addition d'une panachure blanche) est obligatoirement une Chatte. En réalité, il existe de très rares mâles bicolores, presque toujours stériles et à psychologie de castrats; un mâle tricolore fécondé s'est comporté dans un croisement comme un mâle orangé (ces mâles seraient peut-être des femelles génétiques, inversées, comparables à des free-martins). Le croisement s'explique facilement si l'on pose que la couleur est déterminée par un gène du chromosome X (N = noir, O = orange) :

	♂ noir $X(N)Y$	×	♀ orange $X(O)X(O)$	
Gamètes	$X(N)$	Y	$X(O)$	$X(O)$
F_1	$X(N)X(O)$ ♀ bicolore		$X(O)Y$ ♂ orange	

Pendant longtemps le petit chromosome Y a été considéré comme dépourvu de gènes; « il est vide » avait dit Morgan; mais parfois il renferme quelques gènes; un petit Poisson de Trinidad, *Lebistes reticulatus,* en fournit un exemple; le mâle de la race *maculatus* présente, sur la nageoire dorsale, une tache noire dont la transmission est liée au chromosome Y; le mâle *maculatus* transmet son caractère à tous ses fils et jamais à ses filles; le mâle d'une autre race ne possède pas cette tache. Certains gènes localisés sur le chromosome Y humain sont connus (voir p. 1066).

ANIMAUX DU SECOND GROUPE

Appartiennent au second groupe les Tritons, une Salamandre américaine, certains Insectes, notamment les Papillons; à l'inverse de ce qui se passe chez les animaux du premier groupe, le mâle est homogamétique et possède deux chromosomes sexuels semblables ZZ; il donne des spermatozoïdes tous porteurs de Z; la femelle, hétérogamétique, possède deux hétérochromosomes différents WZ; elle produira deux types d'ovules, les uns renfermant W et les autres Z.

Chaque fois qu'au hasard un spermatozoïde porteur de Z fécondera un ovule porteur de W, le zygote ZW donnera une femelle; de même, chaque fois qu'un spermatozoïde porteur de Z fécondera un ovule porteur de Z, le zygote ZZ donnera un mâle.

Les croisements entre certaines races de volailles mettent en évidence ce type d'hérédité. Croisons les races Plymouth Rock barré (à plumage foncé barré de marques blanches) et Langshan (à plumage noir uniforme); le plumage barré B domine le plumage noir uniforme n.

A) Premier croisement : Coq Langshan et Poule Plymouth Rock barrée *(fig. 13)*.

Parents	♂ uniforme $Z(n)Z(n)$	×		♀ barrée W $Z(B)$
Gamètes	$Z(n)$	$Z(n)$	W $Z(B)$	
F_1		$Z(n)Z(B)$ ♂ barré	$W\,Z(n)$ ♀ uniforme	
Gamètes de la F_1	$Z(n)$	$Z(B)$	W	$Z(n)$
F_2	$Z(n)Z(n)$ ♂ uniforme	$Z(B)Z(n)$ ♂ barré	$Z(n)\,W$ ♀ uniforme	$Z(B)\,W$ ♀ barrée

B) Deuxième croisement (croisement réciproque) : Coq Plymouth Rock barré et Poule Langshan *(fig. 14)*.

Parents	♂ barré $Z(B)Z(B)$	×		♀ uniforme $WZ(n)$
Gamètes	$Z(B)$	$Z(B)$	W	$Z(n)$
F_1		$Z(B)Z(n)$ ♂ barré	$WZ(B)$ ♀ barrée	
Gamètes de la F_1	$Z(B)$	$Z(n)$	W	$Z(B)$
F_2	$Z(B)Z(B)$ ♂ barré	$Z(n)Z(B)$ ♂ barré	$WZ(n)$ ♀ uniforme	$WZ(B)$ ♀ barrée

Dans la F_1 du premier croisement, les Coqs sont barrés comme la mère et les Poules sont uniformes comme le père; dans le second croisement, mâles et femelles de la F_1 sont barrés et la F_2 montre une proportion mendélienne mais le récessif uniforme étant toujours du sexe femelle révèle une hérédité sex-linked.

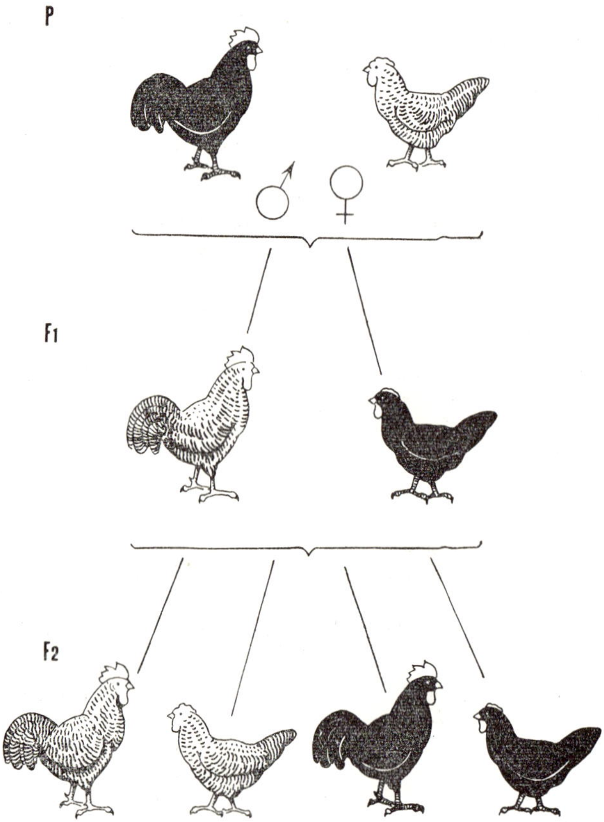

Fig. 13 — Croisement entre un Coq Langshan a plumage noir uniforme et une Poule Plymouth Rock barrée.

Explication dans le texte. F_1, première génération filiale; F_2, deuxième génération filiale; P, parents.

Des mosaïques analogues à celles des Chats bicolores s'observent dans d'autres croisements : ♂ Leghorn doré × ♀ Dorking argentée ou Coucou de Malines, ♂ Rhode Island rouge × ♀ Light Sussex blanc; les Coqs portent un plumage mosaïque, mélange des races croisées et les Poules sont toujours patroclines. Ces croisements sont utilisés par les éleveurs pour éliminer dès la naissance les Coqs; par exemple, le croisement du Coq rouge Rhode Island avec une Poule blanche Sussex donne des poussins mâles blancs et des poussins femelles rouges. En effet le plumage blanc domine le plumage rouge et les gènes de

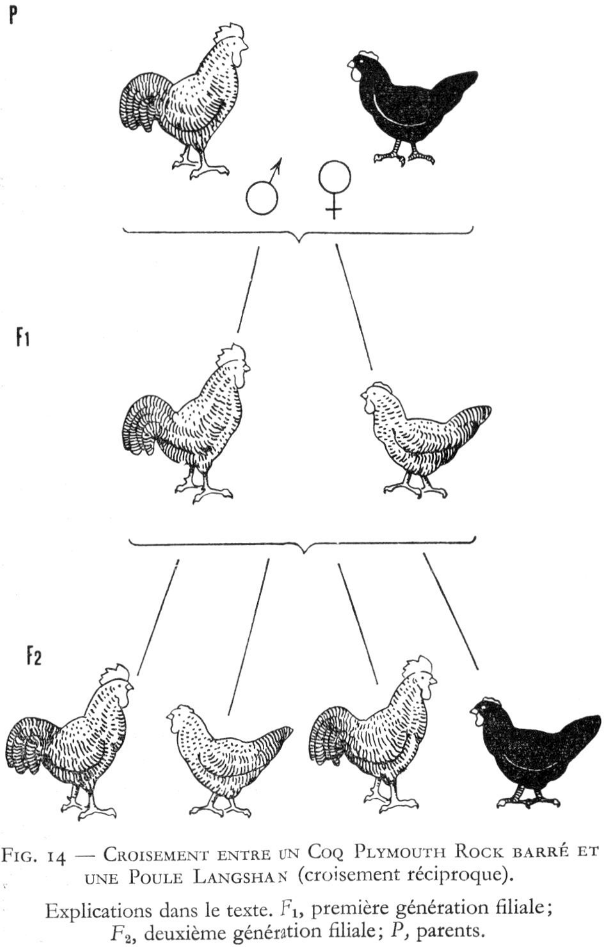

FIG. 14 — CROISEMENT ENTRE UN COQ PLYMOUTH ROCK BARRÉ ET UNE POULE LANGSHAN (croisement réciproque).

Explications dans le texte. F_1, première génération filiale; F_2, deuxième génération filiale; *P*, parents.

la couleur sont situés sur le chromosome sexuel *Z* : le croisement du Coq rouge avec la Poule blanche se présente ainsi :

Parents	♂ $Z(r)Z(r)$	×	♀ $WZ(B)$
Gamètes	$Z(r)$ $Z(r)$		W $Z(B)$
F_1	$Z(r)W$		$Z(r)Z(B)$
	Poule rouge		Coq blanc

Chez le Pigeon, le caractère soyeux des plumes, leur coloration chocolat, sont également des caractères portés par le chromosome sexuel *Z*.

L'expérience met donc en évidence que certains caractères héréditaires, dont la répartition est liée au sexe parental, suivent au cours des générations le sort du chromosome sexuel unique *X* chez le mâle (type Drosophile) ou *Z* chez la femelle (type Oiseau).

Une sorte de contre-épreuve de l'exactitude de cette hypothèse de l'hérédité sex-linked est fournie par les anomalies résultant du comportement du chromosome *X*, par exemple leur non-disjonction, ce qui revient à une absence de réduction des *X* lors de la méiose; le croisement des Drosophiles femelles à yeux blancs avec des mâles à yeux rouges (deuxième croisement, p. 873) donne en F_1 50 % de femelles à yeux rouges comme le père et 50 % de mâles à yeux blancs comme la mère; mais parfois apparaissent quelques femelles à yeux blancs et quelques mâles à yeux rouges. Comment expliquer ce fait ? On peut imaginer que dans ces exceptions les chromosomes *X* ne se sont point disjoints et que tous deux ont passé dans le même ovule, l'autre en étant dépourvu (voir *fig. 35*); dans ce cas le diagramme du croisement serait ainsi :

Parents	♀ œil blanc $X(b)X(b)$	×	♂ œil rouge $X(R)Y$	
Gamètes	$X(b)X(b)$	.	$X(R)$	Y
F_1	$X(b)X(b)X(R)$ ♀ œil rouge (3X)	$X(b)X(b)Y$ ♀ œil blanc	$.X(R)$ ♂ œil rouge	$.Y$ non viable

La composition de la F_1 répond aux résultats observés, et comporte des femelles à œil blanc exceptionnelles et des mâles à œil rouge exceptionnels. L'examen cytologique a confirmé le bien-fondé de l'interprétation : les femelles à œil rouge possèdent en effet 3*X*, les femelles à œil blanc, 2*X*, les mâles à œil rouge, 1*X* et 2*Y* (provenant de la fécondation d'un ovule *X(b)Y* par un spermatozoïde *Y*).

Une autre anomalie correspond à la soudure des deux chromosomes *X* qui, lors de la méiose, sont incapables de se séparer et passent ensemble dans le même ovule. Ce cas, très proche du précédent quant au mécanisme, a été analysé par Mme L. V. Morgan, au cours d'un croisement d'une lignée de Drosophile femelle à abdomen jaune (yellow = *j*), caractère sex-linked, avec un mâle normal (abdomen de couleur fauve = *F*). Le croisement devrait donner en F_1 50 % de femelles du type sauvage et 50 % de mâles à abdomen jaune; or il produit presque l'inverse : voici le diagramme du croisement :

Parents	♀ abdomen jaune *X(j)X(j)*	×	♂ abdomen normal *X(F)Y*	
Gamètes	*X(j)X(j)*	.	*X(F)*	*Y*
F_1	*X(j)X(j)X(F)* abdomen normal	*X(j)X(j)Y* abd. jaune	.*X(F)* abd. normal	.*Y* non viable

L'examen cytologique a découvert les *X* soudés par une extrémité; on a même réussi par l'action des rayons X à supprimer cette soudure anormale, immédiatement le comportement des caractères sex-linked est redevenu normal. De semblables anomalies sont également connues chez l'homme.

Ces caractères à hérédité sex-linked qui suivent aussi exactement le sort des chromosomes sexuels constituent une nouvelle démonstration de la théorie chromosomique de l'hérédité; les gènes qui les déterminent sont logés dans les chromosomes sexuels, d'où l'expression sex-linked qui n'est nullement synonyme d'enchaîné au sexe; ces caractères sont présents aussi bien chez le mâle que chez la femelle. Il ne faut pas confondre ces caractères sex-linked avec les caractères contrôlés par le sexe (voir p. 924).

La théorie chromosomique de l'hérédité a donc pour corollaire la théorie chromosomique du sexe; la détermination du sexe est assurée par la formation chez l'un des parents de deux types de gamètes : spermatozoïdes *X* et

Y chez les animaux du premier groupe, ovules *Z* et *W* chez les animaux du second groupe. Il est parfois difficile de ranger certains animaux dans l'un ou l'autre groupe, notamment les Amphibiens. C'est pourquoi il convient de rappeler les belles expériences de R. Humphrey sur une Salamandre américaine, l'Axolotl.

Par la greffe embryonnaire, Humphrey transforme une femelle de Salamandre en mâle; le testicule, prélevé sur un embryon mâle et transplanté sur une larve femelle, modifie chez cette dernière la destinée de la glande génitale qui évolue en testicule au lieu de donner un ovaire. L'inversion du sexe accomplie, on retire le greffon. Lorsque la larve masculinisée a atteint l'âge de reproduction, on l'accouple à une femelle normale; on réalise ainsi l'union de deux femelles génétiques, car la femelle masculinisée a conservé son génotype primitif. La descendance des deux femelles compte soixante-quinze femelles pour vingt-cinq mâles; la proportion sexuelle, sensiblement autant de mâles que de femelles, est modifiée. Mais la proportion observée est correcte si la Salamandre femelle produit deux sortes d'ovules *Z* et *W*; en effet dans ce cas le croisement se présente ainsi :

Parents		♀ normale *Z W*	×	♀ masculinisée *Z W*
Gamètes	*Z*	*W*	*Z*	*W*
F_1	*ZZ*	*Z W*	*W Z*	*W W*

Les trois combinaisons renfermant *W* doivent produire des femelles, seule la combinaison *ZZ* donnera un mâle; la proportion trois femelles pour un mâle est conforme aux résultats obtenus. L'Axolotl appartient donc aux animaux du second groupe. Les femelles *W W* n'existent pas dans la nature; croisées avec des mâles *ZZ*, elles n'engendreront que des femelles *ZW*; Humphrey a identifié ces femelles *WW* qui correspondent au tiers de la descendance féminine.

Gallien (1951) a réalisé la contre-épreuve des expériences d'Humphrey; il a montré que le croisement de deux mâles génétiques *ZZ* de Pleurodèle produit exclusivement des mâles *(ZZ)*.

Ces expériences sont totalement démonstratives pour confirmer la théorie chromosomique du sexe.

ASSOCIATION ET RECOMBINAISON DES FACTEURS — LINKAGE ET CROSSING-OVER

Les résultats de certains croisements semblent en contradiction avec la règle de ségrégation indépendante des facteurs; certains couples de caractères ne se transmettent pas indépendamment, mais passent solidairement à la descendance.

L'exemple classique est fourni par le croisement d'une Drosophile normale, grise à ailes longues *GGLL*, avec une Drosophile noire à ailes vestigiales *nnvv;* les caractères noir *(n)* et vestigial *(v)* sont récessifs. En F_1 on obtient des hybrides gris à ailes longues *GnLv*. Le croisement d'un de ces hybrides mâles avec une femelle noire vestigiale *nnvv* donne 50 % de grises à ailes longues et 50 % de noires à ailes vestigiales, reproduisant les types grand-parentaux. Ce résultat est imprévu; en effet, d'après la loi de ségrégation, l'hybride aurait dû former quatre sortes de gamètes *GL, Gv, Ln, nv,* et la femelle une sorte de gamètes *nv;* la fécondation produisait donc les quatre combinaisons suivantes : *GLnv, Gvnv, Lnnv, nvnv,* c'est-à-dire, à quantité égale, un individu gris, ailes longues — un individu gris, ailes vestigiales — un individu noir, ailes longues — un individu noir, ailes vestigiales. La différence des résultats provient évidemment du nombre de types de gamètes.

Les caractères, associés chez les parents, le demeurent dans les gamètes de l'hybride qui ne formera que deux types de gamètes *GL* et *nv*. Tout se passe comme si le gène de la couleur du corps était lié à celui de la longueur des ailes; cette *liaison* ou *linkage* s'expliquerait par le fait que les deux gènes sont situés dans le même chromosome. Morgan, qui a exposé le premier cette hypothèse, interprète ainsi le croisement :

hybrides	♂ *GnLv*	×	♀ *nvnv*
Gamètes	*GL* *nv*		*nv* *nv*
F_2	*Glnv* grise à ailes longues		*nvnv* noire à ailes vestigiales

Le croisement produit 50 % de Mouches grises à ailes longues et 50 % de Mouches noires à ailes vestigiales.

La ségrégation indépendante des gènes n'est effective que lorsqu'ils sont localisés dans des chromosomes différents. Dans les espèces possédant un petit nombre de chromosomes mais offrant des races mendéliennes nombreuses, il est indispensable que beaucoup de gènes soient situés dans le même chromosome. Le principe même de la ségrégation n'est pas en défaut; il présente seulement un léger correctif.

On pouvait supposer que les gènes obéissaient à une attraction physique ou chimique; mais un autre croisement, convenablement choisi, montre l'inexactitude de la supposition. Croisons deux races de Drosophiles ayant les mêmes caractères mais groupés différemment, une Mouche noire à ailes longues, avec une Mouche grise à ailes vestigiales :

	Mouche noire, ailes longues *nLnL*		×	Mouche grise, ailes vestigiales *GvGv*	
Gamètes	*nL*	*nL*		*Gv*	*Gv*
F_1			*GnLv*		

La F_1 se composera d'hybrides gris à ailes longues. Le croisement de cet hybride avec une femelle doublement récessive donnera :

	♂ Mouche grise, ailes longues *GnLv*		×	♀ Mouche noire ailes vestigiales *nnvv*	
Gamètes	*Gv*	*Ln*		*nv*	*nv*
F_2		*Gvnv*	*Lnnv*		

La F_2 se composera donc de 50 % de Mouches grises à ailes vestigiales et de 50 % de Mouches noires à ailes longues reproduisant les types grand-parentaux. Dans ce croisement, il y a linkage entre les gènes *G* et *v* d'une part et entre *n* et *L* d'autre part; ces linkages sont différents de ceux du croisement précédent. *Le linkage est indépendant de la nature des gènes;* il n'obéit à aucune attraction ou répulsion. Lorsqu'il y a linkage les gènes ne sont plus autonomes et se transmettent solidairement.

Le linkage n'est pas limité à deux gènes, il intéresse un nombre quelconque de gènes; par exemple aux gènes *noir* et *vestigial* sont encore linkés les gènes *ailes ballonnées, œil pourpre, nervure plexiforme, poils en verticilles...* Tous ces gènes sont unis entre eux et s'il sont localisés sur le même chromosome, ils passeront tous ensemble.

Grâce à ces études de linkage, Morgan a pu préciser que les quatre cents gènes connus chez *D. melanogaster* se répartissent d'après les relations de linkage en quatre groupes correspondant aux quatre paires de chromosomes. Le premier groupe comprend une soixantaine de gènes situés sur l'hétérochromosome *X*; le deuxième groupe comprend une centaine de gènes localisés vraisemblablement dans une des paires de longs chromosomes; le troisième groupe compte aussi une centaine de gènes situés dans l'autre paire de longs chromosomes; enfin le quatrième groupe ne compte qu'une dizaine de gènes localisés dans la paire de chromosomes punctiformes. Il existe donc une relation non seulement entre le nombre haploïde de chromosomes et le nombre de groupes de gènes mais aussi entre le nombre de gènes et les dimensions relatives des chromosomes.

Cette double corrélation ne saurait être fortuite et s'observe dans d'autres cas dont voici quelques exemples :

Drosophila obscura : 5 paires de chromosomes, 32 mutations connues se répartissant en 5 groupes de linkage.

Drosophila virilis : 6 paires de chromosomes, 93 mutations connues se répartissant en 6 groupes de linkage (37, 15, 9, 12, 15, 5).

Drosophila simulans : 4 paires de chromosomes, 46 mutations connues se répartissant en 4 groupes de linkage (18, 13, 14, 1).

Drosophila willistoni : 3 paires de chromosomes, 50 mutations connues se répartissant en 3 groupes de linkage.

Maïs *(Zea mays) :* 10 paires de chromosomes, 165 mutations connues se répartissant en 10 groupes de linkage (14, 11, 15, 17, 22, 17, 17, 2, 28, 22).

Pois de senteur *(Lathyrus odoratus)* 7 paires de chromosomes et 7 groupes de linkage.

Dès que le nombre de chromosomes s'élève, le problème se complique; souvent le nombre de groupes de linkage observé est inférieur à celui des chromosomes; ces derniers sont évidemment beaucoup plus faciles à déceler que les gènes dont la présence se manifeste seulement par des mutations. Voici quelques exemples où les cas de linkage sont incomplètement connus :

Lapin :	22 paires de chromosomes,		8 groupes de linkage.		
Souris :	20 »	»	11 »	»	
Tomate :	12 »	»	10 »	»	
Orge :	7 »	»	3 »	»	

Le phénomène de linkage est général et s'observe aussi bien chez les plantes que chez les animaux. La ségrégation indépendante intervient pour les gènes situés sur des paires de chromosomes différents.

LINKAGE PARTIEL

Dans les croisements précédents, l'hybride choisi était un mâle qui fécondait une femelle doublement récessive; les mâles de Drosophile présentent en effet un phénomène de *linkage absolu;* mais il n'en est pas de même avec les femelles qui montrent seulement un *linkage partiel.*

Répétons le croisement précédent mais prenons une femelle hybride *GLnv* pour la croiser avec un mâle doublement récessif *nnvv;* le résultat prévu serait 50 % de Mouches grises à ailes longues et 50 % de Mouches noires à ailes vestigiales, comme le montre le tableau :

	♂ Mouche noire, ailes vestigiales *nn vv*		×	♀ Mouche grise ailes longues *GL nv*	
Gamètes	*nv*	*nv*		*GL*	*nv*
F_2		*GLnv*	*nvnv*		

Mais en réalité la descendance comprend 41,5 % de Mouches grises à ailes longues, 41,5 % de Mouches noires à ailes vestigiales, 8,5 % de Mouches grises à ailes vestigiales, 8,5 % de Mouches noires à ailes longues. Le linkage n'est plus absolu et n'existe que dans 83 % des cas. La femelle hybride a formé en majorité des gamètes *GL* et *nv* mais aussi quelques gamètes *Gv* et *nL* différents des autres et représentant une combinaison nouvelle ou *recombinaison.* Il ne s'agit pas d'un cas de ségrégation indépendante puisqu'il n'y a pas égalité numérique des quatre types de gamètes.

Comme dans le cas de linkage absolu, répétons le deuxième type de croisement; croisons une femelle hybride *GnLv* (mais dont les parents étaient une Mouche noire à ailes longues et une Mouche grise à ailes vestigiales) avec un mâle doublement récessif *nnvv;* le résultat attendu serait 50 % de Mouches grises à ailes vestigiales et 50 % de Mouches noires à ailes longues. En réalité la descendance comprend 41,5 % de Mouches grises à ailes vestigiales, 41,5 % de Mouches noires à ailes longues, 8,5 % de Mouches grises à ailes longues, 8,5 % de Mouches noires à ailes vestigiales. Dans ce cas comme dans le précédent, la femelle a formé, en majorité, des gamètes *Gv* et *Ln* mais aussi quelques gamètes *GL* et *nv* correspondant à une recombinaison. Il faut noter que le pourcentage des recombinaisons reste le même (17 %) dans les deux croisements; cette constance implique un mécanisme précis, responsable du phénomène de recombinaison. Le phénomène est général; le linkage est absolu quand la transmission s'effectue par le mâle; le linkage est partiel, avec un taux déterminé d'exceptions quand la transmission s'effectue par la femelle. Le pourcentage des recombinaisons varie avec les gènes considérés; chez la Drosophile, il oscille de 1 à 44 % selon les groupes de linkage considérés.

THÉORIE DU CROSSING-OVER (ENJAMBEMENT)

Pour expliquer ces phénomènes, Morgan a émis l'hypothèse du crossing-over : puisque les faits de linkage résultent de la localisation des gènes sur un même chromosome, la rupture de cette liaison pourrait provenir d'un échange de parties entre les chromosomes homologues de l'hybride. Cet échange de segment *(crossing-over)* s'effectuerait pendant la méiose lorsque les chromosomes homologues sont accolés et qu'ils s'entrecroisent. Ils se coupent à ce niveau; l'extrémité d'un chromosome se soude à l'autre partie du second chromosome. Si les deux chromosomes homologues portaient les deux gènes *GL* et *nv (fig. 15)* après le crossing-over, la paire chromosomique nouvellement formée renferme les gènes *Gv* et *nL* correspondant aux formules des recombinaisons.

La probabilité pour que le point d'entrecroisement *(chiasma)* tombe entre *G* et *L* d'une part, et entre *n* et *v* d'autre part, eѕt proportionnelle à leur écartement; en effet si *G-L* et *n-v* sont très distants l'un de l'autre, tout crossing-over réalisé entre les gènes provoquera la recombinaison *Gv* et *nL*. Si au contraire *G-L* et *n-v* sont très rapprochés, la chance que le point de rupture passe entre les gènes est très faible; la majorité des crossing-over s'effectuera au-delà des gènes considérés et ne modifiera pas leur linkage. Le pourcentage de recombinaison des

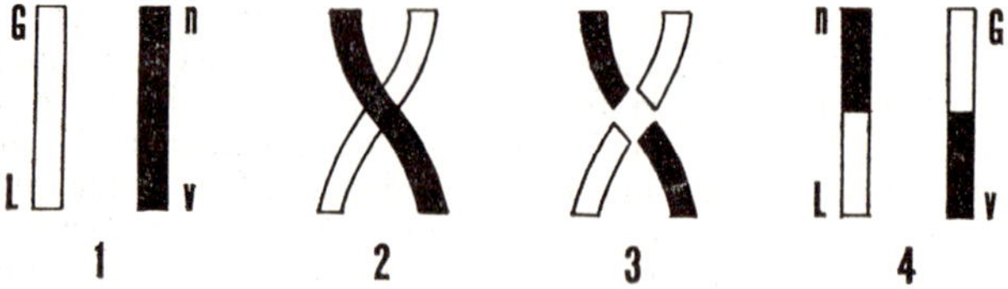

FIG. 15 — REPRÉSENTATION SCHÉMATIQUE D'UN CROSSING-OVER.
Les deux chromosomes homologues (1) portent les gènes *GL* et *nv*; après le crossing-over, la paire de chromosomes nouvellement formée (4) renferme les gènes *Gv* et *nL*.

gènes est donc fonction de leur distance linéaire. Réciproquement, le taux plus ou moins élevé des crossing-over renseigne sur la distance séparant les gènes considérés. Cette audacieuse conception de Morgan et de Sturtevant a permis de dresser la carte génique des chromosomes.

CARTE DES CHROMOSOMES

L'étude méthodique du linkage des divers couples de gènes permet de préciser la place ou *locus* occupé par les gènes.

Soit deux gènes *A* et *B* du même chromosome qui donnent environ 5 % de recombinaisons; *A* et *B* sont assez proches puisque le point de rupture passe rarement entre eux. Soit encore, sur le même chromosome, le gène *C* qui donne avec *B* environ 30 % de crossing-over; *C* doit être très éloigné de *B* et aussi de *A;* or, l'expérience donne 34 % environ de crossing-over entre *A* et *C,* c'est-à-dire à peu près la somme des deux autres pourcentages. Si l'on dresse un plan du chromosome en question, on placera à la suite *A, B* et *C* en les séparant par des intervalles respectifs de 5 et de 30 unités conventionnelles (l'unité de distance correspond à 1 % de crossing-over).

Voici un exemple fourni par le chromosome *X* de la Drosophile *(fig. 16) : yellow body coulour* présente avec *white eye* 1,5 % de crossing-over; *white eye* avec ailes bifides 5,4 %; *yellow* avec ailes bifides 6,9 %; or 6,9 = 1,5 + 5,4, donc *Y* et *A* sont à deux extrémités; *echinus* avec ailes bifides donne en moyenne 1,4 % et avec *white eye*, 4; or 5,4 = 4 + 1,4, donc *E* se trouve entre *W* et *A*.

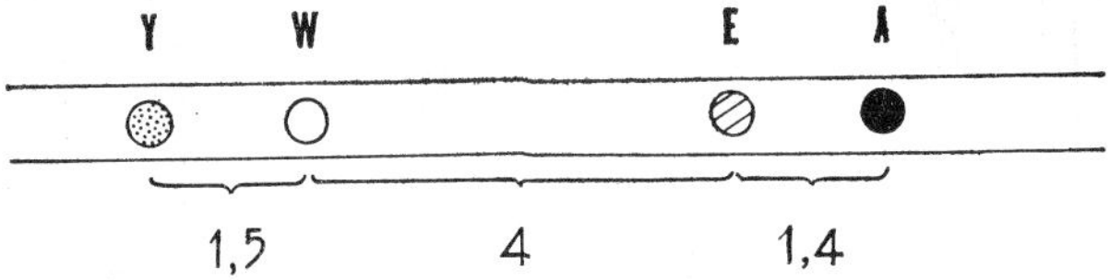

FIG. 16 — CARTE D'UNE PORTION DU CHROMOSOME X DE LA DROSOPHILE.

A, ailes bifides; *E, echinus; Y, yellow body; W, white eye.*

Les croisements répétés ont confirmé les valeurs obtenues par ce raisonnement; la distribution linéaire des gènes semble bien établie. En procédant ainsi, avec les gènes connus et par recoupements, on construit une carte montrant les dispositions relatives des divers gènes linkés. C'est ainsi que Morgan, Bridges, Sturtevant, Muller ont dressé la carte des quatre chromosomes de *D. melanogaster*. Une carte n'est jamais définitive; il faut y intégrer les gènes commandant les mutations récemment apparues; la carte des chromosomes de *D. melanogaster* a déjà subi plusieurs révisions. Pour beaucoup d'espèces, seuls des fragments de cartes de chromosomes sont construits; le travail est difficile par suite du petit nombre de linkages connus et du linkage partiel dans les deux sexes.

La question des linkages absolu et partiel est encore fort obscure; il semblait que dans le sexe hétérogamétique (mâle de Drosophile, femelle de Papillon) le linkage était absolu; tandis que dans le sexe homogamétique (femelle de Drosophile, mâle de Papillon) le linkage était partiel.

Mais de nombreuses exceptions à ces concordances ont été observées et les recombinaisons se manifestent dans les deux sexes de nombreuses espèces végétales et animales. Le linkage est toujours absolu chez les sujets haploïdes (Mousse, mâle de l'Hyménoptère *Habrobracon juglandis*).

Jusqu'à présent, seuls les crossing-over simples ont été considérés; mais certains croisements montrent l'existence de crossing-over doubles, triples et même quadruples *(fig. 17)*. Les crossing-over doubles et quadruples sont incompatibles avec les recombinaisons puisque, malgré les

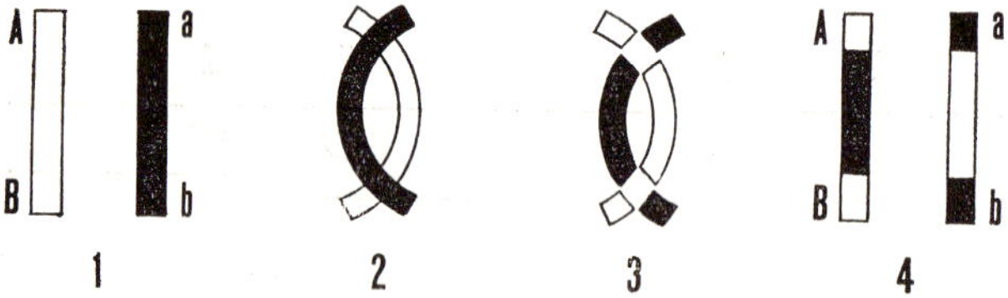

FIG. 17 — REPRÉSENTATION SCHÉMATIQUE D'UN DOUBLE CROSSING-OVER.

Les deux chromosomes homologues (1) portent à leurs extrémités les gènes *AB* et *ab*; après le crossing-over, ces mêmes gènes (4) sont demeurés dans le même chromosome.

modifications subies par les chromosomes, une grande partie des gènes *A-B* et *a-b*, par exemple, restent dans le même chromosome. Le crossing-over triple entraîne un linkage partiel avec un pourcentage de recombinaisons. Pratiquement les crossing-over triples et quadruples sont rares; les doubles sont assez fréquents et apportent une cause d'erreur, par la suppression des phénomènes de recombinaison, dans l'évaluation des distances des gènes et partant dans l'établissement des cartes géniques. Les cas ne répondant pas aux prévisions correspondent à des crossing-over doubles, ce qui confirme l'exactitude de l'hypothèse du crossing-over. En voici un exemple simple : chez la Drosophile les gènes *ruby*, *cut* et *vermillon* sont disposés sur le chromosome *X;* des croisements adéquats montrent, entre *ruby* et *vermillon*, 29,4 % de recombinaisons; les deux gènes seraient séparés par une distance de 29,4 unités. Mais en réalité, quinze crossing-over doubles se sont réalisés à la suite desquels les gènes sont demeurés dans le même chromosome; trente échanges (15 × 2) sont donc passés inaperçus par manque de recombinaisons; le nombre réel de recombinaisons passe de 29,4 à 31,2 % et 31,2 unités sépare les deux gènes; la première estimation était fausse de 5,7 unités.

La fréquence des crossing-over varie avec les diverses régions du chromosome; les régions hétérochromatiques semblent défavorables à la réalisation des crossing-over; l'âge des femelles, la température, les rayons *X* modifient également leur pourcentage. L'action de ces facteurs est encore mal connue, mais il en ressort une notion pratique; pour déterminer des valeurs de crossing-over, il est indispensable d'expérimenter toujours dans les mêmes conditions de température (24-25°), de nutrition et avec des animaux de même âge, afin d'éviter les causes d'erreur. Les modifications chromosomiques (déficience, translocation, (p. 966 et suivantes) réduisent généralement le taux du crossing-over.

Cette conception du linkage et du crossing-over confirme la structure du chromosome, composé d'une file de gènes occupant une place déterminée et exerçant une action précise.

CHROMOSOMES GÉANTS DES GLANDES SALIVAIRES

Dès 1881, Balbiani avait signalé des noyaux géants dans les cellules des glandes salivaires du Diptère *Chironomus plumosus;* ces noyaux renfermaient « un cordon cylindrique diversement enroulé sur lui-même, présentant des stries transversales obscures, alternant d'une manière assez régulière avec des bandes d'une substance intermédiaire claire ». Ces formations furent successivement trouvées chez d'autres Diptères *(Bibio, Sciara, Simulium, Drosophila...)*. En 1933 Painter établissait la corrélation entre la structure des noyaux géants et les chromosomes des cellules germinales.

Dans ces noyaux géants, les chromosomes sont apparemment toujours en nombre haploïde, mais chacun d'eux se compose de deux chromosomes homologues intimement accolés sur toute la longueur; chaque filament est donc bivalent. Si les chromosomes possèdent une forme en bâtonnet avec attachement terminal, il y aura donc autant de filaments bivalents que de paires de chromosomes. Mais si les chromosomes ont une forme de *V* avec un attachement médian, les deux branches du *V* prennent l'allure de filaments indépendants; c'est ce qui se passe pour *D. melanogaster* dont les chromosomes géants des glandes salivaires présentent l'aspect suivant *(fig. 18)* : à partir d'une masse centrale, le chromocentre formé d'hétérochromatine (à peu près génétiquement inactif), rayonnent cinq longs filaments et un sixième court et renflé; il devrait y avoir quatre filaments bivalents, mais les chromosomes II et III, étant en *V*, possèdent chacun deux branches; l'image s'interprète donc ainsi : le filament court correspond aux deux chromosomes IV punctiformes; les deux chromosomes *X* de la femelle sont représentés par un filament long; les quatre filaments restants sont à partager entre les chromosomes II et III, deux filaments appartenant à chacun d'eux et coïncidant avec les deux branches du *V*. Les divers chromosomes mesurent : chromosome *X*, 220μ, chromosome II, 460μ (215 et 245μ pour chaque branche), chromosome III, 485μ (210 et 275μ pour chaque branche), chromosome IV, 15μ, soit une longueur totale de 1180μ alors que dans le noyau d'une cellule germinale la longueur correspondante des chromosomes est de 7,5μ; les chromosomes des glandes salivaires sont donc environ 157 fois plus longs que ceux des ovogonies par exemple. Cette exceptionnelle longueur résulte d'un déroulement au maximum, alors que les chromosomes ordinaires sont toujours plus ou moins rétractés. L'augmentation d'épaisseur provient de la multiplicité des chromonémas dont ils sont formés.

En effet, fixés, colorés au Feulgen et observés à un fort grossissement, les chromosomes géants montrent une striation transversale résultant de l'alternance de bandes sombres riches en acide désoxyribonucléique et de bandes claires qui en sont dépourvues. La largeur et l'épaisseur de ces bandes varient avec les divers chromosomes; mais elles sont constantes pour un chromosome donné d'une espèce. Le chromosome géant est considéré comme une sorte de câble composé de plusieurs chromonémas enroulés en spirale lâche. La juxtaposition des chromomères homologues de chacun des chromonémas du

Fig. 18 — Les chromosomes géants des glandes salivaires de *Drosophila melanogaster* femelle.

II D, bras droit du chromosome II; II G, bras gauche du chromosome II; III D, bras droit du chromosome III; III G, bras gauche du chromosome III; IV, chromosome IV; *X*, chromosome sexuel *X*.

faisceau donne l'impression de la striation. Le nombre de chromomères renfermé dans un chromosome géant est encore sujet à discussion. Les chromosomes géants paraissent donc provenir d'une multiplication sur place, non suivie de la séparation des filaments-fils; ils constituent des chromosomes *polytènes*.

La constance du nombre et de la disposition des stries sur chaque chromosome a facilité l'établissement des cartes cytologiques détaillées des chromosomes; actuellement plus de cinq mille bandes sont identifiées et numérotées. Ce travail délicat a été réalisé sur les chromosomes de *D. melanogaster*. Pour favoriser un repérage minutieux, les chromosomes ont été divisés en cents parties; les divisions de 0 à 20 correspondent aux chromosomes *X*, de 20 à 60, aux chromosomes II, de 60 à 100 pour les autres chromosomes; chacune des divisions est partagée en parties *A, B, C, D, E, F* et, dans chacune de ces subdivisions, les bandes transversales sont numérotées. Chacune possède une dénomination précise, 14 A_3 du chromosome *X*, 64 D_1 du bras gauche du chromosome III...

De nombreux généticiens se sont appliqués à rechercher si une corrélation quelconque se manifestait entre les sériations transversales des chromosomes géants et les locus attribués aux différents gènes dans les cartes chromosomiques. Les accidents variés de l'architecture des chromosomes (déficience, translocations, inversions, duplications, p. 964 et suivantes), qui se traduisent par des modifications visibles, sont rigoureusement localisés dans certaines bandes; il existe donc une correspondance précise entre ces bandes et les locus des gènes responsables des mutations notées chez la Drosophile.

La mutation *bar*, qui affecte l'œil, est un caractère héréditaire sex-linked, semi-dominant; elle constitue un exemple clair et typique des résultats apportés par l'examen attentif des chromosomes géants. Les yeux ronds des Drosophiles sauvages possèdent une surface totalement garnie d'ommatidies; les individus à œil *bar* portent des yeux dont les ommatidies sont localisées à une bande transversale *(fig. 19)*. Dans une lignée *bar* le type sauvage réapparaît parfois; cette réversion s'observe en moyenne chez un individu sur mille six cents; une lignée peut également engendrer très rarement des individus *ultra-bar* (ou double bar) dans la proportion de un sur vingt-huit mille. Le type *double-bar* est susceptible de faire retour aux types *bar* et sauvage. On estime que l'œil d'une femelle sauvage compte 780 ommatidies, celui d'une femelle bar hétérozygote 358, celui d'une femelle bar homozygote 68, celui d'une femelle double-bar hétérozygote 45, celui d'une femelle double-bar homozygote, 25.

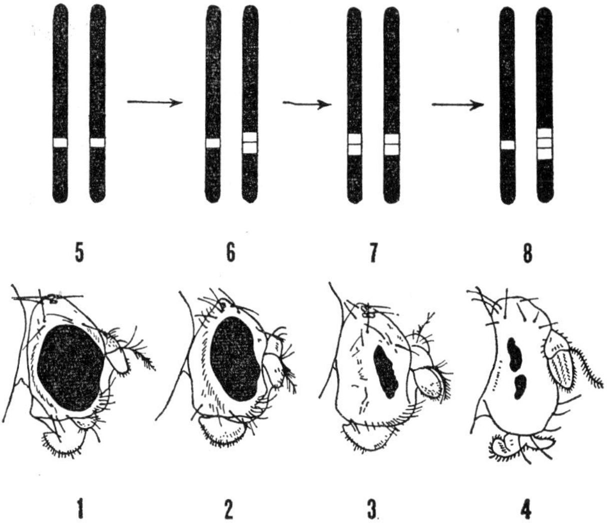

FIG. 19 — LES YEUX DE *Drosophila melanogaster* (d'après Bridges).

1, œil normal à 780 facettes; 2, œil *bar* hétérozygote à 358 facettes; 3, œil *bar* homozygote à 68 facettes; 4, œil double *bar* à 45 facettes; 5, 6, 7, 8, la paire de chromosomes homologues portant le gène *bar* représenté en blanc; la duplication, la triplication du gène *bar* entraîne une diminution du nombre des facettes.

Comment interpréter ces phénomènes? Différentes solutions plus ou moins satisfaisantes ont été proposées; Bridges, Muller et ses collaborateurs ont résolu le problème. Ils ont constaté que le chromosome *X* de la forme sauvage contient au niveau d'un renflement six bandes dans le secteur 16 *A* (*fig.* 20). La mutation *bar* correspond à une duplication de faible étendue, car dans un renflement de même forme, mais plus important, les six bandes précédentes se répètent dans un ordre normal. Dans la mutation *double-bar*, le chromosome renferme trois fois la série des six bandes. Les types sauvages, nés par réver-

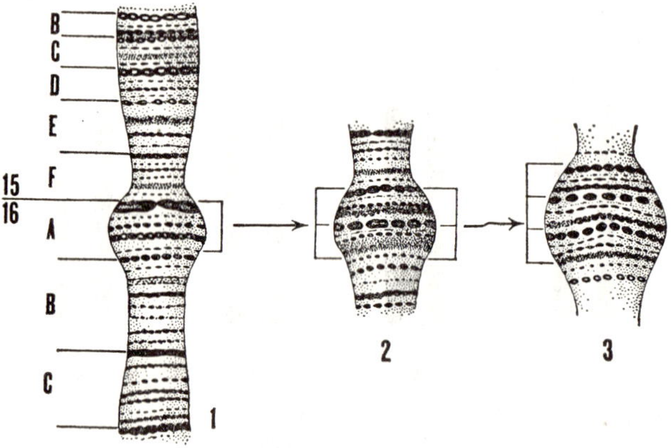

FIG. 20 — LA RÉGION *bar* DU CHROMOSOME *X* DES GLANDES SALIVAIRES DE *Drosophila melanogaster*.

1, Drosophile normale; 2, Drosophile *bar*; 3, Drosophile double-*bar*.

sion, n'ont que six bandes, comme les formes sauvages normales. Les trois formes possèdent donc les formules suivantes :

sauvage : 16 *A* – 1, 2, 3, 4, 5, 6.
mutant-bar : 16 *A* – 1, 2, 3, 4, 5, 6 – 1, 2, 3, 4, 5, 6.
mutant double-bar : 16 *A* – 1, 2, 3, 4, 5, 6 – 1, 2, 3, 4, 5, 6. – 1, 2, 3, 4, 5, 6.

Comment expliquer le retour d'un mutant-bar à une forme sauvage? Cette réversion s'effectue à la suite d'un crossing-over inégal entre deux chromosomes *bar* au niveau de la zone 16 *A*, la rupture se plaçant pour un chromosome entre les deux séries de six bandes et pour l'autre en avant ou en arrière de ces deux séries; il en résultera un chromosome avec six bandes (forme sauvage) et un chromosome avec trois séries de six bandes (mutation double-bar).

Par cette méthode, on arrive donc à voir les gènes et

leurs rapports topographiques. Les gènes sont localisés sur les bandes sombres riches en chromatine. Par les ultraviolets, Caspersson a mis en évidence, dans ces bandes, la présence d'acide désoxyribonucléique, constituant essentiel de la chromatine.

L'examen des chromosomes géants permit d'établir d'autres corrélations entre les mutations visibles morphologiquement et la structure intime du chromosome. La mutation dominante *plexate*, qui produit des nervures plexiformes, résulte d'une déficience (voir p. 966) dans le chromosome II, déficience correspondant à une douzaine de bandes entre 60 B_7 et 60 D_1. La mutation dominante *notopleural*, qui affecte les poils notopleuraux, la forme des ailes, la fécondité des femelles, résulte aussi d'une déficience dans le bras droit du chromosome II (voir p. 966). Les chromosomes géants favorisèrent l'étude précise des inversions, translocations... (voir p. 964). Ils apportent aussi de précieux renseignements sur les variétés d'une même espèce, sur les espèces alliées, sur les hybrides d'espèces. Des « réarrangements de gènes » se rencontrent non seulement entre espèces voisines, mais aussi entre races d'une même espèce. Certains chromosomes semblent plus sujets aux anomalies structurales; le chromosome III de *Drosophila pseudo-obscura* compte dix-sept réarrangements alors qu'ils sont plus rares dans les autres chromosomes (voir p. 996).

L'étude des chromosomes géants des glandes salivaires de Diptères présente donc une importance considérable; leur structure cytologique réelle coïncide avec leur structure hypothétique déduite expérimentalement. L'équivalence des cartes génétiques de linkage et des cartes cytologiques des chromosomes constitue un argument sérieux pour la théorie chromosomique de l'hérédité. Comme le dit le biologiste américain Sturtevant « les corrélations entre la carte génétique des chromosomes et leur structure visible sont maintenant établies avec une précision dans les détails dont on n'aurait pas osé rêver, il y a seulement quelques années ».

GÉNÉTIQUE PHYSIOLOGIQUE

Elle étudie les modalités des manifestations géniques, c'est-à-dire comment les gènes réalisent les caractères héréditaires (physiologie du gène) et l'effet du milieu sur l'expression du gène (phénogénétique).

Cette branche de la génétique, loin d'être rigoureusement isolée, interfère non seulement avec les génétiques formelle et évolutive, mais aussi avec diverses disciplines biologiques, notamment la biochimie (pigment, protides, enzymes...), l'embryologie, l'endocrinologie.

PHYSIOLOGIE DU GÈNE

La présence d'un gène se manifeste à la suite d'une mutation, changement brusque d'emblée héréditaire (voir p. 947); deux génotypes identiques détermineront, dans un milieu de référence donné, le même phénotype; mais l'un des gènes, par exemple *A,* commandant la couleur rouge de l'œil, peut muter (se transformer) en *a* de telle sorte que l'homozygote *aa* possède un œil abricot; cette différence de coloration permettra d'identifier le gène en question. La connaissance des gènes est donc fonction du nombre des mutations qu'ils ont subies; or la mutation spontanée est relativement rare et fort souvent récessive; pour qu'elle se manifeste dans le phénotype, il sera nécessaire qu'un homozygote naisse de l'union de deux hétérozygotes pour le nouveau caractère; cette étude nécessite donc l'examen de millions d'individus pour découvrir quelques centaines de mutations décelant autant de gènes.

POLYALLÉLIE

Il n'est pas rare que le même gène subisse plusieurs mutations différentes et présente donc des *allèles multiples*. Certains gènes semblent posséder une aptitude particulière à muter. Voici quelques séries assez riches en allèles multiples :

Le gène myochromogène *A* qui détermine la coloration agouti (juxtaposition du noir et du jaune) de la Souris grise sauvage présente quatre mutations :

1° mutation *Aw* (agouti à ventre blanc).

2° mutation A_y (jaune); la Souris est jaune par disparition du pigment noir (à l'état homozygote ce facteur est létal); une race pure de Souris jaune A_y/A_y n'existe donc pas.

3° mutation a^t (noir et tan); les poils du dos sont noirs, ceux du ventre sont jaune-orange.

4° mutation *a* (noir); le pigment jaune ne se développe pas et la coloration est noire. L'ordre de dominance des allèles est le suivant $A_y > Aw > A > a^t > a$.

Chez la Souris, le gène chromogène *C* qui commande le développement de tout pigment présente quatre mutations : 1° mutation c^i (chinchilla intense); 2° mutation c^{ch} (chinchilla); 3° c^d (dilution extrême); 4° mutation *c* (albinisme).

Le gène *W* (œil rouge sombre) de la Drosophile a subi dix mutations récessives qui donnent des couleurs oculaires de plus en plus faibles : corail, sang, éosine, cerise, abricot, chamois, teinté, ivoire, miel, blanc.

Les allèles multiples existent également chez les végétaux; la série *Pal* décrite chez *Antirrhinum majus* conditionne la coloration des pétales : rouge normal, rouge pâle, rouge clair, chair pâle, rouge sur le tube strié de rouge.

Les gènes étant identifiés, il faut rechercher comment en dérivent les caractères phénotypiques.

Les premiers généticiens croyaient que chaque caractère définissable était en rapport avec un gène spécial; par exemple l'œil blanc de la Drosophile est déterminé par le gène *w*, allèle récessif du gène *W* de la couleur normale rouge sombre; la Souris sauvage uniforme, quelle que soit sa couleur, possède un gène *S* qui commande la pigmentation du poil sur tout le corps; sa mutation récessive *s* détermine la panachure. L'aptitude à goûter la phénylthio-carbamide provient du gène *G*: sa forme récessive *g* rend inapte à apprécier cette substance.

Mais rapidement les croisements révélèrent que ce cas simple est peut-être le plus rare; le caractère phénotypique résulte très souvent de l'interaction de plusieurs gènes, soit complémentaires, soit homologues.

GÈNES COMPLÉMENTAIRES

Les gènes complémentaires sont de nature différente et constituent un complexe composé d'un nombre variable de gènes dont la présence est nécessaire; ils exercent une action dissemblable, mais certains d'entre eux ont une influence décisive. La coloration polygénique du pelage des Mammifères rentre dans cette catégorie; la Souris grise sauvage (agouti) possède la formule simplifiée suivante *CABDPSw;* les variations de couleur correspondent à la mutation d'un gène, le reste de la formule demeurant inchangé. Par exemple le remplacement du gène chromogène *C* par son allèle *c* inhibe toute formation de pigment et donne une Souris albinos à pelage blanc et à yeux roses; en remplaçant *A* par *a,* la Souris devient noire, en substituant *ab* à *AB* la Souris est brun chocolat; *d* à la place de *D* dilue la coloration de la robe; *p* à la place de *P* affaiblit également la coloration et décolore les yeux qui deviennent roses; *S* conditionne l'uniformité de la couleur et *s* une panachure récessive; *W* commande aussi l'uniformité de la coloration et *w* une panachure dominante. Le jeu se complique encore par suite de la polyallélie du gène *C* (voir p. 899) et du gène *A* (voir p. 899). Au total 27 gènes interviennent dans la coloration de la robe de la Souris; ils sont susceptibles d'engendrer 2 755 620 combinaisons génétiques différentes; un petit nombre d'entre elles seulement ont été observées (agouti à ventre blanc *CABPD,* Souris jaune doré *CABPD,* Souris silver champagne *Cabpd*).

Ces diverses combinaisons montrent qu'un gène n'est pas responsable d'une couleur; par exemple le gène *a* ne détermine pas toujours la couleur noire, puisqu'il existe dans un albinos *caB* ou dans une Souris brune *Cab;* le noir ne se manifeste que dans un complexe génique déterminé *CaBPD.*

Les mêmes phénomènes se retrouvent chez les végétaux; certaines races d'*Antirrhinum majus* possèdent des fleurs blanches, des fleurs jaune ivoire dont la coloration relève de trois gènes ; le gène *Niv* provoque la coloration jaune et son allèle en l'inhibant donne du blanc ; le gène *Inc* transforme le jaune en rouge, son allèle *inc* récessif en est incapable, la dominance de *Inc* est incomplète, si bien que l'hétérozygote *Inc/inc* est rose ; enfin *sulf* transforme le jaune en ivoire en l'absence de *Inc;* la formule de la fleur jaune ivoire sera *NNiiSS,* de la fleur blanche *nnIISS;* leur croisement donnera des fleurs rouges *NNIISS,* roses *NNIiSS,* ivoires *NNiiSS,* blanches *nnIISS.*

Ces quelques exemples que l'on pourrait multiplier mettent en évidence l'existence de divers types de gènes :

Gènes principaux

Ils sont en rapport avec la naissance d'un caractère ou d'une structure (gènes *A, B, C,* et leurs allèles donnant des pigments).

Gènes conditionnels

Ces gènes principaux ne pourront s'exprimer qu'en présence du gène *C* qui permet le développement de tous les pigments ; si *c* remplace *C,* les Souris, en dépit des gènes principaux de coloration, seront albinos. Le facteur *C* est un facteur conditionnel indispensable à la pigmentation. Ce gène *C* est *épistatique* sur les autres gènes de pigmentation qui sont *hypostatiques;* le facteur *Niv* de l'*Antirrhinum majus* est aussi un facteur conditionnel.

L'albinisme, marque phénotypique, dissimule donc des formules génotypiques fort diverses ; ce phénomène mis en évidence par Cuénot a été nommé *cryptomérie* par Tschermak.

Gènes modificateurs ou transmutateurs

Ils modifient l'action d'autres gènes. Chez *Antirrhinum majus* le gène *Eos* transforme le rouge en fuchsine et son allèle récessif *eos* change le rouge en éosine. Chez *Matthiola* un gène transmutateur fait virer la couleur rouge au bleu et les fleurs prennent une teinte pourpre. L'action de l'allèle récessif *si,* qui donne un aspect argenté au pelage de toute couleur chez la Souris, est renforcée par l'état hétérozygote de *B;* la présence de *B/b* intensifie *si*. Quatre gènes différents commandent la panachure chez les animaux panachés par suite de la présence des gènes *ss,* l'étendue de la panachure résulte de l'action d'un complexe *K* composé de plusieurs modificateurs agissant sur la dominance (voir p. 925).

Gènes d'intensité

Ils agissent en renforçant ou en diminuant l'action d'autres gènes; chez la Souris, *D* permet un développement maximum du pigment dans les poils et *P* exerce la même action sur le pigment des poils et des yeux; *d* dilue le pigment, *p* décolore les yeux qui deviennent roses et affaiblit la couleur des poils.

Gènes de répartition

Ces gènes modifient la répartition des caractères déterminés par d'autres gènes. Dans les divers types de panachure interviennent de nombreux gènes de répartition.

En résumé la coloration du pelage d'une Souris dépend d'un complexe génique composé :

a) d'un gène conditionnel de coloration *C*.

b) de plusieurs gènes principaux de formation de pigment (*A* et ses allèles, *B* et ses allèles...).

c) de gènes d'intensité *(P, D, M, Pa...)*.

d) de gènes de répartition *(S, W, K...)*.

Donc les rapports entre caractères phénotypiques et gènes sont complexes, et du jeu de toutes les combinaisons géniques possibles résulte toute une gamme de nuances de coloration; il en est de même pour beaucoup de caractères. Lorsqu'on étudie le croisement de deux Souris jaunes hétérozygotes A_y/A, seuls les gènes A_y et A interviennent dans les diagrammes, car tous les autres gènes conditionnant la couleur sont supposés identiques chez les deux animaux accouplés; on a l'impression d'une seule différence génique, l'action des autres gènes est admise implicitement.

Des complexes géniques différents peuvent donc faire apparaître des phénotypes semblables; la présence de *c* chez la Souris détermine des Souris albinos; chez les Poules le phénotype blanc correspond à trois formules géniques différentes; a) *Leghorn blanche,* présence d'un gène *c* inhibant la formation du pigment; *b*) *Nègre soie du Japon,* le gène chromogène *C* existe, mais le gène de l'oxydase est absent; c) *Plymouth Rock blanche, Wyandotte,* le gène chromogène n'existe pas alors que celui de l'oxydase est présent. Les trois races de *Drosophila melanogaster* à corps noir résultent de trois gènes différents : noir, sable, ébène. Ces divers gènes à action identique sont des *isophanes* (qui a la même apparence); les gènes isophanes expliquent parfois la variation atavique.

POLYMÉRIE ET GÈNES HOMOLOGUES

Les gènes homologues de nature différente exercent une même action et leurs effets s'additionnent ou se soustraient algébriquement; c'est de la dimérie, de la trimérie, de la polymérie suivant que deux, trois ou *n* gènes agissent; ces gènes sont appelés *polymères, homomères, homodynames, multiples, cumulatifs* (tous ces termes sont synonymes). Leur action est particulièrement nette dans les caractères morphologiques et de pigmentation.

Certaines variétés de Blé possèdent des grains rouges dont la couleur est conditionnée par trois gènes indépendants, R_1, R_2, R_3, chacun d'eux ayant son allèle récessif r_1, r_2, r_3; la présence d'un seul R suffit pour donner une nuance rougeâtre et tous les intermédiaires se produisent entre le rouge le plus soutenu $R_1\ R_1\ R_2\ R_2\ R_3\ R_3$ (homozygote tridominant) et le rouge le plus pâle $R_1\ r_1\ r_2\ r_2\ r_3,\ r_3$; l'homozygote trirécessif $r_1\ r_1\ r_2\ r_2\ r_3\ r_3$ est blanc (il apparaîtra en F_2 et sa fréquence sera de 1 sur 64). Tous les caractères quantitatifs (longueur des oreilles, taille, poids, largeur du bassin, du thorax, coloration des yeux, des cheveux, de la peau) pouvant présenter une gamme d'intermédiaires relèvent de la polymérie.

Les variétés morphologiques de la crête de Coq sont régies par deux couples de caractères, ainsi que l'ont montré les croisements. La crête simple, caractéristique de certaines races, présente une forme de lame dentelée, dressée verticalement; dans d'autres races, la crête, fortement réduite, acquiert l'un des trois aspects suivants : 1) crête en *pois* composée de plusieurs rangées de tubercules saillants; 2) crête en *rose* ayant la forme d'un plateau triangulaire hérissé de papilles; 3) crête en *noix* rappelant une demi-noix (Coq malais).

La crête simple est récessive; croisée avec les autres races, elle donne une descendance conforme aux lois de Mendel; par exemple :

	crête simple	×	crête en pois
F_1	100 % crête en pois		
F_2	75 % crête en pois, 25 % crête simple		

Un croisement entre crête en pois et crête en rose produit à la F_1 uniquement des crêtes en noix. Le caractère crête en noix serait-il intermédiaire aux deux autres et s'agirait-il d'une semi-dominance? La F_2 révèle qu'il n'en est rien; elle se compose de neuf crêtes en noix, trois crêtes en pois, trois crêtes en rose, une crête simple. Cette descendance montre que la réalisation de la crête en noix nécessite l'intervention de deux gènes différents P et R dominants; la crête simple résultera de l'action des deux gènes p et r récessifs; obligatoirement homozygote, sa formule génotypique sera $pprr$. Les divers génotypes correspondant aux quatre phénotypes sont les suivants :

Crête en rose	: $pp\,RR$	$ppRr$		
Crête en pois	: $PPrr$	$Pprr$		
Crête en noix	: $PPRR$	$PpRR$	$PPRr$	$PpRr$
Crête simple	: $pprr$			

Reprenons le croisement précédent en utilisant les formules génotypiques afin de vérifier les résultats (*fig. 21*).

	Coq crête en rose $RRpp$	×	Poule crête en pois $PPrr$
F_1	100 % $PpRr$ (crête en noix)		

Les hybrides de la F_1 croisés entre eux formeront quatre sortes de gamètes dont l'union donnera seize combinaisons ainsi que le montre le tableau :

Gamètes	RP	Rp	rP	rp
RP	$RRPP$	$RRPp$	$RrPP$	$RrPp$
Rp	$RRPp$	$RRpp$	$RrPp$	$Rrpp$
rP	$RrPP$	$RrPp$	$rrPP$	$rrPp$
rp	$RrPp$	$Rrpp$	$rrPp$	$rrpp$

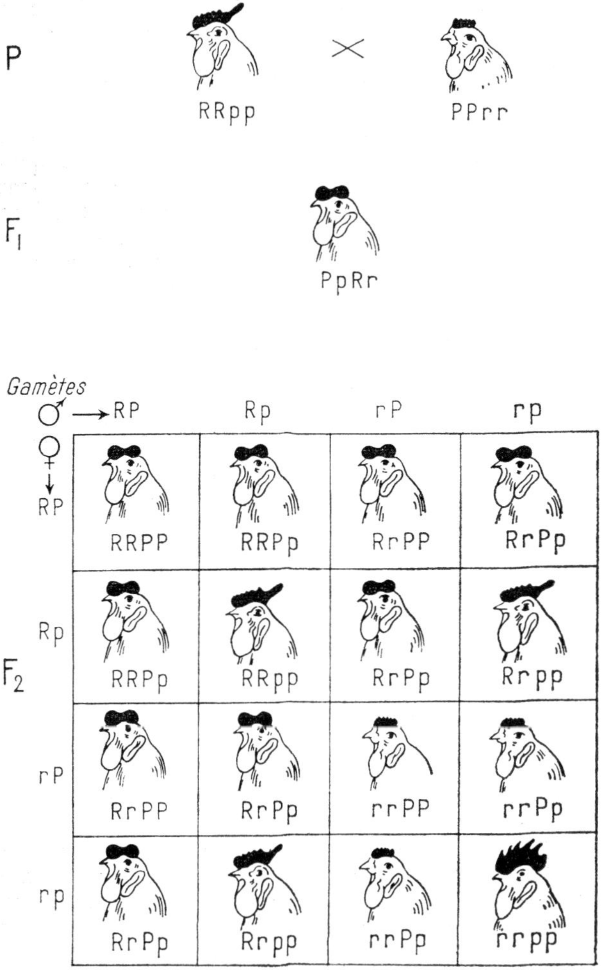

FIG. 21 — CROISEMENT ENTRE UN COQ AVEC CRÊTE EN ROSE ET UNE POULE AVEC CRÊTE EN POIS.

Explications dans le texte. F_1, première génération filiale; F_2, deuxième génération filiale; *P*, parents.

La descendance comptera neuf crêtes en noix, trois crêtes en pois, trois crêtes en rose, une crête simple; les neuf crêtes en noix, possédant toujours au moins un gène *P* et un gène *R* dominants, comprennent huit hétérozygotes et un homozygote *RRPP* qui représente une race pure (race malaise) susceptible d'être maintenue.

Le mécanisme des facteurs multiples ou polymériques rend compte des « caractères fluctuants » qui semblent exister en diverses proportions chez les hybrides. Une race de Lapin à oreilles courtes et dressées (100 mm) est croisée avec une race de Lapin à oreilles longues et tombantes (220 mm.); les hétérozygotes de la F_1 possèdent des oreilles de longueur moyenne (160 mm); la F_2 se composera d'animaux dont la longueur des oreilles oscillera autour de 160 mm et de très rares individus porteurs d'oreilles dont les longueurs se rapprochent de celles des grands-parents. Ce résultat montre que la longueur de l'oreille ne dépend pas d'un seul couple d'allèles; en effet, par suite de la disjonction mendélienne, la F_2 aurait dû présenter un individu aux oreilles de 100 mm, deux individus aux oreilles de 160 mm et un individu aux oreilles de 220 mm. Pour expliquer le résultat expérimental on suppose que la longueur des oreilles est régie par trois couples d'allèles différents *Aa, Bb, Cc*, additionnant algébriquement leurs effets (*A, B, C,* étant dominants *a, b, c,* étant récessifs). La formule *AABBCC* conditionne les oreilles les plus longues (220 mm); *aabbcc* correspond aux oreilles les plus courtes (100 mm); les hybrides de la F_1, *AaBbCc* auront des oreilles de 160 mm., longueur intermédiaire; ces hybrides formeront huit sortes de gamètes d'où soixante-quatre combinaisons possibles résultant de l'union de deux hybrides de la F_1. Ces soixante-quatre individus comprendront un *AABBCC* (220 mm), six *AABBCc* (200 mm), quinze *AABbCc* (180 mm), vingt *AaBbCc* (160 mm), quinze *AaBbcc* (140 mm), six *Aabbcc* (120 mm), un *aabbcc* (100 mm); sur soixante-quatre individus, cinquante posséderont des oreilles de 180 à 140 mm c'est-à-dire oscillant autour de la longueur moyenne, d'où l'illusion que la disjonction mendélienne n'existe plus. Plus grand sera le nombre de couples de gènes intervenant dans la réalisation d'un caractère, plus intense sera l'impression que seuls les types moyens naissent en grande abondance;

les types extrêmes ne sont représentés que par quelques individus d'où l'apparence d'une variation continue, obéissant à des règles quantitatives précises.

Ces gènes polymères donnent prise à la sélection artificielle; une sélection pratiquée sur un matériel hétérozygote provoque une accumulation des gènes de même signe.

PLÉIOTROPIE

Aux deux modalités signalées précédemment, gène déterminant un caractère et plusieurs gènes conditionnant un caractère, s'en ajoute une troisième, très fréquente : un gène présidant à des caractères différents; ces gènes provoquant des manifestations apparentes, multiples, sont dits *pléiotropes* (*pleion* plus nombreux et *tropos,* tournure).

Le gène *c* de la Souris inhibe toute pigmentation et donne des Souris albinos, mais en même temps il supprime la sauvagerie et diminue la résistance aux infections. La Souris jaune A_y devient obèse en vieillissant; son intelligence est moindre que celle des albinos; elle montre une prédisposition à contracter des cancers pulmonaires.

Le gène *club* de *Drosophila melanogaster* produit des ailes chiffonnées, empêche le développement de deux soies thoraciques, réduit la dimension des yeux, donne une tête aplatie, un thorax et un abdomen tordus.

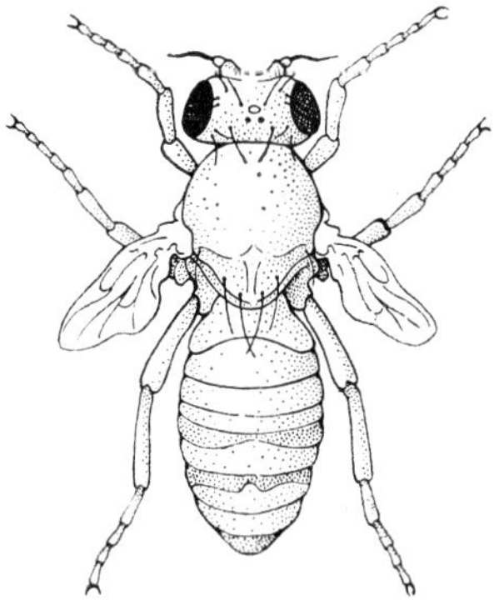

FIG. 22 — *Drosophila melanogaster,* MUTATION « VESTIGIAL ».

Le gène *vestigial* de *D. melanogaster* donne des ailes réduites à des moignons (*fig. 22*), modifie la position des soies, change les balanciers, diminue le nombre des tubes ovariens, affaiblit la vitalité et diminue la fécondité.

Le gène *grey* de la Souris détermine une Souris gris ardoise qui n'existe qu'à l'état hétérozygote; sa coloration est caractérisée par l'absence de pigment jaune. Les sujets homozygotes meurent hâtivement entre le vingt-deuxième et le trentième jour, très rapidement après le sevrage. La courbe de croissance présente des anomalies qui traduisent une altération de la nutrition. En effet, les dents ne sortent pas et les jeunes Souris sont incapables de prendre de la nourriture solide. Mais une étude détaillée révèle que tout le squelette est atteint. Il est loisible de diagnostiquer la mutation avec n'importe quel os du corps; les travées osseuses ne sont pas résorbées et les os acquièrent une forme anormale surtout aux épiphyses. Cette absence de résorption est également responsable de la non-sortie des dents.

Les gènes pléiotropes exercent donc une action multiple sur la morphologie, la physiologie, le psychisme; l'expression polymorphique traduit une localisation différente de ses effets. Tous les caractères déterminés semblent n'avoir aucune relation et sont totalement indépendants; cette pléiotropie est *hétérophène*. Il en est tout autrement dans le second type de pléiotropie, la pléiotropie *isophène* ou *polyphasique*.

Chez le Pois, les allèles *grain ridé* et *grain lisse* conditionnent un aspect différent des grains d'amidon, une teneur plus ou moins élevée en sucre et en dextrine, une aptitude plus ou moins forte au gonflement par imbibition. Tous ces caractères résultent d'un même processus physiologique; la plante fabrique moins d'amidon et plus de sucre pour le grain ridé qui absorbera davantage d'eau.

Un gène, qui exerce une action élective sur un tissu donné, détermine une anomalie primaire entraînant toute une série d'anomalies secondaires, tertiaires... En voici plusieurs exemples bien analysés :

Landauer a étudié une race de Poulet, le Poulet frisé, caractérisé par l'aspect de ses plumes recroquevillées, et, en outre, par son métabolisme de base plus élevé, une quantité de sang plus abondante, le cœur hypertrophié; enfin l'animal montre de la tachycardie et de la lymphocytose. Tous ces caractères sont étroitement solidaires : les plumes, de par leur forme anormale, constituent un revêtement moins isolant que les plumes normales; il en résulte une déperdition de chaleur importante; pour la compenser, le métabolisme de base augmente; cette augmentation nécessite une alimentation cellulaire plus intense; le volume sanguin s'accroîtra donc, ce qui provoquera une accélération de la circulation, qui elle-même entraînera de la tachycardie. De l'anomalie morphologique des plumes découlent tous les caractères observés. De quoi provient la forme particulière des plumes ? Elle serait imputable à un défaut de kératinisation, défaut sans doute conditionné par un gène unique, point de départ de tous ces caractères.

Un autre exemple analysé par Gruneberg est également démonstratif. Certains Rats, après leur naissance, se développent mal et meurent à diverses périodes du jeune âge. Ils présentent les symptômes suivants : quelques jours après la naissance, des troubles du développement et de la respiration apparaissent; la forme du thorax est anormale; les côtes sont épaissies. Par suite, la respiration est uniquement diaphragmatique. La mort survient plus ou moins rapidement. Les animaux, qui vivent deux mois, présentent alors une occlusion défectueuse des incisives et meurent d'inanition, étant dans l'impossibilité de mâcher. L'autopsie des sujets morts révèle des anomalies anatomiques et physiologiques. Les poumons normaux à la naissance montrent une structure anormale, par suite d'une absence d'alvéolisation. Le petit nombre d'alvéoles pulmonaires détermine la morphologie anormale du thorax et participe à la carence de la respiration costale. L'insuffisance de la surface respiratoire est compensée par une augmentation du nombre des hématies et de la quantité d'hémoglobine. La déficience de la respiration pulmonaire entraîne une hypertrophie cardiaque (ventricule droit) et l'engorgement des vaisseaux pulmonaires, d'où la fréquence des hémorragies pulmonaires. La rigidité du thorax exerce encore une autre influence : souvent, dans le nid, les jeunes Rats ont les narines obstruées par des saletés; un éternuement les en débarrasserait; mais l'éternuement est impossible avec un thorax rigide; les narines demeurent obstruées et le jeune, incapable de téter, meurt d'inanition. Il faut encore ajouter à tous ces troubles une anomalie du cartilage; au début, celui-ci est normal, puis rapidement le périchondre présente un développement anormal. Cette modification de structure est-elle produite par un gène ou résulte-t-elle d'une condition hormonale déficiente ? Les expériences de greffe résolvent la question. Un cartilage anormal greffé chez un Rat normal demeure anormal et inversement un cartilage normal greffé chez un Rat malade reste normal. La structure du cartilage déterminée par son origine est indifférente à une action hormonale; l'anomalie structurale résulte donc d'une action génique; par un mécanisme encore inconnu, le gène agit sur la morphogenèse du tissu cartilagineux en produisant des incidences multiples.

Le gène récessif *my* détermine chez la Souris un ensemble d'anomalies affectant les yeux, les extrémités, le pelage des flancs et parfois les reins. Les yeux petits, plus ou moins atrophiés, présentent, outre l'opacité du cristallin, une structure anormale de la rétine et de la choroïde; les paupières sont atrophiées et même parfois absentes. Les pieds montrent des anomalies variables (hypodactylie, polydactylie, syndactylie, cette dernière assez fréquente). Les poils situés sur les aires symétriques, le long de la ligne médio-dorsale, ont une croissance retardée; ailleurs leur développement est normal. Quelques animaux présentent encore des anomalies rénales (absence d'un rein, de l'urètre, des vaisseaux correspondants...). Les travaux de Bagg et de Bonnevie sur le développement des embryons élucidèrent le mécanisme responsable de ces manifestations. Les embryons de douze à treize jours montrent dans l'épaisseur de la peau, au niveau des yeux et des pieds, des bulles remplies d'un liquide incolore, puis rouge à la suite de la rupture de capillaires; la compression exercée par ces bulles inhibe et perturbe le développement des yeux et des extrémités; les lésions sont plus importantes lorsque les bulles sont apparues plus précocement. Quelle est l'origine de ces bulles? Elles apparaissent chez les embryons d'au moins 7 mm, le long de la tête et surtout à la nuque; situées dans la peau, entre l'épiderme et le chorion, elles augmentent de taille et la pression de l'épiderme comprime le liquide qui cherche à s'écouler suivant les lignes de faible résistance, sur les côtés de la tête pour s'arrêter au niveau des yeux, le long des flancs pour s'arrêter à l'extrémité des bourgeons des membres. La circulation du liquide ne détermine pas de lésions durables, mais son arrêt provoque la formation d'une bulle qui, comprimant les parties sous-jacentes, inhibe leur développement ultérieur (yeux, extrémités, poils à croissance retardée). La formation originale des bulles dans la nuque résulte de l'écoulement du liquide céphalo-rachidien lors du reploiement du cerveau. L'échappement du liquide s'opère normalement chez tous les Mammifères par le *foramen anterius* percé dans le toit du myélencéphale; puis il est absorbé au fur et à mesure de son arrivée dans l'épiderme embryonnaire. Le gène *my* commande donc soit une surproduction de liquide céphalo-rachidien, soit une diminution de son absorption. Cette action primaire engendre des bulles liquides persistantes dont la localisation à certaines zones déclives entraîne les lésions observées. Les anomalies rénales non comprises dans ce cycle seraient probablement dues à un autre gène.

Une mutation analogue, engendrant une hernie céphalique, a été signalée chez la Poule Houdan. Une sécrétion intense de liquide cérébro-spinal détermine chez le poulet âgé de six jours la formation de vacuoles situées sous l'épendyme; les ventricules du cerveau antérieur sont distendus; le liquide cérébro-spinal transsude au travers du mince toit du troisième ventricule et détruit la couche membraneuse du toit du crâne (action secondaire); les modifications osseuses du crâne et les changements dans la forme du cerveau constituent les effets tertiaires; un riche système vasculaire se développe là où le mésenchyme est concentré sous l'ectoderme; dans cette région naissent des rudiments de plumes; finalement des îlots osseux se développent sous l'ectoderme; réunis par des trabécules, ils forment une structure réticulaire qui constitue le nouveau plafond distendu du crâne.

L'emplumage des pattes de Poules résulte aussi de l'action d'un gène pléiotrope; l'embryon présente très tôt une concentration du mésenchyme sous la peau de la région post-axiale de l'extrémité postérieure; elle est associée avec une anormale distribution des bourgeons d'écailles du métatarse et avec une distribution des plumes; la distribution anormale du mésenchyme influence le développement du squelette; le quatrième orteil est brachydactyle, les orteils se courbent et les griffes sont souvent mal formées.

Ces divers exemples montrent la pléiotropie d'un gène et sont favorables à l'hypothèse de l'action unitaire du gène; le gène exerce une action principale, sur un tissu par exemple, l'anomalie produite détermine toute une série de phénomènes secondaires, tertiaires, qui s'enchaînent, chacun étant successivement effet, puis cause.

Il eſt possible de concrétiser cette succession de manifeſtations par ce que Gruneberg a appelé un *pedigree de causes;* voici celui se rapportant à l'anomalie du cartilage chez le Rat :

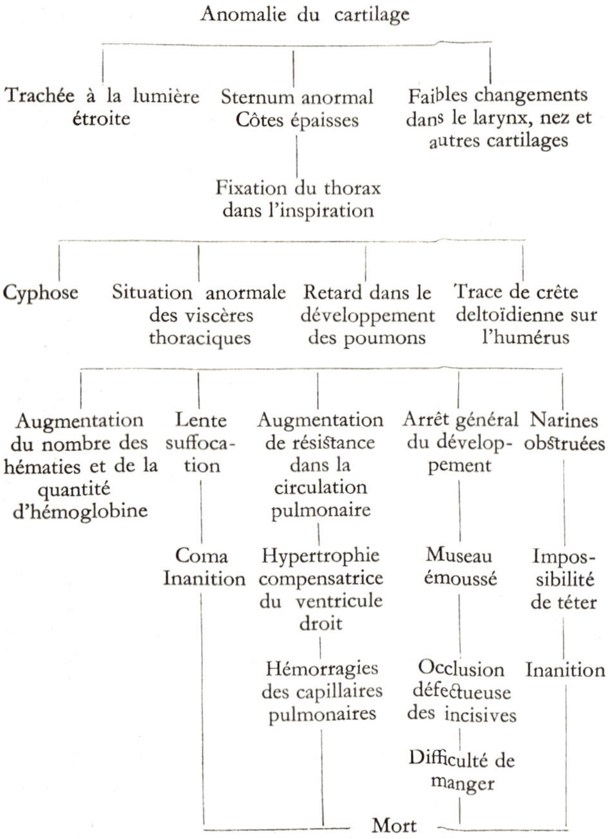

De plus en plus, on eſtime que la plupart des gènes sont pléiotropes.

GÈNES LÉTAUX

On appelle gène létal (*letum,* trépas) un gène dont l'action est telle qu'il tue l'individu qui le porte, à moins que son influence soit corrigée ou balancée par la présence de son allèle normal.

Le premier cas de létalité a été découvert par Cuénot chez la Souris jaune A_y *(fig. 23)*; le gène jaune A_y est un allèle dominant de la série agouti. Des Souris jaunes croisées entre elles ne produisent jamais une lignée pure de Souris jaunes; une Souris jaune, étant toujours hétérozygote, a la formule A_yA et produit en nombre égal des gamètes A_y et A. Le croisement théorique de deux Souris jaunes engendre une homozygote dominante A_yA_y, deux hétérozygotes A_yA et une homozygote réces-

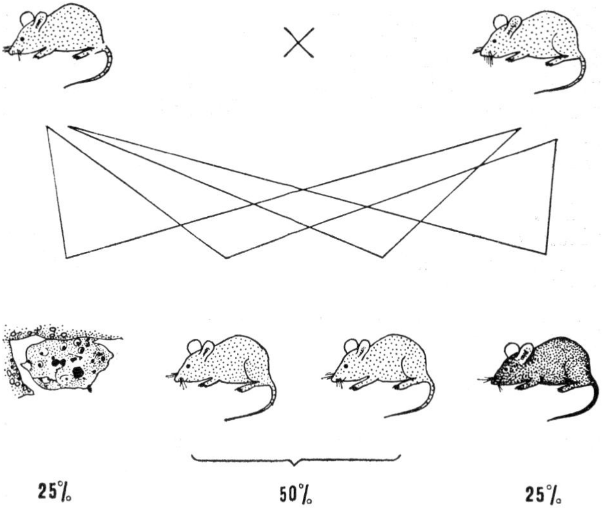

FIG. 23 — TRANSMISSION D'UN GÈNE LÉTAL RÉCESSIF A_y. CROISEMENT DE DEUX SOURIS JAUNES HÉTÉROZYGOTES A_yA.

La descendance se compose de 25 % de Souris homozygotes A_yA_y qui meurent dans l'utérus maternel; de 50 % de Souris jaunes hétérozygotes A_yA; de 25 % de Souris grises ou noires homozygotes AA.

sive *AA;* le croisement, en pratique, fournit toujours deux Souris jaunes et une Souris grise ou noire; les homozygotes meurent dans l'utérus maternel. Kirkham a trouvé, dans dix-neuf utérus, cent trente et un embryons normaux et quarante-trois en dégénérescence, soit presque exactement le quart du total, c'est-à-dire le nombre attendu. Il semble que la mort soit déterminée non seulement par la constitution chimique de A_y mais aussi pour une faible part par le séjour dans l'utérus maternel, car il paraît, d'après Robertson, que si l'on transplante de jeunes embryons A_yA_y dans l'utérus d'une Souris non jaune, l'homozygote survit assez souvent.

Le gène A_y se comporte comme un gène récessif quant à la létalité et comme un gène dominant quant à la couleur.

Beaucoup d'autres gènes létaux sont notés chez la Souris: les albinos à yeux noirs n'existent qu'à l'état hétérozygote, les homozygotes meurent au huitième jour; le gène *Kink (Ki)* de la queue coudée chez la Souris est létal; l'homozygote *Ki/Ki* meurt quelques jours après la fécondation; l'hétérozygote *Ki*/queue normale présente une déficience de la queue. Le gène *Ki* est linké avec les gènes « queue courte » et « queue *fused* »; il est pléiotrope et détermine des duplications précoces des ébauches embryonnaires (dédoublement du cœur, de l'allantoïde) ainsi que des jumeaux séparés ou non.

La race anglaise de bœuf Dexter à pattes courtes n'est viable qu'à l'état hétérozygote; les homozygotes, sans pattes, meurent à la naissance. Des gènes létaux affectent aussi les Oiseaux : Canaris blancs, Canaris huppés, Poules Creeper à courtes pattes (type basset) ne subsistent qu'à l'état hétérozygote.

Chez la Drosophile, de nombreuses mutations létales sont notées : *beaded, dichaeta, stubble*.

Les mutations létales précédentes sont dominantes, d'autres sont récessives et partant plus difficiles à déceler, car les hétérozygotes ont le phénotype normal : mutation gris létal de la Souris (voir p. 907), hypotrichose du Lapin.

Des mutations létales existent aussi chez les végétaux; mutation absence de chlorophylle: les plantes *aurea* aux feuilles jaune verdâtre sont toujours hétérozygotes *Yy* (*Y* gène qui provoque la formation de la chlorophylle; l'allèle *y* inhibe son élaboration); le croisement de deux *aurea* $(Yy \times Yy)$ donne une plantule verte *YY*, deux plantules *aurea* Yy et une plantule blanche yy qui meurt au bout de quelques jours, incapable de se nourrir; greffé sur un pied normal, l'homozygote yy se développe.

Quand les gènes létaux sont balancés, ils peuvent être réunis sur un même individu qui reste viable. Green a trouvé une Souris mâle viable qui possédait quatre gènes létaux : A_y (jaune), T (anourie), W (panachure dominante), N (peau nue). Les Kobozieff ont élevé une lignée de Souris agouti, anoures portant deux gènes létaux qui se compensent (T et t^o); si L désigne le gène normal de la queue longue, les deux combinaisons viables sont LT (Souris brachyoure) et Lt^o (Souris à queue longue); l'homozygote TT meurt dans l'utérus après le dixième jour; l'homozygote t^ot^o meurt de six à huit jours après la fécondation, mais la Souris Tt^o anoure est viable; les Souris Tt^o croisées entre elles ne donnent que des anoures hétérozygotes.

INTENSITÉ ET SPÉCIFICITÉ DU GÈNE

Pour avoir une idée plus précise du gène, il reste à mentionner son intensité et sa spécificité.

De nombreux gènes s'expriment toujours dans le phénotype et se transmettent régulièrement; en revanche d'autres présentent des irrégularités de transmission plus ou moins bien expliquées par l'interaction des autres gènes (gènes modificateurs, gènes létaux...).

Le gène récessif *ri(radius incompletus)* de la *Drosophila funebris* agit sur la deuxième nervure longitudinale de l'aile et tend à la raccourcir; tous les homozygotes *ri/ri* devraient manifester cette anomalie; or il n'en est rien; environ 60 à 100 % des homozygotes présentent l'anomalie plus ou moins accusée (nervure réduite ou même supprimée). La *pénétrance* ou *probabilité de manifestation* s'exprime par le pourcentage de sujets qui présente le caractère à un degré quelconque. Une pénétrance de 100 % correspond à un caractère régulièrement dominant ou régulièrement récessif; dans l'exemple précédent, le gène a une pénétrance de 60 à 100 %. Le gène *my* qui détermine la formation des bulles myélencéphaliques (p. 910) a une pénétrance faible; beaucoup d'homozygotes *my/m* ne présentent pas d'anomalies. L'*expressivité* ou *degré d'expression du gène* s'exprime aussi en pourcentage : 100 % marquant le degré maximum d'expression; l'expressivité du gène *ri* est fort variable puisque la nervure peut être absente ou plus ou moins réduite.

Un autre gène *vti (venae transversae incompletae)* réduit la deuxième veine transversale; cette anomalie ne s'observe que dans 1 à 5 % des individus de race pure (pénétrance très faible), mais en croisant deux races *ri* et *vti*, on constate que le gène *vti* renforce l'action de *ri*.

Des croisements appropriés montrent que pénétrance et expressivité varient souvent de façon indépendante; les gènes modificateurs qui agissent sur la pénétrance sont différents de ceux qui interviennent dans l'expressivité.

Ces deux paramètres, pénétrance et expressivité, déterminent l'intensité du gène. Timoféeff-Ressovsky a également défini un troisième paramètre, la *spécificité du gène*, se traduisant par le champ de manifestation et le mode d'extension du caractère. Les gènes ont un champ potentiel d'action déterminé par le génotype; on peut fabriquer des lignées où un mode d'extension choisi prédomine; donc le mode d'extension, c'est-à-dire la façon dont le champ d'action est utilisé, relève encore du génotype.

En résumé, l'expression variable des gènes peut être analysée par trois paramètres : la pénétrance, l'expressivité et la spécificité; les deux premiers sont déterminés par des gènes modificateurs et par le milieu; le troisième est sous la dépendance du génotype.

PHÉNOGÉNÉTIQUE

A quoi sont dues ces manifestations labiles des gènes? Elles résultent de l'action du milieu, ce terme étant compris dans un sens large. L'étude systématique de l'influence du milieu sur la réalisation des caractères constitue la phénogénétique.

Le milieu se subdivise en milieu externe et milieu interne comprenant : les autres gènes ou le milieu génotypique tout d'abord, les hormones ensuite.

ACTION DES FACTEURS EXTERNES

HUMIDITÉ

La race « abdomen anormal » de *D. melanogaster* possède des anneaux abdominaux de forme irrégulière paraissant interrompus par suite d'une chitinisation incomplète; la distribution des bandes pigmentées et des poils est également anormale. Or cette race, parfaitement stable sur un milieu suffisamment humide, perd son caractère dès qu'elle est élevée sur un milieu nutritif pauvre et sec. Au cours d'un même élevage, les premières Mouches qui apparaissent ont un abdomen anormal et les dernières qui éclosent sont normales. Cette modification du phénotype n'indique pas que la mutation n'est pas héréditaire; tant que durera l'élevage sur milieu sec, des Mouches d'apparence normale se développeront, mais replacées sur un milieu humide, les descendants présenteront à nouveau la mutation « abdomen anormal »; pendant plusieurs générations le gène s'est transmis, mais une condition externe, particulière, empêchait la réalisation du phénotype qui réapparaît dès que le milieu est favorable (humidité suffisante).

Une mutation « abdomen anormal », apparue dans un autre laboratoire et identique à la précédente, se comporte d'une manière opposée; elle atteint son maximum de manifestation en milieu sec. Les deux mutations qui donnent un même phénotype relèvent de deux gènes différents qui ont été localisés; le premier, dominant, se trouve dans le chromosome *X*, le second, récessif, dans l'autosome III.

L'humidité favorise également la mutation *eyeless* de la Drosophile.

TEMPÉRATURE

L'action de la température sur la réalisation du phénotype a fait l'objet de nombreuses recherches.

Une race de Primevère, *Primula sinensis alba*, porte des fleurs blanches; une autre race, *P. sinensis rubra*, possède des fleurs rouges à la température ordinaire (15 à 20°)

mais dans une serre chaude (30-35°) les corolles deviennent blanches; une plante à fleurs blanches replacée à la température ordinaire développe à nouveau des fleurs rouges.

Sturkie (1943), Warren (1944) ont réussi à inhiber l'action du gène de la polydactylie chez les Poules par des incubations à basse température; non seulement la proportion des individus polydactyles (pénétrance) était réduite de 96 % ou même de 100 % mais aussi le degré de polydactylie (expressivité) était modifié. Les meilleurs résultats étaient obtenus avec des embryons soumis aux basses températures entre le deuxième et le troisième jour de l'incubation; les résultats sont moins bons pour des températures basses appliquées du quatrième au cinquième jour et ils sont nuls pour les changements de température portant sur les stades plus avancés du développement. L'intensité de la suppression de la polydactylie est souvent proportionnelle à l'intensité et surtout à la durée du temps d'application de la basse température à un stade déterminé du développement.

Les expériences les plus nombreuses portent sur la Drosophile. Une série de mutations conditionnées par treize allèles multiples affectent l'aile de la Drosophile dont les dimensions sont de plus en plus réduites jusqu'à la disparition totale. La mutation *vestigial* (aile réduite à des moignons) se manifeste lorsque les Mouches sont élevées à basse température; lorsque la température s'élève, la longueur des ailes s'accroît d'abord faiblement (entre 18 et 27°), puis plus rapidement; à 32°, 18 % des mâles et 15 % des femelles possèdent des ailes de longueur normale; cette progression de l'aile produit des types d'ailes correspondant aux divers allèles se plaçant entre *vestigial* et normal. Les températures élevées n'exercent leur action que si elles sont appliquées à des larves âgées de soixante-quatre à quatre-vingt-quatre heures; avant et après, l'action semble nulle.

La mutation *pennant* de la même série (ailes un peu plus courtes que celles du type sauvage) se comporte comme le type normal et se manifeste totalement à haute température; de 30 à 16°, l'aile grandit; à 16°, 18 % des individus possèdent des ailes normales. Les deux allèles *vestigial* et *pennant* réagissent donc d'une façon opposée vis-à-vis de la température.

Le comportement de l'hétérozygote *vestigial/pennant* montre une alternance dans son comportement; lorsque la température passe de 16 à 22° la longueur des ailes diminue (comme dans *pennant*); de 22 à 26° elle reste constante; de 26 à 32° elle augmente (comme dans *vestigial*).

La mutation *reduplicated*, correspondant à un dédoublement plus ou moins complet des pattes de la Drosophile, se manifeste à la température ordinaire chez 10 à 15 % d'individus; si l'élevage est pratiqué à basse température pendant la première période de la vie larvaire, la pénétrance du gène passe à 30 % et même à 68 % (30 à 68 % d'individus anormaux).

La mutation œil panaché *(mottled eye)* détermine la présence d'une tache brune sur le fond rouge de l'œil; la mutation apparaît lorsque les Mouches sont élevées entre 18 et 24°; à 18° la tache brune envahit presque totalement l'œil; à 22° le brun est moins abondant; à 24° les taches brunes sont très localisées; à 25° quelques taches subsistent encore; entre 25 et 29° la mutation disparaît. Les larves élevées à 20° jusqu'à la pupaison, puis après à 27°, donnent des Mouches ne présentant pas la mutation; au contraire, les larves maintenues à 27° jusqu'à la pupaison, puis après à 20°, engendrent des Mouches avec œil panaché; l'influence de la température s'exerce donc durant la vie pupale entre la 25ᵉ et la 35ᵉ heure; il convient de remarquer que la pigmentation normale s'effectue après, chez les pupes âgées de quatre-vingt dix heures.

Le gène *polymorpha* de *Drosophila funebris* manifeste une action pléiotropique portant sur les dimensions des ailes (ailes réduites), sur le nombre d'articles du tarse, sur l'aspect des yeux. La pénétrance de ce gène varie avec la température et la qualité de la nourriture; à 25° elle est d'environ 90 % : presque toutes les Mouches possèdent des ailes raccourcies, 70 à 80 % ont des yeux réduits et rugueux; 20 à 30 % ont des tarses plus courts. À 15° la pénétrance notablement plus faible tombe à 20 ou à 30 % pour la longueur des ailes et à 0 % pour les deux autres caractères (toutes les Mouches ont des yeux et des tarses normaux).

La mutation *short wing* de *Drosophila melanogaster* est également pléiotropique à manifestations multiples; l'aile réduite porte des incisions sur son bord et ses nervures sont mal formées; la position de l'aile est anormale (aile écartée); les yeux réduits ont acquis un aspect rugueux. Ces caractères sont influencés par la température; les caractères oculaires et la position des ailes apparaissent entre 23 et 25° et les malformations des nervures de 17° à 26°.

SUBSTANCES CHIMIQUES

Le gène de la polydactylie des Poules se montre sensible à l'action de la colchicine (Gabriel, 1945) et de l'insuline (Landauer, 1947); l'une et l'autre réduisent plus ou moins la fréquence de la polydactylie selon la période d'application; ainsi l'insuline exerce une action maximale lorsque l'injection est faite entre la soixante-douzième et la quatre-vingt-treizième heure d'incubation.

Quel enseignement ressort de ces exemples choisis parmi beaucoup d'autres?

En premier lieu il est possible de conclure à l'existence d'une période sensible correspondant à une phase critique du développement pendant laquelle l'expression du gène est modifiable par les facteurs externes; ils n'exercent point d'action en dehors de cette période. Il existe également une température critique favorable à l'apparition d'un caractère; chacune des manifestations d'un gène pléiotrope présente une température critique particulière.

Le facteur externe agit-il directement sur le gène en changeant ses propriétés, sa structure? Cette hypothèse semble peu vraisemblable par suite de la pluralité des périodes sensibles dans les caractères pléiotropiques. Les facteurs externes agiraient non pas sur le gène, mais sur un processus déclenché par le gène.

Goldschmidt considère que la réalisation phénotypique comporte un grand nombre de variables, ce qui rend difficile son interprétation. Entre les gènes et le phénotype se place une série de réactions dont les vitesses peuvent être plus ou moins accélérées par les facteurs externes; chaque réaction atteindra plus ou moins rapidement son seuil d'action. Parallèlement les facteurs externes peuvent modifier la vitesse de croissance d'un organe. Et alors toutes les variations phénotypiques s'expliqueraient par les multiples combinaisons entre les variations de vitesse des réactions, les changements de seuils, les modifications de la croissance.

Selon cette hypothèse on concevrait ainsi l'action de la température sur la pigmentation dans diverses régions de l'aile d'un Papillon : les pigments, une fois formés, doivent atteindre un certain seuil pour se déposer; l'ébauche alaire doit présenter un certain stade de développement lui permettant de fixer les pigments. Il est aisé de concevoir que si la température augmente ou diminue les vitesses de formation des pigments, les seuils d'action seront aussi modifiés; de plus la température peut également changer l'allure de croissance de l'aile; les combinaisons entre ces variables vont provoquer des changements de couleur. Fort séduisante l'hypothèse n'est pas aisément vérifiable.

Enfin, dernière remarque, les autres gènes exercent une action sur le phénotype; le milieu génotypique constitue un facteur interne.

ACTION DES FACTEURS INTERNES

Loin d'être indépendante, l'action d'un gène subit l'influence des autres gènes. En voici un exemple : la mutation dominante *beaded* de *Drosophila melanogaster* comprend des échancrures sur les ailes au niveau desquelles les poils et les nervures marginales manquent; son expression est intensifiée par la présence des mutations *vestigial* et *sooty*, déterminant des ailes réduites et la couleur noire du corps; la mutation *black* (couleur noire du corps), au contraire, diminue ou supprime l'effet de *beaded*.

Cette action réciproque des gènes, ou influence du milieu génotypique, intervient dans le comportement des gènes allèles et non allèles.

COMPORTEMENT DES GÈNES ALLÈLES : NOTION DE DOMINANCE

L'extension des recherches génétiques et l'analyse des hybrides ont rapidement montré que la notion de dominance absolue était erronée; elle se rencontre dans quelques caractères mais elle est loin d'être générale; souvent un gène dominant se manifeste incomplètement à l'état hétérozygote.

L'œil normal de la Drosophile femelle, ou œil rond, compte environ sept cent quatre-vingts ommatidies ou facettes; ce gène dominant présente une série d'allèles multiples ayant pour effet de réduire le nombre d'ommatidies; la mutation *bar* homozygote par exemple se caractérise par soixante-huit ommatidies chez la femelle. Les femelles hétérozygotes œil rond/œil bar portent un œil presque rond mais formé de trois cent cinquante-huit ommatidies seulement par suite de l'absence d'ommatidies sur une large zone dorsale (voir p. 894 et *fig. 19*).

Des Drosophiles à ailes longues, croisées avec la race *miniature* à ailes courtes, donnent une F_1 composée de Mouches à ailes longues comme celles de l'un des parents; mais un examen minutieux montre que les ailes de l'hybride sont un peu plus courtes que le type parental.

Les hybrides d'*Antirrhinum* à fleurs rouges et d'*Antirrhinum* à fleurs jaune ivoire possèdent des fleurs rouges mais un peu plus claires que celles du parent à fleurs rouges.

De nombreuses anomalies montrent une dominance inconstante; les Souris anoures toujours hétérozygotes, croisées entre elles, devraient produire une anoure homozygote, deux anoures hétérozygotes, une normale; les anoures homozygotes meurent et la descendance comprend donc deux anoures pour une Souris normale; or on observe toujours un excès de Souris normales; mais les radiographies de ces Souris révèlent qu'elles ont souvent des anomalies des vertèbres; en réalité ce sont des Souris anormales génétiquement.

D'autres caractères témoignent d'une absence de dominance et les hybrides présentent un type intermédiaire. Le cas de *Mirabilis jalapa* a déjà été signalé.

Les croisements entre Maïs à grains bleus et à grains jaunes donnent des grains violets. La Vigne *Aramon* possède un pigment de formule $C_{46}\,H_{36}\,O_{20}$; la race *teinturier* renferme un autre pigment répondant à la formule $C_{44}\,H_{40}\,O_{20}$; l'hybride *petit Bouchet* porte un pigment de formule intermédiaire entre celles des parents $C_{45}\,H_{38}\,O_{20}$.

Les Pois ronds ordinaires se composent de grains

d'amidon un peu allongés et absorbant en vingt-quatre heures une quantité d'eau égale à 80 % de leur poids sec. Les pois ridés et sucrés possèdent des grains d'amidon arrondis avec quatre à six lignes radiaires; ils absorbent 120 % d'eau; les hybrides de la F_1 ont des grains d'amidon de forme intermédiaire avec deux à quatre lignes radiaires; ils absorbent 100 % d'eau.

Certains gènes sont à la fois dominants et récessifs. Le gène A_y qui donne aux Souris une coloration jaune orange est dominant; mais il est létal et les homozygotes A_y/A_y meurent dans l'utérus maternel; pour la létalité, A_y se comporte comme un récessif.

La dominance et la récessivité n'apparaissent pas comme des propriétés intrinsèques des gènes, mais plutôt comme des propriétés déclenchées sous diverses influences.

Influence de l'âge sur la dominance

Les Chevaux gris hybrides sont bruns à l'état de poulains et ne deviennent gris qu'à l'état adulte; les hybrides entre le Chardonneret et le Serin sont d'abord du type Chardonneret, puis plus tard d'un type intermédiaire. Les hybrides entre Poules soyeuses blanches et celles de la race italienne sont d'abord blanches, puis ensuite colorées. Goldschmidt a étudié deux races de Papillon *Lymantria dispar* dont les chenilles sont différemment colorées; dans une race, les chenilles sont jaunes pendant toute la durée du stade larvaire; dans l'autre les chenilles d'abord jaunes deviennent rapidement noires par suite de la formation d'un pigment dans la cuticule; les hybrides entre ces deux races possèdent des chenilles jaunes qui se colorent ensuite en noir.

Influence des conditions extérieures sur la dominance

Les Drosophiles sauvages sont de couleur fauve claire avec des bandes abdominales plus sombres; la mutation récessive *ebony* confère aux homozygotes une teinte noirâtre; les hétérozygotes sauvages/*ebony* sont de couleur fauve clair comme les sauvages; mais la dominance de la couleur fauve clair est affaiblie par la température; les larves hétérozygotes soumises pendant quelque temps à 36°-37° donnent des Mouches mélaniques ressemblant aux homozygotes *ebony*. Il en est de même pour la mutation *bar* dont la dominance est fonction de la température.

Influence des hormones sexuelles sur la dominance

Le croisement entre la race de Moutons Dorset, cornue dans les deux sexes (les cornes des femelles sont plus petites) et la race Suffolk dépourvue de cornes dans les deux sexes, donne à la première génération des mâles tous cornus et des femelles sans cornes quel que soit le sexe du parent sans cornes. L'union de ces hybrides engendre une deuxième génération polymorphe, composée de trois mâles cornus, un mâle sans cornes, une femelle cornue et trois femelles sans cornes. De nombreux croisements montrent que les femelles à cornes proviennent toujours de pères cornus et de mères au moins hétérozygotes, tandis que les mâles cornus peuvent descendre de parents sans cornes, pourvu que la femelle soit hétérozygote. Ces résultats, qui paraissent compliqués, s'expliquent simplement; chez le Mouton hétérozygote, l'hormone sexuelle mâle favorise le gène *C*, présence de cornes, et simultanément inhibe l'allèle *A*, absence de cornes; *C* est alors dominant sur *A*. Chez la Brebis hétérozygote, l'hormone sexuelle femelle exerce une action opposée et favorise le gène *A*, absence de cornes et inhibe *C*, présence de cornes; *A* domine alors *C*. Les hormones sexuelles modifient donc la dominance.

Le croisement se présente ainsi :

Parents	♂ cornu Dorset				×	♀ sans cornes Suffolk		
	CC					*AA*		
Gamètes	*C*	*C*				*A*		*A*
F_1	♂ *C/A*					♀ *A/C*		
	cornu					sans cornes		
Gamètes des hybrides	*C*		*A*			*A*		*C*
F_2	*CC*	*C/A*	*C/A*	*AA*		*CC*	*A/C*	*A/C* *AA*
	{ 3 mâles cornus 1 mâle sans cornes					{ 3 femelles sans cornes 1 femelle cornue		

Les mâles cornus comptent un homozygote et deux hétérozygotes, le mâle sans cornes est obligatoirement homozygote, c'est l'homozygote récessif. Les femelles sans cornes comptent un homozygote et deux hétérozygotes; la femelle cornue correspond à l'homozygote récessif.

Le croisement inverse entre mâle Suffolk et femelle Dorset engendre exactement la même descendance; cela prouve que les caractères présence ou absence de cornes ne sont point liés au chromosome sexuel; ils sont limités par le sexe du fait de l'action des hormones sexuelles sur les gènes qui sont tantôt dominants, tantôt récessifs.

Chez les Poules, ce type d'hérédité est fort fréquent pour les caractères pigmentaires. La Poule Sebright possède deux races, l'une argentée, l'autre dorée, le gène de la première étant dominant sur celui de la seconde. L'hybride mâle de la première génération est donc argenté; mais si on élimine l'action hormonale par castration, le plumage devient mosaïque, le doré s'exprime à côté de l'argenté. Inversement si, à ce chapon bicolore, on fait une injection d'hormone masculinisante et que l'on déplume partiellement l'oiseau, les nouvelles plumes sous l'action de l'hormone repoussent argentées. Là encore, l'hormone sexuelle favorise la dominance du gène argenté; son absence permet aux deux gènes argenté et doré de s'exprimer côte à côte; la dominance a donc été modifiée.

Influence du milieu génotypique sur la dominance; gènes modificateurs ou dominigènes

La Drosophile sauvage possède un œil rouge dominant sur toute la série d'allèles conditionnant une gamme de couleur qui se termine par une dépigmentation complète de l'œil qui est blanc. L'hybride, œil rouge/œil blanc, possède un œil rouge aussi vivement coloré que celui du parent à yeux rouges (dominance absolue). La présence d'autres allèles récessifs *vermilion, pink* diminue la valence du gène rouge et détermine une coloration plus pâle de l'œil de l'hybride; ces gènes récessifs ont donc modifié la dominance du gène œil rouge.

La variabilité de la dominance du gène *scute* chez *Drosophila obscura* a été étudiée par Helfer; ce gène supprime les grands poils de la tête, du thorax et du scutellum; de nombreux gènes dépourvus d'action propre sur les poils interviennent et agissent spécifiquement sur le gène *scute*.

L'étude la plus approfondie a été faite par Goldschmidt

sur le mutant *vestigial* de *Drosophila melanogaster;* le gène vestigial est récessif et les hybrides, ailes normales/ailes *vestigial,* ont des ailes normales; trois gènes, deux autosomiques et l'un placé dans le chromosome *X,* se comportent comme des dominigènes; si les trois sont présents, l'hybride précédent possède des ailes découpées du type *scalloped;* le gène *vestigial* est devenu dominant mais son expression phénotypique est affaiblie, les moignons des ailes *vestigial* sont remplacés par des ailes découpées à l'extrémité.

Des modifications de dominance s'observent également dans les séries d'allèles multiples, notamment lorsque les gènes exercent plusieurs effets. Chez *D. melanogaster* le gène *spineless (ss)* détermine une forte réduction des poils mais laisse intactes les antennes; son allèle *aristapedia* (ss^{ap}) transforme les antennes en tarses. Le gène sauvage est dominant sur les deux allèles; les hybrides sauvages/*ss* possèdent des poils normaux et les hybrides sauvages/ss^{ap} portent des antennes normales. Dans la combinaison ss/ss^{ap}, *ss* est dominant quant aux antennes qui restent normales, mais il ne l'est pas quant aux poils qui acquièrent des longueurs intermédiaires.

Des faits analogues se retrouvent dans les allèles de la série *truncata* qui agissent sur la forme de l'aile et sur la disposition en rosette des poils thoraciques; le gène T_0 qui provoque une amputation oblique de la pointe des ailes domine les allèles T_1 (vortex 1), T_2 (vortex 2), T_3 (thoraxata) quant à la formation de rosettes, mais il est dominé par les trois mêmes allèles quant à la forme alaire.

Tous ces exemples montrent bien que la dominance n'est pas une propriété intrinsèque du gène, mais qu'elle est solidaire du moment où le gène intervient dans la chaîne de réactions; les modificateurs n'interviennent pas sur la structure du gène, mais sur les processus qu'il déclenche. Ce mode d'action est mis en évidence par la belle expérience de Beadle et Cronradt avec le Champignon ascomycète *Neurospora.* Ce Champignon se développe sur un milieu fort riche, contenant de nombreux acides aminés et des vitamines; de nombreuses souches réalisent, à partir d'éléments simples, la synthèse des substances nécessaires à leur croissance. Par mutation, ces souches perdent leur pouvoir de synthèse; par exemple, un mutant, incapable de synthétiser l'arginine, ne se développera que sur un milieu en renfermant. Beadle a obtenu une souche *A* incapable de synthétiser la lysine; chacune de ces souches ne peut se développer que sur un milieu auquel on a ajouté l'une ou l'autre des deux substances. Un milieu additionné des deux substances permet le développement des deux souches dont les myicéliums se fusionnent et renferment des noyaux hétérocaryotiques contenant les divers gènes de deux souches. La souche hétérocaryotique montre alors une croissance normale sur un milieu privé d'acide pantothénique ou de lysine; chacun des deux gènes mutés a retrouvé son allèle normal et par suite la synthèse de l'acide pantothénique et de la lysine s'effectue. Il n'y a pas d'action directe et immédiate mais une sorte de compensation s'exerçant à distance; somme toute, les souches hétérocaryotiques se comportent comme des hétérozygotes.

En présence de ces faits, les généticiens ont cherché à établir une *théorie de la dominance*.

Dès 1902, Bateson et Miss Saunders avaient préconisé la théorie dite de *présence-absence*. Dans beaucoup de cas, les caractères allèles correspondent à la présence ou à l'absence d'un caractère; un gène détermine une coloration jaune; son allèle donne une absence du jaune; le caractère positif dominant correspondrait à la présence d'une particule spéciale et le caractère négatif, récessif, correspondrait à son absence. Cette théorie rencontra pendant longtemps beaucoup de succès, d'autant qu'elle était renforcée par le fait que la majorité des mutants sont récessifs et que la majorité des mutations sont récessives; un organisme ne saurait être favorisé par des mutations qui entraînent des pertes de substances.

En réalité cette interprétation, simple verbalisme, soulève de sérieuses critiques :

a) Si réellement la dominance coïncidait avec la présence d'un facteur et la récessivité avec son absence, ces deux propriétés seraient immuables.

b) On ne comprendrait pas la valeur évolutive des mutations qui ne seraient qu'une perte systématique de substances du patrimoine héréditaire.

c) Certaines déficiences, qui étaient pour Bateson une absence, ne pouvaient correspondre qu'à des caractères négatifs donc récessifs et cependant beaucoup sont dominants. Par exemple, la mutation dominante *notopleural* de

Drosophila melanogaster apparut spontanément en 1933; elle comprend un raccourcissement des poils notopleuraux, huméraux et prétarsaux, des microbiotes épars, des ailes obtuses avec nervures un peu épaissies et ramifiées, une faible fécondité des femelles; à l'état homozygote, la mutation est létale. L'étude des chromosomes géants permit d'identifier cette mutation à une déficience d'une région déterminée du bras droit du chromosome II.

d) Les séries d'allèles multiples, qui diluent plus ou moins une couleur par exemple, sont difficilement conciliables avec la théorie de Bateson. Le terme supérieur de la série est totalement dominant sur tous les autres, ou chaque terme supérieur est dominant sur l'inférieur, ou seul le terme supérieur est dominant; les autres combinaisons hétérozygotes donnent des états intermédiaires; ce dernier cas, le plus fréquent, s'observe par exemple dans la série *W* commandant la couleur de l'œil de la Drosophile; la couleur sauvage rouge est dominante sur tous les allèles et les autres combinaisons donnent une teinte intermédiaire entre les deux couleurs régies par les deux gènes allèles; l'hybride blanc/corail aura des yeux de couleur corail clair (dilué par le blanc).

e) Le gène récessif ne détermine pas toujours une action inverse de celle de son allèle dominant; souvent l'effet des gènes est proportionnel au nombre de gènes qui participent à la réalisation du caractère. Stern a fait une étude intéressante sur le gène *bobbed (bb)* qui est localisé soit dans le chromosome *X*, soit après crossing-over dans le chromosome *Y*. Son allèle normal, dominant, situé sur *Y*, conditionne la formation de poils d'une certaine longueur; le gène *bobbed* détermine le développement de poils plus courts. L'allèle normal domine non seulement un gène *bobbed,* mais également deux comme le montrent les femelles de formule $X^{bb} X^{bb} Y(+)$. Les deux gènes allèles agissent dans le même sens avec des puissances différentes. Des mâles de formule X^{bb}. (dépourvus d'*Y*) possèdent des poils très courts; les femelles $X^{bb} X^{bb}$ qui portent deux gènes *bb* à effet additif ont des poils plus longs; les femelles $X^{bb} X^{bb} Y^{bb}$ qui renferment trois gènes *bb* montrent des poils de longueur presque normale.

Divers cas montrent l'effet quantitatif des gènes. Une tomate diploïde *RR* ou *Rr* porte des fruits rouges; l'homozygote récessif *rr* possède des fruits jaunes. Le tétraploïde *Rrrr* a des fruits orange, les trois gènes dominés diminuant la dominance de R.

Fischberg a étudié les hybrides *Triturus palmatus* ♀ x *Triturus alpestris* ♂. Les uns diploïdes (génomes égaux un *p* et un *a*), les autres triploïdes (2*p*, 1*a*); or chez les diploïdes, les caractères *alpestris* sont dominants, tandis que, chez les triploïdes, les caractères de *palmatus* dominent; les deux *p* ont une valence supérieure à celle d'un *a*.

La majorité des gènes récessifs sont des gènes *hypomorphes*, c'est-à-dire que ce sont des gènes qui réalisent la même chose que leur allèle normal mais à un degré moindre, avec une intensité plus faible; le gène *bb* est hypomorphe. En revanche, on peut augmenter le dosage de certains gènes sans renforcer leur action; ces gènes sont dits *inactifs* ou amorphes; les gènes de coloration de l'œil de la série *white* sont amorphes; leur accumulation ne produit aucun changement.

On peut encore concevoir un type de gènes *hypermorphes* qui agiraient dans le même sens que les hypomorphes et que les normaux, mais avec plus d'intensité que ces derniers; ils sont naturellement très difficiles à déceler puisque le gène normal produit en général l'effet phénotypique maximal, mais dans certains cas exceptionnels, le jeu des hypermorphes a pu être mis en évidence.

Deux autres catégories de gènes sont à signaler, les gènes *antimorphes* et *néomorphes;* les *antimorphes* exercent une action contraire à celle du gène normal (le gène *aa* conditionne l'abdomen anormal chez la Drosophile). Les *néomorphes* ont une action nouvelle, différente de celle du gène normal; la mutation *hairy* de l'aile de la Drosophile correspond à l'apparition de poils supplémentaires.

Toutes les recherches concernant le dosage des gènes montrent que la majorité des gènes récessifs sont des gènes hypomorphes ou amorphes. Les gènes antimorphes et néomorphes interviendraient dans les processus de modifications qualitatives de la structure du gène.

f) Enfin la découverte en 1928 par Muller de l'induction expérimentale des mutations par les rayons *X* porta un coup définitif à la théorie. Dans la nature un gène *A* mute et donne *a;* les rayons *X* sont aptes à provoquer la réaction inverse, *a* mute et redonne *A*.

En conclusion, la théorie dite de présence-absence ne saurait être maintenue, les séries d'allèles multiples et les mutations réverses la condamnent définitivement.

Théorie physiologique de la dominance : Elle a été formulée en 1917 par R. B. Goldschmidt; elle est en harmonie avec sa conception du mode d'action des gènes. Les allèles en général et les allèles multiples en particulier diffèrent par la puissance des gènes. La dominance varie avec les vitesses relatives des réactions déterminées par des gènes de puissance différente. Par exemple le gène dominant du nombre des facettes de l'œil de Drosophile conditionne une action rapide; le gène récessif exerce une action moins rapide et le seuil efficace sera atteint plus tardivement; la combinaison hétérozygote détermine une vitesse intermédiaire qui donnera un hybride intermédiaire.

Les vitesses relatives des processus contrôlées par différents gènes, la place des seuils, l'allure des divisions cellulaires peuvent varier avec le génotype, avec le milieu interne et externe; beaucoup de variables entrent en jeu. Cette hypothèse, si elle ne résout pas toutes les difficultés, fournit une explication des relations de dominance sur le plan physiologique.

Théorie de Fisher sur l'évolution de la dominance : L'immense majorité des mutations sont récessives; à partir d'elles, Fisher a tenté d'expliquer l'origine de la dominance et la dominance des gènes normaux (1928-1932). La dominance se serait développée progressivement, par suite d'une sélection de gènes modificateurs qui tend à rendre semblable l'hétérozygote et l'homozygote; celui-ci exprimerait le caractère nouveau qui serait devenu dominant.

De tout cet ensemble, il ressort nettement que la dominance et la récessivité ne sont pas des propriétés intrinsèques des gènes allèles, mais des relations qu'ils contrôlent. L'hypostasie et l'épistasie sont des propriétés tout à fait analogues mais intéressant des gènes non allèles.

COMPORTEMENT DES GÈNES NON ALLÈLES

Le comportement des gènes non allèles mais exerçant sur les mêmes organes des actions de même ordre est suggestif. Les interactions entre gènes se passent surtout sur le plan physiologique. Plusieurs gènes participant à une même réaction entrent en jeu simultanément et additionnent leurs effets; ou bien ils agissent à des phases différentes de la chaîne de réaction et produisent alors des phénotypes nouveaux. Chez *Drosophila obscura,* la combinaison des gènes *purple* et *vermilion* produit des yeux blancs; Crew et Lamy pensent que *vermilion* détermine un arrêt précoce de la pigmentogenèse et *purple* en retarde le début; la réunion des deux effets supprime la pigmentation.

Effet de position

L'activité d'un gène dépend non seulement de sa puissance, de la présence des gènes modificateurs, du milieu génotypique, mais aussi de sa place dans le chromosome.

Le premier, Sturtevant s'aperçut que le même nombre de gènes ne produit pas le même effet s'ils sont répartis différemment dans les chromosomes. Les gènes de la série *bar* en donnent un bon exemple. Le gène *bar,* allèle du gène « œil plein », modifie le nombre des facettes de l'œil (voir p. 894); l'œil *bar* homozygote *B*/*B* possède soixante-huit facettes; comme la mutation *bar* provient de la duplication d'un segment du chromosome *X,* la Mouche homozygote *bar* porte quatre fois ce segment de *X* (deux fois sur chacun des deux chromosomes homologues (voir *fig. 19* et *20*, pp. 895 et 896). L'œil *double-bar* hétérozygote, normal/*BB,* possède quarante-cinq facettes; or double-bar résulte d'un triplement du même segment de *X,* la Mouche *double-bar* hétérozygote porte donc aussi quatre fois le même segment de *X* (une fois sur un des chromosomes, trois fois sur l'homologue). Donc le génotype de chacune des Mouches contient quatre fois le même segment de *X;* néanmoins les effets visibles sont différents : soixante-huit et quarante-cinq facettes; cette divergence résulte de la distribution, de l'assemblage des gènes. Par crossing over, *double-bar* peut redonner *bar* et celui-ci le type sauvage; le gène n'a pas subi de modification, seules ses diverses positions changent ses propriétés.

Les diverses perturbations apportées par les rayons X dans l'architecture chromosomique ont montré de nombreux effets de position. Le plus souvent, l'effet de position résulte, soit de répétition dans un même chromosome, soit de ruptures suivies de translocations.

Une deuxième expression de l'effet de position se traduit dans l'hétérozygote chez qui le gène normal dominant présente une diminution de dominance. Par exemple l'allèle *ci (cubitus interruptus)* réduit certaines nervures de l'aile de *D. melanogaster;* il est totalement récessif par rapport au gène normal. Or, dans dix cas de translocation entre le chromosome IV renfermant l'allèle normal de *ci* et d'autres chromosomes, les Mouches hétérozygotes normal/*ci* exprimaient le caractère *ci;* cette dominance apparente de *ci,* gène récessif, résulte de l'affaiblissement de la dominance du gène normal, consécutif à sa nouvelle place.

L'effet de position, manifestation répandue, donne de sérieuses indications sur le mode d'action des gènes.

Le chromosome ne saurait plus être considéré comme une réunion statique de gènes; il est un système plus ou moins coordonné dont les propriétés sont corrélatives des caractères propres aux gènes et des relations topographiques de ceux-ci. Ainsi s'explique l'importance des mutations chromosomiques (voir p. 963); cependant il ne faut pas minimiser la valeur des mutations géniques, comme tendraient à le faire certains généticiens.

CHAÎNES DE RÉACTIONS DÉCLENCHÉES PAR LES GÈNES

Nous terminerons ce chapitre de génétique physiologique par quelques indications sur les chaînes de réactions qui se rattachent à la fois à la physiologie du gène et à la phénogénétique.

Les chaînes de réactions ne sont pas une simple vue de l'esprit; dans quelques cas, il a été possible de suivre la série des processus chimiques qui aboutissaient à la réalisation du caractère.

Un des premiers cas analysés est celui de l'alcaptonurie, affection héréditaire humaine, caractérisée par la coloration foncée des urines, la pigmentation des cartilages et de l'arthrite (voir p. 1121).

Les travaux sur les microorganismes ont fourni une base expérimentale à l'hypothèse que les gènes agissent en élaborant des enzymes spécifiques qui catalysent des réactions biochimiques, un gène différent entrant en jeu à chaque étape de la chaîne de réactions.

Le Champignon Ascomycète *Neurospora crassa* se développe normalement sur un milieu de culture synthétique simple renfermant des sels minéraux, du glucose et de la biotine; à partir de ces éléments, *Neurospora* est apte à fabriquer tout ce qui est nécessaire à sa croissance. Son irradiation par les rayons X ou les ultraviolets fait apparaître des mutants caractérisés par leur inaptitude à croître sur le milieu de culture primitif suffisant pour le type sauvage de *Neurospora*. La mutation a donc bloqué des réactions chimiques conditionnant la synthèse des principes nutritifs indispensables; pour trouver quelle réaction est inhibée on ajoute un à un les divers facteurs de croissance jusqu'à ce que le milieu obtenu soit propre à permettre le développement du Champignon. Par exemple, l'addition de lysine permettra la croissance du mutant ayant perdu la propriété de la synthétiser. Beadle et Tatum ont ainsi trouvé que la synthèse de l'arginine exige l'intervention de sept gènes : quatre conditionnent la synthèse de l'ornithine, deux autres transforment en deux temps l'ornithine en citrulline et le dernier transforme la citrulline en arginine. *Neurospora* possède une arginase qui transforme l'arginine en ornithine avec production d'urée. Celle-ci n'est pas éliminée comme chez les Mammifères, mais une uréase la décompose en gaz carbonique et en ammoniac. Voici le schéma de cette synthèse :

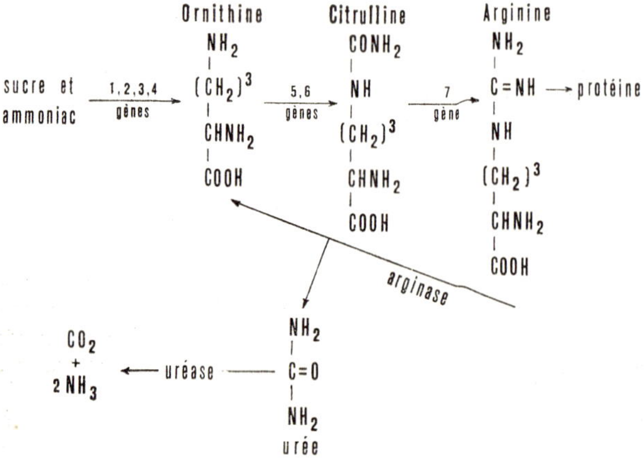

Une synthèse analogue de l'arginine a été constatée chez le Champignon *Penicillium notatum* par Bonner. Les divers mutants obtenus montrent que la synthèse suit la marche suivante : acide glutamique, proline, ornithine, citrulline, arginine. Mais un mutant qui ne requiert que la proline pour se développer, montre que celle-ci n'est pas un précurseur direct de l'arginine, mais qu'elle est synthétisée à partir d'une substance encore inconnue, un intermédiaire, précurseur de l'ornithine. Voici le schéma de la synthèse :

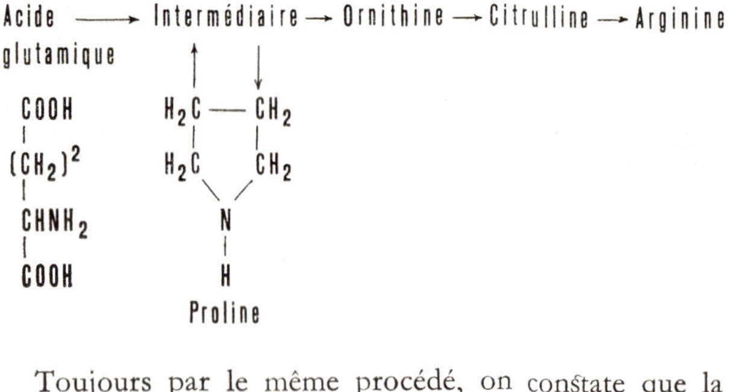

Toujours par le même procédé, on constate que la synthèse du tryptophane comprend les étapes suivantes :

acide anthranilique → indole → tryptophane; sa formation résulte de la condensation de l'indole et de la sérine, car la synthèse du tryptophane à partir de l'indole, réalisée par un mutant, s'est accompagnée d'une diminution de sérine présente dans le milieu. C'est la première fois que la synthèse du tryptophane était observée chez des êtres vivants.

Des mutants incapables de se développer sans acide nicotinique peuvent croître sur du tryptophane qui le remplace, ce qui montre que l'acide nicotinique dérive du tryptophane; tryptophane et acide nicotinique sont remplaçables par la cynurénine. Il est alors possible de suivre les principales étapes de la synthèse du tryptophane et de l'acide nicotinique, en passant par la cynurénine, l'acide 3-hydroxyanthranilique.

Ces cultures des mutants de *Neurospora* ont favorisé la découverte des diverses phases de la synthèse de la méthionine, de l'isoleucine-valine, des purines et pyrimidines. Par exemple, le Champignon synthétise la valine à partir de l'acide α-β-dihydroxy - β méthylbutyrique; cette synthèse est bloquée lorsque l'acide α-β dihydroxyéthylbutyrique s'accumule à la suite d'une mutation bloquant la synthèse de l'isoleucine. Chaque phase des diverses synthèses relève d'une enzyme particulière dont la production et l'activité résulte de l'action d'un gène déterminé; l'abondance des enzymes indispensables nécessite un nombre important de gènes.

Les mêmes faits s'observent avec les Bactéries *Escherichia coli, Bacillus subtilis,* dont les mutants sont incapables de réaliser les synthèses effectuées par les formes sauvages. La notion d'enzyme adaptative ou constitutive ressort de l'observation suivante; chez *Escherichia coli,* la synthèse de la galactosidase (enzyme qui coupe en deux les galactosides) est régie par un gène *Z* qui porte l'information relative à la synthèse de cette protéine. Ce gène structural, dont le locus est connu, présente une activité intense pouvant atteindre 7 % de toutes les protéines synthétisées par les Bactéries en croissance, lorsque le milieu renferme un galactoside. Celui-ci fonctionne donc comme inducteur et la galactosidase représente une enzyme adaptative permettant l'utilisation du galactoside par la Bactérie.

En absence de galactoside, la synthèse de la galactosidase est fortement réduite; cette inhibition résulte de l'intervention d'une substance se comportant comme répresseur et dont la synthèse relève de l'action d'un gène de contrôle, gène *i*. Le remplacement de ce gène *i* par son allèle négatif supprime l'élaboration du répresseur et la synthèse active de la galactosidase s'effectue. Cette enzyme n'est plus adaptative mais constitutive et ces Bactéries, dépourvues du gène de contrôle *i* efficient, sont des mutants constitutifs.

Les Levures présentent aussi des mutants biochimiques dépourvus de certaines propriétés, notamment de la faculté de faire fermenter des sucres déterminés (mélibiose, raffinose...), par suite de l'absence des enzymes convenables.

Cette relation directe entre gènes et enzymes s'observe également chez les Mammifères. La pigmentation des poils de Lapin ou de Souris dépend de l'action d'une oxydase (enzyme oxydante), la tyrosinase, sur un chromogène (dopa) qui est transformé en mélanine. Or l'extrait de broyat de poils colorés renferme de la tyrosinase, tandis que celui des poils blancs en est dépourvu, tout comme celui des poils d'un albinos. On sait que le gène *C* conditionne la coloration d'un Mammifère; quand *C* est remplacé par son allèle *c*, la formation du pigment est inhibée. La fonction du gène *C* consiste donc à orienter le chimisme cellulaire de sorte que la tyrosinase se développe dans les bulbes pileux; les albinos qui possèdent *c* sont privés de tyrosinase et les poils demeurent blancs.

Les processus morphogénétiques ont été analysés principalement dans les colorations : coloration des yeux de Drosophile, des fleurs, des plumes d'Oiseaux.

Plus de vingt-cinq gènes président à la coloration des yeux de Drosophile; presque tous sont récessifs et certains forment des séries d'allèles multiples. La couleur normale foncé résulte de l'action de tous les gènes normaux; l'apparition d'un récessif quelconque donne une mutation de couleur. L'étude cytologique de l'œil montre que la forme sauvage possède des granules pigmentaires rouge sombre et jaunes formés dans les cellules primaires des facettes, dans les cellules secondaires et dans la membrane basale. La couleur des yeux diffère par la quantité et la répartition des pigments; par oxydation le rouge donne du jaune et inversement le jaune devient rouge par réduction. La nature des deux pigments est mal connue; ni caroténoïde, ni mélanine, ils ont des caractères et des solubilités différentes; leur formation relève vraisemblablement de deux processus différents. Les couleurs rouges brillantes *(vermillon, cinabre, écarlate, rouge)* proviennent du pigment rouge déposé dans les cellules superficielles et profondes. Les couleurs brunes résultent du pigment jaune logé dans les cellules secondaires. Le gène blanc donne une dépigmentation totale. Les diverses combinaisons entre gènes donnant des couleurs rouges reproduisent toujours du rouge; mais les combinaisons entre gènes donnant des yeux vermillon, écarlate, cinabre et des yeux bruns, engendrent des yeux décolorés; l'un des gènes déterminerait un arrêt précoce de la pigmentogenèse alors que les autres en retarderaient le début : finalement, aucun pigment ne serait formé.

Cette chaîne de pigmentation fut approfondie grâce à l'obtention de Drosophiles gynandromorphes (une moitié du corps possède les caractères femelles et l'autre moitié les caractères mâles). L'une d'elles était particulièrement intéressante : le côté gauche exprimait les caractères femelles (poils normaux, aile normale, œil rouge sombre); le côté droit montrait les caractères mâles (pas de poils, aile incisée, œil rouge sombre) avec une exception, la couleur de l'œil; celui-ci aurait dû être vermillon et non rouge normal, le caractère rouge sauvage de gauche empêchant la formation de vermillon. Ce cas unique fut à l'origine de la technique des transplantations d'ébauches d'organes, préconisée par Beadle et Ephrussi (1935). Ils transplantent, dans des larves de Drosophiles de race sauvage, des ébauches d'yeux des races cinabre *(cn)* et vermillon *(v)*. Ces yeux se développent dans leur nouveau milieu en acquérant la couleur rouge du type sauvage. Il ressort donc que la réalisation de la couleur rouge sombre n'est pas totalement déterminée dans l'ébauche oculaire, mais qu'elle dépend de l'intervention de substances extérieures à l'ébauche et présentes dans les larves réceptrices. D'autres transplantations montrèrent que l'œil *v* transplanté dans une larve *cn* prend aussi le type sauvage; en revanche l'œil *cn* transplanté dans un hôte *v* garde sa couleur *cn*. Ces expériences permettent de conclure à l'existence de deux substances : la substance

Cn et la substance *V* présentes toutes deux dans la race sauvage. La race cinabre possède seulement la substance *V* et la race vermillon ne possède ni l'une ni l'autre. Les deux substances sont nécessaires pour la réalisation de la couleur rouge sombre du type sauvage. Des expériences ont montré que la substance *V* se transformerait, sauf chez les individus cinabre, en substance *Cn*. Les deux substances constitueraient deux chaînons d'une même chaîne de réactions; le type vermillon manquant de substance *V* ne pourrait posséder de substance *Cn*. Ephrussi reconnaît l'existence d'un substrat, sorte de précurseur du pigment dont la quantité réglerait l'absorption des substances *V* et *Cn* fabriquées dans d'autres régions de l'organisme. L'œil blanc serait dépourvu de ce substrat.

Quelle est la nature de ces substances ? Elles ne sont pas spécifiques de la Drosophile; elles existent également dans le sang d'autres larves de Mouches *(Calliphora)* et même dans des chenilles de Papillons *(Galleria)*; elles agissent à dose extraordinairement faible; un gramme de pupes sèches en contient assez pour modifier la couleur des yeux de vingt mille Mouches; un gramme de substance serait capable de transformer quatre millions deux cent mille Mouches. Elles ne sont actives que dans les larves âgées, quelques heures avant la pupaison, et dans les pupes âgées de moins de soixante-quatre heures. Elles agissent aussi par ingestion. En effet des larves de race vermillon et cinabre nourries avec des pupes de type sauvage, écrasées et mélangées à de la gélose, acquièrent des yeux rouges, parce que la substance responsable a été introduite dans le milieu intérieur par la nourriture.

On sait maintenant que la substance *V* est un dérivé du tryptophane, la cynurénine. Daneel a obtenu la coloration rouge des yeux en plongeant simplement des yeux, au stade de développement convenable, dans une solution aqueuse de cynurénine. La substance *Cn* est un chromogène transformé en pigment rouge sombre par le gène brun *(B)*. Les diverses colorations de l'œil de Drosophile se ramènent donc à l'intervention de substances chimiques définies, agissant comme des hormones; mais la présence ou l'absence de ces substances est conditionnée par certains gènes.

Voici le schéma du mode de pigmentation de l'œil de la Drosophile :

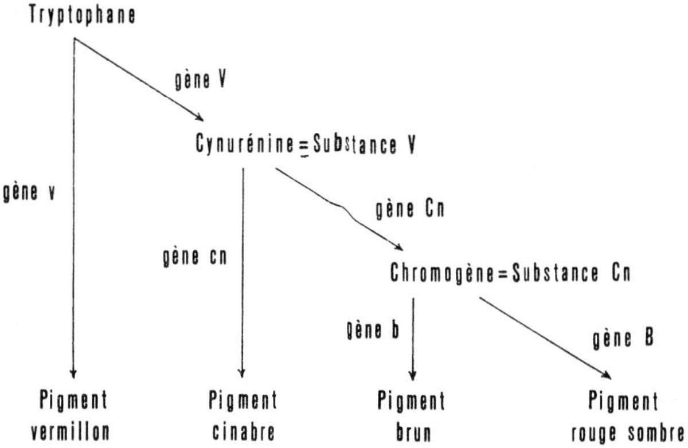

Les transplantations ont montré que les mutations vermillon et orange de *Drosophila pseudo-obscura* résultent de la carence en substance *V* et *Cn,* comme les mutations *vermillon* et *cinabre* de *D. melanogaster*. Mais les implantations d'ébauches oculaires de nombreuses races, dans des hôtes de la forme sauvage, ne donnent pas toujours des modifications de couleur; les cas des yeux vermillon et cinabre sont particulièrement intéressants.

La substance *V* ne s'observe pas uniquement chez la Drosophile, des phénomènes analogues ont été notés chez des Papillons et des Hyménoptères. La race à yeux noirs et à testicules violacés du Papillon de farine *Ephestia kuhniella* a donné des mutants à yeux rouges et à testicules incolores. Des transplantations convenables ont montré que la race foncée renferme, dans son milieu interne, une substance nécessaire pour la pigmentation mélanique des yeux et des testicules, et que l'autre race en est dépourvue. Si une transplantation fournit aux organes non colorés la substance indispensable, ils se colorent. Cette substance est identique à la substance *V* de *D. melanogaster*. *Ephestia* renferme aussi la substance *Cn;* les deux substances se retrouvent chez d'autres Papillons.

Beadle et ses collaborateurs ont montré que la forme sauvage de l'Hyménoptère *Habrobracon brevicornis* renferme aussi les substances *V* et *Cn;* une mutation ivoire de la couleur des yeux résulte de l'absence de *Cn;* l'injection d'extraits de pupe incolore ne modifie pas la couleur alors que celle d'extraits de pupe sauvage détermine la coloration normale.

Un autre cas concerne non plus la pigmentation mais une différenciation morphologique de l'œil. Les Drosophiles sauvages possèdent un œil plein comptant de sept cent cinquante à sept cent quatre-vingts facettes. Dans le mutant *bar* (voir *fig.* 19) les ommatidies sont localisées à une mince bande transversale; le nombre des facettes est alors réduit à soixante-dix ou quatre-vingt-dix. Chevais, en faisant ingérer aux larves de race *bar* des extraits de la mouche *Calliphora,* a réussi à augmenter plus ou moins le nombre de facettes; celui-ci est même susceptible d'atteindre le nombre observé chez la forme sauvage. Ces extraits de *Calliphora* renferment donc une substance spécifique conditionnant la formation des facettes de l'œil chez la race sauvage; elle doit être absente ou en quantité insuffisante dans la mutation *bar.* Son identification a été tentée; il s'agit de la substance 1-méthylhydantoïne qui est un uréide.

Le Lapin dit Himalaya ou Lapin russe a un pelage blanc, seules les extrémités (oreilles, pattes, nez, queue) sont noires. Élevés à une haute température, les Lapins ne présentent plus aucune aire de pigmentation foncée. En hiver, par suite du refroidissement du nid, les jeunes présentent souvent une légère coloration générale. Si l'on rase quelques centimètres carrés de la peau du dos et que l'animal soit placé dans une atmosphère froide, les poils qui repoussent sont fortement colorés par du pigment noir. Lorsque les pattes sont soigneusement rasées mais enveloppées dans un bandage maintenant la chaleur locale, les nouveaux poils repoussent blancs. Les expériences sont donc concordantes; la pigmentation noire centrifuge est contrôlée par la température; elle ne se manifeste que lorsque la température est assez basse. Si la température de la peau dépasse 33°, la pigmentogenèse est stoppée par inhibition de la formation d'une oxydase agissant sur un chromogène, la dioxyphénylalanine (dopa). Le développement du ferment oxydant (dopa-oxydase) est activé par l'abaissement de la température; mais l'action du facteur externe est complétée par celle d'un gène c^h, car la quantité de pigment formé est plus importante chez le Lapin homozygote pour le facteur *himalaya* (c^h/c^h) que chez l'hétérozygote (c^h/c) renfermant *c*, gène de l'albinisme. Le temps nécessaire pour que le pigment se dépose chez l'homozygote est également plus court que celui noté chez l'hétérozygote, cinq minutes pour le premier et dix à vingt minutes pour le second. Le gène c^h commande la formation d'un pigment oxydant qui agit sur la dopa pour donner une mélanine; la température favorise ou inhibe l'action du gène.

La plupart des pigments floraux appartiennent aux anthocyanines, glucosides donnant des tons écarlate, violet, pourpre, bleu, aux anthoxanthines, flavones donnant des teintes jaune, ivoire, aux caroténoïdes et à leurs dérivés. La présence de l'une ou de l'autre de ces substances, leur modification moléculaire, leur abondance, l'acidité plus ou moins intense du suc cellulaire, tous ces facteurs participent à la coloration des pétales et tous sont régis par des gènes.

La pélargonidine combinée avec deux molécules de sucre donne une anthocyanine rouge. L'addition de un ou deux groupements *OH* à la pélargonidine produit la cyanidine (rose rouge) et la delphinine (pourpre); la méthylation de deux *OH* donne la malvidine (rouge).

Chez *Primula sinensis*, trois gènes semblent responsables de la coloration. Si le gène dominant *K* est présent, la malvidine se forme; l'allèle récessif *k* commande la formation de la pélargonidine, anthocyanine non méthylée; le gène dominant *B* produit un copigment de l'anthoxanthine et le récessif *b* n'en forme pas. Ce copigment avec l'anthocyanine donne un composé plus bleu que lorsque l'anthocyanine est seule. Enfin le dominant *R* augmente l'acidité du suc cellulaire, alors que son allèle récessif *r* la diminue. Huit combinaisons sont possibles entre ces gènes; elles engendreront huit couleurs différentes; en voici quelques-unes :

KKBBRR	couleur magenta	(malvidine + anthoxanthine, grande acidité)
KKbbRR	couleur rouge	(malvidine, pas d'anthoxanthine, grande acidité)

KKBBrr	couleur bleue	(malvidine + anthoxanthine, faible acidité)
kkBBRR	presque blanc	(pélargonidine + anthoxanthine, grande acidité)
kkBBrr	presque blanc	(pélargonidine + anthoxanthine, faible acidité)
kkbbrr	rose pâle	(pélargonidine, pas d'anthoxanthine, faible acidité).

Un autre exemple remarquable pour le rapport entre le nombre de gènes et la quantité de substance chimique formée est fournie par le Maïs. L'endosperme du Maïs triploïde renferme un gène *Y* qui donne une couleur jaune au grain; l'allèle *y* lui confère une couleur blanche; *Y* détermine en même temps la formation de vitamine A; les analyses montrent que la quantité de vitamine A élaborée de même que l'intensité de la couleur sont proportionnelles au nombre de gènes *Y*; un *Y* correspondant en moyenne à 2,5 unités de vitamine A. Voici à peu près les valeurs obtenues :

Endosperme	Couleur	Unités de vitamine A
yyy	blanc	0,05
yyY	jaune pâle	2,25
yYY	jaune	5
YYY	jaune foncé	7,5

CHAÎNE DE RÉACTIONS ET GLANDES ENDOCRINES

La chaîne de réactions passe parfois par les glandes endocrines et provoque alors des troubles d'origine hormonale. Le gigantisme et l'acromégalie du Chien Saint-Hubert, du Lévrier russe, du Saint-Bernard, résultent de l'hyperactivité du lobe antérieur de l'hypophyse avant suture des os. Le Bull-dog, achondroplasique pour le crâne et les pattes, possède une thyroïde à structure embryonnaire; il représente d'ailleurs un cas limite de viabilité; de nombreux mâles sont en effet entièrement ou partiellement stériles; le Basset est achondroplasique pour les pattes; l'Épagneul King-Charles, le Terrier de Boston, le Griffon de Bruxelles, le sont pour la queue et la tête. Dans l'espèce humaine un certain gène dont l'action est renforcée par l'absence d'iode dans le milieu arrête la sécrétion de la thyroxine (voir p. 1125); l'individu est alors frappé dans sa croissance et dans son intelligence (crétinisme).

Les ornements sexuels secondaires des Coqs (crêtes, ergots, camail, faucilles) sont conditionnés par les hormones androgènes, d'origine testiculaire, mais leur action ne se manifeste qu'en présence de thyroxine; l'ablation des thyroïdes provoque la stérilisation et l'état neutre du Coq non castré (Caridroit). D'autre part, la présence normale de thyroxine conditionne la dominance du blanc dans le croisement Leghorn blanche par Leghorn dorée; l'ablation de la thyroïde chez l'hybride hétérozygote fait apparaître des plumes rouges sur la poitrine primitivement blanche.

Le croisement entre le Coq ardennais argenté et une Poule ardennaise dorée devrait donner à la F_1 des mâles dorés et des femelles argentées, les caractères argent et or étant liés au chromosome sexuel avec dominance de la dorure; les Coqs sont bien dorés, mais les Poules sont noires; si on castre ces Poules, elles deviennent argentées; réciproquement si on greffe des ovaires sur les mâles dorés, ils deviennent noirs; l'hormone ovarienne exerce une action particulière et empêche la réalisation du phénotype correspondant à une hérédité sex-linked.

Le plumage, très différent, des Poules et des Coqs est sous la dépendance d'une hormone sexuelle; mais dans la race Sebright, les Poules ne se distinguent pas des Coqs. Il faut castrer le Coq pour qu'il acquière le plumage typique du mâle. Le testicule agit ici comme l'ovaire, en inhibant la formation du plumage du mâle. Cette inhibition ne résulte pas d'une sécrétion particulière des testicules, car des testicules d'autres races greffés à la place des testicules primitifs exercent la même action inhibitrice. Il s'agit d'une réaction spécifique du plumage des races Sebright qui répond de la même façon à l'hormone mâle et à l'hormone femelle.

Les croisements de volailles sont particulièrement intéressants pour montrer le jeu des hormones dans l'expression des caractères héréditaires par suite du dimorphisme sexuel et de la variété des caractères sexuels secondaires.

Cette intervention des hormones fournit une possibilité pour corriger les influences géniques fâcheuses, relevant de déficiences endocriniennes, par l'injection à l'individu anormal de l'hormone insuffisante. La chaîne de réactions intercalée entre le gène et le caractère peut être modifiée par deux voies différentes :

a) en cas de déficience, la chaîne de réactions peut être corrigée par l'administration de la substance qui ne se forme pas;

b) les influences extérieures composant avec le génotype pour réaliser le phénotype il sera possible de changer ce dernier en modifiant le métabolisme ou les conditions extérieures.

INFLUENCE DES GÈNES SUR LE DÉVELOPPEMENT

Il est facile de prévoir que le rôle des gènes ne consiste pas uniquement à transformer une substance chimique en une autre; ce mode d'action est jusqu'à présent le mieux analysé. D'autres gènes interviennent nécessairement dans le développement; il serait intéressant de suivre l'apparition d'une structure normale et de constater les modifications qu'elle subit lorsqu'entrent en jeu des gènes nouveaux. Dans quelques cas, cette étude a été possible, notamment pour le développement des grands poils de la tête et du thorax dont le nombre et la disposition sont nettement définis chez la Drosophile adulte.

Leur développement, sous l'action des gènes normaux (gènes +), s'effectue pendant la pupaison et passe par des phases (environ sept) bien analysées histologiquement et se succédant avec régularité. L'introduction de gènes nouveaux dans cet ensemble génique changera la succession des phénomènes et, partant, le résultat final. Ainsi le gène *split* produit un poil double se présentant sous trois aspects : deux poils insérés dans la même cavité, ou un gros poil formé par la fusion de deux poils normaux ou deux poils ayant chacun une cavité particulière. Le gène *split* provoque un changement tout au début du développement du poil normal; très tôt, environ seize heures après le début de la pupaison, se place une division supplémentaire des cellules, point de départ du poil normal; c'est la première manifestation du gène *split* qui agit pendant cinq heures environ, durant les phases 2, 3, 4; il détermine irrévocablement l'apparition du poil double.

Un autre gène, par exemple *spineless,* entraîne une réduction de la longueur de tous les poils, par suite d'une diminution du taux normal de croissance. Il intervient plus tard dans le développement du poil normal, dix-huit à trente heures après le début de la pupaison. Ce gène peut ajouter son action à celle du gène *split,* pour produire des poils doubles de longueur réduite.

Le gène *forked (f)* intéresse les longs poils; il les modifie, les raccourcit et les épaissit; les extrémités sont fourchues ou ramifiées. L'effet du gène est plus tardif que celui des précédents; il se manifeste lorsque les poils normaux ont atteint la moitié de leur longueur définitive, vers la trentième ou trente-cinquième heure après le début de la pupaison. L'action successive des gènes *split* et *forked* produit des poils doubles plus courts et plus épais.

Enfin le gène *straw (st)* entre en jeu à la fin du développement du poil normal et inhibe son durcissement et sa coloration foncée; le poil reste jaune pâle. Cette action peut également se manifester après celle des gènes *split* et *forked* et donner des poils doubles, raccourcis et jaune pâle. Ce mode d'action des gènes envisagés pourrait se schématiser ainsi (d'après W. George) :

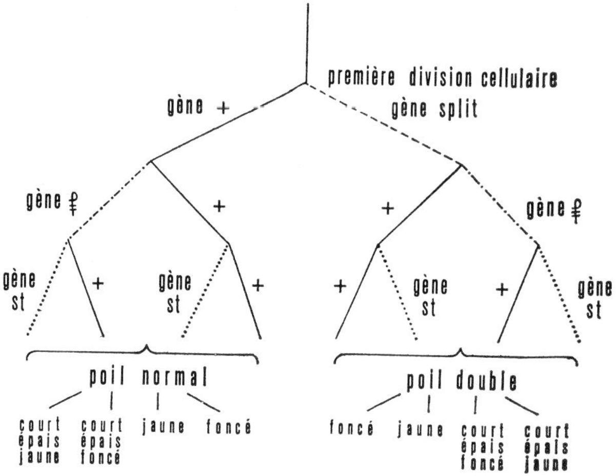

Il ressort de cette analyse que chaque gène agit à un moment précis du développement, correspondant à une sorte de période sensible; une fois le seuil passé, cette action est impossible. Le développement est un phénomène dynamique relevant d'un double équilibre dans l'espace et le temps. La composition génique possède le rôle essentiel, mais le facteur temps ne saurait être négligé.

GÉNÉTIQUE ÉVOLUTIVE

Les chapitres précédents montrent que l'appareil chromosomique n'est pas stable; il est en effet susceptible de changements brusques, d'emblée héréditaires, appelés *mutations,* qui se traduisent par des modifications morphologiques, anatomiques, physiologiques. Mais ces mutations ne sont pas toutes du même ordre; les *mutations géniques* intéressent la constitution d'un gène donné; les *mutations chromosomiques* affectent le chromosome et sont de deux sortes; les unes portent sur l'arrangement et la structure intime du chromosome, les autres sur le nombre de chromosomes. Ces mutations chromosomiques entraînent des modifications génotypiques décelables cytologiquement.

MUTATIONS GÉNIQUES

Elles sont ou spontanées ou provoquées.

MUTATIONS GÉNIQUES SPONTANÉES

Elles apparaissent toujours sporadiquement; si la mutation est dominante, ce qui est assez rare, la date d'apparition est celle de la vraie naissance; mais pour une mutation récessive, cette date ne présente pas grand intérêt; elle pouvait exister depuis longtemps, cachée dans les hétérozygotes; son apparition coïncide avec la naissance d'un homozygote provenant de l'union de deux hétérozygotes pour cette mutation récessive.

Les exemples abondent; apparition vers 1791, dans une ferme du Massachusetts, de deux Moutons bassets (un mâle et une femelle) à dos long, à pattes courtes et torses, parents d'une race éphémère, les *Moutons ancons.* Les Bœufs camards ou ñatos *(fig. 24),* à cou et à tête courts, à narines retroussées, à fort prognathisme, étaient regardés comme une curiosité à Buenos Aires, en 1760; ils provenaient probablement des troupeaux importés d'Europe au XVIe siècle; cette mutation réapparaît parfois en Argentine, en France (environ de Lille, Alpes, race cotentine); mais ces Bœufs se nourrissent plus difficilement que les autres et la race n'est pas conservée. Le Lapin dit *castorrex,* habillé uniquement de bourre avec

FIG. 24 — TÊTE D'UN BŒUF ÑATO ORIGINAIRE DU CHILI.

Il vécut pendant une année au Jardin d'Acclimatation de Paris (d'après Dareste, 1888).

courts poils de jarre, apparut dans une ferme de la Sarthe en 1919; il semble que la mutation s'était produite cinquante ans auparavant dans un élevage du Bordelais. La Souris albinos, d'origine chinoise, est connue depuis 1654; en 1757, on élevait au Japon des Souris panachées, brunes. Les mutations qui intéressent le pelage sont fort nombreuses (couleur, panachure, *fig. 25;* aspect du poil, *fig. 26;* absence de poils, *fig. 27*).

Dans les élevages de Drosophiles, Morgan et ses collaborateurs ont observé de nombreuses mutations portant sur la teinte générale, la couleur des yeux, la forme des ailes, le nombre de poils, la proportion sexuelle. Mais cette abondance est toute relative, vu la quantité de Mouches étudiées. Les mutations spontanées sont rares; un élevage de Rat du Coton *(Sigmodon hispidus)*, poursuivi pendant dix ans, comptait une population dépassant largement deux millions d'individus, tous de la forme agouti, du type sauvage; en 1947, apparut, dans deux lots séparés, un individu blanc avec de petites taches agouti et des yeux noirs.

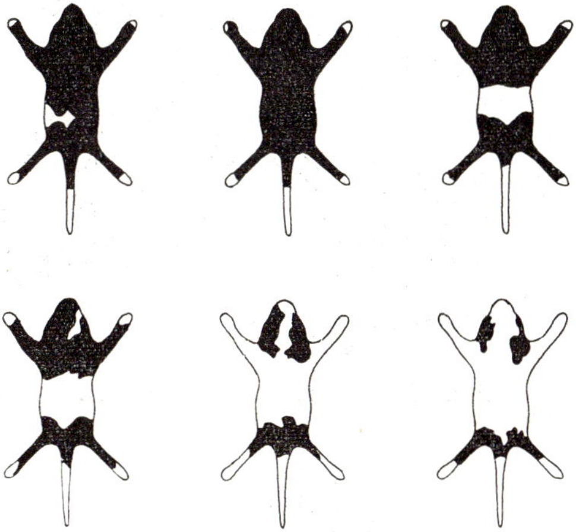

FIG. 25 — QUELQUES TYPES DE PANACHURE DORSALE CHEZ LA SOURIS, SOURIS PIE (d'après Charles).

Les mutations spontanées s'observent aussi dans le monde végétal : *Chelidonium laciniatum (fig. 28)*, mutation de *Chelidonium majus (fig. 29)*, apparue en 1590 dans le jardin d'un apothicaire de Heidelberg. La Bourse-à-pasteur *(Capsella bursa-pastoris)* donna plusieurs mutations *(fig. 30)* : mutation *heegeri* à carpelles arrondis, trouvée sur la place du marché, à Landau, en 1897; mutation *viguieri* dont la silicule possède quatre carpelles échancrés, découverte en 1908 à la gare d'Izeste dans les

Basses-Pyrénées. En 1855, le *Robinia pseudo-acacia* a donné, chez un pépiniériste du Maine-et-Loire, un mutant *monophylla,* à grande foliole unique. Le Fraisier monophylle de Duchesne, apparu dans son jardin du faubourg Saint-Honoré en 1763, existe toujours *(fig. 31).* Les coquelicots « Shirley Poppy » possédant une gamme variée de couleurs, proviennent d'un pied de *Papaver rhoeas* découvert par le Rév. W. Wilks, en 1882.

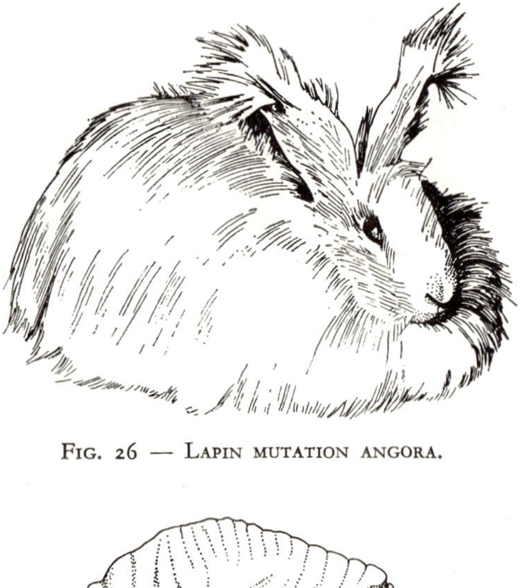

FIG. 26 — LAPIN MUTATION ANGORA.

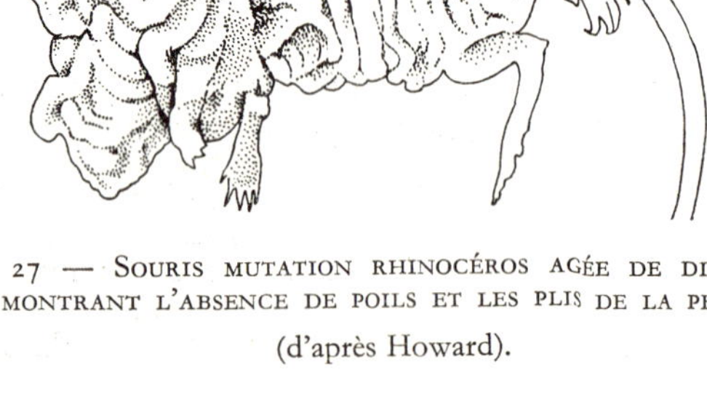

FIG. 27 — SOURIS MUTATION RHINOCÉROS AGÉE DE DIX MOIS, MONTRANT L'ABSENCE DE POILS ET LES PLIS DE LA PEAU (d'après Howard).

Fig. 28 — Chélidoine laciniée, *Chelidonium laciniatum*.

Fig. 29 — Grande Chélidoine, *Chelidonium majus*.

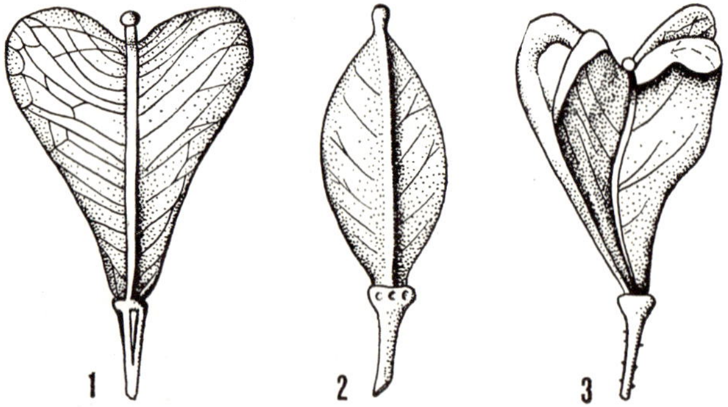

FIG. 30 — FRUIT (SILICULE) DE *Capsella bursa-pastoris* (d'après Massart).

1, silicule à deux carpelles échancrés de la forme normale; 2, silicule à deux carpelles arrondis de la mutation *heegeri*; 3, silicule à quatre carpelles échancrés de la mutation *viguieri*.

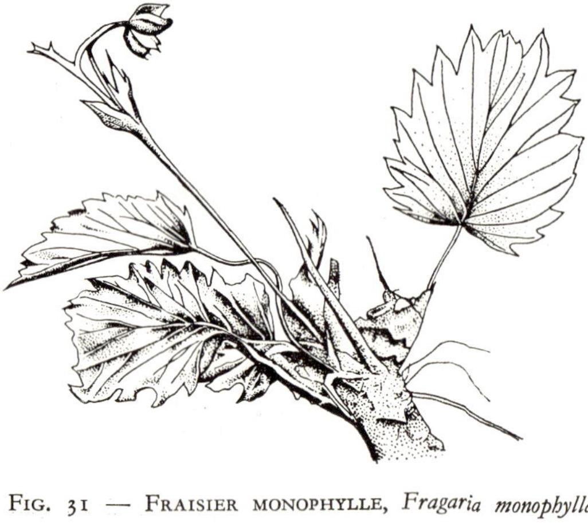

FIG. 31 — FRAISIER MONOPHYLLE, *Fragaria monophylla.*

La même mutation peut apparaître indépendamment dans plusieurs pays; le Hêtre à feuilles rouges est né au moins trois fois, avant le XVIIe siècle dans le canton de Zürich, au XVIIIe en Thuringe, au XXe dans le Tyrol; tous les Hêtres rouges actuels descendent de ces mutants. Les Chats à queue courte sont connus à l'île de Man, en Crimée, en Perse, au Japon, à Malacca, à Sumatra.

Il est fort difficile de fixer le taux global des mutations spontanées, d'autant plus qu'il varie avec l'espèce, la race, la nature du gène, l'âge des cellules. Le taux courant chez la Drosophile est d'une mutation pour un million d'individus; mais certains gènes offrent une disposition à muter plus grande; le taux le plus élevé revient à la mutation *white :* le gène qui donne une couleur blanche à l'œil est un allèle du gène *W* déterminant la couleur rouge sombre de l'œil; une Drosophile sur trois cent mille porte le gène *w*.

Les calculs effectués par Stadler sur le Maïs donnent les taux de mutation suivants pour quelques gènes :

Gènes	Nombre de gamètes examinés	Nombre de mutations observées	Taux de mutation pour 1 000 000 de gamètes
R (gène de couleur)	554 786	273	492
I (inhibiteur de couleur) . . .	265 391	28	106
Pr (pourpre) . .	647 102	7	11
Su (sucré) . . .	1 678 736	4	2,4
Y (jaune) . . .	1 745 280	4	2,2
Sh (ridé) . . .	2 469 285	3	1,2
Wx (cireux) . . .	1 503 744	0	0

Cette faible fréquence de mutations spontanées est compatible avec la stabilité génétique.

MUTATIONS GÉNIQUES PROVOQUÉES

L'étude précise de phénomènes aussi rares que les mutations spontanées était quasi impossible; aussi les généticiens cherchèrent-ils à reproduire expérimentalement les mutations. Les agents physiques, tels que chaleur, froid, lumière, ne donnèrent aucun résultat positif indiscutable.

ACTION DES RADIATIONS IONISANTES

En revanche, Muller découvrit, en 1927, que les rayons X étaient susceptibles de provoquer des mutations; en irradiant des Drosophiles adultes, mâles et femelles, avec des doses sublétales, le taux de mutation était augmenté environ de cent cinquante fois; avec trente unités Rœntgen (le rœntgen est l'unité de dose d'irradiation) le taux de mutation est doublé. Toutes les radiations ionisantes, rayons X, rayons du radium (α, β, γ), protons, neutrons, jouissent de cette propriété. Le mécanisme de cette action consiste dans le bombardement des gènes par des électrons rapides à grande énergie : ces quantums d'énergie perturbent la structure chimique et suscitent la dépolymérisation de l'ADN. Les radiations ionisantes mutagènes puissantes provoquent surtout des mutations chromosomiques. Parmi les radiations non ionisantes, seuls les rayons ultraviolets, actifs par leurs photons, environ six fois moins puissants que les précédentes, produisent surtout des mutations géniques. L'ingestion de substances radio-actives (le phosphore ^{32}P) détermine des mutations chez la Drosophile. La méthode, d'abord appliquée aux espèces de Drosophiles, a été étendue avec succès à divers Insectes (Hyménoptères, Orthoptères, Lépidoptères, Coléoptères), Crustacés, Infusoires (Paramécies), et enfin aux végétaux (Champignon, *Nicotiana, Antirrhinum,* Orge, Maïs...). Les radiations émises par l'explosion de la bombe atomique à Bikini (1947) déterminèrent, dans des grains de Maïs exposés, 50 % de mutations géniques.

Les acides nucléiques absorbent les ultraviolets et le maximum d'absorption s'observe pour une longueur d'onde de 2 500 Å; or la plus intense action mutagène appartient aux rayons ultraviolets dont la longueur d'onde correspond justement au maximum d'absorption par les acides nucléiques. L'énergie cédée par ces rayons perturbe la structure moléculaire de l'ADN et détermine l'apparition des mutations.

Muller mit au point diverses méthodes élégantes pour se rendre compte de la fréquence des mutations induites par les rayons X, notamment les mutations létales ou visibles situées dans le chromosome sexuel *X*. Elles reposent sur le fait que les mâles porteurs de la mutation induite mourront par suite de la létalité non balancée de la mutation ou l'extérioriseront.

Méthode ClB

On dispose de Drosophiles femelles hétérozygotes dont l'un des chromosomes *X* porte le complexe *ClB;* le gène *C* eſt dominant et supprime tout crossing-over; le gène *l* eſt un létal récessif; le gène *B* eſt le gène *Bar* dominant produisant un œil barré (le nombre de facettes eſt réduit, voir p. 894). Ce gène *B* permettra de reconnaître les femelles hétérozygotes porteuses du chromosome *ClB;* elles auront les yeux barrés. Ces femelles sont

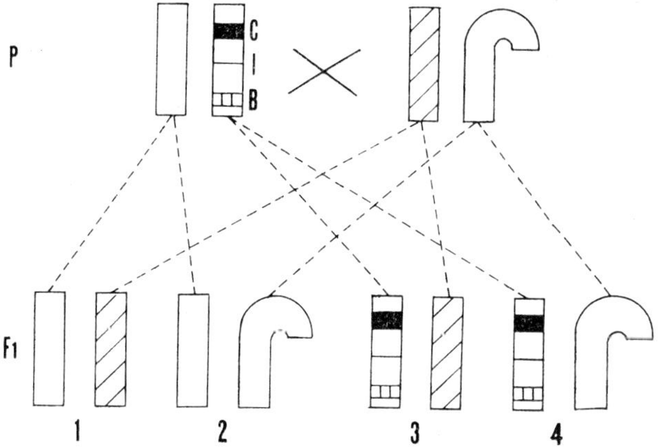

FIG. 32 — MÉTHODE *ClB* POUR DÉTECTER LES MUTATIONS SEX-LINKED CHEZ *Drosophila melanogaſter :* PREMIÈRE ÉTAPE, CROISEMENT D'UNE FEMELLE AYANT UN CHROMOSOME *X* PORTEUR DU COMPLEXE *ClB* AVEC UN MÂLE IRRADIÉ.

1, femelle avec un chromosome *X* normal et un chromosome *X* irradié; 2, mâle normal; 3, femelle avec un chromosome *X* irradié et un chromosome *X* avec le complexe *ClB;* 4, mâle non viable avec un chromosome *X* porteur du complexe *ClB*.
B, gène Bar; *C,* gène supprimant le crossing-over; F_1, première génération filiale; *l*, gène létal récessif; *P,* parents.

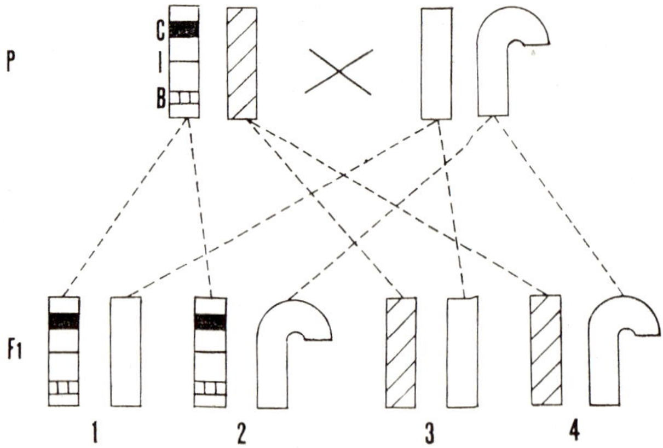

FIG. 33 — MÉTHODE *ClB* POUR DÉTECTER LES MUTATIONS SEX-LINKED CHEZ *Drosophila melanogaster :* DEUXIÈME ÉTAPE, CROISEMENT D'UNE FEMELLE AYANT UN CHROMOSOME *X* PORTEUR DU COMPLEXE *ClB* ET L'AUTRE *X* IRRADIÉ AVEC UN MÂLE NORMAL.

1, femelle avec un chromosome *X* normal et un chromosome *X* porteur de *ClB*; 2, mâle non viable avec un chromosome *X* porteur de *ClB*; 3, femelle avec un chromosome *X* irradié et un chromosome *X* normal; 4, mâle avec un chromosome *X* irradié montrant la mutation provoquée par les rayons *X*.

croisées avec un mâle irradié *(fig. 32)*; en F_1 le croisement engendre des femelles et des mâles dans la proportion de deux femelles pour un mâle, car le mâle qui reçoit le chromosome *ClB* meurt par suite du gène létal *l* non balancé; l'autre mâle est normal. Des deux femelles, l'une porte un chromosome *X* normal et un chromosome *X* irradié, l'autre un chromosome X_{ClB} et un chromosome *X* irradié. Cette dernière, porteuse d'un œil barré, est recroisée avec un mâle normal *(fig. 33)*. Si les rayons *X* ont provoqué l'apparition d'une mutation létale, la descendance ne comprendra que des femelles, tous les mâles portant un gène létal (le gène *l* du complexe *ClB* ou le gène létal résultant de l'ionisation) non balancé. Si la mutation induite par les rayons X est visible et non létale, le mâle l'extériorisera, qu'elle soit dominante ou récessive.

La fréquence des croisements se comportant ainsi permettra de calculer les fréquences de la mutation induite.

Méthode des chromosomes X attachés

Elle sert à détecter les mutations visibles liées au sexe. Une certaine race de Drosophiles possède des chromosomes X soudés qui passent ensemble dans les gamètes; les femelles *(fig. 34)* ont pour formule $\overline{XX}Y$, $\overline{XX}X$ et les mâles X, Y; les femelles $\overline{XX}X$ et les mâles Y ne sont pas viables. Seuls subsistent des femelles $\overline{XX}Y$ et des mâles normaux X. Contrairement à ce qui se passe d'habitude, le mâle reçoit son chromosome X de son père *(fig. 35)*. On croise une femelle $\overline{XX}Y$ avec un mâle irradié; si le chromosome X de ce mâle porte une mutation visible elle apparaîtra dès la F_1, car les fils de ce mâle extérioriseront la mutation, qu'elle soit dominante ou récessive.

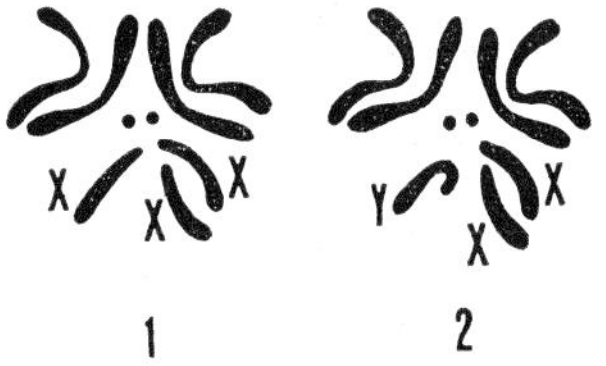

FIG. 34 — NOMBRE ANORMAL DE CHROMOSOMES CHEZ *Drosophila melanogaster* (d'après Vogel).

1, Drosophile triplo-X (3 X au lieu de 2), femelle stérile. 2, Drosophile femelle avec un Y en supplément.

À la suite des travaux de Muller, Patterson, Hansen, Timoféeff-Ressovsky, sur les mutations provoquées par les radiations, les effets qualitatifs et quantitatifs des rayons X ont été établis.

a) Effets qualitatifs. La majorité des mutations artificielles sont semblables ou identiques aux mutations spontanées connues; certaines sont inédites, mais se comportent dans les croisements comme les mutations spontanées. Il est impossible d'obtenir à volonté une mutation plutôt qu'une autre; le type de mutation obtenu est toujours imprévisible; la mutation n'est pas spécifique. Les mutations létales sont de dix à quinze fois plus fréquentes que les non létales. Le phosphore radio-actif (^{32}P) induit de 8 à 9 % de mutations dont 7,3 % sont létales. Le même phénomène s'observe aussi pour les

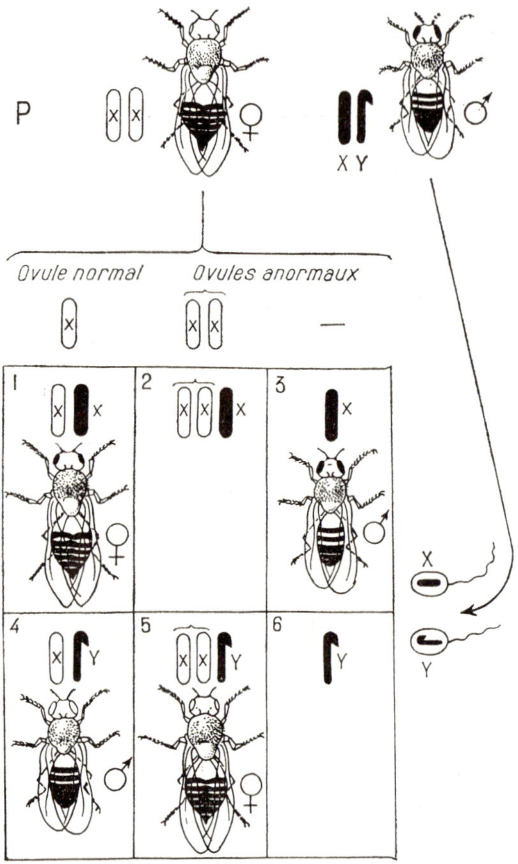

FIG. 35 — CROISEMENTS NORMAUX ET ANORMAUX DE DROSOPHILES.

1 et 4, croisement normal, la F_1 comprend des femelles *XX* et des mâles *XY*. 2, 3, 5, 6, croisement anormal par suite de la non-disjonction des chromosomes maternels *X*; 2, superfemelle non viable $\overline{XX}X$; 3, mâle avec un chromosome *X* et dépourvu du chromosome *Y*; 5, femelle possédant un chromosome *Y* en supplément $\overline{XX}Y$; 6, la présence d'un unique chromosome *Y* est létale.

mutations spontanées, ce qui ne présente rien de surprenant : les formes sauvages ont un patrimoine équilibré et adapté aux conditions de milieu; les diverses mutations désavantageuses qui ont pu apparaître ont été éliminées et elles le sont à chaque fois.

Certains gènes sont plus aptes à muter que d'autres; par exemple dans la série des allèles de *W* qui conditionnent la coloration des yeux de la Drosophile, les taux suivants ont été notés par Timoféeff-Ressovsky :

	Nombre de gamètes examinés	Nombre de mutations observées	Taux de mutation pour 1 000 000 de gamètes
W (rouge) → w (blanc)	48 500	25	515
» → w^e (éosine)	48 500	3	62
» → w^b (sang)	48 500	2	41
» → w^a (abricot)	48 500	1	20
» → w^{bf} (chamois)	48 500	1	20
w^e (éosine) → w (blanc)	39 000	13	334
w^a (abricot) → w (blanc)	11 000	2	182

L'irradiation n'est efficace que si elle agit directement sur le germen et la mutation se produit immédiatement. L'irradiation du soma seul ne donne en général aucun résultat; parfois une mutation de bourgeon peut apparaître, le reste de la plante demeurant normal; cette mutation somatique ou « *sport* » des horticulteurs, n'est pas héréditaire; elle ne se maintiendra que par reproduction asexuelle (bouturage par exemple). Les mutations somatiques existent aussi à l'état spontané; un pied d'Aubépine *(Crataegus oxyacantha)* a présenté, en Angleterre, une mutation somatique, légendaire dans le pays *(Holy thorn)* en raison de la précocité de sa floraison, le 5 janvier, alors que la floraison normale est en mai; comme toute mutation somatique, elle n'est pas héréditaire, mais elle se multiplie aisément, par bouturage.

L'irradiation ne s'accompagne d'aucun effet à retardement; son action est directe et immédiate. L'irradiation du cytoplasme est inactive; des ovules de l'Hyménoptère *Habrobracon* sont soumis à de très fortes doses de rayons X; les chromosomes se brisent et sont détruits; si dans ce cytoplasme on introduit un noyau non traité, la segmentation se poursuit normalement; le cytoplasme irradié n'exerce aucune action.

L'irradiation produit aussi des mutations réverses; le gène muté réacquiert sa structure et sa fonction primitives; à nouveau, il peut redonner la même mutation. Par exemple, les gènes *scut, forked* ont donné des mutations réverses et sont redevenus des gènes normaux qui, une seconde fois, ont muté en *scut* ou *forked*. Les mutations directes sont généralement plus fréquentes que les mutations réverses correspondantes. La mutation directe du gène « *couleur normale du corps* » en gène *yellow* (couleur jaune) est quarante-deux fois plus fréquente que la mutation réverse, gène *yellow* en gène normal. La mutation directe du gène *W* (couleur rouge sombre de l'œil) en *w* (couleur blanche) a été obtenue 28 fois sur 69 500 gamètes; la mutation réverse n'a pas été constatée sur 54 000 gamètes. Pour d'autres gènes, les mutations directe et réverse sont à peu près aussi fréquentes : gène poil normal = gène poil *forked (fourchu)*, onze fois sur 43 000 gamètes; mutation inverse, 15 fois sur 44 000 gamètes. Enfin pour d'autres gènes, les réverses sont plus fréquentes que les normales, la mutation directe « *œil normal* » à « *œil pêche* » s'est produite une fois sur 52 000 gamètes et la réverse, « *œil pêche* » à « *œil normal* », 9 fois sur 58 000 gamètes.

L'existence des mutations réverses apporte une preuve qu'une mutation ne correspond pas à une disparition du gène muté, mais plus exactement à une transformation réversible.

b) Effets quantitatifs : L'expérimentation avec des doses comparables de radiations ionisantes, exprimées en rœntgens, a fait ressortir trois lois quantitatives :

1° *La fréquence des mutations est directement proportionnelle à la dose des radiations exprimée en unités roentgens.*

Cette relation linéaire se retrouve dans les expériences de tous les auteurs. Voici, par exemple, les résultats obtenus par Timoféeff-Ressovsky sur plus de quatre mille cinq cents élevages de Drosophiles ayant fourni trois cent cinquante mutations, des mâles étant soumis aux doses d'irradiation suivantes :

Doses d'irradiation	% de mutations
Témoins	1,13
750 R	2,12
1 200 R	3,76
1 500 R	4,23
2 400 R	7,53
3 000 R	8,56
3 600 R	10,69
4 800 R	13,77
6 000 R	15,62

Les doses très faibles produisent des fréquences de mutations de plus en plus petites; les doses très fortes, létales ou sublétales, n'exercent plus d'action mutagène; une dose de 12 000 R provoque la stérilité de la Drosophile.

La fréquence des mutations induites est proportionnelle à la longueur des chromosomes; chez la Drosophile, le chromosome *X* présente environ 9 % de mutations; les deux longs autosomes II et III, 24 % et le chromosome IV, punctiforme, 0,3 %.

2° *La fréquence des mutations est indépendante de la nature des radiations et de leur longueur d'onde.*

La nature du rayonnement (rayons X, rayons β et γ) n'influence pas la fréquence des mutations. Toutefois, il faut faire une réserve pour les rayons α à action ionisante très puissante. Le taux des mutations dépend de la dose totale, c'est-à-dire du nombre des ionisations.

3° *La fréquence des mutations est indépendante du facteur temps.*

Une même dose donnée de façon continue pendant un temps court ou pendant un temps long, ou d'une façon discontinue en plusieurs expositions, produit le même taux de mutation.

Le taux de mutation étant directement proportionnel à la dose des rayons, la mutation ne résulte pas d'un effet cumulatif, mais d'un seul événement se passant dans le chromosome; tout se passe comme si un projectile, nanti d'un quantum d'énergie, bombardait le point efficace en un seul coup; l'effet est précis puisqu'il n'affecte qu'un seul des deux gènes homologues présents dans un patrimoine héréditaire diploïde.

Ces hypothèses jettent-elles une lumière sur les causes des mutations spontanées?

Il était logique de songer à un processus analogue déterminé par les ionisations dues au rayonnement naturel (rayons cosmiques, radio-activité terrestre...). Mais les calculs ont montré que le rayonnement naturel est beaucoup trop faible pour être responsable du taux des mutations spontanées. Au vrai, l'origine des mutations spontanées reste inconnue.

ACTION DES COMPOSÉS CHIMIQUES

Les composés chimiques sont, avec les radiations, les seuls facteurs capables d'induire des mutations. Depuis 1949, les travaux ont montré que le formol, l'ypérite (sulfure d'éthylène dichloré), le gaz moutarde (trichloroéthylamine), le phénol, l'uréthane, l'eau oxygénée, les peroxydes organiques, les époxydes, le diazométhane, exercent une action mutagène. Ces diverses substances forment des complexes avec l'ADN ou modifient la structure de ses composants; l'acide nitreux par exemple détermine la perte des groupements aminés des bases puriques et pyrimidiques; la cytosine est changée en uracile, l'adénine en hypoxanthine; les composés « moutarde », agents d'alkylation, agissent aussi sur ces mêmes bases, constituant essentiel des nucléotides.

Des *Brassica* contiendraient une ypérite naturelle qui serait peut-être responsable de la naissance de mutations spontanées.

Toute action mutagène, quelle que soit son origine, consiste toujours à modifier l'ADN, à intervenir dans l'intégrité de la structure moléculaire.

Les composés chimiques pas plus que les radiations ne sont susceptibles de donner une explication satisfaisante des mutations spontanées. On a même découvert, notamment chez le Maïs, des gènes de mutabilité, qui accroissent électivement, dans de fortes proportions, le taux de mutation d'un gène. La Drosophile, dont le cycle vital dure environ trois semaines, possède un certain taux de fréquence de mutants; existe-t-il une relation entre ce taux et la durée du cycle vital? Apparemment non, la fréquence des mutations semble adaptée à la durée de la vie.

MUTATIONS CHROMOSOMIQUES

Les mutations spontanées ou induites qui affectent les chromosomes sont de deux sortes : elles modifient soit la structure intime du chromosome, soit le nombre de chromosomes.

MUTATIONS INTÉRESSANT LA STRUCTURE C'EST-À-DIRE LA CONSTITUTION GÉNIQUE DU CHROMOSOME

Pour qu'un chromosome se maintienne durant les divisions cellulaires, il est indispensable qu'il soit *monocentrique,* c'est-à-dire qu'il possède un seul centromère ou cinétochore, point d'attache du chromosome au fuseau. Les chromosomes acentriques, dépourvus de cinétochore,

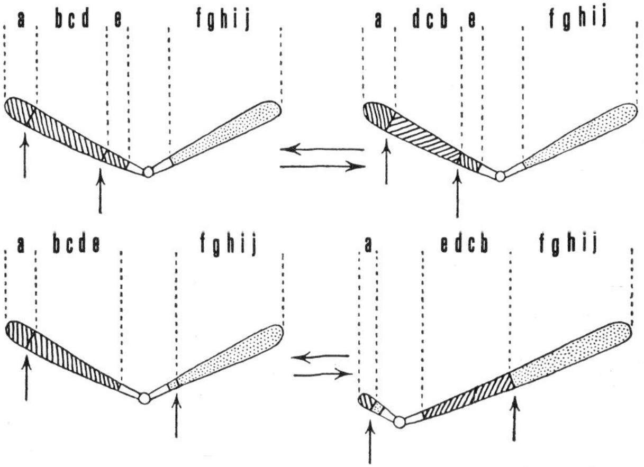

FIG. 36 — SCHÉMAS DE DEUX TYPES D'INVERSION (d'après Patterson et Stone).

En haut, inversion paracentrique; en bas, inversion péricentrique. Les flèches verticales indiquent le lieu d'une rupture; les lettres représentent les gènes présents sur les chromosomes.

et les chromosomes dicentriques qui en portent deux, sont incapables de participer aux divisions cellulaires.

Les modifications structurales du chromosome résultant de ruptures s'effectuant dans un seul chromosome engendrent des *inversions,* des *déficiences,* des *duplications,* des *translocations simples.* Si ces ruptures intéressent deux chromosomes non homologues, elles produisent des *translocations réciproques* ou *interchanges.*

INVERSION

Dans l'inversion, un ou plusieurs fragments du chromosome ont été retournés de 180° avant de reprendre leur place dans le chromosome; une seule inversion nécessite deux ruptures *(fig. 36).* Pour être décelée, l'inversion nécessite une parfaite connaissance de la fine

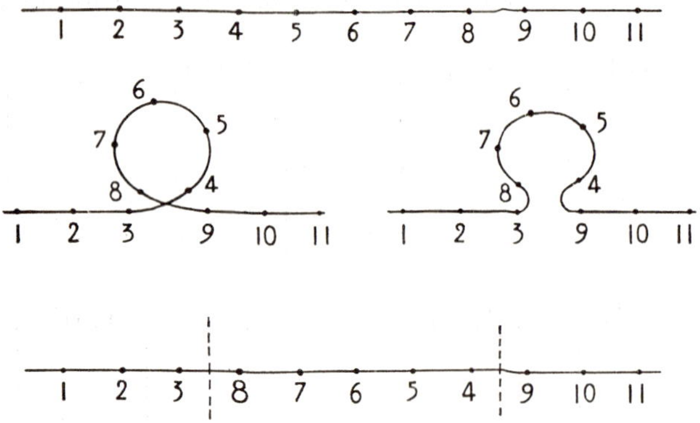

FIG. 37 — SCHÉMA D'UNE INVERSION PROVOQUÉE PAR RUPTURES À LA SUITE DE LA FORMATION D'UNE BOUCLE DANS LE CHROMOSOME.

structure chromosomique, c'est-à-dire de la carte des locus. Soit un chromosome portant les locus 1, 2, 3, 4, 5, 6, 7, 8, 9, 10, 11 *(fig. 37)*; il forme une boucle qui se rompt ensuite aux points de croisement, entre 3 et 4 d'une part, entre 8 et 9 d'autre part; 8 reste accolé au fragment 3 et 4 au fragment 9; le chromosome montre un nouvel arrangement de ses locus disposés ainsi; 1, 2,

3, 8, 7, 6, 5, 4, 9, 10, 11; le segment 4, 5, 6, 7, 8, est retourné bout pour bout.

Voici un exemple observé par Sturtevant chez *Drosophila melanogaster :* le chromosome III porte dans sa partie moyenne les locus suivants; sepia, scarlet, *pink, delta, hairless,* claret; or, dans le même chromosome III de *Drosophila simulans,* espèce très voisine de *melanogaster,* la disposition des locus est légèrement différente pour trois d'entre eux, sepia, scarlet, *hairless, delta, pink,* claret; un segment portant 3 locus a été retourné de 180°.

Si le nombre d'inversions augmente, le nombre de combinaisons géniques possibles s'accroît également et les figures d'appariement se compliquent pour autant. En voici un exemple théorique emprunté à Patterson.

Soit un chromosome comprenant 8 gènes :

A	BC	DE	FG	H
I	II	III	IV	

avec quatre points de rupture situés en I, II, III, IV.

Après deux ruptures, 6 nouvelles combinaisons sont possibles :

1) *A CB DE FG H* (I, II)
2) *A ED CB FG H* (I, III)
3) *A GF ED CB H* (I, IV)
4) *A BC ED FG H* (II, III)
5) *A BC GF ED H* (II, IV)
6) *A BC DE GF H* (III, IV)

Si à ces deux ruptures s'en ajoutent deux autres, quatre nouvelles combinaisons sont possibles :

7) *A CB DE GF H* (I, II et III, IV)
8) *A GF DE CB H* (I, IV et II, III)
9) *A ED GF BC H* (I, III et II, IV)
10) *A FG CB ED H* (II, IV et I, III)

Les combinaisons 7, 8, 9, 10 peuvent à leur tour subir les quatre ruptures, ce qui donne 21 combinaisons nouvelles :

11) *A CB ED GF H*
12) *A CB FG DE H*
13) *A CB GF ED H*
14) *A CB GF DE H*
15) *A DE BC GF H*

16)	*A*	*DE*	*CB*	*GF*	*H*
17)	*A*	*DE*	*GF*	*BC*	*H*
18)	*A*	*DE*	*GF*	*CB*	*H*
19)	*A*	*ED*	*BC*	*GF*	*H*
20)	*A*	*ED*	*FG*	*BC*	*H*
21)	*A*	*ED*	*FG*	*CB*	*H*
22)	*A*	*ED*	*GF*	*CB*	*H*
23)	*A*	*FG*	*BC*	*ED*	*H*
24)	*A*	*FG*	*CB*	*DE*	*H*
25)	*A*	*FG*	*DE*	*BC*	*H*
26)	*A*	*FG*	*DE*	*CB*	*H*
27)	*A*	*FG*	*ED*	*BC*	*H*
28)	*A*	*GF*	*BC*	*ED*	*H*
29)	*A*	*GF*	*CB*	*DE*	*H*
30)	*A*	*GF*	*CB*	*ED*	*H*
31)	*A*	*GF*	*DE*	*BC*	*H*

Pour un chromosome comprenant huit gènes, les quatre ruptures jouant au maximum engendrent trente et une combinaisons. L'appariement des homologues normal et avec inversion nécessite des figures compliquées puisque les chromomères identiques doivent être en face l'un de l'autre; on en verra quelques exemples sur la figure 38.

DÉFICIENCE

Une déficience correspond à la perte d'un segment de chromosome. Certains auteurs réservent ce terme à la perte d'un segment terminal de chromosome, alors que la perte d'un segment intercalaire s'appellerait une délétion.

Quelques exemples de déficience ont déjà été cités (voir p. 927). Les déficiences homozygotes sont létales, l'absence d'un certain nombre de gènes étant incompatible avec la vie. Les déficiences hétérozygotes sont mieux tolérées, encore que la viabilité de l'hétérozygote dépende de la longueur de la portion perdue du chromosome. La déficience d'une moitié de chromosome *X*, chez une femelle de *D. melanogaster*, provoque la mort au début du développement.

Des déficiences sont parfois responsables de résultats inattendus de certains croisements. Une Souris normale croisée avec une Souris valseuse donne en F_1 des Souris

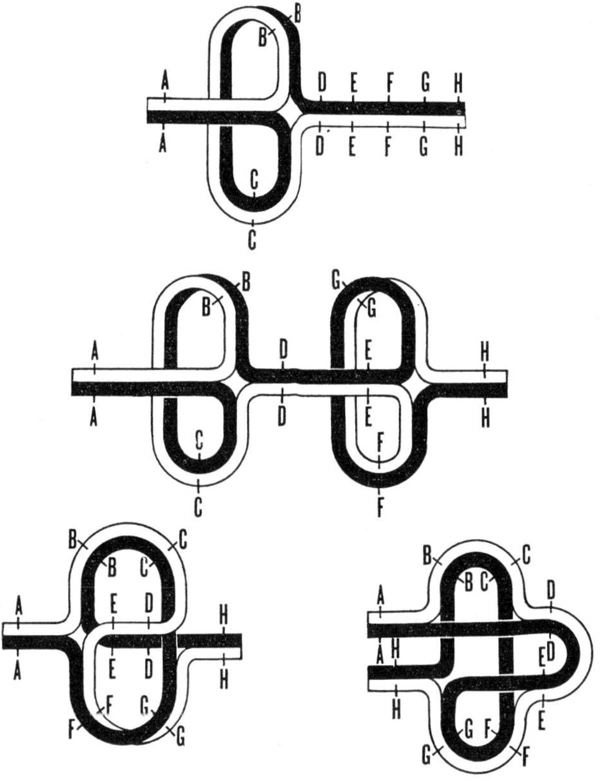

FIG. 38 — SCHÉMA MONTRANT, LORS DE LA SYNAPSE, LA DISPOSITION PLUS OU MOINS COMPLIQUÉE DE DEUX CHROMOSOMES HOMOLOGUES DONT L'UN (EN NOIR) PORTE UNE OU PLUSIEURS INVERSIONS

(d'après Patterson et Stone).

normales, puisque le caractère normal domine le caractère valse; or Gates observa dans un tel croisement une femelle valseuse à la F_1. Les divers croisements réalisés avec cette femelle exceptionnelle montrent qu'au lieu d'être une hétérozygote *N/v* (*N,* caractère normal; *v,* caractère valse) elle ne possède qu'un seul gène *v;* le gène allèle dominant *(N)* n'exiſte plus, cette portion du chromosome étant absente. Cytologiquement, la déficience eſt visible; les vingt paires chromosomiques des Souris sont identifiables par leur taille; or les Souris exceptionnelles de Gates montrent un chromosome plus petit que son homologue et plus petit que tous les chromosomes des Souris normales et valseuses; une déficience a déterminé cette réduction de taille et la perte du gène *N*.

DUPLICATION

Un segment de chromosome avec centromère, détaché d'un chromosome, peut se fixer à un ſtock diploïde normal; ce segment sera donc répété trois fois. Un exemple de duplication eſt fourni par la mutation *Bar* de la Drosophile; l'examen des chromosomes géants des glandes salivaires montre que la Mouche hétérozygote *Bar*/normal possède dans un chromosome le gène normal et sur l'homologue une duplication de la région correspondante qui produit le caractère *Bar;* l'homozygote *Bar* porte la duplication sur les deux chromosomes homologues (voir p. 894).

Les déficiences et duplications, pas très nombreuses chez les Drosophiles, sont plus fréquentes chez un autre Diptère, *Sciara.*

TRANSLOCATION

Elle réalise parfois l'échange des bras droit et gauche d'une même paire de chromosomes; mais, le plus souvent, il s'agit d'une *translocation mutuelle* ou *interchange segmentaire;* deux chromosomes non homologues se rompent et échangent réciproquement les fragments libérés *(fig. 39).*

L'interchange des segments s'identifie par les figures anormales de la méiose; lors de la synapse, seuls les bouts homologues s'attirent; il en résulte une union bizarre en anneau où alternent les chromosomes transloqués et non transloqués; ainsi pour la translocation de la figure 40, l'anneau se formera ainsi : | *ABC.PQ — QPONM.* |
| *ABCDE — ED. ONM* |

Plus il y aura d'interchanges, plus l'anneau sera complexe; *Oenothera muricata* forme un anneau complexe de

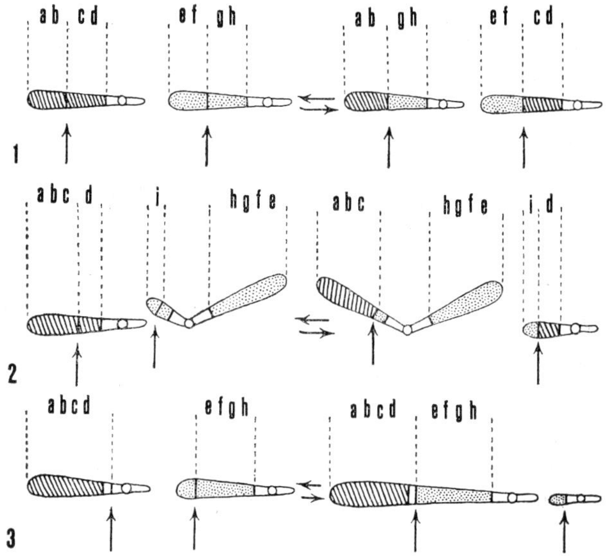

FIG. 39 — SCHÉMA DE TROIS TYPES DE TRANSLOCATIONS MUTUELLES (d'après Patterson et Stone).

1, les longueurs des portions de chromosomes échangées sont égales; 2, 3, ces longueurs sont inégales. Les flèches verticales indiquent le lieu d'une rupture; les lettres représentent les gènes portés par les chromosomes.

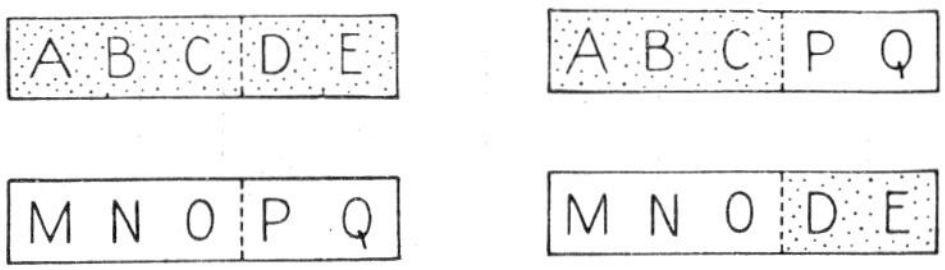

FIG. 40 — SCHÉMA D'UNE TRANSLOCATION MUTUELLE ENTRE DEUX CHROMOSOMES NON HOMOLOGUES.

quatorze chromosomes; c'est le phénomène de *caténation* (de *catena,* chaîne).

Les individus hétérozygotes pour une translocation produisent des gamètes dont les génomes montrent des duplications ou des déficiences; ainsi, avec les chromosomes de la fig. 40, il y aura quatre sortes de gamètes : *ABCDE — MNOPQ* (formule normale), *ABCPQ — MNODE* (formule comprenant tous les gènes mais avec une translocation), *ABCDE — MNODE* (duplication de *DE,* déficience de *PQ*), *ABCPQ — MNOPQ* (duplication de *PQ,* déficience de *DE*).

Les translocations sont rares dans les populations sauvages de Drosophiles, mais elles sont plus fréquentes chez d'autres animaux (Scorpions) et surtout chez les végétaux *(Datura, Oenothera).*

MUTATIONS MODIFIANT LE NOMBRE DE CHROMOSOMES

Cette variation numérique se présente sous divers aspects : fusion ou rupture de chromosomes, polyploïdie, polysomie, haploïdie.

FUSION OU RUPTURE DE CHROMOSOMES

Deux chromosomes en bâtonnets se soudent l'un à l'autre et donnent un chromosome unique, souvent en forme de V. Par cette fusion centrique, deux chromosomes acrocentriques donnent un chromosome métacentrique *(fig. 41).* Inversement un chromosome se

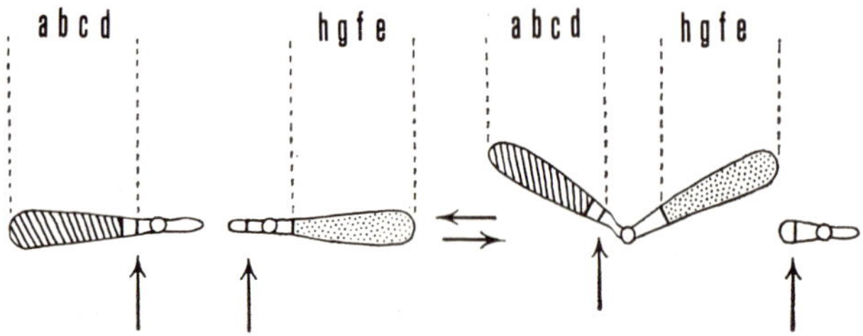

FIG. 41 — SCHÉMA DE LA FUSION DE DEUX CHROMOSOMES (d'après Patterson et Stone).

scinde en deux ou en un nombre quelconque de fragments désormais indépendants.

Le nombre haploïde de chromosomes est souvent archétypique, c'est-à-dire qu'il correspond à celui de l'ancêtre commun de la classe, de l'ordre ou du genre; c'est le *nombre basal* désigné par la lettre *b;* en voici quelques exemples :

	b	2N
La plupart des espèces de *Lilium*	12	24
d'*Orchis*	10	20
de *Phaseolus*	11	22
de Viciées (*Vicia, Lens, Pisum, Cicer*)	7	14
de Caprifoliacées	9	18
de Gymnospermes	12	24
Toutes les espèces de *Ribes*	8	16
Helix pomatia, aspersa	27	54
Rana temporaria, esculenta, dalmatina, arvalis	13	26
Tous les *Triturus*	12	24
Tous les *Bufo*	11	22

En fait, souvent le nombre de chromosomes varie à partir du nombre basal; les Mammifères placentaires en donnent un exemple, $b = 24$ et $2N = 48$; ce nombre n'est conservé que chez quelques espèces : *Erinaceus europaeus, Muscardinus, Diromys nitedula, Peromyscus, Apodemus,* Chauve-Souris; pour les autres espèces, le nombre diploïde oscille autour de 48 :

Chien	78	Chat	38
Cheval, Ane	66	Souris	40
Loir	62	*Talpa europaea*	34
Mouton	54	*Rattus rattus*	42
Homme	46	Pécari à collier	30
Lapin	44	*Sorex araneus*	23

Chez *Sorex araneus,* le nombre diploïde est impair, par suite de la présence d'un triploïde sexuel *XXY* (Bovey et Matthey, 1948).

Pour expliquer ces oscillations des nombres diploïdes autour d'une moyenne, Robertson montra, dès 1926, l'importance des phénomènes de fusion; chez les Orthoptères sauteurs, les chromosomes en *V* résultent de la fusion apicale de deux chromosomes en bâtonnets non homologues; chez les *Tettigoniidae,* où le nombre 2*N* typique est de 32 (chez les femelles), certaines espèces ne possèdent que 30 chromosomes; mais les 32 chromosomes sont tous en bâtonnets, alors que les 30 chromosomes comprennent deux *V;* les Acridiens présentent le même phénomène; les espèces possèdent 20 chromosomes en bâtonnets ou 18 dont deux *V*. D'où l'hypothèse que chaque *V* se forme par fusion de deux bâtonnets. Cette conception s'applique à de nombreuses espèces et tout particulièrement à la famille des *Lacertilia* ainsi que le montrent les travaux de Matthey; voici un tableau significatif :

Familles de Lacertilia	Chromosomes en V	Chromosomes en bâtonnets	Microchromosomes
Agamidae (en partie)	12	0	24
Chamaeleotidae	12	0	(12)
Amphisbenidae	12	0	24
Iguanidae	12	0	24
Gerrhosauridae	12	0	24
Helodermatidae	10	4	24
Varanidae	8	8	24
Xantusidae	6	12	24
Anguidae (en partie)	4	16	24

Ces *Lacertilia* présentent à l'état diploïde 24 microchromosomes sauf les *Chamaeleonidae* qui en possèdent 12, mais nettement plus gros provenant de la fusion par deux des microchromosomes primitifs; de plus, ils ont tous 24 macrochromosomes, soit en forme de *V* (un *V* compte pour deux), soit en forme de bâtonnets.

Dans le groupe des Lézards, $2N$ n'égale plus que 38 et il se répartit ainsi :

Espèces	Chromosomes en V	Chromosomes en bâtonnets	Microchromosomes
Lacerta en général	0	36	2
Lacerta ocellata	2	32	2
Lacerta vivipara	2	34	0
Lacerta viridis	0	36	2
Tachydromus tachydromoides	0	36	2
Tropidausorus algirus	0	36	2

La disparition des microchromosomes chez *L. vivipara* pourrait provenir de leur élimination (étant devenus génétiquement inertes) ou de leur translocation sur une autre paire de chromosomes.

POLYPLOÏDIE

Le nombre diploïde de chromosomes, caractéristique de l'espèce, est multiplié par 2, 3, 4, 5... Les rapports géniques ne sont pas changés, mais les individus polyploïdes sont souvent modifiés par comparaison aux individus diploïdes de la même espèce.

Chez les végétaux les changements numériques par polyploïdie sont beaucoup plus fréquents que chez les animaux.

Le nombre basal *b*, qui est habituellement multiplié par deux dans le diploïde est multiplié par 3, 4, 5 etc., ce qui donne des polyploïdes pairs (artioploïdes) et des polyploïdes impairs (périssoploïdes) :

Artioploïdes		Périssoploïdes	
4 *b*	tétraploïde	3 *b*	triploïde
6 *b*	hexaploïde	5 *b*	pentaploïde
8 *b*	octoploïde	7 *b*	heptaploïde
10 *b*	décaploïde	9 *b*	ennaploïde

Le Mûrier noir de Chine avec ses 308 chromosomes est un 22-ploïde ($b = 14$, $308 = 22 \times 14$).

Les artioploïdes sont équilibrés et stables avec une descendance régulière, car à la méiose, chaque chromosome retrouve son homologue. Les périssoploïdes ont une descendance instable, non équilibrée, par suite des troubles de la méiose; de nombreux gamètes ne reçoivent pas un stock complet de tous les chromosomes formant le génome, de sorte que la plante est plus ou moins stérile.

Voici quelques séries de polyploïdes :

Genre	Nombre basal *b*	*N*
Solanum	12	36, 48, 60, 72, 108, 144
Tulipa	12	36, 48, 60
Galium	11	22, 44, 66, 88
Chrysanthemum	9	18, 27, 36, 45, 54, 72, 90
Rosa	7	14, 21, 28, 35, 42, 56
Blés, Avoine	7	28, 42
Narcissus bulbocodium	7	14, 21, 28, 35, 42
Rumex acetosella	7	28, 42
Cardamine pratensis	8	16, 40, 56

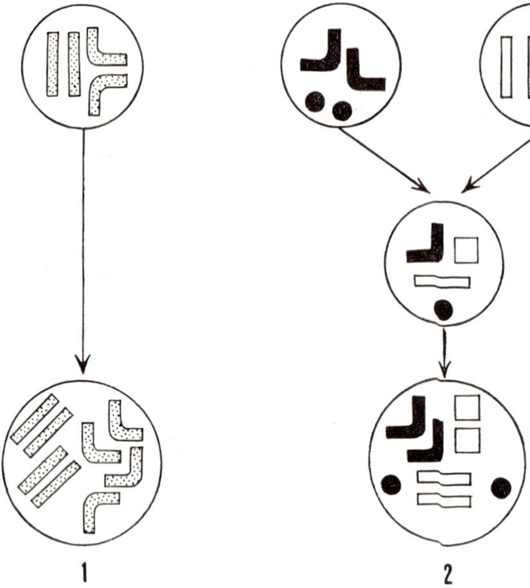

FIG. 42 — SCHÉMA ILLUSTRANT LA FORMATION DE POLYPLOÏDES. 1, formation d'un autopolyploïde par doublement du nombre des chromosomes parentaux; 2, formation d'un allopolyploïde par doublement du nombre des chromosomes de l'hybride.

Suivant leur origine, les polyploïdes se classent en deux catégories :

a) Les *n* lots de chromosomes proviennent de la même espèce : le diploïde homozygote étant *AA, BB, CC,* le tétraploïde aura la formule *AAAA, BBBB, CCCC;* c'est un *autopolyploïde;* cet autotétrapolyploïde possède pour chaque chromosome quatre lots identiques *(fig. 42, 1).* Les autopolyploïdes se rencontrent surtout parmi les plantes cultivées, les céréales et les arbres fruitiers; ils sont beaucoup plus rares à l'état sauvage.

b) Les lots de chromosomes proviennent de deux espèces parentes ayant le même nombre basal; ils se sont additionnés à la suite d'une hybridation; les génomes sont composés de paires différentes de chromosomes homologues; ce sont des *allopolyploïdes (fig. 42, 2)*, chaque stock parental est à l'état diploïde et l'allotétraploïde (ou plus exactement l'amphidiploïde) aura la formule *AA A'A', BB B'B', CC C'C'* s'il résulte de la fécondation d'une espèce *AA, BB, CC* par une autre espèce, *A'A', B'B', C'C'.*

Les allopolyploïdes sont très abondants à l'état sauvage; ils constituent de véritables espèces, autonomes, autofécondes et indépendantes de leurs progéniteurs (Saules, Chênes, Blés, Pensées, Roses, Oenothères, Dahlias...). Voici quelques croisements donnant des allopolyploïdes :

Nombre basal b	Progéniteurs	Hybrides allopolyploïdes
12	*Nicotiana sylvestris* ($N = 12$) × *N. tabacum* ($N = 24$)	$2N = 36$ allotrip.
8	*Prunus domestica* ($N = 24$) × *P. cerasifera* ($N = 8$)	$2N = 32$ allotétrap.
7	*Digitalis lutea* ($N = 28$) × *D. micrantha* ($N = 14$)	$2N = 42$ allohexap.
7	*Triticum durum* ($N = 14$) × *T. vulgare* ($N = 21$)	$2N = 35$ allopentap.

Les amphidiploïdes constituant un cas particulier d'allopolyploïdes relèvent d'une polyploïdie somatique. L'exemple le plus ancien est donné par l'hybride amphidiploïde *Primula kewensis,* résultant du croisement de

Primula verticillata ($N = 9$) avec *P. floribunda* ($N = 9$); l'hybride ($2N = 18$) était stérile et n'a jamais donné de graines par autofécondation; à la suite d'une mutation de bourgeon (mutation somatique), un de ses rameaux doubla ses chromosomes et devint allotétraploïde ($2N = 36$), il donna de bonnes graines et la plante nouvelle dénommée *kewensis*, multipliée de semis, est actuellement répandue dans les serres *(fig. 43)*; elle est fertile, sa méiose étant équilibrée, chacun des lots de *verticillata* et de *floribunda* est représenté deux fois *(VV, FF)* et la disjonction s'effectue régulièrement. Vigoureuse et féconde, *P. kewensis* est séparée sexuellement de ses parents.

Digitalis mertonensis est un amphidiploïde ($2N = 112$) provenant du croisement de *D. purpurea* ($N = 28$) avec *D. ambigua* ($N = 28$). *Spartina townsendii* est un amphidiploïde ($2N = 126$) résultant de l'hybridation de *S. alterniflora* ($N = 35$) avec *S. stricta* ($N = 28$).

Parfois l'apparence d'un polyploïde ne diffère pas de celle du diploïde correspondant. *Silene ciliata* ($2N = 24$) possède des races tétraploïde ($2N = 48$), octoploïde ($2N = 96$), 16-ploïde ($2N = 192$) qui ne diffèrent pas du type; il en est de même pour les races de *Cardamine pratensis* qui présentent une distribution géographique différente.

Mais de nombreux polyploïdes montrent une augmentation de la taille, les tiges sont plus robustes, les feuilles plus larges, les fleurs et les fruits plus gros, un accroissement de vigueur et de résistance. La Fraise sauvage diploïde possède quatorze chromosomes (nombre basal $= 7$), alors que les variétés à gros fruits sont toutes polyploïdes *(elatior* à 42, *grandiflora* à 56). La Poire *Fertility* diploïde ($2N = 34$) a donné une variété tétraploïde ($2N = 68$) à plus grosses poires (197 g au lieu de 125). *Populus tremulus gigas*, apparu en Suède en 1935, porte des feuilles plus grandes et plus colorées; sa croissance est plus rapide, sa résistance au Polypore est accrue; l'examen cytologique révèle que cet arbre est triploïde ($2N = 57$) alors que le *tremulus* type diploïde possède trente-huit chromosomes. Le gigantisme des polyploïdes résulte des plus grandes dimensions des cellules; voici quelques valeurs empruntées à Darlington :

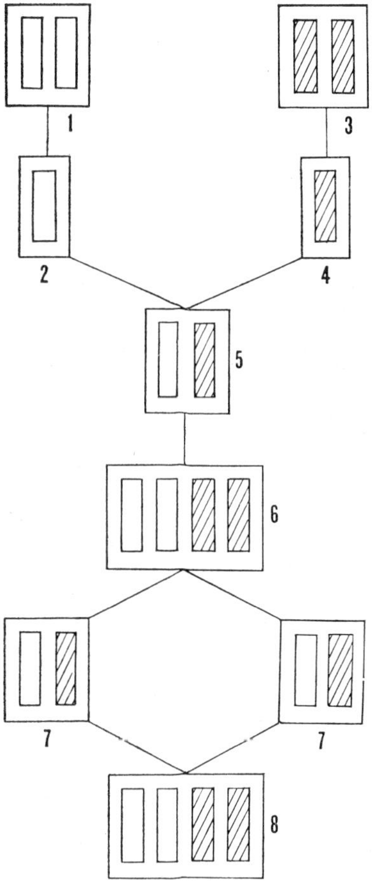

FIG. 43 — SCHÉMA DE LA FORMATION D'UNE NOUVELLE ESPÈCE TÉTRAPLOÏDE, *Primula kewensis,* À PARTIR D'UNE MUTATION DE BOURGEON SUR UN HYBRIDE DIPLOÏDE STÉRILE (d'après Hurst).

1, chromosomes de *Primula verticillata;* 2, un de ses gamètes; 3, chromosomes de *Primula floribunda;* 4, un de ses gamètes; 5, chromosomes de l'hybride diploïde stérile; 6, nombre doublé des chromosomes du rameau fertile; 7, ses gamètes; 8, chromosomes de *Primula kewensis,* espèce nouvelle tétraploïde fertile.

	2*b*	3*b*	4*b*	6*b*
Petunia grains de pollen	35,3	37,6	41,7	
Triticum	44		51,1	55,3
Primula obconica	29,4		32,6	
Allium	29		35	

(les dimensions sont exprimées en microns).

L'accroissement de résistance confère aux polyploïdes la faculté de supporter des extrêmes climatiques dangereux pour les diploïdes : *Rosa acicularis,* octoploïde ($8b = 56$), la plus polyploïde du genre est subarctique et circumpolaire; la Tomate diploïde est tuée en deux heures à la température de — 1°, tandis que la polyploïde résiste dix heures à — 5°. Les Angiospermes du Spitzberg renferment 80 % de polyploïdes; 85 % de Graminées polyploïdes vivent dans les montagnes du Pamir, 65 % dans celles de l'Altaï, du Caucase. Les polyploïdes, plus vigoureuses, envahissent de vastes régions, alors que les diploïdes restent plus localisées. *Paris quadrifolia,* tétraploïde ($2N = 20$), a progressé d'Asie en Europe, tandis que les espèces diploïdes sont restées confinées au Japon, à Formose, dans la région himalayenne. Parfois la polyploïdie change une plante annuelle en une plante bisannuelle ou vivace. Les polyploïdes sahariens seraient plus résistants à la sécheresse que leurs alliés diploïdes.

Par quel mécanisme se développe la polyploïdie ? Elle résulte d'une anomalie de la division cellulaire soit dans un gamète, soit dans une cellule somatique; il peut y avoir un avortement de la division réductionnelle (méiose abortive), qui produira alors des gamètes non réduits à $2N$ chromosomes; ou bien, dans une cellule somatique, la cloison séparative ne se forme pas après l'anaphase et la cellule unique renferme deux noyaux-fils qui se fusionneront rapidement; la cellule possède $4N$ chromosomes et donnera naissance à un rameau tétraploïde dont les fleurs engendreront des gamètes à $2N$ chromosomes et ainsi se maintiendra une descendance tétraploïde.

Polyploïdie expérimentale

Actuellement on sait provoquer la polyploïdie en utilisant des composés chimiques qui bloquent la division mitotique; le fuseau ne se forme pas, mais la division des chromosomes n'est pas inhibée; les chromosomes dédoublés sont inaptes à se séparer et constituent un noyau avec le double de chromosomes. La colchicine, alcaloïde du *Colchicum autumnale,* donne d'excellents résultats avec des plantes variées (*Allium, Portulaca, Datura, Digitalis, Trifolium, Medicago, Raphanus, Hordeum, Zea, Petunia, Nicotiana,* Lin, Radis noir, Aubergine, Piment rouge, Soja, Betterave sucrière, Chou, Tomate...). L'acide indol-3 acétique (ou hétérauxine, hormone de croissance végétale), la cryptipleurine, l'isopropylphénylcarbamate, l'acénaphtène, l'α-monobromonaphtalène, la phényluréthane, l'apiol favorisent la polyploïdie tout comme la colchicine; l'hydrate de chloral a produit des gamétophytes polyploïdes de Mousses et le camphre provoque la polyploïdie chez les Champignons.

Polyploïdie animale

À l'inverse de la polyploïdie végétale, la polyploïdie animale est fort rare. On la connaît cependant à l'état de nature dans divers groupes d'animaux; un Ver Turbellarié, *Dendrocoelum infernale,* est polyploïde; chez les Nématodes se rencontrent des races univalentes et bivalentes, c'est-à-dire diploïdes et tétraploïdes : chez *Ascaris megalocephala univalens,* $2N = 2$ ($N = 1$) tandis que *A. m. bivalens* a $2N = 4$; de même *Ascaris lumbricoides* comprend une forme *univalens* à 24 chromosomes et une forme *bivalens* à 48 chromosomes. Des *Drosophila melanogaster* triploïdes ($2N = 12$) sont plus grandes que les diploïdes; des Vers à soie sont polyploïdes.

Une relation entre la polyploïdie et la parthénogenèse se manifeste chez les Crustacés et les Insectes. Le Phyllopode *Artemia salina* est représenté par une race normale bisexuée à $2N = 42$ (lac d'Urmia, Fezzan, Cagliari, lac salé d'Utah), moins répandue que la race tétraploïde ($2N = 84$) à parthénogenèse constante et obligatoire, observée en Istrie, Pouilles, Algérie, Odessa; les noyaux mesurent sensiblement le double de ceux de la forme bisexuée; le volume des chromosomes a aussi doublé ainsi que leur nombre; l'animal entier mesure 18 mm au lieu de 14 mm; d'autres races hexa-, octo-, décaploïdes sont encore mal connues.

Le petit Cloporte *Trichoniscus elisabethae* a une race bisexuée ($2N = 16$) et une autre *coelebs* triploïde ($2N = 24$) à parthénogenèse obligatoire, les mâles étant rares et sans fonction; la femelle triploïde mesure 4,5 mm et la sexuée 3,3 mm; la première est plus résistante au froid et à la sécheresse.

Des Papillons *Solenobia,* des Orthoptères Tettigoniides *Saga pedo,* des Coléoptères Curculionides, le Mollusque *Potamopyrgus jenkisi* possèdent des races ou espèces triploïdes ou tétraploïdes, parthénogénétiques.

Plusieurs espèces de Lumbriciens sont polyploïdes : *Eiseniella* est tétraploïde ($2N = 72$), *Octolasium cyaneum* est octoploïde ($2N = 144$), le nombre de base est généralement dix-huit; ces deux espèces pondent des œufs parthénogénétiques; la parthénogenèse obligatoire s'observe aussi chez des *Dendrobaena.*

Les Echinodermes présentent aussi des cas de polyploïdie : *Echinus microtuberculatus bivalens* a trente-six chromosomes au lieu de dix-huit, *Asterias forbesii* a $2N = 18$ et $4N = 36$.

Parmi les Vertébrés, la polyploïdie s'observe chez les Amphibiens; des populations de *Triturus viridescens* aux États-Unis renferment 1,8 % de triploïdes ($2N = 33$) et 0,28 % de pentaploïdes provenant de la fécondation d'un gamète non réduit à $2N = 22$ par un gamète haploïde. Le Triton *Eurycea bislineata* possède aussi des triploïdes ($2N = 42$) et des tétraploïdes ($2N = 56$, deux individus sur un total de 134); ces polyploïdes ne sont pas plus grands que les diploïdes normaux; les cellules plus grandes sont moitié moins nombreuses.

Il s'avère assez difficile de provoquer la polyploïdie animale. Les rayons X ont produit des spermatocytes tétraploïdes chez un Acridien; les rayons ultraviolets ont fait apparaître des embryons pentaploïdes chez le Polychète *Nereis.* Des œufs fécondés de Lapines soumis à divers traitements ont donné des éléments tétraploïdes, la première division mitotique étant inhibée. La colchicine ne produit pas de résultats comparables à ceux obtenus chez les Végétaux; des injections de colchicine à des mâles d'Orthoptères *(Chorthippus, Stauroderus)* ont déterminé la formation de spermatozoïdes tétraploïdes. Comandon et de Fonbrune ont obtenu des individus tétra-, octo-, 16-ploïdes, en administrant avec une micropipette de la colchicine à des Amibes. Le traitement par la colchicine des œufs de Bombyx, des nauplius d'*Artemia salina* diploïdes, produisit des individus tétraploïdes.

J. Rostand a réussi à provoquer la polyploïdie expérimentale chez les Vertébrés par un procédé simple, l'action d'un choc thermique. Chez le Crapaud l'œuf fécondé est soumis à un léger refroidissement; on obtient un doublement des chromosomes maternels. Fankhauser, appliquant systématiquement cette méthode aux Amphibiens Urodèles (Tritons, Salamandres), a fabriqué un grand nombre d'individus triploïdes; les œufs refroidis engendrent jusqu'à 70 à 80 % de larves triploïdes à condition que le refroidissement ait lieu dans la demi-heure qui suit la fécondation, c'est-à-dire avant l'expulsion du second globule polaire. Un rapide chauffage de l'œuf donne des résultats analogues. Les Tritons triploïdes possèdent des cellules de plus grande taille que les Tritons normaux, la grosseur de la cellule étant en général proportionnelle au nombre de stocks chromosomiques; ceci n'implique pas nécessairement un accroissement de la taille de l'animal : l'accroissement du volume cellulaire est compensé par une diminution du nombre des cellules; le mécanisme de cette régulation morphologique est inconnu.

On a obtenu des Axolotls tétraploïdes ($2N = 56$) en croisant une femelle triploïde ($2N = 42$) avec un mâle diploïde ($2N = 28$). Fankhauser et Humphrey ont élevé plusieurs générations consécutives de Salamandres triploïdes; il est difficile d'obtenir une race stable de tétraploïdes, les mâles polyploïdes sont généralement stériles, les femelles triploïdes ont une vitalité assez faible; il faudrait obtenir des mâles tétraploïdes fertiles.

Chez les Mammifères, Pincus, Waddington, Thibault ont obtenu, à la suite de divers traitements, des œufs de Lapins tétraploïdes; mais le développement de ces œufs ne s'est pas achevé. Beatty et Fischberg réussirent à fabriquer des embryons de Souris triploïdes qui se développèrent jusqu'au stade blastula. Plus tard les deux chercheurs montrèrent que ces embryons triploïdes pouvaient survivre au moins neuf jours et demi ce qui correspond à la moitié du délai de gestation dans l'espèce. Récemment deux Suédois, Haggqvist et Bane, annoncèrent qu'ils avaient obtenu à la suite d'un traitement à la colchicine la naissance de deux Lapins triploïdes, un mâle et une femelle, tous deux de grande taille par rapport aux témoins de la même race. Ces conclusions semblent un peu hâtives; le comptage des chromosomes n'aurait pas été fait et seule la mensuration des cellules serait responsable du diagnostic de triploïdie; il paraît même que l'animal ne serait pas entièrement triploïde. Les recherches continuent et se sont même étendues au Porc. Il est donc prématuré de parler de Lapins triploïdes adultes. L'obtention de tétraploïdes serait d'ailleurs plus intéressante, car la descendance des périssoploïdes est instable, la méiose n'étant pas équilibrée.

La polyploïdie animale expérimentale a fait de sensibles progrès; on conçoit qu'elle soit plus délicate à réaliser que la polyploïdie végétale par suite du mécanisme hétérochromosomique de la détermination sexuelle; la reproduction asexuée ou parthénogénétique la favorise incontestablement.

POLYSOMIE

Au stock complet diploïde s'ajoute un ou plusieurs chromosomes supplémentaires; un chromosome particulier se répète donc plusieurs fois; de tels individus sont polysomiques; trisomique avec la formule $2N + 1$ (trois fois le même chromosome), double trisomique avec la formule $2N + 1 + 1$, tétrasomique $2N + 2$ (quatre fois le même chromosome); la polysomie peut aussi affecter un tétraploïde qui aura pour formule $4N + 1$, $4N + 2$...

Le premier mutant polysomique fut observé en 1915 par Blakeslee chez *Datura stramonium;* dénommée *globe* en raison de ses capsules arrondies, cette plante possédait des feuilles plus larges, plus dentées; dans l'ensemble elle était moins développée que la souche; son comportement génétique était aberrant; par autofécondation, son type ne réapparaissait que dans le quart de sa descendance; le nouveau caractère était rarement transmis par le pollen. Le mutant apparut spontanément à plusieurs reprises dans la proportion de 1 pour 2 000 à 1 pour 5 000; puis d'autres mutants furent décrits; leur étude chromosomique montra que tous possédaient non pas vingt-quatre chromosomes ($2N = 24$) mais vingt-cinq chromosomes;

cette anomalie est une conséquence d'une non-disjonction au cours de la méiose; lorsque les bivalents de la plaque équatoriale se scindent en deux, chaque moitié devant émigrer vers un pôle, un bivalent entier émigre vers un pôle et partant dans un gamète; un gamète renfermera donc un chromosome de moins et sera non viable; l'autre gamète en renfermera un de plus ($N + 1$); s'il s'unit à un gamète normal le zygote sera trisomique à $2N + 1$. Dans le cas du *Datura* dont $2N = 24$, les quatre combinaisons suivantes sont possibles :

Gamète femelle N	Gamète mâle N	Zygote $2N$	*Datura*
12	12	24	Diploïde normal
12	13	25	Mutant trisomique $2N + 1$
13	12	25	
13	13	26	Mutant tétrasomique $2N + 2$

Les grains de pollen à treize chromosomes sont à peu près stériles, ce qui explique la rareté des mutants trisomiques (deuxième combinaison) et tétrasomiques. Théoriquement le nombre des trisomiques primaires est égal au nombre de chromosomes du génome; chacun des douze chromosomes du *Datura* peut être triplé ce qui conduit à l'existence de douze trisomiques primaires dont voici la liste :

Mutants $2N + 1$	Chromosome triple
Rolled	L ou 1 — 2
Glossy	I^1 ou 3 — 4
Buckling	I^2 ou 5 — 6
Elongate	I^3 ou 7 — 8
Echinus	I^4 ou 9 — 10
Cocklebur	M^1 ou 11 — 12
Microcarpic	M^2 ou 13 — 14
Reduced	M^3 ou 15 — 16
Poinsettia	m^1 ou 17 — 18
Spinach	m^2 ou 19 — 20
Globe	S ou 21 — 22
Ilex	s ou 23 — 24

Les chromosomes à l'état triple sont désignés par une lettre ou par deux chiffres correspondants à leurs deux bras.

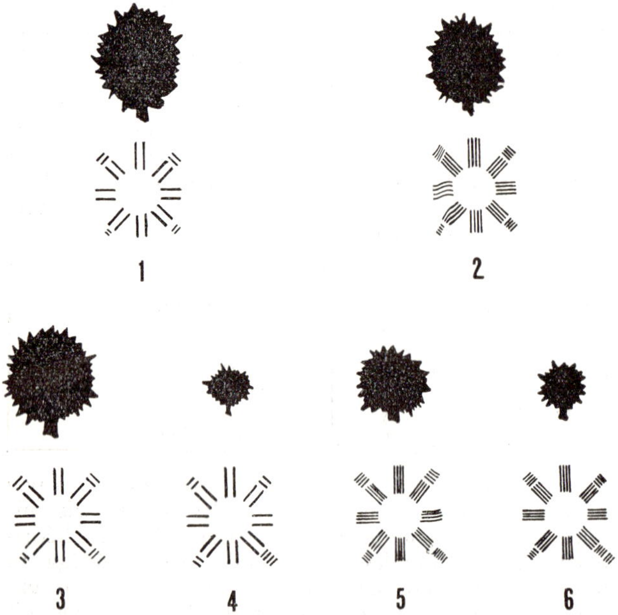

Fig. 44 — La morphologie de la capsule de *Datura stramonium* est influencée par le nombre de chromosomes de la plante (d'après Blakeslee).

1, 2N chromosomes; 2, 4N chromosomes; 3, 2N + 1 chromosomes; 4, 2N + 2 chromosomes; 5, 4N + 2 chromosomes; 6, 4N + 3 chromosomes.

Tous ces mutants polysomiques *(fig. 44)* ont été définis par leur formule chromosomique et leurs caractères morphologiques; chaque mutant diffère du type normal et des onze autres mutants polysomiques. Les différences proviennent d'une rupture dans l'équilibre des gènes; elles sont fonction de la nature et du rôle spécifique du gène à l'état triple.

Blakeslee et ses collaborateurs ont découvert des doubles et des triples trisomiques; chez les premiers deux chromosomes différents sont à l'état triple ($2N + 1 + 1$) et chez les triples trisomiques, trois chromosomes différents sont à l'état triple ($2N + 1 + 1 + 1$). Les trisomiques d'ordre supérieur n'apparaissent pas, les gamètes les engendrant ne sont pas viables. Dans l'ensemble les doubles trisomiques possèdent des caractères correspondant à l'addition de deux des mutants trisomiques simples; le double trisomique *Ilex-Globe* offre des particularités des trisomiques simples *Ilex* et *Globe;* ses capsules sphériques rappellent celles de *Globe;* elles sont petites et hérissées d'épines minces comme celles de *Ilex*. Ces doubles trisomiques ont $2N + 1 + 1 = 26$ chromosomes comme les tétrasomiques simples ($2N + 2$); mais ils diffèrent totalement les uns des autres. Les tétrasomiques qui ont le même chromosome répété quatre fois, rappellent le trisomique simple correspondant mais avec une accentuation des caractères. Le double trisomique possède deux chromosomes supplémentaires différents; il est deux fois trisomique et présente des caractères mixtes participant de ceux des deux trisomiques simples auxquels il s'apparente. Les divers types de *Datura* comprennent des diploïdes normaux, douze sortes de trisomiques simples, soixante-six sortes de trisomiques doubles et douze sortes de tétrasomiques; il faut encore ajouter des trisomiques secondaires résultant de translocations réciproques entre deux chromosomes homologues et des trisomiques tertiaires produits par des translocations réciproques entre chromosomes non homologues. Nous n'entrerons pas dans le détail de ces deux catégories complexes.

Le phénomène de polysomie se retrouve chez beaucoup de plantes : *Oenothera* (les trois quarts des mutants d'*Oenothera* sont des trisomiques à quinze chromosomes, le nombre diploïde étant quatorze), *Matthiola incana, Nicotiana, Solanum lycopersicum, Crepis, Zea mays, Aquilegia, Antirrhinum majus,* etc. Ces mutants trisomiques se comportent génétiquement comme ceux de *Datura* et ils présentent les mêmes caractéristiques.

La polysomie animale a été décelée pour la première fois chez *Drosophila melanogaster;* le chromosome supplémentaire était le chromosome sexuel X (Drosophile triplo-X) ou le chromosome IV punctiforme (Drosophile triplo-IV). La Drosophile femelle normale a pour formule $2A + XX$ (A désigne les autosomes); celle de la Drosophile triplo-X est $2A + XXX$ (voir *fig. 34*), c'est une femelle stérile qui résulte de la fécondation d'un ovule $A + XX$ (non-disjonction des chromosomes X) par un spermatozoïde $A + X$; elle provient également de la fécondation d'une femelle triploïde $3A + XXX$ par un mâle diploïde. La femelle triploïde donne quatre sortes de gamètes : $2A + XX$, $2A + X$, $A + XX$, $A + X$; ces gamètes fécondés par les deux types de spermatozoïdes $A + X$ et $A + Y$ donnent les combinaisons suivantes :

Gamètes femelles	Gamètes mâles	Zygotes	Phénotypes
$2A + XX$	$A + X$	$3A + XXX$	femelles triploïdes
$2A + XX$	$A + Y$	$3A + XXY$	intersexués
$2A + X$	$A + X$	$3A + XX$	intersexués
$2A + X$	$A + Y$	$3A + XY$	supermâles stériles
$A + XX$	$A + X$	$2A + XXX$	femelles triplo-X stériles
$A + XX$	$A + Y$	$2A + XXY$	femelles à Y supplémentaire
$A + X$	$A + X$	$2A + XX$	femelles diploïdes
$A + X$	$A + Y$	$2A + XY$	mâles diploïdes

Les Drosophiles triplo-IV *(fig. 45, 2)* ont été trouvées dans la descendance de femelles triploïdes fécondées par des mâles normaux. Dans la descendance de Drosophiles de la race *minute,* Morgan et ses collaborateurs ont découvert des Drosophiles haplo-IV c'est-à-dire ne possédant qu'un chromosome punctiforme au lieu de deux *(fig. 45, 1)*; ce mutant haplo-IV, appelé *diminished,* est caractérisé par des dimensions plus petites, des poils plus courts,

FIG. 45 — ANOMALIES NUMÉRIQUES DES CHROMOSOMES CHEZ *Drosophila melanogaster* (d'après Nachtsheim).

1, Drosophile femelle haplo-IV (un chromosome IV au lieu de deux); 2, Drosophile mâle triplo-IV (trois chromosomes IV au lieu de deux).

une couleur plus pâle, des yeux plus grands et rugueux, des ailes modifiées, une certaine stérilité; le développement est lent, la mortalité élevée.

Ce mutant *diminished* de formule $2N = 7$ résulte encore d'une non-disjonction du chromosome IV; certains ovules posséderont deux chromosomes IV; fécondés par un spermatozoïde portant normalement un chromosome IV, ils donneront une mouche triplo-IV avec trois chromosomes IV; mais d'autres ovules privés de chromosome IV seront fécondés par un spermatozoïde normal à un chromosome IV et donneront des Mouches avec un seul chromosome IV ou haplo-IV. Les examens cytologiques et génétiques confirment cette conception.

Un autre cas de polysomie animale existe chez un Acridien *Mecostethus grossus;* Callan a récolté en Angleterre une trentaine d'échantillons dont un était trisomique et possédait vingt-trois chromosomes au lieu de vingt-deux (le plus grand autosome était présent trois fois). La polysomie est fort probable chez les Phasmes parthénogénétiques.

HAPLOÏDIE

L'haploïdie n'est pas une polysomie mais elle correspond à une variation numérique des chromosomes.

Des haploïdes naturels ont été observés chez des plantes : *Datura,* Tomate, Maïs, *Brassica, Crepis,* Tabac, Blé, Fraise. Ce sont en général des plantes naines et peu vigoureuses, souvent stériles à moins d'un doublement fortuit des chromosomes (mutation de bourgeon); seule la méthode végétative permet leur multiplication. Ces haploïdes résultent du développement de gamètes femelles non fécondés, c'est-à-dire parthénogénétiques; pour des raisons variées, la germination du grain de pollen ne s'effectue pas ou elle est trop tardive; ces plantes manifestent une hérédité purement maternelle. Les mutants haploïdes sont des périssoploïdes; à la réduction chromatique, les chromosomes ne trouveront pas leurs homologues et la ségrégation sera anormale; c'est pourquoi leur reproduction sexuelle est impossible, sauf dans le cas très rare où deux gamètes mâle et femelle auraient reçu la totalité des N chromosomes, leur union reproduirait le type diploïde normal.

Les mâles parthénogénétiques d'Abeilles sont haploïdes ($N = 16$) mais il semble qu'au cours du développement se produit un doublement ou même un quadruplement du nombre des chromosomes; seul le germen reste haploïde. Les mâles haploïdes d'Hyménoptères sont toujours matroclines et manifestent uniquement des caractères maternels.

Les Crapauds et Grenouilles obtenus par parthénogenèse artificielle, sont naturellement haploïdes; ceux qui atteignent le stade de la métamorphose ont par hasard doublé leur stock chromosomique. Les Amphibiens adultes d'origine gynogénétique, obtenus en fécondant les ovules avec du sperme traité par les rayons ultraviolets et en refroidissant les œufs pour y provoquer un doublement de chromosomes maternels (méthode J. Rostand), sont au départ haploïdes, puis diploïdes.

Un organisme haploïde semble difficilement viable. Chez les Métazoaires (à l'exception des mâles d'Hyménoptères), seuls les gamètes sont haploïdes, tandis que chez les végétaux peu évolués (Algues, Champignons), l'appareil végétatif représente une *haplophase;* elle diminue d'importance au fur et à mesure et l'appareil végétatif des Phanérogames, tout comme le corps animal, devient une *diplophase.*

QUELLE EST LA NATURE DES MUTATIONS?

Les mutations géniques ou chromosomiques se réduisent donc à des perturbations de la structure des molécules d'ADN; les troubles responsables peuvent être plus ou moins importants. Au couplage normal d'une paire de bases par deux liaisons hydrogène se substitue parfois un couplage anormal soit par la nature des bases en présence, soit par leur séquence, soit encore par le nombre de liaisons (une seule liaison hydrogène).

Lorsque deux souches bactériennes diffèrent par un unique caractère, les gènes disposés le long de la molécule d'ADN seront identiques dans les deux souches à l'exception d'un seul. La portion d'ADN constituant ce gène sera probablement semblable dans les deux souches sauf dans une région délimitée, nommée « site de mutation ».

Les mutations chromosomiques, qu'elles intéressent la structure du chromosome ou le nombre des chromosomes, réalisent des modifications importantes dans la structure moléculaire de l'ADN (perte ou addition d'une portion plus ou moins longue des molécules d'ADN). Ces diverses interventions retentissent finalement sur la synthèse protéinique; la nature et la quantité des protéines élaborées peuvent être modifiées selon que les gènes structuraux et les gènes régulateurs sont transformés.

VALEUR ÉVOLUTIVE DES MUTATIONS

L'analyse des divers types de mutations étant terminée, il reste à en rechercher la valeur évolutive.

MUTATIONS GÉNIQUES

Les mutations géniques dans la nature présentent vraisemblablement une fréquence analogue à celle des mutations spontanées apparaissant dans les élevages. Timoféeff-Ressovsky a récolté, aux environs de Berlin, des populations sauvages de *D. melanogaster;* sur 78 femelles, 18 étaient hétérozygotes pour une mutation récessive. De 1929 à 1931, les récoltes de *D. funebris,* à Buch, montraient de 8 à 12 mutations pour cent individus. Les populations de Potsdam et de Steglitz donnaient des fréquences analogues. Dubinin et ses collaborateurs étudièrent également les mutations géniques des populations sauvages de *D. melanogaster* provenant de diverses localités de Russie. Sur un millier de chromosomes étudiés ils en trouvèrent 148, 155, 321 qui portaient une mutation; ces valeurs changent avec les régions, les saisons; dans une station, sur 84 autosomes, 18 possédaient des gènes létaux et 26 des mutations visibles; dans une autre station, aucune mutation ne fut décelée sur 184 chromosomes. Des mutations présentes à une période disparaissent et d'autres réapparaissent. Les gènes récessifs logés dans les autosomes persistent plus longtemps à l'état hétérozygote dans la lignée que ceux situés dans le chromosome sexuel *X;* ces derniers se manifestent immédiatement chez le mâle et si la mutation est létale le gène est éliminé. 604 femelles sauvages de *D. melano-*

gaster de la région de Kiev, possédaient 9,2 % de mutations autosomiques et 2,9 % de mutations liées au chromosome sexuel.

Des mutations spontanées ont également été observées dans les populations sauvages de Mollusques (*Partula* des îles de la Société), de Crustacés (*Gammarus chevreuxi*), de Mammifères (Rongeurs, notamment *Peromyscus, Mus musculus, Apodemus*...). Les végétaux présentent le même phénomène, bien analysé chez *Antirrhinum*.

Beaucoup de mutations géniques sont pathologiques, létales, ou exercent une action défavorable, car elles frappent des processus morphogénétiques ou physiologiques importants; elle disparaissent plus ou moins rapidement avec ceux qui les portent. Les mutations géniques spontanées qui se maintiennent, intéressent de petits caractères d'importance secondaire : forme des ailes, de l'abdomen, disposition des nervures, coloration, texture et densité du poil, panachure... Ces petites mutations sont à l'origine des races d'animaux domestiques et des plantes cultivées, des races géographiques, des sous-espèces, voire même d'espèces.

Les mutations nées spontanément dans les élevages reproduisent parfois exactement des races d'animaux domestiques, d'où il est logique de déduire que l'apparition de ces dernières relève de mécanismes identiques, l'intervention de l'homme pour les maintenir étant nécessairement postérieure. Ainsi la race de Poule à plumes soyeuses (*Silky*), très ancienne, est déjà décrite en 1600; l'état particulier du plumage résulte de la disparition des crochets des barbules; ce caractère est récessif. En 1921, un poulet à plumes soyeuses est apparu dans un élevage de Leghorn dorée; des croisements convenables montrèrent que cette mutation se comportait exactement comme le caractère de la race *Silky*; dans les deux cas l'anomalie provenait du même gène.

Les races de Poules *Creeper* (poules-bassets), caractérisées par du nanisme achondroplasique, de Poules sans croupion, de Poules polydactyles (Houdan, Crève-Cœur), les Chiens à peau nue, les Chiens bassets, les Bœufs, les Chèvres, les Moutons sans cornes ou avec cornes supplémentaires proviennent de mutations géniques. Il en est de même pour les végétaux; les nombreuses races de Céréales (Avoine sans barbe, Blé avec épis à barbes, épis compacts, épeautre blanc, variétés inédites de Seigle, Orge à épis ramifiés...), d'*Antirrhinum majus*, de *Datura*, de Cotonnier, de l'Ananas sont des mutations géniques.

Les Rongeurs *Peromyscus* et les Coléoptères *Harmonia axyridis* constituent de bons exemples de races ou variétés géographiques ou sous-espèces nées par mutations géniques.

Les *Peromyscus* de l'Amérique du Nord rappellent nos Mulots; ils comprennent de nombreuses espèces et sous-espèces aux États-Unis et au Canada. La grande espèce *maniculatus* compte des sous-espèces géographiques fréquentant des biotopes séparés; elles présentent des différences quantitatives dans la couleur du pelage, la longueur de la queue, des pieds, des oreilles : *rubidus* habite les régions forestières humides, elle est la plus foncée; *sonoriensis*, la plus claire, vit dans les stations chaudes bordant un désert et *gambeli* est de couleur intermédiaire; les élevages de Sumner ont montré que ces divers traits étaient constants, même quand les animaux étaient changés de climat; ce sont des caractères germinaux et non des accommodats. La grande espèce *polionotus* de Floride et de l'Alabama porte une robe foncée; la sous-espèce *albifrons* à dos largement coloré vit sur la côte; la sous-espèce *leucocephalus* à dos gris clair se trouve dans une petite île de la côte de Floride sur un sol sableux très blanc. La différenciation de ces sous-espèces relève de mutations de gènes polymères qui conditionnent les différences quantitatives notées.

Le même phénomène s'observe chez un Insecte, *Harmonia axyridis*, Coléoptère asiatique qui présente plusieurs variétés diversement colorées; la disposition des taches et leur coloration relèvent des gènes *A*, *C* et de leurs allèles *a*, *c*. La variété *19-signata*, jaune ou jaune avec de petites taches noires, s'observe de la Sibérie centrale au Nord de la Chine; récessive, elle possède les gènes *aacc*; la variété *aulica* noire avec deux grandes taches jaunes répond à la formule *AAcc* ou *Aacc*; une troisième variété, *conspicua*, noire avec deux taches jaunes, est rare en Sibérie, mais fréquente au Japon; elle possède l'une des formules suivantes : *AACC*, *AaCC*, *AACc*, *AaCc*, *aaCC*, *aaCc*.

Enfin des mutations géniques peuvent donner naissance à des espèces : c'est ainsi que *Canna indica* et *glauca* diffèrent par quelques caractères :

Canna indica		*Canna glauca*	
Fleurs rouges, gène *A*		Fleurs jaunes, gène *a*	
Feuilles bordées de rouge	gènes *B, C*	Pas de bordure rouge aux feuilles	gènes *b, c*
Pas d'enduit cireux sur les feuilles ...	gènes *k, l*	Enduit cireux sur les feuilles......	gènes *K, L*
Pas d'anthocyanine dans les feuilles	gène *g*	Anthocyanine dans les feuilles	gène *G*

Dans tous ces exemples, un petit nombre de gènes subissent une mutation pour donner une forme nouvelle. Rarement une différence spécifique résulte d'un unique facteur mendélien; c'est le cas pour *Chelidonium majus* et *laciniatum*, *Campanula persicifolia* et *nitida*, le Maïs téopode; *laciniatum* diffère de *majus* par un gène conditionnant l'état lacinié des feuilles et des fleurs; *nitida* correspond à une forme naine de *persicifolia;* le Maïs téopode diffère du Maïs ordinaire par la mutation d'un gène agissant sur la forme des feuilles et la longueur des glumes.

MUTATIONS CHROMOSOMIQUES

Les mutations chromosomiques, aussi abondantes dans les populations sauvages que les mutations géniques, participent également à la naissance de formes nouvelles. Les exemples seront empruntés surtout aux Diptères, puisque l'examen des chromosomes géants des glandes salivaires (voir p. 891) facilite l'observation des réarrangements (inversion, duplication, translocation...), et particulièrement aux Drosophiles.

Le genre *Drosophila* est largement répandu sur toute la terre à l'exception des régions arctiques. Les inventaires les plus récents mentionnent 705 espèces comptant 553 espèces endémiques (soit 80 % du nombre total) se répartissant ainsi dans les six régions fauniques :

Régions	Nombre d'espèces	Nombre d'espèces endémiques
Néoarctique	141	95
Néotropicale	200	153
Paléoarctique	89	70
Éthiopienne	33	26
Orientale	128	109
Australienne	114	100
	705	553

Le genre est lui-même divisé en 8 sous-genres : *Hirtodrosophila, Pholadoris, Dorsilopha, Phloridosa, Sophophora, Drosophila, Siphlodora,* et *Sordophila*. Les deux sous-genres *Sophophora* et *Drosophila,* les plus importants, comptent de nombreux groupes d'espèces différant par des caractères variés *(fig. 46)*. Le schéma, emprunté à Patterson et Stone, montre les rapports entre les sous-genres et les groupes d'espèces :

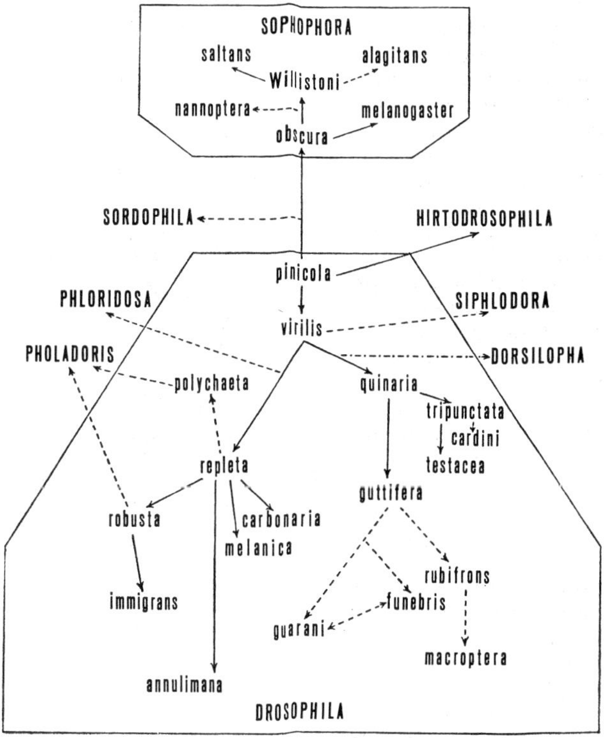

Grâce à une étude génétique et cytologique approfondie, des cartes structurales des chromosomes de certaines Drosophiles sont réalisées; elles ont permis l'établissement d'une phylogénie chromosomique, témoin de la valeur évolutive des mutations chromosomiques dans la spéciation; deux exemples retiennent particulièrement l'attention : *Sophophora pseudo-obscura* et les espèces du groupe *de Drosophila virilis.*

Le groupe *obscura* comprend des espèces qui habitent, les unes l'Ancien Monde, les autres le Nouveau Monde. Le sous-groupe *pseudo-obscura* comprend vingt et une espèces : trois d'entre elles sont particulièrement affines : *S. pseudo-obscura,* Frolowa 1929; *S. persimilis,* Dobzhansky et Epling 1944; *S. miranda,* Dobzhansky 1935; *persimilis* a été longtemps considérée comme une race *B* de *pseudo-obscura* qui elle-même était la race *A.*

Pseudo-obscura se trouve en Amérique du Nord et du Sud; *persimilis* et *miranda* seulement en Amérique du Nord. En général, *pseudo-obscura* présente un cycle saisonnier qui varie avec la température; dans les climats chauds, son maximum se place en avril-mai; dans les climats froids, il se situe en juin-juillet; l'espèce peut presque disparaître pendant les froids les plus intenses. *S. persimilis* tolère

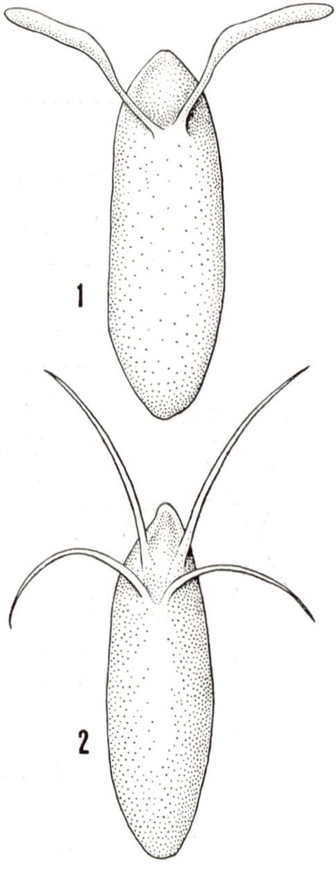

1

2

FIG. 46 — DEUX TYPES D'ŒUFS (d'après Patterson et Stone).

1, œuf de *Drosophila (Sophophora) melanogaster;* 2, œuf de *Drosophila (Drosophila) virilis.*

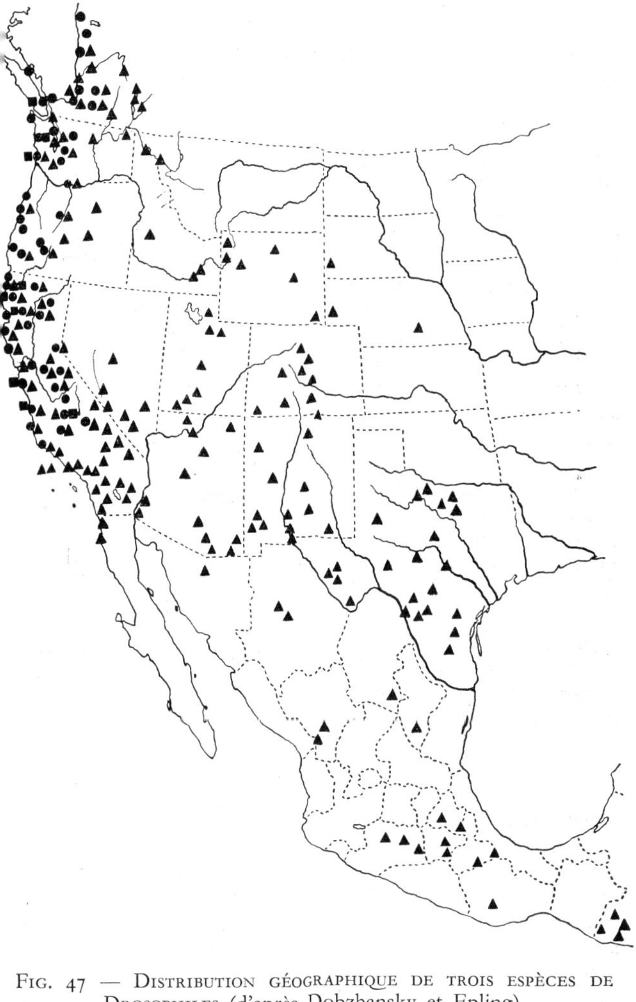

FIG. 47 — DISTRIBUTION GÉOGRAPHIQUE DE TROIS ESPÈCES DE DROSOPHILES (d'après Dobzhansky et Epling).

Triangle noir, *Drosophila pseudo-obscura;* cercle noir, *Drosophila persimilis;* carré noir, *Drosophila miranda.*

mieux le froid et se maintient dans les altitudes élevées; dans l'ensemble *persimilis* et *miranda* sont localisées dans les zones côtières humides; *pseudo-obscura* occupe des aires plus larges et plus variées *(fig. 47)*. Dans quelques localités, les deux espèces *pseudo-obscura (A)* et *persimilis (B)* cohabitent, aucune hybridation ne s'effectue dans la nature. Au laboratoire, les croisements engendrent une F_1 composée de femelles fertiles et de mâles stériles (spermatogenèse avortée). Les femelles hybrides *AB* recroisées avec des mâles *A* ou *B* produisent une descendance à très faible vitalité; seules survivent les femelles dont les deux *X* proviennent de la même espèce *A* ou *B*.

Les deux espèces possèdent $2N = 10$ chez le mâle et la femelle, comprenant trois paires de bâtonnets, une paire de chromosomes sexuels en *V*, une paire de punctiformes *(fig. 48)*.

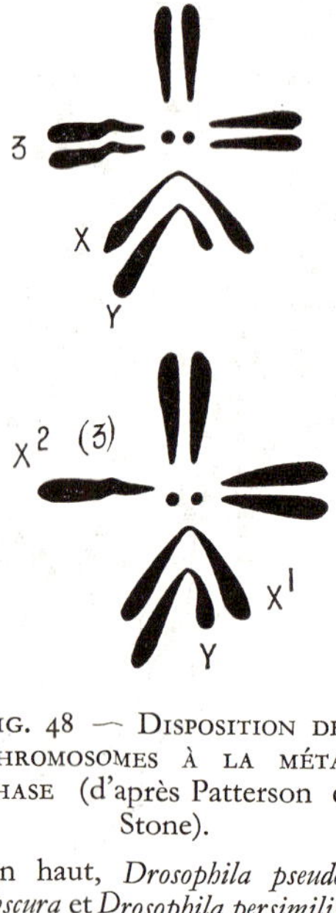

FIG. 48 — DISPOSITION DES CHROMOSOMES À LA MÉTAPHASE (d'après Patterson et Stone).

En haut, *Drosophila pseudo-obscura* et *Drosophila persimilis*; en bas, *Drosophila miranda* (explications dans le texte).

Les deux espèces *pseudo-obscura* et *persimilis* diffèrent uniquement par des inversions paracentriques localisées surtout dans le troisième chromosome; le chromosome IV de *pseudo-obscura* diffère de celui de *persimilis* par une inversion; les chromosomes II diffèrent également par une inversion; le petit chromosome V ne porte pas de réarrangements.

Par une analyse détaillée de ces inversions qui se présentent dans un ordre chronologique, Sturtevant et Dobzhansky sont arrivés à établir une phylogénie des inversions du troisième chromosome dans laquelle certains arrangements chromosomiques prévus d'abord théoriquement ont été observés par la suite. Voici un schéma de cette phylogénie :

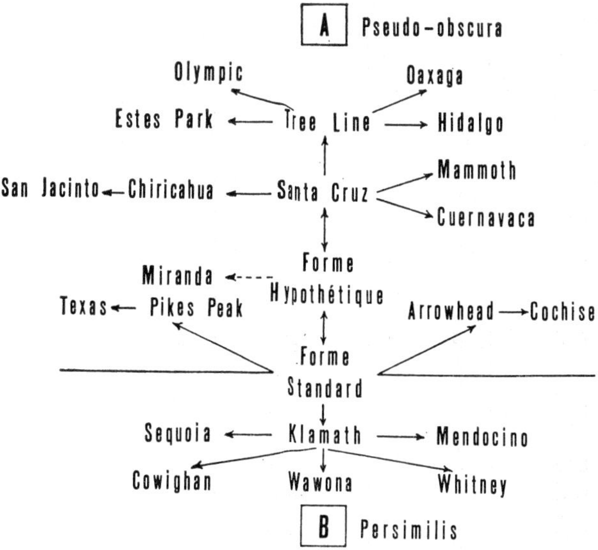

Ces séquences géniques sont décelables cytologiquement; une forme réunie à une autre par une flèche en diffère par une inversion; tandis que deux formes réunies par une forme intermédiaire diffèrent par deux inversions. *Standard, Tree Line, Santa Cruz* et *Klamath* sont des formes chefs de file et les types ancestraux doivent être recherchés parmi elles. *Standard* est commun à *pseudo-obscura* et *persimilis (fig. 49, 50, 51)*. La forme hypothétique n'a pas été trouvée dans la nature, mais la disposition chromosomique de *miranda* est plus proche de celle de la forme hypothétique que de *pseudo-obscura* et *persimilis;* la forme hypothétique est vraisemblablement à l'origine d'une part de *miranda* et d'autre part de *pseudo-obscura* et *persimilis; Santa Cruz* occupe une position semblable à celle de *Standard*. Les formes *Hypothétique, Standard* et *Santa Cruz* représentent les formes ancestrales; on passe facilement d'une forme à l'autre.

D. pseudo-obscura et *persimilis* possèdent donc un chromosome III sujet à de nombreux réarrangements alors que les autres chromosomes sont relativement stables.

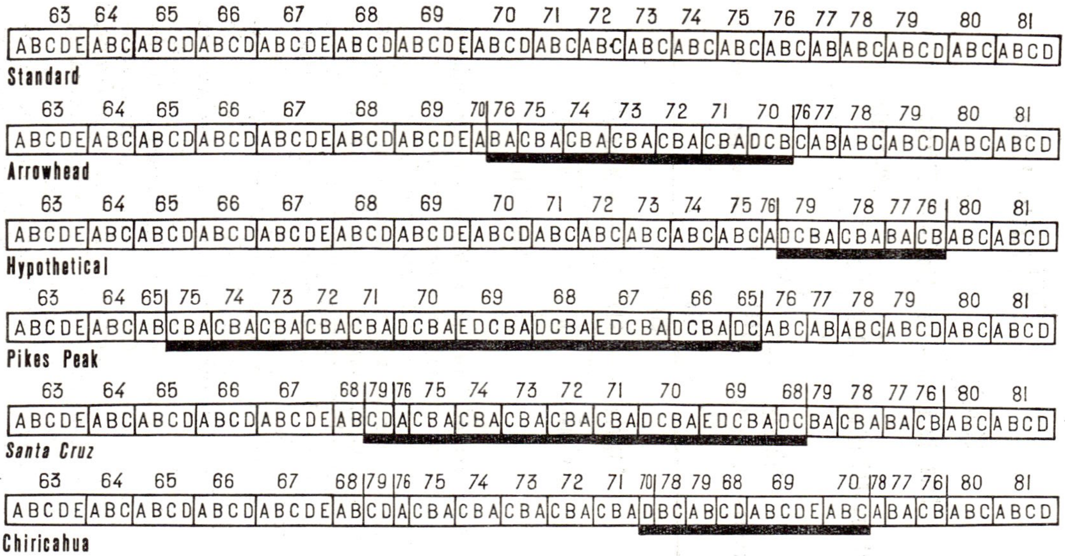

FIG. 49 — DISPOSITION DES GÈNES DANS LE CHROMOSOME III DE *Drosophila pseudo-obscura*, (d'après Dobzhansky et Epling).

63 à 81, zones successives du chromosome; *A, B, C, D, E,* gènes; le trait noir épais marque les zones ayant subi une mutation chromo[illegible]

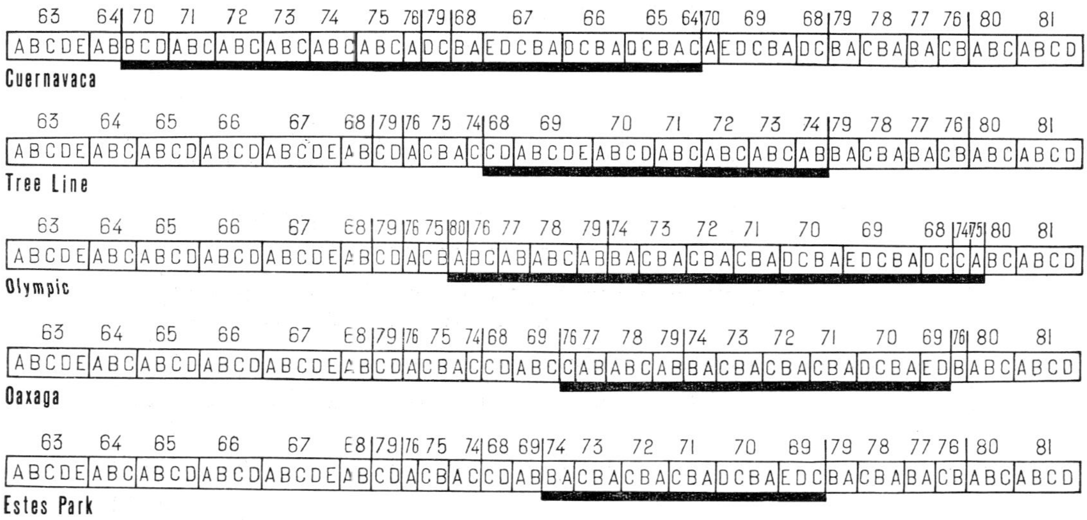

FIG. 50 — DISPOSITION DES GÈNES DANS LE CHROMOSOME III DE *Drosophila pseudo-obscura*, (d'après Dobzhansky et Epling).

Voir la légende de la figure 49.

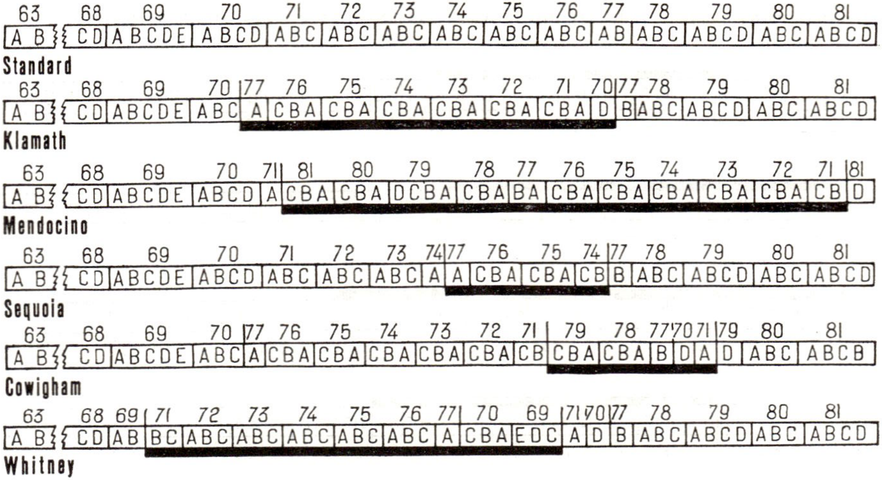

FIG. 51 — DISPOSITION DES GÈNES DANS LE CHROMOSOME III de *Drosophila persimilis*, (d'après Dobzhansky et Epling).

Voir la légende de la figure 49.

Mais les différences entre ces deux espèces et *miranda* intéressent tous les chromosomes. Chez *miranda* $2N = 9$, un bâtonnet est disparu (voir *fig. 48*), un chromosome III est devenu un élément sexuel X_2 (3) et un chromosome III a été incorporé à Y et a perdu beaucoup de gènes. Le nouveau chromosome X_2 provenant du chromosome III et l'original chromosome X_1 sont maintenant homologues de Y.

On compte un nombre important de ruptures dans les chromosomes de *miranda :* X, bras gauche, 6; bras droit, 4; chromosome II, 12; chromosome III, 11; chromosome IV, 15; chromosome V, 1. Le chromosome IV a subi plus de ruptures que le chromosome III. Les réarrangements comprennent surtout des inversions et quelques translocations.

Ces différences entre *miranda* et les deux autres espèces font que les hybrides *miranda* × *pseudo-obscura* sont stériles, alors que ceux entre *pseudo-obscura* et *persimilis* ne le sont pas toujours.

Cinquante et même cent ruptures ont été nécessaires pour produire la différenciation des trois espèces à partir d'un stock commun.

D. melanogaster et *D. simulans* possèdent la même formule chromosomique $2N=8$; les chromosomes sont semblables; les mutations sont parallèles, beaucoup de gènes doivent être communs, cependant les hybrides sont stériles. L'examen cytologique décèle de grandes différences structurales : une grande inversion, cinq inversions courtes, quatre très petits changements aux extrémités des chromosomes, quatorze régions où les chromosomes ne s'apparient pas à la synapse.

Pour compléter cette analyse des réarrangements chromosomiques chez la Drosophile, il reste à voir le groupe de *D. virilis* qui montre l'évolution de plusieurs formes voisines à partir d'un type commun. Le groupe *virilis* largement distribué, se trouve dans les zones néoarctique, néotropicale, paléarctique et orientale. L'espèce *virilis,* très proche de *D. pinicola,* est la forme moderne la plus proche du type ancestral. Les dix espèces appartenant au groupe peuvent être classées ainsi : 1° *virilis,* la plus répandue, probablement originaire de l'Est paléarctique et de la région orientale; 2° *americana, texana, novamexicana,* trois espèces très proches, localisées en Amérique du Nord;

3° *montana, flavomontana, borealis et lacicola* d'Amérique du Nord; 4° *littoralis* et *imeretensis,* deux espèces européennes.

Au Japon et en Chine *D. virilis,* assez commune, occupe des biotopes sauvages; en Amérique du Nord elle est rare et se trouve toujours dans les maisons. Elle a été importée également au Mexique et en Amérique du Sud. Toutes les autres espèces présentes en Amérique du Nord occupent des biotopes sauvages et ne dépassent pas la latitude de Mexico. *Americana, montana,* et *lacicola* ont été récoltées à la frontière des États-Unis et du Canada; *lacicola* aux États-Unis n'est connue que dans les États du Wisconsin et du Minnesota. *Montana* a une large distribution, surtout dans les Montagnes Rocheuses; *novamexicana* beaucoup plus localisée n'est connue que de six localités situées dans l'aire de distribution de *montana,* mais cette dernière vit à des altitudes plus élevées. *Texana* et *americana* ont une zone de contact correspondant aux États de Oklahoma, Arkansas, Tennessee, nord de la Caroline et Virginie; *texana* s'étend au sud de cette zone et *americana* au nord.

Les formules chromosomiques sont les suivantes :

	2*N*	Chromosomes		
		en V	en bâtonnet	punctiformes
D. virilis	12		5 paires	1 paire
D. texana	10	1 paire	3 »	1 »
D. americana	8	2 »	1 »	1 »
D. novamexicana	12		5 »	1 »
D. littoralis	12	1 »	4 »	1 »
D. montana	12	1 »	4 »	1 »
D. borealis	12	1 »	4 »	1 »
D. lacicola	12	1 »	4 »	1 »
D. flavomontana	12	1 »	4 »	1 »

De plus, ces espèces diffèrent dans la structure des chromosomes par un certain nombre d'inversions (*fig. 52*); en prenant *virilis* comme type, *texana* en diffère par cinq inversions; deux sont situées dans le chromosome *X* (*a* et *b*), deux dans le chromosome *V* (*d* et *e*) et une dans le chromosome II (*c*). *D. americana* possède huit inversions, les cinq observées chez *texana* auxquelles s'ajoutent une dans le chromosome *X* (*f*), deux dans le chromosome IV *(g, h)*. *D. novamexicana* possède six inversions; les trois *a, b, f,* du chromosome *X*, l'inversion *g* du chromosome IV, plus deux inversions nouvelles, dans le chromosome II *(i)*, dans le chromosome III *(j)*. Un certain nombre d'inversions étant communes aux sous-espèces, Patterson a reconstitué la phylogenèse de ce petit groupe : *D. virilis virilis* aurait engendré une forme hypothétique (primitive I qui aurait engendré à son tour une primitive II) caractérisée

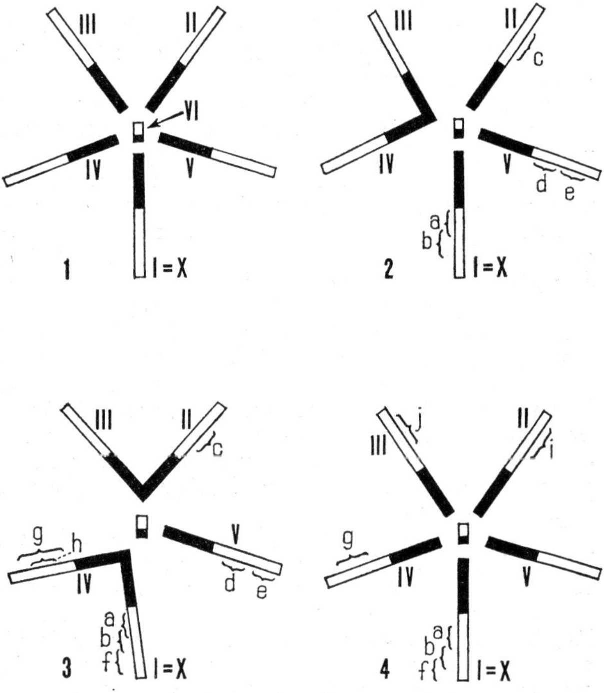

FIG. 52 — NOMBRE HAPLOÏDE DE CHROMOSOMES CHEZ QUATRE ESPÈCES DE DROSOPHILES (d'apres J. D. White).

1, *Drosophila virilis ;* 2, *Drosophila texana ;* 3, *Drosophila americana ;* 4, *Drosophila novamexicana. a* à *j,* inversions caractéristiques de chaque espèce; en noir, les régions hétérochromatiques.

par les inversions *a* et *b* communes aux trois sous-espèces; cette forme aurait produit deux rameaux, le rameau I avec les inversions *cde,* et le rameau II avec les inversions *gf*. Le rameau I possédant les inversions *abcde* aurait, par fusion centrique des autosomes III et IV, produit *D. v. texana;* le rameau II possédant les inversions *abgf,* aurait acquis les inversions *ij,* pour donner *D. v. novamexicana*. Les rameaux I et II, par hybridation et fusion centrique des chromosomes II-III et X-IV, auraient donné *D. v. americana* qui porte les sept inversions plus une nouvelle *h*.

D. virilis virilis aurait également engendré une autre forme hypothétique (primitive III) qui serait à l'origine de *littoralis* et du groupe *montana*.

Les inversions particulièrement bien étudiées grâce aux chromosomes des glandes salivaires présentent donc une action évolutive dont le mécanisme est compris.

Les déficiences et les duplications sont rares dans les populations sauvages de Drosophiles; en revanche, chez un autre Diptère, *Sciara,* dépourvu d'inversions on observe dans les chromosomes des hybrides, entre *S. ocellaris* et *S. reynoldsi,* un grand nombre de petites déficiences et duplications; *ocellaris* en posséderait dix-sept.

Déficiences et duplications peuvent exister chez d'autres espèces; pour être appréciées à la métaphase, les différences de taille doivent être importantes; des bivalents inégaux ont été découverts chez l'Orthoptère *Trimerotropis citrina;* sur soixante et onze individus, Carothers a trouvé onze cas où la plus petite paire était inégale, un chromosome avait la taille normale, l'autre, un peu plus long, devait porter une duplication.

Les translocations semblent plus rares chez les animaux, bien qu'elles aient été observées chez les Drosophiles. Kozhevnikov a décelé une lignée de *melanogaster* présentant des translocations entre les chromosomes II et III; l'un des chromosomes III a perdu ses deux extrémités et chacun des chromosomes II perdait son extrémité gauche; les fragments ainsi détachés se sont échangés comme le montre la figure 53. Ce mutant dénommé par Goldschmidt *Drosophila artificialis* est une forme balancée et stable, se reproduisant; elle est stérile avec *melanogaster* normale et les souches qui lui ont donné naissance.

Chez les végétaux, les translocations sont plus fréquentes, notamment chez les Œnothères dont la génétique compliquée est maintenant élucidée; ces translocations affectent les deux complexes qui caractérisent la plupart des Œnothères et produisent des modifications variées portant sur tous les caractères, feuilles, tiges, poils, fleurs, port, taille; ainsi sont apparues de nombreuses espèces. La réalisation en série des translocations est décelée cytologiquement par la formation d'anneaux à la métaphase. Il en est de même pour les *Datura,* le Maïs; souvent la présence de translocations entraîne une stérilité partielle par suite des difficultés de l'appariement des chromosomes.

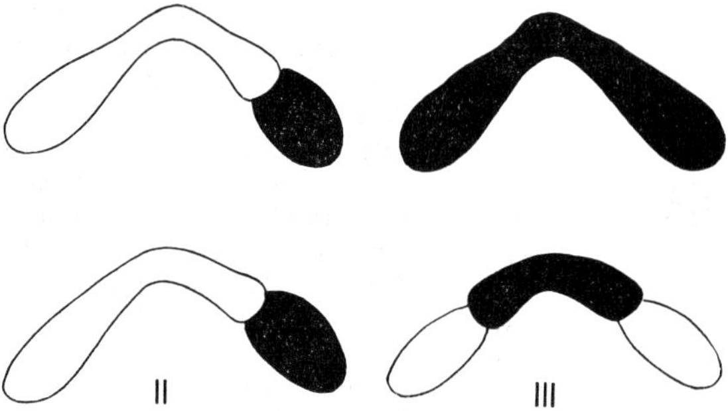

FIG. 53 — CHROMOSOMES II ET III D'UNE LIGNÉE DE *Drosophila melanogaster* PRÉSENTANT DES TRANSLOCATIONS COMPLIQUÉES QUI ONT DONNÉ NAISSANCE À UN TYPE BALANCÉ STABLE NOMMÉ *Drosophila artificialis* (R. B. Goldschmidt).

En noir, chromosome ou portions du chromosome III; en blanc, chromosome ou portions du chromosome II.

Les variations numériques des chromosomes présentent aussi une valeur évolutive intéressante. Les autopolyploïdes végétaux n'ont pas beaucoup de chance de créer une race nouvelle. Leur maintien est fonction d'une autofécondation ou d'une reproduction asexuée. De plus une mutation récessive a peu de chances de se manifester chez un autopolyploïde; chez un autotétraploïde, elle devra affecter non seulement deux gènes homologues, mais quatre; et la probabilité déjà faible devient quasi impossibilité pour les autopolyploïdes d'ordre supérieur.

Les amphidiploïdes, au contraire, offrent une valeur évolutive; les mutations récessives se manifestent aussi facilement que chez un diploïde normal puisqu'ils renferment deux génomes différents, chacun étant à l'état diploïde. Des espèces nouvelles ont été ainsi créées et le généticien a même réalisé la synthèse de bonnes espèces naturelles.

Aux exemples déjà cités de *Primula kewensis* et de *Digitalis mertonensis,* s'ajoutent ceux du Chou-Radis, de *Triticale saratoviense,* d'*Aegilotricum*...

Le Radis *(Raphanus sativus)* et le Chou *(Brassica oleracea)* sont deux plantes d'aspect fort différent, possédant toutes deux $2N = 18$ chromosomes; elles donnent des hybrides à $2N = 18$, intermédiaires entre les espèces parentales, vigoureux et parfois très grands, mais ils sont stériles entre eux et avec leurs parents *(fig. 54)*. Certains pieds (19 sur 123) donnèrent quelques graines par fécondation naturelle; ces graines produisirent une F_2 tétraploïde à $2N = 36$; le doublement des chromosomes s'était produit à la méiose; les dix-huit chromosomes univalents de

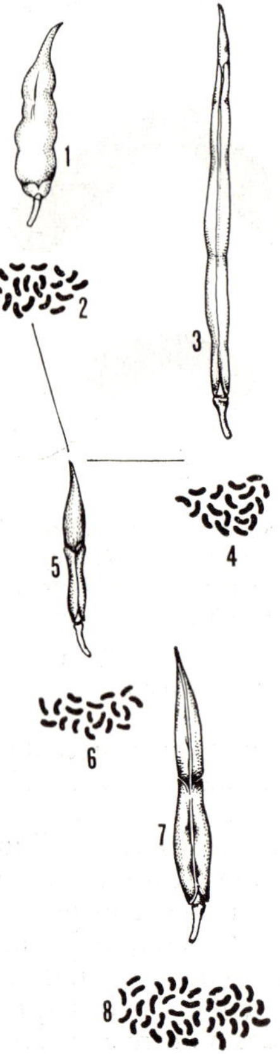

FIG. 54 — CRÉATION D'UNE PLANTE NOUVELLE, LE CHOU-RADIS (d'après Karpechenko).

1, silique du Radis *Raphanus sativus;* 2, garniture chromosomique du Radis 2N = 18; 3, silique du Chou *Brassica oleracea;* 4, garniture chromosomique du Chou 2N = 18; 5, silique de l'hybride stérile; 6, garniture chromosomique de l'hybride 2N = 18; 7, silique de la nouvelle espèce tétraploïde; 8, garniture chromosomique de l'espèce tétraploïde 2N = 36.

l'hybride, au lieu d'émigrer dans les deux noyaux de la première division, restèrent groupés en un gros noyau de restitution; la seconde division donna dix-huit chromosomes à chaque gamète. L'espèce nouvelle *Raphanobrassica karpechenkoi* (*fig. 55*) a une méiose normale (18 bivalents); elle se distingue de ses parents et se croise difficilement avec eux; fécondée par du pollen de *Raphanus,* elle donne des triploïdes à vingt-sept chromosomes (18 + 9).

FIG. 55 — *Raphanobrassica karpechenkoi*, CHOU-RADIS, NOUVELLE ESPÈCE TÉTRAPLOÏDE (d'après Karpechenko).

Triticale saratoviense est un octoploïde ($2N = 56$) tenant à la fois du Blé et du Seigle. En fécondant un Blé tendre hexaploïde à $2N = 42$ avec du pollen de Seigle diploïde à $2N = 14$, on a obtenu des hybrides tétraploïdes ($2N = 28$) généralement stériles; à la F_2, ils ont donné un octoploïde désormais fertile dénommé *T. saratoviense* (*fig. 56*).

Aegilotricum, polyploïde à $2N = 56$ (28 bivalents à la méiose) résulte du croisement soit d'*Aegilops ovata* fécondé par un Blé dur *Triticum dicoccoides* soit d'*A. ovata* fécondé par *Triticum durum*. Ces hybrides sont vigoureux et isolés de leurs parents.

L'union d'autopolyploïdes et d'alloploïdes produit des combinaisons nouvelles stables et fertiles. *Iris autosyndetica,* espèce nouvelle créée par Simonet, résulte du

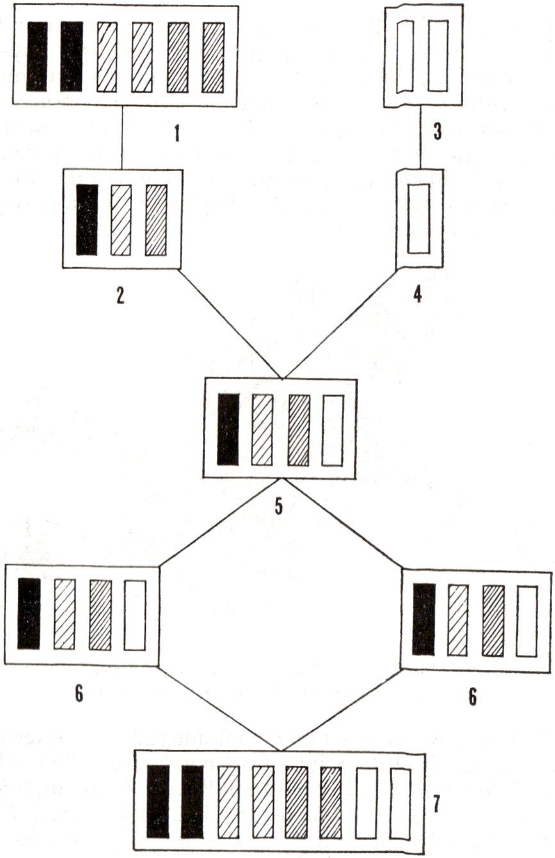

FIG. 56 — SCHÉMA DE LA FORMATION D'UNE NOUVELLE ESPÈCE OCTOPLOÏDE *Triticale saratoviense* PAR HYBRIDATION D'UN BLÉ HEXAPLOÏDE *Triticum vulgare* À QUARANTE-DEUX CHROMOSOMES AVEC UN SEIGLE DIPLOÏDE *Secale cereale* À QUATORZE CHROMOSOMES (d'après Hurst).

1, chromosomes du Blé hexaploïde; 2, un de ses gamètes; 3, chromosomes du Seigle diploïde; 4, un de ses gamètes; 5, chromosomes de l'hybride non balancé, stérile; 6, un de ses gamètes avec non-disjonction des chromosomes; 7, chromosomes de la nouvelle plante octoploïde fertile.

croisement d'*Iris hoogiana* ($N = 22$) et d'*Iris macrantha* ($N = 24$), qui appartiennent à deux sections différentes du genre *Iris*. Ces deux espèces sont tétraploïdes, la première dérivant d'une forme dont le nombre basal est onze, la seconde d'une forme dont le nombre basal est douze; l'hybride possède $2N = 46$; sa méiose est équilibrée car, les deux parents étant polyploïdes, il y a autosyndèse c'est-à-dire que les bivalents se forment par appariage des chromosomes homologues provenant des espèces polyploïdes; ainsi les 46 chromosomes de la nouvelle espèce comprennent 11 + 11 chromosomes maternels et 12 + 12 chromosomes paternels, ce qui fait au total 23 gemini. *Iris autosyndetica* possède des caractères des deux espèces parentales; il est autostérile comme tous les *Iris*, mais ses gamètes sont viables; en le croisant avec un autre *Iris* hybride à $2N = 46$, il donne de bonnes graines.

La synthèse de plusieurs espèces naturelles a été réalisée expérimentalement : *Galeopsis tetrahit*, Labiée commune sur les décombres, était considérée comme une bonne espèce; en réalité elle est d'origine hybride dérivée de *G. pubescens* et *G. speciosa*, tous deux à $N = 8$; on obtient à coup sûr le *tetrahit* en croisant des *pubescens* et *speciosa* tétraploïdisés par la colchicine; c'est un tétraploïde à $2N = 32$.

Une autre expérience démonstrative est la synthèse de la Fléole d'Amérique *Phleum pratense*. Cette Graminée présente deux variétés, l'une cultivée en Amérique et en Europe, l'autre en Angleterre où elle semble autochtone; presque identiques morphologiquement, elles possèdent un nombre différent de chromosomes; l'anglaise est diploïde ($2N = 14$), l'autre est hexaploïde ($2N = 42$); elles sont totalement stériles. Une autre espèces voisine, *P. alpinum*, nordique et montagnarde, se trouve en Écosse et en Europe; en Écosse, son aire ne recouvre jamais celle de *pratense* tandis qu'en Europe les deux aires se joignent parfois. En Europe, *alpinum* est diploïde ($2N = 14$); en Écosse, il est tétraploïde ($2N = 28$), l'*alpinum* diploïde et le *pratense* diploïde donnent un hybride stérile; l'*alpinum* tétraploïde et le *pratense* diploïde donnent aussi un hybride triploïde ($2N = 21$), stérile; cependant on a obtenu six graines dont quatre germèrent et produisirent quatre pieds hexaploïdes ($2N = 42$), identiques au *pratense* d'Amérique.

Vraisemblablement l'apparition de l'hexaploïde d'Amérique relève d'un processus tout à fait identique qui s'est effectué dans la nature.

Autre synthèse réalisée, celle du Tabac cultivé, *Nicotiana tabacum* ($2N = 48$); il correspond à un hybride tétraploïde balancé, issu d'un ancien croisement entre deux espèces sauvages *sylvestris* ($N = 12$) et *tomentosa* ($N = 12$).

Ces expériences de croisements analytiques et synthétiques apportent une preuve d'un mode de formation des espèces. De nombreuses espèces sauvages sont en réalité des hybrides à peu près stériles d'espèces sauvages; puis, par un doublement de chromosomes, les génomes sont balancés et l'hybride polyploïde ayant des méioses synthétiques normales devient fertile; il est la souche d'une nouvelle espèce ou variété.

De nombreux colchiploïdes ont été obtenus : *Petunia, Fagopyrum, Melandrium, Triticum, Aegilops, Coleus, Solanum*... L'hybride stérile *Nicotiana tabacum* × *N. sylvestris,* traité par la colchicine donne une nouvelle forme hexaploïde ($2N = 72$), fertile avec un phénotype rappelant celui de *tabacum*. La polyploïdie semble affecter certaines familles de préférence à d'autres : Graminées, Rosacées, Malvacées, Polygonacées, Nymphéacées, Renonculacées, Labiées, Crucifères, Iridacées, Juncacées, Cypéracées.

Dans l'ensemble la polyploïdie végétale ne forme pas toujours des espèces vraiment nouvelles; souvent elle fait apparaître des variétés nouvelles, vigoureuses et conquérantes de biotopes nouveaux.

Il est peut-être plus difficile d'estimer l'importance de la polyploïdie animale, beaucoup plus rare. Svardson (1947) considère que les Salmonidés constituent un exemple intéressant; dans cette famille, le nombre diploïde $2N$ oscille de 58 à 102; 58 chez *Osmerus eperlanus,* 60 chez *Salmo salar,* 80 chez *Salmo trutta, Coregonus lavaretus,* 84 chez *Salmo fontinalis,* 102 chez *Thymallus;* si le nombre fondamental $b = 10$, ces nombres diploïdes seraient égaux à $6b - 2$, $6b$, $8b + 4$, $10b + 2$.

Les Cyclops d'Europe et d'Amérique diffèrent entre eux par de petits détails morphologiques et le nombre diploïde; *C. vernalis,* variété *parcus* possède 6 chromosomes; la variété *americanus,* 10; *C. viridis,* 12 (tétraploïde); *C. gigas,* 24 (octoploïde).

Vandel a fait remarquer que dans de nombreux groupes de Vers, Crustacés, Insectes, Échinodermes, Vertébrés, « les nombres chromosomiques d'espèces voisines se disposent en une série de multiples d'un même nombre de base ». La polyploïdie animale serait alors moins rare qu'on ne le croyait autrefois; mais les polyploïdes animaux anciens et stabilisés seraient plus difficiles à détecter que les polyploïdes végétaux.

La polysomie offre une faible importance évolutive; les mutants $2N - 1$ et $2N + 1$ ne sont pas balancés et ne se maintiennent pas constamment; les mutants tétrasomiques seraient capables de produire des espèces nouvelles, mais leur vitalité et leur fertilité sont fort réduites.

En résumé, les divers types de mutations connues permettent de comprendre la genèse d'espèces et de variétés nouvelles. Les mutations géniques, même fort abondantes chez un individu, ne le feront pas sortir du cadre de son espèce, elles déterminent essentiellement des modifications des propriétés chimiques. Les changements dans la structure du patrimoine héréditaire sont plus importants, ils consistent dans un réarrangement ou une augmentation du matériel chromosomique; ils retentissent sur la physiologie de l'individu autant que sur la séparation des lignées. Cependant, mutations géniques et chromosomiques ne sont pas toujours aussi totalement différentes; l'effet de position en a donné des exemples; primitivement la mutation *bar* était considérée comme une mutation génique; or elle est une mutation chromosomique.

RÔLE DE LA SÉLECTION ET DE L'EFFECTIF DES POPULATIONS

Une fois le mutant nouveau apparu, il doit se maintenir et se multiplier. Deux autres facteurs interviennent alors: la sélection et l'effectif des populations.

La sélection tient une place importante dans les théories modernes de la génétique évolutive; son efficacité dans les transformations des populations a même été déterminée mathématiquement; mais les recherches expérimentales, fort délicates, sont loin d'apporter autant de précision sur les modalités d'action. Il reste toujours indispensable de contrôler strictement la concordance des résultats mathématiques avec les observations expérimentales et d'en vérifier l'exactitude par des recoupements.

Il ne s'agit pas ici d'une sélection naturelle au sens large que lui accordait Darwin, mais plutôt d'une sélection novatrice portant sur les mutants ou génotypes soit dans un même milieu, soit lors d'un changement de milieu. Le mutant qui apparaît brusquement peut être éliminé immédiatement; s'il ne l'est pas, des hétérozygotes se forment. Si la mutation est dominante, la sélection commence à jouer; si la mutation est récessive, la mutation n'interviendra qu'après la naissance d'homozygotes.

Pour comprendre ce qui se passe dans la nature, des généticiens (L'Héritier et Teissier, Wright et Dobzhansky, Kalmus, etc.) eurent l'idée de réaliser au laboratoire des populations artificielles de Drosophiles. Des Mouches de composition génique connue sont placées dans de grandes caisses renfermant une nourriture standard renouvelée régulièrement; les générations se succèdent pendant plusieurs mois à une température donnée; on surveille la marche de l'élevage. Puis on place, dans une même caisse, la forme sauvage et un mutant défini. On détermine alors la valeur sélective, dans les conditions de l'expérience, d'un génotype par rapport à un autre; elle est définie par Fisher, Haldane, Wright, comme le rapport de leurs probabilités de survie à la génération suivante; elle s'obtient en multipliant le nombre des germes issus de chaque femelle par la probabilité de survie d'un génotype jusqu'à l'époque de reproduction. Non seulement les dominants et les récessifs sont à considérer, mais l'hétérozygote possède une valeur sélective propre.

Un équilibre génique s'établit dans la petite population en une dizaine d'années; il résulte de tous les caractères physiologiques susceptibles de favoriser ou de défavoriser la transmission du gène à la génération suivante; si par hasard un caractère externe est lié à une caractéristique physiologique avantageuse, il sera favorisé par la sélection bien que par lui-même il n'exerce aucune action essentielle.

En faisant varier les conditions de l'élevage, on étudiera les effets de la concurrence, l'action de la température, de l'humidité, de la sécheresse etc. Voici quelques expériences réalisées :

On place dans la même caisse *D. melanogaster* et *funebris;* après quelques mois, quels que soient les nombres initiaux d'individus, les *melanogaster* prédominent nettement, par suite de leur plus grande fécondité; mais peu à peu un équilibre s'établit et 2 % de *funebris* se maintiendront dans la population. À 25°, le pourcentage d'éclosion des œufs de *melanogaster* est double de celui des œufs de *funebris;* mais à 15°, l'inverse s'observe, le taux d'éclosion de *funebris* est plus élevé que celui de *melanogaster*. Ce caractère physiologique commande la distribution des deux espèces, *melanogaster* est plus fréquente dans les régions tempérées, *funebris* dans les régions froides.

Dans une population de *melanogaster* sauvages, on introduit des mutants *bar* (voir p. 894) ou *ebony* (couleur noire du corps). Après vingt mois, la forme sauvage est plus abondante, mais les mutants ne disparaissent pas; 14 % des mutants *ebony* persisteront et seulement 1 % des mutants *bar*. Les températures élevées et la faible humidité favoriseront la forme sauvage, tandis qu'une basse température est profitable au mutant *ebony* : les fréquences relatives du type sauvage et des mutants sont fonction des conditions de milieu.

Dans une population sauvage de *melanogaster,* on met des hétérozygotes pour un gène létal *stubble;* après un certain temps, il reste 6 % d'hétérozygotes, ce qui indique que les hétérozygotes avaient, à un moment donné, une supériorité sur la forme sauvage. Les hétérozygotes ne disparaîtront jamais totalement et il y aura toujours formation de l'homozygote récessif non viable.

Des expériences analogues ont été réalisées avec la Composée *Taraxacum officinale*. Des lignées provenant de diverses régions de l'U.R.S.S., étaient cultivées à Léningrad; les plants méridionaux souffraient du climat rude, tandis que les plants nordiques et ceux d'Arkhangelsk étaient florissants. Non seulement les conditions climatiques intervenaient mais aussi la densité des semis. Dans un lot les plantules étaient distantes de 3 cm; et dans un autre de 18 cm. Pour les plantes originaires d'Arkhangelsk, la mortalité était de 36,9 %, dans les cultures à faible densité; elle atteignait 63 %, dans les cultures de haute densité.

Dans la nature les observateurs constatent aussi le rôle de la sélection; divers exemples ont été rapportés. Dans le Yorkshire, vers 1800, une forêt de Pins était coupée en deux par une avenue; une partie conserva ses plantations de Pins, dans l'autre, ils furent remplacés par des Bouleaux. Plus de cent ans après on notait que le Papillon *Oporabia autumnale* était représenté par sa forme claire (85 %) dans la forêt de Bouleaux alors que la forme sombre prédominait dans la pineraie (4 % seulement de forme claire). Il semble que la variété claire, désavantagée dans la forêt de Pins, était la proie des prédateurs ainsi qu'en témoignaient les restes d'ailes.

Autre exemple avec la Coccinelle *Adalia bipunctata* dont la fréquence des diverses formes varie selon les stations et les saisons; les formes noires sont plus abondantes en automne (59 %) qu'au printemps (37 %). En hiver, seulement 4 % des formes noires survivent contre 11 % de formes rouges. Les formes noires semblent mieux adaptées à la chaleur, mais la raison physiologique en reste inconnue.

Le Hamster, *Cricetus cricetus,* présente une forme mélanique et une forme agoutie, dispersées en U.R.S.S., mais dont les fréquences relatives varient avec les régions. Pendant la période 1933-1939, dans la région de Bashkira, la forme mélanique s'est accrue considérablement et tendait à faire disparaître la forme agoutie; depuis un siècle et demi, les mélaniques gagnent vers l'Ouest, le long de la limite Nord de l'espèce, jusqu'en Ukraine.

Les populations naturelles montrent que le mutant peut être inférieur, égal ou supérieur au type. Dans le premier cas, le mutant ne cohabite pas avec le type; c'est le cas de la Chélidoine *(Chelidonium majus)* et de son mutant *laciniatum,* de la Cymbalaire *(Cymbalaria muralis)* et de son mutant *toutoni;* les mutants différant du type dont ils dérivent sont rares et très localisés; ils se reproduisent par graines, ils sont bien féconds et se resèment d'eux-mêmes. Dans un jardin abandonné où abondait *Chelidonium majus,* A. Chevalier essaya d'implanter le mutant *laciniatum* par semis et plantations en arrachant les pieds de *majus;* en 1938, *laciniatum* était abondant dans tout le jardin; la forme *majus* avait presque complètement disparu; de 1939 à 1944, le jardin fut abandonné; en 1945, quelques pieds de *laciniatum* persistaient et *majus* pullulait; en 1948, *majus* existait seule, *laciniatum* avait disparu. La forme et son mutant ne peuvent vivre ensemble.

Dans le deuxième cas, le type et son mutant ne se concurrencent pas et vivent côte à côte. La Coccinelle *Adalia bipunctata,* caractérisée par un point rouge sur chaque élytre, se trouve toujours mélangée avec ses deux mutants dominants *quadrimaculata* (deux taches rouges sur fond noir) et *sex-pustulata* (trois taches rouges sur fond noir); dans une localité, la proportion des mutants reste constante pendant plusieurs années, ce qui laisse présumer l'absence de sélection. Une telle population où la sélection différentielle ne joue pas est panmictique, c'est-à-dire que les accouplements se font au hasard et la composition de la population est constante d'après la loi de Hardy-Weinberg.

Soit une population polymorphe comptant un nombre N d'individus; les uns possèdent un phénotype dominant A correspondant aux génotypes AA ou Aa; les autres, un phénotype dominé a avec la formule génotypique aa. Appelons p et q les proportions d'individus porteurs du gène A et du gène a; le nombre d'individus du phénotype dominant est pN; le nombre d'individus du phénotype récessif est qN; on peut écrire :

$$pN + qN = N$$

d'où $$p + q = 1$$

Cette population, en supposant une égalité numérique des sexes, produira au moment de la reproduction $p\frac{N}{2}$ spermatozoïdes et $p\frac{N}{2}$ œufs A et $q\ \frac{N}{2}$ spermatozoïdes et $q\ \frac{N}{2}$ œufs a; les unions au hasard donneront les proportions suivantes :

Œufs / Spermat.	$\frac{p}{2}\,(A)$	$\frac{q}{2}\,(a)$
$\frac{p}{2}\,(A)$	$\frac{p^2}{4}\,(AA)$	$\frac{pq}{4}\,(Aa)$
$\frac{q}{2}\,(a)$	$\frac{pq}{4}\,(Aa)$	$\frac{q^2}{4}\,(aa)$

au total $p^2\,(AA) + 2\,pq\,(Aa) + q^2\,(aa)$

Cette formule traduit la loi de Hardy-Weinberg.

À la génération suivante, les homozygotes dominants AA produiront des gamètes A; les hétérozygotes, des gamètes A et a; les homozygotes récessifs, des gamètes a. La proportion des gamètes A sera :

$$p^2 + \frac{1}{2}(2pq) = p^2 + pq = p(p+q) = p$$

De même la proportion des gamètes a sera :

$$q^2 + \frac{1}{2}(2pq) = q^2 + pq = q(q+p) = q$$

Donc cette F_1 produit des gamètes A et a dans les mêmes proportions que la génération parentale; la population est en équilibre stable. Le comptage des individus donne facilement la composition phénotypique de la population d'où il est possible de déduire la composition génique de la population; la fréquence d'un gène est donnée par le nombre d'individus qui le porte; soit R la proportion d'homozygotes récessifs; la proportion d'individus à phénotype dominant A sera égale à $1 - R$.

D'après la règle de Hardy, on sait que $q^2 = R$ d'où l'on tire $q = \sqrt{R}$ et comme $p = 1 - q$, on en déduit que $p = 1 - \sqrt{R}$. La fréquence du gène récessif a est $\sqrt{R}$ et celle du gène dominant A, $1 - \sqrt{R}$.

Le rapport du nombre des gamètes à gène dominant à celui des gamètes à gène récessif est p/q; il demeurera stable tant que les conditions ne varieront pas.

Enfin, dans le troisième cas, le mutant supérieur au type se substitue à lui. Le mutant blanc de *Gentiana campestris* élimine dans certaines localités le type primitif violet. *Spartina townsendii,* très vigoureuse partout où elle cohabite avec ses deux parents *S. alterniflora* et *S. maritima,* les chasse et se multiplie rapidement. Les Papillons mélaniques constituent un bon exemple de substitution; vers 1850, apparurent en Angleterre, des mutants mélaniques de la Phalène du Bouleau *(Biston betularia),* qui normalement est blanche avec de petites taches noires; un peu de blanc persistait encore chez le mutant *insularia* alors que *carbonaria* était complètement noir; les deux mutations sont indépendantes, étant en rapport avec des gènes différents; elles vivent sur les mêmes plantes que le type, se croisent avec lui et rapidement le remplacent. On a suivi la progression des formes mélaniques en Angleterre, puis en France et en Belgique à partir de 1900, puis en Hollande, en Allemagne, aux États-Unis. Le même phénomène s'observe pour d'autres espèces, *Lymantria monacha,* la Phalène *Cymatophora or,* la Noctuelle *Acronycta leporina,* les Géométridés *Biston, Boarmia, Selania,* etc. Depuis un siècle, la prédominance des Papillons mélaniques est incontestable; les foyers du mélanisme semblent coïncider avec les grandes villes et les centres industriels; ce mélanisme industriel suggère une relation de cause à effet : le mélanisme serait-il déterminé par les sels métalliques qui imprègnent les feuilles dont se nourrissent les larves des Papillons ? Les expériences ne sont pas favorables à cette interprétation. Le déterminisme des mutations mélaniques demeure inconnu. On a considéré le phénomène de substitution des mélaniques comme le résultat d'une sélection par les prédateurs; les Papillons sont attaqués par les Oiseaux, et les formes claires seraient plus visibles sur les plantes ou les supports quelconques salis par les poussières industrielles. Nous verrons (p. 1028) dans une autre population, comme il faut admettre avec beaucoup de prudence l'action de la sélection par les prédateurs. Le phénomène de substitution relève nécessairement d'une différence de fécondité, comme toujours la forme la plus féconde déplace la forme la moins féconde. « La concurrence pour vivre est avant tout une concurrence de fécondité ». Tous les caractères, même les plus insignifiants, se traduisent en termes de fécondité; la fécondité comme l'adaptation est une résultante globale.

Le phénomène de substitution s'observe aussi chez les Vertébrés; nous avons déjà cité le cas du Hamster. Au Danemark, comme en Europe, l'Écureuil commun est rouge ou brunâtre; les populations du Jutland moyen comptent 10 % d'individus noirs et, à Funen, un rare homozygote noir s'est développé. Le Marsupial *Trichosurus vulpecula,* rarement mélanique en Australie, l'est fréquemment en Tasmanie, au climat plus froid et plus humide; sur la côte Est, on compte 25 % de mélaniques et 100 % dans la zone Nord-Ouest. Les différences climatiques semblent favoriser un génotype de préférence à un autre.

Cette hypothèse des trois types de mutants qui admet l'action enrichissante de la mutation et la fonction éliminatrice de la sélection exerce certainement un rôle; mais actuellement les idées se sont modifiées. La supériorité des hétérozygotes sur les parents homozygotes était reconnue depuis longtemps sous le nom d'*hétérosis* ou vigueur des hybrides. Des travaux récents indiquent que l'hétérozygote joue un rôle important dans les populations naturelles. Bösiger (1962) montre que dans les populations naturelles de *Drosophila melanogaster* les femelles et les mâles hétérozygotes présentent la plus grande fécondité et celle-ci est fonction du degré d'hétérozygotie : les mâles hétérozygotes possèdent un avantage sélectif sur les mâles homozygotes et ainsi se manifeste une sélection sexuelle qui ne correspond pas au choix d'un partenaire par la femelle. La valeur de l'hétérozygotie conditionnant la vigueur et la fécondité représente un mécanisme de régulation responsable d'une homéostasie génétique selon l'expression de Lerner (1954). L'hétérozygotie conditionne également une grande souplesse d'adaptation.

Peu à peu se dessine une nouvelle tendance : la sélection naturelle n'éliminerait pas systématiquement les gènes indésirables mais elle favoriserait la persistance des gènes à l'état hétérozygote y compris des gènes létaux qui ne sont pas rares dans les populations naturelles. La sélection entraînerait un faible taux de reproduction des génotypes défavorables; or les hétérozygotes possèdent une grande fertilité et une grande fécondité.

Après la mutation et la sélection, il convient de considérer un troisième paramètre du comportement évolutif, l'effectif des populations et plus particulièrement le nombre des individus adultes.

Le dénombrement de tous les individus d'une population n'est possible qu'exceptionnellement; il faut donc recourir le plus souvent à une méthode indirecte, celle des « marquages et recaptures ». Elle donne une estimation de l'effectif d'une population limitée en y libérant un nombre connu d'individus recapturés au hasard. On désire connaître l'effectif N d'une population; on marque n individus de cette population et on les replace dans la population; puis on recapture au hasard un échantillon de v individus dont a individus sont marqués; en admettant que les n individus marqués primitivement se sont répartis dans la population, l'échantillon comprendra théoriquement la même proportion d'individus marqués que la population entière, donc $\frac{n}{N} = \frac{a}{v}$, comme n, a et v sont connus, on en déduit que $N = \frac{nv}{a}$.

Cette méthode, qui rappelle la méthode de dilution d'une substance colorée, est couramment utilisée par les biologistes : Dowdeswell, Fisher et Ford l'ont appliquée à des populations de Papillons de Grande-Bretagne ; Jackson, à des populations de Mouches Tsé-Tsé d'Afrique... Pour que les résultats soient approximativement exacts, il est indispensable que le brassage des individus replacés dans la colonie soit suffisant pour satisfaire aux conditions d'« échantillonnage au hasard ». Un certain nombre de précautions s'avèrent nécessaires ; replacer les individus marqués d'une façon dispersée, capturer les individus au moins une quinzaine de jours après le marquage en les cherchant dans toute l'étendue de la colonie et non au voisinage des points où ils ont été déposés. Une petite population compte quelques centaines d'individus ; une population moyenne en compte quelques milliers.

Dans une population, la variation d'un caractère paraît continue ; par exemple, les graines d'une espèce de Haricot sont plus ou moins lourdes ; entre les poids extrêmes, se répartissent une série de poids intermédiaires comme le montre le tableau :

Classes correspondant aux poids en centigrammes	Fréquences
20 à 25	4
25 30	27
30 35	55
35 40	179
40 45	364
45 50	587
50 55	533
55 60	418
60 65	260
65 70	132
70 75	52
75 80	24
80 85	9
85 90	2

Avec un nombre important de graines, on peut établir un graphique ; sur la ligne horizontale des abscisses, on porte les poids des graines; sur cette ligne, on élève pour chaque poids une perpendiculaire ou ordonnée dont la longueur sera proportionnelle au nombre de graines pesant ce poids (fréquences). La réunion des extrémités des ordonnées dessine le polygone de fréquence *(fig. 57)*; ce polygone tend vers une courbe, courbe de fréquence ou de variabilité.

On appelle mode la classe présentant la plus grande fréquence, c'est-à-dire renfermant le plus grand nombre d'individus. Dans la population de Haricots le mode correspond à la classe des graines pesant de 45 à 50 centigrammes. La moyenne M est l'abscisse correspondant à l'ordonnée passant par le centre de gravité du polygone de fréquence; elle se calcule ainsi : on multiplie la valeur V de chaque classe par sa fréquence; on additionne les produits et on divise la somme $\sum$ par le nombre total des individus envisagés,

$$M = \sum \frac{(V \times f)}{n}$$

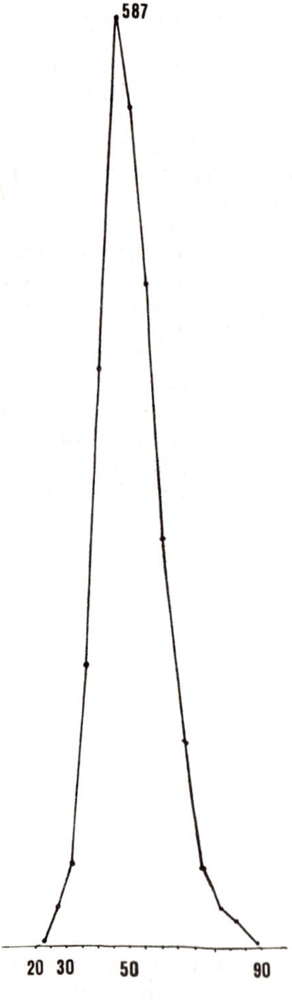

FIG. 57 — POLYGONE DE FRÉQUENCE POUR LE POIDS DE 2 646 GRAINES DE HARICOT.

En abscisses, le poids des graines; en ordonnées, leur fréquence; 587 est le mode de cette population.

Le polygone de fréquence peut être symétrique par rapport au mode, celui-ci coïncide alors avec la moyenne ; il y a autant de chances pour qu'il y ait variation en plus ou variation en moins du type moyen. Ce polygone symétrique se superpose approximativement à la courbe d'erreur ou courbe normale.

Ce type de polygone est rare ; le plus souvent le polygone est asymétrique par rapport au mode ; l'un des facteurs de la variation agit plus souvent dans un sens que dans l'autre ; la moyenne ne coïncide plus avec le mode. Le nombre de bras de l'Étoile de mer *Solaster papposus* comptés sur deux cent soixante-dix exemplaires récoltés dans diverses stations se présente ainsi :

Classes Nombre de bras	Fréquences
9	2
10	5
11	17
12	98
13	130
14	18

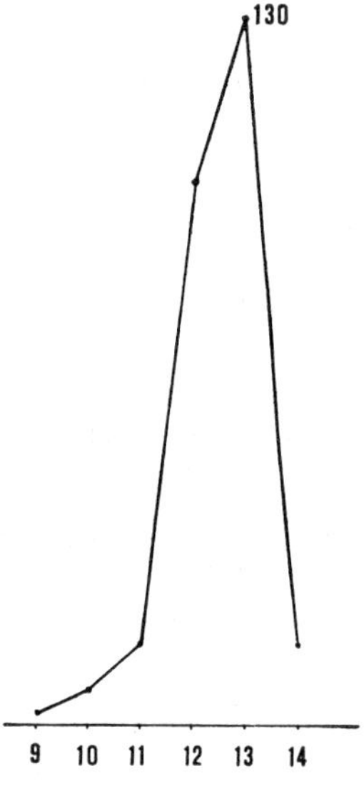

FIG. 58 — POLYGONE DE FRÉQUENCE POUR LE NOMBRE DE BRAS DE 270 ÉTOILES DE MER (*Solaster papposus*).

En abscisse, le nombre de bras ; en ordonnée, leur fréquence. 130 est le mode correspondant au nombre d'individus ayant treize bras.

Le mode correspond aux individus possédant treize bras et le polygone de fréquence est nettement asymétrique *(fig. 58)*. Ces polygones symétriques ou asymétriques présentent une seule grandeur maximum ; le polygone est unimodal.

Le polygone est souvent multimodal, c'est-à-dire qu'il montre deux ou plusieurs maximums ; il indique que le matériel analysé est hétérogène ; il renferme deux populations mélangées, chacune ayant son polygone de fréquence particulier. De Vries donne un exemple classique de courbe bimodale pour le nombre des fleurons des capitules de *Chrysanthemum segetum,* comptés sur cent pieds récoltés dans diverses stations; la courbe *(fig. 59)* présentait un sommet pour treize fleurons et un autre pour vingt et un; en semant à part les graines provenant des capitules à treize et à vingt et un, de Vries obtint, après quelques années de culture conduites dans le même sens, deux formes de Chrysanthèmes, chacune d'elles

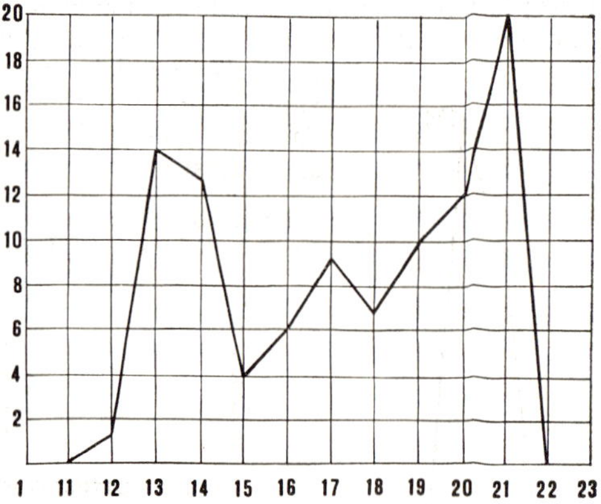

FIG. 59 — POLYGONE DE FRÉQUENCE À DEUX SOMMETS POUR LE NOMBRE DES FLEURS LIGULÉES DES CAPITULES DE *Chrysanthemum segetum* RÉCOLTÉS DANS PLUSIEURS STATIONS.

En abscisse, le nombre de fleurs ligulées; en ordonnée, leur fréquence.

donnant sa courbe unimodale à treize et à vingt et un. Au début de l'expérience, les deux formes étaient mélangées avec leurs hybrides. Les deux formes à treize et vingt et un fleurons montrent un certain degré de fluctuation autour de ces valeurs, mais dans des limites et sous une forme définie.

La courbe de variation d'une population est la somme des courbes de chaque génotype qu'elle renferme; sa continuité artificielle masque la présence des génotypes discontinus; l'étude des moyennes permet de déceler les courbes de variabilité des génotypes les unes des autres.

Différents généticiens ou mathématiciens, R. A. Fisher, J. B. S. Haldane, S. Wright, Malécot ont étudié quantitativement le rôle théorique des facteurs évolutifs : mutation, sélection, effectif des populations... Des formules mathématiques permettent de déduire la composition d'une population dont on connaît un échantillon. Malécot a étudié théoriquement l'hétérogénéité d'une population en fonction du taux de mutation et de sélection caractérisant un gène donné. L'action de la sélection est rapide pour un gène ayant une fréquence moyenne; elle est plus lente pour les petites ou grandes fréquences géniques.

L'évolution est la résultante des fluctuations fortuites de la fréquence des gènes (mutations directe et réverse, recombinaisons) et des forces de sélection qui favoriseront certains gènes ayant une plus grande valeur adaptative que leurs allèles. Dans une petite population le taux d'évolution est lent, car les variations peu fréquentes ne donnent pas prise à la sélection. Dans les grandes populations le taux de l'évolution est également faible, car il s'est établi un équilibre entre les forces de sélection et la fréquence des mutations. Ce sont les populations à effectif moyen qui paraissent les plus favorables à l'évolution; les populations moyennes qui résultent de la scission de grandes populations, présentant des migrations entre elles et par suite de l'hybridation, constituent les populations les plus favorables. Les migrations entre populations voisines dissémineront les gènes; plus les migrations seront actives entre populations importantes, plus la composition génique tendra à s'homogénéiser. L'instabilité des populations conditionne les fluctuations de leur composition. Dans une population à effectif stable, la composition génique ne varie que lentement; en revanche, une colonie dont l'effectif subit des variations importantes et fréquentes (colonies en formation, colonies partiellement détruites) présente des changements notables de composition génique.

Une population à effectif illimité où mutation et sélection sont constantes dans le temps, tend vers un équilibre génique. Il en est tout autrement dans une population à effectif déterminé où l'un des deux allèles serait plus ou moins tardivement éliminé au profit de l'autre; seules les mutations seront aptes à maintenir indéfiniment deux allèles dans une population, en y réintroduisant le gène qui tend à être éliminé par les fluctuations aléatoires. Mais une population est rarement isolée et les échanges modifient sa composition génique. La migration introduit dans la colonie une proportion d'un gène déterminé et en élimine une autre proportion; son action correspond à l'action combinée des mutations directe et réverse. Les généticiens mathématiciens établissent une loi de probabilité de l'évolution d'une fréquence génique dans une population; nous ne pouvons entrer dans le détail de ces études mathématiques.

Cette génétique des populations s'édifie lentement. Avant de terminer ce chapitre, il faut rapporter les résultats de l'analyse de populations naturelles de *Cepaea nemoralis;* Lamotte a étudié la structure génétique des colonies de l'Escargot des bois. Faire l'analyse de la structure génétique d'une population consiste à déterminer, à partir de la composition phénotypique de la population, sa véritable composition génotypique. Étant donné un couple de gènes *A* et *a,* on recherche les rapports entre les fréquences des gènes, celles des trois génotypes *AA, Aa, aa* et celles des deux phénotypes dominant et récessif. La composition génotypique d'une population la caractérise vraiment du point de vue évolutif.

Cepaea nemoralis est abondant dans toute l'Europe moyenne; facile à reconnaître, il offre un grand polymorphisme portant sur la couleur de la coquille (jaune ou rose) et sur les bandes sombres qui la rayent généralement (au maximum cinq bandes parallèles numérotées de 1 à 5); une ou plusieurs bandes peuvent manquer ou se fusionner; la bande trois apparaît la première. L'abondance de l'Escargot, les caractères variables de la coquille génétiquement bien déterminés, favorisent l'analyse de divers problèmes de génétique évolutive et l'application à un cas concret des résultats théoriques donnés par les mathématiques.

La variabilité phénotypique individuelle porte sur la couleur de la coquille et le système des bandes.

L'ensemble des récoltes faites en France donne 64,95 % de coquilles jaunes et 35,05 % de coquilles roses. Le système de bandes offre une grande variété; le nombre de combinaisons possibles par absence ou présence de bandes est de trente-deux; il existe une forme à 5 bandes, cinq formes à 4 bandes, dix formes à 3 bandes, dix formes à 2 bandes, cinq formes à 1 bande et une forme sans bandes; ces diverses combinaisons sont plus ou moins fréquentes. Sur plus de cent mille individus, voici les fréquences respectives : trois types très répandus constituent à eux seuls 84 % de la population :

forme à 5 bandes	(1, 2, 3, 4, 5)	35,89 %	84 %
forme sans bandes	(0, 0, 0, 0, 0)	29,01 %	
forme à 1 bande	(0, 0, 3, 0, 0)	19,20 %	

Quelques autres variétés sont encore assez abondantes :

forme à 3 bandes	(0, 0, 3, 4, 5)	0,46 %
forme à 2 bandes	(0, 0, 0, 4, 5)	2,87 %
forme à 4 bandes	(1, 0, 3, 4, 5)	2,07 %
forme à 2 bandes	(0, 0, 3, 0, 5)	0,75 %

Les autres variétés sont plus rares et constituent chacune moins de 1/100 de la population :

forme à 2 bandes	(0, 0, 3, 4, 0)	0,16 %
forme à 4 bandes	(0, 2, 3, 4, 5)	0,15 %
forme à 1 bande	(0, 0, 0, 0, 5)	0,11 %
forme à 4 bandes	(1, 2, 0, 4, 5)	0,07 %

Les autres systèmes sont encore plus rares; certains n'ont pas été récoltés (0, 2, 0, 0, 0; 1, 2, 0, 0, 0; 1, 2, 0, 4, 0; 1, 2, 0, 0, 5...) leur fréquence doit être inférieure à 1/10 000 ou à 1/100 000.

À ces variations s'en ajoutent encore d'autres : largeur et coalescence des bandes, pigmentation plus ou moins claire des bandes, coloration blanche du péristome normalement brun noir, taille et forme de la coquille.

Le caractère absence de bandes est dominant sur celui présence de bandes; le gène inhibiteur total de bandes de la coquille est désignée par *b*. La coloration rose de la coquille est dominante sur la coloration jaune. Le caractère bandes pâles est dominant sur le caractère normal, bandes colorées.

La grande majorité des colonies de *C. nemoralis* possède un effectif de un ou deux milliers d'Escargots adultes ou plus généralement compris entre cinq cents et trois mille (la détermination de l'effectif se fait par la méthode des marquages et recaptures). Les populations naturelles relativement isolées sont régulièrement distribuées.

Dans une même population coexistent plusieurs formes différentes. Le système de bandes, la couleur de la coquille, l'albinisme, les bandes interrompues sont des caractères polymorphiques qui s'observent à travers toute l'aire de l'espèce; en revanche, la couleur du péristome est un caractère polymorphique géographiquement localisé; les échantillons à péristome blanc se rencontrent en France, seulement dans les Pyrénées. Dans chaque colonie, le polymorphisme offre une grande variabilité; deux colonies ne sont jamais identiques; chacune d'elles présente un faciès propre tant par les formes que par leurs proportions. Les populations à forte variabilité ont souvent un effectif élevé (5 000 à 10 000 individus); au contraire toutes les colonies à faible variabilité n'ont qu'un effectif moyen ou faible (500 à 1 000 individus). Seules les colonies à variabilité forte renferment des variétés rares; ces observations confirment la loi de la fluctuation génique de R. A. Fisher (1930).

La composition génotypique des populations étant analysée, il reste à étudier leur structure génique proprement dite. La grande majorité des colonies possède une composition génétique pratiquement identique dans les différentes parcelles; ces colonies sont donc panmictiques; les accouplements se font au hasard indépendamment du phénotype des individus; le système de bandes et la coloration de la coquille n'interviennent pas dans le choix du conjoint. Il n'existe ni homogamie, ni corrélation gamétique d'aucune sorte. Selon l'expression de Malécot, ce sont des populations isogamiques. Cependant certaines colonies très étendues présentent dans la composition des sous-groupes des différences trop importantes pour relever seulement de fluctuations dues au hasard; elles ne sont plus panmictiques; en somme, il s'agit d'une homogamie involontaire de position établissant une corrélation entre des individus voisins seuls, susceptibles de s'accoupler à l'intérieur d'une vaste population où le brassage complet des individus n'est pas encore réalisé; cette corrélation résultant d'un brassage incomplet des individus est appelée consanguinité de position; elle traduit la corrélation gamétique liée à l'hétérogénéité d'une population; chez *C. nemoralis,* elle n'est jamais importante et atteint exceptionnellement la valeur de 0,004.

Les traits généraux du polymorphisme étant passés en revue, Lamotte s'attache à l'étude du caractère « absence de bandes » déterminé par le gène dominant *b*. Les fréquences de ce caractère varient avec les colonies et avec les régions; aucune influence géographique ne se manifeste et n'autorise l'identification de cline (le mot est de Huxley, 1938, et désigne une série graduée avec points de stabilité, synonyme de sous-espèces sériées par un caractère quelconque). À quels facteurs attribuer ces variations de fréquence?

L'action des facteurs externes vient immédiatement à l'esprit; celle des facteurs écologiques, si elle existe, est certainement secondaire; il en est de même des facteurs climatiques. Il semble que l'hygrométrie et l'insolation considérées pendant les mois de vie active de *Cepaea* interviendraient. Le minimum de fréquence de la forme sans bandes correspondrait au maximum de nébulosité des zones moyennes d'altitude et à une insolation minimale pendant les mois d'été.

La diversité de fréquence du caractère absence de bandes relève surtout de fluctuations fortuites en rapport avec l'effectif des populations; plus grande dans les colonies à effectif faible (entre 500 et 1 000 individus), elle est plus faible dans les colonies importantes (entre 3 000 et 10 000). À l'époque néolithique, on trouve déjà la coexistence des formes à bandes et sans bandes; comme actuellement, elles étaient en parfait équilibre et à des fréquences diverses. Les mêmes types régionaux se retrouvent; leur stabilité dans le temps montre qu'il s'agit de différences dans le stock génique; ils constituent des « races locales » élémentaires qui se maintiennent par l'isolement et qui sont caractérisées par des fréquences particulières des diverses formes.

Mais cette stabilité d'ensemble du polymorphisme n'empêche pas les variations de la composition des colonies; des statistiques les prouvent; à Lexington (U.S.A.), en trente années, dans trois colonies issues d'une même population et possédant le même patrimoine génétique, la fréquence du caractère absence de bandes était successivement de 19,7 %, 47,9 %, 39,7 %. En Hollande (Leyde), dans une colonie isolée, la forme sans bandes présenta durant trois années les fréquences de 24,9; 32,1; 31,5 %. Dans l'ensemble, il ressort que la composition variétale ou génique d'une population dont l'effectif est stable varie lentement, tandis qu'une colonie, dont l'effectif instable subit souvent des réductions, peut présenter des changements importants de composition; c'est ce qui se passe dans les colonies en voie de formation ou partiellement détruites.

Mais les colonies ne sont pas totalement indépendantes les unes des autres, des migrations s'effectuent entre elles; leur position relative doit influencer leur composition génique. Une corrélation nette ressort entre les colonies distantes de moins de un kilomètre; elle est plus faible pour celles distantes de deux kilomètres et à peu près nulle pour les populations éloignées de trois kilomètres et plus. Le taux de migration entre colonies est d'environ 0,003 ou 0,004. Tout comme l'action des facteurs écologiques, celle de la migration est faible.

Les bandes sombres de la coquille de *Cepaea nemoralis,* en réalisant un dessin disruptif, favorisent-elles le camouflage de l'Escargot? Moins visibles, les individus à bandes seraient avantagés à l'égard des prédateurs par rapport à ceux qui sont dépourvus de bandes. La persistance des coquilles des Escargots dévorés a permis d'étudier la sélection par les prédateurs. Les individus sans bandes sont parfois plus visibles et plus facilement dévorés; la présence de bandes constitue alors une protection non négligeable; mais le cas est exceptionnel. En hiver, les *Cepaea* enfouis dans le sol sont mangés par des Oiseaux qui ne distinguent pas les bandes de la coquille; aucune sélection différentielle ne se manifeste alors. La persistance du polymorphisme dans les colonies prouve que les forces sélectives résultant de la destruction préférentielle des prédateurs est insuffisante pour éliminer la forme désavantagée. Le calcul montre, en effet, que le taux de sélection par les prédateurs est extrêmement faible, et l'action sélective quasi négligeable par rapport aux autres facteurs qui maintiennent le polymorphisme. Toute sélection liée à l'aspect extérieur, au phénotype de l'Escargot, n'exerce qu'un rôle insignifiant. Le caractère phénotypique ne constitue pas pour l'individu un avantage ou un désavantage dans sa lutte pour la vie. En revanche, les caractères physiologiques (résistance au froid, à la sécheresse, plus grande fécondité...) confèrent une chance de survie plus grande à ceux qui en sont affectés.

La sélection par les prédateurs ne constitue qu'une des formes de la sélection générale; pour essayer d'évaluer les forces sélectives, l'action des mutations et des migrations, les populations de Bretagne sont intéressantes; la migration étant fort réduite par suite de l'isolement, le rôle de la mutation s'avère plus nettement. Il en ressort que l'équilibre des formes avec et sans bandes relève essentiellement du jeu des mutations directe (forme avec bandes donnant la forme sans bandes $b \rightarrow b^+$) et réverse (forme sans bandes donnant la forme avec bandes $b^+ \rightarrow b$) dont les taux sont respectivement $1/10^4$ et $5/10^4$. La migration, quand elle existe, renforce l'action des mutations. Les forces sélectives, relativement faibles, interviennent d'une part en modifiant la fréquence moyenne par suite de l'avantage minimum accordé à la forme à bandes et d'autre part en maintenant l'équilibre des deux formes, l'hétérozygote étant légèrement favorisé par rapport à l'homozygote.

Cette étude des populations naturelles de *C. nemoralis* montre le rôle essentiel joué par les mutations dans le polymorphisme et l'équilibre des colonies; à l'encontre de ce qui est généralement admis, l'action de la mutation se révèle plus importante que celle de la sélection. Il en ressort aussi combien de telles analyses sont délicates; il faut choisir un matériel convenable, posséder des connaissances mathématiques, avoir un esprit critique pour saisir les nombreuses causes d'erreur et pour discuter la sécurité des estimations et des résultats mathématiques. Il faut se garder de vouloir mettre la vie et les vivants en formules mathématiques par trop rigoureuses.

GÉNÉTIQUE DES MICROORGANISMES

La génétique des microorganismes, science toute récente, a fait d'immenses progrès principalement pendant les vingt dernières années. Les microorganismes représentent un matériel apprécié pour des raisons variées : facilité de culture, brièveté du cycle reproducteur, intensité de la variation, haploïdie qui simplifie l'analyse génétique.

La découverte des mutations dirigées et du rôle de

l'ADN dans les transformations bactériennes, puis la mise en évidence de la recombinaison génétique entre deux souches de Colibacille *Escherichia coli,* marquent le début de l'essor de la génétique bactérienne.

Les mutations chez les Bactéries sont particulièrement faciles à étudier en raison de leur intense pouvoir de multiplication; après un jour d'incubation, une seule Bactérie fournit de 10^7 à 10^9 Bactéries. Les mutations spontanées bactériennes ressemblent aux mutations des autres organismes; leur fréquence est faible, une sur 10^7 à 10^8. Les agents mutagènes couramment utilisés (rayons X, rayons ultraviolets, substances chimiques) provoquent l'apparition de mutations; elles présentent une fréquence nettement plus élevée, une à deux pour 10^3. Les mutations spontanées et provoquées affectent les mêmes caractères : forme des colonies, degré de virulence, résistance aux antibiotiques, changement du type immunologique, perte ou acquisition d'une fonction enzymatique, résistance à la lyse des Bactériophages, etc. Les mutations biochimiques faciles à obtenir chez les Bactéries sont comparables à celles qu'on a observées chez *Neurospora.*

Cette identité entre les mutations spontanées et provoquées des microorganismes et celles des autres organismes permit de supposer que ces mutations intéressaient également des unités héréditaires factorielles.

MUTATIONS DIRIGÉES

Un type spécial de mutations, les *mutations dirigées,* a été découvert chez certains microbes : Pneumocoque, Colibacille... Les premières expériences réalisées par Griffith (1928) ont été poursuivies par Avery, Dawson et Sia, Alloway, Boivin, Weil. Les Pneumocoques se présentent sous deux formes : l'une à petites colonies rugueuses R *(rough),* antigéniquement dégradée, car elle a perdu un polysaccharide capsulaire particulier; l'autre à colonies lisses *S* *(smooth),* grandes et luisantes, est la forme normale capsulée. La dégradation se produit spontanément dans les vieilles cultures et la forme *S* donne la forme *R;* la réversion de *R* en *S* est exceptionnelle. Si on cultive, sur un milieu artificiel, la forme R en présence de la forme *S* préalablement tuée par la chaleur, des

Bactéries vivantes de la forme *S* apparaissent; elles appartiennent exactement au type des germes tués; ceux-ci imposent donc leur propre type à des Bactéries vivantes. L'expérience réussit aussi lorsque des Bactéries du type *A* se développent en présence d'extraits bactériens *B* ou dans un milieu où *B* s'est développé. Tout se passe comme si une substance libérée par *B* pénétrait dans les Bactéries *A* et leur communiquait les propriétés antigéniques et chimiques de *B*.

En 1944, Avery, McLeod et McCarthy montraient nettement que cette substance transformatrice était l'ADN; pour la première fois il était bien établi que l'information génétique résidait dans une substance chimique. Hotchkiss (1954) a mis en évidence que les cellules ne se transforment que pendant une courte période du cycle de la division; très peu de cellules mises en présence d'ADN se transforment, environ une sur mille cellules traitées.

Le phénomène de la *transformation bactérienne* consiste donc dans le transfert de caractères génétiques de Bactéries donatrices à des Bactéries réceptrices par l'intermédiaire de l'ADN des Bactéries donatrices. Ce mécanisme ne s'observe que dans quelques genres de Bactéries; on suppose que les Bactéries qui ne réagissent pas élaborent beaucoup de désoxyribonucléase qui détruit l'ADN ou que leurs parois cellulaires seraient imperméables aux grosses molécules d'ADN.

L'ADN est susceptible d'induire des caractères variés: antigènes capsulaires, enzymes produisant la fermentation des sucres, résistance à la streptomycine, à la pénicilline, aux sulfamides.

Jusqu'à présent les mutations dirigées n'ont été obtenues avec certitude que chez les Bactéries; à priori, il ne semble pas impossible qu'on les découvre chez d'autres organismes. Dans cette perspective, G. W. Beadle estimait que les mutations dirigées représentent « la plus grande nouveauté du siècle en matière de génétique ».

ÉCHANGE GÉNÉTIQUE OU TRANSFERT DE CARACTÈRES HÉRÉDITAIRES CHEZ LES BACTÉRIES

En 1946, Lederberg et Tatum réalisaient une démonstration expérimentale des phénomènes d'échange génétique chez *Escherichia coli*. Le pouvoir de synthèse du Colibacille est si intense qu'il réussit à vivre sur un milieu très pauvre, milieu minimum, composé de sels d'ammonium et de glucose; c'est un type prototrophe. Il apparaît des mutants qui ont perdu la capacité de réaliser telle ou telle synthèse (ce sont des types auxotrophes, exigeant des facteurs de croissance pour se développer). Si $A^+B^+C^+D^+$ représente une souche d'*E. coli* *K*12 capable de synthétiser quatre substances indispensables *A,B,C,D,* un mutant $A^-B^-C^+D^+$ sera incapable de synthétiser *A* et *B;* tandis qu'un mutant $A^+B^+C^-D^-$ sera inapte à synthétiser *C* et *D*. Chacun des deux mutants est ensemencé sur un milieu minimum; aucun ne se développe puisqu'il manque, à chacun, deux substances indispensables. Une troisième culture, toujours sur milieu minimum est ensemencée avec les deux mutants; on pouvait s'attendre à ce que le résultat soit également négatif; mais des colonies se développèrent et leurs éléments étaient $A^+B^+C^+D^+$, c'est-à-dire que les caractères génétiques des types parentaux étaient recombinés et des *recombinants génétiques* étaient apparus *(fig. 60)*. Ils sont stables. Leur formation n'est pas imputable à des mutations réverses, en raison des fréquences observées; de plus le contact des Bactéries parentales s'avère indispensable à leur naissance. Il s'agit donc bien d'un processus sexuel; la recombinaison génétique résulte d'une conjugaison entre Bactéries de génotypes différents avec échange génétique entre les Bactéries.

Grâce au microscope à contraste de phase et à diverses colorations, un organite (un noyau) renfermant de l'ADN a été décelé dans les Bactéries; le chromosome semble long, environ mille fois la longueur de la Bactérie.

Dans cette souche *K*12, Hayes (1952) mit en évidence une différenciation sexuelle, une polarité sexuelle. Physiologiquement et génétiquement, les croisements font apparaître des Bactéries donatrices et des Bactéries réceptrices. La donatrice fournissant uniquement du matériel génétique est considérée comme mâle; la réceptrice, participant avec son cytoplasme et son matériel génétique à la formation du zygote, joue le rôle d'une femelle. Les recombinants génétiques reçoivent donc plus de caractères génétiques des Bactéries réceptrices que donatrices. À la suite de Hayes, les deux Français Jacob et Wollman ont grandement fait progresser la question des échanges génétiques chez les Bactéries.

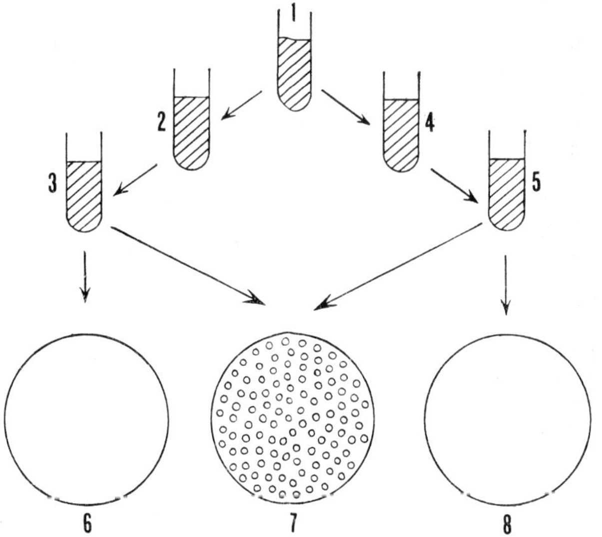

FIG. 60 — SCHÉMA DE L'EXPÉRIENCE DE LEDERBERG ET TATUM (d'après Wollman et Jacob).

1, Souche sauvage *K12* $A^+B^+C^+D^+$; 2, mutant simple $A^+B^+C^-D^+$; 3, mutant double $A^+B^+C^-D^-$; 4, mutant simple $A^-B^+C^+D^+$; 5, mutant double $A^-B^-C^+D^+$; 6, milieu minimal avec 10^9 de Bactéries $A^+B^+C^-D^-$; 7, milieu minimal plus un mélange de 10^8 Bactéries $A^+B^+C^-D^-$ et 10^8 Bactéries $A^-B^-C^+D^+$; 8, milieu minimal avec 10^9 Bactéries $A^-B^-C^+D^+$. Les petites flèches entre 1 et 2, 2 et 3, 1 et 4, 4 et 5 correspondent aux rayons X.

Deux types de souches étaient identifiées: les souches F^- dont les croisements étaient stériles, les souches F^+ donatrices qui se croisaient avec les souches F^- réceptrices; mais ces croisements donnaient une basse fréquence de recombinaison (une pour environ cent mille Bactéries parentales).

En 1952, indépendamment les uns des autres, Cavalli (Italie), Lederberg (U.S.A.), Hayes (Grande-Bretagne) découvraient des souches donatrices à haute fréquence de recombinaison (souche Hfr). Dans les croisements entre cette souche et les Bactéries F^{-}, les recombinants atteignent une fréquence de 10 % du nombre des Bactéries parentales. Un caractère du parent *Hfr* est transmis aux recombinants avec une fréquence caractéristique; l'établissement de la carte génétique *(fig. 61)* montre l'existence d'un seul groupe de liaison avec les caractères qui se succèdent dans l'ordre suivant : *T* (synthèse de la thréonine), *L* (synthèse de la leucine), *Lac* (fermentation du lactose), *Gal* (fermentation du galactose), *Tr* (synthèse du tryptophane), *H* (synthèse de l'histidine), *Sm* (sensibilité à la streptomycine), *Xyl* (fermentation du xylose), *M* (synthèse de la méthionine), B_1 (synthèse de la thiamine). La fréquence de transmission est d'autant plus grande que le caractère est situé dans le chromosome très près des deux points *T* et *L*. Il existe donc une polarité le long du chromosome de la souche *Hfr*. Et tout caractère génétique a d'autant moins de chances d'être transmis au zygote qu'il est plus éloigné de l'une des extrémités *O* du chromosome. Les segments chromosomiques transmis sont donc incomplets et orientés. Les zygotes formés sont

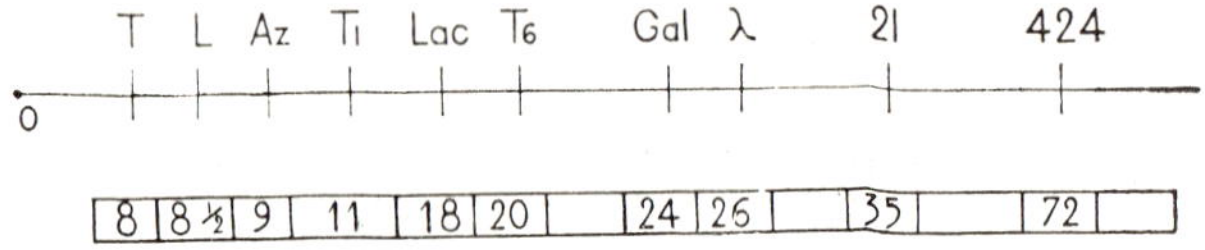

FIG. 61 — CARTE GÉNÉTIQUE DU CHROMOSOME DE LA BACTÉRIE HFR H, (d'après Wollman et Jacob).

o est l'origine du chromosome c'est-à-dire l'extrémité qui pénètre la première dans la Bactérie réceptrice. *Az,* sensibilité au nitrure de sodium; *Gal,* fermentation du galactose; *L,* synthèse de la leucine; *Lac,* fermentation du lactose; *T,* synthèse de la thréonine; T_1, T_6, sensibilité aux phages T_1, T_6; λ, 21, 424, localisation des prophages inductibles. Les nombres 8, 8½, 9, 11 ... correspondent aux temps auxquels le gène de chacun des caractères commence à pénétrer dans la Bactérie réceptrice lorsque la conjugaison est interrompue à divers moments.

hétérogènes et incomplets (mérozygotes) puisque les Bactéries donatrices leur donnent des segments chromosomiques de longueur variable.

Grâce à une expérience élégante, Wollman et Jacob ont découvert le mécanisme du transfert génétique et ainsi il leur devenait possible de dresser une carte génétique en unités de temps *(fig. 61)*. Le chromosome de la Bactérie donatrice pénètre lentement et toujours par la même extrémité *O* (origine ou extrémité proximale) dans la Bactérie réceptrice. Le transfert complet du chromosome exigerait une centaine de minutes; mais, au cours de cette lente progression, des ruptures spontanées se réalisent et les zygotes ne reçoivent que des segments de chromosomes.

La basse fréquence de recombinaison observée dans les croisements F^+ et F^- résulte d'une faible fréquence de transfert du matériel génétique. Les quelques recombinants proviennent en effet de rares mutants *Hfr* apparus spontanément chez les Bactéries F^+.

On constate un ordre univoque présidant à la situation des caractères génétiques d'*Escherichia coli* K12 et l'on admet qu'ils sont disposés sur une courbe fermée. Le chromosome serait circulaire et la mutation *Hfr* consisterait à ouvrir l'anneau en un point déterminé en insérant l'origine *O* à l'une des deux extrémités ainsi formée.

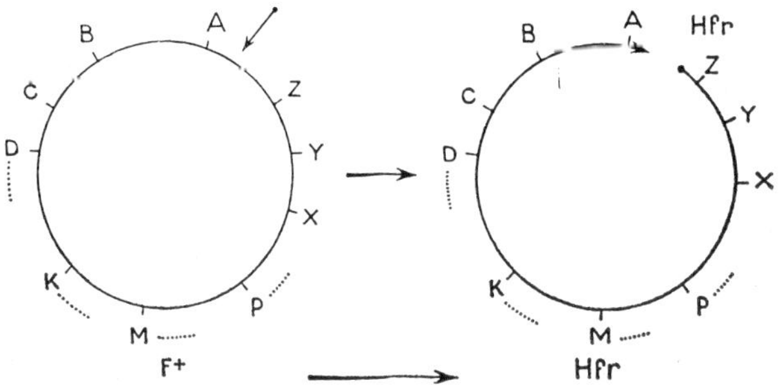

FIG. 62 — SCHÉMA DU MÉCANISME DE LA MUTATION DE F+ EN HFR (d'après Wollman et Jacob).

Les lettres désignent des gènes; la flèche indique le lieu d'ouverture du chromosome.

Le facteur sexuel *F* existe chez les Bactéries donatrices *F*+ et *Hfr,* mais il possède des propriétés différentes; chez les premières, il est extrachromosomique, tandis que chez les secondes il est fixé à l'extrémité distale du chromosome bactérien. La mutation de *F*+ en *Hfr* apparaît alors comme la fixation de *F* en un point du chromosome annulaire. La fixation provoque l'ouverture du chromosome *(fig. 62);* l'une des extrémités porte le facteur *F* (extrémité distale), l'autre est l'extrémité proximale avec le point *O.* Ainsi les Bactéries *F*− posséderaient un chromosome fermé et pas de facteur sexuel; les Bactéries *F*+, un chromosome fermé et un facteur sexuel sous forme d'unités autonomes; les Bactéries *Hfr,* un chromosome ouvert, linéaire, et le facteur sexuel intégré à l'extrémité distale.

TRANSDUCTION

Zinder et Lederberg (1952) découvraient chez *Salmonella* un autre type d'échange génétique réalisé par l'intermédiaire d'un Bactériophage : c'est le phénomène de la *transduction.* Lors de la multiplication de phages particuliers dits « tempérés », les particules de Bactériophage produites renferment au hasard de petits fragments chromosomiques provenant du chromosome de la Bactérie infectée antérieurement par ce phage. Lorsque ces particules infecteront d'autres Bactéries d'un génotype différent, les fragments chromosomiques de la Bactérie donatrice pourront être intégrés dans le chromosome du nouvel hôte ou Bactérie réceptrice. Les dimensions des fragments chromosomiques transportés par le Bactériophage sont minimes et en rapport avec les dimensions du phage vecteur. Aussi les caractères génétiques sont généralement transduits indépendamment les uns des autres. Un caractère d'une Bactérie donatrice peut être transduit avec une fréquence très faible (une particule de Bactériophage sur un million peut transmettre le caractère). La transduction s'observe dans un grand nombre de *Salmonella,* dans les *Shigella* et les *Escherichia coli.*

GÉNÉTIQUE DES BACTÉRIOPHAGES

Tout comme pour les Bactéries, les mécanismes génétiques chez les Bactériophages commencent d'être élucidés.

Les mutations, comme les mutations bactériennes, affectent des caractères héréditaires variés; elles laissent supposer l'existence d'unités héréditaires factorielles.

Les recombinants génétiques chez les Bactéries ont été découverts en 1946; la même année, des phénomènes semblables étaient décelés chez les Bactériophages par Delbrück et Bailey. Le croisement de Bactéries infectées avec deux types de phages mutants donne une descendance composée des types parentaux et de phages recombinés dans la proportion de 0,1 à 40 %. Il est établi que les caractères héréditaires des Bactériophages dépendent d'unités génétiques disposées le long d'une structure linéaire.

LYSOGÉNIE

Dès 1925, Bordet constatait que « la faculté de reproduire le Bactériophage est inscrite dans la trame héréditaire de la Bactérie ». Mais la nature du phénomène ne fut vraiment comprise qu'à la suite des travaux de Lwoff et de ses collaborateurs (1950). Les Bactériophages virulents détruisent les Bactéries et de nouvelles particules infectieuses se disséminent (Delbrück, Luria, Hershey...).

Au contraire les Bactéries lysogènes vivent avec leurs hôtes-Bactériophages qui ne les détruisent pas; cependant cette association entraîne la production de Bactériophages virulents pour d'autres Bactéries. La lysogénie est la propriété de produire du Bactériophage en l'absence de toute infection extrinsèque. Une Bactérie lysogène est dépourvue de particules infectieuses de Bactériophage; mais elle possède une forme non infectieuse nommée *prophage*. Le prophage est également le matériel génétique du Bactériophage responsable de la lysogénie. Le chromosome bactérien présente des locus spécifiques pour chaque prophage des Bactériophages. Ainsi, lorsqu'un phage tempéré infecte une Bactérie, elle peut être lysée si le phage se reproduit par voie végétative ou elle peut être rendue lysogène si le prophage pénètre dans le chromosome bactérien en un locus spécifique. Les caractères lysogène et non lysogène correspondent donc à la présence ou à l'absence d'un élément génétique, le prophage.

Le résultat de croisements réciproques entre Bactéries non lysogènes et Bactéries lysogènes pour le Bactériophage tempéré λ (lambda) est différent selon que le prophage se trouve dans les Bactéries donatrices ou dans les Bactéries réceptrices. Le caractère lysogène affectant les Bactéries réceptrices (femelles) est transmis aux recombinants; mais si les Bactéries donatrices (mâles) sont lysogènes, le caractère lysogène n'est pas retransmis aux recombinants. Le prophage λ est induit par la conjugaison, et son développement dans les Bactéries réceptrices entraîne leur lyse et la libération de particules infectieuses. C'est le phénomène de l'*induction zygotique*. Bien que la lysogénie soit un caractère héréditaire puisqu'elle est régie par un prophage situé sur le chromosome bactérien, elle apparaît comme transmise par la voie femelle puisque le prophage est inductible. Ce paradoxe apparent s'explique aisément : porté par la Bactérie mâle, donatrice, le prophage λ n'est pas transmis aux recombinants, car il agit comme un caractère létal dont l'action intervient dans le zygote.

HÉRÉDITÉ CYTOPLASMIQUE OU NON CHROMOSOMIQUE

Quelques faits peu orthodoxes, difficilement compatibles avec la théorie chromosomique de l'hérédité, posaient aux généticiens un problème complexe. Des tentatives d'explication, assez peu satisfaisantes, admettaient que ces cas particuliers relevaient d'une hérédité cytoplasmique.

Il est bien connu que le cytoplasme d'une cellule n'est pas totalement passif. Les inhibitions de développement mises en évidence, chez les plantes supérieures, par les croisements inverses en fournissent la preuve. Le croisement *Viola arvensis* ♀ × *Viola rothomagensis* ♂ donne de bonnes graines susceptibles de germer, alors que le croisement inverse *Viola arvensis* ♂ × *Viola rothomagensis* ♀ produit toujours des graines ridées incapables de germer. L'*Epilobium parviflorum* ♀ croisé avec *Epilobium hirsutum* ♂ engendre un hybride ramassé, à larges feuilles et à grandes fleurs, avec des grains de pollen en partie fertiles; le croisement inverse donne un hybride fort différent, pyramidal, à petites feuilles et ne fleurissant pas.

Les animaux comptent quelques cas où des croisements inverses fournissent des produits dissemblables. L'Ânesse fécondée par un Cheval engendre un Bardot alors que la jument fécondée par un Âne donne un Mulet.

L'intervention du cytoplasme se manifeste aussi dans quelques croisements où l'influence maternelle modifie les caractères attendus des produits. Le Papillon *Ephestia kuhniella* possède un gène dominant *A* qui conditionne la formation de la cynurénine, substance diffusible qui détermine la synthèse du pigment. L'homozygote récessif *aa* n'élabore pas de pigment. Une femelle hétérozygote *Aa* croisée avec un mâle *aa* donne une descendance composée en parties égales de Papillons *Aa* et *aa;* les larves *aa* qui ne fabriquent pas de pigment ont cependant des yeux et une peau légèrement pigmentés. La raison en est simple: la mère *Aa* élabore de la cynurénine qui passe dans les ovules *A* et *a* comme d'ailleurs dans tous les tissus de l'organisme; les zygotes *aa* renfermeront donc un peu de cynurénine et en quantité suffisante pour provoquer la coloration des yeux. Mais les Papillons *aa* sont incapables de fabriquer eux-mêmes du pigment et leur coloration ne se maintiendra pas dans leur descendance. Cette influence maternelle, caractérisée par le passage dans les ovules d'une substance maternelle conservant son efficacité, a reçu parfois le nom de prédétermination.

Un nouvel exemple en a été récemment étudié (Hubby et Forrest en 1960). Le gène *m* à l'état homozygote conditionne chez la Drosophile des yeux marrons; mais une Drosophile *mm* ne possédera des yeux marrons que si sa mère était elle-même homozygote *mm.* Si cette mère est hétérozygote pour le gène *m,* tous ses descendants ont des yeux pigmentés (non marrons). Le croisement s'explique aisément : le gène *m* interrompt la chaîne de réactions conditionnant la formation normale des pigments au niveau d'un précurseur très précoce qui apparaît avant la méiose, pendant l'accroissement important de l'ovocyte. Chez une mère hétérozygote, le précurseur élaboré se trouve en quantité suffisante dans l'ovocyte pour provoquer la synthèse normale du pigment, même si cet ovocyte est fécondé par un spermatozoïde porteur de *m;* le zygote homozygote *mm* renfermera du précurseur et la chaîne de réactions se poursuivra normalement. Comme dans l'exemple précédent, cette synthèse ne persistera pas dans les générations successives.

Ces quelques exemples montrant la non-passivité du cytoplasme ne résultent pas de mécanismes identiques. Les inhibitions de développement des plantes supérieures constituent un cas d'hérédité cytoplasmique. L'influence maternelle ou prédétermination représente un fait particulier, totalement étranger à l'hérédité cytoplasmique. Quels sont donc les caractères d'une vraie hérédité cytoplasmique?

CARACTÉRISTIQUES DE L'HÉRÉDITÉ CYTOPLASMIQUE

Il y a hérédité cytoplasmique lorsque deux cellules, ayant même garniture chromosomique, transmettent des caractères différents. Sa mise en évidence se fait de plusieurs façons :

1) Les séries de croisements réciproques ou les back-cross successifs. Si deux croisements réciproques (♀*A* × ♂*B*) et (♂*A* × ♀*B*) donnent une F_1 différente, il y a hérédité cytoplasmique à condition que la différence se maintienne pendant une série de croisements réciproques; de nombreux croisements (♀*A* × ♂*B*) × *B* (*n* fois) finissent par associer le cytoplasme *A* avec le génome *B;* de même de nombreux croisements (♀*B* × ♂*A*) × *B* (*n* fois) unissent finalement le cytoplasme *B* avec le génome *B*. Deux cytoplasmes différents *A* et *B* sont donc en présence du même génome *B;* une différence durable dans les descendances révèle une hérédité cytoplasmique. Ce résultat n'est pas comparable à celui qu'on obtient dans le cas de prédétermination.

Reprenons les croisements avec les deux espèces d'*Epilobium;* ces plantes étant vivaces, il est possible de bouturer indéfiniment un pied et ainsi les deux types d'hybrides se maintiennent. L'association du cytoplasme *h (hirsutum)* avec le génotype hybride *h/p (hirsutum-parviflorum)* engendre un caractère génétiquement stable, l'inhibition plus ou moins accusée de la croissance. Ces hybrides à croissance inhibée, multipliés par bouturage, portent parfois des rameaux dont la croissance se rapproche de la normale; ce nouveau rythme de croissance se maintient pendant des bouturages successifs. Ainsi Michaelis a observé une série d'étapes ayant pour effet de freiner l'inhibition de la croissance; cette dernière tend à redevenir normale comme si des sortes de mutations étaient intervenues.

2) Chez les microorganismes, l'absence de ségrégation d'un caractère à la méiose est imputable à l'hérédité cytoplasmique.

3) Un facteur physique ou chimique provoquant un changement héréditaire *spécifique* et *fréquent* chez un organisme résulte vraisemblablement de l'hérédité cytoplasmique. En effet les authentiques mutations provoquées par les divers agents mutagènes ne sont jamais spécifiques; leur nature est toujours imprévisible.

COMMENT INTERPRÉTER LE OU LES MÉCANISMES DE L'HÉRÉDITÉ CYTOPLASMIQUE

Plusieurs hypothèses concernant les mécanismes de l'hérédité cytoplasmique ont été proposées.

LES PLASMAGÈNES

L'hérédité cytoplasmique paraît donc en quelque sorte parallèle à l'hérédité chromosomique. Par comparaison avec les gènes nucléaires, il était séduisant d'imaginer que le cytoplasme renfermait des structures, les *plasmagènes,* jouissant de propriétés analogues à celles des gènes. Ils étaient notamment doués d'une double activité, activité autocatalytique ou d'autoreproduction et activité hétérocatalytique ou de synthèse des protéines spécifiques. La localisation assez imprécise des plasmagènes pouvait se faire dans les plastes, les mitochondries, les ribosomes. La différence essentielle entre gènes et plasmagènes résidait dans le mécanisme responsable de leur répartition dans les cellules-filles. Alors que les gènes sont d'ordinaire régulièrement distribués dans les cellules-filles au cours de la mitose, les plasmagènes sont dispersés un peu au hasard dans les cellules-filles pendant la cytodiérèse. Ces particules peuvent être plus ou moins abondantes et même disparaître totalement d'une cellule.

Ce terme de plasmagène attribué à des particules hypothétiques, commode pour interpréter l'hérédité cytoplasmique, présentait un danger; le nom accordait une réalité à des particules dont l'existence n'était pas et n'est pas encore démontrée aujourd'hui.

L'hypothèse des plasmagènes, la plus ancienne, a été pendant longtemps la seule explication proposée. Mais, depuis une dizaine d'années, de nouvelles interprétations ont été formulées. Elles sont en accord avec les progrès réalisés dans la connaissance des acides nucléiques et du fonctionnement des gènes. Une excellente mise au point en a été donnée par Ph. L'Héritier (1962).

LES ÉQUILIBRES DE FLUX

Cette hypothèse repose en grande partie sur les récentes acquisitions concernant le contrôle des métabolismes cellulaires. Celui-ci est assuré, d'une part, par la synthèse des enzymes et, d'autre part, par l'inhibition de leur activité. Ces deux phénomènes se réalisent grâce à l'intervention des inducteurs et des répresseurs.

L'hérédité cytoplasmique se manifesterait justement au niveau de ces mécanismes régulateurs de l'action génique et, partant, du métabolisme. L'expression « équilibre de flux » suggère l'idée d'un équilibre dans un système subissant continuellement des modifications chimiques. Ce modèle courant en physico-chimie fut appliqué à la biologie par Delbrück (1948), puis par Szilard (1960). Ce dernier modèle, plus précis, préconise une alternative de régime intéressant les mécanismes de régulation de la synthèse enzymatique, donc l'action des répresseurs. La figure 63 illustre cette alternative de régime; le répresseur fixe les molécules d'enzyme sur leur site de synthèse *(fig. 63, 3)*, mais les molécules d'enzyme peuvent aussi fixer le répresseur et empêcher son action *(fig. 63, 2)*. Les concentrations d'enzyme et de répresseur sont fonction de l'équilibre entre synthèse et destruction.

Mathématiquement deux systèmes d'équilibre sont possibles : une faible concentration d'enzyme libre relevant d'une action intense des répresseurs, une abondance d'enzyme libre compatible avec une faible action des répresseurs.

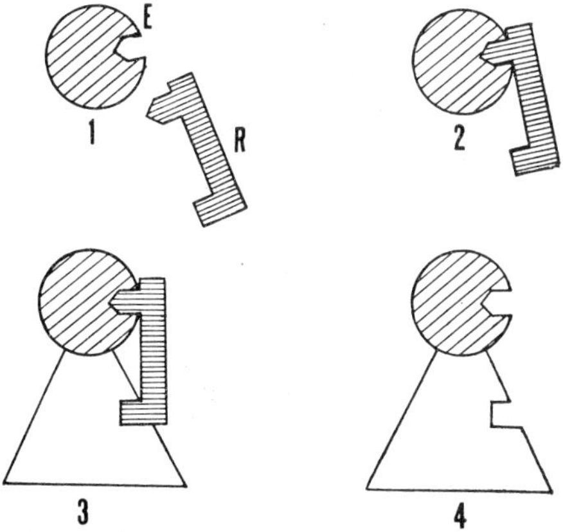

FIG. 63 — SCHÉMA DU MODÈLE PROPOSÉ PAR SZILARD AFIN D'EXPLIQUER LES MÉCANISMES DE RÉGULATION DE LA SYNTHÈSE DES ENZYMES (d'après L'Héritier).

1, *E,* enzyme libre; *R,* répresseur libre; 2, répresseur lié par une enzyme; 3, enzyme fixée par un répresseur sur son site de synthèse; 4, enzyme en synthèse sur son site.

Cette hypothèse des équilibres de flux suscite deux objections générales importantes : tout d'abord le passage d'un état à un autre état doit être facile puisque les systèmes d'équilibre sont métastables; or les caractères d'hérédité cytoplasmique se maintiennent. Ensuite la réalisation d'équilibre de flux nécessite un milieu homogène favorisant la diffusion des molécules; or toutes les ultrastructures cytologiques révèlent l'extraordinaire développement des membranes.

L'HYPOTHÈSE DES GERMES OU AMORCES

Cette hypothèse se manifeste fréquemment dans les systèmes physiques où un germe spécifique est nécessaire pour déterminer un phénomène particulier. Il n'est pas impossible que la réalisation de certains faits d'hérédité relève d'un processus analogue et nécessite la présence d'une structure préexistante se comportant comme amorce.

Une sorte de co-cristallisation s'observe lors de la reconstitution des particules du Virus de la Mosaïque du Tabac. La nature des deux éléments constitutifs du Virus, cœur nucléique et enveloppe, est bien analysée. Le cœur se compose d'une chaîne d'acide ribonucléique comprenant six mille cinq cents nucléotides dessinant une hélice de cent trente tours. L'enveloppe avec environ deux mille protéines, chacunes d'elles comprenant cent cinquante-huit résidus d'acides aminés, forme également une hélice du même pas que celle du cœur. Cœur et enveloppe peuvent être séparés, mais l'action est réversible; les deux éléments mis en présence reconstituent le Virus avec toutes ses propriétés; la réaction est endothermique et s'effectue sans aucun apport extérieur; c'est en quelque sorte une co-cristallisation.

La synthèse des ARN du cœur et des protéines de l'enveloppe requiert une information complexe alors que la reconstitution n'intéresse que peu d'information.

Les deux dernières hypothèses s'accordent pour admettre que l'hérédité chromosomique intéresse l'autoreproduction de structures codifiées transmettant une information complexe alors que l'hérédité non chromosomique modifie seulement l'expression des structures codifiées selon les possibilités entre états statique et dynamique.

Le terme épigénétique a été proposé pour désigner ces mécanismes. Équilibre de flux et amorce seraient des mécanismes épigénétiques s'effectuant peut-être au niveau du noyau et interférant dans l'expression de l'hérédité génétique. Pour cette raison, il est préférable d'utiliser l'expression moins engagée d'hérédité non chromosomique en place d'hérédité cytoplasmique.

LES FAITS D'HÉRÉDITÉ NON CHROMOSOMIQUE

Voyons quelques faits et l'interprétation qu'il est possible d'en donner.

LES PARAMÉCIES « KILLER »

Ce phénomène singulier a été découvert et étudié par Sonneborn. Les individus de certains clones de *Paramecium aurelia* renferment dans leur cytoplasme d'abondantes particules nommées *kappa;* certaines se transforment en particules *P* riches en toxines; ces particules libérées dans le milieu provoquent la mort des Paramécies dépourvues de particules *kappa,* qui les absorbent d'où l'expression de Paramécies « killer » (Paramécies assassines).

La multiplication des particules *kappa* n'offre pas de synchronisme avec la division des Paramécies. Des conditions extrêmement favorables à la division des Paramécies provoquent une diminution des particules *kappa* qui peuvent même disparaître. Un gène récessif *k* stoppe la multiplication des particules *kappa;* leur perte, quelle que soit son origine, est irréversible.

La conjugaison d'une Paramécie *kappa*$^+$ avec une Paramécie *kappa*$^-$ n'entraîne pas la transmission de *kappa*. Cependant, si un léger passage de cytoplasme s'effectue, le clone *kappa*$^-$ peut devenir *kappa*$^+$. De même un broyat d'individus *kappa*$^+$ transforme les *kappa*$^-$ en *kappa*$^+$. Les particules *kappa* semblent se comporter comme des plasmagènes : répartition non rigoureuse des particules au moment de la division, perte irréversible. Sont-elles des plasmagènes ?

La réponse est à peu près unanimement négative. En raison de la structure très complexe de ces particules et de leur richesse en ADN, ce qui serait exceptionnel dans une enclave cytoplasmique. Alors s'agirait-il d'une Bactérie ou d'un Virus ayant réalisé avec la Paramécie une sorte de complexe symbiotique ? Les observations récentes indiquent une ressemblance des particules *kappa* avec des *Rickettsia;* mais leur origine et leur nature restent à préciser.

LES DROSOPHILES SENSIBLES AU GAZ CARBONIQUE

Comme les autres Insectes, les Drosophiles sont anesthésiées par le gaz carbonique mais elles supportent des concentrations assez élevées sans trouble apparent. Cependant L'Héritier et Teissier ont isolé une lignée de *Drosophila melanogaster* sensibles au gaz carbonique et qui sont tuées par de faibles concentrations de gaz. L'origine de cette sensibilité, longtemps méconnue, est aujourd'hui précisée; un Virus nommé *sigma* en est responsable. L'Héritier a élucidé l'énigme posée par le Virus héréditaire de la Drosophile. Les Drosophiles sensibles ne sont pas toutes identiques; les unes, non stabilisées, sont riches en Virus mûr; les autres, stabilisées, sont pauvres en Virus mûr; il s'établit, entre ces dernières et le Virus présent sous une forme immature, une sorte de complexe symbiotique; ce Virus ne donnant pas d'éléments infectieux est nommé Virus génétique. Le complexe symbiotique génétiquement stable se transmet uniquement par hérédité maternelle; ceci laisse supposer que le Virus génétique se trouve dans le cytoplasme où il formerait des particules analogues aux particules *kappa* des Paramécies.

Cependant des mécanismes de régulation du type épigénétique doivent intervenir pour maintenir d'une part l'effectif et d'autre part l'état cellulaire empêchant la maturation du Virus. L'état stabilisé, selon le modèle de Szilard, pourrait résulter d'une intense répression d'une enzyme nécessaire à la réalisation de cette maturation.

LES PLANTES À PANACHURE NON CHROMOSOMIQUE OU LES DÉFICIENCES CHLOROPHYLLIENNES

Les plantes panachées du type *albomaculatus* s'observent chez des plantes supérieures variées; elles portent des feuilles vertes ou albinos ou mi-vertes et mi-albinos. Dans les régions vertes, la chlorophylle se forme normalement; les régions albinos ne possèdent pas de chlorophylle; certaines cellules ayant perdu génétiquement la capacité d'élaborer de la chlorophylle sont responsables de cette déficience. L'action de divers agents (streptomycine, rayons ultraviolets, radiations ionisantes) sur les plantules ou les bourgeons provoque l'apparition de la panachure.

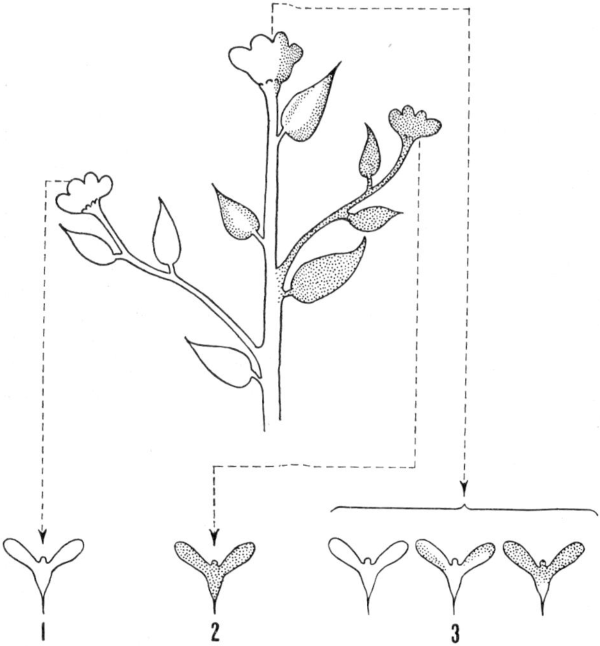

FIG. 64 — TRANSMISSION HÉRÉDITAIRE DE LA PANACHURE NON CHROMOSOMIQUE (d'après L'Héritier).

1, plantule albinos; 2, plantule verte; 3, plantule panachée.

La nature de la descendance d'une plante panachée dépend uniquement du site où s'est formé le gamétophyte femelle. L'origine du pollen n'exerce aucune influence. Il s'agit donc d'une hérédité maternelle. Les fleurs situées dans les zones vertes produisent des plantules vertes, celles localisées dans les zones albinos engendrent des plantules albinos et celles disposées dans les zones panachées donnent naissance à trois types de plantules, vertes, albinos, panachées, dans des proportions quelconques (*fig. 64*). Comment interpréter ces faits?

Les plastes ou leurs précurseurs, les proplastes, se comportent comme des plasmagènes et donnent des mutants incapables génétiquement de fabriquer de la chlorophylle. On peut concevoir une oosphère renfermant les deux sortes de plastes; cet état instable évolue vers l'un ou l'autre des types vert ou albinos selon la répartition des plastes à chaque cytodiérèse. Cette hypothèse simple n'est pas unanimement admise, car les cellules mixtes renfermant les deux types de plastes n'existent pas toujours.

Michaelis propose alors une autre solution: la panachure serait en rapport avec la ségrégation d'un type normal et d'un allèle dépourvu de plasmagènes. Il y aurait deux types de plasmagènes; les uns liés aux plastes, les autres dans le cytoplasme mais pas sur les plastes.

Enfin des mécanismes du type équilibre de flux pourraient aussi expliquer la panachure; un état instable du cytoplasme évoluerait au cours du développement vers l'un des deux équilibres stables.

INHIBITIONS DE DÉVELOPPEMENT NON CHROMOSOMIQUE CHEZ LES PLANTES SUPÉRIEURES

Ces inhibitions assez fréquentes se classent en deux catégories; les unes frappent le pollen et provoquent une stérilité mâle; les autres agissent sur la plantule.

Les inhibitions de la première catégorie s'observent chez des plantes variées; la Betterave en donne un bon exemple. Des croisements réciproques sont réalisés entre deux familles fertiles *A* et *B* de Betterave, ♀ *A* × ♂ *B* et ♀ *B* × ♂ *A*. La F_1 est normale; mais une F_2 renferme un quart de plantes affectées de stérilité pollinique; elle correspond à l'union d'un cytoplasme *A* avec un génotype *b*/*b* (*b* étant un gène récessif provenant de *B*). Il s'agit donc d'une hérédité maternelle *A*.

Les inhibitions de la deuxième catégorie sont illustrées par les croisements pratiqués chez les *Epilobium* par Michaelis (p. 1039).

L'explication de ces phénomènes reste assez confuse. Michaelis admet l'existence de plasmagènes; une sorte de dysharmonie existerait entre les plasmagènes d'une espèce et le génome hybride. Certains auteurs estiment que des Virus symbiotiques inapparents seraient responsables des deux catégories d'inhibition; ils modifieraient la physiologie de la plante dans certaines conditions et en présence de certains génotypes. Des équilibres de flux, fort compliqués, fourniraient aussi une solution.

D'autres cas, étudiés récemment, tels que les mutants contagieux chez les Champignons inférieurs *(Curvularia, Podospora)*, les déficiences respiratoires non chromosomiques chez la Levure *(Saccharomyces cerevisiae)*, les phases flagellaires des Salmonelles, témoignent de mécanismes compliqués et encore mal interprétés. Il semble difficile de les expliquer par l'intervention de plasmagènes; des mécanismes d'équilibre de flux paraissent peut-être plus satisfaisants.

De l'ensemble de ces observations découle la conclusion fort nette qu'aucune hypothèse indiscutable ne s'applique aux faits d'hérédité non chromosomique. L'existence des plasmagènes n'offre aucune réalité irréfutable. La tendance générale accorde une valeur explicative supérieure à l'hypothèse des équilibres de flux, encore que beaucoup d'imagination soit souvent indispensable.

Les faits d'hérédité non chromosomique, longtemps négligés, constituent vraisemblablement un chapitre important de la biologie; une juste compréhension des mécanismes qui les régissent serait susceptible d'éclairer les questions encore bien obscures et notamment le vaste problème de la différenciation cellulaire.

HÉRÉDITÉ HUMAINE

Les lois générales de Mendel s'appliquent nécessairement à l'espèce humaine dotée d'un appareil chromosomique; mais cette généralisation n'a pas été sans difficulté d'autant plus que l'Homme constitue un mauvais matériel d'études. En effet, l'expérimentation, les croisements dirigés, les contrôles anatomiques sont impossibles. Le nombre élevé des chromosomes, l'absence de chromosomes géants, compliquent l'interprétation des phénomènes. Les questions d'hérédité, étant d'ordre statistique, portent uniquement sur des grands nombres; or la fécondité humaine, même dans les races les plus prolifiques, est restreinte; la limitation volontaire des naissances, les fausses couches spontanées ou provoquées, les décès précoces antérieurs à l'apparition de maladies tardives, les naissances illégitimes, hors mariage ou par adultère, apportent une cause d'erreur importante. La longue durée de la vie humaine (trois ou quatre générations seulement observables par le même généticien) comparée à celle des Drosophiles, des Lapins, des Levures, nécessite l'utilisation de méthodes particulières fondées sur les renseignements généalogiques souvent incomplets; dans les pays anglo-saxons, la tradition veut que chaque événement familial soit inscrit sur une Bible, conservée précieusement; cette pratique apporte parfois des documents appréciables. Certaines familles présentant un intérêt génétique, « le beau cas d'hérédité », refusent un examen génétique; cette réticence, cette sorte de pudeur, se manifeste principalement en France; en revanche, les populations anglo-saxonnes et nordiques acceptent et même favorisent de telles enquêtes. Ainsi cet homme âgé de soixante ans qui, souffrant de télangiectasie hémorragique héréditaire, convia plusieurs généticiens à une fête de famille réunissant cent soixante-dix personnes dont trente-deux étaient atteintes de la maladie. Tous se prêtèrent de bonne grâce aux examens des généticiens.

Des enquêtes plus générales recherchent les manifestations d'un caractère héréditaire dans une région plus ou moins étendue et surtout isolée (vallées de hautes montagnes, îles). Les enquêtes de Sjögren en Suède, de Hanhart dans les vallées des Grisons en Suisse, ont apporté une riche documentation.

Le Canada procède à l'établissement d'un « fichier des familles », facile à consulter grâce à un triage mécanique de fiches perforées. Une fiche mentionne le mariage; à chaque naissance une nouvelle fiche est ajoutée; les fiches sont classées par fratries. Les fiches relatives aux morts fœtales et à la mortalité infantile sont faciles à relever. Un procédé permet d'identifier aisément les mariages entre cousins germains et leur descendance. Ainsi les renseignements intéressant un grand nombre d'individus sont susceptibles d'être obtenus rapidement.

Cependant il ne faut pas escompter que l'espèce humaine fournisse une solution des problèmes héréditaires; mais les faits établis chez les animaux permettront d'interpréter les phénomènes humains et les progrès réalisés ne sont pas à dédaigner; souvent les conditions pathologiques sont fort voisines chez l'animal et chez l'Homme; les résultats obtenus chez les animaux permettent de mieux comprendre le travail qui s'accomplit dans l'organisme humain; Gruneberg a étudié en détail les maladies héréditaires des Rongeurs et il en a tiré des indications précieuses pour l'espèce humaine.

Le nombre diploïde de chromosomes $2N$ est égal à 46 dans l'espèce humaine (Tijo et Levan, 1956); ce nombre comprend 44 autosomes et 2 hétérochromosomes ou gonosomes; la femme étant homogamétique possède 44 autosomes $+ X + X$; l'homme hétérogamétique a 44 autosomes $+ X + Y$. Les chromosomes X et Y mesurent respectivement 4,5 μ et 1,5 μ.

Selon sa grandeur et la place du cinétochore, chaque autosome reçoit un numéro de 1 à 22 *(fig. 65)*. Les autosomes offrant une ressemblance morphologique appartiennent à un même groupe. Les chromosomes, ensuite rangés par paires, selon leur ordre numérique, constituent le caryotype de l'individu *(fig. 66* et *67)*; grâce à cette disposition les anomalies qualitatives ou quantitatives ressortent nettement.

Le nombre très élevé de chromosomes conditionne,

lors de la division réductionnelle, la réalisation de multiples combinaisons; en effet, avec vingt-trois paires de chromosomes, il existe $2^{23} = 8\ 388\ 608$ formules différentes pour les gamètes; la fécondation réunissant au hasard un spermatozoïde et un ovule engendre $2^{23} \times 2^{23}$, environ soixante-dix trillions de formules chromosomiques différentes du zygote. Deux enfants d'un couple n'auront donc qu'une chance sur soixante-dix trillions de se ressembler quant à l'origine de leurs chromosomes. Cette observation, infirmée par les faits, exige un correctif; vraisemblablement des formules géniques différentes conditionnent des phénotypes identiques par suite du grand nombre de gènes participant à la réalisation d'un caractère et de la présence de gènes majeurs orientant l'influence d'innombrables gènes mineurs.

Pour retrouver les lois de l'hérédité chez l'Homme, il faut choisir des caractères bien nets qui apparaissent régulièrement dans certaines lignées, les suivre pendant plusieurs générations et observer si leur fréquence obéit aux lois de Mendel. Les caractères déficients ou patho-

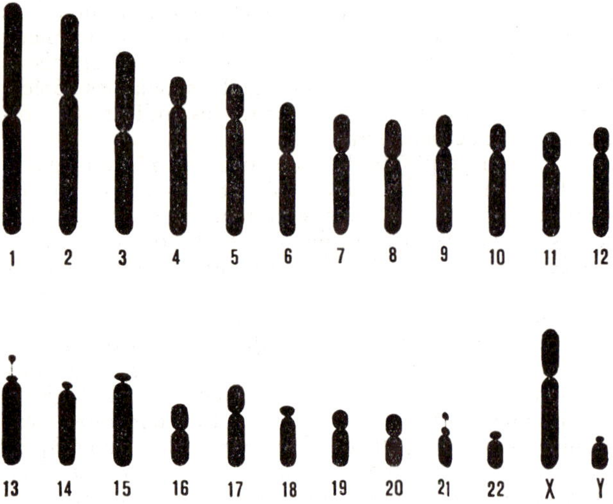

FIG. 65 — SCHÉMA DES CHROMOSOMES HUMAINS RANGÉS D'APRÈS LEUR GRANDEUR ET LEUR FORME (d'après Chu et Giles).

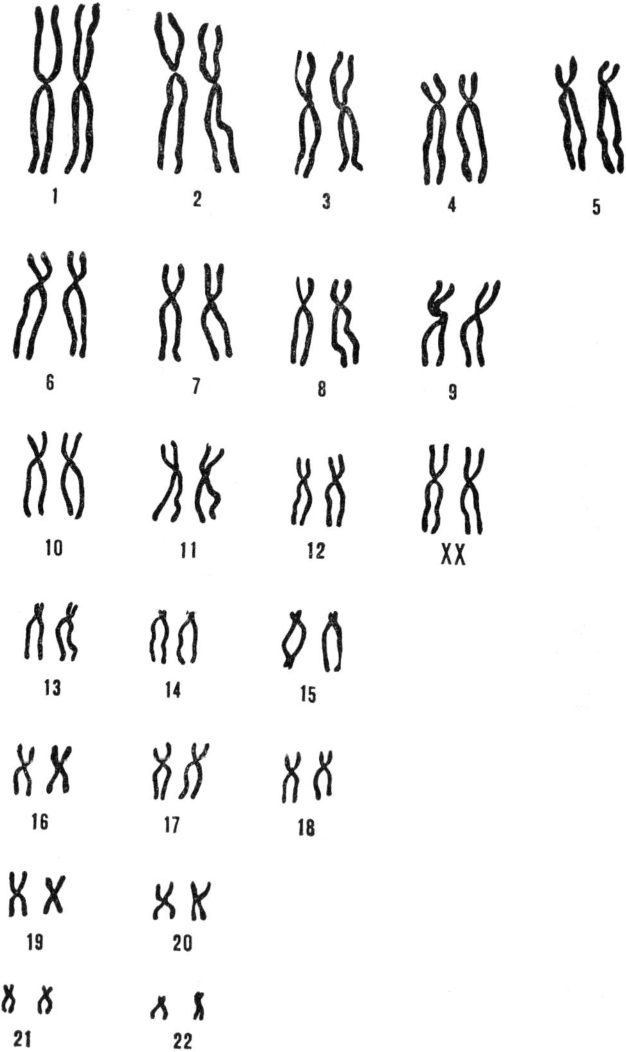

FIG. 66 — CARYOTYPE D'UNE FEMME NORMALE (d'après Lejeune).
Noter les chromosomes sexuels *X* et *X*.

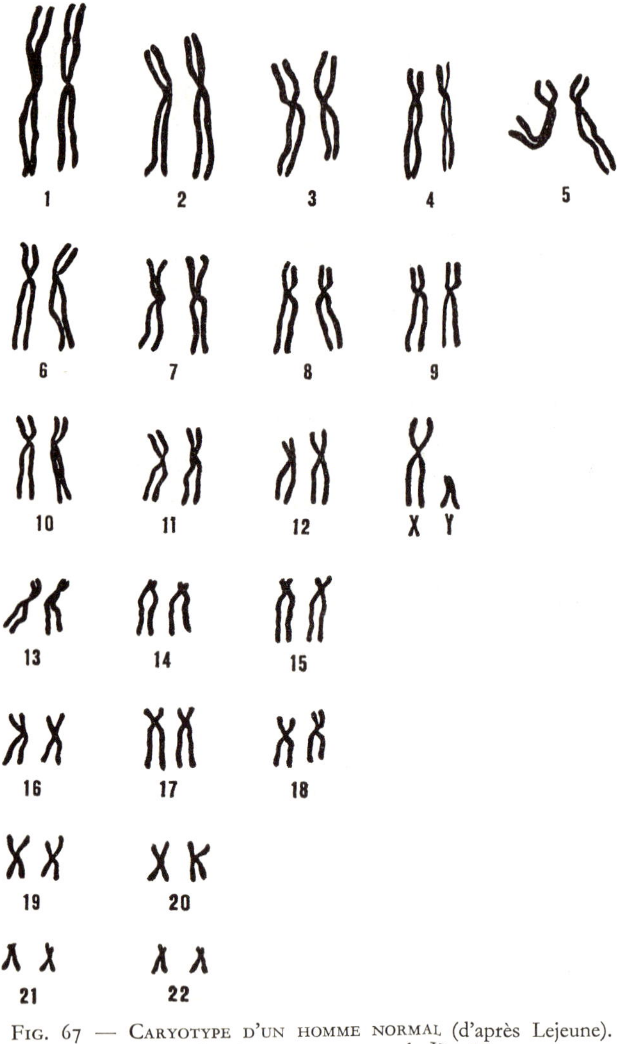

Fig. 67 — Caryotype d'un homme normal (d'après Lejeune). Noter les chromosomes sexuels *X* et *Y*.

logiques ont immédiatement attiré l'attention beaucoup plus que les caractères normaux et cela par suite même de leur mode de transmission; les caractères pathologiques et les anomalies, qui souvent ne dépendent que d'un seul couple de gènes allèles, rentrent dans le cadre classique des lois de l'hybridation; au contraire, les caractères normaux, qui fréquemment relèvent de nombreux gènes, obéissent alors à la transmission polymère, plus difficile à interpréter et dont les résultats sont moins facilement prévisibles. Il en résulte que la littérature intéressant l'hérédité pathologique est beaucoup plus abondante que celle concernant l'hérédité normale.

MODES DE TRANSMISSION D'UN CARACTÈRE HÉRÉDITAIRE

Nous allons examiner successivement les diverses possibilités de transmission d'un caractère humain; les caractères héréditaires peuvent être dominants, récessifs ou liés au chromosome sexuel.

HÉRÉDITÉ DOMINANTE OU TRANSMISSION DE CARACTÈRES DOMINANTS

Soit *A* un gène dominant et *a* son allèle récessif; le caractère dominant se manifestera soit à l'état homozygote *AA*, soit à l'état hétérozygote *Aa*. Entre individus porteurs de ces gènes *A* et *a*, quatre types d'unions sont possibles :

a) *AA* × *aa* → 100% *Aa*
b) *AA* × *AA* → 100% *AA*
c) *Aa* × *aa* → 50% *Aa* et 50% *aa*
d) *Aa* × *Aa* → 25% *AA*, 50% *Aa*, 25% *aa*

Donc un seul parent possédant un caractère dominant à l'état homozygote *AA* le transmet à toute sa descendance, qui est hétérozygote, *Aa;* deux parents homozygotes pour ce caractère dominant le transmettent à toute la descendance, qui est homozygote *AA;* un seul parent possédant le caractère dominant à l'état hétérozygote *Aa* le transmet à la moitié de sa descendance;

deux parents hétérozygotes *Aa* transmettent le caractère dominant aux trois quarts de la descendance qui se composera de 25 % de *AA*, 50 % de *Aa*, 25 % de *aa*. Un caractère dominant ne peut apparaître dans une descendance s'il n'affecte pas au moins un des parents. Si *A* conditionne une maladie et *a* l'état normal, il est visible que des sujets sains privés de *A* engendreront toujours des enfants sains; lorsqu'un seul des parents est malade, s'il est homozygote *AA*, tous les enfants seront malades; s'il est hétérozygote *Aa*, 50 % des enfants seront malades et 50 % ne le seront pas; deux parents malades homozygotes *AA* procréeront uniquement des malades; deux parents malades hétérozygotes *Aa* engendreront un quart d'enfants sains, trois quarts d'enfants malades.

Théoriquement un caractère dominant, une fois apparu dans une famille, se transmettra de génération en génération; il frappera ou non tous les enfants selon que les parents seront homozygotes ou hétérozygotes pour le caractère; en réalité, les faits sont parfois plus complexes car les notions de pénétrance et d'expressivité interviennent (voir p. 915).

HÉRÉDITÉ RÉCESSIVE OU TRANSMISSION DE CARACTÈRES RÉCESSIFS

Soit *A* le gène dominant et *a* son allèle récessif; le caractère récessif ne se manifestera qu'à l'état homozygote *aa;* l'hétérozygote *Aa* aura un phénotype semblable à celui de l'homozygote dominant *AA* ou parfois légèrement différent. Entre individus porteurs de ces gènes *A* et *a* quatre types d'unions sont possibles :

a) *aa* × *aa* → 100% *aa*
b) *aa* × *AA* → 100% *Aa*
c) *aa* × *Aa* → 50% *aa* et 50% *Aa*
d) *Aa* × *Aa* → 25% *AA*, 50% *Aa*, 25% *aa*

Donc les deux parents homozygotes *aa* transmettent le caractère à toute la descendance; un parent *aa* et l'autre *Aa* auront 50 % d'enfants *aa* et 50 % d'enfants *Aa;* un parent *aa* et l'autre *AA* auront des enfants hétérozygotes *Aa* dont aucun n'extériorisera le caractère récessif; deux parents hétérozygotes *Aa* auront un quart d'enfants *aa* affectés du caractère récessif et trois quarts qui en seront dépourvus quant à sa manifestation.

Si *a* conditionne un caractère pathologique, le malade sera l'homozygote *aa;* deux parents malades *aa* n'engendreront que des enfants malades *aa;* lorsque l'un des parents est malade, la nature de la descendance varie selon que l'autre parent est homo- ou hétérozygote : homozygote *AA,* tous les enfants seront sains mais porteurs du caractère pathologique et capables de le transmettre; hétérozygote *Aa,* la moitié des enfants sera malade et l'autre moitié saine mais conductrice; deux parents sains en apparence mais hétérozygotes *Aa* auront un quart d'enfants malades et trois quarts d'enfants sains, les deux tiers de ceux-ci seront hétérozygotes et capables de transmettre *a.*

La manifestation d'un caractère récessif, une fois apparu dans une famille, est très irrégulière; il peut disparaître pendant plusieurs générations et brusquement surgir dans la descendance de deux parents ne l'extériorisant pas. Les mariages consanguins favorisent particulièrement l'apparition d'un caractère récessif; en effet deux cousins germains ont plus de chances d'être hétérozygotes pour le même caractère récessif que deux individus non alliés (voir p. 1146); or deux hétérozygotes transmettent le caractère récessif aux trois quarts de la descendance mais il se manifeste seulement dans le quart homozygote. Les statistiques montrent en effet que le pourcentage des mariages consanguins est notablement plus élevé dans les familles plus ou moins tarées, 20 %, 30 % contre 1 % dans la population normale. Cette observation ne justifie pas l'attribution d'un pouvoir nocif spécifique à la consanguinité; celle-ci extériorise simplement un caractère récessif en permettant l'apparition d'un homozygote; selon que le gène récessif conditionnera un caractère apprécié ou un caractère morbide, la consanguinité aura des résultats excellents ou néfastes.

DÉTECTION DES HÉTÉROZYGOTES POUR UNE TARE RÉCESSIVE

Il serait donc utile eugéniquement de pouvoir déceler les hétérozygotes pour une tare récessive, individus apparemment sains mais propagateurs du gène responsable; le même problème se pose pour les gènes dominants déterminant une tare se développant plus ou moins tardivement comme la chorée de Huntington.

Quelques observations encore rares laissent présumer que certaines anomalies affectent l'hétérozygote pour un caractère récessif.

L'albinisme ophtalmique, forme réduite de l'albinisme total, correspond à une absence de pigmentation de l'iris et de la rétine; il s'accompagne généralement d'un nystagmus caractérisé. Les malades sont des demi-aveugles. L'affection récessive est liée au chromosome sexuel *X*. Un des symptômes observés chez tous les malades est la *diaphanie de l'iris*. Or, chez les femmes hétérozygotes et « conductrices », la diaphanie de l'iris est plus faible que celle des malades mais assez forte pour être distinguée de celle de l'iris normal, même le plus clair; en outre ces femmes manifestent certains troubles légers, par exemple elles doivent porter des lunettes noires en été. Cette diaphanoscopie iridienne constitue un caractère important puisqu'elle permettra de désigner à l'avance les jeunes filles capables de transmettre l'affection à la moitié de leurs fils et l'hétérozygotie à la moitié de leurs filles.

La *thalassémie,* ou *anémie de Cooley,* ou *anémie méditerranéenne,* est une maladie assez rare et localisée (bassin méditerranéen, Italie, Sicile, Chypre, Grèce); maladie du premier âge, elle se caractérise par une anémie chronique progressive, hypochrome (hémoglobine en quantité nettement inférieure aux globules rouges), normocytaire (globules rouges à diamètre normal), leptocytaire (globules trop minces et partant sous-colorés), hémolytique. Le nombre des hématies ovales et des cellules-cibles (globules rouges hypochromes présentant un cercle central plus coloré) est accru. On observe encore de la splénomégalie, un dépôt de pigment dans les viscères et des aspects radiographiques particuliers des os. Les érythrocytes renferment une proportion anormalement élevée d'hémoglobine fœtale *F* qui se distingue de l'hémoglobine adulte *A* par plusieurs caractères (voir p. 1119). Le tableau ci-dessous d'après Hsia et Vogel résume les diverses manifestations de la thalassémie :

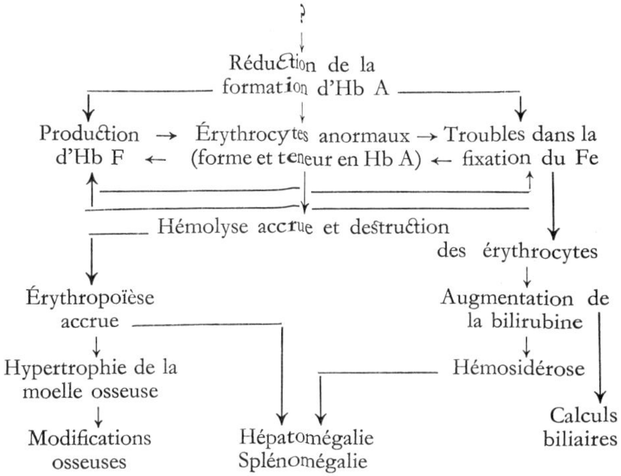

Des médecins italiens décrivaient, par ailleurs, une anémie moins grave, microcytaire, avec splénomégalie et une légère hémolyse; tous ces symptômes étant compatibles avec une vie normale alors que le pronostic de la forme grave est mauvais, la mort survenant en général dans la première enfance. La maladie est héréditaire, de nombreux pedigrees le prouvent. La maladie de Cooley proprement dite ou *thalassémie major* frappe les individus homozygotes pour le gène responsable d'une production réduite de l'Hg A. Chez les individus hétérozygotes (ou microcythémiques), la tare se manifeste sous une forme mineure, moins grave c'est la *thalassémie minor* ou encore thalassémie de Rietti-Greppi-Micheli. Une troisième forme encore plus légère serait dénommée *thalassémie minima;* elle ne se manifeste par aucun trouble visible mais seulement par de très petites modifications sanguines du même type que celles enregistrées dans les deux autres formes. Les statistiques établies en Italie par Silvestroni et Bianco montrent que la thalassémie sévit dans toute l'Italie mais surtout dans deux zones, la Sicile et le delta du Pô; dans cette dernière région les hétérozygotes atteints de thalassémie mineure, ou porteurs de caractères hématologiques compatibles avec la vie, atteignent le pourcentage de 10,2 %. Il est donc possible de détecter les hétérozygotes porteurs d'un gène de la thalassémie, maladie incomplètement récessive, ou d'hérédité intermédiaire, et de déconseiller leur union qui peut engendrer un quart d'homozygotes qui mourront en bas âge de thalassémie majeure.

Une autre maladie sanguine offre des phénomènes analogues, c'est la *drépanocytanémie,* ou *anémie à drépanocytes* (ou à hématies falciformes). Les enfants malades sont pâles, ictériques ; la rate et parfois le foie sont volumineux ; ils souffrent de douleurs abdominales et de vomissements. Il existe parfois des altérations squelettiques comme dans la thalassémie. Le caractère essentiel de la maladie réside en une modification de la forme des hématies qui acquièrent un aspect de faux, de faucille, de feuilles de houx. L'anomalie fondamentale consiste dans la présence d'une hémoglobine particulière (40 % d'hémoglobine *S*) ayant des caractères différents de l'hémoglobine normale *A* (60 %). Le pronostic est mauvais et la mort survient avant dix ans. La maladie héréditaire fut d'abord considérée comme dominante. Mais, en 1947, J. V. Neel estima que le gène responsable à l'état homozygote *(SS)* provoque la drépanocytanémie et à l'état hétérozygote *(SA)* la drépanocytémie caractérisée seulement par la présence d'un certain nombre d'hématies falciformes (drépanocytes) sans aucun autre trouble *(fig. 68)*. La drépanocytanémie est donc incomplètement récessive ou d'hérédité intermédiaire. Les nombreux pedigrees sont en accord avec cette hypothèse. Autrefois la drépanocytanémie était surtout connue chez les Noirs mais on sait aujourd'hui qu'elle frappe aussi les individus de race blanche, surtout Italiens et Grecs *(fig. 69)* ; elle existe aussi chez les Mexicains et les Indiens. Aucun cas n'est connu dans la race jaune. Cette maladie est largement

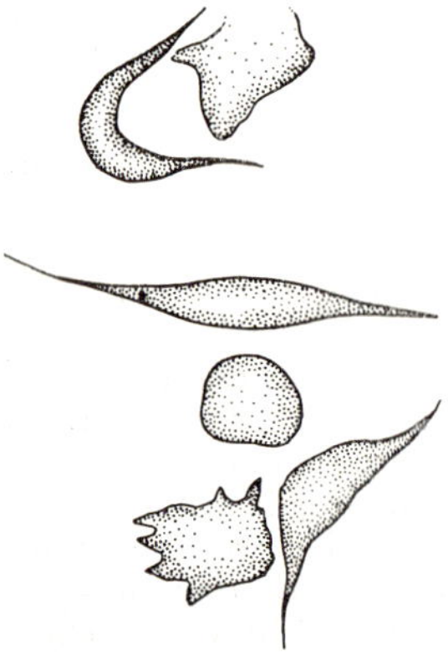

FIG. 68 — DRÉPANOCYTE HUMAIN OU HÉMATIE FALCIFORME (d'après Bessis).

répandue en Afrique. Si l'on admet que la population au sud du Sahara compte environ deux cents millions d'individus, 15 % d'entre eux (30 millions) seraient hétérozygotes et posséderaient des drépanocytes ; 0,3 % (600 000 personnes) seraient homozygotes, souffrant de la maladie à la naissance. La drépanocytanémie pose un problème eugénique fort sérieux et il est intéressant de pouvoir déceler les hétérozygotes ou individus porteurs d'un gène néfaste.

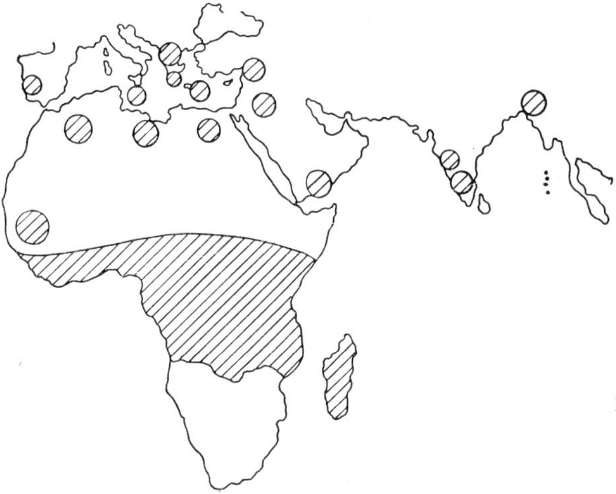

FIG. 69 — CARTE MONTRANT LES RÉGIONS (EN HACHURE) OÙ LE GÈNE DE LA DRÉPANOCYTANÉMIE EST PARTICULIÈREMENT FRÉQUENT. (d'après Lehmann).

Les exemples précédents semblent assez sûrs ; d'autres cas sont plus aléatoires. L'hétérozygote pour le gène de la rétinite pigmentaire montrerait une légère, mais nette modification du fond de l'œil. Le taux de l'acide urique sanguin serait plus élevé que le taux normal chez l'hétérozygote pour le gène de la goutte. Les hétérozygotes pour le gène de la maladie de Wilson (dégénérescence hépato-lenticulaire) auraient un taux sanguin de cœruloplastine légèrement inférieur au taux normal (voir p. 1120). Les hétérozygotes pour les gènes de la phénylcétonurie (voir p. 1121) et de la microcéphalie témoigneraient d'une disposition aux anomalies mentales. L'électro-encéphalogramme permettrait d'identifier précocement les porteurs du gène de la chorée de Huntington qui ne se manifeste qu'à l'âge adulte.

Non illusoire, la reconnaissance présumée des hétérozygotes porteurs de gènes semi-dominants ou incomplètement récessifs nécessitera de minutieuses analyses chimiques, morphologiques, physiologiques et biochimiques. Ces recherches du point de vue eugénique sont grandement nécessaires.

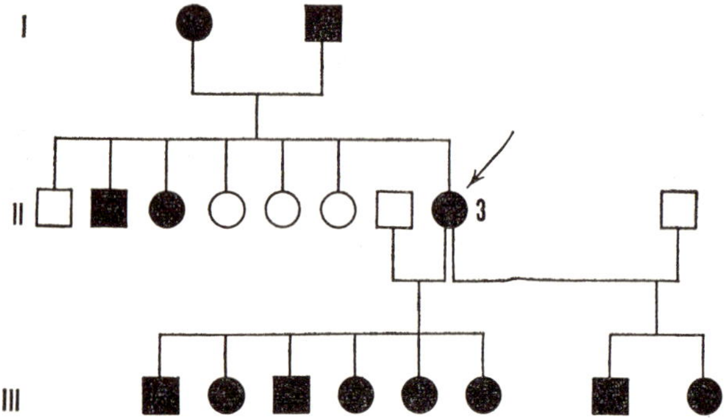

Fig. 70 — Transmission de l'*epithelioma adenoides cysticum* (d'après Gaul).

Explications dans le texte. En noir, les sujets atteints de la maladie; en blanc, les sujets sains. I, II, III, 1re, 2e, 3e générations.

Parfois l'action d'un gène dominant à l'état homozygote peut être plus accusée que celle du même gène à l'état hétérozygote. Une personne ayant de l'*epithelioma adenoides cysticum* présente sur le visage de petits nodules colorés de la taille d'un grain de mil à celle d'une lentille; le reste du corps porte également des tumeurs de dimensions variables. Le pedigree *(fig. 70)* montre une fille malade (II, 3) dont les deux parents souffraient de cette maladie cutanée. Leur descendance, quatre enfants sains et trois enfants malades, témoigne de leur hétérozygotie pour le gène responsable de la maladie. Cette fille (II, 3) est nettement plus affectée que ses parents et frères et sœurs; sa descendance, à la suite de deux mariages avec des hommes sains, comprend huit enfants tous malades, ce qui laisse supposer qu'elle était homozygote pour le gène de l'*epithelioma*.

CARACTÈRES NORMAUX, SUB-NORMAUX, PATHOLOGIQUES DOMINANTS OU RÉCESSIFS

Voici quelques caractères normaux, sub-normaux et pathologiques dont le mode de transmission est dominant ou récessif :

DOMINANT	RÉCESSIF
Brachycéphalie	Dolichocéphalie
Œil brun	Œil bleu
Œil droit	Œil oblique
Œil mongolien	Œil européen
Cils longs	Cils courts
Paupières surbaissées	Paupières normales
Nez long	Nez moyen
» convexe	» droit
» épaté	» droit
Narines larges	Narines étroites
Cheveux bruns	Cheveux blonds
» rouges	» »
» crépus	» frisés, ondulés, plats
» frisés	» ondulés, plats
» ondulés	» plats
» raides	» souples
Mèche blanche frontale	absence de mèche blanche frontale
Canitie	» de canitie
Alopécie	» d'alopécie
Tourbillon capillaire simple	Tourbillon capillaire double
» » positif	» » négatif
Menton droit	Menton fuyant
» fendu	» non fendu
Lèvre épaisse	Lèvre mince
» de Habsbourg	» normale
Oreille longue	Oreille courte
» large	» étroite
Lobe de l'oreille libre	Lobe de l'oreille adhérent
Fossette de l'oreille	Absence de fossette
Tubercule de Darwin	» de tubercule
Peau foncée	Peau claire
Pigmentation normale	Albinisme

Ephélides	Absence d'éphélides
Poils sur la phalange moyenne des doigts 2, 3, 4, 5	Absence de poils sur ces phalanges
Pachyonychie	Ongles normaux
Absence d'ongles	Présence d'ongles
Kératose	Epiderme normal
Nanisme achondroplasique	Taille normale
Taille normale	Nanisme atéléiotique
Obésité	Maigreur
Polydactylie	Nombre de doigts normal
Brachydactylie	Longueur normale
Aptitude à goûter la P. T. C.	Inaptitude à goûter la P. T. C.
Groupes sanguins A, B, P, Rh positif	Groupes sanguins O, p, Rh négatif
Intelligence normale	Très grande ou très faible intelligence

MALFORMATIONS ET MALADIES DOMINANTES

Luxation congénitale de la hanche, ichthyose congénitale, mains et pieds fourchus, bec-de-lièvre, hypospadias, neurofibromatose, œdème aigu circonscrit, xanthome des paupières, télangiectasie multiple, paralysie simple, ptosis héréditaire, chorée de Huntington, maladie de Thomsen, certaines formes de diabète, absence de clavicules avec anomalies du crâne, absence d'incisives, symphalangie, rétraction congénitale des fléchisseurs de la main, streblomicrodactylie ou petit doigt crochu, nombreuses malformations et maladies des yeux...

MALFORMATIONS ET MALADIES RÉCESSIVES

Alcaptonurie, xeroderma pigmentosum, certaines formes de rétinité pigmentaire, d'épilepsie, de surdi-mutité, d'imbécillité, idiotie amaurotique, débilité mentale.

HÉRÉDITÉ SEX-LINKED (ou *GONOSOMIQUE*) ou *TRANSMISSION DE CARACTÈRES LIÉS AU CHROMOSOME SEXUEL*

La femme homogamétique possède deux chromosomes sexuels identiques *X, X;* l'homme hétérogamétique en a deux différents *X, Y; X,* notablement plus grand que *Y,* atteint 4,5 μ et *Y* 1,5 μ. Une fille reçoit un chromosome *X* d'origine paternelle et un chromosome *X* d'origine maternelle; un fils reçoit le chromosome *X* de sa mère et le chromosome *Y* de son père.

X et *Y* présentent un segment homologue *bc* (*fig. 71*); la portion *ab* de *X* est dépourvue d'homologue sur *Y* et la portion *cd* de *Y* n'a pas d'homologue sur *X*. Les gènes situés dans ces trois régions particulières se comporteront différemment; les gènes liés au sexe ou plus exactement au chromosome sexuel sont situés sur les portions impaires de *X* et de *Y*.

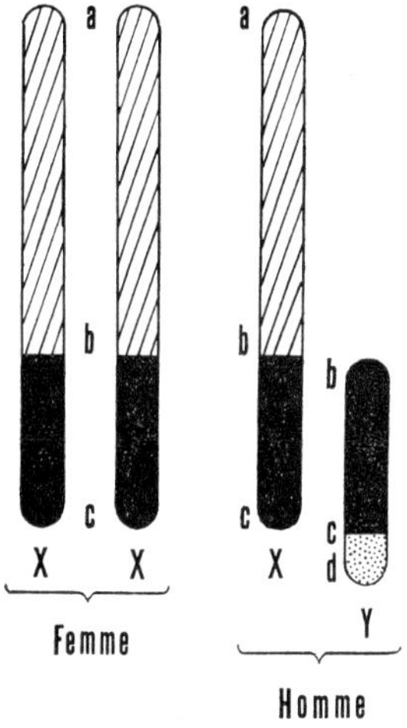

FIG. 71 — SCHÉMA DES CHROMOSOMES SEXUELS HUMAINS, *X* ET *X* CHEZ LA FEMME, *X* ET *Y* CHEZ L'HOMME.

a, b, c, d, les diverses régions des chromosomes.

GÈNES SUR LES SEGMENTS BC HOMOLOGUES ET APPARIABLES DE *X* ET DE *Y*

En réalité, ces gènes se comportent tout comme ceux placés dans les autosomes; ils sont susceptibles de subir des crossing-over et de se dissocier les uns des autres dans un certain nombre de cas. C'est pourquoi les caractères en rapport avec ces gènes sont désignés comme *partiellement* liés au chromosome sexuel. En effet, si un homme reçoit un tel gène de son père, cette transmission implique que le gène est localisé dans le segment *bc* de *Y* puisque le chromosome *X* des hommes est d'origine maternelle. Dans la majorité des cas, cet homme léguera le gène à ses fils qui hériteront de lui *Y*, mais parfois le gène passera par crossing-over sur le segment homologue de *X* et une minorité de filles recevra le gène en question avec le chromosome *X* d'origine paternelle. Dans le cas inverse, lorsqu'un fils reçoit de sa mère un gène partiellement lié au sexe, il le transmettra à la majorité de ses filles et à une minorité de ses fils à la suite d'un crossing-over.

Sept gènes récessifs ont été jusqu'à présent identifiés dans cette portion homologue de *X* et de *Y* (*fig. 72*); ceux de l'achromatopsie totale (cécité totale aux couleurs), du *xeroderma pigmentosum* (sensibilité extrême de la peau à la lumière et surtout aux ultraviolets qui provoquent des ulcérations), de la maladie d'Oguchi (forme particulière d'héméralopie avec pigmentation dorée de la rétine), de la paraplégie spasmodique, de l'épidermolyse bulleuse, de la rétinite pigmentaire, des désordres convulsifs. Le taux des crossing-over a permis d'esquisser un début de carte des chromosomes sexuels humains.

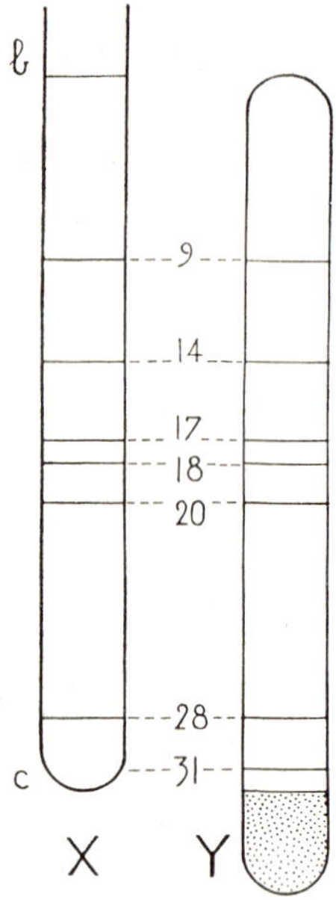

FIG. 72 — SCHÉMA DE LA CARTE DES CHROMOSOMES *X* ET *Y*, RÉGION BC (d'après Haldane).

9, gène de l'achromatopsie; 14, gène du *xeroderma pigmentosum;* 17, gène de la maladie d'Oguchi; 18, gène de la paraplégie spasmodique; 20, gène de l'épidermolyse bulleuse; 28, gène de la rétinite pigmentaire; 31, gène des désordres convulsifs.

GÈNES SUR LE SEGMENT CD NON APPARIABLE DE *Y*

Le père transmet à tous ses fils son chromosome *Y* et partant tous les gènes qui y sont contenus. Les gènes dominants et même récessifs localisés dans *cd,* n'ayant pas d'homologue, s'exprimeront chez tous les fils; c'est le mode d'*hérédité holandrique;* jamais une fille n'héritera d'un tel gène puisqu'elle ne possède pas de chromosome *Y*. De rares caractères anormaux ou pathologiques obéissent à cette loi : hypertrichose des oreilles, palmure des orteils, kératose palmoplantaire spéciale, *ichthyosis hystrix gravior,* fusion de deux ou trois dents, syndactylie.

L'hypertrichose des oreilles se caractérise par le développement vers dix-huit ou dix-neuf ans de longs poils noirs, épais sur toute la surface antérieure et sur la moitié inférieure de la face postérieure des deux oreilles; dans une famille italienne, pendant cinq générations, tous les hommes, au nombre de onze, avaient de l'hypertrichose des oreilles; six femmes, filles de ces hommes à hypertrichose, en étaient indemnes.

Brauer a décrit un type spécial de kératose palmoplantaire qu'il a nommé *keratoma dissipatum;* cette kératose se traduit par de petites papules cornées dont les dimensions oscillent d'une tête d'épingle à une lentille; disséminées sur la paume des mains et sur la plante des pieds, elles gagnent parfois en petit nombre le dos des mains et la face dorsale des doigts; elles n'apparaissent jamais avant la puberté et quelquefois après vingt-cinq ans. Dans les familles où sévit cette affection, tous les garçons en sont atteints et toutes les filles restent saines.

L'ichthyosis hystrix gravior est une forme spéciale d'ichthyose observée en Angleterre depuis le XVIIIe siècle dans la célèbre famille Lambert. En 1717, naissait de parents sains Edward Lambert; normal à la naissance, Edward, dès l'âge de sept à huit semaines, prenait une pigmentation jaune qui rapidement passa au noir; en même temps, tous les téguments, sauf ceux de la paume des mains, de la plante des pieds, de la tête et de la face s'épaissirent considérablement; la peau couverte de petites écailles devint une sorte de cuir hérissé çà et là de soies ou de piquants. E. Lambert, le premier homme « porc-épic », fut présenté en 1731 à la Royal Society of London; il épousa une femme normale; leurs six fils furent tous affectés de la curieuse maladie; l'un d'entre eux eut neuf enfants dont sept filles normales et deux garçons atteints de la maladie; la descendance de l'un de ces garçons compte trois générations de garçons malades. Pendant six générations tous les garçons de cette famille se sont transmis le gène pathologique. Il faut noter que Edward avait de nombreux frères et sœurs tous normaux; son ichthyosis doit résulter d'une mutation. Mais, selon Penrose et Stern (1958), l'arbre généalogique, tout à fait classique, de la famille Lambert ne correspondrait pas à la réalité et aurait été l'objet de corrections volontaires. En effet certains hommes atteints de la tare s'exhibaient en public et jugeaient bon d'exagérer le nombre des cas familiaux de cette « intéressante » anomalie (*fig. 73*).

Schofield (1922) a donné le pedigree remarquable d'une famille des États-Unis où les quatorze hommes possèdent des orteils palmés, c'est-à-dire que les deuxième et troisième orteils sont réunis; aucune des onze filles de ces hommes n'est affectée de cette anomalie. Le gène des orteils palmés n'est pas toujours situé sur *Y*; dans d'autres familles, il est localisé sur un autosome et les individus des deux sexes présentent et transmettent le caractère.

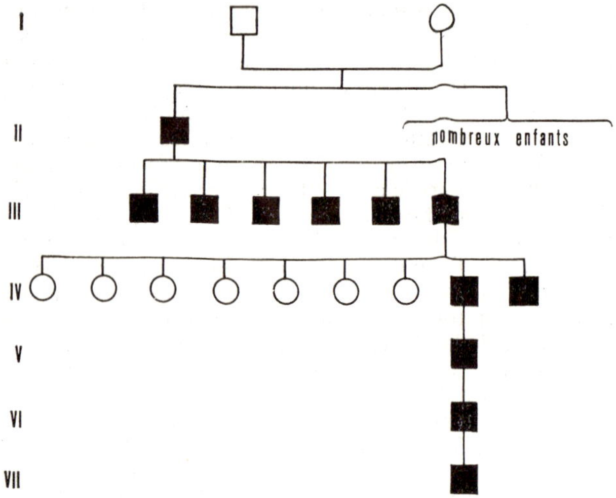

FIG. 73(A) — LA GÉNÉALOGIE DE LA FAMILLE LAMBERT (Homme Porc-épic).

A, généalogie classique (d'après Cockayne) : en noir, les individus atteints; B, généalogie révisée (d'après Penrose et Stern) : en noir, les individus certainement atteints; en pointillé, probablement atteints; diagonale ou diamètre, les individus morts très jeunes.

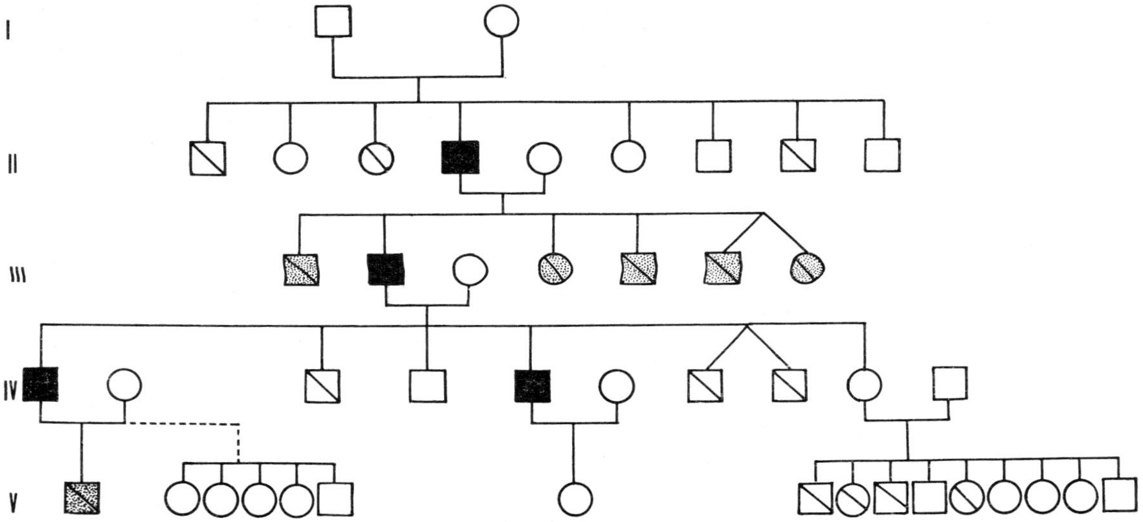

FIG. 73(B).

GÈNES SUR LE SEGMENT AB NON APPARIABLE DE X

Ce segment, plus long que la portion non appariable de Y, renferme plus de gènes que celle-ci. Les uns sont dominants (kératose folliculaire, défaut d'émail dentaire, etc.), les autres sont récessifs (hémophilie, daltonisme, héméralopie stationnaire congénitale, achromatopsie, atrophie du nerf optique ou maladie de Leber, certains cas de nystagmus, anodontie, absence des incisives médianes, glaucome juvénile avec colobome, etc.).

Chez la femme pourvue de $2X$, la transmission de ces gènes est analogue à celle des gènes localisés sur des autosomes ; le gène dominant se manifestera s'il est présent sur l'un ou sur les deux X; le gène récessif ne se manifestera que s'il se trouve sur chacun des X. Mais, chez l'homme, les faits sont tout différents; un seul gène récessif s'exprimera puisqu'il ne sera pas contrebalancé par suite de l'absence de son homologue. L'homme recevra toujours les gènes localisés sur X de sa mère : il ne les transmettra jamais à ses fils mais toujours à ses filles; ce mode de transmission illustre l'observation populaire, les filles ressemblent au père et les fils à la mère.

Voici quelques types d'unions possibles montrant la transmission de gènes dominants ou récessifs localisés sur la portion *ab* du chromosome sexuel X:

I) Union entre une femme homozygote pour le gène récessif r porté par X et un homme possédant l'allèle dominant D.

$$X^r X^r \times X^D Y \rightarrow X^r X^D, X^r Y, X^r X^D, X^r Y$$

Toutes les filles recevront le gène dominant; tous les fils en seront privés, chez eux le caractère récessif se manifestera.

II) Union entre une femme hétérozygote pour un gène récessif r porté par X et un homme possédant l'allèle dominant D.

$$X^D X^r \times X^D Y \rightarrow X^D X^D, X^D Y, X^r X^D, X^r Y$$

La moitié des filles recevra le gène récessif qui ne se manifestera pas puisqu'il sera masqué par l'allèle dominant de l'autre X homologue; ces filles hétérozygotes, aptes à transmettre le gène récessif à leur descendance, sont nommées *conductrices*. La moitié des fils recevra le gène récessif qui se manifestera puisqu'il n'est pas masqué par l'allèle dominant.

III) Union entre une femme homozygote pour un gène dominant D, porté par X et un homme possédant l'allèle récessif r.

$$X^D X^D \times X^r Y \rightarrow X^D X^r, X^D Y, X^D X^r, X^D Y$$

Toutes les filles à l'exclusion des fils, reçoivent le gène récessif qui ne s'extériorisera pas par suite de la présence de l'allèle dominant; elles sont conductrices.

IV) Union entre une femme hétérozygote pour un gène récessif r porté par X et un homme porteur de l'allèle récessif r.

$$X^D X^r \times X^r Y \rightarrow X^D X^r, X^D Y, X^r X^r, X^r Y$$

Les trois quarts de la descendance héritent du gène récessif; la moitié des fils reçoit le gène récessif qui se manifestera par suite de l'absence de l'allèle dominant. Toutes les filles recevront le gène récessif; la moitié d'entre elles seront hétérozygotes et conductrices; l'autre moitié comprend des homozygotes récessives chez qui le gène récessif se manifestera.

Dans ces exemples théoriques résumant les types d'union possibles, le gène dominant D peut être celui des dents brunes, par suite d'une déficience de l'émail dentaire; le gène récessif r peut être celui de l'hémophilie ou du daltonisme.

Hémophilie

Cliniquement, l'hémophilie se caractérise par l'apparition d'hématomes dont l'importance n'offre aucun rapport avec celle des traumatismes souvent légers qui les occasionnent et par des hémorragies cutanées et muqueuses provoquées et souvent incoercibles. Les hémorragies articulaires caractéristiques sont très fréquentes.

Cette maladie résulte d'une anomalie de la coagulation, mécanisme de défense de notre organisme; normalement celle-ci s'effectue en quelques minutes; chez l'hémophile, elle nécessite plusieurs heures, parfois une journée entière;

plus rarement, elle semble incapable de se réaliser. La formation extrêmement lente du caillot fait que la plus insignifiante blessure provoque une dangereuse hémorragie sans rapport avec la nature légère de l'accident.

La coagulation normale requiert la présence de quatre facteurs : calcium, fibrinogène, prothrombine, thromboplastine. Dans l'hémophilie, c'est le plus souvent un activateur de la thromboplastine (la globuline antihémophilique) qui est absente. Cette déficience entraîne le ralentissement de la coagulation.

L'hémophilie est une maladie héréditaire, déterminée par un gène récessif situé sur le chromosome *X* dans la portion *ab*. L'hémophilie frappe exclusivement les hommes; il semble qu'aucun cas incontestable de femmes hémophiles, donc homozygotes, n'ait été constaté; à l'état homozygote, le gène de l'hémophilie serait peut-être létal ou, autre hypothèse, le gène n'exercerait pas son action en présence de tissu ovarien. Les femmes hétérozygotes apparemment saines sont « conductrices ». Un hémophile transmet l'hémophilie à son petit-fils par l'intermédiaire de sa fille. Un hémophile ne peut naître d'un hémophile, mais seulement d'une « conductrice ». Des études généalogiques portant sur des familles très étendues ont confirmé ce mode de transmission.

Certaines familles où l'hémophilie sévit depuis plusieurs générations sont même devenues célèbres par la fréquence et la continuité du mal au cours des siècles. Par exemple, les familles Mempel, Botte, Kieffer, Hossli comptaient respectivement, 213, 219, 298 et 400 membres. Les Mempel, originaires de Kirchheim près de Heidelberg, comptaient trente hémophiles. Leurs descendants ayant émigré en Amérique, leurs traces furent perdues; mais, en 1926, Klug eut l'occasion d'examiner cinquante-deux personnes des deux sexes appartenant aux familles Teutsch et Wendling, descendantes directes d'Elisabeth Mempel née en 1821. Vingt garçons étaient hémophiles, toutes les filles étaient indemnes. La famille Tenne des environs de Zürich donne encore le même résultat : garçons hémophiles et filles indemnes.

Mais la descendance hémophilique la plus célèbre est celle de la reine Victoria d'Angleterre *(fig. 74)*. De l'union de cette reine conductrice (1) avec le prince Albert de Saxe-Cobourg sont nés neuf enfants, cinq filles et

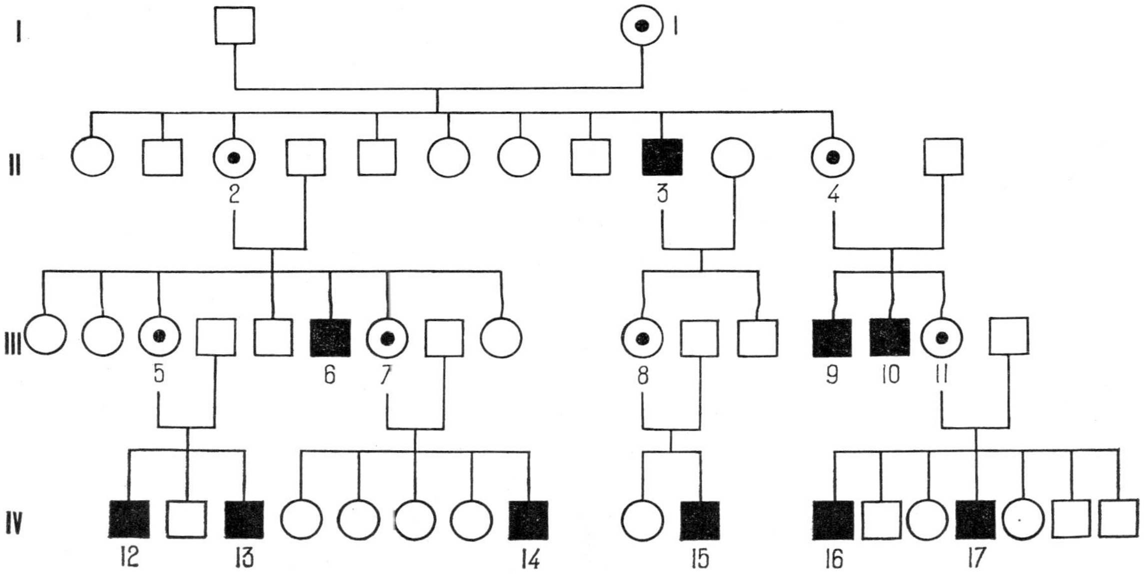

FIG. 74.

quatre garçons. Trois filles et trois garçons étaient normaux, quant à l'hémophilie. Un garçon, Léopold d'Albany (3), était hémophile : sa fille Alice d'Angleterre (8), « conductrice », a transmis la maladie à son fils Rupprecht (15). Les descendances d'Alice (2) et de Béatrice (4), filles de Victoria, révèlent que toutes deux étaient conductrices pour le gène de l'hémophilie. En effet, du mariage d'Alice (2) et de Louis IV de Hesse naquirent sept enfants dont un fils hémophile (6) et deux filles conductrices; l'une d'elles, Irène (5) épousa Henri de Prusse et leurs deux fils Waldemar (12) et Henri (13) furent hémophiles; l'autre, Alice (7), se maria avec le tsar Nicolas II et leur unique fils (14) Alexis (le tsarévitch) souffrait d'hémophilie. La descendance de Béatrice (4) fille de Victoria, fut aussi profondément entachée d'hémophilie; de son mariage avec Henri de Battenberg, elle eut deux fils, Léopold (9) et Maurice (10), hémophiles et une fille, Victoria-Eugénie (11), conductrice. De l'union de cette dernière avec Alphonse XIII naquirent sept enfants dont deux garçons hémophiles (16 et 17). De la maison d'Angleterre, l'hémophilie a gagné, par le hasard des mariages, les maisons de Battenberg, de Teck-Athlone, de Prusse, de Russie et d'Espagne. Cette maladie dynastique a eu des conséquences politiques considérables.

Á côté de ces exemples classiques et anciens, il convient de citer une grande famille française hémophile signalée par J. Bernard et M. Degeorge (1950). Une enquête a été réalisée dans une famille de pêcheurs picards vivant depuis plusieurs siècles sur les côtes de la Manche à Fort-Mahon, à Berck, au Crotoy. La généalogie, dressée depuis 1820, réunit cent soixante personnes appartenant à quatre générations; celles-ci comptent respectivement 3, 5, 5, 9 hémophiles, soit vingt-deux hémophiles, tous des garçons; ce nombre est peut-être inférieur à la

FIG. 74. — TRANSMISSION DU GÈNE DE L'HÉMOPHILIE A PARTIR DE LA REINE VICTORIA, CONDUCTRICE DU GÈNE.

Explications dans le texte. I, II, III, IV, première, deuxième, troisième, quatrième générations. En noir, les garçons hémophiles; un point noir dans un cercle blanc, les femmes conductrices; en blanc, les sujets sains.

réalité, car six garçons sont mort-nés. Dans les trois dernières générations, les proportions des garçons hémophiles et des garçons non hémophiles sont les suivantes :

deuxième	génération :	5 hémophiles	19 non hémophiles
troisième	génération :	5 hémophiles	20 non hémophiles
quatrième	génération :	9 hémophiles	28 non hémophiles

Toutes les filles sont indemnes. Les manifestations cliniques sont habituelles et permettent le mariage, la procréation et même une vie assez longue (des hémophiles ont vécu plus de soixante ans). Cette généalogie, qui ne compte aucun mariage consanguin, illustre une fois encore le mode de transmission d'un gène récessif situé sur la portion *ab* du chromosome *X*.

G. Lanini a également (1950) signalé une famille d'hémophiles en Suisse, dans le Valais central; huit garçons hémophiles sont nés en quatre générations. Trois autres garçons semblent atteints d'une forme fruste ou abortive d'hémophilie; leur temps de saignement est pathologique mais le temps de coagulation et le nombre de thrombocytes sont normaux.

L'hémophilie est une unité clinique et génétique; mais des travaux récents (1953) montrent que l'hémophilie peut résulter de troubles différents : l'hémophilie A, ou hémophilie classique, résultant d'une déficience de la globuline antihémophilique, et l'hémophilie B, ou maladie de Christmas, provenant d'une déficience d'un nouveau facteur, le facteur Christmas (voir p. 1126). Les deux formes n'étant distinguables que par les tests de coagulation, il n'est pas nécessaire actuellement d'infirmer l'unité de l'hémophilie. (J. P. Soulier et M. J. Larrieu *Differenciation of Hemophilia into Two Groups; Study of 33 Cas,* « N. Engl. J. Med. », 249, 1953, 547).

Daltonisme

Cette anomalie de la vision consiste en une inaptitude à distinguer le rouge du vert; pour les daltoniens les cerises ne sont jamais mûres. Le nom de daltonisme fut créé par Dalton, médecin et physicien anglais du XVIIIe siècle qui affecté de cette maladie, la décrivit pour la première fois. Cette dyschromatopsie relativement fréquente sévit chez 4 % environ des hommes; elle est plus rare, 3 ‰, chez les femmes; ceci était facile à prévoir puisque seules les femmes homozygotes pour le gène récessif *r* du daltonisme souffriront de l'anomalie. Les femmes hétérozygotes pour ce gène, donc conductrices, présentent une fréquence de 8 % environ (ce pourcentage est le double de celui des hommes daltoniens puisque la femme possède 2 *X* et l'homme un seul). Dans un certain nombre de cas (un sur douze environ), un homme daltonien épousera une femme à vision des couleurs normale mais conductrice pour le gène du daltonisme (type de l'union IV); la moitié des filles sera affectée de daltonisme et l'autre moitié sera conductrice; la moitié des fils sera atteinte de daltonisme. En réalité la question du daltonisme se complique encore par le jeu d'allèles multiples (voir p. 1089).

CARACTÈRES A TRANSMISSION VARIABLE

Si de nombreux caractères normaux et pathologiques obéissent à un mode de transmission précis, certains, au contraire, se transmettent selon plusieurs types, dominant, récessif, lié au chromosome sexuel.

Le cheveu crépu du Noir domine le cheveu plat du Blanc, mais le cheveu crépu du Mélanésien est récessif. La bride mongolique de la paupière supérieure domine l'œil européen; la bride de l'œil des Boschimans est récessive. La présence de la tache mongolienne est tantôt dominante, tantôt récessive. La couleur jaune du Mongol domine la couleur blanche de l'Européen, mais elle est dominée par la couleur noire du Noir.

La rétinite pigmentaire, grave maladie, résulte d'un dépôt progressif de pigment le long des vaisseaux rétiniens; la cécité apparaît souvent dès l'âge de quatorze ans; les statistiques montrent que la maladie présente plusieurs formes : dominante, récessive, liée au chromosome sexuel.

Chez les Européens, la maladie de Leber, ou atrophie optique héréditaire, dépend d'un gène récessif lié au chromosome sexuel; mais chez les Japonais, elle est régie par un gène autosomal récessif.

L'héméralopie, ou cécité nocturne, est dominante ou récessive ou récessive liée au chromosome sexuel. La mégalocornée est récessive, liée au chromosome sexuel; dans certains cas, elle semble dominante et liée au chromosome sexuel.

L'ichthyose commune, sous sa forme habituelle, est autosomique dominante; dans une douzaine de cas, elle apparaît récessive liée au chromosome sexuel.

L'amyotrophie de Charcot-Marie, affection du système nerveux, confère au malade un aspect caractéristique par suite de la localisation distale des malformations; la gracilité particulière des mains et des pieds contraste avec la musculature normale du tronc, des bras, des cuisses; elle se transmet sous les trois modes d'hérédité : dominant, récessif et récessif lié au chromosome sexuel.

Le nystagmus, ou tremblement spasmodique des globes oculaires, est connu sous une forme récessive et sous une forme récessive liée au chromosome sexuel.

Et l'on pourrait encore citer d'autres exemples; mais il est particulièrement intéressant de noter qu'aux diverses variétés génétiques correspondent de légères différences cliniques. Les trois formes génétiques de rétinite pigmentaire présentent des nuances cliniques; la variété récessive serait la plus précoce; la variété dominante serait plus tardive et moins grave; la variété récessive liée au chromosome sexuel apparaîtrait intermédiaire aux deux autres. L'amyotrophie de Charcot-Marie montre, en liaison avec le type d'hérédité, des variations cliniques de même ordre (précocité, gravité). Le sujet atteint d'ichthyose, sous sa forme rare récessive liée au chromosome sexuel, souffre, en outre, d'une altération bilatérale du fond de l'œil caractérisée par un aspect décoloré et bigarré; cette anomalie constitue un syndrome qui semble absent dans la forme dominante autosomique de l'ichthyose. Le nystagmus récessif autosomique comporte, outre le tremblement oculaire, de fréquents mouvements de la tête; ceux-ci sont très rares dans la forme récessive liée au chromosome sexuel. De légères différences cliniques, solidaires des modes d'hérédité (dominant, récessif, récessif partiellement lié au chromosome sexuel), apparaissent aussi dans l'épidermolyse bulleuse caractérisée par la formation de phlyctènes séro-sanglantes en réponse au moindre traumatisme.

Ces premières observations encouragent un examen méticuleux des maladies satisfaisant à plusieurs critères héréditaires; à cette instigation s'édifiera peu à peu une révision de la nosologie.

Mais, au point de vue génétique, comment ces phénomènes sont-ils interprétables? Ces quelques exemples de concordance entre les variétés génétiques et les nuances cliniques relèvent de deux hypothèses : un gène déterminant un phénotype change de place par suite de translocations, inversions plus ou moins complexes; dans son nouveau locus, son action globale demeure la même, mais le voisinage d'autres gènes provoque l'apparition de différences minimes; seconde hypothèse, des phénotypes presque identiques peuvent résulter de l'action de gènes différents. On connaît d'ailleurs quelques cas d'affections héréditaires provoquées par des gènes différents ayant une action identique. La myopie, tare récessive, a une double origine; deux gènes différents situés sur le même chromosome conditionnent à l'état homozygote la myopie; deux parents myopes, donc homozygotes, récessifs, engendreront des enfants myopes; cependant leur descendance peut être saine lorsque le gène déficient du père sera dominé par le gène normal de la mère et inversement; l'enfant est alors hétérozygote pour les deux gènes et la myopie ne se manifestera pas chez lui; de tels gènes sont dits *isophanes* (voir p. 1096). Des gènes isophanes interviennent vraisemblablement dans la surdi-mutité; cette affection héréditaire relève d'un gène autosomique récessif; contre toute attente, deux parents sourds-muets engendrent parfois des enfants normaux; cette anomalie s'explique facilement si les gènes provoquant la surdi-mutité des parents sont différents; l'homozygotie ne se réalisera pas chez l'enfant et la surdi-mutité ne se manifestera pas. Le cas de la surdi-mutité se complique encore par la présence de formes acquises de la tare et par suite non héréditaires.

POLYALLÉLIE OU ALLÈLES MULTIPLES

Il a déjà été montré qu'à un gène dominant *A* peut correspondre une série plus ou moins nombreuse de gènes mutés de *A* ou de son allèle récessif *a*; cette série se compose d'allèles multiples qui occupent le même locus dans le chromosome.

Quelques cas de polyallélie sont notés chez l'Homme; les plus courants sont ceux des groupes sanguins classiques, des variétés d'hémoglobine, et du système Rhésus.

GROUPES SANGUINS CLASSIQUES

Landsteiner (1901) a reconnu parmi les humains quatre groupes sanguins classiques dont les caractéristiques sont résumées dans le tableau suivant :

Groupes	Hématies	Sérum
A	Antigène *A*	Agglutinine anti-*B* ou β
B	Antigène *B*	Agglutinine anti-*A* ou α
AB	Antigènes *A* et *B*	Pas d'agglutinines
O	Pas d'antigènes *A* et *B*	Agglutinines anti-*A* et anti-*B*

Les sujets appartenant au groupe O sont les donneurs universels (leurs hématies dépourvues d'agglutinogènes sont inaptes à être agglutinées); ceux appartenant au groupe *AB* sont les receveurs universels (leur sérum privé d'agglutinines est incapable d'agglutiner). Par la suite on a découvert que le groupe *A* se composait de plusieurs sous-groupes dont trois sont bien nets, A_1, A_2, A_3, *(fig. 75)*; le groupe *AB* compte donc, lui aussi, trois sous-groupes $A_1 B$, $A_2 B$, $A_3 B$. Ces antigènes sanguins présents dans les hématies sont des caractères mendéliens héréditaires, commandés par les gènes A_1, A_2, A_3, *B* et *O* qui sont des allèles multiples occupant le même locus dans les chromosomes; A_1, A_2, A_3, *B* sont dominants; *O* est récessif; A_1 domine A_2, A_2 domine A_3. Les quinze génotypes possibles présentent donc les formules suivantes : $A_1 A_1$, $A_1 A_2$, $A_1 A_3$, $A_1 O$, $A_2 A_2$, $A_2 A_3$, $A_2 O$, $A_3 A_3$, $A_3 O$, $A_1 B$, $A_2 B$, $A_3 B$, *OO*, *BB*, *BO*. Le nombre de génotypes est d'autant plus important que le nombre des allèles multiples est plus élevé ainsi que le montre la formule suivante qui donne le nombre de génotypes en fonction du nombre *n* des allèles :

$$\frac{n\,(n + 1).}{2}$$

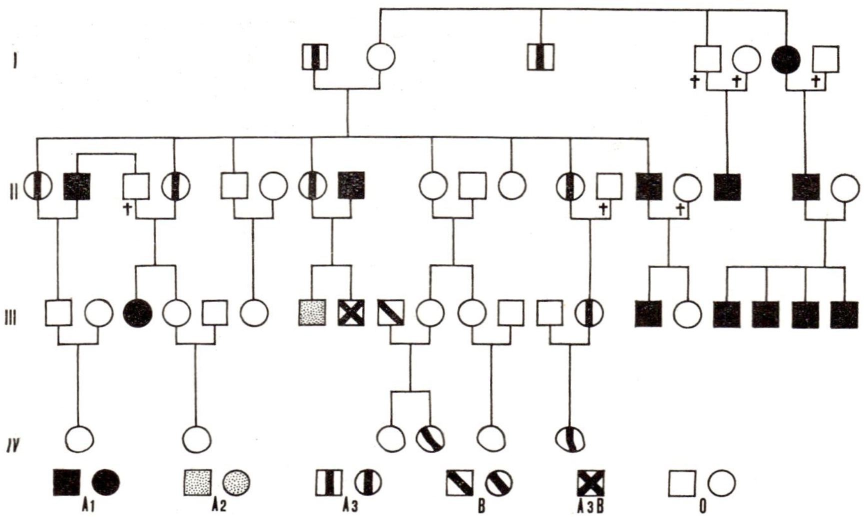

FIG. 75 — MODE DE TRANSMISSION DES GROUPES SANGUINS CLASSIQUES A_1, A_2, A_3, B, O (d'après Moullec et Diacono).

Le garçon A_3B de la génération III eſt nécessairement illégitime ; il a dû recevoir le gène *B* de son père ; or le père légal figurant dans le pedigree appartient au groupe A_1. I, II, III, IV, première, deuxième, troisième, quatrième générations.

A ces groupes classiques, il faut adjoindre les systèmes *M N, P,* le système Rhésus (voir p. 1084), puis des systèmes récemment découverts (Kell, Lewis, Lutheran, Duffy, Kidd), à assez large distribution, et enfin des antigènes privés propres à quelques familles (Levay, Gr, Jobbins, Becker). Tous les gènes responsables de ces divers systèmes et facteurs sont disposés sur les autosomes.

Le groupe *Xg* découvert en 1962 est le premier qui soit régi par un gène occupant un locus du chromosome sexuel *X*.

Les individus ne diffèrent pas seulement les uns des autres par des caractères érythrocytaires mais aussi par des protéines du sérum. Les groupes sériques ont été découverts en 1955 avec les groupes d'haptoglobine. Les trois types d'haptoglobine mis en évidence sont commandés par une paire de gènes allèles Hp^1 et Hp^2, la fréquence de Hp^2 en Europe étant plus grande que celle de Hp^1; tout récemment, il a été constaté que le gène Hp^1 se présente sous deux formes; il en résulte que le nombre des phénotypes passe de trois à six.

Depuis 1955, les découvertes se sont succédé; groupe sérique *Gm* (1956) groupe de transferrines (1957), groupe *Gc* (1959), groupe *Ag* (1961).

VARIÉTÉS D'HÉMOGLOBINE

L'hémoglobine est une chromoprotéine constituée d'une protéine, la globine, unie à un hème qui est une ferro-

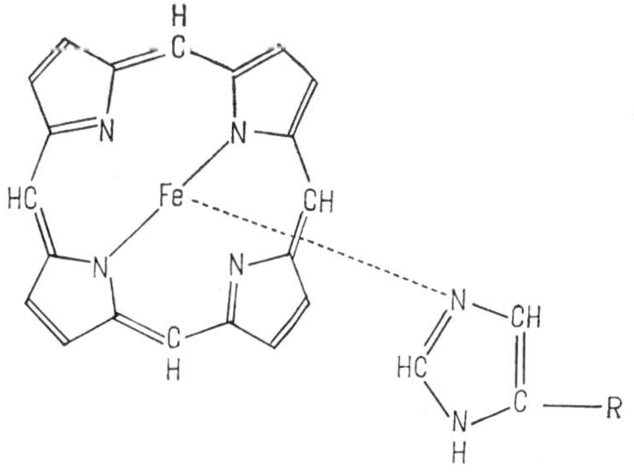

FIG. 76 — STRUCTURE SCHÉMATIQUE DE L'HÉMOGLOBINE (d'après Lehnartz).

porphyrine *(fig. 76)*. En 1949, Pauling et ses collaborateurs découvraient, grâce à l'électrophorèse sur papier, que chez les sujets atteints de drépanocytanémie (voir p. 1060) l'hémoglobine se comportait différemment de celle des sujets sains; elle avait donc subi une modification. L'hémoglobine des hématies normales est l'hémoglobine *A* alors que les drépanocytes renferment une hémoglobine *S* différente de *A (fig. 77)*. On découvrait aussi chez d'autres sujets une autre hémoglobine *C*. De divers pedigrees illustrant la transmission des hémoglobines *A, S, C,* il résulte que chaque sujet ne possède au maximum que deux types d'hémoglobines. Les trois gènes responsables sont allèles et occupent le même locus.

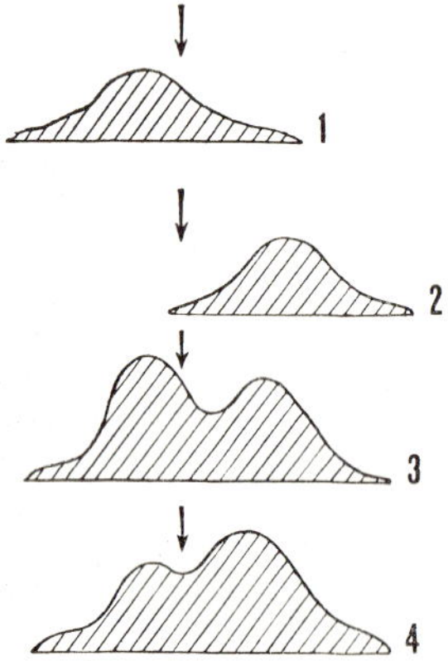

FIG. 77 — COMPORTEMENT ÉLECTROPHORÉTIQUE DE LA CARBOXYHÉMOGLOBINE À UN pH = 6,9 (d'après Pauling).

1, sujet normal; 2, sujet avec drépanocytanémie; 3, sujet porteur de drépanocytes; 4, mélange à parties égales des hémoglobines *A* et *S*.

Ultérieurement, toujours par électrophorèse sur papier, de nombreuses autres variétés d'hémoglobine *(E, D, L, G, F, K, J, I, H)* étaient mises en évidence. Au pH = 8,6 toutes ces hémoglobines portent des charges négatives et se dirigent vers l'anode avec des vitesses variées. L'hémoglobine *H* présente la plus grande mobilité et l'hémoglobine *C* la plus faible *(fig. 78)*. Avec un pH = 6,5, seule l'hémoglobine *H* porte encore une charge négative; les autres hémoglobines chargées positivement se dirigent vers la cathode.

La multiplicité des hémoglobines a posé un problème de nomenclature; des règles internationales ont été proposées; l'hémoglobine normale de l'adulte est désignée par *A;* l'hémoglobine fœtale, par *F;* l'hémoglobine des drépanocytes, par *S;* en général les autres hémoglobines sont nommées par des lettres de l'alphabet dans leur ordre de découverte *C,D,E,G,H,I,J,K,L*.

Les diverses hémoglobines se différencient par la présence d'un acide aminé particulier (voir p. 1119). Leur fréquence varie d'une région à une autre.

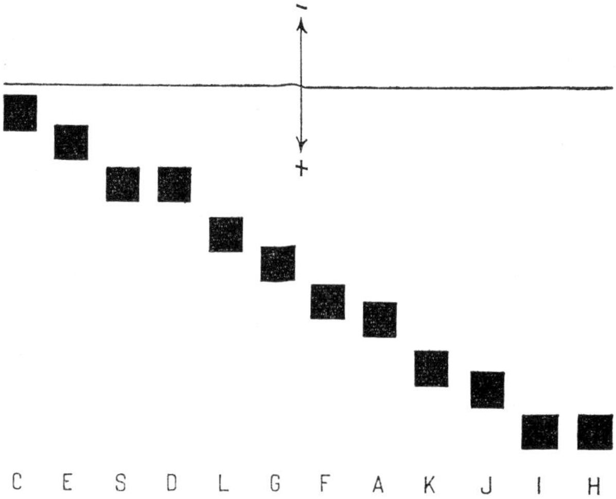

FIG. 78 — REPRÉSENTATION SCHÉMATIQUE DE DIVERSES VARIÉTÉS D'HÉMOGLOBINE C, E, S, I, H, ET DE LEUR VITESSE DE MIGRATION DANS L'ÉLECTROPHORÈSE SUR PAPIER À pH = 8,6 (d'après H. Lehmann).

Il est vraisemblable que les gènes qui régissent les hémoglobines sont des allèles. Les preuves génétiques sont encore à fournir sauf pour les hémoglobines *A,S,C*. Quelques pedigrees semblent indiquer que les gènes *S* et *G* ne sont certainement pas allèles. L'hémoglobine *H* représente une exception; sa transmission héréditaire reste obscure; il semble que le gène conditionnant l'hémoglobine *H* ne se manifeste que chez les sujets hétérozygotes pour la thalassémie mineure.

La multiplicité des hémoglobines entraîne un plus grand nombre de combinaisons génétiques possibles à l'origine d'affections hématologiques variées. En voici quelques exemples : $A + F$, thalassémie; $S + F$, drépanocytanémie; $A + S$, drépanocytémie; $A + S + F$, thalassémie drépanocytaire; C, hémoglobinose C; $A + C + F$, thalassémie, hémoglobinose C, etc.

LE SYSTÈME RHÉSUS

Le nouveau facteur sanguin Rhésus, découvert en 1940 par Landsteiner et Wiener, est d'une grande importance; il est en effet le chef de file d'une série d'antigènes très particuliers dont le comportement explique les accidents observés au cours de transfusions sanguines multiples réalisées entre sangs compatibles quant aux groupes classiques et au cours de certaines grossesses.

En 1937, Landsteiner et Wiener faisaient des recherches sur les agglutinogènes *M* et *N* et expérimentaient avec le sang d'un Singe, le *Macacus rhesus;* ils injectèrent des hématies de *Macacus rhesus* à des Lapins et obtinrent un sérum anti-macaque qui agglutinait non seulement les hématies du Singe mais aussi celles de 85 % des sujets humains; le sang de ces personnes renfermait donc le même antigène que le sang du Macaque et c'est pourquoi les deux auteurs américains appelèrent ce nouvel antigène le facteur Rhésus ou *Rh*. Les individus qui possédaient le nouvel antigène furent dénommés Rhésus positif; ceux qui en étaient dépourvus étaient des Rhésus négatif.

Le facteur Rhésus est indépendant du sexe et du groupe sanguin classique.

L'existence d'agglutinines anti-*Rh* dans le sérum normal n'a jamais été démontrée avec certitude; ces agglutinines sont des agglutinines irrégulières, qui apparaissent dans certaines conditions précises. Les individus *Rh* négatif sont susceptibles d'être sensibilisés à l'agglutinogène *Rh* dans deux circonstances : 1° à la suite d'une transfusion de sang *Rh* positif; 2° au cours d'une grossesse lorsque le fœtus est *Rh* positif. Dans les deux cas, l'individu *Rh* négatif, au contact de l'agglutinogène *Rh*, élabore des agglutinines anti-*Rh;* celles-ci exerceront de graves réactions agglutinantes si l'individu reçoit à nouveau du sang *Rh* positif. Ces agglutinines irrégulières anti-*Rh* sont responsables, d'une part, des accidents post-transfusionnels consécutifs à des transfusions multiples et, d'autre part, de la maladie hémolytique du nouveau-né.

MODE DE TRANSMISSION DU FACTEUR RHÉSUS

Les deux types sanguins *Rh* positif et *Rh* négatif sont déterminés héréditairement comme tous les autres groupes sanguins. Le facteur *Rh* est un facteur mendélien dominant transmis par un gène *Rh* positif dominant auquel correspond l'allèle dominé *Rh* négatif.

Aux deux phénotypes *Rh* positif et *Rh* négatif répondent trois génotypes : les individus *Rh* positif sont homozygotes *Rh* + *Rh* + ou hétérozygotes *Rh* + *Rh* —; les individus *Rh* négatif sont homozygotes *Rh* — *Rh* —. Deux parents *Rh* négatif engendreront uniquement des enfants *Rh* négatif. Si l'un des parents est *Rh* négatif et l'autre *Rh* positif, la descendance variera selon que le parent *Rh* positif sera homozygote ou hétérozygote; dans le premier cas, tous les enfants seront *Rh* positif (hétérozygotes); dans le second cas, 50 % des enfants seront *Rh* positif (hétérozygotes) et 50 % des enfants seront *Rh* négatif (homozygotes). Si les deux parents sont *Rh* positif homozygotes, tous les enfants seront *Rh* positif; si les deux parents sont *Rh* positif hétérozygotes, 75 % des enfants seront *Rh* positif et 25 % *Rh* négatif.

Le pronostic de la maladie hémolytique du nouveau-né est plus grave lorsque le père est *Rh* positif homozygote; tous les enfants seront *Rh* positif et susceptibles d'immuniser leur mère *Rh* négatif et de contracter la maladie hémolytique. Lorsque le père est *Rh* positif hétérozygote, 50 % des enfants seront *Rh* négatif et échapperont ainsi à la maladie.

Rapidement on comprit que le facteur *Rh* primitif ou facteur Rhésus standard n'était pas unique. Des recherches sérologiques, trop compliquées pour être exposées ici, mirent en évidence une mosaïque d'antigènes Rhésus. Deux nomenclatures, l'une adoptée par Wiener, l'autre proposée par Fisher et Race, compliquèrent encore les faits.

Le système des groupes Rhésus peut être considéré comme régi par trois paires de gènes *Cc, Dd, Ee;* à chaque gène correspond un antigène; seul l'antigène *d* n'est pas observé avec certitude. Ces gènes sont disposés sur le même chromosome et présentent un linkage presque absolu; en effet les antigènes *C* et *D* d'une part, *D* et *E* d'autre part sont le plus souvent associés. D'autres allèles assez peu fréquents et parfois rares ont encore été découverts : C^w (1946), s'observe chez 2 à 3 % des individus; C^u, c^v sont plus douteux; l'existence de c^v est même infirmée (1960); D^u et E^u ont été respectivement découverts en 1946 et 1950; enfin les allèles C^x (1954) et E^w (1955) particulièrement rares conditionnent des « antigènes familiaux privés ».

Sur un chromosome, un premier locus est occupé par la série d'allèles *Dd;* un deuxième locus proche du premier porte la série d'allèles *Cc;* enfin la série d'allèles *Ee* se trouve dans un troisième locus proche du deuxième. En faisant abstraction des allèles rares, huit sortes de combinaisons sont possibles : *cde, Cde, cdE, CdE, cDe, CDe, cDE, CDE* (dans l'autre nomenclature : rh, rh', rh'', rh_y, Rh_0, Rh_1, Rh_2, Rh_z ou en supprimant la lettre *h* : r, r' r'', r_y, R_0, R_1, R_2, R_z). Leur fréquence est variable; voici des pourcentages notés en Angleterre :

R_1	ou	*CDe*	43,61	r''	ou	*cdE*	1,70
r	ou	*cde*	37,90	r'	ou	*Cde*	0,81
R_2	ou	*cDE*	12,80	R_z	ou	*CDE*	0,13
R_0	ou	*cDe*	3,05	r_y	ou	*CdE*	0,005

Les crossing-over entre les trois combinaisons les plus fréquentes donnent naissance à des types chromosomiques rares *(fig. 79).*

Le facteur Rhésus standard primitivement décrit correspond à l'antigène *D* et à l'antigène *d* qui sont régis par le gène dominant *D* et son allèle récessif *d.* Les individus Rhésus positif homozygotes possèdent *DD,* les Rhésus positif hétérozygotes *Dd* et les Rhésus négatif *dd.*

L'antigène *D* possède la plus grande puissance antigénique; 92 à 95 % des accidents observés sont imputables à l'agglutinine anti-*D* élaborée par les individus Rhésus négatif qui reçoivent du sang Rhésus positif renfermant l'antigène *D.* Les agglutinines anti-*e,* anti-*C,* anti-*E,* sont plus rarement responsables d'accidents.

La fréquence des génotypes possibles (en ne tenant pas compte des allèles très rares), établie sur mille Parisiens pris au hasard, est la suivante :

R_1r	ou	*CDe/cde*	36,3 %	R_0r	ou	*cDe/cde*	3 %
R_1R_1	ou	*CDe/CDe*	19,3	$r'r$	ou	*Cde/cde*	0,6
rr	ou	*cde/cde*	15,4	$r''r$	ou	*cdE/cde*	0,5
R_2r	ou	*cDE/cde*	12,7	$r'r'$	ou	*Cde/Cde*	0,2
R_1R_2	ou	*CDe/cDE*	12				

De nouvelles complications se sont encore ajoutées; des observations récentes montrent que le chromosome Rhésus, outre les séries *DCE*, comprend des gènes (ou des zones géniques) intercalaires résultant de l'interaction de deux gènes voisins *DE* ou *CE*.

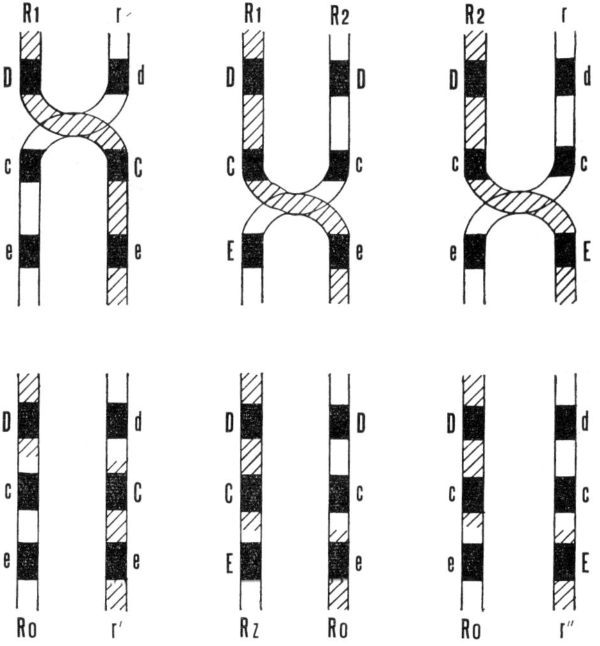

FIG. 79 — NAISSANCE DE TYPES CHROMOSOMIQUES RARES À LA SUITE DE CROSSING-OVER (d'après Race, Mourant et McFarlane).

Un crossing-over entre les chromosomes R_1 (*CDe*) et *r* (*cde*) donne les chromosomes R_0 (*cDe*) et *r'* (*Cde*); un C.O. entre les chromosomes R_1 (*CDe*) et R_2 (*cDE*) donne les chromosomes R_z (*CDE*) et R_0 (*cDe*); un C.O. entre les chromosomes R_2 (*cDE*) et *r* (*cde*) donne les chromosomes R_0 (*cDe*) et *r''* (*cdE*).

Le gène *f* (1953), intercalaire entre *c* et *e*, est en rapport avec un antigène *f* lié à l'existence des gènes *c* et *e* sur le même chromosome et résultant de l'interaction de ces deux gènes. D'autres antigènes analogues ont été notés :

rhᵢ résultant de l'interaction des gènes				*C* et *e* (1958)
hrᵢ	»	»	» »	*c* et *E* (1958)
G	»	»	» »	*D* et *C* (1958)

Pour essayer d'uniformiser la nomenclature on a proposé de nommer les antigènes intercalaires et les gènes correspondants d'après les gènes principaux qui les commandent; *G* est *'DC'*, *f* est *'ce'*, rh_i est *'Ce'*, hr_i est *'cE'*. La découverte de nouveaux gènes intercalaires n'est pas impossible, par exemple *'dc'*, *'Dc'*, *'dC'* et *'CE'*. Les gènes intercalaires modifient la structure du chromosome Rhésus. L'ordre des loci occupés par les gènes *DCE* étant établi, il faut ajouter les gènes intercalaires; les combinaisons chromosomiques se présenteraient ainsi :

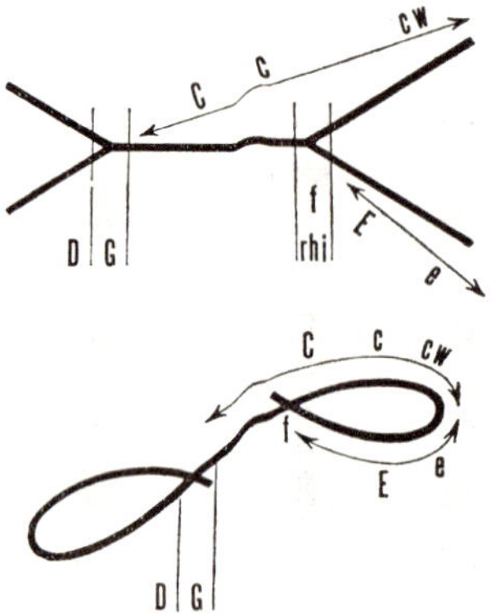

FIG. 80 — SCHÉMAS EN DOUBLE FOURCHE ET EN DOUBLE BOUCLE DES GÈNES RHÉSUS EN TENANT COMPTE DES GÈNES INTERCALAIRES (d'après Nijenhuis).

Explications dans le texte.

R_1	ou	*D*	*C*	*e*	devient	*D*	*G*	*C*	rh_i	*e*	ou	*D*	*'DC'*	*C*	*'Ce'*	*e*
R_2	ou	*D*	*c*	*E*	devient	*D*	.	*c*	hr_i	*E*	ou	*D*	—	*c*	*'cE'*	*E*
R_0	ou	*D*	*c*	*e*	devient	*D*	.	*c*	*f*	*e*	ou	*D*	—	*c*	*'ce'*	*e*
R_z	ou	*D*	*C*	*E*	devient	*D*	*G*	*C*	.	*E*	ou	*D*	*'DC'*	*C*	—	*E*
r'	ou	*d*	*C*	*e*	devient	*d*	.	*C*	rh_i	*e*	ou	*d*	—	*C*	*'Ce'*	*e*
r''	ou	*d*	*c*	*E*	devient	*d*	.	*c*	hr_i	*E*	ou	*d*	—	*c*	*'cE'*	*E*
r	ou	*d*	*c*	*e*	devient	*d*	.	*c*	*f*	*e*	ou	*d*	—	*c*	*'ce'*	*e*
r_y	ou	*d*	*C*	*E*	devient	*d*	.	*C*	.	*E*.	ou	*d*	—	*C*	—	*E*

(Les points et les traits marquent les gènes intercalaires non connus.)

Nijenhuis (1959) propose une nouvelle conception de la disposition structurale du gène *Rh* et lui accorde une forme en double fourche ou en double boucle *(fig. 80)*.

DALTONISME

La pathologie héréditaire possède au moins un cas de polyallélie incontestable; celui du daltonisme. Il a déjà été dit que cette dyschromatopsie consiste en une inaptitude à distinguer le rouge du vert; en réalité, cette cécité partielle pour certaines couleurs se décompose en une cécité pour le rouge et en une cécité pour le vert. La cécité pour le rouge peut être légère *(protanomalie)* ou grave *(protanopie)*; de même la cécité pour le vert peut être légère *(deutéranomalie)* ou grave *(deutéranopie)*; entre la normalité et l'affection caractérisée se place donc un degré intermédiaire. Il est admis que le chromosome X porte deux gènes, l'un R responsable de la vision du rouge et l'autre V responsable de la vision du vert. Chacun des deux gènes comporte deux allèles, r_1 gène de la protanomalie, r_2 gène de la protanopie, et v_1 gène de la deutéranomalie, v_2 gène de la deutéranopie. R domine r_1 et r_2, r_1 domine r_2; de même V domine v_1 et v_2, v_1 domine v_2. Les deux séries polyalléliques indépendantes sont donc dans l'ordre de la dominance :

Normalité (R) — Protanomalie (r_1) — protanopie (r_2)
Normalité (V) — Deutéranomalie (v_1) — deutéranopie (v_2)

La vision normale du rouge et du vert nécessite la présence des deux gènes R et V de la normalité; leurs absences déterminent une vision anormale plus ou moins déficiente selon la nature des allèles présents. Une femme à vision normale, hétérozygote pour les deux gènes, est capable de transmettre les gènes de l'une ou de l'autre cécité; en effet les deux gènes normaux R et V, étant dominants, masquent l'action des allèles récessifs; cette femme est conductrice (R, V, r_1, v_1 ou R, V, r_2, v_2, ou R, V, r_1, v_2 ou R, V, r_2, v_1). Une femme hétérozygote $r_1\, r_2\, VV$ porteuse des gènes r_1 et r_2 présentera un léger trouble de la vision du rouge puisque r_1 domine r_2. Une femme totalement daltonienne devra être doublement homozygote récessive et ne porter que les gènes $r_2\, r_2\, v_2\, v_2$; ceci explique la rareté des femmes vraiment daltoniennes.

L'homme exprimera les gènes qu'il porte, même si ceux-ci sont récessifs, puisqu'ils n'auront pas de gènes homologues dominants pour les masquer. La vision normale de l'homme correspond à la formule RV; $r_1 V$ donne un garçon protanomale, $r_2 V$, un garçon protanope, $R v_1$, un garçon deutéranomale, $R v_2$ un garçon deutéranope, $r_1 v_1$, un garçon protanomale-deutéranomale, $r_1 v_2$, un garçon protanomale-deutéranope, $r_2 v_1$, un garçon protanope-deutéranomale, $r_2 v_2$, un garçon protanope-deutéranope. Les génotypes masculins de la vision du rouge et du vert sont moins nombreux que ceux des femmes par suite de l'absence des hétérozygotes; la plus grande fréquence du daltonisme masculin s'explique aisément par la manifestation de l'anomalie même lorsque les gènes récessifs sont à l'état simplex.

PLÉIOTROPIE

Le gène pléiotrope est en rapport avec des caractères plus ou moins nombreux et dissemblables, qui au premier abord ne paraissent avoir aucun rapport entre eux. De plus en plus, on admet que la plupart des gènes sont pléiotropes et influencent même la vitalité, la longévité, le chimisme, le psychisme, la fécondité.

Ce mode d'action génique n'est pas facile à déceler dans l'espèce humaine; il semble que certains gènes en rapport avec des déficiences mentales soient pléiotropes; aux manifestations mentales s'ajoutent diverses anomalies morphologiques ou cliniques. Par exemple, les sujets atteints de neurofibromatose (maladie de Recklinghausen), affection dominante, montrent une néoplasie générale de tout le système névroglique (gliome des nerfs périphériques et des centres nerveux, méningiomes); de plus, ces individus présentent un aspect morphologique particulier, petite taille, grosse tête, extrémités longues, mélanisme diffus.

La sclérose tubéreuse de Bourneville ou épiloia est un syndrome sublétal dominant (voir p. 1099); il se caractérise par des nodules scléreux de la grosseur d'un noyau de cerise ou d'une noisette, dans les couches superficielles du cerveau, par des adénomes sébacés disposés autour du nez et de la bouche, de l'épilepsie, de la déficience mentale et des tumeurs dans divers organes (cœur, rein); les manifestations très variables de la maladie offrent des combinaisons multiples de diverses localisations.

Le gène de l'ostéopsathyrose est aussi pléiotrope; il agit sur le squelette et détermine la fragilité osseuse; il colore en bleu la sclérotique de l'œil et il provoque la surdité.

Ces gènes pléiotropes ne réalisent pas toujours les diverses manifestations de la maladie; le gène de l'épiloia peut ne pas provoquer les tumeurs nerveuses, rénales ou cardiaques, mais seulement les adénomes sébacés de la face. La coloration des sclérotiques paraît être l'action la plus fréquente du gène de l'ostéopsathyrose.

D'une façon générale, l'action de gènes pléiotropes avec divers degrés de réalisation semble très fréquente en pathologie héréditaire; le syndrome de Marfan en donne un bon exemple. Cette maladie dominante, avec expressivité variable, se caractérise par une série d'anomalies intéressant le squelette (allongement général avec dolichocéphalie et arachnodactylie, modifications thoraciques) le tissu conjonctif (superélasticité des tendons), la musculature (faible développement), le tissu adipeux (faible développement), les yeux (ectopie du cristallin et nombreux autres troubles), les vaisseaux (faiblesse de la tunique moyenne de l'aorte et des artères pulmonaires, anévrismes...). La fréquence des divers symptômes observés chez deux cent quatre-vingt-douze malades est résumée dans le tableau ci-dessous (d'après Last et Vogel) :

Arachnodactylie	81 %
Ectopie du cristallin des deux yeux	78 %
Déformations de la colonne vertébrale	37 %
Anomalie des pieds	23 %
Myopie intense	12 %
Miose	11 %
Irisatrophie	10 %
Colobome	7 %
Cécité à la suite d'anomalies oculaires	6 %
Déficiences cardiaques congénitales	14 %
Anévrismes, en particulier de l'aorte	4 %

Certains auteurs admettent qu'une déficience des fibres élastiques du tissu conjonctif serait responsable des manifestations squelettiques, oculaires, circulatoires; McKusick a même établi un « pedigree de causes » du syndrome de Marfan (1959).

POLYMÉRIE

Un caractère héréditaire dépend parfois de l'action de facteurs multiples répartis en différents couples d'allèles, l'effet de chacun s'additionnant aux effets des autres; le jeu de ces gènes isodynames constitue la polymérie. Ce mode d'hérédité présente une grande importance dans l'espèce humaine et principalement dans la transmission des caractères normaux. Le poids, la stature, la forme générale du corps (type leptosomatique ou allongé, type eurysomatique ou trapu, etc.), la largeur des épaules, du bassin, du thorax, la couleur des yeux, des cheveux, de la peau, la forme des cheveux relèvent de la polymérie. Mais le nombre de gènes qui interviennent n'est pas toujours défini avec précision et souvent plusieurs hypothèses sont formulées.

FORME DES CHEVEUX

Il est bien établi que les cheveux plats sont récessifs et les cheveux frisés dominants; chaque état maximum de frisure domine les états minimums. Fisher estime que deux couples de facteurs (dimérie) régissent la forme des cheveux : *S* produirait un enroulement spiral des cheveux alors que *C* déterminerait l'ondulation. Les combinaisons entre ces deux gènes et leurs allèles récessifs correspondraient aux diverses formes de cheveux; le double homozygote récessif *ss cc* aurait les cheveux plats et le double homozygote dominant *SS C C* serait crépu; les hétérozygotes seraient intermédiaires :

SSCc, SScc, Sscc : de crépu à bouclé
ssCC : fortement ondulé; *ssCc :* faiblement ondulé
SsCC : ondulé et bouclé
SsCc : faiblement ondulé et bouclé.

COULEUR DES CHEVEUX

Les cheveux blonds sont récessifs et les cheveux foncés dominants. Mais divers mécanismes ont été proposés pour expliquer les transmissions observées dans les mariages.

Deux couples de facteurs interviendraient, l'un rouge *R* conditionnant le rouge et le blond, l'autre noir *M* pour le noir et le brun; les formules seraient les suivantes :

RRMM	Brun châtain
rrMM	Brun
RRMm	Blond
RRmm	Rouge

Une autre hypothèse admet encore deux couples de facteurs *B* et *C* producteurs de pigment noir; les diverses colorations auraient les formules suivantes :

BBCC, BbCc, BBCc, BbCC	noir
BBcc, bbCC, BbcC, bbCc	châtain
bbcc	blond

le rouge proviendrait d'un gène récessif modificateur.

Fisher reconnaît au moins trois couples de gènes; le facteur *A* conditionne la formation de couleurs; ses allèles multiples a_1, a_2, a_3, a_4 diluent de plus en plus la couleur, *a* inhibant toute pigmentation et produisant l'albinisme; le facteur *B* permet l'élaboration du pigment brun et le facteur *M* celle du pigment noir. Voici quelques formules correspondant à la coloration des cheveux selon cette hypothèse.

A	*b*	*M*	noir
A	*B*	*m*	brun sombre
a_4	*B*	*M*	brun
a_3	*B*	*m*	blond
a_2	*B*	*m*	blond clair
a_1	*B*	*m*	blond pâle
a	*B*	*m*	blanc

COULEUR DE LA PEAU

Les unions entre Blancs et Noirs permirent à Davenport (1913) d'analyser le mécanisme génétique de la coloration de la peau. Le grand nombre de combinaisons qui résultent de l'union de deux mulâtres laisse supposer qu'il ne s'agit pas d'une hérédité simplement dominante mais d'un cas de polymérie. La couleur de la peau serait régie par trois couples de gènes *Aa Bb Cc;* le Noir serait un triple homozygote dominant *AA BB CC* et le Blanc serait un triple homozygote récessif *aa bb cc*. Les mulâtres issus d'une union entre Noir et Blanche (ou croisement inverse) seront café au lait (hérédité intermédiaire). À la seconde génération (croisement de deux mulâtres), soixante-quatre combinaisons seront possibles, une seule reproduira le Noir *AA BB CC* et une seule donnera le Blanc *aa bb cc;* les soixante-deux autres combinaisons seront des hétérozygotes pour un ou plusieurs facteurs et de coloration café au lait plus ou moins foncé ou clair. La probabilité pour que deux parents mulâtres engendrent un Noir ou un Blanc est donc infime; mais cette éventualité improbable n'est nullement impossible ainsi que le montrent quelques exemples; une femme, fille d'un Anglais et d'une Bantou, avait une peau brune, des yeux bruns et des cheveux laineux; mariée à un Anglais aux yeux et cheveux bruns, elle donna naissance à deux garçons parfaitement blancs, possédant les yeux bruns et les cheveux lisses du père. On raconte aussi que de l'union d'une femme zoulou et d'un Belge naquirent huit enfants, deux blancs, trois noirs et trois bruns; la plus âgée des filles, une Noire, épousa un Zoulou; ils eurent deux fils noirs et deux fils bruns; une autre fille, blanche, épousa également un Zoulou et leurs deux fils furent l'un noir et l'autre blanc. Il est vraisemblable que l'aïeule zoulou possédait des gènes de la coloration blanche.

TAILLE

La taille humaine relève également de la polymérie; mais le nombre de gènes entrant en jeu demeure encore imprécis. Le type de transmission justifie l'observation courante que des parents très grands ou très petits engendrent souvent des enfants de taille moyenne; les cas extrêmes rappelant les types parentaux sont plus rares.

GÈNES MODIFICATEURS

Lorsque plusieurs gènes interviennent dans la réalisation d'un caractère, leurs actions ne s'additionnent pas nécessairement; parfois l'effet d'un gène influence l'action des autres; il s'agit alors d'un gène modificateur. Un exemple précis de gènes modificateurs s'observe dans l'hérédité humaine, il intéresse la réalisation des empreintes digitales. Trois couples de gènes déterminent le nombre et la conformation des crêtes papillaires dont la disposition conditionne trois modèles essentiels d'empreintes digitales; l'arc, la boucle, et le tourbillon, le nombre de crêtes croissant de l'un à l'autre type. Un gène *V* dénommé gène de l'épaisseur de l'épiderme commande le nombre absolu le plus élevé de crêtes présentes sur l'un des doigts des deux mains; empiriquement les zones d'action de *V* et de son allèle *v* ont été délimitées; un nombre de crêtes supérieur ou égal à vingt-deux caractérise une peau fine, homozygote récessive *vv;* l'homozygote dominant *VV* possède environ un nombre de crêtes inférieur à quinze et l'hétérozygote en compte de seize à vingt et une.

Mais l'action du gène *V* est modifiée par deux autres gènes exerçant une action seulement sur certains doigts : le gène *R* agit sur le pouce, l'index et le médius, tandis que le gène *U* intéresse l'annulaire et l'auriculaire (on peut faire remarquer que les extrémités des pouce, index, médius, sont innervées par le nerf radial; celles des deux autres doigts le sont par le nerf cubital); les deux gènes diminuent le nombre des crêtes résultant de l'action de *V*. La valeur des gènes *R* et *U* est indiquée par la différence entre le nombre maximal de crêtes papillaires observées sur un doigt quelconque d'une main et le nombre minimal de crêtes dans la même main relevées sur le pouce, l'index et le médius d'une part, l'annulaire et l'auriculaire d'autre part; une différence de zéro à quatre crêtes correspondrait aux gènes *rr* ou *uu;* celle de cinq à dix crêtes caractériserait l'hérérozygote *Rr* ou *Uu,* et enfin celle supérieure à dix crêtes appartiendrait à l'homozygote *RR* ou *UU*. Voici un exemple concret :

Numérotation des doigts	Nombre de crêtes papillaires	
	Main droite	Main gauche
1	12	14
2	0	4
3	10	11
4	9	10
5	9	12

Le nombre maximum de crêtes à un doigt quelconque est quatorze, donc *VV*.

Les différences observées entre le nombre maximal de crêtes sur un doigt quelconque et le nombre minimal de crêtes comptées sur les trois doigts radiaux et les deux doigts cubitaux de la même main sont :

$$\begin{matrix} 12 - 0 = 12 & & 12 - 9 = 3 & \\ & RR & & uu \\ 14 - 4 = 10 & & 14 - 10 = 4 & \end{matrix}$$

La formule générale est donc du type *VV* RR *uu*.

GÈNES COMPLÉMENTAIRES OU GÈNES ISOPHANES

Des phénotypes apparemment normaux peuvent résulter de l'action de deux ou plusieurs gènes complémentaires. Dans une même famille, deux parents myopes ou sourds engendrent uniquement des enfants normaux ou des enfants porteurs de la tare parentale. Myopie et surdité congénitale sont conditionnées par deux gènes récessifs différents; les allèles dominants conditionnent l'état normal.

Un myope *AAbb* qui épouse une myope *aaBB* engendrera uniquement des enfants hétérozygotes pour les deux gènes récessifs *Aa Bb,* qui posséderont une vue normale.

Il en est de même pour la surdité congénitale qui est conditionnée par deux gènes récessifs *d* ou *e* situés à des locus différents; l'audition normale dépendra de la présence des deux allèles dominants *D* et *E*. Du mariage de deux sourds *ddEE* et *DDee* naîtront des enfants *DdEe* qui auront une bonne audition. Le pedigree *(fig. 81)* s'explique aisément si les parents de la génération I possèdent les génotypes suivants : Parents 1 et 2, *DdEE;* Parents 3 et 4, *DDEe;* Parent 5, *DDEe;* Parent 6, *DDee*. En génération II, les sourds auront les génotypes suivants : 1, *ddEE,* 2, *DDee;* 5, *DDee;* 7, *DDee;* 8, *DDee;* 9, *DDee*. En génération III les génotypes des trois sourds 6, 7, 8 seront *DDee*.

Ces quelques exemples montrent que la transmission d'un caractère-unité est plus simple que celle d'un caractère relevant de la polymérie et régi par un nombre de gènes imprécis; ceci explique l'abondance de la littérature consacrée aux caractères pathologiques (le plus souvent caractère-unité) comparativement à celle portant sur les caractères normaux (caractère polymère).

L'intelligence, les qualités et les défauts psychologiques seraient aussi conditionnés par de nombreux gènes comprenant des gènes majeurs, mineurs, modificateurs; les combinaisons de ces différents gènes expliquent la naissance, par exemple, de musiciens présentant de sensibles variantes depuis le musicien de génie jusqu'au sujet dépourvu de sens musical.

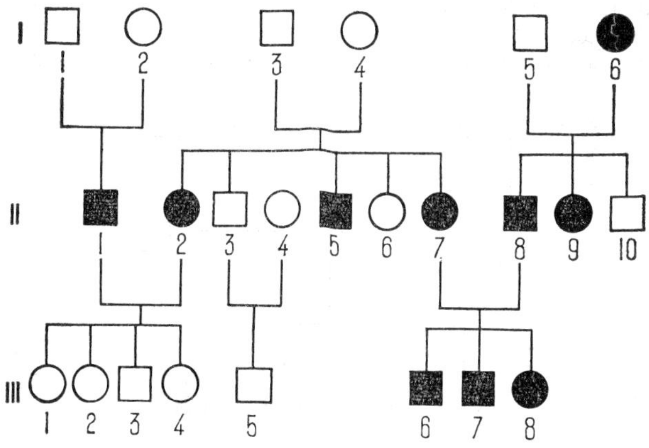

FIG. 81 — TRANSMISSION DE LA SURDITÉ CONGÉNITALE (d'après Snyder).

Explications dans le texte. En noir, sujets atteints de surdité; en blanc, sujets avec audition normale; I, II, III, première, deuxième, troisième générations.

GÈNES LÉTAUX ET SUBLÉTAUX

L'observation de la durée de vie des individus d'une population laisse supposer que certains génotypes doivent être plus favorables que d'autres. Des gènes particuliers semblent conférer une résistance à des maladies graves ou infectieuses, de même la longévité relève assurément de certaines combinaisons géniques. En effet, on connaît des familles où, pendant des générations successives, tous les membres atteignent un âge avancé (les morts accidentelles ou volontaires étant exclues). Pearl a défini le *tial* (*t*ime of *i*mmediate *a*ncestor *l*ongevity) qui donne une approximation de la durée de la vie d'un individu. Pour connaître son *tial,* on additionne les temps de vie des six ascendants immédiats (père, mère et grands-parents maternels et paternels); la valeur du tial oscille entre six cents (valeur maximale théorique) et cent vingt (valeur minimale compatible avec l'existence de descendants); plus le *tial* est proche de six cents, plus l'individu a de chances de vivre longtemps; au contraire un *tial* de faible valeur indique une longévité plutôt restreinte *(fig. 82).*

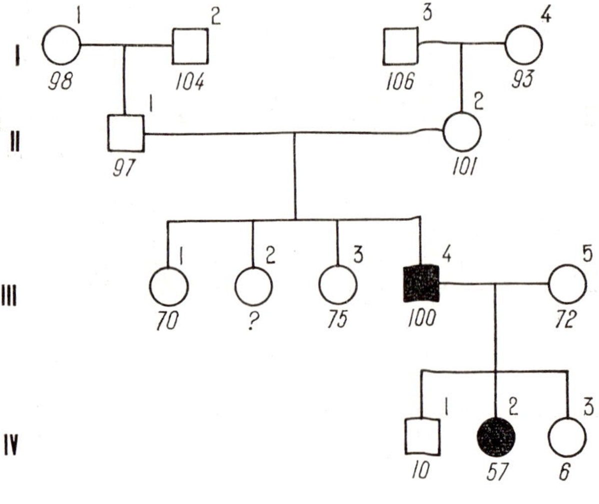

FIG. 82 — UN PEDIGREE DE LA LONGÉVITÉ.

Les nombres 98, 104, 106..., indiquent l'âge de la mort de la personne. III, 4 est mort à 100 ans; il possédait un *tial* élevé égal à 599. I, 1 et IV, 1, 3 mort accidentelle.

L'existence de divers gènes favorables à la viabilité de l'individu est difficile à étudier avec précision; mais il n'en est pas ainsi pour quelques gènes particulièrement défavorables dont les effets physiologiques ou morphologiques sont faciles à analyser. Ces gènes particuliers sont des gènes létaux ou sublétaux (ou semi-létaux); les premiers ne permettent pas la survie de l'embryon ou du nourrisson qui les porte; les seconds provoquent la mort de l'enfant ou de l'adolescent, le plus souvent avant l'âge de reproduction. Ces gènes létaux et sublétaux, situés soit sur des autosomes, soit sur les hétérochromosomes, peuvent être dominants ou récessifs.

La sclérose tubéreuse de Bourneville ou épiloia constitue un excellent exemple de l'intervention d'un gène pléiotrope; ses divers symptômes caractéristiques ont déjà été mentionnés (p. 1090). Mais elle est aussi un syndrome sublétal dominant. Les manifestations de la maladie, très variables, offrent des combinaisons multiples des diverses localisations; parfois seuls les adénomes sébacés sont présents; l'épilepsie existe presque toujours dans les cas graves; les lésions résultent vraisemblablement de l'action pléiotropique d'un gène irrégulièrement dominant. L'observation des familles atteintes montre que l'épiloia, nettement plus grave dans certaines familles, y détermine la mort des individus encore jeunes; les formes les plus atténuées qui sévissent dans d'autres familles, sont compatibles avec une longévité suffisante pour permettre la procréation d'enfants; c'est ainsi que des pedigrees montrent des cas d'épiloia se transmettant dans deux ou trois générations; une transmission pendant cinq générations a même été signalée.

Les gènes létaux et sublétaux récessifs déterminent d'abondantes déficiences et des monstruosités chez les fœtus et les nouveau-nés; elles étaient autrefois rapportées à des adhérences aux enveloppes fœtales. Rentrent dans cette catégorie la fragilité congénitale des os, qui détermine de nombreuses fractures du fœtus avant la naissance, la maladie de Werdnig-Hoffmann ou paralysie congénitale, la forme typique de l'ichthyose congénitale caractérisée par une peau hyperkératinisée analogue à du cuir, avec de profondes fissures par où se produisent des hémorragies; les homozygotes pour ce gène récessif meurent à l'état de fœtus ou ne vivent que quelques jours. Claus mentionne la descendance intéressante d'une femme normale; après cinq enfants légitimes normaux, naquirent trois illégitimes tous ichthyosiques; le père de ces derniers, tout comme la mère, était normal, mais à son insu, il était le demi-frère de celle-ci; la femme et le père illégitime devaient être tous deux hétérozygotes pour le gène de l'ichthyose congénitale. La maladie de

Tay-Sachs, ou forme infantile de l'idiotie amaurotique, est létale; les premiers symptômes (nystagmus et absence de mouvements volontaires) apparaissent chez l'enfant en bonne santé, âgé de quelques mois; dans le courant de la première année se manifestent l'idiotie avec paralysie, une atrophie totale du nerf optique provoquant la cécité; la mort survient vers la seconde année. On observe une dégénérescence des cellules nerveuses cérébrales; elle résulterait d'une déficience chimique qui inhiberait l'utilisation de certains lipides indispensables aux cellules nerveuses. Le *xeroderma pigmentosum,* affection cutanée partiellement liée au chromosome sexuel, est sublétal; la sensibilité anormale des yeux et de la peau à la lumière provoque la naissance de tumeurs malignes conduisant toujours à une mort prématurée. La maladie ne se développe que chez les homozygotes, mais les hétérozygotes porteurs d'un seul gène possèdent des éphélides anormalement abondantes.

La mort des fœtus *in utero* doit être souvent imputable à des gènes létaux; l'étude directe est difficile mais l'analyse de cas semblables chez les animaux (Souris) fournit de précieuses indications. Les malformations et les monstruosités présentées par les fœtus relèvent aussi d'action génique létale. Mohr cite le cas d'un fœtus monstrueux sans membre, né de parents cousins germains, vraisemblablement hétérozygotes pour le gène létal récessif de cette malformation.

Certains gènes dominants déterminent à l'état hétérozygote une anomalie ou une déficience quelconque; mais, à l'état homozygote, ils sont létaux et se comportent donc comme des récessifs au point de vue de leur létalité. La brachydactylie, anomalie dominante, se caractérise par un raccourcissement plus ou moins grand de la seconde phalange de l'index et du second orteil en général; elle n'affecte pas la vitalité de l'individu. Mais dans le pedigree d'une famille norvégienne, on constate que l'union de deux brachydactyles (l'un l'étant beaucoup plus que l'autre) engendra deux enfants; le premier était brachydactyle comme le parent le moins atteint; le second était infirme ne possédant ni doigts, ni orteils et présentant en outre des malformations graves de tout le squelette; il mourut à l'âge de un an. Il était vraisemblablement homozygote pour le gène de la brachydactylie.

L'anomalie héréditaire de Pelger-Huet intéresse le leucocyte polynucléaire ou granulocyte; le granulocyte normal est une cellule arrondie de 12 à 14 microns avec un noyau multilobé (47 % de noyau trilobé, 25 % de noyau bilobé, 16 % de noyau quadrilobé). L'anomalie paraît caractérisée par un arrêt de la segmentation du noyau des granulocytes; tous possèdent un noyau unique ou à deux lobes; les trilobés sont extrêmement rares. De plus la structure fine du noyau est altérée; la chromatine est plus en masse qu'à l'état normal; elle se colore fortement avec les colorants basiques. Cette anomalie ne décèle aucun état pathologique; elle fut découverte par Pelger chez deux tuberculeux d'Amsterdam, mais elle ne présente aucun rapport avec la tuberculose; les granulocytes anormaux exerceraient peut-être une action phagocytaire moins intense que celle des granulocytes normaux. L'anomalie se transmet selon les règles mendéliennes; c'est un caractère dominant, comme l'a montré Huet en 1932 *(fig. 83)*. En 1940 on connaissait deux cents individus « Pelger » répartis en trente-deux familles distribuées un peu partout dans le monde (Hollande, Allemagne Suisse, Tchécoslovaquie, France, États-Unis, Japon,

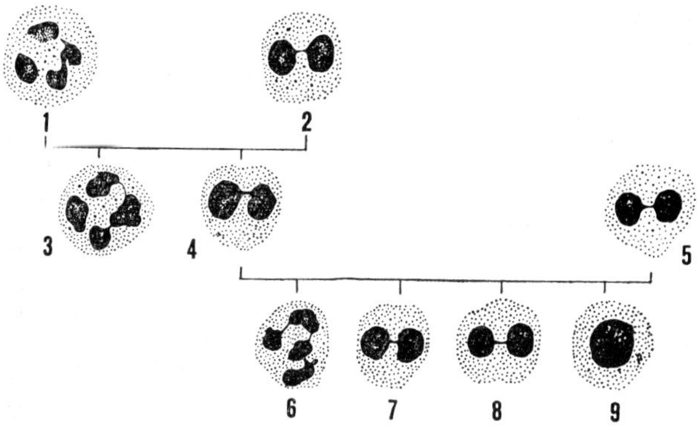

FIG. 83 — TRANSMISSION HÉRÉDITAIRE DE L'ANOMALIE DE PELGER-HUET, CARACTÈRE DOMINANT, MONTRANT L'ASPECT DU NOYAU (d'après Nachtsheim).

1, 3, 6, sujets non Pelger; 2, 4, 5,7, 8, sujets Pelger hétérozygotes; 9, sujet Pelger homozygote.

Chine, et Malaisie). La fréquence serait d'environ un pour mille. L'âge, le sexe, la consanguinité n'exercent aucune action.

En 1952, deux médecins hollandais découvraient un homozygote « super Pelger »; il s'agit d'une fillette de deux ans et cinq mois qui souffre d'épilepsie depuis l'âge de sept mois; par ailleurs la fillette est en bonne santé. Ses parents cousins germains portent l'anomalie de Pelger reçue de leurs pères *(fig. 84)*. En trois générations on compte dans la famille vingt-quatre Pelger hétérozygotes, un Pelger homozygote et onze individus normaux; la proportion anormalement basse des homozygotes traduit une létalité incomplète.

Cette sublétalité a d'ailleurs été observée chez le Lapin qui est affecté de cette anomalie. Les croisements donnent un nombre insuffisant d'homozygotes; sur trente-neuf Lapins Pelger homozygotes, vingt-sept moururent peu après la naissance et les douze survivants ne vécurent que quelques mois.

L'anomalie de Pelger-Huet pourrait être, à l'état homozygote, responsable de la mort de fœtus *in utero* ou de morti-natalité.

La télangiectasie multiple, maladie rare, dominante, se traduit chez l'hétérozygote par la dilatation des vaisseaux capillaires du nez, de la langue, des lèvres, de la face, des doigts; du mariage de deux individus souffrant de cette déficience est né un enfant avec de larges aires de vaisseaux dilatés; rapidement de nouveaux symptômes de la maladie apparurent et à trois mois l'enfant mourut d'hémorragies. Il était fort probablement homozygote pour le gène de la télangiectasie multiple.

La thalassémie et la drépanocytanémie peuvent être considérés comme des affections létales à l'état homozygote. Cependant les statistiques établissent que les hétérozygotes pour les gènes de la thalassémie et de la drépanocytose présentent un avantage : ils résistent mieux à la malaria que les individus normaux. Or ces hétérozygotes se trouvent en particulier dans les zones où la malaria est endémique ou très fréquente. Comment expliquer cette relation? On sait actuellement que le *Plasmodium* de la malaria requiert pour son développement une enzyme la glucose 6-phosphate déshydrogénase; ces hétérozygotes sont justement déficients en

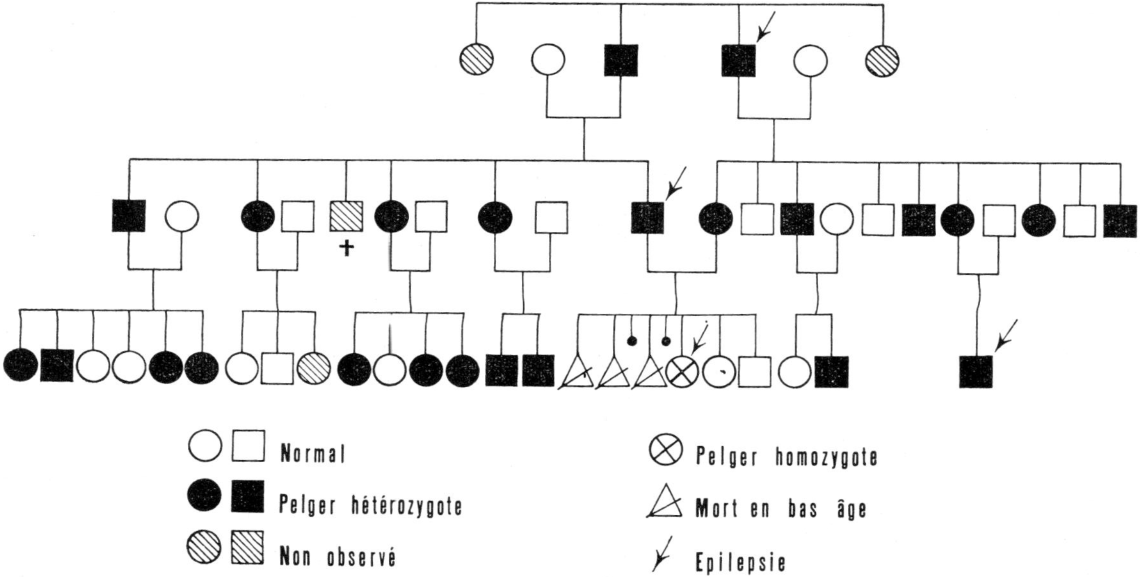

FIG. 84 — ARBRE GÉNÉALOGIQUE DU PREMIER SUJET HOMOZYGOTE « SUPER PELGER » (d'après Haverkamp-Begemann et Van Lockeren-Campagne).

cette enzyme; cette carence s'oppose à la présence du *Plasmodium*; par suite ces hétérozygotes ne contractent pas la malaria.

Les maladies régies par un gène létal ou sub-létal dominant posent un problème; puisque souvent les sujets atteints meurent avant d'avoir des descendants, la maladie devrait disparaître progressivement; or il n'en est rien; il faut donc que les mutations de l'allèle normal produisent de nouveaux cas. Des calculs de Penrose et Haldane effectués sur le gène de l'épiloia, il ressort que l'aptitude humaine à la mutation serait supérieure à celle de la Drosophile.

LE DANGER DES RADIATIONS

L'exposition de plus en plus fréquente à des radiations, soit en médecine, soit dans l'industrie, ne provoquera-t-elle pas une augmentation des mutations se traduisant par des anomalies ou des tares? Que faut-il penser du danger atomique?

L'action mutagène des radiations ionisantes n'est pas douteuse, mais il est assez délicat d'en apprécier l'importance. Un groupe d'études de l'OMS (1957) a recherché les effets génétiques des radiations chez l'Homme. De grandes enquêtes, correctement menées, s'avèrent indispensables et un rapport de l'ONU (1958) en précisait les conditions. Le Comité d'experts des radiations de l'OMS recommande les observations pratiquées dans des zones à forte radioactivité naturelle, notamment dans la région à monazite de Kerala et de Madras, à l'extrême sud de la côte occidentale de l'Inde où la dose de radioactivité est de l'ordre de 10 à 20 r par individu en trente ans, alors que la dose totale de radioactivité naturelle est estimée à 0,1 r (dose moyenne atteignant les gonades) soit 3 r pour trente ans.

Des expériences sur la Souris semblent indiquer que la probabilité d'apparition d'une mutation provoquée est dix fois plus grande chez la Souris que chez la Drosophile. Que se passe-t-il chez l'Homme? A l'action de la radioactivité naturelle s'ajoute celle des radiations ionisantes (rayons X, rayons α, β, γ, neutrons). Elles exercent une action immédiate et définitive, en rapport direct avec la dose utilisée. Il n'existe ni seuil d'action, ni dose inoffensive. Les diverses doses reçues s'additionnent. L'abus du radiodiagnostic et de la radiothérapie augmente notablement les doses administrées de rayons X. La dose actuelle limite pour l'Homme double la probabilité d'apparition des mutations spontanées; or, sur dix millions d'individus apparaissent normalement deux cents mutations défavorables à chaque génération; si ce taux doublait, quatre cents mutations annuelles seraient stabilisées en dix générations; quatre cents mutations défavorables affecteraient la population.

Les observations sur « les enfants de la bombe » nés au Japon des pères et mères irradiés révèlent des changements dans la proportion des sexes; sur 1 445 enfants nés à Nagasaki de femmes ayant reçu quelque 300 r, 746 sont des filles et 699 seulement des garçons; des maladies variées affectent les populations irradiées.

L'espèce humaine étant pratiquement soumise à une action prolongée et de faible débit, la proportionnalité de la relation dose-effet pour les faibles doses et l'influence du débit semblent être des notions importantes. En effet des expériences de Russel et collaborateurs (1958) sur les Souris indiquent que les taux de mutations pour des gènes spécifiques, qui sont provoquées par des irradiations chroniques (irradiation prolongée à faible débit), étaient significativement inférieurs aux taux de mutations induites par une irradiation brève, la dose totale étant identique. Cette influence du débit s'exerce seulement sur les spermatogonies et les ovocytes et non sur les spermatozoïdes qui ne sont sensibles qu'à la dose.

L'organisme semble apte à concentrer des doses qui individuellement ne seraient pas nocives. Les produits de fission sont capables d'une telle concentration. A Bikini, les déchets radioactifs s'accumulent dans les Algues consommées par les Poissons herbivores, qui ont ainsi absorbé cent fois plus de radioactivité que les Poissons carnivores. Toujours au Japon, les Thons possèdent dans leurs écailles une radioactivité en baryum 140, en strontium 89, en uranium 237; les Huîtres absorbent la radioactivité par la coquille, les viscères, les muscles. La teneur en éléments radioactifs de l'eau de mer devrait être centuplée pour être dangereuse; néanmoins un certain risque réside dans la radioactivité possible des aliments consommés par l'Homme.

L'utilisation militaire et industrielle de l'énergie nucléaire, constituant un danger potentiel pour l'espèce humaine, doit être l'objet d'un contrôle strict. Mais il ne faudrait pas pour autant minimiser l'action mutagène des substances chimiques qui peut se manifester par la pollution de l'atmosphère, le forçage des plantes et l'élevage accéléré des animaux destinés à l'alimentation humaine, la chimiothérapie, etc.

Cependant L. S. Penrose est optimiste; il estime que « le préjudice génétique susceptible d'être causé par l'accroissement du taux de mutation dû à l'emploi des radiations pourra être compensé à l'avenir par le développement de l'hygiène qui se manifeste aujourd'hui dans le monde entier ».

VARIATIONS D'EXPRESSION DES GÈNES

Les exemples précédents ont peut-être donné l'impression que les caractères héréditaires obéissaient rigoureusement aux lois de dominance et de récessivité; mais parfois l'action des gènes semble irrégulière et fantaisiste. Un gène dominant s'exprime en principe chez tous les individus qui le portent; or il n'en est pas toujours ainsi et parfois des individus n'extériorisent pas un gène dominant qu'ils doivent cependant posséder d'après la généalogie familiale, étant descendants et ascendants de sujets chez qui le gène se manifestait. Certains gènes sont en effet inconstants dans leur fréquence de manifestation et dans leur degré de réalisation.

La fréquence de manifestation, ou *pénétrance* (d'après Timofeeff-Ressovsky), correspond à la fréquence avec laquelle le gène exprime ses effets; elle est plus ou moins grande; lorsque la pénétrance est élevée (90 %), le gène se manifeste chez presque tous les individus porteurs; une pénétrance de 100 % indique un gène qui trahit sa présence chez tous ceux qui le possèdent; une pénétrance de 3 % correspond à un gène qui s'exprime rarement. Cette pénétrance incomplète se traduit par le phénomène de la génération « sautée ». Voici deux exemples où un enfant hérite la tare dominante d'un grand-parent par l'intermédiaire d'un parent indemne. Busch signale une famille où un certain nombre d'individus souffraient d'un torticolis congénital, tare dominante à pénétrance incomplète *(fig. 85)*. La fille III-9 a hérité la tare de sa grand-mère maternelle *I*-1 par l'intermédiaire de sa mère II-6 qui doit posséder le gène du torticolis bien qu'il ne se soit pas exprimé; Bell donne le pedigree *(fig. 86)* d'une famille où sévit une anomalie dominante, la sclérotique bleue; par elle-même inoffensive, elle s'accompagne de troubles graves : otosclérose et fragilité excessive des os. La sclérotique bleue a une pénétrance élevée mais cependant incomplète; la fille III-6 présente une sclérotique bleue héritée de son grand-père I-1 par l'intermédiaire de sa mère II-4 indemne; le même phénomène se répète pour la fille IV-4 qui possède une sclérotique bleue tout comme son arrière-grand-père maternel; son père III-5 et sa grand-mère paternelle II-4 étaient normaux; la tare a donc « sauté » deux générations. Ce phénomène de la pénétrance incomplète ou de l'extériorisation du gène n'est pas exceptionnel et s'observe dans diverses maladies (asthme, diabète sucré, cirrhose hépatique, anémie pernicieuse, maladie de Basedow, diabète insipide, tachycardie paroxystique, ulcère gastrique, ictère hémolytique, leucémie, polydactylie, bec-de-lièvre, etc.). La pénétrance incomplète d'une tare dominante rend impossible l'affirmation qu'un sujet sain aura des descendants sains; le sujet sain peut être porteur du gène pathologique qui s'exprimera chez ses enfants. Il est d'ailleurs difficile de reconnaître si une tare à pénétrance faible (inférieure à 10 %), qui se manifeste irrégulièrement, résulte d'un gène incomplètement dominant ou d'un gène récessif.

Il est possible de rattacher à la pénétrance incomplète les maladies héréditaires qui commencent à des âges variés selon les individus. La chorée de Huntington en donne un exemple typique; elle apparaît entre cinq et soixante-quinze ans mais c'est de trente à quarante ans que la maladie est la plus fréquente. Des enfants choréiques peuvent naître de parents apparemment sains parce qu'ils n'ont pas encore subi l'atteinte de la maladie; ou bien des parents peuvent mourir avant que la chorée ne se soit déclarée, et leurs enfants choréiques sembleront mettre en défaut le caractère dominant de l'affection.

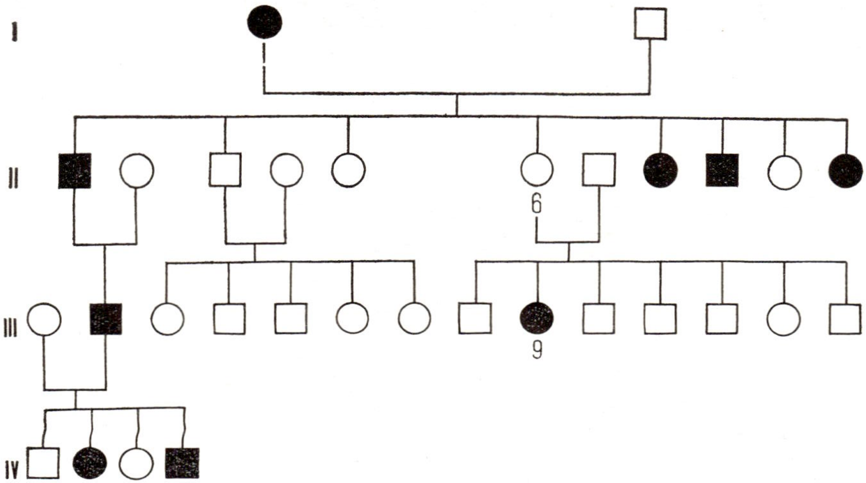

Fig. 85 — Transmission du torticolis congénital, tare dominante à pénétrance incomplète (d'après Busch).

Explications dans le texte. En noir, les individus souffrant de torticolis. I, II, III, IV, première, deuxième, troisième, quatrième générations.

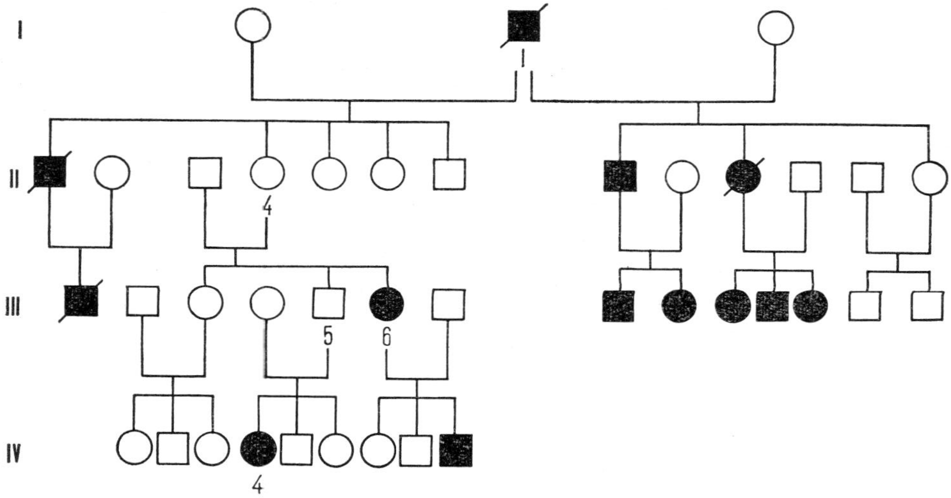

FIG. 86 — TRANSMISSION DE LA SCLÉROTIQUE BLEUE, TARE DOMINANTE À PÉNÉTRANCE INCOMPLÈTE (d'après Bell).

Explications dans le texte. En noir, les sujets atteints de la tare.

La pénétrance peut être la même dans les deux sexes ou très différente; le gène récessif de la sténose pylorique a une pénétrance presque totale chez l'homme et très réduite chez la femme. Le bec-de-lièvre possède une pénétrance incomplète et une expressivité très variable; sa fréquence est nettement plus grande chez l'homme que chez la femme (plus de 60 % des individus affectés sont des hommes). L'allergie, le syndrome de Laurence-Moon-Biedl (obésité avec aplasie génitale, arriération psychique, héméralopie liée à une rétinite pigmentaire, polydactylie), la déficience mentale présentent une fréquence plus élevée chez les individus masculins.

Lorsque la pénétrance d'un gène autosomique est réduite dans un sexe par rapport à l'autre, on dit que la dominance du gène est modifiée par le sexe; l'exemple de la calvitie en donne une bonne illustration. La calvitie possède une expressivité variable; plus ou moins intense, plus ou moins précoce, elle présente diverses localisations sur le cuir chevelu. Elle affecte les deux sexes, mais avec une fréquence nettement plus grande dans le sexe masculin; ceci n'est pas imputable, comme le daltonisme, à un gène sex-linked, puisque les hommes chauves transmettent ce caractère à la moitié de leurs fils et rarement à leurs filles. La calvitie chez les individus en bonne santé est donc régie par un gène autosomique *C* qui est dominant chez l'homme et dominé chez la femme; l'allèle normal de la pousse des cheveux est *c*; les formules suivantes sont donc possibles :

cc homme et femme à chevelure normale
Cc homme chauve et femme à chevelure normale
CC homme et femme chauves.

La différence de fréquence de la calvitie provient de ce que les hommes hétérozygotes et homozygotes pour *C* sont chauves tandis que seules les femmes homozygotes *CC* le seront. Les hormones sexuelles semblent responsables de ce changement de dominance, comme le laisse présumer ce cas pathologique; chez une femme à chevelure normale, se développe une tumeur du cortex surrénalien qui provoque une abondante sécrétion d'hormone mâle; les caractères sexuels secondaires masculins apparaissent aussitôt (barbe, moustache) et la calvitie. La tumeur enlevée, les caractères stimulés par l'hormone mâle disparaissent. Étant donné l'importance de cette hormone sur la calvitie, il ressort que les hypersexuels mâles doivent être chauves; au contraire les femmes hyperfolliculinémiques possèdent une abondante et belle chevelure; on conçoit alors un traitement logique de la calvitie précoce.

Le degré de réalisation du gène, ou son *expressivité* (mot de Timoféeff-Ressovsky), représente sa seconde caractéristique; le gène s'exprime plus ou moins et provoque des variations quantitatives de l'anomalie ou de la déficience; au contraire, les variations dans la spécificité du gène sont d'ordre qualitatif. Le gène de la polydactylie montre une expressivité très variable; le nombre des doigts surnuméraires varie; ils peuvent comporter ou non un squelette; le pouce est parfois bifide. Il en est de même pour la brachydactylie caractérisée par un racourcissement plus ou moins notable de la deuxième phalange; on observe dans le pedigree d'une famille des brachydactyles plus ou moins marqués; il peut même exister une sorte de série presque continue entre l'anomalie à son maximum d'expressivité et l'absence d'anomalie par suite d'une pénétrance nulle. La malformation de la main appelée « pince de homard » est dominante; les mains et les pieds présentent des anomalies du squelette et de la morphologie externe; un pedigree de Muller montre une mère, avec cette malformation, qui à la suite de trois mariages successifs engendre des enfants dont cinq avaient hérité de la malformation mais à des degrés différents. Le camptodactylisme consiste dans la raideur du petit doigt qui demeure légèrement fléchi; l'anomalie résulte d'une déficience dans le point d'attache d'un muscle du doigt; gênante, mais non dangereuse, l'anomalie est dominante à pénétrance incomplète et à expressivité variable; elle se localise dans un des petits doigts ou dans les deux. La cataracte juvénile, affection dominante, varie dans son expressivité; il existe au moins trois types de cataracte en rapport avec la situation de la zone opaque du cristallin; dans les deux plus importants, l'opacité occupe la région antérieure ou le centre de la lentille; ce dernier type affecte davantage et plus précocement la vision. L'arythmie cérébrale, affection dominante, se traduit par des ondes cérébrales particulières ou par de l'épilepsie. Des maladies héréditaires s'extériorisent par des symptômes variés; dans une même famille, la neurogliomatose détermine chez un homme peu de symptômes (aires pigmentaires réduites, rares, tumeurs cutanées) et chez son enfant apparaît une tumeur solitaire, volumineuse, avec accidents de compression rapidement mortels.

Pénétrance et expressivité, paramètres du gène, définissent son intensité qui interférera avec le milieu interne et externe.

ASSOCIATION ET RECOMBINAISON DES GÈNES
(Linkage et crossing-over)

Il est bien établi que les gènes et partant les caractères qu'ils déterminent se transmettent *indépendamment* s'ils occupent des paires chromosomiques différentes ou deux chromosomes différents d'une même paire. Il peut en être tout autrement si les gènes se trouvent sur le même chromosome; ils sont alors transmis ensemble, c'est le phénomène de l'association, de la *liaison* des gènes ou le phénomène de *linkage* des Anglo-Saxons.

Supposons un sujet souffrant d'asthme et d'ichthyose, deux maladies parfois déterminées par deux gènes dominants et dont la transmission simultanée a été observée par Cockayne chez plusieurs membres de la même famille. Nous allons successivement considérer trois cas :

I) Le gène *A* de l'asthme et le gène *I* de l'ichthyose sont situés sur deux paires d'autosomes différents.

Le génotype du malade avec asthme et ichthyose sera par exemple *AaIi;* il épouse un sujet normal double récessif *aaii :*

Parents :	*AaIi*	×	*aaii*	
Gamètes :	*AI Ai aI*	*ai*	*ai*	
F_1	*AaIi*	*Aaii*	*aaIi*	*aaii*
	asthme + ichthyose	asthme	ichthyose	normal

La ségrégation des deux gènes est indépendante; cette transmission correspond simplement à un cas de dihybridisme (voir p. 847).

II) Les deux gènes dominants *A* et *I* sont situés sur

deux autosomes homologues d'une même paire chromosomique.

Les génotypes du malade et de son épouse seront respectivement *AaIi* et *aaii*, mais leur descendance sera différente de la précédente :

Parents :	*AaIi*		×	*aaii*
Gamètes :	*Ai*	*aI*		*ai*
F_1		*Aaii*		*aaIi*
		asthme		ichthyose

La descendance comprend la moitié de sujets souffrant d'asthme et l'autre moitié d'ichthyose.

III. Les deux gènes dominants *A* et *I* sont situés sur le même autosome.

Les génotypes du malade et de son épouse seront toujours *AaIi* et *aaii ;* leur descendance sera :

Parents :	*AaIi*		×	*aaii*
Gamètes :	*AI*	*ai*		*ai*
F_1	*AaIi*			*aaii*
	asthme + ichthyose			normal

Dans les deuxième et troisième cas, les deux gènes situés sur le même autosome (*Ai, aI* et *AI, ai*) sont transmis ensemble comme s'ils étaient attachés l'un avec l'autre; ils sont liés; ils sont linkés.

Actuellement cinq cas de linkage entre gènes situés sur des autosomes sont bien établis : 1° gène du groupe sanguin Lutheran et gène de la sécrétion des antigènes A, B, O dans la salive (sujet sécréteur); 2° gène du groupe sanguin Rh et gène de l'elliptocytose; 3° gène des groupes sanguins classiques A, B, O et gène de l'onycho-ostéodysplasie; 4° gène du groupe sanguin Lutheran et gène de l'anonychie avec ectrodactylie; 5° gène de la ptose et gènes MN et *Ss* (groupe sanguin *MN* et sécréteur).

D'autres exemples de linkage ont été proposés mais leur réalité est encore douteuse. Quatre cas paraissent très vraisemblables, mais des recherches statistiques complémentaires devront encore les confirmer ou les infirmer; ce sont les gènes des oreilles écartées et des dimensions des oreilles; les gènes de la longueur des doigts et des lobes des oreilles; les gènes des dimensions de l'oreille et de l'aptitude à goûter la phénylthiocarbamide *(PTC)*, les gènes de la rousseur des cheveux et du strabisme.

En revanche, quelques cas de linkage de gènes situés sur le chromosome sexuel *X* sont mieux analysés. Par exemple l'hémophilie et le daltonisme sont deux anomalies dont les gènes récessifs sont situés sur le chromosome *X*. Sont-ils disposés tous les deux sur le même chromosome *X* ou chacun est-il sur un des chromosomes *X* constituant la paire ?

Les observations des pedigrees montrent que les deux cas sont possibles; Davenport cite l'exemple d'une femme apparemment normale mais conductrice pour les gènes de l'hémophilie et du daltonisme car sa descendance comptait deux fils hémophiles à vision normale des couleurs et deux fils daltoniens non hémophiles; cette distribution des anomalies n'est possible que si les deux gènes sont portés par deux *X* différents; en effet, les fils hémophiles ont reçu un chromosome maternel *X* et les fils daltoniens ont reçu l'autre chromosome maternel *X*.

Un autre exemple rapporté par Madlener milite en faveur de l'autre cas. Dans une famille, l'arrière-grand-père, les deux petits-fils et l'arrière-petit-fils sont à la fois hémophiles et daltoniens. Les deux gènes de l'hémophilie et du daltonisme se trouvent nécessairement sur le même chromosome *X* et sont transmis ensemble.

Le phénomène de linkage peut être perturbé par l'intervention d'un autre mécanisme, celui de l'*enjambement* ou du *crossing-over*. Au moment de la méiose les chromosomes homologues sont alignés et les loci correspondants sont face à face. Les deux homologues s'enroulent l'un autour de l'autre et à ce moment une ou plusieurs ruptures peuvent se produire. Ensuite, lorsque les segments rompus se réunissent, des échanges de segments sont possibles. Il en résulte alors des chromosomes ne portant plus les mêmes gènes. Par exemple les deux chromosomes homologues qui portaient l'un les gènes *A* et *I*, l'autre *a* et *i*, portent respectivement, à la suite d'un crossing-over, *Ai* et *aI*.

La présence d'un crossing-over modifie la composition de la descendance ainsi que le montrent les deux unions suivantes.

I) Linkage sans crossing-over :

Parents :	$AaIi$	$\times$	$aaii$
Gamètes :	AI ai		ai
F_1	$AaIi$		$aaii$
	asthme + ichthyose		normal

II) Linkage et crossing-over.

Parents :	$AaIi$	$\times$	$aaii$
Gamètes :	Ai aI		ai
F_1	$Aaii$		$aIai$
	asthme		ichthyose

La réunion chez un individu de deux caractères habituellement séparés peut s'expliquer par le jeu d'un crossing-over. En voici un exemple réel emprunté à « Annals of Eugenics », 13, 1946, 30.

Le pedigree *(fig. 87)* comprend des hommes hémophiles (II, 1, 2, 10, IV, 16), des hommes daltoniens (III, 1, 3) et un homme atteint d'hémophilie et de daltonisme (IV, 13). Par quel mécanisme les deux affections sont-elles réunies chez cet individu ?

Nous allons essayer de reconstituer la formule génétique des individus anormaux de ce pedigree. L'hémophilie est régie par le gène récessif *h*; la coagulation normale du sang est déterminée par l'allèle dominant *H*. Le daltonisme résulte de l'action du gène récessif *c* et la vision normale des couleurs de celle de l'allèle dominant *C*. Les deux gènes sont situés sur les chromosomes sexuels *X*.

II, 2 est un hémophile ayant une vision normale des couleurs; son chromosome *X* porte donc le gène *h* de l'hémophilie et le gène *C* de la vision normale des couleurs.

II, 3 la femme de II, 2 est vraisemblablement normale pour l'hémophilie puisqu'aucun de ses enfants n'est hémophile, mais elle doit être hétérozygote pour le daltonisme puisque certains de ses enfants sont daltoniens; un de ses chromosomes *X* porte donc les gènes *H* et *C*, l'autre chromosome *X* porte les gènes *H* et *c*.

L'union de ces deux individus engendre une descendance ainsi composée :

Parents :		*HHCc*		×	*.hC*
Gamètes	*HC*		*Hc*		*hC* ..
F_1		*HhCC*	*HhCc*	*H.C.*	*H.c.*

La F_1 comprend donc :

25 % de filles *HhCC,* conductrices pour l'hémophilie; cas vraisemblable de III, 9;

25 % de filles *HhCc,* conductrices pour l'hémophilie et le daltonisme : cas vraisemblable de III, 6.

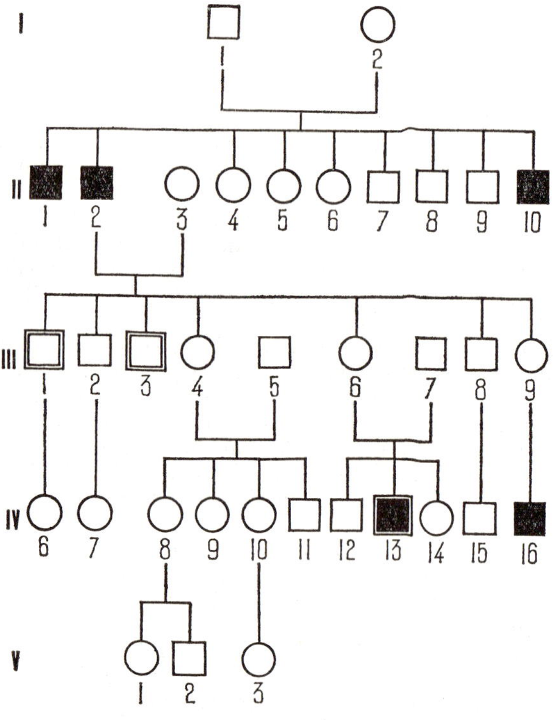

FIG. 87 — GÉNÉALOGIE COMPRENANT DES HOMMES HÉMOPHILES (II, 1, 2, 10; IV, 16), DES HOMMES DALTONIENS (III, 1, 3) ET UN HOMME HÉMOPHILE ET DALTONIEN (IV, 13) (Ann. of Eugenics, 1946).

I, II, III, IV, V, première, deuxième, troisième, quatrième, cinquième générations.

25 % de garçons *H. C.* normaux; cas vraisemblable de III, 2, 8;
25 % de garçons *H.c.* daltoniens : cas vraisemblable de III, 1, 3;

Examinons maintenant l'union de III, 6 et III, 7 dont un des fils est à la fois hémophile et daltonien. III, 6 est une femme normale double hétérozygote, c'est-à-dire conductrice pour l'hémophilie et le daltonisme; un de ses *X* porte donc les gènes *H* et *c*, l'autre *h* et *C*. Son mari est normal, son *X* possède donc les deux gènes *H* et *C*, d'où une descendance :

Parents :	*HhCc*	×	*H.C.*	
Gamètes : *Hc*	*hC*	*HC*	..	
F_1	*HHCc*	*HhCC*	*H.c.*	*.hC.*

Les fils seront en proportion égale ou hémophiles ou daltoniens; or, d'après le pedigree, cette union a engendré un fils à la fois hémophile et daltonien (IV, 13); ceci prouve l'intervention d'un phénomène qui a modifié la composition de la descendance. Ce phénomène est un crossing-over entre les deux chromosomes *X* de la femme III, 6. Les gamètes seront modifiés :

Parents :	*HhCc*	×	*H.C.*	
Gamètes : *HC*		*hc*	*HC*	..
F_1	*HHCC*	*HhCc*	*H.C.*	*.h.c*

Les fils seront alors, en proportion égale, normaux (cas vraisemblable de IV, 12) ou hémophiles et daltoniens (cas de IV, 13).

L'intervention d'un crossing-over chez la femme III, 6 explique donc la réunion chez un de ses fils des gènes de l'hémophilie et du daltonisme.

La fréquence du crossing-over entre deux gènes permet de déterminer la place occupée par les deux gènes sur le chromosome. Si le crossing-over est fréquent, les deux gènes sont suffisamment éloignés, probablement aux deux extrémités du chromosome. Au contraire, si le crossing-over est rare, les deux gènes sont proches l'un de l'autre; en effet, plus les gènes sont voisins, plus est petite la probabilité que se situe entre eux la rupture du chromosome. Il devient alors possible de préciser le locus d'un gène et partant d'établir la carte du chromosome. Haldane a ainsi commencé celle du chromosome sexuel humain *X,* où les locus de sept gènes sont identifiés *(voir fig. 72).* Ces mesures ne sont qu'approximatives.

Du point de vue eugénique, il serait souhaitable de connaître des linkages certains entre gènes normaux et pathologiques; il deviendrait alors possible de prédire si un sujet porteur d'un caractère normal déterminé a peu ou beaucoup de chances de posséder tel gène pathologique linké plus ou moins rigoureusement avec le gène normal considéré.

Pour que les recherches de linkage progressent, il faudrait au préalable que les vingt-deux paires d'autosomes soient marquées (la paire de chromosomes sexuels l'est déjà) par des gènes déterminant des caractères précis, totalement indépendants et se comportant comme des caractères-unités, mendéliens. Les gènes des groupes sanguins constituent d'excellents marqueurs car ils sont rigoureusement constants et ne subissent aucune influence. Actuellement il semble que onze paires d'autosomes soient marquées par les gènes des groupes sanguins *ABO, MNS, P, Lewis, Rhésus, Lutheran, Kell, Duffy* et par les gènes de l'aptitude à goûter la phénylthiocarbamide, le mercapto-benzo-sélénazole et par le gène de l'aptitude à relever les bords latéraux de la langue *(curling).*

Cette liste est encore bien sommaire; la mise en évidence de nouveaux caractères normaux, marqueurs, permettra de faire progresser la carte des chromosomes humains.

PHYSIOLOGIE DU GÈNE

De nombreuses recherches sont actuellement axées sur la physiologie du gène, c'est-à-dire sur son mode d'action. Quelle est la liaison entre les gènes et les caractères exprimés dans le phénotype de l'individu?

Le gène étant une unité chimique, son intervention doit être biochimique; il était simple de concevoir son action globale comme conditionnant une chaîne de réactions ayant son origine dans le gène considéré et se terminant dans le cytoplasme par des productions qualitatives et quantitatives. Et, en effet, les travaux sur les microorganismes ont montré que les gènes agissent en assurant la formation d'enzymes spécifiques qui favorisent les réactions biochimiques. La spécificité enzymatique est solidaire de la spécificité des protéines qui dépend elle-même de la nature et de l'ordre de succession des acides aminés qui composent ces protéines.

L'altération d'un ou de plusieurs gènes modifie la chaîne de réactions chimiques et provoque la formation de structures anormales entraînant des troubles physiologiques. Pauling a proposé l'expression *maladie moléculaire* pour désigner toute maladie ayant pour origine une altération de gènes se traduisant par la formation d'une molécule nocive (effet qualitatif) ou d'une molécule anormale perturbant l'activité physiologique (effet quantitatif). Très souvent ces maladies moléculaires se ramènent à des synthèses anormales. En voici quelques exemples.

LES HÉMOGLOBINES ANORMALES

Toutes les molécules d'hémoglobine de Vertébrés se composent de quatre chaînes polypeptidiques. Par exemple l'hémoglobine normale de l'Homme adulte, l'hémoglobine *A*, contient deux chaînes α et deux chaînes β. Cependant diverses variétés d'hémoglobine ont été signalées (voir p. 1081); des expériences d'électrophorèse et de chromatographie ont permis d'établir que ces variétés reposent sur des différences dans la nature et la disposition des acides aminés participant à l'élaboration des protéines de la molécule d'hémoglobine. Voici les résultats obtenus pour les hémoglobines *A, S, C, G:*

Hb A : Val — His — Leu — Thr — Pro — *Glu* — Glu — Lys.
Hb S : Val — His — Leu — Thr — Pro — *Val* — Glu — Lys.
Hb C : Val — His — Leu — Thr — Pro — *Lys* — Glu — Lys.
Hb G : Val — His — Leu — Thr — Pro — Glu — *Gly* — Lys.

(Val, valine; His, histidine; Leu, leucine; Thr, thréonine; Pro, proline; Glu, glutamine; Lys, lysine; Gly, glycine).

Ainsi il suffit qu'un seul acide aminé sur deux cent quatre-vingts soit différent pour que se manifeste la drépanocytose; en effet, l'hémoglobine *S* diffère de l'hémoglobine normale *A* par la substitution de la valine à la glutamine en sixième position à partir de l'azote terminal d'une chaîne β.

LES ENZYMES DU MÉTABOLISME

Les rapports des gènes et des enzymes se présentent sous plusieurs aspects :

I) l'absence d'une enzyme spécifique conditionne une perturbation héréditaire; la galactosémie en donne un bon exemple. Elle résulte d'une impossibilité de décomposer le galactose; en effet les érythrocytes des sujets atteints de galactosémie sont dépourvus de P-galactose-transférase, une des enzymes nécessaires à la deuxième étape de la dégradation du galactose (cette enzyme existe chez les sujets normaux). Cette déficience provient de l'action d'un inhibiteur ou de l'absence d'un co-facteur sanguin, elle peut être diagnostiquée dès la naissance.

D'autres affections résultent de mécanismes analogues : la méthémoglobinémie récessive, la porphyrie, l'hypophosphatasie, la maladie de Wilson, l'acatalasémie. La maladie de Wilson, ou dégénérescence hépato-lenticulaire, est une affection récessive provoquée par l'absence ou la diminution sensible dans le sang de la cœruloplasmine, une protéine sérique riche en cuivre à activité enzymatique probablement oxydante. La maladie comporte une série de manifestations résumées dans le tableau ci-dessous (d'après Hsia) :

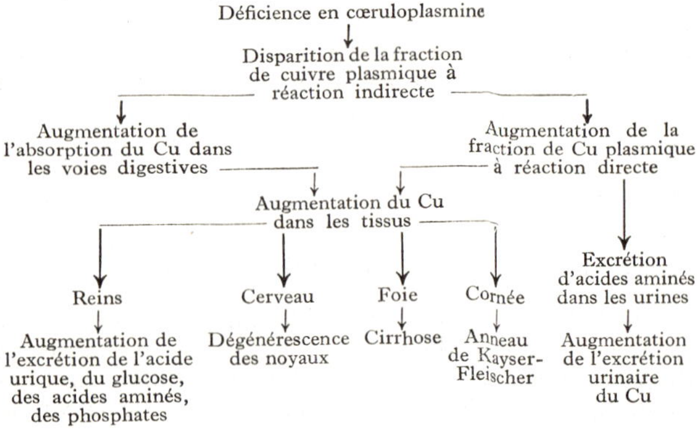

L'acatalasémie se caractérise par l'absence de catalase dans le sang, enzyme ayant la propriété de décomposer l'eau oxygénée en libérant de l'oxygène moléculaire. Takahara signale le cas de neuf enfants souffrant d'ulcération buccale chronique; un garçon avait même perdu toutes ses dents à l'âge de quinze ans; ces enfants appartenaient à trois familles et leurs parents étaient cousins germains; ils étaient affectés d'une tare vraisemblablement récessive. Leur ayant ordonné de l'eau oxygénée comme désinfectant buccal, Takahara s'aperçut que les ulcérations noircissaient et qu'aucun dégagement d'oxygène n'avait lieu. Cette carence de dégagement d'oxygène révélait l'absence de la catalase sanguine; elle n'était pas totale, mais le pouvoir catalasique était réduit au 1/1 000 du taux normal. La catalase sanguine conserve donc les dents et, d'une façon générale, elle protège les muqueuses contre l'action des streptocoques hémolytiques. Dans ces divers exemples un gène conditionne l'absence ou la diminution de l'enzyme indispensable.

II) Une chaîne de gènes régit certaines fonctions. Une discontinuité dans la chaîne de réactions se traduit parfois par l'apparition d'un caractère inattendu, très souvent pathologique. Trois maladies humaines, l'alcaptonurie, la tyrosinose et la phénylcétonurie résultent de perturbations dans le métabolisme de la phénylalanine et de la tyrosine; ces deux acides aminés apportés par l'alimentation subissent dans l'organisme toute une série de transformations en chaîne *(fig. 88)*.

La phénylalanine en présence d'une phénylalanine-oxydase est oxydée en tyrosine; celle-ci en présence d'enzymes est successivement transformée en acide p-hydroxyphénylpyruvique qui donne de l'acide 2,5, dihydroxyphénylpyruvique qui lui-même engendre de l'acide homogentisique qui produit de l'acide acétylacétique qui finalement se décompose en gaz carbonique et eau. Une autre série de réactions donne, à partir de la phénylalanine, de l'acide phénylpyruvique qui, oxydé, forme de l'acide homogentisique qui s'ajoute à celui du cycle précédent. Le blocage de ces chaînes à trois niveaux différents provoque l'apparition de trois maladies bien définies : l'alcaptonurie, la tyrosinose et la phénylcétonurie.

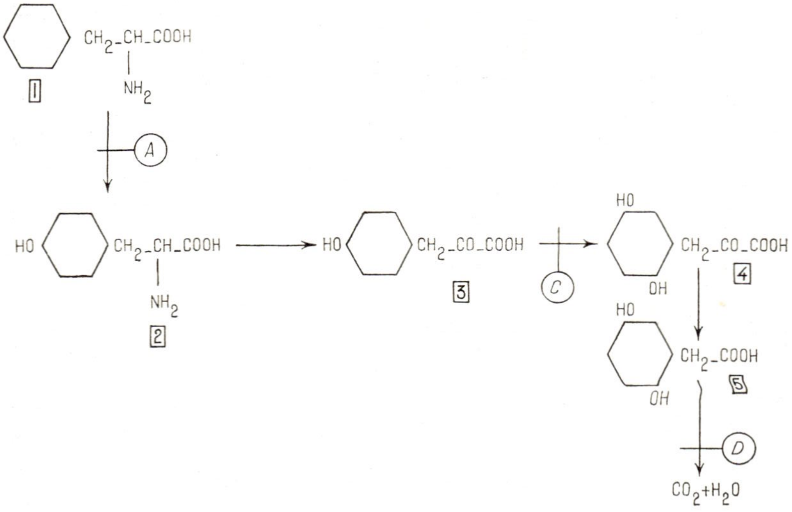

FIG. 88 — CHAÎNE DE RÉACTIONS PRÉSIDANT AU MÉTABOLISME DE LA PHÉNYLALANINE ET DE LA TYROSINE.

Des perturbations dans cette chaîne sont responsables de maladies héréditaires : alcaptonurie, tyrosinose, phénylcétonurie. 1, phénylalanine; 2, tyrosine; 3, acide p-hydroxyphénylpyruvique; 4, acide 2, 5, dihydroxyphénylpyruvique; 5, acide homogentisique. *A*, *C*, *D*, blocage de la chaîne à trois niveaux différents; le blocage en *A* provoque la phénylcétonurie; en *C*, la tyrosinose; en *D*, l'alcaptonurie.

L'*alcaptonurie,* affection récessive sans gravité (deux cents cas environ sont connus), consiste dans l'excrétion urinaire d'alcaptone; les urines sont foncées, brun acajou; parfois un mélanisme de la peau et des cartilages se manifeste ainsi que de l'arthrite. La dégradation normale de l'alcaptone en acide acétylacétique par ouverture du cycle aromatique ne s'effectue pas (*fig. 88,* niveau D), probablement par suite de l'absence congénitale d'une ou de plusieurs enzymes responsables de cette action, absence commandée par le gène de l'alcaptonurie. La présence de l'allèle normal, et partant de l'enzyme ou des enzymes, permet le déroulement des réactions jusqu'à la dégradation ultime en gaz carbonique et en eau. Le dépôt irrégulier de mélanine s'explique facilement puisque la tyrosine sous l'action d'une enzyme, la tyrosinase, engendre de la mélanine.

La *tyrosinose* se caractérise par la présence de tyrosine dans les urines. La chaîne de réactions a été stoppée à un stade antérieur, au niveau de la réaction d'oxydation de l'acide p-hydroxyphénylpyruvique (*fig. 88,* niveau C), par suite de la carence d'enzymes spécifiques, déterminée génétiquement. L'unique cas connu s'accompagnait de myasthénie. Il réalise un intermédiaire entre l'alcaptonurie et la phénylcétonurie.

La *phénylcétonurie,* ou *oligophrénie phénylpyruvique,* offre une série de symptômes; les urines contiennent de l'acide phénylpyruvique et les sujets présentent une débilité mentale plus ou moins accentuée allant jusqu'à l'idiotie; la taille est généralement réduite avec une tête plus petite que la normale; les incisives tendent à être largement espacées; les cheveux sont blonds et les yeux bleus; l'examen de réflectogrammes établis avec des cheveux montre que l'hypopigmentation résulte bien du trouble métabolique. Ce syndrome héréditaire est récessif; le gène responsable bloque le début de la chaîne de réactions, au niveau de l'oxydation de la phénylalanine en tyrosine (*fig. 88,* niveau A); il détermine l'absence simultanée des enzymes transformant la phénylalanine, soit en tyrosine, soit en acide phénylpyruvique. L'allèle normal du gène de la phénylcétonurie commande la présence de la phénylalanine-oxydase et de l'enzyme qui dégrade l'acide phénylpyruvique.

Des perturbations analogues s'observent dans le

métabolisme d'autres acides aminés (tryptophane, cystine...) ainsi que dans celui du glycogène. La transformation du glucose en glycogène comporte plusieurs étapes; le glucose en présence d'une enzyme, l'hexokinase, devient du glucose-6-phosphate; celui-ci sous l'action d'une phosphoglucomutase donne du glucose-1-phosphate qui à son tour, grâce à deux enzymes, une phosphorylase et une amylo (1,4 → 1,6) transglucosidase (enzyme de branchement), se polymérise en glycogène par réunion d'une douzaine de molécules de glucose en chaînes droites et ramifiées. La transformation inverse du glycogène en glucose s'effectue selon le même rythme. Le glycogène sous l'action d'une amylo-1,6-glucosidase (nommée aussi enzyme de débranchement) et d'une phosphorylase se dépolymérise en glucose-1-phosphate qui en présence d'une phosphoglucomutase donne du glucose-6-phosphate; celui-ci, grâce à la glucose-6-phosphatase, se scinde en glucose et acide phosphorique. Cette chaîne de réactions peut être interrompue plusieurs fois. La maladie de Gierke, affection récessive, caractérisée notamment par un accroissement du foie, de l'hypoglycémie, une stabilité anormale du glycogène hépatique, provoque la mort le plus souvent dans les deux premières années de la vie; l'âge adulte est rarement atteint. Ce trouble résulte de l'absence de la glucose-6-phosphatase; par suite, la dégradation du glucose-6-phosphate ne s'effectue pas, d'où l'hypoglycémie et l'accroissement de glycogène. Deux autres troubles, plus rares, sont encore incomplètement analysés. L'absence de l'amylo (1, 4 → 1,6) transglucosidase provoque une glycogénie diffuse et une cirrhose hépatique; la formation anormale du glycogène résulte d'une polymérisation incomplète. Au contraire, l'absence de l'enzyme de débranchement bloque la dépolymérisation du glycogène, qui forme des réserves excessives dans le foie et les muscles; d'autres troubles sont également notés.

La chaîne de réactions passe parfois par les glandes endocrines et provoque alors des troubles d'origine hormonale. Le gigantisme et l'acromégalie résultent de l'hyperactivité du lobe antérieur de l'hypophyse avant suture des os. Un arrêt de la croissance corporelle et le crétinisme apparaissent à la suite de perturbations à divers stades de la formation de l'hormone thyroïdienne *(fig. 89)*. Dans un premier cas *(fig. 89,* niveau E), l'iode inorganique ne se fixe pas sur la tyrosine et inhibe ainsi la formation des mono-et diiodotyrosines. Dans un deuxième cas *(fig. 89,* niveau F), la déficience d'une enzyme empêche l'union de deux molécules de diiodotyrosine qui engendre la thyroxine ou tétraiodothyronine. Enfin, dans un troisième cas *(fig. 89,* niveau G), l'absence d'une autre enzyme, l'iodotyrosine-déshalogénase, qui à partir de certaines molécules de diiodotyrosine libère de l'iode à nouveau utilisé par la thyroïde, détermine une élaboration insuffisante de thyroxine; il en résulte une hypertrophie compensatrice thyroïdienne (goitre) et une hypothyréose conditionnant un ralentissement du développement corporel et intellectuel. Ces déficiences enzymatiques sont régies par des gènes.

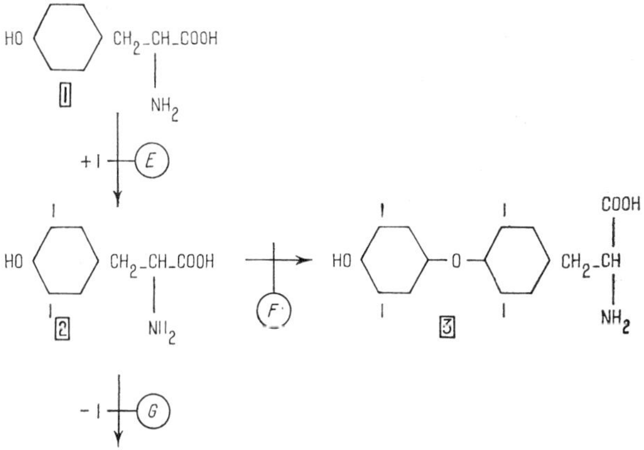

FIG. 89 — PERTURBATIONS À DIVERS STADES DE LA FORMATION DE L'HORMONE THYROÏDIENNE.

1, Tyrosine; 2, diiodotyrosine; 3, thyroxine. E, F, G, blocage de la chaîne de réactions à trois niveaux différents; le blocage, en E, détermine le crétinisme type 1; en F, le crétinisme type 2; en G, le crétinisme type 3.

LES FACTEURS DE LA COAGULATION

La réalisation de certaines fonctions résulte non seulement d'une chaîne de réactions géniques mais aussi de la participation d'autres gènes; on parle alors d'un réseau d'actions géniques. La coagulation du sang, phénomène complexe qui exerce une protection contre toute hémorragie, en donne un exemple.

Le schéma classique de Morawitz (1905) comportait deux phases; au cours de la première, la thrombokinase (ou thromboplastine) en présence d'ions Calcium transformait la prothrombine en thrombine; dans la seconde phase, la thrombine transformait le fibrinogène en fibrine. Actuellement on sait que la thromboplastine doit être activée par une série de huit facteurs dont l'interaction se fait pendant une préphase antérieure aux deux phases. Ces huit facteurs sont : la globuline antihémophilique ou facteur VIII, le facteur Christmas ou facteur IX, un facteur antécédent de la thromboplastine, un quatrième facteur composant la thromboplastine, le facteur Hageman, le facteur V, un facteur accélérateur de la transformation de la prothrombine ou facteur VII, et enfin le facteur Stuart-Prower. L'absence partielle ou totale de la globuline antihémophilique (caractère récessif lié au chromosome sexuel) conditionne l'hémophilie A. La carence du facteur Christmas (caractère récessif lié au chromosome sexuel) provoque l'hémophilie B ou maladie de Christmas. La déficience du troisième facteur (caractère dominant) paraît beaucoup plus rare que celle des deux facteurs précédents. D'après une observation, le quatrième facteur semble être dominant. Le facteur Hageman est récessif. L'absence du facteur V (facteur récessif) détermine une parahémophilie caractérisée par des hémorragies des muqueuses, du nez, et des ménorragies. L'absence du facteur VII (récessif) peut être facilement confondue avec un manque de prothrombine. Enfin la déficience du facteur Stuart-Prower semble voisine de celle du facteur VII.

La réalisation de la première phase, transformation de la prothrombine en thrombine, impose la présence de la prothrombine. Des conditions de milieu (affections hépatiques entre autres) peuvent provoquer une déficience en prothrombine; il y aurait aussi une hypoprothrombinémie congénitale.

La deuxième phase, transformation du fibrinogène en fibrine par la thrombine, requiert deux conditions, élaboration normale de thrombine et présence du fibrinogène. L'afibrinogénémie est une grave déficience récessive qui se manifeste dès l'enfance par de sérieuses hémorragies.

Les troubles essentiels de la coagulation peuvent avoir trois origines : perturbations des facteurs du système accélateur de la prothrombine (principalement diminution de la globuline antihémophilique et du facteur Christmas), perturbations capillaires entraînant un allongement du temps de la coagulation, perturbations thrombocytaires; un seul facteur peut agir ou une interaction de plusieurs facteurs intervient. Une carence en globuline antihémophilique et des perturbations capillaires caractérisent l'angiohémophilie ou hémophilie vasculaire; cette dernière, distincte de l'hémophilie classique, ressemble beaucoup à la thrombopathie de Willebrand-Jürgens.

La transformation finale du fibrinogène en fibrine relève non seulement d'une chaîne de réactions géniques mais aussi d'autres gènes conditionnant un parfait état et un fonctionnement normal des thrombocytes et des vaisseaux. Un réseau de gènes, selon l'expression de Kühn, intervient dans ces mécanismes compliqués.

CONSÉQUENCES THÉRAPEUTIQUES DU MODE D'ACTION DES GÈNES

Il est bien évident qu'il est impossible de changer le génotype; un individu qui possède un gène commandant une perturbation quelconque le gardera toute sa vie. Mais, dans certains cas, la perturbation provoquée peut être corrigée ou compensée. Un trouble hormonal sera corrigé par l'injection de l'hormone déficiente. Le traitement du diabète, affection souvent héréditaire, par l'insuline donne d'excellents résultats. Il est également possible que l'absence des enzymes indispensables au métabolisme des protides puisse être compensé par l'apport de substances intermédiaires, qui normalement sont élaborées grâce à l'enzyme. Par un régime correct on peut réussir à ne pas augmenter le taux d'un produit intermédiaire qui s'accumule par suite d'une déficience enzymatique. L'observation suivante est fort intéressante : une fillette de deux ans totalement idiote ne pouvait ni rester debout, ni courir, ni parler; ne manifestant aucun intérêt pour son entourage, elle gémissait et criait. Cette faiblesse d'esprit était attribuée à une concentration anormalement élevée de la phénylalanine; il s'agissait donc d'un cas d'oligophrénie phénylpyruvique (voir p. 1123). Un régime totalement dépourvu de phénylalanine appliqué pendant onze semaines donna d'excellents résultats : l'odeur buccale typique de la phénylcétonurie disparut; le titre de la phénylalanine dans le sérum et l'urine redevint normal; l'excrétion d'acide phénylpyruvique s'arrêta. Mais l'absence totale de phénylalanine provoqua des troubles; on ajouta au régime un peu de phénylalanine et le métabolisme se stabilisa. L'enfant se développa, se mit à ramper, puis à marcher; les yeux prirent de l'éclat; les cheveux foncèrent; une amélioration générale se poursuivit. À deux reprises, une contre-expérience fut tentée; on redonna à la fillette de la phénylalanine et, six heures après l'administration, les divers symptômes réapparurent. On avait donc bien réussi à compenser l'action du gène de la phénylcétonurie. L'efficacité du traitement est solidaire d'un diagnostic précoce (six à huit semaines d'âge).

Il en est de même pour la galactosémie qui résulte de la non-dégradation du galactose ou sucre de lait; il est alors indispensable de donner à l'enfant, pendant les premières semaines, une alimentation ne comportant pas de lait. Un peu plus tard, de faibles quantités de galactose seront supportées, car le foie doit posséder une enzyme capable de transformer de petites doses de galactose en glucose.

Quand il s'agit d'une substance utile, fonctionnelle, dont la formation est inhibée, on utilise une thérapeutique de substitution en fournissant la substance déficiente; ainsi pour le crétinisme héréditaire on donne de la thyroxine, pour des formes héréditaires de rachitisme résistantes à la vitamine D, on traite avec des doses extrêmement élevées de vitamine D; des cas de syndrome adrénogénital sont soignés à l'aide de stéroïdes et de cortisone.

La pathologie héréditaire comparée apporte de précieuses indications. Des maladies observées chez l'animal se trouvent chez l'Homme avec les mêmes mécanismes. Une cataracte du Chien provoquée par une alimentation trop riche en eau existe également chez l'Homme; elle cède à une thérapeutique de drainage de l'eau.

On connaît donc quelques processus qui constituent la chaîne de réactions reliant le gène au phénotype, au caractère morphologique ou physiologique. Par greffe, injection ou alimentation, il devient possible de suppléer à la déficience génétique et partant d'améliorer chimiquement l'hérédité pathologique.

LES MALADIES CHROMOSOMIQUES

La nouvelle technique de Tijo et Levan, rendant possible le dénombrement rigoureux du nombre de chromosomes dans les cellules humaines, permit de découvrir que certaines maladies, certaines anomalies, résultaient d'une modification du nombre normal diploïde des chromosomes.

En 1959, Turpin, Lejeune et Gautier établissaient que le mongolisme était provoqué par la présence d'un chromosome surnuméraire; le mongolien possède quarante-sept chromosomes au lieu de quarante-six; un des chromosomes (un petit acrocentrique) est en triple exemplaire et non pas en double, « en brelan et non en paire ». Le mongolisme, ou idiotie mongolique, décrit dès 1866, avait encore une étiologie obscure. Il comporte des anomalies morphologiques générales (taille courte, aspect trapu, tête ronde, face aplatie, fentes palpébrales rétrécies et obliques avec un repli cutané interne) et des malformations variées (cardiaques, langue fissurée, empreintes digitales avec un pli palmaire transverse unique formé par la coalescence des lignes de tête et de cœur). Sa manifestation essentielle est une débilité mentale profonde; l'âge mental ne dépasse pas celui d'un enfant de six à sept ans. Le mongolisme résulte donc d'une trisomie qui a été retrouvée dans les cas examinés; souvent elle intéresse le chromosome 21 *(fig. 90)*. Elle se réalise vraisemblablement à la suite d'une non-disjonction de deux chromosomes homologues dans l'un des ga-

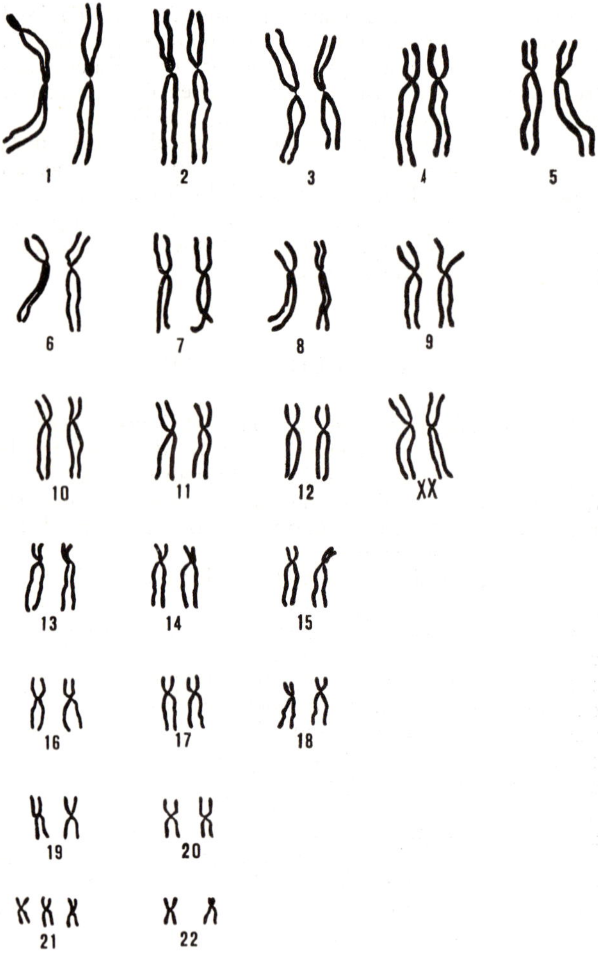

FIG. 90 — CARYOTYPE D'UNE FEMME ATTEINTE DE MONGOLISME (d'après Lejeune).

Noter la trisomie du chromosome 21.

mètes des parents et probablement dans l'ovule maternel. En effet, de semblables non-disjonctions s'observent chez les femelles âgées de Drosophiles (voir p. 957) et la fréquence du mongolisme s'accroît justement avec l'âge maternel. L'ovule renfermera alors un chromosome en double exemplaire, c'est-à-dire vingt-quatre chromosomes et non vingt-trois; fécondé par un spermatozoïde normal à vingt-trois chromosomes, il engendrera un zygote à quarante-sept chromosomes.

Depuis la belle découverte des biologistes français, d'autres exemples de constitution chromosomique aberrante ont été signalés, notamment par les généticiens anglais.

Trois cas de mongolisme ont été signalés avec quarante-six chromosomes. L'examen attentif du caryotype révéla une translocation entre le chromosome surnuméraire et un autre petit autosome; une translocation réciproque a été également décelée.

Ont été signalés quatre cas de trisomie des chromosomes 13, 14, 15, un cas de trisomie du chromosome 17, six cas de trisomie du chromosome 18. Le syndrome de la trisomie du chromosome 18 comprend une série de malformations squelettiques, musculaires, rénales avec hypotonie à la naissance, retard mental; la période de gestation de la mère est supérieure à quarante semaines.

Les sujets atteints de polydysspondylisme présentent des anomalies variées (nanisme, malformations de la colonne vertébrale, de la selle turcique du sphénoïde, faible intelligence). Ils possèdent seulement quarante-cinq chromosomes; une translocation a déterminé l'attache d'un petit chromosome à un autre chromosome de taille moyenne.

Des anomalies de l'organisation sexuelle proviennent également d'une répartition incorrecte des chromosomes sexuels. Le syndrome de Klinefelter se traduit par de l'intersexualité, c'est-à-dire par un mélange de caractères masculins et de caractères féminins. Ces hommes féminisés possèdent deux chromosomes *X* et un chromosome *Y*; ils peuvent être considérés comme des femmes *XX* qui portent un chromosome *Y* supplémentaire ou comme des hommes *XY* qui possèdent un chromosome *X* en supplément. Le test de Barr qui permet de diagnostiquer le sexe des cellules (les cellules féminines montrent un petit amas de chromatine disposé contre la membrane du noyau; cet amas n'existe pas dans les cellules masculines) désignait les sujets affectés d'un syndrome de Klinefelter comme appartenant au sexe féminin. L'anomalie chromosomique explique tout; sexe féminin en raison des deux *X* avec une forte masculinisation en raison de l'*Y*.

Le syndrome de Turner, ou agénésie ovarienne, est caractérisé par un aspect féminin et un infantilisme génital. Bien qu'ils fussent d'apparence féminine, le test de Barr avait accordé à ces individus le sexe masculin. Le nombre des chromosomes est réduit à quarante-cinq, car un seul chromosome *X* est présent. Ces sujets peuvent être considérés comme des femmes ayant perdu un chromosome *X* ou comme des hommes ayant perdu le chromosome *Y*.

Un syndrome de superféminité avec stérilité fréquente et déficience intellectuelle correspond à quarante-sept chromosomes dont trois chromosomes sexuels *X*. Sont également connus des sujets à quatre chromosomes sexuels *(XXXY)* avec petits testicules et idiotie, et des super mâles *XXYY*.

Toutes ces anomalies résultent d'un trouble dans le mécanisme de distribution des chromosomes au moment de la maturation des gamètes; les gamètes reçoivent un chromosome en trop ou un chromosome en moins de ce qu'ils auraient dû recevoir.

Les sujets atteints du syndrome de Klinefelter possèdent un phénotype de mâles normaux et un psychisme viril; ils se marient avec des femmes normales. Le chromosome *Y* exerce donc une action puissante. De même les sujets atteints du syndrome de Turner montrent un phénotype de femmes stériles avec un psychisme féminin; l'absence du chromosome *Y* supprime la virilité. Le pouvoir masculinisant du chromosome *Y* semble donc important.

Des associations entre mongolisme et syndrome de Klinefelter sont observées; les caryotypes montrent quarante-huit chromosomes comprenant les quarante-six chromosomes normaux plus le petit chromosome surnuméraire responsable du mongolisme, plus un chromosome *X* supplémentaire responsable du syndrome de Klinefelter.

Un enfant triploïde (soixante-neuf chromosomes au

lieu de quarante-six) identifié en Suède présentait diverses malformations squelettiques et de l'arriération mentale.

Des anomalies du caryotype s'observent également dans certaines dysprotéinémies. La macroglobulinémie de Waldenström semble en rapport avec la présence dans de nombreuses cellules d'un grand chromosome surnuméraire, plus grand que les chromosomes de la première paire qui sont les plus grands du caryotype humain. Ce chromosome ne correspond à aucun chromosome des paires normales. Sa formation relève vraisemblablement d'une erreur; Patau suppose que, lorsque les chromatides filles de la paire nº 2 se forment, le clivage s'effectue au niveau du centromère d'une façon particulière; le long chromosome surnuméraire à centromère médian, résulterait de l'association des deux longs bras du chromosome nº 2. En admettant que cette hypothèse soit exacte, il reste à prouver la participation de ce chromosome surnuméraire dans la macroglobulinémie; une biosynthèse accrue de la macroglobuline s'observe-t-elle dans les cellules à caryotype anormal?

Les cellules des tumeurs malignes sont riches en anomalies chromosomiques intéressant le nombre des chromosomes et leur répartition. Des travaux récents (1962-1963) ont montré qu'une anomalie chromosomique dans ces cellules s'accompagnait d'une modification de la synthèse d'une protéine à activité enzymatique. Dans la leucémie myéloïde chronique, les cellules leucémiques du sang et de la moelle osseuse seulement possèdent un caryotype anormal : un chromosome 21 se présente comme un petit chromosome acrocentrique par suite de la délétion du long bras du chromosome normal. En outre, les granulocytes témoignent d'une activité phosphatasique alcaline réduite.

Puisque les enfants mongoliens portent une trisomie 21, il était intéressant de rechercher si leurs polynucléaires avaient une activité phosphatasique alcaline plus élevée que celle des enfants normaux; ils possèdent, en effet, en trois exemplaires le chromosome 21 présent en deux exemplaires chez le sujet normal et dont un segment manque chez les leucémiques. Les analyses histochimiques et biochimiques ont confirmé cette hypothèse. L'activité phosphatasique alcaline des polynucléaires chez les mongoliens est 1,5 fois plus grande que chez les sujets normaux, soit exactement dans le rapport 3/2 noté pour le chromosome 21. Le long bras du chromosome 21 paraît donc renfermer un ou plusieurs gènes en rapport avec l'activité phosphatasique alcaline; actuellement, il est impossible d'affirmer quelque chose de plus précis.

D'autres aberrations chromosomiques restent encore vraisemblablement à découvrir. Les déficiences, les duplications, les fragmentations doivent exister tout aussi bien chez l'Homme que chez la Drosophile. Actuellement aucune anomalie chromosomique n'a été décelée dans les maladies suivantes; arachnodactylie, maladie de Gaucher, épiloia, chondrodystrophie, acrocéphalo-syndactylie, nanisme hypophysaire, idiotie amaurotique familiale, maladie de Little, phénylcétonurie, anencéphalie...

Peut-on espérer trouver un traitement efficace des maladies chromosomiques? Aucune impossibilité ne semble devoir empêcher la découverte du mode d'action du chromosome surnuméraire; on peut supposer qu'il conditionne un accroissement d'élaboration d'enzyme, d'où une accélération de certaines réactions chimiques. Une perturbation du métabolisme entraînerait la diminution ou même la disparition d'une substance indispensable au fonctionnement normal. Dans cette perspective l'examen des urines des mongoliens décèle une diminution de l'excrétion de certains acides (acide indol-acétique, acide xanthurénique). Le mongolisme pourrait alors être en rapport avec une perturbation du métabolisme du tryptophane qui provoquerait une carence en sérotonine (Lejeune, Turpin). Dans les anomalies chromosomiques sexuelles (syndrome de Klinefelter, syndrome de Turner), une utilisation correcte des hormones sexuelles paraît susceptible de modifier la sexualisation somatique.

Les maladies chromosomiques révèlent l'importance de la ségrégation normale des chromosomes; toute erreur entraîne une modification de l'équilibre entre les gènes normaux. Ainsi un nouvel aspect riche de promesses s'ajoute à la conception classique de la transmission d'un caractère modifié.

PHÉNOGÉNÉTIQUE

Tout être vivant résulte du jeu de deux composantes, l'hérédité et le milieu. Les diverses conditions du patrimoine héréditaire étant analysées, il reste à considérer le milieu. La chaîne de réactions plus ou moins complexe qui relie le gène au phénotype n'est pas isolée du milieu; celui-ci peut la modifier. L'étude de l'influence du milieu sur la réalisation du phénotype constitue la phénogénétique. L'expression milieu désigne toutes les circonstances internes ou externes susceptibles d'agir sur un caractère héréditaire.

MILIEU INTERNE

L'action du milieu interne se révèle par les changements des phénotypes au cours de la vie; la couleur des cheveux, déterminée génétiquement, passe parfois du blond dans le très jeune âge au châtain ou au brun; les gènes de la pigmentation s'expriment donc différemment dans un organisme jeune ou plus âgé. Les modifications importantes consécutives à la puberté confirment l'importance du milieu interne. Le timbre de la voix, déterminé génétiquement, se transforme à la puberté; la voix de basse (homme) et celle de soprano (femme) seraient conditionnées par le même gène *A* dominant; les voix de ténor (homme) et d'alto (femme) obéissent à l'allèle récessif *a*; l'hétérozygote *Aa* correspond aux voix de baryton (homme) et de mezzo-soprano (femme). À la puberté les voix subissent des modifications; les garçons à voix basse deviendront des adultes à voix élevée et inversement. Il est bien connu que les garçons ayant subi une castration conservent la voix haute de l'enfance; de même une femme qui élabore beaucoup d'hormone mâle par suite d'un trouble surrénalien, acquiert une voix masculine qui disparaît après l'ablation de la tumeur. Outre l'action génique, intervient donc une influence hormonale.

La polycorie, maladie héréditaire récessive, caractérisée par une hypertrophie hépatique liée à l'accumulation du glycogène dans le foie et éventuellement dans le cœur et les reins, guérit plus ou moins totalement à la puberté.

Le milieu fœtal constitue un autre aspect du milieu interne; dans certains cas son action est manifeste. La luxation congénitale de la hanche, qui se traduit par la démarche « en canard », est une tare dominante et cependant sévissant presque exclusivement chez les femmes, alors que sa fréquence devrait être sensiblement égale dans les deux sexes. Elle résulte d'une malformation de la hanche. Or, chez l'homme, par suite de la conformation du bassin, l'anomalie n'affecte pas la marche et seule la radiographie la révèle. En revanche, la forme du bassin féminin n'est pas compatible avec la malformation, qui se manifeste par une démarche oscillante très caractéristique. De plus, pendant la vie intra-utérine, la luxation est encore accentuée par une certaine position des cuisses du fœtus, position qui entraîne, lors de l'accouchement, une présentation du siège. Existant donc dans les deux sexes, comme toute tare dominante, la luxation demeure invisible chez le garçon et se manifeste toujours chez la fille où son degré d'expression s'accroît encore par suite d'une certaine position fœtale.

L'otosclérose consiste dans le développement de foyers circonscrits d'ostéite fibreuse; la maladie est dominante avec une légère prédominance chez les filles; ses symptômes les plus classiques sont la surdité, si l'ostéite sévit dans la région moyenne de l'oreille, et la fragilité des os; ce dernier caractère laisse supposer que, chez le sujet malade, l'équilibre calcium-phosphore est troublé; cette rupture d'équilibre résulterait d'un gène dominant dont l'action serait renforcée par les conditions pathologiques de la vie fœtale, notamment la pauvreté du sang maternel en éléments essentiels comme le calcium et le phosphore. L'excès d'enfants malades nés d'une mère déficiente semble favorable à l'action combinée du gène et du milieu fœtal.

L'action du milieu maternel se manifeste également lors de maladies infectieuses maternelles qui retentissent sur le développement de l'enfant. La rubéole, affection bénigne de l'enfance, lorsqu'elle se déclare chez une femme enceinte lors des premiers mois de la grossesse, provoque souvent des accidents graves chez le nouveau-né (surdité, cécité par cataracte ou rétinite, malformations cardiaques, arriération mentale). Diverses infections, la toxoplasmose, peuvent engendrer des défauts de la vision. Les oreillons chez une femme enceinte déterminent aussi des malformations fœtales. L'irradiation thérapeutique d'une femme enceinte peut entraîner l'idiotie microcéphalique de l'enfant. Les médicaments, les tranquillisants, administrés à une femme enceinte, exercent parfois une action nocive; un exemple récent (1962), et combien dramatique, est donné par la thalidomide qui provoque la naissance d'enfants monstrueux privés de membres. Les mécanismes de ces traumatismes non héréditaires, appelés *phénocopies* (manifestations imitant des effets héréditaires), sont mal connus. Certains auteurs admettent que la résistance fœtale aux infections serait d'origine génétique.

MILIEU EXTERNE

L'interférence des gènes et du milieu extérieur constitue un vaste problème de la génétique, car il n'est pas aisé de délimiter leur action réciproque; c'est le problème toujours actuel de *nature* et *nurture* des auteurs anglo-saxons. Son étude expérimentale repose sur la comparaison du comportement des vrais et des faux jumeaux.

Les jumeaux sont des enfants (deux ou plusieurs) naissant simultanément de la même mère; dans l'espèce humaine, l'uniparité est la règle; cependant sur quatre-vingts grossesses on compte en moyenne une naissance double relevant de deux processus :

I) Un ovule unique est fécondé par un spermatozoïde; par suite d'une anomalie survenue dans le développement, deux embryons se développeront indépendamment l'un de l'autre : issus d'un ovule unique, ces jumeaux sont des *jumeaux univitellins* ou *monozygotes* ou des *vrais jumeaux*. Ils sont toujours de même sexe, possèdent le même patrimoine héréditaire; ils se ressemblent de façon étonnante sauf dans de rares cas où l'un est l'image de l'autre dans un miroir. L'identité intéresse les caractères morphologiques aussi bien que physiologiques; par exemple, les électroencéphalogrammes enregistrés pendant le repos sont semblables (Vogel). Il s'agit du même individu en double exemplaire, portant les mêmes caractères, les mêmes tares, les mêmes tendances. C'est un cas de polyembryonie. Parfois les deux embryons restent soudés par une région quelconque du corps et ainsi se forment des couples plus ou moins viables (couples thoracopages, pygopages, etc. *fig. 91*). Les frères siamois Chang et Eng, nés en Thaïlande (1811), sont particulièrement célèbres.

FIG. 91 — QUELQUES TYPES DE JUMEAUX ET DE MONSTRES DOUBLES (d'après Wilder).

Une bande de tissu de 10 cm de diamètre s'étendant de la base du sternum jusqu'au dessus du nombril les unissait et leur laissait une relative liberté de mouvement. À dix-huit ans, ils partent en Amérique où ils suscitent une vive curiosité; ils épousent deux sœurs et ont beaucoup d'enfants (Eng douze, et Chang dix). À soixante-et-un ans Chang eut une attaque d'apoplexie et il mourut deux ans plus tard (1874) à la suite d'une bronchite. Eng qui était en bonne santé ne lui survécut que deux heures.

II) Deux ovules se détachent de l'ovaire à peu près en même temps et sont fécondés chacun par un spermatozoïde; les deux zygotes se développent côte à côte; issus de deux ovules, ces jumeaux sont des *jumeaux bivitellins,* ou *dizygotes* ou *faux jumeaux.* Ils sont de même sexe ou de sexe différent; ils se ressemblent comme des frères et sœurs et sont comparables à une portée d'animaux; leurs génotypes sont différents. C'est un cas de multiovulation.

Les femmes âgées et les femmes avec beaucoup d'enfants ont plus de chance d'avoir des jumeaux que les femmes jeunes et les femmes avec peu d'enfants. La fréquence des vrais jumeaux est la plus faible entre 20-24 ans et la plus élevée entre 35-39 ans. Les femmes de 35 à 39 ans ont cinq fois plus de chance d'avoir des jumeaux dizygotes que les femmes âgées de moins de 20 ans.

Le principe de la méthode de confrontation des jumeaux est simple; les dissemblances de deux vrais jumeaux, ayant le même patrimoine héréditaire, ne relèvent que de l'action du milieu. Donc les caractères concordants des vrais jumeaux résultent de l'action des facteurs héréditaires et les caractères discordants proviennent de celle du milieu. Les différences observées entre deux vrais jumeaux, élevés isolément et dans des milieux disparates, seront imputables au milieu alors que les ressemblances ressortiront vraiment de l'hérédité.

En revanche, les dissemblances séparant les faux jumeaux tiennent à la fois de l'hérédité et du milieu; mais celles notées entre faux jumeaux vivant dans la même famille et soumis à des conditions identiques révèlent le jeu de deux patrimoines héréditaires différents.

Les facteurs géniques interviennent-ils dans la longévité? Une corrélation nette existe entre la durée de la vie des parents et celle des enfants; l'examen des jumeaux apporte des précisions intéressantes. Deux vrais jumeaux sont morts le même jour à quatre-vingt-six ans de leur mort naturelle. Deux vraies jumelles, l'une mariée avec un fermier (famille nombreuse), l'autre célibataire couturière, ont présenté une histoire clinique tout à fait parallèle; elles devinrent sourdes et aveugles le même mois et toutes deux eurent le même jour une hémorragie cérébrale suivie d'une hémiplégie analogue; elles moururent toutes deux à soixante-cinq ans, à vingt-cinq jours d'intervalle. Les manifestations de la vieillesse sont quasi identiques chez les vrais jumeaux; les ressemblances englobent l'état général, la couleur et la densité des cheveux, la forme de la calvitie et des rides, les déficiences auditives, oculaires, et dentaires. Deux vrais jumeaux âgés de quatre-vingt-quinze ans sont pour ainsi dire non identifiables; les radiographies pulmonaires, les dimensions et les formes des cœurs, les électrocardiogrammes sont semblables. Toutes ces similitudes ne se manifestent pas chez les faux jumeaux. L'hérédité joue donc un rôle essentiel dans le maintien d'un relatif état de bonne santé physique et intellectuelle avant et pendant la sénescence.

La confrontation des jumeaux permet aussi de reconnaître si une maladie est héréditaire ou non. La sclérose en plaques, grave affection du système nerveux, se caractérise par la présence dans le cerveau et la moelle épinière d'îlots de tissu scléreux; leurs localisations expliquent la variété des symptômes : paraplégie, tremblement, parole scandée, troubles visuels, etc. Est-ce une maladie héréditaire ou infectieuse ? Une vaste enquête de Thums menée sur les jumeaux souffrant de cette maladie donne la réponse : toutes les paires de vrais jumeaux étaient discordantes, c'est-à-dire que lorsqu'un des jumeaux était atteint de sclérose en plaques, l'autre en était indemne. La sclérose en plaques n'est donc pas héréditaire.

Cette méthode a également apporté quelques éclaircissements au difficile problème de la tuberculose. La tuberculose est d'origine infectieuse, mais existe-t-il une prédisposition héréditaire à la tuberculose, une sorte de terrain éminemment favorable au développement du bacille une fois qu'il a pénétré dans l'organisme ? De nombreuses enquêtes gémellaires ont été poursuivies

(Diehl et von Verschuer, Mitschrich...); les résultats permettent la même conclusion. Le pourcentage de concordance chez les deux vrais jumeaux est d'environ 51,60; chez les deux faux jumeaux, il est de 22,30; la différence est significative. Trois caractères, la simultanéité clinique, les images radiologiques, le degré d'évolution, sont plus souvent concordants chez les vrais jumeaux que chez les faux. Chez les vrais jumeaux, les formes précoces de tuberculose présentent une concordance moins accusée que les formes tardives. Lorsqu'une discordance existe chez un couple de vrais jumeaux, le partenaire malade montre un pronostic plus favorable que lorsque les deux jumeaux sont atteints. L'infection et le début de la maladie sont vraisemblablement accidentels et les conditions de milieu (contagion, habitat, alimentation, travail, maladies infectieuses...) offrent une grande importance. Mais l'évolution de la maladie est conditionnée par des caractères héréditaires de prédisposition et de résistance. Les résultats thérapeutiques montrent également l'influence du milieu; six paires de vrais jumeaux malades et traités se comportent différemment; dans chaque couple, l'un des jumeaux guérit alors que l'autre meurt.

Voici quelques pourcentages de concordance observés chez les vrais et les faux jumeaux souffrant de diverses maladies (d'après Vogel) :

	Pourcentages de concordance	
	Vrais jumeaux	*Faux jumeaux*
Goitre endémique	69,5	71,4
Silicose	89,3	54,8
Déficiences cardiaques congénitales	6,5	4,4
Déficiences cardiaques acquises	16,7	7,1
Cancer	17,4	10,8
Ulcus ventriculi	25,0	10,7
Cholélithiase	26,6	6,5
Arthrite rhumatismale	28,4	8,2
Asthme bronchique	33,3	5,6
Sclérose coronaire	19,0	8,5
Hypertension essentielle	53,0	21,8
Tuberculose	51,6	22,2
Diabète sucré	56,8	13,0
Thyréotoxicose	47,0	3,1

Ces pourcentages parlent d'eux-mêmes; ils indiquent par exemple pour la tuberculose une prédominance des facteurs héréditaires et pour le cancer une prédominance des facteurs de l'environnement.

Un exemple cité par Umber montre l'importance des conditions de milieu pour l'extériorisation d'un gène présent, mais demeuré latent; il s'agit de deux vrais jumeaux ayant donc le même génotype; l'un était diabétique, l'autre ne l'était pas et aucune glycosurie n'avait jamais été observée; mais chez ce dernier l'administration de glucose provoqua une hyperglycémie tout à fait anormale. Pourquoi ce comportement irrégulier? Les modes de vie des deux jumeaux expliquaient la différence de pénétrance du gène; le premier, le diabétique, était restaurateur et se livrait depuis longtemps à des excès de nourriture et surtout de boisson (bière); le second, ouvrier tempérant, menait une vie normale et chez lui le diabète ne s'était pas déclaré. L'intervention d'un facteur externe, un changement de régime par exemple, suffit pour transformer la tare latente en une affection déclarée.

À l'aide de tests variés, la méthode montre encore une interaction complexe de l'hérédité avec le milieu dans le développement des caractères psychiques et affectifs. La réalité de l'hérédité psychique n'est pas douteuse mais son mécanisme paraît plus compliqué et relève surtout de la polymérie; puis le milieu social, l'éducation, les exemples, en un mot toutes les circonstances, exercent une influence sensible.

LES APPLICATIONS DE LA LOI HARDY-WEINBERG EN GÉNÉTIQUE HUMAINE

Une population possédant les deux allèles *A* et *a* comprendra des individus appartenant aux trois génotypes *AA, Aa* et *aa*. Si la population est en équilibre et si les mariages sont panmictiques (c'est-à-dire s'effectuant au hasard sans homogamie), la fréquence des trois génotypes est d'après la règle de Hardy-Weinberg : $AA = p^2$; $Aa = 2\ pq$; $aa = q^2$, si p et q représentent les fréquences des deux allèles *A* et *a*. Cette proportion restera constante aussi longtemps qu'aucune condition ne modifiera l'équilibre.

Cette règle, tout à fait générale, trouve des applications variées en génétique humaine, comme en génétique animale ou végétale. Prenons l'exemple de l'albinisme et voyons les renseignements donnés par la règle.

L'albinisme est un caractère récessif qui ne se manifeste que chez l'homozygote *aa*; les individus non albinos sont des homozygotes dominants *AA* ou des hétérozygotes *Aa* porteurs du gène *a*. Les statistiques montrent qu'environ un individu sur vingt mille est albinos; donc 19 999 individus possèdent les génotypes *AA* et *Aa*; la fréquence du génotype *aa* égale donc 1/20 000 d'où $q^2 = 1/20\,000$; q la fréquence du gène *a* sera : $q = \sqrt{1/20\,000} = 1/141$; p, la fréquence de l'allèle *A* égale $1 - q$, $p = 1 - 1/141 = 140/141$; la fréquence du génotype *Aa* est égale à $2\,pq$, soit $2\,pq = 2 \times 140/141 \times 1/141 =$ env. 1/70, donc une personne sur soixante-dix personnes normalement pigmentées porte le gène *a* conditionnant l'albinisme; 1,4% de la population normalement pigmentée transmet un gène de l'albinisme. Ce pourcentage est très élevé pour un caractère qui se manifeste aussi rarement que l'albinisme. Les calculs montrent que la fréquence des porteurs d'un gène récessif diminue plus lentement que ne diminue la fréquence des homozygotes récessifs, par suite le rapport entre les deux fréquences des porteurs du gène *a*, hétérozygotes et homozygotes, augmente.

Par exemple, pour un gène aussi rare que celui de l'alcaptonurie (voir p. 1123) environ une personne est atteinte sur un million, une personne sur cinq cents est porteuse du gène; en effet :

nombre des homozygotes *aa* : $= 1/1\,000\,000 = q^2$
nombre des hétérozygotes *Aa* $= 1/501 = 2\,pq$
rapport $2\,pq/q^2 = 2\,p/q = 1\,996/1$

La règle de Hardy permet aussi de calculer la fréquence des différents types de mariages :

	Fréquence du type de mariage	Fréquence de la descendance
$AA \times AA$	$p^2 \times p^2$	$p^4 (AA)$
$AA \times Aa$ $Aa \times AA$	$2 (p^2 \times 2pq)$	$2p^2q (AA)$ $2p^2q (Aa)$
$AA \times aa$ $aa \times AA$	$2 (p^2 \times q^2)$	$2p^2q^2 (Aa)$
$Aa \times Aa$	$2pq \times 2pq$	$p^2q^2 (AA)$, $2p^2q^2 (Aa)$ $p^2q^2 (aa)$
$Aa \times aa$ $aa \times Aa$	$2 (2pq \times q^2)$	$2pq^3 (Aa)$, $2pq^3 (aa)$
$aa \times aa$	$q^2 \times q^2$	$q^4 (aa)$

Pour un caractère récessif, lorsque *a* est très petit, et plus grand nombre d'enfants homozygotes manifestant le caractère naîtront de l'union de deux hétérozygotes; plus de 99% d'albinos ont des parents normalement pigmentés mais porteurs du gène récessif. Un mariage sur quatre mille neuf cents (70 × 70) serait susceptible de donner des albinos. Une belle démonstration en est donnée par une tribu d'Indiens de l'Amérique centrale où les mariages entre albinos sont interdits; or cette population compte beaucoup d'albinos, cent trente-huit sur vingt mille individus, alors que la fréquence normale est de un sur vingt mille. Le mariage entre albinos étant proscrit, les mariages des albinos avec des hétérozygotes ou avec des homozygotes dominants atteignent une fréquence élevée, partant le nombre des albinos et des hétérozygotes est notablement élevé.

Avec la règle de Hardy, il est aussi possible de vérifier l'exactitude d'une hypothèse sur le mode de transmission d'un caractère. Par exemple certaines personnes goûtent la phénylthiocarbamide et d'une façon générale toutes les substances renfermant le groupement $= N—\underset{\underset{S}{\|}}{C}—$; d'autres personnes les considèrent comme étant sans saveur. La fréquence des goûteurs est environ de 70 %; celle des non-goûteurs, de 30%. Le caractère est héréditaire et les statistiques établies en Amérique montrent que la descendance de deux non-goûteurs comprend uniquement des non-goûteurs; celle de deux goûteurs comprend à la fois des goûteurs et des non-goûteurs. On peut supposer que le gène dominant *G* conditionne le caractère goûteur et son allèle récessif *g* le caractère non-goûteur. Les goûteurs posséderont donc le génotype *GG* ou *Gg* et les non-goûteurs seront *gg*.

Nous allons vérifier si le pourcentage observé de non-goûteurs dans les descendances correspond au pourcentage calculé. Snyder donne les statistiques suivantes sur 3 643 personnes, 70,2 % étaient goûteurs et 29,8 % étaient non-goûteurs; les examens familiaux donnaient les indications suivantes :

Parents	Pourcentage d'enfants non-goûteurs
Goûteur × goûteur	12,3
Goûteur × non-goûteur	33,6

D'après la loi de Hardy, la fréquence du génotype *gg* égale :

$$q^2 = 0{,}298$$
$$q = 0{,}545$$

d'où pour p une fréquence de $p = 1 - q = 1 - 0{,}545 = 0{,}455$.

L'union de deux goûteurs présente les types de descendance suivants :

Parents	Fréquence du type de mariage	Descendance	
		Goûteur	Non-goûteur
$GG \times GG$	p^4	p^4	
$GG \times Gg$	$2p^3q \, (= p^2 \times 2pq)$	$2p^3q$	
$Gg \times GG$	$2p^3q$	$2p^3q$	
$Gg \times Gg$	$4p^2q^2 \, (= 2pq \times 2pq)$	$3p^2q^2$	p^2q^2

Le rapport du nombre des enfants non-goûteurs à celui de tous les enfants est égal à :

$$\frac{p^2q^2}{p^4 + 4p^3q + 4p^2q^2} = \frac{q^2}{p^2 + 4pq + 4q^2}$$
$$= \left(\frac{q}{p + 2q}\right)^2 = \left(\frac{q}{1 + q}\right)^2 = 0{,}124$$

L'union d'un goûteur avec un non-goûteur offre les combinaisons suivantes :

Parents	Fréquence du type de mariage	Descendance	
		Goûteur	Non-goûteur
GG × *gg*	$p^2\ q^2$	$p^2 q^2$	
gg × *GG*	$p^2\ q^2$	$p^2 q^2$	
Gg × *gg*	$2p\ q^3$	$p\ q^3$	$p\ q^3$
gg × *Gg*	$2p\ q^3$	$p\ q^3$	$p\ q^3$

Le rapport du nombre des enfants non-goûteurs à celui de tous les enfants est égale à :

$$\frac{2pq^3}{2p^2q^2 + 4pq^3} = \frac{q}{p + 2q} = \frac{q}{(1-q) + 2q} = \frac{q}{1 + q} = \frac{0,545}{1,545} = 0,352$$

Les proportions observées (0,123 et 0,336) et calculées (0,124 et 0,352) sont vraiment très proches, ce qui permet de conclure que l'hypothèse était exacte et que les caractères goûteur et non-goûteur résultent de l'action des allèles *G* et *g*.

La règle de Hardy ne s'applique que dans les unions panmictiques; dans les mariages non panmictiques, les prévisions deviennent impossibles, la structure de la population étant perturbée.

MARIAGES CONSANGUINS

Les mariages consanguins entre conjoints alliés plus ou moins proches soulèvent des problèmes qui, même implicitement, ont toujours été pressentis; en effet les religions interdisent ce type de mariage; la religion catholique n'autorise qu'avec une dispense spéciale les mariages entre apparentés jusqu'au sixième degré, c'est-à-dire les unions entre cousins issus de germains. Aux États-Unis les mariages entre nièce et oncle, neveu et tante sont illégaux et les mariages entre cousins germains sont interdits dans le tiers des États. Très rarement de semblables mariages ont été encouragés; par exemple chez les Incas et dans les dynasties égyptiennes où frère et sœur se mariaient afin que le sang royal ne se mélangeât point; la XVIIIe dynastie pendant trois générations en offre un bel exemple.

Ces interdictions se justifient-elles? Les pedigrees illustrant la transmission d'une tare récessive ne se manifestant que chez les homozygotes comptent de fréquentes unions entre cousins germains. Alors que le taux normal des unions consanguines dans une population oscille autour de 1% on observe des taux nettement plus élevés, 10 à 20%, dans les familles où se manifestent l'albinisme, l'ataxie de Friedreich, l'idiotie amaurotique juvénile; 30% dans les familles avec alcaptonurie, ichthyosis, érythroderma; voici quelques pedigrees démonstratifs *(fig. 92, 93* et *94)*.

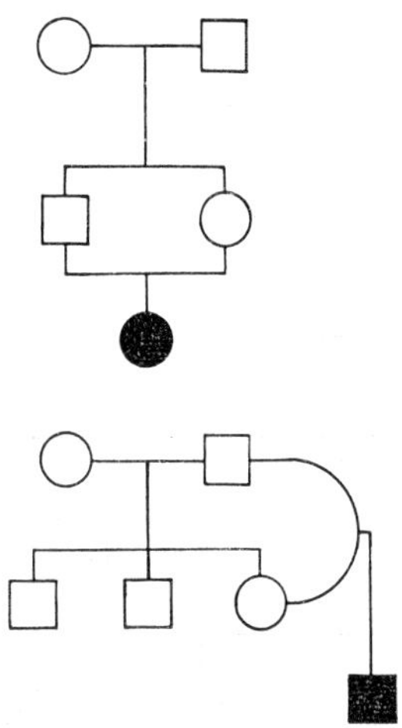

FIG. 92 — APPARITION DE L'ALBINISME, CARACTÈRE RÉCESSIF, À LA SUITE D'UNIONS CONSANGUINES (d'après Baur-Fischer-Lenz).

En haut, union incestueuse d'un frère et d'une sœur. En bas, union entre un père et sa fille. En noir, les sujets atteints d'albinisme.

Les parents apparemment sains produisant une descendance tarée étaient en réalité porteurs de cette tare; mais à l'état hétérozygote, elle ne s'exprimait pas. Le mariage de ces hétérozygotes *Aa* (*A* gène normal, *a* allèle récessif) engendre un quart d'homozygotes extériorisant la tare.

Ce pourcentage anormalement élevé d'unions consanguines laisse présumer que la consanguinité favorise l'apparition d'homozygotes pour les allèles récessifs. Le calcul des probabilités prouve l'exactitude de cette hypothèse.

Prenons un exemple : un garçon hétérozygote, donc sain, *Aa* (l'allèle *a* de fréquence très faible), souhaite

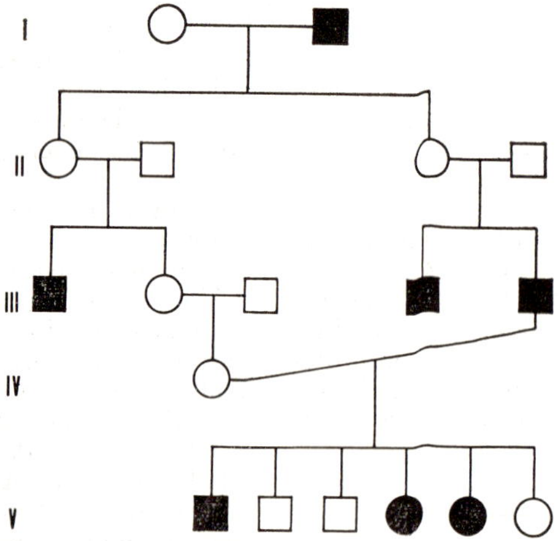

FIG. 93 — TRANSMISSION DE L'ICHTHYOSE, CARACTÈRE RÉCESSIF (d'après Gates).

Noter un mariage consanguin entre un homme de la IIIe génération avec sa cousine de IVe génération. En noir, les sujets porteurs de la tare.

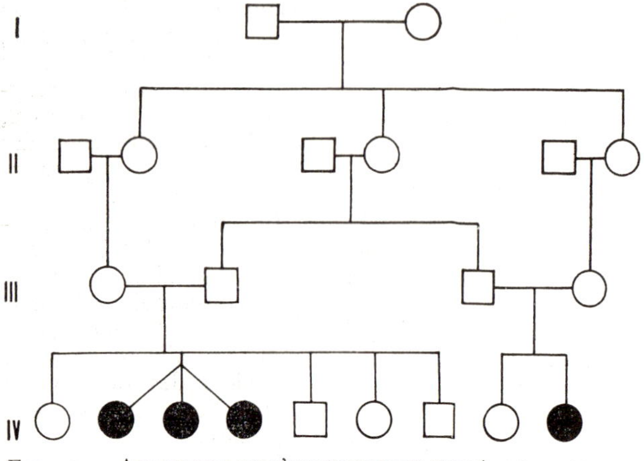

FIG. 94 — APPARITION DE L'HYPOTRICHOSE CONGÉNITALE, CARACTÈRE RÉCESSIF, DANS LA DESCENDANCE DE DEUX MARIAGES CONSANGUINS ENTRE COUSINS GERMAINS (d'après Gates).

En noir, les sujets souffrant de la tare.

épouser sa cousine germaine saine; quelle est la probabilité pour que celle-ci soit hétérozygote pour le même gène *a*? Elle est de 1/8; en effet, la figure 95 montre que le garçon III, 1 a hérité *a* de l'un de ses parents appartenant à la génération II; la probabilité est de 1/2 qu'il l'ait hérité de II, 2; II, 2 à son tour l'aurait hérité de l'un de ses parents I, 3 ou I, 4. I, 3 ou I, 4 transmettront *a* à II, 3 avec une probabilité de 1/2. Puisque II, 2 porte *a* avec une probabilité de 1/2, il y a une probabilité de 1/2 que I, 3 ou I, 4 porte *a*, et une probabilité de 1/4 que II, 3 porte *a*. Si II, 3 porte *a*, III, 2 a une probabilité de 1/2 d'en hériter et puisque II, 3 porte *a* avec la probabilité de 1/4, III, 2 porte *a* avec une probabilité de 1/4 x 1/2 = 1/8.

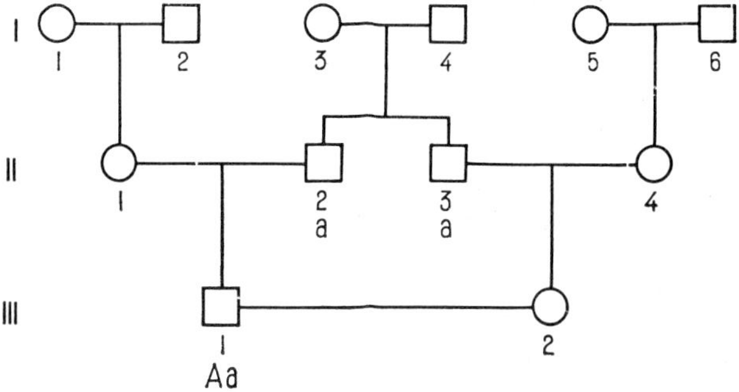

FIG. 95 — GÉNÉALOGIE DE DEUX COUSINS GERMAINS QUI S'UNISSENT.

Explications dans le texte. I, II, III, première, deuxième, troisième générations.

Pour nous rendre compte de l'importance de cette probabilité de 1/8, recherchons, dans un mariage réalisé au hasard, la probabilité qu'un hétérozygote trouve un conjoint hétérozygote pour le même allèle. Cette probabilité est fonction de la fréquence *q* de l'allèle *a*. Admettons que *a* soit rare et présente une fréquence de 1/50, la chance que *a* existe chez un hétérozygote pris au hasard est égal à 2 *pq*, *p* étant la fréquence de *A*; la probabilité est donc voisine de 1/25 (en effet $2\ pq = 2 \times 49/50 \times 1/50$).

Admettons maintenant que *a* soit encore plus rare, $q = 1/200$; la probabilité qu'un hétérozygote pris au hasard porte *a* sera très proche de 1/100 (en effet $2\ pq = 2 \times 199/200 \times 1/200$).

La probabilité pour que deux cousins germains soient porteurs du même allèle, quelle que soit sa fréquence, est donc de 1/8 c'est-à-dire trois fois (premier cas) ou douze fois (deuxième cas) plus grande que la probabilité pour que deux hétérozygotes pris au hasard possèdent le même allèle de fréquence faible ou très faible.

La naissance de l'enfant homozygote *aa,* né de deux hétérozygotes *Aa,* possède une probabilité de 1/4. L'homozygote *aa* né de l'union de deux cousins germains hétérozygotes manifestera sa tare ou sa maladie avec une probabilité de $1/4 \times 1/8 = 1/32$. Dans un mariage au hasard, la probabilité serait de $1/4 \times 2\ pq$; dans les cas précédents $1/4 \times 1/25 = 1/100$ ou $1/4 \times 1/100 = 1/400$.

Donc un mariage entre cousins germains hétérozygotes engendre statistiquement un enfant homozygote porteur de la tare sur trente-deux, alors que dans un mariage au hasard un enfant sur cent ou un enfant sur quatre cents sera homozygote et manifestera la tare ou la maladie.

Une formule générale établie par Dahlberg donne la proportion des enfants homozygotes *aa* nés de parents cousins germains : $k = \dfrac{c(1 + 15q)}{16\,q}$

c : proportion des mariages consanguins; *q* : fréquence de l'allèle *a*. Cette formule appliquée à des valeurs différentes de *c* et de *q* permet des conclusions intéressantes; voici un tableau emprunté à Dahlberg :

q = fréquence de *a*	fréquence de *aa*	k = % des homozygotes *aa* nés de parents cousins germains		
		c = 0,1 %	c = 0,5 %	c = 1 %
0,001	0,000001	6,34	31,72	63,44
0,01	0,0001	0,72	3,59	7,19
0,1	0,01	0,16	0,78	1,56

C'est pourquoi une tare récessive se manifestant chez un individu révèle souvent la parenté des parents. Pour une faible fréquence de *a* (1 pour 1 000) et dans une population comptant 1 % de mariages consanguins (fréquence normale), les 2/3 des enfants *aa* ont des parents cousins germains. La statistique s'accorde totalement avec les observations déduites des pedigrees.

Le tableau montre aussi que lorsque la fréquence de *a* augmente, la proportion des homozygotes *aa* nés de cousins germains diminue; puisque le gène est fréquent, un porteur de *a* possède des chances d'épouser un autre porteur de *a*, bien que n'étant pas apparenté.

Quelques statistiques, assez rares d'ailleurs, donnent le pourcentage des mariages consanguins dans les divers pays; il oscille autour de 1 %.

Dans quelques contrées, cette valeur augmente considérablement; dans un canton du Nord de la Suède, elle atteint 6,8 % (1948), dans une ville suisse 11,5 %; le maximum est noté en 1922 dans une population juive de deux villes allemandes : 16,2 %. Cette consanguinité dans de petites colonies est corrélative de leur isolement géographique ou social.

Les statistiques montrent aussi que durant les soixante-dix dernières années la fréquence de la consanguinité a toujours diminué. Ce phénomène relève de deux explications au moins; la vie moderne avec les facilités de communication, le développement des transports, l'exode des campagnes vers les villes, les congés payés et les déplacements qu'ils entraînent, réduisent considérablement l'isolement géographique; celui-ci n'existe plus guère qu'en montagne, dans des vallées éloignées de tout et dans quelques îles inhospitalières. Dahlberg a montré mathématiquement que la fréquence de la consanguinité est corrélative de la grandeur des isolats; le nombre d'individus *n* d'une population est donné par la formule $n = \frac{2b\ (b-1)}{c}$ où *b* égale le nombre moyen d'enfants d'une fratrie; *c* égale le pourcentage de mariages consanguins. Voici un tableau établi par Dahlberg qui montre les relations entre la population de l'isolat, le nombre d'enfants et le pourcentage des mariages consanguins. Celui-ci décroît avec l'importance des isolats, ce qui est logique.

n = nombre d'individus de l'isolat	c = pourcentage des mariages entre cousins germains	
	b = 2 enfants	b = 3 enfants
50	8	24
100	4	12
300	1,33	4
500	0,8	2,4
1 000	0,4	1,2
3 000	0,133	0,24
10 000	0,04	0,12
100 000	0,004	0,012

La seconde cause réside dans le petit nombre d'enfants dans les familles actuelles; en effet avec des familles possédant deux ou trois enfants, les cousins germains sont peu nombreux et partant leur union plus improbable.

La diminution de la consanguinité entraînera une diminution des homozygotes récessifs et une augmentation des hétérozygotes; les mariages entre hétérozygotes redonnent un quart d'homozygotes. À la diminution des homozygotes correspondra une augmentation dans le futur.

La consanguinité en soi-même n'est ni bonne ni mauvaise. Les statistiques faisant ressortir l'état déficient ou pathologique des enfants nés de parents cousins germains, l'opinion en rendra responsable la consanguinité; cette conception est totalement erronée. Avec un patrimoine héréditaire ne comportant que de bons gènes, la consanguinité donne des descendances saines; Charles Darwin, A. Lincoln en constituent des exemples célèbres. Le risque de la consanguinité réside dans l'union, statistiquement plus probable, de deux hétérozygotes pour le même gène; les allèles récessifs se trouveront réunis dans le quart de la descendance qui sera tarée ou malade.

Cependant, si l'on admet que l'hétérozygotie confère une plus grande vigueur et une plus grande fécondité, la consanguinité serait alors néfaste puisque, favorisant l'homozygotie, elle diminue la vitalité, la résistance et la multiplication des individus.

Théoriquement on peut concevoir un cas où la consanguinité serait favorable; l'érythroblastose du nouveau-né (voir p. 1084) résulte d'une incompatibilité entre la mère Rhésus négatif et le fœtus Rhésus positif (homozygote ou hétérozygote). L'identité des génotypes maternel et foetal supprime ce danger. Un enfant issu de l'union de deux cousins germains aura plus de chance de posséder le même génotype que sa mère, que lorsque ses parents ne sont pas apparentés; le calcul donnerait une diminution de l'érythroblastose de l'ordre de 13 %; cette diminution intéressante reste à vérifier pratiquement.

Du point de vue eugénique, quelle attitude faut-il adopter à l'égard de la consanguinité? Si l'ascendance directe et collatérale de deux cousins germains sains compte des individus malades, leur mariage est dangereux pour la descendance, car la probabilité est grande pour que les cousins germains soient des hétérozygotes pour l'allèle récessif qui se manifeste déjà dans leur famille. Le mariage est à déconseiller ou du moins les futurs conjoints doivent être avertis du danger probable menaçant leurs enfants.

Si aucune maladie n'affecte la parenté directe et collatérale des cousins germains, le pronostic est impossible; l'absence d'homozygotes récessifs n'implique pas l'absence de l'allèle *a* responsable de la maladie. En outre l'impossibilité presque totale jusqu'à présent de déceler les hétérozygotes *Aa* rend vain et aléatoire tout pronostic.

EUGÉNIQUE

L'eugénique, ou hygiène héréditaire, fut fondée par Galton (1889); mais l'idée fort ancienne se trouve déjà chez Platon et chez d'autres sages de l'Antiquité.

Un grand nombre de maladies, de tares, d'anomalies étant héréditaires, et quelques-unes se transmettant avec une régularité presque mathématique, il était naturel de songer à stopper la naissance d'individus inaptes à la vie normale; pour réaliser cette prévention, il fallait empêcher la reproduction des individus lourdement tarés. Le recours à la stérilisation semblait donc nécessaire.

En fait, il existe dans de nombreux pays une législation sur la stérilisation. Aux États-Unis, la première loi fut promulguée en 1907 dans l'État d'Indiana; en 1940 trente États d'Amérique du Nord avaient adopté des lois analogues. Dans les trente États, la débilité mentale constitue l'indication majeure à la stérilisation; dans vingt-huit de ces États, les maladies mentales sont aussi objet de stérilisation; dans vingt-huit États, l'épilepsie est également mentionnée. Dans d'autres États, les malformations physiques, les maladies nerveuses sont frappées de stérilisation. De 1907 à 1950 plus de cinquante mille stérilisations ont été réalisées aux États-Unis; les 2/5 des stérilisés appartiennent au sexe masculin. Il est difficile de déduire les résultats de cette expérience eugénique qui n'a pas toujours reposé sur des données médicales et génétiques très solides.

De semblables législations ont été proposées dans les provinces canadiennes (Alberta, Colombie britannique), en Tasmanie, en Nouvelle-Zélande.

En Europe, cette législation a été instaurée en 1929 dans le canton de Vaud en Suisse et la même année elle s'étendait au Danemark, à la Norvège, à la Suède, à la Finlande, à l'Islande. En Allemagne et en Estonie, elle est actuellement abrogée après avoir été appliquée aveuglément. Des lois ont été proposées, sans aboutir, en Angleterre, en Hollande, en Hongrie, en Tchécoslovaquie, en Pologne. Actuellement la législation ne subsiste plus que dans les pays scandinaves et dans quelques cantons suisses.

Les lois scandinaves prévoient le fait que le patient peut demander lui-même la stérilisation et qu'elle ne peut être exécutée qu'avec son libre consentement. Pendant la période 1929-1950, près de six mille stérilisations ont été pratiquées au Danemark; les deux tiers des sujets étaient des débiles mentaux et les deux tiers de ceux-ci étaient des femmes. En Suède, pour la période 1935-1948, environ 15 650 stérilisations ont été effectuées; les stérilisations féminines sont également les plus fréquentes.

Dans ces pays le nombre des stérilisations s'accroît et le professeur Kemp estime qu'au Danemark, il sera fait chaque année environ six cents stérilisations, se répartissant à parties égales entre les débiles mentaux et les débiles non mentaux. Cette fréquence et le taux des naissances laissent prévoir que le pourcentage d'élimination de la débilité mentale sera plus proche de cent que de cinquante.

Au Danemark, aux mesures de stérilisation s'ajoutent

des lois sur l'avortement provoqué légal, sur l'interdiction du mariage, sur des prescriptions eugéniques (isolement des malades héréditaires, déclaration obligatoire de certaines maladies).

Ces mesures soulèvent de sérieuses objections d'ordre moral et social. Mais leur efficacité est-elle vraiment réelle et justifie-t-elle de semblables mesures aussi draconiennes ?

La réponse sera différente selon le mode de transmission du gène.

ÉLIMINATION D'UN GÈNE DOMINANT

Pour une tare dominante, la stérilisation des tarés est effective; en éliminant seulement la moitié des tarés à chaque génération (un certain nombre d'individus tarés auront échappé aux investigations), au bout de trois générations, le nombre des tarés sera réduit de $(1/2)^3$, c'est-à-dire au huitième, et au bout de dix générations, la tare aura presque disparu. Naturellement, l'élimination de la tare peut être contrecarrée par sa réapparition à la suite de mutations.

ÉLIMINATION D'UN GÈNE RÉCESSIF

L'élimination d'un gène récessif est beaucoup plus difficile, puisque les hétérozygotes, apparemment sains, échappent à toute mesure eugénique, bien que possédant le gène nocif et le propageant. C'est pourquoi il serait important, eugéniquement, de déceler les hétérozygotes pour un gène récessif; quelques faits positifs ont été déjà acquis dans ce domaine (voir p. 1057); il serait souhaitable que leur nombre s'accrût.

Les calculs montrent qu'en éliminant totalement les homozygotes récessifs tarés, il faudrait attendre vingt générations (soit six siècles environ) pour que la fréquence de la tare passât de 1 % à 1 ‰ et soixante-dix générations pour qu'elle se réduisît à un cas pour dix mille.

ÉLIMINATION D'UN GÈNE LIÉ AU CHROMOSOME SEXUEL

L'élimination d'un gène porté par le chromosome *Y* est facile puisque toujours le gène se manifeste chez les hommes qui le portent.

L'élimination d'un gène récessif porté par le chromosome *X* est moins aisée. En empêchant les hommes tarés de se reproduire, le tiers des gènes, ceux qui sont portés par l'*X* de ces hommes, serait éliminé. Mais il subsiste les deux tiers portés par les deux *X* des femmes; il faudrait alors interdire la procréation aux filles des hommes tarés et à leurs sœurs, et encore les femmes qui auraient reçu le gène nocif avec le chromosome *X* de leur mère ne seraient pas évincées. Les résultats seraient fort aléatoires.

Il s'avère donc que les mesures de stérilisation des individus tarés ne résolvent pas le problème d'une façon effective. L'élimination d'un gène indésirable n'est pas chose aisée; seule celle des gènes dominants n'est pas illusoire, mais par malchance les tares dominantes sont les plus rares.

Sous un autre aspect, l'eugénique est susceptible d'exercer une action bienfaisante; un médecin averti et bien au courant des notions de génétique donnera des conseils pertinents avant la conclusion d'un mariage. Dans certains cas, il conseillera un mariage et, dans d'autres cas, il le jugera dangereux pour la descendance, voire même déraisonnable.

Une union entre un sujet sain et un conjoint porteur d'une tare dominante à pénétrance complète présente le risque de donner naissance une fois sur deux à un enfant taré; si la tare est majeure, le mariage est à déconseiller.

L'union de deux conjoints souffrant d'une maladie récessive (albinisme, surdi-mutité, etc.) engendrera des enfants tous affectés de la même maladie puisque tous homozygotes. Une telle union est à proscrire. L'union d'un malade avec un sujet sain engendre des enfants sains mais porteurs du gène nocif, si le sujet sain est homozygote; mais s'il est hétérozygote, des enfants malades sont susceptibles de naître dans la proportion de un sur deux enfants.

Lorsqu'on connaît la fréquence d'une maladie ou d'une tare, il est possible d'évaluer les risques offerts par les diverses unions. Par exemple quel risque court un sujet taré homozygote récessif, d'avoir une descendance tarée?

Dans le cas de l'albinisme, il court le risque d'épouser un conjoint hétérozygote une fois sur soixante-dix (voir p. 1143). Dans cette union, les probabilités de naissance d'un enfant sain ou d'un enfant taré sont égales; donc à chaque naissance, il court le risque d'avoir un enfant taré une fois sur 140 (1/70 x 1/2).

Le danger offert par les mariages entre cousins germains dont la famille souffre d'une maladie récessive, a été démontré dans le chapitre consacré aux mariages consanguins; dans certains cas, ces unions sont totalement à déconseiller.

Les maladies récessives liées au chromosome sexuel permettent aussi un pronostic; un mariage avec la sœur d'un hémophile ou d'un daltonien est dangereux; une fois sur deux, celle-ci sera conductrice du gène en question et un de ses fils sur deux risquera d'être hémophile ou daltonien.

Les mesures coercitives, les interventions brutales de l'État, seront efficacement remplacées par les prescriptions d'une eugénique éducative et persuasive. Lorsque les individus seront informés et convaincus des risques que certaines unions font courir à leur descendance, ils hésiteront à contracter de semblables unions.

Il est donc urgent que l'inventaire des maladies incontestablement héréditaires soit établi, que leur mode de transmission soit défini, que leurs fréquences soient déterminées par des statistiques sérieuses, et que les individus sains mais porteurs d'un gène nocif soient décelés.

Il sera alors possible de formuler des pronostics sagaces sur les qualités des descendances et partant d'encourager ou de réprouver telle ou telle union.

Andrée Tétry.

BIBLIOGRAPHIE

J. D. Abbatt, J. R. A. Lakey, D. J. Mathias, *Protection against Radiation,* Cassell, Londres, traduction française, Masson, Paris, 1963.

W. C. Boyd, *Genetics and the Races of Man,* Little Brown, Boston, 1950, traduction française, Payot, Paris, 1952.

C. Bresch, *Klassiche und Molekulare Genetik,* Springer, Berlin, 1964.

D. G. Catcheside, *The Genetics of Micro-Organisms*, Pitman, Londres, 1949.

M. Caullery, *Génétique et hérédité*, « Que sais-je ? » n° 113, P.U.F., Paris, 1943.

L. Cuénot, et A. Tétry, *L'Évolution biologique*, Masson, Paris, 1951.

Effets génétiques des radiations chez l'Homme, Organisation mondiale de la Santé, Genève, 1957.

Effets génétiques des radiations chez l'Homme, Organisation mondiale de la Santé, *Série des rapports techniques*, n° 166, Genève, 1959.

R. Gates, *Human Genetics*, 2 vol., Macmillan, New York, 1946.

L. Gedda, *Studio dei gemelli*, Orizento medico, Rome, 1951.

R. B. Goldschmidt, *Physiological Genetics*, Mc Graw Hill, New York 1938.

R. B. Goldschmidt, *Theorical Genetics*, Univ. of California Press, Berkeley, 1952.

E. Guyénot, *L'Hérédité*, 4e édit., Doin, Paris, 1948.

H. Harris, *Human Biochimical Genetics*, Univ. Press, Cambridge, traduction française, Masson, Paris, 1963.

F. Jacob, J. Monod, *Genetic Regulatory Mechanisms in the Synthesis of Proteins*, « J. of Molecular Biol. », 3, 1961, 318-356.

A. Kuhn, *Grundriss der Verebungslehre*, 3e Aufl. Quelle et Meyer, Heidelberg, 1961.

M. Lamy, *Précis de génétique médicale*, Doin, Paris, 1952.

PH. L'héritier, *Traité de génétique*, 2 vol. P.U.F., Paris, 1954.

J. Lejeune, M. Gautier, R. Turpin, *Étude des chromosomes somatiques de neuf enfants mongoliens*, C.R.Ac. Sc., 248, 1959, 1721.

Moullec, J. *Les groupes sanguins*, « Que sais-je ? », n° 1099, P.U.F., Paris, 1964.

A. E. Mourant, *The Distribution of the Human Blood Groups*, Blackwell, Oxford, 1954.

J. T. Patterson, W. S. Stone, *Evolution in the Genus Drosophila*, Macmillan, New York, 1952.

L. S. Penrose, *Outline of Human Genetics*, Heinemann, Londres, 1959, traduction française, Armand Colin, Paris, 1962.

M. Privat de Carilhe, *Les Acides nucléiques*, « Que sais-je ? », n° 1061, P.U.F., Paris, 1963.

O. Prokop, *Die menschlichen Blut- und Serumgruppen*, G. Fischer, Iena 1963.

J. ROSTAND, *L'Hérédité humaine,* « Que sais-je ? », nº 550, P.U.F., Paris, 1952.

J. ROSTAND, A. TÉTRY, *La Vie,* Larousse, Paris, 1962.

E. W. SINNOTT, L. C. DUNN, T. DOBZHANSKY, *Principles of Genetics,* 5e édit., McGraw Hill, New York, 1958.

A. M. SRB, R. D. OWEN, *General Genetics,* Freeman, San Francisco et Londres, 1952.

C. STERN, *Principles of Human Genetics,* 2e éd., Freeman, San Francisco et Londres, 1960.

A. TÉTRY, *Le Système sanguin Rhésus,* Albin Michel, Paris, 1950.

A. TOURAINE, *L'Hérédité en médecine,* Masson, Paris, 1955.

R. TURPIN, *La Progenèse,* Masson, Paris, 1955.

O. v. VERSCHUER, *Genetik des Menschen,* Urban et Schwarzenberg, Munich, Berlin, 1959.

F. VOGEL, *Lehrbuch der allgemeinen Humangenetik,* Springer, Berlin, 1961.

E. L. WOLLMAN, F. JACOB, *La Sexualité des Bactéries,* Monographies de l'Institut Pasteur, Masson, Paris, 1959.

LA REPRODUCTION SEXUÉE

Les formes vivantes, animaux et végétaux, se maintiennent sur la terre grâce à leur reproduction. Car toutes sont mortelles. Les générations successives qui en naissent assurent leur pérennité. Ce sont là des évidences, sinon des truismes. Or la reproduction revêt deux modalités : la reproduction asexuée et la reproduction sexuée. La seconde se peut définir par opposition avec la première. La reproduction asexuée est en effet une reproduction agame, ce qui signifie qu'elle ne nécessite pas le concours de cellules reproductrices spécialisées ou gamètes. Ce n'est pas ici le lieu d'en exposer les multiples types. Qu'il suffise de rappeler qu'ils comportent soit la gemmiparité, qui est la formation, à partir d'un individu, de bourgeons aptes à engendrer un être nouveau, soit la scissiparité qui consiste purement en la division en deux d'un individu, sans qu'il existe entre les phénomènes une différence profonde. La reproduction asexuée, ou agame, est le lot d'un grand nombre de Protistes ou d'Invertébrés, et elle dépend de leur pouvoir de régénération dont elle exprime en somme une manifestation. Aussi bien, il n'y a pas non plus de fossé entre reproduction asexuée et reproduction sexuée, car dans certains groupes on rencontre des espèces sexupares qui se reproduisent selon le processus agame et des espèces scissipares chez qui se manifeste le phénomène de la reproduction sexuée.

C'est ce dernier qui prévaut dans le règne animal. La reproduction asexuée se rencontre chez les Protozoaires, chez les Invertébrés inférieurs (encore montrerons-nous ultérieurement que même chez les microbes on a mis en évidence des manifestations de sexualité), mais la reproduction sexuée prévaut au fur et à mesure que chez les Invertébrés on s'élève sur l'échelle zoologique et elle devient exclusive chez les Vertébrés.

La reproduction sexuée dans une espèce donnée est liée à la production, soit par le même individu, soit le plus souvent par des individus distincts dont les uns sont mâles, les autres femelles, de cellules reproductrices ou gamètes. Les sujets mâles forment des gamètes mâles ou spermatozoïdes; les sujets femelles, des gamètes femelles ou œufs (ou ovules). La reproduction d'un individu nouveau de l'espèce considérée est dès lors liée à la pénétration du spermatozoïde dans l'ovule : c'est la fécondation. Le rôle du spermatozoïde est double : déclencher le développement de l'œuf d'où va procéder un nouvel individu, et apporter dans cet individu en puissance sa part de matériel héréditaire.

Cet avant-propos dicte le plan qui conviendra à l'exposé des phénomènes de la sexualité.

A l'origine sont les gamètes. Mais ils ont eux-mêmes une ascendance qu'on recherchera, au cours du développement des individus sexués. Une fois découvertes leurs cellules-souches, il y aura lieu d'étudier leur formation, c'est-à-dire la succession des lignées cellulaires qui, à partir de ces cellules-souches, aboutissent aux produits sexuels mûrs, aptes à la fécondation : spermatozoïdes et ovules. Ces gamètes feront entre-temps l'objet d'une description.

Nanti de la connaissance des gamètes, on envisagera la fécondation, mais aussi le développement sans fécondation, ou parthénogenèse, dans certaines espèces sexuées.

De la fécondation résulte nécessairement, faute de quoi la reproduction sexuée ne resterait pas assurée à travers les générations, la naissance de mâles et de femelles. On sera ainsi amené à considérer les mécanismes de la détermination du sexe, et, dans ce cadre, leurs anomalies (intersexualité, gynandromorphisme).

Mais comment, pourquoi, une fois le sexe précocement fixé, les signes différenciateurs de l'un et l'autre sexe, autrement dit les caractères sexuels, vont-ils apparaître? Ce sera là l'objet des parties suivantes, qui comporteront aussi l'étude des anomalies de la différenciation sexuelle.

Pour conclure, on consacrera quelques pages à la sexualité chez les Protozoaires, chez les Microbes.

ORIGINE DES GAMÈTES — LE SOMA ET LE GERMEN — LA LIGNÉE GERMINALE

Lorsqu'un être se développe à partir d'une cellule unique, qui est l'œuf, on voit, tout au moins chez des animaux pluricellulaires élevés en organisation, Invertébrés supérieurs et Vertébrés, intervenir à un stade précoce de l'embryogenèse le phénomène de la « différenciation cellulaire ». Une spécialisation, qui est d'ordre à la fois morphologique, chimique et fonctionnel, va s'instituer entre les cellules de plus en plus nombreuses qui composent l'individu en croissance, et permettre dès lors de distinguer parmi elles des familles cellulaires vouées chacune, dans l'organisme, à une activité propre. La différenciation cellulaire s'affirme d'abord, dans le jeune embryon, par l'existence de feuillets primordiaux, c'est-à-dire l'ectoderme, l'endoderme, le mésoderme, puis rapidement par la formation de « tissus », dont chacun est constitué par l'ensemble de cellules différenciées dans un même sens, et qui représentent en quelque sorte les matériaux avec lesquels s'édifieront les divers organes. C'est ainsi que se séparent et se définissent le tissu nerveux, le tissu musculaire, les tissus de revêtement ou épithéliaux, les tissus glandulaires, enfin les tissus de soutien qui composent le squelette de l'organisme total ou des organes pris séparément.

Il va de soi qu'aucun élément de ces tissus ne saurait assumer la reproduction de l'être dont il fait partie. Il serait impensable et absurde d'attribuer à une fibre musculaire, à une cellule nerveuse, à une cellule glandulaire du foie ou d'une glande salivaire, l'aptitude à se comporter en gamète, c'est-à-dire de concourir à la reproduction.

De fait, outre les produits de la différenciation cellulaire que l'on vient d'évoquer, on trouve chez les Métazoaires des cellules sexuelles ou reproductrices qui, elles, ont échappé sinon à une différenciation morphologique, du moins à une spécialisation fonctionnelle, en ce sens qu'elles sont restées « totipotentes », qu'elles ont gardé en elles les facteurs de réalisation d'un être nouveau de même espèce, et qu'elles sont demeurées en quelque sorte les dépositaires des propriétés détenues par les cellules sexuelles des générations antérieures.

La question se pose dès lors de savoir comment, au cours de l'ontogenèse, ces cellules sexuelles ont échappé à la différenciation instituée parmi tous les autres éléments de l'organisme. C'est ce qu'a expliqué la conception du *soma* et du *germen,* dont le protagoniste, à la fin du siècle dernier, a été le biologiste allemand Weismann.

LE SOMA *ET LE* GERMEN — *LA LIGNÉE GERMINALE*

Selon cette conception, les cellules sexuelles forment à travers les générations une chaîne ininterrompue, et gardent sans atteinte, sans contamination, leur continuité. Dans tout être, il y a lieu de distinguer l'ensemble des cellules vouées aux fonctions végétatives, le *soma,* et l'ensemble des cellules reproductrices, le *germen.* Le *soma* est périssable. Le *germen* est potentiellement immortel. La continuité sans solution du *germen* à travers les générations exprime ce que l'on nomme la lignée germinale.

Mais comment comprendre ce maintien d'une pureté sans compromission des cellules reproductrices au cours du développement? Selon Weismann, l'œuf fécondé renferme un principe spécial, l'idioplasme (mot d'ailleurs emprunté à un autre biologiste, Nägeli) qui se scinde dès la segmentation de l'œuf, c'est-à-dire dès le point de départ de l'embryogenèse, en deux parties; l'une, le plasma végétatif, est dévolu aux éléments du soma, l'autre, le plasma germinatif, représentant des gamètes mâles et femelles, devient l'apanage des éléments du germen et, selon Nussbaum, la segmentation le livre exclusivement aux cellules, immédiatement distinctes des cellules somatiques, qui, au cours d'une évolution à l'intérieur de l'organisme, deviendront gamètes à leur tour.

Le concept de lignée germinale ainsi formulé avait un caractère purement spéculatif, et représentait une audacieuse, sinon géniale, anticipation. Car les découvertes ultérieures devaient l'étayer, dans une large mesure, mais aussi démontrer qu'il n'avait pas une valeur générale et qu'il était passible d'amendements.

Il s'impose donc ici d'exposer objectivement le « pour » et le « contre ».

ARGUMENTS FAVORABLES AU CONCEPT DE CONTINUITÉ GERMINALE

La théorie de la lignée germinale est passée du domaine de la spéculation dans celui des faits, à la faveur de multiples observations qui, tôt au cours du développement, ont permis de surprendre dans l'embryon, sous une forme identifiable, la souche des futures cellules sexuelles. Le précurseur à cet égard est sans doute Boveri qui, en 1892, a réalisé des observations désormais classiques en biologie. L'objet de son étude fut le ver Nématode *Ascaris*. Lors de la division en deux « blastomères » de l'œuf de cet animal, division qui suit immédiatement la fécondation, le noyau de l'un des blastomères conserve des chromosomes intacts alors que, dans l'autre, ces chromosomes se fragmentent en granules. (Les chromosomes sont les éléments caractéristiques du noyau. Ce sont des filaments de nombre constant chez chaque espèce animale qui, visibles lors de la division cellulaire, sont considérés comme les supports des propriétés héréditaires. Il en sera souvent question au cours des lignes qui vont suivre, comme en divers autres chapitres de ce volume.) Quand chacun des deux premiers blastomères se divise à son tour en deux (stade de quatre blastomères), ceux qui proviennent du blastomère à chromosomes fragmentés héritent eux-mêmes de chromosomes fragmentés, alors que dans l'un seulement de ceux qui proviennent des blastomères à chromosomes intacts se maintient cette intégrité chromosomique. Il en va de même dans la suite de la segmentation, si bien que, après que les divisions se sont poursuivies et que l'embryon compte un nombre considérable de cellules, l'une seulement détient des chromosomes intacts, les autres ayant une chromatine pulvérulente. Or la suite du développement fait voir que ces dernières constituent la matière des diverses parties du *soma,* alors que la première représente la souche des cellules sexuelles, c'est-à-dire du *germen (fig. 1).* C'est dire que chez l'*Ascaris,* à l'origine de l'embryogenèse, on peut déjà identifier d'après certaines singularités la cellule qui donnera naissance à la lignée germinale. Sitôt après la fécondation, elle fait, en quelque sorte, « bande à part », en admettant que le mot « bande » n'évoque pas une multiplicité de cellules, non encore réalisée ici.

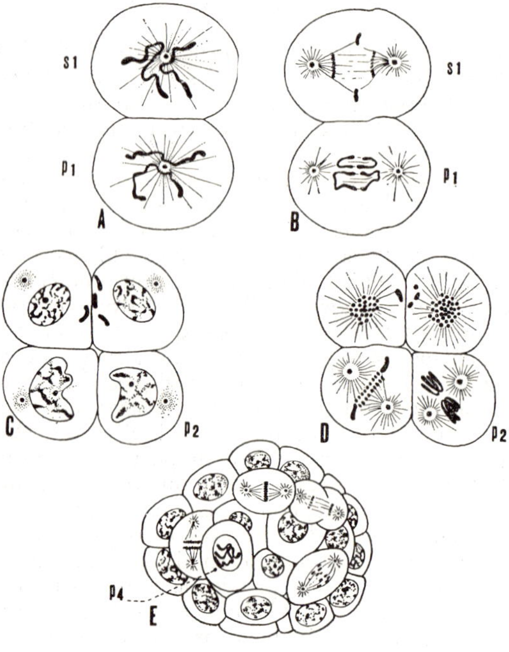

FIG. 1 — SEGMENTATION DE L'ŒUF DE *Parascaris*.

A, les deux premiers blastomères de l'œuf segmenté; P_1, blastomère à chromosomes entiers; S_1, blastomère à chromosomes destinés à se fragmenter. B, division de chacun des deux premiers blastomères. C, œuf segmenté en quatre blastomères; P_2, blastomère dont les chromosomes resteront intacts. D, division de chacun des quatre premiers blastomères. E, blastula, parmi les cellules de laquelle on voit, en P_4, la cellule mère de la lignée germinale, à chromosomes intacts. (D'après Boveri, reproduit d'après Aron et Grassé).

Nous ne saurions multiplier les exemples d'une telle ségrégation précoce du *germen,* sous peine de déborder le cadre et de fausser l'esprit de ce chapitre. Pourtant ils sont nombreux. Citons la petite plage de cytoplasme spécial que l'on découvre dans l'œuf de certaines espèces après la fécondation, aussi bien chez des Invertébrés comme la Mouche Miastor (selon Kahle, Hegner), (*fig. 2*), que chez un Vertébré comme la Grenouille rousse (Bounoure), zone qui passe exclusivement aux cellules germinales primordiales. Même chez des Vertébrés supérieurs tels que les Oiseaux, on dépiste tôt chez l'embryon les futures cellules-souches de la lignée germinale (gonocytes) en dehors de l'embryon même, dans un territoire des annexes embryonnaires. Ces gonocytes migrent ensuite dans l'embryon et viennent y occuper le futur emplacement des glandes génitales. On peut les détruire dans leur site originel par les rayons ultraviolets ou ceux du radium. L'embryon ainsi traité restera stérile.

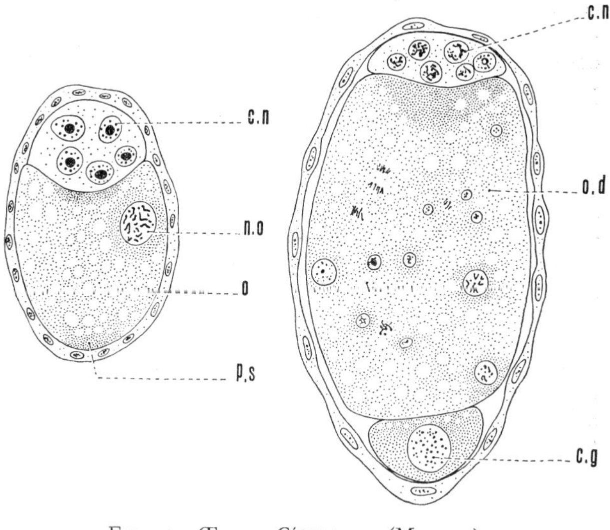

FIG. 2 — ŒUF DE CÉCIDOMYIE (MIASTOR).

A gauche, œuf fécondé avant la segmentation; *c.n*, cellules nourricières; *n.o*, noyau de l'œuf; *o*, œuf; *p.s*, protoplasme spécial. A droite, œuf en cours de segmentation; *c.n*, cellules nourricières; *o.d*, œuf en division; *c.g*, cellule mère des cellules germinatives. (D'après Hegner, reproduit d'après Aron et Grassé).

De tels faits plaideraient d'une manière décisive en faveur du concept de l'autonomie de la lignée germinale, si quelques observations aberrantes ne le mettaient parfois en cause.

ARGUMENTS DÉFAVORABLES AU CONCEPT DE LA LIGNÉE GERMINALE

Si des cellules déjà différenciées dans le soma pouvaient engendrer des cellules sexuelles, force serait bien de penser que la théorie de la continuité germinale souffre au moins des amendements et n'a pas de valeur générale. Or il faut bien admettre, si l'on suit Brien (1951), que chez l'Hydre la genèse des gamètes prend son point de départ en certaines cellules du revêtement ectodermique et que, selon Laviolette (1954), si l'on castre une Limace, les culs-de-sac formés aux dépens de la cicatrice, et en liaison avec le canal hermaphrodite épithélial, régénèrent des cellules germinales. Il y a mieux. Dans une expérience spectaculaire, Briggs et King (1954) ont réussi à extirper le noyau d'un œuf de Grenouille et à le remplacer par le noyau d'une cellule somatique quelconque prélevé chez une larve de même espèce. L'œuf ainsi opéré se développe. Ainsi, ce ne serait pas le noyau (comme le suggèrent entre autres les observations de Boveri chez l'Ascaris) mais le protoplasme de l'œuf ou plutôt une partie de ce cytoplasme qui serait dépositaire des prémices de la lignée germinale. On a quelque peine à l'admettre.

Il n'en est pas moins vrai que sur le plan de la logique (encore que la logique des phénomènes de la vie ne coïncide pas nécessairement avec la logique humaine!) il est satisfaisant de penser que les cellules reproductrices échappent à toutes les vicissitudes du développement et gardent à travers les générations, dans un état de pureté, leur propriété de maintenir le type spécifique.

FORMATION DES GAMÈTES

Les cellules sexuelles primordiales, que l'on appelle les gonocytes, sont appelées à subir une multiplication qui a pour suite des modifications de forme et de structure des générations successives qui en procèdent, et qui aboutissent à la formation des gamètes, c'est-à-dire des spermatozoïdes et des œufs.

LIEU DE LA FORMATION DES GAMÈTES

On a vu précédemment que les gonocytes sont susceptibles de se former hors de l'ébauche embryonnaire, où ils migrent secondairement. Que l'on surprenne ou non le phénomène, on trouve toujours les gonocytes dans la future glande génitale ou gonade une fois apparue son ébauche, c'est-à-dire respectivement le testicule et l'ovaire.

La situation topographique de ces organes dépend des particularités du développement : c'est-à-dire que chez les Invertébrés elle ne répond pas à une possible systématisation, alors que chez les Vertébrés elle offre une certaine unité. En effet, les gonades naissent là à partir d'un épaississement de l'épithélium cœlomique que l'on appelle l'épithélium germinatif. Deux sortes de cellules le constituent : d'une part, des cellules petites et nombreuses, les cellules végétatives, issues des cellules mésodermiques de l'épithélium cœlomique, et qui deviendront dans l'un et l'autre sexe les éléments nourriciers des cellules sexuelles ; d'autre part, plus volumineux, plus rares, les gonocytes, souches des cellules sexuelles. C'est de ces gonocytes que nous avons précédemment recherché l'origine, et dont il y a lieu de penser qu'ils sont venus coloniser précocement l'épithélium germinatif.

Le développement des gonades à partir de l'épithélium germinatif doit être succinctement décrit, puisque c'est dans la gonade anatomiquement individualisée que s'accomplira l'évolution des gonocytes.

Chez le mâle, il se produit vers l'intérieur (du côté opposé à la cavité du cœlome) un bourgeonnement de l'épithélium germinatif, d'où résulte la pénétration dans le tissu conjonctif de cordons sinueux et étroits, en nombre plus ou moins important, composés comme l'épithélium germinatif de cellules végétatives et de gonocytes. Les cordons sexuels se creusent d'une lumière et deviennent les tubes sexuels, futurs tubes séminifères où évoluera plus tard la lignée séminale et qui, s'allongeant, se pelotonneront de plus en plus jusqu'à la fin de l'organogenèse (voir *fig. 17*).

Chez la femelle, le même bourgeonnement a d'abord lieu, mais il est transitoire et abortif et les cordons sexuels qui en procèdent vont involuer en laissant des vestiges dans la région hilaire du futur ovaire. Un second bourgeonnement a lieu sitôt après le premier. Cette fois, il engendre non des cordons réguliers, mais des boyaux irréguliers et trapus auxquels on reconnaît la paternité scientifique de Valentin et de Pflüger. D'abord composés, eux aussi, de gonocytes et de cellules végétatives, on les voit se transformer rapidement quant à leur contenu cellulaire, car les gonocytes y entament leur évolution dès les stades précoces de l'organogenèse ovarienne. Nous reviendrons sur ce point. Toujours est-il qu'à partir des boyaux de Valentin-Pflüger se différencieront les structures caractéristiques de l'ovaire, représentées par les follicules où, dans chacun, un ovocyte, futur œuf, se situe (voir *fig. 17*).

LA SPERMATOGENÈSE

Nous venons de laisser les gonocytes dans les tubes séminifères, entourés de nombreuses cellules végétatives, qui sont des cellules nourricières ou cellules de Sertoli en puissance.

Chez les Vertébrés, ce n'est qu'à l'avènement de la maturité sexuelle (qui correspond, chez l'homme, à la puberté) que les gonocytes vont entamer leur évolution et que va se déclencher la spermatogenèse.

Son prélude est marqué par une modification des gonocytes : ces grandes cellules à protoplasme abondant vont se réduire considérablement en volume; leur noyau, où la chromatine se condense, devient plus colorable. On a désormais affaire aux spermatogonies, éléments qui, toute la vie, se multiplieront, se reproduiront sans cesse et représenteront, en somme, le matériel de base destiné à alimenter sans trêve la spermatogenèse et son aboutissement : l'édification ininterrompue des spermatozoïdes.

L'évolution spermatogénétique à partir de la première génération de spermatogonies née des gonocytes se décompose en une série de phases, qui sont celles de multiplication, d'accroissement, de maturation et de spermiogenèse; il convient de les étudier séparément dans leur ordre de succession.

PHASE DE MULTIPLICATION

Nous l'avons déjà définie ci-dessus en peu de mots. Elle concerne les spermatogonies qui se divisent de sorte qu'au fur et à mesure que la dernière génération issue de cette multiplication entre dans la phase suivante, elle est remplacée par une autre. Situées, chez les Vertébrés dont l'activité spermatogénétique reste ininterrompue à partir de la maturité sexuelle, à la périphérie des tubes séminifères, c'est-à-dire en dedans des éléments plus évolués de la lignée, elles y constituent une sorte de « zone germinative » permanente, au même titre que les cellules sises profondément dans l'épiderme cutané assurent le remplacement des cellules qui se desquament à sa surface.

PHASE D'ACCROISSEMENT

Elle intervient à partir des spermatogonies de dernière génération, et elle est marquée par deux phénomènes : d'un côté une augmentation progressive de volume et de leur cytoplasme et de leur noyau, de l'autre côté par les changements qui intéressent ce dernier. Avant de préciser la nature de ces phénomènes, notons que, sitôt commencé l'accroissement de la spermatogonie, elle cesse de porter ce nom pour devenir un jeune spermatocyte. C'est cette cellule qui, à la fin d'une lente période de croissance, au cours de laquelle elle ne subira aucune division, est destinée à devenir un spermatocyte de premier ordre.

Nous venons de faire allusion aux changements opérés dans le cytoplasme et dans le noyau au cours de la phase d'accroissement. Dans le cytoplasme, tandis qu'il croît en volume, se manifestent, par l'apparition de « différenciations » caractéristiques (chondriome, zone de Golgi), les signes d'une activité métabolique qui va en s'intensifiant. Mais c'est surtout le noyau qui offre, tout au long de la phase d'accroissement, le tableau de modifications significatives. Pour les faire comprendre, il convient de rappeler que toute division cellulaire comporte une série de phases qui sont la prophase, la métaphase, l'anaphase et la télophase. Lors de la prophase, les chromosomes, en nombre constant dans chaque espèce (il y en a quarante-six chez l'Homme), se différencient en filaments groupés par paires et différents de forme et de longueur dans chaque paire. Puis, lors de la métaphase, ils se groupent selon un plan correspondant à l'équateur de la cellule considérée comme sphérique. Lors de l'anaphase, ils se séparent en deux groupes, chacun formé d'un chromosome de chaque paire. Un groupe se dirige vers un pôle de la cellule en mitose, l'autre groupe vers l'autre pôle. Enfin la télophase marque la scission et l'individualisation des deux cellules filles à la faveur d'un étranglement qui se produit dans la région équatoriale *(fig. 3)*.

Il existe deux sortes de mitose : la mitose équationnelle et la mitose réductionnelle ou méïose. Dans le premier type, qui a un caractère général, les cellules filles héritent le même nombre de chromosomes (nombre diploïde ou 2 *n*) que celui de la cellule mère : car, à la prophase, les couples de chromosomes dont nous venons de faire état résultent de la scission longitudinale de chacun des chromosomes préexistants. Tel n'est pas le cas de la division réductionnelle, où les cellules-filles ne reçoivent que la moitié (nombre haploïde ou *n*) du nombre préexistant et propre aux cellules de l'espèce. Là, en effet, cette scission préalable de chaque chromosome ne se produit pas. La juxtaposition des chromosomes homologues par couples se produit bien lors de la métaphase, mais au lieu de constituer autant de paires de chromosomes qu'il y avait préalablement de chromosomes dans le noyau au repos, ce groupement n'en réalise que la moitié. Si bien que la partition des chromosomes en deux groupes, résultant de la séparation des chromosomes de chaque couple, ne livre dans chacun de ces groupes que la moitié du nombre initial des chromosomes (*n* au lieu de 2 *n*).

La signification de ce phénomène essentiel méritera d'être précisée dans un paragraphe ultérieur, quand auront été décrites les phases de la spermatogenèse et de l'ovogenèse. Il s'agit à présent de revenir à notre propos, c'est-à-dire à l'étude de la phase d'accroissement.

Précisément, c'est au long de cette phase que se déroulent, dans le noyau, les phénomènes de la prophase de

FIG. 3 — DIAGRAMME DES DIFFÉRENTES PHASES DE LA MITOSE.

A, interphase. B, C, D, E, prophase au cours de laquelle on observe une contraction et des condensations progressives des chromosomes (chacun composé de deux chromatides). F, G, prométaphase au cours de laquelle le fuseau commence à se former et la membrane nucléaire à disparaître. H, I, métaphase; J, anaphase; K, L, LL, télophase; en LL, les deux cellules filles vont se séparer. (Emprunté à De Robertis et collaborateurs).

cette mitose d'exception, de cette méïose dont il vient d'être question. Une série compliquée de phénomènes nucléaires réalise en somme la préparation de la méïose. On voit successivement les chromosomes apparaître (on les voit mal ou on ne les voit pas dans le noyau en dehors de l'activité mitotique), sous forme de filaments longs et grêles (stade dit « leptotène »). Puis voici ces filaments s'apparier deux à deux, par paires homologues et dès lors, du nombre originel de 2 *n* chromosomes, on passe à *n* paires (stade appelé « zygotène »). Un troisième stade (stade « pachytène ») survient ensuite, marqué par l'épaississement et le raccourcissement des chromosomes appariés et même enroulés plus ou moins l'un autour de l'autre. Enfin, dans chaque couple, les chromosomes se fissurent longitudinalement en deux chromatides identiques, ce qui prévoit, non la division qui va se produire, mais la suivante. On arrive ainsi à la fin de la phase d'accroissement. Le spermatocyte de premier ordre qui en est l'aboutissement va subir une division, et les cellules filles qui en résultent une seconde : c'est la phase de maturation.

PHASE DE MATURATION

Ce qui se passe alors est, en quelque sorte, la conséquence des phénomènes que l'on vient de décrire. On va assister, nous l'avons déjà dit, à deux mitoses successives, qui sont la première division de maturation ou méïose, suivie de la deuxième division de maturation.

La prophase de la première division, comme il ressort de ce qui précède, est accomplie quand le spermatocyte arrive au terme de son accroissement. Alors se déroulent rapidement les stades suivants de la mitose ; la métaphase voit s'établir, à l'équateur de la cellule, une « couronne » dont chaque constituant est formé de deux chromosomes homologues (chacun fissuré en deux chromatides) ; l'anaphase réalise la séparation des chromosomes de chaque couple, l'un émigrant vers un pôle, l'autre vers le pôle opposé ; la télophase sépare le spermatocyte de premier ordre en ses deux cellules-filles, les spermatocytes de deuxième ordre, dont l'assortiment chromosomique ne répond plus qu'au nombre haploïde, *n*.

En fait, le spermatocyte de deuxième ordre est un « être de raison ». Il ne se constitue pas sous une forme quiescente. A la première mitose de maturation succède sans délai la deuxième mitose. Les noyaux des spermatocytes de deuxième ordre n'ont pas le temps de s'individualiser. Leurs chromosomes, déjà fissurés chacun en deux chromatides, vont se disposer en couronne équatoriale. En d'autres termes, la prophase n'a pas à se produire. C'est la métaphase qui intervient sans préalable. Quant à l'anaphase, elle consiste en la séparation des deux chromatides de chaque chromosome, l'une destinée à une cellule fille, la seconde à l'autre. Le stade final de cette division, la télophase, verra se séparer et, cette fois, se constituer deux cellules filles stables, les spermatides. Leur noyau a hérité de l'une des deux chromatides de chaque chromosome; et ces chromatides méritent de nouveau l'appellation usuelle de chromosomes. Leur nombre reste, en vertu du mécanisme que nous avons évoqué, égal à n, c'est-à-dire à la moitié du nombre préexistant dans le spermatocyte de premier ordre.

La spermatide ne se divisera plus. Mais elle subira une lente transformation qui l'amènera à l'état de spermatozoïde ou gamète mâle : c'est la phase de spermiogenèse.

PHASE DE SPERMIOGENÈSE

La spermatide est une cellule arrondie, dont le cytoplasme renferme les différenciations propres aux éléments doués d'activité métabolique intense : mitochondries granulaires, zone (ou appareil) de Golgi, et aussi cette fine sphérule, attribut de l'activité cinétique, qu'on nomme le centrosome, *(fig. 4)*. Quant au noyau, sis au centre de la cellule, il se caractérise notamment par un nucléole assez volumineux et très chromatique. Dans les tubes séminifères, les spermatides toujours nombreuses se disposent en strates le plus souvent multiples en dedans de l'épithélium séminal : c'est par cette dernière expression que l'on désigne la superposition des éléments de la lignée spermatogénétique, qui se succèdent de dehors en dedans.

La spermiogenèse, phase relativement lente, comporte une série de transformations compliquées de la spermatide, que la figure 4 explicite, et dont il est permis de tenter la description succincte.

Le noyau devient fortement chromatique et apparaît, durant la spermiogenèse, sous la forme d'une sphère de plus en plus colorable, propriété qui va jusqu'à

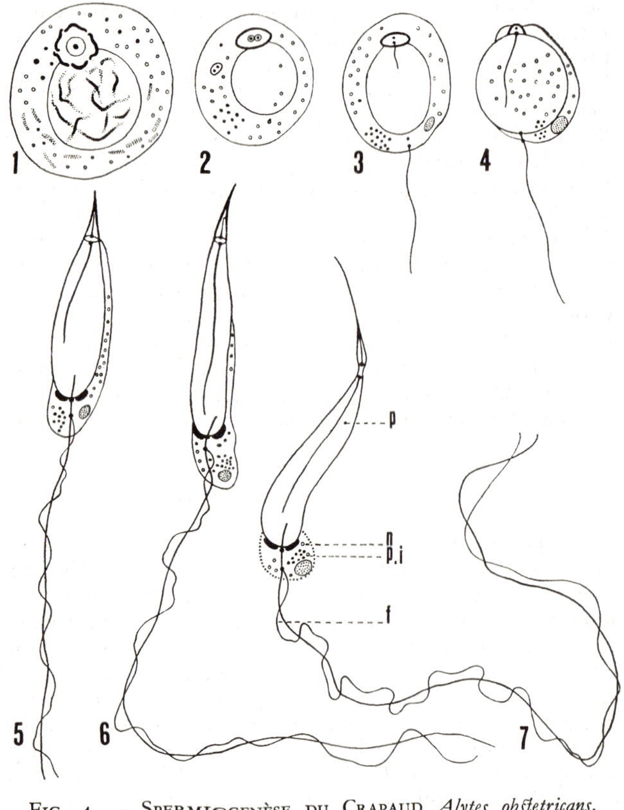

FIG. 4 — SPERMIOGENÈSE DU CRAPAUD *Alytes obstetricans*.

1, spermatocyte de premier ordre. 2, jeune spermatide. 3 à 7, transformation progressive de la spermatide en spermatozoïde; *p*, perforatorium; *n*, noyau; *p.i*, pièce intermédiaire; *f*, flagelle (double, dans le cas particulier). (D'après P.P. Grassé, emprunté à Aron et Grassé).

l'acquisition d'une colorabilité intense et uniforme à la fin de la transformation. En même temps il migre du centre de la spermatide vers un de ses pôles qui devient le pôle antérieur.

Cependant la zone de Golgi vient se situer en avant du noyau, de ce même côté antérieur, et il s'y élabore, à la manière d'un produit de sécrétion, un corpuscule de forme variable, mais dont toujours la partie postérieure est appliquée contre la partie antérieure du noyau : ce corpuscule est l'acrosome (ou « perforatorium », terme dont l'étude de la fécondation nous fera comprendre la signification). Son rôle accompli, la zone de Golgi se détache de l'acrosome, se rejette de côté et disparaît.

Tandis que ce phénomène se produit, simultanément on assiste à d'autres modifications. Le centrosome se divise en deux granules dont l'un, le centriole proximal, se localise contre la partie postérieure du noyau (à l'opposé de l'acrosome), tandis que l'autre, le centriole distal, du reste susceptible de se dédoubler, va prendre place au pôle postérieur de la spermatide, tout contre la membrane qui la limite. Les deux centrioles restent réunis par un filament autour duquel des mitochondries se rassemblent pour composer une sorte de manchon. Ce processus réalisé, le centriole distal émet un autre filament, vers le dehors, qui, petit d'abord, s'allongera énormément pour constituer le flagelle.

Tous ces changements s'accompagnent d'une déformation de la spermatide. D'abord sphérique, elle prend une forme de plus en plus étirée dans le sens noyau - flagelle. Et lorsque la métamorphose approche de son terme, le protoplasme de la spermatide s'écoule en quelque sorte le long des structures que l'on vient de voir naître, notamment le long du flagelle à son origine. On compare cet écoulement à celui d'une goutte de suif le long d'une mince bougie. Ainsi le protoplasme disparaît.

Dès lors le spermatozoïde est achevé. Il comprend trois parties : une « tête », formée du noyau avec l'acrosome en avant de lui; une « pièce intermédiaire », correspondant à la partie sise entre les deux centrioles; enfin une queue ou flagelle.

LE SPERMATOZOÏDE OU GAMÈTE MÂLE

Si tous les spermatozoïdes répondent à la description qui vient d'en être faite, quant à leurs constituants fondamentaux, ils ne laissent pas d'offrir une grande variété selon les espèces. En 1679, Leeuwenhoek en avait déjà donné une représentation qui, pour naïve qu'elle fût, n'en avait pas moins la valeur d'une anticipation *(fig. 5)*.

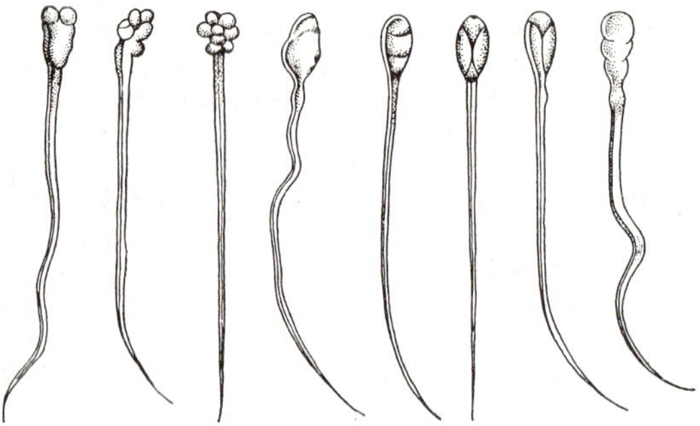

FIG. 5 — LES PREMIÈRES REPRÉSENTATIONS DE SPERMATOZOÏDES DE LAPIN ET DE CHIEN DESSINÉES PAR LEEUWENHOEK EN 1679.

(Emprunté à Marshall's Physiology of Reproduction).

On comprendra sans peine que, dans un cadre limité qui exclut toute étude exhaustive, nous ne puissions que montrer quelques exemples de cette diversité.

Dans l'espèce humaine, le spermatozoïde a une longueur d'environ 80 microns. Le flagelle est responsable de la plus grande part de cette longueur, la tête et la pièce intermédiaire n'en représentant que cinq microns. Là, le noyau est arrondi, l'acrosome, gonflé en une « coiffe céphalique », le recouvre comme un bonnet. A travers la série animale, la forme du noyau change selon les groupes : il ressemble tantôt à un court bâtonnet, tantôt à une virgule, et la longueur totale du spermatozoïde est elle-même sujette à d'amples écarts d'une espèce à l'autre *(fig. 6)*. Qui plus est, le flagelle fait défaut chez

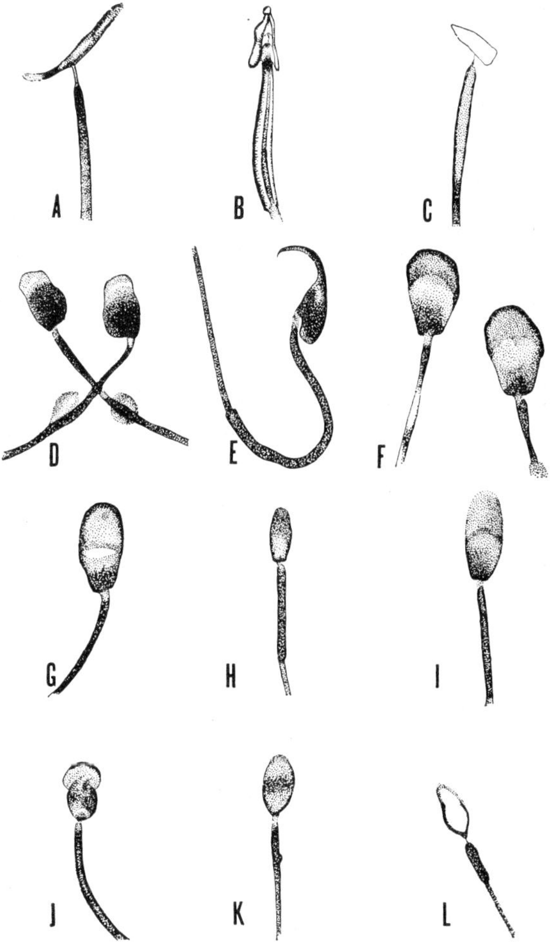

FIG. 6 — MICROGRAPHIES DE SPERMATOZOÏDES VIVANTS (TÊTE, PIÈCE INTERMÉDIAIRE ET DÉBUT DU FLAGELLE) DE DIVERSES ESPÈCES PAR LA MÉTHODE DU CONTRASTE DE PHASES.

A, *Dasyurops;* B, *Parameles;* C, *Trichosurus;* D, *Erinaceus;* E, *Lemniscomys;* F, *Mustela;* G, *Oryctolagus* (Lapin); H, *Felix catus* (Chat); I, *Capra;* J, *Galago;* K, Homme (vue de face); L, Homme (vue de profil). (Emprunté à Marshall's Physiology of Reproduction).

d'assez nombreux Invertébrés (Acariens, Némathelminthes, Myriapodes, Termites, certains Crustacés). Or le flagelle est l'organe de la motricité des spermatozoïdes. Sans flagelle, le gamète mâle perd cette motricité, ce qui crée des conditions spéciales lors de la fécondation. On le voit se déplacer par amiboïdisme, comme les leucocytes.

Ce problème nous amène à envisager, après la morphologie du spermatozoïde, sa physiologie. Dans la généralité des cas, le spermatozoïde est flagellé, et, comme il vient d'être suggéré, le flagelle est son élément moteur. C'est grâce aux battements de cet appendice, qui se propagent en vrille de son origine à son extrémité, que le gamète se meut et avance dans le milieu fluide ou visqueux des sécrétions génitales mâles ou femelles, présentes dans les voies excrétrices du testicule ou de l'ovaire, ou bien dans l'eau s'il s'agit d'animaux aquatiques dont les œufs sont pondus avant la fécondation. Quant aux battements du flagelle, ils dépendent eux-mêmes des centrioles, notamment du centriole distal, dont on a appris précédemment qu'il était à l'origine du flagelle. Des expériences de microdissection n'ont-elles pas enseigné que la lésion élective du centriole, sans que les structures voisines soient affectées, supprime les mouvements du flagelle et, par là, la motilité du gamète ? Il y a là un cas particulier du rôle du centrosome dans l'activité cinétique des cellules et nous savons que les centrioles du spermatozoïde proviennent du centrosome. Lors de la division des cellules, n'est-ce pas la division du centrosome en deux centrosomes fils dont chacun émigre vers un pôle qui ordonne, en quelque sorte, les phases suivantes de la mitose ? Et, dans les cellules dotées à leur surface de cils vibratiles, c'est-à-dire d'une garniture de fins et courts filaments aux rapides mouvements de va-et-vient, chaque cil s'implante sur un centrosome d'où dépend sa vibration, car la destruction élective, par microdissection, des centrosomes supprime tout mouvement ciliaire. Grâce à leur motilité (mis à part de rares cas particuliers) les spermatozoïdes se dirigent vers l'œuf par leurs propres moyens en vue de la fécondation. A titre d'exemple, on notera que dans les voies génitales féminines le spermatozoïde humain chemine, grâce aux battements de son flagelle, et attiré par un « chimiotactisme » sur lequel nous reviendrons, à une vitesse approximative de 3 mm par minute, ce qui lui permet, après l'insémination, à partir du col de l'utérus, de traverser cet organe et d'atteindre la trompe utérine (où a lieu sa rencontre avec l'œuf) en un délai très court : car de plus sa propagation est hâtée par les contractions des organes qu'il traverse.

L'OVOGENÈSE

L'ovogenèse conduit à la formation des gamètes femelles (ovules, ou œufs) au même titre que la spermatogenèse aboutit à celle des spermatozoïdes. L'évolution ovogénétique, dans ses grandes lignes, se déroule selon des phases analogues à celles de l'évolution spermatogénétique *(fig. 7)*. Ce qu'il y a de fondamental dans celle-ci, on le retrouve dans celle-là. Seules certaines particularités les distinguent. Quoi qu'il en soit, la connaissance des processus de la spermatogenèse facilitera et abrégera l'étude de l'ovogenèse.

Alors que la spermatogenèse ne débute, chez les Vertébrés, qu'avec la maturité sexuelle, l'ovogenèse entame son évolution beaucoup plus précocement. C'est ainsi que, dans l'espèce humaine (pour choisir un exemple concret), tandis que les gonocytes n'engendrent des spermatogonies, cellules souches de la lignée spermatogénétique, que lors de la puberté, vers l'âge de quatorze à quinze ans, on voit la transformation homologue s'accomplir dans le sexe femelle au cours des premiers mois de la vie embryonnaire. Un fœtus femelle de quatre mois n'a plus de gonocytes. Et déjà les descendantes de ces cellules qui, par homologie avec les spermatogonies, sont désignées sous le nom d'ovogonies, ont entamé leur évolution. On va dès lors retrouver les mêmes phases que lors de la spermatogenèse : multiplication, accroissement, maturation. A propos de chacune d'elles, on aura à opposer ce qui les distingue des phases correspondantes de la spermatogenèse à ce qui les y assimile. Quant à la phase de spermiogenèse, elle n'a pas son homologue à la fin de l'ovogenèse. La phase de maturation aboutit en effet à l'œuf mûr, dont la place dans l'arbre généalogique de la gamétogenèse est celle de la spermatide dans la spermatogenèse.

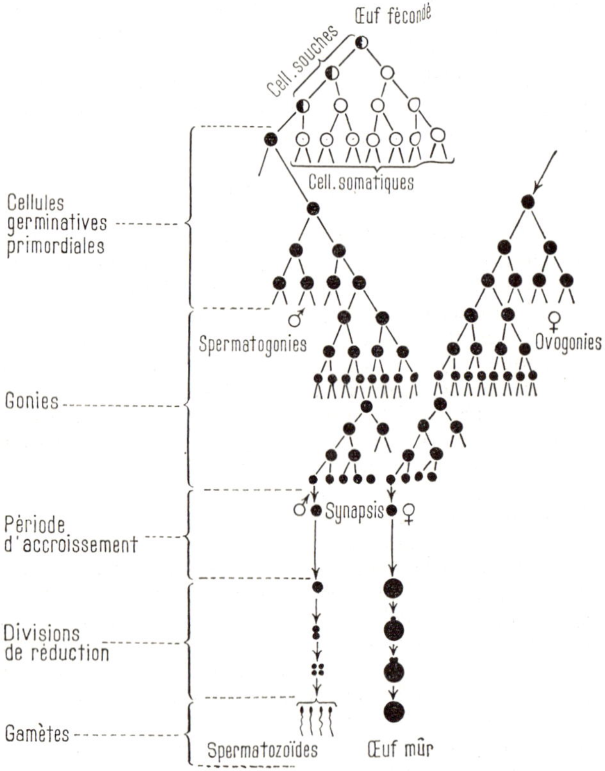

FIG. 7 — DIAGRAMME COMPARATIF DE L'ÉVOLUTION SPERMATOGÉNÉTIQUE (À GAUCHE) ET OVOGÉNÉTIQUE (À DROITE).

(Emprunté à Wilson, reproduit d'après Aron et Grassé).

PHASE DE MULTIPLICATION

Les ovogonies se multiplient au cours d'une série de divisions. Mais cette phase est brève, tout au moins chez les Vertébrés. Si l'on considère de nouveau à titre d'exemple l'espèce humaine, on y voit la phase de multiplication ovogoniale se limiter à quelques semaines environ du troisième au cinquième mois de la gestation. Dès lors, les ovogonies de dernière génération entrent dans la phase d'accroissement, qui fait d'elles de jeunes ovocytes. Ainsi, à un stade précoce de la vie fœtale, il ne reste plus dans la gonade femelle, dans le cas d'espèce choisi, ni gonocytes, ni ovogonies. Le stock des ovocytes destinés à la vie génitale est constitué.

On saisit là la différence essentielle qui du point de vue chronologique oppose l'ovogenèse à la spermatogenèse, puisque ici, on l'a précédemment indiqué, ce n'est qu'à la maturité sexuelle que les spermatogonies — correspondant aux ovogonies — naissent des gonocytes, et entrent dans une phase de multiplication permanente.

PHASE D'ACCROISSEMENT

Le jeune ovocyte, procédant de l'ovogonie, va grossir lentement. Là aussi, la correspondance des phases ne va pas sans différences dans l'évolution : car l'accroissement de l'ovocyte fait finalement de lui une cellule, beaucoup plus volumineuse que le spermatocyte de premier ordre, qui est l'ovocyte de premier ordre. Chez l'Homme, le premier a un diamètre approximatif de trente microns, alors qu'il est chez le second de cent cinquante à deux cents microns. Mais alors que chez les Mammifères le diamètre de l'ovocyte est de l'ordre de cinquante à trois cents microns, il peut atteindre en d'autres groupes, où le spermatocyte reste une cellule relativement minuscule, des dimensions beaucoup plus considérables. On n'en veut pour témoignages, parmi d'autres, que l'ovocyte de la Grenouille rousse, sphérule d'environ 2 mm de diamètre (soit 2 000 microns), ou celui des Oiseaux, tel l'œuf de Poule, à propos duquel toute précision serait oiseuse. L'œuf d'Autruche, quant à lui, mesure plus de 20 cm et son poids peut dépasser 1,5 kg.

Ceci dit, les phénomènes qui se déroulent dans le cytoplasme au cours de l'accroissement ovocytaire comportent une vive activité métabolique qui se traduit, chez les Vertébrés autres que les Mammifères, par l'accumulation progressive dans l'ovocyte de matériaux nutritifs, à base le plus souvent de substances protéiques spéciales, phosphorées (vitellus). Les Mammifères ont des ovocytes pauvres en vitellus (œufs alécithes), mais les œufs de divers Invertébrés (Spongiaires, Échinodermes, etc.) offrent aussi ce caractère. Certains Mollusques, les Poissons Téléostéens, les Amphibiens ont des œufs à vitellus abondant, mais prédominant à l'un des pôles (œufs hétérolécithes). Enfin chez des Mollusques, chez les Poissons Sélaciens, les Reptiles et les Oiseaux, le vitellus remplit presque tout l'ovocyte et le protoplasme, refoulé vers la surface de l'œuf, y compose un disque aplati, le disque germinatif, à partir duquel s'accomplira l'embryogenèse.

Quant aux phénomènes nucléaires, ils s'identifient à ceux qui se passent dans le spermatocyte et nous renvoyons à ce qui a été dit sur ce point. On peut le résumer en répétant qu'il s'agit des processus de la prophase de la première mitose de maturation, et qu'ils se concluent par la répartition du matériel chromosomique, initialement composé de $2n$ chromosomes, en n couples, chacun constitué de 2 chromosomes homologues.

L'ovocyte ainsi arrivé au terme de sa croissance sera prêt pour la phase de maturation.

PHASE DE MATURATION

Que l'on se reporte à la phase de maturation du spermatocyte, différences et analogies vont apparaître entre elle et celle de l'ovocyte.

Différences, tout d'abord. Elles sont d'ordre chronologique, d'ordre structural, enfin d'ordre évolutif. En ce qui regarde la chronologie, il convient de rappeler que les mitoses de maturation spermatocytaire interviennent sitôt que l'accroissement atteint son terme, et l'on a vu qu'elles conduisent à la formation de spermatides, cellules mères des spermatozoïdes. Or l'ovocyte de premier ordre parvenu au maximum de sa croissance ne se divise pas. Qui plus est, son noyau redevient quiescent. Les chromosomes y perdent leur individualité morphologique. Un tel état de repos, d'« attente », si l'on ose employer ce mot, peut durer plus ou moins longtemps, sinon demeurer définitif jusqu'à la mort de l'ovocyte. Car cela seul qui peut y mettre fin, c'est la fécondation, phénomène d'où dépendra le déclenchement immédiat des deux mitoses de maturation.

A la différence chronologique qui vient d'être men-

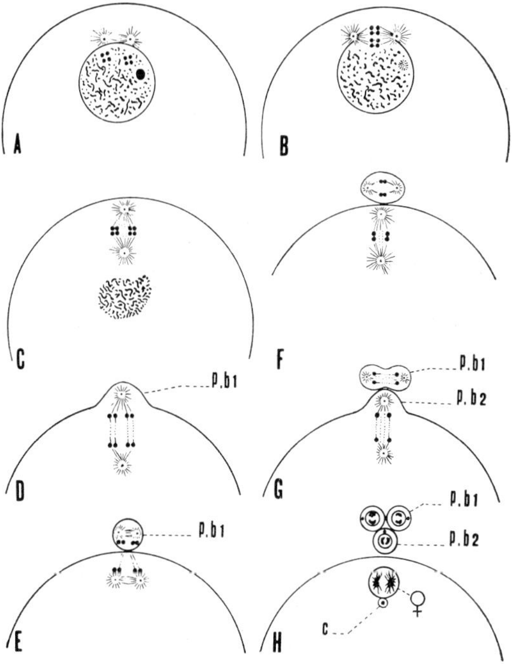

FIG. 8 — DIAGRAMME DE LA MÉÏOSE CHEZ LA FEMELLE.

On a supposé que le nombre diploïde de chromosomes est de quatre. A, prophase de la première mitose de maturation de l'ovocyte; chromosomes déjà dédoublés et accolés en deux « tétrades ». B et C, métaphase de la première mitose. D et E, anaphase et télophase de la première mitose; élimination du premier globule polaire; l'ovocyte ne conserve plus que deux chromosomes, chacun dédoublé. F et G, métaphase et anaphase de la deuxième mitose. H, télophase de la deuxième mitose. *p.b* 1, premier globule polaire; *p.b* 2, deuxième globule polaire; *c*, centre cellulaire.

(D'après Wilson, emprunté à Aron et Grassé).

tionnée s'ajoute, par rapport à la maturation spermatocytaire, une différence d'ordre morphologique. Au lieu de séparer l'ovocyte de premier ordre en deux cellules égales, comme le sont les spermatocytes de deuxième ordre, la première mitose de maturation divise l'ovocyte en un ovocyte de deuxième ordre, de volume sensiblement identique à l'ovocyte de premier ordre, et en une cellule minuscule, le premier globule polaire, voué à une prompte dégénérescence. Et, de même, la deuxième mitose voit l'ovocyte de deuxième ordre se partager en un élément de dimensions égales à celles de l'ovocyte de premier ordre et en un deuxième globule polaire non moins petit que le premier, et lui aussi destiné à disparaître (*fig. 8*). On appelle ovotide (par analogie avec « spermatide ») le produit de la deuxième mitose de maturation. Mais le terme « ovotide » est peu utilisé. Il s'agit, en fait, de l'ovocyte mûr, ou œuf proprement dit, ou encore ovule.

Ici, outre les différences chronologiques et morphologiques qu'on vient de souligner, en apparaît une troisième, qui est d'ordre évolutif. Car l'ovotide, l'œuf mûr, est une fin, alors que son correspondant dans le sexe mâle, la spermatide, n'est qu'une forme de passage, qui mènera à l'édification du spermatozoïde.

Toujours est-il qu'après avoir marqué les différences entre maturation spermatocytaire et maturation ovocytaire, il convient de les rapprocher. Or le parallélisme est frappant entre les mitoses de maturation chez le mâle et chez la femelle (voir *fig. 7*). La première mitose maturative de l'ovocyte est une division « réductionnelle », une méïose, qui répartit dans l'ovocyte de deuxième ordre et dans le premier globule polaire le nombre n, haploïde, des chromosomes, comme elle le fait lors de la méïose spermatocytaire. La deuxième mitose maturative est une division du type normal, c'est-à-dire une division « équationnelle », et il en résulte que l'ovotide, l'œuf mûr, hérite (comme le deuxième globule polaire qui n'est là, il est vrai, comme son prédécesseur, qu'un figurant éphémère) ce nombre de n chromosomes, le même que celui détenu par la spermatide, puis, nécessairement, par le spermatozoïde qui en dérive.

Ainsi, quand se produira la fécondation, les deux assortiments chromosomiques du gamète mâle et du gamète femelle se réuniront et se complèteront pour reconstituer le nombre 2 *n*, caractéristique de l'espèce.

SIGNIFICATION ET CONSÉQUENCES DE LA MATURATION DES PRODUITS SEXUELS

Ce qui précède nous a appris comment les gamètes se forment à partir de cellules souches, les gonocytes, qui ont même aspect et même structure dans les deux sexes (et il importera qu'ultérieurement nous cherchions à comprendre la cause de leur « flexion » vers un sexe donné). Au cours de leur évolution, les futures cellules génitales passent par une phase capitale, celle de la maturation. Nous n'avons pas négligé les différences qui distinguent à cette phase spermatocytes et ovocytes. Mais nous les avons associées dans une description commune : celle de la première division de maturation ou méïose, au cours de laquelle se produit un phénomène essentiel, celui de la réduction du nombre des chromosomes.

Il n'est pas inopportun de revenir spécialement sur cette singularité qui s'applique aussi bien aux futurs gamètes mâles qu'aux futurs gamètes femelles, pour en élucider la signification et les conséquences.

Une notion domine les considérations qui vont suivre. Il a été déjà dit précédemment et nous répétons ici que les chromosomes que l'on compte dans le noyau cellulaire lors de toute mitose offrent un nombre constant chez chaque espèce animale. Toutes les cellules sans exception détiennent ce même nombre, caractéristique de l'espèce, et ceci est vrai pour les Invertébrés comme pour les Vertébrés.

C'est ainsi que l'espèce humaine a 46 chromosomes, qu'on en dénombre 208 chez le Crustacé décapode *Paralithodes camtschatica,* 36 chez la Poule, 40 chez le Rat *Mus musculus,* 26 chez la Grenouille verte, 60 chez le Poisson *Salmo salar,* 12 chez la Mouche *Calliphora vomitoria,* 8 chez la Mouche du vinaigre ou Drosophile, 4 chez l'*Ascaris megalocephala bivalens,* 2 chez l'*Ascaris megalocephala univalens*. Il serait oiseux de multiplier les exemples.

Qu'il nous soit permis d'anticiper ici sur la partie qui va suivre, celle qui aura trait à la fécondation. Lors de ce phénomène, il se produit ce qui, dans le langage ésotérique des biologistes, est dénommé l'« amphimixie », et qui consiste dans la fusion du noyau du spermatozoïde et du noyau de l'œuf. Il en découle nécessairement que les chromosomes du premier s'additionnent avec les chromosomes du second.

On fait scrupule d'user ici d'un raisonnement téléologique, mais on ne laissera pas d'arguer que, pour que soit maintenue la constance numérique des chromosomes à travers les générations, il « faut » que les gamètes ne possèdent que la moitié du nombre normal ou diploïde 2 *n*. S'il en allait autrement, si la première division de maturation n'assurait pas cette réduction, le nombre des chromosomes doublerait à chaque génération, éventualité impensable puisque les conditions de la vie comportent le maintien du nombre des chromosomes. Dire que la première division de maturation « prévoit » ce maintien serait tenir un langage finaliste. Dire qu'elle est un cas particulier des mécanismes régulateurs de la vie ne préjuge pas de position idéologique. Toujours est-il que sa signification est d'assurer la constance numérique des chromosomes dans chaque espèce.

Ce n'est pas tout. Les *n* chromosomes des gamètes se distinguent les uns des autres par des particularités de forme et de dimensions. Ils possèdent chacun leur individualité. Mais ces particularités s'appliquent identiquement aux chromosomes du gamète mâle (tels qu'ils apparaîtront lors de la fécondation) et à ceux du gamète femelle. Quand la fécondation rassemble, en un noyau unique, les chromosomes du spermatozoïde et de l'œuf, il se constitue des groupes de chromosomes homologues, dont l'un est d'origine paternelle, l'autre d'origine maternelle. Autrement dit, l'assortiment chromosomique complet, reconstitué par l'amphimixie, non seulement compte *n* chromosomes d'origine mâle et *n* chromosomes d'origine femelle, mais encore comporte l'identité de forme des chromosomes mâles et femelles qui se correspondent. Une telle disposition s'applique évidemment aussi bien aux gonocytes qu'aux cellules somatiques et on la retrouve dans les spermatocytes avant la première division de maturation. Quand celle-ci s'opère, on sait que les chromosomes sont groupés en *n* paires. Or, dans chaque paire figurent deux chromosomes homologues, dont l'un est d'origine paternelle, l'autre d'origine maternelle. La séparation des chromosomes de chaque paire lors de l'anaphase de la première division de maturation entraîne un processus aux conséquences immenses. Car le hasard de la disposition des paires chromosomiques à l'équateur de la cellule (métaphase) fait que le chromosome mâle ou le chromosome femelle peuvent être indifféremment orientés vers un pôle ou vers l'autre. Quand ils gagneront leur pôle respectif, il pourra arriver que, sur trois chromosomes d'origine paternelle et trois d'origine maternelle (exemple choisi arbitrairement pour rendre concrète l'explication), trois d'origine paternelle iront dans une cellule fille et trois d'origine maternelle dans l'autre, ou bien deux d'origine paternelle et un d'origine maternelle d'un côté, deux d'origine maternelle et un d'origine paternelle de l'autre *(fig. 9)*.

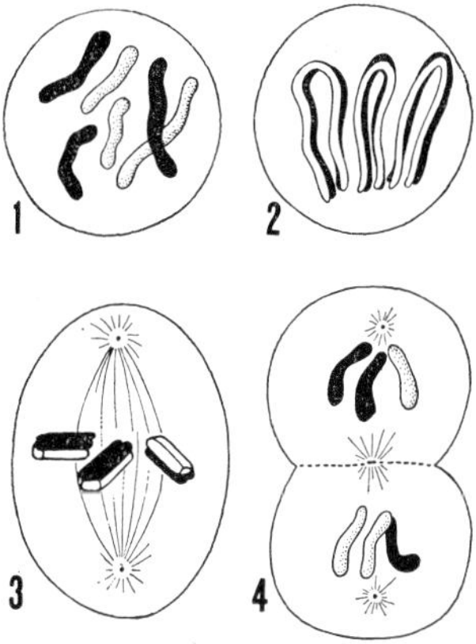

FIG. 9 — REPRÉSENTATION SCHÉMATIQUE DES PHÉNOMÈNES DE LA PREMIÈRE DIVISION DE MATURATION.

En noir, chromosomes d'un des parents, en blanc, chromosomes de l'autre. 1, prophase; 2, appariement des chromosomes paternels et maternels; 3, métaphase; 4, télophase. (D'après L. Cuénot, emprunté à Aron et Grassé).

De la sorte, toujours en vertu du hasard, les gamètes seront dotés des deux côtés d'une proportion variable de chromosomes d'origine paternelle et de chromosomes d'origine maternelle, le nombre total de ces chromosomes restant, bien entendu, immuable.

Il y a là un fait qui domine les lois de l'hérédité. Ce n'est pas ici la place d'aborder, ni même d'effleurer, un tel sujet qui sera traité ailleurs dans ce volume. Qu'il suffise de rappeler ou d'énoncer que les chromosomes sont les supports des qualités héréditaires, dont chacune est représentée le long du chromosome par une particule virtuelle appelée gène. Du fait que le hasard joue aussi dans la rencontre des gamètes qui réalise la fécondation, la répartition des gènes d'origine paternelle et des gènes d'origine maternelle dans le noyau de l'œuf fécondé offre une gamme extrêmement étendue de combinaisons, qui permet de comprendre la multiplicité des types au sein d'une espèce. La génétique moderne, fondée sur les découvertes originelles de Mendel, fonde ses interprétations sur l'étude cytologique de la méïose.

Ce n'est pas tout. Quand on envisagera plus loin, au cours de cette étude sur la sexualité, le déterminisme du sexe, quand on aura à expliquer la constance relative de la proportion des deux sexes, c'est encore à ce qui se passe lors de la maturation des gamètes qu'il y aura lieu de se référer. On verra que des chromosomes spéciaux sont, par leurs combinaisons, responsables de la détermination du sexe, et que c'est grâce au mécanisme de la méïose que ces combinaisons se réalisent. Mais on ne saurait anticiper davantage sur les précisions qui seront ultérieurement apportées à ce sujet.

Veut-on résumer la signification et les conséquences de la maturation des produits sexuels, où la méïose apparaît comme le phénomène central ? Il suffira d'écrire que de ce phénomène dépendent à la fois le maintien de la constance numérique des chromosomes à travers les générations, les conditions de la transmission des caractères héréditaires selon les lois mendéliennes, enfin la régulation du déterminisme du sexe.

LA FÉCONDATION

Dans certains groupes d'animaux, l'œuf mûr est capable de se diviser et de se développer en un embryon sans qu'un gamète mâle l'ait pénétré : c'est le phénomène de la parthénogenèse. Mais chez les êtres les plus élevés en organisation, d'une manière générale chez les Vertébrés, la pénétration d'un gamète mâle dans l'œuf est la condition de l'embryogenèse. La parthénogenèse fera l'objet du chapitre suivant. Quant à la fécondation, il conviendra d'en étudier les mécanismes généraux, puis d'en considérer les conditions particulières, singulièrement chez les Mammifères et, partant, dans l'espèce humaine.

MÉCANISMES GÉNÉRAUX DE LA FÉCONDATION

La fécondation comporte un enchaînement de séquences qui se succèdent sans interruption et dans un ordre immuable. Si l'on tentait d'en tracer préalablement un tableau d'ensemble, on pourrait dire que le prélude à la fécondation consiste en l'approche de l'œuf par les spermatozoïdes, attirés par lui, et qui arrivent à son contact jusqu'à ce que l'un deux — et un seul — y pénètre. Les actes suivants ont l'œuf même pour théâtre. Le premier acte consiste en ce que la tête du spermatozoïde se reconstitue en un noyau, avec ses *n* chromosomes, cependant que le noyau de l'ovule offre un aspect similaire. Le deuxième acte voit les deux noyaux entrer en contact, parfois rester individualisés, parfois se fusionner, puis, perdant leurs membranes nucléaires, libérer les chromosomes qui, comme en une mitose ordinaire, se rangent à l'équateur de l'œuf ou à l'équateur de la partie de l'œuf appelée à se diviser. Le troisième acte est le déroulement de la première division de segmentation, début de l'embryogenèse. Mais il convient de compléter ce tableau sommaire en le décomposant en ses aspects divers.

CONDITIONS PRÉALABLES DE LA FÉCONDATION

Pour que la fécondation ait lieu normalement, il faut que les gamètes mâles et femelles soient aptes à la réaliser, que le milieu s'y prête, que les spermatozoïdes soient attirés par l'ovule et qu'ils puissent y pénétrer. Revenons sur ces divers points.

Pour que les gamètes soient aptes à la fécondation, leur maturité est indispensable. En ce qui concerne les spermatozoïdes, le mot maturité ne s'applique pas seulement à l'acquisition définitive de leurs caractères structuraux car, chez les Mammifères, des spermatozoïdes morphologiquement complets, prélevés dans le testicule même, ne sont pas fécondants : ce n'est que peu à peu, dans les voies génitales où ils se déversent, qu'ils acquièrent leurs propriétés fécondantes. Quant à l'œuf, il devient fécondable quand l'ovocyte a subi ses deux divisions de maturation, c'est-à-dire expulsé les deux globules polaires. Cette expulsion peut avoir lieu lors de la ponte (comme chez la Grenouille) ou au moment même de la fécondation (comme en de nombreux groupes, dans les Mammifères). Un ovocyte qui n'a pas terminé complètement son accroissement peut être fécondé, comme on l'a vu chez les Amphibiens : mais au lieu d'un seul, il laisse plusieurs spermatozoïdes le pénétrer, qui rapidement dégénèrent, et le processus finit par la mort de l'œuf.

Ces conditions relatives aux gamètes remplies, encore doivent-ils trouver un milieu convenable à leur vitalité et à l'accomplissement de leur rôle. C'est ainsi que les animaux aquatiques pondent leurs œufs et rejettent leurs spermatozoïdes dans l'eau où s'opérera la fécondation. Les œufs et les spermatozoïdes des animaux marins ne s'accommodent que d'un milieu où les sels se trouvent en des proportions définies. Chez les animaux à fécondation interne, si la rencontre entre œuf et spermatozoïde se produit dans les voies génitales femelles (la trompe utérine chez les Mammifères), le milieu favorable à la fécondation est réalisé par la sécrétion glandulaire de l'épithélium, sécrétion qui se déverse dans la lumière du conduit; c'est là en quelque sorte que baignent les gamètes. Supprime-t-on, sitôt après la ponte, cette sécrétion en cause par la castration, qui prive les conduits génitaux des hormones déterminant leur activité glandulaire, les gamètes ne peuvent survivre et, si la fécondation vient à avoir lieu, l'œuf meurt. D'une manière générale, le pH (coefficient exprimant l'acidité ou l'alcalinité relatives) est un facteur important de la « qualité » du milieu propice à la fécondation; sa valeur optimale oscille autour de 7.

LA RENCONTRE DES GAMÈTES ET LA PÉNÉTRATION DU SPERMATOZOÏDE

Les spermatozoïdes, on l'a vu plus haut, sont mobiles. Ils « nagent », en quelque sorte, dans leur milieu liquide ou visqueux. Mais, arrivés au voisinage de l'œuf, ils se dirigent vers lui, en vertu d'une « taxie », c'est-à-dire d'une attraction, qui est d'ordinaire chimique : il s'agit de ce qu'on dénomme une chimiotaxie.

Il est, à ce sujet, une démonstration expérimentale due à Frank R. Lillie, et qui est devenue classique. Elle consiste à faire macérer dans des tubes de verre très fins contenant de l'eau de mer des œufs mûrs d'Oursin, et à plonger ces tubes dans de l'eau de mer contenant des spermatozoïdes, aux côtés de tubes témoins renfermant de l'eau de mer seule. Les spermatozoïdes se pressent vers l'orifice des premiers et négligent les seconds. Qui plus est, les spermatozoïdes d'une espèce d'Oursin ne sont pas attirés par l'eau où ont macéré des œufs d'une autre espèce.

Si chimiotaxie il y a, on souhaiterait de connaître la nature de la substance chimique en cause. L'appellation qu'on lui a donnée de fertilisine (Lillie) ou de gamone n'est que la transposition verbale du phénomène, et l'on ignore encore de quelle substance il s'agit. On sait seulement qu'elle semble diffuser, à partir du noyau de l'œuf, vers sa périphérie ou cortex, puis dans la gangue muqueuse qui entoure les œufs dans certains groupes.

Mais voici, parvenus autour de l'œuf, des myriades de spermatozoïdes, parmi lesquels un seul pénétrera dans l'œuf. Y a-t-il là l'expression d'une qualité particulière de l'élu? Rien ne porte à le penser. C'est le premier arrivé au contact immédiat de l'œuf, ou le mieux situé, qui sera privilégié. Cette deuxième condition intervient quand l'œuf, comme c'est le cas chez certains animaux (comme l'Amphibien *Discoglossus pictus*), présente une zone particulière propre à la pénétration du gamète mâle, ou lorsqu'il existe à cet égard un méridien préférentiel. Mais en général il n'y a pas de région de l'ovule qui se prête exclusivement à l'entrée du spermatozoïde.

Quoi qu'il en soit, l'œuf ne reste pas passif. Il envoie vers le spermatozoïde fécondant une expansion où s'engage la tête du spermatozoïde et qui se rétracte aussitôt avec son prisonnier, sinon un filament à l'extrémité duquel la tête spermatique adhère et qui se rétracte en entraînant sa proie vers la membrane ovulaire, processus qui ne va pas sans évoquer la capture de corps étrangers par les phagocytes, tels les globules blancs granuleux neutrophiles, (*fig. 10*).

Nous venons de dire qu'un seul spermatozoïde parmi tant d'autres pénètre dans l'œuf. Il y a lieu de rechercher la cause de cette « monospermie », phénomène aussi essentiel pour déterminer les mécanismes internes de la fécondation et régir l'embryogenèse que l'est la méïose lors de la maturation des gamètes pour assurer la constance du nombre des chromosomes à travers les générations.

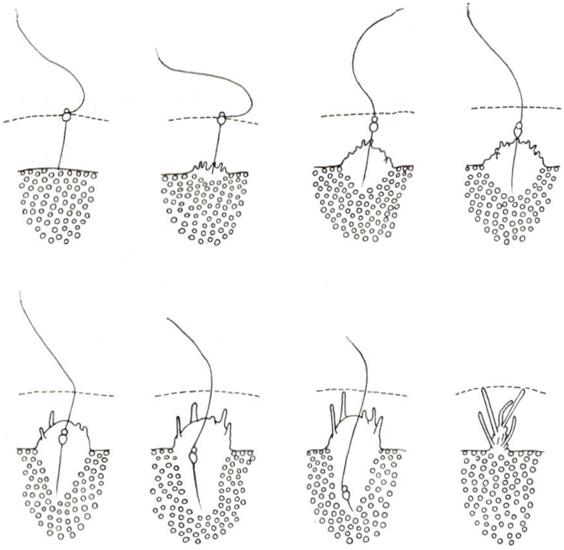

FIG. 10 — DIAGRAMME REPRÉSENTANT LES DIVERS STADES DE LA PÉNÉTRATION DU SPERMATOZOÏDE DANS L'ŒUF D'UNE HOLOTHURIE.

La ligne pointillée représente la surface de membrane de fécondation. (D'après Cohwin et Cohwin, emprunté à Marshall's Physiology of Reproduction).

Après la capture du spermatozoïde, il se forme autour de l'œuf une « membrane de fécondation », faite du rejet d'un liquide par le cytoplasme de l'œuf et qui, par exemple chez la Grenouille, prend place entre la surface de l'œuf et sa gangue muqueuse. On a pu croire que c'était cette membrane qui s'opposait à la pénétration d'autres spermatozoïdes. Il ne semble pas qu'il en soit ainsi. Le contact de la tête spermatique avec le cytoplasme ovulaire entraîne un remaniement physico-

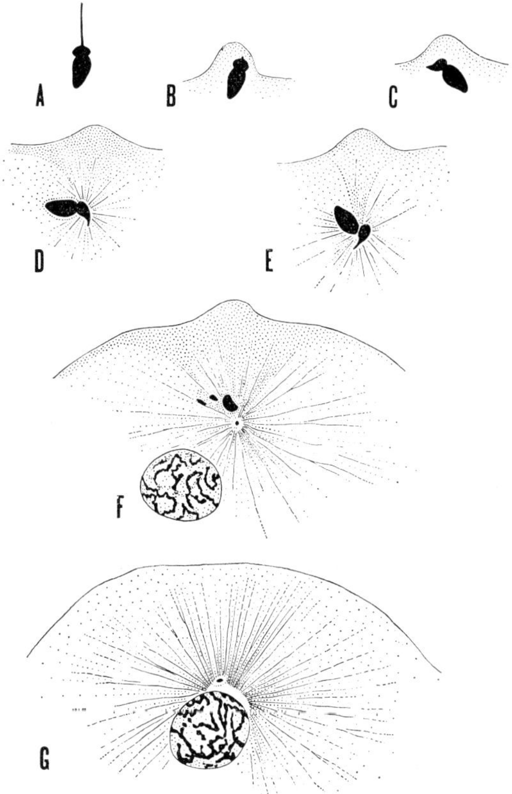

FIG. 11 — PREMIERS STADES DE LA FÉCONDATION CHEZ L'OURSIN *Toxopneustes*.

A, spermatozoïde avant sa pénétration dans l'œuf, avec sa tête, sa pièce intermédiaire et une partie de sa queue. B, pénétration de la tête et de la pièce intermédiaire dans le « cône de captation ». C, début de rotation de la tête. D, apparition de l' « aster spermatique ». E, rejet de la pièce intermédiaire. F et G, le noyau spermatique, entouré par l'aster, se rapproche du noyau de l'œuf; effacement du cône de captation. (D'après Wilson, emprunté à Aron et Grassé).

chimique de la périphérie de ce cytoplasme, au-dessous de sa surface, et c'est là qu'il faut voir s'instituer la barrière désormais impénétrable à tout spermatozoïde en surnombre.

Quant aux globules polaires, expression des divisions de maturation, ils sont émis, selon les espèces, soit avant la fécondation, lors de la ponte, soit lorsque celle-là a lieu, et dans ce cas tantôt les deux mitoses de maturation ont lieu après la pénétration du spermatozoïde, tantôt la première mitose la précède.

DESTINÉE DU SPERMATOZOÏDE APRÈS SA PÉNÉTRATION DANS L'OVULE

La tête du spermatozoïde est la seule partie de cet organite qui pénètre dans le cytoplasme de l'œuf. La pièce intermédiaire et le flagelle restent en dehors de la membrane ovulaire, dans la gangue muqueuse là où il en est une, et sont voués à disparaître. La scission s'accomplit entre le centrosome postérieur, qui reste adhérent à la tête spermatique, et la pièce intermédiaire.

Une fois dans le cytoplasme, la tête spermatique subit une rotation de 180°, telle que le centrosome postérieur se situe en avant de la tête. Celle-ci se gonfle par imbibition et reprend la structure d'un noyau cellulaire : c'est le pronucleus mâle, qui poursuit son déplacement vers le pronucleus femelle. Cependant, le centrosome accompagnant la tête spermatique est devenu le centre d'un aster, c'est-à-dire d'une figure composée de fins filaments irradiant à partir du centrosome. Sa formation marque le prélude à la division de l'œuf qui elle-même sera le signal de la segmentation et de l'embryogenèse *(fig. 11)*.

L'AMPHIMIXIE

Le pronucleus mâle, que nous venons de voir se diriger vers le noyau de l'œuf, atteint enfin ce but et se juxtapose à celui-ci, devenu le pronucleus femelle. L'un et l'autre offrent même volume, même aspect, même structure. A partir de l'aster spermatique naissent, par dédoublement, deux asters dont les centres sont placés de part

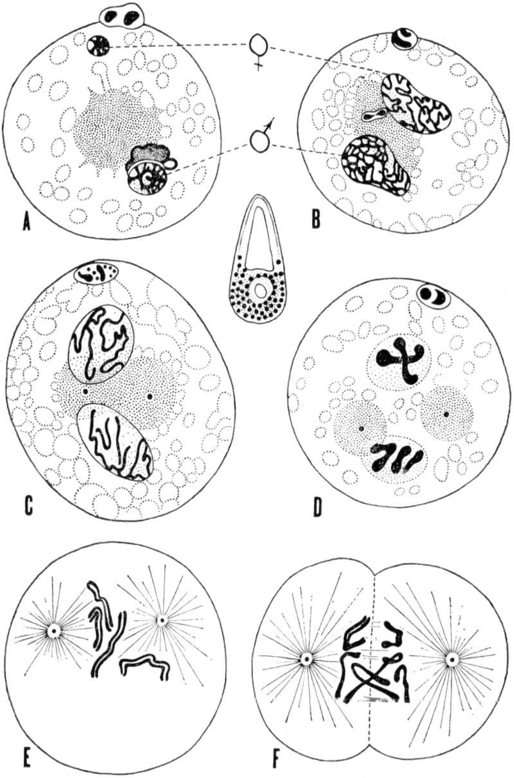

Fig. 12 — Fécondation de l'œuf de l'Ascaride, *Parascaris equorum*.

A, le pronucleus femelle (♀) est formé, le noyau se vésiculise. B, rapprochement des pronuclei; le centrosome, entouré d' « archoplasme », se divise. C, les deux pronuclei sont bien conformés et les centrosomes se sont séparés. D, stade plus avancé. E, métaphase de la première mitose embryonnaire de segmentation. F, anaphase de cette mitose. On a figuré le spermatozoïde entre A et B. (D'après Boveri, emprunté à Aron et Grassé).

et d'autre des deux pronucleus, sur une ligne virtuelle perpendiculaire au futur équateur de la cellule-œuf. Cette formation des asters, cette « dicentrie », est un caractère commun à toutes les cellules qui vont entrer en division.

Aussi bien, les faits que nous venons de décrire sont un prélude à la division de l'œuf. Mais auparavant se produit, après le rapprochement et la juxtaposition des pronucleus, leur fusion c'est-à-dire l'amphimixie. Les membranes nucléaires disparaissent et les chromosomes de l'un et de l'autre s'individualisent, désormais libres dans le cytoplasme. Ils représentaient, dans chaque pronucleus, nous l'avons déjà dit, un nombre correspondant à la moitié du nombre diploïde propre à l'espèce considérée, chaque chromosome mâle ayant son homologue femelle. L'amphimixie réalise, en quelque sorte, la prophase de la première division de segmentation (*fig. 12*).

On va sitôt après assister à la métaphase de la première division de segmentation.

LA SEGMENTATION

Les chromosomes, tant mâles que femelles, se disposent dans la région équatoriale de l'ovocyte (comme dans les œufs pœcilécithes) ou de la partie de l'ovocyte correspondant au cytoplasme actif et appelée seule à se diviser (comme dans les œufs télolécithes) et y composent une couronne, comme dans toute mitose typique. Ils subissent chacun une division longitudinale. Il en résulte un couple dont les partenaires ont la valeur, les dimensions, le volume du chromosome entier original, la duplication étant précédée du doublement de ce dernier. Entre-temps, les centrosomes se sont écartés, ont gagné chacun un pôle, et entre eux est tendu un fuseau figurant deux cônes aux bases accolées dans la région équatoriale; leurs sommets correspondent aux centrosomes. L'anaphase dès lors se produit, marquée par la migration vers un pôle d'un partenaire, vers l'autre pôle de l'autre partenaire de chaque couple chromosomique, guidés en quelque sorte par les fibres fusoriales. Quand l'un et l'autre lot a atteint son pôle respectif, au voisinage du centre cellulaire (centrosome) d'où partent les fibres astériennes, la phase finale de la segmentation ou télophase va se dérouler. Les noyaux se reconstituent, désormais pourvus du nombre diploïde des chromosomes, caractéristique de l'espèce. Mais alors que la cinèse en général conduit à la séparation totale et à l'autonomie des cellules filles, ici ces dernières — qu'on appelle les « blastomères » — demeurent solidaires, séparées seulement l'une de l'autre par le sillon creusé entre elles lors de la télophase.

Ainsi se termine la première division de segmentation, suite immédiate de la fécondation. Elle va être suivie sans interruption de la division de chacun des deux premiers blastomères en deux autres, et ainsi de suite. Mais il nous faut ici nous arrêter au seuil de l'embryogenèse, sous peine de déborder le cadre de ce chapitre.

CONDITIONS PARTICULIÈRES DE LA FÉCONDATION

Si la fécondation reconnaît des mécanismes généraux propres à l'ensemble des espèces animales (et comment pourrait-il en être autrement, si l'on considère que la pénétration du spermatozoïde dans l'œuf en est l'acte indispensable et essentiel, et que le reste en découle), du moins ses conditions préalables varient-elles selon les groupes.

C'est ainsi qu'il est permis, dès l'abord, de distinguer la fécondation externe de la fécondation interne. La première se produit en dehors de l'organisme, la deuxième en dedans de l'organisme. Mais l'une et l'autre peuvent comporter ou non la copulation préalable du mâle et de la femelle. Quatre particularités s'offrent ainsi à l'étude.

Aucune hiérarchie zoologique, aucun élément de systématisation ne saurait s'appliquer à une classification de ces diverses modalités. Sans doute, chez les Vertébrés supérieurs, la copulation est-elle la règle; chez les Vertébrés inférieurs, en revanche, elle souffre des exceptions. Mais chez les Invertébrés, on voit la fécondation tantôt se subordonner à un rapprochement sexuel, tantôt en être indépendante, quel que soit le niveau d'organisation des espèces considérées.

Toujours est-il que, pour la clarté de l'exposé, nous croyons opportun d'envisager séparément ces divers types de phénomènes.

LA FÉCONDATION « EXTERNE » SANS COPULATION

C'est celle qui intervient en principe chez tous les animaux aquatiques : Invertébrés marins ou d'eau douce, Poissons. Il ne faudrait pas croire pourtant que la vie aquatique exclut la copulation : on n'en veut pour témoignage que celui des Cétacés (Baleine, par exemple), qui sont des Mammifères marins à fécondation interne et dont les mâles s'accouplent avec les femelles. De même, la fécondation externe peut être liée au rapprochement sexuel.

Lorsque les œufs sont pondus, ils peuvent être fécondés au fur et à mesure de leur expulsion par la semence du mâle nageant au voisinage de la femelle; ou bien ils se déposent sur les fonds sablonneux, dans les anfractuosités des rochers, sur des plantes ou des récifs, et le mâle vient éjecter son sperme à leur contact.

Le tableau de la fécondation externe sans copulation préalable apparaît parfois compliqué et dramatique. Tel est le cas chez les Annélides polychètes, comme les *Nereis* d'Amérique. Les mâles de ces Vers tournent autour des femelles et leur excitation aboutit à l'éjaculation du sperme hors du tégument; la femelle alors rejette ses œufs à travers la paroi du corps également éclatée.

On retrouve des modalités qui, fait fort curieux, ne sont pas sans évoquer ces sortes de noces sans rapprochement sexuel, chez des animaux bien plus élevés en organisation, les Tritons, qui sont des Amphibiens Urodèles. Ils apportent un exemple de fécondation externe sans copulation, mais non sans une particularité qui tend à se rapprocher d'une fécondation interne. En effet, à l'époque de la reproduction (ou époque des « amours »), c'est-à-dire au printemps, la femelle pond ses œufs. Mais, avant qu'ils ne sortent du cloaque, se produit un curieux phénomène. Le mâle, pourvu alors, chez diverses espèces, d'une « parure nuptiale » souvent ornée et chatoyante (nous y reviendrons à propos des caractères sexuels), expulse ses spermatozoïdes sous forme d'un spermatophore, c'est-à-dire d'un amas de spermatozoïdes incorporés dans une gangue muqueuse. La femelle vient ensuite se placer de telle sorte que son cloaque béant aspire en quelque manière le spermatophore. La gangue se dissout. Les spermatozoïdes libérés fécondent les œufs, au moment où ils sortent du cloaque.

Il est intéressant de noter que, chez les Vertébrés tout au moins, le rapprochement sexuel est lié à des caractères dits « psycho-sexuels » dépendant de l'action des hormones génitales. C'est ce que d'ailleurs nous préciserons ultérieurement. Chez certains Vertébrés leur action n'entraîne donc pas la mise en jeu d'un instinct de copulation. Chez les Tritons ou chez certains Poissons, elles déterminent seulement un comportement particulier du mâle, véritable « parade nuptiale ».

LA FÉCONDATION EXTERNE AVEC COPULATION

Comme exemple de cette modalité, on choisira la fécondation chez les Grenouilles. A la saison de la reproduction (fin février pour la Grenouille brune, fin avril pour la Grenouille verte), le mâle enlace la femelle, son ventre contre le dos de celle-ci, en l'étreignant littéralement avec les pattes antérieures. L'accouplement peut durer jusqu'à trois semaines, durant lesquelles le mâle jeûne. Cependant il arrose de sperme les œufs à mesure que, pondus, ils sortent du cloaque. La fécondation se poursuit dans l'eau.

LA FÉCONDATION INTERNE SANS COPULATION PRÉALABLE

Selon ce type fort rare, la fécondation interne se produit à l'intérieur de l'organisme femelle. C'est le cas des Éponges : commes les voies génitales n'existent pas chez ces Vertébrés inférieurs, le spermatozoïde qui atteint l'organisme femelle se dirige vers l'œuf selon des singularités propres à l'espèce considérée. Ainsi, chez les Éponges calcaires, le spermatozoïde pénètre dans un choanocyte (cellule ciliée du revêtement interne), perd sa queue, et s'enferme dans une vacuole ou spermiokyste. Le choanocyte migre vers l'œuf et expulse le spermiokyste dans une dépression qu'il creuse à la surface de l'œuf. La tête spermatique alors y pénètre. Chez les Éponges siliceuses, c'est une cellule amiboïde, migratrice, qui capte le spermatozoïde et le transporte vers l'œuf.

LA FÉCONDATION INTERNE PRÉCÉDÉE PAR LA COPULATION

Nous abordons là une des plus répandues parmi les conditions particulières de la fécondation. Car elle est réalisée chez maints Invertébrés et chez les Vertébrés supérieurs (Reptiles, Oiseaux, Mammifères).

Chez ces derniers, les spermatozoïdes atteignent l'ovule par l'intermédiaire des conduits génitaux femelles. Chez les Invertébrés, où ces conduits génitaux n'existent pas, on constate les voies les plus variées, et parfois les plus surprenantes, de l'accès des spermatozoïdes aux œufs. Qu'il soit permis, avant de parler des Vertébrés, de choisir quelques exemples, parmi d'autres, à propos des Invertébrés.

Nous avons montré précédemment que, chez les Annélides polychètes comme les *Nereis,* la fécondation s'opère au-dehors et sans copulation. Il est suggestif de trouver, dans le même groupe, un exemple de fécondation interne précédée par la copulation : tel est le propre des *Platynereis megalops,* chez lesquels le mâle s'enroule autour de la femelle de manière que les mandibules de cette dernière jouxtent la partie moyenne du corps du mâle. Cette dernière éclate et donne issue aux spermatozoïdes qui pénètrent dans l'œsophage, de là dans la cavité générale où les œufs sont fécondés, puis sont libérés au travers des téguments de la femelle.

Les Sangsues s'accouplent aussi. Mais tandis que chez certaines espèces la fécondation se réalise à l'extérieur, dans une sorte de cocon où se rejoignent œufs et spermatozoïdes (et l'on retrouve ici la modalité de la fécondation externe combinée à la copulation), chez d'autres le mâle implante dans le corps de la femelle un spermatophore (sorte de petite poche remplie de spermatozoïdes), dont la paroi donne ensuite issue aux gamètes mâles. Ceux-ci se répandent dans les tissus où ils rencontrent les œufs.

C'est également la fécondation interne qui prévaut chez les Vers plats comme chez les Vers ronds, chez les Arthropodes en général.

Quant aux Vertébrés supérieurs, les conditions de la fécondation interne y sont dominées par un jeu de régulations dépendant des hormones génitales. En y insistant ici, nous déborderions largement le cadre qui nous est imparti, et nous ferions incursion sur le terrain des phénomènes de la reproduction, destinés à être traités dans le volume consacré à la Physiologie. Qu'il nous suffise, pour jeter un pont entre l'étude de la fécondation et celle de la reproduction, étroitement liées en ce point, d'esquisser le tableau de la fécondation chez les Mammifères, et, singulièrement, dans l'espèce humaine.

Chez la femme, les spermatozoïdes déposés à l'orifice du col de l'utérus pénètrent dans cet organe, mus par leur motilité propre que favorisent un rhéotactisme négatif (ils « nagent » à contre-courant) et les contractions utérines, et attirés par le chimiotactisme positif qu'exercent sur eux les sécrétions de la trompe utérine. Car c'est vers l'orifice utérin de la trompe qu'ils se dirigent, pour le franchir après moins d'une heure. Dans la trompe, leurs mouvements répondent aux mêmes facteurs. C'est dans le tiers externe de la trompe que s'opère la rencontre des spermatozoïdes et de l'œuf préalablement pondu qui, lui, s'est engagé après la ponte dans l'orifice externe de la trompe et l'a parcourue grâce aux contractions de la tunique musculeuse de ce conduit. La fécondation s'opère, l'œuf subit ses deux mitoses de maturation, l'amphimixie a lieu et la segmentation se déclenche. Tandis que les divisions de segmentation se poursuivent, l'œuf migre du tiers externe de la trompe vers son orifice utérin, tombe dans la cavité de l'utérus et c'est à l'état de blastocyste, c'est-à-dire à un stade précoce de l'embryogenèse, qu'il pénétrera dans la muqueuse utérine : ainsi s'opère la nidation, point de départ de la formation du placenta et de la gestation.

Mais, chez la femme, le rapprochement sexuel, la pénétration des spermatozoïdes dans les voies génitales ne sont pas inéluctablement suivis de fécondation. Pour que celle-ci se produise, il faut qu'il y ait coïncidence entre la présence des spermatozoïdes dans la trompe et celle de l'œuf, ou qu'un court délai seulement sépare l'arrivée de l'un et des autres. Or chez les Mammifères en général, la femme en particulier, la ponte ovulaire est périodique. Elle s'accomplit au milieu d'un cycle dont la durée varie selon les espèces, et qui est de vingt-huit jours dans l'espèce humaine, de sorte que là c'est vers le quatorzième jour du cycle que le follicule mûr expulse l'œuf. En principe — mais en principe seulement, car de nombreux facteurs de variation sont susceptibles d'intervenir — ce n'est qu'à cette phase du cycle que le rapprochement sexuel a le maximum de chances d'aboutir à la fécondation. Sinon, l'œuf pondu, non fécondé, meurt rapidement, de même que les spermatozoïdes parvenus dans la trompe n'y survivent que deux ou trois jours.

Il est vrai que l'espèce humaine représente, à cet égard, un cas particulier. Chez les autres espèces, du fait des hormones génitales, plus précisément de la folliculine, dont la sécrétion maximale coïncide avec la ponte, la femelle « n'accepte le mâle » que justement à la phase où celle-ci se produit, si bien qu'en général le coït est toujours fécond.

C'est ce qui arrive également chez certaines espèces où l'activité sexuelle ne se manifeste qu'à des périodes déterminées de l'année, séparées par des intervalles de repos complet. Durant ces intervalles, les femelles restent indifférentes au mâle. Mais, quand l'ovaire reprend son activité cyclique, que femelles et mâles s'accouplent, leur union est presque constamment suivie de fécondation, parce que l'insémination coïncide avec la ponte.

Ce qui vient d'être dit concerne les espèces de Mammifères où la ponte ovulaire, comme chez la femme, est « spontanée », c'est-à-dire intervient inéluctablement, en dehors de toute influence extérieure, à des phases déterminées par le jeu des actions hormonales (et, à ce sujet, on apprendra ailleurs à connaître le rôle que la glande pituitaire assume grâce à l'une de ses hormones, la gonadostimuline). À plus forte raison, la fécondation est-elle liée sans exception au coït chez quelques espèces, telle la Lapine, la Chatte, le Furet, où la ponte ovulaire ne s'accomplit qu'au moment et sous l'influence du rapprochement sexuel, origine d'un réflexe qui déclenche la rupture du follicule et l'issue de l'œuf. Il n'est pas impossible, selon Cl. Aron, que ce phénomène de la « ponte provoquée » se fasse sentir chez les espèces à « ponte spontanée » avant la pleine maturité du follicule, dont l'ovulation est alors quelque peu devancée, et que la fécondation en soit le résultat normal : ce qui expliquerait, chez la femme, une période de fécondabilité un peu plus large qu'il n'est habituellement admis.

LA PARTHÉNOGENÈSE

Le mot parthénogenèse a été forgé à partir du grec : *παρθένος*, vierge, et *γένεσις*, génération. Il s'applique au phénomène en vertu duquel un œuf vierge, sans être fécondé par un spermatozoïde, subit la même évolution que sous l'effet de la fécondation, pour se segmenter et se développer en un embryon.

En un certain sens, la parthénogenèse, par rapport à la sexualité envisagée au sens strict, est un processus aberrant puisque la sexualité s'exprime et se définit par l'union d'un individu mâle et d'un individu femelle en vue de la procréation. Mais la sexualité réside aussi en la formation des produits sexuels ou gamètes. Pour qu'il y ait parthénogenèse, il faut que des œufs se soient formés, que par conséquent le sexe femelle se soit différencié. De ce point de vue, la parthénogenèse s'inscrit dans la sexualité. Encore que cette manière de voir apparaisse comme peu discutable, l'étude de la parthénogenèse s'imposerait de toute manière après celle de la fécondation, car elle permet d'en éclairer les mécanismes et, en quelque sorte, d'en démonter les ressorts.

On a pu, en effet, en des conditions expérimentales, provoquer le développement d'œufs d'Invertébrés ou de Vertébrés en l'absence de fécondation, et ce sont les résultats de cette parthénogenèse artificielle qui ont permis d'interpréter les conditions de la fécondation. Mais la parthénogenèse se manifeste aussi spontanément chez les Invertébrés, en divers groupes : c'est la parthénogenèse naturelle. L'existence de ces deux formes dicte notre plan.

LA PARTHÉNOGENÈSE EXPÉRIMENTALE

Ce sont des animaux chez lesquels la parthénogenèse naturelle ne se produit pas (Oursins, Amphibiens) qui ont prêté aux expériences de parthénogenèse expérimentale. A ces expériences, de grands noms de la biologie resteront attachés : ceux de Jacques Loeb, de Delage, de Bataillon.

Pour susciter le développement d'œufs mûrs d'Oursins,

Loeb les plonge un court instant dans de l'eau de mer additionnée de 6 % d'acide butyrique N/10 (c'est-à-dire le dixième de la solution normale). Puis les œufs sont reportés une demi-heure dans l'eau de mer. La membrane de fécondation se soulève comme, lors d'une fécondation naturelle, lorsque le spermatozoïde s'engage dans l'œuf. Mais les modifications se borneraient là et même l'œuf ne tarderait pas à mourir si on ne réalisait aussitôt un second traitement, l'immersion des œufs dans de l'eau de mer hypertonique pendant environ une demi-heure, puis de nouveau dans l'eau de mer normale. Alors les œufs se segmentent jusqu'à donner des embryons et même des Oursins adultes.

A cet exemple, nous en ajouterons un second où, au lieu d'être provoquée chimiquement, la parthénogenèse l'est mécaniquement, comme Bataillon le premier l'a obtenu, simplement en piquant avec délicatesse des œufs de Grenouille, préalablement arrosés d'un peu de sang, avec un fin stylet. Un certain pourcentage des œufs se segmentent et un petit nombre d'entre eux évoluent jusqu'au stade de têtard.

Il n'est pas jusqu'aux Mammifères où la parthénogenèse expérimentale n'ait été tentée. C'est ainsi que Pincus a déterminé la ponte chez la Lapine (espèce où, nous l'avons dit précédemment, la ponte n'intervient pas spontanément, ce qui permet de la provoquer au moment choisi) en lui administrant par injection de la gonadostimuline, hormone pituitaire propre à déclencher l'ovulation. Quand s'est écoulé le court délai nécessaire à l'arrivée des œufs dans la trompe utérine, cet organe est refroidi grâce à l'application d'un glaçon, évidemment introduit à la faveur d'une laparotomie (ouverture de la cavité abdominale). Ce traitement, entre les mains de Pincus, a suffi pour déterminer un début de développement qui, dans trois cas, serait allé jusqu'à un stade fœtal avancé. Malheureusement, souvent mise à l'épreuve par de nombreux biologistes, cette méthode n'a été que trop rarement confirmée pour qu'on la puisse admettre sans réserve.

Quoi qu'il en soit, si différents qu'ils soient l'un de l'autre, les procédés de Loeb et de Bataillon permettent de discriminer une suite de processus qui rendent intelligibles ceux qui se déroulent lors d'une fécondation normale.

Que l'on immerge des œufs d'Oursin dans de l'eau de mer additionnée d'acide butyrique, puis dans de l'eau de mer pure, mais sans aller plus loin dans leur traitement, ou que l'on pique des œufs de Grenouille non badigeonnés avec du sang (nous insistons sur cette réserve), on obtient un premier temps qui s'observe aussi lors de la fécondation normale et qui correspond à ce qu'on nomme l'activation : elle consiste en la contraction du cytoplasme et en cette formation d'une membrane de fécondation que nous avons déjà signalée. Nous avons appris que là réside le secret de la monospermie, c'est-à-dire du refus qu'oppose désormais la surface de l'œuf à l'accès de tout spermatozoïde en surnombre. Quant au déclenchement de l'activation par le spermatozoïde, il procède sans doute de l'action d'une substance diffusée à partir de la tête spermatique.

Or ce qu'enseigne la parthénogenèse expérimentale, c'est que ce premier temps, l'activation, ne suffit pas pour que les autres phénomènes s'ensuivent. Si un second temps ne lui succède pas, l'œuf même activé meurt. Ce second temps, c'est la formation d'une figure astérienne de division à l'équateur de laquelle le pronucleus femelle va prendre place, cependant que s'individualisent les chromosomes en vue de la première division de segmentation. Pour que ce second temps, la régulation, se produise, il faut, dans la méthode de Loeb, que les œufs d'Oursin activés soient reportés dans de l'eau de mer hypertonique ou que, dans la méthode de Bataillon, la piqûre de l'œuf de Grenouille inocule dans l'œuf un fragment de cellule, singulièrement un noyau, emprunté aux cellules sanguines déposées à la surface de l'œuf et entraîné par le stylet. C'est autour de ce corps étranger que s'édifie l'aster, condition de l'évolution du pronucleus femelle. Le traitement par l'eau de mer hypertonique crée dans le cytoplasme de l'œuf d'Oursin préalablement activé une dépolarisation de l'œuf s'exprimant par une figure de mitose dicentrique, et ainsi l'action physico-chimique s'identifie à l'action mécanique et permet d'en interpréter le mécanisme.

Toujours est-il que la régulation de la parthénogenèse expérimentale éclaire la régulation de la fécondation normale. Là, c'est le centrosome sis en arrière de la tête spermatique qui joue en quelque sorte le rôle du corps étranger introduit dans l'œuf de Grenouille artificiellement induit au développement.

Il existe, nous l'avons appris dans le cas de la fécondation normale, un troisième temps : l'amphimixie, c'est-à-dire la rencontre et la fusion des pronucleus mâle et femelle. Le pronucleus mâle, absent dans les œufs parthénogénétiques, est alors soumis aux mêmes facteurs intra-ovulaires que le pronucleus femelle et subit ce même destin qui va aboutir à l'union des deux pronucleus. Il va de soi que, lors de la parthénogenèse, rien de tel ne se produit. Le pronucleus femelle seul fournit les chromosomes que la première division de segmentation va répartir entre les deux premiers blastomères. Dans certains cas, la restitution à l'œuf du nombre diploïde de chromosomes, 2 *n*, qui s'opère dans l'œuf fécondé par l'addition de *n* chromosomes spermatiques à *n* chromosomes ovulaires, a lieu dans l'œuf parthénogénétique par doublement des *n* chromosomes femelles. Dans certains autres, ce doublement ne s'opère pas. Mais il semble être la condition de la viabilité des embryons issus des œufs obtenus par parthénogenèse expérimentale.

Ainsi, les mécanismes mis en jeu dans la parthénogenèse expérimentale éclairent ceux de la fécondation. Mais ce n'est pas seulement par artifice que l'on arrive à susciter le développement des œufs. Dans certains groupes zoologiques, la parthénogenèse peut représenter un processus naturel de la reproduction. C'est ce que nous allons préciser brièvement.

LA PARTHÉNOGENÈSE NATURELLE

Exemples de parthénogenèse naturelle

Chez les Vertébrés, on voit parfois l'œuf entamer son développement sans que soit intervenue la fécondation : c'est le cas chez certains Oiseaux, comme la Dinde et la Poule, chez les Poissons et même chez des Mammifères; mais si l'œuf se segmente, si même il arrive quelquefois au stade de vésicule blastodermique comme chez le Cobaye, si les membranes embryonnaires sont susceptibles d'apparaître, du moins le développement ne dépasse-t-il jamais ces stades initiaux. La parthénogenèse reste rudimentaire.

Tout en permettant au contraire un développement complet, la parthénogenèse, en divers groupes d'Invertébrés (Acridiens, Lépidoptères, Acariens, etc.), ne se produit qu'irrégulièrement, alors que la fécondation constitue le type normal de la reproduction.

Mais en d'autres groupes, la parthénogenèse, associée à la reproduction sexuée, est une modalité régulière de la reproduction. Elle est dite arrhénotoque si les œufs parthénogénétiques n'engendrent que des mâles, thélytoque s'ils n'engendrent que des femelles, deutérotoque enfin s'il en naît des individus des deux sexes. Quelques exemples concrétiseront ces notions préliminaires.

On empruntera le premier à un cas à la fois typique et classique, celui des Abeilles domestiques, qu'Aristote avait pressenti et qu'en 1845 l'abbé Dzierzon a découvert et vulgarisé. Chez ces animaux la parthénogenèse est d'une part arrhénotoque, c'est-à-dire aboutit à l'éclosion de mâles, d'autre part facultative, c'est-à-dire que les œufs se développent, fécondés ou non. Mais s'ils sont fécondés, ce sont des femelles qui en naissent. Vierge, la reine d'Abeilles pond des œufs parthénogénétiques qui donnent des mâles. Quand elle s'accouple, lors du vol nuptial, il s'ensuit l'accumulation, dans un réceptacle séminal, des spermatozoïdes qui y survivent durablement, si bien que les œufs pondus sont fécondés au passage ou bien échappent à la fécondation. Les premiers deviendront des femelles, les seconds des mâles.

Mais voici un autre exemple, non moins classique, de parthénogenèse naturelle : celui des Pucerons. Là, tout au moins dans le groupe des Aphidiens, il existe deux sortes de femelles, parthénogénétiques ou non. Les femelles parthénogénétiques, qui sont vivipares (c'est-à-dire engendrent des larves déjà formées), donnent naissance pendant l'été à des femelles, elles aussi parthénogénétiques, ce qui répond à la forme thélytoque de la parthénogenèse. Au contraire, l'été terminé, on voit naître d'elles aussi bien des mâles que des femelles (et l'on trouve ici la forme deutérotoque de la parthénogenèse), et tous ces individus sont destinés à se reproduire par reproduction sexuée. Quant aux femelles sexuées, elles pondent pendant l'hiver des œufs qui, fécondés, auront pour descendance des femelles parthénogénétiques, point de départ d'un nouveau cycle.

Problèmes posés par la parthénogenèse naturelle

La parthénogenèse naturelle pose des problèmes dont il convient de dire sans plus tarder qu'ils sont loin d'être résolus : l'un est celui de l'anomalie que crée la parthénogenèse du point de vue de la constance du nombre des chromosomes à travers les générations d'une espèce donnée, constance sur laquelle nous avons déjà insisté au cours des lignes qui ont précédé; l'autre est celui de l'anomalie qu'elle représente par rapport à la génération sexuée.

Quant au premier point, il est de fait que chez l'Abeille — nous y revenons — les mâles nés d'œufs parthénogénétiques ont le nombre « haploïde » de chromosomes, c'est-à-dire la moitié de la normale, qui est de 32, et nous avons eu l'occasion de souligner que ce nombre semblait la condition de la pérennité des lignées. En fait, il ne saurait en être autrement pour les individus parthénogénétiques, à moins que n'intervienne — c'est parfois le cas — une duplication précoce des chromosomes portant leur nombre au taux diploïde. Toujours est-il que les mâles haploïdes sont viables. Mais si leur spermatogenèse s'accomplissait selon le mécanisme habituel, que nous avons décrit, c'est-à-dire comportait une division réductionnelle (méïose), les spermatozoïdes n'auraient plus que le quart du nombre diploïde des chromosomes, soit 8, et dès lors, les mécanismes de la fécondation et de l'embryogenèse seraient irréversiblement compromis. Or une régulation surprenante s'opère. La première division de maturation s'accomplit sans que le noyau y participe, et comporte la simple élimination d'un globule protoplasmique. Quant à la seconde, elle répond au type normal, de sorte que les spermatides, donc les spermatozoïdes, eux aussi, conservent le nombre haploïde de chromosomes qui doit être normalement leur lot. Tout rentre dans l'ordre.

Un autre genre de régulation se manifeste chez les Pucerons. Là, l'œuf parthénogénétique ne subit qu'une division de maturation et elle correspond à celle qui est normalement la seconde, c'est-à-dire équationnelle, d'où il résulte que l'œuf mûr garde le nombre haploïde de chromosomes respecté lors des processus normaux de l'ovogenèse, et requis pour une fécondation normale. Qui plus est, au cas où ce type de régulation ne se produit pas, il arrive, dans certains groupes, qu'elle emprunte le mécanisme de la fusion du noyau ovulaire avec celui d'un globule polaire ou de la fusion des noyaux des premiers blastomères. Bref, les processus de réduction chromatique — qui constituent la règle lors de la spermatogenèse et de l'ovogenèse en général — sont susceptibles de se plier adaptativement à des modalités d'exception.

Nous avons laissé prévoir ci-dessus l'analyse d'un autre problème : l'anomalie que la parthénogenèse représente par rapport à la fécondation. Celle-ci est un phénomène général. Il constitue en quelque sorte l'ordre, la règle, dans les processus de la sexualité. La parthénogenèse est un fait, sinon exceptionnel, du moins atypique. Il est vain d'en tenter l'explication. Seules sont permises des hypothèses dont malheureusement apparaît la gratuité. Si l'on évoque une compensation à l'absence ou à la rareté relative des mâles (la reine d'Abeilles ne vit-elle pas cinq ans, alors que les mâles ne vivent que quelques mois), on recourt à un raisonnement téléologique, qui ne saurait satisfaire l'esprit. La pérennité d'une lignée animale suppose des conditions, des régulations adaptatives telles que si elles n'étaient pas intervenues, la vie n'existerait pas et aucun problème ne se poserait. C'est donc la question des régulations adaptatives en général qui se soulève. Et si l'on évoque la propriété progressivement acquise, par les œufs, dans certains groupes, de se développer sans fécondation, on peut être surpris que la parthénogenèse naturelle représente en somme un cas d'exception. Toujours est-il que les expériences de parthénogenèse expérimentale montrent qu'effectivement le développement de l'œuf peut échapper à la nécessité de la fécondation, et que certains facteurs physico-chimiques sont aptes à remplacer le gamète mâle. Rien n'interdit de penser que ces facteurs sous telle ou telle forme soient capables de s'exercer naturellement. Mais pourquoi rarement, pourquoi en des groupes zoologiques limités plutôt qu'en d'autres ? Nous n'en savons rien, et il demeure que la fécondation représente le mécanisme fondamental de la reproduction sexuée.

LA DÉTERMINATION DU SEXE

La sexualité suppose l'existence de mâles et de femelles, à travers la série animale entière, et chez les Mammifères il naît approximativement autant de mâles que de femelles. Une telle notion postule l'existence d'un certain mécanisme propre à infléchir le développement de l'œuf fécondé en deux directions, le sexe mâle ou le sexe femelle.

Avant même l'acquisition de toute connaissance au sujet de ce mécanisme, il est permis d'envisager trois possibilités : le sexe est déjà en puissance dans l'œuf, avant la fécondation (théorie « progamique »), ou bien il se différencie plus ou moins tard après la fécondation (théorie « épigamique »), ou bien enfin il est déterminé par la fécondation même. Cette dernière conception est la théorie syngamique. C'est celle qui compte à son actif les arguments les plus puissants. Nous en ferons état dès l'abord, quitte à la confronter ensuite avec les deux autres dont elle est capable d'éclairer les manifestations en apparence contradictoires.

LA THÉORIE « SYNGAMIQUE » DE LA DÉTERMINATION DU SEXE

Ce sont des constatations d'ordre cytologique, plus exactement d'ordre relatif à la composition du stock chromosomial des gamètes, qui ont posé la base de la « théorie syngamique » du sexe, celle qui voit l'un ou l'autre sexe déterminé par la fusion des noyaux mâle et femelle, bref par l'amphimixie, dès la fécondation.

Mais avant même que fussent réalisées ces observations au début du siècle présent, des connaissances courantes laissaient pressentir le rôle dominant de la fusion des gamètes dans la détermination du sexe. Ne sait-on pas que les jumeaux univitellins ou jumeaux vrais, qui naissent des deux premiers blastomères, anormalement disjoints, d'un seul et même œuf, ont toujours le même sexe ? N'a-t-on pas été de longue date frappé par la « polyembryonie » qui existe chez les Tatous, et en vertu de laquelle un seul œuf engendre un nombre élevé d'embryons, se développant dans une cavité amniotique commune, et n'a-t-on pas noté qu'ils sont tous mâles, ou tous femelles ?

Les faits cytologiques ont rendu compte des faits physiologiques. Rappelons leurs fondements. On sait que dans le noyau de toutes les cellules d'un organisme appartenant à une espèce donnée, il existe un nombre caractéristique et constant de chromosomes, ces fins filaments ou bâtonnets que les généticiens tiennent pour les supports nucléoprotidiques des caractères héréditaires, et que l'on n'observe, nettement différenciés, que lors de la division cellulaire.

Sans doute ces chromosomes ne sont-ils pas tous pareils : ils se montrent, au moment de la mitose, appariés par couples, et chaque couple se différencie des autres par la longueur, la forme, la disposition réciproque des chromosomes qui le constituent. Mais en outre, on reconnaît parmi eux un ou deux chromosomes qui, en quelque sorte, font « bande à part ». S'ils n'offrent pas toujours des singularités morphologiques, du moins les distingue-t-on à cause de leur comportement spécial lors de la mitose. Les chromosomes ordinaires sont appelés autosomes, les autres allosomes ou hétérochromosomes. Et le rôle que nous allons les voir jouer dans la détermination du sexe permet aussi de les dénommer chromosomes sexuels.

Ce qui est vrai pour les cellules somatiques en général l'est aussi, cela va de soi, pour les cellules sexuelles avant les divisions de maturation, c'est-à-dire pour les gonocytes, pour les spermatogonies et les ovogonies, pour les

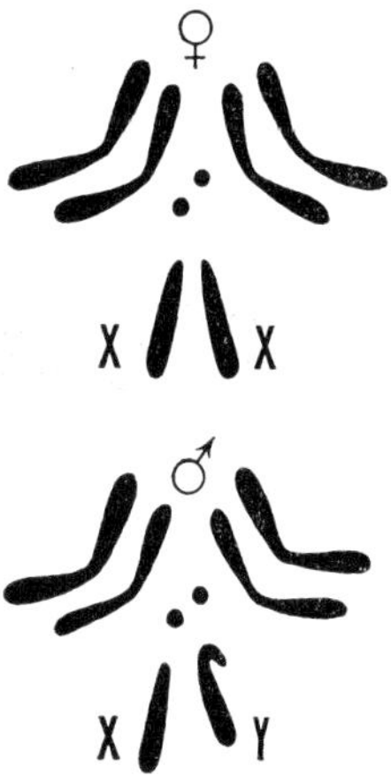

Fig. 13 — Chromosomes de *Drosophila melanogaster*, femelles (en haut) et males (en bas).

Chez les mâles, deux hétérochromosomes X; chez les femelles, un X et Y. (D'après T. H. Morgan, emprunté à Aron et Grassé).

spermatocytes et ovocytes de premier ordre, qui détiennent l'assortiment complet des chromosomes caractéristiques de l'espèce.

Ce sont les cellules sexuelles qu'on considérera particulièrement. On constate, en analysant la composition de leur stock chromosomique, que les allosomes ou hétérochromosomes, contrairement aux autosomes, ne sont pas identiques chez le mâle et chez la femelle. C'est ainsi que les ovogonies peuvent posséder deux hétérochromosomes identiques, qu'on désigne chacun par la lettre X, tandis que les spermatogonies détiennent un chromosome X et un autre, de forme différente, qu'on appelle le chromosome Y : c'est ce que l'on note en divers groupes zoologiques d'ailleurs fort éloignés les uns des autres, comme chez certains Insectes tels les petites Mouches du vinaigre (Drosophiles), matériel de choix pour les études de génétique, ou dans l'espèce humaine. Chez les Drosophiles, le nombre diploïde des chromosomes est de 8, sur lesquels on trouve un couple d'allosomes XX chez la femelle et XY chez le mâle *(fig. 13)*. Dans l'espèce humaine, il y a 44 autosomes, plus un couple d'allosomes XX chez la femme — XY chez l'homme.

Mais voici une autre combinaison possible, celle en vertu de laquelle le noyau d'un des sexes contient un couple d'allosomes XX, le noyau de l'autre sexe un seul allosome X. On la trouve réalisée, par exemple, chez divers Insectes, Orthoptères ou Hémiptères *(fig. 14)*.

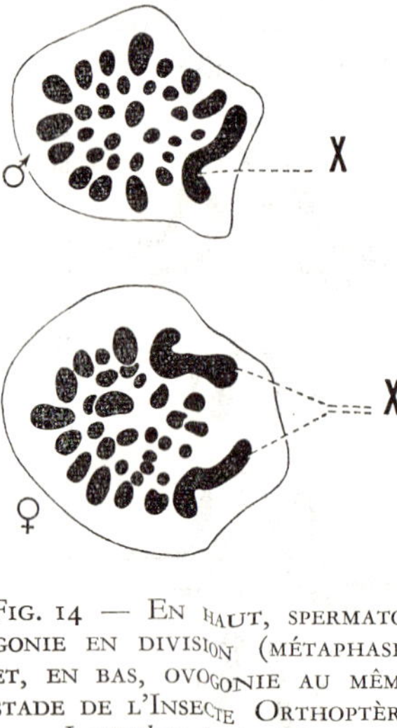

FIG. 14 — EN HAUT, SPERMATOGONIE EN DIVISION (MÉTAPHASE) ET, EN BAS, OVOGONIE AU MÊME STADE DE L'INSECTE ORTHOPTÈRE *Leptophyes punctatissima.*

Dès lors, que va-t-il se passer lors de la première mitose de maturation, la méïose, dont nous avons déjà appris qu'elle répartit dans les cellules filles, spermatocytes de deuxième ordre ou ovocytes de deuxième ordre, selon le sexe, la moitié seulement du nombre normal des chromosomes? On s'en tiendra cette fois au sort des seuls allosomes, et on choisira d'abord le cas de la Drosophile, ou celui de l'espèce humaine. Dans le sexe femelle, la première mitose de maturation répartit dans chaque cellule fille un des deux chromosomes X. Les ovocytes de deuxième ordre, puis les ovotides ou œufs mûrs qui descendent de ces derniers par une division du type normal, garderont donc tous, outre le nombre *n* d'autosomes, un seul allosome. Tous les œufs ont la même composition chromosomiale et le sexe femelle, pour cette raison, est dit homogamétique.

Quant aux spermatocytes de deuxième ordre qui procèdent de la division (méïose) des spermatocytes de premier ordre nantis d'un couple d'allosomes XY, l'un hérite d'un X, l'autre d'un Y. Cette composition reste définitive jusqu'à la spermiogenèse qui engendre deux types de spermatozoïdes en nombre égal, les uns pourvus de l'allosome X, les autres de l'allosome Y. Le sexe mâle ici est hétérogamétique.

Sur cette base, il est aisé de prévoir les conséquences de la fécondation. Tous les œufs sont identiques, mais chacun a autant de chances d'être fécondé par un spermatozoïde porteur de X que par un spermatozoïde porteur d'Y. La fécondation par le premier donnera un œuf fécondé porteur de la formule allosomique XX, œuf qui se développera dans le sens femelle, la fécondation par le second, un œuf fécondé porteur de la formule allosomique XY, et c'est alors un mâle qui en naîtra. Les lois des grands nombres jouant dans le hasard des rencontres entre œuf et spermatozoïde fécondant, il y aura approximativement autant de mâles que de femelles.

Un phénomène en tous points comparable se passe quand un des sexes, par exemple le sexe femelle, détient 2 X, alors que l'autre n'en a que un. Car tous les œufs, après les divisions de maturation, se trouvent munis d'un allosome X. En revanche, lors de la méïose spermatogoniale, l'allosome X unique passe dans un des spermatocytes de deuxième ordre, cependant que l'autre ne reçoit pas d'allosome. Le sexe mâle est encore hétérogamétique, en ce sens qu'il y a deux sortes de spermatozoïdes, les uns avec un X, les autres sans X. La fécondation aboutit, avec autant de chances pour une combinaison que pour l'autre, à deux sortes d'œufs fécondés dont les uns retrouvent le couple XX, et possèdent la formule 2 *n* autosomes + XX, cependant que les autres, n'ayant pas reçu de X, en restent à la formule 2 *n* autosomes + X. Les premiers seront des femelles, les seconds des mâles, en égale ou presque égale proportion sur un très grand nombre d'individus.

Les exemples que nous avons donnés concernent des espèces où le sexe mâle est hétérogamétique. Il n'en est pas toujours ainsi. Chez les Oiseaux, chez les Sauriens, c'est la femelle qui est hétérogamétique et compte, du point de vue de la teneur en allosomes, deux sortes d'œufs, tandis que le mâle est homogamétique, avec des spermatozoïdes tous pareils quant à leur assortiment chromosomique. Il n'est pas besoin d'ajouter que les résultats de la fécondation restent les mêmes que dans les cas précédents.

LES THÉORIES « PROGAMIQUE » ET « ÉPIGAMIQUE » DE LA DÉTERMINATION DU SEXE

Si édifiante que soit la théorie syngamique de la détermination du sexe, si clairement qu'elle rende compte de la naissance de mâles et de femelles en proportion sensiblement égale dans un très grand nombre d'individus, il est nécessaire de tenir compte d'autres conceptions et de la confronter avec elles.

Selon la théorie progamique, le sexe est déterminé avant la fécondation. Les œufs sont à l'avance voués à donner soit des mâles, soit des femelles. Quelques attestations viennent apparemment à l'appui de cette idée. Chez le Ver marin *Dinophilus,* la femelle pond deux sortes d'œufs de taille différente, des gros qui, fécondés, évoluent vers le sexe femelle, et des petits, destinés à évoluer vers le sexe mâle.

La parthénogenèse naturelle apporte des documents de même signification. Il nous suffira d'en retenir le sort des œufs parthénogénétiques de divers groupes zoologiques (Abeilles, Pucerons) qui engendrent toujours des sujets de même sexe, mâles chez les Abeilles, femelles chez les Pucerons.

Mais de tels faits ne sont pas incompatibles avec la

théorie des hétérochromosomes. Bien qu'un cas comme celui de *Dinophilus* prête encore à quelque incertitude, rien n'interdit l'hypothèse que la femelle soit hétérogamétique et que la taille des œufs soit commandée par la constitution chromosomiale du noyau ovulaire. Quant aux œufs parthénogénétiques, on connaît dans le mécanisme de leurs mitoses de maturation des singularités grâce auxquelles certains, n'éliminant qu'un globule polaire selon une division équationnelle, gardent les deux allosomes dont dépend la détermination femelle, tandis que d'autres, au contraire, perdent un allosome et, de par leur formule hétérochromosomiale, sont ainsi voués au sexe mâle.

A l'opposé, selon la théorie épigamique, ce ne serait qu'après la fécondation, et non du fait de la fécondation, que l'œuf s'orienterait vers la différenciation mâle ou femelle. Bien qu'on ne dispose que de peu de documents en ce sens, certains sont troublants, tels ceux qui, d'après Kuschakewitch, montrent surtout des mâles éclore d'œufs fécondés de Grenouille soumis au chaud, et inversement une majorité de femelles éclore d'œufs soumis au froid. Là encore, la théorie syngamique n'est pas nécessairement en défaut. Comme nous le verrons, si les hétérochromosomes conditionnent la détermination du sexe, c'est vraisemblablement par l'intermédiaire des particularités du métabolisme, c'est-à-dire en somme de la qualité et de la quantité des mutations nutritionnelles qu'ils impriment à l'œuf fécondé. Que des facteurs externes comme la température puissent agir sinon selon des modalités identiques, du moins par l'entremise de certains agents du métabolisme eux-mêmes influencés par la constitution chromosomiale, n'a rien de paradoxal.

En dernière analyse, la théorie des chromosomes sexuels est indiscutablement celle qui possède la valeur explicative la plus générale.

Aussi bien, que la constitution chromosomiale intervienne dans le sexe, c'est une notion qu'un argument indirect vient sinon valider, du moins appuyer : celui qu'apporte la découverte de la « chromatine sexuelle ». N'assure-t-on pas pouvoir, dans l'espèce humaine, identifier le sexe, grâce à l'examen des noyaux de diverses cellules, singulièrement (du point de vue de la commodité de leur prélèvement) de ceux des cellules de l'épiderme, recueillies par biopsie, ou encore de certains globules blancs ? Car, chez la femme, on trouve, appliquée contre la membrane nucléaire, une petite masse chromatique, qui n'existe pas chez l'homme, et qui constitue la « chromatine sexuelle ». Toutefois, il n'est pas permis de trancher la question de savoir si la chromatine sexuelle est cause ou effet, et, de plus, certains biologistes ne sont pas sans montrer quelque scepticisme au sujet de la signification réelle de cette particularité.

Mais les dernières lignes que l'on vient d'écrire tendent à mettre en cause, comme agents d'exécution des allosomes, des phénomènes métaboliques, commandés, comme c'est la règle, par le jeu de ferments ou enzymes. On conçoit dès lors que l'effet des allosomes puisse n'être pas sans appel, si des conditions particulières interfèrent avec leur propre influence. C'est ce dont l'étude des anomalies de la détermination du sexe va nous montrer le bien-fondé.

LES ANOMALIES DE LA DÉTERMINATION DU SEXE

Nous venons d'écrire que les facteurs d'une détermination stricte du sexe peuvent être en défaut. On en trouve l'attestation dans deux sortes d'anomalies : l'intersexualité et le gynandromorphisme.

L'INTERSEXUALITÉ

Le mot « intersexualité » évoque un état intermédiaire entre les deux sexes : c'est bien là sa définition. Ce qui caractérise un tel état, c'est qu'un individu, qui a entamé son développement conformément à sa formule chromosomiale, aux particularités de ses hétérochromosomes, l'infléchit en prenant peu à peu les caractères de l'autre sexe. Quand une femelle tend vers le sexe mâle, on parle d'intersexualité femelle, et réciproquement d'intersexualité mâle, quand un mâle s'oriente vers le sexe femelle.

Les exemples typiques d'intersexualité (ceux-là seuls auxquels nous nous en tiendrons) se rencontrent chez des Vertébrés aussi bien que chez des Invertébrés. Dans ce dernier Embranchement, on dispose d'une étude classique, celle de Goldschmidt sur le Papillon *Lymantria dispar*. Il existe deux races distinctes de cette espèce : une race européenne et une race japonaise. Dans l'une

FIG. 15 — PAPILLON *Lymantria dispar*.

En haut, femelle. Au dessous, six types différents d'intersexués ; les tailles diverses des sujets n'ont aucun rapport avec le sexe. (Emprunté à R. Goldschmidt).

et l'autre, les sexes sont tranchés et l'on distingue par leurs caractères externes les mâles des femelles. Mais vient-on, comme l'a fait Goldschmidt, à accoupler des mâles japonais avec des femelles européennes, on voit les femelles nées de cette union acquérir peu à peu un aspect intermédiaire entre celui du mâle et celui de la femelle, et, chez elles, les ovaires se transformer progressivement en testicules (d'ailleurs après que les particularités extérieures du sexe ont déjà évolué). Inversement, la fécondation de femelles japonaises par des mâles européens aboutit à l'éclosion de femelles normales, mais de mâles qui deviennent intersexués *(fig. 15)*.

Les Vertébrés, eux aussi, apportent des attestations de phénomènes comparables.

Les unes concernent les Amphibiens. Dans cette Classe, Witschi a croisé les mâles d'une certaine race de Grenouilles avec les femelles d'une autre race. Les larves ne font pas exception à la règle de la détermination du sexe si elles évoluent dans des conditions normales. Mais si on les soumet à une température anormale, on voit les mâles poursuivre leur développement dans le sens femelle.

D'autres ont été apportées par l'étude des Poissons. Chez l'Anguille, par exemple, au cours du développement primitif des gonades, il existe une phase passagère d'intersexualité où les éléments mâles et femelles coexistent et cohabitent, puis l'un et l'autre sexe se précise en quelque sorte et devient exclusif pour chaque individu. Mais dans un certain nombre de cas, l'intersexualité persiste durablement.

Il n'est pas jusqu'à l'espèce humaine où ne se rencontrent des formes d'intersexualité qui ont du reste un caractère pathologique. Tel est le cas du syndrome découvert en 1942 par Klinefelter et qui porte son nom. Il s'observe chez des adolescents dont les caractères sexuels sont du type mâle, mais dont les testicules, aux tubes séminifères atrophiés, ne renferment pas de cellules de la lignée séminale, et qui peuvent présenter un certain degré de développement mammaire. Tel est encore le cas des femmes qui présentent le syndrome dit de Turner, décrit par cet auteur en 1938. Là, ce sont les ovaires qui sont complètement atrophiés, chez des sujets de très petite taille, aux caractères féminins peu développés.

Des divers exemples d'intersexualité qui viennent d'être rapportés, on voudrait donner une interprétation cohérente, qui concernât l'ensemble des observations. Une pareille synthèse apparaît impossible, mais il semble qu'alors que les syndromes de Klinefelter et de Turner dépendent d'aberrations dans la formule des hétérochromosomes et confirment ainsi le rôle essentiel de ceux-ci dans la détermination du sexe, au contraire les faits dont nous avons fait état chez les Invertébrés et les Vertébrés inférieurs montrent que des facteurs étrangers aux allosomes peuvent venir contrecarrer leur incontestable influence. C'est ce qui va ressortir de la discussion des cas d'intersexualité décrits ci-dessus d'une manière succincte.

Que faut-il penser, d'abord, de l'intersexualité chez le Papillon *Lymantria dispar*? Goldschmidt admet l'existence de « facteurs de sexualité » distincts des chromosomes sexuels, et susceptibles de combiner leurs effets avec ceux des allosomes. Ces facteurs de sexualité sont, selon la race, plus ou moins forts chez le mâle ou chez la femelle. Ainsi, lorsqu'un mâle japonais féconde une femelle européenne, comme les facteurs de sexualité sont plus forts chez le mâle, la femelle née de ce croisement ne peut, si l'on ose dire, épanouir les potentialités que lui confèrent ses allosomes et devient intersexuée. Inversement, les facteurs de sexualité sont moins forts chez les mâles européens que chez les femelles japonaises qui, fécondées par ces derniers, engendrent des mâles intersexués.

Or ce raisonnement suppose que les prétendus facteurs de sexualité sont présents dans les gamètes aux côtés des allosomes, et liés à la race, donc aux chromosomes ordinaires, aux autosomes, porteurs des caractères raciaux; il en découlerait que les autosomes seraient capables de contrebalancer dans une certaine mesure et dans certains cas particuliers le rôle des allosomes dans la détermination du sexe. Une telle conception n'a rien de paradoxal, si l'on admet que les chromosomes, autosomes aussi bien qu'allosomes, exercent leur influence par le truchement de processus métaboliques. Des observations de Bridges, non chez les Papillons, mais chez d'autres Insectes, les Drosophiles, ne laissent pas d'appuyer cette hypothèse. On peut constater, chez ces animaux, des modifications « accidentelles » du nombre relatif des autosomes et des allosomes. Nous avons appris précédemment que l'assortiment chromosomique normal comporte, chez le mâle $2n$ autosomes $+$ XY, chez la femelle $2n$ autosomes $+$ XX. Or il arrive que le rapport numérique entre autosomes et allosomes soit perturbé selon diverses combinaisons possibles. Le rapport $\frac{2n}{3X}$ s'observe chez des individus à différenciation sexuelle particulièrement accusée, des « superfemelles »; le rapport $\frac{3n}{X}$, au contraire, chez des « supermâles »; enfin le rapport $\frac{3n}{2X}$ chez des sujets intersexués.

Venons-en à l'intersexualité chez les Vertébrés, dont on a ci-dessus appris à connaître certaines manifestations. Selon Witschi, la différenciation sexuelle de la gonade ne dépendrait pas seulement des chromosomes (sexe génétique), mais d'hormones à action locale élaborées par la gonade embryonnaire à son stade indifférencié, l'une issue de la partie destinée à évoluer en ovaire (cortex), l'autre de celle qui donnera, chez les autres individus, le testicule (medulla). L'intersexualité se produirait quand, sous des influences qui pourraient être métaboliques comme celle de la température, ni l'une ni l'autre des deux hormones n'aurait de prévalence quantitative. Cette conception pourrait avoir une valeur explicative générale et notamment s'appliquer à l'intersexualité chez les Anguilles dont nous avons fait état. Mais elle n'exclut nullement l'importance des hétérochromosomes dans l'infléchissement du sexe en un sens ou dans l'autre. Elle fait évoquer seulement les agents de réalisation, les mécanismes, par l'intermédiaire desquels les hétérochromosomes ou, si l'on veut, l'équilibre entre les hétérochromosomes et les autosomes, bref la composition de la garniture chromosomique, détermineraient finalement le sexe. Selon Witschi, ces agents de réalisation seraient des hormones, c'est-à-dire, en dernière analyse, des substances chimiques. Nous avons déjà fait allusion à une telle interprétation du mode d'action des chromosomes sexuels.

Avec les cas d'intersexualité dans l'espèce humaine, on retrouve des arguments en faveur de l'importance des anomalies de la formule chromosomiale dans celles de la détermination du sexe. Les sujets atteints du syndrome de Klinefelter, d'apparence masculine, mais aux testicules dépourvus de toutes cellules germinatives, présentent dans leurs noyaux cellulaires, sous la membrane, ce corpuscule de chromatine que l'on considère, non d'ailleurs sans quelques réserves, comme un signe lié au sexe femelle. Pourtant la garniture chromosomique de ces sujets ne correspond pas au sexe femelle, où elle s'exprimerait par 44 *n* + XX. En 1959, Jacobs et Strong ont découvert que cette formule, ou caryotype, répondait à la formule 44 *n* + XXY, et, plus rarement, à la formule 44 *n* + XY. Pour qu'il en soit ainsi, il faut invoquer une aberration dans la répartition des chromosomes lors des mitoses de maturation. Quoi qu'il en soit, on voit s'instituer une relation suggestive entre la présence dans le caryotype d'un hétérochromosome X supplémentaire, qui y introduit le couple XX propre à la femelle, et l'intersexualité marquée par l'absence de lignée séminale, souvent par le développement de caractères féminins comme les glandes mammaires. Le syndrome de Klinefelter chez des sujets dont le caryotype est resté masculin (44 *n* + XY), beaucoup plus rare, est aussi d'interprétation plus difficile, et oblige à invoquer hypothétiquement un trouble dans la « valence » des hétérochromosomes.

Le syndrome de Turner, avec son agénésie ovarienne chez des sujets féminins qui, le plus souvent, ne possèdent pas le corpuscule chromatinien propre à la femme, relève de la même interprétation, depuis qu'en 1959 Ford a vu que leur caryotype s'exprime par la formule 44 *n* + X. Encore que, dans un faible pourcentage des cas, cette formule soit celle qui est le propre du sexe féminin (44 *n* + XX), ce qui pose les mêmes problèmes que dans certains cas du syndrome de Klinefelter, l'aberration chromosomique constatée en général dans le syndrome de Turner possède une grande valeur explicative. Car on conçoit que la réduction de moitié du nombre des hétérochomosomes X entraîne la diminution corrélative des potentialités féminisantes qui leur sont attachées (voir *la Genèse des monstres*).

En conclusion de ce rapide panorama de l'intersexualité, il se dégage l'idée que l'anomalie qu'elle représente par rapport à la détermination normale du sexe, au « gonochorisme » comme on appelle la distinction entre les deux sexes, ne jette aucun discrédit sur la conception chromosomique de cette détermination. Il en ressort seulement que les mécanismes impliqués en tant qu'intermédiaires dans l'acquisition de l'état sexué sous l'influence des hétérochromosomes peuvent être perturbés par des agents occasionnels, ou que la formule chromosomiale elle-même n'est pas à l'abri d'accidents qui l'altèrent et, par là, bouleversent son influence sur l'acquisition des attributs d'un sexe ou de l'autre.

L'HERMAPHRODISME

L'hermaphrodisme a été connu de tout temps. Il a proposé des modèles à la statuaire antique. Comme l'intersexualité, il représente une exception à la règle du gonochorisme ou séparation tranchée entres les sexes. Lui aussi prend donc place parmi les anomalies de la détermination du sexe. En vérité, il y a quelque arbitraire à le distinguer radicalement de l'intersexualité. Celle-ci, nous l'avons vu, se définit par le passage d'un sexe à un autre. Ce passage nécessairement comporte des états intermédiaires, qui en sont l'expression caractéristique. Or l'hermaphrodisme consiste en la présence simultanée, chez un individu, de cellules sexuelles mâles et femelles. Entre les deux anomalies on ne saurait ne pas reconnaître une parenté. L'intersexualité suppose une succession, l'hermaphrodisme une simultanéité d'états respectivement mâles ou femelles. Qui plus est, de l'anomalie de la détermination du sexe que constitue l'hermaphrodisme à certaines anomalies du développement des caractères sexuels que nous étudierons plus loin, il existe assurément des acheminements car les gonades ne vont pas, nous le verrons, sans retentir, selon leur sexe, sur les caractères de ce sexe.

L'hermaphrodisme est naturel et constant dans divers groupes de la série zoologique, accidentel en d'autres. Mais on peut le réaliser expérimentalement, et c'est ce que nous envisagerons d'abord.

HERMAPHRODISME EXPÉRIMENTAL

Puisque l'hermaphrodisme consiste en la coexistence chez un individu de cellules sexuelles mâles et femelles, il est logique de postuler qu'on puisse le réaliser en implantant un testicule à une femelle ou un ovaire à un mâle. On l'a en effet tenté et souvent réussi, tout au moins chez les Mammifères. C'est le problème de la greffe d'organes qui se trouve impliqué en de telles expériences, et le cadre qui nous est imparti ne nous permet pas de digression sur cet important sujet. Qu'il nous suffise de noter que la greffe de testicule réussit exceptionnellement et que l'hermaphrodisme expérimental n'a pratiquement jamais été réalisé chez la femelle. En revanche, la greffe d'un ovaire ou d'un fragment d'ovaire chez un mâle, soit dans le testicule (qui devient dès lors ce qu'on appelle un « ovariotestis »), soit en d'autres sites, comme sous la capsule du rein ou, chez certains animaux, dans l'oreille externe, aboutit à des succès qui ont été largement exploités. Il est vrai que l'hermaphrodisme expérimental ne met pas en cause la détermination chromosomique du sexe, puisque la « double appartenance » est le fait d'un artifice. Il établit seulement la possibilité pour les gonades de l'un et l'autre sexe de vivre et subsister en bon voisinage chez le même sujet, alors que certaines données, également expérimentales, pouvaient suggérer que le testicule inhibe l'ovaire ou réciproquement. Sans doute ces dernières ont-elles été parfois l'objet d'interprétations erronées. Mais un cas comme celui de la Poule, qu'on citera un peu plus loin parmi d'autres, plaide en ce sens.

Il y a lieu d'ajouter que l'hermaphrodisme expérimental, d'un autre point de vue, a permis d'étudier le retentissement du « double sexe gonadique » sur les caractères sexuels des animaux expérimentés. Mais c'est là un sujet qui ne sera précisé qu'ultérieurement.

HERMAPHRODISME NATUREL

On n'a le droit de définir l'hermaphrodisme comme naturel que lorsqu'il existe normalement et constamment, comme c'est le cas dans divers groupes zoologiques. Les Turbellariés, les Trématodes, les Cestodes, les Oligochètes, les Hirudinées, les Crustacés cirripèdes, les Mollusques Gastéropodes (Opisthobranches, Pulmonés) sont hermaphrodites, soit que les cellules germinatives mâles et femelles soient réparties dans une même glande génitale, soit que le testicule et l'ovaire restent distincts, quoique réunis.

Même chez les Vertébrés, on peut alléguer des exemples d'hermaphrodisme naturel. Le testicule du Crapaud est coiffé d'un ovaire rudimentaire, l'organe de Bidder, susceptible de redevenir en certaines conditions expérimentales un ovaire fonctionnel. Chez la Poule, il n'existe qu'une gonade fonctionnelle, la gauche; à droite, la gonade est un testicule rudimentaire dont J. Benoît a montré que, libéré par l'ablation de l'ovaire gauche de l'inhibition qu'il subit de la part de cet organe, il peut se développer en un testicule normal, en entraînant la masculinisation du sujet opéré.

Dans tous ces exemples d'hermaphrodisme naturel, on trouve certes un désaccord avec la règle de la détermination chromosomique du sexe. Comment comprendre, chez un même individu, la présence dans certaines cellules de la formule hétérochromosomique mâle, en d'autres celle de la formule femelle? Si, en revanche, cette formule reste orthodoxe en toutes les cellules, pourquoi certains éléments germinatifs ont-ils échappé à son influence et se sont-ils infléchis dans le sens de l'autre sexe? On en est réduit, pour répondre à ces interrogations, à de pures hypothèses, qu'il serait oiseux de développer ici.

HERMAPHRODISME ACCIDENTEL

L'hermaphrodisme accidentel s'oppose à l'hermaphrodisme naturel par son caractère d'exception à l'intérieur d'un groupe zoologique donné. Mais entre la rareté de l'hermaphrodisme accidentel et la constance de l'hermaphrodisme naturel, il existe des intermédiaires, et quand l'hermaphrodisme accidentel devient fréquent, sa limite apparaît difficile à définir par rapport à l'hermaphrodisme naturel. Ce cas est celui de divers animaux, tels certains Crustacés décapodes, Annélides polychètes, Mollusques (Huîtres), Poissons osseux (Harengs, Merlans, Maquereaux). En revanche on n'observe l'hermaphrodisme qu'à titre véritablement accidentel parmi les Grenouilles brunes où parfois, comme l'organe de Bidder le réalise chez tous les Crapauds, un ovaire rudimentaire coiffe le testicule et, chez le Porc, où il arrive qu'on trouve un testicule d'un côté, un ovaire de l'autre.

C'est aussi ce qui peut survenir dans l'espèce humaine qui prête à d'assez nombreuses observations d'hermaphrodisme. Mais là, cette anomalie revêt diverses formes, celle de l'hermaphrodisme vrai et celle du pseudohermaphrodisme.

L'hermaphrodisme vrai concerne des individus qui possèdent à la fois une gonade mâle et une gonade femelle. Sans être fréquente, cette malformation n'est pas exceptionnelle puisque, dans un travail datant de 1960, Guinet et Putelat font état de quatre-vingt-dix-huit cas relevés dans la littérature. Sur ces cas on en décompte trente où l'on a trouvé un testicule d'un côté, un ovaire de l'autre, vingt-deux où un testicule et un ovaire existaient de chaque côté, enfin quarante-six où il y avait un testicule et un ovaire d'un seul côté *(fig. 16)*.

Comme les gonades de tels sujets sont fonctionnelles et qu'ainsi, on le lira bientôt, les gonades déterminent les caractères sexuels, on peut s'attendre que les hermaphrodites présentent une ambivalence de ces caractères, et il en est effectivement ainsi. En ce qui concerne notamment les voies excrétrices des gonades (épididyme, canal déférent du mâle; trompe utérine, utérus de la femelle), elles se montrent développées du côté de la gonade correspondante dans les cas où l'ovaire se situe d'un côté, le testicule de l'autre. Quant aux organes génitaux externes, ils offrent différents degrés dans un développement intermédiaire entre le type mâle et le type femelle : tantôt c'est la féminisation qui prédomine avec, comme caractère féminin, un clitoris plus ou moins hypertrophié; tantôt c'est la masculinisation qui l'emporte, comportant un hypospadias et la présence d'un vagin rudimentaire, ou même une verge sensiblement normale. Toutes les transitions sont susceptibles

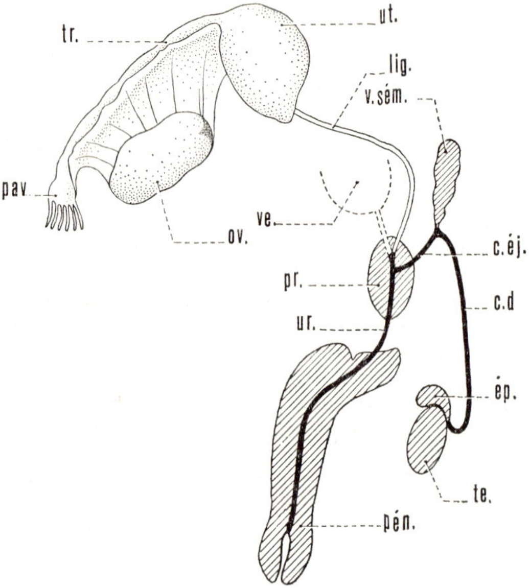

FIG. 16 — REPRÉSENTATION SCHÉMATIQUE D'UN CAS D'HERMAPHRODISME LATÉRAL CHEZ L'HOMME, LE TRACTUS GÉNITAL ÉTANT MÂLE D'UN CÔTÉ ET FEMELLE DE L'AUTRE.

ov, ovaire; *tr,* trompe; *pav,* pavillon de la trompe; *ut,* utérus; *lig,* ligament unissant l'utérus à la région urétrale; *ve,* vessie; *te,* testicule; *ép,* épididyme; *c.d,* canal déférent; *c.éj,* canal éjaculateur; *v. sém,* vésicule séminale; *pr,* prostate; *ur,* urètre; *pén.* pénis. (D'après Constantini et Toreilles, emprunté à E. Wolff).

de relier, selon les cas, ces états extrêmes. Enfin la morphologie de ces hermaphrodites se rapproche le plus souvent de celle de la femme avec un développement des seins qui va jusqu'à celui d'une femme normale.

A l'hermaphrodisme vrai se rattache le pseudo-hermaphrodisme. Le premier, on vient de le voir, se caractérise par la coexistence des gonades des deux sexes. Dans le second n'existe que la gonade d'un sexe, mais les organes génitaux (conduits génitaux, organes génitaux externes) sont ceux du sexe opposé. Il s'impose donc de noter que, si le problème du pseudo-hermaphrodisme se rattache à l'hermaphrodisme, c'est dans la mesure où il crée sinon une dualité, du moins une « ambiguïté » sexuelle, par l'association d'un caractère d'un sexe (la gonade) à des caractères de l'autre sexe (les attributs sexuels extérieurs à la gonade).

On convient de distinguer six types de pseudo-hermaphrodisme : pseudo-hermaphrodisme externe masculin (ovaires avec organes génitaux externes mâles); pseudo-hermaphrodisme externe féminin (testicules avec organes génitaux externes féminins); pseudo-hermaphrodisme interne mâle (testicules, avec conduits génitaux (emelles); pseudo-hermaphrodisme interne femelle fovaires, avec conduits génitaux des deux sexes); pseudo-hermaphrodisme totalement mâle (ovaires, avec organes génitaux externes et internes mâles); enfin pseudo-hermaphrodisme totalement femelle (testicules, avec organes génitaux externes et internes femelles).

L'interprétation des diverses formes d'hermaphrodisme accidentel pose un problème aussi difficile à aborder que celui de l'hermaphrodisme naturel, et d'ailleurs de même ordre. L'hermaphrodisme vrai malheureusement a donné lieu à peu d'investigations sur le génotype des individus atteints de cette anomalie. Il semble qu'il appartienne le plus souvent au sexe femelle. La différenciation d'un testicule, chez un sujet génotypiquement femelle, suppose à l'origine une « mosaïque » des territoires destinés à fournir les gonades, telle que l'un de ces territoires a échappé, en vertu d'une aberration chromosomiale locale, à la détermination sexuelle orthodoxe. Il n'y a là qu'une hypothèse gratuite.

Quant au pseudo-hermaphrodisme, la compréhension des états paradoxaux qui le caractérisent relève plutôt de la connaissance des hormones sexuelles, de modifications de leur constitution chimique ou de la réceptivité des territoires qu'elles influencent, que de la détermination chromosomiale du sexe. Aussi est-ce dans la suite de cette étude que l'on trouvera des données susceptibles d'éclairer ce qui précède, puisqu'il va être question, après la différenciation du sexe, de celle des caractères du sexe.

LES CARACTÈRES SEXUELS

Le sexe une fois déterminé et différencié à la suite du développement, chez les animaux gonochoriques, soit des testicules, soit des ovaires, va s'affirmer, marquer son empreinte sur l'organisme entier, et s'extérioriser par l'apparition, au cours de la croissance, de caractères propres à chaque sexe, les caractères sexuels.

La gonade peut être considérée comme un caractère sexuel primordial ou primitif puisque dès son organogenèse sa structure définit le sexe. Mais précocement les futurs conduits sexuels, les organes génitaux externes, les glandes annexées au tractus génital vont, à partir d'ébauches originellement identiques, acquérir des structures propres à chaque sexe : ce sont les caractères sexuels primaires. A l'avènement de la maturité sexuelle, quand les animaux deviennent aptes à la reproduction, de nouveaux attributs singularisent chaque sexe, soit qu'ils consistent en une modification des caractères sexuels préexistants, soit qu'ils impriment au soma des particularités de divers ordres. Il s'agit alors des caractères sexuels secondaires.

Mais ce qui vient d'être dit ne concerne que les Vertébrés. Dans cet Embranchement, les caractères sexuels primaires et secondaires sont des acquisitions secondaires à la différenciation du sexe. Chez les Invertébrés, au contraire, où souvent le dimorphisme sexuel est extrêmement accusé, où les caractères sexuels, comme c'est le

---

FIG. 17 — DIFFÉRENCIATION SEXUELLE DES GONADES.

A, épithélium germinatif avec des gonocytes. B, formation des cordons sexuels, corticaux et médullaires, tous contenant des gonocytes. C, différenciation vers le sexe mâle; les cordons médullaires sont devenus des tubes séminifères et des cellules interstitielles se sont formées entre eux. D, différenciation vers le sexe femelle; à la périphérie, en haut, on voit des bourgeons corticaux (deuxième poussée) et, à l'intérieur, des cordons médullaires restés de la première poussée. E, ovaire d'une jeune gonade; à la périphérie, on voit une couche formée de bourgeons de Valentin Pflüger; à l'intérieur, on distingue des restes de cordons médullaires (devenant des tubes séminifères chez le mâle). (Emprunté à C. Da Costa).

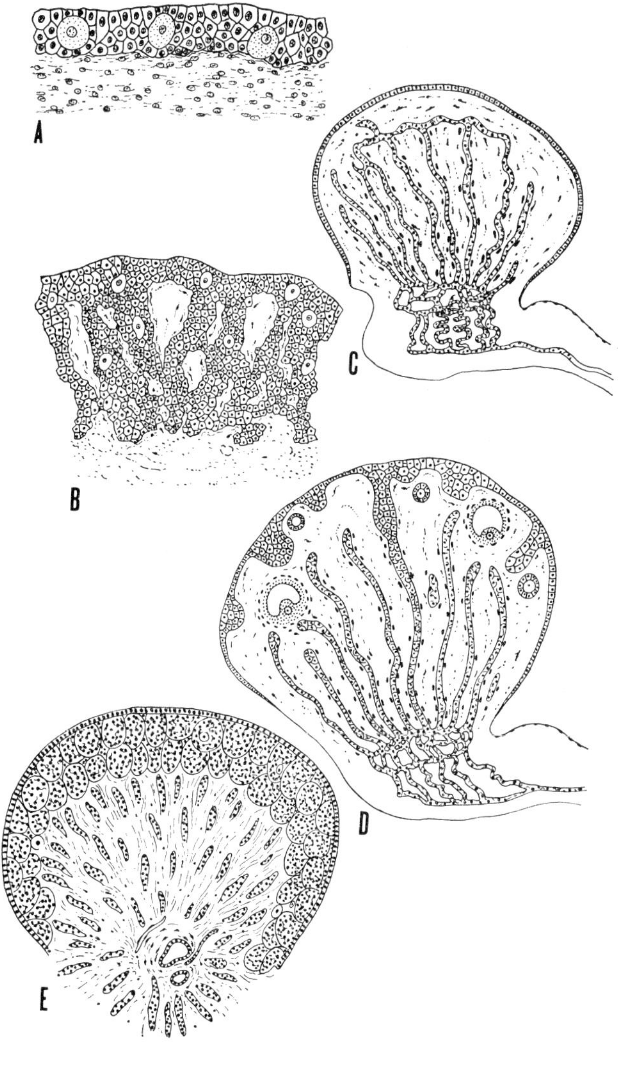

FIG. 17.

cas des Insectes, concernent l'organisation générale des animaux, leur taille, leur couleur, la structure et la forme de leurs appendices, les caractères sexuels ont un déterminisme génétique assimilable à celui des gonades. La castration, si précoce qu'elle soit, n'a généralement pas d'influence sur la différenciation des caractères du sexe, alors que chez les Vertébrés — on va l'apprendre — la castration empêche d'apparaître les caractères sexuels qui se montrent ainsi dépendants des gonades.

Ce qui suivra n'est donc applicable qu'aux Vertébrés, et là nous envisagerons successivement les caractères sexuels primaires, les caractères sexuels secondaires, et leur déterminisme.

LES CARACTÈRES SEXUELS PRIMAIRES ET LEUR DÉTERMINISME

LES CARACTÈRES SEXUELS PRIMAIRES

Aux stades initiaux de son développement, l'embryon des Vertébrés possède une gonade indifférenciée. Ce n'est qu'à partir d'une phase ultérieure, certes très précoce encore, que les gonocytes viennent la coloniser et que le sexe s'oriente. Chez les Mammifères, la première ébauche de la gonade consiste en un épaississement de la paroi de la cavité générale ou cœlome, dit épithélium germinatif, et formé aux dépens des cellules épithéliales mésodermiques de cette paroi. Parmi ces cellules (cellules « végétatives »), on trouve, moins nombreuses et plus volumineuses, les futures cellules germinales (gonocytes), vraisemblablement émigrées là à partir d'une zone extra-embryonnaire, c'est-à-dire des enveloppes embryonnaires. A cette période, le futur mâle et la future femelle sont identiques. Puis, chez le mâle, s'opère à partir de l'épithélium germinatif un bourgeonnement d'où procèdent les cordons sexuels, futurs tubes séminifères. Chez la future femelle, le même bourgeonnement se produit initialement, mais avorte pour laisser place à un deuxième bourgeonnement. De ce dernier naîtront les cordons de Pflüger, berceau des cellules germinatives femelles *(fig. 17)*.

Ainsi, la femelle passe d'abord par un stade « mâle ». De même que, jusqu'à ce que se soit affirmé le sens du bourgeonnement de l'épithélium germinatif, les futures glandes génitales sont indifférenciées, de même les futurs canaux sexuels sont identiques dans les deux sexes ou, plus exactement, chez tous les embryons, à quelque sexe qu'ils doivent appartenir. Chez tous, on trouve des canaux pairs, les canaux de Wolff, futurs conduits génitaux du mâle, et, à leur voisinage immédiat, des canaux de Müller, futurs conduits génitaux femelles. Il existe alors un état hermaphrodite des voies génitales *(fig. 18)*. Pareillement les organes sexuels externes offrent un état indifférent avec un tubercule génital représentant l'extrémité de deux plis génitaux et reposant sur un soulèvement de la future région périnéale composé de deux bourrelets génitaux. Les glandes annexes du tractus génital, comme la prostate du mâle, n'existent pas encore, même à l'état d'ébauches *(fig. 19)*.

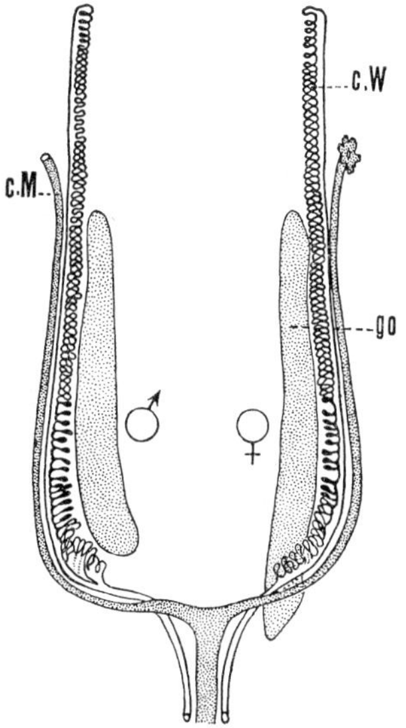

FIG. 18 — SCHÉMA DES ÉBAUCHES SEXUELLES INTERNES AU STADE INDIFFÉRENT.

go, gonade; *c.M,* canal de Müller; *c.W,* canal de Wolff. A gauche, la gonade est supposée devenir un testicule; à droite, un ovaire. (Emprunté à C. Da Costa, simplifié).

Mais voici s'accomplir la différenciation sexuelle de la gonade. Alors les canaux sexuels primitifs, canaux de Wolff et de Müller, vont évoluer différemment selon le sexe; alors on va assister à des modifications des organes sexuels externes, jusqu'à ce stade indifférents, qui leur impriment leur spécificité sexuelle; alors on verra naître des glandes annexes différentes selon le sexe. Les résultats de toutes ces transformations, caractéristiques de chaque sexe, correspondent aux caractères sexuels primaires, qui se définissent ainsi par les singularités anatomiques et structurales, selon le sexe, des conduits génitaux, des organes génitaux externes, enfin des glandes annexes du tractus génital.

En ce qui concerne les canaux sexuels primitifs, c'est le canal de Wolff qui se développe chez le mâle, cependant que le canal de Müller s'atrophie progressivement pour finir par disparaître, en ne laissant subsister que des rudiments vestigiaux. L'inverse s'opère chez la femelle : là, ce sont les canaux de Müller qui évoluent, tandis que les canaux de Wolff involuent et ne persistent que sous forme de résidus embryonnaires. Les canaux de Wolff du mâle se maintiennent comme tels, sous réserve de leur croissance et de leurs transformations histologiques, chez les Vertébrés inférieurs. Chez les Mammifères, ils donnent l'épididyme, les canaux déférents et, grâce à des diverticules qui se forment à leurs dépens, ils engendrent aussi les glandes annexes : vésicules séminales, prostate. Les canaux de Müller de la femelle deviennent les oviductes des Vertébrés inférieurs, les trompes utérines et les cornes utérines (ou l'utérus) des Mammifères.

FIG. 19 — ORGANES SEXUELS EXTERNES HUMAINS À L'ÉTAT INDIFFÉRENT.

c, cordon ombilical; *tg*, tubercule génital; *pg*, plis génitaux; *bg*, bourrelets génitaux; *a*, anus. (D'après Dubreuil, emprunté à Da Costa, reproduit d'après Aron et Grassé).

Quant aux organes génitaux externes, à partir de l'ébauche indifférente que nous avons déjà décrite sommairement, eux aussi, un peu plus tardivement, vont se modeler conformément au sexe de la gonade qui est, nous le savons, le sexe chromosomique dans les conditions normales. Dans la Classe des Mammifères, chez le mâle, le tubercule génital s'allonge, forme le gland du pénis; un peu en arrière, les plis génitaux se soudent pour constituer le pénis. Des bourgeons génitaux procède le scrotum. Chez la femelle, la fente uro-génitale (que l'on trouve entre les plis génitaux dans l'ébauche originelle), au lieu de se fermer comme chez le mâle par la soudure des plis génitaux, reste ouverte et devient la vulve, tandis que, demeurant relativement peu développé, le tubercule génital, futur gland du mâle, évolue en clitoris. Des plis génitaux sont issues les petites lèvres, des bourrelets génitaux les grandes lèvres : on prend conscience par là de la différence du destin, selon le sexe, de parties identiques à l'origine de l'embryogenèse.

Nous avons souligné que ce qui vient d'être dit se réfère exclusivement aux Mammifères. Chez les autres Vertébrés, l'ébauche des organes génitaux externes subit relativement peu de changements, en ce sens que, chez le mâle comme chez la femelle, la fente uro-génitale, sise entre les plis génitaux, reste ouverte pour constituer l'orifice du cloaque, cavité commune d'abouchement soit des canaux déférents issus des canaux de Wolff, soit des oviductes issus du canal de Müller, et où d'ailleurs s'ouvre également le rectum.

DÉTERMINISME DES CARACTÈRES SEXUELS PRIMAIRES

Après avoir défini et sommairement décrit les caractères sexuels primaires, il y a lieu de se demander quel est leur déterminisme. Qu'à partir d'une ébauche indifférente, identique chez tous les sujets quel que doive être leur sexe, ils évoluent en des sens différents, acquièrent des structures distinctes, une fois les gonades sexuellement différenciées, suggère que c'est justement des gonades que part l'incitation déterminante. Encore faut-il le démontrer, car il ne saurait être exclu, en principe, qu'à l'instar des Invertébrés la même cause responsable de la différenciation sexuelle des glandes génitales conditionne aussi celle du soma.

Or il semble bien que la première hypothèse soit la bonne, c'est-à-dire que le développement « engagé » des caractères sexuels primaires dépende des gonades, tout au moins aux stades précoces de l'embryogenèse, et sous certaines réserves, lié au sexe des animaux. Ce sont des expériences de castration précoce qui ont éclairé le problème. Elles ont été pratiquées dans diverses Classes de Vertébrés. Chez les Amphibiens, après la métamorphose, la castration met fin au développement des caractères sexuels primaires, singulièrement du canal de Wolff ou de l'oviducte. Chez les Oiseaux, la destruction des gonades pratiquée au stade embryonnaire par des irradiations aux rayons X localisées, comme l'ont réussi E. Wolff et ses collaborateurs, retentit sur les caractères sexuels mais non pas d'une manière simple comme il en serait si leur développement était empêché quel que soit le sexe. Ainsi la syrinx, qui est une sorte de poche diverticulaire située à la bifurcation des bronches principales, et qui est un caractère sexuel plus développé chez le mâle que chez la femelle, est le témoin d'une discrimination selon le sexe : car chez les mâles castrés la syrinx se développe normalement, tandis que chez les femelles castrées elle s'identifie à ce qu'elle est normalement chez les mâles. Ce caractère sexuel ne dépend donc que de la glande génitale femelle qui l'inhibe. Et nous apprenons par là que le développement des caractères sexuels est soumis à des influences qui ne sont pas nécessairement ou constamment stimulantes, mais qui peuvent se montrer empêchantes. Dans le même sens l'atrophie des canaux de Müller chez le mâle dépend des testicules.

Les Mammifères opposent une difficulté spéciale à la résolution du problème que nous discutons, car on conçoit que la castration, à un stade précoce de la vie intra-utérine, présente des difficultés techniques quasi insurmontables. Elles n'en ont pas moins, dans une certaine mesure, été vaincues. C'est ainsi que Raynaud a pu atteindre les glandes génitales de l'embryon de Souris au moyen d'un étroit faisceau de rayons X dirigé avec précision et ainsi les détruire. La castration obtenue de la sorte chez le mâle retentit sur le développement du tractus génital, mais non chez la femelle, ce qui impliquerait qu'une fois différenciés les caractères sexuels primaires de la femelle échapperaient au contrôle des gonades. Toutefois, l'opération est relativement trop tardive pour éliminer l'idée que ce contrôle s'est préalablement exercé sur la différenciation de ces caractères.

On a même pu castrer, par voie opératoire, des fœtus de lapin *in utero*. C'est ce qu'a réalisé Jost, et les résultats se sont effectivement révélés différents selon l'âge du fœtus opéré. Ainsi, la castration d'un mâle de quinze jours entraîne l'arrêt du développement des caractères sexuels primaires, mais plus tard laisse ce développement se poursuivre normalement, cependant que la castration de femelles à partir du vingt-et-unième jour de la gestation reste sans effet sur l'évolution du tractus génital.

De ces attestations expérimentales se dégage la notion qu'au moins les stades initiaux du développement des caractères sexuels primaires sont sous la dépendance des gonades. Dès lors se pose la question de savoir quels sont les facteurs mis en jeu dans cette action des glandes génitales.

Il nous faut ici faire intervenir des phénomènes dont la connaissance est nécessaire pour l'intelligence des lignes à venir, mais que nous ne pourrons qu'évoquer compendieusement en attendant de revenir sur leur sujet à propos du déterminisme des caractères sexuels secondaires : on veut parler des hormones génitales. Aussi bien, il sera largement question de ces hormones dans un autre volume de cette collection, la Physiologie, à propos de la reproduction, et nous n'en retiendrons que l'essentiel.

Ce n'est ni notre propos de nous étendre ici sur les hormones en général, ni la place opportune pour le faire. Il nous faut pourtant rappeler que les hormones sont des substances chimiques de constitution définie qui, produites par des glandes le plus souvent spécialisées dans cette fonction (hypophyse, thyroïde, parathyroïde, surrénale, pancréas endocrine), vont agir à distance sur des éléments dits « effecteurs » qui réagissent à leur influence : effecteurs qui peuvent être représentés soit par un organe lui-même électivement sensible à l'hormone considérée, soit par l'ensemble des cellules de l'organisme.

Quant à la réaction des effecteurs à une hormone donnée, elle se traduit soit par un phénomène de prolifération et de croissance, soit par une sécrétion glandulaire, soit par une mutation métabolique commandée par des enzymes spécifiques, ce dernier effet pouvant d'ailleurs être considéré comme à la base de tous les autres. Les hormones sont, dans l'organisme, les « messagers chimiques » chargés d'assurer des liaisons entre les organes, la coordination des fonctions, le maintien de la constance du milieu intérieur.

Or les glandes génitales, si elles sont le lieu de la formation des gamètes, exercent une autre fonction : celle d'élaborer des hormones, dites hormones sexuelles, chargées d'assurer dans la sphère génitale l'équilibre physiologique, les corrélations indispensables à la reproduction, de créer les conditions du rapprochement sexuel, de la fécondation, de la gestation, et aussi d'agir sur l'ensemble du soma auquel elles communiquent l'empreinte spécifique du sexe.

Sans doute le rôle des hormones génitales s'exerce-t-il essentiellement (et nous allons bientôt préciser ce point de vue) après l'avènement de la maturité sexuelle. Si nous y faisons allusion dès à présent, c'est que les hormones ont été déjà mises en cause dans le déterminisme des caractères sexuels primaires, et nous revenons ainsi à la question qui nous occupe. De ce point de vue, nous considérerons successivement les Classes où des expériences suggestives ont été faites parmi les Vertébrés : Amphibiens, Oiseaux, Mammifères.

Gallien a éprouvé l'action de l'administration d'hormone mâle à des têtards de Grenouille brune (*Rana temporaria*) avant la métamorphose. Le résultat est négatif : les canaux génitaux évoluent comme chez les animaux témoins. Il est négatif aussi chez les têtards traités par l'hormone femelle, l'œstrogène (benzoate d'œstradiol) avant la métamorphose. Mais, après la métamorphose, l'hormone mâle provoque l'hypertrophie du canal de Wolff, l'atrophie du canal de Müller, et l'hormone femelle, les effets inverses. Qu'en déduire ? C'est qu'apparemment les hormones sexuelles, normalement mises en jeu lors de la maturité sexuelle, sont déjà actives chez des Amphibiens fraîchement métamorphosés, mais non chez des larves avant la métamorphose.

On doit à V. Dantchakoff, à Willier, à E. Wolff, des expériences d'injections d'hormones sexuelles à des embryons d'Oiseaux. Le dernier a vu que l'injection d'hormone mâle à des embryons femelles retentit sur les caractères sexuels primaires (conduits génitaux) en déterminant l'hypertrophie des canaux de Wolff et l'atrophie des canaux de Muller, cependant que chez

cas des Poissons. Chez beaucoup d'espèces, les différences sexuelles sont peu marquées par des signes extérieurs. Chez d'autres, le mâle se signale, lors de la période de reproduction, par des caractères de pigmentation du tégument en rapport avec l'expansion des cellules pigmentaires (chromatophores) et avec la néoformation de pigments parmi lesquels on connaît la guanine

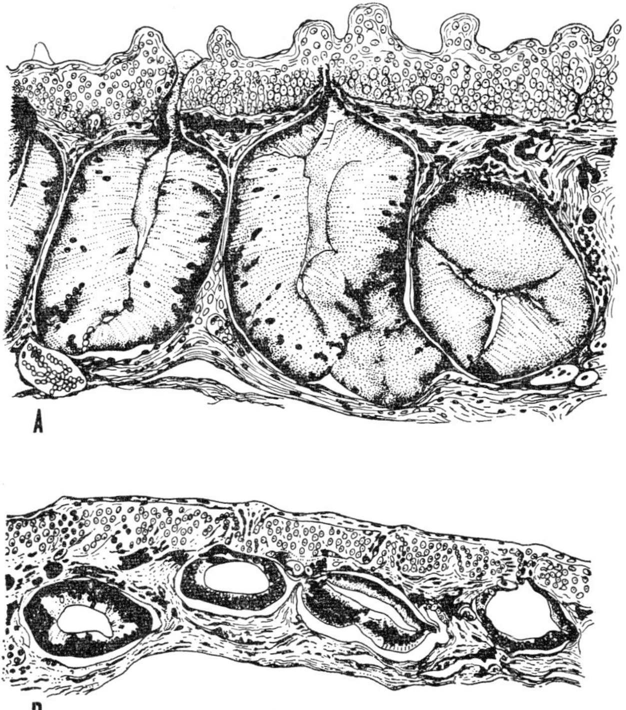

FIG. 21 — COUPE DE CALLOSITÉ DU POUCE DE LA GRENOUILLE.

En haut, on voit, sous la peau, les glandes bien développées d'un animal à l'époque de la reproduction; en bas, même région atrophiée à la suite d'une ablation de l'hypophyse pratiquée quatorze jours avant. (Emprunté à Marshall's Physiology of Reproduction).

(pigment blanc), les caroténoïdes (rouges ou jaunes), la mélanine (brun-noir). Des combinaisons entre ces couleurs étendent la gamme des colorations et multiplient leurs variétés. Parmi les Poissons de nos régions, on connaît la parure que prennent, à la saison des amours, les mâles de l'Épinoche et du Vairon. Mais on sait aussi la beauté des coloris et l'étrangeté des appendices des Poissons, le plus souvent exotiques, qui peuplent les aquariums. Ce sont là des caractères sexuels et les mâles en sont bénéficiaires *(fig. 20)*.

Chez les Amphibiens anoures, on voit à l'époque de la reproduction s'épaissir le tégument d'un doigt des pattes antérieures qui correspond au pouce et, dans le derme, s'allonger et se dilater de grosses glandes dont la sécrétion se déverse à la surface de cette zone : il s'agit là de ce que l'on appelle les callosités. Leur signification est de permettre, lors de l'enlacement prolongé de la femelle par le mâle qui s'accomplit dans ce groupe à la saison des amours, de favoriser l'adhérence des membres antérieurs du mâle à la région pectorale antérieure de la femelle *(fig. 21)*. Le dimorphisme sexuel peut aussi être marqué par une différence du squelette et de la musculature des membres inférieurs.

Les Amphibiens urodèles offrent une gamme variée de caractères sexuels secondaires extra-génitaux. Le Triton crêté doit son nom à l'existence d'une crête longitudinale dorso-caudale qui, lors de la période de reproduction, acquiert une hauteur de plus d'un centimètre, et qui n'existe chez la femelle ou le mâle immature qu'à l'état de rudiment; en outre cette même espèce présente, en même temps, sur chaque face de la queue, une bande argentée d'un blanc brillant, elle aussi caractère sexuel secondaire mâle *(fig. 22)*. D'autres Tritons voient mâles et femelles se différencier par la pigmentation souvent vive et élégante des téguments du mâle, caractère qui, lui aussi, n'apparaît qu'en période d'activité sexuelle : c'est notamment le cas du Triton alpestre, aux zones pigmentées bleu ciel et rouge. Les mêmes pigments que ceux dont nous avons fait état à propos des Poissons interviennent chez les Amphibiens.

On laissera de côté les Reptiles chez qui, le plus souvent, les différences somatiques entre les sexes sont peu marquées, pour s'intéresser aux Oiseaux. Dans cette

Classe, point n'eſt besoin de chercher des exemples rares. Le cas du Coq, par rapport à la Poule, apporte l'atteſtation suffisante de caractères propres au sexe, et développés essentiellement chez le mâle. Car, à la maturité sexuelle, le rudiment de la crête, présent aussi chez la femelle, se

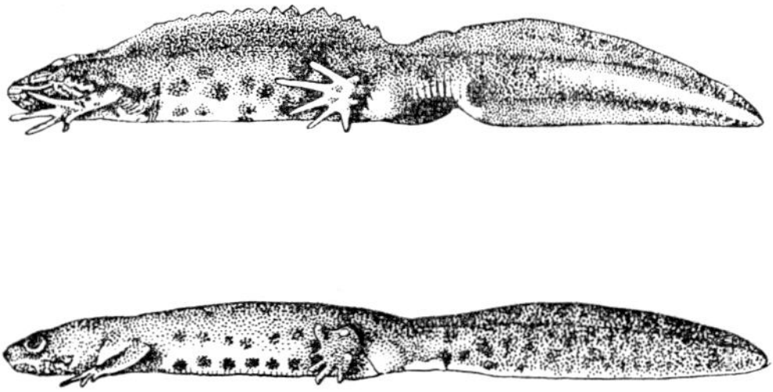

FIG. 22 — DIMORPHISME SEXUEL DU TRITON *Triturus criſtatus cornifex.*

En haut, mâle en « livrée nuptiale »; noter la crête dorsale, la queue large barrée d'une bande argentée et, entre l'abdomen et la queue, le cloaque gonflé; en bas, femelle à la même période. (Emprunté à Marshall's Physiology of Reproduction).

développe en l'important appendice, charnu, rouge et dentelé que l'on connaît chez le Coq Leghorn, par exemple, la forme de la crête offrant d'ailleurs des types variés selon les espèces *(fig. 23)*. Les oreillons, les barbillons ont la même signification. Quant à la pigmentation souvent vive et ornementale du plumage, quant aux ergots, ils sont aussi des caractères sexuels secondaires mais, comme on le verra, soumis à un déterminisme particulier : car la caſtration n'entraîne pas leur disparition, alors qu'ils apparaissent chez la Poule caſtrée; nous anticipons ici sur des considérations qui auront leur place plus loin. Des différences sexuelles parfois plus accusées encore et généralement liées à la pigmentation des plumes exiſtent dans divers groupes d'Oiseaux.

Parmi les Mammifères enfin, il en eſt chez lesquels le mâle se diſtingue peu ou ne se diſtingue pas de la femelle par des singularités du soma, et où seuls le tractus génital et les organes génitaux externes représentent les caractères sexuels secondaires. Sans un examen des organes copulateurs, on ne reconnaît pas à première vue le mâle et la femelle. Il en va de la sorte chez nombre d'animaux domestiques et d'animaux de laboratoire (Chien, Chat, Lapin, Cobaye). Pourtant il arrive que le mâle, à partir de la maturité sexuelle, croisse, à âge égal, plus vite que la femelle. En outre la croissance du squelette offre parfois des singularités, non seulement

FIG. 23 — ACTION DE L'HORMONE SEXUELLE MÂLE, TESTOSTÉRONE, SUR LA CRÊTE DU COQ LEGHORN BRUN.

A gauche, tête de sujet castré : la crête est atrophiée; à droite, tête du même animal après administration d'hormone mâle pendant vingt-deux jours. (D'après Callow et Parkes, emprunté à Marshall's Physiology of Reproduction).

de la taille, en général, mais de la forme et de la longueur comparée de certaines pièces squelettiques. Il est de notion commune que la vache et le taureau diffèrent assez par la stature pour qu'on les identifie à distance : notamment le train antérieur du taureau est plus trapu, plus ramassé et ses membres antérieurs moins longs. On trouve là l'attestation d'un premier caractère sexuel lié au soma, et qui consiste en des modalités de la croissance, spécifique du sexe. Il est vrai qu'un tel caractère est à cheval entre les caractères sexuels anatomiques et les caractères physiologiques qui seront étudiés plus loin.

Dans l'espèce humaine, ces mêmes particularités propres à la croissance, à la stature, se dessinent déjà avant l'échéance de la puberté, car la période de transition est lente et progressive entre l'immaturité et la maturité sexuelle. Aussi bien, à partir de la puberté, s'affirment l'opposition classique entre la gracilité relative des membres de la femme par rapport à ceux de l'homme, entre la largeur et la forme du bassin féminin comparées à celles qu'on observe chez l'homme, la largeur des épaules dans l'un et l'autre sexe, etc. D'autres caractères les différencient : le timbre de la voix, tel qu'à la puberté chez l'homme s'opère le phénomène de la « mue », dû à la modification structurale du larynx; la poussée des poils qui peut offrir soit un mode d'implantation distinct chez l'homme et chez la femme (poils pubiens), soit des localisations particulières (barbe, moustache de l'homme).

Chez d'autres Mammifères, il existe çà et là, dans telle ou telle espèce, des caractères sexuels accusés liés au soma. Est-il besoin de citer les exemples classiques de la crinière du lion, dont la lionne est dépourvue, de la ramure des Cervidés ?

Notre classification des caractères sexuels a fait état, après les caractères extragénitaux, des caractères physiologiques. C'est surtout chez les Mammifères qu'ils se manifestent clairement. Ils consistent en particularités d'ordre métabolique : le métabolisme des protides est plus actif chez l'homme que chez la femme, ce qui se traduit par le plus grand développement musculaire chez les premiers (et ceci ne va pas sans rejoindre les particularités staturales); le métabolisme des lipides entraîne, chez la femme, une prédominance des dépôts de graisse en certaines régions (racine des membres et surtout hanches) par contraste avec l'homme. La température interne n'est pas identique dans les deux sexes : elle offre chez la femme, au cours du cycle ovarien, de légères fluctuations. Le nombre des globules rouges du sang est, en moyenne, *plus élevé chez l'homme* que chez la femme.

Enfin, quant aux caractères psycho-sexuels, nous les avons déjà définis et nous savons leur constance à travers la série entière des Vertébrés : ils s'entendent par les manifestations du comportement, par les « parades nuptiales » parfois si compliquées et si curieuses chez les Poissons, chez les Amphibiens, même chez les Oiseaux, par la *libido* et la *potentia coeundi*, tous phénomènes que l'appellation de « rut » englobe.

Jusqu'ici, nous avons pris en considération les

caractères sexuels mâles et nous n'avons fait allusion aux caractères sexuels femelles que pour souligner des différences éventuelles; en d'autres termes nous avons fait, aux caractères femelles, des allusions « négatives ». Or on voit se développer, à l'avènement de la maturité sexuelle chez la femelle, des caractères propres au sexe, et qui relèvent de la même classification que chez le mâle. Chez la femelle comme chez ce dernier, la forte croissance, l'entrée en fonction des caractères du tractus génital, notamment des conduits sexuels (trompe, utérus) correspondent à un premier groupe de caractères. Sur les caractères physiologiques et sur les caractères psycho-sexuels, nous avons acquis, à propos du mâle, des connaissances qui s'appliquent à la femelle. Il reste donc à considérer les caractères extragénitaux. Ils marquent, chez les Vertébrés inférieurs, simplement un état négatif par rapport aux caractères du mâle. Mais chez les Mammifères il en est un des plus particuliers : c'est la glande mammaire à laquelle la classe doit son appellation, qui n'acquiert ses dimensions qu'à partir de la maturité sexuelle, prête à jouer son rôle dans la lactation après l'accouchement : son développement, son fonctionnement, correspondent à un caractère sexuel secondaire extragénital.

De même qu'après avoir décrit les caractères sexuels primaires nous nous sommes interrogé sur leurs facteurs, de même l'étude des caractères sexuels secondaires appelle celle de leur déterminisme.

DÉTERMINISME DES CARACTÈRES SEXUELS SECONDAIRES

Un fait domine le déterminisme des caractères sexuels secondaires : la castration, opérée après la maturité sexuelle, quand ils se sont développés, entraîne leur involution; pratiquée avant la maturité sexuelle, elle les empêche d'apparaître.

Mais si cette seconde éventualité est sans appel et ne souffre pas d'amendements, la première n'est vraie que sous certaines réserves en ce sens qu'une fois développés, certains caractères ne subissent plus l'influence de la castration : ils sont dits « irréversibles ». D'autres au contraire — les plus nombreux — reviennent à l'état qui précédait leur développement : ils sont dits réversibles. Il serait oiseux de multiplier les exemples de ces phénomènes. On s'en tiendra à quelques-uns : les caractères acquis par le squelette sont irréversibles; irréversibles aussi le timbre de la voix chez l'homme, ou l'acquisition, par certains épithéliums du tractus génital, de différenciations comme les cils ou les stéréocils; réversibles, par contre, les caractères de pigmentation des Vertébrés inférieurs, la crête du Coq (voir *fig. 30*), la barbe et les moustaches de l'homme et, chez tous les Vertébrés, le développement du tractus génital et l'activité sécrétrice des épithéliums de ses conduits et de ses glandes.

Les caractères psycho-sexuels s'inscrivent, chez tous les Vertébrés, parmi les caractères réversibles; mais dans ce domaine, l'espèce humaine fait exception. Là, l'instinct sexuel (sinon la *potentia coeundi,* abolie chez le castrat) est susceptible de persister à un certain degré après la castration, le psychisme sexuel l'emportant sur la physiologie sexuelle.

Quoi qu'il en soit, il apparaît clairement que les caractères sexuels secondaires dépendent des gonades et dès lors la question se pose de savoir par quel mécanisme leur influence se fait sentir.

On aborde ici un domaine intermédiaire entre la sexualité, qui est notre propos, et la reproduction, qui n'est pas l'objet de cet exposé. On ne saurait contester que l'étude des caractères sexuels constitue — n'est-ce pas un truisme ? — un aspect des problèmes de la sexualité, ni que l'action des glandes génitales sur les caractères sexuels secondaires, singulièrement sur ceux du tractus génital, ne soit mise en jeu au cours des phénomènes de la reproduction. Dans ce *no man's land* entre deux chapitres distincts, nous choisirons l'attitude intermédiaire qui consistera à n'accorder au mode d'action des glandes génitales qu'un exposé succinct.

De longue date, on sait que l'influence des glandes génitales sur les caractères sexuels s'exerce au moyen de ces « messagers chimiques » que sont les hormones. Les gonades ont en effet un double rôle : celui d'être le siège de la formation des gamètes et celui — nous avons déjà eu l'occasion de l'écrire à propos des caractères sexuels primaires — de sécréter, grâce aux formations endocrines liées à leur structure, des hormones assurant le développement ou l'activité physiologique de tous les dispositifs organiques associés à la vie génitale. En particulier, ce sont ces hormones sexuelles qui tiennent sous leur dépendance le développement et le maintien des caractères sexuels secondaires. Succinctement on va étudier, chez le mâle, puis chez la femelle, leur origine, leur nature, les conditions de leur sécrétion.

L'HORMONE MÂLE

Chez tous les Vertébrés à partir de la maturité sexuelle (mis à part le cas particulier des Amphibiens urodèles qui constitue une exception d'ordre structural mais non d'ordre physiologique), le testicule comprend deux parties : d'une part, les tubes séminifères (ou ampoules séminifères chez certains Vertébrés) qui contiennent les cellules de la lignée séminale et leurs cellules nourricières ou éléments sertoliens, d'autre part, dans les espaces situés entre ces tubes, une glande qui les occupe entièrement ou bien se réduit à des amas de cellules à leurs carrefours : la glande interstitielle.

Que la glande interstitielle soit bien la source de l'hormone mâle, et qu'elle possède une autonomie fonctionnelle, c'est ce qu'ont montré les expériences classiques menées, dès le début de ce siècle, par P. Bouin, son collaborateur P. Ancel et leurs élèves. On peut en effet, chez les Mammifères, réaliser une dissociation des structures testiculaires telle que les cellules séminales dégénèrent, laissant les tubes séminifères vides de contenu à l'exception du syncytium sertolien, cependant que persiste et souvent même s'hypertrophie la glande interstitielle. Ce résultat, on l'obtient par divers procédés : ligature des voies excrétrices du testicule; action délétère des rayons X sur l'épithélium séminal à l'exclusion de la glande interstitielle plus résistante; mise en ectopie (ce qui veut dire fixation dans la cavité abdominale) des testicules, phénomène parfois réalisé chez l'homme *spontanément* en des circonstances pathologiques, ainsi que chez certains Mammifères *(fig. 24)*, etc. Dans tous les cas, la sécrétion de l'hormone mâle est conservée. Elle ne peut donc provenir que de la glande interstitielle ou des cellules de Sertoli. Mais ces dernières sont hors de cause. Car la dissociation entre la glande interstitielle et le contenu des tubes séminifères intervient aussi en des conditions naturelles, chez les animaux à activité sexuelle périodique. Tel est le cas chez les Mammifères hibernants et chez nombre de Vertébrés inférieurs. Là, il peut y avoir discordance entre le cycle d'activité de la glande interstitielle et celui de la lignée germinale (cycles asynchrones). Or on constate toujours la coïncidence de l'activité de la glande interstitielle, marquée par le degré

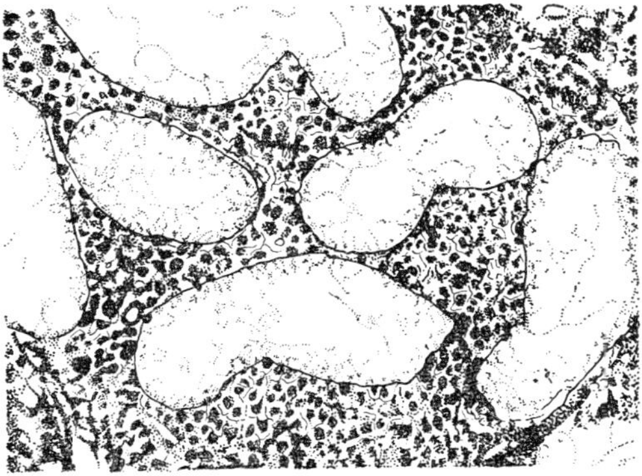

FIG. 24 — TESTICULE ECTOPIQUE DE PORC.

On voit les tubes séminifères vides, à l'exception du syncytium sertolien à leur périphérie, et, entre eux, la glande interstitielle formant une nappe continue de cellules entre les tubes séminifères involués. (Emprunté à M. Aron et C. Aron).

de son développement et les signes cytologiques de son activité, et le développement des caractères sexuels secondaires (eux-mêmes périodiques en de tels groupes zoologiques), tandis qu'au contraire l'involution des caractères sexuels va souvent de pair avec la pleine activité de la spermatogenèse. Comme les cellules de Sertoli sont associées à cette activité et d'ailleurs présentes à toutes les périodes, elles ne sauraient être concernées dans la sécrétion de l'hormone mâle, apanage de la glande interstitielle.

Cette hormone fait partie des corps dits « stéroïdes »

construits sur un noyau polycyclique, et elle porte le nom de testostérone. On la reproduit par synthèse, et elle est utilisée sous forme d'esters, tels que le propionate ou l'acétate. Son assimilation à l'authentique hormone sexuelle mâle est attestée par son efficacité lorsque, administrée à des animaux castrés, elle supplée l'hormone naturelle déficiente et maintient les caractères sexuels secondaires ou rétablit leur développement.

Tout ce qui vient d'être énoncé vaut pour tous les Vertébrés. Le testicule de tous renferme une glande interstitielle qui sécrète l'hormone mâle. La seule exception à cette règle en confirme la signification physiologique, exception offerte par les Amphibiens urodèles. Là, point de glande interstitielle. Mais, à l'époque de la reproduction, quand se développent, avec l'instinct sexuel, les caractères sexuels secondaires, on voit dans les ampoules séminifères qui se vident de leurs spermatozoïdes les cellules nourricières de Sertoli s'hypertrophier, acquérir une vive activité sécrétoire, remplir les ampoules en se substituant à leur contenu précédent, et composer dans la région du hile du testicule une glande qui a exactement la même fonction que la glande interstitielle des autres espèces, car sa destruction ou son ablation sélective supprime les manifestations du rut, abolit le développement des caractères sexuels.

La loi est donc générale. Générales aussi les conditions de la sécrétion de l'hormone mâle. Il existe chez les Vertébrés, dans une niche de la base du crâne appelée « selle turcique », une petite mais importante glande à sécrétion interne, l'hypophyse. Un lobe de cette glande complexe, en partie nerveuse, en partie épithéliale, répond à celle-ci : c'est la glande pituitaire. Parmi les hormones dont elle assume la sécrétion figure la gonadostimuline ou gonadotrophine. Ce terme seul suffit à préjuger son rôle, qui est de stimuler les fonctions des gonades et notamment leur fonction hormonogène, si bien que l'ablation de la glande pituitaire entraîne l'involution des gonades, singulièrement du testicule ici en cause et, supprimant par là la production de l'hormone mâle, aboutit aux mêmes effets que la castration. Au contraire, un excès de gonadostimuline provoque une hyperactivité de la glande interstitielle. Ces notions élémentaires suffisent à établir que le fonctionnement hormonogène du testicule dépend lui-même d'un facteur de contrôle et de régulation représenté par une des hormones de la glande pituitaire, elle-même inféodée d'ailleurs à des incitations émanées des centres nerveux hypothalamiques (voir *fig. 21*).

Ce qui est vrai pour le mâle l'est aussi, on va pouvoir en juger, pour la femelle, sous la réserve que chez elle le déterminisme des caractères sexuels secondaires a pour agents deux hormones, non une seule comme chez le mâle.

LES HORMONES FEMELLES

Sans doute le déterminisme des manifestations de la sexualité, qu'elles résident en particularités anatomiques ou en des phénomènes d'ordre physiologique, obéit-il chez la femelle au même principe que chez le mâle, en ce sens que c'est l'ovaire qui commande ces manifestations, et, comme chez le mâle, grâce à des actions hormonales. Mais ce déterminisme, dans la Classe des Mammifères, est plus complexe que chez le mâle, et il offre moins d'unité : plus complexe en ce sens que deux hormones sont en œuvre chez la femelle au lieu d'une seule; moins d'unité, parce que chez les autres Vertébrés le fonctionnement ovarien et ses conséquences impliquent des dispositifs anatomiques différents, plus simples et, partant, d'autres conséquences physiologiques.

C'est chez les Mammifères que, pour comprendre l'origine des hormones femelles, il convient d'abord de résumer, dans la mesure où il peut être expliqué en peu de mots, le fonctionnement de l'ovaire dès la maturité sexuelle. Ce fonctionnement est cyclique; en d'autres termes il comporte une succession de *cycles dont chacun* affecte une série de transformations constantes, chaque cycle répétant le tableau du précédent. Il s'agit du cycle ovarien ou cycle œstral. Il se décompose en deux phases. Au cours de la première, dite phase folliculaire, un ou plusieurs follicules ovariques (le follicule ovarique est une petite cavité sphérique, limitée par une membrane ou « thèque » de structure glandulaire, et contenant l'ovocyte, ainsi qu'un grand nombre de petites cellules nourricières dites cellules folliculaires), selon que l'espèce considérée pond un ou plusieurs œufs, c'est-à-dire est unipare ou multipare, entament leur croissance, jusqu'à devenir des follicules « mûrs ». Le follicule mûr de la femme a un diamètre d'environ 1,5 cm. A ce moment, le follicule devient superficiel, fait même hernie à la surface de l'ovaire, puis sa paroi amincie se rompt et l'orifice ainsi créé donne issue à l'ovocyte, accompagné de cellules folliculeuses qui dégénéreront. L'ovocyte pénètre dans la trompe où, éventuellement, il sera fécondé. C'est le phénomène de la ponte ou ovulation. En général, la ponte succède spontanément et inéluctablement à la maturité du follicule. Chez de rares espèces, elle n'a lieu que « provoquée » par le coït.

Il survient ensuite, sans interruption, une seconde phase du cycle, dite phase « lutéinique ». Le follicule (ou les follicules) qui a subi l'ovulation, va devenir le siège d'une transformation qui le conduira à l'état de « corps jaune ». Dans le follicule déhiscent sont demeurées, à la périphérie, plusieurs assises de cellules folliculeuses. Irriguées par des capillaires sanguins, ces cellules s'hypertrophient considérablement au point d'envahir, de dehors en dedans, la cavité entière ou presque entière du follicule. Cependant, elles acquièrent les caractères d'une vive activité glandulaire.

Le corps jaune est vite édifié. Mais son destin est variable. Si, à la suite de la ponte, la fécondation a eu lieu, suivie de la nidation de l'œuf dans l'utérus, il persiste; sinon il ne tarde pas à dégénérer. Puis, nous l'avons dit, un nouveau cycle recommence *(fig. 25)*.

La durée, la périodicité des cycles varient selon les espèces. Chez la femme, le cycle est de vingt-huit jours. La phase folliculaire et la phase lutéinique durent environ douze jours chacune. La ponte a lieu entre elles, vers le douzième jour du cycle. S'il n'y a pas eu fécondation, le corps jaune dure environ une semaine, puis entre en involution et la fin de sa dégénérescence est marquée par le déclenchement des règles. Chez d'autres espèces, le cycle peut être plus long, ou plus court : il est de treize à dix-huit jours chez le Cobaye femelle, de quatre à cinq jours chez la Rate. Il comporte dans tous les cas la même succession d'étapes. Des espèces comme le Chien, la Chatte n'ont chaque année que deux ou trois périodes d'activité sexuelle, comportant chacune un ou plusieurs

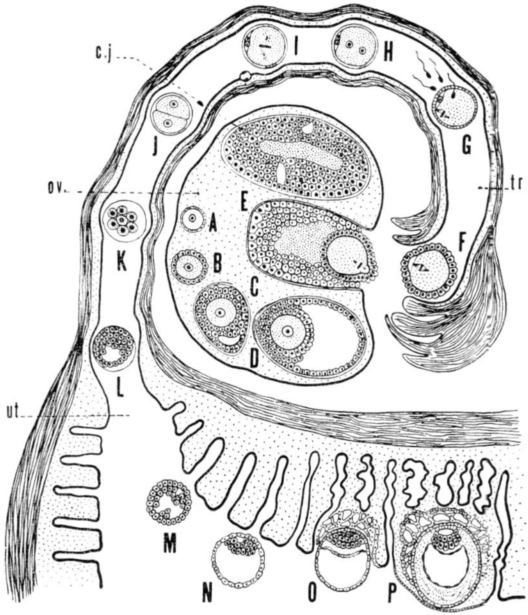

FIG. 25 — SCHÉMA GÉNÉRAL DE L'OVULATION, DE LA FÉCONDATION, DU DÉBUT DE LA SEGMENTATION DE L'ŒUF FÉCONDÉ ET DE LA NIDATION CHEZ LA FEMME.

A à E, évolution du follicule ovarique; en E, la ponte se prépare. F, ovocyte, encore entouré d'une couche de cellules folliculeuses, tombé de l'ovaire et repris par le pavillon de la trompe; on voit la *métaphase de la première mitose* de maturation. G, fécondation et, en même temps, métaphase de la deuxième mitose de maturation. H, rapprochement des pronuclei mâle et femelle. I, métaphase de la première division de l'œuf. J, œuf divisé en deux. K et L, morula. M et N, formation du blastocyste. O, début de la nidation dans la muqueuse utérine. P, nidation achevée.

tr. trompe; *ut,* utérus; *ov,* ovaire; *c.j,* corps jaune. (Imité de Dickinson, emprunté à Aron et Grassé).

cycles. Chez des espèces sauvages, il n'existe qu'une seule période d'activité sexuelle.

Mais dans tous les cas, le cycle implique la sécrétion de deux hormones ovariennes. La première est la folliculine. Elle rentre chimiquement dans le groupe des « œstrogènes » édifiés, comme la testostérone, sur un noyau « stéroïde ». On considère qu'elle a pour source la thèque interne, enveloppe des follicules à structure glandulaire, et aussi les dérivés de cette thèque, les nodules thécaux, qui sont le résidu de la dégénérescence de certains follicules, phénomène constant et continu au cours du cycle. L'autre hormone est la progestérone. Elle est sécrétée par le corps jaune. Elle aussi appartient au groupe des stéroïdes.

Il importe à présent de faire la part de ces deux hormones dans le déterminisme des caractères sexuels secondaires, puisque tel, dès l'abord, a été notre propos.

La chronologie de la sécrétion respective de la folliculine et de la progestérone apporte à cet égard une première indication. La folliculine est sécrétée, avec des hauts et des bas, pendant tout le cycle, mais le maximum de sa sécrétion se situe avant la ponte et lors de celle-ci. La sécrétion de la progestérone est limitée à la période d'activité du corps jaune, c'est-à-dire à une semaine à peine chez la femme si la fécondation n'est pas intervenue après la ponte. Il ressort de cette comparaison que la folliculine apparaît comme une hormone plus permanente et, par là, plus importante que la progestérone au point de vue de son influence sur les caractères sexuels.

De fait, la folliculine possède à la fois des rôles particuliers et un rôle général. Dans son influence sur le tractus génital, elle apparaît comme le facteur qui crée dans l'organisme les conditions les plus favorables à la fécondation. Elle provoque un état structural et des manifestations sécrétoires qui, dans le vagin, sont liées à l'exercice de la copulation et qui, dans la trompe, l'utérus, assurent la migration et la nutrition de l'œuf et, éventuellement, des spermatozoïdes. A ces effets locaux s'ajoutent des effets généraux. Les caractères d'ordre physiologique, et surtout les caractères psycho-sexuels, dépendent de la folliculine, hormone femelle par excellence, correspondant à la testostérone du mâle.

Ce n'est pas là minimiser la progestérone dont le rôle

essentiel est de déterminer les conditions de la nidation de l'œuf, point de départ de la gestation, et de maintenir la gestation elle-même, au moins jusqu'à une certaine étape variable selon les espèces. L'« effecteur » privilégié de la progestérone est ainsi l'utérus, — on appelle « effecteurs » ou « organes cibles » les cellules ou organes électivement sensibles à l'influence d'une hormone

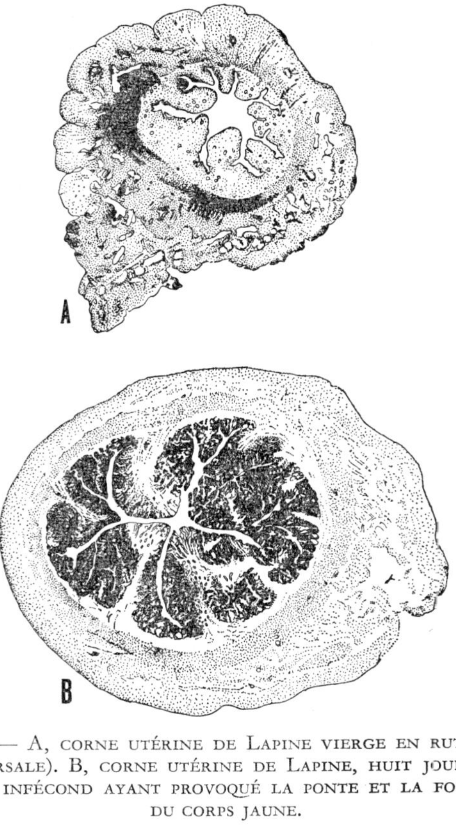

FIG. 26 — A, CORNE UTÉRINE DE LAPINE VIERGE EN RUT (COUPE TRANSVERSALE). B, CORNE UTÉRINE DE LAPINE, HUIT JOURS APRÈS UN COÏT INFÉCOND AYANT PROVOQUÉ LA PONTE ET LA FORMATION DU CORPS JAUNE.

(Emprunté à M. Aron et C. Aron).

donnée —, dont la muqueuse, sous son contrôle, subit de profondes modifications indispensables au bon déroulement de la nidation de l'œuf (si la fécondation a eu lieu après la ponte) *(fig. 26)*. A la progestérone revient aussi une influence sur un autre effecteur, la glande mammaire, qu'elle prépare à la lactation. Et ceci s'intègre dans la logique des phénomènes, puisque la progestérone est, en quelque sorte (selon l'expression de Courrier), l'hormone de la maternité.

Aussi bien les effets des hormones ovariennes sur certains de leurs effecteurs s'accomplissent-ils grâce à une « synergie », c'est-à-dire une combinaison en proportions déterminées de la folliculine et de la progestérone. La folliculine peut avoir une action indépendante. La progestérone, en revanche, requiert le plus souvent pour manifester pleinement son influence le concours de la folliculine qui, ou bien prépare l'effecteur à l'action subséquente de la progestérone, ou bien intervient en adjonction avec elle.

Nous en aurons terminé avec cette brève étude des hormones ovariennes quand nous aurons ajouté que leur sécrétion est sous la dépendance de la glande pituitaire qui, par sa gonadostimuline, contrôle d'ailleurs le cycle et les fonctions ovariennes dans leur ensemble. A ce sujet nous renvoyons à ce qui a été écrit précédemment sur les relations entre la glande pituitaire et le testicule.

LES ANOMALIES DES CARACTÈRES SEXUELS

Nous traiterons sous cette rubrique le gynandromorphisme et le changement de sexe.

LE GYNANDROMORPHISME

L'étymologie du mot suffit à éclairer sa signification : il s'applique à une anomalie des caractères sexuels telle que chez un même individu se juxtaposent des caractères mâles et des caractères femelles. Ce qui distingue le gynandromorphisme de l'hermaphrodisme c'est que ce dernier comporte la bisexualité des gonades et si elle s'accompagne parfois d'une bisexualité des caractères extragonadaux, le gynandromorphisme, quant à lui, peut exister chez un sujet normalement sexué.

L'anomalie en cause présente deux formes principales : le gynandromorphisme biparti, qui se caractérise par la division de l'individu en deux moitiés, gauche et droite, dont l'une possède des caractères sexuels mâles, l'autre des caractères sexuels femelles ; et le gynandromorphisme

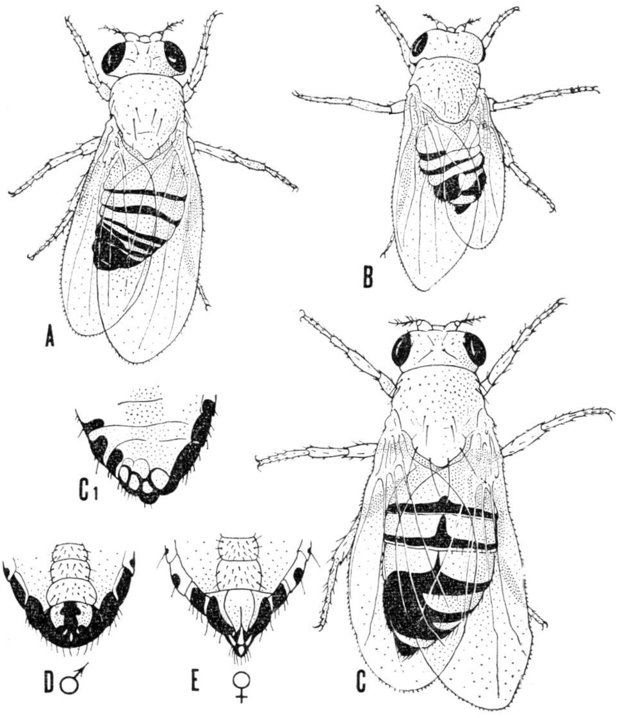

FIG. 27 — EXEMPLES DE GYNANDROMORPHISME CHEZ LA DROSOPHILE.

A, B, C, trois sujets mâles d'un côté et femelles de l'autre. C_1, organes génitaux du sujet C. D, organes génitaux de mâle normal. E, organes génitaux de femelle normale. (D'après T. H. Morgan, emprunté à Aron et Grassé).

« en mosaïque », où les caractères des deux sexes sont répartis sans ordre.

On connaît d'assez nombreux exemples de gynandromorphisme chez les Invertébrés. On le trouve chez les papillons des Vers à soie, où il est tantôt en mosaïque, tantôt biparti. Il a été l'objet de nombreuses observations chez la petite Mouche du vinaigre, la Drosophile. Là, le mâle se distingue de la femelle par des caractères sexuels secondaires évidents : il possède, aux pattes antérieures, des « brosses copulatrices », dont la dénomination indique suffisamment le rôle, des ailes plus courtes que chez la femelle, des segments postérieurs de l'abdomen plus sombres. Or des sujets à gynandromorphisme biparti ont des ailes qui n'ont pas la même longueur des deux côtés et la partie postérieure de l'abdomen, qui offre une certaine distorsion, est plus sombre et pigmentée plus uniformément d'un côté que de l'autre *(fig. 27)*.

Des cas de gynandromorphisme, surtout en mosaïque, se manifestent encore chez les Abeilles. Une tête d'Abeille gynandromorphe est asymétrique du point de vue de la forme et des dimensions des yeux, des antennes et des mandibules.

Chez les Vertébrés, les observations de gynandromorphisme sont beaucoup plus rares et, semble-t-il, l'apanage des Oiseaux, encore qu'on en cite des cas chez les Poissons. L'anomalie consiste en la juxtaposition de zones à plumage mâle et de zones à plumage femelle. Le gynandromorphisme biparti a été signalé chez des Pinsons, des Bouvreuils, des Faisans.

L'interprétation de cette anomalie pose des problèmes difficiles à résoudre et, en tout cas, de nature différente chez les Invertébrés et chez les Vertébrés. Car, en ce qui regarde les premiers, nous savons que le déterminisme des caractères sexuels est génétique, et lié à la constitution chromosomiale comme le sexe lui-même. Dès lors, dans cet Embranchement, le gynandromorphisme ne saurait être rapporté qu'à une distribution anormale des chromosomes dans les cellules somatiques, intervenue au moment de la fécondation.

Effectivement, divers cas particuliers ont reçu des explications fondées sur un tel mécanisme. C'est ainsi que Goldschmidt et Katsuki ont étudié en ce sens le gynandromorphisme biparti des Vers à soie. Ils ont vu que les deux premiers noyaux de l'œuf en division peuvent être de sexe génétique différent, c'est-à-dire que l'un contient deux hétérochromosomes X (formule mâle), l'autre un X et un Y (formule femelle). Dans la suite, les cellules d'une moitié du corps héritent les déterminants sexuels mâles, celles de l'autre moitié, les déterminants sexuels femelles. S'il en est ainsi, c'est que la réduction chromatique de l'ovule n'a pas eu lieu selon la règle, qui est la double division du noyau ovocytaire pour donner quatre noyaux, dont trois sont éliminés. Ici, au contraire, deux seulement ont été éliminés et les deux restants (un porteur d'X, un porteur d'Y) sont fécondés l'un et l'autre par un spermatozoïde porteur d'X. Un noyau fécondé porteur d'XX reste dans un des premiers blastomères, l'autre, porteur d'XY, dans l'autre blastomère.

Chez les Drosophiles, le gynandromorphisme fait intervenir, d'une manière trop complexe pour être relatée ici, des phénomènes génétiques fondés sur les caractères liés au sexe. Enfin chez les Abeilles on a également démontré que le gynandromorphisme résulte d'une anomalie de la fécondation dans les croisements entre sujets de race différente et que là encore joue une discordance dans la répartition des chromosomes sexuels selon les territoires de l'organisme.

Au contraire, dans l'Embranchement des Vertébrés, nous avons appris que les caractères sexuels dépendent d'hormones sécrétées par les gonades. On ne peut concevoir que l'hormone génitale d'un sexe provoque, dans le même organisme, le développement, ici de caractères mâles, là de caractères femelles, sans mettre en cause les « effecteurs » eux-mêmes, c'est-à-dire les territoires sensibles à l'action de l'hormone. Si certains *d'entre eux répondent par une* réaction atypique à l'influence de l'hormone, ce pourrait être en vertu d'une constitution génotypique également anormale, et l'on rejoindrait, dans une certaine mesure, l'interprétation que nous avons énoncée à propos des Invertébrés. Pézard a proposé une autre explication. Il admet que les « effecteurs » ne réagissent à une hormone donnée qu'à partir d'un « seuil », ce qui signifie qu'il faut une quantité déterminée d'hormone, au-dessous de laquelle celle-ci est inefficace, pour que la réaction ait lieu. Dans le cas particulier la réaction consiste dans le développement des caractères sexuels. Or, selon Pézard, ce seuil pourrait être, en certaines régions, plus élevé que normalement, de sorte que là l'hormone sexuelle ne ferait pas sentir son influence; et comme, le plus souvent, l'état neutre, indifférencié, des caractères s'identifie à l'état femelle, c'est celui-ci qui prévaudrait dans les territoires à seuil élevé. Mais pourquoi ces différences de seuil ? Ne seraient-elles pas liées à une modification locale d'ordre héréditaire, en rapport avec la distribution des gènes chromosomiques ? On en revient ainsi, dans tous les cas, à évoquer le même trouble originel de la répartition des gènes.

LE CHANGEMENT DE SEXE

Le phénomène du changement de sexe se définit par la transformation d'un individu qui, mâle, acquiert des caractères sexuels femelles ou, femelle, des caractères mâles. Si, dans ces conditions, les gonades demeuraient fixées dans leur sexe originel, le changement de sexe relèverait réellement d'une anomalie des caractères sexuels. Mais le plus souvent, il s'opère des changements dans le sexe des glandes génitales. Aussi est-il difficile de délimiter strictement le changement de sexe. Nous avons déjà eu l'occasion de montrer la fragilité des frontières établies entre des anomalies telles que l'intersexualité et l'hermaphrodisme. Nous retrouvons ici la même difficulté d'établir un compartiment étanche. Le changement de sexe, à son tour, ne va pas, en certains de ses aspects, sans évoquer l'hermaphrodisme et l'intersexualité. Ce n'est en somme qu'une dominance de certaines particularités qui permet de lui assigner une place séparée.

Le changement de sexe est susceptible de se produire spontanément, ou bien il est le résultat d'interventions expérimentales. Parmi ces dernières, il y a lieu de distinguer le changement de sexe par castration, par substitution des gonades d'un sexe à celles de l'autre, enfin par l'administration d'hormones sexuelles. Ainsi quatre rubriques s'ouvrent-elles à notre étude.

LE CHANGEMENT DE SEXE SPONTANÉ

Il est rare que l'on voit le sexe d'un individu changer complètement d'une manière spontanée, et c'est surtout ce phénomène qui se trouve à la limite de l'intersexualité. On l'a noté chez des Mollusques (Huîtres), chez des Crustacés, dont parfois les larves passent de l'état mâle à l'état femelle. Parmi les Vertébrés, des observations ont été faites dans le même sens. On signale des exemples de masculinisation progressive de Poules ou de Faisanes devenues vieilles.

Lorsqu'une Poule ne pond plus, son ovaire involue, n'exerce plus son action frénatrice sur les ergots, sur le plumage, et l'on voit celui-ci acquérir plus ou moins complètement les caractères mâles, ceux-là se développer. Ce n'est pas dire que ces animaux perdent pour autant les attributs de leur sexe. Il s'agit non d'un changement radical du sexe, mais de l'acquisition de certains caractères de l'autre sexe. Il n'est pas jusqu'à la femme qui n'offre, lorsqu'elle atteint ou dépasse l'âge de la ménopause, le tableau d'un certain degré de masculinisation, caractérisé notamment par l'acquisition d'un faciès viril, par la poussée de la barbe ou de moustaches. Mais les gonades restent féminines, et les caractères sexuels mâles apparus n'éliminent pas les caractères femelles préexistants. S'il ne s'agit pas là d'intersexualité au sens propre, puisqu'il n'y a pas de modification des glandes génitales, ni d'hermaphrodisme, puisque ce sont les seuls caractères somatiques qui sont concernés, le changement de sexe en tout cas n'est qu'ébauché.

Le déterminisme de cette anomalie diffère chez les Invertébrés et chez les Vertébrés, et nous retrouvons ici l'opposition que nous avons eu à souligner à plusieurs reprises. Car, chez les Vertébrés, c'est un trouble dans la sécrétion de l'hormone ou des hormones sexuelles d'un sexe qui est à l'origine de la modification des « effecteurs », alors que, chez les Invertébrés, où les hormones sexuelles ne jouent pas, il faut invoquer un mécanisme analogue à celui qui est en cause dans l'intersexualité ou le gynandromorphisme. Le changement de sexe, ou plus exactement l'apparition de certains caractères mâles, chez la femme, est généralement attribué à la sécrétion d'hormone mâle, soit par l'ovaire lui-même où persistent sous forme vestigiale des cellules glandulaires du type interstitiel (représentées normalement dans le testicule), soit plutôt par la glande corticosurrénale où on n'ignore pas que sont élaborés des androgènes : en quantité faible dans les conditions physiologiques, ceux-ci peuvent atteindre, en des conditions pathologiques, des taux exceptionnellement élevés.

LE CHANGEMENT DE SEXE PAR CASTRATION

Le changement de sexe a pu être obtenu grâce à la castration, d'une part chez le mâle de certains Crapauds, d'autre part chez la femelle de la Poule.

Nous avons déjà, à propos de l'hermaphrodisme, signalé le cas des Crapauds, dont le testicule est coiffé d'un ovaire rudimentaire, l'organe de Bidder. Cet organe est plus ou moins développé selon les espèces de *Bufo*. Quand il n'est pas rudimentaire, il contient de petits ovocytes, bloqués au début de la phase d'accroissement. Or des auteurs comme Harms, K. Ponse, ont pu, en enlevant les testicules de Crapauds, provoquer le développement de l'organe de Bidder en un ovaire fonctionnel, en même temps que les caractères sexuels secondaires, singulièrement les oviductes, prennent le type femelle. Le changement de sexe obtenu dans ces conditions peut être considéré comme d'autant plus complet que les œufs du Crapaud une fois mûrs peuvent être fécondés (Harms, Ponse), ce qui n'a pas laissé de prêter à d'intéressantes observations sur les résultats de la fécondation d'œufs provenant d'un sujet mâle et possédant un équipement chromosomique du type mâle par des spermatozoïdes évidemment de même constitution chromosomique.

Chez le Crapaud, le mâle peut donc devenir femelle. Chez les Oiseaux, c'est la Poule qui peut se transformer en mâle, grâce à la nature singulière des gonades. En effet, l'embryon femelle de la Poule a bien deux ébauches gonadiques identiques à celles du mâle. Mais leur développement n'est pas conforme à l'orthodoxie de l'organogenèse. En effet, alors que la gonade gauche devient un ovaire normal, la gonade droite n'évolue pas et ne subsiste qu'à l'état d'un rudiment, où seule est représentée la partie de la gonade embryonnaire (medulla) vouée à la différenciation testiculaire chez le mâle. Or des auteurs, parmi lesquels Benoît surtout a bien éclairé le problème, ont vu qu'en enlevant l'ovaire gauche (on a donc affaire en ce cas non à une castration totale, mais à une hémicastration), on permet à la gonade droite rudimentaire de sortir de son état de latence et de se développer. Et comme elle est formée de structures embryonnaires à potentialités mâles, c'est un testicule qui prend naissance. S'il en est ainsi, c'est que ce réveil de la gonade droite rudimentaire est déclenché par la suppression d'une sorte d'« interdit », on veut dire de l'inhibition que les hormones issues de l'ovaire exercent normalement sur elle.

La gonade droite est alors susceptible de devenir un

FIG. 28 — POULARDE PRÉSENTANT UNE CRÊTE DE COQ ET UN PLUMAGE MÂLE, TÉMOINS DE LA RÉGÉNÉRATION DE LA GONADE DROITE EN TESTICULE.

(D'après Greenwood, emprunté à Marshall's Physiology of Reproduction).

testicule de structure normale, dont les tubes séminifères renferment tous les éléments de la lignée séminale jusqu'aux spermatozoïdes. Et comme, en même temps, ce testicule sécrète l'hormone mâle, on voit les caractères sexuels mâles se développer, la Poule se transformer en Coq. L'apparition du plumage mâle et des ergots ne saurait (nous l'avons déjà écrit précédemment) être rapportée à l'hormone mâle, mais à la disparition de la sécrétion interne de l'ovaire. En revanche, la poussée de la crête et des autres organes « érectiles », la capacité de chanter comme le Coq, la combativité et les manifestations de l'instinct sexuel propres à ce dernier, sont des caractères mâles à strict conditionnement hormonal *(fig. 28)*.

On ne saurait ne pas voir une certaine contradiction entre les mécanismes impliqués dans ces changements de sexe, tant chez des Amphibiens que chez des Oiseaux, et ceux qui prévalent dans l'hermaphrodisme. Car on prend acte, dans les exemples de changement de sexe auxquels nous nous sommes référé, d'une inhibition de la gonade d'un sexe par celle de l'autre sexe, alors que l'hermaphrodisme nous fait assister à la cohabitation, dans un même organisme, de produits sexuels normaux des deux sexes. Faut-il, pour interpréter cette apparente opposition, invoquer la possibilité d'un certain équilibre quantitatif des hormones des deux sexes, tel que, cet équilibre rompu en faveur de la gonade d'un sexe, celle de l'autre sexe serait inhibée? Une telle explication cède quelque peu à la facilité.

En tout cas, nous constaterons plus loin des phénomènes de changement de sexe par action de l'hormone d'un sexe sur l'autre, et qui relèvent de la même conception que les cas du Crapaud et de la Poule.

LE CHANGEMENT DE SEXE PAR SUBSTITUTION DES GONADES D'UN SEXE AUX GONADES DE L'AUTRE SEXE

La modalité expérimentale que nous évoquons ici suppose que chez un sujet on procède à la castration, puis qu'on lui greffe soit un fragment de gonade, soit une gonade entière, soit les deux gonades d'un sujet de même espèce appartenant à l'autre sexe. Il s'agit donc d'exécuter la greffe de glande génitale et il faut que la greffe réussisse.

Chez des embryons à un stade très précoce de l'organogenèse, on est parvenu à pratiquer la greffe, non pas de la glande génitale déjà anatomiquement individualisée et habitée par les cellules germinales, mais de l'ébauche somatique de cette glande, avant sa colonisation par les cellules germinales primordiales, appelées les gonocytes. C'est Humphrey qui, en 1933, a réussi chez certains Amphibiens cette expérience sensationnelle et désormais classique. A la période du développement où elle a été pratiquée, les gonocytes, futures cellules sexuelles, sont rassemblés en groupe dans la partie médiane du corps, à la base du mésentère, hors de l'ébauche somatique de la gonade, formée quant à elle aux dépens du mésoderme. Dans les conditions normales, les gonocytes pénètrent ultérieurement dans l'ébauche somatique et, dès lors, le développement s'opère dans le sens du sexe génétique. Mais si l'on extirpe l'ébauche somatique d'une future femelle et qu'on la remplace par l'ébauche somatique d'un embryon mâle, les gonocytes femelles qui viennent ensuite y prendre place deviennent des gonocytes mâles, souches de la lignée spermatogénétique. L'épreuve inverse — transplantation de l'ébauche femelle à la place de l'ébauche mâle — aboutit à la différenciation femelle des gonocytes. Le changement de sexe ici est extrêmement précoce et lié à ce que l'ébauche somatique de la gonade représente l'inducteur sexuel primordial, capable de susciter la flexion des gonocytes dans le sens de l'un ou de l'autre sexe *(fig. 29)*.

Chez les animaux jeunes ou mûrs la greffe de l'organe d'un « donneur » à un autre animal de même espèce est une modalité de la méthode des greffes en général qui se définit comme *une homogreffe ou* greffe homologue. On admet généralement que ce type de greffes aboutit rarement à des succès. Cette conception a reçu, au cours des dernières années, le démenti d'expériences faites à l'Institut d'Histologie de la Faculté de Médecine de Strasbourg, où l'on a pu obtenir des homogreffons durablement vivants de diverses glandes endocrines et organes. La greffe des glandes génitales avait d'ailleurs connu déjà des réussites (Steinach, Lipschutz, Sand, Greenwood et Blyth) *(fig. 30)*. Mais la greffe testiculaire

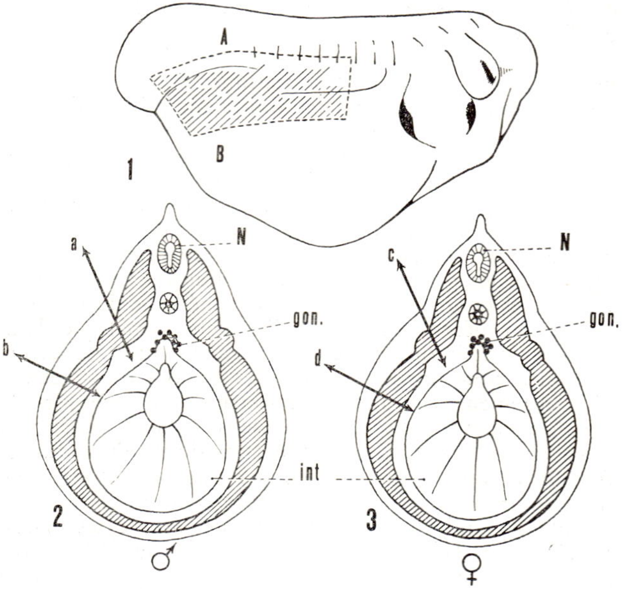

Fig. 29 — Expérience de Humphrey : transplantation de l'ébauche somatique d'une glande génitale d'un embryon sur un autre embryon.

1, schéma de l'opération sur l'embryon d'Axolotl vu de profil; la région hachurée marque l'emplacement où est prélevé le greffon que l'on découpe entre deux plans parallèles A et B; les incisions faites suivant A et B correspondent aux incisions *a* et *b* de la figure 2, *c* et *d* de la figure 3. En 2 et en 3, échanges de fragments prélevés entre *ab* et *cd* sur deux embryons de sexe différent. Coupes transversales. La gonade et le rein embryonnaires sont compris dans le feuillet moyen hachuré en 1, entre les sections *ab* d'une part, *cd* d'autre part; les cellules germinales *(gon)* forment à ce stade un amas isolé, en dehors des ébauches génitales somatiques; *N,* tube nerveux; *int,* intestin. (Emprunté à E. Wolff, reproduit d'après Aron et Grassé).

se heurte à des difficultés techniques telles qu'on ne lit pas sans scepticisme les résultats enregistrés à ce sujet. Dernièrement, à l'Institut d'Histologie de Strasbourg, Kuhlmann est arrivé à greffer dans le thymus d'un Cobaye mâle castré un petit fragment de testicule emprunté à un autre Cobaye, et à obtenir la suppléance par le greffon de la fonction hormonogène du testicule. Les

FIG. 30 — EFFETS D'UNE GREFFE TESTICULAIRE.

Poule Leghorn brun, porteuse d'une greffe testiculaire, montrant la conservation du plumage femelle (neutre) et l'acquisition d'une crête de type mâle et de barbillons. (D'après Greenwood et Blyth, emprunté à Marshall's Physiology of Reproduction).

expériences de greffe testiculaire dans les mêmes conditions à des *femelles sont en* cours et leurs résultats auraient leur place parmi ces lignes. Car, jusqu'ici, à notre connaissance, les greffons testiculaires n'ont pas eu de résultats durables, bien que, selon certains travaux, des greffes de testicule de Rats ou de Cobayes très jeunes aient « pris » chez des femelles et entraîné l'atrophie des mamelles, le développement du clitoris, bref une ébauche de changement de sexe.

Ce que l'on obtient avec plus de chances de succès, c'est la greffe d'ovaires sur de jeunes mâles. L'opération est suivie de l'atrophie du pénis, du développement des glandes mammaires.

Dans le même ordre d'idées, on a pu, chez des Grenouilles et des Crapauds femelles castrés, faire apparaître les « callosités » du pouce antérieur, caractère sexuel secondaire dont nous avons déjà parlé, en greffant des testicules à ces animaux.

LE CHANGEMENT DE SEXE SOUS L'INFLUENCE D'HORMONES GÉNITALES HÉTÉROLOGUES

Comme les caractères sexuels secondaires dépendent des hormones génitales, il est logique de penser que l'injection, à un individu d'un sexe donné, de l'hormone génitale de l'autre sexe (c'est ce que nous entendons par hormone génitale « hétérologue ») sera susceptible de provoquer le développement des caractères soumis à cette dernière. L'administration d'hormone génitale hétérologue peut être opérée chez des sujets castrés. Si elle aboutit au changement recherché des caractères sexuels, c'est bien que le soma est « équipotentiel », c'est-à-dire apte à présenter des réactions spécifiques et caractéristiques, aussi bien à l'hormone mâle qu'à l'hormone femelle. Cette notion ne saurait du reste être mise en question. Nous en avons trouvé, au cours des lignes qui précèdent, maintes attestations. L'injection d'hormone génitale peut aussi se pratiquer chez des sujets non castrés. Elle est alors susceptible de modifier non seulement les caractères sexuels mais les gonades mêmes, et c'est là surtout que devient délicate la discrimination entre des résultats relevant du changement de sexe et des résultats ressortissant à l'intersexualité. Une fois de plus, l'expérimentateur opère là dans une région frontière entre des phénomènes étroitement apparentés.

Des hormones génitales hétérologues peuvent faire sentir leur influence en des conditions naturelles ou en des conditions expérimentales.

Le phénomène du free-martin, tel que le premier l'a observé Lillie, rentre dans le premier cadre : il résulte de conditions naturelles. On l'observe chez les embryons jumeaux de Vache ou de Chèvre quand, bien entendu, ces embryons sont originellement de sexe différent, ce qui serait exclu s'il s'agissait de jumeaux univitellins ou jumeaux vrais. Chez ces espèces, il arrive que pendant la gestation les embryons sont reliés par des anastomoses vasculaires de manière que leurs sangs, avec les hormones qu'ils charrient, se mélangent. Dès lors, si les jumeaux bivitellins n'ont pas le même sexe, la femelle offre en naissant des ovaires atrophiques, elle est stérile et c'est elle que l'on appelle un *free-martin*. S'il en est ainsi, c'est que la sécrétion hormonale issue des testicules du jumeau mâle inhibe les ovaires du partenaire femelle, comme l'hormone mâle des Crapauds inhibe l'organe de Bidder, ovaire rudimentaire.

Est-ce là un changement de sexe? Oui, dans la mesure où l'hormone provenant du jumeau mâle exerce aussi son action sur le développement des caractères sexuels du jumeau femelle.

En des conditions expérimentales, on a, chez les Amphibiens, largement éprouvé l'influence sur les sujets d'un sexe d'hormones génitales hétérologues, soit qu'on use des hormones mêmes, telles qu'elles existent dans l'arsenal chimique, préparées par synthèse, soit qu'à l'imitation du phénomène du free-martinisme on s'arrange grâce à des artifices expérimentaux pour éprouver l'action des gonades d'un mâle sur une femelle et réciproquement.

De multiples recherches d'injections hormonales accomplies chez les Amphibiens par beaucoup d'auteurs (Dantchakoff, Gallien, Witschi, Vannini, Padoa, etc.) nous ne retiendrons ici que quelques exemples significatifs. Gallien s'est adressé à une race « indifférenciée » de *Rana temporaria,* où la gonade, qu'elle doive devenir mâle ou femelle, reste femelle jusqu'à la métamorphose, et il a traité par l'hormone mâle (propionate de testostérone) de nombreux individus. Tous sont devenus mâles, et les conduits génitaux, caractères sexuels, ont évolué dans le sens mâle. Inversement, traités par une hormone femelle (benzoate d'œstradiol), tous les têtards sont féminisés. Toutefois, si ce changement de sexe est irréversible chez les sujets devenus mâles, ceux que l'hormone femelle a féminisés redeviennent mâles après la métamorphose, conformément à leur sexe génétique.

Nous avons laissé prévoir que l'action d'hormones génitales hétérologues peut être obtenue à partir des gonades mêmes. Dans ce dessein, on réalise entre des larves de Batraciens la parabiose, opération relativement aisée qui consiste à exciser chez deux partenaires des lambeaux de peau symétriques et à les maintenir accolés, par exemple flanc contre flanc, jusqu'à ce que, la cicatrisation s'étant accomplie, ils restent liés et solidaires. Leur circulation sanguine leur devient commune et, si hormones il y a, les hormones de l'un passent à l'autre et réciproquement. Quand dans ces conditions se trouvent unis un mâle et une femelle, les ovaires présomptifs du « parabionte » femelle sont inhibés, comme dans le cas des *free-martin* que nous avons relaté ci-dessus. L'hormone mâle, dans un cas comme dans l'autre, prévaut sur l'hormone femelle. Mais cette prévalence semble d'ordre quantitatif plutôt que d'ordre qualitatif, et répondre à une rupture de cet équilibre entre hormones sexuelles que nous avons déjà invoqué. Car, comme l'a montré Witschi, si les conjoints parabiotiques sont l'un une larve femelle déjà bien développée et l'autre une larve mâle plus petite, c'est l'hormone femelle qui arrive à l'emporter et à provoquer le changement de sexe du têtard présomptivement mâle.

En ce qui regarde la Classe des Oiseaux, si des biologistes tels que Willier, Dantchakoff et nombre d'autres y ont étudié le changement de sexe, on doit des résultats particulièrement frappants à E. Wolff et à son école. Là encore, nous n'en retiendrons que des exemples suggestifs. Pour faire subir à un jeune embryon de Poule l'action d'hormones sexuelles, on découpe un petit volet dans la coquille de l'œuf, on met ainsi à découvert les membranes embryonnaires (chorioallantoïde), ce qui permet d'y déposer quelques gouttes de la solution hormonale mise à l'épreuve, pour qu'elle soit résorbée par les vaisseaux allantoïdiens. Chez l'embryon mâle avant le huitième jour de l'incubation, certaines hormones femelles entraînent l'intersexualité de la gonade, et jusqu'à sa transformation en ovaire, cependant que certaines hormones mâles masculinisent les embryons.

Witschi, quant à lui, a éprouvé l'action des gonades elles-mêmes, en les prélevant chez un embryon et en les transplantant dans la cavité générale d'autres embryons. Les transplants ovariens provoquent une ébauche de changement de sexe dans le sens femelle (développement des canaux de Müller) et les transplants testiculaires, au contraire, inhibent les canaux de Müller.

Toutes les observations que nous venons de rapporter concernent surtout les caractères sexuels primaires. Il eût été assez artificiel de les distinguer radicalement de celles qui touchent les caractères sexuels secondaires. Les mécanismes mis en jeu sont de même nature, encore que si beaucoup d'auteurs, tels que Wolff, assimilent les hormones génitales fœtales aux hormones de l'adulte, responsables du développement des caractères sexuels secondaires, d'autres, tels que Witschi, voient dans les hormones fœtales des principes différents.

En ce qui regarde les Mammifères, nous ne ferons état que des injections hormonales pratiquées après la maturité sexuelle, car il a été question déjà de l'action des hormones génitales sur l'embryon même à propos des phénomènes d'intersexualité. Lorsqu'on administre l'hormone mâle à une femelle, on entraîne la réaction de certains effecteurs liés au tractus génital. On arrive à obtenir une hypertrophie clitoridienne, mais une masculinisation véritable ne saurait se produire, car elle supposerait l'existence des voies et des glandes génitales mâles qui n'existent pas ou bien n'existent qu'à l'état d'ébauches dont le traitement ne fait que susciter une certaine hypertrophie. Quant aux caractères somatiques, comment les masculiniserait-on alors que, nous l'avons vu, chez le plus grand nombre d'espèces la femelle ne se distingue pas du mâle par des traits accusés ? La littérature scientifique ne dit pas, à ma connaissance, si des injections prolongées de testostérone à des vaches finiraient par engendrer des caractères « taureau » ni si, opérées chez la lionne, elles auraient pour résultat la poussée d'une crinière. En tout cas de tels effets ne sont pas impensables : ils rentrent dans une *logique imposée* par la connaissance des déterminismes physiologiques et de résultats expérimentaux en d'autres groupes zoologiques. Les mêmes considérations s'appliquent à l'injection d'hormone femelle (folliculine) au mâle. Là, on provoque, grâce à des doses suffisamment élevées, l'atrophie testiculaire et l'inhibition des conduits et des glandes annexes du tractus génital. On détermine aussi une hypertrophie plus ou moins accusée de la glande mammaire. Mais la féminisation — si féminisation il y a — n'est que partielle et nécessairement liée à l'existence d'effecteurs susceptibles de réagir à l'hormone hétérologue.

D'une manière générale, il est permis de conclure de cette étude du changement de sexe que, sur le plan théorique, il apparaît expérimentalement possible chez les Vertébrés, grâce à la mise en jeu d'hormones génitales hétérologues, de provoquer l'apparition chez le mâle de caractères femelles et réciproquement. Mais sur le plan pratique, et singulièrement chez les Mammifères, une inversion complète des caractères se heurte à l'état irréversible de certains caractères d'un sexe donné et à l'atrophie ou l'absence, dans ce sexe, des caractères de l'autre sexe susceptibles de se développer sous l'influence de l'hormone hétérologue. Chez les Mammifères, le sexe marque sur l'organisme une empreinte de plus en plus profonde et indélébile au fur et à mesure que progresse le développement de l'individu.

LA SEXUALITÉ CHEZ LES PROTOZOAIRES ET CHEZ LES MICROBES

La sexualité a une signification si générale chez les êtres qu'elle existe même chez les plus humbles, les plus primitifs d'entre eux. Non seulement les Protozoaires, animaux unicellulaires, mais même les Microbes en offrent des manifestations. Nous nous bornerons à en tracer un tableau très succinct, sous peine d'être contraint, notamment à propos de la sexualité chez les Microbes, de faire appel à des connaissances spécialisées qui exigeraient des développements sortant du cadre très général de notre étude.

SEXUALITÉ CHEZ LES PROTOZOAIRES

Les Protozoaires pour la plupart se reproduisent par des processus de multiplication asexuée mettant en œuvre des modalités de la division cellulaire. Mais, dans certains groupes, on voit se former aux dépens des individus de véritables gamètes dont l'union engendre un individu nouveau, ou bien se réaliser entre deux individus une sorte de conjugaison.

Il eſt permis de diſtinguer trois types de reproduction sexuée chez les Protozoaires.

Dans l'autogamie comme elle se produit chez les Héliozoaires, la cellule s'enkyſte, puis se divise en deux « gamontes ». Chacun d'eux subit deux mitoses de maturation successives, qui équivalent à celles que nous avons décrites à propos de la gamétogenèse chez les

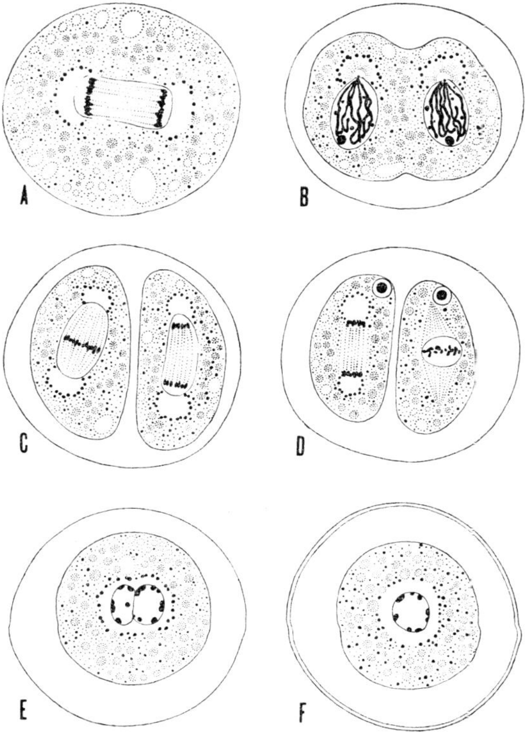

FIG. 31 — AUTOGAMIE CHEZ L'HÉLIOZOAIRE *Actincphrys sol.*

A, individu enkyſté en cours de division. B, les deux gamontes. C, première mitose de maturation. D, deuxième mitose de maturation (réductionnelle). E, amphimixie. F, copula enkyſtée. (D'après K, Belar, emprunté à Aron et Grassé).

animaux, même les plus élevés en organisation, et dont l'une est réductionnelle, c'est-à-dire aboutit à la réduction de moitié du nombre originel des chromosomes. Après ce processus, chaque gamonte est devenu un gamète. Tout se passe dès lors comme s'il y avait fécondation, mais à partir de deux gamètes identiques. Car les deux gamètes, toujours enfermés dans leur kyste, se fusionnent; puis c'est le tour de leurs noyaux, comme dans l'amphimixie. La cellule unique qui en résulte peut être assimilée à un œuf. En fait, quand elle sort de sa coque, elle n'est qu'un individu unicellulaire conforme au type de l'espèce, et d'ailleurs susceptible de se reproduire par simple multiplication *(fig. 31)*.

Les phénomènes qui viennent d'être décrits ressortissent à l'autogamie parce que les gamètes y proviennent d'un même individu, et cette autogamie est isogame, parce que les gamètes sont identiques.

On trouve chez les Foraminifères, Protozoaires à coquille possédant de longs prolongements protoplasmiques, un exemple d'hétérogamie, où les gamètes se forment aux dépens d'individus différents, mais sont identiques les uns aux autres, ce qui confère à cette hétérogamie le type isogamique. Ici, la formation des gamètes est compliquée et procède en plusieurs étapes. Dans un individu végétatif le noyau se multiplie de manière rapide jusqu'à donner des centaines de noyaux qui, entourés d'une mince écorce protoplasmique, vont sortir du Foraminifère et se développer chacun en un gamonte. Le processus de multiplication nucléaire se répète dans chaque gamonte; des centaines de gamètes s'y forment et sont libérés. Dès lors la fécondation se réalise par la fusion de gamètes morphologiquement semblables et aboutit à la formation de ce qui équivaut à un œuf, souche d'un nouvel individu végétatif. Les phases de multiplication sexuée alternent avec les phases de multiplication asexuée par simple division.

Chez les Sporozoaires (Grégarines, Coccidies), les phénomènes de sexualité s'accusent. Chez ces Proto-

---

d'un cône fibrillaire, chromatine mâle au-dessus; 13, ookyste; 14, formation des spores; 15, ookyste mûr avec quatre spores à deux sporozoïtes. (Emprunté à Aron et Grassé).

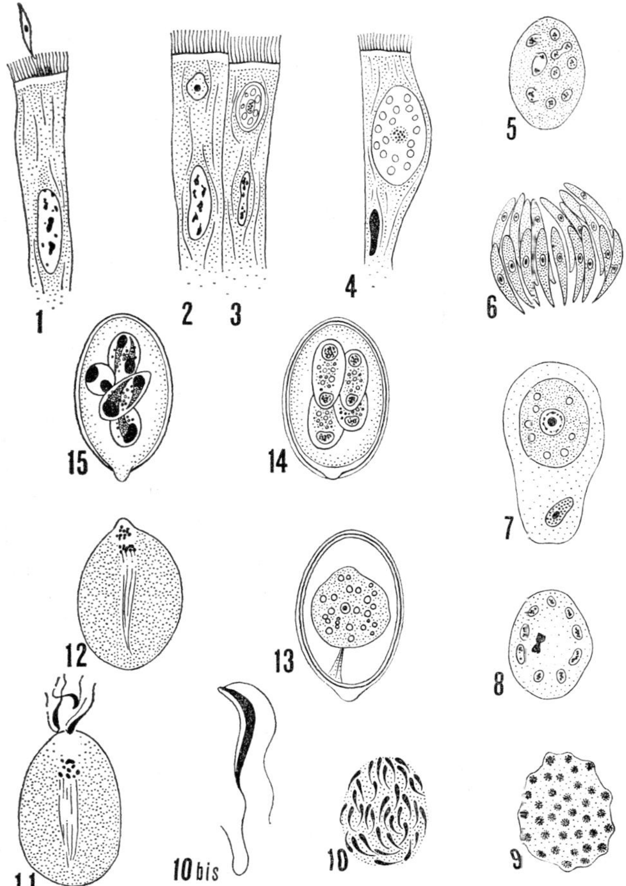

FIG. 32 — CYCLE DE LA COCCIDIE INTESTINALE *(Eimeria perforans)* DU LAPIN.

1, pénétration du sporozoïte dans une cellule de l'épithélium intestinal; 2, 3 et 4, stades de croissance; 5, division nucléaire; 6, fin de la schizogonie, les schizozoïtes sont formés; 7, gamonte mâle; 8 et 9, ce même gamonte multipliant ses noyaux; 10, gamètes ou spermatozoïdes à la surface du reliquat protoplasmique; 10 bis, un gamète mâle très grossi; 11, fécondation; 12, chromatine femelle à la base zoaires, non seulement les gamètes naissent d'individus différents (hétérogamie), mais ils diffèrent entre eux de sorte que l'on distingue les gamètes mâles des gamètes femelles. La reproduction des Grégarines et des Coccidies est liée à leur cycle, qui est une succession de phases d'une grande complication. Leur description est du ressort de la zoologie ou, plus précisément, de la protistologie, vaste discipline qui mérite et possède ses spécialistes. Le cadre qui nous est imparti ne nous permet pas d'accomplir en ce domaine une incursion qui nous entraînerait trop loin. Qu'il suffise de préciser que, chez certaines Coccidies, par exemple, le germe vermiforme mobile qui est à l'origine du cycle, le sporozoïte, croît, que son noyau se divise et qu'il donne naissance à de multiples « schizozoïtes » d'où naissent des gamontes femelles et des gamontes mâles. Les noyaux de ceux-ci se multiplient à leur tour et le gamonte se résout en de multiples gamètes mâles qui ont l'aspect de véritables spermatozoïdes. Dès lors une fécondation typique aura lieu. Un spermatozoïde pénètre dans un gamonte femelle, cellule relativement volumineuse par rapport à lui, et l'on retrouve là un tableau étrangement apparenté à celui qu'offrent les Métazoaires. De la fécondation résulte un ookyste qui renferme des spores, Coccidies en puissance. Nous avions donné d'abord des exemples d'autogamie isogamique et d'hétérogamie isogamique. Les Sporozoaires offrent une attestation d'hétérogamie anisogamique *(fig. 32)*.

L'empreinte de la sexualité n'est pas seulement marquée, chez ces Protozoaires, par l'existence de gamètes mâles et femelles liés à la constitution chromosomiale, mais elle s'exprime encore par des différences cytoplasmiques, préfiguration de caractères sexuels. C'est ainsi que chez certaine espèce de Grégarines, le gamonte mâle diffère du gamonte femelle par ses propriétés tinctoriales, par ses différenciations protoplasmiques, par ses enclaves chimiques. Aussi bien, chez les Grégarines en général, la reproduction est sexuée, et la reproduction asexuée exceptionnelle.

Mais il reste encore, pour les Protozoaires, une façon de se reproduire sexuellement autre que celles dont nous venons de faire état : c'est la conjugaison, telle qu'elle a lieu chez les Infusoires. Certes, l'autogamie isogamique nous a fait assister, chez un Héliozoaire, à un processus qui réalise, dans un certain sens, une conjugaison : celle qui intervient entre deux gamontes procédant de la division d'un individu. Mais la conjugaison des Infusoires est autre. Là, ce sont deux individus originellement distincts qui se conjuguent.

Si l'on prend pour exemple l'Infusoire *Collinia,* on voit deux individus (mesurant moins de 20 μ) s'accoler par leurs extrémités antérieures, et dès lors se dérouler des phénomènes qui concernent essentiellement les noyaux. Chaque Infusoire en possède deux, un de grande taille, à chromosomes plus nombreux, dit macronucleus, et un de petite taille, à nombre normal de chromosomes, le micronucleus. Les macronucleus des individus conjugués ne jouent pas de rôle dans le processus, et même sont résorbés. Ce sont les micronucleus qui montrent une évolution caractéristique. Dans chaque conjugant, ils subissent une première mitose équationnelle, puis une seconde mitose réductionnelle. Ainsi le nombre de leurs chromosomes est finalement réduit de moitié. On voit que la phase de maturation dont nous avons détaillé les mécanismes et la signification à propos de la gamétogenèse en général a déjà sa place chez les plus primitifs des animaux, les Protozoaires. Toujours est-il que, des quatre pronucleus formés aux dépens du micronucleus primitif, trois dégénèrent. Celui qui subsiste se divise en deux noyaux fécondateurs qui se portent de part et d'autre de la membrane interposée entre les deux Infusoires conjugants. Le noyau fécondateur traverse cette membrane et se fusionne avec son symétrique de l'autre côté : c'est une double amphimixie, d'où résulte la présence, dans l'un et l'autre partenaire, d'un noyau de fécondation. Celui-ci va régénérer l'appareil nucléaire dans chaque Infusoire, puis les conjoints se séparent *(fig. 33).*

La conjugaison des Infusoires (dont on a montré qu'elle intervient sous l'influence de certaines conditions du milieu) ne semble pas indispensable à la perpétuation de l'espèce, car ces Protozoaires se reproduisent activement par simple division. Il n'en est pas moins vrai qu'elle réalise une véritable fécondation réciproque et bien que les conjugants ne se différencient l'un de l'autre ni morphologiquement, ni structuralement, on a des raisons de penser qu'ils sont porteurs de substances de

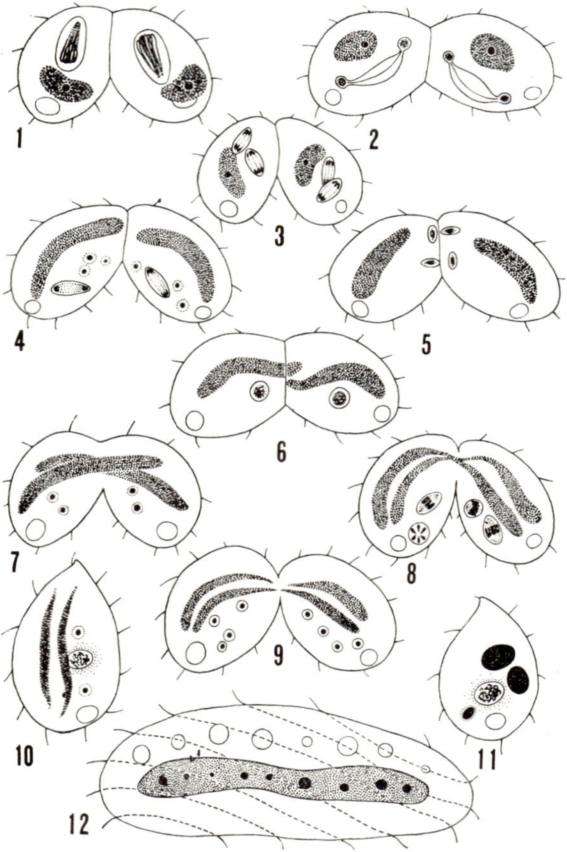

FIG. 33 — STADES SUCCESSIFS (1 À 12) DE LA CONJUGAISON DE L'INFUSOIRE *Collinia branchiarum*.

Explications dans le texte. (Imité de B. Collin, emprunté à Aron et Grassé).

deux natures différentes, l'une mâle, l'autre femelle. S'il en était effectivement ainsi, cette singularité d'ordre sexuel porterait témoignage du fait qu'à l'origine de la différenciation sexuelle des organismes, avant toute spécificité de forme ou de structure, réside une spécificité chimique.

SEXUALITÉ CHEZ LES BACTÉRIES

Les Bactéries sont, comme les Protozoaires, des individus unicellulaires, que leur taille infime distingue des premiers. Il y a un certain nombre d'années, il eût paru osé sans doute d'assimiler les microbes à des cellules, alors qu'on les considérait comme des particules sans structure. Les temps ont changé. Si minuscules qu'elles soient, les Bactéries ont l'organisation complexe d'une cellule : membrane, noyau, chromosomes, cytoplasme avec ses différenciations. Et alors qu'on admettait que leur multiplication s'effectuait par simple division scissipare, voici que l'on a découvert chez ces êtres, si sommaires qu'ils soient, des manifestations de reproduction sexuée.

L'étude approfondie de ces manifestations exige des connaissances préalables qui sont du domaine de la plus haute spécialisation et qui se situent nécessairement hors du cadre qui nous est imparti. Notre propos sera donc seulement d'apporter ici une attestation simple de la sexualité chez les Bactéries. Faute de compétence en ce domaine, nous en empruntons l'essentiel à un article de Hauduroy dans l'*Encyclopédie française*, et nous nous limitons à l'expérience princeps d'où a découlé la notion de reproduction sexuée chez les Microbes, celle de Lederberg et Tatum, qui remonte à 1946. Cette expérience a porté sur des Colibacilles appartenant à une souche dite K 12, capable de se développer dans un certain milieu synthétique. Or voici qu'à partir de cette souche soumise à un traitement par les rayons X (susceptibles de provo quer à partir d'une race homogène l'apparition de races « mutantes »), on en obtient effectivement deux, différant l'une de l'autre par leurs besoins respectifs en certaines substances dites « de croissance » : pour croître l'une des souches exige la présence, dans le milieu de culture, de thréonine, de leucine, de thiamine; l'autre, de biotine et de méthionine.

Si l'on introduit un nombre déterminé de Bactéries (dix millions) de l'une ou l'autre souche dans un milieu de culture ordinaire, il ne se produit pas de multiplication. Mais si l'on mélange cinq millions de Bactéries d'une souche et le même nombre de l'autre et qu'on les place dans le même milieu de culture où, séparées, elles étaient stériles, on les voit se reproduire activement, et leurs descendants acquièrent la propriété, perdue par leurs parents, de se multiplier dans un milieu synthétique ordinaire, dépourvu de facteurs de croissance.

Évidemment la notion de fécondation des Bactéries les unes par les autres ne s'impose pas d'emblée sur la base de tels résultats. On pourrait invoquer une simple influence mutagène d'une souche sur l'autre quand on les mélange. Mais, depuis cette expérience princeps, de nombreuses découvertes sont venues enrichir l'argumentation en faveur des phénomènes de sexualité chez les Microbes. En particulier on a pu, à l'aide du microscope électronique, découvrir des couples de Bactéries conjuguées, réunies par des ponts de substance.

La reproduction sexuée des Bactéries s'accompagne du transfert, d'un conjugant à l'autre, de chromosomes, donc de gènes héréditaires, et l'immense domaine de la génétique bactérienne est depuis quelques années ouvert à des investigations capitales pour l'avenir de la microbiologie.

CONCLUSION

L'étude de la sexualité enseigne que la séparation des sexes, le gonochorisme, n'est pas la condition inéluctable de la reproduction, qui peut être asexuée chez des Protistes et chez certains Invertébrés. Mais la reproduction sexuée, qui constitue, chez les êtres élevés en organisation, une règle à laquelle toute dérogation serait évidemment impensable, se manifeste aux plus bas échelons du règne animal. Même chez les Microbes nous savons qu'elle n'est pas exclue. Qu'il s'agisse de Protozoaires ou de Vertébrés, la sexualité se traduit en dernière analyse par la conjonction des noyaux de deux cellules dont les caractères de gamètes marquent le plus haut degré de différenciation. L'essence du phénomène réside dans la formation d'une cellule où se rassemblent des chromosomes d'origine mâle et d'origine femelle, où se combinent les hérédités respectives.

L'existence de la sexualité chez les êtres les plus primitifs, chez les Protistes, sinon chez les Microbes, ne va pas sans donner à réfléchir sur les conditions de la vie à son origine. La séparation des sexes s'est-elle accomplie secondairement, après la naissance des premières formes vivantes ? S'inscrit-elle déjà dans les processus de l'Évolution ? Résulte-t-elle d'une très primitive mutation ? Il faudrait l'admettre, sous peine d'être obligé de croire que les premiers êtres vivants, au sein d'un même type, ont offert du point de vue de leur constitution chimique des singularités, si infimes qu'elles soient, d'où la différence sexuelle a résulté d'emblée.

Nous avons vu que les mécanismes généraux impliqués par cette différence, notamment ceux de la fécondation, offrent en somme chez tous les êtres vivants un tableau d'une impressionnante constance.

Max ARON.

BIBLIOGRAPHIE

M. ARON, *Les Problèmes de la vie,* Paris, 1958.

M. ARON et P. GRASSÉ, *Biologie animale,* 7e éd., Paris, 1963.

A. BRACHET, *Traité d'embryologie des vertébrés,* Paris, 1935.

C. DA COSTA, *Éléments d'embryologie,* Paris, 1948.

E. D. P. DE ROBERTIS, W. W. NOWINSKI et F. A. SAEZ, *General Cytology,* Philadelphie et Londres, 1960.

R. GOLDSCHMIDT, *Einführung in die Vererbungswissenschaft,* 5e éd., Berlin, 1928.

F. H. A. MARSHALL, *Physiology of Reproduction,* vol. I, 1re et 2e parties, Londres, 2e édit., 1960.

C. OVERZIER, *Die Intersexualität,* Stuttgart, 1961.

E. WOLFF, *Les Changements de sexe,* Paris, 1946.

E. L. WOLLMAN et F. JACOB, *La Sexualité des bactéries,* Paris, 1959.

LA PARTHÉNOGENÈSE

POUR nombreuses que soient les espèces où la formation d'un nouvel être requiert la collaboration d'un gamète femelle et d'un gamète mâle, celles-là cependant sont loin d'être rares où l'un seul des gamètes peut, par ses propres moyens, donner naissance à un individu. En ce cas, le gamète unique et suffisant est *toujours* l'ovule, ce qui se conçoit d'ailleurs, vu sa supériorité dimensionnelle sur le spermatozoïde. Les deux gamètes ont beau être équivalents quant au contenu chromosomique du noyau, seul l'ovule présente un cytoplasme abondant, qui tout à la fois possède la préorganisation nécessaire à l'édification de l'embryon et contient les réserves nutritives qu'exigent les premiers temps de cette édification.

Le mode de reproduction au moyen de l'ovule non fécondé a été dénommé *parthénogenèse* (du grec *parthénos,* vierge) par Richard Owen en 1849.

Encore qu'il exclue toute union de gamètes, il se rattache directement à la reproduction sexuée, dont il constitue une sorte de déviation.

Chez certaines espèces où l'ovule se montre incapable de parthénogenèse spontanée ou naturelle, on peut déterminer une parthénogenèse artificielle en le soumettant à des agents physico-chimiques qui remplacent l'action de la cellule mâle; et c'est l'un des plus remarquables succès de la biologie contemporaine que d'avoir ainsi contrefait par des moyens de l'ordre matériel un phénomène tenu si longtemps pour spécifiquement vital.

LA PARTHÉNOGENÈSE NATURELLE

L'existence de la parthénogenèse naturelle n'est positivement démontrée que depuis deux siècles (Charles Bonnet, 1740).

Ce mode de reproduction se rencontre de façon sporadique dans presque tous les grands groupes animaux. On l'a signalé notamment chez les Échinodermes, les

Nématodes, les Trématodes, les Annélides, les Mollusques, les Brachiopodes, les Crustacés, les Myriapodes, les Acariens, les Insectes, les Vertébrés.

C'est à l'embranchement des Arthropodes qu'appartiennent la grande majorité des formes parthénogénétiques.

PARTHÉNOGENÈSE FACULTATIVE

Chez l'Abeille domestique *(Apis mellifica)*, la parthénogenèse est facultative, en ce sens que l'ovule peut se développer avec ou sans fécondation.

La femelle (reine) s'accouple au cours du vol nuptial et, successivement, avec plusieurs mâles; elle reçoit alors une provision de sperme, qui, emmagasiné dans son réceptacle séminal, restera actif pendant les trois ou quatre années que dure la vie reproductrice de l'insecte. Le réceptacle séminal ou spermathèque est une petite ampoule à parois musculeuses qui communique avec le conduit (oviducte) par où passent les œufs : suivant qu'elle s'ouvre ou qu'elle reste fermée au passage de l'œuf, celui-ci, se trouvant ou non en contact avec le sperme, est fécondé ou reste vierge. Dans le premier cas, il produit une abeille femelle (reine ou ouvrière, selon la qualité de nourriture fournie à la jeune larve); dans le second, il produit un mâle (faux bourdon).

La parthénogenèse de l'Abeille est donc productrice de mâles, ou arrhénotoque (du grec *arrhênotokia,* enfantement d'un mâle).

Chez l'Abeille, les filles ont deux parents, tandis que les mâles n'en ont qu'un : cette différence se révèle quand on croise une reine avec un mâle appartenant à une race étrangère; de ce croisement résultent, en effet, des ouvrières de type hybride et des faux bourdons de type purement maternel.

L'ovule de l'Abeille mûrit tout comme un ovule normal; il émet deux globules polaires et ne reçoit que le nombre réduit (haploïde) de chromosomes (16 d'après Nachtsheim). L'œuf fécondé contient donc le nombre double ou diploïde (32). Issues d'œufs fécondés, les femelles sont évidemment diploïdes. Quant aux mâles, issus d'œufs vierges, ils devraient être haploïdes; mais il est probable que, chez eux, les chromosomes se trouvent redoublés au départ du développement, tout au moins dans les tissus somatiques; dans la lignée germinale, les cellules restent haploïdes; aussi, lors de la maturation des spermatozoïdes, la réduction chromatique est-elle supprimée par avortement de la première division méiotique; les spermatozoïdes reçoivent donc 16 chromosomes, comme les ovules.

Beaucoup d'Insectes appartenant à des familles diverses (Hyménoptères, Thysanoptères, Hémiptères), et aussi certains Acariens, présentent une parthénogenèse arrhénotoque comparable à celle de l'Abeille.

Chez l'Acarien *Tetranychus,* le mâle, issu d'un œuf vierge, est certainement de constitution haploïde.

PARTHÉNOGENÈSE OBLIGATOIRE

Chez certains petits Insectes de la famille des Thysanoptères *(Thrips),* l'espèce n'est composée que de femelles; la parthénogenèse est donc obligatoire. L'œuf n'émet qu'un seul globule polaire, et, l'unique division de maturation étant équationnelle, il ne subit pas de réduction chromatique, en sorte que la constitution chromosomique (diploïde) demeure inchangée d'une génération à l'autre.

Ce type de parthénogenèse diploïde et thélytoque (du grec *telitokia,* enfantement d'une femelle) se retrouve chez d'autres Insectes et aussi chez certains Vers Nématodes.

PARTHÉNOGENÈSE ALTERNANTE

Les Cynipides sont de tout petits moucherons appartenant à la famille des Hyménoptères; un bon nombre d'entre eux déposent leur ponte dans des tissus végétaux (feuilles ou bourgeons), où ils provoquent la formation de tumeurs (galles), dans lesquelles se développent leurs larves.

Souvent, chez ces Cynipides, une génération parthénogénétique alterne avec une génération composée de femelles et de mâles; les femelles parthénogénétiques et les femelles sexuées sont dissemblables au point qu'un observateur non prévenu les rattacherait à des espèces distinctes.

Chez *Neuropterus lenticularis,* par exemple, les femelles parthénogénétiques, nées au printemps, pondent sur les feuilles ou les chatons de chêne, où elles déterminent la formation de petites galles en forme de groseille. De ces galles sortent, en été, les mâles et les femelles sexuées; celles-ci, après accouplement, pondent à la face inférieure des jeunes feuilles de chêne, où elles suscitent la formation de galles lenticulaires, qui tomberont à terre avec les feuilles mortes et passeront l'hiver. De ces galles enfin sortiront, au printemps suivant, des femelles parthénogénétiques, identiques à celles dont nous sommes partis.

Chez *Neuropterus,* les femelles parthénogénétiques ont deux parents; les mâles et les femelles sexuées n'en ont qu'un. Chaque génération ressemble non pas à celle qui l'a produite mais à celle d'avant.

L'œuf fécondé, pondu par la femelle sexuée, contient le nombre entier ou diploïde de chromosomes. La femelle parthénogénétique à laquelle il donne naissance est donc diploïde; mais ces femelles sont de deux sortes : chez les unes, les ovules, subissant une réduction chromatique normale (émission de deux globules polaires), donnent naissance à des mâles par parthénogenèse haploïde et arrhénotoque; chez les autres, les ovules, n'effectuant aucune division de maturation (pas de globule polaire), donnent naissance, par parthénogenèse diploïde et thélytoque, à des femelles sexuées. Celles-ci sont diploïdes; leurs ovules, à maturation normale, sont haploïdes. Quant aux mâles, ils devraient théoriquement être haploïdes puisqu'ils proviennent d'ovules normalement réduits, mais il se pourrait que, comme chez les mâles d'Abeille, un redoublement chromosomique intervînt dans leurs tissus somatiques; en tout cas, leur tissu germinal est haploïde, d'où la nécessité d'une spermatogenèse anormale par suppression de la première division de maturation.

On présume que, chez *Neuropterus* et les formes analogues, les deux générations annuelles étaient primitivement sexuées; la génération automnale serait devenue, secondairement, parthénogénétique.

Certains Cynipides gallicoles se reproduisent exclusivement par voie de parthénogenèse: il s'agit vraisemblablement d'espèces ayant pratiqué jadis l'alternance des générations et ayant perdu la génération sexuée.

PARTHÉNOGENÈSE CYCLIQUE

LES ROTIFÈRES

Chez les Rotifères, petits animalcules vivant dans les eaux douces, on observe fréquemment la succession d'une longue période de parthénogenèse et d'une courte période de reproduction sexuée : l'ensemble de ces deux périodes constitue un *cycle*.

Chez *Hydatina senta,* par exemple, l'œuf fécondé produit une femelle dite virginipare ou amictique, qui donne naissance, par parthénogenèse obligatoire et thélytoque, à d'autres femelles de son type; et ainsi de suite pendant plusieurs générations. A un certain moment, qui dépend tout à la fois, semble-t-il, des conditions internes et des conditions de milieu, apparaissent des femelles dites sexupares ou mictiques, lesquelles, bien que tout à fait semblables aux virginipares, s'en distinguent par le mode de reproduction. Elles présentent, en effet, une parthénogenèse facultative et arrhénotoque, de type Abeille. Si elles restent vierges, elles produisent des mâles; si elles sont fécondées, elles produisent des femelles amictiques; en ce cas, l'œuf, au lieu de se développer immédiatement, s'entoure d'une coque épaisse et ne se développe qu'avec un certain retard (œuf de durée).

La qualité de la nourriture fournie au Rotifère peut exercer une action décisive sur le passage de la reproduction parthénogénétique à la reproduction sexuée.

Quand *Hydatina senta* est nourrie d'un flagellé incolore *(Polytoma),* la parthénogenèse se continue, pour ainsi dire, indéfiniment; mais qu'on lui fournisse un flagellé vert *(Chlamydomonas),* et l'on constate, dès la génération suivante, l'apparition de nombreuses femelles sexupares. L'oxygène paraît avoir une action analogue.

Les femelles virginipares, issues d'un œuf fécondé, portent le nombre entier de chromosomes; elles sont diploïdes. Leurs ovules, n'émettant qu'un seul globule polaire, ne sont pas réduits; quant à ceux des femelles mictiques, ils présentent une maturation normale (émission de deux globules polaires), qui réduit de moitié le nombre de leurs chromosomes. S'ils se développent sans fécondation, ils produisent des mâles, qui devraient être haploïdes, mais qui peut-être acquièrent la diploïdie par une régulation chromosomique précoce.

Chez *Hydatina senta*, il n'y a normalement qu'une seule période sexuelle par an (type monocyclique) ; en revanche, il y en a deux ou même plusieurs chez d'autres Rotifères (types di- ou polycycliques). Chez d'autres enfin (Bdelloïdes), la reproduction sexuée ayant totalement disparu, la parthénogenèse est exclusive et constante (type acyclique).

LES CLADOCÈRES

Les Cladocères (Daphnies ou Puces d'eau), petits Crustacés d'eau douce, nous présentent encore une alternance plus ou moins régulière de générations parthénogénétiques et d'une génération sexuée, mais ici la parthénogenèse haploïde et arrhénoque fait défaut.

Pendant la majeure partie de l'année, on trouve des femelles parthénogénétiques qui engendrent, par parthénogenèse obligatoire et thélytoque, d'autre femelles semblables à elles. A un moment donné, qui varie suivant l'espèce et aussi suivant les conditions du milieu externe, une modification se produit dans l'ovogenèse des femelles : celles-ci forment des œufs qui, pour se développer, ont besoin d'être fécondés, et qui, après la fécondation, subissent un temps d'arrêt (œufs de durée) : ces œufs donnent naissance à des femelles parthénogénétiques. Comme chez les Rotifères, il existe chez les Puces d'eau des formes mono- di- ou polycycliques, et même des formes acycliques, à parthénogenèse exclusive.

La femelle parthénogénétique, issue de l'œuf de durée, est diploïde ; de même sont diploïdes toutes celles qu'elle produit, car ses ovules, n'émettant qu'un seul globule polaire, ne réduisent pas le nombre de leurs chromosomes. Ce mode de parthénogenèse diploïde se poursuit jusqu'à l'apparition des femelles productrices d'œufs fécondables : ceux-ci, comme les spermatozoïdes du mâle, sont haploïdes. L'œuf de durée est diploïde.

On n'a pu mettre en évidence, jusqu'ici, aucune différence chromosomique entre les femelles et les mâles.

Plus encore que chez les Rotifères, les facteurs internes paraissent jouer un grand rôle chez les Cladocères, dans le passage de la reproduction parthénogénétique à la reproduction sexuée. Toutefois, l'influence du milieu ambiant est loin d'être négligeable : dans des conditions particulièrement favorables d'alimentation et de température, on a obtenu plusieurs centaines de générations parthénogénétiques chez *Daphnia pulex,* tandis que, dans des cultures mal nourries, refroidies ou surpeuplées, apparaissaient les mâles et les œufs de durée.

D'après d'intéressantes expériences, dues à Treillard, il semble que des facteurs bactériens soient, en certains cas, responsables de l'apparition des formes sexuées.

LES PUCERONS

Le cas des Pucerons est à peu près comparable à celui des Daphnies. Durant toute la belle saison, ces petits insectes se reproduisent par voie de reproduction virginale; on ne trouve alors que des femelles vivipares, qui engendrent d'autres femelles. Ainsi pendant plusieurs générations. Vers l'automne apparaissent à la fois les mâles et des femelles ovipares, dont les œufs ne peuvent se développer sans avoir été fécondés. Ces femelles, après accouplement, déposent des œufs qui passeront l'hiver et redonneront au printemps suivant des femelles parthénogénétiques, dites fondatrices.

Comme chez les Rotifères et les Cladocères, le passage de la parthénogenèse à la reproduction sexuée dépend à la fois des facteurs internes et des conditions de milieu. Maintenus dans de bonnes conditions de nourriture et de température, des Pucerons du Rosier ont fourni à Kyber cinquante générations parthénogénétiques; en revanche, on peut hâter la venue des sexués par le froid, la dessiccation, l'obscurité, l'action de certaines substances chimiques.

La parthénogenèse des Pucerons est du type diploïde : l'ovule n'émet qu'un seul globule polaire et ne subit pas de réduction chromatique. Les femelles sexuées ont, semble-t-il, même constitution chromosomique que les femelles parthénogénétiques; les mâles portent un ou deux chromosomes de moins, par suite d'une élimination de chromosomes dans l'ovule producteur de mâle (von Baehr).

Chez certaines espèces de Pucerons, l'insecte n'accomplit pas tout son cycle évolutif sur un seul et même végétal.

L'œuf d'hiver étant déposé par la femelle sexuée sur un végétal A (généralement une plante ligneuse), c'est sur cet hôte, dit principal, qu'éclôt la femelle fondatrice; mais la plupart des générations parthénogénétiques se produiront sur un autre végétal, B (généralement une plante herbacée), qui est dit hôte intermédiaire. Le passage de l'hôte principal à l'hôte intermédiaire est assuré, au printemps, par des femelles spéciales, pourvues d'ailes (ailées, ou émigrantes); le retour inverse est assuré, à l'automne, par d'autres femelles, également ailées (sexupares).

Il peut se faire qu'un certain nombre d'individus demeurent sur l'hôte intermédiaire, où ils persisteront à se reproduire par parthénogenèse. Ces lignées non migrantes assurent la survie de l'espèce dans les régions où l'hôte principal fait défaut.

Chez d'autres petits Hémiptères voisins des Pucerons (les Chermésides), le cycle, beaucoup plus compliqué, est caractérisé par un polymorphisme étendu; il s'étend sur deux ans et nécessite deux hôtes successifs.

PARTHÉNOGENÈSE POLYPLOÏDE

Chez une espèce de Cloporte (*Trichoniscus elisabethae*), il existe deux races bien distinctes : l'une à reproduction parthénogénétique et ne comprenant que des femelles, l'autre à reproduction sexuée et comprenant les deux sexes en nombre à peu près égal. Vandel a fait voir, dans une série de remarquables recherches, que ces deux races diffèrent par la constitution chromosomique : alors que la race bisexuée est diploïde (16 chromosomes), la race parthénogénétique est triploïde (24). La triploïdie s'accompagne de gigantisme : les femelles triploïdes sont une fois et demi plus grandes que les diploïdes.

Dans la race parthénogénétique, les ovules n'émettent qu'un globule polaire (pas de réduction chromatique); dans la race bisexuée, l'ovogenèse est normale.

L'association de la polyploïdie et de la parthénogenèse a été signalée chez nombre d'espèces animales (Crustacés, Lépidoptères, Orthoptères, Coléoptères, Mollusques, etc.).

Chez le Crustacé *Artemia salina,* on connaît une race à parthénogenèse constante qui est tétraploïde (84 chromosomes) par rapport à la race bisexuée (42); de même, chez divers Papillons Psychides du genre *Solenobia,* il existe des races polyploïdes et parthénogénétiques à côté de la race bisexuée et diploïde (Seiler).

LA PÉDOGENÈSE

Chez certains Insectes, la parthénogenèse, revêtant un type très spécial, se produit non pas dans l'état adulte de l'animal, mais dans son état larvaire. Ainsi en va-t-il notamment chez plusieurs Diptères *(Miastor, Oligarces)* dont les larves vivent en colonies sous l'écorce des arbres. Cette parthénogenèse précoce, découverte en 1861 par Wagner, a reçu le nom de pédogenèse.

La larve de *Miastor* produit une vingtaine d'ovules qui se développent sans fécondation à l'intérieur de son corps; au bout de deux à trois semaines, elle éclate en libérant les larves-filles. Plusieurs générations se succèdent ainsi : puis apparaissent des larves de type différent, dites imaginales, qui, celles-là, se métamorphosent en mouches. Les adultes s'accouplent et produisent quelques œufs, d'où éclosent de nouvelles larves pédogénétiques.

Il est curieux de noter qu'ici les larves des deux sexes se reproduisent par parthénogenèse.

La pédogenèse se rattache à la parthénogenèse diploïde, les ovules produits par les larves ne subissant pas la réduction chromatique.

Dans la pédogenèse comme dans la parthénogenèse cyclique, les conditions de milieu (quantité de nourriture, humidité, etc.) contribuent à retarder ou à hâter l'apparition des adultes.

On a signalé un cas de pédogenèse, assez aberrant d'ailleurs, chez un Coléoptère nord-américain, le *Micromalthus debilis*.

Chez quelques Diptères Chironomides, la parthénogenèse se produit non pas à l'état de larve, mais à l'état de nymphe : il y a là une transition entre la pédogenèse proprement dite et la parthénogenèse imaginale.

PARTHÉNOGENÈSE ACCIDENTELLE

Dans tous les cas qu'on vient de passer en revue, la parthénogenèse fait partie du cycle normal de l'espèce; mais il n'est pas rare que, dans certaines espèces où la reproduction sexuée est de règle, certains œufs vierges se montrent capables d'un développement régulier. Cette parthénogenèse accidentelle se rencontre chez divers Orthoptères, chez certains Éphéméroptères, Diptères, etc. On l'a même signalée, très exceptionnellement, chez les Oiseaux (Dinde).

En principe, dans la parthénogenèse accidentelle, l'ovule, ayant mûri normalement, est réduit quant au nombre de ses chromosomes; mais parfois le nombre diploïde se rétablit par un procédé d'autorégulation chromosomique.

LA PARTHÉNOGENÈSE RUDIMENTAIRE

Enfin, dans la plupart des espèces capables de parthénogenèse accidentelle, et même dans certaines autres où, fût-ce accidentellement, ne se produit jamais un développement parthénogénétique complet, l'ovule vierge peut présenter un début de développement : c'est la parthénogenèse partielle, ou abortive, ou rudimentaire.

Parmi les Invertébrés, on a relevé la parthénogenèse rudimentaire chez les Échinodermes, les Nématodes, les Insectes, etc. Elle est assez fréquente chez le Ver à soie, où une certaine proportion des œufs vierges montre le changement de coloration (virage) qui trahit la mise en train du développement.

La parthénogenèse rudimentaire existe chez plusieurs Oiseaux, notamment la Poule domestique, où elle a été d'abord observée par Œllacher (1872) et soigneusement étudiée par Lécaillon (1908-1910). Une segmentation parthénogénétique se produit dans tous les œufs de poule, pouvant aller jusqu'à la formation de plusieurs centaines de blastomères; quand l'œuf est pondu, la dégénerescence cellulaire a déjà commencé.

Chez certains Mammifères (Truie, Lapine, Furet, Cobaye, etc.), l'œuf vierge peut, exceptionnellement, présenter une segmentation abortive, soit lorsqu'il est encore inclus dans le follicule ovarien, soit quand il est déjà libéré et engagé dans la trompe utérine. Dans les ovaires de jeunes femelles vierges de Cobaye, Léo Loeb, Courrier et Oberling ont reconnu la présence de véritables vésicules blastodermiques.

Des phénomènes de parthénogenèse rudimentaire ont été signalés jusque dans l'espèce humaine; et l'on peut se demander, avec Vandel, si certains *kystes dermoïdes* ne représentent pas « des évolutions parthénogénétiques de cellules folliculaires à l'intérieur du follicule ».

D'entre deux tératomes qui s'étaient développés indépendamment sur un même ovaire, l'un contenait des cheveux noirs, l'autre des cheveux blonds (observation de Neumann) : il est vraisemblable qu'ils provenaient de deux ovules distincts, et dont les propriétés héréditaires différaient par suite de la réduction chromatique.

LA PARTHÉNOGENÈSE INDÉFINIE

Nous avons vu, à propos de la parthénogenèse cyclique, que, dans un bon nombre d'espèces, la reproduction sexuée peut faire complètement défaut. Ainsi en est-il, notamment, dans tout le groupe des Rotifères Bdelloïdes, dans certaines races de *Daphnia*, chez certains Orthoptères Phasmides (*Carausius morosus*), chez certaines races de Pucerons et de Chermes, chez certains Nématodes, et dans tous les cas de parthénogenèse polyploïde.

L'existence de ces lignées indéfiniment parthénogénétiques nous montre que, contrairement à l'ancienne idée de Darwin et de Maupas, le mélange périodique des patrimoines héréditaires n'est nullement indispensable à la santé et à la vigueur de l'espèce.

Aussi bien cette conclusion rejoint-elle ce que nous ont appris, d'une part, les cultures indéfinies de Protozoaires, et, d'autre part, la culture des tissus somatiques. Il est aujourd'hui incontestable que des cellules peuvent se multiplier indéfiniment sans que s'affaiblisse en rien leur pouvoir de multiplication.

MÉCANISME DE LA PARTHÉNOGENÈSE NATURELLE

Pourquoi, dans les cas de parthénogenèse naturelle, l'œuf vierge se montre-t-il capable de développement alors que, ailleurs, il a besoin de l'action stimulante du gamète mâle ?

A cette question il est impossible de répondre pour l'instant avec précision. On a supposé que, dans l'ovule parthénogénétique, le centrosome persistait après émission du ou des globules polaires : ce centrosome ovulaire donnerait naissance à l'aster de segmentation (amphiaster), normalement issu du centrosome spermatique. On peut imaginer aussi que le centrosome de l'ovule, ayant disparu, reprend son activité, ou même qu'il s'en forme un nouveau, sous l'influence d'une substance chimique présente dans l'ovule ou dans le milieu intérieur.

D'après Morgan, tout ovule posséderait le moyen de se développer spontanément; si, d'ordinaire, ce développement spontané n'a pas lieu, c'est qu'il s'établit dans l'ovule un obstacle, une « inhibition », que lève la fécondation. Cet obstacle n'apparaîtrait pas dans les ovules parthénogénétiques.

ORIGINE DE LA PARTHÉNOGENÈSE NATURELLE

Il est généralement admis que la reproduction parthénogénétique est un mode de multiplication secondaire, dérivé de la reproduction sexuée. En faveur de cette opinion, on peut alléguer le fait que, dans plusieurs espèces, les femelles parthénogénétiques possèdent un réceptacle séminal, tout comme les femelles sexuées. En outre, on a vu des lignées à parthénogenèse indéfinie prendre naissance à partir d'espèces ayant un cycle normal.

Comment la parthénogenèse prend-elle naissance dans une espèce bisexuée?

On ne le sait au juste. Tout ce qu'on peut dire, c'est que, pour qu'elle s'établisse, il faut, d'une part, que l'ovule acquière la faculté de se développer sans fécondation, et, d'autre part, qu'un processus régulateur intervienne pour maintenir la constance du nombre des chromosomes (par exemple, suppression de la réduction chromatique dans la parthénogenèse diploïde ou polyploïde). Ces acquisitions ne peuvent être que l'œuvre des changements brusques qu'on désigne sous le nom de mutations. Comme dit Vandel, « jusqu'à preuve du contraire, nous devons considérer la parthénogenèse comme due à une ou plusieurs mutations (spontanées ou provoquées) ».

LA PARTHÉNOGENÈSE EXPÉRIMENTALE

Les premiers résultats décisifs, en parthénogenèse expérimentale, ont été annoncés en 1899 par Jacques Loeb, qui fit naître des larves d'Oursin en traitant les ovules vierges par de l'eau de mer additionnée de chlorure de magnésium. La découverte de Lœb produisit une sensation profonde; comme toute grande nouveauté, elle fut d'abord vivement contredite; mais bientôt elle fut confirmée par divers chercheurs, qui obtinrent le développement de l'œuf vierge chez nombre d'espèces animales et par les procédés les plus divers.

La parthénogenèse fut étendue en 1910 aux Vertébrés inférieurs (Grenouille, Crapaud) par Eugène Bataillon, et en 1939 aux Mammifères eux-mêmes par Gregory Pincus.

ÉCHINODERMES ET INVERTÉBRÉS DIVERS

Jacques Loeb, dans ses premiers travaux, obtenait la « fécondation chimique » en usant d'eau de mer rendue hypertonique par l'addition de chlorure de magnésium; il devait, un peu plus tard (1906), créer une méthode à deux temps, qui lui donna des résultats encore bien meilleurs.

Les œufs d'Oursin (*Arbacia, Strongylocentrotus*) sont d'abord traités, pendant une ou deux minutes (à + 18° C), par de l'eau de mer additionnée d'acide butyrique (50 cc d'eau de mer, 3 cc d'ac. butyrique N/10); après avoir été lavés dans de l'eau de mer normale, ils sont plongés pendant vingt à trente secondes dans une solution hypertonique (50 cc d'eau de mer, 8 cc de Na Cl 2/5 N); enfin, ils sont reportés dans l'eau de mer normale, où ils se développent aussi bien que les œufs naturellement fécondés.

Ce procédé à double traitement offre l'avantage d'imiter très fidèlement la fécondation naturelle : en effet, après le traitement par l'acide butyrique, l'œuf s'entoure d'une membrane comme il fait après avoir été pénétré par le spermatozoïde.

Tous les acides gras monobasiques (formique, acétique, propionique, etc.) et bien d'autres substances (ammoniaque, amines, éthers, etc.) ont, comme l'acide butyrique, la propriété de déterminer le soulèvement de la membrane; quant à la solution hypertonique, elle peut être remplacée par une solution de cyanure de potassium (50 cc d'eau de mer, 2 cc de cyanure 1/20).

D'après Loeb, la formation de la membrane témoigne d'un commencement de destruction (cytolyse) dans la couche corticale de l'œuf; il en résulte un « accroissement du taux des oxydations » qui conduit inévitablement l'œuf à la mort s'il n'est pas « guéri » par le second traitement, dont l'action supprime les oxydations (cyanure) ou les oriente dans la bonne voie (solution hypertonique). La méthode de Loeb comporte donc deux temps bien distincts : 1° un traitement activant, ou membranogène; 2° un traitement correcteur ou régulateur.

Loeb tenait sa méthode pour une imitation très fidèle de la fécondation naturelle, car, d'après lui, le spermatozoïde, lui aussi, agirait de façon double en apportant dans l'œuf à la fois une lysine, excitante et destructrice, et une antilysine, capable de modérer ou de corriger l'action de la lysine.

Cette théorie dualiste de la fécondation et de la parthénogenèse fut vivement critiquée, notamment par Just. Nous verrons tout à l'heure quelle part de vérité elle contient.

Bien d'autres procédés se sont montrés capables de produire la parthénogenèse artificielle chez les œufs d'Échinodermes : mentionnons, pour l'œuf d'Oursin, le tannin et l'ammoniaque (Delage), les rayons ultraviolets (Lillie et Baskerville); pour l'œuf d'Étoile de mer, l'acide carbonique (Delage), le secouage, le froid, la dessiccation, etc.

Albert Dalcq a obtenu la parthénogenèse de l'Étoile de mer par un procédé qui lui paraît plus « physiologique » que les procédés habituels, car les ovules se divisent dans *le milieu même* qui a provoqué leur stimulation; ce milieu est un mélange de chlorures (sodium, potassium, magnésium, calcium), avec prédominance de chlorure de calcium.

Chez l'Échiurien *Urechis caupo,* A. Tyler a obtenu le

développement parthénogénétique de l'ovule par l'action de l'eau de mer hypotonique, ou même par l'action de l'eau distillée.

Chez le Ver à soie *(Bombyx mori)*, on détermine la parthénogenèse complète en traitant les œufs vierges par l'acide chlorhydrique (Sato) ou par l'acide chlorhydrique et la chaleur (Koltzoff), ou par la chaleur seule (Astauroff). Ce sont les mêmes agents qui, dans cette espèce, provoquent le développement parthénogénétique de l'œuf et la rupture de la diapause embryonnaire.

VERTÉBRÉS INFÉRIEURS

On détermine des débuts de développement chez les Poissons en soumettant l'œuf vierge à des solutions hypertoniques de sel ou de sucre. D'après Trifonowa, on obtiendrait la parthénogenèse complète de certains Poissons osseux *(Acerina, Perca, Leuciscus)* par l'action de la chaleur (28° à 30° C) combinée à l'hypotonie (eau distillée); d'après Lestage, Pirola, on obtiendrait la parthénogenèse de l'Alose par l'action du courant électrique.

Chez les Amphibiens, les facteurs physico-chimiques (chocs thermiques, hypo- ou hypertonie) ne déterminent que des développements abortifs; un seul procédé permet, chez eux, d'obtenir la parthénogenèse complète, c'est celui qui consiste à inoculer dans l'œuf un matériel d'origine cellulaire (parthénogenèse traumatique de Bataillon, 1910).

Quand des œufs vierges de Grenouille rousse *(Rana temporaria)* sont piqués avec un fin stylet de verre, ils entrent tous en mouvement; la plupart ne présentent que quelques divisions irrégulières et abortives, mais certains d'entre eux se développent régulièrement pour produire des larves. A quoi tient cette différence entre les uns et les autres? Pourquoi chez ceux-ci la parthénogenèse abortive, chez ceux-là la parthénogenèse complète?

Bataillon a fait voir, par une série d'admirables expériences, que, dans les œufs qui se développent régulièrement, le stylet a introduit un globule sanguin; cette inoculation est rendue possible par le fait que la gangue gélatineuse des œufs est souvent souillée de sang ou de lymphe quand ils sont extraits sans précaution particulière du ventre de l'animal.

Le globule sanguin, introduit dans l'œuf, ne prend aucune part à la formation de l'embryon; il détermine simplement un développement parthénogénétique. La parthénogenèse traumatique est donc, comme la méthode de Loeb, une méthode à deux temps, comportant deux facteurs bien distincts : 1° la piqûre, qui active l'œuf, mais jamais ne le conduit à l'embryogenèse; 2° l'inoculation d'un matériel cellulaire qui permet l'embryogenèse complète (facteur de régulation).

Alors que de nombreux procédés peuvent être substitués à la piqûre pour obtenir l'activation (choc d'induction, choc thermique, vapeurs anesthésiques, etc.), la régulation n'a été jusqu'ici obtenue que par l'introduction d'un matériel cellulaire.

Le facteur de régulation se trouve non seulement dans le sang de Grenouille, mais encore dans le sang des autres Amphibiens (Crapaud, Triton), et, plus généralement, de tous les Vertébrés (Poisson, Reptile, Oiseau, Mammifère). Il existe également dans divers tissus (rate de Cobaye et de Rat; ovaire, pancréas, cerveau de Grenouille), et notamment dans la pulpe testiculaire de n'importe quel Vertébré. On le trouve même chez certains Invertébrés (vésicules séminales du Lombric, glande hermaphrodite d'Escargot, testicules d'Anodonte); il manque dans les tissus des Insectes, des Crustacés, des Planaires, de l'Hydre, etc.; il est toujours absent dans les tissus végétaux, dans les bactéries et dans les virus (J. Rostand).

L'effet de régulation n'est pas lié à la vitalité de l'élément cellulaire : il appartient encore aux cellules sanguines de Grenouille chauffées à 46° C, au sperme de Cobaye chauffé à 60° C (Bataillon), au sperme de Grenouille complètement desséché ou conservé pendant plusieurs semaines dans la glycérine pure (J. Rostand).

Le facteur de régulation peut d'ailleurs être séparé de la cellule (Einsele, Parat) : on obtient le développement complet de l'œuf de Grenouille en y injectant des dialysats à l'éther préparés à partir de testicules de Grenouille et dépourvus de tout élément figuré. Ces dialysats conservent leur activité après ultra-filtration sur une membrane de collodion qui arrête le collargol, le rouge Congo, le bleu de nuit.

Shaver a obtenu l'effet de régulation en introduisant dans l'œuf des extraits cellulaires qui paraissent être d'origine purement *cytoplasmique* et contiennent de gros granules protéiques riches en ferments.

Il a été jusqu'ici impossible d'obtenir l'effet de régulation en injectant dans l'œuf de Grenouille des substances chimiques définies (nucléines, nucléoprotéines, acides nucléiques), des ferments (pepsine, trypsine, labferment, etc.).

MAMMIFÈRES

En dépit de grandes difficultés techniques, d'importantes recherches ont pu être effectuées en ces dernières années touchant la parthénogenèse artificielle des Mammifères.

En traitant des ovules de Lapin par la chaleur (45° C) ou par l'hypertonie, on détermine leur activation parfois suivie de régulation; si ces ovules sont transplantés dans la trompe d'une Lapine mise en état de pseudo-gestation (par accouplement avec un mâle vasectomisé ou par injection d'hormone), quelques-uns d'entre eux se développent : sur 615 œufs ainsi transplantés (chez dix-neuf femelles), trois ont produit des jeunes à terme (Pincus).

Avec la collaboration de Shapiro, Pincus a fait voir l'action stimulante du froid sur l'œuf de Lapine; le traitement était réalisé *in situ* en faisant circuler de l'eau glacée pendant un quart d'heure dans un manchon entourant la trompe utérine. Sur 16 Lapines ainsi traitées, l'une a produit un petit vivant (soit un développement complet pour deux cents œufs environ).

Ch. Thibault a confirmé l'action stimulante du refroidissement; d'après cet auteur, on active par le froid plus de la moitié des œufs traités; ceux-ci ont fourni des morulas, voire des blastocystes, mais non des lapins à terme.

Selon Chang, les blastocystes d'origine parthénogénétique seraient généralement inaptes à s'implanter sur la muqueuse utérine : d'où le faible pourcentage de résultats positifs.

Chez d'autres Mammifères (Rat, Souris), les ovules paraissent plus ou moins réfractaires aux procédés classiques de stimulation.

Nous ne disposons présentement d'aucune donnée touchant la sensibilité réactionnelle de l'ovule humain à l'égard des traitements parthénogénisants.

THÉORIE DE LA PARTHÉNOGENÈSE

Comme on vient de le voir, les traitements capables de déterminer le développement de l'œuf vierge sont extrêmement variés (froid, chaleur, secouage, hyper-et hypotonie, rayons ultra-violets, etc). En raison même de cette diversité, il est très difficile d'imaginer une théorie générale de la parthénogenèse qui ramènerait tous les procédés à un facteur commun. Certains auteurs ont supposé que l'agent activateur, quel qu'il fût, déterminait la formation d'une substance acide à l'intérieur de l'ovule (Rünnström); d'autres ont admis qu'il provoquait une libération de calcium (Heilbrunn, Dalcq et Pasteels), et cette « théorie du calcium » peut, en sa faveur, alléguer un certain nombre de faits expérimentaux.

Du point de vue cytologique, on a suivi de très près les phénomènes qui se déroulent dans l'œuf soumis aux agents de parthénogenèse, et l'on a réussi, dans certains cas, à préciser nettement les conditions qui permettent son développement.

Pour que l'œuf vierge puisse effectuer la division correcte qui entraînera à sa suite toutes les autres, il faut qu'il forme un aster comparable à l'aster spermatique, c'est-à-dire un aster capable de se dédoubler en amphiaster, pour produire une mitose dicentrique.

Dans la parthénogenèse chimique à deux temps (méthode de Loeb), le traitement activateur seul (acide butyrique, par exemple) suscite bien la formation d'un aster, mais qui demeure unique (monaster), d'où une mitose monocentrique qui ne peut mener l'œuf qu'à la mort; le second traitement régulateur est indispensable pour déterminer la formation de l'amphiaster.

De même, dans la parthénogenèse traumatique des Batraciens, la piqûre simple (activation) détermine un monaster, et c'est l'inoculation du matériel étranger qui produit l'aster apte au dédoublement.

D'après Bataillon, la monocentrie aurait pour cause une *désharmonie chronologique* entre le cycle astérien et le cycle nucléaire, les mouvements de l'aster marquant un retard considérable sur les mouvements du noyau. Le second temps aurait pour effet d'accélérer les mouvements astériens.

Les deux temps de la parthénogenèse — soit dans la parthénogenèse de Loeb soit dans celle de Bataillon — correspondent aux deux effets produits par le spermatozoïde (effet d'activation, dû à l'acrosome : effet de régulation astérienne, dû au centrosome spermatique). La preuve que les deux temps de parthénogenèse correspondent bien aux deux temps de fécondation, c'est qu'on peut, parfois, remplacer le second temps de la fécondation par un deuxième temps de parthénogenèse. Ainsi, dans certaines hybridations entre formes très éloignées (Oursin femelle × *Chaetopterus* mâle), le spermatozoïde étranger se montre incapable d'assurer la régulation astérienne : l'œuf est alors simplement activé, il produit un monaster, et le développement reste abortif. Or, on peut obtenir un développement complet en superposant à l'action spermatique l'action de la solution hypertonique : la fécondation partielle a été complétée par une régulation d'origine chimique.

Il convient d'ailleurs de remarquer que la parthénogenèse n'est pas forcément à deux temps, car elle n'imite pas toujours la fécondation naturelle. « Le parallélisme analytique que nous avons posé entre fécondation et parthénogenèse ne vaut que pour le cas particulier des techniques classiques à deux temps, pour une activation égale en intensité à celle que provoque la spermie spécifique sur l'œuf mûr » (Bataillon).

Dans certains cas, l'activation parthénogénétique étant incomplète, c'est-à-dire moins forte que celle qui correspond à l'activation de la fécondation, elle n'accule pas le noyau femelle à « l'impasse du monaster » et peut alors, à elle seule, déterminer le développement par la mise en jeu de mécanismes spéciaux : c'est ce qui se produit chez l'Oursin quand on soumet l'œuf vierge à un traitement butyrique ménagé, chez *Urechis caupo* quand on fait agir sur l'œuf l'eau de mer diluée.

PARTHÉNOGENÈSE ET SYMÉTRIE BILATÉRALE

Chez beaucoup d'animaux, le plan de symétrie bilatérale de l'embryon est déterminé par le lieu d'entrée du spermatozoïde. Aussi l'établissement de la symétrie embryonnaire peut-il se trouver gêné en cas de parthénogenèse (*Urechis*). Chez la Grenouille, la symétrie bilatérale apparaît dans l'œuf parthénogénétique tout comme dans l'œuf fécondé : il faut donc admettre que, dans cette espèce, l'œuf vierge est capable de réaliser par ses seuls moyens le plan de symétrie. Celui-ci, d'ailleurs, dans l'œuf activé par piqûre, est absolument indépendant du point d'entrée du stylet.

LA PARTHÉNOGENÈSE ET LES CHROMOSOMES

La parthénogenèse artificielle peut donner naissance à des êtres parfaitement normaux. On a obtenu, par fécondation chimique, des Oursins et des Astéries sous forme parfaite (Delage, Cresswell Shearer et Dorothy Jordan Lloyd) ; chez les Insectes, Kostoff, Sato, Astaurov ont obtenu en grand nombre des *Bombyx mori* d'origine parthénogénétique, tout à fait normaux et capables de se reproduire ; chez les Vertébrés enfin, Loeb et Bancroft, Parmenter et bien d'autres ont obtenu, par le procédé de Bataillon, des Grenouilles adultes.

Provenant d'une seule cellule reproductrice, les organismes nés de parthénogenèse artificielle devraient, en principe, porter dans leurs cellules un assortiment unique de chromosomes (N) au lieu des deux assortiments (2N) que portent les organismes issus de deux parents. C'est effectivement le cas pour la plupart d'entre eux ; mais le cas n'est pas rare où des êtres d'origine parthénogénétique portent le nombre diploïde de chromosomes. Ce sont ceux-là précisément qui manifestent une vigueur normale et se montrent capables de parvenir à l'âge adulte.

Cette diploïdie peut tenir à différentes causes : tétraploïdie de la femelle productrice d'ovules ; suppression de la première division polaire, réabsorption du second globule polaire, doublement des chromosomes par division monastérienne ou division anastrale (c'est là, vraisemblablement, la principale cause de diploïdie chez les Batraciens d'origine parthénogénétique), fusion des deux premiers noyaux de segmentation, etc.

Si les organismes diploïdes issus de parthénogenèse artificielle sont absolument normaux, en revanche, les haploïdes sont très généralement incapables d'atteindre l'âge adulte et présentent des tares variées. Chez les Amphibiens notamment, l'haploïdie entraîne le nanisme, l'œdème, etc. On ne sait encore exactement à quoi tient la débilité des haploïdes obtenus par des procédés artificiels.

LA PARTHÉNOGENÈSE ET LE SEXE

En parthénogenèse artificielle comme en parthénogenèse naturelle, le sexe des individus produits dépend du type de détermination sexuelle auquel appartient l'espèce.

S'agissant du type *Drosophila* (hétérogamétie du sexe mâle, homogamétie du sexe féminin), les ovules, contenant tous un chromosome X, doivent, en principe, produire uniquement des femelles. Effectivement, chez la Grenouille, qui appartient à ce type, le sexe féminin est presque seul représenté dans les produits de parthénogenèse. Des quelques mâles qui figurent parmi ceux-ci, on n'a pu encore, de façon satisfaisante, expliquer l'origine.

Chez le Lapin (type *Drosophila*), les quelques produits obtenus par parthénogenèse sont du sexe féminin.

Le cas du type *Abraxas* (hétérogamétie féminine) est plus complexe, car le sexe, ici, peut dépendre des modalités de la réduction chromatique en ce qui concerne les chromosomes sexuels W et Z, mais, d'une façon générale, chez les organismes appartenant à ce type, la parthénogenèse peut donner naissance aux deux sexes, et c'est en effet ce qu'on a constaté chez le Ver à soie.

LA GYNOGENÈSE

La fécondation, phénomène complexe, n'est *totale* que lorsque le spermatozoïde produit à la fois ses trois effets : d'activation, de régulation astérienne et de régulation chromosomique. Ils sont bien distincts les uns des autres, et il arrive que la fécondation se réduise au premier (activation), ou aux deux premiers (activation, régulation astérienne) : on dit alors qu'elle est *partielle*.

Dans certaines fécondations qui mettent en présence un ovule et un spermatozoïde appartenant à des espèces fort éloignées (fécondations hétérogènes), non seulement il n'y a pas union du noyau spermatique avec le noyau ovulaire (amphimixie), mais le spermatozoïde se montre incapable de faire naître l'irradiation astérienne dans le cytoplasme environnant : il provoque alors simplement l'activation de l'ovule, qui sort de son inertie, édifie un monaster, mais, après quelques essais infructueux de division, périt immanquablement.

Ce cas se produit notamment dans le croisement *Pelodytes punctatus* femelle × *Molge alpestris* mâle, qui met en présence un ovule d'Amphibien Anoure et un spermatozoïde d'Urodèle.

Si la fécondation partielle, réduite à son premier temps (activation), ne provoque dans l'œuf que les tout premiers actes du développement, il n'en va pas de même quand elle inclut le deuxième effet (régulation astérienne); en ce cas, et malgré le défaut de régulation chromosomique, l'œuf se segmente régulièrement et peut produire un individu, qui ne devra ses chromosomes, et partant son hérédité, qu'au seul parent maternel. C'est la Gynogenèse, encore désignée par les termes de pseudogamie, de mérospermie, de semi-parthénogenèse.

La Gynogenèse se rattache bien, en effet, à la parthénogenèse ou reproduction virginale; elle est, si l'on veut, comme dit Bataillon, une « parthénogenèse spéciale », puisqu'elle aboutit, elle aussi, à la production d'êtres purement maternels.

LA GYNOGENÈSE NATURELLE

Le phénomène de gynogenèse se rencontre à l'état de nature chez certains vers Nématodes, et cette « gynogenèse naturelle », découverte par Eva Krüger en 1913, constitue un « véritable pont jeté par la nature entre la fécondation et la parthénogenèse naturelle » (Brachet).

Chez le *Rhabditis aberrans,* espèce bisexuée, le spermatozoïde pénètre dans l'œuf, mais il y demeure inerte et y dégénère sans prendre aucune part à la formation de l'embryon. De même chez le *Rhabditis monohystera.* Les ovules, dans ces deux espèces, n'expulsent qu'un seul globule polaire et ne subissent pas la réduction chromatique, en sorte qu'ils donnent naissance à des individus diploïdes.

La gynogenèse naturelle existe également chez les Triclades *(Dugesia, Polycelis),* comme l'a établi Benazzi;

chez l'Oligochète *Allolobophora caliginosa trapezoides* (Omodeo); chez le Poisson *Mollienisia formosa.*

Chez ce dernier, les mâles ont disparu de l'espèce, et la gynogenèse est provoquée par des spermatozoïdes étrangers, à la suite du croisement de la femelle avec des mâles appartenant à des espèces voisines. Cette même femelle peut d'ailleurs, quand elle est croisée avec certaines espèces (*Limia vittata,* par exemple), présenter le mode de reproduction typique, avec participation des chromosomes paternels.

Nous n'avons aucune idée des conditions cytoplasmiques qui, dans les cas de gynogenèse naturelle, déterminent l'inertie de la chromatine spermatique.

LA GYNOGENÈSE ACCIDENTELLE

La gynogenèse peut se produire, exceptionnellement, sans aucune intervention expérimentale, dans certaines espèces telles que l'Amblystome; chez cet Amphibien Urodèle, Fankhauser et Humphrey ont montré que l'ovule normalement fécondé se développait parfois sous la seule commande des chromosomes maternels : si, en effet, l'on croise entre eux une femelle appartenant à la race blanche et un mâle appartenant à la race noire, on voit apparaître dans la descendance, au milieu d'une foule de produits noirs (le caractère « noir » dominant le caractère « blanc »), quelques produits blancs (6 à 7 pour 1000) dont la blancheur dénonce sans équivoque l'origine gynogénétique.

On a pu constater, en outre, en multipliant les essais, que certaines femelles d'Amblystome se montrent, plus que d'autres, sujettes à la gynogenèse spontanée, sans qu'on puisse préciser les conditions qui favorisent cette tendance.

LA GYNOGENÈSE EXPÉRIMENTALE

Dans un grand nombre de formes animales, on peut obtenir la gynogenèse par divers artifices expérimentaux, et, en premier lieu, par la fécondation hétérogène. Comme l'a montré Kupelwieser (1909-1912), les œufs d'Oursin, pénétrés par le sperme de Moule, peuvent donner des larves fausses hybrides et purement maternelles : le spermatozoïde étranger stimule l'œuf, mais le noyau mâle ne se résout pas en chromosomes et dégénère dans le cytoplasme ovulaire.

Chez les Amphibiens Anoures, la gynogenèse par fécondation hétérogène, avec production de larves fausses-hybrides, est bien connue depuis les travaux de Günther Hertwig, étendus et précisés par Bataillon et Tchou-Su.

Parmi les combinaisons d'espèces, qui donnent lieu au faux hybridisme, citons :

Bufo bufo × *Hyla arborea*
Bufo bufo × *Pelobates cultripes*
Rana esculenta × *Bufo viridis*
Rana pipiens × *Scaphiopus holbrookii*
Hyla arborea × *Pelobates cultripes*

Bataillon et Tchou-Su ont distingué, par une soigneuse étude cytologique, diverses modalités dans les croisements susceptibles d'aboutir à la gynogenèse. Tantôt, la chromatine spermatique se trouve constamment et entièrement exclue dès le départ de l'embryogenèse : la gynogenèse est alors de règle (croisement *Hyla arborea* × *Pelobates cultripes*) ; tantôt, l'exclusion de la chromatine spermatique se fait de manière variable, certains œufs seulement bénéficiant de l'exclusion totale qui assure la gynogenèse (*Hyla arborea* × *Bufo bufo*, ou réciproquement).

On ignore quelle est la cause de la passivité du noyau mâle dans le phénomène de faux hybridisme.

GYNOGENÈSE PAR LE SPERME ALTÉRÉ

On peut encore produire la gynogenèse en soumettant l'élément fécondateur à des traitements spéciaux qui, sans détruire le facteur de dicentrie, privent la chromatine de sa faculté d'accroissement.

Les premières expériences de gynogenèse avec le sperme altéré sont dues à Oscar Hertwig (1909) : ce biologiste employait, comme procédé d'altération, l'irradiation par les substances radio-actives (bromure de radium ou mésothorium) : ses essais portaient sur la Grenouille rousse.

Quand, chez cet animal, on pratique des fécondations avec des spermatozoïdes irradiés pendant des temps croissants mais ne dépassant pas un quart d'heure, on obtient des produits plus ou moins anormaux, et le développement s'arrête à un stade d'autant plus précoce que l'irradiation a été plus prolongée; mais si l'on prolonge encore le temps d'irradiation des spermatozoïdes — pendant une heure par exemple, — on constate ce fait paradoxal que les produits se montrent beaucoup moins lésés qu'ils ne le sont en cas de brève irradiation. On pourra même dans ces conditions voir naître des larves; et ce résultat s'explique par le fait que, passé un certain degré d'irradiation, la chromatine spermatique devient inapte à collaborer avec la chromatine ovulaire; le développement est alors gynogénétique, les produits sont d'origine purement maternelle, et c'est pourquoi ils sont exempts de tares.

On a d'ailleurs constaté directement que, lorsque le spermatozoïde a été longuement irradié, il reste inerte et dégénère bientôt dans le cytoplasme de l'ovule.

Il existe un moyen très simple de faire apparaître le caractère gynogénétique des développements provoqués par des spermatozoïdes longuement irradiés : c'est de combiner le traitement du sperme avec un croisement qui, dans les conditions normales, n'aboutit jamais à la formation de larves (*Bufo vulgaris* × *Rana temporaria, Rana pipiens* × *Rana catesbiana*) : quand le sperme a été suffisamment irradié, on obtient des larves, et qui ne peuvent être que d'origine purement maternelle (Hertwig, R. Rugh).

Le traitement par les substances radio-actives ou par les rayons X n'est pas le seul qui permette de retirer aux spermatozoïdes leur pouvoir de régulation chromosomique *tout en respectant leur pouvoir de régulation* astérienne. On a obtenu la gynogenèse chez les Amphibiens Anoures en exposant le sperme aux rayons ultraviolets (S. Simon), ou en le traitant par des substances chimiques, telles que le bleu de méthylène, la trypaflavine (Günther Hertwig), le bleu de toluidine (Briggs), etc.

En dépit de certains essais (Edwards), on n'a pas encore obtenu, en toute clarté, le phénomène de gynogenèse expérimentale ni chez les Oiseaux ni chez les Mammifères; en revanche, on l'a obtenu non seulement chez les

Amphibiens Urodèles, mais encore chez les Insectes, et notamment chez le Ver à soie.

LE REFROIDISSEMENT DE L'ŒUF

Un procédé fort simple permet encore d'obtenir la gynogenèse chez les Batraciens : c'est le refroidissement prolongé de l'œuf fécondé. Des œufs de *Bufo bufo* fécondés par du sperme de *Rana temporaria* (croisement abortif dans les conditions normales) peuvent donner, exceptionnellement, des larves si, après la fécondation, ils sont placés à 0° pendant plusieurs heures (J. Rostand). De même des œufs de *Rana esculenta* ou de *Hyla arborea* fécondés par du sperme de *Rana temporaria*.

LA GYNOGENÈSE ET LES CHROMOSOMES

En principe, la gynogenèse ne devrait donner naissance qu'à des produits haploïdes, puisque l'œuf ne bénéficie pas de la régulation chromosomique normalement assurée par l'élément fécondateur. En effet, les produits de gynogenèse sont très généralement haploïdes, et, partant, défectueux et incapables d'atteindre l'âge adulte. Quelquefois, cependant, ils se montrent aussi vigoureux que des produits normaux : c'est que, par une autorégulation chromosomique, ils ont acquis la diploïdie.

Le nombre des larves gynogénétiques diploïdes s'élève notablement si l'on traite les œufs par le froid (J. Rostand), car le refroidissement de l'œuf favorise l'autorégulation chromosomique.

Un bref chauffage exerce, à cet égard, une action comparable à celle du froid (Fankhauser et Watson).

GYNOGENÈSE ET SEXE DES PRODUITS

La question du sexe des produits se pose de la même façon pour la gynogenèse que pour la parthénogenèse artificielle. Les femelles du type *Drosophila* (femelle XX) ne peuvent, en principe, produire par gynogenèse que le sexe féminin; les femelles du type *Abraxas* (femelle WZ) peuvent produire les deux sexes.

L'étude du sexe des produits gynogénétiques peut donc, en certains cas, aider à déterminer le type sexuel de l'espèce.

L'ANDROGENÈSE

Nous avons vu que l'œuf peut se développer avec le seul noyau ovulaire si la régulation astérienne, nécessaire au développement, a été assurée par un spermatozoïde (gynogenèse) ou par un agent physico-chimique (parthénogenèse). Mais l'œuf peut aussi se développer avec le seul noyau spermatique : c'est alors *l'androgenèse*.

Ici, tous les noyaux cellulaires dérivent du noyau paternel, mais, l'ovule ayant contribué au développement par son cytoplasme, la question se posera de savoir si les produits de l'androgenèse doivent être considérés comme d'origine purement paternelle ou comme d'origine mixte.

Il existe divers procédés pour réaliser l'androgenèse :

1° On peut, préalablement à la fécondation, détruire le noyau ovulaire ou, du moins, le léser de façon qu'il ne prenne aucune part au développement. On obtient ce résultat en soumettant l'ovule à l'action d'une préparation radio-active (radium, mésothorium) ou à l'action des rayons X. L'expérience a été faite sur les Amphibiens par Günther et Paula Hertwig, chez les Papillons par Astauroff.

2° On peut encore, après la fécondation, détruire le noyau ovulaire à l'aide d'une aiguille chauffée ou l'aspirer avec une pipette capillaire (Dalcq, Curry, Porter, Kaylor, etc.). Ces procédés ont été largement employés chez les Amphibiens, Anoures et Urodèles.

3° On peut, après la fécondation, traiter l'œuf par une température élevée (Hashimoto, Astauroff, sur *Bombyx mori*) ou basse (Humphrey et Fankhauser, sur *Amblystoma*).

L'ANDRO-MÉROGONIE

A l'androgenèse proprement dite se rattache l'andro-mérogonie, qui permet, elle aussi, d'obtenir des produits à noyaux purement paternels; mais, ici, pour se défaire du noyau maternel, on a recours à la suppression d'une portion de l'œuf.

L'andro-mérogonie a été réalisée chez un bon nombre d'Invertébrés aquatiques (Oursin, Étoile de mer, Dentale, *Cerebratulus, Ascidiella*) et de Vertébrés (Amphibiens).

Chez l'Oursin, par exemple, on coupe en deux un œuf vierge, et l'on féconde ensuite le fragment dépourvu de noyau, qui produit une larve andro-mérogone. On peut encore enlever, à l'aide d'une fine aiguille de verre, le pôle supérieur renfermant le noyau.

La fragmentation de l'œuf peut aussi s'obtenir par simple secouage, ou encore par ligature. Ce dernier procédé a été fructueusement appliqué aux Amphibiens par Spemann, Baltzer, Fankhauser. Sur un œuf fécondé de Triton, l'on pratique une ligature au moyen d'un fin cheveu, séparant ainsi l'œuf en deux fragments, dont l'un contient un seul noyau d'origine mâle : ce fragment isolé peut donner naissance à une larve, androgénétique.

L'ANDROGENÈSE ACCIDENTELLE

L'androgenèse peut se produire exceptionnellement dans certaines espèces : chez l'Amblystome, les croisements entre femelle noire et mâle blanc donnent parfois des produits blancs, qui ne peuvent être qu'androgénétiques (Fankhauser et Humphrey). L'androgenèse accidentelle est chez l'Amblystome, plus rare que la gynogenèse accidentelle.

L'ANDROGENÈSE ET LES CHROMOSOMES

En principe, les larves androgénétiques ou andro-mérogones n'ont dans leurs cellules que le nombre réduit de chromosomes; mais il arrive exceptionnellement qu'une auto-régulation chromosomique se produise, soit par fusion de deux noyaux spermatiques (en cas de polyspermie), soit par fusion des deux premiers noyaux de segmentation.

En accouplant des femelles de *Bombyx mori* à deux mâles, successivement, Strunnikov a obtenu des produits androgénétiques ayant une double hérédité paternelle.

Les larves androgénétiques haploïdes présentent en général la fragilité et les tares qui sont habituelles à l'haploïdie; quant aux androgénétiques diploïdes, elles sont comparables aux larves normales.

En greffant des larves androgénétiques haploïdes de Pleurodèles sur des larves diploïdes, Gallien et Beetschen ont pu les mener jusqu'à la maturité sexuelle et étudier leur mode de gamétogenèse.

Le sexe des organismes androgénétiques dépend du type de détermination sexuelle auquel appartient l'espèce. En principe, dans le type *Drosophila* (mâle XY), les produits androgénétiques pourraient appartenir aux deux sexes, puisque les deux spermatozoïdes sont de deux sortes (X et Y); ils ne peuvent appartenir qu'au sexe mâle dans le type *Abraxas* (mâle ZZ), puisque tous les spermatozoïdes contiennent un chromosome Z. Conformément aux prévisions théoriques, l'androgenèse ne produit que des mâles chez *Bombyx mori* (Astauroff), chez les Pleurodèles (Gallien).

L'ANDROGENÈSE HYBRIDE

Dans un fragment d'œuf sans noyau ou dans un œuf privé de son noyau par l'un des procédés qu'on vient d'indiquer, l'on peut faire pénétrer un spermatozoïde appartenant à une espèce ou à une race différente de la sienne (hétérospermie). Qu'adviendra-t-il d'un tel germe où le noyau et le cytoplasme ne sont pas de même espèce ou de même race? S'il se développe par « androgenèse hybride », quels seront les caractères de l'individu résultant? Celui-ci sera-t-il un hybride, ou sera-t-il purement du type de l'espèce ou de la race qui a fourni le noyau mâle?

On conçoit toute l'importance du problème en ce qui concerne les rôles respectifs du noyau et du cytoplasme dans la détermination des caractères héréditaires.

Les premiers essais d'androgenèse hybride sont dus à Th. Boveri (1889), qui s'efforça de féconder des fragments d'ovules de *Sphaerechinus* avec du sperme d'*Echinus*; mais sa technique n'était pas à l'abri de toute critique. Des expériences analogues ont été, depuis lors, réalisées par Hörstadius dans des conditions irréprochables; mais elles n'ont pas donné de résultats décisifs en ce qui concerne le rôle du noyau dans la déterminisme héréditaire, non plus que celles de Paula Hertwig, de Curry et de Baltzer sur les Tritons.

En revanche, Baltzer en 1941 a réalisé l'androgenèse hybride de l'Axolotl *(Amblystoma)* en associant le cytoplasme d'une race pigmentée avec le noyau spermatique d'une race albinos; ainsi qu'on pouvait s'y attendre, il a obtenu des larves totalement dépourvues de pigment, comme le parent paternel.

Astauroff, chez le Ver à soie, a obtenu des produits androgénétiques à partir d'ovules de *Bombyx mandarina* fécondés par *Bombyx mori.* En traitant les œufs par la chaleur, on provoque l'inactivation du noyau femelle. Les produits, qui sont viables, sont purement du type *mori,* malgré la présence du cytoplasme de *mandarina.* L'expérience est particulièrement démonstrative, eu égard aux différences marquées qui existent, à tous les stades, entre les deux espèces de Papillons.

LA PARTHÉNO-MÉROGONIE

On désigne sous ce nom le développement d'un fragment d'ovule privé de tout noyau.

Miss E.B. Harvey a montré en 1935, chez l'Oursin *(Arbacia punctulata),* que des fragments énucléés d'ovules peuvent se segmenter et donner naissance à des embryons formés de nombreuses cellules.

Pour fragmenter les ovules, on les centrifuge violemment à deux reprises dans de l'eau de mer additionnée de sucre; si les fragments d'ovules sans noyau sont soumis à l'eau de mer hypertonique (traitement stimulateur), ils se segmentent au bout de quelques heures; ils peuvent même produire des blastulas formées de cinq cents blastomères qui présentent un début de différenciation cellulaire. L'une d'elles était encore vivante après un mois.

Des résultats analogues ont été obtenus avec les Oursins méditerranéens; chez l'Annélide polychète *Chaetopterus,* les fragments énucléés d'ovules réagissent au traitement stimulateur, mais ne dépassent pas la première division.

LA PARTHÉNOGENÈSE DES CELLULES GERMINALES MÂLES

A. Peyron a signalé, dans certains embryomes du testicule humain, l'existence d'une véritable parthénogenèse rudimentaire à partir des cellules germinales. Cette parthénogenèse se compliquant de polyembryonie, ce sont des centaines de milliers de petits embryons (blastocystes) qui se forment dans une seule tumeur. Ces faits extraordinaires ont été longtemps contestés, mais ils ont été récemment vérifiés par Evans, et retrouvés chez la souris par Stevens.

Jean ROSTAND, *de l'Académie Française.*

BIBLIOGRAPHIE

E. BATAILLON et TCHOU-SU, *L'Analyse expérimentale de la fécondation et sa définition par les processus cinétiques*, « Ann. des Sc. Nat. », 10e série, XVII, Paris, 1934.

R.A. BEATTY, *Parthenogenesis and Polyploidy in Mammalian Development,* Cambridge, 1957.

A. DALCQ, *L'Œuf et son dynamisme organiseur,* Paris, 1941.

Y. DELAGE et M. GOLDSMITH, *La Parthénogenèse naturelle et expérimentale,* Paris, 1913.

G. FANKHAUSER, *The Effects of Changes in Chromosome Number on Amphibian Development,* « The Quarterly Review of Biology », 20, 1945, 20-78.

P.P. GRASSÉ, *La Reproduction sexuée et l'analyse expérimentale de la fécondation,* Paris, 1941.

J. LOEB, *La Fécondation chimique,* 1911, Paris.

Th. H. MORGAN, *Experimental Embryology,* New York, 1927.

J. ROSTAND, *La Parthénogenèse des vertébrés,* Paris, 1938.

J. ROSTAND, *La Parthénogenèse animale,* Paris, 1950.

TCHOU-SU, *Étude cytologique sur l'hybridation chez les Anoures,* Archives d'anatomie microscopique, 27, 1931, 1-105.

C. THIBAULT, *L'Œuf des mammifères. Son développement parthénogénétique,* Ann. Sc. Nat. (Zool.), Paris, 11e série, 136-219.

A. TYLER, *Artificial Parthenogenesis, Biol. Rev.*, 16, 1941, 291-336.

A. VANDEL, *La Parthénogenèse*, Paris, 1931.

LA GREFFE
OU TRANSPLANTATION

LES CONDITIONS DE LA GREFFE VÉGÉTALE

La greffe végétale, qui est la première greffe à avoir été tentée et à avoir été appliquée sur une grande échelle, remonte à plusieurs siècles. Il est très probable qu'elle a tout simplement découlé d'observations faites sur des végétaux naturellement soudés ou fusionnés et provenant du même organisme ou d'organismes différents.

Il n'est en effet pas rare d'observer des branches ou des fruits de Dicotylédones qui ont été comprimés par des facteurs mécaniques, et qui, ainsi pressés l'un contre l'autre, ont fini par se fusionner sur une étendue plus ou moins grande. Il n'y a de là qu'un pas à provoquer cette fusion, qui est d'ailleurs assez facilement obtenue avec une instrumentation très réduite. Il s'agit de mettre en contact les cambiums respectifs, tissus en voie de formation et composés de cellules embryonnaires, à les maintenir solidement l'un contre l'autre avec des ligatures, et à les protéger contre l'assèchement, en général au moyen de cire à greffer.

Les horticulteurs tirent des avantages certains de la greffe végétale. Elle leur permet d'obtenir chez un greffon des fleurs et des fruits bien plus rapidement que chez un semis de même espèce. Elle leur permet de conserver des espèces délicates, ou poussant mal dans un sol particulier, en les maintenant sur un porte-greffe plus rustique. Elle leur permet enfin de maintenir indéfiniment l'individualité du greffon qui peut n'avoir été obtenu, dans certains cas, qu'après de très nombreuses expériences d'hybridation, ou comme résultat d'une mutation rare.

Mais les horticulteurs se sont vite aperçus que des conditions strictes conditionnent la prise et le maintien d'une greffe. Ce sont d'abord des conditions mécaniques ou morphologiques. Il importe que les tissus similaires du greffon et du porte-greffe soient mis en contact direct pour assurer la continuité du protoplasme. Aussi la greffe ne réussit-elle habituellement que chez les Dicotylédones et les Gymnospermes, où la concordance des tissus est facile à établir, en raison de la disposition des appareils en couches superposées. Cela ne s'observe pas chez les Monocotylédones, où plusieurs appareils essentiels, les faisceaux libéro-ligneux notamment, sont épars dans la stèle de la tige, et où le cambium manque en général. De même, on ne peut pas greffer une plante annuelle herbacée sur une plante vivace ligneuse.

Parmi ces conditions on peut également inclure l'appréciation des circonstances dans lesquelles la greffe peut être faite : poussante, c'est-à-dire appelée à croître dès qu'elle a pris, ou dormante, c'est-à-dire à un moment où il n'y a plus assez de sève pour faire croître la greffe, mais encore assez pour qu'elle puisse se souder au porte-greffe, et pousser l'année suivante.

Mais d'autres conditions limitatives sont d'ordre physiologique. La greffe ne peut être pratiquée que sur des espèces unies entre elles par d'étroites affinités qui ne se rencontrent qu'entre membres d'une même espèce, d'un même genre et, plus rarement, de la même famille. Ces conditions ont été récemment étudiées par Gautheret (1945, 1959), qui a réalisé des greffes *in vitro* dans des cultures de tissus végétaux.

Ce biologiste a obtenu sans difficulté la soudure autoplastique de fragments de tissu cambial de quelques arbres et arbustes : Sycomore, Peuplier, Saule, Sureau. Il a obtenu moins facilement la soudure de tissus d'espèces herbacées, notamment de Carotte et de Topinambour, prélevés toujours sur une même plante, normale ou ayant subi de nombreux repiquages.

Mais s'il a pu greffer des tissus de Saule *(Salix caprea)* sur des tissus de Peuplier *(Populus nigra)*, par contre, en mettant en contact des fragments de tissu cambial du Sureau noir *(Sambucus nigra)* et de l'Érable Faux-Platane *(Acer pseudoplatanus)*, ces derniers se sont nécrosés en quelques heures.

L'observation des coupes histologiques des hétérogreffes Saule-Peuplier montre que la soudure ne se fait pas directement, mais qu'elle s'opère entre les tissus néoformés qui dérivent de la prolifération des explantats.

Cela nous amène à parler d'une autre condition physiologique d'importance capitale. C'est que les cellules qui participent à la greffe doivent être à l'état embryonnaire ou très jeunes. Ce sont ces cellules au moyen desquelles se fait la soudure, et c'est à partir d'elles que se constituera par la suite le nouvel organisme.

Nous venons de voir que les cellules embryonnaires ne se soudent qu'exceptionnellement entre espèces différentes. Or la facilité ou la difficulté avec laquelle on obtient ces hétérogreffes n'ont pas de rapport obligatoire avec la facilité ou la difficulté avec laquelle on obtient des hybrides sexuels avec les mêmes espèces. C'est ainsi que l'on n'obtient pas d'hybrides entre Pommier et Poirier, mais on peut pourtant greffer une de ces espèces sur l'autre.

Même dans les cas où il y a fusion, le porte-greffe n'influence le greffon directement que par la nutrition qu'il lui fournit, et notamment par l'eau. Par conséquent les qualités du greffon qui changent après sa soudure sont sa dimension, le moment de sa floraison, sa fécondité, etc. Mais par ailleurs greffon et porte-greffe conservent leur identité, ce qui d'ailleurs donne sa raison d'être à la transplantation tissulaire.

C'est ainsi que Colin (1922) a montré, dans des analyses chimiques de greffes de Soleil *(Helianthus annuus)* sur Topinambour *(Helianthus tuberosus)*, et vice versa, que chaque espèce, qu'elle soit porte-greffe ou greffon, continue à former uniquement les hydrates de carbone auxquels elle donne normalement naissance : amidon, sucrose, dextrose dans le cas du Soleil, inuline et lévulose dans celui du Topinambour.

D'une façon générale, tous les cas de greffes entre espèces différentes sont dits hétéroplastiques. Les greffes homoplastiques sont entre individus de la même espèce, les greffes syngénésioplastiques entre individus apparentés, tels qu'entre parents et descendants ou entre frères. Enfin les greffes autoplastiques sont des remaniements d'organes ou de tissus chez le même individu. Parmi les greffes homoplastiques, celles qui sont faites entre individus de même lignée ou race sont dites isologues, celles faites entre individus de lignées ou races différentes sont dites homologues.

Les greffes hétéroplastiques réalisent de véritables chimères. La mythologie grecque avait imaginé sous ce nom un monstre ayant la partie antérieure d'un Lion, la partie moyenne d'une Chèvre, et la partie postérieure d'un Dragon. Si les hétérogreffes donnent naissance à des individus moins spectaculaires, ils n'en sont pas moins constitués par des tissus et cellules provenant d'espèces différentes et vivant en une harmonieuse symbiose. La structure d'une « chimère » est particulièrement évidente quand un côté d'une plante ou d'une branche contient de la chlorophylle et l'autre côté n'en contient pas. C'est Winkler qui employa ce nom chez les plantes pour la première fois en 1907, et Spemann l'introduisit en embryologie animale en 1921.

Quoique nous ayons vu que chez les plantes les greffons conservent habituellement leurs caractères spécifiques et reproduisent leur espèce par voie végétative ou sexuelle, on a observé un certain nombre de cas qui semblaient intermédiaires entre les deux espèces de la combinaison; on les a appelés « hybrides de greffe ». Winkler les a produits par des greffes de Tomate (*Solanum lycopersicum*) sur Morelle noire (*Solanum nigrum*) et vice versa. Mais on s'est vite aperçu que ces prétendus hybrides sont en réalité des combinaisons de cellules des deux espèces constituantes, organisées de façon bien ordonnée, et prenant naissance dans les bourgeons qui se forment à la limite entre greffon et porte-greffe *(fig. 1)*. Leur nature d'hybride est donc illusoire et le terme de chimère est plus approprié.

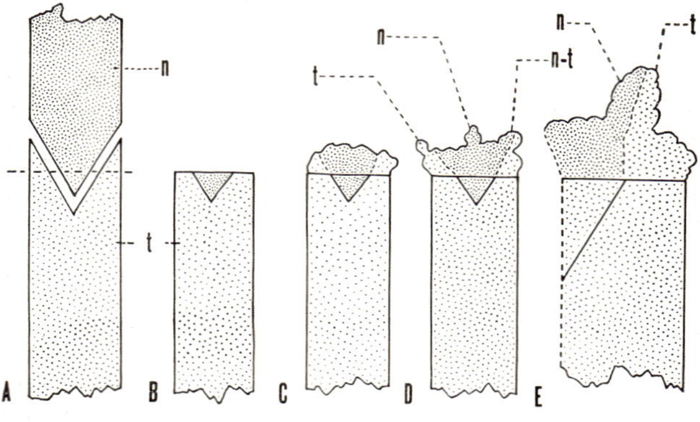

FIG. 1 — STADES DANS LA FORMATION D'UNE BRANCHE DE CHIMÈRE PAR LA MÉTHODE DE WINKLER.

La ligne hachurée indique la section. *n,* Morelle; *t,* Tomate; *n-t,* bourgeon de la chimère, élargi en E (W.N. Jones).

Deux catégories de ces plantes composites sont actuellement connues. Les unes, appelées chimères sectoriales, sont formées par un bourgeon dont un secteur entier est d'une espèce; ce secteur peut produire ultérieurement la tige, des branches, feuilles, fleurs et fruits dans la plante composite, tandis qu'un autre secteur du bourgeon initial produira des organes correspondants de l'autre espèce. Les chimères de l'autre catégorie, appelées périclinales, ont l'épiderme d'une, deux ou trois couches cellulaires dérivant d'une espèce, et les tissus profonds de l'autre.

Le caractère de mosaïque de la première catégorie de chimères est évident, mais la deuxième catégorie paraît à première vue comme un véritable mélange. Sa nature vraie n'a été reconnue par Baur en 1909 qu'après une étude microscopique soigneuse de variétés produites expérimentalement chez des Géraniées et des Solanées.

On a également mis en valeur de façon semblable la nature réelle des deux plus célèbres « hybrides de greffe » : *Cytisus adami* et *Crataegomespilus asnieresii*. La première chimère est constituée par des tissus profonds du Cytise Aubours, *Laburnum vulgare,* recouverts par de l'épiderme du Cytise pourpre, *Cytisus purpureus,* tandis que la seconde est constituée de façon semblable par des tissus profonds de l'Aubépine, *Crataegus monogyna,* recouverts par de l'épiderme du Néflier, *Mespilus germanica.* Ce sont donc là deux chimères périclinales.

Nous voyons ainsi que, chez les plantes, la greffe entre espèces différentes, mais voisines, est possible au moyen de cellules encore à l'état embryonnaire ou très jeunes. Pourtant l'individu qui en résulte n'est pas un hybride de greffe, mais bien une mosaïque symbiotique des cellules des deux espèces qui le constituent.

Nous verrons par la suite que la greffe au moyen de cellules embryonnaires ou très jeunes est possible dans toute la série des animaux, mais que la transplantation hétéroplastique n'est plus possible à partir des Batraciens Anoures adultes.

L'EMBRYON ET L'ADULTE DES INVERTÉBRÉS

Si la greffe a donné des résultats d'une grande utilité pratique immédiate chez les plantes, il n'en est pas de même chez les Invertébrés ni chez les embryons des Vertébrés, où elle a servi tout d'abord à élucider des questions purement théoriques, mais d'un passionnant intérêt philosophique. Elle présente pourtant un gros intérêt en pathologie, où elle éclaire certaines déficiences, dérèglements et croissances anormales des cellules. En effet, en changeant les rapports des différentes parties de l'embryon et du corps adulte, l'expérimentateur est à même de produire quelquefois des cas pathologiques qui ont lieu spontanément par ailleurs.

On a assez vite épuisé, à la fin du siècle dernier, tout ce que l'observation de l'embryologie comparée et du développement larvaire pouvait apporter à la théorie de l'évolution, étayant les données directes de l'anatomie comparée et de la paléontologie par l'analogie entre l'individu qui se forme à partir d'un œuf, et l'espèce qui dérive d'une autre. A ce moment une nouvelle science prit naissance, due en grande partie à Wilhelm Roux et à Jacques Lœb, dont le but était d'analyser expérimentalement les facteurs qui déterminent le développement de l'organisme.

Parmi les premiers problèmes qui aient été étudiés par les nouvelles techniques de l'embryologie causale se placent ceux qui ont trait au mode du développement, ressuscitant l'ancienne querelle entre les tenants de la préformation et ceux de l'épigenèse. La différenciation est-elle due à un facteur inhérent à l'organisme qui la contrôlerait, ou bien dépend-elle de facteurs externes, du milieu environnant? L'organisme est-il une mosaïque préformée, ou ses parties existent-elles en fonction de leur position dans l'individu et de facteurs extrinsèques qui les influencent?

Parmi les méthodes utilisées pour répondre à ces questions on inventa de bonne heure des techniques d'excision et de greffe de parties d'œufs, d'embryons ou d'animaux jeunes ou adultes, notamment chez les Invertébrés, si nombreux dans certains milieux tels que la mer, et d'un maniement opératoire relativement aisé.

Chez les embryons des Invertébrés on peut commodément faire la greffe mutuelle des parties de l'organisme dans la même espèce; il ne semble pas y avoir de réaction à l'homogreffe. Il y a une réaction à la greffe de parties d'embryons d'une autre espèce, mais cette hétéroréaction est moins marquée que chez les Vertébrés supérieurs.

Les résultats sont semblables chez les adultes des Invertébrés. Ici aussi il ne semble pas y avoir de différence entre les autogreffes et les homogreffes, et les réactions aux hétérogreffes sont moins prononcées que chez les Vertébrés supérieurs. Mais, comme chez les plantes, l'hétérogreffe ne donne de bons résultats que pratiquée entre espèces qui ne sont pas trop éloignées.

Les Protozoaires sont composés d'une seule cellule qui se divise fréquemment, dès que les conditions le permettent, et qui est, par conséquent, bien près de l'état embryonnaire. Des fragments cellulaires de ces Protozoaires peuvent être accolés les uns aux autres, et reconstituer un individu entier. Mais, même chez ces êtres primitifs, l'individualité spécifique se fait jour; on ne peut, en effet, faire ces greffes qu'avec des individus de la même espèce.

De même, chez des Invertébrés plus évolués, tels que les embryons des Oursins, même si l'on accole les œufs de deux espèces en les centrifugeant, les deux embryons évoluent chacun pour leur compte (Bierens de Haan). Mais des œufs de la même espèce, coaptés, forment une seule larve de grosseur double (Morgan, Driesch). Ainsi l'individualité de l'espèce semble déjà marquée chez l'embryon de tous les Invertébrés, et empêche souvent l'hétérogreffe. Mais il n'y a pas ici de spécificité individuelle, ce qui permet l'homogreffe.

C'est ainsi que H. V. Wilson (1907) a découpé des lobes de l'Éponge *Microciona* et les a comprimés dans un sac d'étamine de soie, de telle façon que les cellules isolées passent à travers les pores du tissu dans de l'eau de mer. Les cellules se fusionnent les unes avec les autres pour former de petites boules syncytiales qui se différencient par la suite.

De même, chez les Cœlentérés, les cellules des Hydraires *Pennaria* et *Eudendrium*, traitées de la même façon, ont formé des masses de restitution et finalement des hydranthes d'aspect normal. Wilson (1911) en déduit que dans le cas des Hydraires il y a une déspécialisation des éléments tissulaires, qui se fusionnent ensuite pour former des masses de tissu régénératif « totipotent ».

Prenons comme deuxième exemple celui de l'Oursin *Paracentrotus,* bien décrit par Hörstadius. Au cours de ses

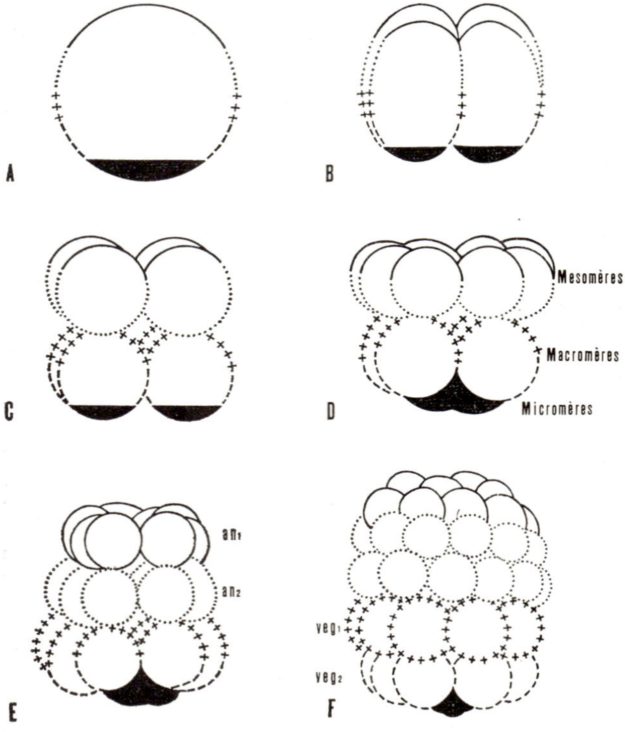

FIG. 2 — DESSIN SCHÉMATIQUE DU DÉVELOPPEMENT NORMAL DE L'OURSIN *Paracentrotus.*

A, œuf non divisé; B, stade à 4 cellules; C, stade à 8 cellules; D, stade à 16 cellules; E, stade à 32 cellules; F, stade à 64 cellules (S. Hörstadius).

divisions l'œuf de cet Échinoderme forme cinq couches transversales : an1, an2, de la moitié animale, supérieure, veg1, veg2, de la moitié végétative, inférieure, et les micromères *(fig. 2)*. L'ectoderme de la larve, dite pluteus, se forme à partir de an1 + an2 + veg1, tandis que veg2 donne naissance au mésenchyme secondaire, à la cavité générale, et à l'endoderme. Les micromères immigrent dans la cavité de la blastula avant la gastrulation et forment le mésenchyme primaire qui produit les spicules calcaires chez la larve pluteus.

Driesch pensait que toutes les parties de l'œuf d'Oursin sont « totipotentes », l'œuf étant ainsi un « système équipotentiel harmonieux », dans lequel n'importe quel fragment formerait une larve entière. Mais de nombreux chercheurs ont montré que la moitié animale, supérieure, de cet œuf, une fois isolée, ne forme ni gastrula ni squelette. Hörstadius (1939) a vu que même la moitié végétative, qui contient presque un tiers de l'ectoderme présomptif, et tout l'endoderme et le mésenchyme présomptifs, si elle est isolée, ne forme pas une larve normale.

Par contre, la greffe de micromères dans des fragments de la moitié animale de l'œuf provoque un profond changement dans leur différenciation *(fig. 3)*. Implantés dans la couche an1, il en résulte un pluteus parfait. Les quatre micromères produisent les spicules squelettiques et induisent la formation d'un intestin primitif, ou archentéron, normalement endodermique, à partir d'ectoderme présomptif. Il en est de même avec la couche an2.

Mais, greffés sur les couches végétatives veg1 et veg2, les micromères sont incapables de provoquer la formation d'une larve pluteus, et l'on n'obtient qu'un développement très incomplet *(fig. 3)*.

Lorsqu'on enlève les micromères du pôle végétatif et qu'on les greffe de façon autoplastique dans le pôle animal du même œuf on obtient un tube digestif agrandi et une cavité générale très agrandie. Il s'est ainsi formé plus d'endoderme que normalement, quoique du matériel cellulaire n'ait été ni soustrait ni ajouté, mais simplement remanié.

Nous voyons donc que toutes les cellules du jeune embryon d'Oursin ne sont pas équipotentielles, mais que certaines cellules, différentes qualitativement ou quanti-

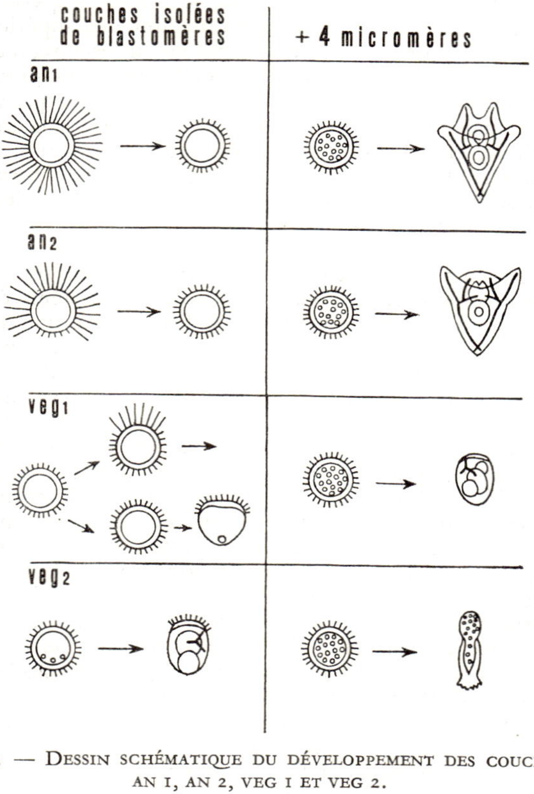

FIG.3 — DESSIN SCHÉMATIQUE DU DÉVELOPPEMENT DES COUCHES AN 1, AN 2, VEG 1 ET VEG 2.

Isolées, à gauche; après greffe de quatre micromères, à droite (S. Hörstadius).

tativement, ont un pouvoir organisateur. Nous avons affaire là à des centres ou gradients d'organisation que l'on peut comparer à ceux que nous décrirons plus bas chez l'embryon de Vertébré.

Si, au lieu de s'en tenir à des homogreffes, on implante, comme l'a fait von Ubisch, des micromères d'une espèce dans la cavité de la blastula d'un deuxième embryon, on obtient de véritables chimères embryonnaires. De plus, des chimères ont été obtenues chez des Cœlentérés d'eau douce adultes, les Hydres.

C'est ainsi que Goetsch a coapté, en 1923, des parties d'*Hydra alternata* à des parties de *Pelmatohydra oligactis*. Il s'est formé par la suite, par voie de bourgeonnement, des Hydres qui étaient de vraies chimères, et qui possédaient un mélange des caractères des deux espèces originelles. Issajev (1923,1926) a poussé cette même étude plus loin en étudiant les générations successives de ces chimères, par bourgeonnement, pendant sept générations. Il s'est formé des *Pelmathohydra oligactis,* en tous points semblables à l'espèce pure, et des individus d'une variété *oligactoïde,* produit hétérozygote qui possède des tentacules plus courts et plus nombreux, comme chez *Hydra vulgaris,* l'autre espèce mère qu'il a coaptée dans ces cas. La descendance de cette variété hétérozygote est composée à chaque génération d'une proportion d'oligactoïdes plus forte que de *P. oligactis*. D'après Issajev, nous avons donc ici la production d'individus hétérozygotes, non par l'union de deux gamètes, mais par la fusion de deux parents.

Mais si, au lieu d'employer des parties d'Hydres, on coapte les moitiés postérieures de deux Planaires adultes (Goetsch, 1921), il n'y a pas de régénération en dehors de la ligne de fusion, et les deux pièces demeurent accolées sans croître. Les pièces greffées ne se soumettent pas à l'influence de leur conjoint, il n'y a pas de dédifférenciation, et chacune conserve son individualité, sans régénérer un nouvel organisme. Chez les Planaires la spécialisation est donc déjà trop avancée pour qu'une fusion, encore possible chez les Cœlentérés, puisse se produire.

En plus de ces questions d'embryologie et de cytologie expérimentales, la greffe chez les Invertébrés a permis d'étudier une foule de questions ayant trait à leur régénération, à leur sexe, à leur hérédité, à leur pigmentation, à leurs hormones. Nous ne citerons ici que quelques recherches marquantes.

Chez les Lombriciens, Joest puis Avel ont greffé différentes parties et organes. Avel (1929), notamment, a montré que tous les caractères sexuels somatiques tels que le clitellum et les coussinets glandulaires de la région génitale, transplantés dans une position anormale sur des animaux de même espèce ou d'espèce voisine, évoluent exactement de la même manière et en même temps que l'organe homologue du porte-greffe. Leur développement serait donc réglé par un facteur humoral, non spécifique.

Chez les Insectes, Meisenheimer (1907) puis Kopeč (1908-1922) ont castré des Chenilles, puis fait des greffes de glandes génitales provenant de Chenilles de l'autre sexe. Ces glandes se sont très bien développées, mais elles n'ont pas influencé les caractères sexuels secondaires du porte-greffe qui, chez le Papillon, se sont développés d'après le sexe originel de la Chenille. Ainsi un Papillon mâle castré par Kopeč à l'état de jeune Chenille, et porteur de cinq ovaires greffés, s'est accouplé comme un mâle normal avec une femelle castrée également à l'état de jeune Chenille et porteuse de cinq testicules. Il semble donc que, chez les Insectes, comme chez les Lombriciens, il y ait indépendance complète des glandes génitales et des caractères sexuels secondaires.

Chez les Insectes, d'ailleurs, la croissance et peut-être la reproduction semblent être commandées par les *corpora allata,* organes associés au système nerveux viscéral. Ceux-ci paraissent sécréter des hormones qui inhibent la métamorphose. Wigglesworth (1936) a montré que, lorsqu'ils sont pris chez de jeunes larves, dites nymphes, de l'Hémiptère *Rhodnius,* et greffés chez des nymphes avancées de même espèce, au stade qui précède la métamorphose, celle-ci est empêchée, et il se forme des nymphes géantes à la place d'adultes.

Une autre hormone des *corpora allata* semble, au moins chez certaines espèces, commander le développement des glandes sexuelles et des glandes accessoires de la reproduction. Cela expliquerait les résultats négatifs obtenus par la simple greffe des glandes sexuelles sur la formation des caractères sexuels secondaires.

•

L'EMBRYON DES VERTÉBRÉS INFÉRIEURS

Comme chez les Invertébrés, l'embryon des Vertébrés se prête bien aux remaniements et aux fusions cellulaires consécutifs à la greffe. L'embryon des Poissons, et surtout celui des Amphibiens, facilement accessible, résistant aux opérations, et aisément élevé, fournit un matériel de choix.

Bonnet et Spallanzani savaient déjà que les pattes des Salamandres sont régénérées après leur ablation. Cette grande capacité régénératrice des Amphibiens, et notamment de leurs embryons, a permis à Born, en 1894, de faire une découverte fondamentale. Il constata avec surprise, au cours d'expériences sur la régénération de parties amputées, chez l'embryon de Grenouille, que de tels morceaux pouvaient se ressouder à l'embryon dont ils avaient été détachés. Born a réussi des autogreffes et des hétérogreffes, entre embryons de Grenouilles d'espèces différentes. Ses expériences consistaient à découper des embryons de différentes façons, puis à reformer des embryons entiers avec des fragments, ou encore à accoler deux embryons.

De nombreux expérimentateurs se sont emparés de cette technique pour étudier, non plus la greffe de parties entières de l'embryon, mais celle d'ébauches d'organes ou de groupes d'organes, ou bien, plus récemment, pour déterminer les rôles respectifs de l'autodifférenciation et de la différenciation commandée dans le développement. C'est Harrison et son école qui ont développé au plus haut point les greffes d'ébauches, tandis que Spemann et ses élèves se sont attachés à élucider, au moyen de la transplantation, les facteurs du développement précoce de l'embryon. Nous parlerons tout d'abord de ces dernières investigations, quoiqu'elles soient de date plus récente.

Vogt (1923) a montré que l'on peut colorer vitalement une partie déterminée de l'embryon d'Amphibien à un stade précoce de son développement, la gastrula, stade où il n'est encore qu'une petite boule de cellules avec un pore appelé blastopore. On peut, par cette méthode, en observant les stades suivants, voir qu'une partie localisée d'une gastrula devient ultérieurement soit une plaque médullaire (centres nerveux embryonnaires), soit une vésicule optique (œil embryonnaire), soit de l'épiderme, etc. On en déduit que le tissu étudié était, au stade de la gastrula, une plaque médullaire présomptive, de l'épiderme présomptif, une vésicule optique présomptive, etc.

En greffant des tissus ainsi marqués, Spemann (1918-1927) et ses collaborateurs ont fixé le moment exact où une partie de la gastrula était déterminée à former tel ou tel tissu. Si l'on transplante de façon réciproque, par exemple, chez deux embryons au stade de la gastrula jeune, de petites parties de plaque médullaire et d'épiderme présomptifs, chaque partie se développe, non pas d'après son origine, mais d'après le nouveau milieu qui l'entoure. La plaque médullaire présomptive, entourée d'épiderme, devient de l'épiderme, tandis que l'épiderme présomptif, entouré de plaque médullaire, devient de la plaque médullaire.

On peut conclure de ces expériences, non seulement que des tissus de plaque médullaire ou d'épiderme présomptifs sont relativement indifférents au début de la gastrulation, mais aussi qu'il existe un facteur dans le nouveau milieu qui détermine la destinée des parties transplantées.

Plus tard, par contre, chez la neurula, stade qui succède à la gastrula, les différentes parties de l'embryon ne sont plus malléables et on ne peut plus les transformer en un autre tissu par simple transplantation dans une autre région. A ce stade l'embryon est transformé en une mosaïque d'ébauches — du système nerveux, de l'œil, de l'organe olfactif, de l'oreille, des membres, du cœur, etc. Ce sont ces ébauches qui ont fait l'objet des greffes dont nous parlerons plus bas.

Mais, même au stade de la gastrula jeune, toutes les parties de l'embryon ne sont pas malléables et plastiques, sans destinée encore déterminée. Un morceau de la lèvre supérieure du blastopore, chez la gastrula, ne s'adapte pas à son milieu, mais au contraire développe ses propres potentialités, et commande la différenciation du milieu. Sous son influence il se forme un embryon secondaire, composé en partie de cellules transplantées, en partie de cellules du porte-greffe qui se sont adaptées au greffon.

C'est ainsi que Spemann et Hilde Mangold ont obtenu, en 1924, un embryon secondaire formé d'un tube médullaire, avec des vésicules optiques (oreilles embryonnaires) à sa partie antérieure, d'une chorde dorsale (organe axial embryonnaire), et de deux rangs de somites (muscles et vertèbres embryonnaires).

Une telle pièce qui organise son milieu est un « organisateur ». La partie de la jeune gastrula d'où provient cet organisateur est un « centre d'organisation ». Ce centre est déjà déterminé dans la jeune gastrula.

Ainsi, les différentes régions d'une gastrula n'ont pas la même valeur dans le développement. La plupart d'entre elles, transplantées dans d'autres régions de l'embryon, suivent le développement du nouveau milieu. Mais la région de la jeune gastrula qui est le centre d'organisation, transplantée de la même façon, loin de subir l'influence de son nouveau milieu, l'organise et provoque la formation d'une autre ébauche d'embryon.

Bautzmann, en greffant sur la face ventrale des fragments de la lèvre dorsale, a vu que chaque fragment isolé forme un organisateur, et par suite un embryon secondaire. On peut donc multiplier l'organisateur par le nombre de fragments.

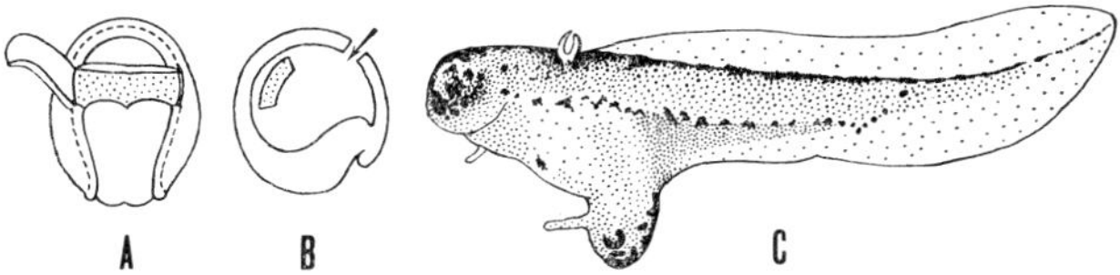

FIG. 4 — GREFFE D'UN SEGMENT ENDO-MÉSODERMIQUE DANS LA VOÛTE ARCHENTÉRIQUE D'UNE NEURULA (A) DANS LA CAVITÉ DE LA BLASTULA CHEZ UNE JEUNE GASTRULA DE TRITON (B).

A et B, schéma de la greffe; C, porte-greffe, 13 jours après l'opération, montrant du côté ventral une tête induite avec un balancier (O. Mangold).

Plus tard dans le développement on retrouve ce pouvoir organisateur dans la voûte archentérique de la neurula. Mangold a montré que ce centre d'organisation, qui forme normalement de la chorde dorsale et du mésoderme, a une structure régionale. Si l'on transplante de la voûte archentérique sous de l'ectoderme indifférent d'une jeune gastrula, en divisant cette voûte en quatre segments, on constate que les segments antérieurs induisent la formation de structures céphaliques — cerveau, yeux, organes olfactifs — *(fig. 4)*, tandis que les segments postérieurs induisent la formation de structures caudales — muscles, reins, etc.

L'organisateur semble exister chez l'embryon de tous les Vertébrés. Chez les Poissons notamment, Oppenheimer (1936) a produit des embryons secondaires *(fig. 5)* en greffant une partie de la lèvre dorsale du blastopore.

Chez les Oiseaux, toute la ligne primitive et le prolongement céphalique ont un pouvoir inducteur qui est maximum au niveau du nœud de Hensen. L'organisateur paraît également exister chez les Mammifères.

Mais quelle est la composition des substances qui fournissent l'induction dans le centre d'organisation ?

Il semble bien que ce soit une substance chimique, et non pas un facteur physique ou bien le résultat d'une activité physiologique dominante, c'est-à-dire plus intense que pour les autres cellules. On a généralement employé, comme moyen de recherches, l'implantation dans les gastrulas d'Amphibiens de substances dont on veut connaître la valeur en tant qu'inducteurs. La formation d'un axe embryonnaire secondaire chez de tels embryons indique alors que la substance essayée est inductrice.

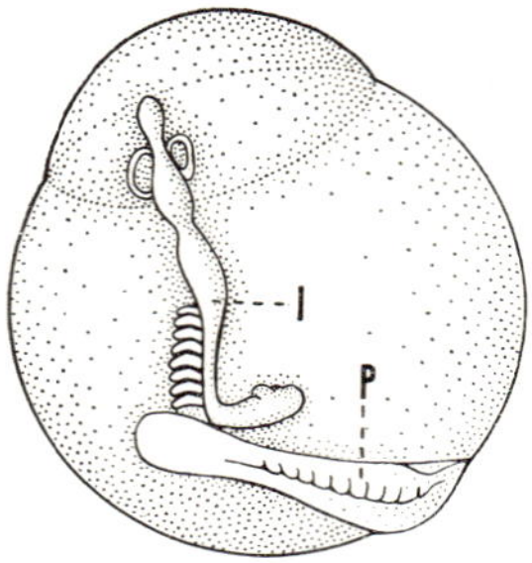

FIG. 5 — DÉVELOPPEMENT D'UN ŒUF INDUIT DANS L'ŒUF DU POISSON *Fundulus,* TROIS JOURS UN QUART APRÈS LA GREFFE D'UNE TRÈS JEUNE LÈVRE DORSALE DU BLASTOPORE CHEZ UNE TRÈS JEUNE BLASTULA.

L'embryon induit, *I,* quoique possédant deux oreilles, n'est dans ce cas qu'un hémiembryon avec des somites uniquement du côté gauche; *P,* embryon primaire; × 20 (J. M. Oppenheimer).

Les tissus organisateurs peuvent être broyés, chauffés, frigorifiés, sans perdre leur efficacité en tant qu'inducteurs (Bautzmann, Holtfreter). De plus, les principes inducteurs sont très largement distribués dans la nature. Les substances végétales ne sont pas inductrices. Mais les fragments les plus divers d'organes d'Invertébrés donnent des résultats positifs.

Ainsi il existe dans les tissus animaux une substance, soluble dans certains solvants des graisses (J. et D. Needham et Waddington), dont le pouvoir organisateur semble exister à l'état latent. Spemann et ses collaborateurs ont émis l'hypothèse que la substance active du centre organisateur existerait dans toutes les parties de l'embryon, mais que son action serait empêchée, ailleurs que dans le centre organisateur, par une substance antagoniste ou inhibitrice.

De toute façon, ces recherches, comme celles que nous avons citées plus haut sur l'embryon d'Oursin, nous éloignent de plus en plus du point de vue de la préformation. Le fait que des cellules puissent, à un stade précoce de leur développement, former, sous l'influence de facteurs particuliers, d'autres tissus que celui auquel elles auraient normalement donné naissance, est une preuve que leur destinée n'est pas inéluctablement fixée.

Passons maintenant aux greffes qui ont été faites avec ces tissus lorsqu'ils se sont transformés en ébauches, c'est-à-dire à partir du stade neurula.

Nous ne pouvons, dans ce court exposé, passer en revue les nombreuses expériences qui ont été faitse, au moyen de cette méthode, chez l'embryon d'Amphibien. Tous les organes de l'embryon d'Amphibien — membres et ceintures, peau et organes à épiderme, viscères, glandes, système nerveux central, organes des sens — ont fait l'objet de recherches approfondies au moyen des greffes, recherches qui ont éclairé d'une vive lumière la genèse de ces organes.

Nous nous bornerons ici à donner un aperçu de trois questions qui ont fait l'objet de recherches récentes : l'influence d'un membre transplanté sur les centres nerveux dans leur développement; la greffe de l'hypophyse; l'hétérogreffe chez les embryons d'Urodèle.

INFLUENCE D'UN MEMBRE TRANSPLANTÉ SUR LES CENTRES NERVEUX DANS LEUR DÉVELOPPEMENT

Les expériences de Braus et Harrison, faites sur des embryons de Grenouille, ont montré que si un membre est transplanté dans une position anormale sur le corps d'un porte-greffe, il est innervé par la partie du système nerveux central de celui-ci qui correspond à la position occupée par l'ébauche greffée. Cette partie du système nerveux central a donc à faire un travail plus grand qu'à l'état normal, car les nerfs qu'elle émet sont fonctionnels; on observe, en effet, des mouvements des pattes transplantées, mouvements spontanés ou bien provoqués par une excitation électrique. On s'attend donc à voir plus de cellules nerveuses dans la partie du système nerveux qui est surchargée de travail. Nos expériences ont prouvé que cette conception théorique est parfaitement démontrée.

Nous avons transplanté (1930-1937), chez des embryons de Grenouille, au stade où la queue commence à se former, l'ébauche du territoire de la patte postérieure droite sur le côté d'un second embryon, dans la région directement sous la moelle. La patte greffée s'est développée en même temps que les pattes postérieures autochtones et a contracté des rapports nerveux avec la moelle.

Or, dans tous ces cas de surcharge nerveuse due à l'innervation d'une patte transplantée, la moelle, au niveau de l'émission des nerfs supplémentaires, est asymétrique, plus grande du côté de l'innervation, et il y a plus de cellules dans sa partie motrice de ce côté. De même, des ganglions nerveux en rapport avec la patte greffée sont bien plus gros que ceux du côté normal. Ainsi les cellules motrices de la moelle et les cellules sensitives des ganglions sont malléables dans leur développement. A une surcharge de travail les cellules nerveuses embryonnaires répondent par une prolifération au-dessus de la normale.

Mais l'inverse est également vrai. Nous avons, dans d'autres expériences, greffé une moelle surnuméraire dans le territoire de la patte postérieure, chez des embryons de Grenouille. Dans certains cas la moelle greffée a émis un gros nerf qui, usurpant les fonctions des nerfs de la moelle autochtone à ce niveau, a innervé la patte postérieure de la petite Grenouille, du côté de l'implantation. Cette patte n'avait donc de connexions nerveuses qu'avec la moelle greffée, et, quoique présente anatomiquement, elle ne l'était pas physiologiquement vis-à-vis de la moelle autochtone. Aussi celle-ci a-t-elle subi, du côté de la greffe, une réduction de ses cellules, réduction qui s'est traduite par une diminution de ses substances blanche et grise, par l'absence de corne motrice, et par une asymétrie marquée. De même, les ganglions nerveux qui auraient dû normalement avoir des connexions avec la patte postérieure, mais qui n'en avaient pas, étaient extrêmement réduits de ce côté.

Ainsi les cellules nerveuses embryonnaires font-elles montre d'un très grand pouvoir d'adaptation. A une surcharge de travail, elles répondent par une prolifération plus grande; à une diminution de travail, par contre, elles répondent par une réduction de leur nombre.

GREFFE DE L'HYPOPHYSE

Ce sont les ablations de l'ébauche de l'hypophyse chez l'embryon de Grenouille, faites indépendamment en 1916 par Allen et par Smith, qui ont jeté les bases des recherches actuelles sur l'hypophyse, organe que l'on peut considérer comme la plus importante des glandes à sécrétion interne. Son ablation entraîne non seulement un ralentissement du développement de la larve entière, mais encore de sa thyroïde et de sa surrénale, qui dépendent donc, pour leur épanouissement, des hormones sécrétées par l'hypophyse. Les larves hypophysoprives sont frappées d'albinisme à la suite de la rétraction des mélanophores, dont le nombre est réduit, et de la dilatation des xantholeucophores. De plus elles ne se métamorphosent pas.

Nous avons donc là toute une série de phénomènes qui sont dus à l'absence des hormones de l'hypophyse chez les embryons et larves d'Amphibiens. La greffe de cette glande, à la fois chez des embryons hypophysectomisés et chez des embryons normaux, porteurs de leur hypophyse, est venue apporter d'autres éléments à l'éclaircissement de son action.

L'hypophyse ayant des relations intimes avec le cerveau, la question se posait de savoir si elle est capable de fonctionner sans être en contact avec l'encéphale. Pour résoudre cette question, Atwell a fait, en 1937, des autogreffes de l'hypophyse chez des embryons de Grenouilles et de Salamandres au stade du bourgeon caudal. L'ébauche, excisée de son lieu normal, était transplantée entre la vésicule optique et le cerveau postérieur.

Or, dans un certain nombre de cas, chez des Grenouilles, les lobes antérieur et intermédiaire de l'hypophyse ont fonctionné sans contact avec du tissu nerveux. Ils ont maintenu la couleur foncée normale de la larve due à l'action du lobe intermédiaire, maintenu également les dimensions normales des glandes thyroïde et surrénales, enfin provoqué la métamorphose de la larve en petite Grenouille.

D'autres cas positifs ont été obtenus par Etkin (1938) chez des embryons et larves de Grenouilles hypophysectomisés au stade du bourgeon caudal, en greffant, à des stades allant jusqu'à celui de la métamorphose, ces ébauches d'hypophyses, ou bien des hypophyses différenciées. Ici encore les larves se sont métamorphosées sous l'influence de l'hypophyse implantée en divers lieux de l'organisme, sans connexion avec le cerveau.

On peut donc conclure de ces expériences que l'action

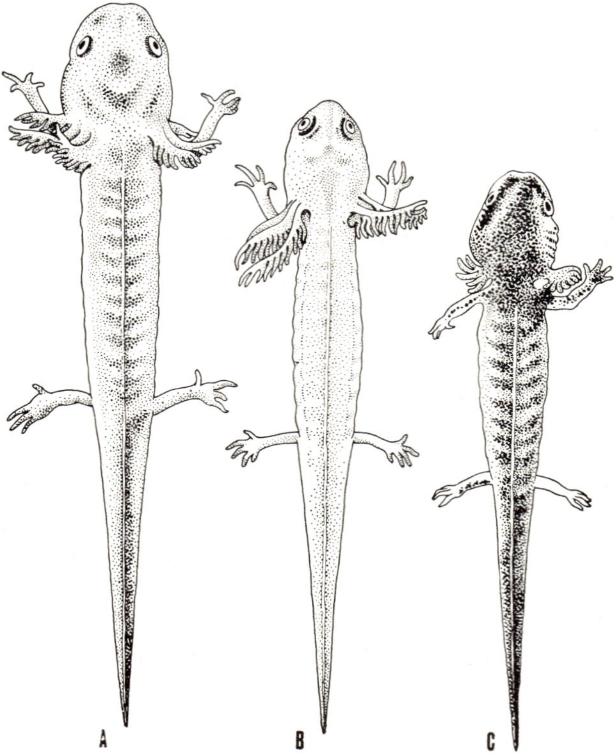

FIG. 6 — GREFFE DE L'HYPOPHYSE CHEZ L'EMBRYON DE SALAMANDRE.

A, témoin moyennement pigmenté ; B, donneur hypophysectomisé très pâle ; C, porte-greffe, fortement pigmenté, à trois hypophyses : la sienne propre, une au-dessus de la patte antérieure droite, une derrière l'œil droit (R.F. Blount).

des lobes antérieur et intermédiaire de l'hypophyse a lieu sans aucun rapport morphologique avec le cerveau.

Mais quelle est l'action d'une surabondance d'hormones hypophysaires ? Cette question a fait l'objet de recherches de Blount (1932-1935). Ce biologiste a greffé deux ébauches d'hypophyses supplémentaires chez des embryons de la Salamandre *Amblystoma*. Ce tissu hypophysaire supplémentaire a provoqué la dilatation des mélanophores, mais non pas une augmentation de leur nombre ; il y a eu en plus une augmentation du pigment en dehors des chromatophores. Le résultat est un noircissement de la larve porte-greffe *(fig. 6)*, dû à l'action du lobe intermédiaire.

Mais le résultat le plus frappant obtenu par Blount est indubitablement l'effet des hypophyses supplémentaires, dont c'est ici vraisemblablement le lobe postérieur qui agit, sur le système circulatoire des larves d'Urodèles. Cet effet se traduit par un état de choses qui est semblable à l'hypertension vasculaire des Mammifères. Le nombre et la dimension des capillaires périphériques sont très réduits, la tension sanguine est au-dessus de la normale, la rate est réduite en dimension, ceci étant dû à la contraction de ses éléments vasculaires, le cœur, hypertrophié, bat plus lentement que chez des larves normales, le foie subit une congestion passive, et les glomérules des reins ont l'aspect de glomérules hypertendus.

Ce travail indique donc un mécanisme de corrélation entre la sécrétion du lobe postérieur de l'hypophyse et l'hypertension vasculaire.

Lorsque, au lieu de greffer des ébauches d'hypophyse ou des hypophyses jeunes, Blount a greffé des hypophyses provenant de Salamandres au stade de la différenciation sexuelle, il a obtenu d'autres résultats intéressants. Les larves deviennent noires, le crâne devient acromégale, et les testicules, mais non les ovaires, sont accélérés dans leur développement.

HÉTÉROGREFFE CHEZ LES EMBRYONS D'URODÈLES

Harrison a montré que chez les Batraciens Urodèles n'existe pas l'incompatibilité entre tissus d'espèces différentes que l'on trouve chez les Vertébrés au-dessus d'eux. Aussi peut-on, surtout chez les embryons et les larves, faire des greffes entre espèces, genres, et même familles, comme chez les plantes, et même obtenir des résultats positifs avec des greffes faites entre embryons d'Anoures et d'Urodèles.

Mais on se trouve dans cet ordre à la limite où est possible la greffe hétéroplastique. C'est ainsi que Humphrey et Burns ont montré en 1939 que si l'on greffe en parabiose, c'est-à-dire accolés, deux embryons de certaines races de Salamandres, l'un d'*Amblystoma tigrinum,* l'autre d'*Amblystoma punctatum,* ou même si l'on greffe à ce dernier embryon des ébauches du premier, comprenant de la peau embryonnaire, une incompatibilité a lieu vers le moment de la métamorphose. Il se forme alors une toxine dans la peau d'*Amblystoma tigrinum* qui a un puissant effet sur le système cardio-vasculaire de l'*Amblystoma punctatum*. Il se produit une stase et un arrêt de la circulation qui donnent lieu à de l'œdème, et provoquent la nécrose, la chute des tissus greffés, et la mort du porte-greffe. On peut empêcher cet effet fatal chez les animaux en parabiose en prenant à temps des mesures d'antisepsie, mais on ne peut presque jamais l'empêcher chez les *Amblystoma punctatum* porte-greffe.

Lorsque l'on greffe en parabiose des Salamandres de genres différents on obtient des survies avec encore plus de difficulté. C'est ainsi que Witschi et McCurdy (1943) n'ont obtenu que trente-neuf paires *Amblystoma-Triturus* qui se soient métamorphosées sur environ huit cents paires unies au stade du bourgeon caudal *(fig. 7)*. Dans ces paires hétérogènes le développement des jumeaux est inégal en général *(fig. 8)*. Un jumeau atteint sa taille normale, ou même une taille au-dessus de la normale, tandis que l'autre jumeau est atteint de nanisme *(fig. 9)*. Witschi et McCurdy pensent que la croissance des divers organes est commandée par des substances

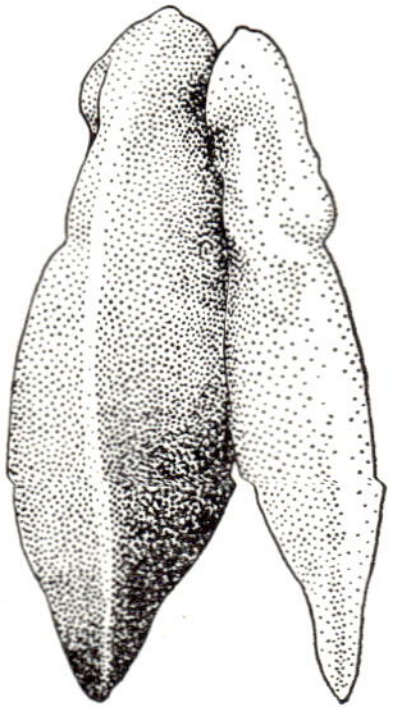

FIG. 7 — GREFFE HÉTÉROPLASTIQUE PARABIOTIQUE *Amblystoma maculatum* × AXOLOTL BLANC, UN JOUR APRÈS L'OPÉRATION.

× 8 (E. Witschi et H. M. M. McCurdy).

de croissance spécifiques qui seraient produites en quantités limitées. Dans la parabiose hétérogène un jumeau utiliserait plus que sa part normale de ces substances.

Mais l'étude de greffes entre espèces rapprochées, telles que deux espèces du genre *Amblystoma*, est pleine d'enseignements en ce qui concerne le développement corrélatif

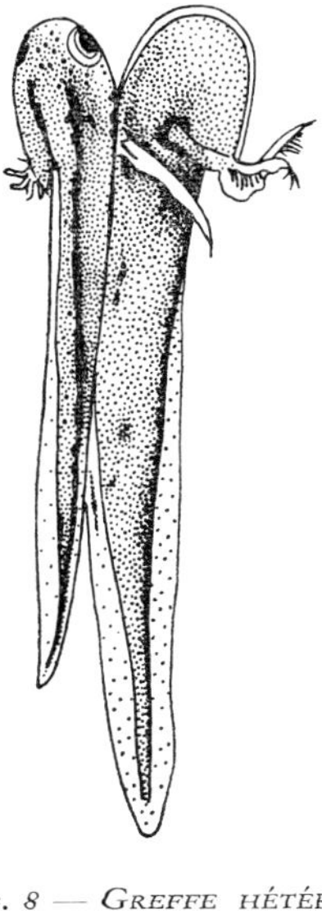

FIG. 8 — *GREFFE HÉTÉROPLASTIQUE PARABIOTIQUE Amblystoma maculatum* × *Triturus torosus*, AU MOMENT OÙ ILS COMMENCENT À SE NOURRIR.

L'Amblystome est plus longue que son partenaire; × 4 (E. Witschi et H.M.M. McCurdy).

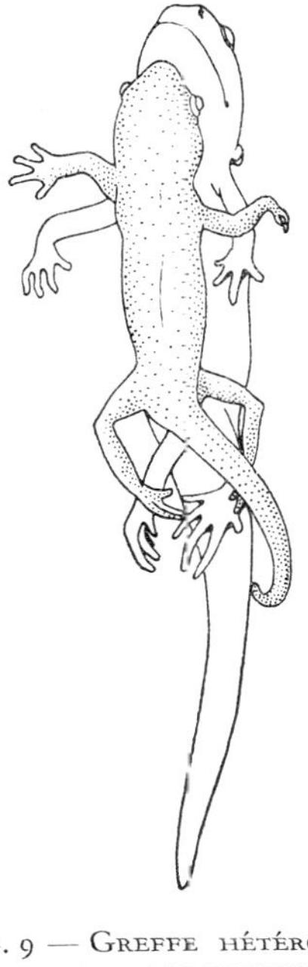

FIG. 9 — GREFFE HÉTÉROPLASTIQUE PARABIOTIQUE *Amblystoma maculatum* × *Triturus torosus*, À LA FIN DU STADE DE LA MÉTAMORPHOSE.

L'Amblystome, en blanc, est plus grande et le *Triturus*, en pointillé, est plus petit qu'ils ne le sont normalement; réduit de 4/7 (E. Witschi et H.M.M. McCurdy).

et quantitatif d'organes et de membres dans un milieu qui leur eſt étranger. Harrison a fait une analyse très complète de ce problème en 1935. La queſtion qui se pose tout d'abord eſt de savoir si un organe greffé dans ces conditions s'adapte à son nouveau milieu et se développe comme l'organe correspondant du porte-greffe, ou s'il conserve son taux propre de développement. Or c'eſt la seconde partie de cette alternative qui eſt exacte.

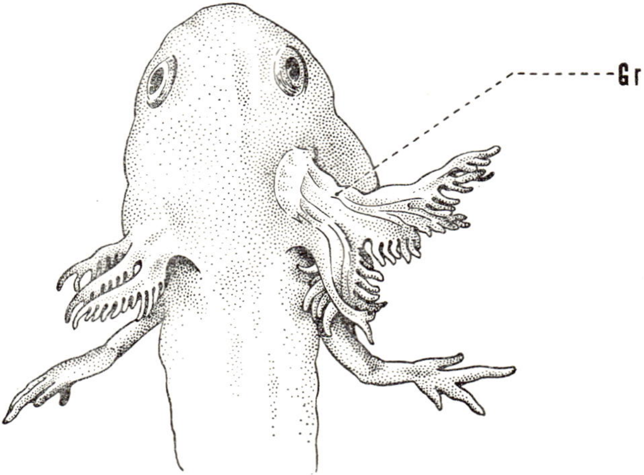

FIG. 10 — *Amblyſtoma punctatum* AVEC DES BRANCHIES (GR) D'UN AXOLOTL BLANC, TRENTE-SIX JOURS APRÈS LEUR GREFFE.

× 6, 7 (R.G. Harrison).

Ainsi une ébauche de patte d'*Amblyſtoma tigrinum* greffée sur un embryon d'*Amblyſtoma punctatum,* à la place d'une de ses propres ébauches de patte, grossit plus vite que la patte normale de l'autre côté du corps et, à la métamorphose, atteint presque deux fois la longueur de cette dernière. La réciproque eſt vraie : une patte de *A. punctatum* sur *A. tigrinum* n'atteint à la métamorphose qu'environ la moitié de la taille de la patte normale contralatérale de cette dernière. L'œil, les branchies *(fig. 10),* l'oreille, conservent également leur taux intrinsèque de croissance.

Mais certains organes, tels que le cœur (Copenhaver)

ou la moelle épinière (Detwiler), après une première croissance exagérée ou retardée par rapport au porte-greffe, s'adaptent secondairement à ce dernier, et atteignent les dimensions qu'auraient eues son propre cœur ou sa propre moelle épinière.

La greffe d'ectoderme d'une espèce pigmentée (*A. punctatum*) sur une ébauche de patte d'une espèce albinos (Axolotl) donne une chimère périclinale, la patte entière qui se forme étant recouverte de nombreux mélanophores et xanthophores. La greffe d'une ébauche de patte d'un Axolotl albinos sur un embryon pigmenté, d'autre part, donne souvent une chimère sectoriale, la patte qui se forme étant blanche mais avec une bande noire de tissu du porte-greffe allant de l'épaule au bout des doigts.

Les exemples que nous venons de donner suffisent à montrer la merveilleuse malléabilité et l'adaptabilité des cellules embryonnaires des Batraciens qui permettent, grâce à la méthode des greffes, de les utiliser pour résoudre une foule de problèmes biologiques.

L'EMBRYON DES VERTÉBRÉS SUPÉRIEURS

Il est beaucoup plus difficile de faire des greffes embryonnaires chez les animaux à « sang chaud », Oiseaux et Mammifères, que sur les Amphibiens, à « sang froid ». L'embryon de ces derniers n'est pas pourvu de membranes et ne s'infecte guère, tandis que les embryons des Oiseaux et des Mammifères sont entourés de membranes gênantes pour l'expérimentateur, et s'infectent facilement; il faut donc opérer avec asepsie. De plus, pour avoir accès à l'embryon des Mammifères il faut d'abord se frayer un passage à travers le tégument, les muscles et l'utérus de la mère.

C'est Peebles qui, en 1898, fut la première à opérer sur l'embryon de poulet. Elle faisait une petite ouverture dans la coquille, retirait un peu d'albumine avec une pipette, faisait son opération sur l'embryon, puis refermait l'orifice et remettait l'œuf à la couveuse. Elle a ainsi pu découper, sur des embryons de quatre jours, l'extrémité de l'ébauche de l'aile, qu'elle a greffée sur le moignon de la patte. Ces extrémités d'ébauches se sont soudées au moignon et ont continué à se développer. Spurling (1923) a greffé de la même façon une ébauche de patte sur la paroi abdominale et a vu, seize jours après l'opération, que la patte était parfaitement conformée, mais n'avait qu'un tiers de la taille normale.

Plus récemment Hamburger (1939) a greffé des ébauches d'ailes et de pattes chez des embryons de poulet après 48 à 72 heures d'incubation, sur le flanc ou dans la cavité générale d'embryons de même âge *(fig. 11)*.

Dans cent quarante-neuf cas Hamburger a pu obtenir des pattes normales de dimensions régulières *(fig. 12)* ou réduites. Les greffons placés près de la moelle sont bien innervés par des nerfs des membres ou du tronc du porte-greffe. Il semble qu'il y ait dans cette innervation des forces qui attirent et guident les nerfs vers le greffon.

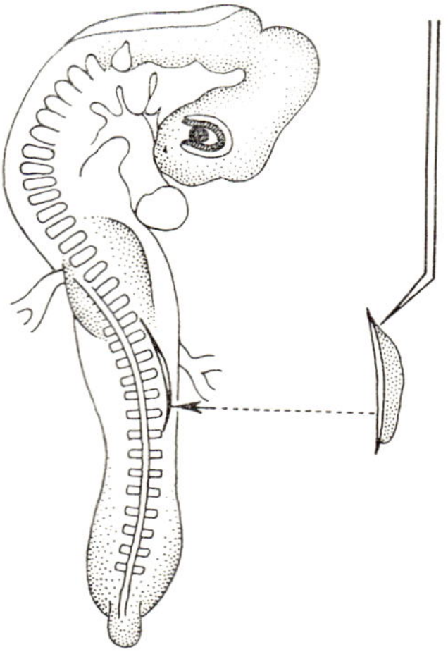

FIG. 11 — GREFFE D'UNE ÉBAUCHE DE PATTE CHEZ L'EMBRYON DE POULET.

La flèche indique la fente où a été implantée l'ébauche chez le porte-greffe (V. Hamburger).

Des greffes de tégument ont été obtenues de la même façon par Willier et Rawles (1937). De petits fragments d'ectoderme de la tête ont été greffés entre embryons de races blanche, noire et « rouge », après 75 heures d'incubation, à la base du bourgeon de l'aile. Il en résulte, chez le porte-greffe, une vaste région de plumes provenant du donneur et comprenant l'aile et les régions environnantes *(fig. 13)*. Pour Willier et Rawles les plumes de la région greffée résultent de l'action combinée du greffon et du porte-greffe, ce dernier agissant par l'intermédiaire des germes embryonnaires des plumes, tandis que le greffon commande la couleur des plumes au moyen des cellules implantées.

Dans le cas d'organes de petite taille, comme l'épiphyse, nous (May et Thillard, 1957) avons pu faire leur greffe à l'intérieur de l'œil d'embryons de poulets de trois à cinq jours de développement, puis suivre leur épanouissement.

Beaucoup d'expérimentateurs qui ont travaillé sur l'œuf d'Oiseau ont fait la greffe, non pas sur l'embryon même, mais plus simplement sur la membrane chorio-allantoïdienne qui se présente à la vue dès que l'on perce la coquille.

FIG. 12 — PORTE-GREFFE, ÂGÉ D'ENVIRON DIX-NEUF JOURS, MONTRANT LE DÉVELOPPEMENT D'UNE ÉBAUCHE DE PATTE POSTÉRIEURE DROITE GREFFÉE DANS LA CAVITÉ GÉNÉRALE (V. HAMBURGER).

C'est par cette méthode que Murray (1928) a pu greffer des fragments d'embryons de deux jours, avant que le bourgeon de patte soit apparu. Malgré cela il s'est formé une patte. Cela montre qu'à ce stade précoce les cellules embryonnaires qui doivent former les membres sont déjà déterminées et spécialisées pour leur développement ultérieur. Hoadley (1926) a même vu une différenciation de

FIG. 13 — PETIT POULET DE QUINZE JOURS D'ÂGE, DE RACE NOIRE, MONTRANT LE DÉVELOPPEMENT D'UN GREFFON D'ECTODERME DE LA PEAU DE LA TÊTE PROVENANT D'UN EMBRYON DE RACE BLANCHE.

La greffe a été faite, après 72 heures d'incubation, à la base du bourgeon de l'aile; les plumes de l'aile, quoique de la couleur du donneur, ont la structure, la forme, le taux de croissance et la distribution des plumes semblables du porte-greffe (B.H. Willier et M.E. Rawles).

cellules nerveuses après une greffe de parties de plaques embryonnaires (blastodermes) ayant subi seulement deux heures d'incubation. D'ailleurs la plaque embryonnaire ou blastoderme, découpée et greffée sur la membrane porte-greffe avant d'avoir subi aucune incubation, se développe déjà et donne une différenciation généralisée de l'intestin et de l'épiderme. Mais plus est avancé l'âge du greffon, plus sont nombreux et bien définis les organes qui se développent.

En greffant la région du nœud de Hensen, Hunt (1931) a montré que cette région est la seule de la ligne primitive de l'embryon de poulet qui différencie les organes. Un greffon qui contient ce nœud au stade de la ligne primitive forme le cerveau, la moelle épinière, la notochorde, l'œil, l'épiphyse, l'hypophyse, le cœur, le foie, le mésonéphros, et les structures non spécifiques telles que l'intestin, le cartilage, le muscle, le tégument. Le niveau du nœud de Hensen est ainsi « totipotent », c'est-à-dire qu'il peut différencier les organes et structures de tous les niveaux jusqu'au niveau postérieur du mésonéphros, celui-ci étant inclus.

Mais un peu plus tard, au stade du processus céphalique, cette région « totipotente » s'est élargie. Willier et Rawles (1935-1936) ont ainsi fait, par cette méthode des greffes, de véritables cartes du blastoderme de poulet, montrant la localisation des différentes régions qui produisent tous les organes.

On peut d'ailleurs cultiver des embryons entiers *in vitro,* comme l'a fait Waddington, puis les greffer sur la membrane chorio-allantoïdienne. C'est ainsi que Rudnick (1935) a montré que de tels embryons, retardés dans leur développement du côté qui était en contact avec le milieu de culture, n'en continuent pas moins leur histogenèse. Mais la membrane chorio-allantoïdienne ne permet en aucun cas un développement normal, organisé, de l'embryon, qui devient finalement une masse incohérente de tissus.

On peut également transplanter des tissus de Mammifères sur la membrane chorio-allantoïdienne. Nicholas et Rudnick (1933) ont ainsi greffé des embryons de Rats et vu qu'il se forme un placenta fonctionnel. Les embryons greffés très jeunes se différencient et croissent, mais ne montrent jamais d'organisation. Les embryons greffés à un stade plus avancé, quand les ébauches des organes sont visibles, régressent et dégénèrent.

La greffe *in utero* de parties d'embryons de Mammifères a été mise au point indépendamment par Nicholas et par Bors, en 1925. Nicholas est parvenu à greffer, sous la peau du flanc d'embryon de Rat, après ouverture de l'utérus de la mère, des yeux et des pattes d'embryons de la même espèce; il a pu observer par la suite la vascularisation et un certain développement des organes implantés.

Reed et Sander (1937) ont fait des syngénésiogreffes de peau d'embryon de Souris sur des nouveau-nés proches parents et Reed (1938) a greffé de la peau également entre nouveau-nés de la même portée.

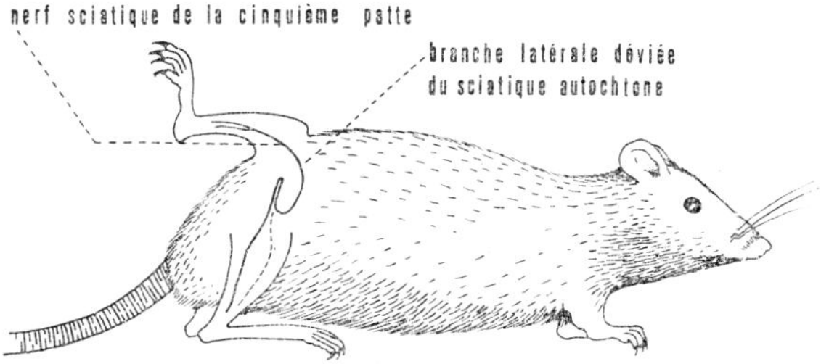

FIG. 14 — INNERVATION DE LA CINQUIÈME PATTE, GREFFÉE CHEZ UN TRÈS JEUNE RAT (J. V. SCHWIND).

Poussant cette méthode plus loin, et en s'adressant, non plus à des embryons, mais à de très jeunes Rats d'environ douze jours, où les cellules conservent encore leur potentiel embryonnaire, Schwind (1938) est parvenu à greffer une patte supplémentaire. Il ampute d'abord partiellement une patte postérieure, la greffe sur le dos d'un second Rat, en accordant les deux nerfs sciatiques correspondants *(fig. 14)*, et unit les deux Rats en greffe siamoise ou parabiotique. Après un certain temps, le greffon étant suffisamment vascularisé par le porte-greffe, l'amputation est complétée et les Rats sont séparés. La patte greffée réacquiert, après plusieurs semaines, certains mouvements. Elle montre des mouvements autonomes quand le porte-greffe marche, et ses orteils sont à même de se fléchir.

De tout ce qui précède nous voyons que les cellules embryonnaires ou très jeunes, chez les Vertébrés supérieurs comme chez les autres organismes, grâce à leur état chimique indifférent et à leur énorme potentiel de croissance, peuvent être greffées chez un organisme embryonnaire ou très jeune de même espèce, y croître, et s'intégrer harmonieusement au porte-greffe.

LES CONDITIONS DE LA GREFFE CHEZ LES ADULTES DES VERTÉBRÉS

Par opposition à la conclusion que nous venons d'énoncer, nous pouvons dire que la greffe de tissus adultes ne réussit pas chez les Vertébrés supérieurs.

Leo Loeb (1921-1930) a montré que c'est à partir des Amphibiens adultes que l'on peut observer une réaction individuelle à la greffe de tissus adultes. Chez les Mammifères cette réaction est très prononcée entre individus de même espèce et race, mais l'est moins entre individus proches parents. La réaction varie en intensité. Il y a une tolérance parfaite dans les autogreffes; on peut observer l'ébauche d'une réaction dans les syngénésiogreffes; dans les homogreffes a lieu une infiltration lymphocytaire et une résorption graduelle; enfin, dans les hétérogreffes, a lieu une rapide infiltration de tissu conjonctif et une désagrégation du greffon qui peut même être rejeté.

Ces réactions augmentent en intensité depuis les Amphibiens jusqu'aux Mammifères, et, dans une même espèce, depuis les stades jeunes jusqu'à l'état adulte.

Il s'ensuit que même chez l'Homme adulte toutes les greffes autoplastiques sont faisables qui respectent les possibilités purement mécaniques et de vascularisation. Ce sont là de simples remaniements dans l'organisme qui ne comportent aucune adaptation chimique des tissus à un milieu différent.

Aussi depuis de nombreuses années les chirurgiens ont-ils pu, par la méthode des autogreffes, remplacer de la peau, du cartilage, des os, du tissu conjonctif, pathologiquement atteints, ou arrachés, par des tissus semblables pris dans un autre lieu chez le même individu.

On assiste ainsi à une merveilleuse chirurgie plastique

qui est arrivée à refaire des membres déchiquetés et des visages horriblement mutilés.

Mais, dès que les chirurgiens ont utilisé un autre adulte comme donneur, ils n'ont essuyé que des échecs, d'autant plus rapides et brutaux qu'ils ont pris le greffon chez un individu plus éloigné du porte-greffe.

Une exception a été signalée : le testicule semble être un lieu porte-greffe particulièrement favorable. Aron et Petrovic (1953, 1955) ont constaté que cette glande, chez le Cobaye mûr, se prête à la survie prolongée de divers organes, empruntés à un autre Cobaye mûr, et qui y sont enfoncés profondément.

Les greffes positives chez les Vertébrés supérieurs adultes entrent par ailleurs dans l'une des trois catégories suivantes : 1. greffes mortes; 2. greffes de tissus encore embryonnaires ou très jeunes; 3. greffes de tissus cancéreux.

GREFFES MORTES

Nageotte (1917-1927), dans une longue série de recherches, a vu que la charpente d'un implant mort est réhabitée par des éléments du porte-greffe et devient alors partie intégrante de ce dernier. Il est évident que ces greffes mortes sont limitées aux tissus qui peuvent être réhabités par le receveur, puisque l'apport du greffon lui-même se borne à un squelette dans lequel viennent pénétrer les cellules du porte-greffe. Pratiquement, la greffe d'organes formés de tissus conjonctifs est seule couramment utilisable dans la pratique chirurgicale où elle a rendu de très grands services. Mais la greffe morte ne laisse rien à espérer pour la réparation des viscères.

Dans la greffe morte la spécificité n'entre pas en ligne de compte, que l'on fasse une homogreffe ou une hétérogreffe de tissu tué par l'alcool ou le formol. Nageotte a pu ainsi faire des greffes d'un nerf de Lapin sur un Chien, pour faciliter la régénération du nerf de ce dernier, et de tendon de Chien sur l'Homme. Cette méthode tourne donc, dans certains cas, l'obstacle à la possibilité de faire des greffes chez les Vertébrés supérieurs adultes, dû à l'intolérance de leurs cellules pour des cellules étrangères évoluées. La plupart des cellules adultes du porte-greffe restent neutres devant un greffon mort, mais un certain nombre de cellules à l'état embryonnaire transforment celui-ci en partie intégrante de l'organisme vivant dans lequel il a été inséré.

C'est dans cette catégorie de greffes mortes que l'on peut ranger les greffes de cornée. Avant 1914, Magitot, Bonnefon, Lacoste posèrent les bases expérimentales de cette opération. Filatov, après la première guerre mondiale, donna les premiers résultats heureux de greffe cornéenne chez l'Homme. Un nouvel essor lui fut donné au cours de la deuxième guerre mondiale et depuis lors.

La transplantation de cornée est actuellement faite avec un greffon humain adulte sain et frais. Or Renard et Bregeat (1947) conseillent un greffon d'un donneur âgé conservé 24 heures à la glacière, et remarquent que la réussite est obtenue avec les greffons de moindre vitalité. De toute façon les coupes histologiques qui ont pu être réalisées à différents stades montrent que les cellules cornéennes du greffon dégénèrent et disparaissent rapidement. Seule persiste la charpente du greffon. Ses lames sont réhabitées, comme dans les greffes mortes de Nageotte, ici par des kératoblastes. Le greffon a donc une fois encore un rôle vecteur; sa régénération nécessite la présence de quelques éléments normaux au sein de la cornée qui va recevoir la greffe.

Appliquée à des cas de cécité d'origine cornéenne, tels qu'une taie centrale due à une infection, brûlure ou traumatisme, la greffe de cornée a fait recouvrer la vue à un fort pourcentage d'opérés. Dans ces cas le greffon est resté parfaitement transparent pendant des années.

GREFFES DE TISSUS EMBRYONNAIRES

On peut greffer, chez l'adulte, des tissus embryonnaires ou provenant d'animaux nouveau-nés ou très jeunes, encore constitués par des cellules embryonnaires, c'est-à-dire ayant un potentiel de développement. Nous avons nommé ces implantations durables et fonctionnelles des greffes bréphoplastiques (gr. *βρέφος, brephos :* embryon, fœtus, enfant nouveau-né, petit des animaux; *πλάσσειν, plassein :* former, modeler).

C'est Paul Bert qui, en 1864, ouvrit la voie en cette matière. Il greffait des queues et des pattes de ratons blancs de quelques jours sous la peau de ratons de même âge, et constatait que les tissus implantés grandissaient rapidement.

Le fait que des tissus très jeunes, implantés chez des Mammifères, pouvaient continuer à exercer leurs fonctions, a été démontré pour la première fois dans le cas des glandes génitales. Celles-ci sont constituées, à l'état adulte, de cellules reproductrices, ayant évidemment un énorme potentiel de développement, de cellules interstitielles qui, ainsi que Bouin et Ancel l'ont montré, ont affaire aux caractères sexuels secondaires, et de cellules conjonctives de soutien. Ces deux dernières catégories de cellules sont, chez l'individu évolué, à l'état adulte. Mais entre le moment de la naissance et la puberté, quand se fait l'acquisition des caractères sexuels secondaires et du pouvoir de reproduction, il existe un laps de temps, de longueur variable selon les espèces, pendant lequel nous pouvons considérer les glandes génitales comme étant constituées en totalité de cellules encore à l'état embryonnaire. Ces glandes sont alors dans un état que nous pouvons comparer à l'état dormant des bourgeons des plantes supérieures, prêts à s'épanouir seulement lorsque, après une période de temps donnée, les conditions requises viennent à se produire.

Or pendant cette période dormante embryonnaire les glandes génitales peuvent être greffées chez des animaux jeunes et adultes de la même espèce, et continuer à croître et à fonctionner dans le nouveau milieu où elles se trouvent.

Guthrie a réussi ainsi, en 1907, l'homogreffe d'ovaires chez de jeunes poulets. Les Poules porteuses d'ovaires provenant d'un poulet de race de couleur différente, mais fécondées par un Coq de même couleur que la Poule porte-greffe, ont donné naissance, non pas seulement à une progéniture de même couleur, comme les témoins, mais aussi de couleur *différente*, qui ne pouvait trouver son origine que dans l'ovaire implanté. Guthrie en conclut que les œufs des Poules opérées provenaient des ovaires implantés.

Les greffes de glandes génitales produisent des résultats frappants quand elles sont faites chez des Oiseaux de sexe différent. Goodale (1916) a castré de tout jeunes Coqs de 23 jours d'âge et leur a greffé, dans la cavité abdominale, des morceaux d'ovaire provenant de poulettes de la même couvée. Le plumage mâle et les ergots ne se sont pas développés, et la féminisation a été complète dans la couleur et la forme des plumes.

Pézard, dont les travaux sur cette question font autorité (1911-1930), a masculinisé des poulettes castrées en leur faisant des greffes de testicules. Les Poules masculinisées *(fig. 15)* ressemblent complètement à des Coqs ; elles possèdent la crête développée et sanglante, le plumage brillant et pigmenté, les ergots. L'instinct sexuel, l'humeur combative et le chant apparaissent. Les greffons testiculaires se maintiennent en bon état et acquièrent ou conservent la spermatogenèse.

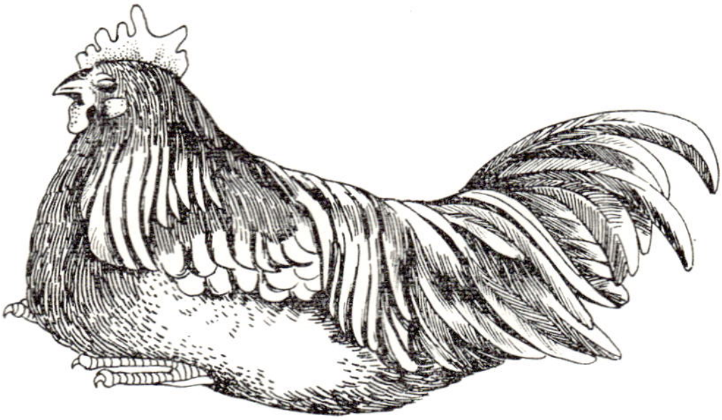

FIG. 15 — POULE LEGHORN JAUNE DORÉ MASCULINISÉE (A. PÉZARD).

Les Coqs castrés et féminisés par greffe ovarienne prennent le plumage terne de la Poule et réduisent leur crête. Le chant et les instincts mâles cessent de se manifester. Le greffon ovarien infantile continue à évoluer comme chez la Poule et à mûrir ses follicules.

Ces mêmes expériences de naissance de petits provenant d'ovaires greffés, et de transformation de sexe, ont été réalisées chez des Mammifères.

Heape, déjà en 1890, a greffé des œufs fécondés de Lapine Angora dans les trompes d'une Lapine « Lièvre belge », et a obtenu la naissance de Lapereaux de pure race Angora.

Castle et Philipps (1911) ont fait soixante-quatorze homogreffes ovariennes, surtout d'ovaires infantiles chez des Cobayes femelles ovariectomisées. S'entourant de toutes les garanties, ces auteurs ont observé, dans deux cas, la naissance de petits Cobayes provenant d'œufs de l'ovaire implanté.

Dans des transplantations croisées, Steinach (1912-1920) a pu masculiniser, chez le Cobaye et le Rat infantiles, de jeunes femelles ovariectomisées des mêmes espèces par implantation d'ovaires infantiles.

Si l'on greffe simultanément ovaire et testicule chez un animal préalablement castré, on provoque de l'hermaphrodisme. Les caractères deviennent bisexuels, ainsi que le comportement.

Les glandes sexuelles infantiles, encore à l'état embryonnaire, peuvent donc être greffées et fonctionner parfaitement par la suite. On peut même greffer des ovaires très jeunes dans la chambre antérieure de l'œil et suivre leur évolution ultérieure.

C'est ainsi que Goodman (1934) a fait cette opération chez des Rats mâles et femelles adultes. Chez les Rats mâles, seuls des follicules se sont formés, mais pas de corps jaunes, tandis que chez les Rates il y a eu formation spontanée et successive de follicules et corps jaunes. Les Rates castrées et greffées ont subi le cycle vaginal.

Pleiffer (1934, 1936) a implanté des ovaires de ratons nouveau-nés sous la capsule du rein de Rates pubères castrées. Ces ovaires, sous l'influence de l'hypophyse du porte-greffe, ont atteint leur maturité en douze à seize jours et ont maintenu alors les caractères secondaires, le besoin sexuel et les changements cycliques du système génital.

Nous avons également montré (1939) que la greffe ovarienne sous la capsule du rein de Rats mâles normaux donne des follicules, mais pas de corps jaunes. Chez des femelles castrées il y a eu formation de corps jaunes, de kystes folliculaires, réapparition et succession de cycles oestriens, développement utérin et présence d'un aspect cytologique très proche de la normale dans l'antéhypophyse.

De plus nous avons vu (1940) que l'ovaire de Rate nouveau-née greffé dans la chambre antérieure de l'œil *(fig. 16)* provoque l'œstrus en treize à dix-sept jours, chez des Rates pubères castrées, et l'épanouissement utérin en trois semaines chez ces mêmes animaux. Le développement de l'ovaire implanté est au début comparable à celui d'un ovaire de même âge, mais quatre semaines après son implantation il présente un grand nombre de corps jaunes et a l'aspect d'un ovaire normal de onze semaines.

Mais les cellules embryonnaires des glandes génitales ne sont pas seules à pouvoir être ainsi extirpées d'un animal très jeune ou embryonnaire, puis, implantées chez un hôte adulte, s'adapter à celui-ci et fonctionner par la

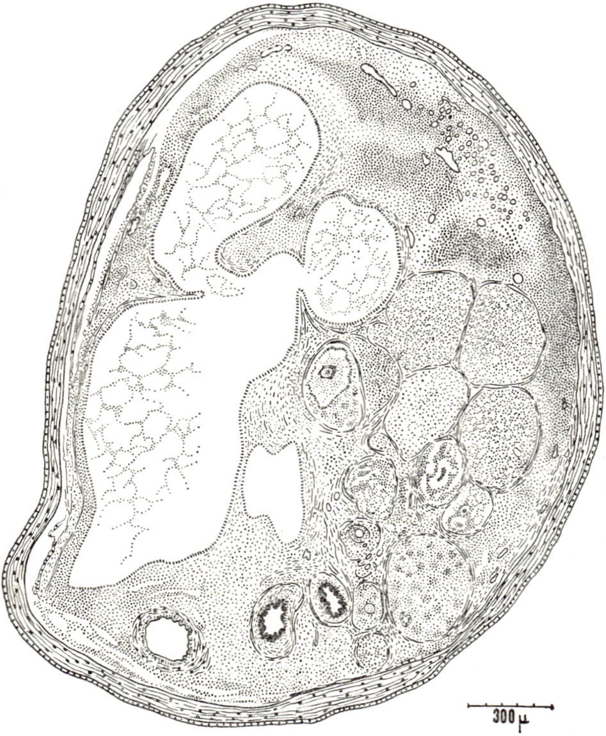

Fig. 16 — Greffe bréphoplastique d'ovaire chez une Rate castrée onze jours avant l'implantation.

Coupe de l'œil porte-greffe, vingt-huit jours après la transplantation, montrant des follicules avec leurs œufs et des corps jaunes (R.M. May).

suite. Des cellules aussi délicates et différenciées que celles du tissu cérébral peuvent être greffées de la même façon. Dunn (1917) a montré que l'on pouvait greffer dans l'hémisphère cérébral de ratons albinos de neuf à dix jours d'âge du cortex cérébral provenant de ratons de la même portée, et obtenir la survie des cellules nerveuses dans des cas où le greffon s'était accolé au plexus choroïde, organe très vascularisé.

Nous avons commencé en 1930 notre série de greffes bréphoplastiques par celle du tissu cérébral. Nous avons introduit du tissu cérébral provenant de ratons blancs nouveau-nés dans la chambre antérieure de l'œil de Rats blancs adultes. Les fragments de ce tissu ont résisté à l'asphyxie, se sont greffés sur l'iris, ont été vascularisés, et se sont maintenus de façon permanente.

Les cellules cérébrales implantées n'attirent pas les fibres nerveuses adultes, et elles restent cantonnées dans le transplant même.

Mais nous nous sommes demandé, reprenant l'hypothèse du neurotropisme de Cajal, s'il en serait de même si, avec le greffon cérébral, on implantait dans la chambre antérieure un bout de nerf en dégénérescence avec ses nombreuses cellules de Schwann. Dans cet espace restreint les produits de la dégénérescence nerveuse, s'ils sont stimulants, ne peuvent manquer de faire sentir leur action, de provoquer la régénération des expansions cérébrales, et la réhabitation du bout de nerf implanté.

En fait, c'est exactement ce qui s'est produit. Nous avons vu (1945) des expansions cérébrales, avec leurs cônes ou boutons de croissance, se porter, de façon précoce, à la rencontre de cellules chargées de produits de la désagrégation nerveuse.

Des cas de connexion entre le tissu cérébral et le nerf réhabité *(fig. 17)* montrent que nous n'avons pas affaire là à des rapports fortuits, mais bien à une liaison massive de fibres qui ont été attirées vers le nerf par des influences qui émanent de lui, et qui pourraient fort bien être de nature chimique.

Plus tard nous avons greffé d'autres tissus embryonnaires avec les cellules cérébrales. Mais, que nous ayons affaire à du muscle de nouveau-né (1949), ou à du thymus vivant ou mort (1952), le résultat est pratiquement le même : ces tissus, comme les nerfs sciatiques jeunes ou adultes, attirent les fibres de cellules cérébrales implantées près d'eux.

Nos cas peuvent donc être comptés parmi ceux, fort rares jusqu'ici, où l'on a pu (Tello, 1911) susciter une régénération cérébrale chez des Mammifères.

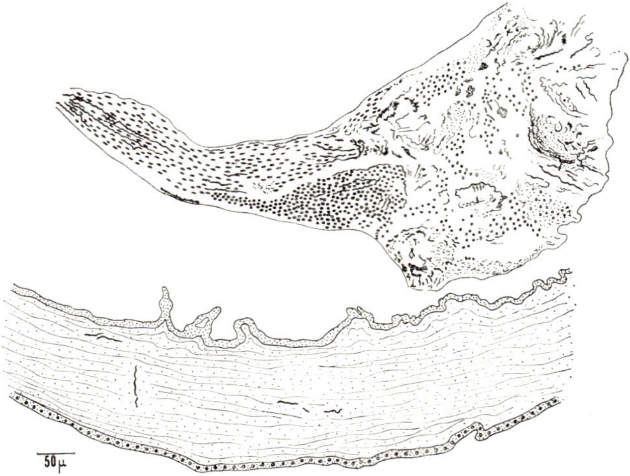

Fig. 17 — Greffe intra-oculaire simultanée de tissu cérébral de nouveau-né et de nerf sciatique chez la Souris.

133 jours après l'implantation, la coupe de l'œil porte-greffe montre que le nerf, en bas, est réhabité par des fibres provenant du tissu cérébral, en haut; la cornée est à droite (R.M. May).

Cristiani et Ferrari, déjà en 1897, ont greffé du tissu thyroïdien et parathyroïdien d'embryon ou de nouveau-né de Rat blanc chez l'adulte de la même espèce; ils ont constaté le parfait développement de leurs implants.

Faldino (1923-1924), implantant des parties d'embryons, *ou des émulsions* de tissus embryonnaires, de façon homoplastique dans la chambre antérieure de l'œil du Lapin, a démontré que les tissus greffés s'y développent. Mais les implants hétéroplastiques sont résorbés.

Nous avons placé cette question sur le terrain physiologique en greffant des tissus dont l'action peut être facilement mise en évidence. Des lobes de thyroïde et parathyroïde de raton nouveau-né, implantés dans la chambre antérieure (1930) ou sous la peau (1934) de jeunes Rats éthyroïdés, peu après se vascularisent, se développent et se différencient histologiquement comme ils l'auraient fait *in situ,* et assument de façon durable les fonctions des tissus semblables qui manquent au porte-greffe. Ils acquièrent, en effet, la structure d'une thyroïde et d'une parathyroïde adultes. Des pesées faites tous les mois, pendant plus de quinze mois, ont montré que les porte-greffe éthyroïdés se sont développés comme les témoins non opérés, tandis que les Rats simplement éthyroïdés ont eu une croissance très incomplète, avec une forte mortalité.

Nous avons montré en 1955 qu'une greffe locale d'hypophyse sous l'albuginée, enveloppe du testicule, peut tirer celui-ci, lorsqu'il est atrophié à la suite de l'hypophysectomie, chez la Souris infantile, de son état dormant, et provoquer sa remise en état actif. D'autre part, des testicules de Souris ainsi hypophysectomisées, atrophiques et inactifs pendant plusieurs mois, peuvent, lorsqu'ils sont greffés sous la capsule du rein d'une Souris adulte mâle castrée, dont les hormones gonadotropes agissent sur eux, subir l'éveil de leurs éléments spermatiques et interstitiels (May, 1958).

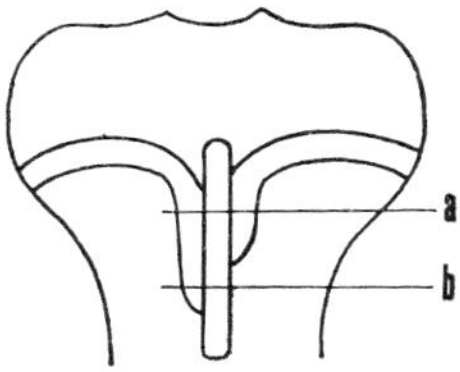

Fig. 18 — Schéma représentant la disposition prise par l'extrémité proximale du tibia, sept semaines après la greffe dans cet os, chez un Lapin de deux semaines, d'une tige de cartilage hyalin costal transperçant le cartilage de conjugaison.

Le trait *b* indique le niveau répondant à la figure 19 (P. Lacroix).

Nous avons encore obtenu la greffe durable, dans des conditions semblables, de la surrénale et du thymus de raton nouveau-né implantés à des Rats jeunes. La greffe bréphoplastique intra-tibiale donne des résultats excellents, morphologiques et physiologiques, dans le cas de la surrénale et de la thyroïde chez des Rats jeunes. On obtient également de bons résultats avec la greffe, sous la capsule du rein, de tissus aussi variés que la thyroïde, la surrénale, le pancréas, le testicule, l'ovaire, la trompe et l'utérus (May, 1939).

Des recherches dans ce domaine ont encore été faites par Lacroix (1945) sur le déterminisme de l'ossification endochondrale. Le cartilage hyalin costal, dans les conditions normales, n'est jamais envahi par une ossification endochondrale. Une tige de ce cartilage a été prélevée à la septième côte, chez des Lapins de quinze jours, et greffée chez un animal de la même nichée de façon à transpercer le cartilage de conjugaison proximal du tibia *(fig. 18)*. A la suite du contact intime qui s'établit entre le cartilage de conjugaison et le cartilage hyalin, ce dernier acquiert la structure du cartilage de conjugaison et fonctionne comme lui *(fig. 19)*. Il ne s'agit pas d'une colonisation du cartilage hyalin par le cartilage de conjugaison, mais d'une sorte de contagion de l'ossification endochondrale. D'après Lacroix, ce phénomène paraît impliquer un transfert de substances organisatrices. En effet, un extrait alcoolique de cartilage de conjugaison de Lapin, injecté dans un muscle chez la même espèce, suscite la formation d'un ostéome assez volumineux.

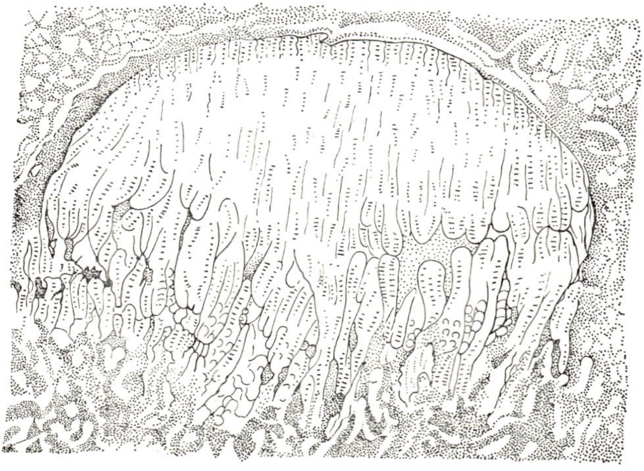

FIG. 19 — COUPE PASSANT AU NIVEAU B DE LA FIGURE 18.
Les cellules du greffon prennent part à la constitution de la zone d'ossification endochondrale; × 12 (P. Lacroix).

Un tissu encore embryonnaire, et qui possède par là même le pouvoir d'être toléré en tant que greffon homoplastique chez un porte-greffe jeune ou adulte, doit perdre à un moment donné, par sa croissance et sa différenciation morphologique et physiologique, cette capacité inhérente. Nous avons voulu déterminer, pour un tissu donné, le moment auquel a lieu ce passage de l'état embryonnaire à l'état adulte, cette transition devant ressortir des réactions du porte-greffe au moment critique.

Malgré la présence d'une thyroïde autochtone, des lobes

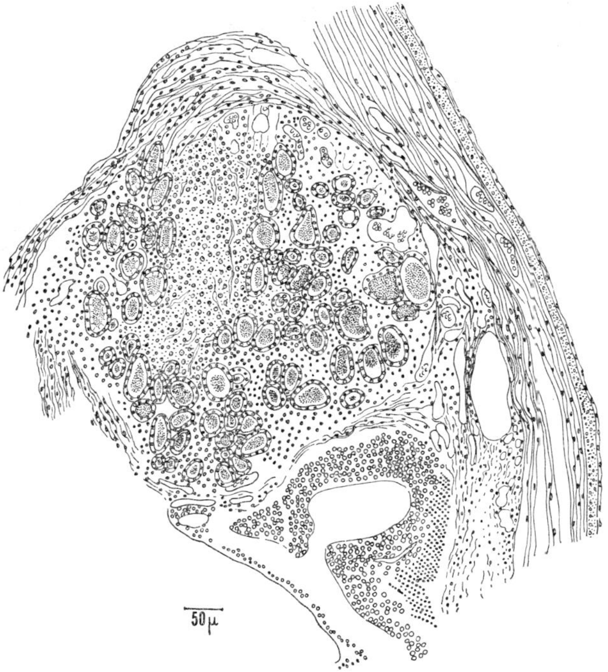

FIG. 20 — COUPE DE L'ŒIL PORTE-GREFFE D'UNE SOURIS, TRENTE QUATRE JOURS APRÈS L'IMPLANTATION D'UN LOBE DE THYROÏDE DE SOURICEAU NOUVEAU-NÉ.

La thyroïde et sa parathyroïde ont l'aspect de glandes normales de même âge; la cornée est à droite (R.M. May).

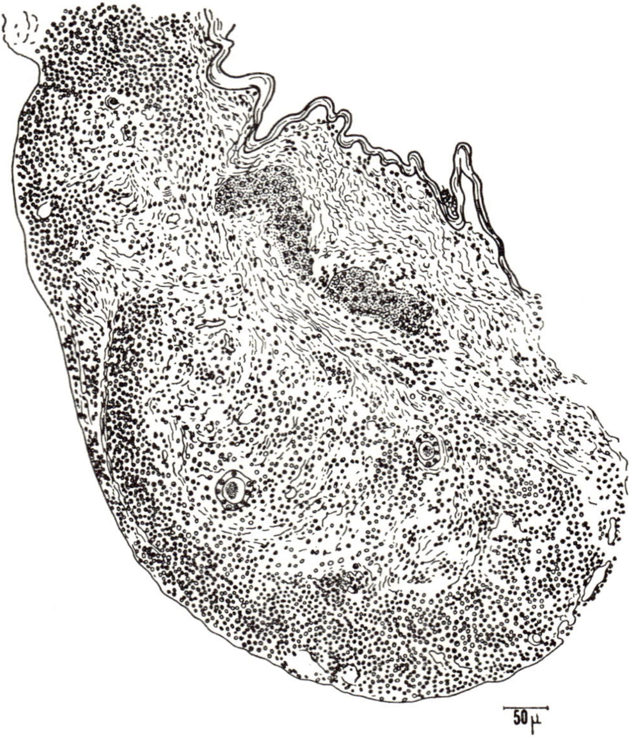

FIG. 21 — COUPE DE L'ŒIL PORTE-GREFFE D'UNE SOURIS, TRENTE JOURS APRÈS L'IMPLANTATION D'UN LOBE DE THYROÏDE DE SOURICEAU ÂGÉ DE NEUF JOURS.

Le lobe thyroïdien, transformé, est occupé par du tissu conjonctif et des éléments lymphocytaires et ne possède que de rares follicules (R.M. May).

de thyroïde de souriceaux nouveau-nés, implantés dans la chambre antérieure de l'œil d'une Souris adulte, croissent, perdent leur aspect embryonnaire, acquièrent de nombreux follicules à colloïde et prennent, à peu de chose près, l'aspect de thyroïdes normales de même âge *(fig. 20)*.

Les thyroïdes greffées à l'âge de cinq jours n'évoluent pas, en dehors de leur augmentation de taille; leurs éléments épithéliaux, comme figés à l'état où ils étaient au moment de l'implantation, ne subissent pas non plus de dégénérescence.

Mais les thyroïdes greffées à l'âge de 9 jours subissent en quelques jours une infiltration lymphocytaire, puis une transformation conjonctive, qui bouleversent leur structure, et ne laissent que de rares follicules un mois après leur greffe *(fig. 21)*.

Ainsi la transition entre l'état embryonnaire, où le greffon bréphoplastique est viable, et l'état adulte, où la transplantation n'est plus possible, se fait, dans le cas de la thyroïde de Souris, aux environs du cinquième jour après la naissance. Une adaptation complète du greffon thyroïdien à son nouveau milieu n'est donc possible que tant qu'il demeure franchement embryonnaire, état attesté dans le cas de la thyroïde par sa forte basophilie, ainsi que par le petit nombre et la faible dimension de ses follicules.

GREFFES DE TISSUS CANCÉREUX

Les premiers faits positifs, indiscutables, de transplantation de tissus cancéreux ont été signalés par Hanau et par Morau.

En 1889 Hanau a greffé sur le scrotum de deux Rats sains des fragments de métastase ganglionnaire d'un épithélioma lobulé typique de la vulve d'une Rate. Il observa, après sept et huit semaines, chez ces animaux greffés, un carcinome péritonéal généralisé, de structure histologique semblable à celle de la tumeur primitive.

C'est Morau (1891-1894) qui fut le premier à entreprendre une étude systématique de la greffe d'une tumeur. Il injectait des fragments d'une tumeur épithéliale de la Souris blanche, un épithélioma cylindrique, sous la peau d'autres Souris. Au bout de trois à quatre mois ces dernières présentaient de nouvelles tumeurs. Morau put ainsi, par inoculations successives, reproduire ces tumeurs dans dix-sept générations de Souris.

La greffe des tissus néoplasiques malins est une technique aujourd'hui courante dans les laboratoires de cancérologie et d'anatomie pathologique. Elle est employée, non pas tant pour étudier les facteurs de la transplantation même que pour isoler les tumeurs malignes et les soumettre à différentes influences, notamment celles susceptibles de retarder ou d'accélérer leur développement. La littérature pathologique est abondamment pourvue de travaux concernant cette question.

Le fait le plus frappant qui ressort de la greffe cancéreuse est celui-ci : si l'homogreffe des tissus adultes ne réussit ordinairement, chez les Vertébrés supérieurs, que dans des cas exceptionnels, la transplantation des tumeurs malignes est fréquemment de réalisation facile. Comme les tissus embryonnaires, les néoplasmes malins, placés dans un organisme nouveau, continuent à se développer. Mais leur développement étant anarchique et illimité, ils peuvent être transplantés successivement de porte-greffe à porte-greffe, alors que l'on ne peut obtenir qu'un nombre très restreint de greffes successives avec des tissus embryonnaires.

Même certaines tumeurs bénignes, telles que le fibroadénome mammaire du Rat, peuvent être transmises en série. Mais, par opposition aux greffes de tumeurs malignes, ces greffes de tumeurs bénignes ne réussissent que dans un faible pourcentage des cas, et elles se développent d'une façon extrêmement lente (Oberling et Guérin, 1933).

Pas plus que pour les tissus embryonnaires normaux, l'hétérogreffe de tumeurs malignes ne donne de résultats positifs chez les Vertébrés supérieurs. Seule l'homogreffe des néoplasmes malins réussit, et il semble même que dans certains cas, comme pour les cellules embryonnaires normales, elle ne puisse se faire qu'entre animaux de la même souche ou du même élevage. De plus, il existe des cas d'immunité naturelle, où les animaux sont réfractaires à toute tentative d'implantation de certaines tumeurs.

Ainsi, comme les cellules embryonnaires, les cellules tumorales malignes peuvent être implantées chez un animal adulte de même espèce. Mais elles y continuent leur croissance anarchique et finissent par causer la mort du porte-greffe, tandis que les cellules embryonnaires normales, greffées, cessent leur croissance à un certain moment, jouent leur rôle physiologique, et peuvent même suppléer un organe homologue absent.

De plus, le développement des cellules cancéreuses étant illimité, elles peuvent être transplantées successivement de porte-greffe à porte-greffe. Par contre les cellules embryonnaires normales, à la suite de leur croissance et de leur différenciation, perdent en peu de temps la possibilité d'être tolérées chez un porte-greffe jeune ou adulte, comme nous l'avons vu. C'est ce qui explique que l'on ne peut obtenir, au mieux, qu'un nombre très restreint de greffes successives avec des tissus embryonnaires.

LES ASPECTS IMMUNOLOGIQUES DE LA GREFFE CHEZ LES ADULTES DES VERTÉBRÉS

Ainsi, en dehors des trois catégories de greffes dont nous venons de parler, un nombre considérable d'expériences bien conçues et parfaitement exécutées, depuis environ un siècle, ont abouti à la conclusion qu'il est impossible d'obtenir des effets durables lorsqu'on transplante des tissus adultes chez un adulte des Vertébrés supérieurs. Des exceptions ne sont possibles que lorsqu'il existe des conditions de consanguinité très poussée ou un état pathologique du receveur.

Medawar (1944) a montré que l'échec des homogreffes chez l'adulte de Mammifères, et notamment chez des Lapins, est dû à des réactions immunologiques : les réactions à un tissu étranger sont du même type que celles à du sang ou à des micro-organismes. L'élimination des homogreffes est due à des réactions d'immunité acquise et non simplement innée.

En effet, les greffons dont la masse est petite par rapport à la masse totale de la peau autochtone évoluent plus longtemps, avant d'être éliminés, que ceux dont la masse est relativement plus grande; c'est ce que Medawar appelle le phénomène de dosage. D'autre part, de la peau transplantée chez un individu ayant déjà été greffé, et dont le premier greffon avait survécu quinze jours, ne survit plus que six jours. La seconde transplantation, effectuée dans le lit de l'ancienne, n'est pas moins durable qu'en un autre endroit; le facteur d'immunité locale n'intervient donc pas.

La période préliminaire de survie du transplant constitue la période de latence immunologique bien connue; l'étude de cette latence par rapport à la seconde phase, qui est celle de l'élimination de ce même transplant, le montre bien. De plus, la constatation d'une absence de latence dans une seconde homogreffe de peau semblable, chez un même, Lapin, reproduit tous les caractères d'une réaction immunologique.

Pour Medawar, ce qui importe le plus est le rapport antigénique entre le donneur et le porte-greffe. Dans le cas de la peau de Lapin il n'existe pas un, mais bien plusieurs antigènes qui, combinés entre eux de différentes façons, donnent la possibilité de plus de cent groupes différents d'antigènes. D'après ses observations cytologiques, Medawar pense que l'anticorps créé par des homogreffes de peau agit en empêchant la division des cellules de la peau transplantée.

La réaction à une homogreffe chez l'adulte serait bien une réaction immunologique de l'organisme entier et non pas une réaction des cellules du porte-greffe aux cellules implantées. Medawar (1948) a montré, en effet, qu'on peut faire des cultures de peau de deux Lapins adultes, chez lesquels les greffes cutanées n'avaient pas pris; les cultures mixtes ne montrent pourtant pas d'incompatibilité entre les cellules des deux peaux.

Des expériences de Billingham, Brent et Medawar (1954) nous indiquent une voie possible pour vaincre la résistance aux transplantations homoplastiques chez les Vertébrés supérieurs. Ces trois chercheurs sont partis du principe que les homothermes ne réagissent pas, ou ne réagissent que peu, vis-à-vis de tissus d'un autre animal de la même espèce auxquels ils ont été exposés assez tôt dans leur vie embryonnaire. Par exemple, un embryon de Souris d'une lignée donnée est inoculé *in utero* avec des cellules provenant d'une Souris adulte d'une autre lignée. Devenue adulte, la Souris de la première lignée se montrera tolérante, partiellement ou complètement, vis-à-vis de greffes de peau provenant de toute Souris de la deuxième lignée. Ces biologistes appellent un tel phénomène « une tolérance activement acquise ».

De ces recherches il ressort que des embryons de Souris, et aussi de poulets, sont à même, s'ils sont inoculés, avec des cellules d'une lignée différente, de développer, devenus adultes, un état de tolérance, total ou partiel, vis-à-vis de cellules semblables ou de peau d'adulte de cette autre lignée.

Cet état de tolérance est spécifique pour la lignée donneuse, les autres lignées provoquant par leurs greffons les homo-réactions habituelles. Les Souris en état de tolérance sont fertiles, mais leurs descendants n'héritent pas cet état de tolérance.

Ces résultats ne sont qu'un premier pas, car des recherches de Billingham et de Simonsen (1957) ont montré que le greffon peut à son tour réagir contre le porte-greffe. Mais elles n'en ouvrent pas moins une voie nouvelle qui est riche de possibilités.

Raoul-Michel MAY.

BIBLIOGRAPHIE

La Biologie des homogreffes, 284 p., Colloque, Centre National de la Recherche Scientifique, Paris, 1957.

R. E. BILLINGHAM et W. K. SILVERS, *Transplantation of Tissues and Cells,* 149 p., The Wistar Institute Press, Philadelphie, 1961.

G. MATHE et J. L. AMIEL, *La Greffe, aspects biologiques et cliniques*, 428 p., Masson, Paris, 1962.

R. M. MAY, *La Transplantation animale,* 352 p., Gauthiers-Villars, Paris, 1932.

R. M. MAY, *La Greffe,* 299 p., Gallimard, Paris, 1952.

W. B. PATTERSON, *Wound Healing and Tissue Repair*, 83 pages, The University of Chicago Press, Chicago, 1959.

L. PAUFIQUE, G. P. SOURDILLE et G. OFFRET, *Les Greffes de la cornée (Kératoplasties)*, 360 p. + planches, Masson, Paris, 1948.

G. E. W. WOLSTENHOLME, et M. P. CAMERON, *Preservation and Transplantation of normal Tissues,* 235 p., J. Churchill Ltd ed., Londres, 1954.

WOODRUFF M. F. A. *The Transplantation of Tissues and Organs,* C. C. Thomas éd., 77 p., Springfields Illinois, 1960.

LA CULTURE DES TISSUS VÉGÉTAUX

INTRODUCTION

James Bonner, le physiologiste du Californian Institute of Technology, écrivait récemment : « Chaque fois que je vais à un congrès et que j'écoute les innombrables communications des botanistes qui relatent leurs découvertes, je me dis que bientôt tout sera connu, et alors que feront les botanistes ? L'objectif de tout chercheur est de rendre ses propres recherches désuètes, d'épuiser son champ d'investigations, de telle manière qu'il puisse s'attaquer à un nouveau domaine et renouveler sa spécialité ». Il est des disciplines qui se renouvellent très vite, où apparaissent constamment de nouveaux sujets de recherche. C'est le cas, par exemple, de la physique nucléaire ou de l'électronique.

Les botanistes semblent moins favorisés : les voies nouvelles qui leur ont été ouvertes au cours de ces deux dernières décennies sont extrêmement limitées. Parmi celles-ci, une des plus fructueuses a certainement été la culture des tissus.

L'idée en est fort ancienne. Depuis que Schwann et Schleiden ont énoncé leur théorie de la structure cellulaire des organismes, tous les biologistes considèrent que la cellule est la plus petite unité capable d'entretenir la vie. Schleiden, il y a plus de cent ans, comparait les cellules d'un organisme aux abeilles d'une ruche, qui ont chacune leur individualité propre mais sont incapables de vivre en dehors de l'essaim. Les progrès de la cytologie démontrèrent la justesse des vues de Schleiden au point de vue morphologique. Il restait à prouver qu'il en était bien ainsi au point de vue physiologique, autrement dit que la cellule d'un organisme, séparée, constituait réellement une unité physiologique autonome, capable de vivre et de se multiplier en dehors de l'organisme.

Quand Sachs eut d'autre part, vers la fin du siècle dernier, précisé le rôle des relations de corrélation en morphogenèse, certains esprits curieux se demandèrent quel pourrait bien être le comportement de la cellule végétale si l'on parvenait à la libérer de ces corrélations, c'est-à-dire à la cultiver *in vitro,* en dehors de l'organisme. La morphologie végétale, si on la compare aux autres sciences, a hélas! peu évolué depuis cette époque et n'a pour ainsi dire pas quitté la phase descriptive; nous assistons seulement aux premiers balbutiements de la morphologie expérimentale. Nous en sommes encore à nous demander quels sont les facteurs qui limitent la taille des organes, pourquoi les méristèmes des feuilles s'arrêtent très vite de fonctionner alors que ceux des tiges sont capables de croître d'une manière indéfinie, pourquoi certains de ces méristèmes font des aiguilles au lieu de tiges, pourquoi telle cellule embryonnaire intégrée dans le parenchyme palissadique d'une feuille va se charger de chloroplastes alors que ses sœurs, incluses dans un pétale ou dans le péricarpe d'un fruit, se chargent d'anthocyanes ou de sucres? Toutes ont cependant le même génome, le même patrimoine héréditaire. Comment l'information renfermée sous forme de code dans les chromosomes de chacune aboutit-elle à des résultats aussi différents? Si toutes les cellules d'un organisme ont les mêmes potentialités — et nous avons aujourd'hui la preuve qu'il en est bien ainsi chez les plantes, grâce à la culture de cellules isolées — alors les extraordinaires différences que l'on rencontre dans leur comportement à l'intérieur de l'organisme doivent provenir des interactions de ces cellules les unes avec les autres, et quel meilleur moyen d'étudier ces relations que d'isoler les cellules et de les cultiver en dehors de l'organisme?

C'est ce problème qui fut pour la première fois clairement exprimé par le botaniste allemand Haberlandt en 1902, lorsqu'il écrivait : « Et cependant, les résultats de ces essais de culture devraient mettre en évidence les propriétés et les qualités de la cellule en tant qu'organisme élémentaire : ils devraient aussi donner des renseignements sur les rapports et sur les influences réciproques auxquels sont soumises les cellules à l'intérieur de *l'ensemble d'un organisme multicellulaire* ».

La question posée par Haberlandt n'a pas été entièrement résolue. Nous nous proposons simplement d'examiner dans ces quelques pages les contributions qu'y a apportées la technique des cultures de tissus et les progrès qu'elle a pu faire réaliser dans d'autres domaines de la botanique.

HISTORIQUE

Haberlandt non seulement attira l'attention sur l'intérêt que présentait la culture des tissus pour l'étude des problèmes de corrélation et de morphogenèse mais il tenta de mettre au point une technique lui permettant de la réaliser. Hélas ses travaux expérimentaux ne furent pas à la hauteur de ses considérations théoriques! Si bien que pendant trente-six ans l'histoire de la culture des tissus fut une longue suite de tâtonnements successifs aboutissant chaque fois à des échecs complets.

PREMIÈRES TENTATIVES

Impressionné sans doute par la théorie cellulaire et désirant surtout soustraire les cellules aux relations de corrélation, il fut porté à choisir, pour ses premiers essais, des cellules isolées ou de très petits fragments faciles à séparer des tissus adjacents. On comprend qu'il ait été attiré par des objets comme les cellules des poils staminaux de *Tradescantia* qui, même à faible grossissement, présentent sous le microscope un spectacle si extraordinaire et fournissent une image si réelle de la complexité de la vie, ou les poils glanduleux de diverses plantes comme l'Ortie ou le Lamier que l'on fait couramment examiner par les élèves des classes de botanique. D'autre part il semble que les difficultés d'asepsie, qui devaient être considérables à cette époque, aient orienté son choix vers des cellules vertes, de manière à éviter les complications inhérentes à l'introduction de sucre dans les milieux. Ces derniers, fort simples, étaient formés de la solution de Knop, qui apporte les principaux éléments minéraux nécessaires à la plante, additionnée de substances nutritives variées telles que la peptone et le sucre dans le cas des tissus sans chlorophylle.

LA CULTURE DE TISSUS ANIMAUX

Par une curieuse ironie c'est vers cette époque, durant la première décennie de notre siècle, alors que les botanistes essuyaient des échecs répétés, que furent réalisées les premières cultures de tissus animaux, problème qui, au premier abord, paraissait beaucoup plus ardu. La structure d'un animal supérieur est en effet infiniment plus complexe que celle d'une plante. Les différents organes sont composés de tissus beaucoup plus différenciés et ces organes ne peuvent vivre et fonctionner que grâce à une série de mécanismes régulateurs extrêmement délicats, dont la thermo-régulation constitue un excellent exemple. Rien de tout cela chez la plante. Il fallut néanmoins attendre près de trente ans de plus pour parvenir au même résultat en biologie végétale.

En effet, dès 1907, Harrison fit une observation extrêmement curieuse : il constata que des cellules nerveuses, des neuroblastes de Grenouille, lorsqu'on les place, après les avoir prélevées sur l'animal, dans de la lymphe coagulée, ne meurent pas mais se mettent à régénérer leurs extrémités mutilées. Harrison eut le mérite, en exposant cette belle expérience, d'attirer l'attention sur les possibilités qu'ouvrait cette observation.

Deux ans plus tard, Burrows et Carrel, s'inspirant de ces premiers travaux, mirent au point la technique de culture de tissus qui a été utilisée jusqu'à nos jours. Chacun connaît le retentissement des travaux de Carrel, la grande presse s'en est à maintes reprises emparée. De nombreux vulgarisateurs ont épilogué sans fin sur les conséquences philosophiques que l'on pouvait en tirer au sujet de l'immortalité de la cellule. Son plus bel aboutissement fut certainement l'emploi industriel de ces cultures de tissus pour la préparation des vaccins utilisés contre la poliomyélite.

Ces brillants succès ne furent pas sans influencer la culture de tissus végétaux. Beaucoup d'auteurs s'efforcèrent, à cette époque, de remplacer l'extrait embryonnaire qu'utilisait Carrel par divers extraits végétaux mais, chose surprenante, ces extraits, que l'on emploie fréquemment de nos jours, se révélèrent très toxiques, sans doute par suite d'une mauvaise préparation.

LA CULTURE DE RACINES ISOLÉES

Vers 1922, une voie nouvelle fut ouverte, qui devait enfin donner des résultats positifs. Elle fut inaugurée en Allemagne par un des élèves d'Haberlandt : Kotte, et aux États-Unis par Robbins, qui devait devenir directeur du Jardin Botanique de New York. Une des différences les plus frappantes entre l'animal et la plante est le fonctionnement chez cette dernière des méristèmes apicaux. Les axes végétatifs, tiges ou racines des plantes, sont en effet terminés par de petits massifs de cellules qui demeurent à l'état embryonnaire et engendrent jusqu'à la fin de la vie du végétal des tissus et des organes nouveaux. Autrement dit, l'embryogenèse y est indéfinie. Kotte et Robbins essayèrent d'obtenir *in vitro* la survie de ces organes.

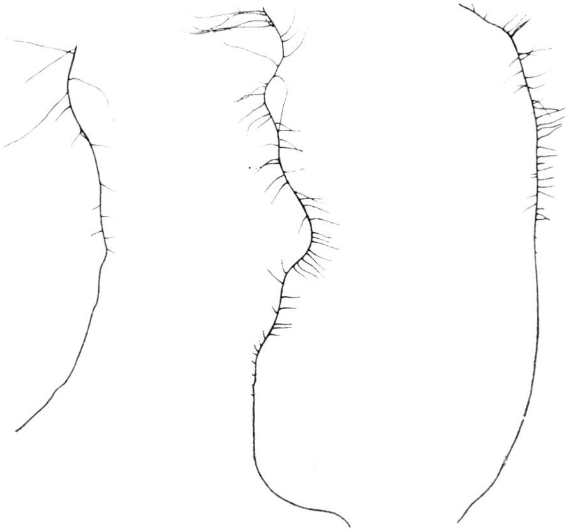

FIG. 1 — CULTURES DE RACINES ISOLÉES (d'après White).

A gauche, racine de Tomate; au centre, racine de Trèfle blanc; à droite, racine de Trèfle rouge. Dixième repiquage.

Kotte isolait aseptiquement des pointes de racines de quelques millimètres de long comportant le méristème terminal : il les plaçait dans des solutions minérales additionnées de sucre et de diverses combinaisons de peptone ou d'acides aminés ou encore d'hydrolysat enzymatique de graines ou de viande. Il constata alors que ces fragments continuaient à vivre et à s'allonger et il obtint ainsi, dans les meilleures conditions, des racines de Pois ou de Maïs qui pouvaient atteindre une longueur de 60 mm au bout de quelques semaines. Il n'eut malheureusement pas l'idée de repiquer ces cultures pour en prolonger la durée, si bien qu'elles n'eurent qu'une vie limitée. Robbins, utilisant une technique analogue, put, à l'aide de repiquages, maintenir des racines de Maïs pendant près de vingt semaines. Nous savons aujourd'hui que s'il s'était adressé à un matériel plus favorable que le Maïs, qui a des besoins nutritifs très spéciaux, il aurait pu, dès cette époque, obtenir la survie indéfinie de ces organes.

C'est P. White qui, quelques années plus tard, vers 1934, obtint ce résultat en cultivant des racines de Tomate sur un milieu un peu différent de celui de Robbins puisqu'il renferme, outre les éléments minéraux essentiels, un sucre et de l'extrait de levure. La souche isolée par White en 1934 est toujours vivante à l'heure actuelle, après plus de trente ans. Ce dernier exemple nous montre à quels détails, parfois infimes, peuvent tenir le succès ou l'échec d'une expérience, *(fig. 1)*.

Ces résultats, bien que fort spectaculaires, n'en avaient pas pour autant résolu l'une des questions fondamentales posées par Haberlandt et ne nous renseignaient pas sur le comportement des cellules ou des tissus isolés de l'organisme puisque, dans les racines cultivées *in vitro,* l'organogenèse et les relations de corrélation sont identiques à celles des racines d'une plante entière.

LES PREMIERS SUCCÈS

Un certain nombre de chercheurs reprirent alors les vieilles expériences d'Haberlandt et de ses élèves et on trouve les résultats de leurs recherches éparpillés dans la littérature de 1924 à 1935. C'est vers cette dernière année que furent obtenus les premiers résultats positifs qui devaient mener au succès. Après avoir, lui aussi, essuyé de nombreux échecs en essayant de cultiver des points végétatifs ou des cellules isolées de la coiffe des racines, Gautheret tourna son attention vers le cambium des arbres. Le cambium est le méristème latéral en forme de cylindre qui entoure entièrement les tiges et racines des dicotylédones et des conifères. Les cellules du cambium, en se divisant longitudinalement, donnent naissance à des éléments qui se différencient très vite en bois et en liber et assurent ainsi la croissance normale en épaisseur des tiges et des racines. De plus, lorsque l'on sectionne ou que l'on blesse un de ces organes, ce sont les cellules cambiales qui se multiplient, mais alors d'une manière anarchique, pour former le cal cicatriciel, masse plus ou moins volumineuse de parenchyme qui se lignifie peu à peu. Les cellules cambiales conservent indéfiniment le pouvoir de se diviser et leur prolifération se poursuit généralement durant toute la vie de la plante. Ces caractères semblaient faire du cambium un tissu facile à cultiver et il est surprenant que personne n'y ait prêté attention avant les travaux de Gautheret.

Celui-ci plaça systématiquement des fragments de cambium de divers arbres : Érable, Saule, Peuplier, Orme, etc. soit dans des solutions nutritives, soit sur des tampons de coton imprégnés de ces solutions, soit encore sur un milieu solidifié par de l'agar. Dans tous les cas où les tissus n'étaient pas immergés, il observa une multiplication cellulaire intense et anarchique aboutissant à des mamelons indifférenciés qui se développaient pendant plusieurs mois. Il avait, pour la première fois, obtenu de véritables cultures de tissus. Toutefois le milieu alors utilisé était mal adapté et la croissance de ces cultures était toujours limitée.

Vers la même époque un professeur de botanique de Grenoble, P. Nobécourt, qui poursuivait des recherches sur l'immunité chez les végétaux, remarqua que des tranches de Carotte placées aseptiquement sur des milieux gélosés, ou simplement sur du coton humide, proliféraient en formant de très volumineuses excroissances. Il constata que l'auxine, l'hormone végétale nouvellement découverte par Kögl, stimulait fortement le développement de ces cals. La même découverte fut faite indépendamment par Gautheret qui cherchait à améliorer son

Fig. 2 — Fragment d'une colonie géante de tissus de Carotte âgée de dix mois (d'après Gautheret).

milieu initial. Si bien que, en 1939, ces deux auteurs purent annoncer qu'ils avaient obtenu un milieu leur permettant de réaliser la culture indéfinie des tissus de Carotte, *(fig. 2)*.

Par une étrange coïncidence, la même année, P. White parvenait à cultiver, sur un milieu entièrement différent, les tissus d'une tumeur spontanée de Tabac.

Ces premiers résultats furent très rapidement exploités. Les techniques mises au point par ces précurseurs furent appliquées à un très grand nombre de plantes ligneuses ou herbacées : Vigne, Aubépine, Rosier, Lilas, Scorsonère, Topinambour, Mauve, Muflier. On parvint à cultiver les tissus de conifères : Pin, Sequoia, Epicea, Genévrier. Les monocotylédones offrirent plus de résistance et maintenant encore très peu de souches ont été isolées : quelques Aracées, une espèce d'Igname et d'Agave et quelques Graminées. Enfin, même les tissus des Ptéridophytes et des Bryophytes qui, en raison de leur étonnante faculté de régénération, semblaient bien mal se prêter à cette technique, purent être mis en culture : Fougères comme l'Osmonde, Sélaginelles ou Funaire.

LA CULTURE DES CELLULES ISOLÉES

Plus récemment certains chercheurs se sont attachés à la culture de cellules isolées. Ce but fut difficile à atteindre pour plusieurs raisons. Tout d'abord, il est très délicat d'extraire sans graves lésions une cellule d'un tissu, car ses parois sont intimement cimentées à celles des cellules voisines par des composés pectiques. Ensuite, la surface de l'explantat, ici cellule isolée, est considérable par rapport au volume total. Cette dernière dimension croissant comme le carré des dimensions linéaires, la surface non protégée d'une cellule isolée qui se trouve au contact du milieu extérieur est proportionnellement très supérieure à celle d'un fragment de quelques milliers de cellules. Il est donc aisé de concevoir que dans ce dernier cas les pertes par lavage et diffusion des métabolites au travers de la membrane puissent dépasser la quantité de ces mêmes substances que la cellule peut synthétiser.

Aussi est-ce en cherchant à réduire cette diffusion ou en fournissant à la cellule l'exsudat de masses tissulaires plus importantes qu'on est parvenu à ce résultat.

La première des difficultés : obtention de cellules isolées sans lésions, peut être facilement résolue à l'aide de souches de tissus très friables qui, lorsqu'on les agite en milieu liquide, se désagrègent en fragments de toutes tailles allant jusqu'à la cellule unique. Á vrai dire, certains auteurs, tels que Steward ou Nickell, en repiquant de telles suspensions, prétendirent sans preuves directes avoir obtenu la culture de cellules isolées. Il est fort vraisemblable qu'ils y sont parvenus mais ils n'ont pas été capables de le démontrer avec certitude.

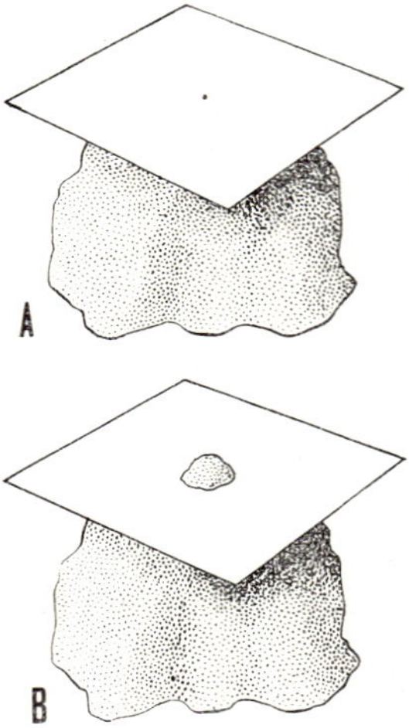

FIG. 3 — CULTURE DE CELLULES ISOLÉES (d'après Riker).

La cellule isolée est placée sur un morceau de papier filtre posé sur une culture normale. A, début de la culture; B, après quelques semaines, la culture a reformé une colonie.

D'autres, tels que Muir, Hildebrand et Riker, cherchant à réduire les pertes par diffusion, eurent l'idée de placer les cellules qu'ils prélevaient suspendues dans le milieu liquide sur un mince fragment de papier filtre, posé lui-même sur une culture en voie de prolifération active, de manière qu'elle soit imprégnée de l'exsudat des tissus en pleine croissance, *(fig. 3)*. Dans ces conditions, ils observèrent la division et la prolifération d'environ 8 % des cellules isolées d'une souche de Rose d'Inde et de Tabac.

Pour suivre plus facilement la division cellulaire, Torrey eut l'idée de cultiver des cellules de Pois en goutte pendante, en les plaçant tout autour d'un fragment de tissu; dans ces conditions, une faible fraction des cellules (7 sur 125) *entrèrent en division* et les progrès de leur croissance purent être contrôlés d'une manière rigoureuse au microscope.

Enfin Bergman utilisa une autre technique. Il incorporait à un milieu gélosé fondu une suspension épaisse de cellules de Tabac ou de Haricot et il répartissait cette suspension en couche mince dans le fond de boîtes de Petri de manière à pouvoir observer chaque cellule au microscope. Il constata que, dans ces conditions, environ 20 % des cellules entraient en division après deux à quatre jours et formaient des colonies susceptibles d'être isolées et cultivées séparément.

Pour terminer cette revue, citons les tentatives de culture industrielle de tissus végétaux immergés dans de grands réservoirs analogues à ceux que l'on utilise pour produire les antibiotiques, ceci dans le but d'en extraire diverses matières pouvant être utilisées en pharmacie, telles que des alcaloïdes ou des stéroïdes. Disons tout de suite que ces expériences n'ont encore donné lieu à aucune exploitation industrielle mais les premiers résultats de Nickell et Tulecke montrent que de tels espoirs ne sont pas utopiques.

CONCLUSION

Pour clore ce chapitre, nous allons résumer l'évolution des idées et des principales tendances qui ont dominé l'histoire de la culture des tissus et exprimer quelques réflexions qu'elle nous suggère. On peut se demander pourquoi ce but fut si long et ardu à atteindre.

Il y a une vingtaine d'années, au moment où les premiers résultats positifs furent obtenus, on pensait que les échecs des précurseurs étaient dus à diverses causes : ils cherchaient à obtenir la culture de cellules trop différenciées ; les fragments qu'ils utilisaient étaient trop petits ; leurs milieux étaient mal adaptés.

Depuis cette époque, l'expérience nous a montré que l'on pouvait dans des conditions favorables obtenir la croissance de tissus très différenciés tels que ceux de l'albedo des fruits de *Citrus,* des feuilles d'Agave ou encore des bractées d'Artichaut, qui certainement sont plus évolués que certains matériels essayés alors sans succès, comme les feuilles de plantes grasses : *Sempervivum* ou *Peperomia* ou encore les tiges de *Solanum* ou de *Coleus.*

Pour ce qui est de la composition des milieux nous avons vu que l'emploi de l'auxine, facteur de croissance naturel présent dans toutes les plantes, avait été le facteur décisif du succès de la culture des tissus normaux. Or nous savons maintenant qu'il est possible de cultiver certains tissus, tels que ceux de Carotte ou de Ronce, sans auxine. Toutefois, en l'absence de facteur de croissance, l'isolement d'une souche durable présente des difficultés considérables.

On a enfin cru que le contact d'un milieu aqueux inhibait la prolifération cellulaire. Cette affirmation n'est pas absolument exacte : ce n'est pas le contact du milieu mais la faible tension en oxygène qui inhibe la croissance de la plupart des tissus et on y remédie aisément en faisant barboter de l'air ou par agitation. D'autre part certains tissus, comme ceux de Peuplier ou de Vigne vierge, se développent très bien quelques centimètres en dessous de la surface de l'agar.

On a également pensé que les extraits naturels essayés à la suite des travaux de Carrel étaient toxiques. Or on sait de nos jours que, convenablement préparés, certains ont une action stimulante considérable et peuvent apporter à eux seuls tous les facteurs de croissance nécessaires au développement des tissus de très nombreuses espèces.

Haberlandt et ses élèves étaient donc en possession de tous les éléments nécessaires au succès de leur entreprise et l'on peut penser qu'ils auraient pu réussir s'ils s'étaient acharnés davantage et avaient su imaginer une technique convenable avec les éléments qu'ils possédaient.

TECHNIQUES

L'historique précédent vient de nous faire toucher du doigt le rôle qu'ont joué les perfectionnements techniques dans le domaine qui nous intéresse.

D'une manière générale, ainsi que l'a écrit Gautheret, la lecture d'un ouvrage scientifique ne permet pas de soupçonner l'influence qu'a exercée la technique sur la marche de la découverte et le progrès des sciences expérimentales. C'est pourquoi il nous paraît utile de lui consacrer quelques pages.

Les problèmes que l'on rencontre lorsque l'on veut mettre un tissu en culture sont analogues à ceux que pose la culture des microorganismes. Il est donc normal que les méthodes que l'on utilise soient inspirées de celles de la microbiologie. Leur principe en est extrêmement simple bien que la réalisation n'en soit pas toujours aisée. Il consiste à prélever aseptiquement l'organisme — ou dans notre cas le tissu — c'est-à-dire à l'isoler du milieu complexe où il vit constamment, associé à d'innombrables microorganismes, ensuite à le placer dans des conditions favorables à la croissance et enfin à le maintenir en survie par des repiquages successifs.

Nous examinerons donc successivement ces trois phases.

PRÉLÈVEMENT ASEPTIQUE DES TISSUS

ORGANISATION DE LA PLANTE : DIFFÉRENTS TYPES DE TISSUS

Les cellules que l'on considère, ainsi que nous l'avons vu, comme la plus petite unité capable de vie autonome, sont associées dans l'organisme en différents assemblages qui accomplissent des fonctions bien déterminées : ce sont les tissus.

Dans les organes de la plante, ces tissus sont formés de cellules plus ou moins différenciées. Le grand botaniste allemand Sachs avait, au siècle dernier, classé les différents tissus en trois groupes : dermal, vasculaire et fondamental.

Le système dermal comprend les épidermes, qui recouvrent entièrement tous les organes jeunes, et le périderme qui remplace ce dernier pour former un nouveau tissu protecteur lorsque l'organe s'accroît et que disparaît l'épiderme d'origine.

Le système vasculaire comprend deux types de tissus : le phloème et le xylème renfermant les éléments conducteurs. Ces tissus sont complexes et sont composés, en dehors de ces éléments conducteurs inertes, tubes criblés et vaisseaux, d'autres éléments vivants apparentés au troisième système de Sachs, le système fondamental, dans lequel on range le parenchyme et le collenchyme, formé lui-même d'éléments sclérifiés jouant le rôle de tissu de soutien.

Chacun de ces systèmes est déjà individualisé dans le méristème apical. Les différentes parties de celui-ci : le protoderme, le procambium et le méristème central en sont les précurseurs méristématiques. Tous ces tissus sont beaucoup moins différenciés et spécialisés que les tissus animaux où, dès les premiers stades de la formation de l'embryon, on distingue nettement certains éléments comme les neurones et les ostéoblastes, qui ont déjà acquis une morphologie très particulière, sont incapables de se dédifférencier et retiennent constamment leur individualité lorsqu'on les cultive *in vitro*.

Chez les plantes, au contraire, jusqu'à un stade avancé du développement, toutes les cellules sont semblables. La plupart de celles qui constituent les systèmes fondamentaux de Sachs et comprennent une partie très importante du végétal, les parenchymes, ne se différencient que très peu; on les rencontre dans tout l'organisme : cortex, mésophylle, moelle, etc.; elles imprègnent les tissus de soutien : phloème et xylème, remplissent les espaces laissés libres par les différents éléments; elles demeurent vivantes et généralement capables de division pendant toute la durée de la plante.

En réalité, lorsqu'on cultive un tissu végétal, il s'agit toujours d'un parenchyme ou d'un élément méristématique qui lui donne naissance, comme le cambium par exemple.

La culture des tissus végétaux diffère donc profondément de la culture des tissus animaux car on ne cultive en réalité qu'un seul type de tissu : le parenchyme et les colonies tissulaires, nous le verrons, sont constituées presque entièrement de masses de parenchyme.

Les positions extrêmement variées de ces parenchymes expliquent le grand nombre de méthodes de prélèvement qui ont été utilisées.

ASEPSIE

L'asepsie rigoureuse est une nécessité absolue en matière de culture de tissus car le moindre microorganisme banal qui tombe à la surface du milieu riche que l'on utilise — spore de *Penicillium* ou Bactérie — s'y développe beaucoup plus rapidement que le tissu et l'altère extrêmement rapidement par les produits qu'il sécrète, de telle sorte qu'il devient très vite toxique pour les cellules qu'on y a ensemencées.

Or tous les organes végétaux, et particulièrement les organes souterrains, servent de support à une étonnante variété d'organismes : Champignons, Bactéries, Algues qui, bien que n'étant pas directement pathogènes, n'en sont pas moins capables d'empoisonner le milieu dans lequel on les introduit et de le rendre impropre à la croissance des tissus.

Fort heureusement cette microflore ne pénètre que très rarement à l'intérieur des organes si bien que dans la plupart des cas on s'en débarrasse relativement aisément par une stérilisation superficielle.

On utilise pour cela différents agents chimiques : éthanol ou substances oxydantes comme les hypochlorites, l'eau de brome ou l'eau oxygénée, qui ont l'avantage de se décomposer spontanément, si bien qu'elles ne laissent pas de résidus toxiques au contact des tissus. L'emploi de ces substances est très commode car la cuticule des cellules épidermiques est extrêmement résistante à leur action et les parois cellulaires, qui ne sont elles-mêmes détruites que très lentement, s'opposent à la pénétration de l'antiseptique en profondeur, tandis que les parois des Bactéries ou des spores de Champignons, étant de nature très différente, sont très rapidement attaquées.

La diversité des organes à expérimenter exige que l'on adapte dans chaque cas la technique à l'objet que l'on veut étudier. On prélève suivant le cas soit un fragment de parenchyme bien déterminé, soit son précurseur, comme le cambium ou une portion de méristème primaire, soit au contraire un fragment de tige entière renfermant les nombreux tissus que nous avons décrits et dans laquelle seuls le cambium ou les parenchymes se développent.

REPIQUAGE

Il est rare que les premiers prélèvements, qui ne sont jamais homogènes, se développent régulièrement *in vitro*. Certaines cellules restent inertes ou se divisent lentement alors que d'autres poussent d'une manière exubérante en formant de petites protubérances brillantes sur la surface de section. De plus certaines parties finissent par se nécroser, ces nécroses entravent considérablement la croissance par l'introduction de substances toxiques qu'elles laissent diffuser après la mort des cellules. À fortiori, lorsqu'on part d'une tige, seuls les parenchymes peu différenciés ou les cellules cambiales vont se développer et encore ne pourront-elles le faire qu'aux endroits où elles ne seront pas gênées par les tissus préexistants, c'est-à-dire surtout sur les surfaces de section.

Le premier repiquage est en réalité un prélèvement secondaire; il a pour but d'isoler ces massifs cellulaires en voie de croissance rapide et de les placer sur un milieu neuf pour qu'ils y poursuivent leur développement; ce premier repiquage est très délicat car les tissus sont particulièrement fragiles. Il semble qu'il leur faille un certain temps pour s'adapter aux conditions nouvelles de vie *in vitro*. La mortalité est généralement élevée et ce n'est qu'après plusieurs repiquages, en général cinq ou six, c'est-à-dire après un an de culture que l'on obtient une souche homogène.

MILIEUX DE CULTURE

La réussite de cultures de tissus repose essentiellement sur la fourniture à la cellule de tous les éléments nutritifs dont elle a besoin. Les tissus végétaux ont fort heureusement une capacité de synthèse très élevée et, de ce fait, des besoins nutritifs restreints. Nous avons vu que les premiers succès avaient été obtenus à l'aide de milieux nutritifs très simples : solutions minérales apportant tous les ions reconnus depuis longtemps comme essentiels à la vie de la plante, sucres destinés à fournir l'énergie que la cellule non chlorophyllienne ne peut puiser dans les radiations lumineuses et facteurs de croissance.

De nombreuses solutions minérales ont été proposées; elles se sont peu à peu perfectionnées. Les recherches sur la nutrition minérale que nous examinerons plus loin ont montré que l'on ne peut obtenir un milieu optimum pour toutes les plantes mais que chaque espèce a des besoins légèrement différents en tel ou tel élément.

L'adjonction d'un sucre est une nécessité absolue, car la plupart des tissus ne sont pas chlorophylliens. Certaines souches, comme celles de Lupin ou de Pin Weymouth, élaborent de la chlorophylle mais en quantité très insuffisante pour subvenir à leurs besoins. Pour cela, on utilise indifféremment le glucose ou le saccharose, à des concentrations variant de 2 à 5 %. D'autres sources de matière carbonée peuvent être utilisées et ici encore on a constaté que certaines espèces utilisent mieux certains sucres que d'autres.

Un certain nombre de tissus sont capables de se développer sur le milieu ne renfermant que des sels minéraux et du sucre. C'est le cas des tissus de Carotte, de Ronce, de Lupin, des tissus de tumeurs et des tissus anergiés que nous étudierons plus tard.

La plupart, par contre, exigent l'adjonction de facteurs de croissance et nous avons vu l'effet décisif qu'avait produit l'emploi de l'auxine dans la réalisation des premières cultures.

Ces substances agissent à des doses infinitésimales de l'ordre d'une partie dans un million ou même à des concentrations dix ou cent fois plus faibles.

Normalement, l'auxine est produite dans la plante par les points végétatifs; elle circule d'une manière polarisée vers la base des tiges et joue un rôle considérable dans le fonctionnement du cambium et les corrélations. Certains tissus conservent cette faculté de synthétiser de l'auxine en quantité suffisante et peuvent donc se développer *in vitro* sur des milieux qui n'en renferment pas tout en demeurant sensibles à son action stimulante; d'autres perdent plus ou moins cette faculté; d'autres enfin — et c'est le cas des tumeurs — demeurent capables de synthétiser de fortes quantités d'auxine, ce qui leur confère une large autonomie et leur permet d'échapper aux relations de corrélation.

Les premiers milieux renfermaient en outre de la vitamine B_1 ou thiamine. Des recherches ultérieures ont montré que, dans beaucoup de cas, cette vitamine était inutile tandis que dans d'autres elle avait une action bénéfique ou même s'avérait indispensable. Il en est de même d'autres vitamines du groupe B si bien que l'on a pris l'habitude de les introduire sous forme de mélange.

Une comparaison des milieux utilisés pour la culture des tissus animaux et pour celle des tissus végétaux est fort instructive. Les besoins nutritifs des cellules animales étant très nombreux on n'est parvenu au début à les cultiver d'une manière convenable qu'en utilisant des mélanges fort complexes (sérums, extraits d'embryon) qui apportaient d'innombrables substances inconnues, puis peu à peu, dans le but de mieux déterminer ces besoins nutritifs, les physiologistes ont cherché à simplifier ces solutions et à cultiver les cellules animales sur des milieux entièrement synthétiques.

Une évolution inverse s'est produite pour la culture des tissus végétaux : les premiers succès furent au contraire obtenus avec des milieux de composition parfaitement définie; puis peu à peu on constata l'effet adjuvant d'extraits naturels comme le malt, le lait de coco ou l'extrait d'albumen de Maïs et beaucoup de chercheurs introduisirent dans leur milieu ces produits qui exercent sur la croissance une stimulation souvent surprenante.

Les biologistes ont évidemment recherché la nature des substances stimulantes contenues dans ces extraits d'origine végétale et nous verrons que le résultat le plus spectaculaire de ces travaux a été la découverte d'un groupe nouveau de régulateurs de croissance : les kinines.

La plupart des tissus ne supportent pas l'immersion car même sous une mince pellicule aqueuse la tension d'oxygène n'est pas suffisante pour assurer la respiration normale. C'est pourquoi on solidifie le milieu de culture par de la gélose et on les dépose à la surface.

Lorsque cette technique présente des inconvénients, par exemple dans le cas de travaux sur la nutrition minérale où les ions Ca^{++} et Mg^{++} apportés par l'agar viennent fausser les résultats, on peut remplacer celui-ci par du papier filtre sans cendres.

Il est, dans certains cas, nécessaire d'utiliser un milieu liquide, dans les recherches sur le métabolisme par exemple, car la diffusion des substances à étudier au travers de la gélose peut être trop lente. Il faut alors aérer le milieu, soit en y faisant barboter de l'air stérile, soit en agitant les récipients ou en les faisant osciller de manière que les tissus soient alternativement à l'air et au contact du milieu.

Il faut enfin que l'atmosphère qui entoure les cellules soit fortement saturée de vapeur d'eau car les tissus ne sont pas protégés de la dessiccation par un épiderme résistant comme ils le sont sur la plante. On y parvient en obturant les récipients de manière à réduire au maximum l'évaporation tout en maintenant les échanges gazeux. Les feuilles minces de polyéthylène imperméables à la vapeur d'eau mais suffisamment poreuses pour l'oxygène et le CO_2 sont très commodes; on peut également utiliser le papier d'étain.

L'humidité n'est d'ailleurs pas le seul facteur physique qui joue un rôle important sur la croissance. La température et la lumière ont aussi un rôle décisif.

La température la plus convenable se situe dans la plupart des cas entre 20 et 25° C. On maintient donc les cultures soit dans de grandes étuves soit dans des salles conditionnées.

Enfin, ces salles sont également éclairées par des tubes fluorescents bien que la nécessité de cet éclairage n'ait pas été démontrée par des recherches précises. Les quelques travaux publiés sur l'effet de la lumière sont en effet contradictoires.

MORPHOLOGIE

Une étude morphologique purement descriptive présente en soi peu d'intérêt. Or, en dépit de nombreux travaux, les contributions qu'a apportées la technique de culture des tissus à la morphologie expérimentale et à la morphogenèse sont, il faut bien le reconnaître, assez maigres. Toutefois, le spectacle produit par les tissus en voie de développement est un phénomène si frappant et tellement varié qu'il vaut la peine que nous nous y arrêtions un instant. D'autre part, bien que l'une des questions posées par Haberlandt au début du siècle sur la nature des corrélations ait peu évolué, la technique de culture de tissus l'a cependant fait progresser. Les colonies tissulaires qui se développent *in vitro* présentent en effet le spectacle de cellules libérées de ces contraintes de l'organisme et ceci constitue un des objectifs de ce précurseur.

Nous examinerons donc brièvement le développement *in vitro* des différents types d'explantats : fragment de tige, de parenchyme, de cambium, puis la façon dont les tissus néoformés se comportent au cours des premiers repiquages et nous verrons les enseignements que l'on peut en tirer sur les interactions des différents tissus dans la plante.

ENSEMENCEMENT PRIMAIRE

Nous avons vu que, suivant les cas, on utilisait le plus souvent, pour les isolements primaires, des tronçons de tige, des fragments de parenchyme, des lames de cambium ou de très petites sections d'embryons. Examinons successivement le comportement de ces différents explantats lorsqu'on les met en culture. Comme d'autre part les substances stimulantes que l'on introduit dans le milieu pour favoriser la division cellulaire, comme les auxines, la kinétine ou les extraits naturels tels que le lait de coco, modifient souvent considérablement le mode de développement des explantats primaires, nous nous bornerons à décrire quelques exemples particulièrement caractéristiques.

FRAGMENTS DE TIGE

Lorsqu'on met en culture sur un milieu dépourvu de facteur de division cellulaire des fragments obtenus en sectionnant de jeunes tiges de Vigne prélevées en pleine croissance, en les piquant verticalement dans le milieu gélosé de manière que la plus grande partie demeure en dehors du substratum, ils commencent à proliférer au bout d'une huitaine de jours. Le début de croissance est marqué par un léger gonflement sur l'emplacement du cambium, suivi par la formation d'un anneau de cellules blanches très réfringentes; cet anneau grossit rapidement, ses bords internes se soudent et il déborde à l'extérieur de la tige en formant une espèce de mamelon de parenchyme analogue au cal de blessure. Ce phénomène ne s'observe que lorsque les fragments sont plantés dans la gélose en position inverse de celle qu'ils occupent dans la plante.

Remarquons tout de suite la dissymétrie de la croissance : le cal se forme à une seule extrémité : c'est l'extrémité radiculaire, la plus proche des racines; l'autre extrémité — que nous appelons extrémité foliaire — ne se développe pas du tout, *(fig. 4)*. Lorsqu'on pique les explantats en position normale de manière que

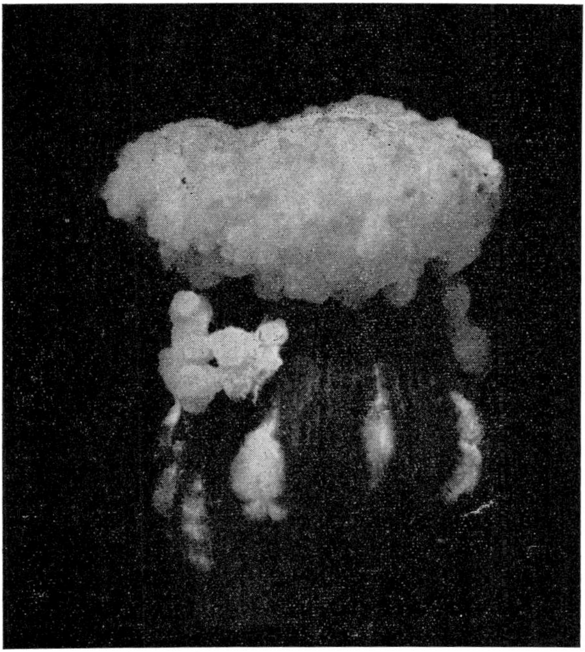

FIG. 4 — FRAGMENT DE TIGE DE VIGNE APRÈS DEUX MOIS DE CULTURE *in vitro*.

Remarquer la dissymétrie de développement : seule la face radiculaire a proliféré pour former un cal. (Photothèque Jean Vincent, Versailles).

l'extrémité radiculaire soit enfoncée dans le substratum, on n'observe généralement aucune croissance. On admet que le contact du milieu aqueux, ou plus exactement la faible tension en oxygène à cet endroit, suffit pour inhiber la division cellulaire.

Examinons la surface du cal obtenu à l'air libre : il n'est pas lisse mais formé de petits mamelons irréguliers où l'activité de la division cellulaire est plus intense; il est souvent recouvert de longues files de cellules ramifiées qui, vues au microscope, rappellent étonnamment

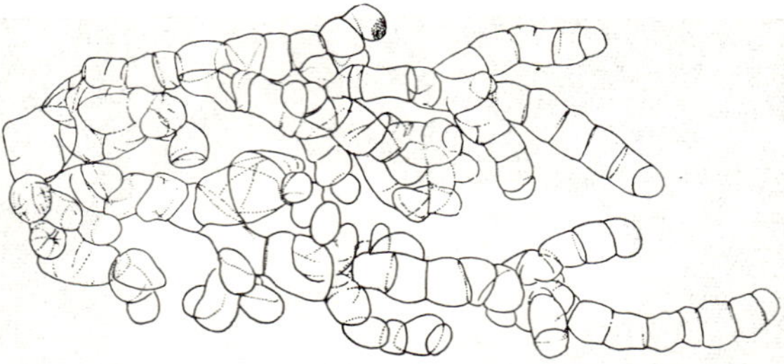

FIG. 5 — PSEUDOTHALLES FORMÉS À LA SURFACE D'UNE CULTURE (d'après Gautheret).

par leur aspect le mycélium d'un champignon. Gautheret les a, pour cette raison, nommées pseudothalles, *(fig. 5)*. Ces pseudothalles proviennent de la prolifération d'une cellule unique, dans une seule direction, comme c'est le cas pour le mycélium des champignons filamenteux. L'adjonction d'auxine au milieu stimule d'une manière considérable le phénomène que nous venons de décrire : la dose optimum se situe aux environs d'une partie par million de solution nutritive. Dans ces conditions, le cal devient extrêmement volumineux, l'activité cambiale n'est plus alors limitée à la surface de section mais toute la partie de la tige en dehors du milieu s'enfle. L'écorce craque sous la poussée des tissus et de nombreux mamelons se développent à l'extérieur.

Cependant à cette concentration, qui assure le meilleur développement, on observe déjà des phénomènes d'intoxication qui se manifestent par un début de désorganisation des tissus néoformés. Les cellules, surtout au contact du milieu, se transforment en éléments géants à contours arrondis

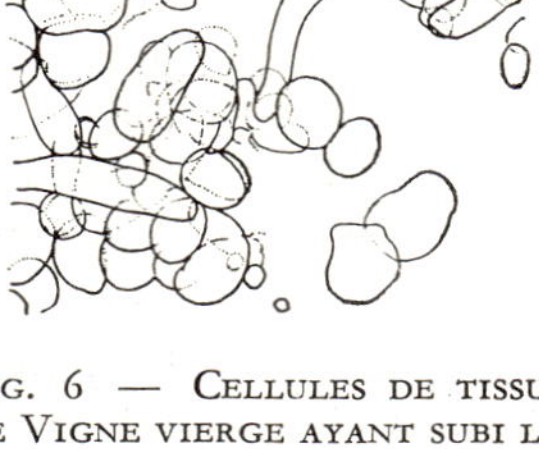

FIG. 6 — CELLULES DE TISSUS DE VIGNE VIERGE AYANT SUBI LA TRANSFORMATION HYPERHYDRIQUE (d'après Gautheret).

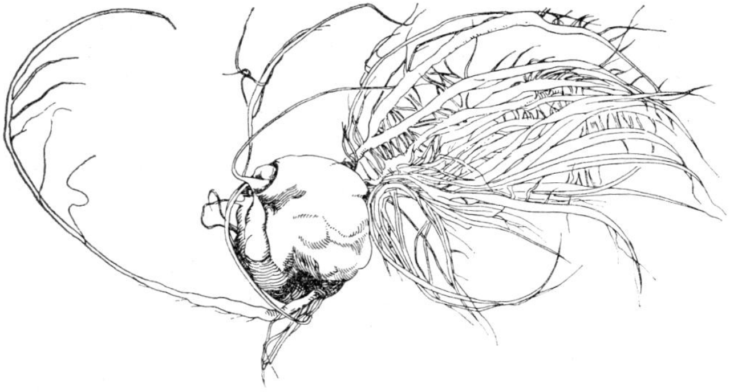

FIG. 7 — CULTURE DE TISSUS D'ENDIVE (d'après Gautheret). Remarquer la production de racines.

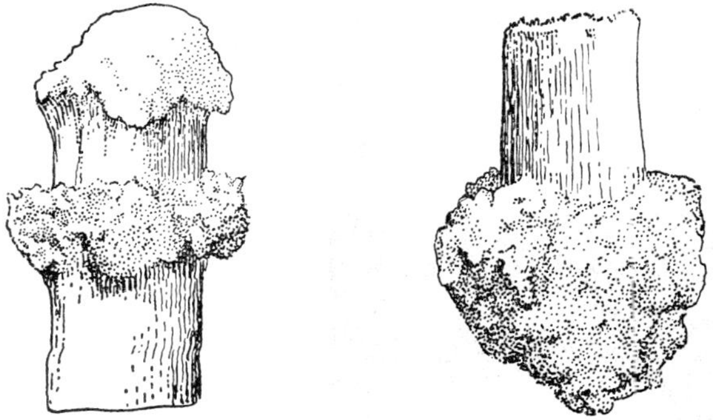

FIG. 8 — FRAGMENTS DE TIGE DE TABAC CULTIVÉS EN PRÉSENCE D'AUXINE.

À gauche, la tige a été placée dans le milieu en position inversée. Le cal principal s'est développé à l'extrémité radiculaire; un cal secondaire annulaire s'est formé à la surface du milieu; à droite, la tige ayant été placée en position normale, un seul cal s'est formé à l'extrémité radiculaire.

et présentent un aspect mouillé ou farineux. Cette transformation, observée depuis fort longtemps sur des organes en voie de cicatrisation, surtout en atmosphère humide, a été nommée transformation hyperhydrique, car elle est en rapport avec une augmentation considérable de la teneur en eau des cellules; elle est favorisée par de fortes concentrations d'auxine exogène mais peut toutefois s'observer en son absence, *(fig. 6)*.

À cette concentration du millionième l'auxine possède une forte action rhizogène qui se traduit par la production de nombreuses racines, situées généralement vers l'extrémité radiculaire des explantats, *(fig. 7)*.

L'exemple que nous venons de décrire montre la prolifération *in vitro* d'un fragment d'organe dans lequel le développement se fait surtout à partir du cambium. Dans d'autres cas toutes les cellules parenchymateuses se développent en même temps : c'est le cas des fragments de tige de Tabac par exemple. Dans ce cas également la prolifération est plus intense sur la surface de section de l'extrémité radiculaire où se forme un cal dont l'aspect final est analogue à celui que produit la Vigne bien qu'ici son origine soit nettement différente puisque tous les parenchymes : cortical, libérien, vasculaire et aussi médullaire y participent. Ici également l'auxine stimule fortement la croissance des tissus. Dans ce cas, non seulement le cal terminal est plus volumineux mais la tige s'entoure, à la surface du milieu, d'une couronne de tissus provenant de la prolifération du parenchyme cortical, *(fig. 8)*.

Lorsqu'on pique l'explantat dans la gélose en position normale de telle manière que la face

FIG. 9 — FRAGMENT DE TIGE DE VIGNE VIERGE APRÈS DEUX MOIS DE CULTURE.

Remarquer le cal exubérant qui s'est développé à l'intérieur du milieu de culture. (Photothèque Jean Vincent, Versailles).

radiculaire soit immergée alors toute la partie plongée dans le substratum s'entoure d'un cal volumineux formé par la prolifération de tous les parenchymes de l'extrémité de la tige.

Un type de prolifération analogue se retrouve chez les tiges dépourvues de polarité, comme celles de Vigne vierge; dans ce cas la croissance en présence d'auxine est tellement exubérante que la structure de la partie immergée disparaît entièrement, les tissus préexistants se trouvant dissous et noyés dans les néoformations du cal, *(fig. 9)*.

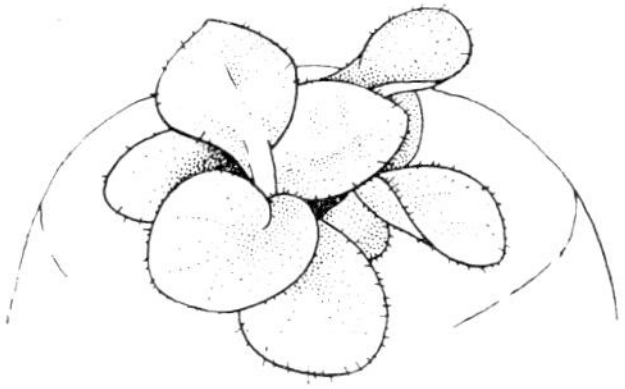

FIG. 10 — CAL DE TABAC AYANT PRODUIT DES BOURGEONS (d'après Beauchesne).

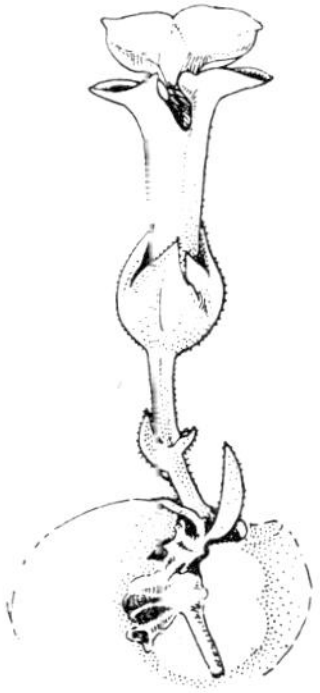

FIG. 11 — CAL DE TABAC AYANT PRODUIT UNE FLEUR (d'après Aghion).

Le Tabac nous permet fréquemment d'observer un phénomène nouveau : les cals qui se forment *in vitro* sont capables de produire non seulement des racines mais également des ébauches de bourgeons qui évoluent en tiges feuillées, *(fig. 10)*. Ces néoformations sont inhibées par l'auxine à forte concentration et au contraire fortement stimulées par certaines substances comme l'adénine et surtout la kinétine. Avec certaines variétés on observe un phénomène encore plus surprenant : lorsque le prélèvement est effectué au niveau de l'inflorescence, entre deux fleurs, le cal qui se forme est capable de produire des ébauches florales qui se développent en fleurs parfaitement constituées, *(fig. 11)*.

CULTURES D'ORGANES CHARNUS

Les organes charnus, comme les racines tubérisées de Carotte, d'Endive ou le rhizome de Topinambour se prêtent admirablement aux expériences de culture *in vitro* car il est dans ce cas extrêmement aisé d'isoler un parenchyme bien déterminé pour étudier son comportement *in vitro*. Il est donc normal que ce matériel ait été très utilisé dès le début de la culture des tissus.

Prenons à titre d'exemple le cas du Topinambour qui a été bien étudié. Le tubercule de Topinambour possède une assise génératrice située très près de la périphérie; le phloème est réduit à une mince couche que l'on élimine au cours des opérations de mise en culture pour ne conserver que la partie centrale constituée du parenchyme vasculaire et de la moelle.

Le xylème est très peu différencié; il est formé de cellules toutes semblables et ne renferme que quelques rangées de trachéides; il est donc possible de faire des prélèvements très homogènes dans ce tissu.

Pendant la période de repos hivernal, ces tubercules ne renferment pratiquement pas d'auxine naturelle et les explantats qui en proviennent ne se développent pas du tout *in vitro* sans source d'auxine exogène. Ils sont par contre très sensibles à son action car l'acide indole- ou naphtylacétique commence à exercer un effet dès la concentration de 10^{-7}; l'optimum semble se situer entre 10^{-6} et 10^{-7}.

Un fragment de xylème planté dans un tel milieu manifeste une certaine activité vers le sixième jour après la mise en culture : c'est le moment où l'on observe les premières mitoses. Toute la partie immergée se gonfle et se boursoufle tandis que la partie extérieure au milieu, elle, s'accroît beaucoup moins : elle verdit légèrement et se couvre de pseudothalles. Le fragment peut augmenter dix à vingt fois de volume en six semaines et on a l'impression que cette croissance est due à la prolifération diffuse de toutes les cellules du parenchyme. En réalité il n'en est rien : des coupes histologiques montrent que ce sont surtout les cellules périphériques qui se sont divisées pour former de longues files parallèles de cellules aplaties et entourent entièrement l'explantat tandis que la partie centrale est demeurée relativement inerte.

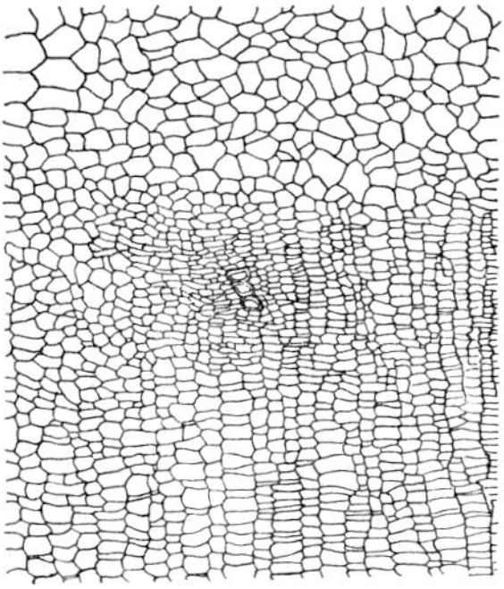

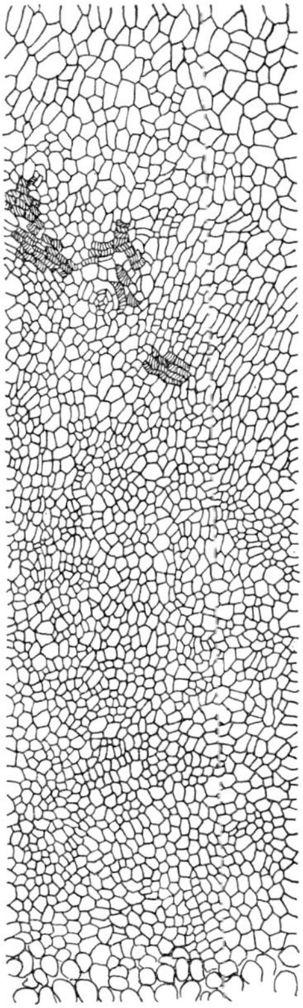

FIG. 12 — COUPE D'UN FRAGMENT DE RHIZOME DE TOPINAMBOUR AYANT ÉTÉ CULTIVÉ.

A gauche, en présence d'A.I.A., *à la dose de* 10^{-7}; *à droite*, en présence de lait de coco; (d'après Duhamet et Gautheret).

Ce n'est que lorsqu'on utilise des doses de facteur de croissance qui ne sont plus physiologiques, supérieures à 10^{-6}, que l'auxine gagne en profondeur et provoque la division des cellules plus internes.

Il en est de même avec certaines substances stimulantes comme le lait de coco ou le jus d'orange, qui provoquent une prolifération anarchique des régions internes; dans ce cas les tissus néoformés se différencient très peu, (*fig. 12*).

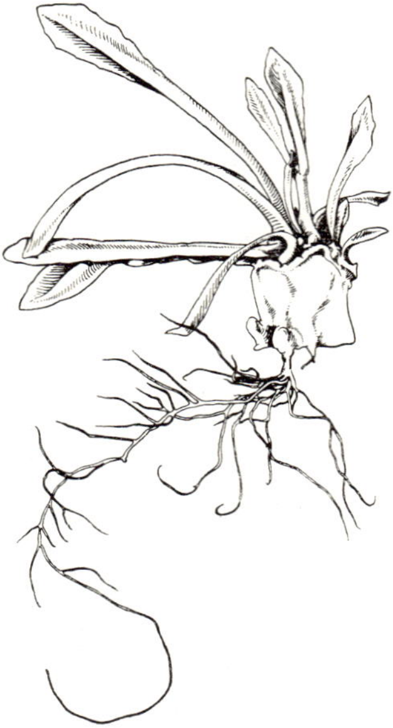

FIG. 13 — FRAGMENT DE PHLOÈME D'ENDIVE APRÈS UN MOIS DE CULTURE *in vitro* (d'après Gautheret).

Il a reformé des bourgeons et des racines.

Signalons enfin que les explantats produisent fréquemment des racines, surtout en présence de fortes doses d'auxine.

Les tissus de la racine d'Endive vont nous présenter un type de développement très différent. Leur croissance est particulièrement exubérante. Lorsque l'on met en culture une tranche entière de racine on peut constater, dès le lendemain, la formation de racines, (*fig. 13*). La prolifération des tissus débute vers le cinquième jour par de petits cals au voisinage des pseudolaticifères puis la croissance se généralise et toute la tranche s'entoure d'un cal provenant à la fois du phloème, du cambium et du xylème. Cette prolifération n'est pas régulière si bien que la surface apparaît creusée de sillons qui rayonnent à partir du centre. La croissance est surtout intense du côté radiculaire cependant la face foliaire prolifère également. Enfin, vers le douzième jour apparaissent, sur ces néoformations, des bourgeons qui évoluent en tige feuillée; dès que ces tiges se développent, le cal cesse de s'accroître. Cette action inhibitrice des bourgeons est extrêmement nette, car leur suppression rétablit immédiatement la croissance des tissus.

L'auxine stimule fortement le développement de ces

cals et la formation des racines. Cependant à la concentration de 10^{-6} elle provoque également un début de transformation hyperhydrique et une dissociation des tissus. Comme dans le cas du Tabac, son action inhibitrice sur le bourgeonnement est extrêmement marquée. On constate que dès la dose de 10^{-7} les bourgeons sont moins nombreux et ne s'allongent pas en tige. Cet effet est particulièrement sensible avec l'acide naphtylacétique si bien qu'on utilise toujours ce produit pour obtenir des cultures de tissus de cette espèce.

TISSUS EMBRYONNAIRES

Nous avons vu que les tissus embryonnaires, lorsqu'on les soustrait aux deux centres d'organisation que sont les deux méristèmes apicaux étaient, dans bien des cas, capables de s'accroître d'une manière désordonnée pour former des cals de parenchyme indifférencié et permettaient de cette manière d'isoler des souches de tissus à partir d'espèces acaules ou ne formant pas d'organes charnus.

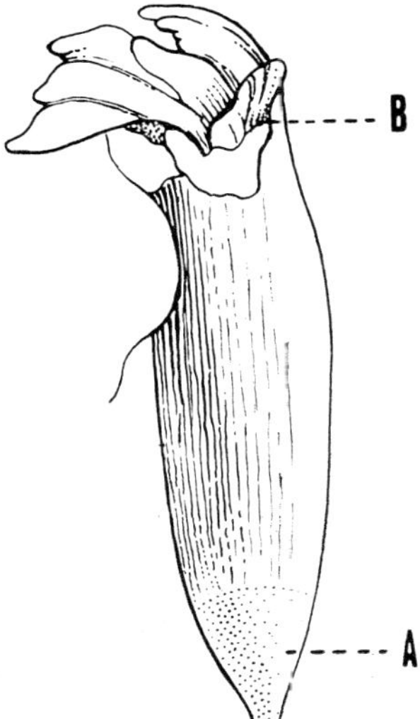

FIG. 14 — EMBRYON DE LUPIN.

A, méristème radiculaire; B, plumule.

Examinons le cas du Lupin dont la graine volumineuse possède un embryon assez gros et facile à manipuler, *(fig. 14)*. Il se présente sous la forme d'un croissant aplati d'environ 2 mm de long et est constitué en grande partie par l'hypocotyle, la gemmule minuscule fait très légèrement saillie à l'extrémité de la face concave; on l'élimine lors de la mise en culture ainsi que la pointe radiculaire et ce sont des sections d'axe hypocotylé que l'on place sur le milieu nutritif. Si ce dernier ne renferme pas de substances de croissance, ils verdissent légèrement, grossissent et s'allongent mais conservent leur structure. Cette croissance, surtout due à une augmentation du volume individuel de chaque cellule, plus qu'à leur division, cesse lorsque les explantats ont atteint quelques millimètres.

En présence d'auxine, par contre, à des concentrations variant de 10^{-6} à 10^{-7}, le mode de développement est tout différent. Le fragment ensemencé s'accroît beaucoup plus rapidement, l'épiderme craque sous la poussée des tissus néoformés, il prend une forme globuleuse et se transforme en petit mamelon vert pâle qui continue à proliférer, si bien qu'au bout de deux à trois mois il forme une masse irrégulière composée de petits nodules de 0,5 à 1 mm, serrés les uns contre les autres et se détachant aisément à la moindre pression.

Dans des conditions analogues, des fragments d'embryon d'une plante très différente, le Pin Weymouth, se développent d'une manière similaire.

Ces quelques exemples donnent une idée de la variété que présente le développement des explantats primitifs et de la façon profonde dont celui-ci est influencé par divers facteurs de croissance.

Gautheret classe de la manière suivante les différents types de prolifération que l'on observe *in vitro :*

I) Production de néoformations indifférenciées constituées de cellules associées en masses compactes appelées cals, ou disposées en files ramifiées, nommées pseudothalles.

II) Formation d'ébauches méristématiques possédant une organisation précise et capables d'évoluer en racines ou tiges feuillées.

III) Transformation hyperhydrique résultant d'un gonflement des cellules.

Ces trois types de développement, en s'associant de diverses manières, peuvent donner lieu à toutes les modalités que nous venons de décrire.

REPIQUAGE

La survie des tissus exige leur repiquage à intervalles réguliers de un à deux mois suivant la rapidité de croissance. Au bout de cette période, en effet, ils ont rempli toute la surface libre dans le tube de culture et épuisé la solution nutritive mise à leur disposition. Au cours des premiers repiquages, la morphologie des colonies tissulaires change progressivement et évolue vers un type relativement stable si bien que chaque souche possède ses caractères particuliers qui permettent au chercheur averti de la reconnaître au premier coup d'œil. De plus la croissance, au cours des premiers repiquages, est souvent très irrégulière : certaines parties du cal, certains méristèmes se développent beaucoup plus rapidement que d'autres qui se nécrosent. Certains explantats meurent sans avoir proliféré, de telle sorte qu'à partir d'un tissu donné on sélectionne plus ou moins consciemment des lignées cellulaires bien adaptées aux conditions de culture. Nous nous proposons d'examiner maintenant la morphologie des principaux types de colonies tissulaires.

Celles-ci ont été classées par Gautheret en quatre catégories : colonies charnues, en lames, composées, dissociées.

COLONIES CHARNUES

Les colonies charnues sont les plus répandues. Prenons le cas des cultures de Tabac comme exemple, (*fig. 15*). Le fragment de cal repiqué, petit mamelon d'une centaine de milligrammes, grossit rapidement; il forme une masse au début presque sphérique, à demi plongée dans le milieu. La surface, blanc brillant, est couverte d'un enchevêtrement de pseudothalles. La colonie commence à s'aplatir légèrement quand elle atteint 1 à 1,5 mm de diamètre; elle prend alors une forme lenticulaire dont les bords, au bout de six semaines, vont s'écraser sur les parois du tube de 3 cm de diamètre. Dans d'autres cas, la partie au contact du substratum se développe très peu si bien que la colonie prend

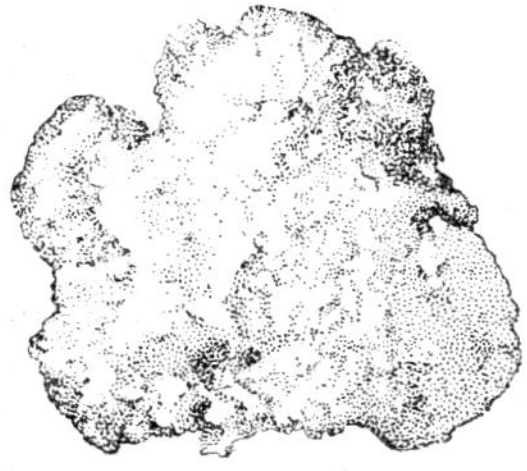

FIG. 15 — CULTURE DE TISSUS DE TABAC ÂGÉE D'UN MOIS.

la forme d'une calotte hémisphérique. Ce type de développement se rencontre avec beaucoup de tissus d'arbres : Lilas, Peuplier, Saule, ou d'organes charnus : Topinambour, Scorsonère, etc. Lorsqu'on cultive ce genre de tissu en milieu liquide avec agitation on obtient des masses globuleuses très lisses, ressemblant à des galets.

COLONIES EN LAMES

Dans d'autres cas, l'explantat forme une croûte, plus ou moins volumineuse, qui s'étale à la surface du milieu : on a alors le type de colonies en lames. L'exemple le plus caractéristique est fourni par les tissus d'Aubépine, de Muflier ou de Mauve, *(fig. 16)* ; dans ce dernier cas, toute la colonie se gondole pour former une espèce de cloche posée sur le substratum.

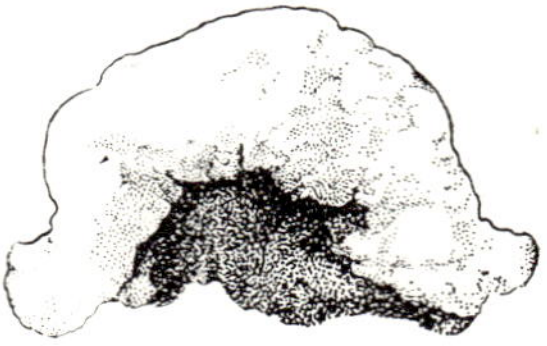

FIG. 16 — CULTURE DE TISSU DE MAUVE QUI S'EST DÉVELOPPÉE EN FORME DE CLOCHE.

COLONIES COMPOSÉES

Enfin, au lieu d'être compactes, les colonies tissulaires peuvent être formées d'un agrégat de petits nodules presque sphériques, de taille irrégulière et adhérant à peine entre eux, si bien que la colonie est extrêmement fragile et se dissocie au moindre effort en nodules séparés.

Chacun de ces nodules, repiqué isolément, commence par grossir puis se met à bourgeonner en reformant de nouveaux nodules, si bien qu'il reproduit une colonie identique à celle dont il était issu. Les cultures de Lupin possèdent ce caractère à un degré extrême : il arrive que les nodules se séparent spontanément au cours de la croissance. Les tissus de Ronce, de Pin Weymouth présentent également cet aspect. Il en est de même de ceux de Carotte de la souche de Gautheret qui forme cependant des colonies plus massives.

COLONIES DISSOCIÉES

La transformation la plus curieuse que puissent subir les tissus cultivés *in vitro* est certainement celle qui aboutit aux colonies dissociées. Le cal devient progressivement de plus en plus mou et finalement se transforme en une espèce de purée qui coule au long du tube lorsqu'on le remue. Cette purée est formée de cellules isolées et de très petits agrégats cellulaires. Lorsqu'on en repique une

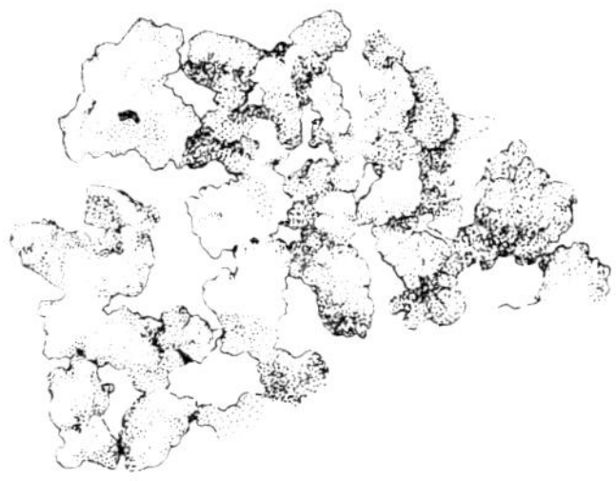

FIG. 17 — COLONIE DE TYPE COMPOSÉ (TISSU DE CAROTTE).

La colonie est formée de petits nodules se séparant aisément; (d'après Gautheret).

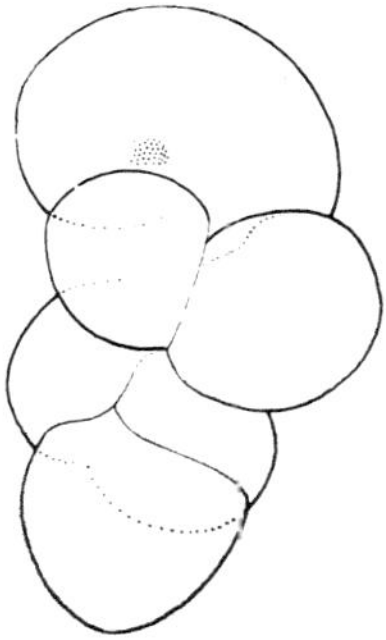

FIG. 18 — CELLULES ISOLÉES, EN SUSPENSION DANS LE MILIEU DE CULTURE (d'après Steward).

parcelle sur un milieu neuf, les cellules reforment à nouveau des masses d'aspect gélatineux. Nous avons observé cette transformation pour la première fois avec des tissus de Vigne. Un secteur de la culture est devenu hyalin. Repiqué à part, il a formé des colonies entièrement translucides qui, peu à peu, au bout de plusieurs transferts, se sont entièrement dissociées. Cette transformation a, par la suite, été retrouvée chez de nombreuses espèces : Vigne vierge, Carotte, *(fig. 17)*, Haricot, Pomme de terre et Eucalyptus.

Lorsque ce type de tissu est cultivé en milieu liquide avec agitation les divers éléments de la colonie se séparent les uns des autres et on obtient une suspension de cellules isolées et de petits agrégats. On peut prélever à la pipette un peu de cette suspension cellulaire et la repiquer sur un milieu neuf; elle continue à s'y développer en se maintenant à l'état désagrégé (Carotte, *fig. 18,* Haricot). Ainsi pour beaucoup d'espèces on peut avoir à la fois des souches charnues et des souches dissociées.

Enfin les espèces qui produisent des organes au cours du développement du cal primaire peuvent conserver cette propriété ou au contraire la perdre. C'est ainsi que les tissus de Carotte, de Topinambour, de Vigne, de Vigne vierge ou de Muflier, qui produisent de nombreuses racines sur le cal primaire, en produisent de moins en moins au cours des premiers repiquages comme si un facteur rhizogène s'épuisait peu à peu, si bien que la souche perd complètement cette propriété après six à huit passages. Dans d'autres cas, au contraire, comme celui de l'Endive, les tissus forment constamment des racines.

FIG. 19 — CULTURE D'*Amorphophallus rivieri* AYANT PRODUIT UN BOURGEON ET DES RACINES.

D'une manière générale, la propriété de former des ébauches de bourgeons se conserve indéfiniment. C'est ainsi que les souches de tissus de Tabac, d'Endive ou d'*Amorphophallus, (fig. 19),* même après de nombreuses années de culture, produisent constamment des méristèmes qui évoluent en tige. Dans le cas du Tabac, les recherches de Skoog ont montré qu'un certain équilibre entre deux types de facteurs de croissance, auxine d'une part et kinétine de l'autre, était nécessaire pour que cette propriété se manifeste. Enfin certaines souches de Tabac, telles que celle de tumeur génétique de l'hybride *Nicotiana glauca* × *N. Langsdorffii* forment des bourgeons uniquement lorsqu'on les immerge dans un milieu liquide.

VARIATIONS DU MODE DE DÉVELOPPEMENT DES TISSUS

Nous venons de voir que des cals provenant de colonies charnues pouvaient se transformer, soit brutalement, soit progressivement, pour former des cultures composées ou dissociées. Ces deux types de transformations ne sont pas les seuls que l'on observe. En effet, lorsque l'on entretient une collection de tissus *in vitro* on constate fréquemment que leurs caractères morphologiques se modifient. On peut en gros classer ces transformations en deux catégories : certaines, transitoires et passagères, sont provoquées par des modifications physico-chimiques du milieu ou de l'environnement et disparaissent dès qu'on replace la colonie dans les conditions primitives. Tel est le cas par exemple de la production d'anthocyane par les tissus de Vigne vierge lorsqu'on les cultive en présence de certains amino-acides, ou l'absence de néoformation des bourgeons d'Endive en présence de fortes doses d'auxine. Ces modifications disparaissent dès que l'on en supprime la cause.

Le second type comprend des modifications permanentes qui rappellent les variations génotypiques, familières aux généticiens. Dans certains cas elles peuvent s'expliquer par des mutations ou des sélections de races cellulaires. Telle est par exemple la formation soudaine de carotène dans une section d'un cal de tissu de Carotte qui, normalement jaune verdâtre, devient rouge vif. La descendance de ce tissu a conservé ce caractère. Ou encore la formation de chlorophylle par des tissus tumoraux de Vigne qui, au début, étaient parfaitement incolores.

D'autres transformations sont actuellement inexplicables par ces processus et, pour reprendre une phrase de Gautheret, elles prennent des aspects extrêmement nuancés, dont la signification est souvent obscure.

Ces changements sont non seulement d'ordre morphologique mais peuvent également intéresser certaines propriétés physiologiques; aussi nous n'étudierons ce dernier type que dans le chapitre suivant.

C'est ainsi que les colonies de Carotte ou de Tabac perdent progressivement leur pouvoir de produire des racines et au lieu de demeurer fermes et opaques deviennent en même temps molles et translucides par infiltration de méats intracellulaires. On constate alors qu'elles sont devenues capables de proliférer sans auxine et ont subi le phénomène décrit par Gautheret sous le nom d'anergie que nous examinerons plus tard.

D'autres modifications affectent la morphologie d'une manière plus prononcée encore. Skoog a observé le changement d'une colonie charnue de Tabac en masse de pseudothalles enchevêtrées. Nous avons nous-même constaté que les tissus d'*Adiantum*, après deux ou trois repiquages, se transforment entièrement en un amas de jeunes plantules, (*fig. 20*). Un phénomène analogue a été décrit par Steward sur les tissus de Carotte sauvage qui, après passage sur un milieu liquide, produisirent soudainement des milliers de pseudo embryons, capables d'évoluer en plantules.

FIG. 20 — CULTURE DE TISSU D'*Adiantum* FORMANT UNE MASSE TOUFFUE DE PLANTULES.

Signalons enfin des variations de la vitesse de croissance : il arrive qu'une colonie à croissance lente se mette subitement à proliférer très rapidement, surtout au cours des premiers passages qui suivent l'ensemencement du cal primitif. On peut dans ce cas penser que l'on a isolé une lignée cellulaire à développement particulièrement rapide.

Dans d'autres cas ce phénomène s'observe sur des souches anciennes croissant déjà rapidement. C'est ainsi que nous avons pu isoler d'une colonie tumorale de Scorsonère une souche qui s'accroît deux fois plus rapidement que la souche originelle, dont la croissance est pourtant déjà très rapide.

Les expériences de Muir, Hildebrandt et Ricker laissent penser que les colonies que l'on cultive sont fréquemment des assemblages composites de différentes lignées cellulaires. En effet, en partant de cellules isolées, ces auteurs ont pu obtenir, à partir d'une souche qui paraissait homogène, différents clones ayant chacun des caractères morphologiques différents.

Il semble d'autre part que les substances stimulantes que l'on introduit dans le milieu de culture, souvent à forte dose, puissent être responsables de ces transformations, soit en provoquant l'apparition de types cellulaires anormaux, soit en favorisant la multiplication de tels éléments déjà préexistants.

CULTURE DE TISSUS ET PHYSIOLOGIE

Nous nous proposons maintenant d'examiner les contributions les plus importantes qu'a apportées la technique de culture des tissus aux différents domaines de la physiologie végétale. Nous commencerons par envisager les besoins nutritifs des tissus isolés et pour cela nous passerons en revue successivement les principaux résultats obtenus en ce qui concerne la nutrition minérale, la nutrition carbonée et enfin l'action des régulateurs de croissance.

NUTRITION MINÉRALE

BESOINS MINÉRAUX

C'est au cours de la seconde moitié du siècle dernier que furent précisés les besoins en ions minéraux des plantes, tout au moins en ce qui concerne les macro-éléments. Cela à la suite des travaux de toute une série de physiologistes et d'agronomes comme Boussingault, Sachs, Knop et de nombreux autres, si bien que les premiers chercheurs qui réalisèrent les cultures de tissus utilisèrent tout normalement des solutions établies quatre-vingts ans plus tôt, comme la vieille solution de Knop par exemple, en y ajoutant simplement des micro-éléments dont le rôle avait été précisé postérieurement. Étant donné que cette solution permet une croissance suffisante ils ne se soucièrent pas immédiatement de rechercher si elle correspondait aux besoins optimums des tissus.

En Amérique toutefois P. White fit des recherches assez étendues pour déterminer les besoins minéraux des racines isolées de Tomate et il utilisa la solution ainsi établie pour ses cultures de tissus.

On pouvait se demander si une formule mise au point à l'aide de plantes entières ou de racines qui sont capables à l'aide de leurs poils absorbants, organes très spécialisés, d'extraire d'une manière sélective tel ou tel ion même à des concentrations extrêmement basses, correspondait bien aux besoins des cellules méristématiques qui, dans la plante, sont souvent situées loin des centres d'absorption et dont la nutrition se trouve compliquée par des phénomènes de transport d'ions et d'interaction entre les différents organes.

Les travaux les plus importants dans ce domaine furent ceux de Heller. Ce dernier commença par étudier les phénomènes de carence provoqués dans les souches tissulaires lorsque l'on supprime un des éléments essentiels; il constata que les tissus cultivés *in vitro,* contenant peu de réserves minérales, étaient extrêmement sensibles aux carences.

D'une manière générale, avec les macro-éléments *N, K, Ca, Mg, S, P,* on observe une réduction considérable de la vitesse de croissance dès le premier passage ainsi que l'apparition de nécroses; la plupart des tissus meurent au cours du second passage.

Heller entreprit alors de déterminer l'optimum de concentration de ces éléments pour certains tissus. Or il est bien évident qu'il est impossible d'introduire ou de faire varier la concentration d'un ion unique dans une solution. L'adjonction d'un anion introduisant forcément un cation, ces expériences nécessitaient la recherche d'anions et cations auxiliaires, dépourvus d'activité sur la croissance, que l'on puisse ajouter aux ions actifs que l'on désire étudier. Depuis fort longtemps le chlore et le sodium avaient été utilisés dans ce but par les agronomes. Burkholder et Nickell les avaient déjà employés dans des recherches sur la culture des tissus de tumeur de Rumex.

Heller fit une étude précise des effets de ces deux ions sur la croissance et il constata que cette dernière est légèrement stimulée par le chlorure de sodium avec un optimum vers 15 mM pour devenir toxique vers 30 mM c'est-à-dire à une concentration très supérieure à celle que l'on utilise dans ces expériences. On peut donc associer les ions Cl^- et Na^+ avec divers anions et cations dont on veut étudier l'action.

Heller détermina ainsi pour un certain nombre de tissus : Carotte, Saule, Vigne vierge, l'optimum de concentration en ions essentiels K^+, Ca^{++}, NO_3^-, $PO_4H_2^-$, etc.

Il découvrit ainsi que les solutions utilisées par ses prédécesseurs étaient trop pauvres en ions K^+ mais renfermaient par contre plus de Ca^{++} qu'il n'était nécessaire.

Une étude analogue sur les micro-éléments lui montra que certains éléments autrefois utilisés, comme le glucinium ou le titane, étaient inutiles; par contre, d'autres, sans être indispensables, provoquaient une stimulation très nette : c'est le cas de l'aluminium, du nickel et de l'iode.

Pour les éléments indispensables : *Fe, B, Zn, Mn, Cu,* ce chercheur détermina également des optimums très nets. Il découvrit ainsi que la solution oligodynamique de Berthelot, mise au point à l'aide de cellules de micro-organismes et utilisée par ses prédécesseurs, était beaucoup trop pauvre en bore et, par contre, trop riche en iode.

Ces recherches lui permirent d'établir deux solutions types, une pour les macro- et une pour les micro-éléments, qui assurèrent aux tissus qu'il a étudiés une croissance bien supérieure à celle obtenue par ses devanciers.

Au cours de ses recherches Heller observa un certain nombre d'autres phénomènes : il constata qu'il existe une relation entre les besoins en certains ions et la rapidité de croissance. C'est ainsi que les souches qui se développent très rapidement ont besoin de plus de potassium que les souches à croissance lente, alors que l'inverse s'observe pour le calcium.

L'étude des interactions ioniques fournit des résultats moins nets; les plus importants concernent l'interaction *Na/K* et *Ca/Mg*. L'effet toxique de fortes concentrations en ions *Na* peut être retardé par adjonction d'ions K^+ par suite d'un effet antagoniste sur l'absorption. Inversement, l'ion Na^+ peut dans une certaine mesure remédier à une carence en ion K^+. Heller a constaté également que l'ion NH_4^+ était relativement toxique et il en déconseille l'emploi.

Street, qui a étudié la nutrition azotée des racines isolées de Tomate, a découvert que l'utilisation de l'ion NH_4^+ était fonction du pH. A pH élevés : 7, 7,2, la croissance est excellente lorsqu'on fournit l'azote sous forme ammonium, tandis qu'à pH plus bas : 4,7 à 4,9 les nitrates sont bien supérieurs mais il ne semble pas que l'on puisse transposer ces résultats aux tissus.

Ricker avait, d'autre part, montré qu'associé à certains anions NH_4^+ constitue une excellente source d'azote; c'est ainsi que le succinate d'ammonium est très bien utilisé par les tissus de Tabac.

Quant aux acides aminés, un très petit nombre seulement est utilisable et capable de remplacer les nitrates : c'est le cas des acides glutamique et aspartique. La plupart des autres, comme l'histidine, la tyrosine, etc. sont très rapidement toxiques.

De nombreux chercheurs ont, par contre, montré que l'urée constituait une excellente source d'azote, au moins aussi efficace que les nitrates.

CHÉLATION

Une dernière contribution de la technique de culture de tissus à la solution de problèmes de nutrition minérale porte sur des problèmes de chélation.

On sait que l'alimentation en *Fe* des plantes cultivées sur milieu artificiel est toujours très délicate : cet élément précipite en effet aux pH voisins de la neutralité sous forme de sels basiques, ce qui oblige à ajouter un chélateur au milieu pour le maintenir en solution. On utilisait autrefois dans ce but des tartrates ou des citrates; de nos jours l'emploi de l'acide éthylène-diaminotétracétique s'est généralisé. Les mêmes difficultés se produisent avec les cultures de racines isolées. Street a démontré que des carences très nettes surviennent dès que le pH atteint 5,2. Or il n'en est rien avec les tissus; il suffit d'ajouter le fer en une seule fois quand on prépare le milieu, sous forme de chlorure ou de sulfate, pour qu'il soit maintenu sous forme assimilable jusqu'à la fin de l'expérience. Heller a montré que ce phénomène était dû à la sécrétion dans le milieu, par les tissus, d'un chélateur qui maintenait le fer en solution. Si bien que des solutions dans lesquelles se sont développés des tissus pendant un certain temps permettent l'alimentation en fer de racines isolées ou de plantes même si le pH est voisin de 6. On ignore la nature de cet agent chélateur.

Ainsi, à la suite des travaux que nous venons d'exposer, la nutrition minérale des tissus cultivés *in vitro* paraissait ne plus poser de problèmes.

Or, récemment, deux chercheurs américains, Murashige et Skoog, ont publié la formule d'un nouveau milieu qui permet une croissance extraordinairement rapide des tissus de Tabac : la masse de tissu double tous les deux jours et on peut obtenir jusqu'à 35 g de tissu en un mois à partir de 50 ml de solution nutritive. Ce milieu a une concentration saline considérable : elle est en effet vingt-cinq fois plus forte que celle du milieu de Gautheret, la teneur en ions K^+, Na^+ et NO_3^- y est particulièrement élevée puisque par litre il contient 41,2 mM de NO_3NH_4 et 18,8 mM de NO_3K.

Ces résultats montrent que le chapitre de la nutrition minérale est loin d'être épuisé. Il est possible que certains ions à forte concentration aient un effet totalement différent. On peut penser par exemple qu'au-dessus d'un certain seuil, bien supérieur à la teneur optimum, ils agissent en activant certains systèmes métaboliques sur lesquels ils sont sans action à faible concentration. Cette interprétation est suggérée par certains travaux récents de A. Braun; cet auteur a montré que des tissus ayant normalement besoin de certains facteurs de croissance bien définis, auxine, inositol, nucléotides, pour se développer *in vitro,* pouvaient se passer de l'addition de ces substances lorsqu'on les cultivait sur un milieu très concentré en sels minéraux, notamment en ions NO_3^-, K^+ et Na^+. Braun pense qu'en ce cas la forte concentration ionique active les systèmes responsables de la biosynthèse de ces substances.

NUTRITION CARBONÉE ET MÉTABOLISME GLUCIDIQUE

Nous savons que les colonies tissulaires ne sont généralement pas chlorophylliennes ou que même celles qui élaborent de la chlorophylle n'en ont pas suffisamment pour pouvoir satisfaire leurs besoins énergétiques d'où la nécessité absolue de leur fournir des glucides. La concentration optimum varie avec les espèces mais se situe généralement entre 3 et 5 %. Les tissus sont capables d'utiliser différents sucres mais plus ou moins efficacement; c'est ainsi que Gautheret a montré que, pour la Carotte, le saccharose constituait la meilleure source de carbone, que le glucose, le maltose et le raffinose étaient également très bien utilisés; par contre le galactose, le mannose et le lactose, bien qu'absorbés par les cellules, sont nettement moins efficaces.

Des recherches analogues, faites sur d'autres tissus, ont montré de légères différences spécifiques; c'est ainsi que pour *Vinca rosea,* la Pervenche de Madagascar, le galactose est aussi efficace que le glucose et meilleur que le saccharose, tandis que pour les tissus de *Sequoia* c'est le fructose qui constitue la meilleure source de carbone. Enfin certains tissus comme ceux de tumeur génétique d'hybride de Tabac peuvent également utiliser le cellobiose.

Le fait le plus nouveau dans ce domaine concerne l'utilisation de l'amidon. Nickell découvrit que les tissus de tumeur virologique d'Oseille se développent très bien sur un milieu ne renfermant que de l'amidon comme source de carbone. Des faits analogues furent constatés par la suite avec d'autres tissus par Constabel et Straus. Cette utilisation de l'amidon exogène ne peut avoir lieu qu'à la faveur de la sécrétion d'amylase par les cellules, ce qui a d'ailleurs été confirmé directement.

D'autres résultats portent sur les transformations glucidiques intratissulaires. C'est ainsi qu'en faisant absorber soit du glucose soit du fructose à des tissus de Carotte, Goris a pu mettre en évidence une interconversion rapide de ces hexoses, suivie d'une synthèse de saccharose. Il existe d'ailleurs des variations suivant les tissus : c'est ainsi que le xylème de Carotte fournit moins de saccharose lorsqu'on le cultive sur fructose que sur glucose. Avec le phloème les résultats sont égaux pour les deux hexoses tandis qu'avec une souche établie le rendement est meilleur lorsque les tissus sont cultivés sur fructose.

RÉGULATEURS DE CROISSANCE

Nous avons vu que très peu de tissus normaux sont capables de se développer d'une manière satisfaisante en l'absence de facteurs de croissance. Il est donc tout naturel qu'un très grand nombre de travaux aient été consacrés à l'étude du rôle de ces régulateurs sur la croissance des tissus isolés. Ces recherches sont de deux ordres : les unes portant sur des substances déjà connues ont permis de préciser leur mode d'action; d'autres, sur des facteurs inconnus, ont en outre, dans certains cas, permis d'isoler et d'identifier certains d'entre eux.

AUXINES

Les premiers chercheurs qui tentèrent de cultiver les tissus normaux de la plante découvrirent immédiatement l'action excitoformatrice considérable qu'exercent ces substances. L'isolement des premières souches de Carotte, Topinambour, Vigne ne fut possible que grâce à l'emploi de l'auxine et on pensait à cette époque que l'auxine était un facteur absolument indispensable à la division de la cellule normale. Plus tard on découvrit que certains tissus normaux peuvent se développer sans apport d'auxine exogène. C'est le cas par exemple de la Carotte muscade ou de la Ronce.

Cette constatation jetait donc un doute sur une hypothèse qui paraissait bien établie et on pouvait se demander si les tissus qui prolifèrent sans auxine sont vraiment capables de se passer de cette substance ou si, au contraire, ils ont la possibilité d'en élaborer en quantité suffisante. Le même problème se posait d'ailleurs pour les tissus tumoraux qui eux, également, prolifèrent sans auxine et sont insensibles à son action.

Pour éclaircir ce problème, Mlle Kulescha entreprit alors une étude approfondie des relations entre l'auxine et la division cellulaire. Dans une première partie de son travail elle examina les relations qu'il y a entre les fluctuations saisonnières du pouvoir de prolifération spontanée du tubercule de Topinambour et la teneur en auxine de ce tissu. On savait, en effet, que les parenchymes de ces organes complètement mûrs ne prolifèrent absolument pas sans substance de croissance. Par contre, avant maturité complète ou au début de la végétation, ils sont capables de se développer spontanément quoique d'une manière limitée.

Mlle Kulescha constata, à l'aide de mesures précises effectuées au moyen du test Avoine de Went, qu'il y avait un parallélisme étroit entre la teneur en auxine endogène des tissus et leur faculté de prolifération spontanée. Avant maturation en automne ou au moment du départ de la végétation au printemps, les rhizomes contiennent en effet des quantités notables de cette substance de croissance alors qu'on ne peut en déceler pendant le repos hivernal.

Par contre, cette auxine endogène s'épuise rapidement lorsqu'on met un fragment de xylème de tubercule en culture : parallèlement la croissance ralentit et elle cesse dès que l'auxine est épuisée.

Mlle Kulescha étudia alors différentes souches de tissus et dans tous les cas retrouva ce parallélisme entre auxine et division cellulaire. C'est ainsi que dans les souches qui sont normalement incapables de proliférer sans auxine, comme celle d'Aubépine, la teneur des tissus diminue rapidement lorsqu'on la transfère sur un milieu sans substance de croissance et parallèlement on observe un ralentissement et un arrêt des proliférations cellulaires.

Au contraire, les souches de tissus qui prolifèrent spontanément sans régulateur de croissance, comme celles de tissus de Ronce ou de Crown-Gall de Vigne ou de Scorsonère, élaborent constamment des quantités appréciables d'auxine puisque cette valeur, exprimée en acide indole-acétique, se situe entre 2 et 7.10^{-8}.

Ces faits semblent établir sans ambiguïté l'intervention de l'auxine dans les phénomènes de division cellulaire et ce phénomène n'a pu être établi que grâce à la technique de culture de tissus.

La culture des tissus a également permis l'étude des propriétés auxiniques d'un très grand nombre de substances synthétiques. On a notamment constaté que certains tissus qui semblent insensibles à l'action de l'acide indole-acétique réagissent par contre à d'autres auxines plus actives, comme le 2.4.D. C'est le cas par exemple des tissus de Pois, de Haricot ou d'Agave.

Dès le début des recherches sur la culture de tissus, des phénomènes nouveaux et très curieux furent découverts. En 1942, Gautheret remarqua en effet que l'action transitoire des auxines pouvait provoquer des modifications permanentes des propriétés physiologiques et il décrivit ces transformations sous le nom de sensibilisation et d'anergie.

Examinons ces deux phénomènes en prenant les tissus de Vigne pour exemple.

Des fragments de tige de cette plante sont, comme nous l'avons vu, capables de se développer lorsqu'on les prélève au cours de l'été sur des milieux ne renfermant aucun facteur de division.

Ils forment des cals de consistance très ferme, légèrement colorés en vert. Lorsqu'on repique les cals ainsi obtenus sans leur fournir d'auxine ils restent vivants quelque temps sans s'accroître puis finissent par se nécroser. Des pesées réalisées après deux mois montrent que le poids des explantats n'a pratiquement pas varié.

Repiquons-les sur une solution à laquelle nous ajoutons de l'acide naphtylacétique à des concentration variant de 10^{-5} à 10^{-9}, *(fig. 21)*. Nous constatons que jusque vers 5.10^{-8} cette substance est sans effet, puis très vite elle stimule la croissance des explantats avec un optimum très net pour une concentration de 10^{-6} et elle devient ensuite toxique. À la dose optimale l'accroissement de fragments pesant au départ une centaine de milligrammes peut atteindre deux grammes en un mois et demi.

Si maintenant nous refaisons la même expérience mais en utilisant comme explantats des fragments de tissus qui se sont développés à la concentration optimale de une partie par million (10^{-6}) nous constatons qu'ils sont devenus capables de proliférer faiblement mais pourtant d'une manière durable sans apport d'auxine; d'autre part ils manifestent maintenant une sensibilité beaucoup plus grande envers les propriétés excito-formatrices de ces substances puisque l'optimum d'activité se situe vers 10^{-7}, concentration dix fois plus faible que précédemment.

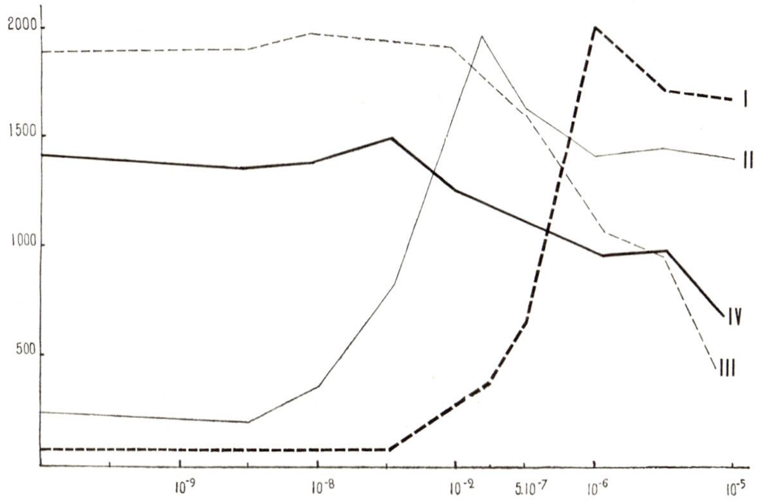

FIG. 21 — EFFET DE L'ACIDE INDOL-ACÉTIQUE SUR DIVERSES SOUCHES DE TISSU DE VIGNE.

I, tissus n'ayant jamais subi l'action de l'A.I.A ; II, tissus sensibilisés ; III, tissus anergiés ; IV, tissus de Crown-gall.

Dans cette expérience la dose de une partie par million qui paraissait la plus favorable est devenue nettement toxique. Cette sensibilité une fois acquise semble se conserver indéfiniment. Ce phénomène de sensibilisation est actuellement inexplicable.

Le second phénomène décrit par Gautheret, sous le nom d'anergie, est plus frappant encore bien que son déterminisme soit plus obscur. Il consiste en une perte complète de la sensibilité vis-à-vis des auxines ; c'est ainsi que lorsqu'on cultive des tissus qui normalement ne se développent pas sans facteur de croissance, comme ceux de Scorsonère sur lequel le phénomène fut décrit ou ceux de Vigne, on constate généralement, après de nombreux repiquages, que certaines cultures sont devenues capables de se développer d'une manière exubérante en l'absence d'auxine alors que les autres exigent toujours cette substance.

Prélevons des explantats sur une colonie de Vigne qui a manifesté cette propriété et qui est devenue capable de proliférer sans facteur de croissance et repiquons-les comme précédemment sur divers milieux renfermant de l'acide naphtylacétique à des concentrations étalées de 10^{-6} à 10^{-8}.

Nous constatons que jusque vers 10^{-7} cette substance n'exerce aucun effet stimulant. Les accroissements, après une période de cinquante jours, sont absolument comparables à ceux que l'on observe sans substance de croissance. Puis vers 10^{-7} l'auxine exerce une action inhibitrice comparable à celle que nous avons observée sur des tissus sensibilisés. Les tissus anergiés ont donc vis-à-vis de l'auxine des réactions comparables à celles des tissus tumoraux.

Ce phénomène, que l'on désigne actuellement sous le nom d'anergie, avait à l'origine été décrit sous le nom d'accoutumance à l'auxine. Il a été observé sur de très nombreuses espèces : Carotte, Vigne vierge, Tabac, Rosier, Mélilot, Tournesol, etc.

Cette transformation s'accompagne généralement de modifications morphologiques : les colonies anergiées sont généralement friables, translucides, par suite de l'imbibition des méats intercellulaires. Les différenciations cribro-vasculaires y sont moins nombreuses que dans les colonies normales.

Il existe d'autre part divers degrés de transformation : c'est ainsi que certaines cultures acquièrent la propriété de s'accroître sans substance de croissance mais gardent néanmoins une certaine sensibilité vis-à-vis des propriétés stimulantes des auxines.

Comme nous l'avons signalé, le déterminisme de cette transformation est très obscur. Gautheret, qui en a fait une étude approfondie, a constaté que le phénomène d'anergie ne s'observe que sur des tissus en voie de croissance et qu'il semble y avoir une relation entre sa fréquence et l'intensité de la prolifération.

Certaines souches sont beaucoup plus sensibles à ce phénomène que d'autres : c'est ainsi qu'avec la Vigne vierge on peut obtenir jusqu'à 60 % de colonies anergiées en deux ans alors que chez la Carotte le phénomène est très rare et qu'on ne l'a jamais observé chez le Topinambour.

Le rôle que joue l'auxine dans cette transformation n'est pas très clair : de fortes concentrations semblent la provoquer. Cependant dans certains cas (Carotte) on l'a observé sans apport d'auxine exogène. Des recherches récentes de Gautheret semblent montrer que les substances de division du type kinétine paraissent protéger la cellule contre cette transformation; on peut donc penser qu'elle serait provoquée par un déséquilibre hormonal entre ces deux types de régulateurs : auxine et kinétine.

VITAMINES

White avait montré, au cours de ses premières recherches sur la culture des racines isolées de Tomate, que l'extrait de levure était indispensable à leur croissance. Par la suite J. Bonner découvrit que le principe actif de cet extrait était la vitamine B_1 ou thiamine, si bien que les premiers chercheurs qui tentèrent de réaliser la culture de tissus ajoutèrent tout naturellement cette substance à leur milieu de culture sans savoir si elle était réellement nécessaire. Ce n'est que par la suite qu'on découvrit que, contrairement aux racines isolées, la plupart des tissus sont capables d'en synthétiser en quantité suffisante pour leurs besoins. Seuls les tissus de tumeur virologique d'Oseille ne peuvent s'en passer alors que d'autres — ceux d'Aubépine et de Scorsonère — sont nettement stimulés par cette vitamine.

Beaucoup de chercheurs ajoutent sans discernement toutes les vitamines du groupe B à leur milieu. La plus intéressante semble être la vitamine B_{12} qui, d'après les travaux de Reinert et White, paraît être absolument nécessaire aux tissus tumoraux de *Picea glauca*, alors que les tissus normaux correspondants peuvent s'en passer.

SUBSTANCES NATURELLES

Nous avons vu que dès les débuts de la culture des tissus on utilisa des extraits naturels dans le but de stimuler la croissance. C'est ainsi que White parvint à cultiver indéfiniment les racines de Tomate grâce à l'extrait de levure mais, après la découverte du principe actif de cet extrait, la plupart des chercheurs employèrent des milieux entièrement synthétiques. En 1942, Van Overbeek, Conklin et Blakeslee montrèrent que le lait de coco exerce un effet stimulant très remarquable sur la croissance des très jeunes embryons de Datura et, en 1948, Caplin et Steward étudièrent l'action de cette substance sur des cultures de tissus de Carotte. Immédiatement ils constatèrent un effet très spectaculaire. C'est ainsi que des fragments de phloème de Carotte qui pesaient au départ 4 mg atteignirent 326 mg en vingt et un jours en présence de lait de coco tandis qu'avec de l'auxine l'augmentation n'était que de 7 mg. Le lait de coco avait provoqué un développement plus de quarante-cinq fois plus rapide, *(fig. 22)*. Une analyse détaillée du phénomène montra que cette croissance était réellement due à une multiplication cellulaire intense et non pas à un accroissement isodiamétrique des cellules comme celui que l'on observe sous l'effet de fortes concentrations d'auxine.

Bien vite divers chercheurs montrèrent que le lait de coco stimule d'une manière analogue les tissus normaux de la plupart des espèces bien que certains, comme ceux de Saule ou d'Aubépine, semblent insensibles à son action. Enfin, fait très remarquable, les tissus de tumeurs, qui sont absolument insensibles aux propriétés stimulantes

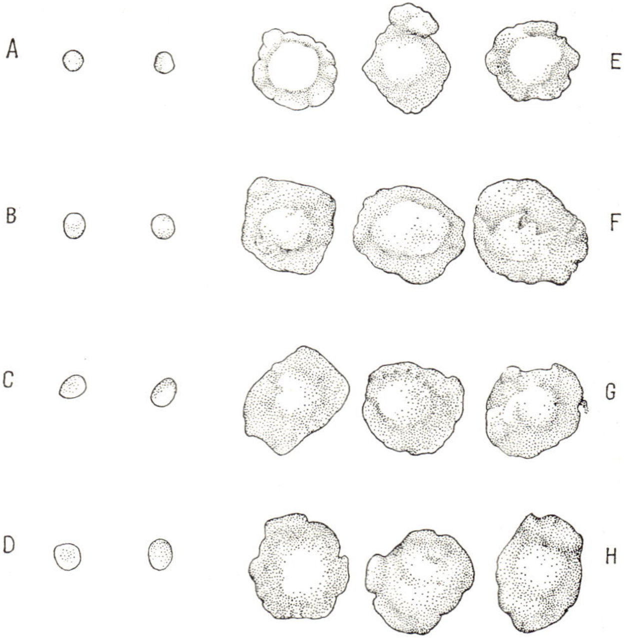

FIG. 22 — ACTION DU LAIT DE COCO SUR LA CROISSANCE DES TISSUS DE CAROTTE.

A à D, tissus cultivés en présence de 10^{-5}, 10^{-6}, 10^{-7}, 10^{-8}, d'A.I.A.; E à H, effet obtenu en ajoutant à ces doses d'A.I.A. du lait de coco; (d'après Caplin et Steward).

de l'auxine, réagissent vigoureusement lorsqu'on les cultive en présence de lait de coco.

À la suite de cette découverte, Steward et ses collaborateurs entreprirent d'isoler les principes actifs du lait de coco en utilisant comme test la croissance des tissus de Carotte mais en dépit de plus de douze ans de recherches leurs efforts sont restés sans résultats car aucune des substances qu'ils ont extraites ne permet vraiment de reproduire les effets de la substance naturelle. Certains des produits isolés, comme la diphénylurée, se sont révélés entièrement inactifs; d'autres, comme les leucoanthocyanes, ou le myoinositol ont une certaine action mais leur effet est sans commune mesure avec celle du lait brut. Si bien que l'on ne connaît pas encore le principe actif du lait de coco. Ces recherches ont néanmoins montré que son activité doit être due à une synergie de ces substances adjuvantes d'amino-acides et d'autres composés plus spécifiques de la division cellulaire, que nous allons étudier maintenant.

En effet, pendant que ces recherches étaient en cours, une voie plus fructueuse fut exploitée par Skoog et ses collaborateurs. Ces auteurs constatèrent que des fragments de moelle de Tabac sont incapables de croître sur des milieux qui ne renferment que de l'auxine comme facteur de division. Toutefois, en présence d'acide indole-acétique à une concentration de 2 ou 3 mg/l, les cellules augmentent jusqu'à dix fois leur taille primitive mais ne se divisent jamais, (*fig. 23*). Par contre, lorsqu'elles sont associées au xylème de la tige elles entrent en division. Elles se divisent également lorsqu'on place à leur voisinage un fragment de xylème détaché. Ces observations sont d'ailleurs à rapprocher des vieilles expériences d'Haberlandt qui l'amenèrent à énoncer la théorie des hormones de blessure. En analysant ce phénomène Skoog en déduisit que le xylème devait contenir une substance de division diffusant dans l'agar. Il constata alors que des extraits très variés, tels que le malt, le lait de coco, produisaient le même effet. Finalement, il découvrit que de vieilles préparations d'acide désoxyribonucléique (DNA) ou des préparations récentes mais dénaturées par un passage à l'autoclave, étaient extrême-

FIG. 23 — TISSUS DE MOELLE DE TABAC CULTIVÉE DANS UN MILIEU RENFERMANT DEUX MILLIGRAMMES UN D'A.I.A.

Les cellules ont décuplé leur volume sans se diviser ; (d'après Skoog).

ment actives. Il parvint alors à extraire de ce matériel une substance active sur la division cellulaire et put déterminer sa structure : c'est la 6-furfuryl-amino-purine, qu'il nomma kinétine, réservant le terme plus général de kinines pour les autres substances présentant cette propriété.

À la suite de ce brillant résultat, de nombreux chercheurs tentèrent d'isoler les substances actives, ou kinines, de diverses substances naturelles. Beauchesne isola de l'albumen immature de Maïs une purine également substituée en 6, qui semble être la matière active de ce produit. Le principe actif de l'albumen de Maïs et de jeunes Prunes vient d'être isolé par Letham; c'est également une 6-aminopurine substituée : la 6 (4 hydroxy-3-methylallyl) aminopurine, nommée zéatine. Des recherches analogues sont en cours pour extraire les kinines que l'on a caractérisées dans divers fruits immatures : Prunes, Tomates, Pommes ainsi que dans des tissus de tumeurs. Dans ce cas la structure de la substance stimulante est déjà partiellement connue. Elle renferme un hexose, un groupe SO_3H et la nicotinamide.

On pense, à la suite de ces travaux sur les régulateurs de croissance, que la division des cellules végétales nécessite deux types de substances : une auxine et une kinine. Les tissus qui font la synthèse des deux, comme ceux de Carotte ou ceux de Ronce, peuvent se développer sans adjonction d'aucun régulateur; ceux qui, comme le Topinambour, ne synthétisent pas d'auxine, ne prolifèrent qu'après un apport exogène de cette substance; ceux enfin qui, comme le Chou-Rave, semblent être très pauvres en substances du type kinine et produisent de très faibles quantités d'auxine, ne prolifèrent normalement que si on leur fournit de la kinétine.

MÉTABOLISME AZOTÉ

Les cultures de tissus, affranchies de la complexité des phénomènes de corrélation que l'on rencontre chez la plante où chaque organe a son métabolisme et ses besoins nutritifs propres, semblent être un outil idéal pour étudier le métabolisme à l'échelle cellulaire. Les colonies tissulaires possèdent de plus l'avantage de se développer dans un milieu synthétique parfaitement connu et à l'abri des contaminations par des micro-

réalisées en milieu non aseptique. On peut leur faire aisément absorber tel ou tel métabolite marqué et suivre son devenir par les méthodes ordinaires de l'analyse.
organismes qui risquent de perturber des expériences

Il faut toutefois se garder de généralisations trop hâtives et ne pas oublier que, dans la plante, les différentes parties, les différents organes, sont le siège d'interactions multiples qui peuvent modifier considérablement les résultats établis sur des tissus isolés. Nous illustrerons cela en prenant comme exemple les travaux de Steward d'une part et de Duranton d'autre part.

Steward et Pollard, faisant l'analyse des différentes fractions azotées de tissus de Carotte se développant en présence de lait de coco, donc en voie de prolifération très active, découvrirent que la fraction protéique était particulièrement riche en hydroxyproline. Ils montrèrent que cet acide aminé, que l'on ne rencontre que rarement chez les plantes, provenait de l'incorporation de proline dans la fraction protéique suivie d'oxydation. Chose curieuse, une fois incorporé dans les protéines, cet amino-acide semble ne plus être métabolisé. Cette notion va à l'encontre des idées généralement admises à l'heure actuelle. On a en effet démontré que la plupart des protéines ont, dans la cellule en voie de division, une vie très courte; elles sont constamment hydrolysées et synthétisées *de novo*. Steward et Pollard pensèrent que la protéine spéciale qu'ils avaient observée devait être caractéristique des cellules en voie de division active. Cette accumulation d'hydroxyproline dans les protéines de tissus proliférant activement *in vitro* a été retrouvée chez d'autres espèces comme l'Agave, l'Érable ou le Haricot et, dans ce cas, on a pu montrer que cette protéine était localisée uniquement dans les parois cellulaires.

Duranton, étudiant le métabolisme de l'arginine dans des fragments de tubercules de Topinambour, cultivés en présence d'auxine, a constaté que cet amino-acide, qui constitue normalement une partie très importante des réserves azotées du tubercule, se transformait en quelques jours, après la mise en culture, en proline et en hydroxyproline libres, (*fig. 24* et *fig. 25*). Dans ce cas, une faible quantité seulement de ces acides aminés est incorporée dans la fraction protéique, la majeure partie s'accumulant à l'état libre dans les tissus.

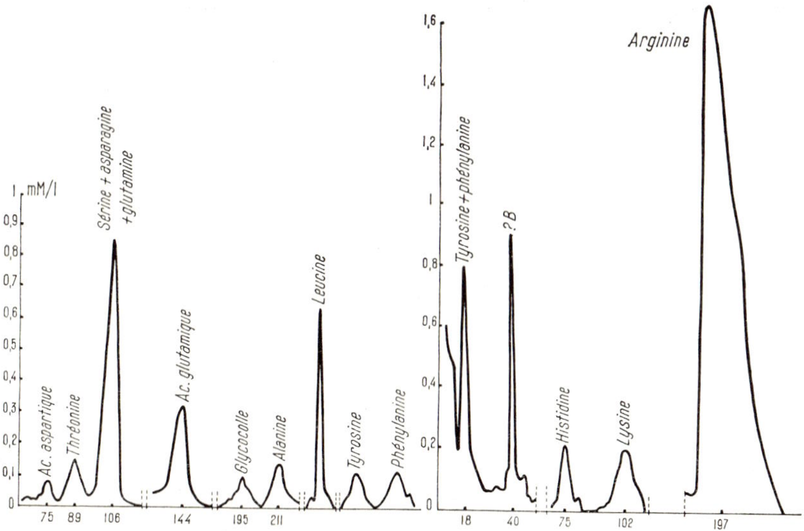

FIG. 24 — COMPOSITION EN ACIDES AMINÉS LIBRES DU TUBERCULE DE TOPINAMBOUR PENDANT LE REPOS HIVERNAL.

Remarquer l'énorme quantité d'arginine; (d'après Duranton).

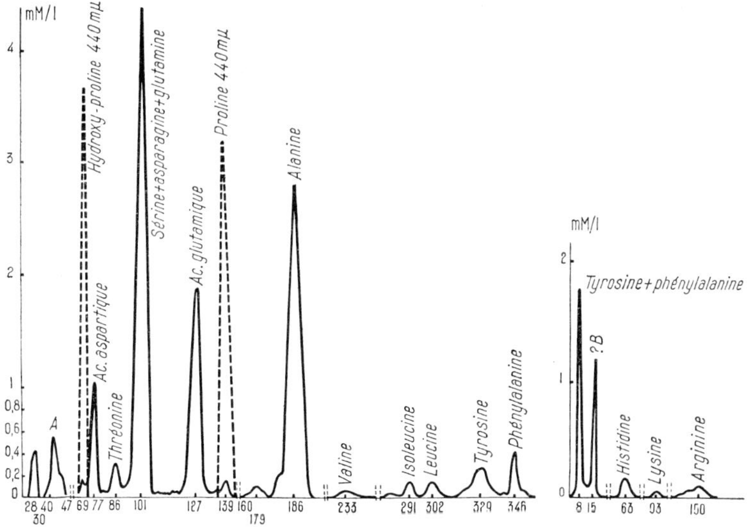

FIG. 25 — TISSU DE TUBERCULE DE TOPINAMBOUR, APRÈS HUIT JOURS DE CULTURE EN PRÉSENCE D'A.I.A.

L'arginine a pratiquement disparu; remarquer l'accumulation de proline et d'hydroxyproline; (d'après Duranton).

Or une semblable accumulation ne s'observe jamais dans la plante entière et semble indiquer un trouble métabolique. D'ailleurs, en faisant absorber de la proline marquée, non pas par les tissus mais par des plantules aseptiques de Topinambour, Duranton et Maille ont pu montrer que, dans ce cas, la proline ne s'accumule pas mais participe à de nombreuses chaînes métaboliques.

Ces résultats nous ont amené à penser que, dans le cas de tissus de Topinambour se développant en présence d'auxine seule, la croissance que l'on observe est anormale. Nous avons alors étudié le métabolisme de l'arginine en présence, non pas d'auxine seule, mais d'un mélange d'auxine et de kinétine et nous avons pu montrer que, dans ce cas, il n'y avait pas formation de proline libre mais que le métabolisme de l'arginine se rapprochait beaucoup de celui que l'on observe dans la plante entière.

Cette constatation semble indiquer que dans la plante le métabolisme azoté normal paraît être sous la dépendance de deux types de régulateurs : un type auxine et un type kinine. On ne sait évidemment pas comment ces régulateurs interviennent sur un mécanisme aussi compliqué que celui de la protéosynthèse.

MORPHOGENÈSE

La morphologie expérimentale en est encore à ses premiers balbutiements. Nous ignorons à peu près tout sur le déterminisme des phénomènes d'histogenèse et d'organogenèse. Nous sommes entièrement incapables d'expliquer pourquoi certaines plantes, comme les Palmiers, ont une croissance monopodiale tandis que d'autres, comme la plupart des Graminées, forment des thalles extrêmement denses; pourquoi certaines ont des feuilles pennées, d'autres entières et pourquoi ces deux types de structure foliaire peuvent se rencontrer sur la même espèce, comme le Frêne par exemple.

HISTOGENÈSE

Notre ignorance est tout aussi complète pour les phénomènes d'histogenèse, qui déterminent la structure de la plante, tels que les néoformations de méristème secondaire et la différenciation des tissus.

Les premiers chercheurs qui ont réalisé des cultures de tissus ont immédiatement tenté de diriger ces phénomènes d'histogenèse *in vitro* de manière à élucider leur déterminisme et à interpréter ceux que l'on observe au cours du développement de la plante.

Nous allons donc examiner maintenant les principales contributions qu'a apportées la culture des tissus dans ce domaine. Nous avons vu que, dans l'organisme, le développement de chaque tissu est sous le contrôle de l'ensemble de l'organisme et que le fait de l'isoler et de le transplanter sur un milieu nutritif avait pour effet de le soustraire aux corrélations multiples auxquelles il était soumis.

Dans la plupart des cas, les néoformations que l'on observe *in vitro* résultent, ainsi que nous l'avons décrit, d'une multiplication non contrôlée des cellules de tissu isolé. Dans d'autres cas, cependant, l'étude anatomique révèle une certaine organisation, la formation de zones génératrices ou de méristèmes parfaitement constitués. Il n'est évidemment point question de passer ici en revue tous les différents types de structure que l'on a observé en culture. Nous décrirons simplement les cas les plus suggestifs qui permettent d'apporter des éléments d'interprétation aux structures normales.

FORMATION DE ZONES GÉNÉRATRICES LIBÉRO-LIGNEUSES

Les premières observations histologiques faites sur les dicotylédones et les gymnospermes ont montré que les tissus proliférant *in vitro* avaient une grande tendance à organiser des cambiums plus ou moins diffus qui produisaient des éléments de phloème ou de xylème différenciés. Ces cambiums se forment presque exclusivement à la limite de deux tissus ; c'est ainsi que lorsqu'on met en culture un fragment de xylème de racine de Carotte, les cellules de la surface de ce fragment vont tout d'abord proliférer pour former un parenchyme homogène. Un peu plus tard on observe la formation d'une zone génératrice entre le xylème préexistant et ce parenchyme néoformé. Cette zone génératrice fonctionne activement en pro-

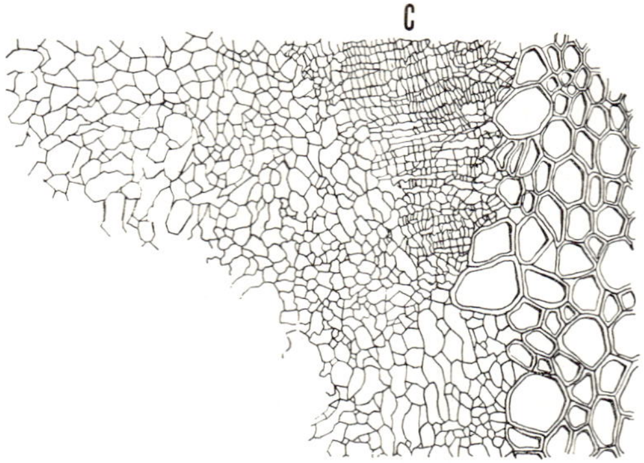

FIG. 26 — SECTION D'UN FRAGMENT DE XYLÈME DE CAROTTE APRÈS CINQUANTE-NEUF JOURS DE CULTURE.

Remarquer la zone génératrice néoformée *C;* (d'après Gautheret).

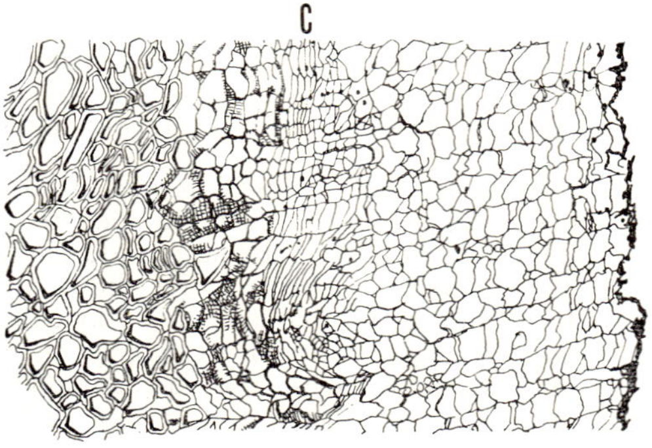

FIG. 27 — SECTION D'UN FRAGMENT DE XYLÈME DE TOPINAMBOUR CULTIVÉ EN PRÉSENCE D'A.I.A.

Formation d'un cambium diffus *C* produisant des trachéides et des îlots de phloème; (d'après Gautheret).

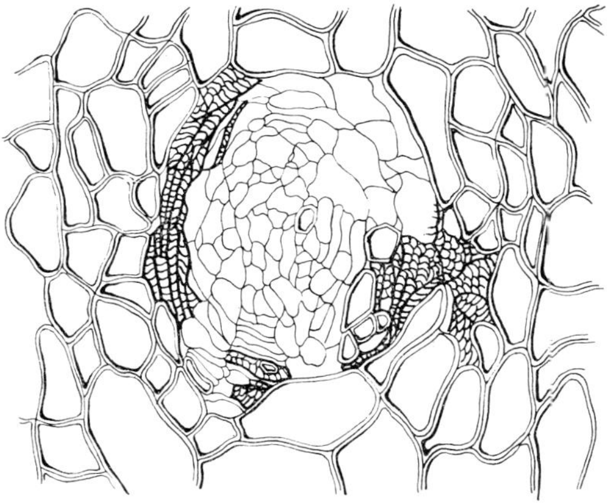

FIG. 28 — NODULE CRIBROVASCULAIRE FORMÉ DANS UN FRAGMENT DE PHLOÈME DE CAROTTE; (d'après Gautheret).

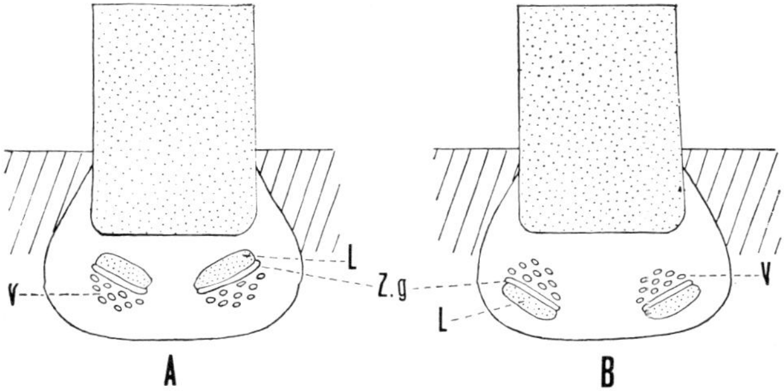

FIG. 29 — FRAGMENTS DE PHLOÈME (A) ET DE XYLÈME (B) DE CAROTTE, CULTIVÉS *in vitro*

Ils ont produit un cal dans lequel s'est développée une zone génératrice, *Z.g*, produisant du phloème, *L*, et du xylème, *V*. Remarquer que ces éléments sont orientés vers le xylème et le phloème préexistants; (d'après Gautheret).

duisant des trachéides du côté du xylème préexistant et des éléments de phloème dans la région opposée, *(fig. 26)*.

L'examen d'un fragment de xylème de Topinambour proliférant en présence de faibles doses d'auxine (10^{-7}) montre un phénomène un peu différent : les cellules de la périphérie, en contact avec le milieu, se recloisonnent pour former un parenchyme indifférencié mais, bien vite, un cambium diffus s'organise dans ce parenchyme, en suivant les contours de l'explantat primitif, *(fig. 27)*. Ce cambium forme de longues files de cellules parallèles, orientées perpendiculairement aux faces du fragment initial. On observe ensuite la différenciation des éléments de phloème sous forme de faisceaux de tubes criblés. À l'intérieur de ce cambium diffus, une zone génératrice s'organise alors sur le bord interne de ce faisceau et produit des trachéides. Ici la zone génératrice s'est formée entre des éléments libériens et un tissu indifférencié.

Le phénomène inverse peut s'observer lorsque, au lieu de xylème, on met en culture un fragment de phloème de Carotte. Dans ce cas l'explantat prolifère d'abord en profondeur, le long des cordons libériens et, dans les petits massifs homogènes ainsi obtenus, se différencient des trachéides. Ces trachéides s'entourent de phloème et une zone génératrice se forme alors entre ces deux types d'éléments. L'ensemble constitue un nodule cribro-vasculaire, *(fig. 28)*.

Ce type de formation est extrêmement répandu; on le rencontre, à peine modifié, dans les colonies tissulaires de la plupart des dicotylédones et des gymnospermes.

On peut tirer plusieurs conclusions de ces observations. Tout d'abord les zones génératrices se forment généralement à la limite de deux tissus différents, soit entre du xylème et un parenchyme indifférencié, soit entre un faisceau cribro-vasculaire et le tissu indifférencié qui l'environne, soit entre un massif criblé et des îlots de trachéides. Jamais on n'observe de phloème et de xylème en contact; ils sont constamment séparés par un cambium. Enfin, la nature du tissu préexistant détermine la formation des éléments différenciés. C'est ainsi que les tissus criblés se forment toujours du côté du phloème préexistant et les trachéides du côté du xylème, *(fig. 29)*.

DÉTERMINISME DE CES DIFFÉRENCIATIONS

Si précises que soient ces observations, elles ne nous renseignent pas pour autant sur leur déterminisme. Cette question, qui a été abordée par Camus a, par la suite, été reprise par différents auteurs. Camus, travaillant avec des espèces dont les tissus bourgeonnent spontanément en culture, comme l'Endive, remarqua que les ébauches de bourgeons qui se forment sur des fragments de parenchyme libérien cultivés *in vitro* provoquent tout d'abord une multiplication cellulaire active dans les tissus sous-jacents puis, très rapidement, les cellules néo-formées se différencient en éléments conducteurs qui vont se raccorder à la zone génératrice normale de l'explantat, (*fig. 30*).

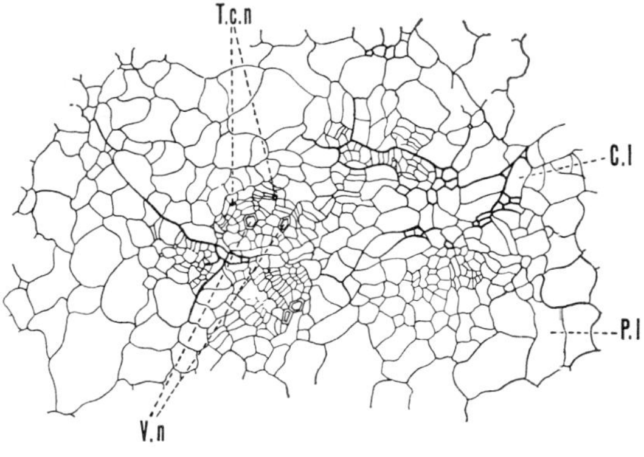

FIG. 30 — PHÉNOMÈNE D'ORGANISATION PRODUIT PAR UN BOURGEON DANS UN FRAGMENT DE PHLOÈME D'ENDIVE.

On constate qu'un cordon libérien, *C.l*, a proliféré pour former un massif méristématique en voie de différenciation; *P.l*, phloème préexistant; *T.c.n*, *V.n*, éléments néoformés; (d'après Camus).

Ce résultat semblait suggérer que les bourgeons exercent une action histogène par l'intermédiaire d'un mécanisme humoral. Pour le démontrer, Camus entreprit alors de greffer des bourgeons sur diverses parties d'explantats fraîchement prélevés et ne présentant encore aucune différenciation. Il constata alors que les bourgeons greffés exercent les mêmes effets histogènes que ceux qui apparaissent spontanément. L'action morphogène se transmet donc au travers de la soudure de la greffe.

Dans une autre série d'expériences destinées à préciser cette action humorale, il plaçait entre le bourgeon et le tissu étudié une mince feuille de cellophane. Dans ces conditions, il observait encore les mêmes effets sur la différenciation. La substance histogène est donc capable de diffuser au travers de la cellophane, *(fig. 31)*.

Enfin, tentant de préciser, dans une dernière série d'expériences, la nature de cette substance, Camus étudia alors les effets histogènes produits par diverses auxines sur ces tissus. Il constata que l'acide indole-3-acétique et

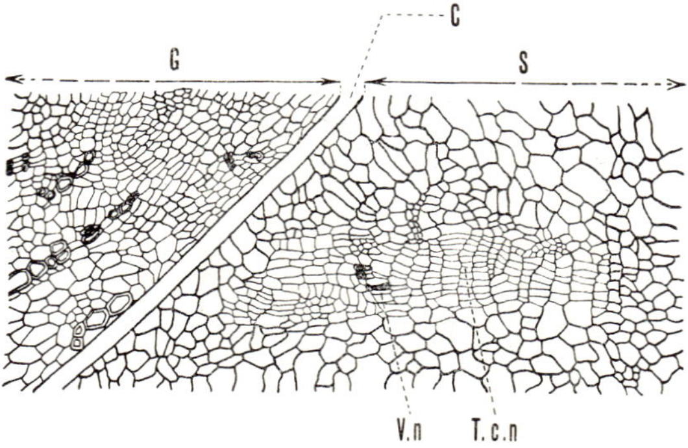

FIG. 31 — COUPE D'UN FRAGMENT D'ENDIVE MONTRANT LES REMANIEMENTS HISTOLOGIQUES PRODUITS PAR UN GREFFON AU TRAVERS D'UNE LAME DE CELLOPHANE.

G, greffon; *C*, cellophane; *S*, sujet; (d'après Camus).

indole-3-butyrique induisent des remaniements histologiques comparables à ceux qu'exercent les bourgeons et il en déduisit que l'auxine sécrétée par les bourgeons devait être le facteur histogène responsable des différenciations produites par les bourgeons.

Le travail fondamental de Camus a été continué par divers auteurs, notamment Mlle Kuroda, par Wetmore avec la collaboration de Sorokin et Rier ainsi que par Rodkiewicz.

De nombreuses observations histologiques laissaient

soupçonner que la différenciation d'éléments cribro-vasculaires pouvait être induite par des éléments préexistants. Afin de vérifier cette hypothèse, Mlle Kuroda a greffé, sur des fragments de Carotte comportant l'assise génératrice, des fragments de cal qui possédaient une assise génératrice néoformée. Elle a alors constaté que les formations cribro-vasculaires du cal greffé induisent dans le phloème du sujet des transformations importantes, notamment la formation d'un cambium, suivie de la différenciation de formations cribro-vasculaires s'orientant vers la zone génératrice du sujet. D'autres expériences réalisées en greffant deux fragments de tranche comportant aussi une assise génératrice en voie d'évolution rapide ont produit des remaniements analogues.

La zone génératrice, tout comme le bourgeon, induit dans le parenchyme peu différencié du xylème ou du phloème la formation de plages méristématiques qui, très vite, se différencient en éléments conducteurs. Si bien que l'on peut se demander si dans les cas de greffes de bourgeons étudiés par Camus les formations cribro-vasculaires du bourgeon ne sont pas suffisantes pour produire la séquence de transformations observées.

Wetmore et ses collaborateurs ont cherché à induire dans des cals indifférenciés, non plus des formations cribro-vasculaires plus ou moins désordonnées mais une organisation rappelant la structure stélique normale des organes.

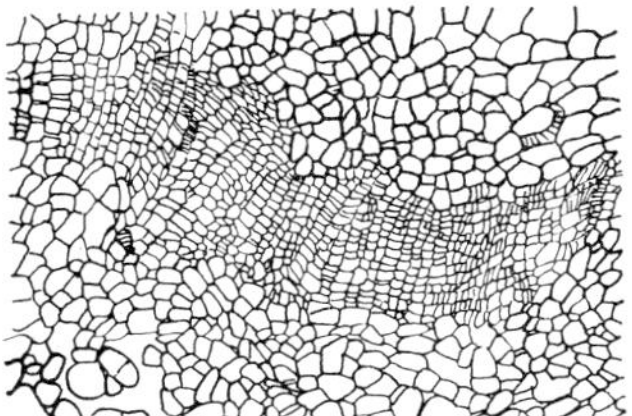

FIG. 32 — FORMATION D'UN ANNEAU RÉGULIER DE TISSU VASCULAIRE DANS UN CAL INDIFFÉRENCIÉ DE LILAS AUTOUR D'UNE MICROPIPETTE FOURNISSANT D'UNE MANIÈRE CONTINUE DE L'A.I.A. ET DU GLUCOSE; (d'après Wetmore).

À la suite d'expériences de greffe de bourgeons sur des cals de Lilas et d'applications d'auxine analogues à celles de Camus, ils découvrirent que les effets de l'auxine peuvent être modifiés par l'addition de sucre. C'est ainsi que si l'on ajoute du saccharose à la solution d'auxine appliquée : jusqu'à 1 % on n'observe que quelques éléments de xylème, entre 1 et 2 %

la formation de xylème (trachéides) est fortement stimulée mais il ne se forme pas d'éléments de phloème (tubes criblés); par contre, entre 2, 5 % et 3,5 % il se forme à la fois du xylème et du phloème.

Ces observations préliminaires les incitèrent à appliquer les deux substances, auxine et saccharose, en un point limité mais d'une manière continue et sans introduire de dissymétrie, à l'aide d'une pipette enfoncée dans le cal à une profondeur d'un demi-centimètre. Après un mois de culture, des coupes anatomiques révélèrent, à l'extrémité de la pipette, une structure rappelant étonnamment les formations secondaires d'une tige, c'est-à-dire un anneau complet de xylème et de phloème séparés par un cambium, *(fig. 32)*.

L'ensemble de ces travaux permet de comprendre comment une structure régulière peut être induite d'une manière relativement simple par des éléments structuraux préexistants.

ORGANOGENÈSE

Certains tissus sont, nous l'avons vu, capables de former des organes *in vitro :* racines, bourgeons et même fleurs. Un certain nombre de travaux que nous allons résumer ont porté sur le déterminisme de ces néoformations.

LA NÉOFORMATION DES RACINES

La production de racines à partir des explantats primitifs est extrêmement fréquente. Ce phénomène se rencontre chez d'innombrables espèces, tant herbacées que ligneuses : Tabac, Muflier, Tomate, Carotte, Vigne, Peuplier, Tilleul, Bouleau. Dans ce cas, comme dans celui de simples boutures, cette faculté est généralement exaltée par l'auxine utilisée à forte concentration. Il arrive parfois que cette propriété n'apparaisse pas sur le cal primitif mais ne se manifeste qu'à partir du premier repiquage *(Bouleau, Tilleul)*.

On a remarqué que le plus souvent cette faculté de produire des racines diminue peu à peu à la suite des repiquages successifs et finit par disparaître complètement. Tout se passe comme si un facteur nécessaire à la rhizogenèse s'épuisait peu à peu. Très rares sont les souches qui, comme celles d'Endive ou de Carotte, conservent indéfiniment cette propriété.

Dans une série de recherches récentes Gautheret a étudié les conditions de la néoformation de racines chez le Topinambour. Il a tout d'abord constaté que la production de racines par des fragments de rhizome pouvait être provoquée par la lumière à condition que les tissus soient cultivés dans un milieu contenant une auxine et du sucre. C'est ainsi qu'en soumettant les explantats à un éclairement journalier de 500 lux pendant douze heures on obtient, après vingt jours, 39 racines pour 24 fragments alors que les témoins, cultivés à l'obscurité, n'en produisent aucune. Cette rhizogenèse est en outre sous la dépendance du glucose introduit dans le milieu de culture. Cinq jours d'irradiation suffisent à déclencher le phénomène, qui se poursuit ensuite à l'obscurité.

Afin de préciser les modalités de ce processus d'induction, Gautheret a alors recherché si l'on pouvait transmettre le facteur rhizogénique d'un fragment à un autre par greffage.

En greffant des fragments de tissus ayant séjourné pendant six jours à la lumière, donc capables de former des racines, sur d'autres fragments maintenus à l'obscurité, donc incapables d'en produire, il a constaté une transmission du facteur rhizogène au travers de l'union de greffe puisque les sujets avaient formé, dans ces conditions, 16 racines pour 17 cultures alors qu'aucune n'était apparue sur les témoins.

Ces expériences établissent donc que les phénomènes de rhizogenèse font intervenir des substances diffusibles et militent en faveur de l'ancienne théorie de la rhizocaline de Went et de Bouillenne.

LA NÉOFORMATION DES BOURGEONS

Très peu de tissus possèdent la faculté de former des bourgeons. Cette propriété semble faire partie du patrimoine héréditaire de la cellule; on peut l'exalter ou la diminuer chez les explantats qui la possèdent mais, jusqu'ici, il n'a pas été possible par des moyens artificiels de faire produire des bourgeons aux espèces qui n'en forment pas spontanément. Deux plantes ont été spécialement étudiées à ce point de vue : ce sont le Tabac et la Carotte.

Le déterminisme de la néoformation des bourgeons par les tissus de Tabac a été étudié en détail par Skoog et ses collaborateurs.

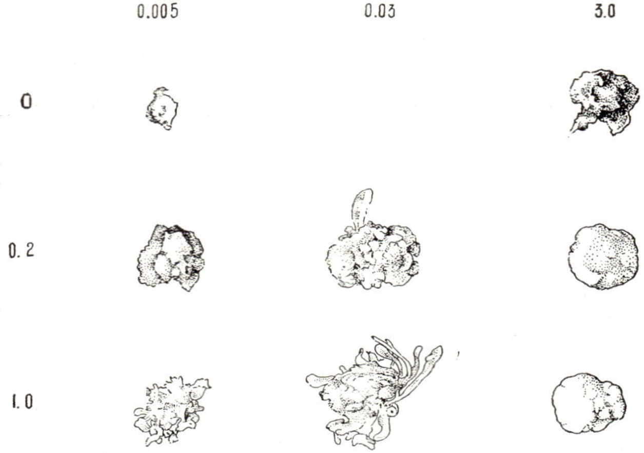

FIG. 33 — EFFET DE LA KINÉTINE ET DE L'AUXINE SUR LA NÉOFORMATION DE BOURGEONS CHEZ LE TABAC.

I) avec l'auxine seule : on n'obtient pas de bourgeons; II) la kinétine favorise la formation des bourgeons; III) les fortes concentrations d'auxine empêchent la formation de bourgeons. Horizontalement : concentrations en auxine; verticalement : concentrations en kinétine; les concentrations sont indiquées en milligramme par litre; (d'après Skoog).

variété qu'ils utilisent (Wisconsin 38). En l'absence de kinétine on observe un accroissement isodiamétrique des cellules mais pas de recloisonnement tandis que, sans auxine, il n'a aucune action : les tissus ne se développent

Ces auteurs, après avoir découvert la kinétine, entreprirent une étude systématique de son mode d'action sur les tissus de Tabac. Ce composé, rappelons-le, est, ainsi que l'auxine, indispensable à la croissance des tissus de la donc que lorsque ces deux facteurs sont associés. Non seulement la croissance mais encore l'organogenèse semblent être sous la dépendance de l'équilibre de ces deux facteurs. C'est ainsi que si l'on associe une faible dose de kinétine (2.10^{-8}) à une forte concentration d'auxine (2.10^{-6}) on observe une rhizogenèse intense. En présence de quantités égales (2.10^{-7}) de chacun de ces facteurs, on obtient uniquement la croissance de cals indifférenciés. Enfin, en associant de fortes doses de kiné-

FIG. 34 — PSEUDO-EMBRYON DE CAROTTE SE DÉVELOPPANT À PARTIR D'UNE SEULE CELLULE CULTIVÉE EN MILIEU LIQUIDE (A).

Le pseudo-embryon va reformer une plante entière (B); (d'après Steward).

tine à de faibles doses d'auxine (3.10^{-8}) on voit les explantats se couvrir littéralement de bourgeons, *(fig. 33)*.

Skoog constata également qu'un mélange d'amino-acides, tels que celui que fournit l'hydrolysat de caséine, renforçait l'action de la kinétine. C'est ainsi qu'en présence de 3 g d'hydrolysat par litre et 10^{-6} de kinétine, l'auxine, même à 3.10^{-6}, n'inhibe pas entièrement la formation de bourgeons. Les acides aminés les plus actifs semblent être la phénylalanine et surtout la tyrosine.

Chez la Carotte, étudiée par Steward, les modalités de l'organogenèses ont tout autres. Lorsqu'on cultive les tissus de Carotte sur des milieux solidifiés par de l'agar, en présence d'auxine, il reparaît constamment quelques racines mais l'apparition de bourgeons est extrêmement rare.

Steward a constaté qu'en cultivant ces tissus, en présence de lait de coco, en milieu liquide agité, un certain nombre de cellules ou de très petits agrégats cellulaires se détachaient du cal et étaient capables de continuer à se multiplier d'une manière indépendante dans le milieu liquide. Lorsqu'ils atteignent une certaine taille, chacun de ces nodules produit une ou plusieurs racines. La racine se développe rapidement et inhibe la croissance du cal; par contre, si on transplante ces nodules sur un milieu solide, toujours en présence de lait de coco, chacun d'eux forme un bourgeon et régénère une plantule ayant beaucoup d'analogie avec celle que l'on obtient en semant des graines, *(fig. 34)*.

Au cours des premiers stades de développement, ces plantules ressemblent à des embryons. Cette analogie a fait penser à Steward que, dans ce cas, le seul fait d'isoler les cellules les unes des autres les transforme en éléments comparables à l'ovule après fécondation. Quoi qu'il en soit, le déterminisme de cette transformation est encore fort obscur et le cas des tissus de Carotte demeure unique.

LA NÉOFORMATION DES FLEURS

L'initiation d'ébauches florales et leur développement ultérieur en fleur et en fruit sur des tissus cultivés *in vitro* est un phénomène bien plus rare puisqu'on ne l'a observé jusqu'ici que sur une seule espèce : le Tabac et encore dans des conditions très spéciales.

Les cals qui se développent *in vitro* sur des fragments de hampes florales permettent en effet de régénérer des boutons à fleurs qui évoluent par la suite en fleurs parfaitement normales uniquement lorsque le prélèvement a été fait entre des fleurs développées, c'est-à-dire après induction de l'initiation florale et ceci seulement sur les variétés indifférentes au photopériodisme, (voir *fig. 11*). Ce phénomène, qui a été découvert par Chouard et Mme Aghion, ne se produit qu'à la lumière et en présence d'une forte concentration de sucre, entre 3 et 10 %. La lumière, absolument indispensable pour l'initiation des primordia, n'est point requise pour le développement ultérieur, qui peut se faire à l'obscurité.

En présence d'une faible teneur de sucre ou en son absence, on n'observe jamais la formation de fleurs mais uniquement celle de bourgeons végétatifs.

Enfin, la fleur fécondée produit un fruit et des graines fertiles.

Ces observations, fort intéressantes, n'apportent malheureusement que peu de renseignements sur le déterminisme de la floraison; elles montrent qu'une fois que le phénomène a été induit chez la plante toutes les cellules au voisinage des fleurs possèdent la potentialité de refaire des ébauches florales. Cette propriété disparaît très vite puisque jamais on n'a pu observer ce phénomène sur des cals repiqués; de plus on n'a jamais pu la transmettre par greffage à un fragment où l'induction n'a pas été établie, ce qui semble contredire la théorie hormonale de la floraison.

ANOMALIES HISTOLOGIQUES

Signalons pour terminer ce chapitre quelques formations anormales que l'on ne rencontre jamais chez les plantes entières mais que l'on obtient fréquemment *in vitro*. Il s'agit de méristèmes primaires dégradés qui fonctionnent comme centres d'activité mais sont dépourvus d'organisation.

Un premier type s'observe lorsque l'on traite des fragments de racine de Carotte ou de rhizome de Topinambour par des auxines très actives, comme le 2.4.D ou l'acide naphtoxyacétique. Ces auxines possèdent une action rhizogène mais cette activité est si intense qu'à partir de la concentration de 10^{-7} elle détermine l'apparition de plages méristématiques très étendues, sans forme définie. Ces éléments sont formés par la coalescence d'une multitude de points végétatifs de racines qui ne s'individualisent pas; tant qu'elles sont soumises à de fortes doses d'auxine ces plages ne donnent naissance à aucune racine, *(fig. 35)*. Cependant il est aisé de se rendre compte

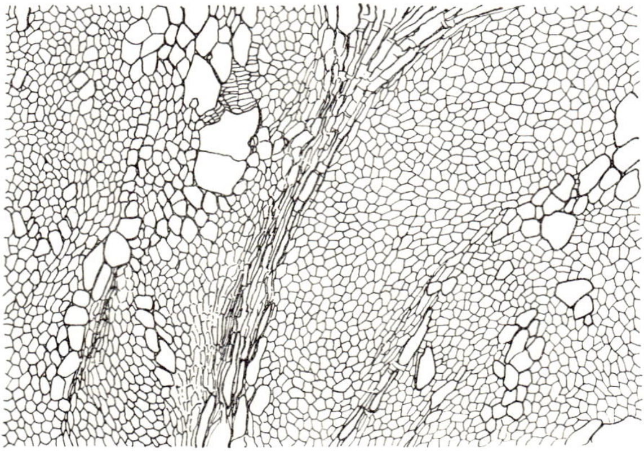

FIG. 35 — FRAGMENT DE LIBER DE CAROTTE CULTIVÉ EN PRÉSENCE D'ACIDE NAPHTOXYACÉTIQUE À LA CONCENTRATION DE 10^{-7}.

Remarquer les larges plaques méristématiques désorganisées; (d'après Gautheret).

qu'elles correspondent bien à des méristèmes primaires car lorsqu'on repique les fragments sur des milieux sans auxine on voit ces plages s'organiser en de nombreuses ébauches radiculaires qui évoluent ensuite pour former des racines parfaitement normales. Ainsi les auxines semblent posséder la propriété de dissocier les processus de prolifération et d'organisation normalement étroitement liés dans les méristèmes primaires.

Tandis que cette structure, causée par de fortes doses de 2.4.D, n'est que temporaire, on observe parfois des formations permanentes qui ne sont pas sans analogie avec celles que nous venons de décrire.

C'est ainsi que les cultures que l'on obtient à partir d'axes hypocotylés de Pin Weymouth ont une organisation très particulière. Ces colonies tissulaires, qui sont constamment chlorophylliennes, ont une consistance très molle. L'examen microscopique montre qu'elles sont formées de très grosses cellules arrondies mesurant parfois jusqu'à 250 μ au milieu desquelles on rencontre des îlots méristématiques formés de cellules dix fois plus petites, à cytoplasme dense et en voie de prolifération très active. Ces petits éléments ont une structure du type méristématique primaire mais jamais ils ne s'organisent en ébauches de tiges, (*fig. 36*), et, de plus, contrairement au phénomène observé sous l'effet du 2.4.D, sur le Topinambour ou la Carotte, cette structure est stable.

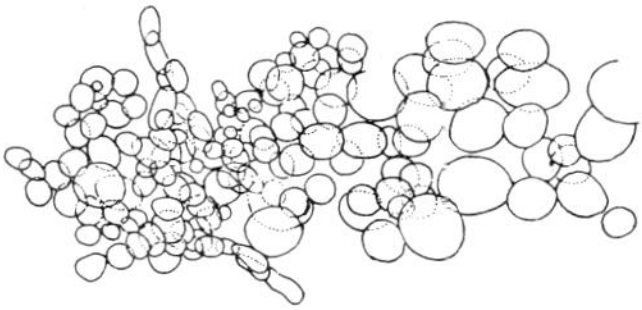

FIG. 36 — FRAGMENT DE COLONIE DE CELLULES DE PIN WEYMOUTH.

On voit à gauche un massif méristématique analogue à celui des points végétatifs mais ne s'organisant pas.

CARYOLOGIE

Le fait le plus saillant qui ressort des nombreuses publications ayant trait à la caryologie est la fréquence des anomalies que l'on rencontre dans les cellules cultivées *in vitro*. On pouvait se demander dans quelle mesure les conditions très artificielles dans lesquelles se développent les tissus ne sont pas responsables de ces anomalies et *si*, par contraste, la plante entière ne possède pas un mécanisme régulateur capable d'empêcher ces anomalies de se produire.

Ces anomalies sont de deux types : les unes sont des troubles de la division cellulaire : adhérences chromosomiques, pycnoses, formation de noyaux polyvalents et de cellules polynucléées; les autres portent sur le nombre des chromosomes : les mitoses sont parfaitement régulières mais les noyaux sont haploïdes, polyploïdes ou même aneuploïdes.

C'est ainsi que dans les tissus de *Pinus strobus,* en dehors de mitoses absolument normales dans les centres en voie de prolifération active, que nous avons décrits, Gautheret a observé, dans les cellules parenchymateuses en voie de division, des adhérences chromosomiques et des chromosomes retardataires. Près des trachéides il a rencontré de nombreux chromosomes agglutinés ou alvéolisés ainsi que de véritables pycnoses. Différents auteurs ont signalé dans les cellules de Carotte cultivées en présence de fortes doses d'auxine des cellules plurinucléées dues au fonctionnement anormal du phragmoblaste ainsi que des noyaux polyvalents fortement lobés.

Les anomalies portant sur le nombre des chromosomes semblent beaucoup plus fréquentes. L'étude la plus approfondie est celle qui a été faite par J. Torrey sur les tissus de Pois.

Torrey établit des cultures de tissus de Pois en partant de racines cultivées sur un milieu contenant du 2.4.D et de l'extrait de levure. Ces tissus, très friables, se prêtent très bien à l'obtention de cellules isolées et Torrey put obtenir plusieurs clones d'origine monocellulaire. Il constata alors que ces colonies, bien qu'issues d'une seule cellule, étaient remarquablement hétérogènes en ce qui concerne le nombre des chromosomes. Elles étaient en effet composées d'un mélange de cellules diploïdes ($2n = 14$), tétraploïdes, octoploïdes et même dodécaploïdes, ainsi qu'un certain nombre d'aneuploïdes, spécialement aux environs de $4n$ ($4n \pm 1$).

Torrey étudia alors l'action des composants du milieu sur ces anomalies. Il refit donc des cultures, toujours en présence de 2.4.D et d'extrait de levure en partant de fragments de racines normales; il constata que dès le deuxième jour on rencontrait quelques cellules tétraploïdes. Étant donné la très brève période écoulée après la mise en culture, il pensa que ces cellules devaient être présentes dans l'inoculum. Au septième jour, la proportion de diploïdes avait sensiblement diminué et le dix-huitième jour elle avait presque complètement disparu, la majorité des cellules étant tétraploïdes. Ainsi trois semaines de culture avaient suffi pour altérer d'une manière extraordinaire le nombre chromosomique des cellules. Dans une série parallèle il isola alors des fragments identiques et les cultiva sur un milieu synthétique ne renfermant ni 2.4.D ni extrait de levure et dans ce cas toutes les figures de division cellulaire furent diploïdes.

Il n'est donc pas douteux que les facteurs de croissance ajoutés dans le milieu avaient fortement troublé le comportement des chromosomes. Afin de déterminer le mécanisme de cette action, Torrey cultiva alors des fragments de racine sans 2.4.D mais en présence de kinétine. En présence de cette substance, à la concentration de 10^{-6}, dès le deuxième jour, 50 % des cellules étaient devenues tétraploïdes et au bout de sept jours plus de 70 % avaient été transformées. Ainsi la substance active de l'extrait de levure semble être un analogue de la kinétine.

Une étude cytologique plus poussée lui montra que, dans la racine de Pois, seul le méristème est composé exclusivement de cellules diploïdes. Dans les tissus plus âgés du parenchyme cortical, un certain nombre de cellules sont déjà devenues tétraploïdes par endomitose, c'est-à-dire doublement du stock chromosomique durant l'interphase. Ces cellules, normalement, ne se divisent pas mais restent quiescentes jusqu'à la fin de la vie de la plante. Or Torrey constata que la kinétine favorisait la division de ces cellules polyploïdes de préférence aux mitoses diploïdes, ce qui explique la transformation rapide du tissu en présence de ce régulateur de croissance.

Des désordres cytologiques analogues ont été constatés par Fox dans les tissus de Tabac cultivés en présence de kinétine. On sait que ces tissus ne prolifèrent normalement qu'en présence d'auxine et de kinétine. On peut cependant isoler occasionnellement des souches qui présentent le phénomène d'anergie vis-à-vis de ces régulateurs. Fox a montré que ces souches anormales étaient formées de cellules qui possèdent un nombre de chromosomes très élevé alors que pour la variété de Tabac utilisée $2n = 48$. Les comptages effectués dans la souche anergiée varient de 122 à 275.

Une situation comparable a été observée par White et de Torok dans les tissus tumoraux de *Picea glauca*. Ces arbres forment en certaines régions de la côte Est des États-Unis de très volumineuses tumeurs sur le tronc et les branches. Le cambium prélevé sur ces tumeurs et cultivé *in vitro* présente une très grande variabilité chromosomique : en dehors du nombre diploïde $2n = 22$, on y rencontre des noyaux de 3 jusqu'à plus de 70 chromosomes avec des maximums à $n = 22$, 26, 44, 52, (*fig. 37*). Malgré cette énorme variabilité, les mitoses sont absolument normales, sans ponts chromatiques ou pycnoses. Par contraste, dans les tissus sains prélevés sur le même arbre et cultivés de la même manière, plus de 65 % de cellules sont diploïdes et 5 à 8 % seulement tétraploïdes.

On pourrait croire que des cellules possédant de telles anomalies nucléaires soient peu viables; en fait il n'en

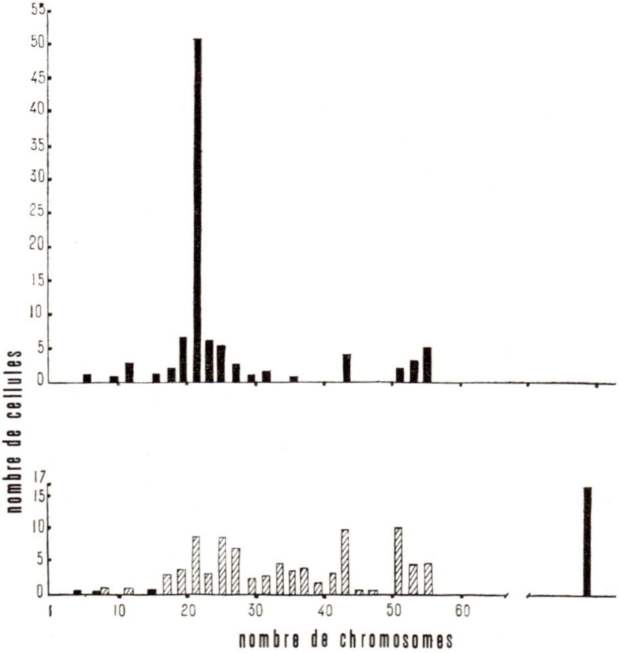

FIG. 37 — DISTRIBUTION DU NOMBRE DES CHROMOSOMES DANS CENT CELLULES DE *Picea glauca* CULTIVÉES *in vitro*.

En haut : tissu normal; en bas : tissu tumoral; (d'après White et de Torok).

est rien et de Torok, qui a étudié la croissance de différentes souches de *Picea glauca* a pu montrer que c'étaient précisément les souches qui présentaient le plus grand nombre de cellules à nombre de chromosomes très élevé qui s'accroissent le plus rapidement aussi bien pour les cellules normales que pour les tumorales.

L'ensemble de ces observations montre que les anomalies cytologiques sont beaucoup plus fréquentes qu'on ne le soupçonnait. Elles peuvent à elles seules expliquer la grande variabilité de certaines souches tissulaires. Hildebrandt, qui a isolé un certain nombre de clones à partir de cellules isolées du même tissu, a trouvé des différences considérables entre ces clones, différences portant à la fois sur la vitesse de croissance et la morphologie des clones isolés. Il est évident qu'une souche isolée à partir d'une cellule haploïde ne se comporte pas de la même manière qu'une autre issue d'une cellule polyploïde bien que dans ce cas aucun examen cytologique n'ait été fait.

Ces observations ont en outre révélé que chez la plante entière les désordres cytologiques sont plus fréquents qu'on ne le supposait. Cependant le type diploïde s'y maintient sans difficulté car dans l'organisme le développement de chaque tissu étant contrôlé, les cellules polyploïdes, généralement situées dans des tissus différenciés, n'ont pas l'occasion de se diviser et de fournir des organes.

CULTURE DE TISSUS ET POLARITÉ

Les premiers chercheurs qui réalisèrent des cultures de tissus furent frappés par la polarité des néoformations qu'ils obtenaient et nous avons maintes fois insisté sur ce phénomène. Il suffit d'isoler un fragment de tissu ou d'organe pour constater que bien que leur potentialité soit la même aux deux extrémités, l'extrémité radiculaire, la plus proche de la racine, et l'extrémité foliaire se développent d'une manière différente même lorsqu'elles sont placées dans des conditions identiques. C'est ainsi que lorsqu'on place un fragment de cambium de Vigne à plat sur un milieu gélosé seule l'extrémité radiculaire prolifère pour former un cal, *(fig. 38)*.

De même lorsque l'on place de la même manière des tranches de racine d'Endive, on voit l'extrémité foliaire produire des bourgeons tandis que des racines apparaissent sur l'autre face. On constate donc qu'une région quelconque d'un organe peut produire soit des bourgeons, soit des racines, suivant qu'elle représente l'extré-

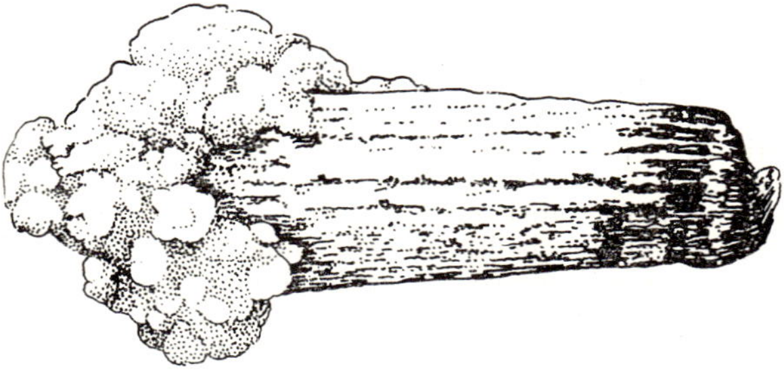

FIG. 38 — FRAGMENT DE LIBER DE VIGNE CULTIVÉ À PLAT SUR MILIEU NUTRITIF.

Seule l'extrémité radiculaire a proliféré.

mité apicale ou foliaire. Autrement dit, le développement d'une cellule semble dépendre de sa position à l'extrémité des organes. Nous ne passerons pas en revue les nombreuses théories qui ont été proposées pour expliquer ces phénomènes. Nous nous contenterons simplement d'examiner les interprétations nouvelles que l'on peut tirer des expériences réalisées à l'aide de la technique de culture des tissus.

Parmi les nouvelles hypothèses proposées pour expliquer les phénomènes de polarité, les plus satisfaisantes sont celles qui font appel à la circulation polarisée d'une substance douée de propriétés morphogènes et qui s'accumulerait à l'une des extrémités du fragment d'organe. Or l'auxine répond précisément à ces conditions. On a montré que, dans certains cas : coléoptile d'*Avoine*, épicotyle de *Tournesol* ou de *Pois*, son transfert était strictement polarisé dans le sens feuilles - racines. Ces résultats ont été confirmés par Mlle Kulescha qui a dosé l'auxine aux deux extrémités de tranches de Carotte ou d'Endive cultivées *in vitro,* et par Skoog qui utilisait des tissus de Tabac. Ces auteurs ont constaté que l'auxine contenue dans le fragment s'accumule à l'extrémité radiculaire. Ce phénomène, peu marqué chez la Carotte, devient beaucoup plus net si on ajoute de l'auxine dans le milieu de culture. Ces résultats, obtenus à l'aide de dosages directs, ont été confirmés par des observations de Gautheret qui a pu mettre en évidence le transport polarisé d'auxines au moyen de leur action sur les phénomènes d'histogenèse sur la Carotte ou de leur propriété organogène chez l'Endive.

Quoique ce fait semble bien établi, certains auteurs, comme Pilet, pensent que l'on pourrait expliquer cette dissymétrie de répartition de l'auxine dans les organes par un gradient d'activité de l'enzyme qui détruit l'auxine. Cette explication cependant soulève de grandes difficultés.

Skoog a, d'autre part, montré qu'il était possible d'altérer le transport polarisé de l'auxine, normalement contenue dans la plante, à l'aide de certaines substances apparentées aux auxines, comme l'acide triiodobenzoïque. Cette substance, aux doses utilisées, n'est pas toxique et, comme l'acide indole-acétique, provoque la prolifération des tissus.

Skoog a pu montrer que, lorsqu'on l'introduit dans le milieu de culture, les néoformations, cals et bourgeons, produites par les fragments de tige de Tabac, n'étaient plus groupées à l'extrémité radiculaire mais étaient distribuées au contraire au hasard le long de l'explantat : la polarité avait disparu.

Étant donné d'une part que l'auxine est la seule substance connue à l'heure actuelle dont le transfert soit polarisé, que, d'autre part, les directions dans lesquelles on observe les différentes manifestations de polarité, néoformation de cals, racines, bourgeons correspondent précisément au sens de circulation de cette substance et que la polarité de ces néoformations disparaît lorsqu'on altère artificiellement le transfert polarisé d'auxine, il était tentant de chercher à expliquer les phénomènes de polarité à l'aide de sa répartition dissymétrique. Or les théories anciennes, un peu simplistes, qui prétendent expliquer la formation des racines et l'inhibition des bourgeons uniquement par l'auxine ont dû être abandonnées. Des travaux déjà anciens de différents auteurs et les recherches plus récentes de Gautheret ont, en effet, montré que la rhizogenèse était un phénomène complexe mettant en jeu plusieurs substances qui concourent à la formation des racines.

Un certain nombre d'expériences ont prouvé qu'il en était de même pour l'inhibition des bourgeons. On pensait autrefois que l'auxine produite dans le méristème apical empêchait les bourgeons latéraux de se développer. Or Skoog qui a, comme nous l'avons vu, montré que l'auxine s'accumule dans la région radiculaire de fragments de tige de Tabac, a constaté que c'est précisément cette extrémité la plus riche en auxine qui produit des bourgeons.

On peut simplement affirmer à l'heure actuelle que s'il n'est pas douteux que c'est bien le transport polaire d'auxine qui produit les remaniements qui sont à la base des phénomènes d'organogenèse, ce produit ne semble cependant avoir qu'une action indirecte dans ces phénomènes.

PATHOLOGIE VÉGÉTALE ET CULTURE DE TISSUS

La culture de tissus animaux a été depuis fort longtemps appliquée à l'étude de nombreux problèmes de pathologie. Signalons simplement que dans le domaine de l'oncologie différents chercheurs, comme Earle, Hall, Parker ont montré avec quelle facilité la cellule animale devenait tumorale lorsqu'elle est cultivée *in vitro*. Sanford et Earle ont, d'autre part, observé des phénomènes de régression du caractère tumoral. Enfin dans certains cas les cultures de tissus sont utilisées après biopsie pour déceler certains cancers.

Dans le domaine des maladies à virus, la culture de tissus a aussi été largement utilisée; elle a permis d'entretenir au laboratoire, *in vitro,* différentes souches de virus; elle a servi à déceler et identifier certains virus humains et a permis d'en découvrir de nouveaux comme le virus « Écho ». On sait d'autre part le rôle prépondérant qu'elle a joué dans la mise au point du vaccin polyomyélitique.

Il était donc tout naturel que la pathologie végétale fasse également appel à cette discipline. Les principaux travaux ont porté sur les parasites obligatoires : Champignons et Virus et sur les phénomènes tumoraux.

CULTURE DE PARASITES OBLIGATOIRES

CHAMPIGNONS

On conçoit aisément que la connaissance d'une maladie infectieuse nécessite l'isolement et la culture à l'état pur de l'organisme pathogène de manière à pouvoir en faire une étude détaillée. C'est le principe même de la technique pasteurienne.

Or s'il est extrêmement aisé d'isoler et de cultiver la plupart des organismes infectieux, soit des animaux, soit des végétaux, comme le bacille de Koch, la bactérie du Charbon, les Tavelures des arbres fruitiers ou le Mildiou de la Pomme de terre, d'autres ont jusqu'ici résisté à toute tentative; c'est le cas de groupes entiers de Champignons, comme les Urédinées qui causent les Rouilles ou encore les Érysiphacées qui produisent les Oïdiums. Ces organismes, que l'on a nommés parasites obligatoires, ne peuvent vivre en l'absence de la cellule vivante de leur hôte. Toute tentative faite pour obtenir le développement sur des milieux synthétiques ou naturels tels que des extraits des organes des plantes sur lesquelles ils se développent normalement, ont constamment échoué. Cela constitue d'ailleurs une véritable énigme car il est difficile d'imaginer quel peut bien être le facteur essentiel que leur fournit la cellule vivante que l'on ne puisse apporter à l'heure actuelle, avec toutes les ressources de la biochimie.

Quoi qu'il en soit, étant donné que l'on ne peut utiliser un support inerte pour faire croître ces organes, il était tentant d'employer comme substratum des tissus vivants cultivés *in vitro*.

Les premiers essais fructueux furent réalisés en associant le Mildiou de la Vigne à des tissus de Vigne. Le parasite se développe vigoureusement sur les cals primaires, (*fig. 39*). Après ensemencement de sporanges on voit, en une dizaine de jours, les tissus néoformés se couvrir de fructifications du Champignon qui finit par les tuer. Il faut alors procéder à son repiquage sur des tissus frais.

Si, au lieu d'employer des cals primaires, on inocule des

tissus provenant d'une souche déjà installée, on constate que ces derniers ont acquis une certaine résistance, le parasite se développe moins vigoureusement, il ne détruit pas les tissus; il est possible d'effectuer plusieurs repi-

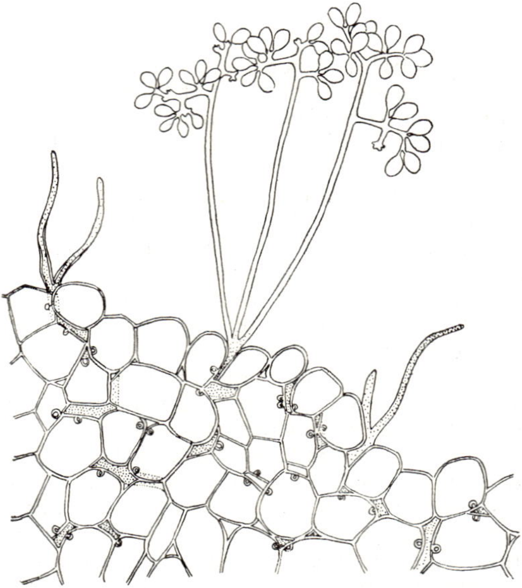

FIG. 39 — MILDIOU DE LA VIGNE SE DÉVELOPPANT SUR UNE CULTURE DE TISSU DE CETTE PLANTE.

quages des tissus contaminés sans qu'ils meurent. On a pu, de la même manière, cultiver *in vitro* d'autres Mildious, comme celui des Crucifères *(Peronospora parasitica)* et diverses Érysiphacées, comme l'Oïdium de la Vigne et l'*Erysiphe cichoracearum* qui attaque de nombreuses plantes herbacées.

Chose curieuse, les Urédinées se sont révélées beaucoup plus difficiles à cultiver. Les essais d'inoculation des tissus à partir de spores ont constamment été négatifs sauf dans le cas de la Rouille du Muflier où l'on a pu obtenir le développement du parasite *in vitro* en ensemençant des fragments de tiges entières possédant encore leur épiderme avec des Urédospores. Il semble que ce dernier joue un rôle essentiel dans le processus d'installation du parasite. On a pu également observer *in vitro* le développement de quelques Rouilles des Conifères en mettant en culture les galles produites sous l'action de ces parasites et dans lesquelles le mycélium est très abondant. Cependant la croissance du mycélium a toujours été limitée; sur les tissus préexistants, au moment de la mise en culture, le parasite n'a jamais envahi les tissus néoformés *in vitro*. Il semble donc que les parenchymes peu différenciés, en voie de croissance active, soient beaucoup plus résistants que les tissus différenciés de l'hôte.

VIROLOGIE

Les cultures de tissus ont évidemment été utilisées pour l'étude des virus végétaux. Les premiers chercheurs se bornèrent à établir des cultures à partir de plantes virosées ou à inoculer *in vitro* des tissus sains par différents virus, comme ceux de la Mosaïque du Tabac, du Concombre, ou encore les virus X et Y de la Pomme de Terre. On peut ainsi conserver indéfiniment ces virus en culture. Cependant on constata très vite que leur taux de multiplication était très inférieur à celui que l'on observe dans les feuilles de la plante entière; c'est ainsi que les tissus de Tabac cultivés *in vitro* renferment trente à quarante fois moins de virus que les plantes de Tabac. Hirth a recherché les causes de cette faible teneur. Il a, pour cela, examiné au microscope électronique des particules de virus de la Mosaïque du Tabac, extraites de cultures de tissus et les a comparées avec celles que l'on obtient à partir de feuilles. Il a alors vu que le virus extrait des cultures de tissus était très différent du virus normal. Dans le cas du virus des cultures, les dimensions des particules sont très hétérogènes alors que dans les préparations extraites de feuilles elles sont toujours très régulières. Un grand nombre de ces éléments dépassent 290 μ qui est la taille normale des particules. Enfin les bâtonnets de virus isolés des cultures ont un aspect flexueux qui contraste avec la rigidité des particules normales; elles donnent l'impression d'être formées de sous-unités inférieures à 290 μ, qui est la dimension de la particule élémentaire du virus. Les fragments de taille inférieure que l'on observe parfois sont des artefacts et ont perdu leur pouvoir infectieux. Hirth pense que cet état d'agrégation du virus des cultures pourrait rendre compte de leur faible virulence.

Cette transformation n'a rien de permanent; elle semble due aux conditions spéciales de la vie cellulaire *in vitro* car lorsqu'on inocule à nouveau une plante avec le virus des cultures les particules que l'on extrait des feuilles ont un aspect tout à fait normal.

CULTURE DE TISSUS ET TUMEURS VÉGÉTALES

L'étude des tumeurs est certainement le domaine de la biologie végétale auquel la culture des tissus a apporté le plus de contributions. Avant de passer ces travaux en revue, examinons tout d'abord les divers types de tumeurs végétales et les problèmes qu'elles posent.

LE PROBLÈME DE LA TRANSFORMATION TUMORALE

D'une manière générale on nomme tumeurs des masses de tissus dépourvues d'organisation, qui se développent d'une manière anarchique et échappent au contrôle de l'individu.

Or on observe fréquemment chez les plantes des proliférations désordonnées qui aboutissent à la formation d'excroissances appelées galles. L'origine de ces excroissances est très variée : elles peuvent être produites par des Insectes, des Champignons, (*fig. 40*), des Bactéries, des Virus ou être dues à un désordre d'ordre génétique. Dans certains cas (Insectes, Champignons) la prolifération cesse dès que la cause disparaît. Dans d'autres, au contraire, elle se poursuit même

FIG. 40 — GALLE DU CHÊNE.

lorsque l'on élimine l'agent causal. L'action transitoire du facteur néoplasique a donc produit une modification permanente; on se trouve dans ce cas en présence d'un phénomène qui a beaucoup d'analogie avec les processus cancéreux que l'on rencontre chez l'homme et les animaux, ce qui explique l'intérêt que les biologistes ont témoigné à ce problème.

Le seul critère absolu que nous possédions pour définir une tumeur est le fait qu'elle échappe aux relations de corrélation, c'est-à-dire que ses tissus se développent d'une manière anarchique à l'intérieur de l'organisme et ne sont plus soumis à son contrôle. Le moyen de mettre cette propriété en évidence est la greffe : un fragment de tissu tumoral greffé sur un organe sain y continue sa croissance désordonnée et reforme une tumeur.

Chez les plantes, l'étiologie des processus tumoraux est fort variée. On connaît, en effet, des tumeurs d'origine bactérienne, virale, génétique et chimique. Les premières sont de loin les mieux connues.

Crown-gall

Les pépiniéristes ont depuis longtemps remarqué des galles souvent très volumineuses qui apparaissent au collet des arbres; pour cette raison la maladie fut nommée « Crown-gall » ou Galle du collet. En 1907, un pathologiste américain, Erwin Smith, isola de ces excroissances une bactérie capable de provoquer des tumeurs lorsqu'on l'inocule à une plante. Cet organisme fut plus tard désigné sous le nom d'*Agrobacterium tumefaciens*.

Smith fut, dès le début, frappé par la ressemblance entre les tissus de Crown-gall et les tissus cancéreux des animaux et il essaya de démontrer la nature tumorale de la maladie du Crown-gall. Il ne put pourtant apporter de preuves directes et il fallut attendre les travaux de White et Braun, en 1942, pour que cette démonstration soit complète. Ces chercheurs, ayant comparé *in vitro* la croissance de tissu normal de Crown-gall et de Tournesol, constatèrent que le premier ne se développait pas sur le milieu qu'ils utilisaient alors et qui était dépourvu de substances de croissance tandis que, dans les mêmes conditions, le tissu tumoral produisait des cals exubérants, capables d'être entretenus d'une manière indéfinie. Après un certain nombre de repiquages *in vitro* et après s'être assurés que le tissu de Crown-gall ne renfermait plus de bactéries, ils en greffèrent des fragments sur des tiges de Tournesol et ils constatèrent alors que le fragment greffé continuait *in vivo* son développement anarchique et y reformait des tumeurs alors que la croissance des greffons témoins, formés de tissus sains, était entièrement contrôlée par la plante hôte, *(fig. 41)*.

FIG. 41 — TUMEUR PRODUITE EN GREFFANT UN FRAGMENT DE TISSU DE CROWN-GALL DE TOURNESOL SUR UNE TIGE (d'après White et Braun).

Ainsi le tissu de Crown-gall avait été modifié d'une manière permanente sous l'action transitoire de la bactérie, il était devenu capable de s'accroître sans facteur de croissance et, fait capital, de reformer des néoplasmes une fois greffé sur une plante.

À la suite de cette expérience fondamentale, le problème du Crown-gall fut abordé par deux voies différentes : une méthode directe qui comportait des études sur la nature de la transformation; des voies détournées qui consistaient à rechercher des différences biochimiques ou à comparer la physiologie de ces deux types de tissus.

I) Étude directe de la transformation tumorale. Les premières séries de travaux auxquelles nous faisons allusion furent inaugurées par A. Braun, à l'Institut Rockefeller. Ce chercheur a tout d'abord déterminé la durée nécessaire à la transformation tumorale, c'est-à-dire le temps qu'il faut pour que la bactérie transforme d'une manière irréversible la cellule végétale.

Pour cela Braun faisait agir la bactérie plus ou moins longtemps sur le tissu de la plante, ce qui est possible dans certaines conditions bien déterminées. La bactérie du Crown-gall est en effet tuée vers 46-47° C, alors que certaines plantes tropicales, comme la Pervenche de Madagascar, résistent à cette température. On peut donc faire agir la bactérie sur le tissu pendant le temps que l'on désire puis la tuer ensuite sans altérer la plante. En utilisant cette méthode, Braun montra qu'une présence de trente-quatre à trente-six heures était suffisante pour que la transformation se produise. Cependant les tumeurs obtenues après une période aussi courte croissent moins rapidement *in vitro* et sont toujours moins volumineuses que celles qui ont subi une transformation totale. Pour obtenir de telles tumeurs, il faut que la bactérie agisse pendant trois à quatre jours.

Dans un travail ultérieur Braun montra que l'on peut empêcher la bactérie d'agir sur le tissu sans cependant la détruire en portant la plante inoculée à 30° C. Une température de 31° C empêche la transformation de la cellule normale en cellule tumorale mais si cette transformation a déjà eu lieu rien n'est changé : la tumeur continue à croître. On peut donc à volonté provoquer la transformation tumorale ou l'arrêter en plaçant la plante inoculée à 30° C. Cette nouvelle technique permit de découvrir plusieurs faits importants. Tout d'abord il existe une période de trente-quatre heures qui suit l'inoculation avant que le processus tumoral commence à se manifester. Ensuite les plantes deviennent incapables de réagir cinq jours après l'inoculation bien que la bactérie soit toujours active dans les tissus. Cela permit de mettre en évidence un autre phénomène : le rôle que joue la blessure dans la transformation. En effet dans une autre série d'expériences Braun blessait les cellules quarante-huit heures avant l'inoculation. Il obtenait alors de volumineuses tumeurs en vingt-quatre heures seulement au lieu de trois jours.

Ces études montrèrent que la transformation tumorale ne peut se produire qu'après une blessure et que le rôle de celle-ci est de rendre la cellule sensible à l'action de la bactérie, de la « conditionner », pour reprendre l'expression de Braun. Ce phénomène est, lui, insensible à l'action de la température ; il se produit progressivement et atteint son maximum vingt-quatre heures après la lésion initiale.

On peut ainsi définir trois phases dans la transformation tumorale, *(fig. 42)* :

1°) Une phase de conditionnement, au cours de laquelle la cellule devient réceptive. Cette phase dure vingt-quatre heures. Klein a montré que ce conditionne-

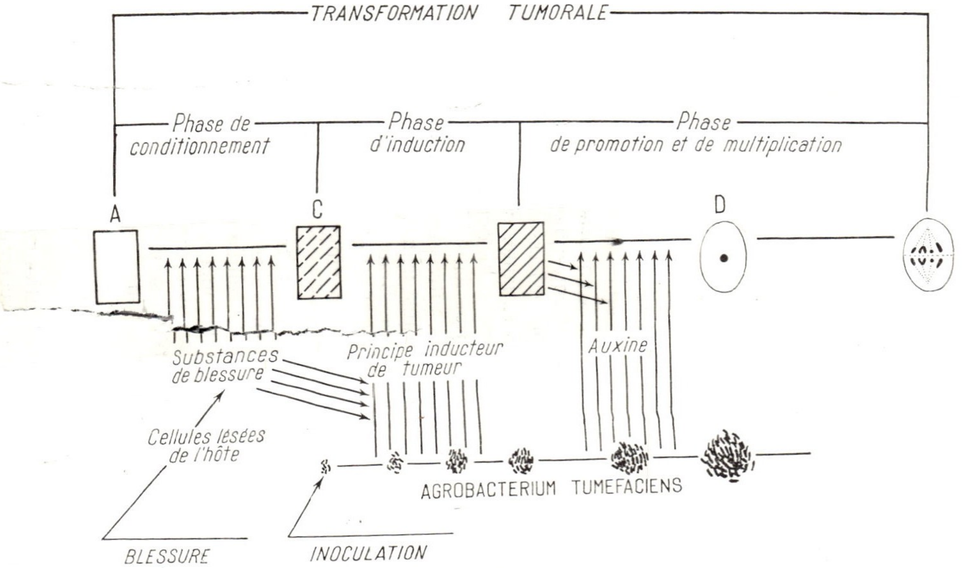
TRANSFORMATION TUMORALE
Phase de conditionnement
Phase d'induction
Phase de promotion et de multiplication
A
C
D
Substances de blessure
Principe inducteur de tumeur
Auxine
Cellules lésées de l'hôte
AGROBACTERIUM TUMEFACIENS
BLESSURE
INOCULATION

FIG. 42.

ment était dû à des substances qui diffusent hors des cellules blessées, car en lavant des tissus de Betterave ou d'Endive on les rend insensibles à l'action de la bactérie tandis qu'elles redeviennent à nouveau réceptrices lorsqu'on leur applique le produit du lavage de plaies.

2°) Une phase d'induction, qui dure également vingt-quatre heures. C'est au cours de cette phase que la cellule se transforme d'une manière irréversible. Par une étude très précise des conditions d'inactivation de cette transformation par la température, Braun a pu calculer l'énergie nécessaire à la réaction d'inactivation : en supposant qu'il s'agisse d'une destruction d'une molécule par la chaleur et en appliquant l'équation d'Arrhenius il a trouvé le chiffre très élevé de 80 000 calories, caractéristique de la dénaturation des protéines. Cela l'a amené à conclure que dans cette seconde phase un principe inducteur thermolabile passait de la bactérie dans la cellule hôte et la transformait de manière permanente.

3°) Une phase de promotion, au cours de laquelle la cellule ainsi transformée peut ne pas se développer ou du moins le faire très imparfaitement; on observe dans ce cas des néoplasmes très réduits. C'est ce qui se produit par exemple lorsqu'on inocule certaines souches de bactéries avirulentes. Or Braun a constaté que ces souches avirulentes pouvaient néanmoins produire des tumeurs lorsqu'on applique en même temps une auxine. Il en a déduit que l'auxine était un facteur nécessaire au développement ultérieur de la cellule inoculée.

Ces recherches ont eu un très grand retentissement car c'était la première fois qu'un processus cancéreux était analysé d'une manière aussi précise. Beaucoup de chercheurs essayèrent alors de déterminer la nature du principe inducteur, de l'isoler et de produire des tumeurs en *l'absence de bactéries*.

Il était tentant de rapprocher l'induction tumorale des phénomènes de transformation observés chez les bactéries

---

FIG. 42 — SCHÉMA DE LA TRANSFORMATION TUMORALE.

La cellule normale, A, conditionnée par les substances de blessure, B, devient sensible au principe inducteur de tumeur de l'*Agrobacterium tumefaciens*; la cellule est ensuite activée par l'auxine qui provoque sa multiplication; (d'après Klein).

par l'intermédiaire du D.N.A. Divers auteurs, dont Klein, étudièrent alors les acides nucléiques du Crown-gall; ils remarquèrent que l'inoculation de l'*Agrobacterium* à des tiges de Tomate provoquait une augmentation importante du D.N.A., après quarante-huit heures. Or cette augmentation, qui se produit précisément au moment de l'induction, n'a pas lieu lorsque les conditions ne sont pas favorables à la formation de tumeur, c'est-à-dire à une température supérieure à 30° C ou avec des souches non virulentes. Toutefois cette interprétation a été discutée et certains pensent aujourd'hui que cette augmentation du D.N.A. est le résultat du stimulus provoqué par la blessure. Quoi qu'il en soit, à la suite de ces recherches Klein pensa que le principe inducteur devait être une molécule de D.N.A. et beaucoup de chercheurs tentèrent alors de reproduire des tumeurs en l'absence de bactéries.

Jusqu'ici ces tentatives n'ont abouti qu'à des échecs, cependant il semble que certaines, comme celles de Manigault, aient mené très près du but.

Manigault commençait par préparer un jus de blessure en provoquant des lésions sur des tiges de *Pelargonium* ou de *Datura*. Après quarante-huit heures il broyait ces tiges, inoculait au broyat de l'*Agrobacterium* puis, quarante-huit heures plus tard, éliminait les bactéries par centrifugation et fractionnait le surnageant par ultracentrifugation. Les divers extraits étaient alors appliqués sur des tiges de *Datura* et, dans certains cas, Manigault obtint des proliférations analogues à celles du Crown-gall. Cependant il ne pense pas avoir obtenu une transformation totale car la vie de ces proliférations était toujours de courte durée.

Ces travaux n'ont pas résolu le problème de la nature de la transformation tumorale; ils l'ont cependant beaucoup clarifiée. On peut penser qu'au cours de cette transformation, ou bien une entité nouvelle autoreproductible passe directement de la bactérie dans le cytoplasme de la cellule végétale et s'y maintient indéfiniment, ou bien cette entité se forme au contact de la bactérie et de la cellule blessée et passe ensuite dans le cytoplasme. Cette entité (on n'ose point dire particule car jamais on n'a pu la mettre en évidence par des méthodes directes, comme dans le cas des virus) conférerait à la cellule la propriété de s'affranchir du contrôle de l'individu et de détourner à son profit une partie importante des produits du métabolisme de celui-ci.

II) Étude des transformations physiologiques et biochimiques. En dehors de ces recherches directes sur la nature de la transformation tumorale, les cultures de tissus ont été utilisées pour étudier les transformations physiologiques et biochimiques de la cellule cancéreuse. Ces recherches ont simultanément porté sur trois domaines différents : les phénomènes de croissance, le métabolisme azoté et les mécanismes respiratoires.

a) Facteurs de croissance. Nous avons vu que dès les premiers travaux sur la culture des tissus un point fondamental fut mis en évidence : l'indépendance des tissus tumoraux vis-à-vis des auxines. Contrairement aux tissus normaux correspondants, les tissus de tumeurs se développent d'une façon exubérante en l'absence d'auxines et sont insensibles à leurs effets excitoformateurs. Cette découverte suscita de nombreux travaux car certains auteurs y voyaient la raison de l'autonomie du tissu tumoral. Des déterminations précises ont montré que la tumeur renfermait constamment plus d'auxine que le tissu sain correspondant; cependant on n'est pas encore parvenu à montrer d'une manière claire si cette autotrophie vis-à-vis des auxines est due à une synthèse accrue ou, au contraire, à une inhibition partielle des systèmes destructeurs.

On a constaté la même autonomie vis-à-vis des facteurs de division du type kinine. C'est ainsi que les tissus normaux de Tabac sont incapables de croître sans kinine alors que les tissus de Crown-gall correspondants poussent vigoureusement sur de simples solutions minérales glucosées. Braun a d'ailleurs montré que des extraits de Crown-gall de Pervenche de Madagascar provoquaient, en présence d'auxine, la multiplication intense des cellules de la moelle de Tabac, test spécifique des kinines et nous avons vu qu'il a entrepris d'en isoler la substance active. Braun a également cherché si l'autonomie des tissus de Crown-gall était uniquement liée à leur indépendance vis-à-vis de ces deux facteurs, auxines et kinines, ou si d'autres systèmes étaient mis en jeu. Il utilisa pour cela des tumeurs incomplètes de Pervenche de Madagascar qu'il avait obtenues en cherchant à montrer que la transformation d'une cellule normale en cellule cancéreuse est un phénomène graduel et progressif. Des tissus soumis à l'action de la bactérie pendant une trentaine d'heures ne forment que des tumeurs peu développées, à croissance très lente; ceux qui ont été traités pendant cinquante heures forment des tumeurs plus volumineuses et il faut soixante-douze heures pour que la transformation soit complète.

En recherchant quels étaient les besoins nutritifs de ces tumeurs incomplètes, Braun a montré que les tissus non entièrement transformés étaient déficients en auxine, glutamine, inositol, asparagine, acides aspartique, cytidilique et guanilique. L'addition de tous ces facteurs leur permettait de s'accroître *in vitro* aussi rapidement que les tumeurs complètes. Celles qui avaient été soumises à la bactérie pendant cinquante heures ne nécessitaient que les trois premiers facteurs : auxine, inositol et glutamine. Braun en a déduit, qu'au cours de la transformation tumorale non seulement la cellule acquiert l'autonomie vis-à-vis de l'auxine et des kinines mais encore qu'un certain nombre de systèmes biochimiques (ceux qui conduisent à la synthèse des substances que nous venons de décrire) étaient activés.

b) Métabolisme azoté. Bien avant que la culture des tissus fût appliquée au problème du Crown-gall, de nombreuses analyses avaient montré que non seulement les tumeurs étaient toujours beaucoup plus riches en azote total que les tissus sains correspondants mais également que la teneur en azote protéique y était environ dix fois plus élevée que dans les tissus normaux.

Les cultures de tissus n'ont pas confirmé ces résultats. Les colonies tumorales cultivées *in vitro* ont une teneur en azote sensiblement égale à celle des colonies tissulaires normales. On comprend facilement cette différence de résultats si l'on songe que la tumeur se comporte comme un véritable parasite sur la plante et détourne à son profit une partie des métabolites de son hôte.

Par contre, la culture des tissus a permis de mettre en évidence des différences qualitatives très importantes.

En 1951 Camus isola, par électrophorèse, des tissus tumoraux, une protéine cytoplasmique spéciale constituant 20 % des protéines solubles; il est regrettable que ces travaux n'aient pas été continués. Plus tard Lioret découvrit dans la fraction de l'azote non soluble des tissus de tumeur un amino-acide inconnu. Cet amino-acide, formé par l'union d'une molécule de lysine et d'alanine, a été nommé lysopine; il n'a jamais été trouvé en dehors des tissus de Crown-gall.

Enfin, en étudiant l'arginine dans ces tissus, nous avons découvert un métabolisme très spécial. On sait que chez la plupart des êtres vivants, bactéries, foie des mammifères, plantes, cet amino-acide est scindé par une enzyme spéciale, l'arginase, en urée et ornithine et que, tandis que le premier de ces constituants est immédiatement dégradé en ammoniaque et gaz carbonique, le second se transforme en acide glutamique ou en proline. Chez les tumeurs rien de semblable : il n'y a plus d'arginase, la molécule est désaminée et décarboxylée comme cela se produit chez certains animaux inférieurs, Mollusques, Annelidés, et en partie transformée en guanidines spéciales comme l'octopine.

c) Phénomènes respiratoires. Là encore les travaux anciens réalisés à l'aide de tumeurs se développant sur les plantes avaient amené à des conclusions qui n'ont pas été vérifiées lorsqu'une comparaison plus précise a pu être faite à l'aide de tissus cultivés *in vitro*. C'est ainsi que l'on a cru longtemps que l'intensité respiratoire des tissus de tumeur était beaucoup plus élevée que celle des tissus normaux alors que des mesures précises effectuées sur des colonies tissulaires *in vitro* n'ont pas révélé de différences essentielles. Pourtant ici encore des différences qualitatives importantes, portant sur les oxydases terminales, ont pu être mises en évidence.

On admet généralement, chez les plantes, que c'est la cytochrome oxydase qui est l'oxydase terminale; cela peut être démontré d'une manière très élégante. Cette enzyme est en effet bloquée par l'oxyde de carbone à l'obscurité, l'inhibition étant entièrement réversible à la lumière. On sait que d'autres oxydases, celles contenant du cuivre, comme la polyphénol oxydase, sont également inhibées par *CO* mais dans ce cas l'inhibition n'est pas levée par la lumière.

En utilisant cette propriété Link et Klein ont observé, en 1951, une réduction importante (2/3) de l'activité de la cytochrome oxydase par rapport aux oxydases totales, dans les tissus de Crown-gall de Tomate et ils pensaient que cette diminution était alors compensée par la polyphénol oxydase qui jouerait en ce cas le rôle d'oxydase terminale.

Lance a récemment démontré que ce dernier point était inexact, la résistance au *CO* est totale dans le cas des tissus de Crown-gall de Topinambour cultivés *in vitro* alors que la respiration de tissus normaux diminue de 55 % dans les mêmes conditions. L'activité de la cytochrome oxydase disparaît donc mais la respiration résiduelle ne semble pas mettre en jeu la polyphénol oxydase. Il semble que, dans ce cas, on ait plutôt affaire à des flavoprotéines ou à des cytochromes du groupe B.

Quoi qu'il en soit, la transformation tumorale remanie d'une manière profonde le phénomène respiratoire.

III) Variation du pouvoir tumoral. Tout au long de cet exposé nous avons considéré que la transformation tumorale était irréversible, que la cellule cancéreuse ne pouvait être guérie et était incapable de redevenir normale.

Certains faits cependant semblent montrer qu'il n'en est rien et on a obtenu des guérisons authentiques de tumeurs. Il s'agit à vrai dire de tumeurs assez spéciales : les tératomes. On nomme ainsi des tumeurs complexes, capables d'organiser des organes rudimentaires : tiges ou feuilles déformées, que l'on obtient en inoculant certaines souches d'*Agrobacterium tumefaciens* au sommet de tiges décapitées. Les tissus de ces formations mis en culture s'y développent sans facteurs de croissance et reproduisent *in vitro* des tératomes comparables à ceux dont ils sont issus.

Braun eut l'idée de greffer les tiges déformées d'un de ces tératomes cultivés aseptiquement au sommet d'une plante vigoureuse. Le fragment greffé se développa, produisit quelques tiges, toujours déformées mais moins cependant que le fragment primitif; il repiqua alors le sommet de cette tige déformée sur une autre plante et, après trois passages, obtint une tige d'aspect absolument normal, qui fleurit et donna des graines. Il pensa alors avoir obtenu une guérison véritable. On lui objecta que le tératome pouvait ne pas être composé entièrement de cellules cancéreuses mais être formé d'une mosaïque de cellules saines et de cellules malades. Pour lever cette objection, Braun entreprit d'isoler des cultures à partir d'une seule cellule du tératome. Dans tous les cas les cellules isolées reformèrent d'une manière uniforme de nouveaux tératomes, preuve de l'homogénéité de la tumeur de départ. Il reprit à nouveau, avec succès, les expériences de greffage, qui amenèrent la guérison de ces tumeurs.

Braun interprète cette expérience en admettant que l'entité transmise par la bactérie de la cellule saine au moment de l'induction se maintient dans le cytoplasme en se multipliant à la même vitesse que les cellules de la plante. Mais lorsqu'on accélère le développement de celle-ci dans le cas du greffage par exemple, cette entité se dilue peu à peu et les cellules finissent par s'en débarrasser; la plante est alors guérie.

Autres tumeurs

Nous avons beaucoup insisté sur le problème du Crown-gall en raison de sa similitude étroite avec les cancers des animaux et en raison des nombreux travaux dont il a été l'objet et qui font qu'à l'heure actuelle, c'est de loin le type de transformation sur lequel on possède le plus de renseignements. Aucun des autres processus cancéreux, tant chez l'animal que chez la plante, ne s'est prêté à une étude aussi précise et détaillée.

Nous examinerons maintenant pour terminer les autres types de tumeurs végétales que l'on a étudiées *in vitro*. L'étiologie de ces transformations est très variée.

I) Tumeurs génétiques. Nous avons vu que les premières cultures de tissus isolées par White ont pu l'être uniquement à cause de leur caractère tumoral car son milieu initial ne contenait pas de substances de croissance. Ces tumeurs apparaissent sur des Tabacs hybrides lorsqu'on confronte deux génomes spéciaux, par exemple dans les croisements de *Nicotiana glauca* × *N. Langsdorffi* ou *N. glauca* × *N. longiflora*. Ici également la tumeur ne se forme qu'après une blessure. Le taux de formation des tumeurs est augmenté d'une manière considérable après irradiation de la plante par les rayons X.

II) Tumeurs virologiques. En 1945 un pathologiste

américain, L. Black, isola un virus normalement transmis par des cicadelles qui, inoculé à certaines plantes, provoque la formation de tumeurs ressemblant beaucoup au Crown-gall. Comme les précédents, les tissus de ces tumeurs sont insensibles à l'action de l'auxine.

Les colonies tumorales que l'on obtint *in vitro* présentèrent en outre un certain nombre de caractères biochimiques très particuliers : c'est ainsi qu'ils ne peuvent être cultivés sans vitamine B_1 ; ils exigent d'autre part pour se développer normalement huit fois plus d'ions phosphate que n'en contiennent les solutions ordinairement utilisées pour la culture des tissus et enfin ils sécrètent dans le milieu de culture une quantité d'amylase suffisante pour assurer leur développement à partir d'amidon sans autre glucide.

III) Tissus anergiés. Ayant étudié à part le phénomène d'anergie à l'auxine, nous rappellerons simplement ici que les tissus anergiés ont beaucoup de traits communs avec les tumeurs précédentes. R. J. Gautheret, qui a étudié en détail ce phénomène pense qu'il s'agit d'une véritable cancérisation produite par un déséquilibre hormonal. En effet il a pu montrer récemment que l'auxine augmente fortement le pourcentage de tissus transformés mais que la kinétine protège contre cette transformation et il souligne l'analogie entre le phénomène d'anergie et les phénomènes cancéreux que l'on observe chez les animaux à la suite d'un déséquilibre hormonal, par exemple entre la folliculine et la testostérone.

IV) Tumeurs d'origine inconnue. Mentionnons simplement pour terminer les tumeurs de nature inconnue étudiées par White sur *Picea glauca*. Leur nature tumorale n'a d'ailleurs jamais été établie avec certitude par des expériences de greffage. En dehors des anomalies cytologiques que nous avons signalées, ces tumeurs possèdent elles aussi des caractères biochimiques très spéciaux puisque non seulement elles n'exigent pas d'auxine pour se développer mais qu'encore leur croissance est stimulée par les anti-auxines. D'autre part leur hétérotrophie de la vitamine B_1 est unique chez les tissus végétaux.

CONCLUSION

Au terme de ce long exposé nous ne discuterons pas les nombreuses théories proposées pour expliquer la transformation tumorale. Nous insisterons simplement une fois encore sur les seuls faits positifs qu'a apportés la culture des tissus.

La cellule tumorale est une cellule douée d'une autonomie qui lui permet d'échapper au contrôle de l'organisme; elle acquiert cette autonomie au cours d'une transformation qui a beaucoup d'analogies avec certains phénomènes de transformation observés chez les bactéries. Cette transformation paraît s'accompagner de l'acquisition d'une entité cytoplasmique douée de continuité génétique, qui modifie complètement son métabolisme et semble être à la base de son autonomie.

Georges MOREL.

BIBLIOGRAPHIE

R. J. GAUTHERET, *Manuel technique de culture des tissus végétaux*, Masson, Paris, 1942.

R. J. GAUTHERET, *La Culture des tissus,* Gallimard, Paris, 1945.

R. J. GAUTHERET, *La Culture des tissus végétaux. Principes généraux. Nutrition. Applications à la pathologie,* dans « La Nature », n° 3212, déc. 1952; 3213, janv. 1963; 3214, fév. 1963, Paris.

R. J. GAUTHERET, *La Physiologie des cultures des tissus végétaux,* colloque de l'U.I.S.B., n° 20, dans « Année Biologique », t. 30, pp. 261-460, 1954 et t. 31, pp. 201-244, 1955.

R. J. GAUTHERET, *The Nutrition of Plant Tissue Cultures,* dans « Ann. Rev. Plant Physiol. », vol. 6, pp. 433-484, Stanfort, 1955.

R. J. GAUTHERET, *La Culture des tissus végétaux. Techniques et réalisations,* Masson, Paris, 1959.

R. J. GAUTHERET, *La Culture des tissus végétaux : son histoire, ses tendances,* dans « Revue de Cytologie et de Biologie végétales », vol. 27, pp. 101-220, 1964.

R. M. Klein et G. K. K. Link, *The Etiology of Crown-gall,* dans « The Quarterly Review of Biology », vol. 30, pp. 207-277, Baltimore, 1955.

P. Maheswari et N. S. Ranga Swany, *Plant Tissue and Organe Culture,* A Symposium, International Society of Plant Morphologists, University of Delhi, 1963.

J. Reinert, *Morphogenèse dans les cultures de tissus végétaux,* dans « Endeavour », vol. 21, 82, pp. 85-90, Londres, 1962.

F. C. Steward, *The Control of Growth in Plant Cells,* dans « Scientific American », vol. 209, New York, déc. 1963.

H. E. Street et G. G. Henshaw, *Cell Division and Differentiation in Suspension Cultures, of Higher Plant Cells,* dans « Symposia of the Soc. of Expl. Biol. », nº XVII, pp. 234-257, 1963.

W. Tulecke, *Recent Progress and the Goals of Plant Tissue Culture,* dans « Bull. of the Torrey Bot. Club », vol. 88, pp. 350-360, Lancaster, 1961.

P. R. White, *A Hand-Book of Plant Tissue Culture,* the Jaques Cattell Press, Lancaster (Penn.), 1943.

P. R. White, *Proceedings of the Decennial Review Conference Tissue Culture,* dans « Journ. of Cancer Inst. », vol. 19, nº 4, Baltimore, 1957.

P. R. White, *The Cultivation of Animal and Plant Cells,* the Ronald Press Cº, New York, 1963.

P. R. White, *Contribution apportée à la connaissance du cancer par la technique de culture des tissus,* dans « Lejeunia », vol. 23, pp. 5-138, 1959.

LA CULTURE DES TISSUS ANIMAUX

LES TECHNIQUES

La découverte des Protozoaires par Van Leeuwenhoek, au XVIIe siècle, a permis aux naturalistes d'étudier sous le microscope des cellules isolées, d'en analyser d'une façon progressivement plus complète les éléments constitutifs, et d'en déduire ce qui semblait être général à tous les êtres vivants. C'est ainsi que Félix Dujardin a découvert en 1835 la substance fondamentale du monde vivant en l'étudiant chez les Protozoaires. Sous le nom de sarcode, plus tard débaptisé en protoplasme par von Mohl, il introduisit les biologistes à l'essence même de leurs investigations.

Mais si l'observation et l'expérimentation sur des êtres unicellulaires vivants, isolés, et en parfait état, prit ainsi un très grand développement, on a dû se contenter, jusqu'au début de notre siècle, dans le cas des tissus plus complexes de la plupart des êtres vivants, des résultats obtenus après le sacrifice de l'animal ou de la plante et de la dilacération ou le sectionnement de ses tissus en fragments aussi ténus que possible. De plus, l'observation de ces éléments encore constitués par de nombreuses cellules, et le plus souvent meurtris, ne devait s'avérer réellement fructueuse qu'après leur fixation en un état aussi proche que possible de l'état vivant, et leur coloration par diverses méthodes.

Il est inévitable que de tels procédés techniques aient introduit des artefacts dans les tissus étudiés, et aient suscité de nombreuses polémiques quant à leur interprétation.

Parmi celles-ci aucune ne donna lieu à un déchaînement de passions plus violent que la question de l'origine des nerfs. Certains chercheurs soutenaient que la fibre nerveuse est formée à partir de la cellule nerveuse et n'en est qu'un prolongement. Mais, pour d'autres, cette fibre serait formée à partir d'îlots cellulaires discrets qui se fusionneraient entre eux et avec la cellule nerveuse pour former un ensemble secondaire. Malgré toute une série d'expériences précises, malgré la découverte par le grand histologiste Ramón y Cajal de cônes d'accroissement au bout des fibres nerveuses embryonnaires, l'unanimité ne pouvait se faire sur le mode de formation des prolongements nerveux.

C'est en 1907 que Ross Granville Harrison eut l'idée d'appliquer à ce problème les méthodes d'asepsie utilisées en chirurgie depuis les géniales découvertes de Pasteur. La culture des cellules nerveuses embryonnaires, avant la formation de leurs prolongements, entre lame et lamelle, dans un milieu de culture en dehors de l'organisme dont elles provenaient devait, d'après Harrison, résoudre cette question. On ne pourrait alors incriminer, dans la formation des fibres, l'activité de facteurs provenant de l'embryon chez lequel elles prennent normalement naissance.

S'adressant à des embryons de Grenouille, Harrison a prélevé de petits morceaux de leur moelle au premier stade de formation du bourgeon de la queue, alors que les cellules nerveuses, encore incomplètement différenciées, ne présentent aucun prolongement, et les a plongés dans de la lymphe coagulée provenant de Grenouilles adultes. Les premières expériences, faites sans asepsie, ne donnèrent aucun résultat. Mais lorsque les cellules furent cultivées dans un milieu aseptique, elles ont formé des fibres, indépendamment de ce milieu, qui ne leur servait que de support et pour leur nutrition. Ces fibres, que Harrison a pu observer de minute en minute, croissaient à partir des cellules du tube neural ou des ganglions nerveux sous forme de processus finement arborescents. Ces processus s'allongeaient, et au bout de chaque fibre on pouvait observer une structure ressemblant à une Amibe avec ses pseudopodes, et que l'on pouvait identifier avec les cônes de croissance de Ramón y Cajal.

Cette expérience fondamentale a donc démontré que la fibre nerveuse n'est qu'une extension de la cellule nerveuse, et non pas une adjonction secondaire, éclairant par-là même d'une lumière nouvelle toute la physiologie du système nerveux. Mais, fait non moins important, Harrison a ainsi fondé la technique de culture de tissus, en mettant en valeur d'emblée les conditions fondamentales qui la *rendent possible* : entretien en dehors de l'organisme de fragments ayant un potentiel de développement, dans un milieu humoral coagulé, et dans un état d'asepsie complète. Avec ses bases ainsi parfaitement établies dès ses débuts, la culture des tissus a pris depuis cette époque un tel développement qu'elle constitue actuellement une des plus importantes disciplines des sciences de la vie, applicable à une foule de questions de biologie normale ou pathologique, en pleine évolution, et susceptible de fournir encore de riches moissons de faits nouveaux. Si on pouvait dénombrer en 1925 près de six cents références qui s'y rapportaient, le rythme de ces travaux s'est accéléré depuis lors au point que Murray et Kopech ont fait paraître en 1953 une bibliographie des recherches dans ce domaine, en deux volumes, qui comprend vingt-neuf mille articles en vingt-sept langues.

Cette bibliographie contient les références de 1884 à 1950. Avant Harrison, en effet, des biologistes avaient déjà abordé la question de l'examen de cellules vivantes *in vitro*. Ainsi Leo Loeb avait cultivé en 1897 des cellules dans des milieux composés de caillots de fibrine ou de sérum coagulé, et placés sous la peau ou le péritoine d'un Cobaye. De même, Justin Jolly, dès 1902, avait conservé pendant huit à quinze jours des globules rouges de Triton *in vitro*, et avait obtenu leur prolifération. Mais c'est à Harrison que revient le grand mérite d'avoir posé les conditions essentielles de la culture des tissus et d'avoir démontré la valeur de cette méthode dans la solution des grands problèmes biologiques.

D'autres noms doivent être cités qui furent des pionniers dans ce domaine : Burrows, Carrel, Paul Carnot. Dès que parurent les premières publications de Harrison sur ce sujet, Burrows, collaborateur de Carrel, s'initia à cette technique chez son inventeur, puis l'appliqua aux cellules embryonnaires des animaux à température constante, Oiseaux et Mammifères. Burrows cultivait les tissus embryonnaires, non plus dans de la lymphe, mais dans du plasma de la même espèce, plus maniable. Il parvint à colorer ses cultures et à les cultiver.

Puis Carrel, collaborant avec Burrows, donna à la culture des tissus un très grand essor en ajoutant au milieu où ils sont cultivés, en 1910, sous forme de suc embryonnaire, les cytopoïétines découvertes par Carnot en 1906. Il rebaptisa les cytopoïétines en les nommant tréphones, mais en vérité c'est le nom de cytopoïétines qui, ayant la priorité, aurait dû subsister, car ce sont deux synonymes de substances embryonnaires de croissance. L'addition de suc embryonnaire aux cultures, innovée par Carrel, donna une telle impulsion à leur prolifération qu'elle a permis de repiquer ces cultures et de les entretenir ainsi indéfiniment *in vitro*.

Ces premiers chercheurs ont fait de la culture des tissus, en gros, ce qu'elle est restée techniquement depuis lors. Le lecteur qui s'intéresserait à l'aspect pratique de cette question peut facilement trouver la description de ses procédés, notamment dans les monographies d'Erdmann (1922), W. H. et M. R. Lewis (1924), Strangeways (1924), Demuth (1929), Fischer (1930), Craciun (1931), Ephrussi (1932), Levi (1934), Verne (1937) Cameron (1950). Nous nous bornerons ici à en esquisser les grandes lignes et à indiquer les points essentiels pour la compréhension des résultats qui en ont découlé.

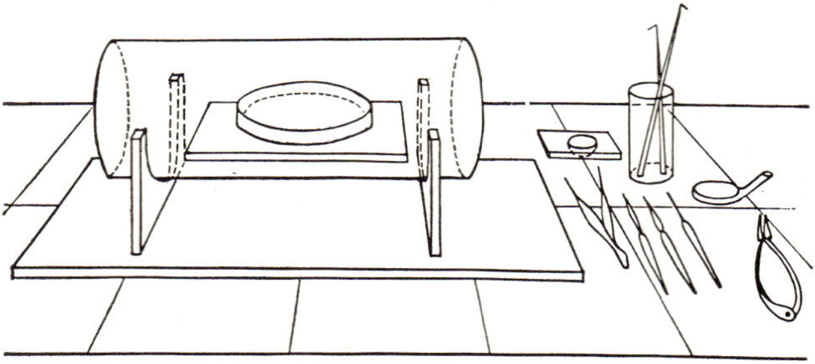

FIG. I — DISPOSITIF SIMPLE POUR CULTIVER DES TISSUS DANS UNE PIÈCE ORDINAIRE PROPRE.

Les manipulations se font à l'abri d'un cylindre de verre de quatorze centimètres de diamètre.

Ainsi que nous l'avons déjà dit, pour faire des cultures de tissus on opère sous l'asepsie la plus complète *(fig. I)*. On prélève les tissus que l'on veut cultiver, presque toujours chez des embryons, on les lave dans des solutions isotoniques appropriées et, dans les méthodes classiques, on les place dans des lames creuses ou bien dans des flacons spéciaux, en présence de plasma qui provient en général du sang de poulet ou de Poule. On ajoute alors un peu de suc embryonnaire au contact duquel le plasma coagule. On repique les cultures, en général tous les deux jours.

Ainsi traités, les tissus à cultiver se trouvent dans les

conditions requises pour la croissance cellulaire. Celles-ci sont au nombre de quatre : un support solide baignant dans un milieu liquide, la facilité d'échanges gazeux, un aliment convenable, l'élimination des produits de déchet.

Le support solide qui permet aux cellules de s'étaler, et à l'opérateur de découper ultérieurement le fragment de tissu sans les altérer, est représenté dans les techniques classiques par le coagulum de plasma. Les cellules croissent le long du coagulum de fibrine, et le sérum qui en exsude, auquel on ajoute souvent des solutions salines plus ou moins complexes et tamponnées, est le milieu le plus normal pour elles.

La facilité d'échanges gazeux est assurée par le découpage des tissus à cultiver en très petits fragments, de l'ordre de quelques millimètres, de telle façon que toutes leurs cellules soient en contact avec le milieu liquide et ainsi à même de respirer librement. Si l'on essaie de cultiver des fragments trop gros, on s'aperçoit que les cellules de leur partie centrale, où la diffusion des gaz et des substances solubles doit être le moins rapide, dégénèrent et se nécrosent.

Ces deux premières conditions étant respectées, on obtient déjà une survie des fragments explantés, la croissance individuelle de bon nombre de cellules, et même un début de multiplication cellulaire. Mais pour que celle-ci soit abondante et continue il faut introduire deux autres facteurs : un aliment convenable, représenté dans les méthodes classiques par du suc embryonnaire, et l'élimination des produits toxiques du métabolisme cellulaire, comme dans toute cellule vivante. Cette élimination des produits nocifs se fait, soit par un lavage du milieu, soit par le repiquage fréquent des cultures dans des milieux frais, soit par une combinaison de ces deux procédés.

Quelques détails concrétiseront ce court exposé technique des méthodes classiques.

La prise de sang s'effectue en général avec des canules de verre ou de métal, vaselinées ou paraffinées, introduites dans les artères carotides ou les veines jugulaires, parfois dans le cœur même d'un Oiseau ou d'un Mammifère. On peut également utiliser du sang veineux humain de tout âge (May, 1950). Pour éviter la coagulation, les tubes à centrifuger qui reçoivent le sang sont paraffinés et refroidis. On peut aussi y placer, dans le même but, une solution contenant de l'héparine ou bien des solutions de sels minéraux, telles que les solutions de Ringer ou de Tyrode, à une concentration dix fois supérieure à la normale isotonique. On les diluera à la concentration normale avant l'emploi. Le sang recueilli est centrifugé, le plasma est séparé des globules et conservé à la glacière.

Le suc embryonnaire est préparé à partir d'embryons de sept à neuf jours de développement lorsqu'il s'agit du poulet, plus âgés lorsqu'on a affaire à des Rongeurs. Les embryons sont broyés dans des broyeurs spéciaux et la purée de tissus est centrifugée. On se sert du liquide surnageant pur ou dilué par une solution saline physiologique telle que la solution de Tyrode.

Cette même solution sert à baigner la couche de plasma et on l'utilise encore pour les lavages quand la culture est faite dans de grands récipients comme les tubes de Carrel ou de Borrel. Le lavage des cultures en goutte pendante, au cours des repiquages, peut se faire à l'aide de solutions moins complexes, telles que le liquide de Ringer.

Les cultures sont placées à l'étuve à 38° ou 39°. Après deux jours la masse de tissu est généralement doublée par sa croissance. On procède alors à son repiquage : on l'excise du milieu, on la découpe en deux morceaux, on la lave et on la replace dans un milieu de culture frais. L'emploi des boîtes de Carrel, contenant une quantité beaucoup plus grande de milieu, permet de faire des lavages tous les quatre jours seulement et de ne repiquer que toutes les trois semaines. Cette technique est particulièrement utile pour des études physiologiques, tandis que la méthode de culture en goutte pendante est surtout avantageuse pour les recherches cytologiques. Cette dernière donne d'ailleurs le plus souvent lieu à des fixations et des colorations ultérieures des cellules cultivées, par divers procédés histologiques.

Borrel (1930) a rendu possible la culture de nombreux fragments de tissus dans le même milieu en broyant les tissus en de multiples morceaux qui sont tous ensemencés ensemble dans de grands flacons à fond amovible. Ce fond est enlevé après un certain temps de culture; les cellules qui ont crû sont alors fixées et colorées. Cette technique est particulièrement utile dans les études bactériologiques et virologiques où l'on cherche à étudier l'agent infectant autant que les tissus infectés.

Deux autres techniques emploient l'une (Fell, 1928) des verres de montre où l'on peut cultiver de grandes quantités de tissus dans un abondant milieu, l'autre (Gey, 1933, Lewis, 1934) de simples tubes à essai. Dans cette dernière technique chaque tube peut contenir jusqu'à trente cultures différentes et le volume du milieu nutritif liquide est de 1 à 2 cm³, deux fois plus que dans les flacons de Carrel, avec plus d'air également; ces tubes sont bouchés hermétiquement et agités constamment, de telle façon que les surfaces cellulaires sont baignées par un liquide nutritif qui change à chaque révolution de l'appareil, entraînant les déchets métaboliques d'une façon très efficace. Les manipulations en sont simplifiées, mais la courbure des tubes ne permet pas l'examen au fort grossissement de régions tissulaires un peu vastes.

Les techniques générales que nous avons décrites, avec l'emploi du plasma, des solutions physiologiques salines, du suc embryonnaire, sont le résultat d'essais empiriques. De nombreux chercheurs ont essayé de leur substituer des méthodes rationnelles dont tous les éléments seraient connus.

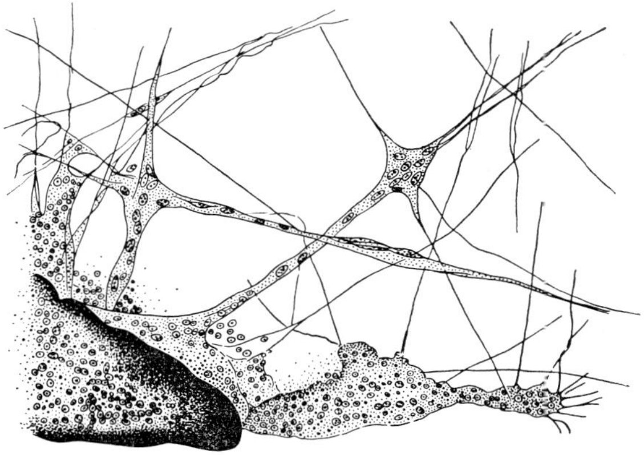

FIG. 2 — FRAGMENT DE DUODÉNUM D'UN EMBRYON DE POULET DE NEUF JOURS CULTIVÉ DEUX JOURS DANS DU SÉRUM DE POULET SUR UNE TOILE D'ARAIGNÉE.

Remarquer des chaînes de cellules intimement appliquées aux fils de la toile (R. G. Harrison; 1935).

Tout d'abord on a essayé de remplacer le substrat, représenté par du plasma avec son coagulum de fibrine, mais avec une valeur nutritive propre inconnue, par différents produits, tels que des fils de toiles d'Araignées (Harrison, 1911, 1914, *fig. 2*), des voiles de soie (Carrel, 1912), des fibrilles de coton (Fischer, 1923), sans obtenir de résultats comparables à l'emploi du plasma. Les cellules peuvent s'accoler au verre nu, mais ne le font pas toujours. De meilleurs résultats ont été obtenus par Evans et Earle (1947) qui ont employé de la cellophane perforée de trous d'un diamètre de 0,78 mm en lignes distantes d'environ 1,17 mm. Assez curieusement, c'est lorsque l'on place les tissus à cultiver sous la cellophane perforée, et non pas dessus, que l'on obtient de bons résultats; leur croissance est alors comparable, sur ce milieu sans apport nutritif propre, à celle obtenue sur du plasma, ou même meilleure; les autres éléments du milieu — sérum, suc embryonnaire, solution physiologique de sels — sont les mêmes dans les deux cas. Sous la cellophane les cultures sont bien assujetties et n'ont pas tendance à flotter; mais il est possible qu'elles y trouvent également des facteurs locaux favorables, représentés par des potentiels d'acidité-alcalinité ou d'oxydo-réduction particuliers, ou une zone locale de digestion partielle du milieu de culture par des diastases extra-cellulaires.

Mais le facteur le plus important est sans aucun doute le milieu nutritif lui-même. L'usage de plasma, de sérum, de suc embryonnaire, dont la composition est inconnue, est un obstacle à l'emploi rationnel de la culture de tissus dans l'étude de questions de physiologie cellulaire. L'avantage théorique le plus grand de cette méthode devrait être, en effet, de pouvoir éliminer les facteurs inconnus dans le milieu cellulaire.

C'est à ce problème que se sont attaqués un certain nombre de biologistes dont M. R. et W. H. Lewis (1911), Baker et Carrel (1926), Fischer et Demuth (1928), Vogelaar et Ehrlichman (1933), Simms et Stillman (1937), Fischer (1941), Fischer et Astrup (1942), et d'autres encore.

Des recherches très complètes ont été faites par White (1946). Il a utilisé comme flacons de culture les tubes de Gey et Lewis, qui sont constamment agités, et a imaginé de toutes pièces un milieu de culture constitué par neuf solutions : une de dextrose, trois de divers sels, une de dix acides aminés, deux de vitamines et hormones, l'une en contenant neuf et l'autre cinq, une de phosphates, et la dernière de carbonates. Ce milieu synthétique seul, sans plasma, sérum ou suc tissulaire, renouvelé tous les trois ou quatre jours, a permis le développement de fibroblastes d'embryons de poulet pendant 58 jours; le muscle cardiaque a continué à battre pendant 44 jours; de l'épithélium et des fibres nerveuses ont été également cultivés. Ces résultats sont très encourageants et autorisent l'espoir qu'ultérieurement on pourra obtenir, avec des raffinements de cette méthode, une croissance illimitée des tissus dans un milieu de composition parfaitement connue, comme c'est actuellement le cas pour les tissus végétaux en culture. Cela permettra une étude rationnelle de la nutrition des tissus, et même des organismes, et l'on pourra espérer résoudre le problème du rôle de certaines substances dans des processus particuliers, comme celui de la thiamine dans le métabolisme nerveux, de l'iode dans la fonction thyroïdienne, du zinc dans celle du pancréas, du potassium dans la contraction cardiaque, et maints autres d'égale importance.

S'il est relativement aisé de mettre en culture des cellules agglomérées en grand nombre sous forme de tissus, il est beaucoup plus difficile de le faire avec une cellule isolée. Et pourtant l'obtention de cultures pures à partir d'un seul élément est extrêmement désirable, car elle s'est révélée être une des méthodes les plus sûres et les plus nécessaires pour l'interprétation de nombreux résultats en bactériologie, en génétique et dans maints autres domaines biologiques.

Fischer (1925) a fait croître les cellules sur un réseau solide représenté par des fibrilles de coton; en sectionnant celles-ci il isolait un nombre très réduit de cellules qu'il cultivait dans un nouveau milieu. Ses résultats l'ont poussé à soutenir que des cellules isolées ou des groupes cellulaires trop peu importants sont dans l'impossibilité de se multiplier *in vitro*. La cellule ne pourrait se diviser sans contact avec d'autres cellules. Olivo (1932) a vu, dans le cas du cœur et de la peau embryonnaires, que vingt-six cellules constituent le nombre minimum qui prolifère pour donner une colonie.

Mais les recherches plus récentes de Sanford, Earle et Likely (1948) ont montré qu'il est parfaitement possible d'établir des groupes tissulaires à partir d'une seule cellule isolée. Pour eux ce ne sont pas les facteurs mécaniques qui sont inadéquats, mais bien les milieux de culture actuels, même les meilleurs. Pour être utilisés, ceux-ci doivent être modifiés par l'activité métabolique de masses cellulaires importantes, et ne peuvent l'être par une cellule isolée. Ils ont donc réduit la quantité de milieu qui baigne la cellule isolée, afin que celle-ci puisse s'y adapter, et fourni à celle-ci un milieu déjà modifié par la croissance de grandes cultures.

La méthode que ces chercheurs ont inventée est extrêmement ingénieuse. Ils ont isolé, dans une atmosphère

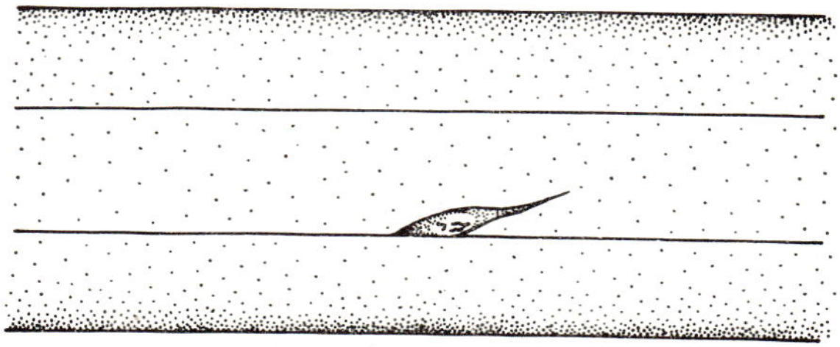

FIG. 3 — CELLULE UNIQUE EN CULTURE DANS UN SEGMENT DE TUBE CAPILLAIRE.

Culture réalisée dans un plasma spécial, (voir texte) ; (K. K. Sanford, W. E. Earle et G. D. Likely ; 1948).

contenant 5 % de gaz carbonique, sous la loupe binoculaire, des cellules de tissu sous-cutané normal de Souris d'une lignée cellulaire qui avait été traitée par du 20-méthylcholanthrène. Ces cellules, injectées, sont alors productrices de sarcomes. Les cellules isolées à un pH donné sont aspirées dans une micro-pipette capillaire longue de 10 cm et contenant du plasma de Poule absorbé sur les parois, de telle façon qu'elles se trouvent distribuées isolément tout du long de la pipette *(fig. 3)*. Les deux bouts de la pipette sont alors scellés, celle-ci est mise à l'étuve de quinze à vingt heures puis, les cellules isolées étant repérées, le tube capillaire est stérilisé au chloroforme et sectionné en fractions contenant chacune une cellule vers sa mi-longueur. Chaque fraction de tube est alors placée dans un flacon de Carrel contenant, dans une atmosphère de gaz carbonique à 5 %, soit un milieu de culture normal, soit un milieu préparé. Dans ce dernier milieu, de grandes cultures de cellules semblables ont déjà vécu pendant dix-huit à vingt-quatre heures; il est alors glucosé, centrifugé avec du coton, puis refroidi sur de la glace carbonique pour éliminer toute cellule étrangère.

Avec cette délicate méthode on ne peut obtenir que 4 % de résultats positifs après quarante-huit heures de culture, pendant lesquelles le milieu de culture diffuse lentement autour de la cellule dans le fragment de tube capillaire. Aucune cellule isolée ne s'est divisée dans un milieu normal, quoiqu'on puisse y obtenir la prolifération

FIG. 4 — CULTURE FAITE COMME CELLE DE LA FIGURE 6, LE VINGT-HUITIÈME JOUR DE LA CROISSANCE.

Les cellules ont émigré par le bout du segment capillaire dans le plasma du flacon de culture; il y a des variations dans la dimension et dans la forme des cellules; (K. K. Sanford, W. E. Earle et G. D. Likely; 1948).

de groupes de quatre à six cellules à l'intérieur du tube capillaire. Mais lorsqu'on emploie du milieu préparé on peut obtenir, dans un petit nombre de cas, une prolifération de cellules isolées telle qu'elles quittent le milieu capillaire et envahissent le milieu environnant *(fig. 4)*. Elles peuvent alors être mises dans du milieu normal et être repiquées comme des cultures ordinaires faites à partir de nombreuses cellules.

Bien que les premières tentatives de culture des tissus végétaux soient déjà anciennes (Haberlandt, 1898), elle s'est révélée difficile. Gautheret (1935, 1945, 1959) observe que cela peut paraître paradoxal, car il semble à première vue que la culture des tissus devrait être plus facilement réalisable chez les végétaux que chez les animaux. La structure de la cellule végétale est relativement simple et elle utilise des substances mieux définies et moins complexes que celles dont les animaux ont besoin pour leur substance.

Cependant il existe chez la cellule végétale, autour du protoplasme, une membrane rigide qui s'oppose à la prolifération des cellules et ne permet pas le passage de substances colloïdales. Les cellules végétales sont articulées d'une manière rigide entre elles. Les cellules animales, d'autre part, sont baignées dans un liquide interstitiel, sang ou lymphe, qui contient les éléments nécessaires à leur développement; ce liquide, comme nous l'avons vu, sert de base à la plupart des milieux de culture. Il n'existe pas de milieu intérieur chez les végétaux, la sève n'étant pas un homologue du sang. Enfin les cellules végétales vieillissent rapidement, car les cellules qui produisent les tissus embryonnaires se différencient très vite, contrairement à ce qu'on observe chez les animaux. Cette différenciation rapide est évidemment un gros obstacle. On ne saurait non plus envisager la culture des tissus des végétaux inférieurs, chez lesquels la régénération est si puissante que tout fragment, ou même une seule cellule isolée, ont tendance à reproduire un nouvel individu entier.

Or il est curieux de constater que chez les végétaux ce sont d'abord les organes, et seulement plus tard les tissus qui purent être cultivés. Robbins, en 1922, obtint le développement de racines de Maïs isolées dans des milieux renfermant des sels minéraux, des sucres, et souvent de l'extrait de levures. Mais il ne put obtenir la croissance indéfinie des racines isolées. Ce résultat ne fut atteint que dix ans plus tard par White avec des racines de Tomate.

La culture des tissus végétaux proprement dite est due à Gautheret (1934). Il a montré que le tissu cambial, encore embryonnaire, de diverses tiges ligneuses d'arbres, est susceptible, quand on le cultive à la surface de tampons de coton imprégnés de solutions nutritives, ou dans des milieux solidifiés par de la gélose, de s'accroître pendant plus de huit mois. Il se transforme en tissu méristématique homogène dont les cellules se divisent activement et manifestent une tendance à la migration. Les cultures de ces méristèmes secondaires peuvent se différencier par suite de la formation dans leurs tissus de cellules lignifiées comme celles du bois. On obtient ainsi de véritables cultures de tissus végétaux.

Afin d'opérer plus commodément, Gautheret s'est alors adressé aux tissus de Carotte. Il en a cultivé des fragments sur un bon milieu de culture constitué par de l'eau distillée, les sels minéraux de la solution de Knop (nitrates de calcium et de potassium, sulfate de magnésium, phosphate monopotassique), ceux de la solution de Berthelot (traces de fer, manganèse, iode, chlore, nickel, cobalt, titane, zinc, cuivre, glucinium, bore), de la saccharose, des substances de division (vitamine B_1, cystéine, acide indole-acétique), enfin de la gélose pour éviter que les tissus ne soient intoxiqués par le contact direct de la solution nutritive. Il est parvenu de cette façon à entretenir indéfiniment, par repiquages, environ tous les deux mois, la prolifération indéfinie des tissus de cette espèce.

Cette technique a été appliquée à d'autres plantes et à l'étude de problèmes de physiologie végétale qui jusqu'alors étaient demeurés inaccessibles aux méthodes classiques. Nous ne ferons que citer, parmi ces problèmes, ceux de la nutrition cellulaire, la spécificité des tissus, la néoformation des bourgeons, la polarité, diverses questions de pathologie végétale (cultures de tissus avec leurs parasites, cellules cancéreuses, protéines-virus, etc.).

La culture des tissus végétaux est devenue une discipline très vaste qui englobe les problèmes les plus divers. Nous ne saurions donc la traiter de façon plus étendue ici, d'autant plus que le lecteur désireux d'en connaître d'autres aspects et détails les trouvera dans les excellents livres de Gautheret (1945, 1959) sur cette question.

ASPECT DES TISSUS EN CULTURE

Mais quels sont les résultats déjà acquis au moyen des techniques utilisées depuis plus d'un demi-siècle avec les divers tissus d'espèces animales et de l'Homme? On ne saurait attendre de nous de passer en revue le grand nombre de recherches dont nous avons parlé. Notre but est simplement de dégager de ce vaste ensemble quelques découvertes saillantes qui indiqueront les principales directions dans lesquelles s'est engagée la culture des tissus, et qui illustreront pour le lecteur non spécialisé quelques questions qui ont bénéficié, au moyen de cette méthode, non seulement de l'apport de faits nouveaux et importants, mais encore de solutions partielles ou totales.
Il nous faut néanmoins, avant de montrer comment ces questions ont pu être éclairées par la méthode de culture des tissus, décrire de façon succincte ce que l'on voit dans une culture.

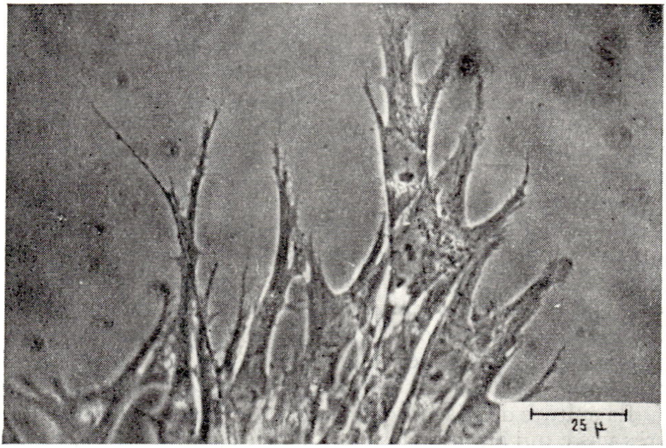

FIG. 5 — CULTURE NORMALE DE FIBROBLASTES DE VINGT-QUATRE HEURES D'EMBRYON DE POULET DE TREIZE JOURS PROVENANT DE FRAGMENTS PULMONAIRES ET VUE AU CONTRASTE DE PHASE; (B. COURTEY ET J. P. DENÈFLE; 1961).

Quelques heures après sa mise en train, on observe, en général, autour de l'explant originel, les premiers éléments qui en émanent, tout autour, et qui émigrent dans le milieu environnant. Peu à peu ces cellules se dégagent de l'explant et forment autour de lui une couronne ou zone de croissance qui lui reste unie mais qui envahit progressivement le milieu par le double jeu de l'émigration et des divisions cellulaires.

En général, au bout du deuxième jour, en goutte pendante, l'accroissement de la culture se ralentit, et des granulations graisseuses et protéiques font leur apparition dans le cytoplasme des cellules de la zone de croissance. Ces modifications sont des signes de dégénérescence. Si la culture n'est pas repiquée elle périt rapidement. Mais son repiquage arrête ces modifications, et donne une nouvelle impulsion à la croissance et à la multiplication de ses cellules constitutives.

Dans les méthodes autres qu'en goutte pendante, dont nous avons parlé plus haut, les repiquages peuvent être plus espacés, mais il arrive toujours un moment où les lavages et l'addition d'un nouveau milieu de culture n'empêchent pas le ralentissement progressif de la culture. Il existe donc pour chaque culture une taille limite qu'elle atteint plus ou moins rapidement selon l'abondance des substances qui excitent sa croissance.

Passons maintenant à l'examen de quelques types cellulaires.

A tout seigneur tout honneur. Le type cellulaire que l'on voit le plus souvent dans la plupart des cultures, à leur début tout au moins, est le fibroblaste, cellule typique du tissu conjonctif, et qui se trouve dans l'organisme, non seulement dans ce tissu de remplissage et de connexions, mais à l'origine des tissus de soutien tels que le cartilage et l'os. Les fibroblastes sont présents dans presque toutes les cultures mixtes, contenant plusieurs types de tissus, et ont tendance à supplanter les autres types cellulaires, à moins qu'on ne prenne des précautions spéciales pour les en empêcher.

Les fibroblastes ont une forme en fuseau, avec un cytoplasme clair qui contient quelques granules et un noyau ovale *(fig. 5)*. Lorsqu'ils croissent activement, ils forment une sorte de réticule à bords irréguliers et hérissés de cellules. En général ils ne sont pas en contact étroit et n'adhèrent pas les uns aux autres par leurs bords, comme les cellules épithéliales. Ils peuvent, dans certains cas, s'isoler complètement de leurs congénères, et ressemblent alors au type suivant, les macrophages.

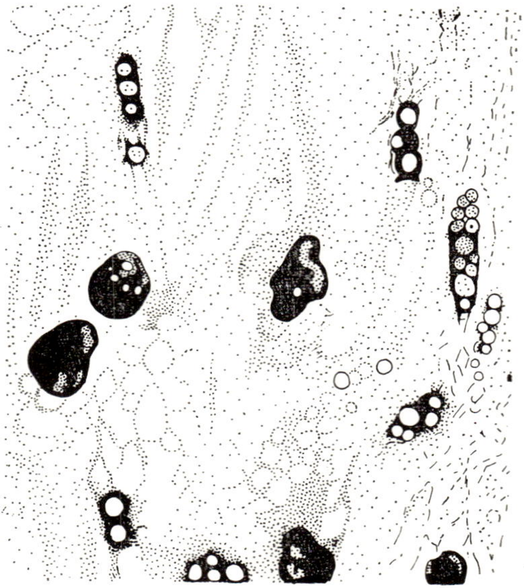

Fig. 6 — Formes de transition avancées et macrophages provenant de cellules de type fibrocytaire, muscle squelettique d'embryon de poulet ; (M. Chèvremont ; 1943).

Ces macrophages sont des éléments libres, d'origine sanguine (monocytes) ou tissulaire (histiocytes). Ce sont les seuls éléments qui se puissent cultiver parmi les cellules sanguines. Carrel et Ebeling (1922), les premiers, ont montré que les monocytes sont à même de se transformer en fibroblastes. Depuis lors, plusieurs auteurs, après Fischer (1927), ont montré que dans certaines conditions les fibroblastes *se transforment* en macrophages histiocytaires *(fig. 6)*.

Les macrophages sont amiboïdes : comme les Amibes ils se déplacent au moyen de membranes ondulantes ou de pseudopodes *(fig. 7)*. Ils phagocytent activement d'autres éléments, et sont donc des défenseurs de l'organisme.

Les cellules endothéliales ont une origine proche des deux types précédents. Elles forment la couche interne des vaisseaux sanguins. Comme les fibroblastes, elles croissent le plus souvent sous forme de longs fuseaux; il est difficile de les identifier avec certitude. Mais elles peuvent former des bourgeons aux dépens des capillaires et présentent fréquemment une striation longitudinale. De plus, elles peuvent dans certaines conditions garder leurs caractères de cellules de revêtement vasculaire.

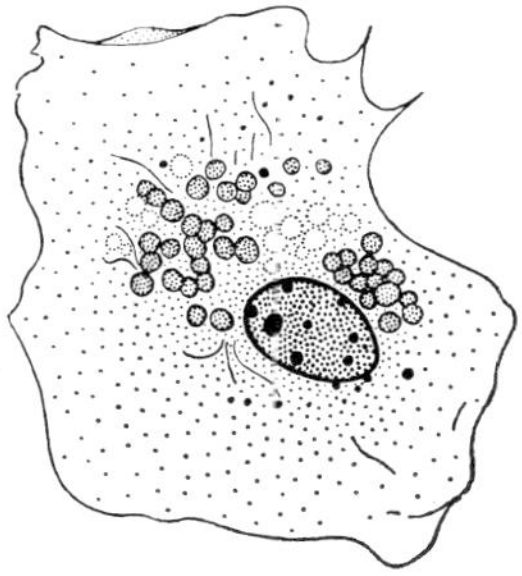

Fig. 7 — Macrophage avec sa sécrétion dans l'entoblaste vitellin d'un embryon de poulet; (J. A. Thomas; 1938).

Une question à laquelle la culture des tissus a apporté une importante contribution est celle de la formation des éléments figurés du sang.

La plupart des hématologistes modernes estiment avec Maximow que les hémocytoblastes, premières cellules libres du sang, formées dès les premiers stades embryonnaires en dehors de l'embryon proprement dit, dans les îlots sanguins de Wolff et Pander, plus tard dans le foie, la rate, la moelle osseuse, sont les cellules mères de toutes les cellules sanguines. Mais il est très difficile, aux premiers stades de la formation du sang, de découvrir et de fixer le passage du tissu mésenchymateux vers les cellules individualisées. Aussi, opposées à la théorie uniciste de Maximow, existent des théories pluralistes, dont la première est due à Ehrlich, l'initiateur de l'hématologie moderne. D'après ces théories il y aurait deux ou plusieurs cellules de base à l'origine des différents types de cellules sanguines. Ces conceptions différentes ne présentent pas seulement un intérêt académique, car l'interprétation de maladies du sang telles que les anémies en est fortement influencée.

Or l'hématopoïèse étudiée en culture a montré que l'ancienne séparation entre éléments lymphogènes et éléments myélogènes ne correspond pas à la réalité. Foot (1912, 1913) et Maximow (1916, 1923) ont vu tous les stades de transition entre lymphocytes, monocytes, leucocytes et myélocytes. Des cultures du cortex de glandes lymphatiques ont donné naissance à des séries cellulaires que l'on croyait être présentes uniquement dans la moelle osseuse. M. R. et W. H. Lewis (1926) ont observé la transformation de monocytes du sang en macrophages, cellules épithélioïdes, et cellules géantes. Carrel et Ebeling (1926) ont rapporté que les monocytes du sang et les macrophages tissulaires acquièrent les mêmes caractères quant à leur forme, leurs dimensions, l'activité de leurs pseudopodes, leurs mitochondries et granulations, lorsqu'ils sont cultivés dans les mêmes milieux; ces caractères varient d'ailleurs d'après les milieux utilisés. D'autre part, nous venons de voir que les macrophages peuvent se transformer en fibroblastes et vice versa.

Il semble bien que toutes ces transformations soient favorisées par certains facteurs du milieu. Par exemple Maximow (1923) a montré que les lymphocytes se transforment en myélocytes et leucocytes en présence d'extraits de moelle osseuse, milieu où se fait la plus grande partie de l'hématopoïèse chez l'adulte. Carrel (1926) a vu que la transformation de monocytes du sang en fibroblastes a lieu rapidement lorsqu'on ajoute de l'extrait de sarcome au milieu de culture.

Tous ces faits plaident donc en faveur de la conception uniciste de la formation des éléments figurés du sang. Leur culture nous montre combien leur évolution individuelle dépend non seulement de leur type originel mais aussi des nombreux facteurs du milieu dans lequel ils se trouvent.

Les épithéliums sont les tissus de revêtement de la peau, du tube digestif, et de leurs dérivés; ils forment les glandes, et il y a un épithélium spécial du système nerveux, le neuro-épithélium. En culture de tissus mixtes ils apparaissent dans la zone de croissance plus tard que les autres types cellulaires *(fig. 8)*. Mais par des artifices de culture on peut les en isoler et les obtenir à l'état pur. On peut les obtenir *à partir de la* peau, des éléments de l'œil tels que l'iris ou la rétine, du rein, de la thyroïde, etc. On observe deux types caractéristiques de leur origine, de revêtement ou glandulaire : soit des nappes compactes, soit des groupes de cellules organisés en canalicules, cystes ou follicules.

Les cellules se trouvent toujours en contact étroit les unes avec les autres et les nappes poussent avec des bords bien réguliers. En général, les cellules épithéliales ont un noyau rond. On peut reconnaître en culture les différents types cellulaires : pavimenteux, cubique, cylindrique. Ils conservent leurs activités respectives : sécrétion, mouvement

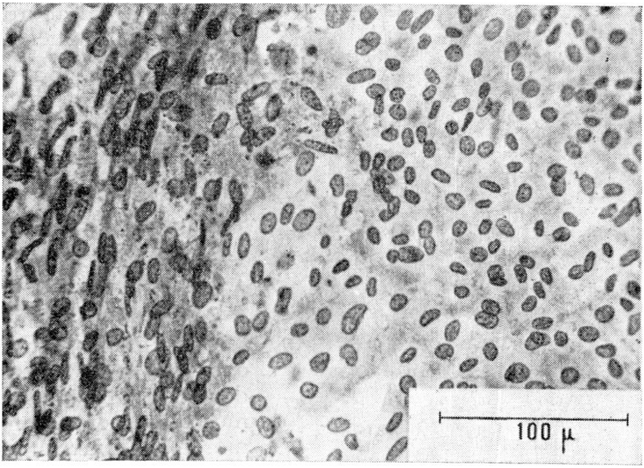

Fig. 8 — Épithélium rénal d'embryon de poulet après deux jours de culture.

A gauche, le fragment originel; (figure originale, M. J. Thillard).

ciliaire, élaboration de pigment. Ainsi Ebeling (1924), dans des cultures d'épithélium thyroïdien, a vu se constituer des acini typiques remplis de colloïde; Pinkus (1929), avec du pancréas, *a pu distinguer* des cellules du type des conduits excréteurs, du type glandulaire à sécrétion externe, et du type des îlots de Langerhans, à sécrétion interne.

Les cellules musculaires croissent et se différencient en culture *(fig. 9)*. Des cultures de fragments de cœur d'embryon montrent souvent une contraction rythmique qui est du plus haut intérêt. A leur périphérie croissent des fibres musculaires sous forme de cellules isolées fusiformes et assez claires. Dans les cultures conservées un certain temps on peut observer des stries transversales et des myofibrilles longitudinales à la fois dans les éléments que l'on voit en dehors du fragment et dans ceux qui s'y trouvent inclus.

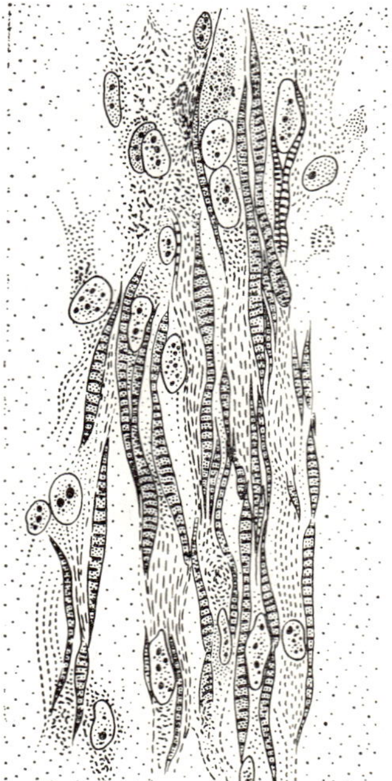

FIG. 9 — FIBRES MUSCULAIRES DU CŒUR D'UN EMBRYON DE POULET, AU DIX-SEPTIÈME JOUR D'INCUBATION, CULTIVÉES PENDANT VINGT-QUATRE HEURES; (O. OLIVO; 1926).

Les cellules musculaires squelettiques croissent également très bien. D'abord formées individuellement, elles s'agglomèrent bientôt pour former de grandes bandes radiées de fibres musculaires. Celles-ci sont irritables et réagissent à la lumière ainsi qu'à des excitations mécaniques et électriques.

On obtient la culture de fibres musculaires lisses aux dépens de la couche musculaire de l'amnios. Mais il est difficile de les obtenir à partir de l'intestin ou des vaisseaux; comme elles sont fusiformes, avec un cytoplasme homogène et un noyau ovale, il est difficile de les distinguer des fibroblastes.

Nous avons vu plus haut que les cellules nerveuses de Grenouille ont été les premières cellules cultivées par *Harrison*. Depuis lors, de nombreux chercheurs (Levi, 1917, Olivo, 1927, Esaki, 1929, Grigorjeff, 1931, Weiss, 1934) ont répété cette expérience avec du tissu cérébral, médullaire ou ganglionnaire d'embryons d'Oiseaux et de Mammifères. S'il est difficile d'y observer des mitoses, en

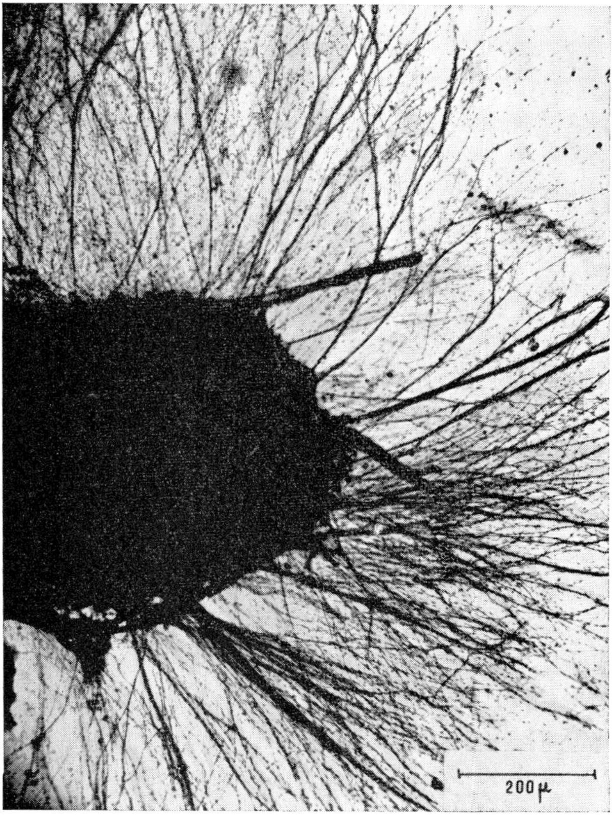

FIG. 10 — CULTURE DE FIBRES NERVEUSES DE MOELLE D'EMBRYON DE POULET DANS DU PLASMA DIALYSÉ PLUS EXTRAIT DE NERF DÉGÉNÉRÉ DE POUSSIN.

Deux jours de culture; imprégnation à l'argent; (R. M. May et M. J. Thillard; 1954).

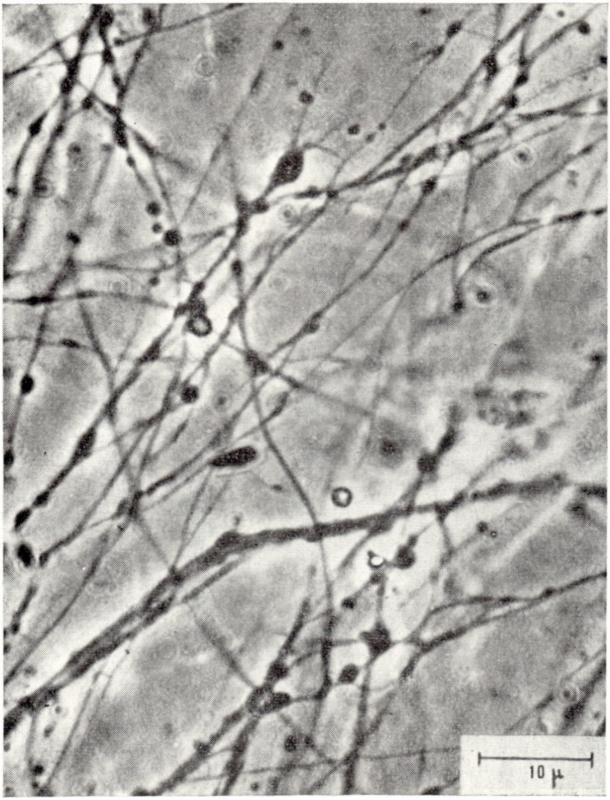

FIG. 11 — CULTURE DE FIBRES NERVEUSES À L'ÉTAT VIVANT AU MICROSCOPE À CONTRASTE DE PHASE.

(Figure originale; M. J. Thillard.)

revanche leurs fibres croissent d'une façon admirable (*fig. 10* et *11*), et l'on peut étudier les neurofibrilles et, tardivement, les corps de Nissl, également caractéristiques des éléments nerveux.

Un travail très complet sur ce tissu a été publié par Levi et Meyer en 1941, qui apportent des faits probants concernant l'unité des neurones, discutée ces dernières années. Ces auteurs ont montré, de plus, dans ce travail, que le facteur principal responsable de l'orientation des fibres nerveuses est la polarité de la cellule nerveuse encore embryonnaire, le neuroblaste, et qu'elle persiste plus tard. Les propriétés physiques du milieu jouent d'ailleurs aussi un rôle dans l'orientation des fibres nerveuses. Levi et Meyer (1938) avaient constaté, par ailleurs, qu'une fibre séparée par section de sa cellule d'origine est encore capable de croissance pendant quelques heures, et qu'elle peut se réunir par première intention à sa partie proximale dont elle a été séparée, puis continuer à croître.

Mais on ne peut obtenir un accroissement illimité des organes nerveux, puisqu'ils ne se divisent pas plus *in vitro* que dans l'organisme. Les processus de désintégration de la substance nerveuse en culture s'accompagnent de l'émigration d'un nombre souvent considérable de cellules rondes phagocytaires. Après un certain nombre de repiquages la culture n'est plus représentée que par un neuro-épithélium qui présente des mitoses et peut être indéfiniment repiqué. On peut considérer avec Verne (1937) les cellules migratrices et le neuro-épithélium comme de la névroglie, tissu de soutien des neurones.

LA VITALITÉ CELLULAIRE

W. H. et M. R. Lewis ont justement remarqué en 1924 que le facteur principal qui rend possible la culture des tissus est la possibilité qu'ont les cellules de survivre un certain temps après leur éloignement de l'organisme dont elles font partie. Le temps de survie dépend du type de cellules et du milieu, et naturellement de la dimension du fragment.

Dans une simple solution de sels, telle que celle de Locke, à 2,8° C, dans de petits fragments de tissus adultes de Rat, les macrophages, les cellules des cartilages trachéaux, de l'épithélium rénal, du muscle non strié, restent vivants pendant dix jours. Dans ces conditions, les cellules épithéliales des glandes salivaires, de la vessie, de la trachée, de la langue, survivent jusqu'à huit jours; l'endothélium, les lymphocytes, cent soixante-huit heures; l'épithélium pulmonaire, cent quarante-quatre heures; les leucocytes, les cellules de Kupffer du foie, cent vingt heures; les macrophages cérébraux, l'épithélium pancréatique, le foie, les cellules de Sertoli, quatre vingt-seize heures; les hématies, le tissu conjonctif, les cellules folliculeuses de l'ovaire, celles de l'épithélium utérin, soixante-douze heures; celles de l'épithélium épididymaire, quarante-huit heures; les cellules surrénaliennes, vingt-quatre heures. Les cellules nerveuses, les muscles striés et cardiaque survivent moins de vingt-quatre heures. Si l'animal mort entier est placé à 2,8° C les cellules se conservent moins bien, et naturellement encore moins bien si on le garde à la température du laboratoire. Dans ces conditions il se forme dans les cellules qui survivent des granulations cytoplasmiques, et même des vacuoles, qui prennent le colorant rouge neutre, tandis que les cellules mortes se colorent de façon diffuse. Chez les Vertébrés à température variable, comme la Grenouille *(Rana temporaria)*, Jolly (1910) avait déjà observé une survie bien plus longue : des leucocytes ont montré des mouvements amiboïdes après une conservation de neuf mois dans un tube scellé à la glacière.

Dans le cas de tissus embryonnaires, Strangeways (1924) a montré que la survie est plus longue que chez l'adulte. Un embryon de poulet ou de Souris peut être pris dans l'œuf ou l'utérus, mis en réfrigération, sous asepsie complète, puis donner des tissus que l'on peut cultiver jusqu'à quatorze jours après sa mort. La vie de la cellule est donc indépendante, jusqu'à un certain point, de celle de l'organisme dont elle fait normalement partie. Cela est un exemple frappant de la relativité de ce que nous appelons vie et mort, car l'organisme dont font partie ces cellules *cultivées et toujours vivantes* est depuis longtemps bien mort, au sens usuel du mot.

Cela est montré de façon plus frappante encore par l'expérience maintenant classique de Carrel, qui a entretenu de 1912 à 1939, c'est-à-dire pendant vingt-sept ans, par repiquages successifs, une souche de fibroblastes provenant du cœur d'un embryon de poulet au septième jour d'incubation. Si ces fibroblastes, au lieu d'être pris chez cet embryon et mis en culture, avaient continué leur évolution normale, et étaient devenus des fibrocytes adultes chez le volatile dont ils faisaient partie, ils seraient fatalement morts depuis de longues années, puisque les Poules vivent normalement moins de dix ans. Mises en culture, les cellules embryonnaires ont proliféré, et les lignées cellulaires auxquelles elles ont donné naissance, en présence du suc embryonnaire, sont restées, elles aussi, à l'état embryonnaire. Cette jeunesse constante a comporté une croissance continue, mais il ne s'est jamais formé la moindre ébauche d'un organe.

Comme les repiquages avaient lieu tous les deux jours, période pendant laquelle le volume de la culture avait environ doublé, la quantité de tissus ainsi produite pendant vingt-sept ans constituait une masse bien plus grande que celle d'une seule Poule. S'il avait été possible de cultiver toutes les cellules qui ont été produites au cours de ces années, et de les laisser toutes se multiplier, leur masse eût dépassé celle du globe terrestre. La signification générale de cette expérience est donc que les cellules somatiques des Vertébrés supérieurs, tout comme les cellules des Protozoaires étudiés par Maupas au siècle dernier, sont potentiellement immortelles. Et nous ne pouvons que souscrire à l'opinion émise par Harrison, en 1928, que cette découverte est la plus marquante de toutes celles auxquelles a donné lieu la culture des tissus.

Nous verrons plus bas que les cellules cancéreuses, qui ont beaucoup de traits communs avec les cellules embryonnaires, se cultivent facilement. Par contre, les cellules adultes normales se sont révélées difficiles à cultiver. Le nombre de cultures vraies faites jusqu'ici avec des cellules adultes est restreint par rapport au nombre immense de cultures faites avec des tissus ayant encore un fort potentiel de croissance. Certaines catégories de cellules adultes ne croissent pas du tout, et notamment les plus différenciées, telles que celles des muscles, du système nerveux, etc. Et il est très probable que les cellules de tissus adultes qui croissent et qui appartiennent aux tissus peu différenciés, sont ou bien des cellules encore à l'état embryonnaire dormant, ou bien des cellules adultes qui peuvent faire retour à cet état. La croissance en dehors de l'organisme ne se fait en général qu'en présence de facteurs embryonnaires, introduits soit avec le suc, soit avec les cellules qui doivent croître. Elle ne se fait avec facilité que lorsque les deux conditions se trouvent réunies; nous voyons alors une croissance exubérante des cellules embryonnaires en présence du suc embryonnaire, croissance indéfinie, ainsi que le montre l'expérience de Carrel citée ci-dessus.

Simms (1936) a montré que des fibroblastes de l'aorte de Poules adultes ne croissent que plusieurs jours après la mise en culture de ce tissu, alors que des fibroblastes provenant d'aortes embryonnaires de la même espèce croissent au bout de quelques heures seulement. Mais si l'on digère artificiellement des tissus aortiques adultes avec de la trypsine, avant leur mise en culture, les fibroblastes résistants se mettent à croître moins d'un jour après. Il semble donc que la digestion préalable de ces tissus les débarrasse d'un facteur empêchant ou inhibiteur de la croissance des cellules dormantes. Ce facteur paraît largement distribué dans les cellules adultes normales et même tumorales, et jouerait un rôle dans l'arrêt de la croissance chez les organismes adultes. D'après Simms, l'état dormant des tissus adultes comporte un équilibre entre des facteurs qui empêchent la croissance, et d'autres qui au contraire la stimulent. Chez les cellules embryonnaires ces facteurs inhibiteurs de la croissance seraient aussi présents, mais leur rôle serait contrebalancé par celui des substances de croissance, qui l'emportent. Chez l'adulte, au contraire, il y aurait équilibre entre les deux groupes de substances, arrêt de la croissance, et entrée en un véritable état dormant de ses cellules.

Quoique l'activité de facteurs de croissance soit admise en général, on n'a pas pu encore en isoler chimiquement. Cela tient à deux ordres de faits. D'abord à ce que ces substances sont d'une certaine complexité; celles qui ont été étudiées jusqu'ici : nucléoprotéines, acides aminés, etc., sont difficilement isolées au moyen des méthodes actuelles (Delaunay et Lasfargues, 1946). Mais aussi à l'emploi si général du plasma ou de son sérum en culture. Le plasma, en effet, paraît contenir lui-même des facteurs qui suffisent à la croissance totale de certaines cellules, comme les neuroblastes, et à la croissance partielle d'autres types cellulaires. Aussi l'addition d'extraits est-elle alors illusoire.

Du plasma dialysé fut utilisé en premier par Fischer (1941) et Fischer et Astrup (1942). Harris (1952) a montré, sur des fibroblastes du cœur d'embryon de poulet, que la dialyse du plasma de poulet, du suc embryonnaire de poulet et du sérum de Cheval utilisés, réduit, mais ne supprime pas leur croissance. Il a montré par cette méthode que des extraits alcooliques d'embryons dialysés, desséchés et reconstitués dans une solution saline physiologique, ont un effet excitant sur la croissance des fibroblastes placés dans ces conditions.

Rosenberg et Kirk (1953) ont expérimenté sur des extraits embryonnaires ultra-filtrés, soumis à de très basses températures puis à de l'alcool éthylique, refiltrés à travers une colonne d'Amberlite, neutralisés, évaporés et ramenés au volume originel avec de l'eau distillée. Cette fraction, qui ne contenait que 3 % de l'azote originel ultrafiltrable, était aussi active en culture de tissus que de l'ultrafiltrat non traité, lorsqu'on les ajoutait aux protéines du suc embryonnaire complètement dialysé.

Dans le cas du tissu nerveux l'activité de substances neurotropes, c'est-à-dire qui excitent et attirent les fibres nerveuses, a été postulée dès 1892 par Ramón y Cajal. Leur existence a été mise en doute par Weiss (1934). Ce chercheur a vu que, dans un milieu de culture ordinaire, les fibres des cellules nerveuses croissent de façon irrégulière, non orientée. Si, par contre, avant que le milieu de culture soit coagulé, on le tend en direction longitudinale en le brossant avec un petit pinceau, toujours dans la même direction, les fibres nerveuses croissent par la suite toutes parallèles, dans la direction de cette tension mécanique. Weiss pense qu'en tendant ainsi le milieu de culture on provoque la formation d'« ultrastructures », ou agrégats micellaires orientés, qui imposent une orientation correspondante aux fibres nerveuses qui y croissent. La croissance des expansions nerveuses dépendrait donc, dans son orientation, de la direction qui lui serait imprimée par l'organisation mécanique du milieu.

Mais nous avons démontré (May et Thillard, 1954) l'action qu'exercent sur la croissance en culture de cellules nerveuses des extraits d'organes, et notamment de nerfs sains et dégénérés. Nous avons mis au point une technique

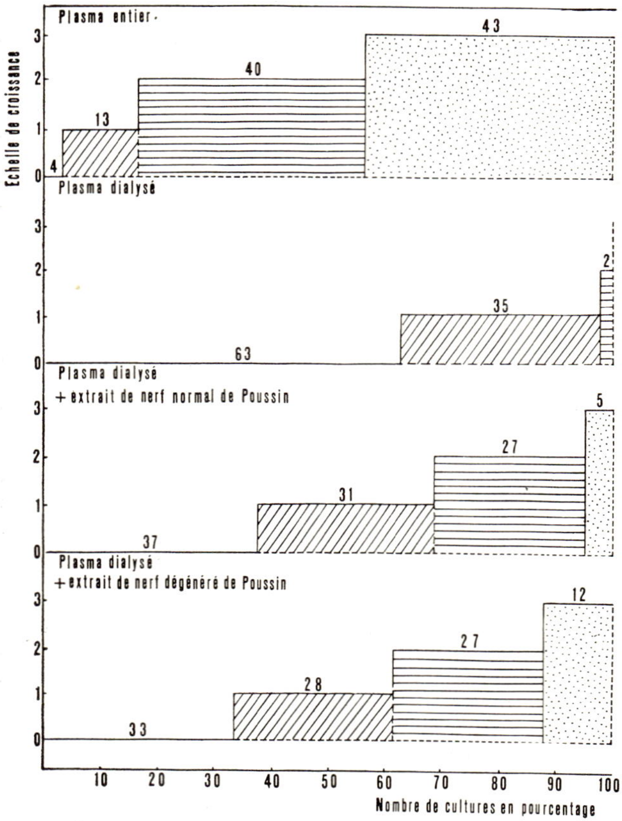

FIG. 12 — POURCENTAGE DE CHAQUE TYPE DE CROISSANCE DE FRAGMENTS DE MOELLE DANS DES MILIEUX COMPOSÉS DE PLASMA *ENTIER*, *PLASMA DIALYSÉ* SEUL, OU ADDITIONNÉ D'EXTRAITS DE NERFS DE POUSSINS; (R. M. MAY ET M. J. THILLARD; 1954).

de culture de fragments homogènes de moelle d'embryons de poulet de huit jours, qui réagissent de façon constante et régulière. La croissance des fibres médullaires est toujours excellente dans du plasma entier et presque nulle dans un plasma dialysé.

Dans ces conditions, des extraits de nerfs sains et dégénérés de poussins excitent d'une façon très nette la croissance des fibres médullaires en plasma dialysé. Cette croissance est nettement inférieure à celle que l'on observe dans du plasma entier, sans extrait, mais très supérieure à celle observée dans du plasma dialysé seul. L'action excitatrice sur la croissance des fibres médullaires en plasma dialysé est particulièrement marquée avec les extraits de nerfs dégénérés de poussins *(fig. 12)*, tandis que les extraits de nerfs sains ont une action comparable à celle des extraits de cerveau et de cœur.

Ainsi, mises en parallèle avec les expériences que nous venons de citer sur l'action excitatrice de certaines substances sur les fibroblastes, nos expériences sur la croissance des fibres médullaires en plasma dialysé démontrent l'existence de substances actives sur leur accroissement. Levi-Montalcini, avec ses collaborateurs, a montré, à partir de 1954 également, que des extraits de sarcomes, des venins de Serpents, des extraits de glandes salivaires de Souris, exercent une indubitable action excitatrice sur la croissance *in vitro* de ganglions sympathiques et spinaux d'embryons de poulet.

Voyons maintenant comment les tissus en culture réagissent aux radiations et à quelques poisons.

L'action létale des radiations ou d'autres agents nocifs est facilement constatée dans les cultures par la perte de mobilité des cellules, qui ne croissent plus en couronne après repiquage. L'action sublétale sur les cellules prises individuellement se voit par l'absence de divisions et par des dégénérescences.

Doljanski, Trillat, Lecomte du Nouy et Rogozinski (1931) ont montré que la dose létale, produisant l'arrêt complet immédiatement après la fin de l'irradiation, correspond à environ 120 000 R (röntgen). Avec une anticathode en cuivre, 28 kilowatts et 30 milliampères, cela correspond à une irradiation d'environ cinq minutes. Une irradiation d'une minute produit déjà des lésions que l'on peut apprécier en mesurant l'aire de la zone de croissance. Cette dose létale pour les cultures de fibroblastes (120 000 R) est du même ordre de grandeur ou souvent bien inférieure à celle qu'ont obtenue d'autres expérimentateurs pour les cultures de microorganismes de différentes espèces : 145 500 R pour le Staphylocoque doré, 410 000 R pour la levure *Saccharomyces*, au-dessus de 2 190 000 R pour l'Amibe. Or c'est avec de telles cultures qu'il convient de comparer la sensibilité des colonies cellulaires *in vitro*, et non pas avec l'organisme entier dont elles sont issues, et dont l'organisation complexe détermine un état de sensibilité particulier.

FIG. 13 — CULTURE DE NEURITES DE TRENTE À TRENTE ET UNE HEURES, APRÈS IRRADIATION DE LA MOELLE AVEC 3 825 R. Confluence des vésicules vue au contraste de phase; (J. P. Denèfle et R. M. May; 1960).

Spear (1953) rappelle qu'après exposition à une dose de 15 000 R certaines cellules en culture survivent et se divisent, de telle façon qu'après plusieurs repiquages la culture présente à nouveau un aspect normal; mais cela n'est pas général pour toutes les cultures, dont certaines dégénèrent progressivement pendant environ trois semaines et finissent par mourir.

L'aspect histologique d'une culture à un moment donné après son exposition est la résultante de l'action des radiations, qui d'une part retardent la division de certaines cellules, et d'autre part en altèrent d'autres au point qu'elles dégénèrent *(fig 13)* même après s'être divisées de façon anormale une ou plusieurs fois. Le nombre de ces divisions anormales varie non seulement avec le temps, après l'irradiation, mais aussi avec le nombre total de mitoses normales. Ainsi la présence de mitoses anormales n'est pas une garantie que toutes les cellules aient été également affectées. D'après Spear on ne peut encore savoir sûrement si les cellules en division sont plus sensibles aux radiations que les cellules au repos ou si, ce qui est plus probable, toutes sont également affectées; mais, après de faibles doses de radiations, seules les cellules prêtes à la division le montrent par des anomalies, tandis que celles qui sont au repos ont le temps de se remettre pendant la période prémitotique.

Spear (1931) a également étudié l'effet du radium, sur des cultures de choroïde et de sclérotique cette fois. Une exposition de deux minutes et demie à 100 mg de sulfate de radium, à une distance de 0,5 cm à travers un filtre de 0,5 mm de platine, est suivie d'une chute rapide du nombre des cellules en division. Mais la moyenne est rétablie après 2 h 45 mn, pour être dépassée à 160 pour cent après 4 h. Au bout de 6 h le taux normal est de nouveau atteint. Mais une exposition de 60 mn détermine une disparition à peu près totale des mitoses.

On peut se rendre compte, d'après ce bref exposé de l'effet des radiations, de l'intérêt que présentent les cultures de tissus, non seulement comme indicatrices quantitatives de leur action, mais encore pour la compréhension de ce qui se passe lorsqu'on irradie des tissus en place dans l'organisme. Constituées par une population cellulaire dont un certain pourcentage est toujours en état de division, sans nerfs ou vaisseaux sanguins, sans différenciation organisatrice de certains éléments par rapport aux autres, bref sans la sensibilité particulière de l'organisme entier, elles présentent des conditions très simplifiées, mais encore suffisantes. La radio-sensibilité peut en effet être mesurée par la chute du nombre des mitoses ou par l'augmentation de celui des cellules dégénérées.

L'intérêt des cultures n'est pas moindre en toxicologie.

Nous ne citerons ici encore que quelques expériences typiques.

Verne et Sannié (1933) ont étudié systématiquement l'action des sels métalliques sur les fibroblastes, essayant surtout celle de leurs chlorures. Les résultats obtenus sur les cultures en milieu plasmatique permettent de classer les métaux en plusieurs grands groupes.

1. MÉTAUX DÉPOURVUS DE TOUTE TOXICITÉ : alcalins, (à l'exception de la molécule ammonium), calcium, magnésium, dont les chlorures peuvent remplacer équimoléculairement le chlorure de sodium du liquide de Ringer.

2. MÉTAUX FAIBLEMENT TOXIQUES : ammonium, strontium, baryum, manganèse, empêchant la croissance des cultures à des concentrations comprises entre $\frac{\text{Normalité}}{120}$ et N/150.

3. MÉTAUX MOYENNEMENT TOXIQUES (de N/200 à N/1000). Ce sont, par ordre d'activité croissante : fer, plomb, aluminium, oxyde d'uranium, béryllium, yttrium, praséodyne, lanthane, dysprosium, thorium.

4. MÉTAUX TOXIQUES (de N/1000 à N/5000) : cérium, thallium, nickel, cobalt, or, platine, cuivre, zinc.

5. MÉTAUX TRÈS TOXIQUES (au-dessus de N/10 000) : cadmium et mercure. Mais le composé insoluble formé par les métaux lourds, tels le plomb, le cuivre, le platine, en présence des protides du plasma et du jus embryonnaire protège la culture contre leur action très toxique qui est révélée en milieu salin seul.

L'action toxique sur les fibroblastes se fait en deux étapes. On observe d'abord la diminution du nombre des mitoses, puis leur disparition, les cellules gardant leur pouvoir d'émigration. A des concentrations plus fortes du sel métallique l'émigration cesse à son tour. Pour les métaux très peu toxiques on voit apparaître aux fortes doses une dégénérescence graisseuse précoce, qui traduit à elle seule la toxicité du sel employé.

Dans d'autres recherches Verne et Sannié ont étendu l'étude de l'action des sels métalliques à toute une série d'autres tissus en culture et notamment ceux du foie, du rein et des organes nerveux. Ils ont ainsi constaté que pour chaque tissu il existe une sensibilité spécifique à l'action toxique des divers métaux. Ainsi l'épithélium rénal est dix fois plus sensible au plomb que les fibroblastes. Ces derniers présentent d'ailleurs, d'un organe à l'autre, une sensibilité différente, ce qui est un nouvel argument en faveur de la spécificité de ces éléments.

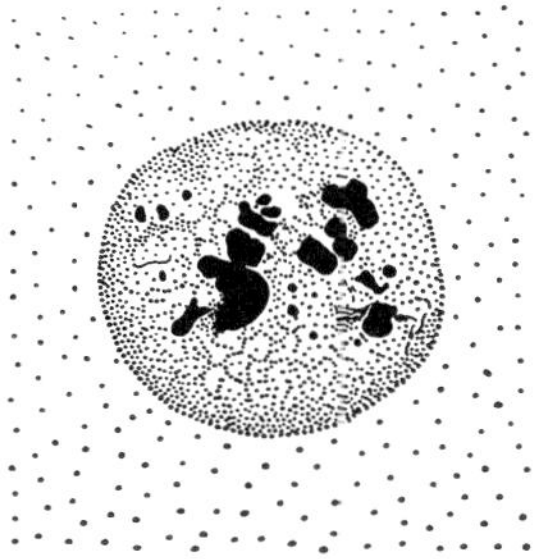

FIG. 14 — MITOSE DANS UNE CULTURE DE FIBROBLASTES ET MYOBLASTES TRAITÉE PAR DU BÉRYLLIUM À M/1 000; (M. CHÈVREMONT ET H. FIRKET; 1952).

FIG. 15 — CELLULE D'UNE CULTURE SEMBLABLE À CELLE DE LA FIGURE 14, MAIS TRAITÉE PAR DU BÉRYLLIUM À M/400.

Cellule à gauche en train de se constituer avec un seul noyau et sans division du cytoplasme; la basophilie du cytoplasme paraît plus forte que celle des figures voisines en repos intermitotique (à droite); (M. Chèvremont et H. Firket; 1952).

Chèvremont et Firket (1952) ont dévoilé, par l'étude approfondie de l'un de ces métaux, le béryllium, des faits intéressants pour l'interprétation de la vie cellulaire. Le béryllium inhibe nettement (concentrations de N/400 à N/10 000) la croissance de fibroblastes et de myoblastes. Il provoque un trouble particulier de la mitose dans la moitié des cellules observées; après un arrêt plus ou moins long en métaphase *(fig. 14)* se reconstitue une seule cellule à noyau unique, sans qu'il y ait eu d'anaphase ni de télophase *(fig. 15)*. Ces effets du béryllium sont différents de ceux des autres poisons mitotiques; il bloque la synthèse de la chromatine, atteignant un point essentiel des synthèses nucléaires qui se produisent à la métaphase.

Or la phosphatase alcaline, que l'on peut mettre en évidence par la méthode de Gomori dans les cellules cultivées *in vitro,* montre des variations importantes suivant l'intensité de la prolifération. Cet enzyme nucléaire paraît donc jouer un rôle important dans la mitose, probablement dans la synthèse des acides nucléiques. Étant donné que Grier, Hood et Hoagland (1949), ainsi que Klemperer, Miller et Hill (1949), ont montré que le béryllium est un inhibiteur spécifique des phosphatases alcalines, il semble que dans ses effets sur la mitose cette substance agit primitivement sur la phosphatase alcaline nucléaire. Cet enzyme ne pouvant exercer son action normale, la synthèse des acides désoxyribonucléiques ne pourrait avoir lieu et la mitose ne se poursuit pas.

Si cette conception du rôle du béryllium est exacte, nous pouvons ainsi, grâce à un agent chimique dont l'action toxique est faible, pénétrer dans le mécanisme intime de la mitose, en ne bloquant qu'une seule des nombreuses chaînes de réactions qui s'y passent.

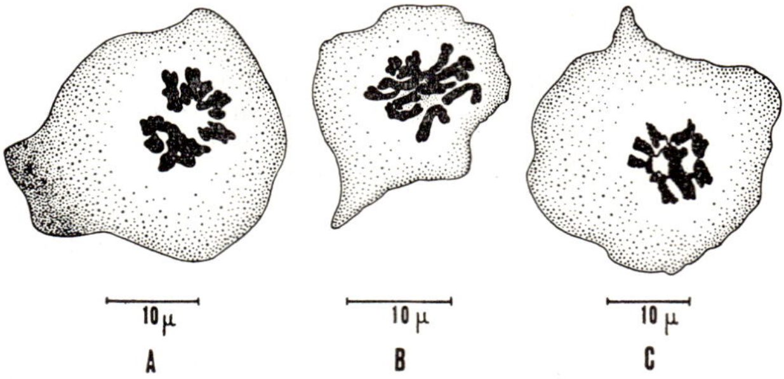

FIG. 16 — MÉTAPHASE DE FIBROBLASTE DE CŒUR D'EMBRYON DE POULET.

A, témoin, après deux jours de culture; vue polaire; B, culture semblable à celle de A, mais traitée avec du chloral à 0,04 % ; C, culture semblable à celle de la figure 16, mais traitée avec du chloral à 0,07 % ; (R. M. May et M. M. Proubet; 1954).

L'hydrate de chloral est le plus anciennement connu des poisons mitotiques (Wasielewski, 1902). Möllendorff (1939) a étudié son action sur des cultures de fibroblastes de Lapin au moyen du microscope à contraste de phase. Il a précisé, dans ces conditions, la durée relative et l'évolution des différents temps de la mitose. Aux faibles concentrations (0,015 pour cent) il y a ralentissement des caryocinèses, mais non arrêt complet; l'hydrate de chloral rend difficile la fin des mitoses sans léser les éléments essentiels : fuseau et reconstitution des parois. Aux fortes concentrations (0,03 pour cent) l'hydrate de chloral arrête le départ des cellules normalement prêtes pour entrer en division. Au bout de cinq heures environ elles surmontent cette difficulté et la mitose commence. Ainsi, aux faibles concentrations de chloral, ce sont surtout les anaphases et les phases de reconstitution qui sont touchées, tandis qu'aux fortes concentrations ce sont les métaphases.

Nos propres résultats (May et Proubet, 1954) mettent en valeur, dans une même culture de fibroblastes *(fig. 16, A)* de cœur embryonnaire de poulet, et à une même concentration (0,0001 à 0,1 pour cent), la gamme variée des résultats dus à l'action du chloral, non seulement sur les cellules quiescentes, mais encore lorsqu'elles entrent en division. Les premières montrent des déformations et des étranglements des noyaux, des irrégularités dans la répartition de leur chromatine, du gigantisme nucléaire, des pycnoses, et des condensations extranucléaires de la chromatine. Les cellules en division montrent un arrêt à la métaphase, avec divers degrés d'irrégularités et d'anomalies de celle-ci, depuis un axe un peu dévié et l'individualisation des chromosomes *(fig. 16, B)* jusqu'à la désorganisation de la métaphase et la répartition en désordre de chromosomes à structure très altérée *(fig. 16, C)*.

Ces perturbations sont, à n'en pas douter, l'expression d'une action très puissante, mais aussi très variable, dans ses effets sur des cellules, en apparence semblables, mais très différentes dans leurs réactions. Certaines subissent, avec une dose active de chloral, de légères perturbations qui leur sont très probablement peu nocives. D'autres, avec la même dose, sont complètement désorganisées et touchées dans leur structure et leur fonctionnement, au

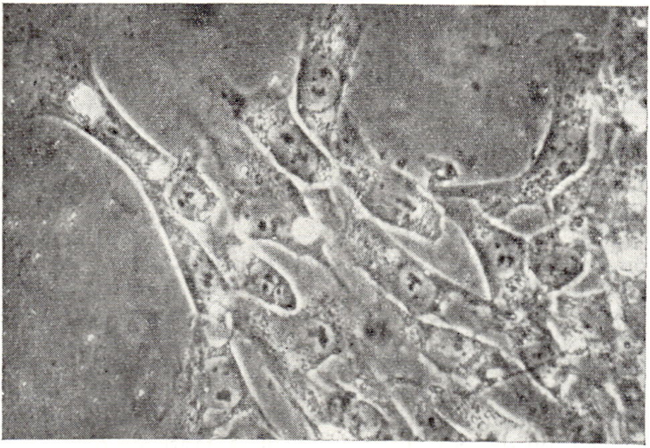

FIG. 17 — CULTURE DE FIBROBLASTES DE VINGT-QUATRE HEURES D'EMBRYON DE POULET DE TREIZE JOURS PROVENANT DE FRAGMENTS PULMONAIRES.

Effet après contact préalable à cinq degrés, trois heures dans une solution de goudrons de Tabac diluée au 1/1000; comparer avec la figure 5; (B. Courtey et J. P. Denèfle; 1961).

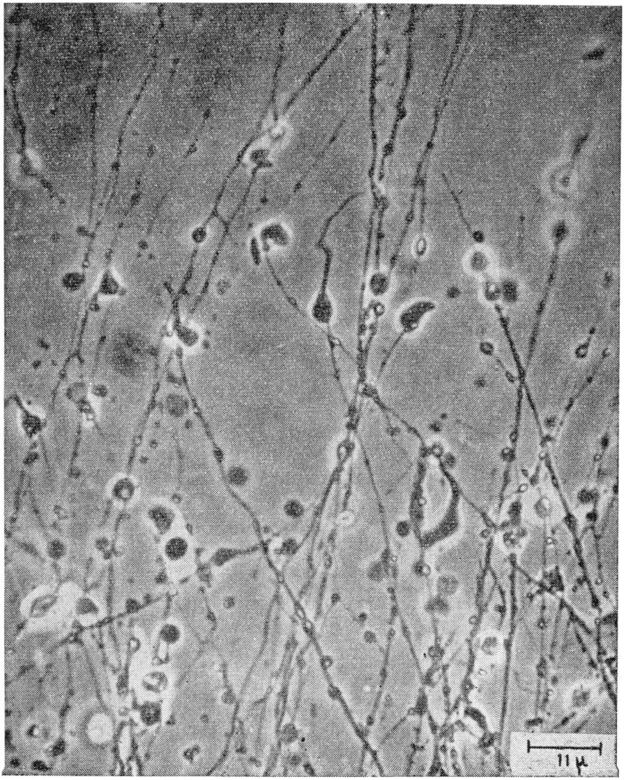

Fig. 18 — Culture de fibres nerveuses d'embrycn de poulet dans du plasma entier plus venin de Naja naja (5 μg/cm^3).

Aspect dégénératif des fibres vingt-quatre heures après la mise en culture; comparer avec la figure 11; (R. M. May et J. Guimard; 1960).

point que l'évolution ultérieure semble bien ne pouvoir conduire qu'à leur mort.

Ces résultats sont donc parallèles à ceux que l'on obtient avec des radiations. Ils nous montrent à quel point la vitalité des cellules est, non pas un caractère général du tissu dont elles font partie, mais bien une disposition propre à chacune d'entre elles et qui nous explique leur comportement différent *(fig. 17* et *18)* dans les processus pathologiques.

DIFFÉRENCIATION ET DÉDIFFÉRENCIATION

Un des espoirs des premiers cultivateurs de tissus était que cette méthode donnerait la possibilité de nouvelles découvertes dans le domaine de la différenciation cellulaire. D'après ces chercheurs, les cellules vivantes, isolées de leurs congénères, devaient dévoiler à la simple observation microscopique leur mode de développement et d'organisation interne. On dut rapidement déchanter. On ne peut accepter les opinions extrêmes, comme celle de Ricker, qui s'opposent au principe même de la culture des tissus, en prétendant que les éléments cellulaires y sont placés dans des conditions éloignées de leur physiologie normale. Il faut pourtant admettre que certaines déformations morphologiques, embryologiques et physiologiques sont évidentes. Les cellules au contact d'une lame de verre, comme on le voit bien au moyen de la technique de Borrel, s'étendent énormément, et leur cytoplasme devient d'une minceur extrême. Les cellules glandulaires polarisées prennent *in vitro* une forme telle qu'il est le plus souvent impossible de les reconnaître par leurs seuls caractères morphologiques. Nous avons vu plus haut les aspects anormaux que prennent également en culture les cellules endothéliales, musculaires et nerveuses.

Cela a amené certains chercheurs, comme Champy (1913, 1920), à dire que les cellules se dédifférencient lorsqu'elles sont cultivées, qu'il y a un véritable retour en arrière, à moins que l'on ne cultive deux types de tissus côte à côte, comme du tissu conjonctif et de l'épithélium, qui puissent agir l'un sur l'autre. Il est certain que dans le cas du myocarde embryonnaire on observe une dédifférenciation de ses cellules musculaires ou myoblastes. Reconnaissables dans les premières cultures par leur fibrillation striée et leur contractilité, ceux-ci perdent leur différenciation après des repiquages ultérieurs et deviennent des cellules mésenchymateuses ou fibroblastes. Telle est l'opinion de Levi et de nombreux cytologistes. Mais pour Carrel les myoblastes dégénéreraient complètement, et leur place serait prise par des fibroblastes provenant du même fragment.

Mais même s'il s'agit, dans le cas des myoblastes, d'un véritable retour en arrière, cette dédifférenciation ne peut être généralisée à tous les types cellulaires. Nous avons vu plus haut, au contraire, que différentes catégories de cellules embryonnaires en culture différencient des structures qui leur sont caractéristiques : fibres nerveuses à partir de neuroblastes, stries transversales à partir de myoblastes, follicules à colloïde dans l'épithélium thyroïdien, auxquels on peut ajouter les cils dans l'ectoderme superficiel des Batraciens (Harrison, 1907), les cellules spermatiques dans le testicule du Papillon *Cecropia* (Goldschmidt, 1915) et, chez les Oiseaux encore, le pigment dans les cellules de l'iris (I. Fischer, 1938) et le vitellus dans les cellules vitellines (Thomas, 1938).

Ephrussi (1932) a mis en valeur le fait que ces cellules embryonnaires cultivées *in vitro* suspendent, à cause de leur rapide prolifération, leur activité fonctionnelle spécifique et perdent, dans ces cas, les traits structuraux correspondants. Des cellules du rein, par exemple, ne conservent pas leurs formes caractéristiques, mais croissent sous l'aspect de cellules embryonnaires non différenciées, comme l'a vu Champy. Mais leur étude révèle cependant qu'elles n'ont perdu ni les caractéristiques de l'espèce ni leurs propriétés différentielles. En effet Drew (1923) a montré que si l'on ajoute en culture du tissu conjonctif à de l'épithélium du rein, il se forme des tubes caractéristiques de l'état normal, mais rudimentaires.

L'étude des cellules cultivées dans des conditions de vie ralentie, c'est-à-dire dans un état où l'activité prolifératrice se trouve suspendue, montre qu'elles gardent *in vitro* un certain potentiel physiologique. Ainsi Ebeling a vu que les cultures d'épithélium thyroïdien ne produisent jamais la substance colloïde qui leur est caractéristique (p. 1489) lorsqu'elles prolifèrent dans les conditions optimales, c'est-à-dire à la surface du coagulum de fibrine; elle ne s'observe que dans les parties des cultures enrobées dans le plasma et dont la vitesse de prolifération est de ce fait abaissée. Fischer avait déjà noté que l'accumulation de pigment, caractéristique des cellules de l'iris, ne se produit qu'au centre un peu épaissi des cultures de l'épithélium irien, où la multiplication est gênée. De même, la sécrétion de vitellus n'apparaît que lorsque les cellules vitellines sont en multiplication ralentie (Thomas, 1938).

Il paraît donc que l'arrêt de la différenciation physiologique se produit le plus rapidement là où la prolifération est la plus active et, inversement, que l'exercice de l'activité fonctionnelle spécifique est consécutif à la suspension de la multiplication cellulaire active.

L'ensemble de ces résultats montre que, quoiqu'un groupe cellulaire ait le potentiel nécessaire, quoiqu'il soit cultivé dans un milieu adéquat, et quoiqu'il ait cessé de proliférer, il est pourtant incapable de se différencier en son tissu caractéristique si celui-ci est d'un type tant soit peu complexe. Il faut en plus un quatrième facteur, c'est-à-dire l'interaction avec les cellules des autres tissus qui composent l'organe. Les lois qui régissent cette interaction sont encore peu connues et paraissent en partie physiologiques et en partie mécaniques.

Mais la différenciation comprend des facteurs qui ne sont pas nécessairement les mêmes pour un organe et pour ses cellules constitutives, par exemple pour le foie et pour les cellules hépatiques, comme l'a montré Bloom en 1937. Il y a donc une différenciation organogénétique et une différenciation cytogénétique.

Or même pour cette différenciation cytogénétique la culture des tissus n'a pas justifié tous les espoirs qu'on avait d'abord mis en elle. Si nous choisissons encore l'exemple de la cellule hépatique, il faudrait, pour l'éclairer, pouvoir suivre sa formation à partir du premier moment où elle a lieu. Mais devons-nous le chercher pendant les premières divisions de l'œuf ou bien plus tard chez l'embryon, lorsque se fait dans l'intestin primitif la saillie qui évoluera en foie ? Et ce premier moment sera-t-il nécessairement marqué par des changements morphologiques intra-cellulaires, ou dépendra-t-il essentiellement de changements physiques et chimiques peu susceptibles d'être observés sous le microscope ? W. H. Lewis a pu écrire en 1940 que si l'on accepte cette dernière conception des changements chimiques du protoplasme, alors on peut dire que la méthode de culture des tissus n'a rien ajouté de fondamental à ce que nous savions déjà.

La greffe embryonnaire avait montré, plusieurs années avant l'invention de la culture des tissus, que des groupes cellulaires isolés et transplantés chez un deuxième embryon subissent une différenciation et une morphogenèse presque normales. En culture, des résultats semblables, mais moins complets, ont été obtenus ; cette moindre réussite est due, comme nous l'avons vu plus haut, à l'absence de certains facteurs de développement qui ne peuvent être fournis que par l'organisme complet. La cytologie des différents types cellulaires avait démontré, avant leur isolement entre lame et lamelle, les différents organites cytoplasmiques et l'organisation si complexe du noyau. La croissance anormale, malgré tout, des cellules cultivées, suscite des modifications de leurs constituants, sinon profondes, du moins suffisantes pour qu'un doute plane toujours quant à leur identité structurale avec des cellules *in situ*. L'histochimie des cellules dans l'organisme, enfin, nous a révélé les constituants chimiques des cellules que la culture des tissus n'a fait, en gros, que confirmer.

Mais si les premiers espoirs n'ont pas été exaucés, c'est aussi parce que les chercheurs se sont obstinés à appliquer à la culture tissulaire les méthodes d'études *post mortem* qui leur avaient fourni de riches résultats en histologie et en cytologie normales. Déçus de ce qu'une patiente observation des cellules vivantes cultivées, sous le microscope ordinaire, ou même sous l'ultramicroscope à fond noir, ne fournissait pas de résultats beaucoup plus riches et variés que ceux déjà connus, de nombreux investigateurs, au lieu d'inventer des techniques nouvelles pour l'observation *in vivo,* se sont rejetés sur l'étude des éléments fixés et colorés. Par là même ils se sont privés des avantages inhérents à la culture, tous essentiellement idoines à des cellules vivantes.

Certes, quelques chercheurs ont fait appel aux délicates techniques de la micromanipulation : Peterfi et Olivo (1925), Peterfi (1927), Chambers (1929) et ses collaborateurs (Chambers et Fell, 1931, Chambers et Ludford, 1932), de Fonbrune (1938), et quelques autres. De fines microdissections et microinjections, faites stérilement au moyen de divers types d'appareils, dont un des meilleurs est indubitablement celui de de Fonbrune, sous de forts

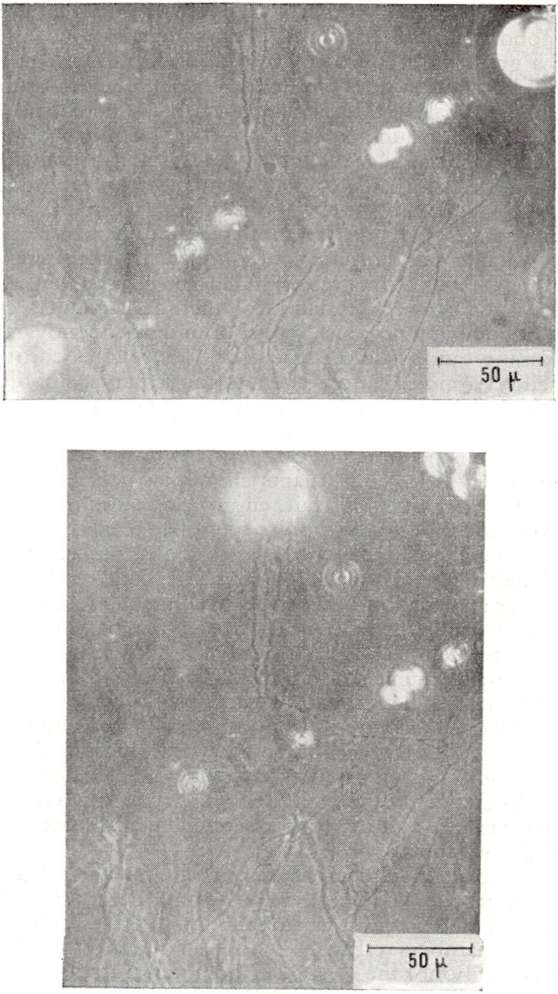

FIG. 19

grossissements du microscope, ont montré que de légères ponctions des cellules ou de leurs prolongements n'y déterminent pas d'appréciables altérations. Nous avons déjà dit que Levi et Meyer ont pu observer, après section d'une fibre nerveuse, la fusion de ses deux bouts par première intention *(fig. 19)*.

On a pu se rendre compte de la réalité de certains organites cytoplasmiques, tels que les mitochondries, les vacuoles, les filaments du fuseau, précédemment observés chez les cellules fixées et colorées.

On a même pu couper en deux des mitochondries allongées ou chondriocontes, rompre la membrane vacuolaire, étudier la régénération de fragments cytoplasmiques et étudier, comme l'a fait Chambers, l'état physique de la cellule et de ses constituants, ou leurs réactions à des excitations mécaniques, électriques et chimiques locales, de même qu'à diverses injections. Mais la déchirure du noyau, la mutilation nécessaire à l'extraction d'un chromosome, ou la dilacération du cytoplasme, provoquent la mort de la cellule. La micromanipulation des cellules a donc des limites qui sont assez rapidement atteintes.

Mais il en est tout autrement d'une autre invention récente : la microscopie en contraste de phase, surtout lorsqu'elle est utilisée en combinaison avec la microcinématographie. Non mutilante, elle permet des observations prolongées et l'expérimentation sur des cellules cultivées. Il est presque impossible de voir sous le microscope ordinaire les fins organites des cellules vivantes, tels que les mitochondries, les membranes autour des petites vacuoles, la structure du noyau ou du nucléole. Mais toutes ces structures sont mises en valeur, avec force détails, lorsqu'on utilise le microscope à contraste de phase. D'autres structures cellulaires, telles que les chromosomes, ou les fibres nerveuses, que l'on voit mal en lumière transmise

---

FIG. 19 — RÉGÉNÉRATION PAR PREMIÈRE INTENTION DES FIBRES NERVEUSES MÉDULLAIRES D'EMBRYON DE POULET DE SEPT JOURS, SECTIONNÉES VINGT-QUATRE HEURES APRÈS LA MISE EN CULTURE.

En haut, 3 h 30 min après la section; le bout distal coupé d'une fibre forme une arborisation. En bas, 7 h après la section; une fibre proximale a rejoint les deux bouts distaux coupés après avoir traversé la section; (B. Courtey; inédit).

sous le microscope ordinaire, apparaissent parfaitement et avec de nombreux éléments constituants lorsqu'elles sont éclairées en contraste de phase, exclusivement avec des moyens optiques n'influençant pas la préparation.

C'est à Zernicke (1935, 1942) que nous devons cette invention. Le contraste de phase donne, d'objets pauvres en contrastes comme ceux que nous venons de citer, des images très contrastées sur fond clair. Les détails sont vus dans leurs véritables rapports de grandeurs et avec des contrastes proportionnels à leurs différences d'opacité et d'épaisseur.

L'augmentation du contraste peut être obtenue par une couche extrêmement mince, changeant la phase, faiblement absorbante, en forme d'anneau, située à l'intérieur de l'objectif du microscope, dans le spectre de diffraction qui se produit dans la pupille de sortie de l'ensemble condensateur-objectif par suite de la diffraction de la lumière dans la préparation. L'état d'oscillation (phase) de ce spectre de diffraction est différent pour les objets colorés (préparations d'amplitude) et pour les objets non colorés (préparations de phase). L'anneau de phase permet d'observer une préparation de phase à peine visible avec l'observation ordinaire, comme s'il s'agissait d'une préparation d'amplitude visible à l'observation ordinaire; pour cela il donne à une région déterminée du spectre donné par la préparation de phase, dans la pupille de sortie de l'ensemble condensateur-objectif, le même état d'oscillation que s'il s'agissait d'une préparation d'amplitude; ce spectre de diffraction est déterminant de l'aspect de l'image, comme le montre la théorie d'Abbe sur le microscope. Ainsi une préparation de phase donne la même impression qu'une préparation d'amplitude, et des détails à peine visibles sans optique de phase se distinguent nettement par des contrastes, suivant leur épaisseur ou leur densité optique.

On peut imaginer tous les avantages que l'on peut obtenir avec cette méthode dans l'étude des cellules cultivées. La cinématographie en contraste de phase permet en outre d'analyser ultérieurement les images obtenues et qui révèlent bien souvent des détails passés inaperçus à la simple observation.

Nous ne citerons ici encore que quelques recherches particulièrement marquantes et qui illustrent ce que l'on peut attendre de cette technique qui n'en est encore qu'à ses débuts. Plusieurs films ont déjà été réalisés : ainsi ceux de Michel (1941) sur les spermatocytes, de Fell, Hughes et leurs collaborateurs (Hughes et Swann, 1948; Fell et Hughes, 1949; Hughes et Fell, 1949; Hughes et Preston, 1949) sur divers processus de la mitose, montrant l'évolution des chromosomes, du noyau, du fuseau, de Frederic (1950) sur l'épithélium hépatique, de Chèvremont et Frederic (1952) sur les chondriosomes. Arrêtons-nous à ces deux dernières recherches qui ont révélé certains

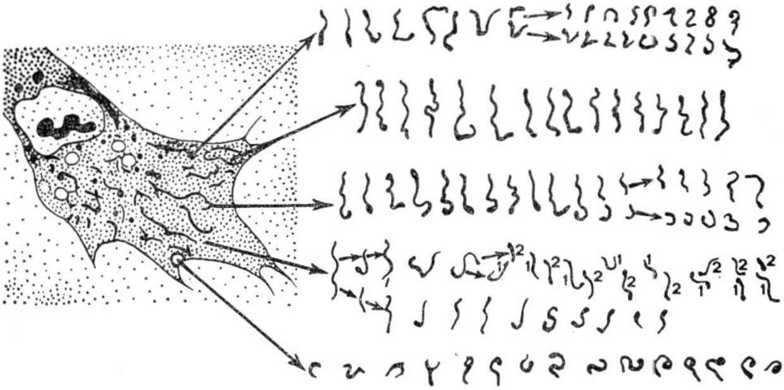

FIG. 20 — STADES SUCCESSIFS DANS L'ÉVOLUTION DES CHONDRIOSOMES DE L'ÉPITHÉLIUM HÉPATIQUE D'APRÈS L'ANALYSE D'UN FILM ENREGISTRÉ EN CONTRASTE DE PHASE, À L'ACCÉLÉRÉ.

60 secondes séparent deux stades successifs; (J. Frederic; 1952).

aspects cytologiques inobservés jusqu'alors des cellules en croissance *in vitro*.

Les cellules de l'épithélium hépatique de l'embryon de poulet, aussi bien celles de la membrane entourant l'explant que les cellules épithéliales libres et migrantes, présentent très fréquemment des expansions de la substance fondamentale cytoplasmique. Celles-ci (Frederic, 1950) se présentent, soit sous forme de boules dont les caractères et le mode de formation sont très comparables, sinon identiques, au « bouillonnement » cytoplasmique qui se produit au cours de la mitose, soit sous l'aspect de voiles hyaloplasmiques plissés et ondulants qui apparaissent par périodes et persistent pendant une à deux heures, avec parfois de courtes périodes d'exagération que seule la prise de vues à l'accéléré permet de mettre en évidence. Ces voiles hyaloplasmiques présentent souvent des caractères de membranes ondulantes telles qu'elles ont été décrites pour les macrophages par Carrel, Policard, Chèvremont et vues en contraste de phase par Frederic et Robineaux (1951) chez des phagocytes, sans toutefois leur être identiques. Ces expansions ne peuvent être interprétées comme une forme de dégénérescence cellulaire, mais il est possible qu'elles soient dues à des modifications de tension superficielle d'origine extra- ou intracellulaire.

Les recherches de Chèvremont et Frederic concernent le chondriome de myoblastes et fibroblastes d'embryons de poulet cultivés à 38°. Les chondriomes des cellules vivantes se caractérisent par une plasticité étonnante : rapides changements de formes, apparition de branches latérales, modifications locales et temporaires, mais relativement importantes, de leur diamètre, aspect en chapelet dans certains *(fig. 20)*.

Contrairement à l'opinion le plus souvent admise, les chondriosomes ne sont pas entraînés d'une manière purement passive par les courants cytoplasmiques. Leurs déplacements et déformations semblent correspondre à un processus particulier où interviendraient d'intenses changements de tension superficielle et des modifications rapides de leur structure submicroscopique. Ils paraissent être le siège d'échanges matériels, relativement rapides, avec le cytoplasme avoisinant; ces échanges se marquent par une sorte de fonte plus ou moins poussée et temporaire ou même parfois par la disparition complète du chondriosome.

Les rapports des chondriosomes avec le noyau, le contact qu'ils prennent à certains moments avec la membrane nucléaire, et particulièrement les changements d'aspect et d'épaisseur de celle-ci, suggèrent l'existence d'échanges de substances entre noyau et chondriosomes, avec participation matérielle de la membrane nucléaire, ou encore le passage direct de substances du noyau aux chondriosomes.

Lors de la mitose somatique, Chèvremont et Frederic ont observé une évolution particulière des chondriosomes, différente de ce qui était généralement admis, et plus complexe. Les modifications semblent débuter dans la région nucléaire et s'étendre progressivement. Tout d'abord les mouvements propres des chondriosomes se ralentissent et se réduisent. La plupart de ces éléments s'amincissent progressivement; ils présentent ensuite un aspect en chapelet, suivi parfois par une fragmentation en grains, ou encore deviennent plus flous et pâles et peuvent même disparaître complètement. Puis, ainsi modifiés, mais à peu près uniformément distribués, en dehors des figures chromosomiques et fusoriales, les chondriosomes sont répartis passivement par le pincement cytoplasmique, en quantités approximativement égales entre les deux cellules filles. La reconstitution du chondriome se fait rapidement. Les chondriosomes qui étaient devenus très fins, petits et souvent à peine perceptibles, s'épaississent et s'allongent, ou bien se groupent et fusionnent en filaments, progressivement plus apparents et épais. Au moment où s'est reconstituée la membrane nucléaire, le chondriome a pratiquement repris son aspect normal dans chacune des deux cellules filles et semble y être quantitativement égal à celui de la cellule mère.

L'importance de ces belles et complètes recherches n'échappera à personne. Elles illustrent clairement comment la simple observation de la cellule par de telles méthodes nous rend parfaitement compte de la dynamique propre à la vie.

Mais celles-ci sont également riches en résultats dans le domaine expérimental. Nous n'en donnerons ici qu'un exemple. Dès 1912 Tchackotin a inventé une technique dite de micropuncture avec laquelle on peut détruire sous le microscope une petite région de protoplasme au moyen d'un microfaisceau de lumière ultraviolette. Or plus récemment Uretz, Bloom et Zirkle (1954) ont appliqué cette méthode, en la perfectionnant, à l'altération de la partie d'un chromosome qui contient le centromère, zone claire qui semble avoir des rapports fonctionnels avec les mouvements du chromosome dont il fait partie, pendant la division cellulaire. On choisit, pour ce faire, parmi des cellules cardiaques en culture d'un Triton (*Triturus viridescens*), certains chromosomes qui se présentent, pendant quelques minutes, en dehors de la plaque équatoriale, le centromère pointé vers le centrosome. L'examen ultérieur se fait par cinématographie en contraste de phase.

La partie du chromosome qui a été irradiée devient pâle, c'est-à-dire que son indice de réfraction est changé;

le chromosome entier ne réintègre pas la plaque équatoriale, formant, après l'anaphase, soit un noyau accessoire, soit un lobe sur un des noyaux des cellules filles. Par contre, lorsqu'on irradie une partie d'un chromosome qui ne contient pas le centromère, ce chromosome rejoint la plaque équatoriale. Ainsi cette élégante méthode nous prouve d'une façon parfaite le rôle du centromère dans les mouvements chromosomiques. Elle permet également l'exclusion, du noyau fils, d'un chromosome donné.

Une autre technique que l'on peut appliquer aux cultures de tissus non colorées et dont on attendait beaucoup pour élucider la différenciation cellulaire est celle du microscope électronique. Employant des faisceaux d'électrons au lieu de faisceaux lumineux, le microscope électronique, grâce à son haut pouvoir de résolution, donne des grossissements plusieurs dizaines de fois supérieurs aux plus forts obtenus avec le microscope ordinaire ou avec l'ultramicroscope. Mais il a un inconvénient majeur, c'est de tuer instantanément les cellules, de telle façon qu'on peut lui appliquer toutes les critiques réservées auparavant à l'étude de cellules fixées.

Malgré cela il permet de voir des éléments structuraux dans des cellules cultivées qui ne sont pas accessibles d'autre façon. On sait que Claude a reconnu, dès 1938, au moyen de centrifugations fractionnées à grande vitesse, l'existence d'un nouveau constituant submicroscopique du cytoplasme, différent des chondriosomes et grains de sécrétion. Il est constitué par des éléments d'un diamètre approximatif de 80 à 150 millimicrons, non visibles au microscope ordinaire en lumière transmise, mais reconnaissables au microscope à fond noir sous un intense éclairage latéral. Claude a proposé en 1943 d'appeler *microsomes* ces éléments submicroscopiques.

Des descriptions et de belles images de microsomes ont été publiées en 1945 et les années suivantes par Claude et Porter, avec leurs collaborateurs, au cours de recherches effectuées avec le microscope électronique sur des cultures de tissus. C'est ainsi que des photographies de macrophages et de cellules tumorales de Poule réalisées par Claude, Porter et Pickels (1947) montrent clairement les microsomes; de même Porter et Thompson (1947) ont étudié ces granules dans le cytoplasme de cellules normales et tumorales de sarcomes de Rat, cultivées *in vitro*.

Malgré la brutalité de la microscopie éléctronique il est certain que des perfectionnements ultérieurs rapprocheront ses résultats de ceux qu'ont obtenus d'autres méthodes, sur des cellules vivantes en culture, et permettront d'en faire une synthèse.

LES ACTIVITÉS TISSULAIRES

Les cellules cultivées, comme les cellules en place dans l'organisme, passent par des stades successifs de croissance, de différenciation individuelle, d'équilibre et de sénilité suivie de mort. A chacun de ces stades correspondent des activités particulières du protoplasme cellulaire dont la connaissance complète nous éclairerait grandement sur la physiologie de l'organisme dont les tissus explantés font normalement partie. Il faut pourtant nous rappeler qu'en culture la différenciation ne mène jamais à l'organisation, et que par conséquent l'interprétation des activités cellulaires et tissulaires est viciée par le fait qu'elles se passent sans collaboration ou inhibition d'autres groupes de tissus ou de centres humoraux ou nerveux. C'est donc à la fois une qualité qui permet l'analyse, et un défaut qui n'autorise pas de déductions complètes. Pour obvier partiellement à cet inconvénient nous verrons plus loin que des chercheurs ont mis au point la culture d'organes.

Mais étudions d'abord quelques manifestations visibles des cellules et tissus *in vitro*. Nous les limiterons ici à trois : les mouvements cellulaires, les battements du tissu cardiaque, les mitoses des cellules humaines.

Les mouvements cellulaires, dont une observation complète est d'un intérêt majeur pour la compréhension de la phagocytose et de la cicatrisation, ont été étudiés dès les débuts de la culture des tissus, et ont beaucoup bénéficié ces dernières années de la méthode de cinématographie en contraste de phase. La mobilité est un des faits les plus constants et caractéristiques de presque tous les types cellulaires en culture. Mais ce ne sont pas seulement les éléments du tissu conjonctif et du sang qui possèdent, dans l'organisme, la capacité de se mouvoir, mais tous les épithéliums, les cellules musculaires et nerveuses qui, comme eux, émigrent dans le coagulum de culture.

Les fibroblastes se meuvent individuellement au moyen de prolongements hyalins, qui ont une activité amiboïde, à la vitesse de trente-trois microns à la minute. Dans les épithéliums il s'agit en général d'un mouvement de masse. Mais comme leurs cellules adhèrent les unes aux autres, ce sont les cellules marginales qui déploient une activité amiboïde. La forme des pseudopodes varie non seulement d'après les différents types cellulaires, mais aussi d'après la nature du milieu : solide, liquide, ou dans l'épaisseur même du coagulum.

La direction centrifuge des cellules ou tissus dépendrait, d'après Harrison (1911, 1914), du stéréotropisme, ou contact avec des corps solides. Mais s'il est certain que les cellules ont tendance à adhérer à un corps solide, tel qu'une fibrille de coton, il est difficile d'expliquer pourquoi, dans le coagulum, elles s'orientent toujours de façon à s'éloigner du tissu d'origine. Burrows (1917) fut le premier à imaginer l'action de substances chimiotropes spécifiques, et nous avons vu que l'on commence à les isoler relativement purifiées. De toute façon il est certain que le déterminisme de la migration cellulaire a des causes multiples, physiques et chimiques, et ne saurait dépendre d'un seul facteur.

Mais revenons au mouvement individuel des cellules. Il a été étudié chez des lymphocytes humains en culture par Lewis et Webster en 1921. Ils ont vu que leur activité locomotrice est caractérisée par : 1) des périodes alternées de repos et de mouvement avec alternances aussi de formes arrondies et allongées; 2) des itinéraires ondoyants; 3) des variations dans la vitesse de translation de moment en moment; 4) enfin, des variations dans la moyenne de vitesse de translation de différents lymphocytes. Pendant les périodes de repos, les lymphocytes émettent des pseudopodes et s'agitent sans progresser aucunement. Le taux moyen de la vitesse de translation des lymphocytes provenant de ganglions normaux et pathologiques dans des cultures d'âges différents varie de six à vingt microns par minute, avec une moyenne de douze.

Lewis (1933) compare le mouvement des lymphocytes du Rat à ceux des Amibes (Mast, 1926). La formation d'un pseudopode à la partie antérieure suit un ramollissement qui s'y localise et la contraction d'une couche externe de plasmagel, relativement solide, qui force en avant la couche interne de plasmasol, plus fluide, ainsi que le noyau. Le plasmagel forme un anneau à la base du pseudopode et demeure fixé par rapport au milieu qui l'entoure. A la partie postérieure du lymphocyte, la partie interne de la couche de plasmagel se transforme continuellement en plasmasol. Celui-ci, après sa marche en avant, se retransforme en plasmagel, en avant de l'anneau à la base du pseudopode. Lorsque la plus grande partie du lymphocyte a passé au travers de l'anneau, celui-ci se contracte et forme une protubérance qui demeure maintenant en arrière, pendant toute une période de migration. Puis, au fur et à mesure que le lymphocyte avance, avec ses parties antérieure et postérieure persistantes, de nouveaux anneaux pseudopodiaux se forment. Des variations dans la longueur et dans la forme du lymphocyte, et dans le taux de sa migration, d'une moyenne de seize microns et demi par minute, s'ajoutent à ces formations. Un même lymphocyte avance à des vitesses différentes, d'après les moments.

Ces observations si précises ont été rendues possibles par l'analyse de films. Elles sont d'une grande valeur pour expliquer la migration si importante des globules blancs à l'état normal et pathologique.

Un des phénomènes qui frappent le plus lorsque l'on cultive des fragments de cœur embryonnaire est l'existence de contractions rythmiques. Celles-ci peuvent persister plusieurs mois au cours de repiquages. Comme les fragments de cœur ne sont pas innervés, c'est là un apport frappant à la théorie myogène de la contraction cardiaque, due au grand Harvey. Cette théorie s'oppose à la théorie neurogène de Willis.

Burrows (1912) a vu ces contractions du muscle cardiaque la première fois. Depuis lors, de nombreux chercheurs les ont observées et on ne manque jamais de les faire voir à ceux qui s'initient aux techniques de culture de tissus.

Bucciante (1927) a vu ces pulsations dans des cellules du myocarde parfaitement isolées. Elles semblent être le fait d'une partie assez limitée du cytoplasme. Olivo (1925-1934) les a vues, dans des fragments, persistant au-delà de six mois. Or, deux fragments de cœur placés dans une même culture ne battent jamais synchroniquement. Une expérience très élégante, due à Fischer (1924), consiste à placer côte à côte deux fragments de cœur et à compter de temps en temps les intervalles entre les battements successifs de chacun des fragments. Les contractions des deux fragments ne deviennent synchrones et simultanées qu'au moment de la fusion des deux fragments. Il se forme donc des « ponts cytoplasmiques » qui permettent ce synchronisme, car si l'on vient à séparer, par une section, les deux fragments ainsi réunis, on observe à nouveau deux rythmes distincts. C'est par la voie de ces ponts qui relient les cellules entre elles que, d'après Fischer, s'exerce le contrôle physiologique de l'ensemble d'un tissu sur ses éléments constitutifs.

Les cellules humaines, comme nous venons de le voir à propos des lymphocytes, peuvent être cultivées avec succès au moyen des mêmes techniques que les tissus d'autres espèces. En dehors des cellules qui conservent un potentiel de croissance chez l'adulte, on peut obtenir des tissus embryonnaires à la suite d'avortements thérapeutiques. Olivo (1935) a pu étudier les tissus d'embryons humains de 32 à 96 mm de longueur axiale. Ils croissent parfaitement bien sur du plasma de Poule et avec du suc embryonnaire d'embryon de la même espèce. L'accroissement étant plus lent que pour d'autres espèces, on n'a besoin de repiquer les cultures en goutte pendante que tous les quatre ou cinq jours. Mais par ailleurs il n'y a pas de grosses différences avec les tissus d'autres Amniotes. Les épithéliums, comme chez eux, ont une intense action digestive sur le plasma, et dans des cultures mixtes d'éléments épithéliaux et de fibroblastes ces derniers finissent par avoir le dessus.

Les tissus humains les plus élevés en organisation peuvent être cultivés, même après une conservation assez longue. C'est ainsi que Hogue (1949) a conservé à 8° un embryon humain de 88 mm de longueur pendant huit jours. Ses cellules cérébrales ont alors été cultivées jusqu'à cent quatre-vingt-sept jours après la mort de l'embryon, moment où elles étaient toujours en bonne condition, avec d'actives granulations dans leur cytoplasme. Leur lente locomotion, avec peu de changements de forme pendant un laps de temps de trois heures, et la présence de processus dendritiques, montrent qu'on avait affaire ici à des neurones et non pas à la névroglie.

Également intéressantes sont les études faites par Olivo

(1934) sur les mitoses du tissu myocardique humain, cultivé à 37°. Les mitoses y sont très nombreuses, souvent plusieurs dizaines dans la même préparation. La visibilité des chromosomes est en général très bonne, mais leur grand nombre (46) rend l'étude individuelle de leur évolution très difficile. Dans certains cas le fuseau achromatique est également visible.

Il est très difficile de voir les prophases. A cause de l'impossibilité d'évaluer la durée écoulée de la métaphase on ne peut déterminer avec exactitude la durée de cette phase, qui paraît ainsi très variable, de 1 mn 45 s jusqu'à 28 mn. Par contre on obtient des chiffres moins variables pour l'anaphase et la télophase, 3 mn 22 s pour la première, 3 mn 18 s pour la seconde. On observe assez souvent pendant la métaphase le déplacement de un, de deux ou trois chromosomes qui, isolément, s'éloignent du plan équatorial des autres. Un autre fait intéressant est une lente rotation de toute la figure chromatique *(fig. 21)*, pendant la métaphase et l'anaphase, autour de l'axe cellulaire, parallèle à celui du plan de la lamelle. Cette rotation peut intéresser également le fuseau achromatique et des granulations cytoplasmiques, mais jamais la surface cellulaire. Il semble même que ce soit le mouvement du fuseau qui entraîne les chromosomes, mais cela peut passer inaperçu à cause de la rare visibilité du fuseau dans ces conditions. La rotation a toujours lieu vers la gauche avec un maximum de 90 degrés ou un peu plus, et dure de quatre à cinq minutes au moins. A la fin de l'anaphase la rotation s'arrête et la cellule se divise d'après le nouvel axe de polarité. On observe parfois, après cette lente rotation, un rapide retour de la plaque équatoriale et du diaster à leur position de départ, retour suivi d'une deuxième et parfois d'une troisième rotation lente. On observe parfois aussi, au moment où la figure achromatique a pris rapidement sa position définitive, des secousses oscillatoires multiples, rapides, de petite ampleur, de toute cette figure autour d'un point d'équilibre. Ce mouvement donne absolument l'impression d'un balancier tenu en équilibre par des forces élastiques.

Une ou deux minutes avant que commence la migration polaire des chromosomes, leur visibilité s'atténue beaucoup. Pendant cette migration ils se placent soit en deux plans parallèles, soit selon deux lignes courbes, conver-

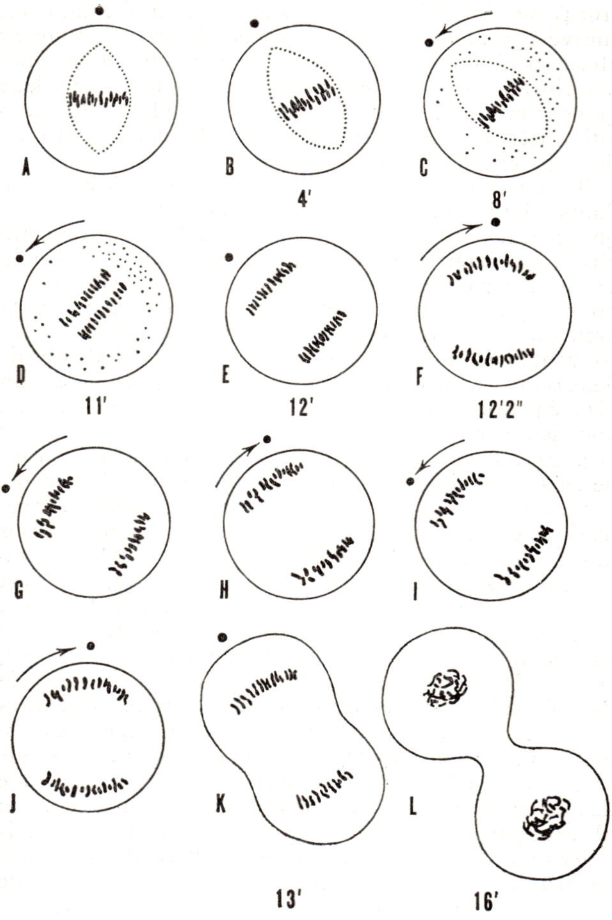

Fig. 21 — *Mitose et rotation* observées dans du tissu myocardique d'un embryon humain.

32 ou 47 mm de long; tissu cultivé dans du plasma et de l'extrait embryonnaire de poulet; (O. M. Olivo; 1934).

geant vers les centrioles avec la partie convexe tournée vers l'équateur. L'étranglement équatorial cytoplasmique se fait aussi selon deux modes : soit par un amincissement qui donne un étranglement régulièrement concave vers l'extérieur et qui aboutit à deux cellules irrégulières de forme, reliées par un pont avant leur séparation complète, soit par un sillon circulaire formant un angle aigu dès le début, et qui aboutit à la formation de deux sphères cellulaires appliquées l'une contre l'autre.

La cinématographie a d'ailleurs montré que la période de division cytoplasmique s'accompagne de l'émission relativement rapide de pseudopodes, sur toute la périphérie cellulaire, et qui y rentrent aussi rapidement qu'ils sont émis.

Nous voyons combien l'observation de la mitose des cellules humaines a dévoilé de détails intéressants. Elle nous démontre la fluidité du cytoplasme périphérique et la relative solidité et compacité du fuseau et des chromosomes qui se déplacent comme une masse solidaire unique. Nous constatons également que la division cellulaire s'accompagne de mouvements jusqu'ici énigmatiques mais dont la signification, si importante pour la compréhension de la croissance normale et pathologique, ne saurait nous laisser indifférents.

Nous avons dit que le désir de compléter les données fournies par la culture des tissus, et de les rapprocher des résultats connus sur la physiologie de l'organisme supérieur en tant qu'entité, a poussé les chercheurs, ces dernières années, à élaborer une nouvelle technique, celle de la culture des organes.

Il est d'ailleurs difficile de délimiter exactement la zone entre tissus et organes. C'est ainsi que Fell (1931) a mis en culture du cartilage du fémur isolé d'embryons de poulet de cinq à six jours. Le fragment, formé au début d'une seule masse de cartilage à petites cellules, présente au bout de vingt et un jours des épiphyses avec une zone de cellules aplaties et de cellules hypertrophiques, ainsi qu'une ossification périostique nette. Demuth (1932) a montré que les segments cartilagineux du squelette des membres d'embryons s'accroissent en longueur *in vitro*, conservent leur forme et présentent de la calcification.

C'est ainsi également que Murray (1932) a cultivé des fragments de la ligne primitive et des aires pellucide et opaque du blastoderme de l'embryon de poulet aux tout premiers stades de leur organisation. Il a vu la formation d'érythroblastes, globules rouges embryonnaires, contenant de l'hémoglobine, dans la grande majorité des cultures de toutes les régions de la ligne primitive en arrière de son quart antérieur. Elle a également lieu dans les régions correspondantes du disque embryonnaire qui l'entoure, qu'elles soient claires (aire pellucide) ou déjà rendues foncées (aire opaque) par la présence d'îlots sanguins en formation. Ainsi une très grande partie de l'embryon, dès les premières phases de son développement, participe à l'élaboration du sang.

Mais on peut faire encore autrement, et cultiver, non pas des fragments d'embryon, mais l'embryon entier. Nous devons à Brachet (1913) les premières tentatives dans ce domaine. Il recueillait dans l'utérus des vésicules blastodermiques de Lapin au septième jour et les introduisait dans du plasma de Lapin, dans des tubes à 39,5°. Après 24 à 48 heures il y avait un début de développement dans le plasma coagulé, avec un axe embryonnaire possédant une ligne primitive, un prolongement céphalique, des bandelettes mésodermiques, et, de plus, de petites villosités trophoblastiques nourricières.

Nicholas et Rudnick (1934) cultivent de très jeunes embryons de Rat dans du plasma de Rat hépariné et rendu ainsi incoagulable, auquel ils ajoutent de l'extrait embryonnaire de Rat. Ils cultivent des embryons à partir du stade qui précède la formation des premiers somites. En 24 à 36 heures ils obtiennent le développement d'un axe embryonnaire avec système nerveux, cœur, sang, vésicules oculaires et auditives, deux à seize somites, avec une différenciation maximale en 48 heures.

Des résultats encore plus beaux ont été obtenus par Jolly et Lieure (1938). Ils ont cultivé de jeunes embryons de Rat et de Cobaye, au stade de la formation de la ligne primitive et du mésoderme, dans un milieu liquide constitué par du plasma de la même espèce que l'embryon, et restant liquide, à 38° pour le Rat, à 39° pour le Cobaye, *auquel on ajoute de l'extrait* de decidua. Dans ces conditions, ces chercheurs ont obtenu toutes les phases de développement qui vont de la formation de la ligne primitive à l'achèvement d'un axe embryonnaire complet possédant chorde, moelle épinière, cerveau, vésicules oculaires et auditives, dix ou douze paires de somites, sang, vaisseaux, globules rouges, cœur animé de battements rythmiques, circulation vitelline et embryonnaire.

Particulièrement intéressants sont les résultats obtenus après destruction microchirurgicale, ou par électrolyse, d'une des deux ébauches cardiaques. On obtient alors un cœur unique, animé de battements rythmiques, et susceptible de s'unir aux vaisseaux vitellins du côté opéré et d'animer la circulation dans toute l'étendue de l'aire vasculaire. Une seule des deux ébauches cardiaques laissée en place possède donc l'aptitude à la régulation. La destruction de la région qui sépare les deux ébauches cardiaques et qui empêche leur réunion permet d'obtenir deux cœurs latéraux animés de battements non synchrones. La destruction complète des deux ébauches donne un embryon sans cœur; mais cela n'empêche pas l'évolution complète des ébauches vasculaires et sanguines de l'aire vitelline, ni l'apparition de germes vasculaires discrets dans l'allantoïde et même sur le trajet des aortes.

Si l'on sectionne transversalement un embryon cylindrique de Rat au début du dixième jour, les fragments cultivés se referment et forment de petites vésicules dans lesquelles on peut cultiver des ébauches d'organes. Jolly et Lieure ont ainsi réussi à cultiver des ébauches cardiaques et ont obtenu, dans ces vésicules, non seulement la formation de vaisseaux et d'hématies pourvues d'hémoglobine, mais aussi de petits cœurs isolés animés de battements rythmiques.

C'est à partir de ces expériences de base que d'autres investigateurs ont mis au point la culture d'organes plus avancés dans leur développement embryonnaire.

Ainsi Jost et Bergerard (1949) ont cultivé *in vitro* des fragments du tractus génital de fœtus de Rat de quinze à seize jours encore pourvus de leurs deux sortes de conduits sexuels. Que le fragment ait été prélevé sur un fœtus mâle ou femelle, et quelle que soit l'origine du sérum utilisé, le canal de Müller persiste dans les fragments bien développés en fin d'expérience, lorsque le tissu fœtal a environ dix-huit jours; on y observe de nombreuses mitoses. Dans les témoins mâles de cet âge la régression des canaux de Müller est très avancée.

Par contre, le canal de Wolff est, soit totalement régressé, soit très atrophié, ne persistant que dans un petit nombre de cas. Dans les fœtus femelles témoins, la régression des canaux de Wolff est plus tardive que celle des canaux de Müller du mâle. Le canal de Wolff est bien développé dans les cultures effectuées dans du sérum de mâle adulte normal; mais là les canaux de Müller non plus ne sont pas inhibés, comme nous venons de le voir.

Wolff et ses collaborateurs ont, depuis 1951 (Wolff et Haffen), exploité avec beaucoup de succès la technique de culture d'organes. Celle-ci tend à respecter les unités structurales et leurs fonctions, alors que la culture des tissus entretient la vie et la multiplication des cellules constitutives, mais rarement les structures dont elles proviennent; leur physiologie, comme nous l'avons remarqué, est donc très spéciale et ne peut être appliquée sans de sérieuses réserves à l'organisme entier.

La méthode employée consiste à préparer un substratum de base composé d'un liquide physiologique et de glucose. A ce milieu de base, qui sert de support et qui offre de bonnes conditions de survie à l'explant, on incorpore les éléments nutritifs indispensables à son développement, en général du glucose et de l'extrait embryonnaire, et qui permettent la différenciation et la croissance. De nombreux problèmes de morphogenèse et de physiologie peuvent être abordés par cette méthode. Nous n'en citerons que deux : la différenciation sexuelle des gonades, à dimorphisme sexuel précoce, et la croissance des organes en milieu synthétique.

Les deux gonades d'un même embryon, séparées l'une de l'autre, suivent toujours le même mode de différenciation sexuelle chez le Canard. Les explants, au moment du prélèvement, sept jours avant le stade de la différenciation sexuelle, contiennent donc les facteurs de cette différenciation.

Mais si l'on associe en parabiose directe (Wolff et Haffen, 1952) deux gonades indifférenciées de sexe génétique différent, la gonade femelle se différencie en ovaire, la gonade mâle, au lieu de se différencier en testicule, *prend un aspect intermédiaire* entre les deux sexes, mais beaucoup plus proche d'un ovaire que d'un testicule. La sécrétion de l'ovaire en voie de différenciation a féminisé le partenaire mâle.

Ces résultats sont confirmés par l'adjonction d'hormones

femelles (benzoate d'œstradiol, acide n-bis déhydro-doïsynolique) à des gonades mâles, prélevées au stade indifférent, en culture. Elles ont sur celles-ci la même activité féminisante directe que la sécrétion des gonades femelles embryonnaires. Ces expériences démontrent en outre que la différenciation sexuelle femelle est due à l'élaboration précoce d'une hormone ovarienne.

Qu'arrive-t-il si l'on explante des organes embryonnaires sur des milieux synthétiques? Kieny (1953) a obtenu des résultats particulièrement nets sur l'ébauche cartilagineuse du tibia. Des tibias, pris chez des embryons à partir de sept jours, débarrassés des tissus conjonctifs et musculaires environnants, ont été mis en culture sur un milieu physiologique glucosé additionné du mélange de neuf acides aminés, plus du liquide de Tyrode, dû à Bergmann (1936). La croissance de ces cultures sur milieu synthétique est comparée à d'autres sur le milieu standard à base d'extrait d'embryon, et à d'autres sur un milieu glucosé, sans éléments azotés. La durée de culture a été de sept jours dans les trois cas. La croissance a été mesurée en longueur et en poids.

Les résultats montrent que le milieu standard est plus favorable que les milieux synthétiques contenant uniquement des acides aminés. La croissance dans ces milieux est cependant encore très importante; elle dépasse l'augmentation de poids que l'on observe sur le milieu témoin ne contenant aucune substance azotée, et qui est due vraisemblablement à une simple imbibition.

Nous voyons donc que la méthode de culture d'organes, qui n'en est encore qu'à ses débuts, inaugure, comme le dit Wolff (1953), une voie fructueuse, et nous donne l'espoir de pénétrer plus avant dans le mécanisme de la différenciation et dans le chimisme de la morphogenèse.

LA PATHOLOGIE EXPÉRIMENTALE

Pas plus que dans le cas des tissus normaux, les tissus pathologiques en culture ne peuvent fournir de réponse complète aux problèmes posés par l'organisme entier. Si l'observation de la phagocytose par une cellule isolée nous explique certains aspects de l'immunité cellulaire, elle ne peut nous faire pénétrer dans le domaine de l'immunité humorale, mécanisme de défense de l'individu dans sa totalité. Si l'examen des cellules cancéreuses vivantes nous dévoile mieux que ne peut le faire celui de leurs coupes les modalités et la chronologie de leur croissance et de leurs divisions, souvent anormales, il ne saurait nous expliquer la pathogénie d'une tumeur maligne chez l'animal ou chez l'Homme.

Ces restrictions mises à part, la méthode de culture des tissus a, dès ses débuts, apporté une foule de notions nouvelles sur le comportement des tissus malades. Ici encore nous n'en citerons que quelques exemples marquants.

La formation de cellules géantes, ou tubercules, est un élément caractéristique de l'infection par des bacilles tuberculeux. Dès 1912 Lambert a vu que si l'on ajoute des spores de Lycopode à des cultures de rate d'embryon de poulet, différents types cellulaires s'agglomèrent autour d'elles, à partir du troisième jour de culture, et forment des cellules géantes. Ni les leucocytes polynucléaires, ni les cellules conjonctives, ne semblent participer à cette formation.

Maximow (1922-1926) a montré que lorsqu'on cultive ensemble, *in vitro,* des tissus de Mammifères et des bacilles tuberculeux il ne s'opère ni dégénérescence ni mort des cellules, comme lors de la contamination de cultures tissulaires par des saprophytes, mais bien une sorte de symbiose. Les deux éléments peuvent s'accroître et proliférer ensemble assez longtemps. Les éléments tissulaires subissent par la présence des bacilles une série de changements réactionnels spécifiques qui se superposent exactement au processus tel qu'il s'observe dans l'organisme infecté. Dans le tissu lymphoïde les cellules géantes sont formées par la fusion de mononucléaires, de cellules épithélioïdes et spécialement de cellules réticulaires, même lorsque celles-ci sont fixes au préalable et non migratrices. Cette formation serait due à des excitations chimiques, émanant des bacilles, et qui provoqueraient une baisse brutale de la tension superficielle des cellules. Le bacille tuberculeux augmente le nombre de cellules géantes, mais n'en crée pas un type nouveau.

Un autre type de cellule pathologique qui a été très étudié *in vitro* est la cellule cancéreuse.

En présence de tissus cancéreux le plasma est fréquemment liquéfié. L'addition de suc embryonnaire au milieu est inutile, les cellules cancéreuses croissent vigoureusement sans lui. Mais ce sont là des caractères que l'on peut observer, à un moindre degré il est vrai, dans les cultures de tissu nerveux au début et dans les cultures d'épithélium pulmonaire de façon permanente. D'autre part, les cellules cancéreuses en culture ne présentent aucun caractère morphologique spécial, permettant de les différencier d'emblée des cellules normales.

Il existe un caractère qui, s'il n'est pas général chez toutes les cellules cancéreuses, est pourtant pathognomonique d'elles quand on le trouve. C'est la présence de mitoses anormales, avec parfois un nombre aberrant de chromosomes pour l'espèce donnée et des fuseaux également irréguliers. Ainsi M. R. Lewis et Strong (1934) ont décrit, dans des carcinomes de la mamelle de la Souris, en culture, des fuseaux doubles parallèles, donnant naissance à deux cellules binucléées, d'autres en V donnant naissance à trois noyaux. Dans certains cas, un fuseau est double dans ses dimensions, l'autre est normal, avec un pôle en commun. Cela aboutit à un noyau contenant trois fois le nombre normal de chromosomes, un deuxième noyau avec un nombre accru et le troisième avec le nombre normal. Dans d'autres cellules il y a trois fuseaux, égaux ou bien de dimensions différentes, donnant les figures tripolaires bien connues chez les cellules cancéreuses, en forme d'Y. Celles-ci donnent trois noyaux avec des nombres irréguliers de chromosomes, allant jusqu'à quatre fois le chiffre normal. Dans d'autres cellules encore on trouve quatre fuseaux qui donnent quatre noyaux, chacun ayant deux fois le nombre normal de chromosomes. Mais parfois ces quatre noyaux s'agglomèrent en un seul. La signification de ces mitoses anormales n'est pas claire, car il faut souligner que des cellules cancéreuses peuvent croître et se reproduire sans présenter de telles mitoses. Dans certaines tumeurs elles sont exceptionnelles. D'autre part, un autre caractère des tumeurs cancéreuses est la présence en leur sein de cellules mourantes et mortes; cela se retrouve dans les cultures, et semble donc être général.

Citons quelques types de cellules cancéreuses et voyons comment elles croissent *in vitro*.

La plupart des lymphomes, tels que les lymphosarcomes, ceux des leucémies et de la maladie de Hodgkin, croissent abondamment lorsqu'ils sont cultivés. Les cellules de type lymphocytaire émigrent après quelques heures d'incubation et ont tendance à être irrégulières dans leur taille et dans leur forme. Des fibroblastes du stroma apparaissent après 24 heures, auquel moment la fibrinolyse se fait voir sous forme d'un vide autour de l'explant. Si celle-ci est très marquée, les lymphocytes s'agglomèrent, deviennent épithélioïdes, et peuvent dégénérer.

Il y a plusieurs types de sarcomes, cancers des tissus conjonctifs, un des groupes principaux étant de type fibroblastique. Les fibroblastes sarcomateux commencent en général à émigrer de l'explant plus tôt que dans le cas de fibroblastes normaux, ici après six ou huit heures à l'étuve. Ces cellules fusiformes ont un diamètre plus grand et contiennent plus de granulations que les fibroblastes normaux, avec un noyau relativement gros et des nucléoles irréguliers. Elles sont très protéolytiques, et s'arrondissent

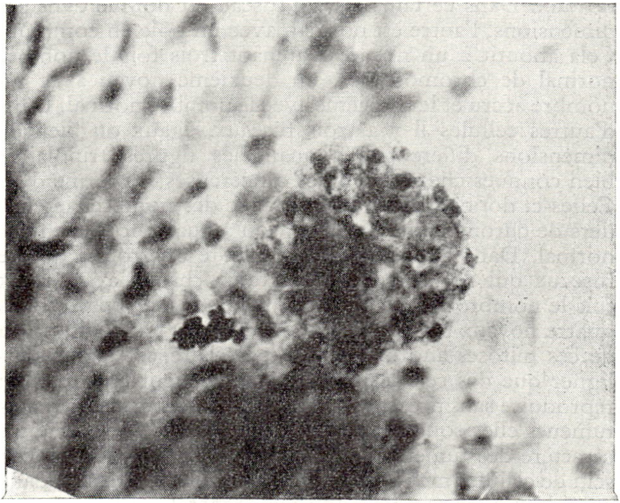

FIG. 22 — GLOBE FORMÉ DANS UNE CULTURE MIXTE : ÉPITHÉLIUM PLUS FRAGMENT DE POUMON.

Embryon de poulet de sept jours; comparer à la figure 23; (G. Mignot et R. M. May; 1960).

dans la zone qu'elles liquéfient, dégénérant à moins qu'on ne rajoute du plasma. De nombreux types de sarcomes de Rats et de Souris ont été maintenus en culture pendant des années, notamment par W. H. Lewis (1935), ainsi que des cellules de sarcomes humains (Gey et Gey, 1936). Leur malignité demeure inchangée, comme le prouve la formation de tumeurs typiques après inoculation des cellules cancéreuses cultivées, chez les Rongeurs.

Les carcinomes sont des cancers d'origine épithéliale. En culture leur croissance ressemble à celle des épithéliums analogues, mais ils poussent plus rapidement. Ce sont les macrophages qui émigrent d'abord dans le milieu, suivis après 24 heures par des nappes épithéliales compactes. Les épithéliums normaux, par comparaison, ne croissent guère avant 48 à 72 heures. De nombreuses cellules carcinomateuses sont en division. Les mitoses irrégulières dont nous avons parlé plus haut aboutissent souvent à la formation de cellules filles dont le noyau et le cytoplasme sont anormaux de forme et de taille; mais plus tard on ne les distingue guère des cellules voisines. Ici encore, la liquéfaction du milieu est très marquée. On observe souvent des fibroblastes et autres cellules du stroma, mais ces éléments paraissent normaux.

Après quelques jours, une organisation partielle de l'épithélium peut avoir lieu, typique du genre d'épithélium *(fig. 22)* qui est cultivé. Ainsi les carcinomes mammaires et des glandes salivaires forment des acini, ceux de la thyroïde donnent des follicules, tandis que les carcinomes spino-cellulaires créent des globes cornés *(fig. 23)*, et les angioendothéliomes aboutissent à des structures d'aspect vasculaire.

La culture réussit non seulement avec les cellules des différentes tumeurs épithéliales, mais aussi dans le cas de leurs métastases, notamment celles des nodules lymphatiques. Leur croissance se présente sous forme de nappes épithéliales étendues et cohérentes, parsemées de lymphocytes d'aspect normal, de cellules réticulaires et de quelques fibroblastes.

La malignité des cellules carcinomateuses cultivées est démontrée, comme celle des sarcomes, par leur inoculation à des animaux de même espèce. Ainsi Fischer (1927, 1928) a vu qu'un carcinome de la Souris donne cent pour cent de greffes positives au bout de deux années et demie de culture.

Si l'étude de cellules cancéreuses *in vitro* est susceptible de nous fournir des données sur leur structure et sur leur évolution individuelle, il est un autre problème qui présente un intérêt de causalité : c'est celui de la cancérisation

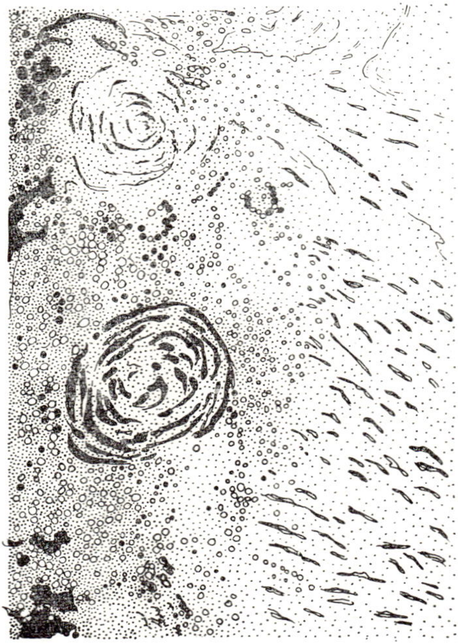

FIG. 23 — FORMATION DE DEUX GLOBES CORNÉS DANS LA CULTURE D'UNE MÉTASTASE DANS UN NODULE LYMPHATIQUE D'UN CARCINOME HUMAIN, APRÈS QUATORZE JOURS DE CULTURE; (G. Cameron; 1950).

des cellules normales en culture sous l'action d'agents bien définis. Ces agents peuvent être divisés en deux catégories : virus et agents cancérigènes autres que les virus.

Le sarcome de Rous est le type de la première catégorie de ces agents. Rous (1910) d'une part, Fujinami et Inamoto (1914) de l'autre, ont découvert, indépendamment les uns de l'autre, une tumeur de la Poule qui peut être transplantée en série, donne des métastases, détermine une cachexie mortelle et a l'aspect d'un sarcome de grande malignité. Or, dans ce cas, qui porte le nom de sarcome de Rous, ce ne sont pas seulement les cellules qui peuvent être inoculées et reproduire la tumeur, mais aussi un filtrat préparé à partir de ces cellules et passé à travers un filtre Berkefeld n° 5 moyen, de même que le tissu tumoral desséché et réduit en poudre. Il semble donc que l'on ait affaire ici à un agent cancérigène qui peut être séparé de la tumeur par une filtration relativement grossière. Cet agent demeure dans le tissu desséché pendant sept mois, mais il est détruit par une température de 55° et les antiseptiques, et ne passe pas à travers une bougie Chamberland fine.

Le virus de Rous privé de tout élément cellulaire détermine la transformation cancéreuse d'éléments conjonctifs en culture, et spécialement de monocytes, comme l'ont montré d'abord Carrel (1924, 1926) et Carrel et Ebeling (1924, 1926). Alors que le virus seul devient assez rapidement inactif, comme nous venons de le voir, sa malignité persiste lorsque des cellules lui servent de support. La théorie infectieuse ou virale du cancer a trouvé dans ces recherches des arguments puissants.

D'autre part, Fischer (1926) a soumis des cultures de rate de Poule à l'action de l'acide arsénieux et du goudron; il a obtenu, dans certains cas, des éléments qui prenaient en culture et en greffe l'allure des cellules du sarcome de Rous. Laser (1928), collaborateur de Fischer, a injecté du goudron à des Poules saines; leur plasma était ensuite utilisé comme milieu de culture pour des fragments de rate d'autres Poules. Après cinq passages *in vitro,* le tissu splénique prenait l'aspect d'un sarcome fuso-cellulaire, et l'inoculation de ces cultures provoqua en quatorze jours un sarcome fuso-cellulaire, avec métastases, dont certaines dans la rate. *Mais les greffes pratiquées* avec cette tumeur furent négatives.

Carrel (1927) a confirmé les résultats de Fischer. Bisceglie (1928) a obtenu des résultats semblables en soumettant à l'action des rayons X des cultures de rate d'embryon de poulet. Les cultures vite liquéfiées, greffées à des Poules, ont reproduit des sarcomes fuso-cellulaires avec métastases.

Mais d'autres chercheurs, n'ayant pu vérifier ces expériences, font remarquer que dans les laboratoires où furent obtenues ces cancérisations non virales on avait travaillé à un moment donné avec le sarcome de Rous. Sa grande virulence serait, d'après eux, une cause de contamination qui expliquerait à elle seule ces résultats.

Il en serait de même des transformations sarcomateuses obtenues avec des cellules de poulet par des Ligneris (1935) après traitement par le dibenzanthracène, et par Morigami (1939). Il y a toujours possibilité qu'intervienne un virus aviaire latent.

Seules des cancérisations intéressant des cellules de Mammifères échappent à cette critique. Nous avons déjà parlé des recherches de Earle et de ses collaborateurs avec des cellules conjonctives rendues cancérigènes par du 20-méthylcholanthrène. Earle (1943) et Earle et Nettelship (1943-1944) ont étudié cette transformation sarcomateuse de fibroblastes de Souris exposés à l'influence du méthylcholanthrène. Après élimination du carbure, et culture ultérieure, de tels fibroblastes, injectés à des Souris, provoquent la formation de sarcomes chez un certain pourcentage d'entre elles. Mais il s'en forme également chez des Souris qui reçoivent des fibroblastes cultivés mais non soumis au méthylcholanthrène.

Cependant Gey (1943) a observé trois fois des transformations sarcomateuses de cultures de fibroblastes de Rat dans des conditions où toute intervention de substance cancérigène peut être formellement exclue. Goldblatt et Cameron (1953) ont, d'autre part, constaté des transformations de cultures de fibroblastes de Rat maintenues pendant plus d'un an dans des conditions d'anaérobiose temporaire. Stewart et ses collaborateurs (1957) ont isolé de plusieurs tumeurs de Souris le virus du polyome. Cultivé sur tissus de Rongeurs ou de Singes, 4/5 des cellules dégénèrent, 1/5 se multiplient. Ce virus semble avoir deux types d'action : 1°, rapide, cytopathogène; 2°, lente, transformatrice de cellules en cellules tumorales.

On peut conclure avec Oberling (1954) que le problème de la transformation cancéreuse *in vitro* est encore en pleine évolution et qu'il n'est pas possible de dire à l'heure actuelle si les tumeurs malignes obtenues de cette façon ont été provoquées uniquement par l'action des corps cancérigènes ou par l'intervention conjointe d'un autre facteur, de nature virale par exemple.

Puisque nous avons parlé de virus, nous allons terminer

cette courte étude de différents aspects de la culture des cellules en pathologie expérimentale en montrant le rôle qu'elle a joué dans les recherches de virologie.

On sait que certains virus, dits cytotropes, et qui provoquent souvent de redoutables maladies, ne peuvent se développer qu'en présence de cellules vivantes. Les méthodes de la bactériologie courante ne permettent donc pas de les cultiver, et l'on s'est adressé à celles de la culture des tissus, en même temps d'ailleurs qu'à l'embryon de poulet vivant, où certains virus cytotropes se développent également. Mais les cultures *in vitro* présentent des avantages de maniabilité que n'ont pas les œufs de Poule embryonnés.

Le Singe est une des seules espèces qui soit, comme l'espèce humaine, sensible à la poliomyélite. Levaditi (1913, 1927) a prélevé, chez un Singe infecté expérimentalement avec cette maladie, des ganglions rachidiens au niveau desquels le virus persiste longtemps. Alors que des leucocytes émigrent en culture, à partir de foyers inflammatoires interstitiels, de même que des fibroblastes de la capsule conjonctive, les cellules nerveuses dégénèrent et subissent une nécrose progressive. Cela indiquerait que le virus se multiplie en relation avec les cellules conjonctives qui survivent. Les inoculations de contrôle sont restées positives jusqu'au vingt et unième jour à 37° après quatre passages.

Levaditi (1913) a pu cultiver de la même façon le virus de la rage. La virulence pour le Lapin se conserve très bien dans ce cas avec une incubation de dix à onze jours. Sabin et Olitsky (1936) ont cultivé du virus poliomyélitique humain sur du tissu nerveux d'embryons humains dans du liquide de Tyrode; Enders, Weller et Robbins (1949) ont réussi la même culture sur divers tissus humains. Par la suite, cela a permis la préparation de vaccins contre la poliomyélite. On emploi beaucoup le tissu rénal de Singes.

On sait que le virus vaccinal est couramment entretenu, non par les méthodes bactériologiques ordinaires, qui ne donnent pas de bons résultats, mais de Veau à Veau. La lymphe vaccinale contient dans ces conditions des germes saprophytes ordinaires. Les cultures *in vitro* ont permis de maintenir le virus et d'augmenter sa virulence. Mais il faut naturellement se débarrasser des germes. Hach (1925) y est arrivé au moyen de la technique de Noguchi. Celui-ci avait montré que si l'on inocule, avec le virus vaccinal, un testicule de Lapin, l'orchite qui en résulte est spécifique, et seul persiste le virus vaccinal. Hach a donc cultivé des fragments de testicule et de rate de tels Lapins; mais seules les cultures spléniques montrent une croissance abondante. Les inoculations de contrôle faites sur la cornée et la peau du Lapin après cinq et douze jours de culture montrent des résultats positifs, avec éruptions confluentes. Parker et Neye (1925), avec une méthode analogue, ont réussi à conserver le virus jusqu'au cent trente-deuxième jour, et à le multiplier 51 000 fois.

Comme les tissus adultes croissent mal dans ces conditions, Craciun et Oppenheimer (1925) ont employé la cornée embryonnaire de Lapin et de Cobaye, en séparant par centrifugation la partie virulente de la lymphe vaccinale; les bactéries et leurs spores restent alors en suspension. Il y a augmentation nette du virus en présence de cellules vigoureuses, et les inoculations sur la cornée de Lapin sont restées positives jusqu'au soixante-treizième jour en flacons de Carrel, en rajoutant tous les trois à quatre jours, soit de nouveaux fragments de cornée embryonnaire, soit du milieu frais.

Le virus du typhus exanthématique a été cultivé par Krontowski et Hach (1922-1926), et celui de la fièvre pourprée des Montagnes Rocheuses par Wohlbach et Schlessinger (1923). On a appliqué également cette méthode au virus de la grippe. C'est ainsi que Mogabgab, Green et Dierkhising (1954) l'ont cultivé dans du tissu rénal embryonnaire humain, à partir du liquide nasal d'un grippé. La présence du virus en culture peut être démontrée par des essais sérologiques, car le milieu liquide des tissus cultivés agglutine des hématies humaines.

Les recherches que nous venons de passer rapidement en revue montrent qu'en pathologie expérimentale, comme dans bien d'autres domaines biologiques, la méthode de culture des tissus s'avère, depuis sa découverte en 1907 par Harrison, l'une des plus fructueuses en résultats et des plus riches en possibilités. Elle a déjà pris une place importante, non certes comme discipline autonome, mais *parmi les grands* systèmes d'investigation biologique qui chaque jour davantage nous mènent vers la connaissance de la vie.

Raoul-Michel May.

BIBLIOGRAPHIE

G. CAMERON, *Tissue Culture Technique,* 191 p., Academic Press inc., New Tork, 1950.

E. C. CRACIUN, *La Culture des tissus en biologie expérimentale,* 440 p., Masson, Paris, 1931.

B. EPHRUSSI, *La Culture des tissus,* 233 p., Gauthiers-Villars, Paris, 1932.

R. J. GAUTHERET, *La Culture des tissus végétaux,* 878 p., Masson, Paris, 1959.

R. M. MAY, *La Culture des tissus,* 100 p., Société d'Edition d'Enseignement Supérieur, Paris, 1956.

M. R. MURRAY et G. KOPECH, *A Bibliography of the Research in Tissue Culture (1884 to 1950). An Index to the Litterature of the living Cell cultivated in vitro,* vol I : A-K, 841 p.; vol. II : L-Z, 842-1741 p.; *Supplementary Author List,* 11 p., Academic Press, New York, 1953.

R. C. PARKER, (avec un chapitre par J. F. MORGAN), *Methods of Tissue Culture,* 294 p., Hoeber P. B., Medical Book Department of Harper and Brothers, New York, 1950.

J. PAUL, *Cell and Tissue Culture,* 312 p., The Williams and Wilkins Company, Baltimore, 1960.

G. PENSO et D. BALDUCCI, *Tissue Cultures in biological Research,* 468 p., Elsevier, Amsterdam, 1963.

J. VERNE, *La Vie cellulaire hors de l'organisme. La Culture des tissus,* 192 p., G. Doin, Paris, 1937.

P. R. WHITE, *The Cultivation of animal and plant Cells,* 239 p., Thames and Hudson, Londres, 1954.

E. N. WILLMER, *Tissue Culture. (The Growth and Differenciation of normal Tissues in artificial Media),* 191 p., Methuen and Co Ltd., Londres, J. Wiley and Sons Inc., New York, 1958.

PROBLÈMES DE L'ÉVOLUTION

Le problème de nos origines et celui, plus général, de l'origine des êtres vivants, se sont posés tous deux de bonne heure dans l'histoire de l'Humanité : ils ont donné lieu, depuis le temps des philosophes grecs, à deux solutions qui s'affrontent encore plus ou moins aujourd'hui.

LA SOLUTION CRÉATIONISTE

Cette hypothèse, qui paraît la plus ancienne des deux, admet l'existence d'une puissance qu'elle considère comme infinie par définition, qui est immatérielle, et qui, à partir du néant, a donné naissance à notre globe et à ses habitants, identiques, dès le début, à ceux que nous voyons autour de nous.

Ce Créateur, dont la représentation a varié, et varie encore plus ou moins dans les diverses religions, a créé l'Homme à son image, et les imperfections de notre nature résultent des vicissitudes de la vie de nos premiers ancêtres. Les autres organismes ont été créés, si nous nous en tenons à la tradition biblique, un peu avant nous-mêmes. C'est un jésuite espagnol, le Père Suarez, qui, vers la fin du XVIe siècle, a le plus fortement insisté en faveur de cette hypothèse, admettant, à la lettre, le dogme de la création en six jours naturels, tel qu'il est formulé au premier chapitre de la Genèse. L'idée a régné ensuite, d'une manière apparemment absolue, jusqu'au XVIIIe siècle.

Il s'agit certes d'une théorie simple et d'apparence fort logique : ce Chien que nous venons de croiser dans la rue, dérive d'un couple de Chiens, issus également de Chiens, et ainsi de suite, nous pouvons remonter dans le passé de génération en génération, définissant une lignée, sans erreur apparente possible. Il suffit d'imaginer que cette lignée dérive, très loin dans le passé, d'un couple de Chiens identiques, créés tels quels, à l'origine des temps.

La part d'hypothèse est ainsi minime. Cependant, si,

au début de sa carrière scientifique, le grand naturaliste suédois Linné l'acceptait bien comme un véritable fait (1736), écrivant : « il y a aujourd'hui autant d'espèces que l'Être infini en a créé au début », il était amené à reconnaître, vingt ans plus tard, qu'il a dû s'en former d'autres par un procédé différant de celui de la création. Il constatait en effet l'apparition de formes nouvelles par croisement des formes existantes.

Malgré cette légère entorse à la règle, le créationisme est resté *fixisme,* tant que l'on s'est borné à la connaissance des espèces du monde actuel.

La découverte et l'interprétation correcte des fossiles, dès la fin du XVIIIe siècle, ont conduit à compliquer cette simple hypothèse.

La paléontologie, créée par G. Cuvier, démontrait en effet l'existence, dans le passé, de formes différentes de celles de l'époque actuelle. Cuvier fut ainsi conduit à admettre qu'à certaines époques du passé de la Terre, des catastrophes géologiques avaient, dans certaines régions, détruit faunes et flores. Ces régions se seraient ensuite repeuplées, soit aux dépens de formes différentes, issues d'autres portions du globe, épargnées par les catastrophes, soit par de nouvelles créations. Cuvier une fois disparu, ses élèves, et en particulier A. d'Orbigny, ont poussé jusqu'à l'absurde cette dernière hypothèse, expliquant la succession des faunes dans le temps par vingt-sept destructions et créations successives (1849).

Le fixisme s'en est trouvé discrédité, et ses partisans se sont progressivement égrenés. S'il en existe encore aujourd'hui quelques-uns, plus ou moins avoués, la position de tous ceux qui sont informés des découvertes effectuées depuis un siècle, est très différente de celle du Père Suarez, et évoque plutôt celle d'évolutionnistes inavoués. C'est ainsi que P. Lemoine, L. Vialleton, L. Bounoure, qui ont été ou sont des antiévolutionnistes reconnus, n'en sont cependant pas revenus au Créationisme intégral. Leur position de négateurs de la doctrine évolutionniste est liée aux difficultés que l'on éprouve à donner de celle-ci une explication réellement indiscutable. Seuls, deux auteurs, non biologistes du reste, Salet et Lafont ont tenté de reprendre, dans un ouvrage intitulé *l'Évolution régressive* (1943), la position à peine rajeunie du Père Suarez. Faisant peu de cas des faits paléontologiques, ils ont été violemment combattus, même par les plus catholiques des écrivains, tels que le comte Bégouen, et, dès l'atténuation de la vague de mysticisme suscitée par la dernière guerre, leur opinion paraît avoir été oubliée par le grand public.

LA SOLUTION ÉVOLUTIONNISTE

Elle consiste à penser que les organismes vivants ont pris naissance directement, à partir de la matière inerte, sous des apparences initiales extrêmement modestes. Peu à peu, au cours des temps, ils se sont compliqués et perfectionnés jusqu'à devenir ce qu'ils sont aujourd'hui.

Reprenons le même exemple des Chiens envisagé plus haut. Si l'on remonte dans le temps la lignée de ces êtres, il arrive un moment où l'antécédent n'est plus tout à fait un Chien, mais un ancêtre très voisin de cette forme, plus primitif, précédé lui-même par un autre encore plus primitif. Et ainsi, de proche en proche, par un nombre énorme d'échelons se précédant les uns les autres, la lignée aboutit à un point de départ qui peut se concevoir comme une cellule, ou même encore un élément plus simple que celle-ci. Mais, et c'est le fait essentiel, chaque maillon de cette longue chaîne aura pu être le point de départ commun à d'autres lignées, plus ou moins divergentes. Notre point initial aura servi d'origine à la totalité des êtres vivants, dont les lignées figurent une sorte d'arbre gigantesque, aux branches innombrables, partant d'un tronc commun.

Du fait que les organismes se succéderaient dans le temps, se transformant les uns dans les autres, on a désigné la théorie sous le nom de *transformisme*. Quant à ce déroulement grandiose, dans le temps et dans l'espace, qui affecte la vie depuis les organismes rudimentaires jusqu'aux plus compliqués des êtres actuels, animaux et plantes, il constitue ce que l'on nomme l'évolution.

Cette théorie, nettement moins simple que le créationisme, est cependant déjà assez nettement exprimée par certains philosophes grecs tels qu'Anaximandre (~ VIe siècle), Empédocle, Démocrite (~ Ve siècle). Elle est connue d'Aristote (~ IVe siècle) mais ne réapparaît que longtemps après le Moyen âge, à partir du XVIIIe siècle, d'abord timidement avec Buffon, Maupertuis, plus nettement avec Diderot, avec Erasmus Darwin, et sans jamais que l'opinion de ces précurseurs ait atteint le public. Elle s'affirme ensuite quelque peu, tout d'abord avec Jean-Baptiste Monet de Lamarck, au moment de la grande révolution, puis finalement, et définitivement, avec Charles Darwin. Ce dernier, publiant en 1859 son *Origin of Species,* fournit pour la première fois une démonstration cohérente de la réalité de l'évolution. Ce fameux ouvrage, très vite répandu sur tout notre globe, constitue le véritable acte de naissance de la théorie évolutionniste.

Grâce à lui, depuis un siècle, l'évolutionnisme s'est imposé à la grande majorité des savants du monde entier. Il a néanmoins pénétré moins vite dans le domaine du grand public, où les opinions sont encore incertaines, troublées qu'elles sont par les dogmes, et, il faut aussi le reconnaître, par le manque d'unanimité des spécialistes. Nombreux sont les hésitants : s'ils sont interrogés prudemment, il est facile de se rendre compte que, bien souvent, le mot évolution n'évoque chez eux que l'idée, peu flatteuse, d'un Singe qui serait notre ancêtre commun. L'Homme moyen n'aime pas être considéré comme un animal, même perfectionné; il préfère incontestablement être construit à l'image d'un Dieu — solution qui ne serait pas flatteuse pour ce dernier.

Nous n'exposons pas ici une opinion personnelle, mais cherchons à présenter le plus simplement possible les faits scientifiques découverts en un siècle d'efforts, par les générations de biologistes et de paléontologistes qui ont fait suite à l'époque darwinienne. Une première partie est consacrée aux arguments les plus importants sur lesquels se base notre croyance en l'évolution. Une seconde et dernière présente les explications principales données du mécanisme évolutif, insistant particulièrement sur la dernière en date.

LA RÉALITÉ DE L'ÉVOLUTION ORGANIQUE

Chacun sait, par sa propre expérience, basée sur l'observation des phénomènes qu'il lui est possible de voir se dérouler devant lui, que, loin d'être immuable, la surface de notre globe se montre en perpétuel changement, qu'il existe ainsi une *évolution inorganique*.

Sous l'action des agents atmosphériques, le relief de notre planète s'use peu à peu. Les eaux de pluie, le gel, le vent démantèlent nos montagnes, et les produits de cette érosion, emportés par les torrents, les rivières et les fleuves, sont entraînés au loin dans les plaines et dans les mers. La surface terrestre tend ainsi à s'aplanir. Mais la géologie nous apprend que les plaines, que le fond des mers peuvent aussi s'élever en montagnes, selon des cycles qui se succèdent et se sont succédé au cours du long passé de la Terre. Il n'est personne qui mette en doute ces profondes transformations inorganiques, évidentes pour tout observateur impartial, et que soulignent de temps en temps certains phénomènes spectaculaires, tels qu'éruptions volcaniques et tremblements de terre.

Il n'en est pas exactement ainsi du monde organique : on éprouve beaucoup plus de peine à reconnaître et à démontrer son instabilité.

A l'époque de Georges Cuvier, furent découvertes, dans les pyramides d'Égypte, des momies de divers animaux domestiques, et dont l'âge fut estimé à trois millénaires. Ces restes furent étudiés, et, à la grande confusion des évolutionnistes de l'époque, reconnus identiques aux formes actuelles. Nous savons aujourd'hui qu'un tel laps de temps est, pour des organismes vivant dans un vaste continent, trop court pour rendre évidents des changements importants des faunes ou des flores. On ne peut saisir, à coup sûr, une évolution qu'en comparant des espèces séparées dans le temps par des durées à l'échelle géologique, c'est-à-dire chiffrées en millions, ou en dizaines de millions d'années. Seule, la paléontologie autorise de telles comparaisons. Si l'étude ne peut être faite que pendant un nombre d'années correspondant aux durées des vies humaines, l'évolution ne devient évidente que si la comparaison est réalisée avec une très grande précision, permettant de démontrer les variations les plus minimes de constituants cellulaires essentiels, tels que les chromosomes. Ou encore si elle a pu être effectuée sur de petits groupes d'organismes complètement isolés de leurs semblables, et ne pouvant ainsi plus se croiser avec les autres organismes de la même espèce. Les cytogénéticiens et les généticiens peuvent se charger de cette tâche.

Mais il existe aussi des arguments indirects, tirés des sciences morphologiques en particulier, qui montrent que l'hypothèse évolutionniste permet d'expliquer les faits biologiques, incompréhensibles sans elle pour l'entendement humain.

LE PROBLÈME DU POINT DE DÉPART DE L'ÉVOLUTION

Avant d'aborder l'examen de ces divers arguments, une question préalable se pose : l'évolution ne peut se concevoir sans un *point initial*. Pouvons-nous espérer le connaître ? Rien n'est moins certain, car ce point de départ aura été d'une très grande simplicité, en même temps que d'une très petite taille. Par suite, il y a fort peu d'espoir qu'il ait pu se conserver à l'état fossile dans les strates géologiques, tant qu'il n'aura pas été muni d'un test minéralisé, nous en comprendrons plus loin la raison.

Nous pouvons cependant tenter de l'imaginer : deux hypothèses principales s'en sont chargées. La Terre aurait été peuplée initialement par des organismes extrêmement petits, venant des espaces interstellaires, et provenant d'une autre planète déjà habitée. La vie serait ainsi universelle : des *Cosmozoaires* — selon l'expression du comte de Monlivaut (1821) — circuleraient dans l'espace ensemençant les mondes parvenus à un état de maturité suffisant. Cette hypothèse, reprise par Lord Kelvin (1871), par Van Tieghem (1891) a été développée ensuite par

Arrhénius (1910) qui est parvenu à expliquer les possibilités de voyage de ces microorganismes à travers l'espace en invoquant la « pression de radiation » c'est-à-dire la poussée par les radiations lumineuses.

Une telle théorie n'explique pas l'origine de la vie, puisqu'elle la suppose universelle. D'autre part, il paraît évident que, dans une telle possibilité, l'ensemencement des mondes devrait se produire presque en permanence. On a, alors, peine à comprendre l'unité incontestable de la vie, qui ne peut guère se concevoir que si l'on admet, pour les organismes, une origine unique. Cette théorie semble, en outre, infirmée par une constatation expérimentale : dans le vide spatial, toute particule matérielle se trouve soumise aux rayons ultraviolets dont le pouvoir bactéricide a été reconnu considérable, tel qu'aucun germe connu ne leur résiste plus de six heures dans les conditions expérimentales (Becquerel). La question du transport par météorites semblerait également à éluder. On sait que notre globe reçoit constamment sous cette forme des projectiles de tailles fort variées, issus du cosmos. Ce sont généralement des masses métalliques constituées surtout de fer et de nickel. Mais il arrive aussi qu'elles renferment des traces de carbone, indiquant une origine organique. D'essais effectués déjà à l'époque de Pasteur, il résulte que ces blocs paraissent entièrement aseptiques, vraisemblablement aseptisés par les échauffements considérables auxquels ils ont été soumis lors de leur traversée de l'atmosphère terrestre. Néanmoins puisque des expériences humaines contemporaines ont permis de faire franchir cette atmosphère à des êtres vivants, il n'est plus possible de nier la possibilité d'une insémination du globe par certaines météorites.

La seconde hypothèse admet l'apparition de la vie sur notre globe par *génération spontanée*. Elle a été soutenue à diverses reprises, en particulier par Errera (1900). Mais il faut rappeler que, jusqu'à la Renaissance, on admettait sans discussion que les petits animaux — depuis les Vers jusqu'aux Souris — peuvent se former au cours de la fermentation ou de la putréfaction des matières organiques. On préférait en effet régulièrement le raisonnement à l'observation, et l'on considérait la matière vivante comme indestructible : ses molécules libérées par la mort pouvant se regrouper sous la forme d'autres êtres.

Cette croyance, développée encore par Buffon, tenace malgré les remarquables expériences de Redi (1688), n'a été ruinée que par Pasteur. On sait comment, à l'aide d'expériences aussi simples que rigoureuses, il parvint à établir l'impossibilité de la génération spontanée. Conclusion restée intacte, mais qui ne dépasse pas les conditions dans lesquelles elle a été établie. Il est permis de se demander s'il n'a pas existé sur notre globe à un certain moment des conditions ayant permis une génération spontanée.

Les travaux des géochimistes, en particulier de Vernadsky, ont, en effet, établi que l'oxygène de notre atmosphère, auquel la vie actuelle est si étroitement liée, n'a pas toujours existé dans les mêmes conditions. Sur notre globe, une seule réaction chimique fournit ce métalloïde à l'état libre : c'est la décomposition du gaz carbonique par les plantes vertes : $CO_2 = C + O_2 - q$ calories. Il y a par contre un grand nombre de réactions, toutes dégageant de l'énergie, c'est-à-dire tendant à se réaliser spontanément, qui fixent l'oxygène dès sa libération. Notre vie dépend donc essentiellement de l'existence de la chlorophylle. Sans ce corps, produit par les organismes végétaux, la vie actuelle est impossible. Mais il n'y a pas toujours eu des plantes vertes : avant elles, les conditions de la vie organique étaient donc absolument différentes des conditions actuelles. D'un autre côté, nous savons qu'à la présence d'oxygène dans l'atmosphère est liée celle d'ozone dans la stratosphère, formant un écran qui arrête, en l'absorbant, la partie de plus courte longueur d'onde du spectre solaire. Or, si cette zone de l'ultraviolet est bien la plus nocive, elle est aussi, envisagée au point de vue chimique, la plus active. On a démontré expérimentalement qu'elle est capable de provoquer la combinaison du carbone, de l'hydrogène et de l'oxygène, et de fabriquer ainsi des corps ternaires du type glucide. Elle peut même y adjoindre l'azote, réalisant des produits quaternaires, et même de véritables acides aminés. Nous sommes donc *en droit de penser* que des réactions de synthèse, aujourd'hui impossibles dans le milieu naturel, ont pu s'effectuer dans le lointain passé de notre globe, et donner naissance à des composés organiques, du type même de ceux qui caractérisent la vie.

Il ne s'agit là que d'hypothèses, fort délicates du reste, car elles reposent sur une séquence d'événements dont les uns ont dû obligatoirement se produire avant les autres, sous peine de rendre ceux-ci impossibles. On conçoit que la synthèse de matière organique ainsi réalisée, issue d'une série précise d'événements, n'aura pas pu se produire plusieurs fois de suite. Il n'est pas certain qu'elle soit suffisante à expliquer la vie, elle constitue néanmoins l'hypothèse qui, dans l'état actuel de nos connaissances, se rapproche le plus de l'explication d'une génération spontanée.

Les possibilités d'une exploration directe de l'espace, telles qu'elles apparaissent aujourd'hui, nous donnent l'espoir d'approcher davantage de la vraie solution du problème par une comparaison des données terrestres avec celles que fourniront les autres planètes.

PREUVES PALÉONTOLOGIQUES DE L'ÉVOLUTION

Parmi les sciences naturelles, la paléontologie est celle qui recherche et étudie les fossiles, restes organiques, ou empreintes d'êtres vivants, conservés dans les éléments constitutifs de l'écorce terrestre. Elle permet ainsi d'envisager d'une manière directe le développement de la vie dans le temps.

Les autres sciences géologiques viennent l'aider en fournissant le moyen de dater ces restes. La stratigraphie, tout en classant les divers sédiments, permet d'en fournir l'âge relatif, c'est-à-dire les range dans le temps les uns par rapport aux autres.

Grâce aux découvertes modernes de la radioactivité, la physique de la Terre complète heureusement ces données, et les transforme en durées absolues : c'est-à-dire qu'elle donne en millions d'années l'âge de strates correspondant à celles qui renferment tel ou tel fossile. Généralement, en effet, ces mesures, basées sur la désintégration de certains minéraux radioactifs, ne s'appliquent pas aux roches mêmes qui renferment les fossiles, mais à des massifs cristallins estimés de même âge. On peut savoir ainsi que nos plus anciennes roches de surface datent de deux à trois milliards d'années, l'âge de la planète étant estimé à une durée comprise entre trois et quatre de ces unités.

L'âge réel des premiers organismes est beaucoup plus difficile à fixer. En effet, un phénomène géologique particulier, le métamorphisme, modifie les sédiments anciens et en fait disparaître sinon la totalité, tout au moins, l'immense majorité des débris d'organismes. Les sédiments les plus anciens sont en effet les plus profondément situés dans l'écorce : sous l'action de la chaleur qui croît régulièrement avec la profondeur, en principe d'un degré par trente-trois mètres, sous l'action de la pression, les éléments chimiques se mobilisent et les roches subissent des remaniements considérables allant de la dissolution à la fusion ignée, les transformant en un magma, qui, ramené en surface, ne laisse plus voir à l'observateur que des masses plus ou moins recristallisées et dans lesquelles toute trace de vie a disparu. Il y a cependant quelques heureuses exceptions : certaines roches « biogènes » telles que la houille, d'origine végétale, ou les grandes masses de calcaire, d'origine animale, restent reconnaissables malgré leurs transformations. La houille devient graphite, le calcaire, cipolin, et la présence de ces roches, dans une série de gneiss ou de schistes métamorphiques, atteste au moins que, lors de la formation initiale de la série, la vie existait déjà, sans que l'on puisse, dans ces cas particuliers, obtenir d'autres renseignements sur elle. Il en est ainsi des graphites archéens de Finlande dont l'âge remonte à près d'un milliard d'années. Il est possible aussi que la transformation par le métamorphisme n'ait pas été totale et qu'il soit demeuré des fragments non altérés. On connaît des localités de la chaîne hercynienne du Massif Central dans lesquelles, au milieu d'un complexe métamorphique dévonien, existent des blocs fossilifères.

Nous avons eu l'occasion d'étudier des échantillons de roches sédimentaires protégées contre le métamorphisme par un emballage dans les tufs éruptifs et qui ont gardé leurs fossiles.

Or, il s'agit de roches très anciennes, appartenant à l'étage Birrimien de la Côte-d'Ivoire, et auxquelles les géologues attribuent un âge absolu légèrement supérieur à deux milliards d'années. On y reconnaît des coques siliceuses microscopiques, tantôt éparses, tantôt formant par leurs agglomérations tout le fond de la roche. Il ne peut s'agir que de tests d'organismes, certainement unicellulaires auxquels nous avons donné le nom de *Birrimarnoldia antiqua*.

Ce fossile, extrêmement abondant dans les deux gisements où il a été reconnu, est loin d'être le premier signalé dans les terrains sédimentaires les plus anciens, mais c'est l'un des plus vieux. Les *Corycium problematicum* des phyllades de Finlande, qui paraissent d'origine végétale, n'ont que 1 800 millions d'années.

Mais on connaît des Stromatolithes encore plus vieux (2 650 millions). Les Stromatolithes sont des concrétions calcaires que l'on attribue à l'activité d'Algues et qui se rencontrent dans de très nombreux étages. Quoi qu'il en soit de leur nature exacte, un fait est démontré, la très grande antiquité de la vie. Il faut insister aussi sur son caractère certain de simplicité chez ces premières formes connues et qui ne sont vraisemblablement pas les toutes premières.

C'est beaucoup plus près de nous, à 600 millions d'années (Algonkien), que l'on commence à rencontrer des fossiles qu'il est relativement aisé d'introduire dans la classification zoologique courante. Ce sont des restes d'Invertébrés, rares, mais déjà relativement variés, appartenant à presque tous les grands embranchements : c'est ainsi que l'on y a reconnu des Protozoaires, des Spongiaires, des Cœlentérés, des Vers, des Arthropodes, des Mollusques, des Échinodermes, toutes formes qui se classent immédiatement dans les catégories habituelles de la systématique.

L'APPARITION DES VERTÉBRÉS ET DES VÉGÉTAUX SUPÉRIEURS

Si l'on se borne à considérer cette faune algonkienne, il est logique d'admettre ou bien qu'il n'y a pas eu *Évolution* des Invertébrés, mais seulement *Création* des principaux types, ou bien qu'il y a eu réellement Évolution mais nettement antérieure à ces strates algonkiennes. Cette dernière hypothèse est la plus vraisemblable, que la découverte de *Corycium problematicum,* de *Birrimarnoldia antiqua* et autres vieux fossiles, vient corroborer, en montrant que plus de 1 000 M. (M = 1 million d'années) avant l'Algonkien, il existait déjà quelque part sur notre globe des organismes vivants appartenant au type Protiste, c'est-à-dire le plus simple qui se concilie avec la théorie cellulaire.

On comprend alors sans peine que, à l'Algonkien, les grands embranchements d'Invertébrés aient pu déjà être distincts.

Encore plus près de nous, au Cambrien (500 M.), la faune est devenue riche. Le géologue français Barrande qui l'a étudiée en Bohême il y a plus d'un siècle, la regardait comme la faune « primordiale » et tirait argument de sa richesse contre les idées évolutionnistes. Presque toutes les classes d'Invertébrés y sont représentées, souvent avec abondance, mais aussi souvent par leurs formes les plus simples, les moins perfectionnées. Dans des roches de même âge, déposées cette fois dans les Montagnes Rocheuses, Walcott a fait connaître des formes fragiles, complètement dépourvues de parties dures, telles que des Méduses et des Chétognathes, et, parmi elles, un organisme qu'il a considéré comme un Ver, et dénommé *Oesia disjuncta*. Un spécialiste des Procordés, Lohmann, a reconnu cette forme comme appartenant aux Appendiculaires de la famille des Oïkopleuridés : il s'agit donc du premier représentant connu des Procordés, embranchement le plus rapproché de celui des Vertébrés *(fig. 1)*.

Tous les embranchements d'Invertébrés existent donc au Cambrien, mais il n'y a été rencontré jusqu'alors aucun Vertébré.

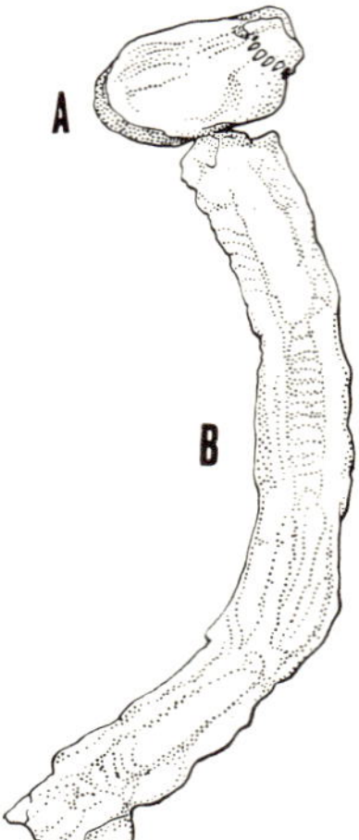

FIG. 1 — LE PLUS VIEUX DES CHORDÉS, *Oesia disjuncta* WALCOTT : OÏKOPLEURIDÉ (APPENDICULAIRE, PROCORDÉ), D'APRÈS L'INTERPRÉTATION DE LOHMANN.

A, le corps avec, à droite, les empreintes caractéristiques des oïkoplastes. B, la queue avec, dans l'axe, l'indication de la chorde dorsale. D'après une photo de Walcott. (Cambrien moyen de la Burgess Pass.)

S'agit-il d'une absence réelle, ou simplement d'une lacune de nos connaissances ? Certes, toute constatation négative, telle que celle-ci, risque d'être infirmée un jour par une nouvelle trouvaille. Cependant, étant donnée l'abondance déjà grande des fossiles cambriens, la grande importance des recherches qu'ils ont suscitées, il semble que l'on doive admettre que les Vertébrés n'ont pas encore fait leur apparition, mais que, étant donnée la présence d'un Procordé, celle-ci est imminente.

En fait, il faut effectuer dans le temps un bond de près de 100 M., c'est-à-dire arriver à la fin du Silurien inférieur, pour trouver les Vertébrés au début de leur expansion : on peut ensuite les suivre jusqu'à nous, et obtenir ainsi l'image du développement d'un embranchement entier.

Cette apparition est loin d'être désordonnée : sur les 300 M. d'années qu'elle dure, les diverses classes, et même leurs subdivisions, se montrent successivement d'une manière parfaitement régulière *(fig. 2)*.

En premier lieu apparaissent les Agnathes, organismes à allure de Poissons, mais assez différents de ceux que nous considérons communément comme tels : leur bouche ne comporte pas de mâchoires, comme on peut l'observer chez nos Cyclostomes actuels. Ils ont un squelette interne cartilagineux, et en outre un exosquelette osseux, qui les fait désigner comme Ostracodermes. Il s'y joint bientôt des Poissons à mâchoires, les Placodermes, eux aussi possesseurs d'un exosquelette. Ils s'éteignent bientôt, tandis qu'apparaissent les premiers Sélaciens, ancêtres directs de nos Requins.

L'étage Dévonien, qui fait suite, est marqué par d'autres Poissons, les Dipneustes et les Crossoptérygiens, qui presque tous possèdent un double appareil respiratoire, branchial et pulmonaire. Les Actinoptérygiens, ancêtres de nos Poissons osseux actuels, n'apparaissent qu'un peu plus tard, à la fin du Dévonien.

A l'époque Carbonifère qui débute alors, se montrent les premiers Amphibiens, ou Stégocéphales, peu différents au début des premiers Crossoptérygiens. C'est avec eux que débute l'accession des Vertébrés à la vie aérienne, bientôt continuée par l'apparition des premiers Reptiles. Le peu d'importance des premiers représentants de cette classe à la fin des temps Primaires contraste étrangement avec l'extraordinaire expansion qu'elle con-

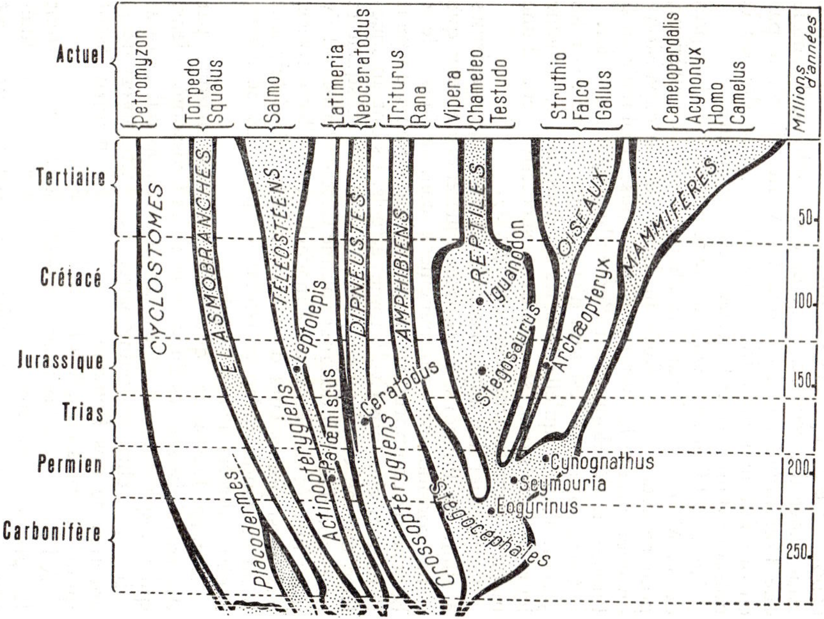

Actuel
Tertiaire
Crétacé
Jurassique
Trias
Permien
Carbonifère
Petromyzon
Torpedo
Squalus
Salmo
Latimeria
Neoceratodus
Triturus
Rana
Vipera
Chameleo
Testudo
Struthio
Falco
Gallus
Camelopardalis
Acynonyx
Homo
Camelus
Millions d'années
50
100
150
200
250
CYCLOSTOMES
ELASMOBRANCHES
Placodermes
TÉLÉOSTÉENS
Leptolepis
Actinoptérygiens
Palæmiscus
DIPNEUSTES
Ceratodus
Crossoptérygiens
AMPHIBIENS
Stegocéphales
REPTILES
Iguanodon
Stegosaurus
Eogyrinus
Seymouria
Cynognathus
OISEAUX
Archæopteryx
MAMMIFÈRES

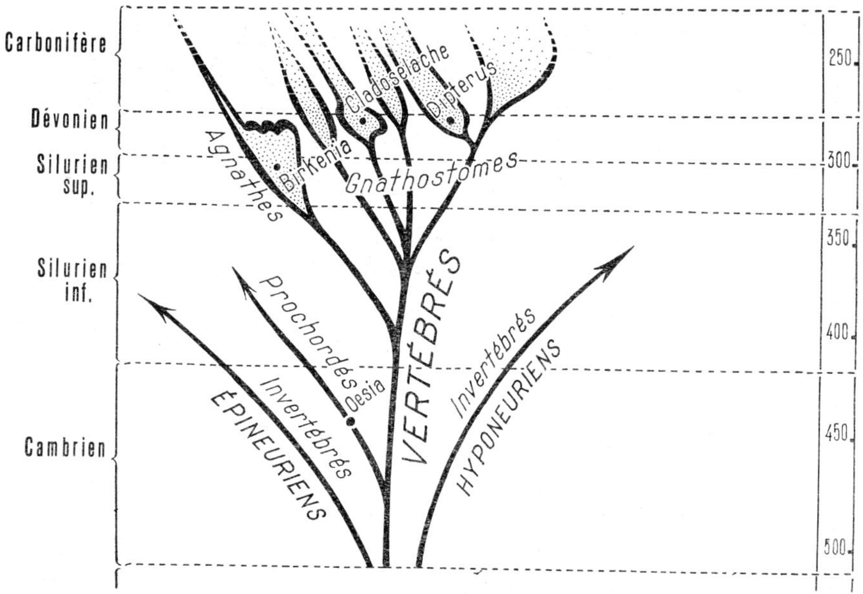

FIG. 2 — DATES PROBABLES D'APPARITION ET AFFINITÉS POSSIBLES DES VERTÉBRÉS.
(Inspiré de Young).

naît au cours de l'ère Secondaire : les Reptiles y foisonnent bientôt, occupant tous les milieux possibles, et parvenant parfois à des tailles gigantesques. Les Vertébrés à température constante, Oiseaux et Mammifères, apparaissent enfin, eux aussi, au cours de cette ère. Leurs formes initiales sont mal connues : celles des Oiseaux se caractérisent nettement par leurs plumes et leurs ailes. Celles des Mammifères se distinguent difficilement des restes des Reptiles contemporains Permiens ou Permotriasiques. Parmi ceux-ci, en effet, les Théromorphes ont déjà les caractères dentaires des Mammifères, c'est-à-dire les dents différenciées en incisives, canines et molaires, mais ils n'ont pas encore la chaîne des osselets de l'oreille moyenne, parce que leurs maxillaires inférieurs sont encore formés de plusieurs os, comme ceux des vrais Reptiles. On ne sait donc pas toujours dans laquelle des deux classes il faut ranger ces formes. Mais, en ce qui concerne le problème posé, il faut noter que l'apparition de ces êtres est très nettement postérieure à celle des premiers Reptiles.

Les deux classes d'Homéothermes ne prennent d'importance qu'une fois l'ère Secondaire terminée, après la disparition presque totale des grands Reptiles, qui leur laisse en quelque sorte la place libre.

Les divers ordres de Mammifères prennent alors de l'extension, se développant largement pendant toute l'ère Tertiaire. La famille des Anthropomorphes, à laquelle nous appartenons, ne se montre qu'à la fin de l'ère, et le genre *Homo,* qui est le nôtre, ne se reconnaît qu'au Quaternaire, à moins de cinquante milliers d'années en arrière de nous.

L'ordre d'apparition des classes de Vertébrés constitue ainsi une série régulière, qui correspond exactement à celle sur laquelle s'accordent les anatomistes qui veulent ranger ces formes selon les complications croissantes de leur organisation : les plus anciennes sont les plus simples, les plus modernes les plus compliquées : l'apparition des Vertébrés ne peut être assimilée à une création *simultanée de formes fixées dès le début.* C'est une *évolution* qui se réalise exactement comme aurait pu le prévoir la théorie.

La paléophytologie, science parallèle à la paléontologie, et qui se consacre à l'étude des plantes fossiles, apporte la même preuve quand elle étudie l'ordre d'apparition des Végétaux.

Ceux-ci existent déjà dans l'Antécambrien, ainsi qu'en font foi les gisements de graphite de Finlande, déjà évoqués plus haut, et dont l'âge remonte à 1 000 ou 1 200 M. A l'Algonkien, au Cambrien et au Silurien, on ne connaît que des Algues, toujours très mal définies. Au Dévonien apparaissent, en plus de celles-ci, des Cryptogames vasculaires, et probablement aussi les premiers Gymnospermes, qui s'en distinguent difficilement. L'importance de ces formes s'accroît alors considérablement durant le Carbonifère, et continue pendant une bonne partie de l'ère Secondaire. Il n'existe aucune plante à fleurs avant la fin de cette ère : on les voit apparaître à l'époque Crétacée, débutant par les plus simples, les Angiospermes Dialypétales et les Monocotylédones. Les Gamopétales n'apparaissent que plus tard : les divers types de plantes n'ont donc pas été créés simultanément et définitivement, mais se sont montrés successivement dans un ordre précis, débutant par les plus simples et continuant ensuite par des formes de plus en plus compliquées.

Exactement comme nous l'avons reconnu à propos des Vertébrés, l'étude de leur ordre d'apparition démontre la réalité de leur évolution.

MICROÉVOLUTION ET MACROÉVOLUTION EN PALÉONTOLOGIE

Les recherches paléontologiques fournissent également d'autres preuves de l'évolution, mais tirées des études de détail. Elles se basent sur une méthode introduite dès 1869 par Waagen, et dite de l'« évolution réelle ».

Étant donnée une série stratigraphique continue, c'est-à-dire faite de dépôts successifs en concordance régulière, constituée donc sans que les conditions ambiantes aient beaucoup varié, et en particulier sans qu'il y ait eu d'interruption de la sédimentation par suite d'une émersion, elle consiste à suivre, couche par couche, des fossiles abondants, d'une même espèce, ou d'un même genre, du bas en haut de la série. Comme l'a écrit Depéret, c'est la méthode qui laisse le moins de part aux hypothèses.

Cette méthode a été appliquée de nombreuses fois, à toutes sortes d'organismes, à des époques géologiques variées : Graptolithes, Coraux, Brachiopodes *(fig. 3)*, Gastéropodes, Lamellibranches, Échinodermes... Elle permet ainsi de reconnaître l'aspect que présente la variation de détails dans une série donnée.

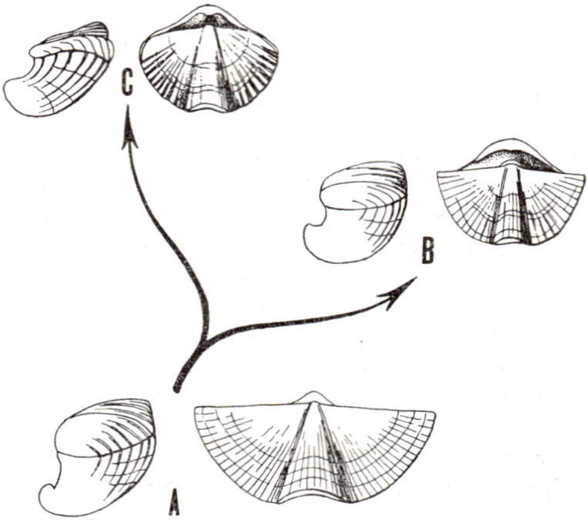

FIG. 3 — VARIATIONS DE LA FORME DANS LE TEMPS CHEZ *Spirifer varians,* D'APRÈS FENTON.

Une bifurcation phylétique.

Aux recherches classiques de Waagen sur l'Ammonite *Oppelia subradiata* au cours du Jurassique, et montrant que cette espèce subit des changements minimes et très progressifs, s'accumulant en série régulière, ont succédé, entre autres, celles de Rowe sur les *Micraster* de la craie du bassin de Londres. Là encore se constate un passage extrêmement progressif, véritablement continu entre *Micraster cor bovis* de l'étage Turonien, et *M. aturicus* du *Maestrichtien* : dans l'ensemble, les tests de ces Oursins s'aplatissent en s'apointissant, leurs ambulacres se rétrécissent, tandis que la bouche s'ovalise. Tous ces changements sont simultanés et de même sens.

A l'aide des Huîtres Gryphées, si abondantes au Lias,

on peut constater, en s'élevant dans la série géologique à partir du Sinémurien, l'enroulement progressif du crochet caractéristique de ces coquilles (*fig. 4*). Au début, le maximum de fréquence de l'enroulement est de un quart de tour, mais certaines valves montrent déjà un demi-tour. A la fin du Lias, la fréquence maxima est de un tour et demi. Entre ces extrêmes s'intercalent trois espèces pour lesquelles les modes des courbes de fréquence correspondent respectivement à deux tiers, trois quarts et un tour.

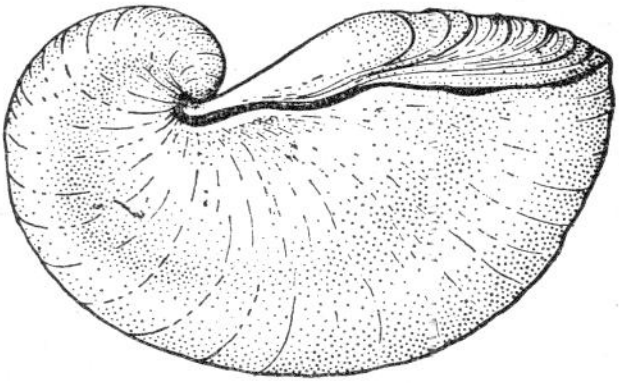

FIG. 4 — *Gryphaea arcuata.*
Huître fossile du Lias inférieur (Sinémurien).

Un dernier exemple, plus classique encore, est celui des Paludines de Slavonie, étudié par Neumayr et Paul. Les couches à Paludines du Pliocène supérieur de cette région sont d'importants dépôts lacustres, remarquablement homogènes, qui se sont donc formés sans change-

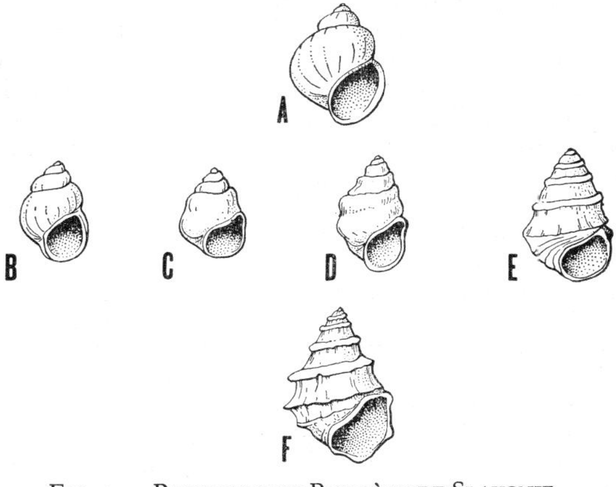

FIG. 5 — PALUDINES DU PLIOCÈNE DE SLAVONIE.

Quelques-uns des types, ordonnés selon leur niveau stratigraphique : A, *Paludina neumayri* Fuchs ; F, *Tulotoma hoernesi* Fuchs ; de B à E, formes intermédiaires.

ment apparent dans les conditions de dépôt. Il faut noter également qu'un lac de plaine comme celui-ci paraît bien avoir constitué un bassin isolé, à l'abri de pénétrations étrangères. Dans les couches les plus inférieures du dépôt, les coquilles des Paludines sont toutes lisses, du type *Vivipara* commun dans nos rivières et étangs. Au fur et mesure que l'on s'élève dans la formation, les coquilles se compliquent de carènes et de tubercules. Il est facile de les disposer en séries continues de complication croissante, le long desquelles un caractère précis s'accuse de plus en plus *(fig. 5)*. On compte neuf de ces séries aboutissant au sommet du dépôt : tout se passe comme si l'ensemble représentait une sorte d'arbre dont le tronc unique à la base s'est divisé en montant en autant de rameaux divergents.

Tous ces faits, qui démontrent une évolution par changements successifs de faible ou même très faible amplitude, aboutissant au changement de la forme moyenne de la population, constituent des exemples de *micro-évolution.*

Tous les exemples précédents concernent des Invertébrés. Les mêmes faits se retrouvent-ils chez les Vertébrés ? Il est malaisé de répondre directement à cette question. En effet, les restes des Vertébrés ne sont jamais aussi abondants dans les dépôts que les coquilles de Mollusques ou que les tests d'Échinodermes. Il est exceptionnel que l'on puisse réaliser avec eux des séries de formes, et même dans ce cas, les fossiles successifs sont toujours moins rapprochés les uns des autres que ne l'étaient nos coquilles. On enregistre alors entre eux des écarts notables, que l'on a interprétés comme représentatifs d'une *macroévolution.*

Les meilleurs exemples que l'on puisse en citer sont tirés des Mammifères, envisagés au cours de l'ère Tertiaire. Le plus classique, et aussi le mieux connu, est celui de la lignée du Cheval, à laquelle on n'a pas cessé de travailler depuis quatre-vingts ans. Les matériaux, d'abord recueillis en Europe et étudiés par Huxley, par Kowalewsky, se sont révélés beaucoup plus communs en Amérique du Nord, où l'on en découvre encore aujourd'hui et où plus de trois cents squelettes, en grande partie complets, ont pu être comparés et mesurés, depuis Marsh, Cope jusqu'à leurs successeurs actuels.

L'interprétation tirée de ces recherches a varié au fur à mesure qu'augmentait la somme des faits connus. Initialement, reposant sur l'examen de la série européenne, elle consistait à admettre l'existence de six stades formant autant d'étapes entre le plus vieux fossile, *Hyracotherium*, et le Cheval actuel. On définissait six genres très distincts les uns des autres : *Hyracotherium, Paleotherium, Anchitherium, Hypohippus, Hipparion* et *Equus*. A cet aspect particulièrement discontinu de la lignée s'est rapidement opposé celui de la série américaine.

En effet, tandis que les gisements européens d'où est tirée la première série sont peu importants, dispersés et sans relation immédiate les uns avec les autres, ceux d'outre-Atlantique montrent une ampleur et une indéniable continuité qui permet de penser à une filiation réelle entre beaucoup de types de cette série. Il a paru logique d'admettre que le véritable pays d'origine des ancêtres du Cheval est l'Amérique du Nord, que la série que l'on peut y suivre est directe, tandis que les types de Kowalewsky représentent des émigrants venus à diverses reprises d'Amérique en Europe, et qui, sauf le dernier genre *Equus*, n'y ont pas prospéré. La discontinuité observée entre eux s'explique ainsi logiquement par une absence de filiation directe entre ces genres introduits et disparus sans descendance. L'impression qu'elle donne contraste ainsi avec celle qui ressort de l'examen de la série américaine, riche en genres, distincts certes, néanmoins beaucoup plus proches les uns des autres que ceux indiqués plus haut. On peut, presque sans véritable discontinuité, poursuivre cette série pendant près de 50 M d'années, et c'est ce qui en constitue le grand intérêt. Les paléontologistes en ont décrit plusieurs autres, toutefois moins longues, en particulier chez les Proboscidiens, chez les Camélidés, ou chez des groupes dont la descendance n'est point parvenue jusqu'à notre ère, comme les Oréodontes ou les Titanothères.

Dans toute ces séries, l'évolution se présente avec des caractères identiques, qu'il nous est possible de déduire de l'étude des ancêtres du Cheval.

LES CARACTÈRES DE L'ÉVOLUTION EN PALÉONTOLOGIE

Pendant longtemps, ce qu'on a considéré comme le plus frappant dans ces séries, c'est l'existence de changements réguliers que l'on pensait polarisés en direction unique, tantôt progressifs, tantôt régressifs, et que l'on qualifiait de changements orthogénétiques ou d'orthogenèses. C'est ainsi que la taille était considérée comme ayant régulièrement augmenté depuis celle d'*Hyracotherium* — dénommé *Eohippus* dans la série américaine —, et dont les dimensions étaient celles d'un Chat ou d'un Lapin, jusqu'à celle du Cheval actuel. On remarquait, de même, que les dents ont subi, dans la même série, une complication régulière de structure allant de pair avec un accroissement de la hauteur des couronnes. Simultanément à des modifications progressives, s'est produit la régression du nombre des doigts : *Hyracotherium* possède ainsi quatre doigt aux membres antérieurs, les membres postérieurs, plus évolués, étant tridactyles, tandis qu'*Equus*, n'a plus, en avant comme en arrière, qu'un doigt unique, le troisième doigt. Les latéraux sont réduits à de simples stylets rudimentaires, et qui ne représentent que les métacarpiens; les phalanges ont totalement disparu.

Ces changements, envisagés en bloc, en ne considérant guère que l'état initial et l'état final, étaient schématisés par une droite orientée, justifiant le terme d'orthogenèse.

Sur ces points, maintenant que l'on connaît mieux les faits, et surtout que l'on connaît un plus grand nombre de faits, l'opinion des paléontologistes a, elle aussi, évolué. L'augmentation régulière de taille, considérée jusqu'alors comme une véritable loi paléontologique, n'est plus considérée comme la traduction fidèle de la réalité. Simpson considère qu'elle ne joue que si l'on se borne à regarder un ensemble de faits. Incontestablement la taille d'*Equus* l'emporte sur celle d'*Eohippus*. Mais la variation de cette taille, suivie de près, ne se montre pas du tout régulière. Au cours des 13 M d'années de l'Éocène, la taille n'augmente pas, certains Équidés de la fin de cette époque seraient même plus petits que ceux du début. Au Miocène, on note d'importantes variations de taille, mais différentes selon les lignées: certaines sont négatives, chez *Nannippus, Callippus.* Dans d'autres branches elles sont nulles, ou paraissent osciller autour d'une moyenne. Dans d'autres enfin, elles sont nettement positives, et ce sont ces dernières qui ont eu le plus d'avenir, et ont conduit finalement au Cheval.

Pour Simpson, cette évolution se caractérise *(fig. 6)* par une série de phases distinctes de variations abondantes, s'effectuant en des sens variés, et souvent divergents, chaque phase se rapprochant de ce qu'Osborn appelait une « radiation adaptative ». Les nombreux rameaux de chacune d'elles peuvent s'arrêter plus ou moins tôt, tandis qu'une minorité continue. Dans ce dernier cas il n'est nullement certain que la continuation soit dirigée dans le même sens que celui des étapes qui l'ont précédée. L'évolution apparaît ainsi comme une ligne sinueuse marquée de nœuds d'où rayonnent des buissons de lignes accessoires courtes. Il n'y a apparence d'orthogenèse que si l'on néglige ces écarts.

Or, cet aspect se retrouve aussi bien en macroévolution qu'en microévolution. On se demande alors si ces deux formes d'évolution constituent réellement deux processus différents, ou bien ne sont pas simplement deux degrés dans un même processus. La variation très continue caractéristique de la microévolution, paraîtrait en effet discontinue, si les documents paléontologiques sur lesquels a été établie sa description étaient moins complets. Si, au lieu de considérer des milliers, ou même des dizaines de milliers d'échantillons d'Ammonites ou de Gryphées, on se bornait à n'examiner qu'une dizaine d'unités choisies dans l'ordre stratigraphique normal, pris à des niveaux assez éloignés les uns des autres, ne conclurait-on pas une macroévolution ? En d'autres termes, il n'est pas hors de vraisemblance que les discontinuités caractéristiques de la macroévolution puissent être dues au mode même d'acquisition des connaissances paléontologiques, c'est-à-dire être artificielles.

Des recherches ultérieures ont montré que cette opinion est parfois exacte, mais qu'elle est trop absolue, car il arrive qu'il semble exister une différence de nature entre les deux types d'évolution, ainsi que l'a démontré une méthode nouvelle, tirée de la biométrie, et plus rigoureuse que la simple observation.

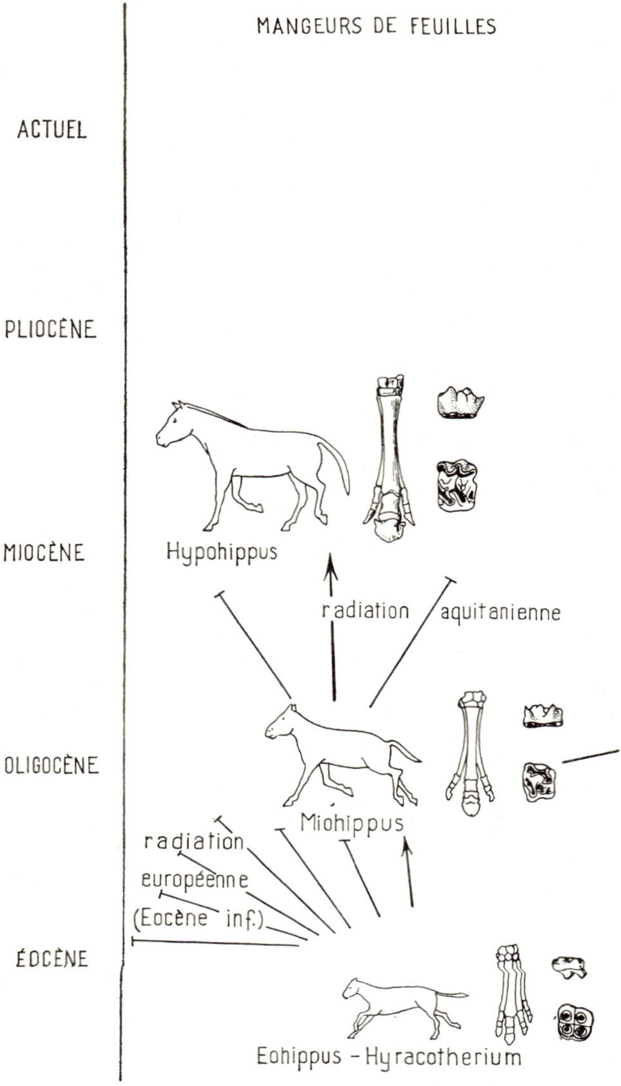
MANGEURS DE FEUILLES
ACTUEL
PLIOCÈNE
MIOCÈNE
Hypohippus
radiation
aquitanienne
OLIGOCÈNE
Miohippus
radiation
européenne
(Eocène inf.)
ÉOCÈNE
Eohippus - Hyracotherium

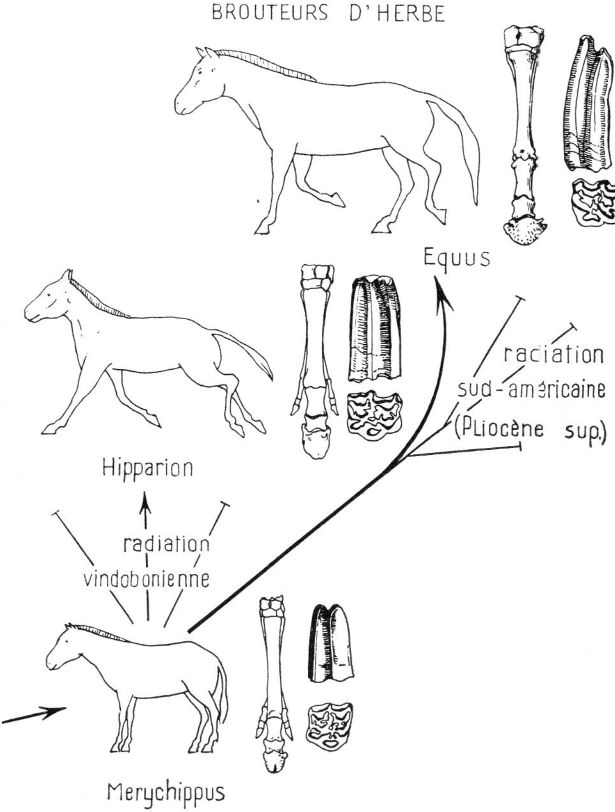

Fig. 6 — Évolution des Équidés.

Inspiré de G. Simpson. Seuls les genres principaux sont représentés, avec l'indication des principales radiations adaptatives. L'évolution des pattes et celle des dents sont indiquées, à côté de chaque genre.

On ne peut suivre la croissance d'un fossile aussi simplement que celle d'un embryon. Cependant, si l'on dispose d'un nombre suffisant d'échantillons d'individus d'une espèce donnée, et de tailles différentes, c'est-à-dire, ayant atteint des stades différents de croissance, il est possible, grâce à eux, d'étudier ce que l'on nomme leur *croissance relative*. Les données ainsi obtenues sont tout aussi précises que celles que fournirait l'examen suivi d'un embryon ou d'un jeune.

La croissance relative d'un organe se définit comme la variation de sa taille mesurée non pas d'une manière absolue, en fonction du temps, mais par rapport à la taille d'un organe de référence choisi chez le même organisme, ou encore par rapport à la taille de l'organisme entier. On mesurera ainsi, par exemple, la largeur, ou la hauteur d'un crâne, par rapport à sa longueur; la hauteur des dents par rapport à la longueur de la mâchoire.

L'étude des organismes actuels a montré que toutes ces croissances relatives se traduisent par des équations de la même forme : $y = bx^{\alpha}$, où x et y sont les deux variables considérées, b et α étant deux constantes. α est dit « coefficient d'allométrie ». Représentées en coordonnées logarithmiques, ces équations donnent des droites dont la pente est fonction de la valeur de α. Pour $\alpha = 1$, la droite bissecte l'angle des axes *ox* et *oy*. Pour $\alpha < 1$, la droite descend par rapport à cette bissectrice, alors qu'elle monte pour $\alpha > 1$.

Robb a appliqué cette méthode aux Chevaux fossiles et vivants. Pour toute la série, l'allongement du museau est proportionnel à celui de la boîte crânienne, avec les valeurs : $y = 0{,}25 \cdot x^{1{,}23}$: (y = longueur préorbitaire, x = longueur du crâne total). Cette équation vaut pour tous les Chevaux, d'*Eohippus* à *Equus*, comme pour les fœtus de ce dernier genre. Elle caractérise donc une continuité absolue de la variation, c'est-à-dire une micro-évolution.

Par contre, les dimensions des doigts dans le pied ou la main se lient par des équations dans lesquelles une des constantes au moins varie brusquement : pour les Chevaux à trois doigts on a : $y = 1{,}5 \cdot x^{0{,}97}$ (y = longueur du doigt latéral, x = longueur du métapode III).

Pour les Chevaux à un doigt, on obtient par contre $y = 0{,}76 \cdot x^{0{,}99 \text{ à } 1}$. La constante b a donc brusquement la moitié de sa valeur précédente, ce qui indique incontestablement une discontinuité dans la variation.

La croissance en hauteur des dents molaires, étudiée dans les mêmes conditions, démontre également une variation brusque entre les genres *Mesohippus* et *Merychippus*, et une autre, entre ce dernier genre et *Neohipparion (fig. 7)*.

Il ne s'agit donc plus de microévolution, et l'on se trouve fondé en parlant de macroévolution : celle-ci n'est donc pas toujours due aux lacunes de nos observations : c'est ici l'expression brutale de faits.

Certains paléontologistes tendent à distinguer encore un troisième type d'évolution, la *mégaévolution*. Il correspondrait à l'apparition de nouveaux systèmes d'organisation. On le désigne encore comme « évolution à grande échelle », ou comme « *typogenèse* », et on le considère comme l'origine des grands groupes d'organismes.

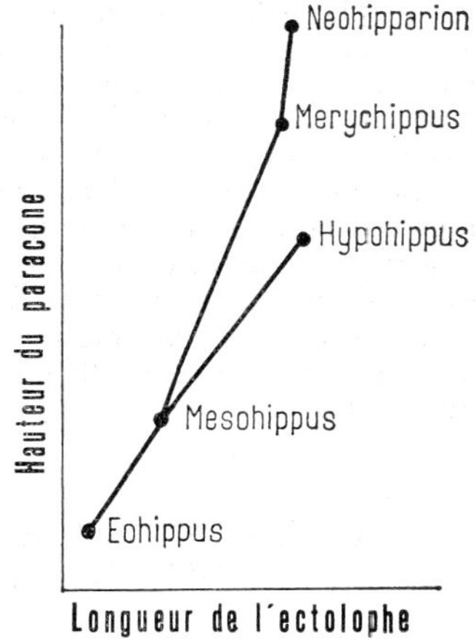

FIG. 7 — ÉVOLUTION DES MOLAIRES DES ÉQUIDÉS CHEZ LES PRINCIPAUX GENRES.

Diagrammes de croissance relative d'après G. Simpson, (échelle logarithmique).

Nous aurons l'occasion de revenir plus loin sur ces diverses expressions, qui correspondent surtout à des modes d'interprétation des faits, et ne sont pas admises par tous les spécialistes. Beaucoup de discontinuités entre grands groupes peuvent, en effet, être envisagées comme artificielles, et attribuées à des lacunes dans nos connaissances. Des variations très brutales sont difficiles à concilier avec la possibilité de survie des variés, sauf, bien entendu, dans des cas exceptionnels.

Laissant pour l'instant de côté ces considérations spéciales, les notions que nous venons d'acquérir nous permettent d'insister sur ce fait que l'étude de la vie dans le passé de la Terre apporte des résultats qui ne peuvent s'interpréter de diverses manières. Si nous négligeons même l'évolution initiale des Invertébrés parce que nous ne sommes pas encore capables de la juger en totalité, et si nous nous bornons à celle des Vertébrés, pour laquelle cette critique n'est pas valable, il faut admettre que la paléontologie nous permet d'assister à son début, et nous en fait suivre toutes les phases, selon un déroulement typique qui correspond exactement à celui que nous avons considéré comme caractéristique d'une évolution, et qui aboutit à l'Homme.

Une ou plusieurs Créations ne permettent pas d'expliquer ces faits, d'autant moins que l'étude de détail fait ressortir l'existence d'une micro et d'une macroévolution nous faisant suivre les transformations directes de certaines espèces et de certains genres. La paléontologie nous autorise donc à affirmer que l'évolution est bien une réalité.

ARGUMENTS TIRÉS DES SCIENCES MORPHOLOGIQUES

Avec la paléontologie, le savant disposait de la durée : elle lui a permis de donner des *preuves* de la réalité de l'évolution.

L'apport des sciences biologiques au même problème est plus modeste, et n'aboutit plus qu'à développer des *arguments,* dont nous allons examiner les principaux. Ils sont tous de même type : étant donné un phénomène biologique, on en recherche l'explication logique, qui est ensuite confrontée avec les deux hypothèses fondamentales : créationisme ou évolutionnisme ?

Remarquons en premier lieu que si tous les organismes vivants dérivent d'ancêtres communs, ou même d'un ancêtre unique, il doit exister, dans leur organisation, des traces décelables par l'observation, témoignant une *parenté commune.* Les sciences morphologiques, aidées au besoin par la chimie, doivent nous renseigner sur ce point : il nous faut donc les interroger.

ARGUMENTS CYTOLOGIQUES, CHIMIQUES ET BIOLOGIQUES

Effectivement, nous savons la cytologie générale dominée par le fait de la structure cellulaire : tout être vivant, qu'il soit animal ou végétal, est constitué fondamentalement par une ou un grand nombre de cellules. Ce fait a été examiné dans le chapitre *Cytologie* où ont été discutées les objections faites à la théorie cellulaire. Aucune n'a été reconnue importante, et la théorie s'explique sans peine par ce fait que toute cellule dérive d'une cellule préexistante. Si l'on remonte ainsi dans le passé de génération cellulaire en génération cellulaire, on doit aboutir à une origine, en toute certitude extrêmement lointaine, mais qui doit avoir été la même pour tous les organismes. On objectera que la dérivation d'une cellule à partir d'une autre semble exclure toute possibilité de variation, car la mitose, qui en est la base, est considérée comme une division en deux parties rigoureusement égales de la cellule préexistante.

Cette rigueur est en réalité toute relative : la preuve en est donnée par l'étude de la différenciation cellulaire et tissulaire chez l'embryon. Les lignées qui dérivent de la cellule œuf d'un Métazoaire ne sont pas identiques : à partir du stade blastula, les embryologistes ont démontré que tous les noyaux de l'ébauche ne sont plus interchangeables. On peut parfaitement concevoir que cette variation qui résulte de la mitose lors de chaque développement ontogénétique a fort bien pu s'accomplir dans le passé au cours de la phylogenèse.

Il existe du reste des différences entre cellules ; elles sont évidentes quand on étudie leur structure en détail. On sait même en reconnaître qui sont caractéristiques de groupements particuliers : la cellule végétale se distingue ainsi sans peine d'une cellule animale, par sa membrane, par le développement et l'évolution de son vacuome, par sa mitose dépourvue de centres. Chez les animaux, on peut, à certaines de leurs cellules, reconnaître certains embranchements ou certaines classes. Les Cœlentérés Cnidaires se caractérisent ainsi par leurs cellules urticantes, ou cnidoblastes. On reconnaît les Turbellariés à leurs cellules à rhabdites ; les Vertébrés, à leurs hématies, en même temps qu'à l'hémoglobine que celles-ci renferment.

Il existe en effet aussi des caractéristiques chimiques indéniables. Si, dans son ensemble, la matière vivante est bien, chimiquement parlant, fort homogène, il est néanmoins possible d'envisager dans le détail une sorte de systématique chimique, tel ou tel constituant étant spécial à tel ou tel groupement d'organismes. Tous les Végétaux ont ainsi des membranes cellulosiques. Le mécanisme musculaire des Invertébrés est basé sur la décomposition d'un composé phosphoré particulier, ou phosphagène, qui est presque toujours une phosphoarginine. Chez les Vertébrés, en son lieu et place, on trouve régulièrement un autre phosphagène, qui est une phosphocréatine. Or, il existe deux groupements animaux qui, par leurs caractères morphologiques et embryologiques, se classent en quelque sorte à la limite des Vertébrés et des Invertébrés : ce sont d'une part les Échinodermes, d'autre part les Procordés. Dans ces deux embranchements on trouve, selon les classes, tantôt de la phosphoarginine, tantôt de la phosphocréatine : il existe donc ainsi une véritable corrélation entre caractères morphologiques et caractères chimiques.

Biologiquement parlant, tous les organismes pluricellulaires présentent des processus généraux très comparables, sinon identiques. Les caractéristiques de leur cycle reproducteur sont régulièrement les mêmes. L'œuf fécondé initial possède normalement $2n$ chromosomes; il se développe en un organisme où subsiste ce nombre diploïde, dans lequel s'observe plus ou moins tôt le phénomène de méiose, passage de l'état $2n$ à l'état n. La phase haploïde qui débute ainsi, donne naissance aux gamètes, cellules sexuelles totipotentes, dont l'union fournit l'œuf fécondé de la génération suivante. Il est rare, sauf chez certaines Algues, que les phases haploïde et diploïde soient également développées : le plus généralement, l'une des deux l'emporte nettement sur l'autre. Mais toujours, pour un même groupe d'organismes, le rapport de la longueur de l'une des phases à celle de l'autre reste constant. Chez les Animaux, la phase haploïde est très courte, n'étant représentée que par une génération cellulaire. Elle est courte également chez les Végétaux supérieurs; assez longue, ou presque égale à l'autre, chez les Cryptogames vasculaires, très longue chez certains unicellulaires, tels que les Volvocales ou diverses Grégarines chez lesquelles la méiose succède immédiatement à la fécondation (zygoméiose).

Si tous les organismes avaient été créés indépendamment les uns des autres, ces faits seraient inexplicables, à moins d'admettre que le Créateur, tout-puissant par définition, ait manqué d'imagination... ou ait été limité dans ses possibilités. Tous ces faits deviennent au contraire parfaitement cohérents si les points communs entre organismes correspondent à des liens de parenté réelle tandis que les différences, qui se répartissent systématiquement, selon les groupements que les classificateurs estiment naturels, soulignent les divers degrés de cette parenté.

ARGUMENTS ANATOMIQUES ET EMBRYOLOGIQUES : LES HOMOLOGIES

Si l'on compare sur un squelette de Mammifère la constitution des membres postérieurs à celle des membres antérieurs, on reconnaît dans les deux cas des pièces osseuses qui ont, sinon la même forme, tout du moins les mêmes rapports mutuels. Il en est encore ainsi quand la comparaison est élargie à des espèces de groupes différents. Comme l'a fait remarquer Charles Darwin lui-même, « la main de l'Homme, faite pour saisir et toucher, la griffe de la Taupe, destinée à fouir la terre, de même que la jambe du Cheval, la nageoire du Marsouin et l'aile de la Chauve-Souris » sont toutes ... « construites sur le même plan, et renferment des os semblables, placés dans la même position relative ». On dit communément que ces organes qui se correspondent ainsi par leurs connexions, sont *homologues (fig. 8)*.

L'anatomie comparée est l'étude de ces homologies, extrêmement frappantes, non seulement chez les Vertébrés, mais aussi chez les Invertébrés qui possèdent un exosquelette quelque peu rigide, comme les Arthropodes. Tous les Crustacés supérieurs ou Malacostracés ont ainsi le même nombre de segments et d'appendices, quel que soit le développement de ceux-ci, qui varie, en effet, selon les régions du corps, parfois selon le sexe, et que les systématiciens utilisent pour établir les ordres et les genres.

Les appendices péribuccaux de presque tous les Insectes

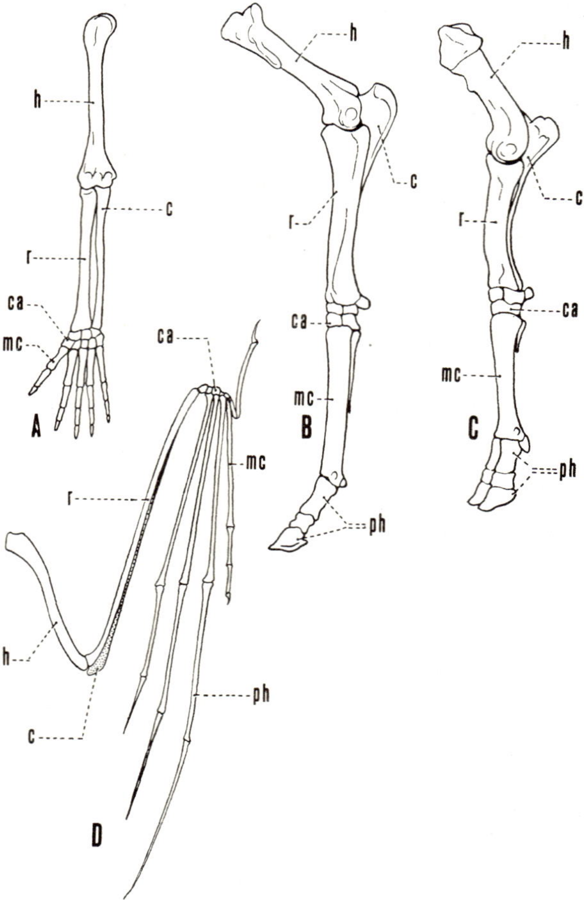
h
c
r
ca
mc
A
h
c
r
ca
mc
ph
B
h
c
r
ca
mc
ph
C
ca
mc
r
h
c
ph
D

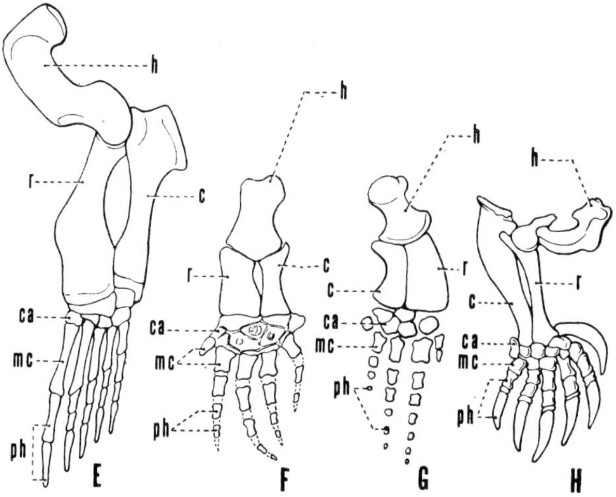

FIG. 8 — LES HOMOLOGIES DES MEMBRES ANTÉRIEURS CHEZ QUELQUES MAMMIFÈRES.

Les pièces squelettiques sont ramenées à des grandeurs analogues. A, Homme. B, Cheval. C, Bœuf. D, Chauve-Souris. E, Phoque. F, Baleine. G, Dauphin. H, Taupe. *h,* humérus; *c,* cubitus; *r,* radius; *ca,* carpe; *mc,* métacarpe; *ph,* phalanges.

sont constitués, ainsi que l'a établi, il y a plus d'un siècle, Lelorgne de Savigny, par des pièces strictement homologues, et qui correspondent à trois paires d'appendices principaux, modelés d'une façon très variée, leur permettant de broyer, ou de lécher, ou de sucer, ou encore de piquer.

Presque sans exceptions, tous les Mammifères, quelles que soient les dimensions relatives de leur cou, très long chez la Girafe, presque nul chez le Dauphin, possèdent le même nombre de vertèbres cervicales : *sept*.

L'unité de type ainsi révélée s'explique sans peine si l'on admet que toutes les formes actuelles dérivent d'un même type initial : les sept vertèbres cervicales des Mammifères sont dues, selon l'expression de Cuénot, « à l'héritage obstiné d'un même ancêtre ».

L'étude des homologies ne doit pas cependant être poussée à l'extrême, et sans contrôle, surtout quand elle est limitée aux organes de l'adulte : rappelons l'histoire de deux élèves de Geoffroy Saint-Hilaire, Mayraux et Laurencet, qui tentèrent de démontrer que l'on peut rendre homologues un Céphalopode, comme le Poulpe, et un Vertébré. Il suffit de plier ce dernier en deux par le milieu du corps, en ramenant en avant la portion postérieure! L'anus se rapproche de la tête, le tube digestif dessine un U, comme chez le Mollusque. Cette tentative d'homologie fut acceptée par Geoffroy, qui la communiqua à l'Académie, où elle reçut de Cuvier une réplique extrêmement violente et justifiée.

Le principe d'homologie possède des limites qu'il faut respecter, et pour la connaissance desquelles il faut souvent faire appel à l'embryologie.

L'exemple des Tuniciers est, à ce point de vue, fort significatif. L'un d'eux, soit une Ascidie *(fig. 9, A)*, est un organisme marin fixé, entouré d'une carapace épaisse semi-rigide, de nature cellulosique, la *tunique,* qui a valu à ces êtres leur nom général. Deux orifices percent cette carapace : voisins l'un de l'autre, ils permettent la circulation de l'eau de respiration, l'arrivée des aliments et le départ des egesta. L'eau qui a pénétré par le premier orifice circule en traversant un large tube criblé de fentes ou branchies, passe dans une cavité qui l'entoure, et ressort en empruntant le second orifice. En dessous de la branchie se trouve la masse viscérale.

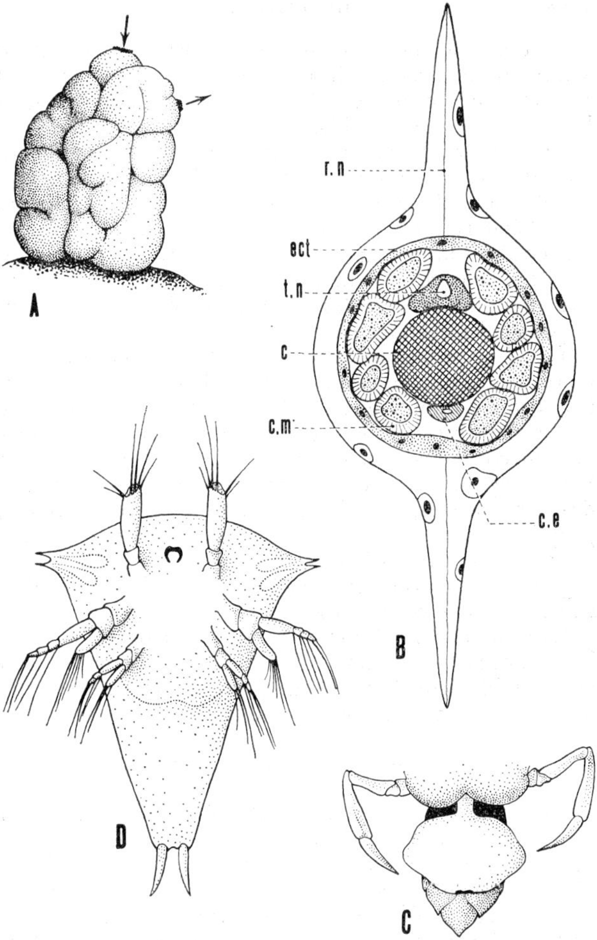

FIG. 9 — L'EMBRYOLOGIE ET L'ÉTUDE DES HOMOLOGIES.

A, l'Ascidie *Ascidia mammilata*; noter la tunique et ses deux orifices marqués par des flèches. B, coupe transversale demi-schématique à travers la queue d'une larve d'une autre Ascidie du genre *Amaroucium; r.n,* rame natatoire de la tunique; *ect,* ectoblaste; *t.n,* tube nerveux; *c,* chorde dorsale; *c.m,* cellule musculaire; *c.e,* cellule endoblastique. C, sacculine en place sous l'abdomen d'un Crabe (grandeur naturelle). D, larve *nauplius* de ce parasite (grossissement : × 100).

Si l'on cherche à cet organisme des homologies, il semble qu'une seule soit acceptable : assimiler l'appareil respiratoire à celui des Mollusques Lamellibranches, et la tunique à leur coquille...

On comprend donc la surprise des naturalistes quand, en 1867, Kowalewsky, étudiant le développement embryologique d'une Ascidie, *Ascidia mammilata*, démontra qu'à l'état larvaire *(fig. 9, B)* ces organismes possèdent une corde et un système nerveux dorsal tubuliforme semblable à ceux des Cordés, et formés de la même façon. Les homologies avec les Mollusques étaient purement superficielles et illusoires.

Le même problème s'est posé également pour beaucoup de parasites, qui, envisagés à l'état adulte, autorisent toutes sortes d'homologies : telle cette Sacculine, sorte de bissac fixé transversalement sous l'abdomen des Crabes par un court pédoncule sortant dans l'axe du corps de l'hôte *(fig. 9, C)*, et qui fut rapprochée des Cœlentérés, des Trématodes, ou d'autres Vers que ces derniers, jusqu'au jour où l'étude des larves vint montrer qu'il s'agit d'un Crustacé typique, voisin des Cirripèdes *(fig. 9, D)*, et dont Yves Delage devait faire connaître l'extraordinaire ontogenèse.

La recherche des homologies n'est possible qu'une fois le développement connu : l'anatomie comparée est ainsi indissolublement liée à l'embryologie, et toutes deux n'ont de sens que si l'on accepte le concept d'évolution.

ANALOGIES ET CONVERGENCES

On a compris également qu'il existe des *analogies,* qui font par exemple que la coquille d'un Mollusque peut ressembler à celle d'un Foraminifère, ou au tube calcaire d'une Annélide. De même, l'œil d'un Mollusque, le Peigne, peut avoir une structure assez comparable à celle de l'œil d'un Vertébré, la disposition des cellules sensibles de la rétine étant analogue dans les deux cas, fait qui avait impressionné Bergson. Ce sont là des *convergences,* qui ne sont pas plus curieuses que celles qui rendent voisines les silhouettes d'un Squale, véritable Poisson, d'un Dauphin, Mammifère Cétacé, et des Ichthyosaures, curieux Reptiles fossiles, de l'ère Secondaire *(fig. 10)*.

Pour employer une métaphore usuelle, il semble que la

nature ait à sa disposition peu de mécanismes différents, et qu'ainsi elle se répète : c'est là une preuve de plus de l'unité des formes vivantes.

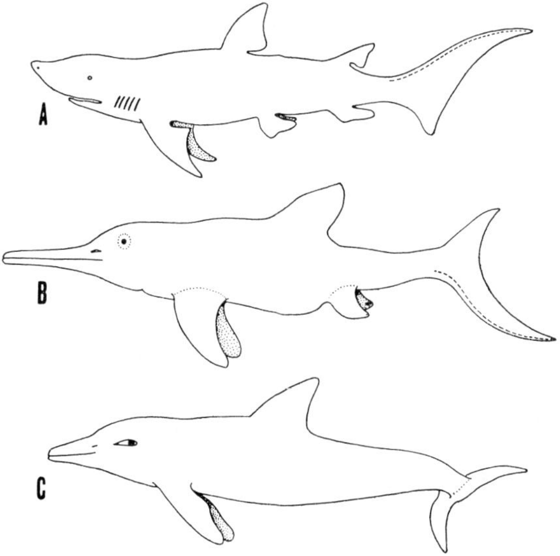

FIG. 10 — EXEMPLES DE CONVERGENCE CHEZ TROIS ORGANISMES DE FORME ANALOGUE.

A, silhouette de *Lamna,* Squale. B, silhouette d'Ichthyosaure, Reptile. C, silhouette d'un Orque, Cétacé. (Simplifié d'après Caullery).

LES ORGANES RUDIMENTAIRES

On nomme ainsi des organes qui, comparés aux organes homologues des types du même groupe, sont nettement moins développés chez les adultes, alors qu'à une phase du développement embryonnaire, ils paraissaient normaux. La croissance et la différenciation de ces organes se sont arrêtées avant l'arrivée à l'âge adulte. Il n'existe guère d'espèce animale chez laquelle on n'en puisse trouver, plus ou moins développés encore, allant d'un état presque fonctionnel à l'atrophie quasi totale. Metchnikoff en a décrit autrefois plusieurs dizaines dans notre propre corps. L'exemple le plus banal est celui de notre appendice cœcal, homologue du cœcum des herbivores, et dont on sait que sa régression varie selon les races humaines, les races jaune et noire l'ayant nettement plus développé, moins rudimentaire que la race blanche. Cette dernière y gagne une fréquence beaucoup plus grande de l'appendicite.

Citons également les muscles du pavillon de notre oreille externe, que nous possédons encore, réduits, mais sans fonction, ou encore les muscles coccygiens, homologues de ceux qui, chez beaucoup de Mammifères pourvus de queue, permettent la mobilité de sa base.

Tous les Vertébrés montrent les traces d'un hermaphrodisme initial, bien qu'ils soient normalement tous unisexués à l'état adulte. Les organes de l'autre sexe sont devenus rudimentaires. Certains ont changé de fonction, tel le canal de Wolff, qui, chez l'embryon dessert initialement le rein, s'atrophie ensuite partiellement, mais devient dans le sexe mâle le vecteur normal des produits génitaux.

Les Baleines adultes n'ont pas de membres postérieurs : elles possèdent néanmoins encore un bassin rudimentaire sans relation avec la colonne vertébrale, et portant, accolés à la peau, des restes de fémur et de tibia. Fait intéressant, ces os diffèrent souvent, dans la même espèce, d'un individu à l'autre, ce qui contraste étrangement avec la constance remarquable des organes fonctionnels de tout adulte.

L'existence de ces organes rudimentaires est un argument très favorable au concept de l'évolution : on ne conçoit pas en effet un Créateur malhabile, obligé de faire des ébauches, et de les laisser ensuite sur place, inutilisées, tandis qu'il est facile d'imaginer, dans un monde physique qui se transforme sans cesse, des organes, favorables, ou faciles à construire à une certaine époque, et en utilisant certains produits, devenant ensuite inutiles, ou impossibles à achever, les produits utilisables ayant pu varier en quantité ou qualité. Ou encore une compétition entre ébauches d'organes, favorable plus à l'une qu'à l'autre, ou au contraire nulle, selon les réserves utilisables à une époque donnée.

Ces arguments rejoignent donc les précédents, et nous montrent tout le secours qu'apporte le concept d'évolution à quiconque cherche à comprendre la morphologie.

ARGUMENTS TIRÉS DE LA SYSTÉMATIQUE

La systématique est la branche des sciences biologiques qui a pour rôle de mettre de l'ordre dans le chaos des formes vivantes ou disparues. Elle réunit les organismes en groupes d'autant plus étroits qu'ils renferment des êtres plus ressemblants; elle hiérarchise ensuite les groupements ainsi obtenus.

Les individus sont réunis en *espèces,* les espèces en *genres,* les genres en *familles,* celles-ci en *ordres,* groupés eux-mêmes en *classes,* qui sont la base des *embranchements.* L'ensemble de ceux-ci forme les *règnes,* qui ne sont plus que deux, règne animal et règne végétal. Comme ces divisions ne suffisent généralement pas, on les complète avec diverses subdivisions, ou groupements nouveaux : *sous-règne, sous-classe*... etc., ou *sur-ordre*...

L'unité de base de cet ensemble est l'espèce, « groupement de tous les individus issus les uns des autres ou de parents communs, et de tous ceux qui leur ressemblent autant qu'ils se ressemblent entre eux » (G. Cuvier). Dans cette définition célèbre, sont utilisés deux critériums, l'un dit de similitude, c'est-à-dire basé sur les ressemblances morphologiques, l'autre dit de lien familial, parce qu'il repose sur les parentés directement constatées. Ils permettent le plus souvent de définir les espèces, mais, dans la pratique courante, il arrive qu'ils soient en défaut.

C'est ainsi que le Chien-Loup, variété typique de l'espèce *Canis domesticus,* ne se distingue que difficilement du Loup, *Canis lupus.*

Si l'on déduit du second critérium que, en principe, les espèces ne se croisent pas entre elles, il faut reconnaître que, dans la pratique, surtout chez les Végétaux, on rencontre bon nombre d'hybrides interspécifiques, et, au laboratoire, on a réussi toutes sortes d'hybridations, entre espèces, voire même entre genres différents.

D'autre part, si nous considérons les espèces non plus dans l'espace, mais dans le temps, comme le fait le paléontologiste, nous savons que certaines passent insensiblement les unes dans les autres.

On a cherché à caractériser l'espèce avec plus de précision que ne le faisait Cuvier : on s'est adressé, en particulier, à une science jeune, l'immunologie. Si l'on injecte à un lapin du sang humain, en petites quantités, et à plusieurs reprises avec un intervalle de quelques jours entre les injections, le Lapin devient « anti-homme », c'est-à-dire que son sérum précipite, *in vitro,* le sang humain. Cette réaction sérique semble spécifique, en ce sens que le sérum ainsi obtenu est sans action sur le sang de Chien, ou sur le sang de Chèvre. On espérait donc avoir obtenu ainsi un procédé chimique permettant de définir l'espèce. Or, il n'en est rien. Le sérum de Lapin antihomme s'est révélé également « antisinge » : il précipite le sang de Chimpanzé dans les mêmes conditions que le sang humain, moins activement le sang de Gorille, encore moins celui de l'Orang et celui du Gibbon, à peine ou pas du tout celui des autres Singes, non anthropomorphes. Le procédé ne permet donc pas de définir l'espèce, mais, par contre, il permet d'obtenir une sorte de mesure chimique des parentés entre organismes.

Un autre espoir est né de l'utilisation de la Caryologie,

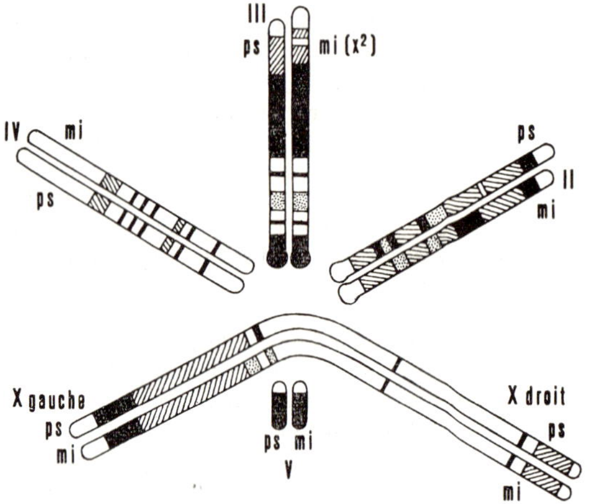

FIG. 11 — DIFFÉRENCES CHROMOSOMIQUES SPÉCIFIQUES ENTRE GÉNOMES.

Drosophila pseudoobscura (ps) et *Drosophila miranda (mi)*. En blanc, zone où la séquence des gènes est la même ; en noir, où elle ne se correspond pas ; en hachuré, où elle est affectée d'inversions ; en ponctué, où il y a des translocations. (D'après Dobzhansky).

ou science des noyaux. Dans une espèce donnée, le nombre et la forme générale des chromosomes sont constants. C'est ainsi que presque toutes les espèces de Drosophiles peuvent se définir par leur formule chromosomique. Il arrive cependant que deux espèces, distinctes par leur grosse morphologie, ont la même formule apparente : tels sont les paires : *Drosophila melanogaster* et *D. simulans: Drosophila pseudoobscura* et *D. miranda:* dans les deux cas, le nombre et la forme générale, des chromosomes semblent identiques. Cependant, si l'on pousse l'étude de ces chromosomes jusqu'à y suivre la séquence des gènes, on découvre de nombreuses différences, bien mises en évidence par les cartes génétiques de ces espèces *(fig. 11)*. Le procédé est remarquable mais reste applicable à quelques organismes seulement, tels que les Drosophiles dont on connaît, à la fois remarquablement la génétique, et d'autre part la structure fine des chromosomes grâce à leurs chromosomes salivaires.

La connaissance plus grossière des formules chromosomiques et de la silhouette des éléments individuels réalisée chez un grand nombre d'animaux et de plantes a néanmoins conduit à d'intéressants résultats, en autorisant des comparaisons d'ensemble de groupes systématiques. Chez les Orthoptères, on a pu constater ainsi que presque tous les Acridiens ont vingt-trois chromosomes dans le sexe mâle, tandis que les Locustiens en ont trente-cinq (Mac Clung, 1908). Mais tous ces chromosomes ne sont pas identiques : les uns sont acrocentriques — c'est-à-dire en forme d'« I » —, et d'autres métacentriques — en forme de « V ». En 1916, Robertson a pensé que chaque « V » pouvait être considéré comme l'équivalent de deux « I ». C'est ainsi que *Chorthippus,* bien qu'Acridien, n'a que dix-sept chromosomes. Mais, parmi eux, six sont des « V ». Si chacun d'eux est le résultat de la fusion de deux « I », on retrouve le nombre habituel de vingt-trois.

Cette simple hypothèse s'est montrée féconde; elle permet de comprendre les formules des espèces de Drosophile. Grâce à elle, Matthey a pu comparer les diverses familles de Sauriens, puis élargir sa comparaison à tous les Reptiles, enfin même à d'autres groupes de Vertébrés, traçant, en quelque sorte, l'évolution chromosomique de ces êtres.

FIG. 12 — ARBRE GÉNÉALOGIQUE DU RÈGNE ANIMAL.

Sur une base de structure très inférieure, marquée par Bactéries et Ultravirus, continuée par les Protistes, les Spongiaires et les Coelentérés, s'élève l'arbre en Y, avec les deux grandes

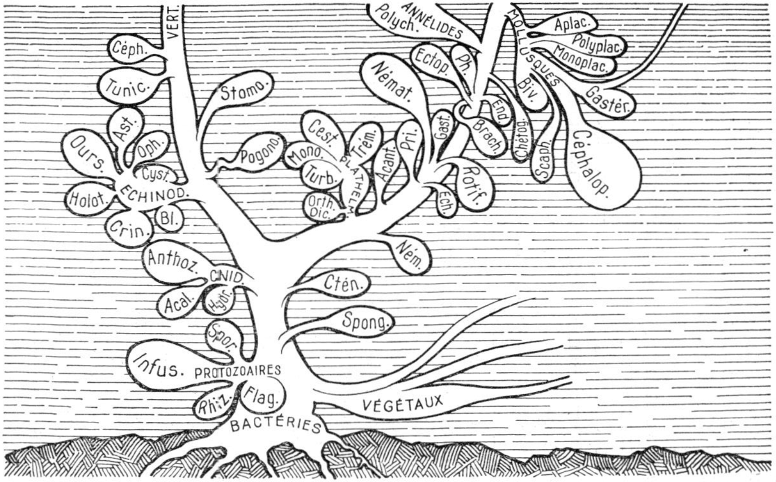

directions des Épineuriens, menant par les Échinodermes et les Procordés jusqu'à l'Homme, et des Hyponeuriens, conduisant jusqu'aux Insectes par les Vers, les Mollusques et les Arthropodes aquatiques. (D'après L. Cuénot).

La généralité de la règle de Robertson n'est pas absolue, néanmoins, elle s'applique dans de nombreux cas, montrant ainsi que les groupements systématiques correspondent bien souvent à une réalité de fait : les liens de parenté entre organismes d'un même groupe s'en trouvant alors confirmés.

Chez les Végétaux, et aussi quelquefois chez les Animaux, on rencontre des différences chromosomiques d'un autre ordre, concernant les *ploïdies* Beaucoup de genres, tels que *Rosa, Salix, Triticum, Iris,* etc., sont faits d'espèces différant par le nombre de leurs chromosomes, généralement tous multiples d'un même nombre de base. Nous avons appris que ces différences dérivent sans aucun doute d'anomalies mitotiques ou méiotiques, d'abord accidentelles, puis qui se sont fixées. Justifiant cette hypothèse, il a été possible de réobtenir, par une véritable synthèse expérimentale, certaines de ces espèces naturelles.

Des espèces, des genres, ou même des familles, aujourd'hui séparées, semblent avoir ainsi divergé, selon des modalités que la caryologie permet de comprendre, à partir d'origines communes.

Ainsi la systématique, construite sans arrière-pensée théorique d'aucune sorte, permet-elle d'appuyer la doctrine de l'évolution, en servant de base à ce que l'on nomme la *phylogenèse*.

Ce terme désigne l'étude de la dérivation dans le temps des divers groupes d'organismes, étude dont le résultat se traduit habituellement sous la forme d'un arbre, dénommé arbre généalogique.

Un tronc unique représente la souche des principaux groupes : il s'en détache à divers niveaux des rameaux porteurs de feuilles, représentant les ordres, classes ou embranchements.

Plusieurs de ces arbres ont été construits, différant selon les conceptions personnelles de leurs auteurs. Nous figurons ici l'un des derniers parus, et qui est dû à L. Cuénot *(fig. 12)*.

Il faut surtout voir dans ces représentations des schémas propres à frapper l'imagination, car le problème qu'ils prétendent résoudre n'est ni plus ni moins que celui de la reconstitution de ce qu'a été l'évolution de l'ensemble des organismes. Or, la somme des connaissances actuelles sur ce problème eśt certainement modeśte par rapport à ce qu'il reśte à apprendre, étant données les difficultés qui s'attachent aux études paléontologiques, seules capables de nous renseigner avec certitude sur l'évolution dans le passé.

Considérons, par exemple, un point particulier du schéma que nous donne Cuénot : les Ultravirus y sont considérés comme des intermédiaires entre la matière non organisée, figurée par le sol, et le début du tronc, occupé par les Bactéries. Une telle opinion eśt certainement discutable : elle a été examinée dans la partie cytologie où l'on a conclu que les Ultravirus peuvent fort bien être des organismes regressés. Mais il eśt bien entendu qu'il s'agit d'une hypothèse, que seule l'obtention expérimentale de Virus à partir de Bactéries connues permettrait de contrôler.

DES FORMES INTERMÉDIAIRES À LA LOI BIOGÉNÉTIQUE FONDAMENTALE

Tout arbre généalogique comporte, outre des rameaux plus ou moins nombreux, des points de bifurcation entre ces rameaux, et qui, théoriquement, devraient représenter des organismes intermédiaires entre ceux que figurent les deux rameaux de chaque fourche. Il eśt certain que, dans l'hypothèse créationiśte, on ne peut guère expliquer des êtres qui ne correspondent pas exactement à un type précis d'organisation, et se situent en quelque sorte entre deux de ces types. Par contre, on les expliquerait parfaitement dans l'autre hypothèse, comme des śtades évolutifs à partir desquels se sont différenciées deux lignées diśtinctes.

Aussi a-t-on beaucoup recherché ces formes intermédiaires. Disons tout de suite que l'on n'a jamais trouvé aucun organisme adulte répondant exactement à la définition. Néanmoins, on connaît certains êtres qui sont parfois considérés comme tels.

Bien entendu, ne peuvent être acceptées comme intermédiaires que des formes que l'on connaît bien, au moins au point de vue morphologique. Ceci exclut beaucoup de types fossiles, tels que ces Théromorphes, dont il a été queśtion plus haut ou que les Stégocéphales que l'on classe dans les arbres généalogiques à la base des lignées de Batraciens et des Reptiles, ou encore que certains Crossoptérygiens, qui se rangent non loin de la base des Poissons, près des Dipneustes et des premiers Stégocéphales. Il est peu vraisemblable qu'il s'agisse de véritables formes intermédiaires, mais on ne les connaît pas assez bien pour pouvoir l'affirmer ni l'infirmer.

On a considéré aussi comme formes intermédiaires les

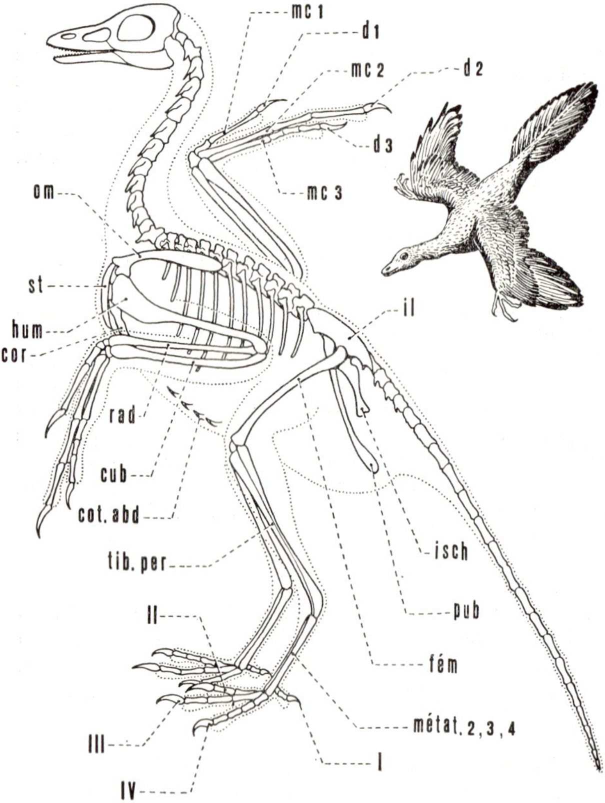

FIG. 13 — SQUELETTE RECONSTITUÉ DE L'*Archaeopteryx*.
Silhouette en vol. (Emprunté à Colbert).

Archaeopteryx et *Archaeornis*, organismes Jurassiques, qui sont les premiers Oiseaux connus, mais dont cependant certains caractères sont nettement reptiliens. Ils possèdent une longue queue, des dents, des ceintures, des côtes, des membres postérieurs ayant exactement l'allure de ceux des Sauriens *(fig. 13)*. Néanmoins, on pense qu'il s'agit bien d'Oiseaux véritables, parce qu'ils ont des plumes, parce que leur main présente la constitution tridactyle exacte de celle des Oiseaux actuels, bien que nettement moins spécialisée que chez eux, chaque doigt ayant encore une griffe terminale, et des os demeurant libres. On dira qu'il s'agit d'Oiseaux encore très voisins de la souche reptilienne du groupe.

Parmi les formes actuelles adultes, il existe des êtres dont la position par rapport à deux groupes systématiques différents correspond assez bien à celle de ces premiers Oiseaux. Tels sont, en particulier, les Monotrèmes, les plus « primitifs » des Mammifères, considérés comme tels parce que, d'une part, leurs caractères mammaliens sont moins accusés que chez les autres Mammifères : ils sont ovipares, ont des mamelles sans mamelons, des cerveaux sans corps calleux, une homéothermie imparfaite, et d'autre part, des détails d'organisation nettement reptiliens. C'est ainsi que chacune de leurs vertèbres cervicales — au nombre normal de sept — porte une paire de côtes indépendantes; que leur ceinture pectorale comporte un précoracoïde et un coracoïde indépendants, et, en outre, un interclaviculaire. Par ailleurs ils possèdent un cloaque, dont le plancher forme chez le mâle une gouttière utilisée pour le passage du sperme.

Cet ensemble de faits suggère que ces êtres représentent la persistance d'un stade mammalien particulièrement précoce tel qu'il aura pu exister pendant le Trias ou le Jurassique, et qu'il faut les considérer, non comme des intermédiaires, mais comme de véritables fossiles vivants, conservés dans l'archipel australien, en raison de conditions très particulières, que nous examinerons plus loin.

Chez les Invertébrés également on a parlé de formes intermédiaires, mais qu'il faut considérer aussi non pas comme situées en position médiane entre deux groupes mais comme rapprochées de cette origine commune. Les Péripates *(fig. 14)*, organismes des milieux terrestres humides, tels que le bois pourri, ont une allure générale de Myriapodes, mais présentent en réalité dans leur organisation un curieux mélange de caractères d'Annélides et de caractères d'Arthropodes, si curieux même qu'il est impossible de les ranger soit dans l'un, soit dans l'autre de ces groupes. On ne peut imaginer non plus aucune possi-

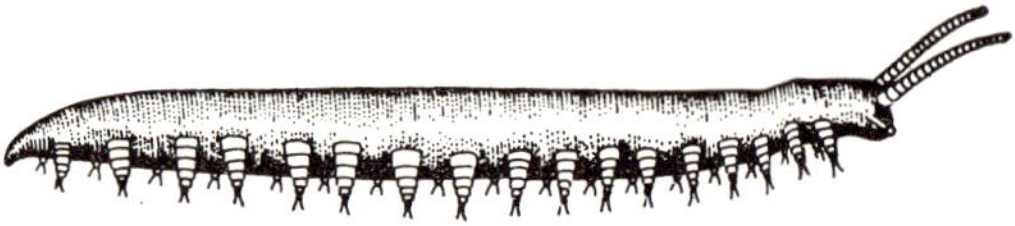

FIG. 14 — UN PÉRIPATE DU GENRE *Peripatopsis*.

bilité de dérivation, à partir d'eux, ni des Arthropodes ni des Annélides. Il semble donc qu'on doive les considérer comme un essai évolutif, resté sans lendemain, à partir d'un point de départ voisin de la souche réelle de ces deux embranchements.

S'il n'existe pas d'adultes que l'on puisse réellement considérer comme des formes intermédiaires, il semble que l'on puisse se rapprocher davantage de celles-ci en examinant les embryons.

Il paraît impossible de rapprocher l'un de l'autre, en vue d'une comparaison, un Mollusque Gastéropode, tel qu'une Patelle, au corps massif unisegmenté, protégé par une épaisse coquille conique, et l'une de ces Annélides marines à corps nu et fait de nombreux segments successifs, tous semblables, en arrière de la tête, telle qu'un *Polygordius*. Les adultes n'ont effectivement pas de caractères communs, hormis celui d'être des organismes également anciens. On les classe dans deux embranchements différents, caractérisés chacun par son propre type d'organisation. Et pourtant, si l'on suit chez ces deux types le développement de l'œuf, on constate qu'il s'effectue initialement tout à fait de la même façon : les divisions cellulaires s'y succèdent selon le même mode spiral, formant, au même stade, le même nombre de cellules homologues disposées en un ordre à très peu de chose près identique, jusqu'au moment où se forment dans les deux germes semblables les trochoblastes, cellules ciliées constituant les couronnes vibratiles qui caractérisent les larves trochophores *(fig. 15)*. Après un laps de temps plus ou moins long, les trochophores se transforment, et,

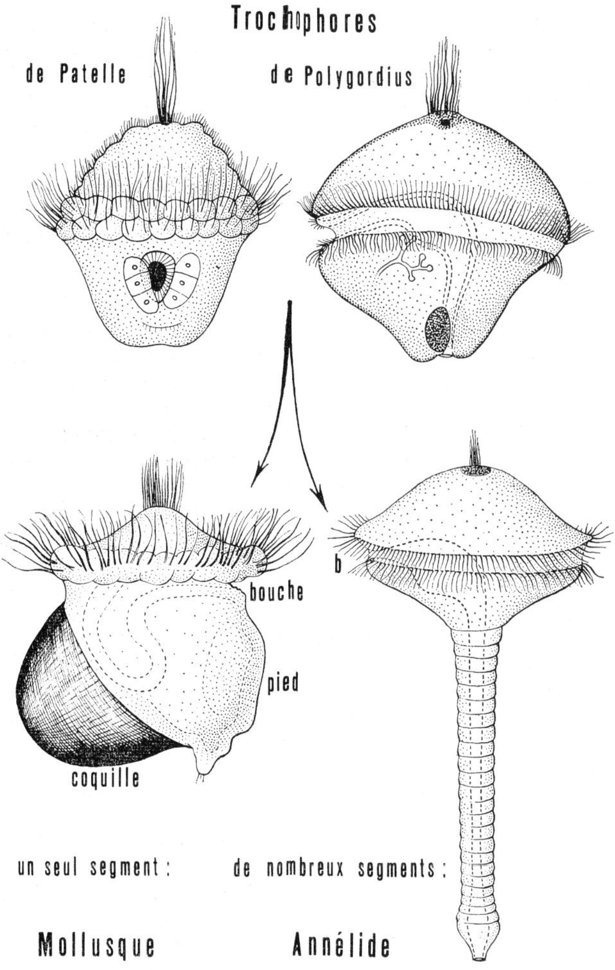

FIG. 15 — DIVERGENCES AU COURS DU DÉVELOPPEMENT.

Comment, à partir de trochophores très voisines de Patelle et de *Polygordius,* peut se concevoir la dérivation des deux embranchements des Mollusques et des Annélides.

par des processus cette fois différents, conduisent aux deux types d'adultes si distincts. La larve du Mollusque grossit simplement, et un repli de sa face dorsale, le manteau, sécrète une coquille calcaire, tandis que sa face ventrale s'aplatit en une sole musculeuse, le pied : l'être qui s'est ainsi formé est unisegmenté. Chez la trochophore du Ver, la région postérieure du corps présente, en avant de l'anus, une zone circulaire qui se segmente activement, et constitue le point de départ de la longue série d'anneaux homologues qui caractérise les Annélides. Il semble ainsi parfaitement licite de considérer la larve trochophore comme un intermédiaire presque idéal entre les deux embranchements. Cependant, cette divergence brutale des deux développements, au stade trochophore, n'est pas due au hasard, mais conditionnée certainement par la structure même de l'œuf, antérieurement au stade considéré, et, quelles que soient les conditions expérimentales que l'on peut aujourd'hui imposer à ces germes, leur destinée semble irrémédiablement fixée. Tout au plus peut-on se demander s'il en a toujours été ainsi : dans le lointain passé de notre globe, n'a-t-il pas existé une période où les trochophores ont en quelque sorte hésité, et cette période n'aurait-elle été le point de départ temporel des deux embranchements ?

On connaît d'autres exemples analogues, en particulier chez les Vertébrés, où, depuis longtemps, a été signalé le fait que, assez régulièrement, les embryons se ressemblent entre eux plus que ne le font les adultes : la spécialisation est en effet toujours plus marquée chez les adultes que chez les jeunes. Ces derniers étant plus simples, semblent plus généralisés, leurs ressemblances étant plus frappantes que leurs différences.

Mais ce phénomène est également susceptible d'une interprétation, à la fois différente, et capable d'ouvrir de plus vastes aperçus dans le domaine de l'évolution. Elle a été fournie dès 1628 par Harvey, et développée ensuite plus près de nous à plusieurs reprises, en particulier par Serres, par Meckel, par Fritz Müller, et surtout par Haeckel. Ce dernier l'a exprimée sous forme d'une loi, dite « loi biogénétique fondamentale », et résumée en une formule saisissante : *l'ontogénie est le résumé de la phylogénie.* L'ontogénie, c'est le développement de l'individu à partir de l'œuf, tandis que la phylogénie désigne, rappelons-le, l'évolution du groupe dans le temps, autrement dit, la succession de ses ancêtres.

Haeckel a ainsi considéré que l'œuf, point de départ de l'individu, est le rappel d'une phase unicellulaire, point de départ elle-même de l'évolution tout entière. Les étapes successives par lesquelles passe l'embryon, et dont beaucoup se retrouvent très analogues, sinon homologues, chez les différents organismes, seraient le rappel d'autant d'étapes phylogéniques.

La *morula* et la *blastula* rappelleraient des phases « colonies d'Unicellulaires », la seconde particulièrement le type *Volvox*. La *gastrula,* larve à deux feuillets et à un orifice unique, ou blastopore, rappellerait une phase Cœlentéré, comparable à l'Hydre actuelle.

Il distingue de nombreux autres stades : *coelomula, chordula, spondula*... plus difficiles à définir correctement, et qu'il a l'illusion de retrouver chez tous les organismes. Ainsi poussées, ces vues ont été reconnues trop ambitieuses, facilement critiquées et réfutées. Néanmoins, cette fameuse loi, qualifiée plus modestement ensuite de « principe de Haeckel », a servi de point de départ à quantité de travaux embryologiques, et la biologie lui est redevable d'une grande partie des connaissances acquises sur le développement à la fin du siècle dernier.

Les exemples qu'elle permet d'expliquer sont nombreux et classiques; limitons-nous aux suivants :

Alors que tous les Insectes métaboles n'ont que trois paires de pattes thoraciques et aucune patte abdominale, l'embryon de beaucoup de ces Insectes passe par un stade dit « polypode », c'est-à-dire pendant lequel tous ses segments, même abdominaux, portent des ébauches d'appendices *(fig. 16)*. Or, on s'accorde assez généralement pour admettre que les Insectes dérivent de types voisins des Myriapodes et ayant autant de paires d'appendices que de segments. L'embryon d'Insecte passerait par un stade rappelant cette phase ancestrale.

L'embryon des Mammifères possède toujours dans son jeune âge des fentes branchiales paires au niveau du pharynx. Elles ne sont jamais fonctionnelles, mais n'en sont pas moins les homologues de celles des Vertébrés aquatiques; elles ont en particulier la même irrigation sanguine. Le même embryon possède également dans son jeune âge un système veineux simple, dit des veines cardinales, qui se transforme chez l'adulte, mais qui, à l'époque où il se forme, est nettement l'homologue de celui de l'*Amphioxus,* ou des Poissons.

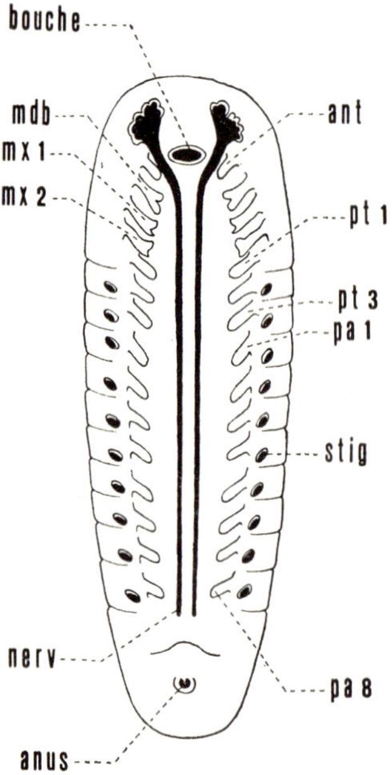

FIG. 16 — L'ONTOGENÈSE, RAPPEL DE LA PHYLOGENÈSE.

Embryon de Hanneton, *Melolontha,* au stade polypode. Les diverses ébauches sont désignées par leurs abréviations usuelles : *ant,* antennes; *mdb,* mandibules; *mx* 1 et 2, première et deuxième machoires; *pt* 1 à 3, pattes thoraciques; *pa* 1 à 8, pattes abdominales; *stig,* stigmates. En noir : ébauche de la chaîne nerveuse.

Les Baleines adultes n'ont pas de dents, mais seulement des productions lamelleuses cornées portées par le palais et qui sont les fanons. Par contre, l'embryon de Baleine possède une quarantaine de véritables dents qui se résorbent avant la naissance. Il semble prouvé que les ancêtres des Cétacés avaient des dents comme tous les Mammifères normaux.

Ces exemples sont interprétés comme des preuves de « récapitulation» par l'embryon des phases parcourues par les ancêtres.

Il a fallu cependant reconnaître que le principe de Haeckel ne s'applique pas toujours, et enregistrer de nombreux échecs chaque fois que l'on a voulu tout expliquer par lui. Il est en effet certain que tous les développements embryonnaires n'ont pas la même valeur; ils durent plus ou moins longtemps à l'intérieur de la membrane vitelline, ou même à l'intérieur de l'utérus maternel. Le jeune naît ainsi plus ou moins tôt. Si l'œuf a eu peu de réserves, il peut se faire que l'éclosion soit très précoce : elle conduit alors à un organisme qui n'a pas la forme de l'adulte, et que l'on nomme une *larve*. De celles-ci, il existe des types très variés. Certains se retrouvent presque identiques dans tout un embranchement, comme les trochophores des Vers et de certains Mollusques, comme les *nauplius* des Crustacés. On est tenté alors de les considérer comme rappelant des formes ancestrales. D'autres, au contraire, sont distinctes, pour des adultes relativement voisins, et semblent liées à un mode de vie particulier : on les dit alors adaptatives. C'est ainsi que, chez les Insectes, dans des groupes relativement homogènes, comme celui des Coléoptères, et qui ont dû avoir des ancêtres sensiblement les mêmes, il existe des formes de larves bien distinctes. Beaucoup ont des larves actives, dites campodéiformes; celles du Hanneton sont, par contre, lourdes, à pattes réduites, et, partant, peu mobiles; on les dit mélolonthoïdes. Chez les Coléoptères vésicants, tels que les *Sitaris,* il existe même plusieurs larves successives : à une première, active, campodéiforme, appelée triongulin, font suite trois autres, découvertes par J. H. Fabre, deux à pattes réduites et à abdomen gonflé, et, intercalées entre elles, une pseudonymphe apode et immobile *(fig. 17)*. Ces formes si

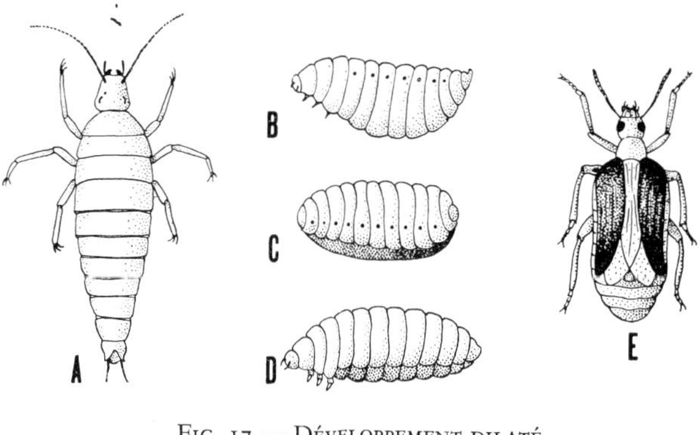

FIG. 17 — DÉVELOPPEMENT DILATÉ.

Sitaris humeralis; stades de l'ontogenèse. A, triongulin, première larve après l'éclosion de l'œuf. B, C et D, respectivement deuxième larve, fausse nymphe et troisième larve. E, adulte. La vraie nymphe n'est pas représentée. (D'après J. H. Fabre).

différentes sont en rapport avec le régime alimentaire, oophage au début du développement, mellivore à sa fin. Ces larves vivent en effet en parasites dans les nids des Anthophores, petites Abeilles solitaires. Ces stades supplémentaires correspondent à des adaptations surajoutées au cours de l'ontogenèse : on dit que celle-ci présente des hypermétamorphoses.

Mais, au lieu d'être ainsi en quelque sorte ralenti, il peut se faire que le développement soit accéléré, l'œuf riche en réserves permettant un développement complet, aboutissant à une forme voisine de celle de l'adulte. C'est ainsi qu'à l'ontogenèse dilatée des Crabes marins à petits œufs, caractérisée par un minimum de trois phases larvaires successives : *Zoe, Mysis, Megalope,* s'oppose celle, condensée, des Crabes d'eau douce, du genre *Potamon,* dont les gros œufs éclosent en donnant de petits Crabes.

Ces accélérations, ces condensations peuvent donc modifier grandement l'allure du développement, tellement même que l'on doute qu'il puisse rappeler quelque chose de précis. A la suite de Haeckel, on a certainement exagéré l'importance des rappels ancestraux. La conception elle-même a été vivement critiquée : étant donnée, chez un type peu évolué, une série de stades embryonnaires, *A, B, C, D,* allant de l'œuf, *A,* à l'éclosion *D,* et suivie de stades jeunes *E* et *F,* conduisant à l'adulte *G,* elle consiste à admettre que le descendant plus évolué aboutira à un nouveau stade *H,* par allongement du développement, par *hypermorphose.* Ultérieurement, l'éclosion pourra être reculée jusqu'en *E,* tandis que les stades initiaux se simplifieront, par le phénomène de récapitulation.

Un tel schéma, qui peut se compliquer par l'apparition de stades adaptatifs *E'* ou *F',* s'applique effectivement souvent : si l'on compare, à titre d'exemple, l'appareil urinaire d'un Batracien, dont le corps de Wolff est l'appareil définitif de l'adulte, à celui d'un Mammifère, on sait que chez ce dernier ce corps n'existe que pendant la phase embryonnaire, et qu'il s'ajoute chez l'adulte un métanéphros que l'on peut considérer comme résultat d'une hypermorphose.

Mais on a fait remarquer qu'il existe des cas non prévus par Haeckel, et qui ne sont pas dépourvus d'importance. Tel celui de l'*Axolotl.* Ce gros Batracien

Urodèle du Mexique se reproduit d'une manière courante alors que les sexués possèdent des branchies externes, organes caractéristiques des larves de Batraciens : l'animal, malgré ce facies larvaire, se comporte comme un adulte. On a appris qu'il est effectivement une larve, car il suffit de lui injecter de l'extrait thyroïdien pour obtenir sa transformation en un véritable adulte, que l'on rencontre du reste parfois dans son pays d'origine, *Amblystoma mexicanum*. On dit qu'il y a ici *pédogenèse,* et l'on considère le stade adulte comme en voie de disparition, probablement par suite d'un mauvais fonctionnement de sa thyroïde. Il n'y a donc pas ici hypermorphose, et l'évolution s'effectue non par allongement, mais par raccourcissement. Ce cas n'est certainement pas isolé, car chez les Batraciens il existe tout un ordre, dit des Perennibranches, chez lesquels l'adulte, privé de branchies, n'apparaît plus.

Des biologistes contemporains, tels que Garstang, de Beer, pensent que ce phénomène de *pédomorphose* a dû jouer un rôle important dans l'évolution. Nous aurons à y revenir plus tard.

Il faut noter cependant que le concept de Haeckel subsiste cependant, mais qu'il faut le réduire à la constatation d'un fait certain : la réalité d'une répétition des phénomènes de développement dans un même groupe, indice d'une parenté certaine entre les organismes qui le composent.

Les recherches modernes d'embryologie ont expliqué, ou fourni la possibilité d'une explication de cette répétition : elles ont établi avec précision l'architecture générale des œufs, dressant leurs « plans d'ébauches », permettant de situer au niveau de l'écorce de l'œuf fécondé les territoires qui, dans le développement normal, deviendront les divers organes de l'embryon *(fig. 18)*. Chez les Cordés, il est incontestable que ces plans se ressemblent beaucoup, malgré la dissemblance apparente des œufs, liée surtout à l'abondance fort variée des réserves. Rien d'étonnant alors que l'allure générale des développements reste en gros la même et que les embryons se ressemblent.

Mais la répétition n'est pas rigoureuse, parce qu'il existe des facteurs d'origine génétique qui provoquent des différences entre les développements, surtout en modifiant les vitesses relatives de croissance des diverses parties : il en résulte des condensations de certaines phases, probablement liées à des compétitions vis-à-vis d'une matière de réserve particulière, pouvant conduire à la disparition de certaines cellules, tandis que d'autres seront favorisées. Toutes ces perturbations introduites dans un système dont le déroulement est d'une énorme complexité créent les différences que nous percevons.

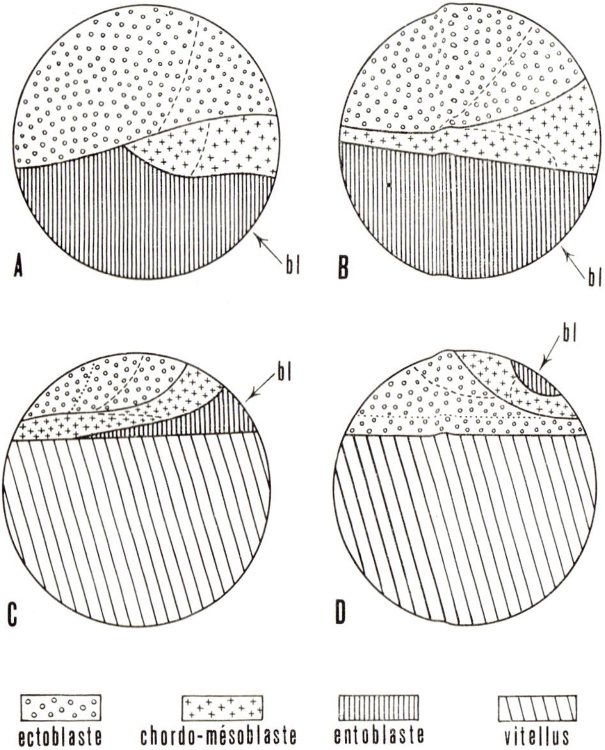

FIG. 18 — PLANS DES ÉBAUCHES EMBRYONNAIRES.

Plans schématiques comparés chez les œufs de Cyclostomes (A), de Batraciens Anoures (B), de Téléostéens (C), de Reptiles et d'Oiseaux (D). La situation relative et les proportions respectives des ébauches est la même dans tous les cas. Les différences apparaissant entre les quatre types résident surtout dans la charge vitelline, d'une part, et dans la position (fléchée) du blastopore (*bl*), d'autre part.

Quoi qu'il en soit du reste de l'interprétation des faits de récapitulation, notons que tous convergent pour démontrer l'existence de parentés d'origine entre les formes vivantes. Les ressemblances, tout comme les différences, ne peuvent s'expliquer autrement que par l'hypothèse évolutionniste.

Des embranchements d'apparence aussi distincte que ceux des Annélides et des Mollusques ont eu une souche commune, et il en est de même de tous les groupes de Vertébrés. A partir de ces souches, des déviations initialement légères, mais plus ou moins divergentes se sont accumulées dans les développements, et ont conduit aux formes actuelles si distinctes : un mot exprime tous ces changements : c'est le mot évolution.

PARASITISME ET ÉVOLUTION

Il existe des organismes qui vivent aux dépens d'autres : la Sacculine, que nous avons citée plus haut, en est un exemple typique : fixé à l'abdomen du Crabe, son pédoncule envoie vers l'intérieur du corps de l'hôte un véritable système radiculaire qui permet l'alimentation du parasite aux dépens des humeurs du Crabe.

Il existe, dans les deux règnes, un nombre important d'organismes qui subsistent ainsi, soit pendant une phase de leur vie, soit pendant sa totalité : ce sont les *parasites*. Le parasitisme constitue ainsi un mode de vie très général, beaucoup plus général qu'on ne le suppose ordinairement : il marque un mode de relations entre êtres vivants, et dont l'importance est essentielle. En effet, si l'on met à part les êtres *autotrophes*, c'est-à-dire qui peuvent faire la synthèse totale de leur substance à partir de solutions minérales et d'un emprunt d'énergie solaire ou chimique, tous les autres êtres dépendent pour leur nutrition d'organismes de ce premier type, parce qu'ils n'ont pas eux-mêmes un pouvoir de synthèse suffisant à l'édification de certaines de leurs grosses molécules. Ces êtres incomplets, *hétérotrophes*, comprennent la totalité des Animaux et les Végétaux non chlorophylliens.

On ne leur applique cependant pas le terme de parasites, restreignant celui-ci à la désignation d'êtres vivant plus ou moins à demeure *sur* ou *dans* un hôte animal ou végétal, et lui empruntant ses aliments sous une forme déjà élaborée.

Ce mode de vie n'est durable que s'il ne compromet pas totalement la reproduction de l'hôte, sans quoi il tend à s'arrêter de lui-même.

Du point de vue philosophique, l'existence du parasitisme n'est pas conciliable avec le dogme créationiste : on conçoit en effet difficilement la création, d'une part, d'organismes destinés à vivre, et, d'autre part, celle d'êtres contrariant ou supprimant cette possibilité de vie.

L'hypothèse évolutionniste explique au contraire fort bien qu'entre organismes libres il puisse se créer secondairement des relations conduisant à des équilibres de dépendance, exactement comme, dans une société humaine, certains individus parviennent à vivre aux dépens des autres, par le hasard des circonstances.

Comment le parasitisme a-t-il pris naissance ? Il suffit pour le comprendre d'observer les relations mutuelles des organismes : elles permettent de rencontrer, en effet, tous les intermédiaires possibles entre êtres libres et êtres parasites, ainsi que nous le montreront les exemples suivants.

Il existe tout d'abord des organismes que l'on qualifie d'*inquilins* (= qui habitent à l'intérieur), tels les *Fierasfer,* Poissons Ammodytidés qui se réfugient à l'intérieur du poumon, ou de la cavité générale de ces Échinodermes en forme de sacs que sont les Holothuries. Le Poisson sort pour chasser et se nourrir à l'extérieur, puis rentre dans l'hôte qui l'abrite. En aquarium, sans son hôte, le *Fierasfer* est très vite la proie d'autres Poissons.

Les *Pinnotheres* vivent ainsi dans les Moules, les *Spongicola* dans les Éponges. Mais parmi les inquilins, il en est qui ne quittent plus leur hôte, et se nourrissent de ses aliments, non élaborés. Ils peuvent alors présenter des déformations considérables, tels les Copépodes Ascidicoles, qui vivent en permanence dans la cavité branchiale ou péribranchiale des Ascidies, ou encore dans l'estomac de ces hôtes, bénéficiant alors des aliments en cours de digestion. Ces êtres montrent déjà des modifications morphologiques importantes par rapport aux formes libres de ces mêmes Crustacés.

Les Épizoaires et Épiphytes sont sensiblement au même niveau biologique : ils se font porter par leurs hôtes, auxquels ils empruntent peu de chose : beaucoup de Protistes vivent ainsi régulièrement sur un même support vivant : *Dendrosomides paguri, Dendrocometes paradoxus* sont des Acinétiens vivant sur les branchies, respectivement, des Pagures ou des Gammares. De même, les Hydractinies sont des Hydraires qui vivent fixés sur des coquilles de Gastéropodes occupées par des Pagures. Un pas de plus, et l'hôte est utilisé pour l'alimentation : on parle alors de parasitisme externe, tel celui des Poux de Mammifères, qui présentent, vis-à-vis de leurs hôtes, un début de rôle pathogène.

On peut trouver toutes sortes de transitions vers le parasitisme interne, qui rend le parasite entièrement dépendant de son hôte, mais qui lui permet de simplifier considérablement son organisation, jusqu'à une dégradation organique comparable à celle, déjà citée, de la Sacculine. Nous aurons à nous demander plus tard si ces simplifications sont une cause, ou un effet du parasitisme, mais, pour l'instant, il nous suffit de remarquer qu'elles correspondent à une modification des organismes par rapport aux formes restées libres, et qui ne peut se concevoir sans l'idée directrice d'évolution.

LE PEUPLEMENT DES ILES : BIOGÉOGRAPHIE ET ÉVOLUTION

En 1831, Charles Darwin, âgé de vingt-deux ans, vient de terminer ses études biologiques ; il est fixiste convaincu, et il ne semble pas avoir eu à ce moment la moindre idée qu'il puisse exister une autre solution au problème des origines. Il s'embarque comme naturaliste à bord du *Beagle,* navire hydrographique, avec lequel il explore le pourtour de l'Amérique du Sud, puis fait le tour du monde. Il revient en Angleterre après cinq ans d'observations et de réflexions : ses idées se sont transformées, il est devenu évolutionniste.

Il a expliqué ce changement total d'orientation, et l'attribue en grande partie aux observations biogéographiques, et, en particulier à l'examen des faunes insulaires : cet examen fournit, en effet, encore d'autres arguments que les précédents en faveur de la thèse évolutionniste. Examinons donc cette importante question, avec laquelle nous terminerons, la jugeant suffisante, la démonstration poursuivie.

Depuis Wallace, on distingue deux types d'îles : les unes dites *continentales,* les autres *océaniques.*

Les premières apparaissent comme des portions détachées des continents voisins par des phénomènes géologiques ou géographiques, le plus souvent du reste imprécisés. La Grande-Bretagne, l'Irlande, la Corse et la Sardaigne, Madagascar, le Japon, les îles Indo-Malaises, l'Australie en sont les plus importantes. Leur constitution géologique est comparable à celle des continents, dont elles ont initialement la faune et la flore.

La Grande-Bretagne et l'Irlande ont été ainsi unies à l'Europe jusqu'au Pléistocène moyen : leur séparation est donc relativement récente. Malgré cela leur faune y présente déjà des particularités : tout d'abord un nombre important des espèces européennes y font défaut : il y manque une quinzaine de Mammifères, et une vingtaine d'Oiseaux. Par contre on y trouve quelques types spéciaux, surtout sous-espèces, qui ne se trouvent que là. On les dit *endémiques.*

Ce sont en particulier des Rongeurs, dont la plupart sont localisés sur des îles : *Microtus sarnius,* à Guernesey; *M. orcadensis,* dans les Orcades, avec plusieurs sous-espèces; *Mus muralis,* de l'îlot de Saint Kilda, en Écosse. Un Carnivore, *Mustela hibernica,* qui ressemble à la fois à la Belette et à l'Hermine, est spécial à l'île de Man et à l'Irlande.

Une espèce d'Oiseaux est endémique : le Grouse, *Lagopus scoticus,* habitant des Orcades, de l'Écosse et de l'Irlande.

Pour des latitudes identiques, la faune entomologique est pauvre par rapport à la faune belge.

Il existe donc des différences de faune entre les Îles Britanniques et le continent, malgré la proximité de leur séparation respective. La pauvreté relative de la faune peut s'expliquer par les changements apportés ici par la dernière glaciation : on sait en effet qu'à cette époque, qui ne remonte guère qu'à deux ou trois dizaines de millénaires, une carapace glaciaire a recouvert le Nord de l'Europe, et la presque totalité des Îles Britanniques, raréfiant la faune. Au moment du recul des glaces, la Manche et la mer du Nord ont gêné la remontée de la faune à partir des zones non affectées par la glaciation.

Il est moins facile d'expliquer la présence d'espèces

endémiques : il paraît en effet anormal qu'elles aient pu se différencier en si peu de temps. On a fait intervenir des possibilités de relations avec le Massif Armoricain. Quoi qu'il en soit de cette question litigieuse, remarquons que l'endémisme se limite ici à l'espèce.

L'isolement des îles de la Corso ou de la Sardaigne est sensiblement contemporain de celui des îles précédentes, mais leur éloignement vis-à-vis du continent est nettement plus important. Là encore, on note de nombreuses déficiences fauniques par rapport aux contrées voisines. D'autre part, la faune comporte un mélange de formes européennes, africaines, et même asiatiques. De nombreuses races et sous-espèces sont endémiques : une Belette, la Boccamèle, *Mustela boccamela,* avec des variétés spéciales pour la Sardaigne et pour la Corse; une Musaraigne, *Crocidura russula.*

Il existait une véritable espèce endémique, avec plusieurs races, le Mouflon, *Ovis musimon,* qui n'était pas sans rappeler *Ovis orientalis* du Taurus. La disparition récente de ce Mouflon a été compensée par sa réintroduction et une surveillance plus ferme de sa chasse. Une variété de Cerf et une de Sanglier sont également à rapprocher des formes asiatiques.

L'endémisme est donc là aussi peu élevé, peu différent en importance de celui des îles britanniques : c'est que, dans les deux cas, nous avons affaire à des *îles jeunes.*

La différence vis-à-vis des continents voisins s'accentue considérablement avec l'âge de l'île. Madagascar, la Grande Île, nous en fournit un premier exemple. Elle est séparée de l'Afrique depuis le Lias, c'est-à-dire depuis approximativement 150 M d'années, puis de l'Inde depuis le Crétacé (environ 100 M). Elle possède une faune très particulière, à la fois distincte de celle de l'Afrique et de celle de l'Inde. Parmi les Mammifères, on y trouve des Insectivores très primitifs, appartenant à deux sous-familles endémiques, les *Centetetinae* et les *Oryzorictinae.* Deux familles entières de Lémuriens, les *Lemuridae* et *Chiromyidae.* Il y a également quelques Rongeurs et quelques Carnivores spéciaux par leur allure antique. Il s'y joint un petit nombre de formes peu différentes de types africains, et dont l'importation paraît plus récente que la séparation : des Hippopotames subfossiles, et un Suidé, *Potamochaerus,* très voisin de la forme africaine.

Parmi les Oiseaux, à citer l'*Aepyornis*, Ratite propre à l'île, et de très grande taille, disparu depuis quelques millénaires seulement.

Chez les Plantes supérieures, plus de 90 % sont spéciales à l'île.

Sur cette vieille île, l'endémisme est donc très accentué, atteignant la famille.

L'examen de la faune australienne, peuplant une contrée isolée depuis le milieu de l'ère Secondaire, fournit une impression comparable, peut-être même plus accusée : presque tous les animaux y sont endémiques. Chez les Mammifères, l'ordre des Monotrèmes n'est connu que là (Australie et Nouvelle-Zélande). D'un autre côté, la plupart des familles de Marsupiaux y sont aujourd'hui endémiques, les seules espèces non australiennes étant les Sarigues, et les *Cenolestes* américains. Si l'on fait abstraction de ces derniers types, il y a donc presque deux ordres de Mammifères qui y sont spéciaux. Les autres Mammifères n'y sont représentés que par quelques petits Rongeurs anciens, dont quelques genres endémiques, ou par des formes introduites en même temps que l'Homme, comme le Chien *Dingo*.

La flore australienne est également presque entièrement endémique : elle comporte en particulier les *Eucalyptus*.

Les îles océaniques s'opposent aux précédentes parce qu'elles ont dû apparaître directement, en plein océan, sans rapport immédiat avec les continents. Leur nature géologique est alors soit volcanique, soit zoogène, c'est-à-dire dans ce dernier cas qu'elles dérivent d'une action animale : telles sont les îles coralliennes. Ce type d'îles s'est peuplé à partir de zéro, aux dépens d'animaux ou de plantes à grand pouvoir dispersif, soit grâce à des moyens actifs, tels que le vol ou la nage, soit grâce à des moyens passifs, parce qu'ils ont été transportés par le vent, ou qu'ils auront pu être amenés par les flots sur des radeaux naturels, ou de quelque autre manière.

Un tel peuplement a pu être observé d'une façon réellement schématique sur l'île du Krakatoa. Ce volcan des îles de la Sonde faisait éruption en 1883 et recouvrait toute son île d'une épaisse couche de cendres brûlantes : aucun être vivant ne semble avoir résisté à cette stérilisation. Une fois la température redevenue normale à la surface de l'île, la vie y a été à nouveau possible, et l'on a pu assister au repeuplement à partir des terres voisines, dont la plus proche ne se trouve qu'à dix-huit kilomètres. Trois ans après l'éruption, il y avait déjà une trentaine d'espèces animales et végétales. Dix ans plus tard, un décompte des Végétaux fournissait soixante espèces. En 1906, il y en avait cent huit. Autour de 1920, un dénombrement assez complet a fourni 259 végétaux et 573 animaux, dont un Crocodile, des Serpents, des Oiseaux, beaucoup d'Invertébrés ailés, ou bien très petits, vraisemblablement apportés par le vent, enfin quelques types dépourvus de moyens de transport, tels que des Cloportes, des Myriapodes, des Escargots ou des Vers. Il est probable qu'ils auront dû arriver à l'aide de radeaux naturels, en particulier de troncs d'arbres flottants, poussés par le vent. Quoi qu'il en soit, toutes ces formes sont identiques à celles des contrées immédiatement voisines.

Tout autre est l'aspect fourni par les îles océaniques éloignées des continents. Le peuplement n'a pu en être rapide, et a été d'autant plus difficile que l'île s'est trouvée plus éloignée d'autres îles déjà peuplées ou des continents. S'il est récent, il est toujours d'une grande banalité : il en est ainsi des attolls, qui, toujours constitués par de jeunes formations coralliennes, ne sont généralement peuplés que par des Cocotiers, dont les fruits peuvent flotter longtemps sans perdre dans l'eau de mer leur pouvoir germinatif, et ont donc été amenés par les flots, et par des Oiseaux et Insectes bon voiliers, ou très petits, apportés alors par le vent, enfin par des formes amenées volontairement ou non par l'homme, s'il y a abordé.

Si le peuplement est ancien, il en est tout autrement; le phénomène est particulièrement net dans deux groupes d'îles, les îles Hawaï, et les îles Galapagos.

Les îles Hawaï constituent l'archipel le plus isolé de notre globe, puisque la côte la plus rapprochée en est à plus de trois mille sept cents kilomètres. Elles sont célèbres par leur grands volcans à laves très liquides. La faune en est très riche, et presque totalement endémique. Elle comporte beaucoup d'Insectes vivant dans le bois, et qui ont dû y parvenir initialement à bord de troncs flottants. Des Mollusques spéciaux, les Achatinelles, à allure de gros Escargots, y abondent, présentant une diversification exceptionnelle. Un groupe d'Oiseaux, à allure de Pinsons, et constituant une famille spéciale, celle des *Drepanididae,* y montrent une remarquable radiation adaptative, se traduisant surtout par les formes extrêmement variées de leurs becs, en rapport avec des régimes particuliers *(fig. 19)*.

FIG. 19 — QUELQUES TYPES DE BECS CHEZ LES PINSONS DES ÎLES HAWAÏ.

Il en est de frugivores, de granivores, aux becs puissants et courts, d'insectivores, aux becs courts et fins, de nectarivores aux longs becs effilés et incurvés. Une espèce présente les mœurs de nos Pics, mais avec un curieux bec, qui l'a fait dénommer *Heterorhynchus :* la mâchoire inférieure est courte et forte, et l'Oiseau l'utilise pour frapper sur les troncs ; il capture ensuite les Scolytidés à l'aide de la mâchoire supérieure longue, fine et incurvée. On distingue dix-huit espèces de ces Pinsons, qui ne se rattachent à aucune souche actuelle, sinon à certains types américains imprécisés.

La flore est également en grande partie endémique, ses affinités la rattachent à des types du Mexique ou de Californie. Il semble que les courants marins issus des côtes américaines ont été l'agent essentiel du peuplement de cet archipel.

Les îles Galapagos *(fig. 20* et *21)* sont moins éloignées

du continent américain, il n'y a guère que mille deux cents kilomètres pour les séparer de la côte de l'Équateur. C'est un groupe d'îles irrégulièrement disposées dans un cercle de près de deux cents kilomètres. Elles ont été visitées par Darwin, au début de son voyage de retour, et c'est leur étude qui a entraîné définitivement les convictions

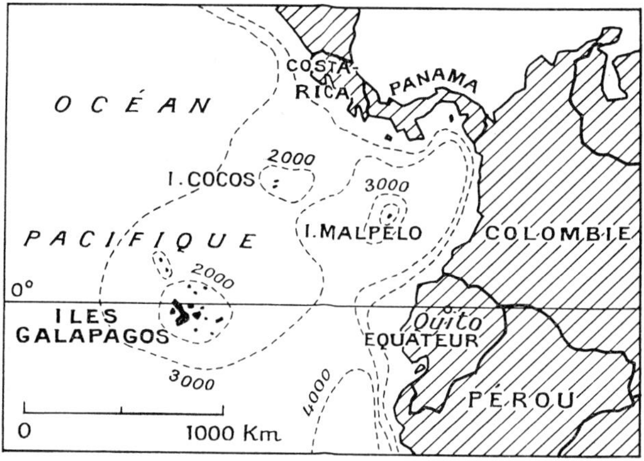

FIG. 20 — SITUATION GÉNÉRALE DE L'ARCHIPEL DES GALAPAGOS.

du grand naturaliste. Le sol y est volcanique, et probablement d'âge Miocène. Le peuplement s'est réalisé à partir du continent américain, par un petit nombre d'émigrés, ainsi que l'atteste la pauvreté relative de la faune et de la flore. Peu d'Insectes, peu de Mollusques, pas d'Amphibiens, mais des Reptiles, dont les fameuses Tortues géantes, qui ont valu le nom de l'archipel; des Iguanes aux formes étranges, et dont une espèce se nourrit exclusivement d'algues marines qu'elle broute à marée basse, deux Lézards et un Serpent. Mais ce sont là aussi les Oiseaux qui donnent à la faune ses particularités les plus saillantes. Il en est que l'on retrouve identiques dans toutes les îles de l'archipel. Ce sont aussi les plus indiscutablement parents des formes du continent voisin : un Coucou, un Martinet et une Fauvette. Il s'agit, en toute vraisemblance, d'immigrés récents. Par contre les Pinsons y comprennent quatorze espèces, classés en quatre genres formant une sous-famille spéciale, les *Geospizinae,* dérivés des *Fringillidae* sud-américains, mais sans que l'espèce d'origine existe encore sur le continent. Toute la diversification de ces Pinsons tient à leurs becs, qui, à la façon de ceux des îles Hawaï, mais d'une manière moins accusée, sont différenciés, et permettent des régimes variés : insectivore, granivore, frugivore ou mangeur de bourgeons. L'un d'eux, *Camarhynchus pallidus,* grimpe le long des troncs comme un Pic, mais chasse les Insectes en utilisant une épine de Cactus tenue entre ses deux mâchoires comme un outil.

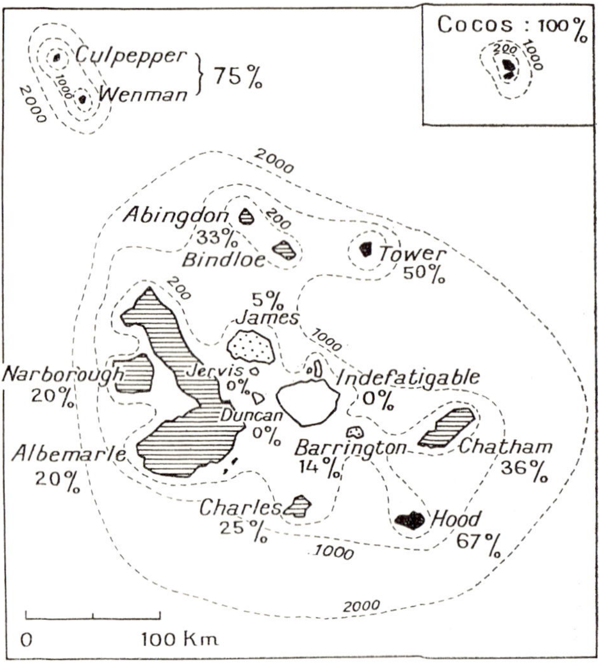

FIG. 21 — LES ÎLES GALAPAGOS.

Pourcentage des formes endémiques de *Geospizinae*, montrant l'influence de l'isolement géographique. (D'après les données de Lack).

Le fait le plus curieux n'est pas tellement cette radiation adaptative, déjà rencontrée aux îles Hawaï, mais surtout l'existence d'une quantité de races endémiques propres aux diverses îles de l'archipel. Dans une île déterminée, le nombre des races est d'autant plus grand que l'île est elle-même plus isolée. Dans le groupe des îles centrales, qui sont relativement rapprochées *(fig. 21)*, elles sont les mêmes pour toutes. Dans les îles qui s'écartent de plus de cent kilomètres de ce groupe, il y a de 60 à 75 % de ces races. Nous aurons à revenir plus tard sur le rôle de l'isolement géographique dans la formation des espèces : ici le phénomène est d'une telle évidence que l'on saisit toute l'influence qu'a pu avoir sur Darwin sa visite aux îles Galapagos.

De cette étude sommaire de la faune des îles, qu'elles soient continentales ou océaniques, on doit conclure que l'ampleur de l'endémisme augmente avec l'âge de l'isolement ou de la formation de l'île. Un tel fait s'explique seulement par une double évolution, se produisant dans des sens non identiques, soit sur le continent, soit surtout dans l'île, où il semble que les transformations évolutives se sont produites avec une rapidité beaucoup plus grande, ainsi que le montrent les *Geospizinae* et les *Drepanididae*. Le pourcentage d'endémisme mesure la somme de cette double divergence. Le fait que l'évolution soit plus rapide dans l'île que sur un continent sera examiné plus tard, mais dès maintenant nous devons le noter comme une réalité hors de conteste et y voir un argument de plus, remarquablement probant, de la théorie évolutionniste.

LE FAIT DE L'ÉVOLUTION ET LES OBJECTIONS DES ANTIÉVOLUTIONNISTES

Quand un mathématicien a démontré un théorème, si la rigueur et la logique de l'enchaînement des propositions avancées sont reconnues, nul ne met en doute ses conclusions.

Il n'en est pas strictement de même quand il s'agit de biologie, surtout si la silhouette humaine s'y laisse entrevoir, et si les conclusions que l'on dégage peuvent lui être appliquées.

Nous venons d'exposer dans les pages précédentes, les plus importants des arguments appuyant le concept de l'évolution. Ces arguments ne reposent pas sur des propositions créées de toutes pièces, mais bien sur des *faits* dont la matérialité n'est pas discutable.

Or, ces arguments ne sont pas nouveaux : tous ont été indiqués et réindiqués, à quelques détails près, liés aux progrès récents de nos connaissances. L'*Origine des espèces* de Darwin développe déjà la plupart d'entre eux, avec une vigueur et une conviction encore admirables aujourd'hui. Et malgré cela, s'il y a bien, chez les spécialistes ou prétendus tels, une majorité qui les accepte, on ne rencontre pas toute l'unanimité espérée. Dans le grand public, les choses sont pires. On a vu, après la parution, en 1943, de l'ouvrage de Salet et Lafont sur *l'Évolution régressive* (auquel nous avons déjà fait allusion précédemment, et dont l'argumentation scientifique est déplorable) supprimer, sous prétexte d'allégement des programmes, tout ce qui avait trait à l'évolution dans l'enseignement secondaire. Il a fallu dix années pour l'y voir réapparaître.

La critique de l'évolutionnisme faite par L. Vialleton, et qui, par son succès, semble avoir encouragé les anti-évolutionnistes suivants, P. Lemoine, L. Bounoure, est pourtant d'une faiblesse notoire. L'auteur abuse des affirmations, et, même en anatomie, beaucoup de ses raisonnements sont contestables. On se demande même s'ils sont toujours de bonne foi. C'est ainsi que nous lisons, à propos de l'*Archaeopteryx,* qui, pour lui, ne peut pas être une forme intermédiaire : « Les dents et la longue queue ne sont aucunement des caractères de Reptile, car les premières manquent aux Tortues, où elles sont remplacées par un bec comme chez les Oiseaux, et certains Ptérodactyles ont une queue très courte ».

Il n'est jamais venu à l'idée d'aucun zoologiste d'apparenter l'*Archaeopteryx* à un groupe autre que celui des Sauriens les plus primitifs, qui ont des dents et une longue queue. Les deux exemples cités par Vialleton sont ceux de deux types de Reptiles extrêmement spécialisés, et desquels n'auront certainement pu dériver aucun Oiseau.

Par ailleurs, Vialleton ne nie pas toujours l'évolution,

mais s'efforce plutôt de démontrer que le « transformisme » ne peut expliquer que les « changements aussi insignifiants que ceux observés entre espèces affines », et qu'il faut, pour comprendre le passage d'un « type d'organisation » à l'autre, « une activité intelligente ayant construit le monde à partir d'un petit nombre de plans initiaux ». Peut-être même Vialleton accepterait-il « que la création des vivants ait été faite en une seule fois, les sources de toutes les formes ayant apparu au même moment, sous des aspects qui nous sont inconnus, et s'étant différenciés par la suite »... Il y a certainement là une position particulière de l'auteur, mais elle ne peut être classée autrement que comme une position d'évolutionniste. La restriction qu'elle apporte est le refus de croire que cette évolution puisse « être le résultat de forces aveugles et du hasard ». Ainsi donc, à condition qu'elle soit, en quelque sorte, spiritualisée, ou, si l'on préfère, finalisée, l'évolution paraît possible à Vialleton.

Ces idées ne sont pas nouvelles, puisqu'elles ont été formulées de la même façon par saint Augustin (354-430), qui a proclamé que Dieu n'a créé les êtres vivants que « dans leur principe et dans leur cause », soit, en quelque sorte, en puissance, et que c'est par l'action « des causes secondes » qu'ils ont ensuite évolué.

Nous verrons également reprendre ces idées d'une manière beaucoup plus moderne par Paul Brien (1959), qui en vient à distinguer la formation des espèces, ou spéciation, dont nous développerons plus tard le mécanisme que l'on peut dire connu, de la typogenèse, ou formation des types nouveaux, qui, pour lui, repose sur un mécanisme encore inconnu. Lui aussi refuse au hasard tout rôle créateur; néanmoins Paul Brien est un évolutionniste convaincu, et il nous semble que L. Vialleton mérite, malgré ses dénégations, le même qualificatif : il reconnaît en effet lui-même pouvoir accepter l'évolution, sous certaines conditions. Le reproche que l'on peut lui faire est justement de fixer des conditions, car un fait reste un fait, quelle que soit l'explication que l'on peut en donner.

Les positions des autres antiévolutionnistes cités, P. Lemoine, L. Bounoure — nous ne parlons pas de Salet et Lafont — sont moins personnelles, et il est vraisemblable qu'elles se sont appuyées sur celle de L. Vialleton.

On ne peut que regretter ces manifestations, heureusement assez isolées, mais qui ont cependant eu une influence sur l'opinion du grand public, facile à troubler il est vrai, parce que déjà tiraillé entre un traditionalisme périmé et l'annonce de découvertes scientifiques qu'il n'est pas à même de juger.

Quoi qu'il en soit de ces difficultés rencontrées par quiconque désire convaincre dans ce domaine, plus strictement scientifique pourtant que philosophique, l'évolution est un fait, qui apparaît aussi bien au biologiste qu'au paléontologiste, aussi nettement que la chute des corps au physicien, mais qui est, comme tout fait biologique, d'une très grande complexité. Il est certain aussi que nous ne connaîtrons jamais ce fait dans sa totalité, mais il serait indigne de la nature humaine de renoncer, sous ce prétexte, à en approfondir la connaissance.

LE MÉCANISME DE L'ÉVOLUTION

APERÇU HISTORIQUE

Si la grande majorité des naturalistes s'entend bien aujourd'hui pour admettre le fait de l'évolution, il n'en est plus de même quand il s'agit d'en expliquer le mécanisme. Longtemps deux tendances se sont opposées, l'une attribuant l'évolution au jeu des *facteurs externes,* c'est-à-dire lui reconnaissant des causes extérieures à l'organisme, l'autre, négligeant celles-ci au profit des *facteurs internes,* c'est-à-dire de causes situées dans l'organisme lui-même.

A la première de ces tendances est lié le nom de Lamarck. Jean-Baptiste de Monet, chevalier de Lamarck, naturaliste français, né en Picardie en 1744, d'abord officier, puis botaniste, et inventeur de la première *Flore française,* la première flore à tableaux de détermination dichotomique (1778), puis professeur de zoologie au Muséum créé par la Convention, premier classificateur des « Animaux sans Vertèbres », mort en 1829, a été le premier protagoniste de l'idée d'évolution.

Ses idées philosophiques ont été exprimées à plusieurs reprises dans les *Discours d'ouverture* de ses cours de l'An VIII (1800) et de l'An XI (1803) et développées dans sa *Philosophie zoologique* (1809). Sa théorie, modifiée et développée par ses continuateurs, à partir de Geoffroy Saint-Hilaire, est la base du lamarckisme.

Les organismes se sont transformés — il ne parle pas encore d'évolution — sous l'action des éléments constitutifs du milieu extérieur, lentement, grâce au temps.

L'action « des circonstances » peut être directe, à la façon de l'eau qui supprime le limbe des feuilles de *Ranunculus aquatilis,* ne laissant subsister que leurs nervures, ou bien surtout indirecte, s'exerçant alors par l'intermédiaire des habitudes et des besoins. Deux lois règlent cette action : « L'emploi fréquent et plus soutenu d'un organe le fortifie et l'agrandit; le défaut d'usage l'affaiblit, le détériore et le fait disparaître ». D'autre part : « Tout ce qui a été acquis ou perdu ainsi est conservé par la génération », autrement dit, de tels changements sont héréditaires. La forme n'est pas antérieure à la fonction : c'est l'inverse qui a lieu. La fonction crée et développe la forme.

Ainsi se comprend immédiatement l'adaptation des organismes au milieu dans lequel ils vivent. Toute une série d'« explications » de Lamarck sont devenues classiques, et ont fait tourner sa théorie en dérision. Il explique ainsi la palmure des Oiseaux d'eau : attirés sur l'eau par le besoin de proies, ceux-ci frappent l'eau de leurs pattes en écartant les doigts. La peau y prend l'habitude de s'étendre, et y devient la palmure.

De même, le cou de la Girafe s'est allongé par suite des efforts destinés à saisir les feuilles des arbres, tandis que les cornes des Ruminants sont dus à leurs batailles à coups de tête, amenant, par suite des coups, un épaississement de l'os ou de la matière cornée dans cette région.

Les Serpents ont pris l'habitude de ramper sur le sol, et se sont allongés par suite des efforts faits pour se glisser dans les espaces étroits. Les pattes, sans emploi, ont disparu.

Cette théorie, émise sans aucune preuve, par un savant qui n'était pas orateur, n'eut aucun succès immédiat, d'autant plus qu'elle se heurtait à l'opposition très vive de G. Cuvier, alors à l'apogée de sa gloire, et qui ne cessa de l'accabler, même au moment de la mort de Lamarck. Elle ne reprit de l'importance qu'après que, sous l'impulsion de Darwin, la notion d'évolution eut pénétré, au moins dans le monde scientifique.

Haeckel en Allemagne, Lyell, H. Spencer en Angleterre, Cope, Packard, plus tard Osborn en Amérique, remirent le lamarckisme en honneur.

Dans le pays de Lamarck, ce n'est guère qu'à la fin du XIXe siècle que la théorie fut reprise par l'école néo-lamarckienne, avec Le Dantec, Giard, Delage, Houssay... Elle semble aujourd'hui en défaveur, les recherches de laboratoire, depuis une soixantaine d'années, ayant été interprétées comme lui étant contraires.

La plasticité de la matière vivante qu'elle suppose, ne correspond certainement pas à la réalité. D'autre part, les facteurs externes n'ont pas tout le rôle qu'ont supposé les lamarckiens : dans un système biologique en fonctionnement, par exemple, dans un œuf qui se développe, l'importance du milieu est secondaire par rapport à celle du contenu de l'œuf : l'action des facteurs internes y est certainement prédominante. Le rôle du milieu n'est cependant pas niable, mais il se borne à provoquer des modifications qui ne se transmettraient jamais à la descendance, contrairement à ce que pensait Lamarck. Récemment, Paul Wintrebert (1962) a cherché à remettre en honneur le lamarckisme, sous le nom de « lamarckisme chimique », tentant d'apporter à Lamarck les données qui manquaient à son époque sur la matière vivante.

C'est Charles Darwin qui a le premier mis sérieusement en doute le rôle des facteurs externes. Naturaliste anglais, né en 1809, duquel nous avons rappelé le voyage autour du monde à bord du *Beagle* (1831-1836), voyage dont il revint riche de collections comme d'idées. Sa conviction en faveur des transformations des organismes une fois faite, pendant plus de vingt ans il accumule tous les faits favorables qu'il peut découvrir, et ne se résout à publier son ouvrage fondamental *Origin of Species*, qu'en 1859, forcé par les circonstances. Il y expose, en plus de la première démonstration rigoureuse de l'évolution, que nous avons déjà envisagée, sa théorie explicative qui est devenue la base du darwinisme.

Ses observations des organismes vivants, soit en pleine nature, soit sous la coupe de l'Homme, démontrent la réalité d'une variation à l'intérieur de chaque espèce. Les éleveurs utilisent cette variation, en triant expérimentalement les individus qui leur semblent intéressants en vue d'une fin particulière, et en les faisant se reproduire entre eux. Ils obtiennent ainsi, par *sélection artificielle*, des races particulières.

Darwin voit dans la variation « à l'état de nature », le point de départ des espèces grâce à ce qu'il nomme la *sélection naturelle*.

Il naît davantage d'organismes qu'il n'en peut vivre, étant donnée la quantité limitée des ressources alimentaires : il en résulte entre organismes, et vis-à-vis de la nourriture, une véritable compétition, une lutte pour la vie. Or, dans cette lutte, et du fait de la variation, il est des êtres qui sont favorisés par rapport aux autres non variés. Il considère qu'ils sont « plus aptes », qu'ils se reproduisent plus facilement que les non-aptes, et ainsi subsistent de préférence à ceux-ci. Il existe ainsi une sélection naturelle dont le tri remplace celui de l'éleveur de la sélection artificielle, qui est automatique et qui choisit et sépare, parmi les individus, ceux dont la vie est la plus facile, la plus compétitive, en un mot, qui sont les mieux adaptés. Grâce à cette sélection, l'adaptation des organismes tend donc vers une amélioration constante.

Cette théorie, complétée ensuite par celle de la sélection sexuelle, parvient à rendre compte de l'évolution, sans qu'il soit nécessaire d'envisager les questions de milieu, sauf à titre d'éléments tout à fait accessoires.

Darwin parvient ainsi à « expliquer » les exemples cités ci-dessus à propos de Lamarck, mais d'une manière absolument différente.

La palmure a apparu par variation chez certains Oiseaux d'eau : elle a avantagé ceux qui en auront été munis, qui tendent ainsi à remplacer ceux qui ne la possèdent pas. En cas de disette, les Girafes qui avaient les plus longs cous auront pu brouter plus haut que les autres les feuilles des arbres, et auront survécu plus longtemps : d'où une tendance à l'accentuation de la variation dans le sens de l'allongement du cou.

Quand aux cornes des Ruminants, il s'agit d'un exemple de sélection sexuelle : les mâles qui auront eu les plus fortes cornes auront été aussi les plus forts dans les luttes pour s'emparer des femelles, et ils auront eu une descendance plus abondante.

Bien entendu, pour qu'un avantage évolutif agisse efficacement, il faut qu'il soit héréditaire : on a donc critiqué cette théorie en faisant remarquer que beaucoup des variations sur lesquelles elle table ne se transmettent pas à la descendance. On a d'autre part mis en doute la valeur même de la sélection; nous laisserons ici de côté ce point particulier sur lequel nous reviendrons plus tard.

Malgré ces critiques, et d'autres, le darwinisme a cependant connu un succès considérable, mais il a été très vite battu en brèche, sous l'impulsion de Weismann, qui lui a ajouté d'importants correctifs.

August Weismann, naturaliste allemand, né en 1834, devenu presque aveugle dès l'âge de trente ans, consacre son temps, jusqu'à sa mort (1914), à des méditations biologiques. Darwin s'était préoccupé de comprendre le mécanisme de la transmission héréditaire, mais les connaissances cytologiques rudimentaires de l'époque ne lui permirent pas d'édifier une théorie féconde. On est déjà beaucoup mieux informé à l'époque de Weismann : il parvient alors à démontrer que tout organisme supérieur est en réalité une dualité, faite d'un *soma,* ensemble de tous les tissus et organes, à l'exception des lignées cellulaires dont sont issus les éléments reproducteurs, œufs et spermatozoïdes, et qu'il dénomme *germen.* Ces deux constituants sont dans une certaine mesure indépendants l'un de l'autre, et leurs potentialités sont distinctes : le soma nourrit le germen, mais ne peut lui donner naissance. Il est mortel et devient le cadavre. Le germen est immortel : à chaque génération, l'œuf fécondé qui en dérive et le continue dans la génération suivante, forme un nouveau germen, simple continuation du précédent, et un nouveau soma, apparaissant de toutes pièces. Une variation due au milieu, et qui affecte donc le soma, telle que, par exemple, la perte d'un membre, n'a aucune action sur le germen, et les individus de la génération suivante auront des membres normaux. Au contraire, toute variation affectant le germen se montre d'emblée héréditaire, et, dès son apparition, se transmet régulièrement de génération en génération.

A cette ingénieuse théorie, Weismann donne le nom de néodarwinisme, car il garde du darwinisme au moins la sélection naturelle, tout en la modifiant, en la transportant à l'intérieur des cellules. En effet, pour expliquer la transmission des variations germinales d'abord du germen à l'œuf, puis de celui-ci au soma et au germen de la génération suivante, il bâtit une théorie à l'échelle cellulaire. Chaque détail de l'organisme, de la couleur du poil à la taille, ou à la forme du nez, est représenté par des particules matérielles extrêmement petites, et qu'il appelle les *déterminants.* Elles sont situées dans le noyau, et supportées par les chromosomes. Cette vue prophétique, qui apparaît aujourd'hui comme une anticipation de la notion de gène, sera confirmée, juste au début du siècle, après la redécouverte des lois de

Mendel, grâce aux travaux des cytologistes Boveri et Sutton (1903).

La théorie de Weismann se complique alors progressivement, car il pense expliquer tous les phénomènes biologiques par le comportement varié de ses déterminants : c'est la théorie de la sélection germinale, dans laquelle s'exagère encore la tendance à nier tout rôle du milieu et qui transpose la sélection naturelle au niveau des déterminants.

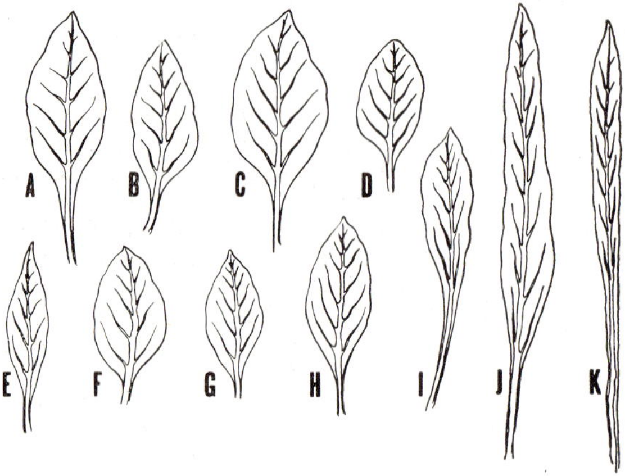

FIG. 22 — LES PRINCIPAUX MUTANTS D'*Oenothera lamarckiana*.

Les feuilles sont reproduites à la même échelle. A, *lamarckiana*. B, *nanella*. C, *gigas*. D, *albida*. E, *rubrinervis*. F, *lata*. G, *scintillans*. H, *oblonga*. I, *spathulata*. J, *elliptica*. K, *sublinearis*.

Mais, avec le siècle qui débute, la science expérimentale prend un essor considérable; la génétique se développe, tendant à se rapprocher des sciences exactes, elle se substitue aux théories de l'hérédité, jusqu'alors restées dans le domaine de la pure spéculation, et traitées presque uniquement par les philosophes.

Une nouvelle théorie de l'évolution prend également naissance, basée sur des faits. Les conceptions de Weismann ont conduit à délaisser aussi bien le lamarckisme que le darwinisme, car l'hérédité des variations légères sur lesquelles tablaient ces deux théories paraît inexplicable. Sans le moindre doute, en effet, il existe deux types distincts de variations, sans intermédiaires entre les deux, les unes somatiques, ou *somations,* dont l'hérédité est inconcevable, les autres germinales ou *mutations,* qui s'héritent d'emblée. Les premières, les plus nombreuses apparemment, semblent n'avoir aucune valeur évolutive directe; seule l'entrée en jeu des secondes permet d'expliquer l'évolution, d'où le nom de mutationnisme donné à la théorie.

Au début, c'est le botaniste hollandais De Vries qui, cultivant en grand une plante, *Oenothera lamarckiana,* pour en étudier la variation, pense découvrir l'apparition de nouvelles formes *(fig. 22)*. Plusieurs espèces sont obtenues ainsi sans aucune transition avec la souche, réputée pure. De Vries considère que le vieil adage « *natura non facit saltus* » de Leibniz est en défaut, et il annonce la découverte d'une variation brusque, d'emblée héréditaire, d'une *saltation,* ou encore *mutation.* Il y voit le point de départ des espèces nouvelles.

L'interprétation exacte de ces faits n'a pu être obtenue que beaucoup plus tard, elle a conduit à une conception bien différente, les variations constatées étant dues à des cas particulièrement complexes de dissociations d'hybrides, ou d'anomalies chromosomiques. Néanmoins, la théorie mutationniste, établie et corrigée en soixante années de recherches et de discussions, est arrivée à former aujourd'hui un ensemble positif et stable qui s'est élargi au point de fournir pour l'évolution un mécanisme explicatif cohérent. Dégagé initialement du lamarckisme comme du darwinisme, la nouvelle théorie les a, par la suite, annexés, l'action du milieu étant appréciée à une plus juste valeur, tandis que le rôle de la sélection naturelle, comme plus récemment celui de la sélection sexuelle, étaient remis en honneur.

Nous l'exposons dans les chapitres suivants telle qu'elle se dégage des exposés contemporains de J. Huxley, de R. S. Fisher, de J. B. Haldane, de L. Cuénot et aussi de G. G. Simpson. Ce dernier, paléontologiste éminent, a cherché à raccorder les faits paléontologiques et les faits génétiques en une théorie synthétique très poussée. Faute d'un autre terme, on lui a conservé jusqu'alors le nom de mutationnisme, bien qu'elle soit très différente de la théorie de De Vries. En Angleterre, en Belgique, et parfois aussi outre-Atlantique, on parle encore de néodarwinisme. Mais ce terme ne convient pas davantage, puisqu'il correspond aux théories de Weismann, encore plus dépassées. Pour cette nouvelle théorie, née d'un effort collectif, mais issue directement du mutationnisme, nous utiliserons simplement le terme non préoccupé de néomutationnisme.

LE NÉOMUTATIONNISME

L'ÉVOLUTION À L'ÉCHELON INDIVIDUEL

L'étude de l'évolution, considérée au niveau des individus, se confond avec celle du mécanisme héréditaire, qui fait, ailleurs, dans cet ouvrage l'objet d'importants développements. Nous rappellerons seulement ici quelques données essentielles, en cherchant à répondre aux questions suivantes :

Pourquoi un organisme ressemble-t-il normalement à ses parents ? Quelles sont les limites de cette ressemblance ? Les possibilités et causes des écarts entre parents et descendants ? Les fréquences et amplitudes de ces écarts ? Sont-ils prévisibles, et présentent-ils une signification ?

Génétique et cytologie s'accordent pour reconnaître que la plupart des diverses particularités de forme ou de fonction qui caractérisent chaque individu dépendent plus ou moins directement de particules matérielles localisées dans les chromosomes, en des points précis, ou *loci,* et dénommées *gènes*. Le patrimoine héréditaire d'un individu constitue son *génotype :* c'est l'ensemble de ses gènes, ou encore son *complexe génique*. Depuis la fécondation qui lui a servi d'origine, il correspond à deux jeux de chromosomes, ou *génomes,* provenant l'un de son père, l'autre de sa mère. Au génotype, ou formule héréditaire, s'oppose le *phénotype,* c'est-à-dire la forme qui en résulte, celle qui tombe sous nos sens. Le phénotype nous renseigne sur les propriétés héréditaires de l'individu, et nous permet, plus ou moins facilement du reste, d'accéder à la connaissance du génotype.

Si les deux génomes du génotype sont identiques, l'individu est *homozygote ;* il est identique à ses parents, aux différences près de la variation dite fluctuante, à laquelle sont soumis tous les organismes, et qui est purement somatique. Elle est due surtout aux agents externes et non héréditaire. Nous la négligerons pour l'instant. Le croisement d'un individu homozygote avec un autre individu ayant la même qualité conduit à une *lignée pure,* c'est-à-dire telle que la ressemblance entre les individus qui en sont issus est la plus grande possible.

Tels sont, par exemple, les Rats « standard » de la Wistar Institute, couramment utilisés dans les laboratoires, parce que leur comportement général vis-à-vis de tous les phénomènes biologiques est très sensiblement identique. On utilise de même en agronomie quantité de races pures des diverses céréales, et qui sont des homozygotes.

Si, au contraire, les deux génomes diffèrent par un ou plusieurs gènes, il s'agit d'un *hétérozygote,* dont le croisement avec un individu, même d'apparence identique ou avec un homozygote reconnu, donne lieu au phénomène classique de la disjonction mendélienne, c'est-à-dire conduit à un ensemble de lignées différentes, ensemble plus ou moins complexe, selon le nombre et la qualité des gènes distincts. Le résultat d'une telle disjonction est prévisible, et la proportion des divers types qui en sont issus, fixée par un simple calcul de probabilité. On s'est appuyé sur ce fait pour dire qu'il ne peut apparaître ainsi aucune nouveauté; on a même parlé de fixisme, et d'une démonstration génétique de la stabilité des organismes.

Les résultats réels sont pourtant nets : le nombre des combinaisons que l'on peut prévoir, à la suite d'une union d'hétérozygotes, peut être très élevé et il peut parfaitement se réaliser des combinaisons homozygotes stables et nouvelles, si le croisement n'avait pas encore été réalisé. En outre, il faut considérer aussi la possibilité des variations par recombinaison, résultant du phénomène de *crossing-over,* et grâce auxquelles toutes les combinaisons possibles de gènes différents peuvent se réaliser, avec une fréquence évidemment variable selon le nombre des chromosomes et la distribution des gènes. Le nombre de ces combinaisons est certainement limité, mais cependant astronomique, et les possibilités de variation qui en résultent sont si grandes qu'elles expliquent qu'il ne peut exister deux individus strictement identiques, sauf peut-être les jumeaux vrais, issus de la fragmentation d'un même œuf.

Enfin, il peut apparaître, aussi bien chez les homozygotes que chez les hétérozygotes, de nouvelles variations germinales capables de modifier génotypes et phénotypes : ce sont les *mutations*.

D'après leur origine cytologique, on en distingue trois catégories : mutations de gènes, mutations de chromosomes, mutations de génomes. Les premières ont été interprétées longtemps uniquement comme des modifications chimiques ou physiques de la structure des molécules constitutives du gène. Il semble aujourd'hui que l'on puisse préciser davantage : en 1948, Boivin et les Vendrely ont démontré qu'il existe une correspondance rigoureuse entre le génome d'un organisme et la quantité de son A.D.N. On a été conduit ainsi à une conception chimique du gène. Celle-ci est basée sur la structure en double hélice proposée par Watson et Crick. Les variations les plus logiques que l'on puisse attendre de cette structure se rapportent à la séquence des bases et à la longueur des molécules : les nucléotides qui, par leur union constituent chaque hélice, peuvent, en effet se terminer par l'une des quatre bases : adénine, guanine, thymine, cytosine. Et ceci de toutes les manières possibles, sur des longueurs considérables et variables, car il peut y avoir dans la molécule plusieurs milliers de nucléotides. Ainsi se trouve constitué un code à quatre signes, susceptible d'un nombre pratiquement infini de combinaisons exactement transmissibles, selon le mécanisme proposé pour la reproduction de la molécule. On peut, dans cette hypothèse, concevoir la mutation comme un changement de la séquence spécifique, par un accident facile à concevoir, se produisant, par exemple, au moment de la reproduction. Mais on sait aussi qu'il peut exister un autre mode de mutation de gène, attribué à l'effet de position. Il s'agit d'un phénomène également lié à une variation de séquence, mais cette fois à l'échelle du visible. L'étude des chromosomes salivaires de la Drosophile a pu montrer sa réalité.

Quant aux mutations de chromosomes, elles sont bien connues depuis la découverte de ces mêmes chromosomes géants, et leurs différentes catégories s'obtiennent expérimentalement par l'action des diverses radiations

(X, γ, U.V.) et des autres agents mutagènes. Elles consistent en des modifications des chromosomes telles qu'inversions, translocations, délétions et duplications qui ont été étudiées ailleurs. Elles bouleversent plus ou moins l'organisation générale du chromosome, et, si elles sont réellement importantes, gênent ou même interdisent, lors de la méiose, la zygoténie normale. Les gamètes résultants sont stériles, et il en résulte ce que l'on nomme une « barrière de stérilité » entre les modifiés ou leurs descendants d'une part, les non modifiés d'autre part.

A la limite, les croisements peuvent encore se produire, mais sans résultat.

Les modifiés ne peuvent donc se reproduire d'une façon efficace qu'entre eux. Nous verrons plus tard que ce phénomène peut servir de prélude à la formation d'une nouvelle espèce.

Il faut distinguer enfin les mutations de génomes, qui correspondent à une variation du nombre de ceux-ci. Surtout fréquentes chez les Végétaux, elles se produisent à la suite d'anomalies de la méiose, par exemple par absence de réduction du nombre des chromosomes, donnant des gamètes à $2n$ chromosomes. Elles ont été étudiées à propos de la polyploïdie.

Toutes ces modifications du génotype peuvent retentir sur le phénotype, mais d'une manière beaucoup plus compliquée qu'on ne l'admettait lors des débuts de la génétique. On pensait alors, à la suite de Weismann, que l'organisme est une sorte de mosaïque de parties distinctes, chacune représentée par son propre gène. Cette conception, qui rappelait un peu celle des modèles réduits des préformistes d'antan, a été reconnue inexacte. On a découvert des gènes à action multiple, et d'autres qui n'agissent pas seuls, mais nécessitent une sorte de collaboration avec d'autres. La couleur du poil, chez les Mammifères, exige ainsi la présence hiérarchisée d'au moins quatre gènes, dont un seul contrôle la couleur elle-même, c'est-à-dire l'apparition de tel ou tel pigment. Les autres lui octroient, ou refusent, en quelque sorte la possibilité d'agir, ou bien réduisent ou augmentent son action. La génétique chimique a permis de reconnaître qu'il existe parfois dans la cellule une correspondance rigoureuse entre certains gènes et certains enzymes. Comme le plus simple processus chimique ou physiologique, et à plus forte raison morphologique, dépend de chaînes de réactions presque toujours longues, il faut autant de gènes différents que ces réactions comportent d'étapes différentes.

La couleur d'un œil d'Insecte, la formation du pigment vert des plantes procèdent chacune de nombreux gènes. Ceux-ci réagissent les uns sur les autres, dans un ordre fixe, réalisant un complexe génique, dont les états d'équilibre créent toute une variété de possibilités : on conçoit ainsi que les modifications du génotype puissent transformer plus ou moins les individus.

Mais ces mutations sont-elles fréquentes ?

A cette question fondamentale, il est malaisé de répondre avec toute la précision souhaitable. On possède, en effet, fort peu de renseignements précis sur le *taux de mutation* dans la nature. Les données les meilleures sont tirées des recherches sur la Drosophile : Dobzhansky y admet une mutation pour 10^5 ou pour 10^6 individus. Haldane accepte le premier chiffre pour l'Homme. Mais il est arrivé que l'on ait obtenu des fréquences plus élevées, jusqu'à l'ordre de grandeur de la centaine (10^2). Certains gènes sont dits instables, et donnent des taux élevés. Il faut d'autre part remarquer que le taux de mutation se trouve modifié par certains facteurs externes. Les recherches classiques de Muller ont prouvé que les rayons X augmentent considérablement sa valeur chez la Drosophile, proportionnellement à la densité du rayonnement. On a appris par la suite que les variations de température agissent dans le même sens, proportionnellement à leur amplitude. Les rayons U.V. agissent également, mais moins énergiquement. Divers agents chimiques tels que le gaz moutarde, le phénol, les carbures cancérigènes, sont également reconnus mutagènes. Il est possible que dans la nature la radiation naturelle, en particulier les rayons cosmiques, jouent également un rôle, mais celui-ci n'est pas encore très bien établi : il n'est, en particulier, pas prouvé qu'il y ait un taux de mutations particulièrement élevé dans les villages bâtis sur la pechblende, et où les hommes peuvent vivre et mourir d'une manière tout à fait normale depuis des générations, malgré une radioactivité énorme.

Il faut remarquer aussi que les mutations étudiées expérimentalement pour la mesure du taux sont toutes des mutations importantes, faciles à reconnaître. Il est hors de doute que les moins importantes sont les plus fréquentes : leur effet visible est alors de l'ordre de grandeur des différences individuelles.

On a admis longtemps que les mutations étaient quelconques, désordonnées et imprévisibles. Il semble que cette conception soit périmée : le « désordre mutatif » est certainement plus limité qu'on ne le pensait autrefois. Un gène ne mute pas dans toutes les directions possibles, mais seulement dans une, ou dans un petit nombre. Dans le premier cas, il est possible qu'une seconde mutation, affectant le gène muté, le ramène à son état initial : c'est la mutation dite *réverse*. Elle possède généralement une fréquence différente de la mutation directe, et son existence prouve que la direction de mutation est conditionnée par la structure ou la position du gène, qui n'est pas indéfiniment modifiable. Quand plusieurs équilibres de cette structure sont possibles, il y a passage de l'un à l'autre sans intermédiaire brutal, c'est tout du moins ce qui ressort de l'examen des allélomorphes multiples, série de gènes, à effets voisins, portés par un même locus.

Des espèces voisines ont fréquemment le même type de mutations, ce qui indique que leurs gènes homologues peuvent subir des modifications de même sens général.

Il n'est pas non plus logique de considérer la mutation comme imprévisible. Étant donné que chacune possède, dans des conditions précisées, une certaine fréquence d'apparition, une fois celle-ci connue, il devient possible de prévoir l'apparition de la mutation : c'est une simple question de probabilité.

La mutation nous apparaît donc comme un phénomène complexe, mais qui permet de comprendre sans difficulté la variation héréditaire. Toutes les espèces vivantes ont des mutations : elles sont responsables de toutes les différences individuelles transmissibles. La littérature biologique en donne de nombreux exemples, mais qui concernent toujours des mutations fortement accusées, parce que ce sont les plus frappantes : les différentes dispositions des bandes colorées de la coquille chez les Escargots des bois, *Cepaea nemoralis*, ou les nombreuses mutations des ailes, des yeux, des soies... chez les Drosophiles; les Mammifères angora, les Chiens nus du Mexique; toujours chez le Chien, les races de Bouledogues ou de Bassets... Chez l'Homme on évoque l'histoire de la famille Lambert, dont plusieurs membres, et pendant trois générations successives, présentaient sur les parties découvertes du corps des excroissances cornées qui valurent au chef de famille le qualificatif d'Homme Porc-épic.

On s'accorde pour considérer comme mutation chez l'Homme toute modification individuelle héritée ou héritable, dans le domaine de la forme, mais aussi dans le domaine physiologique ou psychique. Le talent, le génie peuvent parfaitement être des mutations, au même titre que le nez de Cyrano, la lèvre des Habsbourg, ou l'hémophilie.

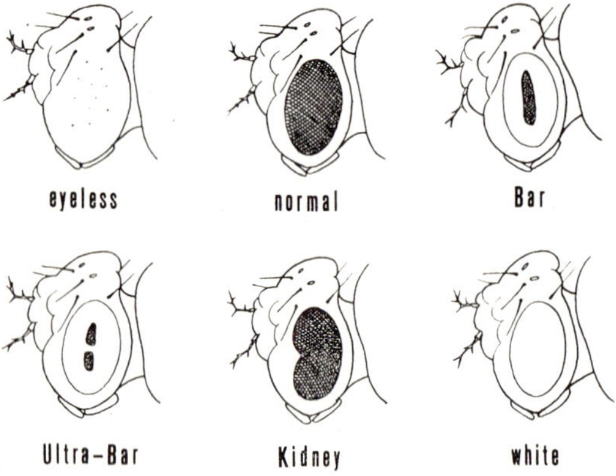

Fig. 23 — Schémas des quelques mutations principales de l'œil chez la Drosophile.

Revenant pour un instant en arrière, aux résultats donnés par la paléontologie, il semble évident que l'existence de ces mutations puisse rendre compte au moins de la Microévolution. Vis-à-vis de celle-ci, la seule différence que l'on puisse noter, consiste en ce caractère polarisé, orienté, orthogénétique, qui a frappé les paléontologistes, et qui ne paraît pas si net chez les formes actuelles. Nous aurons à revenir sur ce point essentiel. La Macroévolution a été définie par ce fait qu'elle apparaît liée à des discontinuités dans une série de variants, et qu'elle serait ainsi apte à expliquer l'apparition d'organes nouveaux.

A vrai dire, si les exemples de disparition d'organes

entiers par mutation s'observent bien, telles la mutation *eyeless* des Drosophiles (*fig.* 23), les mutations aptères de nombreux Insectes, les apparitions d'organe n'ont jamais été observées au laboratoire ou dans la nature. En paléontologie, elles ont cependant été signalées par Osborn, sous le nom d'« aristogenèses » : il note en particulier l'apparition d'une complication nouvelle dans la constitution d'une dent, ou, dans un phylum de Mammifères, l'apparition d'une corne nasale.

On a souvent soutenu que les mutations sont un processus pathologique, et qu'elles expliquent seulement les régressions : leur intérêt évolutif serait nul. Il semble que ces opinions soient exagérées, bien qu'elles ne soient pas totalement inexactes. Il y a effectivement beaucoup plus de mutations qui provoquent des régressions que des complications. Mais il est logique de remarquer que la perte ou la modification d'un seul gène dans une chaîne de réactions un peu compliquée arrête toute la chaîne. La réalisation de cette chaîne est un autre problème, autrement compliqué : on ne peut donc s'attendre à la rencontrer avec la même fréquence. Démolir est plus facile que construire : rien d'étonnant donc à ce qu'il y ait plus de régressions que de constructions. Il existe cependant des exemples certains de variations par excès : telles sont les mutations polydactyles des Vertébrés, dans lesquelles le nombre des doigts est accru. Elles se rencontrent en particulier chez l'Homme. Ou encore la mutation tétraptère de la Drosophile, qui, chez ce Diptère, transforme les balanciers, organes régressés, en ailes presque normales. Les allométries majorantes qui ne sont pas rares en morphologie, où elles peuvent conduire à des organes hypertéliques, sont certainement, au moins en partie, à ranger dans cette catégorie.

Quant au caractère pathologique des mutations, il faut le nier sans hésitation. Il y a des mutations plus viables que le type, et d'autres qui le sont moins, sans qu'il y ait aucune règle. Il est cependant, là aussi, certain que la vitalité d'un organisme peut plus facilement être diminuée qu'accrue : le fait de vivre correspond à un équilibre complexe entre les fonctions de l'organisme : la modification de l'une d'entre elles peut transformer cet équilibre, plus facilement dans le sens défavorable que dans le sens favorable.

Il arrive cependant que des mutations très importantes paraissent bouleverser l'organisme en équilibre : on parle alors de *monstruosités*.

On sait qu'il existe des monstres, en particulier chez les Vertébrés *(fig. 24)*. Tels sont, par exemple les *phocomèles*, individus chez lesquels les segments proximaux des membres sont réduits, au point que, dans le cas de l'Homme, la main paraît fixée à l'épaule; tels sont aussi les *amèles* dont les membres font totalement défaut. De

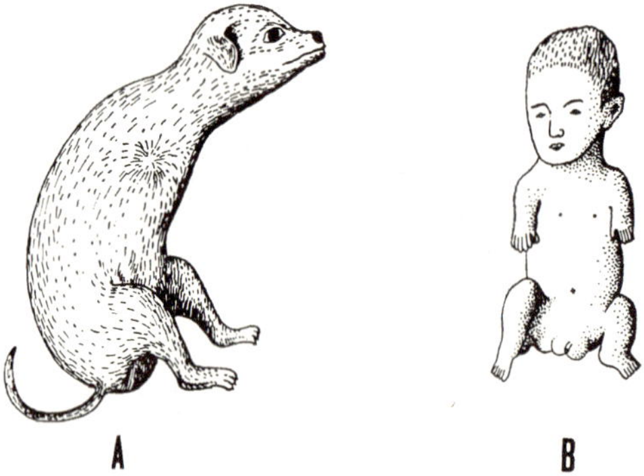

FIG. 24 — PHOCOMÉLIE ET AMÉLIE.

A, foetus de Chien hémimèle (laboratoire de zoologie de Clermont-Ferrand). B, jeune phocomèle humain, en même temps polydactyle (modifié d'après Martin Saint-Ange).

tels monstres peuvent être parfaitement viables : la mutation n'a nullement altéré l'équilibre physiologique de l'organisme. Les membres raccourcis ont un système musculaire, sanguin et nerveux parfaitement normaux. Il est vrai qu'il existe aussi des mutations qui rendent impossible le fonctionnement normal de l'individu, telles certaines formes d'achondroplasie, liées, chez le Bœuf, à un fonctionnement anormal de l'hypophyse.

La question de l'intérêt évolutif de cette dernière mutation ne se pose pas : on la dit *létale*, car elle entraîne régulièrement la mort du muté. Par contre il n'en est pas de même des précédentes, et l'on doit se demander s'il ne faut pas considérer ces monstruosités comme les homologues des mutations fortes qui doivent constituer la base de la macroévolution des paléontologistes.

On a fait valoir en effet que certaines formes aberrantes de Mammifères, telles que le Phoque ou l'Otarie, présentent des ressemblances avec ces monstres phocomèles, et que d'autre part les Serpents sont des amèles. Des macromutations analogues auraient pu être une des causes directes de l'origine de ces formes.

En ce qui concerne la mégaévolution, considérée comme responsable de la « Typogenèse », il semble que l'on puisse mettre hors de cause ces monstruosités : elles ont, en effet, une fréquence relativement élevée, dans tous les groupes animaux. Or, ces « types d'organisation », caractéristiques des embranchements ou des classes n'existent qu'en nombre très limité, de l'ordre de grandeur de la dizaine, c'est-à-dire absolument différent. Il semble que l'on puisse songer alors à des mécanismes différents aussi, qui n'ont joué qu'un tout petit nombre de fois par centaine de millions d'années. On vient à penser alors à des mutations qui auront pu agir au début du développement embryonnaire, ou même dans l'ovaire maternel au cours de la formation des œufs, avec dans les deux cas une modification de l'ontogenèse ayant conduit à un état d'équilibre différent du premier.

L'exemple, évidemment schématique, donné plus haut, concernant les rapports vraisemblables entre Annélides et Mollusques, par l'intermédiaire de la trochophore, peut servir d'image pour concevoir une telle réalisation. A. Dalcq a évoqué la possibilité de tels changements survenant au cours de l'ontogenèse (ontomutations), et, plus récemment, Paul Brien a repris et développé la même idée, en attirant l'attention sur l'énorme pouvoir régulateur de l'embryon. Nous aurons l'occasion de revenir sur ces points.

Restant au niveau des individus, il semble que toutes sortes de mutations soient possibles, s'échelonnant entre la létalité totale et les divers degrés acceptables de vitalité. Ainsi naît la variation héréditaire qui fournit le matériel brut servant de base à l'évolution.

L'ÉVOLUTION À L'ÉCHELON DE L'ESPÈCE

Certains individus, par mutation, parviennent donc à se différencier des autres. Quel est leur devenir ? Comment, ce « matériel brut » s'élabore-t-il? Une étude de l'évolution, dans le cadre plus large de l'espèce, doit nous renseigner.

Ici, la définition de Cuvier, acceptée plus haut, ne suffit plus : il nous faut préciser davantage. Des travaux de biométrie, utilisant un matériel végétal, ont permis à Johannsen de distinguer, par leur variation, deux types d'espèces. L'un de ces types est l'espèce élémentaire, ou encore le *jordanon,* dénommé ainsi en hommage au botaniste lyonnais Alexis Jordan qui a le premier établi que l'« espèce » *Erophila verna,* petite Crucifère bien connue des prés secs et des vieux murs, de morphologie très variable, est constituée par toute une série de lignées ayant chacune leur morphologie particulière, et d'apparence stable. On a pensé que chacun de ces types répondait à un génotype bien défini. Le fait a été reconnu depuis lors partiellement exact, une bonne partie des Érophiles ayant le même nombre de chromosomes, et probablement la même séquence de loci, se comportant ainsi comme des races pures, parce qu'elles s'autofécondent. Mais il existe aussi dans cet ensemble un certain nombre de mutants polyploïdes et même polysomiques incapables de se croiser avec les autres.

L'ensemble de ces formes constitue l'espèce linnéenne, ou *linnéon*, parce qu'il correspond à l'espèce, telle qu'elle a été conçue par Linné.

Chez beaucoup d'autres plantes, ou d'animaux, on retrouve ces deux types d'espèces : on peut considérer que les jordanons ont même génotype, tandis que les linnéons ont seulement une même structure chromosomique, une même séquence de loci, mais des gènes qui peuvent différer d'une lignée à l'autre. Le croisement est toujours possible, dans le sein du linnéon, mais peut conduire à des disjonctions différentes d'une lignée à l'autre. Sinon, on pourra considérer que l'espèce est en voie de diversification.

Vis-à-vis de la mutation, le comportement de ces deux types d'espèces est le même, toutefois, on doit prévoir dans les deux cas deux possibilités distinctes, selon que le changement mutatif laisse intacte ou non la structure chromosomique. Dans le premier cas, la zygoténie est normale, les gamètes féconds, et le muté se croise sans encombre avec les non-mutés.

On sait, dans le détail, que la mutation est apparue alors sur un seul génome, donnant un hétérozygote, qui ne se distingue immédiatement que si la mutation est dominante, ce qui n'est pas fréquent. Le plus souvent, la mutation est récessive, et ne se reconnaît que plus tard, après plusieurs générations, quand apparaît l'homozygote caractéristique. Ainsi peuvent se former de nouvelles espèces élémentaires.

Quand, au contraire, la structure du chromosome est suffisamment modifiée pour rendre difficile ou impossible une zygoténie normale, ou si c'est une variation du nombre des génomes qui a été produite, il peut se faire que les mutés soient devenus incapables de se croiser avec les autres membres de l'espèce linnéenne initiale. Dans le cas d'une variation polyploïde, elle n'a de suite que si des gamètes mutés des deux sexes parviennent à s'unir, formant des tétraploïdes viables, ou que si une reproduction parthénogénétique parvient à se substituer à la reproduction sexuée. Nous retrouvons ainsi ces « barrières de stérilité », déjà mentionnées, à l'intérieur même de l'espèce linnéenne; elles ont pour conséquence, si les conditions de milieu le permettent, la formation de sous-espèces ou même d'espèces nouvelles.

Ces considérations, déduites des propriétés cytologiques, correspondent bien à la réalité, et expliquent en particulier le cas des Érophiles, tel qu'il ressort des études de Winge : parmi les deux cent dix formes qu'il a signalées, plusieurs ont des nombres de chromosomes aberrants, sont interstériles, et quelques-unes sont parthénogénétiques.

Ces considérations ne peuvent cependant pas être poussées plus avant sans qu'il soit tenu compte des rapports de l'espèce avec son milieu, ce terme étant pris dans son sens le plus large, c'est-à-dire avec les qualificatifs d'« organique » aussi bien que de « biologique ».

Chaque espèce doit obligatoirement être envisagée en même temps qu'une portion d'espace, son *aire de dispersion :* c'est-à-dire la surface qui englobe les points géographiques extrêmes où le type défini a été rencontré.

Selon la vitalité de l'espèce, ses besoins écologiques, son âge, cette aire est plus ou moins vaste, continue ou discontinue. Sa forme, pour les organismes non aquatiques, est le résultat de la disposition des espaces sur lesquels ses individus ne peuvent s'étendre, et que l'on nomme ses barrières naturelles : grandes surfaces d'eau, chaînes de montagne, déserts, ou encore, lignes isothermes, ou isohyètes, si ce sont des conditions de température ou d'humidité qui arrêtent son expansion.

Ces aires peuvent être de l'ordre de grandeur des continents actuels pour les espèces les plus accommodantes, dites banales, mais beaucoup plus petites dans d'autres cas. Cependant, sur une aire donnée, la répartition des individus n'est jamais la même partout : elle se règle par des conditions particulières, locales, généralement écologiques, interférant avec la topographie, le climat général, ou le microclimat. Il en résulte une séparation en groupements plus ou moins importants, dans lesquels les individus peuvent se reproduire entre eux, et que l'on désigne comme *dèmes,* ou, plus simplement, comme *populations.*

Soit à titre d'exemple l'aire du *Parnassius apollo.* Ce Papillon eurasiatique ne vit que sur le relief, descendant exceptionnellement en dessous de l'altitude de six cents mètres. Sa distribution générale est donc discontinue, divisée en autant de populations qu'il existe de massifs montagneux dépassant cette altitude. En France il est évident que la population — ou même les populations — du Massif Central ne se croisent ni avec celles des Alpes ni avec celles du Jura. Dans le Massif Central même, la population des Monts Dore ne se croise ni avec celle du Forez, ni même avec celles du Cantal : on doit ainsi prévoir que si des mutations surviennent dans l'une de ces populations, elles ne se transmettent pas aux autres.

Il existe effectivement de légères différences morphologiques, portant, par exemple, sur la taille des taches rouges des ailes postérieures, et qui permettent au spécialiste de reconnaître l'origine de tel ou tel échantillon. Chez l'Apollon elles semblent héréditaires.

Ce n'est cependant pas la règle absolue, car il arrive qu'il existe des différences entre populations d'une même aire, liées à certaines conditions écologiques, en particulier thermiques, ou d'humidité. Ces variations ne sont pas toujours héréditaires : on les nomme formes géographiques, ou écotypes, quand il s'agit de plantes. Ces formes, réputées généralement sans intérêt au point de vue évolutif, ne sont cependant pas négligeables, car elles posent un problème qui sera envisagé plus loin sous le nom d'hérédité des caractères acquis.

Ce qui est possible d'un Papillon, ou de tout organisme à déplacement facile, à dispersion active, l'est à plus forte raison pour des êtres se déplaçant peu. C'est ainsi que la répartition géographique des Scorpions, étudiée en Afrique du Nord par M. Vachon, a révélé l'existence de nombreuses populations, chacune isolée sur une aire étroite. Elles ne se mélangent pas du tout, et se distinguent les unes des autres au moins comme sous-espèces.

Mais, ici encore, il ne faut pas imaginer de règle absolue. Il est des formes que l'Homme a répandues au cours de ses déplacements d'une extrémité à l'autre du monde habité : les unes restent identiques à elles-mêmes, sur toute leur aire nouvelle de dispersion, malgré sa discontinuité : telles sont la Mouche domestique, les Rats, le Moineau. Par contre, au moment de la traite des Noirs, un Singe africain, *Cercopithecus aethiops sabaeus,* a été amené à l'île Saint-Christophe, l'une des Antilles, où il est redevenu sauvage et s'est considérablement multiplié, différant aujourd'hui très nettement de ses congénères restés en Afrique. Les anatomistes qui l'ont étudié récemment estiment qu'il forme une sous-espèce nouvelle.

De même, *Mus muralis*, dont nous avons signalé la présence dans l'îlot de Saint-Kilda, en Écosse, dérive certainement de Souris introduites par l'Homme.

Le problème est donc complexe, et nos raisonnements trop simples : nous isolons arbitrairement certains facteurs, et négligeons les autres. Il est indéniable que la mutation est un facteur essentiel de l'évolution : mais elle n'est pas le seul, surtout si l'on se borne à l'envisager au point de vue statique.

Il nous faut la considérer d'une manière plus dynamique, dans sa qualité, vis-à-vis de l'organisme, vis-à-vis du milieu, et aussi vis-à-vis du temps.

Un autre facteur entre alors en action, en interférant avec son rôle. Ce facteur n'est autre que la *sélection naturelle*.

L'ÉVOLUTION ENVISAGÉE AU NIVEAU DES POPULATIONS ET LA SELECTION NATURELLE

La théorie de Darwin, dont nous avons déjà donné l'essentiel, est basée sur le fait qu'il naît, ou peut naître, beaucoup plus d'organismes qu'il n'en peut vivre.

Dans la plupart des espèces, le nombre des œufs et celui des jeunes sont très grands. Chez les Poissons osseux, une femelle au cours de sa vie, pond un nombre d'œufs qui, selon les espèces, est compris entre cent unités et cent millions. Dans les mêmes conditions, chez les Batraciens, ce nombre oscille entre quelques dizaines d'unités et quelques dizaines de mille. Chez un Oiseau, entre quelques dizaines et quelques centaines d'unités. Chez les Mammifères enfin, le nombre des jeunes obtenus d'une seule femelle au cours de sa vie sexuelle varie de quelques unités à un millier. Si nous admettons qu'il y a monogamie, et en gros, autant de mâles que de femelles, le nombre d'individus à remplacer, pour que soit maintenue la même somme de vie, est donc, dans chacun des cas envisagés, au plus de deux. La différence entre deux et les chiffres cités plus haut marque l'excédent qui n'atteindra pas l'état adulte : il est partout considérable.

Il en est exactement de même chez les Invertébrés.

Si l'on mesure l'effectif des adultes sur une longue période de temps — par exemple, une vingtaine d'années —, il reste sensiblement le même, à l'exception toutefois de l'espèce humaine, dans laquelle il croît régulièrement. Mesuré d'année en année, cet effectif n'apparaît cependant pas constant : il présente d'importantes oscillations, mais à court terme : il y a des années à Lézards, ou à Vipères, comme il y a des années à Hannetons, ou à Moustiques.

Chez les Végétaux, la disproportion entre le nombre des graines et celui des plantes adultes est encore plus grand.

La raison pour laquelle cet excédent reste inemployé, pour laquelle ce nombre énorme de graines est inutilisé, est que, sur une aire déterminée, la subsistance n'est possible qu'à un nombre fort limité d'organismes. Les éleveurs savent que par hectare de pré, il ne faut pas dépasser un nombre fixe de têtes de bétail, sans quoi tous n'arrivent pas à leur développement normal. De même dans une forêt, après une coupe d'arbres, on est surpris de voir germer une quantité de plantes herbacées ou de petits arbres : c'est que jusqu'alors ils ne pouvaient se développer, inhibés par les grands arbres. Les organismes qui se trouvent ainsi normalement en surplus, sont pratiquement condamnés.

Darwin, méditant sur ces faits, en a induit l'existence d'une concurrence vitale, survenant entre les êtres dont les besoins sont identiques, aussi bien dans une même espèce qu'entre espèces différentes. Il a admis que cette concurrence se traduit par une véritable lutte pour la vie entre les individus et les espèces. Sont vainqueurs dans cette lutte, et ainsi seuls conservés, ceux qui, pour une raison particulière, sont avantagés par rapport aux autres.

L'avantage qui permet de trier ainsi les individus, de marquer, en quelque sorte, les survivants, parmi les condamnés, est issu de la variation, qui introduit des différences entre les individus. Certains sont favorisés, rendus plus aptes que les autres; dans cette lutte pour l'existence, ils éliminent ainsi les désavantagés.

Tel est le mécanisme classique de la sélection darwinienne dont l'agent différenciateur est la *mort*.

On a beaucoup critiqué cette théorie, et remarqué que si elle s'applique bien parfois en toute certitude, il est de nombreux cas ou elle ne s'applique pas. La sélection élimine presque toujours les difformes, les faibles, les mal adaptés, en d'autre termes, le pire. Mais bien souvent le jeu de la mort n'est pas celui qu'avait prévu Darwin. C'est surtout au cours de la période embryonnaire ou de la période larvaire que s'élimine l'excédent des naissances, élimination qui, généralement, n'est pas sélective. L'Hyménoptère parasite qui dépose ses œufs sur des chenilles de Papillon, détruit une à une celles que le hasard lui fait rencontrer. Celles qui lui échappent ne diffèrent des condamnées que par leur position spatiale. La mort n'a rien différencié. Comme l'a fait remarquer Kellogg, quand une Baleine en ouvrant sa large gueule engloutit des milliers de Copépodes, qu'importe à ceux-ci d'être plus ou moins forts ou plus ou moins colorés. Leur mort n'est pas différenciatrice. On a pu répondre à cette objection classique que si un Copépode possédait un appareil sensoriel assez évolué pour lui permettre de prévoir, à temps pour l'éviter, l'arrivée de la Baleine, cet « avantage » pourrait lui sauver la vie.

D'un autre côté, pour que la sélection puisse jouer effectivement, il faut qu'elle continue son action de génération en génération. Sinon elle n'aura aucune utilité : il faut donc que les variations en question soient héréditaires. Nous avons déjà indiqué cette objection également classique. On a reconnu que beaucoup des variations considérées comme avantageuses ne sont pas héréditaires, étant de simples fluctuations, n'affectant pas le germen. Cependant, il faut remarquer que toutes ne sont pas de ce type, et qu'il y en a certainement quelques-unes qui sont germinales, et qu'elles suffisent alors à expliquer l'évolution.

Mais aussi, a-t-on finalement objecté, comment pouvons-nous, Hommes que nous sommes, juger tel ou tel dispositif comme utile, comme avantageux pour un Insecte ou pour un Ver ? Nos interprétations sont purement anthropocentriques, et sans valeur. Il est certain que l'on a beaucoup abusé de ce caractère d'utilité des dispositifs décrits par les morphologistes chez les divers organismes, et qui bien souvent peuvent n'être que des complications sans aucun intérêt.

Depuis la mort de Darwin, et jusqu'à l'entrée en action de la biologie expérimentale, les discussions entre partenaires et adversaires de la théorie sont restées vaines. Beaucoup de tentatives ont été alors entreprises pour l'éprouver. Toutes ne l'ont pas exactement confirmée.

Lui ont été favorables une série de recherches destinées à préciser le rôle de l'homochromie. On dit qu'un organisme est homochrome vis-à-vis de son milieu, quand sa teinte s'harmonise avec celle du milieu. Or, on a constaté depuis près d'un siècle, en Angleterre et dans le Nord de l'Europe, à la suite du développement des grands centres industriels, l'essor de plusieurs variétés mélaniques de Papillons dont la teinte sombre s'harmonise mieux que celle des variétés claires avec le fond sombre des zones industrielles. Il semble que l'homochromie avantage ces Insectes, rendus moins visibles pour leurs prédateurs : telle est au moins l'une des explications données de ce curieux phénomène.

Après 1941, Popham a étudié la prédation de Poissons d'eau douce, tels que le Gardon, ou la Rotengle, vis-à-vis de divers Hémiptères aquatiques de la famille des *Corixidae*. Ces Insectes présentent, une fois adultes, des teintes différentes, selon le fond sur lequel a été élevée leur larve. La couleur de celle-ci s'ajuste en effet à la teinte générale du fond, et l'adulte garde cette teinte sans pouvoir la changer. On recueille donc des adultes de teintes variées, et on les place dans des bacs sur des fonds colorés. Ceux dont la teinte contraste avec celle du fond sont les premiers mangés.

Une observation de même ordre a été faite récemment par Lamotte : il a constaté que, en période d'activité, les Escargots *Cepaea nemoralis* sont plus facilement mangés par les Merles ou les Grives quand leur coquille est dépourvue de bandes colorées que quand elle est rayée : les stries noires qui l'ornent dans ce dernier cas constituent donc un camouflage efficace.

Les exemples précédents correspondent ainsi à l'existence d'une sélection de type darwinien incontestable.

Cet aspect n'est cependant pas le seul possible, et les néomutationnistes le considèrent comme secondaire. Concurrence vitale, aptitude ou inaptitude à la lutte pour la vie, différenciation par la mort, correspondent à des expressions ou à des idées dont on a certainement abusé, et ils tendent à y renoncer.

On considère par contre que les favorisés par la sélection sont ceux qui ont la possibilité d'avoir plus de descendants que les autres. Avec le temps, ils finissent par remplacer ceux qui en ont moins, sans qu'il y ait de véritable lutte. A la notion de mort différentielle, Cuénot a ainsi cherché à substituer celle de *fécondité différentielle*. Il semble préférable de remplacer cette expression par cette autre moins précise de *multiplication* différentielle, car les organismes les plus féconds, ceux qui ont le plus grand nombre d'œufs ou de graines n'en sont pas, pour cette simple raison, les plus sûrs de remplacer automatiquement les autres : l'énorme fécondité de beaucoup d'espèces va simplement de pair avec une grande mortalité des embryons ou des jeunes. Les organismes vivipares, qu'il s'agisse des Mammifères, ou des Pucerons, ou encore des Mouches Tsé-Tsé, n'ont que peu de descendants, mais qui parviennent effectivement à subsister en proportion plus élevée, parce qu'ils sont bien protégés au cours de leur période de grande fragilité. C'est en quelque sorte l'efficacité du mode de multiplication qui joue ici le rôle essentiel.

Le phénomène sélectif typique que considèrent les néomutationnistes est l'*essor d'un gène muté dans une population,* c'est-à-dire le moyen par lequel ce gène parvient à se substituer au gène allélomorphe non muté. Il n'y a dans ce phénomène aucune lutte appréciable, mais les théoriciens y trouvent la possibilité d'une introduction du calcul. Et ainsi, le fonctionnement de la sélection naturelle ne se compare plus à un champ de bataille, mais à une table de jeu, ou à une loterie. Si, devant le croupier, on admet que la moitié exacte des numéros est gagnante, cinquante étant rouges, et cinquante noirs, on obtient l'image d'une multiplication normale, sans sélection. L'introduction de celle-ci constitue une sorte de truquage qui favorisera, par exemple, la sortie des numéros rouges, donnant ainsi cinquante-et-un rouges pour quarante-neuf noirs.

L'étude de l'action sélective devient ainsi œuvre de statisticiens, qui ont pu y introduire l'analyse mathématique. R. S. Fisher et J. B. Haldane en Angleterre, S. Wright aux États-Unis, ont rivalisé dans cette voie, et mis en évidence une série de points fondamentaux, destinés à substituer aux jugements d'un bon sens souvent faussé la précision la plus grande possible.

Le problème posé est complexe, ses variables étant trop nombreuses pour pouvoir être considérées simultanément; aussi l'étude mathématique a-t-elle débuté par une simplification des données, séparant les facteurs considérés comme essentiels de ceux qui ne le paraissent pas réellement. Le statisticien néglige ainsi, en bon darwinien, en premier lieu les variations du milieu. Il élimine d'autre part les possibilités d'une sélection sexuelle, posant, ce qui est critiquable, et certainement souvent inexact, que, dans des populations continues et de grandeur moyenne, les accouplements s'effectuent au hasard. Il faut souhaiter que l'introduction des calculatrices électroniques permette de se rapprocher un peu plus de la complexité naturelle.

Trois variables ont été reconnues essentielles :

Le *taux de mutation* de l'espèce considérée, un seul gène étant envisagé à la fois, dans ses deux possibilités de mutation, directe et réverse. On admet que ce gène n'est pas lié avec les autres. On désigne ce taux par le symbole V.

L'*avantage sélectif*, ou coefficient de sélection (symbole s) qui peut être mesuré comme l'excès des individus favorisés sur ceux qui ne le sont pas, au bout d'une génération. Par exemple, $s = 0{,}01$, quand cent individus sont favorisés contre quatre-vingt-dix-neuf qui ne le sont pas.

Enfin, la *grandeur de la population* envisagée (symbole N), définie comme le nombre des individus effectivement reproducteurs à un instant donné. Ce nombre ne comprend pas la totalité de la population, mais uniquement les individus en âge de se reproduire, les jeunes et les vieux étant exclus du compte.

Sur ces bases, le calcul, assez compliqué du reste, démontre que des avantages sélectifs plus faibles que le simple bon sens ne permet de le supposer, par exemple de l'ordre de 0,001, ou même de 0,0001, peuvent néanmoins, au bout d'un nombre suffisant de générations, s'étendre à la totalité d'une population, à condition toutefois que la grandeur de celle-ci soit convenable.

Le facteur N, dont l'importance a été mise en évidence principalement par S. Wright, joue, en effet, un rôle primordial. Entre une petite et une grande valeur de cette variable, les autres facteurs restant constants, le rôle de la sélection peut varier du tout au tout. Il existe une valeur critique de N, voisine de $N = \frac{1}{2\,s}$, en dessous de laquelle la sélection n'agit plus, son action débutant en dessus de cette valeur. Si l'on choisit pour s des valeurs telles que $s = 0{,}01$ ou $s = 0{,}001$, la valeur critique de N se situe aux environs de cinquante ou de cinq cents individus, ce qui, pour des populations usuelles, constitue de faibles effectifs qui ne subsistent d'une manière durable que dans des cas particuliers.

Dans de telles populations, l'intensité de la sélection est très faible ou nulle. Il en résulte la possibilité, pour une mutation indifférente, inadaptative, ou même nocive, de pouvoir se maintenir aussi bien qu'une favorable, puisque rien ne tend à l'éliminer. Dans ces conditions, l'évolution de la population est totalement indéterminée : le hasard devient roi. C'est ce que Wright désigne comme effet de « *drift* » (dérive). Mais, comme la population est très petite, même si le taux de mutation est élevé, très peu d'individus sont modifiés, les changements de cette population doivent pouvoir être considérés comme particulièrement lents. Il est vrai aussi, comme le fait remarquer Simpson, qu'aucune mutation ne risque de se perdre : on peut donc prévoir aussi, dans certains cas, des évolutions rapides et naturellement aussi des extinctions d'espèces si la mutation est trop nocive.

Quand, au contraire, la population est forte, ou très forte, N étant égal à 50 000 et plus, la sélection devient très forte, au point qu'il n'y a pas de mutations qui soient indifférentes. Wright admet que dans ces conditions la sélection supprime l'effet de la variation. La population reste très stable, et toute évolution s'arrête. Nous ajouterons une condition qui ici paraît essentielle : si le milieu ne varie pas.

L'interprétation de Wright n'est cependant pas acceptée totalement par Fisher ni par Haldane, qui ne jugent pas ces conditions défavorables à une certaine évolution.

Les conditions évolutives qui, à tous, paraissent les meilleures, sont celles que présentent les populations d'effectif intermédiaire, dans lesquelles N est du même ordre de grandeur que I/V et que I/s. Les mutations peuvent alors se fixer ou être éliminées, selon la grandeur de leur avantage sélectif. Dans ces conditions, une variation nocive n'a aucune chance de subsister : tous les changements sont obligatoirement favorables et adaptatifs, et, d'autre part, s'effectuent avec le maximum de rapidité.

Ces résultats sont d'un intérêt fondamental, et nous verrons plus loin qu'ils permettent d'interpréter de nombreux faits. Cependant, il ne faut pas cacher qu'ils sont très théoriques, et reposent surtout sur des modèles fictifs.

Un essai de vérification par étude d'un cas concret a été entrepris en France par Maxime Lamotte (1951). Il a porté sur l'étude d'un grand nombre de populations de *Cepaea nemoralis,* espèce classique, très polymorphe. La plupart des populations rencontrées sont des mélanges d'homozygotes et d'hétérozygotes par rapport à un couple de gènes b et $b+$, c'est-à-dire présence et absence de bandes noires sur le test *(fig. 25)*. Les proportions de ces deux gènes varient grandement selon les populations, sans qu'aucune loi géographique n'explique le phénomène. Les deux types sont toujours présents, et en équilibre pratiquement très stable. Les variations observées aujourd'hui existaient déjà au Quaternaire, il y a quelques dizaines de milliers d'années. Elles ne dépendent pratiquement pas du milieu, l'ensemble des facteurs externes ne jouant qu'un rôle infime, qui ne s'entrevoit que dans des biotopes à caractéristiques accentuées par rapport aux biotopes moyens : la sécheresse favorise ainsi la forme sans bandes, tandis que l'excès d'humidité favorise l'autre.

La sélection joue un rôle évident, comme nous l'avons déjà indiqué, elle n'agit cependant qu'au cours des périodes d'activité des Escargots. Quand ils sont enterrés, les Oiseaux qui les déterrent capturent indifféremment l'une ou l'autre forme. Mais la sélection n'a pas le rôle attendu, puisqu'aucune colonie ne tend vers un type qui soit le même, régulièrement, dans les mêmes milieux, et en particulier, ni vers la forme sans bandes, qui, au sens darwinien, est désavantagée, ni vers la forme à bandes, que son camouflage protège.

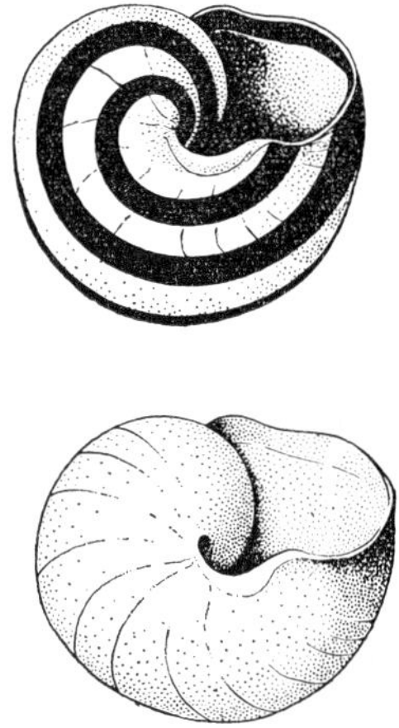

FIG. 25 — MUTATIONS CHEZ UN ESCARGOT *Cepaea nemoralis*.

Coquille à bandes noires, gènes *b*; coquille sans bandes, gènes *b*+.

Cependant, il faut remarquer que les Escargots ne vivent pas en populations continues, du fait de leur faible pouvoir dispersif : ils forment de petites colonies panmictiques, dont la durée n'est pas indéfinie, et qui même disparaissent fréquemment. Elles se reconstituent néanmoins à la même place au bout d'une ou deux saisons, aux dépens d'un immigrant, ou d'un petit nombre d'immigrants venus des colonies voisines. Et ainsi, la composition initiale de chacun de ces groupements est donc essentielle pour expliquer celle du groupe qui se développe ainsi. On conçoit alors que le hasard joue, dans ce cas particulier, un rôle plus important que la sélection. En somme il semble qu'ici la sélection n'ait pas le temps d'agir.

En outre, la sélection par les prédateurs n'est pas la

seule qu'il faille envisager. Lamotte montre qu'il existe un autre criblage plus général, qui agit en favorisant légèrement les hétérozygotes par rapport aux homozygotes. Il y a ainsi toujours réapparition des deux types de formes, avec ou sans bandes.

Il semble aussi que le taux de mutation joue un rôle plus important qu'ailleurs. Les deux mutations $b \rightarrow b^+$ et $b^+ \rightarrow b$ ont des taux inégaux, respectivement de l'ordre de $1/10^4$ et $5/10^4$; en outre leur rôle se trouve renforcé par un facteur dont on ne tient généralement pas compte, la migration, passage d'un individu d'une colonie à une autre. Les gènes ainsi transportés peuvent modifier les proportions de ceux du petit groupe en formation.

Ainsi donc, cet exemple concret, tout en montrant l'intérêt de l'analyse mathématique appliquée au problème évolutif, prouve que les faits sont beaucoup moins simples que la théorie, fût-elle bien construite. Mais aussi, il s'accorde avec celle-ci pour prouver que la sélection n'est pas le facteur bon à tout expliquer de Darwin et de ses continuateurs.

On ne peut nier que la sélection naturelle ne soit un agent important de l'évolution, mais son rôle est à la fois plus complexe et plus nuancé qu'ils ne l'ont admis. Elle est liée à un domaine d'action précis, et qui n'est pas toujours favorable à l'évolution. Il semble qu'il ne faille ni trop ni trop peu de sélection. En excès, elle supprime l'action de la variation héréditaire. Si elle fait défaut, la variation n'est plus contrôlée, et les changements les plus aberrants peuvent se poursuivre, à la seule condition qu'ils ne soient pas létaux. L'effet S. Wright peut alors, si les conditions s'y prêtent, conduire soit à la fin de la population, soit à un changement particulièrement riche en avenir.

Nous arrivons ainsi à un véritable paradoxe, que Darwin n'avait pas prévu, et sur lequel ses émules n'insistent pas : l'absence de sélection pouvant conduire à des bouleversements évolutifs, tandis que sa présence arrête l'évolution.

Ces déductions théoriques permettent d'expliquer de nombreux faits d'observation : ce sont les questions d'effectifs de populations dont l'importance semble la plus nette. Ainsi que nous l'avons déjà indiqué, les faunes insulaires présentent souvent une diversification inattendue de certains types : c'est que l'on n'y rencontre jamais de populations de grandes dimensions. Il est vraisemblable que l'effet Wright y joue, permettant d'importantes déviations par rapport au type initial, même en des temps relativement courts : rappelons les cas de *Mus muralis* de l'îlot Saint Kilda, ou des Cercopithèques de l'île Christophe.

Un autre exemple, encore plus typique, est celui du peuplement en Lézards des îles de l'Adriatique étudié par Kramer et Merten, en 1938. Les *Lacerta sicula* de ces îles ont été comparés à ceux de la côte voisine. Dans les grandes îles, la forme continentale se retrouve inchangée. Dans les petites, au contraire, on note une variation d'autant plus importante que la surface de l'île est plus petite d'une part et que, d'autre part, la profondeur des eaux qui séparent l'île du continent est plus grande. Cette profondeur mesure approximativement l'âge de séparation de l'île, tandis que sa surface indique en gros l'importance de la population qui y vit.

On parvient ainsi à comprendre certaines des particularités du peuplement des îles, dont nous avons vu toute l'influence qu'elles ont eue autrefois sur la genèse des idées de Darwin.

En somme, à l'intérieur des populations, les mutations sont l'amorce de la formation des nouvelles espèces, qui auront ensuite à se faire une place à côté des espèces existantes, selon leurs possibilités. La sélection naturelle jouera à ce moment-là, mais son jeu nous apparaît comme très nuancé, et il ne faut pas que nous soyons surpris de le voir admis par certains observateurs, et nié par d'autres.

LE NÉOMUTATIONNISME DANS LA GENÈSE DES ESPÈCES ET DES ADAPTATIONS

La théorie nouvelle ne rencontre pas de difficulté pour expliquer la formation des espèces nouvelles, ou *spéciation*. La mutation, plus ou moins aidée par la sélection, crée des groupements d'individus, qui sont des espèces en puissance. Que ces groupements s'isolent soit géographiquement, soit par suite d'une impossibilité de croisement avec la souche, liée à un phénomène écologique ou à une modification du génome, la divergence des caractères, surtout si elle est facilitée par le milieu, sera l'origine de la spéciation. C'est Moritz Wagner qui, à la fin du siècle dernier, a pour la première fois fait ressortir l'importance de l'isolement dans la genèse des espèces.

J. Huxley distingue actuellement quatre modalités possibles de spéciation (1942). En premier lieu, un mode « par succession », c'est-à-dire comportant un changement lent et graduel dans le temps, une sorte de glissement, par lequel une espèce *A* devient *B*. Il arrive parfois aussi qu'un tel changement se produise dans l'espace au fur à mesure que l'on parcourt l'aire de l'espèce selon un méridien, et ainsi selon le changement des conditions climatiques. On est tenté de rapprocher ce mode de la microévolution des paléontologistes, transformant, par exemple, une *Gryphaea arcuata* en une *Gryphaea obliquata* en montant la série stratigraphique.

Vient ensuite un mode « par divergence », tel qu'une espèce *A* peut donner naissance à deux ou plusieurs autres, telles que *A* et *B*, c'est-à-dire l'ancienne espèce subsistant à côté de la nouvelle, ou que *A'* et *B*, ou que *A'*, *B* et *C*.

Il semble que l'on puisse ici envisager plusieurs causes : la divergence sera due à un isolement géographique, tel que nous l'avons vu se réaliser dans les îles par rapport au continent, ou encore tel qu'il apparaît pour la faune marine, entre deux portions d'un océan qu'un isthme vient, à un moment donné, séparer définitivement l'une de l'autre. C'est ce qui s'est produit au Pliocène quand les deux Amériques, primitivement distinctes, ont été unies par l'isthme de Panama.

Les faunes atlantique et pacifique qui avoisinent l'isthme se correspondent depuis lors curieusement : on a décrit rien que dans la faune piscienne plus de six cents paires d'espèces, dites vicariantes, dont la parenté est indéniable. De même la séparation entre l'Europe et l'Amérique du Nord est l'origine de l'existence de deux espèces de Castors, ou de Bisons.

L'isolement peut-être simplement écologique, c'est-à-dire lié à une tolérance différente du muté vis-à-vis des facteurs du milieu : l'optimum thermique sera, par exemple, différent pour l'espèce souche, et ses mutés. C'est ainsi que le Chameau asiatique *(C. bactrianus)* supporte le froid, ce que fait mal le Dromadaire africain

(C. dromedarius); il eſt hors de doute que tous deux dérivent d'une souche commune. Il y a de même chez les Tigres une espèce à longs poils qui vit en Mandchourie et une autre à poils courts qui eſt l'espèce classique de l'Inde. Chez les Nématodes, il exiſte dans de nombreuses espèces parasites des races inféodées à un hôte particulier : l'*Ascaris lumbricoides* humain ne se diſtingue pas morphologiquement de celui du Porc. Cependant l'infeĉtion de l'Homme ne s'effeĉtue pas avec des œufs de la race porcine, et réciproquement. Les deux formes se comportent comme deux espèces qui ont dérivé d'une souche commune, après isolement dans deux hôtes différents.

On pense que l'isolement peut quelquefois avoir été simplement psychique : le Chien et le Chacal, qui ont certainement une origine commune, et qui s'accouplent en captivité, se combattent en liberté sans jamais s'accoupler.

En ce qui concerne l'isolement génétique, il eſt hors de doute qu'il soit à l'origine de la spéciation dans le vaſte genre *Drosophila,* ainsi que nous l'avons vu plus haut. Quant aux variations par polyploïdie, elles ont conduit souvent à la réalisation de nouvelles espèces végétales, facilitées qu'elles sont par ce fait que les polyploïdes sont plus résiſtantes que les espèces souches vis-à-

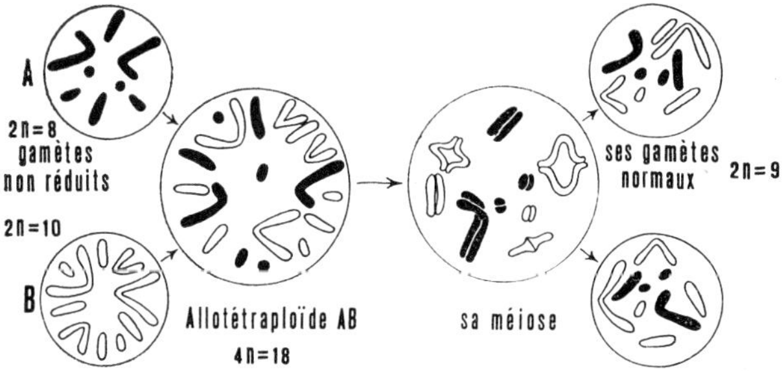

FIG. 26 — NAISSANCE D'UN POLYPLOÏDE.

A partir de deux espèces diploïdes, A et B, formation d'un allotétraploïde AB. Schémas caryologiques. Union de deux gamètes non réduits de A et de B. AB possède ainsi quatre génomes : deux de A et deux de B. Lors de la méiose, chaque paire de génomes se comporte comme si elle était seule : les gamètes résultants normaux ont la demi-somme de leur nombre chromosomique.

vis des facteurs climatiques. Chez les animaux, ce mode de spéciation n'est efficace que s'il y a possibilité d'un mode de reproduction non sexué : la polyploïdie entraîne en effet fréquemment des perturbations de l'équilibre des facteurs sexuels. Certaines races parthénogénétiques d'Invertébrés, par exemple celle de l'Isopode *Trichoniscus elisabethae,* celles de divers Papillons du genre *Solenobia,* sont des espèces en formation à la suite d'une modification polyploïde de leur génotype.

Il peut y avoir spéciation « par convergence », deux espèces *A* et *B* se croisant et donnant un nouveau type fertile *C.* Cette possibilité peut se réaliser par union de gamètes non réduits, donnant ainsi des formes à quatre génomes qui permettent une gamétogenèse à méioses régulières. On dit qu'il s'agit de la formation d'un allotétraploïde qui, bien entendu, n'est viable que s'il n'existe pas d'incompatibilité entre les génomes étrangers *(fig. 26)*. L'isolement génétique en est total vis-à-vis des espèces souches. Ainsi se sont formées diverses espèces végétales, en particulier dans le genre *Salix.* On a pu vérifier l'origine de telles espèces en les réobtenant, par une véritable synthèse, au laboratoire. Chez les animaux, on ne connaît pas avec certitude de tels exemples. Si l'on obtient bien des hybrides entre diverses espèces de Mammifères, telles que l'Âne et le Cheval, le Zébu et le Yak, ce dernier et la Vache, ces hybrides sont stériles, à de rares exceptions près, les gamètes mâles n'étant jamais obtenus normaux.

Huxley distingue enfin un mode « réticulé », en admettant l'association successive des modes précédents : l'espèce *A* donnant naissance à *A'* et à *B*, qui redonneraient *C* par convergence... et ainsi de suite.

L'espèce semble donc pouvoir prendre naissance par des procédés variés, mais dont l'origine est toujours la mutation d'une part, l'empêchement, d'autre part, d'une reproduction croisée commune. Dès que dans l'espèce un îlot se sépare et ne peut plus se croiser avec le restant, il tend à évoluer indépendamment, et son génotype se modifie par accumulation de petites mutations. Tout isolement commencé tend à s'accentuer de lui-même, et est ainsi l'amorce d'une nouvelle espèce.

Mais les espèces naissantes ne sont pas, pour autant, établies dans la nature. L'immense majorité d'entre elles est, en effet, condamnée, avant d'avoir trouvé une place parmi les autres, car l'entrée en jeu de la sélection, si elle est possible, y effectue un tri qui ne laisse subsister qu'une minorité.

Des formes subsistantes, nous dirons qu'elles sont adaptées à leur milieu.

Pour une espèce, être adapté signifie déjà vivre, accomplir son cycle biologique sans encombre, ses besoins écologiques étant satisfaits par les possibilités présentes du milieu. Une telle adaptation correspond à un minimum, tel que Cuénot l'a défini sous la forme d'*adaptation nécessaire et suffisante*. C'est, en d'autres termes, l'*adaptation physiologique* d'E. Rabaud. Sans elles, pas de vie possible, et leur absence condamne la jeune espèce.

Cependant, ce minimum n'est pas tout : la vie dans un milieu donné peut être plus ou moins facile, et, par suite, l'adaptation physiologique sera plus ou moins bonne, sa qualité étant réglée par la sélection.

L'organisme ne conserve, d'autre part, son adaptation que s'il reste constant et que si les conditions d'existence que lui fournit le milieu restent, elles aussi, constantes. L'importance de ces dernières ne peut, en effet, plus être négligée : il nous faut penser à ce que Rabaud appelait le « complexe organisme × milieu ». Toute modification de l'un ou l'autre terme de ce produit risque de briser l'adaptation, à moins que celle-ci ne soit particulièrement souple. Si le complexe varie, la sélection trie et ajuste, à condition qu'elle ait la possibilité d'agir. Sinon, comme par exemple en cas d'effet Wright, le hasard décide seul, quelle que soit la qualité de l'adaptation.

Mais il existe également des adaptations morphologiques, c'est-à-dire des dispositifs particuliers, qui facilitent, ou paraissent faciliter la vie de l'organisme dans tel ou tel milieu : par exemple, l'aile de l'Oiseau, les nageoires du Poisson, la main humaine, sont des adaptations morphologiques, respectivement, au vol, à la nage, à la préhension... Leur réalisation est certainement un phénomène très complexe, tel qu'il ne s'en est jamais vu effectuer au laboratoire, et sur lequel la paléontologie est seule en mesure de nous renseigner, ce qu'elle ne peut du reste faire que très parcimonieusement.

Une adaptation morphologique est une spécialisation de l'organisme qui perd certaines potentialités, mais en élargit d'autres. On a nié leur réalité, un peu par paradoxe, en faisant valoir que tous les organismes n'en ont pas, et n'en vivent pas moins, sans paraître en être infériorisés. La Couleuvre à collier et la Couleuvre vipérine vivent plus dans l'eau que sur le sol, sans qu'aucun détail visible de leur organisation ne le laisse prévoir. L'Argyronète, Araignée plongeuse, ne correspond nullement à l'idée que nous nous faisons d'un organisme aquatique. Dans nos torrents d'Auvergne, nous voyons bien souvent le Merle d'eau, *Cinclus aquaticus* plonger et nager, en se servant de ses ailes, sans que l'on puisse supposer, en le voyant voler normalement, qu'il mène une vie semi-aquatique.

Cela ne nous empêche pas, cependant, de reconnaître l'adaptation du Poisson, ou de certains Poissons, à la nage, et de certains Oiseaux au vol : ces deux exemples nous permettront d'aborder plus simplement le problème que ceux des exceptions rappelées ci-dessus.

L'adaptation du Poisson se traduit par la forme générale piscienne, qui n'est pas spéciale aux Poissons, et qui reste vague et imprécise, sauf si nous spécifions en plus une qualité, telle que la rapidité de la nage. Les Poissons rapides ont en effet une forme qui tend plus ou moins vers celle d'un fuseau. Tels sont la Truite, le Maquereau ou la Sardine. Mais, à côté d'eux, il est des Poissons de formes très différentes, tels que la Sole, la Baudroie, le Poisson-Lune, le Coffre, l'Anguille, l'Hippocampe *(fig. 27)*. Aucune des silhouettes de ces êtres n'est comparable, et leur variété même a servi d'argument à E. Rabaud pour nier la réalité des adaptations morphologiques. Tous ces êtres sont adaptés, puisqu'ils vivent, mais on ne peut nier que leurs possibilités de vie soient néanmoins très différentes vis-à-vis des divers milieux aquatiques : chacun, pris en particulier, est adapté à des conditions de vie précises, auxquelles il reste lié. Le milieu aquatique offre à ses habitants des possibilités très variées, et nous savons, en particulier, que les eaux douces, que les grandes profondeurs marines ont pu servir d'asiles et conserver des formes disparues ailleurs depuis longtemps.

A la variété des formes pisciennes s'oppose la constance des types morphologiques d'Oiseaux : tous ceux qui volent réellement ont une même allure générale, et ne se distinguent vraiment que par des détails d'organisation.

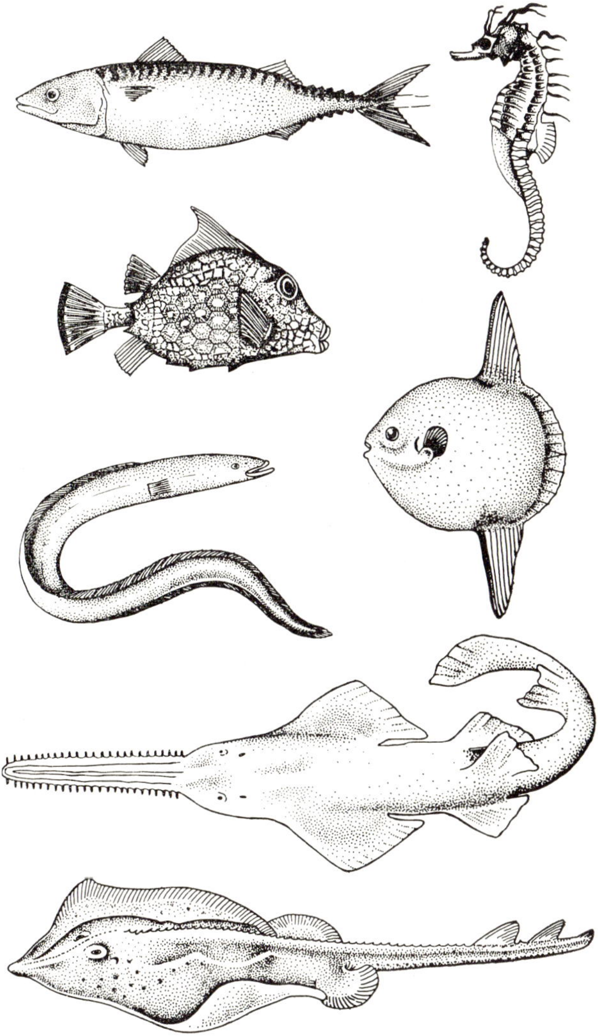

Fig. 27 — Quelques silhouettes de Poissons.

Maquereau; Coffre; Poisson-Lune; Hippocampe; Anguille; Poisson-Scie; Raie.

Si l'on considère particulièrement la question du vol, on a remarqué qu'il est possible de mesurer la surface portante des ailes, comparée à celle du corps : les valeurs obtenues de cette *surface alaire relative* permettent de ranger les Oiseaux en une série de catégories fonctionnelles, allant de l'Oiseau-Mouche à l'Aigle, et telle que le type de vol varie régulièrement d'une extrémité à l'autre de la série. Des types à vol battu très rapide, et exclusif, qui caractérise les Oiseaux à petite surface portante, — tels que l'Oiseau-Mouche, — jusqu'à ceux qui n'utilisent couramment que le vol à voile, — tels que l'Aigle ou l'Albatros—, leur surface portante étant grande, on rencontre tous les intermédiaires. Ces relations entre formes et fonctions caractérisent une adaptation morphologique unique, mais présentant toute une échelle de graduations.

Ainsi l'ensemble des Oiseaux montre-t-il une homogénéité fonctionnelle absente chez les Poissons, où il est impossible de comparer la nage d'une Raie à celle du Poisson-Lune ou de l'Hippocampe.

La raison de ces différences peut être attribuée finalement aux différences de leurs milieux habituels, ou tout du moins à l'une des caractéristiques physiques de ces milieux : l'eau est un milieu dense, l'air un milieu léger, et il en résulte que les conditions mécaniques du déplacement sont profondément différentes dans les deux cas. Dans l'eau, milieu dont la densité est sensiblement celle de l'organisme, les mouvements sont faciles, et n'exigent qu'une dépense d'énergie limitée, tant que le facteur vitesse n'entre pas en jeu. Quelle que soit sa forme, le Poisson peut toujours parvenir à se déplacer : sa silhouette n'a d'importance que s'il doit nager vite.

Par contre, dans le milieu aérien, l'Homme sait, par une expérience lourdement payée, que le déplacement ne peut être réalisé sans d'excellentes solutions. En leur défaut, la chute est assurée, liée bien souvent à la mort des essayistes. Le seul fait de la différence des densités des deux milieux conditionne donc deux cribles sélectifs distincts : l'un à mailles très larges, celui de l'eau, tandis que celui de l'air est à mailles étroites.

L'adaptation si parfaite des Oiseaux au déplacement dans l'air s'explique ainsi par la rigueur avec laquelle ont été triés les essais de leurs ancêtres. Les longues queues, du type de celle de l'*Archaeopteryx*, ont été éliminées, en même temps que se consolidaient par soudure les osselets de la main. Ce type de sélection a été particulièrement efficace : remarquons que si la mort est bien encore ici l'agent différenciateur, elle n'agit nullement à la façon darwinienne, puisque c'est contre le milieu inorganique qu'a lieu cette lutte si particulière. Le néomutationnisme de Simpson s'accommode beaucoup mieux que la théorie des darwiniens d'antan d'une telle conception de l'action sélective par l'intermédiaire du milieu.

On ne peut cependant pas concevoir l'adaptation sans faire intervenir aussi les faits de concurrence vitale au sens ancien, c'est-à-dire vis-à-vis du milieu biologique. Les Végétaux en fournissent des exemples typiques. Rappelons celui de l'Oseille sauvage, *Rumex acetosa,* plante banale des lieux humides qui se rencontre partout où le sol est acide : on serait tenté de considérer comme purement écologique son adaptation à ces types de sol. Il n'en est rien : sur un sol rendu alcalin par chaulage, elle croît avec une exubérance inattendue, atteignant une taille supérieure à celle qu'elle aurait eue sur terrain acide. Elle n'est donc, pas plus qu'une autre, adaptée à l'acidité, mais présente seulement vis-à-vis d'elle une tolérance supérieure à celle des autres plantes, et qui l'avantage là où la concurrence vitale est la moindre, c'est-à-dire sur ces types de sol. Il en est de même des plantes dites calcicoles, qui peuvent croître en l'absence de calcaire, mais supportent celui-ci à une concentration où les autres plantes sont gênées.

Chez les animaux, rappelons, avec Huxley, que les Marsupiaux australiens montrent des adaptations morphologiques beaucoup moins accusées, en général, que celles des Mammifères des autres ordres actuels. En particulier, un arboricole tel que le Koala ou le Phalanger est nettement moins évolué que l'un de ceux des forêts des autres continents, Écureuil ou Primate. De toute évidence, il ne pourrait les concurrencer dans leur propre domicile. De même, le seul Canidé australien, le Chien Dingo, certainement arrivé en Australie en même temps que l'Homme, a, dès son introduction, éliminé les Marsupiaux carnivores, qui ont les mêmes besoins que lui. Le Thylacine et le Sarcophile n'ont ainsi subsisté qu'en Tasmanie.

Ces faits s'interprètent facilement si l'on admet qu'au

cours de la réalisation de leur adaptation, les formes australiennes n'ont pas eu de concurrents sérieux : parvenues à leur spécialisation maxima, celles qui étaient carnivores n'ont pu supporter la concurrence d'un Chien, dont la spécialisation avait été acquise ailleurs, sous le contrôle de l'importante concurrence des habitants du continent.

Il semble bien, enfin, que dans toutes les questions d'adaptation chromatique, où jouent l'homochromie — c'est-à-dire l'harmonisation des couleurs d'un organisme avec celles du fond habituel — et le mimétisme, qui consiste en la ressemblance plus ou moins précise d'un type animal pauvre en moyens de défense avec un autre qui en est bien pourvu, la concurrence vitale, au sens darwinien, ait été, dans la réalisation des adaptations, l'un des facteurs dominants. Mais il est certain aussi que la sélection naturelle n'a pu agir indépendamment du milieu, et que, d'autre part, son action est restée subordonnée à celle d'autres facteurs, tels que le taux de mutation. L'effectif des populations présente aussi dans ce problème une importance fondamentale, puisqu'il est le régulateur de l'action sélective.

En somme, c'est de divergences entre individus d'une espèce souche que résulte la spéciation, divergences qui résultent de mutations qu'un isolement, réalisé d'une manière ou d'une autre, est parvenu à accumuler. *Le problème de la spéciation est donc résolu.* Celui de l'adaptation lui est lié obligatoirement, car une espèce n'est pas viable si elle n'est pas adaptée. La sélection naturelle, en triant les espèces nouvelles, permet alors de comprendre l'adaptation à un milieu défini.

CHANGEMENT DE MILIEU — PRÉADAPTATION ET POSTADAPTATION

L'adaptation physiologique, comme l'adaptation morphologique, doivent être envisagées non pas seulement dans leur état actuel, mais dans leurs développements à travers le temps. La première, qui n'est liée en somme qu'à un fonctionnement de glandes, d'organes, réglé par un appareil coordinateur, n'est jamais fixée d'une manière absolue : l'ontogenèse nous a habitués aux organes qui changent de fonction. On peut ainsi concevoir qu'elle présente d'importantes variations, qu'elle manifeste une réelle souplesse. L'adaptation morphologique, au contraire, tout du moins une fois qu'elle est nettement caractérisée, oriente l'organisme dans une voie dont il ne lui est, le plus souvent, plus possible de se dégager : il la parcourt alors jusqu'à atteindre une spécialisation de plus en plus grande, qui aboutit parfois même à des hypertélies, signes avant-coureurs de la fin de l'espèce.

Envisager les changements d'adaptation, c'est donc surtout étudier les modifications de l'adaptation physiologique, l'adaptation morphologique ne pouvant être mise en cause que dans ses débuts, ou dans des processus encore très mal connus qui ont été déjà évoqués plus haut sous le nom de pédomorphoses.

Les milieux, ou tout du moins la plupart d'entre eux, quand on les envisage dans le temps, apparaissent instables. Ainsi que le démontrent les géologues, la longue histoire de la terre n'est qu'une suite de transformations de l'aspect de sa surface. L'érosion du relief par les agents atmosphériques, les modifications du niveau relatif des terres et des mers, quelles qu'en soient la cause et l'ampleur, sont les facteurs de ces transformations. Des plaines sont devenues fonds de mers et réciproquement. Ceux-ci se sont élevés en montagnes, que l'érosion a ramenées à l'état de plaines. La surface s'est parfois ridée : l'eau s'est accumulée dans les parties basses, formant des lacs, qui se sont ensuite progressivement comblés : ils sont devenus tourbières, marécages, puis prairies. Des changements de climat ont garni les vallées de glaciers, ou, au contraire, ont fondu ceux-ci. D'autres ont transformé en déserts des plaines autrefois fertiles.

Au cours de tous ces changements, la vie n'a pu se maintenir identique à elle-même. Comment a-t-elle réagi à toutes ces modifications ?

Il semble qu'il existe à cette question deux réponses possibles, selon que les changements du milieu inorganique auront été progressifs et lents, ou au contraire rapides et brutaux.

Dans le premier cas, que l'on peut imaginer comme un changement climatique qui a dû s'étendre sur des millénaires, il peut se faire que l'adaptation de l'espèce subsiste, mais tout en se transformant au rythme de l'évolution du milieu : la variation, due aux recombinaisons de gènes ou aux petites mutations, et, nous pensons également, aux accommodats non héréditaires, apparaît suffisante pour maintenir l'harmonie. Elle alimente ainsi le tri sélectif. C'est ainsi, semble-t-il, qu'à la faveur des époques glaciaires, s'est produit dans nos contrées l'essor des Végétaux polyploïdes. Plus résistants aux variations thermiques, ils ont, progressivement, pris la place de leurs espèces souches.

Si le changement est rapide, de tels mécanismes sont insuffisants. Nous en avons l'exemple au moment d'une importante inondation, ou de la mise en eau d'un barrage artificiel : les êtres assez mobiles émigrent (Lièvres, Perdrix, etc.). Les autres (Taupes, Mulots, Campagnols, etc.) sont submergés et l'immense majorité se noie. Quelques-uns cependant s'adaptent aux nouvelles conditions. Dans l'exemple envisagé, il n'y a guère parmi les Vertébrés que les Poissons des ruisseaux, des mares, ainsi que les Amphibiens, Urodèles et Anoures, qui résistent, à condition même qu'ils ne soient pas trop loin des rives. Le problème est plus complexe pour les Invertébrés : certains Oligochètes, Mollusques, Crustacés et Protistes subsistent ainsi que les organismes reviviscents.

A la suite de Cuénot, nous dirons que ceux qui subsistent étaient *préadaptés* au changement. Une préadaptation, c'est une nouvelle adaptation préparée en quelque sorte à l'avance, à la façon de ces véhicules automobiles prévus par l'Homme pour évoluer aussi bien sur terre que sur l'eau.

On connaît de nombreux exemples de préadaptations : en voici quelques-uns.

Le traitement antiparasitaire des arbres fruitiers par des produits arsenicaux a fait apparaître, chez divers Insectes, des races résistantes au traitement. On en connaît, en particulier, chez la Cochenille dite Pou de San José. De même il existe des Mouches domestiques qui résistent au D.D.T., des Bactéries pathogènes pénicillinorésistantes, etc. Dans tous ces exemples, il semble bien que le produit chimique utilisé n'a pas fait naître d'accoutumance, mais qu'il a supprimé les formes sensibles, et que n'ont subsisté que celles qui lui étaient, par avance, résistantes. Ces préadaptées ont donc pris la place des autres. On pense que l'origine de la résistance est une mutation favorable, antérieure au traitement.

Mais on connaît d'autres exemples dans lesquels l'apparition de la mutation pré-adaptante a pu être constatée. En aviculture, on a vu apparaître, à plusieurs reprises, des Poulets à plumes frisées. Leur plumage est beaucoup moins dense que le plumage habituel, et il laisse facilement circuler l'air. L'Oiseau lutte mal contre le froid, de sorte que les climats rudes l'éliminent. Par contre il s'adapte beaucoup mieux que les autres aux climats tropicaux, où l'Homme l'a du reste acclimaté. La mutation en question apparaît donc comme une préadaptation capable de jouer en cas de changement par transport d'un milieu froid à un milieu chaud.

Les généticiens ont obtenu chez la Drosophile une mutation à ailes vestigiales, interdisant le vol. L'Héritier, Teissier et Neef ont élevé une population de ces Mouches en concurrence libre avec d'autres du type ailé normal, dans un lieu particulièrement exposé aux vents marins, sur la terrasse de la station biologique de Roscoff. Seules les Mouches à ailes vestigiales ont subsisté. L'absence d'ailes, résultat d'une mutation typique, est donc une préadaptation à ce type de milieu, ce qui permet de comprendre que dans certaines îles, telles que les Kerguelen, renommées pour leurs vents violents, la plupart des Insectes soient aptères.

L'absence d'yeux des animaux cavernicoles a été considérée aussi par certains mutationnistes comme le résultat d'une préadaptation : la faune des grottes se serait formée sinon aux dépens d'animaux totalement aveugles issus de la faune superficielle, tout au moins aux dépens de formes lucifuges, à mauvaise vue, ainsi préadaptées à la vie en milieu obscur, et qui, par la suite, seraient devenus totalement privés d'yeux par une post-adaptation.

Ce dernier mode diffère du précédent parce qu'il se produit une fois que l'organisme est dans le milieu transformé. On remarquera que le fait n'est possible que si l'adaptation physiologique est déjà assurée par pré-adaptation, ou de quelque autre manière. En effet, il peut se faire aussi que la subsistance dans le second milieu soit due à un simple phénomène d'accommodation, se reproduisant à chaque génération, dans les mêmes conditions, la modification non héréditaire étant une réaction de l'organisme aux facteurs du nouveau milieu. C'est ainsi que, sous les tropiques, les Blancs importés, qui vivent sans trop souffrir des ultraviolets solaires, sont ceux dont la peau se pigmente intensément. Ils subsistent dans ces conditions, nouvelles pour eux, sans adaptation héréditaire. Ils sont, en quelque sorte, en position d'attente, tant que des mutations parallèles ne viennent pas, selon l'expression de Cuénot, « confirmer cette adaptation provisoire ». Cette possibilité de remplacement d'un accommodat par une mutation constitue une post-adaptation qui peut se réaliser, ainsi que l'a admis Baldwin, et qui est connue sous le nom de « principe de Baldwin ».

Mais préadaptation et postadaptation peuvent aussi fonctionner concurremment : notons, par exemple, que les Poissons aveugles des grottes américaines sont principalement des Siluridés, c'est-à-dire des Poissons qui, dans les milieux épigés, ont une vue faible, sont lucifuges, et possèdent des barbillons. C'est ainsi qu'ils ont pénétré dans les grottes, où leur adaptation s'est confirmée par disparition du pigment et des yeux, tandis que les barbillons se spécialisaient en organes tactiles très sensibles : les deux types d'adaptation sont donc ici intimement mêlés...

Il est vraisemblable qu'il en est fréquemment de même dans le peuplement des *places vides*. Cette vallée qui devient lac de barrage à la suite de sa mise en eau est l'exemple d'une place vide. De même une simple pièce d'eau, une flaque remplie par la pluie. En sens inverse, le fond d'un bassin que l'on vient de vider; une galerie de mine, une île qui apparaît sur l'océan, volcanique, ou corallienne; une terre qui vient d'être retournée par labour; un milieu de culture qui sort du stérilisateur : tout cela constitue autant de places vides, c'est-à-dire dans lesquelles il n'y a, à un moment donné, pas du tout, ou relativement peu d'êtres vivants.

Le peuplement de ces milieux se réalise aux dépens des milieux voisins occupés. Nous avons étudié déjà le peuplement de l'île du Krakatoa, ou des îles océaniques nouvellement formées. Il est possible d'assister aujourd'hui, autour de nous, à des processus analogues : il suffit d'observer les milieux que nous venons de citer, et d'en suivre l'évolution. De même, on pourra voir comment une nouvelle plante, introduite sans son cortège habituel de parasites, est colonisée par la faune indigène. L'industrie moderne, par les produits usés qu'elle déverse, crée, elle aussi, des conditions nouvelles comparables à ces places vides, et dont très peu excluent la vie. C'est ainsi que les forages effectués pour l'exploitation du pétrole ont produit des mares à naphte, dans lesquelles un Diptère, jusqu'alors non remarqué, s'est mis à pulluler exclusivement : on le nomme *Psilopa petrolei.*

Là encore préadaptation et postadaptation ont joué leur rôle.

R. Goldschmidt imagine également que la préadaptation a pu autoriser l'exploitation de mutations fortes, du type monstruosités, qu'il attribue à d'importants réarrangements chromosomiques, et qu'il considère comme une source de macroévolution. Imaginons avec lui que l'*Archaeopteryx,* ce premier essai connu de l'Oiseau, qui, avec sa longue queue emplumée, était certainement incapable d'effectuer des vols battus, ait subi une importante mutation réduisant sa queue d'une manière analogue à celle des Chats sans queue, à vertèbres concrescentes. Il en serait résulté un organisme monstrueux par rapport aux autres *Archaeopteryx,* mais infiniment plus riche en avenir. C'est ce qu'il appelle un « *hopeful monster* » : la monstruosité serait devenue réussite. Bien entendu la probabilité d'une telle réussite est extrêmement faible, car on conçoit mal l'émergence d'un monstre, ses possibilités de reproduction étant particulièrement faibles, et l'essor de ses descendants fort problématique, sauf en cas d'apparition d'une importante place vide, dans laquelle, par une heureuse coïncidence, il se serait trouvé transporté. Il semble que l'on retrouve ici dans cette image quelque chose de cet effet Wright, réalisé dans de toutes petites populations, permettant de concevoir l'apparition de types aberrants, grâce au jeux combinés des pré- et postadaptations, dérivées de macromutations.

Quoi qu'il en soit de ces idées, il faut remarquer tout l'intérêt évolutif qu'offrent les changements de milieu. La vie leur répond par un extraordinaire opportunisme, l'organisme étant amené alors à révéler toutes ses possibilités, existantes ou latentes. Tel organe change de fonction; tel autre, inutilisé jusqu'alors, devient directement ou indirectement essentiel pour la survie de l'espèce, et la vie continue. Les changements de milieu ont donc pu servir ainsi de moteurs de l'évolution, insoupçonnés par les évolutionnistes d'antan, mis en évidence surtout par Cuénot, et parfaitement conciliables avec l'explication néomutationniste.

ÉVOLUTION DIRIGÉE — HYPERTÉLIE — EXTINCTION DES ESPÈCES

Les faits paléontologiques nous ont fourni des exemples d'évolution en ligne droite, tant en Microévolution qu'en Macroévolution. Bien que J. Huxley, bien que Simpson aient montré que beaucoup de ces exemples doivent surtout leur caractère orthogénétique à une représentation trop schématique des résultats, il faut admettre, en gros, la réalité de l'évolution dirigée, mais en la considérant comme une règle assez souvent violée.

Comment le néomutationnisme l'explique-t-il?

Tout d'abord en n'acceptant plus, aussi généralement qu'aux débuts de la génétique, le caractère désordonné de la mutation. Ainsi que nous l'avons déjà indiqué, les gènes ne mutent que dans un petit nombre de directions, parfois réduit à l'unité. Si la mutation directe et la mutation réverse sont bien toutes deux possibles, pour des gènes isolés, il n'en est plus de même chaque fois qu'il s'agit de gènes fonctionnant en association sériée, tels que ceux qui contrôlent la plupart des réactions du métabolisme. La réversibilité n'est plus possible en pareil cas. Conformément à la loi du biologiste belge Dollo, le changement est irréversible, surtout s'il s'agit de mutations régressives. Quand le nombre des doigts a diminué chez *Eohippus,* donnant des Chevaux à trois doigts, les mutations ultérieures n'ont pu conduire qu'à une nouvelle réduction du nombre. Il est ainsi possible que, par le seul mécanisme mutatif, beaucoup de changements tendent automatiquement à se faire dans le même sens.

D'un autre côté, si l'action des mutations concerne des caractères adaptatifs, on peut concevoir que leur effet soit polarisé par un autre facteur, qui est une action sélective. Tant que règnent les mêmes conditions de milieu, il y a *orthosélection,* c'est-à-dire désavantage pour toute variation qui tend à s'écarter de la tendance initiale. Le milieu, par l'intermédiaire de la sélection et de l'adaptation, sert ainsi d'antihasard et, après une variation, s'oppose à celles, ultérieures, qui n'ont pas la même direction.

La loi d'augmentation de taille des paléontologistes doit se comprendre ainsi : une plus grande taille est souvent un avantage, en milieu favorable : chez les herbivores dont la course est le principal moyen de défense, l'animal plus grand court plus vite et plus longtemps. Le carnassier qui s'en nourrit, doit lui aussi grandir, sinon la proie lui échappe. D'où tendance vers une augmentation des dimensions par orthosélection. Bien entendu, il ne s'agit là que d'un schéma qui n'est pas sans exceptions. C'est ainsi que, dans les îles, il arrive que la loi ne s'applique pas, la taille restant constante, ou étant parfois même en diminution. Ainsi explique-t-on la présence des poneys des îles Shetland, ou celle des Éléphants nains fossiles des îles méditerranéennes : massif corso-sarde, île d'Elbe...

Mais il ne faut pas généraliser non plus cette particularité à toutes les îles, puisque nous savons que les Tortues ont donné des formes géantes aux Galapagos, et aux Seychelles. On peut attribuer ce gigantisme à une exubérance de croissance liée à l'absence de prédateurs et à une bonne alimentation. Le facteur nutritif joue en effet un rôle certain dans les problèmes de croissance, et vraisemblablement permet aussi bien d'expliquer les formes naines que les géantes.

L'hypertélie, c'est-à-dire le développement excessif d'un organe qui dépasse la mesure habituelle, a été considérée comme la conséquence d'une orthogenèse qui serait devenue défavorable à l'espèce. Beaucoup de ces phénomènes semblent susceptibles d'une explication par croissance allométrique. On sait, en effet, par les études de croissance relative, que certaines parties de l'organisme ne croissent pas à la même vitesse que les autres : on les dit allométriques, celle-ci étant majorante, c'est-à-dire plus rapide (cœfficient $\alpha > 1$), ou minorante, c'est-à-dire plus lente (cœfficient $\alpha < 1$). Dans le premier cas, supposons qu'il s'agisse d'une corne : si la taille de l'animal est petite, la corne ne se montre pas, ou est à peine visible. Si au contraire cette taille est grande, la corne est très développée, ou même trop développée, hypertélique, si la taille est très grande. Ce phénomène s'observe non seulement dans l'ontogénie mais aussi dans la phylogénie. Le paléontologiste Osborn a fait ressortir son importance en étudiant le phylum des Titanothères, Mammifères fossiles, de petite taille à l'Éocène, où ils n'ont pas de cornes, mais une simple saillie des os nasaux, avec le genre *Eotitanops*.

A l'Oligocène, la taille a presque doublé : on reconnaît

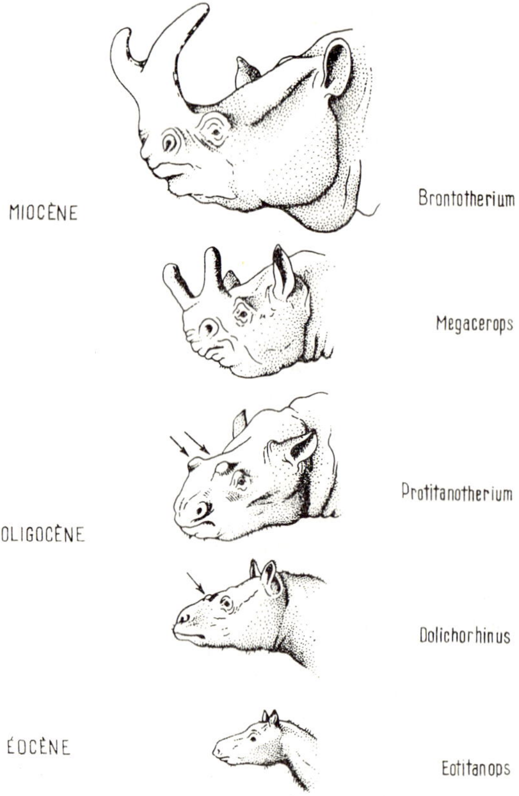

FIG. 28 — CROISSANCE ALLOMÉTRIQUE.

Apparition des cornes, en relation avec l'accroissement de la taille chez les *Titanothères,* au cours du Tertiaire. (Figures d'Osborn, empruntées à Simpson).

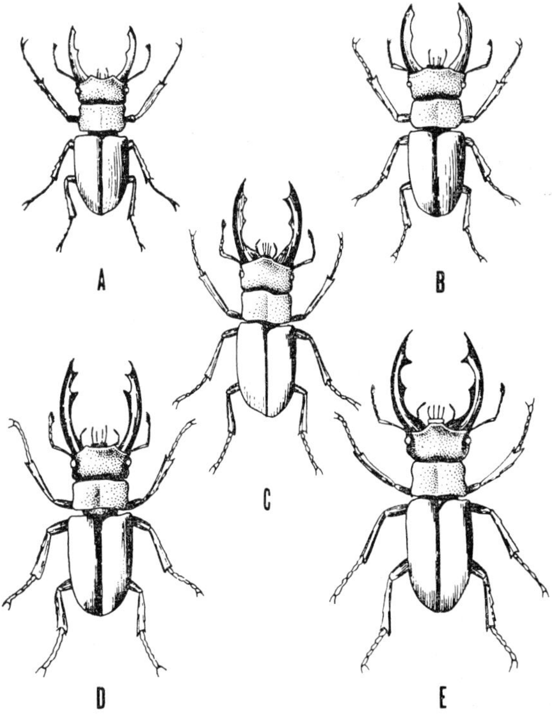

FIG. 29 — CROISSANCE ALLOMÉTRIQUE.

Lucanus cervus, de diverses tailles, sexe mâle; la taille des mandibules croît relativement plus vite que la taille générale.

des débuts de cornes chez *Protitanotherium*. La taille continue à croître dans le phylum, et les formes Miocènes arrivent à la taille d'un éléphant moyen : leurs crânes s'ornent alors, chez *Megaceros,* chez *Brontotherium*, de fortes cornes, nettement hypertéliques *(fig. 28)*. Si l'on trace la courbe de croissance relative de ces cornes, par rapport à la taille générale, dans le phylum, l'angle α est très nettement supérieur à 1.

Le même phénomène se retrouve chez les Insectes Coléoptères, où les mandibules des mâles de Lucane en constituent un exemple classique : les petits individus, ou les races de petite taille, ont des mandibules à peine plus grosses que celles des femelles. Les grands individus des races normales les ont très grosses, disproportionnées semble-t-il *(fig. 29)*.

Simpson pense que l'on a trop souvent considéré comme hypertéliques des organes parfaitement utilisables par les individus normaux, et il prend comme exemple les fameuses canines des Machairodontidés, dont on a toujours écrit qu'il s'agissait d'un caractère inadaptatif. Ces canines existent, nous dit-il, avec la même taille relative dans presque tout le groupe, se poursuivant d'un bout à l'autre d'un phylum qui a duré quarante millions d'années. L'oscillation des tailles autour d'une moyenne démontre qu'il s'agit d'un caractère soumis à la sélection : rien en tout cas ne prouve qu'il s'agit là d'une adaptation manquée.

En ce qui concerne les mandibules des Lucanes mâles, il est incontestable aussi que ces êtres s'en servent, au moins comme armes.

Il est cependant exact que, dans les formes terminales de phylums variés, aussi bien chez les Invertébrés que chez les Vertébrés, on note une exubérance particulière des formations dures, squelettes ou coquilles, qui a pu être en relation avec la cause de la fin des phylums, sinon cette cause elle-même.

Ces dispositifs réputés hypertéliques seraient devenus inadaptatifs, et auraient entraîné la fin des lignées. Or, il n'est pas prouvé que ce raisonnement soit exact, et il peut tout aussi bien se faire que ces modifications morphologiques particulières soient le résultat lui-même des troubles pathologiques, vraisemblablement altérations de l'équilibre endocrinien, qui ont entraîné cette fin.

L'extinction des lignées est en effet un phénomène très complexe, et sur lequel il est difficile de faire le point : c'est qu'il existe un nombre élevé de possibilités d'extinction.

Les représentants de certaines espèces se succèdent depuis des centaines de millions d'années, sans que leurs phylums marquent aucun signe de dégénérescence : on dit que ces types sont « immortels ». Tels sont certains Brachiopodes inarticulés, les Lingules, et certains Mollusques Céphalopodes, les Nautiles. Leurs formes actuelles semblent les mêmes que celles des plus vieux représentants fossiles, Cambriens ou Siluriens, des mêmes genres *(fig. 30, A* et *B)*.

Certains Échinodermes de la classe des Crinoïdes, fixés sur le fond des mers, où ils forment de véritables prairies, tels que les *Neocrinus* ou les *Pentacrinus...,* sont sensiblement identiques à leurs ancêtres connus du Lias, c'est-à-dire vivant il y a cent cinquante millions d'années. Parmi les Brachiopodes plus évolués que les Lingules, et dits articulés, la plupart des genres actuels datent aussi de 150 M.

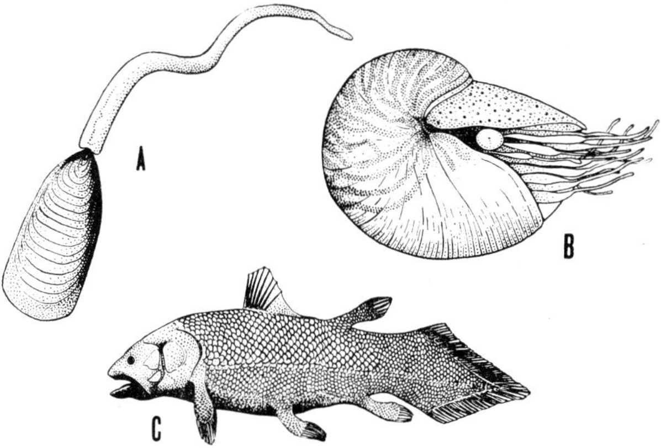

FIG. 30 — TROIS ÊTRES À GRANDE LONGÉVITÉ.

A, une Lingule, Brachiopode inarticulé de l'océan Pacifique (réduction 1/2). B, un Nautile, Mollusque Céphalopode, de l'océan Pacifique (réduction 1/6). C, *Latimeria chalumnae,* Crossoptérygien actuel, cap de Bonne-Espérance et Comores (réduction 1/30). (D'après Smith)

Il existe de très vieux Vertébrés : chez les Poissons Dipneustes, les *Neoceratodus* actuels semblent identiques aux *Ceratodus* du Trias (180 M). On a retrouvé récemment plusieurs exemplaires d'un autre Poisson, celui-ci Crossoptérygien, de la famille des Cœlacanthidés, *Latimeria chalumnae,* et encore d'ascendance plus vieille : les représentants du même groupe datent de la fin du Dévonien ou du début du Carbonifère, c'est-à-dire de près de 300 M *(fig. 30, C)*.

A titre de comparaison, notons que la moyenne de durée d'un genre de Mammifère ne semble presque jamais avoir atteint 10 M.

La raison précise de ces différences échappe : on a pensé la trouver en invoquant un « potentiel évolutif », qui serait propre à chaque espèce, ce qui n'est évidemment pas une explication. Il est plus raisonnable de penser que ce problème est lié à une question de complexe « organisme × milieu ». Toutes les formes citées plus haut sont des êtres aquatiques, qui, à l'exception du Dipneuste, sont marins, et vivent en eau profonde, c'est-à-dire dans des conditions particulières surtout au point de vue thermique. La température est, en effet, remarquablement constante, et assez basse dans ces milieux, et il est vraisemblable qu'il en a toujours été ainsi. Il peut en résulter un taux de mutation très réduit, sinon nul. Au moins en ce qui concerne les Crinoïdes et les Brachiopodes, l'effectif des populations est toujours considérable, si bien que la sélection peut y stopper toute variation importante. Les *Neoceratodus* vivent en eau douce, qui, pour eux, a servi d'asile. On sait trop peu de chose sur les conditions de vie des *Latimeria* pour pouvoir se prononcer à leur sujet.

On trouve également dans les fissures du sol et les grottes des espèces de types très vieux. Les Bathynelles que l'on rencontre dans le premier milieu sont de petits Crustacés qui s'apparentent aux formes des temps primaires. Dans les grottes, beaucoup de Coléoptères sont qualifiés par Jeannel de « fossiles vivants ». Là aussi les conditions de milieu sont très constantes. Il s'y est néanmoins produit d'importantes évolutions et de nombreux endémismes : peut-être les questions d'effectif ont-elles aussi joué, et très différemment selon les diverses grottes.

En opposition avec ces faits, il faut remarquer que, dans les milieux terrestres épigés, les conditions de vie sont toujours changeantes, au gré des jours et des saisons. Les variations de milieu, souvent imprévisibles, sont brutales, surtout dans les régions continentales. Corrélativement, la durée de vie des espèces est beaucoup plus brève : le temps donné plus haut pour les Mammifères, et considéré comme une moyenne, semble valoir aussi pour les Mollusques marins côtiers.

On manque de données précises pour la plupart des autres Invertébrés. Le problème est donc loin d'être résolu, il semble cependant que sa solution se trouve dans la direction que nous avons indiquée.

Il ne faut cependant pas négliger non plus cette autre cause d'extinction qu'est la spécialisation, qu'elle soit morphologique ou physiologique. Un être spécialisé n'a plus de plasticité : son adaptation est étroite, et toute variation importante du complexe risque de l'éliminer. C'est probablement ainsi qu'ont fini les grands Reptiles de l'ère Secondaire, tous très spécialisés, au moment des grands changements géologiques et climatiques qui ont marqué la fin de la période.

De même disparaissent les parasites inféodés à un hôte, et qui s'éteignent avec lui : c'est en ce sens qu'il faut considérer les spécialisations comme des impasses évolutives.

En résumé, le caractère quelque peu désordonné de la mutation se trouve corrigé par un criblage sélectif qui en polarise l'action et fournit ainsi à l'évolution une direction d'ensemble, tout en lui assurant une continuité.

Ainsi s'explique qu'il y ait un ordre dans la succession des formes vivantes à travers le temps, et que d'autre part il ait pu se réaliser des structures compliquées et efficaces, telles que l'œil ou le cerveau. Le hasard seul ne peut expliquer de tels faits, qui se comprennent par contre à l'aide d'un couplage directeur mutation-sélection.

L'hypertélie est un accident, dont la fréquence et la signification ont été exagérées. Quant à l'extinction des lignées, elle semble moins due à des phénomènes de vieillissement qu'à des accidents, aggravés par des variations de milieu.

ÉVOLUTION PROGRESSIVE ET ÉVOLUTION RÉGRESSIVE

Le déroulement de la vie dans le temps, en d'autres termes, l'évolution, envisagée dans son aspect historique, est intimement lié à l'idée de progrès, qui le fait toujours représenter comme une marche du simple vers le compliqué. Il est certain que nous sommes à la fois juges et partie, et que, nous prenant nous-mêmes comme référence, nous nous plaçons en flèche, en avant de tous les êtres vivants.

Il est indéniable que notre espèce possède dans la vie une place privilégiée, due essentiellement à la complication de notre organisation nerveuse d'où découle l'intelligence. Bien que celle-ci ne diffère pas, en nature, de celle des organismes qui, dans l'échelle animale, sont le plus près de nous, elle la domine certainement de très haut par son ampleur. Le nombre de nos neurones, celui de nos circuits nerveux, sont, rapportés à la masse de notre corps, les plus élevés qui soient, et le fonctionnement qui en résulte, de loin le meilleur.

Dans leur ensemble, les deux règnes montrent tout aussi bien un progrès général des formes apparues les dernières, et nous savons aussi qu'au cours des temps, une série de groupes dominants se sont succédés en se relayant.

Pour nous borner au cas des Vertébrés, parce qu'il est le plus net, il comporte au moins cinq équipes : la plus ancienne est celle des Poissons, envisagée au sens le plus large, car c'est la plus complexe. Elle a été relayée par celle des Amphibiens la première à sortir du milieu aquatique. Celle des Reptiles prend en quelque sorte sa place. Elle est finalement relayée par celle des Homéothermes, Oiseaux et Mammifères, ces derniers dominés par l'un d'eux, qui est l'Homme.

Chacune de ces équipes comporte des représentants, en quelque sorte, analogues : des herbivores, des carnivores qui vivent à leurs dépens, des organismes nageurs, des fouisseurs, des êtres adaptés à la course, au saut, et souvent au vol. Chaque biotope terrestre a été ainsi accupé, à toutes les périodes géologiques, par des habitants biologiquement comparables. L'efficacité mécanique de ces divers êtres semble avoir été très voisine, si bien que le progrès ne doit être cherché ni dans le muscle, ni dans l'os. Ce qui s'est essentiellement perfectionné, c'est le système de commande. Au moins pour les Reptiles et les Mammifères, la comparaison est possible grâce à de nombreux moulages de cerveaux fossiles. Les Mammifères ont présenté, au début de l'éocène, une première radiation adaptive : les cerveaux des formes qui lui appartiennent dépassent déjà très largement en masse relative ceux des mieux munis des Reptiles secondaires. Ils sont dépassés ensuite très nettement par celui des Mammifères modernes. Le cerveau de *Latimeria chalumnae,* ce fossile vivant cité plus haut, étudié par Millot, se montre ridiculement petit, même par rapport aux Poissons osseux modernes.

Pour les Hominiens, le même critère joue également : l'histoire des races fossiles montre une augmentation, à la fois de la masse nerveuse, et de la complexité de son organisation. Ainsi se caractérise le progrès évolutif qui a permis aux êtres intéressés un contrôle de plus en plus facile et complet du milieu ambiant.

Cependant, les progrès du système de commande auraient été impossibles sans une autre acquisition : celle d'un milieu interne stable et indépendant des variations du milieu extérieur. Ce dernier état est l'homéostasie, qui se rencontre au maximum chez les adultes des Mammifères supérieurs, et que l'on voit, développée plus ou moins, dans les diverses classes de Vertébrés.

L'homéothermie, qui représente la stabilité vis-à-vis de la température, n'est réalisée que chez les Oiseaux et les Mammifères. Elle fait totalement défaut dans les classes des Poissons, Batraciens et Reptiles : chez ces êtres, l'activité est réduite, ou rendue nulle par le froid, et son importance ne grandit qu'avec le chaud. Les organismes dégagés de cette contrainte, du fait que leur activité interne est presque totalement indépendante de la température du milieu, sont donc parvenus à un important progrès, qui leur a permis du reste de coloniser même les régions froides du globe, jusqu'alors interdites aux Vertébrés terrestres.

Il faut noter enfin, comme autre forme de progrès marquant le haut de l'échelle des êtres, l'acquisition de la viviparité par les Mammifères Euthériens.

Essayée déjà dans de nombreux groupes animaux, d'Invertébrés comme de Vertébrés, mais jamais généralisée jusqu'alors, ce dispositif, protégeant au mieux l'embryon pendant la période où il est le plus fragile, s'est installé chez tous les Mammifères supérieurs, contribuant certainement à leur essor, en réduisant chez eux le véritable gaspillage de gamètes femelles des ovipares.

Le progrès, ainsi reconnu, n'est cependant ni général, ni universel : il marque le point d'arrivée de l'évolution dite progressive, et dont on doit considérer l'origine dans une sélection prolongée des organismes les plus efficaces.

On lui oppose souvent un second type d'évolution, dite régressive, parce que sa direction est l'inverse de celle de la première, et qu'elle va du compliqué vers le simple. Elle peut conduire les organismes à une adaptation poussée jusqu'à sa limite extrême, dans des conditions biologiques très spéciales. Il faut remarquer que, malgré le sens précis des mots, régression peut ici signifier progrès : c'est ainsi que l'orthogenèse régressive des doigts, chez les Équidés, a marqué un progrès de leur adaptation à la course.

Notons aussi que toute adaptation n'est pas obligatoirement un progrès. Les êtres à spécialisations morphologiques précises, qui ont caractérisé les équipes de relais signalées plus haut, n'ont jamais eu de descendants directs. Les divers rameaux issus de chacune des radiations adaptatives envisagées se sont presque tous, sinon tous, terminés sans descendants, et le milieu qu'ils avaient colonisé grâce à leur adaptation, devenu place vide par leur disparition, a été repeuplé par d'autres formes analogues, mais ayant une origine différente, celle de la nouvelle équipe. Ainsi la place laissée libre par les Ichthyosaures et les Plésiosaures a-t-elle été reprise par les Cétacés. Ainsi les Ptérodactyles et autres Reptiles volants de l'ère Secondaire ont-ils été relayés par les Oiseaux. Et il n'y a eu aucun lien direct entre ces formes des relais successifs : une radiation adaptative a remplacé l'autre, mais dérivée d'une lignée non spécialisée et probablement bien différente.

J. Huxley pense que l'Homme seul aurait fait exception à cette règle. Rien n'est moins certain, car on connaît encore bien mal nos origines. Von Kœnigswald, au cours de ses recherches en Extrême-Orient, à Java ou en Chine, a entrevu, en la situant à l'époque des Pithécanthropes et Sinanthropes, l'existence de formes géantes, qui pourraient bien correspondre à un essai de radiation adaptative dans le groupe de nos ancêtres. Peut-être y a-t-il eu déjà aussi, un peu auparavant, au temps des Australopithèques, une autre radiation sud-africaine.

Parmi les formes très spécialisées, il en est qui paraissent certainement inaptes à continuer leur évolution : ce sont les parasites internes, dans leur majorité. La régression peut en effet avoir atteint chez eux un maximum, sans leur nuire tant que leur hôte est prospère. Ils sont protégés, déplacés et nourris par lui. Ils ont pu perdre, sans en être affectés au présent, les organes de locomotion et de nutrition des formes libres. Il ne leur reste obligatoirement que leur appareil reproducteur, souvent hypertrophié, et un système nerveux réduit.

Le mutationnisme explique sans peine ces régressions : les organes sans usage ont disparu, tout comme les yeux des cavernicoles, non par action lamarckienne comme l'acceptait Darwin, mais parce que, chez eux, la régression d'un organe n'est pas gênante pour l'organisme, si cet organe est inutilisé. Et les généticiens ont constaté dans leurs élevages la disparition par mutation d'un œil, ou d'une aile : il s'agit donc là d'une possibilité qui n'est pas exceptionnelle. Tant qu'elles ont été sans danger pour l'organisme, ces régressions ont pu s'accumuler. Il est vraisemblable même qu'elles ont été avantageuses comme le sont presque toujours les simplifications. Bien entendu, de pareilles pertes auraient été létales pour un être libre : chez le parasite elles marquent un progrès, mais un progrès qui place l'organisme en extrême dépendance vis-à-vis d'un hôte, et qui lie obligatoirement son avenir au sien.

On a beaucoup parlé depuis 1940 d'évolution régressive, et il en a été vu un peu partout. Récemment même A. Vandel a admis que toute l'évolution que nous observons aujourd'hui, en particulier sous forme de Microévolution, n'est que de l'évolution régressive. Il n'aurait existé d'évolution progressive que dans le passé, l'Homme marquant la fin provisoire de l'évolution réelle. Il est hors de doute, ainsi que nous l'avons remarqué à propos des mutations, que ces changements qui apparaissent dans nos élevages de Drosophiles, ou nos lignées de Maïs, sont d'importance minime, et se traduisent le plus souvent par des régressions. Il ne semble cependant pas que toutes soient régressives : les Mouches tétraptères sont des monstres, dira-t-on. Peut-être, mais elles ne dérivent pas de mutations régressives. Il n'y a pas de régression non plus dans les exemples, fréquents, de polydactylie.

D'un autre côté, il semble bien que l'évolution régressive se soit toujours manifestée, dans le temps, à côté de l'autre. Il existe des cas parfaitement nets d'évolution parasitaire dès l'ère Primaire, et nul ne niera que l'évolution progressive ait continué à se manifester depuis lors.

Il n'est, certes, pas apparu de groupes importants

nouveaux depuis la dernière radiation adaptative de laquelle sont issus les Mammifères modernes : mais ceci ne représente pas, dans l'échelle du temps, plus de cinquante millions d'années. Or, les Reptiles secondaires ont tenu leur relais pendant plus de cent millions d'années. Si nous raisonnons par analogie, il reste encore une marge de temps importante avant que nous puissions craindre — si tant est que nous ayons à le craindre — un arrêt de l'évolution progressive.

S'il doit y avoir un nouveau relais, on s'est demandé à partir de quel groupe actuel d'organismes il pourrait bien se produire. Dans la faune actuelle, il n'y a pas d'organismes qui ne soient, en une certaine manière, spécialisés. Aussi cette question reste-t-elle sans réponse. On a cherché dans les petits organismes, en croyant à la loi d'augmentation de taille. Cuénot a même envisagé les organismes microscopiques tels que les Tardigrades, ou les Rotifères... De telles hypothèses ne peuvent être retenues, car ces organismes sont extraordinairement spécialisés, et d'une stabilité morphologique déconcertante. Ils apparaissent plutôt comme des fins de phylums, dont il ne peut plus rien sortir. Seul le monde des Protistes autotrophes est peut-être encore capable d'évolutions, telles qu'on les conçoit généralement.

Par contre, si l'on sort des conceptions habituelles, il est d'autres possibilités. On a parlé de *superévolution,* à partir de procédés spéciaux, auxquels nous avons déjà fait une brève allusion. Ces procédés, certainement déjà utilisés par la nature, ont été désignés comme *pédomorphoses,* à la suite de Garstang, comme *évolutions clandestines,* à la suite de de Beer. Vandel les nomme simplement, et d'une manière qui nous paraît plus imagée, *rajeunissements évolutifs*.

Il n'y a, en effet, de spécialisation bien marquée, que chez les adultes : la grande majorité des embryons n'en montre aucune trace : c'est la raison pour laquelle ils se ressemblent, ainsi que nous l'avons indiqué plus haut. Imaginons un embryon dont l'organisation générale se développe au ralenti, tandis que son germen poursuit une croissance normale, et atteint ainsi la maturité bien avant que les spécialisations de l'adulte ne soient bien marquées. L'organisme ainsi formé pourra se reproduire avant d'être spécialisé. Étant données les connaissances acquises par la génétique touchant les gènes modificateurs de vitesse des réactions biologiques, et par suite celles des croissances relatives, ces faits apparaissent comme très facilement explicables. Ils existent naturellement du reste chez les organismes néoténiques. On désigne sous ce nom des larves qui se reproduisent avant d'acquérir l'état adulte. L'Axolotl, grand Triton mexicain, ayant des branchies externes, c'est-à-dire correspondant aux larves de nos Tritons indigènes, se reproduit sous cet état. Et pourtant, il possède un adulte, qui n'a plus de branchies, mais des poumons, c'est l'Amblystome. L'exemple est loin d'être isolé, même chez les Invertébrés, où il est courant par exemple chez les Insectes de voir la spermatogenèse commencée, sinon terminée, avant que la larve soit devenue adulte.

Le néoténique, moins spécialisé que l'adulte, pourra devenir le point de départ d'une nouvelle évolution.

Ainsi de Beer a-t-il cherché à expliquer l'origine des Insectes à partir d'un embryon de Myriapode n'ayant que trois paires de pattes. Ainsi Bolk a-t-il envisagé l'essor de l'espèce humaine à partir des Singes dans une théorie dite de la *foetalisation*.

Notre espèce représenterait le rajeunissement évolutif d'une lignée de Primates. En effet, beaucoup de nos caractères morphologiques correspondent non pas à ceux des adultes d'Anthropoïdes, mais bien à ceux de leurs fœtus. C'est ainsi que le trou occipital, situé chez nous presque au centre de la base du crâne, se trouve dans la même situation que celui des fœtus de Primates. Mais, chez les adultes de ces derniers, il émigre secondairement vers le pôle occipital du crâne. L'homme est le seul Primate à le conserver, adulte, en position fœtale.

La peau glabre et non pigmentée, la mâchoire orthognathe, la forme du pavillon de l'oreille, la présence des grandes lèvres chez la Femme, la forme du bassin, la structure de la main et du pied, l'absence de grandes crêtes sur le crâne, et bien d'autres particularités de l'adulte humain, existent à l'état fœtal chez le Singe. Ainsi, des caractères transitoires pendant le développement des Primates sont devenus chez nous définitifs : l'espèce humaine apparaît ainsi comme l'équivalent des fœtus d'une espèce de Singe, retardés dans leur croissance somatique, mais toutefois devenus aptes à se reproduire, sans que le soma ait atteint la spécialisation normale des autres Singes. Notre cerveau aurait profité de cette lente croissance pour grandir davantage, et subir, en particulier, une division de plus de ses neurones. Peut-être une ossification moins rapide de la voûte crânienne aurait-elle facilité cette augmentation d'importance du cerveau, qui a fait de l'Homme l'être dominant.

Cette ingénieuse théorie, dont l'intérêt est certain, et qui ne s'applique pas seulement à notre espèce, montre l'intérêt qui s'attache aux faits de pédomorphose. Il semble bien que l'on se soit trop polarisé sur l'examen des adultes, et que les explications de l'évolution soient plus faciles si l'on s'adresse aux œufs, aux embryons et aux fœtus.

La spécialisation des adultes n'est pas un empêchement à leur évolution chaque fois qu'elle apparaît tard dans le développement ontogénique, ce qui est fréquent. Il est vraisemblable que ce mode d'évolution a présenté une importance réelle dans le passé.

Dans sa théorie, Bolk ne s'est pas préoccupé des conditions possibles d'émergence d'un fœtus évolué, pas plus que du rôle éventuel du milieu dans un tel problème.

Nous devons à Simpson une étude qui peut apporter le complément souhaitable : il cherche, en effet, à expliquer comment dans le passé a dû se faire l'apparition de formes nouvelles. Il semble que son raisonnement puisse être étendu à l'avenir. Il fait jouer au milieu un rôle important. En paléontologiste qu'il est, l'existence d'importantes discontinuités évolutives dans les phylums n'a pas été sans le frapper. Il pense attribuer ces lacunes à des changements produits à une allure inhabituelle, à la suite d'un important déséquilibre du complexe organisme × milieu. Ces variations anormales auraient pu conduire à des types nouveaux d'ordres ou de classes : en somme Simpson cherche une explication de la macro-, sinon de la méga-évolution, mais qu'il désigne comme « évolution quantique ». Ses préoccupations rejoignent ainsi plus ou moins celles de Goldschmidt, de Garstang, de de Beer ou de Bolk. Par ce qualificatif de « quantique » il veut marquer le caractère discontinu de cette évolution. Ce terme est regrettable, car un physicien contemporain, Schrödinger, a déjà cherché à expliquer les mutations par les « quanta » d'énergie alors que Simpson veut tout simplement indiquer qu'il y a dans cette variation une discontinuité très nette.

En premier lieu, il envisage une préadaptation, inutile dans un premier milieu, mais qui s'est fixée dans une petite population par effet Wright. Cette préadaptation, caractère inutile, correspond tout à fait à ce que Cuénot ou Vandel ont considéré comme des caractères « prophétiques ». Survient alors une modification importante du complexe, défavorable à la population, dont la plus grande partie est éliminée, le reste se fragmentant en petits groupes isolés. C'est alors que, dans l'un ou même dans plusieurs de ceux-ci, prend naissance, grâce à des conditions locales favorables, par exemple l'apparition d'une place vide, l'absence de sélection, un nouvel essai susceptible de faire souche.

Ainsi se réaliserait le phénomène de variation explosive si fréquent en paléontologie, et si mal connu, parce qu'il ne peut avoir été que très brutal, c'est-à-dire court, qu'il n'a intéressé qu'un petit nombre d'organismes, et qu'ainsi la probabilité pour que nous en connaissions les restes fossilisés est extrêmement faible.

Ces théories nous écartent des faits : elles sont néanmoins indispensables afin de nous démontrer que l'évolution peut aujourd'hui conserver des possibilités. Il nous semble que c'est souvent par manque d'imagination, ou par une sorte de découragement de savants qui n'arrivaient pas à voir fonctionner l'évolution sous leurs yeux, ou même à croire que ce qu'ils voyaient sous la forme des mutations n'était pas la vraie évolution, que le contraire a été soutenu. Dans l'ensemble, le monde organique est beaucoup moins changeant qu'on ne l'a pensé parfois ; d'autre part, il ne change pas partout à la fois, parce que ses changements sont dans une mesure importante sous la dépendance du milieu. Et c'est probablement aussi le milieu qui donne à l'évolution son caractère régressif, ou progressif. Ce dernier est évidemment infiniment plus rare que le premier, néanmoins il y a eu des changements progressifs, nous en constituons la preuve vivante, et rien n'indique qu'il n'y en aura plus. Bien au contraire, nous pensons fermement que si les êtres dominants quittaient aujourd'hui la scène, tôt ou tard s'élaborerait un relais nouveau, issu par l'un des procédés que nous venons d'examiner, à partir d'un groupe actuel subsistant, et que la vie continuerait, répondant à cette nouvelle impulsion par une nouvelle diversification.

LE PROBLÈME DE L'HÉRÉDITÉ DES CARACTÈRES ACQUIS ET LE NÉOMUTATIONNISME — LES EFFETS PROLONGÉS

On nomme caractère acquis un caractère apparu dans le soma au cours de la vie individuelle, en réaction au jeu d'un facteur externe. Un membre enlevé, une peau brunie par l'action du soleil, ou par le rayonnement d'une lampe à ultraviolet, un cal réalisé à la suite du frottement d'un outil contre la main ou d'une chaussure contre le pied, les propriétés antimicrobiennes développées dans le sang par une vaccination, sont des caractères acquis. De même, les réponses de l'organisme au fonctionnement longtemps accru ou diminué de certains organes, en vertu des « lois » lamarckiennes de l'usage ou du non-usage : accroissement ou diminution de tel muscle... ou encore la possibilité pour un être humain de parler, de parler plus ou moins, de chanter, de dessiner, de nager, de monter à bicyclette, sont autant de caractères acquis variés. Leur hérédité, grâce au temps, n'aurait pas fait de doute pour Lamarck, et encore moins pour les lamarckiens : c'est pour eux la base même de l'adaptation. Notons que Darwin lui-même a accepté parfois cette hérédité, attribuant « aux effets héréditaires d'une pression exercée pendant une longue suite de générations » le fait que, chez l'embryon humain, avant la naissance, la paume de la main et la plante du pied sont totalement privées de poils, tandis que l'épiderme de la plante du pied est nettement plus épais que celui de la face dorsale de l'organe.

Weismann a été le premier à mettre en doute une telle hérédité, la considérant comme inexplicable. Ces caractères sont acquis par le soma, et non par le germen. Ils disparaissent donc obligatoirement lors de la mort. Il n'y a aucune raison pour qu'ils réapparaissent lors des générations suivantes, si la cause qui a provoqué leur apparition a disparu.

De nombreux travaux de laboratoire ont, par la suite, cherché à confirmer ou à infirmer cette opinion toute théorique. Leurs résultats, après une critique suffisante, ont été tous favorables aux idées de Weismann. Les lamarckiens n'en ont cependant pas moins, pour la plupart, conservé leur position, objectant que les expériences humaines sont de trop courte durée pour pouvoir fournir un résultat positif. Le « passage du phénotype au génotype », pour employer une formule de Maurice Caullery, ne peut être démontré qu'à la faveur d'un laps de temps suffisant, d'un ordre de grandeur très supérieur à celui des durées humaines. Ils évoquent alors « les grandes expériences naturelles », telle celle que représente la formation de la faune des grottes. La dépigmentation souvent totale des cavernicoles, la perte des yeux que beaucoup d'entre eux ont subie, seraient dues à la longue action du milieu souterrain. Les expériences de laboratoire montrent, en effet, que l'obscurité peut provoquer une dépigmentation chez beaucoup d'organismes, mais alors l'absence de pigment n'est que provisoire : elle cesse avec le retour à la lumière. Leur durée est très courte par rapport à celle qu'a utilisée la nature dans les cavernes. Nous avons vu plus haut comment les néomutationnistes expliquent le phénomène, sans nier l'importance de la durée.

Il est ainsi difficile de savoir à quoi s'en tenir exactement. Un savant tel que L. Cuénot a été, sa vie durant, obsédé par cette question, se présentant, en particulier, sous l'aspect du *problème des callosités*. Certains animaux, tels

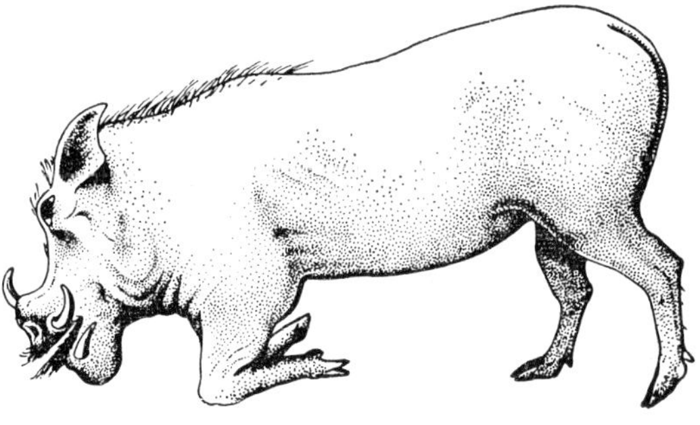

FIG. 31 — LE PROBLÈME DES CALLOSITÉS.

Position à genoux, caractéristique du Phacochère en train de manger. (Simplifié d'après Cuénot et Tétry).

que le Chameau, ou le Phacochère, présentent, dès le jeune âge, un certain nombre de callosités qui, chez tous deux, marquent les régions du corps au niveau desquelles ils reposent sur le sol, quand ils s'accroupissent *(fig. 31)*. Or, ces callosités semblent bien exister déjà chez l'embryon, et l'on est ainsi tenté de reprendre, pour les expliquer, le raisonnement, cité plus haut, de Darwin *(fig. 32)*.

FIG. 32 — PATTE ANTÉRIEURE GAUCHE D'UN FŒTUS DE PHACOCHÈRE.

On voit la callosité tarsienne, *c*. (D'après Cuénot).

Entre 1918 et 1925, Guyer et Smith, étudiant le passage de constituants sériques à travers le placenta du Cobaye, crurent démontrer qu'une lysine, capable de provoquer chez la mère une malformation du cristallin, peut passer à ses descendants, ce qui est explicable par un fait de perméabilité placentaire, mais aussi que la malformation peut se reproduire à la génération suivante. On pensa alors à un exemple d'hérédité de l'acquis, même chez les mutationnistes, et certains, tels que Cuénot, imaginèrent une explication apparemment logique du phénomène. Inutilement du reste, car des expériences de contrôle, effectuées avec une rigueur suffisante, montrèrent qu'il n'y a, en réalité, aucune hérédité vraie dans ce cas particulier.

On ne parlait plus guère d'hérédité de l'acquis depuis cette époque, quand le problème est revenu d'actualité, à la suite d'une violente campagne menée contre les idées de Weismann par certains biologistes russes contemporains, et en particulier par l'agronome Lyssenko. « Le développement du pis de la vache, nous dit-il, est une preuve indiscutable de l'hérédité des caractères acquis sous l'influence des conditions du milieu ambiant ». Cet exemple est, en réalité, beaucoup plus une preuve de l'action de la sélection artificielle, et d'autre part, aucune des expériences variées apportées à l'appui de cette affirmation ne se sont révélées plus convaincantes que les expériences anciennes.

Le problème de l'hérédité des caractères acquis ne semble donc résolu que par la négative, sauf pour les lamarckiens qui expliquent cette solution par une insuffisance de la durée des expériences humaines. Mais cette opinion n'eſt pas contrôlable. Le rôle possible du temps a du reſte été mis en doute : « S'il n'y a pas eu passage d'une variation somatique à une variation germinale au bout de cent générations, a écrit Cuénot, on ne voit pas pourquoi ce passage pourrait avoir lieu au bout de deux cents, ou de mille ». Pour Guyénot, l'argument du temps serait « un sophisme », ou « une défaite ». Nous pensons que l'un et l'autre ont oublié que si ce passage se réalise par mutations, la probabilité d'apparition de celles-ci eſt obligatoirement fonction du temps. Si le passage n'eſt pas réalisé à la centième génération, il ne le sera peut-être jamais, mais il peut parfaitement l'être aussi dès la cent unième.

Le principe de Baldwin, déjà cité plus haut, donne une explication logique, parfaitement acceptable pour le néomutationnisme, de la transformation d'un accommodat en une mutation, à la simple condition qu'il y ait parallélisme entre les deux.

On dit qu'il y a parallélisme quand on rencontre chez divers individus d'une même espèce, ou chez des espèces voisines, des variations somatiques et des variations germinales qui présentent sensiblement les mêmes caractères phénotypiques. Il en eſt de fréquents exemples dans les deux règnes. Le plus classique eſt celui des races géographiques de Papillons. Par la chaleur, ou le froid, il eſt possible de modifier la teinte de certains Papillons : c'eſt ainsi que, élevée au froid, *Vanessa urticae* donne des variétés analogues à la variété *polaris* de Norvège. Au chaud, on obtient des variétés analogues à celles qu'on rencontre naturellement en Corse, en Sardaigne, ou en Arménie. De même, un traitement convenable permet d'obtenir du Papillon du Groseiller, *Abraxas grossulariata,* sa variété *lacticolor*. On pourrait, semble-t-il, en conclure que les variétés naturelles sont dues à l'action correspondante d'un facteur de leur milieu normal. Mais le problème réel eſt bien plus complexe : dans le cas des races naturelles, le caractère varié se montre héréditaire, alors qu'il ne l'eſt nullement dans les races obtenues par l'expérience. C'eſt une somation qui a été obtenue au laboratoire : on la qualifie de *phénocopie,* et on peut être tenté de penser que c'eſt seulement le temps qui lui a manqué pour devenir héréditaire.

Chez les Végétaux, à côté d'exemples analogues, on en rencontre de plus compliqués. La Douce-amère, *Solanum dulcamara,* présente, à Paimpol, une variété *marina,* dont les feuilles sont épaisses et poilues : transportée à distance de la mer, les feuilles de cette variété restent épaisses, mais toutefois moins qu'au bord de la mer. Alors que l'épaisseur des feuilles normales est, en moyenne, de 245 μ, celle des feuilles de la variété *marina* est de 585 μ, au bord de la mer, mais, à l'intérieur, après deux ans de culture, elle passe à 470 μ. Il semble donc qu'il y ait, dans cet exemple, le mélange d'une somation et d'une mutation, la première renforçant l'effet de la seconde. Et le principe de Baldwin permet alors l'explication suivante : il y a, dans cet exemple, comme dans les exemples analogues, la possibilité de deux ou trois étapes se succédant. La première est un accommodat, réaction de l'organisme au milieu particulier. Chez la Douce-amère, c'est l'épaississement de la feuille au bord de la mer. Il faut admettre que ce changement est adaptatif, et favorise la vie dans ce biotope : comme tel, il est avantagé par la sélection. A chaque génération, le caractère réapparaît, et la plante subsiste ainsi en « adaptation provisoire ». Mais toutes les mutations parallèles à l'accommodat, c'est-à-dire celles qui, physiologiquement parlant, jouent le même rôle que lui, sont aussi bien conservées par l'action sélective. Il peut se faire alors qu'elles remplacent l'accommodat, parce que, étant héréditaires, elles sont plus avantageuses que lui. Mais l'amplitude de la mutation parallèle peut être différente de celle de l'accommodat : nous pourrons avoir alors un mélange de variations, héréditaire et non héréditaire. Il correspond à la seconde étape. La troisième consiste dans le remplacement total de l'accommodat. Bien entendu, un tel processus ne peut être instantané : il lui faut, pour s'accomplir, une durée suffisante, et un taux de mutation important vis-à-vis du caractère considéré. Néanmoins ce processus logique, que n'avait pas prévu Weismann, permet de comprendre, non pas exactement l'hérédité d'un caractère acquis, mais le remplacement d'une variation non héréditaire par une autre, héréditaire, qui lui soit physiologiquement équivalente.

On a objecté que pareil fait ne pourrait se produire sans un véritable miracle; que la probabilité de coïncidence entre accommodat et mutation serait pratiquement nulle. Il n'est cependant pas douteux que, si miracle il y a, le miracle se produit. Comment ? nous ne le savons pas avec certitude. Cependant, le fait qu'un organisme donné peut réagir à une action de milieu par une somation, implique, dans son cytoplasma, indépendamment de ses gènes, la possibilité d'un mécanisme réalisateur, déviation d'un mécanisme génique, ou peut-être plasmagénique. Ce mécanisme, une fois réalisé, ne peut-il être déclenché à nouveau plus facilement ensuite par un phénomène génique ? La somation amorcerait, en quelque sorte, la mutation.

L'existence des phénocopies, modifications non héréditaires dont le phénotype est identique à celui qu'imposent les mutations, serait ainsi facilement expliqué.

Il faut remarquer aussi que le principe de Baldwin permet, à qui se refuse à croire aux causes finales, d'expliquer maint fait biologique, dont il paraît même aujourd'hui la seule origine acceptable et qui miment, en quelque sorte, une hérédité de l'acquis. Nous envisagerons deux de ces faits et en premier lieu celui que l'on désigne comme « règle de Bergmann ».

Si l'on compare entre elles les diverses races géographiques d'une même espèce ou même des espèces voisines localisées différemment, celles dont la taille est la plus petite se trouvent dans les régions les plus chaudes, et réciproquement. On remarque de même que les portions du corps qui sont en saillie, telles que la queue, les oreilles, le bec, sont plus courtes dans les régions froides que dans les régions chaudes de l'aire (règle d'Allen). Ces règles s'appliquent non seulement aux Homéothermes les plus divers, ainsi que l'ont démontré Rensch et Mayr, mais aussi aux Poïkilothermes, qu'il s'agisse de Protistes, d'Insectes, de Poissons ou de Batraciens (Carleton Ray). L'explication logique a une base géométrique : la surface relative de ces organismes, à laquelle la radiation thermique du corps est proportionnelle, diminue avec l'augmentation de taille. La déperdition thermique est donc facilitée par une petite taille, et celle-ci avantageuse en climat chaud. L'inverse se produit en climat froid. Cet effet, absolument fondamental de la température sur la taille des organismes, primitivement phénotypique, sera devenu génotypique par effet Baldwin.

Le principe est d'autre part la seule explication cohérente des *coaptations*. On désigne par ce terme, à la suite de Cuénot, des ajustements réciproques de deux organes, d'origine différente, qui viennent en contact, et forment alors un ensemble fonctionnel unique, rappelant souvent un ajustage réalisé par un mécanicien. Les pattes antérieures d'une Mante religieuse, d'une Nèpe ou d'une Ranâtre, réalisent ainsi des dispositifs préhenseurs qui font penser à l'ensemble que forment la lame d'un couteau de poche et la gouttière dans laquelle nous la replions en fermant l'instrument. La cavité palléale des Seiches et de nombreux Céphalopodes présente un dispositif de fermeture qui correspond exactement au bouton-pression.

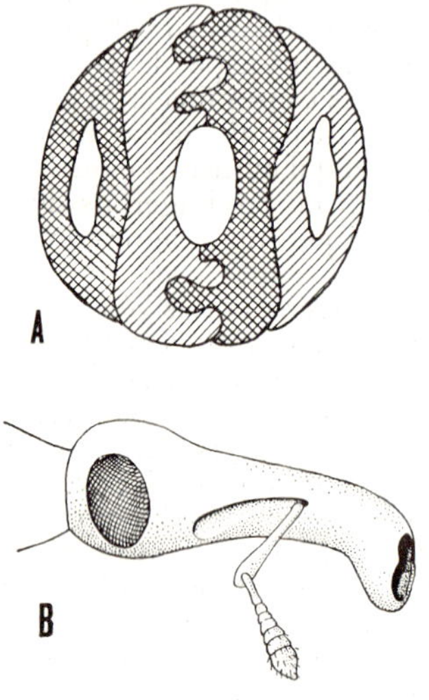

Fig. 33 — Le problème des coaptations.

A, coupe transversale d'une trompe de Cochenille, *Marchalina,* montrant l'engrènement réciproque des maxilles, formant le canal de succion (× 40). B, tête d'un Charançon du genre *Liparus :* coaptation de l'antenne et de son logement au niveau des joues (original, × 2,5).

Nous représentons ici, sur la figure 33, deux coaptations typiques : celle des pièces constitutives d'une trompe de Cochenille, les deux languettes internes, correspondant aux mâchoires, sont engrenées l'une dans l'autre par des saillies longitudinales qui, en coupe, ont l'allure de champignons de rails (a). L'autre, (b), correspond au logement existant dans les joues d'une tête de Charançon, et dans lequel se replie l'article basal de l'antenne. On a l'impression que, comme dans beaucoup de coaptations, l'ajustement est trop précis pour ne pas s'être réalisé par moulage réciproque des deux organes en contact. Or, l'étude des embryons, ou des très jeunes larves, montre que le dispositif est réalisé antérieurement à tout fonctionnement. Il est donc héréditaire. Cependant il est vraisemblable qu'il ne l'a pas toujours été, car l'étude de coaptations d'Isopodes, effectuée par Legrand, a montré que, dans certains cas, l'ajustement n'est que partiellement réalisé à la naissance, ou même qu'il se réalise totalement par l'usage. On retrouve ainsi le mécanisme en trois étapes, déjà vu à propos de la Douce-amère, et qu'explique le principe de Baldwin.

Ce principe apporte donc une possibilité, acceptable par le néomutationnisme, d'expliquer, sinon l'hérédité des caractères acquis, tout du moins, le remplacement de certains d'entre eux, adaptatifs, par des mutations parallèles. L'explication se rapproche beaucoup d'une explication lamarckienne, en ce sens qu'elle utilise le « facteur temps », mais elle respecte la distinction weismannienne du soma et du germen; elle attribue, en outre, à la sélection naturelle un rôle de premier plan.

Un autre problème doit être rapproché du précédent : c'est celui dit les « modifications de durée » *(Dauermodifikationen)*, encore désigné comme des « effets prolongés ».

Il s'agit de variations provoquées par une action du milieu et qui ont une répercussion sur la descendance des variés, suffisante parfois pour mimer un phénomène d'hérédité. Des modifications de ce type ont été obtenues par de nombreux expérimentateurs, aussi bien chez les Unicellulaires que chez les organismes supérieurs. On les a parfois considérées comme des cas d'hérédité des caractères acquis.

Chez les Protistes, il est facile de modifier une lignée de Paramécies grâce à des substances toxiques, employées à doses sub-létales. Jollos a ainsi étudié l'action de l'Arsenic, obtenant un effet de résistance qui peut se maintenir pendant des centaines de générations asexuées. De même ces souches peuvent être « habituées » à la trypaflavine, à un antiserum spécifique, ou à une température anormale d'élevage. L'accoutumance se maintient ensuite pendant de très nombreuses générations, mais finit toujours par disparaître, soit que la souche finisse par dégénérer, soit qu'il se produise des phénomènes sexuels. On pense ainsi à des effets cytoplasmiques dont la nature reste à préciser.

Des phénomènes analogues sont connus chez les Métazoaires, et même chez les Vertébrés; il en est ainsi de l'intoxication par l'alcool; heureusement les effets ne s'en prolongent pas aussi longtemps...

En 1961, J. David a tenté chez la Drosophile une analyse poussée de ces modifications, qu'elles aient été obtenues par une intoxication légère des parents par le Bleu de méthylène, qu'elles aient été dues à l'âge des géniteurs, ou encore provoquées chez ceux-ci par une alimentation particulière. Sur matériel végétal, M. Pichenot a pu obtenir par greffage des modifications transmissibles pendant quelques générations. Là encore, il s'agit de transmissions purement cytoplasmiques, de durée limitée, et de mécanisme inconnu.

Dans aucun de ces cas, il n'y a de véritable hérédité. On peut cependant concevoir celle-ci apparaissant un jour chez les variés par effet Baldwin quand la variation est adaptative. Il nous semble donc que l'étude de tels phénomènes doive être largement poursuivie.

L'ÉVOLUTION HUMAINE

Dans notre monde vivant, l'espèce humaine possède une situation privilégiée, puisqu'elle se place tout en haut de l'échelle des êtres. Et cette place n'est pas due au fait que « l'Homme est son propre classificateur », mais bien à ce qu'il dépasse réellement, et de beaucoup même, les plus évolués des autres organismes, par de nombreuses particularités de son organisation, et principalement par celles qui découlent de son mécanisme nerveux.

En terminant cette étude de l'évolution, nous devons examiner succinctement ce qui est aujourd'hui connu de la manière dont a pu être atteinte cette remarquable position.

Les zoologues rangent l'Homme dans l'ordre des Primates, le sous-ordre des Catarhiniens, ou Singes de l'ancien monde, et la famille des Hominidés qui englobe les fossiles de la lignée humaine et ses diverses races actuelles. Cette famille est très proche de celle des Pongidés, dont les représentants vivants sont les Singes anthropomorphes, le Gibbon *(Hylobates)*, souvent classé à part, l'Orang *(Pongo)*, le Gorille *(Gorilla)* et le Chimpanzé *(Pan)*. Ces quatre types d'organismes montrent de remarquables signes de parenté avec l'espèce humaine, qui est surtout voisine des deux derniers, désignés parfois comme Summoprimates.

Ces Anthropomorphes appartiennent à une lignée très incomplètement connue, mais qui néanmoins peut se suivre sans trop de lacunes jusqu'au milieu de l'ère Tertiaire. Elle est représentée alors par plusieurs types comprenant en particulier les Dryopithèques. On sait beaucoup moins celle de notre espèce, bien qu'une science spéciale à tendances paléontologiques, la préhistoire, aidée par une section de l'anatomie humaine, l'anthropologie, s'efforce d'en mettre au jour les diverses étapes. Mais les restes humains sont rares : ce sont des fossiles très incomplets, sous forme de débris, principalement de crânes et de dents. Il s'y mêle souvent des restes d'industrie humaine, heureusement plus abondants.

Toute trace certaine des uns et des autres disparaît au-delà du Pléistocène inférieur, c'est-à-dire à quelque six cent mille ans en arrière de nous. Notre lignée est donc relativement courte : on doit cependant penser qu'elle a dû se séparer assez tôt de celle des Dryopithèques, probablement dès le début du Pliocène. Malgré cette incertitude, il paraît certain que l'Homme, l'*Homo sapiens*, est une espèce très jeune, car elle ne date guère que de trente mille ans, ce qui est très peu par rapport à la durée moyenne d'une espèce mammalienne, qui est, rappelons-le, de dix millions d'années.

La série des fossiles humains est malheureusement très discontinue. Elle paraît débuter par deux radiations adaptatives, auxquelles il a déjà été fait allusion, et que l'on ne sait pas encore relier l'une à l'autre.

La plus ancienne, qui remonte de cinq cent cinquante mille à un million d'années, est celle des Australopithécidés, principalement sud-africains, formes qui présentent un curieux mélange de caractères simiens et humains. Leur denture est plus humaine que simienne, leur stature semble avoir été dressée (*fig. 34* et *35*). Mais leur capacité crânienne est faible, allant de 485 à 650 cc, c'est-à-dire qu'elle n'est supérieure qu'à celle du Chimpanzé (de 320 à 480 cc), celle de certains Gorilles lui étant même supérieure (de 350 à 685 cc). Ces êtres paraissent ne pas avoir connu l'usage du feu, et leurs restes, abondants dans quelques localités sud-africaines, ne sont jamais accompagnés d'outils certains.

La seconde est un peu plus récente, puisqu'elle semble dater au plus de cinq cent mille ans. Elle s'est faite à Java et en Chine, mais s'est répandue jusqu'en Europe et en Afrique du Nord *(Palaeoanthropus, Atlanthropus)*. Ses représentants les mieux connus sont les Pithécanthropes et les Sinanthropes, peu différents les uns des autres, dont le crâne bas, à forte visière frontale, présente une capacité qui oscille entre 800 et 1200 cc. Une industrie lithique assez primitive leur est liée en Chine, où elle utilise le quartz laiteux. En Afrique du Nord et en Europe, elle utilise le silex, réalisant des outils grossiers travaillés sur

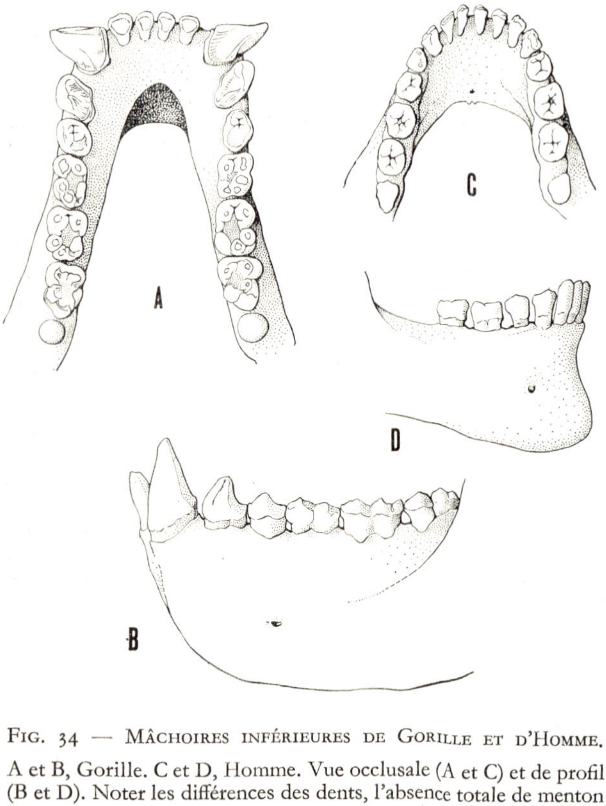

FIG. 34 — MÂCHOIRES INFÉRIEURES DE GORILLE ET D'HOMME.

A et B, Gorille. C et D, Homme. Vue occlusale (A et C) et de profil (B et D). Noter les différences des dents, l'absence totale de menton en B et une anomalie dentaire en A (dix-huit dents au lieu des seize dents habituelles).

les deux faces. Ce sont les fameux « coups de poing » chelléens. L'abondance des foyers rencontrés avec ces restes humains prouve que ces ancêtres utilisaient largement le feu.

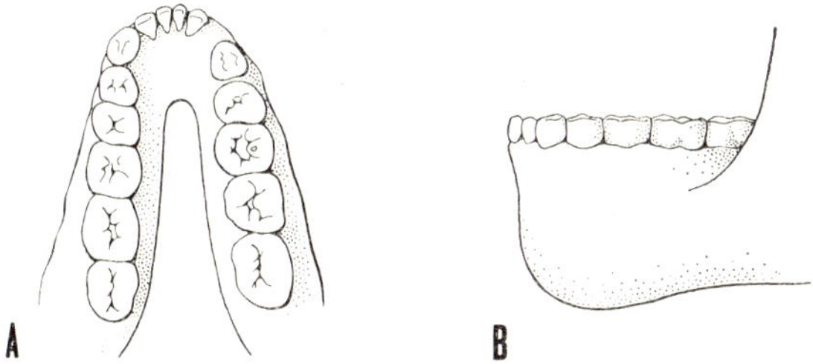

FIG. 35 — *Paranthropus crassidens.* (AUSTRALOPITHÈQUE.)
Mâchoire inférieure ; vue occlusale (A) et de profil (B) (× 1/3).

Les véritables hommes, ceux qui rentrent dans le genre *Homo,* sont connus seulement de la fin du Pléistocène moyen, c'est-à-dire sensiblement à deux cent trente ou deux cent quarante mille ans en arrière de nous. Mais les premiers qui aient été découverts, connus comme Hommes de Néanderthal *(Homo neanderthalensis)* ou de La Chapelle-aux-Saints, étaient nettement plus récents, et d'un type très différent de l'Homme actuel. Un crâne, vaste, puisque sa capacité dépasse parfois celle de l'*Homo sapiens* — 1 500 cc —, à parois très épaisses, gardant une épaisse visière frontale, un front bas et fuyant, l'importance de la face et des dents, ont fait considérer ces êtres comme la fin d'une lignée différente de la nôtre. On a reconnu depuis lors une importante variation chez les Néanderthaliens des diverses localités d'Europe, d'Asie, d'Afrique. D'autre part, les crânes les plus vieux, tels que ceux de Steinheim ou de Saccopastore, ont présenté, avec une capacité plus faible, des caractères moins accusés. On en vient aujourd'hui à penser que c'est à partir de ces derniers types que s'est dégagée la lignée des hommes modernes *(fig. 36).*

Les premiers représentants en sont les « Hommes de l'âge du Renne ». Ils ont vécu entre cinquante et vingt mille ans avant nous, et leurs diverses races, dites de

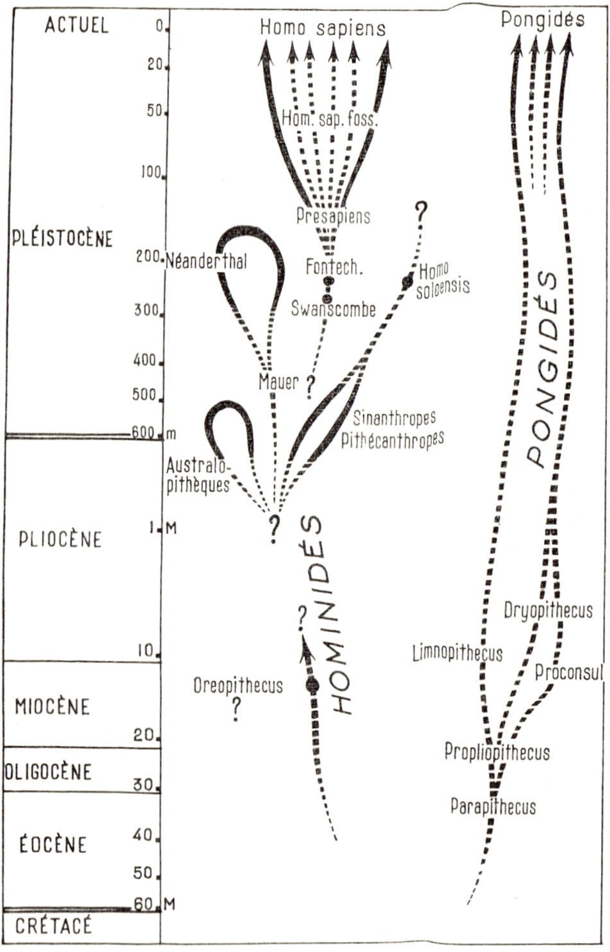

FIG. 36 — SCHÉMAS DE L'ÉVOLUTION DES PHYLUMS DES HOMINIDÉS ET DES PONGIDÉS.

Les temps sont indiqués en échelle logarithmique inversée (*M*, million d'années; *m*, millénaire.)

Cro-Magnon, de Chancelade ou de Grimaldi, présentent des caractères ostéologiques qui sont sensiblement les nôtres. Les trois races citées laissent prévoir respectivement la séparation de l'espèce en ses trois races typiques, blanche, jaune et noir. Ces hommes se fabriquent de remarquables outils de pierre, adaptés à des fins particulières, indice non seulement d'une habileté manuelle certaine, mais aussi d'une technique déjà affirmée. Ils enterrent leurs morts. Enfin, les fresques ou gravures qu'ils ont laissées dans maintes cavernes, en particulier dans celles de la vallée de la Vézère, dénotent un réel sens artistique. Il faut admettre que, dès cette époque, l'*Homo sapiens fossilis* a atteint un stade très voisin du stade actuel : en gros, l'évolution physique de l'Homme est terminée.

En somme, dans ce que nous révèle la morphologie de ces débuts de l'humanité, il apparaît une évolution qui ne diffère pas fondamentalement de celle des autres organismes. Cependant, si l'on élargit en quelque sorte son point de vue, on ne parvient pas à comprendre la position actuelle de l'Homme sur le globe par une simple extrapolation de cette évolution physique. Il faut admettre que, pour nos ancêtres, à un certain moment que nous ne pouvons préciser, l'aspect de l'évolution s'est transformé, manifestant un caractère nouveau, spécial, non encore rencontré sur la terre. L'acquisition d'un cerveau volumineux, richement organisé par adaptation fonctionnelle, a conduit à des résultats nouveaux, qui ont progressivement retenti sur l'évolution elle-même, et une ère nouvelle a, en quelque sorte, émergé, celle de l'Intelligence.

Nous savons, avec précision, peu de chose de ses débuts, mais il semble que nous puissions les reconstituer sans trop d'invraisemblance, mais sans fixer de dates. L'acquisition du langage articulé a certainement constitué une première et importante étape. Von Königswald a reconnu des apophyses *geni* sur la mandibule de certains Pithécanthropes *(Meganthropus)* de Java : leur présence semble indiquer déjà chez ces formes une mobilité de la langue suffisante pour permettre la parole. Grâce à celle-ci, les individus ont cessé d'être isolés : ils ont pu échanger de mieux en mieux leurs observations, constater leurs accords ou leurs désaccords, réfléchir. La langue a certainement guidé la pensée et réciproquement. Le fonctionnement cérébral, d'individuel a pu devenir collectif; il a permis et favorisé la vie tribale, puis sociale. Mais aussi les échanges de pensée ont pu être utilisés au dressage et à l'éducation des jeunes. Leur longue croissance a ainsi pu être utilisée à l'apprentissage de la vie : les aînés ont pu faire bénéficier leurs successeurs de leur propre expérience. L'acquis de l'individu n'a plus été perdu avec lui-même, mais a été transmis aux enfants : dans la lignée s'est établie la tradition, véritable hérédité sociale de l'acquis.

Mais tant que celle-ci est demeurée orale, elle a différé beaucoup d'un groupement humain à un autre, encore plus d'une contrée à une autre.

Il a fallu l'apparition du langage écrit pour permettre un nouveau bond vers le progrès. Ouvrant l'ère historique, celui-ci a permis, en effet, tout d'abord la conservation réelle de l'acquis; puis, peu à peu, mais de plus en plus vite après la découverte fondamentale de l'imprimerie, l'universalisation, la comparaison et l'amélioration de toutes les observations, découvertes et expériences de l'ensemble des individus humains. L'outil s'était perfectionné lentement, grâce à l'élaboration d'une technique toujours meilleure : il a abouti à la machine. Celle-ci a transformé les possibilités de vie, assurant aux groupements humains susceptibles de la construire ou de l'acquérir une maîtrise presque totale des autres organismes en même temps que l'asservissement de la matière.

Depuis la première découverte de l'outil, et l'utilisation du feu, jusqu'à celle de l'énergie interne de l'atome, un immense progrès a été accompli, et son caractère exponentiel fait qu'il est impossible d'en prévoir les limites, à l'heure où se prépare une évasion spatiale, au-delà de notre atmosphère, sinon au-delà du système solaire.

Ainsi l'espèce humaine, en accroissement permanent, songe-t-elle d'abord à explorer, peut-être ensuite à coloniser l'Univers.

Quant à l'individu, encore qu'il manifeste une variation importante, tant du type somatique que du type germinal, encore que sa physiologie varie d'une race à l'autre, ces divergences ne vont pas jusqu'à provoquer une séparation génétique : tous les êtres humains restent interféconds. L'industrie humaine est parvenue à supprimer toute possibilité d'isolement géographique ou écologique : les facteurs habituels de spéciation ne touchent donc pas notre espèce.

D'un autre côté, notre morphologie résiste à la spécialisation. Alors que la main des Singes présente d'importantes différences d'un type à l'autre, la main humaine ne varie pas : elle est la même dans les peuples où elle est et a toujours été l'instrument de base, et dans ceux où le développement du machinisme a considérablement réduit son rôle, et en particulier supprimé tout exercice de force. Les spécialisations liées aux métiers et professions ne se traduisent par aucun changement physique. Certes, les études d'orientation professionnelle décèlent bien des différences d'aptitudes certaines chez les jeunes, mais elles restent sur le plan psychique, sans que la morphologie soit en aucune façon affectée. Il est donc bien vrai que l'Homme ne suit pas la règle habituelle de la radiation adaptative, ou plutôt qu'il ne paraît pas la suivre. Il est certain en effet que quelques milliers d'années sont une durée bien faible encore pour un phénomène qui doit se dater vraisemblablement en millions d'années. Ou bien encore, il peut se faire que l'Homme, ayant remplacé par son industrie la spécialisation en créant des machines, ait arrêté le jeu normal de l'évolution qui ne s'est plus manifesté à son égard.

Effectivement, l'Homme, tant pour lui-même que pour les organismes animaux et végétaux qui lui sont utiles, s'est opposé à la règle naturelle, en devenant un antihasard. L'étude du mécanisme vital l'a conduit à intervenir dans le fonctionnement de son propre organisme, et lui permet de corriger certaines imperfections des somas. Il pratique des ablations d'organes, des greffes, parfois même des remplacements, ou des prothèses. Il lutte contre le vieillissement et allonge la durée moyenne de la vie. Mais aussi, il maintient en vie et autorise la reproduction d'individus que la loi naturelle eût condamnés. D'un autre côté, il réalise une sélection artificielle qui prend souvent le contrepied de la sélection naturelle, afin de modifier à son gré l'évolution propre des organismes qu'il juge utiles. Il crée ainsi des races animales ou végétales nouvelles qui ne se conservent qu'à l'aide de son contrôle. Ainsi l'intelligence humaine s'est-elle affirmée comme antihasard.

Les résultats obtenus avec les organismes domestiqués ne peuvent-ils l'être également avec les individus humains ? L'Homme ne peut-il agir sur sa propre évolution, en supprimant les mutations qu'il estime défavorables, et en favorisant celles qu'il juge améliorantes ? On a tenté de réaliser ces idées en prônant l'eugénique, ensemble de pratiques tendant à codifier la reproduction humaine en vue d'une création, à long terme, de surhommes. Mais il s'est développé alors dans les populations humaines libres une opposition considérable. C'est que, avec l'intelligence, a émergé dans notre espèce un nouveau domaine, inconnu semble-t-il entièrement chez les autres organismes, et qui est le domaine moral. Il s'agit d'un ensemble de règles variables selon les populations et qui tendent à présider aux relations entre individus, tout en ayant comme fin une vie meilleure de l'espèce. A la limite, ce domaine devrait conduire à l'accord parfait entre tous les groupements de l'humanité. Il ne semble pas que cette limite soit proche. Ce domaine a en effet ceci de particulier que les règles qu'il a édifiées sont souvent violées, et qu'elles ne tiennent pas compte des considérations biologiques, souvent en opposition absolue avec elle.

Quoi qu'il en soit de ces questions qui dépassent largement le problème que nous traitons, mais qui font ressortir la complexité de ceux où conduit l'évolution humaine, nous nous bornerons à insister sur ce fait frappant que les populations humaines sont en accroissement continu. L'Humanité ne cesse de grandir. Jusqu'alors les moyens ordinaires de vie lui ont approximativement suffi. Mais il arrivera fatalement un moment où ils seront insuffisants. La sélection naturelle reprendra-t-elle ses droits ? D'un autre côté, d'énormes moyens de destruction ont été découverts, et préparés, grâce aux progrès des sciences physiques. Inemployés jusqu'ici, ils risquent de servir un jour ou l'autre, déclenchés inopinément ou par un fou ambitieux. L'évolution humaine, commandée par l'Homme, arrive ainsi à une phase critique. Teilhard de Chardin a espéré en voir sortir un état supérieur de l'Homme. Un tel optimisme paraît excessif, et il semble davantage que nous risquions un pénible retour en arrière.

CONCLUSIONS GÉNÉRALES

Au cours de ce chapitre, l'évolution des organismes nous est apparue comme un fait indéniable, mais dont le déroulement est lent, trop lent même pour être facilement perceptible si on l'envisage relativement à l'écoulement d'une vie humaine. Il ne peut être directement reconnu qu'en faisant appel à la paléontologie, c'est-à-dire à une science qui dispose de l'immense durée des temps géologiques. Mais ce fait est confirmé par toutes les branches de la biologie : parmi les phénomènes qu'elles étudient, aucun n'est logiquement explicable si l'on se refuse à admettre sa réalité.

Quant au mécanisme du phénomène, il semble qu'après les discussions passionnées, mais souvent confuses, auxquelles il a donné lieu, on puisse maintenant mieux qu'au début de ce siècle, l'entrevoir d'une manière plus claire et plus positive. L'explication que l'on en donne repose sur moins d'hypothèses, et s'appuie sur plus de faits bien établis. Essentiellement, elle est basée sur l'existence de changements internes des organismes, mais dont la totale spontanéité n'est plus admise.

Les anciennes querelles entre les partisans des facteurs externes et ceux des facteurs internes n'ont plus guère qu'un intérêt historique : ni Lamarck ni Darwin n'ont, à eux seuls, réussi à expliquer l'évolution. La théorie moderne qui nous semble y parvenir le mieux, ou néo-mutationnisme, est une œuvre collective, qui a cherché surtout à grouper des faits logiques, à les discuter, et qui est parvenue ainsi à obtenir un ensemble de conclusions déjà cohérent, mais qui demandera encore, n'en doutons pas, de gros efforts.

La base du mécanisme évolutif est constituée par les mutations, variations héréditaires, rendues perceptibles par des modifications des organismes : celles-ci deviennent apparentes, soit directement, soit par leurs effets sur le fonctionnement ou le comportement. Elles ont leur point de départ dans les changements internes de la matière héréditaire, c'est-à-dire de la substance des chromosomes.

Le rôle respectif exact de la cellule et du milieu, ou ceux du noyau et du cytoplasme, dans leur genèse, n'est pas encore entièrement défini. On sait seulement que certains facteurs du milieu, et en particulier la température, peuvent agir sur elle, au moins en modifiant la fréquence de leur apparition.

Les mutations apportent à l'évolution son matériel brut.

Dès leur apparition, elles sont, en quelque sorte, essayées en présence des conditions naturelles. La sélection, que l'on imagine maintenant moins « riche en becs et ongles » qu'à l'époque darwinienne, tantôt permet, tantôt interdit leur essor, tantôt enfin se montre indifférente à leur égard, selon des conditions variées, tenant aux mutations elles-mêmes ou à l'effectif des populations dans lesquelles elles ont apparu. Quand il existe, le tri sélectif permet d'emblée l'adaptation physiologique de chaque organisme à son milieu.

Chaque individu obtient ainsi la possibilité de vivre dans des conditions écologiques particulières, à l'intérieur d'une « niche écologique » dans laquelle son complexe « organisme × milieu » se trouve en équilibre, et pour le temps où cet équilibre dure. En effet, le complexe est sujet à des variations, au moins en fonction du temps. L'organisme se trouve alors amené à réagir vis-à-vis de ces changements, et il le fait différemment selon leur vitesse et son propre degré d'adaptation ou de spécialisation. Cette réaction peut être lente vis-à-vis des changements lents. Vis-à-vis des rapides, trois possibilités existent seules : ou bien il y a formation d'une nouvelle espèce adaptée aux nouvelles conditions, et qui peut rester sur place. Ou bien l'espèce émigre, sans s'être suffisamment modifiée. Ou bien enfin elle s'éteint, généralement par un manque de plasticité dû à une spécialisation trop poussée.

L'évolution qui se réalise ainsi n'avance certainement « qu'à tout petits pas » : c'est la microévolution, reconnue aussi fréquente dans le passé que dans le présent de notre globe. Personne ne la met en doute.

Cependant, si elle est bien apte à expliquer le plus grand

nombre des changements évolutifs, et en particulier, la spéciation, ou origine des espèces, il n'est pas certain qu'elle les explique tous. Il existe indéniablement, en effet, des variations d'amplitude plus accentuées, dont la portée dépasse l'espèce, ou même le genre. Elles sont souvent liées à des adaptations morphologiques. On parle alors de macroévolution.

Il n'est pas sûr que cette distinction soit réellement fondée, et que ce mode diffère essentiellement du précédent, car les mutations plus ou moins fortes peuvent introduire des discontinuités appréciables dans les lignées. Peut-être est-on en droit d'estimer qu'elles sont insuffisantes pour expliquer l'apparition des grandes divisions de la systématique : embranchements, sous-embranchements, ou même classes. Il resterait alors à envisager une mégaévolution. Mais nous savons qu'un tel mécanisme n'a guère fonctionné depuis les apparitions successives des classes de Vertébrés. Nous ignorons donc les détails de ce mécanisme, et ne pouvons que l'imaginer.

On a invoqué maintes fois, et sous des noms divers, la possibilité d'importantes modifications de la segmentation des œufs, du développement ou de l'essor des embryons. Certains de ces mécanismes ont fonctionné, et fonctionnent encore. On a cherché expérimentalement bien souvent aussi à modifier les ontogenèses, mais sans obtenir que des monstres plus ou moins viables, et certainement sans avenir. Il reste donc encore dans cette voie beaucoup à chercher.

Il nous semble d'autre part prudent de ne pas déclarer que l'évolution est terminée, simplement à la suite de cette remarque qu'il n'est pas apparu de nouveaux groupes systématiques supra-spécifiques depuis le milieu des temps tertiaires. Dans le détail, aux échelons spécifique et infraspécifique, il est hors de doute que l'évolution continue, en conservant les mêmes caractères microévolutifs qu'elle possédait dans le passé. Il est donc illogique de considérer cette petite évolution comme un résidu vétuste.

Rien ne nous interdit non plus de croire que de grands changements soient aujourd'hui impossibles. Dans le passé, ils ne se sont jamais produits d'une manière continue, mais toujours se sont présentés en alternance avec des périodes de calme. Ils ont succédé à des phases de grosse modification des conditions de vie, provoquées, aussi bien par des variations du monde inorganique que par d'importantes modifications du milieu vivant.

Quand un être humain se blesse, et que ses tissus sont déchirés, les cellules intactes, voisines de la lésion, qui, en son absence, seraient restées sans changement, sortent de leur inertie, se multiplient et obturent la plaie. On explique ce fait par l'existence d'une contrainte réciproque des éléments cellulaires dans le tissu normal, contrainte qui serait levée par la blessure.

Il semble que, dans la nature, les choses se passent d'une manière très analogue : dans une population, à l'état normal, il existe entre les diverses espèces des équilibres complexes qui, par une contrainte réciproque, maintiennent chacune dans ses proportions habituelles. Qu'un bouleversement biologique se produise, les équilibres anciens se rompent, des potentialités nouvelles surgissent, demeurées jusque-là en latence : elles peuvent conduire à des types nouveaux, être l'amorce de nouvelles radiations adaptatives.

Quant aux bouleversements biologiques initiateurs, ils auront pu être fort variés. C'est ainsi que la disparition presque totale du grand groupe des Reptiles, à la fin des temps secondaires, a pu permettre l'essor des Homéothermes, profitant de la libération de l'énorme place qu'ils occupaient dans les milieux aquatiques, terrestres, et même aériens. Mais il y en a également eu un autre, bien différent, quand, un peu antérieurement au précédent, ont apparu les plantes à fleurs. Le monde des Insectes a été à ce moment transformé par l'apparition et la diversification de tous ceux d'entre eux qui vivent de pollen ou de nectar, en particulier, les Lépidoptères et les Hyménoptères. Dans les deux cas, les places vides ont créé de nouvelles possibilités : la vie en a immédiatement profité pour foisonner... Une fois l'occupation réalisée, ce foisonnement s'est interrompu. L'évolution, précipitée un instant, est redevenue ensuite lente et à peine perceptible.

Il est très vraisemblable que les choses se sont toujours passées ainsi, à partir de l'instant où, dans l'histoire de la Terre, les conditions écologiques ont autorisé la vie, mais avec un monde vivant de plus en plus varié et compliqué, et avec des places vides, peut-être aussi, de moins en moins importantes et de moins en moins fréquentes.

Dans notre monde actuel, où tout emplacement disponible se trouve immédiatement occupé, l'évolution se montre forcément réduite à la microévolution.

Il est remarquable de voir ainsi comment, au cours des temps passés, la vie a su profiter de chacune des occasions que l'évolution inorganique lui a offertes. Chaque fois, elle s'est développée par complications successives, greffées les unes sur les autres, selon une véritable épigenèse comparable à celle que montrent les développements ontogénétiques. Simple au début, elle a profité de chaque circonstance pour se compliquer, et chaque complication nouvelle a pu être à son tour exploitée, favorisant de nouvelles divergences, non prévisibles à l'échelon antérieur. Et ainsi, sans l'intervention de causes finales, et, par suite, sans but ou sans destinée, sous la simple conduite des forces naturelles, l'évolution a fait son chemin.

La possibilité de profiter de toutes les occasions offertes, l'opportunisme de la vie, sont évidemment autorisés par le désordre des mutations.

Cependant, on ne peut concevoir que l'ordre soit régulièrement issu du chaos, ni que le hasard, seul, ait pu conduire à la réalisation de mécanismes intelligents, qu'il ait pu aboutir à la pensée et au concept. Il y a donc eu autre chose que le simple hasard.

Il est hors de doute, en effet, que l'évolution représente un mécanisme orienté, et qu'il existe un ou plusieurs antihasards qui ont dû polariser le désordre et servir de guides au déroulement évolutif dans le temps et dans l'espace.

De ces antihasards le plus facile à déceler est certainement l'adaptation, réalisée grâce au tri des mutations sur le crible sélectif, mais qui a grandement contribué à donner à la vie l'apparence de finalité impressionnante pour tant d'observateurs. Il est en effet bien tentant d'arrêter là sa soif d'explications. Mais il nous faut rappeler qu'il en a toujours été de même dans les sciences jeunes : comme aujourd'hui les physiciens sourient des explications finalistes des phénomènes naturels que donnaient leurs devanciers, il y a deux siècles, nos successeurs se dégageront tout à fait de ces tendances fâcheuses. Ils pourront alors intervenir d'une manière plus normale que nous dans les phénomènes évolutifs.

Un autre antihasard, dont l'importance apparaît

aujourd'hui surtout grande au niveau humain, est l'intelligence, qui, ainsi que nous l'avons vu, est parvenue à façonner sinon tout à fait notre évolution, tout au moins celle des organismes animaux et végétaux qui nous touchent de près. Il est possible, ainsi que le pensent certains auteurs, qu'elle possède un rôle plus général encore, et qui peut s'étendre à un très grand nombre d'organismes, à tous ceux dont le fonctionnement nerveux atteint un niveau suffisant.

Ainsi donc, les forces naturelles apparaissent comme capables, à elles seules, d'être l'élément moteur de cet immense déroulement qui, parti de la matière, s'est peu à peu élevé jusqu'à l'esprit, et dont nous ne savons jusqu'où ira l'ascension.

Raymond Hovasse.

BIBLIOGRAPHIE

J. S. Carter, *Animal Evolution,* Sidgwick et Jackson, Londres, 1951.

M. Caullery, *Le Problème de l'évolution,* Payot, Paris, 1931.

L. Cuenot, *La Genèse des espèces animales,* Alcan, Paris, 1932.

L. Cuenot et A. Tetry, *L'Evolution biologique,* Masson, Paris, 1951.

R. Hovasse, *Adaptation et évolution,* Hermann, Paris, 1950.

J. S. Huxley, *Evolution, the Modern Synthesis,* Allen et Unwin, Londres, 1942.

J. Jeannel, *La Marche de l'évolution,* Presses universitaires, Paris, 1950.

E. Mayr, *Animal Species and Evolution,* Harvard, Univ. Pr., 1963.

J. Piveteau, *Traité de paléontologie :* VII, Pal. humaine, Masson, Paris, 1957.

J. Rostand, *Charles Darwin,* Gallimard, Paris, 1947.

G. C. Simpson, *Tempo and Mode in Evolution,* Columbia Univ. Pr., 1944. Traduction française : Albin Michel, Paris, 1950.

G. C. Simpson, *L'Évolution et sa signification,* Payot, Paris, 1951.

A. Vandel, *L'Homme et l'évolution,* Gallimard, Paris, 1949.

L. Vialleton, *L'Origine des êtres vivants,* l'illusion transformiste, Plon, Paris, 1929.

L'ADAPTATION

QUE signifie le mot adaptation, dérivé du latin *adaptare* (*ad,* à, vers et *aptare,* ajuster, arranger)? Comme cette étymologie le laisse pressentir, il signifie un ajustement de l'organisme à toutes les conditions du milieu, celui-ci étant considéré dans son sens le plus large.

La vie des animaux et des plantes se caractérisant par une lutte continuelle, il est assez banal d'affirmer qu'un animal (ou une plante) qui vit, se maintient et se reproduit, est adapté aux conditions de son biotope et à son mode de vie. L'adaptation se définit donc par rapport à quelque chose; elle sous-entend une notion de convenance, beaucoup plus que d'utilité. L'étude de l'adaptation revient à considérer les réponses fonctionnelles de l'être vivant aux milieux qu'il fréquente.

Le terme général d'adaptation englobe divers phénomènes : l'adaptation individuelle ou accommodation, l'adaptation spécifique ou naturalisation, l'adaptation éthologique ou statistique.

L'ADAPTATION INDIVIDUELLE

L'adaptation individuelle est une manifestation courante, expérimentée par de nombreux individus qui se sont établis dans des conditions différentes de celles qu'ils connaissent habituellement. Un Européen s'installe dans une région à climat tropical; il s'adapte à sa nouvelle vie et supporte les conditions propres à un climat tropical. Il s'est *accommodé* ou accoutumé.

L'accommodation entraîne des modifications morphologiques et physiologiques qui constituent des *accommodats* ou des *somations.* L'individu les subit sans aucune participation volontaire. Il les supporte plus ou moins aisément et, partant, il s'adapte plus ou moins bien. Les difficultés à vivre sous un climat pénible correspondent à une adaptation partielle et insuffisante. Les accommodats disparaissent plus ou moins rapidement lorsque l'individu n'est plus soumis aux conditions particulières qui les avaient fait naître. Les accommodats ou réactions appropriées de l'individu lui permettent de supporter les nouvelles conditions. Les exemples abondent : le froid provoque la pousse des poils chez le Mammifère; la chaleur exerce une action inverse. L'installation des Chèvres lainières des hauts plateaux d'Asie sous un climat doux déclenche la chute des poils et un épaississement de la peau. La vie dans les altitudes élevées, où la pression de diffusion de l'oxygène alvéolaire est faible, exige un accroissement du nombre des hématies transporteuses d'oxygène et une accélération de la circulation. La réaction au froid se traduit par quelques manifestations immédiates : constriction des vaisseaux périphériques, érection des poils ou des plumes pour réduire la perte de chaleur, sécrétion d'adrénaline, frisson qui produit de la chaleur.

Ces adaptations, fort diverses, qui protègent l'Homme contre les conditions nouvelles, constituent des cas spéciaux d'un phénomène général, l'*adaptation régulatrice* ou *homéostasie* de W. B. Cannon; cette constance du milieu interne intéresse à la fois les matériaux et le fonctionnement des organes. Chaque changement du milieu interne ou externe suscite une réaction homéostatique rétablissant l'équilibre normal; cette faculté perd de son efficacité avec la vieillesse.

À ce type d'adaptation se rattache le syndrome général d'adaptation de Selye : ce physiologiste définit ainsi l'ensemble des réactions d'un organisme soumis à l'action prolongée d'une agression quelconque (d'un « stress »). Le syndrome comporterait trois phases : une réaction d'alarme provoquée par un stimulus agressif, un stade de résistance caractérisé par l'adaptation au stimulus et enfin un stade d'épuisement lorsque le maintien de l'adaptation s'avère impossible. À chacune de ces phases correspondent des modifications métaboliques et anatomo-physiologiques.

L'ADAPTATION SPÉCIFIQUE

L'adaptation spécifique intéresse non pas un individu, mais une espèce capable de vivre et de se reproduire dans des conditions particulières plus ou moins différentes des conditions normales. Il s'agit alors d'*acclimatation ;* l'intervention de l'Homme peut la favoriser : plantes des jardins, animaux domestiques, animaux élevés dans les parcs zoologiques.

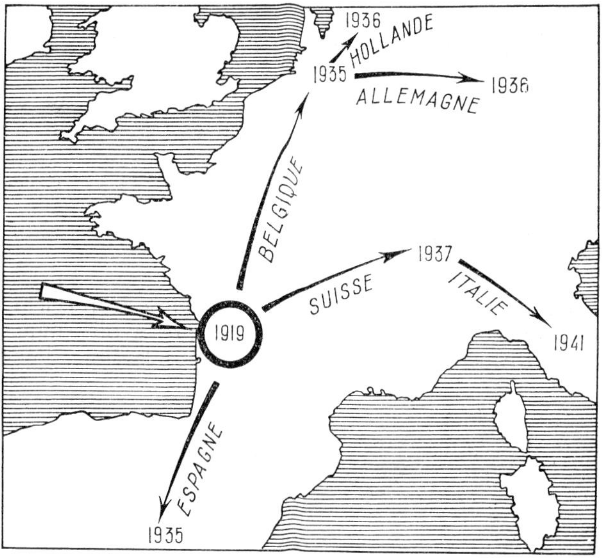

FIG. 1 — CARTE ILLUSTRANT LA PROPAGATION DU DORYPHORE.

En dehors de toute action protectrice humaine, des plantes ou des animaux s'adaptent à de nouvelles conditions et s'intègrent dans la flore ou la faune sauvages. L'espèce est alors naturalisée. Souvent la progression de l'espèce est connue dans le temps et dans l'espace. Voici quelques exemples typiques de naturalisation : le Mollusque bivalve, *Dreissensia polymorpha,* originaire des eaux saumâtres du bassin ponto-arabo-caspien au Pliocène, a pénétré au cours du XVIIIe siècle dans la Volga; prospérant dans l'eau douce, l'espèce, par l'intermédiaire des fleuves et des canaux, a gagné l'Allemagne, l'Angleterre, la Hollande, la Belgique, la France. Actuellement il abonde dans les canaux. Un Mollusque Gastéropode, *Lithoglyphus naticoides* des bassins du Danube, du Dnieper et de l'Europe sud-orientale, a effectué une migration analogue mais moins rapide que celle des *Dreissensia;* il est établi en Allemagne, Hollande, Belgique, France.

FIG. 2 — LE CRABE CHINOIS, *Eriocheir sinensis.*

Découvert en 1824, dans le Colorado, le trop célèbre Doryphore, *Leptinotarsa decemlineata,* après avoir conquis toute l'Amérique, a envahi l'Europe, à la suite d'une

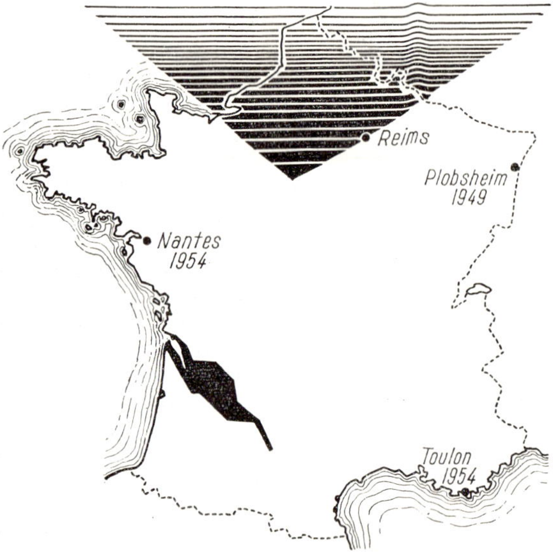

FIG. 3 — CARTE DE LA DISTRIBUTION DU CRABE CHINOIS EN FRANCE.

importation accidentelle avec des marchandises, à Bordeaux en 1919, *(fig. 1)*.

Le Crabe chinois, *Eriocheir sinensis, (fig. 2)* originaire de Chine, vit le long des côtes, dans les rivières et les collections d'eau douce. Comme le Doryphore, introduit accidentellement en Allemagne (1912) dans l'Elbe ou la Weser, il s'est répandu dans les fleuves et le long des côtes. Il s'est installé sur les côtes du Danemark, en mer Baltique, en Suède et jusque dans le golfe de Finlande; il a actuellement atteint la Hollande, la Belgique, l'Angleterre et la France, *(fig. 3)*.

Des espèces qui paraissaient appartenir à la faune ou à la flore régionales ne supportent pas des conditions exceptionnellement rigoureuses; par exemple les grands hivers tuent des arbres et des arbustes considérés comme naturalisés; incapables de résister à des froids intenses, ils ne sont plus spécifiquement adaptés.

Quelquefois bénéfiques, les naturalisations animales ou végétales sont souvent nuisibles (Crabe chinois, Doryphore, Mildiou et Oïdium de la Vigne, *Elodea* du Canada qui gêna la circulation fluviale en Angleterre pendant plus de dix années).

L'ADAPTATION ÉTHOLOGIQUE

Le troisième type d'adaptation, l'adaptation éthologique, offre peut-être le plus d'intérêt. Elle caractérise un mode de vie particulier et affecte des animaux ou des végétaux variés menant une vie identique.

Les animaux et les plantes aquatiques, les plantes désertiques, les animaux fouisseurs, les parasites, les animaux cavernicoles, les plantes halophytes, les plantes grimpantes, les animaux arboricoles, bien qu'appartenant à des embranchements différents, possèdent un certain nombre de caractères communs qui permettent de deviner leur mode de vie avec un pourcentage d'exactitude assez grand.

Palmures, queue aplatie, caractérisent une vie aquatique animale; épaisseur, mollesse, écorce avec lacunes remplies d'air, tissus de soutien peu développés, s'observent dans les tiges aquatiques; réduction des surfaces d'évaporation et tiges succulentes riches en parenchyme aquifère marquent essentiellement les végétaux xérophytes; pattes modifiées de façon à réaliser une sorte de pelle se retrouvent chez des fouisseurs *(fig. 4)* aussi éloignés que la

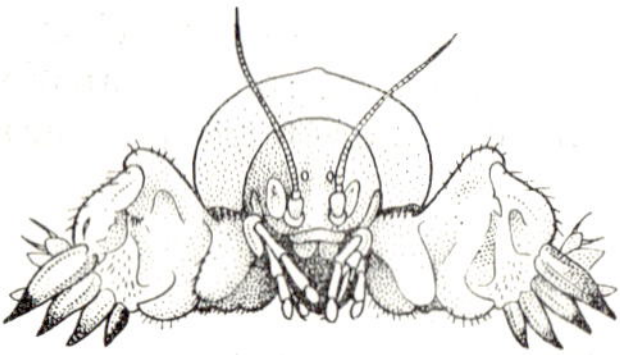

Fig. 4 — Deux animaux fouisseurs.

En haut, la Taupe, Mammifère insectivore; en bas, la Courtilière, Insecte. (D'après Schaller). Noter la ressemblance des attitudes et de la morphologie des pattes antérieures modifiées; cette ressemblance traduit une convergence talpoïde.

Taupe (Insectivore), le *Notoryctes* (Marsupial), la Courtilière (Insecte); allongement démesuré des appendices (pattes, antennes), absence de pigment, réduction ou absence des yeux, sont particulièrement fréquents chez les cavernicoles; dispositifs intéressant l'accrochage (queue préhensile avec ou sans pavage écailleux, doigts opposables, fortes griffes, pelotes adhésives) ou le saut [parachutes ou patagium *(fig. 5)*] affectent les arboricoles; gros yeux à fleur de tête disposés sur une face plate décèlent une vie nocturne active et une vie diurne ralentie, *(fig. 6)*.

Cette énumération ne doit pas faire illusion; comme bien souvent en biologie, des exceptions se manifestent.

Fig. 5 — Le Polatouche, *Glaucomys volans*.

Rongeur nord-américain, porteur d'un patagium.

Fig. 6 — Les gros yeux à fleur de tête, caractéristiques des animaux actifs la nuit.

1, *Phalanger,* Marsupial d'Australie ; 2, *Galago,* Lémurien d'Amérique ; 3, *Effraie,* Oiseau.

Des animaux aquatiques sont dépourvus de nageoires et des animaux terrestres possèdent des pattes palmées. Mais la fréquence élevée de dispositifs caractéristiques à un milieu donné est un fait positif; c'est pourquoi Cuénot a qualifié ces adaptations éthologiques d'*adaptations statistiques*.

La réunion chez un être vivant d'un plus ou moins grand nombre d'adaptations statistiques fait qu'il est plus ou moins bien adapté à son milieu. Ainsi le Surmulot, le Rat d'eau, la Loutre, le Phoque, la Baleine, sont aptes à mener la vie aquatique à des degrés variés. Le Surmulot, Rongeur terrestre, capable de traverser une rivière à la nage, séjourne dans les endroits humides (égouts, ports). Le Rat d'eau, bon nageur, fréquente le bord des eaux où il se nourrit de Poissons et de Grenouilles. La Loutre, excellent nageur et plongeur, possède des pattes palmées. Le Phoque avec son corps fusiforme et ses palettes natatoires ne quitte la mer qu'au moment de la reproduction. La Baleine, strictement marine, ne saurait vivre hors de la pleine mer. Cette série de Mammifères présente des paliers d'adaptation de plus en plus complexes qui, chez la Baleine, intéressent non seulement la morphologie mais aussi la physiologie; à chaque plongée, elle renouvelle presque complètement (90 %) son air pulmonaire, alors que l'Homme n'en renouvelle que de 15 à 20 %. En outre, le centre respiratoire des Mammifères plongeurs montre une très faible sensibilité à l'accroissement de la teneur en gaz carbonique. La Baleine, hautement spécialisée à la vie aquatique, est esclave d'un milieu en dehors duquel il lui est impossible de vivre. Les adaptations très poussées restreignent les possibilités de l'individu.

Certains naturalistes ont dénoncé le prétendu caractère monstrueux des Phoques, des Otaries; mais ces Pinnipèdes, dans leur milieu, démontrent qu'ils sont parfaitement adaptés à leurs conditions de vie; ils témoignent d'une adresse et même d'une certaine acrobatie dans la capture de leurs proies. Il s'avère indispensable de considérer les animaux en liberté, fréquentant leurs biotopes habituels; toutes les observations pratiquées sur des sujets en captivité sont sujettes à caution.

PALMURE

La palmure a fait l'objet d'intéressantes remarques statistiques; les animaux aquatiques possèdent, en grande majorité, des pattes totalement palmées ou des doigts bordés de festons plus ou moins développés, *(fig. 7)*. D'un inventaire portant sur cent treize genres d'Oiseaux d'eau, de rivage et de marais, il ressort que :

36 genres possèdent des pattes non palmées;
7 genres possèdent de très petites palmures entre deux ou trois doigts;
62 genres possèdent des pattes totalement palmées;
4 genres possèdent des pattes avec festons;
4 genres possèdent des pattes avec des palmures développées à moitié.

FIG. 7 — TROIS TYPES DE PALMURE.

1, Cygne; 2, Canard; 3, Oie.

Au total quarante-trois genres sont dépourvus d'une vraie palmure et soixante-dix genres sont véritablement palmés. La corrélation entre la présence de palmure et le milieu aquatique est manifeste; elle est encore plus frappante si le mode de vie des quarante-trois genres non palmés est précisé; ils fréquentent les rivages, les plaines humides, et ne mènent pas une véritable vie aquatique. Au contraire, les soixante-dix genres palmés comprennent des Oiseaux aquatiques, excellents nageurs.

La palmure n'est pas rigoureusement nécessaire à la vie aquatique, mais elle favorise la nage et assure de meilleurs résultats. Les hommes-grenouilles et les amateurs de chasse sous-marine l'ont remarqué et ils fixent à leurs pieds de larges palettes natatoires *(swimmings)*.

La palmure s'observe également chez les Mammifères aquatiques bons nageurs (Castor, Ragondin de l'Amérique du Sud, Desmans d'Eurasie, Loutres, Phoques). La queue aplatie transversalement supplée parfois à l'absence de palmures (Potamogale, Lézards semi-aquatiques).

Cependant la palmure ne saurait être considérée comme une adaptation statistique strictement caractéristique de la vie aquatique; deux Lézards terrestres, *Palmatogecko rangei* d'Afrique qui fréquente le sable et *Ptychozoon kuhli (fig. 8)*

FIG. 8 — FACE VENTRALE DU GECKO *Ptychozoon kuhli*, MONTRANT LES VENTOUSES DES PATTES.

de la région malaise qui vit sur les troncs d'arbres, possèdent des pattes palmées; le premier les utilise comme pelle pour creuser le sable; chez le second, elles s'expliquent par l'exubérance cutanée du corps qui conditionne le camouflage du Lézard.

La palmure réalise une solution du problème de la natation, observée principalement chez les animaux à corps épais. Une autre solution adoptée par les animaux minces et allongés consiste dans l'ondulation d'un corps fusiforme terminé par une queue aplatie transversalement.

LOCOMOTION

Les adaptations aux diverses locomotions : locomotion aérienne (vol plané et vol battu), aquatique et sous-marine, grimper nécessitent une morphologie, une anatomie, une physiologie compatibles avec les exigences mécaniques, physiques et chimiques posées par un milieu et un mode de vie précis. Des séquences d'adaptations soumises à de multiples corrélations s'avèrent indispensables et permettent des réalisations plus ou moins parfaites. Le vol plané de l'Albatros n'est pas comparable à celui du Galéopithèque. L'Albatros est un excellent planeur; ses ailes extraordinairement longues et étroites lui confèrent une « finesse » utile maxima, surpassant celle des planeurs humains. Le Galéopithèque, capable de planer d'une branche à une autre, est avant tout un arboricole; le planement constitue une suppléance; il n'est plus comme chez l'Albatros le mode de locomotion. L'Albatros spécialisé dans le vol plané est limité dans ses possibilités; au contraire, le Galéopithèque marche, court, grimpe, plane; moins rigoureusement spécialisé, ses possibilités sont plus variées.

LA CONVERGENCE

Les adaptations statistiques dont la réalité s'impose sont responsables du phénomène de la *convergence,* c'est-à-dire de ressemblances frappantes entre individus menant une vie analogue ou entre organes exerçant une même fonction. Ces ressemblances n'impliquent aucune parenté et résultent simplement de l'accumulation d'adaptations statistiques semblables. Voici quelques exemples : une convergence ichthyoïde s'observe chez trois Vertébrés adaptés à une nage rapide; le Requin (Poisson Sélacien), l'Ichthyosaure (Reptile éteint), le Dauphin (Mammifère Cétacé) offrent une allure générale semblable *(fig. 9)* : corps fusiforme avec une nageoire dorsale triangulaire; bien que de structure différente, les trois nageoires disposées sur la convexité du dos présentent le même aspect : le bord antérieur convexe qui fend l'eau est renforcé, alors que le bord postérieur concave est aminci. Cette nageoire caractéristique, stabilisatrice et équilibratrice, n'est pas indispensable; elle manque chez d'autres Vertébrés bon nageurs, mais sa présence conditionne une nage plus rapide.

Des Mammifères fouisseurs, la Taupe (Insectivore), le *Myotalpa* (Rongeur) le *Notoryctes* (Marsupial) présentent

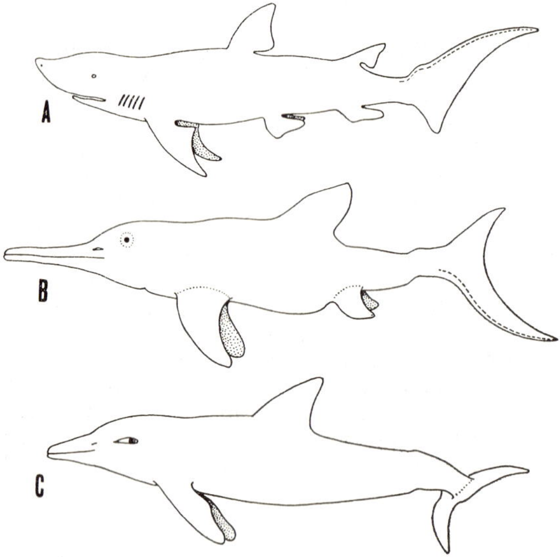

FIG. 9 — CONVERGENCE ICHTHYOÏDE DE TROIS VERTÉBRÉS MARINS.
De haut en bas : Requin (Poisson, Sélacien); Ichthyosaure (Reptile éteint); Dauphin (Mammifère, Cétacé).

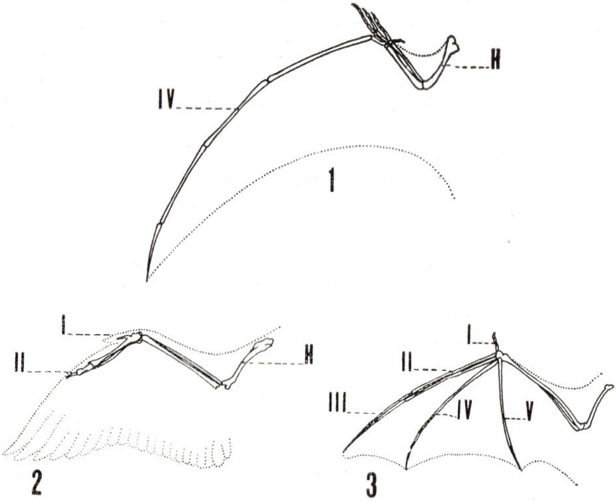

FIG. 10.

une convergence talpoïde. Aveugles ou porteurs d'yeux réduits, ils possèdent des pattes antérieures plus ou moins déformées et garnies de fortes griffes, une fourrure soyeuse et rase, une queue courte ou absente, qui favorisent leur circulation dans des terriers endogés.

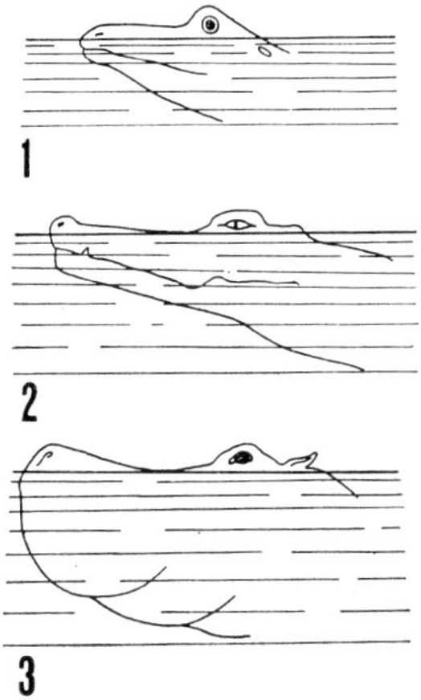

FIG. 11 — ADAPTATION CONVERGENTE À LA VIE AMPHIBIE.

La narine et l'œil dépassent seuls le niveau de l'eau chez la grenouille, 1, (Amphibien), le Crocodile, 2, (Reptile) et l'Hippopotame, 3, (Mammifère).

Les adaptations des arboricoles réalisent des convergences intéressant principalement l'accrochage et le saut. La queue préhensile s'observe chez le Caméléon, les Singes du Nouveau Monde, des Marsupiaux, le Pangolin; la queue préhensile est parfois garnie d'un pavage écailleux (Marsupial); des doigts ou des mains opposables portent de puissantes griffes ou des pelotes adhésives. Enfin beaucoup d'arboricoles pratiquent le saut grâce à la présence d'un patagium fonctionnant comme parachute (Galéopithèque, Anomalure, Écureuil volant, Marsupial volant, *Draco* ou Lézard volant).

Les divers Vertébrés volants (Reptiles, Oiseaux, Mammifères) possèdent des ailes; assumant une même fonction, elles sont construites néanmoins de façon différente : aile bordée par un doigt grandement allongé chez les Ptérodactyles (Reptiles volants), aile à plumes des Oiseaux, aile à nervures en

FIG. 10 — SQUELETTE DES AILES.

1, Plésiosaure (Reptile volant); 2, Oiseau; 3, Chauve-Souris (Mammifère volant). Chez le Reptile, la membrane alaire est supportée par quatre longues phalanges du doigt IV. Chez l'Oiseau, les rémiges s'insèrent sur les doigts, les métacarpiens, le carpe, le cubitus et l'humérus. Chez la Chauve-Souris, la membrane alaire est portée par les métacarpiens et les doigts II à V rabattus et allongés. De I à V, doigts; *H*, humérus.

éventail des Chauves-Souris, *(fig. 10)*. L'aile à nervures de raidissage des Insectes réalise un quatrième dispositif différant des trois précédents.

Chez les Vertébrés à respiration aérienne et menant une vie aquatique, la conformation de la tête permet que la narine et l'œil dépassent seuls le niveau de l'eau; cette adaptation à la vie amphibie s'observe chez la Grenouille, le Crocodile, l'Hippopotame, *(fig. 11)*.

La convergence écologique se manifeste particulièrement chez les Végétaux; un aspect cactéiforme se retrouve chez des plantes variées : *Cereus* (Cactées) *Euphorbia* (Euphorbiacées), *Stapelia* (Asclépiadacées), *(fig. 12)*.

Fig. 12 — Adaptation convergente à un climat chaud et sec de trois plantes appartenant à des familles différentes.

1, *Cereus* (Cactacée du Mexique); 2, *Stapelia* (Asclépiadacée d'Afrique du Sud); 3, *Euphorbia* (Euphorbiacée d'Afrique du Sud).

Deux Insectes différents, la larve d'un Diptère (*Vermileo*) et le Fourmilion (Hémérobiide), creusent dans le sable fin un entonnoir conique, au fond duquel ils attendent et capturent leurs proies. Cette similitude de pièges réalise une convergence éthologique.

La convergence atteint parfois des biocœnoses, c'est-à-dire des populations animales ou végétales équilibrées et établies dans des zones déterminées. Le meilleur exemple est fourni par la faune du continent australien; isolé avant le développement des Mammifères, il n'héberge que des Marsupiaux qui se sont différenciés en types parallèles à ceux que présentent les Mammifères. Cette faune caractéristique comprend des Marsupiaux herbivores *(Kangourous)*, des Marsupiaux rongeurs (*Phascolomys*), des Marsupiaux insectivores (*Notoryctes*), des Marsupiaux carnassiers (*Thylacine*), des Marsupiaux frugivores à queue prenante (*Phalanger*), des Marsupiaux arboricoles (*Phascolarctos*).

L'ADAPTATION DES ORGANES

L'adaptation n'affecte pas seulement les individus ou les collections d'individus, mais aussi les organes qui sont adaptés à leurs fonctions. Elle est responsable du bon fonctionnement des divers appareils qui assurent la vie de l'individu. Une adaptation toujours aussi efficiente se retrouve dans des dispositifs particuliers, souvent d'importance secondaire, moyens de défense, colorations adaptatives, dispositifs variés suggérant des outils.

LES MOYENS DE DÉFENSE

La vie animale et végétale représente un conflit continuel particulièrement sévère pour les plus jeunes stades, lutte d'abord contre les conditions de milieu souvent défavorables, ensuite contre les mangeurs de chair et de végétaux, enfin contre les parasites. Dans un biotope donné, il s'établit peu à peu un équilibre plus ou moins instable qui permet aux mangeurs et aux mangés, aux parasites et aux parasités, de subsister en communauté; la vie se maintient par la mort. Tout se passe comme si la Nature avait un souci essentiel : la perpétuation de la vie. La diversification des formes est une première garantie qui, par l'imbrication des rapports, assure le maximum vital de chaque milieu.

À l'état de nature, ne persistent que les espèces qui, par

fortune, ont un nombre de germes proportionné *grosso modo* aux chances de destruction. Pour une espèce donnée, soit *P* le pourcentage des pertes annuelles par causes variées (carnassiers, maladies, parasites, accidents, etc.), soit *G* le nombre de germes (œufs ou spores) produits annuellement par chaque femelle; pour une espèce ne vivant qu'un an et possédant autant de mâles que de femelles, l'équilibre est strictement réalisé si $G - PG/100 = 2$; c'est-à-dire, si, à la fin de l'année, sur les *G* œufs pondus par chaque femelle, il persiste en moyenne deux adultes capables de reproduire (un mâle et une femelle).

Lorsque *P* diminue, l'espèce augmente numériquement. Si *P* augmente ou si *G* diminue, l'espèce est en déchéance. Une régulation automatique s'établit; lorsque l'espèce augmente en nombre, ses prédateurs et ses parasites sont favorisés et *P* tend à croître; inversement si l'espèce se raréfie, ses prédateurs mal nourris cherchent d'autres proies et *P* tend à diminuer. Dans une station donnée, la disparition de la masse des individus par un accident local est compensée l'année suivante par la conservation d'un plus grand nombre de jeunes, l'espace vital étant disponible et les parasites ayant disparu ou diminué. La régulation automatique tend donc à rétablir l'équilibre perturbé.

G présente dans le règne animal des valeurs fort variées, de quelques unités à plusieurs centaines de millions. Dans le premier cas (*G* est faible), les animaux pondent des œufs bien protégés par des coques, des nids, des cocons; les embryons préservés des intempéries et des prédateurs ne sont pas à l'abri des parasites qui profitent souvent du rassemblement des œufs pour y déposer leurs pontes. L'incubation, la viviparité, la surveillance familiale assurent le maximum de protection. Si chaque couple humain possédait trois enfants, l'humanité augmenterait avec une rapidité extraordinaire et inquiétante. Les espèces à œufs peu nombreux vivent dans des biotopes à faune simplifiée; elles sont à la merci d'un accroissement de *P* provoqué, par exemple, par l'arrivée d'une espèce étrangère. C'est ainsi que des Oiseaux insulaires se sont éteints à l'époque historique. Le deuxième cas (*G* est élevé) s'illustre par les animaux marins à larves pélagiques; la destruction de ces dernières est massive; cette crise passée, la mortalité diminue considérablement.

Quels que soient la valeur de *G* et le procédé par lequel est assurée la persistance de l'espèce, ce sont les jeunes stades qui disparaissent; cette période dangereuse passée, les adultes doivent se défendre contre les prédateurs : c'est alors qu'interviennent les moyens de défense.

Pour se rendre compte de l'efficacité des moyens de défense, il faut se défier des jugements anthropomorphiques. Si un Insecte, lors de sa capture, rejetait un produit à odeur désagréable pour l'Homme, cette sécrétion était jugée capable d'éloigner *tous* les ennemis de l'Insecte. Si tel animal, de même teinte que son milieu habituel, se confondait plus ou moins avec celui-ci pour l'œil humain, ce camouflage était également efficace vis-à-vis des ennemis de l'espèce. De tels jugements anthropomorphiques faussent l'appréciation de la valeur des moyens de défense; des observations probantes montrent que ce qui est répulsif ou toxique pour l'Homme ne l'est pas forcément pour d'autres êtres : les Chèvres mangent le Tue-Loup *(Aconitum lycoctonum)* renfermant de l'aconitine, et des feuilles de Saule rendues fort amères par un glucoside, la salicine; les chenilles de *Vanessa urticae* se nourrissent normalement de *l'Urtica urens* aux poils irritants; un Chat joue longtemps avec un Carabe doré, sans être offusqué par son odeur d'acide butyrique et de nombreux Oiseaux mangent cet Insecte qui paraissait protégé par sa cuirasse et sa sécrétion. Les Dromadaires broutent des Acacias armés de formidables épines. Les nématocystes des Cnidaires, qui foudroient tant d'animaux, sont inactifs ou inopérants pour d'autres espèces. Les Éolidiens mangent des Actinies. Les *Velella spirans* sont la proie des *Idothea metallica* qui en font des hécatombes; elles sont également attaquées par un Mollusque, *Fiona marina*. Les redoutables Physalies elles-mêmes ont un ennemi, le Poisson tropical *Chaetodipterus faber,* que les pêcheurs de Trinidad appâtent avec des fragments de ce Siphonophore.

L'examen systématique du contenu d'estomacs de prédateurs (Oiseaux et Reptiles surtout) a été assez décevant quant à l'efficacité des moyens de défense. Il se composait de restes d'animaux considérés comme « bien défendus » : Hémiptères aux sécrétions malodorantes, Coccinelles, Hannetons, Carabes et autres Coléoptères cuirassés, Chenilles poilues, Fourmis, etc. Chappellier, dans l'estomac de jeunes Freux (*Corvus frugilegus*) encore nourris par leurs parents, trouve quelques Nécrophores et *Carabus auratus,* une grande quantité d'Hémiptères (*Eurygaster maurus*) et des Hannetons. Cuénot reconnaît dans l'estomac de Lézards des Hémiptères, des Coccinelles à sept points, un *Bombus terrestris,* de petites chenilles poilues, une chenille de *Deilephila elpenor.* Le Crapaud est un grand mangeur de Fourmis, d'Abeilles et de Limaces. L'efficacité attribuée jadis trop généreusement aux moyens de défense fut alors minimisée ou même niée. Mais défense ne signifie pas immunité complète et générale; un prédateur affamé mange parfois ce qu'il dédaignait en période d'abondance. La défense est toujours relative; fût-elle efficace une fois sur vingt attaques, voire même moins encore, elle n'exerce pas moins une protection réelle, si quelques individus sont préservés; ces exemplaires précieux, échappés par hasard aux hécatombes du jeune âge, atteindront la maturité sexuelle et perpétueront l'espèce.

Le moyen de défense semble parfois viser un ennemi particulier, c'est-à-dire qu'il est adapté à certains procédés d'attaque. Ainsi les Termites ont pour adversaires normaux et constants les Fourmis. Les autres prédateurs, depuis les Insectes jusqu'aux Mammifères, ne les détruisent d'une façon massive que pendant un temps assez court, lors des sorties de la termitière. Or les soldats possèdent une glande volumineuse, logée dans la tête, qui sécrète un liquide visqueux, perlant chez *Nasitermes* à l'extrémité d'une canule frontale; cette glu colle les mandibules et les pattes des Fourmis qui sont mises hors de combat.

Pour déceler un moyen de défense, l'observation dans la nature doit être suppléée par des expériences respectant les conditions naturelles, en utilisant non pas des prédateurs quelconques, mais des animaux bien acclimatés, bien portants, appartenant à la faune du pays, auxquels seront présentées des proies fraîchement capturées. Parfois, la défense salvatrice laisse des traces (autotomie); la comparaison entre les fréquences des individus intacts et autotomisés récoltés dans une localité donnée, fournit une idée très approximative de son efficacité.

À un degré plus ou moins important, le moyen de défense est l'un des mille détails qui font qu'une espèce persiste en dépit de la concurrence et des massacres. Il réalise le compromis entre deux nécessités contradictoires:

la destruction d'individus de l'espèce *A* servant à la nourriture d'espèces *B* et *C* et la conservation des espèces *A, B* et *C*. Deux formes voisines peuvent différer par l'absence ou la présence d'un organe de défense : par exemple les tubes de Cuvier existent chez certaines Holothuries et manquent totalement chez des espèces toutes semblables aux premières. L'espèce défavorisée en apparence est peut-être moins pourchassée, en raison d'un petit détail de comportement; peut-être est-elle un peu plus féconde que l'autre, ce qui compense les pertes; la persistance de l'espèce résulte de propriétés fort diverses, chacune possédant un coefficient particulier.

Voici quelques exemples de moyens de défense.

LES PIQUANTS ET LES PRODUITS CHIMIQUES DES VÉGÉTAUX

L'examen d'un pâturage très brouté révèle cette action; les herbivores pratiquent une sélection à rebours des plantes fourragères qui sont mangées de préférence, alors que les plantes « défendues » persistent et tendent à envahir la prairie. Dans les pâtures de Lorraine, trois espèces sont épargnées, les Chardons (*Cirsium*), l'*Eryngium campestre,* l'*Ononis repens,* sous-espèce *campestris;* toutes trois portent de fort piquants. En Bretagne, restent en saillie sur l'herbe l'*Eryngium campestre,* l'Ajonc, le *Verbascum thapsus,* ce dernier étant très poilu. Dans le bush sud-africain, par suite de l'action des hordes de Mammifères herbivores, il ne subsiste guère que des plantes, des buissons et même de petits arbres qui griffent, piquent et accrochent de façon déplaisante. Autour des oasis algériennes, où séjournent nombre de Dromadaires, toutes les plantes comestibles sont détruites, mais le *Thymelea microphylla,* fort toxique, persiste en abondance. Dans le massif du Mont-Dore, l'*Aconitum napellus* s'installe dans les « reposoirs » des pâturages où le bétail se rassemble; l'Aconit protégé par son alcaloïde n'est pas mangé. Dans les pâturages sous-alpins, le bétail laisse intacts les *Gentiana lutea* au goût amer et les *Veratrum album* toxiques. Dans les prairies humides abondent les Colchiques, non appréciés en raison de leur amertume provenant de la colchicine, alcaloïde toxique. Un arbre indien, naturalisé en Algérie, renfermant une substance répulsive est délaissé par les Criquets; extraite et épandue sur les cultures, cette substance exerce une protection efficace contre les Insectes.

LES CUIRASSES

Tels les chevaliers du Moyen âge, beaucoup d'animaux sont enfermés dans une cuirasse protectrice. Elle est formée soit par le durcissement de la peau qui forme une carapace (Tatous *(fig. 13)*, Tortues, Arthropodes), soit par une enveloppe calcaire comme la coquille des Mollusques, dans laquelle l'animal peut s'abriter et se clore à la moindre alerte, ou encore par un abri emprunté au monde extérieur (Pagures, quelques Sipunculiens, larves de Phryganes, etc). Certaines cuirasses possèdent parfois des « défauts » que les Carnivores finissent par découvrir.

FIG. 13 — LE TATOU *Tolypeutes conurus.*

Mammifère. Enroulement en boule. (D'après Schaller).

Le cuirassement se complète quelquefois par la volvation ou enroulement en boule; l'animal est capable de s'enrouler et de former ainsi une sphère lisse sans défaut; ainsi font le Tatou d'Argentine, *Tolypeutes tricinctus,* le Diplopode *Glomeris,* les Isopodes terrestres ou marins *Armadillidium (fig. 14), Sphoeroma.* Enroulé en boule, l'animal est invulnérable (à moins d'être mangé *in toto*).

À la place de la cuirasse unie ou écailleuse, quelques animaux possèdent un revêtement de piquants aigus

(Porcs-Épics, Hérissons, Échidnés, des Lézards, Diodons, des Crabes, Oursins, etc.). Enroulé, le Hérisson se transforme en une inabordable pelote d'aiguilles à la grande

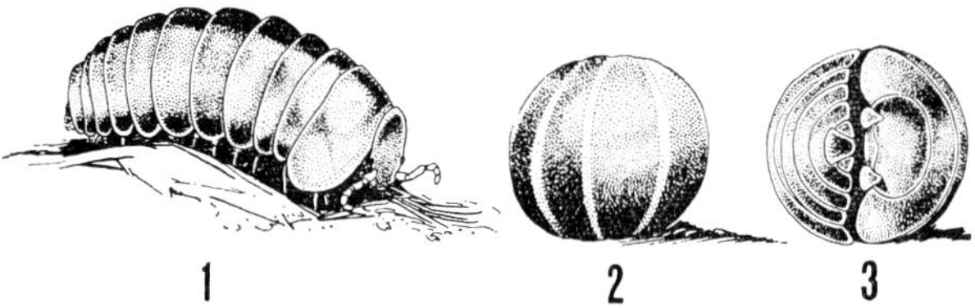

FIG. 14 — VOLVATION CHEZ UN MYRIAPODE DIPLOPODE (*Glomeris*) ET CHEZ UN CRUSTACÉ ISOPODE (*Armadillidium*).

1, *Glomeris*; 2, *Glomeris* enroulé en boule; 3, *Armadillidium* enroulé en boule. (D'après Schaller)

consternation du Chien de chasse. Les *Uromastix*, Lézards d'Asie et d'Afrique, ont le corps nu, mais la queue est couverte d'épines courtes et pointues; saisis, ils se défendent en donnant de violents coups de queue de droite et de gauche.

LES ARMES

La capture des proies et la défense nécessitent des armes variées et souvent compliquées. L'arsenal offensif et défensif comporte des opercules, des dispositifs perforants, des stylets, des aiguillons, des dents, des pinces venimeuses, des flèches, des organes urticants.

Le simple aiguillon perforant sous la forme de piquants acérés, de pointes mousses, d'épines pointues, d'écailles tranchantes, orne le test des Oursins, la coquille de Mollusques variés, la carapace des Crustacés, la surface chitineuse des Insectes, la peau des Poissons, des Lézards, des Serpents, des Mammifères. Le Dragon cornu (*Moloch horridus*) est le Lézard probablement le plus hérissé; la tête porte des cornes; de grands aiguillons se dressent sur le cou; des piquants et des écailles polygonales revêtent le corps et les membres; la queue est garnie de pointes. Les ergots des Coqs, des Faisans constituent de redoutables éperons. De fort nombreux aiguillons sont immobiles, mais d'autres sont érectiles et mobiles à volonté; ces dispositifs rappellent les appareils de défense militaire, les hérissons ou les artichauts.

L'action mécanique perforante des aiguillons se double parfois d'une action venimeuse, l'aiguillon étant en rapport avec une glande venimeuse dont la sécrétion s'écoule dans la blessure. Des aiguillons venimeux sont notés chez des Poissons (Vive, Scorpène, Raie pastenague). Des Hyménoptères possèdent un aiguillon venimeux fort complexe (Guêpe, Abeille). Les morsures de Poissons, de Lézards sont également dangereuses; celles de l'Héloderme horrible, Lézard de l'Ouest du Mexique, seraient aussi dangereuses que celles du Crotale.

Les poils urticants n'affectent pas seulement les plantes de la famille des Urticacées; des animaux et surtout des chenilles portent des poils urticants et barbelés dont les piqûres provoquent des prurits fort désagréables (chenilles processionnaires). Les Cnidaires possèdent un organe urticant particulier, le *nématocyste* ou *cnidocyste;* le contact des Méduses entraîne une urtication accompagnée de fièvre, d'inflammation et d'accidents simulant une intoxication. Les batteries urticantes disposées le long des tentacules de la Physalie déterminent une douleur si intense que la victime pousse des cris; cependant, des Poissons commensaux vivent au contact des filaments redoutables, ce qui laisse présumer que des excitations spécifiques sont responsables des décharges.

LES SÉCRÉTIONS DÉFENSIVES

Elles sont très largement répandues dans les divers embranchements. Les « bêtes puantes », ou petits Carnassiers malodorants, comprennent notamment la Mouffette (*Mephitis suffocans*), ou Skunks d'Amérique, dont les glandes anales projettent une sécrétion méphitique à plusieurs mètres; le Blaireau puant de Sumatra excrète un liquide poisseux à odeur aussi désagréable que celle de la Mouffette. Le Putois fétide (*Putorius fœtidus*) expulse à distance une sécrétion à odeur nauséabonde.

Les glandes cutanées des Diplopodes élaborent des liquides riches en quinone (*Iule*), en acide prussique; ces sécrétions s'éliminent par les pores dorsaux.

Il est facile d'expérimenter le rejet d'acide formique par les Fourmis en passant la main au-dessus d'une fourmilière; la grande Fourmi rouge des forêts de Pins lance à 0,50 m un jet vertical d'acide formique; l'acide provoque le rougissement et la desquamation de l'épiderme des récolteurs de nymphes recherchées pour l'élevage des Faisans.

Le rejet de ces sécrétions s'effectue par des glandes cutanées diversement disposées : glandes pygidiales des Coléoptères (Carabes, Bombardiers), mamelons exsertiles sur les côtés du corps des larves de *Melasoma,* glande à orifice prothoracique de la chenille de *Dicranura vinula,* glande anale des Mustélidés, *formen repugnatoria* des Diplopodes, glandes venimeuses des Hyménoptères, Scorpions, Poissons, Amphibiens, Lézards (*Heloderma*), Serpents.

La pratique de la saignée réflexe s'observe chez un grand nombre d'Insectes, en particulier chez les Vésicants (Cantharide, Méloé), les Chrysomèles (*Timarcha,* etc.), les Coccinelles, la larve de *Cimbex femorata,* les Orthoptères (*Ephippiger, Eugaster*); l'Insecte inquiété fait le mort ou se contracte; des gouttes de sang sourdent en des points variés : articulations tibio-fémorales, angles de la cavité buccale. Ces liquides glandulaires ou sanguins exercent un effet défensif; ils renferment des produits caustiques, répulsifs ou toxiques : acide formique, aldéhyde salicylique, iode libre, acide cyanhydrique, quinone, cantharidine. Un Hanneton badigeonné avec du sang de Cantharidien n'est plus consommé par ses prédateurs habituels.

LES SÉCRÉTIONS COLLANTES

Certains animaux éliminent des substances gluantes agissant par leur pouvoir collant. Les soldats de certains Termites possèdent une glande à glu débouchant à l'extrémité d'un prolongement céphalique; la contraction de la glande entraîne la projection de la glu sur l'indésirable.

L'Holothurie (*Holothuria forskali*) des côtes de France et d'Angleterre se déplace lentement; si un assaillant, Crabe ou Poisson, irrite sa peau, l'Holothurie rejette brusquement, par son orifice cloacal, cinq à huit cylindres blancs très longs, (*fig. 15*) ; pendant les quelques secondes qui suivent leur rejet, ces cylindres sont extrêmement collants et adhèrent solidement à tout ce qu'ils touchent; à la moindre traction, ils se déroulent, s'étirent et peuvent atteindre une longueur vingt fois plus grande que celle

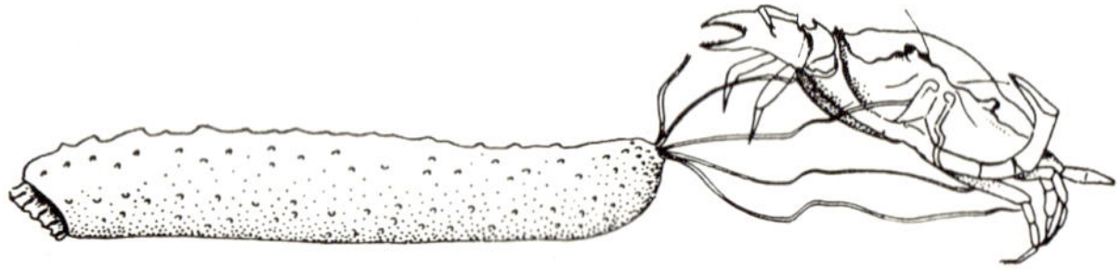

FIG. 15 — ATTAQUÉE PAR UN CRABE, L'HOLOTHURIE, *Holothuria forskali,* REJETTE CINQ TUBES COLLANTS PAR SON ORIFICE CLOACAL. (D'après Cuénot).

du cylindre primitif, tout en restant collants et solides. Plus l'assaillant cherche à se dépêtrer, plus il s'empêtre, se ligote lui-même de liens inextricables; aussi les marins anglais ont-ils surnommé cette Holothurie « la fileuse de coton » (*cotton-spinner*). Des Crabes, un Homard, des Poissons sont si bien ligotés qu'ils peuvent à peine se mouvoir. Après quelque temps, les fils perdent de leur ténacité et le prisonnier réussit à s'en défaire, mais l'Holothurie a eu le temps de gagner un abri.

LA FUITE

Elle réalise au premier chef un moyen de défense. Si la proie n'est pas saisie du premier coup, elle se met hors de portée par une détente brusque, un envol subit ou un saut. Beaucoup d'espèces munies de longs appendices faciles à saisir ajoutent un perfectionnement, l'*autotomie*. Si l'on saisit un Lézard par sa longue queue, celle-ci se brise et un morceau se tortillant comme un ver reste dans la main; le Lézard mutilé s'enfuit avec rapidité. Le grand nombre de jeunes Lézards à queue courte ou réparée trouvés dans la nature, et dont par conséquent la vie a été sauvée au moins une fois par l'autotomie, donne une idée de son importance comme moyen de défense.

Un certain nombre de Rongeurs (*Apodemus sylvaticus*),

Myoxidés d'Europe, *Peromyscus boylei* de Californie, *Octodon tegus* du Chili, possèdent une propriété équivalente à l'autotomie. La longue queue, prise facile, perd aisément son fourreau cutané, qui se détache à la moindre traction, libérant ainsi l'animal. L'axe vertébral mis à nu se dessèche et tombe, le moignon se cicatrise; le décollement sauveur semble ne pouvoir se produire qu'une fois dans la vie. Dans certaines localités, les Rongeurs à queue raccourcie forment au moins la moitié de la population.

Les jeunes Seiches compliquent leur fuite par une ruse singulière. Dans les baies peu profondes, à fond sableux, elles vivent nombreuses, posées sur le sable où elles sont à peu près invisibles, étant exactement de la même couleur que le sol. Inquiétées, elles s'enfuient en rejetant un petit nuage d'encre opaque à peu près de leur taille; pour les capturer, on donne rapidement un coup de filet dans le nuage, mais sans résultat positif. En effet, la petite Seiche, de noire qu'elle était au moment de rejeter son encre, signe de peur, a changé subitement de couleur; elle a fait prestement un bond de côté pour aller se tapir sur le fond, à un ou deux mètres de là. Poursuivi, le même individu recommence sa manœuvre plusieurs fois, jusqu'à épuisement de la provision d'encre. Bien que la ruse soit connue, elle manque rarement son effet. L'homme a copié le procédé de la Seiche en utilisant des nuages de fumée opaque pour dissimuler les mouvements de navires ou de troupes. Dans les grands fonds océaniques, par 1 200 à 1 500 m de profondeur, vit un autre Céphalopode, l'*Heteroteuthis dispar,* qui a une glande du noir atrophiée, sans encre, mais devant elle se trouve une grosse glande à sécrétion lumineuse qui produit peut-être dans l'obscurité abyssale le même effet de leurre que l'encre dans la lumière littorale.

Un autre mode de fuite bien original se traduit par la *mort apparente* ou *immobilité réflexe*. Divers Insectes qui vivent sur des plantes herbacées assez hautes, comme le Criocère du Lis, d'un rouge éclatant, des Taupins, des Punaises, font le mort à l'approche d'un ennemi. Ils lâchent leurs points d'attache et tombent à terre au pied de la plante où ils restent parfaitement immobiles à peu près introuvables parmi les mille détritus du sol; ils ont ainsi de grandes chances d'échapper aux Oiseaux qui ont provoqué leur chute.

LES MATAMORES

Attaqués, certains animaux prennent une attitude terrifiante; véritables matamores, ils essaient d'intimider leurs adversaires. L'aspect du Chat en colère est bien connu. L'attitude féroce de la Mante devant un Lézard est caractéristique; elle fait face et déploie ses ailes et ses élytres; les pattes ravisseuses sont repliées en avant de la tête, ce qui rend visibles les taches noires portées par la face interne des hanches. La Mante *Pseudocreobotra wahlbergi,* de l'Est africain, prête au combat, dresse au-dessus de son dos des élytres dont chacun porte un gros ocelle, *(fig. 16) ;* les deux ocelles simulent les yeux d'un animal extraordinaire.

FIG. 16 — LA MANTE, *Pseudocreobotra wahlbergi,* (AFRIQUE), EN ATTITUDE DE COMBAT. (D'après Cott).

Le Lézard australien, *Chlamydosaurus kingii,* en attitude de défense, redresse la tête et déploie une collerette membraneuse, véritable fraise richement colorée, au centre de laquelle s'ouvre une gueule apparemment terrible, *(fig. 17)*.

Un petit Lézard de la savane africaine, *Psilodactylus caudicinctus,* est considéré par les indigènes comme un Lézard à deux têtes; en effet sa queue peut se rétracter et se renfler, ce qui lui confère alors la taille et la forme de la tête; les deux extrémités portent les mêmes dessins et se ressemblent beaucoup.

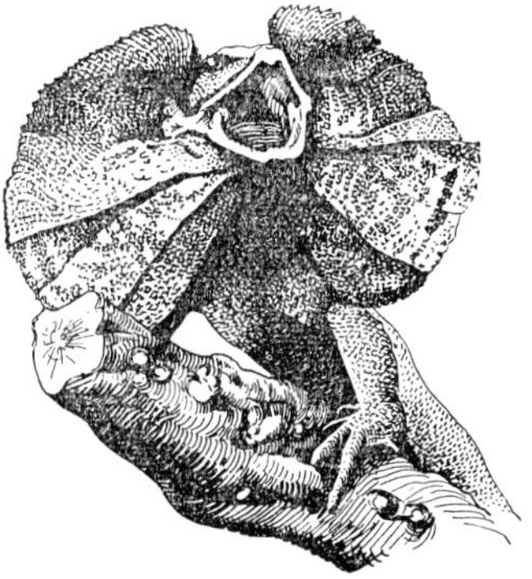

FIG. 17 — LE LÉZARD AUSTRALIEN *Chlamydosaurus kingii* EN ATTITUDE DE DÉFENSE.

LES COLORATIONS ADAPTATIVES

La plus sûre sauvegarde contre la recherche ou l'agression à l'improviste réside dans le fait de passer inaperçu autant que possible. Les colorations adaptatives visent à dissimuler un animal dans son milieu habituel afin qu'il échappe à ses ennemis. D'une façon générale, les couleurs et les dessins des animaux qui fréquentent les régions éclairées sont vifs et variés, alors que les animaux cavernicoles ou obscuricoles sont ternes et souvent décolorés.

Les colorations adaptatives revêtent plusieurs aspects; les colorations cryptiques, les colorations voyantes ou vexillaires, le mimétisme, le camouflage.

LES COLORATIONS CRYPTIQUES

Elles comprennent l'homophanie et l'homochromie L'homophanie caractérise les éclaircissements et les assombrissements de l'animal selon qu'il se trouve dans un milieu bien éclairé ou dans un milieu sombre, mais toujours en plein jour. Ces modifications de coloration sont fréquentes chez les Poissons, les Amphibiens, les Lézards, les Crustacés. L'homochromie réalise une quasi-identité de couleur de l'animal avec son milieu. Des Insectes variés, souvent

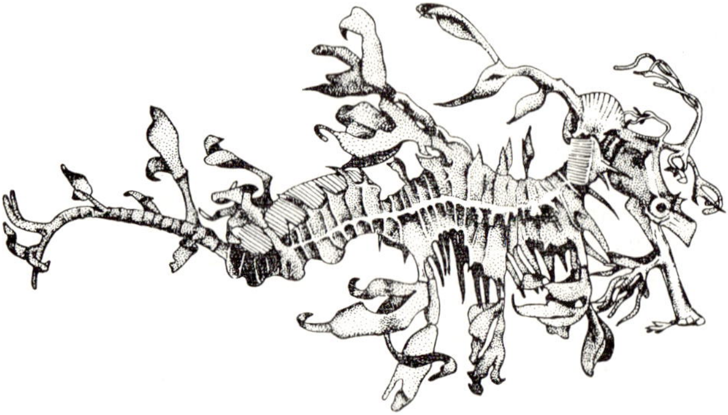

Fig. 18 — Homotypie avec des Algues : le Poisson australien *Phycodurus eques*.

Le Poisson est hérissé de lanières brunes simulant des *Fucus*. (D'après Cott).

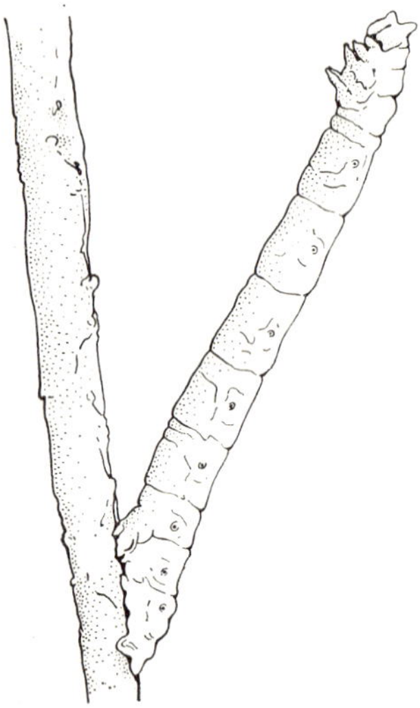

Fig. 19 — Homotypie avec des branches : une chenille de Géomètre.

La chenille, sur un rameau, simule une branche.

les Orthoptères, sont homochromes avec les feuillages ou les sols sur lesquels ils se posent. L'homochromie est fixe ou changeante; dans ce dernier cas, elle s'harmonise avec la coloration de chaque support; la couleur du Caméléon varie ainsi du verdâtre au brunâtre. L'homochromie changeante n'est pas rare chez les Lézards, les Poissons plats, des Céphalopodes, des Crustacés, des Insectes. De cette manifestation, Jean Cocteau a tiré une cocasserie : « Il était une fois un Caméléon. Son maître, pour lui tenir chaud, le déposa sur un plaid écossais bariolé. Le Caméléon mourut de fatigue ». L'homochromie se complète parfois par une *homotypie* lorsque non seulement la couleur mais encore la forme, les ornements copient le milieu ou le support, (*fig. 18* et *19*). L'attitude de l'animal accentue aussi parfois la ressemblance. L'animal est alors fort difficile à discerner s'il conserve une immobilité absolue.

LES COLORATIONS VOYANTES OU VEXILLAIRES

Elles rendent l'animal particulièrement visible. De bons exemples sont fournis par les Coccinelles, les Grenouilles arlequins de l'Amérique tropicale, les Poissons des récifs madréporiques, les Guêpes jaunes annelées de noir, les Serpents annelés de rouge et de noir ou de jaune et noir. Ces animaux ne se cachent pas, mais en général ils possèdent des moyens de défense énergiques : aiguillon, glandes à sécrétions redoutables... Ils sont donc assez peu comestibles. Les prédateurs apprennent par des essais répétés à discerner les proies appréciables de celles qui ne le sont pas; si ces dernières portent une livrée voyante, leur identification en sera facilitée. Cette coloration avertissante, prémonitrice ou aposématique, rappelle les étiquettes rouges propres aux poisons et aux toxiques. Wallace remarquait que la relation entre coloration voyante et non-comestibilité était si étroite qu'elle permettait d'affirmer qu'une espèce à couleurs criardes n'est pas comestible et qu'elle possède des moyens de défense appréciables.

Au repos, certains animaux sont plus ou moins ternes et ne présentent que des colorations cryptiques; mais le moindre mouvement découvre des régions du corps brillamment colorées en écarlate, orange, jaune, bleu; c'est une coloration-éclair (*flash-colour, Schreckzeichnung*). Elle n'est pas rare chez les Papillons, les Acridiens, les Œdipodes. De nombreux Insectes exotiques portent à la fois des colorations cryptiques et vexillaires. Les ocelles de couleurs vives sont en général disposées aux extrémités des ailes et donc assez éloignées du corps; ces ocelles joueraient le rôle de marques détournantes.

LE MIMÉTISME

Il correspond à la ressemblance extérieure de deux espèces systématiquement éloignées en général; il assure la protection de l'une d'elles. Le modèle, le plus souvent coloré, possède des propriétés répulsives qui le rendent non comestible; la copie ou le mime, privé de défense, est généralement comestible, (*fig. 20*)*;* sa ressemblance avec une espèce défendue lui confère une protection vis-à-vis de ses prédateurs. Les couleurs vives des mimes sont des couleurs aposématiques.

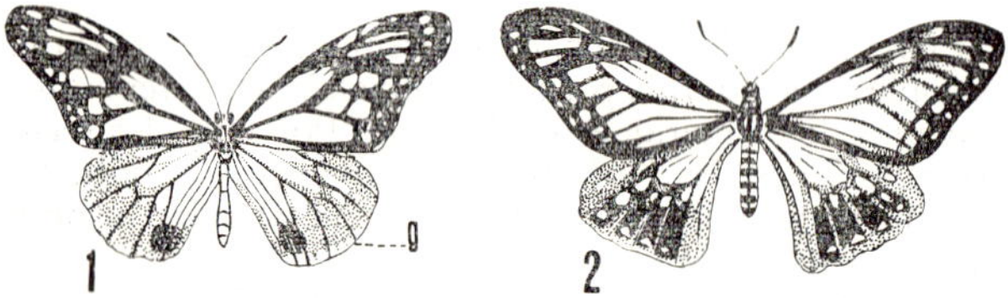

FIG. 20 — MIMÉTISME BATÉSIEN.

Papilio agestor, (2), non défendu, mime *Danais* (*Caduga*) *tytia,* (1), dont les glandes des ailes sécrètent un produit nauséabond; *g,* glande alaire.

Les faunes sud-américaine, africaine et asiatique de Papillons offrent de beaux exemples de mimétisme. Si le mimétisme est assez fréquent chez les Insectes, il est plus rare chez les Vertébrés. Les Serpents Corail du genre *Elaps,* très venimeux, sont copiés par des Serpents non venimeux. Un Poisson murénoïde *Ophiphthys colubrina* reproduit exactement un Serpent très venimeux, *Laticauda colubrina.* Ces cas de mimétisme, où une couleur avertissante non justifiée trompe le prédateur, ont été particulièrement étudiés par H. W. Bates et caractérisent le *mimétisme batésien.*

Fritz Müller a identifié un mimétisme différent qui correspond à une ressemblance générale des couleurs chez des espèces d'un même groupe, porteuses de couleurs prémonitrices et bien défendues. Ce *mimétisme müllerien* qui, au prime abord, semble superflu, réalise une sorte d'assurance mutuelle, les pertes entraînées par l'apprentissage des prédateurs se répartissant au prorata des associés. Cet apprentissage s'exercera sur les espèces modèles et copies; il en résultera une économie sensible des pertes pour l'ensemble des espèces.

Enfin, il existe un mimétisme parasitaire lorsqu'une ressemblance étonnante s'observe entre un commensal ou un parasite externe et son hôte.

LE CAMOUFLAGE

Il consiste dans une dissimulation de l'animal par un procédé quelconque; il est alors difficile de distinguer l'animal dans son milieu habituel. La rupture de silhouette, ou coloration oblitérante, est très fréquente; elle s'observe en particulier chez des animaux dont la robe porte des raies colorées, disposées perpendiculairement aux contours (Zèbre, Tigre, Panthère, etc.); de même les taches contrastées, noires sur fond blanc ou foncées sur fond clair (Serpents, poussins), permettent de confondre l'animal avec son substratum. L'œil des Vertébrés, grandement visible, est souvent camouflé; il participe à un dessin d'ornementation ou il est noyé dans une bande noire ou colorée : l'occlusion de l'œil, réflexe instinctif, se fait par des paupières dont la surface externe est identique à la région qui entoure l'orbite. L'ombre peut trahir la présence d'un Insecte ou d'un Lézard cryptique; la position fortement aplatie ou l'orientation face au soleil réduisent au minimum l'importance de l'ombre.

Ces diverses colorations protectrices, en particulier le camouflage, ont été largement utilisées par l'Homme au cours des guerres.

VALEUR DES COLORATIONS ADAPTATIVES

Jadis, une valeur protectrice était uniformément attribuée à tous ces processus (Darwin, Wallace); on y découvrait même une excellente preuve de l'action continue de la sélection naturelle amenant des perfectionnements dans le déguisement des proies, commandés par ceux de l'acuité visuelle des prédateurs. Mais une discrimination s'impose. L'expérience seule permet d'affirmer que telle coloration est protectrice vis-à-vis des Mammifères ou des Oiseaux, chasseurs à vue et à grande acuité visuelle. En effet des homochromies résultent fortuitement de l'ingestion des matières colorantes du support; d'autres réalisent une mise à l'abri contre les radiations lumineuses ou calorifiques; des homotypies relèvent certainement du hasard et n'exercent aucune action protectrice.

De nombreuses difficultés affectent les problèmes de la couleur; il est bien difficile d'affirmer ou d'infirmer la valeur biologique des couleurs adaptatives, c'est-à-dire de préciser leur rôle dans la vie animale. Les solutions extrêmes, pour ou contre ce rôle, sont probablement également fausses. Seules des expériences démonstratives apporteront une réponse objective dépourvue de partialité.

Voici quelques expériences : Summer divise des Gambusies en deux lots placés pendant plusieurs semaines dans des bassins foncés ou clairs; les Poissons réagissent comme d'habitude et acquièrent une coloration noirâtre ou gris blanchâtre. Puis, dans les deux sortes de bassins, il mélange à nombre égal des Poissons foncés et des Poissons clairs; des Manchots (*Spheniscus mendiculus*) sont placés de façon qu'ils pêchent pendant quelques minutes. Il est alors facile de constater que, de préférence, les Gambusies les plus visibles ont été capturées, c'est-à-dire les individus foncés dans le bassin clair (61% contre 39%) et les individus clairs dans le bassin foncé (74% contre 26%). Isely et Bourlière opèrent avec des Orthoptères verts ou bruns, qui sont homochromes avec leur milieu; ils les disposent sur des cases tantôt brunes, tantôt vertes, de façon à réaliser les quatre combinaisons possibles; des Oiseaux insectivores (Poules) sont introduits dans le champ. Les Insectes sur fond homochrome sont mangés dans les proportions de 15, 43, 47%, tandis que sur fond hétérochrome ils sont dévorés dans les proportions de 65, 85, 90%.

Steiniger constate que les Oiseaux négligent les chenilles de *Biston* raidies en forme de branche sèche et mangent celles qui remuent.

Des expériences récentes révèlent que les Acridiens *Œdipoda caerulescens* et *Acrida turrita* discernent les couleurs et recherchent des substrats homochromes; le badigeonnage des yeux supprime cette vision. Dans une cage, des Caméléons dévorent tous les *Acrida* qui ne sont pas sur fond homochrome. Les Punaises aquatiques *Corixa* sont, sur milieu homochrome, trois fois moins attaquées par leurs prédateurs (Dytiques, larves de Libellules, Poissons) que sur milieu hétérochrome.

Des expériences ont également vérifié la protection assurée par les couleurs aposématiques. L'examen de 244 proies capturées par des Singes Cercopithèques révèle que, sur 143 espèces aposématiques, 120 furent dédaignées alors que 23 étaient consommées; sur les 101 espèces cryptiques à coloration terne, 83 furent mangées et 18 ne le furent pas. Très souvent les Singes, les Chauves-Souris, les Lémuriens consomment les espèces cryptiques et négligent les espèces aposématiques. Les Oiseaux, les Reptiles, les Amphibiens présentent le même comportement. Des Insectes ternes et des Insectes aposématiques sont fixés vivants, sur des branches, auprès de nids de Troglodytes, de Pouillots; 86% des espèces ternes sont dévorées alors que seulement 4,9% des espèces brillantes le sont.

Quelques expériences réalisées avec des espèces mimant un modèle confirment le rôle protecteur du mimétisme.

Dans l'ensemble, les résultats des expériences sont donc concordants et reconnaissent une valeur protectrice aux diverses colorations adaptatives; mais des expériences complémentaires s'imposent.

LES ORGANES ET LES OUTILS

La vie des organismes résulte de l'action d'organes essentiels dont la structure et le fonctionnement rappellent ceux d'appareils ou d'outils de fabrication industrielle. Depuis longtemps l'on a remarqué que le cœur fonctionne comme une pompe aspirante et foulante, que le rein se comporte comme un filtre, que l'œil ressemble à une camera de télévision.

En grec, le mot organe possède exactement la

même signification que le mot outil en latin. Un organisme pourrait alors se définir une boîte à outils. L'être vivant possède un ensemble d'outils hiérarchisés. À côté des organes indispensables au maintien de la vie, les organismes animaux et végétaux renferment de petits dispositifs n'exerçant pas de fonction essentielle, mais offrant bien de l'intérêt; ils ont d'ailleurs suscité la curiosité et retenu l'attention. Cette collection variée comporte des boutons-pression, couteaux-pliants, poudriers, dents de délivrance, dispositifs d'accrochage (hamules, ventouses, crochets de tous types), tenailles, trappes, nasses, collets, gluaux, planeurs, parachutes, flotteurs, lampes, piles, éjecteurs, thermos, armes variées, instruments de musique (violons, cymbales, xylophones, etc.).

Bien que de morphologie et de structure différentes, deux modèles s'observent dans ces dispositifs : les uns forment un ensemble plus ou moins complexe; les autres comprennent deux parties indépendantes qui s'ajustent réciproquement lors du fonctionnement (bouton-pression, hamule, couteau-pliant); ces derniers réalisent les coaptations définies par L. Cuénot.

Examinons avec quelques détails le bouton-pression, les hamules, le couteau-pliant.

LE BOUTON-PRESSION

Bien représenté chez les Arthropodes (Insectes, Crustacés) et chez des Mollusques Céphalopodes, il réunit deux parties distinctes du corps. Celui des Nèpes, Ranatres, Notonectes, Corises (Hémiptères aquatiques), particulièrement typique, réunit le bord externe des hémélytres au thorax; par exemple chez la Notonecte, le thorax porte de chaque côté une petite saillie dure qui pénètre à frottement doux dans une cavité circulaire du bord externe de chaque hémélytre. Un pavage écailleux sur les surfaces en contact assure une meilleure adhérence des deux parties. Les deux boutons-pression fonctionnent au moment du vol et assurent la libération des ailes; le déclic résultant de la décoaptation est audible. L'importance du bouton-pression se manifeste particulièrement dans la vie aquatique de la Notonecte; sa suppression entraîne une plongée défectueuse; l'air qui pénètre dans l'espace situé entre le thorax et les hémélytres réalise un flotteur et l'Insecte a tendance à remonter en surface. Quelques heures après la mutilation, la Notonecte nage normalement mais le temps de plongée est raccourci. Les boutons-pression des espèces voisines présentent des modifications de détail.

Chez les Crabes, deux boutons-pression fixent solidement l'abdomen sur la surface ventrale du céphalothorax.

Les boutons-pression des Mollusques Céphalopodes attachent le bord inférieur ventral de l'entonnoir à la face interne du manteau. Chez la Seiche, il réalise une fermeture solide qui intervient dans la nage rétrograde. L'eau de la cavité palléale, expulsée par la Seiche, s'échappe par l'étroite ouverture de l'entonnoir; la réaction projette l'animal en arrière.

LES HAMULES

Le couplage automatique des ailes antérieure et postérieure des Insectes réalise un plan unique favorable au vol en assurant la coordination des mouvements des ailes. Ce couplage, ou accrochage, s'effectue par divers procédés:

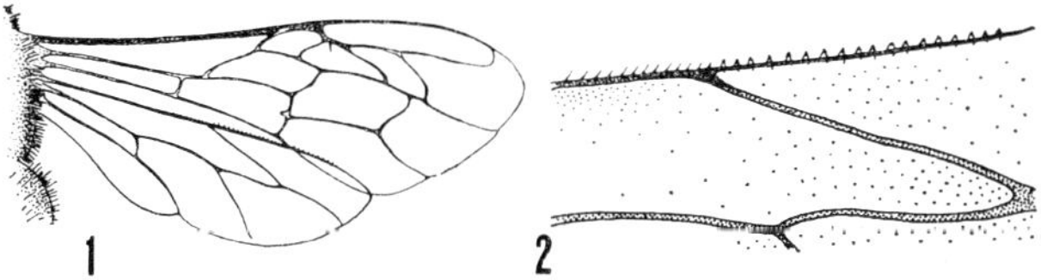

FIG. 21 — AILES DE L'ABEILLE.

1, les deux ailes, antérieure et postérieure, sont réunies par de minuscules crochets, les hamules; 2, les hamules vus à plus fort grossissement.

chez les Hyménoptères, les hamules en sont responsables. Le bord postérieur de l'aile antérieure porte une gouttière; sur la nervure costale de l'aile sont disposés des crochets, ou hamules, à deux courbures, l'une à la base, l'autre à l'extrémité, *(fig. 21)*. Le nombre des hamules varie avec l'espèce, mais dans une espèce il est constant; il oscille de deux à cinquante. Au moment de l'envol, les ailes se déploient, l'antérieure accroche au passage les crochets de l'aile postérieure.

Le rôle de cet accrochage se manifeste principalement dans les virages; les Abeilles, privées de hamules, tombent fréquemment lorsqu'elles changent de direction. L'indépendance des ailes ne permet pas la sustentation de l'Insecte au moment de la perte de vitesse provoquée par le virage.

LE COUTEAU-PLIANT

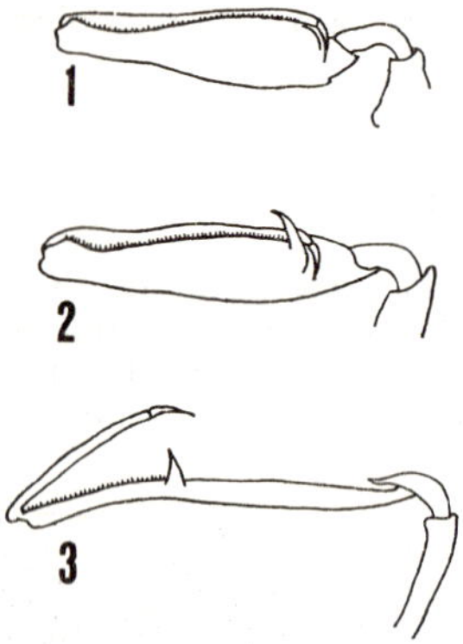

FIG. 22 — PATTE ANTÉRIEURE GAUCHE RAVISSEUSE.

1, *Nepa cinerea ;* 2, *Laccotrephes ;* 3, *Ranatra linearis.* (D'après Cuénot).

Les pattes ravisseuses de divers Insectes qui saisissent des proies (Rhynchotes, Diptères, Mantides) présentent l'aspect d'un couteau-pliant. Le ou les segments terminaux, analogues à la lame, se replient sur un segment plus épais et immédiatement antérieur, comparable au manche. Le tibia, ou le tibio-tarse, ou un article tarsal constitue la lame alors que le fémur joue le rôle du manche. Au repos, la patte est fermée, la lame repose sur le manche, la concavité du tibia épousant exactement la convexité du fémur; de petits ornements, poils ou épines, assurent une meilleure adhérence et adoucissent les contacts, *(fig. 22)*.

LES AUTRES OUTILS

Les structures des autres outils sont également soignées et en harmonie avec leur fonctionnement.

Les photophores des Insectes (*Pyrophorus, Luciola, Lampyris*), des Crustacés, des Céphalopodes, des Poissons, bien que polymorphes, présentent des structures analogues. Ils comprennent des cellules photogènes; à cet élément essentiel s'ajoutent des pièces complémentaires (lentille plus ou moins biconvexe, réflecteur argenté, pigment). Au maximum de complication, l'organe lumineux correspond à une lanterne de bicyclette ou à un phare; siège d'une luminescence précise, intense et concertée, il répond aux lois optiques et éclairent.

La même diversité affecte les instruments de musique largement répandus chez les Arthropodes. Le violon de la Sauterelle (la râpe de la cuisse frotte sur une nervure de l'élytre), la mandoline de la larve de *Passalus* (les griffes de la troisième paire de pattes grattent une surface râpeuse), le xylophone de la Phryne avec ses cordes vibrantes, le tambour des Cigales et de certains Poissons, le crotale du Serpent à sonnette produisent des sons et rappellent les instruments de musique à cordes et à percussion.

Seuls quelques Poissons possèdent des organes spécialisés générateurs d'électricité, comparables à la pile de Volta.

Les trappes, les nasses, les filets aériens et aquatiques, les collets, les garrots *(fig. 23)*, les traquenards, les gluaux, les leurres retiennent et capturent des proies variées.

Les parachutes, les planeurs, les flotteurs, les outils de plongée obéissent aux principes de la physique ou de la mécanique.

Le fruit du Pavot réalise une poudreuse tout à fait comparable aux poudreuses industrielles du type Cérébos. La pince à sucre, nommée incorrectement pince crabe, copie, par sa forme et son fonctionnement, une petite pince propre à l'Oursin, le pédicellaire tridactyle, *(fig. 24)*.

Cependant, il serait erroné de s'imaginer que tous ces dispositifs sont parfaits. Les malfaçons ne sont pas exceptionnelles. Certaines lanternes possèdent une lentille plate incapable de former un faisceau lumineux. Les pinces de quelques Crabes ne se ferment pas et sont donc incapables de saisir. L'intensité du courant fourni par l'organe électrique des Raies est trop faible pour exercer une action. Le double appareil de déhiscence des asques des Champignons Ascomycètes présente un défaut de coordination; les dispositifs externe et interne fonctionnent successivement. Le principe de démultiplication des

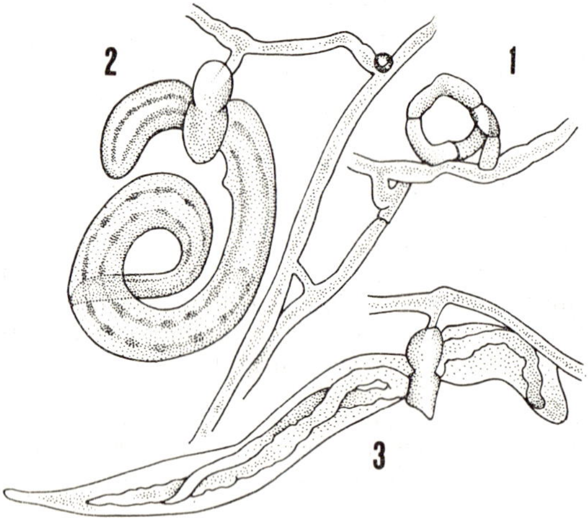

FIG. 23 — LE CHAMPIGNON *Dactylaria brochophaga,* CAPTEUR DE NÉMATODES DU SOL.

D'après Comandon et de Fonbrune. 1, garrot ouvert; 2, garrot ayant capturé un Nématode; 3, quarante-huit heures après la capture, des filaments mycéliens émis par les cellules du garrot, envahissent le Ver et le digèrent.

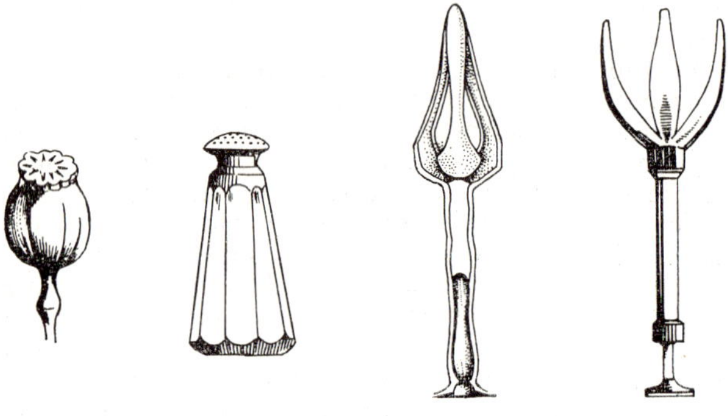

FIG. 24 — OUTILS HUMAINS QUI COPIENT DES OUTILS VÉGÉTAUX OU ANIMAUX.

Capsule de Pavot et salière; pédicellaire d'Oursin (très grossi) et pince à sucre ouverte. (D'après Tétry).

leviers n'est pas observé dans la structure des pinces d'Écrevisse, de Homard; leur fonctionnement nécessite une dépense exagérée d'énergie.

Une intervention physiologique assure parfois un fonctionnement correct; la conductibilité de l'eau de mer déchargerait rapidement les générateurs des Poissons électriques mais le système nerveux commande le déclenchement de cette décharge.

La structure des ventouses de Céphalopodes, de Poissons est notablement plus complexe que celle des ventouses industrielles.

Tout animal, étant d'un seul tenant, ne peut comporter une rotation autour d'un axe; il ne saurait donc exister aucune roue ou vis fonctionnelle (encore que la morphologie d'une roue ou d'une vis s'observe dans le règne animal).

LA GENÈSE DES OUTILS ET DES ADAPTATIONS

Des biologistes estiment que les petits outils présentent un intérêt particulier parce qu'ils fournissent une preuve de la finalité. Cette affirmation entachée d'erreur n'offre aucune réalité. Les minuscules outils, tout comme les organes essentiels de l'organisme vivant, accomplissent des fonctions en rapport avec leur morphologie et leur structure intime; le moindre dérèglement entraîne un déséquilibre d'autant plus sensible que l'organe lésé est de première importance.

Une autre interprétation erronée trouve son origine dans la comparaison outrée de ces petits outils et de leurs homologues fabriqués par l'Homme. En effet l'outil fabriqué témoigne d'une finalité intentionnelle et d'une finalité de fait; les ressemblances morphologique et fonctionnelle entraînent une ressemblance dans la genèse; ce raisonnement impose une conclusion : l'outil naturel, comme l'outil fabriqué, doit être le produit d'une intention et d'une invention, c'est-à-dire l'œuvre d'un cerveau analogue à un cerveau humain. Il est alors fort simple d'imaginer un Dieu ou une Nature anthropomorphe, inventeur et fabricant des outils naturels.

Ce mode de raisonnement par analogie donne-t-il une explication satisfaisante de la genèse de l'outil naturel? La réalisation d'un outil fabriqué, œuvre réfléchie du cerveau humain, est-elle moins complexe que celle de l'outil vivant? On ne saurait l'affirmer.

En effet, dans toute fabrication l'homme utilise des outils organiques (cerveau, yeux, mains) dont la présence est antérieure à toute activité humaine. Rien de semblable ne préside à la naissance de l'outil naturel qui s'effectue en circuit interne. La simplicité illusoire attribuée à l'outil fabriqué comporte une source de confusion; on attend du phénomène secondaire et complexe, l'outil fabriqué, une explication du phénomène primaire et probablement plus simple, l'outil naturel. Il est indispensable de dissocier les notions d'invention et de fonctionnement cérébral; l'invention psychologique humaine ne représente pas obligatoirement le prototype de toute invention. L'outil naturel, antérieur à toute activité cérébrale, apparaît comme un caractère primaire. Le cerveau ne saurait être l'instrument type de l'invention; il transfère l'invention naturelle primaire de l'organisme au milieu extérieur à cet organisme. R. H. Francé raconte comment la contemplation de la capsule poudreuse du Pavot fit naître l'idée de construire un dispositif analogue pour éparpiller les substances pulvérulentes. Il concevait une nouvelle science, la biotechnique, dont il était le promoteur. L'examen des outils naturels serait à l'origine des outils fabriqués, l'outil naturel servant de modèle à toute fabrication humaine. Il faut reconnaître que les réalisations naturelles peuvent influencer implicitement l'homme qui cherche non pas à copier la nature mais à faire mieux qu'elle.

Et tout récemment (1964), la direction des recherches et moyens d'essai de la délégation ministérielle pour l'armement, préconisait le développement d'une nouvelle science, « la bionique », qui pourrait être définie « comme l'art d'utiliser la connaissance des systèmes vivants pour suggérer des solutions aux problèmes techniques ». Loin d'être utopique cette tentative, dénotant un courant de pensée nouveau, sera certainement efficiente; l'observation précise des comportements et des mécanismes biologiques suscitera des idées, source de réalisation technique.

Il est indubitable qu'invention organique et invention

humaine se différencient par des caractères opposés; la première, phénomène inconscient, provient de l'élaboration fort lente d'un protoplasme spécialisé et présent dans une espèce, un genre ou une catégorie plus vaste. Au contraire, la seconde est un phénomène psychique fort rapide, individuel, et utilisant un matériau non spécialisé. C'est pourquoi l'expression « invention organique », parfois utilisée (Cuénot, Vandel), est indésirable; automatiquement un parallélisme s'établit et les caractéristiques de l'invention humaine sont appliquées à l'invention organique.

Possède-t-on quelques précisions sur la naissance de ces petits outils, des coaptations?

Une ou plusieurs mutations leur ont-elles donné naissance? Il semble peu probable qu'une unique mutation ait engendré les divers éléments d'un appareil d'accrochage par exemple. Si plusieurs mutations interviennent, elles doivent être soumises à une étroite coordination afin que la coaptation terminée soit fonctionnelle. Or, tout au contraire, les mutations sont généralement fortuites et isolées.

À cette difficulté posée par la coordination s'en ajoute une autre; les documents paléontologiques révèlent que les appareils musicaux des Grillons, les dispositifs d'accrochage des Insectes se sont perfectionnés. Des mutations successives devraient donc se compléter et s'ajuster afin d'assurer un fonctionnement correct. Un tel mécanisme soulève bien des difficultés. Le problème de la genèse des outils n'est pas résolu.

Il en est de même pour celui des adaptations statistiques. L'adaptation apparaît comme une structure fonctionnelle; sa genèse revient donc à celle de l'organisation fonctionnelle. On ignore son mécanisme; on sait seulement que la réalisation des diverses adaptations a exigé des durées immenses, des dizaines de millions d'années. Outils minuscules, non indispensables, organes essentiels, adaptations aux modes de vie, sont conditionnés génétiquement; leur différenciation est obligatoirement du même ordre que celle de tous les éléments de l'organisme à partir du zygote. Le problème à élucider est embryologique. Cette affirmation ne résout pas le problème; mais elle le présente correctement et permet ainsi de le repenser en toute objectivité.

L'embryologie expérimentale a grandement progressé; des cas particuliers sont résolus; on sait déclencher des « réactions en chaîne », les accélérer ou les retarder. Des déterminismes sont mis en évidence, mais ne sont pas pour autant compris. Le dynamisme du zygote s'expliquera par la biochimie et la biophysique macromoléculaires. La spécificité des protéines, la nature des polynucléotides, l'agencement de la polarité des molécules, la permanence des structures géniques, les réactions enzymatiques au niveau des gènes, l'élaboration d'un ensemble nucléoprotéique fonctionnel (gène activé), la réalisation de synthèses spécifiques, constituent vraisemblablement des éléments primordiaux de la différenciation cellulaire. Quelques faits biochimiques et biophysiques permettent déjà d'entrevoir et d'interpréter les mécanismes des premiers stades de l'architecture embryonnaire. Le problème est cerné de près; des recherches ultérieures apporteront certainement quelques solutions à la genèse des adaptations qui demeure encore actuellement du domaine des hypothèses et des spéculations.

ANDRÉE TÉTRY.

BIBLIOGRAPHIE

R. CHAUVIN, *Vie et mœurs des Insectes,* « Bibliothèque scientifique », Payot, Paris, 1956.

L. CHOPARD, *Le Mimétisme,* « Bibliothèque scientifique », Payot, Paris, 1949.

J. CORSET, *Les Coaptations chez les Insectes,* Thèse, Faculté des Sciences de Nancy, 1931.

H. B. COTT, *Adaptive Coloration in Animals,* Methuen, London, 1940.

L. CUÉNOT, *Invention et finalité en biologie,* « Bibliothèque de philosophie scientifique », Flammarion, Paris, 1941.

L. CUÉNOT, A. TÉTRY, *L'Évolution biologique,* Masson, Paris, 1951.

P. R. EHRLICH et R. W. HOLM, *The Process of Evolution,* McGraw-Hill Books, New York, San Francisco, Toronto, London, 1963.

R. H. FRANCÉ, *Plant as Inventors,* New York, 1923.

E. N. HARVEY, *Living Light,* Princeton University Press, Princeton, 1940.

E. RABAUD, *Les Phénomènes de convergence en biologie,* « Bull. biol. », suppl. VII, 1925.

J. ROSTAND, A. TÉTRY, *La Vie,* Larousse, Paris, 1962.

H. SELYE, *Le Stress de la vie,* collection « l'Avenir de la Science », n° 40, Gallimard, Paris, 1962.

A. TÉTRY, *Les Outils chez les êtres vivants,* collection « l'Avenir de la Science » n° 26, Gallimard, Paris, 1948.

LE PARASITISME

LES LIMITES DU PARASITISME

Le parasitisme est un des phénomènes les plus répandus dans la nature; c'est aussi un de ceux qui offrent au biologiste les plus extraordinaires sujets d'étude. Si l'on s'en tient à une définition très générale, le parasite est celui qui mange à côté d'un autre, à sa table. En biologie, la notion de parasitisme n'est pas aussi simple; elle exige des liens d'association entre deux organismes, animaux ou végétaux, appartenant à des groupes souvent très éloignés dans la classification. Cette notion d'association devrait suffire à écarter des parasites les prédateurs qui attaquent un animal pour s'en nourrir. Et cependant, on n'hésite pas à considérer comme parasites les Insectes piqueurs qui ne s'approchent d'un hôte temporaire que pour lui extraire quelques gouttes de sang. D'autre part, les femelles de véritables parasites comme les Chalcidiens profitent souvent de la blessure produite dans le corps d'une chenille pour l'introduction de leur œuf, afin d'absorber le sang qui s'en écoule *(fig. 1)*. Cette absorption se fait parfois avec une telle avidité que l'hôte devient incapable de nourrir la larve qui lui est confiée.

Les associations réalisées par deux êtres vivants peuvent être d'ailleurs de nature très variable. Chez les animaux, un cas très simple est celui qui a été appelé *phorésie* par l'entomologiste P. Lesne. On voit souvent des Coléoptères coprophages dont le corps est absolument couvert de petits Acariens, les Gamases *(fig. 2)*. Il n'y a aucun échange entre les deux animaux, les Acariens utilisant simplement le corps du bousier comme véhicule pour se faire transporter dans un endroit où ils trouvent leur nourriture. Un cas un peu plus compliqué est présenté par les Diptères Hippoboscides, ectoparasites ailés des Mammifères et des Oiseaux, qui transportent souvent des Mallophages, eux-mêmes ectoparasites de ces Vertébrés sur lesquels ils se fixent. De nombreux cas analogues ont été signalés chez d'autres animaux.

Un autre phénomène se rapproche du parasitisme, c'est l'inquilinisme qui consiste essentiellement dans l'association de deux animaux de taille différente, dont le plus petit vit à l'intérieur d'une cavité naturelle de l'autre, communiquant avec le milieu ambiant. Un excellent exemple en eſt fourni par le petit Poisson Téléoſtéen *Fierasfer,* qui se tient pendant le jour dans le cloaque d'une Holothurie, d'où il sort pour aller chercher sa nourriture à l'extérieur. On peut citer aussi le petit crabe *Pinnotheres* qui se loge dans la coquille des moules, sans prélever de nourriture sur son hôte. A peine différent eſt le commensalisme, forme d'association où des animaux vivent en étroite communauté, ne semblant pas avoir de réactions marquées entre eux. L'exemple le plus typique eſt certainement celui offert par les Inſectes myrmécophiles et termitophiles. Le nombre des espèces d'Inſectes qui vivent dans les fourmilières eſt considérable, se chiffrant à plusieurs milliers. Ces commensaux appartiennent à différents ordres mais surtout aux Coléoptères et particulièrement aux Staphylinides. Les relations exactes de ces Inſectes avec les Fourmis sont assez mal connues mais il semble que la plupart soient tolérés, sans plus. Cependant, les Staphylins *Atemeles* se font nourrir par les Fourmis en provoquant la régurgitation d'une gouttelette de liquide qu'ils aspirent *(fig. 3);* de leur côté les *Myrmica,* qui les hébergent, sont friandes d'une sécrétion que leur fournit le Staphylin. Mais là ne se bornent pas les relations entre les deux Inſectes; au printemps les *Atemeles* changent d'hôte et passent chez les *Formica* où leur femelle pond et les larves qui éclosent se nourrissent alors des œufs et du couvain de la Fourmi, qui ne fait rien pour chasser ce commensal devenu parasite. Le cas des Papillons Lycénides du genre *Maculinea* eſt plus curieux car ce sont les Fourmis qui apportent elles-mêmes dans la fourmilière les chenilles qui se nourrissent de leurs larves *(fig. 4).* Il eſt donc difficile d'établir une limite rigoureuse entre les commensaux et les parasites des Fourmis. La larve d'une Mouche Phoride, la *Metopina pachycondylae,* en fournit un autre exemple remarquable. Cette larve se fixe sur une larve de Fourmi *(Pachycondyla harpax),* autour de laquelle elle forme comme un collier *(fig. 5);* quand une Fourmi présente une nourriture à sa larve, c'eſt la larve de la Mouche qui s'allonge et s'empare de la bouchée deſtinée à son hôte. C'eſt bien là le parasitisme au sens étymologique du mot.

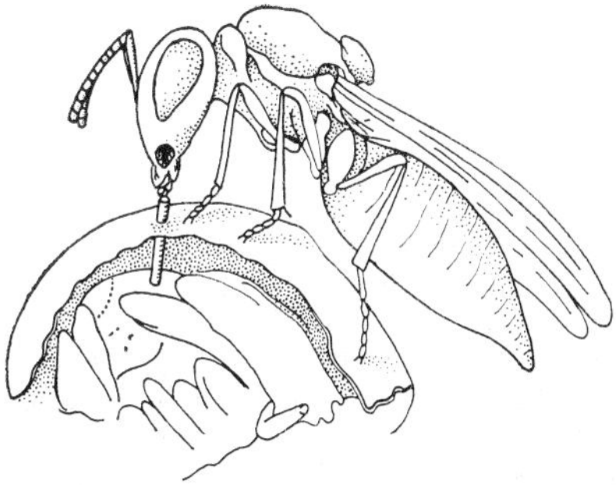

FIG. 1 — FEMELLE D'*Habrocytus cionicida* (CHALCIDIEN) SUÇANT LES LIQUIDES D'UNE NYMPHE DE *Cionus* AVANT LA PONTE (d'après Lichtenstein).

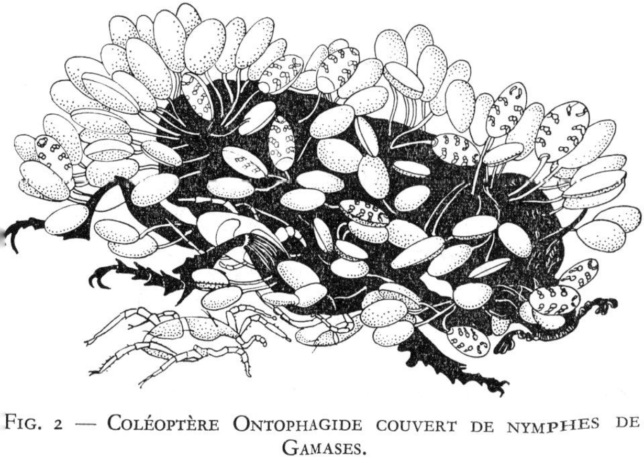

FIG. 2 — COLÉOPTÈRE ONTOPHAGIDE COUVERT DE NYMPHES DE GAMASES.

Exemple de phorésie (d'après Berlese).

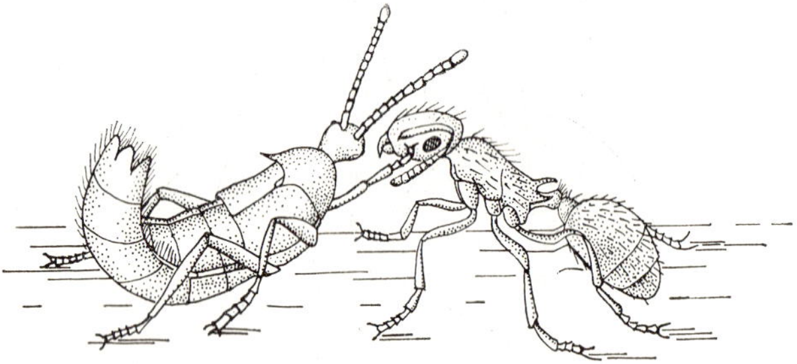

FIG. 3 — *Atemeles* (STAPHYLINIDE) CHERCHANT À SE FAIRE NOURRIR PAR UNE FOURMI (d'après Wasmann).

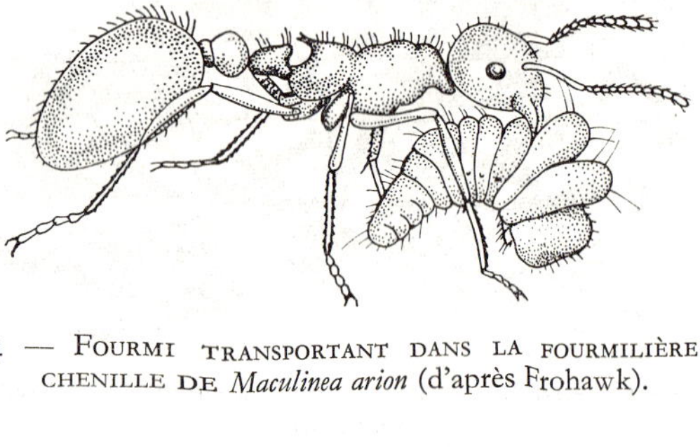

FIG. 4 — FOURMI TRANSPORTANT DANS LA FOURMILIÈRE UNE CHENILLE DE *Maculinea arion* (d'après Frohawk).

On range parmi le commensalisme le cas des Pagures qui satisfont leur complexe de dissimulation en choisissant comme abri une coquille sur laquelle est fixée une Actinie *(fig. 6)*. Lorsqu'il s'agit d'*Eupagurus excavatus,* l'association n'est pas durable; au bout de quelque temps l'Actinie abandonne son support devenu mobile; mais *Pagurus arrosor* forme une association durable et, obligé de changer de coquille par suite de sa croissance, il détache l'Anémone pour la fixer sur son nouveau domicile. Mais, avec *E. prideauxi* et *Adamsia palliata,* l'association est encore plus étroite; l'abdomen du Pagure n'étant que partiellement protégé par la coquille, le pied de l'Anémone enveloppe une partie de cet abdomen. Les deux animaux vivent étroitement liés et se nourrissent de la même façon. Il semble que, dans ce cas, le Pagure se trouve à l'abri des poisons sécrétés par l'Actinie grâce à la production d'anticorps.

Une association encore plus étroite et très proche du véritable parasitisme est réalisée par la symbiose où il semble y avoir échange de substances indispensables entre les deux partenaires. On considère généralement comme un cas de symbiose la présence d'algues unicellulaires (Zooxanthelles et Zoochlorelles) dans les tissus de certains Protozoaires et Invertébrés, leur communiquant une couleur jaune ou verte et jouant sans doute un rôle dans l'assimilation de certains produits de synthèse. L'appellation de symbiotes est aussi appliquée aux cellules à bactéroïdes des Blattes et surtout à des cellules spéciales, dérivées du tissu adipeux, qui sont très répandues chez les Homoptères. Ces cellules, appelées mycétocytes, sont groupées en amas, souvent volumineux, les mycétomes *(fig. 7)*. Il peut y avoir plusieurs mycétomes dans le corps d'un Puceron ou d'une Cochenille, qui hébergent des espèces symbiotiques différentes dont l'aspect est celui de Levures ou de Bactéries filamenteuses. Mais le cas le plus remarquable se trouve chez les Insectes xylophages, les Termites en particulier. La panse rectale de ces Insectes possède une extraordinaire faune de grands Flagellés Hypermastigines, dont la présence est indispensable car ils produisent des diastases qui permettent aux Termites l'assimilation de la cellulose. Le nombre de ces Flagellés est tel qu'on a calculé que les Protozoaires des larves de *Zootermopsis* peuvent constituer

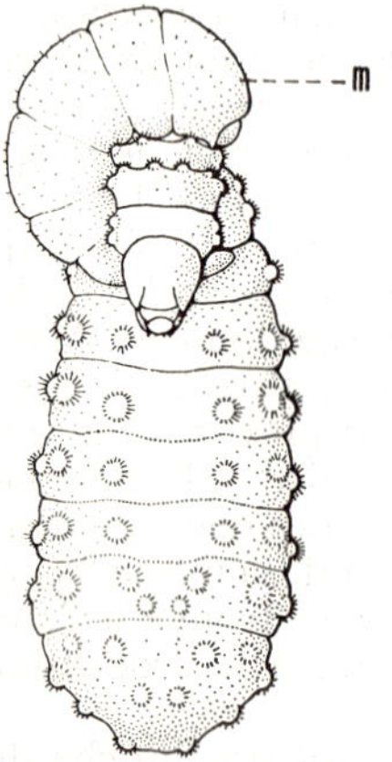

Fig. 5 — Larve de *Metopina pachycondylae (m)* fixée sur une larve de la Fourmi *Pachycondyla vorax* (d'après Wheeler).

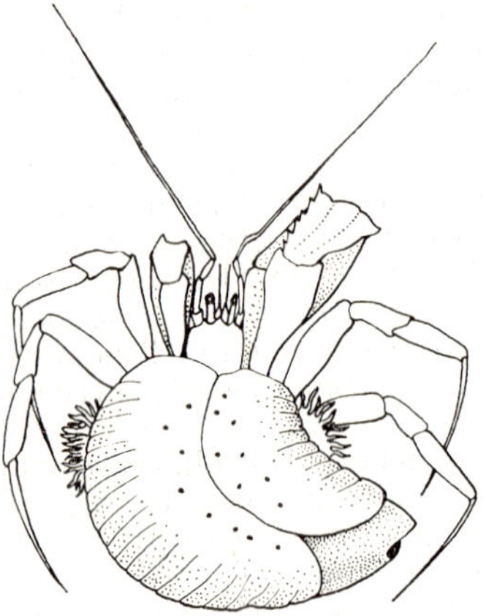

Fig. 6 — Association d'une Actinie avec le Pagure *Eupagurus prideauxi* (d'après Faurot).

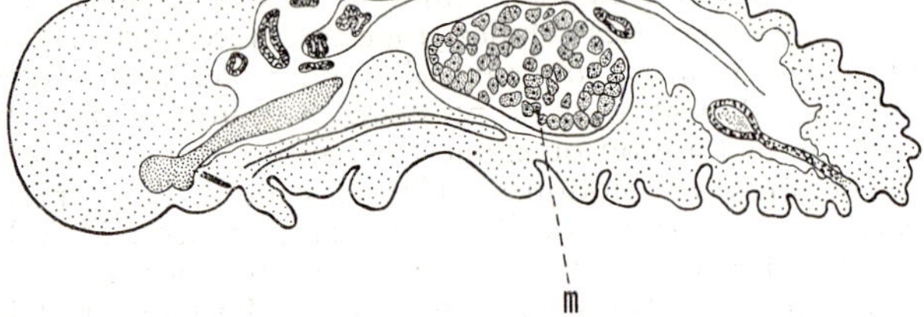

Fig. 7 — Coupe sagittale d'une femelle de *Pseudococcus*, montrant le mycétome *(m)*.

(D'après Pesson, dans *Traité de Zoologie*.)

le tiers du poids total de leur hôte. Un type d'association très comparable se rencontre chez les Ruminants, dont la panse contient une quantité énorme de gros Infusoires, les Ophryoscolécidés, qui pullulent au sein de la masse végétale en fermentation; ceux qui passent au-delà de la panse sont tués et digérés, et apportent à leur hôte une quantité appréciable de matières protéiques.

A côté de ces cas douteux, on dira qu'il y a véritable parasitisme lorsqu'il s'agit d'un équilibre instable entre deux organismes associés de façon plus ou moins permanente, l'hôte et le parasite. Le plus souvent l'équilibre est rompu en faveur du parasite, qui se nourrit plus ou moins complètement aux dépens de l'organisme de l'hôte. Son action nocive, due souvent à des toxines parasitaires, est infiniment variable. Bien souvent elle aboutit à la mort de l'hôte, mais jamais à une mort immédiate. Le parasite agit comme s'il préservait l'existence de son hôte jusqu'à la fin de son évolution qui comporte le plus souvent une longue période à l'état larvaire. Il peut enfin arriver que la présence du parasite provoque chez l'hôte des réactions locales ou humorales qui lui permettent d'inhiber ce développement et de lutter victorieusement.

Le parasitisme ainsi défini est fort répandu dans le monde animal mais d'une façon très irrégulière suivant les groupes. Il est pratiquement nul chez les Vertébrés si l'on fait abstraction du cas extraordinaire des Oiseaux de la famille des Cuculidés ou Coucous qui, dans le monde entier, pratiquent une forme de parasitisme très spéciale qui consiste, par une sorte de déviation de l'instinct maternel, à confier à un autre Oiseau, d'espèce différente, le soin de l'incubation des œufs et de l'élevage des jeunes. Au contraire, presque tous les embranchements d'Invertébrés comptent des parasites; seuls les Éponges, les Échinodermes, les Brachiopodes, les Araignées, les Procordés font exception. La répartition du parasitisme dans les groupes est également très variable. Les Protozoaires comptent de très nombreux parasites parmi les Flagellés, les Sporozoaires, les Cnidosporidies; les Grégarines forment un groupe très important composé uniquement de parasites d'Invertébrés. L'embranchement des Plathelminthes est particulièrement riche en parasites. Si les Turbellariés et les Temnocéphales n'en présentent que quelques exemples, les classes des Monogènes, des Cestodes, des Trématodes, des Acanthocéphales sont parmi les rares groupes entièrement composés de parasites. Chez les Némathelminthes la classe des Nématodes compte un très grand nombre d'espèces dont au moins la moitié vivent en parasites chez les animaux (Ascaris, Oxyures, Filaires, Mermis) et chez les plantes (Anguillules, Heterodera, Tylenchidés). Les Annélides montrent des parasites surtout parmi les Hirudinées, qui sont tous au moins parasites temporaires. Les Crustacés possèdent aussi de nombreux parasites, surtout chez les Copépodes et les Isopodes. Enfin, dans l'immense classe des Insectes, le parasitisme est fréquent et montre des formes très diverses; quatre ordres, Aphaniptères, Anoploures, Mallophages et Strepsiptères, sont composés d'espèces presque toutes parasites externes; les parasites internes se trouvent presque uniquement dans deux des ordres les plus évolués, les Diptères et les Hyménoptères.

Les formes qu'affecte le parasitisme sont très variées, de même que les rapports qui existent entre les parasites et leurs hôtes. On peut naturellement distinguer les parasites externes (ectoparasites) comme les Poux et les Puces, et les parasites internes (endoparasites) comme les Vers intestinaux. Les premiers vivent à la surface du corps de leur hôte, se nourrissant soit de son sang, soit des débris de son épiderme; ils peuvent l'affaiblir par leurs piqûres, mais sont surtout redoutables comme vecteurs d'autres parasites, internes, agents de graves maladies. La biologie des parasites externes est très variable; certains passent toute leur existence, y compris les premiers stades, sans quitter l'hôte; d'autres ne vivent sur lui qu'à l'état adulte; d'autres, enfin, n'attaquent leur hôte que pendant un court temps, généralement pour prendre un repas de sang. Les Poux donnent l'exemple du premier cas, les Puces du second et les Insectes piqueurs du troisième. Les parasites internes peuvent se loger dans tous les organes, provoquant souvent de graves lésions auxquelles leur hôte peut succomber. De même que les parasites externes, les endoparasites peuvent ne rechercher un hôte qu'à un certain stade de leur développement, à l'état larvaire par exemple; mais assez souvent, certains parasites commencent leur évolution sur un hôte donné et la terminent à l'état adulte, sur un hôte complètement différent qui, le plus souvent, vit dans un milieu et dans des conditions tout autres que le premier. On peut donc parler de *parasitisme obligatoire* ou *facultatif,* de parasitisme *temporaire* et même *accidentel.*

Le règne végétal offre de nombreux cas de symbiose, dont le plus remarquable est celui des Lichens. Quant au véritable parasitisme il est surtout fréquent chez les végétaux inférieurs. Les Bactéries jouent un rôle important dans la décomposition des matières organiques et dans les fermentations; mais, comme les Protozoaires, elles comptent aussi un grand nombre de parasites dont la plupart sont les agents de graves maladies chez les animaux. Les Champignons, qui ne possèdent pas de pigments assimilateurs comparables à la chlorophylle des plantes supérieures, doivent obligatoirement chercher des protéines dans les autres organismes; la plupart vivent en saprophytes mais beaucoup aussi sont parasites. Un grand nombre de maladies des plantes sont dues à des Champignons; d'autres sont les agents de maladies assez graves chez les animaux et chez l'homme (aspergilloses). Le parasitisme est moins fréquent chez les Phanérogames. Il est totalement absent chez les Gymnospermes et les Monocotylédones et se manifeste dans trois sous-classes de Dicotylédones, les Apétales, les Dialypétales et les Gamopétales. Chez les premiers, on compte des parasites parmi les Santalacées, les Loranthacées et Balanophoracées, les Rafflésiacées et la famille voisine des Hydnoracées. Dans la sous-classe des Gamopétales le parasitisme apparaît dans la famille des Cuscutacées, chez de nombreux Scrofulariacées et chez les Orobanchacées. Enfin quelques cas de parasitisme sont présentés par les Lauracées dans la sous-classe des Dialypétales.

ADAPTATIONS MORPHOLOGIQUES DES PARASITES

Les nombreux parasites gardent plus ou moins fidèlement les caractères généraux des groupes dont ils sont originaires. Ils montrent cependant aussi des caractères spéciaux que l'on a tendance à considérer comme liés aux conditions de la vie parasitaire. Ces caractères peuvent être dus à des formations nouvelles mais souvent aussi à des transformations d'organes existant normalement dans le groupe auquel appartient le parasite. D'une façon générale celui-ci trouve chez l'hôte une nourriture abondante et une protection relative contre les prédateurs. Il en résulte une simplification des systèmes sensitif et locomoteur, et des organes nécessaires à la digestion. On trouve déjà une vague indication de la réduction des fonctions digestives chez les Protozoaires avec les Infusoires astomes, qui n'ont plus de bouche. C'est chez les Plathelminthes que la réduction et même la disparition complète du tube digestif sont le plus fréquentes. C'est souvent la partie terminale de l'intestin qui se réduit, avec disparition de l'anus (Monogènes, *fig. 8*); cette disparition correspond au fait que les matériaux ingérés comportent peu ou pas de résidus. Chez les Cestodes et les Acanthocéphales, le tube digestif est complètement avorté et la nutrition se fait par osmose. Ce mode de nutrition se retrouve chez certaines larves d'Insectes *(Cryptochaetum, Thrixion)* qui ne possèdent pas d'ouverture buccale. Chez les Crustacés parasites, les pièces buccales sont souvent réduites ou transformées en stylets perforants qui forment un appareil piqueur et suceur par lequel les Crustacés hématophages aspirent le sang de leur hôte. L'intestin peut être clos et les substances non assimilables s'accumulent dans des sacs hépatiques dilatés (Cryptoniscides). Une disposition comparable se rencontre chez certaines larves d'Hyménoptères parasites dont l'intestin reste en cul-de-sac pendant tout le

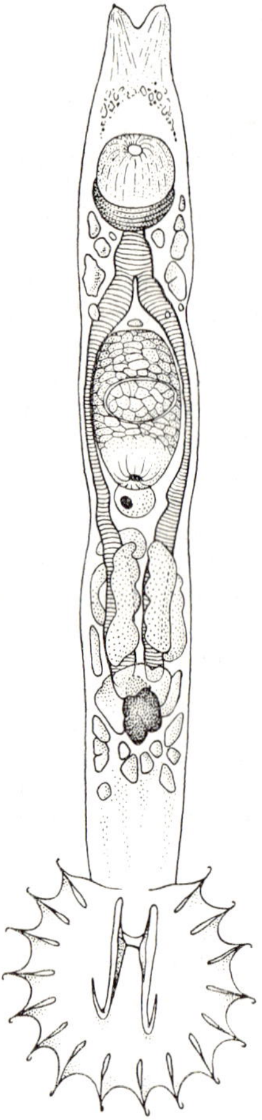

Fig. 8 — *Gyrodactylus*, type de Monogène; (d'après Hyman, dans Noble).

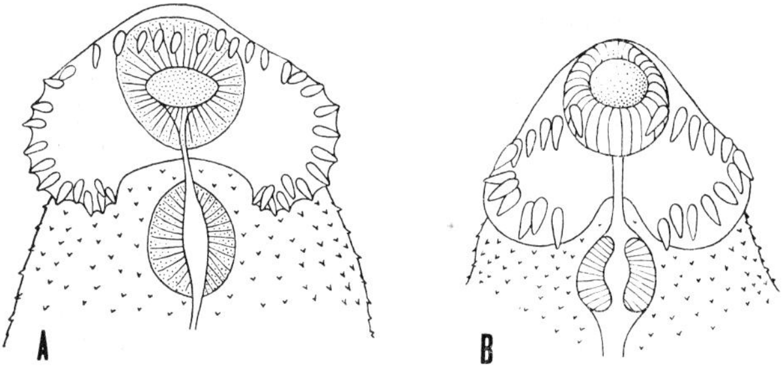

FIG. 9 — COURONNES DE CROCHETS D'*Echinostomatidae*.
A, *Echinostoma lindoense*; B, *Echinochasmus japonicus*; (d'après Noble).

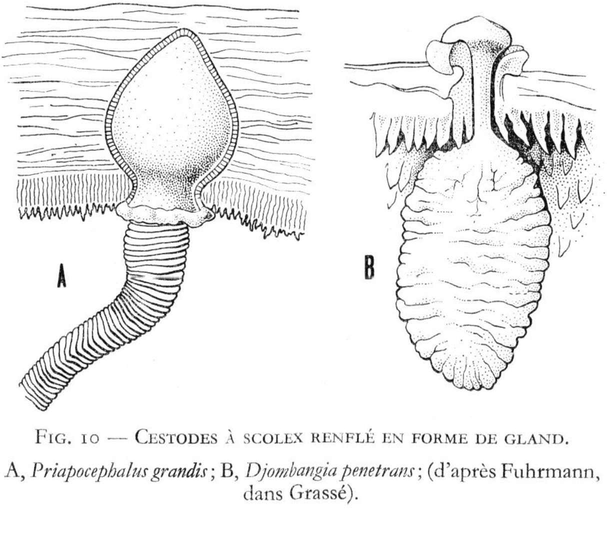

FIG. 10 — CESTODES À SCOLEX RENFLÉ EN FORME DE GLAND.
A, *Priapocephalus grandis*; B, *Djombangia penetrans*; (d'après Fuhrmann, dans Grassé).

temps que dure l'alimentation et ne s'ouvre qu'à la fin de la vie larvaire pour permettre d'expulser en une seule fois les déchets accumulés.

L'absence de pièces buccales et de tube digestif est souvent compensée par la présence d'un appareil complexe de ramifications absorbantes qui peuvent arriver à former la partie la plus importante du corps du parasite (Sacculine).

Un caractère extrêmement fréquent chez les parasites et que, dans une certaine mesure, on peut considérer comme une conséquence de leur mode de vie, est la présence d'organes de fixation qui leur permettent d'adhérer fortement à la peau ou aux muqueuses de leur hôte. D'une façon générale ces organes peuvent se présenter sous la forme de ventouses ou de crochets *(fig. 9)*. Parmi les Vers parasites, pour la plupart parasites internes, si les organes de fixation sont à peu près nuls chez les Némathelminthes, ils sont la règle générale chez les Plathelminthes où ils varient à l'infini, tant par leur forme que par leur disposition. Chez les Monogènes, qui vivent à la surface du corps et sur les branchies des Poissons, ces organes sont particulièrement puissants et on les désigne sous le nom de *hapteurs;* ils peuvent se trouver à la partie antérieure du corps, ce sont des prohapteurs, ou vers l'extrémité postérieure, les opisthohapteurs. Les premiers sont des ventouses renfermant des glandes qui sécrètent une matière adhésive; mais les opisthohapteurs sont bien plus compliqués, présentant des crochets et des épines qui se plantent dans les tissus de l'hôte. Les Trématodes sont presque toujours pourvus de deux ventouses, l'une orale, l'autre ventrale. La ventouse orale est formée par la cavité buccale entourée de muscles radiaires et parfois doublée par une couronne de crochets (Échinostomatidés). Très souvent la ventouse ventrale est plus grande que l'autre et parfois devient énorme, occupant presque toute la face ventrale, tandis que la ventouse orale disparaît (Aspidogastrides).

En ce qui concerne les Cestodes, le scolex est toujours pourvu d'organes de fixation, sous forme de ventouses, appelées bothridies, et de crochets *(fig. 10)*. Le nombre des ventouses est le plus souvent de quatre mais, chez les Pseudophyllides, elles sont réduites à deux cavités en forme de fente, dépourvues de musculature spécialisée (pseudobothridies); elles deviennent énormes, foliacées, portées par de longs pédoncules chez les Tétraphyllides. Les ventouses ne sont pas un caractère exclusif des parasites, mais elles sont relativement rares chez les formes libres (têtards, larves de Blépharocérides). Un organe de fixation extraordinaire est présenté par les Priapocéphales

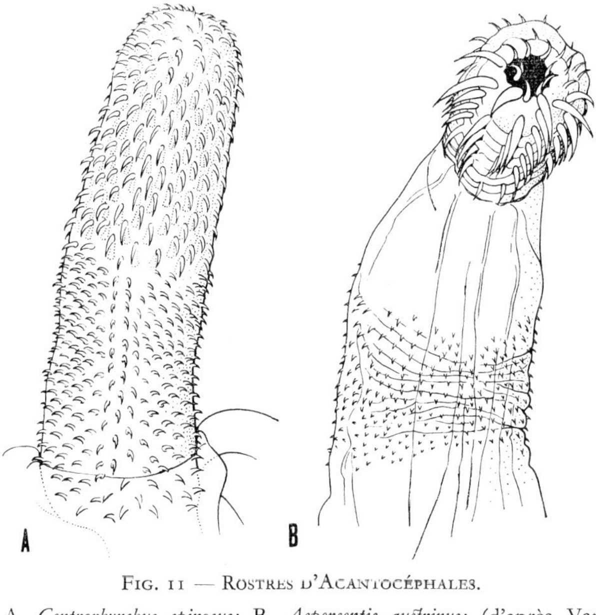

FIG. 11 — ROSTRES D'ACANTOCÉPHALES.

A, *Centrorhynchus spinosus*; B, *Aspersentis austrinus*; (d'après Van Cleave, dans Baer).

et les Strobilocéphales, Tétrabothridés parasites des Cétacés, dont le scolex est dépourvu de ventouses mais renflé en forme de gland et engagé dans la muqueuse intestinale de son hôte. Enfin l'ordre des Acanthocéphales est caractérisé par la région antérieure formant une trompe exsertile garnie de crochets qui constitue un puissant organe de fixation *(fig. 11)*.

Chez les Ectoparasites, la fixation à l'hôte est rarement assurée par des ventouses mais plutôt par des organes

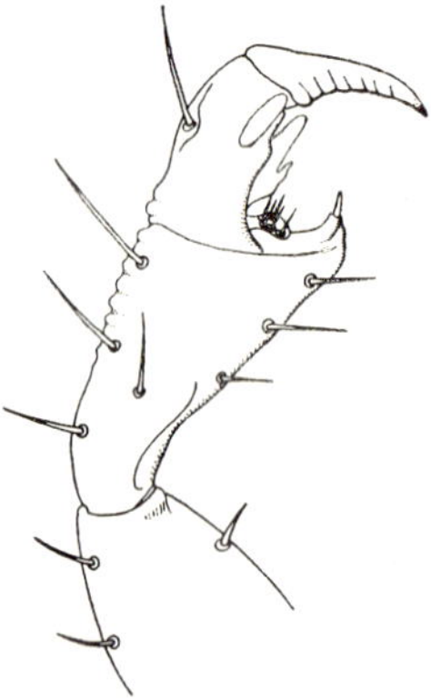

FIG. 12 — PATTE D'*Hematopinus suis*, MONTRANT LA CONFORMATION DES GRIFFES.

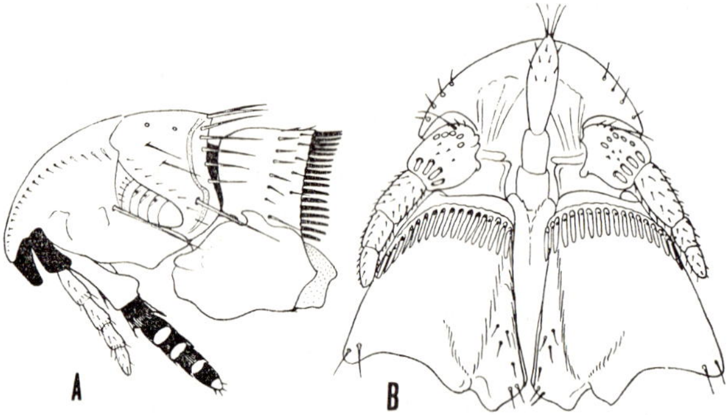

FIG. 13 — TYPES DE CTÉNIDIES.

A, *Ischnopsylla* (Aphaniptère); B, *Euctenes nycteridis* (Hétéroptère).

d'accrochage qui sont formés le plus souvent par adaptation d'organes préexistants mais, parfois aussi, représentent des formations nouvelles. Les appendices des Crustacés subissent des modifications profondes dans ce sens; les appendices locomoteurs s'atrophient et seuls sont conservés ceux qui sont transformés en organes de fixation. Chez les Lernæopodides les pattes mâchoires sont réunies en un disque fixant le parasite à son hôte, un Poisson Téléostéen. Les seuls Amphipodes vraiment parasites, les *Cyamus,* qui se fixent sur les Cétacés, ont des péréiopodes transformés en crampons. L'*Argulus foliaceus,* Crustacé parasite des Poissons d'eau douce, appartenant à la classe des Branchioures, voisine des Copépodes, montre un exemple de transformation des deuxièmes mâchoires en ventouse.

Des organes d'accrochage se trouvent fréquemment aussi chez les Acariens et Insectes ectoparasites. La forme des griffes tarsales est en général remarquablement adaptée à la préhension des poils ou des plumes de l'hôte *(fig. 12)*. Mais il existe aussi des néoformations spécialisées dont les plus curieuses sont les organes appelés *peignes* ou *cténidies;* ils sont formés d'une série de fortes dents dirigées en arrière au bord postérieur du pronotum et sur la tête *(fig. 13);* leur rôle est certainement de maintenir le parasite dans la fourrure de son hôte. Ces organes se trouvent typiquement chez les Puces, mais on trouve des formations très comparables chez des ectoparasites appartenant à des ordres très éloignés, en particulier sur le *Platypsyllus castoris,* Coléoptère parasite du Castor, sur l'Hémiptère *Euctenes nycteridis* et les Diptères Stréblides, qui se trouvent sur les Chauves-Souris. Les Puces parasites d'Oiseaux n'en présentent pas; il y a donc là un cas de convergence remarquable, qui ne paraît pas le fait du hasard, mais dû à la vie dans le milieu particulier constitué par la fourrure des Mammifères parasités.

Ces adaptations au parasitisme ne sont pas sans retentir sur la morphologie générale qui subit des modifications infiniment variables suivant les groupes. Si certains parasites comme les Nématodes diffèrent à peine des formes libres auxquelles ils sont apparentés, d'autres sont déformés à un tel point que leur origine ne peut être décelée que par la connaissance de leurs formes larvaires. Cette déformation est en grande partie la conséquence

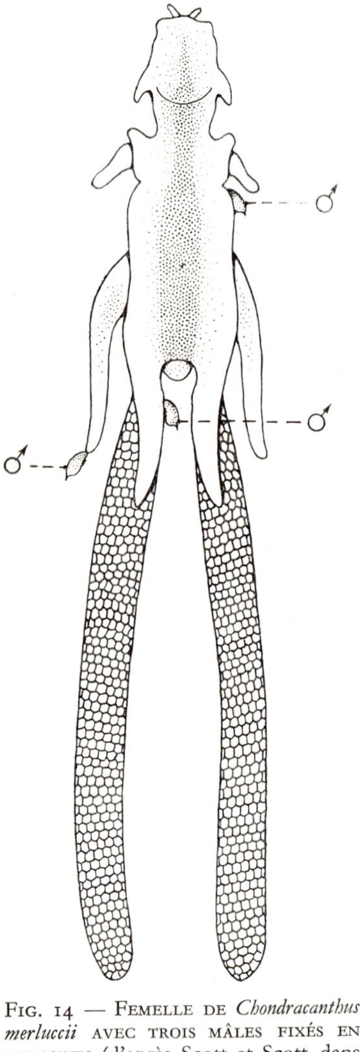

FIG. 14 — FEMELLE DE *Chondracanthus merluccii* AVEC TROIS MÂLES FIXÉS EN PARASITES (d'après Scott et Scott, dans Noble).

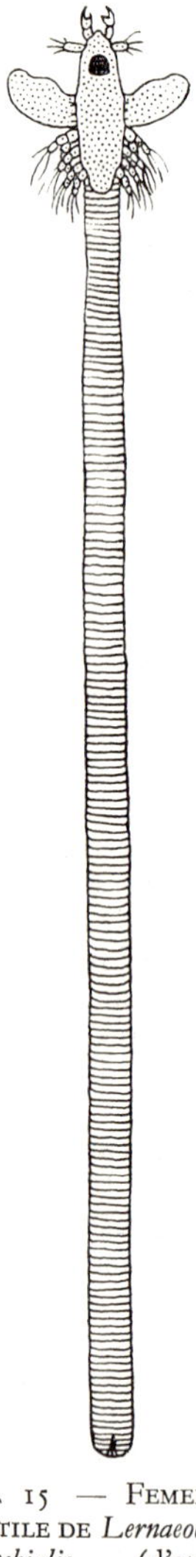

FIG. 15 — FEMELLE FERTILE DE *Lernaeocera branchialis* (d'après Scott et Scott, dans Noble).

du développement excessif des glandes génitales, de sorte que seules les femelles sont touchées; les mâles restent le plus souvent peu différenciés, menant une vie libre, ou parfois même sont réduits à des formes naines qui vivent en parasites sur leurs propres femelles. Ce dimorphisme sexuel atteint son maximum chez le Cyclopoïde *Chondracanthus merluccii*, dont la femelle est douze mille fois plus grosse que le mâle *(fig. 14)*.

Ce sont les Crustacés qui offrent les plus nombreux et plus remarquables exemples de déformation parasitaire. Les Copépodes montrent un nombre considérable de formes parasites, qui s'attaquent à presque tous les animaux marins, la plupart parasites externes dont beaucoup ne présentent que des modifications morphologiques légères, comme une réduction des appendices thoraciques; leur corps est cependant toujours assez déformé par la présence d'énormes sacs ovigères en rapport avec la puissante faculté reproductrice. La déformation du corps atteint des proportions bien plus considérables chez certains Copépodes parasites qui arrivent à perdre tout aspect de Crustacé. Les Lernéens et les Lernéopodiens sont parmi les plus extraordinaires *(fig. 15)*. Aucune trace d'appendice ne subsiste chez ces parasites dont le corps se complique d'expansions dissymétriques qui leur donnent un aspect des plus bizarres. La forme parasite

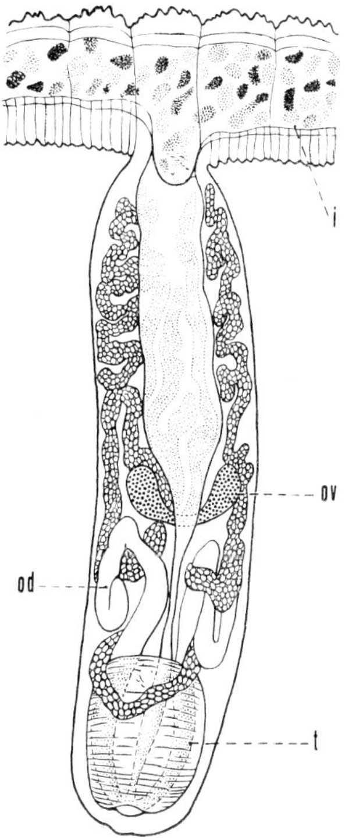

FIG. 16 — *Xenocoeloma brumpti*. *ov*, ovaire; *od*, oviducte; *t*, testicule; *i*, intestin de l'hôte. (d'après Caullery et Mesnil).

la plus profondément modifiée eſt le *Xenocoeloma brumpti* qui vit fixé sur l'Annélide *Polycirrus arenivorus (fig. 16)*. Cet animal se présente comme un sac cylindrique appendu au flanc de son hôte; dépourvu de tout appendice, il semble un parasite externe, mais eſt, en réalité, entièrement recouvert par l'ectoderme de l'Annélide; il présente une cavité qui eſt elle-même recouverte par l'endothélium de l'hôte, de sorte que l'union des deux animaux eſt portée au point que leurs tissus sont positivement mélangés. Le corps du parasite eſt presque entièrement rempli par les organes génitaux; l'ovaire produit incessamment des œufs qui mûrissent dans des oviductes volumineux remplissant presque toute la masse du parasite. Cet extraordinaire animal présente en outre une particularité unique chez les Copépodes : il eſt hermaphrodite et possède deux volumineux teſticules qui produisent des spermatozoïdes gigantesques de 1,5 mm de longueur.

Les Isopodes montrent avec les Épicarides (Bopyrides, Entoniscides et Cryptoniscides), tous parasites de Cruſtacés, des déformations morphologiques au moins aussi extraordinaires que celles des Copépodes. Dans l'ensemble les Bopyrides sont les moins modifiés. Ils vivent dans la cavité branchiale des Décapodes; la femelle adulte garde l'aspect d'un Isopode à forme générale élargie et dissymétrique, mais ayant conservé les appendices et une segmentation reconnaissable; les mâles sont nains. Les Entoniscides sont au contraire les plus modifiés *(fig. 17)*; ils vivent plongés dans la cavité viscérale de leur hôte, qui eſt en général un Crabe. La femelle adulte ne rappelle plus en rien le type isopode, ne montrant ni appendices, ni trace de segmentation; son corps eſt enveloppé de lobes énormes, formés par les ooſtégites ou lames incubatrices, veſtiges des pattes thoraciques. Comme chez les Bopyrides, les mâles reſtent nains et vivent en parasites sur la femelle où il eſt difficile de les trouver dissimulés parmi les ooſtégites. Les Cryptoniscides, qui parasitent des Cruſtacés divers, même des Rhizocéphales eux-mêmes parasites, sont pour le moins aussi modifiés. Les œufs sont incubés, chez la femelle adulte, dans une cavité qui envahit le corps et refoule tous les organes réduits à des débris non fonctionnels; après la ponte, les viscères dégénèrent et le corps n'eſt plus qu'une membrane qui recouvre les embryons. Enfin, les Rhizocéphales, dont le

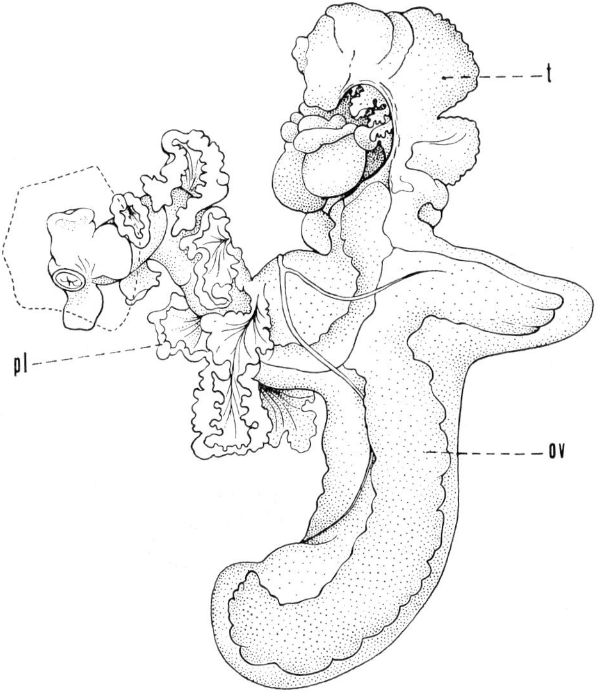

FIG. 17 — FEMELLE D'UN ENTONISCIDE, *Pinnotherium vermiforme*. *t,* tête; *ov,* ovaire; *pl,* pléopodes; (d'après Atkins, dans Noble).

type est la Sacculine, parasite des Crabes, sont un autre exemple de l'intensité des transformations causées par le parasitisme *(fig. 18)*. Le corps de la Sacculine adulte est composé d'une partie externe ayant la forme d'un volumineux sac, fixé transversalement à la face ventrale de l'abdomen du Crabe. Ce sac est presque entièrement occupé par l'ovaire rempli d'embryons en voie de développement. Il existe en outre une partie interne formée par un système de radicules ramifiées dans tout le corps de l'hôte; c'est grâce à ce système que le parasite, dépourvu de tube digestif, se nourrit. L'ensemble ne ressemble en rien à un Crustacé et les affinités de la Sacculine n'ont pu être

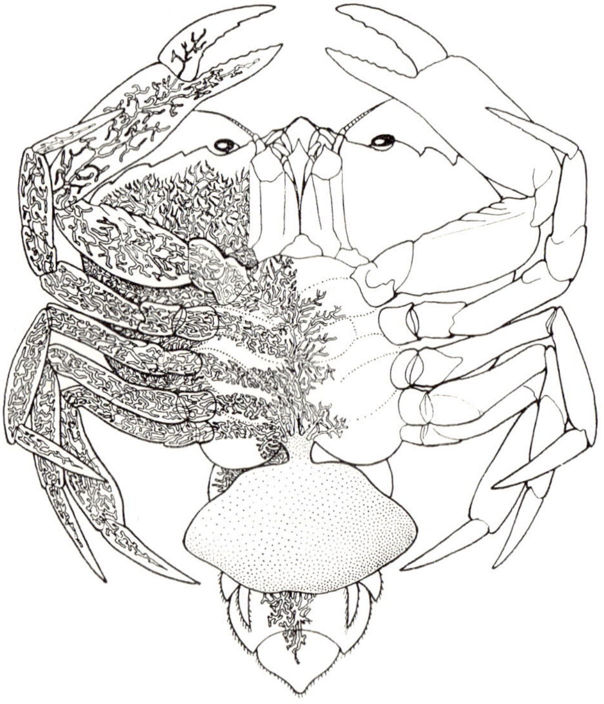

Fig. 18 — Crabe portant une Sacculine.

Le système radiculaire interne est figuré du côté gauche (d'après Boas).

déterminées que par l'étude du développement larvaire qui débute par un nauplius typique.

Les Mollusques ne comptent que fort peu de parasites, qui montrent cependant des caractères spéciaux comme l'absence de coquille, la réduction du pied, la perte de la radula et le tube digestif incomplet. Ils présentent en outre, un extraordinaire cas de déformation parasitaire. Il s'agit des *Enterochonca,* Prosobranches vermiformes qui vivent dans les Holothuries du genre *Synapta,* fixés à un vaisseau sanguin *(fig. 19)*. Leur déformation est telle qu'ils avaient

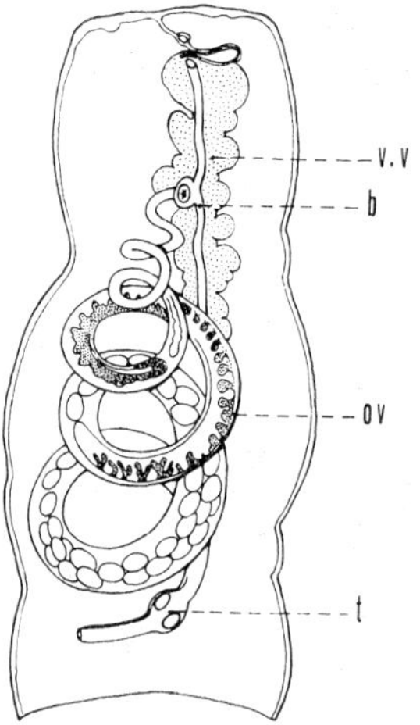

FIG. 19 — *Enterochonca mirabilis* FIXÉ AU VAISSEAU VENTRAL DE L'INTESTIN D'UNE HOLOTHURIE. *b,* bouche; *ov,* ovaire; *t,* testicule; *v.v,* vaisseau ventral; (d'après Baer).

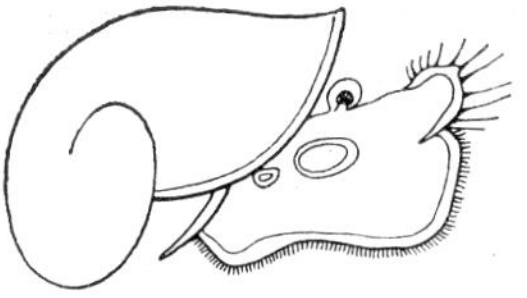

FIG. 20 — LARVE VELIGER D'*Enterochonca* (d'après Baer).

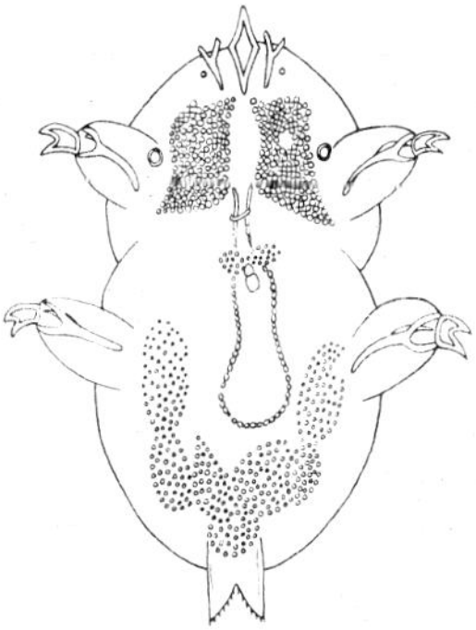

FIG. 21 — LARVE PRIMAIRE DE *Linguatula* (d'après Stiles, dans Baer).

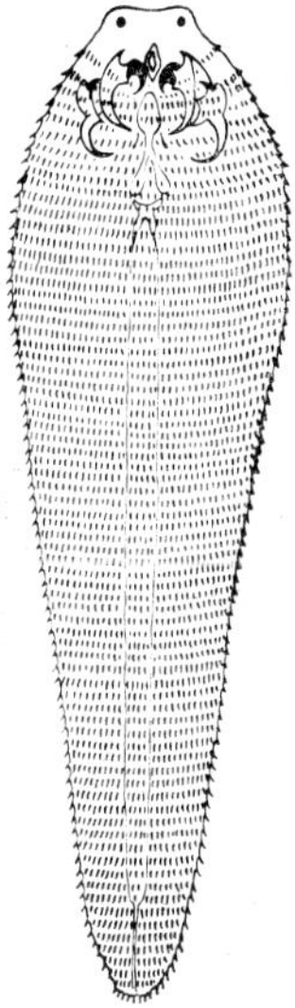

FIG. 22 — LARVE SECONDAIRE DE *Linguatula*.

été pris autrefois pour un organe de l'Holothurie. On ne peut reconnaître la véritable parenté du parasite que par l'émission de larves veliger caractéristiques des Gastéropodes *(fig. 20)*.

Les Arthropodes terrestres peuvent montrer des caractères morphologiques peu marqués, comme l'aplatissement dorso-ventral ou latéral des Poux et des Puces, mais assez rarement des déformations générales du corps comparables à celles des Crustacés. Cependant il faut citer les Pentastomes, parasites des voies respiratoires des Vertébrés, qu'on considère comme voisins des Arachnides. Le type de ce groupe aberrant est la Linguatule, parasite des Canidés. La femelle de *Linguatula serrata* a l'aspect d'un gros ver, long de dix centimètres environ, dont la bouche est armée de deux forts crochets; les larves ont des caractères d'Acariens avec deux ou trois paires de pattes *(fig. 21* et *22);* les mâles sont beaucoup plus petits que les femelles, ne dépassant pas deux centimètres.

Les Insectes, qui comptent un nombre considérable de parasites, ne présentent qu'assez rarement des déformations touchant la morphologie générale. L'énorme majorité des Insectes parasites est constituée par des larves de Diptères et d'Hyménoptères endoparasites. Ces larves ne montrent généralement pas de caractères spéciaux, ressemblant fortement aux vers qui vivent en saprophages dans les matières en décomposition. Il existe cependant chez beaucoup de ces Insectes des larves primaires très différenciées, mais ces larves ne sont pas des parasites puisque leur rôle, pendant leur courte vie libre, est de chercher l'hôte dans lequel la véritable larve parasite doit se développer. Les Insectes ectoparasites, qui sont en général des adultes, montrent plus de modifications dans leur morphologie. Ils sont toujours aptères ou presque, même lorsqu'ils dérivent de formes normalement ailées. Parmi les Diptères Pupipares, les Hippoboscides, pour la plupart parasites temporaires, montrent tous les passages entre les ailés et les formes complètement aptères. Mais les Stréblides et les Nyctéribiides, parasites des Chauves-Souris, sont bien plus étroitement spécialisés, non seulement par la perte des ailes mais par des déformations du corps, aplati, à longues pattes, bien adapté à la vie dans le pelage de leurs hôtes *(fig. 23)*. A côté de ces

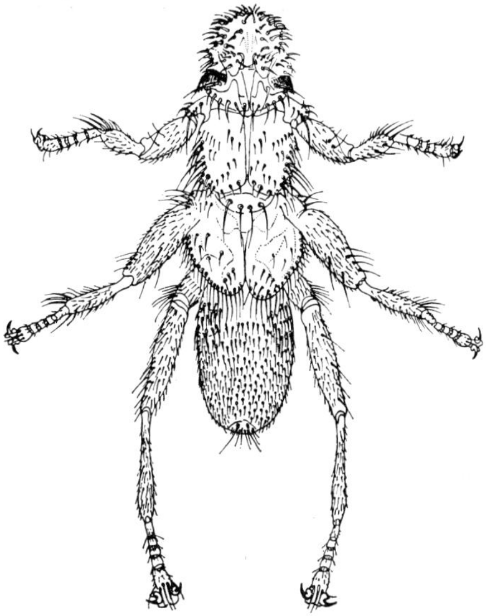

FIG. 23 — *Metalasmus pseudopterus,* STRÉBLIDE ECTOPARASITE DE CHAUVES-SOURIS; (d'après Séguy).

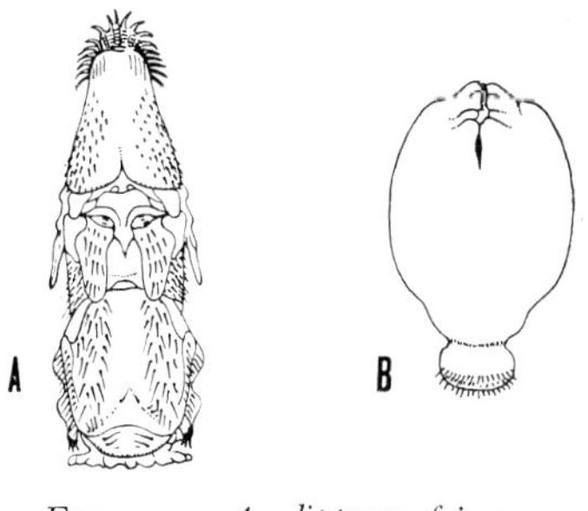

FIG. 24 — *Ascodipteron africana.*

A, tête et thorax après la chute des ailes; B, femelle extraite de la peau de l'oreille d'une Chauve-Souris; (d'après Jobling).

Diptères on peut citer deux curieux Insectes qui sont, eux aussi, étroitement adaptés à la vie parasitaire et dont les affinités restent douteuses; l'un est parasite d'un gros rat d'Afrique, le *Cricetomys,* c'est l'*Hemimerus* dont on connaît plusieurs espèces; l'autre, *Arixenia,* vit sur une Chauve-Souris de la Malaisie. Mais les Insectes ectoparasites montrent quelques cas de déformation bien plus extraordinaires. L'un est un Diptère de la famille des Stréblidés, l'*Ascodipteron,* pupipare parasite de certaines Chauves-Souris de l'Inde *(fig. 24).* A la sortie de la pupe, mâles et femelles sont des Diptères normaux; après l'accouplement, la femelle recherche un hôte et s'y fixe à la base des oreilles; elle perd ses pattes et ses ailes, entame la peau et prend la forme d'un utricule blanchâtre, non segmenté, enfermé dans le tégument de la Chauve-Souris. Le second exemple est fourni par l'ordre des Strepsiptères, Insectes si extraordinaires qu'on les a rap-

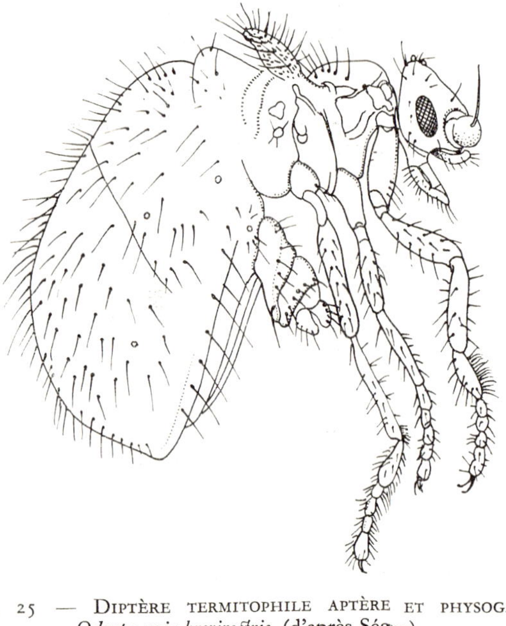

FIG. 25 — DIPTÈRE TERMITOPHILE APTÈRE ET PHYSOGASTRE, *Odontoxenia brevirostris,* (d'après Séguy).

prochés tantôt des Coléoptères, tantôt des Hyménoptères. L'évolution débute par un stade de larve primaire qui joue le même rôle que les larves appelées triongulins chez les Coléoptères Méloïdes, c'est-à-dire qu'elle s'accroche au hasard à un hôte venu butiner sur les fleurs où elle se tient. Si cet hôte est un Hyménoptère ou un Homoptère, la larve continue son évolution en devenant parasite d'une larve de cet hôte ou de l'hôte lui-même (Homoptère). A la fin de cette période larvaire, les mâles éclosent, sont ailés et mènent une courte vie libre. Par contre les femelles demeurent dans le corps de l'hôte qui a nourri la larve; leur céphalothorax est alors seul visible à l'extérieur; le reste du corps persiste dans l'hôte sous forme d'un sac abdominal rempli d'œufs, dont l'aspect n'a plus rien d'un Insecte.

Bien que n'étant pas de véritables parasites, les Insectes qui vivent dans les fourmilières et les termitières montrent des modifications importantes de la morphologie générale consistant surtout dans la perte des ailes et dans le développement anormal de l'abdomen appelé *physogastrie*. Certains Diptères termitophiles, comme *Odontoxenia brevirostris,* ont ainsi perdu toute ressemblance avec une Mouche *(fig. 25)*. Il faut aussi noter la fréquence chez ces Insectes de déformations du corps et des appendices qui les font ressembler, parfois de façon extraordinaire, à leurs hôtes. Cette forme de mimétisme se rencontre dans plusieurs ordres d'Insectes et aussi chez les Araignées.

PHYSIOLOGIE DES PARASITES

Les processus biochimiques sont naturellement les mêmes pour les parasites que pour tous les être vivants; d'une façon générale, ils sont semblables à ceux des espèces libres du groupe auquel ils appartiennent. Cependant le milieu où ils vivent amène des adaptations parfois très étroites. Le tube digestif des Vertébrés, par exemple, auquel sont adaptés de nombreux parasites, est un milieu très complexe. Il reçoit beaucoup de substances par ses propres sécrétions et celles des glandes qui lui sont associées, et aussi par diffusion. Les parasites peuvent y trouver des substances azotées, des hormones, des vitamines tout à fait indépendamment de la nourriture de l'hôte. Les sécrétions intestinales et pancréatiques maintiennent le pH aux alentours de la neutralité. Mais ce milieu n'est pas tellement homogène et les conditions ne sont pas absolument les mêmes dans la lumière du canal intestinal que tout près de la muqueuse. Il se forme ainsi des niches écologiques qui peuvent expliquer la distribution d'espèces aussi voisines qu'*Entamoeba coli* et *E. histolytica*. De même certains parasites du sang sont sensibles à des variations très subtiles du milieu qui font que, par exemple, les *Anaplasma* du bétail, montrant une spécialisation extrême, n'occupent que la périphérie des globules rouges.

La stimulation locale provoquée par la présence des parasites dans le tube digestif a un effet sur les sécrétions de la muqueuse qui peuvent apporter à des Vers qui ne se nourrissent pas des tissus de l'hôte, comme les Cestodes et les Ascaris, des matériaux nutritifs importants. Tandis que normalement la muqueuse résorbe les substances sécrétées, une grande partie de celles-ci est absorbée par les parasites.

Les réactions osmotiques sont importantes pour les parasites. Par exemple ceux qui, comme les Douves, doivent passer, au cours de leur évolution, du corps d'un hôte Vertébré dans l'eau, puis dans un Invertébré et à nouveau dans un Vertébré. Ils doivent posséder un excellent mécanisme osmorégulateur et une tolérance au changement de pH. La paroi du corps du parasite joue un rôle majeur dans le contrôle de la pression par sa perméabilité sélective.

On observe une action des hormones de l'hôte sur la croissance du parasite. Ainsi *Ascarida galli* atteint une plus grande taille chez des poulets légèrement hyperthyroïdiens, tandis que l'inverse est présenté par *Heterakis gallinae*. Les deux Vers semblent donc réagir de façon opposée à la thyroxine. Les hormones sexuelles semblent avoir également une influence sur la croissance des parasites. Chez des Rats châtrés, qui ont tendance à accumuler les graisses, on observe, de façon assez inexpliquée, un phénomène comparable chez les *Hymenolepis* qui les parasitent. Un autre exemple est offert par un Trématode bisexué, parasite expérimental dans le sang de la Souris, *Schistosoma mansoni (fig. 26)*. Un groupe de Souris blanches mâles châtrées est infesté, ainsi qu'un groupe témoin; neuf semaines après, les Souris sont examinées et leurs parasites comptés; on constate alors une nette réduction du nombre des mâles parmi les *Schistosoma* des hôtes castrés. Il semble donc que l'hormone sexuelle ait une influence favorable sur l'évolution du sexe mâle du parasite. Dans une étude d'infestation expérimentale de la Souris par l'Oxyuride *Aspiculuris tetraptera,* Mathees constate que les femelles deviennent résistantes à l'infection dès le premier œstrus, tandis que la résistance ne se développe chez le mâle qu'à mesure qu'il avance en âge. Cette différence sexuelle peut être aussi en rapport avec l'état des hormones.

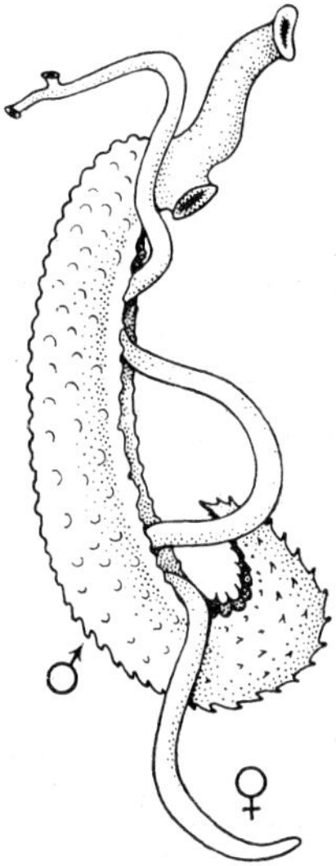

FIG. 26 — *Schistosoma mansoni,* TRÉMATODE BISEXUÉ PARASITE DANS LE SANG DE LA SOURIS (d'après Noble).

On trouve aussi quelques exemples de l'influence d'hormones chez les Invertébrés. On sait que la Blatte *Cryptocercus* héberge des Flagellés très voisins de ceux des Termites. Pendant la mue de la Blatte se produit chez le Flagellé une gamétogenèse qui semble déclenchée par la présence de l'hormone de mue, ou ecdysone, sécrétée par la glande thoracique. En effet, on peut provoquer ce phénomène dans la période d'intermue de l'hôte par une injection d'ecdysone chez celui-ci.

La principale source d'énergie est fournie aux parasites par les hydrates de carbone et il doit y avoir sécrétion d'une sorte d'amylase. La synthèse des métabolites essentiels est la même chez les parasites que chez les animaux libres mais il est difficile de déceler la présence des enzymes. Les parasites qui attaquent les tissus de l'hôte, comme *Entamoeba histolytica* et les Ankylostomes, sécrètent probablement un enzyme protéolytique.

On connaît peu de chose sur le rôle des graisses chez les parasites. Sans doute des parasites peuvent absorber des produits de la dégradation des graisses fournies par leur hôte mais il n'est pas certain qu'ils produisent leurs propres enzymes. La présence de lipases ou estérases a été prouvée chez certains parasites mais leur rôle reste obscur. L'Ascaris a été très étudié à ce sujet et on a constaté que les deux tiers des lipides du corps sont concentrés dans les organes reproducteurs chez la femelle.

L'humidité du milieu est un facteur important sur la vie des parasites, qui peut déterminer combien de temps un parasite terrestre peut vivre hors du corps de l'hôte. Par exemple, les œufs d'Ascaris peuvent rester viables plusieurs mois dans les vêtements ou dans la poussière, en atmosphère humide, mais résistent quelques semaines seulement en milieu sec.

Le métabolisme des protéines est assez mal connu mais il doit être très actif, ce qui est indiqué par l'énorme production d'œufs et d'embryons chez beaucoup de parasites. Ainsi le *Sphaerularia bombi,* petit Nématode parasite des Bourdons, produit un tel nombre d'embryons qu'il n'y a plus place dans son corps pour l'utérus énormément distendu. Cet organe arrive à s'extroverser et, finalement, le corps ressemble à un mince parasite attaché à l'énorme utérus qui ressemble à un Ver.

Certains parasites peuvent vivre sans oxygène et certains peuvent même être tués par l'oxygène. A part les Arthropodes, les parasites n'ont pas de structure particulière pour porter aux organes l'oxygène dont ils ont besoin et cette fonction dépend de la diffusion par la surface du corps ou par le tube digestif. Certains Nématodes ont des pigments respiratoires dans la cuticule et les liquides du corps. Les Protozoaires des Ruminants et des Termites sont incapables soit de trouver de l'oxygène libre en quantité suffisante, soit d'employer l'oxygène disponible, et ils mènent une existence anaérobie. En fait, l'oxygène est si toxique pour eux qu'ils meurent rapidement hors de leur milieu habituel. Ils doivent satisfaire leurs besoins d'énergie par des processus de fermentation dont les abondants produits sont oxydés par l'hôte. Beaucoup de parasites, quoique aérobies, sont obligés de développer une faculté de vie sans oxygène pendant certaines périodes de leur existence, comme les Amibes pathogènes et les Acanthocéphales.

Mais c'est le développement de la fonction reproductrice qui constitue le caractère physiologique et biologique le plus frappant de nombreux parasites. Le déchet de formes larvaires est énorme, depuis l'œuf jusqu'au parasite adulte, déchet qui se trouve considérablement augmenté par les stades successifs que doivent subir les larves. Il y a souvent une forme d'invasion, qui se développe dans le corps de l'hôte, et une forme d'essaimage. Chez les Protozoaires, ces deux formes sont bien marquées par la schizogonie et la sporogonie; mais il y a quelque chose de tout à fait comparable chez les Trématodes, dont les rédies sont une forme d'invasion et les cercaires, la forme de dissémination. Dans les deux cas existe la production d'un grand nombre de germes capables d'infester de nouveaux hôtes. Il faut d'ailleurs noter que ces faits, s'ils sont particulièrement frappants chez les parasites, ne leur sont pas absolument réservés. Les Pucerons, avec leurs générations alternées de sédentaires et de migrateurs, montrent un phénomène assez comparable. Chez les Plantes même, les Urédinées offrent un exemple de parasitisme avec passage sur deux hôtes différents au cours du développement.

Outre l'hyperactivité sexuelle les parasites montrent souvent une multiplication des formes larvaires chez l'hôte unique ou chez les hôtes successifs. Cette multiplication se réalise par voie sexuée ou asexuée mais son résultat est toujours un accroissement considérable des germes susceptibles de propager le parasitisme. La fécondité en général énorme et des modes spéciaux de reproduction augmentent encore cette faculté. Le plus remarquable est certainement la polyembryonie découverte par Marchal chez un petit Hyménoptère Encyrtide, l'*Ageniaspis fuscicollis,* parasite des petites chenilles de l'Hyponomeute *(fig. 27).* Un seul œuf est déposé dans l'œuf du Papillon et passe dans le corps de la chenille.

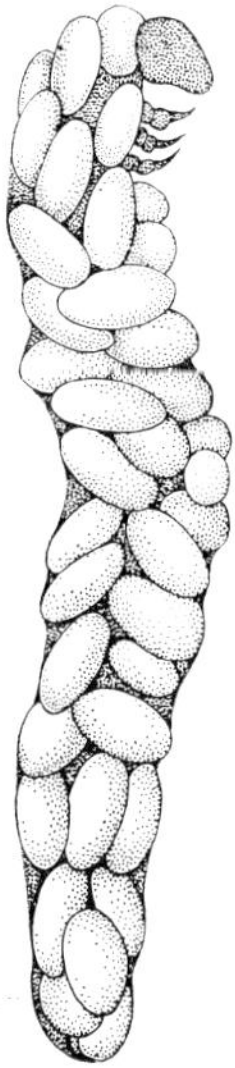

FIG. 27 — POLYEMBRYONIE.

Chenille d'Hyponomeute dont le corps est entièrement rempli par les cocons du Chalcidien (d'après Marchal).

A un stade très précoce de la segmentation, il se forme de petites masses, contenant trois ou quatre noyaux, qui s'allongent en longs cordons formés d'un grand nombre de morulas de vingt à quarante cellules; à partir de celles-ci le développement continue et chacune d'entre elles donne naissance à une larve. De la sorte un seul œuf peut être à l'origine d'une population de parasites qui peut atteindre plusieurs centaines et même plus d'un millier de larves. La polyembryonie est connue maintenant chez un assez grand nombre d'Hyménoptères parasites.

LA RECHERCHE DE L'HÔTE ET LES CYCLES ÉVOLUTIFS

Un certain nombre de parasites, comme les Oxyures parmi les endoparasites, les Poux chez les ectoparasites, évoluent complètement sur leur hôte ou dans ses organes; d'autres sont introduits directement dans le corps de l'hôte par la piqûre d'un vecteur ou de la femelle même du parasite, d'autres encore sont absorbés par l'hôte avec sa nourriture et ainsi introduits de façon passive. Mais un nombre de parasites encore plus important doivent rechercher leur hôte et cette recherche se fait presque toujours à l'état larvaire. Aussi ces parasites présentent un cycle évolutif souvent compliqué et des formes larvaires très variées. Ces formes larvaires vivant libres, au moins au début de leur existence, ne subissent pas les déformations que montrent beaucoup de parasites adultes; elles gardent les caractères du groupe auquel l'espèce appartient et, souvent, sont le seul guide permettant de préciser les affinités du parasite. Mais les larves ne recherchent pas toujours l'hôte définitif du parasite; très souvent, suivant une évolution indépendante de celle de l'adulte, elles sont attirées par un hôte intermédiaire très différent; elles deviennent alors elle-mêmes parasites et subissent généralement des modifications morphologiques en rapport avec cet état. Enfin, certaines larves peuvent passer dans un deuxième hôte intermédiaire, ce qui donne lieu à des complications du cycle évolutif dont les Plathelminthes fournissent les exemples les plus remarquables.

Dans la recherche d'un hôte beaucoup de parasites sont attirés d'abord par un milieu spécial. Un cas très simple est présenté par les Moustiques qui sont orientés par l'odeur et la chaleur du corps. Plus compliqué est le comportement du Chalcidien *Alysia manducator,* étudié par Laing, qui est parasite des asticots ; il est attiré d'abord par un stimulus olfactif vers la viande en décomposition ; ensuite les mouvements des larves de Diptères provoquent la ponte. Il est certain que beaucoup de parasites doivent présenter des réactions comparables dans la recherche de l'hôte.

Parmi les Protozoaires, les Amibes et les Flagellés intestinaux passent de façon passive d'un hôte à l'autre, le plus souvent sous forme de kystes déshydratés et résistants. Les Trypanosomes peuvent être transmis directement par la piqûre d'un vecteur dans le corps duquel ils n'ont pas séjourné et n'ont subi aucune transformation (*Trypanosoma evansi* des Bovidés) ; ils peuvent subir une certaine évolution dans l'intestin de l'hôte intermédiaire sous forme de crithidia et de métatrypanosomes qui peuvent être introduits dans le corps d'un Vertébré non par piqûre mais par contact avec les déjections de l'Insecte vecteur (généralement un Réduviide des

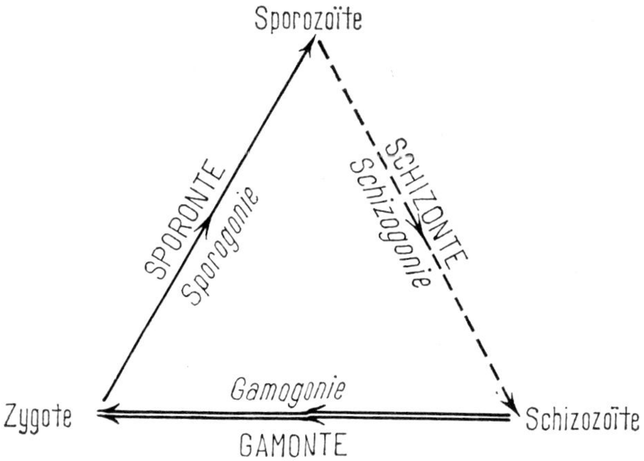

FIG. 28 — SCHÉMA MONTRANT LES TROIS PHASES PRINCIPALES DU CYCLE DES SPOROZOAIRES (d'après Baer).

genres *Triatoma* ou *Rhodnius*); dans les tissus de l'hôte définitif les Trypanosomes deviennent adultes et passent dans le sang *(Trypanosoma cruzi)*. Enfin, les Trypanosomes du groupe *gambiense,* agent de la maladie du sommeil, subissent dans l'intestin de l'Insecte piqueur une transformation en *Herpetomonas* et métatrypanosomes qui infestent l'hôte définitif Vertébré par piqûre. Les Sporozoaires montrent un cycle évolutif bien plus remarquable, car il se complique de la sexualité *(fig. 28)*. Une période de croissance et de multiplication asexuée, la schizogonie, est suivie de la production de gamontes générateurs de gamètes mâles et femelles qui s'unissent et donnent naissance à des spores contenant des sporozoïtes plus ou moins mobiles, capables de produire une nouvelle série de parasites, s'ils sont introduits dans le sang d'un hôte convenable. Cette phase sexuée, qui se produit généralement chez un hôte intermédiaire, est la sporogonie. Le type de cette évolution est le *Plasmodium* de la malaria dont la schizogonie se produit dans le sang de l'homme, les divisions du schizonte correspondant aux accès de fièvre, et la sporogonie dans l'estomac d'un moustique du genre *Anopheles*. Le cycle est moins compliqué en général chez les Grégarines où il n'y a pas de schizogonie et dont les sporozoïtes se détachent de la paroi intestinale dans laquelle le parasite laisse sa partie antérieure. Les grandes espèces du genre *Porospora* sont cependant une exception; après enkystement elles se divisent en petites sphères, ou gymnospores, qui sont mises en liberté. Pour poursuivre le cycle, ces organites doivent être aspirés par le courant qui les conduit dans la cavité palléale d'un Mollusque, dans le corps duquel se produit une fécondation et la formation de sporozoïtes. L'hôte définitif, le Homard, se contamine en mangeant le Mollusque infesté.

Le cycle des Plathelminthes montre une complexité parfois extraordinaire, surtout chez les Trématodes et les Cestodes. Le développement des Douves débute par une larve ciliée, le miracidium, qui, libérée dans l'eau, est attirée par un Mollusque aquatique, Planorbe ou Limnée *(fig. 29)*; le miracidium pénètre dans la cavité respiratoire de cet hôte, perd ses cils et se transforme en une masse irrégulière dépourvue de tube digestif, le sporocyste; dans ce sporocyste se forment de nouveaux germes, les rédies, qui envahissent le foie du Mollusque; elles deviennent alors volumineuses et différencient dans leur corps un nombre plus ou moins considérable de germes qui, en été, deviennent presque tous d'autres rédies dites rédies-filles; par contre, en hiver, les rédies se transforment en cercaires, qui diffèrent des rédies par la présence d'un intestin bifurqué et surtout d'une queue qui sert d'organe propulseur; la cercaire est absorbée par l'hôte définitif et passe encore par l'état de métacercaire avant de devenir adulte.

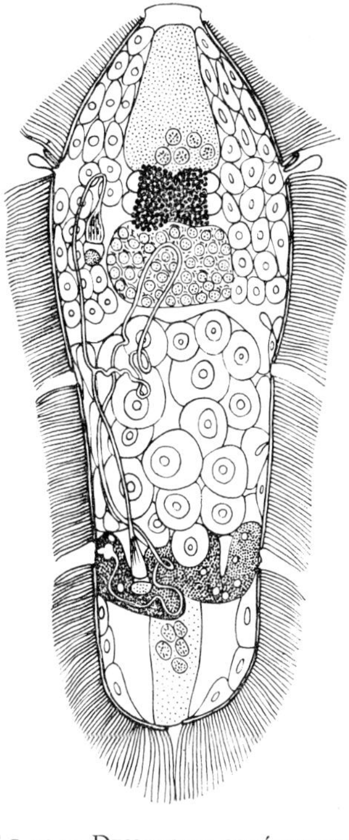

FIG. 29 — DESSIN SEMI-SCHÉMATIQUE D'UN MIRACIDIUM (d'après Noble).

Le cycle des Cestodes est presque aussi complexe que celui des Trématodes. A l'état adulte, ils sont toujours parasites dans le tube digestif de différents animaux, mais leurs larves peuvent envahir tous les organes d'hôtes intermédiaires très variés. Les œufs des Cestodes sont évacués en masse avec les anneaux mûrs ou proglottis; ils contiennent un embryon hexacanthe bien développé. Pour continuer son évolution il faut que cet embryon soit avalé par un hôte intermédiaire bien déterminé; la coque de l'œuf est dissoute par les sucs digestifs de cet hôte et l'embryon libéré perfore la paroi de l'intestin et arrive, par l'appareil circulatoire, au point du corps de l'hôte favorable. Il perd alors ses crochets et donne naissance à une forme larvaire qui prend des noms divers suivant l'aspect qu'elle présente. S'il ne se produit qu'une seule tête, c'est le cysticerque, mais si la vésicule devient volumineuse et produit un grand nombre de têtes, c'est un cénure. L'hôte définitif s'infeste en dévorant des viscères d'animaux parasités. Une complication de cette évolution est la formation d'un kyste hydatique ou hydatide qui devient énorme et peut contenir des milliers

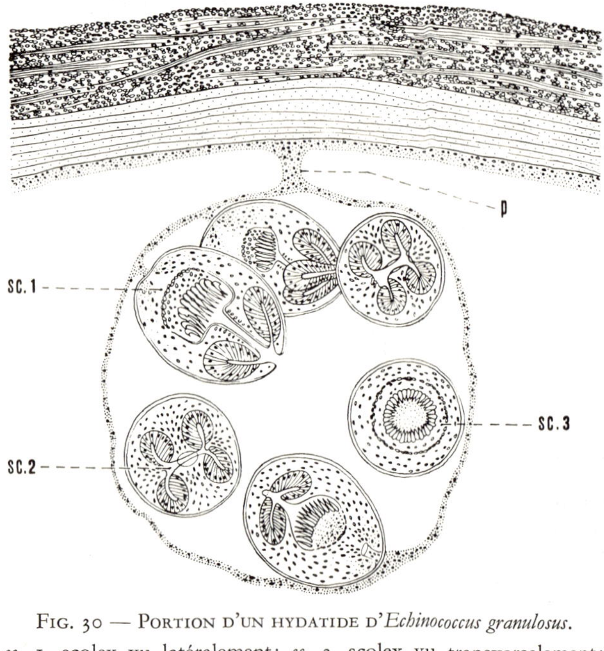

FIG. 30 — PORTION D'UN HYDATIDE D'*Echinococcus granulosus*.

sc. 1, scolex vu latéralement; *sc.* 2, scolex vu transversalement; *sc.* 3, scolex vu par l'extrémité; *p.*, pédicelle (d'après Brown, dans Noble).

de scolex *(fig. 30)*. Il est curieux de constater que cette forme larvaire si volumineuse appartient à l'un des plus petits Cestodes, l'*Echinococcus granulosus*, parasite du Chien à l'état adulte, qui ne dépasse pas 6 mm de longueur.

Chez les Crustacés parasites le rôle des larves dans la recherche de l'hôte est général. C'est à l'état de nauplius ou de copépodite que la plupart des parasites se fixent. Exceptionnellement, chez les Monstrillides, la période

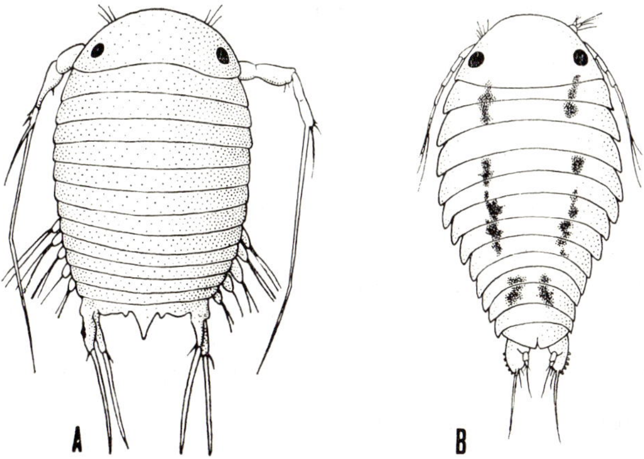

FIG. 31 — LARVE DE *Stegophryxus hyptius*.

A, premier stade de la larve épicardienne; B, larve cryptoniscienne (d'après Reinhard, dans Noble).

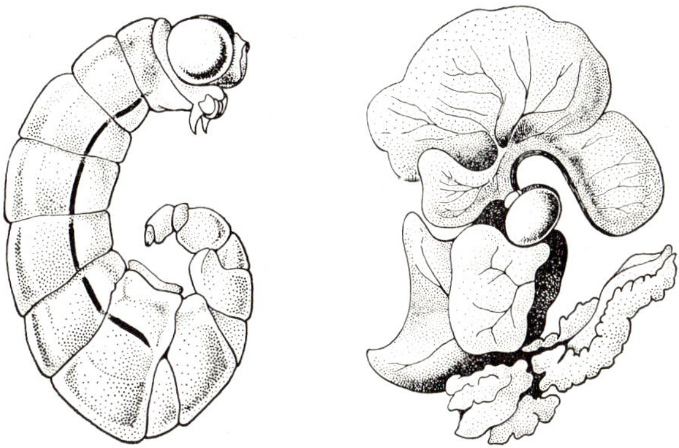

FIG. 32 — DÉVELOPPEMENT DE L'ENTONISCIDE *Portunion menadis*.

A gauche, femelle très jeune; à droite, femelle adulte avec la cavité incubatrice remplie d'embryons (d'après Giard et Bonnier).

parasitaire est l'apanage des larves; le nauplius fixé dans le vaisseau ventral d'une Annélide Polychète se nourrit par l'intermédiaire de prolongements absorbants; après une mue, l'adulte se différencie et sort, comme un Insecte de sa nymphe, pour mener une vie libre. Dans tous les autres cas, l'effet du parasitisme atteint son maximum chez les femelles adultes; souvent les mâles ne deviennent jamais parasites. L'évolution peut être compliquée. Chez les Lernéides par exemple, le nauplius s'attache à un Poisson plat et subit quatre mues sur ce premier hôte; après quoi les larves forment une sorte de nymphe de laquelle sortent des individus sexués qui nagent librement et s'accouplent. Les femelles seules deviennent alors parasites et se fixent sur un Poisson Téléostéen où elles subissent des déformations qui en font les plus extraordinaires parasites. L'évolution des Épicarides est aussi complexe. De l'œuf sort une larve nageante, dite larve épicaridienne, qui a l'aspect d'un Isopode libre. Elle se fixe sur un Copépode pélagique et se transforme en un nouveau type larvaire, la larve cryptoniscienne, qui abandonne le Copépode pour rechercher l'hôte définitif *(fig. 31)*. Chez les Bopyriens, cette larve se fixe dans la cavité branchiale d'une crevette ou d'un crabe; la femelle se transforme alors en une masse volumineuse remplie d'œufs, tandis que le mâle reste nain et se tient sur la femelle *(fig. 32)*. Dans le cas des Cryptonisciens, les transformations et surtout l'évolution sexuelle sont encore plus curieuses. La larve, toujours du sexe mâle, se fixe sur un Crustacé et s'accouple immédiatement avec une femelle qui était déjà fixée; puis ses glandes génitales se transforment et ce mâle devient une femelle. C'est un cas tout à fait remarquable d'hermaphrodisme successif.

Le développement de la Sacculine, qui a fait l'objet de si beaux travaux, est aussi extraordinaire *(fig. 33)*. Le nauplius se transforme d'abord en une larve aplatie latéralement, pourvue de deux valves rappelant un Ostracode et, pour cela, appelée cypris. Cette cypris se fixe par une antennule à la base d'un poil d'un très jeune Crabe et subit alors une véritable métamorphose; elle perd son abdomen et son thorax, avec les appendices; ce qui reste de son corps forme une masse ovoïde qui s'entoure d'une cuticule chitineuse. Cette nouvelle larve, dite kentrogone, pousse un prolongement en forme de dard dans l'an-

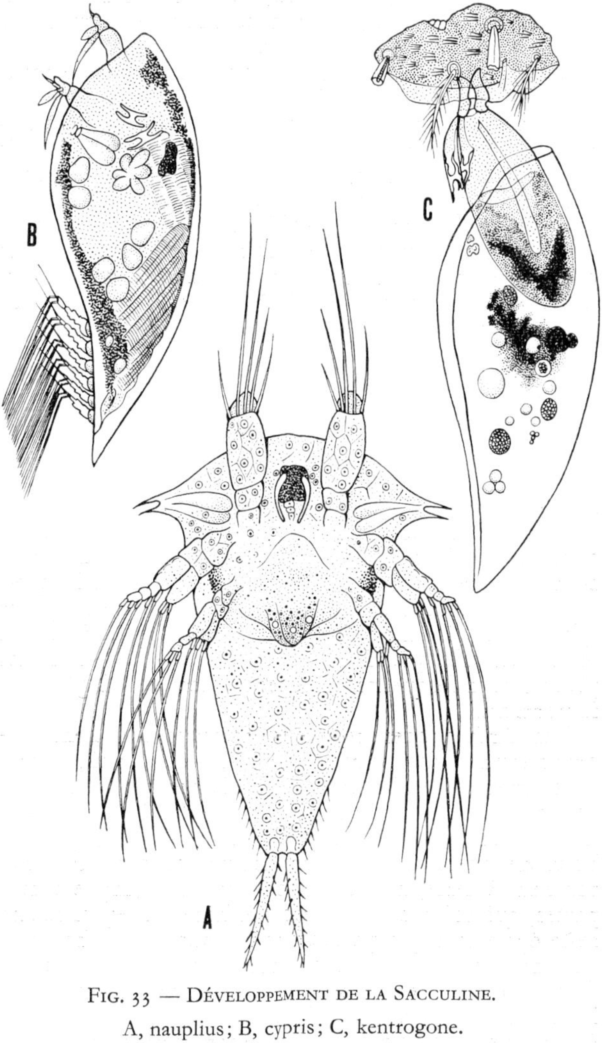

FIG. 33 — DÉVELOPPEMENT DE LA SACCULINE.

A, nauplius; B, cypris; C, kentrogone.

tennule qui eſt fixée au Crabe; ce dard perfore le tégument et le parasite pénètre dans une lacune sanguine par écoulement de sa masse embryonnaire. La Sacculine eſt ainsi devenue parasite interne, qui redeviendra externe après le développement des œufs.

Le cycle évolutif des Némathelminthes eſt fréquemment direct; c'eſt le cas de la plupart des parasites de l'inteſtin des Vertébrés. Les Ankyloſtomes cependant ont des larves qui se trouvent dans la terre humide des endroits souillés par les déjections des porteurs de vers. Ces larves, qui peuvent vivre plusieurs mois sans prendre de nourriture, pénètrent dans le corps humain par la peau, causant une irritation caractériſtique; elles arrivent dans les vaisseaux sanguins et lymphatiques qui les amènent au cœur droit. Lancées dans la petite circulation, elles passent dans les alvéoles pulmonaires; de là elles sont entraînées avec les mucosités jusque dans l'œsophage, puis dans l'eſtomac et l'inteſtin grêle où elles deviennent adultes. Les Filaires, qui vivent à l'état adulte dans les vaisseaux lymphatiques des Vertébrés, passent à l'état larvaire par un hôte intermédiaire qui peut être un Insecte, un Cruſtacé, un Ixode. Les Mermis vivent à l'état adulte libres dans la terre ou dans l'eau, mais leurs larves sont parasites chez les Arthropodes et les Mollusques, dans lesquels elles atteignent une très grande longueur *(fig. 34)*. A côté des Nématodes parasites des animaux, il exiſte un très grand nombre d'espèces parasites des plantes chez lesquelles elles provoquent des dégâts très importants.

Les Arthropodes terreſtres parasites montrent une grande variété dans la recherche de l'hôte. Parmi les parasites externes, les Ixodes ont des larves hexapodes très agiles qui grimpent sur les herbes et attendent le passage d'un hôte favorable sur lequel elles se fixent *(fig. 35)*; au bout de quelques jours, ces larves, gorgées de sang, tombent à terre, muent et donnent une nymphe à huit pattes, qui doit trouver un nouvel hôte sur lequel elle ne reſte également que quelques jours; elle se détache alors, comme avait fait la larve, subit une nouvelle mue et devient une tique adulte, qui, à son tour, se fixe sur un hôte qui eſt définitif. Chez les Insectes le parasitisme peut être plus ou moins complet; les Anoploures et les Mallophages ne quittent jamais leur hôte, sur les poils ou les

FIG. 34 — ORTHOPTÈRE ACRIDIEN INFESTÉ PAR UN JEUNE MERMIS, *Agamermis decaudata* (d'après Hyman, dans Noble).

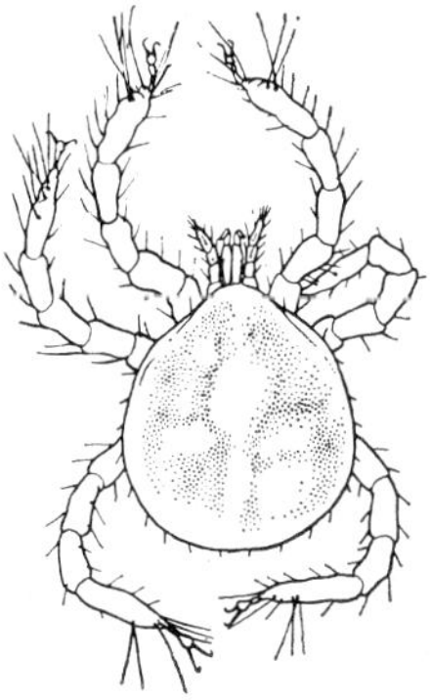

FIG. 35 — LARVE HEXAPODE D'*Argas americanus* (d'après Hassall, dans Noble).

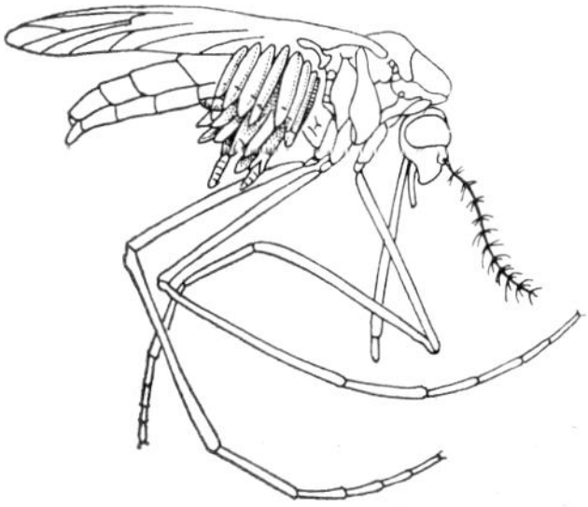

FIG. 36 — PONTE DE *Dermatobia cyaniventris* SUR UN MOUSTIQUE (d'après Séguy).

plumes duquel la femelle dépose ses œufs. Ces Insectes étant hétérométaboles, les jeunes mènent la même vie que les adultes et n'ont donc pas à quitter l'hôte sur lequel ils sont nés. Le cas des Puces est tout différent; les œufs sont semés au hasard, souvent au fond du terrier ou du nid de l'hôte; ils donnent naissance à des larves qui vivent libres, se nourrissant de débris. Au terme de leur croissance, elles tissent un petit cocon dans lequel elles se transforment en une nymphe d'où sortira une Puce adulte qui doit chercher l'hôte sur lequel elle vivra en parasite.

La majorité des Insectes endoparasites sont des Diptères et des Hyménoptères; ils sont parasites à l'état larvaire seulement et, en général, n'ont pas à rechercher leur hôte. C'est la femelle qui dépose ses œufs sur l'hôte ou près de lui, souvent sur les plantes dont il se nourrit. Avec un instinct extraordinaire, elle sait trouver la proie qui convient à sa future larve, que cet hôte soit facilement accessible ou qu'il vive sous terre, dans l'eau, à l'intérieur d'une plante, ou même protégé par un fourreau qui devrait le mettre à l'abri des parasites. Cependant cette recherche présente parfois des complications dont le plus curieux exemple est celui de la Dermatobie. La femelle de ce Diptère ne recherche pas particulièrement l'hôte dans lequel se développeront ses larves; elle capture une Mouche ou un Moustique quelconque, colle sur son corps une vingtaine d'œufs, puis le relâche *(fig. 36)*. C'est lorsque l'Insecte porteur, qui est généralement un piqueur, se pose sur un hôte convenable pour prendre son repas de sang, que les jeunes larves sortent de l'œuf et pénètrent dans le corps de leur victime. À la recherche de l'hôte par la mère des larves parasites se rattache aussi la biologie remarquable des Hyménoptères paralyseurs, Sphégides et Pompilides. Mais il existe aussi des cas où la larve doit rechercher elle-même son hôte et on voit alors apparaître des larves primaires bien différentes de la larve parasite, qui mènent une courte vie libre et active. Le type de ces larves primaires est fourni par les Coléoptères Méloïdes, dont la larve, appelée triongulin, présente de longues pattes terminées par trois ongles, ce qui justifie son nom. Ce triongulin, très actif, a le rôle d'atteindre les organismes aux dépens desquels les stades larvaires suivants doivent se nourrir. Les uns y parviennent en recherchant

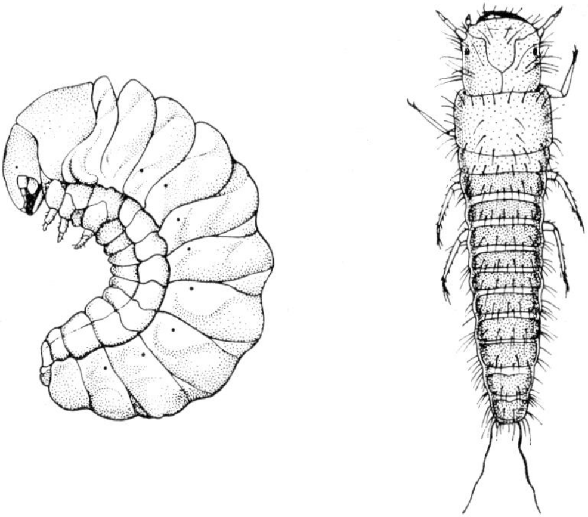

FIG. 37 — LARVES DE *Mylabris variabilis,* PARASITE DU CRIQUET MAROCAIN.

A gauche, larve parasite; à droite, triongulin du deuxième âge.

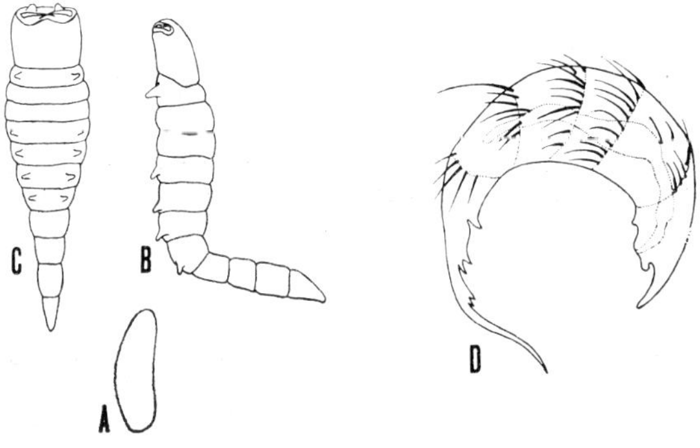

FIG. 38 — LARVES PRIMAIRES D'HYMÉNOPTÈRES PARASITES.

A, B, C, œuf et larves de Serphides; D, larve de Mymaride.

eux-mêmes les cellules d'Hyménoptères ou les pontes de Criquets qui leur conviennent *(fig. 37)*; mais, dans d'autres cas, ils se tiennent en embuscade, prêts à s'accrocher au premier Insecte qui passe à leur portée et à se laisser transporter par lui vers un but qui ne sera favorable que si le hasard offre un Hyménoptère dans le nid duquel le triongulin pourra continuer son évolution. Des larves primaires plus ou moins comparables aux triongulins existent chez quelques Diptères (Bombylides, Oncodides) et chez beaucoup d'Hyménoptères parasites *(fig. 38)*. La larve planidium des Chalcidiens *Eucharidae* et *Perilampidae* en est l'exemple le plus typique *(fig. 39)*. Mais il existe

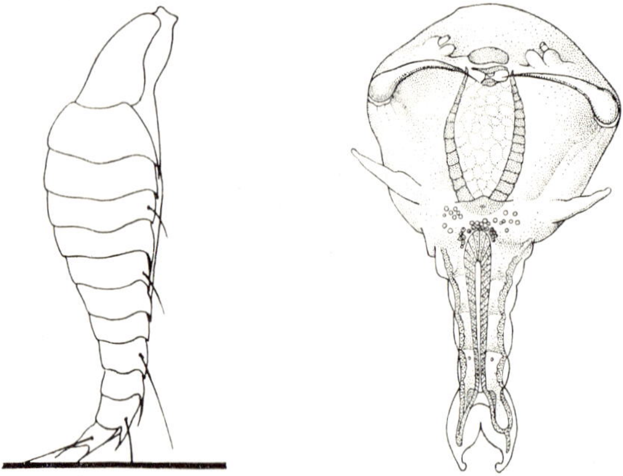

FIG. 39 — LARVE PLANIDIUM D'UN CHALCIDIEN *Eucharidae* (À GAUCHE) ET LARVE CYCLOPOÏDE DE *Trichacis remulus*, *Platygasteridae* (À DROITE).

aussi des larves primaires chez des Hyménoptères parasites qui n'ont aucun besoin de rechercher un hôte. Ce sont les Proctotrypides dont les femelles pondent dans des œufs d'Insectes où leurs larves se développent. Ces larves primaires, dites téléaformes, mymariformes ou cyclopoïdes, montrent de très curieuses particularités morphologiques, les premières avec de grandes mandibules et un abdomen terminé par une sorte de queue, les cyclopoïdes présentant aussi de très fortes mandibules, mais le corps terminé en fourche, ce qui leur donne un peu l'aspect d'un cyclops, d'où leur nom. Ces très curieuses larves primaires n'ont qu'une existence éphémère ; après une ou deux mues, elles donnent naissance à une larve secondaire vermiforme qui continue à évoluer dans l'œuf hôte. Il semble que la larve primaire des Proctotrypides ne prend aucune nourriture pendant sa courte vie et le rôle de ses mandibules relativement énormes est problématique. On a supposé qu'elles pouvaient servir dans la lutte entre plusieurs larves déposées dans le même œuf.

ÉCOLOGIE DES PARASITES — SPÉCIFICITÉ PARASITAIRE

Les parasites sont adaptés à un milieu très spécial et par conséquent limité. L'hôte et le parasite forment un complexe biologique comprenant le parasite, le vecteur, l'hôte et différents facteurs du milieu où vit ce dernier. L'ensemble des parasites qui vivent dans un hôte forme un groupement qu'on a appelé parasitocénose. L'intestin d'un Vertébré peut contenir des Bactéries, des Protozoaires, des Vers; il y a changement continuel dans le nombre de ces parasites, dans leurs stades de développement, dans leur activité physiologique. Ces habitants d'un milieu clos peuvent avoir des influences réciproques; on constate ainsi qu'une forte infestation par un parasite pathogène empêche généralement le développement normal d'un autre parasite introduit. Il peut aussi se produire des sous-produits du métabolisme du parasite qui retardent sa croissance. Il y a un optimum de température et d'humidité pour la croissance et le développement de beaucoup de parasites. Pour les parasites intestinaux, si l'hôte est un homéotherme, une adaptation à sa température est d'abord nécessaire, tandis que les Nématodes pénétrant avec l'humus dans le tube digestif d'un Lombric ne changent pratiquement pas de milieu. La température externe, importante pour l'hôte, peut aussi influencer les parasites qui, cependant, subissent moins fortement que leur hôte les conséquences d'un changement de milieu et évoluent moins rapidement. Le *Trypanosoma diemyctyli*, parasite des Tritons, n'est pathogène qu'au-dessous de 20° C; si cette température est dépassée, le taux du métabolisme de l'hôte s'élève suffisamment pour réduire le nombre des trypanosomes, probablement par la formation d'anticorps. Dans certains cas, on constate que les variations du milieu peuvent avoir une influence inverse chez l'hôte et chez le parasite. Tel est le cas des Mollusques *Bithynia denticulata* et *Dreissena* avec leurs Ciliés parasites, dans l'eau douce et l'eau saumâtre. Quand la salinité augmente, le Cilié *Conchophtirius acuminatus* diminue tandis que *Comagalma dreissenae* augmente en nombre. Ainsi le Mollusque est adapté à vivre dans des eaux à salinité variable tandis que ses parasites peuvent réagir de façon très différente à cette variation du milieu.

Les parasites sont plus ou moins sensibles aux variations saisonnières qui affectent leur hôte. Par exemple le Trématode *Schistosoma mansoni* peut arrêter son développement et entrer en diapause larvaire lorsque son hôte, le Mollusque *Australorbis glabratus,* entre en estivation. Les poissons de la Volga étudiés par Dubinin hivernent dans des trous, sans prendre de nourriture, et perdent les Cestodes du tube digestif mais ceux qui vivent dans d'autres organes ne réagissent que faiblement à l'hibernation de l'hôte.

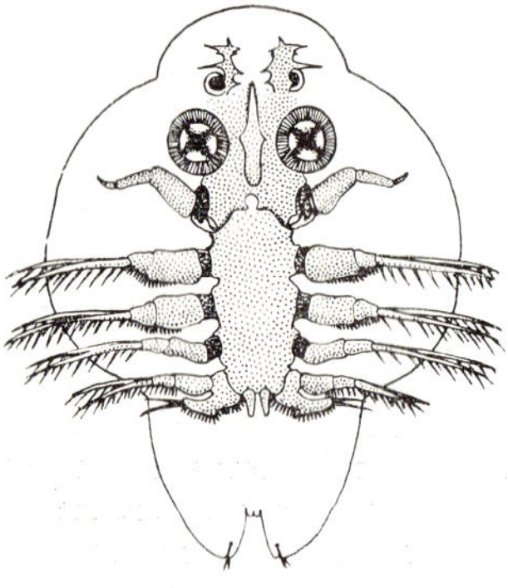

FIG. 40 — FEMELLE D'*Argulus* (d'après Noble).

Inversement, l'effet du froid peut amener certains parasites externes des Poissons, comme l'*Argulus,* à se grouper et à attaquer plus sévèrement leur hôte *(fig. 40)*. Le changement de milieu se fait sentir d'une façon remarquable chez les parasites des poissons migrateurs. Le Saumon de la côte occidentale de l'Amérique est parasité par une Douve, vecteur d'une grave maladie virale. Des Poissons fortement parasités en eau douce migrent en mer, et lorsqu'ils reviennent en rivière pour frayer, ils sont pratiquement indemnes; mais, en quelques semaines, ils sont à nouveau porteurs de milliers de métacercaires. Au contraire, les Copépodes ectoparasites fixés sur les

Saumons pendant leur séjour marin disparaissent quand le Poisson entre dans les fleuves.

La taille et l'âge de l'hôte peuvent influencer la morphologie du parasite. En règle générale les animaux âgés ont plus de parasites que les jeunes. Ce fait n'est pas en contradiction avec la plus grande facilité d'infestation expérimentale des jeunes en laboratoire; celle-ci peut être due au fait que les jeunes n'ont souvent pas atteint la spécificité chimique qui permet d'éliminer, par la formation d'anticorps, les parasites qui, normalement, n'infestent pas l'espèce. Chez les Poissons, dont les parasites ont été bien étudiés, on constate que le nombre des Helminthes montre habituellement une augmentation régulière avec l'âge et la taille de l'hôte. Il semble que, dans ce cas, un des facteurs de l'infestation ne soit autre que l'activité nutritive du Poisson dont la croissance rapide exige l'absorption de proies nombreuses, hôtes intermédiaires fréquents de parasites. En ce qui concerne la taille, on admet généralement que des parasites de plus grande taille se trouvent chez les hôtes les plus grands; tel est le cas des Ascaris de l'Homme et du Cheval. Mais c'est chez les Insectes que la taille de l'hôte semble avoir l'influence la plus remarquable. Chez les Hyménoptères parasites à parthénogenèse facultative, la femelle dépose un œuf fécondé, qui donnera une femelle, dans un hôte de grande taille. Ce fait, fréquemment reconnu chez les paralyseurs, a été observé aussi chez les *Pimpla* (Ichneumonides) dont les femelles déposent leurs œufs fécondés, donc devant donner des femelles, dans les grandes chrysalides de Sphinx, et dans les petites chrysalides de *Pieris,* des œufs non fécondés d'où naîtront des mâles. Un cas très curieux est présenté par les Aphélinides du genre *Coccophagus,* parasites de Coccides. La femelle vierge est attirée par des Cochenilles déjà parasitées; l'œuf qu'elle y dépose trouvera une alimentation suffisante pour son développement, car il donnera un petit mâle. Mais les œufs fécondés sont toujours déposés dans des hôtes non déjà parasités où la quantité des substances assimilables est plus importante; ils donnent des femelles.

Pour maintenir son métabolisme basal, le parasite est obligé de s'adapter à un milieu nouveau tout en gardant assez de plasticité pour supporter les changements de ce milieu. Cet ajustement est un processus délicat et il n'est pas étonnant que les parasites soient si souvent incapables de vivre dans un hôte autre que celui auquel ils sont habitués. Pour que le parasite réussisse à se maintenir il doit avoir une entrée facile dans le corps de l'hôte; c'est ainsi que beaucoup sont simplement avalés à l'état d'œuf ou de kyste. Mais il doit aussi pouvoir s'adapter aux conditions de milieu offertes par l'hôte ou l'organe qui doit devenir son habitat spécial. On s'est demandé à ce sujet comment les parasites du tube digestif des Vertébrés résistent aux enzymes aussi bien que la muqueuse de l'hôte, qui n'est pas digérée. La nature de la cuticule du parasite composée de mucoprotéines polymérisées fait que celle-ci n'est pas attaquée par la pepsine et la trypsine, bien que les tissus sous-jacents soient dissous par ces enzymes. On suppose aussi que les parasites sont capables de sécréter des anti-enzymes, ce qui est en partie vérifié par le fait que lorsqu'un parasite meurt, par conséquent ne sécrète plus, il est immédiatement digéré par son hôte. De ces mécanismes complexes résulte la spécificité parasitaire.

Un parasite peut être attaché à une seule espèce d'hôte et d'autres à de nombreuses espèces parfois fort éloignées dans la classification. D'autre part, certains animaux se montrent toujours bourrés de parasites, tandis que d'autres ne sont presque jamais attaqués. Un exemple de cette distribution mal expliquée est fourni par les Puces des Hirondelles dont on compte dix-sept espèces spéciales alors que les Martinets, qui ont une morphologie et des mœurs très comparables, n'ont aucune espèce particulière de Puce. La spécificité est fonction de la spécialisation physiologique des parasites et de l'ancienneté du parasitisme, la spécialisation étant d'autant plus étroite que celui-ci est plus ancien. Au cours de l'évolution, parasite et hôte deviennent plus étroitement adaptés l'un à l'autre et le parasite arrive à être incapable de vivre sur un hôte nouveau. Il suffit quelquefois de certains ajustements biochimiques pour favoriser l'adaptation à un hôte nouveau. Ainsi une lignée de *Trypanosoma vivax* du Mouton se montre incapable d'infester le Rat blanc dans les conditions normales de l'expérience; mais il suffit d'ajouter à la culture injectée un peu de sérum de Mouton pour que le parasite s'adapte à vivre dans le Rat et produise une infestation virulente.

La spécificité parasitaire peut se présenter sous deux

formes, spécificité physiologique d'un parasite génétiquement incapable de vivre dans un hôte différent de celui auquel il est adapté, spécificité écologique dans laquelle le parasite capable de vivre sur un hôte étranger ne rencontre jamais les conditions favorables par suite de barrières écologiques.

Le degré de spécificité est très variable suivant les groupes. Parmi les Protozoaires, elle est très marquée chez les Grégarines, les Coccidies, les Hémosporidies, ainsi que chez les Flagellés des Termites. Les Sporozoaires intracellulaires sont plus spécifiques que ceux qui habitent les cavités et le sang de leurs hôtes. Les Flagellés des Termites peuvent vivre dans les Blattes *Cryptocercus* jusqu'à la mue de ces dernières; mais les *Cryptocercus* possèdent elles-mêmes des Flagellés qui résistent un an chez les Termites et peuvent même s'adapter indéfiniment chez les Termites inférieurs *Zootermopsis*.

Chez les Plathelminthes, la spécificité est assez forte chez les Trématodes et les Cestodes, mais beaucoup plus en ce qui concerne les hôtes intermédiaires des larves que les hôtes définitifs des adultes. Elle est cependant, en général, moindre chez les parasites qui passent par plusieurs hôtes que chez ceux qui évoluent dans un seul. Le Trématode *Fasciola hepatica* peut parasiter à l'état adulte des hôtes aussi variés que le bétail, le Porc, les Rongeurs, l'Éléphant, l'Homme, mais la spécificité est bien plus marquée en ce qui concerne les Mollusques qui servent d'hôtes intermédiaires à ses larves. Bien que celles-ci soient attirées par différents Mollusques, leur évolution normale n'est possible que chez quelques espèces bien déterminées. Les Cestodes Tétraphyllides, parasites des Élasmobranches, montrent un haut degré de spécificité dont l'expression se manifeste dans les extraordinaires types du scolex. C'est surtout chez les Cestodes des Oiseaux aquatiques que la spécificité parasitaire est marquée; toute une série de Canards, Grèbes, Hérons, Flamants, Cormorans, bien qu'habitant les mêmes étangs ou lagons dans une promiscuité bien favorable aux échanges de parasites, possèdent chacun une faune de Cestodes spéciale. Contrairement aux Trématodes, la spécificité des Cestodes semble dépendre des relations phylogénétiques des hôtes plutôt que de la ségrégation écologique (Baer).

Parmi les Crustacés, les Copépodes pélagiques, parasites temporaires, s'attaquent à toutes sortes de Poissons, mais les vrais parasites montrent une spécificité assez étroite; certains, très modifiés comme *Xenocoeloma,* sont même rigoureusement inféodés à un seul hôte. Chez les Lernéides chaque genre pousse la spécificité jusqu'au choix d'un point de fixation très spécial; les uns s'enfoncent sous la tête du Poisson pour atteindre le bulbe aortique, d'autres traversent les muscles pour s'ancrer par la tête aux os; le *Lernaeicus sprattae* se fixe toujours derrière l'œil d'un Sprat, dans l'artère rétinienne *(fig. 41)*. La spécificité est très marquée chez les Rhizocéphales et les Isopodes Épicarides; Giard et Bonnier supposaient même

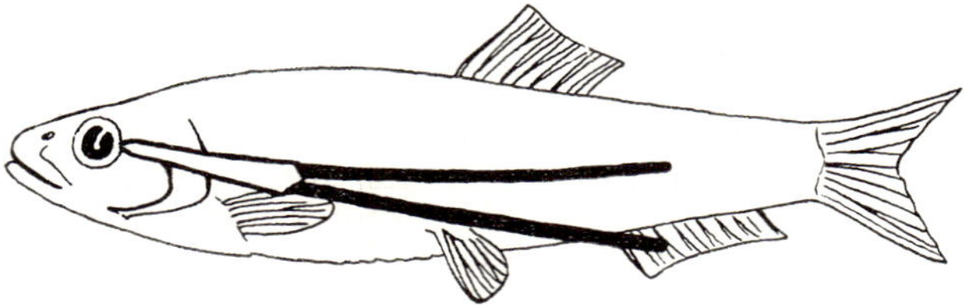

FIG. 41 — *Lernaeicus sprattae* FIXÉE DANS L'ŒIL D'UN SPRAT (d'après Scott).

chez ces derniers une spécificité absolue au point de considérer comme nouvelle toute espèce recueillie sur un hôte non encore signalé.

Quant aux Insectes le degré de spécificité est très variable suivant les groupes. Les parasites temporaires, comme les Diptères piqueurs, montrent en général une spécificité presque nulle; certains Moustiques s'attaquent à toutes sortes de Vertébrés, même à sang froid. Chez les Pupipares, certaines espèces ne s'attaquent qu'aux Mammifères, d'autres aux Oiseaux; cependant des formes comme le *Melophagus ovinus* et le *M. rupicaprinus* semblent étroitement adaptées à un seul hôte *(fig. 42)*. Les Stréblides et les Nyctéribiides ne vivent que sur les Chauves-Souris. La spécificité des ectoparasites est variable et ceux qui, comme les Puces, ont une vie larvaire indépendante sont moins spécialisés que ceux qui ne quittent jamais leur hôte. Certains types très caractérisés comme le *Platypsyllus castoris,* du Castor *(fig. 43),* et les *Hemimerus*

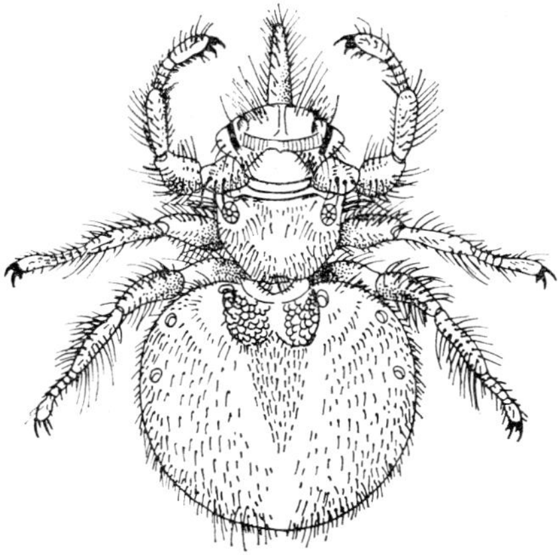

FIG. 42 — *Melophagus ovinus,* MALLOPHAGE PARASITE DU MOUTON.

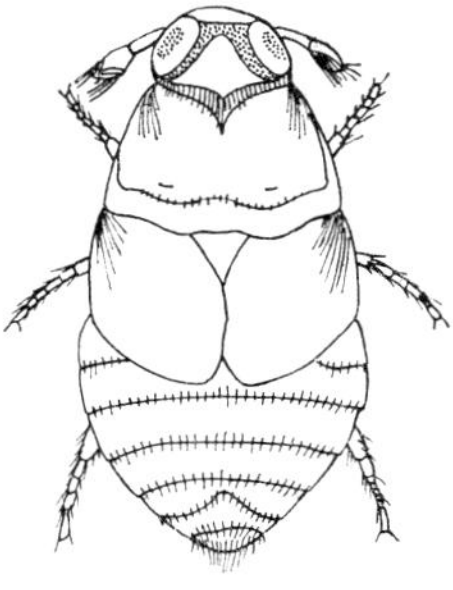

FIG. 43 — *Platypsyllus castoris,* COLÉOPTÈRE PARASITE DU CASTOR.

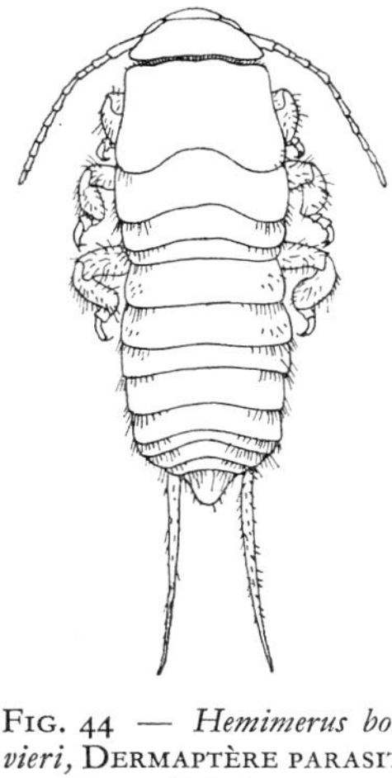

FIG. 44 — *Hemimerus bouvieri,* DERMAPTÈRE PARASITE DE *Cricetomys.*

(fig. 44), des *Cricetomys*, sont étroitement liés à un seul hôte. D'après Rehn, les différentes espèces d'*Hemimerus* présenteraient même de faibles caractères d'adaptation aux diverses sous-espèces de leur hôte. Les Poux et surtout les Mallophages sont également souvent adaptés à la vie sur un seul hôte *(fig. 45)*. Parmi les Diptères parasites la spécificité est à peu près nulle chez les Diptères Tachinaires sauf pour les Dexiines parasites des larves de Scarabéides. Il en est de même des Muscides où des cas comme *Lucilia bufonivora*, parasite obligatoire des Batraciens, et *Pollenia rudis*, parasite des Vers de terre, peuvent être considérés comme des exceptions. Au contraire les Gastérophilides et Oestrides sont très spécialisés non seulement dans le choix de leur hôte mais dans le mode d'attaque. Parmi les Hyménoptères entomophages, la spécificité est bien facile à constater chez les paralyseurs, mais bien moins nette chez les véritables parasites. Elle est faible chez les Ichneumonides et Braconides; certains *Apanteles*, qui passent obligatoire-

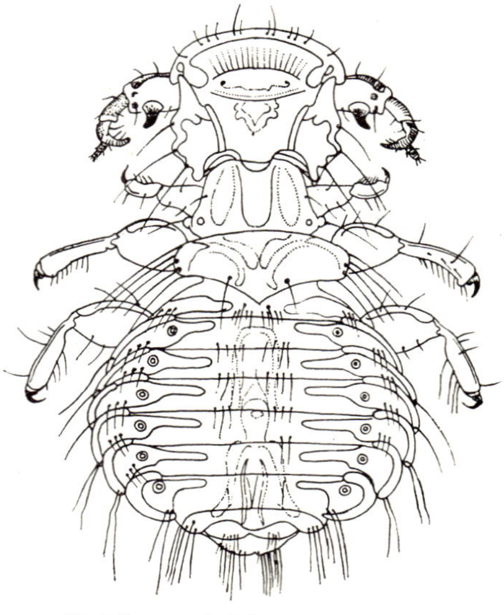

FIG. 45 — *Goniodes pavonis*, MALLOPHAGE PARASITE DU PAON.

ment l'hiver à l'état larvaire, peuvent changer d'hôte avec la saison. Voisins des Braconides, les Aphididés parasitent uniquement des Pucerons, et les Évanidés ne s'attaquent qu'aux Blattes. Les Chalcidiens, qui comptent un nombre considérable de minuscules Hyménoptères dont beaucoup pondent dans les œufs d'autres Insectes, ne montrent en général qu'une très faibles pécificité parasitaire et, par exemple, le *Trichogramma evanescens* est connu de cent cinquante hôtes différents.

La spécificité parasitaire a été utilisée pour résoudre certains problèmes de biogéographie. Par leur parenté, les parasites peuvent fournir des indications sur la distribution des continents anciens. Ainsi, l'étude des parasites des Poissons des fleuves de l'Amazone apporte un certain appui à la théorie de la Téthys tertiaire. Ces parasites sont, pour la plupart, caractéristiques des eaux marines, ce qui semble confirmer l'origine des Poissons des fleuves actuels. Ils peuvent aussi indiquer la parenté d'hôtes à distribution géographique actuelle très éloignée. On a ainsi pensé reconnaître la parenté du *Cariama cristata,* Rapace d'Amérique, avec le Busard d'Europe par l'étude de leurs Helminthes. Mais ce sont surtout les Insectes ectoparasites qui ont été utilisés comme critère de parenté entre leurs hôtes. Les Mallophages des Oiseaux présentent un haut degré de spécificité et le cas du Flamant est classique. Les ornithologistes ont longtemps hésité à placer cet Oiseau soit dans les Ciconiiformes, soit dans les Ensériformes. Or, les Mallophages du Flamant se rapprochent étroitement de ceux des Canards, ce qui semble trancher la question.

RÉACTIONS DE L'HÔTE PARASITÉ — IMMUNITÉ

Nous avons vu qu'il existe entre hôte et parasite un état d'équilibre qui fait que ce dernier est plus ou moins toléré. Sa présence déclenche cependant chez l'hôte toute une série de réactions qui modifient plus ou moins profondément son activité normale et dont certaines peuvent conduire à l'élimination du parasite. Les effets du parasitisme sur l'hôte dépendent de nombreux facteurs; du côté de l'hôte, âge, régime, susceptibilité; d'autre part, taille, nombre et virulence des parasites. L'influence du régime de l'hôte se manifeste de différentes façons sur l'évolution du parasite. Un exemple intéressant est fourni par *Entamoeba invadens,* parasite non pathogène des Tortues herbivores, qui a besoin, pour accomplir son cycle normal, comportant un stade d'enkystement, d'une certaine quantité d'hydrates de carbone. Cette Amibe peut parasiter des Serpents carnivores dont le tube digestif ne contient aucune trace d'amidon; dans ce cas, les parasites envahissent la muqueuse intestinale et provoquent une mortalité à 100 % de l'hôte. D'autres fois c'est la nutrition de l'hôte qui est troublée par la présence du parasite à un tel point que sa morphologie en est grandement affectée. Tel est le cas de certaines Fourmis américaines parasitées par des Mermis. Les ouvrières subissent une augmentation du volume de toutes les parties du corps, surtout de l'abdomen. Wheeler, qui a étudié ces faits, appelle ces individus macroergates. Cette hypertrophie semble le résultat d'une croissance excessive pendant la vie larvaire, conséquence de la surnutrition due à la présence du parasite. D'une façon générale, on constate aussi que la nutrition insuffisante de l'hôte est susceptible de favoriser le parasitisme. C'est ainsi que dans les régions d'Amérique du Sud, où les populations sont sous-alimentées, les attaques de malaria sont particulièrement sévères.

Les parasites peuvent provoquer des troubles graves par destruction des tissus, par des hémorragies ou par compression et oblitération de vaisseaux sanguins et lymphatiques. Les réactions de l'hôte se manifestent par l'inflammation et, souvent, par une défense de nature mécanique provoquant la phagocytose du parasite ou la production de tissus fibreux et membraneux qui l'enveloppent et le neutralisent. Le même résultat peut être obtenu par la production de sels de calcium.

Mais les réactions de l'hôte peuvent être aussi de nature chimique et humorale, en particulier par la production d'anticorps. La présence du parasite amène le plus souvent des modifications dans le sang de l'hôte. Par exemple, chez les *Peromyscus* infestés par le *Trypanosoma cruzi,* il y a augmentation du nombre des grands lymphocytes et diminution des leucocytes éosinophiles. On peut aussi constater chez les Vertébrés infestés par des Vers une augmentation des leucocytes et une diminution des érythrocytes. Cette diminution des globules rouges est fréquente et peut mener à une anémie grave, l'ankylostomiase par exemple; elle peut résulter de la prise d'une certaine quantité de sang par le parasite ou de la destruction des globules rouges, soit directement, soit par émission de substances à propriétés lysiques (*Plasmodium*, Trypanosomes, Coccidies). Il peut aussi se produire une réaction générale de l'hôte qui intéresse les organes comme la rate et autres formateurs de globules rouges.

Les métabolites normaux de l'hôte (vitamines, acides aminés, acides organiques) fournissent en général tout ce qui est nécessaire à la vie du parasite. La nature et la quantité de ces produits varient non seulement d'un hôte à l'autre, mais chez un même hôte à différentes époques de son existence. Ainsi le milieu dans lequel vit le parasite est constamment changeant, de même que la résistance de l'hôte. Ces rapports peuvent assurer la survie du parasite mais aussi déterminer l'immunité de l'hôte. On peut en effet observer une immunité qu'il ne faut pas confondre avec la résistance aux parasites. De même que contre les Bactéries, l'hôte produit des anticorps contre les substances chimiques sécrétées par les parasites. Ce sont surtout les parasites du sang et des tissus qui provoquent cette formation d'anticorps. Les réactions de fixation du complément ont été obtenues avec des cultures d'*Entamoeba histolytica* dont les propriétés hémolytiques étaient détruites par chauffage à 80°. Des réactions analogues sont obtenues avec le sérum d'animaux infestés par différents trypanosomes. On a pu extraire de l'*Ankylostoma caninum* une substance à action protéolytique qui, injectée à des chiens déjà parasités, apporte à ceux-ci une protection partielle contre une deuxième infestation; les Vers se montrent moins nombreux et plus petits que pendant la première. L'influence réciproque entre hôte et parasite est prouvée par le passage d'un Protozoaire chez des hôtes différents. La virulence du parasite peut en être augmentée et le dernier hôte succombe; mais, si ce dernier est réfractaire, la virulence est au contraire diminuée. Dans le même ordre de faits, on a aussi observé que la présence d'Helminthes peut augmenter ou diminuer la résistance des hôtes à l'infestation par des microorganismes. Et les Japonais ont pu isoler une toxine de l'Ascaris, l'ascarone, qui peut produire des effets d'allergie, surtout chez les enfants.

Enfin une des particularités les plus remarquables du parasitisme est l'action sur les processus sexuels de l'hôte que Giard a appelée castration parasitaire. On peut observer une castration directe par des parasites qui vivent dans les gonades et causent leur atrophie plus ou moins complète; par exemple la Mouche *Cuterebra emasculator,* parasite des Écureuils. Mais l'action des parasites peut être plus complexe. Chez les Crabes parasités par une Sacculine ou les *Leander* porteurs de Bopyrides, le développement des caractères masculins est anormal, peut-être inhibé par une toxine produite par le parasite. Après la chute de la Sacculine on constate chez les Crabes mâles que les glandes génitales atrophiées se reconstituent, mais avec le type femelle. On pourrait citer beaucoup d'autres exemples de Crustacés plus ou moins complètement stérilisés par un parasite. Chez les Insectes, les Chironomides femelles parasités par un Mermis montrent un renversement du sexe; des caractères mâles peuvent apparaître et, dans les cas extrêmes, les ovaires sont remplacés par des testicules. Mais le cas le plus remarquable est sans doute celui des Hyménoptères parasités par un Strepsiptère. Les deux sexes des Abeilles solitaires *Andrena* peuvent perdre leurs caractères sexuels secondaires pour prendre, en partie au moins, ceux du sexe opposé et les Polistes montrent une dégénérescence surtout marquée pour les ovaires des femelles. Ces phénomènes, appelés stylopisation, sont surtout remarquables chez les Andrènes dont non seulement la morphologie est modifiée mais aussi les mœurs, car les femelles ne récoltent plus de pollen.

On a cherché à expliquer les cas de castration parasitaire par la production de substances toxiques du parasite, par son influence sur la nutrition générale de l'hôte, sur le métabolisme des lipides ou sur la sécrétion des hormones. Une des meilleurs hypothèses est que le parasite renverse la balance entre les potentialités mâle et femelle qu'on suppose exister chez tous les animaux. Le sexe de tout individu doit être dû à l'interaction de forces contradictoires, de sorte qu'il peut être affecté par tout trouble dans cette balance.

Chez les végétaux, les réactions de l'hôte à la présence

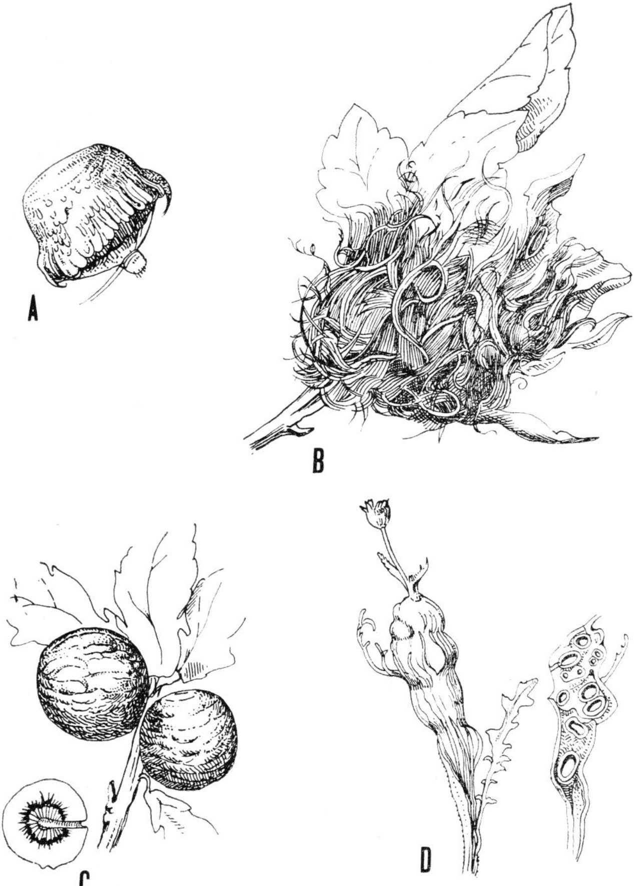

FIG. 46 — GALLES.

A, de *Cynips kiefferi,* sur Chêne ; B, de *Rhodites rosae,* sur Églantier ; C, de *Cynips kollari* ; D, d'*Aulax scabiosae.*

d'un parasite sont souvent très marquées. On a observé quelques cas de réactions comparables à la castration parasitaire des animaux. C'est ainsi que, chez *Lychnis dioica* parasité par *Ustilago antherarum,* des anthères se développent sur un pied femelle. Mais la réaction la plus visible concerne les parasites animaux et consiste en la formation de galles ou cécidies produites par des Nématodes, des Acariens et surtout des Insectes. Ces galles, souvent très volumineuses et de formes extraordinaires, peuvent toucher à toutes les parties de la plante, depuis la racine jusqu'aux fleurs. Elles sont dues à la présence de larves appartenant à différents ordres d'Insectes mais surtout aux Diptères Cécidomyides, aux Hyménoptères Cynipides et aux Pucerons. Presque toutes les plantes peuvent être attaquées et on constate en général une spécificité stricte, beaucoup d'Insectes recherchant toujours la même plante sur laquelle ils provoquent une galle de forme très caractéristique. Une galle comprend une couche nourricière entourant la larve, une couche protectrice de tissu sclérifié et une couche externe épidermique; entre les deux se trouve un tissu parenchymateux spongieux, formant la majeure partie de la cécidie, souvent très développée comme dans les galles produites par les *Cynips* sur les feuilles de chêne *(fig. 46* et *47)*. La formation de la galle ne semble due ni au traumatisme produit par l'introduction de l'œuf, ni à un liquide inoculé en même temps que ce dernier, mais à des sécrétions de l'embryon diffusant à travers la coque et, ensuite, produites par la larve.

On peut enfin citer une curieuse réaction de défense présentée par certains Champignons attaqués par des Nématodes. Il s'agit d'un mécanisme de piégeage, sorte de garrot constitué par quelques cellules à surface excitable. Lorsque le Nématode s'engage dans cet anneau, les cellules se gonflent brusquement et capturent le Ver, qui meurt en quelques minutes et est digéré par les hyphes suçoirs du Champignon.

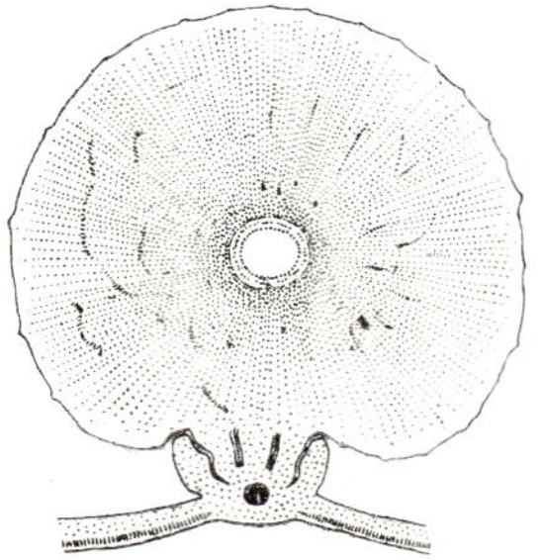

FIG. 47 — COUPE D'UNE GALLE DE *Cynips folii* SUR *Quercus*.

SYMBIOSE ET PARASITISME CHEZ LES VÉGÉTAUX

Le monde végétal offre sans doute le plus bel exemple de symbiose avec les Lichens qui sont, en fait, un thalle résultant de la croissance symbiotique d'une Algue et d'un Champignon. L'Algue est en général d'un genre très commun et très répandu d'Algue libre, tel que *Gloeocapsa, Nostoc, Stigonema* et *Protococcus;* sa culture pure peut être facilement réalisée. Le Champignon est généralement un Ascomycète, rarement un Basidiomycète, dont la nature exacte est difficile à reconnaître car, bien que cultivables, ces Champignons ne donnent souvent qu'un mycélium peu vigoureux. Les spores peuvent commencer à germer mais le développement s'arrête très vite si le jeune thalle ne rencontre pas l'Algue qui lui convient. Un Champignon peut s'associer avec différentes Algues et donner avec chacune un Lichen distinct. L'Algue constitue la couche à cellules chlorophylliennes ou gonidie, l'autre région morphologique sans chlorophylle est l'hyphe. Les rapports exacts des deux plantes ont été très discutés, les uns attribuant au Champignon un rôle de parasite aux dépens de l'Algue, d'autres admettant les relations inverses. Il semble que l'opinion qui prévaut actuellement est qu'il s'agit d'une combinaison symbiotique spéciale dans laquelle les deux associés trouvent avantage. Par comparaison avec les autres végétaux, les Lichens se montrent capables de supporter des variations extrêmement importantes de température et des degrés de dessiccation très élevés. La réhydratation se fait avec une grande rapidité par toute la surface du thalle et, partant de l'état sec, on atteint en quelques minutes la saturation complète. Les éléments nutritifs organiques ou minéraux sont absorbés très rapidement de la même manière. L'Algue, pourvue de chlorophylle, fait la synthèse des hydrates de carbone à l'aide desquels le Champignon fabrique des matières azotées; le Champignon lui fournit un abri, une réserve d'eau entre ses hyphes et, par ses filaments mycéliens, des sels empruntés au substrat.

Un autre exemple bien connu de symbiose est celui des

nodosités des racines de Légumineuses. Les Bactéries du sol, qui assimilent l'azote atmosphérique, sont incorporées aux radicelles dans des sortes de tumeurs où elles se transforment en bactéroïdes dont la substance est assimilée par la plante. Les mycorrhizes sont aussi des associations entre un Champignon et les racines de nombreuses plantes. Le cas le plus classique et le mieux étudié

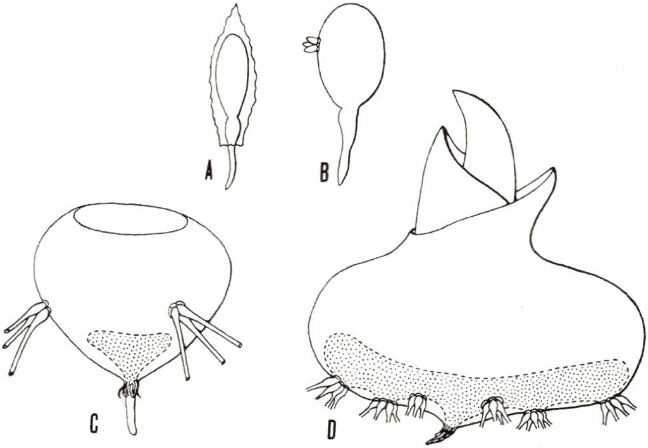

FIG. 48 — ÉTAPES DU DÉVELOPPEMENT D'UN EMBRYON DE *Cattleya*. Le pointillé indique la région infestée (d'après N. Bernard).

est celui des Orchidées auquel est attaché le nom de Noël Bernard *(fig. 48)*. Les graines de ces plantes ne peuvent germer et se développer normalement que sous l'influence d'un Champignon du genre *Rhizoctonia (fig. 49)*. Ce Champignon pénètre à la base des poils absorbants des racines, traverse l'épiderme et pénètre dans les cellules du parenchyme où il montre un mode de végétation caractéristique sous forme de tissu filamenteux. Il envahit les tubercules mais n'atteint jamais le sommet végétatif de l'Orchidée; il y a comme une barrière en un point où les cellules de la plante phagocytent le mycélium et empêchent sa propagation. Il ne s'agit pas d'un simple acte de nutrition mais d'une véritable réaction de défense qui indique bien la nature parasitaire du Champignon contre laquelle la plante réalise une certaine immunité. Il semble y avoir dans les tubercules d'Orchidées qui hébergent des Champignons production d'anticorps ou de substances fongicides, car on constate que, dans une culture, le mycélium est phagocyté et le Champignon

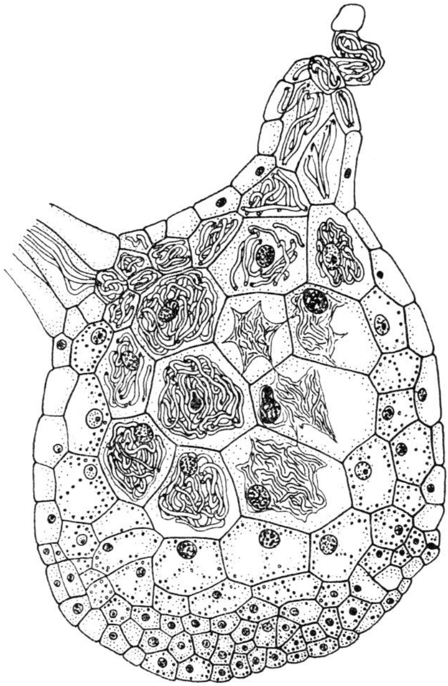

FIG. 49 — COUPE LONGITUDINALE DANS UNE JEUNE PLANTULE D'*Odontoglossum*, UN MOIS APRÈS L'INFESTATION PAR LE CHAMPIGNON *Rhizoctonia lanuginosa* (d'après N. Bernard).

cesse de croître autour d'un fragment de tubercule. Un autre exemple de production d'anticorps peut être tiré de la culture des plantes de serre. Dans l'atmosphère chaude et humide, beaucoup de ces plantes sont attaquées par le mycélium d'une race virulente de *Botrytis cinerea*, cause de la maladie de la Toile. On peut atténuer la virulence de ce Champignon par culture sur un terreau très humide. Des boutures de *Begonia* placées dans ce terreau ne paraissent pas affectées par le mycélium atténué et, mises plus tard en présence de *Botrytis* virulent, elles se montrent réfractaires; on peut donc dire qu'elles sont vaccinées. Ces faits permettent de penser que les mycorrhizes sont aussi proches du parasitisme que de la symbiose.

Les véritables parasites végétaux concernent d'abord les Champignons, dont beaucoup vivent aux dépens de l'homme, des animaux et des plantes chez lesquels ils provoquent des maladies désignées sous le nom de

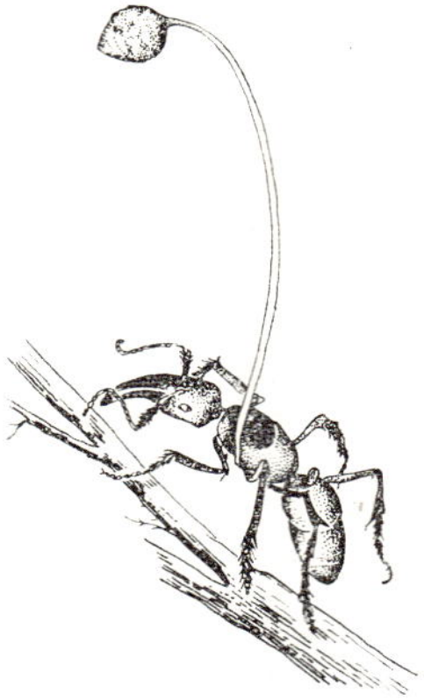

FIG. 50 — FOURMI D'AFRIQUE, *Paltothyreus*, PARASITÉE PAR UN *Cordyceps* (d'après R. Heim).

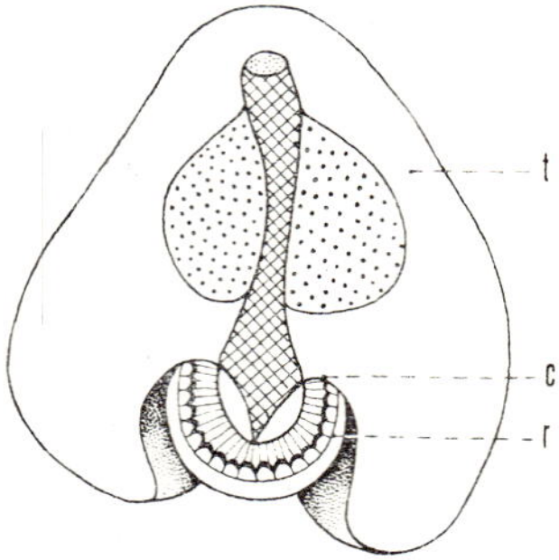

FIG. 51 — SUÇOIR DE *Rhinanthus* SUR UNE RACINE DE MONOCOTYLÉDONE.

t, tête du suçoir; *c*, cône de pénétration; *r*, racine de l'hôte (d'après Christmann).

mycoses. Il y a passage au saprophytisme; par exemple les Fumagines *(Plaeosphaeria)*, qui se développent sur les exsudats sucrés émis par les Pucerons et les Cochenilles, ne sont pas des parasites mais elles provoquent une maladie de la plante en empêchant l'arrivée de la lumière solaire. De même beaucoup de Champignons des arbres malades sont des saprophytes, non des parasites. Par contre les Laboulbéniales et les *Cordyceps* (Pyrénomycètes), qui vivent sur les Insectes, sont des parasites obligatoires *(fig. 50)*. Chez les Champignons des plantes, il peut exister une spécificité parasitaire et surtout un passage par deux hôtes différents qui rappelle ce qu'on constate chez certains parasites animaux. Par exemple le *Puccinia graminis* (Urédinale), agent de la Rouille du Blé, passe une partie de sa vie sur l'Épine-Vinette. Sur cette plante le mycélium cloisonné, à cellules uninucléées, donne des spermogonies. Il y a parfois une lutte véritable entre le Champignon et son hôte; si le protoplasma de l'hôte disparaît, absorbé par les filaments du mycélium, la victoire est au Champignon, mais l'hôte peut phagocyter ce dernier.

Les réactions morphologiques de la plante attaquée sont fréquentes, consistant en courbure des tiges et des pétioles, parfois déformation de la plante complète ou formation de tumeurs de types divers. La plante peut aussi demeurer stérile. Des modifications chimiques, produites par la présence du parasite, peuvent avoir des répercussions sur toute la physiologie de l'organisme envahi, qui montre souvent une augmentation de son activité générale, floraison précoce, chute des feuilles prématurée, accumulation de réserves. Les modifications se traduisent souvent par une pigmentation spéciale et par une modification du pH dont l'acidité augmente généralement.

On a rangé les différentes formes de Phanérogames parasites suivant leur morphologie et leurs caractéristiques parasitaires en épirhizoïdes, épiphytoïdes et lianoïdes (Pfeiffer, 1788). Mais les cas de parasitisme montrent une forte variété suivant que les parasites sont complètement dépourvus de chlorophylle ou possèdent des feuilles vertes qui leur permettent d'assimiler le carbone et de ne demander à leur plante-hôte que de l'eau et des sels minéraux. Ainsi se précise la notion d'un hémiparasitisme qui est inconnu dans le monde animal. La tribu des Rhinanthées, de la famille des Scrofulariacées, compte de nombreux parasites des genres *Rhinanthus, Odontites, Melampyrum, Euphrasia, Pedicularis*. L'aspect de ces parasites n'est pas modifié; ils possèdent des feuilles vertes mais ils sont impossibles à cultiver de semis; leurs racines n'ont pas de poils absorbants et elles sont couvertes de suçoirs très petits qui s'appliquent sur les racines d'autres plantes *(fig. 51)*. Un suçoir est formé d'une partie externe renflée, la tête, et d'une partie interne en forme de coin qui s'enfonce dans la racine parasitée; c'est le cône de pénétration. Les Rhinanthées parasitent un grand nombre de plantes appartenant à des familles très différentes; mais les *Melampyrum* ne se développent bien que sur des arbres ou des arbustes, tandis que les *Rhinanthus* parasitent des plantes herbacées. Les *Lathraea*, de la même famille, qui sont complètement dépourvues de chlorophylle, mènent une vie souterraine, avec un rhizome volumineux, pourvu de ramifications abondantes qui établissent le contact avec les racines de l'hôte par de nombreux suçoirs plus grands que ceux des Rhinanthes; le cône de pénétration est plus développé et ses cellules terminales allongées pénètrent dans les vaisseaux de l'hôte *(fig. 52)*. La plante ne se manifeste hors de terre qu'au moment de la floraison. C'est un parasite complet tandis que les Rhinanthes sont des hémiparasites.

Les Orobanchacées sont toutes parasites et s'attaquent à de nombreuses plantes, surtout des Composées. Elles sont fixées à leur hôte par l'extrémité inférieure de leur tige, souvent renflée en tubercule. Leurs graines, très petites, ne peuvent germer qu'en présence d'une racine hospitalière; sans ce contact, elles gonflent mais ne germent pas. Si la condition favorable est réalisée, la pointe radiculaire de l'embryon s'allonge et se dirige vers la racine dans laquelle elle pénètre jusqu'aux faisceaux libéro-ligneux et devient le suçoir primaire *(fig. 53)*. La racine parasitée s'hypertrophie et développe des vaisseaux nouveaux qui viennent se relier à de nombreux suçoirs secondaires qui prennent naissance à leur contact.

La famille des Loranthacées compte de nombreux hémiparasites, dont le plus connu est le Gui *(fig. 54)*. Il a beaucoup de chlorophylle et n'emprunte à son hôte que de l'eau et des aliments minéraux, dont l'absorption est facilitée par la pression osmotique plus forte dans les suçoirs que dans les tissus de la plante parasitée. Celle-ci, qui est toujours un arbre, réagit par une hypertrophie localisée qu'on peut comparer à une galle.

Il existe un certain nombre d'autres plantes parasites, surtout dans la flore des régions tropicales. Les Balanophoracées sont des holoparasites d'aspect fongiforme, dont l'appareil végétatif sans feuilles est réduit à des cordons souterrains renflés par endroits en tubercules qui assurent l'union du parasite avec les racines des arbres

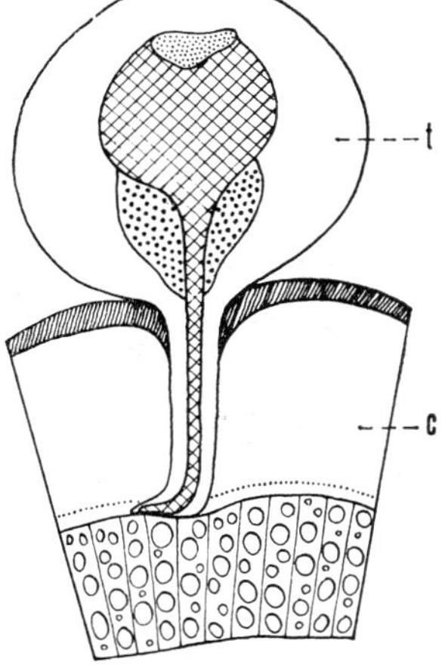

FIG. 52 — SCHÉMA D'UN SUÇOIR DE *Lathraea*.

t, tête du suçoir; *c,* cône de pénétration (d'après Christmann).

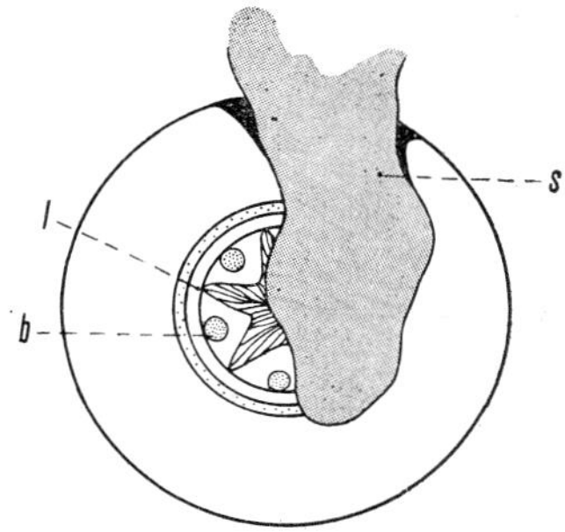

FIG. 53 — SUÇOIR D'OROBANCHE DANS UNE RACINE DE FÈVE.

s, suçoir; *l,* liber; *b,* bois (d'après Christmann).

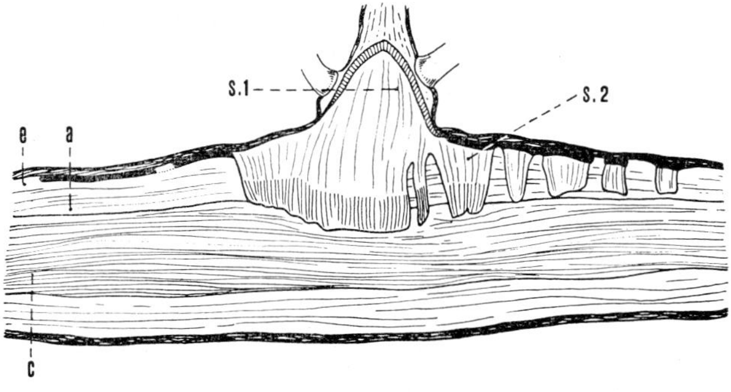

FIG. 54 — COUPE LONGITUDINALE D'UNE BRANCHE D'ACACIA AU NIVEAU D'UNE TOUFFE DE GUI.

a, aubier; *e,* écorce; *c,* cœur; *s.*1, suçoir primaire; *s.*2, suçoir secondaire (d'après Christmann).

parasités, qui en sont souvent complètement entourées. Sur cet appareil végétatif rudimentaire se forment des bourgeons qui se développent en tiges aériennes florifères,

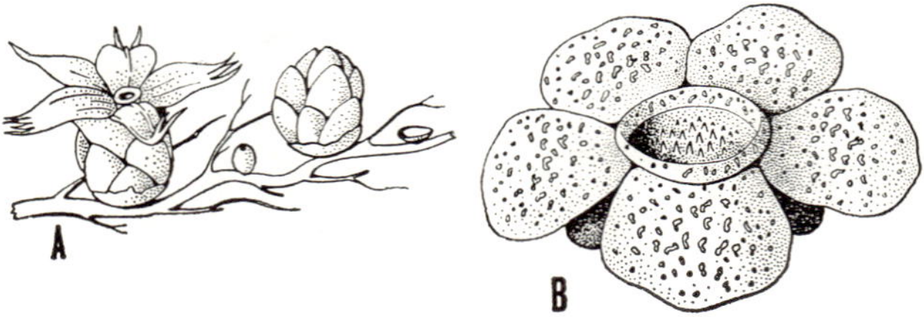

FIG. 55 — *Rhizantes zippelli* (RAFFLÉSIACÉES) SUR UNE RACINE NOURRICIÈRE (A), ET FLEUR DE *Rafflesia arnoldii* (B) (d'après Christmann).

couvertes d'écailles sans chlorophylle. L'union avec l'hôte ne se fait pas par l'intermédiaire de suçoirs mais par interpénétration des tissus donnant lieu à la formation de tumeurs. Les Rafflésiacées comptent une cinquantaine d'espèces holoparasites, sans chlorophylle, qui vivent sur les racines ou les tiges de plantes ligneuses. Les plus remarquables sont les *Rafflesia* de la région indomalaise, qui parasitent des Vitacées du genre *Cissus*. Ce sont d'extraordinaires fleurs pouvant atteindre un mètre de diamètre; l'appareil végétatif de la plante se réduit à un thalle sur lequel s'organisent des masses parenchymateuses qui donnent naissance aux fleurs. Le thalle est formé de filaments qui parcourent les tissus des racines de *Cissus* à la manière d'un mycélium de Champignon, pénétrant jusque dans le bois et la moelle. À l'en-

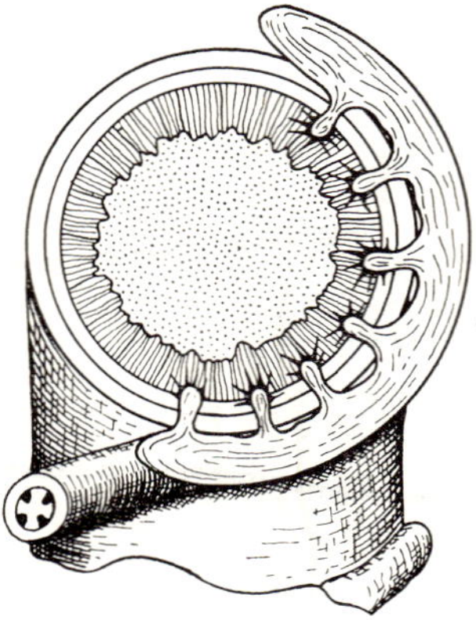

FIG. 56 — DISPOSITION SCHÉMATIQUE DES SUÇOIRS DE LA CUSCUTE (d'après Dodel, dans Christmann).

droit où apparaîtra une fleur les filaments se groupent en une masse dans laquelle se forme le bouton floral (*fig. 55*).

Enfin les Cuscutacées, plantes grimpantes voisines des Convolvulacées, s'enroulent autour de plantes herbacées, Thym, Bruyère, Papilionacées, Composées. De la graine de Cuscute sort une très petite radicule qui s'enfonce dans la terre et une plantule qui a la forme d'un filament couché sur le sol; cette plantule, dépourvue de chlorophylle, ne mène une vie libre que pendant très peu de temps et, dès qu'elle rencontre une plante favorable, elle s'enroule autour de sa tige; elle produit alors des suçoirs et devient entièrement parasite, représentant le type lianoïde (*fig. 56*). Les Cuscutes comptent dans le monde entier une centaine d'espèces qui, bien que présentant souvent une préférence pour un hôte donné, peuvent parasiter de nombreuses espèces de plantes herbacées. On a pu ainsi compter, en Suède, cent six hôtes de *Cuscuta europaea* qui, cependant, se trouve le plus souvent sur l'Ortie.

ORIGINE ET ÉVOLUTION DU PARASITISME

Le parasitisme est un phénomène très ancien que certains documents paléontologiques permettent de faire remonter aux temps primaires. On connaît en particulier un fossile de Gastéropode Capulide (*Platyceras spirale*) fixé sur un Crinoïde paléozoïque (*fig. 57*) de la même façon que les *Thyca* actuels, parasites des Étoiles de mer. Mais il s'agit évidemment d'un parasite déjà spécialisé et on a cherché à expliquer l'origine du parasitisme dans l'évolution d'êtres marins très simples, sortes de virus primitifs, ne possédant pas d'enzymes leur permettant d'utiliser les ressources en protéines de l'océan, qui ont dû s'associer à des cellules bactéroïdes dans lesquelles ils ont trouvé la seule source de nourriture complète; ces organismes auraient été les premiers parasites obligatoires.

Le parasitisme n'est d'ailleurs pas un phénomène simple. Il a pu apparaître graduellement dans certains groupes mais s'établir d'emblée dans d'autres. Il ne saurait donc être considéré comme une unité biologique. Si on admet que les formes parasites dérivent de formes libres, on peut rechercher comment celles-ci sont devenues parasites. Le problème semble assez facile à résoudre en ce qui concerne les parasites externes, qui sont liés par de nombreux intermédiaires aux commensaux. Les exemples fournis par les Insectes sont particulièrement instructifs. Les nids des Oiseaux et les terriers des Rongeurs ont de tout temps été le refuge de nombreux Insectes qui y trouvent abri et nourriture abondante. On comprend aisément que parmi eux ont pu se différencier des parasites incomplets comme les Puces, dont les larves sont restées libres, et des parasites qui ne quittent leur hôte à aucun moment de leur existence, comme les Poux et les Mallophages. On peut aussi supposer que les Poux dérivent d'un ancêtre voisin des Psoques, vivant comme eux sur les écorces des arbres, ce qui les a amenés aux nids des Oiseaux qu'ils semblent avoir parasités avant les Mammifères. De même les Mouches, qui déposent accidentellement leurs œufs ou leurs larves sur des plaies, peuvent avoir donné naissance à des espèces plus étroitement adaptées au parasitisme. Les parasites temporaires, Sangsues, Ixodes, Punaises, Vers des cases, montrent, avec une conservation d'un mode d'existence relativement libre, des étapes avancées de l'adaptation au parasitisme. On peut aussi voir dans le comportement de certains Insectes un passage du prédatisme au parasitisme. On a observé des Réduviides Triatomes qui se nourrissent en ponctionnant le corps d'un Insecte hématophage, une Punaise par exemple, qui vient de sucer le sang d'un Vertébré. Il y a peu à faire pour que le Triatome passe lui-même en parasite sur le Vertébré.

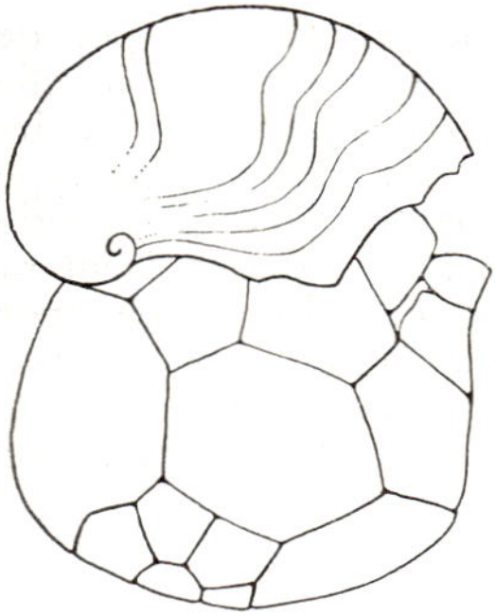

FIG. 57 — MOLLUSQUE PARASITE FOSSILE, *Platyceras spirale*, FIXÉ SUR UN BRAS DE CRINOÏDE (d'après Yokowlef).

On a cherché à expliquer de façon analogue l'origine du parasitisme chez les Monogènes, parasites externes des Poissons. J. Llewellyn suppose que ces Plathelminthes dérivent de formes libres, rampantes, vivant au fond de la mer, qui devinrent parasites de Poissons reposant sur le fond. L'acquisition d'une, puis de deux ventouses, leur a permis de s'attacher à des Poissons nageurs bien plus mobiles et de donner naissance à un grand nombre de formes de plus en plus spécialisées.

Le cas des parasites internes est plus complexe. On admet généralement que certains parasites du tube digestif ont pu trouver naissance à partir d'espèces libres avalées accidentellement par un hôte qui constitue un milieu favorable auquel elles s'adaptent. Le tube digestif offre aux parasites protection contre les variations du milieu extérieur, nourriture abondante, degrés d'humidité et de température constants; mais le futur parasite doit naturellement être en état de résister à la défense de l'hôte, ce qui fait supposer une certaine préadaptation. Les parasites internes peuvent également provenir d'ectoparasites attachés à la peau ou aux branchies d'un hôte, qui ont pénétré dans le milieu interne par les orifices naturels ou par les fentes branchiales.

L'étude de certains parasites du sang, comme les Sporozoaires, permet d'entrevoir comment ils ont pu dériver de parasites intestinaux qui ont passé dans le sang de leur hôte. Dans d'autres cas leur origine peut être cherchée parmi les parasites qui existaient chez des Insectes non suceurs de sang; ceux-ci ayant évolué en piqueurs ont introduit leurs parasites dans le sang des animaux piqués, où ils ont trouvé un milieu favorable.

Les opinions diffèrent lorsqu'on cherche à établir la filiation des parasites. Ainsi pour les Cestodes, certains parasitologues considèrent comme primitifs les Tétraphyllides à grandes bothridies, alors que d'autres, dont Baer, pensent que les plus anciens Cestodes parasites seraient les Pseudophyllides qui ont des points communs avec les Digènes.

C'est chez les Nématodes que les relations entre espèces libres et parasites sont les plus évidentes et aussi les plus complexes. Le degré de complexité augmente à partir des parasites des Élasmobranches jusqu'à ceux des Mammifères. Cette évolution permet de supposer que ces Helminthes sont devenus abondants chez les Vertébrés après que leurs hôtes se furent adaptés à la vie terrestre. Le passage de la vie libre à la vie parasitaire chez les

Nématodes résulte souvent de la pénétration des larves dans l'hôte définitif par les poumons; on peut penser que ce choix d'un point abondamment pourvu d'oxygène est un vestige des conditions anciennes dans lesquelles il constituait la seule voie possible d'infestation. On peut rassembler une série de larves de Nématodes allant des formes libres aux parasites complets. Dougherty constate que les Phasmides ont donné beaucoup plus de parasites que les Aphasmides; les premiers vivent dans le sol, les seconds sont aquatiques et en grande partie marins. Les Phasmides, qui peuvent avoir à supporter des périodes de dessiccation de leur milieu, ont dû chercher dans les plantes ou les animaux une protection, et l'évolution vers le parasitisme a pu s'ensuivre.

L'origine des nombreux Insectes endoparasites est assez difficile à expliquer. À part quelques exceptions, dont la plus remarquable est celle des Strepsiptères, on peut remarquer que c'est à l'état larvaire que les Insectes deviennent parasites internes, de sorte qu'on n'en connaît pas parmi les hétérométaboles. L'endoparasitisme n'est fréquent que chez des Insectes très évolués, les Diptères et surtout les Hyménoptères. L'évolution des larves s'est faite de façon indépendante mais a été facilitée par le comportement des femelles adultes. Les larves de Diptères, adaptées à vivre sur les matières en décomposition, sont prédisposées au parasitisme; mais les femelles pondeuses sont attirées sur les plaies par les odeurs qu'elles dégagent. Il en est de même des Mouches qui viennent s'abreuver de la sueur et des sécrétions animales; attirées par un chimiotactisme elles ont pu déposer leurs œufs sur un hôte occasionnel dans le corps duquel les larves ont pénétré. Les Oestrides et les Gastérophiles montrent que des voies de pénétration diverses et souvent compliquées peuvent être utilisées. Il semble y avoir aussi une remarquable influence du régime de la larve sur le comportement de l'Insecte adulte. Les expériences de Thorpe ont montré que l'Ichneumonide *Nermerites canescens,* normalement parasite de la chenille d'*Ephestia kühniella,* est fortement attiré par celle-ci. Or, on peut arriver à élever en laboratoire ses larves sur des chenilles d'espèces différentes et on observe que les Hyménoptères adultes provenant de ces larves acquièrent des réflexes nouveaux leur faisant rechercher non plus les chenilles d'*Ephestia* mais celles de l'espèce qui a nourri leur larve.

C'est donc aussi à une attraction de la femelle adulte vers une proie qu'on peut attribuer l'habitude de pondre

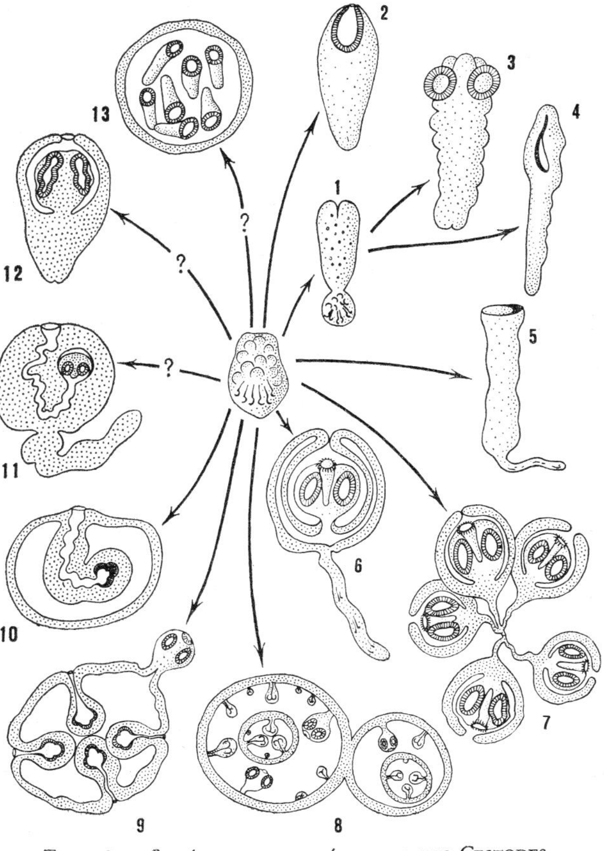

FIG. 58 — SCHÉMA DU CYCLE ÉVOLUTIF DES CESTODES.

1 et 5, procercoïdes; 2, mérocercoïde; 3 et 4, plérocercoïdes; 6, cysticercoïde; 7, staphylocystes; 8, échinocoque; 9, cénure; 10, cysticerque; 11, tétrathyridium; 12, plérocerque; 13, mérocerque; (d'après Baer).

sur cette proie qui donne naissance au parasitisme interne des larves entomophages. La fréquence du léchage de la blessure produite par l'ovipositeur des Hyménoptères avant la ponte semble une survivance de cette attraction. Et les extraordinaires manifestations instinctives des paralyseurs peuvent en être considérées comme une complication à laquelle se joint une étroite spécificité dans la recherche de la proie.

Le problème posé par les complications du cycle évolutif des parasites est encore plus difficile à résoudre. Ces complications favorisent certainement la dissémination du parasite mais au prix de tels ravages dans les stades larvaires qu'ils doivent être compensés par une augmentation considérable de la faculté de reproduction. Ce sont certainement les Cestodes qui montrent le cas le plus remarquable de cette fécondité *(fig. 58)*; chez eux les segments croissent sans arrêt et les plus âgés, bourrés d'œufs mûrs, se détachent et sont évacués tandis que des jeunes se reforment en arrière du scolex. Un nombre énorme d'œufs mûrs, évalué à plus de deux milliards, peuvent être évacués ainsi par un Bothriocéphale pendant sa vie d'une dizaine d'années. C'est aussi chez les Cestodes que l'on observe les cycles larvaires les plus complexes, pouvant comprendre avant l'hôte définitif deux hôtes intermédiaires et un hôte d'attente dans lequel la larve demeure enkystée. Baer propose une théorie assez compliquée de l'évolution des Cestodes. Une larve libre, semblable à un Turbellarié, hermaphrodite, avalée par un Poisson, s'est trouvée dans un milieu défavorable et, pour échapper à l'action des sucs digestifs, a dû traverser la paroi de l'estomac et est devenue adulte dans le cœlome; ses œufs, évacués par les pores abdominaux, ont pu être avalés par un Invertébré, un Crustacé par exemple. Cet hôte transitoire, infesté, est à son tour mangé par un autre Poisson et les larves parasites qu'il contient peuvent passer dans le cœlome ou rester dans le tube digestif. Dans ce dernier cas, le Poisson qui les porte peut être mangé par un autre Poisson, dans lequel les larves deviennent adultes, et ce Poisson est l'hôte définitif du parasite.

Rien ne permet de déterminer si cette tendance à la complexité est une conséquence du parasitisme ou si elle existait avant que l'animal devînt parasite. On connaît en effet des formes libres dont le cycle évolutif est compliqué. Tel est le cas des Foraminifères qui présentent une schizogonie asexuée et une phase sexuée avec formation de gamètes haploïdes, ou encore les Méduses à génération asexuée sous forme de polypes alternant avec la génération sexuée qui est la Méduse. Les Insectes montrent aussi l'exemple des Pucerons et des *Chermes* qui se reproduisent pendant tout l'été par parthénogenèse sur une plante, et émigrent à l'automne sur une autre plante où se montre la génération sexuée.

Le parasitisme doit être considéré comme un cas particulier d'adaptation à un milieu spécial constitué par l'organisme de l'hôte. L'adaptation semble être d'abord de nature physiologique, les changements morphologiques résultant de mutations avantageuses ne se fixant que plus tard. Il existe chez les Protozoaires parasites de nombreuses races ou espèces biologiques, impossibles à différencier par la morphologie, mais qui ne peuvent vivre que dans des hôtes différents. Ces races semblent différer surtout par la résistance aux anticorps des hôtes, qui est sans doute une préadaptation. Les parasites suivent la marche évolutive de leur hôte mais avec un certain retard résultant peut-être du fait que la morphologie de l'hôte varie plus rapidement que son milieu intérieur.

Certains parasitologues ont tenté de codifier les affinités entre les parasites et la phylogénie de leurs hôtes en des lois qui ne sont que très partiellement vérifiées. La loi de Farenholz admet que les ancêtres communs des parasites actuels étaient eux-mêmes parasites des ancêtres communs des hôtes actuels. Par la loi de Szidat, les parasites d'un groupe d'hôtes sont d'autant plus spécialisés que l'est ce groupe lui-même et les parasites les moins spécialisés doivent se trouver chez les hôtes les plus primitifs. Enfin, d'après la loi de Eichler, dans deux groupes d'hôtes de valeur équivalente, celui qui compte les espèces les plus nombreuses et les plus variées présente aussi une plus grande diversité de parasites.

On peut seulement conclure que, malgré toutes ses complications, le parasitisme n'échappe pas aux lois de l'évolution. Tous les facteurs de mutations, recombinaisons de gènes, sélection jouent dans la différenciation des espèces parasites comme pour les autres animaux.

Lucien CHOPARD.

BIBLIOGRAPHIE

Advances in Parasitology, édité par Ben Dawes, The Academic Press, 347 p., 59 fig., 1 pl. coloriée, Londres et New York, 1963.

J. G. BAER, *Le Parasitisme*, Masson, 236 p., 139 fig., 5 pl., Lausanne et Paris, 1946.

J. G. BAER, *Ecology of Animal Parasites*, Union Illinois Press, 224 p., 1956.

M. CAULLERY, *Le Parasitisme et la symbiose*, « Encyclopédie scientifique », Gaston Doin et Cie, 400 p., 53 fig., 1922.

Ch. CHRISTMANN, *Le Parasitisme chez les plantes*, Armand Colin, section de biologie, nº 338, 212 p., 42 fig., Paris, 1960.

P. P. GRASSÉ, *Parasites et parasitisme*, Armand Colin, 224 p., 26 fig., Paris, 1935.

J. MAGROU, *Des Orchidées à la Pomme de terre*, Gallimard, « L'Avenir de la Science », 204 p., 22 fig., Paris, 1943.

F. MOREAU, *Les Champignons*, « Encyclopédie mycologique », XXII et XXIII, Lechevalier, 2 vol., 2 120 p., 1 300 fig., Paris, 1953.

E. R. NOBLE et G. A. NOBLE, *Parasitology. The Biology of Animal Parasites*, Lea et Febiger, 767 p., 424 fig., 3 pl. col., Philadelphie, 1961.

H. R. WALLACE, *The Biology of Plant Parasitic Nematodes*, Edward Arnold, 1 vol., 280 p., Londres, 1964.

LA GENÈSE HUMAINE

L'HOMME PARMI LES PRIMATES

Au siècle dernier, le naturaliste Thomas Huxley avait souligné, après bien d'autres d'ailleurs, que l'Homme, dans sa structure, diffère moins des grands Singes que ceux-ci des Singes inférieurs. Les recherches anatomiques et embryologiques récentes ont confirmé cette affirmation, et tout le monde s'accorde maintenant pour ranger d'une part l'Homme et d'autre part le Chimpanzé, le Gorille, l'Orang et le Gibbon, dont l'ensemble constitue la lignée des Pongidés, en un même groupement pour lequel nous conserverons le vieux nom d'Anthropomorphes.

Les anciennes classifications plaçaient les Anthropomorphes avec les Cynomorphes dans la subdivision des Singes Catarhiniens, à cloison nasale étroite, et localisés dans l'Ancien Monde. Dans la nature actuelle, les Gibbons, par divers caractères, semblent établir un lien entre les deux groupes (présence de callosités ischiales, simplicité du dessin des circonvolutions cérébrales, etc.). Des découvertes paléontologiques récentes confirment cette manière de voir.

Ainsi, par son organisation, l'Homme est immergé dans le grand ensemble des Primates de l'Ancien Monde, qui se répartissent, dans une perspective paléontologique, suivant trois lignées, que l'on peut brièvement caractériser par trois tendances évolutives particulières de l'appareil locomoteur :

Le type quadrupède représenté par les Cynomorphes (Macaque, Semnopithèque, etc.), où les proportions des membres sont sensiblement les mêmes que chez les Mammifères typiques; la plupart sont pourvus d'une longue queue, et mènent une existence arboricole;

Le type brachiateur, dans lequel le Primate se suspend dans les arbres par son membre antérieur, que termine une main aux doigts allongés, à l'exception du pouce qui offre une réduction marquée; tel est le cas des Pongidés (Chimpanzé, Gorille, Orang, Gibbon);

Enfin le type bipède représenté par l'Homme.

Si l'on excepte la quadrupédie, les autres dispositions : brachiation et bipédie, ne s'expriment, sous leur forme achevée, que vers la fin de l'histoire des lignées qu'elles caractérisent; elles demeurent longtemps à l'état de tendances ou d'incomplétude.

En outre, si la bipédie peut se définir d'une façon précise, il n'en est point de même de la brachiation. Le fait de s'accrocher aux branches d'arbres n'est pas entièrement particulier aux Pongidés; on le rencontre chez les Cynomorphes et aussi chez certains Singes d'Amérique du Sud, constituant le groupe des Platyrhiniens. Il n'est pas certain d'ailleurs que, dans ces divers cas, nous soyons en présence de la même disposition anatomique. On peut se demander si les modifications de la musculature sont toujours comparables, si les proportions des segments des membres entre eux et relativement à la longueur du corps restent dans un même rapport. Autant de questions auxquelles jusqu'ici on n'a pas répondu; elles n'ont même, semble-t-il, guère été posées; la brachiation demeure à étudier. Toutefois, comme elle ne se manifeste, avec toute son ampleur, que chez les Pongidés, nous considérerons (en admettant qu'il s'agit d'une donnée provisoire et qui attend une vérification) qu'elle est la caractéristique des grands Singes, qu'elle les oppose à la bipédie de l'Homme.

Placer l'Homme et les Pongidés dans le même groupe des Anthropomorphes revient à dire qu'ils dérivent d'une souche commune, dont ils ont conservé quelques caractères, témoignage de cette identité d'origine et à partir de laquelle ils ont divergé en explicitant graduellement leurs tendances évolutives propres.

Quelle idée pouvons-nous nous faire de l'appareil locomoteur de cette souche commune? Dans la recherche de cet état initial, les Hominidés ne nous apportent aucun élément. La série des Pongidés est, par contre, plus éclairante. Les plus anciens Pongidés dont nous connaissions le squelette remontent aux temps miocènes. Ils offrent, à côté de certains traits suggérant une bipédie naissante, des dispositions caractéristiques de la quadrupédie; autrement dit leur stade initial fut un stade quadrupède : Pongidés et Hominidés étaient, tout au début de leur histoire, des êtres quadrupèdes.

Ce type quadrupède ne peut correspondre exactement

à celui des Singes Cynomorphes. Ceux-ci, maintenant très spécialisés, représentent, d'une manière approximative, la persistance d'un état ancien, mais non cet état lui-même. Et avec J. Kälin nous pensons qu'il convient d'enraciner Hominidés et Pongidés (ainsi d'ailleurs que les Cynomorphes) dans une forme structurale pré-catarhinienne.

Nous voyons ainsi se dessiner une phase très ancienne de leur histoire que nous pouvons placer à une période reculée de l'ère tertiaire, où Hominidés et Pongidés, virtuellement distincts, individualisés en puissance, ne différaient guère dans la structure de leur appareil locomoteur. Y aurait-il eu toutefois, dès cette époque, un caractère anatomique qui aurait permis de les distinguer? Et nous sommes ainsi amené devant le double problème du mode et de l'ordre d'apparition des caractères au cours de l'évolution des Anthropomorphes.

CONDITIONS ANATOMIQUES DE LA DIVERGENCE DES HOMINIDÉS

Dans le cas présent, la forme souche des Hominidés et des Pongidés doit présenter sous un aspect concret les caractères communs aux deux lignées et renfermer, à l'état de tendances, leurs caractères particuliers.

Comment va se faire l'apparition des caractères nouveaux? On a longtemps invoqué le principe des corrélations organiques ainsi formulé par Cuvier :

> Tout être organisé forme un ensemble, un système unique et clos, dont les parties se correspondent mutuellement et concourent à la même action définitive par une réaction réciproque. Aucune de ces parties ne peut changer sans que les autres changent aussi; et par conséquent, chacune d'elles, prise séparément, indique et donne toute les autres.

Il semblerait ainsi que le long d'une même lignée, chaque forme serait intermédiaire, par tous ses organes, entre celle qui la précède et celle qui la suit, puisque aucune partie ne peut changer sans que les autres changent aussi.

En réalité, les caractères évoluent d'une manière

indépendante, selon un rythme différent. C'est ce que nous montre l'histoire des divers groupes de Vertébrés, et ce qu'illustre avec beaucoup de netteté l'exemple des Amphibiens Anoures dont les représentants les plus communs sont les Crapauds et les Grenouilles, les uns et les autres très spécialisés anatomiquement.

Au cours de leur histoire paléontologique, les diverses régions de leur corps ont présenté une courbe propre d'évolution. Le crâne avait atteint (sauf dans la partie otique) son stade structural ultime au Trias inférieur, tandis que la colonne vertébrale, les ceintures et les membres présentaient, à cette même période, d'une façon d'ailleurs très inégale, une structure proche de celle du type normal d'Amphibien. Les divers organes n'évoluent donc pas à la même allure, et, contrairement à l'affirmation de Cuvier, chaque partie de l'organisme, prise séparément, ne peut donner toutes les autres.

Revenons maintenant à la lignée des Hominidés. Le caractère le plus anciennement acquis est peut-être une particularité du système dentaire. Alors que chez les Pongidés la première prémolaire inférieure tend à prendre une allure proche de la canine, se distinguant ainsi nettement de la seconde prémolaire, elle évolue au contraire, dans la série des Hominidés, dans le même sens que la seconde prémolaire, et n'offre aucune ressemblance avec la canine. De sorte qu'à un moment où rien ne les séparait dans leur appareil locomoteur, on aurait peut-être pu distinguer Hominidés et Pongidés d'après la morphologie de leur première prémolaire inférieure.

La modification de l'appareil locomoteur est d'ailleurs, elle aussi, certainement très ancienne. Le plus vieux type d'Hominidé dont l'authenticité est incontestable correspond aux Australopithèques, d'abord connus de l'Afrique australe et retrouvés ensuite au Tanganyika, puis au Tchad. Ils datent sans doute de l'extrême fin de l'ère tertiaire. Si leur face se projette en avant, évoquant, d'une manière très atténuée, le museau des Singes; si leur capacité cérébrale demeure faible, ne dépassant guère la moitié de celle des hommes actuels qui ont le plus petit cerveau, la structure de leur bassin et de leur fémur indique qu'ils avaient acquis la station droite, qu'ils se déplaçaient, à travers la savane africaine, selon le mode bipède. Les Australopithèques nous montrent donc, par l'association de la station droite et d'un cerveau encore peu volumineux, l'antériorité des transformations de l'appareil locomoteur sur celles du cerveau. C'est également grâce à la station droite que la main a été déchargée de toute fonction de sustentation, pour devenir organe de préhension et de perception.

En demeurant toujours dans la perspective paléontologique, comment va se présenter le problème de la genèse humaine ?

Quand le paléontologiste veut reconstituer l'histoire d'une lignée, il essaie de retrouver, dans la suite des couches géologiques, la succession des êtres appartenant à cette lignée. Il en retrace les transformations graduelles et cherche à en établir la continuité. On peut penser qu'une telle méthode doit s'appliquer au cas de l'Homme, et que le travail du paléontologiste va consister à rechercher les intermédiaires, à combler les lacunes, tout au long de la série qui, partant du type initial, aboutit à l'homme actuel. Telle doit être en effet une des tâches du paléontologiste, tâche toutefois incomplète, car l'apparition de l'Homme sur la terre ne correspond pas seulement à l'apparition d'une espèce animale quelconque; de quoi nous allons nous rendre compte par la prise de conscience du phénomène humain.

LE PHÉNOMÈNE HUMAIN

L'homme a toujours constitué pour le naturaliste un difficile problème. Pour le définir, ou bien sa structure anatomique a été seule considérée, ou bien il n'a été tenu compte que de ses facultés réflexives. Dans le premier cas, il s'est trouvé immergé dans l'animalité; dans le second, il a été isolé de la nature, flottant sans liens sur le monde.

Pour apprécier à sa juste valeur le phénomène humain, pour en préciser la signification, il faut définir l'homme par tout ce qui peut être en lui l'objet d'un constat positif, c'est-à-dire qu'outre la structure anatomique, la pensée devra être étudiée au même titre que les grandeurs matérielles.

Quand on se place dans une telle perspective, quatre

caractères sont aisément perçus dont l'analyse fera ressortir l'originalité du phénomène humain.

Le plus extérieur de ces caractères est la faible différenciation morphologique du corps humain. On l'a, à vrai dire, exagérée, car l'homme n'est point dépourvu de spécialisations anatomiques : la face se réduit par rapport à la partie cérébrale, la station verticale coïncide avec une refonte générale de l'équilibre du corps, etc. Mais néanmoins, suivant les critères que l'on adopte d'ordinaire pour sérier les diverses formes animales, on a pu dire que « l'homme diffère moins des Singes que l'Oiseau des Reptiles ou le Phoque des autres carnassiers ». Ainsi, par sa structure organique, l'Homme ne peut prétendre qu'à une humble place dans la classification : il appartient à l'embranchement des Vertébrés; il se range dans la classe des Mammifères; il appartient à l'ordre des Primates où il ne forme qu'une famille réduite à l'unique genre *Homo*.

Un deuxième caractère zoologique de l'humanité va mettre au contraire en évidence son originalité : je veux dire sa puissance d'expansion et de conquête. Malgré l'homogénéité du groupe humain, celui-ci obtient sur l'ensemble du globe un succès vital sans précédent.

Ce fait, à première vue si paradoxal, de l'emprise humaine sur la terre s'explique en partie par l'apparition, avec l'homme, d'une phase nouvelle dans l'histoire de la vie : l'usage de l'instrument artificiel, qui constitue la troisième caractéristique du phénomène humain.

L. Cuénot a fait remarquer que chaque phylum zoologique représente la transformation d'un organe ou du corps entier en un instrument. Ainsi, dans le monde infra-humain, l'outil se confond avec le corps, le vivant passe dans son invention, ce qui exclut toute intervention du génie individuel. Avec l'homme l'instrument devient extérieur au corps; il se détache de l'ouvrier. De là une façon toute nouvelle d'agir, un comportement original qui vont affecter profondément l'histoire de la vie. L'homme devient capable de progresser sans changer de forme, de varier à l'infini son action sans modifier son type d'organisation. A l'homogénéité de la structure humaine vient se superposer la diversité de son outillage, de ses techniques, de ses inventions, qui accuse finalement une richesse de types évoquant celle du règne animal.

« L'artificiel » humain est en somme l'homologue du « naturel » infra-humain.

L'humanité emploie sa domination instrumentale à se donner une authentique individualité. Cette unité organique, enveloppe tissée autour du globe et organisée, constitue une quatrième caractéristique du phénomène humain.

Mais ces diverses particularités ne sont au fond que la manifestation d'un facteur plus profond, qui les explique toutes : le facteur psychique. Seul, entre les vivants, l'homme est capable d'intelligence réfléchie : il pense et il sait qu'il pense. Tel se présente dans l'histoire de la vie l'événement décisif de l'hominisation que nous définirons, avec P. Teilhard de Chardin, comme « le fait expérimental de l'apparition, dans notre Univers, du pouvoir de réfléchir et de penser ».

Et ainsi se trouvent marquées les deux grandes phases de la genèse humaine : l'histoire de la lignée des Hominidés avec l'hominisation; le déclenchement de l'hominisation avec l'apparition de la pensée réfléchie.

De la première phase nous avons pu retrouver l'ordre des transformations qui la définissent : ancienneté de la station droite et de la morphologie dentaire; puis libération de la main; enfin acquisition d'un grand cerveau.

Essayons de voir maintenant comment se présente pour le paléontologiste, dans ses apparences phénoménales, l'apparition de la réflexion.

GENÈSE DE LA RÉFLEXION

Soulignons tout d'abord que l'apparition de la réflexion ne fut point instantanée, mais qu'il s'agit d'un phénomène s'étendant sur une longue durée. Soulignons également que la réflexion offre bien des degrés. L'hominisation dont elle est la manifestation ne cesse de se poursuivre : elle s'étend sur toute la préhistoire et l'histoire, et l'étude de son évolution dans le futur se confond avec cette discipline nouvelle que l'on nomme prospective.

Nous n'étudierons que les premières phases de ce développement, qui se sont déroulées depuis l'aube des temps quaternaires (période villafranchienne) jusqu'à la fin des civilisations paléolithiques, espace de temps toutefois considérable, puisqu'il dura peut-être plus d'un million d'années.

Le psychisme ne naît pas avec l'homme. Évitant de nous engager dans la question de ses rapports avec la matière, nous pouvons penser qu'il est coextensif à la vie. Quant à la vieille opposition entre instinct et intelligence, elle ne peut être conservée sous sa forme habituelle. Dans le monde infra-humain il y a plusieurs psychisme simples : « le psychisme d'un rat ne peut être celui d'un éléphant, car ces deux formes ne se placent pas de la même manière sur l'arbre de la vie. » Tous ces psychismes simples s'opposent au psychisme réfléchi, au psychisme humain.

En tout cas, il n'y a pas à chercher une origine absolue du psychisme réfléchi, mais à déterminer comment il émerge du psychisme simple. Et certaines dispositions anatomiques doivent être préalablement réalisées.

L'acquisition précoce de la station droite peut être considérée comme la condition organique première de la pensée, comme le facteur lointain du déclenchement de l'hominisation. Se tenir en station bipède, avoir son activité commandée par une telle posture, est corrélatif d'un remaniement organique profond. La main, désormais déchargée de toute fonction de sustentation, devenue uniquement organe de perception, n'obéit plus aux mêmes régulations que l'appareil locomoteur, et s'associe étroitement au système de l'expression. Et c'est alors que va pouvoir s'instaurer entre la main et le cerveau comme une sorte de dialogue qui va constituer, dans notre perspective paléontologique, un facteur décisif de l'hominisation.

Théoriquement le problème se pose de la manière suivante. Partons d'un Primate dans lequel la station droite a libéré la main, mais dont le cerveau est demeuré à un stade encore primitif de développement. On peut alors supposer qu'il y a eu perfectionnement réciproque du cerveau et de la main par poussées alternatives où tantôt l'un tantôt l'autre prend l'avance.

Mais selon quel mécanisme ? Chez l'animal le geste *suit immédiatement* la stimulation; dans cette absence d'hésitation entre le dessein et l'acte, la conscience reste virtuelle; elle s'évanouit aussitôt qu'elle s'éveille. La réflexion qui caractérise l'homme peut se définir comme conscience d'action différée, d'action retardée. Dans le dialogue main et cerveau, il y a décalage, dans le temps, de leurs réactions réciproques; et c'est de ce décalage que surgit la réflexion.

À cette manière de voir purement théorique la paléontologie semble bien apporter une confirmation. Revenons aux Australopithèques. En eux, la station droite avait libéré la main, mais leur cerveau, avons-nous dit, restait bien en dessous, quant au volume, du cerveau humain. Il paraît vraisemblable qu'ils aient su fabriquer des outils, à vrai dire encore rudimentaires et grossiers. Leur main nous est très incomplètement connue; on peut être assuré qu'elle n'offrait pas exactement les caractères de la main humaine. Mais si les Australopithèques fabriquaient des outils, la conclusion paraît s'imposer que la main a été façonnée peu à peu dans sa forme actuelle, par le maniement de l'outil; corrélativement, par cette même action il y aurait eu perfectionnement du cerveau.

En somme, dans cette étude de la genèse humaine, le paléontologiste, tant qu'il est en dessous de l'hominisation, recherche, comme dans le cas des autres lignées du monde animal, des éléments de continuité. L'apparition de la réflexion marque une discontinuité, ce qui n'implique pas d'ailleurs une rupture dans la trame des phénomènes.

Avant d'étudier les développements de l'hominisation et de suivre, en quelque sorte, une histoire de la raison, deux questions se posent à nous : à quel moment l'homme est-il né? en quel point du monde a-t-il pris naissance?

Chacune de ces questions se décompose en deux, correspondant respectivement aux deux phases de la genèse humaine : divergence de la lignée des Hominidés par rapport aux autres lignées de Primates; apparition de l'Homme définie par la capacité de réflexion.

DATE DE LA DIVERGENCE DE LA LIGNÉE DES HOMINIDÉS

La paléontologie, comme toute science historique, ne permet point de saisir une authentique naissance. Par l'usure du temps les débuts s'évanouissent; lorsqu'une lignée entre dans notre perspective, elle a déjà derrière elle un long passé; lorsqu'une forme vivante se lève à nos yeux, elle est déjà multitude.

Il demeure malgré tout possible d'aborder indirectement le problème. Considérons ainsi le cas de la lignée des Hominidés. Dans le célèbre gisement du Fayoum, proche du Caire, et remontant à la période oligocène, ont été trouvés, dans les premières années de ce siècle, les restes d'un Primate qui fut nommé Propliopithèque, par allusion à un autre Primate, plus récent géologiquement, mais plus anciennement découvert, le Pliopithèque d'Europe. Si incomplet soit-il, il ne paraît pas douteux que le Propliopithèque soit déjà engagé dans la voie évolutive qui conduit aux grands Singes, aux Pongidés. Ainsi en témoigne la morphologie de sa dentition, et tout particulièrement des deux prémolaires inférieures. On peut donc affirmer qu'à la période oligocène, la lignée des Pongidés était individualisée. Mais l'individualisation d'une lignée de Pongidés implique en même temps celle d'une lignée des Hominidés. Le mouvement vers l'Homme se trouvait donc amorcé à une période reculée de l'ère tertiaire.

DATE DE L'APPARITION DE L'HOMME

Quelques préhistoriens ont pensé trouver, antérieurement à la période quaternaire, des preuves de l'existence de l'homme.

En 1867, l'abbé Bourgeois crut reconnaître les marques d'une taille intentionnelle sur des silex recueillis à Thenay (Loir-et-Cher) dans des marnes de l'étage aquitanien, c'est-à-dire à une période très ancienne de l'ère Tertiaire. A la suite de l'abbé Bourgeois, d'autres préhistoriens annoncèrent la présence de pierres travaillées à des niveaux divers des terrains tertiaires. Ainsi, le géologue portugais Ribeiro fit connaître, en 1878, des silex qu'il estimait intentionnellement taillés, provenant des formations miocènes des environs de Lisbonne. De même, J. B. Rames découvrait dans les alluvions du miocène supérieur du Puy Courny, près d'Aurillac, des silex qui lui parurent de même type. En 1910, Reid Moir signalait, dans un dépôt marin d'âge pliocène du Suffolk, des silex d'un genre particulier (rostro-carénés) qu'il attribuait à l'action de l'homme. Une telle énumération pourrait être considérablement allongée.

Nous savons maintenant qu'il n'y a qu'une apparence de taille intentionnelle sur ces silex anciens et que les retouches qu'ils présentent résultent de l'action d'agents naturels : mouvement des vagues, pression des glaciers, effets des changements de température, etc.

Sur la lignée des Hominidés, il n'y a pas eu, dans l'état actuel de nos connaissances, au cours de l'ère tertiaire, un être ayant franchi le seuil de l'hominisation. C'est un peu après la période villafranchienne qui marque (conventionnellement) les débuts des temps quaternaires, qu'un Homme a vécu, mais dont nous ne possédons pas encore le moindre fragment osseux.

LE BERCEAU DES HOMINIDÉS ET DE L'HUMANITÉ

Après avoir étudié le problème des origines humaines sous son aspect chronologique, nous allons l'aborder du point de vue géographique, l'homme étant régi par les lois de l'espace comme par celles du temps.

Là encore notre problème sera double : en quelle région du globe les Hominidés ont-ils pris naissance? En quelle contrée l'homme a-t-il fait son apparition?

LE « BERCEAU » DES HOMINIDÉS

Si, comme le suggèrent l'anatomie comparée et la paléontologie, la souche des Hominidés se confond avec celle des Pongidés, l'origine géographique des deux lignées doit évidemment coïncider. Or le plus ancien Pongidé connu, le Propliopithèque, a été trouvé en Afrique septentrionale. Ne serait-il pas tentant de placer dans la même région le lieu de naissance des Hominidés? Une telle conclusion n'est point invraisemblable; soulignons toutefois que si le Propliopithèque est le plus ancien Pongidé connu il ne correspond point à la toute première phase de l'histoire de cette lignée; de sorte que la question reste en suspens.

LE « BERCEAU » DE L'HUMANITÉ

La détermination du lieu où l'Homme, être réfléchi, a pris naissance, prête également à discussion.

Disons tout de suite que le continent américain doit être mis hors de cause. Depuis la fin des temps éocènes, les Primates ont abandonné l'Amérique du Nord; en Amérique du Sud, ils sont exclusivement représentés par le groupe des Platyrhiniens, dont l'épanouissement n'a donné aucune tige en direction humaine. L'homme est un produit de l'Ancien Monde.

Il est peu probable que son berceau ait été une terre maintenant effondrée sous les eaux. La géographie des temps quaternaires était trop semblable à celle des temps actuels pour qu'une telle hypothèse puisse être retenue.

L'Asie fut longtemps considérée comme le continent le plus propice au premier développement de l'humanité, plus exactement l'Asie méridionale, l'Inde et l'Insulinde. Voici par exemple ce que disait Edouard Le Roy, exprimant le point de vue de nombre de paléontologistes :

> En premier lieu, cette région, à l'époque décisive, nous apparaît comme un grand laboratoire de vie, notamment en ce qui regarde les Primates supérieurs : la faune des Siwaliks témoigne avec éclat de ce fait et la découverte du Pithécanthrope aux environs de Trinil à Java n'est pas non plus sans signification dans le même sens. En second lieu, réfléchissons à ce que suggère l'habituelle distribution des races humaines. Les plus parfaites, les plus récentes ont toujours dû refouler au loin les plus primitives, les plus archaïques. De là une répartition par ondes concentriques et, s'il y eut un centre d'émergence et d'irradiation, un rejet des plus vieilles autour de ce centre, en périphérie du monde, aux points les plus éloignés du foyer initial, aux extrémités des continents. Or, que nous montrent les faits, à l'heure présente ? Partout nous voyons les types humains les plus inférieurs confinés dans des îles perdues ou au fond des forêts sur une sorte de cercle : Australiens et Négrilles, Boschimans errant à travers la brousse du Kalahari en Afrique australe, Fuégiens de l'Extrême-Sud, Esquimaux de l'Extrême Nord, etc. D'où une conclusion favorable au choix de l'Asie méridionale comme centre approximatif d'apparition et de rayonnement.

Depuis quelque temps, c'est vers l'Afrique que se tournent les regards des paléontologistes. P. Teilhard de Chardin écrivait naguère :

Non seulement par le nombre croissant des fossiles, soit humains soit humanoïdes, qu'elle commence à nous livrer, — mais bien plus encore par la façon simple et naturelle dont ces restes osseux, associés éventuellement à des industries exceptionnellement riches, se distribuent concentriquement, avec le temps, sur elle et à partir d'elle, l'Afrique paraît de mieux en mieux satisfaire aux conditions scientifiques requises pour représenter le foyer initial, tant cherché, de l'espèce humaine. Dès les extrêmes débuts du Pléistocène, commençons-nous à distinguer, à la lueur des dernières découvertes, une véritable onde d'hominisation se former quelque part dans la région du lac Victoria ou du Tanganyika : onde étalant progressivement, d'âge en âge, ses nappes centrifuges, — jusqu'à couvrir, vers la fin du Quaternaire, la surface entière de la Terre.

En somme, deux arguments peuvent être et sont effectivement invoqués pour établir que le continent africain est véritablement le berceau de l'humanité :

En divers points de l'Afrique, dans des niveaux certainement plus anciens que ceux où apparaissent les premiers outils bifaces du Chelléen, on a trouvé des galets intentionnellement taillés. Ainsi se dégage, sur de vastes étendues de ce continent, en dessous de ce que nous considérons en Europe comme les origines du Paléolithique le plus ancien, un âge de l'humanité.

À partir de ces plus vieilles civilisations, nous pouvons suivre, sur le continent africain, un développement continu, sans hiatus, des industries de la pierre.

De telles affirmations paraissaient convaincantes naguère encore. Et l'on pouvait écrire que « c'est en *Afrique qu'il convient de se placer pour voir* au mieux se former, grossir, partir, puis revenir sur elle-même, jusqu'à saturation des terres habitables, la grande onde des peuples, des techniques et des idées ».

Dans toute cette genèse, l'Europe n'avait joué aucun rôle. Simple cap avancé de l'Asie où sont venus déferler les flots successifs des marées humaines, ce n'est « nullement un centre continental où nous puissions voir le théâtre d'une évolution continue ». Cette conclusion de Marcellin Boule, reprise par divers auteurs, ne peut être maintenue, et l'Europe nous apparaît au contraire actuellement comme un haut lieu de la genèse de l'humanité.

Nulle part sur le globe, la légende et l'histoire ne sont aussi riches que sur les bords de la Méditerranée. Et voilà que, prolongeant les mythes, la préhistoire, se dégageant du brouillard, vient nous révéler que sur ces rivages favorisés par la nature, sur les bords de cette mer qui n'avait pas alors exactement son niveau actuel, nous pouvons saisir les plus anciennes traces humaines actuellement connues.

Au Nord de Menton s'ouvre, dans un petit massif calcaire d'âge crétacé supérieur, à cent six mètres d'altitude au-dessus du niveau de la mer, la grotte dite du Vallonnet. Ses parois et son sol ont été battus par la mer, qui a laissé des sables dans les anfractuosités du rocher. Dans les dépôts recouvrant le sol de la grotte, une abondante faune de Mammifères a été mise au jour, qui remonte à la période villafranchienne, c'est-à-dire à l'aube des temps quaternaires. A cette faune se trouvaient associés quelques silex taillés, attestant une présence humaine. Ces silex sont les plus anciens actuellement connus en Europe, et peut-être aussi dans le monde. Il a bien été signalé sur le continent africain des silex considérés eux aussi, d'après les Mammifères qui les accompagnent, comme étant d'âge villafranchien. Mais il est bien établi que l'évolution paraît s'être faite, en Afrique, d'une manière beaucoup plus lente qu'en Europe; qu'il y a, entre les deux continents, un véritable décalage des faunes, qui persistent en Afrique alors qu'elles se sont éteintes en Europe. Rien ne prouve que le « Villafranchien » d'Afrique soit synchronique de celui d'Europe; tout permet plutôt de supposer qu'il est un peu plus récent.

Restons toujours dans la région méditerranéenne, mais dirigeons-nous vers l'Ouest en suivant le bord méridional de la vallée de la Durance. Près de Saint-Estève-Janson, petite localité située au Nord d'Aix-en-Provence, une grotte a été mise au jour, dite grotte de l'Escale, dont le remplissage renferme une faune un peu plus récente (on peut la qualifier d'épi-villafranchienne) que celle trouvée dans la grotte du Vallonnet. Il y a aussi des traces d'occupation humaine sous forme de foyers et peut-être également d'éclats de calcaire paraissant intentionnellement taillés. Nous arrivons ainsi à la période immédiatement antérieure aux plus anciens bifaces, si largement répandus dans notre pays.

Les deux caractères invoqués pour faire de l'Afrique le berceau de l'humanité : existence de l'homme au Villafranchien, continuité des industries lithiques, se retrouvent encore plus nettement en Provence. En conclurons-nous que l'homme a pris naissance dans notre pays ? Ce serait adopter une méthode que l'on peut justement reprocher à ceux qui nous ont précédés. Il convient d'attendre encore, sans trop espérer d'ailleurs, que la paléontologie soit capable de nous révéler une authentique genèse.

LES DÉVELOPPEMENTS DE L'HOMINISATION

Nous allons suivre maintenant les développements de l'hominisation, tenter en un mot de retracer les changements et l'extension de l'activité du pouvoir réflexif.

Il n'est pas douteux que toutes nos facultés ne sont pas de même âge. C'est ce que montre en pathologie mentale l'observation d'un esprit qui se défait : il y a destruction graduelle de couches en quelque sorte superposées les unes aux autres ; c'est ce que montre également l'observation d'un esprit qui se fait : des concepts nouveaux apparaissent successivement. On peut donc parler à juste titre d'une structure stratifiée de l'intelligence.

Stratigraphie implique histoire, et cette histoire de la raison a été abordée de diverses manières. On est tout d'abord parti de l'analyse de nos facultés actuelles : telle la loi des trois états, d'Auguste Comte ; puis d'une comparaison de la « mentalité primitive » et de la « mentalité évoluée », etc. ; enfin et surtout, par un examen direct des données de la préhistoire, on est allé droit aux origines. Tel est le grand mérite de la tentative de Louis Weber, à laquelle Édouard Le Roy a apporté maintes corrections. Ce sont les vues de ces deux philosophes que nous allons confronter avec les données les plus actuelles de notre science.

Au lieu d'envisager, à la manière d'Auguste Comte, le progrès humain, dans l'ordre intellectuel, comme une succession d'états, il serait plus exact d'y voir le développement de tendances qui, tout au long de l'histoire humaine, ont agi simultanément ou tour à tour. Louis Weber souligne une dualité fondamentale de l'intelligence humaine : une fonction ou faculté spéculative de l'intelligence, et une fonction technique et fabricatrice d'outils. Cela posé, Weber propose comme formule du progrès intellectuel sa loi des deux états (qu'Édouard Le Roy désigne sous le nom de loi des deux tendances) : « alternance rythmée entre des phases d'activité technique et des phases d'activité spéculative ». Loi historique qui résume une évolution dans le temps et que l'on peut, par suite, soumettre à vérification. L'histoire, et plus encore la préhistoire, doivent nous fournir un moyen de contrôle et éventuellement de retouche.

Un des points essentiels de la thèse de Weber réside dans l'importance qu'il accorde à la notion de rythme : « Le monde est rempli de rythme; ... tout ce qui vit est essentiellement oscillant, sinueux et rythmique ». Et il n'y a pas incompatibilité, comme nous l'enseigne l'histoire de la vie, entre l'idée de rythme et celle de mouvement dirigé.

Cherchons maintenant si la préhistoire (nous laisserons de côté l'histoire) nous révèle, pour traduire le développement de l'intelligence, quelque loi semblable à celle de Louis Weber.

Celui-ci admet, à l'origine, l'existence d'une phase prototechnique qui aurait été en même temps présociale. Nous ne reprendrons pas à ce sujet la discussion du vieux problème maintenant périmé des éolithes — par le nom d'éolithes sont désignés des cailloux que l'homme aurait utilisés tels quels ou du moins travaillés sans méthode régulière —, mais il serait possible que, si les Australopithèques (certains d'entre eux tout au moins) ont trouvé l'outil, cette invention se fût faite en dehors de toute organisation sociale.

Je rappelle que l'on s'accorde à distinguer deux grandes ères humaines antérieures à l'histoire : la période Paléolithique, ou âge de la pierre taillée; la période Néolithique, ou âge de la pierre polie. A l'intérieur du Paléolithique on marque une série d'époques qui sont, de la plus ancienne à la plus récente : le Chelléen (ou Abbevillien), l'Acheuléen, le Moustérien, le Périgordien et l'Aurignacien, le Solutréen, le Magdalénien, dénommées d'après certaines stations typiques. Dès la période de Chelles (ou d'Abbeville) et de Saint-Acheul, on trouve des silex taillés et des éclats de débitage concentrés sur certains points en nombre tel qu'ils doivent marquer l'emplacement de véritables ateliers; des traces de foyers impliquent que l'homme était en possession du feu. De sorte que l'essentiel se trouve maintenant réalisé qui permet une vie sociale véritable, comme l'écrit Camille Jullian :

> Le foyer, c'est la station ensemble autour d'un feu qui réchauffe, qui éclaire, qui réconforte; l'atelier, c'est l'arrêt attentif en vue d'une besogne utile à plusieurs. Ces hommes-là ont beau être des chasseurs qui courent et se déplacent, il leur faut, avant les heures de chasse, les longs instants de repos autour du foyer. La famille, la tribu, naîtront de ces habitudes, et je me demande si elles ne sont pas déjà nées.

Il ne paraît pas douteux que cela indique l'existence, en cette lointaine période, d'une organisation sociale. Tout se trouvait réuni pour la conservation, la mise en valeur et aussi le perfectionnement des techniques, et c'est alors qu'a pu se développer le second aspect de la dualité de l'esprit humain : la tendance à la pensée spéculative, dont il serait inconcevable qu'elle n'existât point déjà, mais en demeurant à l'arrière-plan. Il serait difficile, en effet, de prétendre que le Chelléen représente une ère d'exclusive technique. Ces hommes, venons-nous de dire, vivaient socialement; il est généralement admis qu'un rudiment de société implique un rudiment de religion. Ce caractère rudimentaire de l'une et de l'autre explique que l'on n'en retrouve point de vestiges, ou à peine (aménagement de l'habitat, par exemple). En somme, sans forcer les faits, et sans trop combler nos ignorances à coup d'hypothèses, on peut conclure, pour le Chelléen et l'Acheuléen, non pas à une alternance mais à un mélange d'activité technique et d'activité spéculative, la première prédominant sur la seconde.

La civilisation moustérienne correspond à un stade très avancé de l'évolution de l'humanité, considérablement plus proche de la période actuelle que du temps des origines. Elle présente elle aussi, avec plus de netteté que les époques précédentes, des caractères mixtes : une activité technique manifestée par la variété de l'industrie de la pierre; une activité spéculative dont témoignent la pratique du culte des morts et des rites divers, ainsi que des indices de vie sociale.

Si, dès l'entrée du Paléolithique supérieur, la scène du monde se modifie profondément, la même conclusion subsiste. La technique de fabrication de l'outillage montre quelque perfectionnement, les progrès étant surtout marqués dans l'utilisation de l'os. Mais le progrès social ne s'affirme pas moins (édification de véritables villages, par exemple), et surtout le développement soudain de l'art, d'un art dont la signification magique et religieuse ne semble point douteuse, établit le haut développement de la pensée spéculative.

Au Néolithique, les changements s'accentuent, et cela dans les deux ordres d'activité intellectuelle. Notons, dans le domaine de la technique, les débuts de l'agriculture et de la domestication des animaux, des arts céramiques et textiles. En même temps, dans l'ordre social et religieux, nous voyons l'abandon de la vie nomade pour la vie sédentaire, cependant que se compliquent les rites funéraires et se dressent les monuments mégalithiques. Et si l'art réaliste de la période précédente décline, il semble bien évoluer vers une sorte d'écriture.

Ainsi, on constate tout au long de l'immense durée des temps paléolithiques et néolithiques un certain équilibre, une certaine proportionnalité entre les deux formes de l'activité humaine, technique et spéculative.

En conclusion, la préhistoire montre qu'il paraît parfaitement normal de distinguer dans l'esprit humain plusieurs tendances, et, en particulier, la tendance ou fonction technique, la tendance ou fonction spéculative. On n'observe point, entre les deux, un rythme régulier d'alternance, mais, suivant les époques, la polarisation se fait tantôt dans un sens, tantôt dans l'autre. L'histoire nous apporterait les mêmes enseignements.

Selon quelle voie se poursuivra désormais l'hominisation? Le progrès n'est ni fatal ni nécessaire et l'homme deviendra ce qu'il aura voulu devenir. Jusqu'ici l'anthropogenèse a été caractérisée par le développement de l'outil et, d'une manière plus générale, par celui des techniques et des inventions; notre organisme semble avoir alors perdu la faculté de se transformer; c'est au niveau de l'esprit que s'est faite jusqu'ici l'évolution, c'est sur ce plan que l'homme continue le mouvement de la vie et c'est dans ce sens que l'on pourrait prévoir un avènement ultérieur. Mais l'homme prolongera-t-il un tel mouvement ou l'infléchira-t-il dans une autre direction? Gardons-nous de prophétiser.

Jean PIVETEAU, *de l'Institut.*

BIBLIOGRAPHIE

Marie-Françoise et Eugène BONIFAY, *Un gisement à faune épi-villafranchienne à Saint-Estève-Janson (Bouches-du-Rhône)*, dans les « Comptes rendus de l'Académie des Sciences », tome 256, nº 5, Paris, 1963.

Édouard LE ROY, *Les Origines humaines et l'évolution de l'intelligence*, Paris, 1928.

Henri de LUMLEY, Sylvain GAGNIÈRE et René PASCAL, *Découverte d'outils préhistoriques d'âge villafranchien dans la grotte du Vallonnet (Roquebrune-Cap-Martin, Alpes-Maritimes)*, dans les « Comptes rendus de l'Académie des Sciences », tome 256, nº 20, Paris, 1963.

Jean PIVETEAU, *L'Origine de l'homme*, Paris, 1962.

Pierre TEILHARD de CHARDIN, *Vision du passé* (L'Hominisation. Introduction à l'étude du phénomène humain), tome III des *Œuvres*, Paris, 1957.

Louis WEBER, *Le Rythme du progrès*, Paris, 1913.

L'ORIGINE DE LA VIE

POUR nombre de philosophes du siècle dernier, l'« origine » des choses se rattachait à la « cause première » considérée comme inconnaissable et devant demeurer hors de la science. C'était là l'opinion encore exprimée en 1929 par W. Vernadsky dans sa *Biosphère*. Cependant, comme le déclarait Virchow en 1885 : « Si la vie a eu un commencement, il doit être possible à la science de déterminer rationnellement les conditions de ce commencement ». Et chose surprenante, nous verrons que l'origine de la vie apparaît, en fait, beaucoup plus clairement que celle d'un phénomène apparemment bien plus simple, comme le magnétisme terrestre.

Le problème de l'origine de la vie n'est pas un problème biologique, puisqu'il n'y avait pas encore de vivants, et bien des spécialistes, paralysés par leur érudition et leur ignorance des autres disciplines, ont formulé à son sujet des opinions non autorisées. Nous verrons que c'est un problème inter-sciences, à la fois astronomique, géophysique, géochimique, photochimique et physico-chimique, en un mot, un problème de physique cosmique. Ainsi pouvons-nous comprendre comment d'éminents biologistes ont pu formuler à son sujet des opinions aussi surprenantes que celles-ci : « Toutes les spéculations sur l'origine de la vie sont permises ou parfaitement vaines, comme l'on voudra » (L. Cuénot); ou : « L'on ne sait absolument rien de l'origine de la vie sur notre globe. Tout ce qui a été dit à ce sujet n'est que pure spéculation » (R. Jeannel). Nous verrons comment ce problème, dépourvu de sens pour le spécialiste, prend toute sa signification par la confrontation de ces diverses disciplines.

DÉFINITION DE LA VIE

La vie est un phénomène si merveilleux, si en dehors de tous les autres, qu'il n'est pas surprenant que nos ancêtres, découragés par sa complexité, lui aient attribué, depuis toujours, une origine surnaturelle. Mais, comme le faisait remarquer H. Poincaré, des interventions miraculeuses et surnaturelles dans l'ordre de la nature équivaudraient à l'absence de lois physiques, c'est-à-dire au désordre. Ce furent d'abord, les travaux de Priestley, puis ceux de Lavoisier, qui montrèrent le rôle de la respiration et conduisirent à en donner une définition énergétique.

Comme nous le savons aujourd'hui, la vie utilise des composés organiques endothermiques appartenant à la chimie du carbone, exigeant, pour leur synthèse à partir de composés minéraux : eau, anhydride carbonique, ammoniac, l'apport d'une énergie étrangère Q. La fonction chlorophyllienne, base de la vie, peut être schématisée par la réaction photochimique :

$$Q + 6\,CO_2 + 5\,H_2O \rightleftharpoons C_6\,(H_2O)_5 + 6\,O_2$$

L'activité de la matière vivante est symbolisée par la réaction d'oxydation inverse. C'est le monde végétal autotrophe qui représente le mieux les caractères géochimiques de la vie. Les organismes supérieurs hétérotrophes évolués, qui l'ont parasité, ne possèdent pas son pouvoir étendu de synthèse et représentent une dégénérescence biochimique. Ils ne subsistent que grâce à une hécatombe perpétuelle.

Mais les travaux de Helmholtz et de Hirn montrèrent que les êtres vivants n'étaient pourtant pas des machines thermiques construites à notre échelle. Ils n'obéissent pas au principe de Carnot et leur rendement thermodynamique est bien plus élevé que celui des machines thermiques. Ils sont, d'ailleurs, isothermes et cela montre que la base de la vie doit être recherchée dans des actions moléculaires individuelles. A cette échelle de la microphysique, les forces moléculaires priment les forces hydrodynamiques. Les travaux de physiologie ont établi que la vie à notre échelle était la résultante de la vie individuelle de cellules généralement microscopiques et que l'activité cellulaire elle-même doit être reportée à l'échelle moléculaire. La découverte par Pasteur de la dissymétrie moléculaire des corps organiques dont ils sont constitués, a confirmé ces déductions. Ils peuvent effectuer le tri des énantiomorphes dont ils se nourrissent et peuvent même réaliser des séparations atomiques isotopiques.

Enfin, l'avènement de la biologie quantique avec les travaux de Lacassagne et de Holweck, le développement de la génétique, ont confirmé ce caractère moléculaire et quantique de la vie.

Mais la découverte de Pasteur ne fut comprise qu'après les travaux de P. Curie (1894) sur le rôle de la dissymétrie dans les phénomènes physiques et les profondes remarques de Ch. Eug. Guye (1922). Si c'est aux actions moléculaires statistiques qu'est due l'évolution physico-chimique régie par le principe de Carnot, c'est dans les actions moléculaires individuelles qu'il faut rechercher la cause de la vie et de la pensée. L'hétérogénéité est créatrice de dissymétrie et la dissymétrie est créatrice de forces. Sous l'action de la lumière, la vie végétale fabrique de l'« improbable », consommé par la vie animale, qui rétablit l'équilibre thermodynamique. Il va sans dire que la définition populaire de la vie : la nutrition et la reproduction, est notoirement insuffisante, car ce sont là des propriétés présentées à un certain degré par les cristaux.

Bien des savants ont cru que la vie et le psychisme étaient inhérents à la matière, ou ont invoqué une « force vitale » d'essence métaphysique. Ainsi évoquait-on, au Moyen âge, des « esprits alchimiques ». Mais les soi-disant « sciences occultes » sont demeurées indigentes et stériles devant nos sciences exactes. L'on crut aussi, avant Wöhler, les corps organiques d'une essence transcendante, dont la synthèse demeurerait interdite, et — après la découverte de Pasteur, — que la reproduction de corps actifs sur la lumière serait à jamais impossible. Il n'y a plus, aujourd'hui, nul refuge dans le bilan énergétique de l'être vivant pour ces croyances, et la cybernétique a contribué à montrer comment le psychisme est le résultat de rétroactions internes qui se manifestent dans les systèmes doués d'une très grande complexité. Comme les phénomènes biologiques sont toujours associés aux phénomènes physico-chimiques, les phénomènes psychiques le sont toujours aux phénomènes biologiques.

Enfin, comme le montre ce bilan, les êtres vivants ne sauraient pas davantage utiliser l'énergie nucléaire, comme l'ont naïvement cru quelques auteurs et toutes les radiations de haut quantum leur sont funestes.

Une bonne image de la Biosphère nous est donnée

par l'aquarium clos de Gréhant, renfermant des Poissons en symbiose avec des Algues, dans un milieu aqueux contenant du gaz carbonique et des sels minéraux. Dans un tel système isolé, la vie ne peut persister que par l'apport d'une énergie étrangère, qui est la lumière. L'ensemble constitue un transformateur de photons en toutes sortes d'énergie et en psychisme. Cette énergie peut apparaître sous des formes multiples : chimique, mécanique, voire lumineuse ou électrique, mais finalement thermique. Voudrait-on faire l'expérience dans un système complètement clos : un aquarium isotherme parfaitement tapissé d'Algues, contenant des Poissons abyssaux émettant leur propre lumière ? Il est clair que malgré le rendement quasi intégral de la bioluminescence, on irait à l'encontre des principes de la thermodynamique et que l'on chercherait à réaliser le mouvement perpétuel, contrairement au principe de la conservation de l'énergie. Ainsi peut-on dire : « Pas d'énergie, pas de vie ». Mais le rendement énergétique de la fonction chlorophyllienne n'est que de l'ordre du centième et le Règne végétal ne fait que retarder la dégradation de l'énergie à la surface de la Terre.

THÉORIES DE L'ORIGINE DE LA VIE

En dehors des interprétations miraculeuses, nombre d'hypothèses plus sérieuses ont été formulées pour rendre compte de l'existence de la vie terrestre. Il importe de les rappeler succinctement pour retracer l'évolution de la pensée humaine en ce domaine. Il est également nécessaire de légitimer le problème de l'origine de la vie, car bien des savants ont affirmé que c'était là un faux problème et que la vie était aussi perpétuelle que le monde lui-même.

RECEVABILITÉ DU PROBLÈME

C'était l'opinion de Pasteur que la vie pouvait être transcendante à la matière et c'est une idée encore vivace aujourd'hui. Cependant, depuis quelques décennies, la physique atomique a montré comment la matière elle-même n'est pas éternelle, mais seulement un aspect éphémère de l'énergie. La matière naît, se transforme et disparaît à tout instant partout dans l'univers. Seule, l'énergie se conserve sous de multiples aspects. Comme le spiritualisme, le matérialisme mécaniste est aujourd'hui dépassé et doit faire place à la seule doctrine de l'énergie. En outre, l'astronomie a définitivement ruiné nos conceptions géocentriques et anthropomorphiques du monde en nous dévoilant l'architecture de l'univers et la place qu'y occupe notre globe. Mais l'atome des physiciens et l'univers des astronomes ne sont pas à la portée de tous et c'est la vieille conception métaphysique de l' « esprit » animant la matière qui est demeurée populaire.

Ainsi devons-nous aujourd'hui consacrer des années de dur labeur pour nous débarrasser des idées fausses qui nous ont été inculquées durant notre jeunesse et bien peu peuvent y parvenir et s'en affranchir.

Nous savons depuis peu que les éléments chimiques constituant notre système solaire sont nés il y a six milliards d'années et que notre planète est âgée de quatre milliards et demi d'années. Les éléments, issus du Soleil, qui l'ont constituée et dont nous sommes faits, n'ont pas apporté la vie avec eux. La vie terrestre ne date pas de plus de quatre milliards d'années et le problème de son apparition se pose clairement.

D'autres auteurs ont cru que la vie pouvait présenter, dans l'univers, des aspects très différents de ceux de la vie terrestre et ont postulé des « vies » assurées par d'autres éléments chimiques que les éléments biogènes, dans d'autres conditions physiques. C'est ainsi que W. Preyer, en 1875, imaginait ses « pyrozoaires », êtres légendaires qui auraient vécu dans le feu en utilisant, par exemple, la chimie du silicium. Ces élucubrations ne montrent rien d'autre qu'une fâcheuse méconnaissance de la chimie. Les éléments chimiques ont eu, dans l'univers, des rôles cosmiques bien distincts, surtout déterminés par leur masse atomique. Alors que le carbone devait engendrer les innombrables corps de la chimie organique, — qui est unique — son homologue, le silicium, devait constituer les minéraux et les roches de la lithosphère.

Il est à remarquer qu'à part le lithium, le béryllium et le bore, qui sont géochimiquement rares et dont les valences ne sont pas adéquates, presque tous les éléments légers de la première période de la table de Mendeleieff constituent les éléments biogènes.

Le carbone est irremplaçable par suite de sa valence et de sa faible masse atomique, faisant que ses hydrures et ses oxydes usuels sont des gaz à la température ordinaire. Or, les délicates architectures vivantes sont aisément détruites par l'agitation moléculaire thermique. Enfin, l'eau liquide et le gaz carbonique sont irremplaçables pour constituer la matière vivante. Aussi pouvons-nous être sûrs que les êtres vivants habitant d'autres planètes sont constitués des mêmes éléments biogènes que nous et qu'ils utilisent la même chimie du carbone.

Pour les partisans de la génération spontanée et de la panspermie cosmique, le problème de l'origine de la vie est aussi un faux problème. Cela nous amène à considérer ces hypothèses.

LA GÉNÉRATION SPONTANÉE

Il semblait tout naturel aux Anciens que de petits êtres vivants puissent naître spontanément, sans parents, des quatre éléments d'Aristote : la terre, l'eau, l'air et le feu. Avec les progrès de l'observation, leur taille dut être reculée peu à peu jusqu'au domaine microscopique. Rappelons les controverses séculaires qui dressèrent successivement, Van Helmont contre F. Redi, Needham contre Spallanzani, Charlton Bastian contre T. H. Huxley, Pouchet contre Pasteur. Les travaux de Schwann, puis ceux de Pasteur, ruinèrent définitivement cette doctrine.

Celle-ci se réfugia dans le domaine sub-microscopique, à l'échelle des Virus, et R. Esnault-Pelterie suggérait encore, en 1930, sa théorie de l'aïdiogenèse. Mais l'hypermicroscope, qui a dépassé la taille des plus petits êtres vivants, a montré, une fois de plus, la justesse de l'adage de Harvey (1619) : *Omne vivum ex ovo.*

Les traces de matière organique stérile qui pourraient naître aujourd'hui de synthèses pyrogénées réalisées par la foudre ou les volcans, à partir de composés minéraux, deviendraient aussitôt la proie du monde vivant et n'auraient aucune chance de pouvoir s'organiser spontanément. Nulle part, dans la nature actuelle, nous ne voyons apparaître des corps aussi simples que l'acide tartrique, par exemple, en dehors de la vie, comme le remarquait déjà R. Dubois, en 1914, dans son livre *la Vie et la lumière*. Les exhalaisons volcaniques réductrices sont brûlées par l'oxygène et l'ozone atmosphériques. Les rares oxalates de fer et de calcium et les mellates d'aluminium et de calcium résultent, vraisemblablement, de l'action de l'acide mellique des lignites. Ce sont des déchets de la vie.

La génétique a montré que tout être vivant est caractérisé par son patrimoine héréditaire, acquis durant une longue évolution et transmis par ses ascendants. Chacun de nos organes a été utilisé, éprouvé et amélioré, durant des millions d'années, par une foule d'espèces avant de nous être transmis. Notre vie embryonnaire retrace les grandes étapes de l'évolution. L'embryogenèse est une récapitulation abrégée de la phylogenèse. Quel patrimoine héréditaire pourrait bien posséder un être aujourd'hui né sans parents ?

LE HASARD CRÉATEUR

Le hasard est capable d'engendrer sans architecte les architectures les plus complexes et les plus improbables, comme le montrent les « fleurs » de neige, la célèbre cristallisation de la glycérine en 1867, ou l'apparition de cristaux dans un bloc de verre limpide. Quelques savants ont songé à attribuer à ce singulier créateur l'origine de la vie, grâce à une fluctuation statistique moléculaire exceptionnelle. C'est la thèse antique de l'épuisement des combinaisons fortuites possibles. « Qu'on prodigue le temps, tout le possible arrive », enseignait Hérodote. Huxley et E. Borel ont popularisé cette thèse avec leurs « singes dactylographes » tapant au hasard pendant très longtemps et reproduisant finalement le théorème de Pythagore !

Cette thèse a l'avantage de se prêter au calcul des probabilités et Ch. Eug. Guye l'a examinée de ce point de vue. Il a montré comment le jeu parfaitement désordonné de l'agitation moléculaire thermique, qui se traduit par l'apparition du mouvement brownien, exigerait, pour faire apparaître une structure dissymétrique, des temps prohibitifs, tout à fait hors de proportions avec la durée dont nous disposons, soit quelques milliards d'années.

Boltzmann a calculé que si l'on mélangeait dans un vase clos 50 cm^3 d'hydrogène avec un égal volume de gaz carbonique, il faudrait attendre $10^{10^{10}}$ siècles, pour avoir la chance d'observer une séparation spontanée. Le miracle n'est pas à notre échelle du temps. L'échelle cosmique du temps, où l'unité n'est que le milliard d'années, est tellement dépassée que ces fluctuations ne jouent aucun rôle dans l'univers. Certes, le jeu du hasard introduit l'ordre dans la nature en créant nos lois statistiques, mais à notre échelle seulement. A l'échelle microscopique, où règne le chaos moléculaire, il nous faut, pour réaliser l'ordre, faire intervenir le jeu des valences chimiques et des forces moléculaires. Que l'on veuille reconstituer l'un des plus simples réseaux cristallins, le cube du sel gemme, au moyen de boules blanches et noires par une agitation millénaire, l'on n'y parviendra jamais. Mais qu'on laisse diffuser librement des ions de chlore et de sodium dans une solution saturée de ce corps, le germe cristallin apparaîtra d'emblée.

Il est dès lors à peine besoin de réfuter les thèses voulant faire naître la vie par l'apparition spontanée de la chlorophylle ou des Bactéries autotrophes de Winogradsky. La chlorophylle est une molécule déjà très complexe qui n'a pu s'élaborer sans un substratum vivant et qu'à la faveur d'une longue évolution. Elle n'a d'ailleurs, en dehors des organismes, aucun pouvoir synthétique. On peut montrer que les Bactéries autotrophes, telles que les Sulfobactéries et les Ferrobactéries, ne peuvent être primitives et qu'elles utilisent, surtout, des déchets de la vie. Leur déficit énergétique doit être comblé par une réaction d'oxydation. Elles ont un pouvoir de synthèse plus étendu que celui des Bactéries hétérotrophes, sont plus complexes et leur sont, vraisemblablement, postérieures. Elles ne sont d'ailleurs pas d'origine marine.

LA PANSPERMIE COSMIQUE

L'idée de la pluralité des mondes habités était devenue populaire depuis le XVIIe siècle et quelques savants tels que H. von Helmholtz, Lord Kelvin, S. Arrhenius, Van Tieghem, ont pensé que la Terre avait pu être ensemencée par des « cosmozoaires », germes vivants d'origine cosmique. Cette doctrine ne manque pas de grandeur, car elle postule que la vie est aussi éternelle que l'univers lui-même et qu'elle est partout semblable à la vie terrestre, puisque celle-ci provient de la source commune. En 1821, de Montlivault attribuait l'ensemencement de la Terre à des germes projetés par les volcans lunaires. Une hypothèse plus sérieuse fut proposée par H. E. Richter en 1865. Il invoquait l'apport de germes par les météorites. La météorite d'Orgueil était tombée l'année précédente et elle avait apporté des matières organiques ayant suscité le plus haut intérêt. Des germes auraient pu demeurer vivants dans des anfractuosités de la roche. Mais nous savons aujourd'hui que les roches cosmiques, d'après leur âge et leur composition isotopique, appartiennent toutes au système solaire et qu'elles proviennent de l'anneau des astéroïdes, résultant de la rupture de la planète terrestre postulée par Olbers entre Mars et Jupiter. Cette planète était minuscule, incapable de retenir aucun produit volatil et son évolution minéralogique montre qu'elle n'a pas dépassé le stade lunaire. Les minéraux des météorites: carbures, graphite, diamant, sulfures, phosphures, fer chromé, magnétite, pyrite, amphibole, serpentine, labrador, sont d'origine purement ignée. Nous verrons que leurs matières organiques sont celles de la chimie volcanique et qu'elles ont seulement été le siège de synthèses pyrogénées à l'exclusion de photosynthèses en milieu aqueux. Les recherches de Smith, Berthelot, Schützenberger, Bourgeois, ont montré que les hydrocarbures des météorites carbonées étaient analogues à ceux de la fonte blanche et qu'ils résultaient de l'action de la vapeur d'eau surchauffée sur les carbures des métaux ferreux.

Sv. Arrhenius, en 1910, a suggéré un mécanisme complexe pour transporter un germe vivant d'une planète à une autre dans la Galaxie. Supposons qu'il doive être expédié de la Terre sur une planète appartenant à un système stellaire voisin, comme celui de Sirius, éloigné d'une dizaine d'années-lumière. L'auteur fait appel à la pression répulsive de la lumière solaire pour le chasser hors du système solaire. Il admet que le poids terrestre de ce germe est égal à cette pression au niveau de l'orbite de la Terre. Comme le seul jeu du mouvement brownien serait incapable de l'extraire de l'atmosphère, Arrhenius imagine qu'il adsorbe des ions négatifs et qu'il remonte ainsi le champ électrique terrestre. Il sera alors chassé avec une vitesse croissante. L'accélération passera par un maximum et la vitesse tendra asymptotiquement vers une valeur constante limite de 1 700 km/s. Il atteindrait ainsi le système de Sirius, s'il est convenablement orienté, au bout de deux mille ans.

Or, toutes ces hypothèses sont erronées. Si l'on considère une sphérule absorbante ayant la densité de l'eau, le calcul montre que son diamètre ne serait que de 5 Å, soit la dimension d'une molécule! Le champ électrique est, par ailleurs, limité à l'épaisseur de la troposphère, soit une dizaine de kilomètres seulement.

Dans cette hypothèse, le plus petit germe vivant ne saurait avoir une taille inférieure à 0,5 μ. La diffraction serait moins forte et sa forme, généralement non sphérique, augmenterait l'effet de la pression de la lumière. Mais il serait vraisemblablement incolore et transparent. Son poids terrestre serait alors si prépondérant qu'il devrait d'abord être éloigné de la Terre, non de quelques centaines de kilomètres, mais d'au moins six rayons terrestres, et aucun artifice ne permet de le porter à cette distance.

S'il était absorbant, la pression de la radiation serait alors le double de son poids solaire et il serait chassé du système solaire avec la vitesse limite de 35 km/s, c'est-à-dire qu'il atteindrait le système de Sirius au bout de cent mille ans.

Admettons cependant que, par un hasard extraordinaire, il parvienne au voisinage de ces étoiles. Il en serait repoussé par leur pression de radiation et il faut ici faire appel à un nouveau mécanisme pour l'entraîner par gravité. Arrhenius admet qu'il sera capturé par un grain assez massif de poussière cosmique attiré par ces étoiles. Or l'énergie cinétique de ces particules serait assez grande pour volatiliser la plus petite lors de leur rencontre. En outre, il n'existe vraisemblablement pas de grosses particules solides dans l'espace interstellaire. Il faudrait aussi que la trajectoire se trouve dans le plan orbital de la planète qui le capturera, qu'elle soit convenablement orientée et qu'il passe assez près de celle-ci pour être freiné progressivement dans son atmosphère et non grillé à la manière d'une étoile filante. Encore la planète devra-t-elle se trouver dans des conditions réceptives très peu probables. Ce mécanisme, échafaudé grâce à une série de « coups de pouce » excessifs, ne résiste pas à une discussion numérique et est du domaine de la « science-fiction ». On est confondu qu'un physicien, titulaire du prix Nobel, ait osé proposer une telle théorie, qui a d'ailleurs rencontré le plus vif succès auprès de nombreux savants. Un germe nu, sortant de l'atmosphère, serait d'ailleurs aussitôt détruit par une lumière mortelle. Le milieu cosmique est si plein de périls que la thèse de la panspermie cosmique ne peut se concevoir que sous la forme de l'apport, volontaire ou non, d'un germe par un astronaute étranger. Il n'est pas douteux que, depuis bien des milliards d'années, une foule d'astronefs en perdition errent dans la Galaxie en y véhiculant les restes de leurs pilotes. Mais un atterrissage heureux, effectué par un pilote vivant, exigerait que celui-ci ait une longévité de plusieurs milliers d'années, ou qu'il se soit reproduit nombre de fois dans l'astronef, toutes conditions relevant de la plus haute fantaisie. L'application des considérations relativistes et l'utilisation de l'énergie nucléaire, traitées numériquement d'une manière complète par R. Esnault-Pelterie, ne changent pas ces conclusions.

Tout germe, abandonné sur une Terre primitive stérile, aussi bien que sur Vénus ou sur Mars, n'y trouverait nulle nourriture, aucune atmosphère respirable et serait aussitôt détruit par les rayonnements solaires et cosmiques.

La thèse de la panspermie cosmique, qui cherche à éluder le problème de l'origine de la vie en le reculant aux confins du temps et de l'espace, n'apparaît que comme une piteuse défaite.

LA SYNTHÈSE DE LA MATIÈRE ORGANIQUE

Des thèses plus sérieuses ont heureusement été proposées pour rendre compte de l'origine de la vie. J. B. Lamarck fut probablement le premier à imaginer dans sa *Philosophie zoologique* (1809) que la matière minérale avait pu engendrer des matières organiques stériles, qui se seraient organisées peu à peu. Mais il n'avait pas, à son époque, les moyens de construire une théorie plausible. Cette opinion fut aussi formulée par E. du Bois-Reymond en 1873 et par Ch. Darwin en 1874. Pflüger a suggéré en 1875 la synthèse pyrogénée de composés cyanés et

A. Gautier a vu, dans le volcanisme, la source de cette matière organique.

Nombre d'auteurs ont cru que l'atmosphère terrestre primitive contenait de l'hydrogène et des hydrocarbures, ainsi que les planètes géantes. A. I. Oparine, dans un ouvrage remarquable du point de vue géochimique, a fait appel à la réaction de l'acétylène sur la vapeur d'eau, en présence d'oxyde de fer, pour former de l'acétaldéhyde, susceptible de se combiner avec l'ammoniac, pour conduire aux composés ternaires et quaternaires. D'autres auteurs ont pensé que la radioactivité (Stoklasa, 1910) ou la foudre, agissant sur les hydrocarbures et l'ammoniac, auraient produit des acides aminés. C'est ainsi que H. C. Urey et S. L. Miller ont obtenu, en 1955, la synthèse de ces composés en faisant jaillir des étincelles dans un tel mélange gazeux. Bresler a suggéré une synthèse des protéines sous haute pression, apparemment dans le domaine abyssal. Toutes ces tentatives sont intéressantes mais inadéquates, car aucune de ces réactions n'engendre une atmosphère d'oxygène, ni des composés optiquement actifs.

Il est très remarquable que, dès 1873, E. du Bois-Reymond ait fait allusion à la lumière solaire ultraviolette, pour engendrer photochimiquement des matières organiques. Cette idée fut reprise en 1913 par B. Moore, puis en 1924 par P. Becquerel. Mais, comme notre atmosphère est opaque aux radiations actives, Becquerel plaça ces photosynthèses dans la haute atmosphère. Cependant, si de telles substances y prenaient naissance, elles seraient aussitôt détruites par l'oxygène atomique et par l'ozone, ainsi que par photolyse par le proche ultraviolet, et ne parviendraient pas jusqu'au sol.

En 1928, J. B. S. Haldane, dans une courte note, les a placées au niveau de la mer et a parlé d'une « soupe » chaude et salée où se serait élaborée la vie.

Toutes les données du problème étaient déjà connues vers 1920, mais ce n'est qu'en 1938 que E. Desguin et A. Dauvillier l'ont abordé du point de vue astronomique, géochimique et photochimique. Ils se basent sur la nature des atmosphères de Vénus et de Mars, considérées comme analogues à celle de la Terre primitive; sur les travaux de Hartley, Fabry et Buisson, relatifs au rôle de l'ozone atmosphérique et sur ceux de D. Berthelot et

H. Gaudechon sur la synthèse ultraviolette des composés ternaires et quaternaires. Ils ont cherché à interpréter la découverte de Pasteur et les remarques de Ch. Eug. Guye sur le rôle de la dissymétrie moléculaire.

Le mécanisme envisagé est nécessairement fort complexe, car il faut expliquer, à la fois, l'existence préalable de composés hétérocycliques; la photosynthèse de composés ternaires et quaternaires; l'apparition de la dissymétrie moléculaire; la formation d'une atmosphère d'oxygène libre et d'ozone, qui permettra l'oxydation contrôlée de ces matières tout en les protégeant; l'apparition d'un milieu vivant indéfini sans organismes, soit en état de fermentation, dans lequel des macromolécules douées de continuité génétique pourront se multiplier et conduire à l'ébauche d'une colonie microbienne. C'est la théorie que nous exposerons maintenant.

LA THÉORIE PHOTOCHIMIQUE DE L'ORIGINE DE LA VIE

LES HYPOTHÈSES COSMOGONIQUES

Le problème de l'origine de la vie, avons-nous vu, n'est pas d'ordre biologique, puisqu'il n'y avait pas encore d'organismes, mais constitue un problème de physique et de chimie cosmique. Pour le comprendre, il est nécessaire de remonter jusqu'à la cosmogonie et la géogénie. Nous nous trouvons alors face à deux groupes opposés de théories : celles de filiation et celles d'accrétion. Les premières assurent que les planètes sont issues du Soleil, comme les satellites sont issus de leurs planètes mères. Les secondes croient trouver l'origine de ces corps célestes dans des mécanismes agglomérant la matière divisée : gaz raréfiés et poussière cosmique, existant dans la Galaxie. Nous verrons que ces dernières sont inadéquates et aboutissent à des impasses.

Les auteurs d'hypothèses cosmogoniques ont toujours cru que le système solaire était né là où il se trouve actuellement dans la Galaxie. Ils oubliaient qu'en quatre milliards et demi d'années, il avait eu le temps d'y voyager et ils ont ignoré l'évolution galactique. Nous avons montré comment un système planétaire résulte d'interactions s'exerçant entre deux étoiles qui fusionnent finalement en une seule. Ces interactions n'ont chance de s'exercer que là où la densité stellaire est très grande, soit au centre des amas stellaires globulaires et des noyaux galactiques.

D'après cette hypothèse, tous les corps célestes formant le système solaire sont composés d'éléments chimiques ayant le même âge et la même composition isotopique. Les planètes sont issues de matière solaire superficielle, comme leurs satellites normaux sont issus de matière empruntée à leur surface. La matière solaire superficielle répond au mélange dit « de Russell ». Elle est surtout formée d'hydrogène et d'hélium, auxquels s'ajoutent quelques centièmes d'éléments légers tels que le carbone, l'azote, l'oxygène et le néon, et quelques millièmes d'éléments plus lourds, tels que le silicium, les éléments alcalins, alcalino-terreux, terreux et les métaux ferreux.

On peut montrer que la mise en place des planètes sur leurs orbites s'est accompagnée d'une perte de masse considérable, ces gaz à haute température ayant tendance à se disperser dans l'espace vide.

Il en résulte que les planètes géantes : Jupiter, Saturne, Uranus et Neptune, ne sont guère constituées que d'hydrures des éléments légers : carbone, azote et oxygène, retenus grâce à une masse planétaire élevée. Mais les planètes naines terrestres : Mercure, Vénus, la Terre, Mars, et celle postulée par Olbers entre Mars et Jupiter, ont subi une évaporation bien plus complète et n'ont guère conservé que leurs éléments lourds ferreux et terreux, avec une faible proportion d'éléments légers, tous complètement oxydés. Aucun élément électropositif n'y subsiste à l'état libre. C'est l'oxygène qui est l'élément le plus abondant dans la croûte terrestre. On peut dire que ces planètes représentent les cendres cosmiques de la combustion du mélange de Russell. Ces produits de combustion constituent les lithosphères et les hydrosphères planétaires.

Nous avons montré quelle avait été l'évolution physico-chimique du magma superficiel de ces planètes. Ce fut un paléo-volcanisme intense, encore attesté par l'aspect de la surface lunaire. Nous appelons paléovolcanisme, l'évolution chimique qui a accompagné le refroidissement du magma superficiel des planètes terrestres et qui a engendré les reliefs lunaire et terrestre. Il a donné naissance à l'eau des océans, à leur salure et à une atmosphère primitive d'azote et de gaz carbonique.

Il est significatif que nos deux voisines, Vénus et Mars, montrent, précisément, des atmosphères de ce genre complètement différentes de celles des planètes géantes. L'atmosphère primitive de la Terre ne contenait pas trace d'oxygène libre, qui est le produit de la vie, et dont l'affinité chimique, pour nombre de roches et de minéraux, est très grande. Elle ne contenait pas davantage d'hydrogène et de carbures d'hydrogène, qui sont, au contraire, abondants sur les planètes géantes.

Par contre, aucune théorie cosmogonique basée sur l'accrétion de gaz et de poussière cosmique ne peut rendre compte de la loi des distances planétaires, de la rotation des planètes, de l'orientation de leurs axes, de la multiplicité et de la diversité de leurs satellites, de la densité des planètes, de leurs moments d'inertie, de leur composition chimique et de leurs atmosphères.

Si nous considérons, par exemple, la théorie esquissée par un astronome britannique, Fr. Hoyle, nous y trouvons un Soleil primitif entouré d'un disque équatorial de poussière cosmique divisé en anneaux, s'étendant jusqu'aux confins du futur système solaire. L'auteur n'imagine rien de mieux, pour agglomérer cette poussière, que d'y postuler la formation d'un « adhésif », comme l'huile minérale et la poix! Pour lui, la matière organique, qui devait constituer ultérieurement la matière vivante, est née dans ces anneaux, avant la formation des planètes! Ces élucubrations ne montrent rien d'autre qu'une fâcheuse ignorance de la géophysique et de la géochimie.

Si les planètes se formaient par accrétion de matière interstellaire, contrairement aux exigences de la théorie cinétique des gaz, elles devraient contenir les éléments électropositifs libres qui y sont présents. On peut montrer que les propriétés mécaniques et électriques de cette matière s'opposent à toute agglomération et que loin d'être au repos, elle possède une énergie cinétique élevée, due — comme nous l'avons vu — à la pression de la radiation.

Les anneaux des astéroïdes, ainsi que ceux de Saturne, ne représentent pas une planète et un satellite avortés ou en formation, comme le croyait Laplace, mais en sont, au contraire, les débris.

Enfin, les huiles dites « minérales » sont essentiellement d'origine biogène, comme le montrent leur activité optique et leur gisement sédimentaire.

LE CYCLE VOLCANIQUE DU SEL

Pour pouvoir aborder le problème de l'origine de la vie avec fruit, il faut non seulement connaître la nature de l'atmosphère primitive, mais encore celle du milieu marin initial. L'océan primitif d'eau douce, postulé par quelques auteurs, serait impropre à l'éclosion de la vie.

Il était admis depuis Boyle (1673) que la salure océanique avait été acquise progressivement par l'apport salin fluvial et d'importants travaux furent consacrés à ce problème par J. Murray et J. Joly en 1902. Par contre, Behrend a suggéré que cette salure était due à l'exhalaison volcanique. Or les océans renferment un excès de chlore. L'érosion des granites leur apporte une grande quantité de sodium qui paraît s'en évader. C'est l' « énigme du sel » soulignée par P. Termier.

Nous avons montré qu'à l'origine l'atmosphère de la Terre incandescente renfermait les halogénures alcalins à l'état de vapeur. Lorsque ceux-ci se condensèrent sur la croûte primitive solide, ils y formèrent une mer de sels fondus d'une quarantaine de mètres d'épaisseur. Lorsque le paléo-volcanisme engendra, plus tard, la vapeur d'eau, celle-ci se condensa à l'état hypercritique sur la croûte et l'océan acquit, d'emblée, une salure élevée.

La théorie de l'origine volcanique des atmosphères et des hydrosphères planétaires nous permet de concevoir comment des éléments tels que les halogènes et le bore, pratiquement inconnus dans les roches continentales soumises à l'érosion, sont concentrés dans les océans, car ils sont, eux aussi, le produit de l'exhalaison volcanique.

Nous avons considéré le volcanisme comme une machine thermique utilisant l'énergie géothermique d'origine radioactive par le cycle de l'eau marine hypercritique. L'eau volcanique actuelle n'est pas juvénile et son abondance est telle que toute l'eau océanique passerait dans le cycle en quelques millions d'années seulement.

Van Nieuvenburg a montré en 1945 comment l'eau hypercritique était capable de dissoudre et de transporter des sels et des métaux. Or l'eau marine acquiert cet état dans les failles sous-océaniques vers treize km de profondeur, sans jamais bouillir. Elle diffuse ensuite à travers la roche sous-jacente en emportant tous ses sels. Elle atteint le magma en pseudo-solution hydro-thermale à 850° C vers cinquante km de profondeur et y engendre le chimisme volcanique. Les alcalins s'incorporent à la lave, tandis que les halogènes constituent les fumerolles acides du volcanisme marin :

$$SiO_2 + H_2O + 2\,NaCl = SiO_2.Na_2O + 2\,HCl - Q$$

Ainsi les halogènes et le bore sont-ils restitués au milieu marin où ils s'accumulent, tandis que les oxydes alcalins et alcalino-terreux s'incorporent à la lave. Ils constitueront les fumerolles continentales alcalines.

Les argiles kaoliniques, résultant de la dégranitisation par le gaz carbonique atmosphérique, forment des sédiments profondément enfouis dans les géosynclinaux. A la profondeur de treize km, la pression lithostatique est de 2 500 atm. et la température atteint 374° C. Les failles sous-jacentes leur apportent les fumerolles alcalines issues des courants thermiques de convection magmatique, constituées de silice et d'alcalins qui, transportés par l'eau hypercritique, provoquent leur granitisation par cristallisation du quartz et des feldspaths. Ce granite juvénile formera le cœur des sédiments le recouvrant, charriés et plissés par les pressions tangentielles engendrées par le volcanisme océanique, et sera offert de nouveau à l'érosion atmosphérique. Ainsi le volcanisme, la formation des chaînes de montagne et leur érosion font-ils parcourir aux alcalins un cycle fermé.

Le thermalisme apporte encore à la surface du natron et du borax. Le rapport Na/Cl océanique résulte d'un équilibre entre la vitesse d'érosion des granites et l'activité volcanique. Ainsi la vie marine a-t-elle pu subsister depuis quatre milliards d'années et est-elle suspendue à ce « cycle volcanique du sel ».

C'est par un tel processus que l'écorce vitreuse primitive d'obsidienne du globe a été transformée en une écorce granitique.

Ce cycle semble confirmé par le fait que les vulcanologues russes du Kamchatka, ainsi que les vulcanologues japonais, ont reconnu la présence d'une forte teneur en halogènes dans l'exhalaison de leurs volcans océaniques, tandis que les vulcanologues belges n'en ont pas trouvé dans l'exhalaison des volcans de l'Afrique centrale alimentés par les grands lacs.

LA SYNTHÈSE PYROGÉNÉE DE LA MATIÈRE ORGANIQUE

Ce paléo-volcanisme cosmique, auquel on doit la formation des continents, des océans et des atmosphères des planètes terrestres, était dû au refroidissement de leur magma superficiel. La chimie cosmique des corps célestes est caractérisée par l'apparition, au cours de leur refroidissement superficiel, de composés de plus en plus complexes et d'autant plus stables que la température s'abaisse. Mais ces produits volatils n'ont pas été retenus par les planètes de masse insuffisante, tels que Mercure et la Lune. Mars, avec une masse neuf fois plus grande, n'en a retenu qu'une faible proportion. Mais Vénus et la Terre ont conservé des hydrosphères et des atmosphères denses. Il est significatif que les éléments légers dits biogènes, qui constituent la matière vivante, sont les mêmes que ceux constituant les océans et les atmosphères. Ce sont les produits de l'exhalaison volcanique.

Celle-ci est encore de nos jours essentiellement formée de vapeur d'eau, d'anhydride carbonique, d'azote, de sels ammoniacaux et de sulfures. On n'y trouve jamais d'oxygène libre : les gaz volcaniques sont des gaz réducteurs. Mais à l'origine, en l'absence de l'oxygène libre biogène, le paléo-volcanisme était capable d'engendrer nombre de produits organiques par synthèse pyrogénée. C'est ainsi que les carbures du magma, décomposés par la vapeur d'eau, ont produit des hydrocarbures tels que l'acétylène qui, réagissant sur l'ammoniac issu des nitrures métalliques, conduit au pyrrole : $(CH)_4$ NH. L'ammoniac et l'oxyde de carbone donnent de l'acide cyanhydrique qui, réagissant sur l'acétylène, conduit à la *pyridine* : $(CH)_5$ N. A. Gautier a signalé, en 1901, la présence de sulfocyanates dans l'exhalaison volcanique. Il y voyait des réactions qui auraient pu conduire à l'élaboration de la matière vivante.

Ces composés ne se rencontrent plus aujourd'hui dans

l'exhalaison volcanique, car ils sont brûlés au contact de l'air à haute température.

Sur la Terre primitive, ces composés pyrogénés hétérocycliques, puriques et pyrimidiques, joueront un rôle essentiel dans l'édification future des nucléoprotéines. Ils sont demeurés occlus dans les lithosphères de Mercure, de Mars, de la Lune et de la planète d'Olbers.

Les travaux spectrographiques poursuivis sur Mars dans l'infrarouge par W. Sinton semblent avoir montré la présence, dans ses régions sombres, de corps possédant la liaison C-H. On peut penser que de tels composés, carbonisés par les rayonnements solaires, contribuent à l'assombrissement des régions périodiquement humides de la planète.

On connaît, par ailleurs, une classe de météorites dites carbonées, renfermant des matières organiques. Elles sont rares et l'on n'en relate que huit chutes. Elles offrent une faible densité, comprise entre 1,9 et 3,0 g/cm³. La pierre d'Orgueil, tombée le 14 mai 1864, a suscité un grand intérêt et a donné lieu, à l'époque, à de nombreux travaux. C'est un péridot contenant des sulfures de fer et de magnésium, du chlorhydrate d'ammonium et 15 % de matières organiques hydratées. L'analyse de celles-ci a donné à Cloez la composition :

C : 63,45 O : 30,57 H : 5,98

analogue à celles des matières humiques, de l'ozokérite et des lignites.

Cela ne signifie pas que ces météorites nous aient apporté des vestiges d'origine biogène, car ces matières ne contiennent ni azote ni phosphore et sont analogues aux exsudats bitumineux volcaniques. Pasteur n'y trouva aucun vestige de micro-organisme. Mais bien des réactions purement minérales sont capables d'engendrer de tels produits. Rappelons les théories de M. Berthelot (1869), D. Mendeleieff (1877), H. Abich (1879), H. Moissan (1896), P. Sabatier (1920), d'une telle origine minérale des pétroles. Les carbures d'aluminium et d'uranium, décomposables par la vapeur d'eau, donnent naissance à des carbures d'hydrogène gazeux et liquides. Certaines météorites renferment jusqu'à 10 % de carbone et l'action de l'eau sur les carbures de fer et de manganèse à 10 % de carbone, donne du méthane et des huiles à odeur de pétrole. Mais le gisement sédimentaire de ceux-ci et leur activité optique impliquent une origine biogène.

M. Calvin a signalé la présence de traces de composés hétérocycliques : pyrimidines et purines, à l'intérieur d'une météorite pierreuse. Nous avons montré, en discutant l'origine des radicaux NH et CN des spectres cométaires, comment les météorites et les noyaux cométaires étaient issus des débris de la planète postulée par Olbers, entre Mars et Jupiter. Ces radicaux trouvent leur origine dans les corps hétérocycliques occlus dans ces roches cosmiques.

Quelques auteurs, peu familiarisés avec ces problèmes, ont cru, bien à la légère, que la liaison CH reconnue sur Mars, ainsi que les matières organiques des météorites carbonées, étaient d'origine biogène. Il suffit de savoir que les radicaux CH et CN s'observent dans les spectres cométaires, dans les taches solaires et dans la matière interstellaire, pour écarter cette idée simpliste.

LA SYNTHÈSE PHOTOCHIMIQUE DE LA MATIÈRE ORGANIQUE

Les composés hétérocycliques formés par synthèse pyrogénée en l'absence d'oxygène libre, quoique renfermant de l'azote, sont encore bien éloignés de la composition de la matière vivante, qui est caractérisée, comme l'a montré Pasteur, par son activité optique. Celle-ci possède une structure trop fragile pour avoir été engendrée par la foudre ou le volcanisme, car elle est détruite par une faible élévation de la température. Les protéines ne peuvent s'être élaborées que dans un milieu aqueux, de pH et de salure convenables, et grâce à une énergie étrangère. La vie actuelle étant entretenue par la lumière solaire visible, il est logique d'attribuer son origine à cette même lumière, mais dans un domaine spectral de plus haut quantum, puisqu'il s'agissait de réaliser la synthèse directe de composés organiques à partir d'éléments minéraux. Comme l'a montré D. Berthelot en 1910, *la lumière ultraviolette* est capable, par son énergie quantique, de produire à la température ordinaire et en milieu aqueux, les réactions nécessitant de hautes températures, comme la dissociation de l'eau et du gaz carbonique. Ainsi, de même que la lumière solaire est responsable aujourd'hui de toute la vie terrestre, elle est aussi responsable de son origine. Il est clair que la vie n'a pris naissance, ni sur les glaces polaires, ni sur les hautes montagnes, ni dans les cavernes, ni dans les abysses océaniques obscurs et glacés, ni même à la surface des continents exposés à une lumière mortelle, mais seulement dans des eaux marines peu profondes.

Les oligo-éléments essentiels, apportés par le volcanisme et l'eau de mer, y étaient trouvés d'emblée. Nous plaçons ainsi l'origine de la vie dans des lagunes saumâtres, où la matière organique pouvait se concentrer; au pied de grands volcans océaniques qui fournissaient les sels ammoniacaux et dans un environnement de cristaux de quartz ou de calcite, comme nous le verrons plus loin.

Quelques auteurs tels qu'Arrhenius, Osborn, ont cru que notre atmosphère d'oxygène libre était primitive. Ils oubliaient qu'elle disparaîtrait en peu de temps si elle n'était continuellement régénérée. La foudre combine l'oxygène avec l'azote. Les exhalaisons volcaniques et les minéraux oxydables, tels que les sulfures, fixent rapidement l'oxygène. Tammann en 1924 a vu l'origine de ce gaz dans la dissociation thermique primitive de la vapeur d'eau et Goldschmidt, en 1933, dans sa photodissociation permanente dans la haute atmosphère. On peut montrer que ces hypothèses sont inadéquates et que tout l'oxygène libre trouve son origine dans la synthèse chlorophyllienne. Les traces d'oxygène, qui étaient libérées dans la haute atmosphère par photodissociation de la vapeur d'eau, étaient absorbées par l'exhalaison volcanique (H_2, CO, H_2S). Si l'atmosphère primitive avait contenu 10^{-6} d'oxygène, aussitôt transformé en ozone, la vie n'aurait pu apparaître sur la Terre.

Or une atmosphère privée d'oxygène et seulement constituée d'azote, de gaz rares, d'anhydride carbonique et de vapeur d'eau, est transparente dans l'ultraviolet lointain, jusqu'à 1 850 Å. Cette lumière abiotique est capable, par son haut quantum, de produire la photolyse de l'eau et du gaz carbonique. Elle libère des radicaux libres doués d'une grande affinité chimique. D. Berthelot et H. Gaudechon ont montré, par une importante série de travaux (ignorés par trop d'auteurs peu familiarisés avec ces problèmes) poursuivis entre 1910 et 1914, que l'ultraviolet, issu de la lampe à vapeur de mercure en quartz, était capable de produire la synthèse de composés ternaires, tels que les hydrates de carbone et, en présence d'ammoniac, celle de composés quaternaires. L'irradiation d'eau chargée de gaz carbonique donne de l'aldéhyde formique qui se polymérise en sucres et hydrates de carbone :

$$Q + CO_2 + H.OH \rightarrow H.COH + O_2$$

Q représentant l'énergie lumineuse absorbée.

En présence d'ammoniaque, il se produit de l'amide formique :

$$Q + CO_2 + NH_3 \rightarrow COH.NH_2 + \tfrac{1}{2}\, O_2$$

Ces deux synthèses, s'effectuant simultanément, conduisent à l'apparition du glycocolle, second terme de la série des acides aminés, bases des protéines :

$$H.COH + NH_2.COH \rightarrow NH_2\,.\,CH_2.CO_2H$$

Fait essentiel, ces réactions produisent de l'oxygène libre qui peut réoxyder ces matières avec retour à l'état initial et libération de l'énergie Q.

Ces résultats furent confirmés par P. Stoklasa, Taylor et Marshall; Groth les a étendus au domaine spectral de Shumann (1 295 Å — 1 470 Å).

De nombreux travaux ont été effectués en haute montagne et en ballon, mais en vain, pour rechercher la présence, dans le spectre solaire, de cet ultraviolet lointain qui, heureusement pour nous, est absorbé par l'ozone atmosphérique. Il fut finalement décelé au-dessus de cinquante-cinq km d'altitude par des spectrographes portés par des fusées V 2, lors d'un tir effectué le 10 octobre 1946 au Nouveau-Mexique.

Si l'atmosphère primitive, au lieu d'être formée d'azote et de gaz carbonique volcaniques, avait été constituée de carbures d'hydrogène — comme l'ont cru nombre d'auteurs — ces gaz, absorbant l'ultraviolet, n'auraient pas permis ces synthèses et la vie ne serait pas apparue. C'est précisément pour cette raison qu'on les utilise dans les compteurs Geiger-Müller dits « auto-coupeurs ».

Mais ce n'est pas tout. On peut montrer comment l'azote volcanique atmosphérique lui-même a pu être fixé en azote nitrique et ammoniacal, sous des influences énergiques, comme la foudre et l'ultraviolet lointain, capables de dissocier la molécule à l'état atomique actif. Réagissant sur la vapeur d'eau, l'azote conduit à la formation de fumées blanc-jaunâtre de nitrite d'ammonium :

$$N_2 + 2\,H_2O \rightarrow NO_2.\,NH_4$$

Nous avons attribué à la présence de cet aérosol l'albedo élevé et la coloration de Vénus. Il y est apparemment produit par la foudre et l'ultraviolet solaire. Cet aérosol est, sur la Terre, le produit de l'aurore polaire. L'azote atmosphérique est fixé par la foudre dans les régions équatoriales et par l'aurore dans la zone aurorale. Or Baly, Baudisch et Heilbron ont montré que les nitrites réagissent sur les aldéhydes en présence de lumière ultraviolette, pour donner de l'acide formhydroxamique et de l'oxygène. Cet acide peut aussi conduire aux aminoacides et à des composés pyrroliques et pyridiques.

C'est ainsi que, sur la Terre primitive, toutes ces réactions, pyrogénées, puis photochimiques et radiochimiques, ont accumulé d'abondantes matières organiques complexes dans les eaux marines superficielles. La lumière active étant absorbable par quelques centimètres d'eau salée, elles s'y trouvaient protégées de la photolyse par le proche ultraviolet. L'oxygène libéré était retenu en dissolution dans l'eau. Cette formation géologique d'un nouveau genre, douée d'énergie, se trouvait dans un *état métastable,* la matière organique endothermique ayant tendance à se recombiner avec l'oxygène. Elle ne pouvait cependant ni exploser, ni brûler, puisqu'elle était en milieu aqueux, mais on conçoit que son oxydation ménagée, avec libération d'énergie, pouvait s'effectuer grâce à une organisation convenable. Cette réaction, sans être encore *la* vie organisée, en aura le caractère énergétique et nous en fait concevoir la cause et la nécessité.

Bien que les atmosphères de Mars et de Vénus soient transparentes à cet ultraviolet, ces réactions ne peuvent y avoir lieu. Sur Mars, l'hydrosphère est réduite aux minces calottes polaires de givre et à une faible teneur atmosphérique en vapeur d'eau. Sur Vénus, l'albedo est si élevé que l'hydrosphère y est probablement congelée, ce qui permet de rendre compte de la température de l'hémisphère obscur. L'absence d'oxygène libre et les fortes teneurs en gaz carbonique des atmosphères de ces planètes montrent qu'elles sont demeurées stériles.

L'ORIGINE DE L'ACTIVITÉ OPTIQUE

Pasteur a montré comment la vie était la conséquence de la dissymétrie moléculaire et a envisagé plusieurs agents physiques dissymétriques susceptibles de réaliser la synthèse asymétrique totale. Cependant, les travaux de P. Curie sur le rôle de la dissymétrie dans les phénomènes ont établi que seule la lumière polarisée circulairement était capable de conduire à ce résultat. L'apparition photochimique de la première molécule dissymétrique sera le coup de baguette magique qui organisera la matière organique inerte en lui donnant un métabolisme d'oxydo-réduction, autrement dit, en lui permettant de fermenter.

Dans la nature actuelle, ces molécules actives sont fabriquées par les organismes et le problème de l'origine de la première molécule génératrice est inséparable de celui de l'origine de la vie.

H. Becquerel, A. Byk, W. Vernadsky ont suggéré des mécanismes complexes rendant compte de l'apparition de lumière solaire polarisée circulairement, mais il est beaucoup plus plausible d'invoquer, comme l'a proposé J. P. Mathieu, quelque assemblage optique fortuit d'un cristal biréfringent et de lumière polarisée rectilignement, soit par réflexion. Le quartz et la calcite jouissent de cette propriété et sont transparents dans l'ultraviolet. Ces minéraux existaient déjà depuis longtemps. La structure énantiomorphe des cristaux de quartz indique un milieu lui-même énantiomorphe lors de la cristallisation. A. Cotton a décrit des cristaux d'améthyste constitués de fines strates alternées de quartz droit et gauche. Le spath est l'un des très rares calcaires d'origine non biogène. Il aura suffi que la lumière polarisée traverse une paillette de mica, d'épaisseur quart d'onde, pour produire de la lumière circulaire.

L'asymétrie moléculaire, base de la vie, aurait ainsi été conditionnée par l'existence préalable de l'asymétrie du réseau cristallin et cela est bien en harmonie avec l'évolution géochimique. La cristallisation et la vie sont deux aspects de l'organisation de la matière, de l'apparition de l'ordre dans le chaos moléculaire, mais, tandis que la cristallisation engendre une coordination statique, la vie fait apparaître une coordination dynamique. (E. Desguin)

Au lieu de faire appel à des cristaux minéraux étrangers pour engendrer la lumière polarisée, on peut supposer que celle-ci s'est formée dans la substance organique elle-même et Fr. Bourdier a suggéré en 1959 (communication privée) que l'origine de la vie pourrait dériver des propriétés des corps mésomorphes.

Tandis que le pouvoir rotatoire du quartz correspond à 21° par millimètre, celui des corps mésomorphes est énorme. C'est ainsi que le paraazoxianisol a un pouvoir rotatoire de 5 200°/mm, donc très sensible pour une épaisseur de l'ordre du micron.

Entre le chaos moléculaire présenté par l'état liquide et le réseau spatial à trois dimensions de la structure cristalline, il existe divers stades d'organisation progressive. O. Lehmann, en 1889, a découvert les corps mésomorphes, qu'il a improprement nommés « cristaux liquides ». G. Friedel a montré qu'il ne s'agissait pas de cristaux, mais que la matière peut présenter trois états séparés par des discontinuités : les états amorphe, mésomorphe et cristallin. L'état mésomorphe peut lui-même présenter deux formes. Dans la forme nématique, les molécules sont toutes orientées selon une commune direction et la substance a la structure fibreuse. Dans la forme smectique, elles sont, en outre, distribuées au hasard des plans parallèles équidistants, ce qui les rapproche déjà du réseau cristallin.

Cet état, qui est celui, en gradins, des bulles de savon, représente un échelon d'organisation intermédiaire entre l'état amorphe et la structure cristalline. Les molécules y perdent graduellement leurs degrés de liberté. Les corps mésomorphes sont anisotropes, sans posséder la structure réticulaire. Ainsi l'azoxi-anisol fond en un liquide trouble à 116° C et agit sur la lumière polarisée jusqu'à 134° C.

Les corps nématiques et cholestériques filiformes présentent des cellules et des filaments en état de division et d'accroissement. Friedel a montré comment, l'état cholestérique est la forme que prend le corps nématique lorsqu'il possède la dissymétrie énantiomorphe. De tous les corps mésomorphes, les corps cholestériques sont les seuls à être tous de signe optique négatif. L'oléate d'ammonium et l'éther éthylique de l'acide paraazoxycinnamique dans le naphtalène monobromé montrent des phénomènes de bipartition. Dans ce dernier cas, on voit des sphères se transformer en bâtonnets ou en longs filaments mobiles qui se scindent, croissent et se multiplient.

Les corps cholestériques et nématiques ne montrent pas de structure par diffraction aux rayons X. Leurs plans sont équidistants de 2 000 à 80 000 Å et ils ressemblent aux plans d'argent des plaques interférentielles de Lippmann. Dans les corps smectiques, les équidistances mesurent les longueurs des molécules et varient de 40 à 50 Å, comme l'a montré J. Perrin.

Si de tels corps ont pu prendre naissance dans le milieu organique synthétique primitif, ils ont directement engendré, dans des coacervats, la lumière circulaire, origine de la dissymétrie moléculaire de la matière vivante. Dans chaque gouttelette, la lumière solaire pouvait, selon F. Bourdier, pénétrer en se polarisant et donner lieu à des synthèses dissymétriques aboutissant à une structure auto-reproductible. Il y aurait donc lieu d'entreprendre des recherches expérimentales sur cette importante question.

L'existence de corps optiquement actifs dans la matière vivante, à l'exclusion de leurs antipodes de symétrie inverse, résulte donc d'un hasard peu improbable, s'étant réalisé à l'origine une seule fois, à l'échelle moléculaire. La probabilité de l'apparition de l'inverse optique était exactement la même. Il s'est trouvé que la première molécule active était lévogyre.

Les actions photochimiques étant seules capables de réaliser des synthèses asymétriques totales, nous trouvons dans ce fait un argument décisif en faveur de la théorie photochimique de l'origine de la vie.

LA FERMENTATION

Ces molécules actives seront de la nature des enzymes, ou ferments solubles, qui assurent la fermentation anaérobie. Leeuwenhoek avait déjà reconnu en 1680, dans la levure, un microorganisme de quelques microns, se reproduisant par bourgeonnement, aux dépens de ses aliments. Pasteur découvrit en 1860 la « vie sans air » et montra que les fermentations peuvent être produites par voie purement chimique, grâce aux « sucs » extraits des moisissures, soit d'une dizaine d'enzymes. La fermentation étant bien considérée comme un phénomène biologique, il montrait ainsi que la vie peut se manifester en l'absence d'organismes, en accord avec sa définition énergétique. Des matières protéiques douées de propriétés enzymatiques sont donc vivantes en présence d'oxygène.

C'est à ce stade qu'est intervenu le rôle décisif du phosphore, qui était trouvé dans les phosphates solubles de l'eau de mer : ions (PO_4)---. Le phosphore est l'élément le plus léger toujours pentavalent. Il a assuré la formation des acides nucléiques, soit de corps analogues à l'adénosine triphosphate, par sa combinaison avec des sucres, comme le ribose, et des bases puriques, comme la purine. Ces enzymes ne sont pas des macro-molécules car elles ne comportent encore qu'une centaine d'atomes de : H, C, O, N et P.

Avec ces enzymes qui sont des catalyseurs spécifiques, nous voyons apparaître des substances fonctionnelles, qui ne constitueront pas la matière vivante elle-même, mais qui, comme les vitamines, la chlorophylle, les pigments, les cytochromes, les hormones, seront nécessaires à la vie.

A cette époque, la vie est déjà née sur la Terre, bien que sans organismes. La surface des eaux marines présentait le bouillonnement tumultueux de la cuve à fermentation, en dégageant des torrents de gaz carbonique biogène. Toute l'énergie de l'ultraviolet solaire actif était transformée en énergie chimique puis en chaleur. Ainsi se trouve justifiée la pensée d'Homère : « L'océan qui a donné naissance à tous ».

Le système solaire étant né il y a quatre milliards et demi d'années et la Terre s'étant tôt refroidie superficiellement, cette époque se situe il y a environ quatre milliards d'années.

Ainsi, par un paradoxe curieux, c'est à l'ultraviolet lointain abiotique, que nous faisons appel pour faire apparaître la vie. En accord avec la conception antique, la vie est née dans le milieu marin, à partir des quatre éléments d'Aristote : l'eau, l'air, c'est-à-dire le gaz carbonique et l'azote, la terre : soit quelques éléments minéraux, et le feu : la lumière solaire.

L'ORGANISATION DE LA MATIÈRE ORGANIQUE

Un degré de complexité ultérieur correspondra à l'apparition de macro-molécules douées de continuité génétique, c'est-à-dire de gènes nus. La continuité du gène s'explique par son caractère moléculaire. La molécule chimique est un individu toujours semblable à lui-même et peut comme le cristal — si les conditions physico-chimiques lui sont favorables — persister indéfiniment, si ses atomes ne sont pas radioactifs. Il est remarquable de constater que le support de l'hérédité du monde vivant : le gène, n'est lui-même pas vivant.

Les acides nucléiques peuvent s'associer par leur acide phosphorique et constituer des tétra-nucléotides, comme l'acide ribo-nucléique, qui caractérise les Virus des Végétaux et les Bactéries. Dans une variante où le ribose est remplacé par le désoxyribose, l'acide désoxyribonucléique constitue la substance des Virus animaux, des Bactériophages et des gènes.

Dans la cellule nucléée, c'est l'acide désoxyribonucléique qui constituera le noyau, renfermant les chromosomes, siège des phénomènes d'hérédité, tandis que l'acide ribonucléique constituera la partie hyaline du protoplasma, siège du métabolisme vital.

Parmi les quatre bases, deux sont choisies dans le groupe purique (guanine ou adénine) et deux dans le groupe pyrimidique (uracile, cytosine, thymine). Le ribodésose dérive du ribose par simple réduction, un groupement CH OH étant remplacé par CH_2. Les quatre nucléotides de l'acide ribonucléique sont dérivés de la guanine, de l'adénine, de la cytosine et de l'uracile. Ceux de l'acide désoxyribonucléique le sont de la guanine, de l'adénine, de la cytosine et de la thymine. La thymine ne diffère de l'uracile que par la méthylation du sommet 5.

La réaction de Feulgen permet de caractériser et de localiser au microscope l'acide désoxyribonucléique. Malgré cette grande parenté chimique, leur destinée biologique sera bien différente. Les acides désoxyribonucléiques, d'une masse moléculaire voisine de 1 000, formeront, avec quelques centaines de molécules d'acides aminés réunis en chaînes peptidiques, des nucléoprotéines d'un poids moléculaire d'environ 70 000, dont les polymères constitueront l'ancienne basichromatine ou « chromatine héréditaire » d'Osborn. Par contre, les acides ribonucléiques seront la base du protoplasme.

Ces protéines sont des macromolécules de masses comprises entre 3.10^4 et 3.10^6, résultant de l'union d'acides aminés. Telles sont la fibroïne de la soie, la kératine des plumes. Ces amino-acides peuvent être aliphatiques, comme l'alanine; aromatiques, comme la tyrosine; acides, comme l'acide glutamique; amides, comme l'asparagine; basiques, comme la lysine; cycliques, comme la proline, ou contenir du soufre, comme la cystine.

La synthèse pyrogénée nous ayant donné les noyaux hétérocycliques des bases puriques et pyrimidiques; la photosynthèse nous ayant conduit aux sucres et aux amino-acides et l'acide phosphorique étant trouvé dans le milieu marin, nous avons tous les éléments voulus pour édifier des nucléoprotéines. Nous réserverons la question de savoir si d'autres combinaisons peuvent conduire également à la vie.

Watson et Crick ont suggéré une structure du gène dans laquelle deux chaînes polynucléotides sont enroulées hélicoïdalement en sens inverse autour d'un axe commun, les chaînes des bases puriques et pyrimidiques étant dirigées radialement vers l'intérieur du cylindre et normalement à l'axe. La base purique d'une hélice est liée par un pont hydrogène à sa base complémentaire pyrimidique de l'autre hélice, par exemple : adénine-thymine, guanine-cytosine. Un millier de tours d'une telle hélice formant une unité correspondrait à une masse moléculaire égale à $6{,}7.10^6$. Une telle séquence représente un code riche en informations.

Cette structure rend compte de la spécificité du gène, grâce aux innombrables possibilités d'arrangement des bases. Lors de la duplication, les deux hélices se séparent par rupture de liaisons hydrogène et chacune reconstitue, par l'action de son système enzymatique, l'hélice complémentaire. Si, par accident, une base est changée, on assiste à une mutation, qui sera héréditaire, si elle est stable.

L'étude des Bactériophages a montré que le bâtonnet d'acides nucléiques était enveloppé d'une protéine associée dont il pouvait se séparer. C'est ainsi que Fraenkel-Conrat et Williams ont réussi en 1955, à Berkeley, à scinder le Virus de la Mosaïque du Tabac en protéine et en acide nucléique tous deux inactifs, et à reproduire un Virus faiblement actif en les réunissant de nouveau.

Alors que la taille du gène est de l'ordre de centaines d'Angströms, correspondant à une masse de 10^{-17}g, les gros Virus peuvent comporter une centaine de gènes. Ces macromolécules, par suite de leur taille, de leur masse, de leur complexité, jouissent donc de propriétés nouvelles : spécificité, duplication, mutation, qui nous apparaissent comme des propriétés biologiques, mais qui ne sont, en fait, que des propriétés chimiques. Nous sommes loin, en ce domaine, des complexes minéraux de Werner! Nous devons nous habituer à considérer la vie comme le nouvel aspect que prend la chimie lorsque la complexité moléculaire devient assez grande pour que les rétroactions de la cybernétique puissent s'y manifester.

Nous n'avons cependant pas encore affaire, avec ces individus, à des êtres vivants, puisqu'ils n'en ont pas la complexité et ne renferment, ni eau, ni graisses, qu'ils sont privés d'activité enzymatique et ne respirent donc pas. Ils sont incapables d'effectuer la moindre synthèse et ne peuvent donc vivre. Nous savons qu'ils sont inertes *in vitro* et qu'ils ne se multiplient qu'au sein d'un hôte vivant. Ne possédant, en effet, aucun système enzymatique, ils ne peuvent, de nos jours, se multiplier qu'aux dépens des enzymes de l'hôte : Bactérie ou Cellule, capables d'effectuer la synthèse de leurs protéines. Ils sont en fait reproduits par leur hôte et l'on voit ici que la reproduction ne suffit pas à caractériser la vie. Cette chimie est déjà une image de la vie, car nous y voyons des races macromoléculaires, douées de continuité génétique et de pouvoir sélectif, s'accoupler et « vivre » en symbiose.

Le Virus et le gène possèdent ainsi un pouvoir inducteur sur les systèmes enzymatiques étrangers, qui est encore mis en évidence par le fait que l'injection d'acide désoxyribonucléique extrait d'une souche bactérienne, dans une autre souche voisine peut y induire des caractères propres à la première. J. Benoît a étendu ces résultats à des animaux supérieurs.

Ce sera précisément le cas pour nos Virus nés de la matière organique de synthèse, puisqu'ils se trouveront au sein d'un milieu vivant indéfini en état de fermentation. Ils imposeront d'emblée leur structure à ce milieu en l'assimilant, comme le germe cristallin qui, semé dans une solution saline sursaturée, lui impose la sienne en provoquant la cristallisation immédiate de la solution.

Ces nucléoprotéines, universelles dans le monde vivant, témoignent de l'unité de la matière vivante et de l'origine unique de celle-ci.

La vie n'est donc pas apparue subitement sur notre planète et comme par enchantement, avec toute sa complexité actuelle. Elle n'est pas apparue miraculeusement toute faite, ni par un hasard extraordinaire, ni par l'apport d'un astronef étranger. Nous la voyons, au contraire, émerger peu à peu, d'une manière insensible et diffuse, par étapes progressives, au cours de millions d'années d'évolution.

Parmi les étapes de cette évolution, l'une des plus importantes fut l'apparition des membranes plasmiques, qui avaient tant retenu l'attention de H. Devaux, depuis 1923. Ces réseaux, constitués de molécules hétéropolaires orientées, jouissent de propriétés différentes sur leurs deux faces et constituent des surfaces catalytiques hémi-mouillables.

Nous voyons ici les couches moléculaires orientées jouer le rôle du Démon de Maxwell, en triant et en choisissant les molécules du milieu. Leur épaisseur ne dépasse pas 3 à 5 mμ. Si par hasard une telle membrane vient à enfermer des macromolécules d'acide désoxyribonucléique jouant le rôle de corps central, nous avons l'ébauche d'une Bactérie hétérotrophe. Cette membrane aura la faculté de sécréter, par sa face interne, des substances telles que des graisses, de l'amidon, du glycogène et, par sa face externe, des enzymes tels que des oxydases. Le premier organisme sera né. Ces Bactéries anaérobies sans chlorophylle, qui n'ont pas besoin de lumière, sont même tuées par celle-ci.

Des informations sur le cycle Virus-Bactérie nous sont données par les travaux de Lesbouyries et Verge sur la tuberculose, qui est une maladie microbienne, dont la contagion peut s'opérer par un Virus filtrant en l'absence du Bacille de Koch. Ce cycle a été confirmé en 1931 par les travaux poursuivis à l'Institut Pasteur par Ch. Nicolle. Les gènes d'un Virus infectant une Bactérie peuvent, parfois, devenir des gènes de l'hôte. C'est ainsi que les Virus peuvent transférer du matériel génétique d'une

Bactérie à une autre par « transduction ». Ainsi, contrairement à l'opinion classique qui voit l'origine des êtres vivants dans les autotrophes, et tout particulièrement dans les Bactéries de Winogradski, faisons-nous débuter les vivants avec des organismes hétérotrophes se nourrissant de la matière organique photosynthétique, en justifiant les idées de Ch. Darwin.

Cette vie précaire ne pouvait subsister qu'à l'abri des eaux. Tout proto-organisme s'approchant de la surface était détruit par une lumière mortelle et toute molécule organique y subissait la photolyse par le proche ultraviolet. La radiation ultraviolette stérilisante possède un maximum d'action vers 2 650 Å, qui correspond au maximum d'absorption de l'acide désoxyribonucléique, élément sensible du noyau cellulaire. Cependant l'oxygène dissous se dégageait peu à peu dans l'atmosphère où il était aussitôt transformé en ozone par action photochimique. Mais la photosynthèse pouvait encore persister grâce à la « fenêtre » de transparence spectrale subsistant entre les bandes d'absorption de Schumann-Runge de l'oxygène moléculaire et la bande de Hartley de l'ozone. Mais cette fenêtre se fermait elle-même peu à peu, à mesure que l'oxygène s'accumulait dans l'atmosphère. La vie allait-elle donc périr? Il s'établissait alors une oscillation de relaxation. La synthèse était arrêtée, mais l'oxygène libre était réabsorbé en rendant l'atmosphère de nouveau transparente et le cycle recommençait...

Cet état de choses persista jusqu'au jour où la vie — par une adaptation dont elle devait donner tant d'exemples dans la suite — relaya l'ultraviolet déficient en effectuant la photosynthèse dans le domaine spectral visible où l'énergie solaire est bien plus grande. Mais on conçoit que l'apparition de la chlorophylle n'a pu être un phénomène primitif; qu'elle a exigé un substratum vivant et une très longue évolution engendrant une infinité d'essais et d'erreurs qui n'ont pas laissé de traces. Sa production exige onze réactions enzymatiques couplées. La chlorophylle et l'hémoglobine, qui utilisent, cette *fois-ci, des élé*ments plus lourds encore que les éléments biogènes précédents, soit le magnésium et le fer, sont édifiées à partir d'un squelette de porphine, lui-même construit de quatre anneaux pyrrole. Ce pigment vert possède des bandes d'absorption dans le bleu et dans le rouge et, par accumulation de quatre quanta de ces radiations, est capable d'effectuer la photolyse de l'eau, par un cycle complexe de réactions utilisant une dizaine d'enzymes à base d'acides nucléiques.

Avec l' « invention » de la chlorophylle la vie prenait un tout autre aspect et devenait un phénomène géochimique majeur. Les êtres vivants devenaient autotrophes et étaient capables de produire abondamment eux-mêmes l'oxygène libre. Notre atmosphère actuelle était créée et le spectre solaire limité à 3 000 Å par l'ozone. La respiration aérienne devenait possible. La vie pouvait impunément envahir les continents avec les Cyanophycées et le monde bactérien y créait nombre de roches sédimentaires nouvelles. Cette époque, déjà tardive, nous est connue par l'apparition des roches rouges (hématite, limonite) de l'Algonkien, alors que la flore et la faune terrestres ne nous sont guère connus avec certitude qu'à partir du Primaire, soit au Dévonien, il y a quelque quatre cents Méga-ans.

L'ÉVOLUTION PREMIÈRE DES ÊTRES ORGANISÉS

Les êtres vivants sont vraisemblablement apparus au cours d'une évolution qui a progressivement accru, à la fois, leur taille et leur complexité. Leur échelle dans la nature actuelle peut nous renseigner sur leur ordre d'apparition. Alors que les gènes, les virus et les bactériophages, mesurent de 10 à 100 mμ, les Bactéries, les Mitochondries et les Cyanophycées sont d'un ordre de grandeur supérieur atteignant le micron. Les Mitochondries sont constituées d'un noyau diffus d'acide désoxyribonucléique entouré d'une membrane plasmique. Elles constituent les nombreux organites du cytoplasme cellulaire. Bactéries et Mitochondries sont si semblables que, durant un temps, les Mitochondries furent considérées par Portier et Wallin comme des Bactéries symbiotes. Enfin, un autre ordre de grandeur est atteint par les êtres unicellulaires, dont la taille excède 10 μ.

Pour les partisans du *parasitisme,* au contraire, les Bactéries sont des produits de la dégradation cellulaire et les Virus, des formes dégradées des Bactéries. Cette thèse a été développée par A. Lwoff.

Selon Boivin, cette évolution régressive s'effectuerait selon la régression : Bactéries → cycle L → Rickettsies → Virus. La multiplication des phages par les Bactéries n'a cependant, nous l'avons vu, rien de commun avec le parasitisme, comme le fait remarquer G. Michel. Le parasite apporte avec lui l'appareil enzymatique nécessaire à son existence.

Boivin a montré que les Bactéries, tout comme les cellules végétales et animales, possèdent un noyau d'acide désoxyribonucléique dans un cytoplasme à base d'acide ribonucléique. Leur taille varie de 0,5 à 10 μ. Certaines Bactéries des sources thermales supportent jusqu'à 88° C.

Les Bactéries hétérotrophes semblent bien être les ancêtres du monde vivant. Après avoir été le siège d'une fermentation anaérobie, la surface des eaux marines primitives est devenue un bouillon de culture microbien. Leur énergie géochimique serait, d'après Vernadsky, des centaines de fois plus grande que celle du règne végétal. Un océan dépourvu de Bactéries serait inhabitable pour les Protozoaires. Elles pullulent dans tous les terrains et même sur les sommets montagneux, où elles se nourrissent des composés azotés apportés par la neige et la pluie. Leur fonction principale est de fixer l'azote et, sans elles, le règne végétal, — c'est-à-dire le monde vivant — disparaîtrait. Les Bactéries actuelles sont une survivance de ce stade bactérien.

Il existe une centaine d'espèces de Bactéries chimio-autotrophes qui ne sauraient être primitives, parce que plus évoluées que les Bactéries hétérotrophes. Elles réalisent des synthèses encore plus complexes grâce à la multiplicité de leurs enzymes. C'est ainsi que *Nitrosomonas* synthétise tous les acides aminés, les polyosides, les acides nucléiques et les protéines, à partir de CO_2 et de NH_3 grâce à ses nombreux catalyseurs enzymatiques spécifiques. Elles ne jouent pourtant qu'un rôle géochimique secondaire et apparaissent plutôt comme des parasites tardifs, utilisant surtout les déchets de la vie : NH_3, H_2S, CH_4. Les Bactéries, dont l'oxydation des sels ferreux et manganeux fournit l'énergie, ne sont pas non plus, primitives, car elles ne sont jamais marines.

Les Bactéries, étant les plus petits êtres vivants, sont par conséquent, les plus nombreux. Elles sont douées de la puissance d'expansion la plus grande, puisque leur faculté de nutrition — qui dépend de leur surface d'échange avec le milieu — est maximale. A la température optimale et en présence d'une nourriture abondante, certaines Bactéries sont capables de bipartition indéfinie à la cadence d'une trentaine de minutes, en doublant leur population à ce rythme. La population croît en 2^n, c'est-à-dire qu'au bout de 10 générations, soit en cinq heures, la Bactérie a déjà 2^{10} soit 10^3 descendants.

Les Cyanophycées ou « Algues » bleu-vert, sont aussi des organismes certainement très primitifs et le plus complètement autotrophes connus. Elles effectuent les synthèses biochimiques les plus complexes à partir de CO_2, H_2O et des sels minéraux. Elles peuvent fixer l'azote comme les Bactéries. Elles renferment toujours de la chlorophylle associée à des pigments, du carotène, de la phycocyanine, de la phycoérythrine. Elles vivent sur les rochers les plus dénudés et sont les premiers organismes à y constituer des colonies. C'est ainsi qu'après l'explosion du Krakatoa en 1883, toute trace de vie avait disparu des restes de l'île. Or, elles furent les premières à y réapparaître au bout de quelques années, sur les laves et les cendres stériles, apportées par les vents, et y formaient en 1908, d'après A. Ernst, une couche gélatineuse vert foncé. Elles résistent à une température élevée. On en trouve dans la flore de sources thermales, en Yougoslavie, dont la température atteint 85° C. Celles du Yellowstone Park supportent 61° C. Elles résistent à une dessiccation extrême et sont souvent associées à des Lichens. Elles peuvent vivre dans des milieux à salure élevée, comme les marais salants, et paraissent responsables des dépôts de nitrates désertiques. Elles ont conquis les eaux douces et vivent aussi bien dans les milieux acides (pH4) que dans les milieux alcalins (pH9).

Avec les Bactéries et les Cyanophycées, les Champignons hétérotrophes furent probablement les ancêtres du monde vivant. Les Myxomycètes nous montrent un protoplasme nu, non cloisonné en cellules, peuplé d'innombrables noyaux. La micropaléontologie a permis de retrouver des traces de Bactéries, de Cyanophycées et de spores de Champignons dans des terrains antécambriens d'âge estimé à deux ou trois milliards d'années.

L'histoire de l'origine de la vie s'arrête au monde

bactérien. Le problème de l'apparition du premier être unicellulaire, il y a quelque 2 milliards d'années, relève de l'évolution biologique.

LA VIE DANS L'UNIVERS

Nombre d'astronomes ont formulé des opinions non autorisées sur l'existence de la vie sur d'autres corps célestes. Seule l'étude approfondie du problème de l'origine de la vie sur notre planète permet d'écarter les hypothèses fantaisistes et peut conduire à une réponse adéquate. La théorie photochimique, très générale, montre comment la vie doit apparaître sur toute planète où les conditions physico-chimiques sont favorables et qu'elle doit donc être banale dans l'Univers. Cette planète doit être assez massive pour avoir retenu ses océans et une atmosphère. Elle doit être située à une distance telle de son étoile mère et posséder une rotation telle que l'eau y demeure liquide, conditions qui peuvent se manifester au moins une fois pour mille systèmes planétaires. Il est à remarquer toutefois que la Terre est le seul corps céleste connu, presque entièrement recouvert d'eau. Mais la Galaxie, à elle seule, renferme quelque deux cents milliards d'étoiles et les galaxies existent elles-mêmes par milliards.

Cependant notre région galactique est si pauvre en étoiles du type solaire que, dans un rayon de seize années-lumière, deux étoiles seulement, Epsilon Eridani (K2) et Tau Ceti (G4), sur vingt-six étoiles simples, pourraient posséder des planètes habitées. Le projet Ozma n'a donc qu'une très faible probabilité de succès.

La théorie implique aussi que si la vie disparaissait accidentellement à la surface de la Terre, l'oxygène atmosphérique serait bientôt fixé par la lithosphère ; les nitrates et les phosphates ammoniacaux seraient entraînés dans les eaux marines, l'atmosphère redeviendrait transparente à l'ultraviolet solaire actif et un nouveau cycle de vie renaîtrait sur la Terre. La vie n'est perpétuelle dans l'Univers que d'une manière statistique. Elle apparaît, évolue et disparaît sur une myriade de planètes, selon un cycle de quelques milliards d'années, limité en durée par les accidents cosmiques ou par l'effet de sa propre évolution.

Ainsi, si nous résumons l'histoire cosmique du carbone, cet élément unique auquel nous devons la vie, nous le voyons tout d'abord, à l'état stellaire, sous forme atomique C, puis moléculaire : C_3, C_n et sous forme de suie cosmique. Il constitue ensuite le radical CH, qui se polymérise en $C_2 H_2$ et en molécules plus complexes. Dans une proto-planète incandescente, il donne naissance à des carbures métalliques qui sont ensuite décomposés en hydrocarbures. Ceux-ci sont, à leur tour, transformés par H_2O en CO, qui, instable à basse température, donne naissance au CO_2 volcanique. Celui-ci est absorbé par la biosphère pour engendrer les macro-molécules organiques de la matière vivante. Enfin, après la mort des organismes calcaires si abondants, il est fossilisé en sédiments marins, craie, coraux, dolomie, et échappe en partie au cycle du carbone.

A. Dauvillier.

BIBLIOGRAPHIE

Sv. Arrhenius, *Lehrbuch der kosmischen Physik,* S. Hirzel, Paris, 1903.

Sv. Arrhenius, *L'Évolution des mondes,* Béranger, Paris, 1910.

F. C. Bawden, *Plant Viruses and Virus Diseases,* Waltham, Mass., 1950.

A. Dauvillier, *L'Origine photochimique de la vie,* 1 vol., 214 p., Masson, Paris, 1958; traductions italienne et américaine.

A. Dauvillier, *Les Hypothèses cosmogoniques,* 1 vol., 258 p., Masson, Paris, 1963.

A. Dauvillier et E. Desguin, *La Genèse de la vie, phase de l'évolution géochimique,* 1 vol., 127 p., « Actualités scientifiques et industrielles », n° 917, Hermann, Paris, 1942.

H. Devaux, *La Nature des particules essentielles de la cellule, micelles ou molécules,* Delmas, Bordeaux, 1933.

R. Esnault-Pelterie, *L'Astronautique,* 1 vol., 247 p., A. Lahure, Paris, 1930.

Ch. Eug. GUYE, *L'Évolution physico-chimique,* 1 vol., 112 p., Chiron, Paris, 1922.

Gh. Eug. GUYE, *Les Frontières de la physique et de la biologie,* 1 vol., 134 p., A. Kunidg, Genève, 1936.

J. B. S. HALDANE, *Science and Human Life,* Harper, New York, 1933.

F. JACOB, *Les Bactéries lysogènes et la notion de provirus,* 1 vol., 176 p., Masson, Paris, 1954.

S. E. LURIA, *General Virology,* 1 vol., 427 p., John Wiley, New York, 1953.

J. P. MATHIEU, *La Synthèse asymétrique,* « Actualités scientifiques et industrielles », nº 209, 91 p., Hermann, Paris, 1935.

B. MOORE, *The Origin and Nature of Life,* William et Norgate, Londres, 1913; 1 vol., 256 p., Thornton, Londres, 1919 et 1930.

P. MORAND, *Aux confins de la vie. Perspectives sur la biologie des virus,* 1 vol., 172 p., Masson, Paris, 1955.

A. I. OPARINE, *The Origin of Life,* (trad. S. Morgulis), Macmillan, New York, 1938; I vol., 270 p., Dover Publ., New York, 1953.

A. I. OPARINE, *The Origin of Life on the Earth,* 1 vol., New York, 1957.

The Origin of Life, J. B. S. Haldane, J. D. Bernal, N. W. Pirie et J. W. S. Pringle, 1 vol., 135 p., New Biology, Penguin Books, nº 16, Londres, 1954.

H. F. OSBORN, *L'Origine et l'évolution de la vie,* 1 vol., 304 p., Masson, Paris, 1921.

L. PASTEUR VALLERY RADOT, *Œuvres complètes de Pasteur,* 7 vol., 4 235 p., Masson, Paris, 1923-1939.

Physique et biologie, P. L'Héritier, R. Daudel, J. L. Destouche, A. M. Monnier, Y. Le Grand, A. Fessard, G. Morin, R. Wurmser, J. Monod, 1 vol., 164 p., « Rev. Opt. », Paris, 1954.

E. RABINOWITCH, *Photosynthesis and Related Processes,* Int. Publ., New York, vol. I, 1945; vol. II, 1951; vol. III, 1956.

N. WIENER, *Cybernetics, or Control and Communication in the Animal and the Machine,* Hermann, Paris, 1948.

P. WINTREBERT, *Le Vivant, créateur de son évolution,* 1 vol. 416 p., Masson, Paris, 1962.

LES VIRUS

Le mot latin *virus* (nom commun, neutre, invariable comme *pelagus*), qui signifiait « poison », servait à désigner pour les Anciens diverses causes indéfinies, menaçant ou mettant en danger la santé, depuis les principes toxiques des substances vénéneuses jusqu'au génie épidémique des maladies infectieuses. Ce dernier sens a progressivement fini par prévaloir au XIXe siècle, et pour Littré le virus est un « principe de transmission de plusieurs maladies contagieuses ». Tombé en désuétude, le terme a été repris par Pasteur pour désigner l'ensemble des propriétés déterminant le pouvoir pathogène d'un microbe : c'est dans ce sens qu'il nomme « virus du choléra des Poules » l'infection due à un petit bacille, mais dont le pouvoir pathogène peut être affaibli pour aboutir à la production d'un vaccin. C'est dans le même esprit qu'il parle du « virus rabique » pour parler du « microbe » de la rage qu'il n'avait pu réussir à voir mais qu'il n'en étudia pas moins sur l'animal pour aboutir à la vaccination antirabique.

C'est précisément ce virus rabique, et l'impossibilité d'arriver à le cultiver ou à le voir au microscope, qui fit pressentir à Roux l'existence d'une catégorie particulière de germes qu'en attendant la mise en évidence de leurs caractères propres il qualifia « d'êtres de raison ». La preuve tangible de leur existence devait arriver à la fin du siècle dernier avec la découverte de l'aptitude qu'avaient certains germes à traverser les parois des filtres de porcelaine les plus serrées, dont on savait qu'elles retenaient tous les microbes. La démonstration, entre 1898 et 1903, de la filtrabilité du virus de la fièvre aphteuse, du myxome du Lapin, de la fièvre jaune, de la rage, ouvrait l'ère des recherches sur les « virus filtrables » ou « ultravirus » (Levaditi) comme on les qualifiait alors : de nos jours, à peu près seul le terme de virus est employé, en lui donnant le sens restreint qui s'attache à la nature particulière de ces germes filtrables.

La filtrabilité des agents infectieux des Végétaux avait déjà été démontrée en 1892 par Ivanowski en Russie, mais interprétée comme due à une toxine; la même expérience faite en Hollande par Beijerinck (1898) démontra que c'est bien l'agent infectieux lui-même et non une toxine qui franchit la paroi du filtre; Beijerinck qualifia de *contagium fluidum vivum,* c'est-à-dire d'agent contagieux vivant mais fluide (dans la pensée que seuls les corps en solution pouvaient traverser les filtres) cette catégorie d'agents infectieux.

C'est donc l'aptitude à traverser les filtres, impliquant une taille située très au-dessous de celle des microbes visibles au microscope, qui fut le premier caractère reconnu aux virus, et pendant trente ans c'est sur ce caractère différentiel que reposera leur identification. Tous les êtres vivants ont été reconnus porteurs de virus ou atteints de maladies à virus. Il y a ainsi des virus des Vertébrés, des Invertébrés, des Végétaux supérieurs et des Végétaux inférieurs. Ces derniers, les Bactériophages, entrevus par Twort (1913) et découverts par d'Hérelle (1916) qui leur donna leur nom, ont servi de modèle d'étude dans les recherches portant sur les rapports virus-cellule, le système bactériophagique étant le plus simple qui se prête à l'observation puisqu'il peut porter sur une cellule isolée, la Bactérie, infectée par un seul virus.

Les maladies à virus les plus anciennement reconnues sont, à raison même de leur sévérité, les maladies qui figurent parmi les plus graves qui puissent affecter l'Homme : telle l'encéphalite infectieuse, connue des Chinois plus de deux mille ans avant notre ère, ou bien la rage, le zona, les oreillons, bien décrits par Hippocrate, ou encore la variole qui a décimé l'Europe depuis le VIe siècle à la suite des invasions des peuples asiatiques, ou la fièvre jaune originaire d'Afrique et installée sur le continent américain dès le début de la traite des Noirs, et qui a été particulièrement meurtrière pour les Européens. De même, dans le domaine vétérinaire, la fièvre aphteuse, les pestes animales, les anémies infectieuses comptent au nombre des calamités des éleveurs tout comme les polyédries du Ver à soie ont ruiné les magnaneries et comme les viroses végétales frappent avec une prédilection particulière les plantes cultivées : Tabac, Betterave, Pomme de terre, Légumineuses diverses.

Dans l'ensemble, les virus restent donc pour nous,

selon l'étymologie du mot, des poisons et des agents infectieux particulièrement dangereux. Cependant, les recherches récentes, en mettant en évidence l'existence d'un grand nombre d'infections virales latentes ou inapparentes chez toutes les espèces vivantes, en découvrant la tolérance ou l'effet bénéfique que peuvent avoir chez certaines d'entre elles les modifications physiologiques introduites par la présence d'un virus tempéré, nous incitent à porter sur l'ensemble des virus un jugement plus nuancé.

En effet, les recherches récentes sur les virus ont montré que l'importance de ces derniers n'est pas limitée aux maladies infectieuses aiguës. Il existe dans le domaine cellulaire de véritables associations telles que sont par exemple certaines frisures ou panachures des végétaux et des plantes ornementales, certaines propriétés des cellules bactériennes telles que la toxinogenèse du bacille diphtérique, certains caractères héréditaires tels que le comportement d'espèces particulières de plants de Pommes de terre qui sont liés à la présence d'un virus en symbiose avec la cellule vivante.

Non seulement les virus peuvent, avec une fréquence particulière, causer dans l'organisme qu'ils parasitent des affections inapparentes, infections sans manifestations cliniques mais qui aboutissent à l'immunité (poliomyélite par exemple), mais on observe avec certains types de virus des infections latentes, prolongées durant toute la vie de l'individu et se prolongeant éventuellement dans sa descendance, infections qui peuvent ne se manifester que sous l'influence de facteurs déclenchants que leur déterminisme fait souvent prendre pour la cause première des symptômes engendrés (cas de certaines tumeurs, des leucémies par exemple).

L'étude des virus est donc aujourd'hui la clé d'un certain nombre de problèmes biologiques sur le plan théorique comme sur le plan pratique.

PROPRIÉTÉS DES VIRUS

Quel que soit le type de cellules vivantes, animales ou végétales, que peuvent atteindre les virus, ceux-ci sont caractérisés par un ensemble de propriétés communes qui permettent de les définir. Ces caractères sont les suivants.

COMPOSITION CHIMIQUE CENTRÉE SUR UN ACIDE NUCLÉIQUE

L'élément essentiel d'un virus est toujours une nucléoprotéine, formée à partir d'un seul acide nucléique, qui est tantôt l'ARN (acide ribonucléique), tantôt l'ADN (acide désoxyribonucléique ou thymonucléique). Capable de se reproduire par duplication, cet acide nucléique renferme l'information génétique nécessaire pour assurer la continuité du virus (reproduction) et possède la propriété d'infecter la cellule-hôte pour s'y multiplier (virulence). Cet acide nucléique se présente habituellement comme un peloton ramassant une très longue chaîne de polymères, situé au centre de la particule virale. Il constitue la formation opaque aux électrons qui, sur les coupes fines examinées au microscope électronique, est appelée nucléoïde. La périphérie de la particule virale que l'on désigne habituellement sous le nom de nucléoplasme est occupée par un certain nombre de sous-unités protidiques groupées de façon plus ou moins régulière et parfois limitées par une membrane. On peut démontrer que l'acide nucléique est seul porteur de la virulence, et que les sous-unités protidiques qui l'entourent contribuent à ses propriétés caractéristiques notamment à la spécificité sérologique. L'ensemble de la particule complète, formant une unité infectieuse, est appelée virion.

ÉCHELLE DE TAILLES RÉDUITES

Chaque virus possède une morphologie définie et une taille qui varie dans des limites généralement assez étroites. L'ensemble des structures virales se situe le long d'une échelle qui commence aux environs de 350 mμ et s'achève aux approches de 10 mμ. C'est cette taille réduite qui est responsable des propriétés qui ont autrefois le plus frappé les observateurs des premiers virus : la filtrabilité et l'invisibilité. Celles-ci n'ont du reste aucune valeur absolue en elles-mêmes : les plus gros des virus sont situés à la limite inférieure de la visibilité au microscope photonique, et l'on connaît des bactéries authentiques auxquelles leur petite taille permet de franchir les parois des filtres de porcelaine.

PARASITISME INTRACELLULAIRE OBLIGATOIRE

Le fait que les virus ne renferment qu'un seul acide nucléique, ADN ou ARN, au contraire des cellules vivantes où la présence des deux types d'acide nucléique est indispensable à l'accomplissement du cycle de Lipmann (synthèse de la matière vivante à partir de ses constituants organiques et inorganiques), condamne les virus à se multiplier au sein de cellules vivantes et aux dépens de leur système de biosynthèse. Pour la même raison, les virus ne se multiplient pas dans le milieu extérieur et il est impossible de les faire pousser sur les milieux bactériologiques usuels où se fait communément la culture des microbes.

La dépendance d'une cellule vivante où sont les virus pour leur reproduction a posé le problème de la nature vivante ou animée des virus eux-mêmes. A cette question d'ordre plus philosophique que pratique on ne peut donner qu'une réponse nuancée. Hors d'une cellule vivante, les virus ont tous les attributs d'un produit organique non-vivant : la composition et la structure de beaucoup d'entre eux nous sont mieux connus que nous ne connaissons certains produits biologiques comme l'hémoglobine ou le blanc d'œuf. De plus, la présence d'acide nucléique dans le virus ne suffit pas à lui conférer toutes les propriétés de la matière vivante puisque ce seul acide nucléique ne permet pas de réaliser le cycle de Lipmann. Mais d'autre part, la structure même des virus, avec une partie centrale où se trouve l'acide nucléique servant à la reproduction (nucléoïde) et une partie périphérique de nature protidique, évoque une structure cellulaire, et les plus gros virus situés au sommet de l'échelle présentent avec les bactéries une analogie étroite de composition chimique. Le fait que l'acide nucléique que renferme le virus lui apporte l'information génétique suffisante pour lui assurer à travers ses reproductions le maintien continu de la spécificité antigénique, montre que les virus possèdent l'une des propriétés essentielles de la matière vivante et participent à son mécanisme fondamental.

SPÉCIFICITÉ ET CONTINUITÉ GÉNÉTIQUE

L'identification des virus repose sur la spécificité de leur constitution antigénique et l'identité de la réponse immunitaire qu'ils provoquent chez les animaux sensibles. L'attaque d'une cellule par un virus se traduit par l'apparition de lésions particulières ayant souvent une morphologie caractéristique, localisée à certains éléments de la cellule (lésions spécifiques, inclusions nucléaires ou cytoplasmiques) : leur reconnaissance au microscope présente une grande importance pratique pour le diagnostic microscopique des infections à virus. Mais, dans nombre de cas, l'infection virale d'un organisme peut rester entièrement latente, ou évoluer de façon inapparente sans se manifester ni par des symptômes cliniques ni par la présence de lésions spécifiques : elle reste alors décelable par les manifestations immunitaires de l'organisme infecté, immunité qui se manifeste soit de façon directe par la résistance acquise à une réinfection, soit de façon indirecte par la présence d'anticorps qui, par des réactions de laboratoire *in vivo* ou *in vitro* (test de neutralisation, déviation du complément, réactions sérologiques diverses) permettent la reconnaissance de l'infection et son identification.

PLASTICITÉ

Dans la limite de la spécificité antigénique qui identifie chacun des virus, ceux-ci présentent néanmoins, surtout par passage sur un hôte ou une espèce cellulaire différente, des variations sélectives portant sur certains de leurs caractères, qui sont soit la résultante de l'influence exercée dans la composition du virus par les matériaux cellulaires d'où il tire son origine, soit une manière d'adaptation au milieu et au terrain.

Cette variation des propriétés des virus en fonction de leur adaptation à un hôte ou à des conditions particulières de multiplication a été mise à profit pour la création de souches atténuées ou vaccinantes. La modification des caractères d'un virus s'accompagne en effet le plus souvent d'une modification de la virulence. Différentes souches d'un même virus peuvent être identifiées grâce à l'apparition de caractères secondaires ou à la modification de certains de leurs caractères fondamentaux, véritables facteurs d'identification, qualifiés généralement, mais abusivement, de marqueurs génétiques. L'étude de leurs variations joue un rôle considérable dans nos connaissances sur les virus. Certains de ces marqueurs (résistance à un agent chimique donné, croissance à une température particulière, exigences métaboliques, aspect ou taille des plages de lyse causés par les virus sur un tapis cellulaire) sont liés les uns à des propriétés du nucléoïde, les autres à celles de l'enveloppe protidique. Leur variation n'est pas nécessairement corrélative de la variation de la virulence, bien que certains caractères comme la résistance thermique, la croissance à une température particulière ou encore l'élution après adsorption sur colonne par des solutions de molarité données, évoluent parallèlement avec les variations de la virulence.

MÉTHODES D'ÉTUDE DES VIRUS

C'est l'observation sur le vif des symptômes présentés par les espèces affectées par les virus, et l'étude expérimentale de la maladie par transmission à des sujets de même espèce ou d'espèces voisines à partir du matériel recueilli sur l'individu malade, mais filtré ou centrifugé de façon à éliminer les contaminations bactériennes, qui a permis d'individualiser et d'étudier les maladies à virus.

Ainsi en a-t-il été, par exemple, pour la mosaïque du Tabac, pour la rage chez le Chien, la fièvre jaune chez l'Homme, la lyse bactériophagique chez les bactéries ou la grasserie chez le Ver à soie. L'étude expérimentale permet d'analyser les symptômes, de préciser les modes de contagion, de provoquer des adaptations ou des mutations de virus, de reconnaître les lésions spécifiques dans les tissus de l'hôte et d'essayer la résistance du virus à différents agents chimiques ou physiques (action de la congélation, de la dessiccation, de l'extraction par l'éther, de l'inactivation par le formol, etc.) qui servent à le caractériser.

Ces méthodes, les seules appliquées au début du siècle et toujours valables surtout si elles sont complétées dans le cas des virus des Vertébrés par l'étude des réactions immunitaires et sérologiques chez les hôtes naturels ou expérimentaux, ont permis de faire l'inventaire et de tracer le cadre général des maladies à virus, mais elles ne pouvaient fournir que peu d'informations sur la nature même de ces virus.

Les recherches sur la taille des virus ont ouvert l'ère de l'application des méthodes physico-chimiques. En 1923, Levaditi démontrait par la méthode de l'ultrafiltration sur sacs de collodion qu'il existait entre les différents virus, également invisibles au microscope, de grandes différences de taille attestées par leur degré de filtrabilité suivant le nombre des couches de collodion qu'ils pouvaient franchir. Des méthodes plus précises (Elford, 1931) employant des membranes spéciales (Gradocol), dont la dimension des pores était physiquement déterminée, permirent d'obtenir avec une approximation satisfaisante une première échelle de taille des virus.

Les applications de l'ultracentrifugation, à partir de 1934, donnaient une précision plus grande encore et ont permis d'étendre les déterminations de taille jusqu'aux plus petits des Bactériophages. D'autres méthodes physiques (diffusion en milieu liquide, diffraction de la lumière, polarisation rotatoire) apportaient des précisions supplémentaires, notamment en montrant que certaines des particules virales ont une forte dissymétrie. Les méthodes d'irradiation (Holweck, Lacassagne et Wollman, 1939) au moyen des rayons X, gamma ou alpha, ont fourni un autre ordre d'informations en fixant le diamètre de la cible, c'est-à-dire la zone sensible d'un virion dont l'irradiation entraîne l'inactivation de la particule. La surface ainsi calculée se confond pratiquement avec le diamètre de la particule pour les petits virus, mais est nettement plus faible pour les grands virus : nous savons aujourd'hui que ce diamètre est celui du nucléoïde.

Enfin, le microscope électronique, soit à l'examen direct de suspensions virales soit par l'application des ombrages obliques (Williams et Wyckoff, 1944) et l'emploi des coupes ultrafines, est venu compléter ces mesures et préciser les données morphologiques sur la structure des virus.

Dans l'ensemble, les méthodes physico-chimiques relativement primitives, qui ont été employées dans la période qui s'étend entre les deux guerres mondiales et qui marque le départ des recherches physico-chimiques, ont permis par des voies totalement différentes des observations remarquablement concordantes. Voici par exemple un très petit Bactériophage, le Bactériophage *Φ* .X.174. Le microscope électronique nous a récemment révélé sa forme, celle d'un icosaèdre dont le grand axe est long de 225 Å, avec des arêtes de 125 Å (Tromans et Horne, 1961), ce qui correspondrait à une particule sphérique d'environ 20 mμ de diamètre. Les mesures antérieurement faites par d'autres méthodes avaient donné les résultats que l'on trouve réunis dans le tableau suivant :

Détermination (1944) de la taille du Bactériophage *Φ* X. 174 (d'Hérelle)		
Filtration	12 — 20 mμ	(1)
Centrifugation	15,4 mμ $\pm$ 1	(2)
Irradiation	18 mμ $\pm$ 5	(3)
Rayons X	13 — 17 mμ	(4)

(1) P. Bonét-Maury et N. Bulgakov.
(2) P. Lépine, P. Bonét-Maury et J. Giuntini.
(3) P. Bonét-Maury et N. Bulgakov.
(4) M. Frilley, N. Bulgakov et P. Bonét-Maury.

L'étude chimique des virus a été abordée en 1934 lorsque W. M. Stanley a obtenu le virus de la mosaïque du Tabac à l'état de pureté par précipitation au sulfate d'ammonium, sous forme d'une protéine cristallisable en aiguilles soyeuses qui gardait son pouvoir infectieux malgré plusieurs cristallisations et remises en solutions successives. La nature nucléo-protidique du virus fut démontrée l'année suivante par Bawden et Pirie, qui cristallisaient à leur tour le virus du *bushy stunt*. Toutes les recherches poursuivies depuis ont successivement démontré pour chacun des virus étudiés le rôle essentiel d'une nucléoprotéine. L'étude des nucléoprotéines elle-même a progressé grâce aux travaux de Linus Pauling, de Crick et Watson, de Franklin et Klug.

Le développement des cultures de tissus, dont le principe est dû aux travaux d'Alexis Carrel, a permis l'obtention en milieux naturels ou artificiels des cultures de cellules sensibles (épithéliums, fibroblastes) que l'on infecte avec un grand nombre de virus, dans des conditions permettant d'obtenir un rendement en virus très élevé. L'emploi des cultures cellulaires pour l'étude des virus a radicalement transformé les conditions d'étude du problème en permettant l'observation *in vitro,* l'obtention de quantités illimitées de virus et l'adaptation de ceux-ci à des cellules différentes de celles de l'hôte naturel.

La culture des virus dans l'œuf de Poule incubé (Borrel; Goodpasture et Budding, 1936) est une méthode intermédiaire entre l'inoculation à l'animal et la culture de tissus. Elle met à profit l'affinité des virus pour les tissus embryonnaires en voie de croissance et le milieu nutritif clos que représente l'œuf.

En dépit de tous les perfectionnements apportés sans cesse aux techniques de culture des virus, certains virus, comme celui de l'hépatite infectieuse de l'Homme, n'ont pas encore pu être isolés. D'autres, au contraire, obtenus en culture pure à l'échelle industrielle (virus de la poliomyélite, de la grippe, de la fièvre aphteuse), ont été étudiés jusque dans leurs structures les plus intimes.

CLASSIFICATION DES VIRUS

Les discussions mêmes qui ont lieu sur la nature des virus ont rendu pendant longtemps difficile une classification qui les intégrerait dans l'échelle des êtres vivants et leur assignerait une place définie selon le mode linnéen par genre et espèce.

Il est évident que chez les Végétaux, comme chez les Insectes ou chez les Vertébrés, on rencontre des séries de virus ayant entre eux d'assez grandes analogies et qui nous apparaissent ainsi comme groupés en familles naturelles. Parfois, les ressemblances entre ces virus vont jusqu'à des communautés antigéniques permettant de leur assigner une véritable parenté. Le plus souvent il s'agit de ressemblances résultant d'analogies de taille, de résistance, de structure, de types des lésions causées, sans que l'on puisse établir entre ces analogies des relations précises.

Les premiers essais de classification logique sont dus à Levaditi qui a réuni ensemble les virus en fonction des affinités qu'ils éprouvaient pour les tissus issus d'un même feuillet embryonnaire. Ainsi s'établissait une classification en ectodermoses (avec un groupe particulier, les ectodermoses neurotropes, réunissant les virus ayant une affinité spéciale avec le système nerveux), mésodermoses et endothélioses. Pour logique que soit cette classification, elle avait néanmoins l'inconvénient de réunir des virus extrêmement disparates, profondément différents par leur taille et leurs propriétés. Progressivement dépouillée et démembrée, elle ne subsiste plus, aujourd'hui, que dans la notion générale des ectodermoses où se trouvent réunis avec les virus des varioles ceux de certaines maladies éruptives (zona, varicelle, herpès).

On a voulu (Bergey) intégrer les virus dans l'édifice des microbes en les considérant comme un ordre à part, composé de quatre sous-ordres réunissant respectivement les virus pathogènes pour les Vertébrés, les Invertébrés, les Végétaux supérieurs et les Bactéries; division en principe acceptable, mais qui se poursuit par des subdivisions réunissant de façon arbitraire des virus sans aucune ressemblance ni affinité. Il paraît aujourd'hui beaucoup plus logique d'établir la classification des virus sur une base chimique (Cooper, 1961), en prenant pour élément de classification la composition chimique des virus et leur résistance à certains agents et non les espèces, animales ou végétales, qu'ils parasitent. On établit ainsi deux grandes classes de virus : les désoxyvirus, comprenant ceux dont l'acide nucléique est l'acide désoxyribonucléique (ADN) : Bactériophages, principaux virus des tumeurs, une partie des virus des Vertébrés, et les ribovirus comprenant ceux dont l'acide nucléique est l'acide ribonucléique (ARN) : virus des Végétaux, une partie des virus des Vertébrés. Chacun de ces groupes est subdivisé en lipovirus (virus inactivés par l'éther, ce qui démontre qu'un lipide figure parmi les constituants essentiels) et clathrovirus (virus résistant à l'éther formant des structures rigides, groupés dans les cellules en amas orientés d'allure cristalline). Les virus des Vertébrés, qui sont composés à la fois de désoxyvirus et de ribovirus, ont d'une façon simplifiée été réunis en six sous-groupes (Andrewes, Burnet et coll., 1961) selon le tableau suivant :

	Taille en mμ	Membrane externe	Multiplication(8)	Sensibilité à l'éther
DÉSOXYVIRUS				
Poxvirus(1)	150-300	+	C	o ou +
Nitavirus(2)	100-200	+	N	+
Adenovirus(3)	70-80	o	N	o
RIBOVIRUS				
Myxovirus(4)	80-500(7)	+	C ou N-C	+
Arbovirus(5)	20-100	?	N-C	+
Nanivirus(6)	20-30	o	C ou N-C	o

(1) Pox : désigne, en anglais, la pustule varioliforme caractéristique des lésions cutanées causées par la plupart de ces virus.

(2) Nita : sigle pour *nuclear inclusion type A,* allusion à la description faite par Cowdry (1934) de l'inclusion intranucléaire acidophile caractéristique des lésions cellulaires dans ce sous-groupe.

(3) Adeno : allusion à l'affinité de ces virus pour les tissus lymphoïdes et les ganglions.

(4) Myxo : « pour indiquer que les virus ont une particulière affinité pour certaines mucines » (Andrewes, 1954).

(5) Arbo : abréviation de l'anglais *arthropod borne,* transmis par les arthropodes.

(6) Nani : de *nanus,* nain, en raison de leur petite taille.

(7) La grande dimension est celle des formes filamenteuses; la forme sphérique habituelle de ces virus a une taille de 80-90 mμ.

(8) C : la multiplication a lieu dans le cytoplasme cellulaire;
N : multiplication intranucléaire; N-C : multiplication dans le noyau avec extension en cytoplasme.

Remarquons que plusieurs de ces sous-groupes sont assez disparates, en particulier dans les ribovirus, et qu'ils seront vraisemblablement scindés. Le nombre des virus des Vertébrés actuellement recensés dépasse 400, dont 150 pour les arbovirus seuls, dont le nombre s'accroît sans cesse.

Il a été proposé (A. Lwoff, R. Horne et P. Tournier, 1962) une systématique des virus en groupant ceux-ci suivant la nature de leur matériel génétique (A.D.N. ou A.R.N.), le type de symétrie de la capside (cubique ou hélicoïdale), le nombre des capsomères (pour les virus à symétrie cubique) ou le diamètre de la capside (pour les virus à symétrie hélicoïdale). Ce système, qui présente l'avantage logique de faire reposer ses subdivisions sur des données purement physiques et de s'appliquer aussi bien aux ribovirus qu'aux désoxyvirus, est commode, bien qu'il conduise à réunir dans certains sous-groupes des virus sans analogie autre que structurale.

MORPHOLOGIE ET STRUCTURE DE LA PARTICULE VIRALE

Différentes méthodes physiques avaient depuis longtemps permis de reconnaître qu'il y a parmi les virus des particules dont les unes ont une forme régulièrement sphérique et qui sont centrifugées dans les mêmes conditions que des objets sphériques, et les autres ont une dissymétrie correspondant à celle de particules allongées dont il est possible de calculer le coefficient de dissymétrie. La microscopie électronique, en fournissant des images photographiques des particules virales dont le relief superficiel peut être rendu plus apparent par des méthodes d'ombrage (projection par vaporisations sous vide d'atomes de métaux lourds *Au, U* et *Pd* surtout), et plus récemment les méthodes de coloration négative au moyen de l'acide phosphotungstique (S. Brenner et R. W. Horne, 1959) nous apportent des virus une image très précise. On peut ainsi résumer les données morphologiques sur les virus :

Rares sont les virus qui n'ont pas une forme régulière et n'offrent pas une certaine symétrie dans la particule telle qu'elle nous apparaît au microscope électronique; le virus de Newcastle, le virus des oreillons, présentent, autour de valeurs moyennes, une taille et une forme assez irrégulières qui échappent à une description précise.

Quelques virus présentent une disparité d'aspect très caractéristique : ce sont les Bactériophages essentiellement composés d'une tête et d'un appendice rigide plus ou moins long qui leur donnent un aspect en raquette ou en têtard. Mais ils conservent néanmoins une symétrie axiale d'ordre 6 (Brenner, 1962).

Nombre de virus, surtout parmi ceux des Végétaux et des Insectes, ont un aspect de bâtonnets généralement courts et rigides (virus des polyédries) parfois allongés ou flexueux (virus X de la pomme de terre) qui peut, au fort grossissement du microscope électronique, prendre l'apparence d'un tube creux résultant d'une structure toroïde résultant de l'enroulement d'une très longue particule en spires jointives (mosaïque du Tabac). De tels virus présentent un diamètre transversal d'une dimension très constante (152 Å dans le cas du virus de la mosaïque du Tabac) et une longueur présentant d'assez notables variations autour d'une valeur moyenne (280 à 310 mμ pour la mosaïque du Tabac). Les plus gros virus ont une forme cylindrique, ce qui leur donne sur les coupes examinées au microscope électronique un aspect ovalaire ou rectangulaire selon l'angle de coupe.

La grande majorité des virus, et en particulier la quasi-totalité des virus des Vertébrés, présentent un aspect qui, aux faibles grossissements du microscope électronique, apparaît régulièrement sphérique.

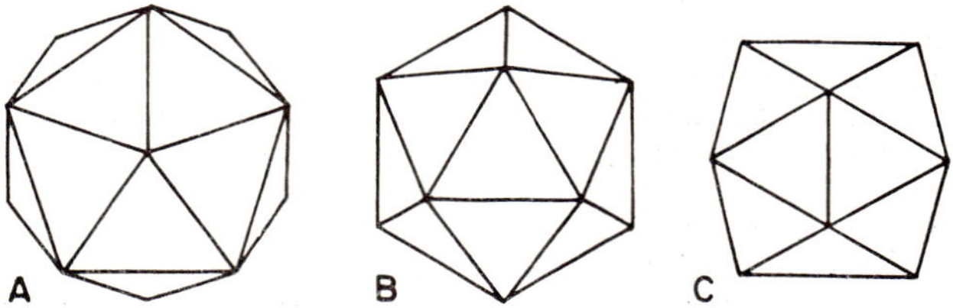

FIG. 1 — SCHÉMA D'UN ICOSAÈDRE.

On voit que, selon son orientation, ce polyèdre régulier, qui correspond le plus souvent à la forme revêtue par les virus, présente trois axes de symétrie, respectivement de type 5 (A), de type 3 (B) et de type 2 (C).

Des objets symétriquement placés sur les arêtes ou sur les faces de l'icosaèdre répondent naturellement aux mêmes types de symétrie. (D'après Horne, 1963).

Ce sont cette homogénéité des tailles et des formes et la rigidité de la structure des particules virales sphériques qui permettent, avec un matériel purifié, de les obtenir à l'état de cristaux vrais, le réseau cristallin étant réalisé en ce cas à l'échelle particulaire et non à l'échelle atomique comme pour les cristaux minéraux.

Aux forts grossissements du microscope électronique et surtout en employant la méthode des ombrages obliques, on constate qu'il s'agit, en réalité, de polyèdres réguliers ou de structures composites ayant l'aspect d'un polyèdre régulier recouvert d'un grand nombre de sous-unités; de telles structures présentent une symétrie régulière de l'ordre de 5-3-2, correspondant à un tétraèdre, un dodécaèdre ou le plus souvent un icosaèdre, recouvert de particules occupant des positions symétriques les unes par rapport aux autres *(fig. 1)*. Un vieux problème de géométrie, déjà résolu par Platon, montre que l'on peut placer douze objets symétriques sur un tétraèdre, vingt-quatre sur un cube ou un octaèdre, soixante sur un dodécaèdre ou un icosaèdre, s'il s'agit de sphères dont chacune est entourée d'un nombre identique de ses semblables pour former une couche jointive à la surface du polyèdre régulier. Le calcul (Crick et Watson, 1957) permet de prévoir, si l'on fait appel à des particules plus petites et arrangées symétriquement sur chacune des faces et des arêtes, que l'on trouvera des nombres qui sont des multiples et des sous-multiples de 60. C'est ainsi que, pour un icosaèdre, on disposera de 5 × 12, 20 × 3 et 30 × 2, soit au total 532 points de symétrie à la surface de l'icosaèdre; ce qui ne veut pas dire que les particules ou sous-unités groupées à la surface du virion seront nécessairement au nombre de 532.

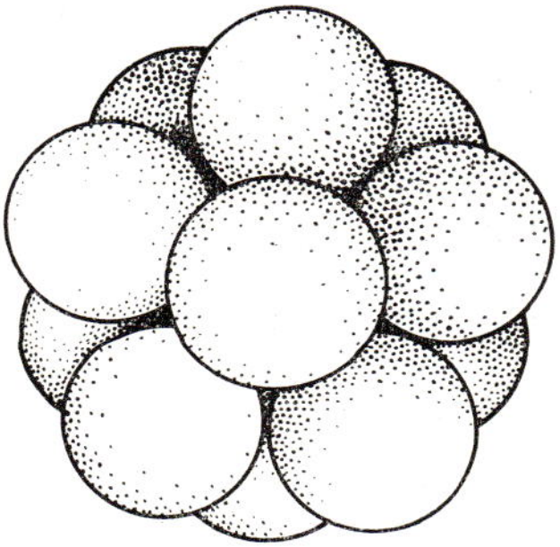

FIG. 2 — MODÈLE FORMÉ DE DOUZE COMPOSANTS IDENTIQUES DISPOSÉS SELON UNE SYMÉTRIE 5-3-2.

(Bactériophage Φ.X.174; d'après Wildy et Horne, 1960).

On a donné le nom (Lwoff, Anderson et Jacob, 1959) de capside à la membrane périphérique du virion et de capsomères aux unités protidiques symétriquement groupées sur cette capside. Le microscope électronique a apporté la confirmation de l'existence et de la position symétrique des capsomères sur la capside ainsi recouverte de façon jointive par des sous-unités protidiques de section pentagonale ou hexagonale. Le plus simple des virus connus, le Bactériophage Φ X.174, groupe douze particules autour d'un noyau central *(fig. 2)*. Les adénovirus comptent de même 252 capsomères symétriquement disposées sur la capside *(fig. 3)*.

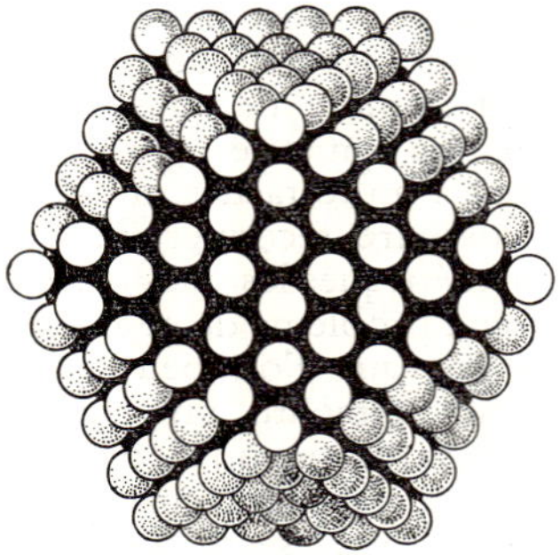

FIG. 3 — REPRÉSENTATION, D'APRÈS LES IMAGES DE MICROSCOPIE ÉLECTRONIQUE, D'UN VIRION D'ADÉNOVIRUS CONSTITUÉ PAR UN ICOSAÈDRE RECOUVERT DE 252 SOUS-UNITÉS. (D'après Horne, Brenner, Waterson et Wildy, 1959).

Dans le cas de la symétrie cubique, le polyèdre à trois dimensions (symétrie de type 5-3-2, Crick et Waston, 1957) peut être : tétraèdre (Bactériophage Φ X.174), cube, octaèdre, dodécaèdre ou le plus souvent icosaèdre. Pour un virion ayant une structure géométrique rigide, les faces sont occupées par les capsomères symétriquement groupées dont le nombre est, si la symétrie de type 5 est respectée, donné par la formule générale $N = 10(n - 1)^2 + 2$, chiffre effectivement trouvé pour les virus ayant une structure rigide (clathrovirus); les autres donnent des chiffres voisins, avec une certaine marge de variabilité dont la moyenne confirme statistiquement la formule.

Pour des valeurs croissantes de *n*, on trouve (Vasquez et Tournier, 1962) :

n	*N*	Virus
2	12	Φ X.174
3	42	Polyome
4	92	Réovirus
5	162	Herpès
6	252	Adénovirus
10	812	*Tipula iridescens*

COMPOSITION CHIMIQUE ET PHYSIOLOGIQUE DES VIRUS

D'une façon générale, tout virion se compose structuralement d'une partie centrale (nucléoïde) formée d'acide nucléique, entourée d'une partie périphérique (viroplasme) de nature protidique.

Selon la façon dont les sous-unités protidiques du viroplasme sont rattachées au peloton d'acide nucléique, la symétrie du virion peut s'établir de deux façons : soit par développement d'une symétrie du type hélicoïdal, ce qui entraîne une structure cylindrique pour une particule en forme de bâtonnet *(fig. 4)*, soit par une symétrie du type cubique qui aboutit à des polyèdres se rapprochant de la forme sphérique.

FIG. 4 — SCHÉMA D'UN VIRION À SYMÉTRIE HÉLICOÏDALE.

Autour d'une spirale d'ARN une enveloppe à double membrane forme capside portant des capsomères. Une extrémité de la particule est arrondie (aspect « en obus ») alors que l'autre présente une invagination donnant l'impression d'un canal tubulaire central. (Virus rabique, P. Lépine et P. Atanasiou, 1963).

L'exemple le mieux connu parmi les virus qui revêtent une structure bacilliforme est celui de la mosaïque du Tabac. La microscopie électronique et surtout les renseignements donnés par la diffraction des rayons X nous montrent que l'acide nucléique revêt une structure tubulaire par l'enroulement en un tore à spires jointives d'une chaîne unique d'environ 8 000 nucléotides qui forment ainsi l'âme de la particule du virus dont elle occupe le centre sous forme d'un cylindre creux de 40 Å de diamètre : une fois déroulée, cette chaîne serait dix fois plus longue que la particule elle-même. Autour de ce tore d'acide nucléique s'articulent et s'enroulent en une spirale continue les sous-unités protidiques disposées à peu près comme les pétales d'une marguerite, enveloppant de bout en bout et en une couche continue le tube central d'acide nucléique (Franklin et Klug, 1957). Chaque sous-unité correspondant à un pétale de la marguerite a un poids moléculaire estimé à 18 000, et il faut réunir environ 2 100 de ces sous-unités autour de l'acide nucléique pour former une particule infectieuse du virus *(fig. 5)*. L'acide nucléique est le même dans toutes les souches du virus du Tabac : c'est un ARN. Les différentes souches du virus de la mosaïque du Tabac ne diffèrent que par les protéines de la couche polypeptidique qui entoure le tube d'ARN.

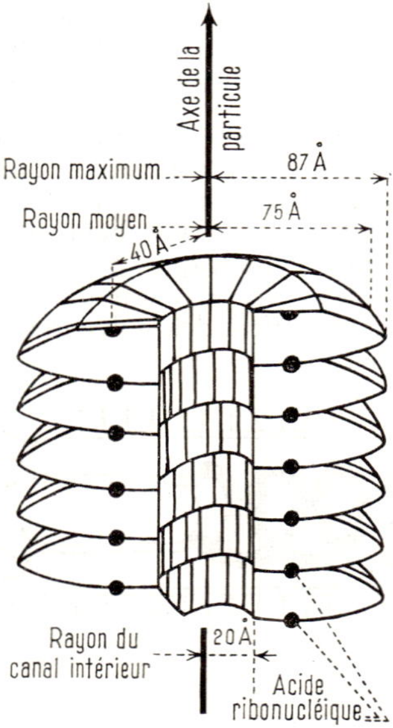

FIG. 5 — MODÈLE SCHÉMATIQUE D'UN TRONÇON DE PARTICULE VIRALE DE LA MOSAÏQUE DU TABAC SUPPOSÉ VU EN COUPE.

(Franklin, Klug, Holmes, 1957; complété par Barreau, 1958).

La mosaïque du Tabac renferme 94,4 pour cent de protéine et 5,6 pour cent d'acide nucléique. Nombre d'autres virus des plantes (virus X de la Pomme de terre), un certain nombre de virus des Insectes (virus de la grasserie du Ver à soie) présentent de même une structure bacilliforme ou en bâtonnet. Cette structure allongée du virus n'est pas le fait, comme on l'a cru un moment, de l'acide ribonucléique puisque les polyédries des Insectes, également bacilliformes, sont des virus à ADN, et qu'il existe des virus à ARN de structure sphérique (poliomyélite, fièvre aphteuse).

Chez les virus ayant une forme générale sphérique dérivée de l'icosaèdre, l'acide nucléique eſt pelotonné en boule et les sous-unités protidiques se répartissent à la surface (capside) selon une symétrie généralement dérivée de l'icosaèdre *(fig. 6)* qui a été reconnue d'abord à la mosaïque jaune du Navet (Caspar, 1956).

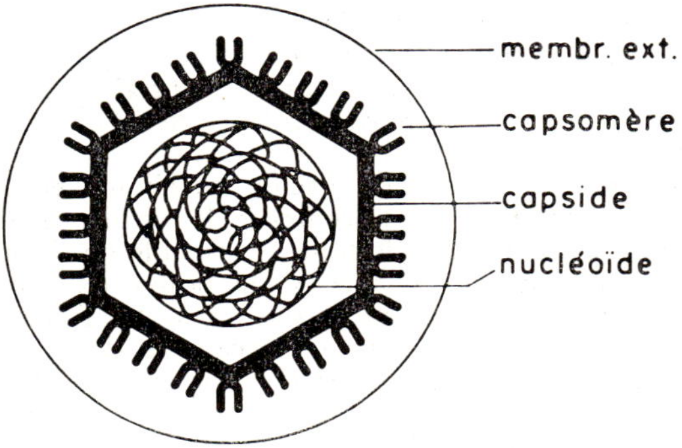

FIG. 6 — SCHÉMA D'UN VIRION ICOSAÉDRAL À 162 CAPSOMÈRES, VU EN COUPE.

Chaque arête de la capside hexagonale comporte cinq capsomères creux, en comptant celui qui figure sur l'arête. Le centre du virion eſt occupé par un peloton d'ADN (nucléoïde). L'ensemble eſt entouré d'une enveloppe formant membrane externe (Virus herpétique, P. Lépine et O. Croissant, 1963).

La proportion d'acide nucléique dans les particules sphériques eſt assez variable : de 0,7 à 1,8 pour cent (grippe, peſte aviaire), elle peut atteindre 25 à 30 pour cent (poliomyélite, entérovirus) ou même 65 pour cent (fièvre aphteuse). Elle eſt en général d'autant plus réduite que la taille de la particule entière eſt plus élevée; ce qui assigne à la quantité d'acide nucléique une valeur absolue relativement conſtante que l'on peut calculer à partir de la masse totale du virion (pour le poliovirus $1{,}3 \cdot 10^{-27}$ g avec une densité de 1,6).

Le rôle respectif du nucléoïde (acide nucléique) et du viroplasme (protéine) dans l'infection virale a été nettement établi par un grand nombre d'expériences portant soit sur les virus des plantes (mosaïque du

Tabac), soit sur les Bactériophages, soit sur les virus des Vertébrés.

Pour tous les virus pour lesquels le calcul a pu être fait, on trouve que le rapport entre le volume de la cible déterminé par irradiation et le volume total de la particule donne un chiffre qui est identique, souvent à la deuxième décimale près, au rapport que l'on peut établir par les méthodes chimiques entre le volume d'acide nucléique de la particule et le volume total de celle-ci. C'est donc bien l'atteinte de l'acide nucléique qui entraîne l'inactivation, c'est-à-dire la perte de virulence de la particule du virus.

Dans tous les cas, c'est l'acide nucléique, et l'acide nucléique seul, qui est porteur de la virulence et qui pénétrant dans une cellule-hôte est capable de s'y multiplier pour donner naissance à de nouveaux virus. Il représente donc le génotype du virus. La fraction ne renfermant que la protéine est incapable de virulence, mais c'est à elle que sont rattachées les propriétés sérologiques qui contribuent à caractériser la spécificité du virus. L'injection à l'Animal d'extrait de la protéine périphérique du virus fait apparaître dans son sérum les réactions spécifiques (déviation du complément, agglutination) caractérisant le virus, mais ne lui confère pas l'immunité (protection contre l'infection).

Ainsi, la protéine concourt à la spécificité de l'ensemble, mais n'est pas nécessaire pour réaliser l'infection.

Chez les Bactériophages, dont la structure est assez complexe, lors de l'attachement du Bactériophage à la surface de la Bactérie, seul l'acide nucléique contenu dans la tête du Bactériophage est injecté et pénètre dans la Bactérie. L'enveloppe protidique du Bactériophage reste en totalité à la surface de la Bactérie, elle ne participe pas à la multiplication du Bactériophage *(fig. 7)*. Elle peut être séparée de la Bactérie après la pénétration de l'acide nucléique dans le Bactériophage (au moyen des ultrasons), sans empêcher l'éclosion du processus infectieux. Les Bactériophages issus de la lyse de la Bactérie, qui représentent la descendance du Bactériophage envahisseur, renfermeront chacun dans leur acide nucléique environ 0,5 pour cent de l'acide nucléique du Bactériophage originel; tout le reste de leur acide nucléique, et la totalité de leur enveloppe protidique, aura été synthétisé par la Bactérie aux dépens à la fois de ses propres tissus, et des matériaux empruntés au milieu ambiant pendant les quelques minutes qui lui restaient à vivre après la pénétration du Bactériophage. Le Bactériophage résulte donc de la synthèse par la Bactérie, en réponse à l'ordre de fabrication qui lui parvient sous forme d'un acide nucléique étranger, d'éléments nouveaux différents de sa propre substance et ayant une structure génétique différente de la sienne.

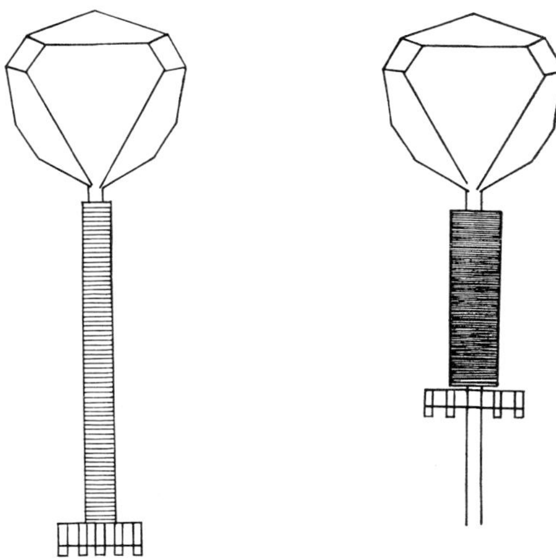

Fig. 7 — Schéma d'un bactériophage.

Ce virus microbien présente une « tête » à symétrie cubique et une « queue » à symétrie hélicoïdale. La tête renferme l'ADN qui est *injecté dans la bactérie* sensible par l'appareil contractile de la queue que l'on voit, à gauche, avant fonctionnement, à droite, après avoir fonctionné.
(Bactériophage Twort, d'après J. Vieu, O. Croissant et C. Dauguet, 1963).

Le même mécanisme a pu être analysé dans le cas des Végétaux et dans celui des virus des Animaux. Chez les Vertébrés supérieurs, dont la spécificité d'action est liée très étroitement à certaines cellules animales, il est possible de franchir la barrière zoologique en se servant non pas du virus complet mais de l'acide nucléique pur extrait à partir de ce virus. Avec le virus de la poliomyélite, qui ne peut se multiplier que sur des cellules de primates (Homme ou Singe), il a été possible (Syverton et coll., 1960), avec l'acide ribonucléique pur de la particule, d'infecter des cellules rénales de veau, normalement insensibles au virus de la poliomyélite. Mais dans ce cas, après un cycle de multiplication, le virus libéré par les cellules infectées dans le milieu ambiant est à nouveau un virus complet recouvert d'une enveloppe protidique, et qui comme le virus originel dont il est issu, n'est capable d'infecter que des cellules de primate : l'artifice a permis la multiplication du virus, mais non la mutation de ce dernier.

Dans d'autres cas, au contraire, comme celui du virus de la leucémie de la Louris qui est strictement attachée à certaines lignées sélectionnées de Souris, il est possible, en se servant de l'acide nucléique extrait du virus et en inoculant les animaux immédiatement après la naissance, de déterminer l'apparition au bout de plusieurs mois d'une leucémie indéfiniment transmissible aux souris descendant de la nouvelle lignée, mais non réversible sur les Souris de la lignée originelle ayant communiqué le virus : dans ce cas il y a eu mutation du virus.

MÉCANISME DE L'INFECTION VIRALE

C'est dans l'étude du conflit entre la cellule et le virus, en particulier dans l'évolution du virus après sa pénétration dans la cellule, que nous trouvons l'explication du rôle pathogène joué par les virus de même que celle de l'influence que sa présence peut exercer sur la physiologie ou la génétique de la cellule.

Dans le cas d'un conflit aboutissant à la destruction de la cellule, c'est-à-dire à la maladie, on peut décomposer l'évolution des phénomènes selon les sept stades suivants.

ATTACHEMENT

Sauf cas particuliers où la rencontre du virus et de la cellule est liée à un mode particulier d'infection (inoculation par un Insecte piqueur par exemple), la rencontre entre le virus et la cellule est due au hasard. Dans le cas du Bactériophage, on peut démontrer que les chances de rencontre d'un Bactériophage et d'un microbe sensible sont exactement celles que permet de prévoir le calcul du déplacement des particules dû au mouvement brownien : il n'y a donc aucun tactisme qui dirige le virus vers la cellule. Les chances d'infection résultent donc du nombre des virions et des cellules sensibles en présence. Dans la plupart des cas ce nombre est élevé et les chances de rencontre du virus et de la cellule sensible sont grandes. Le mécanisme du conflit cellule-virus se déclenche dès que la distance qui les sépare rend inévitable la collision, compte tenu des phénomènes physiques qui interviennent à l'échelle où se placent les phénomènes.

Dès que la particule du virus se trouve dans un rayon d'action où peuvent s'exercer les actions chimiques, celle-ci s'attache à la surface de la cellule en fonction de l'affinité chimique existant entre la capside ou les capsomères et les récepteurs de la membrane cellulaire.

PÉNÉTRATION

Hors le cas du Bactériophage dont seul l'acide nucléique est injecté dans la cellule sensible, il y a pénétration de l'ensemble du virion; celle-ci peut s'effectuer passivement par action mécanique (virus des plantes), ou activement par action enzymatique de la particule (Bactériophage, virus grippal) ou phagocytose par la cellule (vaccine).

ÉCLIPSE

Dès l'entrée de la particule virale dans la cellule, le virion cesse d'exister en tant qu'entité morphologique. La particule est dissociée en ses principaux matériaux constitutifs, et si ceux-ci ont été préalablement marqués par un radio-isotope, on les retrouve métabolisés en fonction de leur nature chimique dans les différents éléments constitutifs de la cellule. A ce stade, les essais de détection du virus par inoculation à d'autres cellules sensibles du matériel intégré peuvent être complètement négatifs.

RÉCEPTION DE L'INFORMATION PAR LE SYSTÈME CELLULAIRE

On doit penser que, si la protéine virale est dissociée en amino-acides, l'acide nucléique n'est cependant pas tronçonné jusqu'au stade des nucléotides et qu'il introduit dans la cellule un élément d'information en fournissant à celle-ci le modèle génétique à partir duquel va s'élaborer la fabrication du virus.

PRODUCTION DE MATÉRIEL NOUVEAU

A ce stade, qui survient pour le Bactériophage environ trois minutes après la pénétration du Bactériophage, et environ trente minutes dans la cellule des Primates après la pénétration du virus poliomyélitique, on note tous les signes d'une activité subitement accrue du métabolisme de la cellule : brusque augmentation de la respiration et de la glycolyse, apparition de formes hypertrophiées ou géantes dans les mitochondries, modifications tinctoriales de l'ergatoplasme. On assiste ainsi au démarrage d'un processus de synthèse qui se matérialise souvent par la formation au voisinage du noyau d'une masse encore amorphe, la matrice, d'où naîtra le virus.

CONSTRUCTION DE LA PARTICULE VIRALE

A partir des éléments nouveaux réunis par la cellule commencent à s'élaborer des particules virales, soit par différenciation secondaire de la matrice, soit par apparition d'unités, souvent groupées en rosaces dans le cas du Bactériophage, comportant la présence de particules virales pour la plupart incomplètes et qui évoluent rapidement vers l'aspect morphologique de la particule virale complète.

DISPERSION DU VIRUS PAR LIBÉRATION DES PARTICULES

Au fur et à mesure qu'apparaissent les structures virales nouvelles, les structures normales de la cellule disparaissent, et celle-ci est progressivement vidée de son contenu jusqu'à n'être plus qu'un sac passivement gonflé de particules virales, qui finit par éclater en libérant les virus néoformés dans le milieu ambiant.

Cet aspect, classique pour les Bactériophages, ne se retrouve pas toujours pour les virus des Vertébrés. Il arrive souvent que les particules néoformées ne soient pas décelables au microscope électronique dans le cytoplasme de la cellule infectée, et que le virus ne prenne son aspect morphologique définitif qu'à l'instant où il franchit la paroi cellulaire : il semble souvent s'envelopper d'un reste de la membrane de la cellule (cas des myxovirus) lui donnant une structure à double membrane; on peut dans ce cas assister à une fabrication continue de virus sans altération morphologique apparente de la cellule, celle-ci continuant pendant plusieurs jours (jusqu'à trente jours pour le virus rabique) à produire inlassablement du virus qui est libéré dans le milieu ambiant. Ce faisant, le métabolisme de la cellule est entièrement détourné par la fabrication du virus et la cellule finit par mourir sans avoir pu se régénérer par mitose (mort différée).

Le schéma ci-dessus répond au cas le plus fréquent, celui d'un conflit aboutissant à la destruction de la cellule par le virus. Mais deux autres éventualités sont possibles : le passage de l'infection virale à l'état latent ou la destruction du virus par la cellule.

Dans la première de ces deux hypothèses, après le stade quatre (réception de l'information), il n'y a pas production immédiate de nouveau matériel, mais seulement formation d'ébauches qui sont intégrées aux structures cellulaires : en particulier, s'il s'agit d'un virus à ADN, celui-ci peut être intégré à l'appareil nucléaire de la cellule; il en résulte une longue phase de latence, le virus transformé en provirus pouvant persister, au-delà des divisions cellulaires et à travers elles, sans que rien ne se manifeste. Sa synthèse peut être brusquement induite à un stade ultérieur, parfois très éloigné du moment de l'infection; cette induction le faisant passer de l'état de provirus à celui de virus aboutit alors à la multiplication des particules virales et à leur dispersion, comme dans l'exemple donné plus haut.

Cette éventualité est connue depuis longtemps par les

microbiologistes : elle correspond à l'état des Bactéries dites lysogènes (Lisbonne et Carrère, 1922), porteuses d'un Bactériophage à l'état latent (prophage) qui peut être réactivé sous une influence extérieure (chauffage, rayons ultraviolets) et déclencher, avec l'apparence d'une génération spontanée, la lyse microbienne (Lwoff, 1953; Jacob, 1954).

Chez les Vertébrés, des maladies dont l'apparition restait mystérieuse ont pu, de la même manière, être rattachées à une infection latente acquise au cours de l'état embryonnaire (sarcome de Rous) et se développant beaucoup plus tard chez l'animal évolué, ou à la transmission, à travers plusieurs générations, d'une infection virale acquise par les géniteurs (leucémie de la Souris, Gross, 1951). On est ainsi amené à considérer, à côté d'infections virales à transmission horizontale, c'est-à-dire communiquées d'individus à individus vivant dans la même tranche de temps, des maladies à transmission verticale, c'est-à-dire s'établissant à travers les générations sur des individus occupant des tranches successives du temps.

Dans la dernière éventualité, enfin, la réception de l'information (stade 4) est suivie par la production par la cellule d'un matériel nouveau mais cette fois dirigé contre le virus. Ici le virus, qui peut parfois vivre en symbiose prolongée avec la cellule, est finalement métabolisé par elle sans avoir pu lui imposer son information. La cellule procède en ce cas à la synthèse d'un matériel de nature protéique, l'interféron, capable de neutraliser le virus. Elle garde le souvenir de cette information mise en réserve, et dans l'éventualité d'une rencontre ultérieure avec un autre virus de la même espèce, la cellule se montre résistante à la nouvelle agression (immunité acquise).

L'interféron (Isaacs et Lindenman, 1957), dont la nature est fondamentalement différente des anticorps, substances responsables de l'immunité humorale, peut être extrait des cellules par voie chimique; il est doué d'une spécificité cellulaire étroite, c'est-à-dire qu'il n'agira qu'en présence de cellules de la même espèce animale, et parfois de la même variété cellulaire, que celles dont il est issu. Sa présence explique la nature essentiellement tissulaire de l'immunité dans les maladies à virus, depuis longtemps reconnue (Levaditi, 1922), où l'immunité humorale (anticorps circulants) vient renforcer et compléter la résistance acquise à point de départ cellulaire.

NATURE DES VIRUS

On a cherché à faire entrer les virus dans les catégories de structures organiques déjà définies, attitude qui implique la connaissance de la nature intime des virus.

Dans le décade de 1935 à 1945 on avait tendance à considérer les virus comme des macromolécules autoreproductibles, et on les qualifiait souvent, avec W. M. Stanley, de « protéines-virus ». Cette opinion ne peut plus guère être soutenue depuis que nous savons que les virus ne sont pas de simples macromolécules mais qu'ils présentent une organisation complexe, formée de nucléoprotéines et de protides avec des fonctions distinctes, laquelle peut être artificiellement dissociée puis réunie par voie de synthèse.

La nature nucléoprotidique des virus, leur taille, les ont fait rapprocher des gènes, supports de l'hérédité avec lesquels ils présentent une certaine analogie. Mais les virus ont eux-mêmes une structure et une organisation beaucoup plus compliquée que celle des gènes; ils ont une spécificité différente de celle des cellules qu'ils parasitent, et nous ne pouvons pas davantage les considérer comme des organites aberrants ou des constituants dégénérés du matériel cellulaire. Le fait qu'ils ne possèdent qu'un seul des deux acides nucléiques indispensables à l'accomplissement du cycle de Lipmann interdit de les considérer comme des organismes vivants autonomes.

Il paraît assez vain de se demander si les virus ont existé avant les cellules, si leur origine est exogène ou endogène; tout dans le comportement actuel des virus les fait apparaître à nos yeux comme des agents infectieux d'une nature très particulière, certainement différente de celle des organismes pathogènes cellulaires, mais possédant néanmoins une partie des propriétés de la vie; rien n'autorise à les attribuer à une génération spontanée, même si dans certains cas leur réapparition après de longues périodes de latence ou leur transmission par voie héréditaire peuvent donner l'impression d'une apparition *de novo*.

On ne peut actuellement envisager les virus que comme une catégorie particulière d'agents pathogènes ou mutagènes, dont l'étude nous apporte des lueurs précieuses sur les mécanismes de la vie cellulaire.

Pierre Lépine, *de l'Institut.*

BIBLIOGRAPHIE

F. M. Burnet, *Principles of Animal Virology,* Academic Press, 2e éd., New York, 1960.

F. M. Burnet et W. M. Stanley, *The Viruses (Biochemical, Biological and Biophysical Properties),* 3 vol., Academic Press, New York, 1959; vol. I : *General Virology*; vol. II : *Plant and Bacterial Viruses*; vol. III : *Animal Viruses.*

Ciba Foundation Symposium, *The Nature of Viruses,* Londres, 1957.

Ciba Foundation Tenth Anniversary Symposium, *Significant Trends in Medical Research,* Londres, 1959.

Ciba Foundation Study Group, no 4, *Virus Virulence and Pathogenicity,* Londres, 1960.

Cold Spring Harbor Symposia on quantitative Biology, *Genes and Mutations,* Biol. Lab., vol. 16, Cold Spring Harbor, 1951.

Cold Spring Harbor Symposia on quantitative Biology, *Viruses,* Biol. Lab., vol. 18, Cold Spring Harbor, 1953.

P. D. Cooper, *A Chemical Basis for the Classification of Animal Viruses,* dans « Nature », vol. 190, no 4773, pp. 302-305, Londres, avril 1961.

R. W. Horne et P. Wildy, *Symmetry in Virus Architecture,* dans « Virology », vol. 15, pp. 348-373, 1961.

P. Lépine, *Aspects de la reproduction des virus dans ses rapports avec les structures cellulaires,* dans: J. André-Thomas *Problèmes d'organisation et de fonctions chez les bactéries et les virus,* Masson, Paris, 1958, pp. 333-380,

P. Lépine, *Les Virus,* collection « Que sais-je ? », P. U. F., Paris, 2e édition, 1963.

C. Levaditi et P. Lépine, *Les Ultravirus des maladies humaines,* Maloine, 2 vol., 2e éd., Paris, 1948.

C. Levaditi, P. Lépine et J. Verge, *Les Ultravirus des maladies animales,* Maloine, Paris, 1943.

S. E. Luria, *General Virology,* Wiley, New York, 1953.

A. Lwoff, F. E. Anderson et F. Jacob, *Remarques sur les caractéristiques de la particule virale infectieuse,* dans les « Annales de l'Institut Pasteur », t. 97, p. 281, Paris, 1959.

M. F. Perutz, *Quelques progrès récents en biologie moléculaire,* dans « Endeavour », XVII, n° 68, pp. 190-203, Londres, 1958.

Proceedings of the fourth international Congress of Biochemistry, *Biochemistry of Viruses,* vol. 7, Hoffmann-Ostenhof, Vienne, 1959.

T. M. Rivers et F. L. Horsfall, Jr. *Viral and Rickettsial Infections of Man,* 3e éd., Lippincott, Philadelphie, 1959.

GLOSSAIRE

GLOSSAIRE

ACROSOME ou PERFORATORIUM. Partie apicale du spermatozoïde; coiffe le noyau avec lequel il constitue la tête du spermatozoïde; facilite probablement la pénétration de celui-ci dans le cortex de l'œuf à la fécondation.

AGAMIE. Mode de reproduction qui ne nécessite pas le concours de cellules reproductrices ou gamètes.

ALÉCITHES (œufs). Se dit des œufs de petite taille, dépourvus de réserves nutritives (vitellus); ex : l'œuf des Mammifères.

ALLOSOMES ou HÉTÉROCHROMOSOMES. Chromosomes sexuels présents par paires dans les cellules des organismes diploïdes (voir DIPLOÏDE); chez la femelle de certaines espèces animales, les deux chromosomes appariés ont la même forme (ex : bâtonnets), alors que l'un diffère chez le mâle (ex : un bâtonnet et un crochet); les gamètes héritent chacun d'un élément de ces paires et à la fécondation, selon que les ovules fusionnent avec des spermatozoïdes à chromosomes en bâtonnet ou en crochet, on obtiendra des femelles ou des mâles. Chez d'autres espèces, il y a répartition inverse.

ALLOTÉTRAPLOÏDIE. Union à la fécondation de deux gamètes provenant d'individus d'espèces différentes ayant gardé leur double stock de chromosomes; les individus obtenus possédant quatre stocks de chromosomes sont dits tétraploïdes.

AMITOSE. Division d'une cellule caractérisée par le simple étranglement et la rupture en deux parties à peu près égales de son noyau et de son cytoplasme.

AMPHIASTER ou ASTER DE SEGMENTATION. Double formation astérienne (voir ASTER) apparaissant dans l'œuf fécondé lors de la fusion du noyau du spermatozoïde avec celui de l'ovule; assure la première division du noyau de fécondation.

AMPHIMIXIE. Stade de la fécondation pendant lequel s'effectue la fusion du noyau du spermatozoïde avec celui de l'ovule.

AMYLOPLASTES. Organites cellulaires cytoplasmiques, propres aux Végétaux dans lesquels s'accumule l'amidon.

ANAPHASE. Troisième phase de la division cellulaire pendant laquelle les chromosomes disposés par paires en un plan équatorial se séparent et gagnent les pôles du fuseau.

ANDROGENÈSE. Développement d'un œuf dans lequel tous les noyaux dérivent du seul noyau paternel, l'ovule dépourvu de son noyau ayant seulement contribué à ce développement par son cytoplasme.

ANDROMÉROGONIE. Développement d'un œuf à partir du seul noyau du spermatozoïde, le noyau femelle ayant été enlevé avant la fusion de ces noyaux.

ANEUPLOÏDIE. Modification du nombre chromosomique diploïde 2 N (voir DIPLOÏDE) due à la perte ou à l'acquisition d'un seul ou de plusieurs chromosomes.

ANTÉPHASE. Période de la vie cellulaire qui précède immédiatement l'entrée en division (prophase).

ARCHAEOCYTES. Cellules amoeboïdes indifférenciées qui constituent la gemmule chez les Éponges et sont capables d'engendrer toutes les celludes différenciées de l'adulte.

ARGYROME. Structure réticulaire mise en évidence par le nitrate d'argent à la surface de la cuticule des Protozoaires ciliés, des Sporozoaires, des Péridiniens; les mailles de ce réseau jouent le rôle de ciment entre les plaques tégumentaires qu'elles délimitent.

ARRHÉNOTOQUE (parthénogenèse). Reproduction parthénogénétique qui n'engendre que des mâles.

ASTER. Organite cellulaire cytoplasmique constitué par un ensemble de filaments rayonnant autour d'une structure centrale : le centrosome; généralement situé à proximité du noyau, c'est à partir de lui que se développe le fuseau achromatique qui favorise l'orientation et le déplacement des chromosomes pendant la division cellulaire.

AUTOSOMES. Chromosomes identiques chez le mâle et chez la femelle; assurent la réalisation et la transmission héréditaire de tous les caractères communs aux deux sexes. Tous les chromosomes à l'exclusion des hétérochromosomes.

BLASTÈME ou CYTOBLASTÈME. Ensemble de cellules non ou peu différenciées, proliférant au niveau des blessures cicatrisées et susceptibles de régénérer la partie lésée; plus on s'élève dans l'échelle évolutive, plus les possibilités de régénération du blastème sont limitées.

BLASTOCOELE. Cavité centrale qui apparaît dans l'œuf à la fin de la segmentation.

BLASTODERME. Assise de cellules résultant de la segmentation d'un œuf et à partir de laquelle se différencieront les premiers tissus de l'embryon.

BLASTOMÈRES. Unités cellulaires de l'œuf en segmentation.

BLASTOPORE. Ouverture externe à la surface de l'œuf d'une cavité interne apparaissant au cours du développement embryonnaire (voir GASTRULA).

BLASTOPORE (lèvre dorsale du). Territoire de l'œuf délimitant la partie supérieure du blastopore; joue un rôle primordial dans la différenciation des tissus et organes de l'embryon qui s'effectue de proche en proche à partir de ce territoire.

BLASTULA. Deuxième stade du développement embryonnaire correspondant à la fin de la segmentation de l'œuf et caractérisé par l'apparition d'une cavité centrale : le blastocoele.

CARYOCINÈSE. Voir MITOSE.

CARYODIÉRÈSE. Ensemble des phénomènes de division intéressant le noyau à l'exclusion du cytoplasme et aboutissant à la formation de noyaux fils à partir du premier.

CÉNOCYTES. Tissus végétaux caractérisés par l'absence de cloisons entre les cellules qui les constituent.

CENTRIOLE. Structure cylindrique complexe, autoreproductible, qui constitue, associée avec une autre, la partie centrale du centrosome.

CENTRODESMOSE. Fibres résiduelles unissant entre eux les centrioles-fils après le clivage du centrosome.

CENTROLÉCITHE (segmentation). Se dit de la segmentation particulière aux œufs des Arthropodes qui n'affecte que le noyau à l'exclusion du cytoplasme; à la fin de la segmentation les noyaux-fils gagnent la périphérie de l'œuf et y constituent une assise cellulaire continue : le blastoderme.

CENTROMÈRE ou CINÉTOCHORE. Constriction locale du chromosome au niveau de laquelle celui-ci s'insère à la fibre fusoriale lors de l'anaphase.

CENTROSOME ou SPHÈRE DIRECTRICE. Organite cellulaire cytoplasmique comprenant deux formations tubulaires : les centrioles et le cytoplasme différencié qui leur est périphérique, situé au voisinage du noyau; centre dynamique de la cellule, sa division précède celle du noyau et du cytoplasme et permet leur regroupement en cellules-filles; intervient également dans la motilité cellulaire en donnant naissance aux cils et aux flagelles.

CHIASMAS. Points d'intersection de deux chromosomes homologues; ceux-ci échangent éventuellement les segments situés de part et d'autre de ces points; s'observent surtout à la fin de la prophase de la division réductionnelle (voir MITOSE RÉDUCTIONNELLE).

CHIMÈRE. Embryon composite résultant soit du greffage de portions d'individus différents, soit d'une répartition anormale des chromosomes dans les cellules lors de la segmentation d'un œuf normalement fécondé. Souvent non viable.

CHLOROPLASTES. Organites cytoplasmiques propres aux végétaux verts, constitués par une masse fondamentale : le stroma renfermant des inclusions de structure lamellaire, riches en chlorophylle : les grana; siège de la photosynthèse.

CHOANOCYTES. Cellules pourvues d'un flagelle entouré par une collerette, présentes chez les Éponges, susceptibles de se dédifférencier pour donner des cellules embryonnaires totipotentes : les archaeocytes.

CHONDRIOCONTES ou CHONDRIOSOMES. Éléments du chondriome (voir CHONDRIOME) présentant la forme en bâtonnets.

CHONDRIOME. Ensemble d'organites cellulaires cytoplasmiques présentant l'aspect de vésicules cloisonnées transversalement, de formes et de dispositions variables (chondriocontes, chondriomites, chondriosomes, mitochondries); riches en enzymes respiratoires et en vitamines, jouent un rôle de premier ordre dans le métabolisme cellulaire.

CHONDRIOMITES. Éléments du chondriome (voir CHONDRIOME) constitués par des chaînes de mitochondries (voir MITOCHONDRIES).

CHORION. Première enveloppe de l'œuf sécrétée dans l'ovaire par les cellules folliculaires; désigne également l'enveloppe de l'embryon des Mammifères qui, associée avec la muqueuse utérine, constitue le placenta.

CHROMATIDES. Moitiés longitudinales d'un chromosome obtenues par clivage de celui-ci lors des premiers stades de la prophase (première phase de la division cellulaire).

CHROMATOPHORES. Cellules porteuses de pigments.

CHROMOMÈRES. Épaississements locaux et constants présentés par les chromosomes à l'état filamenteux (tout début de la division cellulaire).

CHROMONÉMAS. Filaments de chromatine constituant l'axe des chromosomes.

CHROMOPLASTES. Organites cellulaires cytoplasmiques riches en pigments; existent chez les fleurs et les fruits des Végétaux auxquels ils confèrent leurs couleurs.

CHROMOSOMES. Organites autoreproductibles présents dans le noyau de toute cellule en nombre constant et caractéristique de chaque espèce animale et végétale; visibles lors de la division cellulaire, constitués par des assemblages de molécules d'acide désoxyribonucléique qui assurent la réalisation et la transmission héréditaire des caractères propres à chaque individu.

CINÉTIDE ou APPAREIL CINÉTIQUE. Ensemble des structures constituant l'organite moteur des Protistes ciliés ou flagellés.

CINÉTIES. Lignes d'insertion des cils ou des flagelles à la surface de la cuticule des Protozoaires ciliés et flagellés.

CINÉTOCHORE. Voir CENTROMÈRE.

CINÉTODESMES. Filaments reliant entre eux les grains basaux des cils chez les Protozoaires ciliés.

CINÉTOSOME. Ensemble du corpuscule et du granule infraciliaires situés tous deux dans la cuticule des Protistes ciliés et flagellés, à la base des cils et des flagelles auxquels ils donnent naissance.

CNIDOCYSTES. Corps urticants des Hydres et autres Coelentérés. Synonyme de nématocystes.

CROSSING-OVER ou ENJAMBEMENT. Enjambement de deux chromosomes homologues suivi d'une rupture transversale puis d'une soudure des deux portions échangées.

DEUTÉROTOQUE (parthénogenèse). Reproduction parthénogénétique susceptible d'engendrer des individus des deux sexes.

DIACINÈSE. Dernier stade de la prophase de la division réductionnelle (voir MITOSE RÉDUCTIONNELLE) précédant la disparition de la membrane nucléaire et la mise en fuseau des chromosomes; caractérisé par l'aspect clair du noyau, les chromosomes très raccourcis étant disposés contre la membrane nucléaire.

DICTYOSOMES. Organites cellulaires cytoplasmiques formés par un amas de saccules aplatis, empilés les uns sur les autres, constituant l'appareil de Golgi. Interviennent dans l'activité sécrétoire de la cellule.

DIPLOÏDE (nombre). Se dit du nombre des chromosomes présents par paires dans le noyau d'une cellule; caractérise l'œuf fécondé et toutes les cellules de l'organisme qui en provient à l'exception des gamètes qui ne possèdent que la moitié de chaque paire; cette réduction permet la réalisation d'un nouvel individu diploïde à la fécondation.

DIPLOTÈNE. Quatrième stade de la prophase de la division réductionnelle caractérisé par la tendance des chromosomes appariés à s'écarter l'un de l'autre; ils restent unis au niveau des chiasmas (voir CHIASMAS).

EFFECTEURS ou ORGANES CIBLES. Tissus ou organes dont l'activité physiologique est électivement contrôlée par une hormone.

ÉNERGIDES. Territoires cytoplasmiques non délimités par une cloison morphologique mais dépendant physiologiquement des noyaux auxquels ils sont propres.

ENDOMITOSE. Mode de division cellulaire particulier, n'intéressant que les chromosomes à l'intérieur du noyau. Ceux-ci se multiplient par clivages successifs il y a simple augmentation de taille du noyau sans phénomènes de bipartition.

ÉPIGAMIE. Théorie selon laquelle la détermination du sexe n'aurait lieu qu'après la fécondation et ne serait donc pas liée à la présence des chromosomes sexuels.

ERGASTOPLASME. Organite cellulaire composé de lamelles à double feuillet dispersées dans le cytoplasme; parsemées d'assemblages de molécules de nucléoprotéines : les grains de Palade ou ribosomes; intervient dans l'activité élaboratrice de la cellule.

EUPLOÏDIE. Modification du nombre diploïde 2 N qui devient un multiple du nombre fondamental N.

FIBROBLASTES. Cellules en forme de fuseau caractéristiques du tissu conjonctif.

GAMÈTES. Cellules reproductrices mâles ou femelles.

GASTRULA. Embryon parvenu au troisième stade de son développement : constitué par deux feuillets cellulaires : l'un externe, l'ectoderme, l'autre interne, l'endoderme, qui délimite une nouvelle cavité : la cavité gastrale communiquant avec l'extérieur par le blastopore (voir BLASTOPORE).

GEMMIPARITÉ. Formation à partir d'un individu de bourgeons cellulaires aptes à engendrer un être nouveau.

GÈNES. Éléments autoreproductibles du chromosome, transmissibles d'une cellule à toutes celles qui en proviennent, supports d'un ou de plusieurs caractères dont ils assurent la réalisation et le maintien dans toute la descendance; seraient constitués par des assemblages de molécules d'acide désoxyribonucléique.

GÉNOME. Ensemble des chromosomes qui proviennent de l'un des deux parents : un individu possède deux génomes.

GÉNOTYPE. Patrimoine héréditaire d'un individu, formé par l'ensemble des gènes de ses géniteurs.

GERMEN. Ensemble des cellules reproductrices, potentiellement immortel, ces cellules pouvant redonner un être nouveau à la fécondation.

GOLGI (appareil de). Organite cellulaire formé de groupes de saccules aplatis, dispersés dans le cytoplasme, les dictyosomes, accompagnés de vésicules osmiophiles; en relation avec les fonctions sécrétoires de la cellule.

GONADES. Organes dans lesquels sont localisées les cellules reproductrices et où celles-ci effectuent généralement leur maturation.

GONOCYTES. Cellules sexuelles non encore différenciées, on les appelle encore cellules germinales.

GYNOGENÈSE, ou PSEUDOGAMIE, ou MÉROSPERMIE. Développement d'un œuf à partir du seul noyau femelle, le spermatozoïde ayant joué le rôle d'activateur par sa pénétration dans le cytoplasme ovulaire sans que son noyau ait fusionné avec le noyau femelle; l'embryon ne devra ses chromosomes qu'au seul noyau maternel.

HAPLOÏDE (nombre). Se dit du nombre N de chromosomes présents dans les gamètes; il correspond à la moitié du nombre diploïde 2 N.

HÉMOCYTOBLASTES. Premières cellules libres du sang formées dès le début de l'embryogenèse; cellules- mères des globules rouges ou hématies.

HÉTÉRAUXÈSE. Croissance différentielle à l'intérieur d'un organisme des différents tissus et organes qui le constituent.

HÉTÉROPLOÏDIE. Altération de la formule chromosomique diploïde caractéristique du noyau de fécondation normal.

HISTIOCYTES. Cellules libres d'origine tissulaire, se déplaçant par mouvements amoeboïdes et phagocytant les éléments pathogènes qui attaquent l'organisme.

HOLOBLASTIQUE (segmentation). Se dit du mode de segmentation totale qui intéresse les œufs alécithes et oligolécithes, c'est-à-dire pauvres en réserves nutritives (vitellus).

HYBRIDATION INTERSPÉCIFIQUE. Réalisation d'un individu par introduction du noyau du spermatozoïde d'une espèce dans le cytoplasme de l'ovule d'une autre espèce.

HYBRIDATION INTRASPÉCIFIQUE. Réalisation d'un individu par introduction d'un spermatozoïde d'une race dans le cytoplasme de l'ovule appartenant à une autre race de la même espèce.

IDIOPLASME. Principe initial contenu dans l'œuf fécondé qui, selon la théorie germinale, se scinderait dès la première division de segmentation en deux parties, l'une destinée à donner le soma ou partie périssable de l'individu, l'autre le germen potentiellement immortel et assurant la reproduction de l'individu.

INTERPHASE. Période de la vie cellulaire comprise entre deux divisions successives.

LATEBRA. Colonne de vitellus qui chez les œufs télolécithes s'étend du centre de l'œuf à la surface du vitellus.

LEPTOTÈNE. Premier stade de la prophase de la division réductionnelle (voir MITOSE RÉDUCTIONNELLE) caractérisé par l'apparition des chromosomes sous forme de filaments longs et grêles à partir de la chromatine diffuse du noyau.

LINKAGE (ou liaison). Terme de génétique désignant l'apparition simultanée de plusieurs caractères particuliers dans la descendance d'un individu; on dit que ces caractères sont liés, c'est-à-dire portés par le même chromosome.

LEUCOPLASTES. Inclusions cytoplasmiques propres aux cellules végétales; non pigmentées, accumulent de l'amidon.

MACROMÈRES. Celles des plus grosses cellules résultant de la segmentation inégale d'un œuf.

MACRONUCLEUS. Le plus gros des deux noyaux d'un Protozoaire cilié; a un rôle trophique.

MACROPHAGES. Voir MONOCYTES.

MATRICE. Substance non colorable enrobant les filaments axiaux (chromonémas des chromosomes).

MÉIOSE. Division cellulaire complexe intéressant les cellules sexuelles reproductrices; assure la séparation des chromosomes homologues de l'individu diploïde; comporte deux divisions successives, l'une dite réductionnelle, l'autre équationnelle (voir MITOSES RÉDUCTIONNELLE et ÉQUATIONNELLE).

MÉROBLASTIQUE (segmentation). Mode de segmentation propre aux œufs télolécithes; ces œufs étant surchargés de réserves, la segmentation intéresse seulement le noyau et le cytoplasme limitrophe.

MÉROSPERMIE. Voir GYNOGENÈSE.

MÉSOMÈRES. Celles des cellules de taille intermédiaire résultant de la segmentation inégale d'un œuf.

MÉTAPHASE. Seconde phase de la division cellulaire au cours de laquelle les chromosomes se disposent en un plan dit équatorial par rapport aux deux pôles de la cellule représentés par les centrioles et les asters; la membrane nucléaire disparaît.

MICROMÈRES. Les plus petites des cellules résultant de la segmentation inégale d'un œuf.

MICRONUCLÉUS. Le plus petit des deux noyaux des Protozoaires ciliés; intervient dans la reproduction.

MITOCHONDRIES. Éléments du chondriome (voir CHONDRIOME) de forme sphérique ou allongée.

MITOSE ou CARYOCINÈSE. Division cellulaire dite indirecte, comportant l'individualisation du matériel nucléaire sous forme de chromosomes, sa duplication et sa bipartition grâce à la formation d'un fuseau généralement bipolaire.

MITOSE ÉQUATIONNELLE. Division cellulaire caractérisée par la séparation des chromatides ou chromosomes-fils résultant de l'autoduplication de chromosomes préexistants; les deux cellules-filles posséderont ainsi le même nombre de chromosomes que la cellule-mère; deuxième des deux divisions de la méiose (voir MÉIOSE).

MITOSE RÉDUCTIONNELLE. Division cellulaire caractérisée par la simple séparation des chromosomes groupés par paires; les deux cellules-filles héritant de la moitié de chaque paire ne posséderont que la moitié des chromosomes de la cellule-mère; première des deux divisions de la méïose (voir MÉIOSE).

MONOCYTES. Les plus grands des globules blancs du sang; leur motilité jointe à leur possibilité de phagocyter, c'est-à-dire de digérer les éléments pathogènes introduits dans l'organisme, leur confère un rôle de premier ordre dans la défense de l'organisme.

MORULA. Amas sphérique de cellules résultant de la segmentation totale d'un œuf peu riche en vitellus; premier stade du développement enbryonnaire précédant l'apparition de la cavité de segmentation ou blastocoele.

MYOBLASTES. Cellules jeunes, peu différenciées, destinées à former le tissu musculaire; déjà douées de contractilité grâce à la présence de structures fibrillaires dans leur cytoplasme.

NÉMATOCYSTES. Voir CNIDOCYSTES.

NÉOBLASTES. Cellules indifférenciées qui apparaissent au niveau des blessures et assurent la régénération des parties lésées (Planaires, Annélides...).

NÉOTÉNIE. Maturité sexuelle à l'état larvaire; existe chez certains Amphibiens Urodèles (l'Axolotl en est l'exemple typique).

NEUROBLASTES. Cellules jeunes destinées à donner les cellules nerveuses après différenciation.

NEURULA. Stade du développement embryonnaire caractérisé par la différenciation du tube nerveux (futurs moelle épinière et encéphale) et une histogenèse active avec indication des structures d'ensemble du futur organisme.

NUCLÉOLE. Organite présent dans le noyau cellulaire; disparaît lors des périodes de division; semble en relation avec les fonctions élaboratrices de la cellule : synthèse du matériel cytoplasmique et nucléaire.

NUCLÉOPLASME ou CARYOLYMPHE. Suc nucléaire.

OLÉOPLASTES. Organites cytoplasmiques propres aux cellules végétales; élaborent et accumulent les réserves lipidiques.

OLIGOLÉCITHES (œufs). Œufs peu riches en réserves nutritives (vitellus); la répartition inégale de celles-ci dans le cytoplasme et la situation excentrique du noyau déterminent la polarité de l'œuf; se divisent totalement à la segmentation.

OVOCYTES. Cellules sexuelles femelles effectuant les divisions de maturation (méiose) qui réduisent de moitié le nombre de leurs chromosomes; des quatre cellules-filles produites par ces deux divisions une seule donnera l'ovule fécondable, les autres dégénéreront.

OVOGONIES. Cellules-mères de la lignée femelle; par multiplication et accroissement donneront les ovocytes.

PACHYTÈNE. Troisième stade de la prophase de la division réductionnelle (voir MITOSE RÉDUCTIONNELLE) au cours duquel les chromosomes se spiralisent et paraissent très épais.

PERFORATORIUM. Voir ACROSOME.

PINACOCYTES. Cellules plates formant le revêtement externe et interne des Éponges.

PINOCYTOSE. Phagocytose des liquides par les cellules; celles-ci émettent des expansions qui se rabattant contre la surface cellulaire, isolent et incorporent ainsi dans leur cytoplasme des gouttelettes du liquide ambiant.

PLASMODIÉRÈSE. Bipartition du cytoplasme d'une cellule en division.

PLASTIDOME. Ensemble des plastes, organites cytoplasmiques présents dans les cellules des Végétaux qui ont des propriétés élaboratrices; proviendraient des mitochondries.

POLYPLOÏDE (nombre). Nombre de chromosomes multiple du nombre normal.

PRÉMÉIOSE. Prophase de la méiose (voir MÉIOSE) divisée en cinq stades correspondant aux aspects différents présentés par les chromosomes : leptotène, zygotène, pachytène, diplotène, diacinèse.

PROGAMIE. Théorie postulant que la détermination du sexe a lieu avant la fécondation, chaque œuf vierge étant destiné à donner soit un mâle, soit une femelle.

PROPHASE. Première phase de la division cellulaire au cours de laquelle les chromosomes apparaissent au sein du noyau et subissent des modifications en relation avec les phénomènes de bipartition et leurs futurs déplacements lors de l'anaphase.

PROTÉOPLASTES. Organites cytoplasmiques des cellules végétales dans lesquels s'élaborent et s'accumulent les réserves protidiques.

PSEUDOGAMIE. Voir GYNOGENÈSE.

PULSELLE. Flagelle situé à l'arrière de la cellule de certains Protistes; ses mouvements ondulatoires se propageant de la base vers l'extrémité assurent le déplacement de l'ensemble par pulsion.

PYRÉNOÏDE. Organite complexe situé dans les plastes des Végétaux et autour desquels s'accumule l'amidon synthétisé par la plante.

SCISSIPARITÉ. Reproduction d'un animal par simple division binaire; existe chez les Protozoaires, les Cnidaires et les Échinodermes.

SEX-LINKED (ou liés aux chromosomes sexuels). Se dit des caractères qui n'apparaissent que chez les individus mâles ou femelles; les gènes responsables de ces caractères sont portés par les chromosomes sexuels.

SEXUPARITÉ. Mode de reproduction qui fait intervenir le concours de cellules reproductrices spécialisées : les gamètes.

SOMA. Ensemble de toutes les cellules qui constituent un organisme; dit périssable par rapport au germen dont les cellules sont susceptibles de redonner un nouvel individu par la fécondation.

SPERMATIDES. Cellules reproductrices mâles provenant des divisions de maturation des spermatocytes (voir SPERMATOCYTES); donneront les spermatozoïdes par simple différenciation morphologique.

SPERMATOGONIES. Cellules souches de la lignée mâle qui, par multiplications incessantes, assurent la formation continue d'éléments qui après les divisions de maturation et des différenciations donneront les spermatozoïdes.

SPERMATOCYTES. Cellules sexuelles mâles effectuant les divisions de maturation (voir MEIOSE) qui réduisent de moitié le nombre de leurs chromosomes; donnent les spermatides qui évolueront en spermatozoïdes.

STIGMA. Organite riche en pigment (carotène) situé à la base du flagelle de certains Protistes végétaux; sa présence semble liée à la sensibilité de la cellule à la lumière.

SYNGAMIE. Théorie qui accorde aux chromosomes sexuels (hétérochromosomes) le pouvoir de déterminer le sexe et postule donc que cette détermination se fait au moment de la fécondation.

TÉLOLÉCITHES (œufs). Œufs généralement de grande taille (œufs d'Oiseau) dont la masse totale est presque exclusivement constituée par les réserves nutritives (vitellus). Le noyau et un peu de cytoplasme situé à sa périphérie forment le germe ou cicatricule, seul territoire de l'œuf qui se segmentera après la fécondation.

TÉLOMÈRES. Extrémités des chromosomes.

TÉLOPHASE. Dernière phase de la division cellulaire au cours de laquelle les groupes respectifs de chromosomes atteignent les pôles de la cellule et se réorganisent en nouveaux noyaux; le cytoplasme commence également à se diviser.

TÉTRAPLOÏDE (nombre). Nombre de chromosomes correspondant à la présence de quatre stocks de chromosomes dans une cellule.

THÉLYTOQUE (parthénogenèse). Reproduction parthénogénétique qui n'engendre que des femelles.

TRACTELLE. Flagelle situé à l'avant de la cellule de certains Protistes Ses mouvements ondulatoires se propagent de l'extrémité vers la base et assurent le déplacement de la cellule par traction.

TRICHITES. Voir TRICHOCYSTES.

TRICHITOSOMES ou TRICHOCYSTOSOMES. Organites qui donnent naissance aux trichites ou trichocystes (voir TRICHOCYSTES) des Protozoaires ciliés et flagellés; proviennent eux-mêmes de la division du granule infraciliaire, structure permanente d'où dérivent également cils et flagelles.

TRICHOCYSTES. Organites fusiformes situés dans la cuticule de certains Protozoaires ciliés et flagellés; soumis à des excitations diverses ils émettent des substances mucilagineuses sous forme de filaments; interviendraient dans l'enkystement.

TRIPLOÏDE (nombre). Nombre des chromosomes correspondant à la présence de trois stocks de chromosomes dans le noyau d'une cellule.

VACUOME. Ensemble des vacuoles à contenu aqueux propres aux cellules végétales.

ZYGOTÈNE. Deuxième stade de la prophase de la division réductionnelle (voir MITOSE RÉDUCTIONNELLE) caractérisé par l'appariement deux à deux des chromosomes homologues.

INDEX

INDEX DES NOMS D'ANIMAUX

Abeille : 263, 748, 768, 792, 797, 803, 827, 988, 1211, 1212, 1213, 1218, 1262, 1263, 1292, 1293, 1596, 1716, 1720, *1733*, 1734, 1798. Voir également *Apis mellifica*.
Abraxas: 1309, 1314, 1317.
A. grossulariata, Papillon du Groseillier : 1677.
ACANTHAIRES : 176.
ACANTHOCÉPHALES : 1752, 1754, *1757*, 1772.
Acanthocystis aculeata: 255.
ACARIENS : 1182, 1211, 1290, 1291, 1745, 1749, 1766, 1800.
Acerina: 1303.
Acetabularia: 192.
Achatinelles : 1605
ACINÉTIENS : 1601.
Acipenser fulvescens, Esturgeon : 793.
A. ruthenus: 793.
Acrida turrita: 1731.
ACRIDIENS : 972, 987, 1211, 1583, 1728, 1731, *1783*.
Acronycta leporina, Noctuelle : 1017.
Acroschimus: 211, *212*.
Actinia mesembryanthemum: 791.
ACTINIES, ou Anémones de mer : 176, *177*, 178, 180, 790, 1715, 1749, 1750.
Actinophrys sol: 1277.
ACTINOPTÉRYGIENS : 1555.
Actinosphaerium: 364.
Adalia bipunctata: 1014, 1015.
A. quadrimaculata: 1015.
A. sexpustulata: 1015.
Adamsia palliata: 1749.
Aepyornis: 1604.
Agamermis decaudata: 1783.
AGAMIDÆ : 972.
Ageniaspis fuscicollis: 1773.
AGNATHES : 1555.
Aigle : 793, 794, 1650.
Aiglefin : voir *Melanogrammus*.
Albatros : 1650, 1709.
Albatros royal : 794.
Alligator : 793.
Allolobophora caliginosa trapezoides: 1311.
Alose : 1303.
Alysia manducator: 1774.
Alytes: 718, 724, 726, 733, 734.
A. obstetricans, Crapaud accoucheur : *710*, 729, *1178*.
Amaroucium: 1577.
Amblystoma, Amblystome : *163*, 654, 689, 691, 734, 735, *736*, 1311, 1315, 1316, 1318, 1343, 1345, 1671.
A. maculatum: 1344, *1345*.
A. mexicanum, Axolotl : 532, 547, 548, 1597.
A. punctatum: 1344, *1346*, 1347.
A. tigrinum, Amblystome du Colorado : 734, 1344, 1346.
AMIBES, ou AMŒBIENS : 31, 41, 42, 43, 61, 71, 86, 150, 203, 251, *252*, 253, 254, 255, 256, 376, 981, 1486, 1500, 1520, 1772, 1775, 1796.
AMMODYTIDÉS : 1600.
Ammonite : 1560, 1565.
Amoeba, Amibe : 227.
A. discoides: 369.
A. limax: voir *Vahlkampfia limax*.
A. mucicola: 252.
A. proteus, Amibe protée : *185*, 186, 369, 375.
A. sphaeronucleus: 368.
A. viridis: 177, 178.
AMPHIBIENS, ou BATRACIENS : 180, 188, 201, 206, 297, 352, 377, 387, *388*, 389, 402, 405, 407, 409, 420, 421, 433, 438, *447*, 449, 457, 471, 473, 476, 479, 482, *485*, 488, 497, 514, 518, 519, 524, 546, 547, 548, 550, 551, 553, 554, 564, 579, 580, 598, 630, 634, 653, 654, 687, 688, 689, 700, 706, 707, 708 à 737, 766, 767, 768, 772, 773, 774, 792, 793, 803, 818, 819, 873, 882, 980, 981, 988, 1186, 1194, 1202, 1207, 1222, 1238, 1240, 1241, 1246, 1249, 1252, 1254, 1268, 1269, 1273, 1274, 1303, 1304, 1306, 1308, 1310, 1311, 1312, 1313, 1314, 1315, 1316, 1327, 1334, 1335, 1338, 1339, 1341, 1343, 1347, 1352, 1509, 1555, 1588, 1596, 1597, *1598*, 1607, 1634, 1654, 1666, 1667, 1679, *1711*, 1721, 1725, 1731, 1794, 1822.
Amphioxus: 471, 1594.
AMPHIPODES : 1759.
AMPHISBÆNIDÆ : 972.
Amphisbetia (Sertularia) operculata: 470.
Amyloodinium ocellatum: 79.
Anaplasma: 1770.
Anchiterium: 1563.
Andrena: 1798.
Ane : 794, 971, 1039, 1646.
Anémones de mer : voir ACTINIES.
Anemonia sulcata: 177.
ANGUIDÆ : 972.
Anguilla anguilla, Anguille : 793, 1222, 1224, 1648, *1649*.

Anguillula aceti, Anguillule du vinaigre : 812.
Anguillule : 640, 1752. Voir également *Anguillula*.
Ankylostoma caninum: 1797.
ANKYLOSTOMES : 1771, 1782.
ANNÉLIDES : 96, 151, *341*, 342, 376, 387, *416*, 417, 543, 677, 678, 680, 682, 683, 684, 686, 687, 700, 790, 791, 812, 1202, 1204, 1229, 1290, 1318, 1463, 1578, 1590, *1591*, 1592, 1599, 1629, 1752, 1762, 1780.
Anodonte : 1304.
Anomalure : 1711.
Anopheles: 263, 1776.
ANOPLOURES : 1752, 1782.
ANOURES : *388*, 488, 505, 519, 523, 530, *533*, 534, 546, 551, 687, 690, 691, 708 à 733, 1246, 1310, 1312, 1313, 1315, 1327, 1344, *1598*, 1654, 1822.
Anthophore : 1596.
ANTHROPOÏDES : 1671.
ANTHROPOMORPHES : voir PONGIDÉS.
Apanteles: 1794.
APHANIPTÈRES : 1752, *1758*.
APHASMIDES : 1812.
APHÉLINIDES : 1789.
APHIDIDÉS : 1795.
APHIDIENS : 1211.
Apis mellifica, Abeille domestique : 792, 1290, 1291.
Aplysia limacina : 384.
Apodemus: 971, 990.
A. sylvaticus: 1722.
Apollon : voir *Parnassius apollo*.
APPENDICULAIRES : 279, *1554*.
APTÉRYGOTES : 705.
ARACHNIDES : 175, 655, 694, 1766.
Araignées : *88*, 161, 696, *1477*, 1478, 1648, 1751, 1769.
Arbacia: 65, 71, 373, 1301.
A. punctulata: 1318.
Archaeopteryx: 1588, 1589, 1610, 1650, 1657.
Archaeornis: 1589.
Arenicola cristata: 416.
Argas americanus: 1783.
Argulus: 1788.
A. foliaceus: 1759.
Argyronète : 1648.
Arion: 346.
ARIONIDÉS : *628*.
Arixenia: 1768.
Armadillidium: 1718, *1719*.
Artemia: 546.
A. salina: 979, 981, 1297.
ARTHROPODES : 89, 182, 337, 340, 405, 631, 634, 655, 656, 657, 694, 695, 696, 705, 791, 1204, 1553, *1573*, *1585*, 1590, 1718, 1732, 1735, 1766, 1782.
Ascarida galli: 1770.
Ascaride du Cheval : voir *Parascaris equorum*.
Ascaris: 20, 72, 89, 93, 96, 198, 206, 208, 210, 224, 304, 349, 351, 1167, 1170, 1752, 1770, 1772, 1789, 1797.
A. lumbricoides: 979, 1645.
A. megalocephala: 541, 979, 1189.
Ascidia mammilata: 1577, 1578.
Ascidiella: 1316.
A. scabra: 475, 476.
ASCIDIES : 403, *404*, 417, 427, *428*, *429*, *462*, 475, 476, 514, 515, 517, 519, 1576, 1577, 1578, 1600.
Ascodipteron africana: 1767, 1768.
Aspersentis austrinus: 1757.
Aspiculuris tetraptera: 1771.
ASPIDOGASTRIDES : 1756.
Astacus, Ecrevisse : 792.
Astasia longa: 99, *100*.
Asterias, Astérie : 192, *335*.
A. forbesi: 856, 980.
ASTÉRIES, ou Étoiles de mer : 191, 385, 658, 1302, 1308, 1316, 1809.
Astomes : 359.
Atemeles: 1746, *1748*.
Atlanthropus: 1684.
Aulacantha: 253.
A. scolymantha: 254, 260, 261.
Aulax scabiosae: 1799.
AUSTRALOPITHÉCIDÉS : 1683.
Australopithèque : 1668, *1685*, 1822, 1827, 1834.
Australorbis glabratus: 1788.
Autruche : 1185.
Axolotl : *202*, 496, 532, 654, *736*, 737, 882, 981, *1270*, 1596, 1671. Voir également *Amblystoma mexicanum*.

Bacillus rossii, Phasme : 817.
Balaena mysticetus, Baleine : 794.
BALANOGLOSSES : 471.
Baleine : 1202, 1575, 1580, 1594, 1635, 1706. Voir également *Balaena*.
Bardot : 1039.
Bathynelle : 1664.
BATRACIENS : voir AMPHIBIENS.
Batracoseps: 283.
Baudroie : 1648.
BDELLOÏDES : 1299.
Belette : 1602, 1603.
Bibio: 267, 268, 891.
Birrimarnoldia antiqua: 1553.
Bison : 1644.
Biston: 1017, 1731.
B. betularia, Phalène du Bouleau : 1016.
B. carbonaria: 1016.
B. insularia: 1016.
Bithynia denticulata: 1788.
BIVALVES : 1701.
Blaireau : 1720.
Blastodinium: 78.
Blatte : *177*, 178, 697, 756, 759, 765, 770, 1749, 1771, 1791, 1795.
BLÉPHAROCÉRIDES : 1757.
Boarmia: 1017.
Boccamèle, Belette : voir *Mustela boccamela*
Bœuf, ou Vache, ou Veau : *122*, *138*, 237, 501, *633*, 635, 856, *861*, 914, 990, 1272, 1275, 1537, *1575*, 1628, 1646, 1676, 1902.

Bœuf « nato » : 947, *948*.
Bombardier : 1721.
Bombinator: 488, 505, 523, *533*, 534.
Bombus terrestris: 1716.
BOMBYLIDÉS : 1786.
Bombyx: 824, 981.
B. mandarina: 1318.
B. mori, Papillon du Ver à soie : *345*, 749, 750, 755, 1303, 1308, 1309, 1314, 1315, 1316, 1317, 1318.
BOPYRIDÉS : 1762, 1798.
BOPYRIENS : 1780.
Bothriocéphale : 1814.
Bourdon : 1772.
Bouvreuil : 1262.
BOVIDÉS, ou BOVINS : *856*, 1775.
BRACHIOPODES : 1290, *1560*, 1662, *1663*, 1664, 1751.
BRACONIDES : 1794, 1795.
BRANCHIURES : 1759.
Brontotherium: 1661.
Bubo bubo: 793.
Bufo, Crapaud : 488, 971, 1266.
B. bufo: 793, 1312, 1314.
B. viridis: 551, 1312.
B. vulgaris: 551, 709, 731, 1313.
Busard : 1795.
Bütschliella: 180.

Cacatoès : 794.
Calliphora: 938, 940.
C. vomitoria: 1189.
Callipus: 1565.
Calmar : 705.
Calonympha: 34.
Camarhynchus pallidus: 1608.
Caméléon : 1711, 1727, 1731.
CAMÉLIDÉS : 1563.
Camelus bactrianus, Chameau asiatique : 1644.
C. dromedarius, Dromadaire africain : 1645.
Campagnol : 1654.
Campanularia: 812.
Canard : 471, *472*, 505, 1528, *1707*, 1791, 1795.
Canari : 914.
CANIDÉS : 794, 1651, 1766.
Canis domesticus, Chien : 1581.
C. lupus, Loup : 1581.
Cantharide : 1721.
Capra: 1181.
CAPULIDÉS : 1809.
Carabe : 707, 1715, 1721.
Carabe doré : voir *Carabus auratus*.
Carabus auratus, Carabe doré : 1715, 1716.
Carassin doré, Poisson rouge : 793.
Carausius morosus: 1299.
Carchesium polypinum: 90, 92.
Cariama cristata: 1795.
CARNASSIERS : 1720.
CARNIVORES : 1603, 1718.
Carpe : 237, 792, 793.
Castor : 1644, 1707, 1759, 1792, *1793*.
CATARHINIENS : 1682, 1819.
CÉCIDOMYIES, ou CÉCIDOMYIDES : *1169*, 1800.
Cecropia: 762, 770, 1509.
Cenolestes: 1604.
CENTETETINÆ : 1603.
Centrorhynchus spinosus: 1757.
Cepaea nemoralis, Escargot des bois : 1024, 1025, 1026, 1027, 1028, 1029, 1625, 1637, 1640, *1641*.
CÉPHALOPODES : 404, 705, 792, 1576, 1662, *1663*, 1680, 1723, 1727, 1732, 1733, 1734, 1737.
Ceratodus: 1663.
Cercopithecus aethiops sabaeus: 1633.
Cercopithèque : 1643, 1731.
Cerebratulus : 1316.
Cereus pedunculatus: 791.
Cerf : 1603.
CERVIDÉS : 654, 1249.
CESTODES : 1228, 1752, 1754, *1755*, 1756, 1770, 1776, 1777, 1778, 1788, 1791, 1811, *1813*, 1814.
CÉTACÉS : 1202, 1578, *1579*, 1594, 1668, 1709, *1710*, 1757, 1759.
Chacal : 1645.
Chaetodipterus faber: 1715.
Chaetopterus: 543, 1307, 1318.
CHALCIDIENS : 1745, *1747*, 1773, 1774, *1786*, 1795.
CHAMÆLEONIDÆ : 972.
Chameau : 1676.
Chameau asiatique : voir *Camelus bactrianus*.
CHARANÇONS : *1680*.
Chardonneret : 923.
Chat : *347*, 794, *875*, 876, 878, 953, 971, 1206, 1248, 1256, 1715, 1724. Voir également *Felis catus*.
Chauve-souris : 804, 971, 1573, 1575, *1711*, 1712, 1731, 1759, 1766, *1767*, 1768, 1798.
CHEIROPTÈRES : 384.
Chermes: 1299, 1815.
CHERMÉSIDES : 1296.
CHÉTOGNATHES : 1554.
Chétoptère : 20.
Cheval : 198, 206, 636, 794, 797, 800, 923, 971, 1039, 1497, 1562, 1563, 1564, 1565, 1568, 1573, *1575*, 1646, 1658, 1789.
Chèvre : 990, 1272, 1325, 1582, 1700, 1715.
Chien : 618, 807, 822, 826, 942, 971, 990, 1129, *1180*, 1248, 1256, 1353, 1543, 1545, 1581, 1582, 1604, 1625, *1628*, 1645, 1651, 1652, 1719, 1778, 1887. Voir également *Canis domesticus*.
Chilodon uncinatus: 327.
Chimpanzé : 794, 1582, 1683, 1819. Voir également *Pan*.
CHIROMYIDÆ : 1603.
CHIRONOMIDES : 235, 236, 1297, 1798.
Chironome : 271, *275*, 543.
Chironomus plumosus, ou Ver de vase des pêcheurs : 197, 266, *267*, 272, 891.
C. tentans: 277.
C. thummi: 270.
CHIROPTÈRES : 804.

Chlamydomonas: 1293.
C. inflexa: 319.
C. kuteinikowi: 319, 320.
Chlamydosaurus kingii: 1724, *1725.*
Chlatrina: 335.
CHOANOFLAGELLÉS : 349.
Chondracanthus merlucii: 1760, 1761.
CHORDÉS : voir CORDÉS.
Chorthippus: 980, 1583.
Chortophaga: 229.
Chrysomèles : 1721.
CHRYSOMONADES : 349.
Cicada septemdecim, Cigale américaine : 792.
Cicadelle : 1466.
CICONIIFORMES : 1795.
Cigale : 1735.
Cigale américaine : voir *Cicada septemdecim.*
CILIÉS : 35, 62, 90, 132, 150, *179*, 180, 182, 188, 203, 206, 255, 256, 262, 263, 317, *325*, 326, 327, 328, 330, 337, 338, 341, 357, 358, 359, *365*, *366*, 367, 371, 372, 382, 665, 667, 668, 808, 809, 1788.
Cimbex femorata: 1721.
Cinclus aquaticus, Merle d'eau : 1648.
Cionus: 1747.
CIRRIPÈDES : 1228, 1578.
CLADOCÈRES : 1294, 1295.
Cloporte : 980, 1296, 1605. Voir également *Trichoniscus.*
Clupea harengus, Hareng : 793, *856*, 1229.
Clytia: 470.
CNIDAIRES : 333, 1571, 1715, 1720.
CNIDOSPORIDIES : 1751.
Cobaye : 84, *348*, *499*, 501, 502, 506, 508, 510, 511, 826, 839, 848 à 851, 863, 1210, 1248, 1256, 1271, 1298, 1299, 1304, 1353, 1356, 1357, 1473, 1526, 1538, 1676.
COCCIDIES : 157, 253, 1278, *1279*, 1280, 1789, 1791, 1797.
Coccinelles : 707, 1014, 1015, 1715, 1716, 1721, 1727.
Coccophagus: 1789.
Cochenilles : 178, 211, 224, 1654, *1680*, 1749, 1789, 1804.
CŒLACANTHIDÉS : 1663.
CŒLENTÉRÉS : 176, 333, 334, 470, 672, 677, 790, 791, 812, 1329, 1333, 1553, 1571, 1578, *1584*, 1593.
Coffre : 1648, *1649.*
COLÉOPTÈRES : 655, 696, 707, 768, 954, 980, 991, 1296, 1297, 1595, 1661, 1664, 1715, 1721, 1745, 1746, *1747*, 1759, 1769, 1784.
Collemboles : 175.
Collinia: 1281.
C. branchiarum: 1282.
Colombe : 794.
Comagalma dreissenae: 1788.
Conchophtirius acuminatus: 1788.
Condylostoma: 62.
Convoluta: 176.
Coolia monotis: 79.
COPÉPODES : 1600, 1635, 1752, 1759, 1761, 1762, 1780, 1788, 1792.
Coq : voir Poule.
CORAUX : 1560.
CORDÉS : *1554*, 1578, 1597.
Coregonus lavaretus: 1010.
Corise : 1732.
Corixa: 1731.
CORIXIDÆ : 1637.
Cormoran : 1791.
Corvus frugileus, Freux : 1716.
Cossus: 759.
C. ligniperda, Chenille mineuse du Saule : 747.
Coucou : 1607, 1751.
Couleuvre à collier : voir *Natrix.*
Couleuvre vipérine : 1648.
Courtilière : 1704.
CRABES : *183*, 385, 631, 1242, *1577*, 1578, 1596, 1599, 1719, 1721, *1722*, 1733, 1735, 1746, 1762, 1763, *1764*, 1780, 1782, 1798.
Crabe chinois : voir *Eriocheir sinensis.*
Crapaud : 347, 687, 690, 708 à 733, 981, 988, *1178*, 1228, 1229, 1266, 1268, 1272, 1273, 1301, 1304, 1716, 1822. Voir également *Bufo.*
Crevette : 385, *696.*
Cricetomys: 1768, *1793*, 1794.
Cricetus cricetus, Hamster : 1014, 1017.
Cricotopus: 235.
CRINOÏDES : 1663, 1664, 1809.
Criocère du Lis : 1723.
Criquet : 264, 694, 705, 759, 1718, 1786.
Criquet grégaire : voir *Schistocerca gregaria.*
Criquet marocain : *1785.*
Crocidura russula, Musaraigne : 1603.
Crocodile : 793, 1605, *1711*, 1712.
CROSSOPTÉRYGIENS : 1555, 1588, *1663.*
Crotale, ou Serpent à sonnette : 1720, 1735.
CRUSTACÉS : 317, 546, 629, 631, 655, 694, 697, 705, 792, 803, 812, 815, 839, 954, 979, 990, 1011, 1182, 1189, 1228, 1229, 1265, 1290, 1294, 1296, 1297, 1573, 1578, 1595, 1600, 1654, 1664, *1719*, 1725, 1727, 1732, 1734, 1752, 1754, 1759, 1761, 1762, 1763, 1766, 1778, 1780, 1782, 1792, 1798, 1814.
Cryptocercus: 1771, 1791.
Cryptochaetum : 1754.
CRYPTOMONADINES : 253.
CRYPTONISCIDÉS, ou CRYPTONISCIENS : 1754, 1762, 1780.
Ctenodrilus monostylos: 812.
CTÉNOPHORES : 462.
CUCULIDÉS : 1751.
Culex: 263.
Cumingia: 60.
CURCULIONIDES : 980.
Cuterebra emasculator: 1798.
Cyanus: 1759.

CYCLOPOÏDES : 1761.
Cyclops brevicornis: 205.
C. gigas: 1010.
C. vernalis: 1010.
C. viridis: 792, 812, 1010.
CYCLOSTOMES : 471, 1555, *1598.*
Cygne : *1707.*
Cymatophora or, Phalène : 1017.
CYNIPIDES : 1291, 1292, 1800.
Cynips: 1800.
C. folii: 1800.
C. kiefferi: 1799.
C. kollari: 1799.
CYNOMORPHES : 1819, 1820, 1821.
Cynthia: 404, 462.
C. (Styela) partita: 427, *428, 429,* 430 à 433.

Dalyellia: 178, 179.
Danais (Caduga) tytia: 1728.
Daphnia, Daphnie : 705, 797, 1299.
D. longispina: 812.
D. magna: 792, 803, 812.
D. pulex, Puce d'eau : 1294, 1295.
Dasycirops: 1181.
Dauphin : 1575, 1576, 1578, 1709, *1710.*
DÉCAPODES : 317, 697, 1189, 1229, 1762.
Deilephila elpenor: 1716.
DENDRASTER : 376.
Dendrobaena: 980.
Dendrocœlum infernale: 979.
Dendrocometes paradoxus: 1601.
Dendrosomites paguri: 1601.
Dentale : 462, 463, 1316.
DERMAPTÈRES : *1793.*
Dermatobia cyaniventris: 1783, 1784.
Desman : 1708.
Devescovina: 322.
DEXIINES : 1794.
Dicranura vinula: 1721.
DIGÈNES : 1811.
Dinde : 1210, 1298.
Dingo : 1604, 1651.
Dinophilus: 1218, 1219.
Diodon : 1719.
DIPLOPODES : 1718, *1719*, 1720, 1721.
DIPNEUSTES : 1555, 1588, 1663.
DIPTÈRES : 197, 263, 264, 266, 267, 276, 288, 389, 543, 655, 707, 746, 768, 769, 853, 891, 968, 1004, 1297, *1298, 1627, 1657, 1734*, 1745, 1752, 1759, 1766, *1768*, 1769, 1775, 1784, 1786, 1792, 1794, 1800, 1812.
Diromys nitedula: 971.
Discoglossus, Discoglosse : 492.
D. pictus, Grenouille peinte : 723, 1195.
Dixippus morosus: 770.
Djombangia penetrans: 1755.
Dorsilopha: 993.
Doryphore : 517, 768, *1701*, 1703. Voir également *Leptinotarsa decemlineata.*
Douve : 707, 1770, 1776, 1788.
Douve du foie : voir *Fasciola hepatica.*
Draco, **Lézard volant** : 1711.
Dragon : 1325.
Dragon cornu : voir *Moloch horridus.*
Dreissena: 1788.
Dreissensia polymorpha: 1701, 1702.
DREPANIDIDÆ : *1606*, 1609.
Dromadaire : 794, 1715, 1717.
Dromadaire africain : voir *Camelus dromedarius.*
Drosophila, Drosophile : 234, 235, 239, 264, 265, *268*, 269, 272, 273, 274, 294, 375, 543, 553, 555, 606, 614, 797, 799, 800, 801, 802, 805, 872, 873, 880, 881, 883, 884, 886, 887, 889, 890, 891, 899, 914, 918, 922, 923, 924, 925, 929, 930, 936, 937, 938, 939, 940, 944, 945, 948, 953, 954, 955, *958*, 959, 960, 961, 962, 968, 970, 992, 993, 1004, 1012, 1039, 1040, 1046, 1104, 1131, 1134, 1189, 1217, 1223, 1224, *1261*, 1262, 1263, 1309, 1314, 1317, 1622, 1624, 1625, *1626*, 1627, 1645, 1655, 1669, 1682.
D. americana: 1001, 1002, *1003*, 1004.
D. ananassae: 199, *233.*
D. artificialis: 1004, *1005.*
D. bipectinata: 199.
D. borealis: 1002.
D. elliptica: 199.
D. flavomontana: 1002.
D. funebris: 199, 915, 919, 920, 989, 1013.
D. imeretensis: 1002.
D. lacicola: 1002.
D. littoralis: 1002, 1004.
D. melanogaster: 199, 271, 791, *840*, 841, *874*, 885, 889, 892. *893*, 894, *895*, *896*, 903, *907*, 917, 919, 921, 926, 928, 932, 939, *955*, *956*, *957*, 965, 966, 979, 985, *986*, 987, 989, 990, *994*, 1001, 1004, *1005*, 1013, 1018, 1046, 1050, *1215*, 1216, 1583.
D. miranda: 199, 994, *995*, *996*, 997, 1001, *1582*, 1583.
D. montana: 1002, 1004.
D. montium: 199.
D. novamexicana: 1001, 1002, *1003*, 1004.
D. obscura: 199, 885, 925, 931.
D. palustris: 199.
D. persimilis: 994, *995*, *996*, 997, *1000*, 1001.
D. pinicola: 1001.
D. pseudoobscura: 199, *233*, *291*, 897, 939, 994, *995*, *996*, 997, *998*, *999*, 1001, *1582*, 1583.
D. saltans: 199.
D. simulans: 885, 965, 1001, 1583.
D. subobscura: 199, 791.
D. texana: 199, 1001, 1002, *1003*, 1004.
D. virilis: 199, 271, 885, *994*, 1001, 1002, *1003*, 1004.
D. willistoni: 199, 885.
DRYOPITHÈQUES : 1683.
Dugesia: 1310.
D. lugubris: 812.
Dytique : 1731.

Echidné : 1719.
Echinochasmus japonicus: 1755.
Echinococcus granulosus: 1778.
ECHINODERMES : 188, 317, 334, *335*, 376, 403, 412, 415, 420, 515, 516, 517, 519, 550, 552, 634, 709, 792, *856*, 980, 1011, 1186, 1289, 1298, 1302, 1553, 1560, 1562, 1572, *1585*, 1600, 1663, 1751.
Echinostoma lindoense: 1755.
ECHINOSTOMATIDÆ, ou ECHINOSTOMATIDÉS : *1755*, 1756.
Echinus, Oursin : 1317.
E. esculentus: 552, *856*.
E. microtuberculatus: 384, 980.
ECHIURIEN : 1302.
Ecrevisse : 1737. Voir également *Astacus*.
Ecureuil : 1017, 1651, 1798.
Ecureuil volant : 1711.
EDENTÉS : 601.
Effraie : 129, *1705*. Voir également *Strix flammea.*
Eimeria perforans: 1279.
Eiseniella: 980.
Elaps, Serpent corail : 1728.
ELASMOBRANCHES : 1791, 1811.
Eléphant : 1659, 1791.
Eléphant d'Afrique : 794.
Eléphant d'Asie : voir *Elephas indicus*.
Elephas indicus, Éléphant d'Asie : 794.
Elliptio: 339.
ENCYRTIDES : 1773.
Endodinium chattoni: 79.
ENSÉRIFORMES : 1795.
Entamoeba blatta: 185.
E. coli: 1770.
E. histolytica: 1770, 1771, 1797.
E. invadens: 1796.
Enterochonca: 1764, *1765*.
E. mirabilis: 1765.
ENTONISCIDES : 1762, *1763*, *1779*.
Eohippus: 1564, 1568, 1658.
EOLIDIENS : 1715.
Eotitanops: 1660.
Epeira diadema: 188.
EPHÉMÉROPTÈRES : 792, 1298.
Ephestia kuhniella, Papillon de farine : 555, 939, 1039, 1812, 1813.
Ephippiger: 1721.
EPICARIDES : 1762, 1780, 1792.
Epinoche : 1246.
EPONGES : voir SPONGIAIRES.
EQUIDÉS : *1566*, *1567*, *1569*, 1668.
Equus: 1563, 1564, 1568.
Erinaceus: 1181.
E. europaeus: 971.
Eriocheir sinensis, Crabe chinois : *1702*, 1703.
Escargot : *124*, *125*, *126*, 131, 694, 705, 853, 1304, 1605, 1625, 1637, *1641*.
Escargot des bois : voir *Cepaea nemoralis.*
Escargot de Bourgogne : voir *Helix pomatia.*
Escargot petit-gris : voir *H. aspersa.*
Escherichia coli: 27.
Esturgeon : 792, 793. Voir également *Acipenser fulvescens.*
Étoiles de mer : voir ASTÉRIES.
EUCHARIDÆ : *1786*.
Euctenes nycteridis: 1758, 1759.
Eudendrium: 1329.
Eudorina: 37, 319.
Eugaster: 1721.
Eulalia: 341.
Eupagurus excavatus: 1749.
E. prideauxi: 1749, *1750*.
Eurycea bislineata: 980.
Eurygaster maurus: 1716.
ÉVANIDÉS : 1795.
Exuviella marina: 79.

Faisan : 1262, 1265, 1719, 1721.
Fasciola hepatica, Douve du foie : 1791.
Faucon : 793, 794.
Fauvette : 1607.
FÉLIDÉS : 794.
Felis catus, Chat : *1181*.
Fierasfer: 1600, 1746.
Filaires : 1752, 1782.
Fiona marina: 1715.
FLAGELLÉS : 35, 89, 220, 255, 317, 318, 323, 326, 330, 333, 344, 345, 346, 349, 353, 359, 360, 361, 641, 643, 646, 1293, 1749, 1751, 1771, 1775, 1791.
Flamant : 1791, 1795.
Floscularia conifera: 791, 812.
Foettingeria: 328.
FORAMINIFÈRES : 65, 157, 228, 230, 367, 1278, 1578, 1815.
Formica, Fourmi : 1746.
F. fusca: 792.
Fourmi : 768, 792, 1715, 1716, 1721, 1746, *1748*, *1750*, 1796, *1804*. Voir également *Formica.*
Fourmi-lion : 1712.
Freux : voir *Corvus frugileus.*
FRINGILLIDÆ : 1608.
Frontonia leucas: 382, 383.
Fulgor carica: 384.
Fuligo varians: 45.
Fundulus: 1338.
Furet : 1206, 1298.

Galago: 1181, *1705.*
Galéopithèque : 1709, 1711.
Galleria: 748, 758, 759, 938.
G. mellonella, Teigne des ruches : 804.
GALLINACÉS : 784, 801.
Gamases : 1745, *1747*.
Gambusies : 1730.
Gammares : 1601.
G. chevreuxi: 990.
Gardon : 1636.
GASTÉROPHILES, ou GASTÉROPHILIDES : 1794, 1812.
GASTÉROPODES : 707, 792, 1228, 1560, 1590, 1601, 1701, 1766, 1809.

Gecko : voir *Palmatogecko* et *Ptychozoon.*
GÉOMÈTRES, ou GÉOMÉTRIDÉS : 1017, *1726*.
GEOSPIZINÆ : *1608*, 1609.
Geotriton: 346, 358.
GERRHOSAURIDÆ : 972.
Gerris lateralis: 263.
Gibbon : 1582, 1819. Voir également *Hylobates.*
Girafe : 1576, 1613, 1616.
Glaucoma: 325.
Glaucomys volans, Polatouche : *1705*.
Glomeris: 1718, *1719*.
Golfingia vulgare: 336.
Goniostomum semen: 333.
Gonium: 37.
G. pectorale: 38.
Gorilla, Gorille : 1582, 1682, 1683, *1684*, 1819.
Grantia: 335.
Graptolithes : 1560.
Grèbe : 1791.
GRÉGARINES : 251, 280, 1278, 1280, 1751, 1776, 1791.
Grenouille : 17, 37, 65, 156, 188, 190, 350, 351, 358, 373, 385, 387, 550, 653, 654, 687, 690, 707, 708 à 733, 735, 793, 988, 1170, 1194, 1195, 1196, 1208, 1209, 1210, 1219, 1222, *1245*, 1272, 1301, 1304, 1305, 1307, 1308, 1309, 1335, 1339, 1340, 1341, 1376, 1472, 1490, 1494, 1706, *1711*, 1712, 1727, 1822.
Grenouille agile : voir *Rana dalmatina.*
Grenouille brune : 1203, 1229.
Grenouille rousse : voir *R. temporaria.*
Grenouille taureau : voir *R. catesbeiana.*
Grenouille verte : voir *R. esculenta.*
Griffon, ou Vautour fauve : 794.
Grillon : 1739. Voir également *Gryllus.*
Grive : 1637.
Grouse : voir *Lagopus scoticus.*
Gryllotalpa: 824.
Gryllus argentinus: 552.
G. bimaculatus: 552.
G. campestris, Grillon champêtre : 552.
G. peruviensis: 552.
Gryphaea, Gryphée : 1560, 1561, 1565.
G. arcuata: 1561, 1644.
G. obliquata: 1644.
Guêpe : 1720, 1727.
Gymnodinioides: 328, 330.
Gyrodactylus: 1754.

Habrobracon: 959.
H. brevicornis: 940.
H. juglandis: 890.
Habrocytus cionicida: 1747.
Hamster : voir *Cricetus cricetus.*
Hanneton : 707, *1594*, 1595, 1634, 1715, 1716, 1721.
Hareng : voir *Clupea.*
Harmonia axyridis: 991.
HÉLIOZOAIRES : *1277*, 1278, 1281.
Helix: 219, 226, 346.
H. aspersa, Escargot petit-gris : 971.
H. pomatia, Escargot de Bourgogne : 792, 971.
HELMINTHES : 1789, 1795, 1797, 1811.
Heloderma, Héloderme : 1721.
Héloderme horrible : 1720.
HELODERMATIDÆ : 972.
Hematopinus suis: 1758.
HÉMÉROBIIDÉS : 1712.
Hemimerus: 1768, 1792, 1794.
H. bouvieri: 1793.
HÉMIPTÈRES : 91, *212*, 263, 656, 1216, 1291, 1296, 1334, 1637, 1715, 1716, 1732, 1759.
HÉMOSPORIDIES : 1791.
Hérisson : 1719.
Hermine : 1602.
Héron : 1791.
Herpetomonas : 1776.
Heterakis gallinae: 1770.
HETERODERA : 1752.
HÉTÉROPTÈRES : *1758.*
Heterorhynchus: 1606.
Heteroteuthis dispar: 1723.
HÉTÉROTRICHES : 665.
Hipparion: 1563.
HIPPOBOSCIDES : 1745, 1766.
Hippocampe : 1648, *1649*, 1650.
Hippopotame : 794, 1603, *1711*, 1712.
Hirondelle : 1790.
Hirondelle de mer : voir *Sterna.*
Hirtodrosophila: 993.
HIRUDINÉES : 1228, 1752.
Hirudo medicinalis, Sangsue médicinale : 791.
Holothuria forskali, Holothurie : 1721, *1722.*
HOLOTHURIDES, ou HOLOTHURIES : 412, 1196, 1600, 1716, 1746, 1764, *1765*, 1766.
Homarus, Homard : 792, 1722, 1737, 1776.
H. Gammarus, Homard européen : 792.
HOMINIDÉS, ou HOMINIENS : 1667, 1682, *1686*, 1820, 1821, 1822, 1827, 1828, 1829.
Homme, ou Femme : *157*, *160*, 200, 203, 334, 471, 565, *566*, *567*, *569*, *570*, *572*, *573*, *574*, *575*, *576*, *577*, 578, 581, 582, 583, 584, 585, 586, 589, 601, 605, 606 à 614, 626, 627, *629*, 636, 639, 641, 643, 644, 650, 651, 767, 780, 781, 786, 789, 790, 794, 795, 797, 798, 799, 801, 803, 805, 807, 815, 819, 820, 821, 822, 823, 824, 825, 826, 827, *856*, *861*, 881, 942, 943, 971, 1050 à 1157, 1172, 1174, *1181*, 1185, 1193, 1205, 1206, 1216, 1220, 1222, 1229, *1230*, 1231, *1236*, 1248, 1249, 1251, 1252, 1256, *1257*, 1265, 1299, 1319, 1352, 1353, 1354, 1484, 1520, 1522, 1523, *1524*, 1525, 1530, *1534*, 1538, 1543, 1546, 1570, 1573, *1575*, 1582, *1585*, 1604, 1615, 1624, 1625, 1626, 1627, *1628*, 1633, 1636, 1645, 1650, 1651,

1654, 1655, 1656, 1666, 1668, 1669, 1671, 1672, 1682 à 1690, 1699, 1700, 1701, 1714, 1715, 1723, 1729, 1737, 1738, 1753, 1789, 1791, 1804, 1819 à 1837, 1882, 1887, 1890, 1902. Voir également *Homo.*
Homo, Homme : 1558, 1685, 1824.
H. neanderthalis, Homme de Néanderthal : 1685.
H. sapiens: 799, 1683, 1685.
H. sapiens fossilis: 1687.
HOMOPTÈRES : 1749, 1769.
Huître : 337, 1105, 1229, 1265, 1560, 1561.
Hydatina senta: 1293, 1294.
Hydra: 350.
H. alternata: 1333.
H. vulgaris: 1333.
HYDRACTINIES : 1601.
HYDRAIRES, ou HYDRES : 334, 402, 470, 670 à 677, 790, 811, 812, 1170, 1329, 1330, 1333, 1593, 1601.
Hydre d'eau douce : 670, 672, 798.
Hydre verte : 178.
Hylobates, Gibbon : 1682.
Hyla arborea, Rainette : 488, 551, 708, 732, 1312, 1314.
Hymenolepis: 1770.
HYMÉNOPTÈRES : *226*, 263, 655, 746, 768, 890, 939, 940, 954, 959, 988, 1291, 1635, 1694, 1720, 1721, 1733, 1752, 1754, 1766, 1769, 1773, 1774, 1784, *1785*, 1786, 1789, 1794, 1795, 1798, 1800, 1812, 1814.
HYPERMASTIGINES : 35, 150, 1749.
Hypohippus: 1563.
Hyponomeuta cognatella: 345.
Hyponomeute : 749, *1773.*
HYPOTRICHES : 182, 668.
Hyracotherium: 1563, 1564.

ICHNEUMONIDES : 1789, 1794, 1812.
Ichthyophtirius: 327.
Ichtyosaure : 1578, *1579*, 1709, *1710.*
Idothea metallica: 1715.
IGUANES, ou IGUANIDÆ : 972, 1607.
INFUSOIRES : 954, 1281, *1282*, 1751, 1754.
INSECTES : 99, 131, 175, 178, 182, 197, 198, 211, 227, 229, 246, 263, 264, 283, 288, 304, 340, 405, *414*, 421, 516 à 517, 519, 542, 550, 552, 629, 631, 634, 638, 642, 644, 645, 646, 655, 656, 694, 695, 697, 705, 707, 746, 756, 766, 768, 770, 772, 773, 774, 791, 803, 805, 815, 817, 824, 839, 873, 876, 954, 979, 1011, *1216*, 1223, 1234, 1290, 1291, 1297, 1298, 1308, 1314, 1334, 1454, 1573, *1585*, 1593, 1595, 1605, 1607, 1608, 1624, 1636, 1637, 1661, 1671, 1679, 1694, *1704*, 1712, 1715, 1716, 1718, 1719, 1721, 1723, 1725, 1727, 1728, 1729, 1731, 1732, 1733, 1734, 1739, 1745, 1746, 1752, 1754, 1759, 1766, 1768, 1769, 1775, 1776, 1782, 1784, 1786, 1789, 1792, 1795, 1798, 1800, 1804, 1810, 1812, 1815, 1903.
INSECTIVORES : 1603, *1704*, 1709.
Ischnopsylla: 1758.
ISOPODES : 1646, 1681, 1718, *1719*, 1752, 1762, 1780, 1792.
Iule : 1720.
Ixode : 1782, 1810.

Kangourou : 1713.
Koala : 1651.

Laccotrephes: 1734.
Lacerta: 972.
L. ocellata: 972.
L. sicula: 1643.
L. viridis: 972.
L. vivipara: 972, 973.
Lacertilia : 972.
Lacrymaria olor: 365.
Lagopus scoticus, Grouse : 1602.
LAMELLIBRANCHES : 176, 352, 707, 792, 1560, 1578.
Lamna: 1579.
Lampyris: 1734.
Lapin : 84, 334, *336*, 471, 505, 636, 648, 839, 886, 906, 907, 914, 936, 971, 980, 981, 982, 1050, 1084, 1103, *1180*, 1206, 1248, *1259*, 1298, 1305, 1309, 1353, 1356, 1360, *1361*, *1362*, 1367, 1368, 1505, 1526, 1538, 1582. Voir aussi *Oryctolagus.*
Lapin angora : 950.
Lapin castorex : 948.
Lapin russe : 940, 941.
Laticauda calubrina: 1728.
Latimeria: 1664.
L. chalumnae: 1663, 1666.
Leander: 1798.
Lebistes: 818.
L. reticulatus: 876.
Lemniscomys: 1181.
LEMURIDÆ, ou LÉMURIENS : 1603, *1705*, 1731.
LÉPIDOPTÈRES, ou PAPILLONS : 345, *355*, 546, 555, 655, 656, 707, 738 à 746, 751, 756, 759, 762, 764, 765, 768, 770, 792, 803, 804, 817, 873, 876, 889, 921, 923, 938, 939, 954, 980, 1014, 1016, 1017, 1019, 1039, 1211, *1221*, 1223, 1296, 1297, 1315, 1318, 1334, 1509, 1632, 1633, 1636, 1637, 1646, 1677, 1694, *1728*, 1746, 1773.
Leptinotarsa: 517.
L. decemlineata, Doryphore : 1702.
Leptomonas: 322.
Leptophyes punctatissima: 1216.
Lernaeicus sprattus, Sprat : *1792.*
LERNÆOPODIDÉS, ou LERNÉOPODIENS : 1759, 1761.
LERNÉENS, ou LERNÉIDÉS : 1761, 1780, 1792.
Leuciscus: 1303.
Leucophaea: 770.
LÉZARDS : 323, 662, 687, 793, 972, 1607, 1634, 1643, 1708, 1716, 1719,

1720, 1721, 1722, 1724, 1725, 1727, 1729.
Lézard d'Amérique : 803.
Lézard volant : voir *Draco*.
LIBELLULES : 516, 770, 1731.
Lièvre : 1654.
LIMACES : 694, *695*, 705, 1716.
Limax: 88, 133.
Limia vittata: 1311.
Limnea, Limnée : 85, 140, 1776.
Linguatula: 1765.
L. serrata: 1766.
Lingule : 1662, *1663*.
Lion : 1249, 1275, 1325.
Liparus: 1680.
Lithoglyphus naticoides: 1701.
Llaveia: 211.
Locusta migratoria: 770.
LOCUSTIENS : 1583.
Loir : 971.
Lombric : *341*, 677, 680, *681*, 682, 1242, 1304, 1333, 1334, 1787.
Loup : 1581. Voir aussi *Canis lupus*.
Loutre : 1706, 1708.
Loxodes: 62.
Lucanus cervus: 824, *1661*, 1662.
Lucilia bufonivora: 1794.
Luciola: 1734.
LUMBRICIENS : 980.
Lumbriculus: 678.
L. variegatus: 179.
Lumbricus, Ver de terre : 347, 662, 1794.
L. herculeus: 234.
L. terrestris: 791.
LYCÉNIDES : 1746.
Lymantria dispar, Spongieuse : 755, 923, *1221*, 1222, 1223.
L. monacha: 1017.
Lymnaea : *123*.

Macacus rhesus, Macaque : 1084, 1819.
MACHAIRODONTIDÉS : 1662.
Maculinea: 1746.
M. arion: 1748.
MALACOSTRACÉS : 1573.
MALLOPHAGES : 1745, 1752, 1782, *1794*, 1795, 1810.
MAMMIFÈRES : 19, 20, 35, 65, 88, 131, 264, 284, 349, 353, 403, 404, 420, *471*, *543*, *550*, *564*, 568, 579, 581, 583, 596, 598, 601, 612, 636, 641, 644, 651, 652, 688, 705, 715, 731, 780, 792, 794, 795, 796, 799, 804, 807, 811, 818, 819, 820, 821, 823, 824, 873, 875, 900, 933, 936, 971, 981, 990, 1185, 1186, 1193, 1194, 1202, 1204, 1205, 1206, 1208, 1210, 1214, 1227, 1234, *1235*, 1236, 1237, 1238, 1240, 1241, 1243, 1244, 1247, 1249, 1250, 1252, 1253, 1255, 1275, 1276, 1298, 1301, 1304, 1305, 1313, 1343, 1347, 1351, 1352, 1355, 1356, 1360, 1367, 1463, 1473, 1475, 1490, 1530, 1536, 1558, 1562, 1573, *1574*, *1575*, 1576, 1578, 1580, 1589, 1593, 1594, 1596, 1601, 1602, 1603, 1604, 1623, 1625, 1627, 1629, 1634, 1637, 1646, 1651, 1660, 1664, 1666, 1667, 1670, 1700, *1704*, 1706, 1707, *1709*, *1710*, *1711*, 1713, 1716, 1717, *1718*, 1719, 1730, 1739, 1745, 1759, 1792, 1810, 1811, 1819, 1824, 1832.
Manchot : voir *Spheniscus mendiculus*.
Mante : 694. Voir également *Pseudocreobotra wahlbergi*.
Mante religieuse : 1680.
MANTIDES : 1734.
Maquereau : 1229, 1648, *1649*.
Marchalina: 1680.
Margaritana margaritifera, Huître perlière : 792.
Marsouin : 1573.
MARSUPIAUX : 1017, 1604, 1651, 1704, *1705*, 1709, 1713.
Martinet : 804, 1607, 1790.
Mecosthetus grossus: 987.
MÉDUSES : 470, 1554, 1720, 1815.
Megaceros: 1661.
Megalobatrachus: 793.
Megalope: 1596.
Meganthropus: 1687.
Melanogrammus aeglefinus, Aiglefin : 763.
Melanoplus differentialis: 770.
Melasoma: 1721.
Méloé : 1721.
MÉLOÏDES : 1769, 1784.
Melolontha: 1594.
Melophagus ovinus: 1792, *1793*.
M. rupicaprinus: 1792.
Mephitis suffocans, Mouffette, ou Skunks : 1720.
Merlan : 1229.
Merle : 1637.
Merle d'eau : voir *Cinclus aquaticus*.
Mermis : 1752, 1782, *1783*, 1796, 1798.
Merodinium: 261.
Merychippus: 1569.
Mesnilella: 180.
M. falcata: 179.
M. trispiculata: 182.
Mesohippus: 1569.
Metalasmus pseudopterus: 1767.
Metopina pachycondylae: 1746, *1750*.
Metrioptera: 229.
Miastor: 1169, 1297.
Micraster: 1560.
M. aturicus: 1560.
M. cor bovis: 1560.
Microciona: 1329.
Microjoenia: 323, *324*.
Micromalthus debilis: 1297.
Microtus orcadensis: 1602.
M. sarnius: 1602.
Moineau : 1633.
Molge alpestris: 1310.
Molliensia formosa: 1311.
MOLLUSQUES : 91, 134, 140, 175, 176, 224, 347, 417, 462, *628*, 629, 634, 638, 694, 707, 792, 839, 980, 990, 1186, 1228, 1229, 1265, 1290, 1296, 1463, 1553, 1562, 1576, 1578,

1585, 1590, *1591*, 1592, 1595, 1599, 1605, 1607, 1629, 1654, 1662, *1663*, 1664, 1701, 1715, 1718, 1719, 1732, 1733, 1764, 1776, 1777, 1782, 1788, 1791, *1810*.
Moloch horridus, Dragon cornu : 1719.
MONOGÈNES : 1751, *1754*, 1756, 1810.
MONOTRÈMES : 1589, 1604.
MONSTRILLIDÉS : 1778.
Mouche : 707, 747, 768, 769, 791, 938, 1189, 1655, 1669, 1746, 1769, 1784, 1789, 1810, 1812. Voir également *Musca*.
Mouche domestique : voir *Musca domestica*.
Mouche Tsé-Tsé : 1019, 1637.
Mouche du vinaigre : voir *Drosophila melanogaster*.
Mouffette, ou Skunks : voir *Mephitis suffocans*.
Mouflon : voir *Ovis musimon*.
Moule : 140, 1311, 1600.
MOUSTIQUES : 264, 265, 707, 768, 1634, 1775, 1776, *1783*, 1784, 1792.
Mouton : 618, 839, 924, 925, 947, 971, 990, 1790.
Mulet : 1039.
Mulot : 1654.
Mus muralis, Rat : 1602, 1633, 1643.
M. musculus: 990, 1189.
Musaraigne : voir *Crocidura*.
Musca domestica, Mouche domestique : 791, 803, 1633, 1654.
Muscardinus: 971.
MUSCIDES : 1794.
Mustela, Belette : *1181*.
M. boccamela, Boccamèle : 1603.
M. hibernica: 1602.
MUSTÉLIDÉS : 1721.
Mylabris variabilis: 1785.
MYMARIDES : *1785*.
Myotalpa: 1709.
MYOXIDÉS : 1722.
MYRIAPODES : 705, 1182, 1290, 1589, 1593, 1605, 1671, *1719*.
Myrmica: 1746.
Mysis: 1596.
MYXOMYCÈTES : 19, 22, 44, 144.
MYXOSPORIDIES : 19.

Naja naja: 1507.
Naunippus: 1565.
Nasitermes: 1716.
Natrix natrix, Couleuvre à collier : 819, 1648.
Nautile : 1662, *1663*.
NÉANDERTHALIENS : 1685.
NÉCROPHORES : 1716.
Necturus: 735, *736*.
NÉMATHELMINTHES : 1182, 1752, 1756, 1782.
NÉMATODES : 317, 337, *541*, 626, 637, 640, 687, 791, 812, 979, 1167, 1290, 1291, 1298, 1299, 1310, 1645, *1736*, 1752, 1759, 1772, 1782, 1787, 1800, 1811, 1812.
Neoceratodus: 1663, 1664.
Neocrinus: 1663.
Neohipparion: 1569.
Nepa cinerea, Nèpe : 1680, 1732, *1734*.
Nereis: 96, 980, 1202, 1204.
Nermerites canescens: 1812.
Neuropterus lenticularis : 1291, 1292.
NÉVROPTÈRES : 768.
Noctiluque : 211, 251, 260.
Noctuelle : voir *Acronycta*.
Notoryctes : 1704, 1709, 1713.
Notonecte : 1732.
NYCTÉRIBIIDES : 1766, 1792.
Nyctotherus: 180.

Obelia: 812.
Octodon tegus: 1723.
Octolasium cyaneum: 980.
Odontoxenia brevirostris: 1768, 1769.
Oedipoda caerulescens: 1731.
OEDIPODES : 1728.
Oesia disjuncta: 1554.
Oestre du Cheval : *138*.
OESTRIDES : 1794, 1812.
Oicomonas: 322.
Oie : 794, 824, *1707*.
OIKOPLEURIDÉS : *1554*.
OISEAUX : 23, 122, 204, 297, 402, *453*, 457, 471, 473, 514, 519, 550, 564, 565, 568, 579, 583, 596, 597, 598, 601, *602*, 636, 653, 688, 705, 706, 792, 793, 794, 804, 818, 819, 824, 873, 914, 936, 1017, 1028, 1169, 1185, 1186, 1204, 1210, 1218, 1238, 1240, 1241, 1246, 1247, 1249, 1262, 1266, 1268, 1274, 1298, 1304, 1313, 1337, 1347, 1355, 1473, 1475, 1490, 1509, 1558, 1589, *1598*, 1602, 1604, 1605, 1606, 1607, 1610, 1613, 1616, 1634, 1641, 1647, 1648, 1650, 1655, 1657, 1666, 1667, 1668, *1705*, 1707, *1711*, 1714, 1723, 1730, 1731, 1745, 1751, 1759, 1791, 1792, 1795, 1810, 1824.
Oiseau-mouche : 1650.
Oligarces: 1297.
OLIGOCHÈTES : 180, 677, 678, *679*, 1228, 1311, 1654.
ONCODIDES : 1786.
Oniscus asellus: 195.
ONTOPHAGIDES : *1747*.
Opalina ranarum: 18.
OPALINES : 19, 35.
Ophiphtys colubrina: 1728.
OPHRYOSCOLÉCIDÉS : 132, 1751.
OPISTHOBRANCHES : 1228.
Oporabia autumnale: 1014.
Oppelia subradiata: 1560.
Orang : voir *Pongo*.
ORÉODONTES : 1563.
Orque : *1579*.
ORTHOPTÈRES : 213, 217, *219*, 227, 234, 264, 543, 656, 764, 770, 954,

971, 980, 1004, *1216*, 1296, 1298, 1299, 1583, 1721, 1727, 1730, *1783*.
Oryctolagus, Lapin : *1181*.
ORYZORICTINÆ : 1603.
Oscarella lobularis: 193.
Osmerus eperlanus: 1010.
OSTRACODERMES : 1555.
OSTRACODES : 1780.
Otarie : 1629, 1706.
Ours brun : 794.
OURSINS : 20, 37, 67, *127*, 129, *174*, *195*, 206, 211, *212*, 213, *336*, 350, *355*, 379, *381*, 384, 385, 386, 387, 390, 422, *424*, *425*, 427, 463, *464*, 470, 476, 477, *478*, 515, 536, 537, 542, 546, 553, 634, 662, 824, *861*, 1195, 1198, 1207, 1208, 1209, 1301, 1302, 1307, 1308, 1311, 1316, 1318, 1329, *1330*, 1331, *1332*, 1339, 1560, 1719, 1735, *1736*. Voir également *Echinus* et *Paracentrotus*.
Ovis musimon, Mouflon : 1603.
O. orientalis: 1603.
OXYURES, ou OXYURIDES : 626, 1752, 1771, 1774.

Pachycondyla harpax: 1746.
P. vorax: 1750.
Pagure : 1601, 1718, 1749, *1750*.
Pagurus arrosor: 1749.
Palaeanthropus: 1684.
Paleotherium: 1563.
Palmatogecko rangei, Gecko : 1708.
Paltothyreus: 1804.
Paludina neumayri, Paludine : *1561*.
Paludine : voir *Paludina*, *Tulotoma* et *Viviparus*.
Pan, Chimpanzé : 1682.
Pandorina: 37.
Pangolin : 1711.
Panthère : 1729.
Papilio agestor: 1728.
PAPILLONS : voir LÉPIDOPTÈRES.
Papillon du Chou : 750.
Papillon de farine : voir *Ephestia*.
Papillon du Groseillier : voir *Abraxas grossulariata*.
Paracentrotus, Oursin : *478*, 515, 1330.
P. lividus: 422, *424*, 425, 464, *465*, *466*, *467*, *468*, *469*, 546, 552, 553.
Paralithodes camtschatica: 1189.
Paramecium, Paramécie : 89, 132, 149, 150, 178, 279, 954, 1681.
P. aurelia: 808, 1045, 1046.
P. bursaria: 178, 351.
P. caudatum: 88.
Parameles: 1181.
Paranthropus crassidens: 1685.
Parascaris, Ascaride : *1168*.
P. equorum, Ascaride du Cheval : 206, 281, *338*, *1199*.
Parnassius apollo, Apollon : 1632.
Partula: 990.
Passalus: 1735.
Patellina corrugata: 228, *230*.
Patelle : 1590, *1591*.
Pécari à collier : 971.
Peigne, ou Pecten : 1578.
Pelmatohydra oligactis: 1333.
Pelobates cultripes: 1312.
P. fuscus: 709.
Pelodytes punctatus: 1310.
Pennaria: 1329.
PENNIBRANCHES : 735.
Pentacrinus: 1663.
PENTASTOMES : 1766.
Peranema: 359.
Perca, Perche : 501, 1303.
Perdrix : 1654.
PÉRENNIBRANCHES : 737, 1597.
Pericaryon: 182.
PÉRIDINIENS : *20*, 21, *33*, *79*, 110, 149, 172, 176, 185, 219, 226, 227, 251, 256, 258, 260, 261, *262*, 265, 279, 290, 307, 330, 333, 334.
PERILAMPIDÆ : 1786.
PÉRIPATES : 1589, *1590*.
Peripatopsis: 1590.
Periplaneta americana: 770, 772.
PÉRITRICHES : 132.
Peromyscus: 971, 990, 991, 1796.
P. boylei: 1723.
P. maniculatus: 991.
Perroquets : 793, 794.
Phacochère : *1675*, *1676*.
Phaeopolykrikos beauchampi: 21, 22.
Phalanger: 1651, *1705*, 1713.
Phalangium opilio: 188.
Phalène : 747. Voir également ***Biston*** et *Cymatophora*.
Phascolarctos: 1713.
Phascolomys: 1713.
PHASMES, ou PHASMIDES : *696*, 697, 770, 817, 987, 1299, 1812.
Phéodaires : *254*.
Philodina citrina: 812.
Phloridosa: 993.
Pholadoris: 993.
Phoque : 1575, 1629, 1706, **1708**, 1824.
PHORIDES : 1746.
PHRYGANES : 1718.
Phryne : 1735.
Phrynotettix: 228.
P. magnus: 217, *219*, *285*.
Phycodorus eques: 1726.
PHYLLOPODES : 979.
Physalie : 1715, 1720.
Pic : 1606, 1608.
Pieris, Piéride : 749, 1789.
P. brassicae, Piéride du Chou : *96*.
Pigeon : 644, 794, 880.
Pimpla: 1789.
PINNIPÈDES : 1706.
Pinnothères: 1600, 1746.
Pinnotherium vermiforme: 1763.
Pinson : 1262, *1606*, 1608.
Pithécanthrope : 1668, 1684, **1687**, 1830.
PLACODERMES : 1555.
PLANAIRES : 402, 519, 631, *632*, 639, 684, 685, *686*, 687, 700, 803, **812**, 1333.
Planorbis, Planorbe : 140, 1776.

Plasmodium: 1103, 1104, 1776, 1797.
PLATHELMINTHES : 791, 1751, 1754, 1756, 1774, 1776, 1791, 1810.
Platyceras spirale: 1809, 1810.
Platycleis: 229.
Platycnemis pennipes, Libellule : *516*, 517.
PLATYGASTERIDÆ : *1786*.
Platynereis megalops: 1204.
Platypsyllus castoris: 1759, 1792, *1793*.
PLATYRHINIENS : 1820, 1830.
Pleodorina illinoisensis: 80.
Plésiosaure : 1668, *1711*.
Pleurodeles, Pleurodèle : 524, 526, 530, 547, 548, 554, 882, 1317.
P. waltlii: 434, *435*, 523, *525*.
Pléopithèque : 1828.
Podisma: 227.
Poisson-lune : 1648, *1649*, 1650.
Poisson-scie : *1649*.
POISSONS : 236, 327, 402, 415, 471, 505, 550, 564, 580, 645, 652, 654, 655, 687, 705, 706, 712, 713, 714, 792, 793, 799, 803, 818, 819, 873, 875, 876, 1105, 1186, 1189, 1202, 1203, 1210, 1222, 1229, *1244*, 1245, 1246, 1249, 1262, 1303, 1304, 1311, 1334, 1337, *1338*, 1555, 1578, 1594, 1600, 1634, 1636, 1647, 1648, *1649*, 1650, 1654, 1656, 1663, 1666, 1667, 1679, 1706, 1709, *1710*, 1715, 1719, 1720, 1721, 1722, 1725, *1726*, 1727, 1728, 1730, 1731, 1734, 1735, 1737, 1746, 1756, 1759, 1780, 1788, 1789, 1792, 1795, 1810, 1811, 1814, 1844.
Polatouche : voir *Glaucomys volans*.
Polistes: 1798.
Pollenia rudis: 1794.
Polycelis: 1310.
P. gonocephala: 812.
POLYCHÈTES : 334, 677, 682, 980, 1202, 1204, 1229, 1318, 1780.
Polycirrus arenivorus: 1762.
Polygordius: 1590, *1591*.
Polykrikos: 21, 34.
P. schwartzi: 21, *33*.
POLYMASTIGINES : 34, 323.
Polyspira: 328, 330.
Polystomella: 367.
Polytoma: 319, 346, 1293.
Polytomella coeca: 99, *128*.
P. uvella: 99.
POMPILIDES : 1784.
PONGIDÉS, ou ANTHROPOMORPHES : 1558, 1682, *1686*, 1819, 1820, 1821, 1822, 1828, 1829.
Pongo, Orang : 1582, 1682, 1819.
Porc, ou Truie : 565, *566*, 588, 636, 767, *856*, 982, 1229, *1253*, 1298, *1645*, *1791*.
Porc-épic : 1719.
Porifera: 812.
Porospora: 1776.
Portunion menadis: 1779.
Potamochaerus: 1603.
Potamogale : 1708.
Potamon: 1596.
Potamopyrgus jenkisi: 980.
Pou de San José : 1654.
Pouillot : 1731.
Poule, Coq et Poulet : 124, *125*, 203, 240, 386, *406*, 415, 449, *452*, *454*, *456*, *458*, *459*, 471, 505, 565, *566*, *571*, 580, *581*, 582, 583, *584*, *585*, *586*, *587*, 588, *590*, *593*, *594*, *595*, *596*, 597, 598, *601*, *602*, *603*, *604*, 605, 615, 616, 618, 635, 654, 730, 784, 794, 839, 877, *878*, *879*, 880, 903, 904, *905*, 906, 908, 909, 911, 914, 918, 920, 923, 925, 943, 990, 1185, 1189, 1210, 1227, 1228, 1247, *1248*, 1251, 1265, 1266, *1267*, 1268, *1271*, 1274, 1298, 1347, *1348*, *1349*, 1350, 1355, *1356*, 1368, 1474, *1477*, 1479, 1480, *1484*, *1486*, *1487*, *1489*, *1490*, *1491*, 1494, 1495, 1496, 1497, *1498*, 1499, *1504*, 1505, *1506*, *1507*, *1513*, 1518, 1526, *1532*, 1534, 1535, 1536, 1537, 1655, 1719, 1729, 1730, 1890.
Poulpe : 1576.
POUX : 178, 1601, 1752, 1766, 1774, 1794, 1810.
Priapocephalus grandis, Priapocéphale : *1755*, 1757.
PRIMATES : 794, 1651, 1671, 1682, 1819, 1824, 1826, 1827, 1828, 1830, 1902, 1904.
Pristiurus: 295.
Proales decipiens: 791, 812.
Proboscidiens : 1563.
PROCARYOTES : 32.
PROCORDÉS : *1554*, 1572, *1585*, 1751.
PROCTOTRYPIDES : 1786, 1787.
Propliopithèque : 1828, 1829.
PROSOBRANCHES : 1764.
Proteromonas: 323.
Proteus, Protée : 654, 735, *736*, 737.
Protitanotherium: 1661.
Psammechinus microtuberculatus: 552, 553.
P. miliaris: 552, *856*.
Pseudococcus: 1750.
Pseudocreobotra wahlbergi, Mante : *1724*.
PSEUDOPHYLLIDÉS : 1756, 1811.
Pseudotrichonympha: 228.
Psilodactylus caudicinctus: 1725.
Psilopa petrolei: 1657.
PSITTACIDÉS : 793.
Psoque : 1810.
PSYCHIDES : 1297.
Ptérodactyle : 1610, 1668, 1711.
Ptychostomum: 180.
Ptychozoon kuhli, Gecko : 1708.
PUCERONS : 178, 1211, 1212, 1218, 1295, 1296, 1299, 1637, 1749, 1773, 1795, 1800, 1804, 1815.
PUCES : 1752, 1759, 1766, 1784, 1790, 1792, 1810.
PULMONÉS : 346, 1228.
PUNAISES : 178, 751, 770, 825, 1723, 1731, 1810.
PUPIPARES : 1766, 1792.
Putorius foetidus, Putois : 1720.

Pygoera bucephala: 345.
Pyrophorus: 1734.
Pyrosomes : 176, *177*.

RADIOLAIRES : 176, 220, 253, *254*, 255, 260, 261, 265.
Ragondin : 1707.
Raie : *1649*, 1650, 1720, 1735.
Rainette : voir *Hyla arborea*.
Rana, Grenouille : 488, 724.
R. arvalis: 971.
R. catesbeiana, Grenouille taureau : 552, 734, 1313.
R. dalmatina, Grenouille agile : 523, 524, *527*, 708, 709, *719*, 971.
R. esculenta, Grenouille verte : 522, 523, *533*, 716, 728, 734, 793, 971, 1189, 1203, 1312, 1314.
R. fusca: voir *R. temporaria*.
R. pipiens, Grenouille léopard : *388*, 538, 550, 551, 552, 553, 554, 723, 1312, 1313.
R. sylvatica: 551, 554.
R. temporaria, anciennement appelée *R. fusca*, Grenouille rousse : *160*, 162, 182, *189*, *296*, 297, *340*, *406*, 407, *408*, 433, 436, 473, *521*, 522, 523, 551, 708, 709, 717, 721, 729, 793, 971, 1169, 1185, 1240, 1273, 1303, 1312, 1313, 1314, 1494.
Ranatra, Ranatre : 1680, 1732.
R. linearis: *1734*.
RAPACES : 793, 1795.
Rat : *88*, 92, *133*, 204, 240, 264, 377, 583, 588, 632, 639, 642, 645, 650, 652, 794, 804, 805, 806, 815, 818, 819, 820, 821, 822, 839, 909, 910, 912, 1189, 1256, 1271, 1304, 1305, 1350, *1351*, 1357, *1358*, 1359, 1360, 1361, 1365, 1366, 1494, 1518, 1520, 1527, 1530, 1533, 1536, 1621, 1633, 1770, 1790.
Rat blanc : 797, 799.
Rat du coton : voir *Sigmodon hispidus*.
Rat d'eau : 1706.
Rat noir : voir *Rattus rattus*.
RATITES : 1604.
Rattus rattus, Rat noir : 971.
RÉDUVIIDES : 1775, 1810.
REPTILES : 38, 402, 653, 687, 792, 793, 803, 818, 873, 1186, 1204, 1246, 1304, 1555, 1558, 1578, 1579, 1583, *1588*, *1598*, *1607*, *1610*, *1665*, 1666, 1667, 1668, 1670, 1694, 1709, *1710*, *1711*, 1715, 1731, 1824.
Requin : 1555, 1709, *1710*.
Rhabditis aberrans: 1310.
R. monohystera: 1310.
RHABDOCŒLES : 178.
Rhinocéros d'Asie : 794.
RHIZOCÉPHALES : 1762, 1792.
RHIZOPODES : 32.
Rhodites rosae: *1799*.
Rhodnius, Punaise : 825, 1334, 1776.
R. prolixus: 770, *771*.
Rhynchosciara angelae: 276.
RHYNCHOTES : 1734.
Rhyzonympha jahieri: 129.
RONGEURS : 794, 804, 805, 806, 839, 990, 991, 1051, 1476, 1533, 1602, 1603, 1604, 1706, 1709, 1722, 1723, 1791, 1810.
Rotengle : 1636.
Rotifer vulgaris: 791, 812.
ROTIFÈRES : 20, 45, 347, 640, 687, 791, 797, 799, 801, 812, 1293, 1294, 1295, 1299, 1670.
RUMINANTS : 634, 644, 794, 1613, 1616, 1751, 1772.

Sabelle : 684.
Sabellaria: *341*.
Saccoglossus kowalewskii: 471.
Sacculine : *1577*, 1578, 1599, 1601, 1756, 1763, *1764*, 1780, *1781*, 1782, 1798.
Saga pedo: 980.
Salamandre : 38, *78*, *138*, *182*, *195*, 201, 204, 206, *207*, 208, 210, *215*, 242, 281, 334, 664, 687, 690, 693, 707, 733, 876, 882, 981, 1335, 1341, *1342*, 1343, 1344.
Salmo fontinalis: 1010.
S. salar, Saumon : 1010, 1189, 1788, 1789.
S. trutta, Truite : 206, 211, *215*, *243*, 244, *413*, 1010, 1648.
SALMONIDÉS : 1010.
Sanglier : 1603.
Sangsue : 180, 1204, 1810. Voir également HIRUDINÉES.
Sangsue médicinale : voir *Hirudo medicinalis*.
Sarcophile : 1651.
Sardine : 1648.
Sarigue : 1604.
Saumon : voir *Salmo salar*.
SAURIENS : 1218, 1583, 1589, 1610.
Sauterelles : 196, 197, 264, 759, 770, 1735.
Scaphiopus holbrooki: 1312.
Scarabées : 707, 768, 1794.
Schistocerca: 229, 543.
S. gregaria, Criquet grégaire : 264.
Schistosoma mansoni: 1770, *1771*, 1788.
Sciara: 246, 272, 891, 968, 1004.
S. coprophila: *247*.
S. ocellaris: 1004.
S. reynoldsi: 1004.
SCOLYTIDÉS : 1606.
Scorpène : 1720.
SCORPIONS : 220, 970, 1633, 1721.
Seiche : 705, 1680, 1723, 1733.
SÉLACIENS : 166, 297, 1186, 1555, 1709, *1710*.
Selania: 1017.
Semnopithèque : 1819.
Serin : 923.
SERPENTS : 793, 1605, 1607, 1613, 1629, 1719, 1721, 1727, 1728, 1729, 1796.
Serpent corail : voir *Elaps*.
Serpent à sonnette : voir Crotale.
SERPHIDÉS : *1785*.
Sigmodon hispidus, Rat du coton : 949.

SILURIDÉS : 1656.
Silurus glanus, Silure : 793.
Simulia, Simulie : *271*, 272.
Simulium: 891.
Sinanthrope : 1668, 1684.
SINGES : 826, 1537, 1546, 1582. 1633, 1671, 1672, 1682, 1689, 1711, 1731, 1819, 1820, 1821, 1822, 1824, 1902.
Singes anthropoïdes : 583.
Siphlodora: 993.
SIPHONOPHORES : 1715.
Siponcules, ou SIPUNCULIENS : 335, *336*, 1718.
Sitaris humeralis: 1595.
Skunks, ou Mouffette : voir *Mephitis suffocans.*
Solaster papposus, Étoile de mer : *1021.*
Solea vulgaris, Sole : 793, 1648.
Solenobia: 546, 980, 1297, 1646.
Sophophora: 993.
S. miranda : voir *Drosophila miranda.*
S. persimilis: voir *D. persimilis.*
S. pseudoobscura: voir *D. pseudo-obscura.*
Sordophila: 993.
Sorex araneus: 971.
Souris : *98*, 99, *123*, 188, 220, *339*, 583, 638, 650, 794, 797, 799, 800, 806, 839, 843, *844*, 845, 847, 848, 886, 899, 900, 902, 903, 907, 908, 910, 911, *913*, 914, 915, 922, 923, 936, 948, *949*, 966, 967, 968, 971, 981, 1104, 1105, 1238, 1241, 1305, 1351, *1360*, 1361, *1363*, *1364*, 1365, 1368, 1369, 1494, 1531, 1533, 1536, 1549, 1633, 1770, *1771*, 1902, 1906.
Souris « rhinocéros » : *950.*
Sphaerechinus: 1317.
S. granularis: 553.
Sphaerularia bombi: 1772.
SPHÉGIDES : 1784.
Spheniscus mendiculus, Manchot : 1730.
SPHINGIDES : 754, 755.
Sphinx : 1789.
Sphoeroma: 1718.
Spiralia: 462.
Spirifer varians: 1560.
Spirographis: 151.
Spirostomum: 182.
Spirotrichonympha: *322*, 323, *324*, 343, *356.*
SPONGIAIRES, ou ÉPONGES : 125, 126, 129, 193, 317, 334, *335*, 402, 668 à 670, 671, 672, 790, 812, 1186, 1203, 1329, 1553, *1584*, 1600, 1751.
Spongicola: 1600.
Spongieuse : voir *Lymantria dispar.*
Spongille : 669.
SPOROZOAIRES : 172, 1278, 1280, 1751, *1775*, 1776, 1791, 1811.
Sprat : voir *Lernaeicus sprattus.*
Squale : 1578, *1579.*
STAPHYLINIDES : 1746, *1748.*
Stauroderus: 980.
Steatococcus: 224.
STÉGOCÉPHALES : 1555, 1587, 1588.
Stegophryxus hyptius: 1779.
Stenobothrus: 292.
Stenostomum leucops: 350.
Stentor: 62, 178, 182, 263, 353, 371, 665, *666.*
S. caeruleus: 365, *366*, 367.
Sterna hirundo, Hirondelle de mer, ou Sterne : 794.
STRÉBLIDES : 1759, 1766, *1767*, 1768, 1792.
STREPSIPTÈRES : 1752, 1768, 1798, 1812.
Strix flammea, Effraie : 122.
STROBILOCÉPHALES : 1757.
Strongylocentrotus: 1301.
SUCTORIA : 805.
SUIDÉS : 1603.
SUMMOPRIMATES : 1682.
Surmulot : 1706.
Sycon: 335.
Synapta: 412, 413, 1764.
S. digitata: 412.
Synophrya: 182.
S. hypertrophica : *183.*

TACHINAIRES : 1794.
Tachydromus tachidromoides: 972.
Talpa europaea, Taupe : 971.
TARDIGRADES : 45, 640, 1670.
Tatou : voir *Tolypeutes conurus.*
Tatou d'Argentine : voir *T. tricinctus.*
Taupe : 1573, 1575, 1654, *1704*, 1709. Voir également *Talpa europaea.*
Taupin : 1723.
Tegenaria: 184, 191.
Teigne des ruches : voir *Galleria.*
TÉLÉOSTÉENS : 793, 1186, *1598*, 1746, 1759, 1780.
TEMNOCÉPHALES : 1751.
TERMITES : 323, 1182, 1716, 1721, 1749, 1771, 1772, 1791.
Ternacocera branchialis: 1760.
Testacelle : 93.
Testudo sumeiri: 793.
TÉTRABOTHRIDÉS : 1757.
Tetranychus: 1291.
TÉTRAPHYLLIDÉS : 1757, 1791, 1811.
TETTIGONIIDÆ, ou TETTIGONIIDES : 971, 980.
Thalassicola, Thalassicole : 261, 365.
THÉCAMŒBIENS : 157.
THÉCANISÉLIENS : 45.
THÉROMORPHES : 1587.
Thon : voir *Thunnus thunnus.*
Thrips: 291.
Thrixion: 1754.
Thunnus thunnus, Thon : 793, 1105.
Thyca: 1809.
Thylacine : 1651, 1713.
Thymallus: 1010.
THYSANOPTÈRES : 1291.
Tigre : 1645, 1729.
Timarcha: 1721.
TITANOTHÈRES : 1563, *1660.*
Tokophrya infusionum: 805, 809.
Tolypeutes conurus, Tatou : 471, 601, 1214, *1718.*

T. tricinctus, Tatou d'Argentine : 1718.
Tomopteris onisciformis: 286.
Torpille : 334.
TORTUES : 237, 793, 1607, 1610, 1659, 1718.
Toxopneustes: 1198.
TRÉMATODES : 1228, 1290, 1578, 1752, 1756, 1770, 1773, 1776, 1788, 1791.
Triatoma, Triatome : 1776, 1810.
Trichacis remulus: 1786.
Trichogramma evanescens: 1795.
Trichomonas: 89, 346.
Trichoniscus, Cloporte : 546.
T. elisabethae: 980, 1296, 1646.
Trichopelma: 328.
Trichosurus: 1181.
T. vulpecula: 1017.
Trichotanypus: 270.
TRICLADES : 1310.
Tridacna gigas, Tridacne : 176, 180.
Trigles : 32.
Trimerotropis citrina: 1004.
Trimitus divergens: 135.
Triton : 38, *78*, *123*, 203, 279, 297, 373, *409*, *410*, *434*, *435*, 436, 473, *474*, 481, 484, *489*, *490*, *492*, 493, *500*, 502, 505, 508, 511, *521*, 523, 524, *525*, 532, *533*, 534, 537, 551, 598, *599*, *600*, 658, 687, 690, 691, 692, 693, 733, 734, 735, 793, 876, 980, 981, 1202, 1203, 1246, *1247*, 1304, 1316, *1337*, 1473, 1517, 1671, 1787. Voir également *Triturus.*
Triton alpestre : voir *T. alpestris.*
Triton de Blasius : voir *T. blasii.*
Triturus, Triton : *439*, 440, 971, 1344.
T. alpestris, Triton alpestre : 473, 551, 734, 929, 1246.
T. blasii, Triton de Blasius : 551, 552.
T. cristatus: 390, *480*, 481, 484, 551.
T. cristatus cornifex: 1247.
T. helveticus: 474.
T. marmoratus: 551.
T. palmatus: 390, 929.
T. taeniatus: 473, *480*, 481, 484, *492*, *533*, 537, 551.
T. torosus: 511, *1345.*
T. viridescens: 980, 1517.
Troglodyte : 1731.
Tropidausorus algirus: 972.
Truie : voir Porc.
Truite : voir *Salmo trutta.*
Trypanosoma, Trypanosome : 346.
T. cruzi: 1776, 1796.
T. diemyctili: 1787, 1788.
T. evansi: 1775.
T. gambiense, Trypanosome de la maladie du sommeil : 1776.
T. mega: 321.
T. vivax: 1790.
TRYPANOSOMES, ou TRYPANOSOMIDES : 322, 347, 646, 1775, 1776, 1797.
Tubulaire : 672, *673*, 674, 675, 677.
Tulotoma hoernesi, Paludine : *1561.*
TUNICIERS : 1576.
TURBELLARIÉS : 979, 1228, 1571, 1751, 1814.
TYLENCHIDÉS : 1752.
Typhlomolge: 736.

Unio: 338.
Urechis: 385.
U. caupo: 1302, 1307.
URODÈLES : 201, 206, 433, *434*, *435*, 436, 440, *442*, *444*, *482*, *483*, *485*, 488, 493, 505, 519, 523, 529, *533*, 534, 546, 654, 687, 688, 691, 693, 733, 735, *736*, 981, 1202, 1246, 1252, 1254, 1310, 1311, 1314, 1315, 1339, 1343, 1344, 1597, 1654.
Uroleptus: 182, *183.*
Uromastix: 1719.
Urostyla: 62.
Ustilago antherarum: 1800.

Vache : voir Bœuf.
Vahlkampfia (= Amoeba) limax: 41, *42.*
Vairon : 1246.
Vanessa urticae: 1677, 1715.
VARANIDÆ : 972.
Vautour fauve, ou Griffon : 794.
Veau : voir Bœuf.
Vélelle : 179.
Velella spirans: 1715.
Velia: 91.
Ver à soie : 264, 656, 738 à 745, *752*, 754, 756, *757*, 758, 759, 767, 768, 770, 805, 979, 1262, 1298, 1882, 1887, 1898. Voir également *Bombyx mori.*
Ver des cases : 1810.
Ver de terre : voir *Lumbricus.*
Vermileo: 1712.
Vipère : 501, 1634.
Vive : 1720.
Vivipara: 224.
Viviparus, Paludine : 1562.
Vortex: 178.

XANTUSIDÆ : 972.
Xenocoeloma: 1792.
X. brumpti: 1761, 1762.
Xenopus, Xénope : 530, 723.
X. laevis: 818.
Xiphophorus helleri: 1244.

Yak : 1646.

Zèbre : 1729.
Zébu : 1646.
Zoe: 1596.
ZOOFLAGELLÉS : 128, 134, 141, 150, 317, 318, *322*, 323.
Zootermopsis: 1749, 1791.

INDEX DES NOMS DE PLANTES

Acacia : 265, 1715, *1807*.
Acer pseudoplatanus, Erable Faux-Platane : 1324.
Acetabularia: 375.
A. cremulata: 370.
A. mediterranea: 369, 370.
A. wettsteini: 369, 370.
Aconitum lyctotonum, Tue-Loup : 1715.
A. napellus: 1717.
Adiantum: 1408.
Aegilops: 1010.
A. ovata: 1007.
Aegilotricum: 1006, 1007.
Agave : 1381, 1383, 1418, 1425.
Agrobacterium tumefaciens, Agent de la galle du collet, ou Crown-Gall : 1455, *1458*, *1459*, 1460, 1464.
Ajonc : 1717.
ALGUES : 19, 78, 80, 104, 105, 110, *111*, 112, 113, 115, 116, 118, 172, 173, 178, 179, 205, 280, 316, 342, 343, 350, 367, 369, 370, 379, 988, 1105, 1387, 1553, 1559, 1572, *1726*, 1749, 1801, 1844, 1875.
Algues bleues : 181.
Allium, Ail : 248, 978, 979.
A. cepa: 195.
Amorphophallus rivieri: 1406.
Amyloodinium: 173.
Anadyomene: 111.
Ananas : 991.
ANGIOSPERMES : 978, 1559.
Anthoceros: 116.
Antirrhinum, Muflier : 839, 922, 954, 990, 1381, 1404, 1406, 1436, 1452.
A. majus: 845, *846*, 899, 900, 901, 985, 991.
APÉTALES : 1753.
Aquilegia: 985.
ARACÉES : 1381.
Artichaut : 1383.
ASCLÉPIADACÉES : *1712*.
Ascobolus: 841.
ASCOMYCÈTES : 172, 342, 350, 809, 810, 841, 933, 1735, 1801.
Astasia longa: 119, 131.
Aubépine : voir *Crataegus monogyna*.
Aubergine : 979.
Aucuba: 215.
Avoine : 974, 990, 1448.
Azotobacter vinelandi: 865.

Bacille de Koch : 1451, 1530, 1871.
Bacillus: 863.
B. calmettei: 32.
B. subtilis: 935.
BACTÉRIES : 27, *28*, 29, 32, 59, 75, 77, 90, 102, 150, 154, 175, 176, *177*, 178, 179, 180, 181, 238, 253, 314, 375, 841, 856, 858, 864, 871, 872, 935, 936, 1030, 1031, 1032, *1033*, *1034*, *1035*, 1036, 1037, 1038, 1045, 1283, 1284, 1285, 1304, 1386, 1387, 1454, 1462, 1463, 1467, *1584*, 1587, 1654, 1749, 1753, 1787, 1797, 1802, 1848, 1868, 1870, 1871, 1873, 1874, 1875, 1882, 1885, 1887, 1891, 1900, *1901*, 1905.
Bactérie du charbon : 1451.
BACTÉRIOPHAGES : 1868, 1869, 1882, 1889, 1891, 1893, *1895*, 1896, 1900, 1903, 1904, 1905, 1906.
BALANOPHORACÉES : 1753, 1806.
BASIDIOMYCÈTES : 1801.
Begonia: 1803.
BÉGONIACÉES : 248.
Belle-de-nuit : voir *Mirabilis jalapa*.
Betterave : 979, 1048, 1459, 1882.
Blattabacterium cuenoti: 177.
Blé : voir *Triticum*.
Bouleau : 1014, 1436.
Botrytis cinerea, Agent de la maladie de la toile : 1803, 1804.
Bourse-à-pasteur : voir *Capsella*.
Brassica, Chou : 962, 979, 987.
B. oleracea: 1006.
Bruyère : 1809.
BRYOPHYTES : 349, 1381.
Bulbochaete: 80.

CACTÉES : *1712*.
Cactus : 1608.
Campanula: 298.
C. nitida: 992.
C. persicifolia: 992.
Canna glauca: 991, 992.
C. indica: 991, 992.
Cannabis sativa, Chanvre : 264.
CAPRIFOLIACÉES : 971.
Capsella bursapastoris, Bourse-à-pasteur : 949, *952*.
Capucine : *228*.
Cardamine pratensis: 974, 977.
Carotte : 81, 1379, *1380*, 1381, 1384, 1389, 1398, 1404, *1405*, 1406, 1407, 1408, 1411, 1414, 1415, 1419, 1420, 1421, *1422*, 1424, 1425, 1429, *1430*, *1431*, 1432, 1435, 1436, 1437, 1438, *1439*, 1440, 1441, *1442*, 1443, 1444, 1448, 1449, 1483.
Cattleya: 1802.
Caulerpa: 111.
Ceratium tripos: 258.

Cereus: 1712.
Chaetophora: 80.
CHAMPIGNONS : 19, 44, 103, 172, 179, 280, 342, 841, 926, 933, 934, 935, 954, 979, 988, 1049, 1387, 1451, 1454, 1735, *1736*, 1737, 1753, 1800, 1801, 1802, *1803*, 1804, 1805, 1808, 1875.
Chanvre : voir *Cannabis sativa.*
Chardon : voir *Cirsium.*
Chelidonium laciniatum, Chélidoine laciniée : 949, *951*, 992, 1014.
C. majus, Grande Chélidoine : 949, *951*, 992, 1014.
Chêne : voir *Quercus.*
Chilomonas paramecium: 112.
Chlamydomonas: 105, 115, 121, 129, 131, 136, 343.
C. reinhardi: 109, 110, 111.
CHLAMYDOMONADINES : 110, 112, 128.
Chlorella, Chlorelle : *177*, 178.
CHLOROPHYCÉES : 136, 137, 343.
Chou : voir *Brassica.*
Chou-radis : voir *Raphanobrassica.*
Chou-rave : 1424.
Chrysanthemum: 974.
C. segetum: 1022.
CHRYSOMONADES : *109.*
CHRYSOMONADINES : 174, 255, *318*, 357, 362.
CHYTRIDINÉES : 254.
Cicer, Pois chiche : 971.
Cirsium, Chardon : 1717.
Cissus: 1808.
Citrus: 1383.
Cladophora: 80.
Closterium: 153.
Cocotier : 1605.
Colchicum autumnale, Colchique : 979, 1717.
Coleus: 1010, 1383.
Colibacille : voir *Escherichia coli.*
COMPOSÉES : 154, 1013, 1806, 1809.
Concombre : *861*, 1453.
CONIFÈRES : 1379, 1381.
CONVOLVULACÉES : 1809.
Coquelicot : voir *Papaver.*
Cordyceps: 1804.
Corycium problematicum: 1553.
Cotonnier : 991.
Courge : 92.
Crataegomespilus asnieresii: 1327.
Crataegus monogyna, Aubépine : 1327, 1381, 1404, 1416, 1421.
C. oxyacantha: 959.
Crepis: 985, 987.
CRUCIFÈRES : 248, 1010, 1452, 1630.
CRYPTOGAMES : 115, 146, 1559, 1573.
CRYPTOGAMES VASCULAIRES : 116, 280.
CRYPTOMONADES : 80.
CRYPTOMONADINES : 112.
Cucurbita pepo: 249.
CUCURBITACÉES : 248.
Curvularia: 1049.
Cuscuta europaea, Cuscute : *1808*, 1809.
CUSCUTACÉES : 1753, 1809.
Cyanelle : 178.
CYANOPHYCÉES : 75, 1873, 1875.
CYCADÉES : 343.
Cycas: 343.
Cyclonexis annularis: 362, 363.
Cymbalaria muralis, Cymbalaire : 1014.
C. toutoni: 1014.
CYPÉRACÉES : 1010.
Cytise : voir *Cytisus.*
Cytise Aubours : voir *Laburnum vulgare.*
Cytise pourpre : voir *Cytisus purpureus.*
Cytisus adami, Cytise : 1327.
C. purpureus, Cytise pourpre : 1327.

Dactylaria brochophaga: 1736.
Dahlia : 975.
Datura: 838, 970, 979, 985, 987, 991, 1005, 1421, 1460.
D. stramonium: 982, 983, *984*, 985.
Désoxyvirus : 1891, 1892.
DIALYPÉTALES : 1559, 1753.
DIATOMÉES : 80, 128, *129*, 137, 174, 342.
DICOTYLÉDONES : 1323, 1379, 1753.
Digitalis, Digitale : 979.
D. ambigua: 977.
D. lutea: 975.
D. mertonensis: 977, 1006.
D. micrantha: 975.
D. purpurea, Digitale pourpre : 977.
Douce-amère : voir *Solanum dulcamara.*
Drosera: 147, 148.
Drosophyllum: 147.
D. lusitanicum: 149.

Eglantier : *1799.*
Elodea: 1703.
E. canadensis: 42, 43.
Endive : 45, 81, *82*, *1395*, 1398, *1400*, 1406, 1407, *1433*, *1434*, 1437, 1448, 1449, 1459.
ENTEROMORPHA : *111.*
Epicéa : 1381.
Epilobium: 1040, 1048.
E. hirsutum: 1039, 1041.
E. parviflorum: 1039, 1041.
Epinard : 263, 264, *265*, 266.
Epine-vinette : 1805.
Equisetum: 213, 343, *344*, 349.
Erable : 1379, 1425.
Erable Faux-Platane : voir *Acer pseudoplatanus.*
Erophila verna, Erophile : 1630, 1631.
Eryngium campestre: 1717.
ERYSIPHACÉES : 1451, 1452.
Erysiphe cichoracearum, Oïdium : 1452.
Escherichia coli, Colibacille : *856*, *861*, 935, 1030, 1032, *1033*, 1035, 1036, 1283.
Eucalyptus: 1405, 1604.
Eudorina elegans: 79.
Euglena acus: 360, 361.
E. archaeoplastidiata: 105.
E. geniculata: 105.

E. gracilis: 99, 105, *109*, 111, 112, 118, 119, *120*, 131, *257*, 258, *320*, 321, *354*.
E. intermedia: 105, *106*, 258.
E. tristella: *329*.
E. viridis: 105, *106*, 256.
EUGLÈNES, ou EUGLÉNIENS : 75, 79, 99, 105, 112, 113, 115, 128, 131, 149, 150, *173*, 206, 256, 352.
Euphorbia, Euphorbe : 15, *1712*.
EUPHORBIACÉES : *1712*.
Euphrasia: 1805.
Exuviella : 176.

Fagopyrum: 1010.
FILICINÉES : 116, 349.
Fléole : voir *Phleum*.
FOUGÈRES : 19, *117*, 193, 1381.
Fragaria monophylla, Fraisier monophylle : 950, *952*.
Fraisier : 977, 987. Voir également *Fragaria*.
Frêne : 1428.
Fritillaria: 292, 301.
Fucus : 116, 153, 342, *1726*.
FUMAGINES : 1804.
Funaire : 1381.

Galeopsis pubescens: 1009.
G. speciosa: 1009.
G. tetrahit: 1009.
Galium: 974.
Galle du Chêne : 1454.
Galle du collet, ou Crown-Gall : voir *Agrobacterium tumefaciens*.
Galtonia: 232.
GAMOPÉTALES : 1559, 1753.
Gasterogrimmia crinata: 116.
Genévrier : 1381.
Gentiana campestris: 1016.
G. lutea: 1717.
GÉRANIÉES : 1327.
Gingko : 343.
Glenodinium: 260.
Gloecapsa: 1801.
GRAMINÉES : 978, 1009, 1010, 1381, 1428.
GRÉGARINES : 1573.
Gui : 1806, *1807*.
Gymnodinium: 176.
GYMNOSPERMES : 19, 316, 343, 349, 971, 1323, 1559, 1753.
Gyrodinium lacryma: voir *Plectodinium nucleovolvatum*.

Haematococcus: 149.
H. pluvialis: 146, *147*.
Halopteris: 342.
Haricot : 92, 1019, *1020*, 1383, 1405, 1406, 1418, 1425.
Helianthus: 108, 154.
H. annuus, Soleil, ou Tournesol : 1325, 1419, 1448, 1455, *1456*,
H. tuberosus, Topinambour : 1325, 1381, 1398, *1399*, 1404, 1406, 1415, 1416, 1420, 1424, 1425, *1426*, *1427*, 1428, *1430*, 1432, 1437, 1441, 1443, 1464.
Hépatiques : 342.
HÉTÉROCHONTÉES : 174.
Hieracium: 838.
Holy thorn: 959.
Hordeum: 979.
Hyacinthus, Jacinthe : 206, 248.
HYDNORACÉES : 1753.
Hydrurus foetidus: *109*, 110.

Iberis sempervirens: 15.
Igname : 1381.
Ilex: 108.
IRIDACÉES : 1010.
Iris: 1586.
I. autosyndetica: 1007.
I. hoogiana: 1009.
I. macrantha: 1009.
Isoetes: 108.

Jacinthe : voir *Hyacinthus*.
Jonc : 19.
JUNCACÉES : 1010.

LABIÉES : 1010.
LABOULBÉNIALES : 1804.
Laburnum vulgare, Cytise Aubours : 1327.
Lamier : 1375.
Laminaria: 153.
Lathraea, Lathrée : 193, 1806, *1807*.
Lathyrus: 303.
L. odoratus, Pois de senteur : 839, 885.
LAURACÉES : 1753.
LÉGUMINEUSES : 178, 248, 791, 1802, 1882.
Lemanea: 116.
Lemna: *15*.
Lens: 971.
Lepocinclis ovum: *173*.
LEVURES : 149, 154, 175, 178, 342, 809, 936, 1049, 1050, 1749, 1866.
LICHENS : 1753, 1801, 1875.
Lilas : 1381, 1404, *1435*.
Lilium: 303, 971.
LILIACÉES : 219.
Lin : 979.
Linaria: 838.
LORANTHACÉES : 1753, 1806.
Lupin : 92, 1388, 1389, *1401*, 1402, 1404.
Lychnis dioica: 1800.
Lycopode : 1530.

Maïs : voir *Zea mays*.
MALVACÉES : 1010.
Matthiola: 901.
M. incana: 985.
Mauve : 1381, *1404*.
Medicago: 979.
Melampyrum, Mélampyre : 193, 1805, 1806.
Melandrium: 1010.
Mélilot : 1419.
Melon : 838.
Mercurialis annua, Mercuriale : 264.
Mespilus germanica, Néflier : 1327.
Microspora: *136*, 137.

Mildiou : 1451, 1703.
Mildiou des Crucifères : voir *Peronospora parasitica.*
Mildiou de la Pomme de terre : 1451.
Mildiou de la Vigne : 1451, *1452.*
Mirabilis jalapa, Belle-de-nuit : 839, 922.
Mnium cuspidatum: 116.
MONOCOTYLÉDONES : 1324, 1559, 1753, 1804.
Morelle noire : voir *Solanum nigrum.*
Mosaïque du Concombre : 1453.
Mosaïque du Navet : 1899.
Mosaïque du Tabac : 507, 861, 1044, 1453, 1869, 1887, 1889, 1894, 1897, *1898,* 1899.
MOUSSES : 19, *105,* 116, 342, 380, 890, 979.
Muflier : voir *Antirrhinum.*
Mûrier noir de Chine : 973.
MUSCINÉES : 349.
MYXOMYCÈTES : 1875.
MYXOPHYCÉES : 104, 150, 253.

Narcissus bulbocodium: 974.
Navet : 25, 1899.
Néflier : voir *Mespilus germanica.*
Nelumbium nuciferum, Lotus : 791.
Nematodinium armatum: 332, 334.
Neurospora: 378, 841, 926, 927, 1030.
N. crassa, Moisissure du pain : 238, 933, 935.
Nicotiana, Tabac : *107,* 954, 979, 985.
N. glauca: 1406, 1465.
N. glutinosa: 23.
N. langsdorffii: 1406, 1465.
N. longiflora: 1465.
N. sylvestris: 975, 1010.
N. tabacum: 975, 1010.
N. tomentosa: 1010.
Nitrosomonas: 1874.
Nostoc: 1801.
NYMPHÉACÉES : 791, 1010.

Ochromonas: 354.
Odontites: 1805.
Odontoglossum: 1803.
Oedogonium: 80, 137.
Œnothera, Œnothère : 975, 985, 1005.
O. albida: 1618.
O. elliptica: 1618.
O. gigas: 1618.
O. lamarckiana: 1618, 1619.
O. lata: 1618.
O. muricata: 968, 970.
O. nanella: 1618.
O. oblonga: 1618.
O. rubrinervis: 1618.
O. scintillans: 1618.
O. spathulata: 1618.
O. sublinearis: 1618.
Oïdium : 1451. Voir également *Erysiphe.*
Oïdium de la Vigne : 1452, 1703.
Oignon : 83, 206.
Oikomonas beauchampi: 318.
OMBELLIFÈRES : 248.
Ononis repens: 1717.
Oodinium poucheti: 260, 279.
Orchidée : *174,* 178, 248, 1802, 1803. Voir également *Orchis.*
Orchis, Orchidée : 971.
Orge : 886, 954, 991.
Orme : 1379.
OROBANCHACÉES : 1753, 1806, *1807.*
Orobus: 17.
Ortie : 1375, 1809. Voir également *Urtica.*
Oseille : 1414, 1421.
Oseille des jardins, ou Petite Oseille : voir *Rumex acetosa.*
Oseille sauvage : voir *R. acetosella.*
Osmunda, Osmonde : 227, 303, 1381.
Oxyrrhis marina: 258.

PALMIERS : 1428.
Papaver rhoeas, Coquelicot : 950.
PAPILIONACÉES : 834, 1809.
Paris: 303.
P. quadrifolia: 235, 978.
Pavot : 1735, *1736,* 1738.
Pediastrum: 17.
Pedicularis: 1805.
Pelargonium: 1460.
Penicillium: 1386.
P. notatum: 934.
Pensée : 975.
Peperomia: 1383.
Peridinium: 260.
P. sociale: 79.
Peronospora parasitica, Mildiou des Crucifères : 1452.
Pervenche de Madagascar : voir *Vinca rosea.*
Petunia: 978, 979, 1010.
Peuplier : voir *Populus nigra.*
Phacus pyrum: 258.
PHANÉROGAMES : 106, 108, 116, 118, 146, 988, 1753, 1805.
Phaseolus: 248, 971.
Phleum pratense, Phléole : 1009.
P. alpinum: 1009.
PHYTOFLAGELLÉS : 128, 236, 280, 316, 318, 321, 330.
PHYCOMYCÈTES : 19.
Picea glauca: 1421, 1445, *1446,* 1447, 1466.
Piment : 979.
Pin : 1014, 1381, 1721.
Pin Weymouth : 1388, 1402, 1404, *1443.*
Pinguicula, Pinguicule : 147, 193.
Pinus strobus: 1444.
Pisum, Pois : 233, 971.
Plaesopheria: 1804.
PLASMODIOPHORÉES : 254.
Platymonas: 111.
Plectodinium nucleovolvatum (= Gyrodinium lacryma): 185, *186.*
Pneumocoque : 1030.
Podospora: 1049.
P. anserina: 810, 811.
Poirier : 1325.
Poirier « Fertility » : 977.
Pois : 834, 835, 836, 837, 838, 908,

922, 923, 1378, 1382, 1418, 1444, 1445, 1448. Voir également *Pisum*.
Pois chiche : voir *Cicer*.
Pois de senteur : voir *Lathyrus odoratus*.
POLYGONACÉES : 1010.
Polykrikos schwartzi: 261, *262*, *329*, 330, *331*, 333.
Polytoma: 173.
P. uvella: 112.
Polytomella: 173.
Pomme de terre : 173, 1405, 1451, 1453, 1882, 1883, 1894, 1898.
Pommier : 1325, 1424.
Populus nigra, Peuplier : 1324, 1379, 1384, 1404, 1436.
P. tremulus gigas: 977.
Portulaca: 979.
Prasinocarteria: 321.
P. cordiformis: *129*.
Primevère : voir *Primula*.
Primevère de Chine : voir *Primula sinensis*.
Primula, Primevère : 298.
P. floribunda: *976*, 977.
P. kewensis: 975, *976*, 977, 1006.
P. obconica: 978.
P. sinensis, Primevère de Chine : 839, 917, 918, 941, 942.
P. verticillata: *976*, 977.
PROTOCOCCALES : 178.
Protococcus: 1801.
Prunier : 1424. Voir également *Prunus*.
Prunus cerasifera: 975.
P. domestica: 975.
Pseudococcus citri: *177*.
PTÉRIDOPHYTES : 90, 316, 342, 343, 349, 1381.
Puccinia graminis, Agent de la Rouille du Blé : 1805.
Pyramidomonas: 321.
PYRÉNOMYCÈTES : 1804.

Quercus, Chêne : 975, *1454*, *1799*, *1800*.

Radis : voir *Raphanus*.
Rafflesia arnoldii: *1808*.
RAFFLÉSIACÉES : 1753, *1808*.
Ranunculus aquatilis: 1613.
Raphanobrassica, Chou-radis : *1006*.
R. karpechenkoi: *1007*.
Raphanus: 248, 979.
R. sativum, Radis : *1006*, 1007.
RENONCULACÉES : 1010.
RHINANTHÉES : 1805, 1806.
Rhinanthus: *1804*, 1805, 1806.
Rhizantes zippelli: *1808*.
Rhizobium: 178.
Rhizochrysis scherfelli: 256.
Rhizoctonia: 1802.
R. lanuginosa: *1803*.
RHODOPHYCÉES : 173.
Rhoeo: 303.
R. discolor: 266.
Ribes: 971.
Ribovirus : 1891, 1892.
Ricinus communis, Ricin : 114, 146, *148*, 154, 173.
Rickettsia: 22, 28, 29, 30, 1045.
R. ruminantium: *30*.
Robinia pseudo-acacia: 950.
Ronce : 1384, 1389, 1404, 1415, 1416, 1424.
Rosa: *146*, 154, 974, 975, 1381, 1419, 1586.
R. acicularis: 978.
ROSACÉES : 1010.
Rose d'Inde : 1382.
Rouille : 1451.
Rouille du Blé : voir *Puccinia graminis*.
Rouille des Conifères : 1453.
Rouille du Muflier : 1452.
Rumex: 286.
R. acetosa, Petite Oseille : 1651.
R. acetosella, Oseille sauvage : 974.

Saccharomyces: 1500.
S. bayanus: 342.
S. cerevisiae: 1049.
Sagittaria: 303.
Salix, Saule : 975, 1379, 1404, 1411, 1421, 1586, 1646, 1715.
S. caprea: 1324.
Salmonella, Salmonelle : 1036, 1049.
Sambucus nigra, Sureau noir : 1324.
SANTALACÉES : 1753.
Saprolegna: *17*, *82*.
Saule : voir *Salix*.
Scorsonère : 1381, 1404, 1408, 1416, 1419, 1421.
SCROFULARIACÉES : 1753, 1805.
Secale cereale, Seigle : 991, 1007, *1008*.
Seigle : voir *Secale cereale*.
Selaginella, Sélaginelle : 1381.
S. kraussiana: *116*.
Sempervirum: 1383.
Sequoia: 1381, 1414.
S. gigantea: 791.
Shigella: 1036.
Silene ciliata: 977.
SIPHONALES, ou SIPHONÉES : 19, 153.
Soja : 979.
SOLANÉES : 1327.
Solanum: *212*, 974, 1010, 1383.
S. dulcamara, Douce-amère : 1678, 1681.
S. lycopersicum, Tomate : 25, *861*, 886, 978, 979, 985, 987, 1326, *1377*, 1378, 1410, 1412, 1420, 1421, 1424, 1436, 1460, 1464, 1483.
S. nigrum, Morelle noire : *1326*.
Soleil : voir *Helianthus annuus*.
Sparganium: *16*.
Spartina alterniflora: 977, 1016.
S. maritima: 1016.
S. stricta: 977.
S. townsendii: 977, 1016.
Sphagnum: *16*.
Spinacia oleracea, Épinard : 264.
Spirogyra, Spirogyre : 104, *105*, 115, 205, 367, 368, *380*.

S. bellis: 379.
Stapelia: *1712.*
Staphylocoque doré : 1500.
Stephanosphaera: 146.
Stigeoclonium: *136*, 137.
Stigonema: 1801.
Sureau noir : voir *Sambucus nigra.*
Sycomore : 1324.
Syndinium: 258.
S. turbo: *259.*
Synura: 318.
S. petersenii: 256.
S. uvella: 256.

Tabac : *24*, *26*, 987, 1381, 1382, 1383, *1395*, 1396, *1397*, 1401, *1403*, 1406, 1407, 1408, 1412, 1413, 1414, 1419, *1423*, 1436, *1438*, 1440, 1445, 1449, 1450, 1453, 1461, 1465, 1869, 1882, 1887, 1889, 1894, 1897, 1898, 1900. Voir également *Nicotiana.*
Tabellaria floculosa: *129.*
Taraxacum: 108.
T. officinale: 1013.
Tavelures : 1451.
Taxodium mexicanum, Conifère : 791.
THALLOPHYTES : 318.
Thym : 1809.
Thymelea microphylla: 1717.
Tilleul : 1436.
Tomate : voir *Solanum lycopersicum.*
Toile (Maladie de la) : voir *Botrytis cinerea.*
Topinambour : voir *Helianthus tuberosus.*
Tournesol : voir *Helianthus annuus.*
Tradescantia: 226, 227, 248, 286, *300*, 301, 303, 1375.
Trèfle blanc : *1377.*
Trèfle rouge : *1377.* Voir également *Trifolium.*
Trifolium, Trèfle : 979.
Trillium: 301, 303.
T. grandiflorum: 227.
Triticale saratoviense: 1006, 1007, *1008.*
Triticum, Blé : 974, 975, 978, 987, 990, 991, 1007, 1010, 1586, 1805.
T. dicoccoides: 1007.
T. durum: 975, 1007.
T. vulgare: 975, *1008.*
Tropaeolum majus, Capucine : *228*, *249*, 250.
Tue-loup : voir *Aconitum lycoctonum.*
Tulipa, Tulipe : 83, 234, 974.

ULTRAVIRUS : *1584*, 1587.
URÉDINALES, ou URÉDINÉES : 1451, 1452, 1773, 1805.
Urtica urens, Ortie : 1715.
URTICACÉES : 1720.

Valonia: 153.
Vaucheria: *115.*
Veratrum album: 1717.
Verbascum thapsus: 1717.
Vicia: 248, 301, 303, 971.
VICIÉES : 971.
Vigne : 922, 1381, 1392, *1393*, 1396, 1405, 1406, 1407, 1415, 1416, *1417*, 1418, 1419, 1436, 1447, *1448*, 1451, *1452.*
Vigne vierge : 1384, *1394*, *1396*, 1397, 1405, 1406, 1407, 1411, 1419, 1420.
Vinca rosea, Pervenche de Madagascar : 1414, 1456, 1461.
Viola arvensis: 1038, 1039.
V. rothomagensis: 1038, 1039.
VIRUS : 1451, 1454, 1465, 1846, 1868, 1869, 1871, 1873, 1881 à 1908.
Virus rabique : 1881.
Virus X de la Pomme de terre : 1453.
Virus Y de la Pomme de terre : 1453.
VITACÉES : 1808.
VOLVOCALES : 79, 128, 131, 136, 146, *147*, 149, 150, 319, 1573.
VOLVOCINÉES : 37, 343.
Volvox: 37, 1593.

Zamia: 343.
Zea: 248, 979.
Z. mays, Maïs : 110, 219, 220, 222, 839, 885, 922, 942, 953, 954, 985, 987, 992, 1005, 1378, 1482, 1669.
ZOOCHLORELLES : 178, 180, 1749.
ZOOXANTHELLES : 173, 176, *177*, 180, 226, 262, 307, 1749.
Zygnema: 367.

INDEX DES MATIÈRES

Aberrations chromosomiques : 553, 554, 605 à 614.
Acclimatation : 1701 à 1703.
Accommodat : 1699, 1700.
Accommodation : 1699, 1700.
Accrétion : 1853, 1855.
Achondroplasie : 581, 614, 615, 616.
Achromatique (Fuseau ou Figure) : 208, 210 à 216, 342.
Acide désoxyribonucléique, ou A.D.N. : 55, *56*, *57*, *58*, 59, 197, 210, 235, 236, 237, 238 à 242, 273, 274, 276, 278, 307, 314, 371, 372, 375, 384, 385, 386, 391, 392, 393, 394, 1423, 1868, 1884, 1885, 1891, 1893, 1898, *1899*, *1901*, 1905.
Acide indol-acétique, ou A.I.A. : *1399*, *1417*, *1423*, *1427*, *1430*, *1435*.
Acide ribonucléique, ou A.R.N. : 55, 59, 191, 192, 194, 235, 237, 238 à 242, 273, 276, 371, 372, 375, 376, 385, 386, 392, 395, 507, 1868, 1884, 1885, 1891, 1893, 1897, 1898 : (messager) : 192, 394, 861, 863, 864, 865, 866, 870; (ribosomique) : 393, 861; (soluble) : 861; (de transfert) : 394, 861.
Acromégalie : 650.
Activation de l'œuf : 402, 403, 420, 421, 1209, 1302, 1304, 1305, 1306, 1307, 1308, 1309, 1310.
Adaptation : 1647 à 1652, 1652 à 1658, 1699; (éthologique, ou statistique) : 1699, 1703, 1713, 1739; (régulatrice) : voir Homéostasie. Voir également : Acclimatation, Accommodation et Naturalisation.
Adénosine mono-phosphorique, ou A.M.P. : 241.
A.D.N. : voir Acide désoxyribonucléique.
A.D.P. : voir Diphosphate d'adénosine.
Agame (Reproduction) : 1163.
Agonie : 823.
Agrégation (Phénomène d') : 147, *149*.
A.I.A. : voir Acide indol-acétique.
Aiguillons : 1719, 1720.
Aire opaque de l'œuf : *452*, *454*.
Aire pellucide de l'œuf : *452*, *454*, 455.
Albinisme : 1143, *1147*; (ophtalmique) : 1058.
Alcaloïdes : 1717 à 1718.
Alécithe (Œuf) : 403.
Algonkien : 1553, 1554, 1559.
Alimentation (Sous-) : 639.
Aliments (catalytiques) : 640, 641; (énergétiques) : 640, 641; (plastiques) : 640, 641.
Allélomorphiques : 836.
Allométrie : voir Hétérauxèse; (Coefficient d') : 1568; (majorante) : 745; (minorante) : 746.
Amas prolamellaire : 108.
Amélie : *1628*, 1629.
Amidon : 47, 172, *173*; (floridéen) : 173.
Amitose : 201 à 204.
A.M.P. : voir Adénosine monophosphorique.
Amphimixie : 402, 403, 1190, 1197 à 1200, 1210, 1310.
Anabiose, ou Vie latente : 640.
Analogies : 1578.
Anaphase : 209, 210, *212*, 302, 303.
Androgenèse : 1315 à 1319.
Andro-mérogonie : 1315 à 1316.
Anémie (de Cooley) : voir Thalassémie; (infectieuse) : 1882.
Anencéphalie : 568, *570*, 614.
Anergie : 1419 à 1420.
Aneuploïdie : 548.
Anhydrobiose : 45.
Anomalie : 563.
Anophtalmie : 588, *591*, *592*, 594.
Antécambrien : 1559.
Antéphase : 210, 241, 278.
Anthérozoïdes : *16*, 834.
Aphteuse (Fièvre) : voir Fièvre.
Appareil de Golgi, ou Appareil réticulaire interne : 122 à 143.
Arginase : 714.
Armes : 1719 à 1720.
A.R.N. : voir Acide ribonucléique.
Arrhénotoque (Parthénogenèse) : 1211, 1290, 1291, 1292, 1293.
Artefact : 11, 12, 1471.
Asexuée (Reproduction) : 1163.
Aster : 208, 210, 211, 213, 214, 215, 216.
Asthme : 1112, 1113, 1115.
Atomique (Danger) : 1104 à 1106.
A.T.P. : voir Triphosphate d'adénosine.
Autogreffe, ou Greffe autoplastique : 1325, 1329.
Autosomes : 607, 873.
Autotomie : 663, 694, 1722.
Auxine : 1379, 1383, 1384, 1389,

1392, 1393, 1398, 1400, 1415 à 1420, 1424, 1428, 1434, 1435, 1438.
Azote alimentaire : 641, 642.

Bacille (de Shiga) : 28; (tuberculeux) : 1530.
Bactérienne (Transformation) : 1031, 1032 à 1036.
Bactériophages : *28*.
Balbiani (Corps de) : 161, (Noyaux de) : 266 à 277.
Bec-de-lièvre : 563, 588, 615; (latéral) : 565, 568.
Bec-de-perroquet : *581*.
Béribéri : 644.
Béryllium : *1503*, 1504.
Bipédie : 1819, 1820, 1826, 1827.
Bivalents (Chromosomes) : 286 à 292, *293*, 298, *299*, 300, 302, 306, 309, 311.
Blastème : 688; (de régénération) : 678, 683, 685, 689, 690, 698, 699, 700.
Blastocèle, ou Cavité de segmentation : 413, 419, 423, *425*, 432, *436*, 438, 444.
Blastoderme : 419.
Blastomères : 411, *412*, *413*, 415, *428*, *434*.
Blastopore : *425*, 426, *429*, 432, *435*, *436*, 437, *439*, 441, 444, 457.
Blastula : 411, 419, 423, *425*, 432, 434, 438, 440, 441.
Bordures en brosse (Cellules à) : *338*, *340*, *341*.
Bothridie : 1756.
Bourgeonnement : 663, 669, 670, 675, 678, 680.
Bouton-pression : 1732, 1733.
Bouturage animal : 684.
Boveri (Loi de) : 198 à 201, 260 à 266.
Brachiation : 1819, 1820.
Brachydactylie : 588.

Cal cicatriciel, ou de blessure : 1379, 1392, *1393*, 1394, *1395*, *1396*, *1397*, 1400, 1401.
Calotte polaire : voir Polaire.
Cambium : 1379, 1386, 1394, 1396, 1400, 1429, 1432, 1435, 1436.
Cambrien : 1554, 1555, 1557, 1559.
Camouflage : 1729.
Canalicules de Holmgren : 137.
Cancer : 1529, 1530, 1531, 1532, 1533, *1534*, 1535, 1536.
Cancéreuses (Cellules) : 1495, 1531; (tumeurs) : 278.
Carbone : 1845, 1846.
Carbonifère : 1555, *1556*, *1557*, 1559.
Carotène : 105, 113, 645.
Caryologie végétale : 1443 à 1447.
Caryolymphe : voir Nucléoplasme.
Caryosome : 253, 254, 255.
Caryotype (humain normal) : *606*, *607*; (mongolien) : *608*, *609*.
Castration : 1234, 1238, 1239, 1241, 1250, 1266, 1267, 1268; (parasitaire) : voir Parasitaire.
Cavité de segmentation : voir Blastocèle.
Cavulation : 81.
Cécidie : voir Galle.
Cellulaire (Migration) : 1520; (Mouvement) : 1519, 1520, 1521.
Cellules (du cervelet, ou de Purkinje) : 18; (embryonnaires permanentes) : 670, 671; (humaines) : 1522; (interstitielles des Hydres) : 671; (labiles) : 167; (musculaires) : 1489, *1490*; (nerveuses) : 1490, 1491; (vibratiles) : 337, *339*, 340.
Cénocyte : 19.
Centrolécithe : *414*, 415.
Centromère, ou Kinétochore : 209, 217, *218*, 220, *221*, 222, *223*, 224, 242, 243, 245.
Centrosome : 201, 208, *243*, 316, 319, 320, 337, 342, *344*, 345, 346, 348, 349 à 351, 352.
Céphalines : 48.
Cérébrosides : 48.
Champ (animal) : 477 à 479; (chordomésodermique dorsal) : 482 à 493, 497, 518; (morphogénétique) : 668, 670, 677, 683, 694; (végétatif) : 477 à 479.
Chélation : 1412 à 1413.
Chenille : 738 à 743.
Chiasma chromosomique : 292 à 302, 306, 309, *312*, *313*.
Chimère : 1325, *1326*, 1327, 1332, 1347.
Chimiotératogenèse : 580, 581.
Chloral (Hydrate de) : 1505.
Chlorophylle : 104, 1550, 1848; (Grain de) : voir Granum.
Chlorophyllienne (Assimilation) : 104, 112; (Fonction) : 1842.
Chloroplastes : 104 à 113, *117*.
Choanocyte : *335*.
Cholestérol : 48.
Chondriocontes : *78*, 79, 80, *117*.
Chondriodiérèse : 90 à 96.
Chondriomites : 78.
Chondriosomes : 78, 80 à 83, *116*, *1515*, 1516, 1517.
Chorde : *429*, 431, 432, 433, *439*, 444, 448, 457.
Chorée de Huntington : 614.
Chorion : 411.
Chromatide : 208, 222, 242, 244.
Chromatine : 234, 235.
Chromatine-diminution : 542.
Chromatographie : 52.
Chromatophores : 104, *105*, *106*, 110, *120*, *136*, *147*.
Chromocentre : 191, 235, 267, *268*, 269, 271, 272.
Chromomère : 217, *219*, 222, 274.
Chromonéma : 217, *218*, 219, 220.
Chromoplaste : 113.
Chromosomes : 196 à 201, 853 à 872, 1517; (Appariement des) : 286 à

291; (Clivage des) : 258 à 263; (Déficience des) : 966 à 968; (Duplication des) : 968; (Géants) : 891 à 897; (Inversion des) : 964 à 966; (polytènes) : 266 à 277, 894; (Spiralisation des) : 226 à 232; (Translocation des) : 968 à 970; (X) : 607; (Y) : 607.
Chromosomiques (Maladies) : 1129 à 1134.
Chrysalide : 743 à 745.
Cicatricule : 405, *452*.
Cicatrisation : 657, 664, 678, 688, 689.
Cil : 341, 343, 355, 357 à 363; (vibratile) : 337, *338*.
Cinétide : *34*, 35, 316, 317; (des gamètes mâles) : 344 à 349; (des Métazoaires) : 334 à 342; (des Protistes) : 318 à 334; (des Végétaux) : 342 à 344.
Cinétie : 326, 327, 330.
Cinétodesme : *325*, 326.
Cinétosome : 316, 317, *318*, 319, 321, 322, 323, *324*, *325*, 326, 327, 328, 333, 334, *336*, *338*, *339*, 342, 346, 349.
Cirre : 341.
Cnidocyste, ou Nématocyste : *331*, *333*, 334.
Coacervation : 62, 63, 132, 145, 154.
Coagulation (du sang) : 1126 à 1127.
Coaptation : 1680, 1681, 1732, 1739.
Code de l'information génétique : 460, 536, 864 à 870.
Cœlome : 426.
Colchicine : 581.
Collenchyme : 1385.
Colorations (adaptatives) : 1725 à 1731; (cryptiques) : 1725 à 1727; (éclairs) : 1728; (voyantes, ou vexillaires) : 1727 à 1728.
Commensalisme : 1746, *1748*, 1749, *1750*.
Compétence (embryologique) : 488, 493, 494, 531.
Conjonctif (Tissu) : 1485.
Consanguins (Mariages) : 1146 à 1153.
Continuité génétique du chondriome : 90 à 96.
Convergences : 1578, 1579, 1709, *1710* à 1713.
Copulation : 1204 à 1206.
Cornes : 1719.
Corps (allates, ou *Corpora allata*) : 656, 751, *752*, 755, 756 à 758, 764, 765, 766, 770, 772, 1334; (cardiopharyngiens) : 758, 759, 770; (intermédiaires de Flemming) : *214*, *215*; (de Nissl) : 143.
Cortex : 1386.
Cosmozoaires : 1548.
Couleurs des fleurs : 941, 942.
Couronne équatoriale : voir Équatoriale.
Créateur : 1543, 1573, 1580.
Création : 1543, 1553, 1558, 1570.
Créationisme : 1543 à 1545, 1570, 1587.
Crétacé : 1559.
Crêtes : voir *Cristae*.
Cristae, ou Crêtes : *89*, 90, 91.
Cristaux de Stanley : *24*, 25, 29, 31.
Crochet : *1755*, 1756, 1757.
Croissance : 623; (Régulateurs de) : 1415 à 1424, 1428; (relative) : 1568; (Zone de) : 1485, 1488.
Crossing-over: 283, 294, 295, 301, 306, 309 à 315, 852, 887, *888*, 889, *890*, 891, 1112 à 1118, 1621.
Crown-gall: 1455 à 1465.
Cryptomérie : 901.
Cténidie : *1758*, 1759.
Cuirasses : 1718, 1719.
Culture d'organes : 1528, 1529.
Cyanose : 597.
Cycle (évolutif des parasites) : 1174 à 1787, *1813*, 1814, 1815; (ovarien, ou œstral) : 1255, 1256, 1258.
Cyclocéphalie : 565, *592*, *593*, 594, 595.
Cyclopie : 564, 565, *566*, *567*, 568, *591*, *593*.
Cyclose : 42.
Cytoplasma : 14.
Cytopoïétine : 1473.

Daltonisme : 1075, 1076, 1089, 1090, 1114, 1115, *1116*, 1117.
Darwinisme : 1615 à 1616. Voir également Néodarwinisme.
(d)-désoxyribose : 55.
Dédifférenciation : 689.
Défense (Moyens de) : 1713 à 1725.
Dème : voir Population.
Déterminants de Weismann : 1617, 1618.
Détermination embryonnaire : 460, 461, 479 à 483, 489 à 492.
Deutérotoque (Parthénogenèse) : 1211.
Développement (direct) : 705; (embryonnaire) : 387 à 390; (indirect) : 705.
Dévonien : 1555, *1557*, 1559.
Dextrocardie : 614.
Diacinèse : 284, *286*, 298 à 301.
Diapause, ou Vie ralentie : 640, 656, 657.
Diastases, ou Ferments : 642, 643, 646.
Dictyocinèse : 125.
Dictyosomes : 124, 125, *126*, *127*, *128*, *129*, 131, 132, *133*, 134, *135*, *136*, 137, 152, *319*, 320, 321, 346.
Différenciation (cellulaire) : 1508 à 1518; (embryonnaire) : 460, *480*, *482*, 483.
Dihybridisme : 847.
Diphosphate d'adénosine, ou A.D.P. : 87.
Diplophase : 280.
Diplotène (Stade) : *286*, 292 à 297.
Division cellulaire : 1479 à 1482.

Dominance morphogénétique : 674, 675, 677.
Dominant (Caractère) : 835, 921 à 930.
Dominantes (Maladies) : 1064.
(d)-ribose : 55.
Drépanocytanémie : 1060.

Ectoderme : 426.
Ectoparasite : 1752.
Ectoplasme : 41.
Ectrodactylie : 571, 614, 615.
Ectromélie : 571.
Electrophorèse : 52.
Embryon : 1526, 1527, 1528, 1529.
Encéphalite infectieuse : 1882.
Endémiques (Espèces) : 1602, 1603, 1604, 1609.
Endoderme : 426.
Endomitose : 263 à 266.
Endoparasite : 1752.
Endoplasme : 41.
Endopolyploïdie : 264, 265.
Endothélium : 1487.
Energide : 21, 34.
Entérovirus : 1899.
Entre-nœud (d'un chromosome) : 273, 274.
Entropie : 787, 788.
Enzymes cellulaires : 376 à 379, 860.
Epiderme : 1385.
Epigamique (Théorie) : 1218 à 1220.
Epigenèse : 461, 463, 1328.
Epithélium : 1488, 1520; (rénal) : *1489*; (thyroïdien) : 1489.
Epizoaires : 1600.
Equatoriale (Couronne ou Plaque) : 209.
Ergastoplasme : 155 à 166; (animal) : *157*, *160*; (végétal) : *159*.
Ergots : 1719.
Espèce : 1581 à 1583.
Euchromatine : 234, 236.
Evolution : 1023, 1545, 1553, 1558; (humaine) : 1682 à 1690; (inorganique) : 1547; (progressive) : 1665 à 1674; (réelle) : 1559; (régressive) : 1665 à 1674.
Evolutionnisme : 1545 à 1546, 1570.
Exogastrulation : 496.
Expressivité : 1111 à 1112.
Exuvial (Liquide) : 741.

Facteurs génétiques (de la croissance) : 647, 648.
Fécondation : 834, 1192 à 1206, 1256, *1257*.
Fécondité, ou Multiplication différentielle : 1637.
Fermentation : 1867, 1868.
Ferments : voir Diastases.
Fibres striées : *163*.
Fibroblastes : *1484*, 1485, 1486, 1488, 1496, 1520.
Fièvre (aphteuse) : 23, 1882, 1890, 1898, 1899; (boutonneuse des Tropiques) : 29; (jaune) : 1882, 1887.
Filiation : 1853, 1854.
Fixation (Préparation des cellules) : 10.
Fixisme : 1544.
Flagelle : 316, *318*, 319, *321*, 323, *324*, 334, *335*, *336*, 344, *345*, 346, *347*, 348, 349, 352, 353, *354*, *355*, *356*, 357 à 363.
Flux (Equilibres de) : 1042 à 1043.
Fœtalisation : 1671 à 1672.
Follicule ovarique : 1255, 1256.
Folliculine (Hormone femelle) : 1258, 1260, 1275.
Fossiles : 1551.
Frères siamois : 577.
Frisures : 1883.
Fuchsine de Schiff : 55.
Fuite : 1722, 1723.
Fuseau achromatique : voir Achromatique.
Fusome : 214.

Galle, ou Cécidie : 1291, 1292, *1798*, *1799*, 1800; (du Chêne) : 1454.
Gamète : 1164, 1170, 1177.
Ganglia (allata) : 751; *(incerta)* : 751.
Gastrula : *425*, *428*, *435*, 440.
Gastrulation : 423, 426, *428*, 432, *434*, 437 à 438, 454 à 457, 518; (par embolie) : 423.
Gel (solution colloïdale) : 61.
Gémellité : 601. Voir également Jumeaux.
Gemmiparité : 1163.
Gène : 28, 30, 31, 32, 216, 219, *221*, 222, 274, 277, 290, 395, 665, 852, 870 à 872, 898 à 916, 1620; (complémentaire, ou isophane) : 1096, 1097; (conditionnel) : 901; (cytoplasmique) : 31; (d'intensité) : 902; (létal) : 913 à 915, 1097 à 1104; (modificateur) : 901, 925, 1094 à 1096; (Pénétrance du) : 1106 à 1111; (principal) : 901; (de répartition) : 902; (sublétal) : 1097 à 1104.
Génération spontanée : 1549 à 1550, 1551, 1846 à 1847.
Genèse : 1543.
Génétique : 833, 840; (appliquée) : 842; (évolutive) : 841; (formelle) : 841; (humaine) : 842; (physiologique) : 841.
Génique (Équilibre) : 1012, 1023.
Génofibrille :219.
Génome : *199*, 200, 1620.
Génotype : 837, 1620.
Gériatrie : 782.
Germen : 1166, 1167, 1168, 1617.
Germinale (Lignée) : 1166.
Gibbs (Règle de) : 66.
Gigantisme : 650.
Glandes (endocrines) : 649 : (péritrachéennes) : 769; (thoraciques de Toyama) : 759 à 762, 765, 769.
Glucides : 47, 171 à 174.

Glucose : 47.
Glutathion : 51.
Glycéride : 48.
Glycogène : 47, 171, 172.
Golgi (Appareil de) : 122 à 143; (Corps de) : 124.
Gonochorisme : 1226, 1232.
Gonocyte : 1170, 1171, 1172.
Gonosome, ou Hétérochromosome : 234, 873.
Goutte pendante (Culture en) : 1476, 1485.
Gradient (céphalo-caudal) : 507; (dorso-ventral) : 507; (vitellin) : 408, 409.
Grain de Palade : voir Palade.
Graine (Œufs du Ver à soie) : 738.
Granum (Grain de chlorophylle) : 108, 110.
Grasserie du Ver à soie : 1887, 1898.
Greffe : 675, *695*; (autoplastique) : voir Autogreffe; (bréphoplastique) : 1354 à 1365; (dormante) : 1324; (embryonnaire) : 1511; (hétéroplastique) : voir Hétérogreffe; (homoplastique) : voir Homogreffe; (Hybrides de) : 1326, 1327; (du noyau) : 368 à 371; (poussante) : 1324; (sexuelle) : 1269, *1270*, 1271; (syngénésioplastique) : voir Syngénésiogreffe; (végétale) : 1323.
Greffon : 1323.
Grippe : 23, 1538, 1890, 1899, 1903.
Gueule-de-loup : 568.
Gynandromorphisme : 1164, 1260 à 1264.
Gynogenèse : 1309 à 1315.

Hamules : 1733 à 1734.
Haploïdie : 547, 987, 988.
Haplomitose : 256.
Haplophase : 280.
Hapteur : 1756.
Hématochrome : *147*.
Hématopoièse : 1487.
Hémihétéromorphose : 686.
Hémocytoblastes : 1487.
Hémoglobine : 1081 à 1084, 1119.
Hémophilie : 614, 616, 1071 à 1075, 1114, 1115, *1116*, 1117.
Hépatite infectieuse : 1890.
Héréditaire (Patrimoine) : 833.
Hérédité (des caractères acquis) : 1674 à 1682; (cytoplasmique) : 96, 1038 à 1049; (dominante) : 1055, 1056; (gonosomique) : 1064 à 1076; (holandrique) : 1066; (humaine) : 1050 à 1157; (Lois de l') : 835, 836; (récessive) : 1056 à 1063; (*Théorie chromosomique* de l') : 851 à 872.
Hermaphrodisme : 1226 à 1231, 1268.
Herpès : 1891.
Hétérauxèse, ou Allométrie : 630, 631, 632, 633, 634, 635, 657.
Hétérochromatine : 234, 235, 236.
Hétérochromosome : voir Gonosome.
Hétérogreffe, ou Greffe hétéroplastique : 1324, 1325, 1329.
Hétéromorphose : 686.
Hétéroploïdie : 544 à 549.
Hétéroprotéides : 48, 53 à 59.
Hétérosis : 800, 801.
Hétérozygote : 836, 1057 à 1063, 1621.
Hexose : 47.
Histogenèse : 400; (végétale) : 1428 à 1436.
Historadiogramme : 13.
Holoprotéides : 48 à 53.
Holoside : 47.
Homéostasie, ou Adaptation régulatrice : 795, 821, 1667, 1700.
Homéothermie : 1667.
Hominisation : 1825, 1826, 1827, 1833 à 1837.
Homochromie : 1636, 1637, 1725, 1730.
Homœose : *696*, 697.
Homogreffe, ou Greffe homoplastique : 1325, 1329.
Homologie (des organes) : 1573, *1574*, *1575*, 1576, *1577*, 1578.
Homophanie : 1725.
Homotypie : *1726*, 1727, 1730.
Homozygote : 836, 1057, 1620, 1621.
Hormones : 649 à 657, 1239; (des gènes) : 555; (juvénilisantes) : voir Néoténine; (sexuelles) : 654, 1240, 1241, 1273, 1274, 1275; (sexuelles femelles) : voir Folliculine et Progestérone; (sexuelles mâles) : voir Testostérone; (somatotropes); 650, 651, 652; (thyroïdiennes) : 651, 652, 653.
Humain (Outil) : 1824, 1827; (Phénomène) : 1823 à 1825.
Hybridation du cytoplasme et du noyau : 544, 549 à 553.
Hybrides : 647, 648, 834.
Hydatide : *1778*.
Hydroleucites : 144.
Hypertélie : 1659 à 1662.
Hypophyse : 649, 650, 651, 730, 766.

Ichthyose : 1112, 1113, 1115, ***1148***.
Imago : 745.
Immobilité réflexe : 1723.
Immunité (cellulaire) : 1529; (humorale) : 1530.
Inanition : 639.
Index de recombinaison du chromosome : 294.
Induction (Ascidies) : 515; (Chaînes d') : 518 à 534; (Échinodermes) : 515; (embryologique) : 484 à 534; (Insectes) : 516, 517; (mésoblastogène) : 487, 492, 493, 494; (primaire) : 484, *485*, 497 à 514; (secondaire) : 518 à 534; (Xéno-) : 531 à 534.
Inquilinisme : 1745, 1600.
Instruments de musique animaux : 1735.
Insuline : 582.

Intersexualité : 1164, 1220 à 1226.
Iode : 717, 734.

Janiceps : *576*.
Jordanon : 1630.
Jumeaux : 602, 664, 1137 à 1142; (vrais) : 471, *472*, 473, *474*, 577.

Kératine : 52, *54*.
Kinétine : 1424, 1438.
Kinétochore : voir Centromère.
Kinine : 1424, 1428.

Lactose : 47.
Lait de coco : 1390, *1399*, 1421, *1422*.
Lamarckisme : 1613 à 1615.
Larve : 705, 706, 745.
Lécithines : 48.
Lépidosome : 152.
Leptotène (Stade) : 285 à 286.
Leucémie : 1133, 1883, 1902, 1906.
Leucites : 104.
Leucocytes : 1488.
Lignée (germinale) : 402, 1166; (somatique) : 402.
Linkage : 852, 872, 875, 880, 881, 883, 884, 885, 886, 887, 888, 889, 890, 891, 1112 à 1118.
Linnéon : 1630.
Lipides : 47, 48, 171.
Lipochondries : 408.
Liposome : 156.
Localisations germinales : 461.
Longévité : 789 à 796.
Lumière (Action sur la métamorphose) : 729 à 731.
Lycopène : 113.
Lymphocytes : 1488, 1520, 1521.
Lyse bactériophagique : 1887.
Lysogénie : 1037, 1038.
Lysosome : 166, 167.

Macroévolution : 1562 à 1563, 1565, 1569.
Macromères : 413.
Macrophages : *1486*, *1487*, 1488.
Main : 1826, 1827.
Maladie (de Basedow) : 652; (à virus) : voir Viroses.
Malformation : 563.
Malt : 1390.
Mariages consanguins : 1146 à 1153.
Marqueurs radioactifs : 13.
Matrix : 90, 217, *218*, 224, 225.
Mégaévolution : 1569.
Méiose : 206, 280 à 315, 1174, 1175, *1187*, 1188.
Membrane (cytoplasmique) : 167, *168*, *169*, 170; (nucléaire) : 182 à 187.
Méristème : 1374, 1386; (apical, ou terminal) : 1377, 1378, 1385, 1401; (central) : 1385; (latéral) : 1379; (radiculaire) : *1401*.
Méromitose : 202, 203, *204*.
Mérotomie : 364 à 372.
Mésenchyme (primaire) : 423, *425*, 426; (secondaire) : *425*, 426.
Mésoderme : 423, 448.
Mésomitose : *251*.
Mésophylle : 1386.
Métamorphisme : 1552.
Métamorphoses : 634, 706, 707; (complètes) : 655.
Métamitose : *251*.
Métaphase : 209, *212*, 302.
Métastable (État) : 1863.
Micelle : 61, 62, 63.
Microcéphalie : 614.
Microévolution : 1559 à 1562, 1565, 1569.
Micromélie : 582.
Micromères : 413.
Microphtalmie : 588.
Microscope (à contraste de phases) : 9, 13, 1513, 1514, *1515*; (électronique) : 5, *7*, *8*, 9, 10, 11, 12, 13, 23, 24, 1518; (à fluorescence) : 9; (à immersion) : 6; (à lentilles de quartz) : 9; (optique) : 4, *5*, *6*; (polarisant) : 9; (à réflexion) : 9; (Ultra-) : 9.
Microsome : 155, 156, 159, 164, 165, 1518.
Microtome : 10.
Mimétisme : 1728 à 1729, 1731; (batésien) : *1728*; (müllerien) : 1729; (parasitaire) : 1729.
Miracidium : 1776, *1777*.
Mitochondrial (Réseau) : 78, *79*, *80*, *82*.
Mitochondries : 77, *78*, *82*.
Mitose : 205 à 210, 242 à 266, 853; (des cellules humaines) : 1523 à 1525; (Inhibiteurs de la) : 278; (Stimulateurs de la) : 279.
Moelle : 1386.
Molécules autoreproductrices : 623, 625, 647, 665, 698.
Mongolisme : 610, 1129, *1130*, 1131.
Monocytes : 1488.
Monohybridisme : 843.
Monospermie : 1195, 1209.
Monstre : 563; (à axes parallèles) : voir Tératopage; (double) : 564, 575 à 578; (en λ) : 575, 576, 601, *603*; (simple) : 564 à 574; (en Y) : 575, 576, *599*, 601, *603*.
Monstruosité : 563, 1628.
Morphallaxis : 685.
Mort : 782; (apparente) : 823; (cérébrale) : 817; (clinique) : 823; (définitive) : 824; (élémentaire) : 822, 825; (générale) : 822; (naturelle) : 782.
Mortalité (Quotient de) : 797.
Morula : 419.
Mosaïque (Développement) : 461, 462, 463, 475, 476, 483; (du Navet) : 1899; (du Tabac) : *23*, *24*, *26*, 1887.
Mouvement brownien : 61.
Mucifère (Appareil) : 150.
Mue : 655, 656, 695, 705; (imaginale, ou nymphale) : 656, 657; (larvaire) : 656.

Multiplication (asexuée) : 663, 664; (différentielle) : 1637.
Musculaires (Cellules) : 1489, *1490*; (Fibres) : *18*, 19.
Muscle cardiaque (Contractions du) : 1521 à 1522.
Mutations : 899, 911, 917, 918, 919, 922, 1619, 1622 à 1629; (chromosomiques) : 947, 963 à 988, 992 à 1011; (dirigées) : 1030, 1031; (géniques) : 947 à 962, 989 à 992; (réverses) : 1625.
Mutationnisme : 1619, 1620. Voir également Néomutationnisme.
Mycétocyte : 1749.
Mycétome : 1749, *1750*.
Mycorrhize : 178, 1802, 1803, 1804.
Mycose : 1804.
Myélocytes : 1488.
Myofibrilles : 19.

Nanisme : 650, 651.
Naturalisation : 1699, 1700 à 1703.
Nécrobiose : 825.
Nématocyste : voir Cnidocyste.
Néoblastes : 678, *679*, 680, 684, 685, 699.
Néodarwinisme : 1617 à 1619.
Néolithique : 1836.
Néo-mutationnisme : 1620, 1643 à 1652.
Néoténie : 654, 734 à 737, 1671.
Néoténine (Hormone juvénilisante) : 765, 767.
Nerveuses (Cellules) : 1490, *1491*, *1492*.
Neuromotorium : 35.
Neurones : 1493.
Neurotropes (Substances) : 1497.
Neurulation : 433, 445 à 446, *447*, 518.
Non-vie : 782.
Noyau : 14.
Nucléole : 188 à 192; (vrai) : 191.
Nucléoplasme : 193 à 194.
Nucléoplasmique (Relation) : 379 à 395.
Nucléoprotéides : 54, 55.
Nutrition : 638.
Nymphe : 743, 744.

Ocelles : 1728.
Œuf : voir Ovule.
Oléoplastes : 113.
Oligo-éléments : 44.
Oligolécithe (Œuf) : 403, *404*, 412.
Ontogenèse, ou Ontogénie : 399, 1571, 1578, 1592, 1593, *1594*, 1595, 1596, 1597.
Oosphère : 834.
Optique (Activité) : 1864 à 1866.
Oreillons : 1882, 1893.
Organes (Homologie des) : voir Homologie; (rudimentaires) : 1579 à 1580.
Organisateur : 486, 487, 1332, 1336, 1337, 1338; (Centre) : 487, 488, *492*, 1332, 1336, 1337, 1338.
Organogenèse : 1436 à 1443; (de l'appareil uro-génital) : 523 à 531; (de l'œil) : 519 à 523.
Orthogenèse : 1564, 1565.
Orthomitose : 253.
Osmose électrique : 71.
Otocéphalie : 565, *567*, 568, *592*, *549*.
Outils (animaux) : 1731 à 1740; (humains) : voir Humain.
Ovaire : 1171, 1172, 1255.
Ovariotestis : 1227.
Ovocyte : 1172, 1185, 1186, 1187, 1188, 1189, 1255, 1256.
Ovogenèse : *295*, *296*, 1183 à 1189.
Ovogonie : 1183, 1184, 1185.
Ovotide : 1188.
Ovulation : voir Ponte.
Ovule, ou Œuf : 402 à 421, 834, 1164, 1193, 1194, 1195, *1196*, 1197, *1198*, *1199*, 1201, 1204, 1205, 1206.
Oxydations cellulaires : 372 à 374.

Pachytène (Stade) : *286*, 291 à 292, *293*.
Palade (Grains de) : 164, 165.
Paléolithique : 1834 à 1836.
Paléontologie : 1544, 1548, 1551 à 1570.
Paléophytologie : 1558, 1559.
Paléovolcanisme : 1855, 1858.
Palmure : 1707, 1708.
Panachures : 1883.
Panspermie : 1848 à 1851.
Parabasal (Appareil) : 127, *129*, 131, 134, 141, 316, *318*, 319, 321, *322*, 323, *324*, 334, *335*, 346.
Parabiose (Greffe en) : *771*, *1344*, *1345*, 1351, 1528.
Paraplasme : 170.
Parasitaire (Castration) : 1798, 1800; (Pathologie) : 1795 à 1800; (Spécificité) : 1787 à 1795.
Parasitisme : 1599 à 1601, 1745; (accidentel) : 1753; (facultatif) : 1753; (obligatoire) : 1753; (temporaire) : 1753.
Parasitocénose : 1787.
Parenchyme : 1385, 1386, 1394, 1396, 1397.
Parthénogenèse : 350, 351, 1207 à 1213, 1289; (accidentelle) : 1298; (alternante) : 1291 à 1292; (cyclique) : 1293 à 1296; (facultative) : 1290 à 1291; (indéfinie) : 1299; (obligatoire) : 1291; (polyploïde) : 1296 à 1297; (rudimentaire) : 1298 à 1299.
Parthéno-mérogonie : 1318.
Pédogenèse : 39, 1297, 1597.
Pédomorphose : 1597, 1670, 1672.
Peigne : 1759.
Pellicule corticale de l'œuf : 410.
Pentose : 54, 55.
Peptides : 51.
Périderme : 1385.
Perméabilité cellulaire : 66, 67, 69 à 72.
Permien : 1558.
Peste : 1882; (aviaire) : 1899.

Peuplement des îles : 1604 à 1609.
Phages : 27, 28, 29, 30.
Phénocopie : 614, 615, 1677, 1679.
Phénotype : 837, 1620.
Phloème : 1385, 1386, 1398, *1400*, 1429, *1431*, 1432, *1433*, 1435, 1436.
Phocomélie : 571 à 573, 582, 583, *587*, 588, *1628*, 1629.
Phorésie : 1745, *1747*.
Phosphatides : 48.
Phosphoaminolipides : 48, 54.
Phosphorylation oxydative : 87.
Photophores : 1734 à 1735.
Phylogenèse, ou Phylogénie : 1571, 1586, 1592, *1594*.
Pied-bot : 563.
Pinocytose : 71, 72.
Piquants (animaux) : 1718, 1719; (végétaux) : 1717, 1718.
Pituitaire (Glande) : 721, *722*, 723, 726, 730, 731, 732, 735.
Planula (Larve) : 470.
Plaque (équatoriale) : voir Équatoriale; (sénile) : 815.
Plaquettes vitellines : 101.
Plasmagènes : 121, 392, 393, 395, 1041, 1042.
Plasmode, ou Syncytium : 19, *20*, 22.
Plasmodesmes : 163.
Plastes, ou Plastides : 104, *116*, *117*, *129*, 144.
Plastogènes : 121.
Pléiotropie : 907 à 912, 1090, 1091.
Pleuromitose : 253.
Plumage : 943.
Pluteus (Larve) : 423, *425*, 426, *464*, 465, *466*, *468*, 470, 477, 515, 707.
Polaire (Calotte) : 211, *212*; (Groupe) : 69, 70.
Polarité (du développement) : 1447 à 1450; (de l'œuf) : 403, *404*, 405, *406*, 420, 421.
Poliomyélite : 23, 1537, 1883, 1890, 1898, 1899, 1902, 1904.
Polyallélie : 898 à 903, 1078 à 1090.
Polydactylie : *604*, 605, 614.
Polyédrie du Ver à soie : 1882.
Polyembryonie : 471, 601, 664, *1773*, 1774.
Polyhybridisme : 850.
Polymélie : *604*.
Polymérie : 903 à 907, 1092 à 1097.
Polypeptides : 51.
Polyploïdie : 200, 263 à 266, 389, 543, 973 à 982.
Polysomie : 982 à 987.
Polytènes (Chromosomes) : voir Chromosomes.
Ponte, ou Ovulation : 1205, 1206, 1256, *1257*.
Population, ou Dème : 1011, 1018 à 1029, 1632 à 1643.
Porte-greffe : 1323, 1324.
Pouf : 276, *277*, 393.
Préformation : 1328.
Préformisme : 461.
Préméiose : 284.
Primordium : 145, *146*, 153.
Procambium : 1385.
Procréateur : 833.
Procréé : 833.
Progamique (Théorie) : 1218 à 1220.
Progestérone (Hormone sexuelle femelle) : 1258, 1259, 1260.
Promitose : *251*, *252*.
Prophase : 208, *212*.
Protéines (fibreuses) : 51; (de structure) : 64, 237; (-virus) : voir Virus-protéines.
Protéoplastes : 113.
Protides : 48 à 59, 174, 175.
Protistes coloniaux : 37, *38*.
Protoderme : 1385,
Protoplasma : 14.
Pseudothalle : *1394*, 1398.
Psittacose : 29.
Psychique (Facteur) : 1825.
Psychisme (réfléchi) : 1826; (simple) : 1826.
Pupe : 743.
Pyrénoïde : 110, *111*, 112, *136*, *147*.

Quadrupédie : 1819, 1820.
Quartette de micromères : 418, 419.
Quotient de mortalité : voir Mortalité.

Radiations : 1499, *1500*, 1501; (adaptatives) : 1565; (Dangers des) : 1104 à 1106.
Radioactivité : 1551.
Radiothérapie : 1105.
Rage : 23, 1537, 1882, 1887, 1905.
Rajeunissement : 826, 827.
Rapport nucléo-plasmatique, ou nucléoplasmique : 411, 536.
Rayons (cytoplasmiques) : 65; (X) : *590*, *591*, *592*, 593.
Récessif : 923; (Caractère) : 835.
Récessive (Maladie) : 1064; (Tare) : 1057 à 1063.
Réduction chromatique : voir Méiose.
Régénération : 38, 39, 370, 371, 657, 658, 662; (Territoire de) : voir Territoire.
Régionalisation : 499, 500; (antéro-postérieure) : 497, 500 à 502; (dorsoventrale) : 497, 502 à 505.
Régulation : 461, 463 à 475, 476, 479, 489 à 492, 617, 662, 663, 685, 691, 1302, 1304, 1305, 1306, 1307; (astérienne) : 1309, 1310, 1315; (chromosomique) : 1309, 1310; (spécifique) : 1714.
Relation nucléoplasmique : voir Nucléoplasmique.
Reproduction (asexuée) : 1163; (sexuée) : 1163.
Rétinite pigmentaire : 1061.
Rhésus (Facteur sanguin) : 1084 à 1088.
Riboflavine, ou Vitamine B2 : 644.
Ribosome : 156, 158, 393, 394.
Rickettsia (Maladies à) : 29.
Rostre : *1757*.
Rouille du Blé : 1805.
Rubéole : 589.

Saccharose : 47.
Saignée réflexe : 1721.
Sanguins (Groupes) : 1079 à 1081.
Saprophytisme : 1753, 1804.
Sarcomes : 1532, 1533; (de Rous) : 23, 1534, 1536, 1906.
Scissiparité : 663, 678, 1163.
Sclérotique bleue : *1108*, 1109.
Scolex : *1755*, 1756, 1757.
Sécrétions (collantes) : 1721 à 1722; (défensives) : 1720 à 1722; (méphitiques) : 1720.
Segmentation de l'œuf : 383 à 386, 411 à 421; (bilatérale) : 417, 433; (discoïdale) : 415; (holoblastique) : 413; (méroblastique) : 415; (radiaire) : *412*, 413, 415, 422; (spirale) : *416*, 417 à 419; (superficielle) : 415.
Sel (Énigme du) : 1856 à 1858.
Sélection : 1011 à 1018, 1028, 1029; (naturelle) : 1615, 1633, 1634 à 1643.
Sénescence : 780, 781; (clonale) : 807 à 809; (pathologique) : 781; (physiologique) : 781.
Séniles (Plaques) : 815.
Sénilité : 635, 779.
Sensibilisation : 1418, 1419.
Sexe (Changement de) : 1264 à 1276; (Détermination du) : 1164, 1214 à 1231.
Sexuée (Reproduction) : 1163.
Sexuelle (Cellule) : 1165; (Différenciation) : 1164, 1237 à 1242.
Sexuels (Caractères) : 1242 à 1252.
Silicium : 1845.
Silurien : 1555, *1557*, 1559.
Sol (Solution colloïdale) : 61.
Soma : 1166, 1167, 1617.
Somation : 1619, 1699.
Spéciation : 1611, 1643 à 1647, 1652.
Spécificité nucléaire : 536 à 543.
Spermatide : 345, *346*, 348, 1177, 1178.
Spermatocyte : 1173, 1175, 1177, 1189, 1190.
Spermatogenèse : 1172 à 1183.
Spermatogonie : 1172, 1173.
Spermatozoïde : 316, 344 à 349, 358, 834, 1164, 1172, 1177, 1179, 1180 à 1183, 1193, 1194, 1195, *1196*, 1197, *1198*, *1199*, 1201, 1204, 1205, 1206.
Spermiogenèse : 1177 à 1179.
Spina bifida: 570.
Spiralisation des chromosomes : 226 à 232, *300*, 301, 303, 306 à 309.
Spirème : 267.
Stéride : 48.
Sternopages : *577*.
Stigma : 113.
Stimulus inducteur : 505, 506, 514, 531, 532.
Stratigraphie : 1551.
Stroma : *89*, 108, *109*.
Strophosomie : 581.
Structures du protoplasma : (alvéolaire) : 60; (fibrillaire) : 60; (réticulée) : 59, 60.
Subordination nutritive : 31.
Suc embryonnaire : 1473, 1474, 1475, 1476, 1477, 1478.
Survie cellulaire : 1493 à 1495.
Suspenseur : *17*.
Symbiose : 1749, 1753, 1801 à 1809.
Symbiotes cellulaires : 175 à 180.
Symélie : *573*, *596*, 597.
Syncytium : voir Plasmode.
Syndactylie : 588, 614, 615.
Syndrome (de Klinefelter) : 610 à 612; (triplo-X) : 612; (de Turner) : 612 à 614, 1132.
Syngamique (Théorie) : 1214 à 1218.
Syngénésiogreffe, ou Greffe syngénésioplastique : 1325, 1351.
Systématique : 1581 à 1587.

Tactoïde : 246.
Tare récessive : voir Récessive.
Télolécithe (Œuf) : 405, *406*, 415.
Télomère : 232 à 235.
Télophase : 210.
Tératologie : 563.
Tératopages, ou Monstres à axes parallèles : 575, 576.
Territoire de régénération : 691, 693, 694, 696, 700.
Testicule : 1171.
Testostérone (Hormone sexuelle mâle) : 723, 1252 à 1255, 1274, 1275.
Têtard : 708 à 737.
Tétrahybridisme : 850.
Tétraploïdie : 548.
Thalassémie : 1058; (major) : 1059; (mineure) : 1059; (minime) : 1059.
Thalidomide : 573, 582, 583, 585, 586, 588.
Thélytoque (Parthénogenèse) : 1211, 1291, 1292, 1293, 1294.
Thiamine, ou Vitamine B_1 : 643, 644, 1389, 1420.
Thixotrope (Corps) : 61.
Thoracopage : 577.
Thyroglobuline : 717.
Thyroïde (Glande) : 651, 652, 653, 715, 716, 721, *722*, 723, 726, 728, 730. 732, 734, 735, 766.
Thyroïdienne (Hormone) : 716, 717, 720, 726.
Thyroxine : 717, 720, 721, 730, 731.
Tissus (conjonctif) : 1485; (dermal) : 1385; (fondamental) : 1385; (humain) : 1522; (lacunaire) : *16*; (vasculaire) : 1385.
Tonoplasme : 143.
Tonoplaste : 144.
Torticolis congénital : *1107*, 1109.
Toxiques : 1501, 1502, 1503, 1504, 1505.
Trabant : 233.
Trachome : 29.
Transduction : 1036.

Transformisme : 1545.
Tréphone : 1473.
Trichite : 328, *329*, 330.
Trichocyste : 328, *329*, 330.
Trihybridisme : 848.
Triocéphalie : *595*.
Tripeptide : 51.
Triphosphate d'adénosine, ou A.T.P. : 87, 103, 111, 394.
Triploïdie : 547.
Trochophore (Larve) : 707.
Trophosponge : 137, *138*.
Tuberculose : 1530.
Tumeurs (cancéreuses) : voir Cancéreuses; (végétales) : 1454 à 1467.
Turner (Syndrome de) : voir Syndrome.
Typhus exanthématique : 29, 1538.
Typogenèse : 1569, 1611.

Ultrafiltres : 23.
Ultravirus : voir Virus filtrables.
Urtication : 1720.

Vacuole (contractile) : 41; (pulsatile) : 150.
Vacuome (animal) : 151; (végétal) : 145.
Varicelle : 1891.
Variole : 23, 24, 1882.
Véligère (Larve) : 707.
Venin : 1720, 1721; (de Naja) : *1507*.
Ventouses : 1756, 1757, 1759.
Ver à soie : 738 à 745.
Vie : 1841 à 1844; (latente) : voir Anabiose; (ralentie) : voir Diapause.
Vieillesse : 779.
Virion : 1895, *1896*, *1897*, *1899*, 1903.
Viroplasme : 26.
Viroses, ou Maladies à virus : 23, 1882.
Virus : 23, 24, 25, 26, 27, 28, 29, 30, 31, 1881; (filtrable, ou filtrant, ou Ultravirus) : 23, 1881; (intégré) : 28, 31; (-protéine) : 25, 29, 30; (quadrangulaire) : 26; (de Rous) : 1535; (de la vaccine) : 26, *27*; (de la variole) : *27*.
Vitamines : 643, 644, 645, 1420 à 1421; (A) : 645; (B1) : voir Thiamine; (B2) : voir Riboflavine; (B12) : 1421; (D) : 645.

Whorllike structures : 162.

Xanthophylle : 105, 113.
Xéno-induction*:* voir Induction.
Xeroderma pigmentosum: 614.
Xylème : 1385, 1386, 1398, 1400, 1429, *1430*, *1431*, 1432, 1435, 1436.

Ypérite : 588; (à l'azote) : *587*.

Zéatine : 1424.
Zona : 1882, 1891.
Zygote : 834.
Zygotène (Stade) : 286 à 291, *293*, *295*.
Zygoténie : 305.

TABLES

TABLE ANALYTIQUE

LA CYTOLOGIE GÉNÉRALE, *par Raymond HOVASSE*

La vie et le concept de la cellule, celle-ci unité de forme des êtres vivants. La Cytologie, science de la cellule, dépendance des moyens d'investigation mis à son service par la Physique. Loupe, microscope optique et électronique ont permis ses étapes successives. Comment la technique permet la progression des connaissances et contribue à supprimer l'équation personnelle des observateurs au profit de la vérité 3

LA THÉORIE CELLULAIRE ET LES FAITS

TISSUS CELLULAIRES ET PLASMODES: La cellule, masse protoplasmique centrée d'un noyau, simple et facile à reconnaître chez le Végétal; moins simple chez l'Animal. Les plasmodes, autre aspect de la matière vivante, ne sont, en fin de compte, qu'une déviation du dispositif cellulaire normal 15

THÉORIE CELLULAIRE ET FORMES INFÉRIEURES DE LA VIE (VIRUS, PHAGES ET RICKETTSIA: Certains êtres n'ont pas les caractéristiques ordinaires des cellules. Le virus, agent corpusculaire souvent pathogène. La mosaïque du Tabac et les virus-protéines; relations entre structure et virulence. Complexité plus grande des virus animaux. Morphologie des Bactériophages; la lyse bactérienne. Les Rickettsias, corpuscules polymorphes, voisins des Bactéries. La série virus-protéines, virus animaux, Phages, Rickettsias..., pont tendu entre virus et cellules et qui marque soit le passage de l'inorganique à l'être vivant, soit l'inverse, une série d'étapes de dégradation d'êtres primitivement cellulaires 22

THÉORIE CELLULAIRE ET PROTISTES: Les Protistes, cellules isolées. L'existence des noyaux bactériens fait rentrer les Bactéries dans la norme. La grande complexité de certains Protistes conduirait à les considérer comme appartenant à un degré d'organisation supérieur à la cellule. Comment faire justice de ce paradoxe 31

THÉORIE CELLULAIRE ET PHYSIOLOGIE: Claude Bernard a écrit : le nœud du problème vital est dans la cellule. Cependant la physiologie d'un organisme n'est exactement ni la somme ni le multiple du fonctionnement de ses cellules. Il peut y avoir cependant plus dans l'organisme total qu'il n'y a dans ses éléments. A ces réserves près, la cellule peut être considérée aussi comme l'unité physiologique des êtres vivants 36

CYTOLOGIE GÉNÉRALE ET BIOLOGIE GÉNÉRALE: Cytologie spéciale, point de départ de l'histologie : description des formes et des constituants variés d'éléments cellulaires différents. Cytologie générale, base de la biologie et de la physiologie : description des caractères communs à toutes les cellules 39

LE PROTOPLASMA : SES PROPRIÉTÉS GÉNÉRALES

Protoplasme, substance hétérogène, organisée, irritable et dont l'activité est dépendante du milieu externe, conclusions que l'on peut tirer de l'examen d'une Amibe ou de celui d'une cellule végétale et que l'on peut étendre à tous les protoplasmes 41

ANALYSE CHIMIQUE DU PROTOPLASMA: Éléments plastiques et oligoéléments définis par l'analyse chimique élémentaire. Analyse immédiate qui sépare les combinaisons du carbone conférant à la chimie du protoplasma son aspect si particulier 43

L'EAU ET LES SELS MINÉRAUX : Importance biologique de l'eau dans la vie cellulaire. Rôle des matières minérales entrant dans la composition du protoplasma 45

LES SUBSTANCES ORGANIQUES : Comportement des trois grands groupes de substances organiques caractéristiques de la vie : glucides, lipides et protides. La possibilité de groupement en édifices moléculaires géants, ou macromolécules, des trois catégories différentes de substances organiques : l'un des caractères les plus originaux de la matière vivante; composition des nucléoprotéides et caractéristiques chimiques et physiques des acides nucléiques . . . 46

PROPRIÉTÉS PHYSIQUES ET STRUCTURE DU PROTOPLASME : L'état physique particulier du protoplasme qui explique ses propriétés, apparemment incompatibles, de liquide et de solide. Étude des phénomènes colloïdaux et des possibilités d'équilibre de solubilité entre solutions colloïdales et solvants. Détermination d'une véritable infrastructure qui stabilise dans une certaine mesure l'hétérogénéité du protoplasma 59

LA MEMBRANE PROTOPLASMIQUE: Définition de la membrane protoplasmique : les différents aspects qu'elle peut offrir. Ses caractéristiques observables : indépendance vis à vis du reste de la cellule, structure particulière due à une orientation commune des molécules et différente de celle du cytoplasme, qu'on a pu déduire grâce à ses propriétés physiologiques et physico-chimiques. Schématisation de la structure de la membrane permettant d'expliquer ses trois propriétés fondamentales : perméabilité préférentielle vis à vis des substances liposolubles, faible tension superficielle, résistance électrique élevée 65

MEMBRANE ET PERMÉABILITÉ CELLULAIRE : L'extraordinaire efficacité de la membrane qui étend autour de la cellule une véritable barrière dont les conditions de franchissement sont partiellement connues. Les trois étapes de la traversée d'une membrane selon Danielli. Incorporation par la cellule de substances insolubles dans le protoplasme : phénomène de pinocytose. Mécanisme de l'excrétion cellulaire 69

LES CONSTITUANTS FIGURÉS DU PROTOPLASMA : Noyau et cytoplasme, les deux constituants essentiels du protoplasma. Les constituants cytoplasmiques, éléments figurés ou enclaves suspendus dans le hyaloplasme 72

LES CONSTITUANTS CYTOPLASMIQUES

LE CHONDRIOME: Historique des recherches qui ont mené à la connaissance des mitochondries 75

TECHNIQUES MITOCHONDRIALES : Procédés utilisés pour l'étude du chondriome sur le vif et après fixation 76

FORME DES MITOCHONDRIES : Mitochondries au sens strict, chondriocontes, chondriomites, réseaux mitochondriaux 77

PROPRIÉTÉS DES CHONDRIOSOMES : Sensibilité particulière aux variations de la concentration saline du milieu : la cavulation. Un autre phénomène plus discutable : la disparition possible des chondriosomes à partir d'une certaine température critique 81

COMPOSITION CHIMIQUE : Réactions et analyses mettant en évidence la présence d'un constituant lipidique et d'un constituant protéique. L'énorme complexité de la constitution chimique des chondriosomes, leur richesse en enzymes 83

STRUCTURE ET ULTRASTRUCTURE : Étude de l'ultrastructure des chondriocontes à partir de coupes ultraminces; la *cristae*, la *matrix*, leurs principales variantes 88

ÉVOLUTION DU CHONDRIOME ET PROBLÈME DE SA CONTINUITÉ GÉNÉTIQUE : Permanence dans toutes les cellules des éléments du chondriome malgré leur instabilité fréquente. La continuité génétique, explication de l'évolution de la forme des éléments du chondriome. Hypothèses et observations concernant la division du chondriome. Variations au cours du cycle cellulaire. Examen du chondriome au moment de la formation des gamètes et de la fécondation et étude de sa continuité à travers les générations successives 90

RÔLE DU CHONDRIOME : Rôle essentiel dans la respiration cellulaire dont il renferme les systèmes enzymatiques et stocke l'énergie produite sous forme d'A.T.P. Rôles accessoires dans diverses synthèses ou dans certains stockages 96

SIGNIFICATION DU CHONDRIOME : Les éléments du chondriome, organites élaborateurs essentiels de la cellule, les fabricants de A.T.P. 102

LE PLASTIDOME: Un ensemble de constituants spécial aux Végétaux verts, comprenant tous les organites liés à la production de chlorophylle et des divers produits dérivant de l'assimilation chlorophyllienne 103

LES CHLOROPLASTES : Caractéristiques morphologiques, dispositions variées des chloroplastes et chromatophores, utilisées dans la Systématique de certains Protistes ou des Algues. Composition chimique des plastes. Structure et ultrastructure des chloroplastes : granums, pyrénoïdes. Rôle des chloroplastes 104

LES LEUCOPLASTES : Caractéristiques morphologiques et comportement des plastes incolores 112

LES CHROMOPLASTES: Plastes sécréteurs de pigments chez les Végétaux Supérieurs 113

ORIGINE ET SIGNIFICATION DES PLASTES : Question controversée et non résolue malgré trois théories successives. Théorie de Schimper : les plastes, organites permanents, leur formation *de novo* semble impossible. Théorie de Pensa : les plastes peuvent dériver du chondriome. Théorie dualistique de Guilliermond : plastidome et chondriome sont deux catégories différentes mais apparentées . . . 113

L'APPAREIL DE GOLGI

MORPHOLOGIE GÉNÉRALE : Un réseau à mailles épaisses et irrégulières, occupant une large place dans le cytoplasme périnucléaire, particulièrement développé dans les cellules nerveuses et pouvant se présenter selon un type réticulé. Un type dispersé ou un type intermédiaire. Les dictyosomes, forme dispersée de l'appareil de Golgi dans les cellules germinales. Le « problème du Golgi », zone ou réseau, une question de mots 122

ÉVOLUTION DE L'APPAREIL DE GOLGI : Évolution du Golgi qui ne se divise pas dans les cellules nerveuses. Processus de division suivi par l'appareil de Golgi dans les autres cellules somatiques. A propos de la présence ou de l'absence du Golgi dans l'ensemble des cellules 131

STRUCTURE ET ULTRASTRUCTURE DE L'APPAREIL DE GOLGI : Ultrastructure générale facile à homologuer, bien définie par le microscope électronique. Traits caractéristiques du dictyosome observés au microscope optique 132

VÉGÉTAUX ET APPAREIL DE GOLGI : Observations démontrant l'existence d'un appareil de Golgi dans les cellules des Végétaux inférieurs puis dans celles de tous les Végétaux 135

LES CANALICULES DE HOLMGREN : Particularités des canalicules, confondus un certain temps avec l'appareil de Golgi 137

COMPOSITION CHIMIQUE DU GOLGI : Complexe lipoprotéique, plus pauvre en protéines que le chondriome mais plus riche en lipides. Autres constituants accessoires 139

FONCTIONS DE L'APPAREIL DE GOLGI : Relations entre l'appareil de Golgi et les fonctions sécrétoires de la cellule : examen de ses rôles possibles dans l'ensemble de ces phénomènes 140

LE VACUOME : Le système vacuolaire mis en évidence par P.A. Dangeard : un ensemble de vacuoles colorables par les teintures vitales, système indépendant du chondriome et de l'appareil de Golgi 143

LE VACUOME DES VÉGÉTAUX : Utilisation du colorant vital pour la mise en évidence des primordiums vacuolaires dont l'évolution se poursuit du point végétatif aux régions plus âgées : la taille des vacuoles augmente et leur nombre diminue par fusion. Parfois le phénomène est réversible : d'une vacuole unique et grande, il y a passage à de petits éléments distincts 145

LE VACUOME DES PROTISTES : Rarement, évolution du type végétal, généralement les vacuoles restent globuleuses sans se fusionner. Vacuoles spécialisées : vacuoles pulsatiles; vacuoles digestives; appareil mucigène 149

LE VACUOME ANIMAL : Vacuoles plasmocrines et vacuoles rhagiocrines. Évolution souvent en relation avec celle de l'appareil de Golgi . . . 151

STRUCTURE ET COMPOSITION DU VACUOME : La membrane vacuolaire. Composition chimique : une solution aqueuse de substances variées chez les Végétaux, moins variées chez les Animaux. Signification physique 153

RÔLE DU VACUOME : Stockage des élaborations cellulaires et des déchets chez les Végétaux : propriétés osmotiques, origine de la turgescence. Chez les Animaux, émonctoire cellulaire. Origine principale du vacuome : l'ergastoplasme 155

L'ERGASTOPLASME ET LES GRANULES CELLULAIRES: LIPOSOMES, RIBOSOMES, GLYCOSOMES, LYSOSOMES: Les divers granules cytoplasmiques. Des microsomes au reticulum endoplasmique et à l'ergastoplasme. Les ribosomes, granules lourds, de réaction basophile; leurs rapports avec l'ergastoplasme. Morphologie de l'ergastoplasme 155

COMPOSITION CHIMIQUE : Dominée par la richesse de l'ergastoplasme en acide ribonucléique. D'autre part, composition de détail qui varie selon les cellules 161

RÔLE DE L'ERGASTOPLASME : Rôle essentiel : la synthèse des protéines. Accessoirement, siège d'une partie du métabolisme lipidique. Rôle de liaison entre les diverses parties de la cellule et avec les cellules voisines. Ribosomes et embryogenèse 162

SIGNIFICATION DE L'ERGASTOPLASME : Rapports entre l'ergastoplasme et le noyau, entre l'ergastoplasme et le Golgi. Ribosomes et virus . . 164

AUTRES GRANULES : Granules de glycogène, granules de prokératine, granules protéiques, lysosomes 166

REMARQUES SUR LES ULTRASTRUCTURES DES CONSTITUANTS CYTOPLASMIQUES : Constitution de la membrane double ou du saccule, élément commun aux quatre constituants cytoplasmiques : chondriome, plastidome, Golgi et ergastoplasme (ce dernier annexant le vacuome) 167

LES ENCLAVES CELLULAIRES: Réserves cellulaires inclues dans le cytoplasme 170

LES LIPIDES : Mise en évidence des enclaves contenant huiles ou graisses 171

LES GLUCIDES : Étude des formations glycogéniques et amylacées. Amylose et amylopectine. La leucosine de certains Protistes 171

LES PROTIDES : Quelques exemples de réserves protidiques, reconnus chez l'animal qui, en d'autres cas, emmagasine des déchets non éliminés dans ces enclaves, prouvant ainsi que chaque organisme présente un métabolisme propre 174

LES SYMBIOTES : Cas d'association symbiotique entre Levure, Protophyte ou Bactérie et cytoplasme. Exemple des Zooxanthelles. Algues symbiotes de divers animaux aquatiques marins. Symbiotes d'organismes animaux aériens ou de cellules végétales. Rôles possibles des deux partenaires dans les associations symbiotiques qui peuvent se rapprocher de la symbiose aussi bien que du parasitisme 175

LE NOYAU ET SES MODES DE DIVISION

Importance du noyau qui avec le cytoplasme forme un complexe non dissociable 181

MORPHOLOGIE GÉNÉRALE DU NOYAU AU REPOS: Variations de la forme des noyaux souvent en rapport avec la forme des cellules. Tailles nucléaires 181

LA MEMBRANE NUCLÉAIRE : Les raisons qui prouvent la présence d'une membrane nucléaire. Les trois couches successives qui forment la membrane. Détermination, par examen microscopique, des caractéristiques générales de la membrane nucléaire 182

CONSTITUTION CHIMIQUE : Une complexité chimique qui correspond sensiblement à celle de l'ergastoplasme 187

LE NUCLÉOLE : Un constituant généralement temporaire, n'existant qu'en dehors des périodes de division, bien que des cas de division nucléolaire soient connus. Nombre et disposition des nucléoles. Morphologie des nucléoles et faits qui prouvent la possibilité d'échanges entre eux et les autres éléments de la cellule. Ultrastructure : agglomérations de granules denses à l'intérieur d'une substance de fond probablement protéique. Nucléoles vrais et chromocentres 188

CONSTITUTION ET FONCTIONS DU NUCLÉOLE : Constitution chimique du nucléole. Richesse en acide ribonucléique décelée dans le nucléole et parallélisme entre cette richesse et celle du cytoplasme. Rôle du nucléole dans les synthèses cellulaires 191

LE NUCLÉOPLASME : Caractéristiques physiques et chimiques 193

LES ENCLAVES NUCLÉAIRES ET LES CHROMOSOMES : Les deux types nucléaires possibles : noyaux optiquement vides et noyaux structurés. Explication possible de l'apparition ou de l'invisibilité des chromosomes : imbibition ou non imbibition du chromosome suivant la technique de fixation utilisée 194

LA LOI DE CONSTANCE DU NOMBRE : La loi de Boveri doit être amendée : le nombre des chromosomes est constant non pas exactement dans une espèce donnée, mais dans chaque génome de cette espèce. Variations possibles du coefficient de *n* et variations du nombre global des chromosomes : la polyploïdie et ses possibilités. Exopolyploïdie, intéressant toutes les cellules de l'organisme; endopolyploïdie intéressant seulement certains tissus ou organes. Polysomie. Variations aneuploïdes et leur liaison avec des manifestations pathologiques, telles que le cancer. Importance biologique de ces faits de variation 198

LA DIVISION CELLULAIRE SOMATIQUE: Division directe et division indirecte. 201

AMITOSE : Division directe du noyau suivie d'une division directe du cytoplasme. Variantes observées de l'amitose. L'amitose, processus simple par origine ou simplifiée par dégradation ? 201

MITOSE : Une exacte bipartition du matériel nucléaire de la cellule-mère entre deux cellules-filles. Mécanisme général de la mitose somatique et description des quatre phases successives qu'on y distingue schématiquement : prophase, métaphase, anaphase et télophase. L'antéphase, une phase essentielle chimique 205

LA FIGURE ACHROMATIQUE : Édification du fuseau et de la division cellulaire : œuf de Truite, Cochenilles, Végétaux supérieurs, Protistes. Morphologie des fuseaux et des asters qui sont des structures réelles. Les résidus fusoriaux après division cellulaire : corps intermédiaire et fusome. Signification des formations fusoriales 210

LES CHROMOSOMES : Les chromosomes, supports des gènes et reliés de ce fait à tous les problèmes biologiques qui touchent à la doctrine de l'évolution. Le raccourcissement métaphasique, problème morphologique et colorabilité des chromosomes, problème biochimique . . 216

STRUCTURE DU CHROMOSOME : Les trois constituants du chromosome métaphasique : chromonémas, centromère et matrix. Les chromomères 217

LA STRUCTURE SPIRALÉE DU CHROMOSOME : Spiralisation des chromomères. Techniques utilisées pour la mise en évidence. Organisation et développement de la spiralisation. Évolution des spires au cours des différents stades de la division chromosomique 226

STRUCTURES PARTICULIÈRES DU CHROMOSOME : Comportement des télomères, extrémités naturelles des chromosomes. Les nucléoles, expansions latérales ou terminales émanant de certains chromosomes particuliers appelés chromosomes nucléoligènes. Étude de la formation du nucléole : ses rapports avec le chromosome et avec l'hétérochromatine 232

COMPOSITION CHIMIQUE DU CHROMOSOME : Étude des variations cycliques de la constitution chimique du chromosome : zone euchromatique, zone hétérochromatique et répartition des acides nucléiques, des histones, des protamines, d'une protéine fonctionnelle et des constituants lipidiques. L'ADN correspond au matériel héréditaire 235

LE CYCLE CELLULAIRE DES ACIDES NUCLÉIQUES ET LEUR RÔLE : Rôle possible des acides nucléiques dans la synthèse des protéines spécifiques et modalités vraisemblables de la réalisation d'une telle synthèse. Rapports des chromosomes avec les autres constituants du noyau; la nucléination et la synthèse de l'acide désoxyribonucléique 238

LE MÉCANISME DE LA MITOSE: Principe général des mouvements des chromosomes lors de la mitose et les différentes théories proposées pour établir les causes de ce mécanisme : théorie de Belar, théories électriques, théorie des mouvements autonomes des chromosomes 242

LES TYPES PARTICULIERS DE MITOSE: Division du noyau réticulogranulé et du noyau euchromocentrique des Végétaux supérieurs 248

LA MITOSE CHEZ LES PROTISTES: Métamitose, mésomitose, promitose, trois catégories de la classification de Chatton qui ne recouvrent pas entièrement les possibilités de la division nucléaire. Les deux types de divisions nucléaires proposés par Grassé : orthomitose et pleuromitose. Questions posées par la division nucléaire des Protistes : les Protistes ont-ils tous des chromosomes, quelle est l'origine de ceux-ci et sont-ils comparables aux chromosomes des organismes supérieurs ? Travaux portant sur une éventuelle division transversale des chromosomes chez les Protistes. Étude de certains cas particuliers où l'on a pu constater des fluctuations importantes du nombre des chromosomes 250

LES FAITS D'ENDOMITOSE: D'autres exemples de variations du nombre des chromosomes. Travaux de Geitler sur les Hémiptères et confirmation des faits observés par lui chez d'autres Insectes. Explication du phénomène d'endopolyploïdie observé dans certains organes des Mammifères ou chez certains Végétaux 263

LES NOYAUX DE BALBIANI ET LES CHROMOSOMES POLYTÈNES: Description de noyaux d'un type particulier, découverts par Balbiani, étudiés par lui sur les glandes salivaires du Ver de vase et observés ensuite sur les larves de tous les Diptères. Le chromosome salivaire, ou mieux chromosome polytène, et la comparaison de la séquence de ses bandes colorables avec la série des gènes . . . 266

DISPOSITION ET STRUCTURE : Rapports entre la structure polytène et les chromocentres et les centromères. Structure des disques colorables et des chromomères 269

CONSTITUTION CHIMIQUE ET MICROSTRUCTURE : Comparaison entre région des bandes et région des entrebandes. Confirmation de l'hypothèse morphologique de la polyténie. Étude d'un même chromosome suivi au cours de la vie larvaire de certains Diptères et observation de l'entrée en activité, pendant une durée précise, de gènes particuliers, à des durées également précises de cette étape de la vie : l'existence des « poufs », première preuve physiologique et morphologique du fonctionnement des gènes 273

INHIBITEURS ET STIMULATEURS DE LA MITOSE: Rayons X et colchicine, chefs de file de deux catégories différentes d'inhibiteurs de la mitose : poisons de chromosomes et poisons fusoriaux. Rapports entre la division cellulaire et les changements de la composition chimique du protoplasme et moyens consécutifs de stimuler la mitose 278

LES DIVISIONS MÉIOTIQUES: Principe de la réduction chromatique, lignée diploïde et lignée haploïde. Mise en évidence de la division réductionnelle, sens cytologique des lois de Mendel; conséquences génétiques de la méiose 280

LE MÉCANISME MÉIOTIQUE : Principe schématique : deux mitoses successives au cours desquelles les chromosomes ne se divisent qu'une fois. Les différents stades des deux divisions différentes. Comportement des chromosomes au cours de la préméiose 283

STADE LEPTOTÈNE : Apparition, aux dépens d'un réseau de noyaux au repos, des chromosomes prophasiques non spiralisés et probablement non divisés 285

STADE ZYGOTÈNE : Appariement longitudinal des chromosomes homologues et tentatives d'explication du phénomène. Cas dans lesquels la zygoténie n'est pas absolue 286

STADE PACHYTÈNE : Fin du stade zygotène au cours duquel les chromosomes bivalents affectent une colorabilité plus marquée 291

STADE DIPLOTÈNE ET CHIASMAS : Séparation des constituants de chaque bivalent avec formation d'anses, les deux conjoints restant unis en certains points. Apparition de fentes longitudinales en des points distincts qui tendent à se rejoindre l'une l'autre en ménageant toutefois des points de contact entre chacun des deux éléments du bivalent, les chiasmas. Importance génétique de la constance dans la fréquence des chiasmas. Les deux issues du stade diplotène 292

LA DIACINÈSE ET L'ÉVOLUTION DES CHIASMAS : Gonflement du noyau dont le contenu devient exceptionnellement clair pendant que les chromosomes prennent les formes caractéristiques de la métaphase. Terminalisation des chiasmas, cause de la simplification de forme des chromosomes. Rapports entre chiasmas et spiralisation 298

LA MÉTAPHASE : Disparition de la membrane nucléaire, formation du fuseau, disposition des chromosomes sur le fuseau malgré l'absence de plaque équatoriale. Raisons de cette absence 302

L'Anaphase : Disjonction des bivalents et retour polaire irrégulier du fait de certains chiasmas qui doivent achever leur terminalisation . . 302

Télophase I : L'intercinèse réservée aux Végétaux 303

La Division II : Processus de la seconde division dite homéotypique. Variations de la spiralisation suivant trois types 303

Conséquence de la méiose. Signification et rôle : Mécanisme de la réduction et nécessité de deux divisions successives pour qu'elle soit totale. Hypothèse de Darlington tendant à expliquer la zygoténie, fait le plus remarquable de la méiose. Brassage des propriétés héréditaires, réalisé par la méiose qui se trouve ainsi être à l'origine de l'individualité des organismes et de la variation. . . 304

Essai sur la mécanique des chromosomes. Spiralisation. Chiasmas et crossing-over : L'acide désoxyribonucléique, élément chimique principal des chromosomes et source d'information pour l'étude de la mécanique chromosomique. Explications possibles du phénomène de spiralisation des chromonémas qui pourrait être lui-même une cause de formation des chiasmas et du crossing-over. Hypothèses formulées sur la formation mécanique du chiasma et du crossing over et les rapports qui peuvent exister entre eux. 306

L'APPAREIL CINÉTIQUE

La cinétide, appareil spécial indépendant des constituants essentiels de la cellule, autoreproducteur et capable de diverses transformations 316

LA CINÉTIDE DES PROTISTES: Complète chez les Flagellés libres les plus primitifs. Ses complications chez les Zooflagellés évolués. Sa décentralisation chez les Infusoires Ciliés, avec disparition de son rôle mitotique. Rôle possible dans la formation de certains trichites ou trichocystes des nématocystes. Autogenèse de ces derniers chez certains Péridiniens 318

LA CINÉTIDE DES MÉTAZOAIRES: Cinétide également complète chez les Spongiaires et les Echinodermes. Cellules flagellées plus simples des autres Métazoaires. Cellules ciliées ou vibratiles. Leurs structure et ultrastructure. Les cellules à bordure en brosse ne portent pas de cils mais des microvillosités. Appareils ciliaires dérivant de la cinétide 334

LA CINÉTIDE CHEZ LES VÉGÉTAUX: Un système en voie de disparition : subsistance du centrosome lors des mitoses des Algues et des Champignons. Réduction et disparition de la cinétide chez les Végétaux supérieurs sauf dans certaines gamétogenèses mâles . . . 342

LA CINÉTIDE DES ÉLÉMENTS REPRODUCTEURS MÂLES DES ANIMAUX: Le spermatozoïde, cellule flagellée à quelques exceptions près. Formation de l'appareil flagellaire du spermatozoïde à la fin de la méiose dans la plupart des cas. Parallèle évident entre la cinétide d'un spermatide et d'un flagellé. Rapports de forme entre spermie à flagelle court et membrane ondulante et Protiste . . 344

CONTINUITÉ DE LA CINÉTIDE ET ORIGINE DU CENTROSOME: Recherche de la manière dont la continuité génétique de la cinétide est assurée. Origines nucléaires possibles des centrosomes chez les Végétaux qui n'ont pas de cinétide dans les divisions spermatogènes. Permanence de la cinétide chez certaines Algues et chez certains Animaux. Théorie classique de la division du centrosome et état des recherches actuelles 349

STRUCTURE DE LA CINÉTIDE ET DE SES DÉRIVÉS: Structure du centrosome et de son milieu ambiant. Structure comparable des centrioles de cellules au repos ou en division chez divers Vertébrés. Ultrastructure des cils et des flagelles. Composition chimique des fibres qui soutiennent le cylindre cytoplasmique formant cils et flagelles. Les mastigonèmes des Protistes 351

MOUVEMENT DES CILS ET DES FLAGELLES: Ce mouvement est indépendant de l'état de la cellule mais étroitement dépendant de l'intégrité de la cinétide. Études des détails du mouvement ciliaire et flagellaire : théories diverses tendant à l'expliquer : Delage, Gray, Lowndes. Autres possibilités de déplacement par flagelles . . 357

CYTOPLASME ET NOYAU : LEURS RELATIONS MUTUELLES

Recherche du rôle exact des constituants essentiels du protoplasme . . 364

EXPÉRIENCES DE MÉROTOMIE: Opérations de microchirurgie consistant à comparer des cellules intactes avec des cellules amputées de certaines parties. Expériences et conclusions de Eichhom, Verworn et Balbiani portant sur le cytoplasme et le noyau. Observation du comportement de cellules végétales anucléées par Klebs. Les expériences modernes conduisant à une analyse plus précise des relations nucléocytoplasmiques : greffe d'un noyau étranger dans une cellule préalablement anucléée, mise en évidence du rôle du noyau dans la régénération de la cellule. Hämmerling et ses Acetabularia. Micronoyau et macronoyau : les deux types de noyaux morphologiquement distincts des Infusoires ciliés 364

DES EXPÉRIENCES DE MÉROTOMIE A L'ÉTUDE DE LA PHYSIOLOGIE CELLULAIRE: La théorie de Loeb et les oxydations cellulaires : elles ne sont pas nucléaires mais cytoplasmiques et le chondriome en est le centre 372

LE NOYAU ET LA SYNTHÈSE PROTÉIQUE: Le noyau est l'initiateur par son ADN qui contrôle, par l'intermédiaire de l'acide ribonucléique cytoplasmique, la synthèse des protéines. Celles-ci sont un produit de l'ergastoplasme dont nous avons vu l'origine nucléaire probable 374

RÉPARTITION DES ENZYMES CELLULAIRES: Localisation des systèmes enzymatiques de la cellule. Action du noyau sur l'équipement enzymatique cellulaire 376

LA RELATION NUCLÉOPLASMIQUE: Le rapport entre volume nucléaire et volume cytoplasmique est, en principe, constant . . . 379

RELATION NUCLÉOPLASMIQUE ET DIVISION CELLULAIRE : Variations observées dans la valeur de la relation nucléoplasmique au moment de la mitose 382

RELATION NUCLÉOPLASMIQUE ET SEGMENTATION DE L'ŒUF : Segmentation de l'œuf après fécondation et problème posé par la synthèse de l'acide désoxyribonucléique au cours de développement 383

RÔLES RESPECTIFS DU NOYAU ET DU CYTOPLASME AU COURS DU DÉVELOPPEMENT EMBRYONNAIRE: Au début du développement, les noyaux sont identiques entre eux tandis que le cytoplasme est hétérogène. Par la suite, il y a, au contact des cytoplasmes différents, modification des noyaux. Expériences de Briggs et King. Il y a aussi des échanges entre noyau et cytoplasme, échanges qui peuvent exister dans les deux sens, l'un des courants prédominant sur l'autre à certaines phases de la vie cellulaire 387

CONCLUSIONS GÉNÉRALES: LA COOPÉRATION NUCLÉO-CYTOPLASMIQUE: Le noyau élément de stabilité des propriétés spécifiques mais facteur de variation du fait de la méiose. Le cytoplasme peut-il réagir sur le noyau ? Le noyau, du fait de ses gènes, est l'initiateur des synthèses, toutes cytoplasmiques, réalisées au niveau des ribosomes. Hypothèse des plasmagènes, trait d'union entre les gènes nucléaires et l'ARN des ribosomes. Réalité des trois types d'ARN et leur rôle respectif dans la synthèse protéique : véritable aspect des relations nucléocytoplasmiques 391

BIBLIOGRAPHIE 396

L'EMBRYOLOGIE, *par L. GALLIEN*, de l'Institut

Objet de l'embryologie. Développement à partir d'une cellule-œuf totipotente de l'organisme qui relaiera ses géniteurs. L'ontogenèse résulte du retour périodique à l'état unicellulaire au cours de la vie de l'Espèce. Aspect descriptif. Aspect analytique : compréhension des mécanismes assurant les différenciations cellulaires et organiques. Expressions des propriétés du génome. Lien avec la Sexualité. Qualité des cellules germinales, relations avec Méiose et Fécondation. Embryogenèses partielles : reproduction asexuée et régénération 399

ORGANISATION DE L'ŒUF

Propriétés générales et propriétés particulières. Lignée germinale. Caractères des œufs. Nature de la fécondation : activation et amphimixie 402

PRINCIPAUX TYPES D'ŒUFS : Oligolécithes, alécithes, télolécithes. Rôle du vitellus 403

L'ŒUF DES AMPHIBIENS : Étude d'un cas concret, particulièrement bien connu 407

STRUCTURE DE L'ŒUF : Organisation cytoplasmique — Anisotropie — Gradients — Structure de la pellicule corticale — Ses propriétés . . 407

ENVELOPPES DE L'ŒUF : Chorion — gangue gélifiée 411

CARACTÈRES DE LA SEGMENTATION : Clivage de l'œuf en blastomères, sans augmentation notable du volume initial, sans mouvements cellulaires, aboutissant à la blastula 411

SEGMENTATION DE L'ŒUF DE SYNAPTA : Type simple — Segmentation totale, égale, radiaire 412

MODALITÉS DE LA SEGMENTATION : Rôle de la masse vitelline. Œufs oligolécithes, télolécithes, centrolécithes 413

PRINCIPAUX TYPES DE SEGMENTATION 415

Type radiaire : Echinodermes 415

Type bilatéral : Ascidies 417

Type spiral : Vers, Mollusques 417

EVOLUTION DU GERME AU COURS DE LA SEGMENTATION 419

CONCLUSIONS : Caractères généraux de l'œuf : anisotropie, polarité, plasmes. Déterminations 419

DÉVELOPPEMENT EMBRYONNAIRE DE QUELQUES TYPES FONDAMENTAUX

DÉVELOPPEMENT DE L'OURSIN : Caractéristiques de l'œuf de l'Oursin commun. Segmentation de type radiaire. Formation de la blastula et gastrulation. Évolution de l'embryon à la fin de la gastrulation, structure de la larve *pluteus* et passage au stade *echinopluteus* 422

DÉVELOPPEMENT DES ASCIDIES : L'œuf vierge de Cynthia partita. Fécondation de l'œuf et apparition des mouvements cytoplasmiques qui aboutiront à la formation de six territoires visibles disposés en un ordre précis par rapport à l'axe de l'œuf. Segmentation et gastrulation, neurulation et constitution de la larve têtard . 427

DÉVELOPPEMENT DES AMPHIBIENS

SEGMENTATION : Segmentation totale, inégale et de type bilatéral . . . 433

GASTRULATION : Les mouvements des masses cellulaires qui aboutiront à l'édification d'un germe dans lequel les trois feuillets fondamentaux occuperont leurs positions relatives 437

CARTE DES TERRITOIRES PRÉSOMPTIFS : Analyse des mouvements de la gastrulation : coloration de certains groupes de cellules de la blastula, afin de suivre le mécanisme de formation des feuillets germinatifs. Établissement de la carte des territoires présomptifs d'une gastrula . 438

MISE EN PLACE DES FEUILLETS AU COURS DE LA GASTRULATION : Mise en évidence des mouvements fondamentaux de la gastrulation par la pose de marques colorées au long du méridien qui correspond au plan de symétrie chez une blastula âgée : mouvements d'invagination, d'élongation, de convergence. Agencement des trois feuillets au début de la neurulation 441

NEURULATION : Les différentes étapes qui conduisent au développement ultérieur des ganglions spinaux et des nerfs crâniens d'une part, des cellules pigmentaires et du conjonctif d'autre part 445

ÉVOLUTION DE L'EMBRYON AU COURS DES STADES DU BOURGEON CAUDAL : Formation de la chorde et des somites. Différenciation du mésoderme en trois régions de part et d'autre de la chorde et constitution des formes essentielles de l'embryon 446

DÉVELOPPEMENT DES OISEAUX: Orientation de l'œuf selon von Baer 449

SEGMENTATION : Processus du clivage. Établissement des territoires présomptifs des différentes ébauches sur le blastodisque. Description des phénomènes qui président à la constitution de la région axiale de l'embryon 449

ÉVOLUTION ULTÉRIEURE : Développement des deux annexes embryonnaires, l'amnios et l'allantoïde 457

LA DIFFÉRENCIATION EMBRYONNAIRE

Relations entre différenciation et détermination. Préformisme et Épigenèse — Phénomènes de régulation 460

DÉVELOPPEMENT DE TYPE MOSAÏQUE: Cténophores — Ascidies — Spiralia 462

ÉPIGENÈSE: EXTENSION DES FAITS DE RÉGULATION: Réaction qui tend à corriger les effets d'une perturbation. Echinodermes — Prochordés — Oiseaux — Polyembryonie des Mammifères — Amphibiens 463

FACTEURS CHRONOLOGIQUES DANS LA DÉTERMINATION DES ŒUFS MOSAÏQUES: Ascidies 475

ACQUISITION DU CARACTÈRE MOSAÏQUE DANS LES GERMES À CAPACITÉ RÉGULATIVE ÉTENDUE 476

CHAMPS ANIMAL ET VÉGÉTATIF DANS LE GERME D'OURSIN : Mise en évidence de deux régions douées de propriétés morphogénétiques différentes, champ animal et champ végétatif. Leur interférence . . 477

LA DÉTERMINATION DANS LE GERME D'AMPHIBIEN : Limitation progressive des propriétés régulatives du germe d'Amphibien, au cours de la gastrulation. État chez la neurula — Découpage de l'embryon en champs morphogénétiques régionaux 479

L'INDUCTION

INDUCTION PRIMAIRE ET CENTRE ORGANISATEUR CHEZ LES AMPHIBIENS: Greffe de la lèvre dorsale du blastopore, induisant la formation d'un système nerveux secondaire (induction neurogène) et l'édification d'une chorde secondaire, flanquée de somites (induction mésoblastogène) 484

PROPRIÉTÉS DU CENTRE ORGANISATEUR 488

DÉTERMINATION PRÉCOCE ET POUVOIR RÉGULATEUR DU CHAMP CHORDO-MÉSODERMIQUE DORSAL 489

LIMITES DANS L'ESPACE ET LIMITES D'ACTION DANS LE TEMPS DU CHAMP CHORDO-MÉSODERMIQUE DORSAL 492

TRANSMISSION DU POUVOIR INDUCTEUR À LA PLAQUE MÉDULLAIRE : INDUCTION HOMOIOGÉNÉTIQUE (MANGOLD ET SPEMANN, 1927) : La capacité inductrice est acquise par la plaque médullaire. Celle-ci peut induire à son tour une différenciation neurale dans l'ectoderme . 493

COMPÉTENCE: C'est l'état physiologique présenté par un tissu réactionnel donné et qui lui permet de répondre à un effet inducteur . 493

EXOGASTRULATION: Expérience permettant de démontrer que le contact entre ectoderme et chordo-mésoderme dorsal est nécessaire à la manifestation de l'effet inducteur 496

EFFETS RÉGIONAUX DANS L'INDUCTION PRIMAIRE: Le caractère de l'induction aboutit à des structures régionales, des organes induits 497

EFFETS RÉGIONAUX ANTÉRO-POSTÉRIEURS : Tête et Cerveau — Tronc et Moelle épinière — Queue — Mise en évidence — Dualité des inducteurs 500

EFFETS RÉGIONAUX DORSO-VENTRAUX : Mise en évidence dans les dérivés organogènes du mésoderme : chorde, somites, pronéphros, sang 502

NATURE DE L'INDUCTION: Premières recherches — Non spécificité du principe inducteur 505

MÉCANISMES INDIRECTS DE RELAIS DANS L'INDUCTION — EFFETS CYTOLYTIQUES : Ce ne sont pas les substances étrangères éprouvées qui sont inductrices. Elles ont une action traumatisante sur les tissus réactionnels (ectoderme). Ceux-ci libèrent l'inducteur. Progrès dans l'identification chimique des substances inductrices — Leur nature nucléoprotidique — Probabilité de l'interaction de deux principes inducteurs rendant compte des effets régionaux 506

EXTENSION DES PHÉNOMÈNES D'INDUCTION

ASCIDIES 514

ÉCHINODERMES 515

INSECTES 516

CHAÎNES D'INDUCTION DANS L'ONTOGENÈSE DES AMPHIBIENS: Phénomènes d'induction d'ordre supérieur qui font du développement embryonnaire une longue suite d'événements où déterminations et inductions locales interfèrent 518

INDUCTIONS DANS L'ORGANOGENÈSE DE L'ŒIL : Phases principales du développement de l'œil résultant d'une suite d'inductions; les différentes modalités de l'induction dans l'œil, leur mise en évidence et les conclusions qu'on en peut tirer 519

INDUCTIONS DANS L'ORGANOGENÈSE DE L'APPAREIL URO-GÉNITAL : Exemples d'inductions organogénétiques tardives dans l'organisation du mésonéphros et des gonades chez les Amphibiens; expériences montrant l'induction de la différenciation du mésonéphros par l'uretère primaire; organisation normale de la gonade, démonstration du rôle du territoire somatique dans la cytodifférenciation des gonies; effet de régulation exercé par la medulla sur le développement cortical. Recherches visant à l'identification chimique des inducteurs de la différenciation sexuelle 523

XÉNO-INDUCTIONS : Spécificité et nature du stimulus inducteur agissant au cours de l'organogenèse et recherche du degré de compétence du tissu réactionnel. Transplantations xénoplastiques qui, réalisant une formation composite, la chimère, permettront de reconnaître des relations génétiques et d'établir à quel degré l'origine d'un organe contient des parties générales ou spécialisées . . . 531

NOYAU ET EFFETS GÉNÉTIQUES DANS L'EMBRYOGENÈSE

Relations entre les effets émanant des structures génétiques liées au noyau, les activités cytoplasmiques et les différenciations organogénétiques 535

RAPPORT NUCLÉO-CYTOPLASMIQUE: sa constance 536

ACQUISITION DE LA SPÉCIFICITÉ NUCLÉAIRE: Expérience de greffe nucléaire dans l'œuf des Amphibiens 536

DIFFÉRENCIATION SANS CLIVAGE 543

ACTIVITÉS NUCLÉAIRES DANS L'HÉTÉROPLOÏDIE ET L'HYBRIDATION — ABERRATIONS CHROMOSOMIQUES: Hétéroploïdie — Déviation de la formule diploïde caractéristique du noyau de fécondation 544

HÉTÉROPLOÏDIE : Observations expérimentales relatives aux effets de l'accroissement du nombre des chromosomes sur le développement de l'œuf 544

Haploïdie: Conséquences entraînées par l'hétéroploïdie chez les Amphibiens : syndrome de l'haploïdie 547

Triploïdie: Évolution sensiblement normale mais affectant profondément le développement des organes génitaux 547

Tétraploïdie: Troubles provoqués par la tétraploïdie et conclusions que l'on peut tirer de l'altération quantitative du noyau de fécondation chez les Amphibiens 548

Aneuploïdie: l'Homme et les aspects les plus spectaculaires de cette aberration 548

HYBRIDATION : Réalisation dans la cellule-œuf d'une combinaison cytoplasme-noyau dont les éléments diffèrent qualitativement . . . 549

Hybrides intraspécifiques chez les Amphibiens: Croisement, dans le cadre d'une même espèce, de diverses races n'ayant plus le même patrimoine héréditaire 550

Hybrides interspécifiques diploïdes: Dans les croisements entre espèces, il y a des degrés dans la capacité de développement du germe. Étude chez les Amphibiens et les Échinodermes. Le plus souvent le développement avorte à divers stades de l'ontogenèse 551

Hybridation diploïde par transplantation de noyau 552

Hybridation interspécifique haploïde 553

ABERRATIONS CHROMOSOMIQUES : Un développement harmonieux exige la présence de chromosomes normaux. Toute déviation ou altération structurale de ceux-ci se traduit par des aberrations du développement 553

CONCLUSIONS : Les rapports noyau-cytoplasme 554

MODE D'ACTION DES GÈNES AU COURS DE L'ONTOGENÈSE: Mise en évidence de substances diffusibles liées à la présence de gènes particuliers et contrôlant certains caractères de l'ontogenèse 555

CONCLUSIONS GÉNÉRALES: L'œuf fécondé, point de départ du développement, caractères des œufs, évolution des capacités régulatives, mise en place des champs morphogénétiques. Progrès de la détermination. Aboutissement de l'ontogenèse avec l'édification d'un jeune organisme menant une vie libre 555

BIBLIOGRAPHIE 556

LA GENÈSE DES MONSTRES, *par Étienne WOLFF,* de l'Institut

INTRODUCTION: Origines de la Tératologie et les raisons qui en contrarièrent pendant longtemps l'épanouissement en qualité de science objective et indépendante. Définition de la monstruosité. Buts de la tératologie et rapports entre embryologie et tératogenèse . 563

CONSTITUTION DES MONSTRES: Une similitude des types monstrueux dans les groupes de Vertébrés indiquant une similitude des mécanismes qui les engendre 564

LES MONSTRES SIMPLES : Monstres constitués par une seule individualité et qui présentent une déficience initiale souvent masquée par des remaniements précoces 564

Monstruosités de la tête: La cyclopie, l'une des monstruosités faciales les plus caractéristiques et qui est conditionnée par une malformation initiale du cerveau. L'otocéphalie. Constitution normale de la face à partir de trois catégories de bourgeons séparés par des fissures qui, se comblant, ne laisseront que les orifices habituels ou détermineront au contraire une malformation si l'une ou l'autre des soudures ne se produit pas : bec-de-lièvre, gueule de loup. Mécanisme de formation de l'anencéphalie 565

Monstruosités du tronc et des membres: Absence congénitale d'un membre; ectromélie, ectrodactylie. Malformations ayant entraîné un remaniement de la disposition normale des organes; phocomélie, arrêt de développement des ébauches brachiale et prébrachiale alors que le développement de la main se poursuit normalement; symélie, malformation létale dans laquelle on n'observe qu'un membre situé dans le prolongement direct de la colonne vertébrale 571

LES MONSTRES DOUBLES : Monstres constitués extérieurement par deux composants plus ou moins fusionnés issus du dédoublement d'un seul individu primitif. 575

Les monstres en Y: Dédoublement de la région antérieure portant sur une longueur plus ou moins grande 575

Les monstres en λ : Monstres doubles dans la région inférieure, simples dans la région supérieure 576

Les monstres à axes parallèles (tératopages): Monstres apparemment constitués par deux individualités juxtaposées parallèlement l'une à l'autre; monstres janiceps, thoracophages, frères siamois. Les jumeaux vrais, cas le plus extrême de monstruosité double originelle ayant réussi à rejoindre le normal 576

TÉRATOLOGIE EXPÉRIMENTALE: Intérêt de la tératogenèse expérimentale : étude des phénomènes embryologiques par l'apport de troubles dans le mécanisme normal. Les monstruosités et les questions qu'elles posent quant à leur origine et à leur développement. Monstruosité expérimentale, moyen d'observation spécialement réalisable sur les animaux ovipares. Techniques indirectes, modification des conditions du milieu dans lequel se développe l'embryon, et techniques directes, interventions destructives sur un territoire délimité et lors d'une période précise 578

PRODUCTION EXPÉRIMENTALE DE MONSTRES SIMPLES

TECHNIQUES INDIRECTES : Des premières applications d'agents tératogènes à la chimiotératogenèse. Détermination d'une sensibilité élective de certaines ébauches à certaines substances. Expériences réalisées après les méfaits de la thalidomide et mise en évidence des réactions différentes présentées par différentes espèces animales à certains agents tératogènes. Monstruosités obtenues par carence démontrant l'importance des déficiences alimentaires sur la progéniture d'une femelle gestante et malformations d'origine pathogène 580

TECHNIQUES DIRECTES : Avantage des techniques directes sur les techniques indirectes : permettre d'obtenir à volonté une malformation déterminée. Utilisation du rayonnement X, méthode et avantages de l'irradiation localisée. Malformations obtenues par rayonnement X et observations rendues possibles par ces différentes expériences quant à la genèse des monstruosités. Reproduction expérimentale de certaines anomalies du système vasculaire par ligature des vaisseaux embryonnaires 589

PRODUCTION EXPÉRIMENTALE DE MONSTRES DOUBLES ET DÉDOUBLEMENT D'ORGANES

LES MONSTRES DOUBLES ET LES JUMEAUX : Production de monstres doubles par section méridienne des deux premiers blastomères ou de la jeune gastrula. Expériences démontrant le pouvoir de dédoublement et de multiplication du germe d'Oiseau, et détermination volontaire de la gémellité ou de la polyembryonie. Obtention de monstres doubles, correspondant aux catégories rencontrées à l'état spontané, par fissuration incomplète du blastoderme 598

LES DÉDOUBLEMENTS D'ORGANES : Démonstration qu'une partie d'organe encore indifférenciée peut constituer un tout : production expérimentale d'organes doubles par intervention à un stade précoce du développement embryonnaire 604

MALFORMATIONS PAR DÉFICIENCES CHROMOSOMIQUES: Relations entre aberration chromosomique et anomalie constitutionnelle. Étude de la garniture chromosomique 605

LE MONGOLISME : Apparition d'un chromosome supplémentaire dans la formule chromosomique normale, due à une irrégularité de répartition au moment de la réduction chromatique 610

ANOMALIES SEXUELLES

Syndrome de Klinefelter: Aberration de la réduction chromatique de l'un des gamètes (les deux hétérochromosomes de l'ovocyte ne s'étant pas disjoints lors de la méiose) qui provoque l'arrêt du développement testiculaire au moment de la puberté et entraîne des troubles hormonaux considérables 610

Syndrome de Turner: Tableau clinique des sujets atteints. Caractère héréditaire des véritables mutations provoquées par les anomalies sexuelles 612

MALFORMATIONS HÉRÉDITAIRES: Malformations héréditaires dominantes ou récessives. Exemples de similitude entre anomalies d'origine héréditaire et anomalies d'origine accidentelle ou expérimentale, donc non transmissibles. Recherches tendant à déterminer la manière dont un gène mutant peut exercer son action sur les processus du développement et à mettre en lumière les facteurs intermédiaires par lesquels il transmet son information aux caractères qu'il régit 614

CONCLUSIONS: La tératologie actuelle : une branche de l'embryologie expérimentale, qui recherche les raisons et les causes pour lesquelles l'embryon, cessant à un stade donné du développement de suivre la voie normale, devient monstrueux. Les lois qui peuvent découler de l'étude des monstres expérimentaux et le parallélisme que l'on peut établir entre malformations provoquées et malformations héréditaires 616

BIBLIOGRAPHIE 619

LA CROISSANCE ET LA RÉGÉNÉRATION, *par Marcel ABELOOS*

LA CROISSANCE

Augmentation de la matière vivante accompagnant le développement de l'individu à partir du germe : une résultante statistique. Processus des synthèses vitales et rôle des molécules autoreproductrices d'acides nucléiques dans leur élaboration. Le phénomène de copie moléculaire, critérium de la vie et principe élémentaire de croissance. Préparation du milieu moléculaire indispensable aux synthèses essentielles par un ensemble de catalyseurs spécifiques. L'indispensable équilibre entre l'autocatalyse et l'hétérocatalyse moléculaires. Conditions nécessaires à la croissance 623

LES FORMES DE LA CROISSANCE: L'accroissement du protoplasme vivant, phénomène essentiel de la croissance, chez les Métazoaires : hyperplasie et hypertrophie; cellules permanentes, cellules stables, cellules labiles. Les facteurs de corrélations qui définissent l'individualité, fixent l'activité de prolifération et la taille cellulaires, et les interactions complexes qui s'exercent entre catégories de cellules différenciées. La croissance, une succession de phases distinctes qui se succèdent selon un ordre défini dans chaque espèce animale. L'hétérauxèse, ou croissance relative des parties; représentation des phénomènes d'hétérauxèse par la relation générale d'allométrie. Parallèle entre croissance relative et croissance globale et étude des périodes de développement de l'organisme. Époques critiques, modifications des corrélations de croissance et bouleversements des champs et des gradients d'hétérauxèse; animaux subissant des métamorphoses; processus de croissance, processus de décroissance liés aux premiers, états d'équilibre, sénilité. Les liens unissant vraisemblablement croissance globale, hétérauxèse et croissance biochimique. Diversité des manifestations fonctionnelles liées à la croissance 626

LES FACTEURS EXTERNES DE LA CROISSANCE: Les conditions du milieu externe de vie : un ensemble de facteurs complémentaires dont l'équilibre est nécessaire à la vie, donc à la croissance en premier lieu. Facteurs physiques exerçant une grande influence sur les phénomènes vitaux; température du milieu. Facteurs chimiques alimentaires, principaux facteurs externes de la croissance; les diverses conséquences de l'inanition, de la sous-alimentation, de la carence d'un élément chimique normalement indispensable. Les substances alimentaires énergétiques, plastiques, catalytiques, leurs rôles respectifs et les besoins qu'ils satisfont selon le stade de développement ou l'échelle des êtres concernés, les animaux supérieurs ayant des exigences alimentaires accrues du fait d'une réduction du pouvoir de synthèse qui se manifeste dans l'évolution des besoins azotés; rôle de l'Azote, des acides aminés, des vitamines, des ferments 637

LES FACTEURS INTERNES DE LA CROISSANCE: Les molécules autoreproductrices qui dirigent les synthèses spécifiques, facteurs importants de la croissance. Recherche des relations précises qui existent entre la constitution génétique d'un œuf et les caractères de l'adulte qui en provient; étude des hybrides et de leur descendance : hérédité de la taille spécifique, probablement contrôlée par les gènes qui exerceraient leur action à des époques et par des moyens différents. Les mécanismes de corrélation qui assurent la liaison entre les diverses activités chimiques des gènes, distribuées dans les diverses parties de l'organisme, et permettent ainsi l'accomplissement du processus métabolique d'ensemble; facteurs internes de la croissance qui provoquent ces corrélations : sécrétions hormonales des glandes endocrines; hormones de croissance, hormones morphogénétiques, hormones de métabolisme : sécrétions hypophysaires, thyroïdiennes, génitales, pancréatiques, surrénales, parathyroïdiennes. Étude des corrélations humorales régissant la croissance des Arthropodes, du processus de la métamorphose des Insectes, des phénomènes de diapause. Corrélations de croissance qui entrent en jeu chez les animaux inférieurs dépourvus de milieu intérieur et qui assurent l'entretien des champs d'hétérauxèse dans l'organisme ainsi que la distribution des seuils de réceptivité aux hormones dont elles déterminent l'action morphogénétique; intervention des corrélations de croissance dans les phénomènes de cicatrisation et de régénération 647

CONCLUSIONS : La croissance, un processus biochimique de synthèse spécifique, dirigé par un ensemble de molécules autoreproductrices, qui s'effectue dans des conditions physiques déterminées et à partir d'une union définie de matériaux alimentaires. Réactions métaboliques concourant aux synthèses spécifiques. Mécanismes de corrélation basés sur des déplacements de substances et assurant la collaboration entre les divers processus chimiques disséminés dans l'organisme dont ils doivent assurer la croissance totale. Les phases de croissance 659

BIBLIOGRAPHIE 661

LA RÉGÉNÉRATION

La régénération : reproduction par un organisme d'une partie amputée, ou la capacité que possède l'organisme de se réparer comme il s'est construit, capacité qui lie la régénération à la permanence des forces et des mécanismes qui ont assuré l'ontogenèse. Rapports entre pouvoir régénérateur et ontogenèse : restriction du pouvoir de l'un au fur et à mesure des progrès de l'autre; de la régénération totale des êtres inférieurs, régénération très proche de la multiplication asexuée, à la régénération territoriale des animaux supérieurs. Cicatrisation et récupération des propriétés des cellules embryonnaires par les éléments voisins de la blessure, processus initiaux qui précèdent et conditionnent une régénération ultérieure 662

LA RÉGÉNÉRATION CELLULAIRE CHEZ LES PROTOZOAIRES: Principe de la régénération des fragments nucléés chez les Protozoaires. Les capacités régénératrices des Stentors et les trois conditions essentielles que doit remplir le fragment concerné pour sa régénération. Mise en évidence de la continuité génétique des cinétosomes, dans l'appareil ciliaire du Stentor, qui ne peut cependant assumer à elle seule l'explication de l'organisation des matériaux selon un plan spatial spécifique définissant l'individualité et conduit ainsi au concept de champ morphogénétique 665

LA MORPHOGENÈSE CHEZ LES ÉPONGES: Cellules amiboïdes indifférenciées capables d'engendrer toutes les catégories de cellules différenciées de l'adulte et pouvant naître elles-mêmes de la dédifférenciation de certaines cellules déjà différenciées, montrant ainsi que la différenciation chez les Spongiaires est toujours incomplète et souvent réversible. Originalité des phénomènes morphogénétiques des Spongiaires 668

LA RÉGÉNÉRATION TOTALE CHEZ LES HYDRAIRES: Origine des tissus régénérés et facteurs qui président à l'organisation de ces matériaux : les problèmes essentiels qui expliquent les prodigieuses facultés de régénération des Hydraires. Étude du mode de régénération sur la section transversale du tronc d'un polype d'Hydroïde et mise en évidence de la condition initiale indispensable à la genèse d'un polype. Expériences démontrant que l'organisation d'un polype régénéré est sous la dépendance du métabolisme aérobie des tissus, qu'elle est sensible aux conditions de température extérieure, qu'elle marque des variations régionales, qu'elle est enfin soumise à la dominance morphogénétique manifestée par un organe développé ou en voie de développement et capable d'inhiber, de retarder ou de supprimer le développement d'un organe semblable dans un certain rayon. La différenciation métabolique axiale constatée chez les Hydroïdes 670

LA RÉGÉNÉRATION CHEZ LES VERS: Les diverses possibilités de régénération observées chez différents Vers. Les néoblastes mésodermiques, éléments comparables aux cellules indifférenciées embryonnaires des Métazoaires Acoelomates, siège de transformations remarquables chez certaines Annélides. Examen des mécanismes qui déclenchent l'activation et la mobilisation des néoblastes ou les phénomènes de différenciation qui inaugurent les processus régénérateurs en cas d'amputation : rôle éventuel de la chaîne nerveuse, propriétés spécifiques des tissus ecto-mésodermiques mécanismes de la régénération polaire et de la régénération territoriale et différences observables entre les deux types de régénération. Expériences d'irradiation aux rayons X montrant l'importance des migrations néoblastiques chez les Planaires. La morphallaxie, remaniement des parties anciennes qui peut accompagner une régénération partielle causée par les néoblastes. Modalités de l'organisation des parties régénérées. La règle de polarité et ses exceptions (hétéromorphose, hémihétéromorphose), qui détermine la nature antérieure ou postérieure du régénérat prenant naissance sur une section. Nématodes et Rotifères, exemples d'Invertébrés inférieurs qui présentent une extrême réduction du pouvoir régénérateur 677

LA RÉGÉNÉRATION TERRITORIALE CHEZ LES ANIMAUX SUPÉRIEURS: Diminution des facultés de régénération au fur et à mesure que l'on considère des organismes de plus en plus évolués. Les membres des Batraciens Urodèles, matériel de choix pour l'étude des problèmes posés par la régénération des Vertébrés; processus de cicatrisation puis constitution d'un blastème qui fournira les tissus de type conjonctif du régénérat; examen des relations de filiation entre tissus anciens et tissus néoformés et observation des phénomènes de dédifférenciation; facteurs qui conditionnent la formation des blastèmes de régénération : rôle du système nerveux, rôle éventuel du milieu humoral, processus d'interaction entre les divers tissus du moignon. Les territoires de régénération chez le Triton, et mise en évidence de leurs propriétés spécifiques que l'on est conduit à localiser dans les tissus conjonctifs, donnant à ceux-ci le rôle primordial d'organisateur des tissus nobles selon le plan spécifique de chaque territoire. La détermination partielle du régénérat et ses causes. Régénération territoriale chez les Mollusques et chez les Arthropodes. Liens qui unissent le pouvoir de régénération des Arthropodes au phénomène de la mue. Exemples d'anomalies de régénération chez les Arthropodes : régénération atypique, homoeose substitutive 687

CONCLUSIONS: Constitution et détermination du blastème, phase caractéristique de la régénération. Intérêt de l'étude de l'histogenèse régénératrice et des compétences histogénétiques d'un type cellulaire. Importance des champs morphogénétiques 697

BIBLIOGRAPHIE 702

LES MÉTAMORPHOSES ANIMALES, *par J. J. BOUNHIOL*

Développements directs ou indirects. Transformation progressive de la larve en adulte soit continue, soit par paliers (mues successives). Transformation brusque par métamorphose. Phénomènes couverts par la notion actuelle de métamorphose 705

DU TÊTARD A LA GRENOUILLE

DÉROULEMENT DES PHÉNOMÈNES EXTERNES: Les larves d'Amphibiens Anoures; de la larve issue de l'œuf à la forme têtard. Morphologie d'un têtard de grenouille et les différents stades de son développement constituant prémétamorphose et métamorphose proprement dite 708

TRANSFORMATIONS INTERNES ANATOMIQUES: Appareils digestif, respiratoire, circulatoire, excréteur et reproducteur, de leurs formes initiales à leurs formes définitives. Les organes des sens, le squelette et la musculature 711

MODIFICATIONS DE LA PHYSIOLOGIE: Quelques exemples de changements bio-chimiques profonds qui affectent le têtard pendant la métamorphose : transformation du mode d'excrétion des déchets azotés, variations du taux de glycogène et du degré d'hydratation des tissus 714

DÉTERMINISME: MÉCANISME ENDOCRINIEN

OBSERVATION PRINCEPS : La métamorphose est un phénomène provoqué par l'hormone thyroïdienne 715

ÉTUDES COMPLÉMENTAIRES : Accroissement de l'activité thyroïdienne dans la période qui précède immédiatement la métamorphose et modifications de la glande thyroïde elle-même. Rôle des produits iodés dans l'accélération de la métamorphose. Résultats obtenus, par traitement iodé des têtards, et suivant l'âge des sujets traités, l'intensité et la durée du traitement 716

RÔLE DE LA PRÉHYPOPHYSE OU PARS ANTERIOR DE LA GLANDE PITUITAIRE*:* L'action stimulatrice de la glande pituitaire sur la thyroïde qui demeure cependant le principal agent de la métamorphose. Rapports possibles entre certaines glandes endocrines et la métamorphose . . 722

SUBSTANCES ARTIFICIELLES EMPÊCHANT OU RETARDANT LA MÉTAMORPHOSE : Antithyroïdiens et frénateurs de la pituitaire 723

Antithyroïdiens: Conclusions tirées des expériences réalisées sur des larves soumises à l'action d'antithyroïdiens 723

Frénateurs de la préhypophyse: Conséquences d'une expérimentation méthodique de la paraoxypropiophénone sur des têtards et confirmation de certaines thèses de l'endocrinologie : l'imprégnation de l'organisme par les hormones n'est pas permanente ou n'est pas efficace de façon permanente 724

LES CONDITIONS DE LA MÉTAMORPHOSE SPONTANÉE : RÔLE DES FACTEURS EXTERNES : Les facteurs externes qui peuvent déterminer l'intervention de la préhypophyse et, au travers d'elle, provoquer l'éveil de la sécrétion thyroïdienne 726

Le cycle saisonnier : Importance, pour le développement du têtard, du rapport de durée entre le jour et la nuit 728

Action de la lumière : Influence de l'éclairement sur les phases successives de la métamorphose et réactions endocriniennes à la lumière. Traitement du têtard par l'association lumière-thyroxine exogène, l'une annulant le freinage de sécrétion hormonale provoqué par l'autre 729

RÔLE DU SYSTÈME NERVEUX : Le système nerveux : un agent de liaison entre les événements extérieurs et le système endocrinien. La délicate détermination des rapports entre la préhypophyse et le diencéphale : la pituitaire, donc aussi la thyroïde, est-elle directement influencée par des inhibiteurs exogènes ou cesse-t-elle son action par un manque d'information lui-même provoqué par l'altération des centres nerveux ? 731

LES MÉTAMORPHOSES DES AUTRES AMPHIBIENS: Amphibiens dont les têtards naissent à un stade plus avancé que les têtards de Grenouilles 733

RETARD SPONTANÉ DE LA MÉTAMORPHOSE : LA NÉOTÉNIE : Persistance de l'aspect et de la physiologie larvaires; néoténie partielle et néoténie totale. L'Axolotl de l'Amblystome, exemple de néoténique se comportant comme un adulte. Causes probables de la néoténie des Pérennibranches dont les tissus présentent vraisemblablement une résistance insurmontable à l'action du facteur thyroïdien. Point des notions acquises sur la métamorphose des Amphibiens 734

DE LA CHENILLE AU PAPILLON

LES ÉTAPES DU CYCLE VITAL: Le stade chenille. Morphologie du Ver à soie 738

LA MUE : Processus des mues successives, occasion d'un accroissement volumétrique et pondéral sensible mais n'entraînant aucun changement morphologique ou physiologique important 740

PREMIERS SIGNES DE LA MÉTAMORPHOSE : Les épisodes de cette ultime mue qu'est la métamorphose 742

LA CHRYSALIDE ET LE PAPILLON : Les transformations morphologiques qui marquent le passage de la larve à l'imago 744

MODIFICATIONS STRUCTURALES: Des organes se développent plus que d'autres pendant certains stades larvaires (allométrie majorante ou allométrie minorante). Mécanisme de la croissance particulier à la plupart des Insectes supérieurs : multiplication cellulaire peu fréquente mais considérable accroissement de la taille des cellules existantes avec polyploïdie, persistance de cellules restées quasi embryonnaires (cellules de remplacement) : rôle des cellules imaginipotentes; les disques imaginaux. Transformation de la musculature. Contribution du tissu adipeux qui apporte ses réserves de protéines, de lipides et de glycogène. Transformation de l'intestin moyen, de l'intestin antérieur et de l'intestin postérieur. Perfectionnement du système nerveux qui doit assurer des fonctions beaucoup plus importantes chez l'imago que chez la chenille. Étude de l'association des cellules larvaires et des cellules imaginipotentes en vue d'édifier des tissus et des organes adultes . . 745

DÉTERMINISME DE LA MÉTAMORPHOSE; SON MÉCANISME HORMONAL: Recherche du facteur sécrétoire hormonal, probablement d'origine cérébrale, qui provoque la métamorphose . . 753

CERVEAU OU GANGLIONS CÉRÉBROÏDES : Expérience tendant à démontrer que les manifestations de déficience ou de stimulation de la métamorphose respectivement provoquées par extirpation ou par greffe du cerveau sont bien le fait des corps allates et des corps cardiaques 755

CORPS ALLATES : Provocation d'une métamorphose anticipée par ablation des corps allates qui permet de conclure que ceux-ci produisent un facteur inhibiteur des ébauches des tissus et structures de l'adulte ou un facteur prolarvaire nécessaire au développement des tissus larvaires 756

CORPS CARDIOPHARYNGIENS : Rôle présumé des corps cardiopharyngiens 758

GLANDE THORACIQUE : Ablations et surtout transplantations ayant permis d'attribuer à la glande thoracique l'origine d'une hormone provoquant les mues larvaires, la mue de métamorphose et, dans certains cas, les mues embryonnaires, sans pour autant imprimer à une mue son caractère larvaire ou imaginal 760

INTERACTIONS ENDOCRINES : Mise en évidence de l'action combinée du cerveau et de la glande thoracique; rapports des deux organes entre eux et intervention probable d'autres glandes endocrines dans la stimulation de la glande prothoracique. Processus endocriniens qui déclenchent vraisemblablement mues larvaires, pupales ou imaginales chez l'animal normal. Les deux échelons des phénomènes de métamorphose. Une nouvelle combinaison hormonale s'établit chez l'imago tendant à maintenir la métamorphose acquise et intervenant dans de nouvelles fonctions, la reproduction notamment 762

NATURE BIOCHIMIQUE DES HORMONES : Isolement des hormones et détermination de leur nature 766

RÔLE DES FACTEURS EXTERNES : Les rapports entre les facteurs externes et le déclenchement des processus internes qui aboutissent à la métamorphose sont déjà démontrés dans plusieurs cas 767

LA MÉTAMORPHOSE CHEZ LES AUTRES INSECTES: Ordres d'Insectes qui présentent les phases larve-pupe-imago au cours de leur développement. Holométaboles et Hémimétaboles. Intérêt de l'étude des Insectes à métamorphoses progressives 768

CONCLUSIONS GÉNÉRALES : La métamorphose, un changement brusque et irréversible dans la forme et le fonctionnement d'êtres vivants avant qu'ils aient acquis l'aptitude à la reproduction et dans le but d'une meilleure adaptation à un nouveau milieu. Parallèle entre le développement des Amphibiens et celui des Insectes 773

BIBLIOGRAPHIE 775

LE VIEILLISSEMENT ET LA MORT, *par M. D. GRMEK*

Définition du vieillissement et les deux significations du terme : développement puis involution plus précisément désignée par le terme sénescence. La notion de sénescence et les difficultés qui en interdisent une définition précise, aucun critère spécifique ne lui étant actuellement reconnu. Sénescence pathologique et sénescence physiologique et rapports entre la sénescence et la mort naturelle . . 779

HYPOTHÈSES SUR LES CAUSES ET LE PROCESSUS FONDAMENTAL DE LA SÉNESCENCE: Recherche des causes possibles et du processus fondamental de la sénescence. Le vieillissement et les facteurs écologiques. Hypothèses basées sur le principe que la sénescence est un phénomène inhérent à la structure même de l'être vivant. Gérontologie aristotélique et galénique; extinction progressive des processus métaboliques; usure du capital vital énergétique originel; empoisonnement chronique dont l'extension provoque la mort; accumulation de substances nocives dans les cellules et dans les liquides des organismes âgés; influence de la vie cellulaire commune et de la haute spécialisation des cellules chez les êtres supérieurs; rôle du système nerveux central et des glandes endocrines et involution primaire de certains organes; vieillissement des colloïdes; parallèle entre système dynamique et système statique; accroissement de la lenteur et de l'insuffisance des capacités régénératrices de l'organisme; augmentation de l'entropie et racémisation dans les processus enzymatiques 782

LA LONGÉVITÉ COMPARATIVE DES ÊTRES VIVANTS: Longévité potentielle et longévité moyenne. Facteurs qui influent sur la longévité moyenne d'un être et comparaison entre la longévité moyenne des différents types d'êtres vivants. Recherche d'une corrélation entre la longévité spécifique et une ou plusieurs caractéristiques somatiques des êtres vivants 789

ANALYSE STATISTIQUE DE LA MORTALITÉ: Établissement et analyse mathématique de tables de survie. L'intérêt du quotient de mortalité à chaque âge pour l'étude de la sénescence et les théories mathématiques sur l'augmentation du taux de mortalité. Les trois types principaux de courbes de survie 796

LE RÔLE DE L'HÉRÉDITÉ: Rapports entre la longévité des parents et la longévité des descendants. Observations effectuées sur des individus obtenus par croisement de lignées pures et par hybridations. Les explications possibles de la transmission de la longévité 799

ÉTUDE EXPÉRIMENTALE DES FACTEURS EXTERNES DU VIEILLISSEMENT: Facteurs externes tendant à abréger la vie ou tendant, au contraire, à retarder la sénescence 802

Température : Phénomènes observés du changement de la longévité en fonction de la température ambiante et rapports entre l'hibernation, naturelle ou artificielle, et la sénescence 802

Alimentation : Influence de la sous-alimentation et de la « restriction calorique » chez des sujets jeunes sur le vieillissement ultérieur . 805

Autres facteurs : Autres facteurs qui peuvent provoquer une sénescence anticipée : radiations ionisantes, troubles névrotiques . . 806

LA SÉNESCENCE DES ORGANISMES PEU DIFFÉRENCIÉS :

Protozoaires et Bactéries : Bipartition de l'être. La sénescence clonale : un phénomène naturel contrebalancé par la conjugaison, ou le résultat d'une auto-intoxication accidentelle ? Processus du vieillissement individuel observé chez certains Protozoaires 807

Champignons : Impossibilité d'une multiplication végétative illimitée. Le « déterminant de la sénescence » et les moyens d'en retarder les effets. Les possibles rapports entre les processus du vieillissement chez les Champignons et chez d'autres êtres vivants . . 810

Hydre d'eau douce : L'Hydre, un être « potentiellement immortel » qui assure un équilibre entre croissance perpétuelle et destruction permanente 811

Autres êtres pluricellulaires réputés pour leur « immortalité potentielle » : Caractéristiques des cellules polyvalentes 812

Animaux inférieurs soumis a une sénescence typique : Décadence sénile et longévité limitée chez les animaux inférieurs caractérisés par un nombre de cellules constant et génétiquement déterminé 812

LA SÉNESCENCE DES MÉTAZOAIRES AU NIVEAU CELLULAIRE: Dégénérescence progressive des cellules spécialisées, sénescence clonale des cellules de certains tissus et combinaisson des deux processus : causes possibles de l'involution sénile de l'individu pluricellulaire. Les manifestations du vieillissement dans les différents composants de la cellule. Morphologie et biochimie de la sénescence dans les tissus spécialisés. Modifications séniles à l'échelon cellulaire ou tissulaire et hypothèses formulées sur les causes de la sénescence cellulaire 813

LES DIFFÉRENTS TYPES DE SÉNESCENCE DES ORGANISMES PLURICELLULAIRES: Manifestations différentes de la sénescence selon les différentes branches du règne animal et influence réciproque de la sénescence cellulaire et de celle de l'organisme total 816

Insectes : Les formes du vieillissement chez les Insectes dont la principale semble être la dégénérescence des cellules ganglionnaires . 817

Vertébrés : Vertébrés poecilothermes et Vertébrés homéothermes : croissances différentes, vieillissements différents. Caractéristiques de la dégénérescence sénile chez les Poecilothermes et chez les Homéothermes. 817

LES CARACTÉRISTIQUES DE L'ÉTAT SÉNILE DE L'HOMME ET DES AUTRES MAMMIFÈRES: Les conséquences organiques et fonctionnelles du vieillissement. Les modifications psychiques qui accompagnent la sénescence somatique et les maladies dites de dégénérescence qui sont associées au vieillissement. 819

LES ÉTAPES DE LA MORT: Lésions localisées et dérèglement de l'un des grands systèmes de l'organisme, mort de l'ensemble de l'organisme, mort des cellules de tous les tissus : étapes marquant le passage de la mort clinique à la mort individuelle définitive. Les phénomènes de survie naturelle 822

LE RAJEUNISSEMENT: Une question posée depuis l'origine de la civilisation et à laquelle l'Homme ne peut encore répondre : la sénescence est-elle un processus réversible ? 825

BIBLIOGRAPHIE 828

L'HÉRÉDITÉ, *par Andrée* TÉTRY

D'une notion traditionnelle et empirique à la génétique, science expérimentale de l'hérédité. Premières expériences de Mendel et premières observations portant sur le croisement de deux variétés de pois; loi de dominance; loi de pureté des gamètes; loi de ségrégation ou de divorce des caractères. Homozygotes, hétérozygotes. Monohybridisme, polyhybridisme, et notion de discontinuité du patrimoine héréditaire. Travaux parallèles à ceux de Mendel mais dont les auteurs ne comprirent pas les lois qui présidaient aux faits observés. Redécouverte des lois de l'hybridation végétale à l'extrême fin du XIXe siècle et expérimentations diverses sur un nombre considérable de végétaux et d'animaux. Vers l'élaboration de la génétique moderne dont la complexité autorise une division en plusieurs branches 833

GÉNÉTIQUE FORMELLE

LES RÈGLES DE L'HÉRÉDITÉ

Première expérience : Expérience de monohybridisme, les deux progéniteurs différant par un caractère unique : croisement d'une Souris grise de race pure avec une Souris albinos et étude du comportement des individus de la deuxième génération filiale . . . 843

Deuxième expérience: Expérience de dihybridisme, les deux progéniteurs différant par deux caractères : croisement d'une Souris grise à marche rectiligne avec une Souris albinos valseuse. Dominance du gris et de la marche rectiligne à la première génération filiale, puis obtention d'une descendance variée, à la deuxième génération, qui met en évidence une ségrégation indépendante des caractères 847

Troisième expérience: Expérience de trihybridisme, les deux progéniteurs différant par trois caractères : croisement d'un Cobaye à poils colorés, courts et disposés en rosette avec un Cobaye à poils blancs, longs et non disposés en rosette. Caractéristiques de la première génération qui donnera huit types de gamètes par suite de la loi de disjonction. Expériences de polyhybridisme confirmant que le nombre de types de gamètes et, par suite, celui des combinaisons résultant de la fécondation s'accroît avec l'augmentation du nombre des caractères différents. La ségrégation indépendante des couples de caractères oppositifs, notion essentielle qui ressort des faits expérimentaux 848

THÉORIE CHROMOSOMIQUE DE L'HÉRÉDITÉ: Relation entre comportement des facteurs mendéliens et comportement des chromosomes et élaboration d'une théorie chromosomique de l'hérédité qui repose sur la notion de gène, unité héréditaire, unité de variation et de transmission. Preuves qui confirment le bien-fondé de la théorie chromosomique de l'hérédité. Le chromosome : structure et composition chimique 851

LES ACIDES DÉSOXYRIBONUCLÉIQUES : Composants d'une molécule d'ADN que Watson et Crick ont reconnu formée de deux chaînes polynucléotidiques s'enroulant en hélice autour d'un axe commun mais en sens opposé, l'union des deux chaînes pouvant s'effectuer suivant un mode de liaison compatible avec quatre dispositions différentes. Code à quatre symboles dont les molécules codées transmettent l'information génétique. La mutation : un phénomène résultant d'une modification de la séquence des nucléotides. Teneurs relatives en adénine, thymine, guanine et cytosine dans les différents ADN. Processus d'autoduplication de la molécule d'ADN et perturbations pouvant provenir du milieu de croissance par exemple. Autres possibilités de couplage avec une base complémentaire inhabituelle qui, entraînant une perturbation dans la séquence des paires de base, sera à l'origine d'une mutation 854

La Synthèse des protéines : Les acides ribonucléiques messagers et la synthèse des protéines 860

Que sont donc les acides ribonucléiques (ARN) : Acides contenus dans le cytoplasme, en chaînes polynucléotiques, se différenciant des ADN par la nature de leur sucre et de leurs bases. Les trois types d'ARN actuellement identifiés : ARN de transfert, ARN messagers, ARN ribosomiques. Expériences montrant la continuation de la synthèse des protéines dans un milieu de cellules anucléées et prouvant ainsi la participation essentielle des ARN à cette élaboration. Mécanismes qui conditionnent le mode et l'ordre d'assemblage des acides aminés constituant les protéines 860

Le code: Généralité du code spécifique, transmis par l'ARN messager, qui se retrouve identiquement dans des organismes différents et détermine l'élaboration de protéines normales. Hypothèse d'un code constitué par une suite de trois bases. Fonctionnement des divers polymères synthétiques comme ARN messager et établissement d'un code présidant à l'enchaînement des vingt acides aminés. Le problème des séquences des bases et l'hypothèse envisagée selon laquelle une base déterminée peut être régie par plusieurs triplets différents 864

Le gène: Le chromonéma, unité génétique essentiellement composée par des ADN dont la structure moléculaire varie sur toute la longueur du filament, le gène correspondant à une fraction de ce filament, c'est-à-dire à une portion d'ADN. Fonctionnement du gène 870

HÉRÉDITÉ LIÉE AU CHROMOSOME SEXUEL: Mise en évidence d'une descendance différente selon que le caractère envisagé sera possédé et transmis par la femelle ou possédé et transmis par le mâle. Autosomes et hétérochromosomes 872

Animaux du premier groupe : Mâles hétérogamétiques et femelles homogamétiques. Examen des caractères liés à la distribution des chromosomes X et Y 873

Animaux du second groupe : Mâles homogamétiques et femelles hétérogamétiques. Observations montrant que certains caractères héréditaires dont la répartition est liée au sexe parental suivent au cours des générations le sort du chromosome sexuel unique X chez le mâle (type Drosophile) ou Z chez la femelle (type Oiseau). Anomalies résultant du comportement du chromosome X et confirmant l'exactitude de cette hypothèse de l'hérédité sex-linked. La théorie chromosomique du sexe, corollaire de la théorie chromosomique de l'hérédité 876

ASSOCIATION ET RECOMBINAISON DES FACTEURS. LINKAGE ET CROSSING-OVER: Exemples de couples de caractères qui ne se transmettent pas indépendamment mais passent solidairement à la descendance, paraissant ainsi en contradiction avec la règle de ségrégation indépendante des facteurs. La liaison, ou linkage, de deux caractères, probablement explicable par la présence de deux gènes dans le même chromosome. Observations montrant que le linkage est indépendant de la nature des gènes, qu'il peut intéresser un nombre quelconque de gènes et que ceux-ci passeront tous ensemble s'ils sont localisés sur le même chromosome 883

Linkage partiel : Un phénomène général : linkage absolu lorsque la *transmission s'effectue par le mâle*, linkage partiel lorsque la transmission s'effectue par la femelle et présence d'un certain nombre de recombinaisons dont le pourcentage varie avec les gènes considérés . 886

Théorie du crossing-over (enjambement) : Le crossing-over : une rupture de la liaison des gènes provenant d'un échange de parties entre les chromosomes homologues de l'hybride au cours de la méiose 887

CARTE DES CHROMOSOMES : Détermination de l'emplacement des gènes par étude méthodique du linkage, sachant que la rupture de liaison intervient d'autant plus rarement que les gènes sont plus rapprochés les uns des autres sur le chromosome. Les obstacles qui s'opposent encore à l'établissement de cartes de chromosomes : linkages absolu et partiel, crossing-over multiples 888

CHROMOSOMES GÉANTS DES GLANDES SALIVAIRES : Apparence et structure des chromosomes des glandes salivaires qui présentent une longueur exceptionnelle. Intérêt de ces chromosomes polytènes pour l'établissement de cartes cytologiques. Rapport entre les sériations transversales des chromosomes géants et les emplacements attribués aux différents gènes dans les cartes chromosomiques ; mutation *bar* et mutation *double-bar*. Corrélations entre les mutations visibles morphologiquement et la structure intime du chromosome, observables sur les chromosomes géants des glandes salivaires 891

GÉNÉTIQUE PHYSIOLOGIQUE

Objet de cette branche de la génétique 898

PHYSIOLOGIE DU GÈNE: La mutation, preuve observable de la présence d'un gène 898

POLYALLÉLIE : Cas de gènes qui subissent plusieurs mutations différentes et présentent donc des allèles multiples. Recherche des modes d'élaboration des caractères phénotypiques 898

Gènes complémentaires: Gènes de nature différente, groupés en nombre variable, chacun d'eux étant nécessaire à l'ensemble et exerçant une action dissemblable qui peut être décisive dans certains cas. La coloration polygénique du pelage des Mammifères. Mise en évidence de plusieurs types de gènes : gènes principaux, gènes conditionnels, gènes modificateurs ou transmutateurs, gènes d'intensité, gènes de répartition. Le complexe génique dont dépend la coloration du pelage et qui met en évidence la grande quantité des combinaisons géniques possibles 900

POLYMÉRIE ET GÈNES HOMOLOGUES : Gènes de nature différente qui exercent une même action et dont les effets s'additionnent ou se retranchent algébriquement. Exemples montrant l'action des gènes polymères dans les caractères morphologiques et de pigmentation où elle est spécialement observable 903

PLÉIOTROPIE : Cas dans lesquels un gène préside à la transmission de caractères différents. Pléiotropie hétérophène dans laquelle les caractères déterminés semblent n'avoir aucune relation et sont totalement indépendants et expériences démontrant l'action multiple des gènes pléiotropes sur la morphologie, la physiologie, le psychisme. Pléiotropie isophène dans laquelle un gène exerce une action élective sur un tissu donné, action qui détermine une anomalie primaire entraînant elle-même toute une série d'anomalies successives tour à tour effets puis causes 907

GÈNES LÉTAUX : Gènes dont l'action est mortelle pour l'individu qui les porte à moins que leur influence soit corrigée ou contre-balancée par la présence de leurs allèles normaux 913

INTENSITÉ ET SPÉCIFICITÉ DU GÈNE : Pénétrance, expressivité, spécificité : trois paramètres qui permettent l'analyse de l'expression variable des gènes 915

PHÉNOGÉNÉTIQUE: Étude systématique de l'influence du milieu sur la réalisation des caractères 916

ACTION DES FACTEURS EXTERNES

Humidité: Cas dans lesquels un milieu nutritif pauvre et sec empêche la réalisation du phénotype 917

Température : Expériences montrant comment varie le degré de la polydactylie par rapport à l'intensité et à la durée du temps d'application de la basse température à un stade déterminé du développement. Mutation *vestigial*, mutation *pennant*, mutation dédoublement, mutation œil panaché observées chez les Drosophiles élevées dans des milieux de températures exceptionnelles. Mutations à manifestations multiples également influencées par la température . 917

Substances chimiques: Gènes sensibles à l'action de certaines substances chimiques. Hypothèses élaborées sur les moyens d'action des facteurs externes et sur le processus des modifications qu'ils entraînent 920

ACTION DES FACTEURS INTERNES : Actions réciproques des gènes, ou influences du milieu génotypique 921

Comportement des gènes allèles: notion de dominance: Recherches ayant montré que la notion de dominance absolue est erronée et que, dans bien des cas, un gène dominant se manifeste incomplètement à l'état hétérozygote et peut être aussi quelquefois dominant et récessif. Influence de l'âge, influence des conditions extérieures, influence des hormones sexuelles, influence du milieu génotypique, sur la dominance. À la recherche d'une théorie de la dominance; théorie dite de « présence-absence » et les faits qui semblent l'infirmer : non coïncidence de la dominance avec la présence d'un facteur ou de la récessivité avec son absence, valeur évolutive des mutations, présence de caractères dominants qui correspondent cependant à des déficiences, présence des séries d'allèles multiples qui diluent plus ou moins une couleur, gènes récessifs dont l'action amoindrie est semblable à celle de son allèle dominant, mutations inverses expérimentalement provoquées. La théorie physiologique de la dominance formulée par Goldschmidt et la théorie de Fisher sur l'évolution de la dominance 921

Comportement des gènes non allèles: Interactions entre gènes. Effets de position : importance de la distribution de l'assemblage des gènes sur le chromosome 931

CHAÎNES DE RÉACTIONS DÉCLENCHÉES PAR LES GÈNES : La série des processus chimiques qui aboutit à la réalisation d'un caractère et l'intervention des gènes qui élaborent des enzymes spécifiques catalyseurs des réactions biochimiques. Quelques synthèses observées et la mise en évidence de la relation directe entre gènes et enzymes. Étude de diverses colorations qui ont permis l'analyse des processus morphogénétiques. Facteurs qui participent à la coloration des fleurs et qui sont régis par des gènes 932

Chaîne de réactions et glandes endocrines : Troubles d'origine hormonale consécutifs au passage par les glandes endocrines de la chaîne de réactions et correction des influences génétiques fâcheuses par injection de l'hormone insuffisante 942

INFLUENCE DES GÈNES SUR LE DÉVELOPPEMENT : Modifications de caractères qui peuvent être entraînées par l'intervention de gènes nouveaux et rapport entre l'action génétique et le stade du développement 944

GÉNÉTIQUE ÉVOLUTIVE

MUTATIONS GÉNIQUES: Mutations géniques et mutations chromosomiques 947

MUTATIONS GÉNIQUES SPONTANÉES : Mutation dominante apparaissant au jour de sa naissance; mutation récessive pouvant exister à l'état latent dans les hétérozygotes et apparaissant fortuitement avec la naissance d'un homozygote issu de l'union de deux hétérozygotes porteurs de la mutation récessive. Exemples observés de mutations spontanées chez les animaux et chez les végétaux 947

MUTATIONS GÉNIQUES PROVOQUÉES 953

Action des radiations ionisantes: Mécanisme de l'action des radiations ionisantes mutagènes. Méthode *ClB* de détermination des fréquences d'une mutation induite. Méthodes des chromosomes X attachés, servant à détecter les mutations visibles liées au sexe. Effets qualitatifs des rayons X, observés sur les mutations provoquées par irradiation; caractéristiques de l'action irradiante : directe et immédiate; mutations directes et mutations réverses correspondantes, preuve qu'une mutation n'entraîne pas la disparition du gène muté mais provoque plutôt une transformation réversible. Les trois lois quantitatives qui ressortent d'une expérimentation menée avec des doses comparables de radiations ionisantes. Comparaisons entre les résultats observés après ionisation artificielle et les ionisations dues au rayonnement naturel, reconnu trop faible pour être rendu responsable des mutations spontanées dont l'origine reste, de ce fait, inconnue 954

Action des composés chimiques: Mutations par modifications de l'ADN dues à des composés chimiques 962

MUTATIONS CHROMOSOMIQUES

MUTATIONS INTÉRESSANT LA STRUCTURE, C'EST-À-DIRE LA CONSTITUTION GÉNIQUE DU CHROMOSOME : Condition essentielle de maintien d'un chromosome pendant les divisions cellulaires. Les différentes modifications structurales pouvant résulter d'une rupture affectant un chromosome 963

Inversion: Cas dans lequel un ou plusieurs fragments du chromosome ont été retournés de 180° avant de reprendre leur place dans le chromosome qui montre ainsi un nouvel arrangement de ses locus. Augmentation des possibilités d'appariement proportionnelle à l'augmentation du nombre d'inversions qui accroissent le nombre des combinaisons géniques réalisables 964

Déficience: Perte d'un segment de chromosome. Déficiences homozygotes létales et déficiences hétérozygotes tolérées lorsqu'elles n'intéressent qu'une petite portion de chromosome 966

Duplication: Segment de chromosome avec centromère qui, détaché d'un chromosome, se fixe à un stock diploïde normal 968

Translocation: Échange des bras droit et gauche d'une même paire de chromosomes, ou, le plus souvent, échange de fragments libérés après rupture de deux chromosomes non homologues 968

MUTATIONS MODIFIANT LE NOMBRE DE CHROMOSOMES :

Fusion ou rupture des chromosomes: Fusion de deux chromosomes en bâtonnet ou scission d'un chromosome en deux ou *n* parties qui donnent alors des fragments indépendants. Nombre haploïde ou nombre basal; oscillations des nombres diploïdes autour d'une moyenne, constatation explicable par l'importance des phénomènes de fusion 970

Polyploïdie: Multiplication, sans changement des rapports géniques, du nombre diploïde de chromosomes caractéristique de l'espèce. Polyploïdies paires et polyploïdies impaires. Les autopolyploïdes : plantes dont les *n* lots de chromosomes proviennent de la même espèce. Les allopolyploïdes : plantes dont les lots de chromosomes proviennent d'espèces parentes ayant le même nombre basal; les amphidiploïdes, un cas particulier d'allopolyploïdes qui relèvent d'une polyploïdie somatique; caractéristiques des polyploïdes qui manifestent souvent un accroissement de résistance et de vigueur par rapport aux diploïdes. Mécanismes de formation et de transmission de la polyploïdie. Composés chimiques provoquant la polyploïdie végétale par blocage de la division mitotique. Quelques exemples de polyploïdie animale naturelle et relation entre polyploïdie et parthénogenèse. Les difficultés de la polyploïdie animale expérimentale et les méthodes chimiques, physiques, mécaniques utilisées . . . 973

Polysomie: Une non-disjonction au cours de la méiose provoquant l'apparition d'un ou plusieurs chromosomes supplémentaires dans le stock complet diploïde, un chromosome particulier se répétant donc ainsi plusieurs fois. Processus de formation des trisomiques; doubles et triples trisomiques végétaux. Cas de polysomie animale . 982

Haploïdie: Développement parthénogénétique de gamètes femelles donnant des organismes haploïdes difficilement viables tant chez les végétaux que chez les animaux 987

QUELLE EST LA NATURE DES MUTATIONS?: Les mutations géniques ou chromosomiques : des perturbations de la structure des molécules d'ADN 988

VALEUR ÉVOLUTIVE DES MUTATIONS

MUTATIONS GÉNIQUES : Mutations géniques spontanées observées dans la nature. Mutations géniques importantes et vouées à la disparition par leur caractère pathologique; immédiatement ou rapidement létales. Mutations géniques intéressant des petits caractères d'importance secondaire et qui se trouvent à l'origine de races d'animaux domestiques ou de plantes cultivées, de races géographiques, de sous-espèces, d'espèces même quelquefois . . . 989

MUTATIONS CHROMOSOMIQUES : Participation des mutations chromosomiques à la naissance de formes nouvelles. Établissement d'une phylogénie chromosomique, témoin de la valeur évolutive des mutations chromosomiques dans la spéciation, grâce à l'étude génétique et cytologique des cartes structurales des chromosomes de certaines Drosophiles. Mécanisme de l'action évolutive due aux inversions étudiées grâce aux chromosomes des glandes salivaires. Animaux présentant des phénomènes de déficience, de duplication, de translocation. Modifications variées causées par translocations chez des Végétaux. Rapports entre l'évolution et la variation numérique des chromosomes: peu de possibilités chez les autopolyploïdes alors que les amphidiploïdes offrent une valeur évolutive qui a permis aux généticiens de créer des espèces nouvelles; combinaisons stables et fertiles obtenues par l'union d'autopolyploïdes et d'allopolyploïdes. La polyploïdie animale : l'intérêt de l'étude des divers types de mutations pour la compréhension de la genèse d'espèces et de variétés nouvelles 992

RÔLE DE LA SÉLECTION ET DE L'EFFECTIF DES POPULATIONS: Sélection et effectif des populations : facteurs qui conditionnent le maintien et la multiplication de la mutation nouvellement apparue. Observation expérimentale de la sélection portant sur les mutants soit dans un même milieu, soit lors d'un changement de milieu, et détermination de la valeur sélective d'un génotype par rapport à un autre. Expériences réalisées par différents changements des conditions de milieu d'un élevage et observations du rôle de la sélection naturelle. Impossibilité de cohabitation entre le mutant et le type lorsque celui-là est inférieur à celui-ci. Vie parallèle et sans concurrence lorsque type et mutant sont égaux l'un et l'autre. Élimination du type par le mutant lorsque celui-ci est supérieur. L'effectif des populations, autre important facteur du comportement évolutif. Méthode des « marquages et recaptures » pour le dénombrement des individus d'une population; établissement des courbes de fréquence ou de variabilité d'une population permettant de déceler la continuité des génotypes qu'elle renferme. Évolution d'une population : la résultante des fluctuations fortuites de la fréquence des gènes et des forces de sélection qui favoriseront certains gènes ayant une plus grande valeur adaptative que leurs allèles. Analyse de la structure génétique d'une population; détermination de la véritable composition génotypique de la population à partir de sa composition phénotypique. Les facteurs qui peuvent provoquer les variations de fréquence d'un caractère génétique. Mise en évidence du rôle essentiel joué par les mutations dans le polymorphisme et l'équilibre d'une population 1011

GÉNÉTIQUE DES MICROORGANISMES: Identité, entre les mutations spontanées et provoquées des microorganismes et celles des autres organismes et intérêt de l'étude des mutations bactériennes 1029

MUTATIONS DIRIGÉES : Mécanisme de la transformation bactérienne : transfert de caractères génétiques de Bactéries donatrices à des Bactéries réceptrices par l'intermédiaire de l'ADN des Bactéries donatrices 1030

ÉCHANGE GÉNÉTIQUE OU TRANSFERT DE CARACTÈRES HÉRÉDITAIRES CHEZ LES BACTÉRIES : La recombinaison génétique, résultat d'une conjugaison entre Bactéries de génotypes différents avec échange génétique entre les Bactéries. Mise en évidence d'une différenciation sexuelle chez les Bactéries, donatrices ou réceptrices, identification de deux souches différentes et explication du mécanisme du transfert génétique 1032

TRANSDUCTION : Caractères génétiques transduits indépendamment les uns des autres par des fragments chromosomiques bactériens transportés par des Bactériophages 1036

GÉNÉTIQUE DES BACTÉRIOPHAGES: Présence probable d'unités héréditaires factorielles chez les Bactériophages 1037

LYSOGÉNIE : Propriété de production de Bactériophages en l'absence de toute infection extrinsèque. Bactéries lysogènes et non lysogènes. L'induction zygotique 1037

HÉRÉDITÉ CYTOPLASMIQUE OU NON-CHROMOSOMIQUE: Inhibitions de développement chez les plantes supérieures mises en évidence par les croisements inverses, preuve d'une certaine activité cytoplasmique. Influence maternelle caractérisée par le passage d'une substance qui lui est particulière dans les ovules . 1038

CARACTÉRISTIQUES DE L'HÉRÉDITÉ CYTOPLASMIQUE : Mise en évidence de l'hérédité cytoplasmique, phénomène constaté lorsque deux cellules ayant même garniture chromosomique transmettent des caractères différents 1040

COMMENT INTERPRÉTER LE OU LES MÉCANISMES DE L'HÉRÉDITÉ CYTOPLASMIQUE

Les plasmagènes: l'hypothèse des plasmagènes, particules responsables de l'hérédité cytoplasmique et concurrentes parallèles des gènes . . 1041

Les équilibres de flux: Les phénomènes qui président au contrôle des métabolismes cellulaires et qui se réalisent grâce à l'intervention des inducteurs et des répresseurs. L'hypothèse des équilibres de flux et les deux objections importantes qu'elle suscite 1042

L'hypothèse des germes ou amorces: Mécanismes dits « épigénétiques » s'effectuant peut-être au niveau du noyau et interférant dans l'expression de l'hérédité génétique 1044

LES FAITS D'HÉRÉDITÉ NON-CHROMOSOMIQUE :

Les Paramécies « Killer »: Les particules *kappa,* dont certaines se transforment en particules riches en toxines qui, libérées, peuvent tuer les Paramécies dépourvues de particules *kappa.* Imprécision actuelle de l'origine et de la nature des particules *kappa* 1045

Les Drosophiles sensibles au gaz carbonique: Le virus héréditaire *sigma,* responsable de la sensibilité de certaines Drosophiles au gaz carbonique, et son association symbiotique avec son hôte 1046

Les plantes à panachure non-chromosomique ou les déficiences chlorophylliennes: Panachures du type *albomaculatus;* causes de la panachure, nature de la descendance d'une plante panachée et hypothèses sur les mécanismes en cause 1046

Inhibitions de développement non chromosomique chez les plantes supérieures: Plantes affectées de stérilité pollinique et inhibitions agissant sur la plantule. Le point des connaissances actuelles qui concernent les phénomènes d'hérédité non chromosomique 1048

HÉRÉDITÉ HUMAINE

Les nombreuses causes qui rendent difficile toute enquête approfondie sur les manifestations d'un caractère héréditaire chez l'Homme . . . 1050

MODES DE TRANSMISSION D'UN CARACTÈRE HÉRÉDITAIRE

HÉRÉDITÉ DOMINANTE OU TRANSMISSION DE CARACTÈRES DOMINANTS : Mode de transmission d'un caractère dominant qui ne peut apparaître dans une descendance s'il n'affecte pas au moins un des parents 1055

HÉRÉDITÉ RÉCESSIVE OU TRANSMISSION DE CARACTÈRES RÉCESSIFS : Conditions de transmission d'un caractère récessif dont la manifestation peut être très irrégulière dans une famille puisqu'il lui faudra l'apparition d'un homozygote pour s'extérioriser 1056

Détection des hétérozygotes pour une tare récessive: Recherche d'un moyen de détection des hétérozygotes pour une tare récessive. Observations faites sur quelques maladies récessives et dont il est possible de prévoir la transmission : albinisme ophtalmique, thalassémie, drépanocytanémie, exemples assez sûrs et cas plus aléatoires . . 1057

Caractères normaux, sub-normaux, pathologiques, dominants ou récessifs: Énumération de quelques caractères normaux, sub-normaux et pathologiques dont le mode de transmission est dominant ou récessif 1063

Malformations et maladies dominantes 1064

Malformations et maladies récessives 1064

HÉRÉDITÉ SEX-LINKED (OU GONOSOMIQUE) OU TRANSMISSION DE CARACTÈRES LIÉS AU CHROMOSOME SEXUEL : Chromosomes sexuels et situation des gènes sur ceux-ci. 1064

Gènes sur les segments bc homologues et appariables de X et de Y: Gènes dont le comportement est identique à celui des gènes situés dans les autosomes et qui peuvent subir des crossing-over et se dissocier les uns des autres 1065

Gènes sur le segment cd non appariable de Y: Transmission à tous les fils du chromosome paternel et des gènes qu'il contient, gènes dominants ou récessifs qui ne se transmettront pas aux filles lorsqu'ils sont situés dans la portion chromosomique n'ayant pas d'homologue dans le chromosome maternel correspondant 1066

Gènes sur le segment ab non appariable de X: Gènes dominants ou récessifs situés sur un segment chromosomique féminin non appariable avec Y en raison de sa longueur. Modes de transmission possibles des gènes localisés sur la portion ab du chromosome X. L'hémophilie: manifestations cliniques, transmission et observations classiques réalisées sur les familles hémophiles. Le daltonisme; description et transmission 1070

CARACTÈRES A TRANSMISSION VARIABLE: Caractères pouvant se transmettre selon plusieurs types, dominant, récessif, lié au chromosome sexuel, observation de légères différences cliniques correspondant aux diverses conditions génétiques et hypothèses envisagées pour expliquer cette concordance 1076

POLYALLÉLIE OU ALLÈLES MULTIPLES: Les cas les plus courants de polyallélie chez l'Homme 1078

GROUPES SANGUINS CLASSIQUES : Groupes et sous-groupes sanguins classiques de l'Homme et systèmes ou facteurs dont les gènes responsables sont disposés sur les autosomes 1079

VARIÉTÉS D'HÉMOGLOBINE : Multiplicité et origine des hémoglobines . 1081

LE SYSTÈME RHÉSUS : Découverte du facteur Rhésus, un antigène dont le comportement explique certains accidents observés lors de transfusions sanguines multiples ou au cours de certaines grossesses . . . 1084

Mode de transmission du facteur Rhésus: Types sanguins déterminés héréditairement. Les trois génotypes qui répondent aux deux phénotypes Rh positif et Rh négatif. Les gènes qui régissent le système des groupes Rhésus et les combinaisons possibles 1085

DALTONISME : le daltonisme, cécité partielle pour le rouge et cécité partielle pour le vert, un cas de polyallélie incontestable 1089

PLÉIOTROPIE: Gènes dont l'action semble fréquente en pathologie héréditaire avec des degrés divers de réalisation 1090

POLYMÉRIE: Facteurs multiples répartis en plusieurs couples d'allèles dont l'effet de chacun s'additionnant à l'effet des autres provoque un caractère héréditaire 1092

FORME DES CHEVEUX : Les deux couples de facteurs qui régissent la forme des cheveux et les combinaisons possibles entre gènes et allèles 1092

COULEUR DES CHEVEUX : Mécanismes expliquant les transmissions observées, les cheveux blonds étant récessifs, les cheveux foncés étant dominants 1092

COULEUR DE LA PEAU : Mécanisme génétique de la coloration cutanée qui relèverait de la polymérie et serait régie par trois couples de gènes 1093

TAILLE : Un autre cas de polymérie pour lequel le nombre de gènes entrant en jeu demeure encore imprécis 1094

GÈNES MODIFICATEURS : Le gène modificateur : un gène dont l'effet influence l'action des autres. La réalisation des empreintes digitales, exemple de réalisation des gènes modificateurs 1094

GÈNES COMPLÉMENTAIRES OU GÈNES ISOPHANES : Phénotypes apparemment normaux qui résultent de l'action de deux ou plusieurs gènes complémentaires; allèles dominants conditionnant l'état normal, les gènes récessifs différents conditionnant l'anomalie 1096

GÈNES LÉTAUX OU SUBLÉTAUX: Gènes favorables à la viabilité de l'individu qu'il est difficile d'étudier avec précision alors qu'il est aisé d'analyser les effets physiologiques ou morphologiques des gènes létaux ou sub-létaux. Gènes létaux dominants et maladies causées par des gènes létaux récessifs 1097

LE DANGER DES RADIATIONS: Essais d'estimation des dangers des radiations ionisantes et leurs rapports avec des mutations provoquées; action immédiate et définitive, directement proportionnée à la dose utilisée, sans seuil d'action ni dose inoffensive . . . 1104

VARIATIONS D'EXPRESSION DES GÈNES: Gènes inconstants dans leur fréquence de manifestation et dans leur degré de réalisation; la pénétrance, ou fréquence avec laquelle un gène exprime ses effets; le phénomène de la génération « sautée », ou de la pénétrance incomplète. Modification de la dominance du gène par le sexe. Degré de réalisation du gène ou expressivité 1106

ASSOCIATION ET RECOMBINAISON DES GÈNES (LINKAGE ET CROSSING-OVER): Phénomène de liaison des gènes logés sur un même chromosome. Cas bien établis ou vraisemblables de linkage entre gènes situés sur des autosomes. Linkage de gènes situés sur le chromosome sexuel X. Mécanisme de l'enjambement, ou crossing-over, et les perturbations qu'il peut engendrer dans le phénomène normal de linkage. Intérêt pratique présenté par l'observation de la fréquence du crossing-over entre deux gènes déterminés et par la mise en évidence de caractères normaux marqueurs 1112

PHYSIOLOGIE DU GÈNE: Le gène, unité chimique, origine d'une chaîne de réactions se terminant dans le cytoplasme par des productions qualitatives et quantitatives. Conséquences physiologiques d'une altération de gènes 1118

LES HÉMOGLOBINES ANORMALES : Les différentes variétés d'hémoglobine et les possibilités multiples de synthèses anormales. 1119

LES ENZYMES DU MÉTABOLISME : Rapports entre gènes et enzymes, l'absence ou la diminution de celles-ci étant conditionnées par ceux-là et entraînant une perturbation héréditaire. Exemples de maladies consécutives à une discontinuité dans la chaîne de réactions des gènes : alcaptonurie, tyrosinose, phénylcétonurie, résultant de désordres dans le métabolisme de la phénylalanine et de la tyrosine. Troubles observés dans le métabolisme du glycogène et troubles d'origine hormonale 1120

LES FACTEURS DE LA COAGULATION : Les réseaux d'actions géniques. Les deux phases classiques de la coagulation sanguine et les huit facteurs qui entrent en jeu pour l'activation de la thromboplastine avant le déclenchement de la première phase. Les troubles essentiels de la coagulation et leurs origines 1126

CONSÉQUENCES THÉRAPEUTIQUES DU MODE D'ACTION DES GÈNES : Moyens de correction ou de compensation d'une carence dont on ne peut supprimer la cause puisqu'il est impossible de changer le phénotype d'un individu 1127

LES MALADIES CHROMOSOMIQUES : Maladies entraînées par une modification du nombre normal diploïde des chromosomes : mongolisme, polydysspondylisme, syndrome de Klinefelter et autres anomalies sexuelles provenant d'une répartition incorrecte des chromosomes sexuels. Anomalies du caryotype décelées dans certaines dysprotéinémies et anomalies chromosomiques intéressant le nombre et la répartition des chromosomes dans les cellules des tumeurs malignes. Vers un traitement efficace des maladies chromosomiques 1129

PHÉNOGÉNÉTIQUE: L'influence du milieu sur la réalisation du phénotype 1135

MILIEU INTERNE : Les interventions des glandes endocrines dans la modification du milieu interne. Cas dans lesquels l'action du milieu fœtal est manifeste : luxation congénitale de la hanche, otosclérose, traumatismes non héréditaires causés au fœtus par des maladies infectieuses maternelles 1135

MILIEU EXTERNE : Comparaison entre comportement de vrais jumeaux et comportement de faux jumeaux, moyen de déterminer l'interférence des gènes et du milieu externe. Jumeaux univitellins et jumeaux bivitellins. La méthode de confrontation des jumeaux univitellins : toute concordance est héréditaire, toute dissemblance est imputable au milieu externe. Principe de la confrontation entre jumeaux bivitellins 1137

LES APPLICATIONS DE LA LOI HARDY-WEINBERG EN GÉNÉTIQUE HUMAINE: Fréquence de deux allèles donnés dans une population en équilibre et dont les mariages s'effectueront au hasard sans homogamie. Calcul de la fréquence des différents types de mariage. Vérification de l'exactitude d'une hypothèse formulée sur le mode de transmission d'un caractère par la loi de Hardy-Weinberg 1142

MARIAGES CONSANGUINS : L'union consanguine, circonstance qui favorise l'apparition d'homozygotes pour les allèles récessifs. Calcul de la probabilité d'un enfant homozygote porteur de tare issu d'un mariage entre cousins-germains hétérozygotes. Rapports entre la fréquence des unions consanguines et l'isolement géographique ou social de la population concernée. L'eugénique et la consanguinité 1146

EUGÉNIQUE: Hygiène héréditaire visant à limiter les naissances d'individus inaptes à la vie normale. Les législations sur la stérilisation et autres mesures préconisées dans certains pays 1153

ÉLIMINATION D'UN GÈNE DOMINANT : Efficacité de la stérilisation des porteurs d'une tare dominante 1155

ÉLIMINATION D'UN GÈNE RÉCESSIF : Difficulté d'élimination d'un gène récessif qui nécessiterait le dépistage des hétérozygotes pour ce gène 1155

ÉLIMINATION D'UN GÈNE LIÉ AU CHROMOSOME SEXUEL : La stérilisation de l'Homme taré, solution inefficace si le gène récessif est lié au chromosome sexuel, donc également porté par les chromosomes sexuels féminins, qui devraient être eux-mêmes éliminés. Vers une eugénique éducative et persuasive 1155

BIBLIOGRAPHIE 1157

LA REPRODUCTION SEXUÉE, *par Max ARON*

Différences sommaires entre reproduction asexuée et reproduction sexuée et caractéristiques essentielles de l'une et de l'autre. Plan d'étude des phénomènes de la sexualité 1163

ORIGINE DES GAMÈTES. LE SOMA ET LE GERMEN. LA LIGNÉE GERMINALE: Différenciation cellulaire, feuillets primordiaux, formation de tissus. Cellules « totipotentes » 1165

LE SOMA ET LE GERMEN. LA LIGNÉE GERMINALE : Le soma, ensemble périssable des cellules vouées aux fonctions végétatives; le germen, ensemble potentiellement immortel des cellules reproductrices. Explication du concept de lignée germinale 1166

Arguments favorables au concept de continuité germinale: Recherches de Boveri et détermination de la souche des futures cellules sexuelles. Faits qui plaident en faveur de l'autonomie de la lignée germinale . . 1167

Arguments défavorables au concept de la lignée germinale: Diverses expériences tendant à prouver que des cellules déjà différenciées dans le soma peuvent engendrer des cellules sexuelles. 1170

FORMATION DES GAMÈTES: Formation des spermatozoïdes et des œufs par des modifications de forme et de structure dans les générations cellulaires successives issues de gonocytes 1170

LIEU DE LA FORMATION DES GAMÈTES : Naissance et formation des gonades dans lesquelles on distingue cellules végétatives et gonocytes ayant antérieurement colonisé l'épithélium germinatif; origine de la gonade. Stades du développement de la gonade chez l'individu mâle et chez l'individu femelle 1171

LA SPERMATOGENÈSE : Du gonocyte à la spermatogonie. Phases de l'évolution spermatogénétique 1172

Phase de multiplication: Division des spermatogonies assurant le remplacement par une autre génération de la génération qui entre dans la phase d'accroissement et constitution d'une « zone germinative » 1173

Phase d'accroissement: Augmentation progressive de volume du cytoplasme et du noyau des spermatogonies de dernière génération qui deviennent spermatocytes et subissent des modifications significatives du cytoplasme et du noyau; étapes successives de la prophase de la première division de maturation que jalonnent la différenciation des chromosomes, leur groupement, leur séparation en deux groupes distincts et égaux 1173

Phases de maturation: Deux mitoses successives : première division de maturation, ou méïose (division « réductionnelle » qui réduit de moitié le nombre originel de chromosomes), puis deuxième division de maturation qui aboutira à la constitution des spermatides 1176

Phase de spermiogenèse: Transformations lentes de la spermatide : accroissement du chromatisme du noyau qui migre vers un pôle de la spermatide, élaboration de l'acrosome à partir de la zone de Golgi, division du centrosome en deux centrioles qui restent unis par un filament, origine du futur manchon, pendant que le centriole distal émet vers l'extérieur un filament qui constituera le flagelle, disparition du protoplasme et apparition du spermatozoïde sous sa forme définitive 1177

Le Spermatozoïde ou Gamète Mâle: Morphologie et physiologie du spermatozoïde 1180

L'OVOGENÈSE : L'évolution ovogénétique, sensiblement parallèle à l'évolution spermatogénétique, bien que commencée beaucoup plus précocement 1183

Phase de multiplication: Phase limitée, pour l'Homme, entre le troisième et le cinquième mois de la gestation 1184

Phase d'accroissement: Phase aboutissant à un ovocyte de premier ordre beaucoup plus volumineux que le spermatocyte correspondant et au cours de laquelle règne une vive activité métabolique dans le cytoplasme dont le résultat est l'accumulation progressive de matériaux nutritifs dans l'ovocyte 1185

Phase de maturation: Différences d'ordre chronologique, d'ordre structural et d'ordre évolutif entre la maturation de l'ovocyte et celle du spermatocyte 1186

SIGNIFICATION ET CONSÉQUENCES DE LA MATURATION DES PRODUITS SEXUELS : Importance de la première division de maturation, ou méïose, qui assure la constance numérique des chromosomes de chaque espèce. Caractéristiques de l'assortiment chromosomique complet, reconstitué par l'amphimixie. Conséquences de la maturation des produits sexuels 1189

LA FÉCONDATION: Principe de l'embryogenèse 1192

MÉCANISMES GÉNÉRAUX DE LA FÉCONDATION : Enchaînement ininterrompu et ordre immuable des stades de la fécondation 1193

Conditions préalables de la fécondation: Conditions qui doivent être remplies pour que la fécondation ait normalement lieu : aptitude des gamètes mâles et femelles, qualité du milieu qui doit être propice à la fécondation 1193

La rencontre des gamètes et la pénétration du spermatozoïde: La chimiotaxie, phénomène d'attraction du spermatozoïde par l'œuf. Approche de l'œuf par les spermatozoïdes, « capture » et pénétration de l'ovule par l'un d'entre eux. Explication de la monospermie 1194

Destinée du spermatozoïde après sa pénétration dans l'ovule: Scission du spermatozoïde dont la tête seule pénètre dans le cytoplasme de l'œuf. Formation du pronucléus mâle, tandis que le centrosome devient le centre d'un aster, prélude à la division de l'œuf 1198

L'amphimixie: Rapprochement et juxtaposition des pronucléus mâle et femelle suivis de fusion, ou amphimixie 1198

La segmentation: Formation des blastomères, résultat de la première division de segmentation 1200

CONDITIONS PARTICULIÈRES DE LA FÉCONDATION : Fécondation interne ou fécondation externe, avec ou sans copulation du mâle et de la femelle 1201

La fécondation « externe » sans copulation: Mode de fécondation en principe propre aux animaux aquatiques, et qui n'exclut pas, dans certains cas, un rapprochement sexuel 1202

La fécondation externe avec copulation: Cas de la Grenouille 1203

La fécondation interne sans copulation préalable: Type de fécondation fort rare, dont les Éponges sont l'exemple 1203

La fécondation interne précédée par la copulation: Moyens d'accès des spermatozoïdes aux œufs chez les Invertébrés, animaux qui ne possèdent pas de conduits génitaux. Les conditions de la fécondation interne chez les Vertébrés, dominées par un jeu de régulation dépendant des hormones génitales 1204

LA PARTHÉNOGENÈSE : Évolution d'un œuf vierge sans le recours de la fécondation par un spermatozoïde. Position de la parthénogenèse vis-à-vis de la notion traditionnelle de fécondation 1207

La parthénogenèse expérimentale: Parthénogenèse provoquée chimiquement chez les Oursins et mécaniquement chez la Grenouille. Cas de parthénogenèse expérimentale étudiée sur la Lapine. Apports de la parthénogenèse expérimentale à l'étude des processus qui se déroulent lors d'une fécondation normale 1207

La parthénogenèse naturelle: Exemples de parthénogenèse rudimentaire. Cas dans lesquels la parthénogenèse permet un développement complet alors que la fécondation reste le type normal de la reproduction. Abeilles et Pucerons, exemples dans lesquels la parthénogenèse se trouve associée à la reproduction sexuée et est une modalité régulière de la reproduction. Examen des problèmes posés par la parthénogenèse naturelle; anomalie créée dans la constance des chromosomes à travers les générations d'une espèce donnée, anomalie par rapport à la génération sexuée 1210

LA DÉTERMINATION DU SEXE: Exposé des théories progamique, épigamique et syngamique 1214

LA THÉORIE « SYNGAMIQUE » DE LA DÉTERMINATION DU SEXE : Faits physiologiques et faits cytologiques appuyant la théorie syngamique qui pose pour principe que la détermination du sexe a lieu par fusion des noyaux mâle et femelle dès la fécondation. Les chromosomes sexuels, ou hétérochromosomes, ou allosomes 1214

LES THÉORIES « PROGAMIQUE » ET « ÉPIGAMIQUE » DE LA DÉTERMINATION DU SEXE : Explication de la détermination du sexe avant la fécondation, selon la théorie progamique. Hypothèse épigamique d'après laquelle la détermination sexuelle aurait lieu après la fécondation. La découverte de la chromatine sexuelle, un argument indirect qui vient appuyer la théorie des chromosomes sexuels 1218

LES ANOMALIES DE LA DÉTERMINATION DU SEXE

L'INTERSEXUALITÉ : Quelques exemples typiques d'intersexualité : cas du Papillon *Lymantria dispar* chez les Invertébrés, cas de certains Amphibiens ou de certains Poissons chez les Vertébrés. Syndrome de Klinefelter chez de jeunes hommes et syndrome de Turner chez de jeunes femmes. Tentatives d'explications cohérentes des phénomènes d'intersexualité : aberration dans la formule des hétérochromosomes pour les Vertébrés supérieurs, intervention de facteurs étrangers aux allosomes pour les Vertébrés inférieurs et pour les Invertébrés 1220

L'HERMAPHRODISME : Parenté entre intersexualité et hermaphrodisme, celui-ci étant défini par la présence simultanée de cellules sexuelles mâles et femelles chez un individu 1226

Hermaphrodisme expérimental: Greffe artificielle d'un organe sexuel sur un individu de sexe opposé et possibilités observationnelles d'une telle expérience 1227

Hermaphrodisme naturel: Définition de l'hermaphrodisme naturel et questions posées sans réponses certaines à propos de ces exemples de désaccord avec la règle de la détermination chromosomique du sexe 1228

Hermaphrodisme accidentel: Détermination de la limite imprécise entre hermaphrodismes naturel et accidentel. Exemples d'hermaphrodismes accidentels réels. Hermaphrodisme vrai et pseudo-hermaphrodisme : coexistence des gonades des deux sexes, ou opposition de la gonade et des organes génitaux. Les différents types de pseudo-hermaphrodisme. Essai d'interprétation des diverses formes d'hermaphrodisme accidentel 1228

LES CARACTÈRES SEXUELS: Caractères sexuels primaires et secondaires chez les Vertébrés, et leurs différences avec les caractères sexuels chez les Invertébrés 1232

LES CARACTÈRES SEXUELS PRIMAIRES ET LEUR DÉTERMINISME :

Les caractères sexuels primaires: L'embryon des Vertébrés aux stades initiaux de son développement alors que la gonade est indifférenciée. Différenciation sexuelle de la gonade et processus des transformations caractéristiques de chaque sexe : conduits génitaux, organes génitaux externes, glandes annexes du tractus génital . . . 1234

Déterminisme des caractères sexuels primaires: Expériences de castration qui militent en faveur du fait que le développement des caractères sexuels primaires dépend des gonades, tout au moins aux stades précoces de l'embryogenèse et sous certaines réserves. Étude des facteurs mis en jeu par l'action des glandes génitales; rôle des hormones en général, et plus particulièrement des hormones génitales, dans l'organisme 1237

LES CARACTÈRES SEXUELS SECONDAIRES ET LEUR DÉTERMINISME :

Les caractères sexuels secondaires: Une étude qui intéresse les seuls Vertébrés. Les quatre catégories de particularités organiques qui sont rattachées aux caractères sexuels secondaires; modifications subies par les caractères primaires eux-mêmes; modifications de certains territoires du soma ou de certains organes; apparition des caractères sexuels physiologiques; apparition des caractères psycho-sexuels. Quelques exemples de la variété des caractères sexuels extra-génitaux : Poissons, Amphibiens, Oiseaux, Mammifères. Particularités d'ordre métabolique illustrant les modifications des caractères physiologiques. Manifestations du comportement attachées aux caractères psycho-sexuels. Caractères propres au sexe féminin et relevant de la même classification que chez le mâle. . . . 1242

Déterminisme des caractères sexuels secondaires: Les réactions des caractères sexuels secondaires à la castration, fait dominant de leur déterminisme; caractères irréversibles et caractères réversibles à la castration. Recherche des mécanismes qui transmettent l'influence des gonades sur les caractères sexuels secondaires 1250

L'hormone mâle: Les deux parties du testicule des Vertébrés : tubes séminifères et glande interstitielle. Démonstration que la glande interstitielle est bien la productrice de l'hormone mâle. Conditions de la sécrétion de l'hormone mâle liée au fonctionnement de la glande pituitaire 1252

Les hormones femelles: L'ovaire et ses sécrétions hormonales, causes d'un déterminisme de la sexualité plus complexe chez les Mammifères que chez les autres Vertébrés. Le fonctionnement cyclique de l'ovaire des Mammifères. Folliculine et progestérone, les deux hormones sécrétées par l'ovaire au cours de son cycle et leurs rôles respectifs dans le déterminisme des caractères sexuels secondaires. Relations entre l'équilibre ovarien et la gonadostimuline sécrétée par la glande pituitaire 1255

LES ANOMALIES DES CARACTÈRES SEXUELS

LE GYNANDROMORPHISME : Juxtaposition des caractères mâles et des caractères femelles chez un même individu. Gynandromorphisme biparti et gynandromorphisme en mosaïque. Exemples de gynandromorphisme chez les Invertébrés et interprétation de l'anomalie provoquée par une distribution anormale des chromosomes dans les cellules somatiques au moment de la fécondation. Causes possibles du gynandromorphisme chez les Vertébrés 1260

LE CHANGEMENT DE SEXE : Les difficultés de la délimitation stricte du changement de sexe 1264

Le changement de sexe spontané: Changement de sexe complet et spontané chez certains Crustacés et chez certains Mollusques, acquisition progressive de certains caractères de l'autre sexe parmi les Vertébrés. Déterminisme du changement de sexe chez les Invertébrés et chez les Vertébrés. 1265

Le changement de sexe par castration: Inhibition, démontrée par castration, de la gonade d'un sexe par celle de l'autre chez des Amphibiens ou chez des Oiseaux 1266

Le changement de sexe par substitution des gonades d'un sexe aux gonades de l'autre sexe: Greffes de gonocytes sur des embryons à un stade très précoce de l'organogenèse. Greffes homologues ou homogreffe chez des animaux jeunes 1268

Le changement de sexe sous l'influence d'hormones génitales hétérologues: Changements opérés par injections d'hormones génitales hétérologues chez un sujet castré, chez un sujet non castré. Le phénomène *free-martin*, résultat de l'influence d'hormones génitales hétérologues dans des conditions naturelles et observation de la même influence dans des conditions expérimentales sur les caractères sexuels primaires d'Amphibien ou d'Oiseau. Effets des injections hormonales hétérologues sur des Mammifères après maturité sexuelle : apparition de caractères sexuels de l'autre sexe mais impossibilité d'une inversion complète des caractères existants 1272

LA SEXUALITÉ CHEZ LES PROTOZOAIRES ET CHEZ LES MICROBES

SEXUALITÉ CHEZ LES PROTOZOAIRES : Multiplication asexuée et reproduction sexuée. Les trois types de reproduction sexuée : autogamie isogamique, hétérogamie isogamique, hétérogamie anisogamique. Préfiguration des caractères sexuels chez les Sporozoaires. Conjugaison des Infusoires qui met en cause, non plus deux gamontes précédant la division d'un individu, mais deux individus originellement distincts 1276

SEXUALITÉ CHEZ LES BACTÉRIES : La Bactérie, une organisation cellulaire complexe dans laquelle on peut percevoir des manifestations de reproduction sexuée. L'expérience de Lederberg et Tatum et les découvertes postérieures 1283

CONCLUSION: L'existence de la sexualité chez les êtres les plus primitifs et les réflexions qu'elle suscite sur les conditions de la vie à son origine 1284

BIBLIOGRAPHIE 1285

LA PARTHÉNOGENÈSE, *par Jean ROSTAND*, de l'Académie française

Reproduction d'une espèce par un ovule non fécondé 1289

LA PARTHÉNOGENÈSE NATURELLE: Groupes d'animaux chez lesquels on observe la parthénogenèse 1289

PARTHÉNOGENÈSE FACULTATIVE : Parthénogenèse facultative, arrhénotoque et haploïde chez l'Abeille 1290

PARTHÉNOGENÈSE OBLIGATOIRE : Parthénogenèse obligatoire, diploïde et thélytoque chez certains Thysanoptères, Cynipides, etc 1291

PARTHÉNOGENÈSE ALTERNANTE : Alternance régulière d'une génération sexuée et d'une génération parthénogénétique chez certains Cynipides 1291

PARTHÉNOGENÈSE CYCLIQUE :

Les Rotifères: Parthénogenèse cyclique, diploïde et haploïde 1293

Les Cladocères: Parthénogenèse cyclique, diploïde 1294

Les Pucerons: Parthénogenèse cyclique, diploïde 1295

PARTHÉNOGENÈSE POLYPLOÏDE : Cas d'espèces animales chez lesquelles on constate l'existence de races polyploïdes et parthénogénétiques à côté de la race sexuée et diploïde 1296

LA PÉDOGENÈSE : Une parthénogenèse précoce affectant non plus l'adulte mais la larve. Exemples de nymphes parthénogénétiques, transition entre pédogenèse et parthénogenèse proprement dite . . . 1297

PARTHÉNOGENÈSE ACCIDENTELLE : Développements parthénogénétiques se manifestant dans une espèce qui assure normalement sa reproduction par fécondation 1298

LA PARTHÉNOGENÈSE RUDIMENTAIRE : Développement partiel d'un ovule vierge 1298

LA PARTHÉNOGENÈSE INDÉFINIE : Aptitude d'une espèce à se multipier indéfiniment par parthénogenèse sans modification du pouvoir de multiplication 1299

MÉCANISME DE LA PARTHÉNOGENÈSE NATURELLE : La possibilité d'existence d'un facteur inhibiteur qui empêche le développement spontané de l'ovule, facteur qui n'existerait pas dans certains ovules, leur permettant ainsi le développement parthénogénétique 1299

ORIGINE DE LA PARTHÉNOGENÈSE NATURELLE : Les mutations spontanées ou provoquées : événements capables de provoquer l'apparition de la parthénogenèse dans une espèce normalement bisexuée 1300

LA PARTHÉNOGENÈSE EXPÉRIMENTALE: Premières expériences de Loeb, Bataillon et Pincus 1301

ÉCHINODERMES ET INVERTÉBRÉS DIVERS : Procédé à double traitement appliqué par Loeb à des œufs d'Oursin, traitement activant et traitement régulateur; théorie dualiste. Autres procédés capables de déterminer une parthénogenèse artificielle 1301

VERTÉBRÉS INFÉRIEURS : Développements parthénogénétiques chez les Poissons. Les deux temps de la parthénogenèse traumatique chez les Amphibiens : choc d'activation, pouvant être obtenu par des procédés variés, et inoculation d'un matériel cellulaire indispensable à la régulation du développement 1303

MAMMIFÈRES : Traitements parthénogénisants appliqués à des Mammifères 1305

THÉORIE DE LA PARTHÉNOGENÈSE : La diversité des procédés applicables rend difficile l'établissement d'une théorie générale. *Détermination d'un aster* capable de se dédoubler en amphiaster, condition impérative de la mise en route d'une parthénogenèse totale, habituellement réalisée par une double intervention, activatrice d'abord et régulatrice ensuite. Correspondance entre les deux temps de la parthénogenèse et les deux temps de la fécondation . . . 1306

PARTHÉNOGENÈSE ET SYMÉTRIE BILATÉRALE : Réalisation du plan de symétrie dans l'œuf vierge 1307

LA PARTHÉNOGENÈSE ET LES CHROMOSOMES : Causes de la diploïdie, constatée chez certains produits parthénogénétiques parfaitement viables. Haploïdie et débilité des produits 1308

LA PARTHÉNOGENÈSE ET LE SEXE : Le sexe des individus produits par parthénogenèse dépend du type de détermination sexuelle auquel appartient l'espèce 1309

LA GYNOGENÈSE: Fécondation totale et fécondation partielle. La gynogenèse, résultat d'une fécondation partielle qui a provoqué activation et régulation astérienne sans assurer la régulation chromosomique 1309

LA GYNOGENÈSE NATURELLE : Un pont jeté par la nature entre fécondation et parthénogenèse naturelle. Cas de gynogenèse naturelle . . 1310

La gynogenèse accidentelle: Exemple de gynogenèse spontanée chez certaines espèces dont la reproduction est normalement sexuée . . . 1311

LA GYNOGENÈSE EXPÉRIMENTALE : Fécondation hétérogène expérimentale et production de larves fausses-hybrides issues de la passivité du noyau mâle 1311

GYNOGENÈSE PAR LE SPERME ALTÉRÉ : Privation artificielle de la faculté d'accroissement de l'élément fécondateur. Irradiations courtes des spermatozoïdes : obtention de produits tarés ; irradiations longues : obtention de produits normaux par gynogenèse, la chromatine spermatique étant devenue inapte à collaborer avec la chromatine ovulaire 1312

Le refroidissement de l'œuf: Obtention de la gynogenèse par refroidissement prolongé de l'œuf fécondé 1314

La gynogenèse et les chromosomes: Acquisition de la diploïdie par autorégulation chromosomique et produits normaux, ou conservation de l'haploïdie et produits débiles 1314

Gynogenèse et sexe des produits: Rapports entre le type sexuel de l'espèce et le sexe du produit 1314

L'ANDROGENÈSE: Développement d'un œuf avec le seul noyau spermatique, ovule ayant cependant contribué à son développement par le cytoplasme. Procédés de réalisation de l'androgenèse 1315

L'andro-mérogonie: Suppression du noyau maternel par fragmentation de l'œuf. 1315

L'androgenèse accidentelle: Androgenèse spontanée chez certaines espèces dont la reproduction est normalement sexuée 1316

L'androgenèse et les chromosomes: Produits généralement haploïdes, quelquefois diploïdes par autorégulation chromosomique. Appartenance sexuelle des produits androgénétiques 1316

L'androgenèse hybride: Association entre un spermatozoïde et un cytoplasme énucléé appartenant à deux espèces différentes : occasion d'observer les rôles respectifs du noyau et du cytoplasme dans la détermination des caractères héréditaires 1317

La parthéno-mérogonie: Développement d'un fragment d'ovule privé de tout noyau 1318

La parthénogenèse des cellules germinales mâles: Formation accidentelle de blastocystes dans des embryomes de testicules 1319

BIBLIOGRAPHIE 1319

LA GREFFE OU TRANSPLANTATION, *par Raoul-Michel MAY*

LES CONDITIONS DE LA GREFFE VÉGÉTALE: Conditions mécaniques artificiellement réalisées par l'union de deux éléments d'un même organisme ou d'organismes différents. Conditions limitatives d'ordre physiologiques : nécessité que les espèces unies entre elles aient d'étroites affinités, obligation que les cellules qui vont participer à la greffe soient à l'état embryonnaire ou très jeunes. Rapports greffon-porte-greffe et rôle joué par chacun d'eux dans l'association réalisée. Les différents types de greffe : greffes hétéroplastiques, homoplastiques, syngénésioplastiques, autoplastiques. Les hétérogreffes : chimères sectoriales et chimères périclinales . . 1323

L'EMBRYON ET L'ADULTE DES INVERTÉBRÉS: Intérêt pathologique de la greffe chez les Invertébrés et chez les embryons de Vertébrés; apport de l'étude des greffes à l'embryologie et à la cytologie expérimentales et les réponses données par cette étude aux questions posées par la différenciation des individus; étude des caractères sexuels somatiques quand les tissus sont transplantés dans une position anormale sur des animaux de même espèce ou d'espèce voisine 1328

L'EMBRYON DES VERTÉBRÉS INFÉRIEURS: Autogreffes ou hétérogreffes expérimentalement pratiquées et réussies sur des embryons d'Amphibiens et les observations qu'elles ont permises sur l'autodifférenciation, la différenciation commandée, la détermination des facteurs du développement précoce de l'embryon; mise en évidence de tissus déterminés par le milieu et de tissus qui déterminent, au contraire, ce même milieu; recherche des raisons qui expliquent l'induction dans le centre d'organisation 1334

INFLUENCE D'UN MEMBRE TRANSPLANTÉ SUR LES CENTRES NERVEUX DANS LEUR DÉVELOPPEMENT : Réactions des cellules motrices de la moelle et des cellules sensitives ganglionnaires au surcroît de travail imposé par la transplantation d'un organe supplémentaire à innerver, ou à l'insuffisance de travail entraînée par la greffe d'une moelle surnuméraire 1339

GREFFE DE L'HYPOPHYSE : Phénomènes observés sur des embryons artificiellement privés d'hypophyse. Détermination des rapports entre hypophyse et cerveau par excision de la glande de son lieu normal et transplantation en d'autres lieux de l'organisme. Greffes d'hypophyse supplémentaire et observation des phénomènes provoqués par une surabondance d'hormones 1341

HÉTÉROGREFFE CHEZ LES EMBRYONS D'URODÈLES : Possibilités de greffes hétéroplastiques entre espèces, genres et même familles sur des Amphibiens Urodèles et limites que de telles expériences ne peuvent dépasser sans entraîner la mort d'un sujet ou des deux sujets en parabiose. Observations réalisées par greffes entre deux espèces rapprochées sur le développement corrélatif et quantitatif d'organes et de membres dans un milieu qui leur est étranger . . . 1343

L'EMBRYON DES VERTÉBRÉS SUPÉRIEURS: Difficultés à surmonter pour la réussite de greffes sur des embryons de Vertébrés supérieurs et premières tentatives réussies sur des embryons de Poulet. Greffes réalisées sur la membrane chorio-allantoïdienne et mise en évidence de la détermination et de la spécialisation des cellules embryonnaires dès un stade précoce; totipotence du nœud *de Hensen*. Syngénésiogreffes sur embryons et sur jeunes sujets. Propriétés de l'organisme qui autorisent la réussite des greffes . . . 1347

LES CONDITIONS DE LA GREFFE CHEZ LES ADULTES DES VERTÉBRÉS: L'autogreffe, seul exemple de tolérance parfaite de la part des Vertébrés supérieurs qui opposent une résistance de plus en plus marquée aux greffes provenant d'individus s'écartant eux-mêmes de plus en plus de l'organisme du porte-greffe . 1352

GREFFES MORTES : Principe de la greffe morte dont les applications se limitent aux tissus qui peuvent être réhabités par le receveur mais pour laquelle la spécificité n'entre pas en ligne de compte : greffes de nerf, greffes de cornée 1353

GREFFES DE TISSUS EMBRYONNAIRES : Possibilités offertes par les greffes bréphoplastiques : implantations chez des Mammifères de tissus très jeunes ayant encore un potentiel de développement; greffes de glandes génitales; changements de sexe et hermaphrodisme expérimentaux; greffes de cellules du tissu cérébral; vérification de l'hypothèse du neurotropisme dans le cas d'un greffon cérébral implanté avec un bout de nerf en dégénérescence; greffes de tissus thyroïdiens ou parathyroïdiens d'embryon ou de nouveau-né et recherche de la transition entre l'état embryonnaire pendant lequel le greffon bréphoplastique est viable et l'état adulte pendant lequel la transplantation n'est plus possible 1354

GREFFES DE TISSUS CANCÉREUX : Techniques de la greffe de tissus néoplasiques malins. Caractéristiques de l'homogreffe de tumeurs et comparaison avec l'évolution des greffes de cellules embryonnaires . 1365

LES ASPECTS IMMUNOLOGIQUES DE LA GREFFE CHEZ LES ADULTES DES VERTÉBRÉS : Réactions d'immunité acquise qui s'opposent à la greffe de tissus adultes chez un adulte de Vertébrés supérieurs. Phénomène de tolérance activement acquise 1367

BIBLIOGRAPHIE 1369

LA CULTURE DES TISSUS VÉGÉTAUX, *par Georges MOREL*

INTRODUCTION: La cellule, la plus petite des unités capables d'entretenir la vie, possédant le même patrimoine héréditaire que ses voisines, ayant donc les mêmes potentialités et la difficile question qu'elle pose au biologiste : comment une information génétique identique peut-elle aboutir à des résultats si spectaculairement différents que ceux que l'on observe dans les différentes parties des végétaux ? Intérêt de la culture expérimentale des tissus pour l'étude des problèmes de corrélation et de morphogenèse 1373

HISTORIQUE: Théorie et travaux de Haberlandt 1375

PREMIÈRES TENTATIVES : Méthodes de culture mises en application par Haberlandt. 1375

LA CULTURE DES TISSUS ANIMAUX : Premières grandes réussites pratiques de culture des tissus animaux 1376

LA CULTURE DE RACINES ISOLÉES : Le fonctionnement des méristèmes apicaux : l'une des particularités de la plante qui fut exploitée pour *les premiers essais concluants* de culture tissulaire expérimentale. Des réussites spectaculaires ne renseignant cependant pas sur le comportement de cellules ou de tissus isolés puisqu'ils reconstituaient les conditions de vie d'un organe entier 1377

LES PREMIERS SUCCÈS : Les caractéristiques du cambium et les facilités de culture qu'elles offrent à l'expérimentateur. Les premières expériences de Gautheret et les techniques qui permettent la culture indéfinie des tissus d'un grand nombre de plantes 1378

LA CULTURE DES CELLULES ISOLÉES : Les difficultés à surmonter pour obtenir la réussite d'une culture de cellule isolée; prélèvement, sans lésions graves, d'une cellule morphologiquement solidaire d'un tissu, culture de la cellule prélevée en réduisant au maximum la diffusion des métabolites, favorisée par l'énorme augmentation de la surface cellulaire non protégée 1381

CONCLUSION : Évolution des idées et des principales tendances qui ont dominé l'histoire de la culture des tissus 1383

TECHNIQUES: Les problèmes techniques posés par la culture des tissus et leur parallélisme avec la microbiologie 1384

PRÉLÈVEMENT ASEPTIQUE DES TISSUS

Organisation de la plante : différents types de tissus : Les systèmes fondamentaux de Sachs : divers tissus formés de cellules plus ou moins différenciées 1385

Asepsie: Raisons qui imposent une asepsie rigoureuse en matière de culture de tissus et techniques utilisées pour assurer une antisepsie efficace sans altération des tissus à prélever 1386

REPIQUAGE : L'hétérogénéité des prélèvements qui entraîne l'obligation d'un premier repiquage, ou prélèvement secondaire, dans le but d'isoler les massifs cellulaires en voie de croissance rapide. Obtention de souches homogènes par repiquages successifs 1387

MILIEUX DE CULTURE : L'apport à la cellule de tous les éléments nutritifs dont elle a besoin, condition essentielle de la réussite de toute culture de tissus. Solutions minérales et sucres, composants nécessaires du milieu de culture qui peut varier légèrement selon l'espèce ou la catégorie du tissu à cultiver. Les facteurs de croissance dont la présence assure, dans la plupart des cas, le développement de la culture : auxine, thiamine et vitamines du groupe B, les kinines. Entretien de l'oxygénation et de l'humidité ambiantes, maintien d'une température et d'une lumière convenables 1388

MORPHOLOGIE: Comportement morphologique d'une colonie tissulaire se développant in vitro 1391

ENSEMENCEMENT PRIMAIRE : Le développement des explantats primaires sur différents milieux 1392

Fragments de tige: Culture de fragments de jeunes tiges de Vigne sur milieu gélosé et observation du cal obtenu à l'air libre sur l'extrémité radiculaire; le pseudothalle, prolifération d'une cellule unique; adjonction d'auxine au milieu de culture, développement de l'activité cambiale et transformation hyperhydrique des tissus néoformés. Fragments de tige cultivés sur milieu analogue et montrant un développement des cellules parenchymateuses parallèle à celui des cellules cambiales. Proliférations parenchymateuses observées chez des tiges dépourvues de polarité 1392

Cultures d'organes charnus: Intérêt de la culture des racines tubérisées : possibilité d'isoler facilement un parenchyme bien déterminé pour en étudier le comportement *in vitro*. L'exemple typique de la culture du tubercule de Topinambour et le type de développement très différent des tissus de la racine d'Endive 1398

Tissus embryonnaires: Accroissement de tissus embryonnaires soustraits à l'influence organisatrice des méristèmes apicaux et production de cals de parenchyme indifférencié; cas du Lupin. Récapitulation des différents types de prolifération observés *in vitro* . 1401

REPIQUAGE : Les conséquences du repiquage, opération indispensable à la survie des tissus cultivés 1402

Colonies charnues: Développement de colonies charnues, type de colonie le plus répandu 1403

Colonies en lames: Formation d'une mince couche qui s'étale à la surface du milieu 1404

Colonies composées: Colonies tissulaires formées d'un agrégat de nodules dont chacun peut reproduire une colonie identique à celle dont il est issu lorsqu'il est repiqué isolément 1404

Colonies dissociées: Formation de cellules isolées et de petits agrégats cellulaires. Propriétés du cal primaire perdues ou conservées au cours des repiquages successifs 1405

VARIATIONS DU MODE DE DÉVELOPPEMENT DES TISSUS : Transformations morphologiques de colonies issues des cals primaires : transformations passagères provoquées par des modifications physico-chimiques du milieu ou de l'environnement et transformations permanentes comparables aux variations génotypiques dont certaines peuvent être attribuées à des mutations ou à des sélections de races cellulaires 1407

CULTURE DE TISSUS ET PHYSIOLOGIE

NUTRITION MINÉRALE

Besoins minéraux: Recherche des besoins minéraux de la plante. Étude des phénomènes de carence provoqués dans les souches tissulaires par suppression d'un élément et détermination de l'optimum de concentration en ions essentiels. Rapports entre la rapidité de croissance et le besoin en certains ions et étude des interactions ioniques . 1409

Chélation: Fixation des ions ferreux par un chélateur sécrété dans le milieu par les tissus et obtention d'une solution qui ne précipite pas malgré des pH voisins de la neutralité. Observation de résultats d'une concentration anormalement forte en certains ions et hypothèse formulée quant à leur action sur la culture des tissus 1412

NUTRITION CARBONÉE ET MÉTABOLISME GLUCIDIQUE : Choix de la meilleure source de carbone, différente selon la colonie tissulaire à entretenir, réactions aux sucres et à l'amidon, transformations glucidiques intra-tissulaires 1414

RÉGULATEURS DE CROISSANCE : Étude des facteurs de la croissance des tissus isolés 1415

Auxines: Examen des relations existant entre l'auxine et la division cellulaire. Sensibilisation et anergie, phénomènes de modifications permanentes des propriétés physiologiques, obtenues par l'action transitoire des auxines 1415

Vitamines: Action des vitamines du groupe B sur la croissance des tissus cultivés 1420

Substances naturelles: Stimulation de la croissance tissulaire par addition de certains extraits naturels au milieu. Le lait de coco et l'énigme qu'il pose. Mise en évidence des kinines, autres facteurs de croissance nécessaires à la division cellulaire végétale 1421

MÉTABOLISME AZOTÉ : Intérêt de la colonie tissulaire dans l'étude du métabolisme à l'échelle de la cellule. Rôle probable des régulateurs de type auxine et de type kinine dans le métabolisme azoté normal d'une plante 1424

MORPHOGENÈSE : Les questions posées par la morphogenèse . . 1428

HISTOGENÈSE : Les différents types de structure observés en culture et l'aide qu'ils peuvent donner aux recherches sur les origines de la différenciation des tissus 1428

Formation de zones génératrices libéro-ligneuses: Observations histologiques faites sur les dicotylédones et les gymnospermes : formation des zones génératrices à la limite de deux tissus différents : présence permanente de cambium entre xylème et phloème, détermination des éléments différenciés par la nature du tissu préexistant 1429

Déterminisme de ces différenciations: Étude des effets histogènes, produits par diverses auxines et par des sucres sur les tissus et mise en évidence de l'induction d'une structure régulière par des éléments structuraux préexistants 1433

ORGANOGENÈSE

La néoformation des racines: Conditions de la néoformation de racines sur des explantats et modalités des processus d'induction qui déclenchent la rhizogenèse 1436

La néoformation des bourgeons: Le caractère spontané de la formation des bourgeons qu'il a été impossible jusqu'alors de provoquer artificiellement. Étude du déterminisme de la néoformation des bourgeons 1437

La néoformation des fleurs: Observations effectuées sur la formation des ébauches florales sur des tissus cultivés *in vitro* et dont il est difficile encore de tirer les règles du déterminisme de la floraison . . 1440

Anomalies histologiques: Formations anormales obtenues *in vitro* bien que la plante entière ne les présente jamais : méristèmes primaires dégradés dépourvus d'organisation mais fonctionnant comme centres d'activité 1441

CARYOLOGIE: Anomalies observées dans les cellules des tissus cultivés; troubles de la division cellulaire : adhérences chromosomiques, pycnoses, formation de noyaux polyvalents et de cellules polynucléées; troubles nucléaires qui déterminent des noyaux haploïdes, polyploïdes ou aneuploïdes, bien que les mitoses soient normalement produites 1443

CULTURE DE TISSUS ET POLARITÉ: Détermination du rôle de l'auxine dont le transport polaire semble produire les remaniements qui sont à la base des phénomènes d'organogenèse capables de différencier une extrémité apicale et une extrémité foliaire sur un fragment de tissu ou d'organe dont la potentialité est initialement identique aux deux extrémités 1447

PATHOLOGIE VÉGÉTALE ET CULTURE DE TISSUS: Intérêt de la culture des tissus pour la pathologie végétale 1450

CULTURE DE PARASITES OBLIGATOIRES

Champignons: L'impossibilité actuelle de cultiver les parasites obligatoires sur des milieux synthétiques ou sur des extraits naturels et l'obligation d'utiliser des tissus vivants cultivés *in vitro* pour suivre le développement des parasites. Les probabilités qui parlent en faveur d'une plus grande résistance aux parasites des parenchymes peu différenciés que des tissus différenciés de l'hôte 1451

Virologie: Transformation, ou adaptation, momentanée des virus aux conditions particulières de la culture *in vitro* 1453

CULTURE DE TISSUS ET TUMEURS VÉGÉTALES

Le problème de la transformation tumorale: Prolifération anarchique échappant au contrôle de l'organisme : la tumeur, qui peut disparaître lorsque disparaît l'agent causal ou au contraire se poursuivre malgré la disparition de la cause initiale de son apparition. Le Crown-gall : modification permanente d'un tissu sous l'action transitoire d'une bactérie, acquisition par ce tissu tumoral de la possibilité de s'accroître sans facteur de croissance et de reformer des néoplasmes après greffage sur une plante; étude directe de la transformation tumorale : détermination du temps et des conditions physiques nécessaires à la transformation du tissu sain en tissu tumoral par la bactérie, analyse des trois phases, de conditionnement, d'induction, de promotion, qui président à la transformation tumorale et recherches concernant le principe inducteur de la tumeur; étude des transformations physiologiques et biochimiques : comportement des cellules tumorales vis-à-vis des facteurs de croissance, particularités du métabolisme azoté des colonies tumorales, profond remaniement du phénomène respiratoire au cours de la transformation tumorale; variation du pouvoir tumoral : les tératomes, tumeurs complexes capables de former des organes rudimentaires dont il est possible d'éliminer le caractère tumoral par greffe sur une plante saine repiquée plusieurs fois après l'opération. Autres tumeurs végétales : tumeurs génétiques, tumeurs virologiques, tissus anergiés et tumeurs d'origine inconnue 1454

CONCLUSION 1467

BIBLIOGRAPHIE 1467

LA CULTURE DES TISSUS ANIMAUX, *par Raoul-Michel MAY*

LES TECHNIQUES: Les difficultés techniques de l'observation des tissus, les artefacts consécutifs et les polémiques soulevées à propos de l'origine des nerfs. Expérience de Harrison démontrant que la fibre nerveuse est une extension de la cellule nerveuse et donnant les principes de la culture de tissus. Substitution du plasma à la lymphe comme milieu de culture par Burrows et nouvelle impulsion donnée par Carrel à la culture des tissus par introduction de cytopoïétines (tréphones) au milieu d'entretien. Moyens techniques actuels de culture des tissus dont le but est de réunir les conditions essentielles requises pour la croissance cellulaire : support solide baignant dans un milieu liquide qui doit faciliter les échanges gazeux, fournir une alimentation convenable et assurer l'élimination des produits de déchet. Techniques mises au point pour la culture de quantités importantes de tissus : broyat de multiples morceaux ensemencés ensemble dans de grands flacons, utilisation de verres de montre ou de tubes à essai. Méthodes tendant à remplacer les éléments de composition inconnue qui constituent le milieu de culture par des éléments de composition bien déterminée dont on peut connaître les rapports avec le milieu cellulaire. Intérêt de la culture à partir d'une cellule isolée : méthode de Sanford, Earle et Likely. Raisons morphologiques et physiologiques qui expliquent la difficulté des cultures des tissus végétaux. Technique mise au point par Gautheret pour la culture des tissus végétaux 1471

ASPECT DES TISSUS EN CULTURE: Mise en train, croissance, ralentissement progressif, étapes observées dans la culture des tissus. Examen de quelques types cellulaires observables dans les cultures de tissus : fibroblastes, macrophages, cellules endothéliales. Théorie uniciste et théories pluralistes concernant l'origine des cellules du sang individualisées et les faits observés sur hématopoïèse en culture qui semblent appuyer la conception uniciste. Culture des différents types cellulaires des épithéliums, de cellules musculaires, de cellules nerveuses 1484

LA VITALITÉ CELLULAIRE: Facteurs qui conditionnent la possibilité et les différentes durées de la survie cellulaire : type de cellules, dimensions du fragment cultivé, composition du milieu. Signification de l'expérience de Carrel maintenant en vie pendant *vingt-sept ans* une souche de fibroblastes prélevée sur un cœur d'embryon de Poulet : les cellules somatiques sont potentiellement immortelles. Recherche des raisons qui rendent difficile la culture de tissus adultes dont l'équilibre paraît assuré par des facteurs antagonistes, les uns empêchant la croissance et les autres la favorisant. Mise en évidence des facteurs de croissance et tentatives faites pour les recréer artificiellement en vue de leur introduction dans le milieu de culture. Étude des réactions de tissus en culture exposés à des radiations et mesure de la radio-sensibilité par évaluation du nombre des arrêts mitotiques et du nombre des cellules en voie de dégénérescence. Action des sels métalliques sur des fibroblastes puis sur d'autres tissus en culture et classement des métaux en plusieurs groupes allant des métaux dépourvus de toute toxicité aux métaux très toxiques. Intérêt de l'étude de la vitalité cellulaire et de la résistance des cellules aux agents toxiques pour l'explication de leur comportement dans les différents processus pathologiques 1493

DIFFÉRENCIATION ET DÉDIFFÉRENCIATION : Déformations morphologiques, embryologiques et physiologiques consécutives à la culture artificielle qui pourrait entraîner, dans certains cas de tissus précis, un véritable retour en arrière de la cellule par dédifférenciation. Quelques exemples de cellules qui poursuivent leur différenciation normale, malgré les conditions de la culture artificielle, tout en offrant quelques déformations physiologiques pouvant être combattues par l'abaissement de la vitesse de prolifération. Facteurs de différenciation organogénétique et facteurs de différenciation cytogénétique. Comparaison des résultats obtenus par l'histologie et la cytologie traditionnelles avec les observations faites sur des cultures artificielles. Avantages et principe du microscope en contraste de phase qui permet des observations prolongées et des expérimentations sur des cellules cultivées avec mise en valeur de constituants normalement pauvres en contrastes. Quelques recherches particulièrement marquantes rendues possibles grâce au contraste de phase ; étude des cellules de l'épithélium hépatique par Frederic et recherches de Chèvremont et Frederic sur le chondriome de myoblastes et fibroblastes d'embryons de poulet. Expériences rendues possibles par l'observation en contraste de phase : technique de micropuncture et mise en évidence du rôle du centromère dans les mouvements chromosomiques. Apports du microscope électronique à la cytologie et à l'histologie 1508

LES ACTIVITÉS TISSULAIRES : Étude des activités particulières du protoplasme cellulaire à chacun des stades successifs de la vie d'une cellule. Les mouvements cellulaires dont l'observation présente un intérêt majeur pour la compréhension de la phagocytose et de la cicatrisation; mode de déplacement et causes du déterminisme de la migration cellulaire. Les contractions rythmiques de fragments de cœur embryonnaire : une confirmation de la théorie myogène de la contraction cardiaque. Différentes observations pratiquées sur des cultures de cellules ou de tissus humains. Étude des mitoses du tissu myocardique humain. La culture des organes et les avantages qu'elle présente par rapport à la culture cellulaire ou tissulaire : reconstitution plus exacte du milieu qui permet à la cellule étudiée de retrouver la collaboration ou l'inhibition d'autres groupes de tissus ou de centres humoraux ou nerveux 1519

LA PATHOLOGIE EXPÉRIMENTALE : L'observation des tissus pathologiques cultivés, ses limites, mais aussi les notions nouvelles sur le comportement des tissus malades dont elle a permis la découverte. Étude des cellules géantes, caractéristiques de l'infection par des bacilles tuberculeux, et de la transformation des éléments tissulaires contaminés. Cas de mitoses anormales observées dans les cellules cancéreuses. Quelques types de cellules cancéreuses et description de leurs modes de croissance : lymphomes, sarcomes, carcinomes. Cancérisation de cellules normales en culture sous l'action d'agents définis et action des différents agents cancérigènes : virus de Rous, acide arsénieux et goudron, rayons X, méthylcholanthrène. Quelques exemples de culture de virus cytotropes 1529

BIBLIOGRAPHIE 1539

PROBLÈMES DE L'ÉVOLUTION, *par Raymond HOVASSE*

Problème de l'origine des êtres vivants 1543

LA SOLUTION CRÉATIONISTE : Du Fixisme à l'Évolutionnisme 1543

LA SOLUTION ÉVOLUTIONNISTE : Théorie du Transformisme. Naissance de la Théorie évolutionniste en faveur de laquelle Darwin développe les premiers arguments cohérents 1545

LA RÉALITÉ DE L'ÉVOLUTION ORGANIQUE

L'évolution inorganique : une réalité facilement contrôlable par l'observation quotidienne des changements géologiques qui s'opèrent sur la Terre. L'évolution organique : une réalité beaucoup plus difficile à contrôler à cause des énormes espaces de temps qu'elle met en jeu et que la paléontologie seule peut appréhender. Observations cytogénétiques, génétiques ou biologiques, qui peuvent permettre de confirmer la théorie de l'Évolution des êtres organisés 1547

LE PROBLÈME DU POINT DE DÉPART DE L'ÉVOLUTION: Hypothèses sur le « point initial », vie universelle qui ensemence les mondes parvenus à un état de maturité suffisant, sans pour autant donner la révélation de son origine, et génération spontanée 1548

PREUVES PALÉONTOLOGIQUES DE L'ÉVOLUTION: Objet de la paléontologie et aide que lui apportent d'autres sciences. Le métamorphisme, phénomène géologique qui modifie les sédiments, obstacle majeur à l'étude de la vie très ancienne. Les deux caractères incontestables de la vie primitive : très grande ancienneté et très grande simplicité de ses premières manifestations . 1551

L'APPARITION DES VERTÉBRÉS ET DES VÉGÉTAUX SUPÉRIEURS : Évolution des Invertébrés dont les premiers exemples connus sont très antérieurs aux premiers Vertébrés découverts. Apparition des Vertébrés qui, par la précision de leur succession, donnent une bonne image du développement d'un embranchement : des organisations les plus simples aux organisations les plus compliquées. Vertébrés et Végétaux : exemples de formes évolutives inexplicables par une création simultanée et preuves de la justesse de la théorie évolutionniste 1553

MICROÉVOLUTION ET MACROÉVOLUTION EN PALÉONTOLOGIE : Méthode de l'« Évolution réelle » permettant de contrôler les changements minimes, progressifs et s'accumulant en série régulière que peut présenter une espèce précise au cours d'une période déterminée; microévolution observable, pour des raisons pratiques, chez les fossiles d'Invertébrés, tandis que les Vertébrés ne permettent que l'observation des phénomènes de macroévolution. Un exemple de macroévolution : l'histoire du cheval 1559

LES CARACTÈRES DE L'ÉVOLUTION EN PALÉONTOLOGIE : L'orthogenèse, une image trompeuse de l'évolution animale qui suit en réalité une ligne sinueuse marquée de nœuds d'où rayonnent des faisceaux de lignes accessoires courtes. Étude de la croissance relative d'un organisme, application de cette méthode en paléontologie et revision des notions de microévolution et de macroévolution 1564

ARGUMENTS TIRÉS DES SCIENCES MORPHOLOGIQUES: Éclaircissements que les sciences morphologiques peuvent apporter en faveur des théories en présence 1570

ARGUMENTS CYTOLOGIQUES, CHIMIQUES ET BIOLOGIQUES : La théorie cellulaire et les démonstrations de corrélation entre caractères morphologiques et caractères chimiques qu'elle apporte à l'appui de la théorie de l'Évolution 1571

ARGUMENTS ANATOMIQUES ET EMBRYOLOGIQUES : LES HOMOLOGIES : L'homologie : son principe et ses limites marquées par la méconnaissance du développement des espèces. L'embryologie, indispensable complément de toute étude d'anatomie comparée 1573

ANALOGIES ET CONVERGENCES : Convergences démontrant l'unité des formes vivantes 1578

LES ORGANES RUDIMENTAIRES : Organes qui, comparés aux organes homologues des types du même groupe, sont nettement moins développés chez l'adulte alors qu'ils paraissent normaux au stade embryonnaire, marquant ainsi une évolution probablement causée par des facteurs extérieurs 1579

ARGUMENTS TIRÉS DE LA SYSTÉMATIQUE : Principe du classement systématique. Les diverses tentatives effectuées dans le but de cerner au plus près la notion d'espèce, unité de base du classement systématique : mesure chimique des parentés entre organismes par immunologie, détermination du nombre et de la forme générale des chromosomes par étude des noyaux cellulaires, comparaisons d'ensemble de groupes systématiques. La phylogenèse, étude de la dérivation dans le temps des divers groupes d'organismes 1581

DES FORMES INTERMÉDIAIRES À LA LOI BIOGÉNÉTIQUE FONDAMENTALE : Recherche de formes intermédiaires, ou stades évolutifs à partir desquels se sont différenciées deux lignées distinctes. La notion de forme intermédiaire et les pièges qu'elle tend : formes fossilisées vivantes et non, formes évolutives fixées, formes évolutives restées sans lendemain et n'ayant donné aucune descendance modifiée. Difficulté, voire impossibilité d'attribuer à un animal adulte l'appellation de forme intermédiaire alors que certaines comparaisons effectuées sur les embryons d'êtres ultérieurement classés dans des embranchements différents, permettent de déceler cette forme; cas de la Patelle, Mollusque gastéropode, et du *Polygordius*, Annélide marine. Le principe de Haeckel et l'importance qu'il accorde à l'œuf, point de départ de tout organisme et rappel d'une phase unicellulaire, elle-même point de départ de l'évolution tout entière. Exemples de « récapitulation » par l'embryon des phases parcourues par les ancêtres. Phénomènes d'hypermorphose ou phénomènes d'accélération du développement qui rendent difficile toute référence précise à un type ancestral. Convergence indiscutable de tous les faits de récapitulation vers la théorie de l'existence de parentés d'origine entre les formes vivantes 1587

PARASITISME ET ÉVOLUTION : Le parasitisme, un état naturel fréquent et logiquement inexplicable par le créationisme alors qu'il entre parfaitement dans le cadre de l'évolutionnisme. Relations mutuelles des organismes qui expliquent la possibilité d'un grand nombre d'intermédiaires entre autotrophes et parasites. Des inquilins aux parasites vrais, et les dégradations organiques qui accompagnent la simplification du mode de vie 1599

LE PEUPLEMENT DES ÎLES : BIOGÉOGRAPHIE ET ÉVOLUTION : Examen de la faune insulaire : occasion d'apporter des arguments nouveaux à la thèse évolutionniste. Les îles continentales et les espèces endémiques. Mode de peuplement des îles océaniques qui peut présenter deux aspects opposés selon la distance de l'île par rapport au continent et selon son âge, facteurs qui influencent profondément l'ampleur de l'endémisme 1601

LE FAIT DE L'ÉVOLUTION ET LES OBJECTIONS DES ANTIÉVOLUTIONNISTES: Arguments modernes de l'antiévolutionnisme ou la confusion regrettable entre science et philosophie 1609

LE MÉCANISME DE L'ÉVOLUTION

APERÇU HISTORIQUE: Les deux tendances qui opposèrent les tenants de l'évolution, l'une en trouvant les causes dans des facteurs externes, l'autre dans des facteurs internes. Le lamarckisme : la fonction crée et développe la forme. Le darwinisme : la sélection naturelle, origine d'une adaptation des organismes qui tendent vers une amélioration constante. Le néodarwinisme de Weismann : soma, ensemble des tissus et organes, exceptant les éléments reproducteurs, et sans influence sur la descendance ; germen, ensemble des éléments reproducteurs dont chaque variation se montre d'emblée héréditaire et caractérisée par les déterminants qui introduisent ainsi la notion de sélection germinale. Somations et mutations ; le mutationnisme et le néomutationnisme 1613

LE NÉOMUTATIONNISME

L'ÉVOLUTION À L'ÉCHELON INDIVIDUEL : Le mécanisme héréditaire, représentant de l'évolution au niveau de l'individu ; individu homozygote et lignée pure, individu hétérozygote et disjonction mendélienne. Les mutations, phénomènes entraînant des variations germinales capables de modifier génotypes et phénotypes ; mutations de gènes, mutations de chromosomes, mutations de génomes. Fréquence des mutations. La mutation humaine : toute modification individuelle héritée ou héritable dans le domaine de la forme comme dans le domaine physiologique ou psychique. Rapports entre mutations et microévolutions, macroévolutions, mégaévolutions 1620

L'ÉVOLUTION À L'ÉCHELON DE L'ESPÈCE : Le jordanon, espèce élémentaire, constituée par une série d'individus ayant chacun une morphologie particulière et d'apparence stable. Le linnéon, ensemble des jordanons. Mutants polyploïdes et même polysomiques incapables de croisement avec les autres : espèces naissantes. Comportement des deux types d'espèces dans la mutation. Rapports entre milieu et évolution, entre aire de dispersion et mutation 1630

L'ÉVOLUTION ENVISAGÉE AU NIVEAU DES POPULATIONS ET LA SÉLECTION NATURELLE. La grande disproportion entre le nombre des œufs, des jeunes, des graines, et le nombre, à peu près constant, des adultes. Mécanisme de la sélection naturelle darwinienne dont l'agent différenciateur est la mort; critique de la théorie de Darwin et démonstration du fait que l'élimination n'est pas forcément due au rejet des difformes ou des faibles. Exemples qui correspondent à l'existence d'une sélection de type darwinien incontestable; phénomènes d'homochromie, de multiplication différentielle, essor d'un gène muté dans une population. La statistique et l'étude de l'action sélective; les trois variables retenues par la statistique : taux de mutation, avantage sélectif, grandeur de la population. La mutation, une amorce de la formation de nouvelles espèces qui devront se faire une place aux côtés des espèces existantes, selon leurs possibilités de résistance 1634

LE NÉOMUTATIONNISME DANS LA GENÈSE DES ESPÈCES ET DES ADAPTATIONS : Facteurs qui font d'un groupement d'individus des espèces en puissance et qui sont à l'origine de spéciations. Les quatre modalités de spéciation : mode par « succession », mode par « divergence », mode par « convergence », mode « réticulé ». Les deux conditions essentielles à la naissance d'une espèce : mutation originelle puis impossibilité postérieure de reproduction croisée avec la souche. Obligation pour la forme substituante d'une entière adaptation au milieu et de l'acquisition d'un équilibre constant entre adaptation physiologique et milieu. L'adaptation morphologique : une spécialisation de l'organisme qui, perdant certaines potentialités, en élargit d'autres ; exemples d'adaptations morphologiques : formes pisciennes, formes des Oiseaux; rôle du milieu dans l'adaptation morphologique; la concurrence vitale et les adaptations qu'elle impose 1643

CHANGEMENT DE MILIEU, PRÉADAPTATION ET POSTADAPTATION : L'adaptation morphologique, une adaptation nettement caractérisée qui oriente l'organisme dans une voie dont il ne peut, le plus souvent, s'écarter; l'adaptation physiologique, une adaptation mouvante qui peut présenter d'importantes variations. L'organisme face à des changements de milieu qui peuvent être soit progressifs et lents, soit rapides et brutaux; individus préadaptés au changement, individus capables d'effectuer une postadaptation aux conditions nouvelles qui deviennent les leurs, individus préadaptés à un milieu qui provoque de plus une postadaptation 1652

ÉVOLUTION DIRIGÉE, HYPERTÉLIE, EXTINCTION DES ESPÈCES : L'évolution dirigée, une réalité dont les règles sont souvent violées ; le caractère irréversible de toute mutation concernant des gènes qui fonctionnent en association sériée; l'orthosélection, un désavantage pour toute variation tendant à s'écarter de la tendance initiale alors que les conditions du milieu restent inchangées. La loi d'augmentation de taille et l'hypertélie, un problème difficile à résoudre : celui de la conservation ou de l'extinction d'une lignée 1658

ÉVOLUTION PROGRESSIVE ET ÉVOLUTION RÉGRESSIVE : L'idée du progrès en évolution : une marche du simple vers le compliqué. Perfectionnement du système de commande qui caractérise le progrès évolutif et permet aux êtres intéressés un contrôle de plus en plus facile et complet du milieu ambiant. L'acquisition d'un milieu interne stable, condition essentielle qui dirige les progrès du système de commande; l'homéothermie. La viviparité, autre progrès qui permet la plus grande protection de l'embryon pendant sa période d'excessive fragilité. L'évolution régressive; du compliqué vers le simple; des spécialisations qui ne sont pas obligatoirement des rétrogradations mais qui portent en elles la condamnation possible de l'individu qu'elles affectent; le parasitisme, image d'une spécialisation extrême qui lie le sort du parasite au sort de son hôte, et qui s'explique facilement par le mutationnisme. Bilan actuel des phénomènes d'évolution progressive ou régressive et les hypothèses concernant les possibilités d'évolution progressive. Le rajeunissement évolutif des organismes néoténiques; la pédomorphose et l'intérêt des faits d'évolution qui se rattachent aux œufs, aux embryons ou aux fœtus alors que l'organisme n'a pas encore atteint la spécialisation de l'adulte. La théorie de Bolk et l'explication possible des variations brusques fréquemment constatées en paléontologie 1665

LE PROBLÈME DE L'HÉRÉDITÉ DES CARACTÈRES ACQUIS ET LE NÉOMUTATIONNISME : LES EFFETS PROLONGÉS : Le caractère acquis : un caractère nouveau apparu dans le soma, au cours de la vie individuelle, provoqué par un facteur externe, et qui, ne concernant pas le germen, doit disparaître avec la mort sans réapparition possible dans la descendance si la cause qui a provoqué sa venue ne réapparaît pas elle-même. Manque de temps et trop courte durée des expériences, arguments invoqués en faveur des possibilités d'hérédité des caractères acquis. La transformation d'un accommodat en mutation, à condition qu'il y ait parallélisme entre l'un et l'autre, est-elle possible ? Un processus logique qui permettrait de comprendre le remplacement d'une variation non héréditaire par une autre variation, héréditaire celle-ci, physiologiquement équivalente : accommodat, ou réaction de l'individu à un milieu particulier qui peut devenir une adaptation provisoire de l'espèce, puis mutation parallèle, conservée par l'action sélective et transmissible par hérédité, enfin substitution de la mutation à l'accommodat. Rapports possibles entre somation et mutation. La règle de Bergmann et les effets de la température sur la taille des organismes qui peuvent, par effet Baldwin, devenir génotypiques alors qu'ils ne sont que phénotypiques primitivement; les coaptations et l'hypothèse qu'elles proposent d'une possibilité de remplacement de caractères adaptatifs par des mutations parallèles. Modifications de durée, ou effets prolongés 1674

L'ÉVOLUTION HUMAINE : Des Anthropomorphes à l'Homme, ou la difficile recherche de la lignée humaine et des radiations adaptatives qui la jalonnent : Australopithèques, Pithécanthropes et Sinanthropes, Néanderthaliens, races de Cromagnon, de Chancelade, de Grimaldi. Éclosion et développement d'une nouvelle venue, l'intelligence, qui vient bouleverser l'évolution traditionnelle jusque là suivie par la lignée humaine. La parole, moyen de transmission de l'acquis; l'écriture, moyen de conservation de l'acquis. L'homme dans sa lutte contre la nature : une intervention permanente contre le hasard, un combat incessant contre l'évolution naturelle 1682

CONCLUSIONS GÉNÉRALES

L'évolution, un fait indiscutable dont le mécanisme apparaît actuellement moins mystérieux qu'à l'époque de ses premiers partisans. Les mutations, base du mécanisme évolutif, leurs causes, les réactions qu'elles entraînent; microévolution et macroévolution. Références au passé et perspectives que peut ouvrir vraisemblablement le phénomène d'Évolution 1691

BIBLIOGRAPHIE 1696

L'ADAPTATION, *par Andrée TÉTRY*

L'adaptation, ajustement de l'organisme à toutes les conditions du milieu dans lequel il vit 1699

L'ADAPTATION INDIVIDUELLE: Modifications morphologiques et physiologiques entraînées par une accommodation à des conditions de vie inhabituelles 1699

L'ADAPTATION SPÉCIFIQUE: Acclimatation d'une espèce et exemples de naturalisations animales et végétales 1700

L'ADAPTATION ÉTHOLOGIQUE: Adaptations communes à des animaux ou à des végétaux variés provoquées par un mode de vie identique. Variations des degrés d'adaptation qui, lorsqu'elle est réalisée au maximum, restreint les possibilités de l'individu 1703

Palmure: Une solution du problème de la natation généralement observée chez les animaux à corps épais 1707

Locomotion: Les adaptations aux divers modes de locomotion 1708

LA CONVERGENCE : Accumulation d'adaptations statistiques semblables qui détermine une ressemblance entre individus menant une vie analogue ou entre organes exerçant une même fonction 1709

L'ADAPTATION DES ORGANES: Adaptation de divers appareils qui assurent la vie de l'individu ou lui facilitent certaines activités secondaires 1713

LES MOYENS DE DÉFENSE : La vie animale et végétale : un conflit permanent contre les conditions de milieu souvent défavorables, contre les prédateurs, contre les parasites. Le processus de la régulation automatique qui tend à rétablir l'équilibre perturbé. La défense contre les prédateurs, principal souci de l'adulte et principale cause d'adaptation d'organes. Caractéristiques de la défense qui vise à préserver quelques individus afin d'assurer la perpétuation de l'espèce 1713

Les piquants et les produits chimiques des végétaux: Quelques exemples de Végétaux que les herbivores évitent à cause de la protection physique ou chimique dont ils jouissent 1717

Les cuirasses: Cuirasses unies ou écailleuses et piquants aigus . . . 1718

Les armes: l'arsenal défensif et offensif : opercules, dispositifs perforants, stylets, aiguillons, dents, pinces venimeuses, flèches, organes urticants 1719

Les sécrétions défensives: Sécrétions méphitiques et sécrétions urticantes ; la saignée réflexe 1720

Les sécrétions collantes: Défense par projection d'une glu qui entrave les mouvements de l'assaillant 1721

La fuite: La fuite de la proie : moyen de défense par excellence. Autotomie et propriétés équivalentes. Émission de liquide coloré qui protège la fuite de la proie. Mort apparente ou immobilité réflexe, moyen opposé à la fuite 1722

Les matamores: Transformation de l'attitude et intimidation de l'adversaire 1724

LES COLORATIONS ADAPTATIVES : Procédés par lesquels l'animal se dissimule dans son milieu habituel 1725

Les colorations cryptiques: Homophanie et homochromie. L'homotypie, complément occasionnel de l'homochromie 1725

Les colorations voyantes ou vexillaires: Relation entre la non-comestibilité du sujet et sa coloration voyante qui devient ainsi un véritable avis de danger pour le prédateur 1727

Le mimétisme: Ressemblance d'une espèce comestible avec une espèce protégée; mimétisme batésien, mimétisme müllerien, mimétisme parasitaire 1728

Le camouflage: Procédés de dissimulation de l'animal dans son milieu habituel 1729

Valeur des colorations adaptatives: La coloration adaptative: phénomène qui n'est pas obligatoirement lié à la protection. Expériences montrant la valeur protectrice des colorations adaptatives 1729

LES ORGANES ET LES OUTILS : L'organe, un outil spécialisé dont la présence et le fonctionnement peuvent être indispensables à la vie ou assurer une tache secondaire 1731

Le bouton-pression: Quelques exemples d'organes qui se réunissent grâce au procédé dit du « bouton-pression » 1732

Les hamules: Couplage des ailes antérieure et postérieure et réalisation, grâce aux hamules, d'un plan unique qui assure la coordination des mouvements des ailes au cours du vol 1733

Le couteau pliant: Pattes ravisseuses dont le ou les segments terminaux se replient sur un segment plus épais 1734

Les autres outils: Photophores, instruments de musique, générateurs d'électricité, organes de capture, de vol, de plongée, poudreuses, pinces. Malfaçons observées et réalisations impossibles 1734

LA GENÈSE DES OUTILS ET DES ADAPTATIONS: Interprétations erronées dues à la comparaison entre l'invention organique et l'invention humaine qui sont, de fait, différenciées par des caractères opposés; l'outil naturel : un caractère primaire antérieur à toute activité cérébrale; l'outil fabriqué, un caractère secondaire et forcément postérieur à l'activité cérébrale. Le problème soulevé par la genèse des outils et par les adaptations statistiques. Les apports de l'embryologie expérimentale 1737

BIBLIOGRAPHIE 1740

LE PARASITISME, *par Lucien CHOPARD*

LES LIMITES DU PARASITISME: Les multiples liens qui peuvent associer deux organismes appartenant à des groupes souvent très éloignés dans la classification, et qui écartent du parasitisme les simples prédateurs; phorésie, inquilinisme, commensalisme, symbiose, parasitisme véritable. Répartition de la vie parasitaire dans le monde animal. Formes affectées par le parasitisme et rapports pouvant exister entre parasites et hôtes. Cas de symbiose et de parasitisme dans le règne végétal 1745

ADAPTATIONS MORPHOLOGIQUES DES PARASITES: Modifications organiques observées chez les parasites : formations nouvelles ou adaptation au mode de vie d'organes existant normalement dans le groupe auquel appartient le parasite. Simplifications fréquentes des systèmes sensitifs, locomoteurs et digestifs engendrées par la nourriture abondante et par la défense naturelle fournies par l'hôte au parasite; exemples d'atrophie ou de disparition des pièces buccales ou de l'appareil digestif : les organes de fixation qui permettent au parasite, dans un grand nombre de cas, d'adhérer à la peau ou aux muqueuses de l'hôte : ventouses, crochets, formations nouvelles adaptées au mode de vie ou transformations d'organes préexistants dans les espèces libres. Les conséquences des adaptations au parasitisme sur la morphologie générale qui subit des modifications variables suivant les groupes affectés et quelquefois considérables; quelques exemples remarquables de déformation parasitaire observés chez les Crustacés Copépodes et Isopodes; caractères spéciaux présentés par les Mollusques parasites dont les *Enterochonca* offrent un exemple typique de déformation considérable. Arthropodes et Insectes adaptés à la vie parasitaire 1753

PHYSIOLOGIE DES PARASITES: Adaptation des processus biochimiques du parasite au milieu dans lequel il vit et prélève sa nourriture et réactions parfois engendrées par sa présence chez l'hôte lui-même. Observation des réactions osmotiques dans certains cas de parasitisme. Rapports entre la fonction hormonale de l'hôte et la croissance du parasite. Absorption des hydrates de carbone et des lipides par les parasites. Comportement des parasites en milieu humide et en milieu sec. Métabolisme des protéines. Parasites aérobies et parasites anaérobies. L'hyperactivité sexuelle, caractère physiologique et biologique le plus frappant de nombreux parasites, et la multiplication des formes larvaires chez l'hôte unique ou chez les hôtes successifs 1769

LA RECHERCHE DE L'HÔTE ET LES CYCLES ÉVOLUTIFS: L'état larvaire, stade auquel, dans la plupart des cas, se fait la recherche de l'hôte. Intérêt de l'étude des formes larvaires qui gardent les caractères du groupe auquel appartient l'espèce avant les déformations ultérieures qui lui seront imposées par le parasitisme; le moyen, souvent unique, de déterminer les origines de l'adulte. Le cycle évolutif qui peut conduire le parasite vers un ou plusieurs hôtes intermédiaires qui précèdent l'adoption de l'hôte définitif. Les réactions possibles qui guident la recherche de l'hôte. Cycle évolutif des Amibes et des Flagellés intestinaux. Schizogonie suivie de sporogonie, type d'évolution, observable chez les Sporozoaires. Trématodes et Cestodes, exemples de cycles évolutifs d'une complexité exceptionnelle. L'évolution chez les Crustacés parasites dont les larves assurent toujours, à l'exception des Monstrillides, où elle est elle-même parasite, la recherche de l'hôte dans lequel se développera l'adulte femelle, le mâle n'étant que rarement parasite. Le cycle évolutif, fréquemment direct, des Némathelminthes. Recherche de l'hôte par les Arthropodes terrestres parasites. Insectes ectoparasites et endoparasites 1774

ÉCOLOGIE DES PARASITES. SPÉCIFICITÉ PARASITAIRE: Le complexe biologique formé par le parasite et son hôte. La parasitocénose, un groupement de plusieurs parasites au sein du même hôte et dans lequel chaque parasite peut exercer une influence plus ou moins importante sur les autres parasites du groupement. Les facteurs du milieu qui peuvent perturber hôte ou parasites et les changements qu'ils peuvent provoquer; réactions des parasites lors d'une évolution du milieu extérieur : humidité, température, composition chimique, âge de l'hôte; les mécanismes complexes qui permettent au parasite l'adaptation au milieu et lui facilitent, dans certains cas, l'acclimatation à un milieu inhabituel pour lui. Examen des différents degrés de spécificité parasitaire : parasites attachés à un seul hôte ou à plusieurs hôtes différents, animaux rarement parasités et animaux toujours parasités : Spécificité physiologique; incapacité génétique du parasite de vivre dans un hôte différent de celui auquel il est adapté et spécificité écologique : conditions particulières qui doivent être réunis pour qu'un parasite puisse s'adapter à un hôte étranger. Les différents groupes et leur degré respectif de spécificité. Protozoaires, Plathelminthes, Crustacés, Insectes. Utilisation pratique de l'étude des spécificités parasitaires pour la résolution de certains problèmes biogéographiques 1787

RÉACTIONS DE L'HÔTE PARASITÉ. IMMUNITÉ: Les facteurs multiples qui déterminent les effets du parasitisme sur l'hôte. Réactions de défense engendrées par le parasite chez l'hôte : réactions mécaniques, réactions de nature chimique et humorale : phagocytose ou enkystement du parasite, production d'anticorps. La castration parasitaire, phénomène provoqué par l'action du parasite sur les processus sexuels de l'hôte. Réactions des végétaux parasités par d'autres végétaux ou par des animaux, Insectes pour la plupart 1795

SYMBIOSE ET PARASITISME CHEZ LES VÉGÉTAUX: Le Lichen, un thalle résultant de la croissance symbiotique d'une Algue et d'un Champignon dans laquelle les deux associés trouvent avantage. Association entre Bactéries et Légumineuses. L'Orchidée, exemple caractéristique d'association entre un Champignon et les racines d'une plante. La mise en évidence de la production d'anticorps par la culture des plantes de serre. Du parasitisme au saprophytisme chez les Champignons. Réactions morphologiques des plantes parasitées. Les hémiparasites, parasites partiels particuliers au monde végétal qui ne demandent à l'hôte que l'eau et les sels minéraux dont ils ont besoin, étant eux-mêmes capables d'assimiler le carbone par leur propre fonction chlorophyllienne. Quelques familles illustrant divers modes de parasitisme 1801

ORIGINE ET ÉVOLUTION DU PARASITISME: À la recherche des premiers parasites obligatoires, recherche d'autant plus difficile que le parasitisme est un phénomène complexe. De la forme libre à la forme parasite, démarche simple lorsqu'elle concerne les parasites externes dont on peut suivre le passage du commensalisme au parasitisme, mais plus hypothétique lorsqu'elle s'attaque aux origines du parasitisme interne. Les complications du cycle évolutif des parasites : immense dissémination qui implique la multiplication des occasions de disparition elle-même compensée par une augmentation considérable des possibilités de reproduction. Le parasitisme et les lois de l'évolution 1809

BIBLIOGRAPHIE 1816

LA GENÈSE HUMAINE, *par Jean PIVETEAU*, de l'Institut

L'HOMME PARMI LES PRIMATES: La place de l'Homme parmi les Anthropomorphes. Les trois tendances évolutives différentes de l'appareil locomoteur qui distinguent les trois lignées issues des Primates : quadrupédie, brachiation, et bipédie. Recherche de l'origine commune aux Hominidés et aux Pongidés et la double question posée par le mode et l'ordre de l'apparition des caractères au cours de l'évolution 1819

CONDITIONS ANATOMIQUES DE LA DIVERGENCE DES HOMINIDÉS: Processus de l'apparition des caractères nouveaux qui évoluent d'une manière indépendante et selon un rythme différent. Premières différences probablement apparues entre Hominidés et Pongidés : évolution du système dentaire, modification de l'appareil locomoteur vraisemblablement antérieure aux modifications du cerveau 1821

LE PHÉNOMÈNE HUMAIN: Les quatre caractères dont l'analyse fera ressortir l'originalité du phénomène humain : faible différenciation morphologique du corps humain, puissance d'expansion et de conquête, usage de l'instrument artificiel, unité organique. Le facteur psychique, explication supérieure des particularités humaines 1823

GENÈSE DE LA RÉFLEXION: Apparition de la réflexion et les phases d'un développement continuel qui s'étend sur de longues périodes de temps. Dispositions anatomiques et acquisition de certains caractères qui sont probablement les facteurs lointains du déclenchement de l'hominisation 1825

DATE DE LA DIVERGENCE DE LA LIGNÉE DES HOMINIDÉS: Les difficultés insurmontables qui se dressent entre nous et la naissance authentique des Hominidés. Les déductions qui permettent d'aborder indirectement le problème 1827

DATE DE L'APPARITION DE L'HOMME: Hypothèses qui militent en faveur de l'apparition de l'Homme au début de l'ère quaternaire 1828

LE BERCEAU DES HOMINIDÉS ET DE L'HUMANITÉ: Détermination de l'espace géographique dans lequel ont pris naissance les Hominidés 1829

LE « BERCEAU » DES HOMINIDÉS : Des probabilités sans certitudes . . 1829

LE « BERCEAU » DE L'HUMANITÉ : L'Asie méridionale, région traditionnellement reconnue comme étant le berceau de l'humanité, et les arguments actuels qui en attribuent l'emplacement en Afrique mais qui s'appuyent sur des caractères parfaitement applicables à la région méditerranéenne 1830

LES DÉVELOPPEMENTS DE L'HOMINISATION: La structure stratifiée de l'intelligence. L'histoire de la raison et les diverses tentatives qui ont tenté de l'élaborer; d'Auguste Comte à Louis Weber et Édouard Le Roy. Les observations fournies par la préhistoire et leur apport à l'histoire de l'intelligence : rapports entre activité technique et activité spéculative au cours du Paléolithique et du Néolithique 1833

BIBLIOGRAPHIE 1837

L'ORIGINE DE LA VIE, *par A. DAUVILLIER*

Le problème de l'origine de la vie : un problème de physique cosmique 1841

DÉFINITION DE LA VIE: Les caractères géochimiques de la vie dont le monde végétal autotrophe est le meilleur représentant. Découvertes ayant démontré le caractère moléculaire et quantique de la vie. Rapports entre phénomènes psychiques et phénomènes biologiques et liens qui unissent la vie à l'énergie 1841

THÉORIES DE L'ORIGINE DE LA VIE

RECEVABILITÉ DU PROBLÈME : La matière, un aspect éphémère de l'énergie qui, seule, demeure sous de multiples formes. Problème de l'apparition de la vie sur Terre dont l'existence est intimement liée aux éléments chimiques biogènes 1844

LA GÉNÉRATION SPONTANÉE : Les multiples raisons qui ont amené sans rémission la ruine de la doctrine prônant la génération spontanée . . 1846

LE HASARD CRÉATEUR : Absurdité d'une hypothèse, théoriquement vraisemblable mais irréalisable dans notre échelle de temps incompatible avec l'apparition hasardeuse d'une structure dissymétrique issue d'une agitation moléculaire thermique parfaitement désordonnée 1847

LA PANSPERMIE COSMIQUE : L'ensemencement de la Terre par des germes vivants d'origine cosmique : une autre théorie ayant donné lieu à de nombreuses hypothèses qui ne résistent pas à un examen approfondi 1848

LA SYNTHÈSE DE LA MATIÈRE ORGANIQUE : Thèses selon lesquelles la matière minérale aurait engendré des matières organiques qui se seraient organisées peu à peu. Recherches concernant la formation des composés ternaires et quaternaires ou des acides aminés et partant du principe erroné que l'atmosphère terrestre primitive contenait hydrogène et hydrocarbures. Vers une théorie photochimique de l'origine de la vie 1851

LA THÉORIE PHOTOCHIMIQUE DE L'ORIGINE DE LA VIE

LES HYPOTHÈSES COSMOGONIQUES : Deux théories opposées : théorie de la filiation, les planètes étant issues du Soleil comme les satellites sont issus de leur planète-mère, et théorie de l'accrétion, les corps célestes provenant d'une agglomération de la matière divisée existant primitivement dans la Galaxie 1853

LE CYCLE VOLCANIQUE DU SEL : Origine de la salure océanique et théorie de l'origine volcanique des atmosphères et des hydrosphères planétaires : le cycle fermé des halogènes et des alcalins : volcanisme, formation des chaînes de montagne, granitisation, érosion 1856

La Synthèse pyrogénée de la matière organique : Caractéristique de la chimie cosmique des corps célestes et raisons physiques pour lesquelles les éléments biogènes ont été conservés dans les hydrosphères et dans les atmosphères denses. L'exhalaison volcanique et la capacité du paléovolcanisme d'engendrer des produits organiques par synthèse pyrogénée en l'absence d'oxygène libre 1858

La Synthèse photochimique de la matière organique : Conditions nécessaires à l'élaboration des protéines. Rôle de la lumière solaire ultraviolette dans la synthèse directe de composés organiques à partir d'éléments minéraux et facteurs physiques indispensables à la réalisation d'une telle synthèse. La succession des réactions pyrogénées, photochimiques et radiochimiques qui ont accumulé des matières organiques complexes dans les eaux marines superficielles . 1860

L'Origine de l'activité optique : Vers l'apparition photochimique de la première molécule dissymétrique, molécule génératrice qui conférera un métabolisme d'oxydo-réduction à la matière organique inerte. Origine probable de la lumière circulaire, seul agent susceptible de réaliser la synthèse asymétrique totale. Corps optiquement actifs et leur présence possible dans la matière vivante 1864

La Fermentation : Démonstration des possibilités de vie de matières protéiques, douées de propriétés enzymatiques, en présence d'oxygène. Rôle du phosphore dans l'élaboration des acides nucléiques. Transformation de l'énergie de l'ultraviolet solaire en énergie chimique puis en chaleur à la surface des eaux marines et réalisation des conditions nécessaires à la vie organique 1866

L'Organisation de la matière organique : Apparition de macromolécules douées de continuité génétique. Processus de l'édification des nucléo-protéines. Caractéristiques des acides nucléiques dont les destinées biologiques sont différentes malgré leur grande parenté chimique. Structure et spécificité du gène. Le virus, une macromolécule, douée de propriétés chimiques nouvelles, spécificité, duplication, mutation, mais encore incapable d'effectuer la moindre synthèse. L'apparition des membranes plasmiques, l'une des étapes importantes de l'évolution de la matière vers la vie, et la naissance des Bactéries hétérotrophes. Le cycle Virus-Bactérie. Adaptation de la vie qui effectue la photosynthèse dans le domaine spectral visible et apparition de la chlorophylle, donc passage à l'autotrophie 1868

L'Évolution première des êtres organisés : Évolution progressive marquée par une augmentation de la taille et de la complexité organiques. Rôle des Bactéries, hétérotrophes puis autotrophes. Cyanophycées autotrophes et Champignons hétérotrophes, ancêtres du monde vivant avec les Bactéries 1873

La Vie dans l'univers : Conditions que doivent remplir les corps célestes pour que l'apparition de la vie y soit possible ; le cycle cosmique du carbone 1876

BIBLIOGRAPHIE 1877

LES VIRUS, *par Pierre LÉPINE*, de l'Institut

Évolution de la notion de virus jusqu'à la découverte de l'aptitude à traverser les filtres, premier caractère reconnu à ces infiniment petits. Présence des virus chez tous les êtres vivants, et maladies à virus anciennement connues; l'importance des virus n'est pas limitée aux maladies infectieuses aiguës : ils interviennent au stade *latent* dans nombre de phénomènes cellulaires considérés comme physiologiques 1881

PROPRIÉTÉS DES VIRUS : Un ensemble de propriétés communes qui permettent de définir les virus 1883

Composition chimique centrée sur un acide nucléique : Propriétés caractéristiques de la nucléoprotéine virale, formée à partir d'un seul acide nucléique, élément fondamental du virus 1884

ÉCHELLE DE TAILLES RÉDUITES : Une taille réduite variant dans des limites assez étroites et qui explique les caractères autrefois jugés essentiels : filtrabilité et invisibilité 1884

PARASITISME INTRACELLULAIRE OBLIGATOIRE : Parasitisme obligatoire pour le virus, condamné à trouver au sein de cellules vivantes le deuxième acide nucléique qui lui manque. Arguments qui peuvent faire classer les virus dans la matière vivante malgré leur dépendance d'un système extérieur de biosynthèse 1885

SPÉCIFICITÉ ET CONTINUITÉ GÉNÉTIQUE : Spécificité de la constitution antigénique des virus et identité de la réponse immunitaire qu'ils provoquent chez les animaux sensibles, moyens d'identification du virus et de reconnaissance de l'affection causée 1886

PLASTICITÉ : Une variation des propriétés du virus en fonction de son adaptation à un hôte, ou à des conditions particulières de multiplication, qui a été mise à profit pour la création de souches atténuées ou vaccinantes 1886

MÉTHODES D'ÉTUDE DES VIRUS: Moyens tirés de l'observation ou de l'expérimentation qui permettent de dresser l'inventaire des maladies à virus et d'en tracer le cadre général. Les méthodes physico-chimiques fournissent des informations sur la nature même des virus. Résultats actuels des recherches 1887

CLASSIFICATION DES VIRUS: Difficulté d'une classification logique étant donné la nature virale elle-même. Les essais anciens de classification conduisent au groupement de virus extrêmement disparates et souvent différents par leur taille et par leurs propriétés. Classification des virus sur une base chimique : désoxyvirus et ribovirus eux-mêmes respectivement divisés en lipovirus et clathrovirus; classification suivant les données morphologiques 1890

MORPHOLOGIE ET STRUCTURE DE LA PARTICULE VIRALE: Méthodes physiques par lesquelles ont pu être déterminées les principales caractéristiques morphologiques des virus : formes régulièrement sphériques ou allongées, formes en raquette, formes en bâtonnets. Une homogénéité des tailles et des formes et une rigidité de structure qui permettent d'obtenir les virus à l'état de vrais cristaux favorisant l'examen au microscope électronique 1893

COMPOSITION CHIMIQUE ET PHYSIOLOGIQUE DES VIRUS: Détermination de la structure du virion suivant la façon dont les sous-unités protidiques du viroplasme sont groupées autour du peloton d'acide nucléique. Description de la structure bacilliforme de la mosaïque du Tabac examinée au microscope électronique. Structure des virus de forme générale sphérique. Rôles respectifs du nucléoïde et du viroplasme dans l'infection virale; l'acide nucléique, génotype du virus, seul porteur de la virulence et seul capable de multiplication au sein d'une cellule-hôte; la protéine, un participant à la spécificité de l'ensemble mais qui n'est pas nécessaire à la réalisation de l'infection; rapports entre bactériophages et bactéries et travail de synthèse auquel celles-ci se livrent avant leur disparition pour assurer la multiplication du bactériophage; analyse du même mécanisme de multiplication virale dans le cas de végétaux et dans le cas de vertébrés supérieurs 1897

MÉCANISME DE L'INFECTION VIRALE: Étude des phénomènes résultant d'un conflit entre une cellule et un virus 1902

ATTACHEMENT : Le hasard, seul maître de la rencontre virus-cellule . 1902

PÉNÉTRATION : Modes de pénétration du virus dans la cellule 1903

ÉCLIPSE : Dissociation du virus en ses principaux matériaux constitutifs qui sont métabolisés en fonction de leur nature chimique dans les différents éléments constitutifs de la cellule 1903

Réception de l'information par le système cellulaire : Persistance d'un élément informateur, l'acide nucléique, qui fournit à la cellule un modèle à partir duquel s'élaborera la fabrication du virus . 1904

Production du matériel nouveau : Accroissement subit de l'activité cellulaire et démarrage d'un processus de synthèse qui se matérialise souvent par la formation d'une matrice où naîtra le virus 1904

Construction de la particule virale : Élaboration de particules virales incomplètes qui évoluent rapidement vers l'aspect morphologique de la particule virale complète 1904

Dispersion du virus par libération des particules : Conflit aboutissant à la destruction de la cellule par le virus suivant des délais plus ou moins longs et après que celle-ci aura favorisé la production de virus néoformés. Ou bien : passage de l'infection virale à l'état latent avec production d'un provirus qui n'empêche pas la vie cellulaire normale mais dont la synthèse peut être brusquement induite à un stade ultérieur, quelquefois très éloigné du moment de l'infection. Dernière éventualité : production par la cellule d'un matériel nouveau, l'interféron, dirigé cette fois contre le virus lui-même et amenant sa destruction. Nature de l'interféron, complément normal de l'immunité humorale provoquée par les anticorps 1904

NATURE DES VIRUS : Les conclusions que l'on peut actuellement tirer de l'étude de la nature des virus 1907

BIBLIOGRAPHIE 1908

TABLE DES ILLUSTRATIONS

LA CYTOLOGIE GÉNÉRALE

1. La cellule vue par Hooke 4
2. Le microscope de Hooke 5
3. Un microscope moderne avec platine à chariot, revolver et oculaires inclinés 6
4. Microscope électronique 7
5. Microscope électronique d'un type usuel 8
6. Tissu végétal 15
7. Cellules végétales aberrantes 16
8. Deux anthérozoïdes 16
9. Structures cénocytiques végétales 17
10. Tissu animal 17
11. Cellule de Pürkinje 18
12. Structures animales plasmodiales 18
13. *Syndinium turbo* 20
14. *Phaeopolykrikos Beauchampi* 21
15. Mosaïque du Tabac 23
16. Cristaux de Stanley 24
17. Virus de la mosaïque du Tabac 24
18. Virus de la mosaïque du Tabac 26
19. Virus de la vaccine 27
20. Virus de la variole 27
21. Bacille de Shiga attaqué par des Bactériophages . . . 28
22. *Rickettsia ruminantium* 30
23. *Polykrikos Schwartzi* 33
24. *Calonympha* 34
25. Colonie de *Gonium pectorale* 38
26. Une *Vahlkampfia (Amoeba limax)* 42
27. Cellules épidermiques marginales de la feuille d'*Elodea* 43
28. Les principaux acides aminés constituants des protéines . . . . 50 et 51
29. Liaison peptidique et liaison dicétopipérazique . . . 52
30. Condensations différentes des chaînes d'acides aminés 53
31. Schéma de la molécule d'A.D.N. 56
32. Un court fragment de la chaîne d'A.D.N., schématisé en plan 57
33. Comment Watson et Crick envisagent la reproduction de l'A.D.N. 58
34. Cytoplasmes hétérogènes biphasiques 63
35. Schéma de Clowes 68
36. Schéma de la membrane cellulaire 70
37. Schémas de cellules glandulaires 73
38. Chondriome animal 78
39. Réseaux mitochondriaux 79

40. Réseau mitochondrial chez un individu issu d'une colonie de *Pleodorina illinoisensis* 80
41. Mitochondries variées 82
42. Chondriome en microscopie électronique 88
43. Disposition des crêtes dans une mitochondrie 89
44. Modifications rapides de mitochondries 94
45. Modification du chondriome au cours de la mitose . . 95
46. Coupe d'un Nebenkern de *Pieris brassicae* 96
47. Évolution de cellules hépatiques 98
48. Deux *Astasia longa* 100
49. Chromatophores 105
50. Deux Euglènes vertes classiques 106
51. Chloroplastes vus au microscope électronique 107
52. Trois pyrénoïdes vus au microscope électronique . . . 109
53. Divers types de pyrénoïdes des Algues 111
54. Évolution du chondriome végétal 114
55. Couche corticale d'un siphon de *Vaucheria* 115
56. Point végétatif de la tige de *Selaginella kraussiana* . . . 116
57. Évolution du chondriome au cours du cycle des Fougères 117
58. *Euglena gracilis* 120
59. Appareil de Golgi, type réticulaire 122
60. Appareils de Golgi en microscopie optique 123
61. Appareils de Golgi en microscopie optique 123
62. Appareils de Golgi 125
63. Les dictyosomes des cellules germinales mâles de l'Escargot 126
64. Golgi des cellules d'embryons d'Oursin 127
65. *Polytomella coeca* 128
66. *Tabellaria floculosa* 129
67. *Prasinocarteria cordiformis* 129
68. Ultrastructure de l'appareil de Golgi 133
69. Ultrastructure d'un dictyosome chez *Trimitus divergens* 135
70. Dictyosomes périnucléaires 136
71. Canalicules intracellulaires correspondant au trophospongium de Holmgren 138
72. Fonctionnement du Golgi 142
73. Évolution normale du vacuome végétal dans les cellules jeunes 146
74. Évolution de type végétal du vacuome chez la Volvocale *Haematococcus pluvialis* 147
75. Formation des grains d'aleurone dans les cellules de l'albumen de la graine de Ricin 148
76. Phénomène d'agrégation 149
77. L'ergastoplasme animal 157
78. Aspect schématique de l'ergastoplasme végétal . . . 159
79. Ergastoplasme animal en microscopie optique 160
80. Myofibrilles et ergastoplasme 163
81. Schéma d'une membrane double 168
82. Constitution des membranes doubles des chloroplastes, au niveau des granums 169

83. Formation de l'amidon 173
84. Cristaux intracellulaires d'oxalate de calcium . . . 174
85. Symbiotes variés 177
86. Bactéries symbiotes de Ciliés 179
87. Leucocyte de Salamandre 182
88. Ciliés avec noyaux particuliers 183
89. Membrane nucléaire d'ovocyte de *Tegenaria* 184
90. Schéma de l'ultrastructure de la membrane nucléaire 185
91. Ultrastructure de la membrane nucléaire chez *Amoeba proteus* 185
92. Vue, au microscope optique, du noyau de *Plectodinium nucleovolvatum* (ou *Gyrodinium lacryma*) 186
93. Ovocyte ovarien de *Rana temporaria* 189
94. Ovocyte de *Rana temporaria*, au moment de la ponte ovarienne 189
95. Nucléoles de cellules hépatiques 190
96. Nucléole d'ovocyte de *Tegenaria* 191
97. Cristalloïdes intranucléaires 193
98. Divers noyaux au repos 195
99. Les deux génomes mâles de diverses espèces de Drosophiles 199
100. Amitose d'un leucocyte d'Axolotl 202
101. Schémas de la méromitose 204
102. La mitose somatique dans la couche lymphogène du foie, chez la Salamandre 207
103. Mitoses de segmentation chez l'Oursin 212
104. Modes particuliers de formation du fuseau mitotique . 212
105. Formation multipolaire du fuseau 213
106. Formation de la cloison entre les deux cellules filles 215
107. Schéma d'un chromosome et de ses constituants . . . 218
108. Constance des chromomères dans un même bivalent provenant de cellules différentes 219
109. Trois interprétations du centromère 221
110. Cycle du centromère et des gènes 221
111. Chromosomes et centromères 223
112. La spiralisation démontrée *in vivo* 226
113. Exemples de spiralisation 228
114. Spiralisation chez le Foraminifère *Patellina corrugata* . 230
115. Les deux types de spiralisation 231
116. Nucléoles et chromosomes 233
117. Formation du nucléole à partir du télomère d'un chromosome, chez le Ver de terre 234
118. Centrosome et chromosomes 243
119. Divisions méiotiques chez *Sciara coprophila* 247
120. Noyaux euchromocentriques 249
121. Mitoses de Protistes. 251
122. Promitose d'Amibe 252
123. Mitose d'*Aulacantha scolymantha* 254
124. La mitose chez *Euglena gracilis* 257
125. Syndinomitose 259

126. Division, d'emblée en quatre, chez le Péridinien *Polykrikos Schwartzi* 262
127. Endomitose chez l'Épinard 265
128. Noyau de Balbiani 267
129. Noyau des glandes salivaires de la larve de Drosophile 268
130. Euchromatine et hétérochromatine 270
131. Euchromatine et hétérochromatine chez *Simulia* . . . 271
132. Différences entre chromosomes homologues provenant de différents tissus, chez le Chironome . . . 275
133. Formation d'un « pouf » chez un *Chironomus tentans* . . 277
134. Débuts de la préméiose chez *Phrynotettix magnus* 285
135. Les principaux stades de la méiose, chez *Tomopteris onisciformis* 287
136. Zygoténie chez un tétraploïde 289
137. Anomalies de zygoténie 291
138. Schémas de l'évolution des bivalents 293
139. Débuts de l'ovogenèse chez *Pristiurus* 295
140. Phases de l'ovogenèse chez *Rana temporaria* 296
141. L'évolution des chromosomes bivalents au cours de la division I 299
142. Les deux types de spiralisation lors de la méiose . . . 300
143. Spiralisation lors de la méiose 300
144. Chiasma et crossing over 310
145. Interprétation du chiasma et du crossing over 312
146. Chiasma et crossing over : schéma de l'hypothèse de Belling 314
147. Cinétide de Chrysomonade, *Oikomonas Beauchampi* . . 318
148. Cinétides de *Chlamydomonas* 319
149. Comportement de la cinétide pendant la division de l'Euglène *Euglena gracilis* 320
150. Cinétide de *Trypanosoma mega* 321
151. Cinétides typiques de Zooflagellés 322
152. Quelques stades du développement de *Microjoenia* et de *Spirotrichonympha* 324
153. Cinétide décentralisée des Ciliés 325
154. Formation du cinétodesme par les cinétosomes 325
155. Formation de nouvelles cinétides par élinéation . . . 327
156. Trichitogenèse ou trichocystogenèse, aux dépens de dérivés des cinétosomes 328
157. Trichites et trichocystes 329
158. La cnidogenèse cyclique chez *Polykrikos Schwartzi* . . 331
159. Cnidogenèse cyclique chez *Nematodinium* 332
160. Cellules flagellées d'Éponges et d'Échinodermes . . 335
161. Cellules à flagelle central 336
162. Cellule d'une urne fixe de Sipunculide *Golfingia vulgare* 336
163. Cellules vibratiles et bordures en brosse 338
164. Ultrastructure des cellules vibratiles 339
165. Ultrastructure de bordure en brosse 340
166. Formation de soies chez les Annélides 341
167. Formation de l'anthérozoïde d'*Equisetum* 344
168. Formation des flagelles dans la spermatogenèse de *Bombyx mori* 345

169. Une spermatide de Geotriton 346
170. Formation du spermatozoïde de Chat 347
171. Deux stades de la spermatogenèse du Cobaye 348
172. Ultrastructure des centrioles de Métazoaires 352
173. Flagelles avec mastigonèmes 354
174. Coupes transversales extrafines de flagelles examinées à haute résolution 355
175. Coupe longitudinale de la base d'un flagelle de *Spirotrichonympha* 356
176. Mouvement flagellaire chez *Peranema* 359
177. Progression d'*Euglena acus* 360
178. Petite colonie de *Cyclonexis annularis* en mouvement . . 362
179. Expérience de mérotomie effectuée par Balbiani sur *Stentor* 365
180. Mérotomie effectuée en cours de division 366
181. Expérience de greffe nucléaire chez une Amibe, *A. sphaeronucleus* 368
182. Les trois espèces d'*Acetabularia* utilisées par Hämmerling 369
183. Relation nucléoplasmique chez les Spirogyres 380
184. Relation nucléoplasmique chez l'Oursin 381
185. Variations de la relation nucléoplasmique chez *Frontonia* 382
186. Variation des potentialités nucléaires au cours du développement 388

L'EMBRYOLOGIE

1. Maturation et fécondation de l'œuf chez *Cynthia* . . 404
2. Schéma de l'œuf de Poule mûr 405
3. Œuf de Grenouille et formation du croissant gris . . 406
4. Aspects cytologiques de la fécondation dans l'œuf de Grenouille rousse (vue en coupe sagittale) 408
5. Aspects du cytoplasme et de la zone corticale d'un œuf de Triton dans la région animale et végétative 409
6. Schéma du cortex et inclusions cytoplasmiques chez l'œuf de Triton 410
7. Segmentation chez *Synapta digitata* 412
8. Segmentation dans l'œuf de Truite 413
9. Schéma de l'œuf centrolécithe des Insectes et des premiers stades du développement 414
10. Segmentation spirale chez l'Annélide *Arenicola cristata* 416
11. Schémas du développement chez l'Oursin *Paracentrotus lividus* . . . . 424 et 425
12. Développement de l'œuf de *Cynthia* . . . . 428 et 429
13. Développement embryonnaire du Triton *Pleurodeles waltlii* . . . . 434 et 435
14. Coupes dans le plan sagittal d'une blastula et d'une gastrula de Triton, au stade moyen de leur évolution 436
15. Carte de territoires présomptifs chez *Triturus* au début de la gastrulation 439
16. Étude des mouvements morphogénétiques au cours de la gastrulation chez les Urodèles, par la technique des marques colorées 442

17. Schéma de la gastrulation chez les Urodèles 444
18. Diagramme montrant la différenciation des feuillets chez les Amphibiens au cours de la neurulation et jusqu'au stade du bourgeon caudal 447
Tableau I : différenciation embryonnaire des Amphibiens . 450 et 451
19. Segmentation de l'œuf de Poule 452
20. Vue latérale du plan des ébauches dans le germe d'Oiseau et mouvements de la gastrulation 453
21. Développement de l'embryon de poulet 454
22. Évolution de l'embryon de poulet 456
23. Annexes embryonnaires chez le poulet 458
24. Développement du poulet 459
25. Développement mosaïque chez l'Ascidie *Cynthia* . . . 462
26. Isolement des blastomères chez le Dentale 463
27. Régulation chez l'Oursin 464
28. Embryon reconstitué de *Paracentrotus*, après dissociation de Blastula 465
29. Fusion d'une moitié méridienne et d'une moitié animale chez l'Oursin 466
30. Diagramme mettant en évidence l'existence d'un gradient végétatif dans le germe d'Oursin 467
31. Diagramme schématisant l'organisation de l'œuf d'Oursin, la répartition des territoires présomptifs, l'existence des deux gradients emboîtés 468
32. Animalisation d'un germe par adjonction d'une ou deux moitiés animales 469
33. Régulation dans le germe de Canard après fissuration du blastoderme de l'œuf non incubé 472
34. Ligature sagittale de l'œuf de Triton *(T. helveticus)* . 474
35. Résultat d'une section méridienne chez *Ascidiella* . . . 475
36. Développement de moitiés animale et végétative isolées chez l'Oursin *Paracentrotus* 478
37. Différenciation dépendant des territoires dans le germe de Triton, avant l'établissement de leur détermination 480
38. Différenciation autonome des régions antérieures et postérieures d'une neurula d'Urodèle 482
39. Diagramme montrant la localisation sur une neurula d'Urodèle des principaux champs morphogénétiques régionaux 483
40. Induction primaire chez les Amphibiens Urodèles . . 485
41. Détermination précoce du champ chordo-mésodermique chez le Triton 489
42. *Duplicitas anterior* chez le Triton, résultant d'une ligature lâche passant par le plan de symétrie bilatérale du germe 490
43. Soudure de deux gastrulas partielles à blastopore entier 490
44. Retournement de 180° de l'hémisphère supérieur d'une blastula, le plan de section divisant le chordo-mésoderme 491
45. Extension du centre organisateur au début de la gastrulation chez *Triturus taeniatus* 492
46. Expérience d'exogastrulation 495
47. Effets régionaux dans l'induction 498

48. Schémas traduisant l'activité inductrice spécifique de xéno-inducteurs 499
49. Larve de Triton dans laquelle une queue et une tête incomplètes ont été induites dans la région ventrale par deux xéno-inducteurs, moelle osseuse et foie, traités par l'alcool, agissant simultanément 500
50. Schéma des expériences de Yamada montrant l'évolution de différentes parties du mésoderme prélevées au stade neurula, dans différentes conditions de culture 503
51. Diagramme montrant le rôle des deux principes inducteurs répartis en gradients dans l'induction normale 509
52. Diagramme montrant en fonction du temps, la participation du centre formateur et du centre différenciateur dans le développement de l'œuf de *Platycnemis pennipes* 516
53. Schémas montrant les phases successives de l'organogenèse de l'œil et la formation du cristallin 520
54. Schéma d'un embryon de Grenouille au stade du bourgeon caudal, montrant la position de la vésicule optique et son transfert sous l'ectoderme de la région ventrale 521
55. Induction du cristallin chez le Triton 521
56. Différenciation d'un cristallin en l'absence de vésicule optique chez *Rana esculenta* 522
57. Induction du mésonéphros et de la gonade par l'uretère primaire chez le Triton *Pleurodeles waltlii* . . 525
58. Induction du mésonéphros par l'uretère primaire chez la Grenouille 527
59. Schémas montrant l'antagonisme cortico-médullaire et le mécanisme réalisant la différenciation mâle ou femelle 529
60. Xéno-inductions entre Urodèles et Anoures 533
Tableau III : développement d'œufs anucléés recevant un noyau d'un autre germe 540
61. Chromatine-diminution et régulation après centrifugation chez *Ascaris megalocephala* 541
62. Schémas montrant la constitution d'un œuf triploïde après choc thermique 545

LA GENÈSE DES MONSTRES

1. Cyclopes à un œil médian dans trois groupes de Vertébrés 566
2. Monstre humain à la fois cyclope et otocéphale . . . 567
3. Stades successifs du développement de la face chez l'embryon humain 569
4. Anencéphale humain 570
5. Formation du système nerveux chez un embryon de poulet après vingt-quatre heures d'incubation 571
6. Enfants phocomèles 572
7. Développement d'un membre 572
8. Foetus humain symèle 573
9. Monstre humain à deux têtes 574
10. Squelette d'un monstre humain à deux têtes 574
11. Femme à deux nez 575

12. Schéma d'un monstre janiceps, montrant l'étendue de chaque composant 576
13. Squelette d'un sternopage montrant l'union des deux composants par le sternum 577
14. Malformation de la tête connue sous le nom de bec-de-perroquet 581
15. Production expérimentale de la phocomélie par l'action de l'ypérite à l'azote . . . . 584 à 587
16. Méthode des irradiations localisées aux rayons X . 590
17. Schéma général de la localisation des irradiations et de leurs résultats au stade moyen du prolongement céphalique, (de 15 à 19 heures) 591
18. Schéma général de la localisation des irradiations et de leurs résultats au stade moyen de quinze somites (36 heures) 592
19. Cyclopie expérimentale chez l'embryon de poulet . . 593
20. Cyclocéphalie expérimentale (deux yeux dans une orbite commune) 593
21. Otocéphalie expérimentale 594
22. Embryon de poulet à face très réduite (triocéphale) . 595
23. Symélie expérimentale 596
24. Symélie antérieure expérimentale 596
25. Section méridienne d'une jeune gastrula de Triton, par un fil de verre lesté d'un cavalier de verre 599
26. Ligatures de l'œuf de Triton, au stade de deux blastomères 600
27. Règle d'orientation de l'axe de l'embryon dans l'œuf de Poule 601
28. Production expérimentale de jumeaux parallèles et de même sens 602
29. Production expérimentale de jumeaux et monstres doubles, opposés par la tête et de sens inverse, chez les Oiseaux 602
30. Obtention expérimentale des monstres en Y chez le poulet 603
31. Obtention expérimentale de monstres en Y renversé chez le poulet 603
32. Production expérimentale de la polymélie et de la polydactylie chez l'embryon de poulet 604
33. Caryotype normal dans l'espèce humaine (homme) . . 606
34. Caryotype normal dans l'espèce humaine (femme) . . . 607
35. Caryotype d'enfant mongolien de sexe mâle 608
36. Caryotype d'enfant mongolien de sexe femelle 609
37. Cas d'intersexualité humaine dû à un excès de chromosomes sexuels 611
38. Cas d'intersexualité humaine dû à une absence de chromosomes sexuels 613

LA CROISSANCE ET LA RÉGÉNÉRATION

La Croissance

1. Courbes de croissance de quatre espèces de Mollusques Arionidés. 628
2. Changements de proportions du corps humain au cours du développement 629
3. Hétérauxèse chez une Planaire 632
4. Croissance relative de quelques organes en fonction du poids du corps au cours de la croissance fœtale du veau 633

La régénération

1. Régénération chez le Stentor 666
2. Régénération chez la Tubulaire 673
3. Néoblastes chez un Oligochète 679
4. Expérience d'Avel sur le Lombric 681
5. Régénération chez les Planaires 686
6. Développement d'un pied supplémentaire sur le dos d'une Limace induit par la greffe d'un fragment de sole pédieuse 695
7. Homœoses 696

LES MÉTAMORPHOSES ANIMALES

1. Différents stades de l'Amphibien *Alytes obstetricans* . . 710
2. Métamorphoses prématurées obtenues par l'hormone thyroïdienne . . . . 718 et 719
3. Schéma des opérations pratiquées sur embryons de Grenouille pour extirper les ébauches de la pituitaire ou de la thyroïde 722
4. Têtards géants obtenus par blocage de la thyroïde . . 725
5. Action des frénateurs de la préhypophyse 727
6. Aspect des principaux Amphibiens Urodèles néoténiques 736
7. Schéma de l'anatomie d'un Ver à soie 739
8. Mue du Ver à soie 741
9. Complexe cérébro endocrinien céphalique du Ver à soie, schéma d'après dissection 752
10. Résultat de l'ablation des corps allates : métamorphose prématurée 757
11. Effets de la section unilatérale des connectifs nerveux reliant le cerveau aux corps cardio-pharyngiens et aux corps allates 759
12. Transmission humorale des facteurs de la mue dans une chaine de pupes décérébrées 763
13. Anneau de Weismann d'un asticot de Mouche 769
14. Parabiose de Punaises *(Rhodnius prolixus)* 771

L'HÉRÉDITÉ

1. La Mouche du vinaigre, *Drosophila melanogaster*, mâle et femelle 840
2. Croisement d'une Souris grise sauvage de race pure avec une Souris albinos 844
3. Transmission d'un caractère incomplètement dominant, la couleur rouge de la fleur de Muflier *(Antirrhinum majus)* 846
4. Structure schématique du Chromosome 852
5. Structure hélicoïdale de la molécule d'ADN d'après le modèle établi par Watson et Crick 854
6. Schéma de l'autoduplication d'une molécule d'ADN . 858
7. Schéma d'un mécanisme engendrant une mutation . . 859
8. Schéma illustrant un mécanisme possible de la synthèse des protéines 862
9. Formules développées montrant les radicaux occupant les positions 2 et 6 de l'hexagone. 868

10. Hypothèse de C.R. Woese justifiant la séquence des bases dans le triplet 869
11. Les chromosomes de *Drosophila melanogaster* 874
12. Transmission d'un caractère sex-linked : croisement d'un Chat noir et d'une Chatte orangée 875
13. Croisement entre un Coq Langshan à plumage noir uniforme et une Poule Plymouth Rock barrée 878
14. Croisement entre un Coq Plymouth Rock barré et une Poule Langshan 879
15. Représentation schématique d'un crossing-over . . . 888
16. Carte d'une portion du chromosome X de la Drosophile 889
17. Représentation schématique d'un double crossing-over 890
18. Les chromosomes géants des glandes salivaires de *Drosophila melanogaster* femelle 893
19. Les yeux de *Drosophila melanogaster* 895
20. La région *bar* du chromosome X des glandes salivaires de *Drosophila melanogaster* 896
21. Croisement entre un Coq avec crête en rose et une Poule avec crête en pois 905
22. *Drosophila melanogaster*, mutation « vestigial » 907
23. Transmission d'un gène létal récessif. Croisement de deux Souris jaunes hétérozygotes 913
24. Tête d'un Bœuf ñato originaire du Chili 948
25. Quelques types de panachure dorsale chez la Souris; Sourie pie 949
26. Lapin mutation angora 950
27. Souris mutation rhinocéros âgée de dix mois, montrant l'absence de poils et les plis de la peau . . . 950
28. Chélidoine laciniée, *Chelidonium laciniatum* 951
29. Grande Chélidoine, *Chelidonium majus* 951
30. Fruit (silicule) de *Capsella bursa-pastoris* 952
31. Fraisier monophylle, *Fragaria monophylla* 952
32. Méthode *ClB* pour détecter les mutations sex-linked chez *Drosophila melanogaster :* première étape, croisement d'une femelle ayant un chromosome X porteur du complexe *ClB* avec un mâle irradié 955
33. Méthode *ClB* pour détecter les mutations sex-linked chez *Drosophila melanogaster:* deuxième étape, croisement d'une femelle ayant un chromosome X porteur du complexe *ClB* et l'autre X irradié avec un mâle normal 956
34. Nombre anormal de chromosomes chez *Drosophila melanogaster* 957
35. Croisements normaux et anormaux de Drosophiles . . 958
36. Schémas de deux types d'inversion 963
37. Schéma d'une inversion provoquée par ruptures à la suite de la formation d'une boucle dans le chromosome 964
38. Schéma montrant, lors de la synapse, la disposition *plus ou moins* compliquée de deux chromosomes homologues dont l'un porte une ou plusieurs inversions . 967
39. Schéma de trois types de translocations mutuelles . . 969
40. Schéma d'une translocation mutuelle entre deux chromosomes non homologues 969
41. Schéma de la fusion de deux chromosomes 970

42. Schéma illustrant la formation de polyploïdes . . . 974

43. Schéma de la formation d'une nouvelle espèce tétraploïde, *Primula kewensis*, à partir d'une mutation de bourgeon sur un hybride diploïde stérile 977

44. La morphologie de la capsule de *Datura stramonium* est influencée par le nombre de chromosomes de la plante 984

45. Anomalies numériques des chromosomes chez *Drosophila melanogaster* 986

46. Deux types d'œufs 994

47. Distribution géographique de trois espèces de Drosophiles 995

48. Disposition des chromosomes à la métaphase 996

49 et 50. Disposition des gènes dans le chromosome III de *Drosophila pseudo-obscura* . . . . 998 et 999

51. Disposition des gènes dans le chromosome III de *Drosophila persimilis* 1000

52. Nombre haploïde de chromosomes chez quatre espèces de Drosophiles 1003

53. Chromosomes II et III d'une lignée de *Drosophila melanogaster* présentant des translocations compliquées qui ont donné naissance à un type balancé stable nommé *Drosophila artificialis* 1005

54. Création d'une plante nouvelle, le Chou-Radis . . . 1006

55. *Raphanobrassica karpechenkoi*, Chou-Radis, nouvelle espèce tétraploïde 1007

56. Schéma de la formation d'une nouvelle espèce octoploïde *Triticale saratoviense* par hybridation d'un Blé hexaploïde *Triticum vulgare* à quarante-deux chromosomes avec un Seigle diploïde *Secale cereale* à quatorze chromosomes 1008

57. Polygone de fréquence pour le poids de 2 646 graines de Haricot 1020

58. Polygone de fréquence pour le nombre de bras de 270 Étoiles de mer *(Solaster papposus)* 1021

59. Polygone de fréquence à deux sommets pour le nombre des fleurs ligulées des capitules de *Chrysanthemum segetum* récoltés dans plusieurs stations 1022

60. Schéma de l'expérience de Lederberg et Tatum 1033

61. Carte génétique du chromosome de la Bactérie HfrH . 1034

62. Schéma du mécanisme de la mutation de F^+ en Hfr . . 1035

63. Schéma du modèle proposé par Szilard afin d'expliquer les mécanismes de régulation de la synthèse des enzymes 1043

64. Transmission héréditaire de la panachure non chromosomique 1047

65. Schéma des chromosomes humains rangés d'après leur grandeur et leur forme 1052

66. Caryotype d'une femme normale 1053

67. Caryotype d'un homme normal 1054

68. Drépanocyte humain ou hématie falciforme 1060

69. Carte montrant les régions où le gène de la drépanocytanémie est particulièrement fréquent 1061

70. Transmission de l'*epithelioma adenoides cysticum* 1062

71. Schéma des chromosomes sexuels humains, X et X chez la femme, X et Y chez l'homme 1065

72. Schéma de la carte des chromosomes X et Y, région pc . 1066

73. La généalogie de la famille Lambert . . . . 1068 et 1069

74. Transmission du gène de l'hémophilie à partir de la reine Victoria, conductrice du gène 1073
75. Mode de transmission des groupes sanguins classiques . 1080
76. Structure schématique de l'hémoglobine 1081
77. Comportement électrophorétique de la carboxy-hémoglobine à un pH égal à 6,9 1082
78. Représentation schématique de diverses variétés d'hémoglobine et de leur vitesse de migration dans l'électrophorèse sur papier à pH égal à 8,6 1083
79. Naissance de types chromosomiques rares à la suite de crossing-over 1087
80. Schémas en double fourche et en double boucle des gènes Rhésus en tenant compte des gènes intercalaires 1088
81. Transmission de la surdité congénitale 1097
82. Un pedigree de la longévité 1098
83. Transmission héréditaire de l'anomalie de Pelger-Huet, caractère dominant, montrant l'aspect du noyau 1101
84. Arbre généalogique du premier sujet homozygote, « super Pelger » 1103
85. Transmission du torticolis congénital, tare dominante à pénétrance incomplète 1108
86. Transmission de la sclérotique bleue, tare dominante à pénétrance incomplète 1109
87. Généalogie comprenant des hommes hémophiles, des hommes daltoniens et un homme hémophile et daltonien 1116
88. Chaine de réactions présidant au métabolisme de la phénylalanine et de la tyrosine 1122
89. Perturbations à divers stades de la formation de l'hormone thyroïdienne 1125
90. Caryotype d'une femme atteinte de mongolisme . . . 1130
91. Quelques types de jumeaux et de monstres doubles . . 1138
92. Apparition de l'albinisme, caractère récessif, à la suite d'unions consanguines 1147
93. Transmission de l'ichthyose, caractère récessif . . . 1148
94. Apparition de l'hypotrichose congénitale, caractère récessif, dans la descendance de deux mariages consanguins entre cousins germains 1148
95. Généalogie de deux cousins germains qui s'unissent . . 1149

LA REPRODUCTION SEXUÉE

1. Segmentation de l'œuf de *Parascaris* 1168
2. Œuf de Cécidomyie (Miastor) 1169
3. Diagramme des différentes phases de la mitose 1175
4. Spermiogenèse du Crapaud *Alytes obstetricans* 1178
5. Les premières représentations de spermatozoïdes de Lapin et de Chien dessinées par Leeuwenhoek en 1679 . 1180
6. Micrographies de spermatozoïdes vivants (tête, pièce intermédiaire et début du flagelle) de diverses espèces par la méthode du contraste de phases 1181
7. Diagramme comparatif de l'évolution spermatogénétique et ovogénétique. 1184
8. Diagramme de la méiose chez la femelle 1187
9. Représentation schématique des phénomènes de la première division de maturation 1191

10. Diagramme représentant les divers stades de la pénétration du spermatozoïde dans l'œuf d'une Holothurie 1196
11. Premiers stades de la fécondation chez l'Oursin *Toxopneustes* 1197
12. Fécondation de l'œuf de l'Ascaride *Parascaris equorum* 1199
13. Chromosomes de *Drosophila melanogaster*, femelle et mâle 1215
14. Spermatogonie en division et ovogonie au même stade de l'Insecte Orthoptère *Leptophyes punctatissima* . . . 1216
15. Papillon *Lymantria dispar* 1221
16. Représentation schématique d'un cas d'hermaphrodisme latéral chez l'Homme, le tractus génital étant mâle d'un côté et femelle de l'autre 1230
17. Différenciation sexuelle des gonades 1233
18. Schéma des ébauches sexuelles internes au stade indifférent 1235
19. Organes sexuels externes humains à l'état indifférent 1236
20. Dimorphisme sexuel du Poisson *Xiphophorus helleri* . . 1244
21. Coupe de callosité du pouce de la Grenouille 1245
22. Dimorphisme sexuel du Triton *Triturus cristatus cornifex* 1247
23. Action de l'hormone sexuelle mâle, testostérone, sur la crête du Coq Leghorn brun 1248
24. Testicule ectopique de Porc 1253
25. Schéma général de l'ovulation, de la fécondation, du début de la segmentation de l'œuf fécondé et de la nidation chez la Femme 1257
26. Corne utérine de Lapine vierge en rut et corne utérine de Lapine, huit jours après un coït infécond ayant provoqué la ponte et la formation du corps jaune . . . 1259
27. Exemples de gynandromorphisme chez la Drosophile . 1261
28. Poularde présentant une crête de Coq et un plumage mâle, témoins de la régénération de la gonade droite en testicule 1267
29. Expérience de Humphrey : transplantation de l'ébauche somatique d'une glande génitale d'un embryon sur un autre embryon 1270
30. Effets d'une greffe testiculaire 1271
31. Autogamie chez l'Héliozoaire *Actinophrys sol* 1277
32. Cycle de la Coccidie intestinale *(Eimeria perforans)* du Lapin 1279
33. Stades successifs de la conjugaison de l'Infusoire *Collinia branchiarum* 1282

LA GREFFE OU TRANSPLANTATION

1. Stades dans la formation d'une branche de chimère par la méthode de Winkler 1326
2. Dessin schématique du développement normal de l'Oursin *Paracentrotus* 1330
3. Dessin schématique du développement des couches an 1, an 2, veg 1 et veg 2 1332
4. Greffe d'un segment endo-mésodermique dans la voûte archentérique d'une neurula dans la cavité de la blastula chez une jeune gastrula de Triton 1337
5. Développement d'un œuf induit dans l'œuf du Poisson *Fundulus*, trois jours un quart après la greffe d'une

très jeune lèvre dorsale du blastopore chez une très jeune blastula 1338
6. Greffe de l'hypophyse chez l'embryon de Salamandre . 1342
7. Greffe hétéroplastique parabiotique *Amblystoma maculatum* × Axolotl blanc, un jour après l'opération 1344
8. Greffe hétéroplastique parabiotique *Amblystoma maculatum* × *Triturus torosus*, au moment où ils commencent à se nourrir 1345
9. Greffe hétéroplastique parabiotique *Amblystoma maculatum* × *Triturus torosus*, à la fin du stade de la métamorphose 1345
10. *Amblystoma punctatum* avec des branchies d'un Axolotl blanc, trente-six jours après leur greffe 1346
11. Greffe d'une ébauche de patte chez l'embryon de poulet 1348
12. Porte-greffe, âgé d'environ dix-neuf jours, montrant le développement d'une ébauche de patte postérieure droite greffée dans la cavité générale 1349
13. Petit poulet de quinze jours d'âge, de race noire, montrant le développement d'un greffon d'ectoderme de la peau de la tête provenant d'un embryon de race blanche 1349
14. Innervation de la cinquième patte, greffée chez un très jeune Rat 1351
15. Poule Leghorn jaune doré masculinisée 1356
16. Greffe bréphoplastique d'ovaire chez une Rate castrée onze jours avant l'implantation 1358
17. Greffe intra-oculaire simultanée de tissu cérébral de nouveau-né et de nerf sciatique chez la Souris . . . 1360
18. Schéma représentant la disposition prise par l'extrémité proximale du tibia, sept semaines après la greffe dans cet os, chez un Lapin de deux semaines, d'une tige de cartilage hyalin costal transperçant le cartilage de conjugaison 1361
19. Coupe passant au niveau B de la figure 18 1362
20. Coupe de l'œil porte-greffe d'une Souris, trente-quatre jours après l'implantation d'un lobe de thyroïde de souriceau nouveau-né 1363
21. Coupe de l'œil porte-greffe d'une Souris, trente jours après l'implantation d'un lobe de thyroïde de souriceau âgé de neuf jours 1364

LA CULTURE DES TISSUS VÉGÉTAUX

1. Cultures de racines isolées 1377
2. Fragment d'une colonie géante de tissus de Carotte âgée de dix mois 1380
3. Culture de cellules isolées 1382
4. Fragment de tige de Vigne après deux mois de culture *in vitro* 1393
5. Pseudothalles formés à la surface d'une culture . . . 1394
6. Cellules de tissus de Vigne vierge ayant subi la *transformation hyperhydrique* 1394
7. Culture de tissus d'Endive 1395
8. Fragments de tige de Tabac cultivés en présence d'auxine 1395
9. Fragment de tige de Vigne vierge après deux mois de culture 1396

10. Cal de Tabac ayant produit des bourgeons 1397
11. Cal de Tabac ayant produit une fleur 1397
12. Coupe d'un fragment de rhizome de Topinambour ayant été cultivé 1399
13. Fragment de phloème d'Endive après un mois de culture *in vitro* 1400
14. Embryon de Lupin 1401
15. Culture de tissus de Tabac âgée d'un mois 1403
16. Culture de tissu de Mauve qui s'est développée en forme de cloche 1404
17. Colonie de type composé (tissu de Carotte) 1405
18. Cellules isolées, en suspension dans le milieu de culture 1405
19. Culture d'*Amorphophallus rivieri* ayant produit un bourgeon et des racines 1406
20. Culture de tissu d'*Adiantum* formant une masse touffue de plantules 1408
21. Effet de l'acide indol-acétique sur diverses souches de tissu de Vigne 1418
22. Action du lait de coco sur la croissance des tissus de Carotte 1422
23. Tissus de moelle de Tabac cultivée dans un milieu renfermant deux milligrammes un d'A.I.A. 1423
24. Composition des acides aminés libres du tubercule de Topinambour pendant le repos hivernal 1426
25. Tissu de tubercule de Topinambour, après huit jours de culture en présence d'A.I.A. 1427
26. Section d'un fragment de xylème de Carotte après cinquante-neuf jours de culture 1430
27. Section d'un fragment de xylème de Topinambour cultivé en présence d'A.I.A. 1430
28. Nodule cribrovasculaire formé dans un fragment de phloème de Carotte 1431
29. Fragments de phloème et de xylème de Carotte, cultivés *in vitro* 1431
30. Phénomène d'organisation produit par un bourgeon dans un fragment de phloème d'Endive 1433
31. Coupe d'un fragment d'Endive montrant les remaniements histologiques produits par un greffon au travers d'une lame de cellophane 1434
32. Formation d'un anneau régulier de tissu vasculaire dans un cal indifférencié de Lilas autour d'une micropipette fournissant d'une manière continue de l'A.I.A. et du glucose 1435
33. Effet de la kinétine et de l'auxine sur la néoformation de bourgeons chez le Tabac 1438
34. Pseudo-embryon de Carotte se développant à partir d'une seule cellule cultivée en milieu liquide 1439
35. Fragment de liber de Carotte cultivé en présence d'acide naphtoxyacétique à la concentration de 10^{-7} . 1442
36. Fragment de colonie de cellules de Pin Weymouth . . 1443
37. Distribution du nombre des chromosomes dans cent cellules de *Picea glauca* cultivées *in vitro* 1446
38. Fragment de liber de Vigne cultivé à plat sur milieu nutritif 1448
39. Mildiou de la Vigne se développant sur une culture de tissu de cette plante 1452

40. Galle du Chêne 1454
41. Tumeur produite en greffant un fragment de tissu de Crown-gall de Tournesol sur une tige 1456
42. Schéma de la transformation tumorale 1458

LA CULTURE DES TISSUS ANIMAUX

1. Dispositif simple pour cultiver des tissus dans une pièce ordinaire propre 1474
2. Fragment de duodénum d'un embryon de poulet de neuf jours cultivé deux jours dans du sérum de poulet sur une toile d'Araignée 1477
3. Cellule unique en culture dans un segment de tube capillaire 1480
4. Culture faite comme celle de la figure 6, le vingt-huitième jour de la croissance 1481
5. Culture normale de fibroblastes de vingt-quatre heures d'embryon de poulet de treize jours provenant de fragments pulmonaires et vue au contraste de phase 1484
6. Formes de transition avancées et macrophages provenant de cellules de type fibrocytaire, muscle squelettique d'embryon de poulet 1486
7. Macrophage avec sa sécrétion dans l'entoblaste vitellin d'un embryon de poulet 1487
8. Épithélium rénal d'embryon de poulet après deux jours de culture 1489
9. Fibres musculaires du cœur d'un embryon de poulet, au dix-septième jour d'incubation, cultivées pendant vingt-quatre heures 1490
10. Culture de fibres nerveuses de moelle d'embryon de poulet dans du plasma dialysé plus extrait de nerf dégénéré de poussin 1491
11. Culture de fibres nerveuses à l'état vivant au microscope à contraste de phase 1492
12. Pourcentage de chaque type de croissance de fragments de moelle dans des milieux composés de plasma entier, plasma dialysé seul, ou additionné d'extraits de nerfs de poussins 1498
13. Culture de neurites de trente à trente-et-une heures, après irradiation de la moelle avec 3825 R 1500
14. Mitose dans une culture de fibroblastes et myoblastes traitée par du béryllium à M/1000 1503
15. Cellule d'une culture semblable à celle de la figure 14, mais traitée par du béryllium à M/400 . . . 1503
16. Métaphase de fibroblaste de cœur d'embryon de poulet 1504
17. Culture de fibroblastes de vingt-quatre heures d'embryon de poulet de treize jours provenant de fragments pulmonaires 1506
18. Culture de fibres nerveuses d'embryon de poulet dans du plasma entier plus venin de Naja naja 1507
19. *Régénération par première intention* des fibres *nerveuses médullaires* d'embryon de poulet de sept jours, sectionnées vingt-quatre heures après la mise en culture 1512
20. Stades successifs dans l'évolution des chondriosomes de l'épithélium hépatique d'après l'analyse d'un film enregistré en contraste de phase, à l'accéléré . . 1515

21. Mitose et rotation observées dans du tissu myocardique d'un embryon humain 1524
22. Globe formé dans une culture mixte : épithélium plus fragment de poumon 1532
23. Formation de deux globes cornés dans la culture d'une métastase dans un nodule lymphatique d'un carcinome humain, après quatorze jours de culture . . 1534

PROBLÈMES DE L'ÉVOLUTION

1. Le plus vieux des Chordés, *Œsia disjuncta* Walcott : Oïkopleuridé (Appendiculaire, Procordé), d'après l'interprétation de Lohmann 1554
2. Dates probables d'apparition et affinités possibles des Vertébrés . . . . 1556 et 1557
3. Variations de la forme dans le temps chez *Spirifer varians*, d'après Fenton 1560
4. *Gryphaea arcuata* 1561
5. Paludines du Pliocène de Slavonie 1561
6. Évolution des Équidés . . . . 1566 et 1567
7. Évolution des molaires des Équidés chez les principaux genres 1569
8. Les homologies des membres antérieurs chez quelques Mammifères . . . . 1574 et 1575
9. L'embryologie et l'étude des homologies 1577
10. Exemples de convergence chez trois organismes de forme analogue 1579
11. Différences chromosomiques spécifiques entre génomes 1582
12. Arbre généalogique du règne animal . . . . 1584 et 1585
13. Squelette reconstitué de l'*Archaeopteryx* 1588
14. Un Péripate du genre *Peripatopsis* 1590
15. Divergences au cours du développement 1591
16. L'ontogenèse, rappel de la phylogenèse 1594
17. Développement dilaté 1595
18. Plans des ébauches embryonnaires 1598
19. Quelques types de becs chez les Pinsons des Îles Hawaï 1606
20. Situation générale de l'archipel des Galapagos . . . 1607
21. Les Îles Galapagos 1608
22. Les principaux mutants d'*Oenothera lamarckiana* 1618
23. Schémas de quelques mutations principales de l'œil chez la Drosophile 1626
24. Phocomélie et amélie 1628
25. Mutations chez un Escargot *Cepaea nemoralis* 1641
26. Naissance d'un polyploïde 1645
27. Quelques silhouettes de Poissons 1649
28. Croissance allométrique chez les Titanothères . . . 1660
29. Croissance allométrique chez *Lucanus cervus* 1661
30. Trois êtres à grande longévité 1663
31. Le problème des callosités 1675
32. Patte antérieure gauche d'un foetus de Phacochère . . 1676
33. Le problème des coaptations 1680
34. Mâchoires inférieures de Gorille et d'Homme 1684
35. *Paranthropus crassidens* (Australopithèque) 1685
36. Schémas de l'évolution des phylums des Hominidés et des Pongidés 1686

L'ADAPTATION

1. Carte illustrant la propagation du Doryphore . . . 1701
2. Le Crabe chinois, *Eriocheir sinensis* 1702
3. Carte de la distribution du Crabe chinois en France . 1702
4. Deux animaux fouisseurs 1704
5. Le Polatouche, *Glaucomys volans* 1705
6. Les gros yeux à fleur de tête, caractéristiques des animaux actifs la nuit 1705
7. Trois types de palmure 1707
8. Face ventrale du Gecko *Ptychozoon kuhli*, montrant les ventouses des pattes 1708
9. Convergence ichtyoïde de trois Vertébrés marins . . . 1710
10. Squelettes des ailes 1710
11. Adaptation convergente à la vie amphibie 1711
12. Adaptation convergente à un climat chaud et sec de trois plantes appartenant à des familles différentes . 1712
13. Le Tatou *Tolypeutes conurus* 1718
14. Volvation chez un Myriapode Diplopode *(Glomeris)* et chez un Crustacé Isopode *(Armadillidium)* 1719
15. Attaquée par un Crabe, l'Holothurie, *Holothuria forskali*, rejette cinq tubes collants par son orifice cloacal 1722
16. La Mante, *Pseudocreobotra wahlbergi* (Afrique), en attitude de combat 1724
17. Le Lézard australien *Chlamydosaurus kingii* en attitude de défense 1725
18. Homotypie avec des Algues : le Poisson australien *Phycodurus eques* 1726
19. Homotypie avec des branches : une chenille de Géomètre 1726
20. Mimétisme batésien 1728
21. Ailes de l'Abeille 1733
22. Patte antérieure gauche ravisseuse 1734
23. Le Champignon *Dactylaria brochophaga*, capteur de Nématodes du sol 1736
24. Outils humains qui copient des outils végétaux ou animaux 1736

LE PARASITISME

1. Femelle d'*Habrocytus cionicida* (Chalcidien) suçant les liquides d'une nymphe de *Cionus* avant la ponte . . 1747
2. Coléoptère Ontophagide couvert de nymphes de Gamases 1747
3. *Atemeles* (Staphylinide) cherchant à se faire nourrir par une Fourmi 1748
4. Fourmi transportant dans la fourmilière une chenille de *Maculinea arion* 1748
5. Larve de *Metopina pachycondylae* fixée sur une larve de la Fourmi *Pachycondyla vorax* 1750
6. Association d'une Actinie avec le Pagure *Eupagurus prideauxi* 1750
7. Coupe sagittale d'une femelle de *Pseudococcus*, montrant le mycétome 1750
8. *Gyrodactylus*, type de Monogène 1754

9. Couronnes de crochets d'*Echinostomatidae* 1755
10. Cestodes à scolex renflé en forme de gland 1755
11. Rostres d'Acantocéphales 1757
12. Patte d'*Hematopinus suis*, montrant la conformation des griffes 1758
13. Types de cténidies 1758
14. Femelle de *Chondracanthus merluccii* avec trois mâles fixés en parasites 1760
15. Femelle fertile de *Lernaeocera branchialis* 1760
16. *Xenocoeloma brumpti* 1761
17. Femelle d'un Entoniscide, *Pinnotherium vermiforme* . . 1763
18. Crabe portant une sacculine 1764
19. *Enterochonca mirabilis* fixé au vaisseau ventral de l'intestin d'une Holothurie 1765
20. Larve veliger d'*Enterochonca* 1765
21. Larve primaire de *Linguatula* 1765
22. Larve secondaire de *Linguatula* 1765
23. *Metalasmus pseudopterus*, Stréblide ectoparasite de Chauves-Souris 1767
24. *Ascodipteron africana* 1767
25. Diptère termitophile aptère et physogastre, *Odontoxenia brevirostris* 1768
26. *Schistosoma mansoni*, Trématode bisexué parasite dans le sang de la Souris 1771
27. Polyembryonie 1773
28. Schéma montrant les trois phases principales du cycle des Sporozoaires 1775
29. Dessin semi-schématique d'un miracidium 1777
30. Portion d'un hydatide d'*Echinococcus granulosus* 1778
31. Larve de *Stegophryxus hyptius* 1779
32. Développement de l'Entoniscide *Portunion menadis* . . 1779
33. Développement de la Sacculine 1781
34. Orthoptère Acridien infesté par un jeune Mermis, *Agamermis decaudata* 1783
35. Larve hexapode d'*Argas americanus* 1783
36. Ponte de *Dermatobia cyaniventris* sur un Moustique . . . 1783
37. Larves de *Mylabris variabilis*, parasite du Criquet marocain 1785
38. Larves primaires d'Hyménoptères parasites 1785
39. Larve planidium d'un Chalcidien *Eucharidae* et larve cyclopoïde de *Trichacis remulus*, *Platygasteridae* 1786
40. Femelle d'*Argulus* 1788
41. *Lernaeicus sprattae* fixée dans l'œil d'un Sprat 1792
42. *Melophagus ovinus*, Mallophage parasite du Mouton . . 1793
43. *Platypsyllus castoris*, Coléoptère parasite du Castor . . 1793
44. *Hemimerus bouvieri*, Dermaptère parasite de *Cricetomys* . 1793
45. *Goniodes pavonis*, Mallophage parasite du Paon 1794
46. Galles 1799
47. Coupe d'une galle de *Cynips folii* sur *Quercus* 1800
48. Étapes du développement d'un embryon de *Cattleya* . . 1802
49. Coupe longitudinale dans une jeune plantule d'*Odontoglossum*, un mois après l'infestation par le Champignon *Rhizoctonia lanuginosa* 1803

50. Fourmi d'Afrique, *Paltothyreus*, parasitée par un *Cordyceps* 1804
51. Suçoir de *Rhinanthus* sur une racine de Monocotylédone 1804
52. Schéma d'un suçoir de *Lathraea* 1807
53. Suçoir d'Orobanche dans une racine de Fève 1807
54. Coupe longitudinale d'une branche d'Acacia au niveau d'une touffe de Gui 1807
55. *Rhizantes zippelli* (Rafflésiacées) sur une racine nourricière, et fleur de *Rafflesia arnoldii* 1808
56. Disposition schématique des suçoirs de la Cuscute . . 1808
57. Mollusque parasite fossile, *Platyceras spirale*, fixé sur un bras de Crinoïde 1810
58. Schéma du cycle évolutif des Cestodes 1813

LES VIRUS

1. Schéma d'un icosaèdre 1894
2. Modèle formé de douze composants identiques disposés selon une symétrie 5-3-2 1895
3. Représentation, d'après les images de microscopie électronique, d'un virion d'adénovirus constitué par un icosaèdre recouvert de 252 sous-unités 1896
4. Schéma d'un virion à symétrie hélicoïdale 1897
5. Modèle schématique d'un tronçon de particule virale de la mosaïque du tabac supposé vu en coupe 1898
6. Schéma d'un virion icosaédral à 162 capsomères, vu en coupe 1899
7. Schéma d'un bactériophage 1901

TABLE GÉNÉRALE

Préface IX
Note de l'éditeur XXIX
Liste des collaborateurs XXXI

LA CYTOLOGIE GÉNÉRALE, *par Raymond Hovasse* 1

L'EMBRYOLOGIE, *par L. Gallien*, de l'Institut . 297

LA GENÈSE DES MONSTRES, *par Etienne Wolff*, de l'Institut 561

LA CROISSANCE ET LA RÉGÉNÉRATION, *par Marcel Abeloos* 621

LES MÉTAMORPHOSES ANIMALES, *par J.J. Bounhiol* 703

LE VIEILLISSEMENT ET LA MORT, *par M.D. Grmek* 777

L'HÉRÉDITÉ, *par Andrée Tétry* 831

LA REPRODUCTION SEXUÉE, *par Max Aron*. 1161

LA PARTHÉNOGENÈSE, *par Jean Rostand*, de l'Académie française 1287

LA GREFFE OU TRANSPLANTATION, *par Raoul-Michel May* 1321

LA CULTURE DES TISSUS VÉGÉTAUX, *par Georges Morel* 1371

LA CULTURE DES TISSUS ANIMAUX, *par Raoul-Michel May* 1469

PROBLÈMES DE L'ÉVOLUTION, *par Raymond Hovasse* 1541

L'ADAPTATION, *par Andrée Tétry* 1697

LE PARASITISME, *par Lucien Chopard* 1743

LA GENÈSE HUMAINE, *par Jean Piveteau,* de l'Institut 1817

L'ORIGINE DE LA VIE, *par A. Dauvillier* . . . 1839

LES VIRUS, *par Pierre Lépine,* de l'Institut . . . 1879

GLOSSAIRE 1911
INDEX DES NOMS D'ANIMAUX 1923
INDEX DES NOMS DE PLANTES 1938
INDEX DES MATIÈRES 1944
TABLE ANALYTIQUE 1957
TABLE DES ILLUSTRATIONS 2015

N° d'édition 10 837. Dépôt légal : 2e trimestre 1965.
Imprimé en Belgique.